T3-AKC-493

DISCARDED
PORTAGE & BALMORAL
WINNIPEG. MAN.

PROCEEDINGS OF THE

THIRD INTERNATIONAL CONFERENCE ON PERMAFROST

JULY 10-13, 1978
EDMONTON, ALBERTA, CANADA

VOL. 1

SPONSORED BY
THE NATIONAL RESEARCH COUNCIL OF CANADA

COMPTE RENDU DE LA

TROISIÈME CONFÉRENCE INTERNATIONALE SUR LE PERGÉLISOL

10-13 JUILLET 1978
EDMONTON, ALBERTA, CANADA

VOL. 1

SOUS L'ÉGIDE DU
CONSEIL NATIONAL DE RECHERCHES DU CANADA

ТРУДЫ

ТРЕТЬЕЙ МЕЖДУНАРОДНОЙ КОНФЕРЕНЦИИ ПО МЕРЗЛОТОВДЕНИЮ

10-13 ИЮЛЯ 1978 ГОДА
Г.ЭДМОНТОН, АЛЬБЕРТА, КАНАДА

ТОМ 1

ОРГАНИЗОВАННОЙ ПО ИНИЦИАТИВЕ
НАЦИОНАЛЬНОГО ИССЛЕДОВАТЕЛЬСКОГО СОВЕТА КАНАДЫ

NATIONAL RESEARCH COUNCIL OF CANADA
CONSEIL NATIONAL DE RECHERCHES DU CANADA
OTTAWA, 1978

The papers appearing in this volume are grouped into thirteen sections and represent those submitted for publication. The papers were prepared by authors following a predetermined format and were reproduced from camera-ready copy.

Published under the sponsorship of the:
NATIONAL RESEARCH COUNCIL OF CANADA

Copies obtainable from:
The Executive Secretary
Third International Conference on Permafrost
c/o National Research Council of Canada
Ottawa, Ontario K1A 0R6
Canada

PRICE: $35.00 (Vols. 1 & 2)

ISBN 0-660-1735-0
NRCC N°. 16529
cat. n°. NR-15-6 1978-1

Les mémoires qui paraissent dans le présent volume sont groupés en 13 sections; ce sont les documents qui ont été présentés pour publication. Ces mémoires ont été rédigés par les auteurs d'après un format déterminé à l'avance et ils ont été imprimés à partir d'épreuves pré-impression.

Publié sous le parrainage du
CONSEIL NATIONAL DE RECHERCHES DU CANADA

On peut obtenir des copies en s'adressant au
Secrétaire administratif
Troisième conférence internationale sur le pergélisol
a/s du Conseil national de recherches du Canada
Ottawa, Ontario K1A 0R6
Canada

PRIX: $35.00 (vol. 1 et 2)

ISBN 0-660-01735-0
CNRC N° 16529
N° de cat. NR-15-6 1978-1

PREFACE

The Third International Conference on Permafrost brings together scientists and engineers from many countries throughout the world. Canada has been vitally concerned for many years with permafrost and the variety of problems which it imposes on developments in her vast northern regions. This interest is shared by other nations, resulting in an active and productive exchange of scientific and technological information. Canada, as the host country, welcomes participants from all countries involved in permafrost studies and it is hoped that the Conference will further the excellent international cooperation that has been developing over the years.

W.G. Schneider
President
National Research Council
of Canada

INTRODUCTION

Preparations in Canada for the Third International Conference on Permafrost, to be held in Edmonton, Alberta, 10-13 July 1978, began in 1974 with the formation of an Organizing Committee sponsored by the National Research Council of Canada, through its Associate Committee on Geotechnical Research. This activity followed soon after the Second International Conference on Permafrost at Yakutsk, Siberia, in the U.S.S.R., July 1973. The First International Conference on Permafrost took place ten years earlier at Purdue University, Lafayette, Indiana, in the United States of America.

The Proceedings of the present Conference are in two volumes. The first (Volume I) contains 139 papers submitted by permafrost scientists and engineers from eleven countries - Argentina, Canada, Denmark, France, Japan, Poland, Sweden, Switzerland, U.S.A., U.S.R.R., and the German Federal Republic. Volume II will contain eight review papers on special permafrost topics, general information, list of participants, written discussions and the formal motions of the Conference. It will be printed and distributed to participants as soon as possible after the Conference.

Participants at the Conference will have the opportunity of taking part in six concurrent field trips following the meetings in Edmonton. These tours will afford the opportunity of studying permafrost and problems related to it in northern Canada. The guide books for all the field trips will be provided to full registrants at the Conference.

The Organizing Committee for the Third International Conference on Permafrost welcomes all participants and hopes that the meetings, field trips, and other functions will prove to be useful and enjoyable.

Roger J.E. Brown,
Chairman, Organizing Committee
Third International Conference
On Permafrost

ACKNOWLEDGMENTS

The Organizing Committee for the Third International Conference on Permafrost wishes to express its appreciation to the National Research Council of Canada for sponsoring and supporting this meeting through its Associate Committee on Geotechnical Research. The assistance of this Committee and its Permafrost Subcommittee are gratefully acknowledged. Staff support provided by the National Research Council, particularly through its Conference Services, has been most valuable at all stages of planning the Conference. Participation by staff of the Division of Building Research, National Research Council, throughout the period of organizing the Conference was also most helpful.

Six federal government departments contributed generously to the financing of the Conference: - Energy, Mines and Resources; Fisheries and Environment; Indian and Northern Affairs; National Defence; Public Works; and Transport's Research and Development Centre in Montreal. This support of these agencies and the participation of their staff in organizing the Conference is greatly appreciated. The private sector has also been very helpful in contributing to the Conference by financing and participating in organizational activities. Up to the time of publication, the firms listed below have donated sums of money to help in funding Conference activities. These donations are hereby acknowledged with thanks: Aquitaine Company of Canada, Calgary; Associated Engineering Services Limited, Edmonton; Chevron Standard Limited, Calgary; Dome Petroleum Limited, Calgary; Finning Tractor and Equipment Company, Vancouver; Golder, Brawner and Associates, Vancouver; Klohn Leonoff Consultants, Richmond, B.C.; Majestic Wiley Contractors Limited, Edmonton; Mobil Oil Canada, Calgary; Stearns-Roger Canada Limited, Calgary.

The Organizing Committee gratefully acknowledges the efforts of the authors of the eight special theme papers, the authors of the 139 submitted papers, and the reviewers of all these manuscripts. Special thanks are due to the Translations Section, National Research Council, for providing the extensive Russian translations that were required and to the Secretary of State Department for the French language service. This cooperation of so many people has resulted in a very comprehensive and impressive statement of the current state of permafrost science and engineering. Finally, the participation of all countries and delegates in the Conference is most appreciated.

Roger J.E. Brown,
Chairman, Organizing Committee
Third International Conference
on Permafrost

PRÉFACE

La Troisième conférence internationale sur le pergélisol rassemble des scientifiques et des ingénieurs d'un grand nombre de pays du monde entier. Le pergélisol et la diversité des difficultés qui y sont associées constituent depuis de nombreuses années un problème vital pour le Canada car ils gênent l'aménagement et l'exploitation de ses vastes régions septentrionales. L'intérêt que porte le Canada à ce sujet est partagé par d'autres nations. C'est ainsi qu'on a mis sur pied à l'échelle mondiale des échanges fructueux d'informations scientifiques et techniques. Le Canada, en tant que pays hôte, souhaite la bienvenue aux participants de tous les pays qui s'intéressent aux problèmes du pergélisol et on s'attend à ce que la conférence facilite l'excellente coopération internationale qui a progressé avec les années.

W.G. Schneider
Président
Conseil national de recherches
du Canada

INTRODUCTION

Au Canada, les travaux de préparation pour la Troisième conférence internationale sur le pergélisol, qui doit se tenir à Edmonton, Alberta, du 10 au 13 juillet 1978, ont commencé en 1974 avec la création d'un Comité d'organisation parrainé par le Conseil national de recherches du Canada, par l'intermédiaire de son Comité associé de recherches géotechniques. Ces travaux ont débuté peu après la Deuxième conférence internationale sur le pergélisol tenue à Yakoutsk (Sibérie), U.R.S.S., en juillet 1973. La Première conférence internationale sur le pergélisol avait eu lieu dix ans auparavant à l'Université Purdue, Lafayette, Indiana, É.-U.

Le compte rendu de cette conférence comporte deux volumes. Le volume I contient 139 mémoires présentés par des chercheurs et des ingénieurs spécialisés dans l'étude du pergélisol et provenant de onze pays: l'Argentine, le Canada, le Danemark, la France, le Japon, la Pologne, la Suède, la Suisse, les É.-U., l'U.R.S.S., et la R.F.A. Le volume II comprendra huit rétrospectives préparées par des experts en pergélisol, des informations générales, la liste des participants, les discussions écrites et les résolutions officielles de la Conférence. Il sera imprimé et distribué aux participants dès que possible après la conférence.

Les participants auront l'occasion de participer à six excursions dans des zones de pergélisol, qui suivront les rencontres d'Edmonton. Ces tours permettront aux participants d'étudier sur place le pergélisol et les problèmes du Nord du Canada qui s'y rattachent. On fournira des brochures-guides pour toutes les excursions à tous ceux qui participent de plein droit à la Conférence.

Le Comité d'organisation de la Troisième conférence internationale sur le pergélisol souhaite la bienvenue à tous les participants et nous espérons que les rencontres, les excursions et les autres activités leur seront utiles et agréables.

Roger J.E. Brown,
Président du Comité d'organisation.
Troisième conférence internationale
sur le pergélisol

REMERCIEMENTS

Le Comité d'organisation de la Troisième conférence internationale sur le pergélisol souhaite remercier le Conseil national de recherches du Canada qui a parrainé et facilité cette rencontre par l'intermédiaire de son Comité associé de recherches géotechniques. Nous tenons à remercier pour son aide ce Comité ainsi que son Sous-comité du pergélisol. Nous avons grandement apprécié les services d'employés du Conseil national de recherches du Canada, et en particulier ceux du Service des conférences, qui a été très utile à toutes les étapes de la planification de la conférence. Nous avons également apprécié la participation de membres de la Division de la recherche sur les bâtiments du Conseil national de recherches du Canada pendant toute la période d'organisation de la conférence.

Six ministères fédéraux ont contribué généreusement au financement de la conférence: il s'agit d'Énergie, Mines et Ressources, de Pêches et Environnement, d'Affaires indiennes et du Nord, de la Défense nationale, des Travaux publics et du Centre de recherches et de développement de Transport Canada à Montréal. Nous avons été en mesure d'apprécier cette aide et la participation de leur personnel à l'organisation de la Conférence. Le secteur privé a également fourni une aide intéressante pour le financement de la conférence, ainsi que par sa participation à des activités prévues au programme. Au moment d'aller sous presse, nous publions ci-dessous une liste des sociétés qui ont apporté des contributions monétaires pour faciliter le financement des activités de la conférence; nous les en remercions: Aquitaine Company of Canada, Calgary; Associated Engineering Services Limited, Edmonton; Chevron Standard Limited, Calgary; Dome Petroleum Limited, Calgary; Finning Tractor and Equipment Company, Vancouver; Golder, Brawner and Associates, Vancouver; Klohn Leonoff Consultants, Richmond, B.C.; Majestic Wiley Contractors Limited, Edmonton; Mobil Oil Canada, Calgary; Stearns-Roger Canada Limited, Calgary.

Le Comité d'organisation tient également à remercier les auteurs de 8 mémoires thématiques, ceux des 139 mémoires présentés et les personnes qui ont compulsé tous ces documents. Nous tenons également à remercier de façon particulière la Section de traduction du Conseil national de recherches, qui a mis sur pied un service adéquat de traduction russe, ainsi que le Secrétariat d'État pour ses services de traduction française. La coopération de toutes ces personnes a rendu possible une mise à jour très complète et très inpressionnante de l'état actuel de la science du pergélisol et des techniques qui s'y rattachent. Enfin, nous tenons à remercier tous les pays et les délégués qui participent à la conférence.

Roger J.E. Brown,
Président du Comité d'organisation
Troisième conférence internationale
sur le pergélisol

ПРЕДИСЛОВИЕ

На Третьей Международной Конференции по Мерзлотоведению соберутся ученые и инженеры из многих стран мира. Канада уделяет большое внимание проблемам многолетней мерзлоты, которые необходимо учитывать при освоении обширных районов Севера. Эти проблемы изучаются и в других странах, что позволяет осуществлять активный, плодотворный обмен научной и технической информацией. Канада, являющаяся организатором Третьей Международной Конференции по Мерзлотоведению, приглашает принять в ней участие все страны, ведущие исследования в области мерзлотоведения, и надеется, что эта конференция будет способствовать дальнейшему расширению и укреплению сотрудничества между учеными всех стран.

У.Г.Шнейдер,

Президент

Национального исследовательского

совета Канады

ВВЕДЕНИЕ

Подготовка к Третьей Международной Конференции по Мерзлотоведению, которая должна состояться в период с 10 по 13 июля 1978 года в городе Эдмонтон /провинция Альберта, Канада/, началась в 1974 году, когда по инициативе Комитета по геотехническим исследованиям Национального исследовательского совета Канады был основан Организационный комитет. Этому предшествовала Вторая Международная Конференция по Мерзлотоведению, состоявшаяся в июле 1973 года в Якутске /СССР/. Первая Международная Конференция по Мерзлотоведению проводилась в 1963 году в городе Лафайет /штат Индиана,США/.

Материалы Третьей Конференции собраны в два тома. Первый том содержит 139 докладов, представленных мерзлотоведами и инженерами из 11 стран: Аргентины, Канады, Дании, Франции, Японии, Польши, Швеции, Швейцарии, США, СССР и ФРГ. Второй том будет включать в себя восемь обзорных докладов по специальным темам мерзлотоведения, общую информацию, список участников, обсуждения некоторых докладов и официальные предложения, внесенные на Конференции. Он будет издан и разослан участникам Конференции после ее завершения в возможно кратчайший срок.

Делегаты Конференции будут иметь возможность принять участие в одной из шести тематических экскурсий по окончании технических заседаний в Эдмонтоне. Эти экскурсии позволят ознакомиться с проблемами многолетней мерзлоты в северных районах Канады. Путеводители для всех тематических экскурсий будут выданы на Конференции лицам, прошедшим полную регистрацию.

Оргкомитет Третьей Международной Конференции по Мерзлотоведению приветствует всех ее участников и выражает надежду, что заседания, тематические экскурсии и другие мероприятия Конференции окажутся плодотворными и интересными.

Роджер Дж. Браун,
Председатель Оргкомитета
Третьей Международной Конференции
по Мерзлотоведению

ВЫРАЖЕНИЕ БЛАГОДАРНОСТИ

Оргкомитет Третьей Международной Конференции по Мерзлотоведению выражает благодарность Национальному исследовательскому совету Канады, по инициативе которого через посредство Комитета по геотехническим исследованиям и Подкомитета по мерзлотоведению организуется эта конференция. Большую помощь в планировании мероприятий Конференции оказали сотрудники Национального исследовательского совета, в частности Отдела по организации конференций и Отдела по исследованиям в строительстве.

Значительную финансовую поддержку оказали следующие федеральные министерства: Министерство энергетики, горного дела и ресурсов, Министерство рыбного хозяйства и охраны окружающей среды, Министерство по делам индейцев и Севера, Министерство обороны, Министерство общественных работ и Исследовательский центр Министерства транспорта в Монреале. Большую роль в организации и финансировании Конференции сыграли предприятия частного сектора, такие как Акуитэйн кампани ов Канада /г.Калгари/, Ассошиэйтед энджиниэринг сэрвисиз лимитед /г.Эдмонтон/, Шеврон стандард лимитед /г.Калгари/, Финнинг трактор энд экуипмент кампани /г.Ванкувер/, Гоулдер, Бронер энд ассошиэтс /г.Ванкувер/, Клон Леонофф консалтантс /г.Ричмонд,Британская Колумбия/, Маджестик Уайли контракторз лимитед /г.Эдмонтон/, Мобил ойл Канада /г.Калгари/ и Стиэрнз-Роджер Канада лимитед /г.Калгари/.

Оргкомитет выражает благодарность авторам восьми специальных докладов, авторам 139 докладов, представленных на Конференцию, редакторам этих докладов, сотрудникам Отдела переводов Национального исследовательского совета Канады и Отдела переводов Государственного департамента. Совместные усилия вышеперечисленных организаций и лиц позволили собрать обширный материал о состоянии исследований в области мерзлотоведения и инженерного дела. Оргкомитет также благодарит делегатов всех стран, согласившихся принять участие в работе Третьей Международной Конференции по Мерзлотоведению.

Роджер Дж. Браун,
Председатель Оргкомитета
Третьей Международной Конференции
по Мерзлотоведению

TABLE OF CONTENTS

PAGE

1.2 PHYSICS AND CHEMISTRY OF FROZEN GROUND

1.3 HYDROLOGY

PAGE

1.4 GEOCRYOLOGY, PAST AND PRESENT

PAGE

PAGE

PAGE

PAGE

PAGE

PAGE

2.7 PETROLEUM ENGINEERING

TABLE DES MATIÈRES

PAGE

1.2 PHYSIQUE ET CHIMIE DES GÉLISOLS

1.3 HYDROLOGIE

PAGE

PAGE

PAGE

1.5 ÉTUDES RÉGIONALES

PAGE

PAGE

2.2 CONSIDÉRATIONS GÉOTHERMIQUES

PAGE

2.3 PROPRIÉTÉS GÉOTECHIQUES DES GÉLISOLS ET DES SOLS AU COURS DE L'ENGEL ET DU DÉGEL

PAGE

PAGE

PAGE

СОДЕРЖАНИЕ

Страница

1. ОБЩЕЕ МЕРЗЛОТОВЕДЕНИЕ

1.1 ТЕПЛОФИЗИКА МЕРЗЛЫХ ТОЛЩ

2.4 СТРОИТЕЛЬСТВО НА МЕРЗЛЫХ ГРУНТАХ

I. PERMAFROST SCIENCE

I.1 THERMAL ASPECTS

I. SCIENCE DU PERGÉLISOL

I.1 ASPECTS THERMIQUES

I. ОБЩЕЕ МЕРЗЛОТОВЕДЕНИЕ

I.1 ТЕПЛОФИЗИКА МЕРЗЛЫХ ТОЛЩ

INDEX MODELS FOR PREDICTING GROUND HEAT FLUX TO PERMAFROST DURING THAWING CONDITIONS

F.L. Abbey, Don M. Gray, D.H. Male and D.E.L. Erickson, Division of Hydrology, College of Engineering, University of Saskatchewan, Saskatoon, Saskatchewan

During the summer of 1973 a comprehensive measurement program was undertaken of the components of the surface energy balance over a tundra polygon near Tuktoyaktuk, N.W.T. It was found that under conditions where the development of an atmospheric boundary layer is incomplete, to prohibit the use of aerodynamic equations for calculating the sensible and latent heat flux components from wind, temperature and humidity data, simple index models may provide reasonable estimates of the ground heat flux. Two index models for predicting the ground heat flux during the thawing period are presented. One model is based on the use of cumulative net radiation; the other on cumulative air temperature measurements. The models are verified by measurements of ground heat flux taken at a depth of approximately 5 cm. The results suggest net radiation is the dominant energy source governing the supply of ground heat during the growth of the active layer.

MODÈLES DE RÉFÉRENCE POUR LE CALCUL DU FLUX DE CHALEUR VERS LE PERGÉLISOL LORS DU DÉGEL

F.L. Abbey, Don M. Gray, D.H. Male et D.E.L. Erickson, Division de l'hydrologie, Collège de Génie, Université de la Saskatchewan, Saskatoon, Saskatchewan.

A l'été de 1973, on a entrepris une mesure complète des éléments du bilan énergétique superficiel d'un polygone de toundra près de Tuktoyaktuk (T.N.-O.). On a trouvé que des modèles de référence simples peuvent fournir une estimation acceptable du flux de chaleur dans le sol, lorsque la formation de la couche atmosphérique limite est incomplète et empêche l'emploi d'équations aérodynamiques pour le calcul des éléments des flux de chaleur sensible et latent du vent, de la température et de l'humidité. Deux modèles de prévision du flux de chaleur dans le sol au cours du dégel sont présentés. Le premier est basé sur l'emploi du rayonnement net cumulé; le second, sur les températures cumulatives de l'air. Les modèles sont vérifiés par le flux de chaleur dans le sol mesuré à une profondeur de 5 cm environ. Les résultats font croire que le rayonnement net est la principale source d'énergie responsable de la chaleur dans le sol, au cours du développement de la couche active.

ИНДЕКСНЫЕ МОДЕЛИ ДЛЯ РАСЧЕТА ТЕПЛОВОГО ПОТОКА В МНОГОЛЕТНЕМЕРЗЛОМ ГРУНТЕ В ПРОЦЕССЕ ПРОТАИВАНИЯ

Летом 1973 г. на тундровом полигоне в районе Туктояктука /Северо-Западные территории/ была проведена комплексная программа измерений компонентов поверхностного энергетического баланса. Было найдено, что в условиях недостаточно сформировавшегося атмосферного граничного слоя, исключающих возможность использования аэродинамических уравнений для расчета физических и латентных составляющих теплового потока на основе данных о ветре, температуре и влажности, простые индексные модели дают возможность довольно точно рассчитать грунтовой тепловой поток. Представлены две индексные модели для расчета теплового потока в грунтах в период таяния. Одна из моделей основана на использовании суммарной чистой радиации, другая - на измерениях суммарной температуры воздуха. Модели опробованы в процессе измерений теплового потока в грунте на глубине порядка 5 см. Результаты указывают на то, что чистая радиация является доминирующим источником энергии, обуславливающим приток грунтового тепла в процессе роста деятельного слоя.

INDEX MODELS FOR PREDICTING GROUND HEAT FLUX TO PERMAFROST DURING THAWING CONDITIONS

F. L. Abbey, Don M. Gray, D. H. Male and D. E. L. Erickson

Division of Hydrology, College of Engineering, University of Saskatchewan
Saskatoon, Saskatchewan S7N OWO

INTRODUCTION

The energy balance at the earth's surface is known to govern many natural phenomena including the rate of growth and decay of the active layer in permafrost regions. Nevertheless, it has proven extremely difficult to incorporate the surface energy balance into models designed to predict freezing or thawing conditions. Generally, either one or more of the terms in the energy equation cannot be estimated accurately as the hydrometeorological parameters required are not available.

Index models which are simple to apply and require one or two readily-available or easily-measurable input parameters are widely used in the design of engineering works. In this paper, two index models are proposed for calculating ground heat flux. It is shown that in a permafrost region where a well-developed atmospheric boundary layer is absent because of local terrain features, it may be possible to estimate the cumulative ground flux from cumulative values of net radiation or air temperature.

SITE DESCRIPTION AND INSTRUMENTATION

Data for this study were collected during the summer of 1973 at a site located approximately 18 km south of Tuktoyaktuk, N.W.T. in an area of rolling hills 15 to 30 m high. The instrument mast was located on a relatively level tundra polygon which was surrounded on the north, east and south sides by hills at distances between 75 to 150 m. A lake was situated approximately 50 m to the west. In the immediate vicinity of the mast were cracks approximately 1 m deep and 1 to 2 m wide.

At a site having such exposure conditions it is extremely difficult to establish the magnitudes of the latent and sensible heat fluxes at the ground surface. These fluxes cannot be calculated accurately by standard profile methods unless there is a well-developed turbulent boundary layer at the ground surface. The presence of cracks, hills and open water in the immediate vicinity of the instrument mast made it highly unlikely a boundary layer with measurable wind, temperature and humidity profiles would be present.

Nevertheless, in an attempt to obtain a quantitative assessment of the errors in the various terms in the energy budget which could be expected under these conditions, and to provide data in support of other studies, measurements of air temperature, humidity and wind profiles were made. A single instrument mast was used to collect profile data: air temperature was measured at the tundra surface at heights of 20, 40 and 80 cm, the dew point temperature at heights of 20, 40 and 80 cm and the wind velocity at heights of 20, 40, 80 and 100 cm. The air temperatures were measured with shielded thermistors, the dew point temperatures by means of lithium chloride dewcells, and the wind velocities by anemometers of the Rimco "miniature cup" impulse type.

The ground heat flux was measured directly using a heat flux plate. The sensor was placed approximately 5 cm below the tundra surface. Soil temperatures were measured by thermistors installed at depths of 5, 10, 15, 20 and 30 cm.

Incoming short wave and reflected radiation were measured directly using Kipp and Zonen pyranometers. Net radiation was measured with a Funk type net pyradiometer.

Details of the instrumentation are contained in Gray et al (1974). All measurements were made on a continuous basis with the aid of battery-driven field recorders.

BOUNDARY LAYER DEVELOPMENT

Before the energy budget can be incorporated into a predictive model for the surface heat flux it is necessary to establish the accuracy with which the sensible, latent and radiation fluxes can be calculated. As mentioned in the preceding section, local terrain conditions at the measurement site were such that it was unlikely a boundary layer was present within which defined temperature, humidity and wind profiles exist. Within an established boundary layer it can be assumed the sensible and latent heat fluxes are constant with height which makes it possible to calculate these fluxes using various aerodynamic formulae (Sverdrup, 1936; Thornthwaite and Holzman, 1939; Deacon and Swinbank, 1958). Alternately, these terms can be measured directly using the eddy flux technique developed by Dyer (1961) in situations where the boundary layer is sufficiently well developed to allow the instrument to be placed at a height where it can monitor the unsteady components of wind, humidity and temperature.

A detailed analysis of the profiles along with the errors encountered in the calculation of the latent and sensible heat fluxes by aerodynamic formulae are given by Gray et al,(1974). Their findings may be summarized as follows:

1) Logarithmic wind velocity profiles existed at the site for much of the measurement period.
2) No systematic temperature differences could be detected during most of the measurement period indicating the temperature profile was non-existent or, at best, poorly developed.
3) With few exceptions, the difference between the upper and lower dewpoint temperatures represented a difference in absolute humidity of less than 0.0003 kg/kg. In other words, a humidity profile did not exist.
4) Application of aerodynamic formulae to calculate sensible and latent heat fluxes indicate differences in the order of 100% between the various expressions.

Based on these findings, it is concluded that calculations of the ground heat flux as a residual in the energy equation is not possible. In terms of model development, this implies some type of empirical index is necessary if the ground flux is to be estimated from measured atmospheric parameters. Many studies of different natural surfaces have shown that net radiation is often the dominant flux in the surface energy exchange. The absence of a well-defined boundary layer and the long hours of daylight would suggest net radiation as a major energy source to the ground heat flux at the study site. Therefore, it is appropriate to investigate the relationship between these two fluxes.

EVALUATION OF MEASUREMENTS OF THE GROUND HEAT FLUX

Heat flux plates are known to be sensitive to the medium in which they are immersed (Tanner, 1963). In addition, it is important to ensure there is a good thermal contact between the plate and the surrounding material. The flux plate used in the present study (Flux Transensor-dimensions 1.65 cm x 2.5 cm x 0.10 cm) was calibrated in the laboratory in wet sand rather than in situ. It was essential, therefore, to establish the validity of the heat flux measurements by an independent means. To this end the flux-plate data were compared with the fluxes calculated from the soil temperature profiles. For this analysis it was necessary to estimate the thermal conductivity of the material surrounding the flux plate.

If one assumes that the heat flow in the soil occurs mainly by conduction in the vertical direction and that the medium is isotropic and homogeneous, the energy equation assumes the form:

$$\alpha \frac{\partial^2 T}{\partial z^2} = \frac{\partial T}{\partial t} \quad (1)$$

where α = thermal diffusivity ($\alpha = k/\rho c$ in which; k = the thermal conductivity, ρ = the density and c = the specific heat), T = temperature, z = length in the vertical direction and t = time.

Van Wijk and de Vries (1963) show that, if it is assumed that at all depths the temperature varies as a harmonic function of time about the average value then a constant, D, referred to as the damping depth, is related to the thermal properties of the soil and the frequency of the temperature wave by the relation:

$$D = (2\alpha/\omega)^{1/2} \quad (2)$$

where $\omega = 2\pi/86{,}400\ s^{-1}$ for a 24-hour period. Likewise, the phase shift L(z) of the temperature wave at a depth, z, is equal to the ratio z/D. Combining this equality with equation 2 yields the following expression for thermal diffusivity:

$$\alpha = \omega(z/L(z))^2/2 \quad (3)$$

Average values for α may be obtained directly from this equation once L(z) is determined from the soil temperature data.

The diffusivities calculated from equation 3 at depths of 5 cm and 15 cm were 6.32 cm^2/h and 7.64 cm^2/h respectively. These values are substantially lower than those listed for mineral soils of various moisture contents and approach the average value for water in the observed temperature range (4.6 cm^2/h). Gravimetric samples of the medium were taken directly beneath the surface at a depth between 4 and 7 cm. Although no tests were conducted to determine the organic content of these samples, visual inspection indicated that they were highly organic. The samples had moisture contents in excess of 200 percent by weight, an average heat capacity of 3.60 kJ/kg·°C and an average dry density of 700 kg/m^3. In the light of these results, it was considered reasonable to assume the density of the soil was close to that of water (1000 kg/m^3).

An estimate of the daily heat flux may be obtained in principle by measuring the instantaneous temperature gradient at 5 cm and multiplying by the value for thermal conductivity and integrating over a 24-h period. In practice this procedure is often unreliable because it is extremely difficult to establish the temperature gradient near the surface where large fluctuations in temperature are the rule. In view of this difficulty, the following energy balance approach was used to calculate the heat flux at the 5 cm depth.

Heat Flux (5 cm) = Heat Flux (17.5 cm) + Change in Internal Energy between 5 and 17.5 cm (4)

The depth of the lower boundary was chosen at 17.5 cm because an examination of the temperature data revealed that in the depth increment between 15 and 20 cm a linear temperature gradient could be used to approximate the temperature profile. Within this depth increment the gradients did not change significantly over periods of one hour making it possible to further simplify the calculations by assuming a steady state situation over this period. Thus the hourly heat flux (q) at 17.5 cm was calculated by assuming $q = -k\Delta T/\Delta z$ where $\Delta T/\Delta z$ is the average of the gradient at the beginning and end of the hour. Thermal conductivity (k) was calculated from the expression:

$$k = \alpha c \rho$$

and the change in internal energy in the layer between 5 and 17.5 cm (ΔU) by,

$$\Delta U = \rho c \Delta z \Delta T$$

where: α = 7.64 cm^2/h,
c = 3.60 kJ/kg·°C,
ρ = 1000 kg/m^3,
Δz = 12.5 cm and
ΔT = the temperature change over one hour measured at a depth of 10 cm.

Figure 1 compares the measured and calculated daily heat fluxes at 5 cm for the period of study. The agreement in the time response of the measured and calculated fluxes are good with the measured values generally tending to be consistently greater than the calculated values except in late August. It is also evident that the larger differences are associated with the higher fluxes. One would expect the averaging procedure to give a low estimate of the heat flux. Also, it is possible that solar radiation penetrated to the flux plate during periods of intense radiation causing it to read high.

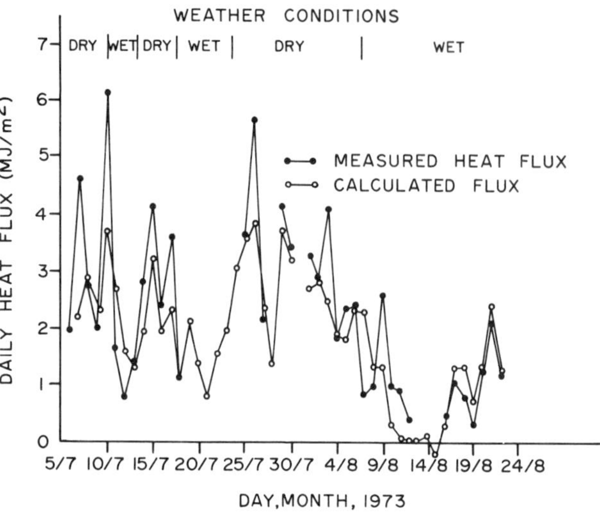

Figure 1. Comparison of Measured and Calculated Daily Ground Heat Fluxes: ρ = 1000 kg/m^3, k = 0.764 W/m·°C.

Figure 2 shows the cumulative curve of measured flux plotted against the values calculated from the temperature profile data assuming; ρ = 1000 kg/m^3 and k(17.5 cm) = 0.76 W/m·°C. The linear association between the two parameters was calculated as:

$$\Sigma Q_G(\text{HFP}) = 1.50 + 1.16\ \Sigma Q_G(\text{TP}) \quad (5)$$

where Q_G(HFP) = heat flux measured by the plate (MJ/m^2) and Q_G(TP) = heat flux calculated by the temperature profile data (MJ/m^2).

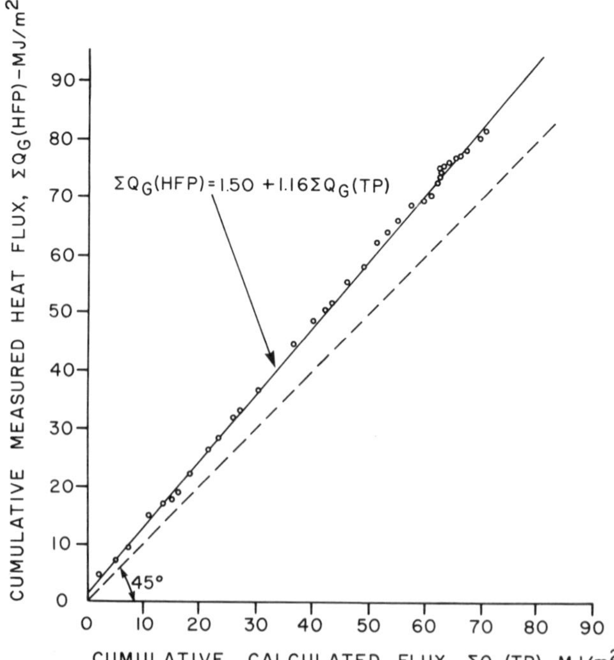

Figure 2. Comparison of Measured and Calculated Cumulative Ground Heat Fluxes (MJ/m^2).

The coefficient of determination (r^2) for the regression is 0.999. Equation 5 suggests that on the average the measured heat fluxes were 16 percent higher than the calculated values; this constant percentage (linearity) would suggest the value of k used in the calculation is low. Considering the assumptions involved in the calculations and that the heat flux plate had been calibrated it is assumed the agreement is sufficiently close to validate the measured heat flux values. Further analysis is based on the premise that the measured heat fluxes are accurate.

DAILY VALUES OF GROUND HEAT FLUX AND NET RADIATION

An examination of the daily changes in ground heat flux and net radiation showed that, on the average, the peak intensity of ground heat flux lagged the peak of net radiation by two hours. This lag was taken into account in calculations of the daily totals of the two components. Net radiation was calculated from the cross-over or zero point in the morning which occurred at approximately 0300 hours. The corresponding ground heat flux values were determined from 0500 hours. Both values were assigned to the same calendar day.

Figure 3 shows the daily values of Q_G and Q_N plotted for the measurement period. From the figure it can be observed that the response of the two variables is fairly consistent both in time and direction although the relative magnitudes of the two fluxes vary widely. Further attempts were made to relate the daily values of net radiation and ground heat flux stratified according to rain and rainfree periods. The scatter diagrams resulting from this analysis indicated the association between the variables was very weak for both situations.

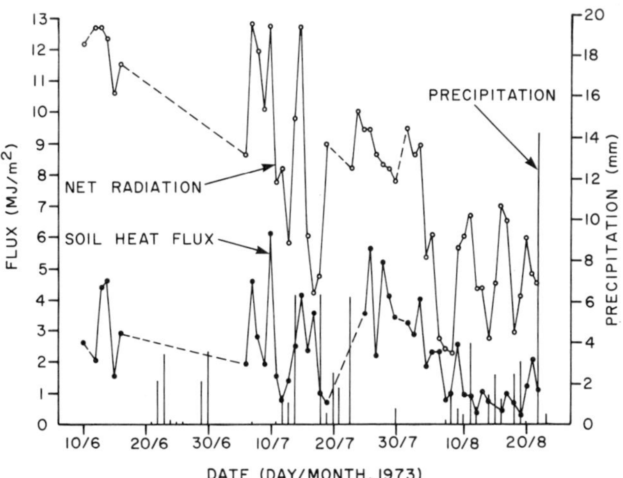

Figure 3. Daily Values of Net Radiation and Measured Ground Heat Flux (MJ/m²).

Wide scatter of the daily values might be expected since the relative magnitudes of net radiation, latent and sensible heat fluxes may vary widely depending on local atmospheric conditions. Because of the large scatter, "best-fit" curves derived from these data could not be used as reliable predictive relationships.

CUMULATIVE VALUES OF GROUND HEAT FLUX AND NET RADIATION

From the point of view of model development the ground heat flux for any given 24 h period is probably unimportant when considering changes in the depth of the active layer or thermokarst development. Further, the total or integrated heat capacity of the active layer would tend to dampen short term variations in the surface energy flux. These considerations suggest that cumulative values of net radiation may provide a more useful and accurate index of the ground heat flux. Figure 4 shows the cumulative values of ground heat flux (ΣQ_G) plotted against the cumulative values of net radiation (ΣQ_N). Two features are obvious:

1) The association between ΣQ_G and ΣQ_N for rain and rain-free periods are distinctly different.
2) Within either a rain or a rain-free period the slope of the curve is relatively uniform.

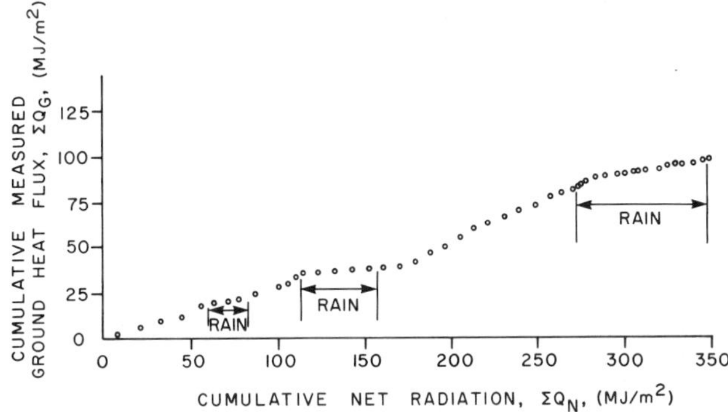

Figure 4. Cumulative Measured Ground Heat Flux and Net Radiation: Rain and Rain-free Periods (MJ/m²).

During rain events the change in ΣQ_G corresponding to a given change in ΣQ_N is much smaller than for rain-free periods. Several factors may contribute to this phenomenon. The presence of rain water in the upper soil layer will temporarily increase its heat capacity. Furthermore, this water will have a more or less uniform temperature and will considerably reduce the temperature gradient at the surface and hence the heat flux into the soil. It should be recognized, however, that the result does not imply that the total energy flux to the ground is less during rain periods. Heat flux plates do not measure heat transferred by mass moisture movement and considerable amounts of energy may be added (advected) to the soil by the infiltrating water. In other words, the total ground flux will be the sum of the heat flux by conduction and the energy flux associated with the water movement.

On the basis of the results given in Figure 4, linear regressions between ΣQ_G and ΣQ_N were developed for both rain and rain-free periods (see Figures 5 and 6). The regression equations are:

For rain-free periods

$$\Sigma Q_G = -3.94 + -.347\ \Sigma Q_N \qquad (MJ/m^2) \qquad (6)$$
$$r^2 = 0.992$$

For rain periods

$$\Sigma Q_G = -0.536 + 0.153\ \Sigma Q_N \qquad (MJ/m^2) \qquad (7)$$
$$r^2 = 0.978$$

The high values of the coefficients of determination (r^2) suggest that 98 to 99 percent of the variation in ΣQ_G can be explained by the linear regression with ΣQ_N. Although the data exhibits a sinusoidal variation about the regression line measurement errors are such that the use of a higher order polynomial cannot be justified.

The results indicate that over periods longer than a day radiation is the dominant process contributing to the ground heat flux. There are two possible explanations for this: either the sensible and latent heat transfer processes compensate each other so that their algebraic sum is small or each of these transfer processes is unimportant in relation to the radiation exchange process. The latter possibility is more likely considering the lack of well-developed humidity and temperature profiles at the field site.

The correlation for rain-free periods suggest that the ground heat flux at a depth of 5 cm is on the average 35 percent of the net radiation. This value would appear to be unusually high considering the low conductivity and good insulating properties of the organic surface, and could only be possible if there was a large temperature difference between the tundra surface and the air. During the measurement period, surface temperatures recorded by a shielded thermistor exceeded the air temperature at 20 cm by 6 to 8°C on clear sunny days. Balobaev (1964) has shown that under short grass conditions temperature differences in the order of 5°C are necessary to sustain a ground heat flux of the magnitude encountered in this study.

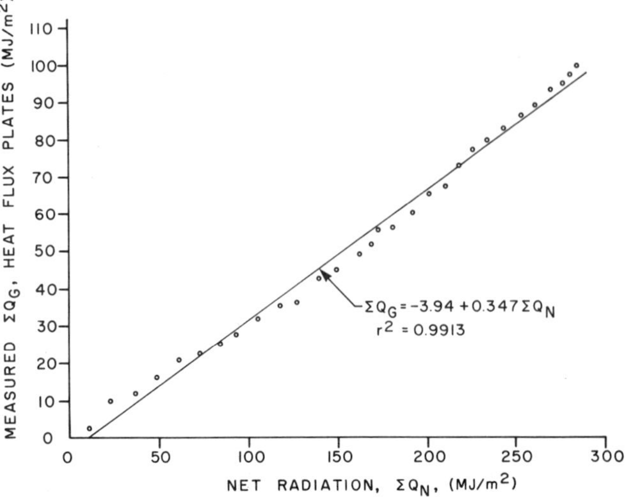

Figure 5. Cumulative Measured Ground Heat Flux and Cumulative Net Radiation: Rain-free Periods (MJ/m²).

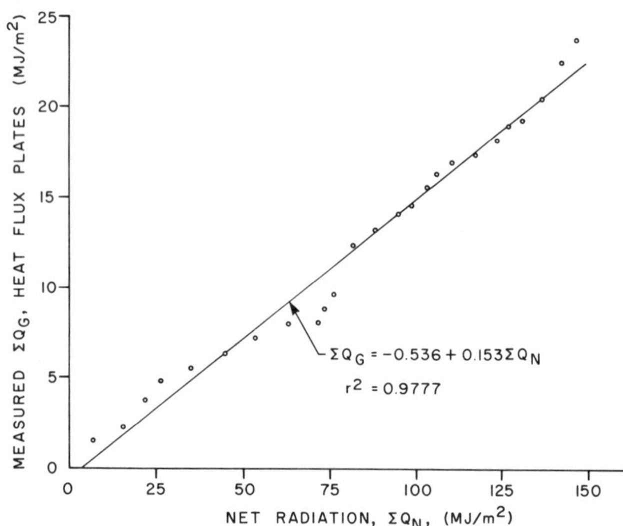

Figure 6. Cumulative Measured Ground Heat Flux and Cumulative Net Radiation: Rain Periods (MJ/m²).

GROUND HEAT FLUX AND AIR TEMPERATURE

An analysis of air temperature and net radiation data revealed there was a fairly good degree of association between these two parameters ($r^2 = 0.69$). Air temperature is a much easier parameter to measure than net radiation and therefore an attempt was made to relate ΣQ_G to the cumulative mean daily air temperature measured at 20 cm above the tundra surface. These data are plotted in Figure 7. The regression equation is:

$$\Sigma Q_G = 5.32 + 0.334\ \Sigma T - 0.0002(\Sigma T)^2 \qquad (8)$$

where ΣQ_G has the units of MJ/m² and ΣT has the units °C·day.

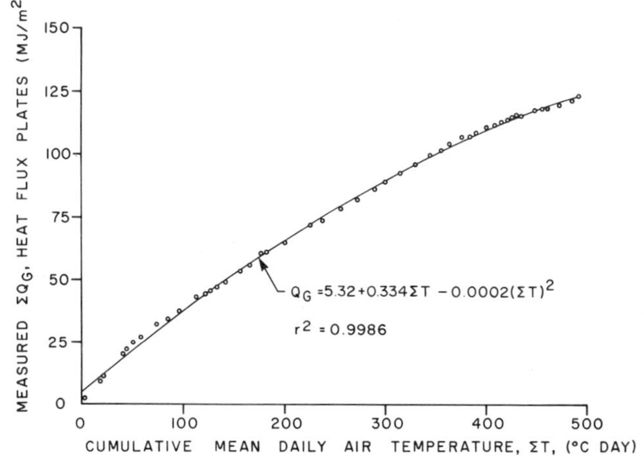

Figure 7. Cumulative Measured Ground Heat Flux (MJ/m^2) and Cumulative Mean Daily Air Temperature (°C·day): Rain and Rain-free Periods.

For this expression, $r^2 = 0.999$. Data for both rain and rain-free periods were included in the derivation of equation 8. The relationship is nonlinear and the coefficients are likely to exhibit a seasonal change depending on vegetal changes and whether the tundra is thawing or freezing. The physical basis of the equation is difficult to establish without a detailed investigation of the energy exchange processes between the air and the tundra. Therefore, the relationship must be considered empirical. However, the results of a less comprehensive measurement program on a denuded surface, which was water-covered throughout most of the study period, suggested cumulative ground heat flux could be linearly related to cumulative air temperature (Gray et al, 1974). The possibility of predicting the ground flux from a single, easily measured parameter such as air temperature warrants further study.

CONCLUSIONS

The results of the study suggest that index models based on cumulative net radiation or cumulative air temperature may be used to predict ground heat flux to permafrost under thawing conditions. Because of their simplicity and potential in engineering applications further study and development of these models is warranted.

REFERENCES

Balobaev, V.T., 1964. Heat exchange between permafrost and the atmosphere in the presence of a vegetation cover. Technical Translation 1670, NRC, 1973.

Deacon, E.L. and W.C. Swinbank, 1958. Comparison between momentum and water vapour transfer. Climatology and Microclimatology, Proc. Canberra Symp., Unesco, Arid Zone Res., No.11, pp.38-41.

Dyer, A.J. ,1961. Measurements of evaporation and heat transfer in the lower atmosphere by an automatic eddy-correlation technique. Quart,J.Roy.Meteorol.Soc., v.87, pp.401-412.

Gray, D.M., D.E.L. Erickson and F. Abbey, 1974. Energy studies in an Arctic environment. Environmental Social Committee, Northern Pipelines, Task Force on Northern Oil Development Rept. No.74-18.

Sverdrup, H.U., 1936. The eddy conductivity of the air over a smooth snow field - results of the Norwegian-Swedish Spitzburgen Expedition in 1934. Geogysiske Publikasjouer, v.11, no.7, pp.1-69.

Tanner, C.B., 1963. Basic instrumentation to measurements for plant environment and micrometeorology. Soils Bull. no.6, Dept. Soils Sci., Univ. Wisconsin, Madison.

Thornthwaite, C.W. and B. Holzman, 1939. The determination of evaporation from land and water surfaces. Mo.Wea.Rev., v.67, pp.4-11.

Van Wijk, W.R. and de Vries, 1963. Periodic temperature variation in a homogeneous soil. Physics of plant environment. (ed. Van Wijk) John Wiley and Sons, New York, N.Y.

ACKNOWLEDGEMENTS

The authors wish to acknowledge the financial assistance provided by the Department of Indian Affairs and Northern Development in support of the study. The Minister, Department of Indian Affairs and Northern Development does not accept responsibility for the results or their interpretation.

RECONSTRUCTION OF PALAEOCLIMATE FROM PRESENT -DAY GEOTHERMAL DATA

V.T. Balobaev, Permafrost Institute, Yakutsk, U.S.S.R.

Earth materials are media with a memory. The most informative are freezing and thawing materials which retain information tens of thousands years old. By calculating and analyzing the temperature field of disequilibrium permafrost thawing from below, an attempt is made to determine the palaeotemperatures of earth materials and the palaeoclimate during the last cold period (glaciation) in the northern part of the Asiatic continent. Calculations show that 20,000 years ago the climate was colder by 10-13°C, while the thickness of permafrost reached 600-800 m.

RECONSTRUCTION DU PALÉOCLIMAT AU MOYEN DES DONNÉES GÉOTHERMIQUES ACTUELLES

V.T. Balobaev, Institut de géocryologie, Iakutsk, URSS

Les roches peuvent garder l'empreinte d'événements passés. Les plus intéressantes d'entre elles, celles soumises à une alternance d'engel et de dégel, conservent des informations qui datent de plusieurs dizaines de milliers d'années. A partir d'analyses et de calculs du champ thermique du pergélisol instable qui subit un dégel à sa base, une tentative est faite pour déterminer les paléo-températures des roches et le paléoclimat de la dernière période de refroidissement (glaciation) dans le nord du continent asiatique. Selon les calculs, le climat était, il y a vingt mille ans, de 10° à 13° C plus froid qu'aujourd'hui et l'épaisseur du pergélisol atteignait 600-800 m.

РЕКОНСТРУКЦИЯ ПАЛЕОКЛИМАТА ПО СОВРЕМЕННЫМ ГЕОТЕРМИЧЕСКИМ ДАННЫМ

В.Т. Балобаев, Институт мерзлотоведения, Якутск, СССР

Горные породы являются средами, обладающими памятью. Наиболее информативными оказываются промерзающие-протаивающие горные породы, сохраняющие сведения, давностью в несколько десятков тысяч лет. На основе расчетов и анализа теплового поля протаивающих снизу нестационарных мерзлых толщ делается попытка получить сведения о палеотемпературах горных пород и палеоклимате периода последнего похолодания (оледенения) на севере азиатского материка. Расчетные данные показывают, что 20 тыс. лет назад климатические условия были холоднее современных на 10-13°С, а мощность мерзлой толщи достигала 600-800 м.

РЕКОНСТРУКЦИЯ ПАЛЕОКЛИМАТА ПО СОВРЕМЕННЫМ ГЕОТЕРМИЧЕСКИМ ДАННЫМ

В.Т. Балобаев

Институт мерзлотоведения, Якутск, СССР

Горные породы являются такой средой, в которой неравновесные термодинамические процессы в данный момент времени определяются не только параметрами состояния и их градиентами в тот же момент времени, но зависят от состояния на более ранних этапах, от предыстории процесса. В таком случае говорят, что среда обладает памятью.

Память имеет свойство затухания, определяемое как ослабление памяти об отдаленных стадиях процесса. Временная эволюция состояния описывается специальным уравнением Лиувилля (Дэй, 1974), из которого следует, что с течением времени детали начального состояния не только забываются, но и описываются все более сокращенным набором величин. Для различных сред и различных процессов временные масштабы затухания варьируют в широких пределах.

Нас будет интересовать только тепловое состояние горных пород, определяемое температурой и тепловыми потоками (или градиентами температуры). Горные породы - среды с невысокой теплопроводностью, поэтому теплопередача в них осуществляется медленно как во времени, так и в пространстве. Пространственные масштабы играют огромную роль в затухании памяти. Более мощная толща горных пород несёт значительно больше информации о тепловой предыстории, о тепловых состояниях более древних времен. Попытки извлечь эту информацию на основании анализа современного теплового состояния горных пород вне области развития криолитозоны пока не увенчались существенными положительными результатами. Влияние прошлой эпохи в современном температурном поле пород не выходит за пределы точности интерпретации, осложненной слабой изученностью свойств среды, побочными влияниями и незначительными амплитудами колебаний температуры в прошлом. Несмотря на слабую теплопроводность, без значительного запоздания осуществляется релаксация температурных изменений.

Иначе обстоит дело, когда процесс теплопередачи сопровождается фазовыми изменениями в среде, процессами замерзания воды или таяния льда в породах. Действительно, из уравнения теплопроводности следует, что безразмерное время стабилизации температуры в мерзлой зоне выражается критерием Фурье $F_0 = a\tau/\xi^2$, где a - температуропроводность пород; τ - время; ξ - мощность мёрзлой толщи. В то же время из условия сохранения энергии на границе раздела фаз (условие Стефана) получается, что время стабилизации положения этой границы определяется комплексным критерием $\lambda T\tau/\xi^2 Q$, где λ - теплопроводность пород; T - температура; Q - тепло, выделяющееся или поглощающееся в фазовом процессе. Этот критерий можно представить иначе: $(a\tau/\xi^2)\cdot(\lambda T/aQ)$, где первый сомножитель представляет тот же критерий Фурье.

Второй сомножитель всегда меньше единицы. Для плотных осадочных и кристаллических пород он близок к ней, а для слабо сцементированных водосодержащих пород он в 10-50 раз меньше. Это означает, что в первом случае различие в скоростях теплопередачи и движения фазовой границы почти не наблюдается, а во втором теплопередача происходит значительно быстрее, чем движется фазовая граница. Здесь температурное поле почти полностью определяется фазовыми процессами. Во влагосодержащих промерзающих-протаивающих породах затухание памяти происходит очень медленно. Их современное тепловое состояние несёт значительную информацию о прошлых температурных условиях за длительный этап времени.

Изменение температурного поля горных пород в основном начинается с поверхности, потому что самым динамичным фактором формирования температуры пород является климат. Он же и меняется значительно. Теплые эпохи сменяются холодными ледниковыми.

Если мы сможем извлекать информацию о прошлом тепловом состоянии мёрзлых слабосцементированных пород, то мы сможем говорить о климатах в прошлом, причём, чем ближе это прошлое, тем полнее и точнее может быть информация. В настоящее время такие возможности имеются, их представляют современные нестационарные мёрзлые толщи, развитые на значительной территории севера СССР.

Анализ их теплового состояния со всей очевидностью свидетельствует, что наше время является более теплым, чем ближайшая прошлая эпоха. Можно выделить три типа температурного поля нестационарных мёрзлых толщ (рис.). К первому типу относятся низкотемпературные монолитные нестационарные мёрзлые толщи, характерные для Центральной Якутии и крайнего севера Тюменской области. Второй тип характеризует практически безградиентную монолитную нестационарную мёрзлую толщу, имеющую температуру начала таяния поровотрещинного льда. Этот тип встречается широко в северных районах Тюменской области и в ряде районов Якутии, прилегающих к нижнему и среднему течению р. Вилюя.

Последний, третий тип охватывает оторванные от поверхности и протаивающие сверху мёрзлые реликтовые толщи горных пород. Основной чертой всех типов нестационарных мёрзлых толщ является их современное протаивание снизу. Критерием его служит превышение потока тепла к нижней фазовой границе в талых породах над оттоком тепла от этой границы - в мёрзлых, то есть $q_T > q_M$.

Результаты геотермических исследований последних лет, при которых особое внимание уделяется изучению теплового состояния пород вблизи фазовой границы, однозначно указывают на современное потепление климата в Западной и Восточной Сибири и в Якутии. На значительное потепление указывает большое несоответствие теплового состояния мёрзлой толщи температурным условиям на поверхности. Потепление происходило медленно и длительно, поскольку температурное поле и мерзлой толщи,

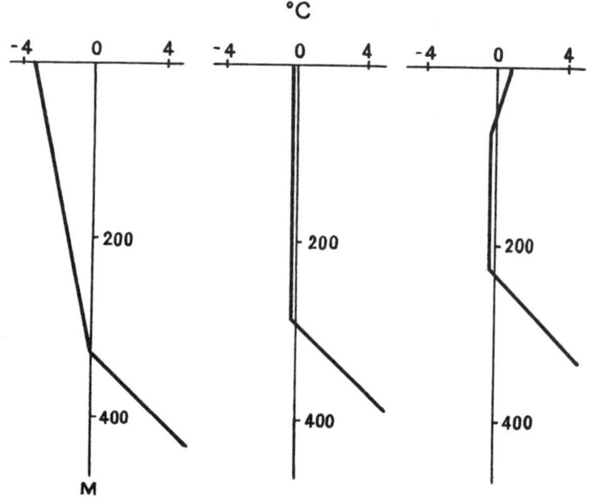

Типы температурного поля нестационарных мерзлых толщ.

и талых нижележащих пород имеет квазистационарный вид в пределах точности изменений, то есть оно успевает стабилизироваться вслед за возникающими изменениями. Процесс потепления не осложнялся длительными и значительными по амплитуде похолоданиями, так как современный тепловой процесс в горных породах имеет однонаправленный характер. Это не исключает существования короткопериодных колебаний температуры на поверхности, длительностью менее 500-1000 лет, которые не могут оказать влияние на нижнюю фазовую границу. Потепление охватило все северные районы СССР и, вероятно, носило глобальный характер, ибо одинаковые нестационарные мерзлые толщи встречаются по сути дела на всей территории криолитозоны в осадочных толщах моложе юрского возраста. Таковы качественные выводы, следующие из анализа имеющихся геотермических данных. Эти данные были подвергнуты и количественной обработке. Но здесь встретились значительные трудности. Вначале нужно было найти решение задачи протаивания мерзлой толщи снизу под влиянием внутриземного теплового потока и изменения температуры на дневной поверхности. Приближенное решение было получено нами раньше в предположении квазистационарности температурного поля в талой зоне (Балобаев, 1971; 1973). В качестве начального условия принималось, что в середине последнего климатического минимума мощность мерзлой зоны соответствовала температуре пород на дневной поверхности, а температурное поле горных пород было стационарным, Иначе $T_0 \lambda_M / \xi_0 = -q_T$, $q_T > 0$, где T_0 – температура поверхности горных пород в период климатического минимума; λ_M – теплопроводность мерзлой толщи; ξ_0 – мощность мерзлой зоны в тот период. Такой момент всегда наступает, если после похолодания начинается потепление. Он не совпадает точно с серединой холодного периода, а несколько сдвинут в зависимости от хода температуры.

В качестве граничного условия принималось линейное повышение температуры на поверхности, начиная с момента конца холодного периода, когда устанавливается стационарное поле, и до наших дней: $T_П = T_0 + \beta\tau$ где $T_П$ – температура поверхности; τ – время; β – средняя скорость изменения температуры. Конечно, реальный ход температуры поверхности за тысячелетия после последнего холодного (ледникового) периода не подчинялся столь простой зависимости. Вся трудность задачи и заключается в незнании истинного хода температуры в прошлом. Линейная аппроксимация – это наиболее простое и в отсутствие истинных сведений может быть даже наиболее правильное предположение. Оно вносит в задачу, кроме времени, еще только один неизвестный параметр – скорость изменения температуры поверхности. Более сложная апроксимация привела бы к введению большего числа неизвестных параметров, что вообще сделало бы решение этой задачи невозможным. Даже в этой наиболее простой постановке не удалось замкнуть систему уравнений и сделать ее решение корректным.

При принятых условиях получим

$$T_0 = T_П \sqrt{\frac{\theta^2 + \theta + \gamma}{\theta^2 \gamma}} \exp\left[\frac{1}{\sqrt{\Delta}}\left(\operatorname{arctg}\frac{1 + 2\theta}{\sqrt{\Delta}} + \operatorname{arctg}\frac{1}{\sqrt{\Delta}}\right)\right],$$

где

$$\theta = \frac{T_П \lambda_М}{q_T \xi}; \qquad \gamma = \frac{Q \lambda_М}{q_T^2}\beta;$$

$$T_П = T_0 + \beta\tau; \qquad Q = 80\,\delta W - \frac{1}{3} T_П\,\delta c;$$

$$\Delta = 4\gamma - 1 > 0; \qquad q_T > 0;$$

ξ – мощность мерзлых пород в настоящее время; δ – объемный вес сухой породы; W – влагосодержание горных пород; c – теплоемкость горных пород.

В этом уравнении неизвестными являются T_0 и β, зная их можно найти ξ и τ, то есть мы в любом случае имеем одно уравнение с двумя неизвестными. Необходимое для однозначного решения второе уравнение отсутствует и мы не смогли его найти для тех данных, которые имелись у нас. Для этого было бы пригодно уравнение, описывающее температурное поле внутри мерзлой зоны или в талых породах. Но, как мы уже говорили, в современном температурном поле следы прошлых изменений почти совершенно стерты, их память затухает очень быстро со временем. Информативными являются только фазовые процессы, поскольку анализировались геотермические материалы по мерзлым толщам большой мощности, а искомая информация охватывает период в несколько десятков тысяч лет.

В последние годы были достигнуты значительные успехи в исследовании абсолютной хронологии климатических изменений позднего плейстоцена и голоцена Сибири (Кинд, 1974). Они дают возможность установить, что стационарный режим мерзлых толщ при переходе от последнего похолодания к потеплению, принимаемый нами в качестве начального условия, по-видимому, имел место 18000-20000 лет назад.

Тогда предложенное уравнение будет зависеть только от одной переменной – температуры поверхности горных пород в период последнего сартанского оледенения, очень близкой к минимальной, и результаты анализа становятся однозначными.

Были использованы геотермические данные по 12 пунктам области развития криолитозоны в СССР. Семь из них находятся в Якутии, один – в Восточной Сибири и 3 в Западной Сибири. Исходные геотермические данные приведены в табл. 1. Некоторые из них, особенно влагосодержание и тепло, поглошаемое в фазовых переходах, непосредственно не измерялись, а рассчитывались по побочным данным. Основную погрешность в расчеты вносят именно они. Установлено, что изменение Q на 20-30% приводит к различию температуры в 1-2°С. Как будет видно ниже, эта ошибка вполне допустима и составляет 10-15%.

Таблица 1

Исходные геотермические параметры для расчетов палеотемператур

Пункт	Широта, град	Долгота, град	$T_п$, °C	ξ, м	$\lambda_т$, ккал/ч.м.°C	$\lambda_м$, ккал/ч.м.°C	δ, кг/м^3	W, %	Q, ккал/ч.м^3	$q_т$, ккал/ч.м^2	$q_м$, ккал/ч.м^2
Бахынай	66	123	-5,0	650	2,2	2,6	2350	12	20000	0,046	0,018
Вилюйск	64	122	-3,0	600	2,3	2,6	2400	9	15800	0,046	0,011
Намцы	63	130	-3,2	480	2,0	2,7	2200	16	24300	0,047	0,014
Кызыл-Сыр	64	124	-1,3	460	2,3	2,6	2250	13	22200	0,055	0,007
Неджели	64	126	0,0	450	2,4	2,7	2300	12	19700	0,050	0,0
Якутск	62	130	-2,0	350	2,7	2,8	2550	4	7800	0,043	0,016
Собо-Хая	64	127	-1,4	80	2,6	2,7	2350	9	15800	0,090	0,047
Промышленный	64	126	-2,8	150	2,7	2,8	2350	9	16000	0,080	0,050
Туруханск	66	85	0,0	270	1,7	2,2	2100	20	28000	0,048	0,0
Медвежье	66	74	+1,0	280	1,4	1,6	2000	21	27600	0,050	0,0
Юбилейное	66	76	0,0	240	1,4	1,6	2000	21	27500	0,046	0,0
Уренгой	66	77	0,0	360	1,4	1,7	2000	21	27500	0,043	0,0

В течение расчетного периода протаиванием снизу были охвачены песчаные породы мела и юры в Якутии, переслаивающиеся песчано-глинистые породы мелового возраста в районе Туруханска и глинистые породы палеогена на севере Западной Сибири. Это и определило значительные различия в расчетных параметрах (табл. 1).

Уже простое рассмотрение фактических данных помогает установить, что современная аномально большая мощность мерзлой толщи могла сформироваться только при температурах на ее поверхности ниже минус 8-10°C в Якутии, 6°C - в Восточной Сибири и 7-9°C - в Западной Сибири.

Результаты расчета температуры поверхности мерзлых пород, мощности мерзлой зоны и средней скорости изменения температуры на период 20 тыс. лет назад представлены в табл. 2. В то время мерзлые породы были на 7-14° холоднее, чем ныне, и их температура достигала -14,0°C. Каких-либо существенных различий в температурах между пунктами, например, Якутии и Западной Сибири, не обнаруживается. Существовавшее в тот период похолодание охватывало всю зону развития мерзлых пород и оно, видимо, было синхронно на всей этой территории. Несколько ослабленое влияние похолодания прослеживается в долине реки Лены (Намцы, Якутск, Промышленный). Нужно отметить, что и сейчас там температуры несколько выше, чем на соседних приводораздельных участках. Скорость повышения температуры равняется в среднем на рассмотренной территории 0,5°C за 1000 лет. В Западной Сибири она выше, а в Якутии ниже. Здесь необходимо иметь в виду, что пункты Западной Сибири расположены на 2-3°севернее, чем в Якутии, примерно на широте полярного круга. В период сартанского похолодания (оледенения) мощность мерзлой зоны в Якутии достигла 800 м, но так же, как теперь, менялась в широких пределах от места к месту, поскольку на нее большое влияние оказывает геолого-тектоническая обстановка. За 20 тыс. лет сильно влагонасыщенные породы протаяли всего на 100-150 м, а более плотные и менее пористые - на 250-300 м. Средняя скорость протаивания составляла от 0,6 до 1,5 см в год, а сейчас она равняется 1,5-2,5 см в год, то есть на начальной стадии протаивания фазовые процессы происходили медленнее, чем ныне. По ориентировочным расчетам, если современные условия не будут существенно меняться, потребуется еще столько же времени для стабилизации мощности мерзлой зоны в рассматриваемых районах.

Дополнительно были рассчитаны палеотемпературы мерзлых пород на время 15 тыс. лет назад. Они указывают на те же самые закономерности, по вполне понятным причинам их значения выше, хотя и не намного, для большинства пунктов не более, чем на 1°C. Это обстоятельство указывает на возможность анализа палеоклимата, даже если время климатического минимума определено со значительной погрешностью.

Мы получили данные о палеотемпературах поверхности горных пород. Но они функционально связаны с температурой воздуха, являющейся основной характеристикой климата, а следовательно с палеоклиматом. Для точного перехода от температуры пород к температуре воздуха необходимо знание таких параметров, как радиационные и тепловые составляющие обмена поверхности с атмосферой, динамические характеристики атмосферы, осадки, особенно зимой, на момент климатического минимума. Задача получения этих данных вряд ли выполнима, поэтому остается поступить наиболее просто. Будем считать, что разность между температурой воздуха и температурой поверхности горных пород в прошлом была такой же, как сейчас, то есть перечисленные выше параметры существенных изменений не претерпели. По-видимому, реальная разница между ними была меньше.

В настоящее время средняя годовая температура поверхности во всех использованных пунктах на 7-8°C теплее средней годовой температуры воздуха. С учетом этого получим, что 20 тыс. лет назад температура воздуха на севере Западной Сибири и в центре Якутии равнялась -17-21°C в среднем за год. Это примерно на 10-13°C ниже, чем в наше время. Как видим, произошло значительное потепление климата, приведшее к сокращению мощности мерзлых толщ на всей территории СССР.

Рассматривая расчетные средние скорости повышения температуры (табл. 2), можно видеть, что, хотя для совсем близких пунктов они почти одинаковы (например, Вилюйск, Кызыл-Сыр, Неджели), их значения все же существенно различаются. Маловероятно, чтобы в пределах небольшой территории Центральной Якутии ход потепления климата был разным в разных местах.

Скорее всего он был одинаковым. Тогда различия в β должны указать на то, что в каждом пункте Центральной Якутии условия теплообмена поверхности с атмосферой развивались и менялись по особому. В первую очередь это относится к растительности и напочвенным покровам. То же самое происходило и в Западной Сибири.

Допущенное нами предположение о монотонности повышения температуры горных пород с середины сартанского похолодания (оледенения) до наших дней исключило из рассмотрения влияние голоценового оптимума на развитие мерзлых толщ, продолжавшегося несколько тысяч лет. Оправданием этому служили следующие обстоятельст-

Таблица 2

Основные результаты палеогеотермических расчетов для времени 20 тыс. лет назад

Пункт	T_0, °C	$T_п - T_0$, °C	β, °C/1000 лет	ξ_0, м	$\xi_0 - \xi$, м
Бахынай	-14,1	9,1	0,45	800	150
Вилюйск	-13,7	10,7	0,53	800	200
Намцы	-10,2	7,0	0,35	590	110
Кызыл-Сыр	-13,6	12,3	0,61	640	180
Неджели	-12,3	12,3	0,61	660	210
Якутск	-10,0	8,0	0,40	650	300
Собо-Хая	-11,3	9,9	0,49	350	270
Промышленный	-10,4	7,6	0,38	360	210
Туруханск	-9,1	9,1	0,46	420	150
Медвежье	-13,2	12,2	0,61	420	140
Юбилейное	-11,0	11,0	0,55	380	140
Уренгой	-14,2	14,2	0,71	570	210

ва. Во-первых, протаивание мерзлой толщи снизу зависит от температуры на поверхности, пока она остается отрицательной. Переход ее в положительную область вызывает начало протаивания сверху. Нижняя же граница продолжает двигаться, как будто на поверхности сохраняется 0°С, так как поток тепла в мерзлой толще равен нулю до тех пор, пока верхняя и нижняя фазовые границы не сольются в одну, то есть пока вся толща не протает, (см. кривую типа III на рис.).

Во-вторых, имеющиеся на сегодня многочисленные геотермические данные не указывают на влияние этого оптимума на температуру горных пород. В Якутии такая картина может быть объяснена тем, что в голоцене температура горных пород не заходила в область положительных температур, поэтому влияние этого периода очень быстро стерлось последующим небольшим похолоданием, при котором мы живем и сейчас. Что это действительно было так, говорит существование здесь вблизи поверхности древних жильных льдов.

В Западной Сибири, там, где горные породы сейчас имеют нулевую или близкую к ней температуру, объяснить отсутствие следов голоценового потепления нам не представляется возможным, если не предпологать, что его сменил не менее мощный период похолодания, ликвидировавший его температурные последствия.

Если принять, что средняя температура поверхности пород в голоценовый оптимум была на 2°С выше, чем сейчас, то сверху должно было произойти оттаивание на глубину 60-80 м. А поскольку после оптимума похолодание было незначительным и кратковременным, то к настоящему времени этот талик должен сохраниться и иметь температуру, равную температуре замерзания, близкую к 0°С. Там, где сейчас температура поверхности равна 0°С, талик должен обнаруживаться на кривых типа II (см. рис.). В нашем анализе такие кривые присутствовали (Туруханск, Юбилейное, Уренгой), но следов голоценового оптимума они не несли. В дальнейшем нужно обратить внимание на фазовое состояние верхних горизонтов пород с нулевой температурой мерзлой толщи, подвергнуть их всесторонним исследованиям.

Имеются сведения, что по данным бурения вскрываются талые слои внутри мерзлой толщи, но подтверждения этих фактов другими методами нет, если не считать существования современных поверхностных талых зон с пониженной местами до отрицательных значений температурой верхних слоев. Не нужно проводить сложных расчетов, чтобы показать, что возраст 10-15-метрового поверхностного мерзлого слоя определяется 2-4 сотнями лет, а не тысячелетиями.

Вопрос влияния голоценового потепления на тепловое состояние мерзлых пород остается открытым.

ЛИТЕРАТУРА

БАЛОБАЕВ В.Т. 1971. Особенности геотермических процессов в районах с многолетнемерзлыми породами. В кн.: Геокриологические исследования, Якутск, с. 9-17.

БАЛОБАЕВ В.Т., ДЕВЯТКИН В.Н., КУТАСОВ И.М. 1973. Современные геотермические условия существования и развития многолетнемерзлых горных пород. - Доклады и сообщения на II Международной конференции по мерзлотоведению вып. 1. Якутск, с. 11-19.

ДЭЙ У.А. 1974. Термодинамика простых сред с памятью "Мир", М., 190 с.

КИНД Н.В. 1974. Геохронология позднего антропогена по изотопным данным. М., "Наука", 255 с.

INFLUENCE OF CLIMATE AND TERRAIN ON GROUND TEMPERATURES IN THE CONTINUOUS PERMAFROST ZONE OF NORTHERN MANITOBA AND KEEWATIN DISTRICT, CANADA

R.J.E. Brown, Division of Building Research, N.R.C., Ottawa, Canada.

Mineral exploration in Northern Manitoba and District of Keewatin and investigations for a proposed natural gas pipeline have produced a need for permafrost information where virtually no data were previously available. Thermocouple and thermistor cables have been installed at various depths down to 15 m in different types of terrain in this region. Ground temperatures recorded during 1974-1976 inclusive and their relation to climatic and terrain factors are presented. Annual variations in ground temperatures and thickness of the active layer in response to annual fluctuations of summer and winter air temperatures indicate the influence of climate on permafrost. Ground temperatures vary in different types of terrain at one location due to variations in vegetation, snow cover, proximity to water bodies, and type of soil and rock.

INFLUENCE DU CLIMAT ET DU TERRAIN SUR LA TEMPÉRATURE DU SOL, DANS LA ZONE DE PERGÉLISOL CONTINU DU NORD DU MANITOBA ET DU DISTRICT DE KEEWATIN, AU CANADA

R.J.E. Brown, Division des recherches en Bâtiment, C.N.R.C., Ottawa, Canada

Dans le nord du Manitoba et le district de Keewatin, l'exploration minière et les études relatives au projet de construction d'un gazoduc exigent l'apport d'information sur le pergélisol, actuellement presque inexistantes. On a installé des câbles de thermocouples et thermistors à diverses profondeurs, jusqu'à 15 mètres, dans les divers types de terrain de cette région. On donne ici des relevés des températures du sol, de 1974 à 1976 inclus, et l'on indique les relations qui existent entre celles-ci et les éléments climatiques et morphologiques. Les variations annuelles de la température du sol et de l'épaisseur du mollisol, qui dépendent des fluctuations annuelles des températures atmosphériques d'hiver et d'été, indiquent l'influence du climat sur le pergélisol. Les températures du sol varient dans les divers types de terrain d'une région donnée, en fonction de la végétation, de la couverture nivale, de la proximité de plans d'eau, et des types de sols et de roches.

ВЛИЯНИЕ КЛИМАТА И ХАРАКТЕРА МЕСТНОСТИ НА ТЕМПЕРАТУРУ ГРУНТОВ В ЗОНЕ СПЛОШНОГО РАСПРОСТРАНЕНИЯ МНОГОЛЕТНЕЙ МЕРЗЛОТЫ

В связи с разведкой полезных ископаемых в Северной Манитобе и Киватине и разработкой проекта газопровода возникла необходимость получения данных о многолетней мерзлоте, которые ранее практически отсутствовали. На различной глубине /до 15 м/, в различных типах местности этого района были уложены кабели с термопарами и термисторами. В данной работе представлены температуры грунтов, зарегистрированные в период с 1974 г. по 1976 г. включительно, а также их зависимость от климатических и топографических факторов. Годовые колебания температуры грунтов и толщины деятельного слоя в зависимости от годовых колебаний летних и зимних температур воздуха свидетельствуют о влиянии климата на состояние мерзлых грунтов. Температура грунтов на различных типах местности в пределах одного района меняется в зависимости от растительности, снежного покрова, близости к водным бассейнам и типа почвы и горных пород.

INFLUENCE OF CLIMATE AND TERRAIN ON GROUND TEMPERATURES IN THE CONTINUOUS PERMAFROST ZONE OF NORTHERN MANITOBA AND KEEWATIN DISTRICT, CANADA

R.J.E. Brown

Division of Building Research, National Research Council of Canada, Ottawa, Ontario.

INTRODUCTION

Since 1973, regular measurements of ground temperatures have been taken by the staff of the Division of Building Research, National Research Council of Canada, at various sites in northern Manitoba and District of Keewatin (Fig. 1) to assess the influence of climate and terrain on permafrost in the southern reaches of the continuous zone. Virtually no information existed on permafrost conditions in this area prior to these studies. Limited data on permafrost ground temperatures and related conditions were obtained for Churchill, Manitoba in the 1940's and 1950's during construction of several buildings and municipal services (Crumlish, 1947; Dickens and Gray, 1960) and a drilling program carried out by the Snow, Ice and Permafrost Research Establishment (now the Cold Regions Research and Engineering Laboratory) of the United States Army. The only other information on permafrost conditions resulted from the operation of a nickel mine at Rankin Inlet, N.W.T., from 1957 to 1962.

Continuing mineral exploration and pipeline site investigations have increased the need for information on permafrost, particularly ground temperatures and their variability in different types of terrain. The results of observations through 1974-1976 are reported in this paper.

TABLE I. CLIMATIC DATA AND SUMMER AND WINTER AVERAGE AIR TEMPERATURES FOR METEOROLOGICAL STATIONS IN STUDY AREA

Station	Churchill	Ennadai Lake	Chesterfield	Baker Lake
Latitude	58° 45'N	61° 08'N	63° 20'N	64° 18'N
Mean Annual Air Temperature, °C	-7.3	-9.5	-11.6	-12.3
Mean Annual Maximum Air Temperature, °C	-3.3	-5.3	-7.8	-8.4
Mean Annual Minimum Air Temperature, °C	-11.3	-13.7	-15.2	-16.1
Freezing Index Degree Days, °C	3721	4496	4910	5173
Thawing Index Degree Days, °C	1128	1085	735	875
Mean Annual Precipitation, cm	39.7	28.6	26.3	21.3
Mean Annual Rainfall, cm	22.2	16.4	14.9	12.4
Mean Annual Snowfall, cm	183.9	120.7	112.8	88.9
Snow on ground, cm (avg. max. snow cover)	56	53	41	41
Avg. of Mean Air Temp. (June - Sept. incl.),°C				
1974	7.4	8.9	5.5	7.2
1975	8.9	9.9	6.6	8.3
1976	10.1	10.4	5.7	6.4
Avg. of Mean Air Temp. (Oct. - May incl.), °C				
1973-74	-19.4	-17.5	-20.9	-22.6
1974-75	-17.0	-17.3	-19.9	-21.1
1975-76	-17.2	-18.1	-20.8	-21.4

CLIMATIC AND TERRAIN CONDITIONS

Keewatin and the northeastern portion of Manitoba are situated in the Arctic. Climatological data for the study area indicate that air temperatures and precipitation decrease steadily northward from the highest values at Churchill to Baker Lake, N.W.T. (Table I). The averages of the mean air temperatures for June to September inclusive, and for October to May inclusive for the years 1974 to 1976 at the four stations are given in Table I. Summer averages are higher at Ennadai Lake than at Churchill because of the latter's proximity to Hudson Bay and higher at Baker Lake than Chesterfield for the same reason.

Details of the terrain of the study area can be found in the two references: Canada, 1962 and Canada, 1971.

The study area lies in the continuous permafrost zone (Brown, 1967; Canada, 1971; Brown, 1977) (Fig. 1). Churchill is situated near the approximately known boundary between the continuous and discontinuous zones where permafrost is about 60 m thick. Near the coast it increases to approximately 270 m at Rankin Inlet (Weber and Teal, 1959). Inland,the permafrost is thicker away from the thermal influence of Hudson Bay. In the vicinity of Baker Lake, it is estimated to be approximately 500 m thick. Surface features normally associated with the continuous permafrost zone are widespread. Ice wedge polygons and mudboils (non-sorted circles) are the main forms of patterned ground on land. Distinct types of patterned ground e.g., polygons, rib-and-trough patterns, also occur in the shoal areas of the lakes (Shilts and Dean, 1975).

METHODS AND INSTRUMENTATION

In 1972, 4 thermocouple cables were placed in diamond drill boreholes in bedrock, marine/till, and an esker at Rankin Inlet. Four similar cables were installed at Churchill in 1973 in bedrock, marine/till, and a palsa. The next year, 4 were placed at Heninga Lake (bedrock and thin till with sorted circles, poorly drained till with sedge cover) and two in the Maguse Lake region (till), both inland locations. In 1975 the Polar Gas Project installed thermistor cables for the author at 4 major river crossings on the proposed natural gas pipeline route, one in Manitoba on the Nejanilini River 160 km northwest of Churchill and one each at: 100 km south of Baker Lake on Thirty Mile Lake, 15 km west of Baker Lake on Thelon River, and 100 km north of Baker Lake on Meadowbank River. In the summer of 1976 Polar Gas installed 9 thermistor cables for the author along the proposed pipeline route on higher ground away from the major rivers of which 4 are in the region near the Tha-Anne, Noomut, Kogtok and Kazan Rivers. Locations of these cables are shown in Fig. 1.

All thermocouple and thermistor cables were fabricated to a length of approximately 15 m with sensors at depths of 0.76, 1.52, 2.29, 3.05, 3.81, 4.57, 6.10, 12.19, and 15.24m. Some cables were installed to the full 15.24-m depth and the remainder to shallower depths where drilling difficulties were encountered or the maximum hole depth for purposes other than this study was only required to reach bedrock. The thermocouple cables were read with a battery-powered portable precision potentiometer and the thermistor cables with a battery-powered resistance bridge. The cables were usually read monthly at Rankin Inlet and quarterly at Churchill. The other cables are accessible only by helicopter.

Long distances over uninhabited terrain, uncertain weather conditions and high cost of helicopter travel made it difficult to reach the inland sites at regular 3-month intervals. Sufficient observations have been made at various seasons, however, to gain an appreciation of the ground temperature regime.

SITE CONDITIONS AND GROUND TEMPERATURES

Information on cable type and depth, site conditions including elevation above sea level, geology, thickness of organic layer, and earth materials is presented in Table II. Average bottom hole temperatures compared with mean annual air temperatures are shown in Table III, as are variations in the thickness of the active layer from year to year. Snow depth and density measurements are given in Table IV. Ground temperature information for the sites is given in Figs. 2 to 8.

RESULTS AND DISCUSSION

All the ground temperature cables in the study area are situated in the continuous permafrost zone. Ground temperatures generally decrease northward in response to the increasingly severe air temperatures. At each location the ground temperature (at the bottom of the hole) is several degrees warmer than the mean annual air temperature. (The variation in these differences from one site to another is due to local terrain conditions (Table III)).

The influence of air temperature variations from year to year on ground temperatures is exemplified at the selected depths in Figs. 4 and 5 for Churchill and Rankin Inlet, respectively. The influence of cooler average summer air temperatures in 1974 compared with 1975 and 1976 (Table I) is reflected in the ground temperatures. The 1976 summer was cooler than 1975 at Rankin Inlet (Chesterfield), but the ground temperatures were similar to those in 1975. Winter air temperatures have a comparable effect although variations in snow cover from year to year complicate this climatic effect. The winter of 1974-75 was slightly milder than the one preceding and the one following which shows up particularly at Rankin Inlet (Fig. 5). The same pattern does not emerge at Churchill although the warmer ground temperatures during the following summer of 1975 at the 14.63-m depth result partially from the previous milder winter. At Heninga and Maguse Lakes the ground temperatures recorded in September of 1975 and 1976 were 1/2 to 1 C deg warmer than those in 1974. The 3 holes in the northern reaches of the study area (Thirty Mile Lake, Thelon River and Meadowbank River) experienced warmer ground temperatures in September 1975 than in 1976 (Fig. 8) following the trend of the corresponding summer air temperatures at Baker Lake (Table I). Ground temperatures at the Nejanilini River in the south showed the same pattern although summer air temperatures at Churchill and Ennadai Lake in the same region were warmer in 1976.

The thickness of the active layer also varied from year to year in response to fluctuations in summer air temperatures (Table III). It is most noticeable in the bedrock sites at Churchill and Rankin Inlet. At Rankin Inlet the thickest active layer occurred in 1975, the warmest summer. The same patterns are generally noticeable at the other cable sites at Churchill and Rankin Inlet, but anomalies occur probably because of variations in ground moisture content at these mineral soil sites. The thickness of the active layer at the Heninga Lake site was significantly greater in the warmer summers of 1975 and 1976 than 1974. In the north the active layer at Thirty Mile Lake was thicker in 1975 than in 1976 (Fig. 8).

The principal terrain factors affecting the ground temperature regime at the sites include vegetation and peat cover, snow cover, proximity to water bodies, and type of soil or rock. The range of ground temperature regimes can be seen in Figs. 2, 3, 6, 7.

At Churchill the bedrock site shows much greater annual temperature fluctuations and a lower annual mean than the three mineral soil sites mainly because of the higher thermal conductivity (about $7W/m^2$) (Figs. 2 and 4). The amplitude of bottom hole temperatures is about 3 C deg in the rock compared with 1 C deg for the other holes. The increase of mean annual temperatures in the latter three holes from the marine/till through the palsa to the palsa depression corresponds to an increase in peat thickness and snow cover and decrease in

TABLE II. CABLE SITES: CABLE DEPTH AND SITE CONDITIONS

Location	Cable Type*	Cable Depth, m	Ground Surface Elev. ASL, m	Geology (Landform)	Organic Layer, cm	Earth Materials (Mineral Soil)
Churchill						
1.	Tcpl	14.94	35	Bedrock	Nil	Quartzite
2.	Tcpl	15.24	15	Marine/till **	23	Silt-Clay-Stones
3.	Tcpl	15.54	23	Palsa	38	"
4.	Tcpl	14.63	20	Palsa depression	154	"
Rankin Inlet						
1.	Tcpl	13.87	24	Bedrock	Nil	Greenstone
2.	Tcpl	12.50	26	Esker	5	Gravel
3.	Tcpl	4.88	32	Till	8	Silt-Clay-Stones
4.	Tcpl	4.27	30	Esker	15	Gravel
Heninga Lake						
1.	Tcpl	15.54	107	Thin till-bedrock	Nil))	Silt-Clay-Stones -Granite Gneiss
2.	Tcpl	14.78	114	"	3)	
3.	Tcpl	14.94	99	Till	8	"
4.	Tcpl	14.94	91	Till	10	"
Maguse Lake						
1.	Tcpl	11.58	61	Till	36	Sand-Silt-Stones
2.	Tcpl	11.22	91	Till	36	"
Nejanilini River	Thmr	12.19	168	Glacial delta	Nil	Sand
Tha-Anne River	Thmr	6.10	175	Outwash	8	Silt-Sand
Noomut River	Thmr	5.80	152	Marine/till	23	"
Kogtok River	Thmr	6.50	183	"	25	Sand-Silt-Stones
Kazan River	Thmr	8.80	168	Till	5	"
Thirty Mile Lake	Thmr	5.49	91	Marine/till	10	"
Thelon River	Thmr	8.23	61	"	10	"
Meadowbank River	Thmr	8.23	130	Till	Nil	Sand-Stones

* Tcpl - thermocouple cable; Thmr - thermistor cable ** Marine deposits overlying till

TABLE III CABLE SITES: AIR AND GROUND TEMPERATURES AND THICKNESS OF ACTIVE LAYER

Location	Mean Annual Air Temp., °C	Avg. Bottom Hole Temp., °C	THICKNESS OF ACTIVE LAYER, cm 1974	1975	1976
Churchill					
1.	- 7.3	-2.9	739	768	777
2.	- 7.3	-2.6	61	94	76
3.	- 7.3	-0.9	46	52	52
4.	- 7.3	0.4	* 16 (73-4)	* 64 (74-5)	* 76 (75-6)
Rankin Inlet					
1.	-11.6	-7.9	329	344	326
2.	-11.6	-7.9	143	155	152
3.	-11.6	-7.9	113	131	107
4.	-11.6	-6.4	116	128	128
Heninga Lake					
1.	- 9.7 (approx.)	-6.2	290	341	341
2.	- 9.7 (approx.)	-6.4	216	287	259
3.	- 9.7 (approx.)	-4.9	158	174	182
4.	- 9.7 (approx.)	-5.6	104	146	140
Maguse Lake					
1.	- 9.7 (approx.)	-4.7	—	38 (peat)	~38 (peat)
2.	- 9.7 (approx.)	-5.1	—	91 (bare soil)	~91 (bare soil)
Nejanilini River	- 7.5 (approx.)	-3.5	—	—	Hole depth* (75-6)
Tha-Anne River	- 9.4 (approx.)	-3.9	—	—	61
Noomut River	- 9.7 (approx.)	-5.4	—	—	31
Kogtok River	-10.3 (approx.)	-6.3	—	—	51
Kazan River	-11.7 (approx.)	-8.8	—	—	111
Thirty Mile Lake	-12.0 (approx.)	-4.9	—	228	204
Thelon River	-12.5 (approx.)	-5.2	—	40	75
Meadowbank River	-12.8 (approx.)	-3.2	—	123	~30

* No permafrost - data for seasonal frost penetration

TABLE IV. SNOW DEPTH, cm AND DENSITY, gm/cc

Location	1974				1975				1976			
	March		Dec.		March		Dec.		March		Dec.	
	Dep.	Dens.	Dep.	Dens.	Dep.	Dens.	Dep.	Dens.	Dep.	Dens.	Dep.	Dens.
Churchill												
1.	61	.237	38	.308	51	.320	3	-	20	.264	15	.280
2.	46	.270	18	.257	36	.312	10	-	33	.347	10	.240
3.	56	.227	36	.196	53	.232	20	-	38	.220	38	.252
4.	69	.235	56	.210	102	.245	25	-	58	.192	41	.220
Rankin Inlet												
1.	0	-	10	.308	0	-	-	-	3	.320	8	.360
2.	8	-	23	.220	30	-	-	-	8	.256	10	.320
3.	15	-	20	.287	15	-	15	-	15	.360	5	-
4.	23	.277	94	.367	81	.376	99	-	91	.320	46	.320
Heninga Lake												
1.	-	-	-	-	-	-	-	-	33	.289	8	.392
2.	-	-	-	-	-	-	-	-	25	.360	10	.312
3.	-	-	-	-	-	-	-	-	30	.272	15	.320
4.	-	-	-	-	-	-	-	-	25	.332	15	.272
Maguse Lake												
1.	-	-	-	-	-	-	-	-	69	.220	46	.313
2.	-	-	-	-	-	-	-	-	41	.264	23	.240
Nejanilini River	-	-	-	-	-	-	-	-	0	-	-	-
Thirty Mile Lake	-	-	-	-	-	-	-	-	41	.400	-	-
Thelon River	-	-	-	-	-	-	-	-	28	.281	-	-
Meadowbank River	-	-	-	-	-	-	-	-	51	.409	-	-

snow density. The thicker peat cover on the palsa results in a thinner active layer than at the marine/till site. The absence of permafrost in the palsa depression down to 15 m is probably related to the swampy conditions and enhanced by the thick snow cover. The steady temperature decrease downward indicates that permafrost probably exists below a thaw basin, beginning at a depth of approximately 30 to 40 m.

The situation at Rankin Inlet is similar where the annual temperature fluctuations are approximately 2 C deg at the bottom of the bedrock hole (thermal conductivity 2.5 to 5 W/m^2) and 1.5 C deg in the esker gravel (Figs. 3 and 5). Temperature fluctuations in the Rankin Inlet bedrock hole are less than the Churchill bedrock hole, because of lower thermal conductivity. Mean annual temperatures and fluctuations are almost as great in the esker gravel and till as in the bedrock because of the thin peat layer and thin snow cover. The mean annual ground temperature of cable No. 4 is 1.5 C deg higher than the others because of the much thicker snow cover.

At Heninga Lake, cables Nos. 1 and 2 have greater annual temperature amplitudes and lower means than cables Nos. 3 and 4 because they are located in bedrock with a thin till cover and thinner peat layers (Fig. 6). Temperatures in the latter two holes are modified by their proximity to the lake. Cable No. 1 at Maguse Lake has a slightly warmer temperature regime than No. 2 because it is nearer the lake and has thicker snow cover (Fig. 7).

The 8 thermistor cables on the pipeline route are all considerably affected by local terrain conditions (Fig. 8). The cable at the Nejanilini River is not in permafrost but it experiences a tremendous annual temperature fluctuation. It is located at the top of a steep sandy south-facing river bank. The sandy soil has a very low moisture content and this combined with virtually no snow accumulation in the winter results in deep seasonal freezing which completely thaws each summer. Continuous permafrost probably exists away from the bank. The cables at Thirty Mile Lake, Thelon River and Meadowbank River exhibit temperatures considerably warmer in relation to the mean annual air temperatures mainly because of their proximity to bodies of water and relatively thick snow cover (Table III). The Meadowbank River cable is at the water's edge and is actually submerged during spring breakup thus the temperatures are greatly modified. The Kazan River cable, located on a hilltop several kilometres from the river and with only 5 cm of peat, shows the smallest difference in ground temperatures from the mean annual air temperature (Table III).

CONCLUSIONS

Ground temperature measurements during the period 1974 to 1976 inclusive indicate that some correlations exist between them and the climatic and terrain factors. These relationships have shown up in other areas studied previously including Thompson, Manitoba, Yellowknife, N.W.T. and Devon Island (Brown, 1973). At all these locations, variations in air temperature from year to year result in corresponding fluctuations in ground temperatures and thickness of the active layer. Local differences in terrain conditions, including thickness of organic layer, snow cover, proximity to water bodies and type of soil and rock, contribute to a range of different ground temperature regimes within one locality. Exceptions and anomalies occur which defy explanation. Difficulties arise in determining the quantitative influence of individual climatic and terrain factors. Nevertheless, continuing observations at existing sites and installation of cables at new sites will improve the ability to establish these relationships.

ACKNOWLEDGEMENTS

The author gratefully acknowledges the assistance of the following organizations during these investigations: National Research Council of Canada, Ottawa, at Thompson and Churchill; Earth Physics Branch, Department of Energy, Mines and Resources, Ottawa; Polar Gas Project, Toronto; E.B.A. Engineering Consultants Limited, Edmonton; J.D. Mollard and Associates Limited, Regina; Arctic Research and Training Centre, Rankin Inlet, N.W.T.; and Lambair Limited, Thompson.

This paper is a contribution from the Division of Building Research, National Research Council of Canada and is published with the approval of the Director of the Division

REFERENCES

BROWN, R.J.E. 1967. Permafrost in Canada. Map published by Div. of Bldg. Res., Nat. Res. Council Canada (NRC 9769) and Geol. Surv. of Canada (Map 1246A).

BROWN, R.J.E. 1973. Influence of Climatic and Terrain Factors on Ground Temperatures at Three Locations in the Permafrost Region of Canada. North American Contribution to the Second International Conference on Permafrost, pp. 27-34.

BROWN, R.J.E. 1977. Permafrost Map. Hydrological Atlas of Canada, Can. Comm. Intern. Hydrol. Decade.

CANADA, 1962. Geological Map of Canada. Dept. Mines and Technical Surveys.

CANADA, 1971. The National Atlas of Canada. Dept. of Energy, Mines and Resources; Map 11-12 (Permafrost), Map 41-42 (Soils), Map 45-46 (Vegetation).

CRUMLISH, W.S. 1947. Exploratory Well Drilling in Permafrost; Fort Churchill, Manitoba, Canada, July - November 1947. Rept. 1045, U.S. Engg. Res. and Development Lab., 77 p.

DICKENS, H.B. and GRAY, D.M. 1960. Experience with a Pier-Supported Building over Permafrost at Churchill, Manitoba. J. Soil Mechanics and Foundation Div., Proc. Am. Soc. Civ. Engineers 86, SM 5, pp. 1-14.

SHILTS, W.W. and DEAN, W.E. 1975. Permafrost Features under Arctic Lakes, District of Keewatin, Northwest Territories. Can. J. Earth Sci. 12, pp. 649-662.

WEBER, W.W. and TEAL, S.S. 1959. A Sub-arctic Mining Operation. Can. Mining and Metallurgical Bull. 62, p. 252-256.

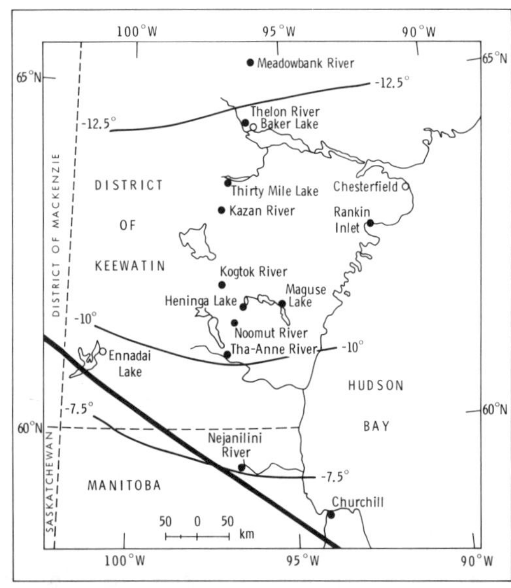

Fig. 1 Permafrost ground temperature cables in northern Manitoba and District of Keewatin, Canada.

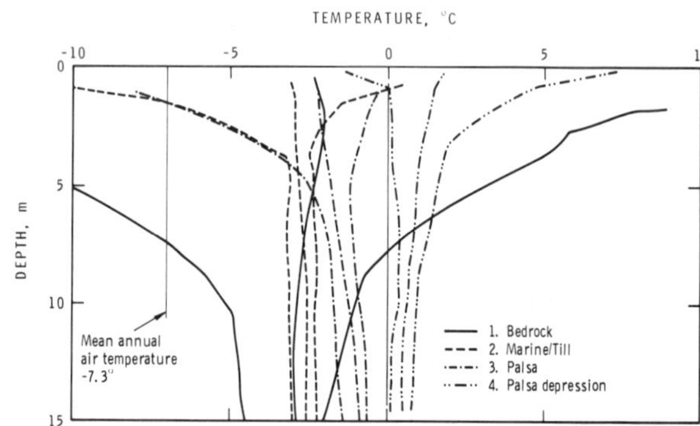

Fig. 2 Churchill, Manitoba: mean annual ground temperature and maximum-minimum envelopes for 1974-76 incl.

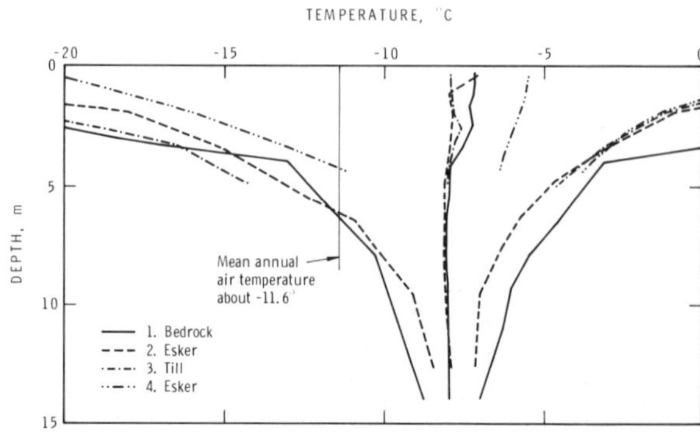

Fig. 3 Rankin Inlet, N.W.T.: mean annual ground temperature and maximum-minimum envelopes for 1974-76 incl.

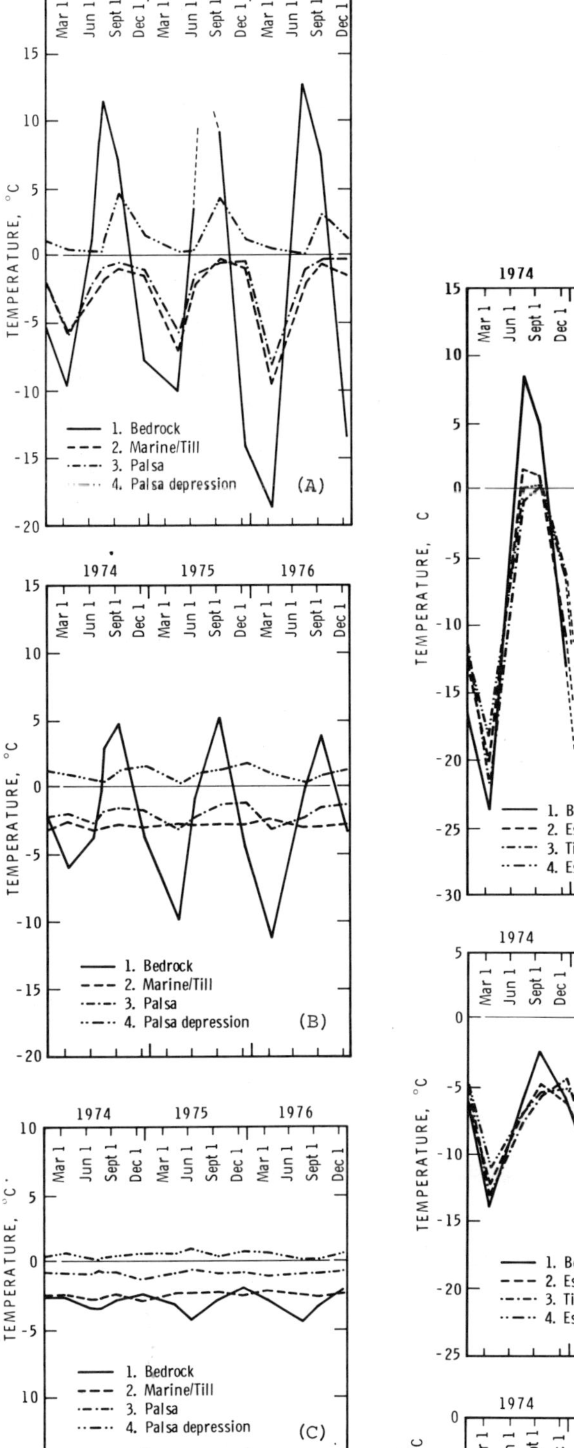

Fig. 4 Ground temperatures at Churchill, Manitoba, 1974-76 incl. at depths of: 1.07 m (A); 4.27 m (B); and 14.63 m (C).

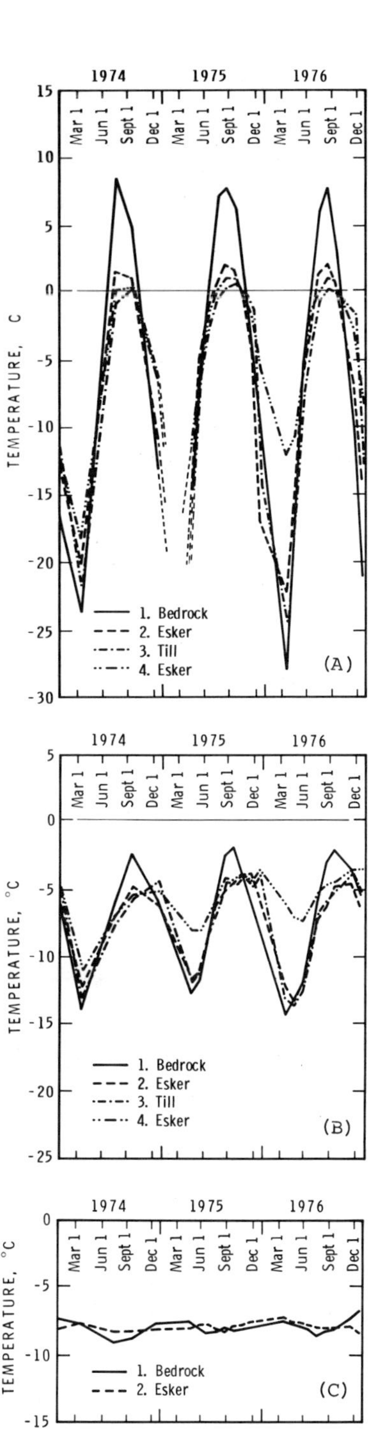

Fig. 5 Ground temperatures at Rankin Inlet, N.W.T. 1974-76 incl. at depths of: 1.07 m (A); 4.27 m (B); and 13.22 m (C).

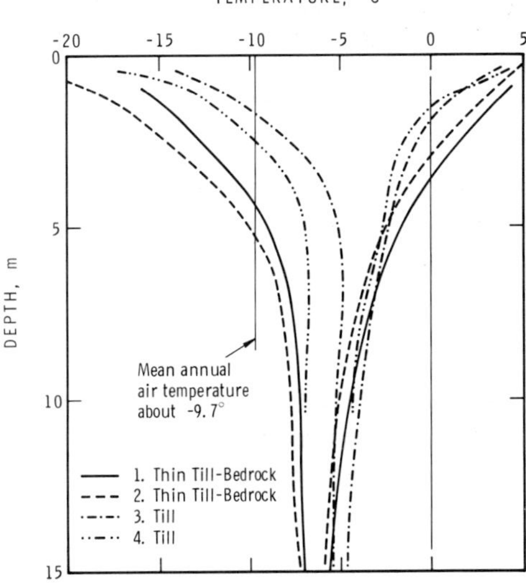

Fig. 6 Heninga Lake, N.W.T.: maximum-minimum ground temperature envelopes based on observations in 1974-76 incl.

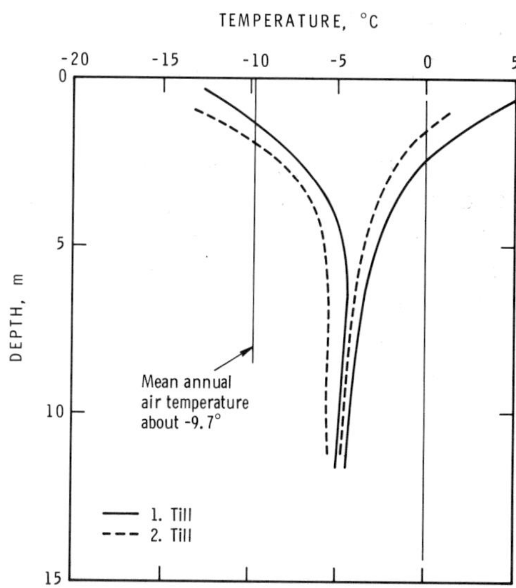

Fig. 7 Maguse Lake, N.W.T.: maximum-minimum ground temperature envelopes based on observations in 1975 and 1976.

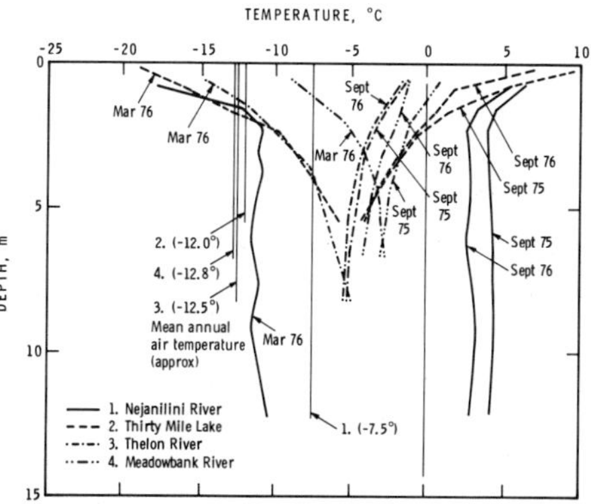

Fig. 8 Polar Gas Pipeline cables: ground temperature observations for 1975 and 1976.

CLASSIFICATION OF THE RELATION BETWEEN CLIMATE AND PERMAFROST AND THE PERMAFROST-CLIMATIC REGIONS

M. K. Gavrilova, Permafrost Institute, Yakutsk, U.S.S.R.

The role of climate in the perennial freezing of earth materials is examined, and a historical outline of the development of ideas on the relation between climate and permafrost is given. It is pointed out that a particular geocryological phenomenon may be related to entirely different aspects of the climate. An attempt is made to classify the relation between climate and permafrost on the basis of six genetic types of climate: cosmic, planetary, macro-, meso- and microclimate, and soil climate. The geocryological problems related to each type of climate are examined. The Earth is then divided into seven genetic, permafrost-climatic regions: macroclimatic; meso-, macroclimatic; macro-, meso-, microclimatic; meso-climatic; meso-, microclimatic; microclimatic; and the corresponding soil-climate regions.

CLASSIFICATION DES TYPES DE RAPPORT CLIMAT-PERGÉLISOL ET DES RÉGIONS CRYOCLIMATIQUES

M. K. Gavrilova, Institut de géocryologie, Iakutsk, URSS

Discussion du rôle joué par le climat dans l'engel pérenne des roches. Histoire de l'évolution des notions relatives au lien entre le climat et le pergélisol, où il est indiqué qu'une manifestation géocryologique particulière peut être liée à des aspects très différents du climat. Tentative de classification du rapport climat-pergélisol selon six types génétiques de climat: cosmique, planétaire, macro-, méso- et microclimatique, et climat de sol. Analyse des problèmes géocryologiques liés à chaque type de climat et arrangement cryoclimatique génétique de la Terre. Sept régions sont dégagées: région macroclimatique; méso-, macroclimatique; macro-, méso-, microclimatique; mésoclimatique; méso-, microclimatique; microclimatique; et le climat de sol correspondant.

ТИПИЗАЦИЯ СВЯЗИ КЛИМАТ-ВЕЧНАЯ МЕРЗЛОТА И МЕРЗЛОТНО-КЛИМАТИЧЕСКИЕ ОБЛАСТИ

М.К. Гаврилова, Институт мерзлотоведения, Якутск, СССР

Разбирается роль климата в многолетнем промерзании горных пород. Дается история развития представлений о связи климата и вечной мерзлоты. Указывается, что то или иное геокриологическое проявление может быть связано с совершенно разными сторонами климата. Предлагается систематизация связи климат-вечная мерзлота по шести генетическим типам климата: космический, планетарный, макро- мезо- и микроклиматический, почвенно-грунтовый (горных пород). Дается разбор геокриологических проблем, связанных с каждым типом климата. Проведено генетическое мерзлотно-климатическое районирование Земли. Выделено семь областей: макроклиматическая; мезо-, макроклиматическая; макро-, мезо-, микроклиматическая; мезоклиматическая; мезо-, микроклиматическая; микроклиматическая; соответствующего почвенно-грунтового климата.

ТИПИЗАЦИЯ СВЯЗИ КЛИМАТ-ВЕЧНАЯ МЕРЗЛОТА И МЕРЗЛОТНО-КЛИМАТИЧЕСКИЕ ОБЛАСТИ

М.К. Гаврилова

Институт мерзлотоведения, Якутск, СССР

Климат - один из основных факторов многолетнего промерзания горных пород на Земле. Достаточно сказать, что области "вечной мерзлоты" на земном шаре приурочены главным образом к полярным и приполярным районам, а в южных широтах к высокогорьям, т.е. к холодным регионам.

Многолетнее промерзание горных пород является хорошим индикатором климата, в особенности его пространственных и временных изменений. В толще порядка сотен, а то и тысяч метров отражаются не только годовые (в верхнем слое), но и вековые колебания климата. В температурном режиме многолетнемёрзлых горных пород (результирующем показателе влияния всех климатических элементов) - история климата Земли с его похолоданиями и потеплениями, разнообразие современных климатических условий и тенденция как естественных, так и искусственных климатических изменений.

Однако, несмотря на длительную историю изучения связи климат-вечная мерзлота, многие стороны этой проблемы остаются до сих пор еще мало разрешенными. Это объясняется как сложностью проблемы, так и рядом объективных (малочисленность количественных данных) и субъективных (отсутствие исчерпывающих теоретических разработок) моментов. Однако развитие современной геокриологии, особенно прогнозного характера, требует ответа на ряд вопросов взаимодействия климата и вечной мерзлоты.

Знакомство с русской, советской и зарубежной литературой показывает, что подход к проблеме взаимосвязи климата и многолетнего промерзания горных пород на разных этапах был различен. В нем отражается диалектический путь познания "по спирали": от простого к сложному и последующее возвращение к первоначальному, но на более высоком уровне.

От качественных рассуждений глобального характера в середине ХУШ в. до точных количественных теплобалансовых измерений в микроклиматическом плане в наши дни - таков путь научного развития проблемы взаимосвязи климата и вечной мерзлоты.

Следует отметить, что некоторые неудачи в выявлении связи климата и многолетнего промерзания горных пород на отдельных этапах (что объясняется недостатком познания или малым количеством имевшегося тогда материала) приводили иногда к пессимизму в отношении этой проблемы.

Так, "неувязка" средних температур воздуха с геокриологическими условиями в каких-то конкретных обстановках (больше микроклиматического плана) в 30-40-х годах настоящего столетия создала мнение, что основным фактором появления и развития многолетнемерзлых горных пород является не климат, а геологическая обстановка.

Однако температура воздуха на метеорологических станциях (открытая местность) измеряется на высоте 2 м. Но здесь она не может в полной мере характеризовать условия вблизи самой земной поверхности, которая является верхним граничным условием распределения температуры в почвогрунте. В приземном слое 0-2 м происходит существенное изменение метеорологических условий. Кроме того, следует учесть, что температура воздуха на этой высоте есть результат не только вертикального, но и горизонтального изменения этого элемента вследствие перемешивания масс воздуха с соседними участками. Короче говоря, температура воздуха, измеряемая на метеорологической сети, является результирующей теплового процесса не в данной точке, а на относительно большой площади или расстоянии, порядка десятка, а то и сотен километров.

Наиболее показательной для целей геокриологии должна быть не температура воздуха, а температура земной поверхности, которая имеет более локальное распределение. К сожалению, считается, что этот элемент, при массовых наблюдениях на метеосети, измеряется еще недостаточно надежно.

Итак, температура воздуха не является удовлетворительным критерием при оценке микроклиматических условий геокриологической обстановки в конкретных местностях. Однако этим элементом не следует пренебрегать при анализе общего геокриологического режима больших регионов. В конечном итоге, температура воздуха есть не что иное как мерило теплового состояния или результат теплового баланса, но на относительно большой территории.

В последнее время начинает проявляться "пессимизм" и по отношению к теплобалансовым данным. Это связано, во-первых, с трудоемкостью измерений этих элементов, а также с тем, что и эти показатели не всегда "увязываются" с геокриологической обстановкой. Так, радиационные характеристики, будучи связанными с астрономическими факторами, имеют тенденцию широтного распределения, чему не всегда подчиняются мерзлотные условия. Например, наиболее холодные грунты - на северо-востоке Якутии, а не на арктическом побережье и островах, где наименьший радиационный баланс в годовом выводе.

Такая "несогласованность" связана с нарушением широтной климатической зональности, со всеми вытекающими отсюда последствиями, циркуляционными факторами климатообразования или степенью континентальности климата. Предварительный анализ наших исследований показывает, что с теплобалансовыми данными лучше всего согласуются общие летние режимы протаивания. Особенности же зимнего промерзания больше увязываются с напряженностью температурных условий. С другой стороны, теплобалансовые характеристики очень показательны при микроклиматических исследованиях как протаивания, так и промерзания грунтов в разных ландшафтных условиях одной и той же местности. Теплобалансовые материалы необходимы также при всевозможных теоретических осмысливаниях тепловых процессов, происходящих на Земле.

Существенную "аномалию" в распределение многолетнемерзлых пород на данной широте вносят: высота места над уровнем моря, рельеф и водоемы что, с точки зрения климатообразования и его последствий также закономерно.

Таким образом, исключительное значение климата в появлении и развитии многолетнемерзлых горных пород, как внешнего источника теплового состояния земной коры в прошлом и настоящем, несомненно. Однако взаимосвязь климата и вечной мерзлоты очень сложна, как и само проявление климатических условий. В одних случаях определяющим выступает установившийся тепловой режим на большом пространстве (который достаточно может характеризоваться температурой воздуха), в других случаях – локальные тепловые режимы, требующие детальных исследований всех составляющих теплового баланса литосфера-почва-атмосфера.

В зависимости от конкретных задач необходим дифференцированный подход к проблеме климат-вечная мерзлота. То или иное проявление геокриологических особенностей может быть связано с совершенно разными генетическими проявлениями климата. Прежде чем приступить к решению проблемы климат-вечная мерзлота, необходимо разобраться как в закономерностях формирования самого климата, так и в его воздействиях на тепловой или температурный режим горных пород вообще и мерзлых в частности.

Нами предлагается систематизация связи климат-вечная мерзлота по шести генетическим типам климата: космический, планетарный, макроклиматический, мезоклиматический, микроклиматический, почвенно-грунтовый (таблица). Каждый из типов климата по-своему воздействует на мерзлотные условия или с каждым из типов климата связаны и свои геокриологические проблемы.

Так, космический климат (точнее космические факторы климатообразования), определяемый взаимодействием Земли с другими небесными телами, указывает на основную связь теплового режима Земли с Солнцем. Все крупномасштабные колебания климата на Земле зависят от интенсивности излучения Солнца. С ним связаны похолодания и потепления ледниковых и межледниковых эпох. Это, в свою очередь, отражается и на геокриологических условиях. Проблема появления многолетнего промерзания горных пород на Земле как такового, возраст этого явления, мощность мерзлоты и температурный режим на больших глубинах связаны как раз с проявлениями космического климата.

Планетарный климат или климат Земли как планеты во многом определяется ее формой и характером движения. С этим связан неравномерный приход солнечного тепла на разных широтах и периодическая смена интенсивности облучения в разные сезоны и в разные часы суток. Это обусловливает зональное распределение многолетнемерзлых горных пород, приуроченных, главным образом, к полярным и приполярным широтам, а также периодические колебания температуры в верхних слоях. Наличие земной атмосферы, уплотняющейся по мере приближения к Земле, сказывается на ослаблении солнечной радиации, достигающей земной поверхности. Немаловажное значение имеет и история формирования самой Земли. Внутреннее тепловое состояние Земли определяет глубину вертикального распределения мерзлых толщ в литосфере.

Расчленение поверхности Земли на материки и океаны ведет к неодинаковому распределению тепла по земному шару на одних и тех же широтах. Возникает циркуляция или перенос тепла с океанов на материки. Суша, обладающая меньшей теплоемкостью, оказывается более выхоложенной, чем океаны. Этим объясняется и приуроченность вечной мерзлоты к материкам. Дальнейшее перераспределение тепла на материке связано с процессами макроклимата или климата континентов. По мере удаления от океанов климатические и геокриологические условия становятся более суровыми. Это усугубляется еще и вращательным движением Земли. Так, в северном полушарии имеет место западно-восточный перенос воздушных масс или усиление континентальности с запада на восток. На Евразийский материк, например, сильное влияние оказывает Атлантический океан. С этим связана изогнутость западных границ вечной мерзлоты на этом континенте. То же имеет место и на континенте Северной Америки. Таким образом, макроклиматические процессы определяют характер распространения многолетнемерзлых горных пород на материках.

Мезоклимат, связанный с появлением крупных горных сооружений, водоемов, изменением высоты места над уровнем моря и др., определяет "аномальное" усиление или ослабление мерзлоты в данной зоне. Так, появление многолетнемерзлых горных пород в южных широтах Азии, Африки, Южной Америки, приуроченных к высокогорью, является проявлением мезоклимата. С этим же связано и ослабление интенсивности промерзания горных пород под северными морями и водохранилищами.

Большое разнообразие в геокриологические условия вносят микроклиматические проявления, вызывая различия в температурном режиме в разных физико-географических обстановках одной и той же местности. Проблема сезонного промерзания-протаивания грунтов в различных ландшафтных условиях, а также под сооружениями связана именно с микроклиматическими процессами.

И, наконец, почвенно-грунтовый климат или климат горных пород на больших глубинах. Все предыдущие типы климата являлись внешними факторами, определяющими теплообмен земная поверхность-атмосфера. Однако дальнейшее перераспределение тепла в верхнем слое земной коры, или окончательное формирование температурного поля в данном месте, зависит от литологического состава, структуры и влажности самих горных пород или теплофизических свойств их. Так, при одном и том же поступлении тепла на поверхность температурный режим в увлажненных суглинках, сухих песках и т.д. будет различен. Существенно нарушают температурное поле подземные воды.

Нумерация типа климата в таблице дана в порядке удаления от Солнца. Каждый последующий тип действует на фоне предыдущего. Однако это еще не говорит о последовательном ослаблении воздействия. В отдельных случаях последующие типы могут оказать более сильное влияние на окончательный геокриологический эффект. Например, подземные воды (фактор почвенно-грунтового климата) крупного масштаба могут вызвать образование даже сквозного талика и на фоне самого сурового макроклимата. Однако предыдущий тип создает потенциальные возможности. Так, менее масштабные те же подземные воды в условиях сравнительно мягкого макроклимата Южной Сибири могут, допустим, привести к формированию сквозного талика, а в условиях сурового макроклимата Якутии – нет.

Характерно, что некоторые типы климата могут играть двоякую роль в зависимости от фона, на котором они протекают, и сезона. Так, например, лес в северных областях создает в целом "теплый" микроклимат, а в южных – "холодный". Наледь, водоемы и др. зимой предохраняют грунты от промерзания, а летом препятствуют их прогреванию и т.д.

По степени воздействия того или иного типа связи климат-вечная мерзлота можно провести генетическое мерзлотно-климатическое районирование территории многолетнемерзлых пород. Намечаются семь характерных областей.

1) Макроклиматическая область. Многолетнее промерзание горных пород обусловлено макроклиматическими причинами. Мезо- и микроклиматические связи только усугубляют или ослабляют мерзлотный режим, но не являются определяющими. Эта область совпадает с северной областью сплошной мерзлоты.

2) Мезо-, макроклиматическая область. По макроклиматическим условиям здесь должна быть сплошная мерз-

лота, но под влиянием мезоклиматических условий она превращается в прерывистую, островную или исчезает. Характерна для шельфовой зоны арктических морей.

3) Макро-, мезо-, микроклиматическая область. Все три причины могут быть решающими как в сохранении, так и исчезновении мерзлоты. Совпадает с северной областью прерывистой мерзлоты.

4) Мезоклиматическая область. По условиям макроклимата мерзлоты не должно быть. Появление ее связано с мезоклиматическими условиями. Микроклимат не является решающим. Совпадает с южной областью сплошной мерзлоты.

5) Мезо-, микроклиматическая область. Обе причины могут быть решающими. Совпадает с южной областью прерывистой мерзлоты.

6) Микроклиматическая область. Мерзлота не обеспечена ни макроклиматическими, ни мезоклиматическими причинами. Решающими являются только микроклиматические условия. Совпадает с областью островного распределения мерзлоты.

7) Область соответствующего почвенно-грунтового (горных пород) климата. Вечная мерзлота на обусловлена современными макро-, мезо-, или микроклиматическими условиями. Но сложившийся термический режим горных пород способствует сохранению остатков древней мерзлоты. Совпадает с областью распространения реликтовой мерзлоты.

В зависимости от типа климата и связанных с ним геокриологических проявлений изменяется и методологический подход к решению тех или иных геокриологических задач.

С проблемой взаимодействия климата и вечной мерзлоты связано решение многих актуальных проблем современной геокриологии: прогноз тенденции естественного развития многолетнего промерзания горных пород на земном шаре, прогноз изменения мерзлотных условий в процессе освоения территорий, охрана окружающей среды, тепловые мелиорации и т.д. В настоящее время сознательно человек может влиять на геокриологическую (температурную) обстановку лишь в верхнем (сезонном) слое горных пород путем изменения микроклиматических условий (регулирование теплозащитной роли земной поверхности). Частично - в мезоклиматическом плане (создание крупных водохранилищ) и почвенно-грунтовом (регулирование влагосодержания грунтов). Макроклиматические, а тем более планетарные и космические процессы человеку пока не подвластны.

Таким образом, обзор типизации связи климат-вечная мерзлота показывает, что эта проблема является по существу одной из частных проблем большой глобальной проблемы Земля-Солнце. В то же время она является настолько сложной, что требует работы специалистов различного профиля: астрономов, метеорологов, климатологов, физико-географов, геокриологов, гляциологов, почвоведов, лесоведов, работников сельского хозяйства, мелиораторов, инженеров всевозможных специализаций и т.д. Только объединенными усилиями вышеперечисленных и других специалистов можно исчерпывающие разрешить эту важнейшую и чрезвычайно интересную проблему взаимодействия климата и вечной мерзлоты на земном шаре.

Таблица

Систематизация связи климат-вечная мерзлота.

Фактор климатообразования	Климатический эффект	Геокриологический эффект	Геокриологическая проблема	Решение проблемы	Состояние изученности
1	2	3	4	5	6
1. Космический климат					
1) Положение Земли в космической системе	Тепловое взаимодействие с планетами, звездами, космическим пространством (кроме Солнца)	Тепловое влияние на температурный режим Земли	Потенциальный источник формирования многолетнемерзлых горных пород	Расчет тепла излучения планет, звезд, космической пыли и т.д.	Отдельные работы астрономов
2) Солнечное притяжение	Зависимость теплового состояния Земли от жизни Солнца	То же	То же	Расчет соотношений Земля-Солнце	То же
3) Тепловое состояние Солнца	Климатические изменения геологических эпох		Интенсивность промерзания горных пород в различные геологические эпохи. Возраст мерзлоты	1) Оценка интенсивности солнечного излучения	Отдельные расчеты астрономов и метеорологов. Измерения космических аппаратов
				2) Климатические реконструкции ледниковых и межледниковых эпох по палеогеографическим данным	Отдельные работы палеогеографов
				3) Климатические реконструкции по мощности и температуре мерзлых пород на больших глубинах	То же

(Продолжение таблицы)

1	2	3	4	5	6
4) Солнечные циклы	Циклические колебания климата (короткопериодные, вековые)	То же	Циклические колебания интенсивности промерзания горных пород в верхнем слое	Анализ циклических колебаний температурного режима мерзлых горных пород	Отдельные попытки геотермиков
			2. Планетарный климат		
1) Конфигурация (шарообразность Земли)	Широтная зональность климата	Зональность многолетнего промерзания горных пород с севера на юг	Характер и границы распространения многолетнемерзлых горных пород	Теоретические и натурные данные по характеру распространения многолетнемерзлых горных пород	Исследуется климатологами и геокриологами
2) Годовое перемещение Земли вокруг Солнца в наклонной плоскости	Сезонное изменение климатических показателей	Неравномерное прогревание Земли в разные сезоны года	Годовые амплитуды в температурном режиме мерзлых пород	Расчет и натурные измерения температуры горных пород в слое годовых колебаний (15-20 м)	Определяется при геотермических исследованиях геокриологами
3) Суточное вращение Земли вокруг своей оси	Суточное изменение климатических показателей	Неравномерное прогревание земной поверхности в разные часы суток	Суточные амплитуды в температурном режиме мерзлых пород в приповерхностном слое	Расчет и натурные измерения температуры горных пород в слое суточных колебаний (до 1 м)	Определяется систематически на метеорологических станциях и эпизодически при геокриологических исследованиях
4) Наличие земной атмосферы	Ослабление прогревания Земли	Усиление промерзания горных пород	Интенсивность промерзания горных пород	Расчет прихода солнечного тепла через атмосферу	Исследуется метеорологами
5) Формирование Земли как планеты	Наличие глубинных источников тепла	Тепловое состояние литосферы	Нижняя граница мерзлых толщ	Расчет глубинных потоков тепла и термического поля литосферы	Исследуется геофизиками и геотермиками
			3. Макроклимат		
Расчленение поверхности Земли на океаны и материки	Распределение климатических элементов на материках по мере удаления от океанов (континентальность климата)	Искажение строго широтного зонального распределения многолетнемерзлых горных пород	Изменение температурного режима горных пород с запада на восток. Границы распространения типов мерзлоты на континентах	1) Натурные исследования характера распространения многолетнемерзлых горных пород в современных условиях	Имеются в геокриологических исследованиях
				2) Увязка с массовыми климатическими и актинометрическими материалами	Климатические справочники и атласы гидрометеослужбы
				3) Увязка с расчетными данными теплового баланса для холодных регионов материков	Данные и карты теплового баланса материков и отдельных регионов в трудах климатологов и др.

(Продолжение таблицы)

1	2	3	4	5	6
			4. Мезоклимат		
1) Высота места над уровнем моря	Появление вертикальных климатических зон	Вертикальная геокриологическая зональность	Геокриологические инверсии	Теоретические и натурные геокриологические исследования на больших высотах	Региональные работы геокриологов
2) Крупные формы рельефа	Зависимость климатических условий от экспозиции и форм рельефа	Усложнение геокриологических условий в горных районах	Характер распространения многолетнемерзлых горных пород на хребтах и крупных долинах	Теоретические и натурные геокриологические исследования в горах и долинах	То же
3) Крупные водоемы	Смягчение климатических условий	Смягчение геокриологических условий под водоемами и на побережьях	Формирование многолетнемерзлых горных пород под водоемами и в их окрестностях	Теоретические и натурные геокриологических исследования на шельфах, водохранилищах, крупных реках и озерах	
			5. Микроклимат		
1) Растительный покров	Снижение теплообмена	Отепляющий зимой и охлаждающий летом	Особенности промерзания-протаивания почвогрунтов под лесными массивами и другими растительным покровами	Специальные микроклиматические, теплобалансовые и геотермические наблюдения в лесу, на растительных и оголенных площадках	Отдельные работы в геокриологии, климатологии, лесоведении, сельском хозяйстве, геоботанике и т.д.
2) Средние и мелкие формы рельефа	Различие в метеорологическом режиме в зависимости от экспозиции, уклона местности и формы рельефа	Различие в метеорологическом режиме в зависимости от экспозиций и формы рельефа	Особенности промерзания-протаивания почвогрунтов на склонах и в средних и мелких долинах	Специальные микроклиматические, теплобалансовые и геотермические наблюдения на склонах, водоразделах, средних и мелких долинах	Отдельные работы в геокриологии, климатологии, физической географии и т.д.
3) Средние и мелкие водоемы	Изменение метеорологического режима в приводном слое и в окрестностях водоема	Отепляющей зимой и охлаждающий летом	Формирование таликовых зон под водоемами и в окрестностях	Специальные микроклиматические, теплобалансовые, теплофизические и геотермические наблюдения над водоемами, в водных массах и в донных отложениях	Отдельные работы в озероведении и геокриологии
4) Ледники	Охлаждение окружающего пространства, снижение теплообмена подледных грунтов	Отепляющий зимой и охлаждающий летом	Формирование многолетнемерзлых горных пород под ледниками	Специальные микроклиматические, теплобалансовые и геотермические наблюдения в гляциальных районах	Отдельные работы гляциологов, метеорологов, геокриологов

(Окончание таблицы)

1	2	3	4	5	6
5) Наледи	Прогревание окружающего пространства зимой и охлаждение в начале лета	Отепляющий зимой и препятствующий прогреванию до схода наледи	Формирование таликовых зон в наледных долинах	Специальные микроклиматические, теплобалансовые, геотермические и др. наблюдения в наледных долинах	Отдельные работы гидрогеологов и геокриологов
6) Инженерные сооружения	Искажение установившегося метеорологического режима	Отепляющий под отапливаемыми зданиями и охлаждающий под другими	Формирование "чаши протаивания" и поднятие уровня мерзлоты	Расчетные и натурные исследования под сооружениями	Отдельные работы в инженерной геокриологии
6. Почвенно-грунтовый (горных пород) климат					
1) Литологический состав	Передача тепла в глубь горных пород	Тепловой режим горных пород	Формирование температурного поля	Расчетные и натурные теплофизические исследования	Отдельные работы теплофизиков, геотермиков и геокриологов
2) Влажность (льдистость) горных пород	То же	То же	То же	Натурные определения влажности (льдистости) горных пород	Отдельные работы в агрометеорологии, почвоведении и геокриологии
3) Подземные воды	Изменение температуры горных пород	Протаивание мерзлых пород	Формирование таликовых зон	Теоретические и натурные исследования	Отдельные работы гидрогеологов
4) Химические процессы	То же	Протаивание или промерзание горных пород	Аномалия температурного поля	Теоретические и лабораторные исследования	Отдельные работы геохимиков

SOME RESULTS OF A NUMERICAL STUDY OF GROUND THERMAL REGIMES

L.E. Goodrich, Division of Building Research, National Research Council of Canada, Ottawa, Ontario.

The importance to the snow-ground thermal interaction of non-linear effects associated with temperature dependent soil thermal conductivity and with soil latent heat is discussed. Numerical model calculations are presented which indicate that the modification of mean annual ground temperatures associated with these effects can be of the same magnitude as the warming due directly to the seasonal snow cover.

QUELQUES RÉSULTATS D'UNE ÉTUDE NUMÉRIQUE DES RÉGIMES THERMIQUES DU SOL

L.E. Goodrich, Division des recherches sur le bâtiment, Conseil national de recherches du Canada, Ottawa, Ontario.

Cette communication présente quelques résultats d'études sur modèle numérique de l'interaction thermique neige-sol. En plus de l'effet de réchauffement dû directement au manteau neigeux saisonnier on démontre l'existence de deux effets non-linéaires associés aux propriétés thermiques du sol même. Le premier effet, qui consiste en une distortion du profil des températures moyennes annuelles, est présent lorsque la conductivité thermique du sol est fonction de la température. Le second effet consiste en un déplacement du profil vers des températures plus élevées causé par l'existence de chaleur latente dégagée au sein de la couche active lorsque celle-ci regèle. Les calculs indiquent que ces deux effets peuvent provoquer des modifications de températures moyennes annuelles des sols qui sont du même ordre de grandeur que le réchauffement dû directement au manteau neigeux.

НЕКОТОРЫЕ РЕЗУЛЬТАТЫ ЧИСЛОВОГО ИССЛЕДОВАНИЯ ТЕПЛОВЫХ РЕЖИМОВ В ГРУНТАХ

В настоящем докладе рассматривается роль нелинейных эффектов в тепловом взаимодействии между снегом и грунтом, обусловленных скрытым теплом грунта и зависимостью теплопроводности грунта от температуры. Представлены числовые расчеты на модели, показывающие, что изменение среднегодовой температуры грунта под влиянием этих эффектов может достигать такой же величины, как и нагрев, непосредственно обуславливаемый сезонным снежным покровом.

SOME RESULTS OF A NUMERICAL STUDY OF GROUND THERMAL REGIMES

L.E. Goodrich

Division of Building Research, National Research Council of Canada
Ottawa, K1A 0R6

INTRODUCTION

It is well known that snowcover is a good insulator and, as it is present only during the cold portion of the year, can raise the mean annual ground temperature by several degrees Celsius above the ambient mean annual air temperature. During the course of a theoretical study of long-term snow-ground thermal interactions, two non-linear effects associated with soil thermal properties were found to have a significant effect on the results.

Displacement of the mean annual ground temperature profile, attributable directly to the effect of snowcover rectification, is accompanied by a further warming effect due to the latent heat associated with soil moisture. At the same time, when the thermal conductivity of the soil is temperature-dependent, this causes a distortion of mean temperatures toward lower values.

THERMAL RECTIFICATION RESULTING FROM TEMPERATURE-DEPENDENT CONDUCTIVITY

The thermal conductivity of a soil is usually substantially greater when frozen than when thawed. Because of this, the mean annual ground temperature profile at equilibrium is not linear (as it would be for an inert material), but instead exhibits a curvature at shallow depths. Mean annual temperatures decrease from the surface downward to depths below which conductivity is no longer significantly dependent on time. The magnitude of this effect depends both on the thermal properties of the ground and on the temperature regime imposed at the ground surface.

A quantitative description of this phenomenon is most readily given for materials whose thermal conductivity is a step-function of temperature. If the step change in thermal conductivity occurs at 0°C, the difference between the mean annual temperature at the depth of maximum penetration of the 0°C-isotherm and the mean annual surface temperature provides a useful measure of the profile distortion. This quantity will be called "thermal offset" in the remainder of this paper.

Using the numerical model (Goodrich (1)) outlined in the Appendix to the present paper a number of theoretical calculations were made for the case of a semi-infinite medium driven by a sinusoidally varying surface temperature with amplitude 10 K and mean 0°C. A step-function temperature dependence was assumed for the thermal conductivity; heat capacity was maintained at a constant value. Latent heat was not included in the calculations. Separate studies showed that the thermal offset is not affected by either latent heat or temperature-dependent heat capacity.

Figure 1 shows calculated mean annual temperature profiles for periodic steady-state equilibrium conditions. Results are given for several different values of the ratio between frozen and thawed conductivities. For a conductivity ratio of 10 the thermal offset amounts to -3 K which is 30 per cent of the surface amplitude.

Figure 2 shows the effects of changing the assumed mean annual surface temperature. For a conductivity ratio of 10 the thermal offset is increased to -4 K when the mean surface temperature is raised to +2°C; lowering the mean annual surface temperature to -2°C decreases the thermal offset to -2.3 K.

Although the thermal offset effect is present in permafrost thermal regimes, its consequences are most dramatic in seasonal frost areas when comparisons are made of the effects of removing the snowcover entirely. With no snowcover, profile distortion is at a maximum; with sufficient snowcover, the thermal rectification associated with the ground properties disappears almost entirely because frost penetration is minimal.

GROUND TEMPERATURE SHIFT DUE TO THE COMBINED EFFECT OF SOIL LATENT HEAT AND SEASONAL SNOWCOVER

In permafrost regimes with seasonal snowcover, during refreezing in the autumn and early winter, cooling of the ground near the surface is restrained by the existence of thawed material in the active layer. In conjunction with the reduced heat flow resulting from the overlying insulating snowcover, the heat source constituted by the underlying unfrozen soil is sufficient to maintain the snow-ground interface temperature at relatively high values throughout the entire freeze-back period. This results in an increase in mean annual ground surface temperature which is necessarily reflected at depth. The effectiveness of the mechanism is enhanced if the thawed zone persists beyond the period of peak minimum air temperatures. For the sake of brevity, this phenomenon will be called "pinning" in the remainder of this discussion.

Figures 3 to 5 illustrate how this effect can substantially influence mean annual ground temperatures in permafrost conditions. The figures show numerical computations for two simplified theoretical cases which were identical in all respects except that, in case B, soil latent heat has been added. Computations were made using the numerical technique described in the Appendix. This technique continuously monitors the location of the freezing or thawing front(s) and this leads to results of higher than usual accuracy. The ground was assumed to be homogeneous with thermal conductivity and heat capacity constant and independent of temperature. Freezing was assumed to take place completely at 0°C. A condition of zero heat flux was used to represent the boundary condition at depth. At the upper surface a homogeneous snowpack with constant thermal properties was assumed to build up linearly to a maximum depth which was then held constant until melting in the spring. Air temperature, which was equated with snow or ground surface temperatures as appropriate, was assumed to vary sinusoidally with amplitude 20 K around a mean of -10°C. Computations were carried through a sufficient number of annual cycles to achieve periodic steady state equilibrium conditions.

As illustrated in Fig. 3, the mean annual ground temperature in the absence of latent heat (case A), is -5.2°C. This implies a temperature shift of 4.8 K due to the snow cover. With the addition of latent heat (case B), the mean annual ground temperature is shifted upward to -1.0°C, which means a temperature shift of 9 K. Figure 3 also shows the reduction in amplitude of ground temperature fluctuations at depth (dotted envelope curves) caused by the combination of seasonal snowcover and soil latent heat. The spatio-temporal isotherm distribution in the two cases is compared in Fig. 4.

In case A all isotherms, including the 0°C-isotherm (dotted curve), were located by linear interpolation of the computed daily temperature profiles. This accounts for the slight waviness seen in the deepest isotherms. The 0°-isotherm in case B was computed directly as part of the original calculation at the same time as the corresponding nodal temperature values. Without latent heat thawing is relatively deep but freeze-back is nearly instantaneous. With latent heat the depth of thaw is greatly reduced, but freeze-back is not complete until after mid-winter. A comparison of seasonal fluctuations of ground temperatures at the surface (0 m), within the active layer (25 cm), and immediately below it (1 m) is presented in Fig. 5. With latent heat (case B), during refreezing of the active layer, ground surface temperatures do not go below -6°C; without latent heat (case A), values of -14°C are reached during the same time period. It should also be noted that, in case B, the minimum ground surface temperature is not reached until toward the end of the winter, when air temperatures are well beyond their peak minimum. Several temporal discontinuities associated with the "zero-curtain" effect in the autumn, completion of freeze-back in mid-winter, beginning and end of the snowmelt period, and melting of the ground in spring are evident in the curve for 25 cm. The temperature at 1-m depth, case B, shows a brief period of rapid cooling in later winter, compensated by gradual warming extending over the remainder of the year. At depth although temperature fluctuations are smoothed in both cases, the temperature at 5 m reaches its maximum several months later in case B than in case A.

These results suggest that both thermal offset and pinning effects may significantly influence ground temperatures in nature. They also show that theoretical calculations of the influence of snowcover on mean annual ground temperatures will be misleading unless these non-linear effects are taken into account.

SNOW-GROUND THERMAL INTERACTIONS

A numerical model study of the influence of seasonal snowcover on long-term ground thermal regimes has been carried out for a total of 25 cases involving both permafrost and seasonal frost conditions. These calculations assumed climatic conditions appropriate to Eastern Canada for seasonal frost cases and climatic conditions appropriate to the Western Subarctic for permafrost cases. Mathematical assumptions at the upper boundary were similar to those used in the calculations shown in Figs. 3, 4, and 5 with the addition, in some cases, of a simulation of natural snowcover densification. Both fine-grained and coarse-grained soil types were considered; thermal properties were estimated from accepted empirical formulae using realistic values for soil moisture content and density. An organic surface layer was included in some cases. Soil freezing and thawing were treated on the assumption that phase change took place completely at 0°C. No attempt was made to include moisture changes, frost heaving or thaw consolidation in the soil. A constant heat flux in the range of accepted geothermal values was assumed as the lower boundary condition. The details of this study are contained in Goodrich (2). Since the model assumptions made represent a more realistic picture of actual ground thermal regimes, it may be useful to consider one or two examples drawn from this study to illustrate the significance of thermal offset and pinning effects in practice.

Figure 6 is a comparison of mean annual temperature profiles for seasonal frost conditions with and without snowcover. The ground was assumed to consist of a fine-grained soil having a water content of 35 per cent by weight and no organic surface layer. The ratio of frozen to thawed conductivities was approximately 2. With the snowcover removed, there is a reduction of approximately 2 K at the surface; at depth the decrease is nearly 5 K. The contribution due to the thermal offset effect is as important as the rectification attributable directly to the snowcover.

Figure 7 shows mean annual temperature profiles

calculated for permafrost conditions using several different assumed snowcover parameters and soil conditions. Comparing curves 1 to 5, which refer to the same fine-grained soil, it can be seen that, with permafrost, the thermal offset is not greatly affected by the presence or absence of snowcover. Mean annual ground temperatures, however, are highly sensitive to assumptions made regarding the snowcover and details of its build-up. Calculated mean annual surface temperatures for the conditions represented by curves 2, 3, and 5 range from -7.0°C to +1.1°C, which covers the range from relatively cool permafrost to no permafrost at all. Curve 4 shows, as expected, an increase in mean annual temperature accompanying an increase in surface temperature amplitude. The predicted mean temperature increase (1.6 K) is however nearly as great as the change in amplitude (2 K). The decrease in mean temperature attributable to the presence of a thin organic surface layer is represented by curve 6. Curve 7 shows results for a sandy soil, and although latent heat is less in this case than for the fine-grained soil represented by curve 2, its effect is more than compensated for by the high thawed conductivity value assumed for the sand.

CONCLUSION

The results indicate that non-linear effects associated with temperature-dependent soil thermal conductivity and with soil latent heat can significantly affect the snow-ground interaction. The thermal offset effect causes a distortion of the mean annual ground temperature profile. For the most usual soil thermal conductivity conditions, the distortion is toward colder temperatures at depth. In permafrost situations, the shift of mean annual ground temperatures toward warmer values, caused directly by the seasonal snowcover, is augmented by the pinning effect resulting from soil latent heat. These effects are not negligible. At the same time their existence compounds the uncertainties already inherent in ground thermal regime computations.

This paper is a contribution from the Division of Building Research, National Research Council of Canada and is published with the approval of the Director of the Division.

REFERENCES

GOODRICH, L.E. Efficient numerical technique for one-dimensional thermal problems with phase change. (In press)

GOODRICH, L.E. The influence of snowcover on the ground thermal regime. (In process).

APPENDIX

A central difference formulation for layered systems is used to represent the heat balance at ordinary nodes. Dividing space into non-uniform elements of width, Δx_i, and using constant time increments, Δt, the nodal equations take the form:

$$(C_{i-1} \cdot \Delta x_{i-1} + C_i \cdot \Delta x_i) \cdot (T_i^{m+1} - T_i^m)/\Delta t =$$

$$= k_{i-1} \cdot (T_{i-1}^{m+1} - T_i^{m+1} + T_{i-1}^m - T_i^m)/\Delta x_{i-1}$$

$$+ k_i \cdot (T_{i+1}^{m+1} - T_i^{m+1} + T_{i+1}^m - T_i^m)/\Delta x_i \qquad \text{(A1)}$$

where, k_i and C_i represent the thermal conductivity and volumetric heat capacity of the ith element and the superscript m is the time index.

If a freezing or thawing front is present within an element, an additional nodal equation is introduced to represent the moving boundary condition:

$$k_1 \frac{\partial T}{\partial x}\bigg)_+ - k_2 \frac{\partial T}{\partial x}\bigg)_- = L \frac{\partial P}{\partial t} \qquad \text{(A2)}$$

where, k_1 and k_2 are thermal conductivities for the two phases, L is volumetric latent heat, and P is the position of the phase boundary.

A solution technique involving both forward and backward Gaussian elimination can be used to solve the system of nodal equations simultaneously for T_i^{m+1} and P. This method, details of which are given in Goodrich (1), avoids the use of costly nodal iteration while retaining the non-linearity implied in Eq. (A2). As a result the technique is both rapid and numerically precise.

For problems with periodic boundary conditions more than one phase boundary may be present. In the permafrost model studies described in this paper, such cases arise during the autumn. Ignoring heat flow in the region bounded by the freezing and thawing fronts, yields an approximate solution which makes nodal iteration unnecessary. Since temperatures in this region rapidly approach equilibrium, the error introduced is slight.

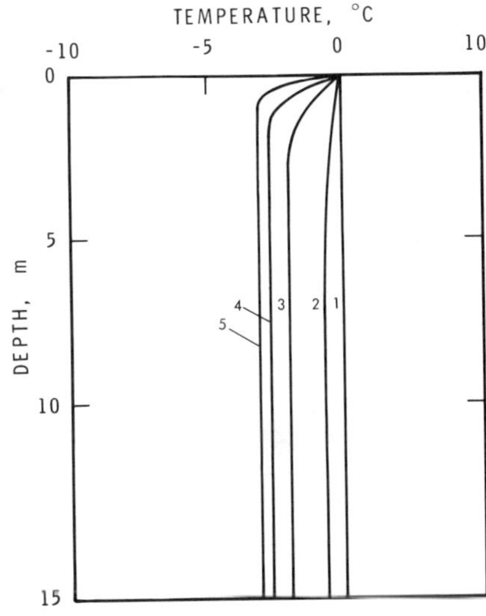

Figure 1

Mean annual temperature profiles in relation to ratio K_f/K_t

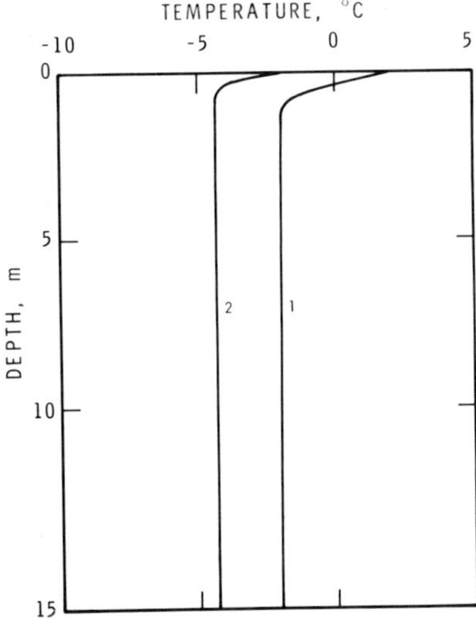

Figure 2

Effect of surface temperature regime on thermal offset

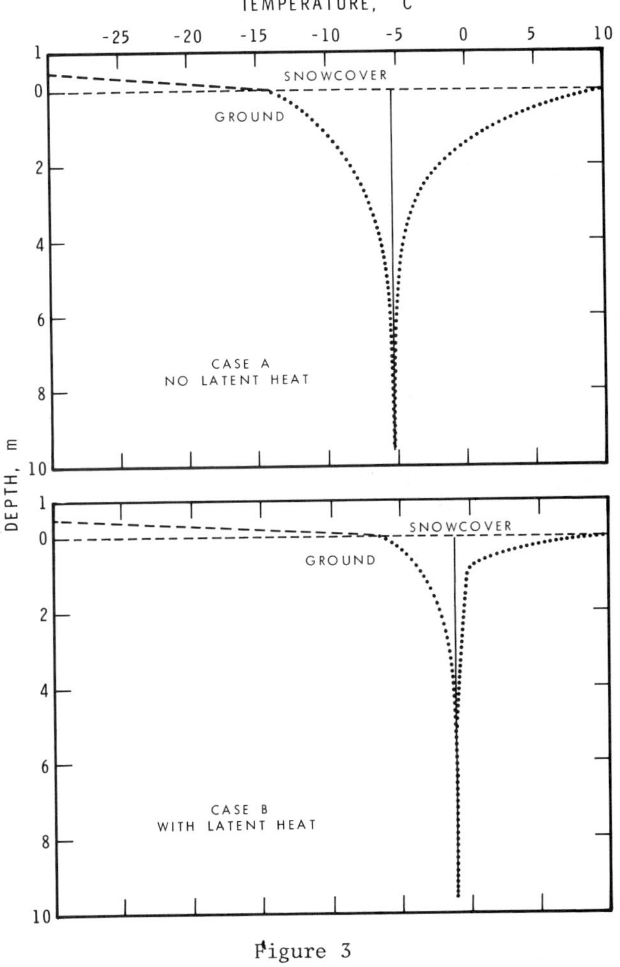

Figure 3

Effect of latent heat on mean annual temperature

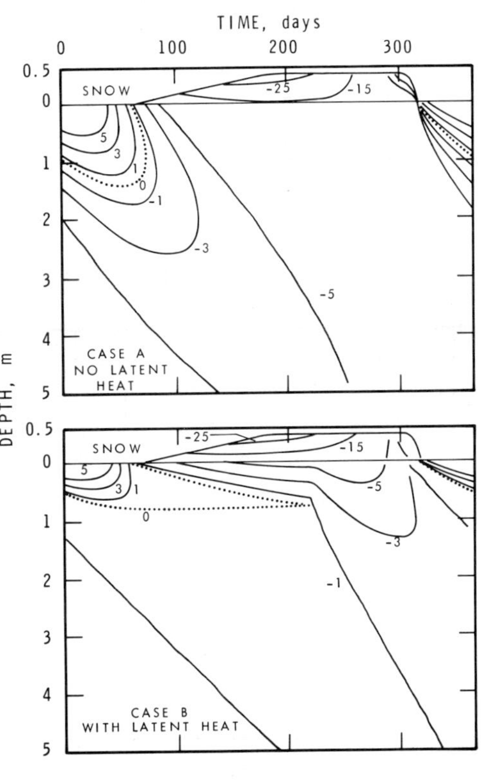

Figure 4

Effect of latent heat on isotherm penetration

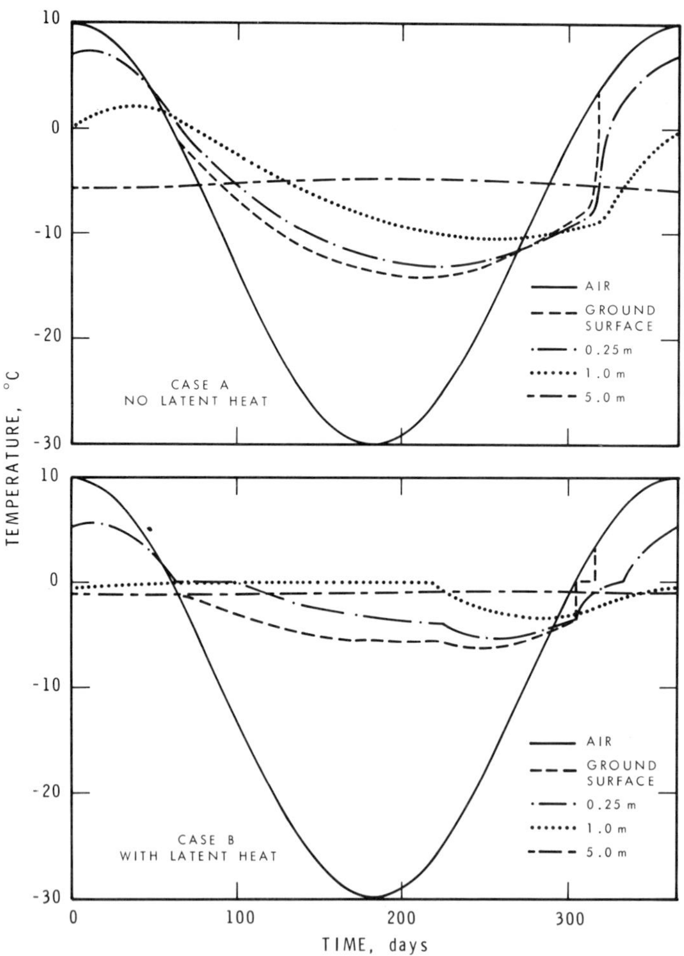

Figure 5

Effect of latent heat on seasonal temperature fluctuations

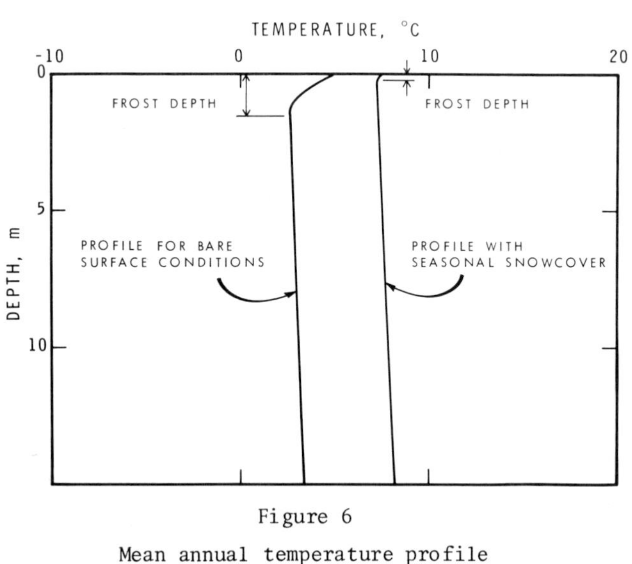

Figure 6

Mean annual temperature profile with and without snowcover

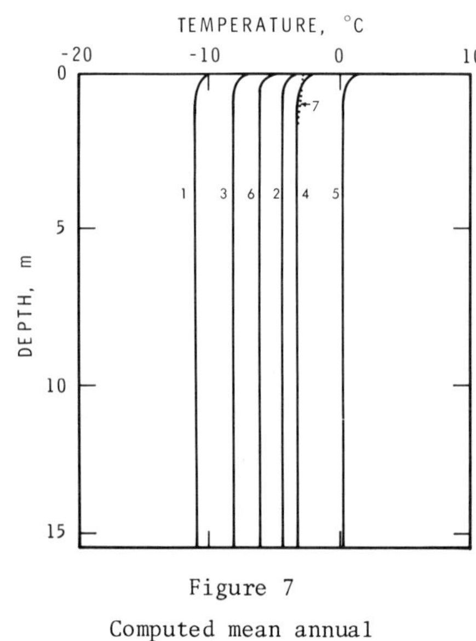

Figure 7

Computed mean annual temperature profiles

THERMAL EXPANSION OF A FROZEN BENTONITE-WATER SYSTEM

K. Horiguchi, The Institute of Low Temperature Science, Hokkaido University, Sapporo, Japan

The dimensional change of a frozen bentonite-water system was measured in the process of cooling down to -110°C. The length of specimens showed a gradual change, decrease or increase, except near either or both -9 and -34°C at which an anomaly took place in the change of the length as the result of the transition of the phase of interfacial water. However, those specimens with a mono-molecular water layer coating all the surfaces of bentonite particles did not show any such an anomaly as it did not freeze in the temperature range down to -110°C. The coefficient of linear expansion α widely depended upon both the water content of a specimen and temperature. The value of α was mainly related to the water content up to the temperature at which interfacial water undergoes a phase transition; the value of α of a specimen with a water content around 40% took an abnormally large value in the magnitude of ten times the value of either a mineral matrix or ice.

EXPANSION THERMIQUE D'UN SYSTÈME BENTONITE-EAU CONGELÉE

K. Horiguchi, The Institute of Low Temperature Science, Hokkaido University, Sapporo, Japon

On a mesuré les variations dimensionnelles d'un système bentonite-eau congelée, au cours de son refroidissement jusqu'à -110°C. La longueur des échantillons a subi une variation graduelle, augmentation ou diminution, excepté vers -9° ou -34°, ou -9° et -34°, températures auxquelles on a noté une variation brusque, due à une modification de phase de l'eau d'interface. Cependant, les échantillons comportant une couche d'eau monomoléculaire à la surface de toutes les particules de bentonite ne présentaient pas cette anomalie, puisqu'ils ne subissaient pas de congélation jusqu'à -110°C. On a constaté que le coefficient d'expansion linéaire α dépendait fortement de la teneur en eau de l'échantillon et de la température. La valeur de α est principalement régie par la teneur en eau, jusqu'à la température où l'eau d'interface subit une transition de phase; la valeur de α pour un spécimen contenant environ 40% d'eau devient anormalement élevée, environ dix fois supérieure à celle de la matrice minérale ou de la glace.

ТЕПЛОВОЕ РАСШИРЕНИЕ МЕРЗЛОЙ СИСТЕМЫ БЕНТОНИТ-ВОДА

Измерены размерные изменения системы бентонит-вода при охлаждении до температуры -110°С. Длина образцов изменялась постепенно /возрастала или уменьшалась/ за исключением тех случаев, когда температура равнялась -9° и /или/ -34°С. При этой температуре в изменении длины наблюдалась аномалия, вызванная фазовым переходом межфазной воды. Однако, образцы с мономолекулярным водяным слоем, покрывающим поверхность всех бентонитных частиц, не показали такой аномалии, поскольку при температурах до -110°С замерзания не происходило. Коэффициент линейного расширения α в значительной степени зависил от содержания воды в образце и от температуры. Значение α главным образом зависело от содержания воды при температуре до такого уровня, при котором межфазовая вода подвергается фазовому переходу. Величина α для образца с содержанием воды порядка 40% принимала аномально большое значение, на один порядок превышая значение для минеральной матрицы или льда.

THERMAL EXPANSION OF A FROZEN BENTONITE-WATER SYSTEM

K. Horiguchi

The Institute of Low Temperature Science, Hokkaido University, Sapporo, Japan

INTRODUCTION

It is now generally accepted that the existence of an unfrozen, interfacial water phase segregates ice from a soil particle in frozen soil. Some of the questions have been answered regarding the mobility of interfacial water and the factors governing the quantity of unfrozen water. However, many points remain to be clarified as to the nature and properties of interfacial water. A frozen soil is generally composed of soil particles, ice, air (and vapor), and unfrozen water. It is reasonable to consider that soil particles, ice, and air contract as the temperature falls; that is, the coefficients of thermal expansion of these materials are positive.

As regards the freezing temperature of unfrozen, interfacial water in a clay-water system, from the results of low temperature differential thermal analyses, it has been reported by Kato(1959) and Anderson and Tice(1971) that there are one, two or three exotherms corresponding to solidification of interfacial water, not counting the one associated with the freezing of free water in the pore. BOTOЯKOB(1973) examined the thermal expansion of several kinds of frozen soils in a temperature range from -0.4°C to -8°C, and reported that the coefficient of linear expansion depended upon the soil type and water content; its value decreased as the temperature fell. The author(1973) examined the change in length of a frozen soil in a cooling process down to -110°C, and detected one or for some soils two abnormal cases of expansion in addition to the one associated with the normal freezing of pore water. From these results, it is reasonable to consider that these expansions are caused by the phase transitions of unfrozen, interfacial water. The present paper is concerned with the freezing temperature of unfrozen water and the coefficient of linear expansion of a Wyoming bentonite-water system.

MATERIAL AND EXPERIMENTAL METHODS

Wyoming bentonite No.20 used was obtained from Ward's Natural Science Establishment, Inc.(P.O.Box 1712, Rochester, New York.) The bentonite was first dispersed in distilled water and allowed to stand until all particles larger than I micron settled to be removed. The external surface area of the bentonite thus selected was calculated to be about $100m^2/g$ by the B.E.T. equation by using nitrogen adsorption.

A frozen specimen was prepared by the following procedure: the bentonite with a given water content was stuffed into a vinyl tube 15-20mm in length and 5mm in diameter; the tube was left in the desiccator with a given vapor pressure for several days so that a sample with lower water content was obtained; both the ends of the tube were sealed by a vinyl tape to prevent evaporation ; the tube was first frozen at a cold room (about -15°C) and then it was put into liquid nitrogen; in some cases it was directly put into liquid nitrogen. The frozen specimen was taken out from the tube at the low temperature below -10°C. Both the ends of the frozen specimen were cut perpendiculary to the axis of the tube, and then the length was measured by a vernier caliper at the cold room. The point to which special attention should be paid in these processes is to eliminate any specimens with cracks formal when frozen.

A SHINKU-RIKO thermo dilatometer DL-1500L was used to measure the change in length of frozen specimens. The holder of a specimen is diagramed in Fig.1. The temperature of a specimen was automatically controlled by a heating coil wound around the holder. A frozen specimen was placed in the holder by keeping it at the temperature of about -20°C; then the temperature of specimen was raised to and maintained at minus several degrees until the dimensional change of the specimen was

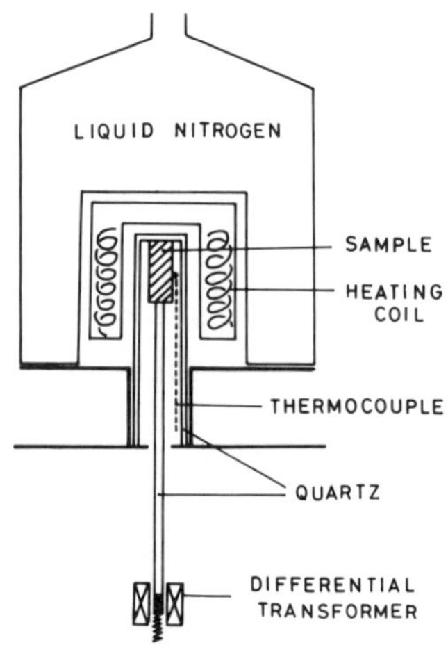

Fig.1. Schematic diagram of the holder of a specimen.

not observed. Starting at the temperature of minus several degrees, the specimen was subjected to the measurement of its length during a process of cooling at the cooling rate of 0.5°C per minute. After the end of experiment, the water content of the frozen specimen was weighed by drying at 230°C for a day.

In the process of cooling, the dimensional change of the specimen was not observed in a temperature range from zero to minus several degrees, but on a warming process a contraction was detected near 0°C, corresponding to the melting of normal ice in the frozen specimen.

RESULTS

Four kinds of typical results of the experiment are given in Figs.2 to 5.

Figure 2 shows the dimensional change of the specimen which has the water content of 0.814g of water per g of dry bentonite(the water content denoted by W: 81.4%). The initial length of the specimen denoted by L was 15.02mm. There are two anomalous changes in the dimension corresponding to the phase transition of interfacial water not counting the one associated with the freezing of pore water near 0°C. These changes always occurred at the temperatures near -10°C and -33°C. The author defines the phase transition which starts at the temperature around -9°C as the first transition of interfacial water and that around -33°C the second phase transition. From Fig.2 it is found that the second phase transition begins before the end of the first phase transition. The coefficient of linear expansion α of the specimen was $25.6 \times 10^{-5}(°C^{-1})$ in the temperature region from near -3°C to -10°C. The frozen specimen showed the expansion regardless of the decrease of temperature in a temperature range from near -10°C to -55°C, that is, the coefficient of thermal expansion was negative.

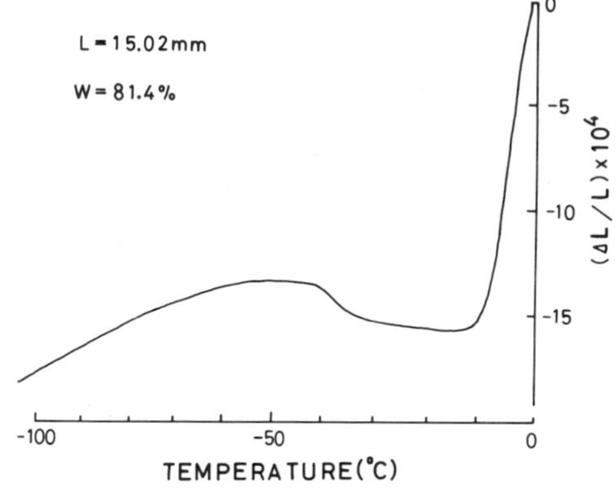

Fig.2. Change in length of a bentonite-water system (W:81.4%) on cooling.

Figure 3 shows the dimensional change of the specimen (W: 39.8%; L:18.35mm).The mean value of α in a temperature range to near -20°C was 77.5×10^{-5}. The second phase transition was not detected, because the expansion subsequent to the beginning of the first phase transition was so large that a small anomaly was made invisible. The coefficient of thermal expansion was negative in a temperature range from -20°C to -70°C.

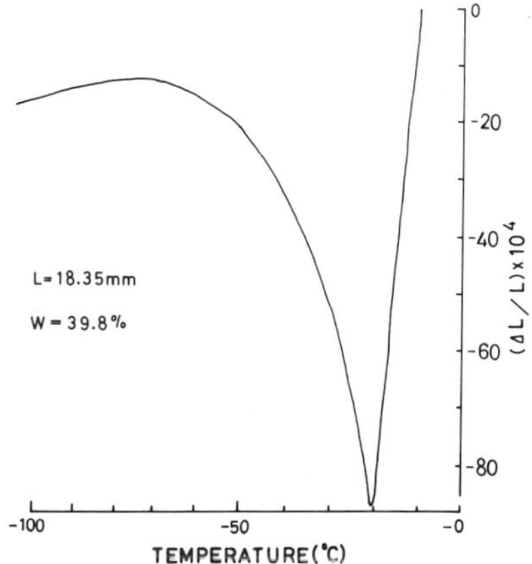

Fig.3. Change in length of a bentonite-water system (W:39.8%) on cooling.

Figure 4 shows the dimensional change of the specimen (W:29.5%; L: 18.00mm). In this case, the only second phase transition was observed near -34°C. The mean value of α from -3°C to -34 °C was 7.4×10^{-5}.

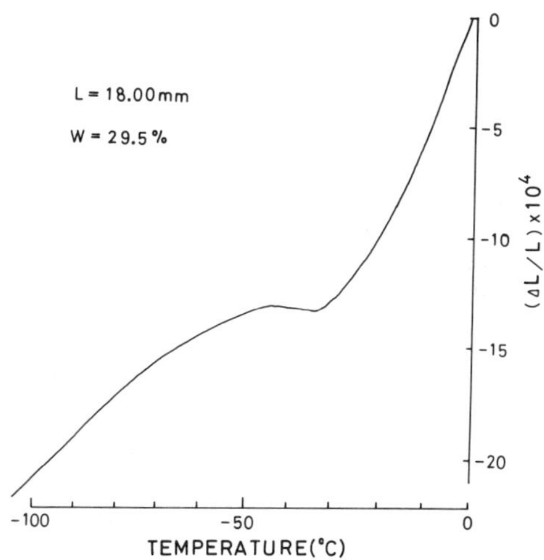

Fig.4. Change in length of a bentonite-water system (W:29.5%) on cooling.

Figure 5 shows the dimensional change of the specimen (W:15.6%; L:16.55mm). In this case, any anomalous, dimensional changes were not detected. The mean value of α from -5°C to -30°C was 3.1×10^{-5}. The coefficent of thermal expansion was possitive down to -110°C.

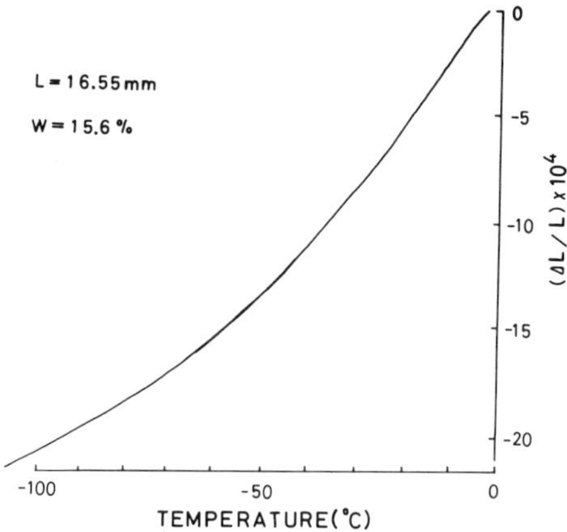

Fig.5. Change in length of a bentonite-water system (W:15.6%) on cooling.

DISCUSSION

The temperature of phase transition of interfacial water

Some specimens showed the expansion in one or two temperature ranges below 0°C during a cooling process. These expansions are found not so sharp as the expansion observed at the time of freezing of free water. It is reasonable to consider that these expansions resulted from a gradual phase transition of unfrozen interfacial water. The temperature at the beginning of the phase transition depended upon the water content of a specimen. Its relation is shown in Fig.6. A solid circle represents the temperature at which a phase transition began. Each of the specimens with water contents larger than 42.0% showed in a warming process a contration corresponding to the melting of ordinary ice near 0°C. The existence of this contraction is also shown in Fig.6.

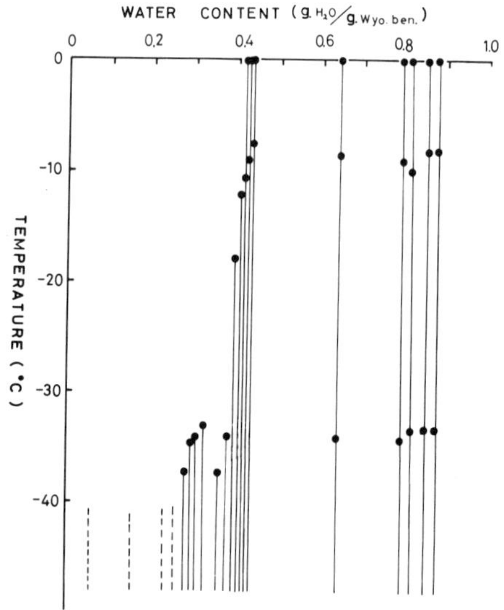

Fig.6. Relation between water content and temperature at which a phase transition of water begins.

Such a contraction as takes place near 0°C was not observed in all of the specimens with water contents smaller than about 40% which showed expansions near or below -9°C, and the temperatures at which all these transitions begin are independent of the water contents of specimens. It is seen that the first and the second phase transition occur at around -9°C and -34°C, respectively.

The total surface area of bentonite is about 800m²/g, and the d(001) spacing of the bentonite was about 15.6Å in the case of a water content of 28-33%. Assuming that this water is uniformly distributed over the enormous surface area of the bentonite, it can be concluded that the water content of 28% is roughly equivalent to constitute a mono-molecular layer coating all surfaces. Therefore, there are two mono-molecular layer between individual inter-lamellar layers. Four kinds of specimens each containing a water content less than 26% did not show any expansions in a temperature range down to -110°C; these specimens are shown by dotted lines in Fig.6. Presumably, the strong water-bentonite interaction in these specimens prevents a mono-molecular layer from rearrangement necessary for a phase transition.

In the cases of specimens each having a water content in the region on 28-33%, they only show the second phase transition. The specimens which have the water contents of 39.5 and 40.5% only showed the first phase transition. In these cases, as the expansion after the beginning of the first phase transition was so large that the dimensional change corresponding to the beginning of the second phase transition could not be detected. The contraction in length of a specimen corresponding to the melting of ordinary ice near 0°C was not detected in specimens with the water content of 40.5%, but it was detected in specimens with the water content of 42%.

The coefficient of linear expansion α

The value of α widely depended upon the water content and the temperature of a specimen. In some cases, it took a negative value. The value of α is mainly related to the water content in the temperature range higher than the first phase transition, which is most important in nature. Its relation is given in Fig.7. As is evident from Fig.7, in the cases of the water content of less than 32%, the value of α was almost contant,

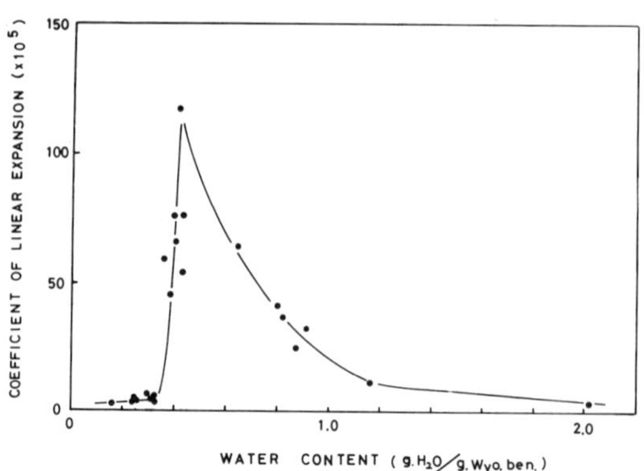

Fig.7. Relation between water content and coefficient of linear expansion.

being nearly equivalent to the coefficient of linear expansion of a mineral matrix itself. That is, the interfacial water had no effect on the thermal expansion of a frozen specimen in this temperature region. Increasing a water content from 33% to 42%, the value of α showed a remarkable increases, and amounted to a value ten times as large as the foregoing value. In the region of water content which is larger than 42%, as a water content increases, the value of α gradually decreased to the value of 4.8 x 10^{-5}, which is equivalent to the value of normal ice.

The author supposes that one of the effective causes of remarkable increase in the value of α is the migration of part of the inter-lamellar water, whose water gives the larger value of d(001) spacing than 15.6Å to a pore space on cooling, as was pointed out by Anderson and Hoekstra(1965), though there are some effects of the existence of exchangeable cations and the temperature dependency of the surface tension of interfacial water on the value of α . On the other hand, it is reasonable to consider that the gradual decrease of α results from the formation of a rigid ice matrix in a frozen specimen.

CONCLUSION

(1) Unfrozen, interfacial water caused one or two gradual phase trasitions to take place at the temperature below 0°C; phase transitions began either or both near -9°C and -34°C. The existence of these phase transitions depended upon the water content of a specimen, whereas no such transitions took place in the case of a mono-molecular water layer coating all surfaces of bentonite which did not freeze in the ordinary sense of the term down to -110°C.

(2) The value of α , the coefficient of linear expansion, widely depended upon the water content and temperature of a specimen. In some cases, it took the negative value resulting from the phase transition of interfacial water. The value of α up to the first phase transition was mainly related to the water content of a specimen. The α of a specimen with a water content around 40% took such an abnormally large value that amounts to ten times the value of a mineral matrix or ice.

ACKNOWLEDGEMENT

The author gratefully acknowledges helpful discussions with Professor S.Kinosita of the Institute of Low Temperature Science.

REFERENCES

ANDERSON, D.M., and P. HOEKSTRA. 1965. Migration of interlamellar water during freezing and thawing of Wyoming bentonite. Soil Sci. Soc. Am. Proc. 29, pp. 498-504.

ANDERSON, D.M., and A.R. TICE. 1971. Low-Temperature phases of interfacial water in clay-water systems. Soil Sci. Soc. Am. Proc. 35, pp. 47-54.

BOTЯKOB,И.Н. 1973 Структурные преобразования в мерзлых грунтах при изменении их температуры. II Междунар. конф. по мерзлотоведению, вып. 4. Якутск, 78-82.

HORIGUCHI, K. 1973. On the thermal expansion of frozen soil. Low Temperature Science, Ser. A, 31. pp. 295-298

KATO, C. 1959. Differential thermal analysis of clay minerals between the temperatures of 0°C and -195°C. J. Ceram. Assoc. Japan. 67, pp. 97-100.

THEORY OF N-FACTORS AND CORRELATION OF DATA

V.J. Lunardini, Dept. of Mechanical Engineering, Univ. of Ottawa, Ottawa, Ontario, Canada.

Data on the n-factor, the ratio of the surface to air freeze/thaw indices have been tabulated for general surfaces, concrete pavements, asphalt pavements, and surfaces insulated at depth. The data could not be adequately correlated with simple parameters such as air index, length of phase change season, or latitude, and it was necessary to examine the heat transfer at the atmosphere-ground interface.

A solution to the surface temperature problem yielded a theoretical equation for the n-factor as a function of air index, seasonal surface heat transfer exclusive of convection, surface coefficient of convection, and soil thermal properties. The theoretical equation agreed fairly well with a plotting of the data on dimensionless parameters suggested by the theory. The n-factor, for a site, can be estimated with basic meteorological data and minimal information on the surface of the site.

THÉORIES DES FACTEURS-N, ET CORRÉLATION ENTRE LES DONNÉES

V.J. Lunardini, Département de Génie mécanique, Université d'Ottawa, Ottawa, Ontario, Canada.

On a mis sous forme de tableau les données relatives au facteur-n, ainsi que le rapport des indices de gel et de dégel surface-air, pour les surfaces en général, les revêtements bétonnés, les revêtements en bitume asphaltique et les surfaces isolées en profondeur. On n'a pu établir une corrélation suffisante entre les données et des paramètres simples comme l'indice atmosphérique, la longueur des périodes de changement de phase ou la latitude, et il a été nécessaire d'examiner le transfert de chaleur qui a lieu à l'interface entre l'atmosphère et le sol.

On a trouvé une solution au problème de la température de surface; on a ainsi obtenu une équation théorique pour le facteur-n, en fonction de l'indice atmosphérique, du transfert thermique saisonnier de surface, indépendamment de la convexion, du coefficient superficiel de convexion et des propriétés thermiques du sol. L'équation théorique concordait assez bien avec une représentation graphique des données, par rapport à des paramètres sans dimension suggérés par la théorie. Pour un site particulier, on peut estimer le facteur-n à l'aide des données météorologiques de base et d'un minimum d'informations sur la surface du site.

ТЕОРИЯ n-ФАКТОРОВ И КОРРЕЛЯЦИЯ ДАННЫХ

Составлена таблица данных о n-факторе /отношении сумм летних и отрицательных температур поверхности и воздуха/ для обычных поверхностей, бетонных покрытий, асфальтовых покрытий, а также изолированных поверхностей на глубине. Хорошей корреляции полученных данных с такими простыми параметрами, как индекс воздуха, продолжительность сезона фазовых изменений или широта, не удалось добиться и пришлось исследовать перенос тепла на границе раздела атмосфера - грунт. Решение проблемы температуры поверхности позволило получить теоретическое уравнение для n-фактора как функции индекса воздуха, сезонного переноса тепла на поверхности без учета конвекции, поверхностного коэффициента конвекции и тепловых свойств грунта. Полученное теоретическое уравнение довольно хорошо согласуется с графиком данных на безразмерных параметрах в соответствии с предложенной теорией. Для конкретного участка, n-фактор можно определить с помощью основных метеорологических данных и минимального количества информации о поверхности участка.

THEORY OF N-FACTORS AND CORRELATION OF DATA

V.J. Lunardini

Department of Mechanical Engineering, University of Ottawa
Ottawa, Ontario (K1N 6N5)

INTRODUCTION

The estimation of the depth of freezing or thawing is an important problem for engineers. The successful and economical design of roads, airstrips, building foundations, etc. depends upon an accurate prediction of the phase change depth.

The total phase change depth, for a homogeneous system, can be calculated from the Modified Berggren Equation,

$$\varepsilon = \lambda\sqrt{\frac{2k}{L} I_s} = \lambda\sqrt{\frac{2k}{L} nI_a} \qquad (1)$$

Berg (1973) showed that this equation gave good results but was not applicable to residual thaw layers, while Sanger (1959) noted that Eq. (1) did not give good results for insulation layers. Quinn (1962), however, used a modification of Lachenbruch's method (1959) to calculate the freeze depth for insulated systems with moderate success. The accurate use of Eq. (1) depends upon the correct value of the surface index being used, but this is not a standard meteorological measurement and is rarely available. The air index, I_a, is tabulated and can be used with the n-factor defined as

$$n = I_s/I_a = \int_0^{\theta_s}(T_f - T_s)dt \Big/ \int_0^{\theta_a}(T_f - T_a)dt \qquad (2)$$

The n-factor is an expression of the surface temperature of the system under consideration, and is of interest, regardless of the use which is made of it. The conditions under which the n-factor should be used are not the object of this study, however, there is no doubt that it is valuable in calculating the total seasonal depth of phase change.

DATA

Tables 1-4 list n values for general surfaces, concrete pavements, asphalt pavements, and surfaces insulated at depth. Not all of the values listed in these tables are experimental, some are calculated while others are "best estimates" which have been used for design. A description of each case is available with dates, length of season, mean seasonal temperatures, phase change depth, freeze/thaw indices, and the physical properties of the soil beneath each surface. These data can be found in Lunardini (1977). Only data which could be verified were used in plotting figures. The tables present the most comprehensive tabulation of n-factors to date. Brown and Galate (1971) made an introductory survey but did not attempt a thorough coverage.

Case	Surface Type	Freeze		Thaw		Location	Symbol for Figures	Reference
		n	I_a	n	I_a			
1	Spruce trees, brush, moss over peat soil	.29	5042	.37	3055	Fairbanks, Alaska	● freeze	U.S. Army (1950a)
2	Brush & trees cleared, moss in place, peat soil	.25	5042	.73	3055		♀ thaw	
3	Vegetation and 16" of soil stripped clean	.33	5042	1.22	3055			
4	Turf	.5	-	1.0	-	Alaska and Greenland	N.A.	U.S. Army (1966)
5	Snow	1.0	-	-	-			
6	Sand & Gravel	.9	-	2.0	-			
7	Gravel	.76	5042	1.99	3055	Fairbanks	Ø freeze	U.S. Army (1950a)
8	Gravel	.63	5042	2.01	3055		⊘ thaw	
9	Gravel	.6	5042	1.4	3055	Fairbanks Alaska	N.A.	Carlson (1953)
10	Elevated Building	-	-	1.0	-		N.A.	U.S. Army (1966)
11	Pavement without snow	.9	-	-	-			
12	Pavement north of 45°N	.9	-	-	-	General	N.A.	Sanger (1959)
63	Gravel	1.0	5400	1.47	2440	Chitina Alaska	♀ freeze ● thaw	Esch (1973)
64	Gravel colored dark	-	-	1.40	3320	Fairbanks	⊗	Berg (1973)
74	Sandy soil, with snow	.49	1908	-	-	Lakselv	N.A.	Heiersted (1975) Norway
75		.02	2034	-	-	Os		
76		.53	342	-	-	Amli,1974		
77		1.39	234	-	-	Amli,1975		
78	General	.8	-	-	-	Southern Canada $\phi<50^{\circ}N$	N.A.	McCormick (1971)
79	General	.9	-	-	-	Northern Canada $\phi>60^{\circ}N$		
80	Gravel	-	-	1.5	2680	Fairbanks	⊘	U.S. Army (1972)
81	Gravel colored dark	-	-	1.27	2720		⊗	

Table 1. N-factor data, general surfaces.

The n-factor for a given site will vary with time, from month to month and from year to year. Measurements for Fairbanks for two years are given by Berg (1973) and U.S. Army (1972), which show that the n value can change by 30% from the first half of a month to the latter half. These data emphasize that a seasonal n-value cannot be obtained from measurements made over a short period of time. Thus one can expect that it will be difficult to specify an n-value for a given surface. An examination of Table 3 for asphalt shows that the freeze n values vary from 0.25-2.48, while the thaw values vary from 1.4-2.7. These ranges illustrate the problems of choosing n-values. Some attempt must be made to present the data so that a rational choice can be made for an arbitrary site.

Case	Freeze n	Freeze I_a	Thaw n	Thaw I_a	Location	Symbol for Figures	Reference
13	.74	5042	2.07	3055	Fairbanks	● freeze, -●- thaw	U.S. Army (1950a)
14	.75	5042	1.85	3055			
15	.81	5042	2.02	3055			
16	.85	5042	2.13	3055			
17	.69	5042	2.08	3055			
18	.6	5042	1.4	3055		N.A.	Carlson (1953)
19			1.3	2.2	Alaska, Greenland	N.A.	U.S. Army (1966)
20	.87	965	-	-	Dow AFB, Maine	■	U.S. Army (1950 b)
21	.95	2304	-	-	Presqu'Isle, Maine	↟	
22	.92	1314	-	-	Sioux Falls, S. Dakota	▼	
23	.65-.67	1461	-	-	West Union, Iowa	◫	Oosterbaan (1965)
24	.66	663	-	-	Waltham, Mass.	⊟	Quinn (1962)
25	.71	663	-	-			
26	.35	259	-	-	1963/64 Beckeley	⋉	Moulton (1968) West Virginia
	.27	125	-	-	1964/65		
	.53	239	-	-	1965/66		
27	.54	206	-	-	1963/64 Benwood		
	.36	880	-	-	1964/65		
	.42	296	-	-	1965/66		
28	.27	241	-	-	1963/64 Grafton		
	.34	215	-	-	1964/65		
	.71	174	-	-	1965/66		
29	.16	86	-	-	1963/64 North		
	.12	165	-	-	1964/65 Charleston		
30	.87	278	-	-	1963/64 Pike		
	.56	146	-	-	1964/65		
	.29	295	-	-	1965/66		
31	.45	284	-	-	1964/65 Cave		
	.33	308	-	-	1965/66		
68	.79	-	1.71	-	Minnesota	N.A.	Braun (1957)
85	.62	1363	-	-	Hanover, New Hampshire	▲	Berg (1977)

Table 2. N-Factor data concrete pavements

Case	Freeze n	Freeze I_a	Thaw n	Thaw I_a	Location	Symbol for Figures	Reference
	.96	620	-	-	1963/64 Caanan Valley	X	Moulton (1968)
32	.74	292	-	-	1964/65		
	.63	537	-	-	1965/66		
	.44	234	-	-	1963/64 Fairmont		
33	.39	136	-	-	1964/65		
	.39	235	-	-	1965/66		
	.36	181	-	-	1963/64 Flatwoods		
34	.29	166	-	-	1964/65		
	.41	277	-	-	1965/66		
35	.25	82	-	-	1963/64 Nitro		
	.27	83	-	-	1964/65		
36	.49	153	-	-	1964/65 Point Mt.		
	.49	423	-	-	1965/66		
37	.79	282	-	-	1963/64 Slatyfork		
	.35	514	-	-	1963/64 Sophia		
38	.29	165	-	-	1964/65		
	.41	462	-	-	1965/66		
39			1.6 - 2.7		Alaska, Greenland	N.A.	U.S. Army (1966)
40	.55	1314	-	-	Sioux Falls, S.D.	▽	U.S. Army (1950b)
41	.75	965	-	-	Dow, AFB, Maine	□	
42	.78	2304	-	-	Presqu'Isle, Maine	†	
43	.78	5042	2.11	3055	Fairbanks	○ freeze, -○- thaw	U.S. Army (1950a)
44	.65	5042	2.28	3055			
45	.72	5042	2.15	3055			
46	.8	923	-	-	Minnesota	N.A.	Kersten (1955)
47	.6	5042	1.4	3055	Alaska	N.A.	Carlson (1953)
48	.55	580	-	-	Indiana	N.A.	Yoder (1952)
49	.58	2600	-	-	Sudbury, Ont.		Penner (1966)
62	1.0	5400	1.73	2440	Chitina, Alaska	⊖ freeze, -⊖- thaw	Esch (1973)
66	-	-	1.96	3320	Fairbanks	-○-	Berg (1973)
67*			.98	3320	Fairbanks	○	Berg (1973)
69	.74	-	1.91	-	Minnesota	N.A.	Braun (1957)
70	1.26	1908	-	-	Lakselv	◐	Heiersted (1975) Norway
71	1.02	2034	-	-	Os	⦶	
72	2.48	342	-	-	Amli, 1974	⊗	
73	1.90	234	-	-	Amli, 1975		
82	-	-	1.58	2720	Fairbanks	-○-	U.S. Army (1972)
83	-	-	1.39	2720			
84*	-	-	1.15	2720		○	

* Asphalt painted white

Table 3. N-Factors, asphalt pavements

N-Factor Relations

Graphing n versus I_a indicated a trend for n to increase with I_a but the scatter of the data was large.

Heiersted (1975) proposed that the freeze n-factor data beneath asphalt pavements could be inversely correlated with the length of season based on air temperatures. However, a plot of the asphalt data showed that n does not follow any obvious trends. The Norwegian data does form a trend, but this seems to be fortuitous, and is the opposite of the trend for the bulk of the data. Plotting the n-factor versus I_a/θ_a also failed to yield a

Case	Surface Type	Freeze n	Freeze I_a	Thaw n	Thaw I_a	Location	Symbols for Figures	Reference
50	Asphaltic Concrete	.68	2600	-	-	Sudbury, Ont.	◬	Penner (1966)
51	PCC	.97	1302	-	-	Midland, Mich.	▄	Oosterbaan (1965)
52	PCC	1.0	1261	-	-			
53	PCC	.78	1461	-	-	West Union, Iowa	◨	
54	PCC	.98	663	-	-	Waltham, Mass.	⊟	Quinn (1962)
55	Asphalt	.96	7279	1.74	2052	Kotzebue	◑ freeze, -◑- thaw	Rhode (1976)
56		1.04	6549	1.66	2386			
57		.99	5677	-	-			
58		.95	7279	2.00	2052			
59		1.01	6549	1.94	2386			
60	Asphalt	1.0	5400	1.84	2440	Chitina, Alaska	◓ freeze, -◓- thaw	Esch (1973)
61	Gravel	.7	5400	1.38	2440		⏀ freeze, ⊗ thaw	
65	Asphalt			1.72	3320	Fairbanks	-⊗-	Berg (1973)
86	PCC	.65	1363	-	-	Hanover, N.H.	⚠	Berg (1977)

Table 4. N-factor data, insulated systems.

useful correlation.

Better results are obtained with a graph of I_s versus I_a, shown by Figure 1, which covers the surfaces in Tables 1-4. The trend of the data is clearer, but the scatter is still unacceptable.

Graphing the n-factor as a function of simple parameters does not lead to useful results. It is necessary to examine the physical relations which govern the n-factor, in order to arrive at a better correlation of the data.

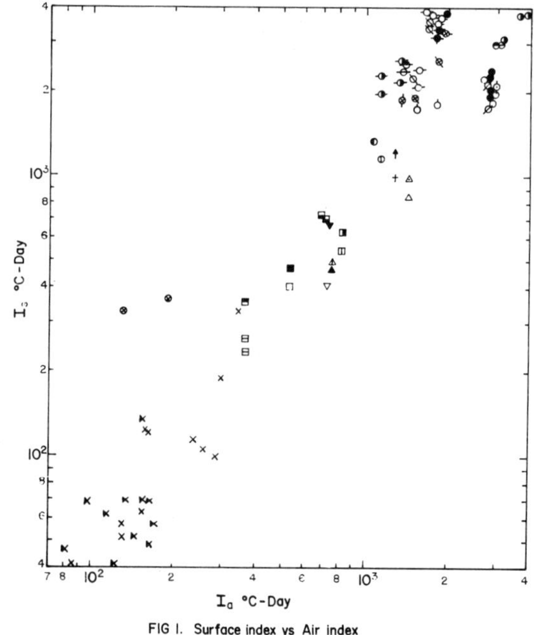

FIG I. Surface index vs Air index

THEORY

Surface Temperature

The n-factor is another way of expressing the surface temperature since

$$\overline{T}_s = T_f - n(T_f - \overline{T}_a)\theta_a/\theta_s \quad (3)$$

Any calculation of n will thus be a prediction of the surface temperature, which is a function of the total heat transfer at the surface. Dempsey (1969), Heiersted (1975), and Thompson (1973), list useful energy flow schemes for evaluating the surface temperature but did not actually calculate the temperature. If evapotranspiration can be neglected (paved surfaces) then the following parameters are probably the most significant.

(i) Net radiation at surface (latitude, season, surface type, cloud).
(ii) Surface coefficient of heat transfer (wind speed, surface type, season).
(iii) Soil thermal properties, (thermal conductivity, effective latent heat).

The soil thermal properties will be of secondary importance. Barber (1957) noted that fairly large changes in the thermal conductivity several centimeters deep did not greatly change predicted surface temperatures.

The surface temperature of a homogeneous soil can be evaluated from an idealisation of the actual heat transfer problem. At the upper surface of the ground, or contact layer, boundary conditions of heat flux, q, and air temperature T_a exist, Fig. 2(a).

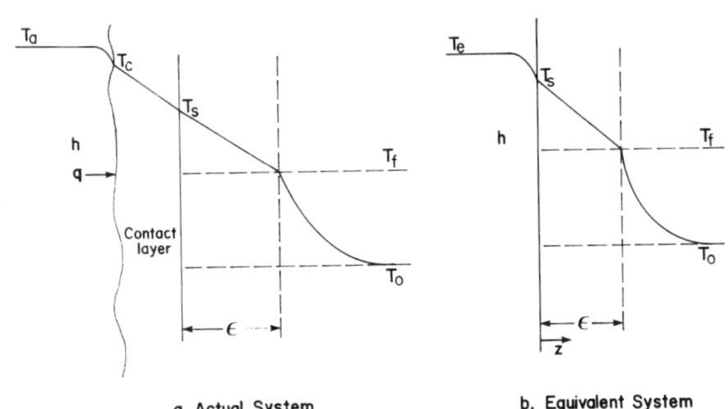

FIG 2. SYSTEM GEOMETRY

The total heat flux which strikes the surface is

$$q_T = q + h(T_a - T_s) \quad (4)$$

Now define an effective temperature such that

$$q_T = h(T_e - T_s) \quad (5)$$

The effective or equivalent temperature is

$$T_e = q/h + T_a \quad (6)$$

Thus the equivalent problem is that of Fig. 2b where, initially, the ground temperature is T_o. If the internal resistance of the soil is small compared to the external resistance, then the quasi-steady approximation may be used. This leads to the following equations to solve.

$$\frac{\partial^2 T}{\partial z^2} = 0 \quad (7)$$

$$\left.\begin{array}{l} T = T_f \\ -k_t \dfrac{\partial T}{\partial z} = L\dfrac{d\varepsilon}{dt} \end{array}\right\} z = \varepsilon \quad (7a)$$

$$\varepsilon = 0 \quad T = T_f \quad t = 0 \quad (7b)$$

$$k_t \frac{\partial T}{\partial z} = h(T - T_e) \quad z = 0 \quad (7c)$$

The major limitation is that the initial temperature of the solid be at T_f, but L can be taken as the equivalent latent heat including sensible heat. The solution to this system of equations is straightforward and the surface temperature is given by

$$T_s = T_e - (T_e - T_f)k_t/ph \quad (8)$$

$$p^2 = (\varepsilon + k_t/h)^2 = \frac{2k_t}{L}\int_0^t (T_e - T_f)d\tau + (k_t/h)^2 \quad (9)$$

N-Factor Equation

Over the thaw season, time average values of T_e, T_a, q, and h will be used, as defined by

$$\overline{f} = \frac{1}{\theta_s}\int_0^{\theta_s} f\,dt$$

The averages are computed over the length of the surface thaw season, θ_s, since this is significant for the heat transfer. Using Eq. (8) and time average values, a non-dimensional equation for n is

$$\pi_1 = \pi_2 - (\sqrt{1 + 2\pi_2} - 1) \quad (10)$$

where $m = Lk_t/h^2$ $\quad \pi_1 = nI_a/m$

$$\pi_2 = I_e/m = (\overline{q}\theta_s/h + I_{as})/m$$

I_{as} is approximately equal to I_a which could be used in place of I_{as}. $Q = \overline{q}\,\theta_s$ is the total heat transfer at the surface exclusive of convection and will be a measure of the meteorological effects and surface characteristics.

Thus it should be possible to correlate n-factor data with only two parameters. Many of the experiments, which determined the n-factor, did not include all of the information needed to calculate π_1, π_2 and accurate predictions of Q and h are difficult. The net heat flow to the ground must equal the energy required to thaw the soil to a depth ε, plus the sensible heat. Combining this concept with the previous relations give a relation between π_1 and π_2 with a Biot number

$$\pi_2 = \pi_1 + \frac{\varepsilon \overline{h}}{k_t} \quad (11)$$

Calculated values of π_1 and π_2 using Eq. (11), agreed very well with Eq. (10) but this is not a rigorous test of Eq. (10). It is convenient to rewrite Eq. (10) in the dimensional form

$$I_s = r - m(\sqrt{1 + 2r/m} - 1) \quad (12)$$

Eq. (12) shows that I_s is a strong function of I_a, and explains why Fig. 1 gave fair results for correlating I_s and I_a.

Surface Heat Transfer

The total surface heat flux exclusive of convection over the season will be associated with radiation and evapotranspiration. Since most of the data pertain to pavements, the evapotranspiration will not be significant. The net radiation flux is

$$q = (1-\alpha_s)(.35+.61S)Q_T-\sigma\varepsilon_s(1-.8C_s)T_a{}^4\{(T_s/T_a)^4-\gamma\} \quad (13)$$

The direct solar radiation is given by

$$Q_T = F\cos\delta\cos\phi\left\{\frac{180-H_{sr}}{180}\cos H_{sr}+\frac{\sin H_{sr}}{\pi}\right\} \quad (14)$$

where F is a complicated function of optical air mass, atmospheric water vapor, and the sun-earth distance. The theoretical and empirical relations of Bolsenga (1964) were used as modified by Lunardini (1977), where values of the surface albedo α_s were summarized. Data taken over a season indicate that literature values of the albedo are just estimates, especially during the freezing season.

Computations were made for sites for which accurate data were available. It was found that for thaw seasons, the total radiative heat transfer can be calculated to within 10% of measured values, if monthly averages are used and if accurate meteorological data for a site are available. For the freeze season, the percentage error is greater due to the much smaller solar radiation during freezing. Also, the albedo changes due to snow and ice on the surface for part of a day tend to make the predictions less reliable.

Surface Coefficient of Heat Transfer

The most difficult heat transfer parameter to accurately prescribe is the surface coefficient of convection. This is due to an inadequate model of the turbulent mixing process in the atmosphere, but even with an acceptable model, there would be a question of accurate values of the parameters which must be used with the model.

A study was made of the best methods of evaluating h, Lunardini (1977). It was decided that the aerodynamic method is the most reasonable. The eddy coefficient with Deacon's (1949) stability relation was used and the coefficient of heat transfer can be written

$$\frac{h}{k_o^2\,\rho c_p u_1} = \begin{cases} \left[\dfrac{1-\beta}{(z_1/z_o)^{1-\beta}-1}\right]^2 & \text{stable} \\[2ex] \dfrac{1}{\ell n^2(z_1/z_o)} & \text{neutral} \\[2ex] \dfrac{2}{[(z_1/z_o)^{1-\beta}+1]}\left[\dfrac{1-\beta}{(z_1/z_o)^{1-\beta}-1}\right]^2 & \text{unstable} \end{cases} \quad (15)$$

Tables of the surface roughness z_o are available, however, the problem of the surface roughness is more difficult than merely choosing an appropriate value from a table. Suppose the surface of interest is a paved road, surrounded by grass. Then the surface roughness to use will be some combination of the grass and pavement values. This will be true unless the surface is very large, such as an airstrip.

The stability parameter β can be estimated using .88-stable, 1.0-neutral, and 1.08-unstable, Deacon (1949).

During any day, the atmosphere may have any or all of the stabilities. However, stable or neutral equilibrium will occur if the surface temperature is less than the air temperature, while unstable conditions prevail if the reverse is true. On a seasonal basis, the atmosphere will tend toward the unstable case during the thaw season while the freeze season will tend to have neutral or stable conditions.

CORRELATION OF DATA

Using the appropriate equations, it was possible to evaluate the parameters in the correlation equation for the n-factor, Eq. (10) or Eq. (12). Where possible, actual meteorological data have been used to evaluate Q and h. If no data were available, then a value of $h = 12$ W/m^2 - ^{0}C was chosen as a representative value. It is expected that h will vary from 2 - 50 in most cases, based on Eq.(15). The value of m is not known for some of the cases, but with $h = 12$, a value of $m = 16^0$C-day is quite reasonable, using an average value of $kL = 2200$ W^2-day/m^4-^{0}C. Figure 3 shows the data for both freeze and thaw for all surfaces. Many of the points were calculated on the basis of estimates of the meteorological conditions for a site since actual values were not known.

A more complete comparison of the data with Eq. (10), the non-dimensional π equation, is shown in Fig. 4.

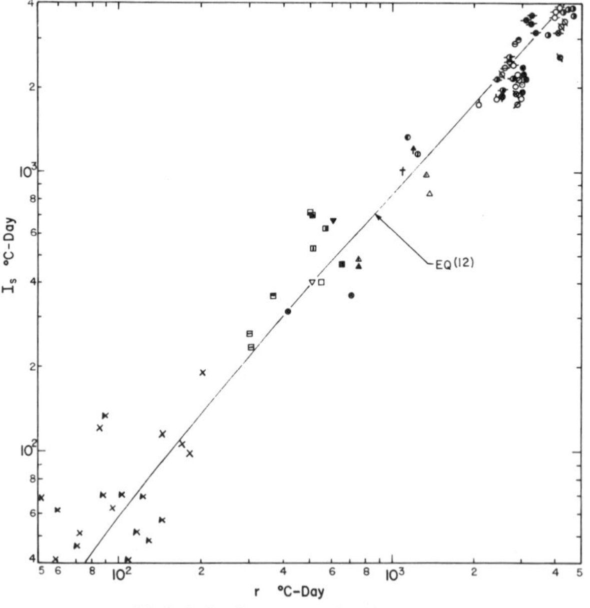

FIG 3. Surface Index vs r, all surfaces

DISCUSSION OF RESULTS AND CONCLUSIONS

Figs. 3 and 4 show that the n-factor data can now be correlated reasonably well and the theoretical equation predicts the data trend. No attempt was made to obtain empirical equations from these graphs since the present methods of calculating Q and h do not justify further refinement.

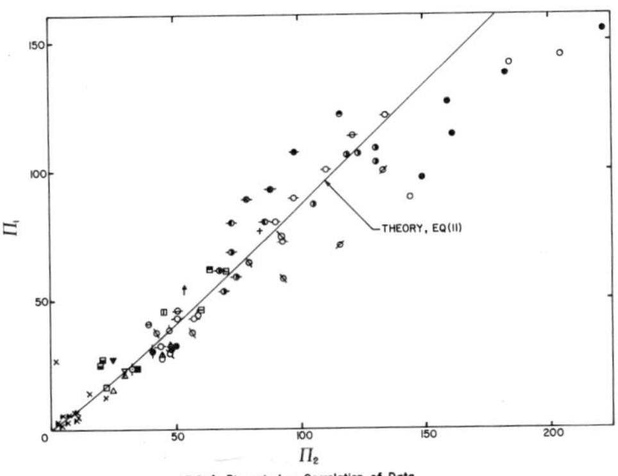

FIG 4. Dimensionless Correlation of Data

However, it is expected that more complete meteorological data, for the calculation of Q and h, would enhance the agreement between the theory and the data. Indeed, for those sites with adequate meteorological data, the calculated values were closer to the theoretical curve. In any case, the results are good, given the various sources of data and complexity of the phenomena.

The surface coefficient of convective heat transfer presents difficulties as already noted. The equations presented here should allow estimates to be made of h if adequate data are available. More data are required on atmospheric stability as a function of season and the surface roughness of actual systems. This should allow better estimates to be made for h and the total surface heat transfer.

The tables of n-factor data listed here are comprehensive, but the usefulness of the raw data is limited unless a site is located almost exactly at the test site.

A choice of the n-factor for a site could be estimated roughly from Tables 1-4 or, somewhat better, from Fig. 1. However, the best procedure is to evaluate the surface heat flux and surface coefficient for the site, using the methods presented here, or actual data, and then use either Fig. 3 or 4 to arrive at n.

Prediction of N-Factors

An equation for the n-factor has been developed as a function of air index, total seasonal heat transfer, surface coefficient of convection, and soil thermal properties. Although predictions have been made by other investigators of the surface temperature for special cases, no theoretical equation for the n-factor has been found in the literature.

The n-factor is written explicitly as

$$n = r/I_a - (\sqrt{1+2r/m} - 1)\, m/I_a \qquad (16)$$

Sanger (1963), noted that for Arctic and sub-Arctic regions, the thaw n factor decreases with increasing wind speed while U.S. Army (1966) results noted the inverse for the freezing n factor. Values typical for northern regions, were used to evaluate these trends with Eq. (16).

The results confirm that the theory agrees with the field experience quoted previously although the quantitative values differ somewhat.

Berg and Quinn (1976) have recently plotted the difference between surface and air temperatures, ΔT, as a function of the absorbed short wave radiation, with wind speed as a parameter. They show that the temperature difference for thawing will decrease with increasing wind speed. Information of this kind can then be used to evaluate n for different sites, if the absorbed short wave radiation and wind speed are known. Their method is an approximation to the theory presented here. Using Eq. (16), it can be shown that ΔT will decrease with increasing wind speed in agreement with the data.

The theoretical equation explains the general trends for n, based on data or field experience. One general observation, U.S. Army (1966), that the freezing value of n increases with latitude, is not necessarily correct, however. Both the theory and data confirm this.

Eq. (12) allows n to be estimated for remote areas where limited meteorological data are available with only general information on surface conditions.

ACKNOWLEDGMENT

The author is indebted to the Geotechnical Branch, DBR, Ottawa, where this work was carried out.

NOMENCLATURE

c_p - specific heat	$r = \begin{cases} I_a + Q/h \text{ thaw} \\ I_a - Q/h \text{ freeze} \end{cases}$
C_s - cloud cover	
e - atm.water vapor press.	S - bright sunshine
H_{sr} - hour angle	t - time
I - freeze/thaw index	T - temperature
k - thermal conductivity	u - wind speed
k_o - von Karman const.	z - elevation
q - nonconvective surface heat flux	
$\gamma = .6 + .05\sqrt{e_a}$	ρ - density
δ - solar declination	σ - Stefan Boltzmann const.
ε_s - surface emissivity	ϕ - latitude north
θ-season length	

Subscripts

1 - reference height	f - freeze
a - air	s - surface
e - effective	t - thaw

REFERENCES

BARBER, E.S. 1957. Calculations of Maximum Temperatures from Weather Reports. Highway Res. Board Bull. 168.

BERG, R.L. 1977. Unpublished data, CRREL.

BERG, R.L., QUINN, W.F. 1976. Use of a Light-colored Surface to Reduce Seasonal Thaw Penetration

Beneath Embankments on Permafrost, Second Int. Symp. Cold Regions Engineering, U. Alaska.

BERG, R.L., AITKEN, G.W. 1973. Some Passive Methods of Controlling Geocryological Conditions in Roadway Construction. Permafrost 2nd Int. Conf. Yakutsk, USSR, 581-586, NAS, Wash., D.C.

BOLSENGA, S.J., 1964. Daily Sums of Global Radiation for Cloudless Skies. CRREL, R.R. 760.

BRAUN, J.S. 1957. A Study of Frost Penetration Into Fine Grained Soils Beneath Bituminous Pavements in Southeastern Minnesota. M.S. Thesis, U. of Minn.

BROWN, J.L., GALATE, J. 1971. Literature Review of N-Factors Used to Determine Depth of Frost Penetration Beneath Pavements. CRREL Unofficial Memo.

CARLSON, H., KERSTEN, M.S. 1953. Calculation of Depth of Freezing and Thawing Under Pavements. Highway Res. Board Bull. 71.

DEACON, E.L. 1949.Vertical Diffusion in the Lowest Layer of the Atmosphere. Quart. J. Roy. Met. Soc. V75, 81-103.

DEMPSEY, B.J., THOMPSON, M.R. 1969. A Heat Transfer Model for Evaluating Frost Action and Temperature Related Effects on Multi-Layered Pavement Systems. Prof. Rept. IHR 401, Univ. of Illinois.

ESCH, D.C. 1973. Control of Permafrost Degradation Beneath a Roadway by Subgrade Insulation. Permafrost 2nd Int. Conf. Yakutsk USSR, 608-622, NAS, Wash.D.C.

HEIERSTED, S.R.S. 1975. Thermal Climate Régime on Road and Ground Surface. Frost I Jord NR 10.

KERSTEN, M.S., JOHNSON, R.W. 1955. Frost Penetration Under Bituminous Pavements. Highway Res. Board Bull. 111.

LACHENBRUCH, A.H. 1959. Periodic Heat Flow in a Stratified Medium with Application to Permafrost Problems. U.S. Geol. Survey Bull. 1083-A.

LUNARDINI, V.J. 1977. Geothermal Aspects of N-Factor and Calculation Methods. Internal Report NRC, Contract 032-579, Ottawa, Canada.

McCORMICK, G. 1971. Frost Penetration Factors. The Northern Engineer, V. 3, N. 3, 14-16.

MOULTON, L.K. 1968. A Study of the Relationship Between Air Temperatures and Depth of Frost Penetration as Related to Pavement Performance of West Virginia Highways. Final Report, Res. Proj. No. 7, Eng. Exp. St., W. Virginia U.

OOSTERBAAN, M.D., LEONARDS, G.A. 1965. Use of Insulating Layer to Attenuate Frost Action in Highway Pavements. Highway Res. Record 101, 11-27.

PENNER, E. et al. 1966. Performance of City Pavement Structures Containing Foamed Plastic Insulation. Highway Res. Record 128, 1-17.

QUINN, W.F., LOBACZ, E.F. 1962. Frost Penetration Beneath Concrete Slabs Maintained Free of Snow and Ice With and Without Insulation. Highway Res. Board Bull. 331,98-115.

RHODE, J.J., ESCH, D.C. 1976. Kotzebue Airport Runway Insulation Over Permafrost. 2nd Int. Cold Regions Engineering, U. Alaska.

SANGER, F.J. 1963. Degree Days and Heat Conduction in Soils. Proc. Int. Permafrost Conf., NRC Pub. No. 1287.

SANGER, F.J. 1959. Discussion of Frost Penetration: Relationship to Air Temperatures and Other Factors, Kersten, M.S. Highway Res. Board Bull. 225.

THOMPSON, M.R. 1973. Environmental Factors and Pavement Systems. State of the Art, Construction Engineering Res. Lab. T. Rp. 5, 61-186.

U.S. Army, 1972. Met. Data Report, Farmers Loop Road Test Site. Fairbanks, Alaska.

U.S. Army, 1966. Arctic and Subarctic Construction-Calculation Method for Determination of Depths of Freeze and Thaw in Soil. U.S. Army TM5-852-6.

U.S. Army Corps of Engineers, 1950a. Comprehensive Report Investigation of Military Construction in Arctic and Subarctic Regions 1945-1948. St. Paul District.

U.S. Army Corps of Engineers, 1950b. Frost Effects Laboratory. Report of Pavement Surface Temperature Transfer Study. New England Division, Boston, Mass.

YODER, E.J., LOWRIE, C.R. 1952. Some Field Measurements of Soil Temperatures in Indiana. Highway Res. Board, Spec. Rept. 2, 41-50.

THERMAL PROPERTIES AND REGIME OF WET TUNDRA SOILS AT BARROW, ALASKA

R.W. McGaw, U.S. Army Cold Regions Labs., CREEL, Hanover, New Hampshire, USA.
S.I. Outcalt, University of Michigan, Ann Arbor, Michigan, USA.
E. Ng, University of California, Davis, California, USA.

Measurements of temperature and of thermal conductivity for two summer periods were carried out on wet organic surface materials and underlying mineral soils at Barrow, Alaska. Precise temperatures were measured by means of calibrated thermistors placed at accurately known depths, from which temperature gradients to a depth of 1.0 m are calculated. Thermal conductivities were measured by the transient-heating probe method, both in-situ and in the laboratory. The observed conductivity of the organic layer was between that of moist air (0.1 W/mK) and that of water (0.6 W/mK); the conductivity of the silt soil depended on the state of freezing. The measured data are combined to calculate summer heat fluxes to a depth of 1.0 m, from which the thermal transition of the active layer from initial thawing to incipient freezing is described and analyzed.

PROPRIÉTÉS ET RÉGIME THERMIQUES DES SOLS MOUILLÉS DE TOUNDRA DE BARROW, EN ALASKA

R.W. McGaw, U.S. Army Cold Regions Labs., CREEL, Hanover, New Hampshire, USA.
S.I. Outcalt, University of Michigan, Ann Arbor, Michigan, USA.
E. Ng, University of California, Davis, California, USA.

On a mesuré à Barrow en Alaska, pendant deux étés consécutifs, la température et la conductivité thermique de matériaux superficiels organiques mouillés et des sols minéraux sous-jacents. On a mesuré avec précision les températures, au moyen de thermistors étalonnés placés à des profondeurs bien définies, de manière à calculer les gradients thermiques jusqu'à une profondeur de 1.0 m. On a mesuré les conductivités thermiques par la méthode de la sonde à chauffage transitoire, sur le terrain et au laboratoire. La conductivité observée de la couche organique s'est située entre celle de l'air humide (0.1 W/mK) et celle de l'eau (0.6 W/mK); la conductivité du sol limoneux dépendait de l'état de congélation. On a combiné les données mesurées, de manière à calculer les flux thermiques d'été jusqu'à une profondeur de 1.0 m, et à ainsi décrire et analyser la transition thermique que subit le mollisol, lorsqu'il passe du stade initial de dégel à l'amorce de gel.

ТЕРМАЛЬНЫЕ СВОЙСТВА И РЕЖИМ ВОДОНОСНЫХ ТУНДРОВЫХ ГРУНТОВ В БАРРОУ /АЛЯСКА/

В течение двух летних сезонов в районе Барроу на Аляске проводились измерения температуры и теплопроводности сильно-увлажненных органических поверхностных пород и подстилающих минеральных грунтов. Калиброванные термисторы, помещенные на точно замеренной глубине, позволили точно измерить температуры, на основе которых были рассчитаны температурные градиенты для глубины до 1 м. Теплопроводность измерялась методом зондирования с кратковременным нагревом как в полевых, так и в лабораторных условиях. Наблюдаемая теплопроводность органического слоя варьировала от 0,1 вт/мК /проводимость влажного воздуха/ до 0,6 вт/мК /проводимость воды/. Проводимость илистого грунта зависела от степени его замороженности. Результаты измерения используются для расчета летних тепловых потоков на глубине до 1 м, которые учитываются при описании и анализе теплового перехода деятельного слоя от состояния начального таяния в состояние начального замерзания.

THERMAL PROPERTIES AND REGIME OF WET TUNDRA SOILS AT BARROW, ALASKA

R.W. McGaw[1], S.I. Outcalt[2] and E. Ng[3]

[1]U.S. Army Cold Regions Research and Engineering Laboratory, Hanover, New Hampshire, USA
[2]Department of Geography, University of Michigan, Ann Arbor, Michigan, USA
[3]Department of Agronomy, University of California, Davis, California, USA

INTRODUCTION

Tundra soils near Barrow, Alaska, have been studied extensively for several decades. Gold and Lachenbruch (1973) reviewed the earlier studies, while Brown (1973) discussed the more recent work of the U.S. Tundra Biome program. An important part of these studies has concerned the thermal effects of natural environmental factors on the stability of the permafrost which lies below the active layer.

Recent efforts have been directed toward mathematical modeling techniques to simulate the near-surface soil thermal regime. Nakano and Brown (1971) developed a model to simulate the effects of freezing on the soil profile; they also considered some of the problems of validating such a model (1972). Outcalt et al. (1975) developed a computer model to simulate, over a decade of time, the effect of snow fences on the soil-snow thermal regime. In a study designed to obtain definitive information to validate a soil thermal model, Guymon measured the relationship between soil moisture and soil temperature beneath the tundra both at Fairbanks, Alaska (1975), and at Barrow, Alaska (1976). Most recently, Ng and Miller (1977) described a model which seeks to predict the thermal effect of the tundra vegetation.

This paper describes a further investigation of the soil thermal regime in the upper meter of soil at Barrow, Alaska. Both thermal properties and soil temperatures were measured, to provide a correlated input to soil thermal models.

During a period from June to August 1971, temperatures were measured by a precision thermistor installation at a tundra site designated as U.S. IBP Tundra Biome control plot 107, approximately 2 km west of the Naval Arctic Research Laboratory. In addition, thermal conductivity of the near-surface soils was measured both in-situ and on specimens removed to the laboratory. A computer analysis of the temperature data was performed, utilizing a finite-difference technique, to determine the manner in which apparent thermal diffusivity of the Barrow soils varies with temperature, depth and time during the arctic summer period.

THERMAL CONDUCTIVITY MEASUREMENTS

The tundra soils at Barrow are characterized by a surface organic layer 2-10 cm deep underlain by an organic silt mineral layer which remains perennially frozen at depths below 30-40 cm. The thermal conductivity of the surface organic layer is a primary determinant of the summer heat flux into the active layer. In large part it determines the soil temperature regime and the rate and depth of thawing.

The thermal conductivity of unfrozen soils within the upper 10 cm at Barrow was measured in-situ and in the laboratory using the probe method of transient heating (McGaw 1974). Both sets of measurements were obtained on soils from the vicinity of control plot 107. Laboratory determinations were performed on an organic core specimen at several moisture contents and at two temperatures (5°C and 15°C). The in-situ measurements were conducted in both the organic and mineral layers during the summer of 1973; these determinations were conducted in early August when the thaw depth was 33 cm and the unfrozen soil temperature in the upper 10 cm was approximately 2°C.

The same thermal conductivity probe was used for the laboratory tests and the in-situ tests (Fig. 1). It contains a chromel/constantan thermocouple (output 60 x 10^{-6} V/°C) located at mid-depth, and a heating wire of 544 ohms which extends the entire length of the probe. The design simulates a line heat source, the heat flow into the soil during a test being radially outward in the plane of the thermocouple.

In practice, a constant electrical current is applied to the probe for a period of 15 or 20 minutes, during which the temperature increase at the probe mid-point is recorded as a function of time. Total temperature rise at the probe is usually less than 0.5°C. The heating current is then removed, and the corresponding cooling relation is obtained. Thermal conductivity is calculated from the long-term (logarithmic) portion of both relations and averaged, the precision of the test typically being within ±5%.

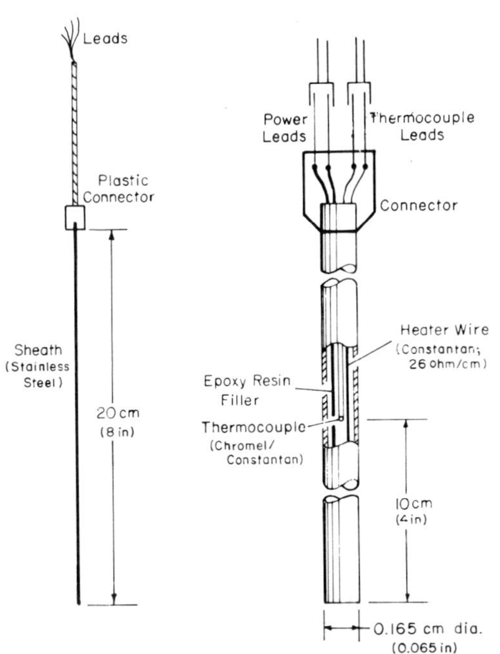

FIG. 1. CRREL thermal conductivity probe.

The surface organic layer in the test plot was 4 to 6 cm in depth, grading into organic-rich mineral soil at 8 to 10 cm of depth. For determinations at the 10-cm depth the probe was inserted vertically into the ground. For shallower depths the probe was inserted at the appropriate angle to place the thermocouple at the desired depth; in this mode the measured conductivity value is an average over a finite range of depth. As an example, at an angle of 45° the probe measures a mean value for the depth range 3 to 7 cm; the effect on the measured conductivity would be a slight smoothing of the curve with depth.

Figure 2 is a plot of dry density and water content (dry-weight basis) of the near-surface soils obtained concurrently with the in-situ tests for thermal conductivity. When the density and water content at each depth were compared, it was

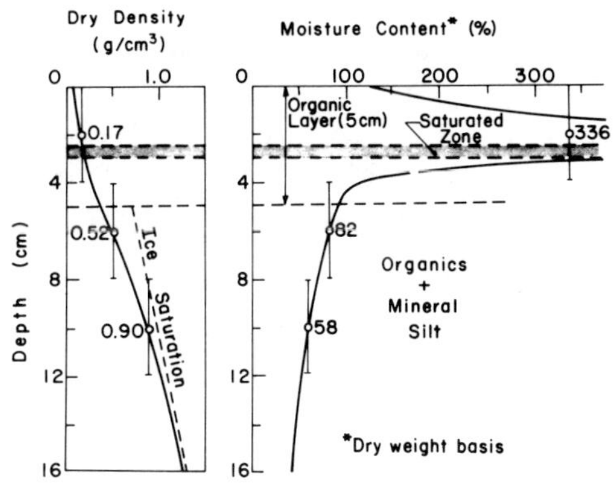

FIG. 2. Dry density and water content of Barrow soils (August 1971).

found that a zone of full saturation existed between the depths of 2.5 and 3.0 cm in early August. Moreover, a much smaller water content was indicated in the next two centimeters of depth, i.e. at the base of the surface organic layer. The soil at

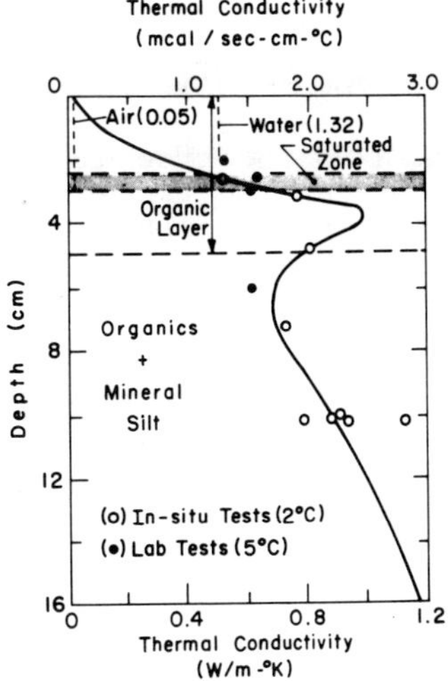

FIG. 3. Thermal conductivity of Barrow soils (August 1971).

this level appeared to be about 50% saturated. Evidently air or other gases had been trapped below the saturated zone.

Figure 3 is a plot of the thermal conductivity measurements. The data show a transition in thermal properties between 4 and 8 cm of depth, paralleling the transition in soil types. Thermal conductivity in the saturated zone was found to be nearly that of water at 2°C (1.32×10^{-3} cal/s-cm-°C), giving evidence of the validity of the measuring techniques.

SUMMER TEMPERATURES

Soil temperatures were measured to a depth of 1.0 m by a specially designed string of thermistors (Fig. 4). Fourteen individually calibrated thermistors were mounted securely to a half-round extruded acrylic rod 140 cm in length and 0.95 cm in diameter. Two thermistors were mounted 20 cm and 40 cm above the proposed ground level to measure air or snow temperatures. The material of the rod was chosen so that it would conduct less heat in the vertical direction and have a lower heat capacity than the Barrow soils; the installation would therefore follow the temperatures of the adjoining soil to a close degree. The precision of the thermistors in the temperature range -10°C to 10°C was 2.5×10^{-3} to 6.8×10^{-3} °C per ohm; measured temperatures were rounded to the nearest 0.01°C.

The position of each thermistor relative to a ground-level mark on the rod was determined to an accuracy of 0.01 cm. The mounted thermistors were then placed into an outer acrylic tube 1.60 cm in external diameter. Small holes drilled at the location of each thermistor were filled with heat-conducting compound from the outside, the compound being in direct contact with each of the thermistors to provide a good conducting path to the ground. Finally, the annulus between the two acrylic members was filled with epoxy under vacuum, making a waterproof and stable measuring device for precise soil temperatures and temperature gradients.

In November 1970 the thermistor device was placed into a 2.5-cm-diameter hole augered 1.0 m through the frozen active layer and into the permafrost at Barrow, Alaska. The hole was carefully backfilled with the original frozen cuttings, including the replacement of the organic surface layer 5 cm in depth. It was then allowed to equilibrate with the ground temperatures.

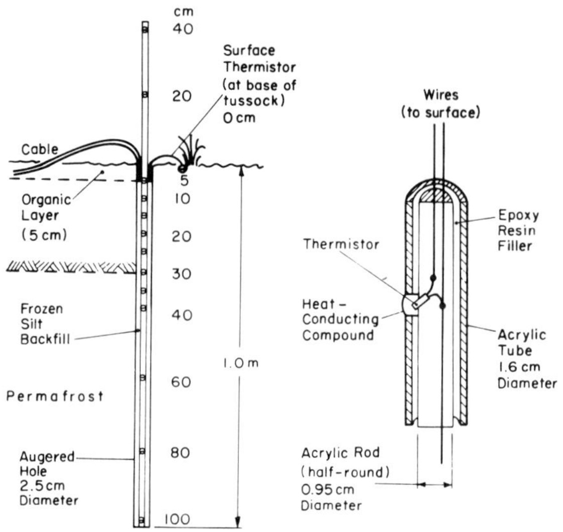

FIG. 4. Precision temperature installation at Barrow, Alaska, utilizing calibrated thermistors.

From June 4 to August 24, 1971, soil and air temperatures were measured manually with a potentiometer, once per day in most cases. The time of the reading was chosen to be near midnight, so that radiation effects would be minimal and the atmosphere would be generally calm. A diagram of the resulting temperature-time series is presented in Figure 5; soil isotherms with depth are given in Figure 6. In both figures the 30-cm depth is indicated by a dashed line, denoting the approximate maximum depth of the active layer in a normal year.

Attention is directed to an unusual feature of the temperature data. Ordinarily, as in all predominantly conductive systems, the amplitude of a thermal disturbance taking place at the surface will be seen to decrease with depth. However, in the temperature zone 0°C to -0.5°C at Barrow, the response to the strong surface heating events labeled a, b and c in Figure 5 appears to contradict this general rule. Shortly following each event a narrow zone of <u>increasing</u> temperature amplitude with depth occurs, appearing as a step in the temperature record whereas the record at the next higher depth remains regular.

There are several possible explanations for the observed behavior. It has been suggested that it is simply a conductive shock front related to an earlier event at the surface but delayed by small values of thermal diffusivity. A second

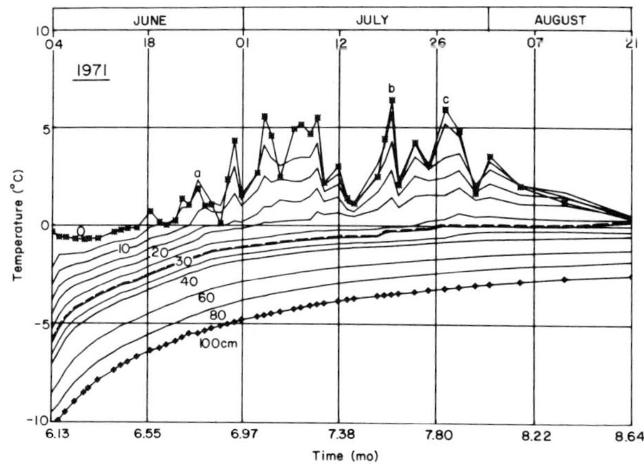

FIG. 5. Temperature-time series of manual thermistor measurements at Barrow, Alaska, during the summer of 1971. Depths listed are nominal. Heating events a, b and c are mentioned in the text.

possibility is that newly released water at the thawing front is no longer in pressure equilibrium with the still-frozen soil below and is pulled downward by moisture-tension forces in the unfrozen-water phase of the frozen soil; thus, sudden warming at depth would be the result of warm-water diffusion downward. Still a third possibility is the downward diffusion of saturated water vapor into the colder frozen layers, producing condensation heating at a depth somewhat below the thawing front. Recent numerical simulation studies by Outcalt (1977) indicate that vapor diffusion may be significant even in very wet soils when the water table is within 10 cm of the surface.

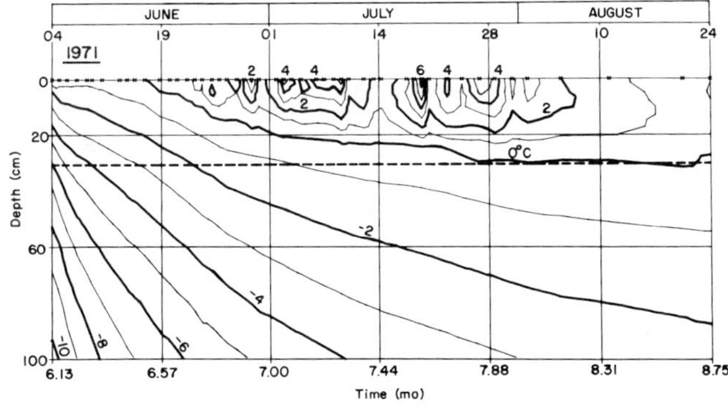

FIG. 6. Soil isotherms with depth at Barrow, Alaska. Notice attenuation of high-frequency disturbances below 0°C isotherm. Dashed line at 30 cm shows the normal depth of maximum thaw.

The first mechanism is compatible with pure conductive thermal systems, but may not give a complete explanation. The latter two mechanisms are closely related to each other and are both nonconductive in character. One or both of these diffusive mechanisms is most probably the major causative agent for the observed temperature anomalies. A close study of individual temperature profiles obtained on successive days may give further information on these mechanisms.

APPARENT THERMAL DIFFUSIVITY

Through application of finite-difference approximations to the depth-time-temperature matrix by means of a computer, the apparent thermal diffusivity of the Barrow soils between the depths of 20 cm and 100 cm was obtained. For this purpose, "apparent thermal diffusivity" was defined as

$$\alpha' = T_t/T_{zz} \qquad (1)$$

where T_t and T_{zz} are the finite-difference approximations of $\partial T/\partial t$ and $\partial^2 T/\partial z^2$, respectively. Observational density was found to be insufficient to compute apparent diffusivities within the near-surface unfrozen zone, where high-frequency thermal variations occur. Studies of this zone may be attempted at a later date.

Graphs of the computed values of apparent thermal diffusivity are presented in Figures 7 and 8. Figure 7 shows the variation of apparent diffusivity with temperature for the 60-cm and 80-cm depths in the permafrost; Figure 8 shows the relationship for the lower 10 cm of the active layer. For comparison, the value for liquid water at 0°C (1.32×10^{-3} cm^2/s) is shown on both graphs (Dorsey 1940).

A noteworthy feature of the data in Figure 7 is the strong decrease in thermal diffusivity with increasing temperatures in the permafrost. Since the soils at depths greater than approximately 30 cm at Barrow remain frozen throughout the year, at first one might expect that their physical and thermal properties would be constant. But temperature is a major factor in determining the unfrozen water content of the Barrow silt at temperatures warmer than -5°C. As Figure 9 indicates, the amount of unfrozen water increases two-fold in the temperature range -5°C to -0.5°C (Tice 1977). The latent heat associated with the change of state of a portion of water substance from ice to unfrozen water adds to the effective heat capacity of the soil, diminishing the apparent diffusivity at higher temperatures.

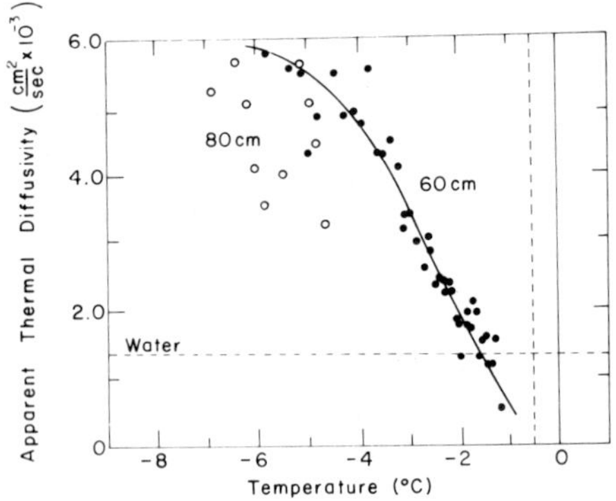

FIG. 7. Apparent thermal diffusivity of permafrost at Barrow, Alaska (summer 1971). The value for liquid water at 0°C is shown for comparison. The curve is drawn using only the data at the 60-cm depth.

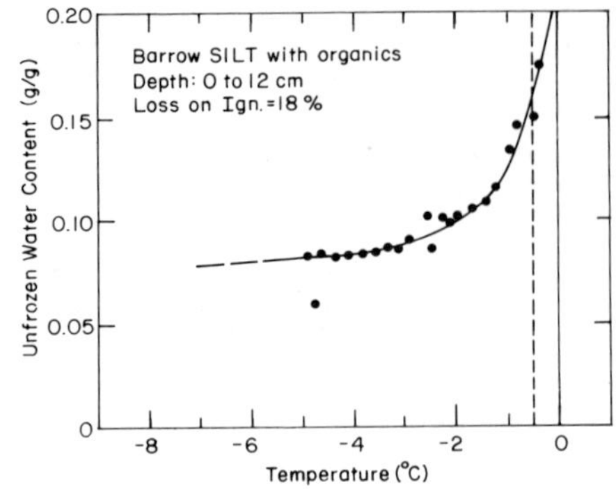

FIG. 9. Measurements of unfrozen water content for Barrow silt as a function of temperature. Data by A. Tice (CRREL).

Referring to Figure 8, a major variation of apparent thermal diffusivity with temperature also occurs in the lower portion of the active layer. Surprisingly, the temperature dependence varies also with depth. Most probably the reason here is that dry density and ice content are variable with depth, being products of the manner of freezing during the preceding autumn. Values of apparent diffusivity smaller than that of liquid water (shown by a dashed line) are the result of latent heat effects, which as mentioned above increase the effective heat capacity to a considerable degree.

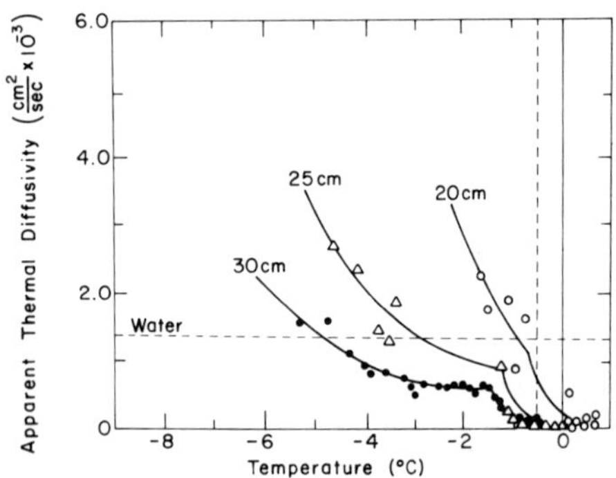

FIG. 8. Apparent thermal diffusivity in the lower 10 cm of the active zone at Barrow, Alaska (summer 1971). At each depth, time is increasing toward higher temperatures.

The abrupt change in the slope of the relationships in Figure 8 appears not to have been previously reported. Analysis shows that the "corner" on the curve for each depth occurs at a time equal to about 6.80 months (June 24), which coincides with the occurrence of heating event a (Fig. 5), the first major surface heat pulse of the summer. It is a temptation to speculate that the previously mentioned anomalies in the temperature record are somehow related to the concurrent anomalies in apparent thermal diffusivity; it is as though the first significant heating of the surface (once thawing has commenced) suddenly enhances the production of latent heat throughout the active layer, even at those depths which are still frozen.

Finally, Figure 10 is a composite graph of the measured temperatures (as a function of depth and time) overlain by contours of the computed values of apparent thermal diffusivity for the summer of 1971 at Barrow. Presented in this way, the data indicate a decreasing diffusivity with depth in the frozen part of the active layer, and

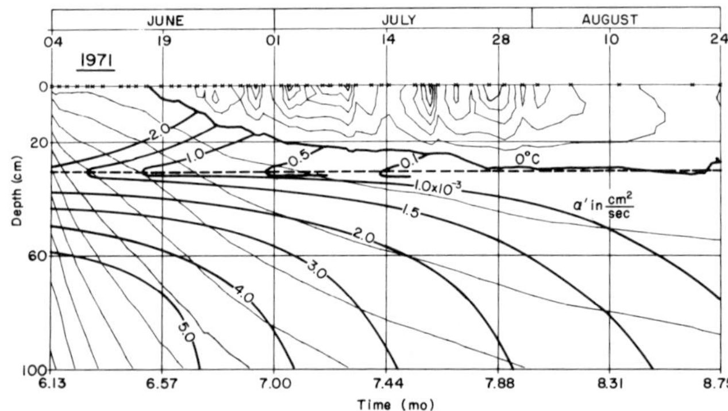

FIG. 10. Isobars of apparent thermal diffusivity (α') with depth and time at Barrow, Alaska (summer 1971), superimposed over soil isotherms (see Fig. 6). Maximum depth of thaw is approximately 30 cm (dashed line).

the reverse relationship in the perennially frozen soil below 30 cm of depth. Quite clearly, the active zone operates thermally in a different manner from the frozen material below it.

SUMMARY

Measurements of in-situ thermal conductivity and temperature to a depth of 1.0 m at Barrow, Alaska, have been presented in this paper. Using finite difference methods, a computation of apparent thermal diffusivity has been performed.

Owing to the precision of temperature and depth measurements (±0.01°C in temperature, ±0.01 cm in depth), thermal effects were observed in the field which have not previously been reported. These effects include the influence of phase change of soil moisture on thermal diffusivity, and the presence of thermal events apparently related to heat transfer mechanisms other than conduction. From the data obtained it may be concluded that permafrost within a meter of the surface at Barrow, although apparently passive, is a material having dynamic thermal properties under the influence of varying temperatures; it is likely that other physical properties change with temperature as well.

We were not able to obtain valid numerical values of apparent thermal diffusivity within the upper portions of the active layer, where rapid thermal variations occur. We therefore recommend that additional temperature measurements be made at higher frequencies of observation (10 to 15 minute periods, for instance) during periods of active-layer growth and decay. Such measurements will facilitate estimates of apparent diffusivity in the active layer to a greater precision than was possible under the present study.

ACKNOWLEDGMENTS

This research was sponsored by U.S. Army Corps of Engineers funding to CRREL and by the National Science Foundation under the U.S. IBP Tundra Biome. Field support was provided by the ONR Naval Arctic Research Laboratory at Barrow, Alaska. Particular thanks are extended to Mr. Vaughn Rockney, formerly of CRREL, for assistance in data acquisition and instrumentation, to Dr. Jerry Brown of CRREL for continuing advice and encouragement, and to Dr. Philip C. Miller of San Diego State University who advised on the in-situ thermal conductivity tests.

REFERENCES

BROWN, J. 1973. Environmental considerations for the utilization of permafrost terrain. Permafrost: The North American Contribution to the Second International Conference, Yakutsk. National Academy of Sciences, Washingtion, D.C., pp. 587-589.

DORSEY, N.E. 1940. Properties of ordinary water substance. Reinhold, New York.

GOLD, L.W. and A.H. Lachenbruch. 1973. Thermal conditions in permafrost -- A review of North American literature. Permafrost: The North American Contribution to the Second International Conference, Yakutsk. National Academy of Sciences, Washington, D.C., pp. 3-26.

GUYMON, G.L. 1975. Soil-moisture temperature for Alaskan lowland. J. Irrigation and Drainage Division, ASCE 101 (IR3), Proc. Paper 11562, pp. 187-199.

GUYMON, G.L. 1976. Summer moisture-temperature for arctic tundra. J. Irrigation and Drainage Division, ASCE 102 (IR4), Proc. Paper 12613, pp. 403-411.

MCGAW, R. 1974. Thermal conductivity of organic sediments from two Wisconsin lakes. U.S. Army Cold Regions Research and Engineering Laboratory, Special Report 129.

NAKANO, Y. and J. Brown. 1971. Effect of a freezing zone of finite width on the thermal regime of soils. Water Resources Research 7(5), pp. 1226-1233.

NAKANO, Y. and J. Brown. 1972. Mathematical modeling and validation of the thermal regime in tundra soils, Barrow, Alaska. Arctic and Alpine Res. 4, pp. 19-38.

NG, E. and P.C. Miller. 1977. Validation of a model of the effects of tundra vegetation on soil temperatures. Arctic and Alpine Res. 9(2), pp. 89-104.

OUTCALT, S.I., C. Goodwin, G. Weller and J. Brown. 1975. A digital computer simulation of the annual snow and soil thermal regime at Barrow, Alaska. Water Resources Res. 11(5), pp. 705-715.

OUTCALT, S.I. 1977. The influence of the addition of vapor diffusion to a model of ice segregation. Frost i. Jord, Oslo, Norway (in review).

TICE, A.R. 1977. Personal communication.

EFFECT OF DEVELOPING A TERRITORY ON THE HEAT BALANCE AND THE THERMAL AND MOISTURE REGIME OF THE GROUND IN THE NORTHERN PART OF WESTERN SIBERIA

N.G. Moskalenko, V.B. Slavin-Borovskii, Yu.L. Shur, All-Union Res. Inst. of Hydrogeology and Engg. Geology, Moscow. N.A. Lazareva, S.P. Malevskii-Malevich, Main Geophysical Observatory, Leningrad, U.S.S.R.

The authors discuss the results of long-term studies of the thermal and moisture regime in the layer of seasonal thawing and the surface temperature, and mean annual temperature of permafrost in regions under development in the northern taiga and forest tundra of Western Siberia. The components of the surface heat balance in 3 types of natural complexes under disturbed and undisturbed conditions are examined. To study the three-dimensional variability of the heat exchange between the ground surface and the atmosphere, use was made of aerial surveys of the temperature and the albedo of the surface. The proportionality factors of the surface and air temperatures in the summer have been determined for different types of the permafrost surface. The effects of developing a territory on permafrost are discussed.

INCIDENCE DE LA MISE EN VALEUR D'UN TERRITOIRE SUR LE BILAN THERMIQUE ET SUR LE RÉGIME THERMIQUE ET AQUEUX DU SOL DANS LE NORD DE LA SIBÉRIE OCCIDENTALE.

N.G. Moskalenko, V.B. Slavin-Borovskii, Yu. L. Shur, Institut soviétique de recherches scientifiques en hydrogéologie et géologie technique, Moscou, N.A. Lazareva, S.P. Malevskii-Malevich, Observatoire principal de géophysique, Leningrad, URSS.

Exposé des résultats obtenus au cours d'études prolongées du régime thermique et aqueux de la couche de dégel saisonnier, de la température de surface, de la température annuelle moyenne du pergélisol dans les régions aménageables de la taïga septentrionale et de la toundra boisée de la Sibérie occidentale.

Examen des composantes du bilan thermique du mollisol (surface active) de trois types de complexes naturels perturbés et non perturbés. Pour l'étude de la variabilité tri-dimensionnelle des paramètres de l'échange thermique entre le mollisol et l'atmosphère, on a utilisé des levés aéroportés de la température et de l'albédo de surface. Les valeurs du coefficient de proportionalité de la température de surface et de l'air en été sont déterminées pour divers types de surface du pergélisol.

Discussion des effets complexes de la mise en valeur du territoire sur le pergélisol.

ВЛИЯНИЕ ОСВОЕНИЯ ТЕРРИТОРИИ НА ТЕПЛОВОЙ БАЛАНС И ТЕРМОВЛАЖНОСТНЫЙ РЕЖИМ ГРУНТОВ НА СЕВЕРЕ ЗАПАДНОЙ СИБИРИ

Н.Г. Москаленко, В.Б. Славин-Боровский, Ю.Л. Шур.
ВНИИ гидрогеологии и инженер. геологии, Москва, СССР
Н.А. Лазарева, С.П. Малевский-Малевич, Главная геофизическая обсерватория, Ленинград, СССР

Приводятся результаты стационарного изучения термовлажностного режима грунтов слоя сезонного оттаивания, температуры поверхности, среднегодовой температуры многолетнемерзлых грунтов в осваиваемых районах северной тайги и лесотундры Западной Сибири.

Рассматриваются данные изучения составляющих теплового баланса деятельной поверхности в 3 типах природных комплексов в естественных и нарушенных условиях. Для изучения пространственной изменчивости параметров теплообмена деятельной поверхности с атмосферой использовались вертолетные съемки температуры и альбедо поверхности. Определены значения коэффициента пропорциональности температуры поверхности и воздуха за летний сезон для различных типов поверхности криолитозоны.

Обсуждается комплексное влияние освоения территории на многолетнемерзлые породы.

ВЛИЯНИЕ ОСВОЕНИЯ ТЕРРИТОРИИ НА ТЕПЛОВОЙ БАЛАНС И ТЕРМОВЛАЖНОСТНЫЙ РЕЖИМ ГРУНТОВ НА СЕВЕРЕ ЗАПАДНОЙ СИБИРИ

Н.Г. Москаленко, В.Б. Славин-Боровский, Ю.Л. Шур, ВНИИ гидрогеологии и инженерной геологии, Москва, СССР

Н.А. Лазарева, С.П. Малевский-Малевич, Главная геофизическая обсерватория, Ленинград, СССР

Исследования подверженности многолетнемерзлых пород изменениям в результате промышленно-хозяйственной деятельности человека вызваны нуждами освоения обширных территорий севера Западной Сибири, потребностями в прогнозе инженерно-геокриологических условий осваиваемых участков.

Исследования проводятся в двух основных направлениях: изучение структуры теплового баланса и наблюдения за состоянием мерзлых толщ и сезонноталого слоя грунтов в различных ландшафтных условиях.

Составляющие теплового баланса и термовлажностного режима грунтов изучаются на опытных участках в естественных ландшафтных условиях и на искусственно подготовленных (лишенных растительности) площадках.

Параллельные наблюдения на естественных и нарушенных площадках позволяют судить об изменении условий теплообмена и протаивания пород при удалении растительного покрова. Такие исследования были проведены в 1975-1976 гг. в зоне лесотундры на кустарничково-мохово-лишайниковых торфяниках, пятнистых лиственничных кустарничково-лишайниковых рединах и пятнистых кустарничково-мохово-лишайниковых тундрах.

Исследования термовлажностного режима грунтов слоя сезонного оттаивания проводятся с 1971 г. в северной тайге, южной и северной лесотундре и тундре. В настоящее время имеются материалы для более чем двухсот микрофаций типичных урочищ названных зон (Москаленко, Шур, 1975б; Славин-Боровский, 1975)

Для ряда участков проведены вертолетные съемки альбедо и радиационной температуры деятельной поверхности. Полученные материалы позволяют оценить изменчивость условий на поверхности различных природных комплексов (Малевский-Малевич, 1965, 1968)

Перечисленные выше виды работ производятся в летние сезоны экспедиционными отрядами. Зимой на участках работ отрядов производятся эпизодические наблюдения за снежным покровом. Круглый год наблюдаются температуры грунтов в скважинах (с интерволом 5-15 дней).

При проведении наблюдений и последующей их обработке максимально широко использованы стандартные методики.

При исследованиях теплового баланса обеспечивался комплекс наблюдений для независимого определения всех его составляющих. Для измерения температуры почвы применена специальная термометрическая установка из нетеплопроводного стержня, в котором термометры сопротивления установлены на фиксированных глубинах. Неоднородность подстилающей поверхности учитывалась добавочной термометрической установкой и термопауком. При градиентных и актинометрических измерениях неоднородность поверхности учитывается автоматически.

Дополнительно к обычным четырехсрочным измерениям проводились серии измерений шесть раз в сутки. На подветренном краю нарушенной площадки проводились дополнительные наблюдения на высоте 2,0 м.

Непосредственное измерение потоков тепла в грунт применено экспериментально. Приведенные расчетные величины получены по термометрии.

Также в порядке опробования новых методик получены эмпирические связи потоков тепла в почву с суммарной радиацией по результатам интегрирования.

Оценка точности измерения глубины протаивания была сделана на базе многократных опробований щупом. Расчеты характеристик распределения полученных величин показали, что для достаточно больших выборок, близких по объему к генеральной совокупности ($n = 100; 50$) дисперсия S^2 составляет 100; при точности измерения 2,5 см. Десятикратное опробование, следовательно, сопровождается отклонением среднего от генерального порядка 10% измеряемой величины (0,5-1,0 м). Многократное опробование глубин протаивания определяется его вероятностной природой (Гречищев, 1975)

ТЕПЛОВОЙ БАЛАНС

Материалы параллельных наблюдений на естественной и нарушенной площадках используются для расчета составляющих теплового баланса. На пятнистых участках тепловой поток в почву и глубина протаивания под суглинистыми пятнами значительно превосходят эти величины под растительным покровом. Поэтому в расчет были приняты средние величины потока, составленные из взвешенных величин для пятен и растительности. Вес пятен принимался равным их доле в общей площади поверхности - около 20%. Результаты измерений и расчетов позволяют определить суммы составляющих теплового баланса за период протаивания. В табл. 1 и 2 приводятся эти данные для двух участков за период протаивания 1975 г.

В таблицах использованы обозначения: R - радиационный баланс, LE - затраты тепла на испарение, P - турбулентный поток тепла, B - поток тепла в почву, Δ - невязка теплового баланса.

Контролем достоверности представленных данных может явиться условие замыкания теплового баланса, так как все компоненты его определяются независимо. Исключение составляют данные по нарушенной площадке на торфянике, где дополнительные методические сложности не позволили получить достоверных результатов о величинах LE и P. В этом случае они определены из априорного предположения замыкания баланса на основании данных о R и B. На всех остальных площадках, как следует из данных, приведенных в нижней строке табл. 1 и 2, результирующая невязка теплового баланса $\frac{\Sigma(LE + P + B) - \Sigma R}{\Sigma R}$ не превышает 6% от величины радиационного баланса. Это свидетельствует об отсутствии заметных систематических ошибок измерений и применяемых расчетных схем. В то же время случайные погрешности измерений приводят к значительно большим величинам невязок при осреднении за меньшие интервалы времени. Так для месячных сумм они могут достигать 20%. Поэтому корректное определение величин теплового баланса возможно лишь при условии выполнения систематических измерений в течение всего периода сезонного протаивания.

Возможность использования материалов коротких серий измерений для расчета теплового баланса проблематична. Корреляция между радиационным балансом и затратами тепла на испарение оказалась весьма слабой $r(R, LE)$ - от 0,25 до 0,67 для естественной и от 0,15 до 0,54 для нарушенной площадок. По-видимому, испарение лими-

Таблица 1

Тепловой баланс лиственничной кустарничково-лишайниковой редины, ккал/см^2 за период сезонного протаивания (I. VII-29. IX. 1975 г.)

Месяц	Естественная площадка						Нарушенная площадка					
	R	LE	P	B	LE+P+B	Δ, %	R	LE	P	B	LE+P+B	Δ, %
VII	6,42	1,62	3,52	1,19	6,34	-1	6,39	2,17	2,22	1,69	6,08	-5
VIII	4,07	1,53	2,18	0,81	4,52	+11	4,65	3,17	1,89	0,50	5,57	+20
IX	2,06	1,36	0,69	0,37	2,42	+18	2,30	1,47	0,26	0,20	1,92	-18
Σ	12,54	4,52	6,39	2,37	13,28		13,34	6,80	4,37	2,39	13,56	
Среднесуточные, кал/см^{2}сут	140	50	71	26			148	76	49	27		
Невязка баланса за сезон					+6%						+2%	

Таблица 2

Тепловой баланс кустарничково-мохово-лишайникового торфяника, ккал/см^2 за период сезонного протаивания (4. VII-25. IX. 1975 г.)

Месяц	Естественная площадка						Нарушенная площадка			
	R	LE	P	B	LE+P+B	Δ, %	R	LE	P	B
VII	5,82	2,52	2,20	0,98	5,70	-2	6,70	3,98	1,20	1,52
VIII	3,74	2,48	1,13	0,38	3,99	+5	4,44	3,87	-0,09	0,46
IX	1,95	1,76	0,23	0,26	2,25	+16	2,48	1,40	0,77	0,30
Σ	11,52	6,77	3,56	1,62	11,95		13,62	9,24	1,89	2,29
Среднесуточные, кал/см^{2}сут	137	81	42	19			162	110	22	27
Невязка баланса за сезон					+4%					

тируется и энергетическими возможностями, и условиями транспорта влаги к поверхности. Вероятно, лишь в условиях экстремального увлажнения (болота, искусственные покрытия) короткие серии могут давать достаточный материал для изучения структуры теплового баланса.

Сопоставление величин составляющих теплового баланса на двух площадках в естественных условиях иллюстрирует локальные различия, обусловленные разными типами подстилающей поверхности. Наиболее заметны отличия в распределении количеств тепла, затрачиваемого на теплообмен поверхности с атмосферой в явной и скрытой форме (соотношение P и E). Если для условий лишайникового покрова на суглинках преобладающей компонетой является турбулентный поток тепла, то для моховой растительности на торфяниках основная часть тепла затрачивается на испарение. Потоки тепла в почву в суглинках заметно больше, чем в торфах, в соответствии с этим находятся и глубины сезонного протаивания. Различия в радиационном балансе несущественны.

При оценке влияния нарушения свойств подстилающей поверхности на тепловой баланс наиболее существенными представляются следующие выводы.

Радиационный баланс при освоении изменяется незначительно при обнажении суглинков (6%) и очень заметно для торфяников (18%). Это объясняется тем, что в последнем случае сказывается влияние двух факторов - заметного уменьшения альбедо (с 15-17% до 10-12%) и эффективного излучения, в то время как при удалении лишайникового покрова с поверхности суглинков альбедо практически не меняется.

Заметно изменяются при освоении величины турбулентных потоков тепловлаги. Для рассмотренных типов поверхностей при уничтожении растительности характерно уменьшение потоков тепла и увеличение потоков влаги, достигающие нескольких десятков процентов. Наиболее важными для криогенных процессов являются изменения потоков тепла в почву. Если рассматривать суммарные величины потоков за сезон, то обращают на себя внимание сильные изменения условий для торфяников (увеличение B при освоении почти в 1,5 раза). В то же время для суглинков суммарные различия за сезон не выявляются. Однако, если рассматривать отдельные периоды сезона протаивания, то видно, что при освоении заметно увеличиваются потоки тепла в почву в начальный период протаивания (июль), за счет чего интенсивность протаивания на нарушенной площадке много больше, чем на естественной, однако затем соотношения потоков становится обратным и в сумме за сезон эти различия практически исчезают.

Из результатов инструментальных наблюдений 1976 г. получены зависимости между некоторыми составляющими теплового баланса и суммарной (приходящей) радиацией.

Так, при сравнении графиков, отражающих изменения за летний сезон 1976 г. суточных сумм коротковолновой радиации и среднесуточных величин потоков тепла в грунт, можно видеть общность тенденции в развитии этих величин, хотя в отдельные отрезки времени они могут изменяться противоположно.

Для выявления связей между приходящей радиацией Q и радиационным балансом естественной R_e и нарушенной $R_н$ площадок в северной лесотундре были рассчитаны коэффициенты корреляции этих величин и составлены линейные эмпирические уравнения:

$R_e = 0{,}08 + 0{,}440\ Q$; $r = 0{,}703$
$R_н = 0{,}11 + 0{,}490\ Q$; $r = 0{,}786$

Аналогичные уравнения получены для потоков тепла в грунт:

$B_e = 0{,}007\ (1 + 4{,}3\ Q)$; $r = 0{,}723$
$B_н = 0{,}027\ (1 + 5{,}4\ Q)$; $r = 0{,}835$

Характерно, что величина B лучше коррелирует с Q, чем R, а величины R и B для нарушенной площадки лучше, чем для естественной. Графики этих зависимостей представлены на рис. 1.

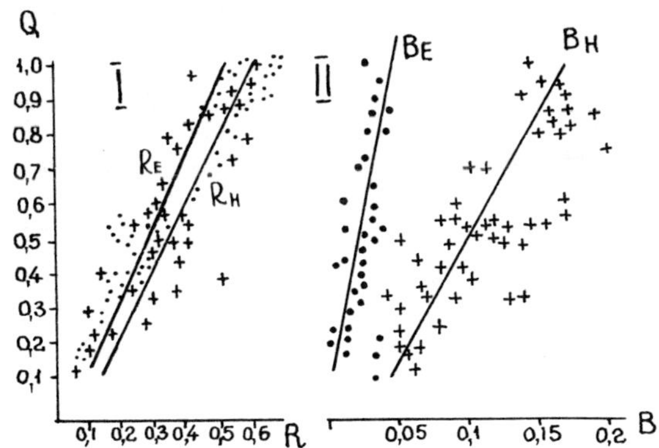

Рис. 1. Эмпирическая зависимость радиационных балансов R(I) и потоков тепла в грунт B(П) от коротковолновой радиации Q в 14 часов (кал/см^{2}мин).

Тот факт, что $R_н > R_e$ и $B_н > B_e$ в светлое время суток, следующий из полученных зависимостей, подчеркивает сдвиги в тепловом балансе, происходящие при удалении растительного покрова. Из рассмотрения условных "остатков" радиационного баланса R–B следует, что при $Q > 0{,}1$ кал/см^2.мин затраты тепла на испарение и турбулентный теплообмен выше на естественной площадке. Однако эти зависимости получены для "сухого" лета 1976 г., когда роль испарения в тепловом балансе была, очевидно, меньше нормы.

Применение суммирующих регистраторов для измерения Q и $B_н$ позволило проследить связи между трехчасовыми (за светлое время суток) и суточными суммами этих величин.

Так, для трехчасовых сумм $\sum_3 B$ и $\sum_3 Q$ установлены $r = 0{,}64$ и эмпирическая линейная зависимость:

$$\sum_3 B = 3{,}2 + 0{,}154 \sum Q$$

Для суточных сумм зависимость также линейна:

$$\sum_{сут.} B = 0{,}175 \sum_{сут.} Q - 2{,}6$$

Коэффициент корреляции $r = 0{,}749$. Значения $\sum_{сут.} B$ и $\sum_{сут.} Q$ и графики эмпирических зависимостей приведены на рис. 2.

Приведенные материалы характеризуют состояние нарушенных площадок непосредственно после обнажения грунтов. Структура теплового баланса этих площадок подвержена дальнейшим изменениям в зависимости от природных и антропогенных процессов, трансформирующих площадку. Здесь необходимо упомянуть новые воздействия на поверхность, развитие микрорельефа, динамику увлажнения, почвенные и другие биогенные процессы, общее направление развития исходного и техногенного ландшафтов.

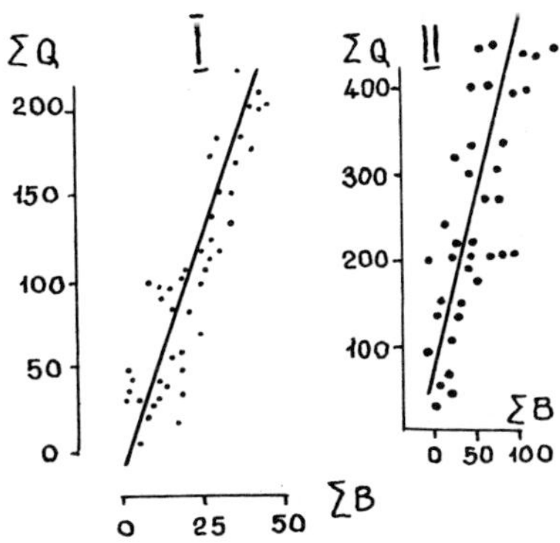

Рис. 2. Связь трехчасовых (I) и суточных (П) сумм приходящей радиации ΣQ и потока тепла в грунт ΣB, кал/см^{2}за лето 1976 г.

Трудоемкие и сложные теплобалансовые исследования могут быть проведены лишь на некоторых типах подстилающей поверхности среди большого разнообразия их в районах освоения. Поэтому весьма актуальна задача описания условий теплового баланса на некоторую территорию, характеризующуюся пестротой ландшафтов. Для этой цели стационарные наблюдения дополняются эпизодическими съемками по специальным маршрутам. Эти съемки осуществляются как при помощи обычных наземных наблюдений, так и с вертолета. Вертолетные съемки позволяют получить пространственные распределения величин альбедо и температуры поверхности. Выполненные измерения на 8 типах ПТК показали близкие величины альбедо (15-17%) для большинства типов подстилающей поверхности. Лишь два из них отличаются заметно меньшим альбедо – сосновый лес и горелые торфяные бугры (12-13%). По температурным контрастам наибольшим образом выделяются минеральные гряды и бугры пучения и горелые торфяные бугры, для которых температура поверхности в дневные часы выше, чем для других ПТК, на 5-10°. Полученные данные позволили оценить значения радиационного баланса различных ПТК и различия в них, достигающие 15%.

В таблице 3 приведены результаты вертолетной радиационной съемки:
A – альбедо, t – температура поверхности, D – дисперсия соответствующих величин внутри каждой разновидности ландшафтов, R_n/R_0 – отношение вычисленного радиационного баланса в n-ном ландшафте к радиационному балансу контрольной площадки. Отношение R_n/R_0 рассчитывалось из формулы: $R_n = R_0 + Q(A_0 - A_n) + I_0 - I_n$ для контрольной площадки:

$$Q = 0{,}90\ \frac{кал}{см^2 \cdot мин}; \quad A_0 = 15\%, \quad t = 25^\circ C$$

эффективное излучение:

$$I_0 = 0{,}15\ \frac{кал}{см^2 \cdot мин}, \quad R_0 = 0{,}61\ \frac{кал}{см^2 \cdot мин}$$

ТЕМПЕРАТУРНЫЙ РЕЖИМ ГРУНТОВ

Исследования температурного режима грунтов слоя сезонного оттаивания в различных природных комплексах показали, что он подвержен значительным изменениям, связанным в основном с неоднородностью микрорельефа, растительного покрова в естественных условиях и наруше-

Таблица 3

Результаты вертолетных радиационных и альбедосъемок

Природные комплексы (ПТК)	А, %	D(A)	t, °C	D(t°)	R_n/R_o
Плоский кустарничково-мохово-лишайниковый торфяник	15,7	0,4	26,4	-	1,03
Осоково-сфагновое болото	15,5	0,7	24,6	0,9	1,01
Торфяно-минеральные бугры и гряды с кедровыми кустарничково-мохово-лишайниковыми рединами	15,1	0,5	33,1	1,8	0,88
Минеральные бугры и гряды с кедровыми кустарничково-лишайниковыми рединами	16,0	-	33,8	-	0,88
Березово-еловое редколесье	11,8	1,3	27,7	2,1	1,01
Лиственнично-елово-березовая редина	16,3	0,2	26,4	1,5	1,03
Крупнобугристый кустарничково-лишайниковый торфяник	16,4	1,2	24,4	1,1	1,01
Горелые торфяные бугры	13,0	1,1	29,3	3,4	1,02

нием свойств грунтов и подстилающей поверхности на осваемых участках. В табл. 4 приводятся данные по температурам поверхности и верхних горизонтов почв и грунтов до глубины 3 м за летний сезон для 5 наиболее широко распространенных природно-территориальных комплексов (ПТК) в двух природных зонах (северная тайга и лесотундра).

Приводимые в таблице данные показывают, что в естественных условиях при развитом торфянистом горизонте (10 см и более) температуры верхних слоев почвы достаточно близки между собой при разном составе материнских почвообразующих пород и подпочвы по сравнению с участками, лишенными растительного покрова. В то же время температура верхних горизонтов почвы небольших по площади участков без растительности (пятен-медальонов) незначительно отличаются от температур намного больших по площади участков освоения. Это свидетельствует о том, что температура верхних горизонтов почвы в наибольшей степени зависит от свойств приповерхностного слоя и локальных свойств подстилающей поверхности.

Установлена довольно устойчивая связь между суммами летних температур воздуха и оголенных поверхностей грунтов. Так, для торфяников, болот, переувлажненных песков северных склонов насыпей отношение летних сумм температур поверхности к суммам температур воздуха составляет 1,05, для торфянистых поверхностей гряд пучения - 1,1; для сухих песков - 1,2, для южных склонов насыпей - 1,3.

Глубина сезонного оттаивания существенно зависит от состава и свойств грунтов слоя сезонного оттаивания. Так, при близких температурах поверхности и верхних слоев почвы глубина сезонного оттаивания может отличаться в 2 и более раза. На торфяниках после уничтожения растительного покрова глубина сезонного протаивания, как правило, возрастает незначительно. Наибольшее увеличение глубины сезонного оттаивания под влиянием освоения наблюдается на участках, сложенных песками.

Влияние микрорельефа и мозаичности растительного покрова на температурный режим почвы в пределах фации прослеживается в летний период до глубины 1 м. Очевидно, при рассмотрении температурного режима нижележащих толщ можно принимать на этой глубине общую для фации границу.

Район наших исследований относится к зоне избыточного увлажнения. Однако в июне и июле испарение часто превышает величину осадков, что приводит к иссушению верхней части слоя сезонного оттаивания. Например, запасы влаги в верхнем слое толщиной 5 см в северной тайге на плоском торфянике с кустарничково-сфагново-лишайниковым покровом в течение лета изменяются в естественных условиях в 1,5 раза (17-24 мм), а на участках с удаленным растительным покровом - почти в 3 раза (10-28 мм). Сезонные изменения влажности почвы на торфах захватывают слой 30-40 см.

На песках уничтожение растительного покрова приводит к уменьшению их влажности в пределах всего слоя сезонного оттаивания. Так, запасы влаги в слое 0,5 м на участке с кустарничково-лишайниковым покровом составляют 130-140 мм, на участке без растительности - 60 мм. Во всех случаях отмечается повышение влажности непосредственно у границы сезонного оттаивания (Достовалов, Кудрявцев, 1967).

Проведенные снегомерные наблюдения показывают, что распределение снега довольно сложно связано с характером и степенью нарушения ландшафтов. На торфе или минеральном грунте без растительного покрова плотность нижних слоев снега существенно выше, чем в естественных условиях. Кроме того, на ряде участков отмечен более поздний сход снега с лишенного растительности грунта. На открытых местах удаление растительного покрова приводит, как правило, к уменьшению мощности снежного покрова. У насыпей линейных сооружений снежный покров отличается значительной неравномерностью.

Изменение среднегодовых температур грунтов, особенно в первые годы после освоения территории, связано с изменением мощности и плотности снежного покрова. Как видно из рис. 3, удаление растительного покрова часто приводит к понижению среднегодовой температуры грунтов. Однако на тех участках, где в силу местных условий уничтожение растительности не вызвало уменьшения мощности и значительного возрастания плотности снега, среднегодовая температура грунтов повышается. Следует отметить, что отсутствие методов прогноза изменений характеристик снежного покрова при освоении территории снижает точность прогнозных методик.

Изучение термовлажностного режима грунтов на участках, где нет проявления таких процессов как эрозия и термокарст, показало, что уничтожение растительного покрова и разрушение торфянистого слоя без заметного воздействия на рельеф и режим поверхностных вод приводят к увеличению глубины сезонного оттаивания, весьма значительному в отдельных типах ПТК. В то же время эти нарушения вызывают изменения свойств грунтов слоя сезонного оттаивания, мощности и плотности снежных отложений, в результате чего среднегодовая температура грунтов в большинстве случаев не возрастает.

Процессы оттаивания и новообразования многолетнемерзлых пород протекают медленно и не успевают достаточно развиться до того как начинает проявляться влияние восстановления нарушенных при освоении компонентов ландшафта, в первую очередь растительности (Москаленко, Шур, 1975а). Вследствие медленности изменения тепловое состояние грунтов легко контролируется и им можно управлять на любой стадии эксплуатации сооружения.

Таблица 4

Температурный режим почвогрунтов в разных природных комплексах в естественных и нарушенных условиях

1	2	3	4	5	6	7	8	9	10	11	12	13	14
Лесотундра, 1975 г.													
А	0,85											-3,2	
а		10,1	17,3	2,6	8,7	6,6	4,0	3,0	-0,4	-1,7	-2,6		0,51
б		10,8	21,9	2,5	7,0	5,3	3,5	2,9	-0,7	-1,9	-2,6		0,63
Б	1,3											-3,0	
а		9,5	16,3	2,4	8,7	7,1	4,0	1,5	-0,4	-2,0	-2,6		0,51
б		10,7	22,9	1,2	5,4	3,6	2,5	1,4	-1,0	-2,2	-2,9		0,44
В	1,6											-3,0	
а		10,3	21,9	1,8	7,7	5,9	4,7	1,4	-0,6	-1,9	-2,5		0,48
б		10,0	21,1	1,0	5,4	3,0	-	1,3	-0,8	-2,0	-2,6		0,38
Г												-2,0	
а	0,0	9,9	19,2	4,2	8,6	8,3	8,0	7,2	1,7	-0,5	-1,5		1,26
б	0,15	9,7	19,3	2,7	7,2	5,1	4,8	3,6	-	-	-		1,2
в	0,05	10,6	21,6	1,3	5,6	4,2	-	3,5	1,8	-1,1	-1,8		1,1
Д												-2,0	
а	0,0	10,2	18,5	4,3	9,0	9,0	8,0	7,4	1,9	-0,9	-1,7		1,4
б	0,02	10,8	19,1	4,1	8,3	7,7	7,0	7,1	1,3	-0,8	-1,5		1,3
Северная тайга, 1973 г.													
Е	1,05											-0,8	
а		11,0	22,6	4,5	10,5	9,0	7,5	4,9	-0,1	-0,4	-0,6		0,6
б		11,0	25,9	2,4	6,9	4,6	3,4	2,6	-0,4	-0,6	-0,7		
Ж	1,0											-0,8	
а		11,8	20,6	4,9	9,2	7,9	6,1	5,4	-0,1	-0,5	-0,8		0,7
б		11,4	21,4	5,5	9,5	8,4	6,1	6,0	-	-	-		0,6
З												-0,4	
а	0,2	11,5	23,9	3,7	8,5	7,0	5,1	4,5	3,8	0,0	-0,2		1,3
б	0,1	12,1	26,1	2,2	6,9	4,9	4,3	3,7	2,5	0,0	-0,2		1,15
И	0,0	13,1	25,5	5,1	12,4	12,1	11,0	10,1	5,8	1,0	-0,4	-0,4	2,35
К	0,7											-0,7	
а		11,7	23,0	4,1	9,7	7,4	5,0	3,4	-0,1	-0,5	-0,6		0,59
б		12,4	30,1	2,5	7,1	4,4	3,2	2,3	-0,4	-0,5	-0,6		0,5
Л	0,4	12,0	21,5	4,1	10,1	8,4	7,2	6,1	-0,1	-0,5	-0,5	-	0,74

Пояснения к таблице:

1. Природные комплексы: А – торфяной кустарничково-лишайниковый бугор (а – кочка кустарничково-зеленомошно-лишайниковая, б – кочка кустарничково-лишайниковая); Б – плоский кустарничково-лишайниковый торфяник (а – кочка кустарничково-лишайниковая, б – межкочье лишайниковое); В – плоский кустарничково-лишайниково-сфагновый торфяник (а – кочка кустарничково-сфагновая, б – межкочье лишайниковое); Г – выровненный участок на северном склоне холма с пятнистой лиственничной кустарничково-лишайниковой рединой (а – пятно суглинка, б – кочка кустарничково-лишайниковая, в – межкочье лишайниковое); Д – тот же участок с удаленным растительным покровом (а – суглинок, б – оторфованный суглинок); Е – плоский кустарничково-сфагново-лишайниковый торфяник (а – кочка кустарничково-сфагновая, б – межкочье лишайниковое); Ж – тот же торфяник с удаленным растительным покровом (а – кочка, б – межкочье); З – минеральный бугор с кедровой кустарничково-лишайниковой рединой (а – кочка кустарничково-лишайниковая, б – межкочье лишайниковое); И – тот же бугор без растительности с песком на поверхности; К – торфяно-минеральный бугор с кедровой кустарничково-сфагново-лишайниковой рединой (а – кочка кустарничково-сфагновая, б – межкочье лишайниковое); Л – тот же участок без растительности с торфом на поверхности.

2. Мощность торфянистого горизонта, м.

3-12. Температуры почвогрунтов (средние за VII–IX) на поверхности: 3 – средние, 4 – максимальные, 5 – минимальные на глубинах, м: 6 – 0,05, 7 – 0,1, 8 – 0,15, 9 – 0,2, 10 – 1,0, 11 – 2,0, 12 – 3,0.

13. Среднегодовая температура на глубине 10 м.

14. Мощность сезонноталого слоя, м.

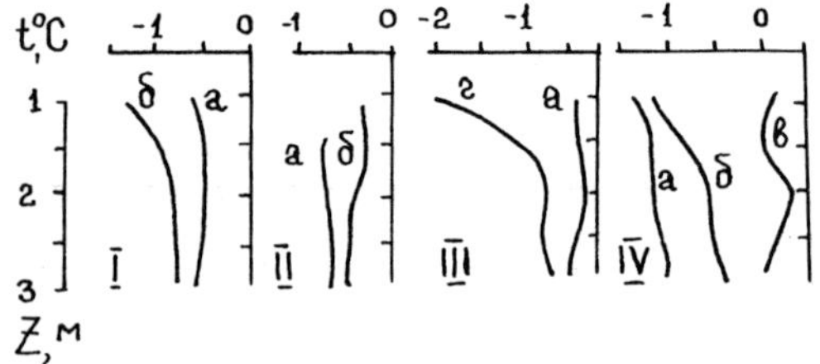

Рис. 3. Среднегодовые температуры грунтов на глубинах z, м в естественных (а) и нарушенных (б,в,г) условиях

б – без растительного покрова; в – без торфяного горизонта; г – без растительного и снежного покровов; I – плоский торфяник; II – торфяно-минеральный бугор; III – минеральный бугор – 1; IV – минеральный бугор – 2.

Проведенное нами изучение показывает также, что выполнение немногих и в целом легко осуществимых требований к производству работ на многолетнемерзлых грунтах значительно уменьшило бы как диапазон изменения глубины сезонного оттаивания и температуры грунтов, так и амплитуду ландшафтных изменений в целом. К числу таких, очевидно, хорошо известных требований относится прокладка зимников и линейных сооружений без расчистки трасс от снега, а с его уплотнением. В то же время нельзя признать целесообразной необходимость выторфовывания на участках с многолетнемерзлыми породами.

ЛИТЕРАТУРА

ДОСТОВАЛОВ Б.Н., КУДРЯВЦЕВ В.А. 1967. Общее мерзлотоведение. Изд-во. МГУ, 404 с.

ГРЕЧИЩЕВ С.Е. 1975. Об оптимальной точности геокриологических прогнозов на физико-математической основе. – "Методы геокриологических исследований". М., с. 4-16.

МАЛЕВСКИЙ-МАЛЕВИЧ С.П. 1965. О методике актинометрических наблюдений с вертолета. – Труды ГГО, вып. 161.

МАЛЕВСКИЙ-МАЛЕВИЧ С.П. 1968. Температурный и радиационный режим орошаемых рисовых полей. – "Актинометрия и оптика атмосферы". Таллин.

МОСКАЛЕНКО Н.Г., ШУР Ю.Л. 1975а. О прогнозе развития ландшафтов в осваиваемых районах криолитозоны. – "Методы геокриологических исследований". М., с. 34-45.

МОСКАЛЕНКО Н.Г., ШУР Ю.Л. 1975б. Температурный режим поверхности и слоя сезонного оттаивания грунтов озерно-аллювиальных равнин севера Западной Сибири. – "Геокриологические исследования". М., с. 76-96.

ПАВЛОВ А.В. 1965. Теплообмен промерзающих и протаивающих пород с атмосферой. М., "Наука", 296с.

СЛАВИН-БОРОВСКИЙ В.Б. 1975. Некоторые результаты сравнительного изучения естественных и нарушенных участков ландшафтов северной тайги. – "Методы геокриологических исследований". М., с. 45-53.

PERMAFROST MODIFICATION BY CHANGING THE NATURAL ENERGY BUDGET

F. H. Nicholson, McGill Sub-Arctic Research Laboratory, P.O. Box 790, Schefferville, Quebec, and Department of Geography, McGill University, Montreal.

A 7,500 m^2 plot was modified by removing the vegetation and erecting snow-fences. This produced a major change in the energy budget. In 4½ years the ground temperature at 10 m increased by 1.8°, the active layer deepened from 2.8 to 6.5 m and the moisture content was lowered. The natural heat flux is very variable, largely controlled by snowcover, with an average of 30 x 10^6 Jm^{-2} being gained and lost at 5.5 m depth. The modifications completely prevented upward heat loss from the 5.5 m level and below, and there was an average gain of 23 x 10^6 Jm^{-2} each year at 5.5 m (2% of net radiation). Small plots were used to test various summer surface treatments. The results are potentially useful to the open pit mining industry.

LA MODIFICATION DU PERGÉLISOL PAR CHANGEMENT DU BILAN D'ÉNERGIE

F.H. Nicholson, McGill Sub-Artic Research Laboratory, P.O. Box 790, Schefferville, Québec and Department of Geography, McGill University, Montréal.

Une parcelle de 7,500 m^2 a été modifiée suite à l'enlèvement de la végétation du sol et à la mise en place de clôtures à neige. Celà entraîna un changement majeur dans le bilan d'énergie. En 4½ ans, la température du sol à 10 m s'éleva de 1.8°C, le mollisol passa de 2.8 à 6.5 m de profondeur et le contenu en eau fut abaissé. Le flux thermique naturel varie beaucoup, contrôlé surtout par la profondeur de la neige, avec en moyenne 30 × 10^6 Jm^{-2} étant gagnées et perdues à 5.5 m de profondeur. Les modifications apportées ont arrêté complètement les pertes thermiques vers le haut et celà à partir du niveau de 5.5 m et plus bas, tout en permettant un gain moyen de 23 × 10^6 Jm^{-2} chaque année à 5.5 m (2% de rayonnement net). De petites parcelles ont été utilisées pour tester différents traitements de la surface du sol en été. Les résultats pourraient potentiellement servir à l'industrie minière à ciel ouvert.

ИЗМЕНЕНИЕ РЕЖИМА МНОГОЛЕТНЕМЕРЗЛЫХ ГРУНТОВ ПУТЕМ ИЗМЕНЕНИЯ ПРИРОДНОГО ЭНЕРГЕТИЧЕСКОГО БАЛАНСА

Путем удаления растительности и возведения снегозащитных заграждений удалось изменить режим грунтов на участке площадью 7500 $м^2$. Это привело к существенному изменению энергетического баланса. За 4,5 года температура грунтов на глубине 10 м возрасла на 1,8°, деятельный слой углубился с 2,8 до 6,5 м и содержание влаги понизилось. Естественный тепловой поток крайне неустойчив и в большой степени зависит от снежного покрова; на глубине 5,5 м прирост и потери тепла в среднем составляют 30 x 10^6 джоуль·$м^{-2}$. Потери восходящего теплового потока с глубины 5,5 м и ниже были полностью исключены и средний годовой прирост тепла на глубине 5,5 м составил 23 x 10^6 джоуль·$м^{-2}$ /2% чистого теплового излучения/. Для проведения различных испытаний поверхностных грунтов в летнее время использовались небольшие участки. Полученные результаты могут оказаться полезными при разработке месторождений открытым способом.

PERMAFROST MODIFICATION BY CHANGING THE NATURAL ENERGY BUDGET

Frank H. Nicholson

McGill Sub-Arctic Research Laboratory, P.O. Box 790, Schefferville, P.Q., Canada GOG 2TO

and Department of Geography, McGill University, Montreal, P.Q. Canada

INTRODUCTION

This paper presents the results of permafrost modification experiments that have been operating for the last five years. The prime incentive for the experiments was the continuing mining problems caused by permafrost in the Schefferville area (55°N) in the centre of the Nouveau-Québec-Labrador Peninsula (Ives 1962, Garg and Stacey 1973). As a part of the monitoring program it was necessary to estimate the natural heat budget and this alone is of considerable interest.

Although, for engineering purposes, it is often better to protect permafrost from thawing, in other cases thawing can be advantageous, especially when the frozen temperatures are not much below freezing point. The direct use of heat from conventional sources to thaw the ground via steam, or less commonly electricity, is normally only practical for smaller scale projects (foundations, sewage lines, etc.). Considerable success has been achieved by using heat from natural water (e.g. hydraulic gold mining). This study describes modification of the permafrost by changing the natural energy balance and thus making better use of energy naturally delivered to the site.

In the more exposed parts of the Schefferville area permafrost is frequently 75 to 100 m deep. Such sites have essentially tundra vegetation with a few krummholtz spruce 1 m high or less, and a mean annual temperature of -6.5°. Generally permafrost is present where the average snow depth is less than 70 to 80 cm. A more general account of the permafrost is given elsewhere in this volume (Nicholson 1978). The main modifications selected for this study were trapping more snow to provide insulation to reduce winter heat loss, and removing the vegetation to increase summer heat input.

EXPERIMENTAL METHODS

There is a very wide range of information that is relevant to permafrost thermal modification (Muller 1947, Williams 1965, Brown and Péwé 1973). Bakakin and Porkhaev (1954) summarized the knowledge of permafrost amelioration in the U.S.S.R., both theoretical and practical. Although there are many possible ways to increase summer energy gain, for practical reasons it was only possible to test one way on a large scale. The simplest and most practical modification was the removal of the vegetation, (the test area is a future mine site). For reducing winter heat loss the only economic choice was the use of snowfences to increase winter snowcover, but the snowfences also help to reduce evaporative and sensible heat losses in summer. A 7,500 m^2 thermal amelioration test plot was established on a small ridge where there was also room for a similar sized control plot. A series of 5 m diameter small test plots were established to test different summer treatments.

The primary instrumentation of the large test plots was with thermistors (accurate to ±0.01°) installed in drill holes to depths down to 24 m. A major factor in the selection of the sites was the presence of two thermocouple cables installed in 1968 (Thom 1969), which could give longer term temperature control. A wide variety of other instrumentation has been used in the data collection program.

Although the temperature measurements alone would show the general progress of any major change of the heat balance, evaluation of the ground heat budget was desirable in order to understand and

Table 1. Physical properties of the rocks of the large plots

	Trial Plot	Control Plot
Bulk density ($kg\ m^{-3}$)	2600	2600
Grain density ($kg\ m^{-3}$)	3600	3470
Specific heat ($J\ kg^{-1}{}^{\circ}C^{-1}$)	733	704
Mean moisture content *(% by volume)	10.4	15.6
Thermal diffusivity *($m^2 s^{-1} \times 10^{-6}$)	1.95	2.7
Thermal conductivity *($W\ m^{-1}\ {}^{\circ}C^{-1}$)	5.5	4.0
Heat capacity *($J m^{-3} {}^{\circ}C^{-1} \times 10^6$)	2.2	2.0

* In the frozen state.

improve any amelioration. The rock physical properties given in Table 1 were determined by a variety of means (Nicholson 1976). The moisture content data were obtained during the drilling for installation of the temperature measurement cables, and thus these data are only directly applicable to those levels that remain frozen.

Providing the ground remains frozen, and assuming vertical heat flow, the heat flux through a given layer can be estimated from the thermal conductivity (λ) and temperature profile data by using the relationship

[1] $$F_A = \sum_{i=1}^{n} \frac{\Delta T_i}{\Delta z} \cdot \lambda$$

where ΔT_i represents the change in temperature between levels p and q over the time period i, Δz equals the change in depth between p and q. F_A is the total heat flux for n time periods at an intermediate level between p and q, best represented as the heat flux at a level half way between p and q. Mean temperature gradients were compiled for each half month and the calculated heat flux was summed in periods of heat gain and loss. A second method of calculating the annual net heat flux F_B is by comparison of the annual temperature profiles

[2] $$F_B = \sum_{j=1}^{n} \Delta T_j \cdot \rho c$$

where ΔT_j is the change in temperature over one year for the depth increment j, the net flux being totaled over time periods j to n, and ρc is the volumetric specific heat.

A series of small 20 m^2 plots for evaluating the optimum summer surface treatment were instrumented with thermocouples to depths of 50 cm. In this case the plots were sufficiently close together and with a suitable planning of plots, so that temperature alone could be used for reliable relative evaluation.

DISCUSSION OF TEMPERATURE DATA

The very large difference in the temperature regime of the two plots can be seen in Fig.1. Data obtained before the tests started show that the trial plot originally had a temperature regime like the control plot, but probably with a slightly lower mean temperature. Fig.1 shows that a large proportion of the winter fall in temperature has been prevented. The 10 m temperature data shown in Fig.2 show that the fluctuations of control plot temperatures vary considerably from winter to winter. Comparison with Table 2 shows that this is more closely related to winter snowcover than to mean temperature. Alternatively summer temperatures on the control plot show much less fluctuation from year to year. Fig.2 shows very clearly how the trial plot has progressively warmed. The data starting before the tests began,

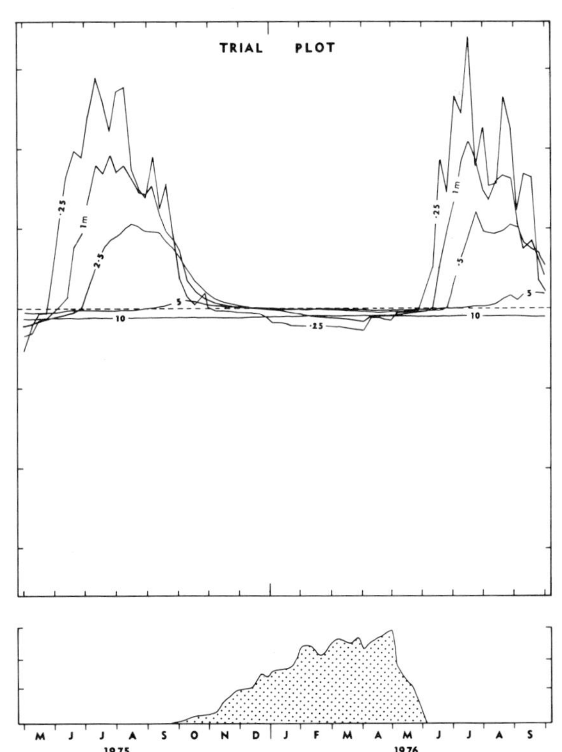

Fig.1. Control and trial plot temperatures at 5 depths through a period of 17 months, with snow depth shown below. The deep snowcover of the trial plot held the temperatures close to zero but did not prevent freezing. Note the strong zero curtain effect on both plots.

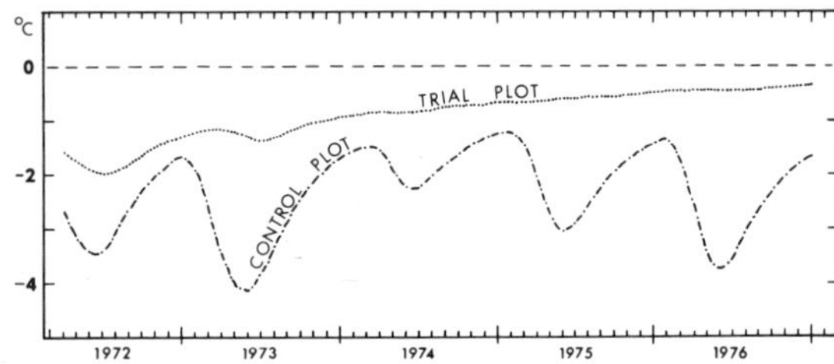

Fig. 2. Temperatures at 10m on the two large plots. Under the natural conditions of the control plot, winter temperatures fluctuated much more than summer temperatures (cf. Table 2 below). The trial plot shows almost continuous improvement.

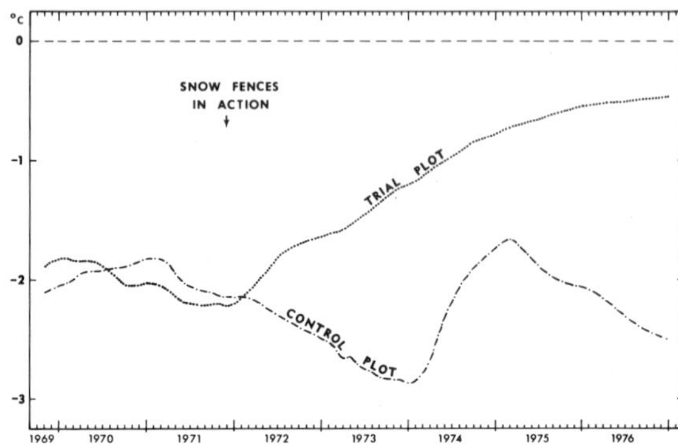

Fig. 3. 12 month running mean temperatures, plotted at the end of each month of the period. The snowfences produced an immediate effect on ground temperatures and warming has been maintained even against natural cooling trends.

(Fig. 3), show the immediate response to the modifications. This figure also shows the great variability of mean temperature at the 10 m depth under natural conditions. The trial plot has continued to warm, even against a trend of natural cooling.

Fig. 1 shows a strong zero curtain effect for both plots, with temperatures remaining at freezing point for a long time due to release of latent heat as the active layer freezes. The zero curtain temperature is -0.02 or -0.03° rather than at exactly zero, the depression being due to soil water solutes (Williams 1967). The active layer has varied considerably in depth from year to year on the control plot, but has progressively deepened on the trial plot (Table 3). Despite this deepening no thawed ground has yet been maintained through a full winter.

"Surface temperatures", (Fig.4) are notably higher on the trial plot than on the control plot, though there is little difference at night. The small plot data presented in Table 4 show clearly the important effect of removing the vegetation. As a practical measure polyethylene sheet is not as good as it appears since it becomes brittle after only one winter and is easily destroyed by the wind. Tests in summer 1976 confirmed that dusting with carbon black, or blackening with dye, is beneficial, but no economic evaluation has yet been made.

Table 2. Snow conditions and winter (October to March) temperatures

	1971 -72	1972 -73	1973 -74	1974 -75	1975 -76
Peak snow depth (cm)					
- Control plot	6	3	20	13	8
- Trial plot	92	83	88	89	135
cm day snow					
- Control plot	1050	731	4566	3226	1690
- Trial plot	10930	11660	11690	15400	19690
Mean air temperature °C	-16.1	-18.1	-14.9	-16.8	-16.0

Table 3. Active layer depths (m)

	1972	1973	1974	1975	1976
Control plot	2.3	2.9	3.0	3.0	2.6
Trial plot	3.7	4.7	5.0	5.8	6.5

DISCUSSION OF HEAT BUDGETS

Surface energy budgets

The mean annual global radiation is approximately 4,000 x 10^6 Jm^{-2} (Petzold 1974), and average net radiation under natural conditions on the site is estimated as 1,250 x 10^6 Jm^{-2}, of which 88% is received in the snowfree period. Heat equivalent to 10% of annual net radiation is needed to melt the average snowfall of 350 mm but much of this comes from sensible heat gain (Price and Dunne 1976) and additionally ground underlain by permafrost usually has much less snowcover to be thawed. Average evapotranspiration, as measured by small lysimeters, is equal to 375 to 500 x 10^6

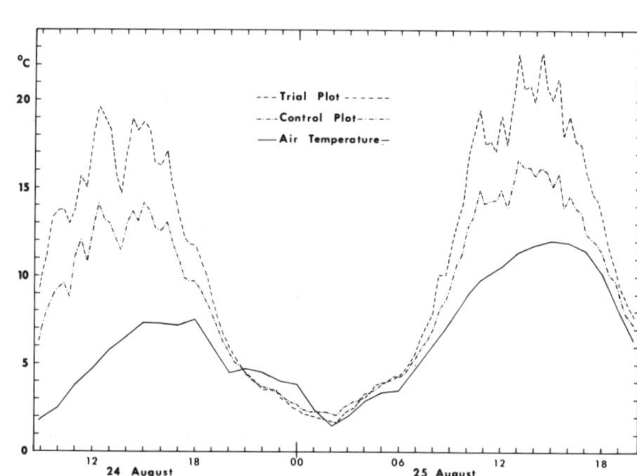

Fig. 4. "Surface temperatures" on the two plots compared to air temperature. The surface temperatures were measured with an 11 point thermopile, with measurement points at 1 cm depth in the mineral soil and reference junctions at 4 m depth.

Table 4. Typical results from small (20 m) plots for evaluating summer surface treatment. Mean midsummer ground temperatures (18 July to 15 August)

SURFACE COVER AND/OR TREATMENT	1973	1974
Natural vegetation (lichen dominated)	4.5	3.1
Natural vegetation (lichen dominated)	4.4	3.3
Stripped bare of vegetation	6.2	4.7
Stripped bare of vegetation	7.0	5.2
Natural vegetation plus clear polyethylene sheeting	8.9	7.7
Stripped bare, plus clear polyethylene sheeting	9.3	8.5
Stripped bare, plus clear polyethylene sheeting	10.4	9.3
Stripped bare (on large trial plot):-		
- Midway between two snowfences	9.8	7.8
- Close to a snowfence	10.5	8.4
Mean air temperature	13.4	12.0

Jm^{-2} p.a. which is 35 to 45% of available net radiation. Latent heat losses from lichen covered ground were only 80% of those from bare ground or ground with a cover of vascular plants.

The difference between the summer surface energy balance of the two large plots can be mainly attributed to the (lichen dominated) vegetation mat which absorbs the radiation before it reaches the soil and hence much energy is lost without ever entering the ground. The differences of latent heat losses due to the lichen cover, work in opposition to this dominant factor. Additional factors include the snowfences, which reduce turbulent energy losses, and albedo variations, which strongly affect some of the small plot results. A large number of small heat flux plates usually indicated much greater heat gain on the trial plot. However, total heat flux indicated, although approximately 10% of net radiation values, was not high enough to account for the calculated heat gain in the ground. The heat flux plates seem to underestimate heat flux due to soil characteristics.

Ground energy budgets

Using the methods of calculating energy budgets given in equations 1 and 2, the heat flux at depths 5.5 m and 10.5 m was calculated, as given in Tables 5 and 6. These depths were chosen because until 1975 they remained frozen and hence the thermal properties remained constant. Table 5 shows that under natural conditions heat gains and losses are very variable, especially heat losses. The trial plot shows rather lower average heat gain but a very different net heat flux because there has been no heat loss at all from these depths since the initial period. The most important trend indicated by the data in Table 6 can easiest be seen by comparing the two sets of figures for total heat flux below 5.5 m. For the control plot, method F_A indicates less heat gain, or more heat loss, for 3 years out of 4. For the trial plot, every year F_A indicates more heat gain than method F_B. This is almost certainly due to lateral heat flow. The control plot is a ridge site, with deeper snow areas around and thus it is somewhat colder than much of the adjoining area. The trial plot has now been made warmer than the adjoining area and thus there is likely to be lateral heat flow. Since method F_A makes no allowance for non vertical heat flow this would produce the budget discrepancies. Method F_B approximately represents the true heat budget of these particular plots. Method F_A approximately represents the results that should be obtained on a much larger modified area if lateral heat flow were really negligible.

For the layer that thaws these methods are severely limited partly because heat transport may

Table 5. Calculated heat flux at selected depths $Jm^{-2} \times 10^6$

		CONTROL PLOT			TRIAL PLOT		
DEPTH	PERIOD	Heat Gain	Heat Loss	Net Flux	Heat Gain	Heat Loss	Net Flux
5.5 m	1972/73	24.9	-49.7	-24.8	22.3	-2.1	+20.2
	1973/74	39.9	-11.7	+28.2	26.6	0	+26.6
	1974/75	24.2	-34.0	-9.8	18.8	0	+18.8
	1975/76	29.4	-46.0	-16.6	23.9	0	+23.9
	Mean	29.6	-35.3		22.9	0	
10.5 m	1972/73	4.0	-23.5	-19.5	8.6	0	+8.6
	1973/74	10.8	-4.0	+6.8	11.6	0	+11.6
	1974/75	7.7	-15.8	-8.1	12.3	0	+12.3
	1975/76	5.7	-20.9	-15.2	11.1	0	+11.1
	Mean	7.1	-16.1		10.9	0	

Table 6. Net heat flux ($Jm^{-2} \times 10^6$) calculated by two methods:

F_A From continuous monitoring of the temperature gradient at different depths.
F_B From changes in the temperature profile from year to year.

	5.5 to 10.5 m		Below 10.5 m		Total Below 5.5 m	
	F_A	F_B	F_A	F_B	F_A	F_B
CONTROL PLOT						
Net 1972/73	-5.3	-6.5	-19.5	-9.7	-24.8	-16.2
Net 1973/74	+21.4	+26.7	+6.8	+13.9	+28.2	+40.6
Net 1974/75	-1.7	-13.6	-8.1	0	-9.8	-13.6
Net 1975/76	-1.3	-9.9	-15.2	-5.6	-16.5	-15.5
4 Year Net	+13.1	-3.3	-36.0	-1.4	-22.9	-4.7
TRIAL PLOT						
Net 1972/73	+11.6	+10.2	+8.6	+9.8	+20.2	+20.0
Net 1973/74	+15.0	+10.1	+11.6	+4.7	+26.6	+14.8
Net 1974/75	+6.5	+2.5	+12.3	+3.3	+18.8	+5.8
Net 1975/76	+12.8	+2.2	+11.1	+3.0	+23.9	+5.2
4 Year Net	+45.9	+25.0	+43.6	+20.8	+89.5	+45.8

not be entirely by conduction and partly because the changes of moisture content through time were not measured. However, for the active layer on the control plot, when the active layer reaches a similar depth for two successive seasons, the amount of heat lost when the ground freezes should equal the amount of heat gained when it thaws, and thus for such a pair of periods a budget can be made. This test was tried for two pairs of years with suitable data and a ±6% balance was achieved using methods F_A and F_B, indicating that most of the heat transfer must be by conduction (Nicholson and Lewis 1976). Recent extensive moisture sampling strongly supports the assumed moisture contents and hence the absolute heat flux values calculated by these methods seem useful. It seems that an annual average of about 150×10^6 Jm^{-2} are gained and lost at the .75 m level and that the latent heat involved in freezing and thawing the whole active layer in an average year is in the order of 160×10^6 Jm^{-2}, equivalent to 13% of net radiation.

The conditions on the trial plot do not allow similar calculations because the depth of thaw varies from year to year. In 1976 the re-thawing of most of the ground thawed in the previous year was very fast indicating that the moisture content was much lower than the initial value measured at these levels. This is very significant to the achieving of progressive amelioration of the thermal conditions. It is also very significant in representing a combined moisture and thermal amelioration of the permafrost, which means a significant improvement of the engineering properties of the ground.

CONCLUSION

The use of snowfences combined with stripping of the vegetation has produced a major improvement in ground thermal conditions in 5 years on a site that was initially unfavourable. Better results could be obtained by using more efficient snowfences, by applying the method to a larger area and by blackening the ground. The snowfences make the method unsuitable for use on a large scale because of the labour costs and the inevitable restriction of site trafficability. However the method would be directly applicable to such specialised tasks as improving bad construction sites, prevention of permafrost development in stockpiles and aiding in control of suprapermafrost groundwater. In a modified form, with bulldozed earth ridges substituted for snowfences, the method may be applicable on a wide scale to improve the engineering properties of the upper few metres of frozen ground.

ACKNOWLEDGEMENTS

This work was financed by the Ministère de l'Education, Gouvernement du Québec and the National Research Council of Canada. Major assistance was given in many ways by the Iron Ore Company of Canada. Thanks are also due to many permanent staff and summer student assistants of the McGill Sub-Arctic Research Laboratory who have worked on this project.

REFERENCES

BAKAKIN, V.P. and PORKHAEV, G.V. 1959. Principal methods of moisture-thermal amelioration of the ground over large areas. Chapter V. In: Principles of Geocryology, Pt II, Engineering Geocryology. Nat Res. Counc. Can., Tech. Trans. 1250, 27 p.

BROWN, R.J.E. and PEWE, T.L. 1973. Distribution of permafrost in North America and its relationship to the environment: A review 1963-1973. Permafrost: N. Am. Contrib. 2nd Int. Conf., pp. 71-100.

GARG, O. and STACEY, P. 1973. Techniques used in the delineation of permafrost in the Schefferville, P.Q. area. Proc. Sem. Thermal Regime and Measurements in Permafrost. Nat. Res. Counc. Can. Tech. Memo. 108, pp. 76-83.

IVES, J.D. 1962. Iron mining in permafrost, Central Labrador-Ungava. A geographical review. Geogr. Bull., 17, pp. 66-77.

MULLER, S.W. 1947. Permafrost or permanently frozen ground and related engineering problems. J.W. Edwards Inc., Ann Arbor, Mich., 231 p.

NICHOLSON, F.H. 1976. Permafrost thermal amelioration tests near Schefferville, Québec. Can. J. Earth Sci. 13, pp. 1694-1705.

NICHOLSON, F.H. 1978. Permafrost distribution and characteristics near Schefferville, Québec: Recent Studies. This volume.

NICHOLSON, F.H. and LEWIS, J.S. 1976. Active layer and suprapermafrost groundwater studies, Schefferville, Quebec. 2nd A.G.U. Conf. on Soil Water Problems in Cold Regions, Edmonton.

PETZOLD, D.E. 1974. Solar and net radiation over snow. Climatological Res. Ser. No. 9, Dep. Geogr. McGill Univ., Montreal, P.Q., 77 p.

PRICE, A.G. and DUNNE, T. 1976. Energy balance computations of snowmelt in a subarctic area. Water Res. Res. 12(4), pp. 686-694.

THOM, B.G. 1969. New permafrost investigation near Schefferville, P.Q. Rév. Géogr. Montréal, 23, pp. 317-327.

WILLIAMS, J.R. 1965. Groundwater in permafrost regions - an annotated bibliography. U.S. Geol. Surv. Water Supply Pap. 1792, 294 p.

WILLIAMS, P.J. 1967. Properties and behaviour of freezing soils. Norges Geotekniske Institut Publ. Nr. 72, 119 p.

THERMAL PHYSICS OF PERMAFROST TERRAIN

A.V. Pavlov, Permafrost Institute, Yakutsk, U.S.S.R.

Long-term observations (1957-1976) were used to study thermophysical processes in the system of soil - surface cover (snow, vegetation) - near-surface layer of the atmosphere under different permafrost and climatic conditions (Zagorsk, Vorkuta, Yakutsk, Igarka, etc.). It has been determined that the heat exchange of the snow cover changes sharply with temperature. Thus one can discuss the regional effects of the heat exchange on the temperature regime of permafrost. All components of the heat balance of "meadow" landscapes, water bodies and forests have been determined quantitatively for a number of regions. A basis for energy determination and energy classification of natural landscapes is given. The albedo of the active surface and the radiation balance R are taken as the main energy factors. The natural permafrost terrain types form the following classification series (in the order of diminishing R): pine and spruce forest, larch forest, birch and mixed forest, water body, icing.

LA PHYSIQUE THERMIQUE DES TERRAINS PERGÉLISOLÉS

A.V. Pavlov, Institut de géocryologie, Iakutsk, URSS

De nombreuses années d'observations (1957-1976) ont permis d'étudier les processus thermophysiques dans le système sol - couverture de surface (neige, végétation) - couche atmosphérique au sol, dans divers milieux cryoclimatiques (Zagorsk, Vorkuta, Iakutsk, Igarka, etc.). Un changement brusque du caractère des échanges thermiques entre la couverture nivale et la température a été mis en évidence, ce qui semble indiquer qu'à l'échelle régionale, ceux-ci influent sur le régime thermique du pergélisol. Evaluation quantitative, pour une série de régions, de toutes les composantes du bilan thermique des paysages de "prairie", plans d'eau, forêts. La base d'une évaluation et d'une classification énergétiques des paysages naturels est donnée. L'albédo de la surface active et le bilan radiatif R sont considérés comme les facteurs énergétiques dominants. Les paysages naturels des régions de pergélisol sont classés (dans l'ordre d'un R décroissant) comme suit: forêt de pin et d'épicéa, forêt de mélèze, forêt de bouleau et forêt mixte, plans d'eau, naleds.

ТЕПЛОФИЗИКА МЕРЗЛОТНЫХ ЛАНДШАФТОВ

А.В. Павлов, Институт мерзлотоведения, Якутск, СССР

На основе многолетних режимных наблюдений (1957-1976 гг.) изучена теплофизика процессов в системе почва - наземные покровы (снег, растительность) - приземный слой атмосферы для различных мерзлотноклиматических условий (Загорск, Воркута, Якутск, Игарка и пр.) Выявлено резкое изменение характеристик теплообмена снежного покрова с температурой, обусловливающее региональность его влияния на мерзлотный режим почв. Для ряда районов дана количественная оценка всех составляющих теплового баланса "луговых" ландшафтов, водоемов, леса. Найдена основа энергетической оценки и энергетической классификации природных ландшафтов. В качестве ведущих энергетических факторов приняты альбедо деятельной поверхности и радиационный баланс R. Естественные мерзлотные ландшафты образуют (в порядке уменьшения R) следующий классификационный ряд: сосновый и еловый лес, лиственничный лес, березовый и смешанный лес, водоём, наледь.

ТЕПЛОФИЗИКА МЕРЗЛОТНЫХ ЛАНДШАФТОВ

А.В. Павлов

Институт мерзлотоведения, Якутск, СССР

Теплофизика ландшафтов раскрывает взаимосвязь между отдельными компонентами ландшафта или различными ландшафтами (типами местности) методами теплофизики. В ее основе лежит метод баланса энергии (тепла), позволяющий количественно характеризовать процессы тепло- и массообмена в ландшафтной оболочке Земли. Объектами изучения теплофизики ландшафтов являются приземный слой атмосферы, наземные покровы (снег, растительность, водная среда и др). и почвенно-грунтовая толща. Главная особенность и сложность проведения теплофизических исследований для мерзлотных ландшафтов заключается в необходимости учета сезонных фазовых превращений влаги в почве.

Такой комплексный подход в изучении процессов тепло- и массообмена в ландшафтной оболочке Земли характерен для мерзлотоведения и зачастую отсутствует в смежных с ним науках - гидрометеорологии, геотермии, физике приземного слоя и пр. (Павлов, 1975). Наиболее эффективный метод познания теплофизических процессов в ландшафтной оболочке Земли - стационарные режимные наблюдения за всеми параметрами теплообмена в системе почва - наземный покров - атмосфера в их суточном, сезонном и годовом ходе. Такие исследования проводились автором с 1957 г. в Институте мерзлотоведения им. В.А. Обручева (г. Москва) и Институте мерзлотоведения СО АН СССР (г.Якутск) и охватывали область сезонного промерзания почвы (Загорск), районы с неустойчивыми (Воркута, Игарка) и устойчивыми (Якутск; пос. Сырдах в 100 км к северо-востоку от Якутска; пос. Соленая, в 300 км к западу от Норильска) мерзлыми породами (Павлов, 1965, 1975)

Одним из важнейших составных компонентов ландшафта является снежный покров. Среди других природных образований он выделяется сезонностью существования, чрезвычайной изменчивостью свойств, строения, высоты во времени и пространстве, что в совокупности характеризует его влияние на процессы теплообмена почвы с воздухом. На стационарах экспериментально изучены доминирующие виды теплообмена в снежном покрове: кондукция, диффузия, проникновение коротковолновой солнечной радиации (Павлов, 1975). Вопреки установившимся взглядам, выявлено резкое изменение (до двукратного) характеристик тепло- и массообмена снежного покрова в диапазоне температур от 0 до -30°C. Обработка экспериментального материала позволила получить зависимости для определения коэффициентов макроскопической диффузии D и теплопроводности λ:

$$D(t) = D(0) + at + bt^2, \quad (1)$$

$$\lambda(\rho,t) = \frac{\lambda_{вз} V_{вз} + \lambda_л (1 - V_{вз})F}{V_{вз} + (1 - V_{вз})F} \cdot [1{,}00 + 1{,}18 \exp(0{,}15t)], \quad (2)$$

где $D(0) = 0{,}92\cdot10^{-2}$ м²/с; $a = 2{,}91\cdot10^{-2}$ 1/°C; $b = 5{,}61\cdot10^{-4}$ 1/(°C)²; $\lambda_{вз}$, $\lambda_л$, $\rho_{вз}$, $\rho_л$ - коэффициенты теплопроводности и плотность, соответственно, воздуха и льда; F= 0,15-0,25: $V_{вз} = 1 - \rho_c/\rho_л$.

Первый сомножитель правой части формулы (2) характеризует перенос тепла, обусловленный истинной кондукцией, второй - диффузией водяного пара. За весь зимний период в центральных районах Европейской территории СССР на долю диффузии приходится около 1/4 доли от суммарного теплопереноса q_c. В северных районах, где зимние температуры ниже, перенос тепла диффузией за этот же период обычно не превышает 1/5-1/10 доли от q_c.

Дадим оценку применимости предшествующих формул для расчета коэффициента теплопроводности снежного покрова, в которых не учитывается температурная зависимость (Абельс, Проскуряков, Iosida, Iansson). . На рис. 1 пунктиром нанесены две экстремальные кривые, характеризующие при определенной плотности наименьшее и наибольшее значения коэффициента теплопроводности снежного покрова (соответствующие кондуктивной теплопроводности и эффективной теплопроводности при температуре около -1,2°C). Формулы Кондратьевой, Иосида и Сулаквелидзе выходят за пределы диапазона возможных изменений λ при любой температуре. Наиболее приемлемыми являются формулы Проскурякова, Янсона, Пиотровича, а также расчетные данные Порхаева, поскольку они полностью укладываются в диапазон возможных изменений λ.

Вскрыв физику процессов теплообмена в снежном покрове, дадим количественную оценку интенсивности процессов теплообмена почвы с атмосферой по сезонам и в сумме за год для тех естественных ландшафтов, которые являются как бы эталонными. Такими ландшафтами считают открытые участки местности с ненарушенным снежным покровом, условно будем называть их "луговыми" ландшафтами. Эти ландшафты наиболее изучены в отношении внешнего теплообмена земной оболочки, поскольку здесь размещается сеть гидрометеорологических станций. В табл. 1 приведены осредненные величины всех составляющих теплообмена почвы с атмосферой за период с положительной температурой воздуха $\tau_л$, отрицательной $\tau_з$ и за год $\tau_г$: Q_c и S - суммарная и отраженная радиация, $I_{эф}$ эффективное излучение поверхности, R - радиационный баланс, P - турбулентный теплообмен, LE - затраты тепла на испарение (E - испарение, L = 600 кал/г), B - поток тепла в почву. Пункты наблюдений размещены в табл. 1 в порядке возрастания широты (Воркута и Игарка расположены практически на одной широте). Наблюдения в Воркуте характеризуют скорее нарушенные условия теплообмена, чем естественные, поскольку стационар здесь был расположен в черте города, где существенно сказывается влияние техногенных факторов (зачернение поверхности угольной пылью и пр.). Все остальные стационары были вынесены за пределы городской застройки.

Альбедо A "луговых" ландшафтов в летний сезон является сравнительно устойчивой характеристикой. Для высоких и средних широт ее величина чаще всего не выходит за пределы 16-25%. Более низкими значениями альбедо характеризуются темные почвы с редким травостоем, затопляемые участки; повышенными - некоторые виды светлых

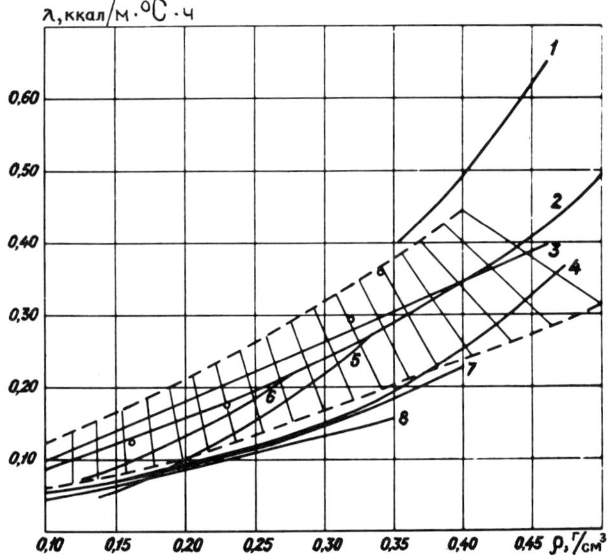

Рис. 1. Сравнение формул для расчета коэффициента теплопроводности снежного покрова λ в зависимости от плотности ρ

1 – по Кондратьевой, 2– Янсону, 3– Проскурякову, 4 – Дьячковой и Серовой, 5 – Абельсу, 6 – Пиотровичу, 7 – Иосида, 8 – Сулаквелидзе, 9 – расчетные данные Порхаева

Заштрихован диапазон возможных изменений λ (по наблюдениям в Якутске и Игарке)

травяных и напочвенных покровов (пушица и пр.). Не наблюдается зональности в отношении распределения по территории СССР альбедо за теплый период года. В среднем же за год величина А, изменяющаяся от 30 до 57%, увеличивается с возрастанием широты. Это обусловлено более длительным периодом залегания снежного покрова в высоких широтах, характеризующегося значительной отражательной способностью по сравнению с травянистыми ассоциациями и почвой.

Эффективное излучение естественной поверхности "луга" составляет 23–32% от суммарной радиации. Наибольшая величина эффективного излучения $I_{эф}$ за теплый сезон (около 20 ккал/см^2) отмечена в Якутске.

Радиационный баланс R естественной поверхности "луга" составляет за теплый сезон около половины Q_c (49–52%). Отношение годовых величин R к Q_c, изменяющееся от 20 до 40%, уменьшается с возрастанием широты. Аномально низкое значение альбедо и повышенное значение отношения R/Q_c для Воркуты объясняется существенным запылением атмосферы в черте города угольной пылью.

Полученные материалы подтверждают существование четкой широтной зональности в отношении территориального распределения характеристик лучистого теплообмена, выявленной на основе расчетов и данных метеостанций (Атлас теплового баланса, 1963; Пивоварова, 1966). Эта зональность обусловлена уменьшением притока суммарной радиации и возрастанием длительности периода залегания снежного покрова в направлении к северу.

Затраты тепла на испарение LE изменяются по отношению к Q_c в широких пределах – от 15 до 39% за летний сезон и от 11 до 33% за зимний. Не обнаруживается какой-либо закономерности в изменении за весенне-летний период доли затрат радиационного тепла, затрачиваемого на испарение но заметна тенденция возрастания LE/R к осени (табл. 2). Это объясняется следующим. Если весной и летом часть

Таблица 1

Составляющие теплообмена почвы с атмосферой для "луговых" ландшафтов

Составляющие	ккал/(период·см^2)			% к	
	$\tau_л$	$\tau_з$	$\tau_г$	$\tau_л$	$\tau_г$
	Загорск (1957–1959 гг.)				
Q_c	63,7	16,5	80,2	100,0	100,0
S	14,5	11,0	25,5	22,8	31,7
$I_{эф}$	16,2	6,9	23,1	25,4	28,8
R	33,0	-1,4	31,6	51,8	39,5
P	6,1	-1,6	4,5	9,6	5,6
LE	25,0	1,3	26,3	39,2	32,7
B	1,3	-1,1	0,2	2,0	0,2
	Якутск (1970–1973 гг.)				
Q_c	62,4	27,0	89,3	100,0	100,0
S	11,8	18,1	29,9	18,9	33,5
$I_{эф}$	19,9	9,0	28,9	31,9	32,4
R	30,7	-0,1	30,6	49,2	34,1
P	19,1	0,4	19,6	30,8	21,9
LE	9,3	1,0	10,3	14,9	11,5
B	2,1	-2,0	0,1	3,4	0,1
	Игарка (1971–1974 гг.)				
Q_c	44,2	32,5	76,7	100,0	100,0
S	10,1	21,1	31,2	22,9	40,7
$I_{эф}$	13,0	7,8	20,8	29,4	27,2
R	21,1	3,6	24,7	47,8	32,2
P	7,3	3,0	10,3	16,5	13,4
LE	11,3	1,7	12,0	25,6	15,7
B	2,5	-2,3	0,2	5,7	0,3
	Воркута (1959–1961 гг.)				
Q_c	38,2	26,2	64,4	100,0	100,0
S	6,1	13,3	19,4	16,0	30,2
$I_{эф}$	9,5	10,9	20,4	24,7	31,6
R	22,6	2,0	24,6	59,3	38,2
P	9,8	2,6	12,4	25,7	19,3
LE	9,6	0,8	10,4	25,2	18,9
B	3,2	-2,0	1,2	8,4	1,9
	Соленая (1974–1975 гг.)				
Q_c	37,5	35,4	72,9	100,0	100,0
S	9,3	32,1	41,4	24,8	56,9
$I_{эф}$	8,7	7,9	16,6	23,2	22,8
R	19,5	-4,7	14,8	52,0	20,3
P	9,9	-	-	29,9	-
LE	6,6	-	-	17,6	-
B	1,7	-1,6	0,1	4,5	0,1

Примечание. Характер растительного и почвенного покрова в пунктах наблюдений был следующим: Загорск – клевер и разнотравье, суглинок средний; Якутск – злаки и разнотравье, супесь; Игарка – вейник и разнотравье, пылеватый суглинок; Воркута – кочковато-ерниковая тундра, суглинок тяжелый; Соленая – мохово-лишайниковая закочкаренная тундра, суглинок и супесь.

радиационного тепла расходуется почвой, то уже в сентябре почва выделяет тепло, которое обеспечивает дополнительные энергетические ресурсы на испарение.

Исследования Главной геофизической обсерватории им. А.И.Воейкова (Будыко, 1956; Зубенок, 1966) показали, что закономерности географического распределения испарения с поверхности суши зависят в основном от следующих факторов: энергетических ресурсов (радиационный баланс) и условий увлажнения почвы. В умеренных и особенно южных широтах, где приток радиационного тепла значителен, испарение почти всецело определяется условиями увлажнения. При достаточных осадках затраты теп-

Таблица 2

Отношение затрат тепла на испарение к радиационному балансу

Пункт	Месяц					
	1У	У	У1	УП	УШ	1Х
Загорск	0,45	0,74	0,72	0,75	0,73	0,84
Якутск	0,36	0,30	0,29	0,19	0,40	0,46
Игарка	0,51	0,15	0,48	0,57	0,58	0,69
Воркута	-	0,14	0,38	0,40	0,43	0,69
Соленая	-	-	-	0,45	0,44	0,49

ла на испарение являются главной расходной составляющей в тепловом балансе. В частности, в западных и центральных районах Европейской части СССР на испарение расходуется до 60-80% от радиационного баланса. С возрастанием широты радиационный баланс понижается, что обусловливает общую тенденцию к уменьшению испарения. В тундровой зоне (Игарка, Соленая, Воркута) снижается не только величина испарения, но также, несмотря на переувлажнение почвы, и отношение LE/R, составляющее здесь 34-54%. Это объясняется понижением температуры воздуха и поверхности почвы, которые можно рассматривать как вторичные энергетические показатели по отношению к R; плохой водоотдачей распространенных здесь мохово-торфяных покровов и пр. Таким образом, за летний сезон в целом отношение LE/R достигает максимума (60-80%) в умеренных широтах (45-55°с.ш.), уменьшаясь в направлении к югу в связи с недостаточной увлажненностью и к северу - в связи с недостаточными энергоресурсами и плохой водоотдачей почвы. Эта общая закономерность в распределении отношения LE/R для некоторых районов (например, Якутск) может существенно искажаться вследствие имеющейся азональности в условиях увлажнения.

Турбулентный теплообмен за летний период изменяется от 6 (Загорск) до 19 ккал/см^2 (Якутск), или по отношению к Q_c от 9 до 31%. Отношение P/LE (отношение Боуена) характеризуется минимальными значениями в умеренных широтах и возрастает к северу и югу. Имеется взаимосвязь между отношением Боуена и суммой выпавших осадков. Как показывают данные по Воркуте и Игарке, где отношение Боуена $P/LE \approx 1$, сумма осадков r = 450-480 мм/ год является, по-видимому, критической для оценки превалирующего воздействия потоков турбулентного тепла или затрат тепла на испарение. В Загорске (r = 644 мм/год) $P/LE \ll 1$, в Якутске (r = 202 мм/год) $P/LE \approx 2$.

Аккумуляция тепла почвой B за период с положительными температурами воздуха на площадках стационаров изменялась от 1,3 (Загорск) до 2,5 ккал/см^2 (Игарка). Характерной особенностью структуры составляющих теплового баланса "луговых" ландшафтов в период с положительной температурой воздуха является существенное повышение теплового потока в почву в области распространения мерзлых пород. Его величина может достигать здесь 5-6% по отношению к Q_c и 10-15% - по отношению к R. В области распространения мерзлых пород имеется резкий пик аккумуляций тепла почвой, совпадающий с началом ее оттаивания. В этот период поток тепла в почву в отдельные годы может достигать 1,4-1,6 ккал/(мес·см^2). Затем происходит резкое снижение аккумуляции тепла почвой. В районах, где мерзлые породы отсутствуют, отмечается более плавное изменение величины B в течение летнего периода (Загорск). Отдача тепла почвой происходит неравномерно во времени: в начале зимы она максимальная. За период с октября по ноябрь почва может израсходовать более 50-60% всех тепловых потерь за зиму.

Естественно, что для средних многолетних условий поток тепла в почву примерно равен расходу. Остальные составляющие теплового баланса (R, P, LE) в период $\tau_з$ на полпорядка - порядок меньше, чем в период $\tau_л$; в количественном отношении они примерно равны (см. табл. 1). В наиболее холодные месяцы зимнего периода эффективное излучение преобладает над притоком суммарной радиации, причем продолжительность этого времени возрастает с увеличением широты местности. Еще более длительным оказывается период с отрицательным радиационным балансом. Радиационное выхолаживание приводит к инверсии температуры воздуха над снежным покровом. Это, по-видимому, впервые отметил Р. Гейгер (1960). В результате инверсионного распределения температуры турбулентный поток тепла направлен к поверхности снежного покрова и частично компенсирует потери тепла путем излучения. Большую часть зимнего периода турбулентный теплообмен является приходной, а затраты тепла на испарение-конденсацию - расходной составляющей теплового баланса. Испарение снежного покрова обычно невелико по сравнению со снегозапасами и его можно не учитывать в гидрологических расчетах. Однако на стационаре в Якутске оно достигало (по данным 6-летних наблюдений) от 8 до 26% от снегозапасов.

Согласно экспериментальным данным, теплообороты в торфяниках меньше, чем в минеральных грунтах. В частности, в Игарке снижение теплооборота в торфянике по сравнению с пылеватым суглинком составило 9%. Сравнительно слабое снижение теплооборота в торфянике объясняется тем, что в нем вследствие близкого залегания границы мерзлых пород к дневной поверхности летом образуются значительные температурные градиенты, интенсифицирующие аккумуляцию тепла. П.Ф. Швецов (Основы геокриологии, 1959) выдвинул более общее положение о возрастании теплооборотов с изменением литологического состава грунтов от мохо-тофяников до гравия и гальки.

Однако в природных условиях крупнодисперсные грунты обычно менее увлажненные и не обязательно характеризуются более значительными теплооборотами, поскольку последние обусловлены не только периодическими изменениями температуры грунта, но и затратами тепла на фазовые переходы почвенной влаги при промерзании-протаивании. По натурным данным, теплообороты в суглинках больше, чем в супесях и песках. Таким образом, зависимость теплооборотов от литологического состава грунтов является весьма сложной.

Положительные и отрицательные статьи теплооборота в почву формируются в условиях асимметрии ее тепловых свойств в мерзлом и талом состоянии. Наблюдения на стационарах показали, что в природных условиях из-за резких колебаний влажности коэффициент теплопроводности деятельного слоя почвы может изменяться в годичном цикле значительнее, чем при переходе от мерзлого состояния к талому (Павлов, 1975). Это сильно искажает температурную сдвижку Δt, под которой вслед за В.А. Кудрявцевым (1958) понимают разницу между средней годовой температурой на подошве деятельного слоя и температурой на поверхности почвы. В природных условиях величина Δt даже для суглинистых и особенно крупнодисперсных пород часто не выходит за пределы точности ее экспериментального определения. В частности, по данным многолетних исследований на стационарах, величина Δt составила: Загорск и Якутск +0,2, Воркута -0,6 и Игарка -0,3°C. Однако в мохово-торфяных породах изменение коэффициента теплопроводности вследствие фазовых переходов влаги существенно больше, чем при изменении влажности; поэтому температурная сдвижка в них выражена отчетливо. Так, на Соленинском стационаре величина Δt составила -1,5°C.

Вскрыта новая закономерность, характеризующая региональность влияния снежного покрова на процессы теплообмена почвы с атмосферой. Вследствие существенного уменьшения коэффициента таплопроводности снега с понижением температуры теплозащитная роль снежного покрова в районах с холодными зимами оказывается выше, чем с теплыми.

По сравнению с открытыми участками, для условий Сибири более распространенными ландшафтами являются водная среда и лес.

На долю водоемов в некоторых районах с мерзлыми породами приходится до половины территории; они являются своеобразным ландшафтом, влияющим на природные процессы, в частности, на температуру и мощность мерзлых толщ.

Систематических наблюдений над водоемами выполнено мало, почти все они не охватывают зимнего периода. По широко распространенному образному выражению, водная среда (как лесной покров), является "ловушкой" для радиации. Обобщение материалов актинометрических наблюдений по водоемам СССР показывает, что радиационный баланс водоемов $R_{вд}$ летом возрастает на 20-40% по сравнению с безлесными участками суши $R_б$, осенью наблюдается обратное соотношение (Кириллова, 1970). Отношение летних сумм $R_{вд}/R_б$ в целом повышается к югу. Отражательная способность водоемов несколько уменьшается, а радиационный баланс увеличивается с возрастанием глубины водоема. Круглогодичные исследования теплофизики водных ландшафтов проводились автором на небольшом озере в районе Загорска и глубоком термокарстовом озере Сырдах. Сравним данные об альбедо оз. Сырдах и мелководных озер Центральной Якутии в безледоставный период года (табл. 3). Существенное уменьшение альбедо оз. Сырдах (на 4-7%) объясняется как увеличением глубины (а, следовательно, и поглощательной способности), так и снижением прозрачности воды.

Отношение альбедо водоема в период с открытым зеркалом воды $A_{вд}$ к альбедо окружающих безлесных участков суши $A_б$ не превышает за летние месяцы 1/3 (рис. 2). Зимой различия между $A_{вд}$ и $A_б$ малы, а величина $|R_{вд}| > |R_б|$, так как температура деятельной поверхности выше, а излучение больше. В сумме за год $R_{вд} \approx (0,9-1,1)R_б$. При примерно равных годовых величинах радиационного баланса водоема и почвы кругооборот тепла в водоеме в 6-8 раз больше, что приводит к формированию таликов под водоемами в области распространения мерзлых пород.

Таблица 3

Альбедо озер Центральной Якутии, %

Озеро	Годы	Месяцы				Среднее
		VI	VII	VIII	IX	
Сырдах	1974-1975	6	7	8	14	7
Тюнгюлю	1963	11	12	15	24	14
Краденое	1968	8	12	13	17	11
Прохладное	1969	-	9	11	16	11

Примечание. Данные об альбедо озер Тюнгюлю, Краденое и Прохладное получены М.К. Гавриловой (1973).

Лесные ландшафты занимают в СССР до 35-40% территории, но в отличие от "луговых" ландшафтов, теплофизика их мало изучена. Для районов распространения мерзлых пород впервые проведен полный комплекс режимных теплобалансовых наблюдений для соснового леса в Якутске, березового - в Игарке и лиственничного - на Сырдахе. Особенно ценными являются исследования лиственничного леса, который во многих районах Сибири занимает до 80% залесенной территории.

Отражательная способность лесных ландшафтов в течение года (за исключением поздне-весеннего периода, когда в поле снег полностью растаивает, а в лесу - еще сохраняется) ниже, чем безлесной территории. Альбедо светлохвойных лесов Сибири составляет летом 10-13%, а лиственных лесов - 14-19% (табл. 4). Соотношение между альбедо леса $A_л$ и открытого участка составляет в летний период 0,5-0,8, в зимний - не превышает 0,6 (рис. 3).

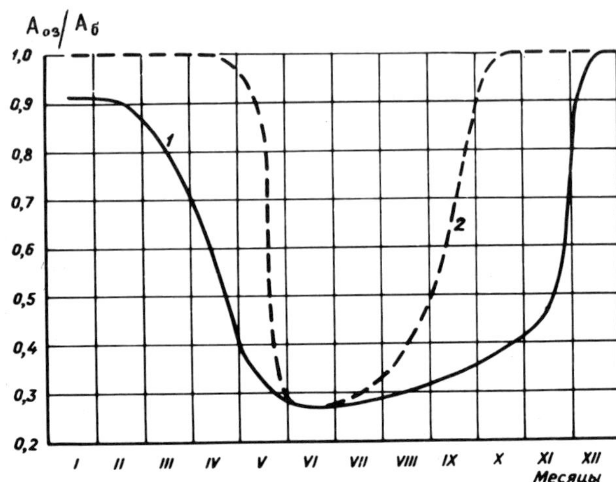

Рис. 2. Годовой ход отношения альбедо озера $A_{оз}$ и безлесного участка $A_б$
1 - озеро в Подмосковье
2 - озеро Сырдах

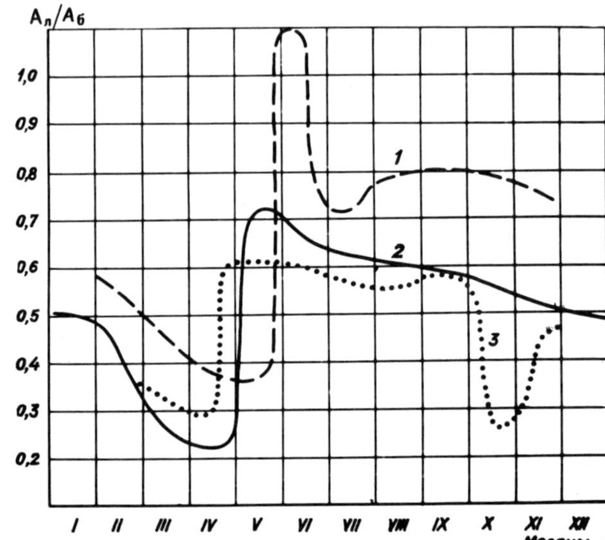

Рис. 3. Соотношение между альбедо леса $A_л$ и открытого участка $A_б$
1 - березовый лес (Игарка);
2 - сосновый лес (Якутск);
3 - лиственничный лес (Сырдах)

Уменьшение отражательной способности лесных ландшафтов по сравнению с "луговыми" приводит к существенному возрастанию их радиационного баланса.

Таблица 4

Альбедо и радиационный баланс лесных ландшафтов Сибири

Период	Сосновый лес	Лиственничный лес	Березовый лес
	Альбедо, %		
$\tau_л$	10-12	10-13	14-19
$\tau_г$	13-14	14-15	20-21
	Радиационный баланс, ккал/см^2		
$\tau_л$	42	45	24
$\tau_г$	51	50	34

Для оценки радиационного баланса леса $R_л$ по сравнению с открытым участком $R_б$ Ю.Л. Раунер (1972) использовал данные наблюдений для сомкнутых древостоев лиственных и смешанных лесов в Загорске и Курске за теплый период года. Оценка проводилась по суточным суммам, осредненным за период в несколько дней. Зависимость $R_л$ от $R_б$ получилась линейной:

$$R_л = \bar{a}R_б + \bar{b} \qquad (3)$$

где $\bar{a} = 1{,}05$, $\bar{b}$ = 30 кал/(сут·см^2).

Для хвойных лесов (сосна, ель) Ю.Л. Раунер дает иные параметры уравнения регрессии (3) : $\bar{a} = 1{,}1$, $\bar{b}$ =35 кал/(сут·см^2).

Материалы наблюдений за радиационным режимом соснового и лиственничного леса позволяют охарактеризовать тесноту связи между суточными суммами $R_л$ и $R_б$ для условий Сибири (рис. 4). Коэффициент корреляции составил 0,94. Параметры уравнения (3) для светлохвойных лесов Сибири оказались следующими: $\bar{a} = 1{,}37$; $\bar{b}$ = 10 кал/(сут·см^2).

Увеличение радиационного баланса леса за зимний период $\Delta R_з$ составляет для лиственничных и лиственных лесов Сибири 5-6, а для сосновых и еловых – 7-8 ккал/см^2. С учетом $\Delta R_з$ годовая величина радиационного баланса лесных ландшафтов может быть рассчитана по формуле:

$$(R_л)_г = (\bar{a}R_б)_л + \bar{b}\tau_л$$

Материалы наблюдений теплобалансовых стационаров и литературные данные (Раунер, 1972; Гаврилова, 1973 и др.) показывают, что различие в сезонных и годовых величинах альбедо A и радиационного баланса R подстилающей поверхности для разнообразных ландшафтов (типов местности) внутри одного региона может быть больше, чем

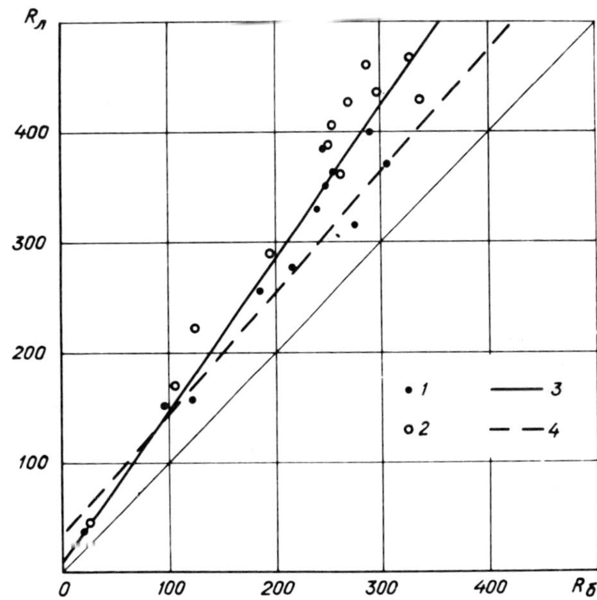

Рис. 4. Связь между радиационным балансом леса $R_л$ и безлесного участка $R_б$ (кал/(сут·см^2)
1 – сосновый лес, 2 – лиственничный лес, 3 и 4 – прямые регрессии по экспериментальным данным автора и Ю.Л. Раунера (1972), соответственно.

однотипных ландшафтов в различных регионах. Это дает возможность принять величины A и R в качестве ведущих факторов при энергетической оценке природных ландшафтов (Павлов, 1975). По этим показателям, разнообразные ландшафты можно поставить в достаточно четкое соответствие с "луговыми" ландшафтами. Взаимосвязь между остальными составляющими теплового баланса (P, LE, B) различных ландшафтов и "луга" менее определенная. На основе рассмотренных положений составлена общая энергетическая классификация наиболее характерных природных ландшафтов, единая для лесостепной, лесной и лесо-тундровой зон СССР (табл. 5).

Таблица 5

Энергетическая классификация природных ландшафтов

Период	Сосновый и еловый лес	Лиственничный лес	Березовый и смешанный лес	Водоем	Наледный участок
	Альбедо (по отношению к открытому участку)				
$\tau_л$	0,55-0,6	0,55-0,65	0,6-0,85	0,45-0,55	1,0 -2,0
$\tau_г$	0,4 -0,45	0,45-0,55	0,5-0,65	0,70-0,85	1,05-1,25
	Радиационный баланс (по отношению к открытому участку)				
$\tau_л$	1,3 -1,4	1,25-1,35	1,1-1,2	1,05-1,15	0,7 -0,9
$\tau_г$	1,6 -1,7	1,4 -1,5	1,3-1,4	0,85-1,15	0,5 -0,7

ЛИТЕРАТУРА

Атлас теплового баланса земного шара. 1963. Под ред. М.И. Будыко. М., 69 с.

БУДЫКО М.И. 1956. Тепловой баланс земной поверхности. Л., Гидрометеоиздат. 225 с.

ГАВРИЛОВА М.К. 1973. Климат Центральной Якутии. Якутск, 119 с.

ГЕЙГЕР Р. 1960. Климат приземного слоя воздуха. М., Изд-во ИЛ., 486 с.

ЗУБЕНОК Л.И. 1966. Роль испарения в тепловом балансе суши. - В кн.: Современные проблемы климатологии. Л., Гидрометеоиздат, с. 67-82.

КИРИЛЛОВА Т.В. 1970. Радиационный режим озер и водохранилищ. Л., Гидрометеоиздат, 253 с.

КУДРЯВЦЕВ В.А. 1958. Влияние различных покровов на глубину сезонного промерзания и оттаивания почвы. - В кн.: Вопросы физической географии полярных стран, Изд-во МГУ, вып. 1, с. 28-34.

Основы геокриологии (мерзлотоведения), ч.1, 1959 М., Изд-во АН СССР. 431 с.

ПАВЛОВ А.В. 1965. Теплообмен промерзающих и протаивающих грунтов с атмосферой. М., "Наука", 254 с.

ПАВЛОВ А.В. 1975. Теплообмен почвы с атмосферой в северных и умеренных широтах территории СССР. Якутск, 302 с.

ПИВОВАРОВА З.И. 1966. Изучение режима солнечной радиации в СССР. - В кн.: Современные проблемы климатологии. Л., Гидрометеоиздат, с. 41-56.

РАУНЕР Ю.Л. 1972. Тепловой баланс растительного покрова. Л., Гидрометеоиздат, 210 с.

DEVELOPMENT AND TESTING OF A COMPUTER MODEL FOR HEAT AND MASS FLOW IN FREEZING SOILS

Marsha I. Sheppard, B.D. Kay, J.P.G. Loch
Department of Land Resource Science, University of Guelph, Guelph, Ontario, Canada

A computer model has been developed to simulate the coupled flow of mass and heat in a freezing, layered soil system. Heave is allowed to occur through the use of deforming co-ordinates. The flux equations and the mathematical functions used to quantify the thermal and hydrologic properties of the soil are described. The model has been tested under both laboratory and field conditions. The results show that the model gives excellent predictions of moisture flow and temperature distribution under laboratory conditions. However, the model did not perform as well when employed with the field data. The 0°C isotherm was predicted to penetrate to a greater depth than was observed. The variability in moisture content in the field precluded a realistic comparison of observed and predicted moisture profiles. Future application of such a model to field conditions would appear to require revision to account for the natural variability in boundary conditions as well as the thermal and hydrologic characteristics of freezing soil.

MISE AU POINT ET ESSAI D'UN MODÈLE INFORMATIQUE DE L'ÉCOULEMENT DE LA CHALEUR ET DE LA MATIÈRE DANS LES SOLS LORS DU GEL

Marsha I. Sheppard, B.D. Kay, J.P.G. Loch, Département de la Science des ressources de la terre, Université de Guelph, Guelph, Ontario, Canada.

On a mis au point un modèle informatique simulant l'écoulement associé de la matière et de la chaleur dans un système de sol stratifié, lors du gel. On tient compte du soulèvement grâce à des coordonnées de déformation. Les équations du flux et les fonctions mathématiques servant à mesurer les propriétés thermiques et hydrologiques du sol font l'objet d'une description. Le modèle a été mis à l'essai en laboratoire et sur le terrain. Les résultats indiquent qu'il permet de très bien mesurer l'écoulement de l'eau et la distribution de la température dans les conditions du laboratoire. Le modèle n'a malheureusement pas été aussi efficace sur le terrain. L'isotherme de 0°C devrait théoriquement descendre plus bas que nous l'avons mesuré. La variation du contenu en eau, sur le terrain, a empêché toute comparaison réaliste entre les profiles d'humidité prévus et observés. Pour l'emploi sur le terrain, ce modèle devrait semble-t-il être revu pour tenir compte des variations naturelles à température voisine du point de fusion, de même que des propriétés physiques et hydrologiques du sol lors du gel.

РАЗРАБОТКА И ИСПЫТАНИЕ МАТЕМАТИЧЕСКОЙ МОДЕЛИ ПОТОКА ТЕПЛА И МАССЫ В ЗАМЕРЗАЮЩЕМ ГРУНТЕ

Разработана математическая модель спаренного потока массы и тепла в замерзающей слоистой грунтовой системе. Пучение учитывалось посредством параметров деформации. Описаны уравнения потоков и математические функции, используемые для количественного определения термических и гидрологических свойств грунтов. Модель испытана при обработке результатов лабораторных и полевых исследований. Результаты показывают, что модель может эффективно использоваться для лабораторных расчетов потоков влаги и распределения температуры. Однако, эффективность модели снижается при использовании ее для обработки результатов полевых исследований. Наблюдения показали, что нулевая изотерма проникает на меньшую глубину, чем было рассчитано с помощью модели. Точное сравнение наблюдаемых и рассчитанных профилей влажности оказалось невозможным из-за колебаний содержания влаги в полевых условиях. Для применения такой модели для полевых условий, по-видимому, потребуются некоторые доработки с тем, чтобы модель могла учитывать естественные изменения в граничных условиях наряду с термическими и гидрологическими характеристиками замерзающего грунта.

DEVELOPMENT AND TESTING OF A COMPUTER MODEL FOR HEAT AND MASS FLOW IN FREEZING SOILS

Marsha I. Sheppard, B.D. Kay and J.P.G. Loch

Department of Land Resource Science
University of Guelph, Guelph, Ontario, Canada

INTRODUCTION

The ability to accurately predict the magnitude of heat and water fluxes in natural and man-modified environments is the long-range goal of much research in the agricultural, engineering, geological and meteorological sciences. Progress towards this goal often requires two separate types of studies. The first type of study involves defining transport processes in simple systems to which specific boundary conditions have been applied. Implicit in the definition of the processes is the development and testing of an appropriate mathematical description. The second type of study involves applying the mathematical description to field conditions.

Much of the research on heat and water flow in freezing soils has been of the first type discussed above (eg. Everett, 1961; Williams, 1968; Penner, 1967; Miller, 1972). The advent of high speed computers has resulted in the development of models to simulate heat and water flow in these simple systems (Harlan, 1973; Guymon and Luthin, 1974; Carlson and Outcalt, 1975; Kinosita, 1975; Taylor and Luthin, 1976). These models do not make provision for overburden pressure or deformation of the soil matrix. In addition, little effort has been put into testing these models.

Scant attention has been paid to a complete description of heat and water transfer in freezing soils under field conditions. This arises in part because models have not yet successfully described the processes under laboratory conditions. In addition the difficulties associated with prediction of water flow under even unfrozen conditions in the field (Freeze, 1975) provides a further complication.

The objectives of the study reported herein were:

(a) to develop a model which would describe heat and water flow in freezing soil and which would have provision for incorporating the effect of overburden pressure and deformation of the matrix.

(b) to test the model against data generated from laboratory studies.

(c) to test the model without modification against field data and identify the limitations in applying such a model to the field situation.

Transport Equations

Assuming that mass flow of water in frozen soil takes place only by liquid flow, the equation for unidirectional mass transfer can be written as:

$$\frac{\partial \theta_l}{\partial t} + \frac{\rho_i}{\rho_l}\frac{\partial \theta_i}{\partial t} = \frac{\partial}{\partial x}\left(K \frac{\partial (P_l + z)}{\partial x}\right) \qquad (1)$$

where θ_i, θ_l are the ice and liquid water contents respectively ($cm^3\ cm^{-3}$)

ρ_i, ρ_l are the densities of ice and liquid water respectively ($g\ cm^{-3}$)

K is the hydraulic conductivity ($cm^2\ sec^{-1}\ bar^{-1}$)

P_l is the matric pressure of liquid water (bar)

z is the gravitational potential (bar).

An equation describing a heat balance at any point in a one dimensional system must account for the conduction of heat and the production or consumption of heat due to phase changes. Such an equation can be written as:

$$C\frac{\partial T}{\partial t} = \frac{\partial}{\partial x}\left(\lambda \frac{\partial T}{\partial x}\right) + H_f \rho_i \frac{\partial \theta_i}{\partial t} \qquad (2)$$

where C is the heat capacity of soil ($ergs\ cm^{-3}\ °C^{-1}$)

T is the temperature (°C)

t is the time (sec)

x is the distance (cm)

λ is the thermal conductivity of soil ($watt\ cm^{-1}\ °C^{-1}$)

H_f is the specific heat of fusion of water ($erg\ g^{-1}$)

Substitution of (1) into (2) gives:

$$C \frac{\partial T}{\partial t} = \frac{\partial}{\partial x}(\lambda \frac{\partial T}{\partial x}) + H_f \rho_l \frac{\partial}{\partial x}(K \frac{(\partial p_l + z)}{\partial x}) - H_f \rho_l \frac{\partial \theta_l}{\partial t} \quad (3)$$

But

$$\frac{\partial \theta_l}{\partial t} = \frac{\partial \theta_l}{\partial T} \frac{\partial T}{\partial t} \quad (4)$$

Substituting (4) into (3) and rearranging gives:

$$(C + H_f \rho_l \frac{\partial \theta_l}{\partial T}) \frac{\partial T}{\partial t} = \frac{\partial}{\partial x}(\lambda \frac{\partial T}{\partial x}) + H_f \rho_l \frac{\partial}{\partial x}(K \frac{(\partial p_l + z)}{\partial x}) \quad (5)$$

The influence of overburden pressure on the liquid pressure in frozen soils may be described (Groenevelt and Kay, 1977) by an equation of the form:

$$p_l = {}^{\circ\circ}p + \alpha P + \beta H_f \rho_i \frac{T}{T_o} \quad (6)$$

where ${}^{\circ\circ}p$ is the liquid pressure in the unfrozen state under unloaded conditions (bar)

P is the overburden pressure (bar)

T_o is the freezing point of pure water at atmospheric pressure (°K)

The coefficients α and β are defined by Groenevelt and Kay in terms of measurable parameters which are characteristic of the specific soil system under study. Equation (6) can be substituted directly into equation (5). Since the model was tested under minimal load conditions in this study (the maximum values of P were .010 and .044 bar in the laboratory and field experiments respectively), the p_l term was not adjusted according to equation (6). Consequently further details regarding the use of equation (6) will not be considered in this report; readers are referred to the reference by Groenevelt and Kay for additional information.

Under zero load conditions the ice may be considered to be at atmospheric pressure. Therefore the liquid pressure in the frozen zone can be defined as:

$$dp_l = \frac{H_f'}{\overline{V}_l} d \ln T' \quad (7)$$

where T' is the absolute temperature

$\overline{V}_l$ is the specific volume of liquid water

Within the frozen zone, z is negligible compared to p_l and therefore substituting (7) into (5) gives:

$$(C + H_f \rho_l \frac{\partial \theta_l}{\partial T}) \frac{\partial T}{\partial t} = \frac{\partial}{\partial x}[(\lambda + \frac{H_f \rho_l{}^2 H_f' K}{T'}) \frac{\partial T}{\partial x}] \quad (8)$$

Equation (8) contains two sets of terms. The first set is a coefficient normally defined as an apparent heat capacity, C' (Williams, 1968), ie.

$$C' = C + H_f \rho_l \frac{\partial \theta_l}{\partial T} \quad (9)$$

The second term is a coefficient relating heat flow to a temperature gradient and following the above nomenclature may be defined as an apparent thermal conductivity, λ', ie.

$$\lambda' = \lambda + \frac{H_f \rho_l{}^2 H_f' K}{T} \quad (10)$$

Therefore when the overburden pressure is zero or negligibly small, equation (5) reduces to:

$$C' \frac{\partial T}{\partial t} = \frac{\partial}{\partial x}(\lambda' \frac{\partial T}{\partial x}) \quad (11)$$

The soil microhydrologic coefficients and the soil thermal transfer coefficients which describe the ability of the soil to transmit water and heat must be incorporated in mathematical form. The thermal conductivity is expressed by a geometric mean equation (Johansen, 1973), the hydraulic conductivity - pressure (temperature) relationship by an exponential function and the moisture content - pressure (temperature) relationship is expressed as a logarithmic function (Anderson and Tice, 1972). These functions were substituted into equation (11) and the resultant equation solved using an explicit scheme.

Deformation of the matrix is accounted for when the sum of the water content and ice content ($\theta_l + \theta_i$) becomes larger than the porosity, f, of the previous time step. At each time step the deformation factor, Heav, is computed for each depth node, L, using

$$Heav_L = \frac{1 - f_L}{1 - f_L'} \quad (12)$$

where f_L = porosity at the previous time step at node L

f_L' = new porosity at node L.

At each time step the depth node spacings are multiplied by the factor $Heav_L$. The sum of all the new node spacings ($\Sigma \Delta X_L$) are added to a fixed reference level, located in the unfrozen zone, and this gives the location of the soil surface as it rises with each new time step. The soil water-pressure relationship does not directly account for heave; however, since it is described by a function which was determined on a gravimetric basis, it therefore requires the input of bulk density. Each time the matrix deforms new values of bulk density are calculated from the new water content consequently modifying this relationship to account for heave.

Application of the Model to a Laboratory System

Data from a laboratory system that allowed measurement of temperature and mass flow in a soil column near saturation under freezing conditions were used to test the model. During the laboratory experiment, the 0°C isotherm advanced at a constant rate of about .030 cm/min after the first three minutes and the temperature gradient at the 0°C isotherm varied between 2.9 and 4.0°C/cm. In comparison with that observed (Figures 1 and 2) an excellent simulation of heat and mass flow in the first 20 minutes of the laboratory experiment (excluding an initial expulsion of water from the laboratory column) was achieved when the function parameter values which were measured for the soil were used as model inputs. The time and depth steps chosen for the simulation were 1 second and .2 cm, respectively.

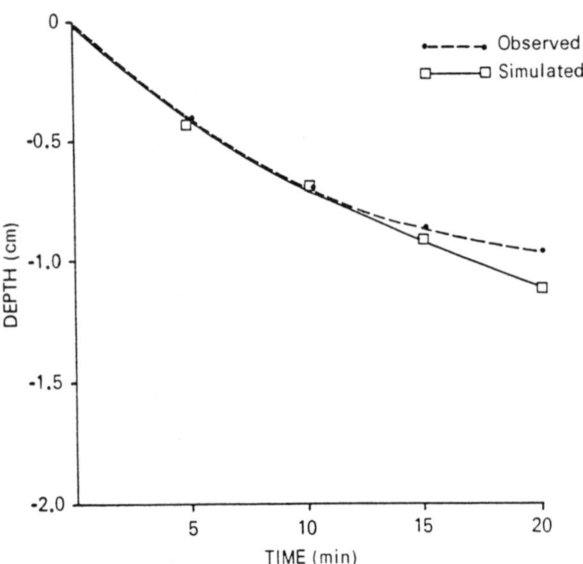

Fig. 1 A comparison of the observed and simulated location of the 0°C isotherm with time in a soil column freezing under laboratory conditions.

Only 20 minutes of the laboratory experiment was modelled due to temperature fluctuations which occurred at the bottom of the column at later times. The initial expulsion of water in this experiment was very small. However, in a loaded system it could become quite significant (Loch and Kay, 1977). The mechanisms describing expulsion are not clear at present however, when they have been described mathematically they should be incorporated into the model especially, when modelling a loaded system.

Additional experiments which were run for much longer time have been completed and the model is currently being tested on these data.

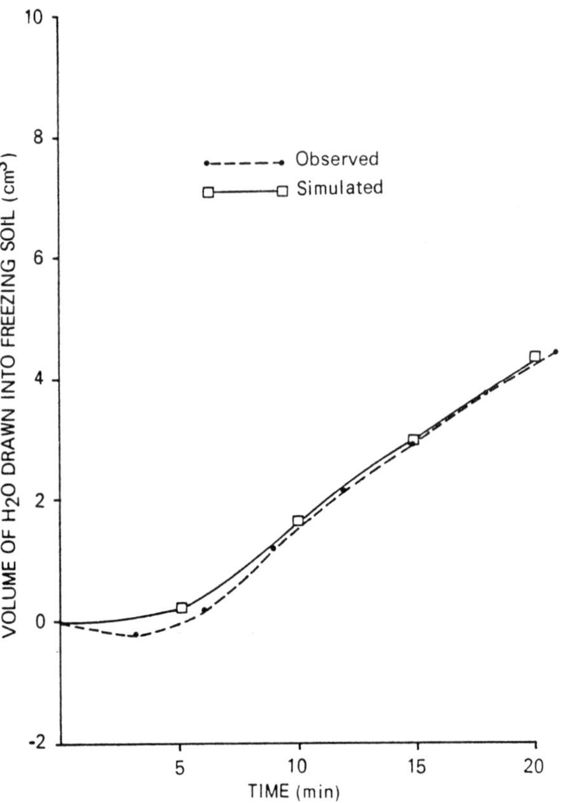

Fig. 2 A comparison of the observed and simulated water uptake with time in a soil column freezing under laboratory conditions.

Application of the Model to a Field System

A field site was instrumented for the purpose of collecting the necessary data (Sheppard, 1977) to test the model under field conditions. Measurements which were made every 15 minutes included soil, snow and air temperatures. Snow depth, snow density and water table height were measured every two days and soil thermal conductivity, moisture content and bulk density were measured weekly throughout two winter seasons.

The model was employed in the same form as used during tests on the laboratory data with the exception that the soil was considered to be a layered system. Distinct changes in the soil parameters at about 30 cm justified partitioning the profile at this depth. The soil was therefore treated as a uniform homogeneous medium within each layer. Values assigned to the various soil parameters were the mean values of several determinations for each layer. The time and depth steps chosen for the field simulation were 20 seconds and 2 cm, respectively.

The model was tested on data collected during a period of rapid frost penetration where large temperature gradients existed near the surface. These conditions were similar to those of the laboratory experiment. In this time period the surface temperature decreased rapidly (-1.90°C to -12.94°C) and the predicted and observed curves diverged considerably from 0 to 20 cm, with the greatest divergence at the surface.

To test the model under less extreme conditions a further 22 hour simulation was carried out using the temperatures at 2 cm (T2) as the input temperatures. The results (Figure 3) show predictions much closer to the observed temperature profile.

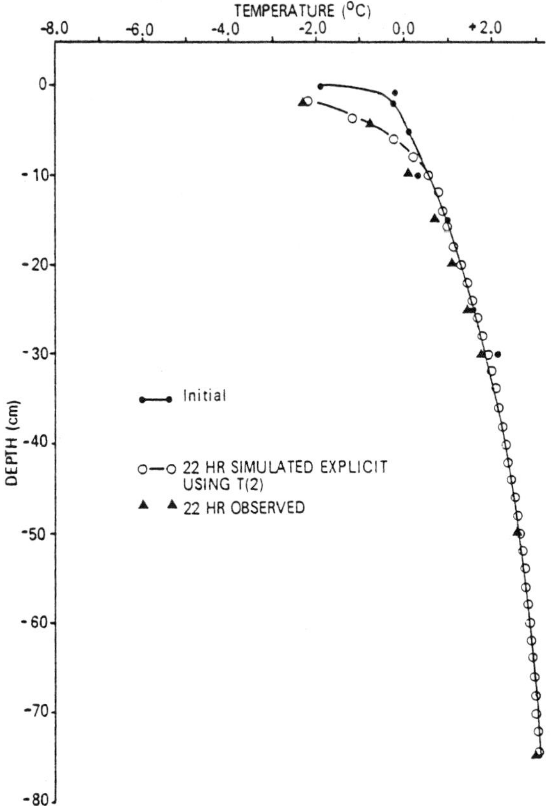

Fig. 3 A comparison of the observed and simulated temperature profiles after 22 hours using the temperature at 2 cm (T2) as input for the field system.

These results show that the model does not predict heat flow accurately in the near surface layers where temperature gradients as large as 9°C cm^{-1} may exist. This may be due to the steepness of the gradient between nodes per se or due to the assumption of a linear gradient between nodes when the real system experiences a curvilinear gradient. This problem could be alleviated with decreased internode spacing near the surface.

Statistical analyses carried out on the field moisture data have shown that the variability in moisture content is greater than the total change in soil moisture content during a one or two week period. This lack of significant change in moisture content precludes testing the moisture flow portion of the model with field data. This problem of field moisture variability is a very important consideration when attempting to use a model to predict water flow under field conditions.

Figure 4 illustrates the number of moisture content observations at three depths at three times and six coring locations.

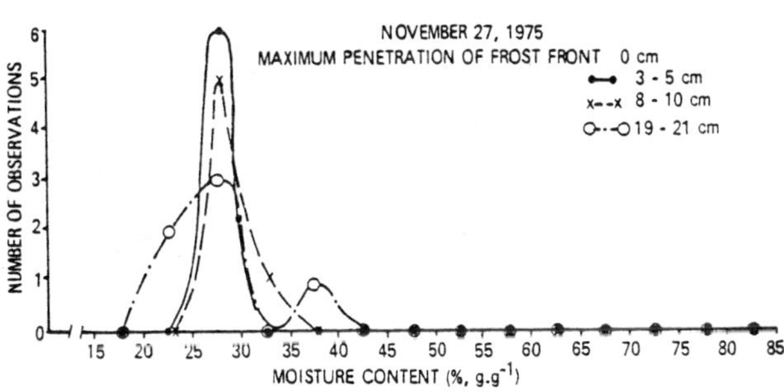

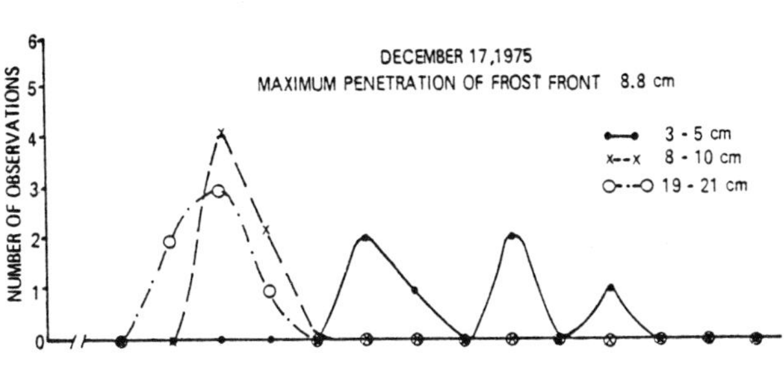

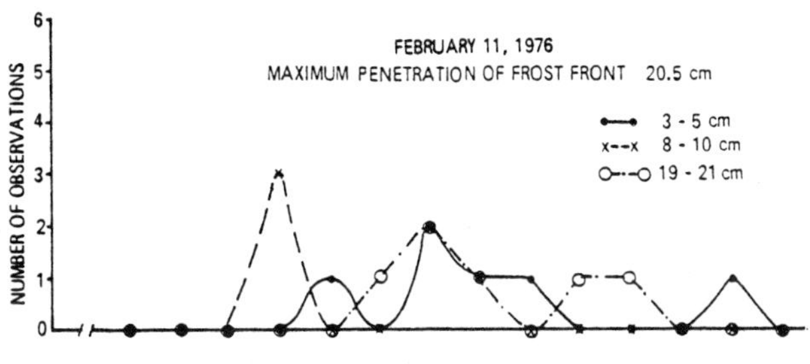

Fig. 4 Frequency distribution of moisture contents determined at three depths, for three times and six coring locations.

Before freezing occurred (November 27, 1975) the frequency distribution showed that there was a strong tendency for the observed moisture contents to distribute quite evenly around the mean moisture content at that particular depth. Once freezing had occurred (December 17, 1975) in a given layer (3-5 cm) the moisture contents in this frozen zone not only increased in magnitude but the variability became greater. The variability in water content extended down into the profile (February 11, 1976) as the maximum depth of the 0°C isotherm penetrated.

The variability in the total water content of frozen soil can also be illustrated by considering the variation in the location of ice lenses. Figure 5 illustrates the frequency that moisture contents exceeded the preseason porosity at different depths for three different times.

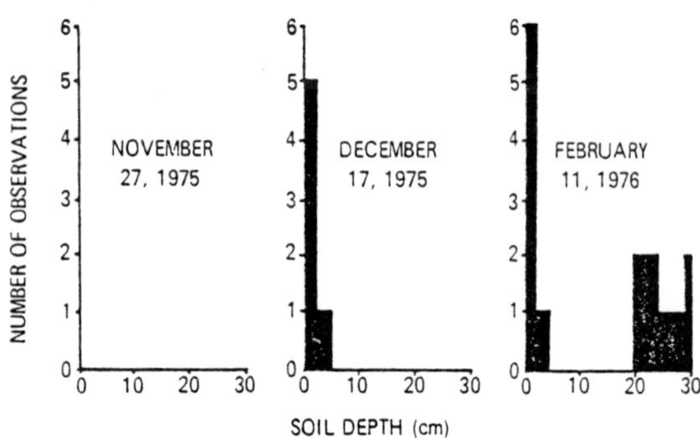

Fig. 5 Frequency distribution of moisture contents which exceed prefreezing porosity near the soil surface, for three times and six coring locations.

Ice enrichment near the surface was found in most cores (six cores were taken at each sampling time) once the soil began freezing. Ice lenses were found at lower depths in some of the cores. Obviously the probability of finding a zone of ice enrichment is greater near the surface than at greater depths in the frozen soil.

The increase in variability in moisture contents on freezing must arise from variability in either the upper boundary conditions (soil surface temperature) or the thermal and hydrologic characteristics of the frozen soil. Statistical analyses carried out using snow depth and soil temperature data showed that snow depth explained 15.29% of the variability in soil temperatures at 2 cm. The variability of soil temperature decreased as snow depth increased.

It is obvious that the assumption of uniform homogeneous media with well defined boundary conditions is not applicable to field conditions and that models describing heat and water flow must be modified to account for natural variability before the models can be adequately tested in the field. Such modification would be most useful if final output were expressed on a probability basis, eg. what is the probability of the water content at a given depth exceeding prefreezing porosity?

CONCLUSIONS

The model discussed has been tested using both laboratory and field data. The model simulates both moisture and heat flow extremely well under laboratory conditions. Modifications discussed will certainly improve the heat flow component of the model for a field system. The most serious concern at this stage is the need for some method to account for the field moisture variability and subsequently to predict the probability and location of an ice-enriched zone. The modifications discussed will provide refinements which will render this model as well as others to be more accurate in predicting heat and mass flow in a freezing field soil system.

REFERENCES

ANDERSON, D.M. and A.R. TICE. 1972. Predicting unfrozen water contents in frozen soils from surface area measurements. Highw. Res. Rec. 373: 12-18.

CARLSON, J.H. and S.I. OUTCALT. 1975. A coupled soil thermal regime surface energy budget simulator. Proc. Conf. on Soil-Water Problems in Cold Regions, Calgary, Alberta, Canada 1-32.

EVERETT, D.H. 1961. The thermodynamics of frost damage to porous solids. Trans. Faraday Soc. 57: 1541-1551.

FREEZE, R.A. 1975. A stochastic-conceptual analysis of one-dimensional groundwater flow in nonuniform homogeneous media. Water Resources Research, Vol. 11, No. 5, 725-741.

GROENEVELT, P.H. and B.D. KAY. 1977. Water and ice potentials in frozen soils. Water Resources Research, Vol. 13, No. 2, 445-449.

GUYMON, G.L. and J.N. LUTHIN. 1974. A coupled heat and moisture transport model for arctic soils. Water Resources Research, Vol. 10, No. 5, 995-1001.

HARLAN, R.L. 1973. Analysis of coupled heat-fluid transport in partially frozen soil. Water Resources Research, Vol. 9, No. 5 1314-1323.

JOHANSEN, O. 1973. Thermal conductivity of soils. Measurements and methods of prediction. Proc. OECD Symposium on Frost Action on Roads. Oslo, Norway, 165-188.

KINOSITA, S. 1975. Soil-water movement and heat flux in freezing ground. Proc. First Conference on Soil-Water Problems in Cold Regions, Calgary, Alberta, 33-41.

LOCH, J.P.G. and B.D. KAY. 1977. Water redistribution under a temperature gradient in freezing saturated silt under different overburden loads. (manuscript in preparation)

MILLER, R.D. 1972. Freezing and heaving of saturated and unsaturated soils. Highw. Res. Rec. 393: 1-11.

PENNER, E. 1967. Heaving pressure in soils during unidirectional freezing. Can. Geotech. J. IV: 398-408.

SHEPPARD, M.I. 1977. A computer simulation of freezing soil; development and validation using experimental data, unpublished Ph.D. dissertation, Univ. of Guelph, Guelph, Ontario.

TAYLOR, G.S. and J.N. LUTHIN. 1976. Numeric results of coupled heat-mass flow during freezing and thawing. Proc. Second Conference on Soil-Water Problems in Cold Regions, Edmonton, Alberta, Canada, 155-172.

WILLIAMS, P.J. 1968. Properties and behavior of freezing soils. Norwegian Geotechnical Inst. Publ. No. 72.

I.2 PHYSICS AND CHEMISTRY OF FROZEN GROUND

I.2 PHYSIQUE ET CHIMIE DES GÉLISOLS

I.2 ФИЗИКА И ХИМИЯ МЕРЗЛЫХ ГОРНЫХ ПОРОД

SOLUTE REDISTRIBUTION IN FREEZING GROUND.

B. Hallet, Department of Applied Earth Sciences,
Stanford University, Stanford, California, U.S.A.

Carbonate and ferro-magnesian deposits that form by chemical precipitation from soil solutions under periglacial conditions indicate that pore waters are commonly super-saturated. Selective solute rejection by the growing ice is likely to be responsible for the enrichment of solutes necessary to reach the state of super-saturation. Although this rejection process is well documented for aqueous solutions freezing in large containers, experimental studies would be useful to verify that a similar process does indeed occur in soils. The solute enrichment near the active freezing interface, which would be associated with the anticipated solute redistribution during soil freezing, is shown potentially to affect the morphology and propagation of the freezing front and the nucleation and growth of ice bodies. It may also cause the rather uniform spacing between thin ice-lenses in fine-grained soils.

REDISTRIBUTION DES SOLUTÉS DANS UN SOL PENDANT SA CONGÉLATION.

B. Hallet, Department of Applied Earth Sciences,
Stanford University, Stanford, California, U.S.A.

Les dépôts de carbonates et ferro-magnésiens qui, dans un climat très froid, résultent des précipitations chimiques à partir des solutions du sol, indiquent que ces solutions sont souvent sur-saturées. L'enrichissement des solutés nécessaire pour atteindre la sur-saturation est probablement dû au rejet sélectif des solutés par la glace au cour du gel. Malgré que ce phénomène soit bien connu pour des solutions aqueuses gelées dans de grands récipients, il serait désirable de vérifier par des expérimentations qu'un processus semblable se produit dans les sols. Dans cet article, on explique qu'une accumulation de solutés près du front de gel serait associée à cette redistribution des solutés au cour de la congélation des sols. Cette accumulation pourrait éventuellement être responsable pour la séparation assez uniforme de fines lentilles de glace dans les sols fins et pourrait influencer la morphologie et la propagation du front de gel, ainsi que la formation et la croissance de lentilles de glace.

ПЕРЕРАСПРЕДЕЛЕНИЕ РАСТВОРЕННЫХ ВЕЩЕСТВ В ГРУНТЕ В ПРОЦЕССЕ ЕГО ЗАМЕРЗАНИЯ

Отложения карбонатных и железисто-магнезиальных соединений, химически осаждающихся из грунтовых растворов в перигляциальных условиях, обычно указывают на пересыщение поровых вод. Обогащение растворенных веществ, обуславливающее состояние пересыщения, вероятно, объясняется сортирующей способностью растущего льда. Хотя процесс отсортировки довольно подробно описан для водных растворов в процессе их замерзания в больших контейнерах, экспериментальные исследования были бы весьма полезными для установления аналогичного процесса в грунтах. Показано,что обилие растворенных веществ у активной поверхности раздела в процессе ее промерзания, по-видимому, связанное с предполагаемым перераспределением растворенных веществ в процессе промерзания грунта, может влиять на морфологию и распространение фронта промерзания и на зарождение и рост ледяных тел. Этим можно объяснить и наличие довольно равномерных интервалов между тонкими ледяными линзами в мелкозернистых грунтах.

SOLUTE REDISTRIBUTION IN FREEZING GROUND

B. Hallet

Department of Applied Earth Sciences, Stanford University
Stanford, California 94305

INTRODUCTION

It is widely recognized that solutes are intimately involved with numerous fundamental processes occurring in frozen ground, and with many geotechnical problems characteristic of cold regions. Through their effect on the osmotic pressure and freezing temperature, solutes affect mass and heat transport in freezing ground (e.g., Miller et al, 1975) and probably modify the water-ice phase composition of frozen ground (e.g., Williams, 1964; Anderson and Morgenstern, 1973). The solute redistribution, which accompanies the freezing process, and the migration of solutes in frozen soils, affect the quality of ground water (Feulner and Schupp, 1963), the effectiveness of chemical alleviation of frost damage (Yong et al, 1973; Sheeran et al, 1976), and other practical frozen ground problems, including the migration of fertilizer and pesticides, a subject of considerable interest in agronomy (Cary and Mayland, 1972). In addition to providing insight into these fundamental and practical questions, a thorough understanding of solute behavior in freezing and frozen ground would provide a basis for studying and interpreting the distribution of solutes (Péwé, 1975) and authigenic mineralization in periglacial deposits (Vogt and Marocke, 1973; Gourdon, 1975; Adolphe, 1976).

Despite the clear motivation to understand the behavior of solutes in frozen ground there are few data on how they are affected by the freezing process (e.g., Sheeran and Yong, 1975). In particular, the selective solute rejection associated with freezing in soil solutions, which is one of the most apparent mechanisms regulating the distribution of solutes in frozen ground (e.g., Bertouille, 1972), has received practically no attention in the permafrost literature.

Detailed information on the effectiveness of the solute redistribution due to freezing in soils will have to be obtained experimentally by monitoring the chemical evolution of water and ice in soil progressively frozen under controlled temperature conditions. Such experiments are being initiated in the author's laboratory at Stanford University. The results will be presented in due course. Meanwhile, much can be learned about the redistribution of solutes in freezing solids from the vast engineering literature on melt solidification and freezing in large containers, and from studies of authigenic mineral deposits formed in soils under periglacial conditions. These deposits, which have been studied principally by French geomorphologists, are thought to result from chemical precipitation in freezing pore waters in soils and in near surface sediments.

The intent of this paper is to explore the implications of the redistribution of solutes in freezing soil solutions in view of the relevant literature on cryogenic precipitates, and on freezing bulk solutions (solutions frozen in large containers, as opposed to those frozen in the network of small pores in soils).

SOLUTE REJECTION DURING FREEZING OF BULK SOLUTIONS

The selective rejection of solutes into the melt by the growing solid phase is a general characteristic of most freezing systems. It is well documented for many freezing bulk aqueous solutions, including those of NaCl (Terwilliger, Dizio,1970), KOH (Kvajic and Brajovic, 1971), HCl (Seidensticker, 1972) and $CaCO_3$ (Hallet, 1976). The effective distribution coefficient, defined as the ratio between the total concentration of solutes frozen into the ice and that remaining in the water, can vary from about 10^{-3} (Kvajic and Brajovic, 1971) to almost unity (Terwilliger and Dizio, 1970). It depends, in a poorly known way (Terwilliger and Dizio, 1970) on the freezing rate, on the concentration and the type of solute, on the temperature gradient in the melt near the interface, on the mechanism of solute and heat transfer in the melt, and on the crystallographic orientation of the growing ice crystals (Kvajic and Brajovic, 1971). Moreover, for electrolyte solutions, it is generally not exactly the same for both the anion and the cation, thereby giving rise to charge separations and interfacial electrical potentials (Cobb and Gross, 1969).

An active freezing front in a coarse-grained soil is probably a morphologically complicated interface with ice tentacles reaching toward the unfrozen solution, through complicated networks of interconnecting soil pores. With this geometry, domains of solute-rich solutions could become isolated from the rest of the unfrozen pore waters, and could eventually be incorporated in the ice phase. The solute partitioning during the freezing of soil solutions is therefore likely to be less effective than that in solutions freezing in large containers, because the latter would probably have relatively simple freezing interfaces. In their experiments with KOH solutions freezing in large containers, Kvajic and Brajovic (1971) found a sudden major increase in the distribution coefficient (a decrease in the solute partitioning), which they attributed to a transformation of the freezing interface from a planar one to a complicated cellular or dendritic interface. Experiments with $CaCO_3$ solutions, also frozen in large containers, suggest however that even with a complicated freezing interface, the growing ice can be as much as 50 times less concentrated (purer) than the melt (Hallet, 1976). It is apparent, therefore, that although the freezing front in soils is often likely to be highly irregular, significant solute partitioning and redistribution should accompany frost penetration in freezing ground.

INTERFACIAL SOLUTE ENRICHMENT

In the absence of strong mixing in the melt, a reasonable condition for freezing soil solutions, the selective rejection of solutes at an active freezing front results in an enrichment of solute near the surface of the growing ice (e.g., Tiller et al, 1953; Sekerka, 1968). This was clearly demonstrated by the experiments of Terwilliger and Dizio (1970) in freezing aqueous NaCl solutions.

The effective partitioning of solutes between phases is sensitively dependent on the accumulation of solutes in the liquid near the freezing interface, because it is this interfacial liquid that controls the solute incorporation in the growing crystal. An interfacial solute enrichment will increase solute incorporation into the solid. Inasmuch as the freezing rate and equilibrium distribution coefficient are the principal factors influencing the interfacial solute buildup, they will affect the solute incorporation into the solid. Burton et al (1953) showed that the effective distribution coefficient k can be expressed as

$$k = \frac{k_o}{k_o + (1 - k_o)\exp(-\frac{R\delta}{D})} \qquad (1)$$

where k_o is the equilibrium distribution coefficient, R is the freezing rate, δ is the effective width of the interfacial solute rich zone and D is the solute diffusion coefficient. Experimental values of the effective distribution coefficient in a $CaCO_3$ solution frozen in a large container (Hallet, 1976) are plotted in Fig. 1, along with curves described by Eq. (1) for different values of δ. Values of 0.01 and 10^{-5} cm^2/sec were used for the equilibrium distribution coefficient and diffusion coefficient, respectively. The experimental data is reasonably in accord with Eq. (1) when the width of the solute-rich layers, δ, is taken to be about 3 mm. Choosing other values of k_o reduces the agreement between the predicted curves and the observed data. Fig. 1 shows clearly that within the range of freezing rates normally observed in freezing ground, the net solute incorporation into the ice is dependent on the freezing rate.

CONSTITUTIONAL SUPERCOOLING

The interfacial solute enrichment in the liquid phase decreases exponentially with distance from the freezing front (Tiller et al, 1953). This solute distribution, and its effect on the equilibrium freezing temperature can give rise to a

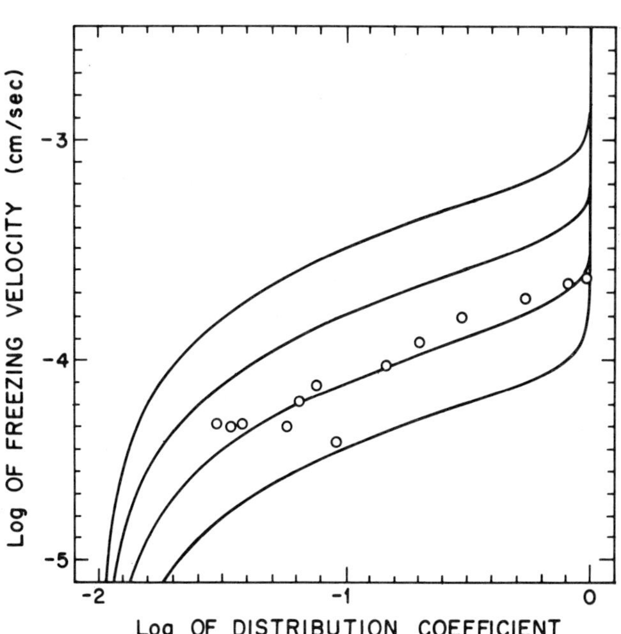

Fig. 1 Dependence of the effective distribution coefficient on the freezing rate. The curves represent equation 1 with several values of δ, the width of the interfacial solute rich zone. From top to bottom the values of δ used for each of the curves were .75, 1.5, 3, and 6 mm. The data points, obtained experimentally for a freezing $CaCO_3$ solution suggest that, for this experiment, the solute-rich boundary layer was on the order of 3 mm.

very interesting situation, in which a planar freezing front may break down and transform to a much more complicated one, with concommitant modifications in the solute redistribution pattern. A schematic diagram of the solute distribution near an ice lens is shown in Fig. 2A. The corre-

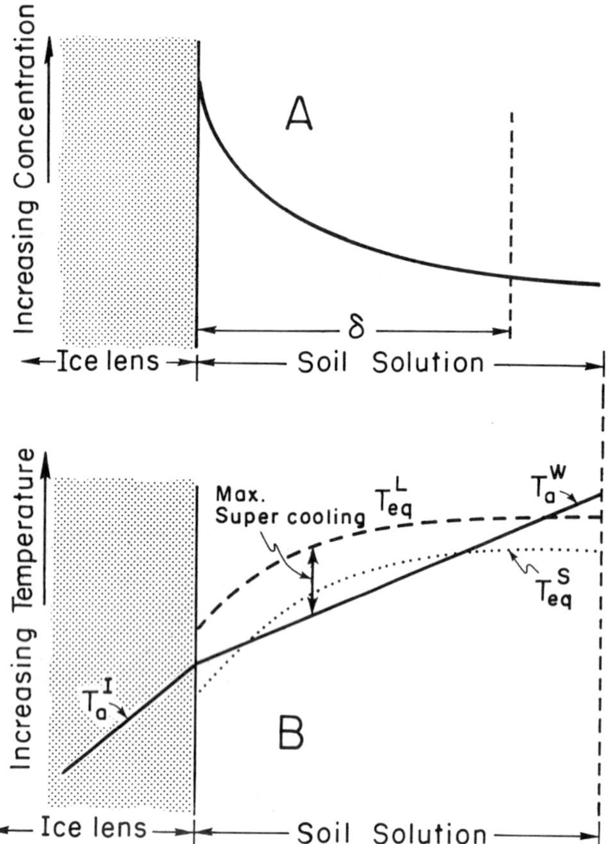

Fig. 2 A. Schematic interfacial solute accumulation caused by selective solute rejection at the surface of a growing ice lens. δ is the width of the solute rich zone.

B. Schematic interfacial distribution of actual and equilibrium freezing temperatures near an active ice lens. T_a^I and T_a^W represent the loci of actual temperatures of the ice and unfrozen water, respectively. T_{eq}^L represents the equilibrium freezing temperatures for larger pores. T_{eq}^L reflects the depression of the freezing point due to solutes. For soils with small pores, the size and geometry of pores effectively reduce the freezing temperatures from T_{eq}^L to T_{eq}^S. Note that for small pores, freezing is not possible next to the ice lens because the actual temperature there is higher than the freezing temperature. Freezing is possible, however, on the ice lens surface ($T_{eq}^L > T_a^W$ - normal heaving) and at a distance away from the interface, where $T_{eq}^S > T_a^W$ (formation of new ice lenses).

As a first approximation the depression of the freezing point is assumed proportional to the solute concentration. For a finite freezing rate, the actual temperature at the ice-water interface, T_a^W is slightly lower than the local freezing point, which is determined by the interfacial solute concentration, as well as by a number of effects associated with pore size and geometry (e.g., Miller, 1973). If the actual temperature of the water, T_a^W is slightly lower than the equilibrium freezing temperature, T_{eq}^L, at the ice water interface, and if T_a^W decreases with distance from the ice front or increases more slowly than does T_{eq}^L, the degree of supercooling would increase with distance from the freezing interface. This situation, known as constitutional supercooling, is of special interest because it can render a smooth freezing interface potentially unstable by enabling projections from the freezing front to grow spontaneously. Based on a calculation of the solute distribution near a freezing interface, Tiller et al (1953) arrived at a relation predicting constitutional supercooling and potential instability for a planar interface when:

$$\frac{G}{R} < \left(- \frac{m\, C_\infty}{D}\right)\left(\frac{1-k}{k}\right) \qquad (2)$$

where R is the freezing velocity, k is the distribution coefficient, m is the molar freezing point constant, C_∞ is the solute concentration of the solution far from the ice-water interface, D is the solute diffusion constant. Reasonable values for k, D and m are around 0.02, 10^{-5} cm^2/sec and m = 1.85°C/mole, respectively. G is the temperature gradient.

A reasonable upper value for the temperature increase with depth in permafrost terrain is around 1°C/m (Brown, 1973). Using this value for G and assuming that pore water concentrations reach values of 10^{-3} M, and that k = 0.02, the soil solution will be constitutionally supercooled if the daily frost penetration exceeds 0.08 cm. For k = 0.2, the daily advance of the freezing front would have to exceed 0.8 cm. Inasmuch as these rates can often be surpassed in freezing soils, it appears that constitutional supercooling and its manifestations ought to be common in freezing ground.

CONSTITUTIONAL SUPERCOOLING IN SOILS

Besides being a necessary though not sufficient condition (Sekerka, 1968) for the breakdown of a planar freezing front, constitutional supercooling in freezing soils is of particular interest because it may lead to a situation in which ice would tend to nucleate and grow in a zone ahead of and separate from the freezing front. This situation would affect ice lens growth and proliferation and may be in part responsible for generating complicated freezing fringes, similar to ones envisaged by Miller et al (1975) and Aguirre-Puente and Fremond (1976).

As shown in Fig. 2B, the relation between the actual and equilibrium temperatures near an ice lens growing in a uniform soil with small pores may be such that soil immediately adjacent to the ice lens cannot freeze, but soil located at a characteristic distance from the ice lens can do so.

The temperature at which water is in equilibrium with ice at the surface of the ice lens is T^L_{eq}, the equilibrium freezing temperature for large pores. Immediately away from the ice front the equilibrium freezing temperature is a lower value characteristic of the small pores of the soil (T^S_{eq} in Fig. 2B). If the actual soil temperature is characterized by the line T^W_a in Fig. 2B, supercooling necessary for freezing is present at two sites. The first is the ice lens surface. Freezing there corresponds to the conventional ice lens growth fed by water migrating through the unfrozen soil ahead of the freezing front. The second site where the temperature is conducive to freezing is a distinct zone at a finite distance away from the ice lens surface where T^S_{eq} exceeds T^W_a, as shown in Fig. 2B. If the supercooling is sufficient in this zone, ice will nucleate and grow to form a new ice body located at a characteristic distance from the previously established ice lens. If such a process plays an important role in the formation of uniformly spaced ice lenses in fine-grained soils, their spacing ought to be on the order of a large fraction of the solute rich boundary layer thickness, labelled δ in Fig. 2B. No data for δ in freezing soils are available, but experiments in which bulk aqueous solutions were frozen slowly suggest that δ can reach millimeters (Hallet, 1976). A spacing on the order of a fraction of a millimeter would therefore be expected between adjacent ice lenses. Studies of naturally and experimentally frozen soils, as well as numerical simulations of ice segregation (Outcalt, 1976) suggest that ice lenses are commonly separated by much thicker sections of soil. However, lenses with a uniform submillimeter spacing have been observed by the author in an experimentally frozen clay. Within an 8 mm section of clay, six to eight ice lamellae were found, separated by equally thick irregular clay partings. This observation suggests that closely spaced ice lenses, which may result from the supercooling adjacent to growing ice lenses, can form in soils and may perhaps be more common than generally recognized, presumably because of their inconspicuous appearance.

Because pores in natural soils are not uniform in size and shape, the position of the zone of maximum supercooling will be a function of the pore size and shape distribution, as well as the solute distribution. The locus of equilibrium temperatures would therefore be more realistically represented by a somewhat irregular curve whose envelopes are the curves T^L_{eq} and T^S_{eq} shown in Fig. 2B. However, in general, the conclusions reached in the preceding paragraph remain valid because maximum supercooling would be ahead and away from the freezing front.

PHASE EQUILIBRIA

Because of the limited, but distinct incorporation of solutes in the growing ice, the phase diagrams usually encountered in the permafrost literature have to be modified. For simple

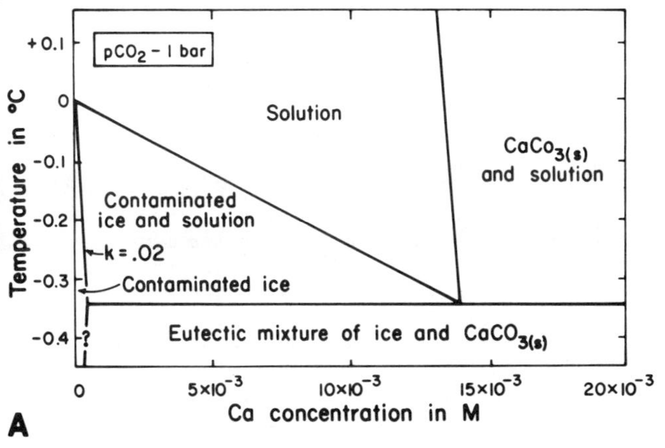

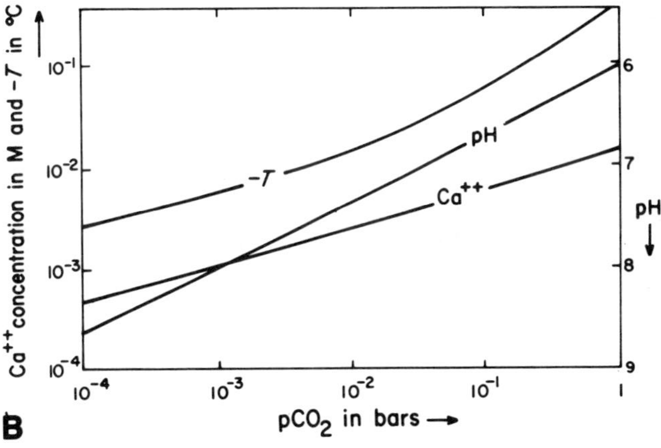

Fig. 3 A. Schematic phase diagram of $CaCO_3$ - H_2O system at a fixed pCO_2 of 1 bar. The negative slope of the $CaCO_3$ liquidus, which reflects the slight increase in the solubility of calcite with decreasing temperature, is highly exaggerated; it should be -2000°C/mole Ca^{++}. Solidus curve for ice is the locus of points defined by the product of the calculated liquid compositions and the experimentally obtained effective distribution coefficient.

B. Variations of temperature T, Ca^{++} concentration, and pH at the eutectic point as functions of pCO_2.

binary systems, the phase diagrams, such as that presented by Sheeran and Yong (1975) for $NaCl-H_2O$ should be complemented by a non-vertical line representing the ice solidus. Figure 3A shows a more complete, albeit schematic, phase diagram computed for the $CaCO_3-H_2O$ system at a fixed pCO_2 (Hallet, 1976). The ice liquidus was derived from calculations of the freezing point lowering based on computed ionic activities. The ice solidus is derived from the liquidus and experimentally obtained equilibrium distribution coefficients. Calculations of the calcite solubility based on activity coefficients, derived using Davies' extension of the Debye-Huckel equation, led to the $CaCO_3$ liquidus. The values of temperature, pH and Ca concentrations at the eutectic point were computed incrementally for the range of pCO_2 shown in Fig. 3B. A detailed derivation of these phase relations for the $CaCO_3-H_2O-CO_2$ system is presented by Hallet (1976).

The anomalous negative slope of the $CaCO_3$ liquidus reflects the increasing solubility of calcite with decreasing temperature. As the temperature is lowered to the eutectic point the ice solidus does not converge with the ice liquidus (Fig. 3A). At this point, the ice remains relatively pure with a composition equal to the eutectic value multiplied by the distribution coefficient. If heat continues to be removed from the system at the eutectic temperature, the entire system will solidify into an intimate mechanical mixture. However, in the likely case where suitable substrates for ice and calcite growth are available nearby, $CaCO_3$ will precipitate from solution on available mineral and rock fragments and relatively pure ice will form separately on nearby ice bodies. Calcite precipitates in freezing $CaCO_3$ solution because water is selectively incorporated in the ice, thereby causing the solute concentration in the unfrozen solution to increase progressively until the concentration of solutes surpasses the saturation value. Solutes can then precipitate from soil solutions forming cryogenic chemical deposits.

CRYOGENIC CHEMICAL DEPOSITS

According to Cailleux (1964), the hypothesis that chemical precipitates in soils result from the freezing of soil solutions dates back to a 1958 article by Polish geomorphologist Krivan. Cailleux (1964) noted that three different chemical deposits occur in the soils and alluvium he studied, and also concluded that the deposits were the product of freezing of pore solutions. The three different varieties are 1) iron oxide stains localized along centimeter-thick subhorizontal zones in homogeneous sands, 2) similar zones with darker stains composed predominantly of MnO_2, and 3) coatings of $CaCO_3$ largely localized at the lower sides of pebbles.

Ek and Pissart (1965) were the first to experimentally demonstrate that $CaCO_3$ could precipitate from an aqueous solution rich in $CaCO_3$, frozen in a large container. Adolphe (1972) obtained $CaCO_3$ coatings experimentally on the lower sides of pebbles placed in a sand subjected to freeze-thaw cycles. The overall appearance, concentric layering, elongated nature of the calcite crystals and very thin iron hydroxide partings found in these experimentally produced coatings are strikingly similar to those found in naturally occurring calcite coatings of presumed cryogenic origin, which are described in detail by Vogt and Marocke (1973). More recently Adolphe (1976) presented the results of an extensive experimental study of freezing soils, with pore waters containing a number of different solutes. The ferro-magnesian coatings he obtained appear very similar to naturally-occurring ones, described by Gourdon (1975). Although it is clear that chemical precipitates of supposed cryogenic origin are most likely forming in freezing soil solutions, their mode of formation has not been studied in detail.

It appears likely that cryogenic precipitates result directly from the selective removal of water into the growing ice and the consequent progressive enrichment of solutes into the unfrozen pore solution. The accumulation of solutes in the melt due to the solute redistribution in aqueous solutions frozen slowly in large containers was clearly demonstrated with $CaCO_3$ solutions (Hallet, 1976).

On the basis of these observations and experiments, a simple conceptual model for the formation of cryogenic precipitates in freezing soils can be formulated. As the soil freezes from the top down, solutes are selectively rejected by the ice phase. They tend to accumulate at the freezing front but also diffuse downward, down concentration gradients. With continued preferential rejection of solutes by the growing ice, the solute concentration in the unfrozen soil solution increases progressively. Eventually, the solution becomes sufficiently supersaturated for heterogeneous nucleation to occur and for the solutes to precipitate rapidly until the solute concentration is lowered to the saturation point. Continued ice growth and accompanying solute rejection leads to further, albeit limited mineral precipitation. If the frost penetration is sufficiently rapid, soil grains on which precipitation has occurred are engulfed in the ice and suitable substrates for mineral growth are rendered unavailable. When this occurs, precipitation has to cease until enough additional freezing occurs to re-establish sufficient supersaturation to induce another episode of nucleation and subsequent mineral growth. This cyclic precipitation could give rise to series of uniformly spaced bands, along which authigenic mineralization is localized, much like those described by Gourdon (1975). Moreover, this mode of precipitation is well in accord with Gourdon's observation that, whereas the upper surfaces of the stained bands are sharp and distinct, the lower surfaces are diffuse. The upper distinct surfaces could result from the abrupt precipitation, which occurs once the critical supersaturation has been reached, and the lower diffuse surfaces could reflect the progressive engulfment of that substrate favoring mineral precipitation.

The tendency for $CaCO_3$ to precipitate under pebbles (Cailleux, 1964; Adolphe, 1972) is probably due to their influence on the advancing freezing front. The front will tend to advance more rapidly through pebbles than through the surrounding matrix, which is generally much richer in water. It is not clear, however, exactly how this tendency will affect the pattern of $CaCO_3$ precipitation because of the complex nature of the heat and mass transport in the vicinity of pebbles.

CONCLUSIONS

Studies of cryogenic chemical precipitates, which form in soils under periglacial conditions, indicate that pore waters are commonly supersaturated, presumably as a result of the partitioning and redistribution of solutes that accompany the freezing process in soils. The anticipated tendency for solutes to accumulate at the freezing front may commonly lead to an interesting situation in which the supercooling in the unfrozen water increases with distance from the freezing front. Through its potential influence on the morphology of the freezing front and on the nucleation of new ice lenses, this situation is particularly noteworthy because it may modify the heaving characteristics of soils.

REFERENCES

ADOLPHE, J.P. 1972. Obtention d'encroûtements carbonatés par gel expérimental. C.R. Acad. Sci. Paris, 274, pp. 1139-1142.

ADOLPHE, J.P. 1976. Obtention d'édifices physico-chimiques par congélation expérimentale: Cahiers Géol., 92, pp. 165-176.

AGUIRRE-PUENTE, J. and FREMOND, M. 1976. Frost and water propagation in porous media. In Proc. 2nd. Conf. on Soil-Water Problems in Cold Regions, Canada, pp. 137-154.

ANDERSON, D.M. and MORGENSTERN, N.R. 1973. Physics, chemistry, and mechanics of frozen ground: A review, in Permafrost: North American contribution to the 2nd.Conf., Wash., D.C., pp. 257-288.

BERTOUILLE, H. 1972. Effets du gel sur les sols fins: Rev. Géomorph. Dynamique, 2, pp. 71-84.

BROWN, R.J.E. 1973. Influence of climatic and terrain factors on ground temperatures at three locations in the permafrost region of Canada. In Permafrost: Proc. of 2nd. Int'l. Conf., Wash. D.C., pp. 27-34.

BURTON, J.A., PRIM, R.C., and SLICHTER, W.P. 1953. The distribution of solute in crystals grown from a melt. Part I. Theoretical: Jour. Chem. Physics, 21, pp. 1987-1991.

CAILLEUX, A. 1964, Genèse possible de dépôts chimiques par congélation: C.R. Soc. Géol. France 1, pp. 11-12.

CARY, J.W. and MAYLAND, H.F. 1972. Salt and water movement in unsaturated frozen soil. Soil Sci. Soc. Am. Proc., 36, pp. 549-555.

COBB, A.W. and GROSS, G.W. 1969. Interfacial electrical effects observed during the freezing of dilute electrolytes in water: Electrochem. Soc. Jour. 116, pp. 796-804.

EK, C. and PISSART, A. 1965. Dépôt de carbonate de calcium par congélation et teneur en bicarbonate des eaux résiduelles: C.R. Acad. Sci. Paris, 260, pp. 929-932.

FEULNER, A.J. and SCHUPP, R.G. 1963. Seasonal changes in the chemical quality of shallow ground water in northwestern Alaska. U.S.G.S., Prof. Paper 475-B, pp. 189-191.

GOURDON, N. 1975. Les ferruginisations en bandes d'origine cryogénique: Un exemple en Aquitaine, Rev. Géomorph. Dynamique, 24, pp. 13-19.

HALLET, B. 1976. Deposits formed by subglacial precipitation of $CaCO_3$: Geol. Soc. Am. Bull., 87, pp. 1003-1015.

KVAJIC, G. and BRAJOVIC, V. 1971. Anisotropic segregation of (K^+) by dendritic ice crystals: Jour. Crystal Growth, 11, pp. 73-76.

MILLER, R.D. 1973. Soil freezing in relation to pore water pressure and temperature. In Permafrost: Proc. 2nd. Int'l. Conf., Wash. D.C., pp. 334-352.

MILLER, R.D., LOCH, J.P.G., and BRESLER, E. 1975. Transport of water and heat in a frozen permeameter. Soil Sci. Soc. Am. Proc., 39, pp. 1029-1036.

OUTCALT, S. 1976. A numerical model of ice lensing in freezing soils. In Proc. 2nd. Conf. on Soil-water Problems in Cold Regions, Canada, pp. 63-74.

PÉWÉ, T.L. 1975. Quaternary geology of Alaska. U.S.G.S., Prof. Paper 835, 145 p.

SHEERAN, D.E., DALTON, C.J., and YONG, R.N. 1976. Field experimentation with chemical alleviation of frost damage. In Proc. 2nd. Conf. on Soil-water Problems in Cold Regions, Canada, pp. 173-185.

SHEERAN, D.E. and YONG, R.N. 1975. Water and salt redistribution in freezing soils. In Proc. 1st. Conf. on Soil-water Problems in Cold Regions, Canada, pp. 58-69.

SEIDENSTICKER, R.G. 1972. Partitioning of HCl in the water-ice system: Jour. Chem. Physics, 56, pp. 2853-2857.

SEKERKA, R.F. 1968. Morphological stability: Jour. Crystal Growth, 3, pp. 71-81.

TERWILLIGER, J.P. and DIZIO, S.F. 1970. Salt rejection phenomena in the freezing of saline solutions: Chem. Eng. Sci., 25, pp. 1331-1349.

TILLER, W.A., JACKSON, K.A., RUTTER, J.W., and CHALMERS, B. 1953. The redistribution of solute atoms during the solidification of metals. Acta Metal. 1, pp. 428-437.

VOGT, T. and MAROCKE, R. 1973. Les encroûtements calcaires de la Hardt (Haute-Alsace): Genèse et évolution. Sci. Géol. Bull., 26, pp. 305-314.

WILLIAMS, P.J. 1964. Unfrozen water content of frozen soils and soil moisture suction: Géotechnique 14, pp. 213-246.

YONG, R. N., OSLER, J. C., and JANIGA, P.V. 1973. Some aspects of surficial salt treatment for attenuation of frost heaving. In Permafrost: Proc. 2nd. Int'l. Conf., Wash. D.C., pp. 426-432.

CHEMISTRY OF INTERSTITIAL WATER FROM THE SUBSEA PERMAFROST, PRUDHOE BAY, ALASKA

I.K. Iskandar, U.S. Army Cold Regions Research and Engineering Laboratory, Hanover, N.H., U.S.A., T.E. Osterkamp and W.D. Harrison, Geophysical Institute, University of Alaska, Fairbanks, Alaska, U.S.A.

Interstitial water from Prudhoe Bay subsea sediments extracted by gravity settling and centrifugation was analyzed with depth for salinity (specific conductance) and selected chemical parameters. Six holes under the seabed, one hole on the beach and one hole on land were sampled during two drilling projects in 1975 and 1976. In general conductivity values were nearly constant with depth in most of the profiles. Values up to 71 mmhos/cm were found in unfrozen water from sediments under shallow sea water (2.5 meters of ice and water) compared with 50-55 mmhos/cm under deeper water (12 meters). In general, all conductivity values of interstitial water from subsea permafrost were considerably higher than those of solutions from land-based permafrost. Selected sediment characteristics of potential importance in studying the chemistry of interstitial water such as field measurement of temperature, organic carbon content, calcium carbonate content and particle size analysis are discussed.

CHIMIE DE L'EAU INTERSTITIELLE DU PERGÉLISOL SOUS-MARIN DE LA BAIE PRUDHOE EN ALASKA

I.K. Iskandar, U.S. Army Cold Regions Research and Engineering Laboratory, Hanover, N.H., U.S.A., T.E. Osterkamp and W.D. Harrison, Geophysical Institute, University of Alaska, Fairbanks, Alaska, U.S.A.

On a analysé en fonction de la profondeur la salinité (conductance spécifique) de l'eau interstitielle, extraite par centrifugation et décantation, que contenaient des sédiments sous-marins de la baie Prudhoe, et sélectionné certains paramètres chimiques. On a recueilli des échantillons au cours de six forages d'exploration effectués sur le fond marin, un sur la plage, et un autre sur la terre ferme, au cours de deux projets de forage prévus pour 1975 et 1976. En général, les valeurs de la conductivité étaient presque constantes dans la plupart des profils, quelle que soit la profondeur. On a enregistré des valeurs atteignant 71 mmhos/cm dans de l'eau non gelée provenant de sédiments marins peu profonds (2.5 m de glace et d'eau), par rapport à 50-55 mmhos/cm pour des sédiments plus profonds (12 m). En général, toutes les valeurs de conductivité de l'eau interstitielle du pergélisol sous-marin étaient beaucoup plus élevées que celles de solutions extraites du pergélisol terrestre. Dans le présent article, on étudie certaines caractéristiques des sédiments, qui pourraient présenter un intérêt du point de vue de la chimie de l'eau interstitielle, par exemple la température mesurée in situ, la teneur en carbone organique et en carbonate de calcium, et la granulométrie.

ХИМИЧЕСКИЕ СВОЙСТВА ПОРОВОЙ ВОДЫ В МНОГОЛЕТНЕМЕРЗЛЫХ ГРУНТАХ МОРСКОГО ДНА В РАЙОНЕ ЗАЛИВА ПРУДХО /АЛЯСКА/

Пробы поровой воды, отобранные из осадочных пород дна залива Прудхо путем гравитационного отстаивания и центрифугирования, были подвергнуты анализу для определения солености /удельной проводимости/ и некоторых конкретных химических параметров. В ходе буровых работ в 1975 и 1976 годах были взяты пробы из шести скважин на дне моря, одной скважины на морском берегу и одной скважины на суше. В большинстве профилей проводимость практически не изменялась с глубиной. Для незамерзшей воды из осадочных пород на мелководье /2,5 м льда и воды/ были получены значения до 71 миллимо/см,и для более глубоких участков /12 м/ эти значения составляли 50-55 миллимо/см. В целом все значения проводимости для поровой воды, взятой из многолетнемерзлых грунтов морского дна, значительно выше значений для растворов, взятых из многолетнемерзлых грунтов на суше. В работе рассматриваются некоторые характеристики осадочных пород, имеющие важное значение при изучении химических свойств поровой воды, в частности при полевых измерениях температуры, содержания органического углерода, содержания карбоната кальция, а также при гранулометрическом анализе.

CHEMISTRY OF INTERSTITIAL WATER FROM SUBSEA PERMAFROST, PRUDHOE BAY, ALASKA

I.K. Iskandar[1], T.E. Osterkamp[2] and W.D. Harrison[2]

[1]U.S. Army Cold Regions Research and Engineering Laboratory, Hanover, New Hampshire, USA
[2]Geophysical Institute, University of Alaska, Fairbanks, Alaska, USA

INTRODUCTION

Recent geophysical exploration of offshore areas near Prudhoe Bay, Alaska, indicates that oil and gas deposits are likely to exist there. Development of these deposits requires an understanding of the physical, mechanical and chemical properties of the subsea sediments since the necessary structures, pipelines, etc. will be located on and within them. Recent offshore probing and drilling projects by Lewellen (1973, 1976), Osterkamp and Harrison (1976) and Sellmann et al. (1976) have proven that subsea permafrost exists near Barrow and Prudhoe Bay and suggest that it exists over much of Alaska's continental shelf in the Beaufort Sea. The results of Canadian (Hunter et al. 1976) and Russian (Zhigarev and Piakht 1974) investigators in their arctic offshore areas have been similar.

At Barrow and Prudhoe Bay the mean annual temperatures at the sea bed are below 0°C and a thawed layer, in which the temperatures are less than 0°C and which increases in thickness seaward, is present over ice-bearing permafrost. The existence of this thawed layer in the presence of negative sea bed temperatures indicates that thawing of initially ice-bonded permafrost is caused by infiltration of sea water salts into the permafrost. Therefore, the study of the salts and their distribution in the thawed subsea permafrost sediments is necessary to construct models of the salt transport processes controlling the thawing and to increase our understanding of the development of this thawed layer.

This paper is based on the results of two offshore drilling projects carried out at Prudhoe Bay during April and May 1975 (Osterkamp and Harrison 1976) and during March through May 1976 (Sellmann et al. 1976, Chamberlain et al. 1978). These projects included mechanical analysis of the sediment samples, engineering tests, penetration tests, permeability measurements, thermal logs, and chemical analysis of the interstitial water. Only the results of the interstitial water chemistry and selected sediment characteristics are presented in this paper.

SAMPLING AND ANALYTICAL METHODS

All holes except hole PB-1 were drilled along a line beginning at the North Prudhoe Bay State No. 1 well, near the northwest corner of Prudhoe Bay, and extending seaward along a bearing of N32.5°E across Reindeer Island (Fig. 1). Hole PB-1 was drilled farther east in Prudhoe Bay. Hole numbers for the nearshore holes (1975 drilling program) were the distances from the beach in meters; negative values apply to holes on land and positive values to holes offshore. Holes PB-1, -2 and -3 (1976 drilling program) were located 2.8, 17 and 6.6 km offshore respectively. Two-meter-thick fast ice was used as a drilling platform to drill into the sea bed. Rotary wash boring using NX casing and sea water or sea water mixed with drilling mud was the most satisfactory drilling method and was used for most of the holes. Sediment samples were collected with Shelby tubes in the near-surface, fine-grained sediments and with drive samplers in coarse-grained sediment at greater depths.

Samples were usually selected from the central part of the core and/or from the finer-grained sediments to minimize the possibility of sea water contamination. All hole depths and sample depths were measured from the sea ice surface. Figure 2 shows the preliminary logs for holes PB-1, -2 and -3. Logs for the other holes are given in Osterkamp and Harrison (1976).

In the 1975 drilling program, the interstitial water was extracted by decanting the supernatant water from the sediment samples. In holes PB-1 and -3 the interstitial water was extracted by centrifugation at 1000 rpm for 30 minutes using special filtering centrifuge tubes (Millipore Corp.) made of plastic and Teflon to minimize metal contamination. These tubes allowed processing of coarse-grained sediments not easily handled by other techniques. The validity of filter centrifuging as a method of extracting interstitial water for chemical analysis is well established (Edmunds and Bath 1976). Interstitial water was extracted from hole PB-2 samples by shaking the sample with 20 ml of deionized water for

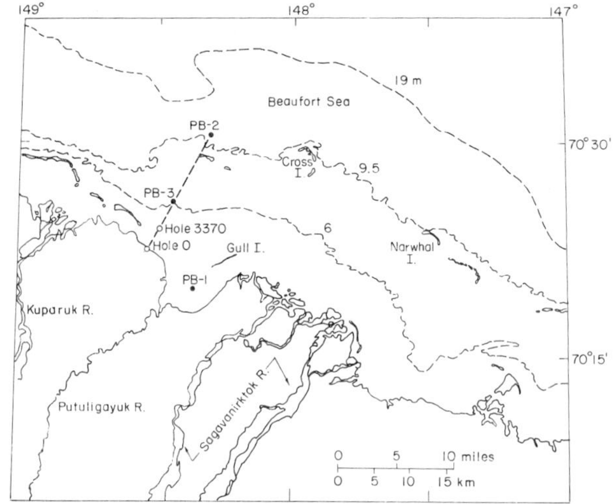

FIG. 1. Subsea permafrost drillhole locations at Prudhoe Bay, Alaska; 1975 and 1976.

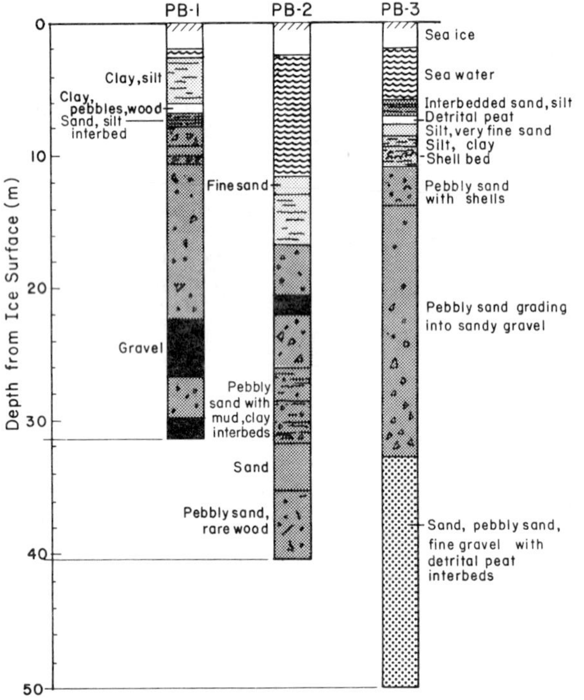

FIG. 2. Preliminary hole logs for PB-1, PB-2 and PB-3 (Sellmann et al., 1976).

1 hr, then centrifuging as above. These samples from hole PB-2 were used only for electrical conductivity measurements. Immediately after extraction, the interstitial water from holes PB-1, -2 and -3 was analyzed for CO_3, HCO_3 and pH. The total soluble salts were determined by electrical conductivity measurements at room temperature and then normalized to 25°C. A Beckman pH meter was utilized for pH measurements. Carbonate and HCO_3 were determined by titration. Na, K, Ca and Mg were determined by atomic absorption in the presence of 0.1% lanthanum; chloride was determined by titration of 1 ml with $AgNO_3$. Sulfate was determined according to Hach Chemical Co. methods and HCo_3 by acid titration. The estimated error for the conductivity and atomic absorption measurements was about 5%. Errors for chloride and sulfate determinations may have been as large as 10-20%.

RESULTS AND DISCUSSION

The salinity profile (expressed as electrical conductivity) of thawed samples from the on shore permafrost in holes -225 and -226 is shown in Figure 3. These conductivity values are typical of the permafrost at Prudhoe Bay (Howitt 1971) and similar to Barrow (Brown 1969, O'Sullivan 1967). Sea water has a conductivity of 53 mmhos/cm at 25°C for comparison. Figure 3 includes a conductivity profile for a hole on the beach (Hole 0). The high values at the beach surface and down to the 1.6-m depth from the snow surface may be related to brine exclusion from sea water that freezes on the beach and to freezing of the active layer there. The depth of thaw on 28 July 1975 was 0.5 m measured from the surface of the beach and the temperature of the thawed/frozen boundary then was -0.29°C. If it is assumed that this freezing point depression was due entirely to the presence of the salts in the interstitial water and that phase equilibrium exists between this water and the ice at the thawed/frozen boundary then the concentration of the salts in the interstitial water was 5.4 ‰, which corresponds to a conductivity of 10 mmhos/cm. The conductivity of the water from the thawed sample at the same depth in May (under in situ frozen conditions) was 53 mmhos/cm or about five times higher. This means that substantial seasonal variations occur in the salinity profile in these shallow beach deposits. This could be due to flushing of the active layer by fresh meltwater from the tundra during runoff.

Holes 190, 195 and 203 (Fig. 3) were drilled through 1.1 m of ice where the ice freezes to the sea bed annually. The sediments were ice-bonded at all depths at the time of sampling (May 1975). However, later studies showed that the sea bed had thawed to the 4-m depth in November 1975. The high conductivity values from the 1-3 m depth are probably due to brine exclusion in the thawed zone of the sea bed as it refreezes each year. It is possible that this mechanism annually drives highly concentrated salt brines into the subsea permafrost in areas of shallow water. It was also noticed that holes 195 and 203 filled with very concentrated brine after they were abandoned. Values of 140 and 168 mmhos/cm were obtained in hole 195. The brine in these holes could have come from isolated pockets under the ice or within

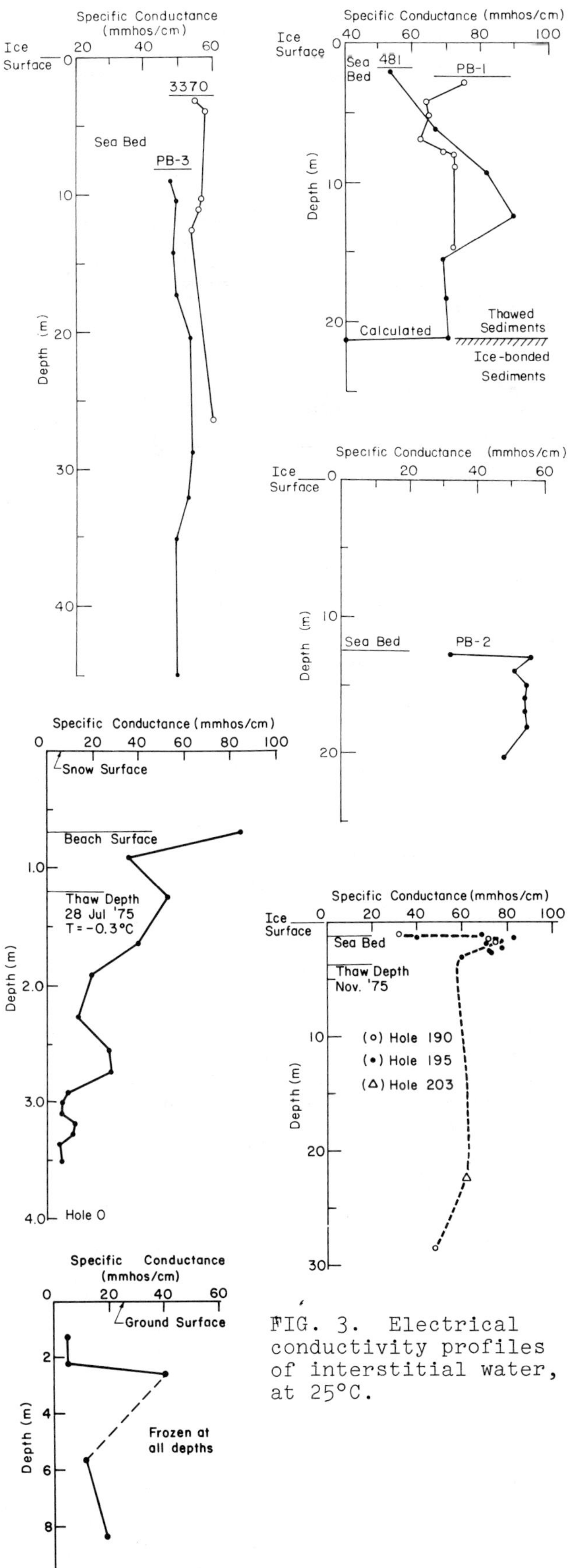

FIG. 3. Electrical conductivity profiles of interstitial water, at 25°C.

the sea bed or it may have been distributed throughout the sediments. In any event, these observations indicate that concentrated brines are present and highly mobile in the sediments near the sea bed where the ice freezes to the bottom annually.

It should be noted that holes 195 and 203 were the only offshore holes drilled with a hollow stem auger. Because of the presence of the concentrated brines in these holes it is possible that the conductivity value of 62 mmhos/cm obtained at the 22.3-m depth may have been due to contamination.

In hole 190, where drilling mud was used in a cased hole, the conductivity of a thawed sample from 28.5 m was 48 mmhos/cm. If this sample was uncontaminated then the in situ temperature measurements (Osterkamp and Harrison, 1976) imply that roughly 40% of the interstitial water was unfrozen even though the sediments were ice-bonded (Osterkamp and Harrison 1976). This assumes that the unfrozen water was due entirely to the presence of the salts.

Hole 481 was drilled where there was 1.8 m of ice underlain by < 0.1 m of water with a conductivity of 92 mmhos/cm. The conductivity profiles for holes 481 and PB-1 are included in Figure 3. The log of hole 481 shows that the sea bed was "frozen" to a depth of 3.0 m from the ice surface and that two Shelby tube samples were obtained in these "frozen" sediments. This implies that the sediments were not completely ice-bonded. If they had been, it would have been very difficult to obtain samples, but no difficulty was noted. The conductivity of the interstitial water at the 2.1-m depth was 52 mmhos/cm and the temperature approximately -2.8°C, which implies that roughly 65% or more of the interstitial water was unfrozen.

At the phase boundary between the thawed and ice-bonded sediments at the 21.1-m depth in hole 481 a conductivity value of 67 mmhos/cm was calculated from the measured temperature and the assumption of phase equilibrium there. The conductivity decreased across the boundary from this value to 39 mmhos/cm at a depth of 21.3 m. Since the temperature at this depth was -2.4°C the amount of unfrozen water was about 55%. Thus, the ice content increases sharply over a distance of 0.2 m, which indicates that the phase boundary is well-defined at this site. Penetration tests confirm this conclusion (Osterkamp and Harrison 1976).

Hole PB-1 was farther east in Prudhoe Bay at a site where there was 1.90 m of ice over 0.72 m of water. There was no ice-bonded permafrost to the 32.1-m depth reached during drilling. The conductivity

Table 1. Selected physical and chemical characteristics of sediments and interstitial water from subsea permafrost, Prudhoe Bay.

Sample	Depth (cm)	Sediment texture	% clay + silt	$CaCO_3$ (% dry wt)	Organic carbon (% dry wt)	Chemistry of interstitial water: g water/100 g dry sed. Centrifuged	Total	pH	Conductivity (mmhos/cm)	Cl	SO_4 (parts per thousand)	HCO_3	K	Ca	Mg	Na
Hole PB-1																
1	2.65	Clay loam		20.5		21.8	48.5	7.75	71.05	25.0	3.6	0.3	0.88	0.60	0.56	**16.0**
2	2.70	Clay loam		19.5		18.2	52.0	7.67	66.50	20.0	3.8	0.3	0.77	0.65	0.53	15.0
3	2.75	Clay loam		20.5		13.9	45.0	7.62	65.60	20.0	3.9	0.2	0.73	0.60	0.60	15.0
4	2.80	Clay loam		19.8		13.6	47.0	7.64	68.50	25.0	3.7	0.2	0.82	0.65	0.53	15.8
9	2.88	Clay loam		17.9	1.29	10.1	40.5	7.56	73.50	30.0	4.4	0.3	0.92	0.80	0.64	16.5
10	4.26	Clay loam	100	17.6	2.07	11.5	52.2	7.80	62.23	30.0		0.3	0.73	0.60	0.90	15.0
11	5.16	Sandy	97	15.5	1.95	5.9	42.6	7.87	63.21	30.0	3.3	0.3	0.67	0.40	0.80	15.0
12	6.84	Sandy	85	21.3	2.52	8.7	51.9	7.93	60.71	25.0		0.2	0.66	0.40	0.54	14.0
13	7.71	Sandy w/gravel		9.3	0.72	15.4	33.5	7.78	67.82	25.0	6.5	0.3	0.90	0.60	0.63	15.0
14	8.01	Sandy w/gravel	15	7.7	0.06	2.6	6.3	7.69	70.56	25.0		0.1	0.95	0.70	0.53	16.0
15	8.64	Sandy w/gravel	17	7.3	1.08	3.2	5.5	7.55	71.05	25.0	3.9	0.2	0.86	0.80	0.58	16.0
16	15.00			3.9	0.06		7.8		72.00	25.0	11.0		1.2	0.80	0.60	16.0
Sea water brine									93.60	36.0	4.9	0.4	0.50	0.75	1.20	24.0
Hole PB-2																
17	12.27	Fine sand	27	8.9	0.72	9.6	29.2	7.60	32.00							
18	13.08	Loam	27	11.6	0.81		16.9		56.70	19.5	4.5	0.2	1.15	0.85	0.35	12.0
19	14.04	Clayey	94	11.5	1.29		25.6		51.50							
20	15.09	Clayey	98	13.8	0.72		22.5		54.60							
21	15.75	Clayey	98	14.8	0.78		22.9		53.80							
22	17.16	Clayey	80	3.2	0.63		17.1		54.10							
23	18.69	Clayey	67	1.2	0.57		15.6		55.30							
24	20.16	Clayey	72	4.1	0.60		20.5		48.30							
Sea water top									48.72				0.50	0.20	0.60	
middle									49.82				0.55	0.20	0.50	
bottom									50.00				0.62	0.20	0.50	
Hole PB-3																
25	5.91	Sand, silt	30	25.8	0.12		28.7			12.0	2.5		0.65	0.40	0.35	10.0
26	6.09	Silt	40	21.9	0.42		25.1		43.50	15.3	2.3		0.85	0.40	0.35	10.0
27	6.60	Silt	48	20.6	0.83		21.9		41.30	13.1	2.2		0.56	0.40	0.40	10.5
28	7.65	Clay loam	72	24.5	0.24		23.8		47.10	15.2	2.2		0.85	0.45	0.31	11.0
29	8.34	Clay loam	98	27.5	0.81		24.7		49.30	16.7	2.1		0.76	0.40	0.40	11.0
30	9.00	Clay loam	100	16.9	0.84	3.0	33.6	7.3	49.30	18.7	2.0	0.1	0.64	0.30	0.54	11.0
31	9.51	Clay loam	100	15.9	1.08		46.5		50.30	18.8	2.4	0.3	0.75	0.20	0.64	11.0
32	10.41	Clay loam	77	13.9	3.15	10.5	65.6	7.95	50.10	18.6	2.0	0.3	0.62	0.40	0.60	11.0
33	14.16	Sand, gravel	6	0.5		11.2	15.8	7.95	50.96	20.0	2.4	0.2	0.56	0.60	0.60	11.2
34	17.04	Sand, gravel	11	<0.1		5.7	8.7	7.76	50.47	15.0	2.2	0.2	0.70	0.60	0.60	11.0
35	20.19	Sand, gravel	11	<0.1		5.1	8.5	7.40	50.96	15.0		0.1	0.72	0.60	0.60	11.0
36	28.41	Sand, gravel	4	2.6	0.03	4.5	7.3		55.37	15.0	2.5	0.2	0.73	0.60	0.60	12.0
37	31.50	Sand, gravel	13	0.7	--	10.0	13.0	7.54	54.88	15.0	2.7	0.2	0.64	0.60	0.70	12.0
38	34.53	Sand, gravel	12	<0.1	0.06	8.0	11.5	7.54	53.90	14.0	2.7	0.2	0.60	0.60	0.60	10.0
39	44.04	Sand, gravel	8	3.7	0.09	11.5	15.5	7.53	50.70	13.0	2.4		0.54	0.60	0.60	10.0
40	46.74	Sand, gravel	6	<0.1	0.03		7.7	7.92	50.70	13.0	2.4	0.1	0.45	0.60	0.50	10.0
Sea water top									53.04		2.4	0.1	0.52	0.30	0.55	11.2
middle									53.04		2.3	0.1	0.49	0.20	0.45	11.2
bottom									53.13		2.2	0.1	0.50	0.20	0.60	11.2
Normal sea water (Weast, 1968)										18.9	2.6	0.1	0.38	0.40	1.27	10.6

of the water under the ice was 93 mmhos/cm, which indicates that the water was not subject to mixing with sea water. The conductivity profile of the interstitial water from the sediment samples is shown in Figure 3 and the chemical analysis is summarized in Table 1. These conductivity profiles for holes 481 and PB-1 are similar, except at shallow depths where lower salt contents may have been caused by freezing and subsequent salt rejection downward. The mean conductivity and standard deviation of the interstitial water in the unbonded sediments is 70 ± 13 mmhos/cm in hole 481 and 68 ± 4 mmhos/cm in PB-1.

Conductivity profiles for the region where normal sea water was found under the ice (holes PB-3, PB-2 and 3370) are shown in Figure 3. At hole 3370 there was 2.0 m of ice over 0.8 m of water. The conductivity of the water from under the ice cover was 51 mmhos/cm. Conductivity values for the interstitial water from the sediments were all slightly greater than that of the sea water. At hole PB-3 there was 1.83 m of ice over 4.02 m of water. The conductivity of the water from under the ice cover was 53 mmhos/cm. Conductivity values of the interstitial water from the sediments were slightly less than that of the overlying sea water except at the 28-35 m depth where they were slightly greater. Close agreement between the conductivity profiles in hole 3370 and hole PB-3 was found in spite of differences in the drilling equipment, sample collection and sample processing. At hole PB-2 there was 2.01 m of ice over 9.88 m of water. The conductivity of water from under the ice cover increased from 48.7 mmhos/cm just under the ice cover to 50.0 mmhos/cm near the sea bed. Conductivity values of the interstitial water from the sediments were slightly greater than that of the sea water except for a value of 32 mmhos/cm at the 12.27-m depth (top 5 cm of sediments) and a value of 48.30 mmhos/cm at the 20.16-m depth. The reason for a substantially lower value in the top 5 cm of sediments is not known, but it could be that the sediment is gravel and sand and interstitial water was obtained by addition of distilled water. The mean conductivities for the interstitial water in holes 3370, PB-3 and PB-2 were 57 ± 2 mmhos/cm, 49.9 ± 3.7 mmhos/cm and 50.8 ± 8.0 mmhos/cm respectively. Hunter et al. (1976) reported much lower conductivity values for interstitial water from subsea permfrost in the Beaufort Sea. This may be due to the influence of fresh water from the Mackenzie River near their study sites.

Even though subsea permafrost exists throughout the entire profiles in holes PB-2 and -3 there was no evidence of ice-bonded permafrost with a possible exception near the base of hole PB-2. This possibility is suggested by the fact that circulation was maintained and refusal was met in attempting to advance the casing at this point (Sellmann et al. 1976).

The depth distribution of selected ions in interstitial water samples from holes PB-1, -2 and -3 is summarized in Table 1. Similar information is available for selected samples in holes 190, 481 and 3370 (Osterkamp and Harrison 1976). However, the chemical analysis seems to be unreliable due to unbalanced total cations and unions expressed as meg/l. In hole PB-1, chloride values were much less than those in the sea water sample under the ice at that site. In contrast, several samples from hole PB-3 contain higher chloride values compared with the sea water. This finding again indicates that sea water used as drilling fluid did not contaminate the samples. In general, K in the interstitial water was higher than that in sea water samples. Several investigators (Manheim and Sayles 1974, Sayles et al. 1973) showed that higher K values were obtained in interstitial water extracted at higher temperatures and/or when there was a delay in extracting the interstitial water from the sediments after collection. In the present study, both factors may have contributed to the relatively high K values. Distribution of Na with depth (Table 1) is similar to the distribution of both conductivity and cl ion. In hole PB-3, in spite of the low $CaCO_3$ content Ca and Mg were higher in the interstitial water below the 14-m depth compared to overlying sediments (Table 1). This could be due to lower cation exchange capacity in the deeper sediments (sand and gravel), while lower values in the overlying finer textured sediments could be due to exchange reactions and/or precipitation of Ca and Mg as carbonates. Also, the high Ca and Mg in the deeper sediments may represent an initial concentration when sediments were frozen, prior to their being covered by sea water. O'Sullivan (1967) concluded that the major factors causing variations in salt content of permafrost are texture, depth and moisture content of the sediment and history of the site.

The profiles for holes PB-3, PB-2 and 3370 show that the salt concentrations of the interstitial waters are nearly constant with depth at sites where normal sea water is found under the ice cover. This implies that salt transport mechanism into the unbonded subsea permafrost is efficient, and therefore involves motion of the interstitial water in which the is dissolved. Harrison and Osterkamp (1976) assessed the role of molecúlar diffusion of salts in unbonded subsea permafrost by solving a coupled, one-dimensional heat conduction and salt diffusion model in the presence of a moving phase boundary. Their analysis and the experimental salt concentration and temperature profiles suggest that heat is transported by conduction and that salt is transported by motion of the interstitial water in the unbonded sediments. This conclusion may not be valid for fine-grained sediments in other areas.

The percent clay and silt in the sediments of PB-1, -2 and -3 (Table 1) varied widely from one hole to another and also with depth in each hole. Sediment characteristics of potential importance in studying the chemistry of interstitial water are presented for holes PB-1, -2 and -3 in Table 1. The top 4 m of the sediments near shore (holes PB-1 and -3) contained much more $CaCO_3$ than the sediments farther offshore (hole PB-2). Values of $CaCO_3$ in the former ranged from 15.5 to 21.3% of the dry weight of the samples in hole PB-1 and from 13.9 to 27.5% in hole PB-3. The exact source of this $CaCO_3$ is not known but one possibility is that this carbonate may have been deposited in sites as a result of the presence of brine under the ice. Another possibility is that it represents recent marine deposits.

In contrast to the $CaCO_3$ content, organic carbon was slightly higher in the sediment of hole PB-2 compared to hole PB-3. Several investigators (Naidu and Hood 1972, Naidu and Mowatt 1975) have reported a low organic carbon content in Arctic subsea sediments in general. The low temperature, near or below 0°C, and the low supply of dissolved nutrients to the near-shore sediments from continental drainage (Hobbie 1973) are probably the most important reasons. Additional factors such as low O_2 and high CO_2 under the ice, highly saline pockets of water, and the presence of offshore bottom-fast ice restricting space for benthos inhabitation could also possibly influence the amounts of organic carbon in sediments.

ACKNOWLEDGMENTS

This work was supported in part by the Bureau of Land Management through the National Oceanic and Atmospheric Administration, Outer Continental Shelf Environmental Assessment program, National Sea Grant Funds, University of Alaska (Grant No. 04-5-158-35), and by the Alaska Oil and Gas Association. The authors wish to express their appreciation and thanks to the many USGS, CRREL, University of Alaska and Alaska Dept. of Highways personnel who made this research possible.

REFERENCES

BROWN, J. 1969. Ionic concentration gradients in permafrost, Barrow, Alaska. CRREL Research Report 272.

CHAMBERLAIN, E.J., P.V. Sellmann and S.E. Blouin. 1978. Engineering properties of subsea permafrost in the Prudhoe Bay region of the Beaufort Sea. This volume.

DUURSMA, E.G. 1966. Molecular diffusion of radioisotopes in interstitial waters of sediments. Symposium on Disposal of Radioactive Wastes in Seas, Oceans and Subsurface Waters. Proc. International Atomic Energy Agency, Vienna, pp. 355-371.

EDMUNDS, W.M. and A.H. Bath. 1976. Centrifuge extraction and chemical analysis of interstitial waters. Envir. Sci. Tech. 10, pp. 467-472.

HARRISON, W.D. and T.E. Osterkamp. 1976. A coupled heat and salt transport model for subsea permafrost. Geophysical Institute, University of Alaska, Report UAG-R-247.

HOBBIE, J.E. 1973. Arctic limnology: A review. In Alaskan Arctic Tundra, Arctic Institute of North America, Tech. Paper No. 25, pp. 127-168.

HOWITT, F. 1971. Permafrost geology at Prudhoe Bay. World Petroleum, Sept, pp. 28-38.

HUNTER, J.A.M., A.S. Judge, H.A. McAuley, R.L. Good, R.M. Gagne and R.A. Burns. 1976. Permafrost and frozen subsea bottom materials in the southern Beaufort Sea. Beaufort Sea Technical Report 33. Dept. of the Environment, Victoria, B.C., Canada.

LEWELLEN, R.I. 1973. The occurrence and characteristics of near-shore permafrost, northern Alaska. Permafrost: The North American Contribution to the Second International Conference, Yakutsk. National Academy of Sciences, Washington, D.C.

LEWELLEN, R.I. 1976. Subsea permafrost research techniques. Symposium on Research Techniques in Coastal Environments, Louisiana State University, March 18-19, 1976.

MANHEIM, F.T. and F.L. Sayles. 1974. Composition and origin of interstitial waters of marine sediments, based on deep sea drill cores. In the Sea, Ideas and Observations on Progress in the Study of Seas. E.D. Goldberg (ed.). Wiley Interscience. Vol. 5, p 527-568.

NAIDU, A.S. and D.W. Hood. 1972. Chemical composition of bottom sediments of the Beaufort Sea, Arctic Ocean. Internat. Geol. Conf. 24th, Montreal, Canada, pp. 307-317.

NAIDU, A.S. and T.C. Mowatt. 1975. Depositional environments and sediment characteristics of the Colville and adjacent deltas, northern arctic Alaska. In Deltas: Models for Exploration. Editor Milis Broussard, Houston Geol. Society.

OSTERKAMP, T.E. and W.D. Harrison. 1976. Subsea permafrost at Prudhoe Bay, Alaska: Drilling report. Geophysical Institute, University of Alaska, Report UAG-R-245.

OSTERKAMP, T.E. and W.D. Harrison. 1977. Subsea permafrost regime at Prudhoe Bay, Alaska. J. Glaciol. (in press).

O'SULLIVAN, J.B. 1963. Geochemistry of permafrost, Barrow, Alaska. Permafrost: Proceedings, International Conference, Purdue University. National Academy of Sciences, Washington, D.C., pp. 30-37.

SAYLES, F.L., F.T. Manheim and L.S. Waterman. 1973. Interstitial water studies on small core samples, Leg 15. In Initial Reports of the Deep Sea Drilling Project, Vol. 15 p.

SELLMANN, P.V., R.I. Lewellen, H.T. Ueda, E. Chamberlain and S.E. Blouin. 1976. Operational report: 1976 USACRREL-USGS subsea permafrost program, Beaufort Sea, Alaska. CRREL Special Report 76-12.

WEAST, R.C., (editor) 1968. Handbook of Chemistry and Physics 49th edition; The Chemical Rubber Co., Cleveland, Ohio, 1968.

ZHIGAREV and Piakht. 1974. Structure, distribution and formation of submarine permafrost. CRREL Translation 520, 1976.

GEOPHYSICAL ASPECTS OF DEVELOPMENT OF PERMAFROST

V.A. Kudryavtsev and V.G. Melamed. Moscow State University, U.S.S.R.

The authors analyze the present state of development of the geophysical bases of permafrost studies reflecting the role of heat- and mass-exchange in the formation of permafrost, its relation to the net radiation at the surface of the Earth, the internal sources of heat and the characteristics of formation of geological and physico-geographical environments. The formation and history of development of the permafrost zone are the result of complex temperature fluctuations of different periods at the surface. The authors also examine a number of algorithms of the solution of the Stefan problem, which best describes the dynamics of the heat- and mass-exchange during freezing of different earth materials with allowances for the formation and disappearance of permafrost due to the net radiation at the surface, changes in its level in time, etc.

QUESTIONS GÉOPHYSIQUES RELATIVES AU DÉVELOPPEMENT DU PERGÉLISOL

V. A. Kudryavtsev, V.G. Melamed, Université d'État de Moscou, URSS

Analyse de l'état actuel de l'élaboration des fondements géophysiques de la géocryologie, qui mettent en lumière le rôle des échanges thermiques et de masse dans la formation et l'expansion du pergélisol, les corrélations qui lient celui-ci au bilan radiatif net de la surface de la Terre, les sources de chaleur internes et les particularités de la formation des milieux géologique et physico-géographique. L'apparition et l'évolution ultérieure de la zone de pergélisol sont les résultats d'une série complexe de fluctuations thermiques de la surface à des périodes différentes. Les auteurs examinent aussi une série d'algorithmes de résolution du problème de Stefan, qui décrit de la façon la plus exhaustive la dynamique des transferts de chaleur et de masse lors de l'engel de divers matériaux du sol, en tenant compte de la formation et de la disparition du pergélisol en fonction du bilan radiatif net de la surface, de la variation du niveau de celui-ci avec le temps, etc.

ГЕОФИЗИЧЕСКИЕ ВОПРССЫ РАЗВИТИЯ МЕРЗЛЫХ ТОЛЩ

В.А. Кудрявцев, В.Г. Меламед, Московский гос. университет, СССР

Анализируется современное состояние проблемы разработки геофизических основ мерзлотоведения, освещающих роль тепло- и массообмена в образовании и развитии мерзлых толщ, связь их с радиационно-тепловым балансом поверхности Земли, внутренними источниками тепла и особенностями формирования геологической среды и физико-географической обстановки. Возникновение и история развития криолитосферы являются результатом сложного проявления суммарного наложения серии разнопериодных колебаний температуры поверхности. Рассматривается также ряд алгоритмов решения задачи типа Стефана, наиболее полно описывающей динамику тепло- и массопереноса при промерзании различных типов горных пород, при учете образования и исчезновения мерзлых толщ в связи с радиационно-тепловым балансом поверхности, изменением ее уровня во времени и т.д.

ГЕОФИЗИЧЕСКИЕ ВОПРОСЫ РАЗВИТИЯ МЕРЗЛЫХ ТОЛЩ

В.А. Кудрявцев, В.Г. Меламед

Московский государственный университет, геологический факультет, СССР

Радиационно-тепловой баланс поверхности Земли является основой ее теплового состояния. Указанный баланс определяет климат атмосферы и литосферы и, в частности, температурный режим приповерхностных слоев литосферы. Как известно, радиационно-тепловой режим поверхности Земли определяется солнечной постоянной, широтой местности и особенностями геолого-географической среды каждого конкретного участка земной поверхности. Первые два фактора являются достаточно стабильными и если и меняются, то незначительно и лишь за большие промежутки времени. Вместе с тем характер геолого-географической среды изменяется весьма существенно и интенсивно во времени. В силу этого все основные изменения теплового состояния Земли, климата атмосферы и температуры приповерхностных слоев литосферы в значительной степени определяются именно этим обстоятельством. Действительно, такие явления, как циркуляция атмосферы, морские теплые и холодные течения, характер распределения океанов и материков на поверхности Земли, а также устройства поверхности на последних (горноскладчатые области, низменности), ледовитость северных и южных морей, тепло- и массоперенос в горных породах и испарение и конденсация влаги в системе атмосфера - литосфера - все это практически всецело определяет климаты атмосферы и литосферы, тепловое состояние различных регионов, а также географическую и высотную зональность.

Широко известно наличие различного рода ритмичности в погодных условиях и климате атмосферы. Указанная периодичность выражается как в короткопериодных колебаниях (длящихся часами, сутками и месяцами), 11-летних (определяемых активностью Солнца), 1850-летних и т.д., так и длительных колебаниях с периодами в сотни тысяч и миллионы лет, связанных с геологическими периодами оледенения и межледниковыми периодами. Поскольку климат атмосферы и литосферы порождается одной и той же причиной - радиационно-тепловым балансом на поверхности Земли, то, следовательно, и сами они являются взаимосвязанными. Отсюда можно говорить о наличии указанных выше периодических изменений температурного поля Земли и его динамике.

Криолитосфера возникает и существует там, где в результате специфической особенности тепло- и массообмена на поверхности Земли формируются нулевые или отрицательные температуры в почве. В зависимости от продолжительности существования вышеуказанного температурного поля развивается длящееся часы, сутки, месяцы, годы, сотни и тысячи лет соответственно кратковременное, суточное, сезонное и многолетнее промерзание приповерхностных слоев литосферы. Периодичность в изменении радиационно-теплового баланса поверхности Земли определяет динамику температурного поля верхних ее горизонтов, а также возникновение и историю развития криолитосферы.

Коренным вопросом изучения динамики и истории развития криолитосферы является необходимость признания непрерывности развития температурного поля Земли и криолитосферы как результата непрерывного изменения радиационно-теплового баланса поверхности Земли. Этим определяется недопустимость применения идей стационарности, квазистационарности и подобных допущений, приводящих к тому, что динамика температурного поля на глубине выступает как нарушение стационарности и сравнительно быстро затухает во времени. Иначе говоря, в силу непрерывного изменения климата на поверхности Земли для температурного поля приповерхностных слоев литосферы закономерным и необходимым является непрерывность движения, непрерывность развития. При этом покой представляется как частный случай движения.

Материальной основой теорий, принимающих стационарность за основную закономерность, являются натурные наблюдения за температурой многолетнемерзлых толщ, которые фиксируют неизменность температуры на протяжении 2-3 десятков лет на больших глубинах. Ошибочность этого положения становится очевидной, если учесть, что, хотя с глубиной амплитуда колебаний температуры поверхности резко затухает (быстрее, чем по закону геометрической прогрессии), тем не менее соответствующие изменения температурного поля происходят в слоях Земли достаточной мощности. Несмотря на то, что эти колебания по абсолютной величине не выходят за пределы точности измерения, именно они за геологические промежутки времени всецело определяют динамику естественно-исторического развития мерзлых толщ.

Аналогичное положение отмечается и в отношении динамики во времени нижней поверхности многолетнемерзлых толщ. В том случае, когда их образование и существование связано с длиннопериодными колебаниями, охватывающими десятки и сотни тысяч лет, динамика многолетнемерзлых толщ также будет претерпевать изменения в мощностях, достигающие в год нескольких миллиметров или даже долей миллиметра. При этом, естественно, создается впечатление о стационарности температурного поля в пределах мерзлой толщи.

Отсюда нередко возникает вывод о возможностях и кажущейся правомерности использования при решении основных вопросов общего мерзлотоведения соответствующей стационарной задачи. Последнее, однако, приводит к совершенно неверным выводам о закономерностях формирования многолетнемерзлых толщ (в частности, это относится к резкому занижению времени их образования).

В известных работах Д.В. Редозубова на основе идей стационарности делается вывод о возможности быстрого формирования на протяжении 3 000 лет многолетнемерзлых толщ мощностью до 600 м. В то же время из решения задачи Стефана без начальных условий, описывающей динамику многолетнего промерзания при периодических изменениях температуры поверхности (таблица), следует, что даже при длиннопериодных колебаниях температуры поверхности и малых их амплитудах формируются многолетнемерзлые толщи незначительной мощности, хотя их криогоший возраст и велик.

Данные таблицы показывают, что с увеличением амплитуды колебаний мощность мерзлых толщ резко увеличивается. С другой стороны, мощность многолетнемерзлых толщ существенно зависит от величины геотермического градиента **g**. Она растет с уменьшением **g**, достигая максимального значения при $g = 0$ (т.е. там, где приток глубинного тепла экранируется глубоко залегающей мерзлотой). При этом роль геотермического градиента резко растет с увеличением периода колебаний поверхности и практически становится заметной при периодах порядка тысяч лет. Фазовые переходы (т.е. влажность пород) также накладывают свой отпечаток на формирование многолетнемерзлых толщ, но в количественном отношении их влияние меньше указанных выше факторов.

При наличии ряда различных колебаний температуры поверхности температурное поле приповерхностных слоев литосферы и, в частности, образование и существование многолетнемерзлых толщ является результатом сложного проявления суммарного наложения всех колебаний. Температурное поле в многолетнемерзлой толще несет в себе следы периодической смены потеплений и похолоданий разных периодов, что приводит к одновременному существованию процессов аградации и деградации мерзлоты на различных глубинах. Убедительным примером проявления ряда таких колебаний являются геокриологические условия Западно-Сибирской низменности, где отмечается наличие глубоко залегающих (70-200 м) реликтовых многолетнемерзлых толщ, перекрытых талыми породами мощностью 30-100 м, верхняя часть которых промерзла в более поздний период до глубины 20-80 м (Земцов, 1962, Баулин и др., 1967; Шарбатян, 1974; Груздов и др., 1972).

Очевидно, что ритмичный характер температурных условий на поверхности приводит к периодическим изменениям теплооборотов в многолетнемерзлых толщах. Периоды потепления и похолодания температуры поверхности соответственно связаны с превышением приходной (расходной) частей теплооборотов и, следовательно, с деградацией и аградацией. Таким образом, принципиально никакой разницы в динамике температурного поля внутри и вне области многолетнемерзлых толщ не существует.

Несмотря на это, однако, в мерзлотоведческой литературе встречаются работы и высказывания, в которых утверждается, что для области вечной мерзлоты характерно накопление запасов холода в горных породах, тогда как вне этой области идет накопление тепла (положительный и отрицательный тепловой баланс почвы). Ошибочность этого толкования очевидна, так как в этом случае в области вечной мерзлоты отмечалось бы понижение температуры до абсолютного нуля, тогда как вне - неограниченный разогрев вплоть до расплавления пород.

Таким образом, в любом районе и регионе динамика многолетнемерзлых толщ и история их формирования и развития связаны с проявлением серии разнопериодных колебаний теплообмена на поверхности Земли и причинами их возникновения. При рассмотрении вопроса динамики развития мерзлых толщ необходим всесторонний анализ истории развития окружающей геолого-географической среды, изменения всего комплекса геолого-географических факторов, влияющих на характер теплообмена на поверхности Земли и формирование многолетнемерзлых толщ. При этом история формирования мерзлых горных пород выступает как одна из страниц истории развития изучаемого района, связанная как с палеогеографическими условиями в данном районе, так и всей Земли в целом, с периодами оледенений и межледниковья. В этом случае внимание исследователей должно быть в первую очередь сосредоточено на изучении влияния различных факторов геолого-географической среды на формирование теплообмена на поверхности Земли и многолетнемерзлых толщ. При этом возникает необходимость выявления специфических особенностей теплофизических закономерностей формирования теплового состояния верхних слоев Земли в разных геолого-структурных единицах (горных странах, низменностях и равнинах, плоскогорье, плато, геосинклинальных областях, областях денудации и осадконакопления, в различных широтных и геоботанических зонах).

Мощность многолетнемерзлых толщ, образующихся при различных амплитудах А и периодах Т колебаний температуры поверхности при геотермическом градиенте 0,01 и 0,03 град/м (в скобках) для обьемной влажности пород 25%(числитель) и 50% (знаменатель)*

Т, лет	А, °С		
	2	5	8
10	2,37(2,33) / 1,68(1,66)	3,80(3,75) / 2,68(2,66)	4,84(4,78) / 3,41(3,39)
10^2	7,36(6,96) / 5,23(5,04)	11,8(11,4) / 8,40(8,16)	15,1(14,5) / 10,7(10,4)
10^3	21,9(18,6) / 15,9(14,2)	35,8(31,6) / 25,8(23,7)	45,9(41,1) / 33,0(30,6)
10^4	58,1(38,6) / 44,5(32,7)	99,0(72,4) / 74,4(59,1)	129(97,9) / 96,3(78,8)
10^5	119(56,0) / 101(52,8)	224(120) / 184(110)	304(174) / 245(155)

В горноскладчатых областях на первый план выступает высотная поясность, геолого-структурные особенности состава пород, скальных массивов, формирование рельефа и делювиально-пролювиальных склоновых отложений, а также характер сложения межгорных впадин. Тепловое взаимодействие подземных вод с многолетнемерзлыми толщами здесь отличается большим многообразием вследствие влияния замкнутых артезианских бассейнов, различных условий питания и разгрузки подземных вод этих бассейнов, а также формирования их химического состава. В платформенных равнинных областях наиболее четко отмечается широтная зональность и структурные особенности криогенных отложений и четвертичного покрова на больших площадях. Относительное разнообразие гидрогеологических и геотермических условий создает гидрогеотермический фон, на который накладывается влияние литологического состава и влажностного режима пород.

Все это в той или иной мере накладывает свой отпечаток на формирование геокриологической обстановки района и обусловливает особенности состава, строения криогенных текстур, а также температурного поля и мощности мерзлых толщ и протекающих в них криогенных процессов и явлений. Динамика и история развития мерзлых толщ в горноскладчатых областях отличается большой сложностью. Наложение ряда колебаний температуры поверхности в этих условиях осложняется динамичностью геолого-географических условий, форм рельефа, осадконакоплением и де-

---

* Значения глубин многолетнего промерзания за цикл получены при условии, что средняя температура поверхности 0°С, коэффициенты теплопроводности и теплоемкость пород в мерзлом и талом состояниях соответственно 4,19 кДж/м.ч.°С и 2095 кДж/м^3.°С.

нудацией, неотектоническими движениями. В платформенных и равнинных областях история развития и динамика многолетнемерзлых толщ менее сложны, и периодические колебания температуры поверхности проявляются наиболее четко.

Все вышеуказанное убедительно свидетельствует о необходимости тесной увязки геофизической, теплофизической и геолого-географической сторон развития многолетнемерзлых толщ,т.е. изучение этого явления должно осуществляться в широком геофизическом аспекте. Теплофизическая сторона должна рассматриваться для каждой конкретной геологической обстановки, причем это требование должно выполняться не только в смысле назначения краевых условий и характеристик среды, но и при выборе общей схемы постановки и вывода основных дифференциальных уравнений.

Динамика температурного поля горных пород при протекании в них процессов промерзания и оттаивания в рамках модели сплошной среды наиболее полно описывается задачей Стефана. Характерной особенностью указанной задачи, имеющей многочисленные приложения в различных областях науки и техники, является наличие внутренних подвижных границ раздела мерзлых и талых зон (фронтов), закон перемещения которых заранее не известен. Связанная с этим специфическая (в смысле граничных условий) нелинейность задачи Стефана исключает, в отличие от стационарной постановки, возможность использования принципа суперпозиции решений и резко усложняет исследование общих закономерностей явления в природных условиях.

В соответствии с вышеуказанным типичным для процессов промерзания и оттаивания в горных породах является одновременное их протекание на различных глубинах при периодическом образовании и исчезновении мерзлых и талых толщ в связи с сезонными и многолетними колебаниями климата, что приводит к многофронтовой задаче Стефана с изменяющимся числом фронтов. При этом наряду с близкими к эвтектическим фазовыми переходами свободной и гравитационной влаги существенное значение имеют превращения связанной поровой влаги, происходящие в диапазоне отрицательных температур. Кроме того, во влажных дисперсных породах при промерзании важную роль играют процессы массообмена (миграции влаги), приводящие к формированию криогенных текстур и пучению. Не менее существенным является массообмен в грубодисперсных породах при фильтрации и инфильтрации. Наконец, изучение закономерностей формирования геотемпературных полей осложняется также зависимостью теплофизических свойств и проницаемости пород от состава и структуры вещества, изменяющихся при промерзании и оттаивании.

Все вышеизложенное привело к тому, что при расчетах процессов промерзания и оттаивания широкое развитие получили приближенные решения задачи типа Стефана в простейших постановках(Лейбензон, 1931; Крылов, 1934, 1940; Чарный, 1948; Лукьянов, Головко, 1957; Порхаев, 1970; Фельдман, 1973 и др.). Важное значение в настоящее время имеют известные формулы и "экспресс-методы" полевых расчетов (Кудрявцев и др., 1974) позволяющие количественно исследовать процессы промерзания и оттаивания в горных породах в периодически установившемся режиме (задача Стефана без начальных условий) с учетом влияния отдельных геолого-геофизических факторов.

Несмотря на значительные успехи, достигнутые с помощью указанного подхода при решении широкого класса задач геокриологического прогноза и рационального использования и охраны природной среды, целый ряд важных количественных закономерностей формирования и развития мерзлых толщ остается недостаточно освещенным.

Существенные успехи в математическом исследовании задачи Стефана достигнуты лишь в последнее время. В связи с этим, а также благодаря бурному развитию ЭВМ в настоящее время предложен и все более широко используется ряд математически обоснованных алгоритмов решения одно- и многофронтовой задачи типа Стефана (Меламед, 1958; Васильев, Успенский, 1963; Самарский, Моисеенко, 1965; Будак и др., 1965, 1967). Важное значение при этом имеют автомодельные решения задачи типа Стефана для уравнения общего вида (Меламед, 1963), а также системы квазилинейных уравнений (Меламед, 1969), позволяющие не только исследовать аналитические и физические особенности данного процесса, но и оценить роль его многочисленных параметров. Все это открывает широкие перспективы для математического моделирования с помощью ЭЦВМ указанных выше геологических процессов и сопряженных с ними вопросов на основе решения задачи Стефана. Подобный подход при тесной увязке постановки задачи с географическими и геологическими условиями дает возможность исследовать общие и частные закономерности рассматриваемых сложных геологических явлений и количественно их охарактеризовать.

Наибольшее развитие получили различные методы решения одномерной задачи Стефана для линейного параболического уравнения, описывающей близкие к эвтектическим фазовые превращения влаги. Как показано в работах Чудновского (1954, 1976), Мартынова (1959), Иванова (1970) и др., указанная постановка является достаточно полной математичекой моделью процессов промерзания и оттаивания, протекающих в природных условиях в различных типах грубодисперсных пород (скальных и полускальных, галечниках и щебнистых грунтах с песчаным и супесчаным заполнителем, песках и т.д.). Одним из наиболее эффективных алгоритмов решения указанной многофронтовой задачи Стефана является метод сведения задачи Стефана к системе обыкновенных дифференциальных уравнений (Меламед, 1958). В отличие от разностных алгоритмов, предложенный метод позволяет не только найти решение задачи Стефана при изменении числа фронтов в связи с образованием или исчезновением зон, но и с заданной точностью определить динамику теплотоков во времени в любом сечении. Это дает возможность использовать развитый в работе алгоритм в качестве эффективного инструмента для решения разнообразных задач геотермического и мерзлотного прогнозирования при протекании в толщах горных пород эвтектоидных фазовых переходов в связи с радиационно-тепловым балансом поверхности Земли. В частности, в результате нахождения периодически установившегося решения рассматриваемой задачи Стефана с изменяющимся числом фронтов при гармонических колебаниях температуры поверхности получено, что теплопотоки q внутри слоя промерзания (оттаивания) терпят во времени разрывы первого рода типа скачка в момент прохождения фронтом рассматриваемой глубины. С глубиной величина разрывов q а также значения приходной Q^{+} и расходной Q^{-} составляющих теплооборотов за цикл убывают. При этом теплообороты резко уменьшаются при переходе через подошву слоя промерзания (оттаивания).

Возможность нахождения приходной и расходной частей теплооборотов в горных породах за цикл с помощью предложенного алгоритма позволила решить задачу нахождения характерной для слоя годовых колебаний "температурной сдвижки", связывающей среднюю за цикл температуру поверхности с таковой на подошве слоя промерзания (оттаивания). Результаты проведенного таким путем исследования температурной сдвижки были использованы в дальнейшем В.А.Кудрявцевым (1958) при получении им широко известной приближенной формулы.

Эффективность предложенного метода решения многофронтовой задачи Стефана с изменяющимся числом фронтов позволила также исследовать динамику температурного поля приповерхностного слоя Земли, формирующегося в результате наложения разнопериодных колебаний климата.

Все это открывает широкие возможности в исследовании кардинального вопроса общего мерзлотоведения – создании ретроспективной модели истории развития мерзлых толщ.

В слабовлажных дисперсных горных породах, где в процессе промерзания и оттаивания огромное значение имеют фазовые переходы незамерзшей воды, динамика температурного поля описывается задачей типа Стефана для квазилинейного параболического уравнения. В настоящее время предложен ряд методов ее решения при слабых ограничениях на данные задачи как в общем случае (Бачелис, Меламед, 1972), так и в автомодельной постановке (Меламед, 1976). Сопоставление серийных расчетов указанной задачи (для реальных грунтов с различным характером льдовыделения в спектре отрицательных температур) с соответствующими решениями рассмотренной выше задачи Стефана для эвтектических превращений указывает на то, что при оттаивании учет фазовых переходов незамерзшей влаги при прочих равных условиях приводит к существенному уменьшению глубины оттаивания, а также резкому повышению температур мерзлой толщи (заметному даже в мелкозернистых пылеватых песках). При промерзании указанный эффект проявляется значительно слабее и должен учитываться практически только в тонкодисперсных породах при естественной влажности, незначительно превышающей максимальную молекулярную.

В сильновлажных тонкодисперсных породах (где процессы промерзания тесно сопряжены с миграцией влаги, приводящей к формированию различных криотекстур и пучению) динамика температурного поля при некоторых приближениях, связанных, в основном, с пренебрежением вопросами термореологии, описывается задачей типа Стефана для системы квазилинейных уравнений (Меламед, 1966,1969, Takagi, 1970). При этом тепло- и влагообменные характеристики пород (в частности, коэффициенты тепло- и потенциалопроводности) существенно зависят от образующейся суммарной влажности. Как показало математическое исследование, данная задача полностью описывает ряд известных из экспериментов и полевых наблюдений важных свойств моделируемого явления.

В настоящее время предложены алгоритмы решения указанной задачи при слабых ограничениях на входные данные как при произвольных краевых условиях, так и в автомодельном случае. Сопоставление результатов математического и лабораторного моделирования процесса промораживания каолинитовой глины показало, что решение задачи промерзания с миграцией влаги, при всех допущениях в постановке задачи, описывает тепло- и массообмен в промерзающих влажных дисперсных породах с весьма удовлетворительной точностью.

Проведенные расчеты рассматриваемой задачи указывают на то, что в отличие от общепринятых методов расчеты глубины промерзания (где определяющим фактором является сумма морозоградусочасов), во влажных дисперсных породах необходимо детально учитывать характер изменений температуры поверхности в зимнее время. В частности, распределение льдистости по разрезу промерзающего грунта непосредственно связано с немонотонностью температуры поверхности, выражающимся в смене периодов потепления и похолодания. Наиболее резко это проявляется в первой половине периода промерзания. Открывающаяся в связи с этим возможность установления количественной зависимости криогенного строения мерзлых толщ от климатических условий дает возможность непосредственно подойти к решению вопроса о воспроизведении палеотемпературных условий формирования мерзлых толщ по заданному разрезу. Широкие перспективы решение указанной задачи открывает также при расчетах льдонакопления в сезонноталом слое и связанного с этим пучения при различных режимах надмерзлотных вод.

Автомодельное решение задачи промерзания с миграцией влаги позволило вскрыть и уточнить ряд важных общих свойств этого процесса. К ним относится, например, исследование зависимости, широко применяемой в инженерном мерзлотоведении при оценке пород на пучиноопасность, влажности порога пучения от краевых условий и в первую очередь температуры промораживания. В дальнейшем это было существенно использовано при разработке новой методики расчетов нормативной глубины заложения фундаментов (Кудрявцев, 1971). Кроме того, с помощью полученного решения удалось не только уточнить высказанное М.Н.Гольдштейном в 1948 г. понятие об оптимальных условиях сегрегационного льдообразования, но и количественно решить этот вопрос. В частности, расчеты, проведенные для ряда реальных дисперсных пород с существенно различными воднофизическими характеристиками, показали нелинейную зависимость оптимальной температуры шлирообразования и пучения от естественной влажности, резко усиливающуюся с ростом последней. Тем самым исследование общих закономерностей максимального избыточного льдовыделения, проведенное на основе автомодельного решения задачи типа Стефана для системы квазилинейных параболических уравнений, открывает возможность изучения истории развития дисперсных мерзлых толщ и разработки принципов управления их криогенным строением.

Значительный интерес представляют также полученные в последнее время решения разнообразных задач типа Стефана, описывающих процессы промерзания и оттаивания при изменении уровня поверхности по заданному закону. Наибольшую сложность при этом вызывает исследование динамики температуры в составных системах, при взаимодействии исходного массива горных пород с формирующимся на поверхности слоем. Важной особенностью указанного класса "контактных" задач типа Стефана является то, что число фронтов промерзания и оттаивания в данной задаче заранее не известно. Решение широкого круга задач такого типа в автомодельной постановке позволило не только исследовать общие количественные закономерности развития процессов промерзания и оттаивания в рассматриваемых системах, но и эффективно решить вопросы управления этими процессами при производстве различного рода земляных работ (разработке грунта в карьерах и дражных полигонах, отсыпке грунта при строительстве насыпей и земляных плотин и т.д.), оптимизации снегонакопления и т.п. Решение задачи типа Стефана при движении поверхности по заданному закону дает возможность также непосредственно рассчитать температурное поле приповерхностных слоев литосферы в связи с резким изменением климатических условий, трансгрессией и регрессией при учете осадконакопления и денудации.

Таким образом, использование методов решения рассмотренных выше одномерных задач типа Стефана позволяет количественно исследовать ряд важных общих закономерностей развития мерзлых толщ в различных типах горных пород в зависимости от всего комплекса геологических и физико-географических условий. Важное значение решение указанных задач имеет также для создания и оценки широко используемых в мерзлотоведении "экспресс"-методов расчета. Наконец, важнейшую роль решение одномерных задач типа Стефана играет в совершенствовании методов геокриологического прогноза и охраны окружающей природной среды и, в частности, в разработке научнообоснованных методов проведения комплексных мерзлотной, мерзлотно-инженерно-геологической и мерзлотно-гидрогеологической съемок. В Советском Союзе, где геокриологическое прогнозирование развито наиболее широко, указанные выше методы исследования мерзлотных процессов на базе задачи Стефана в течение многих лет успешно применяются при решении важных народнохозяйственных проблем в связи с производственным освоением крупных территорий Севера и Северо-Востока нашей страны. Все это является убедительным подтверждением правильности и целесообразности рассмотренного выше широкого геофизического подхода к исследованию мерзлотных процессов и явлений.

Широкие перспективы при решении вопросов геокриологического прогноза в пределах крупных регионов имеет сочетание рассмотренных выше традиционных детерминированных схем, основанных на решении задачи Стефана, со статистическими схемами. Использование последних (в частности, с вводом данных по методу Монте-Карло, А.С. Туткевич) дает возможность установить пределы колебаний температурного режима горных пород на рассматриваемой территории с учетом влияния разнообразных локальных факторов (фациальной выдержанности грунтов по глубине и площади, изменчивости снежного и растительного покровов по площади и во времени, колебаний из года в год климатических условий и т.д.).

Наряду с интенсивным применением рассматриваемых решений разнообразных одномерных задач типа Стефана при изучении отдельных вопросов мерзлотоведения используются также и решения многомерной задачи Стефана на ЭЦВМ. В основном при этом реализуются так называемые интегрально-интерполяционные (балансовые) методы решения указанной задачи, связанные с методом конечных элементов. Помимо крайней громоздкости таких решений, их применение в целях мерзлотного прогнозирования сдерживается отсутствием до настоящего времени доказательства существования классического решения даже простейшей многомерной задачи Стефана. В связи с этим использование упомянутых алгоритмов требует крайней осторожности.

Дальнейшее развитие количественных вопросов мерзлотоведения связано в первую очередь с комплексным изучением механизма разнообразных процессов тепло- и массопереноса, протекающих в толщах горных пород. Среди них следует отметить такие важные проблемы, как взаимодействие мерзлых толщ с над- или подмерзлотными водами, оттаивание горных пород с учетом инфильтрации и осадки, миграция в мерзлых толщах и т.д.

Огромная роль в решении указанных вопросов принадлежит математическому моделированию рассматриваемых явлений на ЭВМ. Первоочередной проблемой здесь наряду с доказательством существования классического решения является разработка математически обоснованных эффективных алгоритмов решения многомерных задач типа Стефана. Крайне важным является также дальнейшее совершенствование аналоговых вычислительных машин типа гидравлического интегратора системы В.С. Лукьянова, сыгравшего столь большую роль в развитии математического моделирования мерзлотных процессов и явлений.

Все вышеизложенное в достаточной степени характеризует современное состояние проблемы геофизических основ мерзлотоведения, освещающих роль тепло- и массопереноса в образовании и развитии сезонно- и многолетнемерзлых толщ, их связь с радиационно-тепловым балансом поверхности, внутренними источниками тепла и особенностями формирования геологической среды и физико-географической обстановки. Исследование всех этих вопросов в конечном счете позволит подойти к созданию теоретических основ мерзлотоведения в широком смысле этого слова.

Очевидно, что эта задача должна решаться поэтапно, путем постановки частных проблем. Так, в настоящее время должны быть разработаны следующие первоочередные проблемы:

1. Установление количественной связи радиационно-теплового баланса поверхности Земли с закономерностями формирования сезонно- и многолетнемерзлых толщ;

2. Уточнение количественных оценок влияния факторов геолого-географической среды на развитие криолитозоны;

3. Количественное исследование тепло- и массопереноса в горных породах при промерзании и оттаивании;

4. Определение динамики температурного поля сезонно- и многолетнемерзлых толщ в связи с историей развития района исследования;

5. Определение геофизических (тепло- и массообменных) условий формирования и развития криогенных текстур;

6. Разработка геофизических основ связи развития криолитозоны с палеогеографическими условиями;

7. Создание теории развития криолитозоны как глобального явления в связи с широтной зональностью, высотной поясностью и особенностями строения нашей планеты и геологической историей развития Земли;

8. Разработка основ геокриологического прогноза, принципов и приемов управления мерзлотными процессами в связи с изменением естественно-исторических условий и антропогенным воздействием.

ЛИТЕРАТУРА

БАУЛИН В.В., БЕЛОПУХОВА Е.Б., ДУБИКОВ Г.И., ШМЕЛЕВ Л.М. 1967. Геокриологические условия Западно-Сибирской низменности. М., "Наука".

БАЧЕЛИС Р.Д., МЕЛАМЕД В.Г. 1972. Решение квазилинейной задачи типа Стефана методом прямых. ВИНИТИ, № 3941-72 Деп., с. 1-17.

БУДАК Б.М., ВАСИЛЬЕВ Ф.П., УСПЕНСКИЙ А.Б. 1965. Разностные методы решения некоторых краевых задач типа Стефана. - В кн.: Численные методы в газовой динамике, вып. 4. Изд-во МГУ, с. 139-183.

БУДАК Б.М., ВАСИЛЬЕВ Ф.П., ЕГОРОВА А.Т. 1967. Разностный метод с ловлей фронта в узел сетки для задачи Стефана с немонотонно движущимся фронтом. - В кн.: Вычислительные методы и программирование, вып. У1. Изд-во МГУ, с. 231-241.

ВАСИЛЬЕВ Ф.П., УСПЕНСКИЙ А.Б. 1963. Разностный метод решения двухфазной задачи Стефана. - "Вычислительная математика и математич. физика", т. 3, №5, с. 874-886.

ГОЛЬДШТЕЙН М.Н. 1948. Деформация земляного полотна и оснований сооружений при промерзании и оттаивании. - Труды Всесоюз. Ин-та жел.-дор. трансп., вып. 16, Трансжелдориздат, 258 с.

ГРУЗДОВ А.В., ТРОФИМОВ В.Т., ФИЛЬКИН Н.А. 1972. Основные закономерности распространения строения толщ и температур многолетнемерзлых толщ Тазовского полуострова. - В кн.: Природные условия Западной Сибири, вып. 2. Изд-во МГУ, с. 115-133.

ЗЕМЦОВ А.А. 1962. Многолетнемерзлые породы в пойме р. Енисей. -"Труды Ин-та мерзлотоведения им. Обручева", т. 19, Изд-во АН СССР, М., с. 72-74.

ИВАНОВ Н.С. 1970. Тепло- и массоперенос в мерзлых горных породах. М., "Наука", 239 с.

КРЫЛОВ М.М. 1934. К теплотехническому анализу промерзания грунта.-"Вестн. инженеров и техников", № 1, с. 466-467.

КРЫЛОВ М.М. 1940. Расчеты промерзания и оттаивания. - "Вестн. мелиорации и гидротехники", № 1, с. 58-63.

КУДРЯВЦЕВ В.А. 1971. Новая методика определения глубины сезонного промерзания грунтов. - "Основания, фундаменты и механика грунтов", № 6, с. 35-36.

КУДРЯВЦЕВ В.А., ГАРАГУЛЯ Л.С., КОНДРАТЬЕВА К.А., МЕЛАМЕД В.Г. 1974. Основы мерзлотного прогноза при инженерно-геологических исследованиях. Изд-во МГУ, 431 с.

ЛЕЙБЕНЗОН Л.С. 1931. Руководство по нефтепромысловой технике. М.-Л., ОНТИ, 335 с.

ЛУКЬЯНОВ В.С., ГОЛОВКО М.Д. 1957. Расчет глубины промерзания грунтов. М., Трансжелдориздат, 164 с.

МАРТЫНОВ Г.А. 1959. Тепло- и влагопередача в промерзающих и протаивающих грунтах. - В кн.: Основы геокриологии (мерзлотоведения), ч. 1, гл. 6. М., Изд-во АН СССР, с. 153-188.

МЕЛАМЕД В.Г. 1958. Сведение задачи Стефана к системе обыкновенных дифференциальных уравнений. - "Изв. АН СССР, Сер. геофиз.", № 7, с. 848-869.

МЕЛАМЕД В.Г. 1963. О численном интегрировании классической задачи Стефана при наличии фазовых переходов в спектре температур. - "Изв. АН СССР, Сер. геофиз.", № 2, с. 340-344.

МЕЛАМЕД В.Г. 1966. Математическая формулировка задачи промерзания влажных грунтов с учетом миграции влаги и условия образования ледяных прослоев. -В кн.: Мерзлотные исследования, вып. 6. Изд-во МГУ, с. 28-38.

МЕЛАМЕД В.Г. 1969. Решение задачи типа Стефана для одной квазилинейной параболической системы. -"Вычислительная математика и математич. физика", т. 9, № 6, с. 1327-1335.

МЕЛАМЕД В.Г. 1976. Автомодельное решение задачи тепло- и влагообмена в промерзающих тонкодисперсных породах при заданном законе изменения уровня поверхности. - В кн.: Мерзлотные исследования, вып. 15, Изд-во МГУ, с. 27-37.

ПОРХАЕВ Г.В. 1970. Тепловое взаимодействие зданий и сооружений с вечномерзлыми грунтами. М., "Наука", 206 с.

САМАРСКИЙ А.А., МОИСЕЕНКО В.Д. 1965. Экономическая схема сквозного счета для многомерной задачи Стефана. - "Вычислительная математика и математич. физика", т. 5, № 5, с. 816-827.

ФЕЛЬДМАН Г.М. 1973. Методы расчета температурного режима мерзлых грунтов. М., "Наука", 254 с.

ЧАРНЫЙ И.А. 1948. О продвижении границы изменения агрегатного состояния при охлаждении или нагревании тел. - "Изв. АН СССР, Отд. техн. наук", № 2, с. 187-202.

ЧУДНОВСКИЙ А.Ф. 1954. Теплообмен в дисперсных средах. Гостехиздат, М., 444 с.

ЧУДНОВСКИЙ А.Ф. 1976. Теплофизика почв. М., "Наука", 351 с.

ШАРБАТЯН А.А. 1974. Экстремальные оценки в геотермии и геокриологии. М., "Наука", 122 с.

TAKAGI S. 1970. An analysis of ice lens formation. - "Water Resour. Res. v. 6, N 5.

ANTARCTIC SOIL STUDIES USING A SCANNING ELECTRON MICROSCOPE

M. Kumai, U.S. Army Cold Regions Research and Engineering Lab., Hanover, NH. USA; D.M. Anderson, National Science Foundation, Washington, DC, USA.; and F.C. Ugolini, University of Washington, Seattle, Washington, USA.

The textures of morainic soils from southern Victoria Land, Antarctica, were investigated using a scanning electron microscope fitted with an energy dispersive X-ray analyzer. Electron micrographs of soil grains from lower Wright Valley showed sharp edges and smooth surfaces, indicating a low degree of mechanical and chemical weathering. The soil grains were 11% quartz and 4% magnetite. Chlorides were found on 7% of the soil grains.

By contrast, electron micrographs of soil grains from the Beacon Valley showed rounded grains indicating a high degree of mechanical and chemical weathering. The soil grains were 20% quartz. Rhombohedral crystals ($CaSO_4$) were found on 60% of the soil grains. Chlorides were found on 30% of the soil grains. Because of the high degree of weathering, it was concluded that the morainic soils from the Beacon Valley are much older than those of the lower Wright Valley.

ÉTUDE DES SOLS DE L'ANTARCTIQUE, À L'AIDE D'UN MICROSCOPE ÉLECTRONIQUE À BALAYAGE

M. Kumai, U.S. Army Cold Regions Research and Engineering Lab., Hanover, N.H. U.S.A.; D.M. Anderson, National Science Foundation, Washington, D.C. U.S.A.; and F.C. Ugolini, University of Washington, Seattle, Washington, U.S.A.

On a étudié la texture des sols morainiques du sud de la Terre Victoria (Victoria Land), située dans l'Antarctique, à l'aide d'un microscope électronique à balayage, équipé d'un analyseur de rayons X à pouvoir dispersif. Les micrographies électroniques de particules de sol prélevées dans l'aval de la vallée Wright révélaient des arêtes vives et des surfaces lisses, correspondant à un faible degré d'altération mécanique et chimique. Ces particules étaient composées à 11% de quartz et 4% de magnétite. On a rencontré des chlorures dans 7% des particules.

Par contre, des micrographies de particules de sol provenant de la vallée Beacon montraient des grains arrondis, donc caractérisés par un degré élevé d'altération mécanique et chimique. Ces particules étaient composées à 20% de quartz. On a rencontré des cristaux rhomboédriques ($CaSO_4$) dans 60% des particules de sol et des chlorures dans 30% des particules. En raison du degré élevé d'altération, on a conclu que les sols morainiques de la valée Beacon sont bien plus anciens que ceux de l'aval de la vallée Wright.

ИССЛЕДОВАНИЯ ГРУНТОВ АНТАРКТИКИ С ПОМОЩЬЮ РАСТРОВОГО ЭЛЕКТРОННОГО МИКРОСКОПА

С помощью растрового электронного микроскопа и энергодисперсионной рентгеновской установки была исследована структура моренных грунтов в южной части Земли Виктории в Антарктиде. Электронные микроснимки зерен в пробах, взятых в долине Лоуэр Райт Вэлли, выявили наличие острых ребер и гладких поверхностей у этих зерен, что указывает на малую степень механической и химической эрозии. 11% зерен были кварц и 4% - магнетит. В 7% зерен были обнаружены хлориды. В то же время, электронные микроснимки проб, взятых в долине Бикон, показывают, что их зерна имеют округлую форму, что указывает на высокую степень механической и химической эрозии. 20% зерен в этих пробах были кварц. В 60% зерен обнаружены тригональные кристаллы /$CaSO_4$/. Хлориды были найдены в 30% зерен, но отсутствовали в зернах проб, взятых с глубины 50 см. Учитывая высокую степень эрозии, можно сделать вывод, что моренные грунты долины Бикон значительно древнее грунтов долины Лоуэр Райт Вэлли.

ANTARCTIC SOIL STUDIES USING A SCANNING ELECTRON MICROSCOPE

M. Kumai[1], D.M. Anderson[2], and F.C. Ugolini[3]

[1]U.S. Army Cold Regions Research and Engineering Laboratory, Hanover, New Hampshire, USA
[2]National Science Foundation, Washington, D.C., USA
[3]University of Washington, Seattle, Washington, USA

INTRODUCTION

The soils of continental Antarctica have formed in a severely cold and arid climate. They are generally coarse and remain loose at temperatures below 0°C because of the paucity of liquid water. They have a yellowish-red hue and acquire fine textures with age. These soils have been studied by many workers: Jensen (1916), Glazovskaia (1958), McGraw (1960), Kelly and Zumberge (1961), and Claridge (1965). They were classified as ahumic, cold desert soils by Tedrow and Ugolini (1966). Weathering of the soils and ionic migration in the frozen soils were studied by Ugolini and Anderson (1973).

Scanning electron microscope and electron microprobe analyses of volcanic ash from two sites near Lake Vanda in the upper Wright Valley, southern Victoria Land, Antarctica, were presented by Jones et al. (1973). The ash consisted of amorphous, porous, friable, light gray materials. The amorphous nature of the ash was confirmed by a powder X-ray diffraction analysis that indicated an absence of crystallinity. Examination of Antarctic soils with a scanning electron microscope was reported by Kumai et al. (1976).

This paper presents the results of an investigation of morainic soils from southern Victoria Land, Antarctica. The textures, weathering, and chemical species of the soils were examined using electron microscopes and an energy dispersive X-ray analyzer. The purpose of this report is to show typical textures of morainic soils, to characterize these textures, and to discuss them.

MATERIALS AND METHODS

The morainic soils were collected at various places in the lower Wright Valley (soils 2 and 3), in Beacon Valley (soils 1 and 4), and in the first lateral valley on the northwest side of Beacon Valley (soils 5 and 6), as shown in Figure 1. The soils were brought back to the laboratory and kept at room temperature. They were neither ground nor etched.

For scanning electron microscopy, a portion of each soil sample was spread to suitable density on a double-coated tape stuck on the sample mount. The sample was then coated with chromium vapor (or palladium- gold 40:60) to a thickness of about 100 Å by a conventional shadowing technique. It was then examined with a Hitachi-Perkin-Elmer scanning electron microscope equipped with an energy dispersive X-ray analyzer.

Common elements such as Na, Mg, Al, Si, P, S, Cl, K, Ca, Ti, Cr, Mn, Fe, Co, Ni, Cu, Pd, and Au in the soil samples were determined using the energy dispersive X-ray analyzer. X-ray mapping was done to determine the elemental distribution of the grains of soil and to identify salt efflorescences. An accelerating voltage of 20 kV was used in this examination.

The limit of detectability for this examination was determined using standard clay minerals such as dickite 15c and montmorillonite 23, and was found to be 0.1% for Na and K, and 0.01% for Fe. Element identification was carried out by area analysis and spot analysis. The diameter of the beam spot for the spot analysis was determined using an NaCl crystal, and found to be 0.05 μm. The three elements used in shadowing, Cr, Pd and Au, were detected, but P, Co and Ni were not found in the soil samples. Some of the elements Na, Mg, Al, Si, S, Cl, K, Ca, Ti, Mn, and Fe were determined to be in the soil samples.

Fine grains of soil were examined using a transmission electron microscope, and the electron diffraction patterns obtained were analyzed. Amorphous materials were not found in the soils.

EXAMINATION AND DISCUSSION

Lower Wright Valley

The soil in the lower Wright Valley formed through comminution resulting from glacier transport and possibly through frost action after soil deposition. According to Nichols (1971), the Trilogy Glaciation occurred at least 7000 years ago; thus the soil is younger than 7000 years.

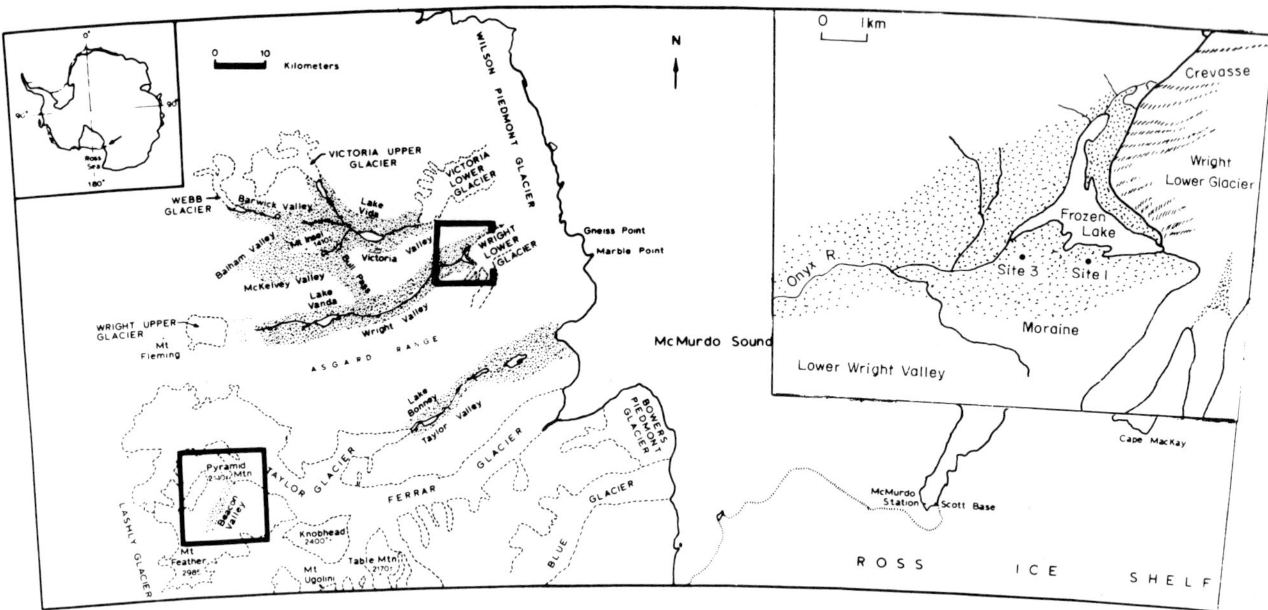

FIG. 1. Morainic soils were collected in the lower Wright Valley and Beacon Valley, Antarctica.

Soil samples 2 and 3 were collected at two sites around a shallow lake in the lower Wright Valley, near the base of Wright Lower Glacier (Fig. 1). During the warmest part of the summer, an intermittent stream, the Onyx River, flows from the shallow lake into Lake Vanda. Soil 2 was collected from the morainic complex of the Trilogy Glaciation at site 3 about 2 km from the Wright Lower Glacier. The soil is sandy and grayish brown under dry field conditions (2.5 Y 5/2 using the Munsell color notation). The soil temperature varied from -5°C to -14°C at the surface, and was -20°C at the top layer of the permafrost on 2 November 1969. Soil 3 was collected at site 1, which has a lower elevation than site 3. This soil is sandy and light brownish gray (2.5 Y 6/2) under dry field conditions. The soil temperature varied from -3°C to -13°C at the surface and was -17°C at the top layer of the permafrost on 2 November 1969. The depth of the top layer of the permafrost at these sites was 29 to 39 cm.

A typical scanning electron micrograph (Fig. 2a) of soil 2 shows grains having sharp edges, indicating weak mechanical and chemical weathering and thus a young age. Figure 2b shows the energy dispersive X-ray pattern obtained by area analysis (6x5 μm) of the large grain in Figure 2a, which indicates Si, Al and K. A transmission electron micrograph (Fig. 2c) of soil 2 also shows grains having sharp edges and weak weathering. Figure 2d shows the electron diffraction pattern of the large grain in Figure 2c, which indicates a hexagonal net pattern. Magnetite and quartz were found. Iron, $CaCl_2$ and KCl were found in 7% of the grains. Soil 2 is described as an ahumic, saline soil.

The grains of soil 3 (Fig. 2e), from site 1, have angular fragments and smooth surfaces formed through comminution of the soil during glacial transport and frost action after deposition. The grains of soil 3 have sharper edges, less chloride and less weathering than those of soil 2. Figure 2f shows the energy dispersive X-ray pattern obtained by area analysis (6x5 μm) of the large grain in Figure 2e, which indicates Na, Mg, Al, Si, K, Ca, Ti and Fe. No chloride was found in soil 3. However, particles of quartz, magnetite and silicate minerals were found. Soil 3 is younger than soil 2, as may be seen clearly in Figure 2e, and from the criteria presented in previous publications (Ugolini 1963, Ugolini and Anderson 1973).

Beacon Valley

Soils 1 and 4 were collected in Beacon Valley (Fig. 1), where soils formed through glacier transport. Soil 1 was selected from a <2-mm fraction, and is light reddish brown (5 YR 6/3) under dry field conditions. The soil is sandy, ahumic and saline. Soil 4 is pale yellow (2.5 Y 7/4) and sandy, showing extensive salt efflorescence.

By contrast, a typical electron micrograph (Fig. 3a) of soil 1 shows rounded grains that have been subjected to a high degree of mechanical and chemical weather-

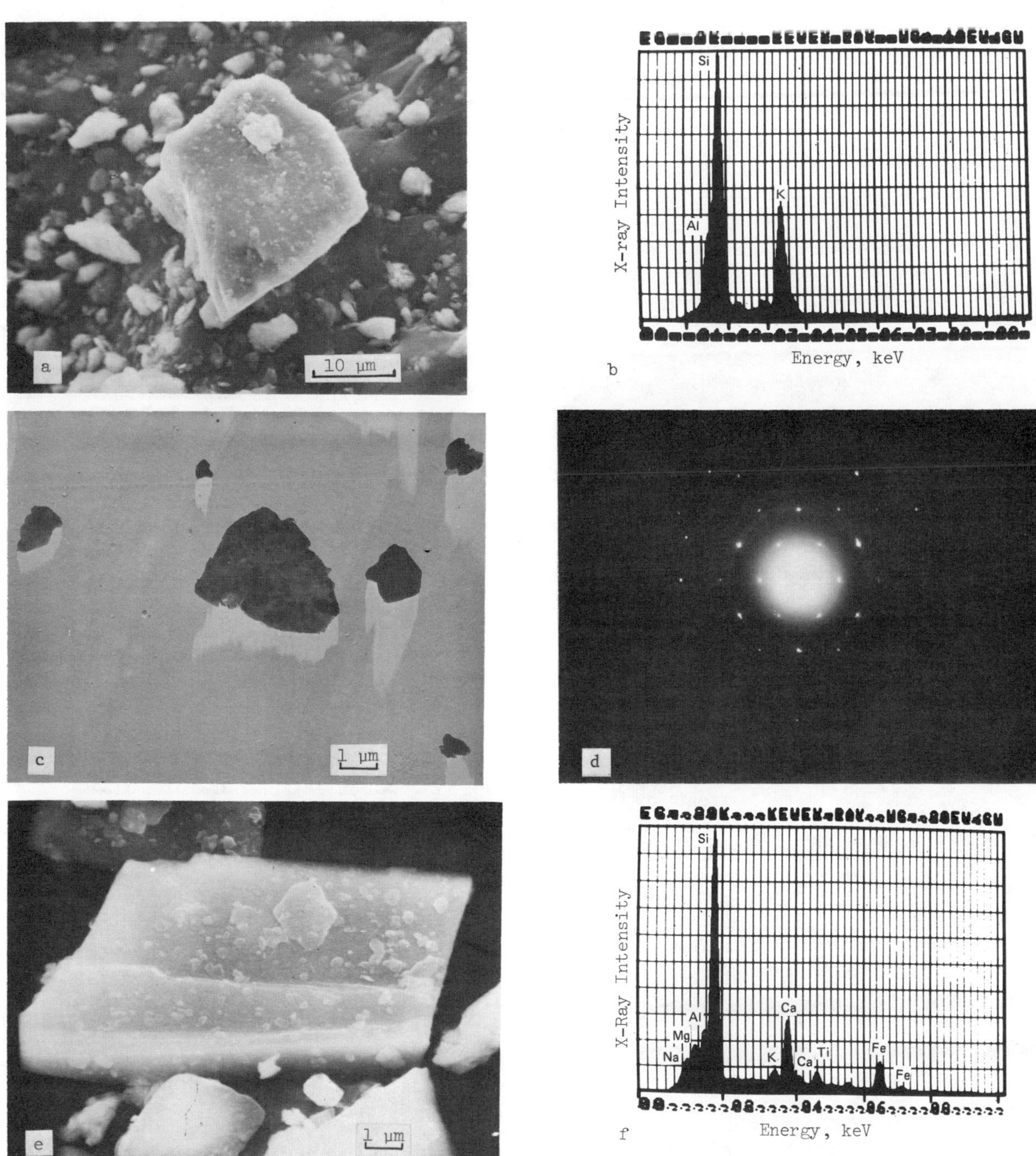

FIG. 2. Morainic soils in the lower Wright Valley. a) Grains of soil 2 having sharp edges, and b) the energy dispersive X-ray pattern of the largest grain. c) Transmission electron micrograph of grains of soil 2 and d) the electron diffraction pattern of the largest grain. e) Grains of soil 3 having sharp edges and smooth surfaces, and f) the energy dispersive X-ray pattern of the largest grain.

ing. The energy dispersive X-ray pattern (Fig. 3b) of the grain in Figure 3a indicates Mg, Al, Si, Cl, K, Ca and Fe. Chlorides such as $CaCl_2$, $MgCl_2$ and KCl were found on 14% of the soil grains. Sulfur and salt efflorescences were absent from the soil grains.

Soil 4 shows salt efflorescence on rounded grains, indicating a high degree of mechanical and chemical weathering. Salt efflorescence in the form of rhombohedral crystals (Fig. 3c) found on many of the rounded soil grains was identified as $CaSO_4$ using energy dispersive X-ray analysis (Fig. 3d). Rhombohedral crystals ($CaSO_4$) were found on 60% of the soil grains. A backscattered electron image (Fig. 3e) of soil 4 shows a cubic crystal, rounded grains, a line (x) along which a

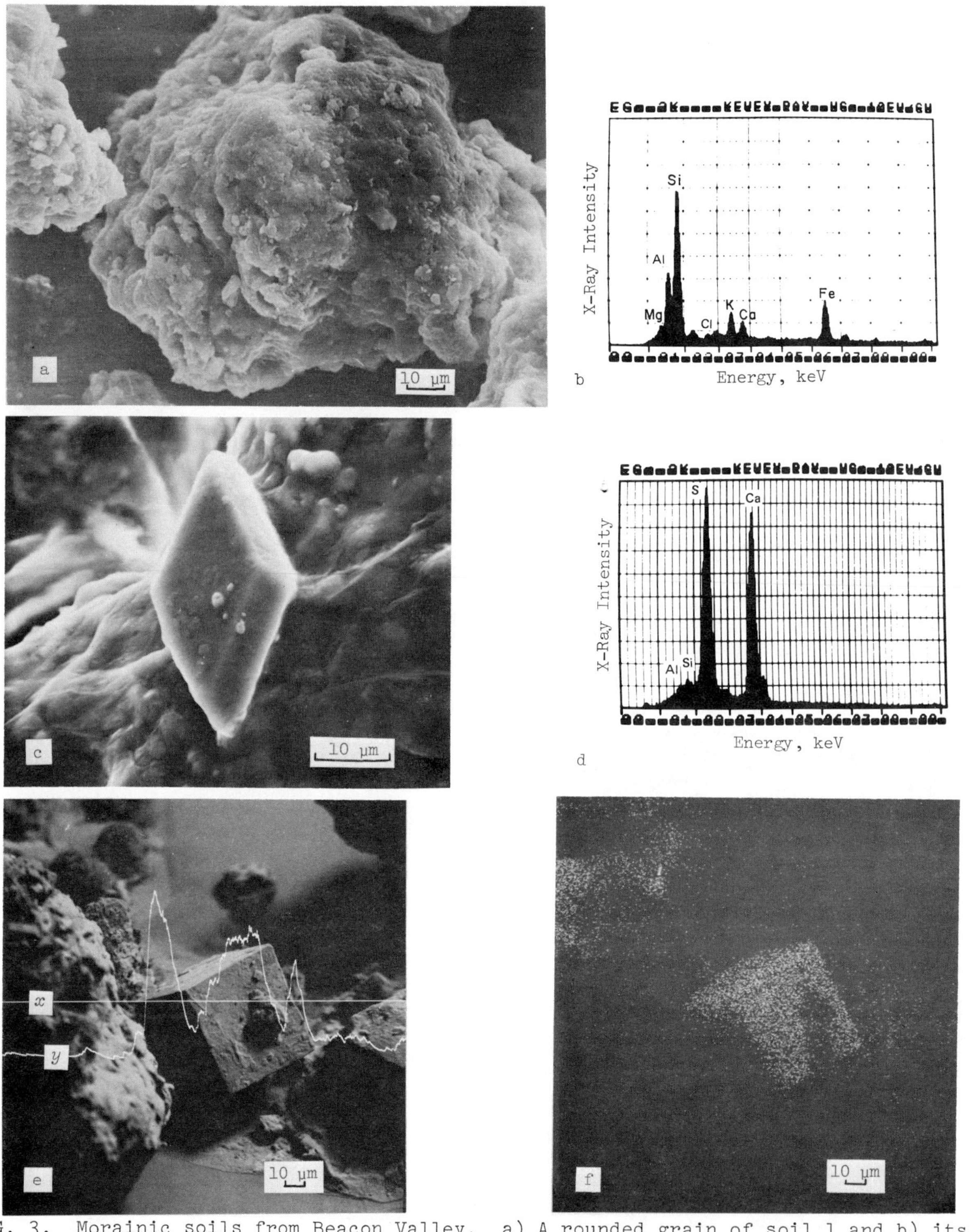

FIG. 3. Morainic soils from Beacon Valley. a) A rounded grain of soil 1 and b) its energy dispersive X-ray pattern. c) A $CaSO_4$ crystal on a grain of soil 4 and d) its energy dispersive X-ray pattern. e) An NaCl crystal among grains of soil 4 with a line scan of the Na X-ray and f) the Cl X-ray map.

scan was made, and a line scan (y) of the Na X-ray. The line scan indicates that the cubic crystal is an Na compound. The Cl X-ray map (Fig. 3f) concludes that the cubic crystal is NaCl. Chloride distributions on some grains of soil 4 are seen in the map. Chlorides such as KCl, NaCl and $CaCl_2$ were found on 30% of the soil grains. The soil grains were about 20% quartz. These soils from the Beacon Valley are described as ahumic and saline.

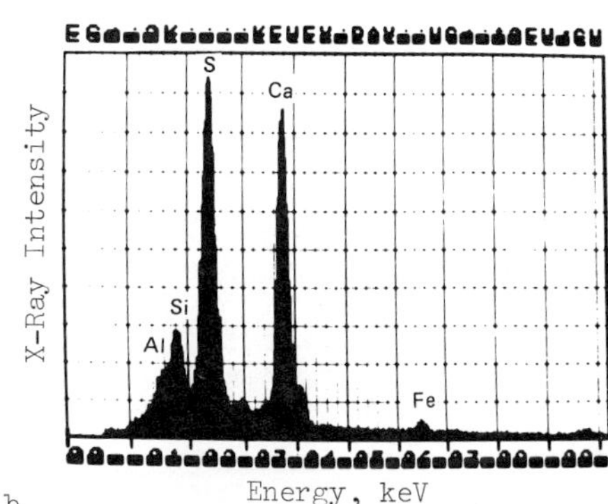

b

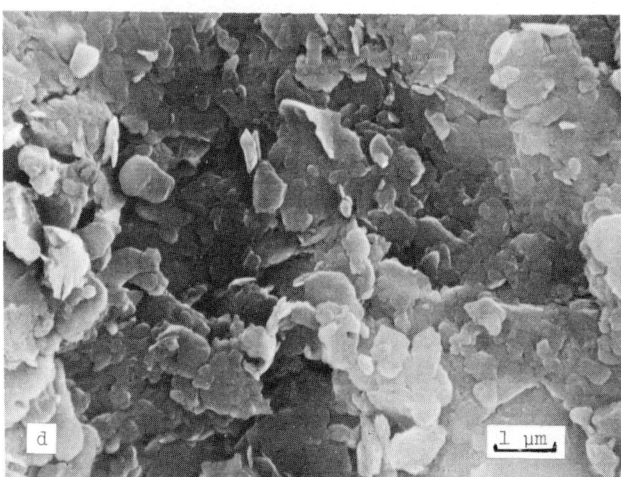

FIG. 4. Morainic soils from lateral valley, northwest side of Beacon Valley. a) $CaSO_4$ crystal on a grain of soil 5 and b) its energy dispersive X-ray pattern. c) Rounded grains of soil 6 and d) an enlargement.

Lateral Valley

Morainic sandy soils 5 and 6 were collected on an alluvial fan in the first lateral valley on the northwest side of Beacon Valley. Soil 5 is a surface soil (0 to 6 cm deep) and is reddish brown (5 YR 4/4) under dry field conditions. Soil 6 (6 to 136 cm deep) is from below the surface and is reddish brown (5 YR 5/4). Soils 5 and 6 were examined using the scanning electron microscope and the energy dispersive X-ray analyzer to observe their differences with depth.

Soil 5 has rounded grains, indicating a high degree of weathering. A scanning electron micrograph (Fig. 4a) showed a crystal 8 μm in diameter resting on a grain of soil 5; the crystal was confirmed to be $CaSO_4$ by energy dispersive X-ray analysis (Fig. 4b). Salt efflorescence ($CaSO_4$) was found on 60% of the grains. Chlorides were absent. The soil grains were 20% quartz.

Soil 6 has rounded grains, showing a high degree of weathering. No salt efflorescence was seen in a scanning electron micrograph of the soil grains (Fig. 4c) or in an enlargement of a portion of the micrograph (Fig. 4d). The soils were free of salt efflorescence and chlorides. The soil grains were 25% quartz. Salt efflorescences ($CaSO_4$) were found in the surface soil but not in the deeper soil. This was the main difference observed between the surface soil and the deep soil. Soils 5 and 6 were classified as sandy and evaporite soils.

CONCLUSIONS

Morainic soils 2 and 3 from the lower Wright Valley had grains with sharp edges and fresh, smooth surfaces, indicating a low degree of weathering. Morainic soils 1 and 4 from Beacon Valley and soils 5 and 6 from the lateral valley both had rounded grains, indicating a higher degree of weathering. Because of the low degree of weathering, it was concluded that the morainic soils from lower Wright Valley are much younger than those from Beacon Valley and the lateral valley.

In the examination of differences of soil grains with depth, extensive salt efflorescence was found on the surface soil, but not on the deep soil. The chlorides and sulfates on the grains of surface soil may have been supplied from the atmosphere. They were probably supplied by sea spray, by wind, and by the condensation nuclei of snow crystals (Kumai 1976) over a long period, and were crystallized as salt efflorescences on the soil grains after sublimation of snow in the severely cold and arid climate of Antarctica. Amorphous, porous, friable volcanic materials were not found in the morainic soils.

ACKNOWLEDGMENTS

This research was supported by DA Project 4A161102AT24 and by National Science Foundation Grant GV-30058. The authors thank Dr. H. Kimura, Dr. S. Katagiri, and Mr. Y. Tukada of Hitachi, Ltd, and Mr. N. Shikashio and Mr. N. Naito of Hitachi-Perkin-Elmer Corporation, for their kind help in this research.

REFERENCES

CLARIDGE, G.G.C. 1965. The clay mineralogy and chemistry of some of the soils from the Ross Dependency, Antarctica. New Zealand J. Geol. Geophys. 8, pp. 186-220.

GLAZOVSKAIA, M.A. 1958. Weathering and primary soil formation in Antarctica. Scientific Paper of the Inst., Moscow Univ., Faculty of Geog. 1, pp. 63-76.

JENSEN, H.I. 1916. Report on Antarctica soils. British Antarctica expedition 1907-1909. Geology 2, pp. 89-92.

JONES, L.M., J.A. Whitney, and J.C. Stormer, Jr. 1973. A volcanic ash deposit, Wright Valley. Antarctic Journal of the United States VIII(5), pp. 270-272.

KELLY, W.C. and J.H. Zumberge. 1961. Weathering of a quartz diorite at Marble Point, McMurdo Sound, Antarctica. J. Geol. 69, pp. 433-446.

KUMAI, M. 1976. Identification of nuclei and concentrations of chemical species in snow crystals sampled at the South Pole. Journal of Atmospheric Science 33(5), pp. 833-841.

KUMAI, M., D.M. Anderson and F.C. Ugolini. 1976. Examining Antarctic soils with a scanning electron microscope. Antarctic Journal of the United States XI(4), pp. 249-252.

MCGRAW, J.D. 1960. Soils of the Ross Dependency, Antarctica. New Zealand Soc. Soil Sci. Proc. 4, pp. 30-35.

NICHOLS, R.L. 1971. Glacial geology of the Wright Valley, McMurdo Sound. In Research in the Antarctic. American Association for the Advancement of Science Publication 93, pp. 292-340.

TEDROW, J.C.F. and F.C. Ugolini. 1966. Antarctic soils. Antarct. Res. Ser. 8, pp. 161-177.

UGOLINI, F.C. 1963. Soil investigation in the Lower Wright Valley, Antarctica. Permafrost: Proceedings, International Conference, Purdue University. National Academy of Sciences, Washington, D.C., pp. 55-61.

UGOLINI, F.C. and D.M. Anderson. 1973. Ionic migration and weathering in frozen Antarctic soils. Soil Science 115, pp. 461-470.

AN NMR STUDY OF THE PHASE TRANSITION OF WATER IN MODELS AND IN FROZEN CLAYS

V.I. Kvlividze, V.F. Kiselev, A.V. Krasnushkin, A.B. Kurzaev and L.A. Ushakova
Moscow State University, U.S.S.R.

The study of ice fusion in frozen earth materials is part of the general problem concerning phase transitions in highly dispersed heterogeneous systems. For such materials the contribution of surface atoms and molecules to the thermodynamic functions cannot be ignored, since it leads to an extension of the phase transition and a displacement of the transition point into the negative temperature region. The phase transitions in fine-grained ice, frozen water dispersions of silica powder and polyfluoroethylene resin, and in water-saturated clay minerals (montmorillonite and kaolinite) were studied by the NMR method. Also determined were the phase composition of the water component of the specimens at below-zero temperatures, the thickness of water films and the mobility of water molecules.

In the first approximation the lowering of the fusion point of ice on the surface of hydrophilic bodies does not depend on the radius of curvature of the ice surface but on the energy of interaction between water molecules and the solid body.

ÉTUDE PAR LA MÉTHODE DE RNM (RÉSONANCE NUCLÉAIRE MAGNÉTIQUE) DE LA TRANSFORMATION DE L'EAU DANS LES MODÈLES ET DANS LES ARGILES GELÉES

V.I. Kvlividze, V.F. Kiselev, A.V. Krasnushkin, A.B. Kurzaev, L.A. Ushakova,
Université d'État de Moscou, URSS

L'étude de la fonte de la glace dans les matériaux de sol gelés est une partie du problème général des transformations d'état dans les systèmes hétérogènes hautement dispersés. Pour de tels modèles, on ne peut négliger l'apport des atomes et des molécules de surface à la fonction thermodynamique, puisque celui-ci crée une prolongation de la transition d'une phase à l'autre et un déplacement du point de transition dans le domaine des températures négatives. Les transitions de phase dans la glace de granulométrie fine, dans les dispersions aqueuses gelées de fine poudre de silice et de plastique fluoré et dans les minéraux argileux saturés d'eau (montmorillonite et kaolinite) ont été étudiées par la méthode de RNM. La phase de la composante eau des échantillons aux températures négatives, l'épaisseur des pellicules d'eau et la mobilité moléculaire de l'eau ont également été définis. l'abaissement de la température de fusion de la glace à la surface des corps hydrophiles ne dépend pas dans la première approximation du rayon de courbure de la surface de la glace mais de l'énergie de l'interaction des molécules d'eau et des corps solides.

ИССЛЕДОВАНИЕ ФАЗОВОГО ПЕРЕХОДА ВОДЫ В МОДЕЛЬНЫХ ОБЪЕКТАХ И МЕРЗЛЫХ ГЛИНАХ МЕТОДОМ ЯМР

В.И. Квливидзе, В.Ф. Киселев, А.В. Краснушкин, А.Б. Курзаев, Л.А. Ушакова
Московский гос. университет, СССР

Изучение плавления льда в мерзлых породах есть часть общей задачи об особенностях фазовых переходов в высокодисперсных гетерогенных системах. Для таких объектов нельзя пренебрегать вкладом поверхностных атомов и молекул в термодинамические функции, который приводит к растягиванию фазового перехода и смещению точки перехода в область отрицательных температур. Методом ЯМР исследован фазовый переход в дисперсном льде, замороженных водных дисперсиях аэросила и фторопласта и в водонасыщенных глинистых минералах (монтмориллоните и каолините), определен фазовый состав водного компонента образцов при отрицательных температурах, оценены толщины водных пленок и подвижность молекул воды. Эффект понижения температуры плавления льда на поверхности гидрофильных тел в первом приближении не зависит от радиуса кривизны поверхности льда, а определяется энергией взаимодействия молекул воды с твердым телом.

ИССЛЕДОВАНИЕ ФАЗОВОГО ПЕРЕХОДА ВОДЫ В МОДЕЛЬНЫХ ОБЪЕКТАХ И МЕРЗЛЫХ ГЛИНАХ МЕТОДОМ ЯМР

В.И. Квливидзе, В.Ф. Киселев, А.В. Краснушкин, А.Б. Курзаев, Л.А. Ушакова

Московский государственный университет, физический факультет, СССР

Изучение процессов, протекающих на границе раздела вода-твердое тело, представляет большой интерес для мерзлотоведения и многих других областей науки и техники. Многочисленные исследования свойств воды в дисперсных системах однозначно указывают на устойчивое сосуществование в широком интервале отрицательных температур льда и фазы подвижной воды. Однако в литературе имеются противоречивые точки зрения как на характер и механизм структурных изменений в поверхностной фазе воды, так и на ее свойства.

Новые возможности в исследовании фазовых переходов открыло применение метода ядерного магнитного резонанса (ЯМР). Большая эффективность применения ЯМР к изучению фазового перехода твердое тело-жидкость обусловлена тем, что ширина спектра ЯМР при этом переходе уменьшается на несколько порядков (Абрагам, 1963). Последнее позволяет использовать спектры ЯМР для определения фазового состава образца. В данной работе рассмотрены результаты изучения методом ЯМР фазового перехода лед-вода в модельных как неорганических так и биологическом объектах и глинах с целью выяснения природы понижения температуры плавления льда в дисперсных системах и, в частности, в мерзлых породах.

ОБЪЕКТЫ ИССЛЕДОВАНИЯ

Для решения поставленной задачи исследовалось состояние воды как в пористых, так и в непористых адсорбентах, на границе раздела с гидрофильными и гидрофобными твердыми телами, а также на границе лед-пар. В качестве объектов исследования были выбраны следующие системы: дисперсный лед; водные дисперсии фторопласта, аэросила, монтмориллонита и каолинита; адсорбционные пленки на поверхности аэросила, силикагеля и каолинита, а также растворы белка.

Свойства образцов были следующими. Дисперсный лед имел удельную поверхность $S \sim 30 м^2/г$. Подробная методика приготовления образцов льда опубликована ранее (Kvlividze et al., 1974). Дисперсия фторопласта была приготовлена из сферических частиц средним диаметром 35 нм. Методика приготовления дисперсии фторопласта описана В.А. Пчелиным (1970), характеристики образцов А.Б. Курзаевым и др. (1973). Дисперсия аэросила состояла из частиц средним диаметром 20 нм, что соответствует $S \sim 140 м^2/г$ аэросила, поверхность частиц на 1 г воды составляла $\sim 20 м^2$ (Квливидзе и др., 1974). Для приготовления дисперсии монтмориллонита использована Na - форма аскангеля ($S \sim 600 м^2/г$). Поверхность частиц на 1 г воды составляла $\sim 30 м^2$. Каолинитовые дисперсии приготовлялись из образца каолинитовой глины ($S \sim 25 м^2/г$) в кальциевой форме. Для уменьшения фона ОН-групп минерал был частично дейтерирован. Изучались образцы с содержанием воды 3,3 и 30 ммоль на 1 г сухой глины. Подробное описание образцов Ca-каолинита дано В.И. Квливидзе и др. (1972). Использованный силикагель марки КСК-3 является однородно-крупнопористым адсорбентом ($S \sim 340 м^2/г$, средний диаметр пор 7 нм, влагосодержание образца 44 ммоль H_2O/г силикагеля (Квливидзе, Киселев, 1967).

Кроме того, мы исследовали 2,5% растворы белка - альбумина из сыворотки человека (Курзаев и др., 1975).

Для снятия спектров ЯМР образцы помещались в стеклянные ампулы и запаивались. В случае образцов с адсорбированной водой ампулы заполнялись гелием с целью улучшения теплообмена при замораживании образцов.

МЕТОДИКА ПОЛУЧЕНИЯ СПЕКТРОВ ЯМР И ОБРАБОТКИ РЕЗУЛЬТАТОВ

Основные измерения спектров ЯМР выполнены на автодинном спектрометре широких линий. Прибор регистрирует производную сигнала поглощения, рабочая частота спектрометра 12,5 Мгц. Измерения проводились в температурном интервале 80-272 К. Измерения ширины $\Delta\nu$ узких линий выполнялись на спектрометрах высокого разрешения.

Спектры протонного магнитного резонанса систем адсорбент-вода обычно состояли из нескольких сигналов, принадлежащих соответственно неподвижным молекулам H_2O (широкая линия), подвижным молекулам H_2O (узкая линия) и протонам ОН-групп адсорбента. Для получения спектра собственно молекул воды необходимо вычесть линию ОН - групп из суммарного сигнала. Пренебрежение вкладом ОН-групп в регистрируемый сигнал ЯМР может привести к ошибочному выводу о существовании подвижных молекул воды даже при температуре жидкого азота, как это было сделано, например, в работе (Pearson, Derbyshire, 1974). Если спектр состоит из нескольких линий различной ширины (рис. 1), то относительная интегральная интенсивность каждого компонента дает возможность вычислить долю ядер, его обусловливающих.

На спектрометре широких линий в большинстве случаев происходит перемодуляция узкого компонента и, следовательно, искажение формы линии. Однако перемодуляция линии не вносит ошибки в определение ее интегральной интенсивности, так как пропорциональность между интегральной интенсивностью линии и амплитудой модуляции сохраняется и при больших величинах модуляции, когда форма линии искажена. Это обстоятельство очень важно в интересующем нас случае сложного спектра: относительные интегральные интенсивности компонентов спектра не зависят от амплитуды модуляции. Таким образом, долю подвижных молекул можно определить по спектру, записанному при перемодуляции узкой линии. Относительная интегральная интенсивность узкой линии вычислялась численным интегрированием с помощью ЭВМ.

При температурных измерениях спектров ЯМР необходимо считаться с возможностью существования темпера-

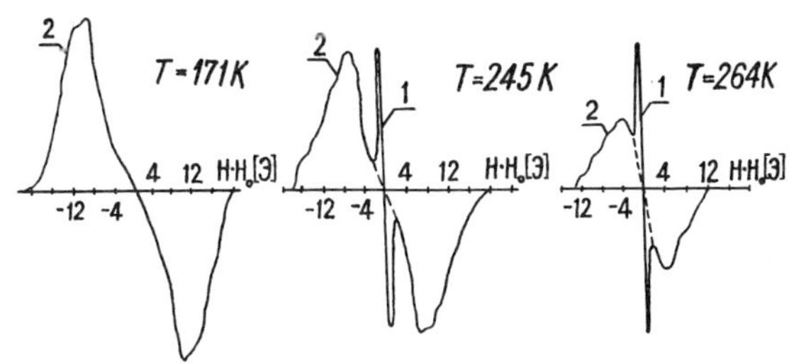

Рис. 1. Производная сигнала поглощения ЯМР водной дисперсии Na - монтмориллонита при разных температурах
1 - узкая компонента; 2 - широкая

турного гистерезиса, т.е. зависимости результатов измерения от предшествующего температурного режима образца. Во избежание неоднозначности результатов температурная эволюция спектров всегда изучалась в стандартном режиме при нагреве образца от 77 K до температуры опыта.

РЕЗУЛЬТАТЫ ЭКСПЕРИМЕНТА

При T = 77 K сигнал ЯРМ протонов воды во всех исследуемых объектах состоит из одного широкого компонента, который обусловлен неподвижными молекулами замороженной воды. Характерной особенностью температурных изменений спектров для всех исследованных систем является появление узкого компонента (подвижной фазы воды) при температурах ниже 273 K и сосуществование в определенном температурном интервале узкого и широкого компонентов спектра. В качестве примера на рис. 1 представлены спектры системы вода - Na - монтмориллонит при различных температурах. Видно, что с возрастанием температуры интенсивность узкого компонента возрастает, а широкого убывает.

На рис. 2 приведена зависимость относительного содержания подвижных молекул воды N_n от обратной температуры для различных образцов. Первые точки в области низких температур соответствуют уверенной регистрации узкого компонента. Если в гетерогенной системе существуют только границы лед-пар или лед-гидрофобный материал, то возникновение подвижных молекул воды фиксируется при температурах выше 250 K, т.е. на 15-20 K ниже температуры плавления льда при нормальных условиях. Если лед контактирует с гидрофильными материалами, в том числе с белковыми макромолекулами, то подвижность молекул появляется при температурах 170-190 K, т.е. на 50-100 K ниже температуры плавления льда.

В области T < 260 K (см. рис. 2) закон изменения N_n для всех гидрофильных объектов один и тот же. Зависимость числа подвижных молекул в области температур 180-260 K подчиняется уравнению

$$N_n = N_0 \exp\left(-\frac{E_1}{RT}\right), \tag{1}$$

здесь E - энергия активации перехода молекул в подвижное состояние, R - газовая постоянная. Для этого интервала температур $E_1 \sim 6{,}7$-$7{,}5$ МДж/кмоль, что не сильно отличается от теплоты плавления льда (6,1 МДж/кмоль). Резкое возрастание N_n при T > 260 K соответствует началу плавления основной массы льда.

Интересно сопоставить результаты, полученные для адсорбированной воды и водной дисперсии того же адсор-

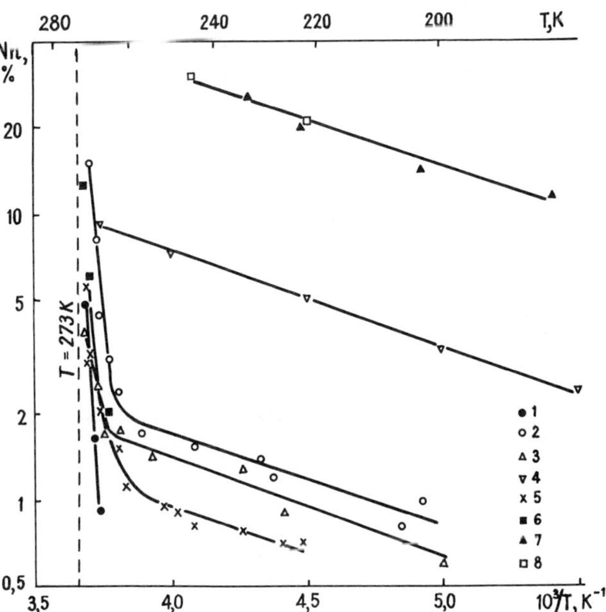

Рис. 2. Зависимость содержания подвижной фазы воды от обратной температуры для дисперсий фторопласта (1), аэросила (2), Na - монтмориллонита (3), Ca - каолинита (4), 2,5% раствора белка - сывороточного альбумина (5), дисперсного льда (6) и образцов с адсорбированной пленкой воды на аэросиле (7) и Ca - каолините (8).

бента. Такое сопоставление мы можем сделать на примере аэросила и каолинита. Как видно из рис. 2, наклон прямых $\log N_n$ (1/T) для водных дисперсий и адсорбционных пленок одинаков. Этот факт указывает на одинаковый механизм возникновения подвижных молекул воды в адсорбционных пленках, когда наряду с границей раздела твердое тело-вода имеется граница раздела вода - -пар, и в водных дисперсионных системах, когда такой границы нет. Следует отметить, что абсолютное количество подвижной воды, приходящейся на 1 м^2 поверхности адсорбента при данной температуре для адсорбционной пленки и замороженной водной дисперсии совпадает в пределах ошибок эксперимента.

Помимо температурной зависимости концентрации подвижных молекул, мы исследовали изменения ширины линии узкого компонента. На рис. 3 приведены данные для дисперсии аэросила и каолинита. В области T<260 K ширина узкой линии ЯМР $\Delta\nu$ для всех гидрофильных систем подчиняется зависимости вида:

$$\Delta\nu = (\Delta\nu)_0 \exp\frac{E_2}{RT}, \tag{2}$$

где E_2 - энергия активации молекулярного движения. Величина E_2 составляет соответственно 18 и 19 МДж/кмоль для дисперсий аэросила и каолинита, в то время как E_1, определенная по уравнению (1), не превышает 7,5 МДж/кмоль.

Существует несколько гипотез относительно природы регистрируемых подвижных молекул воды: а) диффузия молекул по поверхности, не сопровождающаяся образованием новой фазы (Resing, 1967, 1972); б) диффузия дефектов в объеме кристаллов льда; в) образование зародышей жидкой фазы, т.е. начало плавления льда. Обсуждение первой гипотезы дано ранее (Kvlividze, 1971),

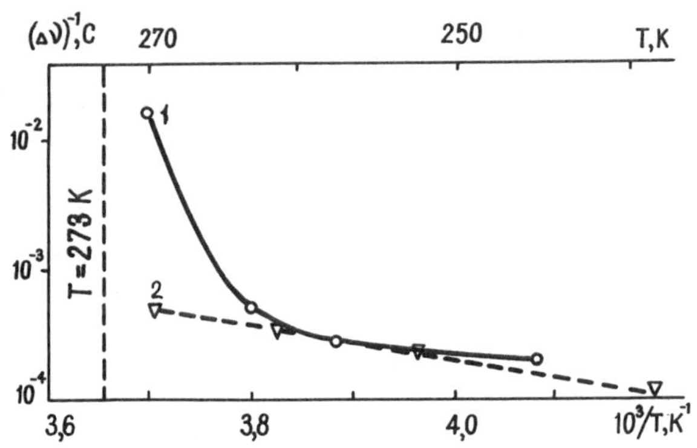

Рис. 3. Температурные зависимости ширины узкой линии спектра в водных дисперсиях аэросила (1) и Ca - каолинита (2).

где показано, что она не может объяснить всей совокупности экспериментальных фактов. Механизм объемной диффузии дефектов также не соответствует наблюдаемым фактам (Квливидзе и др., 1972), поскольку энергия активации образования дефектов E_1 в уравнении (1) должна быть больше энергии активации движения E_2 из уравнения (2). А как следует из приведенных выше значений E_1 и E_2, мы имеем обратное соотношение.

Наиболее вероятен третий механизм - плавление поверхностной фазы льда. В пользу этого свидетельствуют прежде всего исследования теплоемкости систем адсорбент - вода как для непористых (Plooster, Gitlin, 1971), так и для пористых адсорбентов (Березин и др., 1972). В этих работах показано наличие аномалии теплоемкости, связанной с плавлением льда в адсорбционном пространстве.

Из измерений ширины линии узкого компонента могут быть получены оценки времени корреляции, которые характеризуют степень подвижности молекул воды, дающих вклад в узкий компонент спектра ЯМР. Так, например, для дисперсии фторопласта при T = 270 K время корреляции $\tau_c \leqslant 10^{-10}$ с. Для дисперсного льда $\tau_c \leqslant 10^{-11}$с при этой же температуре (Kvlividze et al., 1974). Для сравнения укажем, что чистая вода имеет $\tau_c \sim 10^{-12}$ с, а для кристаллического льда $\tau_c \sim 10^{-4}$ с. К сожалению, для других систем, в том числе для мерзлых пород, надежных оценок τ_c получить не удается, так как наблюдаемая ширина линии протонного резонанса определяется не подвижностью молекул воды, а парамагнитными загрязнениями (Krasnushkin, Kvlividze, 1971; Pfeifer, 1972, 1976) или другими побочными факторами.

Пренебрежение уширением линий за счет этих факторов при расчете приводит к завышению получаемых времен корреляции иногда на несколько порядков величины. На самом же деле для таких сложных гетерогенных систем с парамагнитными примесями можно получить только максимальное значение времени корреляции, которое имеет порядок 10^{-9} с.

При сравнении данных для дисперсий различной концентрации и образцов с адсорбированной водой было обнаружено, что абсолютное количество подвижных молекул при данной температуре и достаточно больших возможностях не зависит от общего содержания воды в системе. Следовательно, жидкая фаза образуется на межфазной границе, а не в объеме льда.

Все вышеизложенное доказывает, что подвижные молекулы являются зародышами жидкой фазы и появляются на границе раздела лед-гидрофильная поверхность при температурах 170-190 K, а на границе раздела лед-пар или лед-гидрофобная поверхность при температурах (250-260) K (Киселев и др., 1973).

Различный характер кривых N_n (1/T) (см. рис. 2) для гидрофобных частиц фторопласта и дисперсного льда, с одной стороны, и для гидрофильных систем, с другой, свидетельствует о важной роли активных центров поверхности в образовании зародышей подвижной фазы воды. Мы оценили количество подвижных молекул воды на активный центр в различных образцах. Так, в аэросиле и Ca-каолините на активный центр (OH-группу) приходится при T=238 K соответственно ~5 и ~7 подвижных молекул. При расчете мы не учитывали наиболее активные первичные центры адсорбции, так как их число по крайней мере на порядок меньше числа OH-групп (Киселев, 1970; Склянкин, Киреев, 1972).

Аналогичные результаты получены при исследовании замороженных растворов белка (Курзаев и др., 1975). Из рис. 2 (кривая 5) следует, что качественный характер изменения N_n (1/T) для этого объекта такой же, как и для неорганических материалов. В белках роль активных центров играют полярные аминокислотные остатки (Гауровиц, 1967). Оказалось, что число подвижных молекул воды, приходящихся при 238 K на полярный аминокислотный остаток, составляет ~5, т.е. близко к соответствующим величинам для неорганических материалов. Как видно, подвижная фаза воды в биополимере не обладает какой-либо спецификой по сравнению с неорганическими системами.

Из этой последовательности несколько выпадают данные для Na-монтмориллонита. Если считать активными центрами поверхности монтмориллонита обменные катионы, то на один обменный катион при T=238 K приходится ~20 подвижных молекул воды. Мы считаем, что такое отличие связано с тем, что обменные катионы не являются единственными адсорбционными центрами в монтмориллонитах (Mooney et al., 1952, Красильников, Скоблинская, 1972).

Рассмотрим теперь другой предельный случай - появление подвижной фазы воды на границе раздела лед-гидрофобная поверхность фторопласта. Оказалось, что зависимость N_n (1/T) для фторопласта практически совпадает с соответствующей зависимостью для полидисперсного льда. Как было показано (Fletcher, 1968), на поверхности льда при отрицательных температурах возникает подвижная фаза воды, что связывалось с нарушенной структурой приповерхностной области кристаллитов льда. Факт близости кривых N_n (1/T) для льда и фторопласта указывает на сходство свойств поверхности чистого льда и границы раздела лед-фторопласт. Гидрофобная поверхность практически не оказывает влияния на формирование подвижной фазы воды и плавление всей массы льда. Роль гидрофобного материала сводится, по-видимому, лишь к образованию поверхности, по своим свойствам близкой к свободной поверхности льда или воды. Так называемые гидрофобные взаимодействия определяются, по-видимому, силами поверхностного натяжения этой поверхности воды.

Исходя из величин поверхности раздела твердое тело-лед и относительного содержания подвижных молекул воды, можно приближенно оценить толщину пленки воды около поверхности раздела твердое тело-лед (рис. 4). При этих расчетах мы принимали толщину монослоя воды равной 0,3 нм и нормальную плотность воды за пределами монослоя. Из рис. 4 видно, что все гидрофильные твердые тела характеризуются появлением пленки воды при температурах 170-190 K. Толщина пленок воды в области T ~260 K составляет 0,8 - 2 нм, т.е. имеет тот же порядок, что и толщина пленок, где изменена подвижность молекул воды при комнатной температуре (Olejnik, White, 1972; Morariu, Mills, 1972). Таким

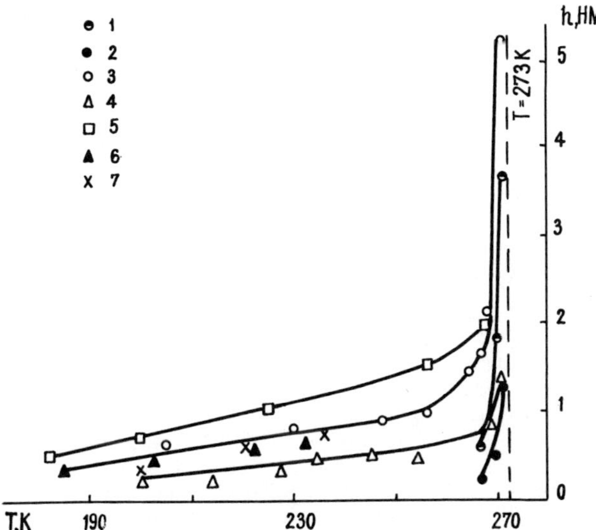

Рис. 4. Зависимость толщины слоя подвижной воды от температуры для дисперсного льда (1), замороженных водных дисперсий: фторопласта (2), аэросила (3), Na - монтмориллонита (4), Ca -каолинита (5), образцов аэросила (6), силикагеля (7) с адсорбированной водой

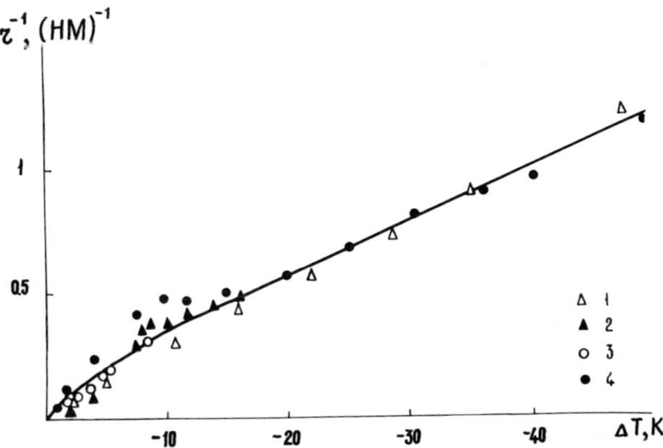

Рис. 5. Зависимость величин обратных радиусов пор от понижения температуры плавления воды по данным дилатометрических (1) (Puri et al., 1957) и калориметрических (2-4) (Бакаев и др., 1959) измерений.
1, 2, 3, 4 - силикагели, 3 - непористый аэросил.

образом, изучение плавления льда в дисперсных системах показывает, что влияние гидрофильной поверхности на свойства прилегающих слоев воды ограничено несколькими молекулярными слоями. Все эти данные не подтверждают распространенной точки зрения о существовании на поверхности толстых пленок воды, обладающих аномальными свойствами (Schufle et al., 1976).

Рассмотренный выше экспериментальный материал по температурным изменениям спектров ЯМР и калориметрическим измерениям скорее всего указывает на существование фазового перехода в поверхностной фазе воды типа плавления, а не является "кажущимся" эффектом, свойственным методу ЯМР, как это предполагалось (Resing, 1967, 1972; Pfeifer, 1972, 1976). Плавление льда начинается с межфазной границы. Для кристаллов с большой удельной поверхностью фазовый переход имеет размытый характер, так как заметное количество жидкой фазы наблюдается в некотором интервале температур ниже 273 К. Это связано с гетерогенностью вещества на межфазовой границе.

Проблема "размытых" фазовых переходов подробно рассмотрена в монографии Б.Н. Ролова (1974), где показано, что основным размывающим фактором является неоднородность физического состояния вещества. Особенно сильно неоднородность должна проявляться в системе, состоящей из малых объемов различного размера и различной формы, т.е. в дисперсной среде. Как следует из теоретического рассмотрения фазовых переходов, в системе конечных размеров точечные фазовые переходы вообще не осуществляются и, следовательно, чем меньше образец, тем более размыт соответствующий фазовый переход (Фишер, 1968, Hill, 1963). Теоретическое рассмотрение результатов наших экспериментов затруднено отсутствием общей теории плавления твердых тел (Уббелоде, 1969).

Во многих исследованиях (см., например, обзор в книге Киселева, 1970) понижение температуры фазового перехода воды ΔT в пористых телах объяснялось понижением упругости паров воды над менисками в капиллярах с радиусом r. В.А. Бакаевым и др. (1959) было показано, что теория капиллярной конденсации не в состоянии дать однозначное объяснение экспериментальным зависимостям $\Delta T(r)$. Как следует из рис. 5, взятого из этой работы, на экспериментальную зависимость $1/r\,(\Delta T)$ для пористых силикагелей хорошо укладываются данные для непористых дисперсных тел (аэросилы). Было показано (Бакаев и др., 1959, Квливидзе, Киселев, 1967, Киселев, 1970), что явление понижения температуры плавления адсорбированной фазы более непринужденно можно интерпретировать независимо от формы мениска как общее свойство вещества в дисперсном состоянии. Данные рис. 4 подтверждают эту точку зрения. Толщина пленок h на пористом адсорбенте - силикагеле, совпадает с h для непористого аэросила. В согласии с представлениями Таммана - Фольмана температура плавления дисперсной поверхностной фазы при прочих равных условиях будет зависеть от характеристического размера этой фазы h. Ряд размерных поверхностных эффектов рассмотрен в книге Киселева (1970).

Понижение температуры плавления ΔT малых частиц по сравнению с массивным образцом можно связать с зависимостью межфазной энергии от кривизны r. Например, для металлических сферических частиц оценить закон изменения $\Delta T/T_{\infty} \sim Ar^{-1}$ (Гладких, Ходкевич, 1971). Константа А зависит от параметров дисперсной фазы, которые, как правило, неизвестны. Качественно ход зависимости $\Delta T/T_{\infty}$ согласуется с данными рис. 5, но в рамках феноменологического рассмотрения наблюдаемое понижение температуры плавления льда на поверхности гидрофильных твердых тел количественно не может быть вычислено без знания коэффициентов поверхностного натяжения на межфазной границе (Чистотинов, 1973).

В конечных кристаллах, и тем более в дисперсных телах, процесс плавления начинается с поверхности раздела между частицами и паром или твердой фазой в случае адсорбционных пленок и дисперсий. Как указывают теоретические расчеты, средний квадрат амплитуды колебаний поверхностных атомов $\langle X_s^2 \rangle$ всегда выше, чем в объеме кристалла $\langle X_v^2 \rangle$ (Марадудин, 1968). Величина $\langle X_v^2 \rangle$, как известно, обратно пропорциональна квадрату температуры Дебая в приближении гармонического осциллятора. Поскольку $\langle X_s^2 \rangle > \langle X_v^2 \rangle$, температура Дебая для поверхностной фазы θ_{DS} ниже, чем для объема.

В дебаевском приближении начало плавления кристалла часто характеризуют температурой Линдемана (Марадудин, 1968)

$$T_{пл} \sim (a\,d)^2\, mk\theta_{DV}/3\bar{h}^2,$$

где $a \sim 0{,}1-0{,}2$; m - масса атома; d - среднее расстояние между атомами. Так как $\theta_{DS} < \theta_{DV}$, $T_{пл}$ на поверхности будет понижена. Особенно эти эффекты будут заметны в дисперсных частицах, когда роль поверхностных явлений резко возрастает.

ЛИТЕРАТУРА

АБРАГАМ А. 1963. Ядерный магнетизм. М., ИЛ, 552 с.

БАКАЕВ В.А., КИСЕЛЕВ В.Ф., КРАСИЛЬНИКОВ К.Г. 1959. Понижение температуры плавления воды в капиллярах пористого тела. - "Докл. АН СССР", т. 125, с. 831-834.

БЕРЕЗИН Г.И ., КОЗЛОВ А.А., КУЗНЕЦОВА Л.В. 1972. Калориметрическое исследование фазового перехода капиллярного конденсата. - В кн.: Поверхностные силы в тонких пленках и дисперсных системах, М., "Наука", с. 202-209.

ГАУРОВИЦ Р. 1967. Химия и функция белков. М., "Мир", 530 с.

ГЛАДКИХ Н.Т., ХОДКЕВИЧ В.И. 1971. Определение поверхностной энергии твердых тел по температуре плавления дисперсных частиц. - "Укр.физ.журн." т.16, с. 1429-1436.

КВЛИВИДЗЕ В.И., КИСЕЛЕВ В.Ф. 1967. Исследование фазовых переходов в адсорбированной воде методом ЯМР. - "Журн. структурной химии", т. 8, с. 221-226.

КВЛИВИДЗЕ В.И., КРАСНУШКИН А.В., МОРОЗОВ Л.Л. 1972. Исследование системы каолинит-вода методом протонного магнитного резонанса. - В кн.: Связанная вода в дисперсных системах, вып, 2, Изд-во МГУ, с. 97-105.

КВЛИВИДЗЕ В.И., АНАНЯН А.А., КРАСНУШКИН А.В., КУРЗАЕВ А.Б. 1974. Влияние межфазной границы на плавление льда в гетерогенных системах. - В кн.: Связанная вода в дисперсных системах, вып. 3, Изд-во МГУ, с. 120-126.

КИСЕЛЕВ В.Ф. 1970. Поверхностные явления в полупроводниках и диэлектриках. М., "Наука", 400 с.

КИСЕЛЕВ В.Ф., КВЛИВИДЗЕ В.И., КУРЗАЕВ А.Б. 1973. Поверхностные явления на границе лед-газ и лед-твердое тело. - В кн.: П Междунар. конф. по мерзлотоведению, вып. 4, Якутск, с. 199-202.

КРАСИЛЬНИКОВ К.Г., СКОБЛИНСКАЯ Н.Н. 1972. Сорбция воды и набухание монтмориллонита. - В кн.: Связанная вода в дисперсных системах, вып. 2, Изд-во МГУ, с. 66-85.

КУРЗАЕВ А.Б., КВЛИВИДЗЕ В.И., ПЧЕЛИН В.А. 1973. Изучение методом ЯМР замороженной предельно-гидрофобной суспензии фторопласт-вода. - "Докл. АН СССР", т. 208, с. 391-393.

КУРЗАЕВ А,Б., КВЛИВИДЗЕ В.И., КИСЕЛЕВ В.Ф. 1975. Об особенностях фазового перехода воды в дисперсных системах. - "Биофизика", т. 20, с. 533-534.

ПЧЕЛИН В.А. 1970. О моделировании гидрофобных взаимодействий. - "Докл. АН СССР", т. 194, с. 621-624.

РОЛОВ Б.Н. 1974. Физические свойства размытых фазовых переходов. Рига, Изд-во Латв. ун-та, 312 с.

СКЛЯНКИН А.А., КИРЕЕВ К.В. 1972. О механизме взаимодействия воды с поверхностью каолинита. - В кн.: Связанная вода в дисперсных системах, вып. 2, Изд-во МГУ, с. 86-96.

ЧИСТОТИНОВ Л.В. 1973. Миграция влаги в промерзающих неводонасыщенных грунтах. М., "Наука", 144 с.

УББЕЛОДЕ У. 1969. Плавление и кристаллическая структура. М., "Мир", 420 с.

ФИШЕР М. 1968. Природа критического состояния. М., "Мир", 222 с.

FLETCHER N.H. 1968. Surface structure of water and ice. II. A revised model. - "Phil. Mag.", v. 18, pp. 1287-1300.

HILL T.L. 1963. Thermodynamics of small systems, P.I. N.Y. - Amsterdam, XII, 171p.

KVLIVIDZE V.I. 1971. Specific features of phase transition of finely - divided solids from NMR data. - In: Magnetic Resonance and Related Phenomena. Proc. XVI Congr. AMPERE, Bucharest, pp. 390-392.

KVLIVIDZE V.I. et al. 1974. The mobile water phase on ice surfaces. - "Surface Science", v. 44, pp. 60-68.

KRASNUSHKIN A.V., KVLIVIDZE V.I. 1971. NMR estimation of molecular mobility in systems with paramagnetic umpurities. - In: Magnetic Resonance and Related Phenomena. Proc. XVI Congr. AMPERE, Bucharest, pp. 694-697.

MOONEY R.W. et al. 1952. Adsorption of water vapour by montmorillonite. I. Heat of desorption and application of BET theory. II. Effect of exchangeable ions and lattice swelling as measured by X-ray diffraction. - "J. Amer. Chem. Soc.", v. 74, pp. 1367-1371, 1371-1374.

MORARIU V.V., MILLS R. 1972. Self-diffusion of water adsorbed on silica. - "Z. Phys. Chem.", v. 79, pp. 1-9.

OLEJNIK S., WHITE J.W. 1972. Thin layers of water in vermiculites and montmorillonites-modification of water diffusion. - "Nature. Phys. Sci.", v. 236, pp. 15-16.

PEARSON P.T., DERBYSHIRE W. 1974. NMR studies of water adsorbed on a number of silica surfaces. - "J. Colloid Interface Science", v. 46, pp. 232-248.

PFEIFER H., 1972. Nuclear magnetic resonance and relaxation of molecules adsorbed on solids. - "NMR-Basic Principles and Progress", v. 7, pp. 53-153.

PFEIFER H., 1976. Surface phenomena investigated by nuclear magnetic resonance. - "Physics Reports (Section C of Physics letters)", v. 26, pp. 293-338.

PLOOSTER M.N., GITLIN S.N. 1971. Phase transition in water adsorbed on silica surfaces. - "J. Phys. Chem.", v. 75, pp. 3322-3326.

PURI B.R. et al. 1957. Freezing points of liquids adsorbed on porous solids. - "Trans. Farad. Soc.", v. 53, pp. 530-534.

RESING H.A., 1967/68. Nuclear magnetic resonance relaxation of molecules adsorbed on surfaces. - "Advan. Mol. Relax. Processes", v. 1, pp. 109-154.

RESING H.A., 1972. NMR relaxation of adsorbed molecules with emphasis on adsorbed water. - "Advan. Mol. Relax. Processes", v. 3, pp. 199-226.

SCHUFLE J.A., et.al., 1976. Temperature dependence of surface conductance and a model of vicinal (interfacial) water. - "J. Colloid Interface Science", v. 54, pp. 184-202.

МАРАДУДИН А. 1968. Дефекты и колебательный спектр кристаллов. М., "Мир". 432 с.

THE ENERGY SURFACE: A NEW CONCEPT TO DESCRIBE THE BEHAVIOUR OF FROZEN SOILS

M.J. O'Connor, EBA Engineering Consultants Ltd., Calgary, Alberta, Canada
R.J. Mitchell, Queen's University, Kingston, Ontario, Canada

A characteristic equation may be formulated to describe the behaviour of frozen soil under a variety of test boundary conditions. The technique uses standard multivariate statistics and trend surface analysis to describe the relationship between the variables stress, strain rate, and energy absorbed as a frozen sample deforms. Experimental data gathered on frozen silt at -10°C suggest that the behaviour of this soil is almost completely controlled by, and confined to, the surface represented by these three variables. Definition of the characteristic energy surface may therefore be the key to both prediction and description of frozen soil performance under a variety of different boundary conditions.

L'ÉNERGIE DE SURFACE: UN CONCEPT PERMETTANT DE DÉCRIRE LE COMPORTEMENT DES GÉLISOLS

M.J. O'Connor, EBA Engineering Consultants Ltd., Calgary, Alberta, Canada
R.J. Mitchell, Queen's University, Kingston, Ontario, Canada.

On peut formuler une équation caractéristique pour décrire le comportement d'un gélisol dans diverses conditions limites expérimentales. La technique fait appel à la statistique à plusieurs variables courantes et à l'analyse des tendances en surface, pour décrire la relation entre les variables telle que la contrainte, la vitesse de déformation et l'énergie absorbée au fur et à mesure de la déformation d'un échantillon de gélisol. Les données expérimentales provenant d'expériences conduites sur un silt gelé à -10 °C semblent indiquer que le comportement de ce sol est presque entièrement contrôlé par la surface que représentent ces trois variables, et limité à cette surface. La définition de la surface énergétique caractéristique pourrait donc peut-être permettre la prédiction et la description de la performance d'un gélisol dans diverses conditions limites.

ЭНЕРГЕТИЧЕСКАЯ ПОВЕРХНОСТЬ - НОВАЯ КОНЦЕПЦИЯ, ПОЗВОЛЯЮЩАЯ ОПИСАТЬ СВОЙСТВА МЕРЗЛЫХ ГРУНТОВ

Свойства мерзлого грунта в различных граничных условиях испытаний могут быть описаны характеристическим уравнением. Использование стандартных многомерных статистических данных и трендовый анализ поверхности позволяют описать зависимость между переменным напряжением, степенью деформации и энергией, поглощаемой в процессе деформации замороженного образца. Экспериментальные данные, полученные для мерзлого илистого грунта с температурой -10°С, позволяют предположить, что свойства этого грунта почти полностью обусловлены поверхностью, характеризующейся тремя вышеуказанными переменными величинами. Поэтому определение поверхности с характеристической энергией, возможно, позволит предсказать и описать свойства мерзлых грунтов в различных граничных условиях.

THE ENERGY SURFACE: A NEW CONCEPT TO DESCRIBE THE BEHAVIOUR OF FROZEN SOILS

M. J. O'CONNOR[1] and R. J. MITCHELL[2]

[1]EBA Engineering Consultants Ltd., Calgary
[2]Queen's University, Kingston

INTRODUCTION

Although it has been recognized that both stress or strain rate controlled tests may be used to determine the characteristic strength and behaviour of frozen soil, the relationship between the strength parameters derived from each type of test has not been firmly established. Goughnour and Andersland (1968) concluded that the creep rates of polycrystalline ice depended on stress, temperature, strain, and absorbed strain energy. Strain energy was defined by these authors as the area under the plastic strain versus axial stress curve. Hawkes and Mellor (1972) noted a smooth transition between constant stress and constant deformation rate results by comparing maximum values of the stress/strain rate ratio for each type of test. Other authors have also recognized, at least implicitly, some relationships between the results obtained using both test methods on ductile materials. Higashi (1967) and Dillon and Andersland (1966) equated tertiary creep with post-peak stress reduction. Halbrook (reported by Gold, 1958) observed similarities between yield strain for ice at constant deformation rates and the onset of the tertiary mode in creep tests. In spite of all this, no simple, explicit relationship has yet been proposed to adequately describe the behaviour of ice or frozen soil under a variety of test conditions.

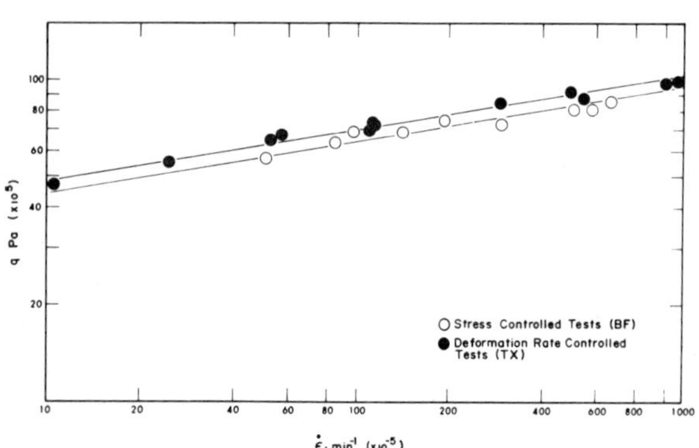

FIGURE 1. Relationship between strength and strain rate for triaxial tests on frozen South Nation River (SNR) silt

It is readily apparent that the principle components of any characteristic relationship describing the behaviour of a frozen soil must include the three parameters stress, strain, and time. It is not readily apparent, however, in what form these parameters must be related. As an example, consider the relationship between strength and strain rate (strain and time incorporated into a single variable) for samples of frozen South Nation River (SNR) silt under two different test conditions. Figure 1 shows the laboratory results of specimens tested at a constant temperature of -10°C. For stress controlled (creep) tests (designated by the letters BF) leading to sample failure, the minimum strain rate observed during the test has been used as the abscissa, along with the actual shear stress (q) at this minimum point as the ordinate. For constant deformation rate (TX) tests[1] the maximum stress and the axial strain rate at this point have been plotted.

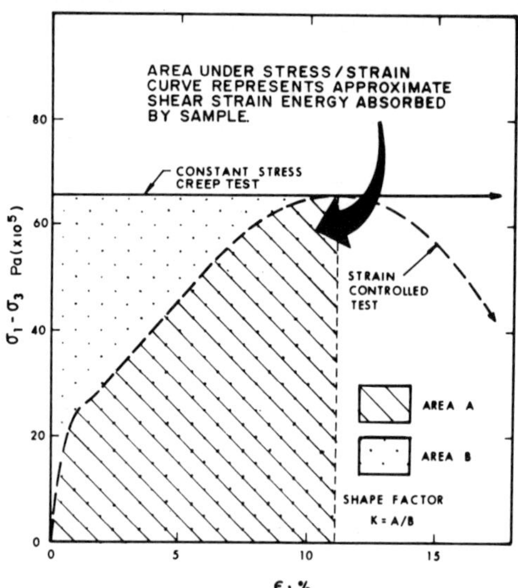

FIGURE 2. Relationship between absorbed strain energy for constant deformation rate test (A) and constant test (B) shape factor K defined as the ratio A/B

[1]This distinction between the terms *deformation* rate controlled and *strain* rate controlled is necessary, because although the deformation rate is approximately constant in the triaxial machine, the natural strain rate continues to increase as the sample compresses.

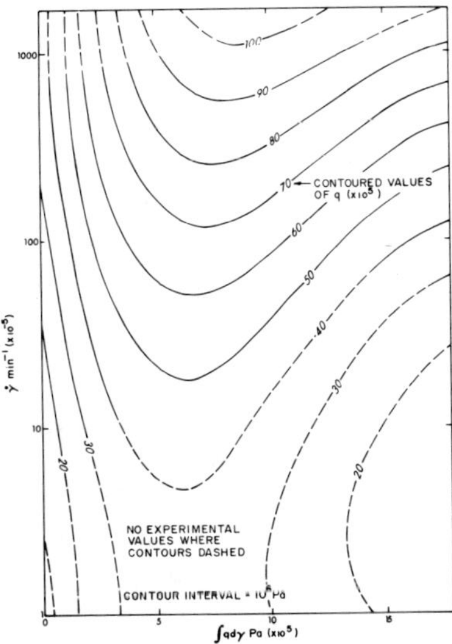

FIGURE 3. Map of shear stress (q) as a function of shear strain rate ($\dot{\gamma}$) and absorbed shear strain energy per unit volume ($\int q d\gamma$) from deformation rate controlled triaxial tests (TX)

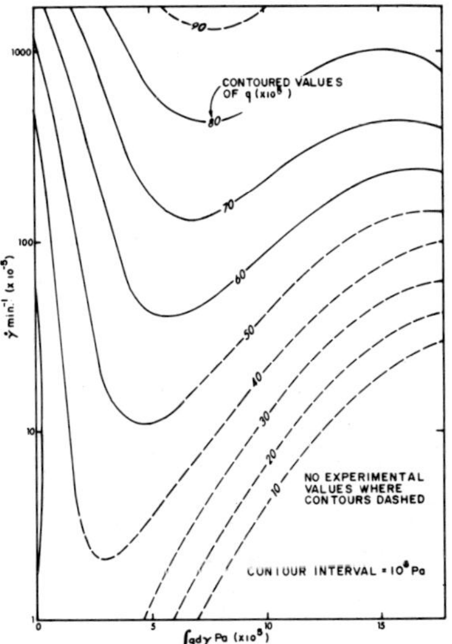

FIGURE 4. Shear stress map using results of constant stress triaxial creep tests (BF)

While the strength versus strain rate relationship is linear, and similar for both types of tests, the agreement is not exact. A prime factor in this disagreement may be the greater shear strain energy absorbed by the samples during constant stress conditions. As Figure 2 demonstrates, this is approximately twice the energy absorbed during an equivalent strain rate controlled test, when the sample is strained to the same degree. The shape factor K is often used to describe the ratio of these energies.

On the basis of this limited evidence, the authors decided to undertake a statistical evaluation of the relationship between strength, strain rate, and absorbed energy, using laboratory results of tests carried out on frozen SNR silt.

Trend Surface Analysis and the Energy Surface Concept

The evaluation was performed using the computer program KWIKR8, a Fortran IV program for multiple regression and geologic trend analysis prepared as Computer Contribution 28 by the Kansas State Geological Survey, 1968. Through trial and error, it was established that a significant fit to the experimental data could be obtained using a third order polynomial if the data were first transformed such that

$$x = \int q d\gamma \text{ (the absorbed shear strain energy)}$$
$$y = \log \dot{\gamma} \text{ (the shear strain rate)}$$
$$z = q \text{ (the shear stress).}$$

The equation of the polynomial is

$$z = C_1 + C_2x + C_3y + C_4x^2 + C_5xy + C_6y^2 + C_7x^3 + C_8x^2y + C_9xy^2 + C_{10}y^3$$

where C_1 to C_{10} are arbitrary constants.

The program used a least-squares analysis to minimize the variance associated with the data and thus determined the values of the constants C_1 to C_{10}.

TABLE 1 Results of the Trend Surface Analysis

Test Type	TX	BF	TX & BF	PT	PB	PT & PB
Order of Fitted Surface	3	3	3	3	3	3
Total Variation	168338.76	70006.74	200755.26	204373.31	75747.04	174127.37
Mean	56.97	64.87	60.05	56.94	60.26	58.02
Variation Explained By Surface	155247.92	65306.01	185363.32	193750.51	67032.38	163719.94
Coeff. of Determination	0.92	0.93	0.92	0.95	0.88	0.94
Coeff. of Correlation	0.96	0.97	0.96	0.97	0.94	0.97
Standard Deviation	6.87	4.17	6.03	5.62	4.60	4.98
F Ratio	315.46	359.82	496.16	592.77	308.44	641.83
Degrees of Freedom	10,266	10,259	10,412	10,325	10,401	10,408
Coefficients						
C1	5.91338	30.19155	25.92222	12.68743	21.36222	17.68581
C2	10.86754	6.08289	7.59747	9.20732	10.10992	9.51667
C3	-1.46406	3.62319	4.68659	0.99165	-0.22340	2.03076
C4	-1.20228	-1.47441	-1.11139	-0.85909	-1.01978	-1.05741
C5	-0.49125	-5.78642	-3.04890	-1.50642	0.03842	-2.11998
C6	6.99983	-0.73178	-0.65897	3.74502	0.18275	0.52907
C7	0.03593	0.03563	0.03095	0.01959	0.01976	0.02702
C8	0.10838	-0.07654	0.06328	0.05474	-0.05751	0.04786
C9	0.70261	-1.16636	-0.11360	0.11990	0.22724	-0.02498
C10	1.63401	-1.22620	-1.18270	-0.29115	-0.75212	-0.80259

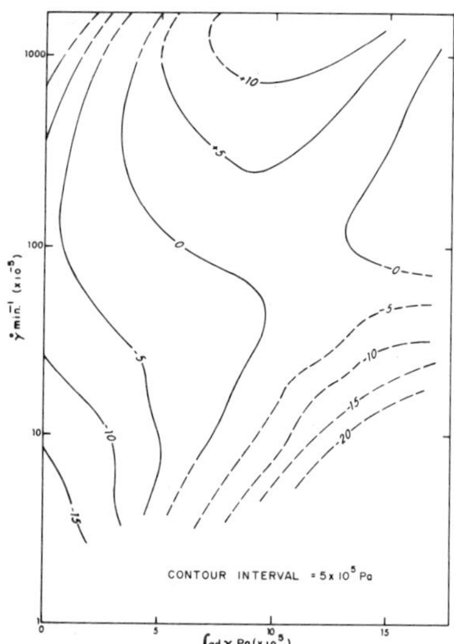

FIGURE 5. Map of residual shear stress (q) for triaxial specimens. Surface formed by subtracting 3rd order BF-surface from 3rd order TX-surface

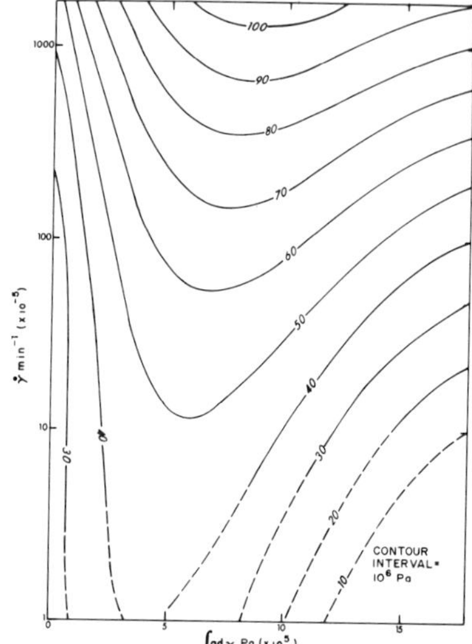

FIGURE 6. Map of shear stress (q) for all triaxial tests with $\sigma_3 = 0$

The results of analyses for both types of triaxial tests are shown in Table 1. Figure 3 shows the trend surface fitted to data from the deformation rate controlled tests, and Figure 4 shows a similar surface based on the creep test results. Both plots use the shear strain (q) as the dependent variable. This is shown as a solid contour where experimental data exist, and as a dashed contour in areas where the data are merely extrapolated. Because each surface represents the relationship between stress, strain rate, and the amount of shear strain energy absorbed by the frozen specimen during the test, this surface has been named the *ENERGY SURFACE* for these particular boundary conditions.

It is apparent that a great deal of similarity exists between the two energy surfaces presented here. This similarity may be quantitatively assessed by examining the residual surface formed when one surface is subtracted from the other. As Figure 5 demonstrates, little difference is apparent over the common area where experimental data exist. The two populations can therefore be combined to yield a common stress, strain rate, absorbed (shear strain) energy surface for SNR silt at -10°C as shown in Figure 6.

Data from plane strain tests on SNR silt have been analysed in the same manner. It is clear from Figures 7 - 9 that remarkable uniformity also exists between the stress controlled (PB) and strain rate controlled (PT) results here. Combining both types of data as before yields the energy surface shown in Figure 10.

Application of the Energy Surface Concept

Once a valid surface has been obtained, its value lies in the fact that it can be used to predict the results of other tests, independent of the test path. If a creep test is run with q equal to a constant value of 50 x 10^5 Pa, for instance, the surface predicts that the strain rate versus strain energy relationship will be defined by the q equal to 50 x 10^5 Pa contour as shown schematically by path A in Figure 11. On the other hand, if a test is carried out under truly constant (shear) strain rate conditions, the surface can be used to predict the q versus $\int q d\gamma$ relationship by examining the appropriate cross section of the surface along path B. In most cases, however, strain controlled tests are performed at a constant deformation rate, and thus the shear strain rate increases as the test proceeds. Under such conditions the appropriate cross section cannot be taken parallel to the absorbed energy axis, but may be approximated by inclining the cross section slightly depending on the estimated shape factor of the stress strain curve (path C). Of course this energy surface concept is also useful for predicting behaviour under more complicated stress paths, as might be found during step loading tests (path D).

This method also provides an effective way of maximizing the information available from a single test. A short series of such tests could provide all the data necessary to construct a reliable energy surface, without the time or expense of a prolonged test program.

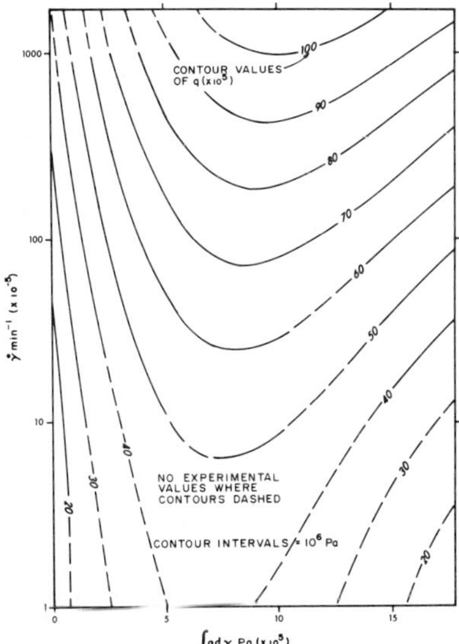

FIGURE 7. Shear stress map using results of strain controlled plane strain tests (PT)

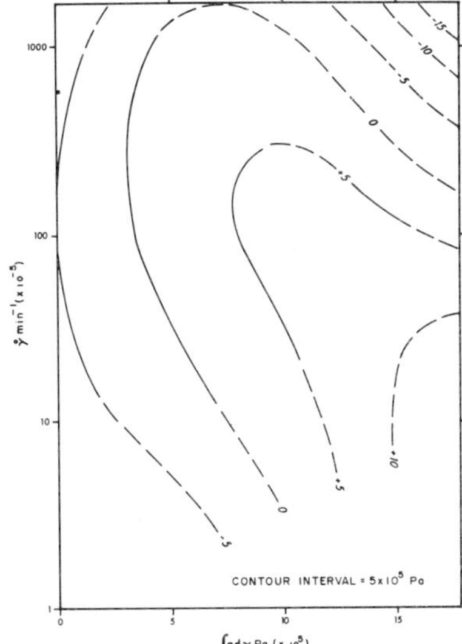

FIGURE 9. Map of residual shear stress (q) for plane strain specimens. Surface formed by subtracting 3rd order PB-surface from 3rd order PT-surface

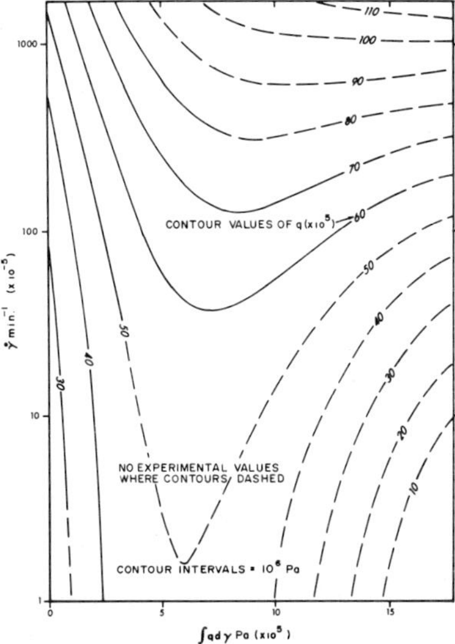

FIGURE 8. Shear stress map using results of stress controlled plane strain creep tests (PB)

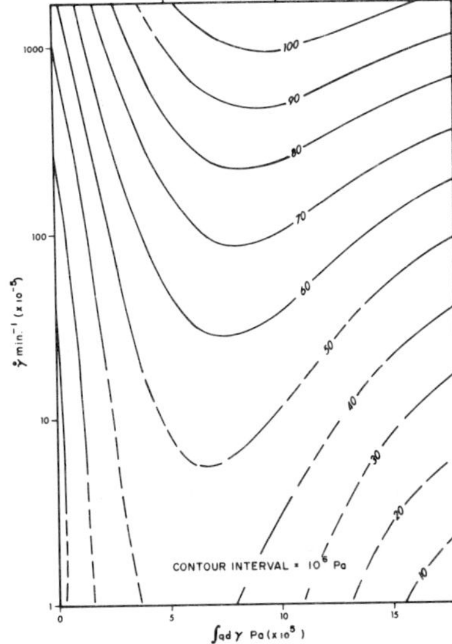

FIGURE 10. Map of shear stress (q) for all plane strain tests.

One of the inherent disadvantages of creep testing is the logarithmic increase in time to failure as the stress level is reduced. Usually it is necessary to extrapolate the results of short-term tests in order to predict specimen performance under low stresses for long time periods. If, however, the concept of this energy surface is valid, it may be possible to bring the soil into a state *equivalent* to that which might result from low stresses applied for long time periods, by a much more convenient method. Using path E, for example, the lengthy time necessary to bring the soil along the q equal to 35 x 10^5 Pa contour to the minimum strain rate point has been completely avoided, by forcing the sample to absorb energy at an initially faster rate. The minimum strain rate achieved during this procedure would theoretically be identical to that achieved during a conventional creep test where q remained at a fixed value of 35 x 10^5 Pa throughout the test.

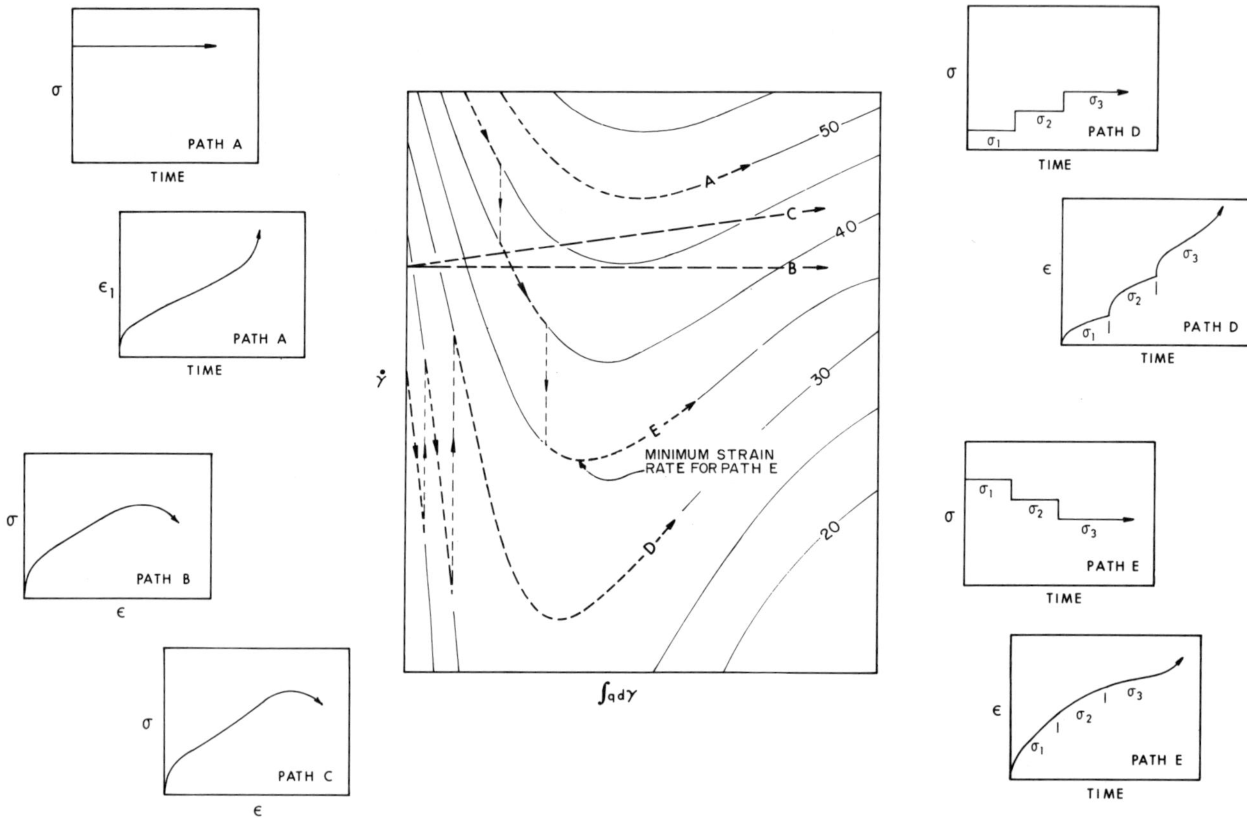

FIGURE 11. Schematic diagram showing the relationship between typical test paths and the stress/strain-rate/energy surface. Path A: constant stress; Path B: constant strain rate; Path C: constant deformation rate; Path D: stage load; Path E: stage unload.

Because the percentage of strain recoverable is usually very small when such samples are unloaded from high stress levels, this recoverable strain may be neglected in the energy considerations presented here. Thus it has not been necessary to separate the elastic and plastic components of strain when deriving the energy surface equation. This simplification could not be made where the foregoing unloading technique was intended to yield critically accurate strain rate information at very low stresses. Under such conditions viscoelastic rebound caused by unloading would completely mask the normally small compressive strains for some time. It would then be necessary to continuously monitor the strain rate until the effects of viscous rebound had been sufficiently reduced so that reliable positive strain rates could again be measured.

This concept of energy surface is also useful for displaying measured differences in soil behaviour between plane strain and triaxial stress conditions. Although the similarity in shape between Figures 6 and 10 is remarkable, small differences in the magnitude of the q contours indicate that the shear strength was generally slightly higher under plane strain conditions than under triaxial conditions. Conversely, for any sample shear stress (q) the minimum strain rate was usually lower than that observed in axisymmetric triaxial tests, and the energy necessary to achieve the failure conditions was usually greater.

Nonuniform Test Conditions and the Energy Surface Concept

Although the laboratory experiments presented here were conducted at uniform temperature, moisture content, and bulk density, it is easy to visualize the formation of other similar energy surfaces where boundary conditions are more variable. Figure 12 shows a schematic representation of how temperature changes might influence a creep test. The upper surface has been constructed from data determined at a temperature of -10°C, the lower surface at -5°C. Arrows on the upper surface indicate the path a specimen would follow under constant stress and temperature conditions. If, after the sample has progressed to point A, the temperature is instantaneously raised, then the strain rate increases to that shown by point B. Subsequent behaviour is confined to the energy surface for the higher temperature and the original stress level.

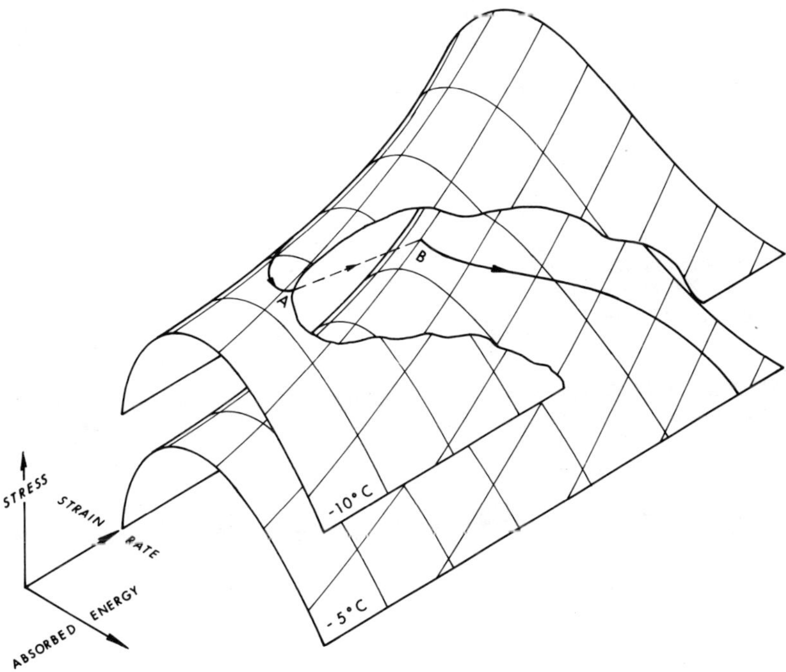

FIGURE 12. Schematic representation of stress/strain-rate/absorbed energy surfaces at different temperatures. Arrows show path for constant stress creep test as temperature fluctuates

Similar surfaces might also be constructed to show the effects of moisture content, bulk density, grain size, unfrozen water content, and confining pressure. The latter could be related through a simple surface using the variables hydrostatic stress (p), volumetric strain rate ($\dot{v}$) and volumetric strain energy ($\int pdv$), or perhaps through a more complex function incorporating all the potential energy sources into one variable, such as

ENERGY = f(shear strain, volumetric strain, temperature)

Significance of the Energy Surface Concept

The isolation of a unique relationship describing the behaviour of frozen soil has been the principal aim of much recent research. While the formulation of an energy surface as described above does not completely describe all aspects of creep behaviour, it does represent an important conceptual step in that direction. The use of a simple polynomial rather than the more complex nonlinear expression proposed by Goughnour and Andersland (1968) further facilitates a general statistical approach to the analysis of experimental data and permits the application of confidence limits in predictions of strength.

The concept of energy surface is also important because it integrates the results of all types of tests: constant strain rate, constant stress, and stage loading tests. It therefore permits an investigator to more efficiently design a test program and evaluate the results using the full range of equipment available.

Conclusion

Experimental data gathered on frozen SNR silt at -10°C suggest that the behaviour of this soil is almost completely controlled by, and confined to, an *ENERGY SURFACE* represented by the variables shear stress (q), logarithm of shear strain rate (log $\dot{\gamma}$) and absorbed shear strain energy ($\int qd\gamma$). Formulation of the surface is facilitated through the use of a standard multivariate statistical technique and trend surface analysis. Once the energy surface is accurately defined, it can be the key to both description and prediction of soil performance under a variety of different boundary conditions.

ACKNOWLEDGEMENTS

The authors wish to express their appreciation to Dr. E. Klovan, Geology Department, University of Calgary, for making the program KWIKR8 available for use on this project, and to the National Research Council, under whose sponsorship the original laboratory research was conducted.

REFERENCES

1. DILLON, H.B., and ANDERSLAND, O.B. 1966. Predicting unfrozen water contents in frozen soils. Can. Geotech. Jour. Vol. 3, No. 2, pp. 53-60.

2. GOLD, L.W. 1958. Some observations on the dependence of strain on stress for ice. Can. J. of Physics, Vol. 36, No. 10, pp. 1265-1275.

3. GOUGHNOUR, R.R., and ANDERSLAND, O.B. 1968. Mechanical properties of a sand-ice system. ASCE, Jour. SMFD, Vol. 94, No. SM4, pp. 923-950.

4. HAWKES, I., and MELLOR, M. 1972. Deformation and fracture of ice under uniaxial stress. J. Glaciol. Vol. 11, No.61.

5. HIGASHI, A. 1969. Mechanisms of plastic deformation in ice single crystals, In: Physics of snow and ice. Int. Conf. Low Temp. Sci. 1966 (edited by H. Oura) Vol. 1, pp. 227-289.

ELECTRICAL PROPERTIES OF PERMAFROST

Gary R. Olhoeft, U.S. Geological Survey, MS 964, Box 25046, Denver Federal Center, Denver, Colorado 80225, USA

The complex resistivity, dielectric constant, and loss tangent of permafrost materials have been studied as functions of frequency, temperature, applied uniaxial confining load, and electric field strength. The electrical properties are strongly frequency dependent, requiring the presence of both conduction and displacement currents in the interpretation of electro magnetic sounding survey data. At low frequencies there are strong and marked dependencies upon temperature, confining load, and electric field strength. With increasing frequency, these dependencies decrease, becoming negligible near a few megaHertz. Several water-related mechanisms are responsible for the observed properties in different frequency ranges: ionic conduction through unfrozen water, a Maxwell-Wagner type of effect, the relaxation of Bjerrum defects in ice, the relaxation of unfrozen water molecules, and possible relaxations of a clathrate-hydrate or of organic molecules in the unfrozen water surrounding colloidal particles.

PROPRIÉTÉS ÉLECTRIQUES DU PERGÉLISOL

Gary R. Olhoeft, U.S. Geological Survey, MS 964, Box 25046, Denver Federal Center, Denver, Colorado 80225, USA.

On a étudié l'ensemble résistivité, constante diélectrique et tangente de perte des matériaux de pergélisol en fonction de la fréquence, de la température, de l'application d'une charge hydrostatique uniaxiale et de la force d'un champ électrique. Les propriétés électriques sont fortement dépendantes de la fréquence, ce qui exige la présence à la fois de courants de conduction et de déplacement pour interpréter les données des sondages électromagnétiques. Aux basses fréquences, on constate que les propriétés électriques sont fortement déterminées par la température, la pression hydrostatique et la force du champ électrique. A mesure que la fréquence augmente, cette dépendance diminue et devient négligeable lorsque la fréquence est de l'ordre de quelques Mégahertz. En présence d'eau, plusieurs mécanismes déterminent les propriétés observées, dans plusieurs gammes de fréquences: ce sont en particulier la conduction ionique dans l'eau non gelée, un type d'effet Maxwell-Wagner, la relaxation des défauts Bjerrum dans la glace, la relaxation des molécules d'eau non gelée et les relaxations possibles d'un clathrate hydraté ou de molécules organiques dans l'eau non gelée qui entoure les particules colloïdales.

ЭЛЕКТРИЧЕСКИЕ СВОЙСТВА МНОГОЛЕТНЕМЕРЗЛЫХ ГРУНТОВ

Изучены комплексные зависимости сопротивления, диэлектрической проницаемости и тангенса угла потери многолетнемерзлых грунтов от частоты тока, температуры, приложенной одноосной ограничивающей нагрузки и интенсивности электрического поля. Электрические свойства в большой степени зависят от частоты; поэтому для интерпретации данных электромагнитного зондирования грунтов необходимо знать величины проводимости и токов смещения. При низких частотах наблюдается сильная, четко-выраженная зависимость от температуры, ограничивающей нагрузки и интенсивности электрического поля. С повышением частоты эти зависимости ослабевают и достигают пренебрежимо малых величин при частотах порядка нескольких мегагерц. Наблюдаемое изменение свойств с изменением частоты определяется рядом факторов, связанных с действием воды, таких как ионная проводимость в незамерзшей воде, эффект Максвелла-Вагнера, релаксация Бьеррум-дефектов во льду, релаксация молекул незамерзшей воды и возможная релаксация молекул гидрата клатрата или органических веществ в незамерзшей воде, окружающей коллоидные частицы.

ELECTRICAL PROPERTIES OF PERMAFROST

G. R. Olhoeft

U.S. Geological Survey, Denver, Colorado, U.S.A.

INTRODUCTION

A knowledge of the electrical properties of permafrost materials is useful in searching for minerals in cold regions, investigating the engineering properties along pipeline routes or around manmade structures, monitoring the status and extent of water in frozen ground, and exploring planetary regoliths. The study of electrical properties is complicated by their extreme sensitivity to many environmental parameters, particularly water content. A single monolayer of adsorbed water can decrease the DC resistivity of a dry silicate material by an order of magnitude (Olhoeft, 1975), while a few weight percent can decrease the DC resistivity by as many as nine orders of magnitude. The effect of water and water-related mechanisms varies strongly with frequency. The extremely broad range of frequencies now used by various geophysical techniques allows these mechanisms to be studied separately as a means of obtaining information about the state of water.

In this paper, "real resistivity" refers to the real part of the complex resistivity (similarly for conductivity) and "DC resistivity", to the real resistivity in the limit as the frequency goes to zero (similarly for conductivity). "Loss tangent" is the total loss tangent, including both dielectric and conduction losses, according to the equation

$$D = \frac{\varepsilon''}{\varepsilon'} + \frac{\sigma_{dc}}{2\pi f \varepsilon'}$$

where D is the loss tangent. $\varepsilon'-j\varepsilon''$ is the complex permittivity, σ_{dc} is the DC conductivity, and f is the frequency. "Dielectric constant" is the real part of the complex permittivity relative to that of free space. For further details, see Olhoeft (1975, 1976a).

LABORATORY RESULTS AND DISCUSSION

Figure 1 illustrates the electrical properties of a basalt from Thingvellir, Iceland, having 4.3 vol% water-accessible porosity, 0.35 m^2/gm specific surface area, and a bulk density of 2.82 gm/cm^3. Solid lines are the measured real resistivity, dashed lines, are the measured reciprocal of the real conductivity, arrows (near the left axis) are measured DC resistivities, and dotted lines are extrapolations. The top curve illustrates the vacuum-dry, 298-K electrical properties versus

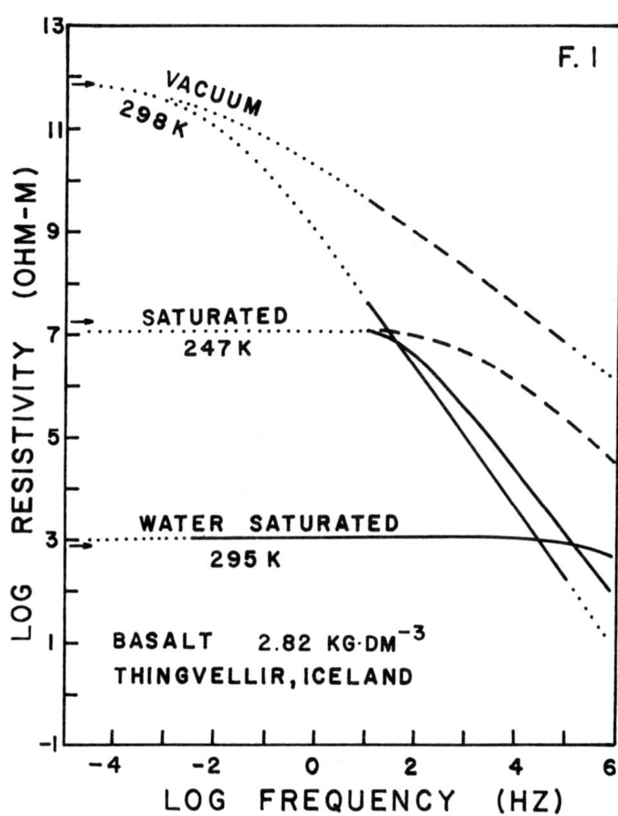

frequency. The low frequency limit, where the resistivity becomes independent of frequency and where the real resistivity and reciprocal of the conductivity converge, is the DC limit; it is determined by the ionic conduction in the basalt. The frequency-dependent parts of the curve are determined by the dielectric mechanism of the basalt. The lower curve results from saturating the sample with water. The DC resistivity drops enormously, and the region of the conduction mechanism extends to higher frequencies. Only at the highest frequencies is there a hint that the dielectric mechanism is becoming important. The middle curves illustrate the water-saturated sample at 247 K, where most of the water is frozen. The unfrozen part (on the order of 7 monolayers) causes the difference observed at low frequencies between the DC resistivity and the results for the vacuum-dry sample. The conduction mechanism of ice plays a small role at this temperature, but the abrupt return to dielectric behavior near a few tens of Hertz is caused by the dielectric mechanism of the ice, not of the basalt. This sample is discussed in more detail in Olhoeft (1975).

Figure 2 illustrates the electrical properties of a more typical permafrost material. Shown are the real resistivity (ρ'), the reciprocal of the real conductivity (σ'^{-1}), the dielectric constant (k'), and the loss tangent (D, note the scale change). The sample is SEB-20C'-1 from the Geological Survey of Canada field site, Involuted Hill, near Tuktoyaktuk, N.W.T. (69° 29' N, 132° 37' W). The sample is primarily a mixed-layer aggregate containing some non-smectite clays and 53 vol% water. The results shown are for environmental conditions of 1.75 gm/cm^3, 262.8 K, and

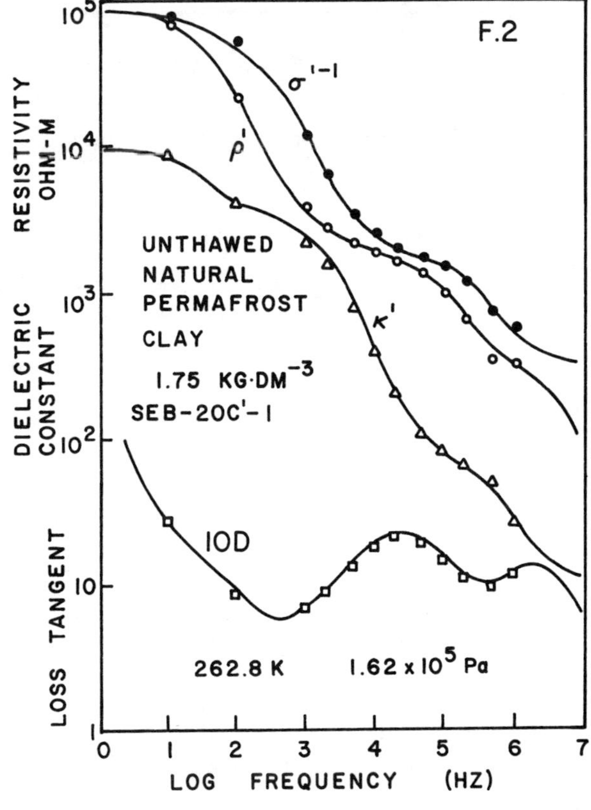

1.62×10^5 Pa load, which are approximately equivalent to in situ conditions at 10m depth. Note the more complex shape of the frequency dependence as compared to that of the basalt of Figure 1. This is caused by the greater number of water-related mechanisms that are active (see below).

Figure 3 illustrates the real resistivity versus frequency and uniaxial confining load for another sample from Involuted Hill. SEB-16C-1 is from 9m depth, with an estimated 33 vol% water. The dependence upon frequency and load is quite clear, with decreasing load dependence as the frequency increases. This relationship is in contrast to that shown by the data of Figure 4 for two samples of sand. The frequency dependence is negligible.

Both samples in Figure 4 are permafrost sands that were thawed and refrozen. SEB-4P-1RF was formed into the shape of the original core and refrozen; sample handling and preparation were the same as for the intact cores (see Olhoeft, 1975). Its electrical properties display a very slight dependence upon load. Sample SEB-4K-X was formed by placing sand in the sample holder at 298 K and applying a load of 3.26×10^4 Pa while freezing the sample at 262.1 K. It then exhibited no change in resistivity up to loads of 10^7 Pa. Note that all of the resistivity curves converge at the high frequencies.

A distinct difference between the dependence on load of the electrical properties of permafrosts composed of clays versus those composed of sands is illustrated in Figures 3 and 4. Hoekstra and Keune (1967) have shown that the pressure dependence of the electrical properties of montmorillonite permafrost is readily explained by the increasing amount of unfrozen water with increasing pressure. This explanation fails here, primarily because these samples contain no montmorillonite. Note however that the pressure dependence of the unfrozen water fails by a factor of five in explaining the magnitude of the observed load dependence in Figure 3 (for details, see Olhoeft, 1975). A more reasonable explanation for this behavior is distortion and deformation due to loading of the double-layer structure

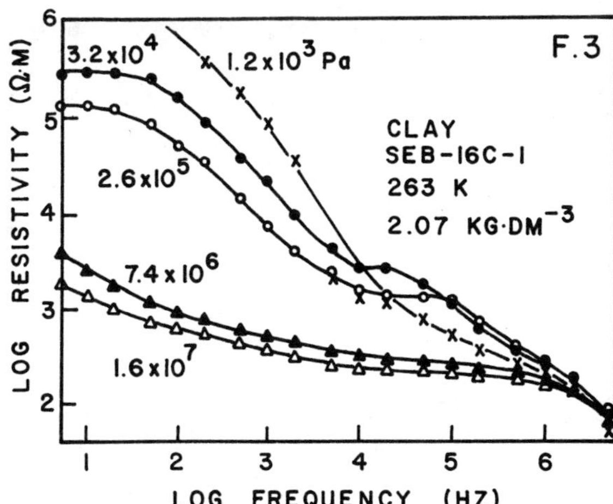

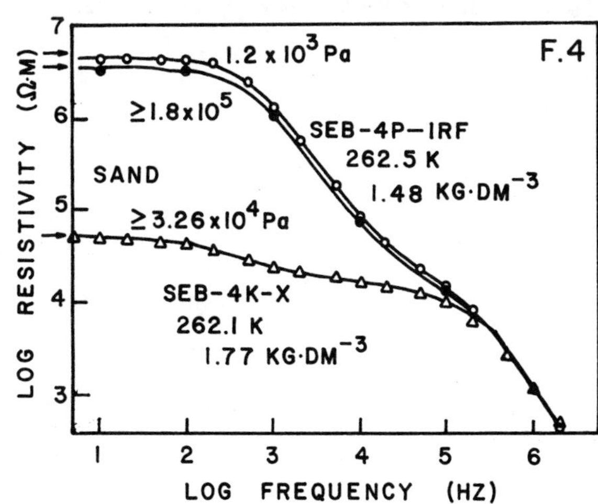

within the unfrozen water surrounding the colloidal clay particles. This mechanism would not be present in non-colloidal materials, thus producing no load dependence in the sands.

Figure 5 shows the change in DC resistivity with temperature for several materials. The circles are the basalt of Figure 1 (open circles are AC measurements extrapolated to DC, closed are direct measurements at DC). Pluses, crosses, triangles, and squares are synthetic kaolinite permafrost with the indicated weight percentages of 1700 ohm-m water (squares are 7.5 ohm-m water). Slashed circles are the sand of Figure 4. Open hexagons are for a natural ice core SEB-20C-2 from just below the clay of Figure 2. Closed hexagons are SEB-20C'-1 of Figure 2. Note that all of the synthetic kaolinite samples converge to the same line upon freezing, suggesting a similar amount of unfrozen water in each case. Also, the total water content determines the amount of increase in

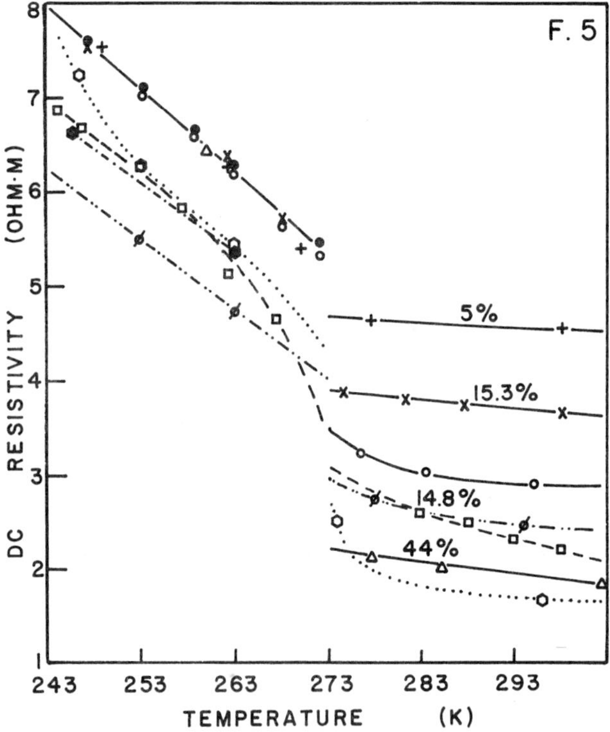

resistivity upon freezing (especially compare K-15.3%, crosses, with K-14.8%, squares, both with comparable water contents but with very different water resistivity).

Figure 6 illustrates the proportionality between the $2x10^4$ Hz ice relaxation peak in the loss tangent and water content. Note that the magnitude of the peak is changed by both water content and the resistivity of the water, but that the shape of the curves remains the same. This suggests that the loss tangent at $2x10^4$ Hz may be used as an indicator of relative changes in ice content (roughly equivalent to total water content) in areas where the water resistivity is fairly uniform. However, when water resistivity is changing, the ratio of the loss tangent at $2x10^4$ Hz to the near 10^2 Hz might be used. Note also

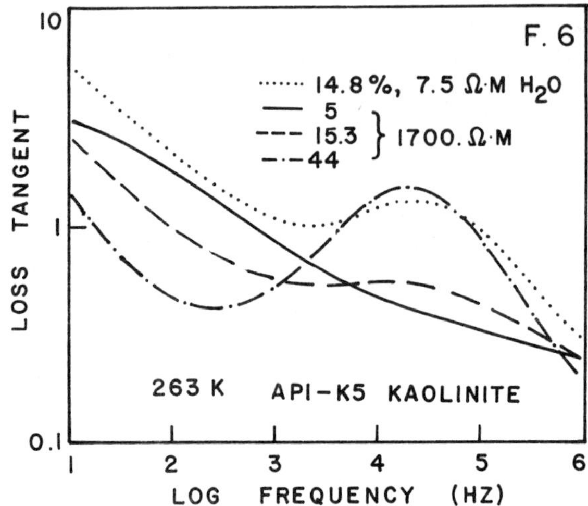

that the position of the peak with frequency alters as the temperature changes, thus giving an indication of ground temperatures.

CONCLUSIONS AND SUMMARY

Figure 7 is a schematic illustration of the mechanisms involved and produces a very good summary of the current state of knowledge of the electrical properties of permafrost. This figure is based upon the data of Olhoeft (1975) and Hoekstra and Delaney (1974); it is representative of permafrost similar to SEB-20C'-1 in Figure 2.

The dotted line is the dielectric constant. The solid line is the total loss tangent (the dashed portion is less the conduction losses). In the region labeled D, the ionic conduction loss through the unfrozen water is the dominant mechanism. In region M this conduction loss nearly obscures a type of Maxwell-Wagner response (dashed line) due to inter-particle interaction

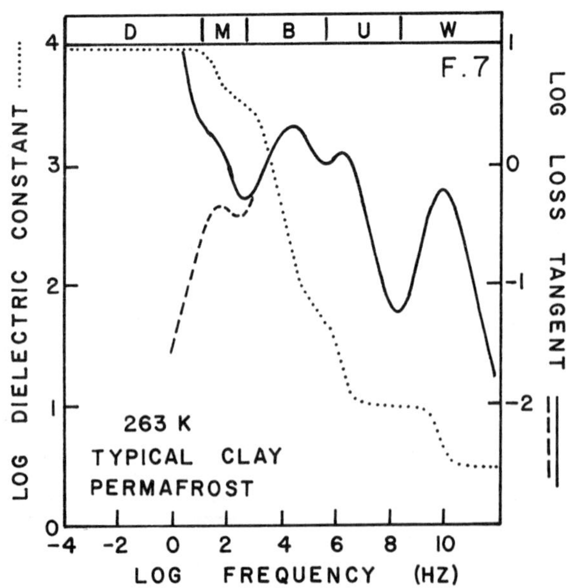

(this is stronger in the clays than the sands). Region B is the relaxation of Bjerrum defects in ice (Runnels, 1969), as identified by the frequency and activation energy of the loss tangent peak. Region W is the relaxation of unfrozen water molecules. The mechanism of region U was observed in the natural clay permafrosts from Involuted Hill (Figure 2 and 3), but it was not seen in the synthetic montmorillonite or kaolinite clay permafrosts nor in any of the natural sand permafrosts. It is suggested that this mechanism may be either the relaxation of clathrate-hydrates, or the relaxation of organic molecules within the unfrozen water surrounding colloidal clay particles (Schwarz, 1972). As the natural samples are still unthawed, this last mechanism remains to be positively identified.

It should be clear that the electrical properties of permafrost are caused by a number of very complicated mechanisms. The Maxwell-Wagner type mechanism is the root of a voltage-current nonlinearity (Olhoeft, 1976b) and the load dependence. There are relaxations of particles and their double-layer charge distributions (collectively called the Maxwell-Wagner effect), of unfrozen water and frozen water ice, and possibly of organic molecules in the unfrozen water or of impurities within the ice structure (such as clathrate-hydrates). These relaxations are the root of the frequency dependence. The transition of the electrical properties from dominantly conduction-loss to dielectric-loss mechanisms (from frequency-independent to frequency-dependent resistivities) complicates the interpretation of field electromagnetic-sounding surveys owing to the necessity of including displacement currents (dielectric losses). Many further investigations in both the laboratory and the field are required.

ACKNOWLEDGMENT

This paper is based in part upon the author's Ph.D. thesis at the University of Toronto (D. W. Strangway, advisor). Dr. W. J. Scott of the Geological Survey of Canada supplied the samples from Involuted Hill.

REFERENCES

HOEKSTRA, P. and A. DELANEY, 1974, Dielectric properties of soils at UHF and microwave frequencies, J.G.R., 79, 1699.

HOEKSTRA, P. and R. Keune, 1967, Pressure effects on conductance of frozen montmorillonite suspensions, Clay and Clay Minerals, 15, 215.

OLHOEFT, G. R., 1975, The electrical properties of permafrost, Ph.D. Thesis, Dept. of Physics, Univ. of Toronto.

OLHOEFT, G. R., 1976a, Electrical properties of rocks, pp. 261-278 in The Physics and Chemistry of Rock and Minerals, Wiley, London.

OLHOEFT, G. R., 1976b, Electrical properties of natural clay permaforst, Can. J. of Earth Science, in press.

RUNNELS, L. V., 1969, Diffusion and relaxation phenomena in ice, p. 514-526 in Physics of Ice, Plenum, N.Y.

SCHWARZ, G., 1972, Dielectric polarization phenomena in biomolecular systems, p. 163-191 in Dielectric and Related Molecular Processes, The Chemical Society, London.

INVESTIGATION OF THE STRUCTURE AND PROPERTIES OF BOUND WATER

B.A. Savel'ev, Moscow State University, U.S.S.R.

The nature of cohesive bonds in frozen soils can be explained with the help of a model reflecting the structure in the near-boundary region arising from the multiplicity of layers between the mineral part of the skeleton and ice. The multilayered system includes adsorbed water (which in turn consists of a firmly bonded layer and a diffusion film), a mobile surface layer of ice, and a contact layer of ice joined to the rest of the ice body. The author discusses the formation of each layer and provides data on the effect of the multilayered system on the strength and deformation properties of frozen soils.

ÉTUDE DE LA STRUCTURE ET DES PROPRIÉTÉS DU LIANT AQUEUX

B.A. Savel'ev, Université d'État de Moscou, URSS

La nature des liens de cohésion dans le gélisol peut être expliquée à l'aide d'un modèle qui reflète la structure de la zone limitrophe et la multiplicité des couches qui la composent entre la partie minérale du squelette et la glace. Ce système à couches multiples comprend l'eau adsorbée, composée à son tour d'une couche solidement liée et d'une pellicule de diffusion, d'une couche de glace superficielle mobile, et d'une couche de glace de contact adjacente au reste de la masse de glace. L'auteur explique la formation de chaque couche et fournit des données montrant l'influence du système multicouche sur la résistance mécanique et la déformabilité du gélisol.

ИССЛЕДОВАНИЕ СТРУКТУРЫ И СВОЙСТВ СВЯЗАННОЙ ВОДЫ

Б.А. Савельев, Московский гос. университет, СССР

Природу связей сцепления в мерзлой породе можно объяснить моделью, отражающей своеобразие строения в приграничной области, обусловленное многослойностью, возникающей между минеральной частью скелета и льдом. Многослойная система включает в себя адсорбированную воду, состоящую в свою очередь из прочносвязанного слоя и диффузной оболочки, подвижного поверхностного слоя льда и контактного слоя льда, примыкающего к остальной массе ледяного тела. В работе дается обоснование формирования каждого слоя и приводятся данные, характеризующие влияние многослойной системы на прочность и деформативные свойства мерзлых пород.

ИССЛЕДОВАНИЕ СТРУКТУР И СВОЙСТВ СВЯЗАННОЙ ВОДЫ

Б.А. Савельев

Московский государственный Университет, Музей землеведения, СССР

Современное состояние изученности такого сложного геологического тела, каким является мерзлая порода, с позиции физики и физико-химии дает возможность построить модель, позволяющую удовлетворительно объяснить многие свойства, состав, строение, процессы, преобразующие породу, прогнозировать видоизменение ее в конкретных условиях и вырабатывать определенные способы воздействия на мерзлые породы с целью получения желательных качеств ее.

Мерзлая порода представляет собой многокомпонентную, многофазную систему, находящуюся при отрицательной температуре, все составляющие которой объединены воедино структурным сцеплением. Особенность мерзлой породы заключается в том, что в ней содержится вода в трех состояниях: газообразном, жидком и твердом. Соотношение между различными фазами воды определяется сложным взаимодействием молекул воды между собой, с молекулами минерального скелета, а также с ионами, молекулами и частицами веществ, находящихся в жидкой фазе, поэтому оно зависит от величины отрицательной температуры, вида и размера активной поверхности, минерального скелета, вида и концентрации растворенных в жидкой воде (в том числе и адсорбированной) веществ.

Физико-химические процессы и преобразования структуры протекающие в породах, такие как катионный обмен, миграция и др., приводят к изменению этого соотношения. Свойства мерзлой породы (электрические, механические, сейсмические, ультразвуковые и др.) в значительной степени определяются соотношением между собой фаз воды, являющейся жидкообразной анизотропной прослойкой между твердыми компонентами. Толщина жидкой прослойки может меняться в зависимости от упомянутых выше условий от монослоя молекул воды, удерживаемого на поверхности инородного тела огромными силами сцепления, до слоя, который по свойствам не отличается от свободной воды и не упрочняет, а ослабляет ее.

Как выше было сказано, основным фактором, определяющим специфику мерзлой породы, является структурное сцепление. Природу связей сцепления можно объяснить моделью, отражающей своеобразие строения в приграничной области мерзлой породы, которое обусловлено многослойностью, возникающей между минеральной частью скелета и льдом. Многослойная система включает в себя адсорбированную воду, состоящую в свою очередь из прочносвязанного слоя и диффузной оболочки, подвижного поверхностного слоя льда и контактного слоя льда, которые могут претерпеть значительные преобразования в результате изменений термодинамических условий и физико-химических процессов.

Выяснение механизма взаимодействия воды с поверхностью твердого тела связано с изучением природы центров адсорбции. Познание сущности процессов адсорбции воды на таких сложных гетерогенных системах, какими являются рыхлые породы, из-за наложения многообразных неконтролируемых факторов на изучаемое явление связано с огромными трудностями. Вследствие этого исследователи пытаются выяснить основные закономерности явления взаимодействия воды с адсорбентом на простых модельных системах. Наиболее удобной моделью, по мнению В.Ф. Киселева и его сотрудников (Игнатьева и др., 1970), могут служить окислы. Они являются основными компонентами подавляющего большинства горных пород. Мы придерживаемся взгляда на механизм адсорбции воды окислами, высказанного В.Ф. Киселевым, Л.А. Игнатьевым и В.И. Квливидзе, и опираемся на обоснования подвижности молекул воды, высказанные О.Я. Самойловым в 1957 г. Окислы имеют гидратный покров, содержащий гидроксильные группы, валентно связанные с поверхностными атомами молекул воды, различным образом взаимодействующими с атомами кислорода. В свою очередь молекулы воды связаны между собой водородными связями. Связь между ОН-группой гидратированной поверхности окислов и адсорбированными молекулами воды осуществляется через координационный механизм. Примером может служить присоединение к тетраэдрам $Si(OH)_4$ двух молекул воды.

По Г.Б. Бокию, поверхность монокристаллов глинистых минералов, как правило, образована основаниями кремнекислородных тетраэдров. В пустоты гексагональной сетки минералов помещаются молекулы воды. На уровне нижних атомов кислорода имеются ямки группы ОН октаэдрического слоя, связывающие два атома Al и Mg. Протон группы ОН обращен наружу и может образовывать водородные связи с молекулами воды, попадающими в ямку. Поскольку расстояние между центрами гексагональных ямок составляет 5,5 Å, а расстояние между молекулами во льду и в воде около 3 Å, то адсорбированные молекулы воды не могут образовывать друг с другом водородные связи и создавать пленку воды нормальной структуры. Кроме того, молекулы воды, связанные с группой ОН водородной связью, совершают колебательные движения вдоль оси ямки и перескоки из одной ямки в другую, что напоминает трансляционные движения молекул в объемной жидкости. Поскольку в плотности монослоя отсутствуют водородные связи из-за дальности расстояния между адсорбированными молекулами воды, то их ослабляющее влияние на прикрепление молекул воды к инородной поверхности сильно снижается, в результате на несколько порядков возрастает связь инородной поверхности с молекулами воды, что отражается на интенсивности трансляционных перескоков молекул воды этого слоя.

Адсорбция воды поверхностью каолинита, по А.А.Склянкину и К.В. Кирееву (1972), обусловлена для первых порций воды координационными связями атомов Al и Si. В дальнейшем адсорбция может происходить на ОН группах водородными связями.

Из сказанного следует, что посадочная площадка молекул воды при образовании монослоя зависит от кристаллохимической активности подложки. Возникает вопрос, что считать за монослой воды? По-видимому, это такое предельное насыщение поверхности подложки молекулами воды, свыше которого при обычных термодинамических условиях, при отсутствии влияния инородных активных воздействий и при стабильном составе и структуре поверхности подложки непосредственного присоединения молекул воды не происходит.

При рассмотрении адсорбционного механизма связи следует учитывать, что химические процессы на поверхности могут оказывать влияние на электрохимические и ионообменные свойства. В природных телах имеет место катионный обмен, который приводит к усложнению адсорбционных процессов. При помоши метода магнитного резонанса удалось установить значительное уменьшение подвижности молекул воды в начальной области адсорбции (Квливидзе, 1970). При увеличении количества воды подвижность молекул возрастает. На цеолите, например, при малых заполнениях молекулы воды связаны только с катионами каркаса. Увеличение числа адсорбированных молекул приводит к возрастанию среднего числа связей на молекулу, В результате появляются водородные связи между молекулами воды, и энергия адсорбции снижается. Подвижность адсорбированных молекул воды убывает в ряду цеолитов, содержащих: K, Na, Ca, Zi и лед, что согласуется с представлениями О.Я. Самойлова об отрицательно и положительно гидратирующихся ионах. Таким образом, структура слоя адсорбированной воды у поверхности подложки связана с геометрией распределения активных центров и существенно будет отличаться от структуры льда и стереометрии свободной воды.

В отличие от пространственного строения кристаллической решетки с насыщенными связями частиц разноименных знаков, формирующих структурную координацию, в пограничных областях благодаря различным причинам появляются некомпенсированные заряды частиц. Одной из причин возникновения дополнительных источников зарядов является диссоциация на ионы молекул твердой поверхности частиц глин. Часть этих ионов диффундирует в дисперсную среду, а оставшиеся ионы, связанные с твердой фазой, служат дополнительным источником заряда поверхности частиц. В некоторых случаях происходит достройка кристаллической решетки минералов за счет адсорбции ионов из растворов благодаря возникновению более прочных химических связей, препятствующих их обратному растворению. Катионный обмен, обусловленный замещением водорода в группах OH на металлические ионы, усиливается с повышением pH среды.

Таким образом, на границе раздела рыхлая порода - раствор образуются центры адсорбции, качественно отличающиеся благодаря разному кристаллохимическому строению поверхности минералов, разным составам и свойствам растворов, соприкасающихся с ними, и различной динамике физико-химических процессов в пограничных слоях.

По мнению Р.И. Злочевской, Р.С. Зиангирова, Е.М. Сергеева и А.И. Рыбачук (1970), наличие значительной концентрации обменных катионов в прочносвязанной части адсорбированной воды определяет сниженную растворяющую способность благодаря экранированию молекул воды действием полей катионов и поверхностных частиц. На основании расчета распределения поверхностного потенциала и электрической емкости двойного электрического слоя глин между его диффузной и прочносвязанной ("пристенной") частями, вышеназванные авторы пришли к выводу, что прочносвязанная вода не участвует в электрокинетических процессах. Существует также мнение, согласно которому адсорбированная вода обладает повышенной способностью растворения в сравнении с несвязанной водой в результате увеличения дипольного момента, а следовательно, и увеличения диссоциации молекул воды под эпитаксиальным воздействием подложки.

Другая часть адсорбированной воды, наиболее подвижная, называется диффузной. Удельная емкость прочносвязанной воды мало меняется для разных тонкодисперсных пород. Что касается емкости диффузного слоя, то наибольшая его величина обнаружена у аскангеля, а наименьшая - у каолина, что обусловлено различным содержанием ультрапор с радиусом до 100 Å.

Р. Лоу и Д. Андерсон (Low, Anderson, 1958), изучая подвижность обменных катионов (Na^+, K^+, Li^+) в бентонитах, установили связь между структурой связанной воды и видом катиона.

В рыхлой породе кристаллы льда могут образовываться из воды адсорбированной, воды несвязанной, из раствора и пара, содержашихся в промерзающем теле. Также может иметь место перекристаллизация, вызванная внутренними термодинамическими, термохимическими и миграционными процессами. Условием зарождения и роста кристаллов из жидкой среды является ее переохлаждение или изменение концентрации растворенных в ней веществ. Переохлаждение жидкой среды или пересыщение парообразной фазы вызывается изменением температуры, давления, объема, концентрации и др. Возникновение и рост кристаллов в жидкости зависят от скорости скопления молекул около очага кристаллизации и упорядочения их в решетку льда. Скорость скопления определяется трансляционным движением молекул воды в жидкости, а скорость их упорядочения в узлах кристаллической решетки зависит от энергии самих молекул воды и от силового поля около минеральной подложки, т.е. эпитаксиального воздействия. Возникает вопрос: где наиболее благоприятные условия для возникновения очагов кристаллизации в свободной воде, в диффузном или прочносвязанном слоях при отрицательной температуре? Как свидетельствуют наблюдения за изменением фазового состава в мерзлых породах при понижении температуры, адсорбционный слой воды сохраняется при весьма низких температурах. В настоящее время не установлено, при какой температуре адсорбционная вода полностью переходит в лед. Прочность связи молекул воды в адсорбционном слое во много раз больше, чем связь между молекулами в решетке льда. С другой стороны, вероятность возникновения очагов кристаллизации в свободной воде - гомогенной среде значительно меньше, чем в условиях гетерогенного образования. Остается предположить, что наиболее вероятное формирование очагов кристаллизации должно происходить в диффузном слое, в котором снижены трансляционные движения, имеет место эпитаксиальная упорядоченность молекул.

После возникновения очагов кристаллизации они прорастают в сторону свободной воды и таким образом образуется контактный слой льда, структура которого обусловлена эпитаксиальным воздействием адсорбционного слоя. Подтверждением этому служат результаты И.Б. Савельева (1971) по моделированию намерзания воды на некоторых мерзлых породах в холодильной камере с последующим изучением структуры ледяных образований в контактных слоях и на более удаленных горизонтах ледяного покрытия. Было установлено наличие контактных слоев льда, обладающих специфической структурой, отличной от структуры остальной части льда, более удаленной от минеральной поверхности. Толщина контактного слоя льда зависит от подтока влаги к образующемуся льду на границе с адсорбированным жидким слоем и колеблется в пределах от долей миллиметра до 5 мм. В силу ортотропного роста кристаллов они значительно крупнее на расстоянии 3 см от поверхности подложки, чем в контактных слоях. Влияние поверхности основания и, следовательно, адсорбционного слоя воды заметно отражается на размерах и формах кристаллов и почти не сказывается на характере преобладающей ориентировки оптических осей. Размеры кристаллов, при одинаковых термодинамических условиях их образования, уменьшаются в следующей последовательности с увеличением активности основания: стекло - кварцевая пластинка - мерзлый песок - мерзлый каолин - мерзлый асканггель. При температуре намерзания -5° объем осредненного кристалла льда на мерзлом песке оказался в 7 раз крупнее, чем на мерзлом асканггеле (табл.).

С понижением температуры намерзания уменьшаются размеры кристаллов, и воздействие качества подложки на структуру нивелируется. По-видимому, при относительно высоких отрицательных температурах, когда промежуточный жидкообразный слой между поверхностью мерзлой породы и льдом будет иметь достаточную толщину, силы связи между молекулами воды, наиболее удаленными от минеральной подложки, значительно снизятся и будут приближаться к величине связей между молекулами свободной воды. При этих условиях влияние адсорбированного слоя на образование льда окажется недостаточным для воздействия на структуру формирующегося льда, и контактный лед может и не возникать. В этом случае ледяное покрытие будет иметь однородную структуру во всей массе.

При малой влажности и низкой температуре образуются, как правило, отдельные кристаллы (массивная текстура), при этом контактный лед не возникает.

Изучая распределение катионов в пресных ледяных покрытиях на мерзлых основаниях, И.Б. Савельев (1973) обнаружил, что содержание Ca^{2+}, Mg^{2+}, Na^{+} и K^{+} по мере удаления от контакта с адсорбционным слоем воды возрастает. Таким образом, влияние адсорбционного слоя сказывается не только на структуре контактного льда, но и на перераспределении химических включений в нем.

Изучение спектров ЯМР поликристаллического льда, проведенное В.Ф. Киселевым и др. (1973), показало наличие на поверхности ледяного тела подвижного слоя (жидкообразного) при температуре ниже точки плавления. Подвижный слой обнаружен на поверхности лед-газ и лед-инородное гидрофобное тело. Подвижность элементов решетки поверхностного разупорядоченного слоя оказалось существенно выше, чем в объеме кристалла. Понижение температуры сопровождается заметным снижением подвижности в приповерхностных слоях. Можно предположить, что природа высокой подвижности элементов решетки на поверхности льда обусловлена особой подвижностью атомов водорода, обнаруженной ранее (Owston, Londsdale, 1948). При температуре ниже $-78^{\circ}C$ происходит ослабление подвижности атомов водорода во льду, его твердость скачкообразно повышается, и лед переходит из жидкообразного состояния в твердообразное по Ребиндеру, приобретая предел длительной прочности. При этом кристаллы льда преобразуются из гексагональной сингонии в кубическую. Четкого раздела между подвижным поверхностным слоем и остальной массой льда не обнаружено.

Открытие на поверхности льда подвижного слоя позволяет объяснить некоторые процессы, происходящие в ледяных природных образованиях. Известно, что в ледниках при медленном их течении, при наличии поля напряжений происходит переориентация кристаллов. Было неясно, как это совершается. Можно предполагать, что наличие разной ретикулярной плотности молекул на гранях и плоскостях раскола кристаллов вызывает и разную подвижность, что пока еще экспериментом не установлено. Исходя из этих положений, перемещение массы вещества на поверхности, обусловленное градиентом напряжений и разной ретикулярной плотностью, т.е. разными трансляционными перескоками, будет приводить к образованию новой формы и ориентировки кристаллов, более устойчивой в данной конкретной ситуации.

Мне удалось обнаружить косвенное подтверждение наличия на поверхности льда подвижного слоя. Согласно экспериментам Барнеса и Вайлонда (1000) по определению теплоты возгонки чистого льда оказалось, что при быстрой возгонке значение теплоты было близко к теплоте испарения жидкой воды и составляло в среднем 608 кал/г, а при медленной возгонке - 701 кал/г, т.е. близко к энергии перехода из твердого состояния непосредственно в пар. Это необъяснимое до сих пор различие теперь можно истолковать следующим образом: в первом случае, при быстром процессе разрушается только подвижный слой льда, а во втором затрагиваются глубинные слои, что обусловлено диффузией молекул внутри льда. Можно утверждать, что такой способ определения энергии фазового перехода льда в пар, адсорбированной воды в пар дает возможность установить подвижность молекул воды, а следовательно, и прочность их связей с поверхностью льда, внутри льда и с поверхностью инородного тела, в том числе и рыхлой породой (я имею право претендовать на авторство такого метода).

На основании изложенного можно считать, что своеобразие строения в приграничной области мерзлой породы заключается в многослойности, возникающей между минеральной частью скелета и льдом. Многослойная система включает в себя адсорбированную воду, состоящую из прочносвязанного слоя и диффузной оболочки, подвижного поверхностного слоя льда, контактного слоя льда, примыкающего к остальной массе ледяного тела.

Прочность мерзлой породы формируется не как аддитивный результат составляющих породу компонентов и фаз, а благодаря особому виду структурной связи, обусловленной промежуточной многослойностью. Адгезионные связи будут прочнее когезионной прочности льда при отсутствии диффузного слоя воды. Это может возникнуть при низких температурах, при которых лед будет непосредственно контактировать с адсорбционным слоем. При контакте с прочносвязанной водой на поверхности льда возникают огромные силы связи. Они приведут к резкому снижению подвижности молекул на поверхности льда, и прочность связи этих молекул с молекулами адсорбционного слоя окажется выше, чем прочность связи между молекулами внутри решетки льда. В этом случае адсорбированная вода и поверхностный слой льда являются факторами, упрочняющими мерзлую породу.

Как показали эксперименты И.Б. Савельева (1972), при наличии контактного льда отрыв льда от мерзлой породы во всех случаях носил когезионный характер и происходил по границе раздела контактный лед - основная масса льда. В результате отрыва на поверхности подложки оставался слой льда толщиной 1-3 мм, обладающий структурой контактного слоя.

Прочность связи контактного слоя с остальной массой льда повышается с увеличением количества кристаллов в единице объема и с понижением температуры.

Когезионная прочность льда становится выше адгезионной связи при наличии значительного слоя адсорбированной воды, т.е. диффузного слоя, который может возникнуть либо при повышении отрицательной температуры, либо в результате увеличения концентрации растворенных солей в диффузном слое. Увеличение слоя адсорбированной воды приведет к ослаблению связи его со льдом, а это повысит подвижность молекул поверхностного слоя. В результате произойдет снижение прочности связей льда с минеральной прослойкой. В этом случае ослабляющими адгезию факторами будут диффузный слой воды и подвижный слой льда.

В интервале температуры от -1,5 до $-5^{\circ}C$ отрыв льда от поверхности подложки имел адгезионно-когезионный характер. Отношение когезионной площади к адгезионной с понижением температуры возрастает. Начиная с температуры $-5^{\circ}C$ и ниже, отрыв во всех опытах носил

Структурные параметры конжеляционного льда на контакте с дисперсными образцами при -5°С (по И.Б. Савельеву)

Образец	Коэффициент извилистости С	Площадь сечения осредненного кристалла $S_{ср} \cdot 10^{-5}$ см^2	Объем осредненного кристалла $V_{ср} \cdot 10^{-5}$ см^3	Поверхность кристаллов в единице объема Р, см^2
Аскангель	2,56	185	26	102
Суглинок	2,61	295	48	82
Каолин	2,37	452	77	68
Песок	2,37	884	177	57

когезионный характер. При этом максимум прочности приходится на тонкодисперсные породы, что обусловлено структурой контактного льда.

Можно ожидать, что структура контактного льда в поле напряжения должна с течением времени изменяться, что, несомненно, скажется на прочности, деформативных и других свойствах мерзлой породы.

Мне представляется, что дальнейшие исследования приграничных областей в мерзлой породе позволят выработать методы направленного воздействия с целью получения необходимых свойств мерзлой породы.

ЛИТЕРАТУРА

ИГНАТЬЕВА Л.А., КВЛИВИДЗЕ В.И., КИСЕЛЕВ В.Ф. 1970. О механизме элементарного акта взаимодействия с поверхностью окислов. В кн.: Связанная вода в дисперсных системах, вып. 1, Изд-во МГУ.

ЗЛОЧЕВСКАЯ Р.И., ЗИАНГИРОВ Р.С., СЕРГЕЕВ Е.М., РЫБАЧУК А.Н. 1970. Исследование свойств связанной воды и двойного электрического слоя системы "глина-раствор". - Там же.

КВЛИВИДЗЕ В.И. 1970. Изучение адсорбированной воды методом ядерно-магнитного резонанса. Там же.

КИСЕЛЕВ В.Ф., КВЛИВИДЗЕ В.И., КУРЗАЕВ А.Б. 1973. Поверхностные явления на границе лед-газ и лед-твердое тело. В кн.: II Междунар. конф. по мерзлотоведению. Докл. и сообщ., вып. 4, Якутск.

САВЕЛЬЕВ И.Б. 1971. Активное воздействие мерзлого дисперсного основания на структуру приконтактного слоя намороженного льда. - "Докл. АН СССР", т. 201, № 1.

САВЕЛЬЕВ И.Б. 1973. Особенности ледяных образований вблизи контакта с мерзлыми грунтами. II Междунар. конф. по мерзлотоведению. Докл. и сообщ., вып.4, Якутск.

САВЕЛЬЕВ Б.А., САВЕЛЬЕВ И.Б., ГОЛУБЕВ В.Н.,1972. Структурные особенности адгезии льда с твердыми телами. "Лед и его воздействие на гидротехнические сооружения", Л.

СКЛЯНКИН А.А., КИРЕЕВ К.В. 1972. О механизме взаимодействия воды с поверхностью каолинита. - В кн.: Связанная вода в дисперсных системах", вып. 2, Изд-во МГУ.

LOW P.F., ANDERSON D. 1958. Soil Sci. Soc. Amer. Proc. Vol. 22.

OWSTON P.G., LONDSDALE K. 1948. The crystalline structure of ice. "J. Gloc". Vol. 1.

BARNES H.T., VIPOND W.E. 1909. Phys. Rev., 27, 453.

TEMPERATURE-ELECTRICAL RESISTIVITY RELATIONSHIP IN CONTINUOUS PERMAFROST AT PURTUNIQ, UNGAVA PENINSULA

M.K. Seguin, Dept of Geology and Program of Engineering Physics, Univ. Laval, Quebec G1K 7P4, Canada *

At the northern tip of New Quebec, continuous permafrost is controlled by the elevation of the ground and mean annual air temperature rather than by the winter insulation factor. Permafrost attains its greatest thickness in Canada in the Purtuniq area and in the central Arctic Islands. In spite of difficult access to the wells for the down-the-hole measurements, a reasonable amount of temperature and electrical resistivity data were gathered at three sites. A relationship between temperature and electrical resistivity data was established for different rock types. It was concluded that, in some instances, electrical resistivity measurements can be a worthwhile substitute for temperature measurements. The distribution of temperature as a function of the depth indicates a normal temperature gradient of the order of $-0.010^{o}C\ m^{-1}$. At a temperature of $0^{o}C$, the base of the permafrost is some 125 m below the mean sea level, which means a continuous permafrost thickness of some 615 m on this continental plateau.

RELATION: TEMPÉRATURE-RÉSISTIVITÉ ÉLECTRIQUE DANS UNE AIRE DE PERGÉLISOL CONTINU À PURTUNIQ, PÉNINSULE D'UNGAVA

M.K. Seguin, Dép. de Géologie, Univ. Laval, Québec G1K 7P4, Canada *

A l'extrêmité Nord du Nouveau-Québec, la distribution du pergélisol continu est davantage contrôlée par l'élévation et la température moyenne de l'air que par le facteur isolation. L'épaisseur du pergélisol dans la région de Purtuniq est avec celle du centre de l'Arctique la plus grande de tout le Canada. En dépit des grandes difficultés d'accès à des trous de forage, nous sommes parvenus à recueillir des données de température et de résistivité électrique à trois sites. Nous avons établi une relation entre la température et la résistivité électrique pour divers types de roches. Dans plusieurs cas, les mesures de résistivité électrique peuvent être un substitut valable aux mesures de température. La variation de la température en fonction de la profondeur indique un gradient normal de l'ordre de $-0.010^{o}C m^{-1}$. A la température de ^{o}C, la base du pergélisol se situe à quelque 125 m en dessous du niveau moyen de la mer, ce qui signifie une épaisseur de pergélisol de quelque 615 m sur ce plateau continental. Connaissant la conductivité thermique de divers types de roches de la région, nous pouvons calculer le flux géothermique dont les valeurs moyennes varient entre 32 et 41 milliwatt m^{-2} suivant le type de roches considéré.

ЗАВИСИМОСТЬ МЕЖДУ ТЕМПЕРАТУРОЙ И ЭЛЕКТРИЧЕСКИМ СОПРОТИВЛЕНИЕМ МЕРЗЛЫХ ГРУНТОВ В ЗОНЕ СПЛОШНОГО РАСПРОСТРАНЕНИЯ МЕРЗЛОТЫ НА ПОЛУОСТРОВЕ УНГАВА

В северной части Нового Квебека сплошное распространение мерзлых грунтов зависит не столько от изолирующего фактора, сколько от высоты местности над уровнем моря и средней годовой температуры воздуха. На территории Канады самая мощная мерзлая толща наблюдается на полуострове Унгава и в центральной части Арктических островов. Несмотря на сложность проведения измерений в буровых скважинах в таких труднодоступных районах, удалось получить некоторые данные о температуре и электрическом сопротивлении грунтов на трех участках. Для различных типов пород была установлена зависимость между температурой и электрическим сопротивлением. Был сделан вывод о том, что в некоторых случаях вместо измерений температуры целесообразно проводить измерения электрического сопротивления грунтов. Распределение температуры в зависимости от глубины указывает на нормальный температурный градиент порядка $-0,010^{o}C\ м^{-1}$. При температуре $0^{o}C$ подошва мерзлой толщи находится на глубине приблизительно 125м ниже среднего уровня моря; это означает, что мощность сплошной мерзлой толщи на этом континентальном плато составляет приблизительно 615м.

* Contribution of the Centre d'études nordiques, Université Laval
Contribution du Centre d'études nordiques, Université Laval

TEMPERATURE-ELECTRICAL RESISTIVITY RELATIONSHIP IN CONTINUOUS PERMAFROST AT PURTUNIQ, UNGAVA PENINSULA

M. K. Seguin

Dept of Geology and Program of Engineering Physics,
Univ. Laval, Quebec G1K 7P4, Canada *

INTRODUCTION

Permafrost is widespread in the northern half of the New Quebec-Labrador Peninsula (Brown 1975) and isolated patches occur over much of the southern half of the peninsula (figure 1). Definite information is scarce (Ives 1974) coming mainly from occasional exploration, mining or construction activity or from research institutes such as the Earth Physics Branch, the National Research Council and a few Nordic Centers attached to Universities. Asbestos mining in the Purtuniq area soon encountered problems related to permafrost and investigations began in 1963 (Lawrence and Pihlainen 1963; Samson and Tordon 1969). In this region, the distribution of permafrost is relatively constant. The occurence of permafrost seems to be controlled by the elevation of the ground surface and the mean annual temperature rather than by the winter insulation factor, i.e. snow cover. The area is a gently rolling plateau having an average elevation of 500 m above sea level, with the highest hills reaching slightly over 600 m. The climate is characterized by a long, cold winter. The mean annual temperature is -8 to -10°C, with extreme temperatures rarely exceeding 21°C in summer and -40°C in winter (Thompson 1966).

Continuing mining problems caused by permafrost in the Purtuniq area prompted the development of a series of physical measurements on permafrost. Permafrost causes problems in drilling and production. Knowing where the permafrost is will not solve all the problems but it will help in defining exactly what some of the problems are. The studies in the Purtuniq area are of particular interest because they are concerned with bedrock permafrost problems whereas, elsewhere, in the majority of cases the main emphasis has been on unconsolidated ground material. In the Purtuniq area, the bedrock is covered with only 2 to 3 m of residual soil consisting of sandy and silty gravel with many boulders. The soil matrix (exclusive of gravels and boulders) contains an average of 60% ice by volume.

LOCATION

The study area was located in the continous permafrost zone of the Quebec Ungava Peninsula at approximate latitude 61°49'N and longitude 73°58'W, some 500 Km north of the tree line. Vegetation is restricted to tundra communities (Maycock and Matthews 1966). This area is some 1800 Km north of Montreal, approximately 1100 and 350 Km from the start of discontinuous and continuous permafrost respectively (figure 1).

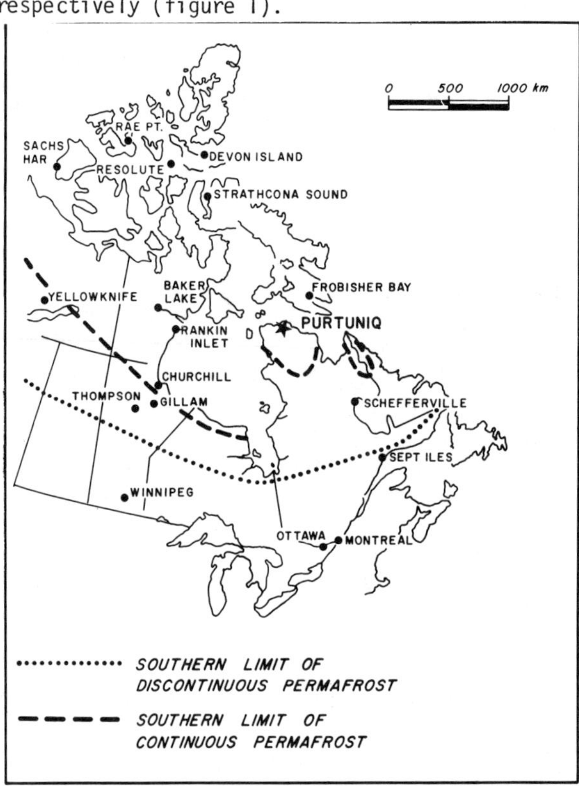

Fig. 1. Distribution of continous and discontinous permafrost in Eastern Canada.

GEOLOGY

Regional

The rocks of this area are all Precambrian in age. The oldest rocks (Archean) are granodioritic gneisses and granodiorites. The upper Chukotat Group and the older Povungnituk Group rocks which are Middle or Upper Precambrian in age lie uncomformably on the Archean rocks (Bergeron 1957, 1959; Stam 1961; Stevenson 1968; Taylor 1974). The Povungnituk rocks are composed of metasediments and massive basic metalavas. The metasediments consist of argillites, sandstones, black schists and some dolomites. The overlying Chukotat Group is made up essentially of pillowed lavas with interbedded sedimentary rocks. The Povungnituk and Chukotat Groups are invaded by basic and ultrabasic sills which occur more frequently in rocks of the Povungnituk Group. Copper and nickel minera-

* Contribution of the Centre d'études nordiques, Université Laval

lization and concentrations of chrysotile asbestos are present at or near the bottom of the ultrabasic sills (Bergeron 1959; Dugas 1971).

Local

Gélinas (1962) describes in detail the metasedimentary, metavolcanic and intrusive sequences of the Watts Lake - Purtuniq area. The metamorphosed sediments of the Povungnituk Group include garnetiferous biotite-muscovite schists, graphitic schists, chlorite-sericite schists, chlorite-carbonate schists, quartz-feldspar gneisses, pyritic slates, dolomite and banded quartzite. The metavolcanics of the Povungnituk Group are composed of massive metabasalts, chlorite-actinolite schist, amphibolite, garnetiferous amphibolite and clinozoisite-plagioclase rock while the rocks of the Chukotat Group are mainly composed of pillowed metabasalts. The intrusive rocks consist of metagabbro, amphibolite garnetiferous amphibolite, serpentine amphibolite, tremolite serpentinite and aphanitic serpentinite (figure 2).

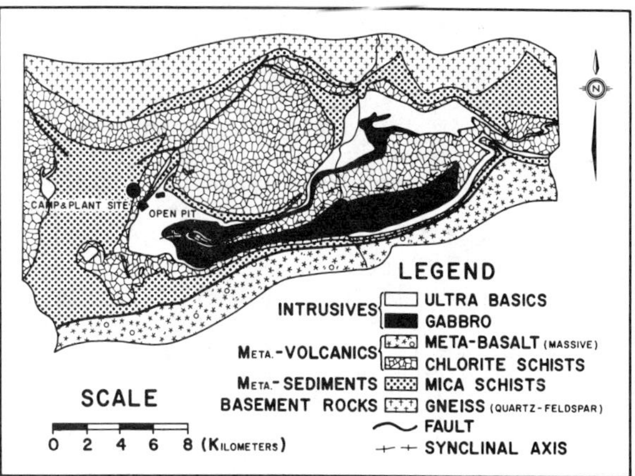

Fig. 2. Geological plan view of the Purtuniq area.

An ultrabasic sill containing the asbestos orebody of Purtuniq is roughly elliptical in shape, and lies in a synclinal basin, which has a width of 3-8 Km and a length of at least 25 Km. Metavolcanic rocks extensively altered to chlorite-sericite schists underlie the sill. The ultramafic rocks comprising the sills were originally chromite-bearing, olivine-rich peridotites or dunites, and pyroxenites (Stewart 1976). Due to intense serpentinization and alteration which affected the sill, the original content of pyroxenes in the ultrabasic rocks cannot be exactly determined. Altered pyroxenite or pyroxene-rich rocks constitute an estimated 60-70% of the total sill complex. Minor layering and banding of pyroxene (now tremolite), serpentinite (dunite) and in places magnetite is present in the sill (Thayer 1960). Talc-carbonate rock occurs in the vicinity of the orebody in a number of locations. The body of quartzite located north of the asbestos orebody forms a synclinal structure plunging gently to the northeast. This quartzite is believed to represent a portion of the lowermost rock sequence which overlies the basement rocks (Stewart 1976).

Pleistocene

The last glaciers of the Pleistocene crossed the area in a direction N10^{O}E, as indicated by glacial strial and roches moutonnées (Matthews 1962, 1967). All erratics, most of which were displaced by less than 700 m, are located to the north of their sources (Rogerson 1967). Gelifracts and some very occasional thin drift cover the area. Around Watts and Murray lakes some 30 Km northwest of the centre of the area investigated, gravel benches up to 20 m-thick are present. A little further west, stratified sands occupy the bottom of Deception River valley.

MEASUREMENT SITES

Down-the-hole measurements of temperature and electrical resistivity were conducted on August 1976 at three sites in the Purtuniq area: 1) Blast (production) holes on benches of the open cast; these vertical holes (diameter ≈15 cm) having an average depth of 15 m are located on levels 470, 460 and 420 m above mean sea level. The bedrock is serpentinized dunite; 2) Surface exploration inclined holes (diameter ≈8 cm) in the surroundings of the main ore zone (mine area). The bedrock is either serpentinized dunite, talc-carbonate rock or metaquartzite; 3) Exploration holes in an inclined addit under the open cast. These inclined holes (diameter ≈8 cm) are located on levels 300 to 50 m above mean sea level. In this last case, the bedrock is serpentinized dunite, talc-carbonate rock, serpentinized peridotite (± intermixed pyroxenite) or pyroxenite.

ACCESSIBILITY OF THE WELLS FOR THE MEASUREMENTS

No problems were encountered making measurements in the short blast holes; they were free of water and no caving took place. Deep surface and underground exploration holes could not be used with the same ease. A brine solution of calcium chloride and fresh water was used in the process of diamond drilling to avoid freezing in permafrost.

In spite of this precaution, a halt in drilling sometimes for as little as half an hour in very cold permafrost, allowed time for the drilling rods to freeze in the holes. One solution is to pull the rods when deciding upon a voluntary stop in drilling. In some instances, freezing occurred when the hole was already quite deep and the tubing, core barrel, diamond bits and ancillary tools worth many thousand of dollars were lost. The only ways to recuperate this material are the drilling of another hole of larger diameter concentric with the original one or trying to thaw the ice from the center of the tubing using an electrical heating element. Most often, these wells are lost forever and are consequently unsuitable for geophysical measurements.

In many instances, by the time the rods have been pulled out, the denser salted water of the brine solution has already started to sink in the bottom of the well while relatively lighter fresh water floats atop and starts freezing. By the time one is ready to take the measurements, a plug of ice is obstructing the top part of the hole. Some wells can eventually be recuperated by covering the ice plug with a brine solution or methyl alcohol for a certain time to obtain a partial thawing and then blowing with a jet of compressed air. After repeating the process many times, the fresh water and the brine solution are flushed out and the top part of the well may be used for the measurements. In other cases, the brine solution did not freeze by the time the measurements were to be made. The column of fluid in the upper part of the hole could thus be blown out with compressed air. If the pore fluid pressure in the country rock is low, the level will remain almost constant but usually this was not the case as indicated in the two following experiments.

In one instance the brine solution was flushed out with a jet of compressed air before pulling the rods out and the upper empty space of the column was filled with fuel. The rods were then pulled out and the free space created by their removal was again filled with diesel fuel. After a short while, the fuel started to spill indicating either the presence of a built up pore fluid pressure in the wallrock during the process of drilling and/or a volume expansion due to the freezing of water in the wallrock and in the well. In another instance, the brine solution was removed almost completely from the hole by pumping fuel oil in the hole before pulling the tubing out. As soon as the rods were pulled out, the diesel fuel started to spill over the casing and almost the whole volume of fuel was expelled. The fluid pore pressure in the wallrock appeared to be concentrated in a shear zone of talc-carbonate rock and fractured serpentinized dunite. In order to avoid this problem, it is suggested that a non-polluting, non-freezing fluid heavier than water, be used, that would tend to sink to the bottom in spite of the buoyant pressure when diesel fuel cannot be used as a drilling fluid because of pollution dangers on surface and explosion hazards underground. In any event, because of the great difficulties encountered in the continuous permafrost zone of this region and the relative inability to predict the thermal situation of a specific well immediately after drilling it, very few wells become accessible to measurements.

PREPARATION OF THE WELLS FOR THERMAL AND ELECTRICAL RESISTIVITY MEASUREMENTS

Before undertaking a series of thermal and electrical resistivity measurements in the boreholes, certain conditions ought to be met. If the hole remains perfectly dry and if no caving of the wallrock is observed, thermal and electrical resistivity logging can be done at any time without any additional precaution. However, if rock caving is observed in the wallrock, if the hole is partially filled with a fluid or if any humidity is present on the walls, additional permanent installations should be made in the wells. In such cases, a polyvinyl chloride (P.V.C.) tubing (external diameter =7.5 cm) was lowered in the holes. In order to be able to measure the finite values of electrical resistivity of the wallrock through the highly resistive P.V.C. tubing, the contact between the electrodes and the wallrock must take place through a good conductor. To realize this situation, two methods were considered: 1) the introduction of an internal and external thin metallic cylindrical strip coming in contact with each other by the insertion of pop rivets; 2) the introduction of metallic unions between regular lengths of P.V.C. tubing (Seguin 1973, 1974a). For this particular study, the second solution turned out to be more practical and efficient.

One specific problem was encountered with the P.V.C. tubing. This tubing is less expensive to buy in long rolls than in individual bars. However, when cut in short segments of 1.2 m or so, the P.V.C. tubing in long rolls, which is relatively rigid, presents an arcuate form. When many of these circular segments are attached together, a large friction is exerted by this irregular tubing on the relatively straight wall of the well, so that for extensive lengths of tubing, it is a laborious task to push it down the hole. For this reason, the more expensive but easier to handle P.V.C. straight segments are preferable. The P.V.C. tubing is then filled with diesel fuel or methanol. A plug at the bottom of the tubing prevents any leakage and the presence of this non-freezing fluid stops any possible infiltration of dripping water on the wallrock (Seguin 1974b, 1975). With these preparations, the well is ready for measurements.

TEMPERATURE MEASUREMENTS

The most common temperature measuring devices are the thermocouples and the thermistors; the most sensitive is definitely the thermistor which is a tiny black bead that has an electrical resistance that varies with temperature. The nature of the variation is determined by calibration. The thermistors used for this study are sold commercially by Fenwal Electronic, Massachusetts, U.S.A. (UBB25J1 series). The resistance is 1350 ohms at $0^{o}C$ which means that small uncertainties in the resistance of the connecting cables can be neglected. One of the thermistors used suffered a small steady drift in resistance, so that a periodic recalibration proved necessary. The resistance change for a temperature change of $1^{o}C$ is about 3%, so that a thermistor of 2000 ohms will change by 60 ohms if the temperature is changed by $1^{o}C$. Resistance measurement to one ohm was obtained, giving an accuracy of 0.015 to $0.02^{o}C$. The resistance was measured with a miniature Tri-phase digital multimeter, model 245, manufactured by Data Precision Corp., Massachusetts, U.S.A. (Seguin 1974b, 1975).

There are two ways of getting the thermistors into position to measure temperature in a well. One way is to build the thermistors into a cable at predetermined intervals and to place the cable permanently in the well. The other way is to keep part or all of a well open, and to visit it periodically with a portable cable. Usually, the portable cables have a probe with a single thermistor inside, and are lowered by steps to obtain a series of readings throughout the hole. The advantages of the permanent cable are the one-effort installation, the ease and speed of subsequent visits, and the safety factor of having the cable in place if anything should happen to block the hole, such as rock fall, caving, water leakage, freeze-back, etc... The advantages of the permanent cable are indeed more evident in mid-latitude to sub-arctic areas. In the northern to arctic areas, the holes are filled with diesel fuel or some other non-freezing fluid in ordre to make sure that the cables are not destroyed by forces developed in the freezing mud, sea water, calcium chloride brine. Consequently, as the holes are filled with non-freezing fluid, the portable equipment making use of light probes and cables (≈1 Kg/100 m) can be used at profit since they will easily sink in the fluid. The advantages of the portable cable method are the flexibility of choice of measuring points in a specific hole, the possibility of recalibration at intervals of time and the fact that the equipment can be used in many holes. The portable cable method was favoured not only for temperature depth studies but also for considerations related to the quality of the results obtained and heat flow measurements.

In this study, we have chosen a modified version of the portable cable method; a cable with 20 leads was used. Pairs of thermistors were placed at intervals of 70 cm along the cable and one thermistor in the pair was oriented at 180^0 from the other. Both readings were taken and averaged out; in this fashion, it appeared that lateral convection effects were eliminated. The thermistors were installed in the interior of 3 concentric flexible and resistant silicone rubber tubings used in chirurgy. The leads to the thermistors are isolated with an epoxy resin glue and the beads towards the exterior are coated with a conducting glue. The whole system is perfectly impermeable in order to avoid short circuits. A rotary switch allows the measurements at successive points. This 18 thermistors portable cable method offers definite advantages over the single point method, in particular improved accuracy and faster temperature measurements. This system can operate in holes having a diameter of 4 to 16 cm. Due to thermal inertia, a certain period of time is required to obtain a state of thermal equilibrium between the walls of the well and the thermistors. A multi-sensing portable device has proven to be really efficient in this respect.

ELECTRICAL RESISTIVITY MEASUREMENTS

The contact between the walls of the well is made with a system of three pre-stressed steel springs attached to the cable and placed in a plane perpendicular to this cable at angles of 120^0 from each other. The alpha cable (specification: 1176 6/C #22 7/30) has a jacket of PVC (polyvinyl chloride) and can withstand a voltage of 200 volts. Four sets of springs of this kind are placed along the cable with separations of 2.5, 1.2 and 2.5 m respectively. For more details on the conception and construction of the electrical probes, the reader is referred to Seguin (1973, 1974a, b, 1975). The electrodes are arrayed according to the Schlumberger configuration with the half-distance separating the potential electrodes (MN/2) equal to 0.6 m. This system can operate in wells having a diameter of 5.1 to 15 cm. The instrument used to measure the electrical resistance in direct current is a unit manufactured by Scintrex Limited, Toronto, Canada (model No: SP5-RM). The maximum output voltage of the source was 450 volts. The electrical resistance in alternating current was measured with a Terrameter, model No: TI 5370-IE manufactured by Aktiebolaget Elektrisk Malmletning, Stockholm, Sweden. The waveform of the alternating current is square and the frequency is very low (4 Hertz). The range of the measurements extend from 0.003 to 10000 ohms and the maximum output is 400 volts. Time varying intensities of telluric currents which are sometimes appreciable in this northern region are substantially eliminated with the use of this unit.

RELATIONSHIP BETWEEN TEMPERATURE AND ELECTRICAL RESISTIVITY

One can foresee certain advantages in measuring the electrical resistivity instead of the temperature. Temperature measurements are made at the surface of the walls and are thus representative of a very small volume of the surrounding rock type. Due to large temperature disturbances (heating) in the drilling process and relatively poor thermal conductivities of the rockmass (slow diffusivity), the temperature in this very small volume close to the wallrock surface are substantially different from the surrounding medium. To avoid this problem, many temperature measurements ought to be made at different periods of time and over a large span of time until the approximate state of temperature equilibrium is obtained in the wallrock surface. Over this long period of time, freezeback is a common cause of breaks in thermistors when using the permanent cable method. Finally, temperature measurements are essentially punctual; since a certain time lag takes place to obtain the state of equilibrium between the temperature of the thermistors and that of the wallrock, a continuously recording device would not be appropriate.

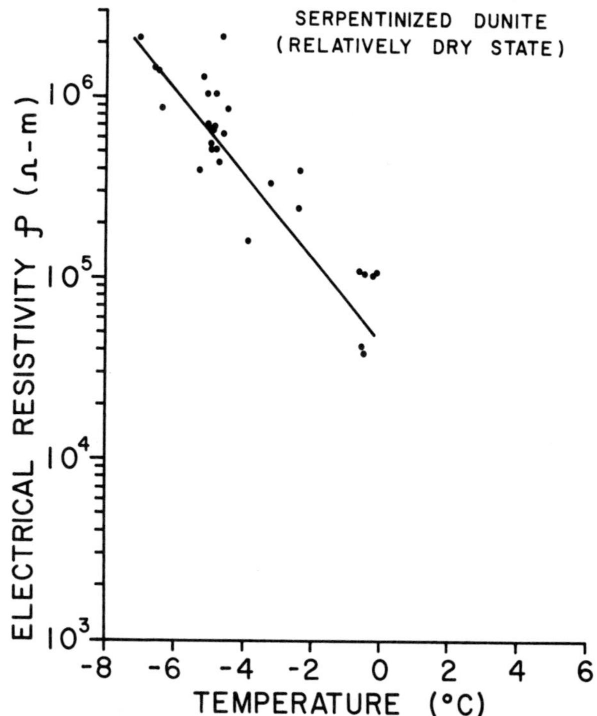

Fig. 3. Experimental relation between electrical resistivity (ρ) expressed in Ohm-metre and temperature (T) expressed in ^{0}Celsius for a serpentinized dunite (in a relatively dry state) of the Purtuniq area.

Electrical resistivity measurements involve the excitation of a much larger volume of rock and consequently the temperature disturbed rock volume is much smaller. The resistivity measurements are thus less dependant on the time of measurement; it involves a smaller frequency of measurements and more immediate results. Finally, a continuous resistivity log in analog or digital form may be obtained rapidly. An estimate of the resistivity of the geological formation at a specific temperature can then be easily separated from local and spatial variations caused by changes in mineral composition and rock heterogeneities. Eventually, electrical soundings from surface may allow the determination of the temperature at different subsurface levels before undertaking any drilling.

Taking into account the following factors: 1) rock type, 2) ice and/or water content (Eh, pH) and 3) mineralogical composition, and considering one constant at a time, a coarse but definite relation could be established between temperature (T) and electrical resistivity (ρ) for the following four rock types: serpentinized dunite, talc-carbonate rock, serpentinized peridotite and pyroxenite. Figure 3 shows the observed relation between T and ρ in the approximate temperature range 0 to -7°C for a relatively dry typical serpentinized dunite. The electrical resistivity is approximately 5 X 10^4 Ω-m at 0°C and 2 X 10^6 Ω-m at -7°C. In first approximation, the relation is expressed as a straight line and the electrical resistivity increases when the temperature decreases below the melting point of ice as expected from the theory.

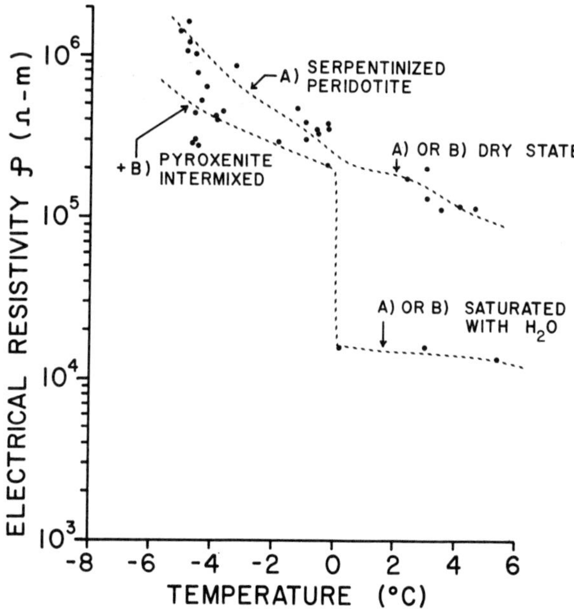

Fig. 4. Relation: electrical resistivity (ρ) - temperature (T) for a serpentinized peridotite and a pyroxenite (in both dry and saturated state) from the Purtuniq area.

Figure 4 shows the observed relation between T and ρ in the approximate temperature range: 5 to -5°C for serpentinized peridotite and/or pyroxenite in both the dry and water saturated state. Below 0°C, the electrical resistivity of pure serpentinized periodotite is larger than the one of pyroxenite intermixed with some peridotite for a specific temperature value. In the dry state, the T - ρ relationship above ^{o}C is about the same for both peridotite and pyroxenite. When saturated with water, a large decrease in electrical resistivity takes place around 0°C for both peridotite and pyroxenite as expected from theory. The resistivity of pyroxenite and peridotite is 10 times larger in the dry state than in the saturated state above 0°C. These preliminary results are consequently quite instructive and encouraging.

DISTRIBUTION OF TEMPERATURE VS DEPTH

The temperature results were obtained from different wells in the Purtuniq area. Temperatures obtained at elevations below approximately 225 m above sea level are apparently not greatly influenced by seasonal temperature fluctuations and the temperature gradient is relatively constant. The mean temperature gradient obtained from temperature measurements in all the accessible drill holes below 250 m above sea level and taken by steps of 50 m is equal to -0.010^{o}C m^{-1}, whereas the gradient of the whole interval 250 m above and 30 m below sea level is equal to -0.008^{o}C m^{-1}.

The position of the permafrost base has been estimated by extrapolation of this gradient down to a temperature of 0°C, the probable equilibrium point is 126 ± 15 m below the mean sea level. As the elevation of the surface was approximately 490 m in this area, this implies a continuous permafrost thickness of some 615 m on this plateau. This sector of the continent is located some 50 Km south of the Hudson Strait connecting the Atlantic and Arctic oceans. This means that the base of the continuous permafrost ought to rise with an average grade of 0.25% in the northern direction if the permafrost is absent under the sea shelf. Actually, discontinuous permafrost was encountered in the Deception Bay area located some 45 Km northwest of Purtuniq. Two of the sixteen sites drilled in this region encountered discontinuous permafrost at depths of 10 to 25 m below mean sea level (Samson and Tordon 1969). This indicates that a thinning of the permafrost through the base at an average rate of 2.5 m per kilometer in the northward direction is of the right order of magnitude.

THERMAL CONDUCTIVITY AND HEAT FLOW

A determination of heat flow (q) requires two separate measurements: the thermal gradient ($\partial T/\partial Z$), and the thermal conductivity (K), of the rocks in which the temperatures are measured. Heat flow across a unit area is then calculated by the formula q = -K grad T. Measurements of the thermal conductivity were done in the laboratories of the Division of Seismology and Geothermal Studies, Earth Physics Branch, Ottawa (see Table I).

As most of the temperature measurements were made in the following rock types: serpentinized peridotite, serpentinite, pyroxenite and talc-carbonate rock (serpentinized shear zones), the mean thermal conductivity is of the order of 3.57 Wm^{-1} ^{o}C^{-1}. The corresponding mean heat flow value (q) is mWm^{-2} (the SI-unit for heat flow is expressed in Watt/metre^2; however, it is more conventional to use the sub-unit: milliwatt/metre^2 (mW/m^2)). This mean heat flow value is somewhat lower than the mean value of 41 mW^{-2} obtained for all the precambrian shields of the earth (Gass 1971). The highest heat flow values (41 mWm^{-2}) are encountered in the metasediments and pyroxenite and the lowest heat flow values (32 mWm^{-2}) in the serpentinized dunite and peridotite.

TABLE I

Purtuniq - Measured Physical Properties of Core Material *

Rock Type**	No. Samples	Wet Density (ϕ) g cm^{-3}	Porosity (σ)	Thermal Conductivity (K) in SI units W m^{-1}°C^{-1}		
		Mean	Mean	Mean	Max	Min
S.Pe***	12	2.9	.2	3.32	4.26	2.67
S.Du	31	2.7	.4	2.91	3.99	1.68
Serp	3	2.7	.8	3.72	5.53	2.33
Py	2	3.0	.2	3.69	4.29	3.09
Serp.sh.zo	4	2.6	1.1	3.53	6.92	2.38
Schist	7	3.0	2.6	3.73	4.22	2.90
Mg	4	2.7	1.0	3.91	4.34	3.42
Mq	2	2.8	.3	3.54	3.56	3.51

* The thermal conductivity measurements on different rock types of the Purtuniq area were made by the Earth Physics Branch of the Department of Energy, Mines and Resources, Ottawa (A.S. Judge, personal communication, 1977).

** Based on core description by Asbestos Corporation.

*** S.Pe = Serpentinized Peridotite; S.Du = Serpentinized Dunite; Serp = Serpentinite; Py = Pyroxenite; Serp.sh.zo = Serpentinized shear zone; Mg = Metagreywacke; Mq = Metaquartzite.

ADDITIONAL CONSIDERATIONS

Careful examination of the rockwall of the inclined addit provided much instructive information. The permafrost encountered in most rock types was relatively dry. Most of the water was condensed on the roof of the addit; very little was observed on the walls or the floor. The humidity on the roof is caused by the cooling of the incoming warmer air from the outside during the summer season and/or hauling trucks and tractors. Much condensation is also observed at the junction of the main addit and the colder openings and short drifts. Very locally, the nature of the permafrost is different. During the excavation of the upper part of the addit in October 1975, melting ice and running water were encountered in a fault or shear zone present in serpentinized dunite and talc-carbonate rock. With the appearance of the winter season and a temporary stop in the circulation of the motorized vehicles as well as of the mining activities, odd-shaped stalactites and stalagmites started to grow and a permanent freeze-up of this zone took place.

Ice crystals are commonly observed with or in the vicinity of alteration of fracture zones characterized by the occurence of pure white talc or talc-carbonate rock veins. It appears that before or at the beginning of the last glaciation of the area, surface water percolated down the fault planes or the shear zones and in the joints of the bedrock. A slab of almost pure ice was found at an elevation of 64 m above sea level when blasting the advance front of the addit on August 24th, 1976. Part of an ice wedge, some 10 m^2 in areal extent and 25 to 30 cm thick was carefully examined and its temperature was measured. This wedge of ice fills an open joint in an altered talc-carbonate vein encountered in serpentinized dunite. Except for this very local and minor presence of ice in the bedrock, the permafrost is exceptionnally dry. No trace of water (melting ice) was seen in the massive peridotite. The dense and massive pyroxenite appears to be the coldest rock mass (permafrost core); this characteristic is most probably related to the thermal conductivity of this rock type. These fragmental pieces of information relative to the nature of permafrost are of great value for solving problems of continous permafrost in drilling and in different phases of mining operation.

CONCLUSION

A good knowledge of the physical properties of permafrost is essential to carry out efficient drilling and mining in bedrock permafrost. Keeping this idea in mind, down-the-hole temperature and electrical resistivity measurements were made to obtain reliable information relative to thermal and electrical properties of the continuous permafrost layer of the Purtuniq area. For instance, a relatively accurate lateral and vertical distribution of temperature in bedrock permafrost may be useful in the organization of a drilling programme and in particular in the choice of the drilling fluid but it will obviously not solve all the drilling problems encountered in continuous bedrock permafrost.

Reliable temperature measurements in wells are definitely the best information to gather in bedrock permafrost but for practical reasons, this information is not always easily obtained. This study shows that measurements of the electrical resistivity of bedrock permafrost can be a viable substitute to direct temperature measurements. Indeed, an experimental ralation between thermal conductivity and electrical conductivity could be established for different rock types of bedrock permafrost in the Purtuniq area. A temperature versus depth determination and an estimation of heat flow of the bedrock permafrost in the Purtuniq area are two other important pieces of information which may be used to solve specific drilling and mining problems in permafrost.

ACKNOWLEDGEMENTS

Most of the financing for this research was obtained from common funds of the Centre d'études nordiques de l'Université Laval; a smaller fraction originated from special funds for projet No: 502 of the Centre d'Ingéniérie nordique de l'Ecole Polytechnique de Montréal. I extend my thanks to Dr. R.J.E. Brown, National Research Council of Canada, for the time spent on many discussions and Mr. A.E. Taylor, Earth Physics Branch for providing the thermal conductivity data. M.S. Luciani and D. Bray of Asbestos Corporation, G. Pigeon, D. Mongrain and W.M. Sheaver of J.S. Redpath Drilling Ltd and G. Marseille of Morisette Diamond Drilling provided both personnel and financial assistance. Sophie Martel and René Robitaille contributed to the gathering and handling of the data on the experiments.

REFERENCES

BERGERON, R. 1957. Preliminary report on the Cape Smith-Wakeham Bay Belt, New Quebec. Quebec Dept. Mines and Geol. Surveys. Prelim. Report. No. 355, 8 p.

BERGERON, R. 1959. Preliminary report on Povungnituk Range area, New Quebec. Quebec Dept. of Mines, Geol. Surveys Branch, No. 392, 9 p.

BROWN, R.J.E. 1975. Permafrost Investigations in Quebec and Newfoundland (Labrador). Tech. Paper No. 449, Div. Bldg. Res., Nat. Res. Council Can., 99 p.

DUGAS, J. 1971. Mineralisation in the Cape Smith Wakeham Bay Area; Province of Quebec. Quebec Dept. of Nat. Resources, pp. 1-2.

GELINAS, L. 1962. Preliminary Report on Watts Lake area, New Quebec. Prelim. Rept. No. 471, Geol. Surveys Branch, Dept. of Nat. Resources, Province of Quebec, pp. 1-11.

IVES, J.D. 1974. Permafrost. In Arctic and Alpine Environments; J.D. Ives and R.G. Barry, Editors, Methuen, London, pp. 159-194.

LAWRENCE, R.D. and Pihlainen, J.A. 1963. Permafrost and Terrain Factors in a Tundra Mine Feasibility Study. Proc. First Canadian Conference on Permafrost. Assoc. Cttee on Soil and Snow Mechanics, Nat. Res. Council, Tech. Memo. No. 76, Jan. 1963, pp. 159-166.

MATTHEWS, B. 1962. Glacial and post-glacial geomorphology of the Sugluk-Wolstenholme area, N. Ungava. McGill Sub-Arctic Research Papers, No. 12, pp. 17-46.

MATTHEWS, B. 1967. Late Quaternary events in Northern Ungava, Quebec: the glaciation of the Deception Bay, Lac Watts and Sugluk areas. McGill Sub-Arctic Research Papers, No. 23.

MAYCOCK, P.F. and Matthews, B. 1966. An "Arctic Forest" in the tundra of Northern Ungava, Quebec. Arctic, Vol. 19, No. 2, pp. 114-144.

ROGERSON, R.J. 1967. Glacial Geomorphology and Post-glacial Uplift between Deception Bay and Cape Weggs, Northern Ungava. Unpublished M.Sc. Thesis, McGill University, Montreal, P.Q., 128 p.

SAMSON, L. and Tordon, F. 1969. Experience with engineering site investigations in northern Quebec and northern Baffin Island. Proc. Third Canadian Conference on Permafrost. Assoc. Cttee on Geotechnical Research, Nat. Res. Council, Tech. Memo. No. 96, Jan. 1969, pp. 21-38.

SASS, J.H. 1971. The earth's heat and internal temperatures. In: I.G. Gass, P.J. Smith and R.C. L. Wilson (Editors), Understanding the Earth. Artemis Press, Sussex, pp. 81-87.

SEGUIN, M.K. 1973. Etude du pergélisol discontinu dans la région de Schefferville. Rapport technique au Conseil National de Recherches pour la Défense (Octroi No. 9511-130-73), 27 p.

SEGUIN, M.K. 1974a. Test géophysique de résistivité électrique dans des trous de forages, Projet 11-832, Canton Bousquet, Abitibi. Rapport interne, Département de géologie, Université Laval, 30 juillet, 6 p.

SEGUIN, M.K. 1974b. Conception et construction de sondes électriques et thermiques pour l'étude du pergélisol continu ou discontinu; vérification de leur fonctionnement dans les trous de forages effectués à Schefferville et en Abitibi. Rapport technique rédigé pour le Conseil National de Recherches pour la Défense (Octroi No. 9511-130-74), 35 p.

SEGUIN, M.K. 1975. Essais de carottage électrique, de polarisation spontanée, de polarisation provoquée et thermique sur la propriété de Louvem, à Louvicourt, Abitibi. Rapport interne, Département de géologie, Université Laval, 3 juin, 17 p.

STAM, J.C. 1961. On the Geology and Petrology of the Cape Smith-Wakeham Bay Belt, Ungava, Quebec. Géologie en Mijnbouw, 40e Jaargang, pp. 412-421.

STEVENSON, I.M. 1968. A Geological Reconnaissance of Leaf River Map-Area, New Quebec and Northwest Territories. Geol. Surv. Can. Memoir No. 356, 112 p.

STEWART, R.V. 1976. Geology of the Asbestos Hill Area. C.I.M.M. Bull. Vol. 69, No. 775, pp. 62-69.

TAYLOR, A.E. and Judge, A.S. 1976. Canadian Geothermal Data Collection Northern Wells 1975. Geothermal Series No. 6, Earth Physics Branch, Energy, Mines and Resources, Canada, 142 p.

TAYLOR, F.C. 1974. Reconnaissance Geology of a Part of the Precambrian Shield, Northern Quebec and Northwest Territories. Geol. Surv. Can. Paper No. 74-21, 10 p.

THAYER, T.P. 1960. Some Critical Differences between Alpine-Type and Stratiform Peridotite Gabbro Complexes. Reprint from the Report of the International Geological Congress, XXI Session, pp. 247-253.

THOMPSON, H.A. 1966. Air temperatures in Northern Canada with Emphasis on Freezing and Thawing Indexes. Proc. Permafrost International Conference, Nat. Acad. of Sci., Nat. Res. Council, Publ. No. 1287, 1966, pp. 272-280.

CONDITIONS AND GEOTHERMAL CONSEQUENCES OF THE MOISTURE EXCHANGE BETWEEN THE LITHOSPHERE AND THE ATMOSPHERE IN THE PERMAFROST REGION

P.F. Shvetsov, All-Union Res. Inst. of Hydrogeology and Eng. Geology, Moscow, U.S.S.R.

The intensive and extensive factors of the moisture exchange between the lithosphere and the atmosphere both within and outside the permafrost region depend mainly on the lithological-petrographic and morphometric characteristics of the ground complex (soil and underlying rocks). This process is very intensive only in places where the ground complex is represented by coarse-grained, coarse-fragmentary and fissured materials, whose seepage coefficient is greater than 10^{-5} m/sec. Thus they do not freeze at a mean annual air temperature of -11 to -12°C. However, in most areas the ground complex consists of silty and peaty materials, which explains the low rate of water exchange between the lithosphere and the atmosphere in permafrost regions and in areas having limited large fresh water resources.

CONDITIONS PARTICULIÈRES ET CONSÉQUENCES GÉOTHERMIQUES DE L'ÉCHANGE D'EAU ENTRE LA LITHOSPHÈRE ET L'ATMOSPHÈRE DANS LA ZONE DE PERGÉLISOL

P.F. Shvetsov, Institut soviétique de recherches scientifiques en hydrogéologie et géologie technique, Moscou, URSS.

Les facteurs intensifs et extensifs de l'échange d'eau entre la lithosphère et l'atmosphère à l'intérieur et à l'extérieur de la zone de pergélisol sont déterminés principalement par les caractères lithologiques et pétrographiques et les caractères morphométriques du complexe du sol (sol et roches sous-jacentes). Ce processus n'est intense que là où le complexe du sol est constitué de matériaux à gros grains, macroclastiques ou fissurés, dont le coefficient d'infiltration dépasse 10^{-5} m/s, et qui ne gèlent donc pas en présence d'une température annuelle moyenne de l'air de -11 à -12 °C. Cependant, la prédominance des sols limoneux-silteux et tourbeux explique les faibles échanges d'eau entre la lithosphère et l'atmosphère dans les régions de pergélisol, et la faible proportion des régions possédant de grandes ressources en eau pure.

ОСОБЕННОСТИ УСЛОВИЙ И ГЕОТЕРМИЧЕСКИЕ СЛЕДСТВИЯ ВОДООБМЕНА ЛИТОСФЕРЫ С АТМОСФЕРОЙ В ПРЕДЕЛАХ МНОГОЛЕТНЕЙ КРИОЛИТОЗОНЫ

П.Ф. Швецов, ВНИИ гидрогеологии и инженер. геологии, Москва, СССР

Интенсивные и экстенсивные факторы водообмена литосферы с атмосферой в криолитозоне, как и вне ее, определяются в основном литолого-петрографическими и морфометрическими характеристиками почвенно-грунтового комплекса (ПГК). Большая интенсивность этого процесса отмечается лишь там, где ПГК представлен крупнозернистыми, крупнообломочными и трещиноватыми образованиями; коэффициент фильтрации их больше 10^{-5}м/с, поэтому он не промерзает при среднегодовой температуре воздуха минус 11-12°С. Но преобладают территории с пылевато-илистым и торфяным ПГК, чем и объясняется малая экстенсивность водообмена литосферы с атмосферой в областях с толщами мерзлых грунтов, ограниченность участков суши с большими ресурсами пресной воды.

ОСОБЕННОСТИ УСЛОВИЙ И ГЕОТЕРМИЧЕСКИЕ СЛЕДСТВИЯ ВОДООБМЕНА ЛИТОСФЕРЫ С АТМОСФЕРОЙ В ПРЕДЕЛАХ МНОГОЛЕТНЕЙ КРИОЛИТОЗОНЫ

П. Ф. Швецов

ВНИИ гидрогеологии и инженерной геологии, Москва, СССР

Ведущим процессом формирования месторождений (качества и ресурсов) подпочвенных вод (водных растворов), как показали исследования ведущих советских гидрогеологов (Игнатович, 1944; Каменский, 1947, и др.) является водообмен в системах литосфера-почва и литосфера-водоемы (водотоки). Влагообмен в системах почва-атмосфера и водоем (водоток)-атмосфера изучается, как известно, метеорологами и гидрологами.

Изучаемый гидрогеологами водообмен в земной коре есть физико-геологический необратимый процесс переноса воды (водных растворов) в разных породах и их скоплениях - слоях, толщах и массивах с неодинаковыми полями давления (напора), влажности (концентрации), температуры и электрического потенциала: он представляет собой частный случай массообмена в системах литосфера-почва и литосфера-водоем.

Главными факторами водообмена в названных системах оказываются следующие:

1) тектоно-орографический - положение участка в геоструктуре и мезорельефе, а также относительно морских бассейнов, т.е. диапазон высот, угол и ориентировка наклона земной поверхности;

2) литолого-петрографический (соответствующий элементу геоструктуры), т.е. состав, строение, сложение и свойства слоев, толщ и массивов горных пород данного участка;

3) метеорологический, т.е. зонально-поясной водный и тепловой баланс деятельного слоя и местный режим погод на этом участке.

Разные сочетания этих трех независимых факторов тепло- и водообмена представляют внутренне однородные объекты гидро-геокриологических исследований, называемые видами тепло- и водообменных геосистем. Совокупности их, рассматриваемые с учетом сходства основных признаков, составляют роды, классы и типы тепло- и водообменных геосистем. Водообменной геосистемой называется совокупность (комплекс) обменивающихся водой и водными растворами слоев, толщ, массивов горных пород, почвы и дна водоемов, свойственная определенной геоструктурной форме и литолого-петрографической формации.

Само собой разумеется, что всякая водообменная геосистема является одновременно и теплообменной геосистемой. Идея комплексного гидрогеотермического подхода к изучению геотемпературного поля в районах с толщами беспрестанно мерзлых пород принадлежит первому исследователю его на севере Сибири. В труде, посвященном климату (и, очевидно, поэтому оставшемся до сих пор неизвестным гидрогеологам) академик А.Ф. Миддендорф (1962, с. 395) писал:

"В земных слоях как в огромном цедильном приборе, спускается вода всякой температуры в разные глубины и поднимается из различных глубин на различные же высоты, перемешивается, а вследствие того изменяется температура земных слоев". Это не вяжется, конечно, с суждением, что "вечная мерзлота - продукт климата" и с отрицанием наличия значительного числа родников, удовлетворяющих потребности населения и хозяйства в северных районах. В данном случае творческая мысль исследователя пошла дальше утвердившегося к половине XIX в. мерзлотно-климатического представления, которое сформировалось в результате изучения поверхностных явлений и состояния подпочвы; исследование процессов в ней еще не начиналось. Первый шаг в этом более перспективном, но и трудном направлении сделал геолог Н.М. Козьмин (1891).

К широко известным особенностям условий водообмена литосферы с почвой и атмосферой при наличии мерзлой геозоны относятся следующие:

1. Беспрестанномерзлая подпочва, или "вечная мерзлота", мощностью, как правило, более 10 м представляет собой своеобразную гидроизоляционную "прокладку" между почвой и сравнительно глубокими (подмерзлотными) толщами и массивами литосферы; в гидромеханическом смысле (как водоупор) она сравнительно однородна, независимо от разнообразия составляющих ее литогенетических и петрографических видов и их комплексов (толщ, свит, серий).

2. Взаимосвязь поверхностных, почвенных, грунтовых (надмерзлотных) и межпластовых вод возможна и практически осуществляется благодаря прерывистости мерзлой зоны литосферы, выраженной "пробелами" в ней, по А.В. Львову (1916) - таликами гидрологического, гидрогеологического, геохимического и смешанного происхождения.

3. Криогенные гидрогеологические границы между водоносными и водоупорными горизонтами, массивами и жилами, особенно верхние и боковые, подвижны в течение годовых и более продолжительных периодов времени; они не всегда и часто неявно обусловлены обычными литогенетическими закономерностями, такими, например, как чередование глинистых и песчаных отложений или монолитных и трещиноватых скальных пород. Подвижность таких границ полностью согласуется с важнейшим теоретическим положением В.И. Вернадского (1933) о пульсации криосферы и была подтверждена исследованиями мерзлотоведов, эмпирически доказавших не только "деградацию вечной мерзлоты", но и наличие современных процессов глубокого промерзания земной коры (Сумгин и др., 1940).

4. Поверхность толщ мерзлых пород (ТМП) является холодным экраном, на котором конденсируются водяные пары, поступающие к ним сверху из более теплой (в весенне-летние дни) атмосферы и почвы, а также из глубоких немерзлых горизонтов литосферы (Львов 1916; Сумгин 1937; Колосков 1937; 1938). При значительной газопроницаемости почв и горных пород водообмен их с атмосферой осуществляется в большей мере путем диффузии и турбулентного (конвективного) переноса.

5. Пополнение ресурсов грунтовых вод и увеличение речного стока в ряде районов с льдистыми мерзлыми толщами происходит, видимо, вследствие вытаивания подпочвенных льдов (Ячевский, 1889; Толстихин, 1941). Это явление может наблюдаться только в полупериоды потепления циклических изменений условий теплообмена земной коры с атмосферой; в полупериоды похолодания происходит противоположное.

К этим общеизвестным особенностям водообмена литосферы с почвой и атмосферой на территории многолетней криолитозоны сейчас следует добавить еще несколько других важных криогенных факторов. Один из таких факторов порожден низким геотермическим уровнем теплообмена. Сущность его заключается в том, что температура почвенных, грунтовых и межпластовых вод, смачивающих ТМП длительное время (от одного теплого сезона до большого ряда лет), находится в интервале плюс 4°С - точка замерзания водного раствора. Аномалия изменения плотности пресной воды в указанном интервале температуры играет исключительно важную роль в энерго- и водообмене земной коры с почвой и водоемами высоких широт.

Совершенно другой, хотя и не менее важный гидрогеотермический эффект наблюдается там, где трещины и другие макропустоты в горных породах заполнены водным раствором электролитов, концентрация которого больше 26 г/л. Максимальная плотность таких растворов, утративших свойство воды, соответствует наинизшей температуре. Этим самым создаются аномальные температурные поля в толщах трещиноватых пород - с ничтожно малыми положительными и даже отрицательными геотемпературными градиентами. Сказанное в какой-то мере конкретизирует мнение В.И. Вернадского (1933) о большом значении области охлаждения в земной коре для развития некоторых геофизических и геохимических процессов.

Второе дополнительное условие развития водообмена земной коры с атмосферой и водоемами на Крайнем Севере заключается в повышенном значении "газового фактора" для движения подпочвенных вод по сквазным таликам, поскольку суммарная газонасыщенность межпластовых вод здесь больше, чем в областях без толщ мерзлых пород (Швецов, 1951). Часто движение грунтовых и межпластовых вод по сквозному талику под влиянием газового фактора оказывается встречным: плотные (холодные) грунтовые воды движутся вниз, а газированные межпластовые - вверх по одной и той же таликовой щели или жиле достаточного протяжения; в теплый сезон преобладает нисходящее движение плотных почвенно-грунтовых вод, в холодный - восходящее газоводяных смесей.

В качестве третьего своеобразного условия водообмена почвы с атмосферой при наличии ТМП можно назвать повышенные температурные градиенты в сезонноталом слое (Основы геокриологии, 1959). Отражая большую напряженность температурного поля в верхней пленке земной коры, они увеличивают термовлагоперенос капиллярнопористых почв и горных пород при совпадении знаков градиента температуры и влажности породы, или температуры и плотности воды, что происходит весной и в начале лета. То же можно сказать и о диффузии воздушного пара в крупнозернистые и обломочные образования, не полностью насыщенные водой.

Исключительно важной особенностью водообмена литосферы с почвой и атмосферой на Крайнем Севере следует считать положительный энергетический эффект просачивания (инфильтрации) атмосферной воды в почву и горные породы. С инфильтрацией атмосферных осадков связан значительный теплоприход в подпочву. Эпизодическое измерение температуры дождевой воды в Норильске показало, что в июле она может достигать здесь 15-18°С. Совсем другое наблюдается на Крайнем Юге, например, в песчаных пустынях Средней Азии. Так, в Каракумах выпадение и инфильтрация осадков в ненасыщенную песчаную почву (зону аэрации) понижают температуру подпочвы.

Надо подчеркнуть, что речь идет именно о тепловом эффекте инфильтрации, а не выпадения осадков и притока поверхностной воды с окружающей местности. Геотермический эффект впитывания талой почвой поверхностной влаги и просачивания ее вниз к мерзлой почвенно-грунтовой толще с годовыми теплооборотами в ряде мест не однозначен с общим тепловым эффектом выпадения атмосферных осадков или другим каким-либо видом увлажнения подстилающей поверхности. Исследования в Верхне-Буреинской впадине наглядно показали, что избыточно увлажняемые дождями почти горизонтальные и слабонаклонные (под углами менее 5°) участки и полосы в долинах и на плоских междуречьях с торфяно-болотной почвой и глинистым грунтом характеризуются самыми низкими отрицательными температурами подпочвы (Бакакин и др., 1954).

Инфильтрация 150-300 мм осадков и воды поверхностного стока на протяжении весенне-летнего сезона в крупнозернистый, крупнообломочный и трещиноватый ярус земной коры с годовыми теплооборотами служит основной причиной формирования азонально теплых массивов литосферы-круглогодичных и часто сквозных таликов в северных и северо-восточных районах, где среднегодовая температура воздуха - минус 5 - минус 15°С. Инфильтрация меняет и структуру основного уравнения теплового баланса почвы за годовой период из-за введения в него дополнительного члена и уменьшает ту его обычную составляющую, которая выражает потерю тепла на испарение влаги (Швецов, 1968). С учетом ее получено следующее уравнение:

$$T_{п} = T_{в} + \frac{R - L(E - v) + cv\Delta T + B}{\alpha}$$

где: $T_{п}$ - температура почвы; $T_{в}$ - температура воздуха; R - радиационный баланс; L - тепло испарения воды; E - количество поверхностной воды, оставшейся на поверхности и внутри глинистой почвы; v - количество воды, просочившейся в теплый сезон через почву в грунт; ΔT - разница температур грунта и воды, проникшей в него с поверхности; c - теплоемкость; B - поток внутриземного или сток почвенного тепла в литосферу (суммарный) и α - коэффициент конвективного теплообмена.

Таким образом, весьма важное суждение (Ячевский, 1889) о том, что от литологического состава пород данной местности "зависит, так сказать, степень восприимчивости почвы к внешним климатическим изменениям", нуждается в существенном дополнении. Кроме меры, необходимо учитывать разное направление "восприимчивости почвы" к атмосферным осадкам и поверхностной влаге другого происхождения.

В свете сказанного об особенностях условий водообмена литосферы с почвой (и атмосферой) становится вполне понятным определяющее значение литолого-петрографических родов пород в режиме подпочвенных вод на территории Печорского угольного бассейна. Имеются обширные участки, где древняя кора выветривания пермских пород прикрыта мощными толщами практически водонепроницаемых, а поэтому, как правило, мерзлых суглинков. Режим подмерзлотных вод на этих участках слабо или совсем не отражает кратковременных, хотя и резких, изменений условий водо- и теплообмена почвы с атмосферой. Совсем другое наблюдается на участках типа Юньягинского, Верхне-Сырьягинского с маломощной и прерывистой толщей антропогеновых ("моренных") образований.

Прерывистость многолетней криолитозоны, будучи непременным условием прямого водообмена земной коры с атмосферой и водоемами, является, как правило, и следствием развития этого сложного физико-геологического процесса. Чтобы быть причиной значительной прерывистости многолетней криолитозоны, водообмен почвенно-грунтового комплекса с атмосферой должен быть интенсивным, т.е. количество нисходящей в грунт поверхностной или выходящей на поверхность грунтовой воды через единицу площади за данный промежуток времени (год, сезон года) должно быть достаточно большим. Каким - это одна из главных гидрогеотермических проблем в геокриологии. Что же касается экстенсивного фактора - суммарной площади водопроводящих сквозных таликов, особенно в отношении к общей площади многолетней криолитозоны, то он значителен на южной окраине и мал в заполярной части ее.

Можно сказать, что увеличение водопроницаемости почвенно-грунтового комплекса эквивалентно увеличению его эффективной теплопроводности, которая все в большей мере начинает определяться инфильтрацией и инфлюацией, т.е. конвективным переносом тепла. Средняя годовая температура почвенно-грунтового комплекса повышается пропорционально корню квадратному из увеличения его водопроводимости, т.е.

$$\Delta T = x\sqrt{\Delta(km)}$$

где: к - коэффициент фильтрации, м/сут; m - мощность яруса с годовыми теплооборотами, м; x - коэффициент пропорциональности, близкий, как полагает гидрогеолог И.А.Зуев на основании изучения большого числа объектов на Северо-Востоке СССР, к цифре 0,05.

ЛИТЕРАТУРА

БАКАКИН В.П., ЖУКОВ В.Ф., МЕЙСТЕР Л.А. 1954. Многолетняя мерзлота горных пород и условия строительства в центральной части Буреинской впадины. М., Изд-во АН СССР.110с.

БАРАНОВ И.Я. 1956. Южная окраина области земной поверхности. Л., Гидрометеоиздат. 67с.

ВЕРНАДСКИЙ В.И. 1933. (2). Об областях охлаждения в земной коре. - "Зап. Гос. гидрол. ин-та", т. 10.

ИГНАТОВИЧ Н.К. 1947. О закономерностях распределения и формирования подземных вод. - "Докл. АН СССР". Нов. серия, т. 45, № 3. с. 133-136.

КАМЕНСКИЙ Г.Н. 1947. Гидрогеологические исследования и разведка источников водоснабжения (методическое руководство). Госгеолиздат. 79с.

КОЗЬМИН Н.М. 1892. О явлениях вечной мерзлоты в некоторых местностях Восточной Сибири. - "Изв. Вост.-Сиб, отд. РГО", т. 23, вып. 45.с. 58-71

ЛЬВОВ А.В. 1916. Поиски и описания источников водоснабжения по западной части Амурской железной дороги в условиях вечной мерзлоты почвы (летний и зимний режим рек, грунтовых вод и условия питания глубоких водоносных толщ в районах сплошного распространения "вечной" мерзлоты). Иркутск. 882с.

МИДДЕНДОРФ А.Ф.1862. Путешествие на север и восток Сибири, ч. 1, вып. 3. СПб. 270с.

Основы геокриологии. 1959. ч. 1, М., Изд-во АН СССР.

ПОНОМАРЕВ В.М. 1960. Подземные воды территории с мощной толщей многолетнемерзлых горных пород. М., Изд-во АН СССР. 200с.

СУМГИН М.И. 1927. Вечная мерзлота почвы в пределах СССР. Владивосток,372с.

СУМГИН М.И. 1937. Вечная мерзлота почвы в пределах СССР. Изд. 2-е. М., 380с.

СУМГИН М.И., КАЧУРИН С.П., ТОЛСТИХИН Н.И., ТУМЕЛЬ В.Ф. 1940. Общее мерзлотоведение. М.-Л., Изд-во АН СССР, 340с.

ТОЛСТИХИН Н.И. 1941. Подземные воды мерзлой зоны литосферы. М., Госгеолиздат. 201с.

ШВЕЦОВ П.Ф. 1951. Подземные воды Верхоянско-Колымской горно-складчатой области и особенности их проявления, связанные с низкотемпературной вечной мерзлотой. М., Изд-во АН СССР. 280с.

ШВЕЦОВ П.Ф. 1968. Закономерности гидрогеотермических процессов на Крайнем Севере и Северо-Востоке СССР. М., "Наука".112с.

ЯЧЕВСКИЙ Л.А. 1889. О вечномерзлой почве в Сибири. - "Изв. Русск. геогр. об-ва", т. 25, вып. 5. с. 341-352.

DETERMINATION OF UNFROZEN WATER IN FROZEN SOIL BY PULSED NUCLEAR MAGNETIC RESONANCE

Allen R. Tice, U. S. Army Cold Regions Research and Eng. Lab., Hanover, NH 03755
Chester M. Burrous, Quaternary Research Ctr., Univ. Washington, Seattle, WA 98195
Duwayne M. Anderson, Div. of Polar Programs, Nat. Sci. Found., Washington, DC 20550

Pulsed nuclear magnetic resonance (NMR) techniques have been developed and utilized to determine complete phase composition curves for three soils. This promising new technique offers a non-destructive method for measurements of unfrozen water contents in frozen soils from -0.2°C through -25°C. The results show that unfrozen water contents determined by this technique depend upon ice content (i.e. total water content). These results are contrary to earlier assumptions based on results which indicated that unfrozen water contents are a function of temperature only. These findings show great promise in the descrimination of unfrozen water associated with mineral grain boundaries and the ice-water interfaces of the poly-crystalline ices present in soil-water systems.

DÉTERMINATION DE L'EAU NON GELÉE DANS UN GÉLISOL, PAR RÉSONANCE MAGNÉTIQUE NUCLÉAIRE

On a mis au point et utilisé des techniques de résonance magnétique nucléaire (RMN) pour déterminer des courbes complètes de composition des phases pour trois sols. Cette nouvelle technique semble pouvoir nous offrir une méthode non destructive de mesure de la teneur des gélisols en eau non gelée entre -0.2°C et -25°C. Les résultats indiquent que la teneur en eau non gelée que donne cette technique dépend de la teneur en glace (c'est-à-dire de la teneur totale en eau). Ces résultats sont contraires aux hypothèses antérieures fondées sur des résultats indiquant que la teneur en eau non gelée est seulement fonction de la température. Ces découvertes nous offriront sans doute un moyen d'identifier l'eau gelée associée aux surfaces des particules minérales, et aux interfaces glace-eau des glaces polycristallines présentes dans les systèmes sol-eau.

ОПРЕДЕЛЕНИЕ НЕЗАМЕРЗШЕЙ ВОДЫ В МЕРЗЛЫХ ГРУНТАХ МЕТОДОМ ИМПУЛЬСНОГО ЯДЕРНО-МАГНИТНОГО РЕЗОНАНСА

Для определения кривых полного фазового состава для трех типов грунта были разработаны и применены методы импульсного ядерно-магнитного резонанса/ЯМР/. Новый перспективный метод позволяет определять содержание незамерзшей воды в мерзлых грунтах без разрушения образца в температурном диапазоне от -0,2°С до -25°С. Результаты анализов показывают, что содержание незамерзшей воды, найденное этим методом, зависит от содержания льда /т.е. от общего содержания воды/. Эти данные противоречат ранее существовавшим предположениям о том, что содержание незамерзшей воды зависит только от температуры. Новые результаты представляются перспективными для определения незамерзшей воды на границах зерен минералов и на поверхности раздела лед-вода в поликристаллических льдах, присутствующих в системах грунт-вода.

DETERMINATION OF UNFROZEN WATER IN FROZEN SOIL BY PULSED NUCLEAR MAGNETIC RESONANCE

A.R. Tice[1], C.M. Burrous[2], and D.M. Anderson[3]

[1]U.S. Army Cold Regions Research and Engineering Laboratory, Hanover, New Hampshire, USA
[2]Quaternary Research Center, University of Washington, Seattle, Washington, USA
[3]Division of Polar Programs, National Science Foundation, Washington, DC, USA

INTRODUCTION

The utility of nuclear magnetic resonance (NMR) techniques in the investigation of liquid water in frozen or unfrozen soils has been demonstrated by Ducros and Dupont (1962), Graham et al. (1964), Hecht et al. (1966), Pearson and Derbyshire (1973), Prebble and Currie (1970), Touillaux et al. (1968), Woessner (1974), Woessner and Snowden (1966), and Wu (1964). Pulsed NMR techniques offer a number of distinct advantages over the wide line NMR adsorption method (Woessner and Snowden 1966). The recent general availability of small, relatively inexpensive pulsed NMR units makes this technique especially attractive for routine determinations of the unfrozen water contents of frozen soils as a function of varying temperature. However, a simple, straightforward methodology has yet to be established. This paper describes the results of a preliminary investigation of one possible method of determining the phase composition of frozen soil (unfrozen water contents vs temperature) by pulsed NMR techniques.

EXPERIMENTAL METHODS

The three soils selected for this investigation were Umiat bentonite (Anderson and Reynolds 1966), Kaolinite No. 7 from Wards Natural Science Establishment, and Fairbanks silt obtained from the extensive Quaternary deposit blanketing the Goldstream area of Fairbanks, Alaska. These three soils are representative of the range of soil properties of most common interest. Unfrozen water contents had previously been obtained for each by other methods. The soils were investigated in their natural state, without treatment, except for drying and passing through a number 100 sieve (0.149 mm).

About 16 samples of each soil were prepared at water contents ranging from oven dry to saturation. The soil-water mixtures were uniformly compacted to 3.2 cm^3 in 10-mm-OD test tubes and sealed to prevent water loss. The samples were frozen quickly in liquid nitrogen. Each sample was preconditioned by two freeze-thaw cycles and then refrozen and stored at -35°C until needed (about one week). A few samples were lost during the freeze-thaw process (test tubes cracked or seals leaked); these were discarded. Weights were determined both before and after the tests to assure constant water contents.

A Praxis model 550 pulsed NMR analyzer with 10-mm probe was used to observe proton relaxation. The probe and all the samples were placed in a closed environmental chamber that could be cooled and regulated at temperatures down to about -30°C. The most troublesome experimental difficulty resulted from the temperature sensitivity of the NMR probe; this tended to result in detuning as the temperature was lowered. Echoes were not observable below -10°C; therefore, many of the optional types of measurements available on the analyzer could not be used. For this reason, free induction decay, which was observed, was used to develop the method described herein. The probe was tuned at room temperature (21°C) and the first pulse amplitudes for free induction decay following a single 90° pulse with a 0.3-second clock were recorded and subjected to analysis and comparison.

Throughout the experiments, the temperature of the environmental chamber was set at a selected value and the probe and all the samples were allowed to equilibrate at this temperature overnight. Then, one at a time, the samples were inserted into the probe and the NMR signal recorded. The samples were manipulated within the closed environmental chamber by mechanical fingers controlled from outside the chamber. A close check was kept to insure constant sample temperature during these measurements.

Three series of tests were run on each soil. Series 1 and 3 were warming cycles in which the previously frozen samples were inserted into the chilled environmental chamber and then warmed within the chamber in a series of discrete temperature steps. Comparison of these two cycles provides an estimate of the reproducibility of the technique. Series 2 was a cooling cycle in which the previously frozen samples were first warmed to -0.3°C within the environmental chamber, then cooled in a series of discrete temperature steps. The cooling cycle was included to investigate the effect of hysteresis.

The basic assumption of this approach was that the first pulse amplitude is directly proportional to the amount of unfrozen water present in the sample. Accepting this, unfrozen water contents can be determined by comparing the NMR signal at any sub-zero temperature to that at room temperature where all the water is unfrozen. However, detuning of the probe caused a signal reduction with decreasing temperature, even for samples known from previous work to be completely unfrozen. After considerable investigation of alternatives, it was found that this signal reduction could be compensated for by multiplying the raw signal at each temperature by an appropriate normalization factor. The normalized signal could then be compared directly with the signal obtained at room temperature and the unfrozen water content determined.

The normalization factor was obtained as follows. Two reference samples of Umiat bentonite that were known to remain unfrozen to -25°C (at water contents of 17.6% and 23.0%) were prepared, and the first pulse amplitudes were measured at room temperature and at each sub-zero temperature established during the investigation. The normalization factor at each temperature was taken as the average of the ratios of the NMR signal at room temperature to that observed at each sub-zero temperature. This normalization factor increased from 1.00 at room temperature to 2.26 at -25°C.

It was also found that an additional small correction may be needed to account for a proton response due to chemically combined water in some soils even when oven dry. To evaluate this factor, oven dry samples of each of the three soils were prepared and the first pulse amplitudes were determined at room temperature. For Umiat bentonite and Fairbanks silt the signals were less than twice the noise level and were therefore considered to be negligible. However, a small but significant signal was recorded for the oven dry kaolinite. This contribution was therefore removed so that the remaining part of the signal could be interpreted as arising from the unfrozen water. Accordingly, the data for oven dry kaolinite were converted to the NMR signal intensity per unit weight of kaolinite. The weight of mineral solids in each subsequent kaolinite sample was multiplied by this ratio and the result subtracted from the normalized NMR signal. This correction was found to be equivalent to a water content of 2.7% per gram of dry kaolinite.

After all the NMR data were normalized and corrected as described above, they were translated into unfrozen water content by multiplying each signal by a ratio of unfrozen water content per unit signal. This ratio was found separately for each sample by simply dividing the known total water contents by the first pulse amplitude signal at room temperature for each.

RESULTS AND DISCUSSION

A complete tabulation of the unfrozen water contents calculated for the first series of measurements (series 1, a warming cycle) is given in Tables 1, 2 and 3. Similar data were obtained for series 2 and 3. Space limitations preclude presentation of all the data here.

If the tabulated data are examined by first concentrating sequentially on each test temperature column, the following observations are generally true. At the lowest water contents the calculated unfrozen water content is equal to the total water content (allowing for a small experimental error). At the lowest water contents the sample temperature is always higher than the thawing point and no ice can be present. As higher and higher water contents are examined, a point at which the calculated unfrozen water content is significantly less than the total water content can be recognized. The difference between the total water content and the unfrozen water content can be regarded as the ice content of the sample. The unfrozen water contents have been plotted against ice contents calculated in this way. Separate plots were made for each soil at each temperature (only points for ice contents significantly above zero were included). Since each plot was found to be approximately linear, linear regression lines were fitted to each. A representative plot is shown in Figure 1.

Table 1.

Unfrozen water contents vs. temperature for 19 samples of Umiat Bentonite at various water contents

Water Content (% Dry Wt)	7.4	12.6	17.6	23.0	28.1	32.6	38.2	48.4	60.2	84.3	113.7	161.9	216.1	272.5	324.2	380.0	430.8	482.5	531.0
Temperature C	W_u	W_u	W_u	W_u	W_u	W_u	W_u	W_u	W_u	W_u	W_u	W_u	W_u	W_u	W_u	W_u	W_u	W_u	W_u
-0.20	7.6	13.0	17.5	23.1	29.0	34.6	41.4	53.8	67.7	95.3	130.9	186.0	200.9	265.4	310.3	385.0	401.5	428.9	533.0
-0.46	7.5	12.7	17.6	23.0	28.8	34.2	41.0	53.1	66.8	93.7	120.1	142.8	155.3	182.8	207.1	241.1	263.8	264.9	285.2
-0.70	7.6	13.1	17.5	23.1	29.4	35.0	42.1	54.9	69.1	94.0	110.7	130.7	145.7	165.7	176.8	213.9	230.5	238.4	257.0
-0.90	7.2	12.6	17.4	23.2	29.5	35.0	42.2	55.0	69.2	96.6	109.5	121.1	135.6	151.9	166.6	187.9	206.2	212.1	238.0
-1.00	6.5	11.9	17.4	23.2	29.3	34.9	41.9	54.8	68.9	87.8	100.7	116.5	128.2	145.8	160.5	178.3	196.1	204.8	220.2
-1.20	7.3	12.8	17.5	23.1	29.2	34.8	41.7	54.5	68.1	76.7	86.8	100.8	118.1	135.2	144.6	165.2	171.9	186.5	200.3
-1.39	7.9	13.3	17.5	23.2	29.8	35.5	42.9	55.9	68.4	76.6	87.8	103.3	117.6	132.5	148.9	148.9	168.0	171.8	207.2
-1.61	6.7	12.0	17.6	23.0	29.1	34.8	41.8	51.9	59.7	67.5	77.9	91.9	104.7	117.1	129.6	151.0	168.7	179.7	182.2
-1.70	6.9	11.9	17.6	23.1	28.9	34.4	41.0	50.5	58.0	65.3	75.9	88.9	101.9	113.9	124.6	142.1	159.4	179.8	175.8
-1.90	7.5	12.8	17.5	23.1	29.3	35.0	41.6	48.9	55.5	62.7	73.1	86.9	102.6	114.8	129.5	146.3	152.5	175.3	184.4
-2.85	7.6	13.1	17.4	23.3	29.5	35.2	39.7	44.8	50.1	55.9	65.0	76.9	90.9	101.3	111.3	129.3	138.7	155.8	160.9
-4.07	7.9	13.3	17.4	23.2	29.4	34.3	37.2	41.5	46.6	51.9	59.6	69.4	83.0	92.2	101.5	116.5	121.0	140.2	143.7
-5.11	6.4	11.8	17.5	23.2	28.7	32.1	34.7	38.4	42.8	46.7	53.2	60.7	70.7	76.8	84.4	95.4	104.0	113.3	113.3
-6.14	7.4	12.6	17.5	23.2	28.5	31.6	33.9	37.8	41.4	45.4	52.3	59.7	70.4	77.9	85.6	95.3	93.6	112.3	113.0
-7.22	6.7	12.3	17.5	23.2	27.4	29.8	31.7	34.6	37.6	40.3	45.7	52.4	60.0	64.2	69.1	77.6	83.8	101.4	90.9
-8.10	7.5	12.7	17.5	23.1	27.1	29.4	31.2	33.9	37.5	40.6	45.6	53.3	60.3	65.6	70.1	77.4	83.6	89.3	91.7
-9.05	7.7	12.6	17.6	23.0	26.3	28.2	29.8	32.5	35.4	38.7	42.8	49.0	55.3	58.5	64.2	69.9	75.2	83.5	82.5
-10.10	7.2	12.6	17.7	22.9	25.6	27.5	28.7	30.8	33.3	35.0	38.3	42.6	48.5	51.2	52.8	59.5	64.9	69.2	72.5
-13.11	8.0	13.0	17.7	22.9	25.4	27.0	28.3	30.3	33.0	35.3	38.2	42.3	46.8	47.8	50.8	56.3	57.5	61.5	61.7
-16.87	7.6	12.9	17.5	23.1	24.9	26.4	27.5	28.9	31.1	31.6	34.2	35.7	38.5	37.8	40.2	42.8	43.2	48.5	49.2
-19.48	6.0	11.5	17.6	23.0	24.7	25.9	26.8	28.0	29.7	29.6	30.6	30.4	31.4	30.9	32.3	32.2	30.6	34.4	34.7
-22.21	5.9	11.1	17.7	22.9	24.3	25.4	26.6	27.1	28.6	28.8	29.1	29.1	30.2	29.9	28.4	28.6	27.5	29.7	28.1
-25.43	6.5	11.8	17.8	22.7	24.3	25.4	26.4	27.5	28.5	29.0	30.2	28.9	30.4	31.0	29.8	32.1	32.3	33.3	31.5

W_u = Calculated unfrozen water content

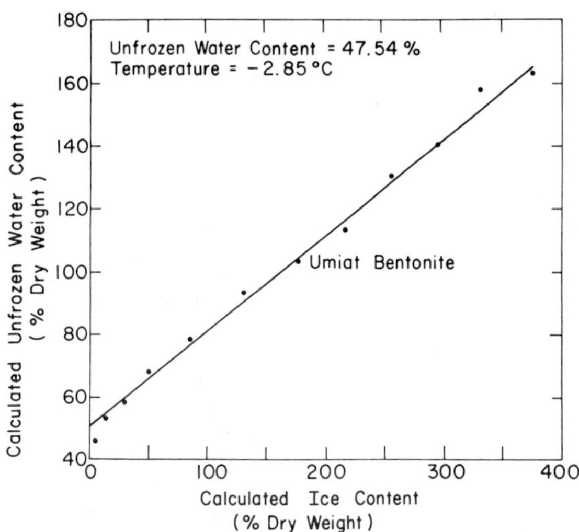

FIG. 1. Calculated unfrozen water contents vs calculated ice contents. The unfrozen water content at this temperature is taken from the intercept at zero ice content.

The intercept of the regression at zero ice content is either the water content at the thawing point (warming cycle) or the water content at the freezing point depression (cooling cycle). It is equivalent to the unfrozen water contents. These intercepts may be compared to earlier data obtained by the isothermal calorimeter method. (Anderson and Tice 1973) This is shown in Figure 2. It is apparent that the agreement, in general, is good. A slight hysteresis can be seen in the data from the warming and cooling cycles.

The intercept in Figure 1 gives the unfrozen water that can be associated with the soil mineral grain boundaries alone. As shown in Figure 1, however, the unfrozen water content appears to increase above this value in proportion to the amount of ice present (i.e., with increasing total water content). The slope of the line gives the increase in unfrozen water content with increasing ice content (grams of unfrozen water per gram of ice).

This finding is contrary to assumptions made earlier by Nersesova and Tsytovich (1966), Anderson and Hoekstra (1965) and Anderson and Tice (1973), but agrees with the results of Yong (1965) who used an adiabatic calorimeter to establish that the ice content does have an effect on unfrozen water contents. The results of this investigation suggest that the unfrozen water content can be usefully separated into two parts: one part that is associated with the soil minerals alone, and another part that is associated with the ice present. The latter appears to be proportional to the ice content. This conclusion requires confirmation by independent means, however. Until then it must be regarded with some skepticism. It would appear, however, that the unfrozen water contents reported earlier may be low in cases where the soil

Table 2.

Unfrozen water contents vs. temperature for 11 samples of Kaolinite at various water contents

Water Content (% Dry Wt)	1.0	5.7	10.9	15.6	20.5	22.6	24.6	26.3	28.9	30.8	59.7
Temperature °C	W_u	W_u	W_u	W_u	W_u	W_u	W_u	W_u	W_u	W_u	W_u
-0.20	1.8	6.1	11.5	16.4	22.2	24.5	26.6	28.9	32.2	33.8	47.5
-0.46	1.9	6.2	11.6	16.4	22.1	24.3	26.7	28.8	30.7	32.3	42.7
-0.70	2.5	6.9	12.6	17.4	23.4	25.6	27.8	30.1	31.3	33.1	42.1
-0.90	1.3	6.1	11.0	16.6	22.3	24.6	26.8	29.3	29.5	31.3	38.3
-1.20	1.8	6.4	11.9	16.3	21.6	23.4	25.6	28.1	27.0	27.8	34.7
-1.39	2.1	6.6	12.1	16.4	20.9	23.4	25.1	27.6	25.5	26.1	32.7
-1.61	0.9	5.5	10.7	14.5	19.3	20.5	22.5	23.9	22.8	23.7	29.6
-1.70	0.2	5.3	10.2	13.6	18.2	19.5	21.3	22.8	21.2	22.0	27.9
-1.90	1.8	6.4	11.2	14.5	18.4	19.8	21.4	22.8	21.6	22.3	29.5
-2.85	2.0	6.1	10.3	13.0	15.8	16.4	17.7	18.6	18.4	19.0	25.2
-4.07	2.2	6.4	9.3	11.1	13.3	13.6	14.3	15.0	15.2	15.5	19.8
-5.11	0.4	4.8	7.2	8.5	10.6	11.1	12.0	12.5	12.8	13.3	16.9
-6.14	1.1	5.1	6.8	8.1	10.0	10.5	11.5	11.9	12.9	13.1	17.2
-7.22	1.0	4.9	6.6	7.9	9.4	9.7	9.6	10.7	11.4	11.7	14.4
-8.10	1.7	4.9	6.2	7.1	8.5	8.5	9.3	9.6	10.2	10.4	12.2
-9.05	2.1	4.9	6.4	7.6	8.7	9.0	9.6	10.0	10.3	10.3	12.7
-10.10	2.1	5.0	6.4	7.4	8.6	9.0	9.4	9.5	9.8	10.1	11.9
-13.11	2.1	4.8	5.7	6.5	7.5	7.6	8.4	8.4	8.7	8.8	9.8
-16.87	2.0	4.1	3.8	4.1	6.1	6.1	6.5	6.4	6.3	6.6	6.4
-19.48	0.4	2.7	3.1	3.4	4.2	4.2	4.6	4.5	4.6	4.5	3.8
-22.21	-0.1	2.1	2.6	2.6	3.1	2.9	3.3	3.1	3.4	3.3	2.3
-25.43	1.0	2.7	2.7	2.9	3.2	3.2	3.4	3.0	3.0	2.9	1.9

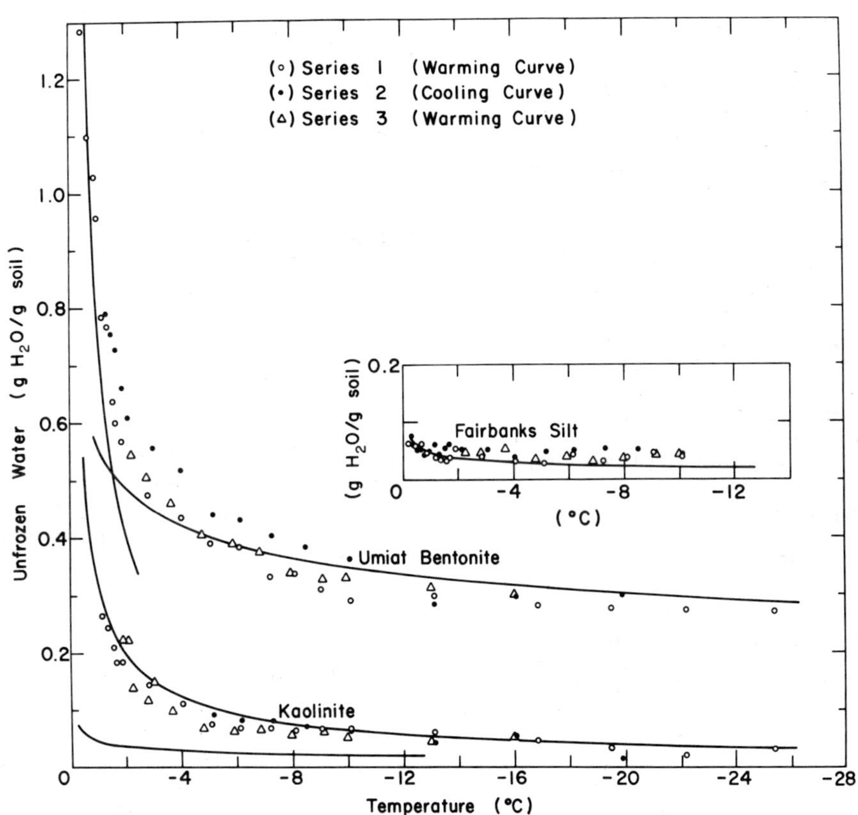

FIG. 2. Unfrozen water contents as a function of temperature determined from NMR results. (The solid lines represent unfrozen water contents determined by the isothermal calorimeter).

Table 3.

Unfrozen water contents vs. temperature for 14 samples of Fairbanks silt at various water contents

Water Content (% Dry Wt)	1.0	1.7	2.7	3.6	4.6	5.6	8.4	10.5	15.6	20.3	25.9	30.3	34.3	39.5
Temperature °C	W_u	W_u	W_u	W_u	W_u	W_u	W_u	W_u	W_u	W_u	W_u	W_u	W_u	W_u
-0.20	-	1.9	2.7	3.7	4.4	5.2	6.7	6.3	7.5	8.6	8.8	9.7	9.9	10.8
-0.46	-	3.3	4.1	5.1	5.4	5.9	6.2	6.3	7.5	8.5	8.6	9.2	9.3	11.3
-0.70	-	3.0	3.9	4.7	5.6	5.9	6.3	6.8	7.6	8.8	8.8	9.1	9.5	11.2
-0.90	-	1.9	2.8	3.7	4.1	4.6	5.1	5.2	6.4	7.8	8.3	8.7	9.1	10.1
-1.20	1.7	2.6	3.6	3.1	4.0	3.7	4.0	5.3	5.1	6.3	6.4	7.0	7.3	8.3
-1.39	1.0	1.6	2.5	3.1	3.4	3.8	4.1	4.4	5.1	6.1	6.5	6.8	7.3	8.5
-1.61	1.0	1.6	2.3	2.9	3.2	3.5	4.1	4.4	5.0	6.0	6.4	6.9	6.9	8.5
-1.70	1.0	1.6	2.5	3.1	3.6	3.7	4.3	4.8	5.5	6.2	6.5	7.3	7.6	8.6
-1.90	2.0	3.2	4.2	5.0	5.4	5.4	5.8	5.9	6.3	7.4	7.9	8.0	8.2	9.9
-2.85	1.7	3.0	3.5	3.9	4.5	4.1	4.4	4.5	5.0	5.6	5.7	6.0	6.2	7.3
-4.07	0.8	1.4	2.1	2.7	2.8	3.0	4.1	4.8	5.0	5.9	6.2	6.5	6.6	8.1
-5.11	1.1	1.5	2.1	2.6	2.9	3.1	3.3	3.3	3.9	4.4	4.5	4.8	5.2	6.2
-6.14	2.3	3.5	4.4	4.7	4.8	4.7	4.9	4.7	4.7	5.2	5.4	5.0	5.0	7.5
-7.22	1.3	2.2	3.0	3.1	3.3	3.3	3.4	3.3	3.6	4.0	4.1	4.1	4.1	4.8
-8.10	1.4	2.8	3.3	3.7	3.7	4.1	4.0	4.0	4.3	5.1	5.3	5.3	5.3	6.2
-9.05	2.6	3.8	4.3	4.5	4.7	4.9	4.8	4.5	4.7	5.2	5.0	4.9	4.8	5.7
-10.10	2.6	4.0	4.0	4.3	4.4	4.3	3.9	3.8	3.6	3.9	3.8	3.7	3.6	4.3
-13.11	1.6	3.3	3.7	4.1	4.5	4.8	4.7	4.6	4.9	5.2	4.9	4.8	4.5	5.7
-16.87	1.5	2.3	2.7	2.7	2.7	2.7	2.6	2.7	2.4	2.8	2.7	2.7	2.6	3.1
-19.48	1.7	2.6	2.8	2.9	3.1	3.0	2.7	2.8	3.0	3.5	3.2	3.3	3.3	3.9
-22.21	1.8	2.5	2.6	2.7	2.9	2.8	2.8	2.7	2.7	3.0	2.9	2.6	2.6	3.3
-25.43	1.2	1.6	1.8	1.8	2.1	1.8	1.7	1.9	1.6	1.7	1.9	1.9	2.0	2.4

contains appreciable ice. Uncertainty in the magnitude of the underestimate arising from the presence of ice in partially frozen soils results from the following fact: we do not yet know what part of the first pulse amplitude signal from the soil ice is actually due to unfrozen water at the ice/water interface of the polycrystalline soil ice, and what part of the signal is caused by protons within the ice crystal itself. A second uncertainty is that the ratios used to convert the normalized first pulse amplitudes to unfrozen water contents are based on measurements of water associated with mineral grain boundaries alone. The ratio for ice/water boundaries may be significantly different. The details of the contribution of the polycrystalline soil ice to unfrozen water content are the subject of continuing research.

CONCLUSIONS

These results show the utility of using the first pulse amplitude of the NMR free induction decay to investigate the phase composition of frozen soils. The method is useful for both warming and cooling cycles over a wide range of temperature. The method also shows promise in distinguishing between the unfrozen water associated with mineral boundaries and that associated with the boundaries of polycrystalline soil ice.

ACKNOWLEDGMENTS

The authors wish to express their gratitude to Professor A.L. Washburn, Director of the Quaternary Research Center, University of Washington and to Dr. K.F. Sterrett, Chief, Research Division, U.S.A. Cold Regions Research and Engineering Laboratory for their support and encouragement and to Mr. David Gray for his assistance in computer processing and analysis of the data.

REFERENCES

ANDERSON, D.M. and P. Hoekstra. 1965. Migration of interlamellar water during freezing and thawing of Wyoming Bentonite. Soil Sci. Soc. Am. Proc. 29:498-504.

ANDERSON, D.M. and R.C. Reynolds. 1966. Umiat bentonite: An unusual montmorillonite from Umiat, Alaska. Am. Mineralogist 51:1443-1456.

ANDERSON, D.M. and A.R. Tice. 1973. The unfrozen interfacial phase in frozen soil water systems. Ecological Studies 4: 107-124. Springer-Verlag.

DUCROS, P. and M. Dupont. 1962. A nuclear magnetic resonance study of water in clays in magnetic and electrical resonance and relaxation. C.R. XIe Colloque Ampere Eindhoven.

GRAHAM, J., G.F. Walker and G.W. West. 1964. Nuclear magnetic resonance study of interlayer water in hydrated layer silicates. J.Chem. Phys. 40:540-550.

HECHT, M., M. Dupont and P. Ducros. 1966. A study of transport phenomena of water absorbed by certain clay minerals by nuclear magnetic resonance. Bull. Soc. Fre. Miner. Crist. 89:6-13.

NERSESOVA, Z.A. and N.A. Tsytovich. 1966. Unfrozen water in frozen soils. In Permafrost: Proceedings of an international conference. National Academy of Sciences, Washington, D.C., 230-234.

PEARSON, R.T. and L. Derbyshire. 1973. NMR studies of water adsorbed on a number of silica surfaces. J. Colloid Interface Sci. 46:232-248.

PREBBLE, R.E. and J.A. Curries. 1970. Soil water measurement by a low-resolution nuclear magnetic resonance technique. J. Soil Sci. 21:273-288.

TOUILLAUX, R., P. Salvador, C. Vandermeersche and J.J. Fripiat. 1968. Study of water layers adsorbed on Na and Ca-montmorillonite by the pulsed nuclear magnetic resonance technique. Israel J. Chem. 6:337-348.

WOESSNER, D.E. 1974. Proton exchange effects on pulsed NMR signals from preferentially oriented water molecules. J. Mag. Resonance 16:19 p.

WOESSNER, D.E. and B.S. Snowden, Jr. 1969. A study of the orientation of adsorbed water molecules on montmorillonite clays by pulsed NMR. J. Colloid Interface Sci. 30:54-68.

WU, T.H. 1964. A nuclear magnetic resonance study of water in clay. J. Geophys. Res. 69:1083-1091.

YONG, R.H. 1965. Soil suction effects on partial soil freezing. Highway Res. Board, Res. Record No. 68:31-42.

RESULTS OF EXPERIMENTAL STUDIES OF THE FREEZING PROCESS IN VERY FINE-GRAINED SOILS

T.N. Zhestkova, Moscow State University, U.S.S.R.

The author discusses the results of laboratory studies of the freezing process and of formation of cryogenic texture and structure in frozen soils of different composition. The critical water content at which ice segregation begins is a function of the soil composition, the initial water content, the density, and the rate of freezing. The freezing rate is in turn a function of the process of freezing and ice formation. Long-term structural rearrangements take place in frozen soil, as well as purification of ice layers from soil aggregates and transformation of the lattice structure to a layered structure. The primary texture of the soil predetermines its structure. The structure is affected most by open fissures which are parallel to the isothermal surfaces of the freezing soil. Ice filling the open fissures is of a mixed sublimation-segregation origin. The results of a structural-petrographic study of the soil skeleton, ice-cement and ice inclusions are given.

RÉSULTATS DES RECHERCHES EXPÉRIMENTALES SUR LE PROCESSUS D'ENGEL DES SOLS FINS

T.N. Zhestkova, Université d'État de Moscou, URSS

Présentation des résultats de recherches en laboratoire sur l'engel de sols gelés de composition diverse et la formation des textures et structures cryogéniques. La teneur critique en eau, en présence de laquelle commencent à se former des ségrégations de glace, dépend de la composition du sol, de la teneur initiale en eau, de la densité et de la vitesse de congélation. La vitesse de congélation est à son tour une fonction du processus de congélation et de formation de glace. Une lente restructuration cryogénique a lieu dans la zone pergélisolée, les traînées de glace perdent les agrégats de sol qu'elles contiennent et la structure cryogénique treillisée se transforme en structure stratifiée. La structure initiale du sol détermine sa texture cryogénique. Ce sont les fentes ouvertes, parallèles aux surfaces isothermiques d'un sol qui gèle, qui exercent la plus grande influence sur le modelé de la texture cryogénique. La glace qui remplit les fentes ouvertes est à la fois une glace de ségrégation et d'ablation (?). Présentation des résultats de l'étude structuro-pétrographique du squelette du sol, de la glace de cimentation et des inclusions de glace.

РЕЗУЛЬТАТЫ ЭКСПЕРИМЕНТАЛЬНЫХ ИССЛЕДОВАНИЙ ПРОЦЕССА ПРОМЕРЗАНИЯ ТОНКОДИСПЕРСНЫХ ГРУНТОВ

Т.Н. Жесткова, Московский гос. университет, СССР

Приводятся результаты лабораторного исследования процесса промерзания и формирования криогенной текстуры и структуры мерзлых грунтов различного состава. Критическая влажность, при которой начинается сегрегационное льдовыделение, зависит от состава грунта, начальной влажности, плотности и скорости промерзания. Скорость промерзания является в свою очередь функцией процесса промерзания и льдовыделения. Наблюдается длительная перестройка криогенной текстуры в мерзлой зоне грунтов, очищение ледяных шлиров от агрегатов грунта и изменение сетчатой криогенной текстуры в слоистую. Первичная структура грунта предопределяет его криогенное строение. Наибольшее влияние на рисунок криогенной текстуры оказывают открытые трещины, параллельные изотермическим поверхностям в промерзающем грунте. Лед, заполняющий открытые трещины, имеет смешанный аблимационно-сегрегационный генезис. Приводятся результаты структурно-петрографического изучения скелета грунта, льда-цемента и льда-включений.

РЕЗУЛЬТАТЫ ЭКСПЕРИМЕНТАЛЬНЫХ ИССЛЕДОВАНИЙ ПРОЦЕССА ПРОМЕРЗАНИЯ ТОНКОДИСПЕРСНЫХ ГРУНТОВ

Т.Н. Жесткова

Московский государственный университет, геологический факультет, СССР

В последние годы значительно возрос интерес к лабораторному изучению процессов промерзания, криогенного строения мерзлых грунтов. Это связано с тем, что представления о генезисе криогенных текстур, изучаемых в естественных разрезах, в большинстве случаев носят гипотетический характер. Исследования в лаборатории позволяют моделировать криогенное строение в определенных заданных экспериментатором условиях, выявить соответствие различных параметров исследуемой системы и воздействующих на нее условий и криогенного строения, а не предполагать по криогенному строению о свойствах грунта до промерзания и процессе промерзания. Результаты экспериментального изучения криогенного строения позволяют более обоснованно решать вопросы формирования криогенного строения мерзлых толщ различного генезиса. В настоящей работе приводятся результаты исследования влияния начальной влажности и плотности, скорости передвижения фронта промерзания, особенностей первичного строения на формирование унаследованной (по А.И. Попову) криогенной текстуры и структуры тонкодисперсных грунтов.

Лабораторное изучение формирования криогенного строения включало: 1) моделирование процесса промерзания тонкодисперсных грунтов, сопровождаемое наблюдениями за динамикой развития ледяных шлиров, образованием криогенной текстуры и ее перестройкой в мерзлой зоне; 2) текстурный и структурно-петрографический анализ мерзлого грунта и составляющих его компонентов; 3) исследование физико-механических свойств талого грунта и определение основных показателей мерзлого и оттаивающего грунта; 4) сопоставление результатов лабораторного моделирования с натурными данными (по крупным естественным разрезам).

Схема лабораторной установки, в которой промерзание протекает по типу закрытой системы, описание ее основных частей и принцип работы даны в статьях (Жесткова и др., 1976; Жесткова, Гужов, 1976). Через прозрачные стенки кассет проводилось круглосуточное фотографирование образца в течение опыта, наблюдение за передвижением фронта промерзания, изменением структуры талого и мерзлого грунта, ростом ледяных шлиров (Жесткова, Гужов, 1976).

Температура поверхности грунта в течение одного цикла промораживания задавалась постоянной или изменялась в соответствии с целями опыта. Образцы испытывались в диапазоне температур от -1 до -20°С. Максимальная продолжительность опыта составила 28 суток, минимальная - 5 часов. В процессе работы исследовано 269 образцов грунта размером 60x60x300 мм нарушенного и ненарушенного сложения, с монолитной и заданной первичной структурой (Жесткова, 1976, 1977).

Исследовались полиминеральные и мономинеральные грунты различного генезиса. Мономинеральные грунты в опытах представлены каолинитовой и бентонитовой глинами, полиминеральные - палеогеновой глиной, делювиальными суглинками и супесями. В работах (Жесткова, Гужов, 1976; Жесткова и др., 1976) показаны глинисто-минералогические особенности этих грунтов и физико-механические характеристики. Эти грунты резко отличаются между собой по способности к льдовыделению. Максимальное льдовыделение характерно для мономинеральных грунтов. По сравнению с мономинеральными глинами в полиминеральных глинах, содержащих минералы группы монтмориллонита, гидрослюды и т.д., отмечается общее уменьшение льдосодержания, развитие мелких криогенных текстур слоистого и сетчатого типа, сокращение величины пучения в 1,5 - 2 раза.

Диапазон начальной влажности $W_н$ исследуемых образцов - от нижнего предела пластичности W_p до влажности, превышающей верхний предел текучести $W_т$. Промораживался полностью водонасыщенный грунт (степень водонасыщения 0,87-0,95). Различная начальная влажность и плотность грунта обеспечивались его предварительным уплотнением под нагрузками 0,2-60 кг/см^2. Исследования проводятся под руководством профессора В.А. Кудрявцева.

ВЛИЯНИЕ ВЛАЖНОСТИ И ПЛОТНОСТИ

Степень льдонасыщения грунтов различного состава и генезиса при однотипных условиях промораживания определяется их начальной влажностью и плотностью (Жесткова, 1973). Уменьшение плотности и увеличение влажности стимулирует более активное шлировое льдовыделение и пучение грунта. Это прослеживается во всех испытанных образцах при различных температурах промораживания. Экспериментально установлено, что критические плотность и влажность грунтов не являются величинами постоянными для одного и того же грунта, а зависят от скорости промерзания, определяемой температурой на поверхности промерзания, потоком тепла в талой зоне, свойствами грунта. Например, при температуре на поверхности -2°С образование сегрегационного льда в суглинках происходило при $W_н = W_p$, а при температуре -6°С $W_н = W_p + 7\%$. Проведено изучение влияния начальной плотности и влажности в широком диапазоне изменения скорости промерзания, при температуре на поверхности образцов от -2 до -10°С. Наличие порога сегрегационного льдовыделения позволяет избегать во многих случаях пучения путем предварительной подготовки грунтов основания или материала сооружения.

Формирование массивной криогенной текстуры при значениях влажности и плотности меньших критической сопровождается изменением влажности в пределах мерзлой и талой зон, частичным распучиванием грунта, увеличением пористости мерзлого грунта по сравнению с талым, неравномерным распределением льда-цемента в пределах мерзлой зоны.

ДИНАМИКА ВЛАЖНОСТИ ПРИ ПРОМЕРЗАНИИ

Во всех испытанных образцах за исключением образца из бентонитовой глины при охлаждении грунта еще до начала его промерзания отмечается изменение профиля влажности. В эту стадию влажность образца в самом верхнем слое мощностью 2-3 см увеличивается на 4-5%.

По мере увеличения мощности мерзлой зоны увеличивается зона талого грунта (или зона влияния), где заметно изменение поля влажности. Величина зоны влияния зависит от скорости продвижения границы промерзания, льдонасыщения мерзлой зоны.

Влажность грунта на границе промерзания непостоянна и является функцией процесса промерзания (Жесткова, Шур, 1974) (рис. 1).

КРИОГЕННОЕ СТРОЕНИЕ

При постоянной в течение опыта температуре поверхности в мерзлой зоне образцов формируется некоторая совокупность горизонтов с различными криогенными текстурами, последовательно сменяющими друг друга по глубине разреза. В общих чертах (за исключением слоистой криогенной текстуры нижних горизонтов) этот порядок смены криогенных текстур соответствует схеме распределения текстурных горизонтов в естественных разрезах эпигенетического типа (в условиях закрытой системы при однородном составе), когда сверху вниз по разрезу мелкие криогенные текстуры сменяются слоистой сетчатой и массивной (Жесткова, 1966). Понижение температуры поверхности грунта или уменьшение начальной влажности при постоянной температуре поверхности приводят к уменьшению суммарной влажности грунта в пределах мерзлой зоны, смещению максимума влажности по глубине, развитию в разрезе криогенных текстур преимущественно сетчатого типа, общему сокращению льдонасыщения грунта. Каждому типу криогенных текстур, приуроченных к текстурному горизонту, соответствует определенная льдистость. Наблюдается неравномерное льдонасыщение текстурных горизонтов по вертикальному профилю. Несмотря на то, что возможное количество льда, образующегося в грунте, промерзающем по типу закрытой системы, всегда ограничено начальным влагосодержанием образца, пучение глин и суглинков в отдельных опытах достигало 3,8-4,3 см при мощности мерзлой зоны 10-13 см.

Экспериментально установлено, что формирование криогенных текстур и льдистость зависят не только от абсолютного значения температуры поверхности, но и от величины теплового потока снизу и более обще - скорости промерзания грунтов.

На рис. 2 представлены графики изменения по глубине скорости промерзания и суммарной льдистости. Совместное рассмотрение графиков показывает, что между этими характеристиками существует тесная связь, причем чем больше скорость промерзания, тем меньше льдосодержание и наоборот. В опытах скорость промерзания нами не регулировалась. В отсутствие перераспределения влаги по глубине и образования зон повышенного льдонакопления она должна изменяться при постоянной температуре поверхности примерно пропорционально $\frac{1}{\sqrt{\tau}}$ Существенное отклонение от этого закона промерзания, чередование возрастания скорости промерзания с ее уменьшением показывает, что не только скорость промерзания определяет льдонакопление. Льдонакопление также, трансформируя влажностное поле в талой зоне, определяет миграцию влаги к фронту промерзания, обусловливает характер передвижения фронта кристаллизации.

Прослеживается взаимосвязь между скоростью промерзания и типом криогенного строения. По скорости промерзания грунты можно подразделить на три группы: 1 - со сложной, сетчатой, слоистой, II - с микрошлировой и микросетчатой и III - с массивной криогенными текстурами.

Ритмичность движения границы промерзания зачастую понимается как ее остановка при формировании ледяного слоя и проскакивание при промерзании минерального прослойка. Следует различать два совершенно несхожих случая неподвижности границы промерзания. Первый случай - при равенстве потоков тепла в талой и мерзлой зонах. Кристаллизации воды на границе промерзания не происходит. Передвижение влаги в талой зоне за счет градиента влажности приводит к ее неравномерному распределению в пределах талой зоны. На границе поток влаги равен нулю. Второй случай - рост ледяного шлира. При этом скорость промерзания не равна нулю. Идет пучение - изменение объема мерзлой зоны. Аналитическое выражение отличия этих случаев рассмотрено ранее (Жесткова, Шур, 1974), там же рассматриваются и особенности задания условий на границе промерзания.

Поскольку скорость промерзания является функцией как внешних условий, так и процесса промерзания, то скорости образования в массиве даже однотипных криогенных текстур не всегда близки по величине. Например, образование льда-цемента в минеральных прослойках происходит при различной скорости продвижения фронта промерзания, отнюдь не исключающих в других условиях возможность сегрегационного льдовыделения. Опыты показывают (Жесткова, 1977), что скорость промерзания грунта, содержащего только лед-цемент, может быть даже меньше скорости промерзания грунта с сегрегационным льдом.

НАБЛЮДЕНИЯ ЗА ФОРМИРОВАНИЕМ КРИОГЕННЫХ ТЕКСТУР

Наблюдения через прозрачные стенки кассеты за динамикой промерзания показали, что в течение опытов продолжительностью до 28 суток происходит очень медленная, но постоянная перестройка ледяных шлиров и криогенной текстуры грунта в мерзлой зоне (Жесткова, Гужов, 1976). На рис. 3 представлено несколько фотографий промерзающего образца глины в разные моменты опыта. Изучение динамики процесса промерзания и формирования текстурных элементов позволяет заключить следующее. Морфологические особенности - рисунок или общая схема расположения в мерзлом массиве ледяных шлиров - в монолитных грунтах однородного состава определяются: 1) структурой обезвоженного миграцией талого слоя грунта примыкающего к границе промерзания, возникающей до начала промерзания этого слоя. Она обусловливается влажностью и температурой (скоростью охлаждения) этого слоя к началу его промерзания. Талый грунт разбивается трещинами, возникающими при его иссушении при миграции влаги, поступающей в вышележащие промерзающие горизонты, и изменении его объема при уплотнении и охлаждении; 2) структурой грунта, образующейся в процессе его промерзания. В этом случае трещины возникают в промерзающем грунте под влиянием расклинивающего действия льда или разрывного действия замерзающей в порах воды, обезвоживания уже мерзлого грунта, проявления физико-химических процессов.

Указанные типы трещин в талой и мерзлой зонах имеют следующие особенности. В талой зоне отмечаются трещины: 1) вертикальные, перпендикулярные изотермическим поверхностям. Эти трещины образуются изнутри

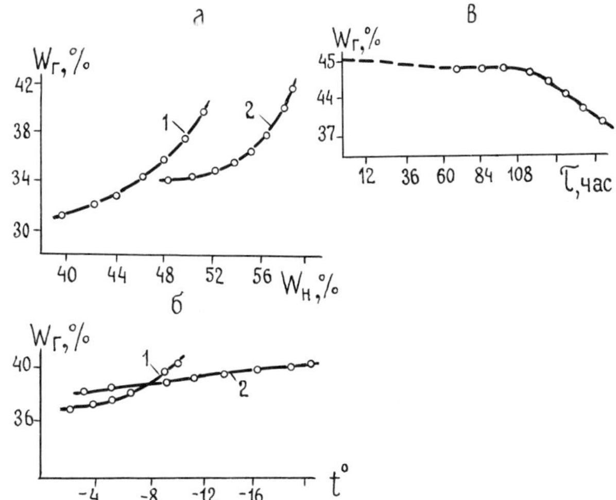

Рис. 1. Изменение влажности на границе промерзания в зависимости от начальной влажности грунтов (а), температуры промораживания (б) и продолжительности опыта (в)

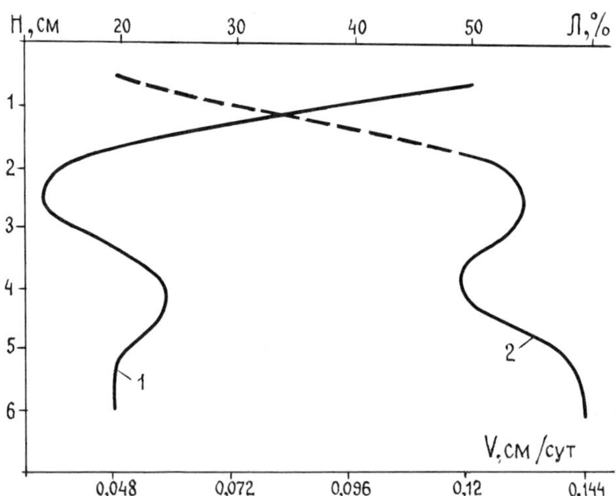

Рис. 2. Изменение по глубине образца скорости промерзания (1) и суммарной льдистости (2).

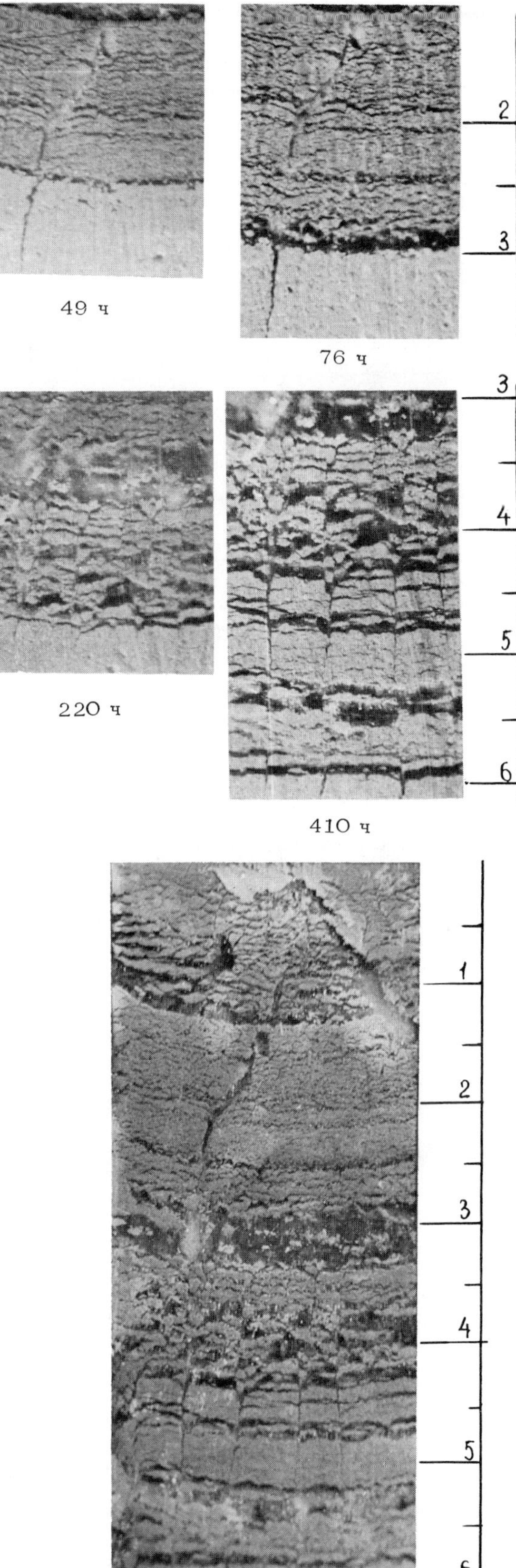

Рис. 3. Динамика криогенных текстур в процессе промерзания глины за 560 час.

в талом влажном грунте при резком понижении температуры поверхности. При последующем переходе талого грунта в мерзлое состояние они могут закрываться. Лед, лишь частично заполняющий вертикальные трещины, имеет сложный, аблимационно-сегрегационный генезис; 2) горизонтальные - параллельные изотермическим поверхностям. Горизонтальные трещины возникают при обезвоживании грунтов в условиях медленного охлаждения талого слоя. При переходе грунта в мерзлое состояние одни из них заполняются в основном льдом сегрегационного типа, формируя слоистые криогенные текстуры, другие смыкаются; 3) ограничивающие отдельности грунта или сетка трещин, образующих в своем пересечении в плане шестиугольные формы. Эти трещины образуются при иссушении или резком охлаждении грунта. При промерзании они заполняются льдом, формируя тонкую ледяную сетку, ограничивающую минеральные отдельности - агрегаты с размером стороны до 1 см.

В процессе опыта сложная криогенная текстура в интервале 3-5 см изменяется (рис. 3). Увеличение толщины горизонтальных шлиров и накопление льда внутри вертикальных трещин при медленном продвижении фронта кристаллизации приводят к разрушению системы вертикальных блоков.

В промерзающей зоне образуются трещины: наклонные, расположенные под углом к границе промерзания, перпендикулярные по отношению к границе промерзания.

Установлено, что при любом типе формирующихся в разрезе криогенных текстур развитию крупных ледяных шлиров способствует замедление передвижения фронта промерзания. Наиболее благоприятные условия для роста ледяных шлиров создаются при изменении температуры поверхности образца в течение опыта, особенно на фоне ее повышения (Жесткова 1966; Жесткова, Гужов, 1976). Основной рост ледяных шлиров осуществляется в зоне грунта, примыкающей к границе промерзания со стороны мерзлого грунта. Шлиры льда внутри мерзлой зоны претерпевают значительные изменения за счет миграции незамерзшей воды при изменении термодинамических условий.

Ниже границы льдовыделения в образце отмечается "цветовая зона" или слой иссушенного грунта. В процессе промерзания эта зона передвигается вниз вместе с границей льдовыделения. Уменьшение скорости передвижения фронта промерзания сопровождается увеличением толшины цветовой зоны.

В процессе образования и роста ледяного шлира минеральные агрегаты отрываются от грунтового основания и медленно перемещаются или выталкиваются льдом. Средняя скорость перемещения минеральных агрегатов в ледяном слое составила 0,5 мм/сут. Понижение температуры приводит к увеличению размера агрегатов, отрываемых льдом от грунтового основания; загрязнению ледяного шлира и дроблению приконтактных зон (лед-грунт); увеличению скорости перемещения грунтовых агрегатов. Повышение температуры грунта (в пределах ее отрицательных значений) вызывает уменьшение размеров агрегатов, отрываемых льдом от грунтового основания, или вообще прекращение отрыва и наращивание чистого льда; очищение ледяного слоя, дробление и рассеивание частиц, при этом агрегаты, оторванные ранее от грунтового основания лишь частично, возвращаются, "садятся" на старое место отрыва; замедление скорости передвижения грунтовых агрегатов.

При любом типе криогенной текстуры возможность перестройки слоя льдонасыщенного грунта в выдержанный по простиранию ледяной слой тем вероятнее, чем выше льдонасыщение этого слоя в период его образования.

Наблюдения за изменением размеров образца в течение опытов показало, что суммарное увеличение объема грунта происходит непрерывно в течение всего опыта. Отсутствие пауз в процессе пучения при промерзании грунтов различного состава свидетельствует об одновременном росте сразу нескольких шлиров льда.

ВЛИЯНИЕ ПЕРВИЧНОГО СТРОЕНИЯ

Проведено сопоставление криогенной текстуры и структуры грунта монолитного образца и образца с заданными первичными трещинами. Опыты проводились с целью выявления домерзлотного строения породы на формирование унаследованной криогенной текстуры (Попов, 1967).

Грунтовые колонки с заданной первичной структурой приготавливались из слоев грунта однородного состава с равной и постоянной влажностью и плотностью в пределах каждого грунтового слоя толщиной 3-4 см; из слоев грунта различного состава. Грунтовые слои внутри колонки разделялись между собой сомкнутыми (закрытыми), частично сомкнутыми или открытыми трещинами различной величины и простирания по отношению к поверхности охлаждения образца. В одних колонках трещины-полости между двумя соседними слоями оставляли пустыми, в других - их заполняли отмытым кварцевым песком (Жесткова, 1976). Таким образом были приготовлены образцы грунта со слоистой, сетчатой и сложной первичной структурой.

В образцах из однородного грунта с сомкнутыми трещинами и в контрольных образцах формируются однотипные криогенные текстуры. Закрытые трещины могут и не заполняться льдом, поэтому их присутствие в разрезе грунта чаще всего не отражается на его криогенном строении. В то же время в образцах, составленных из слоев грунта, имеющих различную влажность и плотность, а также в грунтовых колонках из слоев суглинка и глин различного состава крупные ледяные шлиры формируются в закрытых первичных трещинах - на контакте грунтовых слоев (рис. 4). Промораживание образцов грунта с частично сомкнутыми трещинами вертикального и горизонтального простирания сопровождается заполнением этих трещин сегрегационным льдом, частично сомкнутые трещины наклонного простирания прослеживаются в разрезе мерзлого грунта только в виде пунктирных линий на отдельных участках массива. После оттаивания образца трещины заплывают грунтом и при повторном промораживании такое первичное строение обычно не отражается на рисунке криогенной текстуры.

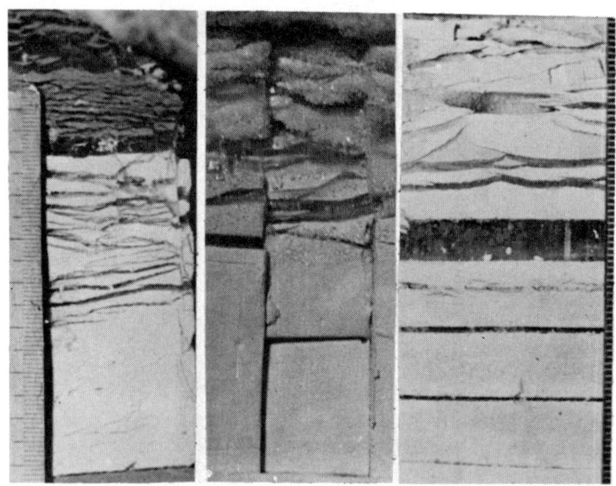

Рис. 4. Криогенная текстура в образцах грунтов с различным первичным строением.

В слоистых образцах грунта с открытыми полыми трещинами размером 0,1 см горизонтального простирания формируется только слоистая криогенная текстура с выдержанными по простиранию шлирами льда толщиной 0,3-0,5 см (рис. 4). Лед приурочен к первичным трещинам, как бы выравнивает линию границы промерзания, что приводит к образованию в разрезе "идеальной" текстуры слоистого типа. Наличие в образце грунта вертикальных и наклонных трещин размером менее 0,1 см также сопровождается развитием ледяных шлиров именно в этих трещинах, поэтому основной рисунок криогенной текстуры повторяет сложение грунта до промерзания. Их наличие в массиве уменьшает степень растрескивания грунта ниже фронта промерзания при иссушении. Промерзание грунта с открытыми трещинами горизонтального и вертикального простирания сопровождается не просто заполнением этих трещин льдом, но и изменением их размера и формы, нарушением их расположения в массиве по сравнению с начальным. В образцах с наклонными трещинами промерзание сопровождается полной перестройкой первичной структуры образца, основное развитие в массиве имеют шлиры сегрегационного льда, расположенные параллельно изотермическим поверхностям. Они пересекают слои, развивающиеся в наклонных первичных трещинах, что приводит к образованию смешанной или беспорядочной криогенной текстуры. Первичная горизонтальная слоистость грунта предопределяет формирование в массиве слоистой криогенной текстуры и делает менее вероятным образование криогенной сетки. Первичная структура грунта предопределяет морфологию трещин иссушения в талом слое ниже границы промерзания; первичные трещины, являясь зонами ослабления в талом грунте, уменьшают возможность его растрескивания при обезвоживании.

После оттаивания грунта с наклонными и вертикальными заданными трещинами, заполненными льдом, и его повторного промораживания влияние первичного строения на текстуру образца значительно уменьшается. При повторном промораживании колонок грунта с горизонтальными трещинами ледяные шлиры возникают в тех же трещинах, при этом их толщина бывает даже больше, чем при первичном промораживании.

В мерзлой зоне образцов с открытыми горизонтальными трещинами размером более 0,2 см формируются мелкие шлиры сегрегационного льда, образующие тонкослоистые, сетчатые и неполносетчатые криогенные текстуры, и крупные включения льда сложного генезиса. Они заполняют заданные трещины между грунтовыми слоями. Описание динамики заполнения этих трещин льдом приведено в работе (Жесткова 1976). Кристаллы аблимационного льда, заполняющие открытую полость в процессе промерзания образца, "врастают" в грунтовое основание. Начиная с этого момента скорость заполнения трещины льдом резко возрастает, что мы связываем с изменением механизма кристаллизации. В последующем питание ледяных шлиров и их рост осуществляются за счет пленочной влаги.

Смешанный генезис льда, заполняющего трещину, отражается и в его структуре. Аблимационный лед, частично заполняющий заданную полость, является веществом хрупким, крайне неустойчивым, оставленный на сутки в холодильной камере он практически весь испарился.

По сравнению с монолитным промерзание образца с заданными трещинами происходит медленнее. Например, в одном из опытов пока проходило заполнение льдом трещины, в параллельном монолитном образце граница промерзания продвинулась на 4 см.

Присутствие в разрезе слоя сухого песка отражается на криогенной текстуре слоев грунта им разделяемых. В пределах каждого слоя развиваются тонкослоистая, слоистосетчатая и массивная криогенные текстуры. Степень льдонасыщения каждого слоя глины постепенно сокращается по глубине. В образцах с прослойками влажного песка на контакте песка с глиной образуется корочка льда. В образцах глины, разделенных вертикальным прослоем водонасыщенного песка толщиной 0,3 см, на контакте песка с глиной также образуется тонкая (0,5 мм) корочка льда. Влажность песка после промораживания уменьшается. Песок становится сухим, сыпучим, а его влажность изменяется от 16 до 3%.

Сомкнутые, частично сомкнутые и открытые трещины (с зазором между грунтовыми слоями менее 0,1 см) не прерывают поступления влаги к фронту промерзания из нижележащих горизонтов.

В колонках, где грунтовые слои разделены трещинами горизонтального простирания с полостью размером более 0,2 см, отмечается разрыв профиля влажности. Открытая трещина ограничивает возможность поступления влаги из нижележащих горизонтов к фронту промерзания. Препятствуют поступлению влаги из нижележащих горизонтов к фронту промерзания и песчаные прослойки толщиной 0,2 см. Перенос воды в форме пара через песчаный прослоек происходит, но он незначителен по сравнению с величиной влагопереноса пленочной влаги в контрольной монолитной колонке грунта. Именно в связи с этим влажность грунта в талой зоне под песчаным прослойком близка по величине к начальной (разница 2-3%). Аналогичное явление - ограниченное поступление воды через песчаные прослойки для слоистых грунтов, промерзающих в условиях открытой системы, экспериментально установлено Н.Ф. Полтевым (1967).

СТРУКТУРА МЕРЗЛОГО ГРУНТА

Изучение структурно-петрографических особенностей мерзлого грунта, проведенное комплексным методом и методом шлиров на срезах площадью 2x2 см (Жесткова и др., 1976а), показало, что в мерзлом массиве с мелкосетчатой, сетчатой и неполно-сетчатой криогенными текстурами грунт состоит из неоднородных по крупности агрегатов, льда-цемента и включений сегрегационного льда. Крупные агрегаты образуют в массиве неполные бордюры, оконтуривающие скопления из более мелких агрегатов глины. Часто подобная кольцевая дифференциация грунта рассматривается как результат многократно повторяющихся циклов промерзания и оттаивания. Данные свидетельствуют о том, что кольцевая дифференциация грунта может быть образована не только частицами, но и грунтовыми агрегатами; она возникает под воздействием и однократного промерзания и является его следствием.

В мерзлых грунтах со слоистой криогенной текстурой прослеживается изменение ориентации кристаллов сегрегационного льда в зоне контакта с грунтом.

В ледяных шлирах горизонтального простирания размером более 0,1 см уменьшается содержание грунтовых частиц, на контакте льда с минеральным прослойком появляются многочисленные поры, увеличиваются размеры кристаллов льда и изменяется их форма.

В крупных порах тонкодисперсных грунтов, к началу промораживания не полностью заполненных водой, кристаллы льда выстраиваются по радиусу. Это, а также насыщение кристаллами льда верхней части поры и постепенное их разряжение книзу, позволяет заключить, что кристаллы льда вокруг пор в ледяном шлире растут вдоль линии тока тепла. Аналогичное строение (и очевидно такой же тип роста) характерно и для льда на грунтовых агрегатах.

Наиболее часто кристаллы льда в горизонтальных шлирах ориентированы главной оптической осью перпендикулярно по отношению к простиранию ледяного шлира. Однако четкой закономерности в ориентации кристаллов, образующих слой льда различного простирания, не установлено.

Отмечается изменение структуры льда-цемента по глубине образца со слоистой криогенной текстурой. В верхних слоях кристаллы льда-цемента имеют игольчатую форму и как бы "врастают" в грунтовые агрегаты. В средней части мерзлой зоны кристаллы льда-цемента, сливаясь друг с другом в отдельных точках, формируют прерывистый по простиранию ледяной шлир.

В образцах с монолитным сложением и образцах с заданными закрытыми трещинами нами не обнаружено различий в структуре льда-цемента, льда включений и скелете грунта.

Ледяные шлиры в образцах с частично сомкнутыми трещинами отличаются более упорядоченной ориентацией и большими размерами кристаллов сегрегационного льда, их образую их.

Лед, заполняющий открытые трещины горизонтального простирания, состоит из мелких игольчатых кристаллов аблимационного типа и крупных столбчатых кристаллов льда сегрегационного типа, ориентированных главной оптической осью перпендикулярно к границе промерзания.

Открытые вертикальные трещины лишь частично заполняются льдом. Так же, как и в открытых трещинах горизонтального простирания, здесь отмечается лед двух типов - сегрегационный и аблимационный. Игольчатые кристаллы аблимационного льда развиваются на боковых стенках трещины и растут в направлении перпендикулярном простиранию трещины. Кристаллы сегрегационного льда заполняют вертикальную трещину через ее боковые стенки из горизонтальных ледяных шлиров, развитых в мерзлом массиве.

ЛИТЕРАТУРА

ЖЕСТКОВА Т.Н. 1966. Криогенные текстуры и льдообразование в рыхлых отложениях. М., "Наука", 165 с.

ЖЕСТКОВА Т.Н. 1973. Зависимость льдонасыщения от начальной влажности и плотности тонкодисперсных грунтов. В кн.: Мерзлотные исследования, вып. 13. Изд-во МГУ, с. 67-78.

ЖЕСТКОВА Т.Н. 1976. Влияние первичного сложения грунта на его криогенное строение. - "Вестн. Моск. ун-та", Сер. геол., № 5, с. 102-115.

ЖЕСТКОВА Т.Н. 1977. К вопросу об условиях образования льда-цемента. В кн.: Мерзлотные исследования, вып. 16. Изд-во МГУ, с. 47-54.

ЖЕСТКОВА Т.Н., ГУЖОВ В.Г. 1976. Экспериментальные данные о динамике криогенных текстур в промерзающем грунте. - В кн.: Мерзлотные исследования, вып. 15. Изд-во МГУ, с. 209-215.

ЖЕСТКОВА Т.Н., ЗАБОЛОТСКАЯ М.И., РОГОВ В.В., ГУЖОВ В.Г. 1977. К методике изучения структуры льда-цемента и льда-включений в мерзлых грунтах. - В кн.: Мерзлотные исследования, вып. 16. Изд-во МГУ, с. 145-152.

ЖЕСТКОВА Т.Н., МЕДВЕДЕВ А.В., МЕЛАМЕД В.Г. 1976. Результаты сопоставления лабораторного и математического моделирования процесса льдонакопления в промерзающих тонкодисперсных грунтах. - В кн.: Мерзлотные исследования, вып. 15, Изд-во МГУ, с. 37-45.

ЖЕСТКОВА Т.Н., ШУР Ю.Л. 1974. О влажности талого грунта на границе промерзания. - "Вестн. Моск. ун-та, Сер. геол.", № 4, с. 69-73.

ПОЛТЕВ Н.Ф. 1967. Влияние первичного сложения горной породы на ее текстуру в мерзлом состоянии. - В кн.: Мерзлотные исследования, вып. 7. Изд-во МГУ, с. 246-251.

ПОПОВ А.И. 1967. Мерзлотные явления в земной коре (криолитология). Изд-во МГУ, 302 с.

I.3 HYDROLOGY

I.3 HYDROLOGIE

I.3 ГИДРОЛОГИЯ

THE ROLE OF HIGHLY MINERALIZED GROUNDWATER IN THE COOLING OF THE LITHOSPHERE AT DEPTH

A.B. Chizhov, Moscow State University, U.S.S.R.

Highly mineralized groundwater plays a special role in the cooling of the Earth's crust at depth in the regions of low temperature permafrost. A quantitative assessment of this phenomenon shows that it depends on the effect of free convection and decrease in the heat of ice formation during freezing of a unit volume of earth materials saturated with highly mineralized groundwater. The effects of these factors are interrelated and may increase the depth of penetration of the 0° geoisotherm in the lithosphere by a factor of 2 to 2.5. Under conditions of a platform, the effect of forced convection during the movement of groundwater down the dip of geological structures is negligible. The present thickness of permafrost containing highly mineralized groundwater depends on palaeogeographical, geological and permafrost conditions, as well as neotectonic movements.

LE RÔLE DES EAUX SOUTERRAINES FORTEMENT MINÉRALISÉES DANS LE REFROIDISSEMENT DE LA LITHOSPHÈRE À GRANDE PROFONDEUR

A.B. Chizhov, Université d'État de Moscou, URSS

Les eaux souterraines fortement minéralisées jouent un rôle important dans le refroidissement en profondeur de la croûte terrestre dans les zones de pergélisol de basse température. L'évaluation quantitative de ce phénomène montre qu'il est déterminé par la libre convection et la diminution de la chaleur de formation de la glace lors de l'engel de l'unité de volume de matériaux de sol saturés en eaux fortement minéralisées. Les effets de ces facteurs sont interreliés et peuvent accroître de 2 à 2,5 fois la profondeur de pénétration du géoisotherme de 0° dans la lithosphère. Dans le cas de structures en plate-forme, l'influence de la convection forcée au cours de la descente des eaux souterraines suivant le pendage des couches est négligeable. L'épaisseur actuelle du pergélisol contenant des eaux souterraines fortement minéralisées dépend des conditions paléogéographiques, géologiques, hydrogéologiques et géocryologiques ainsi que de la nature des mouvements néotectoniques.

О РОЛИ ВЫСОКОМИНЕРАЛИЗОВАННЫХ ПОДЗЕМНЫХ ВОД В ГЛУБОКОМ ОХЛАЖДЕНИИ ЛИТОСФЕРЫ

А.Б. Чижов, Московский гос. университет, СССР

Высокоминерализованные подземные воды играют важную роль в глубоком охлаждении земной коры в области распространения низкотемпературных многолетнемерзлых пород. Количественная оценка этого явления показывает, что оно определяется действием свободной конвекции и уменьшения теплоты льдообразования при промерзании единицы объема породы, насыщенной высокоминерализованными подземными водами. Действие этих факторов является взаимосвязанным и может привести к увеличению глубины проникновения геоизотермы 0° в литосферу в 2-2,5 раза. Влияние вынужденной конвекции при движении подземных вод по падению пластов в условиях платформенных структур незначительно. Современная мощность криолитозоны с высокоминерализованными подземными водами определяется палеогеографическими, геологическими, гидрогеологическими и мерзлотными условиями, а также характером неотектонических движений.

О РОЛИ ВЫСОКОМИНЕРАЛИЗОВАННЫХ ПОДЗЕМНЫХ ВОД В ГЛУБОКОМ ОХЛАЖДЕНИИ ЛИТОСФЕРЫ

А.Б. Чижов

Московский государственный университет, геологический факультет, СССР

Феномен широкого распространения высокоминерализованных подземных вод с температурой ниже 0° (подземных криопэгов по терминологии Н.И. Толстихина) и их влияние на формирование геотемпературных полей продолжают привлекать внимание исследователей. Актуальность этой проблемы обусловлена быстрорастущими объемами разведки и добычи нефти, газа, твердых полезных ископаемых в Арктике и на севере Сибири, изучением водных и геотермических ресурсов этих территорий. Большой вклад в ее развитие внесли советские ученые: Н.И. Толстихин, П.Ф. Швецов, Н.И. Обидин, В.М. Пономарев, А.И. Ефимов, П.И. Мельников, Я.В. Неизвестнов, В.Т. Балобаев и др. Накопленный к настоящему времени материал позволяет подойти к количественной оценке отдельных аспектов формирования подземных криопэгов и их влияния на геокриологические и геотермические условия.

На роль высокоминерализованных подземных вод в охлаждении литосферы приполярных районов одним из первых обратил внимание П.Ф. Швецов (1941) Последующие данные о глубине залегания нижней границы криопэгов (геоизотермы 0°) подтверждают это. Так, если в пределах Мархинской седловины глубина залегания геоизотермы 0° достигает 1500 м (Мельников, 1967), то приблизительно на той же широте в Вилюйской синеклизе и Предверхоянском прогибе, где многолетнемерзлые толщи подстилаются слабоминерализованными водами, мощность криолитозоны не превышает 600-700 м в среднем. В пределах Ботуобинского поднятия (район г. Мирного) мощность криолитозоны с криопэгами составляет 500-600 м (Ефимов, 1964, Чижов, 1968), а в пределах соседнего Якутского артезианского бассейна со слабоминерализованными подмерзлотными водами - 200-300 м.

Механизм охлаждающего влияния криопэгов объясняется: 1) свободной конвекцией под действием градиента плотности (Климовский, Устинова, 1962), 2) вынужденной конвекцией при движении холодных высокоминерализованных вод из приповерхностных горизонтов по падению пластов вглубь горных пород (Мельников, 1967), 3) сокращением затрат тепла на фазовые переходы в породах, насыщенных высокоминерализованными водами.

Свободная конвекция. По известным представлениям (Толстихин, 1941), в вертикальном разрезе криолитозоны выделяются две подзоны: многолетнемерзлых пород, образовавшихся при замерзании пресных и солоноватых подземных вод, и отрицательнотемпературных высокоминерализованных подземных вод (криопэгов). Автором на основании прямых наблюдений и обобщения данных о температурах и минерализации криопэгов было установлено наличие при определенных условиях третьей промежуточной подзоны, в состав которой входят как ледяные включения, так и криопэги (Чижов, 1968). Льдообразование в горизонте с высокоминерализованными водами сопровождается увеличением концентрации и плотности последних. Таким образом, конвективное охлаждение пород непосредственно связано с формированием промежуточной подзоны, в которой происходит вымораживание и криогенное концентрирование подземных растворов.

В целях аналитического исследования роли свободной конвекции в формировании криолитозоны и охлаждении литосферы представим скальный массив в виде монолитных блоков, разделенных вертикальными трещинами с высокоминерализованными подземными водами. Конвективные токи могут возникнуть только в трещинах, в слабоводопроницаемых блоках они отсутствуют. Показателем теплового эффекта конвекции является изменение эффективной теплопроводности жидкости $\lambda^{Э}$ и коэффициента конвекции $\epsilon_К = \lambda^{Э}/\lambda$, где λ - истинный коэффициент теплопроводности жидкости.

Из теории тепломассообмена (Лыков, 1972) следует, что $\epsilon_К = f(Gr\,Pr)$, где $Gr_l = g\beta\Delta t l^3/\nu^2$ (критерий Грасгофа), $Pr = \nu/a$ (критерий Прандтля), где g - ускорение свободного падения, l - расстояние между стенками трещины, Δt - разность температур между нижней и верхней границами исследуемого слоя, ν - кинематическая вязкость, a - коэффициент температуропроводности, β - коэффициент объемного расширения жидкости. Применительно к замерзающим растворам электролитов величина β определяется по зависимости между температурой замерзания раствора и его плотностью (последняя является функцией концентрации). Для раствора хлористого натрия в диапазоне отрицательных температур, реальных для подземных криопэгов, величина β равна $9{,}7\cdot10^{-3}$.

Свободная конвекция в трещине имеет место при $Gr\,Pr > 1000$ и при $10^3 < GrPr < 10^6$ $\epsilon_К = 0{,}105(GrPr)^{0,3}$ (Лыков, 1972). Как показывают расчеты, для трещины шириной 0,5 см эффективная теплопроводность заключенных в ней высокоминерализованных вод будет примерно в 4 раза выше молекулярной теплопроводности ($\epsilon_К \approx 4$).

Эффективное значение теплопроводности массива пород может быть найдено из выражения: $\lambda_{ЭМ} = \lambda_Э N + \lambda_П(1 - N)$ где $\lambda_П$ - теплопроводность породы, N - коэффициент трещинной пустотности, равный отношению площади трещин к площади массива. Очевидно, охлаждающее влияние свободной конвекции будет возрастать с увеличением ширины трещин, коэффициента трещинной пустотности и отношения $\lambda_Э$ к $\lambda_П$. Наиболее благоприятные условия создаются в массивах карбонатных пород, трещины которых расширены карстовыми процессами.

Расчеты показывают, что конвективные токи, образующиеся при вымерзании высокоминерализованных подземных вод, заметно способствуют охлаждению литосферы при ширине трещин 0,8-1 и более сантиметров и коэффициенте трещиноватости не менее 5%. В реальных условиях при промерзании в результате периодических изменений температуры на поверхности мощность криолитозоны за счет этого фактора может превышать "нормальное" значение в 1,3-1,5, а в мощных зонах разломов с зиянием трещин 1,5-2 см примерно в два раза. Возможность возникновения свободной конвекции в трещиноватых породах, насыщенных высокоминерализованными водами, только за счет температурного градиента без участия криогенного концентрирования практически отсутствует.

Сокращение затрат тепла на замерзание воды в породах, насыщенных высокоминерализованными водами. Влияние теплоты льдовыделения на глубину промерзания пород в условиях периодических колебаний температур на поверхности исследовалось В.А. Кудрявцевым и В.Г. Меламедом (1966). Было показано, что уменьшение скрытых теплот фазовых переходов при промерзании 1 $м^3$ породы $Q_ф$ ведет к увеличению глубины многолетнего промерзания, которое будет тем больше, чем меньше значение геотермического градиента. Сокращение $Q_ф$ в породах с высокоминерализованными водами в 4 раза приведет к увеличению глубины проникновения геоизотермы 0° примерно в два раза при геотермическом градиенте равном нулю и всего лишь на 30 и 10% при геотермическом градиенте 0,01 и 0,02 град/м.

Между влиянием свободной конвекции и сокращением $Q_ф$ на мощность криолитозоны существует сложная связь. При отсутствии льдовыделения, что имеет место, когда температура пород выше точки замерзания раствора, свободная конвекция отсутствует, и геотермический градиент близок к нормальному: 0,02 град/м для осадочного чехла докембрийских платформ и 0,035 град/м на эпигерцинских плитах. Развитие свободной конвекции при промерзании криопэгов влечет за собой уменьшение геотермического гардиента, а следовательно увеличение влияния сокращения $Q_ф$ на глубину охлаждения литосферы. Аномально низкие значения геотермического градиента в зоне развития криопэгов (0,01-0,005 град/м и меньше) подтверждаются натурными наблюдениями. Совместное действие обоих факторов может привести к увеличению мощности криолитозоны в 2-2,5 раза, а в наиболее благоприятных условиях в 3 раза.

Вынужденная конвекция. Охлаждающее влияние, вызванное движением криопэгов по падению пластов вглубь литосферы, сравнительно невелико. Это обусловлено крайне малыми скоростями фильтрации и наклонами пластов, которые в осадочном чехле платформ измеряются долями градуса. Ориентировочная оценка гидрогеотермического эффекта фильтрации криопэгов в однородном пласте в платформенных условиях по методу Г.А. Черемснского (1972) показывает, что изменение геотермического градиента под действием этого фактора составляет менее 10%.

Как и процесс многолетнего промерзания пород с пресными подземными водами, формирование криопэгов связано преимущественно с периодическими колебаниями температур на поверхности Земли, реже с скачкообразным их изменением, например, при морской регрессии. Глубокому охлаждению литосферы способствует близкое к поверхности залегание высокоминерализованных подземных вод. При этом, если в силу определенных термодинамических условий промежуточной подзоны не образуется, эффект охлаждения существенно снижается. При наличии промежуточной подзоны температурные колебания в ней интенсифицируют конвективный теплообмен, ведущий к проникновению криопэгов вглубь пород.

Образованию мощной зоны криопэгов может препятствовать восходящее движение подземных рассолов из глубоких прогретых горизонтов к поверхности. Так на границе южного склона Анабарской антеклизы с Ангаро-Ленским прогибом наблюдается резкое сокращение глубины залегания подошвы криопэгов с 500-600 м до 100-150 м, связанное с восходящим движением подземных вод по зонам разломов из недр Ангаро-Ленского прогиба. Сокращение мощности криопэгов происходит и в результате активизации водообмена под воздействием положительных неотектонических движений, сопровождаемых углублением эрозионного вреза. В бассейне р. Вилюй (Ботуобинское поднятие) скорости фильтрации криопэгов, по данным В.Е. Афанасенко и автора, достигают 30-60 см/год. Отмечается сокращение глубины залегания их подошвы вблизи дрен на 100-200 м. Иной характер носит влияние неотектонических поднятий в пределах акватории Северного Ледовитого океана: резкое понижение температуры поверхности при выходе ее из-под уровня моря вызывает интенсивное промерзание пород и формирование криопэгов.

С криопэгами связаны крупные отрицательные геотермические аномалии земной коры, изучение которых представляет важную геофизическую, геологическую и геотермическую проблему. Некоторые аспекты ее были рассмотрены в настояшем докладе. Следует подчеркнуть, что существенное влияние на мощность и температурный режим зоны охлаждения пород с высокоминерализованными подземными водами могут оказать также стоки и источники тепла, вызванные специфическими реакциями, включая образование и разрушение кристаллогидратов подземных газов.

ЛИТЕРАТУРА

ЕФИМОВ А.И. 1964. Температура многолетнемерзлых пород в окрестностях г. Мирного. - В кн.: Современные вопросы региональной и инженерной геокриологии (мерзлотоведения). М., "Наука", с. 63-83.

КУДРЯВЦЕВ В.А., МЕЛАМЕД В.Г. 1966. Формула расчета глубин многолетнего промерзания и оттаивания толщ горных пород. - В кн: Мерзлотные исследования, вып. 6. Изд-во МГУ, с. 10-14.

КЛИМОВСКИЙ И.В., УСТИНОВА З.Г. 1962. Об особенностях температурного режима многолетнемерзлых пород района кимберлитовой трубки Удачная. - В кн.: Многолетнемерзлые породы и сопутствующие им явления на территории Якутской АССР. М.,Изд-во АНСССР с. 96-106.

ЛЫКОВ А.В. 1972. Тепломассообмен. "Энергия" 560 с.

МЕЛЬНИКОВ П.И. 1967. Влияние подземных вод на глубокое охлаждение верхней зоны земной коры. - В кн.: Мерзлотно-гидрогеологические и гидрогеотермические исследования на Востоке СССР "Наука" с. 24-29.

ЧЕРЕМЕНСКИЙ Г.А. 1972. Геотермия. Л., "Недра", 271 с.

ЧИЖОВ А.Б. 1968. О роли взаимодействия многолетнемерзлых пород и подземных вод в формировании мерзлотно-гидрогеологических условий (на примере Западной Якутии). - В кн.: Мерзлотные исследования, вып. 8. Изд-во МГУ, с. 111-122.

ШВЕЦОВ П.Ф. 1941. К вопросу о связи температуры и мощности вечной мерзлоты с геологическими и гидрогеологическими факторами. Изв. АН СССР. Сер. геолог., № 1, с. 114-124.

ТОЛСТИХИН Н.И. 1941. Подземные воды мерзлой зоны литосферы. М.-Л., Госгеолиздат. 201 с.

EXPERIMENTAL INVESTIGATION OF HEAT AND MOISTURE TRANSFER DURING SUBLIMATION - DESUBLIMATION OF WATER IN FINE-GRAINED SOILS

E.D. Ershov, V.V. Gurov, I.A. Komarov and E.Z. Kuchukov. Moscow State University, U.S.S.R.

The authors investigated the sublimation of ice and crystallization of water vapour in frozen fine-grained soils. The relative role of moisture transfer in the soils and their heat exchange with the surrounding vapour-gas medium were determined. The rate of sublimation - desublimation of water is shown to be a function of the chemical-mineralogical composition of soils, their water content, texture, structure, age and genesis, and of the parameters of the gaseous medium. The different roles of moisture transfer in the form of vapour and liquid during ice sublimation in clayey and sandy soils were determined, as well as the corresponding diffusion coefficients of water. Methods are suggested to predict and control the investigated processes, and a new method is proposed to determine the amount of unfrozen water and ice in fine-grained soils.

ÉTUDE EXPÉRIMENTALE DU TRANSFERT DE CHALEUR ET D'HUMIDITÉ LORS DE LA SUBLIMATION ET DÉSUBLIMATION DE L'EAU DANS LES SOLS FINS

E.D. Ershov, V.V. Gurov, I.A. Komorov, E.Z. Kuchukov. Université d'État de Moscou, URSS

Examen des résultats des recherches sur la sublimation de la glace et la cristallisation des vapeurs d'eau dans les gélisols de granulométrie fine. Le rôle relatif du transfert d'humidité à l'intérieur des sols et des échanges thermiques entre ceux-ci et les vapeurs et gaz environnants est déterminé. Les auteurs établissent que l'intensité de la sublimation - désublimation de l'eau dans les sols dépend de leurs composition chimique et minéralogique, teneur en eau, structure, texture, âge, genèse et des paramètres du milieu gazeux. Ils montrent les différents rôles du transfert d'humidité sous forme de vapeur et de liquide lors de la sublimation de la glace dans les sols argileux et sableux, et établissent les coefficients correspondants de diffusion de l'eau. Ils présentent des méthodes de prévision et de régulation des processus analysés et une nouvelle méthode de détermination de la quantité d'eau non gelée et de glace dans les sols fins.

ЭКСПЕРИМЕНТАЛЬНОЕ ИССЛЕДОВАНИЕ ПРОЦЕССОВ ТЕПЛО- И ВЛАГОПЕРЕНОСА ПРИ СУБЛИМАЦИИ-ДЕСУБЛИМАЦИИ ВЛАГИ В ДИСПЕРСНЫХ ПОРОДАХ

Э.Д. Ершов, В.В. Гуров, И.А. Комаров, Э.З. Кучуков
Московский гос. университет, СССР

В работе рассмотрены результаты исследования процессов сублимации льда и кристаллизации водяных паров в мерзлых дисперсных породах. Выявлена относительная роль влагопереноса внутри пород и их теплообмена с окружающей парогазовой средой. Показана зависимость интенсивности сублимации-десублимации влаги в породах от их химико-минералогического состава, влажности, сложения, текстурных особенностей, возраста, генезиса и от параметров газовой среды. Установлена различная роль переноса влаги в виде пара и жидкости при сублимации льда в глинистых и песчаных породах и проведена оценка соответствующих коэффициентов диффузии влаги. Предложены методы прогноза и управления исследованными процессами, а также новый способ определения количества незамерзшей воды и льда в дисперсных породах.

ЭКСПЕРИМЕНТАЛЬНЫЕ ИССЛЕДОВАНИЯ ПРОЦЕССОВ ТЕПЛО- И ВЛАГОПЕРЕНОСА ПРИ СУБЛИМАЦИИ-ДЕСУБЛИМАЦИИ ВЛАГИ В ДИСПЕРСНЫХ ПОРОДАХ

Э.Д. Ершов, В.В. Гуров, И.А. Комаров, Э.З. Кучуков

Московский государственный университет, геологический факультет, СССР

Проблема сублимации льда в дисперсных породах и десублимации водяного пара на грунтовых поверхностях включает в себя сложный комплекс процессов и явлений, таких, как фазовые превращения влаги и ее перенос в мерзлых грунтах, тепло- и влагообмен грунта с окружающей паро-газовой средой, структурно-механические и реологические преобразования грунтов при их морозном иссушении и увлажнении и ряд других. С одной стороны, это предопределяет несомненный научный и практический интерес к изучению данной проблемы, с другой - создает известные методические и технические трудности в постановке и проведении экспериментальных исследований.

В научном плане изучение процессов сублимации-десублимации влаги в дисперсных породах необходимо для уточнения механизма фазового перехода лед-пар-лед, особенностей внешнего и внутреннего теплообмена в мерзлых породах, разработки методики исследования процессов тепло- и влагопереноса, осложненных фазовыми превращениями воды и др. Процесс сублимации льда является не только объектом исследования, но представляет собой универсальный метод изучения строения и свойств льда, мерзлых дисперсных пород и капиллярно-пористых тел. Важное и актуальное значение процессы морозного иссушения грунтов и кристаллизации водяного пара на грунтовых поверхностях приобретают и для прикладных задач в связи с проектированием, строительством и эксплуатацией крупных подземных инженерных сооружений различного назначения, стенки которых сложены мерзлыми дисперсными породами. Учет процессов тепло- и влагопереноса при сублимации-десублимации влаги в дисперсных породах необходим также при количественной оценке и прогнозировании мощности и распространения ледников и наледных полей, термовлажностного режима почв, грунтов и дорожных покрытий, при решении ряда задач мерзлотоведения, климатологии и т.д.

АППАРАТУРА И МЕТОДИКА ИССЛЕДОВАНИЙ

Комплексные экспериментальные исследования процессов сублимации-десублимации влаги в дисперсных породах, начатые на кафедре мерзлотоведения МГУ в 1970 г. под руководством профессора В.А. Кудрявцева, продолжались и в последние годы.

Для исследования процессов тепло- и влагопереноса при сублимации льда в дисперсных породах созданы две лабораторные установки. Основными их узлами являются воздушный термостат, работающий в отрицательном диапазоне температур, сублимационная камера с образцами исследуемых пород, электровентилятор, блок регистрации и контроля режима работы установки. Отличие установок состоит в том, что в одной из них сублимация льда осуществляется в воздушной среде при атмосферном давлении, а вторая обеспечивает исследование влияния повышенного давления и молекулярного веса газов на процесс сублимации льда в дисперсных породах. Сублимационная камера последней установки представляет собой толстостенный цилиндрический сосуд, снабженный системой подачи охлажденных сжатых газов.

Образцы пород имели форму кругового цилиндра или прямоугольного параллелепипеда высотой 8-10 см с площадью поперечного сечения 12-15 $см^2$. Профиль температуры по высоте образцов грунта измерялся с помощью медно-константановых термопар, рабочие спаи которых размещались на расстоянии 1 см друг от друга вдоль вертикальной оси симметрии контрольных образцов. Боковая поверхность и нижнее основание каждого образца грунта влагоизолировались с помощью прозрачных кассет (полиэтиленовых или из оргстекла), а испарение грунтовой влаги происходило через открытое верхнее основание. Этим достигалась одномерность и визуализация процесса морозного иссушения грунтов.

Исследование механизма и закономерностей процесса десублимации паров воды на грунтовых поверхностях проводилось на третьей установке, основное отличие которой от рассмотренных выше заключалось в создании регулируемого перепада отрицательных температур между верхней и нижней поверхностью образцов пород. При этом температура на нижнем основании образцов задавалась и поддерживалась постоянной с помощью металлического штампа, соединенного с дополнительным жидкостным термостатом. Кристаллизация паров воды осуществлялась в воздушной среде при атмосферном давлении. Высота образцов пород составляла 3 см.

Каждая из установок образует замкнутую теплоизолированную систему, позволяющую вести длительные опыты при температуре T=253-273K, скорости потока воздуха (газа) над образцами пород V = 0-20 м/с и относительной влажности ϕ = 50-95%. Создание однородных профилей T, V, ϕ при обтекании воздухом образцов пород осуществляется участком гидродинамической стабилизации воздушного потока. Точность регулировки T, V, ϕ в установках составляла соответственно 0,1K; 0,1 м/с и 1%.

Основными искомыми характеристиками исследуемых процессов являлись интенсивность сублимации и десублимации влаги (плотность потока водяного пара, испаряющегося или конденсирующегося на открытой поверхности образцов грунта), скорость углубления зоны иссушения и нарастания кристаллизующегося слоя снега, профиль температуры и влажности в образцах грунтов и их изменение во времени и в зависимости от состава, строения и свойств грунтов. Более подробно методика подготовки образцов грунта, проведения опытов и обработки экспериментальных данных, описание и схемы установок, а также состав, строение и свойства исследованных дисперсных пород приведены в работах (Ершов, Гуров, 1972; Ершов и др., 1975).

ТЕПЛО- И ВЛАГОПЕРЕНОС ПРИ СУБЛИМАЦИИ ЛЬДА В ДИСПЕРСНЫХ ПОРОДАХ

Механизм морозного иссущения дисперсных пород неразрывно связан с собственно фазовыми переходами влаги и с переносом тепла и влаги в грунтах. Согласно гипотезе, изложенной в работах (Ершов, Гуров, 1972; Ершов и др., 1973), сублимация льда в дисперсных породах представляет собой не только и не просто переход влаги из твердого состояния в газообразное, но и испарение незамерзшей воды с постоянным пополнением ее запасов за счет льда, с которым незамерзшая в порах породы вода при данной температуре и давлении находится в состоянии динамического равновесия. Там же показано, что в дисперсных породах в общем случае интенсивность сублимации льда ($I_с$) обусловлена двумя слагаемыми – потоками влаги в газообразной ($I_п$) и жидкой фазе (I_w):

$$I_с = I_п + I_w = -\left(\frac{K_п}{RT}\cdot\frac{dP}{dZ} + K_w\cdot\gamma_0\frac{dW}{dZ}\right), \quad (1)$$

однако в грубодисперсных породах второе слагаемое практически отсутствует. В соотношении (1) $K_п$, K_w – коэффициенты диффузии пара и незамерзшей воды, R – газовая постоянная, P – упругость водяного пара, W – весовая влажность грунта, γ_0 – объемный вес скелета грунта.

Механизм миграции незамерзшей воды и паропереноса определяется термодинамическими условиями взаимодействия пород с окружающей средой, формой и энергией связи влаги с минеральным скелетом грунта и особенностями его структуры. Следует подчеркнуть, что перенос жидкой фазы влаги в зоне иссушения тонкодисперсных грунтов наиболее существен в области интенсивных фазовых переходов, т.е. при относительно высоких отрицательных температурах. При низких температурах ($T < 260$K) и в грубодисперсных грунтах количество незамерзшей воды незначительно, и интенсивность сублимации льда определяется диффузионным переносом пара, сопротивление движению которого в грубодисперсных грунтах (песчаных) меньше, чем в тонкодисперсных (глинистых). По нашим данным, при T=268K и атмосферном давлении у песков различных фракций $K_п = (7-11)\cdot10^{-6}$м^2/с, а у глин $K_п = (2-4)\cdot10^{-6}$м^2/с, $K_w = (2-4{,}5)\cdot10^{-10}$м^2/с. При увеличении температуры и уменьшении внешнего давления $K_п$ возрастает, а K_w увеличивается с ростом T и W грунтов. В силу относительной малости коэффициентов переноса влаги и тепла внутри грунта по сравнению с соответствующими коэффициентами внешнего обмена интенсивность процесса морозного иссушения ограничена внутренним тепло- и влагопереносом. При этом определяющую и лимитирующую роль в процессах переноса играет перенос влаги, так как при кондуктивном и конвективном подводе тепла к зоне фазовых переходов диффузионное сопротивление переносу влаги в обеих фазах оказывается значительно выше эквивалентного термического сопротивления. В связи с малоинтенсивным характером морозного иссушения (Ершов, Гуров, 1972) и малостью градиентов температуры, имеющих место в грунте ($\sim$5K/м), в первом приближении можно принять, что процесс сублимации льда в дисперсных грунтах происходит в квазиизотермических условиях. Изложенное позволяет значительно упростить решение задачи о тепло- и влагопереносе при морозном иссушении пород, поскольку задача о влагопереносе может ставиться и решаться независимо от задачи о теплопереносе.

Закономерности теплопереноса в грунтах. Учитывая незначительность абсолютных значений и перепадов температур при морозном иссушении грунтов, лучистым и конвективным теплообменом в порах грунта пренебрежем по сравнению с теплопередачей за счет теплопроводности. Экспериментальные данные по изучению динамики температурного поля в грунтах показали, что профили температуры в иссушаемом и мерзлом (незатронутом процессом сублимации льда) слоях близки к линейным. На подвижной границе раздела указанных слоев грунта (в зоне фазовых переходов влаги) они претерпевают излом, обусловленный различием теплофизических характеристик грунта, а также наличием здесь стока тепла. В этом случае уравнение теплового баланса на подвижной границе можно записать в виде:

$$-\lambda_{ис}\cdot\left(\frac{dT}{dZ}\right)_{ис} + I_с\cdot r = -\lambda_м\cdot\left(\frac{dT}{dZ}\right)_м, \quad (2)$$

где $\lambda_{ис}$, $\lambda_м$ – коэффициенты теплопроводности грунта, соответственно, в иссушаемом и мерзлом слоях, r – скрытая теплота сублимации льда.

Анализ экспериментальных данных показал, что плотность потока тепла в мерзлом слое $q_м$ с течением времени уменьшается, а в иссушенном $q_{ис}$ практически неизменна. Стационарность значения $q_{ис}$ позволяет сделать вывод о том, что в процессе сублимации льда, как это следует из уравнения (2), величина $q_м$ обусловлена и ограничена интенсивностью сублимации льда (изменением $r(T)$ в рассматриваемом интервале температур можно пренебречь).

При увеличении скорости воздушного потока значения $q_м$ и $q_{ис}$ наиболее существенно (в 1,5-2 раза) возрастали в диапазоне 2-10 м/с, однако разность между ними всегда соответствовала расходу тепла на фазовые переходы. Понижение температуры уменьшает величину $q_м$, а значение $q_{ис}$ остается практически неизменным. Для образцов полиминеральной глины и суглинка уменьшение $q_м$ составляет 10-15 Вт/м при понижении T от 271 до 261K. Отсутствие заметного влияния температуры воздуха на величину $q_{ис}$ и коэффициент теплообмена по-видимому, связано с незначительным изменением теплопроводности, вязкости и других физических характеристик воздуха в исследованном интервале температур. Скорость же воздушного потока существенно влияет на толщину пограничного слоя, приводя к изменению сопротивления переносу тепла в нем.

Закономерности влагопереноса при морозном иссушении пород. Особенности профиля влажности в дисперсных породах и его динамики при их морозном иссушении, а также влияние скорости, температуры и относительной влажности воздушного потока на интенсивность сублимации льда в грунтах и продвижение зоны сублимации в них докладывались на П Международной конференции по мерзлотоведению (Ершов и др., 1973). В частности, там было показано, что наиболее существенное влияние на величину $I_с$ оказывает увеличение скорости воздушного потока до 5 м/с и понижение температуры от 273 до 261K. На профиле влажности в образцах влагонасыщенных дисперсных пород естественного и нарушенного сложения массивной криогенной текстуры отмечены три характерные точки влажности. Дальнейшее изучение физической природы двух первых из них, проведенное по инициативе В.А. Кудрявцева, позволило нам предложить новый метод определения количества незамерзшей воды и льда в мерзлых дисперсных породах, основанный на закономерностях распределения суммарного влагосодержания при сублимации льда (Кудрявцев и др., 1976). В настоящее время этот метод, обладающий рядом технических и экономических преимуществ по сравнению, например, с широко распространенным калориметрическим методом, внедрен в практику производства инженерно-строительных изысканий в области распространения многолетнемерзлых пород, в том числе на трассе Байкало-Амурской магистрали.

Определенный интерес представляло исследование процесса морозного иссушения пород и "чистого" льда в условиях повышенного давления газовой среды различного молекулярного состава. Экспериментальные исследования проводились с инертными газами: гелием (μ = 4) и аргоном (μ = 40) и с воздухом (μ = 29). Выбор указанных газов в качестве рабочих обусловлен тем, что во-первых, исследуемый диапазон изменения их молекулярного веса включает наиболее распространенные природные газы: метан (μ = 16), этан (μ = 30) и пропан (μ = 44), а, во-вторых, они безопасны при работе в лабораторных условиях. Изучение влияния давления газовой среды на интенсивность сублимации льда в грунтах проводилось в диапазоне от атмосферного давления до $12 \cdot 10^5$ Н/м^2 (рис. 1).

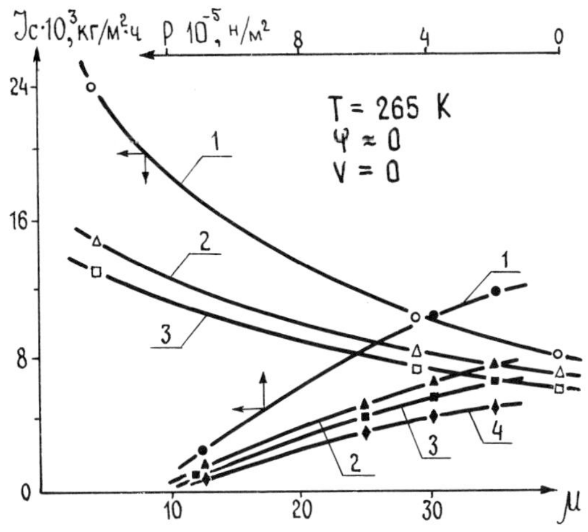

Рис. 1. Зависимость интенсивности сублимации льда в дисперсных породах от молекулярного состава и давления газовой среды

1 - лед; 2 - глина полиминеральная; 3 - глина каолинитовая; 4 - суглинок.

Анализ уравнения (1) показывает, что с ростом давления уменьшается длина свободного пробега молекул пара и затрудняется их диффузия, приводящая к уменьшению величины I_c. Влияние μ также связано с изменением коэффициента диффузии пара D, величина которого в атмосфере гелия составляет $9{,}4 \cdot 10^{-5}$ в воздухе $2{,}2 \cdot 10^{-5}$ и в аргоне $2{,}1 \cdot 10^{-5}$ м^2/с. На влагоперенос в жидкой фазе молекулярный состав газа, по-видимому, не влияет. Косвенно это подтверждается непропорциональным изменением отношений значений $K_п$ и I_c в атмосфере гелия и аргона для тонкодисперсных грунтов - глин (рис. 1), в которых доля миграции незамерзшей воды достигает больших значений.

Влияние гранулометрического состава на величину I_c проявляется через их удельную активную поверхность, количество незамерзшей воды, средний эффективный радиус пор и активную пористость, а в песчаных породах в основном, через пористость и эффективный радиус пор. Влияние минералогического состава обусловлено особенностями кристаллохимического строения глинистых минералов.

Микроагрегатный состав пород в процессе их морозного иссушения проявляется в характере и величине влияния состава обменных катионов и концентрации воднорастворимых солей в поровом растворе на подвижность и количество незамерзшей воды и структуру порового пространства.

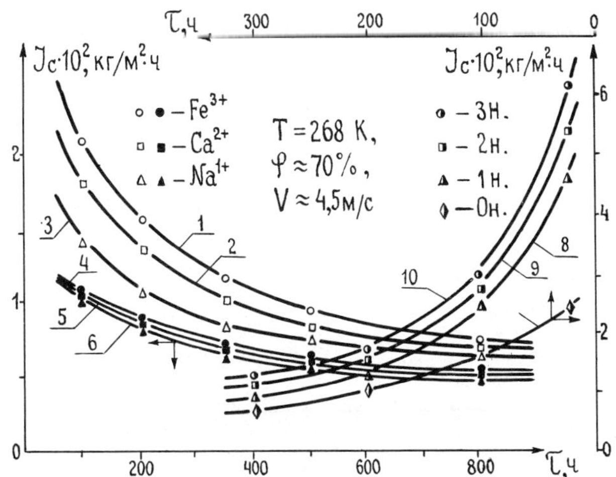

Рис. 2. Влияние состава обменных катионов и концентрации порового раствора на интенсивность сублимации льда в дисперсных породах

1-3 - монтмориллонитовые и 4-6 - каолинитовые глины, насыщенные различными обменными катионами; 7-10 - полиминеральная глина, приготовленная на растворах $CaCl_2$ различной концентрации.

С увеличением валентности обменных катионов, насыщающих монтмориллонитовые глины, толщина пленок незамерзшей воды, как показано в работе А. Ананяна (1972), возрастает, что приводит к повышению их подвижности и коэффициента диффузии. С другой стороны, из-за очень сильной коагуляции происходит резкое уменьшение дисперсности глин, что приводит к увеличению среднего эффективного радиуса пор и коэффициента паропереноса. В результате замена одновалентных катионов (Na^+) на двух- и трехвалентные (Ca^{2+} и Fe^{3+}) в монтмориллонитовых глинах обусловливает увеличение значений I_c (рис. 2) как за счет $I_п$, так и за счет I_w. Исследование сублимации льда в каолинитовых глинах, насыщенных теми же катионами, что и монтмориллонитовые, не показало закономерного влияния увеличения валентности катионов на величину I_c. Интенсивность сублимации льда в породах с различной концентрацией порового раствора носит экстремальный характер. С увеличением концентрации порового раствора до порога агрегации (коагуляции) она уменьшается, достигает минимума и после порога агрегации увеличивается (рис. 2), что вызвано соответствующим изменением коэффициента K_w (Ершов и др., 1975).

Сублимация льда в породах с различной степенью заполнения пор влагой ($q < 1$, $q \simeq 1$) приводит к специфическому различию характера профиля влажности при их морозном иссушении. Рассмотренные выше закономерности влагопереноса при морозном иссушении дисперсных пород получены при $q \simeq 1$, что обеспечивает практически фронтальное иссушение слоев породы. При $q < 1$ процесс морозного иссушения носит объемный характер, т.е. профиль влажности имеет существенно большую зону иссушения и на нем отсутствуют (четко выраженные при $q \simeq 1$) области большого и малого градиентов влажности, а при $q < 0{,}7$ граница раздела иссушаемого и незатронутого процессом сублимации льда слоев грунта вообще отсутствует. Такие различия в характере развития процесса морозного иссушения обусловливают уменьшение значений I_c во влагоненасыщенных мерзлых породах по сравнению с влагонасыщенными, что подтверждено данными по сублимации льда в образцах глины и песка с различной степенью заполнения пор незамерзшей водой и льдом.

Исследование влияния неоднородности дисперсных пород, обусловленной переслаиванием пород различных по гранулометрическому и минералогическому составу, плотности и влажности на развитие процесса их морозного иссушения показало, что, во-первых, величина I_c в них определяется и ограничивается интенсивностью сублимации в прослое, характеризующимся наименьшим содержанием незамерзшей воды, и, во-вторых, распределение влажности в иссушенной зоне слоистого грунта носит скачкообразный характер.

Исследование закономерностей сублимации льда в образцах нарушенного сложения, строения и свойств, рассмотренных выше, позволило удовлетворительно объяснить процесс морозного иссушения дисперсных пород ненарушенного сложения различного происхождения и возраста. Изучение процессов тепло- и влагопереноса при этом проводилось на монолитах пяти генетических комплексов: аллювиального, делювиального, озерно-аллювиального, гляциально-морского и морского, описание и характеристики которых даны в работе (Ершов и др., 1975). В результате анализа экспериментальных данных установлено, что влияние возраста пород сказывается через их плотность, а влияние генезиса – через концентрацию порового раствора. В более молодых (верхнечетвертичных) породах интенсивность сублимации льда за счет большей пористости оказалась выше, чем в древних (неогеновых). Процесс сублимации льда в одной гранулометрической разновидности пород протекает менее интенсивно в морских отложениях по сравнению с континентальными, причем, чем дисперснее грунт, тем больше это различие.

ТЕПЛО- И ВЛАГОПЕРЕНОС ПРИ ДЕСУБЛИМАЦИИ ПАРА В ПОРОДАХ

В отличие от процесса сублимации льда, кинетика которого определяется сопротивлением переносу влаги, интенсивность десублимации $I_д$ паров воды на поверхности пород обусловлена теплообменом между паровоздушной средой и породой, т.е. ограничена теплофизическими свойствами взаимодействующих сред и образующегося слоя снега. Кристаллизация молекул паров воды на поверхности мерзлых пород происходит по достижении на границе раздела воздух-грунт упругости насыщенного пара при данной температуре $P_{нас}(\dot{T})$. С понижением температуры $P_{нас}(T)$ падает, что приводит к облегчению условий начала кристаллизации паров воды. В лабораторной установке $P_{нас}(\dot{T})$ достигалось за счет увеличения регулируемого перепада минусовых температур между паровоздушной средой и нижней поверхностью грунта, причем последняя была более холодной.

Как показали исследования, проведенные с помощью метода реплик*, поверхность тонкодисперсных и крупнообломочных пород является энергетически неоднородной. Процесс десублимации первых кристаллов льда (в виде снега) протекает селективно, локализуясь на поверхности активных центров кристаллизации. У тонкодисперсных пород такими центрами, по-видимому, являются комплексы молекул воды, адсорбированные на поверхности пород, а у крупнодисперсных – различные макро- и микродефекты поверхности (сколы, ребра и др.). Влияние минералогического состава пород проявляется на форме, размерах и ориентации первых кристаллов льда. Так, на глинах полиминерального, каолинитового и монтмориллонитового состава они имели идиоморфный облик гексагональных пластинок размером 0,02-0,03 мм, расположенных в основном равномерно, базальной плоскостью к поверхности или под небольшим углом к ней.. На кварце основная масса кристаллов льда – это изометрические пластинки размером 0,01-0,02 мм, на кальците – длинные "иглы", иногда сросшиеся. Самые мелкие кристаллы льда (1 мкм) зафиксированы на поверхности серицита, а самые крупные (0,1-0,2 мм) – на лабрадоре.

После образования первых кристаллов льда десублимация пара в дальнейшем происходила на самих ледяных кристаллах, соединявшихся в сплошной плоский слой на расстояниях 0,2-0,4 мм от поверхности грунта, причем плоская форма слоя оставалась устойчивой в течение всего процесса. По мере накопления снежной массы происходило дифференцированное уплотнение снега в направлении более низких температур (в сторону грунта), что обусловлено действием градиента упругости пара в слое и интенсивной перекристаллизацией снега. При этом крупные звездообразные и дендритные кристаллы распадались, приобретая округлую форму зерен. Наиболее интенсивно процесс термометаморфизма протекал в начальный период времени (рис. 3) и на образцах льда и металла по сравнению с образцами пород.

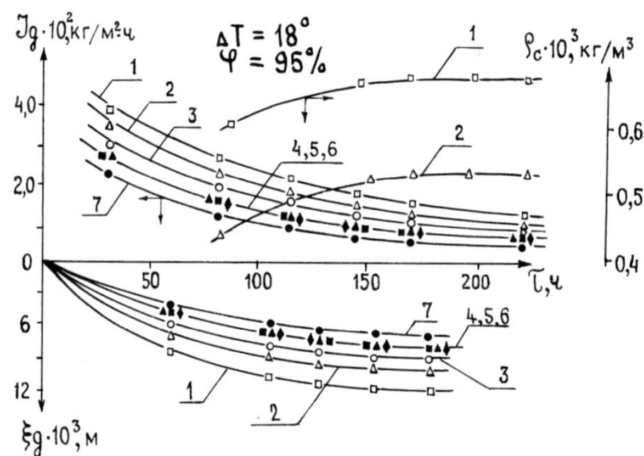

Рис. 3. Зависимость интенсивности десублимации паров $I_д$, мощности кристаллизационного слоя $\xi_д$ и его плотности ρ_c от времени протекания процесса для различных образцов

1 – металл; 2 – лед; 3 – водонасыщенный песок; 4,5,6 – глины: полиминеральная, каолинитовая и монтмориллонитовая, соответственно; 7 – неводонасыщенный песок.

Величина $I_д$ уменьшается с течением времени и с уменьшением перепада температур между "ядром" паровоздушного потока и нижней поверхностью образцов пород, а при увеличении относительной влажности потока – возрастает. При фиксированных параметрах потока (T, V, ϕ, μ) различие абсолютных величин $I_д$ для различных пород (рис. 3) обусловлено, в основном, различием коэффициентов теплопроводности грунтов, так как перераспределение влаги во влагонасыщенных грунтах за счет ее переноса из слоя снега во время экспериментов было незначительным (около 1% по суммарному балансу влаги). Величина $I_д$ во влагонасыщенных породах значительно выше, чем во влагоненасыщенных, и имеет тенденцию роста при уменьшении их дисперсности. Различие в мощности образующегося слоя снега $\xi_д$ в исследованных породах (рис. 3) обусловлено разной интенсив-

---
* Исследования методом реплик проведены В.В. Роговым.

ностью как процесса десублимации пара в них, так и процессов термометаморфизма снега.

Кинетика процесса десублимации пара на крупнообломочных породах (исследования проводились на мелком и среднем хряще и мелком щебне - по классификации В.В. Охотина) определяется не только теплопроводностью самих обломочных пород и их контактной теплопроводностью, но и интенсивностью процессов тепловлагопереноса в слое породы. Экспериментальные данные показывают, что величина $I_д$ возрастает с увеличением размеров обломков при различной их упаковке в крупнообломочных породах.

ПРОГНОЗ И УПРАВЛЕНИЕ ПРОЦЕССАМИ СУБЛИМАЦИИ-ДЕСУБЛИМАЦИИ ВЛАГИ

Прогноз и управление процессами сублимации и десублимации влаги в дисперсных породах в пределах строительных территорий базируются на основных положениях методики мерзлотного прогноза и принципах управления мерзлотными процессами (Кудрявцев, 1961; Кудрявцев, Ершов, 1969). При этом выполняется комплексная мерзлотно-инженерно-геологическая съемка района строительства и эксплуатации инженерных сооружений; дается прогноз развития процессов сублимации и десублимации влаги на основе расчетной схемы, учитывающей геологическую и теплофизическую обстановку в конкретных природных условиях; для оптимальной работы сооружения в проектируемом режиме намечаются необходимые мероприятия, направленные на регулирование процессов внешнего и внутреннего тепло- и влагопереноса в мерзлых грунтах при сублимации и десублимации влаги.

Для процесса сублимации льда в дисперсных породах в настоящее время составлена расчетная схема прогноза (Ершов и др., 1974). С ее помощью произведена ориентировочная оценка мощности иссушаемой зоны в грунтах различного состава на период эксплуатации инженерного сооружения, которая может достигать одного метра. В случае сноса морозноиссушенной породы грунтовый массив может отступить на несколько метров.

Методика управления процессами сублимации и десублимации влаги в грунтах разрабатывалась на базе исследованных частных и общих закономерностей этих процессов, знание которых позволяет отыскать необходимые мелиоративные мероприятия по направленному изменению основных параметров изучаемых процессов. Применительно к ним существующий комплекс приемов разбивается на две группы. Одна из них включает мероприятия по направленному изменению параметров газовой среды (T, V, ϕ, μ и др.) и характера поверхности грунтового массива. При покрытии грунтов битумными, латексными и гудронпарафинистыми пленками сублимация льда в них практически исключалась. Вторая группа включает комплекс приемов управления процессами сублимации и десублимации влаги с помощью методов технической и мерзлотной мелиорации. Так, при предварительном уплотнении и осушении грунтов и использовании методов нефтевания, силикатизации, смолизации и др. заметно замедляются процессы сублимации и десублимации влаги в них. Использование метода солевой стабилизации грунтов способствует интенсификации процесса сублимации. Применение мерзлотной мелиорации грунтов позволяет регулировать интенсивность сублимации льда в них посредством создания того или иного типа криогенной текстуры или покрытия грунтовой поверхности слоем льда.

Очевидно, решение проблемы управления процессами сублимации и десублимации влаги в природных условиях заключается в комплексном использовании приемов рассмотренных двух групп, способствующих более эффективному регулированию процессов внешнего и внутреннего тепло-массопереноса в мерзлых грунтах, взаимодействующих с газовой средой.

В заключение отметим, что на кафедре мерзлотоведения МГУ проведен большой комплекс исследования процессов сублимации и десублимации влаги в дисперсных породах вплоть до их прогноза и управления ими. Полученные результаты в настоящее время уже применяются в практике инженерно-строительных изысканий и могут быть использованы в будущем для целей прогноза и управления исследованными процессами.

ЛИТЕРАТУРА

АНАНЯН А.А. 1972. Оценка средней толщины пленок воды в талых и мерзлых тонкодисперсных горных породах.-В кн.: Связанная вода в дисперсных системах, вып. 2, Изд-во МГУ, с. 106-114.

ЕРШОВ Э.Д., ГУРОВ В.В. 1972. Массоперенос в процессе сублимации льда в дисперсных грунтах при взаимодействии их с воздушным потоком.-В кн.: Тепло- и массоперенос, т. 2, ч. 2, Минск, с. 212-224.

ЕРШОВ Э.Д., ГУРОВ В.В., ДОСТОВАЛОВ Б.Н. 1973. Сублимация льда в дисперсных грунтах различного криогенного строения при их взаимодействии с воздушным потоком. - II Междунар. конф. по мерзлотоведению. Докл. и сообщ., вып. 4, Якут. кн. изд-во, с. 185-188.

ЕРШОВ Э.Д., ГУРОВ В.В., КОМАРОВ И.А., АКИМОВ Ю.П. КУЧУКОВ Э.З. 1974. К расчетной схеме прогноза морозного иссушения дисперсных горных пород. В кн.: Мерзлотные исследования, вып. 14, Изд-во МГУ, с. 222-229.

ЕРШОВ Э.Д., КУЧУКОВ Э.З., КОМАРОВ И.А.. 1975. Сублимация льда в дисперсных породах. Изд-во МГУ, 223 с.

КУДРЯВЦЕВ В.А. 1961. Мерзлотная съемка как основной вид мерзлотных исследований. В кн.: Мерзлотные исследования, вып. 1, Изд-во МГУ.

КУДРЯВЦЕВ В.А., ЕРШОВ Э.Д. 1969. Классификационная схема приемов по направленному изменению мерзлотных условий. В кн.: Мерзлотные исследования, вып. 9, Изд-во МГУ, с. 155-157.

КУДРЯВЦЕВ В.А., ЕРШОВ Э.Д., ГУРОВ В.В., АКИМОВ Ю.П. КОМАРОВ И.А., КУЧУКОВ Э.З. 1976. Способ определения количества незамерзшей воды и льда в горных породах. Авторское свидетельство № 532044, - "Бюллетень изобретений", № 38.

WATER MIGRATION, FORMATION OF TEXTURE AND ICE SEGREGATION IN FREEZING AND THAWING CLAYEY SOILS

E.D. Ershov, V.G. Cheverev, Yu. P. Lebedenko, and L.V. Shevchenko, Moscow State University, U.S.S.R.

The authors carried out an integrated experimental study of the development of the temperature and moisture field, the field of thermodynamic potential of water, the amount of the external and internal moisture migration, the rates of dewatering and water accumulation, the deformations, and the shrinkage stresses in freezing and thawing soils of different composition, structure and properties, as well as the processes of ice segregation and formation of texture using methods of time-lapse photography and scanning microscopy.

LA MIGRATION DE L'EAU, LA FORMATION DE LA STRUCTURE ET DE SÉGRÉGATIONS DE GLACE DANS LES SOLS ARGILEUX SOUMIS À DES ALTERNANCES DE GEL ET DE DÉGEL

E.D. Ershov, V.G. Cheverev, Yu. P. Lebedenko, L.V. Shevchenko, Université d'État de Moscou, URSS.

Résultats d'une étude expérimentale intégrée sur les lois qui régissent, dans les sols soumis à des alternances de gel et de dégel ayant une composition, une structure et des propriétés différentes dans le temps et l'espace, le développement du champ de température et d'humidité, du champ de potentiel thermodynamique de l'eau, la densité des migrations intérieures et extérieures de l'humidité, l'intensité de la déshydratation et de l'accumulation d'eau, les déformations et les contraintes de retrait, ainsi que les processus de ségrégation de la glace et de formation des structures à l'aide de la photographie ultra-accélérée et de la microscopie à balayage.

МИГРАЦИЯ ВЛАГИ, СТРУКТУРООБРАЗОВАНИЕ И ШЛИРОВОЕ ЛЬДОВЫДЕЛЕНИЕ В ПРОМЕРЗАЮЩИХ И ОТТАИВАЮЩИХ ГЛИНИСТЫХ ГРУНТАХ

Э.Д. Ершов, В.Г. Чеверев, Ю.П. Лебеденко, Л.В. Шевченко
Московский гос. университет, СССР

Рассматриваются результаты комплексного экспериментального исследования закономерностей развития в промерзающих и оттаивающих грунтах различного состава, строения и свойств во времени и объеме температурного и влажностного поля, поля термодинамического потенциала влаги, плотности внешнего и внутреннего миграционных потоков влаги, интенсивности обезвоживания и влагонакопления, деформаций и объемно-градиентных напряжений усадки, а также процессов сегрегационного льдовыделения и структурообразования с использованием методов цейтрайферной киносъемки и растровой микроскопии.

МИГРАЦИЯ ВЛАГИ, СТРУКТУРООБРАЗОВАНИЕ И ШЛИРОВОЕ ЛЬДОВЫДЕЛЕНИЕ В ПРОМЕРЗАЮЩИХ И ОТТАИВАЮЩИХ ГЛИНИСТЫХ ГРУНТАХ

Э.Д. Ершов, В.Г. Чеверев, Ю.П. Лебеденко, Л.В. Шевченко

Московский государственный университет, геологический факультет, СССР

Проблема влагопереноса и сегрегационного льдовыделения в грунтах постоянно привлекает к себе внимание многих специалистов. Решение ее имеет большое научное и практическое значение в плане уточнения существующих или создания новых прогнозных схем развития пучения, формирования криогенных текстур как сезонномерзлого слоя, так и многолетнемерзлых толщ. Ввиду значительной сложности этой проблемы еще существует целый ряд вопросов, решение которых требует дальнейшего изучения. К ним, в частности, относятся механизм и закономерности влагопереноса и сегрегационного льдовыделения в мерзлых, промерзающих и оттаивающих грунтах, особенности развития процессов коагуляции, диспергации и структурообразования, роль усадки, набухания-распучивания и расклинивающего действия тонких пленок воды в формировании криогенных текстур и другие.

Экспериментальные исследования отмеченных выше недостаточно изученных аспектов проблемы проводились комплексно, т.е. при определении в промерзающих или оттаивающих грунтах характера изменения основных параметров процесса тепло-массопереноса и текстурообразования: температуры t, влажности W, объемной массы скелета грунта $\gamma_{ск}$, внешних и внутренних миграционных потоков влаги, ее термодинамического потенциала μ_W и напряженно-деформационного состояния грунта. При этом осуществлялось непрерывное наблюдение за процессом сегрегационного (шлирового) льдовыделения с помощью микроскопа, фотографирования и цейтрайферной киносъемки.

В качестве объекта исследования были использованы влагонасыщенные грунты различного гранулометрического и минералогического составов (глины каолинитовая, монтмориллонитовая, гидрослюдисто-монтмориллонитовая, суглинок и супесь), характеристика которых достаточно полно представлена ранее (Ершов и др., 1975).

Проведение опытов с односторонним промерзанием-оттаиванием образцов дисперсных пород осуществлялось на специальной экспериментальной установке по методике, опубликованной в работах (Кудрявцев и др., 1976; Чеверев, Лебеденко, 1976). Следует особо отметить, что промерзание талых или оттаивание мерзлых образцов осуществлялось не полностью, т.е. не более, чем 0,5 их длины, которая в различных опытах колебалась в интервале 12-30 см.

Анализ результатов проведенных опытов с использованием микроскопии, фото и киносъемки убедительно подтверждает установленный ранее факт (Пузаков, 1960; Орлов, 1962) преимущественного образования сегрегационных прослоев льда в промерзающей зоне породы в диапазоне отрицательных температур. Рост же прослоев льда на фронте промерзания, т.е. на границе между талой и мерзлой зонами при этом может рассматриваться лишь как частный случай льдовыделения.

Исходя из этого положения, дальнейшие экспериментальные исследования были направлены на изучение физического механизма, закономерностей развития и параметров процесса миграции влаги не только в талой, но и особенно в промерзающей и мерзлой зонах грунта. Особый интерес при этом представляет также характер развития движущей силы влагопереноса в промерзающих грунтах.

В начальный период охлаждения, когда весь грунт еще находится в талом (немерзлом) состоянии, градиенты потенциалов влаги $\mathrm{grad}\,\mu_W$ и миграционный поток, направленные в холодную сторону образца грунта, отсутствуют. В ряде случаев наблюдается даже обратный ток воды, что указывает на незначительную роль чисто термодиффузионного механизма миграции влаги к фронту охлаждения (промерзания) во влагонасыщенном грунте. При появлении первых кристаллов льда и возникновении градиентов отрицательной температуры в грунте начинают отчетливо проявляться движущие силы миграции влаги ($\mathrm{grad}\,\mu_W$), связанные с увеличением неизрасходованной поверхностной энергии минерального скелета грунта при переходе части связанной воды в лед. Одновременно с этим в экспериментах фиксируется появление устойчивого миграционного потока влаги в промерзающую зону грунта (рис. 1). Наличие $\mathrm{grad}\,\mu_W$ и влагоперенос в промерзающей зоне обеспечивают, таким образом, формирование градиентов потенциала влаги и перенос ее в талой зоне, что и фиксировалось в опытах.

При визуальном наблюдении за дальнейшим промерзанием и сегрегационным льдовыделением возможно четкое выделение трех характерных зон: 1 - талой, П - промерзающей (где происходят интенсивные фазовые превращения влаги, формируются кристаллы и микрошлиры льда) и Ш - мерзлой (преимущественно со шлировой криогенной текстурой, сегрегационное льдовыделение в которой малоинтенсивно). Зоны П и Ш имеют более светлый тон окраски, чем зона 1, что объясняется наличием в последней большого количества жидкой влаги и отсутствием льда. Граница между зонами 1 и П является фронтом промерзания, а между зонами П и Ш - видимой границей сегрегационного льдовыделения.

Как показали опыты, в начальный период промерзания происходит отставание видимой границы сегрегационного льдовыделения от фронта промерзания. В последующем при замедлении процесса промерзания и остановке его наблюдается приближение видимой границы шлирового льдовыделения к фронту промерзания и в конечном итоге слияние двух фронтов. При этом в начале промерзания температуры на фронте промерзания $t_{\xi пр}$ и сегрегационного льдовыделения $t_{\xi сл}$ имеют более низкие значения и $t_{\xi пр} > t_{\xi сл}$. По мере дальнейшего промерзания температура грунта на этих фронтах повышается (рис. 2), и в соответствии с этим сегрегационное льдовыделение происходит уже в области более высоких отрицательных температур, что в целом согласуется с результатами других авторов (Пузаков, 1960; Орлов, 1962)

С развитием промерзающей зоны тесно связано и формирование (экспериментально определяемых) движущих сил влагопереноса $\mathrm{grad}\,\mu_W$. Так, в первый период промер-

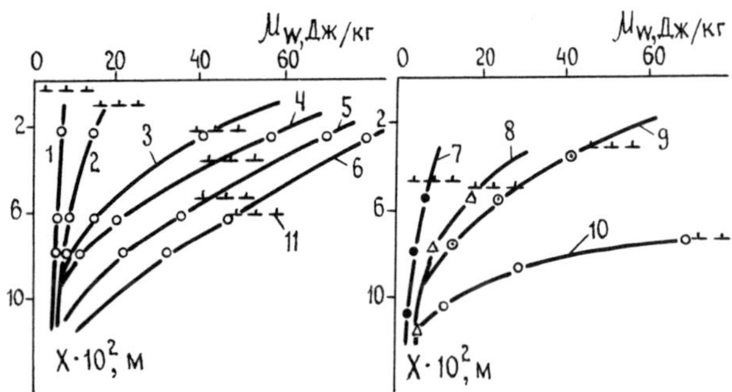

Рис. 1. Характер развития во времени и по глубине потенциалов влаги в промерзающих грунтах.

Время с начала промерзания, ч: 1 – 0; 2 – 1; 3 – 2; 4 – 3; 5 – 5; 6 – 7; 7 – каолинитовая; 8 – полиминеральная (гидрослюдисто-монтмориллонитовая) глина; 9 – суглинок; 10 – супесь; 11 – положение фронта промерзания.

зания происходит резкое увеличение градиентов потенциалов в талой зоне грунта, которые затем уменьшаются и на конечный момент промерзания, когда происходит вырождение зоны П, снижаются практически до нуля (рис. 2)

Таким образом, причиной миграции влаги из талой зоны в промерзающую являются градиенты потенциалов влаги, возникающие в промерзающей зоне. Появляющийся же при этом миграционный поток в общем случае можно разделить на две составляющие. Одна из них обусловлена внутренним влагообменом, обезвоживанием талой зоны самого грунта, другая – внешним притокам воды, например, из водоносного горизонта. Исследование в грунтах изменения плотности общего миграционного потока I_W во времени в условиях как "открытой", так и "закрытой" систем показало, что I_W уменьшается по мере промерзания в соответствии с падением $\mathrm{grad}\,\mu_W$ и $\mathrm{grad}\,t$ (рис. 2). Внутренний же миграционный поток влаги зависит не только от режима промерзания, но и усадочных свойств грунта. Из опытов следует, что наиболее интенсивно обезвоживаются близлежащие к промерзающей зоне участки в соответствии с большими здесь значениями потенциалов влаги. По мере удаления от фронта промерзания интенсивность обезвоживания $\left(\gamma_0 = -\dfrac{\partial I}{\partial x}\right)$ так же, как и I_W уменьшается в соответствии с уменьшением $\mathrm{grad}\,\mu_W$ (рис. 3). В результате обезвоживания грунта перед фронтом промерзания образовывались уплотненные участки, которые являлись по существу лишь областью транзитного переноса влаги из более глубоких горизонтов при неизменной плотности миграционного потока в них. При этом степень заполнения пор первоначально влагонасыщенных образцов грунта на протяжении всего процесса промерзания не изменялась и была близка к единице, а общая пористость уменьшалась за счет уплотнения грунта при его обезвоживании.

Монотонный характер кривых $\mu_W(x)$, $I_W(x)$, $\lambda_W(x)$ при переходе из талой в промерзающую зону грунта свидетельствует о неразрывности потока влаги на фронте промерзания (рис. 3). Анализ характера изменения плотности миграционного потока влаги в промерзающей зоне показывает, что она уменьшается в глубь зоны постепенно, а наиболее интенсивное ее падение происходит вблизи визуальной границы сегрегационного льдовыделения, что соответствует и наиболее интенсивному здесь льдонакоплению $\left(\gamma_Л = \dfrac{\partial I}{\partial x}\right)$ (рис. 3). В мерзлой зоне грунта (III) происходит лишь

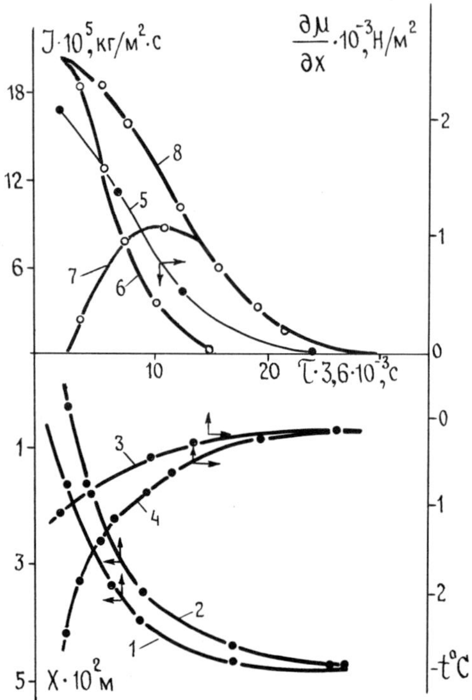

Рис. 2. Характер изменения во времени положения фронта промерзания (1); визуальной границы сегрегационного льдовыделения (2); температуры $t_{\xi пр}$ (3) и $t_{\xi сл}$ (4); градиентов потенциала влаги в талой зоне промерзающего грунта (5); плотности внутреннего (6), внешнего (7) и суммарного (8) миграционных потоков на фронте промерзания.

локальный, в целом менее интенсивный перенос влаги в отдельных грунтовых прослойках (или блоках) и некоторое увеличение льдистости и мощности шлиров в области более низких температур.

Наряду с этим следует отметить, что наличие водоносного горизонта увеличивает μ_W в близлежащих к нему участках грунта и, повышая при этом градиенты потенциалов влаги, приводит к росту суммарного миграционного потока за счет усиления внешнего массообмена, т.е. увеличения миграционного потока, поступающего в промерзающий грунт из водоносного горизонта. Характер изменения во времени внешнего, внутреннего и суммарного миграционных потоков влаги в глине представлен на рис. 2, из которого следует, что миграционные потоки влаги после достижения максимальных значений на конец промерзания снижаются практически до нуля.

Исследование закономерностей изменения параметров процесса влагопереноса в промерзающих грунтах в зависимости от их гранулометрического и минералогического составов показало, что с уменьшением дисперсности потенциалы влаги и их градиенты падают, а коэффициенты влагопроводности λ_W возрастают. Так, от глин к супесям λ_W увеличивалось в конкретных опытах от $1{,}05\cdot10^{-8}$ до $4{,}1\cdot10^{-8}$ см/с. Значительное падение градиентов μ_W в ряду глина–суглинок–супесь приводит к уменьшению величин потоков влаги и льдовыделения (в глине $I_W = 7{,}3\cdot10^{-6}$, суглинке $-7{,}0\cdot10^{-7}$, супеси $-3{,}0\cdot10^{-8}$ г/см²·с). При этом в глинах и суглинках значительную роль в процессе влагопереноса играет внутренний влагообмен за счет большей способности к усадке, в супесях – внешний (в глине $I_{вш} = 3{,}0\cdot10^{-6}$,

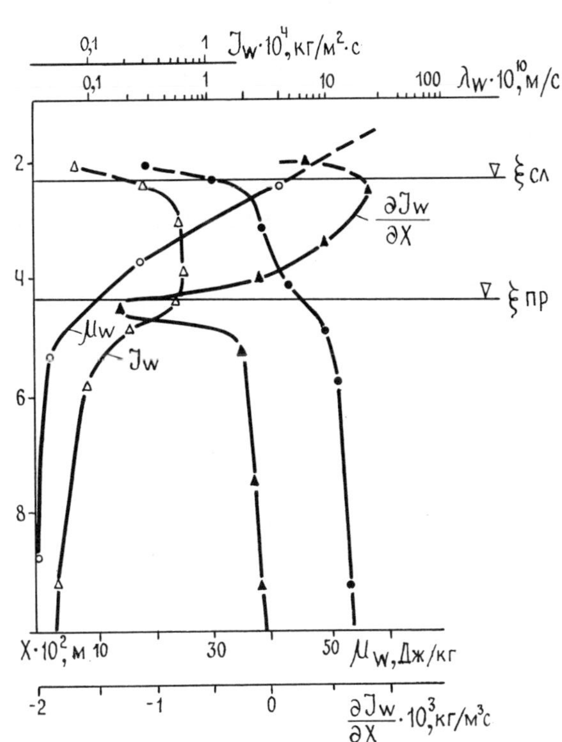

Рис. 3. Характер изменения по глубине промерзающей водонасыщенной глины потенциалов влаги μ_W, коэффициентов влагопроводности λ_W, плотности миграционного потока влаги I_W, интенсивности обезвоживания и льдонакопления $\partial I/\partial x$.

$I_{вт}$ =5,3·10^{-6}г/см^2·с; в суглинке $I_{вш}$= 0,08·10^{-6} $I_{вт}$ =1,8·10^{-6}г/см^2·с; в супеси $I_{вш}$ =0,07·10^{-6}, $I_{вт} \leqslant$ 0,01·10^{-6}г/см^2·с). В грунтах различных по минералогическому составу суммарный миграционный поток влаги имеет близкие значения (в конкретном опыте в каолинитовой глине I_W =12·10^{-6} г/см^{2}с, в монтмориллонитовой – 8,1·10^{-6} г/см^{2}с). Однако в образцах глин монтмориллонитового состава обычно преобладает (на один два порядка) внутренний миграционный поток влаги за счет меньших коэффициентов влагопроводности и большей возможности к усадке при обезвоживании талой зоны. В каолинитовой же глине, наоборот, внешний миграционный поток существенно больше внутреннего ($I_{вш}$ =9,1·10^{-6}, $I_{вт}$ =2,9·10^{-6} г/см^{2}с).

Рассмотренные выше результаты экспериментального исследования процесса промерзания касались в основном лишь необходимого условия для шлирового льдовыделения, а, именно, тепло-массообменного. Однако, как показывает анализ экспериментальных результатов, существует еще и достаточное, т.е. физико-механическое условие образования ледяных прослоев (Кудрявцев и др., 1974, 1976). В связи с этим необходимо подробнее остановиться на процессе структурообразования, усадке, набухании и на-

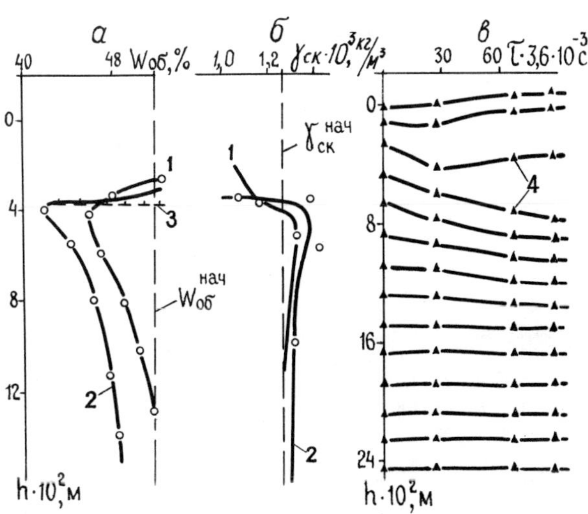

Рис. 4. Изменение влажности (а) и плотности (б) каолинитовой глины по глубине и характер смещения датчиков деформаций в ней (в)

1, 2 – скорость промерзания глины соответственно 2,1·10^5 и 0,57·10^5 м/с; 3 – фронт промерзания; 4 – положение датчика деформаций.

пряженно-деформируемом состоянии промерзающих грунтов.

Каждая из трех выделенных зон в промерзающих грунтах, как показало изучение их с помощью растрового электронного микроскопа, характеризуется специфическим развитием процесса структурообразования. При усадке талой зоны (1), вызванной переносом влаги в промерзающую зону, происходит ориентация частиц вдоль миграционного потока, сближение их и образование микроагрегатов, что подтверждается изменением микроагрегатного состава (Ершов и др., 1977). Объемная масса скелета грунта талой зоны обычно увеличивается на 0,1–0,3·10^3 кг/м^3 и достигает при этом предела усадки, что отмечалось также ранее (Федосов, 1935, Ершов и др., 1976). Исследование грунтов различного состава и строения показало, что деформации усадки возрастают с увеличением дисперсности грунта, его пористости, а также с увеличением относительного содержания минералов группы монтмориллонита. Экспериментально установлено, что на величину деформаций усадки влияет также и скорость промерзания. Чем меньше скорость промерзания, тем больше иссушение, уплотнение и деформация усадки (рис. 4).

Величина усадки $h_{ус}$ в промерзающих грунтах может быть весьма значительной и в некоторых случаях даже сопоставимой с мощностью формирующихся прослоев льда. Поэтому при расчете величины пучения $h_{пуч}$ необходимо учитывать деформацию усадки. В общем виде это можно представить:

$$h_{пуч} = h_{шл} - h_{ус},$$

где $h_{шл}$ – суммарная мощность деформирующихся прослоев льда (Кудрявцев и др., 1974).

В промерзающей зоне (П), где основную роль в структурообразовании играют мигрирующая влага и кристаллы льда, образующиеся в крупных порах, имеют место процессы набухания и распучивания. В результате действия сил набухания и распучивания происходит перестройка сформировавшейся еще при положительной температуре структуры минерального скелета. В этой зоне происходит частичное дробление сформировавших ранее микроагрегатов. Образовавшиеся микроблоки разворачиваются, нарушая установившуюся ориентацию. Наиболее тонкие частицы, как правило, образуют "рубашку" вокруг микроблоков.

В мерзлой зоне (III) грунта происходит дальнейшая перестройка структуры. Кристаллы льда, образующиеся в мелких порах, по-видимому, расщепляют микроблоки и микроагрегаты, наблюдаемые в промерзающей зоне. Ориентировка микроагрегатов, характерная для талой зоны, исчезает. В мерзлой зоне грунтов, по данным микроагрегатного анализа, увеличивается содержание частиц и микроагрегатов пылеватой фракции (Ершов и др., 1977).

Миграция влаги из талой зоны в мерзлую, обезвоживание грунта ниже фронта промерзания и льдовыделение в промерзающей зоне приводят к развитию поля объемно-градиентных напряжений в промерзающих дисперсных грунтах. При этом в промерзающей зоне развиваются неравномерные деформации набухания и распучивания и соответствующие им напряжения набухания $P_{наб}$ и распучивания $P_{расп}$, а в талой зоне – неравномерные деформации и напряжения усадки $P_{ус}$. В результате взаимодействия этих разнонаправленных сил в промерзающих грунтах возникают параллельные фронту промерзания напряжения скола $P_{ск}$:

$$P_{ск} = P_{ус} + P_{наб} + P_{расп}$$

и нормальные (перпендикулярные фронту промерзания) растягивающие напряжения $P_н$:

$$P_н = P_{ус} - (P_{наб} + P_{расп}).$$

Как известно, наличие напряжений приводит к формированию в грунте зон "концентраций" напряжений в местах, где структурные связи ослаблены. В промерзающих грунтах зонами "концентраций" напряжений будут границы микроагрегатов, образовавшихся в результате структурообразования при усадке. При этом напряжения скола будут способствовать формированию горизонтальных (или близких к горизонтальным) зон концентрации напряжений, а растягивающие – вертикальных зон. В эти зоны (горизонтальные, вертикальные или наклонные), вода в которых испытывает растягивающее напряжение, будет направляться миграционный поток влаги под действием градиентов $P_н$ и $P_{ск}$. Если величина напряжений, развивающихся в промерзающем грунте, оказывается достаточной для преодоления структурной локальной прочности грунта $P_{сц.л}$, то должно произойти зарождение горизонтальных ледяных шлиров согласно условию:

$$P_{ус} + P_{наб} > P_{сц.л} + P_{быт} \qquad (1)$$

и вертикальных:

$$P_н = P_{ус} - P_{наб} > P_{сц.л} + P_{быт} \qquad (2)$$

где $P_{быт}$ – внешнее давление (в том числе и бытовое давление по высоте промерзающего грунта). По данным Д.С. Горячевой, давление набухания связано прямолинейной зависимостью с объемным весом грунта и его влажностью и изменяется от $0{,}2 \cdot 10^5$ Н/м^2 при плотности грунта $1{,}2 \cdot 10^3$ кг/м^3 до $1 \cdot 10^5$ Н/м^2 при плотности $1{,}45 \cdot 10^3$ кг/м^3.

Экспериментальные исследования показали, что в промерзающих грунтах величина нормальных напряжений $P_н$ в зависимости от состава, строения и свойств грунта, а также от условий промораживания может колебаться в пределах от 0–$0{,}2 \cdot 10^5$ до $2 \cdot 10^5$ Н/м^2. По величине зафиксированных значений $P_н$ промерзающие грунты можно расположить в ряд: глина > суглинок > супесь. Так, например, при промерзании в одинаковых условиях в каолинитовой глине были зафиксированы $P_н = 0{,}80 \cdot 10^5$ в полиминеральной глине – $0{,}60 \cdot 10^5$, а в пылеватом суглинке – $0{,}56 \cdot 10^5$ Н/м^2. При развитии нормальных растягивающих напряжений большое значение имеет первоначальное микростроение и минералогический состав пород. Если грунты имеют микроблочное строение, то, как правило, приборами фиксируются небольшие по величине $P_н$, так как деформация усадки происходит по блокам. Ярким примером являются образцы бентонитовой и полиминеральной глин.

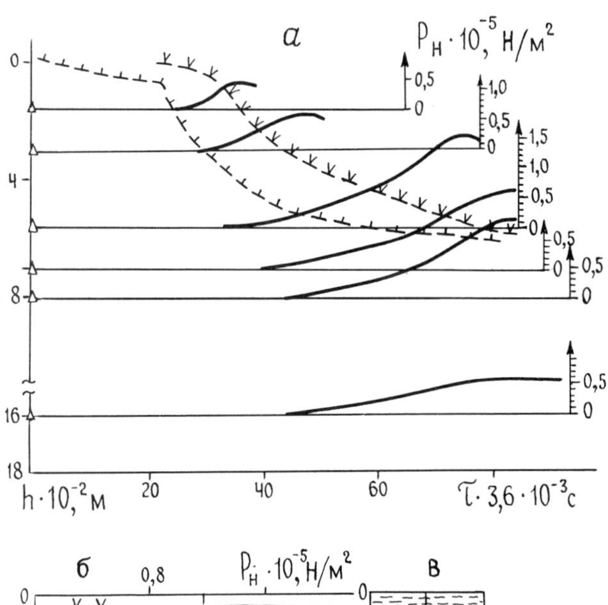

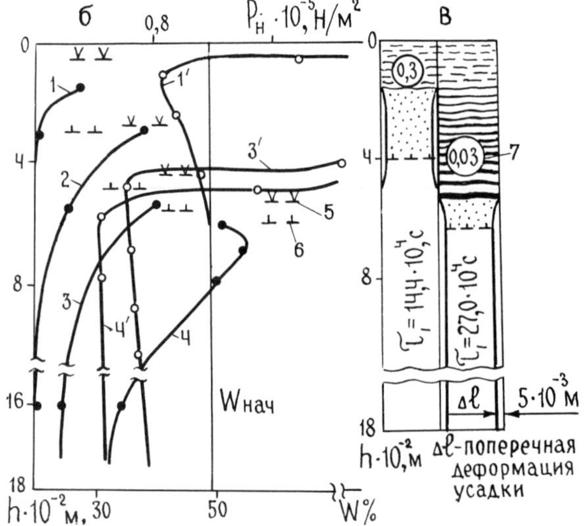

Рис. 5. Изменение во времени (а) и по глубине (б) объемно-градиентных напряжений (1, 2, 3, 4) и влажности (1′, 3′, 4′) и характер криогеннных текстур (в)

Время, с: 1, 1′ – $33 \cdot 3{,}6 \cdot 10^3$; 2 – $45 \cdot 3{,}6 \cdot 10^3$; 3, 3′ – $60 \cdot 3{,}6 \cdot 10^3$; 4, 4′ – $80 \cdot 3{,}6 \cdot 10^3$; 5 – визуальная граница сегрегационного льдовыделения; 6 – фронт промерзания; 7 – скорость промерзания, см/ч.

Для одного грунта наблюдается закономерное увеличение нормальных растягивающих напряжений при уменьшении скорости промерзания и увеличении степени обезвоживания. В каолинитовой глине, например, при уменьшении скорости промерзания от 0,3 до 0,03 см/ч нормальные растягивающие напряжения увеличивались от $0{,}4 \cdot 10^5$ до $1{,}5 \cdot 10^5$ Н/м^2. При этом влажность грунта изменилась на 20% (рис. 5). В мерзлой и промерзающей зонах образца сформировались горизонтальные шлиры льда, поскольку вызвавшие их развитие $P_н$ недостаточны, чтобы преодолеть локальную структурную прочность грунта в вертикальном направлении. Так, при скорости промерзания 0,2 см/ч каолинитовой глины ($W_{нач} = 50\%$, $\gamma_{ск} = 1{,}20 \cdot 10^3$ кг/м^3) в области температур, соответствующих шлировому льдовыделению, были зафиксированы нормальные растягивающие напряжения $P_н = 0{,}7 \cdot 10^5$ Н/м^2. Напряжение набухания, соответствующее плотности грунта

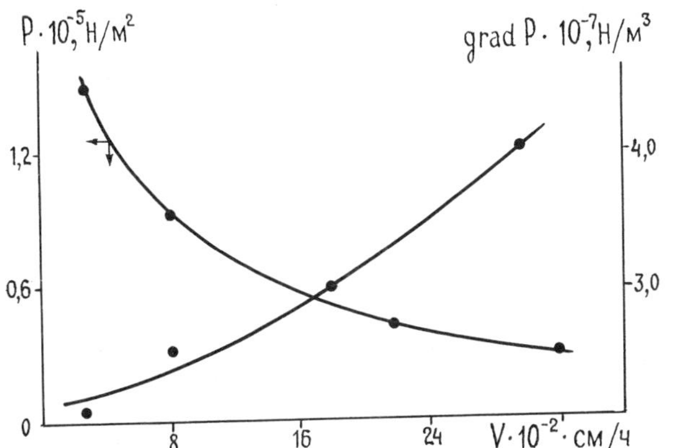

Рис. 6. Зависимость объемно-градиентных напряжений и их градиентов от скорости промерзания.

($\gamma_{ск}$ =1,32·10^3 кг/$м^3$), в этот момент составляет 0,65·10^5 Н/$м^2$, а локальная структурная прочность грунта (по лабораторным определениям для данных условий) $P_{сц.л}$ = 1,5·10^5 Н/$м^2$. Согласно условию (2): $P_{ус}$ = 0,7·10^5+0,65·10^5 =1,35·10^5 Н/$м^2$. Тогда напряжения скола, согласно условию (1), могут быть представлены: $P_{ск}$=1,35·10^5+0,6·10^5 = 2,0·10^5 Н/$м^2$. Следовательно, в рассмотренном опыте должно было наблюдаться и наблюдалось формирование только горизонтальных ледяных шлиров. Формирование же вертикальных шлиров невозможно, так как $P_н$ =0,7·10^5 Н/$м^2$ и оно не могло преодолеть локальную структурную прочность ($P_{сц.л}$ =1,5·10^5 Н/$м^2$). Частота ледяных шлиров в промерзающей зоне грунта предопределяется градиентом напряжений, развивающихся в грунтах. Как показали экспериментальные исследования, при уменьшении скорости промерзания объемно-градиентные напряжения увеличиваются, но градиенты их уменьшаются (рис. 6), что и предопределяет более редкое расположение ледяных шлиров формирующейся криогенной текстуры.

Приведенный пример наглядно показывает, что формирование того или иного типа криогенной текстуры при соблюдении теплового условия предопределяется физико-механическими процессами, развивающимися при промерзании грунтов.

Рассмотренные выше механизм и закономерности миграции влаги и шлирового льдовыделения в мерзлой зоне промерзающих грунтов во многом сходны с теми же процессами при их оттаивании, хотя между ними имеются и определенные различия. Миграция незамерзшей воды и образование ледяных прослоев при оттаивании происходит в мерзлой, полностью не оттаявшей зоне грунта под действием существующего там градиента температуры, который приводит к появлению grad $W_{нз}$ и, соответственно, grad μ_w. Однако при оттаивании в отличие от промерзания процесс сегрегационного льдовыделения протекает на фоне общего повышения (а не понижения) температуры мерзлой зоны грунта. Поэтому возникающие при низких температурах (соответствующих области перехода к зоне практически замерзшего состояния грунта по Н.А. Цытовичу) сегрегационные прослои льда растут в условиях общего повышения температуры и приближения к ним нулевой изотермы, после слияния с которой ледяные прослои прекращают свой рост и начинают таять. При достаточно медленном продвижении фронта оттаивания в мерзлой зоне успевают вырасти значительные по мощности прослои льда, в которых фиксируется большое содержание грунтовых включений. При этом возникает специфическая криогенная текстура, которая в литературе нередко носит название "атакситовой" (Втюрина, Втюрин, 1970) или "поясковой" (Катасонов, 1960).

Интенсивность роста ледяных прослоев в мерзлой зоне оттаивающего грунта при неизменном его составе и строении зависит от градиента температуры. Например, при изменении grad t от 0,2 до 0,5 град/см в мерзлой зоне оттаивающей каолинитовой глины плотность миграционного потока, формирующего ледяные прослои, увеличилась от 3·10^{-6} до 7·10^{-6} г/$см^2$·с. Значения коэффициентов диффузии незамерзшей воды в диапазоне 0 – -2°С изменились от 1,5·10^{-9} до 6·10^{-9} $м^2$/с. При этом в мерзлой зоне оттаивающей каолинитовой глины за несколько суток сформировалась слоистая криогенная текстура с толщиной прослоев от 2 см вблизи 0°С до долей мм при -2°С.

Влияние состава оттаивающих грунтов на миграцию влаги и сегрегационное льдовыделение в их мерзлой зоне аналогично закономерности существующей для промерзающих грунтов, т.е. с увеличением содержания минералов группы монтмориллонита или с уменьшением дисперсности грунта интенсивность процесса влагопереноса и льдовыделения при прочих равных условиях снижается.

В целях приближения экспериментов к природным условиям производилось не только однократное частичное оттаивание мерзлых грунтов, но и многократное цикличное оттаивание-промерзание. Анализ таких опытов показал, что по мере поднятия из цикла в цикл границы максимальной глубины оттаивания, образовавшиеся в мерзлой зоне ледяные шлиры захороняются. Например, в опыте с каолинитовой глиной при многократном ее промерзании-оттаивании с одновременным уменьшением глубины оттаивания было сформировано четыре льдистых горизонта, тип криогенной текстуры в которых зависел от скорости оттаивания, а расстояние между льдистыми горизонтами от глубины оттаивающего слоя. Если же глубина оттаивания не увеличивалась, а уменьшалась, то одновременно с опусканием фронта оттаивания происходило преобразование и смещение вниз льдистого горизонта. При этом образовавшаяся до этого блоковая криогенная текстура была преобразована в горизонтально-толстошлировую.

В заключение необходимо отметить, что выполненный большой комплекс экспериментальных исследований по изучению влагопереноса, структурообразования и льдовыделения в промерзающих и оттаивающих грунтах показал необходимость серьезного и специального изучения целого ряда сложных теплофизических, физико-химических и физико-механических процессов в промерзающих и оттаивающих грунтах. Только на основе совместного рассмотрения геолого-географических, теплофизических и физико-механических условий в промерзающих и оттаивающих грунтах могут быть в дальнейшем вскрыты частные и общие закономерности процесса криогенного текстурообразования и разработана классификационная схема типов и видов криогенных текстур в зависимости от условий их образования.

ЛИТЕРАТУРА

ВТЮРИНА Е.А., ВТЮРИН Б.И., 1970. Льдообразование в горных породах. М., "Наука".

ЕРШОВ Э.Д., КУЧУКОВ Э.З., КОМАРОВ И.А. 1975. Сублимация льда в дисперсных породах. Изд-во МГУ, 223 с.

ЕРШОВ Э.Д., ЧЕВЕРЕВ В.Г., ШЕВЧЕНКО Л.В., СОКОЛОВ В.Н. 1977. Структурообразование в дисперсных породах при промерзании, осложненном влагопереносом. Вестн. МГУ. Сер. геол." (в печати).

ЕРШОВ Э.Д., ШЕВЧЕНКО Л.В., ЛЕБЕДЕНКО Ю.П. 1976. Особенности протекания процесса усадки и пучения в промерзающих грунтах различного состава и свойств. - В кн.: Мерзлотные исследования, вып. 15, Изд-во МГУ, с. 226-227.

КАТАСОНОВ Е.М. 1960. Предварительная классификация криогенных текстур многолетнемерзлых делювиальных отложений. - "Труды Сев.-Вост. отд. Ин-та мерзлотоведения на территории Якутской АССР". Якутск, с. 12-14.

КУДРЯВЦЕВ В.А., ЕРШОВ Э.Д., ШЕВЧЕНКО Л.В. 1974. Роль процесса усадки в льдообразовании и пучении промерзающих грунтов. - "Вестн. МГУ, Сер. геол.", № 3, с. 80-91.

КУДРЯВЦЕВ В.А., ЕРШОВ Э.Д., ЧЕВЕРЕВ В.Г., ЛЕБЕДЕНКО Ю.П., ШЕВЧЕНКО Л.В. 1976. Влагоперенос и сегрегационное льдовыделение в промерзающих и оттаивающих дисперсных породах. "Докл. на У Всесоюз. конф. по тепло-массообмену". Минск, с. 115-125.

ОРЛОВ В.В. 1962. Криогенное пучение тонкодисперсных грунтов. М., Изд-во АН СССР, 187 с.

ПУЗАКОВ Н.А. 1960. Водно-тепловой режим земляного полотна автомобильных дорог. М., Автотрансиздат, 168 с.

ФЕДОСОВ А.Е. 1935. Физико-механические процессы в грунтах при их промерзании и оттаивании. М., Трансжелдориздат, 47 с.

ЧЕВЕРЕВ В.Г., ЛЕБЕДЕНКО Ю.П. 1975. Методика лабораторного исследования процесса влагопереноса, пучения и льдообразования в промерзающих и оттаивающих грунтах. - "Материалы Ш науч. конф. аспирантов и молодых ученых МГУ. Сер. Гидрогеол." (ВИНИТИ, Деп. № 247-76).

EFFECT OF LONG-TERM CRYOMETAMORPHISM OF EARTH MATERIALS ON THE FORMATION OF GROUNDWATER

S.M. Fotiev, Ind. and Res. Inst. for Eng. Surveys in Construction, Moscow, U.S.S.R.

A regionalization scheme of the U.S.S.R. is suggested to determine the effect of long-term cryometamorphism of earth materials on the conditions of ground water formation. The scheme includes the Northern and Southern zones of long-term cryometamorphism, and the zone of seasonal cryometamorphism. The nonuniform effect of cryometamorphism on the conditions of groundwater formation in different zones was due to different periods of continuous existence of cryogenic water barriers and to the differences in their thickness and discontinuity. The hydrogeological provinces are singled out by analyzing the structure of permafrost which correlates in the vertical cross-section, different frozen layers having very different hydrogeological properties. Depending on the presence of water in the interior of structures and its composition and mineralization, it is possible to single out the provinces of air-dry earth materials, the fresh water provinces and the saline water provinces.

L'INFLUENCE DU PROCESSUS DE CRYOMÉTAMORPHISME PÉRENNE DES MATÉRIAUX DE SOL SUR LES CONDITIONS DE FORMATION DES EAUX SOUTERRAINES

S.M. Fotiev, Institut industriel et scientifique de recherches en génie civil, Moscou, U.R.S.S.

Schéma de régionalisation du territoire de l'URSS en vue de l'évaluation de l'influence du processus de cryométamorphisme pérenne des roches sur les conditions de formation des eaux souterraines. On distingue les zones nord et sud du cryométamorphisme pérenne et la zone de cryométamorphisme saisonnier des roches. L'hétérogénéité de l'influence du cryométamorphisme sur les conditions de formation des eaux souterraines dans diverses zones a été déterminée par les différentes périodes d'existence continue des barrières étanches non-cryogéniques et les différences d'épaisseur et de discontinuité de celles-ci. Les provinces hydrogéocryologiques sont délimitées grâce à l'analyse de la structure du pergélisol qui caractérise, dans la coupe verticale, le rapport entre les différentes couches de roches cryogéniques dont les propriétés hydrogéologiques sont très différentes. Les provinces des roches sèches à l'air, celles des eaux douces et celles des eaux salées, selon la présence d'eau à l'intérieur des structures et la composition et minéralisation de celle-ci, sont traités séparément.

ВЛИЯНИЕ ПРОЦЕССА МНОГОЛЕТНЕГО КРИОМЕТАМОРФИЗМА ГОРНЫХ ПОРОД НА УСЛОВИЯ ФОРМИРОВАНИЯ ПОДЗЕМНЫХ ВОД

С.М. Фотиев, Производ. и н.-и. ин-т по инженер. изысканиям в строительстве, Москва, СССР

Для учета влияния процесса многолетнего криометаморфизма пород на условия формирования подземных вод предлагается схема последовательного районирования территории СССР. Выделены Северная и Южная зоны многолетнего криометаморфизма и зона сезонного криометаморфизма пород. Неоднородность влияния процесса криометаморфизма пород на условия формирования подземных вод в разных зонах определялась различным временем непрерывного существования криогенных водоупоров, различием их мощности и прерывистости. Гидрогеокриологические провинции выделяются на основе анализа строения криогенной толщи, которое характеризует соотношение в вертикальном разрезе различных ярусов криогенных пород, гидрогеологические свойства которых весьма различны. В зависимости от наличия воды в недрах структур, ее состава и минерализации выделяются провинции воздушно-сухих пород, пресных или соленых вод.

ВЛИЯНИЕ ПРОЦЕССА МНОГОЛЕТНЕГО КРИОМЕТАМОРФИЗМА ГОРНЫХ ПОРОД НА УСЛОВИЯ ФОРМИРОВАНИЯ ПОДЗЕМНЫХ ВОД

С. М. Фотиев

Производственный и научно-исследовательский институт по инженерным изысканиям в строительстве, Москва, СССР

На огромной территории Евразии и Северной Америки на протяжении четвертичного периода условия формирования подземных вод коренным образом изменились под воздействием мощного процесса многолетнего криометаморфизма пород. Он представляет собой совокупность физических, физико-химических и физико-механических процессов, протекающих в горных породах при изменении их температуры в пределах отрицательных значений. При понижении температуры пород ниже 0°С под воздействием процесса криометаморфизма формировалась толща криогенных пород.

При оценке влияния процесса криометаморфизма пород на условия формирования подземных вод основное внимание должно быть уделено анализу пространственной изменчивости основных характеристик криогенной толщи, имеющих наиболее важное гидрогеологическое значение. Конкретизируем их роль в преобразовании гидрогеологических условий на территории области распространения криогенных пород (криогенной области)

Температура пород - зональный фактор, определяющий интенсивность процесса криогенной метаморфизации пород и подземных вод и характеризующий изменение их физических, физико-химических и физико-механических свойств. Степень охлаждения пород в пределах отрицательной температуры и ее устойчивость во времени определяет:
а) общую мощность пояса криогенного преобразования пород и подземных вод, б) мощность криогенного водоупора в породах, насыщенных пресными водами, в) возможность формирования криогенного водоупора и его мощность в породах, насыщенных солеными водами, г) особенности изменения химического состава и минерализации воды в процессе ее кристаллизации, д) температурный режим нисходящих и восходящих потоков подземных вод и е) возможность существования и размеры областей питания и разгрузки подземных вод.

Неоднократная кристаллизация воды увеличивает трещиноватость, а следовательно, и проницаемость водовмещающих пород.

Мощность криогенной толщи - зональная и региональная характеристика современной гидрогеокриологической обстановки, отражающая условия развития процесса многолетнего криометаморфизма пород и его устойчивость во времени и в пространстве. Мощность криогенной толщи характеризует современную мощность пояса криогенного преобразования пород и подземных вод в недрах структур.

Строение криогенной толщи - внутризональная характеристика современной гидрогеокриологической обстановки, отражающая специфику процессов криометаморфизма пород в зависимости от наличия в порах и трещинах гравитационной воды, а также ее состава и минерализации. Строение криогенной толщи характеризует соотношение в вертикальном разрезе различных ярусов криогенных пород, гидрогеологические свойства которых весьма различны (рис. 1).

В конкретных гидрогеокриологических условиях формируется различная по строению криогенная толща (КТ-1 - КТ-9). Криогенная толща каждого типа имеет собственное

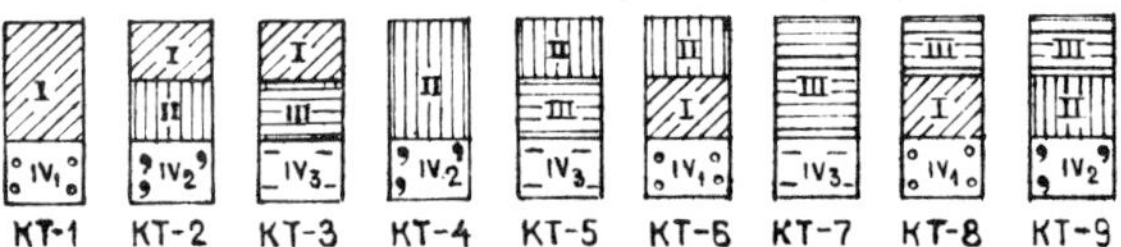

Рис. 1. Строение криогенной толщи разных типов.
1 - ярус мерзлых пород (трещины и поры заполнены льдом) - криогенный водоупор; П - ярус охлажденных пород (трещины и поры заполнены солеными водами) - водопроницаемые породы; Ш - ярус морозных пород (трещины и поры не содержат ни воды, ни льда или монолитные скальные породы) - воздушно-сухие породы; 1У - породы с положительной температурой, трещины и поры которых либо содержат пресную (1) или соленую (2) воду, либо не содержат ее (3).

название производное от названий слагающих ее ярусов криогенных пород. Строение криогенной толщи отражает возможность существования пресных или соленых вод в недрах структур.

Мощность и прерывистость криогенного водоупора - зональные и региональные характеристики криогенной толщи, определяющие основные особенности криогенного преобразования условий формирования подземных вод в недрах структур. Мощность криогенного водоупора может соответствовать части или всей мощности криогенной толщи (рис. 1).

Мощность криогенного водоупора дифференцирует возможность питания и разгрузки подземных вод в зависимости от температуры воды и пород, а также расхода нисходящего или восходящего потока; пространственно разделяет единые в прошлом гидродинамические системы или ослабляет связь отдельных их частей; изменяет направление, скорость движения и режим подземных вод; определяет особенности гидродинамической и гидрохимической зональности подземных вод и емкость структуры; изменяет гидравлические свойства отдельных водоносных горизонтов или комплексов и определяет температурный режим нисходящих и восходящих потоков подземных вод.

Прерывистость криогенного водоупора характеризует размеры областей питания и разгрузки подземных вод и определяет особенности и активность водообмена.

На протяжении четвертичного периода основные характеристики криогенной толщи неоднократно и существенно изменялись. Вот почему при изучении особенностей криогенного преобразования гидрогеологических условий в недрах структур современной криогенной области и даже за ее пределами необходимо ответить на ряд крайне важных вопросов. Когда началось многолетнее промерзание пород? Какова продолжительность непрерывного существования криогенных водоупоров? Как изменялись во времени их мощность и прерывистость, а также температура слагающих их пород? Ответить на эти вопросы можно лишь на основе тщательного изучения истории развития криогенной толщи.

История развития криогенной толщи на территории СССР рассматривалась главным образом по отдельным регионам, но работ по всей территории пока еще очень мало (Величко, 1973). Анализ нового фактического материала, накопленного советскими учеными за последние 10-15 лет, с полной очевидностью свидетельствует о том, что процесс многолетнего криометаморфизма пород на протяжении плейстоцена и голоцена развивался почти на всей территории СССР и проявлялся как широтно-зональное и высотно-поясное явление. Многочисленные и разнообразные следы многолетнего криометаморфизма пород в общем виде располагаются в виде зон, в пределах которых процесс криогенного преобразования пород отличался по продолжительности и протекал с разной интенсивностью, что естественно отразилось на мощности криогенной толщи пород и на времени ее непрерывного существования.

Опираясь на анализ истории развития криогенной толщи и считая теплую эпоху голоцена важным климатическим рубежом, автор выделил на территории СССР три геокриологических зоны: Северная и Южная зоны многолетнего криометаморфизма пород, граница между которыми совпадает с границей смыкания плейстоценовой и верхнеголоценовой криогенных толщ, а также зона сезонного криометаморфизма пород (рис. 2, А,Б,В). В пределах Северной зоны (А) промерзание пород непрерывно происходило на протяжении десятков и сотен тысяч лет, тогда как в пределах Южной зоны (Б) в это же время эпохи многолетнего промерзания пород неоднократно сменялись эпохами их многолетнего протаивания. В пределах зоны сезонного криометаморфизма (В) процесс промерзания пород ежегодно сменялся процессом их протаивания.

Различия в развитии процесса многолетнего криометаморфизма пород, естественно, отразились на формировании современных характеристик криогенной толщи. Если на территории Северной зоны температура пород изменяется от -2° до -16°, а мощность криогенной толщи, имеющей сплошное распространение, достигает 500-1500 м и более, то на территории Южной зоны температура пород изменяется от 0° до минус 2-3°, а мощность криогенной толщи, имеющей прерывистое и островное распространение, не превышает 100-150 м. Отсюда очевидна существенная неоднородность влияния процесса криометаморфизма пород на условия формирования подземных вод в разных геокриологических зонах.

Северная зона многолетнего криометаморфизма пород расположена к северу от границы смыкания криогенных толщ плейстоценового и верхнеголоценового возраста. Зона занимает большую часть (61%) площади современной субаэральной криогенной области (рис. 2,А). На протяжении четвертичного периода и особенно в эпоху термического минимума плейстоцена (по А. А. Величко) горные породы охлаждались до низкой (-20° и даже ниже) отрицательной температуры, обеспечивающей высокую интенсивность процесса криометаморфизма пород. Низкая температура промерзающих пород в сочетании с большой продолжительностью и устойчивостью периода их охлаждения обусловили формирование значительной (до 1500 м и более) мощности криогенной толщи. Именно поэтому гидрогеологическая обстановка, сформировавшаяся в разных структурах до начала четвертичного периода, на территории Северной зоны претерпела наиболее значительное криогенное преобразование.

Интенсивность охлаждения пород и устойчивость во времени процесса многолетнего криометаморфизма пород в пределах такой огромной территории не была одинаковой. Региональные особенности развития этого процесса во многом определялись общим усилением континентальности и суровости климата, а также его устойчивости во времени в восточном направлении на протяжении всего четвертичного периода. Это нашло отражение в понижении температуры пород, в увеличении мощности и возраста криогенной толщи, в расширении протяженности Северной зоны по меридиану также в восточном направлении. Неоднородность развития процесса многолетнего криометаморфизма пород в пределах севера Русской и Западно-Сибирской платформы и Чукотки усиливалась в результате неоднократных и продолжительных трансгрессий моря, затоплявших в плейстоцене значительную часть суши. В субмаринных условиях происходила полная или частичная деградация ранее образованной криогенной толщи, тогда как в субаэральных условиях процесс криометаморфизма пород продолжался без перерыва. Внутризональная пространственная неоднородность мощности криогенной толщи в различных регионах, расположенных в разных частях зоны показана на рис. 2.

В пределах регионов специфика процесса криометаморфизма пород определялась конкретным соотношением в каждой структуре мощности криогенной толщи либо с мощностью зоны пресных вод, либо с мощностью зоны региональной трещиноватости пород, либо с мощностью воздушно-сухих пород. Строение криогенной толщи, сформировавшейся в различной гидрогеокриологической обстановке, показано на рис. 3.

Анализ палеогидрогеокриологических условий формирования различных типов криогенной толщи, ранее выполненный автором (Фотиев, 1975), позволяет выделить на территории Северной зоны гидрогеокриологические провинции, в пределах которых в недрах структур залегают либо породы с пресными или солеными водами, либо воздушно-сухие породы. Каждой провинции соответствует определенное сочетание различных типов криогенной толщи. Провинция пресных вод характеризуется преимущественным развитием толщи мерзлых пород (КТ-1), тогда как толща охлажденных и мерзлых пород (КТ-6) развита на локальных участках шельфа, а толща морозных и мерзлых пород (КТ-8) - только в горных районах. Провинция соленых вод характеризуется преимущественным развитием толщи мерзлых и охлажденных пород (КТ-2) в субаэральных условиях и толщи охлажденных пород (КТ-4) в субмаринных условиях, тогда как толща морозных и охлажденных пород (КТ-9) развита на локальных участках в субаэральных условиях. Провинция воздушно-сухих пород характеризуется преимущественным развитием толщи мерзлых и морозных пород (КТ-3) и морозных пород (КТ-7), тогда как толща охлажденных и морозных пород (КТ-5) развита на локальных участках шельфа.

Наиболее значительное криогенное преобразование условий формирования подземных вод произошло в тех структурах, где в результате кристаллизации воды в порах и трещинах пород сформировались низкотемпературные криогенные водоупоры. Они непрерывно существуют на протяжении десятков и сотен тысяч лет и занимают более 95% площади. Даже в эпохи потепления их деградация частично могла происходить только снизу за счет теплового потока из недр Земли. Области питания и разгрузки подземных вод, приуроченные к сквозным водопоглощающим и водовыводящим таликам, в такой суровой устойчивой геокриологической обстановке во всех структурах сосредоточились исключительно в днищах речных

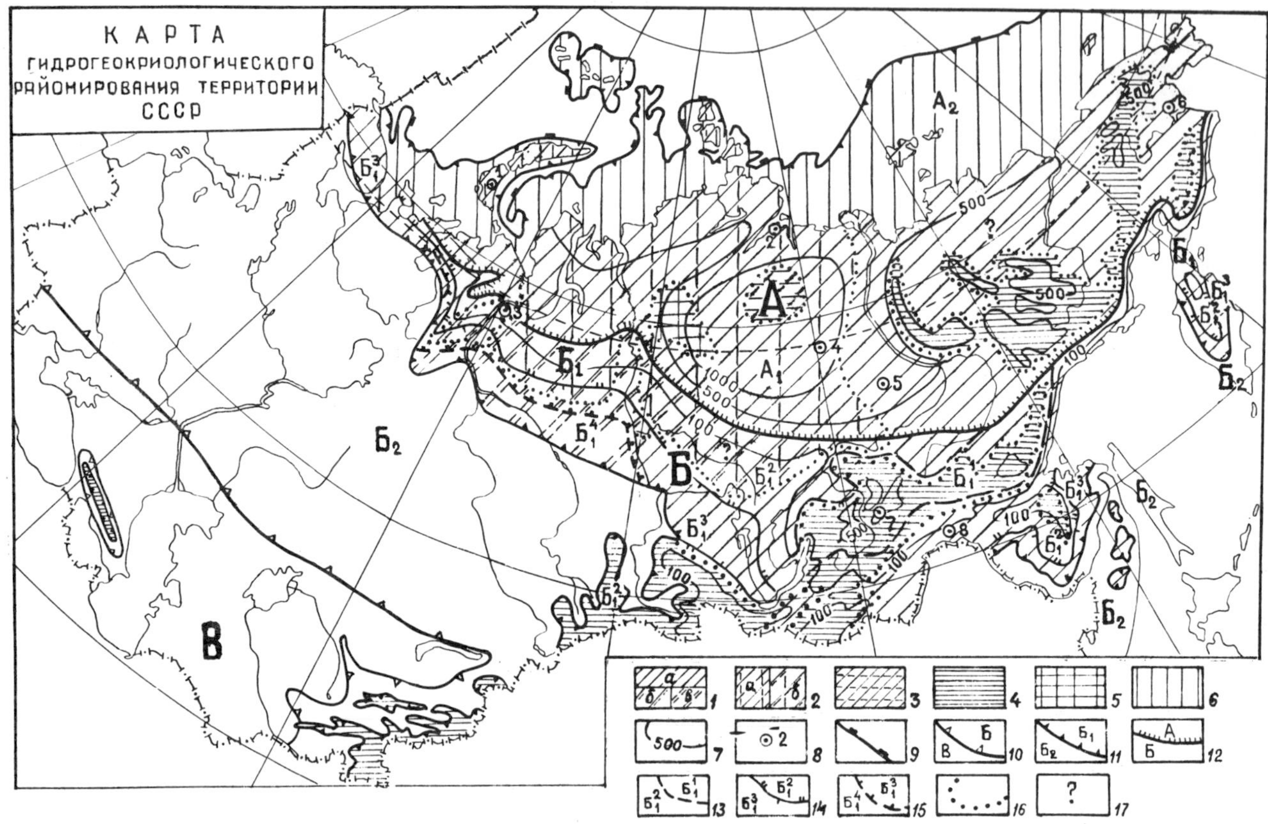

Рис. 2. Карта гидрогеокриологического районирования территории СССР.

1 – провинция пресных вод: а – кровля криогенного водоупора на глубине до 5 м, б – разновозрастные криогенные водоупоры разобщены ярусом протаявших пород, в – кровля криогенного водоупора на глубине 100–200 м; 2 – субаэральная провинция соленых вод: а – кровля криогенного водоупора на глубине до 5 м, б – кровля криогенного водоупора на глубине 100–200 м; 3 – провинция воздушно-сухих пород; 4 – провинция пресных вод и воздушно-сухих пород; 5 – провинция соленых вод и воздушно-сухих пород; 6 – субмаринная провинция соленых вод; 7 – изолинии мощности (м) криогенной толщи (по И.Я. Баранову, В.В. Баулину и С.М. Фотиеву); 8 – местоположение гидрогеокриологического разреза и его номер на рис. 3. Границы: 9 – суши в верхнем плейстоцене (по Н.Н. Николаеву и В.В. Шульцу); 10 – криогенной области в климатический минимум плейстоцена (по А.А. Величко с добавлением С.М. Фотиева); 11 – криогенной области в современный период (по И.Я. Баранову, В.В. Баулину и С.М. Фотиеву); 12 – между Северной и Южной зонами; 13 – площади криогенной толщи, не деградировавшей с поверхности в голоцене (Б$_1^1$); 14 – площади прерывистого (Б$_1^2$) и островного (Б$_1^3$) распространения криогенных водоупоров; 15 – площади распространения верхнеголоценовой криогенной толщи (по В.В. Баулину и Н.Г. Оберману); 16 – площади распространения различных типов криогенной толщи; 17 – то же, выделенные условно.

Расшифровка буквенных обозначений приведена в тексте.

долин. Они существуют только на локальных участках, благодаря концентрированному тепловлагопереносу. Приуроченность областей питания и разгрузки к омоложенным тектоническим разломам однозначно определила отчетливую зависимость активности водообмена от мобильности регионов в неоген-четвертичный этап тектогенеза. Различие в активности водообмена, естественно, отразилось на мощности зоны пресных вод, на мощности и строении криогенной толщи, а следовательно, и на распространении гидрогеокриологических провинций. Провинции пресных вод на территории Северной зоны в основном приурочены к горной области Восточной Сибири, тогда как провинции соленых вод занимают шельф, острова и большую часть территории Севера Западной и Восточной Сибири.

Горно-складчатая область Восточной Сибири характеризуется активными новейшими тектоническими движениями с амплитудой от 500 до 2000 м и более. Специфика криогенного преобразования пород в отдельных структурах определилась гидрогеологической обстановкой, сформировавшейся в них до начала четвертичного периода.

В пределах большей части структур благодаря активному водообмену на протяжении четвертичного периода мощность мерзлой толщи была меньше мощности зоны пресных вод. В отдельных структурах, где условия водообмена были затруднены, мощность зоны пресных вод оказалась соизмеримой с мощностью мерзлой толщи. Следствием этого явилось залегание солоноватых вод непосредственно ниже мерзлой толщи. В горных массивах, отличающихся большой контрастностью и значительной амплитудой новейших движений, обилием тектонических разломов, а также глубоким эрозионным расчленением рельефа, водоносные комплексы пород, залегающие выше базисов эрозии, были сдренированы до значительной глубины, а в породах, залегающих ниже базисов эрозии, благодаря активному водообмену сформировалась мощная зона пресных вод. Такое различие гидрогеологи-

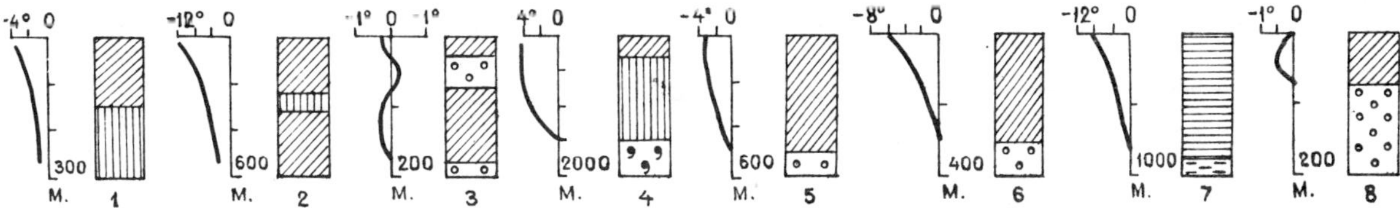

Рис. 3. Гидрогеокриологические разрезы криогенной толщи (местоположение разрезов показано на рис. 2).

ческой обстановки предопределило формирование различных типов криогенной толщи. Выше базисов эрозии сформировалась мощная (500-900 м) криогенная толща, представленная в основном морозными породами (КТ-3; КТ-7 и КТ-8), а ниже базисов эрозии в этих структурах и во впадинах формировалась толща мерзлых пород. Мощность ее благодаря активному движению подземных вод азональна (200-300 м). Пресные воды в этих структурах сохранились даже в самых суровых геокриологических условиях (рис. 2).

Платформенные области характеризуются слабым проявлением новейших тектонических движений с преобладанием длительных опусканий или устойчивых поднятий с размахом движений от -100 до +300 м. Новейшие тектонические разломы для платформ не характерны. В условиях незначительного эрозионного расчленения рельефа породы не подвергались глубокому инфильтрационному промыву. В таких бассейнах мощность криогенной толщи превысила мощность зоны пресных вод, что и привело к широкому распространению на территории платформ криогенной толщи второго типа (рис. 2).

Современные характеристики криогенной толщи в разных бассейнах указывают на различные условия ее формирования. В Западно-Сибирском бассейне, территория которого неоднократно затоплялась опресненными морскими водами, соленые воды в приенисейской части залегают ниже яруса мерзлых пород на глубине порядка 200 м. Незначительная минерализация (10-15 г/л) и высокая (-1°) отрицательная температура воды в верхней части яруса охлажденных пород свидетельствуют о незначительной степени ее криогенной метаморфизации. Общая мощность криогенной толщи здесь порядка 400 м. Иные условия криогенного преобразования пород и подземных вод были характерны для северо-восточной части Сибирской платформы. Устойчивые, суровые резкоконтинентальные климатические условия предопределили значительное охлаждение пород и непрерывное наращивание мощности криогенной толщи на протяжении плейстоцена. Видимо, поэтому современная геокриологическая обстановка Оленекского бассейна не имеет аналогов на всем Земном шаре. Мощность криогенной толщи здесь достигает 1500 м, тогда как мощность яруса мерзлых пород не превышает 200 м (Мельников, 1966; Балобаев и др., 1973). Хлоридный магниево-кальциевый состав рассолов, их высокая (до 100 г/л) минерализация и низкая (-5°) температура в верхней части яруса охлажденных пород свидетельствуют о значительной степени их криогенной метаморфизации. Обилие кристаллов мирабилита в трещинах пород указывает на более значительное (ниже -8°) охлаждение водовмещающих пород на этой глубине в плейстоцене (Кононова, 1974). Гидрогеокриологические провинции с солеными водами практически повсеместно развиты на островах и на отдельных участках Арктического побережья, подземные воды которых гидравлически связаны с морем (Неизвестнов и др., 1971).

В пределах Анабарского массива мощность криогенной толщи также превышает 1000 м, но строение ее совсем иное. В процессе криогенного преобразования кристаллических пород здесь сформировалась криогенная толща третьего типа. Характерная особенность этой провинции воздушно-сухих пород - незначительная (до 50-100 м) мощность яруса мерзлых пород, совпадающая с мощностью древней обводненной коры выветривания, и уникальная по величине мощность яруса морозных пород. Подземных вод, кроме грунтовых в пределах сезонноталого слоя и в несквозных таликах в долинах рек, в массиве нет (Подземные воды ..., 1967).

Пресные воды на территории платформ сохранились от промерзания только в недрах таких структур, где мощность криогенной толщи оказалась меньше мощности зоны пресных вод. Наиболее показателен в этом отношении Якутский бассейн, где мощность толщи мерзлых пород в отрицательных структурах второго и третьего порядка достигает 600 м, а мощность зоны пресных вод превышает 1000 м. Это наиболее значительная достоверно установленная мощность криогенного водоупора. Детальные гидрохимические исследования, проведенные Р.С. Кононовой, позволили выделить в недрах бассейна горизонты криогенной концентрации и криогенного опреснения подземных вод. Химический состав подземных вод, значительный дефицит пластового давления, а также детальные геотермические исследования свидетельствуют о деградации толщи мерзлых пород снизу (Балобаев и др., 1973).

В северной части зоны обособляется территория (подзона), в пределах которой криогенная толща преимущественно верхнеплейстоценового возраста залегает под уровнем моря (рис. 2, A_2). Она занимает часть суши, вышедшей из-под уровня моря во второй половине верхнего плейстоцена. В эту эпоху по мере регрессии моря в субаэральных условиях формировались криогенные водоупоры и активно протекал процесс криометаморфизма морской воды, находившейся в трещинах и порах пород. В связи с трансгрессией моря, начавшейся 18-17 тыс. лет назад, по мере погружения суши под уровень моря процесс многолетнего промерзания пород прекращался, и постепенно лед, заполнявший трещины и поры пород, замещался морской водой с отрицательной температурой.

В настоящее время на территории этой подзоны преимущественно развита криогенная толща второго, четвертого и шестого типов. Распространение их пока изучено недостаточно. Наряду с этим в прибрежных мелководных участках Восточно-Сибирского моря сохранилась плейстоценовая, недавно погруженная в море криогенная толща второго типа. По данным Н.Ф. Григорьева, залегающие сверху мерзлые породы имеют низкую температуру (до -12°). Различное строение криогенной толщи в пределах шельфа указывает на разные стадии преобразования морскими водами криогенной толщи, сформировавшейся в субаэральных условиях.

Южная зона многолетнего криометаморфизма пород расположена к югу от границы смыкания плейстоценовой и верхнеголоценовой криогенных толщ (рис. 2, Б). В пределах этой зоны на протяжении четвертичного периода геотермические и гидрогеологические условия неоднократно и существенно изменялись.

В холодные эпохи в структурах формировались и длительное время существовали криогенные водоупоры, в корне менявшие гидрогеологическую сущность бассейнов подземных вод: изменялись условия питания, движения и разгрузки подземных вод, увеличивалась глубина их залегания в зависимости от мощности толщи мерзлых пород, сокращались ресурсы пресных вод. В процессе промерзания водоносных горных пород часть пресной воды фиксировалась в виде ледяных включений, тогда как наиболее значительная ее часть отжималась в нижележащие водоносные горизонты и, увеличивая мощность зоны пресных и солоноватых вод, изливалась на поверхность через водовыводящие талики. Вследствие этого в некоторых структурах изменялся не только химический состав подземных вод, но и характер гидрохимической зональности.

На протяжении теплых эпох криогенные водоупоры частично или полностью деградировали, но прежняя гидрогеологическая обстановка в этих бассейнах уже не восстанавливалась полностью, так как водовмещающие породы, да и сам состав подземных вод в результате криометаморфизма претерпели качественное преобразование.

Влияние процесса криометаморфизма пород на условия формирования подземных вод внутри Южной зоны было крайне неоднородно, но в целом менее значительно, чем в Северной зоне. Внутризональная неоднородность криогенного преобразования гидрогеологической обстановки в основном определялась условиями развития этого процесса в верхнем плейстоцене - эпоху максимального распространения низкотемпературных криогенных водоупоров, в первую половину голоцена - эпоху максимальной деградации криогенных водоупоров и во вторую половину голоцена - эпоху новообразования высокотемпературных криогенных водоупоров. По условиям развития процесса многолетнего криометаморфизма пород в верхнем голоцене и в настоящее время Южная зона достаточно четко делится на две части, граница между которыми проходит по южной границе современной криогенной области. В северной части зоны, в границах современной криогенной области (рис. 2, $Б_1$) процесс многолетнего криометаморфизма пород развивался на протяжении плейстоцена и голоцена, а в южной ($Б_2$) - только в плейстоцене.

В границах современной криогенной области на территории Южной зоны в настоящее время развиты разновозрастные криогенные водоупоры, так как после неполной деградации криогенной толщи плейстоценового возраста первого или второго типов во второй половине голоцена вновь сформировалась криогенная толща первого типа.

Высокотемпературные (до $-0{,}5^{\circ}$) криогенные водоупоры плейстоценового возраста пока обнаружены лишь в Печорском и Западно-Сибирском бассейнах[x)]. В северной части зоны они отделены от подошвы криогенных водоупоров верхнеголоценового возраста ярусом протаявших пород. Вдоль южной окраины криогенной области кровля реликтовых криогенных водоупоров залегает на глубине 100-200м от поверхности (рис. 2, $Б_1^4$). Роль криогенных водоупоров плейстоценового возраста в формировании подземных вод практически не изучена, так как сведения об их распространении и мощности ограничены.

В верхнем голоцене на значительной площади Южной зоны процесс многолетнего криометаморфизма пород развивался в сравнительно несуровых климатических условиях, обусловивших в основном зональное увеличение мощности криогенной толщи от нескольких метров на юге до 100 м (редко более) на севере. Процесс криометаморфизма пород развивался не повсеместно, так как в процессе теплового взаимодействия природных вод и промерзающих пород на всех элементах рельефа формировались сквозные талики гидрогенного класса. Работами автора, Н.Н. Романовского и А.Б. Чижова была установлена ведущая роль дождевых вод в формировании степени прерывистости криогенной толщи и показана определенная зависимость условий развития процесса многолетнего промерзания пород от возможности инфильтрации дождевых вод, главным образом в пределах междуречий. В зависимости от условий инфильтрации дождевых вод обособились территории, в пределах которых процесс многолетнего криометаморфизма развивался практически повсеместно, на отдельных массивах и только на локальных участках, обусловливая сплошное, прерывистое или островное распространение криогенной толщи.

Территория со сплошным распространением криогенной толщи (рис. 2, $Б_1^1$) приурочена исключительно к горным районам Южной зоны (горы Забайкалья, Южной Сибири и др.). Только в пределах этой территории благодаря высотно-поясовым особенностям теплообмена пород с атмосферой геокриологическая обстановка верхнего плейстоцена не претерпела существенных изменений в термический максимум голоцена. Вследствие этого здесь, так же как и на территории Северной зоны, криогенные водоупоры непрерывно существуют на протяжении десятков и сотен тысяч лет, занимая более 95% площади и оказывая огромное влияние на условия формирования и распространения подземных вод в недрах бассейнов.

Территория с прерывистым распространением криогенной толщи занимает около 27% площади современной субаэральной криогенной области (рис. 2, $Б_1^2$). Сравнительно несуровые климатические и геокриологические условия в сочетании с большим количеством (300-400 мм) дождевых вод и повышенной трещиноватостью водовмещающих пород, обусловленной их неоднократной криогенной дезинтеграцией, предопределили возможность формирования многочисленных водопоглощающих и водовыводящих таликов. Современные криогенные водоупоры непрерывно существуют на протяжении десятков, сотен, реже несколько тысяч лет, занимая в зависимости от водопроницаемости пород и условий инфильтрации дождевых вод от 95 до 5% площади. Этим и объясняется пространственная неоднородность влияния процесса многолетнего криометаморфизма на условия формирования подземных вод в разных структурах. Значительная прерывистость и небольшая мощность криогенных водоупоров на всех элементах рельефа обусловливают активный водообмен и возможность существования пресных вод в недрах структур.

Территория с островным распространением криогенной толщи занимает около 12% площади современной субаэрально криогенной области (рис. 2, $Б_1^3$). Криогенная толща мощностью 10-25 м залегает здесь в виде отдельных изолированных островов, приуроченных к затененным участкам, сложенным плохо фильтрующими отложениями. Криогенные водоупоры на этой территории в основном совпадают с литологическими, поэтому роль современного процесса многолетнего криометаморфизма пород в формировании подземных вод ничтожна.

К югу от границы современной криогенной области, в основном на территории Русской и Западно-Сибирской платформ, процесс многолетнего криометаморфизма пород развивался только в плейстоцене (рис. 2, $Б_2$). Практически полное отсутствие конкретных сведений об основных характеристиках криогенной толщи в отдельные

---

x) В южной части Тунгусского бассейна они выделены условно на основании анализа истории развития криогенной толщи (Фотиев и др., 1974).

эпохи похолодания и потепления плейстоцена пока не позволяет оценить роль процесса многолетнего криометаморфизма пород в формировании современной гидрогеологической обстановки в разных структурах. Можно лишь предполагать, что мощность криогенных водоупоров и их устойчивость во времени на территории платформ увеличивалась в северном направлении. Ориентируясь на широкое развитие псевдоморфоз по повторножильным льдам, следует допустить, что температура пород в верхнем плейстоцене в средней части Русской платформы и на юге Западной Сибири, вероятно, была не менее -3°, а мощность криогенной толщи - порядка 100-300 м. Это дает основание утверждать, что криогенное преобразование пород и подземных вод не прошло бесследно. В недрах структур могли сохраниться и, возможно, сохранились либо локальные зоны повышенной обводненности пород, обусловленные их криогенной трещиноватостью, либо азональные горизонты криометаморфизованных вод (горизонты криогенного концентрирования или опреснения), но на криогенное происхождение этих аномалий просто не обращают внимания. Эти признаки криогенного преобразования пород и подземных вод все чаше и чаще стали находить на территории современной криогенной области, особенно в тех структурах, где толща мерзлых пород испытала деградацию снизу.

Зона сезонного криометаморфизма пород расположена южнее границы криогенной области в верхнем плейстоцене[x)] (рис. 2,В). В пределах этой зоны на протяжении плейстоцена и голоцена преобладал процесс сезонного криогенного преобразования пород до глубины 5-10 м. Процесс многолетнего криометаморфизма пород был характерен лишь для высоких гор. На разных высотах он протекал с разной интенсивностью в холодные и теплые эпохи четвертичного периода. В настоящее время процесс многолетнего криометаморфизма пород развивается в пределах Главного Кавказского хребта на абсолютных высотах более 3-3,5 тыс. м.

---

x) При более детальном изучении территории этой зоны с палеогеокриологических позиций, возможно, и здесь будут обнаружены следы многолетнего криометаморфизма пород.

Итак, для более полного учета влияния процесса криогенного метаморфизма горных пород на условия формирования подземных вод предлагается новая схема последовательного гидрогеокриологического районирования территории СССР с выделением новых таксонометрических единиц - гидрогеокриологических зон и подзон, а в их пределах гидрогеокриологических провинций.

ЛИТЕРАТУРА

БАЛОБАЕВ В.Т., ДЕВЯТКИН В.Н., КУТАСОВ И.М., 1973. Современные геотермические условия существования и развития многолетнемерзлых горных пород. - В кн.: П Междунар. конф. по мерзлотоведению. Докл. и сообщ., вып. 1. Якутск, с. 11-19.

ВЕЛИЧКО А.А. 1973. Природный процесс в плейстоцене. М., "Наука", 256 с.

КОНОНОВА Р.С. 1974. Криогенная метаморфизация подмерзлотных вод Восточно-Сибирской артезианской области. - "Сов.геология", № 3, с. 106-115.

МЕЛЬНИКОВ П.И. 1066. О глубине промерзания верхней зоны земной коры на территории ЯАССР. В кн.: Геотермические исследования и использование тепла Земли. М., "Наука", с. 110-118.

НЕИЗВЕСТНОВ Я.В., ОБИДИН Н.И., ТОЛСТИХИН Н.И., ТОЛСТИХИН О.Н. 1971. Гидрогеологическое районирование и гидрогеологические условия советского сектора Арктики. В кн.: Геология и полезные ископаемые севера Сибирской платформы. Л., с. 92-105.

Подземные воды Якутии как источник водоснабжения. 1967. М., "Наука", 111 с.

ФОТИЕВ С.М. 1975. Условия формирования и закономерности распространения различных типов криогенной толщи на территории СССР. - Труды ПНИИИС, вып. 36. М., Стройиздат, с. 135-146.

ФОТИЕВ С.М., ДАНИЛОВА Н.С., ШЕВЕЛЕВА Н.С. 1974. Геокриологические условия Средней Сибири. М., "Наука". 146 с.

FROST MOUNDS AS INDICATORS OF WATER TRANSMISSION ZONES IN THE ACTIVE LAYER OF PERMAFROST DURING THE WINTER SEASON (KHANGAY MTS., MONGOLIA)

W. Froehlich and J. Słupik, Dept. of Phys. Geogr., Polish Ac. Sci., Kraków

Studies were made in the discontinuous permafrost zone in the southern slopes of Khangay Mts. The mean annual precipitation is 226 mm, the annual air temperature averages −5.9°C. Isolated ice-cored frost mounds and ice mounds or mounds forming winding ridges occur in the valley floors in association with water either flowing below ice or outflowing from springs. Such mounds develop in the active layer during the winter season under hydrologic conditions similar to that of pingo growth (open system). Permafrost only restricts, from the bottom, the water transmission zone either in the ground or in the river channel. Registration of these forms may help to detect springs and channel sections with perennial flow beneath the ice cover.

UTILISATION DES PINGOS COMME INDICATEURS DES ZONES DE CIRCULATION D'EAU DANS LE MOLLISOL DES ZONES DE PERGÉLISOL, PENDANT L'HIVER (MONT KHANGAY, MONGOLIE)

W. Froehlich et J. Slupik, Dept. of Phys., Geogr., Polish Ac. Sci., Krakow (Cracovie), Pologne.

On a réalisé des études dans la zone de pergélisol discontinu des versants méridionaux des monts Khangay. La moyenne annuelle des précipitations est de 226 mm, et la moyenne annuelle de la température atmosphérique de −5.9°C. Des buttes à lentilles de glace ou autres structures similaires formant des crêtes onduleuses occupent le fond des vallées, et sont associées à des écoulements d'eau au-dessous de la glace, ou à partir de sources. Ces monticules se forment dans le mollisol pendant l'hiver, dans les mêmes conditions hydrologiques que les pingos (à circulation ouverte). Le pergélisol réduit seulement, à partir du fond, la zone de circulation d'eau dans le sol ou le lit du cours d'eau. Si l'on indique ces structures, on pourra probablement déceler plus facilement les sources et les chenaux qui créent un écoulement permanent au-dessous de la couverture de glace.

БУГРЫ ПУЧЕНИЯ КАК ПРИЗНАК СУЩЕСТВОВАНИЯ ЗОН ФИЛЬТРАЦИИ ВОД В ДЕЯТЕЛЬНОМ СЛОЕ МНОГОЛЕТНЕЙ МЕРЗЛОТЫ В ЗИМНИЙ ПЕРИОД

Проведены исследования грунтов в зоне несплошного распространения многолетней мерзлоты на южных склонах Хангайских гор /Монголия/. Средние годовые осадки составляют 226 мм при средней годовой температуре воздуха −5,9°С. В горных долинах наблюдаются бугры пучения с ледяным ядром и ледяные бугры, образующие извилистые гряды. Эти бугры обязаны своим происхождением водам, циркулирующим под ледяным покровом, или родникам. Такие бугры образуются в деятельном слое в зимнее время в гидрологических условиях, сходных с условиями образования гидролакколитов. Мерзлая толща ограничивает снизу зону фильтрации вод в грунтах или речном русле. Изучение этих образований может облегчить обнаружение источников и участков русел с круглогодичным потоком вод под ледяным покровом.

FROST MOUNDS AS INDICATORS OF WATER TRANSMISSION ZONES IN THE ACTIVE LAYER OF PERMAFROST DURING THE WINTER SEASON (KHANGAY MTS., MONGOLIA)

W. Froehlich and J. Słupik

Department of Physical Geography, Polish Academy of Sciences
Jana 22, 31-018 Kraków, Poland

STUDY AREA

This paper presents the partial results of research carried on in Mongolia in 1976, within the discontinuous permafrost zone (Fig. 1). Investigations were made by two geographical expeditions in the Tsagan Turutuin-gol River during the summer seasons of 1974 and 1975 (see: Mongolian - Polish Physical - Geographic Expedition, 1975).

This drainage basin covers a fragment of the southern slopes of the Khangay Mts., and the Bayan-Nuurin-khotnor Basin situated at the mountain foot (Klimek et al., 1976). The northern, mountainous part of the catchment basin built up of crystalline rocks reaches up to 2000 - 3500 m a.s.l. Permafrost developed on the north-facing slopes and at the valley bottoms. The floor of the Bayan-Nuurin-khotnor Basin, situated at 2000 m a.s.l., is bounded on the south by a fault scarp, 500 m high. In its northern part it is covered by water-bearing gravel and sand. In the southern part of the basin the deposits consist of a silty-sandy fraction. Permafrost occurs discontinuously (Longid, 1962); in the southern part of the basin it is associated with surface forms: pingos, earth hummocks etc. (Rotnicki and Babiński, 1976).

The river run-off can be observed from May until October (Kuznetsov, 1968). In the winter season, icings are formed. In the mountainous part of the Tsagan Turutuin-gol River Basin these are ground water icings developed at the valley bottom, below the water outflow, from springs active throughout the winter (Fig. 2). Vast river icings are formed in the southern part of the Bayan Nuurin-khotnor Basin i.e. within the zone of limited transmissivity due to the lithological changes in deposits (Fig. 3).

Permafrost occurrence and the accompanying events on the territory reaching as far southwards as 46°40′ north latitude results from severe continental climatic conditions (Gravis, 1974).

In the ten-year period 1960 - 1969, the mean annual air temperature was $^{-}5.9^{o}$C, and the average yearly total precipitation was 226.1 mm. These data come from the Galuut station situated at 2160 m a.s.l., in the vicinity of the Bayan Nuurin-khotnor Basin. In the period of freeze-up, the negative total of temperature at the soil surface is from about $^{-}2500$ to $^{-}3500^{o}$C, the global radiation is 30-40 ccal/cm^2 (Gavrilova, 1973). As a consequence, the heat flux into the soil is always negative, and its value in the winter season ranges from $^{-}3$ to $^{-}4.5$ ccal/cm^2.

During the field studies (April 1-20, 1976), the mean diurnal air temperature was from $^{-}1.1$ to $^{-}14.0^{o}$C. The minimum temperature at the soil surface dropped to $^{-}23^{o}$C, whereas the maximum temperature reached $+30.2^{o}$C. Under such weather conditions the break-up process began

DESCRIPTION OF FORMS

In winter, surface effusions of ground-water in the form of icing and frost mounds are prevalent in some river flood plains and low-lying swampy areas (Mackay and Løken, 1974). In Mongolia, seasonal hydrolaccoliths are connected to the areas of icings - both in and outside the zone of permafrost (Sukhodrovsky, 1974). At the bottom of the Tsagan Turutuin-gol River Valley and its tributary, the Olgoin-gol, one can observe frost mounds within icings. These are seasonal events as they have not been noticed in summer. Similar mounds were found in the river channels, either separately or in the form of ridges imitating a line of maximum velocity of flow. These forms are strictly connected with water flow in a river during winter, and with water outflow of super-permafrost groundwater.

Ice-cored earth mounds

Such forms were observed in flood plains of the Tsagan Turutuin-gol and Olgoin-gol Rivers, in the continuation of the ground outflow zone of spring water; they can be found at varying distances from the foot of a slope, and they are very similar to "frost blister" in the Fairbanks area in Alaska (Linell, 1973).

The mounds are 1 - 3 m high, usually oval or spindle-shaped (Fig. 4). Their length at the base ranges from a few to a dozen or so meters. Some of them are assymetric: a slope coming down towards the outflow of water from the spring is longer and more gentle. These mounds are covered with an ice core of several dozen centimeters which is connected at the base of the form with a vast icing covering a flood plain of the river. A tension crack, sometimes wider than 0.5 m. runs from the base of the mound and along the ridge. It is often accompanied by two cracks branching out radially. At the summit, the depth of the crack reaches 1 m. Such a crack in the floor is covered with ice which constitutes a top of an ice lens of built-up intrusive ice. Such forms are well known from Russian literature as "sezonnye bugry puchenya" i.e. seasonal pingos (Dostovalov and Kudryavtsev, 1967). They are formed similarly to pingos - open system (Mackay and Black 1973). They differ, however, in dimensions; they can be found only in the winter season and they are connected to a seasonally frozen layer.

Ice mounds

"Ice bugors" usually accompany icings of Syberian rivers (Sokolov, 1975). Mounds built-up of sheet ice were observed in a flood plain of the Tsagan Turutuin-gol and Olgoin-gol Rivers covered with icings. The size and shape of these mounds were similar to the ice-cored mounds. They can be found in the continuation of the confluence transverse ephemeral streams. One or more cracks branch out radially along the summits of the mounds (Fig. 5). In the channel of the Tsagan Turutuin-gol River, within the southern part of the Bayan Nuurin-khotnor Basin, one could observe swelling of the icing imitating the line of maximum velocity of flow of the meandering river (Fig. 6). Sometimes these forms, 1 - 2 m high and several meters wide at the base, extended for several kilometers along the river channel. The open crack, over 2 m deep, was going along the ridge. The location of these forms was strictly connected to the channel cutting deep into the sandy-silty deposits, immediately downstream of intensive alimentation from subpermafrost aquifer.

THE MECHANISM OF FROST ACTION IN THE ZONE OF WATER TRANSMISSION DURING WINTER SEASON

Ice-cored earth mounds

These forms can be found in the zone of a water migration from a spring, placed under a slope foot, to a river channel. In summer, the flow is free near the ground surface, in deposits underlain by bedrock or by an impermeable permafrost layer. When a freezing period begins, a transmission zone of water contracts due to the frost penetration into the soil (Fig. 8A). The further from the spring, the cooler the water becomes. After several hundred meters, the water freezes and thus, it does not reach the channel. In given weather conditions, the distance from spring outflow to the place of freeze-up depends on the temperature of the spring water and its velocity and discharge. The outflow of water from the spring goes on, under pressure, in a transmission zone closed both from the top and the bottom. In the place where seeping water freezes, the ice lens grows, creating a "blister" on the surface. A continuous inflow of water causes the increase of a hydrostatic pressure in a water transmission zone. Under its influence the soil cracks at the weakest place which is, at the same time, the place where there is the highest pressure, i.e. within the domed ground. Water effuses out of the crack, covering the mound with an ice-core and creating a sheet of ice around it (Fig. 8B). Development and growth of icing can be observed during the entire winter season. It probably concentrates in a few short phases of water expulsion onto the surface due to the increasing artesian pressure (Kane, Carlson, Bowers 1973).

In spring, the ice-core covering the mound thaws first under solar radiation. The up-doming ground dams the outflow of water, sometimes creating a pond from the side of the outflow of water from the spring. When the solar radiation increases, it causes the heat penetration into the ground. Apart from the warming influence of spring water, it is the impulse causing the ice lens to thaw. It results in a ground subsidence of thermokarst character (Fig. 8C). The mound forms disappear in May, latest of all in June, after the rainy season has come. Under the influence of rainfall, a distinctly formed mound collapses during a few days. This phenomenon was observed by Dr. B. Nowaczyk in June 1976. What remains out of the ice-cored mound is a bulge from 20 - 30 cm high, which imitates its range. Its central part is lowered, being a visible trace of a former crack (Fig. 8D).

Ice mounds

The mechanism of the formation of these forms is similar to the one described above. When the autumn freeze-up comes, the ice cover is formed on the Tsagan Turutuin-gol River. This causes constriction of a discharged part of a river channel, bounded by permafrost in its bed and by the ice cover in the top (Fig. 9A). The fact that the river is supplied by water from a subpermafrost aquifer in the northern part of the Bayan Nuurin-khotnor Basin guarantees a perennial run-off in winter. It is pretty difficult for this to occur in the southern part of the basin due to lithological changes of deposits. The decrease of transmissivity is accompanied by a hydrostatic pressure. It produces a doming and cracking of ice as well as the expulsion of water onto the surface (Fig. 9B). This is how river icing develops (Williams and Van Everdingen 1973). The most favorable conditions of water flow in the channel in winter are in a streamline, because that is where the channel is the deepest and the velocity of flow the greatest. Thus, the water transmission zone in the river channel is reflected on the surface by long ridges.

During ice break-up, the supply of river waters from subpermafrost aquifer does not stop. The open cracks along the submit of ice ridges facilitate a free water flow along the streamline. It is conducive to the extension of the transmission zone due to ice thawing caused by the increasing amount of flowing water (Fig. 9C). Owing to this fact, wider and wider "pipe" is formed in a streamline. Under the weight of ice, it collapses, producing further extension of the discharge section (Fig. 7 and 9D). In some segments of the channel, ice-thawing is quicker than the formation of "pipes" beneath the ice cover. It concerns especially high, well insolated south-facing cliffs on the river meanders. Then, for some time, the ice mounds have the same form as they had in winter. Water flows round them cutting a deeper channel nearby (Fig. 6). It leads to an undercutting of the bluff on outside meanders and channel shifting.

CONCLUSIONS

Ice-cored earth mounds as well as ice-ridges within river icings are a prevalent phenomena in the northern half of Mongolia. We could see it while going by plane for over 1000 km. Registration of these forms may help to detect zones of water flow in a river beneath the ice cover, as well as help to locate springs. Development of frost mounds occurs in a hydrological process very similar to the growth of pingos - open system. This frost action is restricted to an active layer, frost mounds exist only in a winter season; and permafrost plays an indirect role as a constricting bottom layer the water transmission zone in the ground, or in a river channel.

Apart from frost mounds observed in Mongolia, "micro-pingos" - closed system are also known. They were observed within ice-wedge polygons (French 1971). Both frost mounds have no genetic term. According to a very similar mechanism formed by hydraulic forces, the ice-cored mounds belong to the pingo group. A term "winter-pingos" would only emphasize their ephemeric character, and the fact that they develop fully in winter.

REFERENCES

DOSTOVALOV, B.N., KUDRYAVTSEV, V.A. 1967. Obschoe merzlotovedenie. Izd. MHV, 403 p.

FRENCH, H.M. 1971. Ice-cored mounds and patterned ground, South Banks Islands, Western Canadian Artic. Geogr. Ann. 53A (1), pp. 32-38.

GAVRILOVA, M.K. 1973. Klimatcheskie (teplobalansovye) faktory formirovanya mnogoletnemerzlykh porod v M.N.R. In: II Mezhdunarodnaya Konferentsya po merzlotovedenyu. Vyp. 1, Yakutsk.

KANE, D.L., CARLSON, R.F., BOWERS, C.E. 1973. Groundwater pore pressures adjacent to sub artic streams. In: North American Contribution, Permafrost, Second International Conference, Yakutsk, National Academy of Sciences, Washington, pp. 453-458.

KLIMEK, K., LOMBORINTCHEN, R., STARKEL, L., SUGAR, Ts. 1976. Research Problems of the First Mongolian - Polish Physical Geographic Expedition to the Khangay Mts in 1974. Geogr. Polonica, 33, pp. 107-120.

KUZNETSOV, N.T. 1968. Vody Tsentralnoy Azii. Izd. "Nauka", Moskva, 272 p.

LINELL, K.A. 1973. Risk of uncontrolled flow from wells through permafrost. In: North American Contribution, Permafrost, Second International Conference, Yakutsk. National Academy of Sciences, Washington, pp. 462-469.

LONGID, R. 1962. Mnogoletnemerzlye porody v Bayan-Khongorskom aymake M.N.R. In: Mnogoletnemerzlye porody i sopostvuyushchie im yavlenya na teritorii Yakutskoy ASSR. Moskva, pp. 107-113.

MACKAY, J.R., and BLACK, R.F. 1973. Origin, composition, and structure of perennially frozen ground water and ground ice: a review. In: North American Contribution, Permafrost, Second International Conference, Yakutsk. National Academy of Sciences, Washington, pp. 185-193.

MACKAY, D.K., and LØKEN, O.H. 1974. Artic Hydrology. In: Artic and Alpine Environments, edited by J.D. Ives and R.G. Barry, Methuen, London, pp. 111-132.

MONGOLIAN - POLISH PHYSICAL - GEOGRAPHIC EXPEDITION. 1975. Preliminary Results. Bull. Acad. Pol. Sci., 23, 3-4, PWN Warszawa, 238 p.

ROTNICKI, K., BABIŃSKI, Z. 1976, Kriogenitcheskiy relief v Kotlovine Bayan Nuurin-khotnor. In: Otchet Mongolsko - Polskoy Fiziko - Geografitcheskoy Ekspeditsii "Khangay 1975". Manuscript. Kraków - Ulan Baatar, pp. 107-115.

SOKOLOV, B.L. 1975. Naledi i rechnoy stok. Gidrometizdat. Leningrad, 190 p.

WILLIAMS, J.R., and VAN EVERDINGEN, R.D. 1973. Groundwater investigations in permafrost regions of North America: a review. In: North American Contribution, Permafrost, Second International Conference, Yakutsk. National Academy of Sciences, Washington, pp. 435-447.

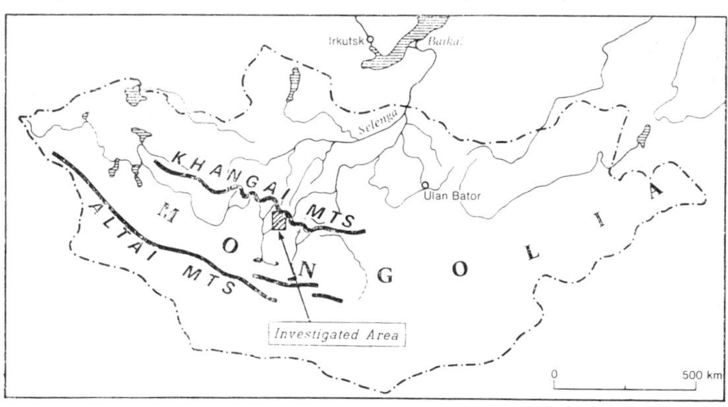

FIG. 1. Geographical situation of the Tsagan Turutuin-gol River Basin.

FIG. 2. Icing in the mountainous part of the Tsagan Turutuin-gol River valley.

FIG. 5. Isolated ice mound in the Olgoin-gol River bed.

FIG. 3. Icing in the southern part of the Bayan Nuurin-khotnor Basin.

FIG. 6. Ice ridge along the river channel.

FIG. 4. Ice-cored earth mound within the icing.

FIG. 7. Collapsed ice ridge along the river channel.

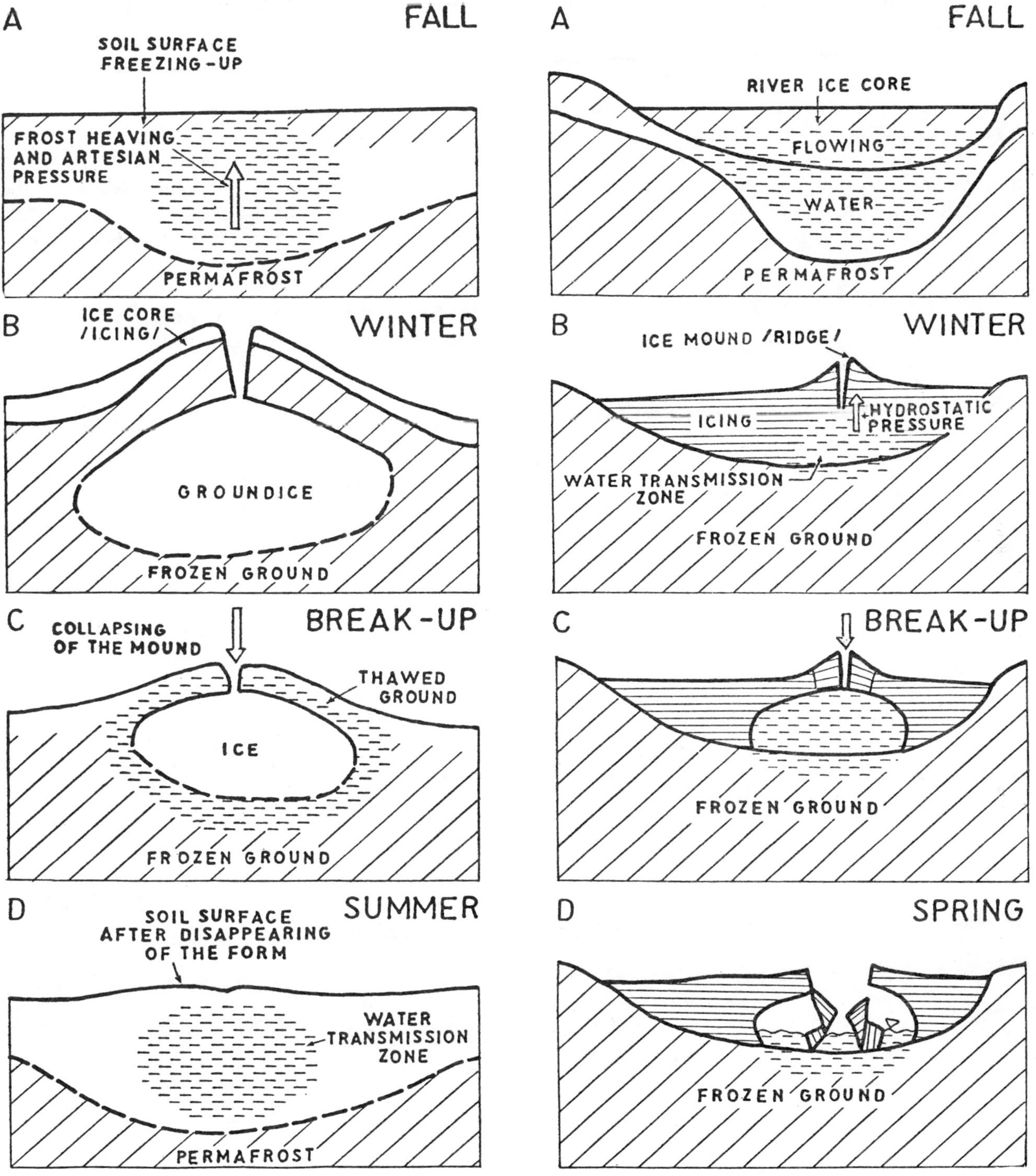

FIG. 8. Ice-cored mound /"winter pingo"/ formation.

FIG. 9. Ice mounds formation within river icing.

ARCTIC BEACH PROCESSES AND THE THAW OF ICE-BONDED SEDIMENTS IN THE LITTORAL ZONE

J. R. Harper, E. H. Owens, and W. J. Wiseman, Jr.

Rates of thaw and depth of thaw on arctic beaches differ from those measured on tundra surfaces owing to the influence of seawater. Depth of thaw in the littoral zone limits the redistribution of sediments by wave or ice action. Normal rates of thaw in a beach can be increased rapidly during storms and can permit inlet development in barrier systems that contain deep permafrost. An increase in thaw rates at the unbonded-bonded interface results primarily from temperature and salinity changes caused by groundwater migration within the unbonded sediments.

LES PLAGES DE L'ARCTIQUE ET LE DÉGEL DE SÉDIMENTS LIÉS PAR LA GLACE DANS LA ZONE LITTORALE

J.R. Harper, E.H. Owens, et W.J. Wiseman, Jr.

Sur les plages arctiques, la vitesse et la profondeur du dégel diffèrent de celles mesurées dans la toundra, à cause de l'influence de l'eau de mer. La profondeur du dégel dans la zone littorale limite la redistribution des sédiments par l'action des vagues ou des glaces. Les taux de dégel d'une plage peuvent augmenter rapidement au-dessus de la normale durant les tempêtes et entraîner la formation de passages dans des barrières contenant un pergélisol profond. L'augmentation des vitesses du dégel à l'interface entre les matériaux liés et non liés est causée avant tout par les changements de température et de salinité dus à la migration des eaux souterraines dans les sédiments non liés.

ПРОЦЕССЫ ПРОТАИВАНИЯ В ГРУНТАХ БЕРЕГОВ АРКТИЧЕСКИХ МОРЕЙ И В СЦЕМЕНТИРОВАННЫХ ЛЬДОМ ОСАДКАХ ЛИТОРАЛЬНОЙ ЗОНЫ

Благодаря влиянию морской воды, скорость и глубина протаивания грунтов различна на берегах арктических морей и на поверхности тундры. Глубина протаивания в литоральной зоне ограничивает процесс перераспределения осадков под действием волн и льда. Скорость протаивания на берегах может резко возрасти во время шторма и привести к образованию узкого залива в барьерных системах с глубокозалегающими мерзлыми толщами. Повышение скорости протаивания на границе раздела между зонами сцементированных и несцементированных осадков вызвано в первую очередь изменениями температуры и солености воды в процессе миграции грунтовых вод в несцементированных осадках.

ARCTIC BEACH PROCESSES AND THE THAW OF ICE-BONDED SEDIMENTS IN THE LITTORAL ZONE

J. R. Harper, E. H. Owens, and W. J. Wiseman, Jr.

Coastal Studies Institute, Louisiana State University,
Baton Rouge, Louisiana 70803

INTRODUCTION

Intensification of coastal zone activities in arctic regions has resulted in increasing concern about the distribution of nearshore and littoral permafrost. The occurrence of permafrost at the land-water interface is dependent on climatic and oceanographic conditions as well as on coastal stability. Models designed to predict permafrost occurrence must include coastal migration effects (Lachenbruch 1957; Osterkamp 1975). As the littoral zone represents an important heat exchange interface, the objectives of this study were to (1) measure temporal rates of thaw in the littoral zone throughout the melt season, (2) establish the spatial variation in thaw, both in alongshore and across-the-shoreline directions, and (3) relate thaw effects to coastal processes and morphology.

THAW DEPTH AND FROST TABLE DEPTH

In this discussion, "frost table" depth is defined as the depth to the 0°C isotherm (Mackay 1977) and is located by subsurface temperature profiles. "Depth of thaw" refers to the depth of the upper surface of the ice-bonded sediments and is generally located by probing or augering. This distinction is necessary because saline pore water may depress the ice-bonded interface temperature such that the "depths of thaw" will lie below the frost table depth (Owens and Harper, 1977).

Previous studies (Carson et al 1975; Fisher 1977; McCann and Hannell 1971; Owens and McCann 1970; and Rex 1964) have established that permafrost frequently underlies arctic beaches, barrier spits, and barrier islands and that there are both temporal and spatial variations of thaw in the littoral zone (MacDonald and Lewis 1973; Taylor and McCann 1974; and Owens and Harper, 1977)..

SITE DESCRIPTION

The study site is located at Peard Bay, Alaska, a coast characterized by an eroding tundra bluff in the east and by a 9-km-long barrier spit in the west (Fig. 1). Measurements were made of across-the-beach thaw depths by probing along four profiles (F1 to F4 in Fig. 1). Ground temperatures were meaured with thermistor rods (A and B in Fig. 1), and meteorologic processes, including air temperature, soil heat flux, and net radiation, were monitored continuously at an adjacent inland site. A more complete description of the data collection procedures, as well as the original data, may be found in Harper (in preparation).

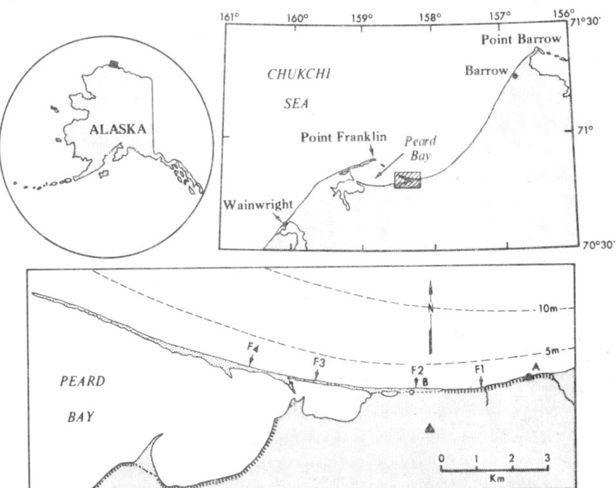

Fig. 1. Location map of the study area, thaw depth profiles (F1 to F4), thermistor rods A and B, and meteorological station (triangle). The hachure marks indicate tundra bluffs.

Comparison of meteorological data collected during this study with published records from Barrow, 80 km to the northeast, indicates that Peard Bay has a slightly warmer micro-climate than Barrow (mean monthly summer temperatures are approximately 2°C warmer) and that Peard Bay receives about 75% more net radiation than Barrow in a normal summer (Maykut and Church 1973; Owens and Harper, 1977).

THAW PROFILES AND THAW RATES

Representative thaw profiles from the Peard Bay study are presented in Figure 2. Profile F1 is backed by a 2-m-high tundra bluff, and profile F3 is located on a 55-m-wide barrier spit. In both cases the beach materials are poorly sorted, fine- to medium-grained sands, but some interbedded gravels are included. The two examples show similar trends in that thaw profiles generally parallel the beach surface. In addition, thaw depths in the lower beach face are initially shallower in the early summer but are then substantially deeper later in the summer.

Analysis of average thaw depth by zones (zone A represents the lower beach face, zone B represents middle beach face, zone C represents the berm, and zone D is the lagoon shore beach face) (see Fig. 2), emphasizes

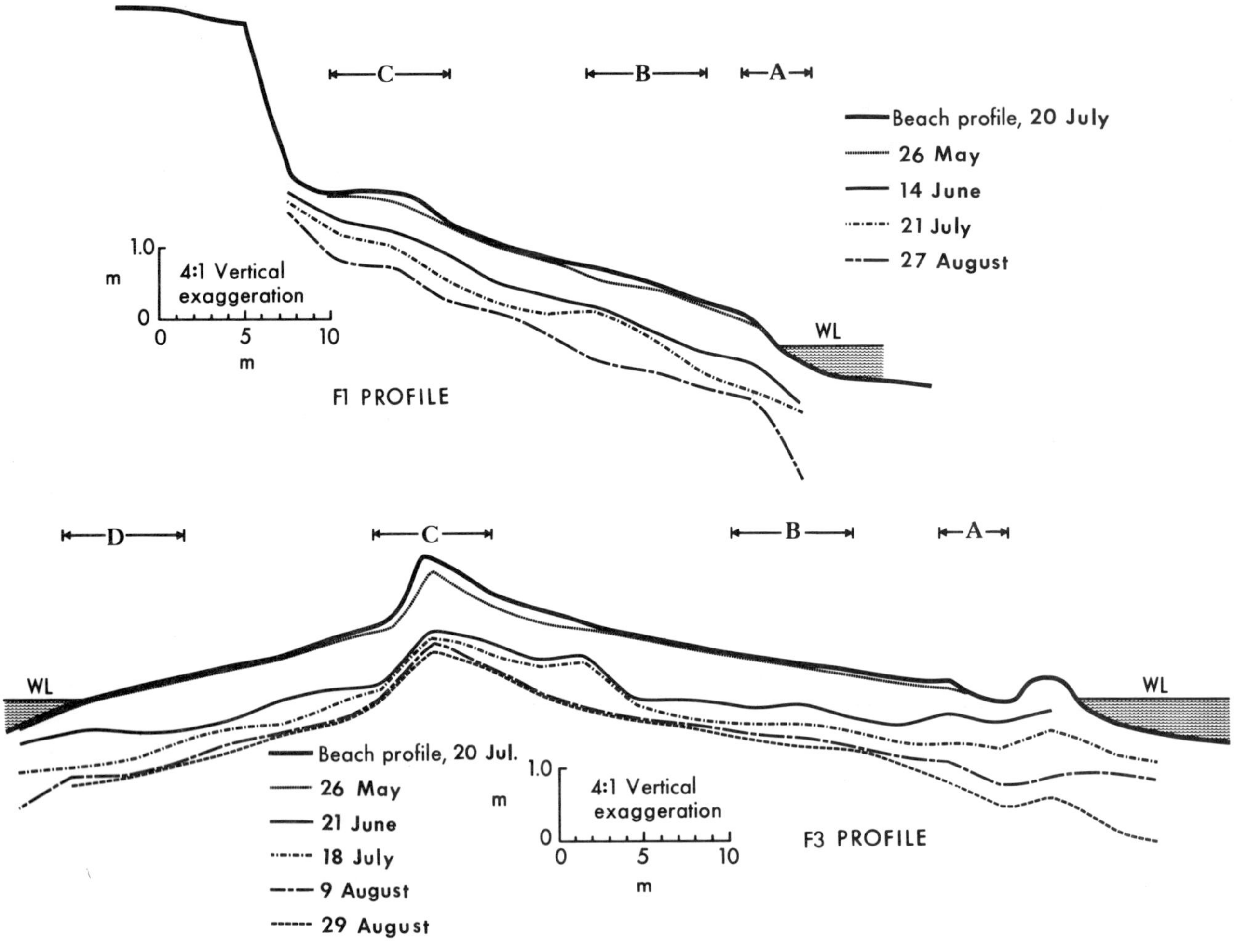

Fig. 2. Selected plots of thaw-depth profiles on F1 and F3. Beach zones (A, B, C, and D) are defined in the text. (From Owens and Harper, 1977.)

the across-beach variation in thaw rates (Fig. 3). Thaw in the upper beach face, zone A, is initially delayed by the presence of an ice foot but develops rapidly as the nearshore lead forms. A subtle increase in thaw rates in mid-July coincided with breakup. This mid-summer rate increase suggests that heat or salt exchange with nearshore waters is partially dependent on the presence of nearshore pack ice.

The major difference in thaw characteristics between profiled sites is the greater thaw depth development on the barrier spit profiles (Fig. 4). Thaw began at approximately the same time at all profile sites, developed rapidly during early June, and then showed a decrease in late June. Thaw rates were similar until mid-July, although the mean thaw depth of the barrier spit profiles was about 13 cm greater than that of non-barrier profiles. Breakup of the nearshore sea ice occurred in mid-July and apparently influenced thaw rates on the barrier profiles, F3 and F4, by increasing the heat exchange between ice-bonded sediments and nearshore waters. The result was a greater mean depth of thaw on the barrier spit during late summer. The atypical thaw sequence of beaches, in the sense that they do not show the more normal exponentially decreasing depth of thaw, is emphasized by the temporal variation in thaw rates, especially in the lower beach face. Comparison with other data (Table 1) suggests that relative differences between early-summer and late-summer thaw rates distinguishes beaches from other environments and shows the marked effects of the nearshore waters, i.e., the high heat capacity and salinity.

Differences between probed thaw depths and the frost-table depth (i.e., 0°C isotherm as determined from thermistor rods) indicate that salts were present in the interstitial pore waters (Table 2). The bonded-unbonded interface temperature and the corresponding salinity of the depressed freezing point are estimated by comparing thaw depths with the 0°C depth. At thermistor rod A estimated salinities increased rapidly as the nearshore lead opened and as nearshore and offshore waters mixed. At thermistor rod B, on the middle beach face, estimated salinities gradually increased to about 17 ‰ prior to open-water conditions. It would appear that salts either originated from the nearshore waters or were released

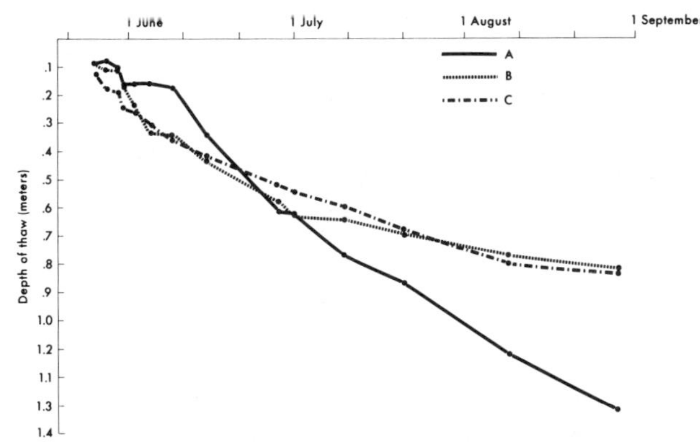

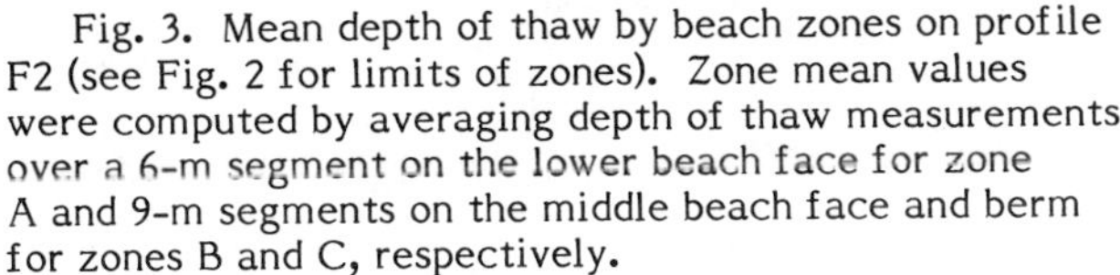
Fig. 3. Mean depth of thaw by beach zones on profile F2 (see Fig. 2 for limits of zones). Zone mean values were computed by averaging depth of thaw measurements over a 6-m segment on the lower beach face for zone A and 9-m segments on the middle beach face and berm for zones B and C, respectively.

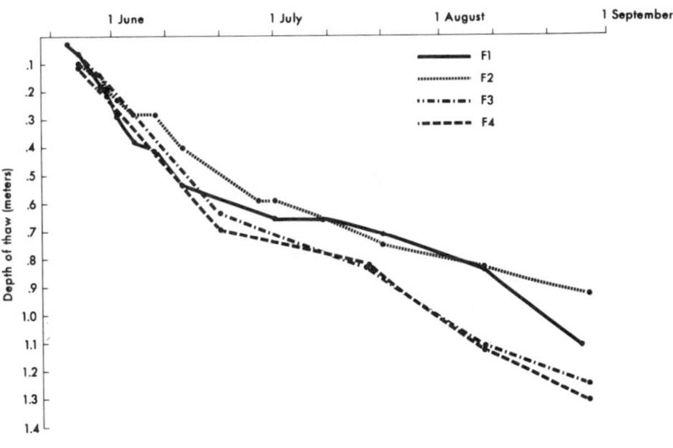

Fig. 4. Mean depth of thaw on profiles F1 to F4. The thaw depths are the average of all values on each profile.

from brine pockets trapped during the previous winter's freezeup.

SALT AND HEAT FLUX CALCULATIONS

Using a simple lateral diffusion equation, the estimated salinity increases (Table 2) can be reproduced only by assuming a diffusivity many orders of magnitude larger that the molecular value. It is more reasonable to assume that the salinity changes were caused by a groundwater flow driven by the pressure head at the beach face as a result of a change in water levels. Dominick et al. (1971) have shown that for a beach with finer grained sediments than those at Peard Bay the time lag of the tidal wave 20 m up the beach over that at the mean water level is, at most, a few hours. Such pressure-driven lateral flow through the beach could easily cause the changes in salinity that were observed during this study.

No storm surges occurred at Peard Bay during the study period, and consequently the effects of a storm on thaw rates was not observed. However, in view of the close proximity of the bonded-unbonded interface to the beach surface and its possible influence on the breaching of barrier islands, the effect of a storm surge on thaw rates is evaluated from a theoretical model. The thaw model (Harrison and Osterkamp 1976) considers the effects of a 24-hour storm surge on a predominantly sand beach. The diffusion and heat coefficients of Harrison and Osterkamp are assumed, the bonded-unbonded interface temperature is approximated by 0°C, and the upper layers of the permafrost are assumed to be at a temperature of -4°C. Because the coastal waters reach a temperature of approximately 4°C in the late summer,

TABLE 1. Thaw Rate Variability

TIME	THAW RATE (cm/day)	LOCATION	SOURCE
NON-BEACH			
Early July (1966)	-1.5	Tundra, Barrow	Kelley & Weaver 1969
Early August (1966)	-0.2	Tundra, Barrow	Kelley & Weaver 1969
Early July (1973)	-0.9	Dune Sand, Colville Delta	Walker & Harris 1976
Early August (1973)	-0.2	Dune Sand, Colville Delta	Walker & Harris 1976
BEACH			
Early July (1968)	-0.5	Beach, Devon Island	Owens 1969
Early August (1968)	-0.4	Beach, Devon Island	Owens 1969
Early July (1976)	-0.8	Beach (All Profiles), Peard Bay	This Study
Early August (1976)	-0.7	Beach (All Profiles), Peard Bay	This Study
Early July (1976)	-0.7	Beach (Zone A), Peard Bay	This Study
Early August (1976)	-0.6	Beach (Zone A,), Peard Bay	This Study

TABLE 2. Comparison of Probe and Thermistor Rod Data

Rod A (Tundra Cliff)					Rod B (Profile F2)				
Date	Thermistor 0°C Depth (cm)	Probed Thaw Depth (cm)	Interface Temperature (Estimate) (°C)	Salinity of Pore Water (Estimate) (°/₀₀)	Date	Thermistor 0°C Depth (cm)	Probed Thaw Depth (cm)	Interface Temperature (Estimate) (°C)	Salinity of Pore Water (Estimate) (°/₀₀)
					J149	0	2		
					J151	17	3		
					J152	14	20	-0.7	13
					J154	18	20	-0.1	2
					J157	29	30	-0.1	2
					J161	31	33	-0.09	2
J166	29	31	-0.28	5	J166	41	44	-0.4	8
J177	40	62	-1.55	28	J180	.50	54	-0.5	9
J184	46	78	-2.10	38	J183	49	58	-1.0	18.5
J192	60	79	-1.39	26	J192	53	60	-0.8	15
J203	94*	84			J203	63*	64		
					J222	73*	71		
					J242	75*	72		

*0° C depth estimated by extension of temperature profile from lower two thermistors.

NOTE: From Owens and Harper, 1977.

salinity effects may be neglected. Using these assumptions, the model predicts a 10-cm increase in thaw depth during a 24-hour storm surge. This value of 10 cm/day compares well with the rapid initial thaw rates measured at the beach face immediately following destruction of the ice foot (Fig. 3, zone A). However, Harrison and Osterkamp's model assumes still water in the sediments. During a storm surge, wave-induced motions of the pore water and mean flow in the porous beach caused by coastal setup will tend to cause an increase in the flux of heat within the thawed beach material. If the value of the thermal diffusivity is increased by 100 and 10,000, respectively, in order to simulate groundwater flow, and the thermal conductivity is increased accordngly, then for a 24-hour inundation the thaw depths would increase by 28 and 72 cm, respectively (i.e., 1.2 and 3.0 cm/hr). Although we have no field data to verify these calculations, they suggest that the increase in depth of thaw during storms may be important because it increases the volume of unconsolidated sediments available for longshore transport by wave action.

EFFECTS OF SUBSURFACE ICE ON COASTAL PROCESSES

The presence of ice-bonded sediments in the beach can act as a lower limit for sediment redistribution in the littoral zone (Owens and McCann 1970). The depth of thaw varies temporally and spatially, so that the effects of subsurface ice on littoral processes vary, depending on the time available for thaw and on local oceanographic and meteorologic conditions. The depth of thaw is a primary consideration in rates of sediment redistribution and morphologic changes on arctic beaches. Since thaw depths on the upper beach face and berm are usually less than 1 m, sediment redistribution by wave action, storm surge washover, and ice push will be limited to the upper meter of the beach. This depth will change through time as a result of thaw induced during the storm by high water levels. The processes by which thaw rates increase can be related to salinity and temperature changes at the unbonded-bonded interface that result from groundwater flow that is generated by pressure heads in the beach, which are caused by a temporary rise in sea level.

The breaching of barriers to form new inlets, inlet migration, and the erosion or relocation of spits and barriers can occur only if the subsurface sediments are ice free or if there is sufficient thaw during a storm or storms to melt the ice-bonded sediments. If an inlet depth of 3 m is assumed for a newly formed inlet, then a thaw rate on the order of 8.3 cm/hr during a 48-hour storm is required for a barrier on which the active-layer depth was initially 1 m above water level. This thaw rate is considerably higher than that predicted by the simple model discussed above and suggests that inlet formation on arctic barriers requires a minimum storm surge of approximately 96 hours' duration or two 48-hour storms. On the Chukchi coast of Alaska, several 24-hour or 48-hour storms usually occur during late summer and fall, so that breaching of a barrier with ice-bonded subsurface sediments could occur during a single open-water season.

On the Beaufort Sea coast, which has a lower open-water storm frequency, inlet breaching or barrier migration is less likely to occur unless the subsurface sediments are unbonded. The barriers on this coast are known to undergo major morphological changes during the infrequent periods of storm-wave activity, and it may be assumed that the subsurface sediments in these areas of change are unbonded. The migration of barrier island systems across the Beaufort Sea shelf was probably too rapid for the development of a deep permafrost layer within the barriers. Shoreline morphology changes on this coast would therefore not be dependent on the thaw of a thick subsurface permafrost lens.

CONCLUSIONS

1. Thaw rates on beaches remain relatively high throughout the summer season because of the presence of seawater in the littoral zone. Thaw rates on tundra surfaces, in contrast, decrease exponentially during the summer.

2. Calculations suggest that groundwater flow within the unbonded beach sediments causes a salinity increase in the pore water and a resulting increase in the depth of thaw.

3. Normal thaw of ice-bonded material in the beach limits the depth to which littoral sediments can be redistributed by either wave action or ice push.

4. Simple calculations indicate that thaw rates in a barrier beach can be sufficiently increased during storm surges to permit inlet formation in barriers with subsurface permafrost.

ACKNOWLEDGMENTS

This work was performed under a contract between the Geography Programs, Office of Naval Research, Arlington, Virginia 22217, and the Coastal Studies Institute, Louisiana State University, and was supported by the Arctic Program, Office of Naval Research. The logistic support of the Naval Arctic Research Laboratory, Point Barrow, Alaska, is gratefully acknowledged.

REFERENCES

Carson, J. M., Hunter, J. A., and Lewis, C. P. 1975 Marine seismic refraction profiling, Kay Point, Yukon Territory. Geol. Surv. Can. Paper 75-1, Part B, pp. 9-12.

Dominick, T. F., Wilkins, B., Jr., and Roberts, H. H. 1971. Mathematical model for beach groundwater fluctuations. Water Resources Research 7(6), pp. 1616-1635.

Fisher, D. M. 1977. Development of the active layer, Pingok Island, Alaska. Coastal Studies Institute Technical Report #230, Louisiana Sate University, 43 p.

Harper, J. R. In preparation. Physical processes affecting the stability of a tundra cliff coast, Peard Bay, Alaska. Ph.D. dissertation, Louisiana State University, Baton Rouge, La.

Harrison, W. D., and Osterkamp, T. E. 1976. A coupled heat and salt transport model for sub-sea permafrost. Geophysical Institute Report #UAG R-247, University of Alaska, 21 p.

Kelley, J. J., and Weaver, D. F. 1969. Physical processes at the surface of the arctic tundra. Arctic, 22(4), pp. 425-437.

Lachenbruch, A. H. 1957. Thermal effects of the ocean on permafrost. Geol. Soc. Amer. Bull. 68, pp. 1515-1530.

Mackay, J. R. 1977. Probing for the bottom of the active layer. Geol. Surv. Can. Paper 77-1A, pp. 327-328.

Maykut, G. A., and Church, P. E. 1973. Radiation climate of Barrow, Alaska, 1961-1966. Jour. Applied Meteor. 12, pp. 620-628.

McCann, S. B., and Hannell, F. G. 1971. Depth of the "frost table" on arctic beaches, Cornwallis and Devon Islands, N.W.T., Canada. Jour. Glaciology 10(58), pp. 155-157.

McDonald, B. C., and Lewis, C. P., 1973. Geomorphic and sedimentologic processes of rivers and coasts, Yukon coastal plain. Environ.-Social Comm., Northern Pipelines Task Force on Northern Oil Development Report No. 73-39, 245 p.

Osterkamp, T. E. 1975. A conceptual model of offshore permafrost. Geophysical Institute Report #UAG 234, University of Alaska, 23 pp.

Owens, E. H. 1969. The arctic beach environment, SW Devon Island, N.W.T., Canada. Unpublished M.Sc. thesis, McMaster University, Hamilton, Ontario, 151 p.

Owens, E. H., and McCann, S. B. 1970. The role of ice in the arctic beach environment with special reference to Cape Ricketts, SW Devon Island, N.W.T., Canada. Amer. Jour. Sci. 268, pp. 397-414.

Owens, E. H., and Harper, J. R. 1977. Frost table and thaw depths in the littoral zone near Peard Bay, Alaska. Arctic 30(3), pp. 154-168.

Rex, R. W. 1964. Arctic beaches, Barrow, Alaska. In R. L. Miller (ed.), Papers in Marine Geology. MacMillan, New York, pp. 384-400.

Taylor, R. B., and McCann, S. B. 1974. Depth of the "frost table" on beaches in the Canadian Arctic Archipelago. Jour. Glaciology 13 (68), pp. 321-322.

Walker, H. J., and Harris, M. K. 1976. Perched ponds: an arctic variety. Arctic 29(4), pp. 223-238.

SNOWMELT INFILTRATION AND MOVEMENT IN FROZEN SOILS

Douglas L. Kane, John D. Fox, Richard D. Seifert, Institute of Water Resources, University of Alaska, Fairbanks, Alaska. George S. Taylor, Dept. of Agronomy, Ohio State University, Columbus, Ohio

The movement of water through frozen soils, particularly those with moisture contents below saturated conditions, is of importance to stream runoff and groundwater recharge. The variability of runoff is closely related to two important factors, climatic conditions and soil conditions. This paper reports on the importance of frozen soils in altering surface runoff and groundwater recharge. Data on soil moisture contents, soil-air-snowpack temperatures, soil tensions in unfrozen soils and various soil properties were made at two field sites, with highly varying thermal and hydraulic properties. The systems can be visualized as thin layers of permafrost and seasonally frozen or thawed organic and mineral soils . A two-dimensional flow model was developed to predict the rate and temporal characteristics of water moving downslope for cases not observed in our limited field data.

INFILTRATION ET DÉPLACEMENT DES EAUX DE FONTE DANS LES GÉLISOLS

Le déplacement de l'eau dans les gélisols, en particulier ceux dont la teneur en eau est inférieure au niveau de saturation, joue un rôle dans l'écoulement par ruissellement, ainsi que dans l'alimentation des nappes souterraines. La variabilité de l'écoulement est étroitement liée à deux facteurs importants, les conditions climatiques et édaphiques. Le présent article traite de la forte influence des gélisols sur le ruissellement de surface et l'alimentation des nappes souterraines. On a obtenu des données sur la teneur en eau du sol, les températures du sol, de l'air, et de la couverture nivale, sur la tension de l'eau du sol dans les sols non gelés, et diverses autres propriétés du sol, en deux sites expérimentaux, qui présentaient des propriétés thermiques et hydrauliques très variées. On peut visualiser l'ensemble comme étant composé de minces couches de pergélisol, et de sols minéraux et organiques, gelés ou dégelés suivant les saisons. On a établi un modèle d'écoulement bidimensionnel, qui permet de prédire les caractéristiques de débit et de durée de l'écoulement de l'eau suivant une pente pour des cas non observés au cours de nos quelques études in situ.

ИНФИЛЬТРАЦИЯ И ДВИЖЕНИЕ ТАЛЫХ ВОД В МЕРЗЛЫХ ГРУНТАХ

Движение воды в мерзлых грунтах, в особенности таких, где содержание воды ниже состояния насыщения, играет важную роль в режиме водостока и питания грунтовых горизонтов. Изменения в режиме водостока связаны с двумя важными факторами: климатическими условиями и грунтовыми условиями. В данной работе рассматривается влияние мерзлых грунтов на режим водостока и питания грунтовых горизонтов. Для двух полевых участков с сильно отличающимися термальными и гидростатическими условиями были получены данные о влагосодержании в грунте, температуре в системах грунт-воздух-снежный покров, напряжениях в талых грунтах, и различных свойствах грунтов. Системы можно рассматривать как тонкие слои многолетней мерзлоты и сезонномерзлых или сезонноталых органических и минеральных пород. Для определения скорости и временных характеристик движения стекающей воды для случаев, не наблюдаемых в наших экспериментах, разработана двухмерная флюидальная модель.

SNOWMELT INFILTRATION AND MOVEMENT IN FROZEN SOILS

Douglas L. Kane, John D. Fox, Richard D. Seifert[1]
and George S. Taylor[2]

[1]Institute of Water Resources, University of Alaska, Fairbanks, Alaska
[2]Department of Agronomy, Ohio State University, Columbus, Ohio

INTRODUCTION

The movement of snowmelt water with respect to frozen ground is of importance because this water may constitute potential groundwater recharge and/or compose a flood generated from surface runoff. In areas of discontinuous permafrost, a multi-layered soil regime consisting of differing physical properties may exist because of the presence of both organic and mineral soils and the thermal states of these soils. In interior Alaska near Fairbanks, areas underlain by permafrost generally have a very thick organic layer (25-40 cm), with an active layer of 50-100 cm, except for well-drained sites where the active layer is thicker. Permafrost-free soils have a 5-10-cm layer of decaying organic material with the depth of seasonal frost again being directly related to the moisture content. A combined field, laboratory, and modeling study was carried out to assess the groundwater recharge characteristics of frozen soils for various areas.

LITERATURE REVIEW

By far, the emphasis in the literature related to the entire sequence of break-up has been to study snowmelt processes within the snowpack, to forecast floods that emanate from partially frozen terrain, and to examine the effect of various surface practices on snowmelt runoff. These three areas of study account for well over 90 per cent of the completed research. Lacking in this field is the inclusion of the interaction of frozen soils with the snowpack and unfrozen subsurface layers. Of course with snowpack studies, the role of frozen soils is neglected completely; with the other two fields of study, frozen ground is part of the system under study and certain simplifying assumptions are made to account for the mass transfer processes which occur in the soil system.

To be complete, an analysis of water movement through frozen soils should include an examination of both heat and mass transfer processes. Several mathematical models have been developed to consider just this aspect. Harlan (1973) and Kennedy and Lielmezs (1973) developed the first coupled heat and mass transfer models specifically for looking at moisture transfer in frozen soils. More recently, additional models have been developed by Guymon and Luthin (1974), Taylor and Luthin (1976), Guymon and Berg (1976), Kay et al. (1977), and Outcalt (1976). Several of the latter models have been developed for examining the mechanism of frost heaving. For snowmelt infiltration, the same physical processes are occurring, but in reverse order; therefore the same mathematical expressions can be used with adjustments made to the initial and boundary conditions. The earlier models have all been one dimensional. To examine the pathway of snowmelt water, at least a two-dimensional model is needed as the water can either infiltrate vertically or move downslope. Where organic layers exist over mineral soil, the usual regime consists of vertical infiltration of water into the organic layer, development of saturated conditions at the organic-mineral soil interface, and consequently the movement of water downslope through the organic layer.

Field studies of snowmelt infiltration into frozen soils are totally absent. One of the major problems of the available models is the lack of real data for use in evaluating model accuracy. Jumikis (1973) examines soil moisture transfer upon freezing as a function of soil porosity. Several studies have been performed in the laboratory where soil columns have first been uni-directionally frozen, then the redistribution of the water measured. These laboratory studies generally do not adequately represent field conditions primarily because of the extreme temperature gradients and the short duration of each trial run.

The infiltration of snowmelt water into frozen soils depends primarily on the hydraulic gradient and hydraulic conductivity of the frozen porous medium. As soil water freezes, pore pressure decreases as particle surface forces are unsatisfied. At subzero temperatures, it has been shown that a variable percentage of the available water remains unfrozen and that this percentage is a function of particle size distribution and temperature. Williams and Burt (1974) examine the hydraulic conductivity of a frozen silt loam over a temperature range of 0 to -0.5°C. These values would closely approximate the range of hydraulic conductivities during the ablation sequence. There are other excellent papers, too numerous to mention, that touch on our narrow theme.

EXPERIMENTAL DESIGN AND FIELD METHODS

Investigations were carried out at two sites in the Goldstream watershed approximately 10 miles northeast of Fairbanks, Alaska. The sites were chosen because they were representative of two major vegetation-soil associations in interior Alaska. Site one is located on a south-facing, well-drained slope in a stand of birch-aspen (*Betula papyrifera-Populus tremuloides*) and is permafrost free. The second site is located near Silver Creek where permafrost conditions predominate and black spruce (*Picea mariana*) is the dominant vegetation. Site one is typical of areas where groundwater recharge from precipitation could occur, and site two is typical of areas where a large percentage of the surface runoff is generated because of limited infiltration in permafrost areas.

A major goal of this experiment was to determine the vertical and lateral flow from existing pore pressure gradients for a thawing system. The difficulty of measuring pore pressures with tensiometers is appreciated for frozen soils. However, following melt of the frozen soils, in-place tensiometers were filled with water to record pore pressures at various depths. Pore pressure gradients were monitored using tensiometers from 26 April 1976 to 17 September 1976; these instrument arrays were placed at 25-cm intervals at depths from 25-100 cm. This data is summarized in a report by Kane et al. (1977).

Numerous other field measurements were made during the course of the study: soil, snowpack, and air temperatures; soil moisture content; depth of seasonal frost and snowpack; and density of the snowpack. Snow surveys were made using the larger diameter Adirondack sampler. This snow sampler works especially well in light snowpack with extensive hoar-frost. Snowpack depth and water content were measured weekly during the period of accumulation and daily during the ablation period. Transects, 25 m in length, were established and a sample taken every meter. Samples were not collected over the lysimeter because of the small cross-sectional area.

A hygro-thermograph and solarimeter, both continuous recording, were used to obtain basic climatological information. Snowpack and ground temperatures were monitored by several vertical arrays of thermistors at a spacing of either 10 or 20 cm. A standard non-recording rain gauge, as well as a tipping-bucket rain gauge, were used to monitor rainfall during the ablation period and the following summer season. Soil samples for moisture content were obtained with a 7.6-cm diameter motor-driven portable coring device. Soil samples were collected from the core at depth intervals of 5 cm. Maximum sampling depths varied from 90 cm to 270 cm, determined primarily by the presence of rocks. Mineral samples were dried at 105°C for 24 hours, while organic soils were dried in a microwave oven. Laboratory analysis of the samples included soil moisture content, bulk density, porosity, and unfrozen saturated hydraulic conductivity.

In order to measure the rate of infiltration from the snowpack several simple lysimeters were installed. These lysimeters were of those outlined by Haupt (1969). They have an approximate surface area of 2500 cm^2 and were refilled with native organic and mineral soils. At each site, two of the lysimeters were filled with organic material (≈10 cm) only; this was supported by a shallow layer of pea-gravel and a coarse screen. For the remaining lysimeters, a layer of 20 cm of mineral soil was placed under the organic layer. The outlets of the lysimeters were connected to a tipping-bucket rain gauge that was attached to an event recorder. The total measured outflow from the lysimeters with the organic layer can be compared with the total snowpack composition, the difference being water lost to evaporation (or transpiration) and retention in the organic layer. Outflow from lysimeters containing both organic and mineral soils will reflect additional water lost to soil retention and will also reflect the additional time needed for the flow to travel through the thicker layer.

DATA DISCUSSION

The measurement of various soil variables can give an indication of processes occurring in the system. With regard to the soil temperatures (Figures 1 and 2), the infiltration of snowmelt water (at

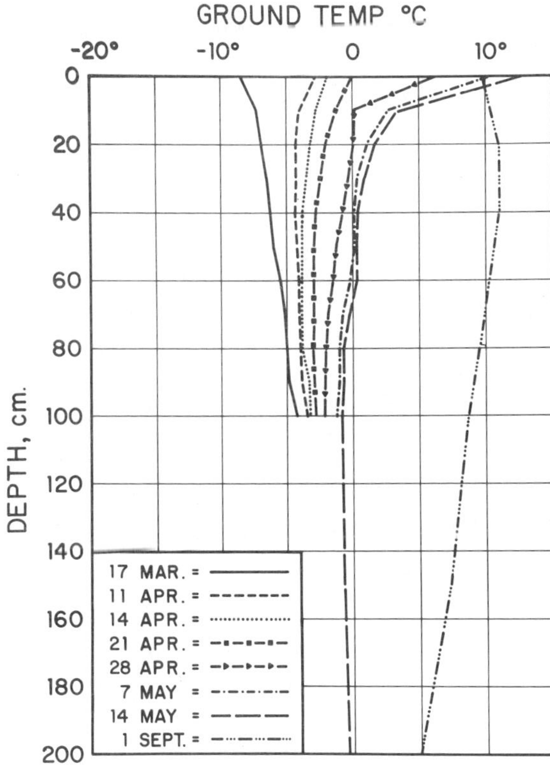

Fig. 1. Ground temperature variations at permafrost-free site.

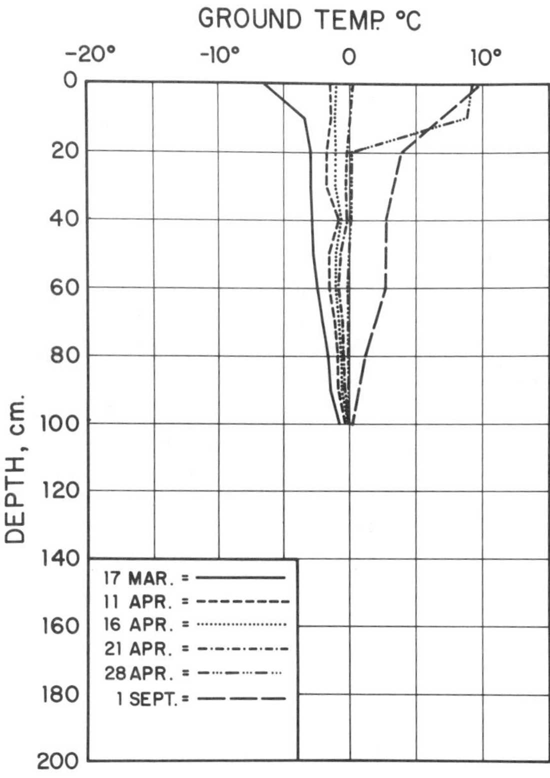

Fig. 2. Ground temperature variations at permafrost site.

0°C) into the soil layers should result in a rapid increase in the soil temperature to 0°C. By 14 May 1976, the depth of thaw at the permafrost site was about 30 cm (of which 20 cm constitutes organic material) and at the permafrost-free site, the maximum depth of thaw was 65 cm. During the remainder of the summer, the maximum thaw at the permafrost site reached 100 cm in late July, while at the permafrost-free site, the 220 cm of seasonal frost had disappeared by early July. Thermistors located in the snowpack above the lysimeters indicated that the snow temperatures were slightly warmer toward the end of the ablation period when compared to the surrounding snowpack.

The rate of thaw is a function of many factors, including the initial moisture content (unfrozen water and ice) of the soil. It can be seen in Figures 3 and 4 that the initial moisture content (20-60 per cent) at the permafrost site is much higher than that of the permafrost-free site (12-20 per cent). The effect of the higher moisture content is two fold--first, it reduces the hydraulic conductivity of the soil system since ice occupies a larger fraction of the pores; and second, the quantity of heat required to thaw an incremental volume is increased. For the permafrost site, it was observed that there was an increase in the moisture content in the upper organic material but very little change in the mineral soil. For the permafrost-free site, increases in the moisture content were observed at depths greater than 75 cm by early June. The moisture content is reported as per cent by volume because of the large variations in the bulk density between the mineral and organic layers.

Tensiometers installed for the purpose of measuring the direction and magnitude of hydraulic gradients indicated that very low pore pressures existed at the 25-cm depth at the permafrost-free site throughout the month of May; however, a continual drying trend took place throughout the month of June. Low soil tensions are an indication of near-saturated conditions. Soil tensions on the order of 600-800 cm of water were measured at the same site for the remainder of the summer at all depths. From the 25-cm depth to the 75-cm depth, the direction of the hydraulic gradient was predominantly downward. Soil tensions at the permafrost-dominated Silver Creek site were consistently lower than those at the permafrost-free site. Maximum soil tension at the Silver Creek site did not exceed 450 cm of water and generally remained at the level of 150-200 cm throughout the summer. This is comparable

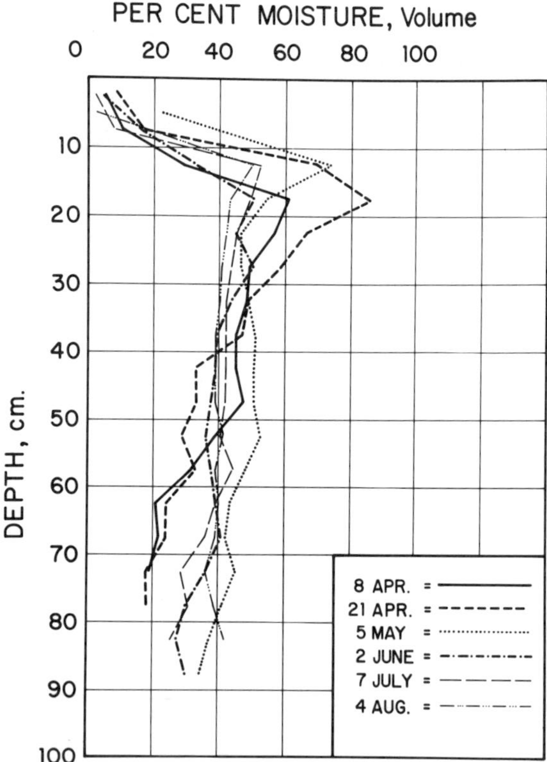

Fig. 3. Variation in moisture content at permafrost site.

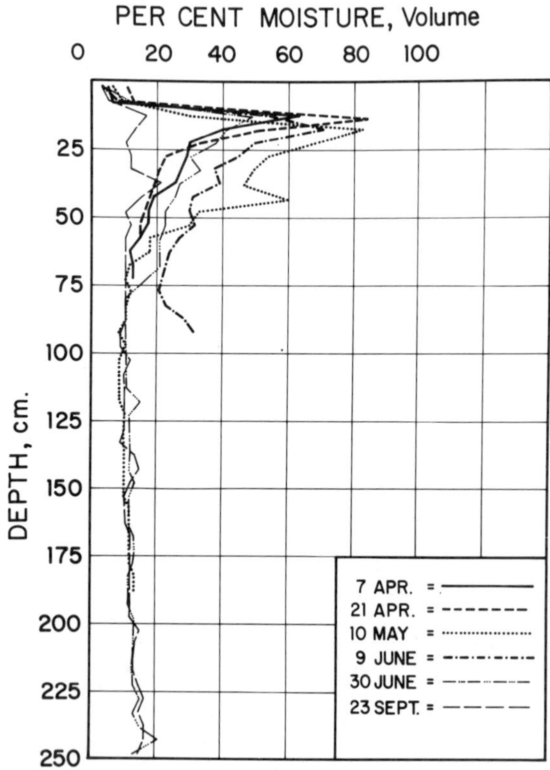

Fig. 4. Variation in moisture content at permafrost-free site.

to the data collected by Luthin and Guymon (1974).

The rate of snowpack depletion and the outflow from the three lysimeters at the permafrost-free site are shown in Figure 5. At the onset of ablation, 16 April 1976, the snowpack contained slightly less than 10 cm of water and, by 27 April 1976, the ablation was complete. Channels 1 and 3 represent the lysimeters with organic material only and Channel 2 represents the lysimeter with layers of both organic and mineral soils. As can be seen, lysimeters 1 and 3 start responding sooner than the remaining lysimeter and also have a larger volume of flow. Channel 1 has a maximum accumulated flow approaching 5 cm of water; Channel 3 has a volume of 6 cm of water; and Channel 2 has a volume of 3.5 cm of water. Slightly over 50 per cent of the water from the maximum snowpack infiltrated to the organic-mineral soil interface at the permafrost-free site. Apparently, an additional 20 per cent was retained in the upper 20 cm of the mineral soil and was subsequently lost by evapotranspiration.

A similar site was established at the permafrost area with the lysimeters. To minimize the length of plumbing from the lysimeters to the tipping-bucket gauges, the gauges were placed in excavated pits. It quickly became apparent that this scheme would not work at the permafrost site because large volumes of water were moving downslope through the organic layer and flooding the pits. At the permafrost-free site, never was any water observed moving either downslope through the organic litter or in surface channels. It was visually obvious that vertical infiltration had occurred at the permafrost-free site, whereas at the permafrost site, vertical infiltration was inhibited. Except for a thicker organic layer at the permafrost site, physical conditions at the two sites are similar. As indicated previously, the initial moisture content (ice and water) at the onset of ablation at the permafrost site was much higher. Apparently this additional water in the pores, once frozen, is responsible for a lower hydraulic conductivity. The rate at which water is supplied to the frozen soil determines the critical value for the hydraulic conductivity to prevent infiltration. Because of the inability to control field conditions, this problem can be best studied by the use of a computer program. We used a two-dimensional flow model for a shallow-layered system where the flow properties of the various layers can be varied and the lateral outflow for a given precipitation event can be determined. By examining this mechanism over

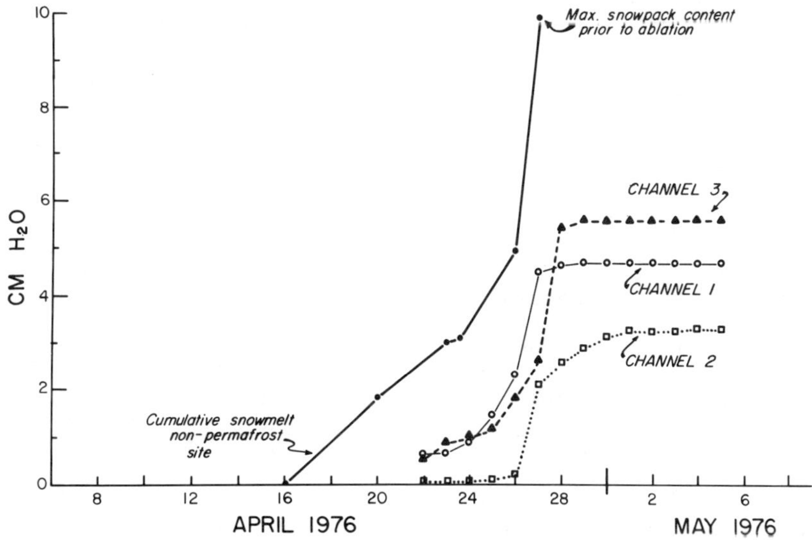

Fig. 5. Outflow from lysimeters and the rate of ablation of the snowpack.

a short period of time, the boundaries can be assumed to be constant; that is, boundary changes due to phase change (ice to water) are minimal.

Meltwater from the top of the snowpack appeared to move quite readily through the lower part of the pack once isothermal conditions were achieved. One explanation for this is that the restructuring of the snow crystals at the base of the snowpack is responsible for much larger crystals that are unable to retain appreciable amounts of water. Also, with these shallow snowpacks, the maximum path of travel through the pack seldom exceeds 50 cm.

One remaining objective was to determine what happened to the meltwater once it reached the mineral soil. Does it continue to flow downward vertically; does it flow laterally due to varying hydraulic properties of the layered system; or does the hydraulic gradient reverse and the flow proceed toward the ground surface? Data from the tensiometers operated during the summer months indicated that the gradient from a depth of 25 cm to a depth of 75 cm was, for the most part, downward. It is unlikely that once water reached the 25-cm level, it would be governed by the evapotranspiration processes which occur near the surface due to relatively shallow root systems.

It has been observed that drying of the near-surface soils does happen during the winter months when the temperature gradient is responsible for reversing the pore pressure gradient thus causing water movement toward the ground surface. This reversed gradient may result not only in a redistribution of water in the near-surface layer, but also in a loss as some of the water moves into the snowpack.

CONCLUSIONS

It is accepted that the infiltration rate of water into frozen soils is controlled by the ice content within the soil pores; as ice content increases, hydraulic conductivity is reduced. Field or laboratory measurements of the hydraulic conductivity of frozen soils have been limited because of the extreme difficulty in maintaining thermodynamic equilibrium conditions. When the infiltration of water into frozen soils occurs, the amount of infiltrated water may be limited by either the hydraulic conductivity or the snow ablation rate.

In this study, it was found that the ablation period had a duration of 11 days (16 April to 27 April), with the daily melt contribution increasing to a maximum value of 2.45 cm on the last day. Of the approximately 10 cm of water from the maximum snowpack, the lysimeters indicated that about 55 per cent of this water infiltrated through the organic layer ($\approx$10 cm in thickness) and 35 per cent infiltrated through the combined organic and mineral layer ($\approx$30 cm in thickness). In terms of potential groundwater recharge, it was apparent that less than 3.5 cm of water would eventually reach the groundwater table that is situated at a depth near 75 m. Since no surface or lateral flow was observed, the hydraulic conductivity of the frozen soil at the permafrost-free site was not the limiting factor to infiltration.

Since the total snowpack and the rate of ablation were comparable at both sites, the presence of lateral flow downslope through the organic layer at the permafrost site would indicate that the hydraulic conductivity of the frozen mineral layer was the limiting factor to infiltration. Field data on moisture content show that the moisture content is considerably higher at the permafrost site. This could also be ascertained from the temperature data, because the rate of freeze in terms of depth was about twice as great at the permafrost-free sites.

There are many other factors that should be considered when examining the infiltration of water into frozen soils. Also, mathematical models should be a valuable aid in predicting, for a given hydrological input, the critical value of the hydraulic conductivity necessary to induce surface or lateral flow. Work is continuing along these lines.

ACKNOWLEDGEMENTS

This work was performed under a grant (A-054-ALAS) from the Office of Water Research and Technology, Department of the Interior. The authors are grateful for the assistance of Roberta Jones, Lalitha Rao, and Timothy Cordis in collecting and compiling the data.

REFERENCES

GUYMON, G. L., and BERG, R. L. 1976. Galerkin finite element analog of frost heave. Proceedings, Second Conference on Soil-Water Problems in Cold Regions, Edmonton, Alberta, September 1-2, 1976, pp. 111-113.

GUYMON, G. L., and LUTHIN, J. N. 1974. A coupled heat and mass transport model for arctic soils. Water Resources Research, 10(5):995-1001.

HARLAN, R. L. 1973. Analysis of coupled heat-fluid transport in partially frozen soil. Water Resources Research, 9(5):1314-1323.

HAUPT, H. F. 1969. A simple snowmelt lysimeter. Water Resources Research, 5(3):714-718.

JUMIKIS, A. R. 1973. Effect of porosity on amount of soil water transferred in a freezing silt. Proceedings, Second International Permafrost Conference (North American Contribution) Yakutsk, pp. 305-310.

KANE, D. L.; SEIFERT, R. D.; FOX, J. D.; AND TAYLOR, G. S. 1977. Snowmelt-frozen soil characterization for a sub-arctic setting. Institute of Water Resources, University of Alaska, IWR-84.

KAY, B. D.; SHEPPARD, M. I.; and LOCH, J. P. G. 1977. A preliminary comparison of simulated and observed water redistribution in soils freezing under laboratory and field conditions. Proceedings, Frost Action in Soils, Lulea, Sweden, Feb. 16-18, 1977, pp. 29-41.

KENNEDY, G. F., and LIELMEZS, J. 1973. Heat and mass transfer of freezing water-soil system. Water Resources Research, 9(2):395-400.

LUTHIN, J. N., and GUYMON, G. L. 1974. Soil moisture--vegetation--temperature relationships in central Alaska. Journal of Hydrology, 23:233-246.

OUTCALT, S. 1976. A numerical model of ice lensing in freezing soils, U. S. Army, Cold Regions Research and Engineering Laboratory, Technical Note.

TAYLOR, G. S., and LUTHIN, J. N. 1976. Numeric results of coupled heat-mass flow during freezing and thawing. Proceedings, Second Conference on Soil-Water Problems in Cold Regions, Edmonton, Alberta, Sept. 1-2, 1976, pp. 155-172.

WILLIAMS, P. J., and BURT, T. P. 1974. Measurement of hydraulic conductivity of frozen soils. Canadian Geotechnical Journal, 11:647-650.

ENVIRONMENTAL ISOTOPES IN PERMAFROST RELATED WATERS ALONG THE MACKENZIE VALLEY CORRIDOR

F. A. Michel and P. Fritz, Dept. of Earth Sciences, Univ. of Waterloo, Waterloo, Ontario, Canada N2L 3G1

Water from samples representing five cores, collected along the Mackenzie Valley Corridor, was analysed for its oxygen-18 and tritium contents. Sampling in these cores was done at one foot intervals near the surface and at five foot intervals at depth. The core from a sixth hole at Norman Wells was sectioned and analysed at 2 to 3 cm intervals. In all cases, tritium was found only at the surface and no measurable amounts were detected below about 3 meters. Similarily the ^{18}O contents decreased from about $\delta^{18}O$ = -23 ‰ SMOW at the surface to about $\delta^{18}O$ = -31 ‰ SMOW at depth. This change cannot be related to isotope fractionation effects and is interpreted as an age difference whereby the deep inactive permafrost is possibly as much as 7,000 to 10,000 years old. The tritium and ^{18}O data thus enable one to distinguish between active and inactive permafrost. The depth of the active permafrost appears to be roughly related to the grain size of the soil whereby the active zone tends to be deeper in soils with higher clay contents.

GÉOCHIMIE ISOTOPIQUE DE L'EAU DU PERGÉLISOL DANS LE CORRIDOR DU MACKENZIE

F.A. Michel et P. Fritz, Dép. des sciences de la terre, Univ. de Waterloo, Waterloo, Ontario, Canada N2L 3G1

On a dosé l'oxygène-18 et le tritium dans des échantillons correspondant à cinq carottes provenant du corridor du Mackenzie. Les prélèvements ont été effectués à tous les pieds près de la surface et à tous les cinq pieds en profondeur. La carotte provenant d'un sixième trou, à Norman Wells, a été sectionnée et analysée à des intervalles de 2 à 3 cm. Dans tous les prélèvements, le tritium ne se trouvait qu'à la surface; aucune quantité mesurable n'a été dosée à plus de 3 m environ. De la même façon, les dosages de ^{18}O passaient d'environ $\delta^{18}O$ = -23 °/oo SMOW à la surface à environ $\delta^{18}O$ = -31 °/oo SMOW en profondeur. Cette variation est sans rapport avec le fractionnement des isotopes et dépendrait de différences d'âge: en profondeur, les eaux relictes du pergélisol se sont accumulées sous un climat plus froid. Les dosages de tritium et de ^{18}O permettent donc de distinguer entre les pergélisols actuel et relicte. La profondeur du pergélisol actuel semble reliée, en gros, à la granulométrie du sol, la zone active étant généralement plus profonde dans les sols riches en argile.

СОДЕРЖАНИЕ ИЗОТОПОВ В ГРУНТОВЫХ ВОДАХ ЗОНЫ МНОГОЛЕТНЕЙ МЕРЗЛОТЫ В ДОЛИНЕ РЕКИ МАКЕНЗИ

Вода, присутствующая в пяти кернах, взятых в долине реки Макензи, была подвергнута анализу на содержание 0-18 и трития. Пробы из этих кернов брались с интервалом примерно 30см у поверхности и 1,5м на глубине. Керн из шестой скважины в районе Норман-Уэлса был разрезан на секции и пробы для анализа отбирались с интервалом 2-3см. Во всех случаях тритий был обнаружен только у поверхности на глубине не ниже 3м. Содержание 0-18 понижалось с δ 0-18≈-23‰ ССМВ/стандарт средней морской воды/ у поверхности до δ 0-18≈-31‰ ССМВ на глубине. Это изменение не связано с изотопным фракционированием, а указывает на возрастную разницу, благодаря которой воды глубокозалегающей реликтовой толщи пополнялись в условиях более холодного климата. Таким образом, данные о содержании трития и 0-18 позволяют различать современные и реликтовые мерзлые толщи. Глубина залегания современной мерзлоты, по-видимому, в некоторой степени связана с гранулометрическим составом грунта, в силу чего деятельный слой как правило залегает на большей глубине в грунтах с более высоким содержанием глины.

ENVIRONMENTAL ISOTOPES IN PERMAFROST RELATED WATERS ALONG THE MACKENZIE VALLEY CORRIDOR

F. A. Michel and P. Fritz

Department of Earth Sciences, University of Waterloo

Waterloo, Ontario, Canada N2L 3G1

INTRODUCTION

During the past few years, interest in the northern regions of Canada has grown rapidly. Oil and gas exploration has resulted in the proposal of several pipeline routes through northern Canada. Large sections of these pipeline corridors are in areas underlain by permafrost, either continuous or discontinuous. Information about its formation and on hydrogeologic systems within permafrost environments is sparse. The literature on hydrogeologic systems has been summarized by Williams and Van Everdingen (1973).

Studies directly relating to permafrost rely primarily upon temperature profiling since permafrost describes a temperature regime in the subsurface (Brown, 1970). Additional information however, can be obtained if water contained in cores, either frozen or unfrozen, is analysed for its isotopic composition. Such studies appear to be especially valuable if contemporary and relic permafrost are to be distinguished. Such an approach was taken by Mackay and Lavkulich (1975) who used oxygen isotopes to study the history of permafrost beneath a recently drained lake in the delta. They demonstrated that isotopic differences reflecting the history of the permafrost do exist.

In this study, the analyses of over one hundred samples for oxygen-18 and some tritium values are presented for water in permafrost with the aim of demonstrating that it is possible to deduce from these data, valuable information about the origin and history of this water. This study is still in progress and a more detailed discussion of these data will be presented at a later date.

STUDY SITES

During the summer of 1975, a drilling program by Foothills Pipe Lines Ltd. along their proposed Mackenzie Valley route resulted in the collection of a number of cores. In June of 1976 representative cores from this group were selected and samples taken from each interval available. The location of the holes from which these cores were collected are from north to south, M.P. 23 (75-2-1), M.P. 176 (75-4-1), M.P. 423 (75-8-2), M.P. 536 (75-15-1), and M.P. 598 (75-19-3). A detailed drilling program at Norman Wells was undertaken by Van Everdingen and Michel in September of that year (core NWD-1). All of the samples were kept frozen until sealed in double plastic bags, from which time they were kept refrigerated.

The Mackenzie Valley was completely glaciated during the last ice age. The stratigraphy of the unconsolidated deposits is therefore representative of tills, glacial lacustrine and glacial fluvial material. All of the holes drilled by Foothills are adjacent to river crossing sites with the exception of hole 75-15-1. This hole is located on level terrain which was previously the site of a forest fire. The detailed hole drilled at Norman Wells, NWD-1, is located on slightly sloping terrain in an undisturbed spruce forest with a thick moss floor.

EXPERIMENTAL PROCEDURE

To extract the water from the soil, the samples were first allowed to equilibrate in sealed bags to room temperature. Each sample was then placed within a steel jacket and subjected to a controlled hydraulic pressure to squeeze the water from the soil. The water enters directly into a polypropalene syringe which can be sealed with wax until ready for analysis. These procedures for sample collection have been developed and tested by Patterson et al (1977).

Each sample, from which more than 3 ml of water could be obtained, was analysed for oxygen-18. The oxygen-18 contents are expressed as permil difference between the sample and Standard Mean Ocean Water ($\delta^{18}O$ ‰ SMOW). The results were plotted and samples were then selected for tritium analyses. Interpretation of the isotope data has been made with the aid of geotechnical data received from Foothills Pipe Lines Ltd.

The analytical error for oxygen-18 is less than ± 0.10 ‰. Tritium is done by direct liquid scintillation counting where the errors are relatively large and are dependent on counting times. Because of the small sample size no enrichment was possible and therefore, the error is always given where tritium values are listed.

RESULTS AND DISCUSSION

Figure 1 (A to F) are plots of oxygen-18 contents versus depths. The tritium contents of samples analysed to date are also indicated. With the possible exception of hole 75-19-3, none of the holes reach the base of the permafrost.

Limited field data on the local recharge waters of the Mackenzie Valley suggest that modern waters have values in the range of -20 $^{o}/_{oo}$ to -24 $^{o}/_{oo}$ $\delta^{18}O$ SMOW and tritium values of 150 to 180 T.U. (tritium units, 1 T.U. = 10^{18} $^{3}H/^{1}H$). Analyses of the tritium in the permafrost water revealed that the tritium is generally associated with the higher oxygen-18 values. The highest tritium values (post bomb) occur within the top few feet of the ground surface. As a general observation one notes a decrease in oxygen-18 with depth which is especially clear in parts A, B and C of figure 1. The curves on these graphs can be subdivided into three sections. The upper zone represents water in isotopic equilibrium with modern waters and contains tritium. The lower zone of the curves represents older water which no longer contains tritium and is not in equilibrium with the modern waters. An intermediate zone may represent mixing of the water from the upper and lower zones. This preliminary interpretation differs from the one given by Mackay and Lavkulich (1975) who assumed that oxygen-18 differences in their samples were due to isotope effects which occur during freezing (Suzuoki and Kirmura, 1973).

The similarity of the graphs for parts B, C and D of figure 1 can be explained by the uniformity of grain sizes which are in the clay to silty clay range. The large sampling intervals in part B tends to smooth the shape of the curve. The upper boundary in parts B and C for the 'zone of mixing' mentioned earlier is at a depth of approximately 3 to 4 meters (10 to 13 feet) while the lower boundary is at approximately 8 to 9 meters (26 to 30 feet). The soil of the core represented in part D has the highest clay content of any and the upper boundary of the mixing zone is estimated to be at a depth of approximately 6 to 7 meters (20 to 23 feet).

The graph of core 75-2-1, part A of figure 1, indicates the presence of irregularities in the $\delta^{18}O$ values which were not visible in the cores discussed above. The grain size of this core varies between silty, fine sand and medium sand of post-glacial fluvial origin. The peaks are not related to changes in the lithology. The reverse trend in the lower part of the hole can only be speculated about, but may reflect the proximity to the base of the permafrost. The zone of mixing is poorly defined, probably as a result of the coarser grain size.

From the drill logs available, core 75-19-3 (part E) appears to most likely represent a ground condition where the temperature is near $0^{o}C$ throughout its entire depth. Several systematic changes in the oxygen-18 contents are preserved within the core. The lack of an oxygen-18 shift to more negative values is explainable by the age of the water in the permafrost. The presence of active groundwater systems is expressed by the numerous spring discharges in the area. These spring waters have $\delta^{18}O$ values in the range of -21.9 $^{o}/_{oo}$ to -23.4 $^{o}/_{oo}$ and an average value of -22.9 $^{o}/_{oo}$. The average $\delta^{18}O$ value of the permafrost is -22.5 $^{o}/_{oo}$ and supports the assumption that this water is derived from the active groundwater systems with some local precipitation recharge near the ground surface. The peaks are possibly the result of isotope effects created during freezing since a 2 to 3 $^{o}/_{oo}$ fractionation occurs between the solid and liquid water phases (Suzuoki and Kirmura, 1973).

Figure 1, part F is a graph of the detailed core sampling undertaken at Norman Wells. The total depth of penetration of the core is 1.85 meters (6.1 feet) and therefore represents only the very top of the permafrost in the area. Each sample was 2 to 3 cm (0.1 feet) in thickness. The detailed sampling illustrates the true complexity of the permafrost which is lost in the other cores.

The frost table on September 1st, 1976 was at 0.48 meters (1.6 feet). Oxygen-18 contents in the top portion of the permafrost are highly irregular. The overall trend, superimposed on cyclic variations, is towards more negative oxygen-18 contents with depth. At this time it is not known whether these cyclic variations are caused by isotope effects during freezing or whether they are due to the successive freezing of different water masses. The entire core consists of silt and clayey silt material.

The large isotope shifts with depth to $\delta^{18}O$ values as low as -31.5 $^{o}/_{oo}$ are probably not related to isotope effects occurring during freezing of water in a soil column, but reflect waters which infiltrated during colder climatic conditions and/or are related to glacial meltwaters. It is speculated that the existence of permafrost beneath the ice sheet of the Wisconsin Glacial is unlikely (Mackay and Black, 1973). The growth of permafrost would then have occurred after the retreat of the ice. By 10,000 years B.P., the Mackenzie Valley was completely ice free (Zoltai and Pettapiece, 1973) and glacial lakes, which covered the valley floor during the existence of ice dams further north, were draining. Subsequent permafrost aggradation locked the water of the saturated sediments in place. Corrected carbon-14 ages on the spring waters near the site of core 75-19-3 are in the order of 2,000 to 4,000 B.P. Their $\delta^{18}O$ values are close to values observed in contemporary permafrost and local shallow ground waters add support to the suggestion that the water in the permafrost with lower $\delta^{18}O$ values has been formed before that time, possibly during colder climatic conditions.

CONCLUSIONS

The usefulness of environmental isotopes in permafrost investigations has been documented through the data presented here. The following conclusions can be drawn as a result of the analyses carried out to date.

1) Post bomb tritium is in general associated with high $\delta^{18}O$ values and is found only at the surface.

2) Three zones of groundwater activity can be defined within the permafrost as:

a) an upper zone representative of modern precipitation recharge water

b) a lower inactive zone representative of old post-glacial water

c) an intermediate zone of mixing.

3) Contemporary permafrost containing tritium occurs to a greater depth in fine grained materials than in coarser grained aggregates.

4) comparison with spring data possibly indicates that the water within the inactive relic permafrost was emplaced several thousand years ago and represents either glacial meltwater or precipitations falling under colder climatic conditions than those encountered today.

ACKNOWLEDGEMENTS

The authors wish to thank Dr. F. C. Yip of Foothills Pipe Lines Ltd. and Mr. J. Roy of Klohn Leonoff Consultants Ltd. for making the core available for study. The assistance of Dr. R. O. Van Everdingen and Mr. J. A. Banner of Environment Canada during the detailed drilling program is greatly appreciated. Mr. S. Frape of Queen's University graciously supplied the squeezing equipment for use in this work. We also thank Mr. R. Drimmie, Mrs. J. Catterall, Mr. D. Killion and Mr. M. Day for their assistance in running the isotope analyses. For their drafting and typing services we thank Mrs. Maureen Maziarz and Mrs. M. Roberts.

This research was supported with funds from the Earth Physics Branch of Energy, Mines and Resources (WRI contract 606-12) and an NRC operating grant to P. F. (A7954).

REFERENCES

BROWN, R. J. E. 1970. Permafrost in Canada. University of Toronto Press, Toronto, 234 p.

MACKAY, J. R., and BLACK, R. F. 1973. Origin, Composition, and Structure of Perennially Frozen Ground and Ground Ice: A Review. Permafrost, North American Contribution, Second International Conference, National Academy of Sciences, Washington, pp. 185-192.

MACKAY, J. R., and LAVKULICH, L. M. 1975. Ionic and Oxygen Isotopic Fractionation in Permafrost Growth. Geol. Surv. Can. Paper 74-1, Part B, pp. 255-256.

PATTERSON, R. J., FRAPE, S. K., DYKES, L. S., and MCLEOD, A. 1977. A Coring and Squeezing Technique for the Detailed Study of Subsurface Water Chemistry. GAC, Vancouver.

SUZUOKI, T., and KIRMURA, T. 1973. D/H and $^{18}O/^{16}O$ Fractionation in Ice-Water System. Mass Spectroscopy, Vol. 21, No. 3, pp. 229-233.

WILLIAMS, J. R., and VAN EVERDINGEN, R. O. 1973. Groundwater Investigations in Permafrost Regions of North America: A Review. Permafrost, North American Contribution, Second International Conference, National Academy of Sciences, Washington, pp. 435-446.

ZOLTAI, S. C., and PETTAPIECE, W. W., 1973. Studies of Vegetation, Landform and Permafrost in the Mackenzie Valley: Terrain, Vegetation and Permafrost Relationships in the Northern Part of the Mackenzie Valley and Northern Yukon. Environmental-Social Program Northern Pipelines, Report No. 73-4, 105 p.

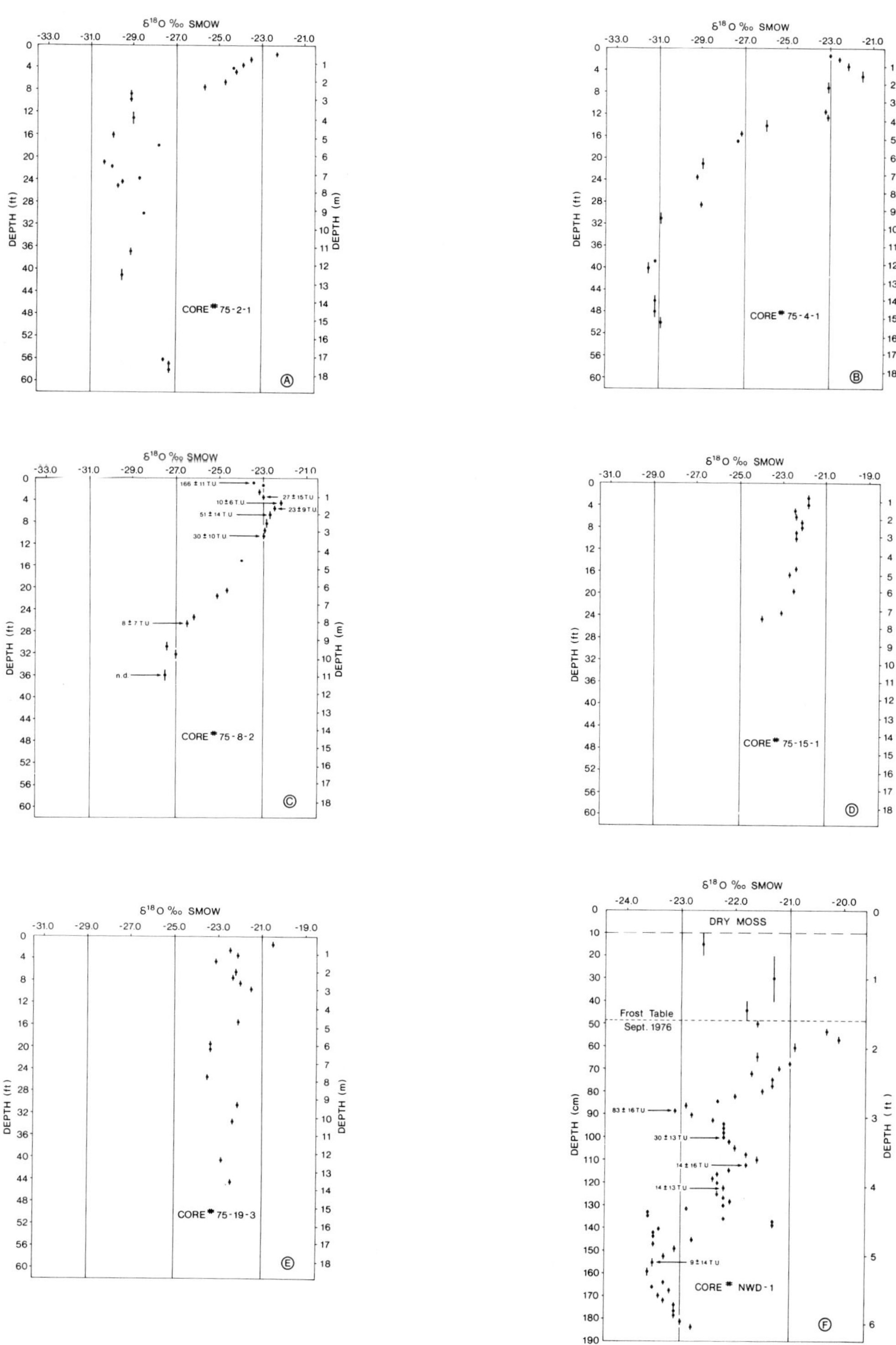

Figure 1: Oxygen-18 contents versus depths for six cores.
A) 75-2-1, sand and gravel to 1.7 m, fine sand to bottom.
B) 75-4-1, clay-silt till throughout except for gravel-sand till from 1.8 m to 3.7 m.
C) 75-8-2, peat to 1.8 m, sand to 2.7 m, clay to bottom.
D) 75-15-1, peat to 0.9 m, silt-clay to bottom.
E) 75-19-3, silt and sand to 4.9 m, silt and clay to bottom.
F) NWD-1, silt-sand to 0.93 m, sand-silt to 1.2 m, clay-silt to bottom.

LONG-TERM DYNAMICS OF GROUNDWATER ICINGS

N.N. Romanovskii, V.E. Afanasenko, Moscow State Univ.
M.M. Koreisha, Ind. and Res. Inst. for Eng. Surveys in Construction, Moscow, U.S.S.R.

Long-term cyclic (self-fluctuating) and induced changes are characteristics of the evolution of groundwater icings. The long-term dynamics of icings which determines their migration and geological activity is closely related to the talik regime. During the cyclic changes, the predominant factor in the interrelationship between icings and taliks is the thermal effect of the ice comprising the icings on the underlying earth materials. Short-period climatic fluctuations lead to the deformation of the development cycles of icings but the cyclicity itself is retained. The induced changes in the evolution of icings result from major changes in the environment: the degradation of ice in permafrost, or local effects of such factors as the latest movements and increased seismicity.

LA DYNAMIQUE À LONG TERME DES NALEDS DES EAUX SOUTERRAINES

N.N. Romanovskii, V.E. Afanasenko, Université d'État de Moscou,
M.M. Koreisha, Institut industriel et scientifique de recherches en génie civil, Moscou, URSS

Les variations pérennes cycliques (auto-oscillatoires) et orientées sont typiques de l'évolution des naleds ou dômes de glace formés par les eaux souterraines. La dynamique à long terme des glaces des naleds, qui détermine leur migration et leur activité géologique est étroitement liée au régime des taliks. L'action thermique du naled sur les roches sous-jacentes joue un rôle fondamental dans l'interrelation des naleds et des taliks lors de leur variations cycliques. La déformation des cycles de prise des eaux souterraines se produit sous l'influence de variations climatiques de courte période, mais la cyclicité même est conservée. Les variations orientées de l'évolution des naleds se produisent lors de modifications importantes du milieu naturel telles la dégradation du pergélisol, et de facteurs attribuables à l'influence locale tels les mouvements plus récents et l'augmentation de la séismicité.

МНОГОЛЕТНЯЯ ДИНАМИКА НАЛЕДЕЙ ПОДЗЕМНЫХ ВОД

Н.Н. Романовский, В.Е. Афанасенко Московский гос. университет, СССР
М.М. Корейша, Производ. и н.-и. ин-т по инженер. изысканиям в строительстве, Москва, СССР

Для эволюции наледей подземных вод характерны многолетние циклические (автоколебательные) и направленные изменения. Многолетняя динамика наледей, определяющая их миграцию и геологическую деятельность, тесно связана с режимом таликов. Ведущую роль во взаимосвязи наледей и таликов при их циклических изменениях играет тепловое воздействие наледного льда на подстилающие породы. Под воздействием короткопериодных климатических колебаний происходит деформация циклов развития наледей, но сама цикличность сохраняется. Направленные изменения в эволюции наледей происходят при существенных изменениях природной обстановки: деградации оледенения многолетнемерзлых пород, а также за счет локального действия таких факторов, как новейшие движения, повышенная сейсмичность.

МНОГОЛЕТНЯЯ ДИНАМИКА НАЛЕДЕЙ ПОДЗЕМНЫХ ВОД

Н.Н. Романовский, В.Е. Афанасенко М.М. Корейша

Московский государственный университет ПНИИИС, СССР

В последние годы в результате комплексных мерзлотно-гидрогеологических съемок и специальных исследований получен обширный материал, свидетельствующий об интенсивной многолетней и многовековой динамике наледей подземных вод, особенно глубокого подмерзлотного стока. Единичные случаи появления и исчезновения наледей, их смещения вниз или вверх по долинам, изменения их формы и размеров, объемов наледного льда были известны и ранее. Однако масштабы многолетней динамики наледей и геологические эффекты их деятельности оказались грандиозными и превзошли все, даже весьма смелые ожидания. Огромные территории, приуроченные к тектоническим межгорным впадинам Верхояно-Колымской горно-складчатой области и севера Байкальской горной области, долины рек в горных массивах хребтов Черского, Селенняхского, Сунтар-Хаята, Буордахском массиве, Становом нагорье и т.д., обработаны наледями. Поверхности тектонических впадин на больших площадях представляют собой системы плоских наледных полян, часто не связанных с долинами рек. Ряд наледных полян покрывается ежегодно наледями, другие представляют собой реликтовые формы. Долины рек, в днищах которых развиты наледи подземных вод, имеют четкообразную форму, где расширениям соответствуют наледные поляны.

Геологическая деятельность наледей приводит, с одной стороны, к боковой эрозии, и расширению днищ долин, с другой, к размыву и выносу дисперсных супесчано-суглинистых пойменных, флювиогляциальных, делювиальных и других отложений, залегающих в основании наледей. Вместе с тем на поверхность экспонируются песчаные и гравийногалечные русловые, ледниковые, водно-ледниковые, а также щебнисто-дресвяные склоновые отложения. Механизм действия наледей разобран П.Ф. Швецовым и В.П. Седовым, С.М. Фотиевым, Н.Н. Романовским и другими, в силу чего в настоящей работе не рассматривается. Обратим внимание только на то, что продукт деятельности наледей так называемый "наледный аллювий" представляет собой высококачественный материал для возведения насыпей дорог, хорошее основание для зданий, а сухие поверхности древних наледных полян весьма благоприятны для различного рода строительства. Однако условия для любого вида хозяйственной деятельности непосредственно в зоне наледообразования крайне неблагоприятны. Поэтому изучение причин и закономерностей миграции наледей имеет большой теоретический и практический интерес.

Исследование в различных типах гидрогеологических структур, в разной степени измененных глубоким многолетним промерзанием, с различным распределением водоносных таликов показало, что особенности формирования, режима, многолетней изменчивости наледей связаны, с одной стороны, с типом наледообразующих вод, а с другой с характером таликов, их генетическими особенностями, размерами, формой, соотношением различных категорий таликов в плане и в разрезе. Раскроем это положение на примере наледей подземных вод глубокого подмерзлотного стока, разгружающихся по напорно-фильтрационным таликам (рис. 1). Наиболее полный анализ закономерностей динамики удалось сделать для наиболее крупных наледей данного генезиса (Романовский и др., 1973).

Крайним случаем взаимоотношения талика и наледи является развитие последней над источником подземных вод, разгружающихся по гидрогеогенному напорно-фильтрационному талику. Необходимым условием для этого является развитие низкотемпературных мерзлых толщ и суровый климат. Источник выходит в центре наледи, образующей вокруг выхода купол, в середине которого имеется наледный бугор (рис. 1-I). Такая наледь под названием "озеро Гусиное" была обнаружена и изучена в Селенняхской впадине (Романовский и др., 1974) в условиях низкотемпературных ($t_{ср}$ -5, -7°C), мощных мерзлых толщ. Диаметр талика на поверхности составлял всего несколько метров. Максимальный расход источника летом был 66 л/с при температуре воды на выходе +0,2°C. В конце зимы он, видимо, снижался до 10-12 л/с. В зимние месяцы такие наледи предохраняют породы талика от промерзания. Воды выходят на поверхность наледи через трещины в наледном бугре. На источниках, прекращающих функционировать в конце зимы и начинающих действовать вновь весною, перекрывающие их наледи способствуют быстрому прорыву воды наверх за счет оттаивания наледного льда сверху и снизу, размывания при просачивании вдоль трещин и т.д.

При постоянстве из года в год режима источника подземных вод количество наледного льда, образующегося зимой, остается практически неизменным. Объем наледи меняется только в зависимости от того, какое количество льда не стаивает летом. В целом мало меняется и форма наледи.

Наиболее часто в суровых мерзлотных условиях ниже гидрогеогенного или гидрогенного (подруслового, пойменного и др.) напорно-фильтрационного талика существует грунтово-фильтрационный талик. Часть восходящих вод глубокого стока, прежде чем выйти на поверхность и образовать наледь, проходит по грунтово-фильтрационному талику. Поэтому последний как бы распределяет подземную воду по площади наледообразования. От его положения, размеров, протяженности, формы решающим образом зависят особенности наледи и характер изменения ее параметров в многолетнем плане.

Можно представить два основных случая: - когда грунтово-фильтрационный талик оканчивается слепо, переходя в сезонноталый слой, полностью промерзающий зимой (рис. 1-I), и когда сквозной или несквозной грунтово-фильтрационный талик протягивается непрерывной полосой, увеличиваясь вниз по сечению (рис. 1-1У). Между этими случаями имеется переходный, когда грунтово-фильтрационный талик зимой разобщается на систему изолированных таликов, где воды имеют ограниченные

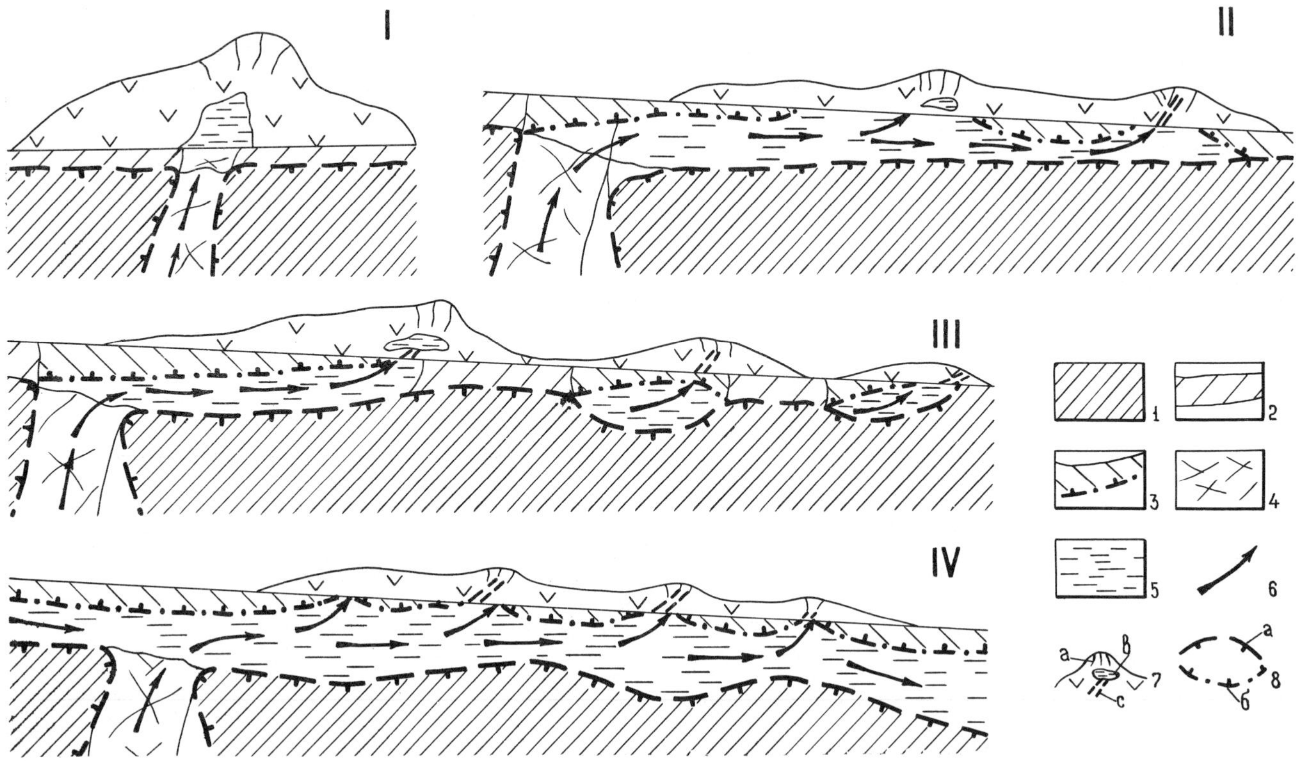

Рис. 1. Схема соотношения наледей подземных вод и водоносных таликов

1 – многолетнемерзлые породы; 2 – слой сезонного оттаивания; 3 – слой сезонного промерзания; 4 – напорно-фильтрационный талик в трещиноватых коренных породах; 5 – грунтово-фильтрационный талик; 6 – направление движения подземных вод; 7 – наледь: а – каналы в теле наледи, по которым выходит вода, в – линзы воды, с – трещины в наледных буграх; 8 – границы многолетнемерзлых пород (а) и слоя сезонного промерзания – протаивания (б)

статические запасы и застойный режим. За их счет могут образовываться только небольшие по размерам наледи (рис. 1-Ш).

Если под наледями имеются непрерывные грунтово-фильтрационные талики, сквозные или несквозные, размеры и форма наледных тел, объемы наледного льда испытывают из года в год значительные изменения, которые сильно зависят от климатических условий зим. В годы малоснежные, суровые, когда сезонное промерзание достигает многолетнего максимума, а сечение живого потока в грунтово-фильтрационных таликах становится наименьшим, наибольшая часть подземных вод выходит на поверхность и образует зимой большие наледи. Напротив, в годы с теплыми снежными зимами сезонное промерзание пород невелико, вследствие чего сечение таликов уменьшается незначительно, а на образование наледей идет небольшая часть подземных вод. В такие годы наледи имеют минимальные размеры или не образуются совсем.

В рассмотренном случае ежегодно меняются все параметры наледей, причем имеется отчетливая связь этих изменений с вариациями климата.

В другом случае при наличии ниже выхода на поверхность вод глубокого подмерзлотного стока "слепого" грунтово-фильтрационного талика ежегодно на образование наледей фактически расходуется одинаковое количество подземных вод. Различия из года в год обычно не превышают ошибки в измерениях объемов наледного льда. Они связаны главным образом с тем, что осенью часть вод ниже распределяющего талика успевает стекать по сезонно-протаивающему слою (СТС). В зависимости от сроков начала и конца промерзания СТС количество вод, вышедших из зоны наледообразования, может быть неодинаковым. Небольшие изменения объемов наледного льда могут быть связаны также с изменением сроков прекращения роста наледи весной.

Форма и местоположение наледей в анализируемом случае могут меняться весьма значительно, причем изменения носят периодический характер. Связано это преимущественно с двумя обстоятельствами. Во-первых, со смещениями, миграцией грунтово-фильтрационных таликов в бок, а также их дроблением, во-вторых, с изменением их длины. Последний процесс в значительной мере носит автоколебательный характер.

На рис. 2 приведена схема многолетней динамики Ойсордоохской гигантской наледи, находящейся в Селенняхской тектонической впадине на Северо-Востоке СССР. Впервые она была обследована в 1939 г. П.Ф. Швецовым и В.П. Седовым (1941), а повторно авторами совместно в мае-июне 1972 г. Дополнительное использование аэрофотосъемки ряда лет позволило установить, что положение наледного тела и мест, где мощность наледи была наибольшей в разные годы, положение каналов в наледном льду над грунтово-фильтрационными таликами непрерывно меняется. Добавим, что по данным А.С. Симакова, З.Г. Шильниковской, на аэрофотоснимках 1951 г. лед в пределах наледной поляны отсутствовал. Учитывая, что за лето в этом районе стаивает от 2,5-3 до 3,5-4 м льда, можно утверждать, что в 1951 г. мощность Ойсордоохской наледи не превышала 4 м. В 1972 г. толщина льда в центральной части наледи достигала 6-8 м, т.е. наледь такой мощности может стаять за 2-3 года, при том условии, что зимой лед дополнительно нарастать

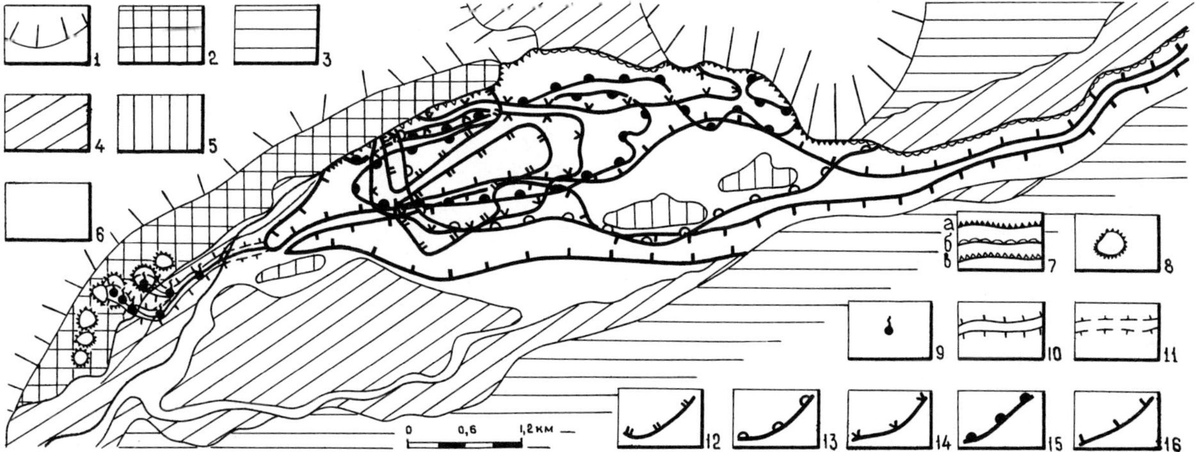

Рис. 2. Схема Ойсордоохской наледи

1 – склоны возвышенностей, сложенных коренными породами; 2 – высокая надпойменная терраса, сложенная супесчано-суглинистыми отложениями с сингенетическими повторно-жильными льдами; 3 – аллювиальная поверхность наиболее высокой древней наледной поляны; 4 – аллювиальная поверхность более низкой молодой наледной поляны, не покрывающаяся в настоящее время наледью; 5 – высокие "острова" на поверхности современной наледной поляны, покрытые угнетенной растительностью; 6 – поверхность современной наледной поляны, лишенная растительности и сложенная песчано-гравийно-галечными отложениями; 7 – уступы, эродируемые наледью; а – коренного склона; б – "древних" наледных полян, в – высокой надпойменной террасы; 8 – термоэрозионные западины; 9 – восходящие источники подземных вод; 10 – граница сквозных гидрогеогенных напорно-фильтрационных таликов; 11 – граница подруслового грунтово-фильтрационного талика; 12-16 – границы наледного льда; 12 – в 1951 г. (дата неизвестна), 13 – в середине июня 1939 г., 14 – 9 июля 1965 г., 15 – 11 июля 1964 г., 16 – 20 июля 1972 г.

не будет. Площадь наледи в 1939 г. составляла 5,85 км^2, а в 1972 г. 8,55 км^2, т.е. увеличилась примерно на 30%. Периодически ниже основного тела наледи появляется и исчезает вновь так называемый "наледный язык", протягивающийся по длине реки Ойсордоох до 10-12 км. Все это указывает на высокую динамичность гигантской наледи подземных вод глубокого подмерзлотного стока, существующей в очень суровых, мерзлотных и климатических условиях, а также на то, что многолетняя наледь периодически превращается в однолетнюю.

Прямые и косвенные (по растительности) наблюдения за многими гигантскими наледями подземных вод Северо-Востока СССР показывают, что периодически происходит смещение нижних частей наледи вниз и вверх по днищу долины, а также образование и исчезновение "наледных языков". Связано это с изменением длины распределяющего грунтово-фильтрационного талика при его взаимодействии с наледью. Сущность этого процесса заключается в следующем. Под телом наледи, имеющей мощность льда до 5-8 м, подземные и поверхностные потоки в значительной мере защищены от воздействия морозов. В результате замедленных теплопотерь двигающиеся воды способны отойти от места разгрузки на значительное расстояние. Летом при разрушении и таянии наледи грунтово-фильтрационный талик под руслом потока увеличивается в длину. Над ним в многолетнем наледном льду образуются сначала туннель, а потом "канал". Осенью наледным льдом заполняется в первую очередь "канал", предохраняя водные потоки от воздействия морозов. Вдоль "канала" образуется серия наледных бугров, через которые идет излияние воды на поверхность (рис. 3-I). От основного канала в стороны отходят второстепенные каналы и туннели, распределяющие наледную воду по поверхности наледообразования. Поскольку за лето талик стал длиннее, наледь начинает формироваться также ниже по долине (рис. 3-П). Сохранение такого направления процесса ведет в последующие годы к появлению и развитию "наледного языка" ниже основного наледного тела и уменьшению интенсивности наледообразования в пределах последнего. Это в свою очередь определяет общее увеличение площади и уменьшение толщины наледи (рис. 3-Ш). В конце концов мощность льда становится такой, что он успевает стаять за лето полностью или в значительной части. Как следствие исчезает предохраняющее влияние "каналов" в наледном льду. Поверхностный водоток, а затем и грунтово-фильтрационный талик в условиях плоской наледной поляны, не покрытой льдом, дробятся на несколько рукавов. В результате осенью воды в мелких, распластанных водотоках и маломощных несквозных грунтово-фильтрационных таликах под многочисленными руслами быстро охлаждаются, замерзают, образуя концентрированную, часто куполообразную наледь вблизи от выхода подземных вод на поверхность (рис. 3-1У). Грунтово-фильтрационный талик ниже основного наледного тела оказывается лишенным питания грунтовыми водами. Он распадается на систему изолированных таликов, а затем и промерзает. Образование наледи на месте его былого существования прекращается. После образования куполообразной наледи с многолетним льдом происходит концентрация раздробленных водотоков и маломощных грунтово-фильтрационных таликов в единый поток и талик. Связано это с тем, что зимой в "слепых" водотоках и таликах при достаточной мощности наледного льда сток прекращается. Давление воды при малых ее объемах не способно прорвать ледяной панцырь наледи и образовать наледный бугор, через который вода выходила бы на поверхность. В результате неподвижные воды в талике и каналах во льду промерзают, а поток вод направляется к главному руслу. Вдоль него образуется серия больших наледных бугров, и зимой, особенно в ее второй половине, идет основное наледообразование. В дальнейшем главный поток и талик под ним увеличиваются по длине и цикл повторяется.

Такие циклические (автоколебательные) изменения размеров и формы крупных наледей подземных вод приводят

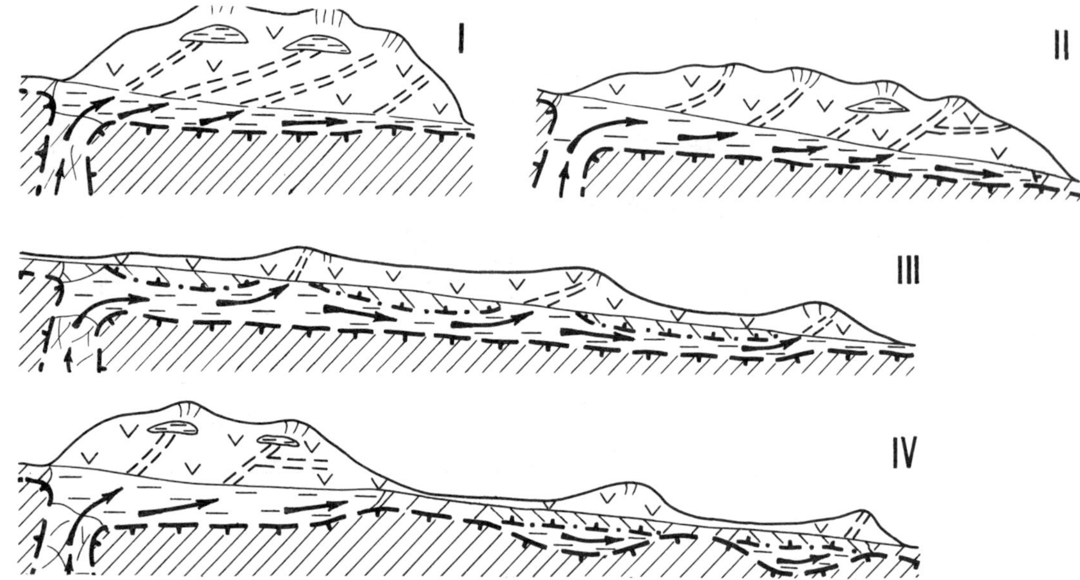

Рис. 3. Схема многолетних изменений длины грунтово-фильтрационного талика и наледи подземных вод в суровых мерзлотных и климатических условиях (обозначения те же, что на рис. 1).

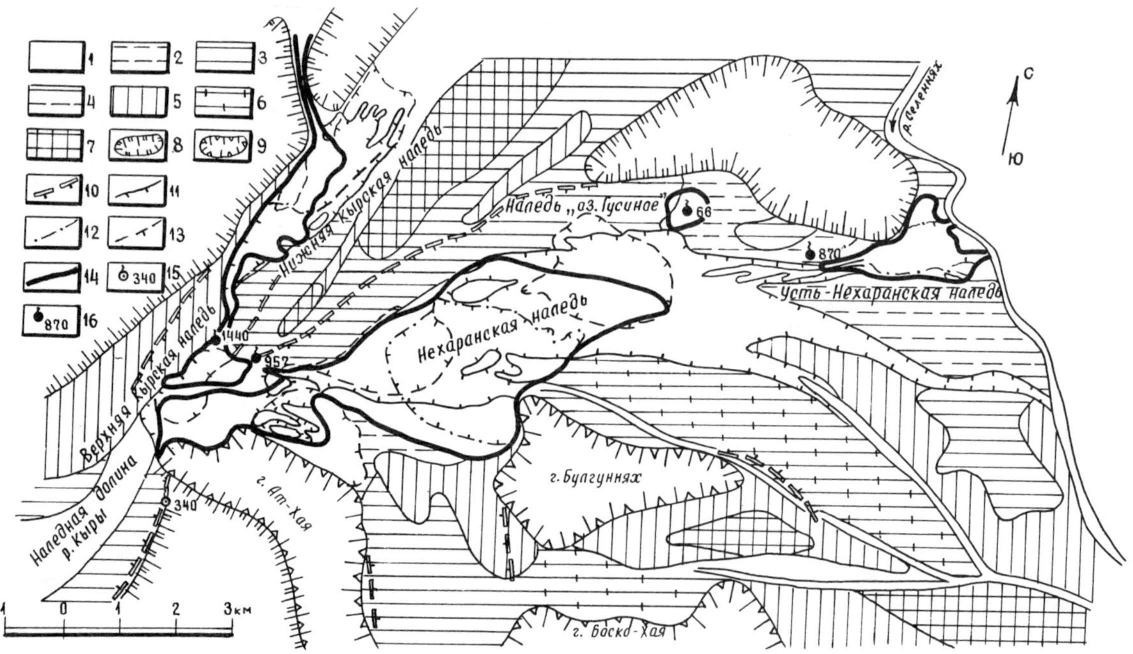

Рис. 4. Схема Кыро-Нехаранского наледного узла

Верхнечетвертичные и современные аллювиальные поверхности, подвергшиеся в разное время воздействию наледей: 1 – находящиеся под воздействием наледей в настоящее время; 2 – низкие террасы, со свежими следами воздействия наледей, но не покрывающиеся льдом сейчас; 3 – террасы с отчетливыми следами наледообразовательных процессов, в пределах которых активно развиты вторичные процессы; 4 – поверхности, имеющие переходной характер между 2 и 3; 5 – поверхности со следами наледей обработки, сильно затушеванные вторичными процессами; 6 – поверхности, имеющие переходной характер между 3 и 5; 7 – высокие поверхности со слабыми следами былого действия наледообразовательных процессов; 8 – верхнечетвертичные отложения "древней" аллювиальной равнины с сингенетическими повторно-жильными льдами; 9 – поверхности, сложенные коренными юрскими породами. Границы наледей в разные годы: 10 – декабрь 1868 г. (по Майделю), 11 – май 1939 г. (по Швецову и Седову), 12 – 11 июля 1964 г., 13 – 5 июля 1970 г., 14 – 18 мая 1972 г. Источники подземных вод глубокого стока и их дебит: 15 – прекратившие существование, 16 – существующие.

к периодическому переходу их из многолетних в однолетние и наоборот. В связи с чем следует выделять многолетние и однолетние наледи, промежуточную между ними разновидность – летующие наледи и соответствующие стадии развития одной и той же наледи подземных вод при определенном характере соотношения водоносных таликов.

Даже такая широко известная, одна из самых крупных наледей мира, как "Момская", очевидно, испытывает значительные циклические многолетние изменения, что, вероятно, отразилось в заметных расхождениях оценок ее площади в различных источниках – от 76 до 112 км^2. Во всяком случае известно, что в одни годы эта наледь перелетовывает на значительной площади, в другие – практически целиком растаивает уже в августе (Яковлев, Корейша, 1973). Сам автоколебательный характер изменений формы и площади наледи при достаточно суровом климате не связан с его многолетними колебаниями. Многолетние колебания средних годовых температур, амплитуд изменений температур в течение года, мощностей снежного покрова и т.д., несомненно, влияют на продолжительность циклов развития наледей, продолжительность стадий внутри циклов и т.д. Они деформируют циклический (автоколебательный) характер развития наледей, но не меняют его по существу. Для коренных изменений необходима глубокая перестройка мерзлотных условий.

Периодические изменения положения распределяющих таликов приводят в конечном итоге к существенному увеличению размеров наледных полян по сравнению с размерами самих наледей.

Помимо периодических, в природе широко известны направленные изменения. Они включают в нашем случае как появление, так и исчезновение таликов, выводящих подземные воды на поверхность, а также направленные перемещения таликов. Прекращение существования напорно-фильтрационных таликов и связанных с ними наледей было известно давно (Спрингис, 1961). Обнаружено оно и авторами при исследовании Кыра-Нехаранского наледного узла Селенняхской впадины (рис. 4). Так, не функционировал в 1972 г. источник подземных вод "Верхний", выходивший по гидрогеогенному напорно-фильтрационному талику под уступом коренного борта реки Кыры, выше г. Ат-Хая и питавший верхнюю кырскую наледь (Швецов, Седов, 1941). В прошлом источник имел дебит 340 л/с. В настоящее время сохранились выполненные галечником западины, где выходили воды, и сухое русло ручья.

Новообразование напорно-фильтрационных таликов и связанных с ними наледей было зафиксировано только в последние годы. Так, талик, образовавший наледь "озеро Гусиное" (см. рис. 4), возник совсем недавно на месте озерка "Гусиное", описанного П.Ф. Швецовым и В.П.Седовым в 1939 г.

Недавно, не более чем 100 лет назад, возник гидрогеогенный напорно-фильтрационный талик на склоне долины ручья "В ещего", правого притока р. Улахан-Кюэгюлюэр, в северной части хребта Кулар (Афанасенко и др., 1973). Талик, имеющий форму усеченного конуса, возник на месте пересечения двух крупных разломов северо-западного и северо-восточного направлений. Мощность окружающих талики многолетнемерзлых пород достигает 380-400 м, снижаясь в пределах наледных полян до 150-200 м. Дебит источников составляет 12-15 л/с, а объем льда достигает 340 м^3. Наледная поляна ниже источника покрыта остатками деревьев, которые росли здесь до образования талика и наледей. Оба упомянутых выше района имеют высокую сейсмичность (до 8 баллов). Прорыв подземных вод, видимо, произошел вследствие сейсмического толчка, обусловившего гидравлический удар. Новообразование напорно-фильтрационных таликов и наледей зафиксировано также в районе Станового нагорья, где известны землетрясения до 10 баллов.

Направленное смещение напорно-фильтрационных таликов установлено во многих районах Северо-Востока СССР. Особенно в пределах кайнозойских наложенных тектонических впадин, таких как Уяндинская, Момо-Селенняхская и др. Гидрогенные и гидрогеогенные напорно-фильтрационные талики, приуроченные к разрывным тектоническим нарушениям, ограничивающим впадины и рассекающим ее складчатый чехол, непрерывно смещаются, главным образом вдоль разрывных нарушений. Причиной смещений являются новейшие тектонические движения, которые, видимо, обусловливают изменения водопроницаемости пород в различных частях талика. Следствием этого является протаивание восходящими водами многолетнемерзлых пород одной из стенок талика, и соответственно промерзания той части талика, где движение вод прекращается. Вслед за напорно-фильтрационными таликами смещаются и наледи, оставляя за собой полосу террасированных наледных полян.

Примером своеобразного направленного развития и изменения наледей могут служить некоторые горные районы Северо-Востока и Забайкалья. Здесь в ходе деградации верхнеплейстоценового оледенения наледи занимали освобождавшиеся ледниками троговые долины. Направленная эволюция наледей оказалась теснейшим образом связанной с эволюцией оледенения.

Троговые долины в районах недавнего горного верхнеплейстоценового оледенения претерпевают сильную и весьма своеобразную обработку наледями. Очень часто наледи и наледные поляны находятся на участках переуглублений ледниковых долин, расположенных выше моренно-ригельных комплексов, и выполненных толщами грубообломочных ледниковых и водно-ледниковых отложений. По периферии горных сооружений наледные поляны или являются реликтовыми или покрываются современными наледями на весьма небольшой своей части. С другой стороны, в средней и верхней частях троговых долин формируются современные наледи, многие из которых заполняют днища целиком и приводят к активному их расширению (Некрасов и др., 1976).

Масштабы миграции наледей под действием как направленных, так и циклических изменений представлены на рис. 4. Здесь хорошо видны не только современные многолетние смещения ледяных полей, но и целая серия наледных полян различного, более древнего, возраста.

Исследование многолетней динамики наледей подземных вод убедило нас в том, что теория долгосрочного прогноза наледеобразования для различных практических, инженерных задач остро нуждается в конкретных оценках соответствующих процессов и явлений, в первую очередь особенностей циклической (автоколебания) и направленной эволюции наледей. Палеогеографические реконструкции природы районов развития наледей также не могут быть достаточно полными и достоверными без учета динамики наледей, их геологической и ландшафтнообразующей деятельности.

ЛИТЕРАТУРА

АФАНАСЕНКО В.Е., БУЛДОВИЧ С.Н., РОМАНОВСКИЙ Н.Н. 1973. О проявлениях минеральных вод в северной части Куларского хребта. – "Бюлл. МОИП", отд. геол. т. Х/УШ (6), с. 91-102.

НЕКРАСОВ И.А., РОМАНОВСКИЙ Н.Н., КЛИМОВСКИЙ И.В., ШЕЙНКМАН В.С. 1976. Роль наледей в морфологии ледниковых долин хребта Черского. – В кн.: Гидрогеологические исследования криолитозоны. Якутск, с. 83-92.

РОМАНОВСКИЙ Н.Н., АФАНАСЕНКО В.Е., КОРЕЙША М.М., 1973. Динамика и геологическая деятельность гигантских наледей Селенняхской тектонической впадины. - "Вестн. МГУ, Сер. геол." № 6, с. 52-74.

РОМАНОВСКИЙ Н.Н., АФАНАСЕНКО В.Е., КОРЕЙША М.М. 1974. Наледь "Озеро Гусиное". - В кн.: Мерзлотные исследования, вып. 14. Изд-во МГУ, с. 105-108.

СПРИНГИС К.Я. 1961. Некоторые признаки проявления тектонических движений в Верхояно-Колымской складчатой области. - В кн.: Неотектоника СССР. Рига, Изд-во АН Латв.ССР, с. 223-229.

ШВЕЦОВ П.Ф., СЕДОВ В.П. 1941. Гигантские наледи и подземные воды хребта Тас-Хаяхтах. М., Изд-во АН СССР, 81 с.

ЯКОВЛЕВ О.Н., КОРЕЙША М.М. 1973. Мерзлотно-гидрогеологические исследования в районе Момо-Зырянской наложенной впадины. В кн.: Инженерные изыскания в строительстве, сер. П. Геокриологические исследования, вып. 7 (25). М., с. 34-37.

ENERGY FLUXES RELATED TO THE YEARLY PHASE CHANGES OF WATER IN TUNDRA

B.E. Rydén, Hydrological Department, University of Uppsala, Uppsala, Sweden

Hydrological investigations within the Tundra Biome project of the Swedish part of IBP have focused on water balance estimations and the periodic freeze and thaw in a permafrost landscape. Based on 3-7 years of monitoring hydrological and meteorological variables, preliminary calculations are presented as regards energy exchange through the yearly phase changes.

CORRÉLATION ENTRE LE FLUX ÉNERGÉTIQUE ET LES VARIATIONS ANNUELLES DE PHASE SUBIS PAR L'EAU DANS LA TOUNDRA

B. E. Rydén, Département d'hydrologie, Université d'Uppsala, Uppsala, Suède.

Les études hydrologiques, effectuées dans le cadre du projet relatif aux biomes de toundra (International Biome Program), auquel contribue la Suède, ont porté principalement sur les évaluations du bilan hydrologique, et les cycles de gel et de dégel dans une région de pergélisol. Des calculs préliminaires, basés sur 3 à 7 années de relevés des variables hydrologiques et météorologiques, décrivent les transferts énergétiques qui ont lieu au cours des variations annuelles de phase.

ПОТОКИ ЭНЕРГИИ, ОБУСЛОВЛЕННЫЕ ГОДОВЫМИ ИЗМЕНЕНИЯМИ ФАЗОВОГО СОСТОЯНИЯ ВОДЫ В ТУНДРЕ

Гидрологические исследования, проводимые в рамках проекта "Тундровый биом" в Швеции, включали в себя определение водного баланса и глубины периодического промерзания и оттаивания грунтов в зонах многолетней мерзлоты. На основе измерений гидрологических и метеорологических параметров за период 3-7 лет проведены предварительные расчеты энергообмена при годовых изменениях фазового состояния воды.

ENERGY FLUXES RELATED TO THE YEARLY PHASE CHANGES OF WATER IN TUNDRA

B. E. RYDÉN

Hydrology Department, University of Uppsala, P. O. Box 554, S-751 22 Upsala, Sweden

INTRODUCTION

Within the Swedish Tundra Investigation, attention has been paid to hydrodynamics and thermodynamics of the periodic freeze and thaw. The surface layer of almost undecomposed peat shows strong variations in temperature gradients and water content. The energy income through global radiation is related to the energy-consuming processes, viz. evaporation; sublimation; thaw and melt; and heating of snow, ground and air.

THE SITE AND ITS REGIME

The following is a summary of calculations on the energy consumptions through hydrological processes at a tundra mire, Stordalen, Abisko, in northernmost Sweden. The field studies were performed from 1970 to 1976 within the Tundra Biome project of International Biological Programme (IBP).

Temperatures of air and soil were recorded by platinum sensors and Aanderaa dataloggers, radiation components by Moll-Gorczynski pyranometers and a Robitzsch actinograph. Thaw depts were observed by the Gandahl(1957) frost depth meter and the soil moisture content gravimetically examined. Other climatic variables were recorded by meteorological standard instruments. (See further Rydén and Kostov, 1977).

With regard to climate, the frequent warm, moisture-bearing westerlies and southwesterlies make for a relatively mild growing season and, in addition, the leeward effects on the eastern side of the Scandinavian water divide result in a reduction of cloud cover and an increase in energy income (Skartveit *et al.*, 1975). The site is located within the global region of discontinuous permafrost and soils are dominated by peat over mineral soil, mostly silt. The yearly snow cover over the whole mire (Fig. 1) averages 10-15 cm, whereas in depressions about 30 cm accumulate. The windblown, exposed, elevated areas are often bare through the winter. They are thus important for the cold content of the mire prior to snowmelt and thaw. Snowmelt occurs during April and May followed by thaw to a maximum depth of 100 cm, which is not achieved until next winter (Fig. 2). Refreezing normally begins in October (Rydén and Kostov 1977).

The annual figures of the water balance variables, Table 1, show magnitudes similar to the figures (calculated) for another sub-artic site, Agapa, USSR. The moistures exchange of Stordalen is, for natural reasons, greater than that of artic sites such as Devon Island, N.W.T.; or Barrow, Alaska.

TABLE 1 Water Balance Variables of Tundra Sites (mm)

	P	R	E
Devon Island, N. W. T.	185	84	101
Barrow, Alaska	175	103	72
Agapa, U. S. S. R.	344	ca 230	ca 115
Stordalen, Sweden	330	170	160

From Rydén (1977b)

ENERGY CONSUMPTION

The basic energy balance equation

$$R_n + H + G + LE = 0 \qquad (1)$$

shows the balance between the net radiation R_n, the eddy sensible heat flux H, the heat flux into ground G, and the latent heat flux LE. The term G corresponds to the heating of the snow pack to $0^{o}C$, G_s, and the heating of the soil, G_g, first to $0^{o}C$ and later to summer temperatures. The term LE involves the phase changes when snow melts and sublimates, E_s, the thaw of the ground E_g, and the evaporation of the soil water E_w. Thus the term LE represents the ablation of the snow pack and the transformation of the frozen surface soil to an active layer.
Latent heat of sublimation L_{iv} and of fusion of ice L_{il} are taken as 680 and 80 cal g^{-1}, respectively. Thus latent heat of evaporation, L_{lv}, equals 600 cal g^{-1}. Specific heat of peaty soils c_p cal cm^{-3} $degree^{-1}$, is calculated through

$$c_p = c \cdot \rho + c_w \cdot \frac{w}{100} \qquad (2)$$

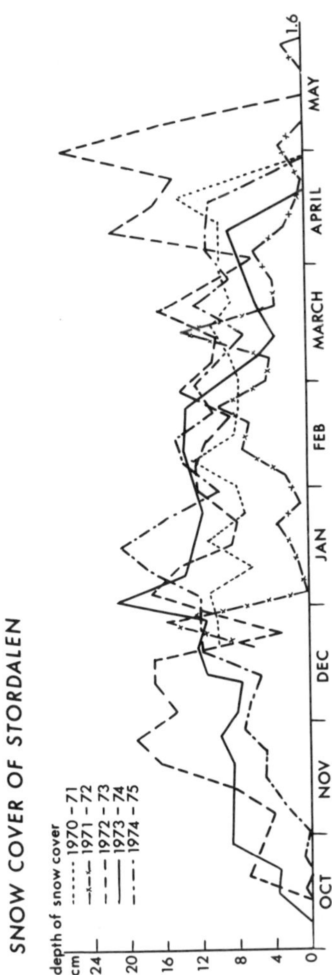

Fig 1. Snow cover presented as weekly averages of 10 selected points across the mire. The time for disappearance of snow varies from mid April to Mid May.

where c_1 is the specific heat of dry peat, cal g^{-1} degree^{-1}, ρ is its density, g cm^{-3}, c_w the specific heat of water, cal cm^{-3} degree, and w the volumetric moisture content expressed in percent (cf Andersson 1964). The product $c\rho$ equals at Stordalen 0,02-0,04, the heat capacity of soil considered. Thus the property of specific heat varies almost entirely with the water content (w). Specific heat of mineral soil is calculated through an expression of a similar type, although at Stordalen the heat capacity $c\rho$ equals 0,47 cal cm^{-3} degree^{-1}, as an average.

The contributions to the energy exchange due to advection and biotic processes are neglected. The order of magnitude of advection heat as produced by rain is calculated through

$$H_r = c_w \cdot d \cdot \rho_w \cdot \Delta T \qquad (3)$$

where c_w is the specific heat of water, d, the depth of rainfall; ρ_w, the density of water, and ΔT, the temperature difference between rain and soil surface (Eagleson 1970).

The eddy sensible heat flux can be calculated (Lettau, 1949) from

$$Q = \rho \, C_p \, A \cdot \frac{d\theta}{dz} \qquad (4)$$

where

$$A = \frac{k \, u_* \, z}{(1 + R_i)^2} \qquad (5)$$

In the equation, ρ is density of air, C_p specific heat of air at constant pressure, A the exchange coefficient, θ potential temperature, z the height above ground, K von Kármán's constant, u_* friction velocity, and R_i Richardson's number. The wind profiles from Stordalen in summer show a logarithmic increase with height. The air is thus expected to be approximately neutrally stratified, the conditions for which equation (5) is valid. Although the necessary data are not complete for a whole growing season, an approach analogous to the computation for Barrow (Weller and Holmgren, 1974) has been applied. Relationships are derived from energy exchange data at tundra sites of Norway (Skartveit et al., 1975), Canadian Arctic (Addison, 1977) and Alaska (Weller and Holmgren, 1974).

RESULTS

Energy studies of a tundra surface appear to be well guided by the yearly periods that have been applied by Weller and Holmgren (1974). The system of division emphazises the snowmelt as the dominating period when most physical properties change. Thus,

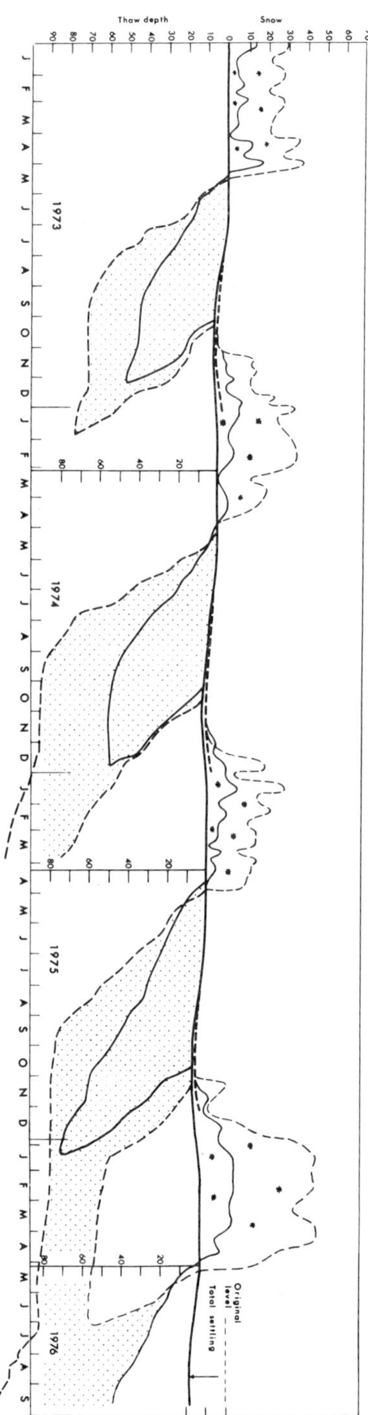

Fig 2. Thaw period length and refreezing at two subsites, a hummock (solid line), well drained after snowmelt, and a depression (dotted line), wet throughout the growing season but, after snowmelt, only temporarily standing water. Note the heat flux downwards at the same time that mid-winter prevails above.

beginning in late winter the premelting period is followed by snowmelt, postmelting and midsummer, whereas the reverse processes start during the period of freezing that transfers the landscape into winter. (The orginally suggested term "freeze-up" is repeatedly misunderstood in Scandinavia, thus this period of the year is referred to as the freezing period). The present paper considers the part of the year that starts in February and ends in late September, i. e. beginning with the premelt and ending when freezing starts.

The following tabulated estimates of energy consumption are based on data and syntheses as regards the Tundra Biome presented by the present author, partly together with various co-authors, viz, Skartveit et al. (1975), Rosswall et al. (1975), Rydén (1977a) and Rydén and Kostov (1977). Snow evaporation is calculated according to Konstantinov (1963) as shown by the present author (op. cit.).

TABLE 2 Energy consumption through hydrological processes

Pre-Melt, February and March

Heating of snow	125 cal cm^{-2}
Sublimation of snow	705
Heating of ground	180
Sensible heat	40
Total consumed	1050 cal cm^{-2}
Global radiation	5767 " "

Albedo 0,83

Snow-Melt, April

Sublimation of snow	705 cal cm^{-2}
Melting of snow	2315
Sensible heat	1330
Thaw of soil	120
Evaporation	1800
Total consumed	6270 cal cm^{-2}
Global radiation	7194 " "

Albedo 0,13

Post-Melt and Mid-Summer, May-Sept (incl.)

Evaporation	5640 cal cm^{-2}
Thaw	3540
Heating of soil	450
Sensible heat	16650
Total consumed	26230 cal cm^{-2}
Global radiation	33963 " "

Albedo 0,23

DISCUSSION

The three full years of observation in Fig. 1 show that ablation and thaw processes in total require an amount of energy that equals approximately 33550 cal cm^{-2}. The sources of this energy income are global radiation and advection heat, i.e. heat transferred by rain and air.

The relative magnitude of heat transported by rain to this area could be estimated in the following way. Approximately 53% of the summer rainfall depth at Stordalen arrived from the sector SW-S-E, which might illustrate the portion of rain that is warmer than the ground. This portion equals 60 mm. Accordingly, if the average temperature differences between ground and air are 1^0 C and 5^0 C, the energy amounts transferred equal 6 cal cm^{-2} and 30 cal cm^{-2}, respectively. If refreezing occurs, the supply from, e.g., 10 mm rainfall of 0^0 C equals 80 cal cm^{-2}. Such rainfall may remove part or all of the cold content of a snowpack (Eagleson, 1970) or of an upper horizon of frozen soil. Thus, the energy provided by this phase change of water is small compared with radiation income (Table 2), but not negligible during the snowmelt period.

Since the total global radiation recorded at Stordalen is approximately 47 000 cal and the total consumed energy equals 33 550, during the actual seasons, one arrives at an average albedo of 0,22. The albedos separated into the above periods are, however, a better description of energy fluxes, viz. 83% reflected from the winter snow cover, 13% from the melting snow and partly bare ground, and 23% incoming radiation reflected by the mat of tundra vegetation.

The calculations on energy consumption, Table 2, are based on data from the intensively studied depression site (Fig. 2, dotted curves). The depression collects water and remains saturated throughout the snowmelt. Standing water occur during most of this period. To some extent this fact explains the fairly low albedo of 13%, only. As reported from Alaskan tundra (Weller and Holmgren, 1974) the albedo shows a continuous decrease through the snowmelt to a lowest value of 15%. The tundra albedo of Barrow, however, refers to a larger area which includes both water-filled and well drained spots. The intensively studied depression at Stordalen is markedly wetter.

CONCLUSIONS

Among the Tundra Biome sites referred, the water balance variables at Stordalen show relatively great annual exchange of water, which might imply also a greater energy exchange. Energy fluxes through evaporation and radiation play a dominant role compared with that of rainfall transfer or refreezing.

The seasons suggested by Weller and Holmgren (op. cit.) seem to be an excellent division also of the Stordalen climate conditions. The calculations of energy consumption related to the yearly phase changes of water show significant differences between the seasons. Apart from reflected energy, the snow sublimation represents the largest part of energy consumption at the surface during the premelt period. During snowmelt all items increase in magnitude, maximum fluxes of energy are involved in melting and evaporation. The following period, the snowfree part of the growing season, shows considerable increase, as expected, of the energy flux related to evaporation and sensible heat.

Albedo can be found from the ratio of consumed to received energy. Thus the albedo of the snow covered tundra surface at Stordalen averages 0,83. The oversaturated surface of mixed snow, standing water and soaked peat shows an albedo of 0,13. Finally, the growing season with a vegetation dominated by Sphagnum moss is found to reflect 23 % of the incoming radiant energy.

ACKNOWLEDGMENT

The autor is very grateful to Mr. Lubtcho Kostov, Civ. eng., for constructive co-operation throughout the evaluation of the Tundra Biome studies.

REFERENCES

ADDISON, P.A. (1977): Studies on evapotranspiration and energy budgets on the Truelove Lowland. - In: BLISS, L.C. (ed.) Truelove Lowland, Devon Island, Canada: A High Arctic Ecosystem. Edmonton: University of Alberta Press.

ANDERSSON, S. (1964): Markfysikaliska undersökningar i odlad jord. XV: Undersökning av tjälbildning, tjäldjup och tjälavsmältning i olika åkermarker med och utan naturligt snötäcke. (Investigations on frost formation, frost depth and thaw in different cultivated areas with or without natural snowcover.) Grundförbättring, Vol. 17, pp. 187-216. (In Swedish.)

EAGLESON, Peter S. (1970): Dynamic Hydrology. McGraw Hill Company, New York.

GANDAHL, R. (1957): Bestämning av tjälgräns i mark med enkel typ av tjälgränsmätare. (Estimations of frost depth by means of a simple frost depth meter.) Grundförbättring, Vol 10, pp. 7-19. (In Swedish.)

KONSTANTINOV, A.R. (1963): Evaporation in Nature. Transl. from Russian. Jerusalem 1966. 523 pp.

LETTAU, J. (1949): Isotopic and non-isotopic turbulence in the atmosphere surface layer. Geophys. Res. Paper, No. 1, AFCRL. 86 pp.

ROSSWALL, T., J.K.G. FLOWER-ELLIS, L.G. JOHANSSON, S. JONSSON, B.E. RYDÉN and M. SONESSON (1975): Stordalen (Abisko), Sweden. - In: Structure and Function of Tundra Ecosystems, ROSSWALL, T. and O.W. HEAL (eds.). Ecol. Bull. Vol. 20:265-294.

RYDÉN, B.E. (1977a): Hydrology of the Truelove Lowland. - In: BLISS, L.C. (ed.), Truelove Lowland, Devon Island, Canada: A High Arctic Ecosystem. Edmonton: University of Alberta Press.

RYDÉN, N.E. (1977b): Hydrology of tundra. - In: MOORE, J.J. and JONSSON, S. (eds.) Comparative Analysis of Tundra Ecosystem. Cambridge University Press.

RYDÉN, B.E. and L. KOSTOV (1977): Thaw-freeze cycle of Tundra. pp 40 appr. - In: Ecology of a Subarctic Mire. M. SONESSON (ed.) Bull. No. 26. Stockholm: Swedish Natural Science Research Council. 220 pp.

SKARTVEIT, A., RYDÉN, B.E. and KÄRENLAMPI, L. (1975): Climate and Hydrology of Some Fennoscandian Tundra Ecosystems. In: Wielgolaski, F.E. (ed.) Fennoscandian Tundra Ecosystems. Part 1. Plants and Microorganisms, pp 41-53. Berlin-Heidelberg-New York: Springer Verlag.

WELLER, G. and B. HOLMGREN (1974): The microclimates of the arctic tundra. J. Appl. Meteorol. 13: 854-862.

IMPACT OF INTERRUPTING SUBSURFACE FLOW IN THE NORTHERN BOREAL FOREST

E.D. Soulis, Northern Engineering Services Co. Ltd., Calgary, Alta., Canada
D.E. Reid, R.M. Hardy and Associates Limited, Calgary, Alta., Canada

To study the effect of interrupting flow in the active layer in permafrost regions, an impermeable barrier was constructed in July 1975 across 12m of a 7.1% slope near Chick Lake, N.W.T. To detect possible thermal, hydrologic, and vegetation changes upslope and downslope active layer, water table, and plant cover were measured during the summer of 1975 and 1976. The average maximum depth of thaw of 44cm for the two years was unaffected but by August 1976 there was a difference in water levels of 5.6 cm and a measureable increase in downslope standing dead plant cover, primarily on Labrador tea, lingonberry and dwarf horsetail.

Water balance considerations and permeability tests, which indicate the product of the permeability and porosity of the active layer declines exponentially with depth, are shown to predict a long-term difference in water levels of 15.7cm.

EFFETS DE L'INTERRUPTION DE L'ÉCOULEMENT SOUTERRAIN DANS LA FORÊT BORÉALE DU GRAND NORD

Pour étudier les conséquences que peut avoir l'interruption de l'écoulement dans le mollisol, dans les régions de pergélisol, on a construit en juillet 1975 une barrière imperméable de 12 m de long sur une pente de 7.1%, près du lac Chick, T.N.-O. Pour détecter d'éventuelles modifications thermiques, hydrologiques, et de la végétation, on a évalué les caractéristiques du mollisol dans les parties supérieures et inférieures de la pente, et celles du niveau phréatique et de la couverture végétale, au cours des étés 1975 et 1976. La profondeur maximale de dégel, égale en moyenne à 44 cm pour ces deux années, n'a pas varié, mais en août 1976, on a constaté une variation de 5.6 cm du niveau phréatique, et un accroissement mesurable au bas de la pente de la couverture végétale morte et restée en place; cette couverture végétale est en particulier constituée de thé du Labrador, d'airelle ponctuée et de prêle nain.
Les considérations relatives au bilan hydrologique, et les essais de perméabilité, qui indiquent que le produit de la perméabilité et de la porosité du mollisol décline de façon exponentielle avec la profondeur, permettent de prédire à long terme une variation du niveau phréatique égale à 15.7 cm.

ВЛИЯНИЕ ПЕРЕКРЫТИЯ ПОТОКА ГРУНТОВЫХ ВОД В СЕВЕРНЫХ БОРЕАЛЬНЫХ ЛЕСАХ

Для изучения влияния перекрытия потока грунтовых вод в деятельном слое в районах многолетней мерзлоты в июле 1975 года в районе озера Чик /Северо-Западные территории/ был построен водонепроницаемый барьер длиной 12 м на участке с уклоном 7,1%. Для обнаружения возможных изменений в термальных и гидрологических условиях и растительном покрове вверх и вниз по склону были проведены исследования деятельного слоя, уровня грунтовых вод и растительного покрова в летний период 1975 и 1976 годов. Средняя максимальная глубина протаивания /44 см/ за два года не менялась, но к августу 1976 года была обнаружена разница в уровне грунтовых вод, составившая 5,6 см, а также заметное увеличение массы стоячей мертвой растительности внизу склона, главным образом Лабрадорского чая, клюквы и карликового хвоща. Водный баланс и испытания на проницаемость, показавшие, что величина произведения проницаемости на пористость деятельного слоя экспоненциально уменьшается с глубиной, позволяют предсказать изменение уровня вод на 15,7 см за продолжительный период времени.

IMPACT OF INTERRUPTING SUBSURFACE FLOW IN THE NORTHERN BOREAL FOREST

E.D. Soulis and D.E. Reid

Northern Engineering Services Company Limited
R.M. Hardy and Associates Limited, Calgary, Alberta

INTRODUCTION

Concern has been expressed (Zoltai and Pettapiece 1973, P.A.A.G. 1974) that placement and operation of a chilled (<0°C) natural gas pipeline in the transverse position on gentle slopes in permafrost regions might significantly alter the downslope hydrologic and thermal regime leading to attendant changes in vegetation. This possibility is being investigated jointly by Northern Engineering Services Co. Ltd. (hydrology) and R.M. Hardy & Associates (vegetation) for Canadian Arctic Gas Study Limited.

In July, 1975 a barrier to subsurface and surface flow was constructed and the impact on water levels, active layer thickness and vegetation in the vicinity of the barrier has been recorded since that time. In this paper, the results of the first two years of monitoring are presented, a prediction of the long term hydrologic impact is developed and the possible impact on vegetation is discussed.

The study area is located in a lake basin in the central Mackenzie Valley about 80 km northwest of Norman Wells, at approximately 65°52'N and 128°07'W (Fig. 1). The basin is surrounded by the rugged terrain of the Franklin Mountains where elevations range from 145 m at lake level to 960 m on top of Gibson Ridge. The climate is dry continental characterized by short cool summers, long cold winters, and low precipitation. The average annual temperature of -6°C places the area in the northern portion of the discontinuous permafrost zone. The average annual precipitation is about 23 cm (Burns 1973). The lake basin is underlain by Cretaceous shale and folded and faulted Devonian Limestone. During the Pleistocene, glacier ice completely covered the area, having moved northwesterly from the Canadian Shield eroding till and bedrock to produce a series of grooves and parallel ridges. Later when meltwater covered the area, lacustrine clays and silts were deposited.

The study plot is on a moderate 7.1% slope on the south side of Chick Lake (Fig. 1), within a till landform representative of the type of terrain most likely to be affected by the interruption of flow. The dominant phase of this terrain type results from a surface modification of gentle to moderate slopes by sheetwash drainage and associated slopewash deposits. The top stratum of ice-rich poorly sorted silty clay and silty sand layers with thin organic surface layers is generally less than 2 m thick, but may reach 4 m locally. The associated drainage produces a fine textured pattern of rills and interfluves.

The soil surface is weakly to moderately hummocky (hummock diameter 50 to 100 cm, height 25 to 40 cm), and drainage is generally imperfect on the hummocks and poor in the depressions between hummocks. Permafrost is found throughout the study area, with an average maximum depth of thaw in 1975 and 1976 of 44 cm, confined mainly to the surface organic layers.

The vegetation consists of an open black spruce forest with abundant shrubs and lichens. The type is distinguished by the short, often uneven, and open appearance of the stands through which a light-colored ground cover dominated by blueberry *(Vaccinium uliginosum)*, Labrador tea *(Ledum groelandicum)*, and lichens *(Cladina spp.)* are visible (Gubbe and Janz 1974).

METHODS

The barrier to flow consisted of a plastic-lined ditch constructed perpendicular to the slope (Fig. 2). A double plastic liner, 6 mil thickness, buried below the depth of seasonal thaw interrupted subsurface flow (Fig. 3). The liner was stretched over the backfill material to interrupt surface flow and to prevent erosion of the backfill. Granular styrofoam insulation was placed in the trench in heavy plastic bags to control thermal degradation.

The purpose of the ditch was to isolate the downslope portion of the study plot from inflow from the upslope portion. To minimize flow around the ditch ends the ditch was extended about 5 m beyond each side of the study plot. In addition, the centre line of the study plot parallel to the slope was located on a slight ridge up to 5 cm higher than the edges of the plot.

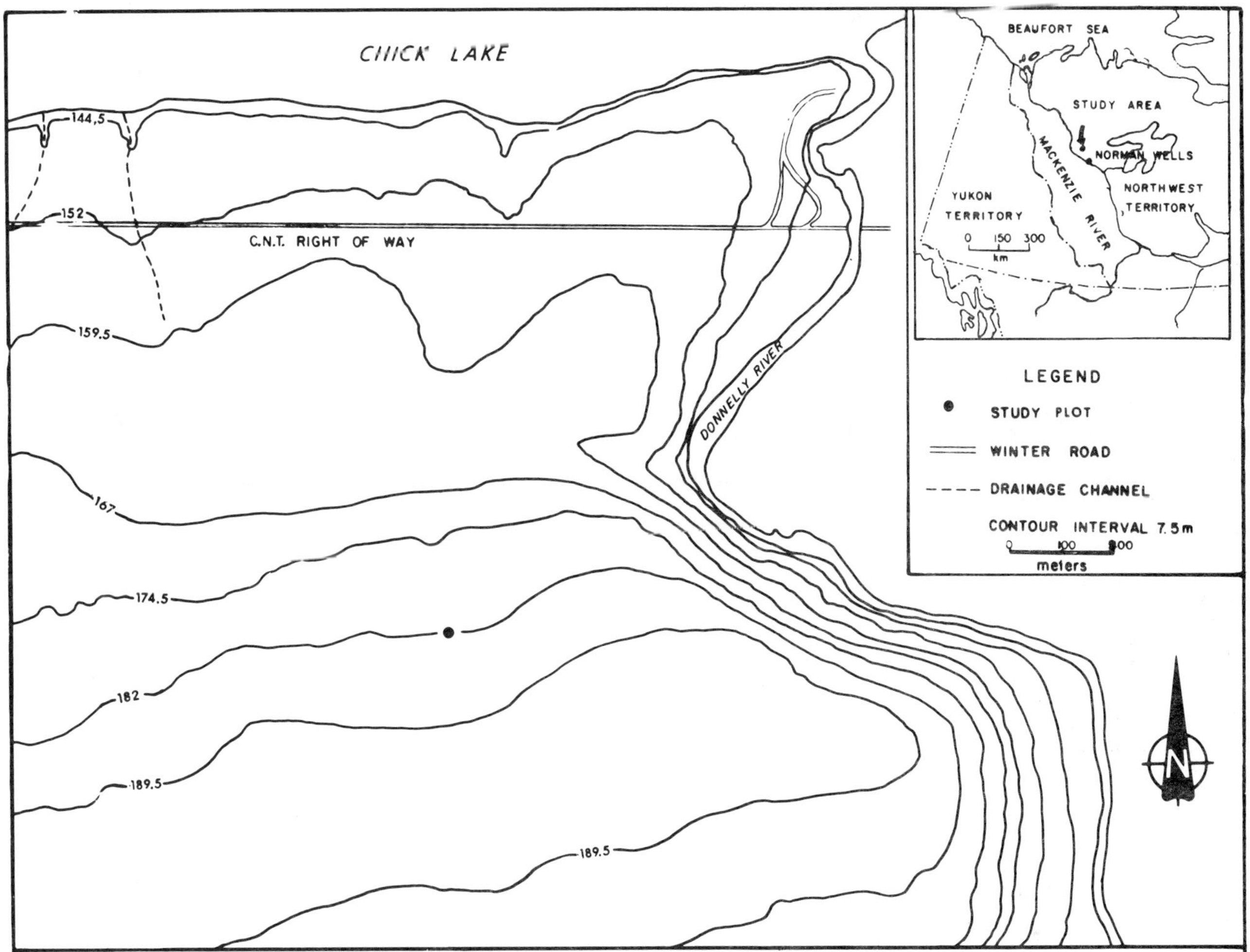

CHICK LAKE
144.5
152
C.N.T. RIGHT OF WAY
159.5
167
174.5
182
189.5
189.5
DONNELLY RIVER
BEAUFORT SEA
STUDY AREA
NORMAN WELLS
MACKENZIE RIVER
YUKON TERRITORY
NORTHWEST TERRITORY
0 150 300
km
LEGEND
STUDY PLOT
WINTER ROAD
DRAINAGE CHANNEL
CONTOUR INTERVAL 7.5m
0 100 300
meters
N

FIG. 1. Location of study area

12m
DOWNSLOPE
LINE 8 - CONTROL
6m
20 quadrats (25 x 50cm) spaced 25cm apart
LINE 7
2.5m
LINE 6
3.5m
CUT-OFF DITCH
45°
LINE 5
3m
3m
LINE 4
6m
LINE 3
EXPERIMENTAL
6m
LINE 2
6m
LINE 1
LEGEND
STANDPIPE LOCATIONS
NOT TO SCALE

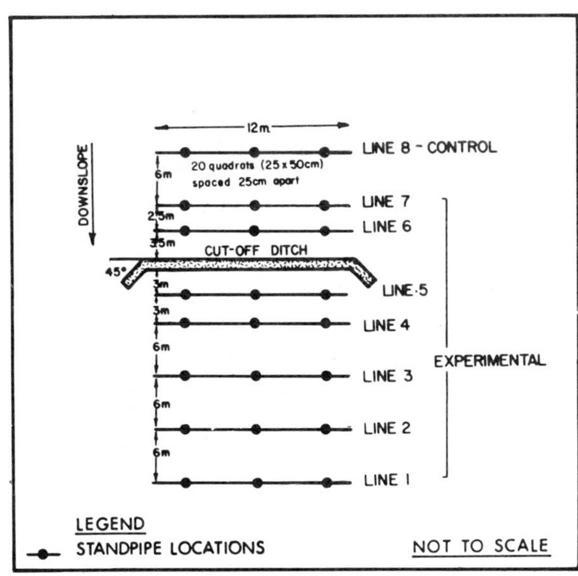

FIG. 2. Location of vegetation quadrat lines and cut-off ditch

BACKFILL
LEGEND
ORGANIC TURF
MINERAL SOIL
GRANULAR STYROFOAM (contained in bags)
WEIGHT
PLASTIC LINING
NOT TO SCALE

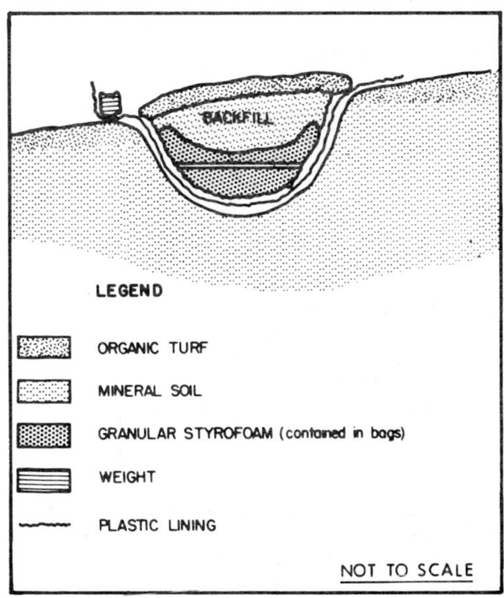

FIG. 3. Cross-section of cut-off ditch

Three standpipes were set up along each of the vegetation quadrat lines 1 to 8 (Fig. 2) immediately following ditch construction to monitor changes in the water table. Active layer measurements were taken near the standpipes at the same time to monitor changes in the depth of thaw. These parameters were measured regularly for the rest of the summer of 1975 and also during the summer of 1976. To reduce surface damage by trampling during the course of taking readings, a walkway of small logs was placed on the approach to each of the standpipes.

The detection and monitoring of vegetation change was based on gross compositional and morphological characteristics in the above ground vegetative parts determined by annual comparisons of: 1) individual species cover, and 2) ratio of living to dead cover. These comparisons were made within a series of permanently marked quadrats (25 x 50 cm) which parallel the standpipe array (Fig. 2). Each line or series contains 20 replicates at regularly spaced intervals (25 cm). The orientation and location of the lines provides the capability to assess the spatial extent of any detectable change in either the upslope or downslope directions.

Two independent techniques were employed for the evaluation of plant cover characteristics. In each quadrat visual estimates of percent cover of live and dead material were made for each major species in the shrub strata (0.5 to 1.0 m), and herb and dwarf shrub strata (>0.5 m).

The second method employed the use of false-color infrared (FCIR) photography (35 mm format). FCIR emulsion type was used because of the distinctive spectral reflectance characteristics to which it is sensitive. Reflection of wavelengths in the near infrared portion of the spectrum is affected by, in addition to certain other factors, the moisture status of plant tissues, especially the mesophyll cell layer. Since water balance is one of the first factors affected in stressed plants, a difference in near infrared spectral reflectance will usually clearly differentiate between dead and dying or living parts, as well as provide an early clue to stress which may not yet be evident as visible chlorosis or necrosis.

RESULTS

The hydrologic results for the ends of the first and second summers following construction are shown in Fig. 4. The average depth of water above the maximum depth of thaw was 5.2 cm and 7.0 cm downslope of the ditch for 1975 and 1976 respectively, whereas the upslope depth increased from 5.2 cm in 1975 to 12.6 cm in 1976.

The water table did not rise between rows as in some cases Fig. 4 suggests. The 7.1% downward slope of the study plot is greater than all of the upward slopes shown in the water table.

In 1975 the average maximum depth of thaw was 42.6 cm and 45.9 cm in 1976. Fig. 4 suggests there was no apparent difference between upslope and downslope average depths of thaw.

The vegetation appears to have responded to a reduction in the downslope water table level with an increase in standing dead cover in 1976. Dead cover of Labrador tea on the average increased from 2.7% to 5.5% and of dwarf horsetail *(Equisetum scirpoides)* increased from 6.6% to 10.2% both of which were significant at the 1% level. In addition dead cover of lingonberry *(Vaccinium vitis-idaea)* increased from 3.6% to 5.5% which was significant at the 5% level. Although the difference between 1975 and 1976 downslope dead cover was statistically significant, its magnitude averaged only 2.8% for the above species.

Dead tissue was found to be most easily detectable on vascular species in the field by chlorosis and necrosis and on FCIR photography by yellow, orange, and green colors. Although mosses and lichens have a high ground cover, the field estimation of live and standing dead cover of mosses on the basis of slight differences in shades of green and brown was very difficult, while it was extremely difficult to tell whether or not the lichens were alive or dead. FCIR photography is not useful because these plants lack the infrared reflecting tissue, the mesophyll layer.

PREDICTION OF LONG TERM IMPACT

Hydrologic

The long term average position of the water table is determined by the water balance in the seasonally thawed or active layer. The inputs at any point in the active layer are upslope inflow, rainfall and snowmelt and the outputs are downslope outflow and evapotranspiration. In the long term these components must balance.

Because the meterological inputs are random, the position of the water table is likewise random. However, at a given time, its position will be function of several antecedent meterological events and it is reasonable to estimate its mean position using average meterological conditions.

Therefore, the average position of the water table will occur when the mean effective precipitation, P_E, (rainfall plus snowmelt less evapotranspiration) into each elemental section of length dL of the active layer (Fig. 5) equals the difference between inflow and outflow. Since permeability, k, is independent of L, the Dupuit approximation for normal flow may be used to describe the flow, q, provided that:

$$\frac{dh}{dL} << S \qquad (1)$$

where h is the depth of flow, S is the slope of the active layer, and L is downslope distance. Therefore, the change in flow, dq, is an incre-

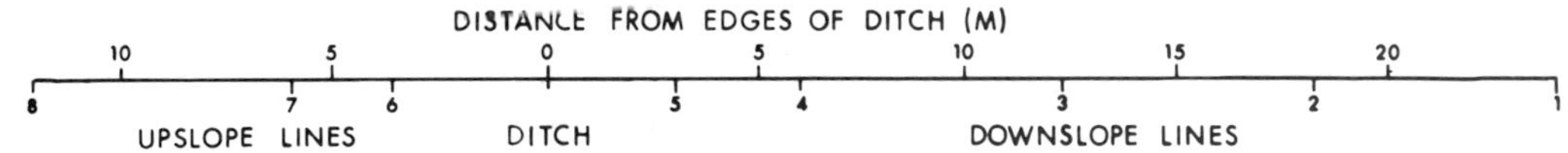

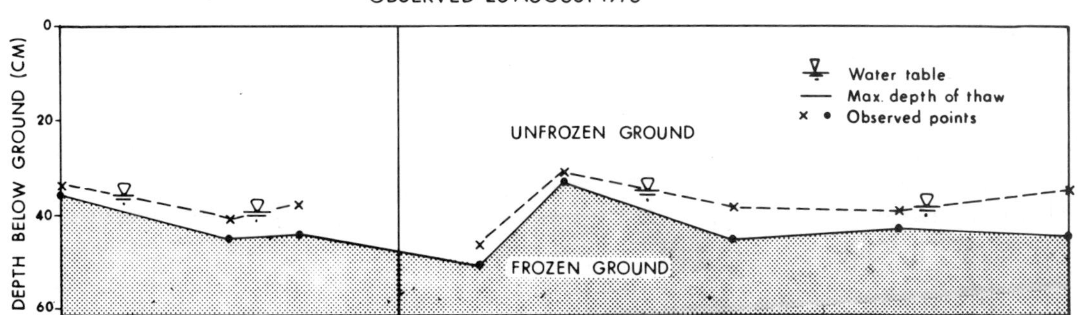

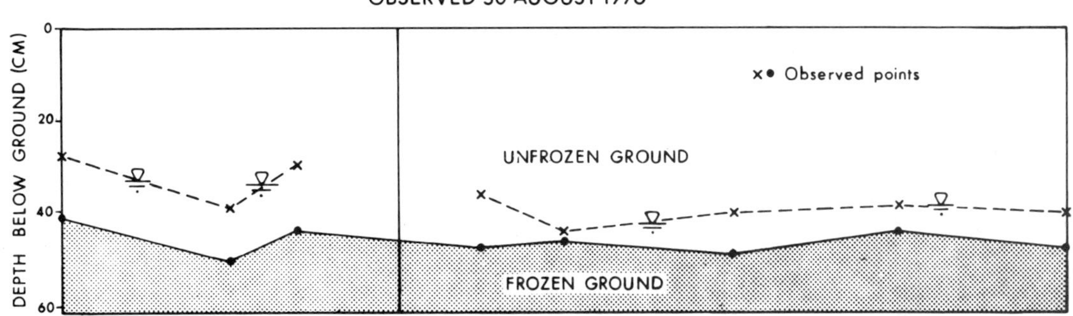

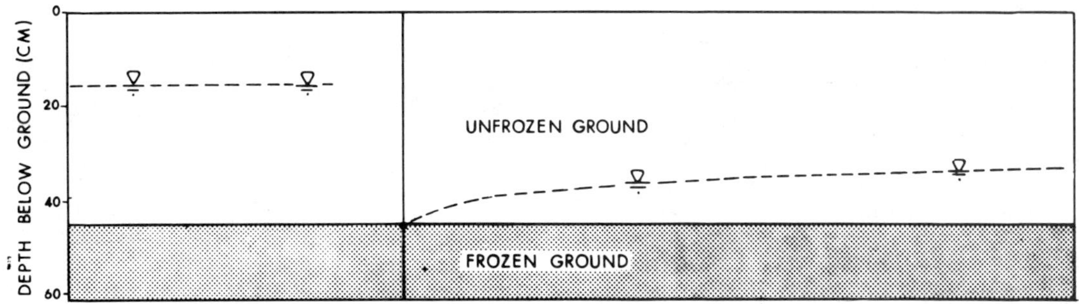

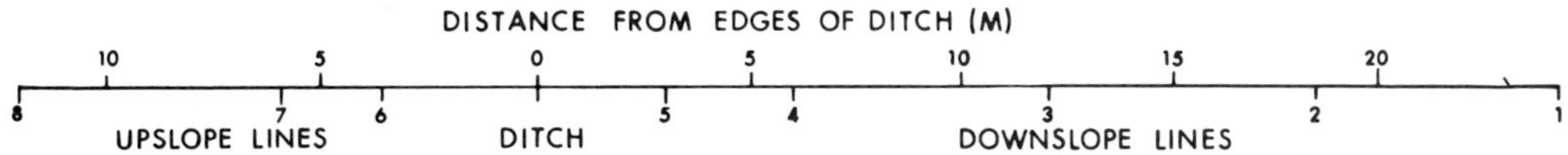

FIG. 4. Profiles of water table positions and maximum depths of thaw.

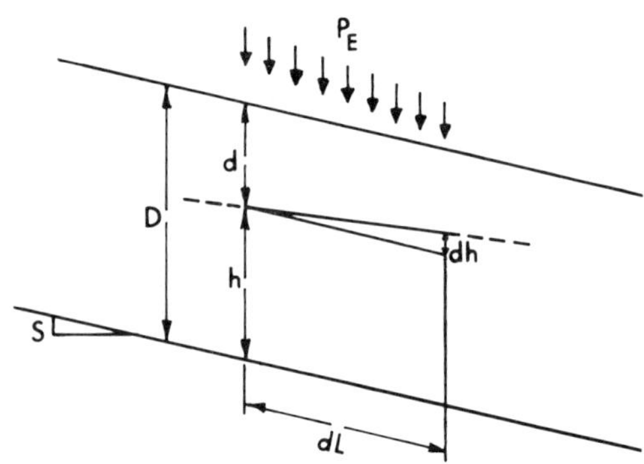

FIG. 5. Elemental section of the active layer.

mental section, is given by:

$$dq = nkSdh \qquad (2)$$

where n is soil porosity. However,

$$dq = P_E\ dL \qquad (3)$$

and since there is no groundwater component of flow in the active layer P_E is equal to the runoff, R. Therefore,

$$\frac{dh}{dL} = \frac{R}{nkS} \qquad (4)$$

and h is equal to zero when L is zero. According to inequality (1), this equation is valid when

$$\frac{R}{S^2} << nk \qquad (5)$$

which is satisfied for a wide range of conditions.

To solve equation (4) the relationship between nk and the distance below ground surface, d, is required. The surficial soils of the study plot vary from a highly permeable fibric peat at the surface to an organic clay at depths greater than about 40 cm. Thus nk can be expected to decrease dramatically with depth. Fig. 6 shows laboratory results obtained for several soil samples taken from nearby locations in the study area plotted against equivalent depth had the samples been taken from the study plot. The high coefficient of correlation (r = .971) suggests the semi-logarithmic equation shown is satisfactory. Therefore,

$$\log (nk) = .307 - .118d$$

which is equivalent to:

$$nk = ce^{-bd} \qquad (6)$$

with c equal to 2.03 cm/sec, b equal to .271 cm^{-1}, d in centimeters, and nk in cm/sec.

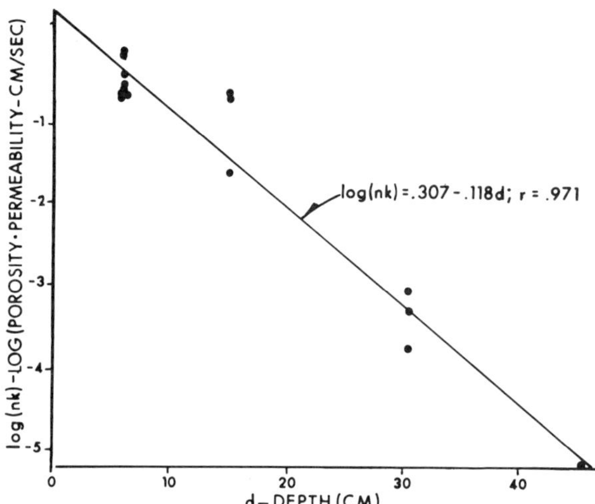

FIG. 6. Depth below ground vs logarithm of porosity times permeability.

With reference to Fig. 5, the relationship between the depth of flow, h, and d is:

$$h = D - d \qquad (7)$$

where D is depth of thaw.

Substituting equations (6) and (7) in (4) and solving for h, gives:

$$h = (1/b)\ \ln\ (1 + BL) \qquad (8)$$

where

$$B = \frac{Rb}{cS} e^{bD} \qquad (9)$$

Application of equation (8) to the study plot is shown in Fig. 4. From the detailed contour map upon which Fig.1 was based, S and L for the upslope side of the ditch were calculated to be 3.4% and 335 m respectively. The surveyed slope of the study plot of 7.1% was used for the downslope. Most of the difference in the predicted upslope and downslope water table positions is nevertheless due to the large difference in L rather than the difference in slope values.

Runoff was estimated at 10 cm/yr from a regional hydrologic investigation by The Shawinigan Engineering Company Limited (1970) and the depth of the active layer used was the mean depth of thaw shown for the observed results in Fig. 4.

The predicted long term depth of water above the frozen ground upslope of the ditch is 32.3 cm and the mean downslope value is 16.6 cm.

It remains to confirm inequality (1) is satisfied. Upslope of the ditch, this requires that:

$$\frac{10\ \text{cm/yr}}{.034^2} << 2.03\ \frac{\text{cm}}{\text{sec}}\ e^{-.271d}$$

which is satisfied when d is less than 33 cm. Downslope it is required that:

$$\frac{10\ \text{cm/yr}}{.071^2} << 2.03\ \frac{\text{cm}}{\text{sec}}\ e^{-.271d}$$

which is satisfied when d is less than 38cm. From Fig. 4, equation (8) is appropriate everywhere except in the bottom few centimeters of the active layer.

The high values for dh/dL at this depth require that the true value for h must be higher than predicted by equation (8) to satisfy continuity. The size of this increase remains to be investigated. However, since equation (8) could be applied when the depth of the active layer was 38 cm, this depth could be used to estimate an upper bound for h. A comparison of the two solutions would show that the maximum error in h is 6 cm when L is zero and the error declines to zero for large L. Therefore the position of the water table is correctly predicted upslope of the ditch by equation (8) but may be underestimated downslope by a few centimeters.

Vegetation

The slight increase in the amount of dead standing plant cover in the downslope area indicates that vegetation is responding to the change in the hydrologic regime created by the barrier. To reliably predict the long-term impact of the shadow zone on vegetation after only one year is difficult, if not impossible. It is important to note that the magnitude of the increase in dead cover is small and it could easily be offset or modified during more average growing conditions since both 1975 and 1976 were drier than normal.

Hypothetically, however, if the shadow zone stabilizes at its present position or continues to enlarge over the long-term, then some vegetation changes can be expected especially in terms of a slight reduction in living cover and possibly a change in species composition. Hydrologically the shadow zone, over the long-term may begin to resemble the better drained ridge top upslope from the test area where the only moisture entering the system is from direct precipitation. Possible associated changes in the vegetation may include the addition of occasional white birch *(Betula papyrifera)* to the tree stratum, while green alder *(Alnus crispa)* with *Salix spp.* and Labrador tea might tend to increase in the shrub layer. The improved soil drainage condition will likely have a positive effect on tree density and productivity.

The net effect of the shadow zone is then likely to be a local improvement in soil conditions for plant growth downslope of the ditch, such that the character of the vegetation may tend to be slowly shifted away from an open black spruce type toward a closed black spruce, white birch type.

CONCLUSION

The observations shown in Fig. 4 are insufficient to confirm the predicted long term average water table position. However, the results show a trend in the correct direction. The summer of 1975 was unusually dry and it is not surprising that no hydrologic difference was evident upslope and downslope of the barrier. Nevertheless at the end of the summer 1976, which was wetter than 1975 but still drier than average, a difference was becoming apparent and both portions of the study plot were moving from a very dry position towards predicted normal positions.

The predicted effect on vegetation is also weakly supported by the first two years of observations, nevertheless, both predictions must remain hypothetical until data is obtained over a number of years.

Measureable changes in hydrology and vegetation have been observed, but the results of the experiment are exaggerations of those expected due to a buried chilled gas pipeline because the barrier used interrupts all flow, including rarely occurring surface flow; whereas some flow can be expected in the reduced active layer that develops over a pipeline.

REFERENCES

Burns, B.M. 1973. The Climate of the Mackenzie Valley - Beaufort Sea. Vol. 1, climatological studies, no. 24. Atmospheric Environment Service, Environment Canada. Ottawa. 227p.

Pipeline Application Assessment Group. 1974. Mackenzie Valley pipeline assessment. Environmental and socio-economic effects of the proposed Canadian Arctic Gas Pipeline in the Northwest Territories and Yukon. DIAND 442p.

Gubbe, David M. and Arnold Janz. 1974. Vegetation and soils program. In D.E. Reid (ed). Preliminary report of monitoring studies conducted at Chick Lake, N.W.T. Prepared by Northern Engineering Services Company Limited for Canadian Arctic Gas Study Limited, Calgary. 103p.

The Shawinigan Engineering Company Limited, 1970. Hydrometric Network Planning Study for Western and Northern Canada. Prepared for DEMR, Canada. 150p.

Zoltai, S.C. and W.W. Pettapiece. 1973. Terrain, vegetation, and permafrost relationships in the northern part of the Mackenzie Valley and Northern Yukon. Environmental - Social Program, Task Force on Northern Oil Development. Report 73-4. 105p.

LAKE TAPPING IN THE COLVILLE RIVER DELTA, ALASKA

H. J. Walker, Dept. of Geography and Anthropology and Coastal Studies Institute, Louisiana State University, Baton Rouge, LA, U.S.A. 70803

Lakes in arctic deltas are highly varied in origin, size, depth, and shape. Equally varied are the processes affecting them. One of the most important is lake tapping, a phenomenon that is affected by the nature and composition of the sediments in and around the lake, the presence or absence of permafrost and ice wedges, and river flow especially that during breakup flooding. Tapping usually leads to the lowering of a lake's level, exposure of at least a part of a lake's bottom, modification of its permafrost regime, development of a lake delta, and eventual filling of the lake basin. The relevant processes and the stages of modification subsequent to tapping are in evidence in the 600 sq km Colville River delta, northern Alaska.

ABAISSEMENT DU NIVEAU DES LACS DANS LE DELTA DE LA RIVIÈRE COLVILLE, EN ALASKA.

H.J. Walker, Dept. of Geography and Anthropology and Coastal Studies Institute, Louisiana State University, Baton Rouge, LA, U.S.A. 70803

Dans les deltas arctiques, les lacs ont une origine, une dimension, une profondeur et une configuration très diverses. De même, les processus qui s'exercent sur ces lacs présentent de grandes variations. Parmi ces phénomènes, le plus important est l'abaissement du niveau des lacs, qui dépend de la nature et de la composition des sédiments dans les lacs et sur leur pourtour, de la présence ou de l'absence de pergélisol et de coins de glace, et de l'écoulement fluviatile, en particulier pendant les inondations dues à la débâcle des glaces. Par suite de l'abaissement du niveau de l'eau, une partie du fond du lac se trouve exposée, ce qui modifie le régime du pergélisol de celui-ci, provoque la croissance d'un delta lacustre et finalement le comblement du bassin lacustre. On peut observer les processus en question et les changements progressifs qui résultent de l'abaissement du niveau limnimétrique dans le delta de la rivière Colville, de 600 km de superficie, dans le nord de l'Alaska.

КАПТАЖ ОЗЕРНЫХ ВОД В ДЕЛЬТЕ РЕКИ КОЛВИЛЛ /АЛЯСКА/

Озера в дельтах арктических рек сильно различаются по своему происхождению, площади, глубине и форме. В равной степени разнообразны и процессы, определяющие их особенности. Одним из наиболее важных таких процессов является каптаж озерных вод - явление, зависящее от природы и состава осадков как в озере, так и вокруг него, от наличия или отсутствия многолетнемерзлых грунтов и ледяных клиньев, а также от речного стока, в особенности, во время паводка при вскрытии ледяного покрова реки. Каптаж обычно ведет к понижению уровня воды в озере, обнажению по крайней мере части дна озера, изменению его мерзлотного режима, образованию дельты озера и, в конечном счете, заполнению его бассейна. Действующие процессы и последствия каптажа можно наблюдать в дельте реки Колвилл /площадью в 600 км^2/ на севере Аляски.

LAKE TAPPING IN THE COLVILLE RIVER DELTA, ALASKA

H. J. Walker

Department of Geography and Anthropology and Coastal Studies Institute
Louisiana State University, Baton Rouge, Louisiana, U.S.A. 70803

INTRODUCTION

Lakes are one of the most conspicuous forms to be seen in many parts of the Arctic. Thus, it is not surprising that they have attracted the attention of hydrologists, limnologists (Hobbie 1973), and geomorphologists over the years. Most of this attention has centered around the study of thaw lakes, especially those of the oriented variety, a type that is common on the North Slope of Alaska (see, for example, Black and Barksdale 1949, Carson and Hussey 1962, Black 1969, and Sellmann et al. 1975). During the process of seeking explanations for lake orientation as it occurs in permafrost, investigations have documented well the temporal and spatial instability of North Slope lakes.

Because of the emphasis placed on oriented lakes, many other types of lakes and the processes involved in their formation, maintenance, and destruction have been neglected. Classifications of arctic lake types are rare. A major exception is the categorization of Kuzin and Reynin (1972) of the lake basins of West Siberia that contains 19 types and subtypes.

There are several sub-environments in the Arctic that possess a variety of lake types. Possibly the sub-environment with the greatest heterogenity is the delta. Whereas the major variation in oriented lakes appears to be one of size, deltaic lakes vary in shape as well. Some deltaic lakes are oriented but the orientation processes are different from those operating on the general tundra surface. The high variability in deltas is due mainly to the distinctive processes operating in riverine/deltaic systems.

THE COLVILLE RIVER DELTA AND ITS LAKES

The Colville River delta occupies about 600 km^2 where the Colville River enters the Arctic Ocean some 25 km west of Prudhoe Bay in Alaska. The delta is composed of a variety of materials including gravel, clay, silt, sand, and peat. Of the mineral sediments silts tend to predominate. However, a study of bank types of the delta showed that 75 percent of those riverbanks where erosion is occurring is made of peat (Ritchie and Walker 1974). The delta's morphology is complex and consists of several active distributaries, widely distributed sand dunes, numerous ice wedges and ice-wedge polygons, as well as a highly varied set of lakes. Permafrost underlies all of these features except for the deeper lakes and the thalweg portions of river channels.

Lakes are present in old river channels, terrace flank depressions, swales of ridge and swale deposits, inter- and intra-dune depressions (Walker and Harris 1976), low centered polygons, and the trough between adjacent polygons (Dawson 1975 and Walker 1976).

By far the vast majority of water bodies in the delta are ponds. However, large lakes are not uncommon. Those with an area over 50,000 m^2 are present by the 100s and combined occupy over 16 percent of the delta's surface. Twenty-four of these lakes are more than one km^2 in area (Fig. 1). Whereas, most of the delta's lakes are shallow, a few, especially among the larger lakes, have depths of up to 10 m. Shallow lakes, those less than about 2 m deep, freeze to the bottom during winter. Ice on the deeper lakes rarely thickens more than 2 m. Such lakes become quite conspicuous during June and early July because they retain their ice cover much longer than those lakes which freeze to the bottom (Fig. 4).

Nearly all of the lakes, the levels of which vary somewhat throughout the delta, are drained by flow over the

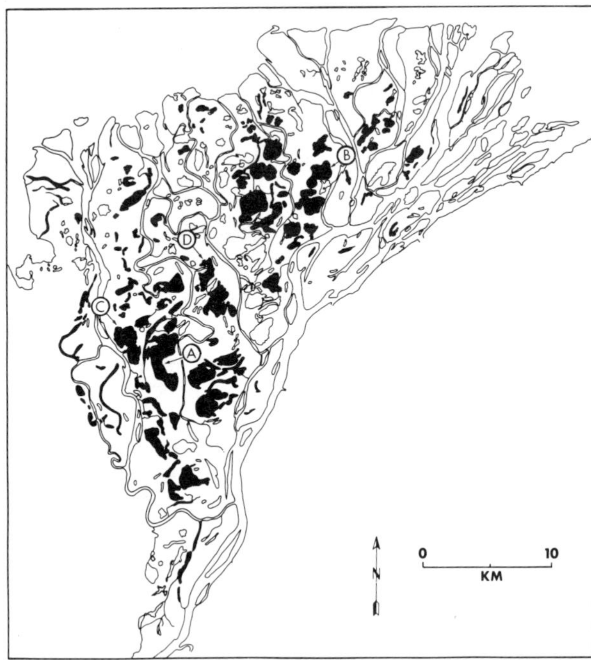

Fig. 1. The Colville River delta and its lakes. Those lakes in black are subject to flooding during high river stages.

lowest edge and by slow seepage through the thin active layer during summer. The amount of natural drainage from each lake is relatively small because the area of each lake's drainage basin is generally limited and the total amount of snow accumulation around and on each prior to the melt season is not great.

A flight over the delta or an examination of maps and aerial photographs show that many lakes are connected to the various distributaries by narrow and often lengthy channels (Fig. 2). Such connections occur with lakes of all sizes but those found in combination with the larger lakes are usually more conspicuous and durable. These connections initially result where there is a breakthrough between the river and a lake. Such breakthroughs are common in the Colville delta; a half-dozen large lakes have been tapped in the past 20 years.

LAKE AND RIVER PROCESSES

The delta's lakes, like the delta's other forms, undergo relatively rapid change. Lake enlargement proceeds through the action of waves during summer and ice during the breakup period. These active processes are aided by thaw of the frozen riverbanks and of the ice wedges that are present in the surrounding banks. Most large lakes, unless bordered by sand dunes, exhibit a serrated shoreline, the indentations of which represent former ice wedges (Fig. 4).

As the deeper lakes expand, shallow shelves or abrasion platforms develop around their edges. Often these shelves possess a bottom relief that is inverted from that possessed prior to lake enlargement. In the process of advance the ice of the wedges between ice-wedge polygons melts leaving relatively deep, narrow, submerged troughs. Such inverted relief in the shallow water of the lake is often visible on large scale photography.

Although lake expansion hastens the tapping process much more important is the migration of the river channel.

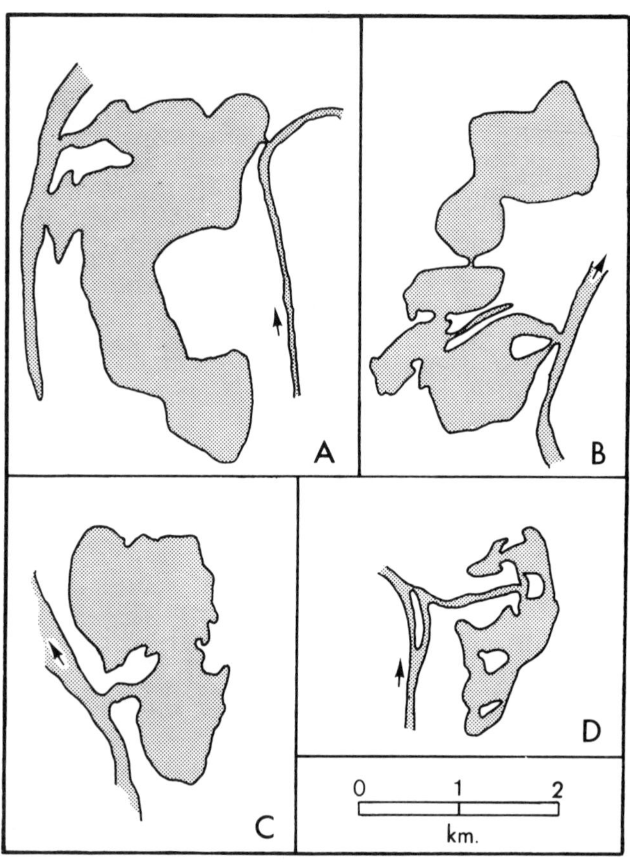

Fig. 2. Four tapped lakes in the Colville River delta arranged by length of time since tapping. Lake A was tapped in 1971, Lake B between 1956 and 1960, Lakes C and D sometime before 1948. The delta locations of these lakes are shown on Fig. 1.

During most of the year river banks are protected both by the freezing of the thaw layer and by the protection of covering snow. It is during the flooding period of spring that most river bank erosion occurs. Flooding in the Colville River usually lasts from late May to mid-June during which period of time as much as half of the annual discharge takes place (Arnborg et al. 1966).

Most river banks are protected by snow drifts during initial flooding but, as floodwaters rise, snow is rapidly undercut and removed from the bank. The relatively warm floodwater then becomes effective in thawing the frozen bank materials and then removing them. The process creates a thermoerosional niche at floodlevel. Such niches are found in virtually all cut banks in the delta. The degree to which they develop is related to the type of sediment present in the bank as well as to wind direction and strength and water temperature, velocity, and stage (Walker and Arnborg 1966).

The major deepening of the niche occurs during flooding. At the time of and subsequent to niche creation subaerial thaw occurs in the banks. So long as the river is in flood the thawed material that sloughs from the bank is removed, after flooding it accumulates at the base of the bank. Bank retreat is also caused by collapse. Breakage usually occurs along ice wedges within the prepared block. In highly mineralized banks, included ice wedges retreat at about the same rate as the mineral portion of the bank (Walker and Arnborg 1966). Peat banks, however, recede in a different fashion. Ice wedges melt back faster than the peat thaws and erodes giving a serrated edge to the river banks (Fig. 4) similar to those described for lakes above.

The melting of an ice wedge, just as thawing of permafrost, is faster in water than air so that ice wedges also possess thermoerosional niches. Frequently the overhang of tundra surface above a thawing wedge may extend several meters before collapse occurs (Fig. 3).

LAKE TAPPING

Observation in the Colville delta confirms that the tapping of most lakes has several distinct stages. As a lake enlarges riverward and the river erodes lakeward the tundra bank separating the two is gradually reduced in width. During the narrowing process, ice wedges trending perpendicular to the cutbanks of both the river and lake thaw faster than the peat they separate. Eventually, thawing of the ice wedge produces a tunnel, unless or until the thin tundra cap over the wedge collapses.

Most lakes in the delta prior to tapping are substantially higher (more than 2 m in some cases) than the normal level of the river. Even though the connection may be made during flood stage there is usually a gradient down from lake to channel. As flow from lake to river begins, thawing and erosion proceed rapidly (Figs. 4 and 5). Thermal erosion proceeds on both sides of the connecting channel--a niche develops in the outlet (Fig. 6) and block collapse of polygons occurs (Fig. 7) widening further the opening.

During outflow at the time of draining scour pools apparently form near the lake entrance (Fig. 8). The scour pool at the entrance to Lake C (Fig. 2) is nearly 10 m deep. In addition, the bar opposite the entrance may be eroded by the rush of water from the lake as seems to have been the case with a lake that was tapped in 1971 (Fig. 5).

SUBSEQUENT CHANGES

The major change that occurs immediately with tapping is partial or even complete draining of the tapped lake. The lake's surface is lowered by the difference between the former lake level and the normal river stage although the lake level will fluctuate from then on with river stage. The lowered level leaves exposed the portions of the lake bottom that had been shallow prior to tapping. Generally this surface is around the edge of the lake, i.e., the former wave-built or wave-cut platforms (Fig. 9). Occasionally peat stacks remain (Fig. 9).

Lake level frequently is lowered enough so that all or most of the lake freezes to the bottom, and if conditions are favorable leads to an eventual refreezing of the thaw bulb that occurs beneath the lake and in some cases even to the development of pingos.

Several lake budgets--temperature, chemical, ice, and suspended load--change drastically with tapping. During flooding, relatively warm water, often with high quantities of suspended materials, enter the lake. On the other hand at low stage, saltwater intrusion up the river will enter those lakes that are sufficiently close to the delta front.

Fig. 3. Cavity left by melting of ice wedge in peat.

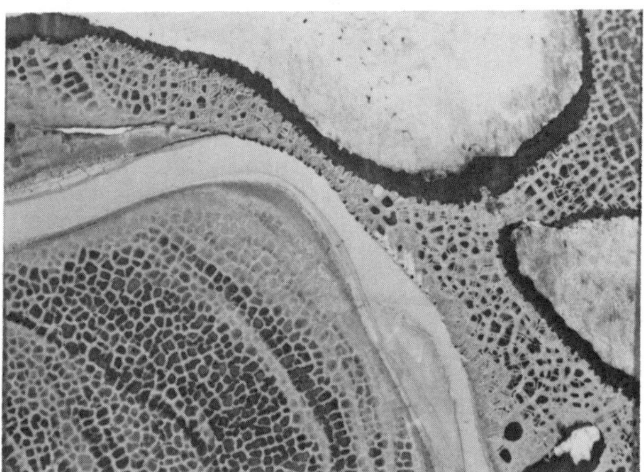

Fig. 4. Narrow band of frozen peat and ice wedges separating Lake A and river channel on July 10, 1948. Note serrated edges of both river and lake banks and presence of lake ice. (Compare with Fig. 5).

Suspended material will be deposited on the bottom-fast ice of the lake during breakup and on the lake bottom after the ice has been removed. The high suspended load of the Colville (Walker 1969) and the effective trapping of floodwaters in tapped lakes insure that lake deltas develop rapidly (Fig. 8). Although entirely subsurface at first these deltas continue to grow until eventually parts of them are exposed even at high water (Walker and Morgan 1961). Such deltas may increase in size sufficiently to divide lakes, often into unequal parts. In the case of Lake D (Fig. 10) such division appears imminent. Eventually, the lake delta's channel will be diverted toward the larger portion of the lake and filling will continue. Normally, in time such connected lakes will be filled to such an extent that at a low stage of the river the sediment-filled lake bottom will be exposed. The lake delta's channel then serves mainly as a drain for the lake and at low water may even be converted into a dry ravine.

Permafrost growth accompanies the enlargement of these lake deltas. Frost cracks develop, eventually leading to the formation of ice wedges and ice-wedge polygons (Fig. 10).

Although deposition is the dominant process for a long period of time it is by no means the only process operating in the lake area. The river channel that causes a break-through often continues to migrate lakeward. As a result it will begin to remove some of the sediment it originally deposited

Fig. 5. The entrance to Lake A (upper right) after tapping in 1971. Note collapsed blocks in entrance (see Fig. 7) and the break in the smooth contour of the point bar opposite the breakthrough. In addition, the Fig. shows several low-centered polygons that have been completely drained by minor tapping.

Fig. 6. Thermoerosional niche as developed on the channel side of the entrance to the tapped lake. Note presence of unmelted ice wedge along bank.

Fig. 7. Collapsed block in entrance as seen from the lake. It exposes the wedge along which collapse after undercutting occurred.

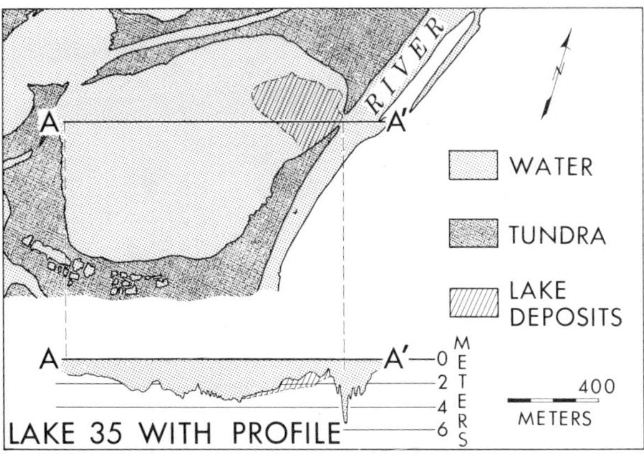

Fig. 8. Lake B showing development of subaqueous delta subsequent to tapping. The bottom profile shows the 5.5 m deep scour pool that has formed at the entrance.

in the lake. The amount of erosion can usually be approximated by connecting the high banks on either side of the lake entrance, if they are still preserved (Fig. 10). In time, unless the river channel changes its course, the river will destroy the lake delta it helped construct just as it had previously destroyed the lake which it had earlier tapped.

CONCLUSIONS

The numerous processes involved in lake tapping, filling, and destruction in arctic deltaic environments are affected by the nature of the sediments in and around the lake, the presence or absence of permafrost and ice wedges, and the nature of the erosion and deposition that occur in a highly seasonal hydrologic system.

Because all of the processes and stages discussed in this paper are in evidence in the Colville River delta, it provides a natural laboratory of workable size for some future study of arctic lake processes.

ACKNOWLEDGMENTS

This study is based on several seasons of field observation made in conjunction with a more inclusive study of the hydrology, geomorphology, and nearshore oceanography of the Colville River delta. The fieldwork was conducted under the auspices of the Coastal Studies Institute, L.S.U., Baton Rouge, LA with the financial support of the Geography and Arctic Programs, Office of Naval Research, Washington, D.C. Logistic support was supplied by the Naval Arctic Research Laboratory, Barrow, Alaska.

Fig. 9. Peat stack along the shore of Lake A.

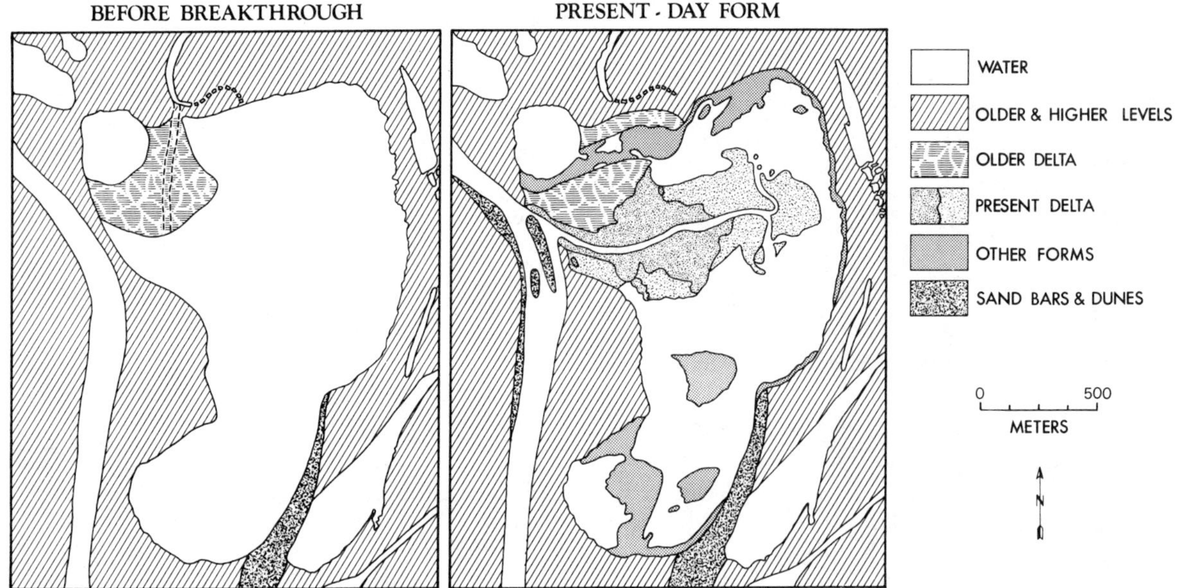

Fig. 10. Lake D illustrating the growth of lake delta after tapping. In the older delta (created by a previous tapping) ice-wedge polygons are well developed. On the present delta frost cracks are common and thin veins of ice are forming initiating a new polygonal pattern.

REFERENCES

ARNBORG, L., H.J. WALKER, and J. PEIPPO. 1966. Water discharge in the Colville River, Alaska, 1962. Geogr. Ann. 48, pp. 195-210.

BLACK, R.F. 1969. Thaw depressions and thaw lakes--a review. Biuletyn Peryglacjalny, 19, pp. 131-150.

BLACK, R.F. and W.L. BARKSDALE. 1949. Oriented lakes of northern Alaska. Jour. of Geol., 51, pp. 105-118.

CARSON, C.E. and K.M. HUSSEY. 1962. The oriented lakes of arctic Alaska. Arctic, 21, pp. 12-26.

DAWSON, A.G. 1975. Landforms of the Colville River delta, Alaska, as interpreted from aerial photographs. Unpublished thesis, Louisiana State Univ., 93 pp.

HOBBIE, J.E. 1973. Arctic limnology: a review. In: Britton, M.E. Ed. Arctic Inst. of North America, Tech. Paper 25, pp. 127-168.

KUZIN, P.L. and P.V. REYNIN. 1972. Types of lake basins in West Siberia. Soviet Hydrology: Selected Papers. 6, pp. 551-558.

RITCHIE, W. and H.J. WALKER. 1974. Riverbank forms of the Colville River delta. In: Reed, J.C. and J.E. Sater, Eds. The Coast and Shelf of the Beaufort Sea. Arctic Inst. of North America, pp. 545-562.

SELLMANN, P.V., J. BROWN, R.I. LEWELLEN, H. McKIM, and C. MERRY. 1975. The classification and geomorphic implications of thaw lakes on the arctic coastal plain, Alaska. CRREL, Res. Rept. 344, 21 pp.

WALKER, H.J. 1969. Some aspects of erosion and sedimentation in an arctic delta during breakup. In: Hydrologie des deltas. Assn. Intern. d'Hydrologie Sci., Bucarest, pp. 209-219.

WALKER, H.J. 1976. Depositional environments in the Colville River delta. In: T.P. Miller, Ed. Recent and Ancient Sedimentary Environments in Alaska. Alaska Geol. Soc., pp. C1-C22.

WALKER, H.J. and L. ARNBORG. 1966. Permafrost and ice-wedge effect on riverbank erosion. In: First International Permafrost Conference, Proc., pp. 164-171.

WALKER, H.J. and M.K. HARRIS. 1976. Perched ponds: an arctic variety. Arctic, 29, pp. 223-238.

WALKER, H.J. and H.M. MORGAN. 1961. The morphological changes in a Colville River delta lake: a preliminary report. Abstract. In: Twelfth Alaskan Science Conference, Proc., p. 133.

I.4 GEOCRYOLOGY, PAST AND PRESENT

I.4 GÉOCRYOLOGIE, ANCIENNE ET ACTUELLE

I.4 КРИОГЕННЫЕ ПРОЦЕССЫ И ЯВЛЕНИЯ

THE ROLE OF TECTONICS IN THE FORMATION OF PERMAFROST ON LOW PLAINS

V.V. Baulin, E.B. Belopukhova, N.S. Danilova, G.I. Dubikov, and A. Ya Stremyakov.
Ind. and Res. Inst. of Eng. Surveys in Construction, Moscow, U.S.S.R.

The tectonic uplifts of the Earth's surface on the low plains in the North are characterized by the presence of egigenetic permafrost with sheet ice, large frost mounds, epigenetic wedge ice, ice-soil veins and soil veins. The thickness of permafrost decreases by 100 - 200 m. In the southern regions permafrost becomes more discontinuous and its mean annual temperature rises.

In the case of tectonic depressions and relative sinking of the Earth's surface, there is widespread syngenetic freezing of unconsolidated deposits, formation of thick ice wedges and active development of thermokarst. The thickness of permafrost increases.

RÔLE DE LA TECTONIQUE DANS LA FORMATION DU PERGELISOL DANS LES PLAINES BASSES

V.V. Baulin, E.B. Belopukhova, N.S. Danilova, G.I. Dubikov, A. Ya. Stremyakov,
Institut industriel et scientifique de recherches en génie civil, Moscou, URSS.

Les soulèvements tectoniques de la surface terrestre dans les basses plaines du nord ont donné naissance à un pergélisol épigénétique caractérisé par la présence de nappes glaciaires, de buttes à lentille de glace, de coins de glace épigénétiques, de veines avec ou sans glace; l'épaisseur des couches gelées diminue de 100 à 200 m; dans les régions du sud le pergélisol devient plus discontinu et sa température moyenne augmente.

Dans les dépressions tectoniques, et là où la surface terrestre a subi un abaissement relatif, il s'est souvent produit un engel syngénétique des dépôts meubles, accompagné de la formation d'épais coins de glace et d'intensifs phénomènes de thermokarst; l'épaisseur du pergélisol s'accroît alors.

РОЛЬ ТЕКТОНИКИ В ФОРМИРОВАНИИ МЕРЗЛЫХ ТОЛЩ НИЗМЕННЫХ РАВНИН

В.В. Баулин, Е.Б. Белопухова, Н.С. Данилова, Г.И. Дубиков, А.Я. Стремяков
Производ. и н.-и. ин-т по инженер. изысканиям в строительстве, Москва, СССР

В пределах тектонических поднятий земной поверхности на низменных равнинах Севера формируются эпигенетические мерзлые толщи с пластовыми залежами льда, крупные бугры пучения, эпигенетические повторножильные льды, ледогрунтовые и грунтовые жилы; мощность мерзлых толщ сокращается на 100-200 м; в южных районах увеличивается прерывистость мерзлых толщ и повышается их среднегодовая температура.

В пределах тектонических впадин при относительном опускании земной поверхности широко распространено сингенетическое промерзание рыхлых отложений с образованием мощных повторножильных льдов; активно развивается термокарст; мощность мерзлых толщ повышена.

РОЛЬ ТЕКТОНИКИ В ФОРМИРОВАНИИ МЕРЗЛЫХ ТОЛЩ НИЗМЕННЫХ РАВНИН

В.В. Баулин, Е.Б. Белопухова, Н.С. Данилова, Г.И. Дубиков, А.Я. Стремяков

Производственный и научно-исследовательский институт по инженерным изысканиям в строительстве, Москва, СССР

Влияние тектоники на мерзлые толщи, мерзлотные процессы и образования в последние годы привлекают внимание многих советских исследователей. Это влияние рассматривается во многих работах, посвященных как проблемам инженерной геологии в целом, так и специально изучению мерзлых пород. Наиболее четко положение о взаимодействии тектоники с земной поверхностью сформулировал И.В. Попов (1961): "Все экзогенные процессы в той или иной степени контролируются эндогенными". Это положение является одним из основных в морфоструктурном анализе (Герасимов, 1970). Влияние тектоники на мерзлые породы впервые было отмечено П.Ф. Швецовым, А.И. Калабиным, Н.И. Толстихиным для горных стран, где оно проявляется наиболее четко и рельефно.

Почти все исследователи мерзлых пород низменных равнин также отмечали важное значение тектоники в формировании мерзлой толщи в целом, в развитии криогенных процессов и отдельных их характеристик (Кудрявцев, 1954; Дьяконов, 1958; А.И. Попов, 1967; Баулин, 1966, 1970; Баулин и др., 1970; Белопухова, 1971; Белопухова, Данилова, 1974).

Благодаря этим исследованиям доказано, что тектоническое развитие территории, особенно в новейший этап, является решающим региональным фактором, определяющим пространственную дифференциацию мерзлотных условий. Именно региональное влияние тектоники определило тип мерзлых толщ и комплекс криогенных образований на крупных низменных равнинах (Западно-Сибирская, Центрально-Якутская и Колымо-Индигирская). Влияние тектоники здесь столь велико, что оно сильно нарушает зональное проявление природных процессов.

При рассмотрении влияния тектоники на мерзлые породы низменных равнин следует иметь в виду колебательные движения поверхности, дифференцированное структурообразование и разрывные нарушения осадочного чехла. Влияние тектоники на мерзлые толщи района проявляется не непосредственно, а через другие факторы и, в том числе, через весь комплекс ландшафтных условий, что иногда создает определенные трудности в исследовании этого процесса. Так, зависимость прерывистости мерзлых толщ от тектоники вблизи южной границы их распространения проявляется через состав пород, увлажненность поверхности, растительный покров. Влияние каждого фактора на мерзлые толщи не однозначно и зависит не только от знака, но и от амплитуды тектонических движений. Так, например, заболачивание поверхности в условиях опускания и нарастания мохового покрова сначала может вызвать новообразование мерзлых толщ, а в дальнейшем при избыточном обводнении – их протаивание.

Другая сложность в изучении рассматриваемых в докладе вопросов состоит в том, что формирование мерзлых пород происходило в четвертичное время и охватывало период, исчисляемый приблизительно миллионом лет. В то же время даже новейший тектонический этап измеряется 10 млн.лет. В этом случае важное значение имеет анализ общего плана тектонического развития региона. В Западной Сибири, например, основные черты тектонического строения сохранялись на протяжении всего мезокайнозоя, что дает основание предполагать унаследованное развитие значительной части локальных структур (Чочиа, 1968) и однонаправленное их влияние на мерзлые толщи. Унаследованное развитие структур установлено также и в некоторых районах Приморской арктической низменности (Великоцкий, 1974).

До настоящего времени не разработаны достаточно точные методы анализа тектонической жизни земной коры за время многолетнего промерзания отложений. Большую помощь при анализе влияния тектоники на мерзлые породы имеют повторные прецизионные нивелировки поверхности земли (Карта современных вертикальных движений..., 1973). Однако они охватывают только районы Европейской части СССР. В последние годы разработан метод выявления движений земной коры на основе сравнения повторных аэрофотосъемок с интервалом в 10-15 лет (Орлов, 1975). Эти данные показывают большое влияние современных движений на мерзлые толщи, особенно на высокотемпературные их разновидности вблизи южной границы. В отдельных случаях по состоянию мерзлых толщ и криогенных образований удается судить о тектонических движениях земной поверхности.

Неравномерная и недостаточная изученность проблемы взаимодействия тектоники и мерзлых пород частично объясняет некоторую схематичность дальнейшего изложения материала.

РАСПРОСТРАНЕНИЕ И СРЕДНЕГОДОВАЯ ТЕМПЕРАТУРА МЕРЗЛЫХ ТОЛЩ

Тектоническое строение территории и связанные с ним подземные воды являются одним из самых сильнодействующих факторов, определяющих прерывистость мерзлых толщ. Подземные воды зон тектонических разломов определяют существование таликов даже в толще мощных низкотемпературных вечномерзлых пород арктических равнин. В пределах унаследованного Тазовского поднятия, где средние зональные температуры грунта ниже -4°C, существуют частые несквозные талики, обусловленные расчлененным рельефом этого поднятия. Во впадинах, отличающихся равнинностью поверхности, даже при более высоких температурах мерзлые толщи имеют сплошное распространение.

В южных районах, где развиты высокотемпературные мерзлые толщи, тектоника может предопределять существование мерзлых толщ уже на значительных площадях.

Так, на севере лесной зоны и в лесотундре Европейской части СССР и в Западной Сибири процент распространения мерзлых толщ в районах тектонических погружений значительно выше, чем в районах поднятий. Это явление связано с тем, что в районах погружений значительна заторфованность поверхности, благоприятствующая существованию мерзлых толщ, в то время как поднятия отличаются повышенной залесенностью и типичными для лесов талыми грунтами. В среднем течении р.Ныда в районе Медвежьего поднятия (Западная Сибирь) благодаря отсутствию торфяников и расчлененности рельефа зона прерывистого распространения мерзлых толщ продвинута на севере не менее чем на 30-50 км по сравнению с окружающей территорией.

Среднегодовая температура мерзлых толщ контролируется тектоникой через ландшафтные условия поверхности (рельеф, обводненность, растительный покров, перераспределение снега).

Для тектонических поднятий характерна изменчивость температур грунта по площади, связанная с расчлененностью поверхности. Так, на севере Тазовского полуострова (Ямбургское поднятие) разница температур грунта по площади составляет около 8°. На положительных тектонических структурах среднегодовая температура грунта в целом выше, чем во впадинах, хотя на отдельных участках температура грунта может быть и ниже.

КРИОГЕННОЕ СТРОЕНИЕ МЕРЗЛЫХ ТОЛЩ

Особенности тектонического режима и связанных с ним процессов осадконакопления и денудации на низменных равнинах обусловили формирование мерзлых толщ разного состава и криогенного строения. Морские трансгрессии, вызванные новейшими движениями и колебаниями уровня мирового океана, на протяжении большей части плейстоцена покрывали северные окраины Евразии. Различная интенсивность и направленность неотектонических движений определили изменчивость состава и мощности рыхлых осадков, а также условий их промерзания. Это и послужило причиной для выделения и размещения сводового и впадинного типов мерзлой толщи.

Сводовый тип мерзлой толщи низменных равнин присущ положительным тектоническим структурам (сводам, поднятиям, валам и т.п.) мезокайнозойского чехла. Литолого-фациальные изменения в разрезах плейстоценовых отложений на положительных структурах связываются с отставанием при общем опускании территории и опережением при воздымании ее (Матвеева, Перугин, 1971). В таких разрезах регистрируются даже незначительные колебания уровня моря. Седиментационные циклы полярной трансгрессии на положительных структурах проявились в литологическом многообразии осадков (фациально невыдержанная слоистая толща песков, глинистых осадков с прослоями и линзами галечников). Регрессивному этапу полярного бассейна в разрезах сводового типа соотвествуют пески и галечники. Для сводового типа плейстоценовых осадков характерны размывы, перерывы в осадконакоплении, а также быстрая фациальная изменчивость литологического состава на малом расстоянии. Как крайний случай сводового типа мерзлой толщи на морских равнинах следует рассматривать положительные тектонические структуры, которые с поверхности сложены палеогеновыми и меловыми породами и которые на протяжении большей части четвертичного периода были относительно стабильными или на них преобладали денудационные процессы.

Наблюдения показывают, что и в строении мерзлых толщ новейших положительных структур отмечаются большие различия в зависимости от основного направления развития - денудации или аккумуляции осадков.

1. В пределах новейших положительных структур денудационного развития распространены эпигенетические мерзлые толщи с несомненными признаками их обводнения до начала и в процессе промерзания. Верхние горизонты меловых и палеогеновых глинистых пород, слагающих многочисленные положительные структуры второго и третьего порядков на севере Западной Сибири и Хатангской низменности, содержат разное количество льда и характеризуются сложным криогенным строением. Так как все положительные структуры в этих регионах отражают крупные дизъюнктивные нарушения в палеозойском фундаменте и мезокайнозойском чехле, прослеживается определенная зависимость высокой льдистости пород в пределах структур от их тектонической нарушенности и высокой обводненности в период промерзания. Породы разбиты системой трещин двух пересекающихся направлений - по напластованию и под углом к нему, по которым циркулировали подземные воды. Простирания трещин в породах мезокайнозойского чехла отвечают линиям тектонических нарушений фундамента (Геологическое строение..., 1968). По трещинам, являющимся коллекторами, к дневной поверхности поднимались напорные артезианские воды, которые при замерзании создавали большую льдонасыщенность верхнего горизонта мерзлой глинистой толщи и часто формировали гигантские гидролакколиты (сульфатно-натриевый состав ледяного ядра указывает на глубинные воды). Поскольку системы тектонических трещин прослеживаются на большом протяжении и имеют определеную ориентированность, то и высокая льдонасыщенность пород прослеживается в пределах положительных структур на больших площадях, также ориентированных в определенном направлении. Участки высокольдистых дочетвертичных глинистых пород проявляются на местности в виде линейно-грядовых форм рельефа. Характерными особенностями строения мерзлой глинистой толщи в пределах положительных структур денудационного развития являются: трещинный тип криогенных текстур, деформации ледяных шлиров (разорваны или смещены по вертикали на несколько сантиметров), а также чрезвычайно высокая (40-60%) льдистость пород верхнего 40-метрового слоя, которая с глубиной уменьшается, хотя отдельные мощные слои льда прослеживаются до 100 м и ниже.

В пределах интенсивно поднимающихся новейших структур блокового и глыбового типа, к которым можно отнести Танамское локальное поднятие на Гыданском полуострове, верхний 40-50-метровый горизонт мерзлой толщи сложен слабольдистыми трещиноватыми песчанистыми глинами мелового возраста. Он подстилается льдонасыщенными (30-40%) трещиноватыми опоковидными и песчанистыми глинами видимой мощностью 30 м. Лед заполнил трещины напластования и диагенетические, а также имеющие тектоническую природу и ориентированные под углом к напластованию. Такое распределение льдистости в разрезе мерзлой толщи связано с сильным расчленением поверхности поднятия, дренажем и обезвоживанием верхнего наиболее трещиноватого выветрелого горизонта пород к моменту промерзания. От поверхности и до глубины древнего эрозионного расчленения, которая в момент промерзания пород, исходя из распределения льдистости, не превышала 40-50 м, песчанистые глины оказались обезвоженными. Их промерзание привело к формированию слабольдистого верхнего горизонта. Ниже глубины древнего эрозионного расчленения трещиноватые песчанистые и опоковидные глины промерзали в условиях, когда трещины были заполнены водой. Так сформировалась льдистая толща глин, кровля которой вскрывается в естественных разрезах на 20-30 м выше современной глубины эрозионного расчленения.

2. В пределах положительных структур, характеризующихся в период бореальной трансгрессии накоплением пестрых по литологическому составу осадков, сформировались эпигенетические и полигенетические мерзлые толщи. Их криогенное строение изменчиво; в разрезах мерзлой толщи чередуются горизонты льдистых и слабольдистых пород. Соотношение этих горизонтов в разрезе определяется присутствием глинистых и песчаных (водоносных до промерзания) горизонтов. Этому типу мерзлых толщ присущи крупные (мощность до 20 м) залежи пластовых льдов, приуроченные в подавляющем большинстве случаев к контакту глинистых и песчаных пород. Каких-либо закономерностей в распределении по глубине льдистых глинистых горизон-

тов и крупных пластов льда не установлено. В Западной Сибири (Большехетское поднятие) льдистые глинистые горизонты вскрывались скважинами на разных глубинах – от первых десятков метров до 100-150 м. Также обстоит дело и с пластами подземного льда, вскрываемыми на глубинах от нескольких метров до 100-120 м.

Весьма интересны разрезы мерзлой толщи на положительных структурах, в разрезах которых установлена смена процессов осадконакопления и денудации в плейстоцене. В этих условиях верхняя часть разреза мерзлой толщи представляет собой полигенетическое образование, состоящее из чередующихся эпи- и сингенетических горизонтов пород (западное крыло Нурминского вала на полуострове Ямал).

Впадинный тип мерзлой толщи низменных равнин присущ отрицательным новейшим структурам мезокайнозойского чехла, у которых отмечающееся опережение при погружении региона и отставание при воздымании его не отразилось в смене литофаций или проявилось менее контрастно.

Этому типу разреза свойственна монотонность и глинистый состав отложений. Даже значительные колебания уровня моря, которые в сводовом типе разреза фиксируются резкой сменой литофаций и размывами, во впадинном типе разрезов по составу отложений не проявляются. При эпигенетическом промерзании таких отложений после выхода из-под уровня моря отмечается закономерное по разрезу убывание льдистости с глубиной. Повышенная льдистость свойственна самому верхнему горизонту пород, измеряемому метрами. Ниже она монотонно сокращается до значений влажности на границе раскатывания в шнур. При сингенетическом промерзании осадков во впадинах в субаэральных условиях (периодически затопляемые поймы рек, дельты, приморские лайды) сформировались сингенетические мерзлые толщи, мощность которых измеряется десятками метров (Яно-Индигирская, Колымская низменности). Сингенетическое промерзание накапливавшихся осадков сопровождалось в полярных и субполярных районах СССР развитием повторно-жильных льдов и ледогрунтов.

МОЩНОСТЬ МЕРЗЛЫХ ТОЛЩ

Мощность мерзлых толщ в пределах мерзлотной зоны определяется комплексом природных факторов, обусловленных тектоникой. Влияние всех этих факторов воспринимается мерзлой толщей через теплопоток к ее нижней границе.

В региональном плане наибольшее значение имеют процессы, происходящие в фундаменте, и, в первую очередь, время его консолидации (Проводников, 1963). Влияние этого фактора лучше всего изучено в Западной Сибири, где плотность теплового потока увеличивается от областей древней складчатости к областям молодой складчатости примерно в 1,5 раза, что заметно отражается на мощности мерзлой толщи. Общее увеличение глубины многолетнего промерзания пород с запада на восток (в пределах мерзлотной зоны) совпадает с увеличением возраста фундамента и, следовательно, с уменьшением теплового потока к подошве мерзлых пород (рис. 1). Аномально большая мощность (до 500 м) в приенисейской части равнины приурочена к районам наиболее древней складчатости фундамента (байкальской и раннесалаирской). В западной части равнины мощность мерзлой толщи редко превышает 200-300 м – именно в этих районах породы фундамента переработаны более молодой герцинской складчатостью. Значительное увеличение плотности теплового потока к подошве мерзлых пород происходит над положительными структурами высоких порядков. Подобное явление, как известно, связано с тепловой анизотропией слоистых пород (Дьяконов, 1958) и с влиянием подземных вод (Кудрявцев, 1954). Все это приводит к уменьшению мощности мерзлых толщ на 100-200 м (рис. 2), что подтверждается практически на всех антиклинальных структурах Западной Сибири и Якутии, не содержащих газовых залежей (Баулин, 1966; Острый, Черкашин, 1960). В породах над газовой залежью может формироваться сравнительно низкая температура за счет экранирования потока тепла и возможного адиабатического расширения газа. Это подтверждается материалами бурения скважин на некоторых газовых месторождениях Западной Сибири.

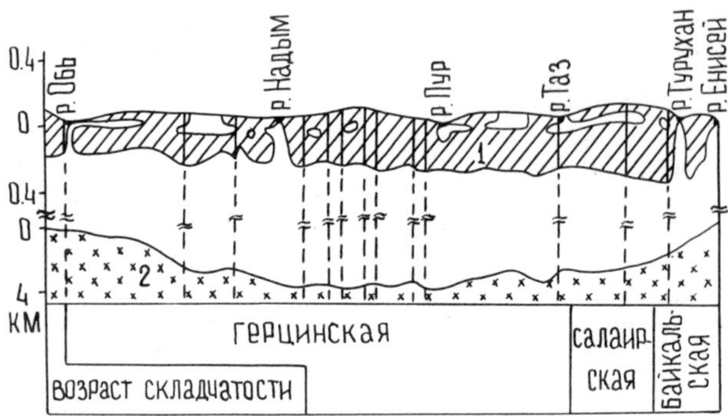

Рис. 1. Зависимость мощности мерзлой толщи (1) от рельефа и возраста фундамента (2). Западная Сибирь, 66-67° с.ш.

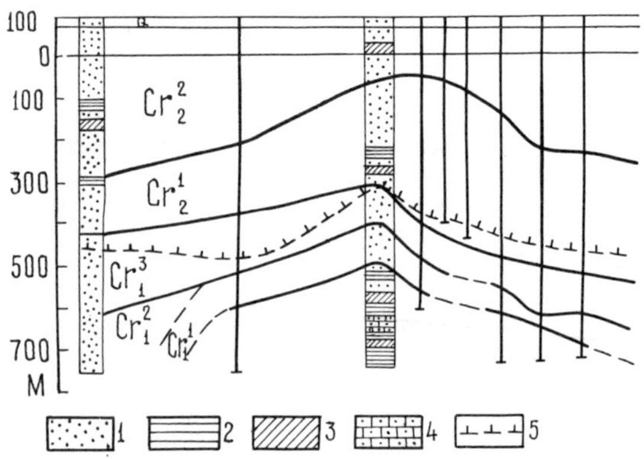

Рис. 2. Профиль через Средне-Вилюйское поднятие
1 – песок; 2 – глина; 3 – алеврит; 4 – песчаник; 5 – граница мерзлых пород.

КРИОГЕННЫЕ ПРОЦЕССЫ И ОБРАЗОВАНИЯ

Тектоника региона определяет развитие и пространственную локализацию криогенных процессов и образований, направление и интенсивность их развития.

В пределах тектонических поднятий преимущественное развитие получают термоэрозия, мелкие формы термокарста, эпигенетические жильные льды, ледогрунтовые и грунтовые жилы, бугры пучения, приуроченные к спущенным термокарстовым озерам, пятнообразование, склоновые процессы (солифлюкция, делли, пашневидные склоны) и пр.

В тектонических впадинах преимущественно развиваются сингенетические повторножильные льды, озерный термокарст, бугры пучения.

Морозобойное растрескивание, повторножильные образования и полигональный рельеф в значительной степени контролируются тектоникой. Тектоническая трещиноватость пород может оказывать влияние на заложение сети морозобойных трещин и предопределять направление развития полигональных систем, особенно в сводах тектонических поднятий, где развиваются растягивающие напряжения и создаются ослабленные зоны. Возможно, именно поэтому наблюдается связь морозобойных трещин с линейно-грядовым рельефом на тектонических поднятиях Западной Сибири.

Формирование того или иного вида повторножильных образований зависит от тектонических условий района. Так, мощные сингенетические повторножильные льды образуются только в условиях аккумуляции осадков, т.е. в районах относительного опускания. Таковы мощные повторножильные льды приморских низменностей Северо-Востока СССР, Центральной Якутии. Скорость опускания поверхности при прочих равных условиях влияет на размер повторножильных образований: чем больше скорость, тем меньше ширина жильных тел и больше их вертикальная мощность. В условиях погружения и сингенеза жилы приобретают форму вертикальных столбов с изменяющейся по глубине шириной. В условиях поднятий формируются преимущественно эпигенетические повторножильные образования; они имеют клиновидную форму, их вертикальная мощность обычно не превышает 3-5 м и редко увеличивается до 6-8 м. Кроме повторножильных льдов, здесь развиваются ледогрунтовые и грунтовые жилы, что связано с особенностями обводнения и дренажа поверхности и грунтов сезонноталого слоя.

Тектонические особенности территории оказывают влияние и на формирование остаточно-полигонального криогенного рельефа. Наиболее четко он проявляется на поверхности поднятий, оказывая огромное влияние на состояние мерзлых пород. В условиях остаточно-полигонального рельефа сдвигаются на север зоны прерывистого и островного распространения мерзлых толщ, поскольку к канавам-понижениям обычно приурочены талики.

Вытаивание повторножильных льдов и криогенная деформация поверхности полигональных реликтовых торфяников также протекает по-разному во впадинах и на поднятиях. При опускании территории наблюдается относительно быстрое вытаивание жил льда и разрушение торфяников за счет избыточного увлажнения поверхности. На поднятиях дольше сохраняется монолитность полигональных торфяников даже вблизи южной границы.

Пучение. Многолетнее пучение зависит от состава поверхностных отложений и наличия подземных вод, обеспечивающих льдовыделение, т.е. от факторов, тесно связанных с тектоническими особенностями территории. На севере Западной Сибири в пределах тектонических поднятий (Орлиное, Самбургское) широко известны многолетние бугры пучения (гидролакколиты), сформировавшиеся за счет напорных глубинных вод. Высота этих бугров достигает 30 м. Аналогичные пучинные образования описаны на севере Канады, где они представляют собой систему бугров высотой 13-17 м, образующих две параллельные гряды протяженностью 50 км. Эти бугры "насажены" на линию тектонического разлома и сформировались при промерзании разгружающихся по нему глубинных вод.

Многолетнее пучение при промерзании пестрых по составу морских плейстоценовых отложений на положительных структурах Западной Сибири привело к образованию бугров меньших размеров (до 10 м) и без ледяного ядра. Они детально обследованы на Уренгойском, Пур-Пейском и других поднятиях.

К пучинным формам, развитым исключительно на положительных структурах (Большехетское, Самбургское, Таб-Яхинское и другие поднятия в Западной Сибири), относится линейно-грядовый рельеф. Он представляет собой систему гряд и понижений, закономерно ориентированных в направлении основных тектонических нарушений.

В тектонических впадинах многолетние бугры пучения имеют более ограниченное распространение. Рост последних обусловлен льдовыделением в глинистых отложениях пойменной фации аллювия или в озерно-болотных отложениях, которые имеют повышенную мощность на территориях, испытывающих в плейстоцене и голоцене погружение. Такие бугры изучены в Западной Сибири (Ягинетская и Надымская впадины) и в Европейской части СССР.

Термокарст. Высокая льдистость верхнего горизонта мерзлой толщи, а также слабая степень расчленения поверхности в тектонических впадинах способствуют широкому развитию в них термокарстовых озер. Так, на Надым-Пуровском междуречье Западной Сибири во впадинах заозеренность поверхности достигает 50%, тогда как в сводовых частях поднятий она сокращается до 2,5-10% (Ласточкин, 1969).

В то же время в пределах поднятий встречаются глубокие термокарстовые озера, сформировавшиеся за счет вытаивания мощных линз льда инъекционного происхождения.

Для поднятий весьма характерны ориентированные озера и котловины, описанные на приморских равнинах (Стремяков, 1963; Великоцкий, 1972) и в Западной Сибири, где они расположены в межгрядовых понижениях (Андреев, 1960). Ориентировка озер обусловлена приуроченностью их к линиям тектонических нарушений.

На поднятиях термокарст сочетается с термоэрозионными процессами, приводящими к развитию эрозионно-балочной сети, расчленению поверхности, спуску озер и образованию хасыреев (Западная Сибирь) или аласов (Восточная Сибирь). Аласы и хасыреи широко распространены и за пределами поднятий, но процент их по отношению к общей заозеренности на поднятиях намного выше.

Новообразование мерзлых толщ, которое в настоящее время происходит на западе области распространения мерзлых толщ и в целом обусловлено климатическим похолоданием начиная с 50 гг. текущего столетия, также контролируется тектоническим режимом территории. В тектонических впадинах таежной зоны Западной Сибири наиболее интенсивно новообразование мерзлых толщ происходит на относительно сухих участках, медленное погружение которых приводит к накоплению мохового покрова. Увеличение обводненности сырых участков в этих условиях может вызвать иной эффект, т.е. привести к протаиванию существующих мерзлых пород. На тектонических поднятиях этой же зоны новообразование мерзлых толщ характерно для осушающихся краевых частей болот на их границе с лесом, где идет интенсивное нарастание мхов. Такое явление отмечено на Вынгапуровском поднятии Сибирских Увалов.

ЛИТЕРАТУРА

АНДРЕЕВ Ю.Ф. 1960. Многолетняя мерзлота и ее значение для поисков структур на севере Западной Сибири. - В кн.: Очерки по геологии севера Западно-Сибирской низменности. (Труды ВНИГРИ, вып. 158), Л., с. 191-218.

БАУЛИН В.В. 1966. Мощность мерзлых толщ как один из показателей тектонического строения района. - "Геология и геофизика", № 1, с. 53-61.

БАУЛИН В.В. 1970. Влияние тектоники на мерзлотные процессы. - "Изв. АН СССР, Сер. геогр"., № 6, с. 75-79.

БАУЛИН В.В., ШУТКИН А.Е., ДАНИЛОВА Н.С. 1970. Новые данные о строении многолетнемерзлых пород в низовьях р. Вилюй. - "Изв. АН СССР, Сер. геогр"., № 1, с. 75-82.

БЕЛОПУХОВА Е.Б. 1971. Особенности многолетнего пучения в пределах молодых тектонических поднятий на севере Западной Сибири. - Труды ПНИИИС, т.XI, М., с. 127-131.

БЕЛОПУХОВА Е.Б., ДАНИЛОВА Н.С. 1974. Особенности формирования многолетнемерзлых пород долины рек

Правой Хетты и Надыма. - Труды ПНИИИС, вып. 29, М., Стройиздат, с. 103-110.

ВЕЛИКОЦКИЙ М.А. 1972. Связь термокарстовых процессов с неоструктурами и интенсивностью новейших тектонических движений на территории Яно-Омолойского междуречья. - "Проблемы криолитологии", вып. П, Изд-во МГУ, с. 54-64.

ВЕЛИКОЦКИЙ М.А. 1974. О роли тектонической трещиноватости в развитии термокарста на севере Яно-Омолойского междуречья. - "Проблемы криолитологии", вып. 1У. Изд-во МГУ, с. 244-251.

Геологическое строение и прогноз нефтегазоносности севера Западной Сибири. 1968. (Труды ВНИГРИ, вып. 263) Л., "Недра", 246 с.

ГЕРАСИМОВ И.П. 1970. Основные принципы и задачи морфоструктурного анализа. - В кн.: Применение геоморфологических методов в структурно-геологических исследованиях. М., "Недра".

ДЬЯКОНОВ Д.И. 1958. Геотермия в нефтяной геологии. М., Гостоптехиздат, 277 с.

Карта современных вертикальных движений земной коры Восточной Европы. 1973. Масштаб 1 : 2 500 000. Главный редактор Ю.А. Мещеряков.

КУДРЯВЦЕВ В.А. 1954. Температура верхних горизонтов вечномерзлой толщи в пределах СССР. М., Изд-во АН СССР, 184 с.

ЛАСТОЧКИН А.Н. 1969. Роль неотектоники в распределении и морфологии озер севера Западно-Сибирской равнины. - "Изв. АН СССР, Сер. геогр"., № 5, с. 79-86.

МАТВЕЕВА Т.А., ПЕРУГИН Н,Н. 1971. Некоторые особенности стратификации неогеновых (миоцен-антропогеновых)отложений севера Западной Сибири. - Труды ВНИГРИ, вып. 293, Л., "Недра", с. 57-74.

ОРЛОВ В.И. 1975. Анализ динамики природных условий и ресурсов. М., "Наука", 275 с.

ОСТРЫЙ Г.Б., ЧЕРКАШИН А.Ф. 1960. Поведение нижней границы вечномерзлых пород как один из критериев при поисках структур на северо-востоке Западно-Сибирской низменности. - "Геология и геофизика", № 10, с. 62-68.

ПОПОВ А.И. 1967. Мерзлотные явления в земной коре (криолитология). Изд-во МГУ, 304 с.

ПОПОВ И.В. 1961. Инженерная геология СССР. Ч. 1. Изд-во МГУ, 178 с.

ПРОВОДНИКОВ Л.Я. 1963. Карта тектонического районирования Западно-Сибирской плиты. Новосибирск, Изд-во АН СССР.

СТРЕМЯКОВ А.Я. 1963. К вопросу о происхождении ориентированных озер. - В кн.: Многолетнемерзлые горные породы различных районов СССР. М., Изд-во АН СССР, с. 75-107.

ЧОЧИА Н.Г. 1968. Локальные (структурообразующие) неотектонические движения севера низменности и их выраженность в рельефе. - Труды ВНИГРИ, вып. 263. Л., "Недра" с. 166-173.

FABRICS OF ICE WEDGES IN CENTRAL ALASKA

Robert F. Black, Dept. of Geology and Geophysics, Univ. of Connecticut, Storrs, CT, USA

Four actively growing surface wedges and nine deeply buried inactive wedges were sampled during 1949-50 near Fairbanks. Twenty-six samples were packed in dry ice and shipped to Barrow, Alaska, for thin section preparation and fabrics studies. The thin-section studies confirmed field observations on dimensional orientations of ice grains, bubbles, and other inclusions. Lineations of optic axes were better developed in the surface wedges than in the buried wedges. Strong maxima were normal to fractures in the ice and commonly horizontal and perpendicular to the wedge axis. Lesser maxima were vertical, normal to a side of a wedge, and at angles of perhaps 30° to 45° to the horizontal but seemingly unrelated to a discrete fracture. The fabrics were similar to those in ice wedges in northern Alaska.

TEXTURE DES COINS DE GLACE DANS L'ALASKA CENTRAL

Robert F. Black, Dept. of Geology and Geophysics, Univ. of Connecticut, Storrs, CT, U.S.A.

On a effectué des échantillonnages sur quatre coins de glace superficiels à croissance active et neuf coins de glace inactifs profondément enfouis, au cours des années 1949 et 1950, près de Fairbanks. On a emballé 26 échantillons dans de la glace sèche, et on les a expédiés à Barrow, en Alaska, pour préparer des lames minces, et étudier les textures. Les études des lames minces ont confirmé les observations faites in situ sur l'orientation préférentielle des grains de glace, des bulles, et autres inclusions. Les linéations correspondant à la direction des axes optiques étaient mieux développées dans les coins de glace superficiels que dans les coins enfouis. On a constaté l'existence d'importants maxima perpendiculaires aux fractures de la glace, et en général horizontaux et perpendiculaires à l'axe des coins de glace. Les maxima moins importants étaient verticaux, perpendiculaires à l'une des faces du coin de glace, et faisaient des angles d'environ 30° à 45° avec l'horizontale, mais apparemment, ne présentaient pas d'affinités avec une fracture discrète. La texture était semblable à celle observée dans les coins de glace du nord de l'Alaska.

ТЕКСТУРА ЛЕДЯНЫХ КЛИНЬЕВ В ГРУНТАХ ЦЕНТРАЛЬНОЙ АЛЯСКИ

За период 1949-50 годов в районе Фэрбенкса были взяты пробы из четырех активно развивающихся поверхностных ледяных клиньев и девяти глубоко погребенных неактивных клиньев.Двадцать шесть отобранных образцов были упакованы в сухой лед и отправлены в Барроу /Аляска/ для изготовления шлифов и исследования их текстуры. Исследование шлифов подтвердило полевые данные о пространственной ориентировке зерен льда,пузырей и других включений. Линейность оптических осей оказалась развитой в большей степени у поверхностных клиньев, чем у погребенных.Сильные максимумы проходили по нормали к трещинам во льде и как правило горизонтально и перпендикулярно к оси клина. Более слабые максимумы проходили вертикально, по нормали к боковой стороне клина и под углами порядка 30-40° к горизонтали, но, по-видимому, не были связаны с трещиной разлома. Исследуемые клинья по текстуре были сходны с ледяными клиньями, наблюдаемыми в северной Аляске.

FABRICS OF ICE WEDGES IN CENTRAL ALASKA

Robert F. Black

Department of Geology and Geophysics
The University of Connecticut
Storrs, Connecticut USA

INTRODUCTION

In central Alaska, specifically the Fairbanks area, ice wedges are abundant at various levels in the perennially frozen muck deposits of the creek valley bottoms and lower colluvial slopes (Péwé, 1965). From 1945 to 1950, inclusive, I made numerous field observations of both surface and buried wedges, and during 1949-1950, collected ice samples from four actively growing surface wedges and from nine deeply buried inactive wedges. The samples were packed in a portable ice box with dry ice and flown to Barrow, Alaska, for thin section preparation and fabrics study (Black, 1953a, 1953b, 1963, and 1974). The Fairbanks study was a small part of a comprehensive report (Black, 1953b) that is unpublished and available only in the library at the Arctic Research Library, Barrow. Only the study of ice wedges from central Alaska is summarized here. Background information is given in Black (1974) and literature cited. The detailed geology of some ice wedges near those whose fabrics are given here is presented by Sellman (1967 and 1972). Brown, et al. (1969), Matthews (1970 and 1974), and Péwé (1975a), among others, provide information on the Quaternary environment.

SURFACE WEDGES

The surface wedges were part of a polygonal network in muskeg about 300 m southeast of the Alaska Field Station of the U. S. Army (CRREL) on the Farmers Loop Road, about 3 km north-northeast of Fairbanks (Péwé, 1965, stop 13). Several hundred wedges are readily seen on air photos. From surface expression the wedges range from 1 to 4 m in width. Those sampled seemed to be 1 to 2 m wide. Vertical relief of the polygons was 30 to 90 cm. The surface was covered with a lush growth of grasses, sedges, low shrubs, and vascular plants. Surface water was abundant. Sphagnum was common in the troughs. Six 5-cm square thin sections were prepared of representative parts of the cores that were 18 to 30 cm long. Depth of thaw at time of sampling ranged from 30 to 85 cm; samples were collected starting at least 13 to 61 cm below the thawed zone.

The core and one thin section of Wedge A revealed equigranular grains of ice mostly 1 to 3 mm across. Spherical air bubbles, 0.1 to 0.5 mm across, were scattered uniformly throughout the slide and were distributed at random within grains. C-axes were widely oriented, but a concentration was horizontal and roughly normal to the horizontal axis of the wedge.

In Wedge B typical silt layers and bubbly ice in parallel zones were roughly parallel to the sides of the wedge. The silt and bubbles commonly lay in fracture zones that were at acute angles to a side. Ice grains were mostly 2 to 4 mm across, but as large as 1 cm. A straight ice-grain border conformed commonly with a fracture, silt layer, or bubble zone (Fig. 1). C-axes were concentrated generally normal to the long axis of the wedge and were horizontal (Fig. 2).

The core and three thin sections of Wedge C showed considerable variability from place to place only a few centimeters apart in crystal size and shape, in air bubbles, and general fabric. The upper thin section was made up entirely of equigranular grains, 2 to 5 mm in diameter, many of which were roughly hexagonal in outline. All had at least one long straight side. Air bubbles commonly were 0.7 to 1.0 mm in diameter, and most were located on the boundary between grains. C-axes of grains were largely horizontal and normal to the axis of the wedge; the rest were vertical. Similar air bubbles in thick section were also present in the right half of the middle thin section (Fig. 3); the left part had much smaller bubbles closer spaced. Most air bubbles were elongated vertically. Under crossed polaroids the middle thin section (Fig. 4) had two conspicuous fabrics. Many subhedral grains 2 to 6 mm across are in the right part and more smaller grains appear in the left part. This slide revealed fewer euhedral grains than in the upper slide. Air bubbles were commonly on grain boundaries in Figure 3, but more were in the grains than in the upper slide. C-axes of grains throughout the middle slide (Fig. 4) were oriented mostly normal to the banding near the left side of the wedge and were roughly horizontal. The lower thin section was similar to the left side of the middle thin section (Fig. 4). Air bubbles were generally 0.1 to 0.3 mm across and widely scattered; grain size was 1 to 6 mm in diameter and subhedral in outline. Grains less than 2 mm across made up a third of the slide. The nearly horizontal maximum was inclined more than in the middle or upper slides and the variation of grain orientations was greater; the fabric diagram of the lower slide is shown in Figure 5. The maximum of axes was normal to a pronounced dimensional lineation of the grains and at an angle of about 20° to the horizontal axis of the wedge or the side of the wedge. Another lineation at an angle of 35° to the former bore no apparent relation to the crystal maximum.

Wedge D, as represented by the core and one thin section, also showed considerable diversity. Air bubbles ranged from 0.1 to 0.5 mm across; most were less than 0.2 mm. They were scattered uniformly through the right part of the thin section and at random within grains; in the left part of the section the bubbles were concentrated in layers parallel to the axial fabric (Fig. 6). The equal-area diagram (Fig. 7) of C-axes shows a marked concentration, but a grain plot (Fig. 8) shows that discrete clusters of grains of parallel alignment are related to a particular fracture and that many separate clusters make up the concentration. Many more grains approximately normal to the surface of the ground were present in the section than are shown.

BURIED WEDGES

During November 1949 and July 1950, the best exposures of buried ice wedges in the Fairbanks area were in placer operations on Fairbanks Creek, 37 km northeast of Fairbanks. The site is 2-3 km above the junction of Fish Creek. During several visits 22 cores and one block were taken from nine wedges freshly exposed by hydraulic operations. Seventeen 5-cm square thin sections and two 25-cm square thin sections were studied. The samples came from large wedges that were under 6 to 9 m of perennially frozen muck before stripping operations began. The wedges made up a well-developed network of polygons. The tops of the wedges were truncated at an angular unconformity that separated them from an overlying bed of silt, 3 to 5 m thick, that contained a network of small, thin wedges. Some of the small upper wedges penetrated the unconformity and the upper part of the lower silt and larger ice wedges. The large wedges in the lower system were exposed through a vertical range of 3 to 7 m, but the apices of the wedges were still buried. Many upper smaller wedges were exposed for their full vertical range of 3 to 4 m. The lower muck is considered to be part of the Goldstream Formation of Wisconsinan age and the upper silt is probably Holocene (Péwé, 1975b). Neither was dated.

Wedges A to G were in the lower network of large wedges; Wedges H and I were in the upper network of small wedges.

On November 27, 1949, five samples were cored horizontally and parallel to the long axis of buried wedge A. The cores were spaced at uniform intervals across the wedge, about 6 m below the top (Fig. 9). The cores and five 5-cm thin sections were similar and confirmed the field observations of the fabrics. Air bubbles ranged mostly from 1 to 4 mm across and were spherical to irregular. They lay in crude layers parallel to the sides of the wedge and to indistinct and discontinuous silt layers. Most ice grains were 2 to 5 mm across and commonly equigranular (Fig. 10). A distinct elongation paralleled the fractures, silt layers, and bubble zones that roughly paralleled the sides of the wedge. Concentration of C-axes were generally normal or almost normal to those fractures or to the sides of the wedge. One thin section on the right side of the wedge had a group of C-axes plunging 60° to the left in addition to a group of horizontal axes. Small grains were more common than in Figure 10, and numerous irregular fractures between grains dipped steeply right parallel to the side of the wedge. Equigranular grains averaging 1 cm across were more common in the left part of the wedge, and their C-axes tended to be 45° to the face of the wedge and horizontal.

Wedge B was exposed from its truncated top to a maximum depth of 4 m and for a horizontal distance of 12 m along the side of the wedge. Foliation parallel to the sides of the wedge produced a pattern of circles and scrolls where differential ablation had penetrated unevenly into the wedge. One irregular contraction crack, 2-3 mm wide and normal to the bank, resulted from extremely low air temperature on November 29, 1949, after a visit the day before. On November 30, three horizontal cores were taken normal to the wedge axis at about 3 m below the top. The base of the wedge was covered. The cores and one 5-cm thin section confirmed the megascopic fabrics. Silt layers and bubble zones made up the foliation parallel to the sides. Most bubbles were spherical and 1-2 mm across. Ice grains were roughly rectilinear and elongated in the foliation or normal to it. C-axes followed the elongation of the grains. Grains varied from 1-2 mm to 2 cm; the average was almost 1 cm.

Wedge C was exposed naturally and by excavating in an area about 2 by 2 m and clearly extended to greater depths. The ice was truncated on top and across the face presumably by ancestrial Fairbanks Creek. Parallel beds of silt were draped over and against the unconformity. The upper part of the wedge displayed typical nearly vertical foliation of silt and air bubbles and crisscrossing layers of silt and air bubbles. About 1 m below the top was an inset zone of gently dipping layers of ice and silt. Air bubbles ranged widely in size, shape, and abundance in each layer. This part did not have the fabrics of any other wedge studied and is considered to be the result of cutting out by thaw and refilling by slowly flowing water. Excavation below the inset zone showed typical fabrics as those above it. A block of ice 30 cm wide, 25 cm high, and 20 cm into the bank was taken from left of center in the lowest part of the wedge exposed. A thin section showed offset crisscrossing silt layers (Fig. 11) and generally equigranular grains of ice averaging 0.5-1 cm in diameter (Fig. 12). C-axes were randomly oriented with a tendency to be vertical or horizontal. Air bubbles were 2-4 mm across, mostly spherical, and randomly distributed. The offset of silt layers occurs at grain boundaries. A vertical 25-cm square thin section of the inset zone showed gently dipping layered zones with different silt layers and air bubbles of different sizes and concentrations. Grain sizes and shapes also changed markedly from layer to layer, from 1-3 mm in some layers to 5 cm or more in others. Elongation was parallel or normal to the layers in conspicuous clusters. C-axes were variously oriented, but distinct maxima were normal and parallel to the layers. A 5-cm square thin section from the opposite side and bottom of the block showed similar maxima.

Wedges D, E (Fig. 13), F, and G were adjacent sides of a polygon that was part of a net exposed in plan and partly in section. The upper 2-3 m of the wedges were removed during hydraulic operations. On July 2 and 4, 1950, five samples were cored vertically from different parts of wedge D, at depths of 15 to 60 cm. At the time, penetration of melt water was less than 15 cm. The samples and two thin sections showed equigranular grains of ice, commonly 0.5-1 cm across, with diffuse orientation of C-axes. Air bubbles tended to be large and spherical. Crisscrossing fabric was shown best by silt particles in discontinuous and ill-defined layers.

Wedge E (Fig. 13) intersected wedge D at right angles and was similar to it megascopically. One sample was cored from the center of the wedge and adjacent to the junction with wedge D. It and two thin sections displayed more marked foliation and larger grains than samples from wedge D. C-axes were horizontal, normal to the foliation. Grains were elongated vertically 1.5 : 1 and 2 : 1. Another sample 3 m higher and 6 m farther along the wedge and two thin sections showed still more pronounced foliation of silt and bubble layers and more variable grain size. Lineations of C-axes were vertical, normal to the horizontal axis of the wedge, and in other directions in the horizontal. Most C-axes of large grains were horizontal, and of small grains vertical. No dimensional elongation of grains was apparent.

Wedge F intersected wedge E at an angle of 30°, and about 3 m away, was exposed in a 4-m section. A core in the center and 1 m above the base of the exposure and one thin section showed faint crisscrossing foliation of silt layers and air bubbles roughly parallel to the wedge axis. Grain size and shape were much like that from wedge D. C-axes were variably oriented.

Wedge G intersected wedge E at a 30° angle and was the extension of Wedge F on the opposite side of Wedge E. Megascopically foliation, lineation, and dimensions of crystals were similar to the upper part of wedge E.

The top of wedge H was partly exposed at the base of stripping operations. Its trace was followed by slump where melting of the ice occurred. One core was taken vertically, half in silt and half in the wedge to a depth of 10 cm in unaltered ice, and another 5 m along the wedge. The cores and one thin section showed irregular to equigranular grains of ice commonly 2-4 mm across (Fig. 14). Most C-axes were roughly vertical or normal to the wedge axis and horizontal. Many healed fractures were parallel to the axis and at acute angles.

Wedge I was about 15 m from wedge H, but was not connected with it. It was exposed partly in plan and also in section (Fig. 15). It penetrated the angular unconformity on the Goldstream muck at least to a depth of 1 m. The top of the wedge had been removed by sluicing operations, and only 2 m of the upper silt were left on July 4, 1950. One core was taken vertically to a depth of 40 cm, about 1 m from the face in Fig. 15. It and two thin sections showed typical silt layers in a strong foliation parallel to the wedge axis. Spherical air bubbles 1-2 mm across were thinly scattered. Ice crystals in the lower part were irregular in shape and varied from 1 to 15 mm across (Fig. 16). C-axes produced a very weak lineation normal to the wedge axis and horizontal. Farther up the core the main difference was the absence of an optic axis lineation.

SUMMARY OF FABRICS

The surface wedges displayed more complicated fabrics than did the buried wedges. Recrystallization of ice in buried wedges makes for more equigranular grains and a tendency for air bubbles to be spherical and concentrated on grain boundaries. Offsetting of silt layers clearly is brought about by recrystallization. Optic-axis lineation of grains in surface wedges is stronger than in buried wedges. Strong lineations are normal to fractures and to the wedge axis and horizontal. Others are vertical, normal to the side of a wedge, and at angles of perhaps 30° to 45° to the horizontal. These and other aspects of the wedges of the Fairbanks area indicate that the surface wedges are still growing locally. The fabrics of the ice wedges of the Fairbanks area, both surface and buried, are comparable with those in northern Alaska (Black, 1953b and 1974).

ACKNOWLEDGMENTS

Special acknowledgment goes to Hernelda L. Black who aided in the field collecting and in the office and laboratory at Barrow. Ernest H. Lathram also aided in some of the field collecting. The study was done while I was employed by the U. S. Geological Survey. The Office of Naval Research provided the facilities and support at Barrow for laboratory study.

REFERENCES

BLACK, R. F. 1953a. Fabrics of ice wedges. Ph.D. Thesis, Johns Hopkins University, 87 p.

BLACK, R. F. 1953b. Ice wedges and permafrost of the Arctic Coastal Plain of Alaska. U. S. Geol. Surv. Open File Report, 788 p.

BLACK, R. F. 1963. Les coins de glace et le gel permanent dans le Nord de l'Alaska. Annales de Geographie, 72, pp. 257-271.

BLACK, R. F. 1974. Ice-wedge polygons of northern Alaska. In Glacial Geomorphology, D. R. Coates, ed., Publications of Geomorphology, State Univ. New York, Binghamton, N. Y. pp. 247-275.

BROWN, J., GRAY, S., and ALLAN, R. 1969. Late Quaternary evolution of a valley fill, Fairbanks, Alaska. Pt. I, Geochemistry and stratigraphy of the permafrost. CRREL Tech. Note, 18 p.

MATTHEWS, J. V. 1970. Quaternary environmental history of interior Alaska: Pollen samples from organic colluvium and peats. Arctic and Alpine Res. 2, pp. 241-251.

MATTHEWS, J. V. 1974. Wisconsin environment of interior Alaska: Pollen and macrofossil analysis of a 27 meter core from the Isabella Basin (Fairbanks, Alaska). Canadian Jour. Earth Sci. 11, pp. 828-841.

PEWE, T. L. 1965. Resume of the Quaternary geology of the Fairbanks area. In INQUA Guidebook for Field Conf. F; C. B. Schultz and H. T. U. Smith, eds., Nebraska Acad. Sci., pp. 6–36.

PEWE, T. L. 1975a. Quaternary geology of Alaska. U. S. Geol. Surv. Prof. Paper 835, 145 p.

PEWE, T. L. 1975b. Quaternary stratigraphic nomenclature in unglaciated central Alaska. U. S. Geol. Surv. Prof. Paper 862, 32 p.

SELLMANN, P. V. 1967. Geology of the USA CRREL permafrost tunnel, Fairbanks, Alaska. CRREL Tech. Report 199, 22 p.

SELLMANN, P. V. 1972. Geology and properties of materials exposed in the USA CRREL permafrost tunnel. CRREL Spec. Report 177, 15 p.

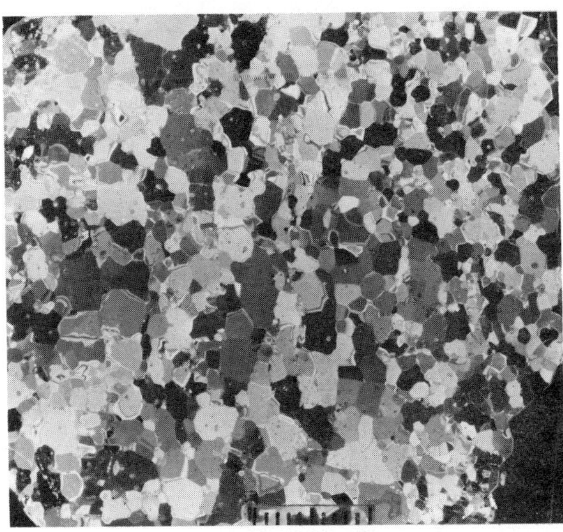

Fig. 1. Part of horizontal thin section from surface wedge B. Crossed polaroids. Scale is 1 cm. Long axis of wedge is up-down.

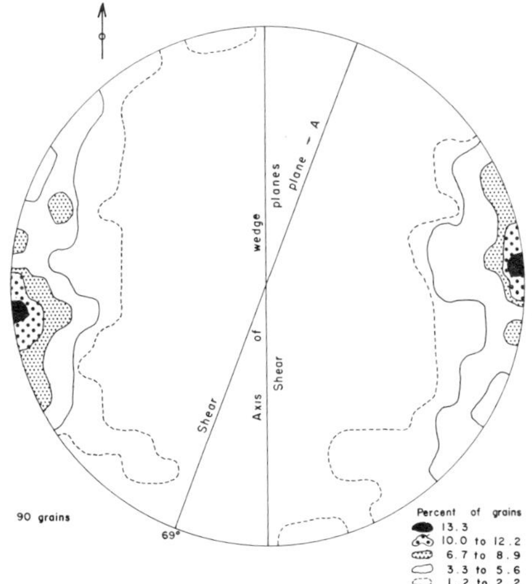

Fig. 2. Equal-area diagram of optic axis lineation from part of thin section in Fig. 1.

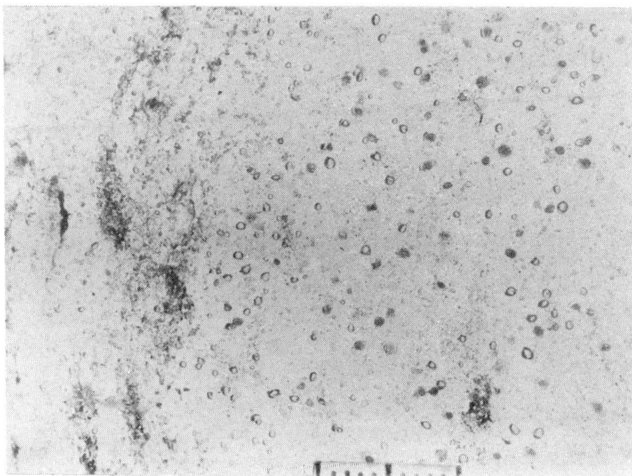

Fig. 3. Part of horizontal section about 2 mm thick from surface wedge C. Plain transmitted light. Scale is 1 cm. Long axis of wedge is up-down.

Fig. 4. Part of horizontal thin section from surface wedge C (as Fig. 3). Crossed polaroids. Scale is 1 cm. Long axis of wedge is up-down.

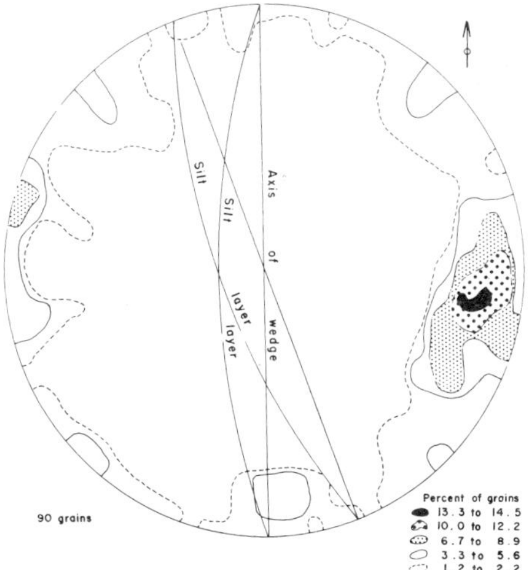

Fig. 5. Equal-area diagram of optic axis lineation from lower thin section from surface wedge C.

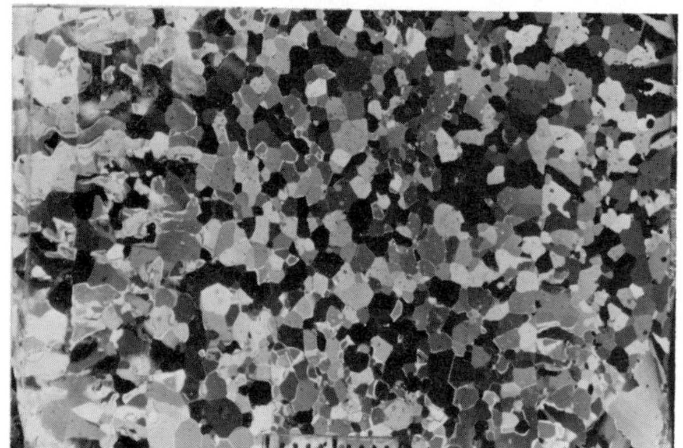

Fig. 6. Part of horizontal thin section from surface wedge D. Crossed polaroids. Scale is 1 cm. Long axis of wedge is up-down.

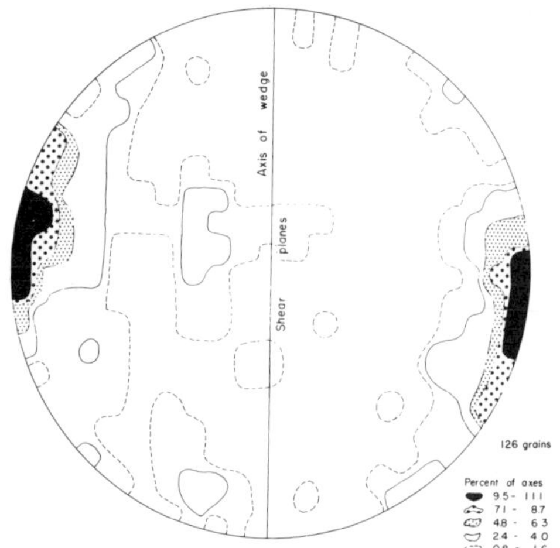

Fig. 7. Equal-area diagram of optic axis lineation from part of thin section in Fig. 6.

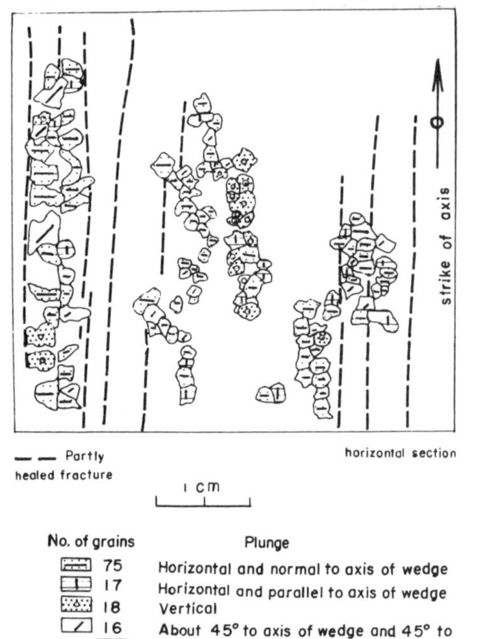

Fig. 8. Grain plot of C-axes of part of thin section in Fig. 6.

Fig. 9. Buried wedge A, Fairbanks Creek. November 27, 1949. Core holes at base near GI pickmattox. Fresh snow cover on part of surface.

Fig. 10. Vertical thin section from buried wedge A. Crossed polaroids. Scale is 1 cm. Long axis of wedge is normal to photo.

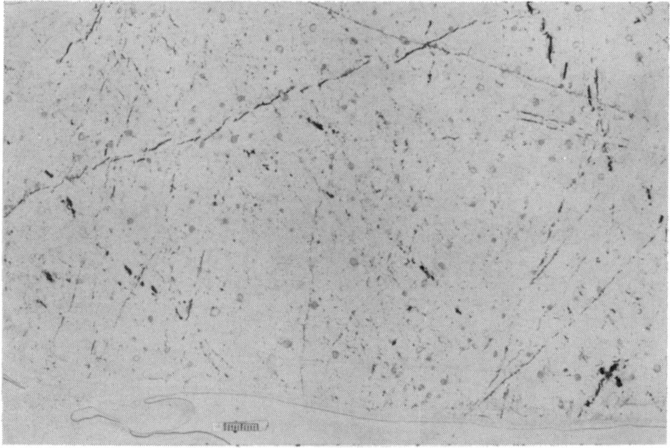

Fig. 11. Part of horizontal thin section from buried wedge C. Plain transmitted light. Scale is 1 cm. Long axis of wedge is up-down.

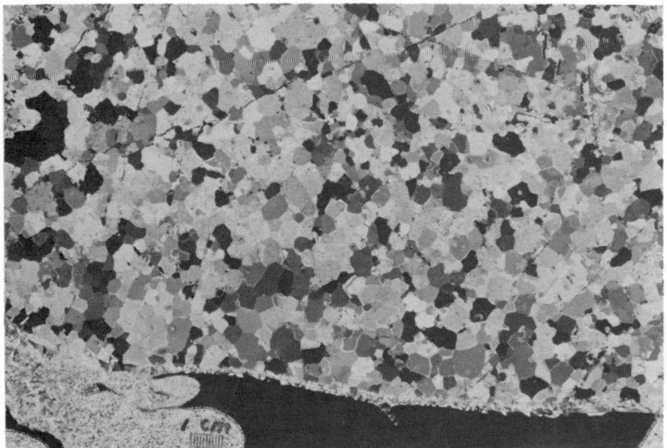

Fig. 12. Same thin section as Fig. 11. Crossed polaroids. Scale is 1 cm.

Fig. 13. Buried wedge D (upper right) and E (foreground and upper center), Fairbanks Creek. July 4, 1950.

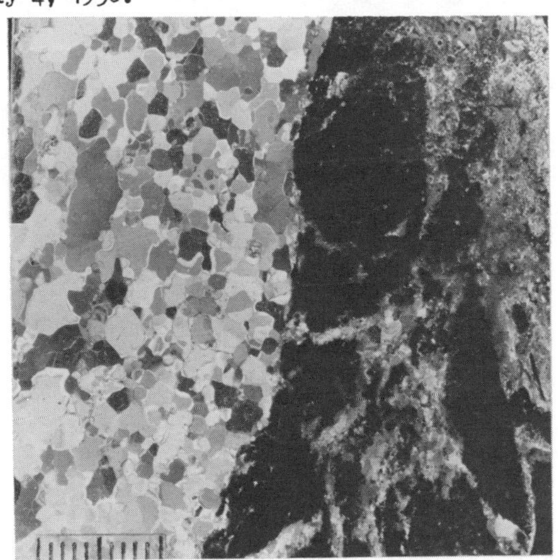

Fig. 14. Part of horizontal thin section from buried wedge H and adjacent muck. Crossed polaroids. Scale is 1 cm.

Fig. 15. Buried wedge I, Fairbanks Creek. Angular unconformity on the Goldstream muck is about 30 cm above the pick. July 4, 1950.

Fig. 16. Part of horizontal thin section from buried wedge I. Crossed polaroids. Scale is 1 cm. Long axis of wedge is up-down.

WATERSTRESS CONDITIONS IN CEREALS USED IN RECOGNIZING FOSSIL ICE-WEDGE POLYGONAL PATTERNS IN DENMARK AND NORTHERN GERMANY.

L. Christensen, Dept. of Geology, Univ. of Aarhus, DK-8000, Aarhus C, Denmark.

During dry periods in May and June the potential evapotranspiration (E_p) exceeds the precipitation (P) and cereal plants can only cover their evapotranspiration by water consumption from soil water. Differences in AWC between wedge-fill materials in fossil ice-wedge polygonal patterns and their adjoining host materials cause differential growth and plant development in cereal plants and make it possible to recognize and categorize fossil ice-wedge polygons from low-level aerial flights and from the surface of the ground before excavations. Positive and negative crop-polygons, two categories of fossil ice-wedge polygons revealed by crop-patterns, are described and a map showing the distribution of crop-polygons resulting from fossil ice-wedge polygonal patterns in Denmark and Northern Germany is presented.

LOCALISATION DES POLYGONES DE TOUNDRA FOSSILES, AU DANEMARK ET EN ALLEMAGNE DU NORD, D'APRÈS LE MODE DE CROISSANCE DES CÉRÉALES EN PÉRIODE DE SÉCHERESSE

L. Christensen, Dept. of Geology, Univ. of Aarhus, DK-8000, Aarhus, Danemark.

Pendant les périodes de sécheresse de mai et juin, l'évapotranspiration potentielle (E_p) excède le volume des précipitations (P) et les céréales ne peuvent compenser leur évapotranspiration qu'en utilisant l'eau du sol. Les matériaux qui comblent les coins de glace séparant les polygones de toundra fossiles n'ont pas la même teneur en eau disponible (AWC) que les matériaux adjacents; on constate que les céréales ont un rythme de croissance et un développement différents suivant qu'elles poussent dans l'un ou l'autre de ces matériaux, ce qui nous permet de reconnaître et d'identifier avec précision les polygones de toundra fossiles, à partir de levés aériens effectués à basse altitude, et d'observations effectuées au sol avant que le sol ne soit creusé. Dans le présent article, on décrit des cultures disposées suivant des polygones, qui représentent deux catégories de polygones de toundra fossiles, mis en évidence par le mode de croissance des cultures; on présente aussi une carte, montrant la disposition des cultures suivant des polygones qui coïncident avec les polygones de toundra fossiles au Danemark et en Allemagne du Nord.

ОПРЕДЕЛЕНИЕ СТРУКТУРЫ ПОЛИГОНОВ С ИСКОПАЕМЫМИ ЛЕДЯНЫМИ КЛИНЬЯМИ ПО СОСТОЯНИЮ ВОДЯНОГО НАПРЯЖЕНИЯ В ЗЕРНОВЫХ КУЛЬТУРАХ В ДАНИИ И СЕВЕРНЫХ РАЙОНАХ ЗАПАДНОЙ ГЕРМАНИИ

В засушливые периоды мая и июня потенциальная эвапотранспирация превышает объем выпадаемых атмосферных осадков, и зерновые культуры могут компенсировать свою эвапотранспирацию лишь за счет грунтовых вод. Различное действительное содержание воды в заполняющих материалах полигональных структур с ископаемыми ледяными клиньями и во включающих породах обуславливает различный рост и развитие зерновых культур и позволяет распознавать и классифицировать полигоны с ископаемыми ледяными клиньями с низко-летящих самолетов и с поверхности земли без производства земляных работ. В докладе описаны два типа полигонов, позитивный и негативный, распознаваемые по состоянию зерновых культур. Прилагается карта распространения полигонов с зерновыми культурами, отражающая структуру полигонов с ископаемыми ледяными клиньями в Дании и северной части Западной Германии.

WATERSTRESS CONDITIONS IN CEREALS USED IN RECOGNIZING FOSSIL ICE-WEDGE POLYGONAL PATTERNS IN DENMARK AND NORTHERN GERMANY

L. Christensen

Department of Geology, Aarhus University, DK-8000 Aarhus C, Denmark

INTRODUCTION

Ice-wedge polygonal patterns formed as a result of permafrost conditions were widely distributed microrelief forms in the western parts of Denmark and Northern Germany during Younger Pleniglacial and Late Glacial. Although the stratigraphy of presently known fossil-frost phenomena in Denmark is not known in detail, several studies during the last 10 years mapped the areal distribution of fossil ice-wedge polygonal patterns revealed by crop-marks from the air (Svensson 1963, 1972 and Christensen 1973 a,b and 1974). Differential crop-ripening was seen on air photographs taken in England (Shotton 1960, Williams 1964, Worseley 1966 and Morgan 1971), Sweden and Northern Germany (Svensson 1964 a,b, 1972, 1973 and 1976) and North America (Wayne 1967).

Few studies however have been centered on:

1. The kind of information and the diagnostic criteria that can be extracted about the subsurface phenomena as revealed by the crop-marks during the period of growth together with excavations at certain important sites.

2. The content of available water (AWC) in the subsoil materials of structures as revealed by crop-polygons.

An attempt will be made to show the relationship between volume ratios of solid components, water and air in wedge-fill of ice-wedge casts and their adjoining hosts in order to explain the amount of available water for plant growth. Two sites with crop-marks in cereals developed on sandy sediments are described. 1974 was a representative year and is used as an example.

Black-and white, colour and CIR photographic transparencies have been succesfully used for identification of crop-marks. CIR photos show differences between crops and soil that are not shown on black-and white photos. Both vertical and oblique photos are used.

Actual water and air content were determined for soil samples from excavations. The permanent wilting point (PWP) was determined by means of a pressure-membrane apparatus. The AWC was determined by finding the difference between the actual water content and the water content at PWP.

FOSSIL ICE-WEDGE POLYGONS IN THE JUTLAND PENINSULA

Special effort was made to identify new sites in Denmark and Northern Germany and several hundred sites with fossil ice-wedge polygonal patterns were found mainly in the western part of the Jutland peninsula outside the maximum extent of the Weichselian ice-sheets (Fig. 1). These features have been delineated from aerial photography and from low-flying reconnaissance aircraft. However only a minor number of features have been dated at present, and these are Younger Pleniglacial and Late Glacial.

The study of several hundred samples from wedge-fill material and their adjoining hosts have revealed two categories of fossil ice-wedge polygonal patterns (Fig. 2):

1. Wedge-fill slightly more fine-grained and containing more solid components and water but less air in the pores than materials from their adjoining hosts (Fig. 2 A).
2. Wedge-fill slightly more coarse-grained and containing less solid components and water, but more air in the pores than materials from their adjoining hosts (Fig. 2 B).

Category 1 (Fig. 2 A) is commonly distributed in areas built up by coarse-grained sandy sediments such as the outwash plains in the western part of the Jutland peninsula. The textural composition shows great variation inside the cast, both vertically and horizontally, but the % vol. of solid components is about 60 %. The % vol. of air and water is equal. The solid components of the adjoining host is 55 %. The pore volume is mainly filled with air and only 5-7 % is filled with water.

Category 2 (Fig. 2 B) is less common and is found in fine-grained sediments such as the Saale morainic landscape composed of sandy clayey till and in fine-grained sandy sediments of the Weichselian outwash plains. The solid component is 55%. The pore volume is mainly occupied by air (35 %) and is only 10-14 % water. The solid component of the adjoining host materials is slightly more than 60 % and the rest is divided equally between air and water.

WATER-BALANCE, 1974

The natural vegetation is closely related to soil-water in sediments and soils. As cultivated crops cannot spread freely, but grow where the farmer sows, the crops reflect the conditions of growth. The varying soil properties above the ice-wedge casts and their adjoining hosts is revealed by plant-marks or crop-marks.

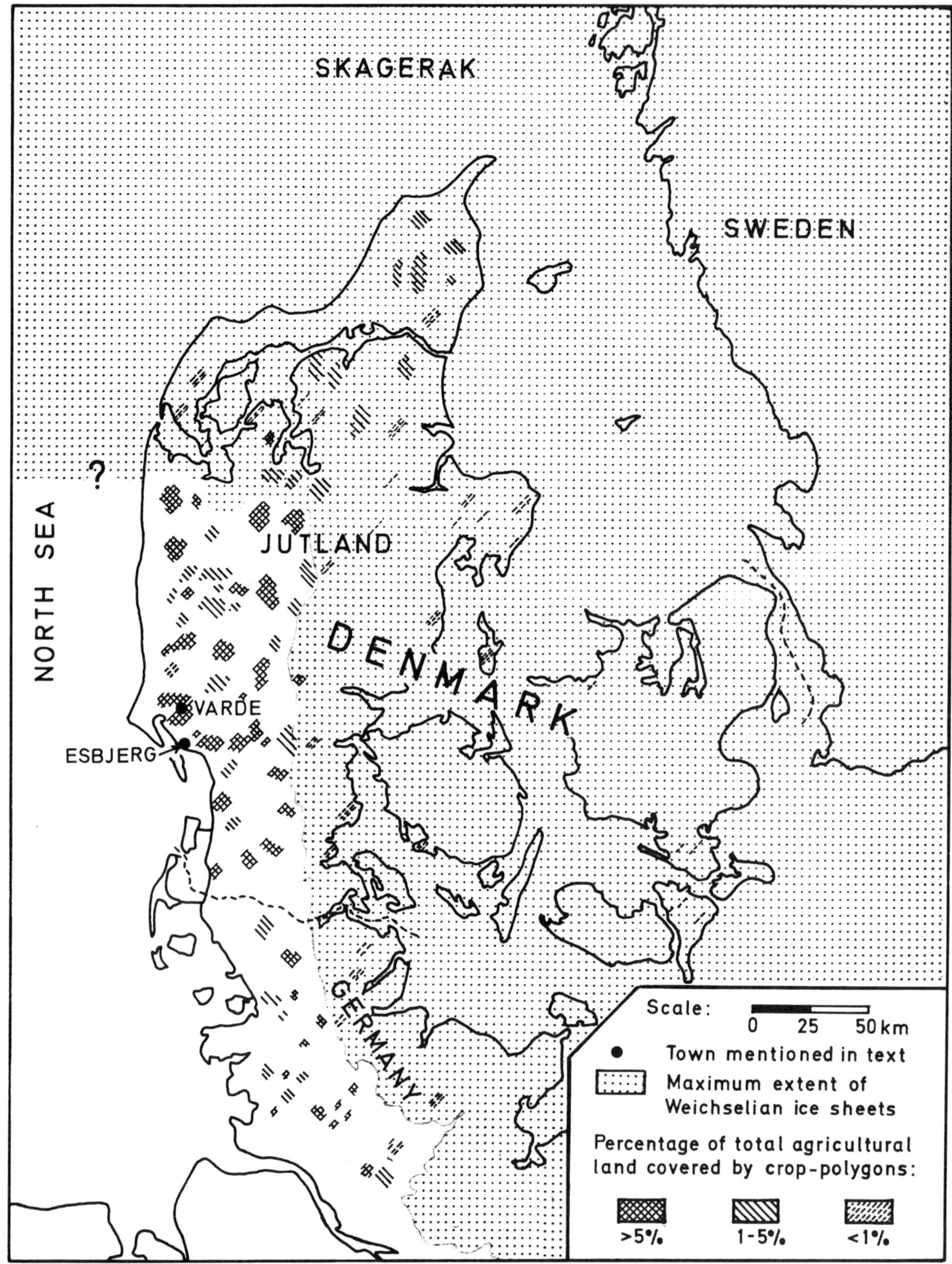

Fig. 1. Distribution of crop-polygons revealing fossil ice-wedge polygonal patterns presumed to have formed during the Weichselian glaciation. The map is based on reconnaissance flights and aerial photographs taken during the period of plant growth and plant development from May-October during the years 1966-76. As some areas have been investigated more than others the map is only partly a guide to the frequency of crop-polygons.

Table I. Water-balance of Western Jutland 1973-74 in mm.

	Nov. 73 - March 74	Apr.		May		June		July		Aug.		Sept.		Oct.		Apr. - Oct. 74	
	a	a	b	a	b	a	b	a	b	a	b	a	b	a	b	a	b
	370	2	-87	11	-100	67	-29	97	- 6	37	-35	175	124	62	38	452	- 94
Mean DK.																	
1974	287	5	-66	20	- 74	43	-48	86	-10	46	-26	102	53	94	68	395	-104
1973	261	66	16	43	- 22	27	-73	61	-44	36	-60	89	31	40	14	362	-138
1972	195	61	18	82	8	68	2	71	-20	51	-31	32	-15	17	-10	382	- 48
1971	267	27	-20	44	- 39	65	- 8	56	-47	72	- 4	41	- 5	58	29	363	- 94
1970	296	85	59	35	- 46	31	-79	86	- 2	36	-37	89	37	109	83	471	15
1960-69	264	43	- 4	52	- 20	53	-36	81	- 5	89	16	66	19	78	53	462	23

a: Precipitation (P), b: Water-balance: P-E_p

Table II. Calculated AWC in mm in soil materials, 1974.

Depth below the earths surface	Wedge-fill	Materials of adjoining host	Surplus/deficit in mm in wedge-fill compared to adjoining host
	A 1	A 2	
50 cm	100 mm	25 mm	75 mm
100 cm	200 mm	nc	175 mm
150 cm	300 mm	nc	275 mm
	B 1	B 2	
50 cm	40 mm	65 mm	- 25 mm
100 cm	nc	133 mm	-133 mm

nc: not calculated, no roots observed in this depth in excavations

The porous soil absorbs and contain considerable amounts of water and the crops absorb water by root activity. Water absorption from the soil takes place from day to day during the period of growth. The soil water is supplied periodically by precipitation, which is the principal source of the water. The water consumption by crops is dependant on climate, soil properties and types of crop. In Denmark the water consumption of crops ranges from 30 % to 60 % of the total annual precipitation. The time of precipitation is more important for the crop than the total annual precipitation. Especially in Denmark the growth of cereals, and to some extent pasture grasses, and the development of crop-marks is dependant on the precipitation and evaporation in May-June.

The precipitation (P) and water-balance (P-E_p) for western Jutland in 1974 is shown Table I. The results are compiled from climatic stations from a larger geographic area. The figures show the measured P and the calculated water-balance, which is calculated by subtracting the measured E_p from P. Table I shows the mean values for Denmark in 1974 and the foregoing years and mean values for the years 1960-69. The last values can be used as "normal" values in comparing with 1974.

The 1974 period of growth is characterized as very dry during spring and early summer and very rainy during autumn.

Fig. 2. Vol. % of solid components, air and water in wedge-fill materials from ice-wedge casts and their adjoining hosts in categories of ice-wedge casts in the Jutland peninsula. (A) 5 km east of Esbjerg. (B) west of Varde. Sampling made in excavations in Nov. 1974 when the soil was adequately moistured for field capacity.

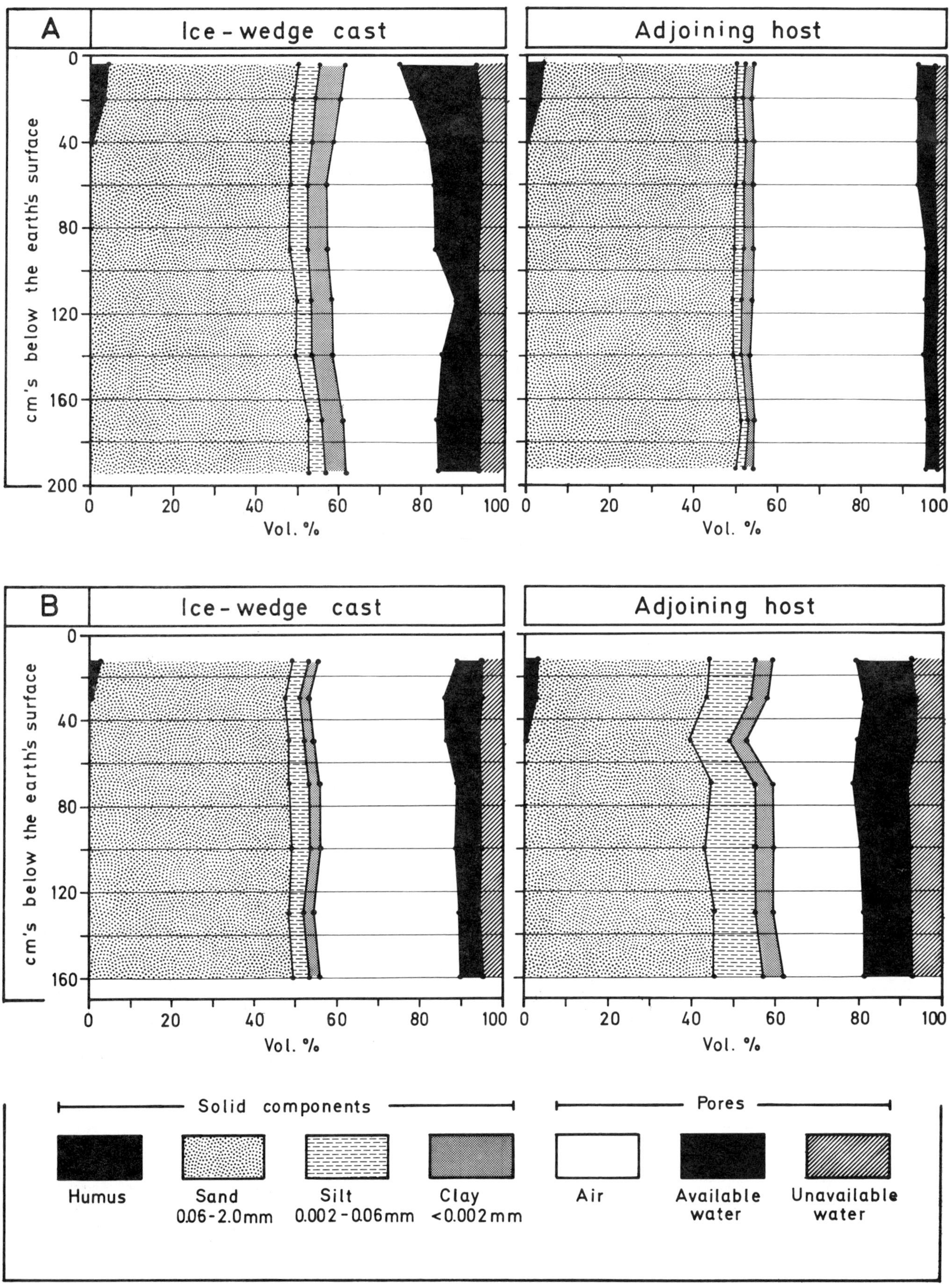
A
Ice-wedge cast
Adjoining host
cm's below the earth's surface
0
40
80
120
160
200
0
20
40
60
80
100
Vol. %
B
Ice-wedge cast
Adjoining host
cm's below the earth's surface
0
40
80
120
160
0
20
40
60
80
100
Vol. %
Solid components
Pores
Humus
Sand 0.06-2.0mm
Silt 0.002-0.06mm
Clay <0.002mm
Air
Available water
Unavailable water

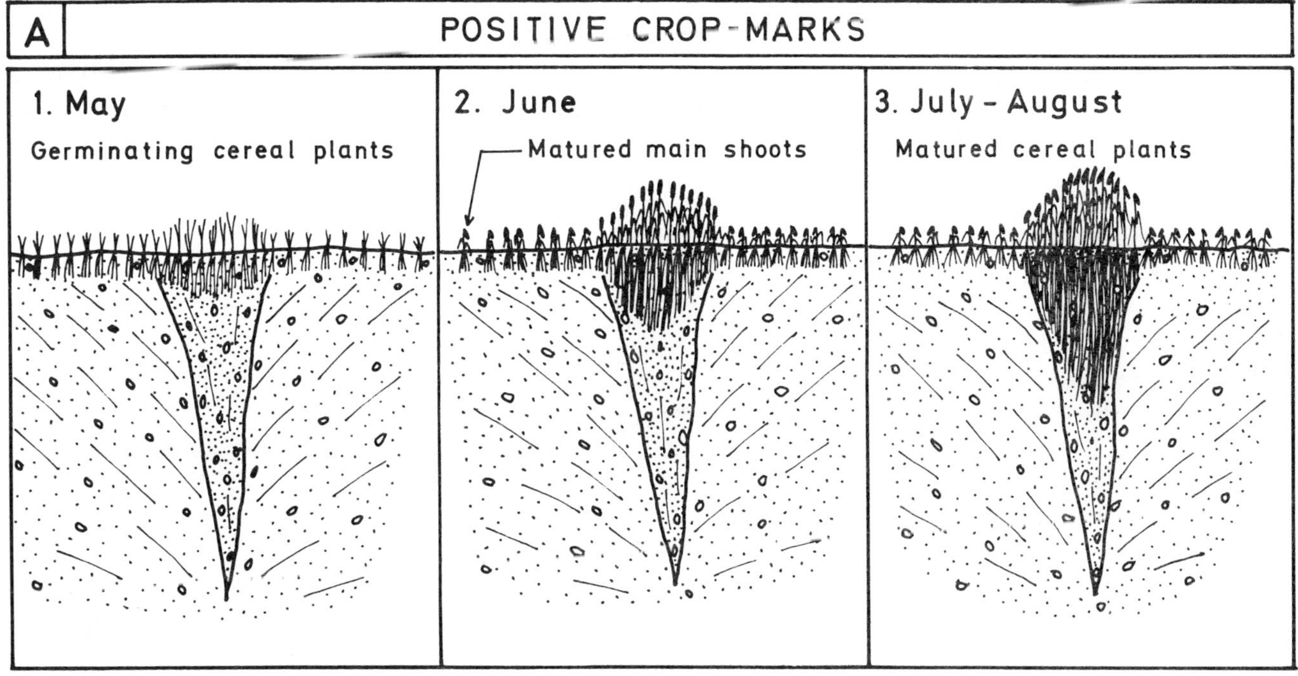

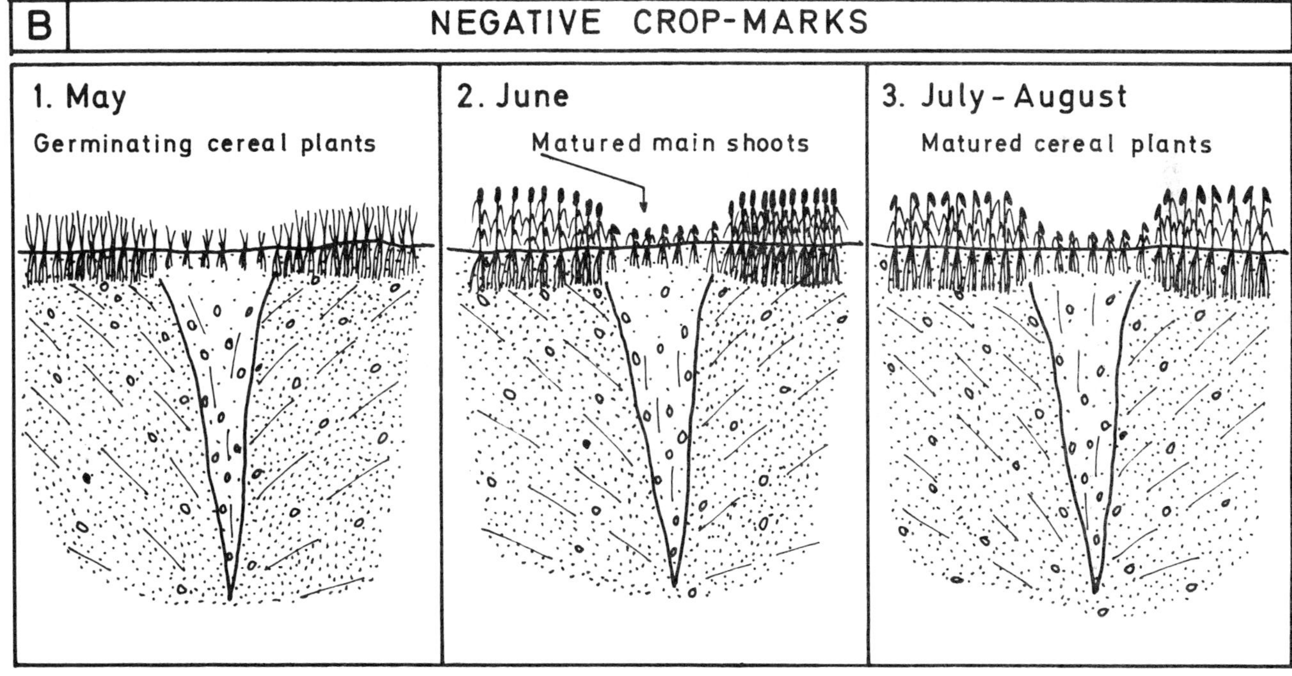

Fig. 3. Schematic representation of plant growth and development of crop-marks in cereals (spring-barley, oat and wheat) above ice-wedge casts during the period of growth, 1974. A. Positive crop-marks developed above ice-wedge casts with wedge-fill more fine-grained than materials of adjoining host. See fig. 2 A. B. Negative crop-marks developed above ice-wedge casts with wedge-fill more coarse-grained than adjoining host. See fig. 2 B.

AWC FOR CEREAL GROWTH, 1974

To calculate the total amount of water available for the cereal plants during May and June, the period with the most intensive growth and the period in which plants may suffer from shortage of water, it is necessary to calculate total water budget (Table II).

The AWC in the soil is calculated in proportion to the effective root depth, the depth above which the soil contains so much available water that the plants absorb from the whole profile. In excavations, roots penetrated to a depth of 150 cm in type A 1. Above the adjoining hosts, standard calculations of root penetration to 50 cm have been used. The AWC of wedge-fill is shown in Table II. In A 1 the AWC surplus increases from 75 mm in 50 cm below the earth's surface to 275 mm in 150 cm below the earth's surface. In type B 1 there is a deficit of 25 mm at a depth of 50 cm, and at 100 cm below the earth's surface there is a deficit of 133 mm.

The mean E_p for Western Jutland during May and June is 207 mm. The total P for the same period is 78 mm. The E_p which cannot be covered by P is 129mm. This means that the E_p value which cannot be covered by P is 2.15 mm per day. Therefore during dry periods in May and June the growth of cereal plants above A 1 can continue for 35 days if root penetration is 50 cm below the earth's surface and for 81 days if the root penetration is 100 cm below the earth's surface. In B 1 the AWC only covers 12 days of E_p as compared to the adjoining host. No roots have been observed below 50 cm in wedge-fill.

CROP-POLYGONS IN CEREALS

Based on the AWC, two categories of crop-polygons can be distinguished (Fig. 3).

1. Positive crop-polygons (Fig. 3 A)
2. Negative crop-polygons (Fig. 3 B)

Positive crop-polygons, as earlier defined by Christensen (1974), are polygonal patterns formed where cereal plants have better conditions of growth. This is the case where the AWC during dry periods is sufficient to cover the E_p.

During May, 1974, plant growth was slightly better above wedge-fill materials than above the adjoining host. Root development is slightly deeper in wedge-fill. In June, cereal plants above host materials suffer from shortage of water and are forced to mature, while growth and plant development continue without breaks above wedge-fill. These latter latter plants ripened normally during July-August.

The positive crop-polygon can be seen in May as a polygonal configuration of slightly higher plants. In June the positive crop-polygon is quite clearly shown as a green polygon of higher plants against yellow to yellow-green small plants. In July-August, the positive crop-polygon is seen as much higher, mature yellow plants against smaller yellow plants. On black and white aerial photographs the positive crop-polygons are revealed as darker polygons againstlighter surroundings during May-June and as slightly darker yellow polygons against lighter surroundings during July-August. For use of CIR aerial photographic transparencies the most useful period of photography is May and June where the infrared reflection from green plants is optimal. On CIR photographs obtained from low-level flights in June, positive crop-marks consisting of only a single row of cereal plants may be distinguished. Therefore, even several generations of small crop-polygons may be distinguished in the same field. Figure 4 shows three generations of crop-polygons on Late Glacial river terraces along the Varde River.

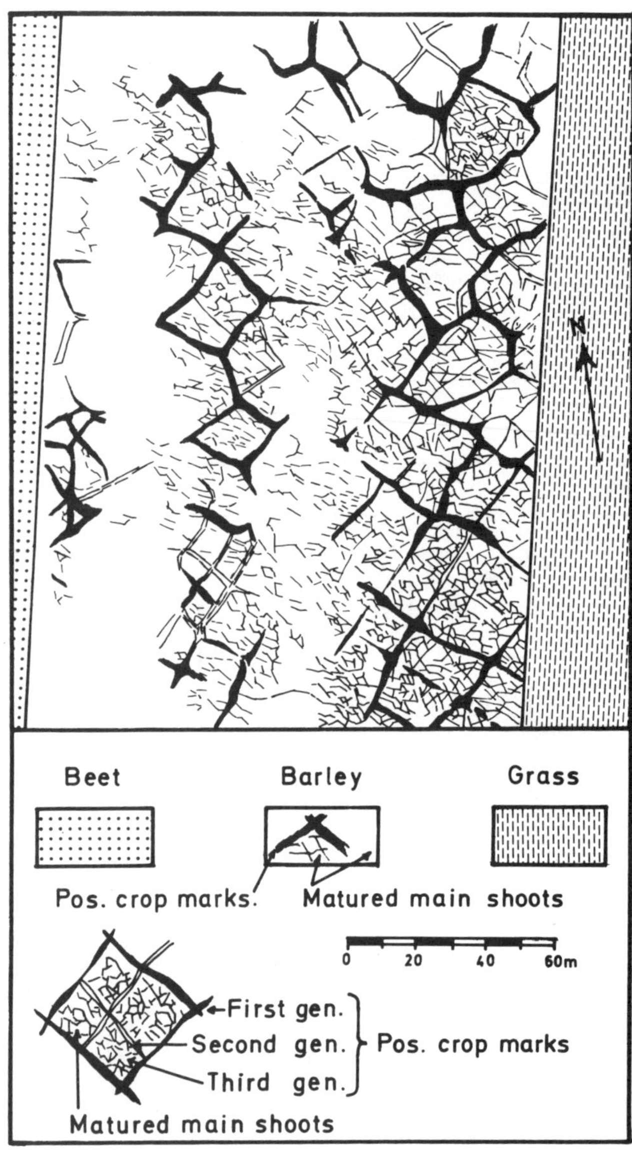

Fig. 4. Detailed map showing positive crop-polygons above fossil ice-wedge polygons in barley field west of Varde. The map is redrawn from CIR photographic transparencies. The polygonal pattern is diffuse in topographic heights and depressions.

Russian workers - as quoted by Dylik (1966) - suggest that large polygons are formed under comparatively milder climatic conditions than small ones. Accepting the evolution of polygonal patterns in the Varde area as proposed by Dylik (1966) then the polygonal patterns show a remarkably long period of a mild cold climate resulting in the formation of the first generation polygons and a short period of a cold climate resulting in the formation of the second and third generation of polygons.

The negative crop-mark can be seen in early May where smaller plants grow above the wedge-fill because of difficult root penetration. In June the plants above wedge-fill suffer because of a shortage of water, and they are forced to mature, while growth and plant development continue without breaks outside the wedge. During July-August the cereal plants on host materials mature normally. The negative crop-polygon revealing the subsoil pattern can be studied from May-August. In May the pattern is seen as an area of slightly lower plants. The height effect may be reinforced by photographing during early morning or late evenings when there are low sun-angles. CIR photos reveal that infrared reflectance increase as relative turgidity decrease. As relative turgidity is used to express water stress situations in plants, water stress can be found as early as late May above these structures. In June the negative crop-polygon is quite clearly shown as a yellow polygon with small cereal plants in a green field with higher cereal plants. This period is the best period for aerial photography, while the period from mid-June to the beginning of July is the best period to trace small details in the cereal field as even small structures are then revealed by plants. In late July to August the negative crop-polygon is revealed by a negative relief of smaller matured plants surrounded by higher matured plants.

CONCLUSION

The difference in AWC of wedge-fill materials and materials of the adjoining host gives different conditions of growth and plant development during dry periods in May and June where the E_p exceeds the P, and the plants can only cover their evapotranspiration by water consumption from the soil water. The AWC variations can be seen as crop-marks. Two categories of crop-polygons can be distinguished: positive and negative crop-polygons corresponding to two kinds of fossil ice-wedge polygonal patterns in the subsoil.

The informations gained from aerial mapping of crop-polygons in Denmark and Northern Germany are very useful in making a preliminary evaluation of soils and in defining areas of interest for subsequent boring programmes or excavations. Crop rotation over some few years can facilitate the allover mapping.

The aerial vantage point has revealed so many new sites with crop-polygons in Denmark and Northern Germany that the aerial registrations runs far ahead of excavations and many sites at present remain to be excavated.

ACKNOWLEDGMENTS

Theauthor is grateful to prof. J.H. Lipps for improving the English text. Mrs. Gissel Nielsen skilfully executed the map and the drawings. Financial support for this study was provided by Statens Naturvidenskabelige Forskningsråd.

REFERENCES

CHRISTENSEN, L. 1973a. Fossile polygonmønstre i Jyske Landbrugsjorder. Ugeskrift for agronomer og hortonomer 2, 102-107. (Summary in English).

CHRISTENSEN, L. 1973b. Planteavl og geologi: Geologisk tolkning af afgrødemønstre i landbrugsjorder. Det Nye Dansk Landbrug 4:6, 13-18.

CHRISTENSEN, L. 1974. Crop-marks revealing large-scale patterned ground structures in cultivated areas, southwestern Jutland, Denmark. Boreas, 3, 153-180.

DYLIK, J. 1966. Problems of ice-wedge structures and frost-fissure polygons. Biul. Peryglac. 15, 241-291.

MORGAN, A.V. 1971. Polygonal patterned ground of Late Weichselian age in the area north and west of Wolverhampton, England. Geogr. Ann. 53 A, 146-156.

SHOTTON, F.W. 1960. Large-scale patterned ground in the valley of the Worcestershire Avon. Geol. Mag. 47, 404-408.

SVENSSON, H. 1963. Some observations in West Jutland of a polygonal pattern in the ground. Geogr. Tidsskr. 62, 122-124.

SVENSSON, H. 1964a. Aerial photographs for tracing and investigating fossil tundra ground in Scandinavia. Biul. Peryglac. 14, 321-325.

SVENSSON, H. 1964b. Fossil tundramark på Laholmsslätten. Sver. geol. Undersökn. C 598, 1-29.

SVENSSON, H. 1972. The use of stress situations in vegetation for detecting ground conditions on aerial photographs. Photogrammetria 28, 75-87.

SVENSSON, H. 1973. Distribution and chronology of relict polygon patterns on the Laholm plain, the Swedish west coast. Geogr. Ann. A 54, 159-175.

SVENSSON, H. 1976. Relict ice-wedge polygons revealed on aerial photographs from Kaltenkirchen, Northern Germany. Geogr. Tidsskr. 75, 8-12.

WAYNE, W.J. 1967. Periglacial features and climatic gradients in Illinois, Indiana and western Ohio, Eastern central United States. Quaternary Palaeocology, INQUA. 7'th Cong. 1965. New Haven, Conn., 393-414.

WILLIAMS, R.B.G. 1964. Fossil patterned ground in eastern England. Biul. Peryglac. 14, 337-349.

WORSLEY, P. 1966. Fossil frost wedge polygons at Congleton, Cheshire, England. Geogr. Ann. 48, 211-219.

ROCK GLACIERS AS PERMAFROST BODIES WITH A DEBRIS COVER AS AN ACTIVE LAYER. A HYDROLOGICAL APPROACH. ANDES OF MENDOZA, ARGENTINE.

Arturo E. Corte, Consejo Nacional de Investigaciones Cientificas y Técnicas, Inst. Argentino Nivologia y Glaciol. Mendoza, Argentina

By means of aerophotos and ground inspections, a basin with rock glaciers and glaciers is surveyed . Run-off measurements from glaciers and rock glaciers are made at the end of the summer when all the snow was melted away. The corresponding areas of glaciers and rock glaciers are compared with run-off data. An area of 6,5 km^2 of uncovered ice gives less water than 4,5 km^2 of rock glaciers. The total flow of the river Cuevas at 3478 m is composed of: rock glaciers flow 56%, glaciers flow 44%. The maximum run-off for these areas at the end of the last summer and beginning of the fall and after a winter of low snow falls was 0.5m^3/s. The high basins of the central Andes of Argentina and Chile contain similar bodies of rock glaciers; consequently, these observations are of significance for the assessment of water resources in these dry regions.

LES GLACIERS DE PIERRES, CONSIDÉRÉS COMME DES MASSES DE PERGÉLISOL RECOUVERTES D'UN MOLLISOL CONSTITUÉ PAR UNE COUVERTURE DE DÉBRIS. APPROCHE GÉOLOGIQUE. ANDES DE MENDOZA, ARGENTINE.

Arturo E. Corte, Consejo Nacional de Investigaciones Cientificas y Técnicas, Inst. Argentino Nivologia y Glaciol. Mendoza, Argentine.

Au moyen de protographies aériennes et d'explorations menées sur le terrain, on a étudié un bassin occupé par des glaciers, et des glaciers de pierres. On a effectué à la fin de l'été des mesures du débit des eaux de fonte des glaciers de pierres, après la disparition de toute la neige. En utilisant les données relatives à l'écoulement, on a comparé des superficies équivalentes de glaciers habituels et de glaciers de pierres. On a constaté qu'une superficie de 6.5 km ^{2} de glace non recouverte donne moins d'eau qu'une étendue de 4.5 km ^{2} de glacier de pierres. À 3 478 m, le débit total de la rivière Cuevas provient des eaux de fonte des glaciers de pierres pour 56 %, des eaux de fonte des glaciers pour 44 %. À la fin de l'été dernier, au début de l'automne, et après un hiver caractérisé par de faibles chutes de neige, le débit maximal était dans ces zones de 0.5 m^3/s. Les bassins élevés des Andes centrales de l'Argentine et du Chili contiennent des volumes similaires de glaciers de pierres; par conséquent, ces observations sont importantes pour l'évaluation des ressources en eau de ces régions sèches.

ГИДРОЛОГИЧЕСКИЕ ХАРАКТЕРИСТИКИ КАМЕННЫХ ПОТОКОВ КАК МЕРЗЛОТНЫХ ОБРАЗОВАНИЙ С ДЕЯТЕЛЬНЫМ СЛОЕМ ИЗ ОБЛОМОЧНЫХ ПОРОД В АНДАХ МЕНДОСЫ /АРГЕНТИНА/

Посредством аэросъемки и наблюдений на поверхности произведено обследование бассейна с ледниками и каменными потоками. Замеры стоков с ледников и каменных потоков производились в конце лета, когда весь снег полностью растаял. Параметры ледников и каменных потоков сравниваются с данными водных стоков. Зона обнаженного льда площадью 6,5 км^2 дает меньший объем воды, чем каменные потоки площадью 4,5 км^2. Общий поток реки Куэвас на высоте 3478 м состоит на 56% из воды каменных потоков и на 44% из воды ледников. Максимальный сток на этих участках в конце лета и осени и после слабых снегопадов в зимнее время составил 0,5 м^3/сек. Высокогорные бассейны в центральных Андах Аргентины и Чили содержат аналогичные массивы каменных потоков; в связи с этим, проведенные наблюдения имеют важное значение для оценки водных ресурсов в этих засушливых районах.

ROCK GLACIERS AS PERMAFROST BODIES WITH A DEBRIS COVER AS AN ACTIVE LAYER. A HYDROLOGICAL APPROACH. ANDES OF MENDOZA, ARGENTINE.

A. E. Corte

Instituto Argentino de Nivología y Glaciología (IANIGLA).
Consejo Nacional de Investigaciones Científicas y Técnicas

INTRODUCTION AND TERMINOLOGY

As it was proposed (Corte 1976a) rock glaciers could be divided in two groups: 1) "True rock glaciers" which are a feature resulting from the accumulation of snow and debris in talus slopes (Spencer 1900, Grotzbach 1965) or talus cones(Di Colbertaldo 1946) which by the motion of the debris and ice are transformed into tongues of rock glaciers. The ice in this type of rock glacier is believed to be interstitial However as previously indicated by Di Colbertaldo (1946) and Lliboutry (1961) the talus cones fed from avalanches contain a structure of layers of snow,ice and debris. Under this category the following types should be included: the talus rock glacier (Spencer 1900); the "Hangblockwulst"(Grötzbach 1965); the valley-wall type (Outcalt and Benedict 1965); the ice-cemented type (Potter 1972); and the talus slope type (Barsch 1969).

2) "Debris covered glaciers" were proposed to be called rock glaciers which derive from the melting of valley glaciers(Brown 1925, Lliboutry 1953, Outcalt et al.1965, Potter 1972, Barsch 1969). In this report and present state of the research,a body of ice and debris with an unknown genesis and which is completely covered by a debris mantle is designated with the name rock glacier.

The measurenment of accumulation of snow on the surface of a rock glacier was done by Potter (1972) with an ice-cored rock glacier.However there is no information on the hydrology of rock glaciers.This is due to two factors: a)the drainage from rock glaciers is mostly underground due to the boulders covering the surfaces;b) the study of rock glaciers is a development of the last 20 years(Capps 1910, Lliboutry 1953,1955,1956,1961; Warhaftig et al 1959; Barsch 1969,1971;White 1971; Potter 1972 and Corte 1976 a-b).

The hydrological behaviour of Chilean and Cascadean glaciers were compared(Post 1970) and it was estimated that the minimun run off at the end of the summer depends on the area covered by the glaciers and also on the amount of snow precipitated the previous winter;the minimun runoff from glaciers can reach 80% of the total run off.

At the end of the summer 1974-75 in the Central Andes,Río Cuevas, and above 3.300 m. the run-off observed from rock glaciers was significantly higher than that from uncovered ice. When dealing with the hydrological behaviour of rock glaciers the role played by the: a)debris cover and b)the frozen core should be considered.

a) the temperature conditions of the debris cover can be important because it can regulate the amount of ice in the core or in the cover.The debris cover with its sorted boulder surfaces, the corrugated transversal bands and longitudinal troughs, the thermokarst depressions are ideal places for snow to be trapped in.

b) The core with its massive icy-beds, can contribute substantially to the hydrological behaviour of the rivers emerging from the rock glaciers.

The rock glaciers in consideration are located in an area which was subjected to deglaciation conditions during the present century (Lliboutry 1956;Post 1970;Corte 1976b). It is possible that glacier ice can play an important part in the constitution of the rock glaciers in question.

A first approximation on the effect of the glaciers and rock glaciers run-off could be derived after several years of very low precipitations,as happened in the sixties.During the following summers the rivers run-off was sufficient to save the farmlands and orchards. The base flow is explained as rock glaciers and glaciers flow.

LOCATION AND OTHER CHARACTERISTICS

In the inventory of glaciers and rock glaciers carried by L.E.Espizua, in the 122,7 aq. km of the upper river Cuevas area and above 3270 m. the following coverage areas are indicated: 1) glaciers: 7,18 sq. km or 5,8% of the total area;2) thermokarst: 4,94 sq. km or 4,2% of the total area; 3) rock glaciers:4,74 sq.km or 3,8% of the total area; 4) moraines possibly containing ice: 2,72 sq. km or 1,8% of the total area, giving a total of 19,58 sq. km or 15,6% of the total area. The characteristics of these areas are:1) glaciers:under this category late snow patches and minor ice bodies are included. 2) thermokarst: this facies or pattern is located below the uncovered ice facies.In these dry zones, the thermokarst is one of the most outstanding features of the glacier under melting conditions.Such features were described for the stagnant Alaskan Glaciers (Clayton 1964).
The term thermokarst(Kachurin 1962), includes the process and the resulting form due to the thaw of debris covered ice(Popov 1956, Aleshinskaya et al 1972).In the thermokarst there are two thawing processes:a) the thawing process produced by the differential melting produced by the uneven debris mantle, b) the thawing process produced by the melt waters. The first process will produce elevations and depressions (Corte 1960) while the second one will produce small channels,lakes,holes, tunnels,caves,etc. The thermokarst, in its early stages is characterized by circular depressions or thermokarst lakes.In later stages as the melt waters are cutting through the ice of the rock glacier there are holes,caves,tunnels, and the thermokarst lakes are drained out.Finally as the debris layer is increasing, thermokarst features can be covered with debris. This stage is designated with structural debris stage.A remarkable feature of the thermokarst is the asymetry.In this region the thermokarst border facing the south(cold side) is steep; while the border facing north(warmside) is gentle. This is an asymetrical feature produced by radiation.
The thermokarst in Tiem-Sham(Aleshinskaya et al 1972) shows the corresponding asymetrical radiation for the northern hemisphere. The depressions like the thermokarst developed in the permafrost regions are surrounded by tension cracks due to collapse.
3) rock glaciers: (Fig.1) under this category we include the ice and debris bodies totally covered with a debris mantle. Here the glaciers which under negative balance are being covered by debris are also included (Lliboutry 1953).The rock glaciers which are fed from avalanche chutes are included here also.
4) moraines: under this category the debris accumulations which are located at the sides of the uncovered ice areas are included.According to the ground inspection these moraines are also frozen containing ice and debris layers and are covered with a thin active layer of loose debris in the summer.
In the upper river Cuevas there are three significative rock glaciers covering the following areas: Tres Dedos: 1,9 sq.km (Fig. 1);Pan de Azúcar: 1,7 sq. km and Cajón del Rubio: 4,5 sq. km with an altitudinal belt of about 600 meters (Fig.2).

THE DEBRIS COVER

The debris cover can be observed in the frontal parts and sides of the active rock glaciers and in the active thermokarst. The cover shows stratification,sorting and open work textures. In the upper part of the rock glaciers there are longitudinal bands, and in the lower parts, transversal ones. The motion of the rock glacier in its fronts and sides produces gravitational sorting and open work textures which are incorporated into the body of the rock glacier. There is also sorting produced by snow melt wash which produces stratified debris. These structures and textures can be observed in the old sections of the inactive or fossil rock glaciers.
The debris cover should be an important regulator of the stored melt water or snow falls or drifted snow. However its role is beginning to be understood. The thickness of the debris cover was measured in different elevations of the rock glacier (Fig. 2), and it behaves as an active layer over permafrost,near 3000 m., it is about 20-40 meters, while over 4000 m. it is only 10 cm. thick. Debris cover decreasing with elevation was also indicated (Potter 1972, Benedict 1973).
Open circles in Fig. 1 show the debris thickness in the Horcones rock glacier, Aconcagua(R.Bustos oral com.).The thickness variations are producing typical pat-

terns or facies in the different levels of the rock glaciers: 1) the upper pattern is the uncovered ice;2) below there is a pattern of covered ice with a thin layer of debris,of the order of decimiters; 3) as the covering layer increases active melting takes place, producing a thermokarst landscape with thermokarst lakes, holes, melt channels, caverns, caves, tunnels. This is the thermokarst facies or stage (Corte 1976 b). At the border of the thermokarst depressions, there are tension cracks similar to the ones observed in the active layer in the thermokarst of the permafrost regions.The thickness of the debris cover in these regions varies, but is in order of a meter. 4)Below the active thermokarst, as the debris layer increases, it is covering all depressions, and the debris is patterned in a field of transversal arches, troughs, thermalcontraction cracks and sorted debris. Whose layer in this facies is called the structural debris facies. 5) Further down the surfaces are smoothed as the rock glacier becomes inactive;if erosion is available in creeks or ravines,ice can be found in depths of 20-40 meters (Fig. 2).

There are various factors responsible for the structural features observed in the structural debris facies:1) debris flows over the frozen core, 2) thermalcontraction cracking, 3) sorting by gravity and meltwash open textures and stratified debris produced in front of the rock glaciers and also in the thermokarst depressions.4)Sorting by down melting (Corte 1960).5)The patterns of the deformed talus produced by the motion of the rock glacier should be included here.It is also observed in the rock glaciers inspected that the debris cover materials are angular with sharp edges, there is no silt and clay fractions in the surface.In one place a till-like material was exposed.In the natural sections of the inactive rock glaciers, a lack of silt and clay is observed.

THE CORE

In the upper levels of the rock glaciers, specially in the thermokarst regions, the frozen core is open for inspection in the melt channels, caves, tunnels,and the faces of the deep thermokarst lakes.In these, and other places, the following types of ice have been differentiated:1) Ice strata: this type of ice is observed as a steep inclined strata of ice and debris(frozen); the ice can be transparent with large crystals;but also bubbly ice is found.Debris ridges are formed in places where these vertical ice and debris layers are outcropping. By inspecting caves we observed that the bubbles in the ice are oriented in the flow line direction.The largest thermokarst depressions are found in this type of ice,which is possibly glacier ice. 2) Surficial ice:under this heading all types of ice formed on the surface and incorporated later on into the body of the rock glacier by the flow of the debris surface are included. Here, the thermokarst's lakes, ice, river ice, icings are also included. Vertically oriented bubbles indicate surface water freezing. 3)Interstitial ice: this type of ice is the cement type of ice which fills the debris pores and is found in the lower parts of the rock glaciers. When excavating the debris cover at the end of the summer, the thaw line is at the maximun penetration depth. Two excavations were made: one in the Cajón del Rubio at 3950 m. in a boulder slope;the frostline was found at 1 meter deep and the ice was cementing blocks of 30 cm. diameter. The other excavation was made in the Tres Dedos at 3680 m. in a coarse gravel with boulders;the frost line was located at 3 m. depth.This data is also included in Fig.2. 4)Snow ice and firn layers burried by the motion of the debris:these types of ice and snow are observed in the higher parts of the Cajón del Rubio at 4200 m. The longitudinal troughs,which are snow avalanche talus deformed by the motion of the rock glacier,contain,in their lower parts, these types of snow and firn layers.It is also observed that in the south facing slopes the nevé and ice layers are being covered by the debris motion.5) Other types of ice: no segregation type of ice was so far found in the rock glaciers examined;since the debris cover lacks fine particles and it is also generally quite dry;it seems feasible that this type of ice is not of importance in the rock glacier core and cover composition.However it should be emphasized that the area examined was the thermokarst facies.The possibility that shearing effects can bring material from the ice core, and built the transversal arches of the rock glaciers was proposed by Carrara(1973) but neglected by Benedict(1973).

ORIGIN

The origin of a rock glacier is of a scientific interest and also of importance from the hydrological viewpoint.A rock glacier of the talus slope type,the true rock glacier should have less ice stored in the body than a rock glacier which is a debris covered glacier.However as indicated by Di Colbertaldo (1946) and Lliboutry (1961) the talus cones fed from avalanches contain a structure of layers of snow-ice and debris.

A rock glacier which has a large area under thermokarst stage should also have a different hydrological behaviour than a rock glacier which has a large area under structural debris stage (Corte 1976 a).

In the hydrological assesment of rock glaciers it is not only interesting to know the past glacial history but of fundamental importance are the methods by which snow, melt water and debris are accumulated.Absiuk and Korotkievich (pers. com.) report that in the dry SE mountains of the USSR there are special types of rock glaciers in which moisture condensation makes them as sources of permanent water. The area under study has been under deglaciation conditions during the last 100 years(Lliboutry 1953,1955,Post 1970 and the author's own observations).It should be considered if glacier ice of previous valley glaciers could be included in the body of these rock glaciers.

The study of the ice structure and texture of the core can reveal the processes which have affected the rock glaciers.The ice composition of the core and cover are revealing that possibly glacier ice is presented as:very transparent ice bodies with large crystal massive ice tilted beds with debris layers of bubbly ice with flow features,etc. Metamorphic processes have affected this massive ice as revealed by:refreezing of melt waters from thermokarst lakes showing vertically oriented bubbles in horizontal layers of ice, the covering of river ice and surficial ice by debris flows;the incorporation of snow banks into the body of the rock glacier is also observed.All these processes will change the primary ice texture and structures into new types of ice.

The rock glaciers of the Tres Dedos(Fig.1) Pan de Azúcar and Cajón del Rubio are totally covered with debris, consequently, the ice composition in the sections of the thermokarst depressions,melt channels,tunnels and caves. In the lower parts, in the structural debris facies, the sections have to be made.

The genesis assesment, of the Cajón del Rubio rock glacier,based on morphology, shows that this rock glacier is related to a multitude of avalanche tracks in which the talus bands are deformed by motion of the rock glacier;the longitudinal bands are therefore considered deformed avalanche talus.However the role played by previous glacier ice can not be at the present time indicated.The other two types of rock glaciers, the Tres Dedos and the Pan de Azúcar, contain large thermokarst depressions indicating that large massive ice-possibly glacier ice- is present there.With the present information it is impossible to say whether these rock glaciers are true rock glaciers or debris covered glaciers (Corte 1976 a).For this reason the general name of rock glaciers is used for these features containing a frozen core and totally covered with debris.Finally, when dealing with the genesis of rock glaciers it should be indicated their relation with the ice-core moraines (Østrem 1963,1964,1965,1971, Barsch 1969,1971). As indicated by Østrem (1964), the ice-cored moraine is a feature of frozen deposit close to the glaciation limit and related to continentality (Østrem and Arnold 1970). Our rock glaciers are also a continental climatic feature but much warmer, located well below the glaciation limit (Fig. 2). The corrugated rock glaciers surface is not a frozen feature; it is a melt soligelifluction feature not related to the ice-cored moraines. We do have in the Central Andes the equivalent to the ice-cored moraines just at the border of small glaciers (Fig. 2).

RUN-OFF FROM ROCK GLACIERS

In the inventory of glaciers of the Central Andes we are observing that the basins containing large areas with rock glaciers under thermokarst stage have higher run-off than areas with no thermokarst and much larger areas with glaciers. The thermokarst is a facies of active ice melting and it should be therefore reflected in the run-off.

At the end of the 1973-74-75 summers, it could be observed that rock glaciers run-off were substantially higher than that of glaciers.

Under every talus slope rock glacier there

was a little stream;the merging of these streams joins to form a small river.The area for the run-off studies was chosen after an analysis of 6000 sq. km of glacier inventory,observing that the rock glaciers and glaciers at the end of the Cuevas Valley,had their outflow over a rock outcrop in which the water flow could be measured.The flow from the glaciers comes all the way over silt-clay-stones rocks.There is no rock which could produce seepage or loss of water by infiltration.Measurements of the run-off were made up to 4 times a day depending on the weather conditions. A stream gage (SIAP Mod. 620) was used and Mr. R.Bruce did them.Data was taken during the second part of February and March 1976 when the river Cuevas started to form icings in their margin.The areas covered with glaciers and rock glaciers and their run-off are indicated in tables 1-2.So far the following preliminary observations are presented:

Table 1

MENDOZA RIVER BASIN River Cuevas, Cajón del Rubio				
	area in sq. km and %			
partial basin	partial	glacier	rock glacier	moraines
(a)	19,74	3,35 (17,01%)	0,17 (0,8%)	1,48 (7,5%)
(b)	12,48	3,17 (25,43%)	4,5 (36,50%)	0,09 (0,75%)
(a+b)	32,22	6,52 (20,23%)	6,2 (19,24%)	

Table 2

ESTIMATED FLOW OF ROCK GLACIERS AND GLACIERS TO RIVER CUEVAS AT THE END OF THE SUMMER		
partial basins	rock glaciers	glaciers
(a)	———	30%
(b)	56%	14%
(a+ b)	56%	44%

The total flow at the end of the summer, is measured at 3460 m and it is done when all snow of the previous winter has melted over the rock glacier surface.The stream gage station is at the foot of the rock glacier.1) Glaciers with an area of 6,5sq. km,(with 17,0% and 25,4% coverage in basins a and b) 20,2% of the total basin supplied 44% of the total flow.Rock glaciers with an area of 4,5 sq. km(36,6% coverage and 19,2% of the total area) supplied 56% of the total flow of the river Cuevas.This river is formed with the combined flow of these two flows:the rock glacier and glacier flow. 2)Few hours after a hail storm,the glacier run-off increased due to the hail melt;however such an increase in the flow of the rock glaciers was not observed during the measurement time.The rock glacier with its rough surface and debris cover retards or keeps frozen the melt waters.Run-off from rock glaciers is more stable than that of glaciers. 3)The rock glaciers flow is clear water with no debris in suspension;small creeks produced by melt waters entering in the upper parts of the body of the rock glaciers,are not observed as dirty flow in the lower parts of the rock glaciers' total flow.This indicates that the rock glacier slows the flow or freezes it within its body.4) The temperature of the rock glacier was always at 0° C during the observation time.The glaciers run-off since they are located about 2 km from the glacier were above 0° C. 5)Chemical analysis of rock glaciers are indicating a total hardness of 204 and 208 miligrams per liter(CO_3 Ca);the glaciers 168-171 mg/l.

CONCLUSIONS

1) Glaciers with a coverage area of 6,52 sq.km, give 44% of the total flow,while rock glaciers with 4,5 sq.km give 56% of the total flow.
2) Run-off from rock glaciers is more stable than that from glaciers;water temperature at the snout of rock glaciers was 0° C.Total solutes in miligram/liter are higher for rock glaciers than for the glaciers studied.
3) Stratified debris and open work textures are produced at the front and sides of the rock glacier; they are incorporated into the body of the rock glacier by its motion.
4) It is tentatively proposed that the hydrological behaviour of the rock glacier will be determined by the genesis.

Fig.1. Tres Dedos Rock glacier summer 1974.Photo A.E.Corte

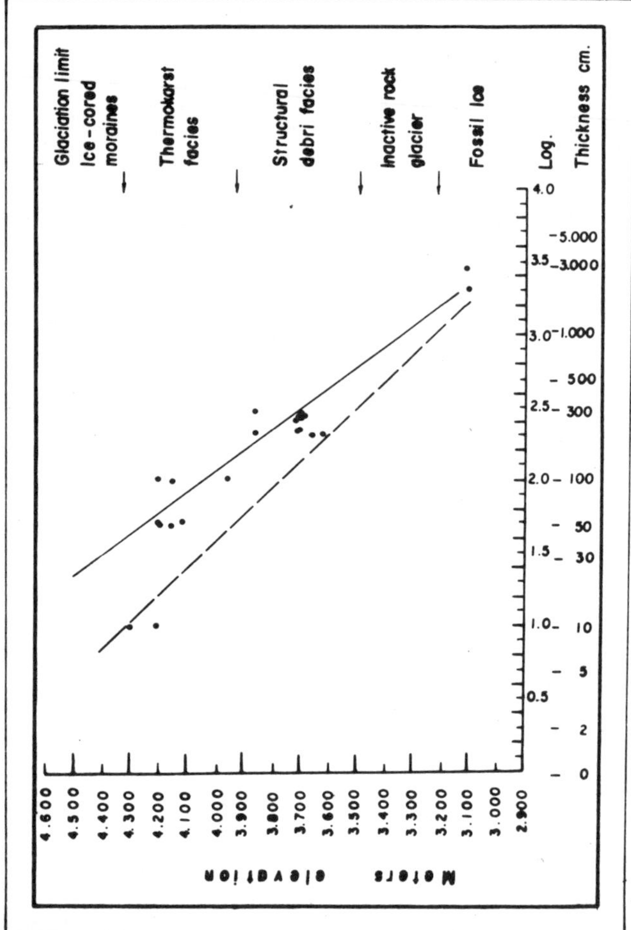

Fig.2.Debris cover thicknesses of the Central Andean rock glaciers as a function of the altitude and facies developed.

REFERENCES

ALESHINSKAYA, Z. V., BONDAREV, L. G. , GORBUNOV, A.P., 1972, Periglacial phenomena and some paleogeographical problems in Central Tian-Sham. Biul.Perygl. 21, pp. 5-14.

BARSCH, D., 1969. Studien in messungen an Blockgletschern in Macun Unterengadin. Zeit. Geom. v.8. pp.11-30.

_________,1971. Rock glaciers and ice cored moraines. Geog. Ann. v. 53, ser. A. N°. 3-4. pp. 203-213.

BENEDICT, J. B., 1973. Origin of rock glaciers. J. of Glac. v. 12. N°. 66. pp. 520-522.

BROWN, H. W., 1925. A probable fossil glacier. J. of Geol. v. 33. N°.5. pp. 464-466

CAPPS, S. R., 1910. Rock glaciers in Alaska. U.S.Geol. Survey. v. 18. pp. 359-375.

CARRARA, P. E., 1973. Transition from shear moraines to rock glaciers. J.of Glac. v. 12. N°. 64. p. 149.

CATALANO, L. R., 1927. Datos hidrológicos del desierto de Atacama. Dccion Minas y Geol. Publ. N°.35 . pp. 10-16.

CLAYTON, L., 1964. Karst topography on stagnant glaciers. J. of Glac. v. 5. N°. 37. pp. 107-112.

CORTE, A. E., 1960. Experimental formation of sorted patterns overlaying a melting ice surface.Biul. Perygl. N°. 8. pp. 65-72.

___________, 1976 a). The hydrological significance of rock glaciers. J. of Glac. v. 17. N°. 75. pp. 157-158.

___________, 1976 b). Rock glaciers.Biul. Perygl. N°. 26. pp. 175-197.

CHAIX, A., 1923. Le coulées de blocs, du Parc National Suisse D'Engadine. Le Globe v. 62. pp. 1-35.

DiCOLBERTALDO, D., 1946. I ghiacciai del Canin e del Montasio nel 1946, ed il loro regreso durante l'ultimo ventenio.Soc. Monte Lussari N°. 1. pp. 1-32.

GROTZBACH, E., 1965, Beobachtungen an Blockströmen im Afghanischen Hindukusch und in den Ostalpen. Mitt. der Geog. Gessel. v. 5. pp. 175-201.

IVES, J., 1940. Rock glaciers in the Colorado front range. Geol. Soc. America. Bull. v. 51. pp. 1271-1294.

KACHURIN, S. P., 1962. Thermokarst within the territory of the USSR. Biul. Perygl. N°. 11. pp. 49-55.

LLIBOUTRY, L., 1953. Internal moraines and rock glaciers. J. of Glac. v. 2 N°. 14 p. 296.

____________, 1955. Origine et évolution des glaciers rocheaux. Paris, Acad. des Sciences v. 240. pp. 1913-1915.

____________, 1956. Nieves y glaciares de Chile, fundamentos de glaciología. Univ. de Chile, Santiago, 471 p.

____________, 1961. Les glaciers et leur role morphologique. Union Geod. et Geophysique Internat. Assoc. Intern. d' Hydrol. Scient. Assamble Generale de Helsinski 1960, Com. de Nieges et Glaces. pp. 272-280.

ØSTREM, G., 1963. Comparative crystallographic studies on ice from ice-cored moraines, snow banks and glaciers. Geog. Ann. v. 45. N°. 4. pp. 210-240.

__________, 1964. Ice-cored moraines in Scandinavia. Geog. Ann. v. 46. N°.3. pp. 282-337.

__________, 1965. Problems of dating ice-cored moraines. Geog. Ann. v. 47. N°.1 pp. 1-38.

__________, 1971. Rock glaciers and ice-cored moraines, a reply to Barsch. Geog. Ann. v. 53. N°. 3-4. pp. 207-213.

ØSTREM, G. and ARNOLD, K., 1970. Ice cored moraines in southern British Columbia and Alberta Canada. Geog. Ann. v. 52. N°.2. pp. 120-128.

OUTCALT, S. I. and BENEDICT, J. B., 1965. Photo-interpretation of two types of rock glaciers in the Colorado front range. USA. J. of Glac. v. 5. N°. 42. pp. 849-856.

POPOV, A. I., 1956. Le thermokarst. Biul. Perygl. 4. pp. 319-330.

POPOV, A. I., KACHURIN, S.P. and GRAVE, N.A., 1963. Features of the development of frozen reliev in Northern Eurasia. Wash. Natl. Acad. Sci., Natl. Research Council Proc. Permafrost Internat. Conf. Publ. 1287. pp. 181-185.

POST, A., 1970. Glaciers of the central Chilean Andes and their importance to water resources. U.S. Geol.Survey Tacoma Washington. unpub. rep. 5 p.

POTTER, N., 1972. Ice-cored rock glacier Galena Creek, Northern Absaroka Mountain, Wyoming. Geol. Soc. America. Bull. v. 83. N°. 10. pp. 3025-3057.

SPENCER, A. C., 1900. A peculiar form of talus. Science v. 11. N°. 266. p.188.

WAHRHAFTIG, G. and COX, A., 1959. Rock glaciers in the Alaska range. Geol. Soc. America Bull. v. 70. pp.383-436.

WHALLEY, W. B., 1974. Rock glaciers and their formation as part of debris transport system. Univ. of Reading Geog. Paper N°. 24. 60 p.

WHITE, S. E., 1971. Rock glaciers in the Colorado front range 1961-1968. Arctic and Alpine Research. v. 3. N°. 1. pp. 43-46.

CRYOLITHOGENESIS AS AN INDEPENDENT HYDROTHERMAL TYPE OF SEDIMENTARY PROCESS

Sh. Sh. Gasanov, Pacific Institute of Geography, Vladivostok, U.S.S.R.

The continental stages of cryolithogenesis display two distinct, mutually interrelated but opposite (with respect to the lithodynamic effect) tendencies, which manifest themselves in the fact that matter tends to achieve equilibrium relative to the thermodynamic conditions in the permafrost zone. The first tendency consists in disintegration, dispersion and scattering of mineral matter accompanied by endothermal effects. The second tendency consists in the steadily increasing role of ice in the structure of products of cryodiagenesis, the concentration of ice to form large massifs accompanied by exothermal effects, and in the ever more complex ice formations. This leads to the formation of typomorphic parageneses of earth materials, the composition and structure of which differ radically from those of the products of lithogenesis in other zones. The typomorphism of processes and products of lithogenesis in the permafrost zone forms the basis for considering cryolithogenesis as a hydrothermal type of sedimentary process.

LA CRYOLITHOGENÈSE - TYPE HYDROTHERMIQUE INDÉPENDANT DU PROCESSUS SÉDIMENTAIRE

Sh. Sh. Gasanov, Institut pacifique de géographie, Vladivostok, URSS

Deux tendances interreliées, bien qu'opposées dans leur effet lithodynamique et qui se manifestent lorsque la matière tend vers un équilibre par rapport à l'état thermodynamique de la zone de pergélisol, peuvent être observées au cours des étapes continentales de la cryolithogenèse. La première comprend la désintégration, la dispersion et la dissémination de la matière minérale, qui s'accompagnent d'effets endothermiques. La seconde s'exprime par l'influence toujours croissante de la glace sur la texture des produits de diagenèse cryogénique, par la concentration de la glace en des masses et des accumulations toujours plus volumineuses, en même temps que certains effets exothermiques, et par des formes glaciaires de plus en plus complexes. Il en résulte des paragenèses typomorphiques des roches, qui se distinguent radicalement, par leur composition et leur texture, des produits de la lithogenèse dans d'autres zones. Le typomorphisme des processus et des produits de la lithogenèse dans la zone de pergélisol donne un argument essentiel pour considérer la cryolithogenèse comme un type hydrothermique du processus sédimentaire.

КРИОЛИТОГЕНЕЗ КАК САМОСТОЯТЕЛЬНЫЙ ГИДРОТЕРМОТИП ОСАДОЧНОГО ПРОЦЕССА

Ш.Ш. Гасанов, Тихоокеанский институт географии, Владивосток, СССР

На континентальных стадиях криолитогенеза четко прослеживаются две взаимосвязанные, но противоположно направленные по литодинамическому эффекту тенденции, проявляющиеся в стремлении вещества к равновесному состоянию по отношению к термодинамическим условиям криогенной зоны. Первая тенденция заключается в дезинтеграции, диспергации и рассеянии минерального вещества, сопровождаемых эндотермическими эффектами. Вторая тенденция состоит во все возрастающей роли льда в строении продуктов криогенного диагенеза, концентрации льда во все более крупные массивы и наложении, сопровождаемых экзотермическими эффектами, все более сложных форм льдообразования. Благодаря этому формируются типоморфные парагенезы пород, радикально отличающиеся по составу и строению от продуктов литогенеза в других зонах. Типоморфизм процессов и продуктов литогенеза в криогенной зоне и лежит в основе выделения криолитогенеза в гидротермотип осадочного процесса.

КРИОЛИТОГЕНЕЗ КАК САМОСТОЯТЕЛЬНЫЙ ГИДРОТЕРМОТИП ОСАДОЧНОГО ПРОЦЕССА

Ш.Ш. Гасанов

Тихоокеанский институт географии, Владивосток, СССР

Теория криолитогенеза принадлежит к числу перспективных сквозных направлений в мерзлотоведении, она позволяет полнее раскрыть закономерности строения мерзлых пород, оценить их свойства и строить научно-обоснованный прогноз их развития в ближней и дальней перспективе.

Место криолитогенеза в системе физико-географических вариантов породообразования на Земле определяется гидротермическими факторами, предопределяющими и модифицирующими геоэнергетику и напряженность всей суммы элементарных седиментационных и диагенетических процессов и минеральных превращений (Попов, 1967; 1976; Шило, 1971; Гасанов, 1973; 1976; Данилов, 1973; Катасонов, 1973 и др.).

Ранее было показано, что криолитогенез как зональный гидротермотип осадочного процесса развивается на площадях с положительным балансом атмосферного увлажнения и отрицательными температурами на подошве слоя годовых теплооборотов, а внешняя граница криогенной зоны приблизительно совпадает с границей феатического пояса гумидной зоны (Гасанов, 1976).

В реальной обстановке смена процессов гумидного породообразования криогенными происходит постепенное, а напряженность, литогенетический эффект и разнообразие последних возрастает в направлении высоких широт по мере понижения температур воздуха. Мера физико-химического преобразования вовлеченного в литогенетическую трансформацию вещества зависит от времени его пребывания в данных динамических и гидротермических условиях, что, в свою очередь, определяется потенциальной энергией выведенного в зону гипергенеза материала, заключенной в его положении по высоте в рельефе, широте местности и расстоянии до водоприемного бассейна.

В пределах криогенной зоны на основных стадиях осадкообразования - выветривание, миграция и аккумуляция, диагенез - развиваются специфические и неповторимые физико-химические литогенетические процессы, благодаря чему формируются типоморфные парагенезы пород, радикально отличающиеся по всему комплексу признаков состава и строения от продуктов литогенеза в других зонах.

В криогенной зоне физическая и минералогическая стабилизация реакционноспособных компонентов свежеотложенного осадка - минеральное вещество, вода, растворы, газы - и превращение осадка в осадочное образование происходит ниже подошвы сезонноталого слоя (СТС) в несвойственных для других зон термодинамических условиях. По литогенетическому эффекту всю сумму происходящих ниже СТС процессов можно отнести к категории диагенетических (Попов 1967; Данилов, 1973; Катасонов, 1973), а подошва СТС играет роль зеркала грунтовых вод вне криогенной зоны, являющихся границей раздела двух сред с различным режимом и физико-химическим состоянием.

Известно, что главнейшие особенности состава и строения продуктов криогенного диагенеза (субаэрального и субаквального) определяются временным соотношением между процессами аккумуляции и многолетнего промерзания. Согласно этому выделяются соответствующие парагенезы мерзлых пород, объединяемые в типы и подтипы, систематическое положение которых, как это принято большинством криолитологов, может быть представлено в следующем виде.

Специфика физических и химико-минералогических превращений в криогенной зоне на стадии мобилизации вещества была показана в работах И.А. Тютюнова (1960). Наибольшего эффекта достигают здесь процессы физико-механического выветривания, состоящие из нескольких взаимосвязанных и сменяющих друг друга элементарных процессов в виде следующей схемы:

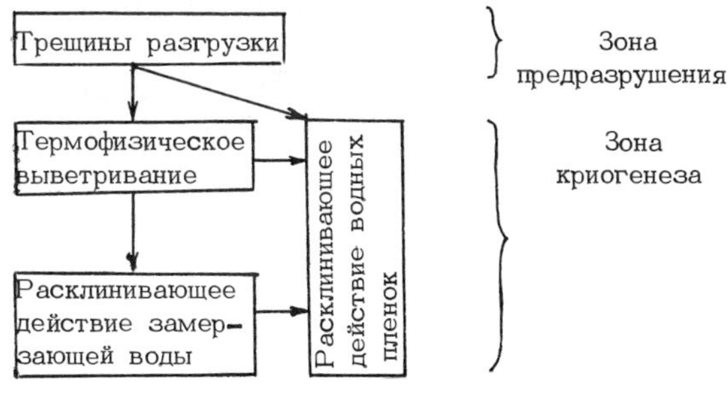

В результате часть внутренней энергии первичных силикатов и алюмосиликатов переводится на поверхность обломочного материала, повышая его физико-химическую активность и стимулируя развитие сложного комплекса процессов криогенеза. Криогенез, развивающийся обычно в нейтральной, слабощелочной и слабокислой средах, сопровождается выщелачиванием, а также вертикальным перераспределением и выносом в определенной последовательности подвижных продуктов распада (Тютюнов, 1960). Одновременно с этим происходит синтез низкотемпературных минералов, преимущественно гидрослюдисто-монтмориллонитового состава (Конищев, 1973; Усков, 1973). Процессы льдообразования при выветривании играют двоякую роль – как активный агент выветривания и компонент возникающих пород в качестве аутигенного минерала. В начальной стадии мобилизации вещества лед, образующийся в трещинах термофизического выветривания, оказывает расклинивающее действие, превосходящее сопротивление пород на разрыв, кроме того, образование и таяние льда в поровом пространстве обеспечивает перемещение обломков и их смещение в горизонтальном направлении.

При полной кольматации порового пространства продуктами физико-химического выветривания льдообразование в сезонноталом слое выступает в новом качестве, способствующем сепарации полидисперсной системы с выведением на поверхность более грубых фракций. По мере такой сортировки и продолжающегося выветривания выведенного на поверхность материала нижние слои разреза в условиях пониженного денудационного сноса неизбежно переходят в вечномерзлое состояние, где лед (сегрегационный, цементный) и кристаллогидраты в качестве типоморфных минеральных новообразований включаются в разрез мерзлых пород.

В итоге совокупного воздействия и развития рассмотренных процессов и в обстановке пониженного денудационного сноса на плоских водораздельных пространствах криогенной зоны формируется отчетливо дифференцированный профиль коры выветривания криогенного типа (Гасанов, 1973). Учитывая специфику процессов выветривания (криогенез), а также особенности состава и строения его продуктов, такую кору выветривания можно назвать криогенно-сиаллитной.

На склоновом этапе криолитогенеза миграция мобилизованного выветриванием материала осуществляется под действием ряда сменяющих друг друга типоморфных физических процессов, в основе которых лежит периодическое образование и таяние льда, На склонах полного профиля криогенной зоны можно выделить несколько поясов, различающихся по доминанте криогенного литогенетического процесса и контролируемых крутизной склона и составом подвижных продуктов выветривания.

В привершинной части склона движение каменно-глыбового материала осуществляется благодаря раздвиганию и выталкиванию обломков замерзающей водой в микропонижениях ложа склона и в поровом пространстве придонных частей подвижного материала. В условиях взаимного сцепления активный обломок приводит в движение окружающие в любом направлении верхнего полупространства с результирующей, направленной вниз по склону под действием силы тяжести. Так возникает широко развитый в криогенной зоне курумный пояс.

Продолжающиеся процессы физического и физико-химического выветривания подготавливают условия для развития других форм денудации и прежде всего подповерхностного смыва песчано-дресвяного материала талыми и дождевыми водами. Продукты смыва постепенно заполняют поровое пространство, и нередко по периферии курумного пояса образуют конуса выноса, местами сливающиеся между собой.

Ниже второго пояса, после заполнения порового пространства мелкозёмом, допускающим льдовыделение под действием сезонного промерзания-протаивания, происходит сепарация полидисперсной среды, сопровождающаяся выносом на поверхность грубообломочного материала (остаточное вымораживание). Величина вымораживания обломка H за соответствующие циклы промерзания-протаивания n определяется вертикальной площадью контакта обломка с промерзающим грунтом S_h и средней величиной пучения Δh

$$H = S_h f(\Delta \bar{h}) n$$

По достижении в криогенном делювии определенного количества тонкодисперсных фракций и потери грубообломочным материалом взаимного сцепления вследствие сепарации, делювиальный смыв сменяется качественно новым и одним из ведущих в криогенной зоне процессом морфолитогенеза склонов – солифлюкцией. Исследованиями Л.А. Жигарева, В.С. Савельева и других установлено, что солифлюкция представляет собой вязко-пластическое течение в ламинарном режиме оттаивающих и промерзающих влажных дисперсных грунтов. Эпюры их скоростей и касательные напряжения приближенно описываются реологическим законом устойчивости Шведова-Бингама, когда касательные напряжения τ превосходят длительную прочность пород на сдвиг $\tau_{дл}$

$$\tau = \gamma h \sin\phi; \quad \tau = \tau_{дл} + \eta \frac{dV}{dZ},$$

где – γ – объемный вес пород; h – глубина от поверхности; η – вязкость талых пород; $\frac{dV}{dZ}$ –вертикальный градиент скорости; ϕ – угол склона.

Таким образом, в криогенной зоне на склонах полного профиля можно выделить четыре литодинамических пояса с подвижными и расплывчатыми границами проявления. В тектонически стабильных областях со слаборасчлененным рельефом и постоянстве климатических условий рассмотренные пояса постепенно сдвигаются вверх по склону, накладываясь друг на друга.

В обстановке восходящего развития криогенных литодинамических поясов в ископаемое состояние переходят различные виды подземного льда в качестве диагенетических новообразований. Вниз по склону процессы подземного льдообразования принимают все более сложные формы с образованием все более крупных скоплений в последовательности – цементное, сегрегационное, повторножильное. Перечисленный комплекс типов льдообразования характерен для склонов полного профиля и в случае редукции нижних поясов (вследствие активизации денудационных процессов) выпадают сопровождающие их типы льдообразования.

На площадях с континентальным типом строения криосферы ведущая роль в выносе поступившего к подножиям склонов материала, его механической и фациальной дифференциации принадлежит флювиальным процессам. Формирование аллювия в криогенной зоне сопровождается рядом типоморфных сопутствующих и наложенных криогенных процессов со значительным литогенетическим эффектом, особенно ярко проявляющимися в констративную фазу. В соответствии с этим, а также благодаря криогенному диагенезу, продукты флювиальной аккумуляции приобретают не свойственные для других зон особенности состава и строения. Эта специфика и легла в основу выделения Е.М. Катасоновым, А.И. Поповым, Ю.А. Лаврушиным самостоятельного географического варианта аллювия.

Аллювий горных рек криогенной зоны незначительно модифицирован и обладает всеми характерными особенностями состава, строения и соотношения фаций, свойственными аллювию гумидной зоны (Шанцер, 1966). Особенности динамики руслоформирующих и эрозионно-аккумулятивных процессов в горном поясе приводят к существенному преобладанию толщ синхронно-эпигенетического промерзания. В соответствии с этим, а также согласно составу преобладающих пород льдообразование здесь развивается преимущественно по цементному типу. В связи с этим в разрезах террас и поймы горных рек высокольдистые осадки со шлировыми криотекстурами встречаются локально в виде линз небольшой протяженности. В полном согласии с изложенными особенностями криолитологического строения в горном аллювии термокарстовые процессы не получают значительного развития и их роль в морфолитогенезе долин ограничена. Таким образом, рассмотренные аллювиальные отложения совместно с отложениями склонового ряда и горно-долинных ледников образуют единый взаимосвязанный комплекс, который, вероятно, можно рассматривать в ранге криолитологической формации горных стран.

Аллювий равнинных рек криогенной зоны формируется в условиях существенного воздействия криогенных факторов на эрозионно-аккумулятивную деятельность во всех звеньях гидрографической сети.

Руслоформирующие и взвешенные наносы рек имеют существенно алевритовый состав – конечный продукт криогенного выветривания (Конищев, 1973). В соответствии с этим, а также благодаря постоянному обмену между руслоформирующими и взвешенными наносами и отложениями берегов, дифференциация по гранулометрическому признаку между основными фациями аллювия сравнительно невелика. Более четко эти различия выражаются в строении осадков.

Наиболее яркие признаки воздействия криогенных факторов на эрозионно-аккумулятивную деятельность обнаруживаются при рассмотрении пойменного горизонта. В числе этих факторов первостепенное значение имеет рост сингенетических повторно-жильных льдов (ПЖЛ), который меняет морфологию поймы, ее гидрологический режим, динамику осадконакопления, а также состав и строение осадков.

Образование ПЖЛ сопровождается, как известно, формированием на поверхности хорошо выраженного полигонально-валикового рельефа. В результате этого меняется гидрологический режим поймы: паводковые воды не заливают ее фронтально сплошным слоем, а медленно просачиваясь сквозь растительность, заполняют полигональные ванночки с частично или полностью остающимися над водой валиками. Полигональный рельеф резко повышает шероховатость поверхности, поэтому обычная для умеренной зоны непосредственная эрозия поверхности поймы здесь отсутствует. Паводковые воды с поймы не сходят вместе со спадом воды в русле, как в гумидной зоне, а сохраняются на протяжении длительного времени, вплоть до зимы. Осаждение взвешенного вещества происходит в спокойной воде и поэтому пойменные осадки криогенной зоны лишены слоистости движения, а по условиям осаждения и строению такие осадки ближе к озерным, чем к пойменным. В континентальных районах области вечной мерзлоты при определенной структуре климата происходит полное осаждение не только взвешенного и коллоидного вещества, но и растворенных в воде солей, чем и обеспечивается повышенное засоление осадков современного пойменного горизонта. В условиях летнего дефицита атмосферного увлажнения, обеспечивающего выпаривание воды из полигональных ванночек, соленость пойменных осадков определяется согласно (Гасанов, 1976)

$$S = \frac{S_B h}{\gamma \bar{m}},$$

где S – соленость пород; S_B – соленость паводковой воды; h – высота столба испаряющейся воды; γ – объемный вес грунта; $\bar{m}$ – средняя мощность годичного наилка.

Наиболее характерной особенностью строения аллювия равнинных рек являются ПЖЛ, которые в сингенетическом режиме роста достигают значительных размеров.

На площадях, обеспечиваемых геотермическими условиями, морфология и строение ПЖЛ, как показал Б.Н. Достовалов, находятся в тесной связи с динамикой осадконакопления. Согласно этому, а также с учетом других переменных можно выделить три теоретически возможные схемы роста ПЖЛ, которыми определяются основные параметры условий их залегания.

1. $L_{max} = a$ при $m \geqslant h - \xi$,

2. $L_{max} = \dfrac{h - \xi}{2m}$ при $m < h - \xi$,

3. $L_{max} = \dfrac{h - \xi}{2m}$ при $m \to 0$,

где L_{max} – максимальная ширина ледяной жилы; a – ширина элементарной годичной жилки; m – темп осадконакопления; h – глубина проникновения зияющей морозобойной трещины ξ – глубина сезонного протаивания.

Первая схема возможна лишь теоретически, так как устойчивое накопление осадков указанной мощности нереально. Вторая схема отражает рост сингенетических ПЖЛ, а третья – эпигенетических.

Согласно условию второй схемы, когда $m \ll a$, ледяные жилы должны разрастаться в ширину до нескольких десятков метров, а по условию третьей схемы – до бесконечности, т.е. до слияния с соседней параллельной жилой. Этого, однако, не происходит, так как рост ПЖЛ в ширину имеет предел, обязанный уменьшению ширины морозобойной трещины по мере роста ледяной жилы, благодаря известному соотношению коэффициентов температурного расширения льда и мерзлого грунта (Гречищев, 1970).

Растущие в пойменном режиме сингенетические ПЖЛ (схема 2) могут развиваться по трем основным вариантам в зависимости от соотношения m и a:

1. $L_{max} < 0,5(h - \xi)$ при $m > a$
2. $L_{max} = 0,5(h - \xi)$ при $m = a$
3. $L_{max} > 0,5(h - \xi)$ при $m < a$

Сингенетические ПЖЛ, сформированные по двум первым вариантам, не достигают предельных размеров, так как запас термоупругой деформации блока использован здесь не полностью: благодаря высоким темпам осадконакопления и соответствующему перемещению кровли вечной мерзлоты число циклов льдообразования на фиксированном уровне не достигает предельных величин. Сокращение числа циклов на каждом уровне льдообразования усугубляется установленным фактом укорочения элементарной годичной жилки по мере расширения ледяной жилы. Растущие в пойменном режиме по двум первым вариантам ПЖЛ имеют небольшую ширину ($L_{max} \leqslant 0,5(h - \xi)$), прямые боковые контакты, а деформации изгибания в ядрах полигонов минимальные.

Разрастание ПЖЛ в ширину по третьему варианту опережает темпы наращивания вечной мерзлоты вверх. Вследствие этого ледяная жила на определенном этапе, исчерпав запас термоупругой деформации блока, достигает предельной ширины, и ее дальнейший рост прекращается. В условиях продолжающегося равномерного осадконакопления на пойме и соответствующего подъема кровли вечной мерзлоты величина термоупругой деформации блока возрастает (превращение двухкомпонентной системы в однокомпонентную с максимальными значениями коэффициента температурной деформации), и рост ледяной жилы возобновляется. В итоге многократного повторения подобных циклов возникает система вложенных одна в другую предельных ледяных жил с извилистыми или ступенчатыми боковыми контактами на уровне каждого цикла возобновления роста. Такая ледяная жила достигает по всей своей высоте максимальной ширины ($L_{max} > 0,5(h - \xi)$). Цикличность роста ПЖЛ фиксируется и в строении ядер полигонов в виде серий крутоизогнутых и горизонтальных льдогрунтовых слоев. Каждая такая серия полного цикла связана с частью предельной жилы, ограниченной по вертикали двумя смежными плечиками, и отражает постепенную смену условий вогнутого, заполненного водой полигона, плоским – по мере затухания роста соответствующей части предельной жилы.

Рост ПЖЛ сопровождается, как известно, выносом к подошве СТС вмещающего грунта, равного по объему новообразовавшемуся льду. Следовательно, такое льдообразование равноценно по динамическому эффекту накоплению на поверхности поймы слоя речного наилка соотвествующей мощности. Согласно правилу равновесного состояния осадконакопления и жильного льдообразования, темпы роста ПЖЛ в поперечнике поймы будут неодинаковые. Во внутренней пойме жилы растут ежегодно, максимальными темпами и до предельных размеров, а в сторону русла размеры сингенетических ПЖЛ постепенно снижаются благодаря повышенному накоплению аллювия. Таким образом, внутренняя пойма в криогенной зоне наращивается вверх равномерно с прирусловой частью и даже опережающими темпами, и в результате поперечник поймы приобретает наклон не к тыловому шву, как в гумидной зоне, а, наоборот, к руслу реки. Сингенетическое наращивание мерзлых пойменных осадков с параллельным ростом сингенетических ПЖЛ может происходить длительное время, не прерываясь термокарстом и боковой миграцией русла. Последняя, как показал В.Л. Суходровский, ограничивается узким поясом меандрирования, с возможностью образования массивов наложенных пойм. В условиях миграции русла оказавшиеся под ним ледяные жилы не могут полностью вытаять, так как тепловая осадка дна русла в условиях равнинной территории приведет к уменьшению уклонов, а при значительной мощности ПЖЛ могут образоваться и обратные уклоны. Поэтому, если в процессе миграции русло окажется над сингенетическими жилами, их частичное подтаивание сверху неизбежно будет сопровождаться усиленной аккумуляцией руслового аллювия, ограничивающего, а затем и прекращающего деградацию мерзлоты. Таким образом, предположение о неизбежном вытаивании ПЖЛ в констративную фазу в результате интенсивной миграции русла по долине противоречит динамике русловых процессов. В этом заключается одна из главных причин ограниченного содержания русловых фаций в разрезах констративного аллювия криогенной зоны в противоположность аллювию умеренной зоны.

После выхода поверхности в режим высокой поймы, а затем и террасы, в условиях повышенного поверхностного увлажнения здесь начинают интенсивно развиваться наложенные процессы озерного термокарста по повторножильным льдам, разрастающимся до значительных размеров эпигенетическим путем по схеме 3. В отличие от подрусловых условий подозерное вытаивание может достигнуть значительных глубин, поскольку здесь не действует вышеупомянутое для рек ограничение.

При спуске или высыхании термокарстовых озер происходит синхронно-эпигенетическое промерзание подозерных таликов, что в определенных литологических и гидрогеологических условиях возбуждает напорное перераспределение свободной воды с последующей ее локализацией и замерзанием по законам инъекционного льдообразования. В системе процессов криогенного диагенеза инъекции являются конечным звеном льообразования, создающим наиболее крупные концентрации внутригрунтового льда.

Формирование инъекционного льда в таких условиях происходит в несколько этапов, Пусковым моментом служит осушение озера, когда на дне молодого аласа сохраняется одно или несколько осадочных озер. Второй этап связан с промерзанием в первую зиму покровных аласных отложений, сопровождаемым сегрегационным льдообразованием и соответствующим пучением поверхности за пределами остаточного озера, под которыми сохраняются талые грунты. При промерзании подошвенных слоев покровного горизонта в сегрегационное льдообразование могут вовлекаться и поровые воды подстилающих песков до уровня предельного капиллярного подъема воды, т.е. до глубины первых десятков сантиметров. По достижении влажности разрыва капилляров гидравлическая сплошность водного столба прерывается, и процесс прекращается. Таким образом, в балансе льдообразования в покровном слое эта категория воды даже по предельным величинам играет второстепенную роль.

При последующем промерзании и вовлечении в этот процесс водонасыщенных грубозернистых пород талика система вступает в третий этап развития, сопровождаемый отжатием воды от фронта кристаллизации в количестве, превышающем объем порового пространства, согласно формуле (Цытович,1973)

$$V = \beta n S \frac{\Delta h}{\Delta t},$$

где V – объем отжатой воды; β – коэффициент объемного расширения воды при замерзании; n – пористость; S – площадь промерзания; Δh – толщина слоя промерзания за время Δt.

В этих обстоятельствах кинетическая энергия пучения будет гаситься сопротивлением наиболее ослабленной части кровли системы, находящейся под остаточными озерами. Следовательно, максимальное давление в кровле водоносного горизонта будет равно природному давлению деформируемого слоя с учетом сопротивления сдвигу по его торцовым плоскостям скольжения:

$$p = (\gamma_в h_в + \gamma_г h_г + \tau_s) - \gamma_в H,$$

где p – давление в замкнутой системе; $\gamma_в, \gamma_г$ – объемный вес воды в остаточном озере и подстилающих грунтов соответственно; $h_в, h_г$ – толщина слоя воды и грунта соответственно; τ_s – сопротивление сдвигу деформируемого слоя по его периметру скольжения; H – пьезометрический уровень воды в замкнутой системе. В обстановке продолжающегося промерзания системы равновесие на кровле водоносного горизонта нарушится, произойдет разгрузка, гидростатическое взвешивание и пучение деформируемой кровли до следующего состояния равновесия. При полном промерзании талика объем бугра пучения $V_п$ составит:

$$V_п = \beta V.$$

С некоторого начального момента промерзания талика система начнет работать по принципу гидравлического пресса, поэтому чем меньше поперечник остаточного озера относительно поперечника аласа, тем больше сопротивление дна озера деформациям. Отсюда следует, что дифференциальное пучение возможно только при определенном поперечнике остаточного озера, а если он меньше некоторой критической величины, то возникнет либо плоский пласт льда, либо под мерзлой корой сохранятся межмерзлотные напорные воды. При наличии на дне аласа нескольких остаточных озер с различным поперечником больше критического, место гашения кинетической энергии напорных вод будет постепенно перемещаться от крупных к мелким остаточным озерам в соответствии с изменяющейся гидромеханической ситуацией. Максимальное пучение произойдет под крупными, но неглубокими единичными в пределах аласа остаточными озерами благодаря концентрации здесь всей отжимаемой воды. Роль увеличения поперечника озера могут играть отступающие (в виде кольца или полукольца) от места пучения воды остаточного озера, под которыми произойдет частичное протаивание и прогрев ранее промерзших отложений аласа. В условиях несимметричного отступания озера плоскость пучения приобретает перекос с высокой стороной, обращенной в более глубокую часть озера.

Деформации пучения в озере начинаются не по всему его дну, а в наиболее слабой части, что обусловлено неровностями рельефа дна и неодинаковой мощностью покровных отложений. Пучение до определенной высоты будет обязано только внедрению воды в ослабленную зону, а затем, после выхода вершины бугра из-под уровня воды, начнется замерзание внедрившихся вод с соответствующим приращением объема бугра и дополнительным гидростатическим давлением в системе. Рост ледяного ядра пучения сопровождается увеличением радиуса фронта кристаллизации, в связи с чем ледяное ядро приобретает линзовидную форму. В этих обстоятельствах миграция воды из остаточного озера под бугор и ледяное ядро исключается фильтрационным напором в талой части замкнутой системы и соответствующей стратификацией температур в мерзлой зоне.

С позиций криогенного диагенеза главный эффект инъекционного льдообразования в аласах сводится к локализации первоначально рассеянного и расчлененного льда в более крупном монолитном теле с соответствующим его морфологическим выражением на поверхности.

Конечным звеном льдообразования на заключительных этапах континентального литогенеза в криогенной зоне является повторноинъекционное, продукты которого известны под названием "пластовых залежей" или "массивных льдов". О механизме их образования имеются разные точки зрения, которые проанализированы в работе Б.И. Втюрина (1975)

По всей совокупности имеющихся материалов, рассматриваемые пластовые льды наиболее полно отвечают, на наш взгляд, инъекционному механизму.

Позиция повторноинъекционных льдов (ПИЛ) в общей схеме криогенного литогенеза вполне определенна, и она отличается от места, занимаемого рассмотренными выше собственно инъекционными льдами. Они формируются в условиях синхронно-эпигенетического промерзания литологически неоднородных сред на обширных пространствах, освободившихся от морских вод при регрессивном режиме и ледниковых покровов подножий. На площадях с длительным режимом сингенетического формирования рыхлого покрова ПИЛ не образуются, и в этом их радикальное отличие от собственно инъекционных льдов, а также ключ к прогнозированию главнейших закономерностей распространения.

Рыхлые многослойные отложения на таких пространствах содержат различные категории подземных вод, в том числе и гравитационные. В пористых песчаных и песчано-гравелистых средах гравитационные воды в пределах единой гидравлической системы находятся в постоянном движении в ламинарном режиме (закон Дарси). Полная энергия в любой точке жидкости, в пределах сравниваемых сечений потока, определяется, согласно закону сохранения энергии или постоянства напора (закон Бернулли), как сумма высоты положения, высоты давления и скоростного напора:

$$Z_1 + \frac{P_1}{\gamma} + \frac{V_1^2}{2g} = Z_2 + \frac{P_2}{\gamma} + \frac{V_2^2}{2g} + h_{1-2}$$

где Z_1, Z_2 - высота точек потока над выбранным уровнем сравнения; P_1, P_2 и V_1, V_2 - гидростатическое давление и скорости движения в сравниваемых сечениях соотвестсвенно. γ - объемный вес воды; g - ускорение силы тяжести; h_{1-2} - потеря напора в пределах сравниваемых сечений.

Законы Дарси и Бернулли объясняют совместно основные механизмы движения подземных вод в анизотропной среде, а также связь между морфологическими условиями течения, с одной стороны, гидростатическим напором, скоростью течения и гидравлическим градиентом - с другой.

При синхронно-эпигенетическом промерзании пород с такими водами происходят направленные изменения в граничных условиях, и движение потока приобретает неустановившийся характер. Нарушение режима потока происходит в результате возникновения на путях фильтрации мерзлотных барьеров, частично или полностью блокирующих поток. Возникновение мерзлотного барьера приводит к частичному или полному гашению кинетической энергии и переходу ее в потенциальную энергию в виде дополнительного подпора Δh и соответствующего пучения поверхности выше препятствия равному, согласно уравнению Бернулли (Уткин, 1973)

$$\Delta h = \frac{V_1^2 + V_2^2}{2g}$$

Поскольку водоносный горизонт в пределах одной гидравлической системы охватывает значительные пространства, подпор носит распределенный характер и может распространяться на десятки и сотни метров выше перехвата. Вследствие этого происходит площадное пучение с незначительными градиентами. Промерзание грунтов в истоках водоносного слоя сопровождается отжатием избыточного (по отношению к пористости) количества воды, что создает дополнительное гидростатическое давление в системе с соответствующим увеличением гидравлического градиента и пучения выше перехвата. В условиях потери скорости потока, увеличения гидростатического давления и продолжающегося понижения температур грунтов происходит замерзание свободной воды от кровли горизонта. В момент блокировки от водоносного слоя ламинарный поток выше перехвата может перейти в турбулентный со взвешиванием твердых минеральных примесей, усиливаемым при наличии на грунтовых агрегатах кристаллов внутриводного льда. При объемной кристаллизации такой смеси без признаков ортотропного механизма возникает слой льда со взвешенными минеральными примесями наподобие автогенных включений газа. После полной блокировки водоносного слоя (за счет его естественных границ и наложенных границ промерзания) возникает замкнутая система с последующим перераспределением воды и плывуна в сторону ослабленной части вдоль водонепроницаемых слоев и с переменной скоростью на фоне годовых колебаний температуры. На этой стадии процесса могут возникнуть гидравлически изолированные от остальной системы участки, в которых льдообразование будет идти самостоятельно. Подобные повторные инъекции сопровождаются отслоением примерзших к подошве ранее образовавшегося льда слоев грунта с последующим включением их в лед в виде ксенолитов, что особенно характерно для периферийных участков пласта. Данные Д. Маккея, (1972, стр. 17) по 200 скважинам в пластовых залежах хорошо согласуются с рассмотренным соотношениям льда и вмещающих пород: в 95% лед подстилался песками и гравием, в 5%-глинами и, наоборот, в 75% лед перекрывали глины и валунные суглинки и лишь в 20%-пески и гравий. Таким образом, связь пластовых залежей с напорными подземными водами очевидна.

Рассмотренные выше продукты криогенного диагенеза на этапе дальнего транспорта, включающие в себя различные виды подземного, льда (сегрегационного, повторножильного, инъекционного), могут быть, вероятно, отнесены к самостоятельному криолитологическому комплексу, равноценному комплексу горных стран.

Приведенный краткий обзор основных процессов консолидации и субаэрального диагенеза реакционноспособных компонентов в криогенной зоне приводит к следующим выводам:

1. Главнейшие процессы мобилизации, миграции, аккумуляции и диагенеза в криогенной зоне носят типоморфный характер, благодаря специфике определяющих гидротермических факторов.

2. На континентальных стадиях криолитогенеза в направлении от водораздельных пространств до конечных водоемов стока четко прослеживаются две взаимосвязанные, но

противоположно направленные по литодинамическому эффекту тенденции, проявляющиеся в стремлении вещества к равновесному состоянию по отношению к термодинамическим условиям криогенной зоны. Первая заключается в дезинтеграции, диспергации и рассеянии минерального вещества, сопровождающихся эндотермическими эффектами и развивающимся преимущественно по песчано-алевритовому типу. Синтез глинистых минералов в криогенной зоне ограничивается, вероятно, группой гидрослюд и монтмориллонита. Вторая тенденция состоит во все возрастающей роли льда в строении продуктов криогенного диагенеза, концентрации льда во все более крупные массивы и наложении, сопровождаемых экзотермическими эффектами, все более сложных форм льдообразования в последовательности: цементное, сегрегационное, повторножильное, инъекционное. Эти индивидуальные особенности диагенеза вещества в криогенной зоне и лежат в основе выделения криолетогенеза в качестве самостоятельного гидротермотипа осадочного процесса.

ЛИТЕРАТУРА

ВТЮРИН Б.И. 1975. Подземные льды СССР, М., "Наука", 212 с.

ГАСАНОВ Ш.Ш. 1973. Географическая локализация и основные черты типоморфизма криогенного литогенеза. В кн.: Новые данные по геологии Северо-Востока СССР, Магадан, с. 96-105.

ГАСАНОВ Ш.Ш. 1976. Криолитогенез - физико-географический вариант осадочного процесса. В кн.: Проблемы криолитологии, Изд-во МГУ, вып. 5, с. 23-37.

ГРЕЧИЩЕВ С.Е. 1970. К основам методики прогноза температурных напряжений и деформаций в мерзлых грунтах. М., 52 с.

ДАНИЛОВ И.Д. 1973. О положении криолитогенеза в общей схеме полярного литогенеза. - II. Междунар. конф. по мерзловедению. Докл. и сообщ. вып. 3, Якутск, с. 23-28.

КАТАСОНОВ Е.М. 1973. Принципы историзма и актуализма в геокриологии. В кн.: Проблемы геокриологии, "Наука", Новосибирск, с. 19-25.

КОНИЩЕВ В.Н. 1973. Криогенное выветривание. - II. Междунар. конф. по мерзлотоведению. Докл. и сообщ., вып. 4. Якутск, с. 38-45.

ПОПОВ А. И. 1967. Мерзлотные явления в земной коре (криолитология). Изд-во МГУ, 304 с.

ПОПОВ А.И. 1976. Криолитогенез, состав и строение мерзлых пород и подземные льды (современное состояние проблемы). В кн.: Проблемы криолитологии. Изд-во МГУ, с. 7-36.

ТЮТЮНОВ А.И. 1960. Процессы изменения и преобразования почв и горных пород при отрицательной температуре (криогенез) М., Изд-во АН СССР. 144 с.

УСКОВ М.Н. 1973. Глинистые минералы многолетнемерзлых плейстоценовых и современных донных отложений Центральной Якутии. - II. Междунар. конф. по мерзлотоведению. Докл. и сообщ. вып. 3. Якутск, с. 88-92.

УТКИН Б.В. 1973. Механизм формирования линзовидного тела в водотоках и грунтах. - Там же, с. 93-95.

ЦЫТОВИЧ Н.А. 1973. Механика мерзлых грунтов. М., "Высш. школа", 445 с.

ШАНЦЕР Е.В. Очерки о генетических типах континентальных осадочных образований. М., "Наука", 239 с.

ШИЛО Н.А. 1971. Перигляциальный литогенез в общей схеме процесса континентального породообразования. - В кн.: Перигляциональные процессы, Магадан, с. 3-56.

MACKAY J.R. 1972. The world of underground ice. - Ann. Assoc. Am. Geogr. 62, pp. 1-22.

THERMAL CONTRACTION CRACKS IN MASSIVE SEGREGATED ICE, TUKTOYAKTUK PENINSULA, N.W.T., CANADA

W. Alan Gell, R.M. Hardy & Associates Ltd., Calgary, Alberta, Canada

Petrological analysis was performed on massive ground ice transected by thermal contraction cracks, in order to investigate mode of fracture, infil of cracks and interrelationships among fracture paths. Cracks propagated transgranularly through large crystals of massive ice. Sub-boundaries and other dislocation groups may have aided in micro-crack nucleation, and bubbles probably acted as stress concentrators. Fractures were infilled by freezing of bulk water rather than hoar. C-axes of infil crystals formed a vertical girdle normal to the crack plane, in contrast to the vertical point maximum in massive ice. Some infil growth occurred in lattice continuity with massive ice crystals but frequently small new columnar crystals grew. Subsequent fractures did not follow the paths of earlier cracks. Massive ice can still be recognized between fractures; repeated cracking may eventually produce an ice wedge.

FISSURES DE CONTRACTION THERMIQUE DANS LA GLACE MASSIVE DE SÉGRÉGATION, PÉNINSULE DE TUKTOYAKTUK, T.N.-O., CANADA

W. Alan Gell, R.M. Hardy & Associates Ltd., Calgary, Alberta, Canada.

On a effectué une analyse pétrographique d'échantillons de glace souterraine massive traversée par des fissures de contraction thermique, afin d'étudier les modes de fracture et de remplissage des fissures, ainsi que la façon dont les diverses lignes de fracturation sont liées entre elles. Les fissures se sont propagées d'une particule à l'autre en traversant de grands cristaux de glace massive. Des surfaces secondaires de séparation et autres réseaux de dislocation ont peut-être contribué à la formation de microfissures, et les bulles d'air ont probablement constitué les points de contrainte maximale. C'est de l'eau qui en gelant a comblé les fractures plutôt que du givre. Les axes C des cristaux de remplissage ont formé une zone verticale normale au plan de fracturation, alors que dans la glace massive, ces axes avaient une orientation préférentielle verticale. Quelques cristaux de remplissage des fissures se sont formés par extension du réseau cristallin de la glace massive, mais très souvent, il s'est formé de nouveaux cristaux colonnaires de petite taille. Les fractures ultérieures n'ont pas suivi le même réseau de fracturation. On peut encore reconnaître la glace massive entre les fractures; une fissuration répétée peut finir par créer un coin de glace.

ТРЕЩИНЫ ТЕРМАЛЬНОГО СОКРАЩЕНИЯ В МАССИВНЫХ СЕГРЕГАЦИОННЫХ ЛЬДАХ ПОЛУОСТРОВА ТУКТОЯКТУК /СЕВЕРО-ЗАПАДНЫЕ ТЕРРИТОРИИ, КАНАДА/

Для исследования условий образования и выполнения трещин и взаимосвязей между контурами разломов был произведен петрологический анализ массивного грунтового льда, рассеченного трещинами термального сокращения. Трещины распространялись поперек крупных кристаллов массивного льда. Субграницы и другие дислокационные группы возможно способствовали образованию центров концентрации микротрещин, а пузырьки, вероятно, действовали как концентраторы напряжения. Трещины выполнялись основной массой замерзающей воды. С-оси выполняющих кристаллов образовывали вертикальный пояс перпендикулярный к плоскости трещин в отличие от вертикального точечного максимума в массивном льде. Имело место некоторое расширение выполнителя за счет образования массивных ледяных кристаллов, но в основном образовывались новые небольшие шестоватые кристаллы. Более поздние изломы не повторяли контуров ранее образовавшихся трещин. Между трещинами все еще различим массивный лед. Повторное растрескивание может в конечном счете привести к образованию ледяного клина.

THERMAL CONTRACTION CRACKS IN MASSIVE SEGREGATED ICE, TUKTOYAKTUK PENINSULA, N.W.T., CANADA

W. Alan Gell

R.M. Hardy & Associates Limited
Calgary, Alberta, Canada

INTRODUCTION

A wide variety of ice types occurs in the Mackenzie Delta - Tuktoyaktuk Peninsula, N.W.T., area of Canada. Mackay (1972) has enumerated the following types: open cavity ice, wedge ice, vein ice, tension crack ice, closed cavity ice, epigenetic segregated ice, sill ice and pore ice. Of these, ice wedge ice, formed by the repeated infilling of vertical thermal contraction cracks, is widespread in Arctic areas. A long-term study of some aspects of cracking has been undertaken by Mackay (1974) on Garry Island, at a site similar to that discussed here. It has been shown that wedges of a wide age range may be found in close proximity. Cracking patterns have been recorded, together with associated ground temperatures. Knowledge of ground temperatures is important in that cracks result from tension arising from constrained thermal contraction produced by rapid surface temperature drops superimposed on generally low temperatures (Lachenbruch 1962). Infilling of the cracks may be by hoar frost, snow or surface water, although some closure of the cavities may occur by compression of the ground before the infil processes operate. In theoretical analyses of fracture of wedge ice, some workers have treated wedges as pure, homogeneous bodies, although Lachenbruch recognized layered compositional variations. These layerings result from bubble and other inclusions incorporated during freeze-back of fractures. In addition variations exist in crystal characteristics within wedges, as pointed out by Black (1953), Corte (1962), Shumskii (1964) and Vtiurina and Vtiurin (1970). However, no detailed study of petrographic features of individual fractures in massive segregated ice has been reported previously in the English literature.

Little experimental work has been performed on the crystallographic features of thermally induced fractures in ice. Crack patterns developing under thermal shock in ice plates were shown by Gold (1961) to be dependent on the crystallographic orientation of the ice with respect to the shocked surface. A preference was found for the surface trace of cracks to be parallel to the planes containing 'a' and 'c' directions. Abrupt changes in crack direction in passing from one grain to the next were observed.

In the failure experiments of Gold (1972) and others the ice samples have been fairly pure or at least deaerated. By comparison, ice in permafrost may have a high bubble and sediment content. Also, ground ice may have a well-developed crystal substructure and varying crystal size and shape, compared with the more uniform laboratory samples. Further, all ice bodies near the ground surface have had complex cyclic stress histories and may have been subject to recrystallization. It is the intention in this paper to discuss: petrologic aspects of the mode of initial fracture of massive segregated ground ice, infil of fractures and the relationship of succeeding fractures to earlier ones.

FRACTURE PROPAGATION IN RELATION TO PERMAFROST FEATURES

Thermal contraction cracks may occur in many surficial materials - organics, sediments and ice bodies. Owing to the difficulty of finding single fractures in soils, and problems of thin section preparation, individual thermally induced fractures in layered massive segregated ground ice only are considered. The ice body subject to fracture underlies an involuted hill near Tuktoyaktuk. Involuted hills are prominent relief features in the area, and have been described by Mackay (1963). The particular hill discussed here comprises 1-10 m of stony clay overlying a 15 m thick ice core, which has been subject to recrystallization. Detailed temperature records for the specific hill are not available, but the mean annual ground temperature is about -8°C. The ground surface above the cracks is a south-facing tundra-covered slope. An open crack was observed on the wall of a cellar excavated in the hill; cracking occurred during winter 1972-1973, but the exact date and temperature conditions are unknown. Cracking also occurred the previous winter; prior cracking events were not recorded. The ice was sampled at a depth of 3.5 m, by coring from a cellar wall. A detailed discussion of the massive segregated ice is given elsewhere (Gell 1976) and, while it is not repeated here, some characteristics are considered, in terms of crystal size, shape, lattice orientation and substructure, and inclusions in relation to potential fracture surfaces.

Pre-fracture characteristics of the massive segregated ground ice

Crystal size in thin section is large, ranging from 15 mm^2 in bubbly layers, to 600 mm^2 in bubble-free zones. Crystals are equigranular to slightly elongate parallel to the compositional layering, which ranges in dip from 0° to 40°. Thus there is no predominance of vertical grain boundaries (parallel to the potential fracture surface) as is the case in lake ice. Crystal substructure, in the form of sub-boundaries parallel to c-axes, is present throughout the ice body, both where fractures are present and absent. The c-axes of crystals in the massive ice are generally approximately vertical and in the potential fracture plane. The sub-boundaries comprise arrays of dislocations, and separate zones of lattice with misorientations of several degrees. The subgrains are not purely functions of original segregated ice crystal growth, as the ice has been subject to post-solidification processes. It is to be expected that high dislocation densities occur also around inclusions and elsewhere. In creep tests Gold (1963) observed that cavities developed at grain boundaries, at grain boundary triple points and at intersections of slip planes and sub-boundaries. The cavities probably nucleated at impurity particles or zones of high dislocation density (Gifkins 1969).

In the massive segregated ice under discussion here, inclusions comprise bubbles and other solutes, and sediment. Bubbles range up to 3 mm in diameter, and are located in both intercrystalline and intracrystalline positions. Sediment and segregated solutes occur mainly in grain boundaries, which are zones of atomic disorder. Thus, prior to fracture the ice has markedly different crystal and inclusion characteristics from ice samples used in laboratory experiments on fracture.

Fracture characteristics

A typical contraction crack is shown in Figure 1. It is evident that the fracture propagated through coarse-grained segregated ice and tended to be transgranular rather than intergranular. There are no major changes in fracture orientation at grain boundaries, thus differences in lattice orientation exert no major control. This is in contrast to the results of Gold (1961) on thermal shock. However, it should be noted that the conditions discussed here are not those of thermal shock, but of tension resulting from thermal contraction. The transgranular cracks also differ from those discussed by Anderson and Weeks (1958) for a sea-ice beam which failed in tension by fracture along the basal planes of crystals. However, in sea-ice the basal planes are also the sites of brine pockets which act as stress concentrators. Such gross liquid inclusions have not been observed in ground ice, but films of low melting point liquid may occur along grain boundaries. The influence of bubbles is not immediately evident petrographically as any bubbles in the fracture path are obliterated during later sublimation and melt-back during infil of cracks.

The appearance of fracture surfaces immediately after fracture is not readily known, in comparison with metals, as sublimation occurs prior to observation. Also, the crack features described above were not observed on open fractures, but in thin sections of infilled cracks. Some modification of original features may have occurred in the infil process.

Infil of fractures

The exact widths of fractures immediately after cracking are unknown, as some contraction of the cracks may occur before infil and some flow has occurred prior to sampling. However, an open crack observed on a cellar wall was approximately 3 mm wide. Also, an estimate can be obtained from the position of boundaries between original fractured grains and the infil crystals. Such boundaries are up to 3 mm apart. This distance may include some melt-back by inflowing water. As the liquid and solid were similar in composition, there would be no problem of nucleation. Thus there is no copious "chill zone" of crystals similar to that which occurs in some ice bodies in permafrost, such as icing mound ice freezing against active layer soil (Gell 1976). Some growth occurred epitaxially on crystals of massive segregated ice, while in other cases new crystals grew. Competitive growth was limited by the space available, thus there is no progressive change in lattice orientation with distance from the growth substrate, to give a strong preferred lattice orientation, as occurs in lake ice and icing mound ice. Figure 2 represents a vertical section orthogonal to a typical fracture and shows the c-axes of massive segregated ice crystals to be nearly vertical in the fracture plane, while infil crystals give a vertical girdle normal to the fracture. It is of interest to compare these results with those of Shumskii (1964), Black (1953) and Corte (1962) on ice wedges. The major difference to be noted is that the cracks discussed here are individual cracks in massive segregated ice, rather than in wedge ice, as studied by Shumskii, Corte and Black. The vertical girdle normal to the fracture was not reported by earlier workers. On the other hand, they found several other fabrics in recently grown crystals: vertical point maxima (Shumskii 1964), and a horizontal maximum normal to the crack (Corte 1962) which transected crystals with approximately vertical c-axes. However, the fabrics discussed by these workers may be for old ice, which had been modified by recrystallization, whereas the ice discussed here is known to have grown recently.

The infil texture differs markedly from that of massive segregated ice. Crystal size is obviously limited by the space available for growth, and crystal shape tends toward columnar, parallel to the growth direction, and orthogonal to the fracture surface. Further, it is apparent that infil crystals have grown after fracture, not synchronously with slow opening of a crack, as in the latter case curvature of crystals would be expected, as described for rock veins by Durney and Ramsay (1973). Mutual boundaries are straight or gently curved, locally with small gas bubbles. There are no pronounced intergrowths at the central seam in the initial growth period, as also observed by Vtiurina and Vtiurin (1970, Figure 37). Pronounced sub-boundaries were not observed in the newly-grown infil crystals. A small amount of ice growth occurred on the surface of the fractured massive segregated ice before bubbles formed. This indicates a build-up of dissolved gas at the solid-liquid interface during the initial freezing due to the much lower solubility of gas in the solid than the liquid. The bubbles occur on both sides of the fracture over large areas thus indicating a widespread nucleating event. This is evidence for growth from the melt, rather than for vapour deposition as hoar. In other areas, hoar frost may be a factor, but its influence on growth of infil crystals from bulk water is unknown. Lattice orientations of hoar crystals relative to the growth substrate are temperature-dependent, thus a variation with depth in petrofabrics would be expected if hoar crystals were a major factor. Mackay (1975) cites other evidence to discount hoar growth.

Subsequent fractures

It is evident from the above discussion that infilled fractures present texture and petrofabrics which differ markedly from those of the massive segregated ice which the cracks transect. The smaller infil crystals have a greater specific grain boundary area, partially in vertical seams with abundant gas bubbles. Also a greater range of c-axis orientations occurs, including some crystals with vertical basal planes. However, where refracturing occurred the cracks did not follow the same plane. Series of fractures were observed (between which massive segregated ice could still be recognized); some crossed, and in other cases a crack trended into a previous one. In general there was no obvious control by earlier fractures, i.e. the texture and presence of central seams of fractures containing bubbles had little effect on subsequent fractures. This may be due to finer grained materials having a greater ability to accommodate contraction strains. It should be noted that the ice discussed here was not surface ice; Mackay (1974) demonstrated that at the ground surface cracks often reoccupy the previous season's position.

DISCUSSION

In the present study it was not possible to observe the initiation of fracture. Nucleation of microvoids may occur at bubbles, or by decohesion at inclusion/ice interfaces. Dislocation pile-ups may provide sufficient stress concentration to satisfy the Griffith criterion for fracture. In such a high temperature solid as ice in permafrost, it appears likely that separation may occur at films of segregated low melting point liquid.

CONCLUSIONS

Where thermal contraction cracks penetrated massive ice, the cracks were transgranular rather than intergranular. The cracks were infilled by both epitaxial growth on massive ice crystals, and small crystals with lattice orientations in a vertical girdle normal to the vertical crack, in contrast to the nearly vertical point maximum of the large crystals of massive segregated ice. Where subsequent fractures occurred they did not generally follow paths of earlier fractures. Thus it is evident that grain boundaries have exerted no major control on fracture propagation, during either original or subsequent fracture. Sub-boundaries and other dislocation groups associated with inclusions may have aided in micro-crack nucleation, and bubbles may have acted as stress concentrators.

In the work reported here it was not possible to study ice immediately after fracture. Such observations would be helpful, as would more detailed laboratory information concerning the effect of texture on the propagation and subsequent infil of cracks in ice.

ACKNOWLEDGMENTS

Field work was supported by the Geological Survey of Canada, the National Research Council of Canada, the Department of Indian Affairs and Northern Development, and the Polar Continental Shelf Project (Department of Energy, Mines and Resources). The author is grateful to Dr. J. R. Mackay and Adelie Chatwin for critically reviewing the manuscript.

REFERENCES

ANDERSON, D. L. and WEEKS, W. F. 1958. A theoretical analysis of sea ice strength. Trans. A.G.U., v. 39, no. 4, pp. 632-640.

BLACK, R.F. 1953. Fabrics of ice wedges. Ph.D. dissertation (unpubl.). Johns Hopkins University, 87 p.

CORTE, A. E. 1962. Relationship between four ground patterns, structure of the active layer and type and distribution of ice in the permafrost. U.S. Army CRREL, Research Report 88, 82 p.

DURNEY, D. W. and RAMSAY, J. G. 1973. Incremental strains measured by syntectonic crystal growths. pp. 67-96, in "Gravity and Tectonics", ed. by K. A. de Jong and R. Scholten, J. Wiley, New York, 563 p.

GELL, A. W. 1976. Underground ice in permafrost, Mackenzie Delta - Tuktoyaktuk Peninsula, N.W.T. Ph.D. dissertation (unpubl.), University of British Columbia, 258 p.

GIFKINS, R. C. 1969. Effect of temperature on fracture. pp. 31-49, in "Fracture", Proceedings - 2nd Tewksbury Symposium, ed. by C. I. Osborn, Butterworths.

GOLD, L. W. 1961. Formation of cracks in ice plates by thermal shock. Nature, v. 192, no. 4798, pp. 130-131.

GOLD, L. W. 1963. Deformation mechanisms in ice. pp. 8-27, in "Ice and Snow", ed. by W. D. Kingery, M.I.T. Press, Camb. Mass., 684 p.

GOLD, L. W. 1963. The failure process in columnar-grained ice. Nat. Res. Counc. Canada, Div. Bldg. Res., Technical Paper no. 369, 108 p.

LACHENBRUCH, A. H. 1962. Mechanics of thermal contraction cracks and ice wedge polygons in permafrost. Geol. Soc. Am. Spec. Paper 70, 69 p.

MACKAY, J. R. 1963. The Mackenzie Delta area, N.W.T. Geographical Branch Memoir 8, Department of Mines and Technical Surveys, Ottawa, Canada, 202 p.

MACKAY, J. R. 1972. The world of underground ice. Ann. Ass. Am. Geog., v. 62, no. 1, pp. 1-22.

MACKAY, J. R. 1974. Ice-wedge cracks, Garry Island, Northwest Territories. Can. J. Earth Sci., v. 11, no. 10, pp. 1366-1383.

MACKAY, J. R. 1975. The closing of ice-wedge cracks in permafrost, Garry Island, Northwest Territories. Can. J. Earth Sci., v. 12, No. 9, pp. 1668-1674.

SHUMSKII, P. A. 1964. Principles of structural glaciology (transl. D. Krausz). Dover Publications, N.Y., 497 p.

VTIURINA, E. A. and VTIURIN, B. I. 1970. Ice formation in rocks (in Russian). Izdatelstro "Nauka", Moscow, 280 p.

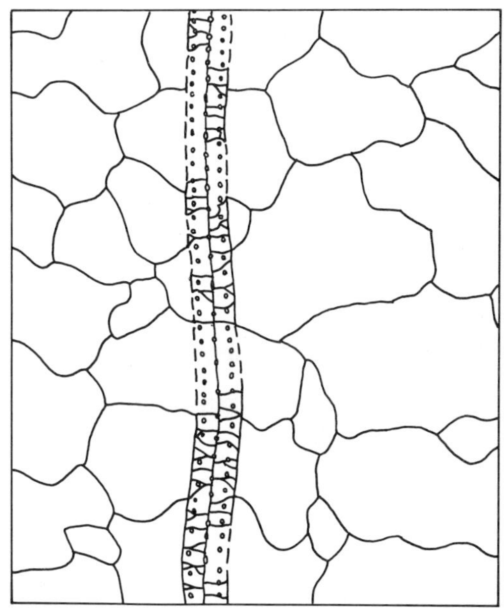

Fig. 1. Schematic diagram of infilled vertical crack in massive ice. o = bubble; --- = fracture surface with epitaxial growth. Scale 2x natural.

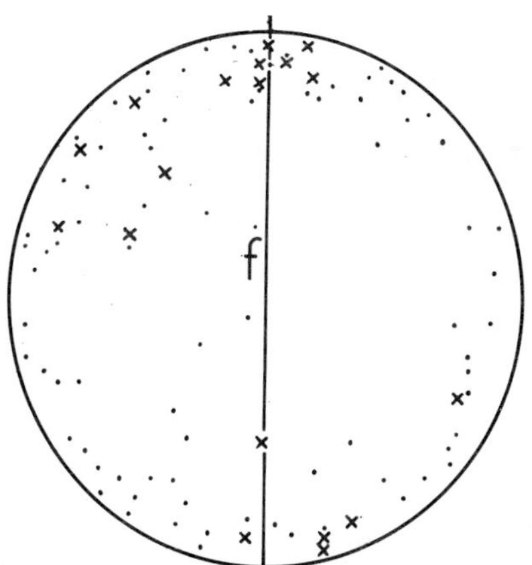

Fig. 2. Petrofabrics of fracture in massive ice. Vertical section orthogonal to crack. f = fracture plane; x = massive ice crystal; · = infil crystal.

CYCLIC NATURE OF THERMOKARST ON THE MARITIME PLAIN IN THE UPPER PLEISTOCENE AND HOLOCENE

G.F. Gravis, All-Union Res. Inst. of Hydrogeology and Eng. Geology, Moscow, U.S.S.R.

The radiocarbon dating of alas deposits and of alluvial and marine deposits of similar age, together with palynological data show that most thermokarst depressions on the Maritime Plain and the Novosibirsk Islands are of pre-Holocene age. It is noted that development of thermokarst occurred mainly during the cold glaciation epochs (the Zyryan and the Sartan epochs), and that it coincided in time with the lowering of the main base level of erosion, i.e. the sea level. The data obtained are used to postulate a hypothesis of cyclic development of thermokarst as a function of climatic changes, fluctuations of sea level and related changes in the erosion-denudation and accumulation processes.

LES CYCLES DU THERMOKARST DE LA PLAINE CÔTIÈRE PENDANT LE PLÉISTOCÈNE SUPÉRIEUR ET L'HOLOCÈNE

G.F. Gravis, Institut soviétique de recherches scientifiques en hydrogéologie et géologie civile, Moscou, URSS

Les données palynologiques et la datation au radiocarbone des dépôts du complexe thermokarstique et des alluvions et sédiments maritimes de la même époque ont montré que la plupart des dépressions thermokarstiques de la plaine côtière et des îles de la Nouvelle-Sibérie sont antérieures à l'Holocène. Le développement du thermokarst a surtout eu lieu au cours des périodes glaciaires froides (époque de Zyrianda et de Sartane). Il coïncidait dans le temps avec l'abaissement du principal niveau de base de l'érosion - le niveau de la mer.

Fondée sur les données obtenues, une hypothèse du développement cyclique du thermokarst qui serait fonction des variations climatiques, des fluctuations du niveau de la mer et des variations des processus d'érosion, de dénudation et d'accumulation a été élaborée.

ЦИКЛИЧНОСТЬ ТЕРМОКАРСТА НА ПРИМОРСКОЙ НИЗМЕННОСТИ В ВЕРХНЕМ ПЛЕЙСТОЦЕНЕ И ГОЛОЦЕНЕ

Г.Ф. Гравис, ВНИИ гидрогеологии и инженер. геологии, Москва, СССР

Радиоуглеродные определения возраста отложений аласного комплекса и синхронных им аллювиальных и морских толщ совместно с палинологическими данными показали, что большинство термокарстовых котловин на Приморской низменности и Новосибирских островах древнее голоцена. Выявляется преимущественное развитие термокарста в холодные ледниковые эпохи (зырянскую и сартанскую). Оно совпадало по времени с понижением основного базиса эрозии - уровня моря.

На основе полученных данных разработана гипотеза цикличного развития термокарста в зависимости от изменений климата, колебаний уровня моря и связанных с ними изменений эрозионно-денудационных и аккумулятивных процессов.

ЦИКЛИЧНОСТЬ ТЕРМОКАРСТА НА ПРИМОРСКОЙ НИЗМЕННОСТИ В ВЕРХНЕМ ПЛЕЙСТОЦЕНЕ И ГОЛОЦЕНЕ

Г.Ф. Гравис

ВНИИ гидрогеологии и инженерной геологии, Москва, СССР

Термокарст - один из главных процессов формирования аккумулятивных равнин в области распространения многолетнемерзлых горных пород. Подчеркивая его ведущее значение в формировании рельефа и отложений низменностей Северо-Востока Азии, Н.А. Шило (1964) предложил рассматривать озернотермокарстовое осадконакопление в качестве особого типа перигляциального литогенеза. Однако история этого процесса изучена мало, и существующие представления о роли термокарстовой переработки осадочных толщ на разных этапах развития аккумулятивных равнин слабо подкреплены соответствующим палеогеографическим материалом.

В настоящее время существуют две основные точки зрения на историю термокарста. Согласно первой из них, термокарст развивается синхронно с льдосодержащими горными породами, и возраст термокарстовых образований так же различен, как и возраст мерзлых толщ (Качурин, 1961). Эту точку зрения разделяет большинство исследователей. В последнее время появились первые данные о нескольких возрастных генерациях аласных отложений (Конищев, 1974), свидетельствующие о долгой и сложной истории развития термокарста.

Согласно второй точке зрения, формирование льдосодержащих отложений и термокарст разъединены во времени (Баранова, Бискэ, 1964; Томирдиаро, 1975): в течение верхнего плейстоцена образовалась высокольдистая толща, завершающая разрез рыхлых отложений на равнинах Северо-Востока Азии, в голоцене же происходило вытаивание подземных льдов и формирование озерных ландшафтов.

Летом 1973 г., работая в составе экспедиции Института мерзлотоведения СО АН СССР на Приморской низменности и Новосибирских островах, автор изучил ряд обнажений отложений аласного комплекса и синхронных им аллювиальных и морских толщ. Были отобраны образцы древесины и торфа, которые датировались в радиоуглеродной лаборатории Института мерзлотоведения СО АН СССР. Полученные материалы позволили сделать некоторые выводы об особенностях развития термокарста в этом регионе.

На рисунке изображен разрез Оягосского яра на южном берегу пролива Дмитрия Лаптева, в 18 км к западу от устья р. Кондратьевой. В этом месте море подмывает небольшой останец древней поверхности Приморской низменности (так называемой едомы) и примыкающую к ней часть термокарстовой западины (аласа).

Основание разреза сложено прибрежноморскими отложениями, содержащими в обилии плавник (см. рис., Уа). Осадконакопление происходило в условиях сурового климата, признаком чего являются мелкие сингенетические ледяные и изначально-песчаные жилы, образовавшиеся в пределах полосы осушки. Накопление морских осадков сопровождалось частичными местными размывами, но мерзлая толща при этом оттаивала неглубоко: у многих мелких ледяных жил сохранилась их нижняя часть. На месте полностью или частично вытаявших клиньев льда образовались структуры облекания, впервые охарактеризованные Н.Н. Романовским (1958). Образец древесины из плавника (ИМ-232) дал возраст более 42 000 лет.

Вверх по разрезу прибрежно-морские отложения постепенно переходят в осадки неглубокого водоема - лагуны или озера (1У). Признаком мелководья являются корневища водных растений и отсутствие следов сколько-нибудь значительного талика - он не затронул ледяные жилы, заключенные в нижележащих прибрежно-морских отложениях.

Озерные осадки, в свою очередь, очень постепенно переходят в флювиальные накопления (III а, б; слой 7). О субаэральном происхождении их свидетельствуют корешки трав, погребенные на месте своего произрастания. Заметна нечеткая горизонтальная, местами горизонтально-линзовидная слоистость: более песчанистые слойки или линзы супеси толщиной до 0,5 см чередуются с более илистыми слойками толщиной до 0,3 см. Ближайшим современным аналогом этих отложений является пойменный аллювий малых рек Приморской низменности, и на этом основании они отнесены к флювиальным без уточнения фациальных условий их накопления.

Спорово-пыльцевые спектры этих отложений содержат 70-80% спор (главным образом зеленых мхов), 10-20% пыльцы кустарников и древесных пород (береза, ива, ольховник и др.), 10-15% пыльцы трав (преимущественно осоковых и злаков) (определения А.М. Лисун). По составу они весьма близки к субфоссильным спектрам образцов, отобранных в арктической пустыне на острове Котельном, с той лишь разницей, что в субфоссильных спектрах острова Котельного в составе пыльцы трав, за редкими исключениями, доминирует пыльца злаков.

Выше залегает комплекс отложений, связанный с полным циклом образования термокарстовой котловины и ее последующей деградации вплоть до полного заполнения флювиальными накоплениями. Наиболее ранние этапы развития термокарста фиксируются термоделяпсивными отложениями (по М.С. Иванову, 1972), образовавшимися при оттаивании и просадке льдистых отложений (II г ; слой 6). Нижняя граница их волнистая и четко фиксируется прослойкой, состоящей из отдельных гнезд сильно разложившегося торфа. Над ними лежит толща осадков термокарстового озера. Часть их промерзала сверху (IIв; нижняя часть слоя 5), часть снизу, со стороны уже мерзлого субстрата (II б; верхняя часть слоя 5). Разрез аласного комплекса завершается озерно-болотными отложениями, содержащими линзы и гнезда торфа, а также мощные повторно-жильные льды (II а; слой 4). Они накапливались и промерзали на заболоченном днище термокарстовой котловины после исчезновения озера.

Абсолютный возраст торфа из верхней части слоя озерно-болотных отложений - 33720 ± 1500 л.н. Согласно Н.В. Кинд (1974), эта дата приходится на каргинское межледниковье и соответствует конечному этапу малохетского потепления. Следовательно, весь цикл развития

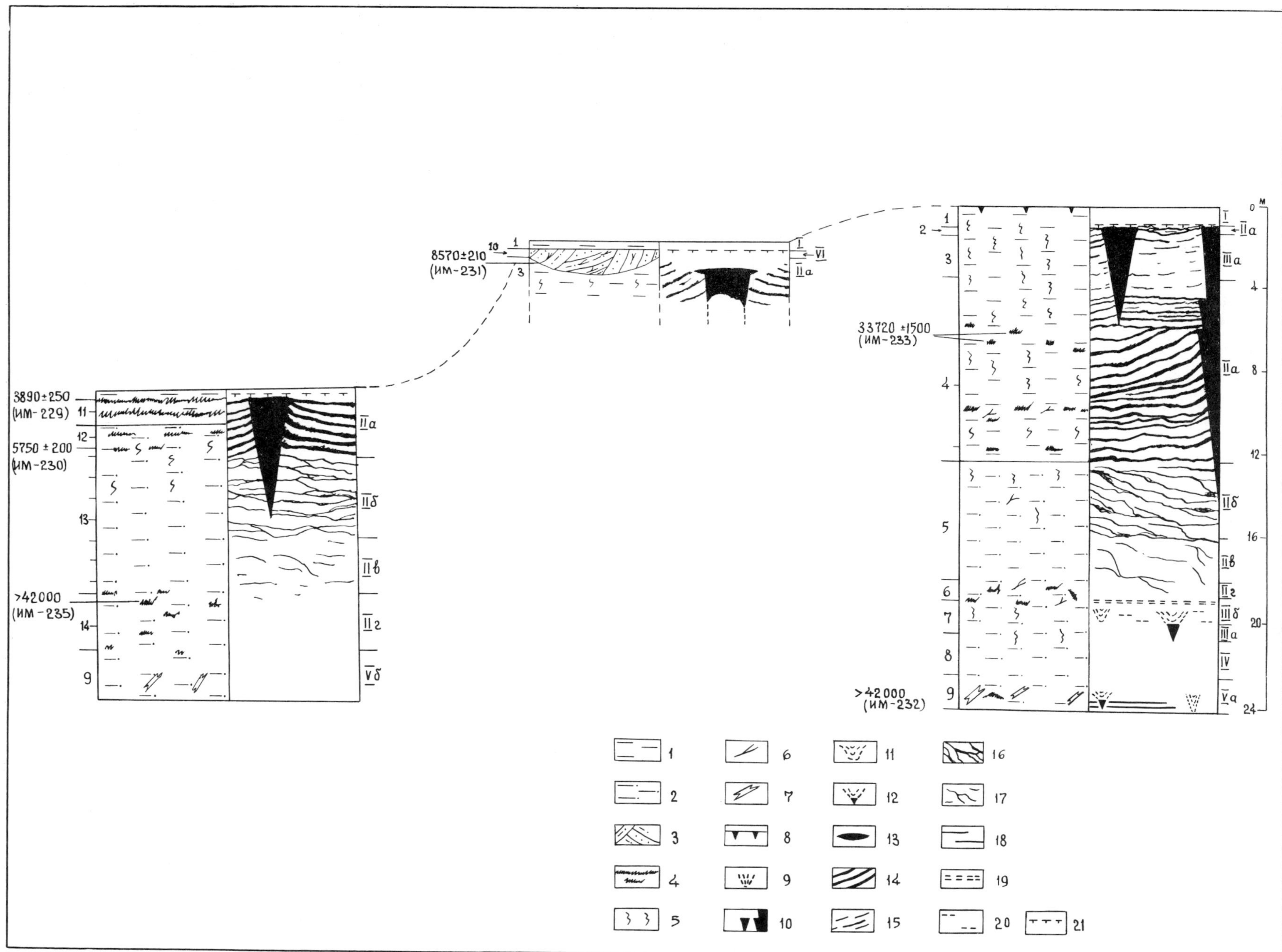
8570±210 (ИМ-231)
33720 ±1500 (ИМ-233)
3890±250 (ИМ-229)
5750 ± 200 (ИМ-230)
>42000 (ИМ-235)
>42000 (ИМ-232)

Криолитологический разрез четвертичных отложений в обнажении Ойгосского яра

Слева – литологический разрез; справа – колонка криогенных текстур.

1 – супесь тяжелая; 2 – супесь легкая; 3 – косолинзовидное переслаивание супеси и песка мелкозернистого; 4 – прослойки, линзы и гнезда торфа; 5 – корешки трав и корневища водных растений; 6 – остатки кустарников; 7 – плавник; 8 – клинья торфа в морозобойных трещинах между сезонными буграми пучения; 9 – изначально-песчаные жилки; 10 – ледяные жилы; 11 – структуры облекания, образовавшиеся при полном субаквальном вытаивании ледяных жил; 12 – то же, при их частичном вытаивании; 13 – линзы иъекционного льда. Криогенные текстуры, образовавшиеся при промерзании снизу; 14 – вогнуто-слоистая, сетчатая; 15 – вогнуто-прерывисто-слоистая, линзовидная; 16 – косослоистая. Криогенные текстуры, образовавшиеся при промерзании сверху: 17 – косолинзовидная; 18 – горизонтально-прерывисто-слоистая. Посткриогенные текстуры; 19 – горизонтально-слоистая; 20 – линзовидная; 21 – верхняя поверхность многолетнемерзлой толщи.

Генезис отложений (римские цифры у колонок криогенных текстур); 1 – солифлюкционные отложения, образующиеся при разрушении едомы. Аласный комплекс: II а – озерно-болотные отложения, промерзавшие снизу; II б – осадки термокарстового озера, промерзавшие снизу; II в – то же, промерзавшие сверху; II г – термоделяпсивные отложения (промерзавшие сверху). Флювиальные отложения; III а – промерзавшие снизу; III б – оттаявшие в подозерном талике и снова промерзшие сверху. IV – осадки мелководной лагуны или озера. Прибрежно-морские осадки; Vа – промерзавшие сверху, в процессе своего накопления частично оттаявшие и снова промерзшие сверху; Vб – протаявшие под термокарстовым озером и промерзшие затем сверху. VI – делювий на днище термоэрозионного оврага.

Состав и текстурные особенности отложений (арабские цифры у литологического разреза): 1 – супесь тяжелая, коричневые разводы на сизовато-сером фоне, неслоистая; 2 – супесь тяжелая, сизовато-серая, неслоистая, с гнездами автохтонного торфа и корешками трав; 3 – супесь тяжелая, серая с коричневатым оттенком, неслоистая, густо пронизана корешками трав; 4 – супесь тяжелая, сизовато-серая, неслоистая, с гнездами и линзами автохтонного торфа, с корешками трав; 5 – супесь легкая, светло-серая; в верхней части слоя хорошо заметна тонкая (1-2 мм) линзовидная слоистость за счет разного содержания песчаного материала и аллохтонного растительного детрита, имеется множество корешков трав, веточек кустарников; ниже супесь становится однороднее, слоистость и корешки трав исчезают, изредка встречаются нечеткие вкрапления, мелкие гнезда и окатыши торфа; 6 – супесь легкая, серая, со следами смятий; местами видны блоки, в ядре которых сохранилась первоначальная горизонтальная слоистость; к периферии блоков слои изгибаются вверх или вниз; в нижней части слоя – волнистая прослойка из отдельных мятых комьев сильно разложившегося торфа; 7 – супесь легкая, серая, с нечеткой горизонтальной слоистостью: более песчанистые слойки толщиной 0,5 см чередуются с более заиленными слойками (0,3 см), встречаются редкие вкрапления растительного детрита, множество корешков трав; 8 – супесь легкая, серая, с коричневыми пятнами, с четкой горизонтальной слоистостью (толщина слойков – 0,5-1,0 см); встречается растительный детрит, корневища водных растений, все растительные остатки облечены корочкой супеси, сцементированной окислами железа; 9 – супесь легкая, сизовато-серая, горизонтально-слоистая, с единичными линзочками песка мелкозернистого, частыми прослойками растительного детрита, линзами аллохтонного торфа и плавником; 10 – косолинзовидное переслаивание супеси и песка мелкозернистого, в слое содержится огромное количество стволов и веток кустарников: ивы, березы, ольховника, смородины, а также остатки злаков, осок и др.; 11 – супесь тяжелая, сизовато-серая, торфянистая, с линзами и прослойками автохтонного торфа мощностью до 18 см; 12 – супесь легкая, сизовато-серая, торфянистая, с линзами и гнездами торфа, количество и размеры которых книзу уменьшаются; 13 – супесь легкая, сизовато-серая, скрытослоистая, в верхней части слоя встречаются корневища и другие остатки водных растений; 14 – супесь легкая, сизовато-серая с редкими мелкими гнездами и смятыми линзами автохтонного торфа.

термокарстовой котловины проходил значительно раньше.

Спорово-пыльцевые спектры озерных осадков не отличаются от спектров флювиальных накоплений. Каргинское межледниковье по палинологическим данным фиксируется неуверенно – в кровле озерных осадков содержание пыльцы древесных и кустарниковых пород (почти исключительно березы и ольховника) увеличивается до 54%. Озерно-болотные отложения четко выделяются увеличением содержания пыльцы трав до 21-66% (главным образом за счет злаков и осоковых). Содержание спор колеблется в пределах 27-78%, пыльцы древесных пород и кустарников – 1-7%. Близкие по составу спектры имеют поверхностные образцы из сильно обводненных местообитаний; прибрежных полос аласов, центральных частей вогнутых полигонов, ложбин и др.

В последующем котловина была полностью заполнена флювиальными накоплениями такого же облика, как нижележащие (III а; слой 3), которые кверху сменяются озерно-болотными накоплениями (II а; слой 2), большая часть которых удалена склоновыми процессами. Спорово-пыльцевые спектры в слое 3 не отличаются от спектров нижележащих озерных и флювиальных отложений.

Термокарстовая котловина, расположенная рядом с останцом едомы, образовалась раньше каргинского межледниковья: возраст ее, определенный по торфу из термоделяпсивных отложений в основании аласного комплекса (IIг; слой 14), оказался больше 42 000 лет (ИМ-235).

Торфянистые озерно-болотные отложения (II а; слои 11, 12), венчающие разрез аласного комплекса, начали формироваться после исчезновения озера, что произошло 5 750±200 л.н. (ИМ-230). В верхней части склона останца едомы в обнажении вскрываются байджарахи, погребенные под слоем солифлюкционных отложений. В термоэрозионных оврагах между байджарахами в обилии захоронены стволы и ветки кустарников, а также остатки трав (VI). Радиоуглеродные определения дали возраст остатков кустарников 8 570±210 л.н. (ИМ-231). Очевидно, в это время термокарстовая котловина еще была занята озером, по берегам которого происходило интенсивное разрушение едомы.

Спорово-пыльцевые спектры из слоев с остатками кустарников отличаются высоким содержанием пыльцы древесно-кустарниковой группы (74-94%), главным образом – ольховника. В более молодых озерно-болотных слоях содержание пыльцы древесно-кустарниковой группы составляет 6-7,5%, господствует же группа пыльцы трав (66-72%), преимущественно осоковых, меньше злаков и др.

Полученные датировки показывают, что рассматриваемая термокарстовая котловина образовалась и развивалась значительно раньше голоцена. В течение же голоцена озеро деградировало, и развитие термокарста практически прекратилось.

Радиоуглеродные датировки ряда разрезов четвертичных отложений Приморской низменности и Новосибирских островов

№ образца	Местонахождение	Глубина отбора, м	Состав образцов и слой, из которого они отобраны	Радиоуглеродные даты
ИМ-228	Остров Котельный, восточный берег залива Стахановцев Арктики, уступ П морской террасы (высота 12-14 м)	0,50 - 0,60	Торф из 10-сантиметровой прослойки в солифлюкционных отложениях, перекрывающих морские осадки	8 440±200
ИМ-217	Остров Большой Ляховский, южный берег в районе устья р. Дымной, обнажение П морской террасы (высота - 8 м)	5,00	Плавник из нижнего горизонта со структурами облекания в прибрежно-морских отложениях	>42 000
ИМ-218	То же	0,75	Плавник из верхнего горизонта со структурами облекания в прибрежно-морских отложениях	9 660±200
ИМ-215	То же, тыловая часть той же террасы, торфяник	0,70 - 0,80	Древесина из основания торфяника	9 220±200
ИМ-214	То же	0,005- 0,15	Торф из верхнего слоя торфяника	8 340±200
ИМ-219	Приморская низменность, район горы Урюнг-Хастах, днище термокарстовой котловины, полигональный торфяник	0,00	Торф с поверхности валика высотой в 1 м, окаймляющего полигон с растущими ледяными жилами	2 510±175
ИМ-220	Там же, обнажение комплекса аласных отложений на берегу речки, пересекающей термокарстовую котловину	0,60	Древесина из верхнего горизонта озерных осадков, заполняющих термокарстовую котловину	9 120±220
ИМ-221	Приморская низменность, верховья р. Саан-Юрэх, высокая пойма (относит. высота - 1,5 м)	1,10	Прослойка аллохтонного торфа в русловом аллювии	3 460±200
ИМ-222	То же, 1 надпойменная терраса (относ. высота - 6 м)	0,75	Прослойка автохтонного торфа в пойменном аллювии	8 270±200
ИМ-225	Приморская низменность, район горы Хамнаанньа, прибортовая часть термокарсто вой котловины, торфяник	1,80 - 1,90	Древесина из основания торфяника	9 320±200
ИМ-224	То же	0,20	Торф из верхнего слоя торфяника	7 670±200
ИМ-223	То же, центральная часть той же термокарстовой котловины, вершина многолетнего бугра пучения	0,00	Торф	715±160
ИМ-227	То же, прибортовая часть другой термокарстовой котловины, торфяник	4,40	Торф из основания торфяника	11 870±250
ИМ-226	То же	0,20	Торф из верхнего слоя торфяника	4 590±250

Такой же вывод можно сделать из анализа радиоуглеродных датировок образцов, отобранных из типичных для региона термокарстовых котловин в разных районах Приморской низменности и Новосибирских островов. Во всех случаях оказалось, что формирование торфяников, завершающих разрез аласного комплекса и перекрывающих озерно-болотные или озерные отложения, началось в раннем голоцене (образцы ИМ-215,225) или даже в самом конце верхнего плейстоцена (образец ИМ-227) (таблица).

Характерно, что в голоценовых отложениях выявляется всего один горизонт, содержащий остатки древесной и кустарниковой растительности. В ныне безозерных термокарстовых котловинах он приурочен к самым верхам озерных осадков или к низам перекрывающих их торфяников в прибортовой части днища. Абсолютный возраст древесных остатков весьма близок: 8 570±210 - 9 320±200 л.н. (ИМ-215, 220, 225, 231). На тот же временной интервал приходится прослойка торфа в солифлюкционных накоплениях на уступе 12 - 14-метровой морской террасы на острове Котельном, свидетельствующая о приостановлении солифлюкции. Следовательно, на Приморской низменности и Новосибирских островах, как и на Аляске, Камчатке и Сахалине (Кинд, 1964, с.229), климатический оптимум приходился на самое начало голоцена. Однако формирование крупных термокарстовых котловин к этому времени в основном уже завершилось.

Замирание термокарста в голоцене шло параллельно с понижением уровня моря после максимума трансгрессии в самом начале голоцена (дата ИМ-218 - 9 660±200 л.н. из верхнего горизонта 8-метровой морской террасы на юге острова Большого Ляховского) и врезом речных долин. Из верхнего горизонта аллювия, слагающего 1 надпойменную террасу р.Саан-Юрэх, имеющую одну относительную высоту с наиболее высоким уровнем днища термокарстовых котловин, получена дата 8 270±200 л.н. (ИМ-222), высокая пойма имеет дату 3 460±200 л.н. (ИМ-221). Процесс сокращения озер и формирования льдистых болотных отложений на днище аласов продолжается до настоящего времени (ИМ-219 и 223). Очевидно, высокое стояние уровня моря вызвало обводнение отрицательных форм рельефа и интенсивное развитие термокарста. С понижением уровня моря и спуском озер интенсивность локальной деградации мерзлых пород уменьшалась.

Рассмотренные выше материалы позволяют сделать вывод, что на Приморской низменности и Новосибирских островах термокарст развивается непрерывно одновременно с формированием льдистых отложений, но интенсивность его меняется во времени. По крайней мере для отрезка, охватывающего вторую половину верхнего плейстоцена и голоцен, характерно развитие термокарста в основном в ледниковые эпохи - зырянскую и сартанскую. На относительно теплые периоды (каргинское межледниковье, голоцен) приходится уменьшение интенсивности термокарста.

Основным, наиболее общим фактором, определяющим ускорение и замедление термокарста во времени, является изменение степени обводнения поверхности, связанное с колебаниями климата и основного базиса эрозии - уровня моря. Морские трансгрессии способствуют увеличению обводненности низменностей и, следовательно, вызывают усиление термокарста.

Таким образом, термокарст развивается циклично и гипотетически это представляется так. Каждый цикл термокарста охватывает пару смежных периодов похолодания и потепления климата в ранге ледниковий-межледниковий и делится на четыре части (этапа).

1 этап - время холодного и влажного климата первой половины ледниковых эпох. В это время в области сноса активизируются криогенное выветривание горных пород, деятельность снежников и ледников, склоновые процессы. Резко возрастает количество рыхлого материала, поступающего в реки. В связи с этим, несмотря на понижение уровня моря, в долинах усиливается аккумуляция, прежде всего в верховьях водотоков и на участках уменьшения продольных уклонов русла - в дельтах, при выходе рек из гор, в местах пересечения ими отрицательных форм рельефа, в том числе и термокарстовых котловин. Преобладает тенденция к выравниванию рельефа низменностей, к заполнению термокарстовых котловин флювиальными (отчасти и склоновыми) накоплениями. Развитие термокарста, возможно усилившееся в начале этапа, затем подавляется осадконакоплением.

П этап - время холодного и сухого климата второй половины ледниковых эпох. Интенсивность процессов дезинтеграции горных пород и сноса рыхлого материала в долины уменьшается, в связи с этим, в условиях низкого положения уровня моря начинается эрозионное и эрозионно-солифлюкционное расчленение льдистых отложений. Оно препятствует скоплению воды на поверхности низменностей и тем самым тормозит развитие термокарста.

Ш этап - конец ледниковых эпох. Подъем уровня моря усиливает обводненность отрицательных форм рельефа, существовавших ранее и не полностью заполненных осадками в течение первого этапа или возникших вновь в течение второго этапа. В связи с этим происходит интенсивное развитие термокарста.

1У этап - межледниковье, послеледниковое время. В связи с некоторым понижением уровня моря в условиях относительно малой активности склоновых процессов происходит эрозионное и термоэрозионное расчленение низменности, спуск озер и обусловленное этим уменьшение интенсивности термокарста.

Чем меньше термокарстовые котловины, тем четче, при прочих равных условиях, проявляется цикличность термокарста. С возрастанием размеров термокарстовых форм усиливается тенденция к унаследованному развитию. Локальные коррективы в цикличные процессы термокарста вносят современные тектонические движения земной коры. На интенсивно развивающихся морфоструктурах цикличность термокарста может быть полностью затушевана: на положительных - из-за постоянного резкого эрозионного расчленения поверхности, на отрицательных - из-за ее постоянного обводнения.

ЛИТЕРАТУРА

БАРАНОВА Ю.П., БИСКЭ С.Ф., 1964. Северо-Восток СССР (История развития рельефа Сибири и Дальнего Востока). М., "Наука", 290 с.

ИВАНОВ М.С., 1972. Типы и фации термокарстовых отложений Центральной Якутии. -В кн.: Проблемы изучения четвертичного периода. М., "Наука", с. 83-89.

КАЧУРИН С.П., 1961. Термокарст на территории СССР. М., Изд-во АН СССР, 290 с.

КИНД Н.В., 1974. Геохронология позднего антропогена по изотопным данным. (Труды Геологич.ин-та АН СССР, вып.257). М., "Наука", 255 с.

КОНИЩЕВ В.Н.,1974. Возраст подземных льдов Яно-Индигирской низменности. - В кн.: Проблемы криолитологии, вып.4. Изд-во МГУ, с.110-115.

РОМАНОВСКИЙ Н.Н., 1958. Мерзлотные структуры облекания в четвертичных отложениях. - Науч.докл.высш. школы. Геолого-геогр. науки, № 3, с. 185-189.

ТОМИРДИАРО С.В., 1975. Криогенная эволюция равнин Северо-Востока Азии в позднем ледниковье и голоцене. - Изв.Всесоюз.географ. об-ва, т.107, вып.2.

ШИЛО Н.А., 1964. К истории развития низменностей субарктического пояса Северо-Востока Азии. - В кн.: Тектоника и глубинное строение Северо-Востока СССР. (Труды Сев.-Вост.компл. н.-и. ин-та СО АН СССР, вып. 11). Магадан, с. 151-100.

SOME ASPECTS OF THE MECHANICS OF FROST FRACTURING OF SOILS IN THE PERMAFROST ZONE

S.E. Grechishchev, All-Union Res. Inst. of Hydrogeology and Eng. Geology, Moscow, U.S.S.R.

The problem of the distribution of thermoelastic stresses in the vicinity of two marginal fractures in a semispace is solved, and the solution is applied to the analysis of frost fracturing of soils in the permafrost zone with allowances for their thermorheological properties and gravity. The experimentally determined viscosity coefficients of failure in the apexes of fractures in different frozen soils are given in relation to temperature. The temperature field is approximated as a sum of two harmonic oscillations. The suggested method makes it possible to calculate the depth of fractures, the cross section of their opening and the equilibrium distance between two adjacent fractures. The conditions of stable and unstable growth of equilibrium fractures are described. It is shown that under present climatic conditions the depth and width of fractures and the equilibrium distance between adjacent fractures have limiting minimum and maximum values. Numerical examples are given.

QUELQUES ASPECTS DE LA MÉCANIQUE DE LA GÉLIFRACTION DES SOLS DANS LA ZONE DE PERGÉLISOL

S.E. Grechishchev, Institut soviétique de recherches scientifiques en hydrogéologie et géologie civile, Moscou, URSS

Solution du problème de la distribution des tensions thermoélastiques autour de deux fractures marginales dans un demi-espace. La même solution est appliquée à l'analyse de la gélifraction des sols dans la zone de pergélisol compte tenu de leurs propriétés thermorhéologiques et de leur poids.

Présentation des données expérimentales obtenues sur les valeurs des coefficients de viscosité de la dégradation subie par les crêtes des fractures dans différents gélisols selon la température. Le champ de température est calculé de façon approximative, et prend la forme de la somme de deux oscillations harmoniques. La méthode proposée permet de calculer la profondeur des fractures, leur profil d'ouverture et la distance d'équilibre entre des fractures voisines. Les conditions de la croissance stable et instable des fractures cryogéniques équilibrées sont décrites. Il s'avère que, dans les conditions climatiques actuelles, la profondeur et la largeur d'ouverture des fractures et la distance d'équilibre entre des fractures voisines ont des valeurs limites minimales et maximales. Exemples numériques.

НЕКОТОРЫЕ ВОПРОСЫ МЕХАНИКИ КРИОГЕННОГО РАСТРЕСКИВАНИЯ ГРУНТОВ КРИОЛИТОЗОНЫ

С.Е. Гречищев, ВНИИ гидрогеологии и инженер. геологии, Москва, СССР

Получено решение задачи о распределении термоупругих напряжений в окрестностях двух краевых трещин в полупространстве. Решение применено к анализу криогенного растрескивания грунтов криолитозоны. Учтены термореологические свойства мерзлых грунтов и собственный вес грунта.

Приведены экспериментальные данные о значениях коэффициентов вязкости разрушения в вершинах трещин в различных мерзлых грунтах в зависимости от температуры. Поле температур принято приближенно в виде суммы двух гармонических колебаний. Предлагаемая методика позволяет вычислить глубину трещин, профиль раскрытия трещин и равновесное расстояние между соседними трещинами. Установлены условия устойчивого и неустойчивого роста равновесных криогенных трещин. Показывается, что в условиях современного климата глубина и ширина раскрытия трещин и равновесное расстояние между соседними трещинами имеют предельные минимальные и максимальные значения. Приводятся численные примеры.

НЕКОТОРЫЕ ВОПРОСЫ МЕХАНИКИ КРИОГЕННОГО РАСТРЕСКИВАНИЯ ГРУНТОВ КРИОЛИТОЗОНЫ

С. Е. Гречищев

ВНИИ гидрогеологии и инженерной геологии, Москва, СССР

При решении некоторых научных и прикладных геокриологических задач возникает необходимость в прогнозе геометрических параметров криогенных трещин. Последние образуются в грунтах в районах криолитозоны в результате значительного охлаждения поверхности в зимнее время. Эти трещины, выходя на поверхность грунта, образуют в плане периодическую, обычно прямоугольную или близкую к прямоугольной, систему, называемую полигонами растрескивания. К геометрическим параметрам криогенных трещин относится ширина их раскрытия, глубина и расстояние между соседними трещинами (длина полигонов). Определение этих величин может быть произведено методами механики сплошных деформируемых сред.

Поскольку в районах криолитозоны в зимнее время грунт является мерзлым на глубину более глубины криогенного растрескивания, криогенные трещины для расчетных целей могут быть схематизированы как равновесные трещины нормального разрыва, выходящие на поверхность перпендикулярно границе сплошного полупространства с заданными механическими свойствами. В этом случае для расчета глубины равновесных трещин может быть использовано условие прочности в вершине трещины Ирвина–Баренблатта (Баренблатт, 1950; Черепанов, 1974; Разрушение, 1975)

$$k_1 = K_{1c} \qquad (1)$$

где k_1 – коэффициент интенсивности нормальных напряжений в вершине трещины, K_{1c} – физическая константа – коэффициент вязкости разрушения в вершине трещины нормального разрыва.

Для определения коэффициента интенсивности напряжений k_1 необходимо располагать решением о распределении напряжений вокруг трещины. Поскольку вокруг трещин образуется зона разгрузки (Lachenbruch, 1962), в пределах которой напряжения оказываются меньше предела длительной прочности (Гречищев, 1975), то определение напряжений можно произвести при наличии упрощающего предположения о работе мерзлого грунта как упругой среды.

Рассмотрим решение задачи о термоупругом состоянии в окрестности двух краевых трещин в полуплоскости. Граничные условия этой задачи имеют вид (рис. 1):

$$\begin{aligned} &1.\ y = 0;\ \sigma_y^\circ = \tau_{xy}^\circ = 0, \\ &2.\ x = -l,\ 0 \leq y \leq h_1;\ \sigma_x^\circ = \tau_{xy}^\circ = 0, \\ &3.\ x = +l,\ 0 \leq y \leq h_2;\ \sigma_x^\circ = \tau_{xy}^\circ = 0, \end{aligned} \qquad (2)$$

где $\sigma_x^\circ, \sigma_y^\circ, \tau_{xy}^\circ$ – компоненты напряжений; h_1 и h_2 – глубина первой и второй трещины; $2l$ – расстояние между трещинами.

Представим σ_{ik} $(i, k = x, y)$ в виде суммы известных нам напряжений p_{ik} в сплошной (без трещин) полуплоскости при том же температурном поле и некоторых дополнительных напряжений σ_{ik} т. е.

$$\sigma_{ik}^\circ = p_{ik} + \sigma_{ik},\ (i, k = x, y). \qquad (3)$$

Тогда поле дополнительных напряжений должно быть определено на основании (2) при следующих граничных условиях:

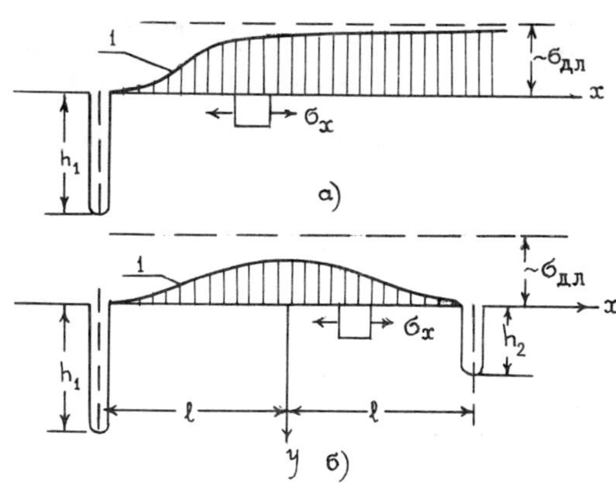

Рис. 1. Схема к расчету термонапряженного состояния массива с трещинами: а – для одиночной трещины, б – для двух трещин; 1 – схематическая эпюра температурных напряжений σ_x вблизи поверхности грунта $y = 0$.

$$\begin{aligned} &1.\ y = 0;\ \sigma_y = \tau_{xy} = 0, \\ &2.\ x = -l,\ 0 \leq y \leq h_1;\ \sigma_x = -p_{x1}(y),\ \tau_{xy} = 0, \\ &3.\ x = +l,\ 0 \leq y \leq h_2;\ \sigma_x = -p_{x2}(y),\ \tau_{xy} = 0, \end{aligned} \qquad (4)$$

где p_{x1}, p_{x2} – напряжения в сплошной (без трещин) полуплоскости на линиях, совпадающих с контурами первой и второй трещины.

Для практически важного случая далеко отстоящих друг от друга трещин $(h_1/2l < 1,\ h_2/2l < 1)$ приведем полученные нами методом Колосова–Мусхелишвили (Мусхелешвили, 1966) формулы для определения коэффициентов интенсивности напряжений в вершинах трещин, ширины раскрытия трещин и нормальных дополнительных напряжений тангенциальных к поверхности $y = 0$.

Формулы для коэффициентов интенсивности напряжений:

$$\left.\begin{aligned} k_{1h_1} &= \frac{1}{\pi}\sqrt{2ch_1^{c-1}} \int_0^{h_1} \frac{p_{x1}(t) - 4\lambda_2^2 C_2}{\sqrt{h_1^c - t^c}}\,dt \\ k_{1h_2} &= \frac{1}{\pi}\sqrt{2ch_2^{c-1}} \int_0^{h_2} \frac{p_{x2}(t) - 4\lambda_1^2 C_1}{\sqrt{h_2^c - t^c}}\,dt \end{aligned}\right\} \qquad (5)$$

где k_{1h_1}, k_{1h_2} – коэффициенты интенсивности напряжений в вершине первой и второй трещины соответственно; $\lambda_1 = h_1/2l$; $\lambda_2 = h_2/2l$; $c = 2\pi^2/(\pi^2 - 4) \approx 3{,}37$; $C_1 = (I_1 - 4\lambda_2^2 a_1 I_2)/(1 - 16\lambda_1^2\lambda_2^2 a_1 a_2)$; $C_2 = (I_2 - 4\lambda_1^2 a_2 I_1)/(1 - 16\lambda_1^2\lambda_2^2 a_1 a_2)$;

$$I_k = \frac{2c}{\pi^2 h_k^2} \int_0^{h_k}\int_0^{h_k} \frac{y^c\sqrt{h_k^c - s^c}\, p_{xk}(s)\,ds\,dy}{\sqrt{h_k^c - y^c}\,(y^c - s^c)}, \quad (k=1,2),$$

$$a_k = \frac{2c}{\pi^2 h_k^2} \int_0^{h_k}\int_0^{h_k} \frac{y^c\sqrt{h_k^c - s^c}\, ds\,dy}{\sqrt{h_k^c - y^c}\,(y^c - s^c)}, \quad (k=1,2).$$

Формулы для определния ширины раскрытия трещин:

$$\left.\begin{aligned} \frac{E^p_{дл}\cdot S_1}{4(1-\nu^2)} &= \frac{c}{\pi}\sqrt{h_1^c - y^c}\int_0^{h_1}\frac{Q_{x1}(t)\,t^{c-1}dt}{\sqrt{h_1^c - t^c}\,(t^c - y^c)}, \quad 0\leqslant y\leqslant h_1 \\ \frac{E^p_{дл} S_2}{4(1-\nu^2)} &= \frac{c}{\pi}\sqrt{h_2^c - y^c}\int_0^{h_2}\frac{Q_{x2}(t)\,t^{c-1}dt}{\sqrt{h_2^c - t^c}\,(t^c - y^c)}, \quad 0\leqslant y\leqslant h_2 \end{aligned}\right\} \quad (6)$$

где S_1, S_2 – ширина раскрытия первой и второй трещин соответственно; $E^p_{дл}$ – предельно длительный модуль деформации при растяжении; ν – коэффициент Пуассона;

$$Q_{x1}(t) = \int_0^t [p_{x1}(s) - 4\lambda_2^2 C_2]\,ds;$$

$$Q_{x2}(t) = \int_0^t [p_{x2}(s) - 4\lambda_1^2 C_1]\,ds.$$

Формула для определения нормальных дополнительных напряжений тангенциальных к поверхности $y = 0$:

$$\sigma_x|_{y=0} = -\frac{8c}{\pi^2}\int_0^{h_1}\int_0^{h_1}\frac{(1+x)^2 y^c\sqrt{h_2^c - s^c}\,[p_{x1}(s) - 4\lambda_2^2 C_2]\,ds\,dy}{[(1+x)^2 + s^2]^2\sqrt{h_1^c - y^c}\,(y^c - s^c)} - $$

$$ - \frac{8c}{\pi^2}\int_0^{h_2}\int_0^{h_2}\frac{(1-x)^2 y^c\sqrt{h_2^c - s^c}\,[p_{x2}(s) - 4\lambda_1^2 C_1]\,ds\,dy}{[(1-x)^2 + s^2]^2\sqrt{h_2^c - y^c}\,(y^c - s^c)}. \quad (7)$$

Выражения (5)-(7) при $\lambda_1 = \lambda_2 = 0$ совпадают с решениями для одиночной трещины, полученными в работах (Карпенко, 1965; Саврук, 1975).

В дальнейшем будем рассматривать наиболее часто встречающийся случай равных по глубине трещин, т.е. в формулах (5)-(7) будем принимать $h_1 = h_2$.

Для криогенных трещин нагрузка $p_x(y)$, входящая в формулы (5)-(7) и представляющая собой напряжения в ненарушенной (без трещин) полуплоскости, является суммой температурных напряжений $p_x^t(y)$ и напряжений от собственного веса грунта $p_x^\gamma(y)$, т.е.

$$p_x(y) = p_x^t(y) + p_x^\gamma(y). \quad (8)$$

Рассмотрим влияние каждого из компонентов этих напряжений отдельно.

Растягивающие температурные напряжения $p_x^t(y)$ в упругой полуплоскости со свободной от нагрузок границей могут быть вычислены по известной формуле

$$p_x^t(y) = \frac{E^p_{дл}(t)\,\alpha_\infty(t)\cdot t}{1-\nu} \leqslant \sigma^p_{дл}, \quad (9)$$

где $\alpha_\infty(t)$ – коэффициент стабилизованной температурной деформации при понижении температур от -2° до t; t – абсолютное значение отрицательной температуры в $^\circ$C; $\sigma^p_{дл}$ – предел длительной прочности при растяжении мерзлого грунта.

Характеристики мерзлых дисперсных грунтов α_∞ и $E^p_{дл}$ зависят от температуры. При температуре ниже -2°C зависимость их от температуры можно представить следующими эмпирическими выражениями, удовлетворительно согласующимися с экспериментальными данными, приведенными в работе (Гречищев, 1971):

$$\left.\begin{aligned} E^p_{дл} &= E_0(1 + \beta_E t) \\ \alpha_\infty &= \alpha_0(1 + \beta_\alpha/\sqrt{t}) \end{aligned}\right\} \quad (10)$$

где E_0, β_E, α_0, β_α – эмпирические величины.

Примем, что температура поверхности грунта в зимнее время $t_п$ изменяется по периодическому закону

$$t_п = t_{01}\sin\omega_1\tau, \quad (11)$$

где t_{01} – среднеминимальная температура поверхности грунта в самый холодный месяц; $\omega_1 = 0{,}2\cdot 10^{-6}$ 1/с – частота температурных колебаний, соответствующая периоду равному продолжительности зимы; τ – время.

Тогда для приближенных расчетов температура грунта может быть вычислена по известной формуле

$$t = t_{01}e^{-\mu_1 y}\sin(\omega_1\tau - \mu_1 y), \quad (12)$$

где $\mu_1 = \sqrt{\omega_1/2a_M}$; a_M – коэффициент температуропроводности мерзлого грунта.

Выражение (12) будет тем точнее, чем севернее от южной границы криолитозоны расположен район.

Представим выражение (9) с помощью эмпирических зависимостей (10) в следующем виде:

$$p_x^t(y) = \frac{E^p_{дл}(t_{01})\,\alpha_\infty(t_{01})\cdot t_{01}}{1-\nu}\cdot\frac{1+\beta_E t}{1+\beta_E t_{01}}\cdot\frac{1+\beta_\alpha/\sqrt{t}}{1+\beta_\alpha/\sqrt{t_{01}}}\cdot\frac{t}{t_{01}} \quad (13)$$

Практически нами установлено на основании имеющихся в нашем распоряжении данных, что для широкого диапазона мерзлых песчано-глинистых и торфяных грунтов всегда соблюдаются условия

$$\frac{1}{\beta_E t_{01}} < 0{,}15; \quad 0{,}2 < \frac{1}{1+\sqrt{t_{01}}/\beta_\alpha} < 0{,}8$$

Эти условия позволяют ввести аппроксимацию

$$\frac{1+\beta_E t}{1+\beta_E t_{01}}\cdot\frac{1+\beta_\alpha/\sqrt{t}}{1+\beta_\alpha/\sqrt{t_{01}}} \simeq 0{,}2 + 0{,}8\cdot\frac{t}{t_{01}}, \quad (14)$$

ошибка которой в диапазоне $-2^\circ \leqslant t \leqslant t_{01}$ не превышает 10%. Таким образом формуле (13) можно придать такой вид

$$p_x^t(y) \simeq \frac{E^p_{дл}(t_{01})\,\alpha_\infty(t_{01})\cdot t_{01}}{1-\nu}\left(0{,}2 + 0{,}8\,\frac{t}{t_{01}}\right)\frac{t}{t_{01}} \quad (15)$$

Учтем также следующее обстоятельство. Возникновение трещин возможно лишь в том случае, когда температурные напряжения вблизи поверхности сплошного массива грунта превышают предел длительной прочности на растяжение. Расчеты показывают, что такое превышение вследствие вязко-пластических свойств грунта оказывается на один-два порядка меньше предела длительной прочности. Поэтому у поверхности грунта при $y = 0$ и $t = t_{01}$ температурные напряжения могут быть приняты равными пределу длительной прочности на растяжение, т.е.

$$p_x^t(0) \simeq \sigma^p_{дл}(t_{01}), \quad (16)$$

где $\sigma^p_{дл}(t_{01})$ – предел длительной прочности мерзлого грунта на растяжение при температуре t_{01}.

Учитывая это, выражение (15) можно записать в виде следующей окончательной аппроксимации:

$$p_x^t(y) \simeq \sigma^p_{дл}(t_{01})\cdot\left(0{,}2 + 0{,}8\,\frac{t}{t_{01}}\right)\frac{t}{t_{01}}, \quad (17)$$

где t определяется формулой (12).

Напряжения от собственного веса грунта в сплошной полуплоскости определяются известными выражениями

$$p_y^{\gamma}(y) = -\gamma y; \; p_x^{\gamma}(y) = -\frac{\nu}{1-\nu}\gamma y, \quad (y > 0). \tag{18}$$

Поскольку эти напряжения в отличие от температурных напряжений являются сжимающими, а при сжатии мерзлых грунтов $\nu \simeq 0,5$, то приближенно можно принять

$$p_x^{\gamma}(y) \simeq -\gamma y. \tag{19}$$

Подставляя выражения (19), (17), (12) в (8) и затем – в (5)-(7) и применяя численные методы для вычисления интегралов, можем вычислить искомые параметры криогенных трещин. Опуская подробности вычислений приведем некоторые результаты для случая равных по глубине трещин, приняв в формулах (5)-(7) $h_1 = h_2 = h$, $\lambda_1 = \lambda_2 = \lambda = h/2l$.

Расчет глубины криогенных трещин.

Имеющиеся в нашем распоряжении экспериментальные данные (рис. 2) позволяют установить, что коэффициент вязкости разрушения K_{Ic}, входящий в выражение (11), примерно пропорционален квадратному корню из абсолютного значения отрицательной температуры в $^{\circ}$C. Поэтому примем приближенно

$$K_{Ic} \simeq \frac{1}{\pi} K_0 \sqrt{t + t_{cp}}, \tag{20}$$

где K_0 – эмпирическая константа; t – температура, определяемая по формуле (12); t_{cp} – среднегодовая температура грунта.

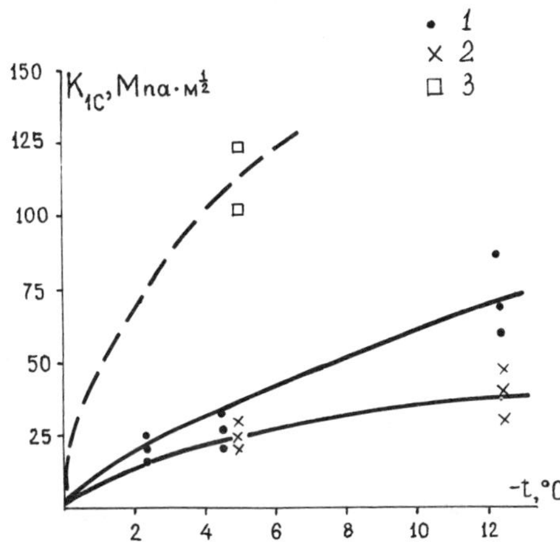

Рис. 2. Зависимость коэффициента вязкости разрушения K_{Ic} от температуры мерзлых грунтов

1 – песок при W = 10÷17%; 2 – супесь при W = 20–25%; 3 – торф при W = 300% (W – суммарная весовая влажность).

Используя условие(1), выражение (20) и численное интегрирование по формулам (5), получим уравнение для определения глубины криогенных трещин в середине зимы (приняв в формуле (12) $\omega\tau = \pi/2$)

$$\bar{\sigma} \cdot \bar{k}_c^t(\mu_1 h, \lambda) - \bar{k}_1^{\gamma}(\mu_1 h, \lambda) = \bar{K} \cdot \bar{K}_c(\mu_1 h, t_{cp}/t_{01}) \tag{21}$$

и в конце зимы (приняв в формуле (12) $\omega\tau = \pi$)

$$\bar{\sigma} \bar{k}_к^t(\mu_1 h, \lambda) - \bar{k}_1^{\gamma}(\mu_1 h, \lambda) = \bar{K} \cdot \bar{K}_к(\mu_1 h, t_{cp}/t_{01}), \tag{22}$$

где

$$\bar{\sigma} = \mu_1 \sigma_{дл}^{p}(t_{01})/\gamma \tag{23}$$

$$\bar{K} = K_0 \sqrt{t_{01}} \cdot \mu_1^{3/2}/\gamma. \tag{24}$$

Значения функций $\bar{k}_c^t$, $\bar{k}_к^t$, $\bar{k}_1^{\gamma}$, $\bar{K}_c$, $\bar{K}_к$ приведены в таблицах 1, 2. В таблице 1 последний столбец ($\lambda = 0$) относится к одиночной трещине.

Определение глубины трещины из уравнений (21),(22) может быть проведено например, графическим методом с использованием талбиц 1, 2. В качестве примера приведем результаты расчетов по этому уравнению при $\bar{K} = 10$ и $t_{cp}/t_{01} = 0,1$ (рис. 3). Как видно на рис. 3, расчетные зависимости между $\mu_1 h$ и $\bar{\sigma}$ имеют две ветви: нисходящую и восходящую, с точками перегиба при $\mu_1 h \simeq 0,7 \div 0,9$. Интересно отметить, что это значение $\mu_1 h$ в точках перегиба сохраняется для любых $\bar{K}$, λ, t_{cp}/t_{01}, что было выяснено нами непосредственными расчетами.

Нисходящая ветвь характеризуется условием

$$dh/d\bar{\sigma} < 0,$$

что соответствует условию неустойчивости равновесной трещины. Для восходящей ветви

$$dh/d\bar{\sigma} > 0,$$

т.е. трещины, определяемые этой ветвью, должны быть устойчивыми. Если принять во внимание, что практически для любых грунтов $\mu_1 = 0,33 \div 0,40$ 1/м, то это означает, что глубина растущих зимой трещин не может быть менее ~1,7 м. Отсюда также следует, что для определения глубины трещин нужно использовать только верхние, восходящие, ветви кривых.

Рассмотрение графиков на рис. 3 показывает также, что к концу зимы криогенные трещины частично или даже полностью закрываются. Например, если физические свойсвойства грунта характеризуются величинами $\bar{K} = 10$ и $\bar{\sigma} = 30$, то согласно рис. 3 глубина одиночной трещины в середине зимы составляет $\mu_1 h = 2,7$, а в конце зимы – $\mu_1 h = 2,0$. Если же, например, физические константы грунта будут $\bar{K} = 10$ и $\bar{\sigma} = 15$, то одиночная трещина в середине зимы будет иметь глубину $\mu_1 h = 2,1$, а в конце зимы полностью закроется (линия $\bar{\sigma} = 15$ лежит левее кривой $\mu_1 h - \bar{\sigma}$ для конца зимы). Таким образом теоретически не исключаются трещины, существующие только зимой. Естественно, что в таком случае они не могут служить основой для роста жильных льдов, поскольку предполагается, что рост последних происходит за счет талых вод в весеннее время.

Рассмотрение графиков на рис. 3 позволяет сделать некоторые выводы о влиянии соседней трещины на глубину рассматриваемой. Сравнение кривых при $\lambda = 0$ (одиночные трещины) и $\lambda = 0,4$ (соседняя трещина находится на расстоянии $2,5 \mu_1 h$) показывает, что трещины-соседи имеют меньшую глубину, чем одиночные. Это говорит о том, что если, например, сначала существовала одиночная (первичная) трещина, а затем возникла соседняя вторая трещина, то первичная трещина частично закроется.

Расчет профиля раскрытия криогенных трещин.

На основании изложенных выше соображений результаты вычислений по формулам (6) представим в виде выражений для определения профиля трещин в середине зимы:

Таблица 1

$\mu_1 h$	λ							
	0,40	0,35	0,25	0,15	0,10	0,07	0,05	0
				Функция $\bar{k}_c^t$				
0,2	0,27	0,30	0,35	0,39	0,40	0,41	0,41	0,41
0,5	0,30	0,33	0,40	0,45	0,47	0,48	0,48	0,48
1,0	0,21	0,24	0,32	0,37	0,39	0,40	0,40	0,41
2,0	0,07	0,24	0,16	0,18	0,20	0,23	0,24	0,25
3,0	0,02	0,02	0,04	0,06	0,07	0,08	0,08	0,10
				Функция $\bar{k}_k^t$				
0,2	0,02	0,02	0,02	0,02	0,02	0,02	0,02	0,02
0,5	0,05	0,05	0,06	0,07	0,07	0,07	0,07	0,07
1,0	0,10	0,11	0,12	0,13	0,14	0,14	0,14	0,14
2,0	0,07	0,06	0,11	0,12	0,13	0,13	0,13	0,13
3,0	0,01	0,02	0,03	0,05	0,06	0,07	0,07	0,07
				Функция $\bar{k}_1^\gamma$				
0,2	0,05	0,05	0,05	0,06	0,06	0,06	0,06	0,06
0,5	0,19	0,20	0,22	0,23	0,24	0,24	0,24	0,24
1,0	0,54	0,57	0,61	0,65	0,67	0,67	0,68	0,68
2,0	1,52	1,61	1,72	1,83	1,89	1,89	1,92	1,92
3,0	2,80	2,96	3,17	3,37	3,48	3,48	3,53	3,53

Таблица 2

t_{cp}/t_{01}	$\mu_1 h$				
	0,2	0,5	1,0	2,0	3,0
			Функция $\bar{K}_c$		
0,05	0,28	0,24	0,15	0,07	0,06
0,1	0,29	0,25	0,17	0,10	0,09
0,2	0,31	0,27	0,20	0,14	0,13
0,5	0,35	0,32	0,26	0,23	0,22
			Функция $\bar{K}_к$		
0,05	0,15	0,19	0,19	0,14	0,07
0,1	0,16	0,20	0,20	0,16	0,10
0,2	0,19	0,23	0,22	0,18	0,14
0,5	0,26	0,28	0,29	0,26	0,23

Таблица 3

$\mu_1 h$	y/h					
	0	0,2	0,3	0,5	0,7	1,0
			Функция $\bar{S}_c^t$			
1,0	0,92	0,75	0,67	0,53	0,37	0
2,0	1,62	0,95	0,80	0,57	0,31	0
3,0	1,38	0,97	0,80	0,50	0,20	0
			Функция $\bar{S}_к^t$			
0,5	0,04	0,04	0,04	0,04	0,03	0
1,0	0,12	0,12	0,11	0,11	0,09	0
2,0	0,28	0,27	0,25	0,23	0,20	0
3,0	0,37	0,38	0,28	0,27	0,24	0

$$\bar{S}(y) = \bar{S}_c^t(\mu_1 h,\ y/h) - \frac{1}{\bar{\sigma}}(\mu_1 h)^2 \bar{S}^\gamma(\lambda,\ y/h) \tag{25}$$

и в конце зимы–начале весны

$$\bar{S}(y) = \bar{S}_к^t(\mu_1 h,\ y/h) - \frac{1}{\bar{\sigma}}(\mu_1 h)^2 \bar{S}^\gamma(\lambda,\ y/h), \tag{26}$$

Таблица 4

λ	y/h					
	0	0,2	0,3	0,5	0,7	1,0
			Функция S^γ			
0,40	0,26	0,29	0,30	0,32	0,31	0
0,35	0,29	0,32	0,33	0,34	0,32	0
0,25	0,35	0,37	0,38	0,39	0,36	0
0,15	0,40	0,41	0,42	0,42	0,39	0
0,10	0,43	0,43	0,44	0,44	0,40	0
0,07	0,43	0,44	0,44	0,44	0,41	0
0,05	0,44	0,44	0,45	0,45	0,41	0
0,00	0,44	0,45	0,45	0,45	0,41	0

$$\bar{S}(y) = \frac{\mu_1 S(y)\, E^p_{дл}}{4(1-\nu^2)\,\sigma^p_{дл}(t_{01})}, \tag{27}$$

где $\bar{S}$, S – безразмерная и фактическая величина раскрытия трещины на глубине y ; $\bar{\sigma}$ – безразмерное напряжение по формуле (23).

Значение функций $\bar{S}_c^t$, $\bar{S}_к^t$, $\bar{S}^\gamma$ приведены в таблицах 3, 4. В таблице 4 последняя строка ($\lambda = 0$) соответствует одиночной трещине.

В качестве примера на рис. 4 приведены профили одиночных ($\lambda = 0$) трещин, рассчитанные по формулам (25), (26) при $\bar{\sigma} = 20$. Как видно на этом рисунке, в конце зимы ширина раскрытия трещин поверху становится в 6–9 раз меньше, чем в середине зимы.

Представляет интерес также тот факт, что в середине зимы трещины имеют четкие клиновидные очертания, а в конце зимы – ширина трещин мало меняется с глубиной что согласуется с фактическими наблюдениями изложенными в работе (Mackey, 1974). При больших глубинах трещин (для $\mu_1 h > 1,5$) их концевые зоны резко сужены, что объясняется увеличивающимся с глубиной влиянием собственного веса грунта.

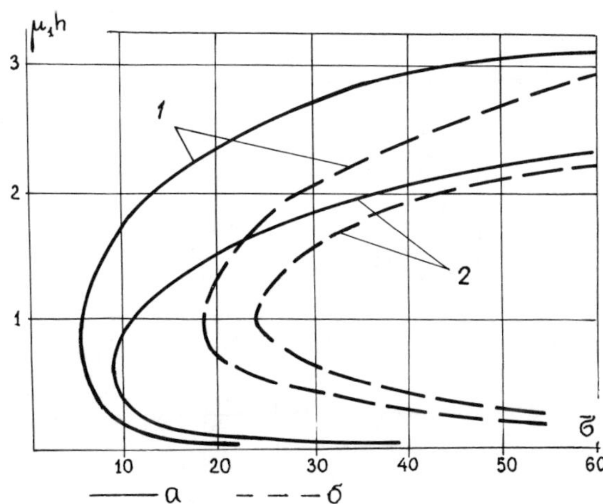

Рис. 3. Зависимость глубины криогенных трещин $\mu_1 h$ от безразмерных напряжений $\bar{\sigma}$ при $\bar{K} = 10$ и $t_{ср}/t_{01} = 0{,}1$: 1 – для одиночной трещины ($\lambda = 0$), 2 – при наличии соседней трещины на расстоянии 2,5 $\mu_1 h$ от первой ($\lambda = 0{,}4$); а – в середине зимы, б – в конце зимы.

Расчет равновесного расстояния между соседними трещинами (ширины полигонов растрескивания).

Образование второй, соседней с первой, трещины зависит, очевидно, от величины температурных напряжений в окрестности первой трещины. Характер изменения температурных напряжений в окрестностиг трещин схематически показан на рис. 1. Как следует из рисунка и формулы '7), температурные напряжения, вызванные плавным зимним понижением температуры поверхности (длиннопериодной гармоникой температуры), с удалением от одиночной трещины возрастают, асимптотически стремясь к пределу длительной прочности на разрыв при температуре равной t_{01}. Объяснить в этом случае появление второй трещины на конечном расстоянии от первой можно двумя причинами: 1) статистической неоднородностью свойств грунта – флуктуациями предела прочности (Lachenbruch, 1962) и 2) вторичными короткопериодными колебаниями температуры, создающими дополнительные напряжения сверх предела длительной прочности (Гречищев, 1975). Вторая причина нам кажется более обоснованной, т.к. в случае очень медленных изменений температуры в массиве грунта должно происходить перераспределение напряжений таким образом, что в любой его точке они не превысят предела длительной прочности.

Учитывая изложенное, для определения расстояния между соседними трещинами примем следующее условие прочности

$$(\sigma_x)_I + (\sigma_x)_{II} = \sigma^p_{дл}(t_{01}), \qquad (28)$$

где $(\sigma_x)_I$ – напряжения, вызванные длиннопериодными изменениями температуры поверхности грунта с амплитудой t_{01} ; $(\sigma_x)_{II}$ – дополнительные напряжения, вызванные короткопериодными изменениями температуры поверхности грунта с амплитудой t_{02} и частотой ω_2.

Отметим сразу, что в формулу (28) не включен компонент напряжений от собственного веса грунта, так как он существенно меньше температурных составляющих.

Подставив в выражение (28) значения входящих компонентов по формулам (7), (17), (15) и проведя численное интегрирование получим

$$\sigma^p_{дл}(t_{01})\,\bar{\sigma}^t(\mu_1 h;\ \mu_1 l) + \sigma_{II}\bar{\sigma}^t(\mu_2 h;\ \mu_2 l) = \sigma^p_{дл}(t_{01}), \qquad (29)$$

где σ_{II} – амплитуда дополнительных напряжений,

$$\sigma_{II} = \frac{\alpha_\infty(t_{01})\,E^p_{дл}(t_{01})\,t_{02}}{(1-\nu)\sqrt{1+\omega_2^2\tau_p^2}}\ , \qquad (30)$$

τ_p – время релаксации при растяжении мерзлого грунта;
$\bar{\sigma}^t$ – функция, определяемая по таблице 5; $\mu_2 = \sqrt{\omega_2/2a_м}$.

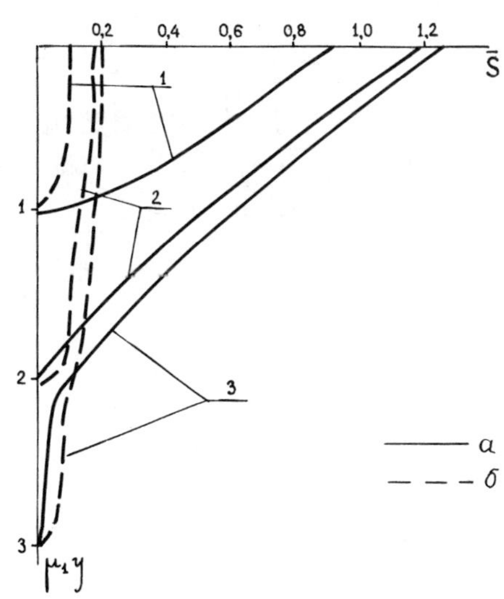

Рис. 4. Расчетные профили раскрытия $\bar{S}$ одиночных криогенных трещин при $\bar{\sigma} = 20$ и различных глубинах $\mu_1 h$: 1 – при $\mu_1 h = 1$, 2 – при $\mu_1 h = 2$, 3 – при $\mu_1 h = 3$; а – в середине зимы, б – в конце зимы.

Таблица 5

$\mu_1 h$	$\mu_1 l$							
	0	0,63	1,0	2,0	3,0	4,0	5,0	10,0
	$\bar{\sigma}^t$ в центре полигона							
0,5	0	0,20	0,62	0,79	0,87	0,92	0,97	1,0
1,0	0	0,04	0,08	0,74	0,81	0,87	0,92	1,0
2,0	0	~0	~0	0,12	0,83	0,91	0,94	1,0
3,0	0	~0	~0	0,03	0,15	0,93	0,98	1,0
	$\bar{\sigma}^t$ для одиночной трещины							
1,0	0	0,06	0,18	0,85	0,90	0,92	0,96	1,0
2,0	0	0,03	0,05	0,26	0,90	0,95	0,97	1,0
3,0	0	0,01	0,03	0,10	0,44	0,96	0,98	1,0

Значения μ_2 в 6–8 раз больше, чем μ_1. Поэтому $\mu_1 h \approx 6 \div 8\ \mu_1 h$ и $\mu_2 l \approx 6 \div 8\ \mu_1 l$. Поскольку в практических расчетах соблюдаются условия $\mu_1 h \geqslant 1$, $\mu_1 l \geqslant 1$, то согласно табл. 5 можно принять

$$\bar{\sigma}^t(\mu_2 h,\ \mu_2 l) \approx 1. \qquad (31)$$

Если, кроме того, учесть условие (17) наряду с выражением (30), то формуле (29) можно придать следующий вид

$$\bar{\sigma}^t(\mu_1 h,\ \mu_1 l) = 1 - f, \qquad (32)$$

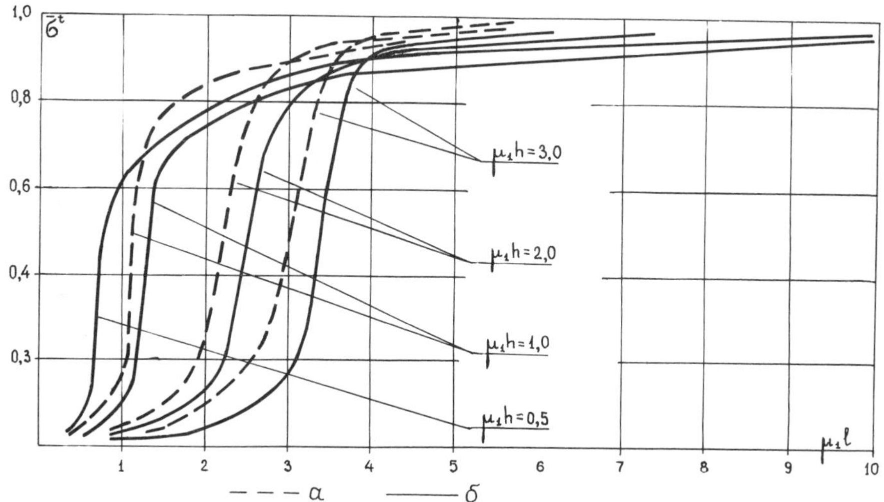

Рис. 5. Напряжения $\bar{\sigma}^t = \sigma_x / \sigma^p_{дл}(t_{01})$ у поверхности грунта на расстоянии l от трещины глубиной h : а – для одиночной трещины, б – при наличии соседней трещины на расстоянии 2l от первой.

где $f = t_{02}/t_{01}\sqrt{1+\omega_2^2 r_p^2}$.

Графики относительных температурных напряжений $\bar{\sigma}^t$ представлены на рис. 5. Из рассмотрения этих графиков и условия (32), например, следует, что при f = 0,1 рядом с одиночной трещиной глубиной $\mu_1 h = 1,0$ может образоваться соседняя трещина на расстоянии не ближе, чем $\mu_1 l \simeq 3,0$. Это будет минимальное равновесное расстояние между трещинами. Причем после образования соседней терщины напряжение в центре полигона – посередине между трещинами – упадет до величины $\bar{\sigma}^t \simeq 0,64$ (на рис. 5 кривая $\mu_1 h = 1$ для двух трещин при $\mu_1 l = 1,5$). Для тих же условий можно оценить максимальную ширину равновесного полигона, поскольку устойчивыми будут только те полигоны, для которых напряжения посредине между трещинами $\bar{\sigma}^t$ согласно условию (39) будут меньше, чем 1 – f = 0,9. В противном случае напряжения после образования второй трещины все еще останутся высокими и произойдет образование еще одной трещины – посредине между первыми двумя. В данном случае таким максимальным равновесным расстоянием между трещинами является $\mu_l (2l) = 10$, так как напряжения в центре такого полигона (при $\mu_1 l = 5$) несколько меньше чем 0,9. Таким образом графики на рис. 5 позволяют установить минимальную и максимальную ширину равновесных полигонов. Для конкретных условий $\mu_1 h = 1$ и f = 0,1 эти величины составляют $(\mu_1 2l)_{min} = 3$ и $(\mu_1 2l)_{max} = 10$.

Рассмотрение графиков на рис. 5 и учет того обстоятельства, что в естественных условиях величина f в формуле (32) колеблется от 0,07 до 0,18, позволяет сделать более общий вывод о том, что в ненарушенных условиях ширина полигонов, по-видимому, может колебаться приблизительно в пределах $2 < \mu_1 2l < 12$, т.е. от 6 до 40 м (при $\mu_1 \doteq 0,35$ 1/м). Поэтому встречающиеся в литературе описания полигонов шириной до 100 м (см., например, Lachenbruch, 1962) вынуждают сделать предположение, что в центре этих полигонов также существовали криогенные трещины, которые по каким-то причинам не проявляются в рельефе местности.

В заключение отметим, что предлагаемая методика расчета параметров криогенных трещин позволяет решить ряд других представляющих интерес вопросов. В частности, это относится к определению условий, необходимых для образования трещин второй генерации.

ЛИТЕРАТУРА

БАРЕНБЛАТТ Г.И. 1959. О равновесных трещинах, образующихся при хрупком разрушении. – "Докл. АН СССР," т.127, № 1, с. 47-50.

ГРЕЧИЩЕВ С.Е. 1975. К расчету глубины криогенных трещин и размеров полигонов растрескивания в грунтах. В кн.: Геокриологическиее исследования. (Труды ВСЕГИНГЕО вып.87), М., с. 4-13.

ГРЕЧИЩЕВ С.Е. 1971. К основам методики прогноза температурных напряжений и деформаций в мерзлых грунтах. М., ВСЕГИНГЕО, 53 с.

КАРПЕНКО Л.Н. 1965. О методе расчета напряженного состояния в окрестности неглубокой выработки, пройденной по вертикальному угольному пласту. "Физ.-техн. проблемы разработки полезных ископаемых, № 4, "Наука", с. 3-9.

МУСХЕЛИШВИЛИ Н.И. 1966. Некоторые основные задачи математической теории упругости. М., "Наука", 706 с.

ПАНАСЮК В.В. 1968. Предельное равновесие хрупких тел с трещинами. Киев "Наук.думка", 382 с.

РАЗРУШЕНИЕ. Том. 2. 1975. Математические основы теории разрушения. Редактор Г. Либовиц. М., "Мир", 763 с.

САВРУК М.П. 1975. Напряжения около трещины в упругой полуплоскости. – "Физ.-хим. механика метериалов", 11, № 5, с. 59-64.

ЧЕРЕПАНОВ Г.П. 1974. Механика хрупкого разрушения. М., "Наука", 640 с.

MACKEY I. ROSS. 1974. Ice-Wedge Cracks, Garry Island, Northwest Territories. – "Canadian Iournal of Earth Sciences", vol.11, numb. 10, pp. 1366–1383.

LACHENBRUCH A.H. 1962. Mechanics of Thermal Contraction Cracks and Ice-Wedge Poligons in Permafrost. New York, pp. 69.

"MASS WASTING IN PERMAFROST AND NON-PERMAFROST ENVIRONMENTS"

A.Jahn, Dept. of Geography University in Wrocław, Poland

In a cold climate environments the features of mass wasting on slopes are usually fairly identical irrespective of the presence or absence of permafrost. This refers mainly to the mechanism and the consequences of frost creep. It could be assumed, that in its final effect identical results are obtained not only from frost creep but from all kinds of pulsating soil movements occuring on slopes. Hence the similarity of the curves of the movement i.e. of the soil structures as observed in different climatic conditions. Permafrost does not control the mechanism of soil movement, but it indicates the range of this movement extending to the depth /summer thaw/. Hence, from frost creep structures can be determined the thickness of the active layer of permafrost in the Pleistocene environment.

"MOUVEMENTS DE MASSE QUI CARACTÉRISENT LES MILIEUX DE PERGÉLISOL ET LES AUTRES, EN CLIMAT FROID"

A. Jahn, département de géographie, université de Wroclaw, Pologne.

Dans les climats froids, les mouvements de masse qui se produisent sur les versants sont en général de même nature, qu'il y ait ou non un pergélisol. Le terme de mouvement de masse désigne surtout le mécanisme et les conséquences du fluage dû au gel. On peut admettre qu'en définitive les résultats sont les mêmes, que les pentes subissent un fluage dû au gel, ou divers autres mouvements qui affectent périodiquement le sol de ces pentes. C'est ce qui explique la similarité des diagrammes du déplacement, donc les similarités de structure des sols constatées dans divers climats. Le pergélisol ne détermine pas le mécanisme des mouvements que subit le sol, mais il contrôle leur extension en profondeur, qui correspond à la profondeur de dégel en été. Par conséquent, les structures que crée le fluage permettent de déterminer l'épaisseur du mollisol qui recouvrait le pergélisol des milieux glaciaires du Pleistocène.

ДВИЖЕНИЕ ГРУНТОВ НА СКЛОНАХ В МЕРЗЛОТНЫХ И БЕЗМЕРЗЛОТНЫХ УСЛОВИЯХ

В условиях холодного климата движение грунтов на склонах носит аналогичный характер как для мерзлотной, так и для безмерзлотной зоны, особенно с точки зрения механизма и последствий мерзлотного оползания. Можно предположить, что не только мерзлотное оползание, но и любые пульсирующие движения на склонах приводят в конечном счете к одинаковым последствиям. Этим объясняется подобие кривых движения, а следовательно и структуры грунтов для разных климатических условий. Многолетняя мерзлота не влияет на механизм движения грунтов, но определяет глубину действия этого процесса /протаивание в летнее время/. Зная механизм мерзлотного оползания, можно определить мощность деятельного слоя мерзлоты для условий плейстоцена.

MASS WASTING IN PERMAFROST AND NON-PERMAFROST ENVIRONMENTS

A. Jahn

Department of Geography, University of Wroclaw, Wroclaw, Poland

INTRODUCTION

For more than twenty years soil movements on mountain slopes have been investigated and measured; these studies mostly refer to frost creep and gelifluction. This research is under way in the permafrost environments of Greenland, Spitsbergen, Canada and Siberia, but also in regions where permafrost is lacking, like the Rocky Mountains in America, the Alps, the Scandinavian Mountains, the Carpathians and the Sudety Mountains - in short in regions of alpine environments. My attempt at correlating the results of these investigations is based, chiefly, upon material collected by myself during studies made in the Sudety Mts. in Poland and in Spitsbergen; I also include relevant data available from other regions.

Motion measurements can only supply concepts about the mechanics of these effects which I am investigating by studying the results of long-term movements, i.e. ground structures.

COMMENT ON METHODS APPLIED

Measurements of movements at the soil surface are usually made by the use of wooden pegs or markers inserted into the soil. This method yields favourable results as shown by examples reported from Greenland by Washburn (1967). For determining deeper soil or subsurface movement, it is customary to use wooden or concrete rods subdivided into segments and driven into the soil to 1 m depth (Rudberg 1958, Jahn 1961, Benedict 1970, Jahn-Cielinska 1974) or flexible plastic tubes made of polyethylene (Zhigarev 1960, Williams 1966, Price 1973); a methodological valuation of such measurements was given by Selby (1966). My own experience suggests that the use of segmented rods is preferable. In a cold climate the soil movement consists of frost creep with two components: one which runs parallel to the slope gradient (slide and flow) the other being perpendicular to the slope (an expanding, spreading motion). Polyethylene tubes indicate movements only in the former direction, and, accordingly they fail to reveal soil movements fully (this method being ineffective as described by Ross Mackay and Mathews, 1974). Segmented rods can indicate and measure movements in both directions.

A comparison shown in Fig. 1, as well as two photographs taken in the Sudety Mts. (Figs. 2 and 3) represents convincing evidence in favour of the second method.

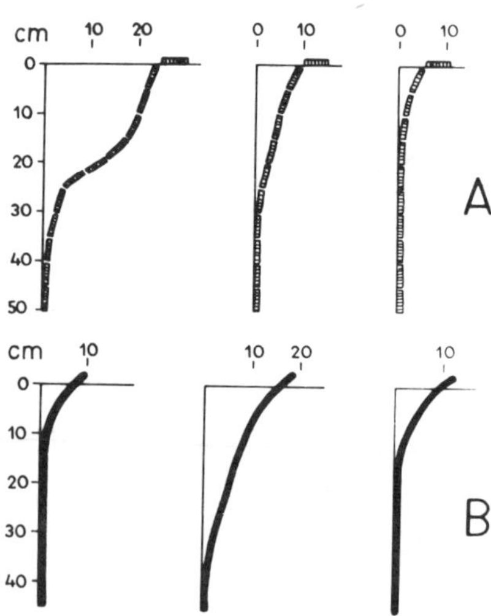

Fig. 1. Soil creep measurements in the Sudety Mts.
A. Soil creep in the Karkonosze Mountains between 1960 and 1970. Altitude 1200 a.s.l., mean annual air temperature 1°C.
B. Soil creep in Snieznik Klodzki massif, at Kletno, between 1971 and 1975. Altitude 640 m a.s.l., mean annual temperature 5°C.

THE CLIMATE

The presence of permafrost and the occurrence of mass wasting on "cold type" slopes are not contingent upon identical climatic parameters. Permafrost is merely the result of negative temperatures, winter temperatures as reflected in the mean annual temperature of the order of about -5°C. Mass wasting in cold climates, including frost creep, represents a phenomenon linked with temperature oscillations around 0°C; hence they occur during warmer periods (spring and autumn) and take place in environments where the mean annual air temperature is 0°C or above 0°C. A "permafrost climate" affects soil movements indirectly; the formation, in winter time, of a permafrost layer inside the soil creates conditions favourable to mass wasting in summertime. The problem is: what are the rate of soil movements and their mechanism in permafrost and non-permafrost environments. To be more specific, are there any differences between mass movements in European mountains whose

Fig. 2. Kletno. Soil creep measurements by means of flexible plastic tubes.

Fig. 3. The Karkonosze. Soil creep measured by means of segmented wooden stakes.

Alpine environments lack the presence of permafrost and those in Spitsbergen, Greenland or Siberia where permafrost exists. The current view is the significance of permafrost does not lie in its thermal properties but rather in its hydrological importance, as permafrost forms a layer impermeable to underground water.

However, frost creep is merely a form of movement of soil creep type which, as a rule, may also occur under different climatic conditions (Terzagi's "seasonal creep", 1950); these movements are caused by volume changes in the surface soil layer due to alternate wetting and drying. This type of "pulsating movements" does not depend upon the presence of permafrost, and does not even require a cold climate.

SURFACE SOIL MOVEMENT

On soil surfaces the rate of movement is definitely higher in permafrost environments than in cold areas without permafrost. While in high mountains in America and Europe the annual rate of gelifluction movements is 1 to 4 cm, in the Spitsbergen or Greenland areas this figure amounts to 12-15 cm per year (Jahn 1961, Washburn 1967). In highlands of the temperate zone, like the Sudety Mts., surface movements of the soil vary between 0.5 and 1.5 cm annually (Fig. 1). This is even more surprising since in non-permafrost mountains an exceptionally high rate of soil movement has occurred in places where needle ice is effective; Gerlach (1959) found that in the Tatra Mts. a "leap" of single stones can amount to 7 cm in a single day; in Canada Ross Mackay and Mathews (1974) report that the movement caused by needle ice was 35 cm in the course of a year. This kind of movement represents a local phenomenon, depending on specific climatic conditions (spring and autumn night-frosts) and on slope inclination. The movement occurs only on surfaces without dense vegetation cover, i.e., on slopes deprived of natural insulation.

SUBSURFACE MOVEMENT AS DETERMINED BY MEASUREMENT

Data are fairly numerous on measurement of soil movements extending below the surface of the soil up to 1.0 or 1.5 m, recorded in non-permafrost mountains, i.e. in Alpine environments. Little is known about these phenomena in permafrost areas where attention has been centered on surface movement. Figure 4 presents six types of vertical profiles of the movements which seems to exhaust all of the varieties observed so far. The curves could be described as convex, concave, and different combinations of convex-concave downslope. Curve 1, most commonly occurring (Rudberg 1957, Williams 1966, Price 1973, Jahn-Cielinska 1974, Ross Mackay-Mathews 1974) illustrates a continuous and rapid reduction of movement with depth.

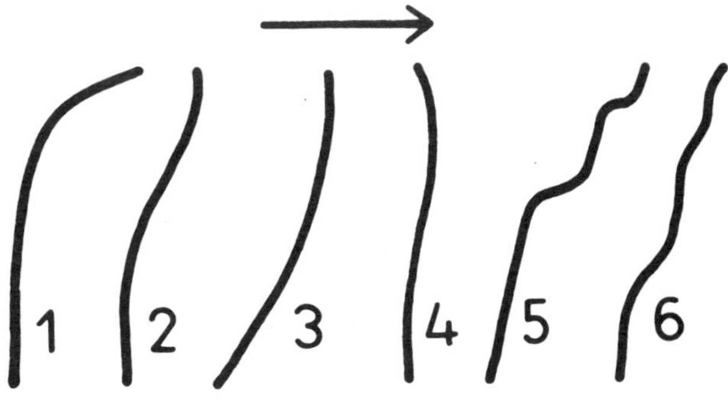

Fig. 4. Types of curves indicating the movement of the soil mainly creep. For explanation see the text.

Curve 2 (Price 1973, Jahn-Cielinska 1974, Benedict 1976) shows a profile of soil movement, essentially decreasing downward but retarded by vegetation which covers the slope surface. Curve 3, showing the slow reduction of movement with depth, illustrates a phenomenon occurring in a rather shallow soil layer (Ross Mackay-Mathews 1974). Curve 4 indicates a soil movement greater in the depth than at the surface (Williams 1966, Price 1973). Curve 5 shows movement as split up in different soil layers, with unrestrained movements of particular soil horizons; this sort of soil movement along shear planes has been observed in the Sudety Mts. (Fig. 5), Jahn-Cielinska. Curve 6 presents a soil movement that is variegated but with no evidence of shearing (Zhigarev 1960).

In non-permafrost environments all of the above types have been identified whereas in permafrost environments only curves 1, 4 and 6 have been found.

The curves shown in Fig. 4 mainly illustrate the effect of frost creep, or even just creep (a pulsating movement). This process initiates soil movements and is their basic cause, while gelifluction only modifies to some extent the shape of the curves. Hence it may be concluded (as indicated at an earlier date, i.e. by Benedict 1976) that there is no marked difference in the action of frost creep, in permafrost and non-permafrost environments; this would mean that the mechanism of this process is independent of the presence of permafrost.

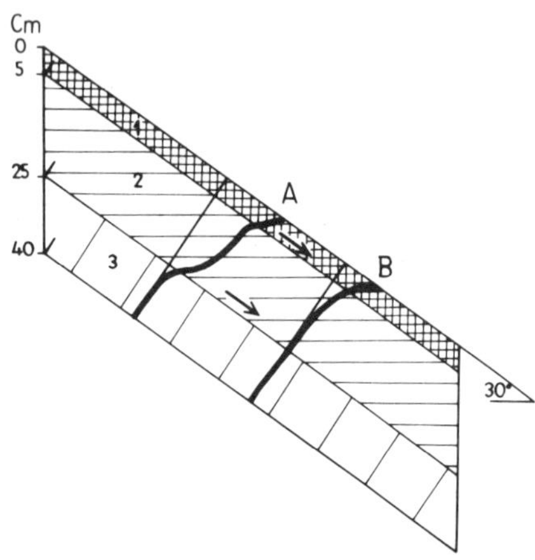

Fig. 5. Curves of soil creep in the Karkonosze Mts., convex (A) and concave (B) downslope. Shearing planes: 1-layer 5 cm deep, (action of needle ice), 2-layer 25 cm deep, where lower shearing plane is the result of a variety of causes such as depth of winter freezing, systems of plant roots, changes in water content and soil composition.

SUBSURFACE MOVEMENT AS DEFINED BY STRUCTURE

Measurement of soil movements, mostly carried out and continued for several years (with the longest series barely extending over some 10 years) indicate how this process is advancing, whereas the final, long-term effects of soil movements can only be observed in the shape of the resulting soil structures. At Longyearbyen in Spitsbergen, in a permafrost environment, the result of 30 years gelifluction is evident in the bending of the pillars upon which buildings had been put up, prior to their destruction in 1942 during the war. Here the annual rate of gelifluction in the surface layer was at least 2-4 cm (Fig. 6). This gelifluction is a continuous process which, considering evidence of the tilt of the pillars, might be likened to the movement illustrated by our curve 1 (Fig. 4).

Gelifluction structures represent stratified structures (gelifluction sheets). However, when gelifluction is connected with frost creep, one distinctly notices what is called "gelifluction roots", and hook-like structures ("slope hooks") can be seen. Hook-shaped frost creep and gelifluction structures are common in permafrost regions of Spitsbergen, Siberia and Canada. It would follow then that, although the evolution of mass wasting on slopes may suffer disturbance and, depending on all sorts of obstructions it may be represented by a variety of curves, the final result is bound to appear in the shape of either of two curves: a concave downslope bend or a convex downslope bend; the former essentially results from frost creep, the latter from sheet gelifluction, the shearing-off occurring frequently.

Fig. 6. Foundation pillars of a demolished building after 30 years action of gelifluction, Longyearbyen, Spitsbergen.

In a permafrost environment the downward limit of such structures indicates the thickness of the active layer of permafrost.

Herein is the only evidence of the connection of frost creep and permafrost. Permafrost does not affect the mechanism of such soil movements but determines its vertical range, the movements being restricted to the active layer of permafrost. Unless the climate undergoes considerable changes, a summer thaw layer of definite thickness exists on slopes. The structure of the layer reveals the characteristic arches of slope hooks. At times such arches may be cut-off by erosion, or else they may be covered by gelifluction sheets (Fig. 7).

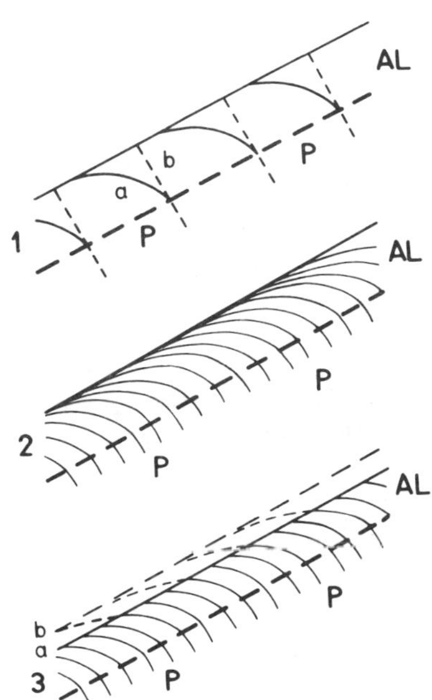

Fig. 7. Structure of slope hooks - resulting from exposure to soil creep.

1. The beginning of formation of structure by deflection of the motion of soil particles (a) from direction perpendicular to slope gradient (b)
2. Advanced stage of structure formation, with initial slope surface shown
3. Cut off structures (a), and reconstruction of initial slope surface (b)

AL - active layer, P - permafrost.

Fig. 8. Slope hooks at Glantre, Wales, Gelifluction sheet visible above hook structure.

The extent of slope hooks in the Pleistocene periglacial environment is indicative of the thickness of the active layer of permafrost. Best preserved are usually those structures of slope hooks that have been covered and fossilized by slope deposits (Fig. 8). Exposures of slope hooks were used in the Sudety Mts., where during the last glaciation the thickness of the active layer of permafrost was 1 to 3 m (Fig. 9).

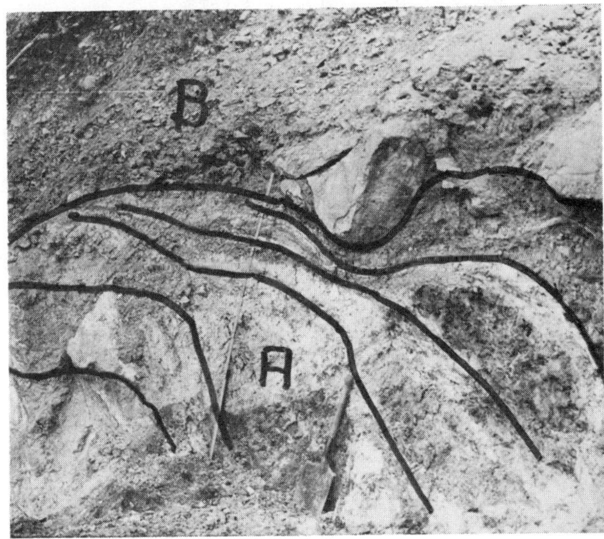

Fig. 9. Cut off slope hooks in the Sudety Mts., at Wojcieszow Gorny.
A - kaolinized regolith clays, B - gelifluction sheet.

These hook structures were discovered at widely different altitudes, between 400 and 1500 m a.s.l. Although with increasing altitude the thickness of the structures tends to decrease, this correlation is hardly invariable. The thaw of the soil in the summertime during the Pleistocene seems to have depended more upon local factors, such as slope exposure and vegetation cover than upon altitude.

CONCLUSIONS

In cold climate environments the features of mass wasting on slopes are usually fairly identical irrespective of the presence or absence of permafrost. This refers mainly to the mechanism and consequences of frost creep. It could be assumed that in its final effect identical results are obtained not only from frost creep but from all kinds of pulsating soil movements occurring on slopes. Hence the similarity of the curves of movement profiles, i.e. of the soil structures as observed in different climatic conditions.

Permafrost does not control the mechanism of soil movement, but exerts a control on the depth of the movement (summer thaw). Hence, from frost creep structures of permafrost in the Pleistocene environment the thickness of the active layer can be determined.

REFERENCES

BENEDICT, J.B. 1976. Frost creep and gelifluction features: a review. Quaternary Research 6, pp. 55-76.

GERLACH, T. 1959. Needle ice and its role in the displacement of the cover of waste material in the Tatra Mts. Przeglad Geograficzny 31, pp. 590-605.

JAHN, A. 1961. Quantitative analysis of some periglacial processes in Spitsbergen, Zesz. Nauk. Uniw. Wroclawskiego, ser. B, No. 5, 54 p.

JAHN, A., CIELINSKA, M. 1974. The rate of soil movement in the Sudety Mountains. Abhandl. Akad. Wissensch. Göttingen, Math.-Phys. Kl., III Folge, Nr 29, pp. 86-101.

MACKAY, Ross J., MATHEWS, W.H. 1974. Movement of sorted stripes, the Cinder Cone, Garibaldi Park, B.C., Canada. Arctic and Alpine Research, 6, pp. 347-359.

PRICE, L.W. 1973. Rates of mass wasting in the Ruby Range, Yukon Territory. Permafrost Second International Conference. Natl. Acad. of Sci., Washington, pp. 235-245.

RUDBERG, S. 1958. Some observations concerning mass movement on slopes in Sweden. Geol. Fören., Stockholm, Förh. 80, pp. 114-125.

SELBY, M.J. 1966. Methods of measuring soil creep. Jour. of Hydrol. (W.Z.) 5, pp. 54-63.

TERZAGHI, K. 1950. Mechanism of landslides. Geol. Soc. Amer., Engineering Geology, pp. 83-123.

WASHBURN, A.L. 1967. Instrumental observations of mass wasting in the Mesters Vig District, Northeast Greenland, Medd. om Grönland 166 (4), 318 p.

WILLIAMS, P.J. 1966. Downslope soil movement at a Sub-Arctic location with regard to variations with depth. Canadian Geotech. Jour., 3, pp. 191-203.

ZHIGAREV, L.A. 1960. Eksperimentalnye issledovaniya skorostei dvizheniya gruntovykh mass na solifluktsionnykh sklonakh. (Experimental studies of the rate of ground mass movement on solifluction slopes), Trudy Inst. Merzlotoved. Akad. Nauk SSSR.

THE COMPARISON OF FROZEN SOIL STRUCTURE BENEATH A HIGH CENTER POLYGON, TROUGH AND CENTER, AT BARROW, ALASKA

S. Kinosita, Y. Suzuki, K. Horiguchi and M. Fukuda, Institute of Low Temperature Science, Hokkaido University, Sapporo, Japan

Drilling programs were carried out at a polygon of Barrow in summer, 1974, by using a portable boring machine. Core samples of 4.5cm in diameter were taken at a trough (from the surface to 77cm deep) and at a raised center (from the surface to 109cm deep). Ice cores were found below the depth of 55cm at the trough. Sliced specimens of these ice cores were observed under a polarized light for analysis of their crystal structures. Frozen soil specimens cut to pieces every 5cm in length were measured for their physical and chemical quantities, and ^{14}C dating especially for organic contents. Discussions will be made from these analysis on the differences of soil water features between the trough and the raised center of the polygon.

ÉTUDE COMPARATIVE DE LA STRUCTURE DU GÉLISOL DES FENTES PÉRIPHÉRIQUES ET DU CENTRE D'UN POLYGONE CONVEXE, A BARROW EN ALASKA

S. Kinosita, Y. Suzudi, K. Horiguchi and M. Fukuda, Institute of Low Temperature Science, Hokkaido University, Sapporo, Japon

On a utilisé pendant l'été 1974 une foreuse portative, pour la réalisation d'un programme de forage sur le site d'un polygone de toundra à Barrow. On a prélevé des carottes d'échantillonnage de 4.5 cm de diamètre (à 77 cm de profondeur à partir de la surface) dans une dépression à la périphérie du polygone, puis au centre de ce polygone (à 109 cm de profondeur à partir de la surface), lequel forme un bombement. On a recueilli de la glace à 55 cm de profondeur dans la dépression. On a observé au microscope polarisant des lames minces des échantillons de glace pour analyser la structure des cristaux. On a sectionné les échantillons de gélisol en tranches de 5 cm de long, pour mesurer leurs caractères physiques et chimiques, et pour dater au radiocarbone (^{14}C) la matière organique qu'ils contiennent. Ces analyses nous permettrons d'établir les différences de caractères de l'eau du sol à la périphérie et au centre du polygone.

СРАВНЕНИЕ ТЕКСТУР МЕРЗЛЫХ ГРУНТОВ В ПОНИЖЕННОЙ И ЦЕНТРАЛЬНОЙ ЧАСТЯХ ВЫПУКЛОГО ПОЛИГОНА В РАЙОНЕ БАРРОУ /АЛЯСКА/

Летом 1974 года в районе Барроу были проведены буровые испытания с использованием переносных буровых машин. Были взяты керны диаметром 4,5 см во впадине /на глубине до 77см/ и на возвышенном центральном участке /на глубине 109 см/. Во впадине на глубине 55см был обнаружен ледяной грунт, из которого были взяты пробы для анализа его кристаллической структуры в поляризованном свете. Образцы мерзлого грунта длиной 5 см анализировались для определения физических и химических параметров и датирования с помощью C^{14}, в частности для определения содержания органических веществ. На основе полученных результатов рассматриваются различия в свойствах грунтовых вод на пониженном и центральном возвышенном участках полигона.

THE COMPARISON OF FROZEN SOIL STRUCTURE BENEATH A HIGH CENTER POLYGON, TROUGH AND CENTER, AT BARROW, ALASKA

S. Kinosita, Y. Suzuki, K. Horiguchi and M. Fukuda

Institute of Low Temperature Science, Hokkaido University, Sapporo, Japan 060

INTRODUCTION

Polygonal patterns in permafrost originate from the formation of cracks due to the thermal stress in the top layer of the ground frozen in winter (Doctbalov and Kydryabtsev 1967). It has been suggested that these cracks form polygonal troughs and that sometimes water from melting snow penetrates into the cracks in spring and freezes in situ next winter, whereby ice wedges are formed eventually through the repetition of these phenomena (Lachenbruch 1963). Such a polygon is called an ice-wedge polygon (Brown and Kupsch 1974). An area surrounded by a trough has neither ice wedge nor crack though the top layer of the area repeats an annual cycle of freezing in winter and thawing in summer every year. From this point it becomes noticeable that features of soil water are different between the trough and the central portion in an ice-wedge polygon.

It has been confirmed that there are many ice-wedge polygons at Barrow, Alaska (Brown 1963). Core samplings of the upper layer were taken at one polygon at this location in June, 1974 (Kinosita 1975). Soil water contents and other quantities were studied on the samples taken separately from the trough and the central portion. Typical differences between the two sites will be discussed.

SAMPLING SITES

Boring was done at several points at a polygon at Barrow, Alaska, during a period from 22 to 24 July, 1974. The selected polygon is located near the radar site (N71°19'; W156°39') 1km north-east from NARL, which is shown as a cross mark in Fig.1. Many polygons cluster and form a patterned ground. Equi-contour lines around the polygon are shown in the magnified map of Fig.2. The width of each polygon is about 10m. The height of the highest point of its raised center is about 50cm. Two cross marks in Fig.2 are boring spots: one is located in the trough and the other at the center. The height difference in both the spots is 45cm.

This area belongs to a zone of continuous permafrost and tundra vegetation. In this area the maximum thickness of the melting layer in summertime is 40cm as a general spatial-temporal average. However, at the site of boring the thickness of the melting layer was found to be only 7-8cm on 22 to 24 July, 1974. Boring works was done for the frozen soil to the depth of 77cm at the trough and 109cm at the center below the surface of each spot.

METHODS OF MEASUREMENTS

A portable boring machine was used for undisturbed frozen-soil sampling. A long rod (60cm) was attached to the engine (2h.p.) of the machine and rotated (r.p.m.180). A sampling cylinder

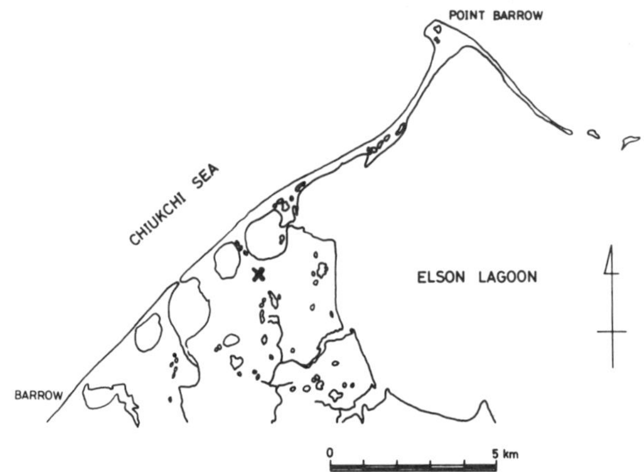

Fig.1. Location map of Barrow, Alaska. Cross mark: sampling point.

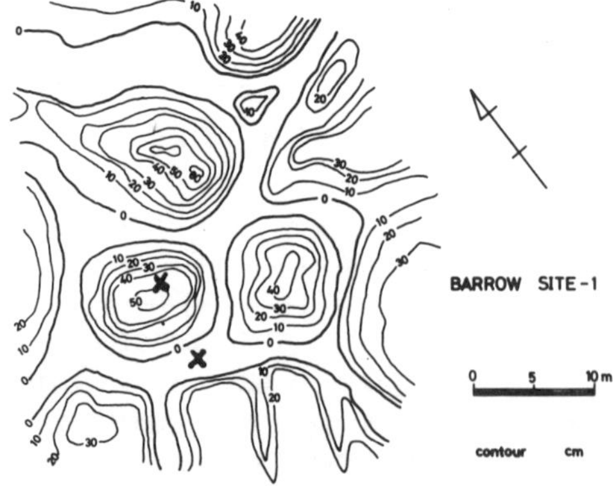

Fig.2. Topographic map of the polygon where boring was conducted. Cross marks: boring spots.

(4.5cm in inner diameter; 30cm long) with a cutting nose was attached to the lower end of the rod. By using extension rods (each 50cm) samples could be collected at depths from the surface to the 130cm-deep level. Photographs were taken of samples from the sampling cylinder and their layer structure was observed. Then, they were cut to pieces at intervals of 5cm. The pieces were put into sample bags for laboratory studies. When ice layers were found in core samples, they were sliced and observed under a polarized light for analysis of their crystal structures, immediately after the sampling. In the laboratory the following measurements were conducted:

(1) Before drying

Density was measured by weighing a specimen. Its soil color and soil type were observed. Acidities pH (H_2O) of soil water and pH (KCl) of soil water exchanged by KCl were measured. Some organic samples were carried to Japan and subjected to ^{14}C dating.

(2) After drying (One-day long drying in an oven at 110°C)

Water content and density of dry soil particles were measured.

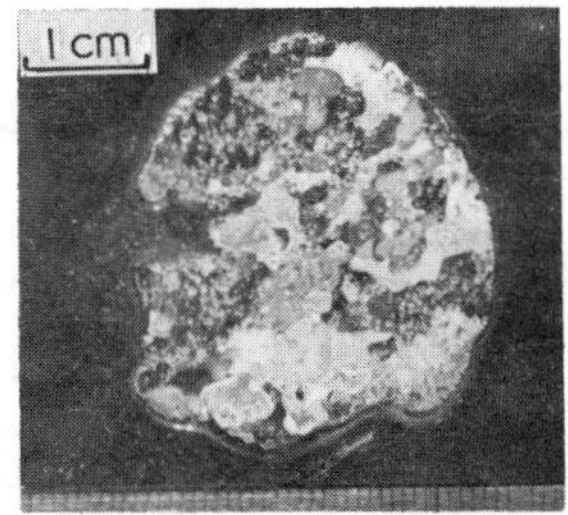

Fig.3. Horizontal thin section of ice core, 74-77cm in depth at the trough; taken by a polarized light.

Fig.4. Vertical thin section of the same ice cores as shown in Fig.3.

DATA ANALYSES

(1) At trough

The surface was covered with sedges; their thickness was 2-3cm. The frost line existed at the depth of 7cm below the surface. Core samples were taken by boring to the depth of 77cm. Ice layers were found in core samples taken below the depth of 55cm. Photographs of the sections of the ice layers are shown in Figs.3 and 4. From these patterns it was found that the ice is polycrystalline; each crystal was 2-3mm in diameter and 3-10mm long in the vertical direction, and included many tiny air bubbles. The layer structures, soil types, densities, water contents, densities of soil particles and acidities pH (H_2O) and pH (KCl) are given in the upper part of Fig.5. The soil type varied with the depth: a mixture of silt and sedge roots from the surface to depth of 9cm, and silt from 9 to 55cm in depth. Pebbles were included in the layers around the depth of 14cm. The soil color also varied: black-brown from the surface to the depth of 43cm and dark-brown from 43 to 55cm in depth. Water contents were 20-70% except the top and below 50cm.

(2) At raised center

The surface was covered with lichens: their thickness was 2-3cm. The frost line existed at the depth of 8cm below the surface. Core samples were taken to the depth of 109cm from the surface at the raised center, which was 64cm deep from the bottom of the trough. Ice layers were not found in core samples.

A core sample is shown in the photograph of Fig.6. Its soil type was a mixture of silt and peat, and it had many thin ice lenses. It can be supposed that this soil

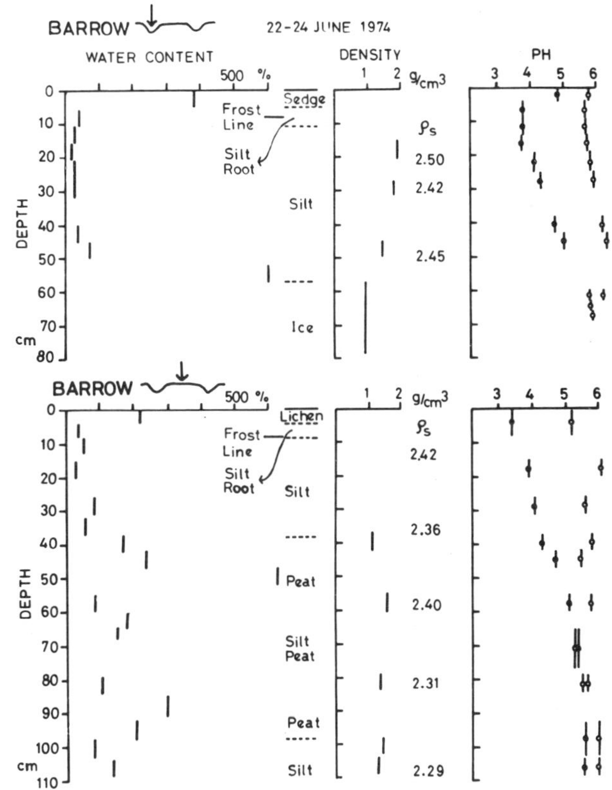

Fig.5. Profiles of water content, soil type, density, density of soil particles and acidity pH (H_2O)(open circles) and pH (KCl) (solid circles) obtained at the trough and the raised center of the polygon, Barrow.

had undergone a large frost heaving.

The layer structures, soil types, densities, water contents, densities of soil particles and acidities pH (H_2O) and pH (KCl) are given in the lower part of Fig.5. The soil type varied with the depth: a mixture of silt and roots of lichens from the surface to the depth of 8cm, silt from 8 to 40 cm in depth and below the depth of 98cm, peat from 40 to 52cm and 85 to 98cm in depth, a mixture of silt and peat from 52 to 84cm in depth. Pebbles were included in the layers around 55, 70 and 105cm in depth. The soil color was almost black-brown or dark-brown. Because many peat layers were included, water contents were extremely larger than those in the trough portion.

The ^{14}C dating was done on the samples taken from the peat layers at the depth of 47cm. The result was 3,700 ± 105 B.P.years. This value agrees with the data obtained by Brown (1963)

CONCLUSION

From the results of measurements a schematic figure can be drawn for the vertical section of the polygon as shown in Fig.7. It was derived from the ^{14}C dating on the indicated layer in Fig.7 that the tundra polygon and ice wedge were formed nearly 3,000 or more years ago.

Typical characteristics of the ice-wedge polygon are summarized as follows:

(1) The area of the raised center abounds in organic material with large water contents and high values of pH (KCl). From these results it is considered that the area showed a large frost heaving in the freezing period, was water-saturated in summer, and was very active in accumulation of organic material though the summer-time was very short.

(2) The area of the trough has no organic material, has small water contents, and low values of pH (KCl). It is considered that the area showed a very small frost heaving in the freezing period, and was inactive in accumulation of organic material. However, the area was water-saturated in summer, because the water table was in the same level as the surface of the trough. Ice layers were formed below the depth of 55cm which might be the top of an ice wedge.

ACKNOWLEDGMENTS

The authors wish to express their hearty thanks to Dr.G.L.Guymon and Dr.T.Osterkamp for helping our field studies in Alaska. This work was done under the financial support of the Japanese Education Ministry for the project of joint studies on biological and physical environments in the permafrost, Alaska and North Canada, 1974.

REFERENCES

BROWN, J. 1963. Ice-wedge chemistry and related frozen ground processes, Barrow, Alaska. Permafrost, Proc. Internat. Conf., pp. 94-98.

BROWN, R. J. E. and KUPSCH, W. O. 1974. Permafrost terminology. Technical Memorandum No.111 NRC of Canada, 62 p.

ДОСТОВАЛОВ,Б.Н. и КУДРЯВЦЕВ,В.А. 1967 Общее мерзлотоведение. Изд-во МГУ, 404с.

KINOSITA,S. 1975. Joint studies on physical and biological environments in the permafrost, Alaska and North Canada, June to July, 1974. Inst. Low. Temp. Sci., Hokkaido University, 143 p.

LACHENBRUCH, A. H. 1963. Contraction theory of ice-wedge polygons: a qualitative discussion. Permafrost, Proc. Internat. Conf., pp. 63-71.

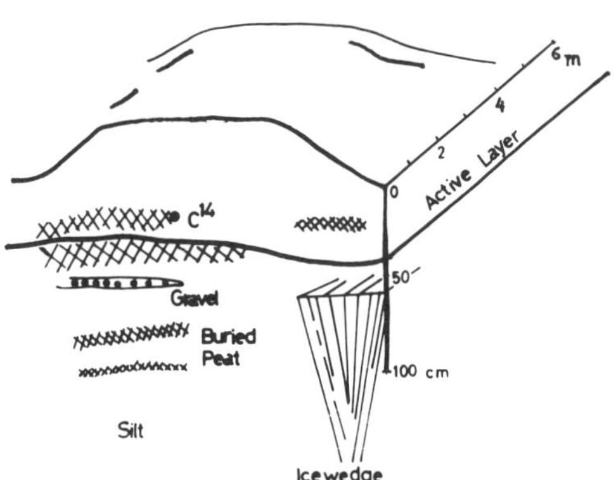

Fig.7. Schematic representation of the vertical section of the ice wedge polygon observed in this work.

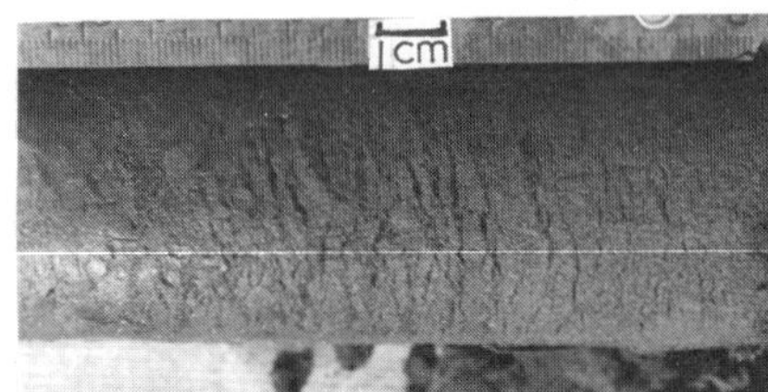

Fig.6. A core sample of frozen soil, 73-84cm in depth at the raised center.

MINERAL STABILITY IN THE ZONE OF CRYOLITHOGENESIS

V.N. Konishchev, Moscow State University, U.S.S.R.

Contemporary concepts of the interaction of water with different structural groups of rock-forming minerals make it possible to suggest a theoretical model of mineral stability with respect to factors of frost weathering. It follows from this model that there are different limits of frost shattering for different mineral groups. These limits depend on the specific surface energy of the minerals, which is a function of the crystallochemical surface properties, the properties of the soil solution and the grain size. The available experimental data on frost shattering of different minerals confirm these theoretical considerations. The author estimates the stability of particles with respect to the factors of frost weathering, as well as in relation to the amount and composition of substances dissolved in the soil solution, the reaction of the surrounding medium, and the external conditions.

LA STABILITÉ DES MINÉRAUX DANS LA ZONE DE CRYOLITHOGENÈSE

V.N. Konishchev, Université d'État de Moscou, URSS

L'analyse des notions contemporaines relatives à l'interaction entre l'eau et les divers groupes structuraux de minéraux constituants des roches permet de présenter un modèle théorique de la résistance des minéraux aux facteurs d'altération cryogénique. L'étude du modèle théorique montre que les limites de fragmentation cryogénique varient selon les groupes de minéraux. La limite de fragmentation dépend de l'énergie superficielle spécifique des minéraux, énergie qui est fonction des propriétés cristallochimiques de la surface, des propriétés de la solution et de la dispersion du sol. Les données expérimentales disponibles sur la désagrégation cryogénique de divers minéraux confirment les notions théoriques exposées ci-dessus. L'auteur évalue la résistance des particules aux facteurs d'altération cryogénique, ainsi que leur stabilité selon la quantité et la composition des substances dissoutes dans la solution du sol, la réaction du milieu et les conditions environnantes.

УСТОЙЧИВОСТЬ МИНЕРАЛОВ В ЗОНЕ КРИОЛИТОГЕНЕЗА

В.Н. Конищев, Московский гос. университет, СССР

Анализ современных представлений о взаимодействии воды с различными структурными группами породообразующих минералов позволяет представить теоретическую модель устойчивости минералов по отношению к факторам криогенного выветривания. Из рассмотрения теоретической модели вытекает существование различных пределов криогенного дробления для различных групп минералов. Предел дробления зависит от удельной поверхностной энергии (УПЭ) минералов, являющейся функцией кристаллохимических свойств поверхности, свойств грунтового раствора и дисперсности. Имеющиеся экспериментальные данные по криогенному дроблению различных минералов подтверждают вышеизложенные теоретические соображения. Оценивается устойчивость частиц по отношению к факторам криогенного выветривания, а также в зависимости от количества и состава растворенных в грунтовом растворе веществ, реакции среды и внешних условий.

УСТОЙЧИВОСТЬ МИНЕРАЛОВ В ЗОНЕ КРИОЛИТОГЕНЕЗА

В.Н. Конишев

Московский государственный университет, географический факультет, СССР

Породообразующая сущность криогенного выветривания изучена главным образом в отношении дисперсности. Стабильность частиц крупноалевритового размера (0,05 - 0,01 мм) и неустойчивость как более крупных, так и более мелких гранулометрических элементов по отношению к факторам криоэлювиогенеза имеет ряд фундаментальных геологических и палеогеографических последствий. По мнению многих исследователей, именно эта особенность гипергенеза в условиях криосферы лежит в основе формирования лессовых отложений, широко распространенных в зоне вечной мерзлоты и плейстоценовых перигляциальных областях.

Альтернативная позиция базируется на вполне реальной возможности возникновения алевритовых осадков со сходными гранулометрическими параметрами в процессе седиментогенной дифференциации минерального вещества как в водной, так и воздушной среде.

Еще более сложной становится задача, когда в составе осадочных отложений, возникших в процессе переотложения криогенного элювия, применяя к ним принципы теории литогенеза, необходимо выявить криогенные (унаследованные от стадии выветривания) и седиментогенные признаки.

Таким образом, установленные к настоящему времени литологические критерии продуктов криогенного преобразования различных типов пород практически сводятся к гранулометрическим признакам, которые не являются одно[illegible]чачными и допускают возможность различных генетичес[illegible] интерпретаций.

[illegible] вызывает настоятельную необходимость выработки боле[illegible]еделенных критериев, которые позволяли бы распознава[illegible]риогенный элювий дисперсных пород и продукты его переот[illegible]ния и отличать их от осадков сходного гранулометричес[illegible] состава, но возникших в иных климатических условиях, [illegible]сключающих существенное влияние криогенных факторов на различных стадиях литогенеза. Здесь, очевидно, целесообразно обратиться к другой важнейшей литологической характеристике осадочных образований - минералогическому составу.

Анализ минералогического состава образований, которые с большой долей уверенности можно рассматривать в качестве либо собственно криогенного элювия, либо продуктов его ближайшего переотложения (например, покровные лессовидные образования Большеземельской тундры, севера Западной Сибири), показывает, что наиболее характерная их составляющая - фракция крупного алеврита - представлена, главным образом, обломками первичных минералов, что свидетельствует о ведущей роли процесса тонкозернистого дробления различных типов первичных минералов в их формировании. Вторичные алевритовые частицы играют в криогенном элювии подчиненную роль.

Для того, чтобы установить основные закономерности дезинтеграции различных минералов под воздействием факторов криогенного разрушения, необходимо ответить на следующие вопросы: 1) все ли минералы имеют одинаковый предел дробления; 2) что определяет существование предела дробления того или иного минерала, в какой мере он связан с особенностями строения минералов и характером внешних воздействий факторов криогенного выветривания; 3) чем объяснить тот факт, что несмотря на существование предела измельчения первичных минералов, который значительно превышает размер глинистых минералов, последние испытывают мощное воздействие в ходе криогенного выветривания (Конищев и др., 1974).

Как известно, фазовые переходы вода-лед в дисперсных грунтах совершаются в спектре отрицательных температур, что является следствием энергетической и структурной неоднородности воды, содержащейся в грунтах.

Широко известны опубликованные зависимости содержания незамерзшей воды в различных типах дисперсных пород как функции температуры (Нерсесова, 1958). Экспериментально доказано, что грунтовая вода кристаллизуется при температуре тем более низкой, чем сильнее она испытывает влияние поверхности минеральных частиц или ионов растворов. Некоторое количество связанной воды вообще не переходит в лед и остается в незамерзшем состоянии. Можно предположить, следовательно, что отдельные минеральные частицы грунтовой системы в процессе кристаллизации грунтовой воды содержат на своей поверхности окружающий его слой адсорбированной, связанной воды, толщина которого меняется по мере изменения температуры. Важно подчеркнуть, что какой бы низкой ни была температура грунта, вокруг отдельных частиц грунтовой массы остается незамерзшим определенный слой связанной воды. Пленка незамерзшей воды остается на поверхности не только глинистых минералов и иных высокодисперсных частиц, но и более крупных алевритовых и песчаных частиц.

Основными элементарными процессами, которые приводят к разрушению минералов в цикле промерзание-оттаивание, являются:

1) расклинивающее давление льда, возникающее в результате замерзания воды в относительно крупных трещинах пород и минералов;

2) тесно связанное с этим процессом криогидратационное разрушение зерен, причиной которого являются многократные колебания расклинивающего давления тонких водных пленок в микротрещинах минералов вследствие их гидратации-дегидратации в ходе льдообразования в более крупных порах и трещинах грунта;

3) температурные колебания, которые вызывают объемно-градиентные напряжения, усиливающиеся вследствие неоднородности строения обломков и зерен;

4) давление ледяного панциря на минеральные частицы, возникающее вследствие более интенсивного температурного сжатия льда по сравнению с породами и минералами, по мере понижения температуры мерзлого грунта (Конищев, 1973; Мазуров, Тихонова, 1964).

Воздействие перечисленных факторов на отдельные частицы грунта происходит опосредствованно, через слой незамерзшей, связанной воды, адсорбированной на поверхности частиц. Поэтому характер разрушения минеральных зерен зависит не только и, может быть, не столько от их механической прочности, но также от толщины и свойств слоя незамерзшей воды. Здесь необходимо рассматривать частицу и окружающий ее слой адсорбированной незамерзшей воды как некоторое единство.

По отношению к процессам, разрушающим частицы в ходе криогенного выветривания, вся вода, содержащаяся в грунте, может быть разделена на две категории, которые оказывают противоположное воздействие на устойчивость частиц - стабильный слой незамерзшей воды и термоактивная вода.

Стабильный слой связанной воды не замерзает при данных конкретных условиях. Этим определяется его переменная толщина в различных условиях. При очень низких температурах стабильный слой воды соответствует слою прочносвязанной воды, выделяемой Е.М. Сергеевым и др. (1971), слою адсорбированной воды (Ломтадзе, 1972) граничной фазе воды (Тютюнов, 1961)

Если условия характеризуются более высокими значениями температуры, стабильный слой может включать некоторую часть слоя рыхлосвязанной воды (Сергеев и др., 1971) или приграничной фазы (Тютюнов, 1961). Такие свойства прочносвязанной воды, видимо, составляющей большую часть стабильного слоя, как повышенные плотность, вязкость, упругость, значительное сопротивление сдвигу значительно повышают устойчивость частиц по отношению к разного рода внешним воздействиям.

Армированность мерзлых грунтов тонкими пленками адсорбированной незамерзшей воды при достаточно низких отрицательных температурах является фактором, повышающим их прочность (Тютюнов, 1973; Савельев, 1975)

Термоактивная вода - основной разрушающий агент, по характеру разрушающего воздействия разделяется на два вида - свободную воду и слой метастабильной воды, к которой относятся поверхностные слои связанной воды. Слой метастабильной воды по своим свойствам ближе всего к рыхлосвязанной воде (Сергеев и др., 1971). Главное свойство термоактивной воды - ее подвижность, способность к миграции в ходе промерзания и оттаивания грунта и фазовым переходам в лед. В зависимости от хода процесса и его скорости термоактивная вода оказывает различное воздействие на минеральный скелет. При промерзании грунта термоактивная вода, переходя в твердое состояние, является причиной расклинивающего давления в относительно крупных трещинах частиц.

В отличие от свободной воды, вода метастабильного слоя характеризуется повышенной вязкостью и большим модулем упругости. Эти свойства в сочетании с ее подвижностью в цикле промерзание-оттаивание являются причиной криогидратационного разрушения частиц грунта. На стадии промерзания метастабильная вода, содержащаяся в микротрещинах частиц, уходит из них, мигрируя в межчастичные поры грунта, к растущим кристаллам льда, тем самым несколько снижая расклинивающее давление водных пленок в микротрещинах. На стадии оттаивания грунта, в результате таяния льда в микротрещинах, ширина которых превышает двойную толщину стабильного слоя воды, восстанавливается прежняя толщина адсорбированной воды. Это вновь повышает расклинивающее давление водных пленок в микротрещинах, которое достигает максимальных величин при 0°, когда толщина пленки адсорбированной воды небольшая. Колебания расклинивающего давления в микротрещинах, обусловленное миграцией метастабильных слоев связанной воды, так же способствует дезинтеграции частиц.

Дезинтеграция минеральных частиц достигает своего предела, когда толщина стабильного слоя воды становится соизмеримой с размерами трещин и дефектов структуры, нарушающих строение поверхностного слоя этих частиц (рис. 1). Из этого вытекает важное следствие - предел дробления минералов является прямой функцией толщины и защитных свойств стабильного слоя воды (рис. 2).

Величина и прочностные свойства стабильного слоя определяются, с одной стороны, свойствами поверхности минеральных частиц, с другой - свойствами грунтового раствора (реакция среды, количество и характер растворенных веществ). Свойства поверхности минеральных частиц, определяющие сорбционную способность, выражаются в их удельной поверхностной энергии. Последняя определяется, прежде всего, кристаллохимическим строением поверхности различных минералов, а также, по мнению ряда исследователей, дисперсностью.

Для оценки величин стабильного слоя различных минералов можно с большой долей уверенности использовать данные по их максимальной гигроскопичности. По данным Е.М. Сергеева и др. (1971) максимальная гигроскопичность частиц размером $< 0,001$ мм составляет у кварца 0,9%; полевых шпатов (альбит, микроклин, ортоклаз) - 8-17%; слюд (мусковит, биотит) - 36-48%.

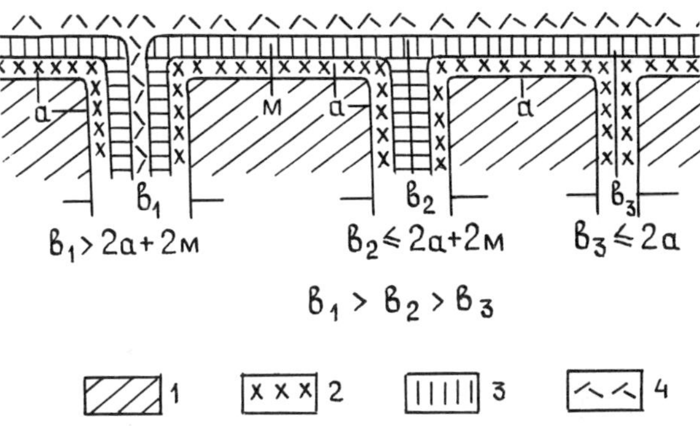

Рис. 1. Характер проявления факторов криогенного разрушения в трещинах разного размера

1 - минерал; 2 - стабильный слой воды (а); 3 - метастабильный слой воды (м); 4 - свободная вода.

b_1 - макротрещины, в которых имеет место расклинивающее действие льда и воды; b_2 - микротрещины, в которых происходит колебание расклинивающего давления пленок связанной воды; b_3 - ультрамикротрещины, в которых отсутствует расклинивающее действие льда и колебание расклинивающего действия пленочной воды.

Если соотношения адсорбционной способности перечисленных минералов сохраняются и для частиц более крупных, то можно сделать вывод о том, что толщина стабильного слоя воды при промерзании полиминеральной массы будет максимальной у слюд, меньше - у полевых шпатов и минимальная - у кварца.

Имеющиеся данные по свободной энергии поверхности кристаллов мусковита (4,5 Дж/м^2) и кварца (0,5 Дж/м^2) (Поль, 1971) подтверждают это соотношение. Следовательно, если принять указанные соотношения, то величина предела дробления минеральных зерен кварца будет наименьшей, слюд наибольшей, предел дробления зерен полевых шпатов займет промежуточное положение. Наиболее правильное представление о величинах стабильного слоя

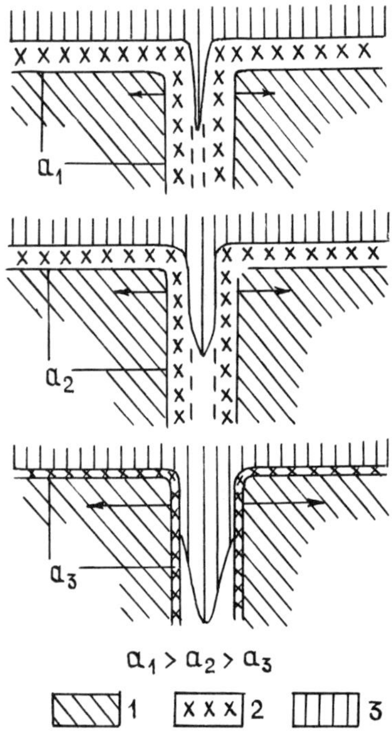

Рис. 2. Характер расклинивающего действия льда в трещине при различных значениях толщины стабильного слоя воды (длина стрелок соответствует величине расклинивающего давления льда)
1 – минерал; 2 – стабильный слой воды (а): 3 – лед.

можно получить из анализа кривых незамерзшей воды в грунтах различного минералогического состава. Однако большинство опубликованных кривых содержания незамерзшей воды как функции температуры характеризует фазовый состав воды в абсолютных, весовых единицах на вес сухой минеральной части грунта и поэтому не может дать правильного представления о влиянии поверхностной энергии скелета на содержание незамерзшей воды.

Пересчет содержания незамерзшей воды не на единицу веса грунта, а на его общую поверхность, который был сделан в работах (Anderson, Tice, 1972; Anderson, Morgenstern, 1973), позволяет оценить величину стабильного слоя воды при различной температуре и для разных типов грунтов и минералов. Из анализа этих кривых можно сделать вывод, что удельная поверхностная энергия у первичных минералов выше, чем у некоторых глинистых.

Среди последних стабильный слой воды больше у каолинита, чем у бентонита. Подтверждение этому дает изучение спектров ядерного магнитного резонанса протонов адсорбированной воды на монтмориллоните и каолините. По данным А.А. Ананяна и др. (1973), при почти одинаковом количестве адсорбированных слоев воды время поперечной релаксации T_2 каолинита меньше, что соответствует выводу Ц.М. Райтбурд и М.В. Слонимской (1968) о более жесткой связи адсорбированной воды в каолините. По данным Р.И. Злочевской (1969), величина поверхностной проводимости монтмориллонита в 4-5 раз выше таковой каолинита. Все это позволяет сделать вывод, что удельная свободная поверхностная энергия каолинита выше, чем монтмориллонита, хотя абсолютное количество незамерзшей воды в монтмориллонитовых глинах всегда выше по причине их более высокой дисперсности. Гидрослюды, очевидно, занимают промежуточное положение.

Исключительно важным для понимания общих закономерностей криогенного выветривания является положение о зависимости удельной поверхностной энергии (УПЭ), определяющей толщину и свойства стабильного слоя воды от дисперсности. Это положение обосновывается в ряде работ В.Ф. Киселева и его сотрудников. На основании изучения характера дегидратации и адсорбционной способности высокодисперсных порошков кварца (размер частиц от 960 до 3,8 мм) было установлено уменьшение содержания воды на единицу поверхности при переходе к более дисперсным образцам. Одна из причин полученной зависимости связывается с упаковкой тетраэдров SiO_2 на поверхности малых частиц кварца в связи с аморфизацией их поверхностного слоя. Однако параболлический характер зависимости УПЭ от дисперсности, вытекающий из проведенных В.Ф. Киселевым исследований, может считаться справедливым лишь для высокодисперсной части гранулометрического спектра кварцевых частиц.

Если включить в рассмотрение и менее дисперсную часть спектра, то зависимость оказывается более сложной.

Одним из методов изучения свойств связанной воды в дисперсных системах является исследование их электрокинетических особенностей и, в частности, заряда грунтовых частиц. Образование электрического заряда на поверхности частиц минералов зависит как от их кристаллохимического строения, так и от состава и свойств взаимодействующей с ними среды. Из этого следует, что заряд грунтовых частиц есть показатель их поверхностной энергии.

Структурно-сорбционные различия минералов различной дисперсности хорошо иллюстрируются таблицей, взятой из работы Б.А. Савельева (1971), в которой приведены данные Е.М. Сергеева и его сотрудников. Из таблицы следует, что максимальный заряд соответствует определенной дисперсности. Для кварца – основного породообразующего минерала осадочных пород плотность электризации максимальна для фракции 0,05-0,01 мм. Чем выше заряд минерала, тем более крупные фракции имеют максимальный заряд.

Данные таблицы относятся к воздушно-сухому состоянию минеральных частиц. Однако можно предположить, что основные соотношения в величинах зарядов и, следовательно, УПЭ между различными минералами и частицами различной дисперсности сохраняется и при их взаимодействии с водой, Данные таблицы не противоречат, например, величинам максимальной гигроскопичности разных минералов, приведенным выше.

Исходя из изложенных выше имеющихся зависимостей УПЭ от минералогического состава и дисперсности, во-первых, находят объяснение те особенности криогенного выветривания, которые уже известны. Во-вторых, открывается возможность представить в общих чертах теоретическую модель минералогического состава криогенного элювия, в частности, распределение отдельных наиболее распространенных минералов по гранулометрическому спектру.

Наиболее общей закономерностью, очевидно, является накопление в ходе криогенного дробления частиц минералов с максимальной УПЭ, как наиболее устойчивых к факторам криогенного выветривания.

Назовем критическим размером (КР) размер частиц того или иного минерала, имеющий максимальное значение УПЭ. Для кварца КР равен разномерности крупноалевритовой фракции (0,05-0,01 мм). Частицы этого размера оказываются весьма устойчивыми поскольку соотношение размеров микротрещин и разного рода дефектов и толщины стабильного слоя воды исключает возможность проявления расклинивающего действия льда и тонких пленок воды.

Изменение заряда минеральных частиц в зависимости от дисперсности (Савельев, 1971)

	Размер фракции, мм	1-0,5	0,5 - -0,25	0,25 - -0,1	0,1-0,05	0,05- - 0,01	0,01- - 0,005	0,005- -0, 003
Величина заряда исследуемых частиц (кулон · 10^{-11} $см^{-2}$)	Кварц	-0,372	-2,172	-2,590	-4,342	-4,632	-1,014	-0,220
	Микроклин	0,302	4,020	12,903	2,713	1,974	1,621	-
	Кальцит	4,493	5,182	11,875	6,292	1,481	0,509	-
	Гипс	7,858	11,524	20,533	14,666	-	-	-
	Роговая обманка	-0,135	-0,549	-1,543	-3,968	-24,397	-0,617	-
	Мусковит	79,030	134,275	89,521	42, 273	0,527	-	0,246
	Биотит	0	-4,481	-20,316	-25,250	-10,013	-1,088	-0,178

Частицы кварца, размер которых больше критического, должны весьма интенсивно дробиться при систематическом промерзании-оттаивании в увлажненном состоянии. Это определяется, с одной стороны, понижением значения УПЭ, а с другой - увеличением размера трещин. Дробление имеет предел, который для кварца ограничивается критическим размером частиц, соответствующим размерности крупного алеврита (0,05-0,01 мм). Именно это обстоятельство объясняет господство в криогенном элювии частиц крупнопылеватой фракции, так как кварц - это наиболее распространенный минерал в осадочных породах и продуктах их криогенного преобразования.

Частицы кварца мельче КР характеризуются меньшими значениями УПЭ и это, казалось бы, должно приводить к их интенсивному дроблению. Но этого, по-видимому, не происходит, так как одновременно с уменьшением УПЭ у мелких частиц уменьшаются также и размеры микротрещин и дефектов, что, естественно, ограничивает возможность их разрушения, хотя и не исключает вовсе. Снижение величины УПЭ мелких частиц является причиной их агрегации в ходе промерзания. Таким образом гранулометрический спектр кварца в отношении факторов криогенного выветривания распадается на три части: 1) частицы крупнее КР - неустойчивые; 2) частицы критического размера - весьма устойчивые; 3) частицы мельче КР - относительно устойчивые, склонные к формированию агрегатов.

Для других минералов, очевидно, должны наблюдаться те же закономерности, за исключением естественно критического размера частиц. У полевых шпатов, судя по имеющимся данным, КР больше, чем у кварца, а у слоистых силикатов (биотита, мусковита, хлорита) еще выше. У амфиболов и пироксенов КР такой же, что и у кварца. Если представить исходную смесь из частиц кварца, полевых шпатов, амфиболов, пироксенов, слюд, размеры которых превышают соответствующие значения КР, то под воздействием факторов криогенного выветривания теоретически должна возникнуть преобразованная смесь, гранулометрический спектр которой определится максимальным содержанием отдельных минералов в определенных гранулометрических фракциях, соответствующих их максимальному значению УПЭ. Так, крупноалевритовая фракция должна характеризоваться максимумом содержания кварца, амфиболов, пироксенов; максимум содержания полевых шпатов должен наблюдаться в более крупных тонко- и мелкопесчаных фракциях; в еще более крупных гранулометрических фракциях будут представлены максимумы содержания слюд.

В природных условиях в сфере криогенного выветривания оказываются различные дисперсные породы (пески, валунные суглинки и т.д.), в которых минералы распределены по гранулометрическому спектру в иных соотношениях и их величина может быть самой различной по отношению к критическому размеру. Под воздействием криогенного выветривания исходные минералогические спектры должны меняться в соответствии с изложенными выше закономерностями. Это предъявляет особые требования к методике изучения минералогического состава криогенного элювия и исходных пород. Эти требования заключаются в необходимости изучения распределения отдельных породообразующих минералов по узкоразмерным гранулометрическим фракциям в пределах всего гранулометрического спектра пород как исходных, так и вторичных.

Некоторые из изложенных выше соображений о характере поведения ряда минералов в ходе криогенного выветривания имеют экспериментальное подтверждение. Изучение изменений гранулометрического состава различных минералов после 50-кратного замораживания ($-20^{o}C$) и оттаивания ($+30^{o}C$) показало, что частицы кварца, роговой обманки, диопсида размером 0,05-0,1 мм испытывают заметное разрушение, интенсивность которого повышается с увеличением степени увлажненности. Это говорит о том, что критический размер для этих минералов лежит в более мелкой фракции. В то же время гранулометрический состав исходного образца альбита, состоящего из зерен той же размерности, практически не изменился, поскольку этот размер зерен альбита, видимо, соответствует критическому размеру. Интересно ведут себя слюды и хлорит, т.е. минералы с более высокими зарядами. Эти минералы разрушаются с большей интенсивностью в воздушно сухом состоянии. При насыщении их водой до предела текучести дробление биотита и хлорита (зерна 0,05-0,1 мм) практически не происходит, а у мусковита заметно уменьшается. Вероятнее всего, это связано с защитной ролью водных пленок. Подробный анализ этого эксперимента изложен в специальной статье (Конищев и др., 1976). В результате данного эксперимента установлено также разрушение частиц различных минералов, размер которых меньше критического (исследование с помощью электронного микроскопа).

В работе Г.П. Мазурова и Е.С. Тихоновой (1964) приведены результаты изменения дисперсности кварцевых и полевошпатовых песков в результате их многократного замораживания и оттаивания. По их данным с помощью показателя относительной устойчивости частиц[x)] мы оценили устойчивость кварцевых и полевошпатовых зерен размером от 1 до 2 мм. Для одинаковых условий она оказалась более высокой для зерен полевого шпата, т.е. для крупных зерен соотношение поверхностных энергий кварца и полевых шпатов остается таким же, что и для мелких. Это определяет соотношение интенсивности дробления, которая для кварцевых зерен оказалась более высокой.

Идеальная схема устойчивости частиц может осложняться наличием на их поверхности адсорбированных веществ, разного рода пленок и т.д., что изменяет их УПЭ. Так, например, частицы кварца в исходных породах часто бывают покрыты пленками гидроокислов железа, алюминия, органо-минеральных соединений, которые могут существенно влиять на характер и интенсивность их дробления. То же относится и к выветрелым и частично выветрелым зернам полевых шпатов и других минералов.

Свойства стабильного слоя связанной воды зависят также от количества и состава ионов, адсорбированных на поверхности грунтовых частиц. Например, величина максимальной гигроскопичности зависит от валентности катионов, адсорбированных поверхностью частицы (Сергеев и др., 1971). Величина стабильного слоя воды, очевидно, также увеличивается с ростом валентности адсорбированных катионов. Следовательно, устойчивость частиц при воздействии факторов криогенного выветривания соответствует ряду:

$$\text{катион}^{+3} > \text{катион}^{+2} > \text{катион}^{+1}$$

Эта закономерность хорошо иллюстрируется результатами экспериментов по замораживанию кварцевых песков, насыщенных растворами различных солей (Полтев, 1966). Морозоустойчивость частиц кварца повышается при увеличении концентрации солей в поровом растворе; песок, содержащий раствор $CaCl_2$, более морозоустойчив, чем песок, насыщенный солями натрия ($NaCl, Na_2SO_4$). Влияние реакции среды грунтового раствора на характер криогенного разрушения минералов не изучен. Имеющиеся в настоящее время данные показывают, что величина и знак электростатически активных центров на сколах кристаллов глинистых минералов, а следовательно, и свойства связанной воды зависят от реакции среды, величины pH (Осипов, Сергеев, 1972).

В кислой среде поверхность сколов глинистых частиц получает положительный заряд, а в щелочной – отрицательный. Величина положительного заряда в кислой среде у минералов типа каолинита выше, чем у минералов типа монтмориллонита. В щелочной среде это различие незначительно. В кислой среде общая величина заряда глинистых минералов ниже, чем в щелочной. С этим хорошо согласуется резкое увеличение вязкости глинистых суспензий при переходе от кислой к щелочной среде. Это явление наиболее выражено у каолинитовых паст (Осипов, Сергеев, 1972).

Поскольку величина заряда частицы является фактором, стабилизирующим ее устойчивость при криогенном воздействии, можно предположить, что с понижением pH среды устойчивость глинистых минералов по отношению к факторам криогенного выветривания уменьшается. По отношению к первичным минералам это предположение также представляется наиболее вероятным. Однако этот вопрос требует специального изучения.

---

x) $H=\frac{a-в}{a \cdot n}$, где H – показатель относительной устойчивости частиц; а – количество размерной фракции в % до замораживания; в – количество той же фракции, оставшейся после циклов замораживания; n – число циклов промерзания-оттаивания.

Влияние внешних факторов на криогенное выветривание можно также оценить, исходя из представлений, изложенных выше. Среди конкретных факторов, являющихся производными определенного состояния физико-географических условий, основными являются – число переходов через 0°, амплитуда температурных колебаний, скорость промерзания, продолжительность мерзлого состояния, характеризуемое в какой-то мере среднегодовой температурой породы, число колебаний температуры внутри области ее отрицательных значений.

Влияние перечисленных факторов на характер и интенсивность криогенного разрушения определяется прежде всего их влиянием на соотношение стабильного и метастабильного слоев связанной воды и их динамику в цикле промерзание-оттаивание. Число переходов через 0° – основной фактор криогенного разрушения, по мнению некоторых исследователей, не может однозначно характеризовать особенности криогенного преобразования дисперсных грунтов. Это вытекает из хорошо известной закономерности – чем дисперснее грунт, тем в более широком температурном интервале наблюдаются фазовые превращения воды. Следовательно, для оценки интенсивности тонкозернистого разрушения минералов более правильной характеристикой является число температурных колебаний во всей области фазовых превращений воды. Поскольку фазовые превращения связанной воды происходят в области отрицательных температур, то важным показателем интенсивности криогенного разрушения является продолжительность мерзлого состояния породы, характеризуемая их среднегодовой температурой. Степень охлаждения породы определяет величину стабильного слоя воды, играющего, как было показано выше, предохранительную роль в ходе криогенного разрушения. Известно, что чем ниже температура, тем меньше в дисперсных грунтах содержится незамерзшей воды, тем, следовательно, тоньше стабильный слой воды. Отсюда вытекает вывод о большей интенсивности тонкозернистого разрушения при увеличении степени охлаждения в цикле промерзание-оттаивание, что отчасти подтверждается экспериментами Трикара (Tricart, 1956), имитирующими выветривание в условиях морского и континентального климата.

ЛИТЕРАТУРА

АНАНЯН А.А., ВОЛКОВА Е.В., ФЕОКТИСТОВА О.Б. 1973. Оценка зависимости времен релаксации протонов воды в тонкодисперсных горных породах от влажности породы. – В кн.: Мерзлотные исследования, вып. 13, Изд-во МГУ, с. 158-161.

ЗЛОЧЕВСКАЯ Г.И. 1969. Связанная вода в глинистых грунтах. Изд-во МГУ, 174 с.

КИСЕЛЕВ В.Ф. 1970. Поверхностные явления в полупроводниках и диэлектриках. М., "Наука", 295 с.

КОНИЩЕВ В.Н. 1973. Криогенное выветривание. – П Междунар. конф. по мерзлотоведению. Докл. и сообщ. вып. 3. Якутск, с. 38-44.

КОНИЩЕВ В.Н., РОГОВ В.В., ЩУРИНА Г.Н., 1974. Влияние криогенных процессов на глинистые минералы. – "Вестн. МГУ, Сер. географ.", № 4, с. 40-46.

КОНИЩЕВ В.Н., РОГОВ В.В., ЩУРИНА Г.Н., 1976. Влияние криогенных факторов на первичные минералы (результаты экспериментальных исследований). – В кн.: Проблемы криолитологии, вып. 5, Изд-во МГУ, с. 50-60.

ЛОМТАДЗЕ В.Д. 1972. Влияние поровых вод на формирование и изменение физико-механических свойств глинистых пород. – "Инженерно-геол. свойства глинистых пород и процессы в них". Труды междунар. симпоз., вып. 1, Изд-во МГУ, с. 51-53.

МАЗУРОВ Г.П., ТИХОНОВА Е.С., 1964. Преобразование состава и свойств грунтов при многократном замораживании. – "Вестн. ЛГУ", № 18, вып. 13, Сер. геол. и географ., с. 35-44.

НЕРСЕСОВА З.А. 1958. Фазовый состав воды в грунтах при замерзании и оттаивании. – В кн.: Материалы по лабораторным исследованиям мерзлых грунтов, вып. 1. М., Изд-во АН СССР, с. 31-35.

ОСИПОВ В.И., СЕРГЕЕВ Е.М. 1972. Кристаллохимия глинистых минералов и их свойства. "Инж.-геол.свойства глинистых пород и процессы в них". Труды Междунар. симпоз., вып. 1. Изд-во МГУ, с. 151-153.

ПОЛЬ Р.В. 1971. Механика, акустика и учение о теплоте. Пер. с нем. М., "Наука", 479 с.

ПОЛТЕВ Н.Ф. 1966. Изменение гранулометрического состава песчаных грунтов при воздействии на них растворов электролитов и процесса замерзания-оттаивания. – В кн.: Мерзлотные исследования, вып. 6, Изд-во МГУ, с. 199-206.

РАЙТБУРД Ц.М., СЛОНИМСКАЯ М.В. 1968. Кристаллохимия поверхности глинистых минералов и микроструктура глин. – В кн.: Физические и химические процессы и фации. М., "Наука", с. 42-50.

САВЕЛЬЕВ Б.А. 1971. Физика, химия и строение природных льдов и мерзлых горных пород. Изд-во МГУ, 506 с.

САВЕЛЬЕВ Б.А. 1975. Физико-химические основы формирования строения, состава и свойств мерзлых горных пород. – П Междунар. конф. по мерзлотоведению. Докл. и сообщ., вып. 8, Якутск, с. 92-108.

СЕРГЕЕВ Е.М., ГОЛОДКОВСКАЯ Г.А., ЗИАНГИРОВ Р.С. и др. 1971. Грунтоведение. Изд-во МГУ, 595 с.

ТЮТЮНОВ И.А. 1961. Введение в теорию формирования мерзлых пород. М., Изд-во АН СССР, 108 с.

ТЮТЮНОВ И.А. 1973. Новые представления о природе прочности мерзлых грунтов. – П Междунар. конф. по мерзлотоведению. Докл. и сообщ., вып. 4, Якутск, с. 142-147.

ANDERSON, D.M., TICE A.R. 1972. Predicting unfrozen water contents in frozen soils from surface area measurements. – Highw. Res. Record No 393. pp. 12–18.

ANDERSON D.M., MORGENSTERN N.R. 1973. Physics, chemistry, and mechanics of frozen ground: a review. – In: Permafrost, Second Intern. Conf. National Academy of sciences, Washington, D.C., pp. 257–288.

TRICART I. 1956. Etude experimental du probleme de la gelivation. – Biul. peryglacialny, N 3. pp. 41–45.

TYNDALL FIGURES IN ICE CRYSTALS OF GROUND-ICE IN PERMAFROST NEAR FAIRBANKS, ALASKA

Troy L. Péwé, Department of Geology, Arizona State University, Tempe, Arizona and U.S. Geological Survey, Tempe, Arizona, U.S.A. 85281

Tyndall figures are masses of liquid of snowflake-like shape which form in simple crystals by internal melting. Figures were observed in both crystals of foliated ground-ice and clear ice masses. The figures are perpendicular to the optic axis of the crystal and show that wedge-ice crystals have no preferred orientation. Large crystals of non-foliated, clear ground-ice in situ were exposed to the sun's rays in such a way that Tyndall figures developed and enlarged onto the surface forming fine parallel lines. A study of Tyndall figures offers a relatively easy method to learn about crystal size and orientation.

FIGURES DE TYNDALL DANS LES CRISTAUX DE GLACE QUI COMPOSENT LA GLACE SOUTERRAINE DU PERGÉLISOL DE LA RÉGION DE FAIRBANKS EN ALASKA.

Troy L. Péwé, Department of Geology, Arizona State University, Tempe, Arizona and U.S. Geological Survey, Tempe, Arizona, U.S.A. 85281

Les figures de Tyndall sont des masses de liquide qui ont pris la forme d'une étoile de neige et se forment dans des cristaux simples, par fusion à l'intérieur de ces cristaux. On a observé ces figures dans des cristaux de glace souterraine rubanée et des masses de glace transparente. Les figures sont perpendiculaires à l'axe optique du cristal et indiquent que les cristaux qui composent les coins de glace n'ont pas d'orientation préférentielle. De grands cristaux de glace souterraine transparente et non rubanée, restés en place, se sont trouvés exposés à la lumière solaire de telle sorte que des figures de Tyndall se sont constituées et agrandies jusqu'à atteindre la surface, en formant de minces lignes parallèles. L'étude des figures de Tyndall nous permet assez facilement de connaître la dimension des cristaux, et leur orientation.

ФИГУРЫ ТИНДАЛЯ В КРИСТАЛЛАХ ГРУНТОВОГО ЛЬДА В РАЙОНЕ ФЭРБЕНКСА/АЛЯСКА/

Фигуры Тиндаля представляют собой скопления воды, по форме напоминающие снежинки. Они образуются в простых кристаллах в результате внутреннего таяния. Такие фигуры наблюдались как в кристаллах пластинчатого грунтового льда, так и в скоплениях чистого льда. Фигуры располагаются перпендикулярно к оптической оси кристалла, из чего можно заключить, что кристаллы ледяных клиньев не имеют преимущественной ориентации. В полевых условиях были проведены эксперименты, в которых крупные кристаллы непластинчатого чистого грунтового льда подвергались действию солнечных лучей. В результате, на поверхности кристаллов появлялись фигуры Тиндаля, которые увеличивались в размере и образовывали тонкие параллельные линии. Изучение фигур Тиндаля позволит получить более глубокое представление о размерах и ориентации кристаллов.

TYNDALL FIGURES IN ICE CRYSTALS OF GROUND-ICE IN PERMAFROST NEAR FAIRBANKS, ALASKA

TROY L. PÉWÉ

Department of Geology, Arizona State University and U. S. Geological Survey, Tempe, Arizona, U.S.A.85281*

INTRODUCTION

Ice is widespread in the frozen ground of the world, and, although ice forms annually in seasonally frozen ground, most of the ice in the ground exists in permafrost of the polar and subpolar lands. Permafrost can be hundreds of meters thick and contains bodies of ground-ice that range in size from interstitial ice cementing together grains of sediment to large masses of ice 10 to 30 m in diameter. There are several classifications of ground-ice such as those by Shumskii, Schvetzov, and Dostovalov (1955) and Mackay (1972).

The most conspicuous and common type of massive ice in the perennially frozen ground is large ice wedges or masses that have a marked foliated appearance caused by a multitude of oriented parallel or subparallel layers or surfaces of air bubbles and minute inclusions of organic and inorganic matter. Most foliated ice masses occur as wedge-shaped, vertical (Fig. 1) or inclined sheets or dikes 1 cm to 3 m wide and 1 to 10 m high when seen in transverse cross-section. They have been described from Siberia and North America by many workers (for example, Toll, 1895; Leffingwell, 1915; Popov, 1955, 1969; Lachenbruch 1962, Shumskii, 1964; Péwé, 1954, 1973).

ICE CRYSTALS

Ice crystals in the foliated ground-ice masses range in size from less than 1 to 100 mm and are nearly equidimensional especially in inactive ice wedges near Fairbanks, Alaska. They are anhedral or subhedral with smooth borders. Because the crystals are nearly equidimensional and the same size, a rather granular, névé-like material forms on the surface of the ice mass when the ice melts and the crystals separate. The orientations of optic axes of crystals in the wedges are widely divergent except along veins or shear zones (T. L. Péwé, unpub. data, 1949). In detailed studies of the crystalography of ice wedges at Barrow, Alaska, Black (1952, 1953), reported various maxima of lineation; Gell (1976) made similar studies of wedge ice of the Mackenzie Delta. Watanabe (1969) illustrated typical anhedral ice crystals from ice wedges near Fox, 12 km north of Fairbanks, Alaska, and Shumskii (1964) reported similar crystals from the USSR.

Individual ice crystals are colorless, but ubiquitous silt particles give the ice mass a gray color or dirty appearance. The foliated ice wedges contain many younger cross-cutting ice veins 1 to 5 mm wide; crystals in these veins are about 1 to 4 mm in diameter and roughly equidimensional. In the youngest of these ice-filled cracks, which are perhaps less than a year old and which have not been subjected to pressure from expanding ground during the summer, the crystals are needle-like, 1 to 5 mm long, and either unoriented or horizonal and at right angles to the wall of the vein. In the smallest wedge--a single, vertical crack or dike 1 to 5 mm wide--ice exists as a vein filling. These crystals are horizonal needles about 1 to 5 mm long at right angles to the vein wall of frozen silt or sand. The crystals meet in a sutured line in the center of the vein.

TYNDALL FIGURES

Tyndall figures are flower-shaped masses of liquid that form by internal melting in simple crystals of ice (Nakaya, 1956, p. 4) (Fig. 2). They are named after J. Tyndall, a noted English physicist, who first observed such figures (1858). The figures lie in parallel planes perpendicular to the optic axis of the crystal. The cavity of melting is filled with water except for a bubble, which contains no air.

In the laboratory, Tyndall figures were observed and measured in crystals of foliated ground-ice from the West Dawson mining cut, 16 km north of Fairbanks.

---

*Published with permission of the Director, U. S. Geological Survey.

Fig. 1. Foliated ice wedge exposed in permafrost in experimental tunnel near Fox, Alaska excavated by U.S. Army Cold Regions Research and Engineering Laboratory. Temperature in tunnel 0.5°C. (Photograph by C. J. Romberg, 1973)

The crystals were studied at room temperature under a binocular microscope. Side lighting was provided by a desk florescent lamp placed adjacent to the microscope at the level of the specimen. Internal melting starts from the heat absorbed by some nuclei (Nakaya, 1956, p. 8). In the foliated ground-ice most of the nuclei are probably grains of silt (Fig. 3). As the Tyndall figure forms, it is first small and discoid; it later grows into a snowflake shape if enough heat is applied over a long enough period of time. Only discoid figures developed in crystals from the ice wedge because of weak radiation source.

Fig. 2. Snowflake-shaped Tyndall figure in a large crystal of glacier ice subjected to strong radiation.(From Nakaya, 1956, Plate 9, No.22.)

Inasmuch as the figures are always perpendicular to the optic axes of the crystals, they serve as a simple means for determining orientation of individual crystals. The foliated ice from the West Dawson mining cut has clear anhedral to subhedral crystals less than 1 mm to 5 mm in diameter. The Tyndall figures show that the crystals have no preferred orientation (Fig. 3). Previous observations (T. L. Péwé, unpub. data, 1949), made under crossed nicols, of foliated ice from the same area revealed the same absence of preferred orientation.

Every Tyndall figure contained several grains of silt, in large part mica particles, which were in the crystal prior to melting. Most silt in the foliated ice is between the crystals (Fig. 3) and is commonly concentrated in bands that produce the foliation. Silt grains between crystals are also reported by Vtyurin (1959) for foliated ice in Siberia.

The study of Tyndall figures in wedge ice appears to be a promising line of investigation which could reveal such information as the type of nuclei, orientation of the crystals, and perhaps purity of the ice.

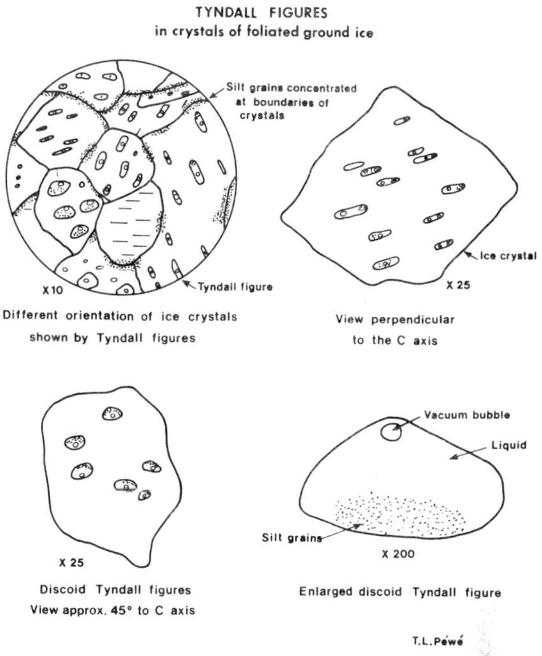

TYNDALL FIGURES
in crystals of foliated ground ice

Silt grains concentrated at boundaries of crystals
X 10
Tyndall figure
Different orientation of ice crystals shown by Tyndall figures
Ice crystal
X 25
View perpendicular to the C axis
X 25
Discoid Tyndall figures
View approx. 45° to C axis
Vacuum bubble
Liquid
Silt grains
X 200
Enlarged discoid Tyndall figure
T.L.Péwé

Fig. 3. Tyndall figures in crystals of foliated ground-ice from West Dawson mining cut 16 km north of Fairbanks, Alaska.

Tyndall figures were observed in crystals of nonfoliated, clear ground-ice near Fairbanks, Alaska. In lower Fairbanks Creek, 30 km northeast of Fairbanks, gold placer mining operations exposed a large mass of ice, 4 to 5 m in diameter, which was probably a pingo. The mass was composed of clear, colorless crystals 30 to 50 cm in diameter. As the ice melted in the sun, Tyndall figures developed and enlarged onto the surface, forming fine parallel lines on the large crystals (surface striations).

Because the crystals were randomly oriented, the parallel lines of one crystal were at angles to the parallel lines of other crystals and duplicated on a large scale what was observed in crystals of foliated ground-ice under the microscope. Shumskii (1964) noted when the weather is favorable, the outlines of the crystals and Tyndall figures appear as a natural process, and thus, the size and orientation of the basal planes of ice crystals become evident.

A similar observation was made on a clear ice mass exposed in Gold Hill Loess (Péwé, 1975 a,b) at Gold Hill 10 km west of Fairbanks. A mass of clear ice 70 cm in diameter contained randomly oriented crystals 4 to 12 cm in diameter which exhibited parallel striations about 5 to 10 mm apart (Fig. 4). The characteristics of the ice and lines were exactly as described for the larger exposure on Fairbanks Creek seen earlier but the crystals were smaller. In neither of these two observations, unfortunately, were crystals collected for laboratory study.

The study of Tyndall figures in ground ice offers a relatively easy method by which to learn about crystal size and orientation in the field. This method has been recently used by Mackay and Stager (1966a,b) in a study of thick tilted beds of segregated ice and pingo ice in the Mackenzie Delta.

Fig. 4. Large crystals of ground-ice exhibiting striations caused by emergence of Tyndall figures on surface. Gold Hill, 10 km west of Fairbanks, Alaska. (Photo graph No. 470 by T. L. Péwé, September 15, 1949)

ACKNOWLEDGMENTS

The fieldwork was supported by the U. S. Geological Survey. The author appreciated the review of the manuscript by J. Ross MacKay, R.J.E. Brown, and Oscar Ferrians.

REFERENCES CITED

Black, R. F., 1952, Structures in ice wedges of northern Alaska (Abs.): Am. Mineralogist, v. 37, p. 285-286

_____, 1953. Fabrics of ice wedges:Unpub. Ph.D. Dissert. The Johns Hopkins University, 87 p.

Gell, W. A., 1976, Underground ice in permafrost, MacKenzie Delta - Tuktoyoktuk Peninsula, N.W.T.: Unpub. Ph.D. Dissert. Dept. Geography, Univ. British Columbia, 258 p.

Lachenbruch, A. H., 1962, Mechanics of thermal contraction cracks and ice-wedge polygons in permafrost: Geol. Soc. America Spec. Paper 70, 69 p.

Leffingwell, E. de K., 1915, Ground-ice wedges; the dominant form of ground--ice on the north coast of Alaska: Jour. Geology, v. 23, p. 635-654.

Mackay, J. R., 1972, The world of underground ice: Assoc. Am. Geographers Annals, v. 62, no. 1, p. 1-22.

Mackay, J. R., and Stager, J. K., 1966a, Thick tilted beds of segregated ice, MacKenzie Delta, N.W.T.: Geog. Bull., Peryglacjalny, no. 15, p. 39-43

_____, 1966b, The structure of some pingos in the MacKenzie Delta, N.W.T.: Geog. Bull. v. 8 no. 4, p. 360-368

Nakaya, Ukichiro, 1956, Properties of single crystals of ice, revealed by internal melting: U.S. Army Snow, Ice, and Permafrost Res. Estab., Res. Paper 13, 80 p.

Péwé, T. L., 1954, Effect of permafrost on cultivated fields, Fairbanks area Alaska: U.S. Geol. Survey Bull. 989-F, p. 315-351

_____, 1973, Northeast Siberia - A report on the Second International Conference on Permafrost: Arctic Bull., v. 1, no. 2, p. 29-36.

_____, 1975a, Quaternary geology of Alaska: U. S. Geol. Survey Prof. Paper 835, 145 p.

_____, 1975b, Quaternary stratigraphy in unglaciated central Alaska: U. S. Geol. Survey Prof. Paper 682, 32 p.

Popov, A. I., 1955, Origin and development of thick fossil ice: in The materials for the fundamentals of the study on frozen zones of the earth's crust: Acad. Sci. U.S.S.R., Permafrost Institute Trudy, 2, p. 5-25. (In Russian)

_____, 1969, Underground ice in the Quaternary deposits of the Yana-Indigirka lowland as a genetic and stratigraphic indicator: in Péwé

T. L., 1969, The periglacial environment-past and present: Montreal, McGill-Queens University Press, p.55-64.

Shumskii, P. A., 1964, Principles of structural glaciology: New York, Dover Pub. Inc., 497 p.

Shumskii, P. A., Schvetzov, P. F., and Dostovalov, B. N., 1955, Ice veins: in Special applications of engineering geology in recommaissance of underground veins in the regions of their occurrence: U.S.S.R. Acad. Sci. Pub., p. 12-32. (In Russian)

Toll, Eduard, 1895, Diefossilen Eislager und ihre Beziehungen zu den Mammuthleichen: Abt. III, L'Head. Imperiale des Sciences de St. Petersburg, VII ser. 42, no. 13, 86 p.

Tyndall J., 1858, Remarks on the interior melting of ice: Royal Soc. London Proc. Ser. A., v. 9, p. 209-213.

Vtyurin, V. I., 1959, The origin of ground-ice in the vicinity of Anadyr Settlement: Problems of the North, no. 3, p. 60-65 (In Russian)

Watanabe, O., 1969, On the structure of ground-ice in the USA-CRREL permafrost tunnel, Fairbanks, Alaska: Seppyo, v. 31, no. 3, p. 53-62 (In Japanese).

PRINCIPLES OF CLASSIFICATION OF POLYGONAL-VEIN STRUCTURES

N.N. Romanovskii, Moscow State University, U.S.S.R.

The polygonal-vein structures are subdivided into two groups: primary and secondary. Primary structures are those formed by repeated frost fracturing, filling of fissures with earth materials or ice, and by subsequent transformation of materials filling the fissures in the seasonally-frozen layer, seasonally-thawed layer and permafrost. Secondary structures are formed as a result of thawing of primary structures. Primary structures are classified on the basis of their position in the seasonally thawed (frozen) layer - permafrost system, which reflects the dependence on the mean annual temperatures of earth materials, and also on the basis of materials filling the frost fissures, which is causally related to the water content of earth materials. If the amount of water on the surface is high, this leads to formation of the series: soil veins - ice wedges; if the amount of water is low, primary sand veins are formed.

Secondary polygonal-vein structures include relics containing ground ice. Any of the aforementioned categories may be epigenetic or syngenetic.

PRINCIPES DE LA CLASSIFICATION DES STRUCTURES POLYGONALES

N.N. Romanovskii, Université d'État de Moscou, URSS

Les structures polygonales se divisent en deux groupes: les structures primaires, c.-à-d. celles qui se forment lors de la gélifraction répétée, du remplissage des fentes par des matériaux du sol ou de la glace, et de l'altération subséquente des matériaux de remplissage dans la couche gelée périodiquement, la couche dégelée périodiquement et le pergélisol; les structures secondaires qui apparaissent lors du dégel des structures primaires. Les structures primaires sont classées, d'une part, en fonction de leur position dans le système couche dégelée (gelée) périodiquement - pergélisol, reflétant leur dépendance des températures moyennes annuelles des matériaux de sol, et, d'autre part, en fonction de la nature des matériaux de remplissage des fentes de gel, qui est liée causalement au contenu en eau des roches. En présence d'un volume d'eau de surface élevé, la série suivante se forme: filons de sol - fentes de gel; et lorsque le volume d'eau est faible, formation de filons de sable primaires.

Les structures polygonales secondaires comprennent des structures résiduelles contenant de la glace dans le sol. Toutes les catégories de structures définies ci-dessus peuvent être épigénétiques ou syngénétiques.

ПРИНЦИПЫ СИСТЕМАТИЗАЦИИ ПОЛИГОНАЛЬНО-ЖИЛЬНЫХ СТРУКТУР

Н.Н. Романовский, Московский гос. университет, СССР

Полигонально-жильные структуры (ПЖС) подразделяются на две группы: первичных структур, т.е. образующихся при многократном повторении процессов морозобойного растрескивания, заполнения трещин породой или льдом и последующего преобразования вещества, заполняющего трещины в сезонномерзлом (СМС), сезонноталом слое (СТС) и в мерзлой толще, и вторичных структур, возникающих при оттаивании первичных. Первичные структуры систематизируются, во-первых, по их положению в системе СТС (СМС)-мерзлая толща, отражая зависимость от среднегодовых температур пород, и, во-вторых, по характеру вещества, заполняющего морозобойные трещины, последний причинно связан с увлажненностью пород. При высоком увлажнении поверхности образуется ряд: изначально грунтовые жилы - повторножильные льды, а при очень низком - первично песчаные жилы.

Вторичные ПЖС включают реликты структур, содержащие в своем составе подземный лед. Любые из выделенных категорий структур могут быть эпигенетическими и сингенетическими.

ПРИНЦИПЫ СИСТЕМАТИЗАЦИИ ПОЛИГОНАЛЬНО-ЖИЛЬНЫХ СТРУКТУР

Н.Н. Романовский

Московский государственный университет, геологический факультет, СССР

Полигонально-жильные структуры (ПЖС), образующиеся на основе морозобойного растрескивания верхних горизонтов горных пород, охватывают многочисленные формы грунтовых (земляных) жил, выполненных разным по составу материалом, ледяные жилы (называемые различными авторами повторно-жильными или полигонально-жильными льдами), ледогрунтовые, грунтово-ледяные и другие виды и разновидности жил. Разнообразны размеры полигональной решетки в плане, морфология, высота и ширина в разрезе. Их описанию посвящена весьма обширная литература.

Полигонально-жильные структуры имеют большое значение при оценке геокриологических условий в области многолетнемерзлых пород, при мерзлотно-фациальном анализе четвертичных отложений, при палеогеографических реконструкциях и т.д. Все это обусловливает необходимость их систематизации на генетической базе с обязательным учетом природных условий, в которых они образуются, и процессов, происходящих при их формировании. При этом нам представляется необходимым: во-первых, в основу систематизации положить основные геологические процессы, ограничив их от второстепенных и сопутствующих, во-вторых, определить круг условий, в которых образуются соответствующие категории ПЖС.

Исследования современных развивающихся структур, древних ископаемых, часто претерпевших глубокие вторичные изменения, показывают, что ряд форм, образующихся в разных условиях, имеет большое морфологическое сходство. ПЖС развиваются в неодинаковых по генезису и свойствам отложениях, которые являются средой, вмещающей эти структуры. Эта среда не инертна, она воздействует на ПЖС, меняя их морфологию, размеры и состав. Часто структуры, образующиеся в сходных условиях, приобретает в разных вмещающих породах резкие морфологические различия. Поэтому только сходство или различие жил по внешнему виду не может быть положено в основу их генетического подразделения.

В основу прилагаемой ниже систематизации полигонально-жильных структур положены следующие принципы.

1. Все структуры подразделяются на две основные группы: первичные и вторичные. Первичные структуры образуются в результате многократно повторяющегося процесса морозобойного растрескивания, заполнения трещин минеральными осадками или льдом и последующего ежегодного преобразования вещества в трещинах. Вторичные структуры возникают как результат деградации первичных структур вследствие их протаивания как за счет увеличения глубин сезонно-талого слоя, так и деградации многолетнемерзлых пород.

2. Первичные ПЖС систематизируются по двум основным признакам: во-первых, по положению морозобойных трещин в системе сезонно-мерзлый (СМС) или сезонно-талый слой (СТС) и многолетнемерзлая толща; во-вторых, по характеру заполняющего трещины вещества. Последующие преобразования вещества, заполняющего трещины, предопределяются по своему существу тем, находятся ли они в СТС (СМС) или проникают в мерзлую толщу. Поэтому процессы изменения вещества в трещинах, влияющие на морфологию образующихся структур, являются вторичными, сопутствующими, хотя и весьма важными. С ними непосредственно связаны различные деформации и другие изменения во вмещающих породах, также являющиеся сопутствующими.

3. Полигонально-жильные структуры формируются геологически длительный отрезок времени, в течение которого условия их образования не остаются полностью неизменными. В одних случаях условия таковы, что характерные, отличительные черты жильных структур меняются только количественно, в других – изменения носят качественный характер. В первом случае положение трещин в системе СТС – мерзлая толща и заполняющее трещину вещество остаются постоянными, а следовательно, образуются определенные категории ПЖС, которые по своему веществу являются основными. В другом случае положение трещин в системе СТС – мерзлая толща меняется во времени. Происходит это главным образом в результате изменения температурного режима пород и глубин СТС. В одни годы морозобойные трещины располагаются целиком в СТС, в другие – проникают в мерзлую толщу. Периодически глубина сезонного оттаивания возрастает настолько что достигает максимальной глубины проникновения этих трещин, что приводит к оттаиванию заполняющего жилы вещества. В результате образуются первичные структуры, имеющие переходный, промежуточный характер между основными категориями.

Характер заполнения морозобойных трещин за время развития ПЖС может в одних случаях оставаться неизменным, а в других меняться. Так в условиях достаточно высокого увлажнения поверхности земли в период, когда трещины открыты, "зияют", они ежегодно заполняются водой, образуя при замерзании жилки конжеляционного льда. При низком увлажнении поверхности заполнения трещин льдом не происходит. При наличии эоловых процессов трещины могут выполняться воздушно-сухим эоловым песком. Но условия увлажнения поверхности земли могут меняться периодически как в связи с климатическими изменениями, так и с местными сменами фациальной обстановки. В силу этого периодически может меняться характер вещества, заполняющего трещины, а образующиеся структуры отражают эти вариации.

Если первый принцип, положенный в основу систематизации полигонально-жильных структур, можно считать общепринятым, и он достаточно понятен, то два других требуют пояснения и обоснования.

Подразделение ПЖС по положению морозобойных трещин в системе СТС (СМС) – мерзлая толща обусловлено тем, что в структурах, целиком находящихся в СТС (СМС), невозможно накопление подземного льда. Лед, образующийся в морозобойных трещинах, ежегодно оттаивает. В структурах, точнее нижних частях структур, формирующихся в мерзлой толще, ниже СТС, напротив, возможно накопление и сохранение подземного льда в течение многих лет. Такая категория ПЖС, как повторно-жильные льды, практически целиком представлена конжеляционным подземным льдом. В ряде работ (Романовский, 1970; Romanovskj, 1973 и др.) автором показано, что проникновение морозобойных трещин из СТС в мерзлую толщу зависит от среднегодовых температур у подошвы СТС или слоя их годовых колебаний – $t_{ср}$. Эти температуры являются рубежом между структурами, целиком образующимися в СТС (СМС), и структурами двухярусными, нижняя часть которых формируется в мерзлой толще и может содержать подземный лед, а верхняя расположена в СТС. Первые из них можно условно назвать "высокотемпературными", так как они развиваются при более высоких значениях $t_{ср}$, чем вторые – "низкотемпературные". При этом образовании низкотемпературных ПЖС с понижением $t_{ср}$ при прочих равных условиях мощность СТС уменьшается, а глубина проникновения трещин ниже СТС в мерзлую толщу увеличивается. В результате вертикальные размеры верхней части жильных структур зонально сокращаются, а нижней – возрастают. Таким образом, в природе существует температурный контроль за проникновением морозобойных трещин из СТС в мерзлую толщу и развивающимися на этой основе жильными структурами. Следует заметить, что температуры породы, при которых происходят эти качественные изменения структур, различны для пород разного состава и льдистости, т.е. существует зависимость этих температур от литологических и влажностных (мерзлотно-фациальных) особенностей пород (Романовский, 1972). Эта зависимость не учтена при систематизации полигонально-жильных структур, но ее наличие следует иметь в виду при геокриологических исследованиях и восстановлении палеомерзлотных условий по жильным структурам в породах различного состава и генезиса.

Заполнение морозобойных трещин, образующихся осенью и зимой, происходит главным образом благодаря попаданию в них, во-первых, талой или полой речной воды, во-вторых, воздушно-сухого песка. Дополнительно в трещины может попадать в небольшом количестве снег, накапливаться кристаллы сублимационного льда, а нижние концы трещины выполняться частично за счет осыпания со стенок кусочков вмещающей породы.

Заполнение трещин водой, переходящей при замерзании в жилки конжеляционного льда, происходит весной в условиях достаточно высокого обводнения поверхности. В мерзлой толще на их основе при многократном повторении процесса формируется повторно-жильный лед. В СМС и СТС летом эти жилки вытаивают, а образующиеся полости-трещинки выполняются полностью или частично оплывающими или обваливающимися в них вмещающими отложениями. По ослабленным зонам на месте жилок конжеляционного льда происходит вмывание органических веществ, выветривание, суффозия или кольматация и т.д. Повторение таких процессов ведет к образованию грунтовых жил в СМС и СТС, а в случае, когда трещины проникают в мерзлую толщу, – верхней грунтовой части над ледяными жилами. Таким образом, при конжеляционном льдообразовании в морозобойных трещинах образуется температурный ряд полигонально-жильных структур: в условиях относительно высоких $t_{ср}$ пород в СМС и СТС (когда трещины не выходят из этого слоя) формируются изначально-грунтовые жилы, а при низких $t_{ср}$ – повторно-жильные льды. Как указывалось выше, последние являются структурами двухярусными, причем с понижением температуры пород (при прочих равных условиях) вертикальный размер ледяных жил увеличивается, а грунтовой части в СТС уменьшается.

В диапазонах температур пород, при которых морозобойные трещины проникают из СТС в мерзлую толщу, развиваются переходные полигонально-жильные системы, когда по трещинам генераций низких порядков формируются повторно-жильные льды, а по трещинам генераций высоких порядков – изначально-грунтовые жилы (Романовский, Боярский, 1966; Romanovskj, 1973). В этих же условиях образуются переходные формы жильных структур. Под последними мы понимаем структуры, которые в наиболее холодные этапы периода их формирования развиваются как маломощные повторно-жильные льды, с вертикальной мощностью ледяных жил до нескольких десятков сантиметров. В эти этапы мощность СТС и $t_{ср}$ пород имеют минимальные значения за период. Заметим, что вертикальные размеры таких ледяных жил соизмеримы с мощностью "переходного слоя", хотя обычно несколько превышают ее. Под переходным слоем В.К. Яновский (1933) и Ю.Л. Шур (1975) понимают слой многолетнемерзлых пород, промежуточный между слоем отложений, оттаивающих ежегодно, и непрерывно мерзлой толщей за определенный период (в данном случае за период формирования ПЖС). Верхняя поверхность переходного слоя $\Delta\xi_{п}$ совпадает с минимальной, а нижняя – с максимальной за период глубиной сезонного оттаивания.

В более теплые или более континентальные этапы, когда мощность СТС увеличивается, происходит оттаивание пород переходного слоя и вытаивание маломощныех ледяных жил. На их месте образуются небольшие псевдоморфозы по жильному льду. Продолжающееся морозобойное растрескивание и сезонное заполнение трещин конжеляционным льдом обусловливает дальнейшее развитие жильных структур в СТС по типу изначально-грунтовых жил. Ширина их в верхней части обычно увеличивается, а в нижней они остаются узкими. Понижение температур пород, уменьшение мощности СТС вновь может приводить к образованию небольших ледяных жил в мерзлой толще. Вследствие этого, такие структуры по существу носят промежуточный характер не только между изначально-грунтовыми жилами и повторно-жильными льдами, но и между псевдоморфозами по ним, т.е. между структурами первичными и вторичными.

Выполнение трещин воздушно-сухим песком имеет место в районах, где увлажнение поверхности ничтожно мало и существуют интенсивные эоловые процессы. В этих условиях сухой эоловый песок и гравий засыпается в морозобойные трещины зимой. Эоловый материал или непосредственно попадает в трещины, как в ловушки, когда он переносится ветром по поверхности, или предварительно накапливается в полигональных понижениях, а затем проникает в трещины при их образовании. В этом случае формируются первично-песчаные жилы (Sand-Wedge). Изучены они, главным образом, в Антарктиде американскими исследователями Т. Певе (Péwé, 1959), Т. Бергом и Р. Блеком (Berg, Black, 1966). Развиваются такие жилы в очень суровых климатических и геокриологических условиях, образуя парагенетический мерзлотно-фациальный ряд с ледяными и песчано-ледяными жилами (Composite-Wedge). Несомненно, что образование первично-песчаных жил возможно и в менее суровой геокриологической обстановке, но обязательно при очень высокой сухости климата, слабой увлажненности поверхности и активных эоловых процессах. Реликты первично-песчаных жил широко встречаются в перигляциальной зоне последнего оледенения Европы и Северной Америки.

В условиях, когда заполнение морозобойных трещин песком чередуется во времени с заполнением конжеляционным льдом, образуются переходные разновидности между первично-песчаными жилами, с одной стороны, и изначально-грунтовыми жилами и повторно-жильными льдами, с другой. В этом случае в условиях низких $t_{ср}$ пород формируются песчано-ледяные жилы, изученные, как уже говорилось выше, в Антарктиде. При этом соотношение песка и льда изменяется в них в весьма широком диапазоне, образуя практически непрерывный ряд от полностью ледяных до полностью песчаных жил. В

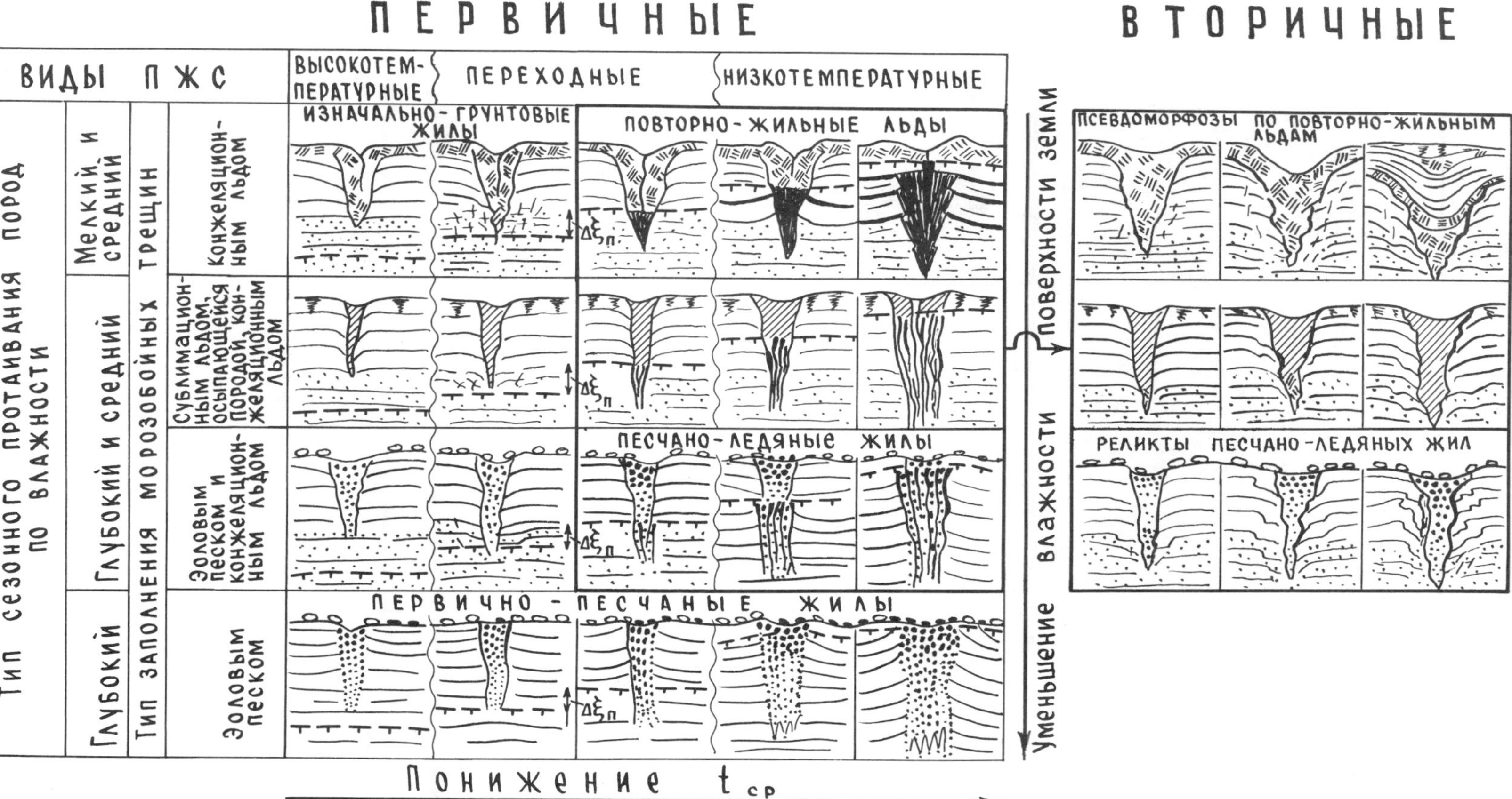

Принципиальная схема взаимоотношения полигонально-жильных структур

качестве высокотемпературных разновидностей жил с первичным песчано-ледяным выполнением нами рассматриваются так называемые "жилы отгибания", описанные на тукуланах Центральной Якутии (Катасонова, 1972). Приурочены они к СТС слабовлажных песчаных эоловых и аллювиальных отложений с температурами, близкими к $0^{\circ}C$. В ископаемом состоянии такого рода жилы, иногда имеющие песчано-ледяное окончание (переходные разновидности от высокотемпературных к низкотемпературным), изучены Н.С. Даниловой (1963) в аллювиальных отложениях высоких террас р. Вилюя. В современных условиях ни жилы с первичным песчаным, ни с первичным песчано-ледяным выполнением не образуют единого непрерывного мерзлотнозонального ряда. В силу этого многие их разновидности изучены крайне недостаточно, а другие выделяются нами в порядке прогноза. Они требуют поисков и дальнейших исследований.

Заполнение морозобойных трещин сублимационным льдом может быть, по представлению ряда авторов, значительным, а иногда решающим фактором, приводящим к образованию повторно-жильных льдов и даже весьма мощных. Базируются эти представления на косвенных данных по химическому составу и физическим свойствам таких льдов, а также на прямых наблюдениях кристаллов сублимационного льда в зияющих трещинах зимой и несомкнувшихся полностью фрагментах трещин в телах ледяных жил. Не рассматривая косвенных данных, остановимся на анализе термодинамических условий образования сублимационного льда в морозобойных трещинах.

Исследование В.Н. Зайцевым особенностей повторно-жильных льдов на приморских низменностях Якутии показало, что зимой и в большую часть весеннего периода условия для образования сублимационного льда в трещинах за счет поступления паров влаги извне отсутствуют. В это время температура стенок трещины выше, чем температура наружного воздуха, а упругость пара в последнем незначительна. При его просачивании в трещины происходит возгонка льда и осушение породы на стенках. Это подтверждается и прямыми наблюдениями Ш.Ш. Гасанова, который установил, что в морозные дни над трещинами образуется пар. Весной, в период снеготаяния трещины заполняются конжеляционным льдом, а редкие незаполненные смыкаются в результате расширения пород при повышении их температуры в массиве. Накопление сублимационного льда в морозобойных трещинах за счет воздухообмена с атмосферой возможно только короткий отрезок времени - весной, до начала снеготаяния. Но и в это время условия для активного образования сублимационного льда мало благоприятны, так как наружный воздух имеет более высокую температуру и меньшую плотность, чем воздух в трещинах. В силу этого плотностная конвекция воздуха отсутствует. Таким образом, в годовом балансе имеет место убыль льда на стенках морозобойных трещин, а не его накопление. Вдоль стенок, сложенных мерзлыми породами, образуется слой иссушения, где порода имеет меньшую прочность, чем в массиве. Присутствующие в трещинах кристаллы сублимационного льда образуются в результате воздухообмена внутри трещин, когда в одной более "теплой" части лед испаряется, а в другой, более "холодной" идет его накопление.

В районах с высокой континентальностью климата, резким дефицитом влажн[illegible] зимой, маломощным снежным покровом, преимущественно испаряющимся к весне, на основе морозобойных трещин, из которых зимой происходит возгонка текстурообразующего льда и осушение пород в окружающей их зоне, возможно формирование своеобразных полигонально-жильных структур. При их образовании в трещинах весной может накапливаться сублимационный лед, а их нижние части заполняться кусочками обвалившейся со стенок иссушенной породы. В отдельные годы весной в трещины заливается талая вода и возникают жилки конжеляционного льда. В последнем случае образование морозобойных трещин на следующий год должно происходить ниже СТС по осушенной породе, обладающей малой прочностью на разрыв, а не по ледяной жилке. В таких условиях в мерзлой толще, видимо, развиваются некоторые виды ледогрунтовых жил.

В целом описанное выше выполнение морозобойных трещин можно условно назвать конжеляционно-сублимационным, помня при этом, что большое значение в заполнении имеет обваливание, осыпание подсушенной породы со стенок трещин. Температурный ряд при такого рода заполнении выделен нами в порядке прогноза. Сами структуры специально не исследовались и не имеют собственных названий. К ним, видимо, будут отнесены многие полигонально-жильные формы, образующиеся в условиях резкоконтинетального очень сухого климата Восточной Сибири. Высокотемпературные разновидности таких ПЖС следует ожидать, в частности, в Южном Забайкалье.

На основании рассмотренных выше основных исходных положений составлена принципиальная схема взаимоотношения полигонально-жильных структур (рис.), в левой части которой показаны первичные структуры. Горизонтальные ряды таких структур отражают особенности их изменений при увеличении (слева направо) суровости температурного режима пород (температурный контроль).

По вертикали показаны категории ПЖС при изменениях характера заполнения морозобойных трещин. Как указывалось выше, заполнение таких трещин зависит от степени увлажненности поверхности земли и наличия эолового перемещения песчаного материала. Кроме того, намечается причинная связь увлажнения поверхности с влажностью пород СТС (СМС). Так, при конжеляционном льдообразовании в трещинах сезонное оттаивание и сезонное промерзание пород относится по влажности, в соответствии с классификацией В.А. Кудрявцева (Достовалов, Кудрявцев, 1967), к мелкому $[W_{ест} > W_{н} + \frac{2}{3}(W_{п} - W_{н})]$ и среднему $[W_{н} + \frac{1}{3}(W_{п} - W_{н}) < W_{ест} < W_{н} + \frac{2}{3}(W_{п} - W_{н})]$ типам,

где $W_{ест}$ - естественная влажность пород, средняя по СТС (СМС),

$W_{п}$ - полная влажность пород,

$W_{н}$ - количество незамерзшей влаги.

При первичном песчаном заполнении сезонное оттаивание (промерзание) принадлежит к глубокому типу $[W_{н} < W_{ест} < W_{н} + \frac{1}{3}(W_{п} - W_{н})]$. В случае промежуточных типов заполнения морозобойных трещин, когда увлажненность поверхности пород меняется из года в год, изменяется, видимо, и влажность пород в СТС (СМС). Полной синхронности в изменениях характера заполнения трещин и влажности пород быть не может вследствие того, что первое определяется условиями увлажнения поверхности зимой и весной а второе предзимними условиями, составом отложений, степенью дренированности участка и т.д. Не ясны и пределы изменения влажности пород. В первом приближении, по имеющимся отрывочным данным, можно полагать, что глубины СТС(СМС) по влажности в таких условиях меняются от мелких до средних типов. Таким образом, по вертикали в предлагаемой схеме первичных структур отражен влажностный контроль за заполнением морозобойных трещин и глубинами сезонного оттаивания (промерзания) пород.

Общеизвестным в настоящее время является разделение ПЖС на эпигенетические и сингенетические образования. К эпигенетическим относится ПЖС, сформировавшиеся в породах, процесс накопления которых закончился до начала развития структур. Сингенетические ПЖС образуются одновременно с накоплением отложений. В предлагаемой принципиальной схеме взаимоотношения ПЖС такое разделение графически не показано, однако следует иметь в виду, что все виды и разновидности выделенных структур могут быть как эпигенетическими, так и сингенетическими.

Вторичные полигонально-жильные структуры, показанные в левой части рисунка, представляют собой формы, возникающие при оттаивании подземного льда, содержащегося в первичных полигонально-жильных структурах. Таким образом, они могут формироваться на основе только части видов ПЖС, во-первых, относящихся к "низкотемпературным" образованиям, во-вторых, имеющих в строении самой жильной структуры включения льда в объеме, превышающем $W_п$ породы, слагающей жилы, в талом ее состоянии. Поэтому в левой части схемы показаны реликты повторно-жильных льдов (псевдоморфозы по повторно-жильному льду), структур с конжеляционно-сублимационным заполнением и песчано-ледяных жил. Условия образования псевдоморфоз по ледяным жилам, их известные разновидности, характерные черты и отличительные особенности достаточно полно описаны в литературе (Каплина, Романовский, 1960; Романовский, 1972; Romanovskj, 1973). Реликты низкотемпературных ПЖС с конжеляционно-сублимационным выполнением трещин вообще до сих пор не изучались. Следует полагать, что они будут иметь черты, сходные с псевдоморфозами по небольшим ледяным жилам, а возможно, морфологически не будут отличимы от последних. Реликты песчано-ледяных жил имеют черты, сходные с псевдоморфозами по жильным льдам, а в качестве дополнительного признака - включения в тела структур эолового песка.

Низкотемпературные песчано-ледяные жилы имеют льдистость, не превышающую полной влагоемкости породы в талом состоянии. В силу этого при оттаивании сами структуры не теряют своих первичных морфологических черт. Более того, особенности строения песка и гравия, выполняющих жилы, сохраняются в ископаемом состоянии.

Следует особо подчеркнуть, что все виды ПЖС, формирующиеся при наличии многолетнемерзлого субстрата, т.е. в СТС и мерзлой толще или только в СТС, в том числе не содержащие подземного льда, могут претерпевать определенные изменения, когда развитие их прекращается, а многолетнемерзлые породы оттаивают. Эти изменения будут тем больше, чем больше льдистость мерзлых пород. Влияние льдистости вмещающих пород на особенности реликтов ПЖС рассмотрены в литературе наиболее полно для псевдоморфоз по жильным льдам. Для других видов жильных структур такие исследования отсутствуют или носят весьма ограниченный характер. Пожалуй, наиболее полно трансформация песчано-ледяных и первично-песчаных жил при деградации мерзлых толщ описана в работах Р. Блека (Black, 1965) И.Я. Гоздзика (Gozdzik, 1973). Между тем, важность этого вопроса несомненна, так как, в частности, низкотемпературные ископаемые разновидности первично-песчаных жил могут быть отделены от высокотемпературных по характеру их деформаций, возникших при увеличении глубин сезонного оттаивания и деградации льдистых многолетнемерзлых пород. Это тема специального исследования и в настоящей работе она не рассматривается. При выделении и систематизации вторичных структур деформации, связанные с протаиванием вмещающих или подстилающих многолетнемерзлых льдистых пород, нами не учитывались. Поэтому особо не выделены и реликты первично-песчаных жил. Дальнейшие исследования в этом направлении и совершенствование "принципиальной схемы подразделений" ПЖС позволят выделить реликты низкотемпературных первично-песчаных, а возможно, и песчано-ледяных жил по указанному выше принципу.

Необходимо заметить, что полигонально-жильные структуры, развивающиеся и прекратившие свое развитие, т.е. находящиеся в стадии консервации или захоронения, при составлении предлагаемой "схемы" не разделены между собой. Такое подразделение в пределах каждого из видов структур возможно, целесообразно и проводится при специальных геокриологических исследованиях. Однако внесение его в "принципиальную схему" приведет только к ее усложнению, не давая ничего существенно нового.

При предлагаемом подходе к систематизации ПЖС не нашли также отражения структуры, связанные с "сортированными" и "несортированными" полигонами (Wachburn, 1956). По нашим представлениям, выпучивание и сортировка каменного материала являются явлением вторичным и второстепенным по отношению к морозобойному растрескиванию и развитию жильных структур.

Изложенный выше подход к классификации полигонально-жильных структур, учитывающий "температурный контроль" за положением морозобойных трещин и структур в системе СТС-мерзлая толща и "влажностный контроль" за выполнением трещин, заставляет по-новому подойти к таксономии этих структур. Так, "грунтовые" ("земляные") жилы, выделяемые большинством исследователей в качестве единого основного типа ПЖС, разделяются на совершенно различные виды жил, формирующихся в неодинаковых мерзлотно-температурных и климатических условиях, иногда диаметрально противоположных (например, изначально-грунтовые жилы и "низкотемпературные" первично-песчаные жилы). В качестве итога можно предложить выделять: "первичные" и "вторичные" ПЖС в качестве основных г р у п п. В группе первичных ПЖС по характеру заполнения морозобойных трещин выделить т и п ы (типы заполнения: ледяной конжеляционный, ледяной конжеляционно-сублимационный, песчано-ледяной, песчаный), а по положению морозобойных трещин (и структур) в системе СТС (СМС) - мерзлая толща - в и д ы структур (высокотемпературный, переходный, низкотемпературный). В пределах видов по степени развития, морфологии и другим особенностям возможно выделение разновидностей ПЖС. Все структуры по их отношению к вмещающим породам целесообразно разделить на два к л а с с а: эпи- и сингенетических ПЖС. Таксономия группы вторичных структур при таком подразделении определяется таксономией соответствующих категорий первичных структур.

В заключение следует отметить, что предложенная систематизация ПЖС позволит направить усилия исследователей на поиски структур, выделенных в порядке прогноза, установление отличительных признаков структур, относящихся к различным категориям, и детальное ограничение комплексов условий (в том числе и мерзлотно-фациальных), в которых они могут развиваться. Более подробное, чем ранее, подразделение жильных структур потребует привлечения новых специальных методов их исследований (геотермических, геохимических, литологических и др.), что является делом ближайшего будущего.

ЛИТЕРАТУРА

ДАНИЛОВА Н.С. 1963. Первично-грунтовые жилы в четвертичных отложениях Вилюя. - В кн.: Условия и особенности развития мерзлых толщ в Сибири и на Северо-Востоке. М., Изд-во АН СССР, с. 25-40.

КАПЛИНА Т.Н., РОМАНОВСКИЙ Н.Н. 1960. О псевдоморфозах по полигонально-жильному льду. - В кн.: Перигляциальные явления на территории СССР. Изд-во МГУ, с. 101-129.

КАТАСОНОВА Е.Г. 1972. Криогенные образования в сезонно-протаивающих эоловых отложениях Центральной Якутии. - В кн.: Геокриологические и гидрогеологические исследования Сибири. Якутск, с. 80-89.

РОМАНОВСКИЙ Н.Н. 1970. Влияние температурного режима горных пород на морозобойное трещинообразование и развитие полигонально-жильных форм. - В кн.: Мерзлотные исследования вып. 10. Изд-во МГУ, с. 164-192.

РОМАНОВСКИЙ Н.Н. 1972. Основные типы полигонально-жильных образований, их характерные черты и условия развития. - "Вестн. Моск. ун-та, Сер. геол." № 6, с. 44-57.

РОМАНОВСКИЙ Н.Н., БОЯРСКИЙ О.Г. 1966. Полигонально-жильные льды и грунтовые жилы в северо-восточной части Витимо-Патомского нагорья. - В кн.: Мерзлотные исследования, вып. 6. Изд-во МГУ, с. 124-143.

ШУР Ю.Л. 1975. О переходном слое. - В кн.: Методы геокриологических исследований (Труды ВСЕГИНГЕО, вып. 96) с. 82-85.

ЯНОВСКИЙ В.К. 1933. Экспедиция на реку Печору по определению южной границы вечной мерзлоты. - В кн.: Труды комиссии по изучению вечной мерзлоты, т. П. М.-Л., Изд-во АН СССР, с. 66-149.

BERG T.E., BLACK R.F. 1966. Preliminary Measurements of Growth of Nonstorted Polygons. Victoria Land, Antarctica, Antarctic Soil-forming processes. – "Amer. Geoph. Union. Antarctic Research, Natl. Acad. Sci. – Natl., Research Council", Ser. 8, Pub. 1418, pp. 61–108.

BLACK R.F. 1965. Ice-wedge casts of Wisconsin. "Wiscinsin Acad. of Scien., Arts and Letters", vol. 54, pp. 187–220.

GOZDZIK J. 1973. Genera i pozicya stratygraficzna structyr peryglacjalnych w Szrodkovej Polsce. – "Acta Geographica Lodziensia", N 31, Lodz, pp. 117.

PÉWÉ T.L. 1959. Sand-Wedge Polygons (Tesselation) in the McMurdo Sound Region. Antarctica – "A Progress report. Amer. Jour. Sci.", vol. 257, pp. 545–552.

ROMANOVSKJ N.N. 1973. Regularities in Formation of Frost-Fissures and Development of Frost-Fissures Poligons. – "Bunl. Perigl.", N 23 Lodz, pp. 237–277.

WASHBURN A.L. 1956. Classification of pattern ground and review of suggested origins. – "Geol. Soc. Amer." July, vol. 67, pp. 823–866.

AGE OF CRYOTURBATED ORGANIC MATERIALS IN EARTH HUMMOCKS FROM THE CANADIAN ARCTIC

S.C. Zoltai, Canadian Forestry Service, Northern Forest Research Centre, Edmonton T6H 3S5, Alberta, Canada
C. Tarnocai, Canada Soil Survey, Univ. of Manitoba, Winnipeg R3T 2N2, Manitoba, Canada
W.W. Pettapiece, Canada Soil Survey, Univ. of Alberta, Edmonton T6G 2E3, Alberta, Canada

Buried organic materials were collected from under 26 earth hummocks in the arctic and subarctic regions of Canada. Radiocarbon dates were obtained from 50 samples (peat, wood, and other organic material), both from the active layer and from the near-surface permafrost. Ages of the buried materials are not clearly related to depth of burial or to position under the hummocks. The burial was due to cryoturbation in most cases. Most materials are younger than 4,800 years. Cryoturbation is believed to have been intense during the early periods, beginning about 4,500 years ago simultaneously in all regions. Most hummocks were formed during the initial period between 4,500 and 2,500 years ago, but burial of surface material is continuing on a reduced scale to the present.

ÂGE DES MATÉRIAUX ORGANIQUES CRYOTURBÉS QUI COMPOSENT LES THUFURS DE L'ARCTIQUE CANADIEN

On a recueilli des matériaux organiques profonds, que recouvraient 26 thufurs dans les régions arctiques et subarctiques du Canada. On a effectué la datation au radiocarbone de 50 échantillons (tourbe, bois, et autres matériaux organiques), à la fois dans le mollisol et le pergélisol proches de la surface. On n'a pas pu établir clairement de corrélation entre l'âge des matériaux enfouis et la profondeur ou la situation de ces matériaux au-dessous des thufurs. Dans la plupart des cas, c'est la cryoturbation qui a provoqué l'enfouissement des matériaux, qui en général ont moins de 4 800 ans. On pense que les processus de cryoturbation ont été intenses pendant leur phase initiale, qui a débuté simultanément il y a environ 4 500 ans dans toutes les régions. La plupart des thufurs se sont formés pendant la période initiale qui se situe entre 4 500 et 2 500 ans, mais l'enfouissement des matériaux de surface se poursuit actuellement à une échelle réduite.

ВОЗРАСТ ОРГАНИЧЕСКИХ ОТЛОЖЕНИЙ В ЗЕМЛЯНЫХ КОЧКАХ В КАНАДСКОЙ АРКТИКЕ

В арктических и субарктических районах Канады из 26 земляных кочек были взяты образцы погребенных органических отложений. Была произведена датировка радиоуглеродным методом 50 образцов /торфа, древесных остатков и других органических отложений/, взятых как из активного слоя, так и из приповерхностных слоев многолетнемерзлого грунта. Возраст погребенных отложений не имеет четко-выраженной связи с глубиной погребения или их расположения под кочками. В большинстве случаев погребение было вызвано криотурбацией. Большая часть отложений имеет возраст менее 4800 лет. Можно предположить, что интенсивная криотурбация имела место в ранние периоды, начавшись примерно 4500 лет назад одновременно во всех районах. Большинство кочек образовалось в начальный период 4500-2500 лет назад, но погребение поверхностных отложений продолжается и в настоящее время, хотя и менее интенсивно.

AGE OF CRYOTURBATED ORGANIC MATERIALS IN EARTH HUMMOCKS FROM THE CANADIAN ARCTIC

S.C. Zoltai[1], C. Tarnocai[2] and W.W.Pettapiece[3]

[1] Canadian Forestry Service, Environment Canada, Northern Forest Research Centre, Edmonton T6H 3S5, Alberta
[2] Canada Soil Survey, Agriculture Canada, University of Manitoba, Winnipeg R3T 2N2, Manitoba
[3] Canada Soil Survey, Agriculture Canada, University of Alberta, Edmonton T6H 2E3, Alberta

INTRODUCTION

Earth hummocks are a type of nonsorted circle or net (Washburn 1973). They are hemispherical in shape, about 40-50 cm high and have a diameter of 1-2 m, but tend to be elongated along slopes (Zoltai and Tarnocai 1974). They invariably occur on fine-grained soils of clay to clay loam texture and can be found on permafrost terrain throughout the Subarctic and Arctic regions of Canada wherever the soil texture and moisture conditions are favorable for their formation. Earth hummocks were found on nonpermafrost terrain in the southern Mackenzie Valley, but were regarded as relict features on the basis of well-developed soil profiles (Zoltai and Tarnocai 1974). On permafrost areas they are almost always underlain by a layer of pure ice or high ice content material up to 1 m thick. Very frequently they contain buried organic material in amorphous or somewhat decomposed form.

Buried organic matter was noted in many soils in northern Alaska and Canada (Tedrow 1963, Tedrow and Douglas 1958, Hopkins and Sigafoos 1951, Mackay 1958). The organic material generally occurred a few centimetres below the top of permafrost either in continuous layers or in stringers. Organic material was also commonly found in the active layer in the form of continuous layers, intrusions, or involutions. The burial of the organic material has been attributed to cryoturbation (Hopkins and Sigafoos 1951), to gradual downhill movement of earth hummocks (Mackay 1958), or to decomposition during a warmer climatic period (Tedrow 1963).

The presence of incorporated organic matter offers a unique opportunity to study the effect of cryogenic processes on soil development and also to consider it in regional and zonal contexts. In the course of studies on terrain-vegetation-permafrost relationships in the Canadian Subarctic and

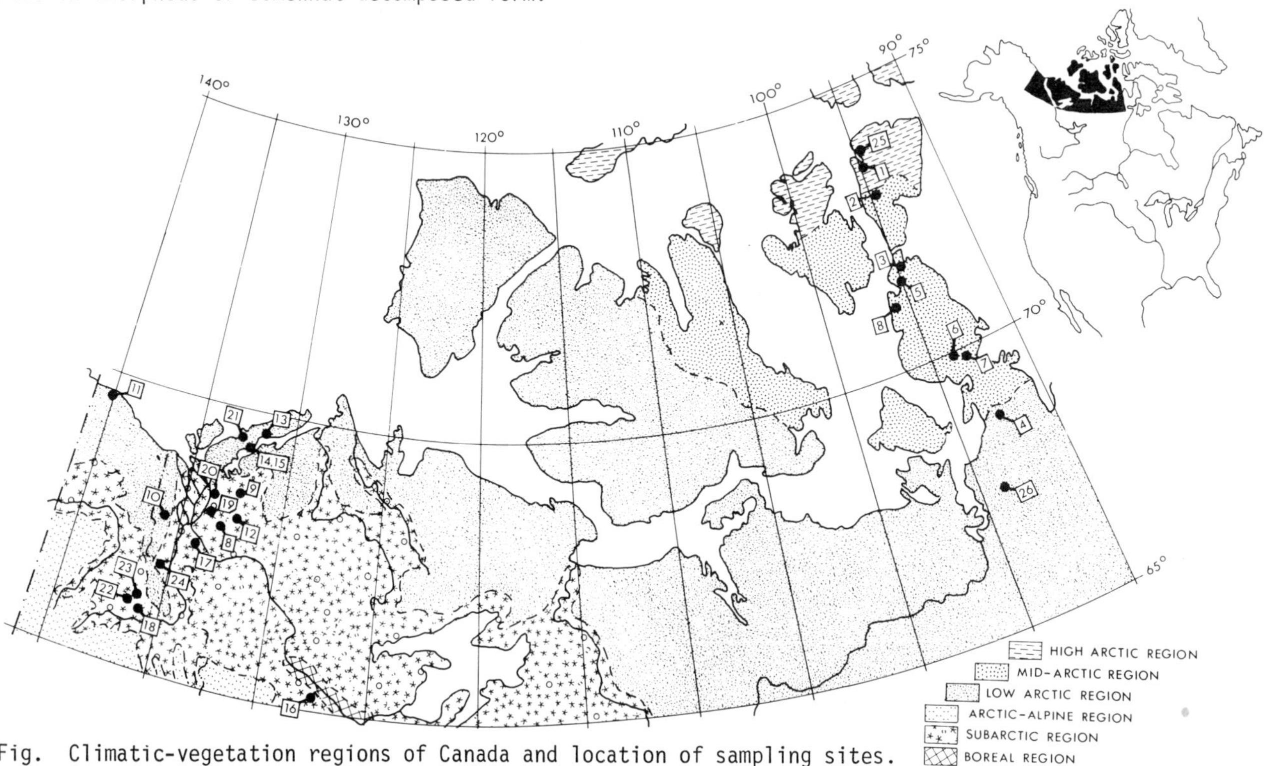

Fig. Climatic-vegetation regions of Canada and location of sampling sites. Vegetation Regions modified from The National Atlas of Canada (1973).

Arctic regions (Zoltai and Pettapiece 1973, Zoltai and Tarnocai 1974, Tarnocai 1973, Tarnocai et al. 1976) about 150 earth hummocks were excavated and examined in detail. Many of these contained buried organic materials in layers, involutions, smears, or pockets within the active layer or in the near-surface permafrost. Organic material was collected from 25 earth hummocks and 50 radiocarbon dates were determined.

The purpose of this paper is to examine the ages of cryoturbated organic material in the Subarctic and Arctic environments of northern Canada and to discuss their local and regional implications, with particular reference to soil stability and climate.

METHODS

In the western Arctic of Canada, earth hummocks were studied in the Low Arctic and Subarctic climatic-vegetation regions (Fig. 1). In the central Arctic most work was carried out in the Mid-Arctic region, but some hummocks were investigated in the High Arctic and Low Arcitc areas as well. In all cases well-formed hummocks were selected in areas where slope was less than 4%. Excavations were made at least 50 cm into the permafrost. The permafrost was distinguised from seasonal frost early in the season by the high ice content of the permafrost. The soil profiles were described and sampled, and the samples were later analyzed. The disposition of buried organic material was carefully noted in relation to the permafrost table and to hummock morphology.

The sampled organic material was immediately enclosed in an airtight container, often in a frozen state. The composition of the dated material was determined as peat, which is fibrous or slightly decomposed moss or litter; organic material, which is moderately to well decomposed, amorphous organic matter with high mineral soil content; or wood.

Most radiocarbon determinations were made by the Radiocarbon Laboratory of Brock University (BGS) and a few by the Geological Survey of Canada (GSC). In the laboratory the samples received standard treatment, including washing with distilled water, removal of organic acids with NaOH, and removal of carbonates with HCl, as required. The ages are uncorrected and are given as years B.P.

RESULTS

The radiocarbon dates (Table 1) range from 11200 to 500 years B.P., but most ages are younger than 5000 years B.P. The number of radiocarbon dates occurring during 500-year periods was plotted in bar diagrams (Fig. 2). In this analysis only two of the seven dates (BGS-204 and 209) obtained from Hummock 16 in the Subarctic region were used to avoid overrepresentation from this detailed site. The diagram (Fig. 2A) shows that the number of buried organic samples is fairly even from 5000 to 500 years B.P., with a peak in the 3000- to 3500-year range. The number of samples older than 5000 years, distributed from 5000 to 11500 years, is too low to show a pattern. The diagram of samples from different climatic-vegetation

Table 1. Radiocarbon dates from earth hummocks.

Sample no.	Location Lat. N	Location Long. W	Sample depth & position Centre (cm)	Sample depth & position Trough (cm)	Depth to permafr. (cm)	Sample from Permafr. or active layer	Material dated	Age (yr B.P.)	Lab. no.	Region
1a	73°37'	94°50'	55		68	A	Peat	3340±140	BGS-331	High Arctic
1b				35	20	P	Peat	525± 80	BGS-330	High Arctic
2a	72°58'	94°57'	72		53	P	Peat	3000± 90	BGS-335	Mid-Arctic
2b				53	15	P	Peat	2710±110	BGS-336	Mid-Arctic
3a	71°31'	94°10'	65		55	P	Peat	3140± 90	BGS-249	Mid-Arctic
3b			110		55	P	Peat	6420±100	BGS-248	Mid-Arctic
3c				42	32	P	Peat	4260± 90	BGS-250	Mid-Arctic
4a	68°30'	92°52'	62		54	P	Peat	2860± 90	BGS-246	Low Arctic
4b				34	30	P	Peat	1210± 80	BGS-247	Low Arctic
5	71°29'	94°52'	30		45	A	Org.	2440± 90	BGS-243	Mid-Arctic
6	69°57'	93°30'	59		50	P	Org.	4810±100	BGS-245	Mid-Arctic
7	69°48'	93°22'	80		63	P	Org.	3430± 80	BGS-244	Mid-Arctic
8a	71°03'	95°20'		31	44	A	Peat	2060± 80	BGS-242	Mid-Arctic
8b			31		35	A	Org.	1240± 90	BGS-241	Mid-Arctic
9a	68°27'	132°27'	110		80	P	Peat	2270± 80	BGS-190	Subarctic
9b				100	45	P	Peat	3980± 90	BGS-191	Subarctic

Table 1. (Continued)

10a	68°08'	135°49'		80	45	P		Peat	3850± 90	BGS-192	Low Arctic
10b			98		70	P		Org.	3770± 90	BGS-193	Low Arctic
11a	69°25'	139°59'		47	25	P		Peat	6240±110	BGS-194	Low Arctic
11b			52		50	P		Peat	5750±100	BGS-195	Low Arctic
12a	67°58'	132°43'	65		55	P		Org.	4280± 90	BGS-198	Subarctic
12b				45	27	P		Peat	3110± 90	BGS-199	Subarctic
13a	69°33'	131°35'		62	45	P		Org.	8160±110	BGS-200	Low Arctic
13b			62		55	P		Org.	8780±130	BGS-201	Low Arctic
14a	69°16'	132°20'		52	42	P		Peat	2400± 80	BGS-202	Low Arctic
14b			44		43	P		Peat	1210± 80	BGS-203	Low Arctic
15	69°16'	132°20'	90		65	P		Wood	4670± 90	BGS-213	Low Arctic
16a	65°10'	127°27'	49		84		A	Peat	2000± 80	BGS-204	Subarctic
16b			65		85		A	Peat	2060± 80	BGS-205	Subarctic
16c			65		80		A	Wood	1020± 80	BGS-206	Subarctic
16d			65		80		A	Peat	880± 80	BGS-207	Subarctic
16e				58	60		A	Wood	580± 80	BGS-208	Subarctic
16f				47	34		A	Wood	710± 85	BGS-209	Subarctic
16g				47	44	P		Peat	1100±100	BGS-210	Subarctic
17a	67°27'	133°50'		76	50	P		Peat	2780± 90	BGS-211	Subarctic
17b			54		70	P		Peat	3110± 90	BGS-212	Subarctic
18	66°05'	136°13'	50		90		A	Org.	1540± 70	BGS-150	Subarctic
19	68°08'	133°27'	85		75	P		Org.	4690±100	BGS-320	Subarctic
20	68°22'	133°45'	100		130		A	Org.	1660± 90	BGS-321	Subarctic
21a	69°26'	133°01'	70		60	P		Org.	5950±100	BGS-318	Low Arctic
21b				30	60		A	Org.	3030± 90	BGS-317	Low Arctic
22	66°10'	136°21'	105		65	P		Wood	500±180	GSC-2037	Subarctic
23a	66°05'	136°17'	20		50		A	Org.	3210± 50	GSC-1861	Subarctic
23b			55		50	P		Org.	3920± 50	GSC-2006	Subarctic
23c			62		50	P		Org.	11200±100	GSC-2018	Subarctic
24	66°50'	135°23'	85		70	P		Peat	1960± 60	GSC-1804	Subarctic
25a	73°46'	95°02'	82		55	P		Peat	9020±120	BGS-332	High Arctic
25b				67	32	P		Peat	9480±190	BGS-333	High Arctic
25c			99		55	P		Peat	8070±110	BGS-334	High Arctic
26	67°32'	94°03'		74	51	P		Peat	490± 80	BGS-403	Low Arctic

regions (Fig. 2B) also shows the peak in the 3000- to 3500-year range, with an equal peak in the Subarctic region in the 1500- to 2000-year range. Most dates in the Low Arctic region are in the 2000- to 4000-year range.

Most hummocks showed more than one layer or intrusion of buried organic material. In order to determine whether a pattern existed in the age distribution of these materials, two or more samples were taken for dating from many hummocks. The most detailed sampling was done from an earth hummock (No. 16) in the Subarctic region where seven age determinations were made (Fig. 3). The dates show that the material occurring within a few centimetres of the permafrost table, near the interhummock trough, is the youngest (16e and f). From here, moving downward (16g) and toward the center part of the hummock, the dates generally become older (16a and b). Young and old dates can occur together in the center part. Samples 16c and d have different ages, in spite of the fact that Sample 16c, a piece of wood, was enclosed in the peat of Sample 16d.

When ages of buried organic materials from under the interhummock trough and under the center of the hummock are compared, no definite pattern emerges. In some cases the material from the center is older than the material under the trough, but often the reverse is true. In 15 hummocks

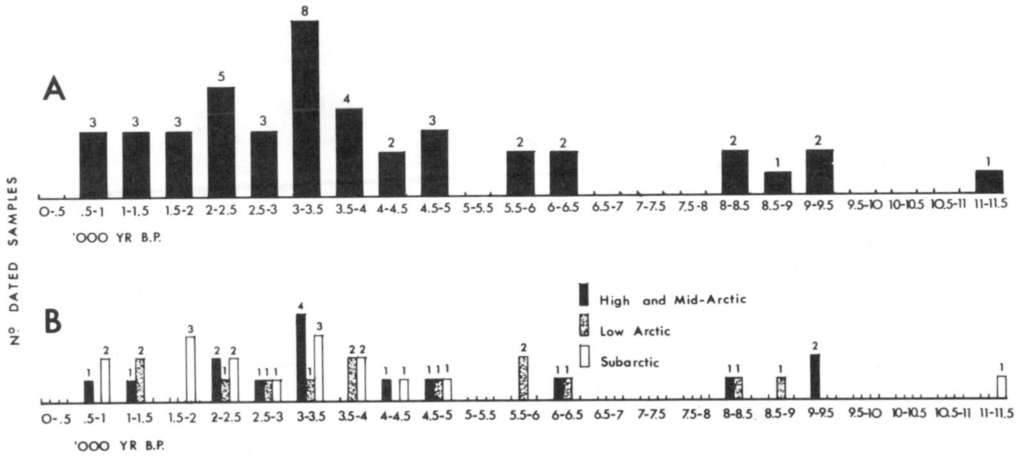

Fig. 2. A - Total number of dates in 500-year periods.
B - Number of dates by climatic-vegetation regions in 500-year periods.

where the age of the materials from the center and trough positions can be compared, 8 had older materials in the center and 7 under the trough.

Old and young materials can occur indiscriminately and, in two hummocks, were even found side by side. Hummock 23, located in an unglaciated part of the Yukon, yielded two dates in the 3000- to 4000-year range and a much older date only 7 cm deeper (Fig. 4). In another hummock (No. 3), the lower part of an apparently continuous layer gave a date far older than the upper part of the same layer.

DISCUSSION

Local Implications

The mechanism for the formation of earth hummocks is not known (Mackay and MacKay 1976). Because earth hummocks are associated with permafrost terrain (except for fossil forms), it is generally believed that pressures generated during the annual freezing of the active layer cause the materials to be displaced. Tree ring studies have shown (Zoltai 1975) that trees growing on hummocks are subject to periodic, sudden earth movements. Very frequently, soil horizons that should be near the surface are found buried by soil parent material, or horizons and horizon boundaries are disrupted by frost-churning (Tarnocai 1973, Zoltai and Tarnocai 1974, Pettapiece 1974, 1975). Similarly, buried organic material often appears in swirls of smeared streaks in the soil, suggesting movements in a viscous mass. This process is thought to be cryoturbation, a churning, mixing movement resulting in uneven displacement of soil materials in the active layer.

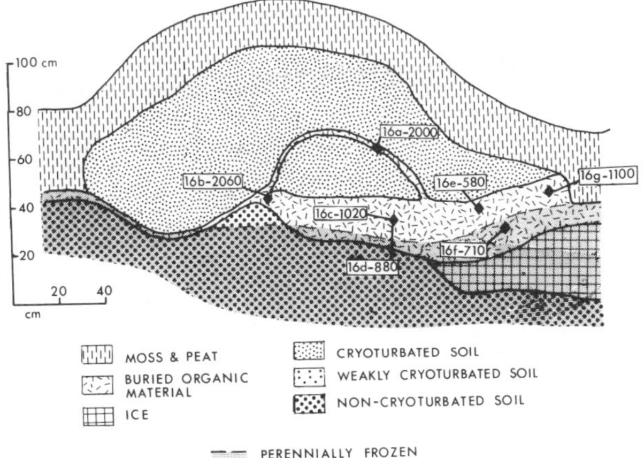

Fig. 3. Cross section of Hummock 16, with location of radiocarbon dated samples.

Cryoturbation mixes and blends the materials in the active layer; therefore, ages obtained from such material must be treated with caution. The juxtaposition of materials of different ages, as Samples 16c and d, illustrates this difficulty. Careful sampling may alleviate the problem but will not eliminate it. The analysis of several samples from the same earth hummock may further increase confidence in the ages obtained.

The origin of the buried organic material may be polygenetic, but cryoturbation appears to be the main mechanism for the burial. Organic material in the interhummock troughs may become buried by material heaved or extruded from the hummock. In some cases a hummock may move downslope by a slow roll-

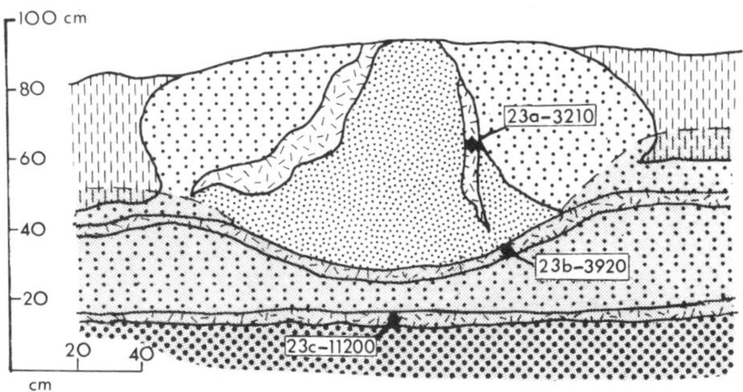

Fig. 4. Cross Section of Hummock 23, with location of radiocarbon dated samples. Legend as in Fig. 3.

ing motion which buries organic materials (Mackay 1958). Later extrusions or downhill movements will increase the thickness of soil over the buried organic material, increasing its relative position in the active layer, and raising the permafrost table in relation to the organic material. Eventually this process may result in placing the buried material within the permafrost, as shown by the deep burial of a relatively recent (500-year) material at Hummock 22 (Table 1).

A temporary increase in the thickness of the active layer may also account for the occurrence of buried organic materials in the permafrost. In the Subarctic areas forest fires cause a twofold increase in the thickness of the active layer, which may remain as long as 100 years after the fire (Pettapiece 1974). Although the ground is initially stable during the recovery stage, cryoturbation begins to be active some 70 years after the fire (Zoltai 1975). A change in climate to warmer conditions than at present may also result in a thicker active layer in all climatic regions, allowing a deeper burial of cryoturbated materials.

Some organic materials were buried by geological processes other than cryoturbation. The old date in Hummock 23 (11200 years) is probably from material buried under loess of an old, unglaciated surface. The dates at this hummock show that in the active layer materials can be moved by cryoturbation without disturbing the underlying old materials. Similarly, the materials in Hummock 25 are believed to have been deposited during a sedimentary process in a bay formed by the receding marine limit following the deglaciation of the area. The material, however, was shifted by cryoturbation, as shown by the younger age of the deeper material (Sample 25c: 8070 years) and the older age of the material overlying it (Sample 25a: 9020 years). The other old dates (e.g. Hummocks 3, 11, 13, and 21) probably resulted from the burial of old surface organic material or peat that accumulated on the surface before cryoturbation became active.

The occurrence of organic material several thousands of years old within the active layer illustrates the slow rate of decomposition in arctic and subarctic soils. At Hummock 23, material over 3ooo years old was found within 20 cm of the surface of this imperfectly drained soil. This material may have remained undecomposed for a few thousand years, but it is entirely possible that the material was moved close to the surface by cryoturbation during relatively recent times.

Some of the dates reflect the age of the hummocks, as well as the age of the cryoturbated materials, Hummock 15 occurred on a stablized surface of a thermokarst mudflow. Wood approximately 10 cm in diameter occurring in the underlying material at the 220-cm depth was dated at 5500±100 years (BGS-214), and woody peat from a cryoturbated organic layer beneath a hummock yielded a date of 4670 years (Hummock 15, Table 1). This shows that the slumped surface became stabilized and hummocks were formed in a space of about 1000 years.

Regional Implications

The radiocarbon dates (Table 1) indicate that most buried materials are less than 4800 years old. The age of the buried material, however, does not indicate the time of its burial, it gives only a minimum date of the burial. As the youngest buried material was dated at 490 years, one might assume that most surface materials were several hundred years old at the time of their burial. It is therefore estimated that the ages of buried materials dated at 4800 years and younger indicate the beginning of intense cryoturbation some 4500 years ago. This process continues to the present.

The preponderance of dates from the 3000- to 4000-year range (Fig 2A) suggests a severe rate of cryoturbation in the initial period. Had the rate of cryoturbation remained the same, one would expect to find more younger dates. It is possible that after the earth hummocks were formed some 2500-4500 years ago, as shown by the large number of samples in the 3000- to 5000-year range, they attained a state of equilibrium with the environment and became relatively stable. Studies of hummocks in the western Arctic and Subarctic of Canada noted that earth hummocks are relatively stable features (Mackay and Mackay 1976, Pettapiece 1975). Tree ring studies indicate an average of only one ground movement every 20 years during the last 200 years (Zoltai 1975).

Analysis of dates on an east-west gradient shows little difference in the ages of cryoturbated organic matter. The average age of 14 determinations (excluding ages over 5000 years) in the eastern part of the study area is 2537 years, while the average age of 21 samples in the western Arctic is 2796 years. Similarly, there is only a small difference in ages on a north-south gradient, arranged within present climatic-vegetation regions. The average age in the Mid- and High Arctic regions is 2814 years (11 samples), in the Low Arctic region 2610 years (9 samples), and in the Subarctic region 2562 years (15 samples).

Materials older than 5000 years recovered from the Low and Mid-Arctic regions were probably preserved in a permafrost environment. The lack of old materials from the glaciated Subarctic region suggests that permafrost was absent from the soils before 4500 years ago, or if present, it was associated with deep active layers where cryoturbation did not occur.

The onset of intense cryoturbation on previously stable surfaces throughout the Canadian north about 4500 years ago can be interpreted as a result of a climatic change. Cryoturbation is associated with high soil moisture levels and low temperatures. It is possible that the climatic change was toward colder and moister conditions. This assessment is supported by pollen studies in northern Canada where a cooling of the climate, beginning at 4800 years ago, is indicated (Nichols 1975). Studies of peat deposits in the Mackenzie

Valley (Zoltai and Tarnocai 1975) indicated that peat in the Subarctic region was deposited in a permafrost-free environment and permafrost began to develop in them about 4000 years ago.

CONCLUSIONS

1. Cryoturbation buries organic matter within the active layer. Some of this material may become part of the permafrost as cryoturbation causes it to be buried deeply.

2. No clear-cut pattern exists in the position of cryoturbated organic material: the deepest is not necessarily the oldest, and material at the edge of hummocks is not necessarily the youngest.

3. Some material was buried by sedimentary or aeolian process, but was also subject to cryoturbation.

4. Cryoturbation became active throughout northern Canada about 4500 years ago.

5. Climatic conditions became more severe in northern Canada some 4500 years ago. Permafrost conditions may have persisted in the Arctic areas before this time, but were probably absent from the present-day Subarctic areas.

REFERENCES

DEPARTMENT OF ENERGY, MINES & RESOURCES, SURVEYS MAPPING BRANCH. 1973. The national atlas of Canada. 4th ed. pp. 45-46.

HOPKINS, D.M. and R.S. SIGAFOOS. 1951. Frost action and vegetation patterns on Seward Peninsula, Alaska. U.S. Geol. Surv. Bull 974-C. pp. 51-101.

MACKAY, J.R. 1958. A subsurface organic layer associated with permafrost in the western Arctic. Can. Dep. Mines Tech. Surv., Geogr. Br. Geogr. Pap. No. 18. 21 p.

MACKAY, J.R. and D.K. MACKAY. 1976. Cryostatic pressures in nonsorted circles (mud hummocks), Inuvik, Northwest Territories. Can. J. Earth Sci. 13:889-897.

NICHOLS, H. 1975. Palynological and paleoclimatic study of the late Quaternary displacement of the Boreal Forest-Tundra ecotone in Keewatin and Mackenzie, N.W.T. Inst. Arct. Alp. Res. Occas. Pap. No. 15. 87 p.

PETTAPIECE, W.W. 1974. A hummocky permafrost soil from the subarctic of northwestern Canada and some influence of fire. Can. J. Soil Sci. 54:343-355.

PETTAPIECE. W.W. 1975. Soils of the Subarctic in the lower Mackenzie Basin. Arctic 28:35-53.

TARNOCAI, C. 1973. Soils of the Mackenzie River area. Environ.-Soc. Progr., Task Force North. Oil Dev. Gov. Can. Rep. 73-26. 136 p.

TARNOCAI, C., A.N. BOYDELL, J.A. NETTERVILLE, and K.A. DRABINSKY. 1976. Biophysical land classification of Boothia Peninsula and northern Keewatin, N.W.T. Geol. Surv. Can. Open File No. 390.

TEDROW, J.C.F. 1963. Arctic soils. Pages 50-55 in Proceedings First Permafrost International Conference, Natl. Acad. Sci.-Natl. Res. Counc. Publ. 1287.

TEDROW, J.C.F. and L.A. DOUGLAS. 1958. Carbon 14 dating of some arctic soils. Dep. Soils, Rutgers Univ., Mimeo Note. 6 p.

WASHBURN, A.L. 1973. Periglacial processes and environments. Edward Arnold Publishers Ltd. London. 320 p.

ZOLTAI, S.C. 1975. Tree ring record of soil movements on permafrost. Arct. Alp. Res. 7:331-340.

ZOLTAI, S.C. and W.W. PETTAPIECE. 1973. Terrain, vegetation and permafrost relationships in the northern part of the Mackenzie Valley and northern Yukon. Environ.-Soc. Progr., Task Force North. Oil Dev. Gov. Can. Rep. 73-4. 105 p.

ZOLTAI, S.C. and C. TARNOCAI. 1974. Soils and vegetation of hummocky terrain. Environ.-Soc. Progr., Task Force North. Oil Dev. Gov. Can. Rep. 74-5. 86 p.

ZOLTAI, S.C. and C. TARNOCAI. 1975. Perennially frozen peatlands in the western Arctic and Subarctic of Canada. Can. J. Earth Sci. 12:28-43.

I.5 REGIONAL STUDIES

I.5 ÉTUDES RÉGIONALES

I.5 РЕГИОНАЛЬНЫЕ ИССЛЕДОВАНИЯ

OFFSHORE PERMAFROST IN THE ASIATIC ARCTIC

F.E. Are, Permafrost Institute, Yakutsk, U.S.S.R.

Offshore permafrost extends over the greater part of the arctic shelf of Asia and the Arctic Basin. It is absent in the upper part of the continental slope, in the deeper parts of the arctic seas (at depths from 200 to 900 m) and probably also in the zone of the warming effect of large rivers at depths less than 20 m. Relic permafrost occurs in the coastal strip of the shelf 10 to 30 km in width, providing this strip became submerged as a result of thermal abrasion. Relic permafrost may occur also in the part of the shelf which was dry during the last regression. The thickness of permafrost in the deep part of the Arctic Basin between the Barents-Kara shelf and the Lomonosov Ridge ranges from 15 to 30 m, while beyond the ridge it is about 10 m.

LE PERGÉLISOL DES FONDS MARINS DE L'ARCTIQUE ASIATIQUE

F. E. Are, Institut de géocryologie, Iakutsk, URSS

Le pergélisol des fonds marins s'étend sur la majeure partie du plateau arctique de l'Asie et du bassin de l'Arctique. Il est absent de la partie supérieure du talus continental et des parties les plus profondes des mers arctiques (profondeurs de 200-900 m), et peut-être également des zones où les fleuves créent un réchauffement, à des profondeurs inférieures à 20 m. La frange littorale du talus continental comporte un pergélisol résiduel sur une largeur de 10-30 km lorsqu'elle a été submergée par suite de l'abrasion thermique. Le pergélisol résiduel peut également exister dans la partie du talus continental qui s'asséchait au cours de la dernière régression. L'épaisseur du pergélisol dans la partie profonde de l'Arctique entre le talus continental de Barents-Kara et la crête de Lomonossov est de l'ordre de 15-30 m, et de l'autre côté de la crête - de l'ordre de 10 m.

СУБАКВАЛЬНАЯ КРИОЛИТОЗОНА АЗИАТСКОЙ АРКТИКИ

Ф.Э. Арэ, Институт мерзлотоведения, Якутск, СССР

Субаквальная криолитозона распространена на большей части арктического шельфа Азии и Арктического бассейна. Она отсутствует в верхней части материкового склона и в наиболее глубоководных частях арктических морей (глубины 200-900 м), возможно также в зоне отепляющего действия крупных рек при глубине менее 20 м. Реликтовые многолетнемерзлые толщи распространены в прибрежной полосе шельфа шириной 10-30 км, если она перешла в субаквальное положение под действием термоабразии. Они могут существовать также в той части шельфа, которая осушалась во время последней регрессии. Мощность криолитозоны в глубоководной части Арктического бассейна между Баренцево-Карским шельфом и хребтом Ломоносова порядка 15-30 м, по другую сторону хребта - порядка 10 м.

СУБАКВАЛЬНАЯ КРИОЛИТОЗОНА АЗИАТСКОЙ АРКТИКИ

Ф. Э. Арэ

Институт мерзлотоведения, Якутск, СССР

В настоящее время достоверно известно, что под дном Северного Ледовитого океана и его окраинных морей широко развита криолитозона. Однако геокриологическая изученность морского дна находится на крайне низком уровне. Большое практическое значение и труднодоступность субаквальной криолитозоны делают ее исследование одной из самых интересных и злободневных проблем современного мерзлотоведения.

К числу первых известий о наличии мерзлых пород на дне арктических морей относится сообщение А. Е. Норденшельда (1880), который отмечал, что песчаное дно в одной из бухт восточной части побережья Чукотского моря сцементировано льдом.

В монографии В. Ю. Визе с соавторами (1946) указано, что на дне пролива Дмитрия Лаптева был обнаружен лед, не тающий из-за отрицательной температуры воды. Какие-либо уточняющие данные отсутствуют.

В целом фактические данные о многолетнемерзлотных породах под дном арктических морей до недавнего времени имелись почти исключительно для прибрежных мелководий. Они получены главным образом в Институте мерзлотоведения СО АН СССР Н. Ф. Григорьевым (1966). Под его руководством, начиная с 1953 г., пробурено большое количество скважин, встретивших многолетнемерзлые или морозные породы у отступающих берегов открытого моря и в мелководных морских заливах на расстоянии в несколько сотен метров от берега, а также на приустьевых взморьях рек Яны и Индигирки на расстоянии до 25 км от внешнего края дельты. Во всех случаях глубина воды была менее 2 м.

В 1962-1972 гг. в аналогичных условиях Е.Н. Молочушкиным изучались многолетнемерзлые и морозные породы у отступающих берегов о. Мостах в губе Буорхая и в Ванькиной губе моря Лаптевых (1973), а также на приустьевом взморье р. Лены в районе Оленекской протоки.

Первые сведения о наличии субаквальной криолитозоны за пределами изобаты 2 м получены В. М. Пономаревым (1960, 1961) для бухты Кожевникова в Хатангском заливе, где многими буровыми скважинами были вскрыты многолетнемерзлые и морозные породы. В одной из точек бурения на расстоянии 3 км от берега при глубине воды 3 м мощность многолетнемерзлых пород оказалась более 66 м.

В 1970 г. Е.Н. Молочушкиным (1973) при отборе проб донных отложений вибропоршневой трубкой в Эбеляхской губе и в проливе Дмитрия Лаптева в нескольких местах на расстоянии до 30 км от берега в нижней части извлеченных со дна колонок обнаружены мерзлые породы.

По сообщению Л. А. Жигарева и И. Р. Плахта (1974), на подводном баре Ванькиной губы моря Лаптевых в 10 км от берега на глубине 86 м от поверхности дна залегают сильнольдистые многолетнемерзлые рыхлые породы. Глубина воды не указана.

Открытие нефти в районе бухты Прудхоу на Аляске в 1968 г. дало мощный толчок развитию исследований арктических районов США и Канады. В 1969 г. появилось сообщение о наличии многолетнемерзлых пород под дном залива Дисэпшен, Северный Квебек, Канада (Samson, Tordon). По устному сообщению Б.Р. Пельтье, сделанному в 1970 г., со дна моря в северо-западной части Канадского архипелага между островами Принца Патрика и Бордэн при глубине воды 10 м был извлечен пресноводный лед (Mackay, 1972).

Весной 1970 г. в южной части моря Бофорта у побережья Канады между островом Хершеля и заливом Ливерпуль в процессе бурения дна на нефть из четырех скважин были извлечены керны льда и мерзлых рыхлых отложений, которые были подробно исследованы Д.Р. Маккеем (Mackay, 1972). Скважины располагались на расстоянии от 3 до 25 км от берега в точках с глубиной воды от 8 до 17 м.

Летом 1970 г. мерзлый керн с линзой пресноводного льда получен Геологической службой Канады со дна моря Бофорта в 30 км к северу от мыса Батэрст при глубине воды 37 м (Yorath a. o., 1971; Reimnitz a. o., 1972).

Таким образом, фактически установлено, что многолетнемерзлые горные породы под дном арктических морей встречаются на расстоянии нескольких десятков километров от берега при глубине воды несколько десятков метров.

На основе общих соображений и весьма ограниченного фактического материала И. Я. Баранов (1958) выделил две зоны субаквальных многолетнемерзлых толщ. Первая из них распространена на всем арктическом шельфе Азии до изобаты 100 м, вторая - в прибрежной зоне морей Карского, Лаптевых и Восточно-Сибирского до изобаты 20 м. Эти толщи сформировались в плейстоцене и частично в голоцене, когда шельф был осушен. Первая зона перешла в субаквальное положение вследствие трансгрессии моря, вторая - в результате абразии при постоянном уровне моря. В настоящее время субаквальные многолетнемерзлые толщи, по мнению И. Я. Баранова, деградируют.

Возможность и необходимость многолетнего существования субаквальной криолитозоны обусловлена постоянно отрицательной температурой придонных слоев морской воды на большей части территории арктических морей и Северного Ледовитого океана. Термика арктических вод изучена довольно детально. Поэтому в настоящее время вполне возможно построить карту распространения субаквальной криолитозоны, как это, например, сделано А. Л. Чеховским (1972) для шельфа Карского моря. Но гораздо сложнее определить мощность пород с отрицательной температурой, а тем более выяснить морфологию многолетнемерзлых толщ. Для решения этой задачи необходимо рациональное сочетание геофизических методов исследований с бурением опорных скважин. Ориентировочные прогнозы могут быть получены расчетным путем.

В числе наиболее важных факторов, влияющих на формирование субаквальной криолитозоны, следует назвать:

относительный уровень моря и суши; климат и температуру дна моря; внутриземной поток тепла; минерализацию придонных слоев воды и подземных вод морского дна; свойства горных пород, слагающих дно; процессы абразии и аккумуляции донных отложений.

Рассмотрим более подробно каждый из перечисленных факторов.

Относительные изменения уровней моря и суши вызывают трансгрессии и регрессии моря и, следовательно, затопление или осушение земной поверхности, что коренным образом изменяет температурный режим горных пород и гидрогеологические условия их развития. Выяснению истории морских трансгрессий в геологическом прошлом Земли прямо или косвенно посвящено огромное количество научных исследований, результаты которых во многих случаях противоречивы.

В настоящее время общепризнано, что перемещения береговой линии являются результатом сложного взаимодействия тектонических и гляциоизостатических движений литосферы и гляциоэвстатических колебаний уровня мирового океана. Наиболее крупномасштабным по времени процессом, на фоне которого развиваются все остальные, является однонаправленное тектоническое поднятие суши и прогибание дна океанов в течение всего четвертичного периода. По мнению П. А. Каплина (1973), уровень мирового океана по отношению к суше в течение последнего миллиона лет понизился таким образом на 100 м. На фоне этого процесса происходили более быстрые гляциоэвстатические колебания уровня мирового океана, диапазон которых в четвертичном периоде составлял примерно 120 м.

По поводу интенсивности и размаха гляциоизостатических движений взгляды различных исследователей резко расходятся. В ряде работ, опубликованных в последние годы, доказывается, что новейшие вертикальные движения по крайней мере в некоторых районах побережья Советской Арктики обусловлены в основном не гляциоизостатическими, а тектоническими причинами. Большинство исследователей согласно в том, что суммарные вертикальные движения литосферы в прибрежной зоне арктических морей на протяжении плейстоцена и голоцена развивались в региональном плане весьма неравномерно, достигая в отдельных тектонических структурах нескольких десятков метров.

С появлением радиоуглеродного метода определения абсолютного возраста горных пород удалось количественно изучить ход эвстатических изменений уровня мирового океана за последние 30 тысяч лет.

Х. Годвин, Р. Фэйрбридж и ряд других исследователей показали, что в период между 17 и 6 тысячами лет назад произошло эвстатическое поднятие уровня мирового океана на 100 м, которое развивалось относительно равномерно со средней скоростью приблизительно 9 м за 1000 лет. В течение последних 6 тысяч лет уровень мирового океана испытывал эвстатические колебания в диапазоне не более 10 м. В период интенсивной трансгрессии также имели место знакопеременные колебания уровня океана, но пока надежное выяснение их хронологии и амплитуды невозможно.

Приблизительные расчеты и моделирование на гидроинтеграторе показывают, что для количественной оценки возможного современного распространения криолитозоны под дном арктических морей необходимо выяснить динамику перемещений береговой линии во времени и пространстве за последние 20-30 тысяч лет.

Очевидно, что однонаправленной регрессией мирового океана в плейстоцене можно пренебречь, так как за рассматриваемый период времени она составила всего 2-3 м. Поскольку гляциоэвстатические колебания уровня океана изучены относительно хорошо, главной задачей является выяснение гляциоизостатических и неотектонических изменений.

Анализ результатов исследований, проведенных до настоящего времени, показывает, что на арктическом побережье СССР в верхнем плейстоцене и голоцене преобладало поднятие суши, величина которого уменьшается в восточном направлении от Кольского полуострова и Земли Франца-Иосифа до побережья морей Лаптевых и Восточно-Сибирского. Далее она вновь несколько возрастает в направлении Чукотского полуострова (Каплин, 1973).

Истории развития побережья Карского моря посвящены работы Г. И. Лазукова (Марков, Лазуков, Николаев, 1965). По разработанной им схеме в северо-западной части Западно-Сибирской низменности, начиная со среднего плейстоцена, почти все время имела место трансгрессия. В начале голоцена шельф Карского моря осушался до изобаты 15-20 м. Современная береговая линия сформировалась в середине голоцена и с тех пор существенно не изменялась. В северо-восточной части Западно-Сибирской низменности трансгрессии в плейстоцене не имели места.

Наиболее подробную схему развития шельфа моря Лаптевых составил С. А. Стрелков (1965). По его мнению, во время Зырянского оледенения весь шельф был осушен. В каргинское время имела место трансгрессия, вследствие которой береговая линия на Таймыре примерно совпадала с современной, от Анабара до Лены располагалась на 50-100 км мористее и далее на восток проходила в направлении северной оконечности Новосибирских островов. В начале сартанского времени уровень моря понизился примерно на 50 м, а в конце его кратковременно поднялся на 15-20 м выше современного. Данное поднятие уровня моря представляется маловероятным. Значительная часть побережья моря Лаптевых сложена сильнольдистыми рыхлыми отложениями, сформировавшимися не позднее середины верхнего плейстоцена. Они легко размываются морем и поэтому должны были бы сохранить следы береговой линии, сформировавшейся при повышении уровня моря в сартанское время. Однако такие следы отсутствуют.

К началу голоцена уровень моря вновь опустился ниже современного на 20 м. По общему мнению, в течение первой половины голоцена развивалась трансгрессия, закончившаяся на современном уровне 5000 лет тому назад. Последняя цифра подтверждается некоторыми зоогеографическими и особенно археологическими данными в работах В. Д. Дибнера и К. Н. Нэсиса (Говоруха, 1968).

История развития шельфа Восточно-Сибирского моря освещена в литературе менее подробно, чем моря Лаптевых. По С. А. Стрелкову, в зырянское время уровень моря был на 40-50 м ниже современного, в каргинское время он поднялся примерно на 15 м, а в сартанское – опустился на 50 м. Далее события развивались так же, как в море Лаптевых.

Шельф Чукотского моря, по мнению Д. М. Гопкинса (Hopkins, 1959), в зырянское время осушался до глубины порядка 100 м. Берингов пролив не существовал. В каргинское время уровень моря поднялся до изобаты 40 м, а в начале сартанского времени снова опустился на 10-30 м. Современный уровень моря на Аляске установился примерно 5000 лет назад.

Анализ данных об относительных изменениях уровня арктических морей Азии в верхнем плейстоцене и голоцене показывает, что на сегодняшний день при построении схемы перемещений береговой линии для любой части шельфа, даже в голоцене, возможны большие ошибки, измеряемые тысячелетиями во времени и сотнями километров в пространстве.

Климат и, в первую очередь, его тепловые характеристики и их изменения во времени определяют развитие криолитозоны. Общеизвестно, что в четвертичном периоде климат изменялся неоднократно и весьма значительно.

Главная тенденция плейстоцена заключается в общем похолодании климата, на фоне которого развивались более мелкомасштабные колебания. По общему мнению, в периоды потепления климат был близок к современному или несколько мягче, а во время похолоданий – значительно суровее. Г.И. Лазуков (1961) и Д. Кларк (1974) утверждают, что климат Арктики в плейстоцене никогда не был теплее современного. Есть основания полагать, что в течение всего плейстоцена и голоцена климатические условия на побережье арктических морей обеспечивали непрерывное существование криолитозоны. Возможно, что во время голоценового климатического оптимума имела место частичная деградация криолитозоны, но она не внесла коренных изменений в мерзлотные ландшафты арктического побережья.

Современный уровень знаний недостаточен для уверенного обоснования количественных характеристик палеоклимата четвертичного периода. Поэтому большинство исследователей ограничивается осторожными приблизительными сравнениями климатов прошлого с современным климатом.

Одна из наиболее подробных количественных схем изменений среднегодовой температуры воздуха составлена Э.И. Равским (1969) для южной половины Восточной Сибири за последние 75 тысяч лет. Эта схема соответствует данным Р. Боуэна (1969) об изменениях климата средних широт северного полушария в верхнем плейстоцене и голоцене. Однако сам автор указывает на слабую изученность вопроса. К.К. Марковым и А.А. Величко (1967) составлена аналогичная схема для Центральной Якутии на основе изучения разреза Мамонтовой горы. Она существенно отличается от схемы Э.И. Равского.

Климатические условия арктического побережья в сартанское время несомненно были более суровыми, чем теперь, главным образом потому, что при уровне моря на 100–140 м ниже современного доступ теплых атлантических вод в арктический бассейн значительно сокращался (Белов, Лапина, 1961; Говоруха, 1968). При этом климатические условия Арктики должны были приближаться к условиям современной Антарктиды. Сейчас среднегодовая температура воздуха на Южном полюсе –48,5°С, на Полюсе Недоступности –56°С. Среднегодовые температуры, приведенные к уровню моря на основе среднего по земному шару вертикального градиента 0,5°С/100 м, будут для Южного полюса –34,5°С и для Полюса Недоступности –37,4°С. Вероятно, на Северном полюсе среднегодовая температура воздуха во время регрессий моря была не выше указанных величин, то есть на 15–18°С ниже современной температуры –19°С. При этом, исходя из широтного градиента температуры, можно предполагать, что на арктическом побережье Азии того времени среднегодовая температура воздуха была не выше –25°С.

Температура придонной воды в шельфовых морях Азии хорошо изучена. Как правило, она отрицательна в любое время года. Исключение составляет зона отепляющего влияния рек и восточная часть Чукотского моря (Советская Арктика, 1970). Во время регрессий благодаря более суровому климату температура природной воды, вероятно, была близка к точке замерзания.

Преобладает мнение, что температура воздуха во время голоценового климатического оптимума повышалась по сравнению с современной на 2°С (Боуэн, 1969; Равский, 1969 и др.). Учитывая большую тепловую инерцию водных масс, следует считать, что температура воды повышалась в значительно меньшей мере.

Материковый склон, дно желобов и глубоководных частей арктических морей в пределах глубин от 200 до 900 м омываются атлантическими водами, имеющими положительную температуру от 0,2 до 1,5°С.

В абиссальной впадине, расположенной между хребтом Ломоносова и Баренцово-Карским шельфом, температура глубинной воды –0,7 ÷ –1,0°С, по другую сторону хребта Ломоносова –0,35°С. Во время регрессий температура придонной воды в пределах всего Арктического бассейна, по-видимому, была близка к точке замерзания, то есть –1,8°С.

Поток внутриземного тепла оказывает влияние на мощность криолитозоны. Большая часть арктического побережья Азии характеризуется величиной потока от 0,04 до 0,06 ккал/м^{2}ч.

Исследования внутриземного потока через дно океанов начаты в 1952 году. Ряд определений сделан в Северном Ледовитом океане. Подводные горные хребты советского сектора Арктики оказались зоной повышенной тепловой активности. Например, в пределах хребта Ломоносова тепловой поток варьирует от 0,05 до 0,10 ккал/м^{2}ч, а в котловине Макарова от 0,05 до 0,07 ккал/м^{2}ч (Любимова и др., 1973). Учитывая, что по современным представлениям арктический шельф является естественным продолжением континента, можно полагать, что величина потока внутриземного тепла в его пределах близка к величине на побережье, то есть приблизительно равна 0,05ккал /м^{2}ч с возможными отклонениями порядка ± 15%.

Минерализация морской воды и подземных вод оказывает большое влияние на фазовое состояние горных пород, слагающих дно шельфовых морей. Подземные воды высокой минерализации препятствуют промерзанию вмещающих пород и формируют над-, меж- и подмерзлотные водоносные горизонты. Их распространение на шельфе неизвестно, закономерности формирования и взаимодействия с толщами мерзлых пород изучены очень слабо.

На контакте минерализованного водоносного горизонта с мерзлой толщей при отрицательной температуре выше точки замерзания порового раствора происходит плавление пресного льда, заполняющего поры мерзлых горных пород. Повышение минерализации порового раствора вблизи границы мерзлой породы, необходимое для плавления пресного льда, происходит путем миграции ионов под действием градиента концентрации, который уменьшается по мере развития процесса. Таким образом, в отсутствие напорной фильтрации процесс является автоматически замедляющимся.

По мнению В.М. Пономарева (1961), растворение льда в порах горных пород под действием морской воды может проникать лишь на глубину нескольких метров. Это косвенно подтверждается и лабораторными опытами, проведенными в Институте мерзлотоведения СО АН СССР Л.В. Чистотиновым и Л.Г. Роговской, которые показали, что протаивание льдонасыщенных дисперсных пород, соприкасающихся с минерализованной водой при отрицательной температуре, замедляется с увеличением глубины протаивания и степени дисперсности породы, а также с понижением минерализации воды.

Е.И. Молочушкиным (1973) в проливе Дмитрия Лаптева и в Эбеляхской губе моря Лаптевых с помощью вибропоршневой трубки обнаружены незасоленные талые, а также мерзлые донные отложения на расстоянии до 25 км от берега, где субаквальные условия господствуют тысячи лет.

Известно, что длина кернов, полученных со дна арктического шельфа различными пробоотборниками, не превышает 6 м, а в основном составляет десятые доли метра. В проливе Дм. Лаптева и в Эбеляхской губе вибропоршневая трубка не погружается в дно более чем на 3,5 м (Молочушкин, 1973). По-видимому, во многих случаях глубина погружения пробоотборников ограничивается глубиной залегания мерзлой толщи. Таким образом, маловероятно, что на шельфе мог сформироваться достаточно мощный слой морозных отложений за счет плавления подземного льда под воздействием соленой морской воды.

В зоне современной аккумуляции осадков в море Лаптевых обнаружены и изучены морозные донные отложения, несцементированные льдом при температуре до -6°С (Молочушкин, Гаврильев, 1970). Интересной особенностью таких отложений является то, что минерализация их порового раствора значительно выше минерализации морской воды. Причины этого явления не выяснены. Наличие засоленных несцементированных льдом осадков на дне арктических шельфовых морей дало повод некоторым исследователям оспаривать возможность присутствия мерзлых горных пород на значительном удалении от берега (Говоруха, 1968; Неизвестнов, Семенов, 1973). Однако фактические данные, приведенные в начале настоящего доклада, опровергают это мнение. Морозное состояние донных отложений на арктическом шельфе может свидетельствовать о том, что это современные морские осадки.

Свойства горных пород, слагающих дно Северного Ледовитого океана, которые необходимо учитывать в теплофизических расчетах параметров криолитозоны, почти совершенно не изучены. Характеризующие их величины могут задаваться лишь на основе общих представлений о геологическом строении морского дна и ориентировочных предположений. К чему это приводит, можно рассмотреть на примере коэффициента теплопроводности. По исследованиям Лаборатории геотермии Института мерзлотоведения СО АН СССР, коэффициент теплопроводности наиболее широко распространенных скальных пород Якутии варьирует от 1,5 до 4,5 ккал/м.ч.°С, то есть может отличаться в три раза. Равновесная мощность криолитозоны прямо пропорциональна величине коэффициента. Следовательно, в зависимости от выбора величины коэффициента теплопроводности расчетная мощность криолитозоны может отличаться в 3 раза.

Процессы размыва и аккумуляции в прибрежной зоне моря, несомненно, оказывали и оказывают значительное влияние на развитие криолитозоны шельфа. В пределах приморских низменностей Сибири современный уровень моря, по-видимому, установился в середине голоцена, то есть 5 тысяч лет назад. В течение этого времени интенсивно развивалась термоабразия. Исходя из современных наблюдений, можно полагать, что отступание берегов под воздействием термоабразии происходило со средней скоростью от 2 до 6 м/год, а местами до 10 м/год. Это означает, что во второй половине голоцена на многих участках при неизменном уровне моря берег отступил в среднем на 10-30 и максимум на 50 км.

Вследствие термоабразии континентальные мерзлые толщи большой мощности оказались под дном моря. Дальнейшая их судьба в значительной мере зависела от зоны распространения отепляющего и опресняющего влияния рек. Для крупных рек площадное распространение этой зоны изучено весьма детально. Известно также, что речные воды на шельфе не опускаются глубже 20 м (Советская Арктика, 1970). Под действием речных вод, имеющих положительную температуру, континентально-погруженные мерзлые толщи деградировали. Ориентировочные расчеты Е.Н. Молочушкина (1970) показывают, что в зависимости от удаленности от берега и скорости отступания берега на таких участках к настоящему времени мерзлая толща могла полностью оттаять, или еще сохраниться на некоторой глубине от поверхности морского дна.

За пределами зоны влияния рек у поверхности дна постоянно господствовала отрицательная температура, значительно более высокая, чем на суше. В данном случае происходила частичная деградация мерзлой толщи снизу и повышение ее температуры до равновесного состояния, соответствующего температуре придонной воды.

В зоне аккумуляции современных донных отложений могут формироваться новые многолетнемерзлые толщи. Их формирование сильно зависит от минерализации морской воды. На приустьевых взморьях, где вода пресная или слабосоленая, многолетнее промерзание дна начинается при уменьшении глубины воды примерно до 1,5 м (Григорьев, 1966).

За пределами зоны влияния рек для начала многолетнего промерзания дна требуется еще большее обмеление в зависимости от солености морской воды и донных отложений. При этом следует подчеркнуть, что обмеление при любой возможной в естественных условиях минерализации морской воды и порового раствора донных отложений приводит к многолетнему промерзанию дна, так как при выходе отмели на уровень моря среднегодовая температура ее поверхности опускается до -10 ÷ -12°С.

Криолитозона Арктического бассейна. На дне Арктического бассейна можно выделить две зоны: глубоководную, омываемую водами с отрицательной температурой (Советская Арктика, 1970), и зону в пределах глубин от 200 до 900 м, омываемую атлантическими водами, имеющими положительную температуру.

Очевидно, что под дном впадин имеется криолитозона, находящаяся в равновесном состоянии. На дне залегают рыхлые морские отложения, мощность которых обычно составляет несколько сотен метров. Коэффициент теплопроводности таких отложений равен примерно 1,5 ккал/м.ч.°С. Поток внутриземного тепла от 0,05 до 0,07 ккал/м^{2}ч. Указанным данным соответствует мощность криолитозоны 15-30 м в котловине Нансена и около 10 м в котловине Бофорта. Донные отложения в пределах криолитозоны находятся в морозном состоянии.

В зоне подводных хребтов осадочный чехол местами может отсутствовать. Коэффициент теплопроводности и глубинный поток тепла здесь должны быть относительно большими. В таких условиях мощность криолитозоны порядка 25 м. Ее максимальное значение может достигать 70 м.

В зоне распространения атлантических вод донные отложения имеют положительную температуру. Простые расчеты показывают, что здесь криолитозона отсутствует.

Заключение. Анализ изложенных данных показывает, что субаквальная криолитозона распространена на большей части арктического шельфа Азии и Арктического бассейна. Она отсутствует в верхней части материкового склона и в наиболее глубоководных частях арктических морей (глубины 200-900 м), возможно также в зоне отепляющего действия крупных рек при глубине менее 20 м.

Реликтовые многолетнемерзлые толщи распространены в прибрежной полосе шельфа шириной 10-30 км, если она перешла в субаквальное положение под действием термоабразии. Они могут существовать также в той части шельфа, которая осушалась в недавнем геологическом прошлом. За пределами этих территорий горные породы субаквальной криолитозоны пребывают в морозном состоянии.

Мощность криолитозоны в глубоководной части Арктического бассейна между Баренцово-Карским шельфом и хребтом Ломоносова порядка 15-30 м; по другую сторону хребта - порядка 10 м.

ЛИТЕРАТУРА

БАРАНОВ И.Я. 1958. Некоторые закономерности развития толщ многолетнемерзлых горных пород и сезонного промерзания почвы. "Изв. АН СССР, Сер. географ.", № 2, с. 22-35.

БЕЛОВ Н.А., ЛАПИНА Н.Н. 1961. Донные отложения арктического бассейна. Л., "Морской транспорт", 150 с.

БОУЭН Р. 1969. Палеотемпературный анализ. Л.,"Недра", 207 с.

ВИЗЕ В.Ю., ГОРБАЦКИЙ Г.В., ГОРБУНОВ Г.П. и др. 1946. Советская Арктика. Моря и острова. Физико-географическая характеристика. М.-Л., Изд-во Главсевморпути, 150 с.

ГОВОРУХА Л.С. 1968. Я.Я. Гаккель об Арктике. - В кн.: Проблемы полярной географии. Л., Гидрометеоиздат, с. 31-51 (Труды ААНИИ, т. 285).

ГРИГОРЬЕВ Н.Ф. 1966. Многолетнемерзлые породы приморской зоны Якутии. М., "Наука", 180 с.

ЖИГАРЕВ Л.А., ПЛАХТ И.Р. 1974. Особенности строения, распространения и формирования субаквальной криогенной толщи. - В кн.: Проблемы криолитологии, вып. 1У, Изд-во МГУ, с. 115-124.

КАПЛИН П.А. 1973. Новейшая история побережий мирового океана. Изд-во МГУ, 265 с.

КЛАРК Д. 1974. Палеоэкология и осадконакопление в некоторых частях Арктического бассейна. - В кн.: Четвертичное оледенение Земли. М., "Мир", с. 227-241.

ЛАЗУКОВ Г.И. 1961. О синхронности и метахронности четвертичных оледенений и трансгрессий. - В кн.: Палеогеография четвертичного периода СССР. Изд-во МГУ, с. 139-150.

ЛЮБИМОВА Е.А., ПОЛЯК Б.Г., СМИРНОВ Я.Б. и др. 1973. Обзор данных по тепловым потокам в СССР. - В кн.: Тепловые потоки из коры и верхней мантии Земли. Верхняя мантия. Результаты исследований по междунар. геофизическим проектам № 12, М.,"Наука", с. 154-195.

МАРКОВ К.К., ЛАЗУКОВ Г.И., НИКОЛАЕВ В.А. 1965. Четвертичный период. Т. 1, Изд-во МГУ, 371 с.

МАРКОВ К.К., ВЕЛИЧКО А.А. 1976. Четвертичный период Т. III. Материки и океаны. М., "Недра", 440 с.

МОЛОЧУШКИН Е.Н. 1970. Тепловой режим горных пород в юго-восточной части моря Лаптевых. (Автореф. канд. дисс.) М., 20 с.

МОЛОЧУШКИН Е.Н. 1973. Влияние термоабразии на температуру многолетнемерзлых пород в прибрежной зоне моря Лаптевых. - П Междунар. конф. по мерзлотоведению. Докл. и сообщ. вып. 2. Якутск, с. 52-58.

МОЛОЧУШКИН Е.Н., ГАВРИЛЬЕВ Р.И. 1970. Строение, фазовый состав и термический режим горных пород, слагающих дно прибрежной зоны моря Лаптевых. - В кн.: Северный Ледовитый океан и его побережье в кайнозое. Л., Гидрометеоиздат, с. 503-508.

НЕИЗВЕСТНОВ Я.В., СЕМЕНОВ Ю.П. 1973. Подземные криопэги шельфа и островов Советской Арктики. - П Междунар. конф. по мерзлотоведению. Докл. и сообщ. вып. 5, Якутск, с. 103-106.

НОРДЕНШЕЛЬД А.Е. 1880. Шведская полярная экспедиция 1878-1879 гг. Открытие северо-восточного прохода. С.-Петербург, 207 с.

ПОНОМАРЕВ В.М. 1960. Подземные воды территории с мощной толщей многолетнемерзлых горных пород. М., Изд-во АН СССР, 200 с.

ПОНОМАРЕВ В.М. 1961. Формирование многолетнемерзлых горных пород и подземных вод на мелкоморье северных морей. - В кн.: Физико-химические процессы в промерзающих и мерзлых горных породах. М., Изд-во АН СССР, с. 95-101.

РАВСКИЙ Э.И. 1969. Основные черты климатов Сибири в антропогене. - В кн.: Основные проблемы геологии антропогена Евразии. М., "Наука", с. 111-120.

СОВЕТСКАЯ АРКТИКА (моря и острова Северного Ледовитого океана). 1970. М., "Наука", 526 с.

СТРЕЛКОВ С.А. 1965. История развития рельефа Сибири и Дальнего Востока. Север Сибири. М., "Наука", 336 с.

ЧЕХОВСКИЙ А.Л. 1972. О распространении многолетнемерзлых пород под шельфом Карского моря. - В кн.: Геокриологические исследования при инженерных изысканиях. М., с. 100-111 (Труды ПНИИИС, т. XVIII).

HOPKINS D.M. 1959. Cenozoic History of the Bering Land Bridge. – Science, vol. 129, N 3362, pp. 1519–1528.

MACKAY J.R. 1972. Offshore Permafrost and Ground Ice, Southern Beaufort Sea, Canada. – Canadian Journal of Earth Sciences, vol. 9, N 11, pp. 1550–1561.

REIMNITZ E., WOLF S.C., RODEICK C.A. 1972. Preliminary Interpretation of Seismic Profiles in the Prudhoe Bay Area, Beaufort Sea, Alaska. Open-file report. U.S. Depart. Inter., Geol. Survey. 11 pp.

SAMSON L., TORDON F. 1969. Experience with Engineering Site Investigations in Northern Quebec and Northern Baffin Island. – Proc. 3rd Canad. Conf. on Permafrost. NRCC, Technic. Mem. 96, pp. 21–38.

YORATH C.J., SHEARER J., HAVARD C.J. 1971. Seismic and Sediment Studies in the Beaufort Sea. Geol. Surv. Can., Pap. 71-1A, pp. 242–244.

STRUCTURE OF THE NORTHERN CIRCUMPOLAR PERMAFROST REGION

I. Ya. Baranov. Ind. and Res. Inst. of Eng. Surveys in Construction, Moscow, USSR

The cryosphere is defined as a single thermodynamic region formed by geospheres of nonuniform matter which are in contact with each other. The geospheres have a temperature below 0°C which causes crystallization, cooling and supercooling of water. Water crystallizes in the cryogenic part of the cryosphere and does not crystallize in the cooling part. Boths parts are interrelated. The elements of the cryosphere are: the atmocryosphere (the enveloping element), the lithocryosphere (forming) and the hydrocryosphere (superimposed). All elements are dynamic in time and space. Each class, type and species of frozen ground features is developed under definite thermodynamic conditions. The boundaries of their occurrence are independent and vary in time and space in different ways. The circumpolar parts of the cryosphere are similar in structure but differ with respect to the development of certain frozen ground features and the position of their boundaries, depending on the environmental conditions.

The constant parts of the atmocryosphere form a continuous "cryogenic screen" around the Earth, which plays a special role in its development.

STRUCTURE DE LA ZONE SEPTENTRIONALE CIRCUMPOLAIRE DE PERGÉLISOL

I. Ya. Baranov, Institut industriel et scientifique de recherches en génie civil, Moscou, URSS

La cryosphère est une région thermodynamique unique formée de géosphères contiguës essentiellement hétérogènes. Leur température, inférieure à 0°C, provoque la cristallisation, le refroidissement et la surfusion de l'eau. Deux parties de la cryosphère sont liées entre elles: la zone cryogène où l'eau subit la congélation, et la zone de refroidissement où n'a pas lieu la congélation. Les éléments de la cryosphère sont: l'atmocryosphère (couvrante), la lithocryosphère (constituante) et l'hydrocryosphère (superposée), dynamiques dans le temps et l'espace. Chaque classe, type et genre de structure liée au pergélisol se développe dans des conditions thermodynamiques précises; les limites de leur développement sont indépendantes et varient de façon différente dans le temps et l'espace. Les parties circumpolaires de la cryosphère ont une structure de type unique, mais elles diffèrent par le développement de certaines structures liées au pergélisol et à l'emplacement de leurs limites, qui sont fonction des conditions naturelles.

Les parties constantes de l'atmoscryosphère forment un "écran cryogène" continu autour de la Terre, écran qui joue un rôle particulier dans l'évolution de cette dernière.

СТРУКТУРА СЕВЕРНОЙ ОКОЛОПОЛЯРНОЙ ОБЛАСТИ КРИОГЕННЫХ ОБРАЗОВАНИЙ

И.Я. Баранов, Производ. и н.-и. ин-т по инженер. изысканиям в строительстве, Москва, СССР

Криосфера - единая термодинамическая область, образуемая вещественно-неоднородными контактирующими геосферами с температурой ниже 0°С, вызывающей кристаллизацию, охлаждение и переохлаждение воды. Взаимосвязанные части криосферы: криогенная - с кристаллизацией воды и охлаждения - без кристаллизации. Элементы криосферы: атмокриосфера (облекающая), литокриосфера (образующая) и гидрокриосфера (наложенная) динамичны во времени и пространстве. Каждый класс, тип и вид образований развивается в определенных термодинамических условиях; границы их развития самостоятельны, разнодинамичны во времени и пространстве. Околополярные части криосферы по структуре однотипны, различны по развитию некоторых криогенных образований и положению их границ, в зависимости от неоднородности природных условий.

Постоянные части атмокриосферы образуют непрерывный "криогенный экран" Земли, играющий особую роль в ее развитии.

СТРУКТУРА СЕВЕРНОЙ ОКОЛОПОЛЯРНОЙ ОБЛАСТИ КРИОГЕННЫХ ОБРАЗОВАНИЙ

И.Я. Баранов

Производственный научно-исследовательский институт
по инженерным изысканиям в строительстве, Москва, СССР

Вторым критерием криогенного процесса на Земле, помимо понижения температуры вещества геосфер ниже 0°С, является кристаллизация воды, которая происходит неоднородно, в зависимости от ее фазовых состояний, степени свободы - связи с вмещающим веществом, минерализации и пр.

На этой основе производится разделение понятий: промерзание - связанное с кристаллизацией воды; охлаждение - связанное с понижением температуры вещества выше естественной низкой точки кристаллизации минерализованной (соленой) воды; переохлаждение воды (пара, капельно-жидкой, жидкой минерализованной) ниже 0°С, являющееся устойчивым или неустойчивым состоянием, свойственным условиям охлаждения и связи воды с веществом. Исходя из этого, криосфера Земли представляется как область криогенных образований, охлаждения и переохлаждения, взаимно проникающих, служащих продолжением или замещающих друг друга.

Различие между криогенным процессом и процессами охлаждения и переохлаждения заключается в том, что при первом происходит фазовое превращение воды в лед, с выделением скрытой теплоты; при охлаждении скрытая теплота не выделяется или выделяется мгновенно при изменении условий состояния. Это, безусловно, играет важную роль в понимании формирования толщ сезонно-, многолетнемерзлых и охлажденных горных пород, различий их тепловой инерции, динамики под воздействием однородных источников тепла, в изменении их свойств в процессах промерзания-протаивания, охлаждения-прогревания и пр.

При криогенном процессе диапазон энергетических - тепловых отдач за счет фазовых переходов жидкой воды в лед, льда в пар-лед, минуя жидкую фазу, зависит от степени свободы воды, ее связи с вмешающим веществом и формами этих связей, минерализации. Кристаллизация воды поэтому происходит в широком диапазоне температуры; связь воды с вмешающим веществом и его состоянием, минерализация воды существенно понижают точку ее кристаллизации.

По своей структуре криосфера как пространственная область неоднородна, сложна, характеризуется совмещением процессов кристаллизации, охлаждения и переохлаждения воды и вещества, вмешающего (атмосфера, литосфера) или образуемого ею (гидросфера) Отсюда элементарными частями криосферы будут: атмокриосфера, литокриосфера и гидрокриосфера, каждая из которых имеет вещественную обособленность, связана энерго-и массообменом, в целом все они связаны единством внешней термодинамической системы. Поэтому изменения в одном элементарном звене неизбежно ведут к изменению в других звеньях.

В границах атмосферы (тропосферы) при различных температурах и влажностях формируются основные криогенные образования - снег и град, развивающиеся из парообразной и капельно-жидкой воды. При низкой температуре и невысокой абсолютной влажности происходит переохлаждение влаги. В суровом континентальном климате кристаллизация переохлажденного пара и сублимированного из мерзлой почвы (снега) при резком понижении температуры и застое воздуха формирует мельчайшую ледяную пыль (взвесь) из игольчатых кристаллов. Подобные образования свойственны и стратосфере.

А т м о к р и о с ф е р а, включающая стратосферу, мезосферу и часть тропосферы, имеет форму облекающей сферы, которая "опирается" на околополярные области и сверху ограничивается термосферой (на высоте 120 км). Наибольшая динамичность свойственна нижней тропосфере, имеющей сезонно изменяющуюся температуру в пределах положительных и отрицательных значений.

Для тропосферы характерны многолетние, вплоть до геологически длительных, пульсации, выраженные сужениями и расширениями ее части, имеющей постоянную положительную температуру, которая образует ограниченное "кольцо", распространяющееся на экваториально-тропическую зону и затрагивающее (не систематически) субтропики в сферах влияния теплых морей и океанов; высота его ограничена. Над экватором, на высоте 5-6 км, уже обеспечивается существование снега-фирна, льда, сезонно- и многолетнемерзлых горных пород.

Сезонные изменения температуры тропосферы, как известно, обусловлены движением Земли по орбите и углом наклона ее оси. Изменение ее наклона, скорости вращения Земли обусловит перестройку климата планеты, количественных и качественных характеристик элементов криосферы.

Внутреннюю границу атмокриосферы образует подвижная сферическая изотермическая поверхность с температурой 0°С.

В предшествующие геологические эпохи и в кайнозое атмокриосфера, особенно в четвертичном периоде, испытывала существенные расширения в эпохи похолоданий и сжатия в эпохи потеплений.

В нижней тропосфере (преимущественно до высоты 3,0-3,5 км) сосредоточена преобладающая часть влаги в разных фазах. Верхняя поверхность сферы наибольшего увлажнения динамична, зависит от изменения температуры воздуха и дневной поверхности.

Температурное поле атмосферы, как известно, формируется за счет внешнего источника тепла, в основном поглощения ультрафиолетового излучения с длиной волны $2000 < \lambda < 3000$ Å (мезосфера и стратосфера), видимого и инфракрасного излучения с длиной волны $\lambda < 3000$ Å (земная поверхность, тропосфера). Выше атмокриосферы (в термосфере) тепловое состояние формируется под воздействием коротковолнового излучения с длиной волны $\lambda < 1000$ Å.

Остаточная часть лучистой энергии второго диапазона длины волн преобразуется в тепловую, принимающую участие во внутреннем теплообмене тропосферы, в тепловом и массообменном ее взаимодействии с сушей и океанами, их водной и ледяной поверхностями, подчиняясь планетарным особенностям. Периоды потеплений и похолоданий, динамика атмокриосферы отражают сдвиги и перестройки во внешней термодинамической системе Земли.

Для тропосферы, ее температурного поля, как известно, характерно последовательное понижение уровня энергетического обмена с высотой. Это определяет высотно-поясовые элементы литокриосферы и возможность развития аккумулятивных криогенных образований (ледяных покровов), изменяющих рельеф поверхности в околополярных областях Земли. Последовательное понижение энергетического обмена в направлении от экватора к полюсам определяет широтно-зональные элементы криосферы суши и океанов. Сочетание двух пространственных (плоскостных и высотных) типов теплообмена поверхности создает реальную схему структуры криосферы Земли, взаимодействия ее оболочек на основе их теплоэнергетических различий.

Стратосфера и мезосфера, сфера постоянного охлаждения играют решающую роль в тепловом режиме Земли, в ее развитии. Они образуют вторую ступень "криогенного экрана" Земли; тропосфера - переменную во времени первую ступень. "Криогенный экран" Земли препятствует "убеганию" водяных паров и их разложению в ионосфере, существенно ограничивает этот процесс. Именно "криогенный экран" создает устойчивость гидросферы, современный энергетический уровень поверхности Земли, определяет возможность земного типа развития литосферы, развитие биосферы. Возникновение "криогенного экрана" на границе перехода от планетарного развития к геологическому сыграло и играет на Земле особую роль, отличную от тех, которые играют подобные "экраны" на других планетах солнечной системы, возникшие при иных, менее оптимальных условиях и иных сочетаниях определяющих факторов и условий.

Фазовые превращения воды на фоне сезонных изменений уровня энергообмена поверхностей суши и океанов с атмосферой выражают суть массообмена в тропосфере, влияют на приход лучистой энергии, воздействуя на ее поглощение и излучение, на затраты тепла в разных зонах Земли. Ледяные покровы совместно со снежным действуют в холодные и теплые сезоны года, ограничивая поступление тепла через альбедо, и увеличивают затраты тепла на таяние, чем понижают общий энергетический потенциал поверхности Земли. Их влияние в эпохи охлаждения играет наиболее существенную (глобальную) роль в тепло- и массообмене земных оболочек, в развитии криогенных процессов в криосфере.

Эпохи потеплений существенно влияют на развитие и распространение околополярных-зональных и высотно-поясовых криогенных образований, на сжатие криосферы за счет всех оболочек Земли.

Эпохи похолоданий активизируют развитие криогенных образований, расширяют сферы их распространения. В обоих случаях перестройка криосферы Земли (пространственные изменения) не изменяет ее структуру, что отражает единство криосферы. Важную роль в этом играет воздушная оболочка.

Для атмосферы характерны кратковременные (несезонные) и сезонные криогенные образования; в стратосфере - ледяная взвесь (внесезонное образование), при циклональных завихрениях - снег; в тропосфере - снег, крупа, град, ледяная взвесь, переохлажденный пар; для поверхности Земли и предметов - иней, ожеледь и др. Они либо развиваются через переохлаждение (пара, капельно-жидкой воды), либо при наличии первичных центров кристаллизации (снег, град). Их развитие завершается выпадением на поверхность суши и океанов под влиянием силы тяжести, где они тают, преобразуются в сезонные и многолетние аккумулятивные покровные образования, либо испаряются или превращаются в капельно-жидкую воду, не достигая поверхности земли.

Широтно-зональные изменения энергетического уровня обмена в пределах атмосферы отражаются в формировании термодинамических поясов Земли.

Гидрокриосфера характеризуется сложным строением и границами. В ее состав входят океанические и морские пространства, а в пределах суши - озера, реки и пр.

Гидрокриосфера полярна, разделяется на две околополярные области, имеющие разные очертания. Эти области расчленяются на подобласти: ледяных покровов и охлажденных вод морей и океанов. Ледяные покровы в границах морей и океанов формируются при изменении физико-химического состава воды, опреснения в процессе кристаллизации. Под ледяными покровами в зонах сезонного льдообразования и области многолетних морских льдов формируются, как известно, толщи воды, охлажденной ниже 0°С, мощность которых исчисляется десятками и сотнями метров в окраинных зонах и до нескольких (1-3 км) в полярных областях. Области охлаждения океанических вод вписываются в границы областей многолетнего промерзания горных пород в пределах континентов (северное полушарие), либо в границы области потенциального развития многолетнемерзлых горных пород (южное полушарие). Приграничная зона характеризуется глубоким залеганием линз охлажденных вод, оконтуривающих области их непрерывного распространения (Охотское и Берингового моря). Охлажденные воды и в теплый сезон имеют температуру порядка -1,8 - -1,9°С, отвечающую средней годовой для толщи воды. Подледные воды в холодный сезон имеют более низкую температуру, при которой возможен процесс кристаллизации. Покровное льдообразование начинается с переохлаждения воды, формирования внутриводного льда.

Температурное поле океанов и морей в околополярных областях характеризуется медленным повышением температуры с глубиной, что отвечает континентальному типу распределения температуры. В зависимости от глубины вся толща воды (шельфовые моря в центральной части шельфа, вне прямого влияния теплых морских течений; полярные океанические впадины) имеет отрицательную температуру, местами, в окраинных зонах переходящую в положительную. Для окраинных зон характерно растекание охлажденных вод в придонных частях океанических впадин. В их пределах отмечаются два охлажденных слоя: поверхностный и придонный. Граница охлажденных вод и вод с температурой выше 0°С определяется термодинамическими равновесиями в водной среде. В зоне двухслойного охлаждения воды кривая температуры изменяется, образуя два изгиба в область положительных температур (поверхностный слой и в толще, разграничивающей верхний и нижний слои). Такое положение характерно и при погружении теплых вод (Гольфстрим и др.) в толщу холодных.

За пределами околополярных областей для океанов характерно распределение температуры воды по глубине, обратное континентальному, т.е. она понижается в основном с глубиной. Лишь местами, чаще всего в районах тектонических разломов-разрывов, подводных вулканов температура придонного слоя воды заметно повышается, что связано с воздействием значительных притоков глубинного тепла.

Исходя из геофизических данных, полученных за последние два десятилетия, следует, что под океаническим дном мощность земной коры колеблется в пределах 5-10 км, в то время как под континентами - от 35 до 45 км, а местами, в горных областях, до 70 и даже до 120 км. Большие мощности земной коры ограничивают величину глубинного теплопотока. Наличие холодных вод в придонных частях океанов при ограниченной мощности литосферы является парадоксальным.

Дно океанических впадин сложено базальтовыми породами, отличающимися высокой теплопроводностью; в литосфере и на ее поверхности не может происходить массообмен и теплообмен, типичный для континентальных областей, а лишь способный обусловить охлаждение, за счет прямого теплообмена с океаническими массами воды. При подобных обстоятельствах следует ожидать значительного прогрева придонных масс воды, исходя из вероятных средних температурных градиентов в поддонной части литосферы (до 10-20°/100 м). Между тем, значительный прогрев воды не отмечается, за исключением рифтовых зон. Величины тепловых потоков через дно океанов по значению не отличаются от рассчитанных для древних платформ. Такой парадокс нельзя объяснить охлаждением дна толщей воды, так как движение придонного слоя воды не настолько велико, чтобы снять влияние глубинного теплопотока, соответствующего градиенту температуры, не оставив следа в его температурном поле. Повышенная теплоотдача через океаническое дно должна сказываться на ограничении охлаждения масс воды, в частности, в обособленной впадине Северного Ледовитого океана, одного из основных источников охлаждения водных масс смежных частей океанов.

Своеобразное температурное поле гидросферы формируется за счет прихода тепла, поступающего от внешнего источника тепла непосредственно, и через теплообмен с воздушными массами над морями, океанами и континентами, а также за счет поступления глубинного тепла благодаря теплопроводности пород дна и подводных излияний магмы.

Известно, что перераспределение тепла в океанах происходит путем волнового перемешения, теплых и холодных течений, конвекции, в целом играющих существенную роль в формировании климата над ними и континентами. Наибольшая активность перемешивания воды в океанах приурочена к верхнему слою, имеющему мощность до 200 м. Глобальная конвекция водных масс, затрагивающая большие глубины, а в опосредствованном виде и придонные слои воды, рождает холодные морские течения. Температурное поле океанов отражает тепловое состояние воды, зависящее не только от внешнего источника тепла, но и охлаждения, унаследованного от холодных эпох. Оно не пришло в соответствие с термодинамическими условиями на поверхности.

Перенос влаги воздушными океаническими массами определяет формирование аккумулятивных криогенных образований на суше.

Что касается температурных полей озер и рек, то они занимают сходное - озера или обособленное положение - реки. Для глубоких озер характерно распределение температуры океанического типа. Для них характерно волновое перемешивание и нормальное распределение температуры до глубин, равных зоне перемешивания (до 20 м и более). Формирование ледяного покрова связано с некоторым начальным переохлаждением воды, с последующей кристаллизацией смежных объемов воды.

Образование ледяных покровов на реках происходит с участием внутренних льдов, способствующих ускорению образования покрова и его наращиванию снизу.

Для гидросферы характерны: внутриводные льды, формирующиеся на базе переохлаждения, сезонные и многолетние ледяные покровы. Границам многолетних криогенных образований на континентах в океанах соответствуют линзы охлажденной воды и сезонные ледяные покровы;многолетние льды океанов занимают крайнее околополярное положение, т.е. вдали от границ многолетнемерзлых горных пород. Это связано с качественным различием между массой воды и горными породами.

Инородными криогенными образованиями в гидросфере являются льды континентального происхождения (айсберги), наиболее широко распространенные в Южном полушарии с его обширным ледяным континентом В Северном полушарии основным источником таких льдов являются восточное и юго-западное побережья Гренландии.

Литокриосфера отличается наибольшей сложностью проявления криогенных процессов. На поверхности суши развиваются неаккумулятивные и аккумулятивные криогенные образования. Неаккумулятивные образования разделяются на конденсационно-кристаллизационные и миграционно-кристаллизационные. Первые связаны с тепло- и влагообменом в приповерхностном слое воздуха; вторые с теплообменом через поверхность почвы. К первым относятся: иней, ожеледь и др., ко вторым: "ледяные стебельки" - "ледяная трава", родственные им "ледяные друзы", а также "ледяные цветы", "ледяные тетрагоны" и пр. Их формирование происходит избирательно на различных поверхностях (оголенного грунта, горных пород, снега, льда, растительности и разнообразных предметов), при разнородных внешних условиях и механизмах развития. Их роль ограничена.

Аккумулятивные образования имеют наиболее широкое распространение в околополярных областях, а также на юге - в высокогорных странах. Их основной формой, как известно, является снежный покров. В определенных условиях он преобразуется в фирн как самостоятельное образование (в снежниках) и как промежуточное, переходящее в лед ледников и ледниковых покровов.

Известно, что снежный покров влияет на ход промерзания горных пород, температурное поле подстилающих пород формируется под его влиянием на протяжении зимы и последующей части теплого сезона.

Многолетние ледяные покровы на суше оказывают существенное влияние на многолетнее промерзание подстилающих их горных пород. В этом случае формируется единое температурное поле ледяного покрова и толщи многолетнемерзлых горных пород. Ледяной покров снимает поверхностные условия, влияющие на их динамику.

К локальным образованиям относятся сезонные и многолетние наледи подземных вод и поверхностных потоков.

В границах литокриосферы основными криогенными образованиями являются: мерзлые, морозно-мерзлые, морозные и замещающие их охлажденные горные породы. Они разделяются на кратковременные, сезонные и многолетние; пространственно они разобщены или имеют совмещенные области развития, т.е. связанные или несвязанные переходами одной формы в другую.

Мерзлые и морозно-мерзлые горные породы являются наиболее распространенными типами криогенных образований в литосфере; формируются с кристаллизацией насыщающих пресных или опресняемых (при кристаллизации) подземных вод. Различие между ними зависит от состава и свойств пород (зернистые, связные, трещиноватые), степени водонасыщения. В зернистых и связных (глинистых) породах при промерзании кристаллизация воды происходит в зависимости от ее связи с частицами горной породы в спектре температуры, с формированием различных криогенных текстур - криогенного строения. В трещиноватых породах вода кристаллизуется при относительно однородной температуре. Распределение льда зависит от степени обводнения и типов трещиноватости, их распределения в массиве.

Морозные породы формируются за счет охлаждения горной породы (трещиноватой или монолитной) ниже 0°C при отсутствии видимой воды. Процесс промерзания замещается процессом охлаждения. Свойства горной породы не изменяются (монолитность, трещиноватость, пористость)

Особое место занимают принципиально отличные горные породы, носящие название охлажденных (ниже 0°C). Они насыщены минерализованными (солеными) водами; весьма широко распространены в границах Евроазии и менее - Северной Америки, а также в пределах шельфа. На это мы указывали в 1956 г. Охлажденные породы пространственно замещают мерзлые, морозно-мерзлые и морозные горные породы. В слое сезонного промерзания и верхах толщ многолетнемерзлых горных пород формируются многочисленные сопутствующие (кратковременные, сезонные и многолетние) криогенные образования: полигонально-трещинные, пучинные, структурные и другие. Их классификация дана нами в 1962-1965 гг.

Из изложенного выше видна сложность структуры криосферы Земли; многообразие образующих ее геосферных элементов, а в их пределах классов, типов, видов и разновидностей криогенных образований.

Существенные различия Северной и Южной околополярных областей криогенных образований вытекают из энергетической неоднородности поверхности Земли, географического размещения континентов, их площадей, размещения океанов, различия веществ, образующих геосферы и их свойств. Это определяет полярную и внутреннюю неоднородность строения криосферы.

Область криосферы Земли характеризуется сложным сопряженным температурным полем, отражающим энергетическую и вещественную неоднородность земных оболочек, ее поверхности, их вещественно-энергетическое взаимодействие.

В вертикальном разрезе криосфера расчленяется на две подобласти, границей которых является поверхность вещественного и термодинамического раздела. Нижнюю подобласть образуют лито-и гидрокриосферы, верхнюю - атмокриосфера. Каждый из этих элементов криосферы характеризуется присущими ему свойствами образующего вещества, способами формирования и различиями в динамике их температурных полей в соответствии с планетарными и космическими условиями.

Температурное поле литосферы формируется под воздействием внутреннего источника тепла, имеющего сложную природу (гравитационное сжатие, радиактивный распад и др.), теплоотдачи из верхней мантии - астеносферы. Глубинный теплопоток, исключая локальные внедрения магмы, воздействует неоднородно в зависимости от мощности литосферы, ее динамики и свойств (состава пород, тектонической активности и направленности движений земной коры, геолого-тектонического ее строения). По воздействию на земную оболочку и отношению к ней он является как бы внешним; в литосфере происходят процессы, требующие больших затрат тепла (термометаморфизм горных пород) Остаточное тепло образует теплопоток, формирующий внешнюю экзотермозону Земли. Ее температурное поле формируется с участием собственных источников тепла (радиоактивного распада, двузначных по тепловому эффекту геохимических реакций и пр.). Они участвуют во внутреннем теплообмене. Результирующий его теплопоток в границах геологически длительного периода времени динамичен и зависит от внешних термодинамических причин и условий. Внешние условия влияют на фоне геологических процессов (погружения и поднятия земной коры) Их суммарное влияние сказывается на глубины, измеряемые километрами, в пределе - мощностью литосферы.

Величина результирующего глубинного теплопотока в границах суши и дна океана, как известно, составляет несколько малых калорий см^{2}год, что соизмеримо с величиной теплопотока, формируемого внешним источником тепла - Солнцем. Именно это и создает основное условие для формирования лито- и гидросферного элементов криосферы Земли.

Уровень термодинамического равновесия на поверхности Земли (средняя многолетняя температура) изменяется в пределах: от +25 - +30°С до -15 - -20°С. Под влиянием ледниковых покровов температура снижается до -30°С - в Северном полушарии (Гренландия), -60°С - в Южном полушарии (Антарктида). Ледниковые и ледяные покровы, обширные области охлаждения снижают температуру остальной поверхности. Вне областей оледенения различие температуры изменяется от 40 до 50°; в их пределах возрастает до 55-90°. На протяжении кайнозоя уровни термодинамического взаимодействия поверхности суши и океанов с внешней средой изменялись существенно: в сторону их повышения - в третичном периоде и понижения - в четвертичном. В четвертичном периоде, что является его собственностью, происходило усиление теплоотдачи во внешнюю среду, особенно в отдельные его этапы. Причиной эпох охлаждения, видимо, является увеличение площади континентов в полярных областях полушария, за счет неоднократного поднятия континентального шельфа. Определенное значение в формировании предшествовавшего общего фона охлаждения играли горообразовательные процессы в Южной Азии и Европе, Северной и Южной Америках, которые не приводили к глобальному охлаждению оболочек Земли. Роль горных систем сказывается на ограничении проникновения океанических воздушных масс на континенты.

Понижение уровня термодинамического взаимодействия земных оболочек в эпохи охлаждения сопровождалось развитием мощных ледяных покровов на океанах, глубоким охлаждением океанических масс воды, оледенением обширных поверхностей суши, формированием областей охлаждения горных пород на большие глубины и на больших площадях, на усилении роли холодных морских течений и пр. Ледяные и ледниковые покровы по мере их разрастания по площади и в высоту прямо и косвенно понижали общий энергетический уровень поверхности Земли. Оледенение суши приводило к дифференциации областей ее поверхности, характеризовавшихся различными условиями охлаждения горных пород. Современные температурные поля океанов и континентов приходят в соответствие со складывающимися внешними термодинамическими условиями. Многочисленные несоответствия современным условиям свидетельствуют об интенсивном охлаждении в прошлом, местами в недалеком прошлом.

Структура криосферы Земли отражает термодинамические условия, сложившиеся и существующие геологически длительное время в приповерхностных зонах контактирующих земных оболочек. Она определяется:

а) шарообразной формой Земли, положением ее оси, расстоянием от Солнца (солнечной постоянной);

б) наличием земных оболочек: облекающей (атмосфера), образующей (литосфера) и наложенной (гидросфера), их пространственным размещением;

в) составом и свойствами веществ, образующих оболочки, их вещественно-энергетическим взаимодействием, автономной подвижностью или неподвижностью образующего вещества;

г) наличием воды как вещества, образующего оболочку, как вещества, размещенного в других средах, представляющего собой основу развития криогенных процессов и образований, ее свойствами, минерализацией и пр.

Особую роль в тепло- и массообмене играет подвижность и свобода воды (в атмосфере, литосфере и гидросфере), которые имеют влияние на развитие криогенных процессов, их интенсивность, на пространственное размещение и различия в их развитии во времени.

В формировании криосферы Земли, ее структуры решающее значение имеют все перечисленные факторы и условия, находящиеся в определенных связях и взаимодействии. Так, шарообразная форма Земли и вещественные различия ее оболочек играют решающую роль в неоднородном действии внешнего источника тепла - солнечной радиации, проявляющейся в каждой оболочке по-разному, создающей присущую Земле структуру ее криосферы. Если перенести на Землю термодинамическую основу, свойственную, например, Марсу (уменьшить поток солнечной энергии с 1,4 до $0{,}6 \times 10^6$ эрг/см^{2}с), то это со временем приведет к промерзанию океанов, вероятно, на значительную глубину, к установлению сурового климата на всей планете. Закономерное изменение величины солнечной радиации от экватора к полюсам создает основу для выделения термодинамических поясов и областей, в пределах которых условия развития криогенных процессов различны.

Для экваториально-тропической зоны характерны сезонные и многолетние криогенные процессы, которые развиваются лишь на высотах более 5-6 км.

Для умеренного (переходного) пояса характерен более низкий энергетический уровень. Поэтому в его границах сезонные криогенные процессы развиваются в районах, где происходит длительное понижение температуры воздуха ниже 0^oC. Многолетние криогенные образования вне области многолетнемерзлых горных пород, развиваются в горных странах, абсолютные высоты которых превышают 2000 м - в северной части и 3000 м - в южной. В пределах равнин они развиваются там, где происходит систематический переход сезонного промерзания в многолетнее. Для субарктической и арктической области характерны условия формирования многолетнемерзлых и охлажденных горных пород.

Границы термодинамических поясов на суше, как известно, неоднородны по широте, изрезаны, нелинейны, прерывисты, что связано с влиянием холодных и теплых морских течений, разной обширностью и очертаниями континентов, наличием горных систем, усиливающих континентальность, ограничивающих влияние океанических масс воздуха.

Для Северной околополярной области характерна следующая зависимость: в сферах влияния на континенты теплых океанических масс воздуха южная ее граница смещается в субарктическую и арктическую природные зоны; в сферах влияния континента как климатообразующего очага южная граница смещается на юг, в пределы умеренного пояса. Наибольшее ее смещение отмечается во внутриконтинентальных горных областях.

Довлеющее влияние сурового континентального климата в Арктике сказывается на смещении южной границы в пределы Атлантического и Тихого океанов, в их западные части - в Северном полушарии. В пределах Южного полушария влияние Антарктики приводит к смещению северной границы в пространстве Тихого, Индийского и Атлантического океанов, далеко за ее пределы.

Водная поверхность океанов прогревается также неоднородно; прослеживается направленное изменение уровня энергетического обмена от экватора к полюсам. Схема его изменения осложняется морскими течениями: теплыми - в умеренных поясах и арктических областях, холодными - в экваториально-тропической зоне и умеренных поясах, преимущественно в Северном полушарии.

Особое место в литосферном и гидросферном элементах криосферы занимают охлажденные горные породы, насыщенные минерализованными (солеными) водами, и охлажденные ниже 0^oC воды морей и океанов. Сезонные сферы охлаждения, формирующиеся без фазового превращения воды в лед или в результате его, представлены: в литосфере - толщами рыхлых отложений (морские пляжи, косы, пересыпи, "талики" вокруг соленых источников и их стоков и пр.) и трещиноватыми породами; в гидросфере - толщами воды под ледяными покровами в соленых озерах, морях и океанах или на пространствах, не покрытых льдом, при участии волнового перемешивания и холодных течений.

Многолетние элементы сферы охлаждения в гидросфере приурочены к полярным морям и океанам, где мощность толщ охлажденных вод достигает нескольких километров, а также к арктическим шельфовым морям.

Охлаждение океанических масс воды связано с геологически длительными периодами охлаждения через поверхность в условиях низкого уровня энергетического обмена, конвективного погружения холодных масс воды при наличии придонного оттока (растекания) в смежные части океанов (Южное полушарие) или в соседние океаны через проливы (Северное полушарие).

В континентальных условиях формирование охлажденных горных пород связано с условиями субаэрального формирования низкотемпературных толщ мерзлых горных пород, продолжением или замещением которых и являются горизонты многолетнеохлажденных горных пород. Охлажденные горные породы имеют общее с мерзлой толщей температурное поле.

В северных областях Сибири и Канады, в пределах древних платформ, некоторых прогибов и четвертичных погружений, сопровождавшихся трансгрессиями, толщи охлажденных горных пород имеют мощность в несколько сотен метров, местами более километра.

В границах шельфа, местами под дном полярных океанов, где вся толща воды имеет постоянную отрицательную температуру, можно ожидать наличия маломощных толщ охлажденных горных пород (желоба, глубоководные части шельфа). В преобладающих частях шельфа, периодически поднимавшихся над уровнем моря и опускавшихся под уровень моря (эвстатические движения земной коры, повышение уровня мирового океана?), взаимоотношение многолетнемерзлых и охлажденных пород сложное. Мерзлые и охлажденные породы могли формироваться в границах приморских равнин в суровых климатических условиях. В зависимости от периода охлаждения мощность зоны охлаждения значительная; мощность мерзлой толщи соответствует мощности зоны опреснения, ограничивается глубиной залегания соленых вод и рассолов.

В зоне шельфа континентальная зона охлаждения в связи с морской абразией (что характерно для разрушаемых морских берегов континента и островов) испытывает изменения структуры теплообмена (смена субаэральной-субаквальной) на поверхности, что приводит к резким повышениям температуры поверхности со средней годовой - 15, -20^oC до -1,8 $-1{,}9^oC$ и выше и сокращению амплитуды до нуля. На этой основе происходит уменьшение мощности зоны глубинного охлаждения снизу при небольшой тепловой инерции (отсутствие льда), прогревание и протаивание верхов толщи многолетнемерзлых горных пород на глубину, отвечающую новым термодинамическим условиям и удельному тепловому сопротивлению мерзлой толщи. Параллельно протаиванию пористых и трещиноватых льдистых пород происходит диффузное замещение талой воды морской.

В границах шельфа, на основе палеогеографических и геокриологических представлений, допускаются сложные сочетания современных и реликтовых мерзлых толщ с горизонтами (толщами) горных пород с первичным и вторичным охлаждением в пространстве (мерзлые породы в зонах недавнего размыва, обладающие большой мощностью и низкой температурой, сходными со смежными участками континента (островов); те же мерзлые толщи, в основании которых располагаются горизонты реликтовых охлажденных горных пород; те же толщи, но подвергшиеся протаиванию сверху, сопровождавшемуся замещением охлажденными водами; толща охлажденных пород, сформировавшаяся в результате охлаждения морскими водами и пр.

Южная околополярная область криогенных образований аналогична Северной. Различия обусловлены рядом причин и условий.

Южная область отличается полярным положением континента, покрытого мощным ледяным покровом с абсолютной высотой до 4000 м. В Северной области полярное положение занимает океан с многолетними льдами; острова и их архипелаги имеют небольшие ледяные купола; наибольший ледяной щит приурочен к Гренландии.

Южная область включает части трех океанов, в пределах которых располагаются все зональные границы криогенных образований; она отличается большей океаничностью; Северная – преобладанием суши, что создает второе существенное различие с Северной областью.

Южную околополярную область с севера на юг оконтуривают следующие границы: в пределах океанов – сезонного охлаждения тропосферы и поверхностного слоя воды;разноса айсбергов (до 56-42° ю.ш.); сезонного льдообразования и многолетнего глубокого охлаждения океанических вод;многолетнего льдообразования, оконтуривающая континент; в пределах суши вне Антарктиды – границы сезонного промерзания горных пород и охлаждения тропосферы, многолетнего промерзания горных пород, в принципе совпадающая с границей многолетнего охлаждения океанических вод. В области многолетнего промерзания горных пород расположена Огненная Земля, Фолклендские острова, а также о. Корсулен, Хёрд – в Индийском океане и др.

Вне пределов Южной области сезонное промерзание горных пород происходит на юге Южной Америки, в Новой Зеландии, в Австралии, на юге Африки (в Драконовых горах); многолетнее промерзание – в Кордильерах и в горах Новой Зеландии.

В южной области основная часть площади многолетнемерзлых горных пород совпадает с границами ледникового покрова, и они зависят от последнего (его мощности, температуры в основании). В окраинной зоне ледяного покрова Антарктиды и, вероятно, под его центральной частью, учитывая среднегодовую температуру поверхности льда (около -59°С), многолетнемерзлые горные породы являются продолжением ледяного покрова. Развитие этих криогенных образований происходило в переменных термодинамических условиях. Развитие ледяного покрова смещало зону годовых колебаний температуры вверх, что могло бы ограничить многолетнее промерзание горных пород, в то же время определяло понижение средней годовой температуры льда.

Из сказанного выше следует, что Южная околополярная область криогенных образований, несмотря на наличие единства структуры, существенно отличается от Северной по распространению криогенных образований. Многие из них, типичные для Северной области, в пределах Южной не имеют места, другие ограничены, а третьи преобладают в соответствии с ее природными особенностями.

ЛИТЕРАТУРА

БАРАНОВ И.Я. 1966. "Вечная мерзлота", ее возникновение в ходе эволюции Земли как планеты. – "Астрономический журнал", т. 43, вып. 4, с. 846-853.

БАРАНОВ И.Я. 1973. Вопросы криологии. – П Междунар. конф. по мерзлотоведению. Докл. и сообщ., вып. 1. Якутск, с. 3-11.

ВЕРНАДСКИЙ В.И. 1960. Об областях охлаждения земной коры. – Избранные труды. Т. 4, кн. 2. М., Изд-во АН СССР, с. 637-649.

ДОБРОВОЛЬСКИЙ А. 1923. История природного льда. Варшава, 191 с.

ACTIVE ROCK GLACIERS AS INDICATORS FOR DISCONTINUOUS ALPINE PERMAFROST. AN EXAMPLE FROM THE SWISS ALPS

Dietrich Barsch, University of Heidelberg, Department of Geography, Heidelberg, Federal Republic of Germany

Active rock glaciers are moving (5-1oo cm/a) bodies of frozen talus cemented by interstitial ice. The mean ice content is around 5o to 6o%. They are, therefore, bodies of permafrost even if some of the ice is of glacial origin. Because we do find, at the same elevation, patches of permafrost outside of these rock glaciers (e.g. in talus slopes etc.), they are indicators for permafrost in their neighbourhood. Therefore the lower limit of active rock glaciers is approximately the lower limit of discontinuous alpine permafrost. In a cross profile from NW to SE through the Swiss Alps this lower limit is situated at 24oo-26oo-25oo m a. s. l.on north facing slopes (ca. 26oo-28oo-27oo m on south facing slopes). In the Swiss Alps the total volume of active rock glaciers is ca. 1.2 to 1.6 km^3, the total amount of discontinuous alpine permafrost is estimated, for the western Alps, to 2o km^3 in an area of 3221 km^2 above the mentioned lower limits.

UTILISATION DES GLACIERS DE PIERRES ACTIFS COMME INDICATEURS DU PERGÉLISOL ALPIN DISCONTINU. EXEMPLE DES ALPES SUISSES

Dietrich Barsch, Université de Heidelberg, Département de géographie, Heidelberg, République fédérale d'Allemagne

Les glaciers de pierres actifs sont des masses de débris gelés, cimentés par de la glace interstitielle, qui se déplacent à des vitesses comprises entre 5 et 100 cm par an. Leur teneur moyenne en glace se situe entre 50 et 60%. Ils représentent donc d'importantes masses de pergélisol, même si une partie de la glace qui les compose est d'origine glaciaire. Étant donné qu'à la même altitude des îlots de pergélisol accompagnent les glaciers de pierres (par exemple, dans les talus d'éboulis, etc), ces derniers peuvent servir à déceler la présence du pergélisol. De plus, la limite inférieure des glaciers pierreux actifs correspond approximativement à la limite inférieure du pergélisol alpin discontinu. Dans un profil orienté NO - SE, à travers les Alpes suisses, cette limite inférieure se situe à 2400-2600-2500 mètres d'altitude, sur des versants orientés vers le nord (et à environ 2600-2800-2700 mètres sur les versants orientés vers le sud). Dans les Alpes suisses, le volume total de glaciers pierreux actifs est d'environ 1.2 à 1.6 km^3, et le volume total du pergélisol alpin discontinu est estimé dans les Alpes occidentales à 20 km^3, répartis sur une superficie de 3221 km^2, au-dessus des limites inférieures dont il est question plus haut.

ДЕЙСТВУЮЩИЕ КАМЕННЫЕ ПОТОКИ КАК ПРИЗНАК СУЩЕСТВОВАНИЯ ЗОНЫ НЕСПЛОШНОГО РАСПРОСТРАНЕНИЯ МНОГОЛЕТНЕЙ МЕРЗЛОТЫ В ВЫСОКОГОРНЫХ РАЙОНАХ НА ПРИМЕРЕ ШВЕЙЦАРСКИХ АЛЬП

Действующие каменные потоки представляют собой движущиеся /5-100 см/год/ мерзлые осыпи, сцементированные пустотным льдом. Среднее содержание льда составляет 50-60%. Поэтому каменные потоки можно считать многолетнемерзлыми массами, даже если часть льда имеет ледниковое происхождение. Они являются указанием на существование многолетней мерзлоты, тем более что на той же высоте можно действительно наблюдать небольшие участки многолетней мерзлоты вне этих каменных потоков /например, на откосах/. Поэтому нижняя граница действующих каменных рек приблизительно соответствует нижней границе зоны несплошного распространения высокогорной многолетней мерзлоты. В поперечном разрезе с северо-запада на юго-восток через Швейцарские Альпы эта нижняя граница проходит на высоте 2400-2600-2500 м над уровнем моря на северных склонах /по сравнению с 2600-2800-2700 м на южных склонах/. В Швейцарских Альпах общий объем действующих каменных потоков составляет 1,2-1,6 км^3, а общий объем несплошной многолетнемерзлой массы в западных Альпах оценивается в 20 км^3 на площади 3221 км^2 вверх от указанных нижних границ.

ACTIVE ROCK GLACIERS AS INDICATORS FOR DISCONTINUOUS ALPINE PERMAFROST. AN EXAMPLE FROM THE SWISS ALPS

Dietrich Barsch

University of Heidelberg, Department of Geography
Heidelberg, Federal Republic of Germany

INTRODUCTION

Since the already classical paper of Wahrhaftig and Cox (1959) active (still moving) rock glaciers have attracted considerable interest from students of periglacial environments of alpine regions. Today we do know active rock glaciers from all major mountain systems, if they are only high enough. But still and despite the valuable informations given by quite a number of studies (c.f. White 1976), there are a lot of questions open to discussion (e.g. the genesis of the ice in active rock glaciers etc.). During the last years (since 1965) we did some work on rock glaciers (mainly in Switzerland, but also in Scandinavia), which seems to be of interest also for the distribution of alpine permafrost.

DEFINITION AND DESCRIPTION

An active rock glacier is a tongue or lobate shaped body of frozen talus of "porridge-like" appearance, which creeps downslope at an average speed of 5 to 1oo cm/a (maximum: 5oo cm/a) and which is cemented by interstitial ice, the content of which changes from place to place and from individual to individual. Active rock glaciers are separated by steep front and side scarps from the surrounding terrain. The slope of these scarps is often steeper than 3o to 4o°, that is more, or at least near, the angle of repose. Along these scarps it is visible that only on the surface we do find the blocky angular talus (boulders often bigger than 1 m^3) forming a layer between 2 and 5 m thick. Below the blocky surface, boulders are rare and enbedded in material of gravel to silt size. According to our drilling (Barsch 1977) the grain size decreases with increasing depth.

The average rock glacier of the valley type (type 21 c.f. Barsch 1969a) is in the European mountains about 2oo-4oo m long, 1oo-15o m wide and around 4o-5o m thick. Maximum recorded thickness is about 8o-1oo m in Macun I (Lower Engadin).

The surface relief of an active rock glacier consists on the average of furrows and ridges which seem to resemble flow structures of very viscous fluids. The furrow and ridges are thought to be an expression of the downslope movement of the rock glacier, but their rheological interpretation is still open to discussion: The ridges can be due to disturbance of the movement (e.g. pushing, thresholds) or to input variations (changing of talus production or of talus deposition by glaciers at the head of the rock glacier, c.f. Barsch 1976a).

In relation to active rock glaciers the inactive ones do not move any longer, but, according to seismic soundings, they still contain a frozen core below 1o or 12 m of unfrozen talus. In the Swiss Alps, even during winter time, this upper talus layer is not totally frozen.

Fossil rock glaciers are those which have no ice content any longer. They are normally found around or below the present day timber-line. Their surface relief shows the normal, but subdued furrows and ridges.

THE ICE IN ACTIVE ROCK GLACIERS

According to our seismic soundings all active rock glaciers below talus slopes or below glaciers (type 1 and 2, Barsch 1969a) are composed of frozen talus (unpublished data and Barsch 1973). The velocity of the seismic waves is between 3ooo and 4ooo m/sec, whereas for glacier ice the velocity is around 36oo m/sec. This irregularity in the velocity of the seismic waves seems to be characteristic for frozen material (Roethlisberger 1972, Barsch 1973), because the ice content changes from place to place. During our 1975 drilling campaign (Barsch 1977), we drilled more than 1o m in a rock glacier. In these upper 2o % of the rock glacier Murtèl I, we found in our core several lenses of clear ice between the frozen talus. The clear ice can be explained as segregated ice described for instance by Mackay (1972), or as ice derived from snow (avalanches!). The same is true for the drilling in the rock glacier Gruben (Barsch, Fierz and Haeberli 1976), where we found the same mixed layered system of ice and talus (sand to gravel size) below the bouldery mantle.

In both drillings the ice of the bigger ice lenses or ice bodies is composed of small crystals. There has been no evidence that the ice has been derived from former glacier ice. The total ice content in the drillings - including the fine distributed ice coatings in the frozen sand and talus - has been estimated to be around 5o-6o % of the total volume. The density is supposed to be 1.5 to 2.o g/cm^3. This has been checked by bore hole measurements at the Gruben drilling Grub 1 (Barsch, Fierz and Haeberli 1976).

An interpretation of air photos and a subsequent terrestrial survey revealed about 994 active rock glaciers in the Swiss Alps. The total volume of all these rock glaciers is estimated to be 12oo to 16oo*16^6 m^3 (Barsch 1976a) with a thickness of the active layer during high summer between 1 to 3.5 m (Barsch 1973). The total content of ice (interstitial ice) in active rock glaciers is around 6oo to 96o *1o^6 m^3.

According to the definition of permafrost as frozen soil, talus or bedrock, at variable depth below the surface in which a temperature below freezing has existed for more than two years (Washburn 1973, p. 18 following Müller 1947), all these observations and, also, excavations show that active rock glaciers are bodies of permafrost. This is true even if part of the ice in an active rock glacier is former glacier ice.

Studies of the "active layer" of active rock glaciers by hammer seismic soundings revealed a thickness of the unfrozen upper layer of 1 to 3,5 m above the permafrost table during summer (Barsch 1973). According to our temperature measurements, the active layer is well below freezing point during winter time. This demonstrates that the permafrost is active, that means in a dynamic equilibrium with the present day climatic conditions below the snowline in the Alps. Inactive rock glaciers, which show no present day downslope movement, have an unfrozen upper layer, which is often more than 1o m thick. This permafrost is therefore regarded as inactive.

PERMAFROST NEAR ACTIVE ROCK GLACIERS

In recent years a large number of permafrost localities in the Swiss Alps have been found and discussed in several papers. One of the starting points has been the study of soil temperatures by Lütschg (1947). Good summaries of the known localities and of the temperature measurements have been published by Furrer and Fitze (197o) and by Haeberli (1976), respectively. Nearly all these permafrost occurrences are found around active rock glaciers (c.f. Barsch 1976b). This has been proven in a small study area by my student W. Haeberli (1975). Near the Flüela-Pass (Grison) the lower limit of active rock glaciers in northern (NW-N-NE) exposure is 256o m according to a surface trend analysis throughout the Swiss Alps. In relation to altitude, the distribution of permafrost is as follows (Haeberli 1975, p. 13o):

altitude	area of permafrost (km^2)	percentage of the total area minus glacierized surface (%)
22oo-24oo	o.1	ca. 1.7
24oo-26oo	1,8	16,7
26oo-28oo	4,5	42,9
28oo-3ooo	2,8	95,5
above 3ooo	o,6	85,2

In relation to timberline (ca. 23oo m) and snowline (ca. 31oo m), these values demontrate that the region of active rock glaciers belongs to the zone of discontinuous alpine permafrost.

DISTRIBUTION OF DISCONTINUOUS ALPINE PERMAFROST

Alpine permafrost should still be divided into three zones (sporadic, discontinuous and continuous) because in alpine relief the environment is of such a big variability that patches of permafrost can be found far outside of the area of normal distribution, i.e. below timberline in a climate with positive mean air temperature. Therefore, we follow Ives (1974) despite the sound arguments of Brown (1968, 1969), which are of great importance for uniform areas (c.f. also Haeberli 1976 or Barsch 1976b). The sporadic alpine permafrost is situated below the zone of active rock glaciers, i.e. at altitudes with a mean annual air temperature above 0 to -1/-2°C. The lower limit of active rock glaciers, which do exist in areas with a mean annual air temperature below - 2°C, is also, in general terms, the line above which one expects to find discontinuous alpine permafrost. If we take the lower limit of active rock glaciers as lower limit of discontinuous alpine permafrost, it is necessary to point out that patches of discontinuous alpine permafrost can be found 1oo m below this line, but this limit cannot be determined precisely at the moment.

A surface trend analysis of the lower limit of all active rock glaciers (exposure: NW-N-NE) in the Swiss Alps reveals that in a cross section through the Alps from NW to SE (from the north slope over the central parts to the south slope) discontinuous alpine permafrost is to be found above 24oo-26oo-25oo m a. s. l. on north facing slopes. According to the difference between north and south facing active rock glaciers in the Alps of 15o to 25o m the ± approximate lower limit of discontinuous alpine permafrost on south facing slopes should be in the same cross-profile at an elevation of 26oo-28oo-27oo m.

For the western Alps, including the Swiss Alps, with a total area of 39 228,7 km^2 discontinuous alpine permafrost can be expected in the zone between 26oo and 3ooo m, which covers 3221 km^2 or 8.2 % (Liez 19o3). If we assume that permafrost is to be found in 3o % of this area, and that its mean thickness is around 2o m, then the following can be said:

1. possible area influenced by discontinuous permafrost: 3221 km^2
2. possible area with underlaying permafrost (3o %): 965 km^2
3. estimated permafrost volume: 2o km^3
4. estimated volume of permafrost-ice (3o %): 6 km^3

These 6 km^3 of permafrost-ice represent about 9 % of the total volume of all Swiss glaciers, which has been estimated at 67,4 km^3 (Müller, Caflisch and Müller 1976).

This estimation is only to show the importance of permafrost in the Alps. To give a better impression of the altitudinal distribution of permafrost in the Alps we will consider two different parts: the north slope and the central part of the Alps.

	north slope (e.f. Berner Oberland)	central part (e.g. Wallis/ Graubünden)
continuous permafrost:	ca. 35oo m(?)	ca. 36oo m(?)
snow line (around 185o A.D.):	ca. 26oo m	ca. 31oo m
lower limit of active rock glaciers:	24oo m	26oo m
discontinuous permafrost:	ca. 235o m	ca. 255o m
timberline:	175o m	225o m

The lower limit of active rock glaciers, which has been determined by a surface trend analysis of a large number of individuals, seems to be of greater importance for the description of the permafrost distribution than all other climaticaly controlled equilibrium lines. Even in the well known Alps the distribution of permafrost is indicated by indirect methods. As one of the best indicators, especially in the central parts, the active rock glacier can be used.

REFERENCES

BARSCH, D. 1969a. Studien und Messungen an Blockgletschern in Macun, Unterengadin. Zeitschrift für Geomorphologie, Supplementband 8,p. 11-3o.

BARSCH, D. 1969b. Permafrost in der oberen subnivalen Höhenstufe der Alpen. Geographica Helvetica, 24, p. 1o-12.

BARSCH, D. 1971. Rock glaciers and ice-cored moraines. Geografiska Annaler, 53 A, p. 2o3-2o6.

BARSCH, D. 1973. Refraktionsseismische Bestimmung der Oberfläche des gefrorenen Schuttkörpers in verschiedenen Blockgletschern Graubündens, Schweizer Alpen. Zeitschrift für Gletscherkunde und Glazialgeologie, 9, p. 143-167.

BARSCH, D. 1977. Ein Permafrostprofil aus Graubünden, Schweizer Alpen, Zeitschr. für Geomorphologie, 21, p. 79-86.

BARSCH, D. 1976a, in press. Nature and importance of mass-wasting by rock glaciers in alpine permafrost environments. Earth Surface Processes. A Journal of Geomorphology (London).

BARSCH, D. 1976 b, in press. Alpiner Permafrost - ein Beitrag zur Verbreitung, zum Charakter und zur Ökologie am Beispiel der Schweizer Alpen. Abhandlungen der Akademie der Wissenschaften in Göttingen. Mathematisch-Naturwissenschaftliche Klasse

BARSCH, D. a. HELL, G. in press. Photogrammetrische Bewegungsmessungen am Blockgletscher Murtèl I, Oberengadin, Schweizer Alpen. Zeitschrift für Gletscherkunde und Glazialgeologie.

BARSCH, D., FIERZ, H. a. HAEBERLI, W. 1976 manuscript. Shallow core drilling and bore hole studies in the permafrost of an active rock glacier near Grubengletscher, Wallis, Swiss Alps.

BROWN, R.J.E. 1968. Permafrost map of Canada. Canadian.Geographical Journal 2, p. 56-63.

BROWN, R.J.E. 1969. Factors influencing discontinuous permafrost in Canada. In: Péwé, T. (Herausgeber). The Periglacial Environment, p. 11-53. (McGill Univ. Press).

FURRER, G. a. FITZE, P. 197o. Beitrag zum Permafrostproblem in den Alpen. Vierteljahresschrift der Naturforschenden Gesellschaft in Zürich, 115, p. 353-368.

HAEBERLI, W. 1975. Untersuchungen zur Verbreitung von Permafrost zwischen Flüelapaß und Piz Grialetsch (Graubünden). Diss. Univ. Basel. Mitteilungen Versuchsanstalt für Wasserbau, Hydrologie, Glaziologie 17, 221 p. (Zürich).

HAEBERLI, W. 1976, in press. Eistemperaturen in den Alpen. Zeitschrift für Gletscherkunde und Glazialgeologie.

IVES, J.D. 1974. Permafrost. In: Ives, J. D. a. Barry, R.G. (Herausgeber): Arctic and Alpine Environments (Methuen, London) p. 159-194.

LIEZ, H. 19o3. Die Verteilung der mittleren Höhe in der Schweiz. Jahresbericht der Geographischen Gesellschaft Bern 18, p. 1-38.

LÜTSCHG, O. 1947. Beitrag zur Kenntnis des Wärmehaushaltes der obersten Bodenschichten der Schweizer Alpen. Denkschrift der Schweizerischen Naturforschenden Gesellschaft 77, Abh. 2, p. 83-167.

MACKAY, J.R. 1972. The world of underground ice. Annaler of the Association of American Geographers 62, p. 1-22.

MÜLLER, F., CAFLISCH, T. a. MÜLLER, G. 1976. Firn und Eis der Schweizer Alpen (Gletscherinventar). ETH Zürich, Geographisches Institut Publ. Nr. 57, 174p.

MÜLLER, S.W. 1947. Permafrost or permanently frozen ground and related engineering problems. Ann. Arbor (J.W. Edwards) 231 p.

ROETHLISBERGER, H. 1972. Seismic exploration in cold regions. Cold Regions Science and Engineering. Monograph II-A 2 a, Hanover, New Hampshire.

TROLL, C. 1944. Strukturböden, Solifluktion und Frostklimate der Erde. Geologische Rundschau 34, p. 545-694.

WAHRHAFTIG, C. and COX, A. 1959. Rock glaciers in the Alaska range. Geological Society of America, Bulletin 7o, p. 383-436.

WASHBURN, A.L. 1973. Periglacial processes and environments. London (E. Arnold Ltd.) 32o p.

WHITE, S.E. 1976. Rock glacier and block fields, review and new data, Quaternary Research 6, p. 77-97.

Distribution and lower limit of active rock glaciers on NW, N and NE facing slopes in the Swiss Alps

MORE PRECISE POSITION OF THE SOUTHERN PERMAFROST BOUNDARY BETWEEN THE URALS AND THE OB RIVER

G.I. Dubikov, Ind. and Res. Inst. of Eng. Surveys in Construction, Moscow, U.S.S.R.

The author outlines a new position of the southern permafrost boundary between the Urals and the Ob, which lies 1½ - 2° farther south than all boundaries proposed earlier. The formation of permafrost at these latitudes depends on a combination of many common and local factors of which the most important is the insufficient summer heating of the surface in shady forests. A special zone of massifs and islands of frozen clayey and organic earth materials is singled out in Western Siberia where these materials occur exclusively in dense, dark, coniferous forests and are absent in treeless sections. The frozen ground in this zone is characterized by an extremely unstable thermal regime and high ice content. On the basis of the latter they are comparable with syngenetic frozen deposits in arctic regions.

PRÉCISIONS SUPPLÉMENTAIRES SUR L'EMPLACEMENT DE LA LIMITE MÉRIDIONALE DU PERGÉLISOL ENTRE L'OURAL ET L'OB

G.I. Dubikov, Institut industriel et scientifique de recherches en génie civil, Moscou, URSS

Une nouvelle limite méridionale du pergélisol entre l'Oural et l'Ob est proposée de un et demi à deux degrés de latitude plus au sud que toutes celles suggérées auparavant. La formation du pergélisol à ces latitudes est déterminée par la combinaison de nombreuses conditions générales et locales, dont la plus importante est le réchauffement estival insuffisant de la surface du sol des forêts ombreuses. Les règles proposées permettent de dégager en Sibérie occidentale une zone particulière de massifs et d'îlots de matériaux argileux et biogènes gelés, que l'on rencontre exclusivement dans les forêts de résineux sombres et touffues, et jamais dans les régions non boisées. Le gélisol de cette zone est caractérisé par un régime thermique extrêmement instable et par une teneur élevée en glace. Cette dernière les rend en fait comparables aux dépôts gelés syngénétiques des régions polaires.

УТОЧНЕНИЕ ПОЛОЖЕНИЯ ЮЖНОЙ ГРАНИЦЫ МЕРЗЛЫХ ПОРОД МЕЖДУ УРАЛОМ И ОБЬЮ

Г.И. Дубиков, Производ. и н.-и. ин-т по инженер. изысканиям в строительстве, Москва, СССР

Обоснован новый вариант южной границы распространения мерзлых пород между Уралом и Обью; она смещена по широте на полтора-два градуса южнее всех предыдущих вариантов. Формирование мерзлых пород на этих широтах определяется сочетанием многих общих и местных условий, из которых ведущим является недостаточный летний прогрев поверхности грунта в затененных лесах. Намеченные закономерности позволяют выделить в Западной Сибири особую зону массивов и островов мерзлых глинистых и биогенных пород, которые приурочены исключительно к густым темнохвойным лесам и не встречаются на безлесных участках. Мерзлые породы этой зоны характеризуются крайне неустойчивым тепловым режимом и высокой льдистостью. По объему содержащегося в них льда они сопоставимы с сингенетическими мерзлыми отложениями заполярных районов.

УТОЧНЕНИЕ ПОЛОЖЕНИЯ ЮЖНОЙ ГРАНИЦЫ МЕРЗЛЫХ ПОРОД МЕЖДУ УРАЛОМ И ОБЬЮ

Г.И. Дубиков

Производственный и научно-исследовательский институт по инженерным изысканиям в строительстве, Москва, СССР

При выборе трасс для линейных сооружений на обширной территории между Уралом и Обью впервые обнаружены здесь, на 150-200 км южнее общеизвестной границы распространения многолетнемерзлых пород, крупные их массивы. В связи с этим проведены специальные исследования, которые позволили нам изменить существующие взгляды о южной границе распространения мерзлых пород, а также впервые выявить основные закономерности их формирования, распространения и строения.

Карта-схема (рис. 1) показывает эволюцию взглядов и представлений о положении южной границы распространения многолетнемерзлых пород на этой территории за последние двадцать лет. В работе А.И. Попова (1953) южная граница впервые дана отдельно для распространения многолетнемерзлых минеральных и биогенных пород (торфов).

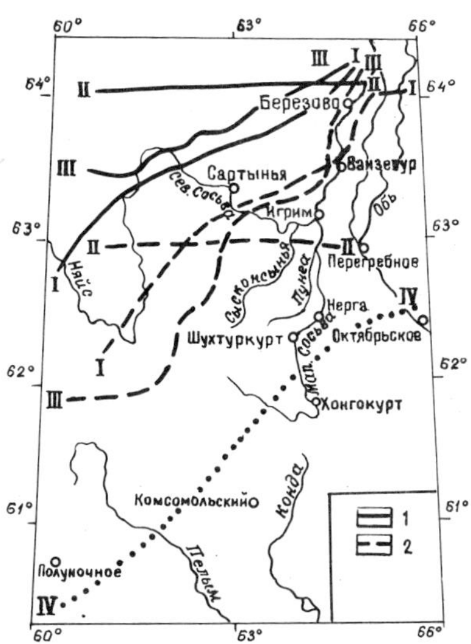

Рис. 1. Карта-схема положения южной границы распространения многолетнемерзлых минеральных (1) и биогенных (2) пород между Уралом и р. Обь: I - по Л.Ф. Куницыну; II - по Е.Б. Белопуховой; III - по А.И. Попову и Н.А. Шполянской; IV - предлагаемая автором.

А.И. Попов указывал на островной характер распространения многолетнемерзлых пород близ южной границы и приуроченность их только к торфяным буграм пучения; отмечал небольшую мощность и близкую к 0° отрицательную температуру, а также несомненные признаки деградации многолетнемерзлых пород. Кроме того, А.И. Попов допускал существование отдельных островов мерзлых пород южнее проведенной им границы при сочетании благоприятных геолого-географических условий. Все последующие работы (Баранов, 1955; Куницын, 1958; Лурье, Поляков, 1966; Баулин и др., 1967; Шполянская, 1971; Белопухова, 1972) по мере появления новых данных корректировали положение южной границы на этой территории, причем во всех случаях наиболее южное положение отводится многолетнемерзлым торфяникам. Предлагаемый нами вариант базируется также на новых фактических материалах и прямых наблюдениях при крупномасштабных мерзлотных исследованиях между Уралом и Обью. Будучи физико-географической, южная граница отражает распространение крупных островов и массивов многолетнемерзлых пород, сформировавшихся в позднеголоценовое время. Положение границы на карте существенно изменено - она смещена по широте на полтора-два градуса южнее всех предлагавшихся ранее: от пос. Полуночное южная граница пересекает верховья р. Пелым, истоки рек Конда и Малая Сосьва и выходит к Оби немного севернее пос. Октябрьское. В центральной части Западно-Сибирской низменности в последние годы также обнаружены крупные массивы и острова многолетнемерзлых пород значительно южнее общепринятой границы их распространения. При освоении Самотлорского месторождения они установлены на северо-западном крыле структуры между оз. Самотлор и р. Ватинский Еган; на широтном участке Оби в бассейне р. Бол. Юган многолетнемерзлые породы, мощность которых измеряется первыми метрами, закартированы сотрудниками экспедиции Второго гидрогеологического управления.

Столь значительное уточнение положения южной границы само по себе уже имеет важное значение с научной и практической точки зрения (при планировании и техникоэкономическом обосновании объектов строительства, выборе рациональных методов и технических средств проведения изысканий, способов строительства и мер по охране геосреды).

В формировании многолетнемерзлых пород между Уралом и Обью установлена четко выраженная закономерность. Они встречаются исключительно на залесенных дренированных участках, окруженных болотами и озерами, главным образом в долинах рек, на высокой пойме и надпойменных террасах. Причем многолетнемерзлые породы приурочены к отдельным группам бугров пучения или к массивам западинно-бугристого рельефа и концентрируются в густых темнохвойных кедровых и елово-кедровых или смешанных лесах с суглинистыми или торфяными грунтами. На слабо дренированных и заболачиваемых лесных массивах наблюдается деградация многолетнемерзлых пород (их кровля вскрывается на глубине до 3-5 м от поверхности). Участки распространения многолетнемерзлых пород после изучения на местности легко дешифрируются на крупномасштабных аэрофотоснимках по наиболее темному фону (максимальная густота леса) и бугристо-западинной поверхности.

Многолетнемерзлые породы на этих широтах занимают иногда такую значительную площадь, что с ними невозможно не считаться при производственном освоении территории (например, при проектировании линейных сооружений). Так, в местах пересечения трубопроводами высокой поймы рек Малая Сосьва и Колы-Хулюм многолетнемерзлые породы занимают 30-35% площади полосы трассы, высокой поймы р. Пелым - примерно 10-15%, первой надпойменной террасы р. Пунги - около 25-35% (рис. 2). Мощность многолетнемерзлых пород изменяется от первых метров до 20 метров, возрастая с увеличением площади мерзлого массива. Средняя годовая температура многолетнемерзлых пород меняется от 0 до -0,5°С; минимальная температура грунтов отмечается на залесенных торфяных буграх пучения с максимальной затененностью поверхности и мощным напочвенным моховым покровом.

Причины формирования многолетнемерзлых пород на этих широтах кроются в особом сочетании многих общих и местных условий; перечислим главные: 1) отрицательная многолетняя среднегодовая температура воздуха (-2,6° в п. Игрим; -3,2° в п. Октябрьское; -2,7° в п. Сартынья; в п. Хонгокурт -2,4°; -1,8° в п. Шухтуркурт; 2) глинистый и торфяной состав и большая увлажненность грунтов верхнего горизонта, понижающие температуру пород за счет различий теплофизических свойств грунтов в мерзлом и талом состоянии; 3) темнохвойные густые леса и кустарники, затеняющие поверхность грунта и снижающие температуру поверхности до температуры приземного слоя воздуха (примерно на 2,0-3,0°); 4) мохово-лишайниковый напочвенный покров мощностью до 30 см, охлаждающий грунт в темнохвойном лесу на 2° (Чернядьев, 1970). Несомненно имеет значение и существенное запаздывание схода снега в густых лесах после наступления устойчивых положительных температур воздуха. Как показывают ориентировочные расчеты С.Ю. Пармузина, запаздывание снеготаяния на месяц-полтора понижает среднегодовую температуру поверхности грунта на 0,5-1,0°С.

Перечисленные факторы, определяющие в большинстве случаев условия летнего прогрева поверхности грунта, нейтрализуют отепляющее влияние на грунты (до 3-4°) снежного покрова, мощность которого за 2-х летний период стационарных наблюдений составляет 30-40 см. Эти факторы нейтрализуют отепляющее влияние снега значительнее на дренированных площадях, сложенных торфом или глинистыми породами, где теплообороты значительно меньше по сравнению с заболоченными участками. Причем присутствие мохового напочвенного покрова не всегда является обязательным для существования многолетнемерзлых глинистых пород у южной границы их распространения. Так, вдоль ручьев и падей, на пологих склонах террас в густых (сомкнутость кроны деревьев 0,7-0,8) еловых и елово-березовых лесах без напочвенного мохового покрова и кустарников на глубине 1,0-1,5 м вскрывается кровля многолетнемерзлых пород.

Развитые на рассматриваемой территории мерзлые массивы сложены верхнеплейстоценовыми и голоценовыми аллювиальными и биогенными осадками, среди которых широко распространены торф, суглинки и глины, иногда подстилаемые песками. Это иллюстрируют мерзлотно-литологические разрезы поймы рек Мал. Сосьва, Колы-Хулюм и Пелым и первой надпойменной террасы р. Пунга (рис. 2). На поймах рек торф встречается практически повсеместно: его мощность достигает 5-6 м. Торф сильно льдонасыщен; величина суммарной влажности слоя мерзлого торфа изменяется по площади в диапазоне 550-1000%. На надпойменных террасах в пределах мерзлых участков торф распространен значительно слабее; его мощность составляет 1,5-2,0 м, а льдистость значительно меньше (исключения представляют торфяные бугры пучения).

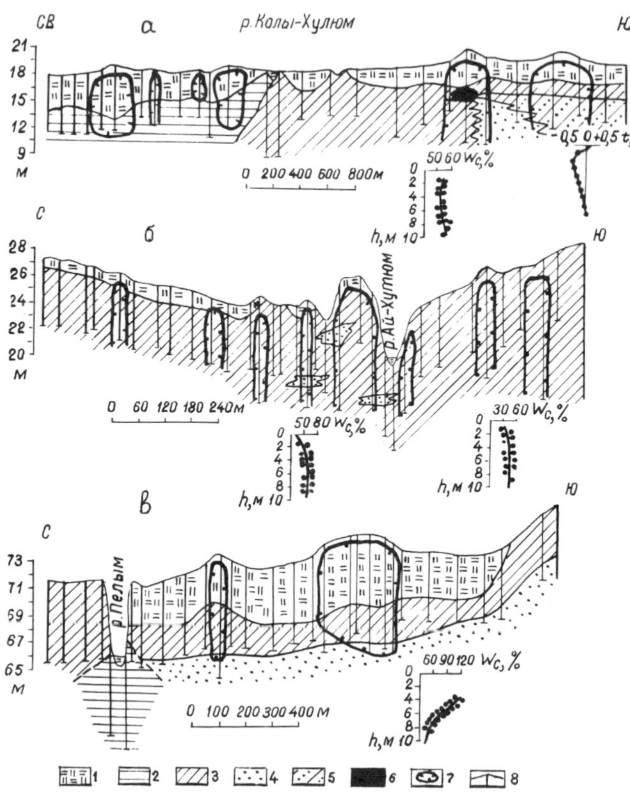

Рис. 2. Мерзлотно-литологические разрезы и графики распределения суммарной влажности и температуры многолетнемерзлых грунтов: а - высокой поймы рек Колы-Хулюма и Малой Сосьвы (у слияния рек); б - первой надпойменной террасы р. Пунги (у пос. Светлый); в - высокой поймы р. Пелыма (у пос. Пелым, 61°с.ш.); 1 - торф; 2 - глина; 3 - суглинки; 4 - пески; 5 - переслаивание песка и суглинка; 6 - лед; 7 - границы многолетнемерзлых грунтов; 8 - скважина.

Глины и суглинки очень льдонасыщены. Включения льда разных размеров образуют порой сложные сочетания криогенных текстур в разрезе. Характерны слоистые и сетчатослоистые криогенные текстуры без четких границ ледяных шлиров: в верхней части разрезов суглинистых грунтов преобладают частые тонкошлировые, в средней части - толстошлировые, в нижней части - редкие тонкошлировые и порфировидные, хотя и в этом случае суммарная влажность грунтов высокая. Однако подобное распределение криогенных текстур в мерзлых суглинках и глинах выдерживается не всегда. Редко в разрезах глинистых отложений отмечаются линзы крупнокристаллического льда мощностью один-два метра.

Пространственное распределение льдистости (влажности) мерзлых пород определяется закономерностями изменчивости свойств грунтов, их эпигенетического промерзания и миграции влаги. Это вытекает из анализа разрезов мерзлых глинистых пород пойменной фации, в которых установлена анизотропия распределения суммарной влажности вдоль простирания слоев и по глубине всего мерзлого массива (таблица). Отмечена постоянная изменчивость в пространстве суммарной влажности мерзлых пород для верхнего (до глубины 3,0 м) и нижнего (интервал глубин 8,0-10,5 м) горизонтов - коэффициент вариации до 30%. Иными словами, криогенное строение и распределение льдистости в верхней и нижней частях мерзлого массива характеризуются однородностью. В среднем горизонте мерзлых пород (интервал глубин 3,0-8,0 м). сконцентрировано максимальное количество льда - средняя арифметическая величина влажности меняется в диапазоне 70-100%.

Распределение суммарной влажности в мерзлых глинистых породах поймы рек Малая Сосьва и Пелым, первой и второй надпойменных террас р. Пунга (по 43 скважинам)

Глубина, м	Средняя арифметическая величина	Число индивидуальных определений	Среднеквадратичное отклонение индивидуальных определений от средней арифметической величины	Коэффициент вариации или отклонения средней арифметической величины
1,0	39,1	9	12	30
1,5	36,2	12	9	25
2,0	51,6	21	15	29
2,5	62,7	14	16	25
3,0	69,0	23	26	38
3,5	75,1	20	27	36
4,0	81,9	30	54	66
4,5	101,4	22	60	58
5,0	80,3	24	42	52
5,5	80,5	20	34	42
6,0	79,9	24	35	44
6,5	80,9	16	37	46
7,0	70,9	23	38	54
7;5	80,6	13	39	49
8,0	77,7	14	32	41
8,5	72,8	8	22	30
9,0	69,7	9	20	29
9,5	87,6	6	27	30
10,0	58,0	7	17	28
10,5	53,0	5	11	20

При этом изменчивость в пространстве величины суммарной влажности грунтов этого горизонта имеет непостоянный характер - коэффициент вариации более 30% (до 50-60%). Высокое содержание льда в глинистых аллювальных отложениях пойменной фации прослеживается по разрезам всех скважин по глубине мерзлого массива (независимо от его мощности), так и вдоль его простирания. Например, на первой надпойменной террасе р. Пунги средняя арифметическая величина суммарной влажности мерзлых глинистых пород для десятиметрового слоя на расстоянии в 20 км изменяется от точки к точке в диапазоне 40-80%, причем повторяемость значений влажности 50-70% устанавливается примерно по 60% всех выработок (рис. 3).

В литературе по преобразованию осадочных пород приводятся сведения о водонасыщенности глинистых грунтов в вертикальном разрезе. Исследованиями Б. Филлиниуса в Швеции установлена высокая водонасыщенность современных морских пластичных глин на больших глубинах для прибрежной лайды: в верхнем 20-метровом слое глины находятся в текучем состоянии - их влажность изменяется в диапазоне 80-100%; в интервале 20-30 м влажность глин сокращается до 60-70%; ниже, на глубине

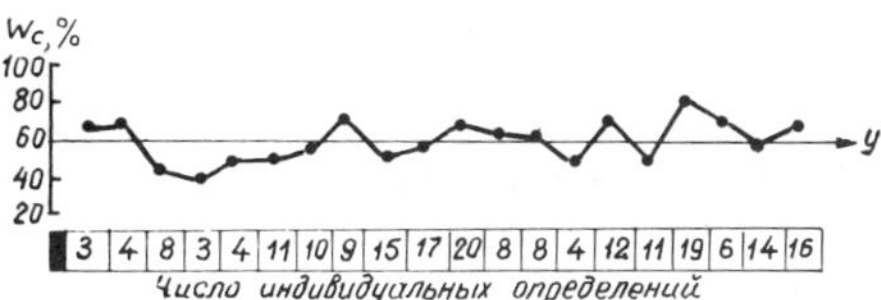

Рис. 3. Пространственная изменчивость среднеарифметической величины суммарной влажности десятиметрового слоя мерзлых глинистых грунтов на первой надпойменной террасе р. Пунги (протяженность участка 20 км).

30-40 м, она уменьшается до 35-50%. По данным И.В. Савельева, приведенным в работе Л.Б. Рухина (1969), мощность водонасыщенного слоя текучих глинистых илов и глин на побережье Черного моря составляет около 6-7 м. Здесь влажность осадков сокращается по глубине от 170 до 75% и постоянно остается больше предела их текучести. Этот момент может помочь в выяснении причин формирования льдонасыщенных горизонтов глинистых грунтов в процессе их промерзания. В нашем случае высокая льдонасыщенность глинистых грунтов пойменной фации может быть обусловлена тем, что в период многолетнего промерзания они были особенно водонасыщены на всю глубину в связи с общей заболоченностью и заторфованностью прилегающей территории.

Приведенный выше анализ геолого-географических факторов, определяющих тепловое состояние многолетнемерзлых пород, убеждает в том, что изменение любого из них в процессе естественного или направленного развития приведет к нарушению мерзлотных условий - протаиванию многолетнемерзлых грунтов или многолетнему промерзанию пород. Благодаря высокой температуре многолетнемерзлых грунтов, нарушение поверхностных покровов на этой территории служит толчком для многолетнего протаивания и развития термокарста. Расчеты В.П. Чернядьева (1970) показывают, что снятие моховой подушки в лесу при условии сохранения естественного состояния снежного покрова, вызовет протаивание многолетнемерзлых грунтов за восемь лет до глубины 4,8 м; при полном удалении снега за двадцать лет сформируется 7-8-метровая толща мерзлых суглинистых грунтов. Полевые исследования подтверждают эти расчеты. В естественной обстановке сейчас идет процесс новообразования многолетнемерзлых грунтов и многолетнего протаивания в связи с динамикой растительного покрова, изменением влажности грунтов и короткопериодными колебаниями климата. Установленные особенности формирования многолетнемерзлых грунтов позволяют прогнозировать их изменение в ходе естественных и искусственных изменений природных факторов.

При строительном освоении территории нарушения окружающей среды касаются в первую очередь растительных покровов (вырубка леса и кустарников, уничтожение или нарушение сплошности напочвенных покровов) и снежного покрова, изменения увлажненности грунтов в связи с планировкой местности. Эти нарушения изменяют существовавшие условия теплообмена грунтов с атмосферой и формируют новую мерзлотную обстановку. Прежде всего это отражается на динамике слоя сезонного протаивания и промерзания грунтов. Так за период с 1964 по 1972 гг. на надпойменных террасах р. Пунги после вырубки темнохвойного леса и нарушения сплошности или полного уничтожения мохово-лишайникового покрова доля солнечной радиации, проникающей в грунт, увеличилась, началось многолетнее протаивание грунтов, и кровля многолетнемерзлых пород спустилась в суглинистых грунтах на глубину 2,5–4,2 м, в торфяниках – на 2,0–2,6 м (без образования термокарстовых понижений с зеркалом воды). Совместное же влияние нарушений поверхностных условий и газопровода вызвало оттаивание мерзлых грунтов за этот период до глубины 5,0–6,5 м. Поскольку многолетнемерзлые грунты, начиная с глубин 2–3 м, характеризуются очень высокой льдистостью, их протаивание чаще всего сопровождается проседанием поверхности и образованием при невозможности стока воды неглубоких термокарстовых озер.

ВЫВОДЫ

1. Обоснован новый вариант южной границы распространения многолетнемерзлых пород – между Уралом и Обью она смещена по широте на полтора-два градуса южнее всех предыдущих вариантов.
2. Формирование многолетнемерзлых пород на этих широтах определяется сочетанием многих условий, из которых ведущим является недостаточный летний прогрев поверхности грунта в затененных лесах.
3. Намеченные закономерности позволяют выделить в Западной Сибири особую зону массивов и островов многолетнемерзлых глинистых и биогенных пород, которые приурочены исключительно к густым темнохвойным лесам.
4. Многолетнемерзлые породы этой зоны характеризуются крайне неустойчивым тепловым режимом и высокой льдистостью. По объему содержащегося льда они сравнимы с сингенетическими мерзлыми отложениями.

ЛИТЕРАТУРА

БАРАНОВ И.Я. 1955. Южная граница области распространения многолетнемерзлых пород. – В кн.: Материалы к основам учения о мерзлых зонах земной коры, М., Изд-во АН СССР, вып. 2, с. 38–44.

БАУЛИН В.В., ДУБИКОВ Г.И., БЕЛОПУХОВА Е.Б., ШМЕЛЕВ Л.М. 1967. Геокриологические условия Западно-Сибирской низменности. М., "Наука", 212 с.

БЕЛОПУХОВА Е.Б. 1972. Особенности распространения многолетнемерзлых пород в Западной Сибири. – Труды ПНИИИС, т. 18. М., с. 94-99.

КУНИЦЫН Л.Ф. 1958. Многолетняя мерзлота и связанные с ней формы рельефа на северо-западе Западно-Сибирской низменности. – "Вопросы физической географии". М., с. 312-337.

ЛУРЬЕ И.В., ПОЛЯКОВ С.С. 1966. К вопросу о южной границе распространения многолетнемерзлых пород в Западной Сибири. – "Мерзлотные исследования", вып. 6. Изд-во МГУ, с. 155-159.

ПОПОВ А.И. 1953. Вечная мерзлота Западной Сибири М., Изд-во АН СССР. 230 с.

РУХИН Л.Б. 1969. Основы литологии. М., "Недра". 704 с.

ЧЕРНЯДЬЕВ В.П. 1970. Исследования динамики сезонного и многолетнего промерзания-протаивания в условиях Западной Сибири. – Труды ПНИИИС, т. П, М., с. 6-91.

ШПОЛЯНСКАЯ Н.А. 1971. Основные закономерности распространения вечной мерзлоты и этапы ее развития – В кн.: Природные условия Западной Сибири, вып. 1 Изд-во МГУ, с. 102-123.

A GEOECOLOGICAL MAPPING SCHEME FOR ALASKAN COASTAL TUNDRA

K.R. Everett, Inst. of Polar Studies, Ohio State Univ., Columbus, OH; P.J. Webber and D.A. Walker, INSTAAR, Univ. Colorado, Boulder, CO; R.J. Parkinson, Dept. of Agron., Ohio State Univ.; J. Brown, U.S.A. CRREL, Hanover, N.H., U.S.A.

A unified Geoecological mapping system has been developed for northern Alaska which recognizes in a given area a suite of landforms whose geomorphic elements control the composition and distribution of vegetation and soil. Within each landform boundary a fractional code is displayed in which the numerator consists of the geomorphic feature and its characteristic vegetation stand presented as a series of alpha-numeric units. The denominator is comprised of three elements, the soil(s), the landform type and its mean slope. Each map contains an annotated list of code symbols and is accompanied by a text in which the characteristics of the code components are discussed. The advantages of such a mapping technique include: (1) integrating on a single base a large body of diverse data into a relatively few easily detected environment units; (2) the derivation of any number of special purpose maps by selecting components of the code and/or related analytical data; (3) permitting an expansion of the code to include other kinds of geotechnical or environmental data.

SYSTÈME DE CARTOGRAPHIE GÉOÉCOLOGIQUE APPLICABLE À LA TOUNDRA LITTORALE DE L'ALASKA

On a mis au point une technique uniformisée de cartographie géoécologique pour le nord de l'Alaska, permettant d'identifier dans une région donnée une série de formes topographiques, dont les éléments géomorphiques contrôlent la composition et la répartition de la végétation et du sol. Dans les limites de chaque forme topographique, figure un code fractionnaire où le numérateur correspond à l'élément morphologique, et la végétation caractéristique est présentée sous forme de séries d'unités alphanumériques. Le dénominateur comprend trois éléments, le ou les sols, le type de forme topographique, et la pente moyenne. Chaque carte contient une liste explicative de symboles des codes, et est accompagnée d'un texte, dans lequel on décrit en détail les éléments du code. Les avantages de ce système cartographique sont: (1) l'intégration sur une base unique d'un vaste ensemble de données diverses, dans un nombre relativement faible d'unités environnementales facilement identifiables; (2) l'obtention de n'importe quel nombre de cartes spécifiques, par sélection des éléments du code et des données analytiques connexes; (3) les possibilités d'expansion du code, pour inclure d'autres types de données géotechniques ou environnementales.

СХЕМА ГЕО-ЭКОЛОГИЧЕСКОГО КАРТИРОВАНИЯ ПРИБРЕЖНЫХ РАЙОНОВ ТУНДРЫ

Разработана единая система гео-экологического картирования для условий северной Аляски. Эта система позволяет определять в заданном районе формы рельефа, геоморфные элементы которого обуславливают состав и распределение растительности и грунтов. В пределах каждой границы рельефа производится визуальная индикация дробного кода, в котором числитель отражает геоморфные особенности, а характерная растительность представлена в виде ряда альфа-числовых единиц. Знаменатель включает в себя три элемента: грунт/ы/, тип рельефа и его средний уклон. Каждая карта содержит перечень символов кода с объяснениями и сопровождается текстом, в котором описаны характеристики компонентов кода. Преимущества такого метода картирования включают в себя /1/ возможность интегрирования на единой основе большого количества разнообразной информации в относительно небольшое число легко определяемых элементов среды; /2/ возможность составления любого числа специальных карт путем отбора компонентов кода или соответствующих аналитических данных, или того и другого; /3/ возможность включения в код других видов геотехнических данных или элементов окружающей среды.

A GEOECOLOGICAL MAPPING SCHEME FOR ALASKAN COASTAL TUNDRA

K.R. Everett[1], P.J. Webber[2], D.A. Walker[2], R.J. Parkinson[1] and J. Brown[3]

[1]Institute of Polar Studies and Department of Agronomy, The Ohio State University, Columbus, Ohio, USA.
[2]Institute of Arctic and Alpine Research and Department of Environmental, Population and Organismic Biology, University of Colorado, Boulder, Colorado, USA.
[3]U.S. Army Cold Regions Research and Engineering Laboratory, Hanover, New Hampshire, USA.

INTRODUCTION

The basic techniques and concepts employed in the soils and vegetation description and mapping reported in this paper are standard. They have been combined, however, with specially defined geomorphic units to produce what we believe to be a unique mapping system. The maps produced using this scheme provide an integrated view of soils and vegetation with respect to landform units underlain by continuous permafrost. They also provide the opportunity to view, singly or in combination, vegetation, soils or landform units on the same map base. Crampton and Rutter (1973) have described a system of geoecological terrain mapping in the discontinuous zone of permafrost.

APPROACH

In 1973 an area of approximately 7 km^2 was mapped at the U.S. International Biological Program (IBP) Tundra Biome site at Prudhoe Bay (Fig. 1, area A) to provide representative baseline soils and vegetation information for the area (Everett 1975, Everett and Parkinson 1977, Webber and Walker 1975).

The soils and vegetation keys recognized ten landform units, six soils and thirteen vegetation assemblages. Additionally, percent slope was included in the soils key. In 1974 soil and vegetation mapping at a scale of 1:6000 was extended to cover the majority of the Prudhoe Bay oilfield, roughly the area covered by the road network existing at that time (Fig. 1).

The soil and vegetation mapping was accomplished independently. When compared, the completed vegetation and soil maps showed a very close correspondence in map unit boundaries. This was not surprising since landforms, and their associated drainage gradients, had been recognized as the element controlling the characteristics of both soils and vegetation.

For each map a legend or key was developed which related soils or vegetation

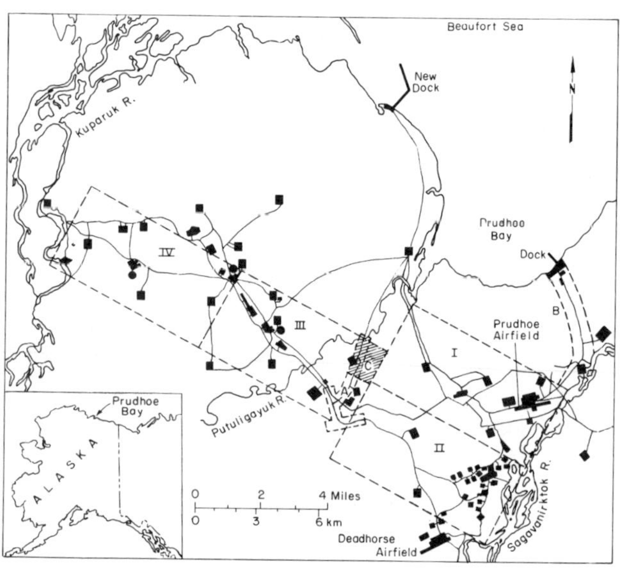

FIG 1. Index map showing the principal cultural features in the Prudhoe Bay area as of 1976. Numerals I-IV refer to master maps and soils and vegetation maps completed in 1975. A: Area mapped in 1973 in support of U.S. Tundra Biome. B: Area mapped in 1975 (not discussed in this paper). C: Area covered by master map excerpt (Fig. 3) and by the derived maps (Fig. 4).

to specific landform units and to the relief elements it contained. For example, areas composed of low-center polygons whose rim and central basin (center) height difference was greater than 0.5 m could be separated from similar areas where relief contrast was less than 0.5 m, or from other areas in which the polygonal cells were incomplete and rims low and discontinuous (Fig. 2). In the sequence just outlined there is an increase in moisture from one unit to the next—in fact, a moisture gradient is recognizable in a saturated, nearly flat environment. The relief elements within each of the landform units, e.g. the polygon rims, troughs and centers, each display unique

FIG. 2. Low-center polygon terrain at Prudhoe Bay. a) Central basin-rim height contrast > 0.5 m; b) central basin-rim contrast ≤0.5 m.

and recurring vegetation assemblages and soil types. In the flat, central region of the polygon the water table ranges from slightly below the surface to the surface itself. The vegetation consists of moss, Drepanocladus lycopodioides, and the sedges Carex aquatilis, C. saxatilis, and Eriophorum angustifolium. Wetter polygon centers will be dominated by the calciphilous moss Scorpidium scorpioides. The soils are composed of an upper layer or horizon between 10 and 20 cm in thickness, consisting of little-decomposed grayish-brown to yellowish-brown sedge and moss remains in a mass of living and dead sedge roots. This horizon is underlain by several to several tens of centimeters of carbonate-rich silts which are perennially frozen except for the upper few centimeters. Below this horizon may be a third one of black, highly decomposed organic materials.

The central area of the polygon is bounded by a continuous ridge, the rim, 10 to 50 cm high and up to a meter wide. Vegetation on the rim is composed of sedges (Eriophorum triste, Carex bigelowii, C. aquatilis, Dryas integrifolia), prostrate willows (Salix arctica, S. lanata, S. reticulata), mosses (dominated by Tomenthypnum nitens and Ditrichum flexicaule), and lichens (Thamnolia spp., Dactylina arctica and Cetraria spp.). The plant community as a whole is one typical of well- and moderately well-drained sites on a mesoscale. The soils are at or near water saturation to within 5 cm of the surface and consist of very dark gray-brown to black, highly decomposed organic materials which overlie similarly colored organic-rich calcareous silts. Below the bottom of the active layer black fibrous to highly decomposed organic materials may again occur. Because the rims rise rather abruptly from the centers there is usually little space for transitional elements in either vegetation or soils.

The rim descends abruptly into the trough which borders it. The trough bottom is usually less than 1 m wide and is at or below the level of the polygon center. It is moist or wet and supports nearly pure stands of Carex aquatilis; if water-filled, an aquatic moss, Scorpidium scorpioides or Calliergon sp., may dominate. The soil is shallow, consisting of 10 to 20 cm of little-decomposed organic material (sedge leaves and sheath fragments) in a net of roots. Below this horizon is gray calcareous silt or a combination of frozen silt and ice and the underlying ice wedge.

The sequence of landform elements which compose the form as just described may repeat over and over on the tundra and with them the associated vegetation and soils. The foregoing is, of course, a highly simplified picture of a single landform unit.

THE MASTER MAP

Upon completion of mapping in 1975 it was decided that the maps and the keys were enough alike that an attempt should be made to display both the soils and vegetation on a single base map and within the same landform boundaries. The landform boundaries employed in the soils map were used for the most part; however, occasionally, where significant differences between the soils and vegetation landform boundaries occurred, additional boundaries were added. The final choice of landform units was based on their areal extent and the ease with which they could be recognized on aerial photographs at a scale of 1:6000 (Everett et al. in press).

The landform boundaries were superimposed on an existing industry-prepared map which depicted the area's cultural

FIG. 3. Excerpt from master map with partial soils and vegetation legends (see Fig. 1 for location). Dashed line shows location of stations along 1976 Rolligon tests. Multiple pass lanes 1-3 (top) include sta. 26-30.

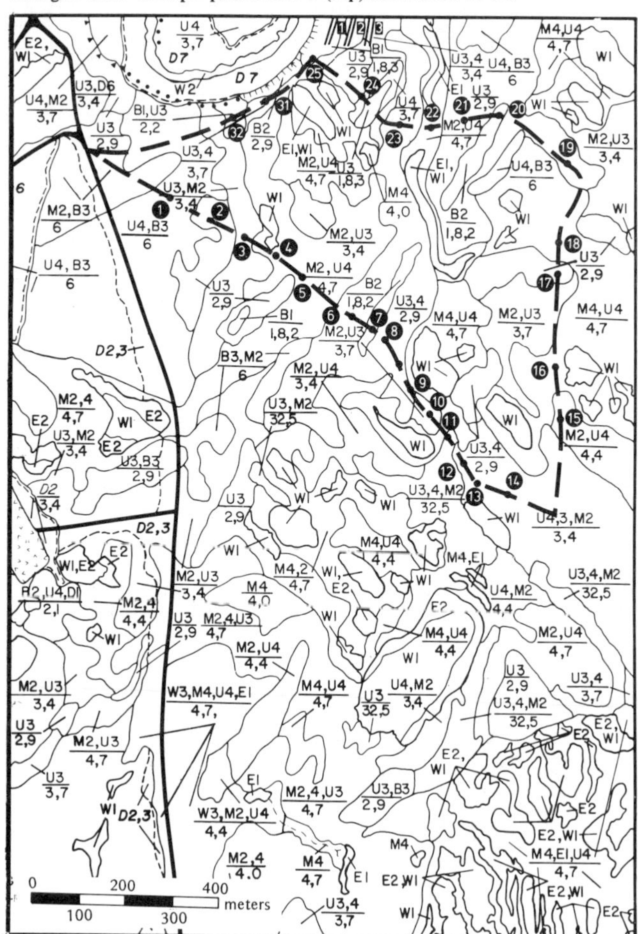

Partial vegetation legend (numerator).

Code	Characteristic vegetation species	Characteristic microsite
B – Vegetation on dry, barren or sparsely vegetated areas		
B1	*Dryas integrifolia, Oxytropis nigrescens, Carex rupestris, Distichium capillaceum, Lecanora epibryon*	Pingos, elevated ridges, edges of river bluffs.
B2	*Dryas integrifolia, Saxifraga oppositifolia, Salix reticulata, Ditrichum flexicaule, Lecanora epibryon*	Pingos, high-center polygons, rims of drained lakes.
B3	*Dryas integrifolia, Eriophorum angustifolium, Saxifraga oppositifolia, Bryum wrightii, Thamnolia subuliformis*	Frost boils.
U – Vegetation on mesic upland or well-drained areas		
U2	*Dryas integrifolia, Eriophorum vaginatum, Carex bigelowii, Tomenthypnum nitens, Ditrichum flexicaule, Thamnolia subuliformis*	Well-drained upland sites.
U3	*Dryas integrifolia, Eriophorum angustifolium, Carex bigelowii, Carex aquatilis, Tomenthypnum nitens, Thamnolia subuliformis*	Well-drained upland sites, polygon rims, and aligned hummocks.
U4	*Carex aquatilis, Eriophorum angustifolium, Dryas integrifolia, Salix reticulata, Salix arctica, Tomenthypnum nitens*	Moister upland sites, polygon rims and aligned hummocks.
U6	*Dryas integrifolia, Cassiope tetragona, Carex scirpoidea, Salix rotundifolia, Ditrichum flexicaule*	Well-drained snow banks.
U7	*Salix rotundifolia, Equisetum arvense, Salix reticulata, Eriophorum angustifolium, Carex aquatilis, Ditrichum flexicaule*	Late thawing snow banks.
U10	*Dryas integrifolia, Poa spp., Festuca spp., Astragalus umbellatus, Saxifraga spp., Ranunculus pedatifidus*	Pingo tops.
M – Vegetation on moist or wet, poorly drained areas		
M2	*Carex aquatilis, Eriophorum angustifolium, Pedicularis sudetica, Drepanocladus brevifolius, Cinclidium latifolium*	Low moist sites, low polygon centers and troughs, lake margins.
M4	*Carex aquatilis, Carex saxatilis, Scorpidium scorpioides*	Low, wet sites, low polygon centers, lake margins.
M5	*Carex aquatilis, Salix rotundifolia, Dupontia fisheri, Campylium stellatum*	Moist creek banks.
E – Vegetation in permanently standing water		
E1	*Carex aquatilis*	Shallow water to about 30 cm.
E2	*Arctophila fulva*	Deep water to about 100 cm.
W – Water		
W1	Lakes and ponds.	
W2	Streams and rivers.	
W3	Flooded areas caused by roads or pads.	
D – Disturbed areas		
D1	Bare earth with pioneering species (e.g. *Braya pilosa, Eriophorum angustifolium, Bryum* spp., *Funaria hygrometrica, Leptobryum pyriforme, Marchantia polymorpha*).	
D2	Trash or debris, or foreign gravel on surface of tundra.	
D3	Dust-covered areas adjacent to roads.	
D4	Vehicle tracks, deeply rutted.	
D5	Vehicle tracks, not deeply rutted.	
D6	Winter road.	
D7	Excavated areas, primarily in river gravels.	

Partial soils and landform legend (denominator).

Code (1st no.)	Taxonomic name	Identifying field characteristics
1	Pergelic Cryoboroll	A cold (Cryo) more or less freely drained soil, underlain by permafrost (Pergelic) with a dark, humus-rich, granular textured surface horizon > 18 cm thick.
2	Pergelic Cryaquoll	A cold, dark-colored, wet soil, prominently mottled in the lower part of the humus-rich, weakly granular surface horizon.
3	1) Histic Pergelic Cryaquept 2) Pergelic Cryohemist Complex	1) A cold, wet, gray mineral soil, commonly mottled, having a surface horizon > 25 cm thick, composed of predominantly organic (peaty) material. 2) A cold, wet, dark-colored soil composed of moderately decomposed organic materials to depths > 40 cm.
4	1) Histic Pergelic Cryaquept 2) Pergelic Cryofibrist Complex	1) As above. 2) A cold, wet, reddish to yellowish colored soil composed of little decomposed fibrous organic materials to depths > 40 cm.
5	Pergelic Cryorthent	A cold, somewhat freely drained gravelly soil lacking significant horizon development and generally free of organic matter.
6	Pergelic-Ruptic-Aqueptic Cryaquoll	The cold soil of frost scar areas in which a Cryaquoll soil (no. 2) is intimately associated with and interrupted by a cold, wet, gray colored and mottled mineral soil lacking any significant organic surface horizon – a Pergelic Cryaquept.

Code (2nd no.)	Landform
1	High-center polygon, center-trough contrast > 0.5 m.
2	High-center polygon, center-trough contrast ≤ 0.5 m.
3	Low-center polygon, rim-center contrast > 0.5 m.
4	Low-center polygon, rim-center contrast ≤ 0.5 m.
5	Mixed, including both high-center and low-center in an intricate pattern.
6	Frost scar tundra (non-sorted).
7	Strangmoor and/or large diameter, commonly discontinuous low-center polygon pattern; little or no microrelief contrast.
8	Earth hummocks associated with dissected slopes.
9	Reticulate – slightly convex polygons with hummocky microrelief, hummock-interhummock relief contrast ≤ 15 cm.
0	Non-patterned ground or with patterned ground occupying < 20%.
P	Pingo.
A	Flood plain.

Code (3rd no.)		2	3	4	5
Slope range (%)	0–2	2–6	6–12	12–20	> 20

features as of August 1974. The soils and vegetation information was added to the landform units as a fraction symbol. The numerator displays, in alphanumeric combinations, the principal vegetation stand types. The landform unit designation, together with the principal soils and the mean slope class, are shown in numeric combinations in the denominator. The completed sheets (locations of the four map sheets are shown in Fig. 1, I-IV) are referred to as the master maps. An excerpt from one of these maps is shown in Figure 3. Each symbol is annotated in an accompanying legend. The keys for vegetation and soils are purposely simplified so that they may be used by individuals with science or engineering backgrounds but without special training in soils, botany, ecology or geomorphology. Detailed information on vegetation characteristics including stand composition and morphological, physical and chemical properties of the soils is treated in a text which accompanies the maps.

The master map then contains, on a single base, all the relevant geobotanical information for the area it covers. Such maps probably reach their maximum potential in areas underlain by permafrost which have produced landforms on which there is a maximum interrelation between soils and vegetation. Maps such as the master map also have the potential to be greatly generalized, or they may be made to reflect very special (user-oriented) data combinations. Such special purpose maps are referred to as derived maps.

THE DERIVED MAP

The derived map employs the master map base. Depending upon the user need, a single soil, vegetation or landform characteristic, or any combination of them, may be selected and the map produced will reflect only these data. The complexity of the derived map varies according to user requirements. For example, a user concerned with the maximum seasonal thickness of the active layer would require a map on which several active layer thickness categories could be identified (Fig. 4A). A map reflecting peat thickness may be needed in contingency planning for oil spills and clean-up procedures (Fig. 4B). Interpretive maps such as one depicting thickness of snow cover (Fig. 4C) require extrapolations based upon surface roughness that can be approximated from the landform units. Areas of special ecological interest may also be defined. These are essentially habitat maps on which combinations of the vegetation and landform data are used or they may be more complex, depicting areas of aesthetic value.

Perhaps the most complex of all the derived maps developed to date involve terrain sensitivity (Fig. 4D). Such maps bring together, again within common landform units, a number of combinations of soils, vegetation and landform data which must be manipulated in response to certain given factors such as season and type and frequency of impact.

In order to gather baseline data on the reaction of the soils, vegetation and landforms to a specific impact, a field test was conducted at Prudhoe Bay in June 1976 (Walker et al. in press). A Bechtel smooth-tired Rolligon weighing approximately 11,500 kg was driven at a relatively uniform intermediate speed in a single pass across as many landform-soil-vegetation units as possible within the allotted test space (Fig. 3). The test was conducted in late spring when water levels were highest—a worst possible case because in addition to possible compaction of buoyed-up organic material and flattening of the vegetation, the passage of the Rolligon tire sucks up mosses and lichens, pushing these plants ahead and to the sides of the vehicle track where they cover and kill adjacent vegetation. Prior

Table 1. Rating scheme for evaluation of Rolligon impact on vegetation. Each factor is rated according to immediate impact (numerator) and predicted long-term impact (denominator).

Compression to tundra surface – refers to the bending and compressing of live and standing dead vegetation to the tundra surface so that it becomes flattened and oriented to the direction of travel.
0 – no observable compression of vegetation to tundra surface.
1 – slight compression of vegetation (1-10% of plants affected).
2 – moderate compression of vegetation (10-50% of plants affected).
3 – severe compression of vegetation (> 50% of plants affected).

Compression below water surface – refers to the compression of sedges and moss hummocks below a water surface.
0 – no water or no observable compression of vegetation below water surface.
1 – slight compression of vegetation below water surface (1-10% of plants affected).
2 – moderate compression of vegetation below water surface (10-50% of plants affected).
3 – severe compression of vegetation below water surface (> 50% of plants affected).

Displacement – refers to several categories of disturbance.
a) tussocks of moss or *Eriophorum vaginatum* moved or overturned.
b) displacement of wet mosses such as *Scorpidium scorpioides* and *Drepanocladus brevifolius* by splashing action.
c) exposure of bare soil by removal of vegetation mat.
0 – no displacement of vegetation.
1 – some displacement of vegetation (1-10% of plants affected).
2 – moderate displacement of vegetation (10-50% of plants affected).
3 – severe displacement of vegetation (> 50% of plants affected).

Breakage – refers to breakage of plant stems or flowering stalks.
0 – no breakage observed.
1 – some breakage observed (1-10% of plants affected).
2 – moderate breakage observed (10-50% of plants affected).
3 – severe breakage observed (> 50% of plants affected).

Deposition – refers to accumulation of mud and moss to sides of track.
0 – no mud or moss accumulation at sides of track.
1 – few shallow patches of mud or moss.
2 – many shallow patches of mud or moss.
3 – continuous thick deposit of mud or moss.

Overall immediate impact
Rated subjectively on the basis of the 5 immediate impact scores above:
0 – no impact; 1 – slight impact; 2 – moderate impact; 3 – severe impact.

Impact following one season
Rated subjectively on the basis of the five long-term impact scores.
The scale is the same as for *Overall immediate impact.*

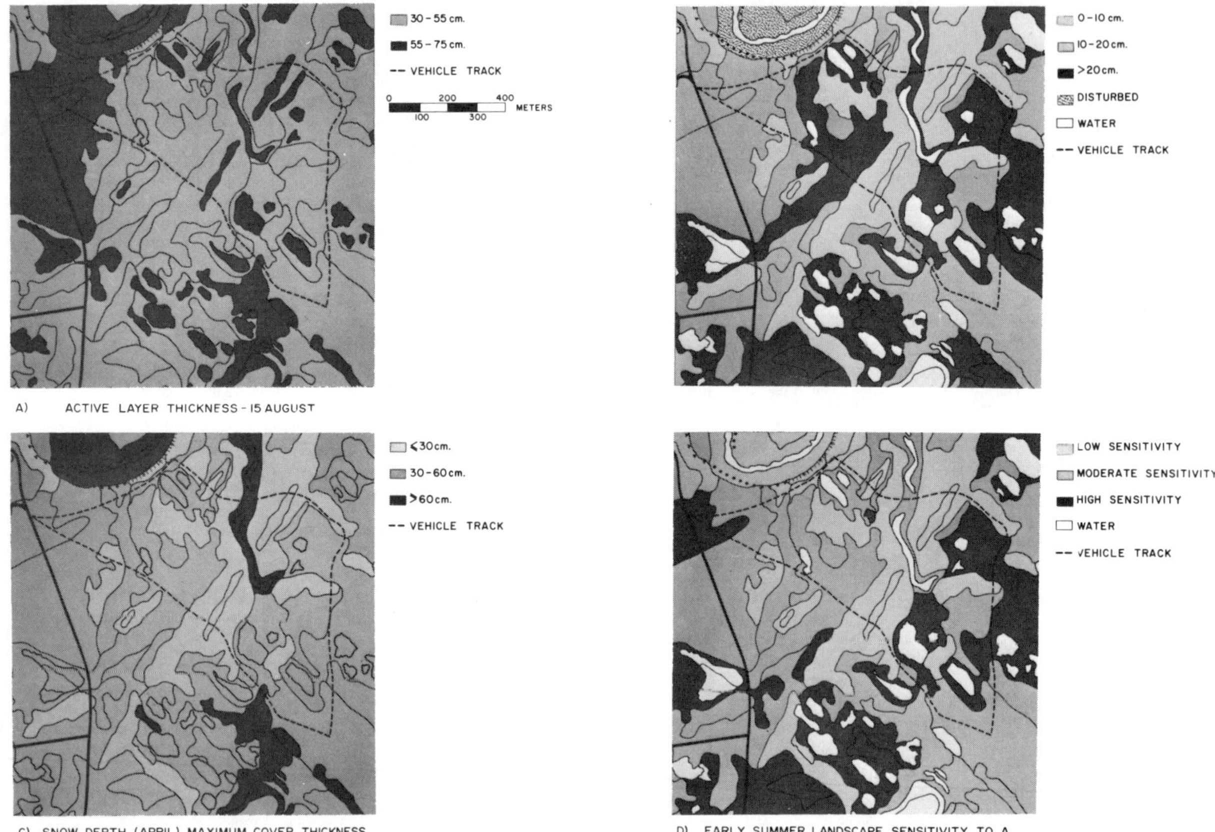

C) SNOW DEPTH (APRIL) MAXIMUM COVER THICKNESS

D) EARLY SUMMER LANDSCAPE SENSITIVITY TO A SINGLE ROLLIGON PASS

FIG. 4. Derived special-purpose maps. Maps A and B reflect quantitative data collected during the course of the survey and extrapolated to similar landform–soils units. Map C was developed using what quantitative data were available in the region based upon surface roughness (the landform unit characteristics). Map D was developed from quantified response of the vegetation and soils to a single Rolligon pass represented by the dashed line. These data were then extrapolated to similar soils–vegetation–landform units.

FIG. 5. Impact at two stations along the Rolligon track. Left: Station 1, a frost boil. Right: Station 3, moist, low-center polygons. Arrows indicate direction of travel.

Table 2. Vegetation impact scores for 4 of 27 stations along the single pass Rolligon track (Fig. 3).
Each station is rated for one to three vegetation numbers appearing in the numerator of the landform code. Five impact categories are rated for immediate impact (numerator) and predicted impact in 1 yr (denominator). The numerical ratings are based upon quantitative definition (not shown). The greater the number the more severe the impact. Each vegetaion unit is also given an overall immediate impact score, based on the scores in the five impact categories. An overall score for predicted (1-yr) impact is also given. Figure 5 shows areas characteristic of soils-vegetation-landform units crossed during the Rolligon test (from Walker et al., in press).

				Impact categories							
Sta.	*Landscape*	*Characterization*	*Subunit*	*Compression to tundra surface*	*Compression below water surface*	*Displacement*	*Breakage*	*Deposition of moss or mud*	*Immediate impact*	*Predicted impact in 1 yr*	*Depth of thaw(cm) 6/29/76*
1	U4, B3 / 6	Frost boil tundra	B3, Frost boil	3/2	0/0	2/1	0/0	0/0	2	2	38.1
			U4, Upland tundra	1/1	1/1	0/0	0/0	0/0	1	1	25.8
2	U3 / 2, 9	Dry tundra	U3, Upland	1/1	0/0	1/1	0/0	0/0	1	1	15.1
3	U3, M2 / 3, 4	Dry and moist low center polygons	M2, Low center	1/1	0/0	1/1	0/0	0/0	1	1	15.5
			U3, Rim	2/1	0/0	2/2	1/1	0/0	2	1	17.6
			M2, Trough	2/1	2/2	1/1	0/0	2/1	2	1	16.3
4	M2, U4 / 4, 7	Moist area with intermittent polygons	M2, Low center	2/1	1/1	2/2	0/0	2/2	2	1	15.6
			U4, Rim	1/1	1/0	2/2	1/1	1/0	2	2	12.6
			M4, Trough	1/1	3/1	2/1	0/0	2/1	2	2	12.0

to the test an impact rating scheme was developed for both vegetation and soils. The evaluation was largely observational but could easily be employed throughout the area covered by the master map (and beyond) and could accommodate a wide array of vehicle types. The rating scheme used for vegetation is shown in Table 1. This scheme embodies a number of the principles used by Radforth (1973 a,b) in evaluating impact on muskeg areas. Table 2 is a partial presentation of the test scores with reference to the landform code. A similar, although not so detailed, rating scheme was used for soils. It reflected principally peat compression. The derived sensitivity map (Fig. 4D) was constructed using the impact and initial recovery data developed in the test. Admittedly the more complex derived maps contain a high order of subjectivity. This subjectivity, however, does not diminish the value of such maps and can be reduced in proportion as funds are made available for detailed studies.

CONCLUSIONS

In this paper we have attempted to describe a rationale for integrated mapping of soils and vegetation for arctic coastal plain tundra and to illustrate a few of the possibilities for using such maps in which landform units are the unifying elements. Such maps can provide a starting point in decisions affecting land-use allocations on the arctic coastal plain. It is felt that the keys are sufficiently general that such maps, especially derived maps, can be constructed and interpreted by individuals without specialized botanical or pedological knowledge.

ACKNOWLEDGMENTS

The mapping was initiated under the U.S. Tundra Biome Program and partially supported by NSF Grants at The Ohio State University (Grant 82371) and the University of Colorado (Grant GV-29350). In addition the Prudhoe Bay Environmental Sub-Committee supported both the mapping and logistics through unrestricted grants to the University of Alaska. The U.S. Army Cold Regions Research and Engineering Laboratory also supported both the field and report phases of the mapping project. British Petroleum and Atlantic-Richfield provided considerable logistic assistance and other cooperation, made available the topographic base maps, and gave permission to purchase some of the aerial photography.

REFERENCES

CRAMPTON, C.B. and N.W. Rutter. 1973. A geoecological terrain analysis of discontinuously frozen ground in the upper Mackenzie River Valley, Canada (1). Permafrost: The North American Contribution to the Second International Conference, Yakutsk. National Academy of Sciences, Washington, D.C., pp. 101-105.

EVERETT, K.R. 1975. Soil and landform associations at Prudhoe Bay, Alaska: A soils map of the Tundra Biome area. In Ecological Investigations of the Tundra Biome in the Prudhoe Bay Region, Alaska (J. Brown, Ed.). Biological Papers of the University of Alaska, Special Report Number 2, pp. 53-59.

EVERETT, K.R. and R.J. Parkinson. 1977. Soil and landform associations, Prudhoe Bay area, Alaska. Arctic and Alpine Research 9, pp. 1-19.

EVERETT, K.R., D.A. Walker, P.J. Webber, J. Brown and R.J. Parkinson. In press. Distribution, characterization and maps of the landforms, soils, and vegetation of the Prudhoe Bay, Alaska, region. CRREL Report.

RADFORTH, J.R. 1973a. Immediate effect of wheeled vehicle traffic on tundra during the summer. Department of Indian Affairs and Northern Development, Ottawa. ALUR Report 72-73-12, 32 p.

RADFORTH, J.R. 1973b. Long term effects of summer traffic by tracked vehicles on tundra. Department of Indian Affairs and Northern Development, Ottawa. ALUR Report 72-73-13, 60 p.

WALKER, D.A., P.J. Webber and K.R. Everett. In press. The effects of low-pressure wheeled vehicles on plant communities and soils at Prudhoe Bay, Alaska. CRREL Special Report.

WEBBER, P.J. and D.A. Walker. 1975. Vegetation and landscape analysis at Prudhoe Bay, Alaska: A vegetation map of the Tundra Biome study area. In Ecological Investigations of the Tundra Biome in the Prudhoe Bay Region, Alaska (J. Brown, Ed.). Biological Papers of the University of Alaska, Special Report Number 2, pp. 81-91.

DISTRIBUTION OF ALPINE PERMAFROST IN THE NORTHERN HEMISPHERE AND ITS RELATION TO AIR TEMPERATURE

Y. Fujii, National Institute of Polar Research, Kaga 1 chome, Chikusa-ku, Tokyo 173, Japan. K. Higuchi, Water Research Institute, Nagoya University, Furo-cho, Chikusa-ku, Nagoya 464, Japan.

The area of alpine permafrost in the northern hemisphere is estimated as $2.3 \times 10^6 km^2$ which corresponds to about 2.3% of the land area and about 11% of the area of permafrost zone in the northern hemisphere respectively. The altitude of the lower limit of alpine permafrost is lower in higher latitude, the latitudinal gradient being 90 to 100m per one degree of latitude. The lower limit of alpine permafrost corresponds to the altitude of annual mean air temperature of -1 ∿ -3°C. The occurrence of alpine permafrost can be separated from those of continuous and discontinuous permafrost in arctic and subarctic zones by combination of the monthly mean air temperatures of the warmest month and the coldest one.

RÉPARTITION DU PERGÉLISOL ALPIN DANS L'HÉMISPHÈRE NORD EN FONCTION DE LA TEMPÉRATURE ATMOSPHÉRIQUE

Y. Fujii, National Institute of Polar Research, Kaga 1-chome, Chikusa-ku, Tokyo 173, Japan: K. Higuchi, Water Research Institute, Nagoya University, Furo-cho, Chikusa-ku, Nagoya 464, Japan.

On estime que le pergélisol alpin occupe dans l'hémisphère nord une superficie de $2.3 \times 10^6 km^2$, ce qui correspond à environ 2.3% de la surface terrestre, et à environ 11% de l'étendue de la zone de pergélisol de l'hémisphère nord. L'altitude de la limite inférieure du pergélisol alpin diminue à mesure que la latitude augmente; on observe que la limite inférieure passe de 90 à 100 m lorsque la latitude augmente d'un degré. La limite inférieure du pergélisol alpin correspond à l'altitude où règne une température atmosphérique annuelle moyenne comprise entre -1 et -3°C. On peut distinguer les zones de pergélisol alpin des zones de pergélisol continu ou discontinu dans les régions arctiques et subarctiques, en combinant les températures atmosphériques mensuelles moyennes du mois le plus chaud et du mois le plus froid.

РАСПРЕДЕЛЕНИЕ МНОГОЛЕТНЕЙ МЕРЗЛОТЫ В ВЫСОКОГОРНЫХ РАЙОНАХ СЕВЕРНОГО ПОЛУШАРИЯ В ЗАВИСИМОСТИ ОТ ТЕМПЕРАТУРЫ ВОЗДУХА

Площадь зоны мерзлых пород в высокогорных районах северного полушария составляет приблизительно $2,3 \times 10^6 км^2$, что соответствует примерно 2,3% от площади суши и 11% от площади зоны многолетней мерзлоты в северном полушарии. Нижняя граница зоны многолетней мерзлоты в высокогорных районах располагается тем ниже, чем выше широта, и широтный градиент составляет 90-100м на градус широты. Эта нижняя граница соответствует высоте со средней годовой температурой воздуха порядка -1÷ -3°С. Зону распространения альпийской многолетней мерзлоты можно выделить из зон сплошного и несплошного распространения многолетней мерзлоты в арктической и субарктической зонах на основе совокупных среднемесячных температур воздуха для самого теплого и самого холодного месяцев.

DISTRIBUTION OF ALPINE PERMAFROST IN THE NORTHERN HEMISPHERE AND ITS RELATION TO AIR TEMPERATURE

Y. Fujii* and K. Higuchi**

* National Institute of Polar Research, Kaga 1-chome, Itabashi-ku, Tokyo 173, Japan
** Water Research Institute, Nagoya University, Furo-cho, Chikusa-ku, Nagoya 464, Japan

INTRODUCTION

The relationship between the distribution of permafrost in the northern hemisphere and the environments has been studied by recent observations at high latitude (Nikiforoff, 1928; Black, 1950; Terzaghi, 1952; Brown, 1960, 1965, 1967, 1968). Especially, the southern limit of the continuous and discontinuous permafrost zone in the high latitude area of the northern hemisphere can be correlated with the isotherm of the annual mean air temperature.

However, little is known about the conditions for occurrences of permafrost in mountainous areas, which we can define as alpine permafrost. Therefore, the distribution of the alpine permafrost in the northern hemisphere and its relationship to climatic conditions were studied as will be described in this paper.

DISTRIBUTION OF ALPINE PERMAFROST

In the area south of the southern limit of the subarctic discontinuous permafrost zone, permafrost occurs in mountainous areas. The lower limit of alpine permafrost varies with latitude and other geomorphological features.

On the basis of the recent studies summarized in Table 1, the relation between the altitude of the lower limit and the latitude is shown in Fig.1. As seen in this figure, the lower limit is lower at higher latitude. The limit is lower in the case of permafrost at island such as Mt.Fuji (Fujii and Higuchi, 1972) and Mt.Daisetsu (Fukuda and Kinoshita, 1974), Japan, than that at continents. But, the latitudial gradient of the elevation of the lower limits is 90∿100m per degree in each case.

The lower limit is higher on south facing slopes than north facing slopes. In the Mt.Everest (8848m) region, Nepal Himalayas, the limit is 4900∿5000m on south facing slopes (Fujii and Higuchi, 1976) and 4900m on north facing slopes (Hsieh et al., 1975). The limit on the south facing slope of Mt.Fuji (3776m), Japan, is about 100m higher than on the north facing slope (Fujii and Higuchi, 1972).

With increasing elevation, the distribution of permafrost changes from scattered patches to discontinuous and finally continuous.

On the basis of recent observations of alpine permafrost shown in Table 1 and maps of alpine permafrost in U.S. mountains by Retzer (1965), and the Tien-Shan mountains by Gorbunov (1967) and Brown (1968), the distribution of alpine permafrost in the northern hemisphere can be summarized as in Fig.2.

The total area of alpine permafrost can be estimated to be about $2.3 \times 10^6 km^2$, as seen in Table 2. This value corresponds to about 2.3% of the land area in the northern hemisphere and about 11% of the area of the permafrost zone in the northern hemisphere. About 68% of the alpine permafrost in northern hemisphere exists in the Tibetan Plateau and Himalaya Mountains.

RELATION BETWEEN LOWER LIMIT OF ALPINE PERMAFROST AND AIR TEMPERATURE

Many studies have been done on permafrost distribution in high latitudes of the northern hemisphere and its relation to annual mean air temperature (Nikiforoff, 1928; Black, 1950; Terzaghi, 1952; Brown. 1960, 1965, 1967, 1968).

In the case of the arctic and subarctic, the southern limit of discontinuous and continuous permafrost coincide roughly with the -1.1°C and -8.3°C isotherm of annual mean air temperature, respectively (Brown, 1968).

The lower limit of alpine permafrost at the summit of Mt.Fuji, Japan, corresponds to the altitude of the annual mean air temperature of -1.4∿-1.8°C (Fujii and Higuchi, 1972).

On the other hand, the lowest occurrences of permafrost in the Front Range, Colorado Rocky Mountains coincide with the altitude of an annual mean air temperature of approximately -1.0°C (Ives, 1973).

In the case of the Khumbu region, Nepal Himalayas, the annual mean air temperature at the lower limit of permafrost is -2.8∿-3.4°C. The annual mean ground temperature at the lower limit in the Khumbu region is 1.5∿2.8°C on the average. The annual mean air temperature at the lower limit of alpine permafrost listed in Table 1 was estimated on the basis of the temperature records at the meteorological stations nearest to the observation points of permafrost and the assumed value of the lapse rate. It was found that the lower limit of alpine permafrost corresponds to the altitude of annual mean air temperature of -1∿-3 °C. These values are 1∿2°C lower than that at the southern limit of the permafrost zone in Canada (Brown, 1968). Such a difference can be explained by the higher value of the annual mean ground temperature at the former than that at the latter, since the heat supply to the ground surface is much more at high altitude, due to higher solar radiation, even if the air temperature is the same.

According to the same method of estimation as mentioned above, the monthly mean air temperatures in the warmest month, Tw, and those of the coldest one, Tc, were estimated at the lower limit of alpine permafrost shown in Table 1 and also at the southern limits of the continuous and discontinuous zones in high latitudes of the northern hemisphere shown by Brown (1968) and Ferrians (1969). Fig.3 shows the relation between the occurrence of permafrost and Tw and Tc. In Fig.3, the annual mean air temperature and the annual range are also indicated by the lines of $\bar{\theta}$ and θ_a respectively.

It can be seen in this figure that the condition for occurrence of alpine permafrost, continuous permafrost and discontinuous permafrost can be classified clearly by the combination of Tw and Tc.

It is interesting to notice that the annual range of air temperature at the lower limit of alpine permafrost is less than those at the southern limits of the continuous and discontinuous permafrost zone.

CONCLUDING REMARKS

As shown in Fig.3, the occurrence of alpine permafrost can be separated from those of continuous and discontinuous permafrost by the monthly mean air temperatures of the warmest month and the coldest one. However, the existence of permafrost depends on not only two parameters as above, but also on the thermal properties of the soil, water content in the soil, depth of snow, duration of snow cover and other elements, as shown by studies of permafrost at the summit of Mt.Fuji, Japan (Fujii and Higuchi, 1972). Therefore, it will be necessary to study these elements in the area where alpine permafrost exists.

Besides, it was found by the author's observations of permafrost and ground temperature in the Nepal Himalayas (Fujii and Higuchi, 1976) that the existence of alpine permafrost can be correlated with the ground temperature at 50cm depth. Therefore, in order to detect the lower limit of alpine permafrost, it is important to measure the ground temperature variation by altitude, since the lapse rate of ground temperature in the area above the lower limit is greater than below it, as observed in the Nepal Himalayas (Fujii and Higuchi, 1976).

REFERENCES

Antevs, E. 1932. Alpine Zone of Mt.Washington, New Hamp., Merrill & Webber Co., Auburn, Maine.

BARSCH, D. 1969. Permafrost in der oberen Subnivalen Stufe der Alpen. Geographica Helvetica, 24, pp.10-12.

BLACK, R.F. 1950. Permafrost. Smithsonian Inst. Report, 1950, pp.273-301.

BROWN, R.J.E. 1960. The distribution of permafrost and its relation to air temperature in Canada and U.S.S.R. Arctic, 13, pp.163-177.

BROWN, R.J.E. 1965. Some observations on the influence of climatic and terrain on permafrost at Noroman Wells, N.W.T. Canadian Journal of Earth Science, 2, pp.15-31.

BROWN, R.J.E. 1967. Comparison of permafrost conditions in Canada and the U.S.S.R. Polar Record, 13, pp.741-751.

BROWN, R.J.E. 1968. Permafrost in Canada, 1: 7603200. Division of Building Research, National Research Council of Canada. Publication No.9769 and Canadian Geological Survey Map No.1246A.

BROWN, R.J.E. 1969. Factors influencing discontinuous permafrost in Canada. (In Pewe, T.L., ed. The periglacial environment, Past and Present. McGill-Qween's University Press and Arctic Institute of North America, pp.11-53).

FERRIANS, O.J. et al. 1969. Permafrost and related engineering problems in Alaska. Geological Survey Professional Paper 678, p.37.

FUJII, Y. and HIGUCHI, K. 1972. On the permafrost at summit of Mt. Fuji, Seppyo, 13, pp.175-186.

FUJII, Y. and HIGUCHI, K. 1976. Ground temperature and its relation to permafrost occurrences in the Khumbu Himal and Hidden Valley, Nepal Himalayas. Seppyo, 38, Special Issue (Glaciers and Climates of Nepal Himalayas — Report of the Glaciological Expedition to Nepal —), pp.125-128.

FUKUDA, M. and KINOSHITA, S. 1974. Permafrost at Mt.Taisetsu, Hokkaido and its climatic environment. The Quaternary Research, 12, pp.192-202.

GORBUNOV, A.P. 1967. Vachnaya merzlota Tyan-Shan, Ilim, Frunze, pp.163.

HSIEH, T. et al. 1975. Basic feature of the glaciers of the Mt.Jolmo Lungma region, southern part of the Tibet autonomous region, China. Scientia Sinica, 38, pp.106-130.

IVES, J.D. and FAHEY, B.D. 1971. Permafrost occurrence in the Front Range, Colorado Rocky Mountains, U.S.A.. Journal of Glaciology, 10, pp.105-111.

IVES, J.D. 1973 Permafrost and its relationship to other environmental parameters in a midlatitude, high-altitude setting, Front Range, Colorado Rocky Mountains. "Permafrost", National Academy of Science, pp.121-125.

IVES, J.D. 1974. Permafrost. (In IVES, J.D. and BARRY, R.G. ed. Arctic and Alpine Environment. Methuen Co. Ltd. pp.159-194).

LLIBOUTRY. L. 1955. Nieves y Glaciales de Chile. Fundamentos de glaciologia, Universidad de Chile. p.471.

LORENZO, J.L. 1969. Minor periglacial phenomena among the high volcanoes of Mexico. (In Pewe, T.L. ed. The periglacial environment, Past and Present McGill-Qween's University Press and Arctic Institute of North America, p.101.)

MATHEWS, W.H. 1955. Permafrost and its occurrence in the southern coast mountains of British Colombia. Canadian Alpine Journal, 38, pp.94-98.

NIKIFOROFF, C. 1928. The perpetually frozen subsoil of Siberia. Soil Science, 26, pp.61-78.

PIERCE, W.G. 1961. Permafrost and thaw depressions in a peat deposit in the Beartooth Mountains, northwestern Wyoming, Geological Survey Professional Paper 424B, pp.154-156.

RETZER, J.L. 1965. Present soil-forming factors and processes in Arctic and alpine regions. Journal of Soil Science, 16, pp.38-44.

TERZAGHI, K. 1952. Permafrost. Boston Society of Civil Engeneering Journal, 39, pp.1-50.

WOODCOCK, A.H. 1974. Permafrost and climatology of a Hawaii volcano creater. Arctic and Alpine Research, 6, pp.49-62.

周幼吾、杜榕桓. 1963. 青蔵高原凍土 初歩考察. 科学通報. 25期2月号.

TABLE 1

LOWER LIMIT OF ALPINE PERMAFROST

AREA	LOCALITY	LATITUDE	LONGITUDE	LOWER LIMIT (m)	REFERENCES
ROCKY Mts.	near Cassiar	59°17'N	129°48'W	1370	Brown, 1969
and	Beartooth Mts.	44°53'N	109°30'W	2960 >	Pierce, 1961
COAST Mts.	Niwot Ridge	40° N	106° W	3500	Ives and Fahey, 1971
	Tesque Peak	35°47'N	105°47'W	3720	Retzer, 1965
	Mt.Elbert	39°07'N	106°27'W	4000	Baranov, 1959
	Mt.Whitney	36°35'N	118°17'W	(4420)	Retzer, 1965
MEXICO	Citlaltepetl	18°30'N	97°50'W	4600	Lorenzo, 1969
E. CANADA	Mt.Jacques Cartier	49° N	66° W	1270	Brown, 1968
E. U.S.A.	Mt.Washington	44°15'N	71°20'W		Antevs. 1932
ANDES	Central Chile Andes	33° S	70° W	4000	Lliboutry, 1955
ALPS	Corvatsch Mt.	46°25'N	9°50'E	2700	Barsch, 1969
TIEN SHAN	Tien Shan	42° N	78° E	2700	Gorbunov, 1967
HIMALAYA	Mukut Himal	28°45'N	83°30'E	5000	Fujii and Higuchi, 1976
	Khumbu Himal	27°55'N	86°50'E	4900～5000	" "
	near Rongbuk Gl.	28°10'N	86°50'E	4900	Hsieh et al., 1975
TIBET	Khulun Shan	31°20'N	91°40'E	4500	周・杜, 1963
	Nienching Tangkula Shan	36°20'N	94°50'E	4200	" "
HAWAII	Mauna Kea	19°30'N	155°40'W	4170	Woodcock, 1974
JAPAN	Mt.Fuji	35°21'N	138°44'E	2800～2900	Fujii and Higuchi, 1972
	Mt.Taisetsu	43°40'N	142°55'E	2150	Fukuda and Kinoshita, 1974

TABLE 2

AREA OF ALPINE PERMAFROST IN NORTHERN HEMISPHERE

ASIA	Tibetan Plateau Karakoram Mts.	157.8×10^4 km^2	
	Himalaya Mts.	10.0×10^4 km^2	
	Tien Shan Mts. Pamir	19.1×10^4 km^2	186.9×10^4 km^2
EUROPE	Alps Mts.	0.5×10^4 km^2	0.5×10^4 km^2
NORTH AMERICA	Rocky Mts. (Canada) Coast Mts. (Canada)	27.8×10^4 km^2	
	Rocky Mts. (U.S.A.) Sierra Nevada (U.S.A.)	17.4×10^4 km^2	45.2×10^4 km^2
			232.6×10^4 km^2

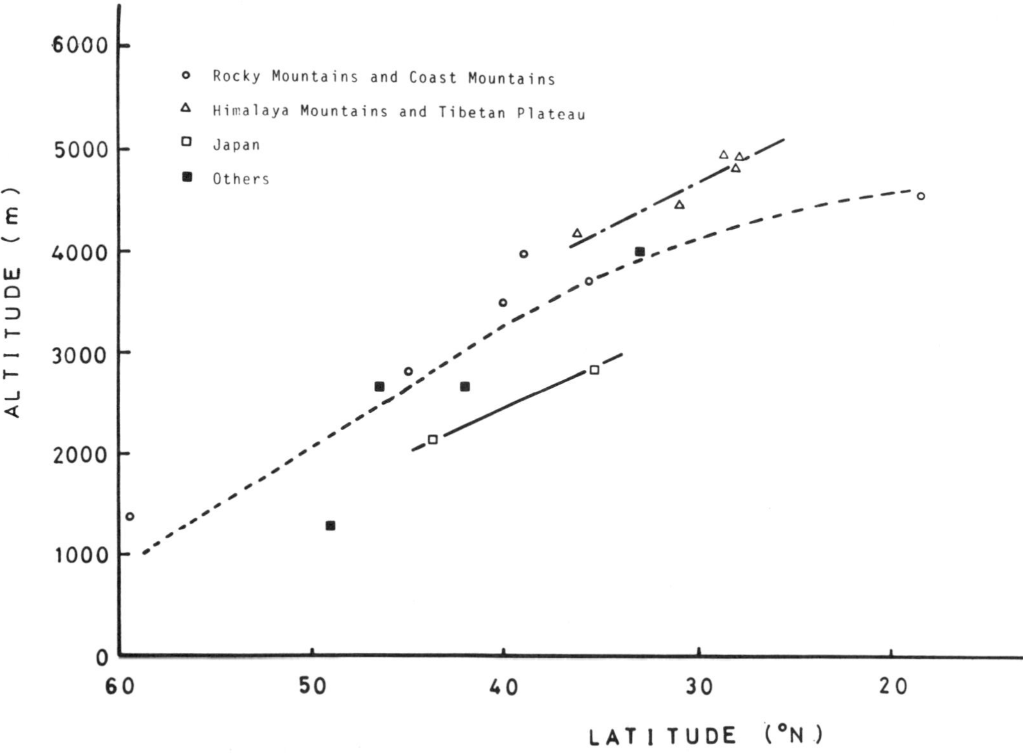

Fig. 1. Relation between the altitude of the lower limit of alpine permafrost and the latitude.

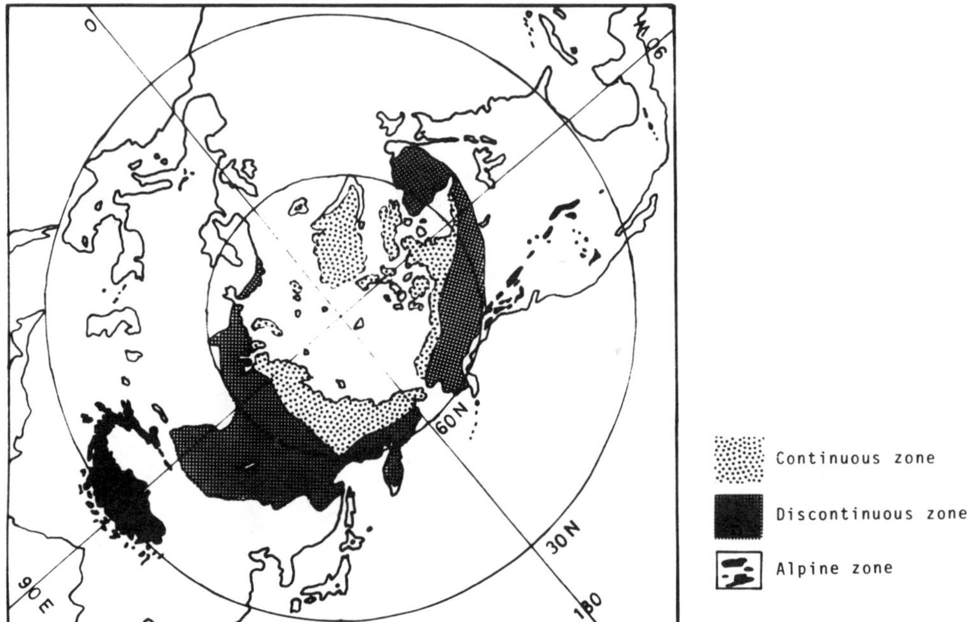

Fig. 2. Distribution of permafrost in the northern hemisphere (Continuous and discontinuous zone by Ferrians (1969))

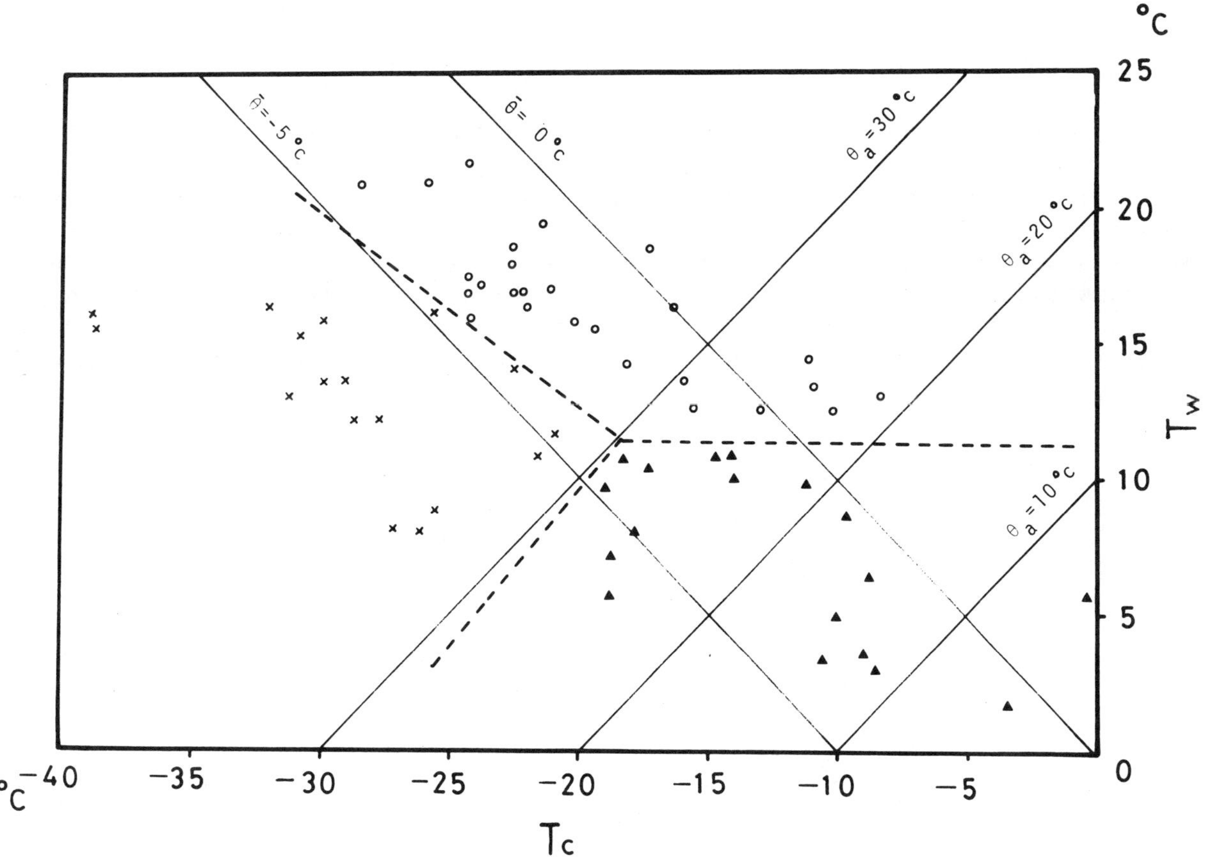

Fig. 3. Relation between the occurrence of permafrost and the monthly mean air temperature of the warmest month (Tw) and that of the coldest (Tc)

▲ : lower limit of alpine permafrost zone

x : southern limit of continuous permafrost zone

o : southern limit of discontinuous permafrost zone

$\overline{\theta}$: annual mean air temperature

θ_a : annual range of air temperature

PERMAFROST IN THE MOUNTAINS OF CENTRAL ASIA

A.P. Gorbunov, Permafrost Institute, Yakutsk, U.S.S.R.

In the Tien Shan and the Pamir-Alai (within the boundaries of the U.S.S.R.) permafrost occurs over an area of 110,000 km^2. The lower boundaries of permafrost islands, discontinuous and continuous permafrost are at altitudes of 2700, 3200 and 3500 m in the northern part of the region, and at 3700, 4100 and 4400 m in the south. The thickness of frozen, unconsolidated granular deposits and the minimum temperature are estimated to be 150 - 200 m and -4 to -5°C in the Tien Shan, and to be 100 - 150 m and -2 to -3°C in the Pamir. The solid rocks in the highest ridges are frozen to a depth of several hundred meters and their temperature may reach -20°C. The highest ice content is found in lake and morainic deposits and in granular talus. Injected ice forms the largest bodies in the lake deposits. In the moraines the largest bodies are formed by buried glacier ice. The coarse talus material is saturated with ice resulting from freezing of seepage water. Fissure ice is found in solid rocks and in the zone of weathering.

LE PERGÉLISOL DANS LES MONTAGNES DE L'ASIE CENTRALE

A.P. Gorbunov, Institut de géocryologie, Iakutsk, URSS

Le pergélisol du Tien Shan et du Pamir-Alaï (en territoire soviétique) s'étend sur une surface de 110 000 km^2. Les limites inférieures des îlots de pergélisol, du pergélisol discontinu et continu se situent au nord de la région à 2700, 3200, et 3500 m, et au sud à 3700, 4100, 4400 m d'altitude. L'épaisseur des dépôts gelés fragmentaires et meubles et la température minimale sont respectivement de 150-200 m et de -4-5 °C au Tien Shan, et de 100-150 m et de -2-3 °C au Pamir. Sur les plus hautes crêtes, la roche solide est gelée jusqu'à plusieurs centaines de mètres et sa température descend jusqu'à -20 °C. La teneur en glace est la plus élevée dans les dépôts lacustres et morainiques et les éboulis grossièrement fragmentaires. Dans les dépôts lacustres, ce sont les lentilles de glace injectée qui forment les masses les plus importantes; dans les moraines, c'est la glace de glacier enfouie. Les éboulis grossièrement fragmentaires sont saturés de glace, créée par le gel des eaux d'infiltration. La roche massive et la zone d'altération comportent des fissures remplies de glace.

МНОГОЛЕТНЕМЕРЗЛЫЕ ТОЛЩИ ГОР СРЕДНЕЙ АЗИИ

А.П. Горбунов, Институт мерзлотоведения, Якутск, СССР

В Тянь-Шане и на Памиро-Алае (в пределах СССР) мерзлые толщи распространены на площади 110 тыс. кв. км. Нижние границы островной, прерывистой и сплошной мерзлоты на севере региона находятся на 2700, 3200, 3500 м, а на юге - 3700, 4100, 4400 м. Мощность мерзлых рыхлообломочных толщ и минимальная температура в Тянь-Шане оцениваются до 150-200 м и -4-5°, на Памире - 100-150 м и -2-3°. Скальные массивы высочайших хребтов проморожены на сотни метров, а их температуры до -20°. Наиболее льдистыми являются озерные, моренные толщи и грубообломочные осыпи. В озерных осадках линзы инъекционных льдов образуют наиболее крупные тела, в моренах ими являются массивы погребенных глетчерных льдов. Грубообломочные осыпи насыщены льдом инфильтрационного генезиса. Скальные породы и кора выветривания содержат трещинные льды.

МНОГОЛЕТНЕМЕРЗЛЫЕ ТОЛЩИ ГОР СРЕДНЕЙ АЗИИ

А.П. Горбунов

Институт мерзлотоведения, Якутск, СССР

Многолетнемерзлые толщи в горах Средней и Центральной Азии занимают около 1 млн. кв. км. Основные их массивы распространены в Тибете, Куньлуне, Тянь-Шане, Памиро-Алае, Гиндукуше, Каракоруме, Нань-Шане, в Гималаях и Сино-Тибетских горах. На крайнем севере региона, в северных хребтах Тянь-Шаня, под 43°с.ш., высотная граница островного распространения многолетнемерзлых толщ совпадает с изогипсой 2700 м, а на крайнем юге, в Гималаях, в районе Эвереста, под 28°с.ш., эта граница смещается вверх до уровня 4900-5000 м (Fujii, Higuchi, 1976).

В Тянь-Шане и на Памиро-Алае (в пределах СССР) многолетнемерзлые толщи распространены на площади около 110 тыс. кв. км.

Современная геокриологическая изученность Тянь-Шаня и Памиро-Алая позволяет наметить высотные границы спорадического, островного, прерывистого и сплошного типов распространения вечной мерзлоты. Для выделения этих типов предлагаются следующие критерии. Нижняя граница спорадического распространения мерзлых пород определяется развитием многолетнемерзлых массивов в грубообломочных осыпях и каменных развалах. Нижняя граница островного типа распространения вечной мерзлоты определяется появлением массивов мерзлых грунтов на крутых (более 30°) северных склонах. Нижняя граница прерывистого типа распространения вечной мерзлоты определяется развитием мерзлоты на всех, за исключением южных, склонах. В пределах зоны прерывистого распространения мерзлых толщ широко развиты сквозные талики по конусам выноса, вдоль русел и пойм горных рек. Нижняя граница сплошного распространения вечной мерзлоты отражает повсеместное развитие мерзлых пород, включая и склоны южной экспозиции. В пределах этой зоны возможно существование сквозных таликов вдоль обводненных тектонических разломов, под глубокими озерами и крупными долинными ледниками.

Высотные границы типов распространения мерзлых толщ в Тянь-Шане и на Памиро-Алае приведены в таблице 1, а их пространственное развитие отражено на карте (рис.).

Особые условия сезонного и многолетнего промерзания наблюдаются в грубообломочных осыпях и каменных развалах. Осыпи без мелкоземистого заполнителя в условиях маломощного и неустойчивого снежного покрова подвергаются очень глубокому сезонному промерзанию. Например, в северном Тянь-Шане даже на высотах около 1600 м над уровнем моря, где средние годовые температуры воздуха имеют значение 5-6°С, сезонное промерзание осыпей нередко достигает 3 м, тогда как на тех же склонах, но в суглинисто-щебнистых почвах оно составляет всего несколько десятков сантиметров. Связано это с тем, что зимою в горах рассматриваемых географических широт очень высока напряженность инсоляции. Поэтому снег на осыпях южных, восточных и западных экспозиций неустойчив. Воды тающего снега фильтруются в осыпь и в ней замерзают, заполняя льдом пустоты между обломками. Это в свою очередь резко повышает теплопроводность среды, так как "воздушная" осыпь преобразуется в "ледяную". Первая по своим теплофизическим характеристикам приближается к воздуху, вторая - ко льду. Причем, чем больше степень заполнения льдом пустот, тем больше это сходство.

Таблица 1

Распространение многолетнемерзлых толщ по высотам

Типы распространения многолетнемерзлых толщ	Абсолютные высоты нижних границ типов распространения, м		Сплошность мерзлых толщ, %
	Северный Тянь-Шань	Юго-западный Памир	
Спорадический	2200	3200	Менее 5
Островной	2700	3700	5-30
Прерывистый	3200	4100	30-70
Сплошной	3500	4400	Более 70

Льдистость осыпей определяется рядом причин. Среди них наиболее существенной является режим снежного покрова на осыпи. Частые и небольшие снегопады, сменяющиеся оттепелями на почве, приводящими к частичному или полному исчезновению снега на осыпях, весьма благоприятствуют насыщению их льдом инфильтрационного генезиса. Это резко увеличивает теплопроводность осыпи, что, в свою очередь предопределяет возможность еще более глубокого ее промерзания. Весною и летом наблюдается противоположная картина: оттаивание с поверхности осыпи и исчезновение льда в пустотах формирует поверхностный горизонт, отличающийся крайне низкой теплопроводностью, который защищает глубинный льдистый горизонт от сезонного протаивания. Кроме того, холодный, а следовательно, более плотный воздух застаивается летом в пустотах, также препятствуя прогреву осыпи. Поэтому-то в таких осыпях выше определенных абсолютных отметок (в Тянь-Шане-выше 2200 м) нередко формируются массивы вечномерзлых толщ. Установлено, что они могут возникать и существовать по крайней мере в течение нескольких лет при средних годовых температурах воздуха 3-4°С и суммах положительных средних месячных температур 60°С и меньше.

Формирование на осыпях мощного и устойчивого снежного покрова, наоборот, ведет к предохранению их от глубокого сезонного промерзания даже на значительных абсолютных высотах, где средние годовые температуры воздуха минус 3°и более. Такая картина, например, наблюдается в Гиссарском хребте (долина Майхуры, бассейн Варзоба), где на высоте 3600 м грубообломочная осыпь на северном склоне промерзает не более, чем на 2-3 м.

Данные о мощности и температурах мерзлых толщ в различных пунктах региона стали появляться в последнее

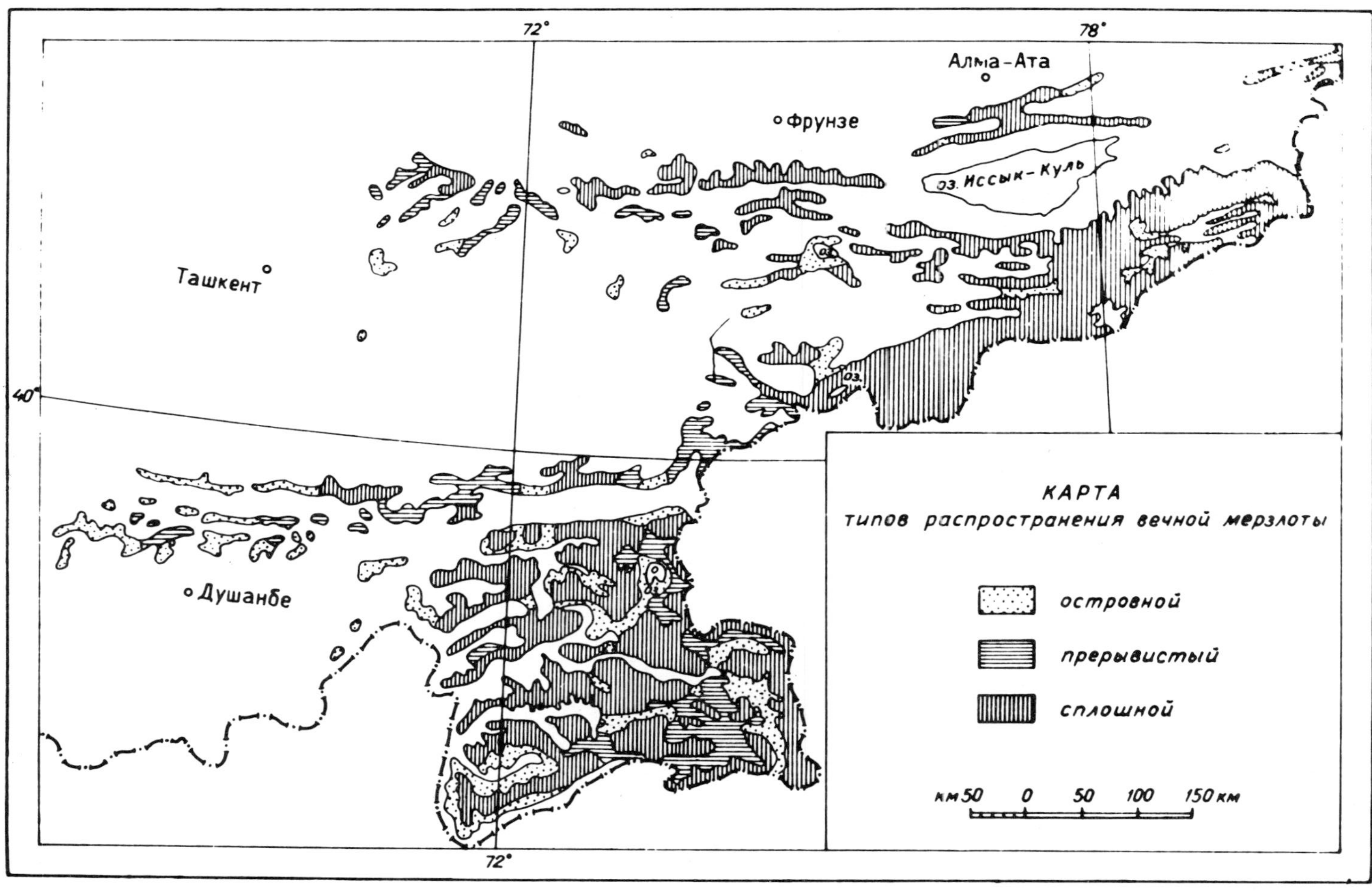

Карта распространения мерзлых толщ в горах Средней Азии

время. Они позволили сделать оценку изменения этих величин по высотным ступеням (табл. 2).

Таблица 2

Оценка температуры (I) и мощности (II) мерзлых толщ Тянь-Шаня и Памиро-Алая

Абсолютные высоты, м	Северный Тянь-Шань		Юг Восточного Памира	
	I, °C	II, м	I, °C	II, м
3000	0- -1	0-50	-	-
4000	-5	200	0- -1	0-50
5000	-11	400	-7	300
6000	-	-	-13	800
7000	-	-	-19	Более 800

Здесь следует подчеркнуть, что в пределах распространения рыхлообломочных толщ мощность криолитозоны не превышает 200 м в Тянь-Шане и 150 м на Памире, а температура мерзлых пород на глубинах нулевых амплитуд не превышает минус 5°C в первом районе и -3°C - во втором. Большие значения мощностей и температур криолитозоны присущи только скальным массивам.

Рыхлообломочные мерзлые толщи развиты главным образом на сыртах Внутреннего Тянь-Шаня, на нагорьях Восточного Памира, где они наиболее разнообразны по механическому составу и генезису.

Палеогеновые и неоген-нижнечетвертичные свиты промерзали эпигенетически. К началу промерзания за счет процессов диагенеза они были уплотнены, а в ряде случаев превратились в достаточно монолитные и большей частью обезвоженные породы типа конгломератов, известняков, мергелей, аргиллитов, песчаников и т.п. Обезвоживанию способствовало вовлечение их в горообразовательные движения. Поэтому формации малольдисты. Лед в них распылен в виде мельчайших кристаллов. Отдельные массивы наиболее плотных пород практически не содержат льда.

Среднеплейстоценовые толщи, представленные в основном флювиогляциальными и моренными отложениями, в пределах пояса вечной мерзлоты редки. О их криогенном строении нет данных, поэтому нельзя судить о типе промерзания.

Промерзание моренных толщ верхнего плейстоцена и голоцена происходило и происходит в весьма специфических условиях. Они определяются прежде всего повышенной обводненностью моренных грунтов, связанной с фильтрацией талых ледниковых вод в рыхлые накопления с их последующим промерзанием. Обводненность морен в значительной степени предопределяется и характером рельефа. Промерзание моренных толщ происходит в основном сингенетически.

Мерзлые озерные осадки возникли в верхнем плейстоцене или голоцене. Эти мерзлые отложения обычно характеризуются шлировой криогенной текстурой, которая обычно наследует первичную слоистость отложений. Наряду со шлирами сегрегационного льда, мощность которых большей частью не превышает 15-20 см, озерные толщи содержат линзы, штоки и прожилки инъекционного льда. Наиболее крупные линзы льда обнаружены по берегам Каракуля (Восточный Памир), где они достигают мощности более 5 м и простирания до 10-14 м.

Многолетнее промерзание озерного осадка в аридных условиях Внутреннего Тянь-Шаня и Восточного Памира происходило и происходит в субаквальной обстановке на прибрежных отмелях при глубине до 1-1,5 м. Это и обуславливает столь высокую льдистость озерных отложений. Только в редких случаях, когда имеет место быстрый сброс воды из озерной котловины, промерзание толщ происходит эпигенетически в субаэральных условиях. При этом шлировые текстуры формируются только в верхней 1-2-метровой свите вечномерзлой толщи; глубже находится малольдистый осадок с массивной текстурой.

Коренные и озерные накопления в связи со значительной их обводненностью подвержены интенсивному криолитогенезу. Он выражается в процессах активного морозного пучения. Именно в этих отложениях формируются многолетние гидролакколиты и другие бугристые образования.

Среди склоновых отложений наибольшей льдистостью обладают грубообломочные осыпи, которые промерзают сингенетически и эпигенетически. Льдистость осыпей зависит от величины обломков, характера мелкоземистого заполнителя, режима сезонного протаивания и промерзания толщи, степени увлажненности. Наибольшей льдистостью отличаются крупнообломочные осыпи без суглинистого заполнителя.

Осыпи, промерзающие сингенетически, характеризуются большей частью порово-массивной, реже базально-массивной криогенными текстурами. Важной особенностью их строения являются ледяные прослойки, которые представляют собой относительно выдержанные по простиранию (до 3-5 м и, видимо, более) образования. Мощность их 10-20 см, расстояние между прослойками неодинаково и изменяется в широких пределах: обычно от 20-30 см до 1 м. В прослойках лед без включений крупных обломков пород. Наличие прослоек является важным доказательством сингенетического промерзания осыпей.

Многолетнее и сезонное промерзание высокогорных торфяников и заболоченных лугов приводит к обильному сегрегационному и инъекционному льдообразованию и формированию мелкобугристых комплексов.

На долю скальных мерзлых пород в горах Средней Азии приходится не менее 75-80 % площади, занятой многолетнемерзлыми толщами. В районах, где вертикальное и горизонтальное расчленение особенно велико (Западный Памир, Гиссарский и Зеравшанский хребты), мерзлые рыхлообломочные породы практически отсутствуют.

Мерзлые скальные породы необходимо разделять на собственно мерзлые и морозные. Первые содержат включения льда, а во вторых они отсутствуют, несмотря на отрицательные температуры самих пород. Связано это с тем, что некоторые скальные породы из-за своей монолитности или по каким-либо другим причинам не содержали воду в момент промерзания.

Мерзлые и морозные скальные породы могут перемежаться даже в пределах однородного в петрографическом отношении массива. Поэтому в настоящее время невозможно даже приблизительно оценить соотношение объемов мерзлых и морозных скальных пород.

В скальных породах лед концентрируется по трещинам различного происхождения, но большей частью по тектоническим. Обычно мощность трещинного льда в породе изменяется от нескольких миллиметров до 20-30 см. Слоистое строение ледяных жил, отсутствие строгой параллельности между слоями, раздавленные воздушные полости - все это свидетельствует о неоднократном плавлении льда и замерзании воды в замкнутых системах. Видимо, оно порождалось подвижками скальных блоков по тектоническим разломам.

Глубина сезонного протаивания закономерно уменьшается с высотою. Так, в Северном Тянь-Шане, в диапазоне высот 3100-4100 м, мощность сезонноталого (деятельного) слоя уменьшается примерно на 20 см при подъеме на 100 м. Но часто изменение механического состава грунтов и экспозиции склонов оказывает более ощутимое влияние на мощность сезонноталого слоя, чем подъем на несколько сот метров. В силу того, что в пределах нивального пояса грунты весьма однородны, здесь мощность сезонноталого слоя отличается постоянством в одинаковых экспозиционных и высотных условиях. В пределах же альпийского пояса, где механический состав грунтов крайне изменчив, глубина сезонного протаивания резко меняется на небольших расстояниях.

Минимальная мощность сезонноталого слоя (30-40 см) отмечается в торфянистых грунтах и озерных илах, обогащенных органическим материалом. Максимальная - в галечниках и щебнистых отложениях (450-500 см).

Особенностью высокогорий региона является выклинивание слоя сезонного протаивания выше 4500-5500 м, где оттаивание грунта происходит только днем на несколько сантиметров, а ночью он полностью промерзает. На высотах более 6600-6500 м, на крутых северных склонах, как правило, не происходит даже дневного оттаивания скальных и осыпных поверхностей.

Устойчивое сезонное протаивание сезонноталого слоя начинается в мае, полное его протаивание завершается в сентябре. В Тянь-Шане полное промерзание слоя при мощности его около 1 м на высоте более 3600 м завершается в первой декаде октября, при мощности 2,5-3 м на высотах около 3200 м - в декабре - начале января. Процесс сезонного протаивания протекает в 2-4 раза медленнее, чем промерзания.

С многолетним и сезонным промерзанием грунтов в высокогорье связано образование различных форм криогенного рельефа. Размещение их по высоте подчинено следующей закономерности. Максимальное сгущение мерзлотного рельефа наблюдается в пределах альпийского пояса. Этому способствует вечная мерзлота, глубокое сезонное промерзание грунта, частые переходы температур поверхности почвы через 0°, относительно широкое распространение дисперсных грунтов и достаточная их увлажненность. Вниз и вверх от альпийского пояса происходит сокращение числа и разнообразия мерзлотных форм рельефа.

Большая часть криогенных форм рельефа, включая солифлюкционные образования, структурные грунты и наледи, не является надежным индикатором вечной мерзлоты. Генетически с вечномерзлыми толщами связаны термокарстовые просадки в озерных отложениях, гидролакколиты и каменные глетчеры.

Криогенные процессы играют важную роль в эволюции ледниковых морен, каменных глетчеров и селевых потоков.

В современных моренах происходит образование крупных массивов вторичных льдов, связанное с замерзанием талых ледниковых вод в многолетнепромерзающих грунтах. Вытаивание первичных и вторичных льдов, подвижка их за счет течения льда приводят к деформации морен: образованию провалов, гротов, трещин.

Каменные глетчеры являются мерзлотно-гляциальными формами; их возникновение и развитие возможно в пределах пояса вечной мерзлоты. В строении их главную роль играет лед инфильтрационного генезиса, заполняющий крупные пустоты между обломками горных пород. Движение каменных глетчеров осуществляется за счет пластических деформаций этого льда. Каменные глетчеры при общем внешнем сходстве с моренами отличаются от последних внутренним строением и микрорельефом поверхности. В Тянь-Шане обнаружено две генерации каменных глетчеров: древние (неактивные) и современные (активные) формы.

Очаги гляциальных селей приурочены к таликовым зонам и озерам современных морен. Талики и прорывы озер возникают в результате воздействия ледниковых вод на мерзлые грунты морен. Возможный объем селевых сплывов лимитируется объемом талых массивов и емкостью термокарстовых и других моренных озер.

Возникновение мерзлых пород в Тянь-Шане и на Памиро-Алае неразрывно связано с тектоническим развитием горных стран, общим похолоданием, аридизацией и усилением континентальности климата в неоген-четвертичное время. Анализ данных о развитии древнего наземного оледенения в горах Средней Азии, находки реликтовых мерзлых толщ, криотурбаций и остаточных криогенных текстур позволяют нарисовать общую картину эволюции вечной мерзлоты в Тянь-Шане и на Памиро-Алае. Первые массивы мерзлых толщ могли появиться в плиоцене на высочайших поднятиях Центрального Тянь-Шаня и Памира. В плиоцене и нижнем плейстоцене из-за того, что климат тогда был менее континентальным, и атмосферных осадков выпадало существенно больше, чем сейчас многолетнее промерзание происходило на уровне снеговой линии, т.е. исключительно в пределах нивального пояса. Поэтому мерзлые массивы были представлены скальными породами. В среднем плейстоцене в связи с возрастанием континентальности климата становится возможным промерзание территории, которая находилась гипсометрически ниже снеговой линии. Поэтому появляются первые массивы мерзлых рыхлообломочных пород. По предварительной оценке, в среднем и верхнем плейстоцене депрессия границы вечной мерзлоты по сравнению с современным ее положением составила не менее 1000 м.

Мерзлотные условия в горах средней Азии существенно изменяются от места к месту. Это обстоятельство может быть отражено в геокриологическом районировании рассматриваемой территории. Различия в морфологии криолитозоны, ее температурных условий и вещественного состава дают основания для выделения в горах Средней Азии семи мерзлотных (геокриологических) областей: 1) Северной Тянь-Шаньской, 2) Западной Тянь-Шаньской, 3) Внутренней Тянь-Шаньской, 4) Алайской, 5) Гиссаро-Туркестанской, 6) Западной Памирской, 7) Восточной Памирской.

Северная Тянь-Шаньская область включает Заилийский и Кунгей Алатау, Кетмень, преимущественно северные склоны Киргизского хребта и северный склон восточной части Терскей Алатау. Снеговая линия области лежит на 400-1000 м выше границы пояса вечной мерзлоты. Площадь наземного оледенения около 1600 кв.км, вечной мерзлоты - 9000 кв.км. Это 30,2% оледенения и 15,7% площади вечной мерзлоты всего Тянь-Шаня. На долю четвертичной формации мерзлых рыхлообломочных отложений долин и впадин приходится не менее 20% территории пояса вечной мерзлоты. Здесь преобладает сплошной тип распространения многолетнемерзлых толщ. Мощность криолитозоны - от 0 до 400 м, температура ее - от 0 до -10°С.

Западная Тянь-Шанская область включает Западный Тянь-Шань. Снеговая линия совпадает или превышает не более, чем на 400 м границу пояса вечной мерзлоты. Площадь наземного оледенения около 500 кв. км, площадь мерзлоты - 3450 кв. км. Это составляет соответственно 9,4% наземного оледенения и 6,1% площади вечной мерзлоты Тянь-Шаня. Наиболее широко распространены метаморфическая и терригенно-карбонатная формации. Четвертичные мерзлые отложения не выражены. Современные конечные морены ледников большей частью находятся в немерзлом состоянии. В этой области преобладают островной и прерывистый типы распространения мерзлых толщ. Мощность криолитозоны - от 0 до 250-300 м, температура - от 0 до -7°С.

Внутренняя Тянь-Шаньская область охватывает в основном Внутренний Тянь-Шань. Снеговая линия на 700-1800 м выше границы пояса вечной мерзлоты. Площадь современного оледенения около 3200 кв.км, а площадь мерзлоты 44900 кв.км. Это соответственно составляет 60,4% оледенения и 78,2% площади вечной мерзлоты

Тянь-Шаня. Магматическая, метаморфическая и терригенно-карбонатная формации имеют примерно одинаковое распространение. Четвертичная формация мерзлых рыхлообломочных толщ долин и впадин занимает не менее 35% площади пояса вечной мерзлоты области. Здесь преобладает сплошной тип распространения многолетнемерзлых толщ. Мощность криолитозоны – от 0 до 800 м и более, ее температура – от 0 до 20-25°С.

Алайская область охватывает Алайский хребет от верховья реки Тар до верховьев реки Сох. Снеговая линия располагается здесь в среднем на 1000 м выше границы пояса вечной мерзлоты. Площадь наземного оледенения около 700 кв. км, вечной мерзлоты – 7700 кв. км. Это – 6,5% оледенения и 11,4% площади вечной мерзлоты всего Памиро-Алая. Здесь относительно широко распространены мерзлые четвертичные отложения, представленные в основном современными и верхнеплейстоценовыми моренами и каменными глетчерами. Преобладает прерывистый тип распространения мерзлых толщ. Мощность криолитозоны в пределах области достигает 300-350 м, а температуры пород минус 7-9°С.

Гиссаро-Туркестанская область включает Туркестанский, Зеравшанский, Гиссарский и Каратегинский хребты. Снеговая граница здесь совпадает или превышает не более, чем на 200 м границу пояса вечной мерзлоты. Площадь современного оледенения 1147 кв. км, площадь вечной мерзлоты – 5400 кв. км. Это соответственно составляет 10,5% оледенения и 8,3% площади мерзлоты Памиро-Алая. Мерзлые четвертичные толщи здесь отсутствуют. Преобладает островной тип распространения вечной мерзлоты. Криолитозона на высочайших вершинах достигает мощности 350-400 м и температур – минус 10°С.

Западная Памирская область включает следующие основные хребты: Петра Первого, Дарваз, Ванчский, Язгулемский, Рушанский, Шугнанский, Шахдаринский, Академии наук, Танымас, Белеули. Снеговая граница совпадает или превышает не более, чем на 400 м границу пояса вечной мерзлоты. Площадь современного оледенения – около 7300 кв. км, вечной мерзлоты – 19700 кв. км. Это – 66,6% оледенения и 29,5% площади вечной мерзлоты Памиро-Алая. Мерзлые четвертичные толщи здесь, как правило, отсутствуют, небольшие их массивы могут быть встречены на крайнем востоке области. Морены современных и древних ледников находятся в немерзлом состоянии. Преобладают сплошной и островной типы распространения вечной мерзлоты. Максимальная мощность криолитозоны превышает 800 м, а минимальные ее температуры достигают -20°С.

Восточная Памирская область включает Заалайский хребет до верховья реки Алтындары на западе, Сарыкольский, Музкольский, Зулуморт, Северо-Аличурский, Южно-Аличурский, Ваханский хребты. Снеговая граница располагается здесь в среднем на 1500 м выше границы пояса вечной мерзлоты. Площадь современного оледенения – около 1800 кв. км, вечной мерзлоты – 33800 кв. км. Это – 15,4% оледенения и 50,8% площади вечной мерзлоты Памиро-Алая. Для области характерно широкое распространение палеогеновых, неогеновых и четвертичных мерзлых рыхлообломочных толщ, особенно озерных и моренных, которые включают крупные массивы подземных льдов. Все типы распространения вечной мерзлоты представлены примерно в равной степени. Максимальная мощность мерзлых рыхлообломочных отложений 150 м, а температура – до минус 3°. Предельная мощность скальной криолитозоны – 800 м и более, ее минимальные температуры – до минус 20°С.

Вечная мерзлота и криогенные процессы оказывают влияние на многие компоненты высокогорных ландшафтов (подземные и поверхностные воды, растительность, почвы, рельеф, грунтообитающие животные). Воздействие мерзлых грунтов на ландшафты имеет как отрицательное, так и положительное значение. Первое – общеизвестно, второе проявляется главным образом в увеличении увлажненности грунтов и улучшении условий существования растительности во внутренних засушливых районах Тянь-Шаня и Памира.

Освоение высокогорных районов Средней Азии (строительство, разработка полезных ископаемых, прокладка шоссейных дорог, линий электропередач и других коммуникаций, изучение условий селеобразования) требует проведения дальнейших мерзлотных исследований, сьемок мелкого и крупного масштабов.

ЛИТЕРАТУРА

FUJII Y., HIGUCHI K. 1976. Ground Temperature and its Relation to permafrost Occurrences in the Khumbu Region and Hidden Valley. – Journal of Japanese Society of Snow and Ice, Vol. 38, p. 125–128.

SPECIAL ASPECTS OF HIGH MOUNTAIN PERMAFROST METHODOLOGY AND ZONATION IN THE ALPS

W. Haeberli, Versuchsanstalt f. Wasserbau, Hydrologie u. Glaziologie, ETH Zürich, Switzerland

A very simple geothermic method to study permafrost distribution in the Alps is the measurement of the temperature at the base of the winter snow cover as a sort of indirect heat flow measurement. Temperature values in permafrost areas are clearly lower than in permafrost free areas. Because resistivity values in frozen ground and buried glacier ice differ at least by a factor of 10, electrical resistivity soundings are most apropriate to discriminate between these materials. Recent resistivity soundings evidenced that rock glaciers in most cases do not contain glacier ice but consist of perennially frozen debris. Active rock glaciers may therefore be used as indicators for high mountain permafrost.

Permafrost in the Alps is sporadic in the forested mountains and discontinuous between about 2300 and 3500 m.a.s.l. In the highest regions (up to 4800 m.a.s.l.) permafrost is continuous and very low bedrock temperatures are observed even beneath small glaciers.

MODE D'ÉTUDE DU PERGÉLISOL DE HAUTE MONTAGNE ET DE LA ZONATION DU PERGÉLISOL DANS LES ALPES

Une méthode géothermique très simple permettant d'étudier la répartition du pergélisol dans les Alpes, consiste à mesurer la température de la base de la couverture nivale d'hiver, c'est-à-dire à indirectement mesurer le flux thermique. Les températures relevées dans les zones de pergélisol sont nettement inférieures à celles des zones dépourvues du pergélisol. Étant donné que les valeurs de résistivité mesurées dans le gélisol et la glace profonde de glacier diffèrent d'un ordre de grandeur au moins égal à 10, les logs de résistivité électrique permettent aisément de distinguer ces matériaux l'un de l'autre. Des logs de résistivité récents ont démontré que dans la plupart des cas, les glaciers de pierres ne contiennent pas exactement de la glace de glacier, mais sont plutôt constitués de débris gelés en permanence. Les glaciers de pierres actifs peuvent donc servir d'indicateurs du pergélisol de haute montagne.

Dans les Alpes, le pergélisol est sporadique dans les montagnes boisées, et discontinu entre 2,300 et 3,500 m d'altitude environ. Dans les régions les plus élevées (jusqu'à 4,800 m d'altitude), le pergélisol est continu, et on constate que le soubassement peut avoir une température extrêmement basse, même au-dessous des glaciers de petite taille.

МЕТОДОЛОГИЯ ИЗУЧЕНИЯ И ЗОНИРОВАНИЯ ВЫСОКОГОРНОЙ МНОГОЛЕТНЕЙ МЕРЗЛОТЫ В АЛЬПАХ

Одним из простых геотермических методов изучения распространения многолетнемерзлых грунтов в Альпах является измерение температур у основания зимнего снежного покрова путем косвенного измерения теплового потока. Температуры в районах многолетней мерзлоты ниже, чем в районах, где мерзлота отсутствует. Поскольку величины сопротивления мерзлых грунтов и погребенного ледникового льда отличаются друг от друга по меньшей мере на один порядок, зондирование методом электрического сопротивления наиболее эффективно для их распознавания. Недавно проведенные измерения методом сопротивления показали, что каменные потоки в большинстве случаев не содержат ледникового льда, а состоят из мерзлого обломочного материала. Поэтому действующие каменные потоки могут служить признаком существования в данном районе зоны высокогорной мерзлоты. В Альпах островное распространение мерзлоты наблюдается в покрытых лесом горных склонах, а зона несплошного распространения расположена на высоте 2300-3500 м над уровнем моря. На бóльших высотах /до 4800 м/ наблюдается зона сплошного распространения мерзлоты, и очень низкие температуры коренных пород отмечаются даже под небольшими ледниками.

SPECIAL ASPECTS OF HIGH MOUNTAIN PERMAFROST METHODOLOGY AND ZONATION IN THE ALPS

W. Haeberli

Versuchsanstalt für Wasserbau, Hydrologie und Glaziologie, Abt. f. Hydrologie und Glaziologie, ETH Zürich, Switzerland

INTRODUCTION

The advancing disclosure of high alpine regions in temperate zones brings along a growing interest in high-altitude, midlatitude permafrost (Ives 1973). The history of scientific research and practical experience related with permafrost in the Alps (latitude about 47°N) is long but not well known at all (cf. references given by Haeberli 1975a). During extensive field work in the last years several special problems and phenomena related to high mountain permafrost research were encountered in the Alps. It is the purpose of this paper to discuss some of these features.

METHODOLOGY

The methods applied to study alpine permafrost are direct (digging and drilling), semi-direct (geophysical soundings and measurements) and indirect (delineation of permafrost distribution using environmental indicators)(Haeberli 1975a). Most of these methods are well known from arctic permafrost research but some special experience related to high-alpine conditions may be useful for permafrost research in other mountain regions.

A very simple and useful geothermic method to study permafrost distribution in the zone of discontinuous permafrost in the Alps is the measurement of the temperature at the base of the winter snow cover (BTS = Bottom Temperature of the winter Snow cover) as a sort of indirect heat flow measurement. In an alpine snow cover which is at least 1m thick, short time variations of the air temperature do not penetrate to the contact zone between snow and underlying soil. The temperature in this zone is practically stable and the same every year for longer periods. Moreover this temperature is first of all a function of the heat flow from the underlying soil: BTS values in permafrost areas are clearly lower than in permafrost free areas, but similar to values measured on glacier surfaces. Since the first discussion (Haeberli 1973), this method has become well established. This may be seen from Fig. 1., where all measurements related to this phenomenon and verified by other methods (in most cases by geophysical soundings) known to the author are compiled. Up to now BTS values lower than -3°C were taken as indicating permafrost existence and values higher than -2°C as indicating permafrost absence. The range between -2 and -3°C was interpreted as methodological uncertainty (inactive permafrost ?). As a next step a linear (?) relation between snow cover thickness and BTS values may lead to a closer definition of the limiting values. This relation could be studied on the surface of temperate glaciers. Recent statistical analysis of 41 BTS measurements from an active rock glacier in the "Aeusseres Hochebenkar" (Obergurgl, Oetztal, Austrian Alps) shows no significant correlation between BTS values and snow cover thickness or altitude a.s.l. On the other hand, BTS values seem to be closely related to the thickness of the active layer of the permafrost during summertime (Haeberli and Patzelt, in press). The use of snow temperatures to map and predict permafrost by microwave radiometry is perhaps an important possibility for the application of remote sensing techniques in high mountain permafrost regions.

It is quite easy to identify underground ice by applying refraction seismic techniques (Barnes 1965, Hunter 1973, Röthlisberger 1972) in quarternary sediments within the Alps (Barsch 1973, Haeberli 1975a) but often it is not possible to discriminate between buried glacier ice (dead ice) and frozen ground by this method, because P-wave velocity is in both cases within the same range (3000 to 4000 ms^{-1}). For this problem, which incidentally can be important for engineering work, electrical resistivity soundings are more adequate. Resistivity values in frozen debris in the Alps are usually within the range from 20 000 to 200 000 Ωm (Geotest AG, unpublished data, Fisch et al., in press), while values from alpine glaciers fall in the range from about 10 to more than 100 MΩm (Röthlisberger 1967). Resistivity

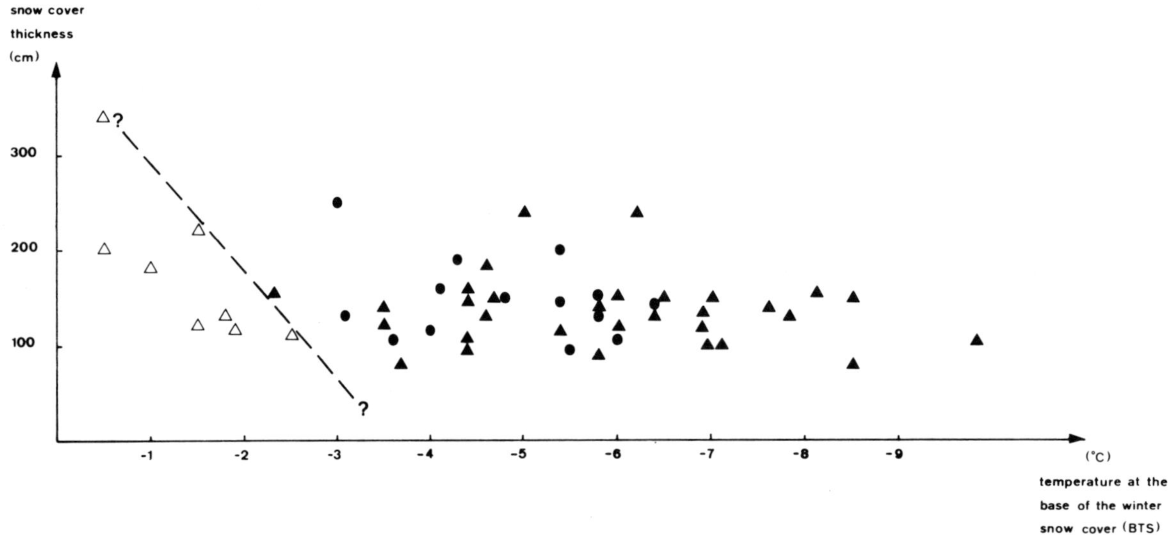

Fig. 1. Temperature at the base of the winter snow cover (february, march) versus snow cover thickness. Permafrost conditions verified by diggings and geophysical soundings. Data from different regions of the Alps.

values in buried snowbank ice seem to be within the same range as the values measured in alpine glaciers (Østrem 1967). In the last years electrical resistivity soundings were made on 7 rock glaciers (active to inactive) in the Alps of Switzerland (Barsch, unpublished data, Fisch et al. in press). All studied rock glaciers consist of frozen debris and not of buried glacier ice nor buried snowbank ice. Only one of these rock glaciers contains some thin glacier ice at the surface but also this glacier ice is embedded in thick frozen sediments (Fisch et al., in press).

Detailed permafrost mapping using seismic refraction and BTS measurements in the region of the Hochebenkar rock glaciers (Haeberli and Patzelt, in press, cf. Pillewitzer 1957, Vietoris 1972), together with the results of the electrical resistivity soundings mentionned above, clearly confirmed that rock glaciers are creep phenomena of high-alpine permafrost. Rock glaciers are therefore the most important geomorphological indicators of permafrost in the Alps, and may be used to determine permafrost distribution in mountainous regions with a continental climatic character. In regions with heavy precipitation rock glaciers are almost nearly absent. This phenomenon, observed in about all high mountain regions of the world (e.g. Guiter 1972, Østrem 1964, Østrem and Arnold 1970), is well explained by a very simple model when the permafrost hypothesis for rock glacier formation is applied: rock glaciers will only form in a zone where permafrost formation in thick debris accumulations is possible. This "potential zone of rock glacier formation" is limited by the upper boundary of debris accumulation, which is given by the equilibrium line on glaciers (no debris accumulation will take place above this line), and by the lower boundary of permafrost distribution (Fig. 2.). In regions with a continental climatic character, the mean equilibrium line on glaciers is much higher than the lower boundary of permafrost distribution; the "potential zone of rock glacier formation" extends over several hundred meters (Haeberli 1975a) and a great number of rock glaciers exist. In regions with a more maritime climatic character the mean equilibrium line on glaciers is strongly lowered (e.g. Müller et al. 1976, Tvede et al. 1974), the "potential zone of rock glacier formation" disappears and no rock glacier will exist, because no debris accumulation is present to be perennially frozen (Fig. 2.). Therefore, the distribution of rock glaciers seems to be a function of the distribution of precipitation. The study of fossil rock glaciers could not only make possible the reconstruction of the former permafrost distribution in the Alps but also bring along a new approach for quantitative reconstructions of paleoprecipitation.

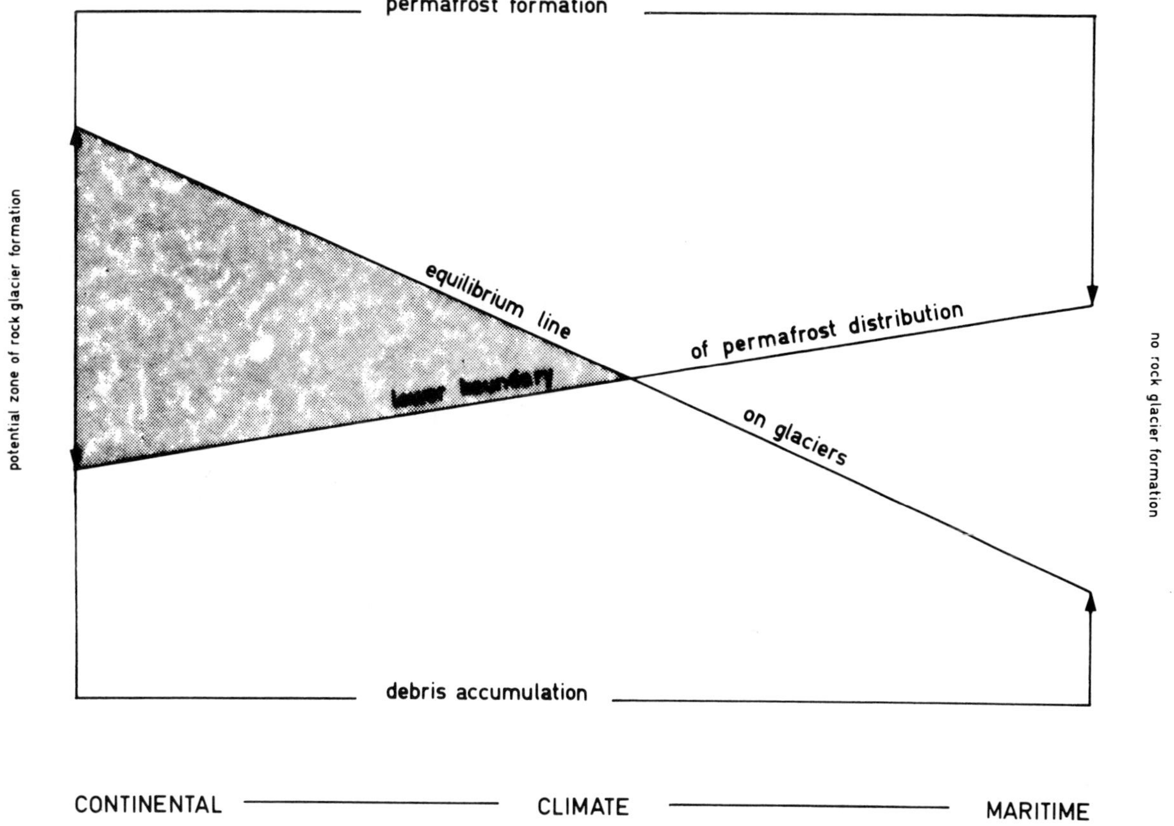

Fig. 2. Simple model of rock glacier distribution in high mountain regions.

Perennial snowbanks were shown to be strongly related to local permafrost occurrence (Furrer and Fitze 1970, Haeberli 1975a). The new inventory of firn and ice masses in Switzerland also contains much information about the distribution of larger snowbanks in the Alps (Müller et al. 1976). This important information will be very useful for future permafrost research in the Alps.

ZONATION

The distribution of glacier and permafrost zones in the Alps was already discussed by Haeberli (1975b). Certainly, much refinement should be introduced in the future, but as a first approximation a combined zonation of permafrost and related phenomena may be summarised here.

In the early 1960`s the term "sporadic permafrost zone" was discarded by american authors (Brown and Péwé 1973). This will not be done in the Alps, because it became increasingly evident that local isolated permafrost bodies at altitudes where the mean annual air temperature is well above 0°C are <u>not</u> a distributional variation of discontinuous permafrost. Local permafrost occurrence in the form of ice caves and, more rarely, also frozen ground is quite well documented in the "sporadic permafrost zone" of the Alps below timberline, extending from less than 1000 m.a.s.l. to about 2300 m.a.s.l. Ice caves have been known to mountain inhabitants, mountaineers and speleologists for a long time in about all karst regions of the Alps (e.g. Jaeger 1905) and even the Jura mountains, but not much scientific information seems to be available. One of the ice caves at very low altitude is the "Meiringer Eishöhle", near the Brünigpass at about 940 m.a.s.l. (Moser 1952), where the mean annual air temperature is on the order of +6 to +7°C. Pollen analysis of ice from caves in the Austrian Alps suggests that the cave ice is not a relic from the last glaciation but was formed during postglacial or even historic time (Schmeidl and Kral 1969). In several cases frozen ground in extremely shaded debris at very low altitude is known too. In connection with power plant construction, underground ice was found in a gravel rich forest soil at about 1820 m.a.s.l. on a steep north facing slope near Punt dal Gall (Swiss National Park). In the Austrian Alps perennially frozen debris was detected in a tunnel for water supply in the Gailtaler Alpen at 1810 m.a.s.l. (Weiss 1958) and in the Karawanken chain perennially frozen debris as low as about 1100 m.a.s.l. is known since the last century (Hölzel 1963). Permafrost at a similar altitude (1020 m.a.s.l.) was reportet from the Jura mountains too (Richard 1961). The author feels that it may be somewhat difficult to explain the genesis of such low altitude permafrost showing no sign of being relic permafrost, but, as in the case of ice caves, reduced ventilation in coarse debris may be the most important factor.

Discontinuous permafrost is the best studied permafrost in the Alps and occurs above about 2300 m. a.s.l. (Haeberli 1975a), where the mean annual air temperature is on the order of -1°C. Active rock

Fig. 3. 6m Excavation for cable-railway construction in a perennially frozen neoglacial moraine (Upper Theodulgletscher). Ice content ranges from 60 to 90%. Discontinuous permafrost, 3000 m.a.s.l.

glaciers in the continental region near the Swiss National Park may even descend to 2200 or 2100 m. a.s.l., but usually northeast to west facing slopes are perennially frozen above about 2400 to 2600 m. a.s.l. At about 2700 m.a.s.l. hilltops and windblown crests are perennially frozen too, and between about 2700 and 2800 m.a.s.l., 50% of the not glaciated area is estimated to be underlain with permafrost (the mean annual air temperature equals -3 to -4°C at this altitude). The foot of high and steep slopes with strong accumulation of avalanche snow is frozen above about 2400 to 2700 m.a.s.l. in all expositions (long snow cover duration!), but steep slopes facing south and east are probably permafrost free up to the lower boundary of continuous permafrost. Recent work shows that the floors of major cirques are partially occupied by permafrost above about 2800 m.a.s.l. (e.g. at the Grubengletscher, near Saas Fee or at the Upper Theodulgletscher, near Zermatt). As already discussed in the previous section, rock glaciers are the predominant morphological phenomenon of discontinuous permafrost in the Alps and a good coincidence of the distribution pattern of perennial snowbanks and permafrost can be observed. Often runoff does not take place at the surface but in form of many small watercourses at the permafrost table. Because of marked overdeepening in bedrock topography from the last glaciation, permafrost in thick sediments does not necessarily reach bedrock. Groundwater hydrology may therefore be complicated, as can be observed at the Grubengletscher. The timberline is situated below the discontinuous permafrost zone and vegetation is almost absent when permafrost is present. In perennially frozen zones, glacier tongues may be partially cold and frozen to the bed at the margins, as is the case of the Grubengletscher (Haeberli 1975b). Englacial temperatures seem to be in the same range as permafrost temperatures (about

Fig. 4. Lyskamm (4527 m.a.s.l.) in the Monte Rosa group. Englacial temperature within the steep hanging glaciers is -10 to -15°C. A considerable thickness of continuous permafrost (negative temperature bedrock) can be expected.

0 to -5°C). In the Alps the equilibrium line on existing glaciers is within the discontinuous permafrost zone - probably in the lowest part of this zone in regions with a maritime climate and in the uppermost part in regions with a more continental climate. Above the equilibrium line, the accumulation zones of glaciers are temperate, because meltwater warms up the whole firn to 0°C by latent heat exchange.

Following the propositions of soviet and american authors, the lower boundary of continuous permafrost distribution in the Alps is taken at the altitude where the mean annual air temperature is about -8.5^{o}C (Brown and Péwé 1973). Some field observations confirm that permafrost in the Alps above this altitude (about 3500 m.a.s.l.) is continuous indeed, and that the lower boundary of continuous permafrost may even be somewhat lower, perhaps at about 3300 m.a.s.l., where the mean annual air temperature is on the order of -7°C. Bergschrunds at the upper end of alpine glaciers may separate cold ice from cold firn, as is the case on the small ice cap at Jungfraujoch (3500 m.a.s.l.), or cold ice from temperate firn, as is the case at the Jungfraufirn or the Ewigschneefeld (two different accumulation basins of the Great Aletschgletscher). In all cases known up to now, however, the ice above the bergschrund lies in a location where permafrost must exist (Haeberli 1975a). At about 3300 to 3400 m.a.s.l., bergschrunds occur on slopes of all expositions and therefore permafrost should be present everywhere. On the south facing wall of the Jungfraujoch, the mean bedrock temperature is on the order of -2°C (H. Mathys, Bern, personal communication). Thus, even south facing slopes may be frozen at a somewhat lower altitude. In the continuous permafrost zone of the Alps, no debris accumulation takes place and permafrost is restricted to negative temperature bedrock. The firn of glaciers is almost cold, because meltwater formation and percolation rapidly decayes with increasing altitude. In the region of the highest alpine summits (above about 4000 m.a.s.l.) englacial temperatures are on the order of -5 to -20°C and most of the steep hanging glaciers on mountain walls are frozen to the bedrock (Haeberli 1975b, cf. Fig. 4.). Recent temperature measurements in a borehole drilled through a small ice cap at Colle Gnifetti (4450 m.a.s.l., Monte Rosa group) suggest that the temperature at the ice/bedrock interface is on the order of -14°C, which gives a considerable permafrost thickness (Oeschger et al., in press).

ACKNOWLEDGMENTS

The author is grateful to Prof. P. Kasser and Dr. H. Röthlisberger VAW/AHG/ETH Zürich for scientific help and discussion, to Prof. Dr. D. Barsch for information about unpublished data on rock glaciers and to a number of geologists, engineers and foresters for information about practical experience with local permafrost. Financial support for the studies of the author was given by the Schweizerischer Nationalfonds zur Förderung der wissenschaftlichen Forschung, Schweizerische Naturforschende Gesellschaft, ETH Zürich (all Switzerland) and Hochalpine Forschungsstelle Obergurgl (Austria).

REFERENCES

BARNES, D.F. 1965. Geophysical methods for delineating permafrost. Proc. Permafrost International Conference, NAS - NRC, Washington, pp. 349 - 355.

BARSCH, D. 1973. Refraktionsseismische Bestimmung der Obergrenze des gefrorenen Schuttkörpers in verschiedenen Blockgletschern Graubündens, Schweizer Alpen. Zeitschrift für Gletscherkunde und Glazialgeologie, IX, 1-2, pp. 143 - 167.

BROWN, R.J.E. and T.L. PEWE, 1973. Distribution of permafrost in North America and its relationship to the environment: a review, 1963 - 1973. Permafrost Second International Conference - North American Contribution, NAS-Washington, pp. 71 - 100.

FISCH, W. sen., W. FISCH jun. and W. HAEBERLI, in press. Electrical resistivity soundings with long profiles on rock glaciers and moraines in the Alps of Switzerland. Symposium on the Dynamics of Temperate Glaciers and Related Phenomena, München 1977. Zeitschrift für Gletscherkunde und Glazialgeologie.

FURRER, G. and P. FITZE, 1970. Beitrag zum Permafrostproblem in den Alpen. Vierteljahresschrift der Naturforschenden Gesellschaft Zürich, 115, 3, pp. 353 - 368.

GUITER, V. 1972. Une forme montagnarde: le rock-glacier. Revue de Géographie Alpine, 60, 3, pp. 467 - 487.

HAEBERLI, W. 1973. Die Basis-Temperatur der winterlichen Schneedecke als möglicher Indikator für die Verbreitung von Permafrost in den Alpen. Zeitschrift für Gletscherkunde und Glazialgeologie, IX, 1-2, pp. 221 - 227.

HAEBERLI, W. 1975a. Untersuchungen zur Verbreitung von Permafrost zwischen Flüelapass und Piz Grialetsch (Graubünden). Mitteilungen der Versuchsanstalt für Wasserbau, Hydrologie und Glaziologie ETH Zürich, 17, 221 p.

HAEBERLI, W. 1975b. Eistemperaturen in den Alpen. Zeitschrift für Gletscherkunde und Glazialgeologie, XI, 2, pp. 203 - 220.

HAEBERLI, W. and G. PATZELT, in press. Permafrost mapping in the region of the Hochebenkar rock glaciers, Obergurgl, Oetztal, Austrian Alps. Zeitschrift für Gletscherkunde und Glazialgeologie.

HOELZEL, E. 1963. Tierleben im Eiskeller der Matzen in der Karawankennordkette. Carinthia II, 73, p. 161.

HUNTER, J.A.M. 1973. The application of shallow seismic methods to mapping of frozen surficial materials. Permafrost Second International Conference - North American Contribution, NAS-Washington, pp. 527 - 535.

IVES, J.D. 1973. Permafrost and its relationship to other environmental parameters in a midlatitude, high-altitude setting, Front Range, Colorado Rocky Mountains. Permafrost Second International Conference - North American Contribution, NAS-Washington, pp. 121 - 125.

JAEGER, F. 1905. Eine wenig bekannte Eishöhle im Sigriswilergrat. Jahrbuch SAC 1905, pp. 231 - 237.

MOSER, H. 1952. Die Eishöhle ob Meiringen. Die Alpen, 28, pp. 92 - 97.

MUELLER, F., T. CAFLISCH and G. MUELLER, 1976. Firn und Eis der Schweizer Alpen. Geographisches Institut ETH Zürich, Publ. Nr. 57, 174 p.

OESCHGER, H., W. HAEBERLI et al., in press. First results from Alpine core drilling projects. Symposium on the Dynamics of Temperate Glaciers and Related Problems, München 1977. Zeitschrift für Gletscherkunde und Glazialgeologie.

ØSTREM, G. 1964. Ice-cored moraines in Scandinavia. Geografiska Annaler, 46, pp. 282 - 337.

ØSTREM, G. 1967. Laboratory measurements of the resistivity of ice. Journal of Glaciology, 6, 47, pp. 643 - 650.

ØSTREM, G. and K. ARNOLD, 1970. Ice-cored moraines in southern British Columbia and Alberta, Canada. Geografiska Annaler, 52A, pp. 120 - 128.

PILLEWITZER, W. 1957. Untersuchungen an Blockströmen der Oetztaler Alpen. Abh. Geographisches Institut der freien Universität Berlin, Maullfestschrift, pp. 37 - 50.

RICHARD, J.-L. 1961. Les forêts acidophiles du Jura. Commission phytogéographique de la Société Helvétique des sciences naturelles, 38.

ROETHLISBERGER, H. 1967. Recent D.C. resistivity soundings on swiss glaciers. Journal of Glaciology, 6, 47, pp. 607 - 621.

ROETHLISBERGER, H. 1972. Seismic exploration in cold regions. Cold Region Science and Monograph II - A2a, Hanover, 139 p.

SCHMEIDL, H. and F. KRAL, 1969. Zur pollenanalytischen Altersbestimmung der Eisbildungen in der Schellenberger Eishöhle und in der Dachstein-Rieseneishöhle. Jahrbuch zum Schutze der Alpenpflanzen und -tiere, 34, pp. 67 - 84.

TVEDE, M.A., B. WOLD and G. ØSTREM, 1975. Glasiologiske Undersökelser i Norge 1974. Vassdragsdirektoratet Hydrologisk Avdeling Rapport Nr. 5-75, 71 p.

VIETORIS, L. 1972. Ueber den Blockgletscher des Aeusseren Hochebenkars. Zeitschrift für Gletscherkunde und Glazialgeologie, VIII, 1-2, pp. 169 - 188.

WEISS, E.H. 1958. Eine Eis führende Schutthalde in den Gailtaler Alpen. Carinthia II, 68, pp. 62 - 63.

PLATEAU MOUNTAIN: A CASE STUDY OF ALPINE PERMAFROST IN THE CANADIAN ROCKY MOUNTAINS

by Stuart A. Harris and Roger J.E. Brown
Department of Geography, University of Calgary, Calgary, Alberta, Canada; and Division of Building Research, National Research Council of Canada, Ottawa, Ontario, Canada.

Investigations of alpine permafrost in the Western Cordillera of Canada were initiated in 1974 on Plateau Mountain located in the front ranges of the Rocky Mountains 80 km southwest of Calgary, Alberta. Thermocouple and thermistor cables to measure ground temperatures were installed in boreholes to depths of 15 to 30 m on the summit above treeline at 2519 m elevation and down the forested mountain side to 2103 m elevation. Monthly observations on these cables and temperature checks in an ice cave confirm the existence of permafrost (-1.0 to -1.5°C). The mean annual air temperature at the summit is -4.1°C and strong winds remove most of the snow. Temperature measurements indicate that permafrost extends to a depth of possibly 100 m or more, the upper portion having adjusted to the present climate and the lower layers being relic.

LE MONT PLATEAU: ÉTUDE D'UNE ZONE DE PERGÉLISOL ALPIN SITUÉE DANS LES MONTAGNES ROCHEUSES CANADIENNES

Stuart et A. Harris et Roger J.E. Brown, Département de géographie, Université de Calgary, Calgary, Alberta, Canada; et Division des recherches sur le bâtiment, Conseil national de recherches du Canada, Ottawa, Ontario, Canada.

On a entrepris en 1974 une étude du pergélisol alpin de la cordillère Occidentale canadienne, sur le mont Plateau, qui fait partie des chaînons frontaux des montagnes Rocheuses à 80 km au sud-ouest de Calgary, en Alberta. On a installé des câbles de thermocouples et thermistors destinés à mesurer la température du sol dans des trous de sondage de 15 à 30 m de profondeur forés à 2159 m d'altitude, au sommet, lequel dépasse la limite supérieure des arbres, et sur le versant boisé de la montagne jusqu'à 2103 m d'altitude. Des observations effectuées chaque mois sur ces câbles, ainsi que les relevés de température obtenus dans une caverne de glace confirment l'existence du pergélisol (-1.0 à -1.5°C). La température atmosphérique annuelle moyenne est de -4.1°C au sommet, et des vents violents enlèvent la plus grande partie de la neige. Des mesures de température indiquent que le pergélisol atteint au moins 100 m de profondeur, et que la portion supérieure de celui-ci subit l'influence du climat actuel, tandis que les couches inférieures sont des couches relictes.

ИССЛЕДОВАНИЕ ВЫСОКОГОРНЫХ МЕРЗЛЫХ ГРУНТОВ НА ПРИМЕРЕ ГОРЫ ПЛАТО-МАУНТИН В КАНАДСКОЙ ЧАСТИ СКАЛИСТЫХ ГОР

В 1974 г. на горе Плато-Маунтин, расположенной в Скалистых горах в 80 км к юго-западу от Калгари /провинция Альберта/, было начато исследование многолетней мерзлоты Западных Кордильер Канады. Для измерения температуры грунтов, в скважинах глубиной от 15 до 30 м были установлены кабели с термопарами и термисторами. Скважины бурились на участке от высоты 2519 м на вершине горы выше границы леса вниз по лесистому склону до высоты 2103 м. Ежемесячные осмотры кабелей и замеры температуры /-1,0 ÷ -1,5°C/ в ледяной пещере подтвердили наличие мерзлоты в этом районе. Средняя годовая температура воздуха на вершине составляет -4,1°C; бо́льшая часть снежного покрова сметается сильными ветрами. Измерения температуры показывают, что глубина мерзлой толщи возможно достигает 100 м и более, причем верхняя ее часть полностью соответствует условиям современного климата, а нижние слои носят реликтовый характер.

PLATEAU MOUNTAIN: A CASE STUDY OF ALPINE PERMAFROST IN THE CANADIAN ROCKY MOUNTAINS

Stuart A. Harris and Roger J.E. Brown

Department of Geography, University of Calgary, Calgary, Alberta, Canada; and

Division of Building Research, National Research Council of Canada, Ottawa, Ontario, Canada

INTRODUCTION

Although the presence of permafrost in northern Canada has been well documented, there are few studies that mention its existence in alpine regions of western Canada. In the Rocky Mountains these studies include that by Ogilvie and Baptie (1967), who noted permafrost in peat at 2347 m elevation in the Snow Creek Valley, Banff National Park, and by Scotter (1975) who observed ground ice in excavations for the pylons of a ski-lift being installed at 2655 and 2691 m elevation above treeline in the Sunshine ski area near Banff, Alberta. In the Coast Mountains, Mathews (1955) has also observed ground ice. Other landforms containing subsurface ice, such as rock glaciers and ice cored moraines, have been more commonly recognized in these mountainous regions (Wahrhaftig and Cox, 1959; Thompson, 1962, Østrem and Arnold, 1970; Brown and Péwé,1973; Smith, 1973; Johnson, 1974; Luckman, 1975; Osborne, 1975). Brown (1967) predicted the probable extent of permafrost throughout the western Cordillera at higher altitudes based on the published climatic data for that region and on its distribution in relation to climate in northern Canada.

The paucity of detailed work on alpine permafrost is also noticeable in other parts of the world. American observations are limited (Retzer, 1956; Steidtmann, 1973) and detailed work has been restricted mainly to Colorado (Ives, 1974; Ives and Fahey, 1971). Some European investigations have been carried out in the Alps (Campbell, 1954; Furrer, 1955; Jäckli, 1957; Richard, 1961; Elsasser, 1968; Barsch, 1969; Furrer and Fitze, 1970). The main records in Asia are from Tien Shan and Yakutia in the Soviet Union, where the most detailed and widespread measurements have been made, and also Mongolia and China (Gorbunov, 1967; Lugovoy, 1970; Nekrasov and Indoleva, 1972; Chou and Tu, 1963). Permafrost has been found on the summit of Mount Fuji in Japan (Higuchi and Fujii, 1971) and on Mauna Kea in Hawaii (Woodcock, 1974). Since most of these studies are limited to the description of a few local occurrences, there is a clear need for further work on the distribution and environmental relationships of alpine permafrost.

In 1974, the authors began a systematic study of alpine permafrost in Western Canada by installing ground temperature instrumentation in five boreholes on Plateau Mountain, in southwestern Alberta. This was followed by further drilling in 1976 at this mountain and at other selected locations. The preliminary results of the investigations at Plateau Mountain are reported here.

PHYSICAL ENVIRONMENTAL FEATURES OF STUDY SITE

The area of investigation is located on the upper elevations of Plateau Mountain, situated in the Front Ranges of the Rocky Mountains (Fig. 1). It lies approximately 80 km southwest of Calgary and rises to 2519 m elevation. The mountain is formed from the core of an anticline and has a flat summit tilted gently downward to the west and north. It consists of siliceous dolomite of the Rocky Mountain formation, surrounded by limestones, soft sandstones, and shales of the Etherington and Mount Hood formations (Douglas, 1958; Norris, 1958).

The treeline varies in height depending on aspect (Fig. 2) but averages 2290 m elevation on the west side (Bryant and Scheinberg, 1970). Typically, this timberline is not sharp but includes krummholz and glades of willow and grass among the trees extending downward in a vertical zone about 150 m below this elevation. Above the treeline, the alpine zone is dominated by grassy lower slopes and lichen-covered rocks on the summit (Bryant and Scheinberg, 1970). The upper part of the subalpine forest is dominated by spruce and alpine larch with Douglas fir, lodgepole and whitebark pine.

The area lies in the rainshadow east of the Continental Divide. The mean precipitation for September 1974 to September 1976 was about 15 cm, but the areas above treeline tend to be blown clear of snow. The mean annual air temperature at 2519 m for the same period was -4.1°C, compared with 0.05°C at 2266 m, within the forest (Sept. 1975 to Sept. 1976). Strong winds occur throughout the year and it snowed every month during the period 1974-1976. The running mean of the freezing index varied from 2086 to 2590 C degree-days, while that for the thawing index ranged from 775 to 925 C degree-days during this period.

Well developed patterned ground is present on the gentle slopes of the summit, ranging from sorted circles to stone polygons to sorted stripes on the steeper slopes (Bryant and Scheinberg, 1970; Woods, (*in press*)). The area was not glaciated during the Pleistocene (L.C. Hills *in* Bryant and Scheinberg, 1970) and caves occur in the limestone. One of these caves at about 2244 m elevation is approximately 200 m long and contains a zone coated with large hexagonal plate-like ice crystals (Ford and Quinlan, 1973).

INSTRUMENTATION AND OBSERVATION METHODS

In August 1974, the first five boreholes were drilled between 2290 m and the summit (Fig. 2). Four are 15 m in depth; the one at the highest elevation is 31 m deep. A thermocouple cable with 12 sensors was placed in each hole. In Sept. 1976, another six holes were drilled - three 15 m deep and three 31 m - in which thermistor cables were installed. Ground temperature observations were obtained every month thereafter. Table 1 summarizes the characteristics of each site.

Recorders were used to obtain continuous data on air and near-surface soil temperatures (20 and 50 cm depths) from Aug. 1974 at Site 2. A second air temperature station was established in the forest at Site 8 in 1975. Snowpack data were collected at all sites and rainfall was measured at Site 2.

The ice cave was mapped and its geometry determined (Figs. 3 and 4). Temperature recording stations were established using three Lambrecht hygrothermographs with monthly charts and two similar recorders with yearly charts. The Lambrecht charts were changed at least twice during each summer to obtain in indication of the fluctuations in air temperature. Thermocouples were installed in the ground or ice at each temperature station in the cave to measure the actual temperature at each location.

RESULTS

Permafrost was confirmed at seven of the boreholes and also in parts of the ice cave. At least two years were required for the temperatures at depths exceeding 10 m to recover from the warming effects of the drilling (Fig.5). Where the ground temperatures are only a few tenths of a degree below zero, e.g., at Site 5, this thermal disturbance resulted in approximately 1-1/2 years elapsing before the permafrost was restored around the cables.

Figure 6 shows the annual fluctuations in temperature with depth after approximately 1-1/2 years at Sites 1,2, and 5. In each case, the ground temperatures generally decrease with depth, suggesting that an adjustment is still taking place to present air temperature conditions which are several degrees warmer than the early postglacial period when the permafrost formed, i.e., the permafrost is now partly relic. Calculated rates of heat flow are given in Table 2.

The data from the ice cave confirm this conclusion (Figs. 3 and 4), since the permafrost is confined to the lowest and deepest portions of the cave. The air temperatures for 8 Oct. 1976 are typical for the cave, noticeable summer temperature fluctuations only being found at the Lambrecht hygrothermograph nearest the entrance. The relative humidity was constantly at 100%; water dripped almost continuously from the roof in the largest part of the cave.

A comparison of the active layer thickness with elevation suggests that the depths to the permafrost table may be predicted from a semi-logarithmic plot of the data (Fig. 7). The degree of variability decreases rapidly with an increase in elevation, as does the thickness of the active layer. Above 2499 m the active layer is always less than 5 m thick.

All permafrost appears to be associated with tundra vegetation on this mountain. The temperature cables below treeline have recorded temperatures 1-1/2 to 2 C deg warmer than those installed at the same time above treeline at similar elevations. Mean annual ground temperatures determined from the deepest sensor are plotted against altitude in Fig. 8. The vegetation cover appears to have a considerable effect on these ground temperatures at a given altitude. The presumed vertical limits of the continuous and discontinuous permafrost zones[1] are also shown on the graph. The discontinuous permafrost is a mere 76 m in vertical extent, so that there is a very sharp transition from no permafrost to continuous permafrost. Besides the influence of vegetation there is a considerable degree of variation in the ground temperatures in response to other local factors, such as drainage, aspect, and presence of hollows which receive excessive solar energy.

A noticeable feature (shown in Fig. 8) is that the soil temperatures become warmer in the forest at the treeline. This does not agree with the air temperature data, but it does match the increase in winter snow depth. Snow is blown into the trees from the adjacent alpine tundra and forms deep drifts. If the depth of snow cover in the tundra is plotted against winter soil temperatures at the 150 cm depth (Fig. 9) there appears to be an appreciable insulating effect, particularly when the snow depth exceeds 25 cm.

High winds tend to blow the main alpine tundra zone clear of snow, so that ground heat loss is considerably greater above treeline than below. This may explain the close relationship of the permafrost to vegetation cover on the north and westward (windward) sides of Plateau Mountain. No data are available at present for the leeward sides.

DISCUSSION AND CONCLUSIONS

There appears to be a zone of continuous permafrost above 2305 m in the alpine tundra areas and islands of permafrost as low as 2224 m in the Front Ranges of the Rocky Mountains near Calgary. This is higher than predicted by Brown (1967), for this latitude (approximately 1790 ± 140 m altitude at 50°N - 51°N). At Plateau Mountain the higher ground temperatures in the forest appear to be due to less cooling by advection and more insulation from thicker snow cover.

An indirect but major factor affecting the distribution of permafrost is the wind, which removes most of the snow cover above the treeline. Few data are available for average and maximum alpine wind speeds but they are generally much greater than in the Arctic as illustrated by nearby Fortress Mountain (Fig. 1) where winds of 255 km per hour were recorded above treeline before the instruments were blown away.

This raises some questions about the distribution and characteristics of alpine permafrost westward into British Columbia. Although air temperatures do not change appreciably, the precipitation increases sharply west of the Continental Divide so that the present-day glaciation limit becomes lower in that

---

[1] The identification of the zones is based solely on areal distribution of the permafrost, i.e., in the continuous zone, permafrost occurs everywhere beneath the ground surface and in the discontinuous zone there are areas with no permafrost. The generally accepted ground temperature criterion of -5°C separating the two zones in the North does not seem to apply in these alpine regions where the ground temperatures at the lower vertical limit of the continuous permafrost zone is much closer to 0°C (~-1.0 to -1.5°C). The presence of permafrost at these warmer temperatures is probably due in part to the thin snow cover.

Table 1

Site	Altitude, m	Vegetation	Slope & Aspect	Comments
1	2519	Alpine tundra	2° at N005	Sorted stone nets, typical of the highest part of the plateau.
2	2484	Alpine tundra	4° at N267	As Site 1.
3	2438	Alpine tundra	4° at N310	In a hollow where water collects in spring. Thin loess overlies the shattered bedrock.
4	2426	Nil	6° at N340	In a ditch alongside the road. Tends to accumulate more snow in winter.
5	2318	Alpine tundra	4½° at N108	In a slight hollow formed during the drilling
5a	2319	Alpine tundra	0°	On ridge top, otherwise as Site 1.
6	2293	Alpine tundra	5° at N035	As Site 1.
7	2270	Stunted spruce forest	10° at N252	About 60 m below tree line.
7a	2270	Willow	7° at N272	In a wet drainage course near Site 7.
8	2201	Spruce-fir-pine-larch forest	8° at N118	Typical of forested areas in the upper 150 m of the forest.
9	2103	Spruce-fir forest	6° at N220	Typical of main forest

TABLE 2 Downward heat flow in the first five boreholes on Plateau Mountain 1-1/2 years after drilling, based on measured thermal conductivity values.

Site	Depth of layer, m	Temperature decrease with depth for layer, °C*	Thermal conductivity[a], W/mK	Ground heat flow through layer[b], W/m^2
1	4.6 - 6.1	0.04	5.18	0.136
1	6.1 - 7.6	0.04	"	0.136
1	7.6 - 12.2	0.08	"	0.093
1	12.2 - 15.2	0.04	"	0.065
1	15.2 - 18.3	0.04	"	0.063
1	18.3 - 30.5	0.12	"	0.053
2	12.2 - 15.2	0.05	5.18**	0.085
3	12.2 - 15.2	0.03	5.18**	0.051
4	12.2 - 15.2	0.05	4.92	0.081
5	12.2 - 15.2	0.05	6.10	0.120

* Average of monthly observations over 1 to 2 year period and represents differences in temperatures between two levels on same instrument at same time. Therefore they are relative not absolute values.

** Values inferred from similar rock type as Site 1.

[a] Determinations by A.S.Judge, Earth Physics Branch, Department of Energy, Mines and Resources, Ottawa.

[b] Calculations by L.E. Goodrich, Division of Building Research, National Research Council, Canada, Ottawa.

direction (Østrem, 1966). From the results obtained on Plateau Mountain, it appears that the lowest level of continuous permafrost will rise steadily westward due to the increased precipitation and reduced wind.

An additional complication further westward is that the area was mainly covered by glaciers for most of the glacial periods, unlike Plateau Mountain, so that extrapolating from the present study should be done cautiously. No data are available on ground temperatures existing in alpine peat-covered terrain but they are probably lower than beneath the other surface materials judging from observations in northern Canada and Alaska (Viereck, 1965; Brown, 1968, 1969; Brown and Péwé, 1973; Brown, 1975). Similarly, the areas of cold air drainage in the valley floors have yet to be checked for permafrost.

The present results are probably typical of the higher mountains in the Front Ranges as ice caves are also known at Moose Mountain, 65 km west of Calgary, and Crow's Nest Pass on the Continental Divide southwest of Calgary at similar elevations (Ford and Quinlan, 1973). Until more work has been done, changes in elevation of the permafrost zone in a north-south direction remain in doubt.

The permafrost examined at Plateau Mountain down to the 30 m depth is primarily controlled by the present-day climate. Much of the permafrost at greater depths, and within the ice caves, however, appears to be relic. Heat is currently being transferred downward (or cold upward) at a noticeable rate (Table 2). This may partially explain why the continuous permafrost zone appears to begin at a mean annual ground temperature of about -1°C instead of -5°C as in the Arctic (Brown and Péwé, 1973). Another factor contributing to this increase of the upper ground temperature limit for continuous permafrost at these lower latitudes may be the more effective winter advection caused by stronger winds. Mackay et al (1972) have observed relic permafrost in the western Arctic, although it is relatively rare in Canada, probably due to the widespread glaciation. From the ground temperature data obtained at Plateau Mountain, the permafrost probably exceeds twice the measured depth of 30 m based on geothermal gradients observed in permafrost regions up to approximately 1 C deg/160 m. However, this is minimal as the extent and thickness of the relic permafrost are as yet unknown.

ACKNOWLEDGEMENTS

The authors are indebted to Messrs. W.G. Cooke Division of Building Research, and to B. Danielewicz and B. Woods, University of Calgary, for their assistance in instrumenting the sites and collecting the data. Thanks are due to the Director, Alberta Provincial Parks and his staff for permission to carry out the research in the ice cave. The thermal conductivity determinations on the rock samples by A.S. Judge, Earth Physics Branch, Department of Energy, Mines and Resources, Ottawa, and the calculations on heatflow in the boreholes by L.E. Goodrich, Division of Building Research, are greatly appreciated.

REFERENCES

BARSCH, D. 1969. Permafrost in der oberen subnivalen Stufe der Alpen. Geographica Helvetica, v. 24, pp. 10-12.

BROWN, R.J.E. 1967. Permafrost map of Canada. Natl Res Council, Div Bldg Res, NRC 9769, & Geol Survey Can, Map 1246A.

BROWN, R.J.E. 1968. Permafrost map of Canada. Can. Geogr. J. v. 76, pp. 56-63.

BROWN, R.J.E. 1969. Factors influencing discontinuous permafrost in Canada. In "The Periglacial environment, past and present." T.L. Péwé, ed. INQUA. 7th Congr. Alaska, 1965. McGill-Queens Univ. Press, Montreal, pp. 11-53.

BROWN, R.J.E. 1975. Permafrost investigations in Quebec and Newfoundland (Labrador). Natl Res Council, Div Bldg Res, Techl Paper #449, 36 p. Ottawa.

BROWN, R.J.E. and PÉWÉ, T.L. 1973. Distribution of permafrost in North America and its relationship to the environment: a review, 1963-1973. In "Permafrost" North American contribution to the 2nd International Conference on Permafrost held in Yakutsk, Siberia, July, 1973, pp. 71-100.

BRYANT, J.P. and SCHEINBERG, E. 1970. Vegetation and frost activity in an alpine fellfield on the summit of Plateau Mountain, Alberta. Can. J. Bot. v. 48, pp. 751-771.

CAMPBELL, E. 1954. Eigenschaften und Erstellung von Trockenmauerwerk. Bündnerwald, nr. 4, 7. Jahrg.

CHOU, Y.W. and TU, J.H. 1963. Preliminary studies of the frozen ground on the Tsinghai-Tibetan Plateau. K's Hsüch T'ung Pao, No. 2, pp. 60-63.

DOUGLAS, R.J.W. 1958. Mount Head map-area, Alberta. Geol. Surv. Can. Mem. 291, 241 p.

ELSASSER, H. 1968. Untersuchungen an Strukturböden im Kanton Graubunden. Diss., Univ. Zurich.

FORD, D.C. and QUINLAN, J.F. 1973. Theme and resource inventory study of the karst regions of Canada. National Parks File #61/7-P1. Contract 72-32. 112 p.

FURRER, G. 1955. Die Strukturbödenformen der Alpen. Geographica Helvetica, v. 10, pp. 193-213.

Furrer, G. and FITZE, P. 1970. Bietrag zum Permafrostproblem in den Alpen. Vierteljahrsschrift der Naturforschenden Gesellschaft in Zurich, v. 115, pp. 353-368.

GORBUNOV, A.P. 1967. "Permafrost in the Tien Shan". Acad. Sci. Khirgiz SSR, Ilim Publishers, 164 p.

HIGUCHI, K. and FUJII, Y. 1971. Permafrost at the summit of Mount Fuji, Japan. Nature, v. 230.p.521.

IVES, J.D. 1974. Permafrost. In: Ives, J.D. & Berry R.G. (ed), Arctic and Alpine Environments, Methuen, London, pp. 159-194.

IVES, J.D. and FAHEY, B.D. 1971. Permafrost occurrence in the Front Range, Colorado Rocky Mountains, USA. J. Glaciology, v.10,pp.105-111.

JÄCKLI, H. 1957. Gegenwartsgeologie des bundnerischen Rheingebietes. Geotechnische Serie, Lieferung 36, Beitrage zur Geologie der Schweiz.

JOHNSON, P.G. 1974. Mass movement of ablation complexes and their relationship to rock glaciers. Geogr. Ann. v. 56A pp. 93-101.

LUCKMAN, B.H. 1975. Neoglacial moraines and rock glaciers at the Ramparts, Jasper National Park, Alberta. In: "CAG '75", Dept of Geography, Simon Fraser Univ., Burnaby, B.C. pp. 70-73.

LUGOVOY, P.N. 1970. "Characteristics of geocryological conditions in mountainous regions". Gosstroy SSSR, Moscow, 134 p.

MACKAY, J.R., RAMPTON, V.N. and FYLES, J.G. 1972. Relic Pleistocene permafrost, western Arctic Canada. Science, v. 176, pp. 1321-1323.

MATHEWS, W.H. 1955. Permafrost and its occurrence in the southern coast mountains of British Columbia. Can. Alpine J. v. 38, pp. 94-98.

NEKRASOV, I.A. and INDOLEVA, N.N. 1972. Temperature field of the permafrost zone on the west slope of the Suntar-Khayota ridge. In "Experimental Investigations in Permafrost". Permafrost Inst. Yakutsk, pp. 108-113.

NORRIS, D.K. 1958. Beehive Mountain, Alberta and British Columbia, 82J/2E½. Geol. Surv. Can. Rept. 58-5 and Map 14-1958, 22 p.

OGILVIE, R.T. and BAPTIE, B. 1967. A permafrost profile in the Rocky Mountains of Alberta. Can. J. Earth Sci., v. 4, pp. 744-745.

OSBORNE, G.D. 1975. Advancing rock glaciers in the Lake Louise area, Banff National Park, Alberta. Can. J. Earth Sci., v. 12, pp. 1060-62.

ØSTREM, G. 1966. The height of the glaciation limit in southern British Columbia and Alberta. Geogr. Ann. v. 48(A), pp. 126-138.

ØSTREM, G. and ARNOLD, K. 1970. Ice-cored moraines in southern British Columbia and Alberta, Canada. Geogr. Ann. v. 52A, pp. 120-128.

RETZER, J.L. 1954. Alpine soils of the Rocky Mountains. J. Soil Sci. v. 7, pp. 22-32.

RICHARD, J-L. 1961. Les forêts acidophiles du Jura. Commission phytogéographique de la Société Helvétique des sciences naturelles, v. 38.

SCOTTER, G.W. 1975. Permafrost profiles in the Continental Divide region of Alberta and British Columbia. Arctic and Alpine Res, v. 7, pp. 93-95.

SMITH, H.T.U. 1973. Photogeologic study of periglacial talus glaciers in north-western Canada. Geogr. Ann. v. 55A, pp. 69-84.

STEIDTMANN, J.R. 1973. Ice and snow in sand dunes in southwestern Wyoming. Science, v. 179, pp. 796-798.

THOMPSON, W.F. 1962. Preliminary notes on the nature and distribution of rock glaciers relative to true glaciers and other effects of the climate on the ground in North America. Int. Assoc. of Scient. Hydrol. No. 58, Comm. of Snow and Ice. pp. 212-219.

VIERECK, L.A. 1965. Relationship of white spruce to lenses of perennially frozen ground. Mount McKinley National Park, Alaska. Arctic v. 18, pp. 262-267.

WAHRHAFTIG, C. and COX, A. 1959. Rock glaciers in the Alaska Range. Bull. Geol. Soc. Amer. v. 70, pp. 383-436.

WOODCOCK, A.H. 1974. Permafrost and climatology of an Hawaii volcano crater. Arctic and Alpine Research, v. 6, pp. 49-62.

WOODS, B. (in press). High altitude patterned ground - Plateau Mountain, Alberta. M.A. Thesis submitted to Dept of Geography, University of Calgary.

Fig. 1. Location of Plateau Mountain in the Rocky Mountains.

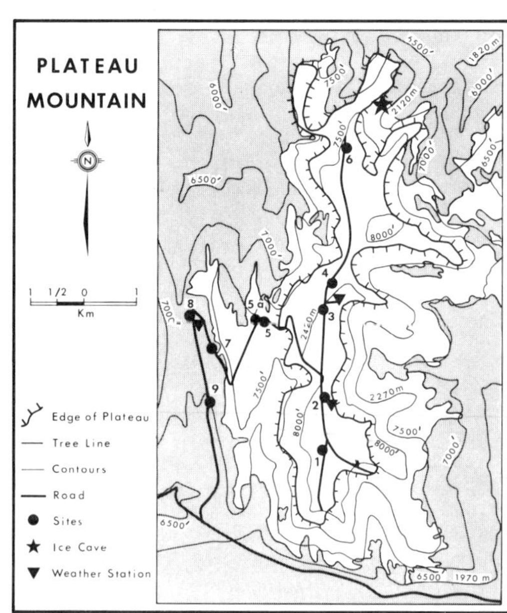

Fig. 2. Location of the ground temperature cables on Plateau Mountain.

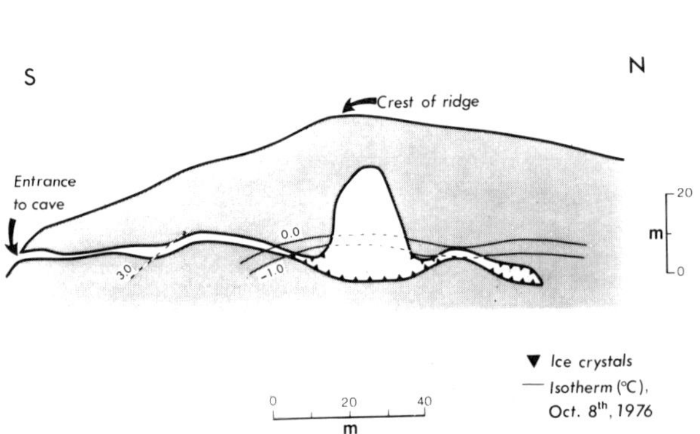

Fig. 3. Ground temperatures in the cross-section of Plateau Mountain Ice Cave, 8 Oct 1976.

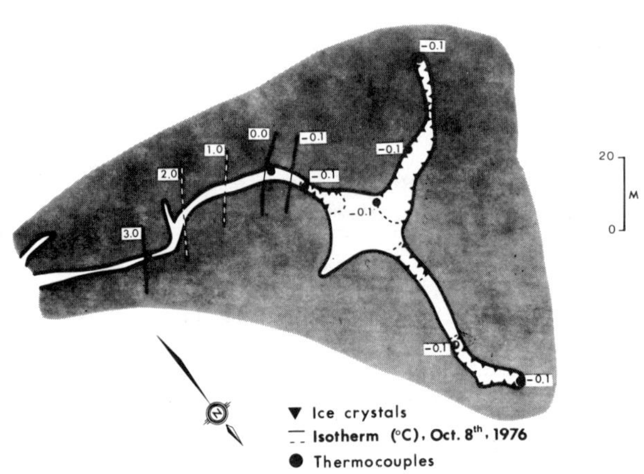

Fig. 4. Ground temperatures on the floor of Plateau Mountain Ice Cave, 8 Oct 1976.

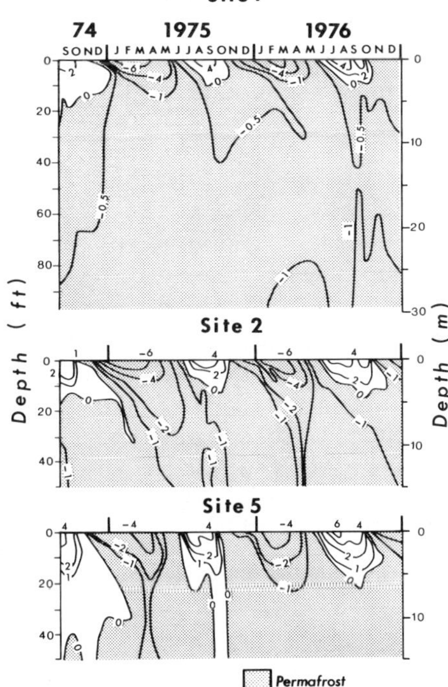

Fig. 5. Geotherms (°C) for Sites 1, 2 and 5 from 1974 to 1976.

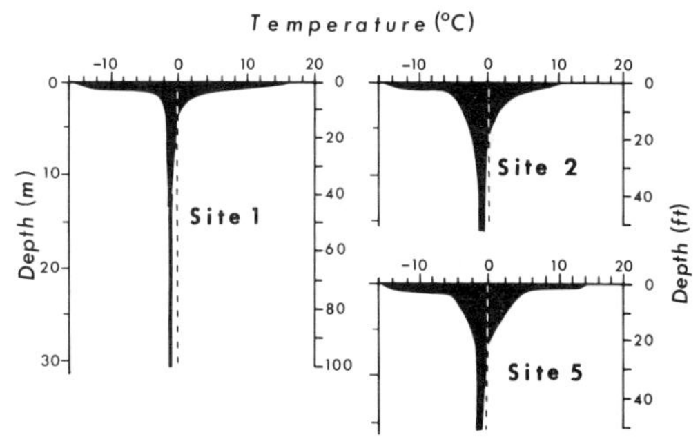

Fig. 6. Envelopes of annual temperature fluctuations at Sites 1, 2 and 5, two years after drilling.

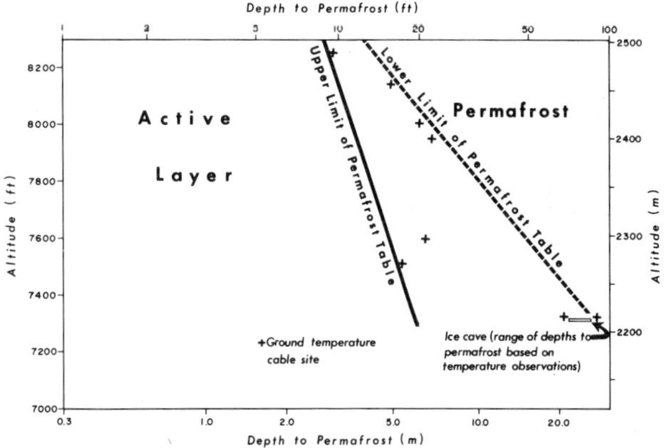

Fig. 7. Variation in thickness of the active layer with elevation, Plateau Mountain

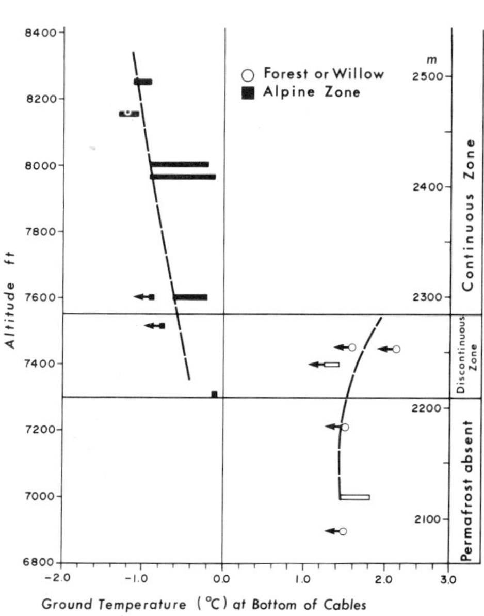

Fig. 8. Variation in ground temperature at the upper limit of the zone of minimum amplitude as a function of altitude. Arrows indicate probable direction of temperature change at new boreholes (less than 1½ years old). Length of bar corresponds to the annual variation. Dashed lines indicate general trends of data.

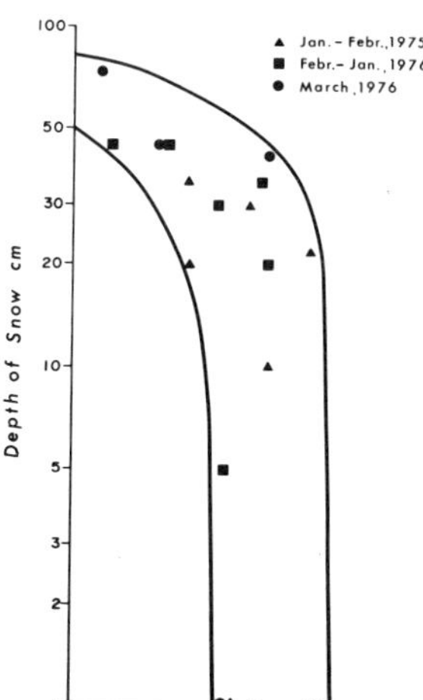

Fig. 9. Winter soil temperatures at depth of 150 cm, as related to depth of snow, Plateau Mountain.

CLIMATIC AND DENDROCLIMATIC INDICES IN THE DISCONTINUOUS PERMAFROST ZONE OF THE CENTRAL ALASKAN UPLANDS

R.K. Haugen and J. Brown, U.S. Army Cold Regions Research and Engineering Laboratory, Hanover, New Hampshire, U.S.A.

Most climatic records from central Alaska represent lowland sites. Consequently, continuous climatic observations were initiated in 1970 at four sites (750-1150 m elevation) 160 km north of Fairbanks near Eagle Summit, at one site (760 m) to km east of Livengood, and at one site (1040m) on the northern flank of Mt. Fairplay. Mean annual temperatures at these upland sites range from -8.1° to -6.4°C, as compared to -3.5°C at Fairbanks for the same period of record. The site data characterize air temperatures and permafrost conditions for several different alpine tundra and forested settings. Based upon correlations of radial growth of timberline white spruce and June-July temperatures, dendroclimatic patterns of warm and cool growing seasons are documented over the past 300 years for the Yukon-Tanana Uplands. Similar timberline tree growth patterns are found south to the Alaska Range and at the white spruce timberline in the southern foothills of the Brooks Range, suggesting a relative uniformity of summer temperature patterns throughout central Alaska.

INDICES CLIMATIQUES ET DENDROCLIMATIQUES DE LA ZONE DE PERGÉLISOL DISCONTINU DU CENTRE DE L'ALASKA

R.K. Haugen and J. Brown, U.S. Army Cold Regions Research and Engineering Laboratory, Hanover, New Hampshire, U.S.A.

Dans la partie centrale de l'Alaska, la plupart des relevés climatiques ont été effectués dans des basses-terres. C'est pourquoi l'on a entrepris des observations climatiques continues en 1970 sur quatre stations (de 750 à 1,150 m d'altitude), situées à 160 km au nord de Fairbanks près de Eagle Summit, sur une station (de 760 m d'altitude) située à 40 km à l'est de Livengood, et sur une autre (de 1,040 m) située sur le versant nord du mont Fairplay. À ces altitudes, la température annuelle moyenne se situait entre -8.1° et -6.4°C par rapport à -3.5°C à Fairbanks, pendant la même période de relevés. Les relevés portaient sur la température atmosphérique et l'état du pergélisol dans divers milieux de toundra alpine et milieux boisés. Basée sur les corrélations qui existent entre les faisceaux annuels de croissance d'épinettes blanches situées à la limite supérieure des arbres, et les températures de juin et juillet, la dendroclimatologie a permis d'identifier les périodes fraîches et chaudes de croissance qui ont caractérisé les 300 dernières années dans les hautes-terres du Yukon et de Tanana. On a observé des tendances similaires pour les anneaux de croissance des arbres de la limite de végétation arborée, au sud de la chaîne de l'Alaska et de la limite de l'épinette blanche dans le piémont méridional de la chaîne Brooks, ce qui indique une uniformité relative des températures estivales dans tout le centre de l'Alaska.

КЛИМАТИЧЕСКИЕ И ДЕНДРОКЛИМАТИЧЕСКИЕ ПОКАЗАТЕЛИ В ЗОНЕ НЕСПЛОШНОГО РАСПРОСТРАНЕНИЯ МНОГОЛЕТНЕЙ МЕРЗЛОТЫ В ЦЕНТРАЛЬНОЙ АЛЯСКЕ

Бо́льшая часть климатических данных, собранных по центральной Аляске, описывает низменные участки. В этой связи, в 1970 г. были начаты регулярные наблюдения климатических условий на четырех участках /на высоте 750-1150 м/ в 160 км к северу от Фэрбенкса недалеко от Игл-Саммит, на одном участке /760 м/ в 40 км к югу от Ливенгуда и на одном участке /1040 м/ на северном склоне горы Фэрплей. Средние годовые температуры на этих участках варьируют от -8,1°С до 6,4°С по сравнению с -3,5°С в районе Фэрбенкса за тот же период испытаний. Данные, полученные на этих участках, дают представление о температурах воздуха и мерзлотных условиях в различных зонах высокогорной тундры и лесных районов. Сопоставление данных о радиальном росте канадской ели на границе леса и температур за июнь и июль месяцы позволило описать дендроклиматические особенности теплого и холодного сезонов роста растительности на плоскогорьях Юкона и Тананы за последние 300 лет. Было найдено, что особенности роста деревьев на границе леса сходны для районов к югу от Аляскинского хребта и на границе произрастания канадской ели в южных предгорьях хребта Брукса, что указывает на относительную однородность летних температурных условий по всей центральной Аляске.

CLIMATIC AND DENDROCLIMATIC INDICES IN THE DISCONTINUOUS PERMAFROST ZONE OF THE CENTRAL ALASKAN UPLANDS

R.K. Haugen and J. Brown

U.S. Army Cold Regions Research and Engineering Laboratory, Hanover, New Hampshire, USA

INTRODUCTION

Permafrost conditions in the uplands of central Alaska and the climatic variables associated with them are poorly understood. Most information on the discontinuous permafrost zone has been developed in populated lowland areas. The construction of the Trans-Alaska Pipeline has begun to provide regional and site-specific information on the distribution of permafrost in diverse environmental settings (Kreig and Reger 1976). For instance, 52% of the 128 km of pipeline on the uplands between the Tanana and Yukon Rivers is elevated as a result of ice-rich, near-surface permafrost conditions. At elevations below 1000 m the region is generally underlain by moderately thick to thin permafrost in areas of fine-grained deposits and by discontinuous or isolated masses of permafrost in areas of thick, coarse-grained deposits (Ferrians 1965). In the mountainous areas above 1000 m, permafrost thickness, distribution and temperature are even more variable than in the lowlands and uplands.

Of the many variables responsible for the distribution of permafrost, air temperature remains the most important. The spatial and temporal distribution of temperature is complex and often difficult to estimate for remote areas. To advance our understanding of these important variables, bioclimatological studies were initiated in remote upland sites in the 1960's. The principal objective of these studies was to extrapolate lowland climatic records to the upland sites for which no records existed. Furthermore, through the analysis of temperature-sensitive, timberline tree growth, it was possible to construct a dendroclimatic record of temperature variations. Our approach involved 1) analysis of existing upper air data and lowland temperatures, 2) measurement and analysis of air and ground temperatures at alpine sites and in close proximity to timberline to provide verification for our temperature predictions, and 3) analysis of tree-ring cores from the white spruce timberlines.

STUDY REGION

The Eagle Summit area, 174 km north of Fairbanks on the Steese Highway, was selected as our major site (Fig. 1). Additional sites to the east (Mt. Fairplay) and west (Elliott Highway) and more recently sites along the Yukon River-Prudhoe Bay Haul Road were also utilized to extend our base of observations within the interior of Alaska. The Eagle Summit study region consists of two major monitoring areas: the Summit (mile 106 on the Steese Highway) and Eagle Creek (mile 101). Eagle Summit is characterized by dry alpine to wet sedge meadows. Seasonal thaw depth ranges from 1 m on dry sites to 30-50 cm in wet meadows. Seven vegetation types are present proceeding downslope at Eagle Creek: 1) alpine tundra, 2) alder shrub, 3) frost scar meadow, 4) spruce shrub, 5) shrub-tussock tundra transition, 6) tussock tundra, and 7) valley bottom spruce forest. Depth to permafrost ranges from more than 1 m on the upper slopes to 40-60 cm on the fine-grained, wet, tussock-covered lower slopes. The tussock vegetation occurs below the treeline and overlies weakly developed ice wedge polygons. The Elliott site occupies a flat upland area above the local timberline and is tussock-covered (Brown et al. 1969). The Mt. Fairplay site is on a flat, west-facing flank of the mountain, is tussock-covered and is at about the same elevation as the local timberline on south-exposed slopes.

FIG. 1. View from the Steese Highway of the Eagle Summit area, showing the upper limit of white spruce forest and the conspicuous solifluction lobes on the north-facing slope in the background.

RESULTS

Upper Air

Figure 2 shows the January, April, July and October upper air temperature lapse rates for Fairbanks based on 11 years of National Weather Service monthly summaries. The solid line is the mean derived by averaging the monthly temperature for each millibar level after correcting to sea level elevations. The dashed lines represent one standard deviation of the mean. The April, July and October curves show a uniform elevational gradient of 1°C/100 m above 500 m above sea level and are similar in shape. On the contrary, the January curve illustrates the predominance of the winter temperature inversion below 1500 m as previously demonstrated by Bilello (1974). Winter temperatures in the free air between 500 and 1500 m above sea level are warmer than in the zone below 500 m. These elevations coincide with the major portion of upland terrain in central Alaska. Therefore it is extremely important to consider the warming effect of the winter inversion when estimating air and ground temperatures in this upland area.

Based on the upper air data available from Nome, McGrath, Fairbanks and Whitehorse, and the ground level station data, there is relatively little variation in mean annual temperature up to 1500 m above sea level. Within this elevational range mean annual air temperatures, based both on lapse rates and data from existing stations at various lowland elevations, ranged between -3 and -5.5°C. The predomiance of the winter inversions offsets the temperature decreases with elevation exhibited during spring, summer and fall.

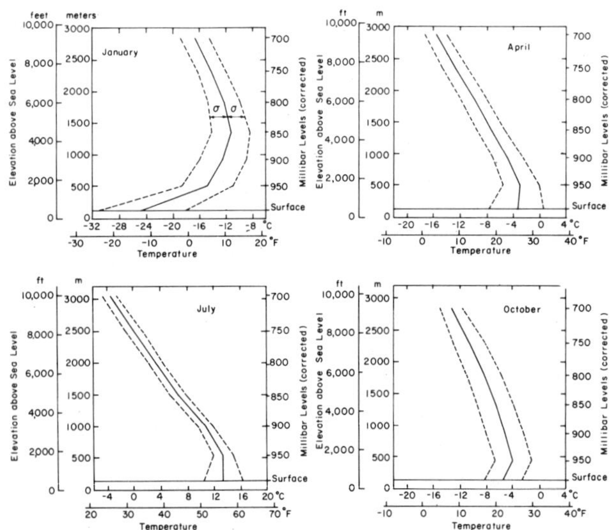

FIG. 2. Air temperature profiles at Fairbanks, Alaska, based on 1958-68 records. (Climatological Data National Summary, ESSA, Ashville, N.C.)

Climatic Stations

A second approach used to estimate temperatures for remote upland areas utilized the standard shelter observational data from stations at various elevations. For the purposes of this paper, analysis was extended to cover all terrain elevations in an east-west transect between 64 and 66°N in central Alaska, and is based on stepwise multiple regression of the independent parameters of latitude, longitude, and elevation vs temperature. Upper air data from Nome, McGrath, Fairbanks and Whitehorse were also incorporated in the regression analysis to provide additional sample points for the higher elevations. A total of 33 station records between the Alaska and Brooks Ranges were incorporated in the analysis. These stations plus the five points for each of the upper air stations provided a total of 53 sample points (n). Separate regression analyses were done for January, July, and mean annual temperatures.

The regression equations and correlations for these analyses are:

$$y_1 = 30.503-1.422X_3-0.000692X_2^2+2(0.0098X_1X_3); \; R=0.95, \; SE=1.3°C \quad (1)$$

$$y_2 = -105.647+0.5339X_2+1.7364X_3-0.005344X_3^2-2(0.00397X_2X_3); \; R = 0.89, \; SE = 2.6°C \quad (2)$$

where: y_1=July monthly mean (°C)
y_2=January monthly mean (°C)
X_1=latitude (decimal fractions)
X_2=longitude (decimal fractions)
X_3=elevation (feet x 10^{-2} based on USGS topographic maps)

The latitude component does not appear in the January equation because it failed to meet the 0.5 probability level. In contrast, the July equation has both latitude and longitude components. Although an equation for a mean annual temperature was derived, it is not adequately sensitive to elevation within the study area because of the effect of winter inversions in the 500-1500 m range.

Temperatures from standard climatic shelters at our remote stations have been summarized in Table 1. The data base varies in duration and continuity over a six-year period, 1970-75. Missing data occur primarily in the winter months when 31-day thermographs sometimes ceased to function in the extreme cold (below -30°C). Therefore our sample is smaller for Decem-

Table 1. Air temperature compilations for remote upland sites and comparison with Fairbanks (1970-1976). Base temperature for degree-day summations: Freezing 0°C, Thawing 0°C, Growing 6°C.

STATION Elevation (m)	Latitude and Longitude														DEGREE-DAY SUMMATIONS (°C)			AMPLITUDE OF MEAN ANNUAL TEMPERATURE
		TEMPERATURE AVERAGES (°C) Years of Record																
		J	F	M	A	M	J	J	A	S	O	N	D	ANNUAL	Freezing	Thawing	Growing	
Eagle Summit 1130	65 29N 145 24W	-30.0	-23.4	-19.5	-9.9	0.4	7.6	9.1	5.7	0.0	-9.6	-15.0	-18.3	-8.5	3777	698	255	19.5
		5	5	5	5	5	5	5	5	5	5	5	4					
Eagle Creek Trees 884	65 26N 145 29W	-24.0	-25.7	-13.6	-7.1	2.8	9.7	11.7	8.8	2.4	-8.1	-14.2	-19.8	-6.4	3407	1083	355	17.9
		1	3	4	5	5	5	5	5	5	5	5	3					
Eagle Creek Tussock 762	65 26N 145 30W	-24.1	-23.6	-16.2	-8.5	3.2	9.5	11.2	8.2	1.4	-9.0	-15.9	-18.7	-6.9	3513	1025	350	17.7
		4	5	6	6	6	6	6	6	6	6	6	5					
Eagle Creek Lodge 690	65 26N 145 30W	-27.9	-25.1	-19.2	-8.5	2.5	8.1	10.4	7.7	0.8	-9.9	-19.5	-21.4	-8.5	3983	902	290	19.2
		4	4	4	4	6	6	6	6	6	5	5	5					
Elliott 730	65 18N 149 08W	-22.8	-23.5	-17.2	-9.3	2.3	10.1	12.3	8.4	2.8	-7.9	-16.5	-18.7	-6.7	3510	1099	394	17.6
		4	3	5	6	6	5	5	6	6	6	6	4					
Mt. Fairplay 1160	65 40N 142 13W	-25.2	-24.7	-16.0	-8.6	2.1	10.1	11.6	8.0	2.5	-8.0	-15.6	-20.9	-7.1	3685	1050	178	18.4
		4	4	4	5	5	4	4	5	5	5	5	4					
Fairbanks 145	64 49N 147 52W	-28.4	-20.7	-13.2	-1.1	10.2	15.9	17.6	13.9	7.2	-4.4	-16.8	-22.3	-3.5	3238	1983	1065	23.0
		6	6	6	6	6	6	6	6	6	6	6	6					
Fairbanks 145	64 49N 147 52W	-24.4	-19.2	-12.5	-1.7	8.5	15.0	15.9	13.0	6.9	-3.8	-16.2	-23.6	-3.5	3177	1815	897	20.2
		30 Year Normal (1941 - 70)																

ber and January. Fairbanks temperatures for the 1970-75 remote-site observational period and for the most recent 30-year normal (1941-70) are included for comparison.

The four sites within the Eagle Summit area demonstrate several significant points which bear directly upon temperature regimes of permafrost in these upland areas. The mean annual temperatures at the Eagle Creek Lodge site (690 m) and Eagle Summit (1130 m) are the same, -8.5°C, but the intermediate sites are slightly warmer. This illustrates the effect of cold air drainage into confined valleys which occurs during the winter as well as the summer. This is further emphasized when examining diurnal temperature values. The Lodge site has the highest daily and monthly maximums and lowest minimums of all the upland sites.

Based upon the four Eagle Summit-Eagle Creek sites the following lapse rates (°C/100 m) were calculated using the Fairbanks 1970-1975 records:

	Eagle Summit	Trees	Eagle Creek Tussock	Lodge
July	-0.89	-0.80	-1.04	-1.32
January	-0.17	0.60	0.70	0.09

The July values generally agree with the commonly accepted 1°C decrease per 100 m increase in elevation for summer temperatures. However, the winter or January rates vary from slightly cooling at the Summit site to significantly warming with increase in elevation within the intermediate sites. This indicates Eagle Summit elevation (1130 m) coincides roughly with the top of the temperature inversion obtained from Fairbanks data (Fig. 2). From this we conclude that most of the upland terrain in central Alaska is subjected to a warming temperature gradient with elevation during the winter months. The rate of warming is considerably less than that shown by Bilello (1974) for stations below 500 m.

The Elliott site, comprising the same vegetation at comparable elevation with the Eagle Creek Tussock site, exhibits an almost identical air temperature regime although they are 150 km apart. The Mt. Fairplay site is comparable both in elevation and vegetation but is slightly warmer than the Eagle site.

In addition to air temperature, ground surface temperatures just beneath the plant cover were obtained at the Elliott and Eagle Creek Tree and Tussock sites from 1969 to 71 and 1975 to present. These data provide a total of 34 paired monthly averages for air and ground level. A linear regression equation significant at the 0.05 probability level was obtained from these data:

$$y = 1.22 + 0.597X \qquad (3)$$

where y = mean annual ground surface temperature

X = mean annual air temperature (r = 0.87, standard error of estimate (SE) = 1.4°C).

This equation, based on spatially distant sites and elevations over several years of record within the alpine tundra, provides a means for estimating ground surface temperatures for these upland tundra conditions. According to this equation, mean annual ground surface temperatures at our remote sites range from -3.9°C (Eagle Summit) to -2.6°C (Tussock site).

ALPINE TIMBERLINE POSITION AND DENDROCLIMATOLOGICAL INDICES

Recognizing that the six-year period of record for our remote site observations is a very short time compared to the cli-

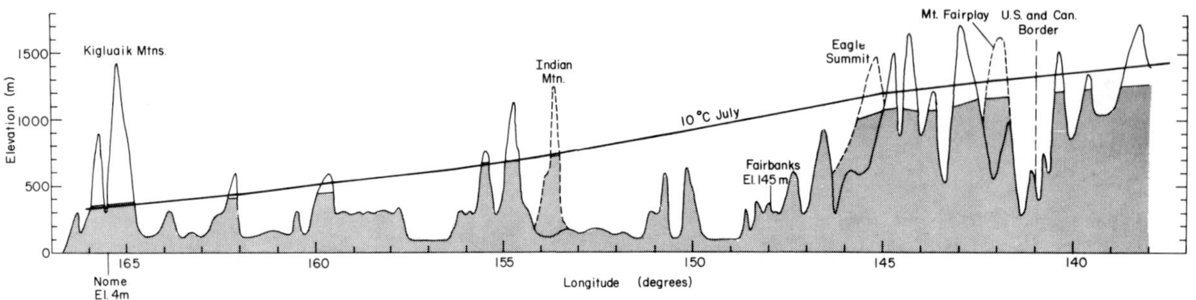

FIG. 3. E-W transect from western Yukon Territory to Seward Peninsula, indicating calculated position of 10°C July isotherm (eq 1) and observed timberline elevations.

matic fluctuations responsible for the present permafrost regime, timberline position, dendroclimatological indices, and recorded temperature data have been analyzed to provide a historical perspective.

Alpine timberlines, such as are analyzed in the present study, may offer several advantages over the latitudinal timberline as long-term climatic indicators. The temperature gradient at the alpine timberline is much steeper than the latitudinal one over the same ground distance. Isothermal movements can be measured in meters rather than kilometers. The stability of the timberline is a key factor in the analysis of temperature relationships. Timberlines throughout central Alaska were examined for dendroclimatic analysis (Haugen 1967). The oldest specimens dated by dendrochronological methods as described by Schulman (1956) are within the present zone of temperature stress. This zone begins about 100 m vertical elevation below the edge of the continuous forest. The oldest timberline tree was found near the Canadian border and dated back to 1440 with an estimated 200 years more undatable due to center rot. Several large standing dead trees at Eagle and Twelve Mile Summit 40 km to the south dated back to around 1600. Based on this type of evidence, timberline position and, by inference, growing season temperatures probably have not changed appreciably in central Alaska for the past 700 years. Recent warming, however, is indicated by many young trees, less than 40 years old, at many interior Alaska locations both below and above the timberline. These observations contrast with those of Nichols (1976) in northern Canada where seedlings were found only below the timberline, and with those of Denton and Karlén (1977) in southern Alaska where fossil wood was found upwards of 76 m above the present timberline.

The relationship between the white spruce timberline and the 10°C July isotherm is illustrated in Figure 3. This isotherm is the traditional boundary between the Arctic and Subarctic in the Koeppen and other climatic classifications and is meant to coincide roughly with the northern limit of tree growth (Griggs 1937).

It can be seen in Figure 3 that the isotherm and timberline coincide near the coast, but diverge toward the interior. A better fit is obtained by the so-called Nordenskjöld line, which is defined by the equation V = 9°C - 0.1 k where k = the cold month temperature (Nordenskjöld and Mecking 1928). This is an empirical formula and there is no physical reason to assume that there is any direct relationship between winter temperatures and the timberline position. Applying the Nordenskjöld formula to our upland temperature data indicates a close agreement between timberline elevation and temperature for Mt. Fairplay, Eagle Summit, and Indian Mountain (two years' data provided to us by Péwé and Reger; personal comm.) In central Alaska, the divergence of the timberline from the 10° July isotherm appears to reflect the increasing continentality of climate and can thus be considered a naturally occurring indicator of the annual temperature amplitude.

For dendroclimatic study, material was collected from approximately 20 timberline sites within central Alaska, both north and south of the Yukon River. Based on the original sampling of over 1000 specimens, a regional tree growth index for the timberline was developed (Haugen 1967). The index is based on 32 trees. The cores, obtained from trees using a Swedish increment borer, were mounted and individual rings measured to the nearest 0.01 millimeter. Individual specimens were crossdated and the measurements corrected for age-trend as described by Schulman (1965), yielding a curve representing the mean growth for the specimen. Growth ring-width measurements from individual cores were converted to percent departures from the mean growth for the individual tree. For each local timberline site a minimum of eight of the most sensitive tree cores were selected as representative of the site. These individual site chronologies were combined to provide a regional index (Fig. 4). The vertical scale represents the percent departure from the mean growth (100%) of all trees. Values above 100% indicate intervals of warmth and depressions represent cool periods.

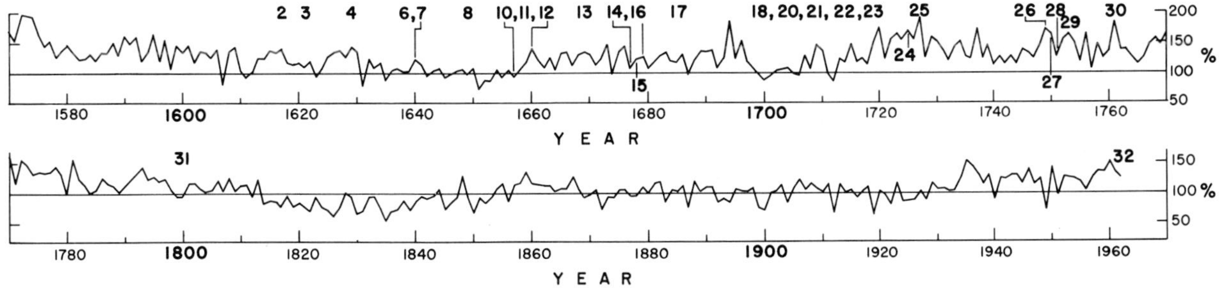

FIG. 4. Yukon-Tanana Upland regional dendroclimatic index, 1570-1962, compiled from temperature-sensitive timberline trees. Collection sites included the vicinities of Eagle Summit, Twelve Mile Summit, Salcha River headwaters, and the Taylor Highway north of Mt. Fairplay. Numbers above the growth curve indicate the number of trees composing the indes at a given date.

The Yukon-Tanana Upland regional index displays several distinct intervals of depressed growth, notably the mid-1600's and the early 1800's. The most recent period, since about 1935, suggests the warmest growing season temperatures since the late 1700's. Glacial advances in the northern Alaska Range dated by Reger and Péwé (1969) as occurring in 1580, 1650, 1830 and 1875 agree closely with the cool intervals indicated by our index. Similarly, Blasing and Fritts (1975), utilizing many of our interior Alaska chronologies in a state-wide study of climate similarly noted the cool interval of the early 1800's and the considerably increased warmth in the period 1925-32.

Using climatic data, Hamilton (1965) showed distinct warming periods, especially during 1925-45, based on 8-year running means of University Experiment Station data (near Fairbanks). Our analysis uses five-year means of July, January and mean annual temperatures expressed as departures from the 1941-70 normal. These data (Fig. 5) clearly show the warm period described by Hamilton and also a less pronounced peaking of January temperatures during 1956-65. As can be seen in Figure 5, the period of our remote site records (1970-75) generally had colder January temperatures, warmer July temperatures, but nearly normal mean annual temperatures. This analysis again illustrates the dominating influence of January temperatures on the patterns of mean annual temperature.

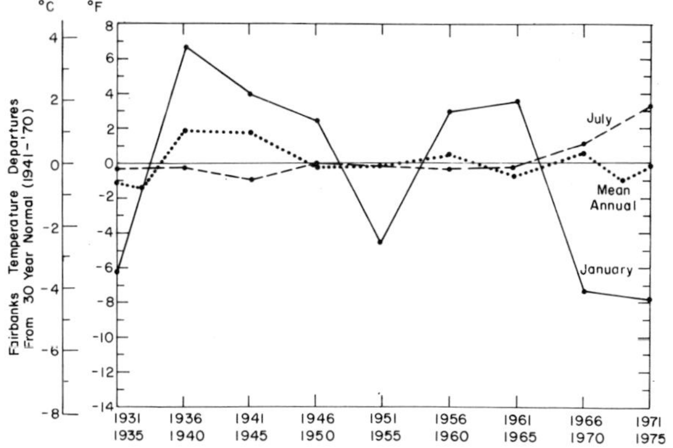

FIG. 5. Departures of 5-year averages of January, July and mean annual temperatures at Fairbanks.

DISCUSSION AND CONCLUSIONS

The data and analysis presented thus far enable us to draw certain conclusions on regional distribution of air and ground temperatures and distribution of forest-tundra ecotone in central Alaska and further to speculate on their relationship to changes in permafrost temperature regimes. Proceeding across central Alaska there is a gradual shift from maritime climate in the west to more continental climate in the mountainous east (Brown and Péwé 1973). Lowland climates show a decrease in precipitation and an increase in summer temperatures, with no major change in mean annual air temperatures proceeding from west to east. Our data and analyses provide estimates of seasonal and annual temperature distribution for upland topography which dominates the eastern half of central Alaska. In western sections the timberline and the 10°C July mean coincide. However in the eastern section these diverge (Fig. 3), possibly because of the wide range in diurnal temperature fluctuations of the more continental setting. The Nordenskjold line corrects for the divergence and provides a more realistic estimate of the warm month temperature at the timberline as well as an indication of the amplitude of mean annual temperature. These amplitudes in the uplands are smaller than in the lowlands. It is therefore possible to speculate that under similar snow conditions permafrost temperatures may be warmer at these higher elevations.

The dendroclimatic index for the Tanana-Yukon Upland enables us to speculate on the magnitude of growing season temperature changes over the past several centuries. The warming trend since 1930, and the below-normal temperature in the first half of the

19th century, are clearly indicated from the dendroclimatic index. The pre-1800 index shows a predominance of warmer growing seasons. The current age composition of the timberline suggests growing season climatic stability for at least the past 300 years and possibly the past 700 years, particularly in the vicinity of the U.S.-Canadian border.

However, it is important to emphasize that below the timberline the forest is not continuous and that local climates and permafrost conditions vary considerably. Such a situation is demonstrated by the Eagle Creek slope where tussock tundra exists below the white spruce. These local reversals of vegetation zonation are likely controlled by edaphic conditions, whereby the wetter lower slopes produce shallow active layers upon which the forest vegetation cannot persist. In turn, these tundra-covered lower slopes undoubtedly yield colder permafrost temperatures.

ACKNOWLEDGMENTS

These investigations have been supported by Corps of Engineers funding to CRREL. The U.S. Army Electronics Command meteorological teams at Ft. Wainwright and Ft. Greely provided valuable support in acquiring much of the ground-level data from the remote sites. The authors wish to thank Warren Rickard, Matthew Lynch, Richard Larsen and Martha Green for participation in the earlier phases of this investigation.

REFERENCES

BILELLO, M.A. 1966. Survey of arctic and subarctic temperature inversions. USA CRREL Technical Report 161, 35 p.

BILELLO, M.A. 1974. Air masses, fronts and winter precipitation in central Alaska. USA CRREL Research Report 319, 50 p.

BLASING, T.J. and Fritts, H.C. 1975. Past climate in Alaska and northwestern Canada as reconstructed from tree rings. In Climate of the Arctic (G. Weller and S.A. Bowling, Ed.). Geophysical Institute, University of Alaska, Fairbanks, Alaska, pp. 48-58.

BROWN, J., W. Rickard and D. Vietor. 1969. The effect of disturbance on permafrost terrain. USA CRREL Special Report 138, 15 p.

BROWN, R.J.E. and T.L. Péwé. 1973. Distribution of permafrost in North America and its relationship to the environment: A review, 1969-1973. Permafrost: The North American Contribution to the Second International Conference, Yakutsk. National Academy of Sciences, Washington, D.C., pp. 71-100.

DENTON, G.H. and W. Karlén. 1977. Holocene glacial and treeline variations in the White River Valley and Skolai Pass, Alaska and Yukon territory. Quaternary Research 7(1), pp. 63-111.

FERRIANS, O.J. 1965. Permafrost map of Alaska. U.S. Geological Survey Misc. Geol. Inv. Map I-445.

GIDDINGS, J.L., Jr. 1941. Dendrochronology in northern Alaska. University of Arizona Bulletin XII, No. 4, University of Arizona and University of Alaska, 107 p.

GRIGGS, R.F. 1937. Timberline as indicators of climatic trends. Science 85, pp. 251-255.

HAMILTON, T.D. 1965. Alaskan temperature fluctuations and trends: Analysis of recorded data. Arctic 18 (9), pp. 105-117.

HAUGEN, R.K., M.J. Lynch and T.C. Roberts. 1971. Summer temperatures in interior Alaska. USA CRREL Research Report 244, 38 p.

HAUGEN, R.K. 1967. Tree ring indices: A circumpolar comparison. Science 158 (3802), pp. 773-775.

KREIG, R.A. and Reger, R.D. 1976. Preconstruction terrain evaluation for the Trans-Alaska pipeline project. In Geomorphology and Engineering (D.R. Coates, Ed.). Dowden, Hutchinson and Ross, Inc., Stroudsburg, Penn., pp. 55-76.

NICHOLS, H. 1976. Historical aspects of the northern Canadian treeline. Arctic 29 (1), pp. 38-47.

NORDENSKJÖLD, O. and L. Mecking. 1928. The geography of the polar regions. American Geographical Society, New York, 73 p.

REGER, R.D. and T.L. Péwé. 1969. Lichenometric dating in the central Alaska range. In The Periglacial Environent (T.L. Péwé, Ed.). McGill-Queens University Press, Montreal, pp. 223-247.

SCHULMAN, E. 1956. Dendroclimatic changes in semi-arid America. Univ. of Arizona Press, Tucson, 142 p.

REGIONAL OCCURRENCE OF PERMAFROST, MACKENZIE VALLEY, CANADA

J.A. Heginbottom, P.J. Kurfurst and J.S.O. Lau, Geological Survey of Canada, Ottawa, Canada

Data from some 11,600 boreholes, drilled for geotechnical purposes in the Mackenzie Valley, northwestern Canada, have been compiled into a computer data bank. A statistical analysis has been performed on these data in order to examine the regional distribution of frozen ground and ground ice in relation to both genetic soil classes and engineering soil groups. Frozen ground occurs at shallower depths, contains more visible excess ice, and its extent increases from south to north, down the river valley. The main controlling factors appear to be latitude and soil texture. Finer textured soils generally contain more moisture and more ice than coarser soils. Poorly drained sites with a thick cover of peat contain more ground ice than adjacent drier sites.

PRÉSENCE À L'ÉCHELLE RÉGIONALE DU PERGÉLISOL, VALLÉE DU MACKENZIE, CANADA.

J.A. Heginbottom, P.J. Kurfurst et J.S.O. Lau, Commission géologique du Canada, Ottawa, Canada.

Les données qu'on fournies 11 600 trous de forage environ, effectués dans un but géotechnique, dans la vallée du Mackenzie, dans le nord-ouest du Canada, ont servi à alimenter une banque de données automatisées. On a fait l'analyse statistique de ces données, afin d'étudier la répartition régionale du gélisol et de la glace souterraine, par rapport aux classes de sols considérées du point de vue génétique, et aux groupes de sols du point de vue de leurs propriétés techniques. Le gélisol apparaît à des profondeurs moins grandes, la glace qu'il contient en excès est plus visible, et son étendue augmente du sud au nord, d'amont en aval, dans la vallée du fleuve. Les principaux facteurs déterminants semblent être la latitude et la texture des sols. Les sols de texture plus fine contiennent généralement plus d'eau et plus de glace que les sols plus grossiers. Les sites faiblement drainés, recouverts d'une épaisse couche de tourbe, contiennent plus de glace souterraine que des sites adjacents plus secs.

РЕГИОНАЛЬНОЕ РАСПРЕДЕЛЕНИЕ МНОГОЛЕТНЕМЕРЗЛЫХ ГРУНТОВ В ДОЛИНЕ РЕКИ МАКЕНЗИ /КАНАДА/

С помощью ЭВМ были обработаны данные для 11600 скважин, пробуренных для геотехнических исследований в долине реки Макензи на северо-западе Канады. Статистический анализ этих данных позволил определить региональное распределение мерзлых грунтов и грунтового льда с учетом генетической и технической классификации грунтов. Мерзлые грунты отмечаются на меньшей глубине и содержат более заметное количество избыточного льда. Зона этих грунтов расширяется по мере продвижения с юга на север вдоль речной долины. Основными регулирующими факторами, по-видимому, являются географическая широта и структура грунтов. Мелкозернистые грунты обычно содержат больше влаги и льда, чем крупнозернистые грунты. Слабо дренирующиеся участки с мощным торфяным покровом содержат большее количество грунтового льда, чем примыкающие более сухие участки.

REGIONAL OCCURRENCE OF PERMAFROST, MACKENZIE VALLEY, CANADA

J. A. Heginbottom, P. J. Kurfurst and J. S. O. Lau

Terrain Sciences Division, Geological Survey of Canada
Ottawa, Ontario K1A 0E8

INTRODUCTION

An understanding of permafrost is of vital importance in almost all phases of programs for development in Arctic and Subarctic regions. Adequate knowledge concerning the presence or absence of ground ice and frozen ground and their extent is essential during the planning stages of all construction activities in the North in order that they can be carried to completion successfully.

This investigation is part of a wide-ranging study into the occurrence and distribution of ground ice and frozen ground in the Mackenzie Delta area and the Mackenzie Valley north of Fort Simpson. Special emphasis has been placed on near-surface soils. In order to assess this information all the geotechnical data available were assembled in the Mackenzie Valley Geotechnical Data Bank (Lawrence 1974a, Lau and Lawrence 1976a). Since the late 1960's approximately 11,600 boreholes have been drilled for geotechnical purposes in the Mackenzie Valley, the Mackenzie Delta and the Beaufort Sea. Borehole logs and laboratory test records with varying degrees of detail are available for these holes. The holes were drilled principally for the following purposes:

1. Investigations of alignment and construction for the Mackenzie and Dempster Highways, carried out by the Department of Public Works and its consultants.
2. Investigations of alignment for several proposed gas and oil pipeline routes, carried out by gas and oil consortia.
3. Investigations carried out by the Department of Indian and Northern Affairs as part of an inventory of granular construction materials in the Mackenzie Valley.

THE MACKENZIE VALLEY GEOTECHNICAL DATA BANK

The data bank consists of 11,677 records of borehole information. These records were processed using COBOL programming on a Control Data Cyber 74 computer and are stored on a magnetic tape created at the Departmental Computer Science Centre, Dept. of Energy, Mines and Resources, Ottawa (Lawrence 1974b).

Each record in the data bank consists of the following (Proudfoot and Lawrence 1976):

1. a header line which includes 27 variables specifying the location, topography, and technical aspects of each drill site;
2. a maximum of 18 lines used to describe soil stratigraphy where up to 29 geotechnical and permafrost characteristics can be recorded, and
3. an uncoded comment line where explanatory data can be recorded.

The completeness and accuracy of the data bank information depends to a large degree on the quality of the original records.

A retrieving system using COBOL and FORTRAN programming (Lau and Lawrence 1976a) can be utilized to retrieve information on permafrost and geotechnical properties from the data bank with respect to various parameters such as the topographic position, soil texture, genetic soil type, and season of drilling. Soil moisture and depth relationships (Lawrence 1975, Lau and Lawrence 1976a) and winter ground ice distribution (Lau and Lawrence 1976b) for selected map-areas in the Mackenzie Valley have been studied in detail utilizing the Mackenzie Valley Geotechnical Data Bank.

DATA USED IN THIS STUDY

The objective of this study was to examine the regional distribution of ground ice and frozen ground in the Mackenzie Valley. Unfortunately, the data points stored in the data bank are not distributed evenly across the breadth of the valley, but are largely concentrated in a few lines running the length of the valley. These lines follow the alignments of the various proposed highway and pipeline routes that have been investigated in the area. Thus, use of the data bank does not give a true regional picture, but represents instead a latitudinal profile from southeast to northwest, parallel to the Mackenzie River. The lines of the most concentrated data points are shown in Fig. 1.

In order to examine the variations in ground ice and frozen ground along the profile, the complete data set was "sliced" into subsets. For convenience, the National Topographic System (NTS) map-areas were used as a guide for the slicing operation, resulting in a total of 28 subsets between map-areas 95 H and 107 C (Fig. 1). Fourteen of these subsets contained data from less than 100 boreholes each and were discarded from further analysis.

In addition, data for 121 boreholes from the floor of the Beaufort Sea were also included in

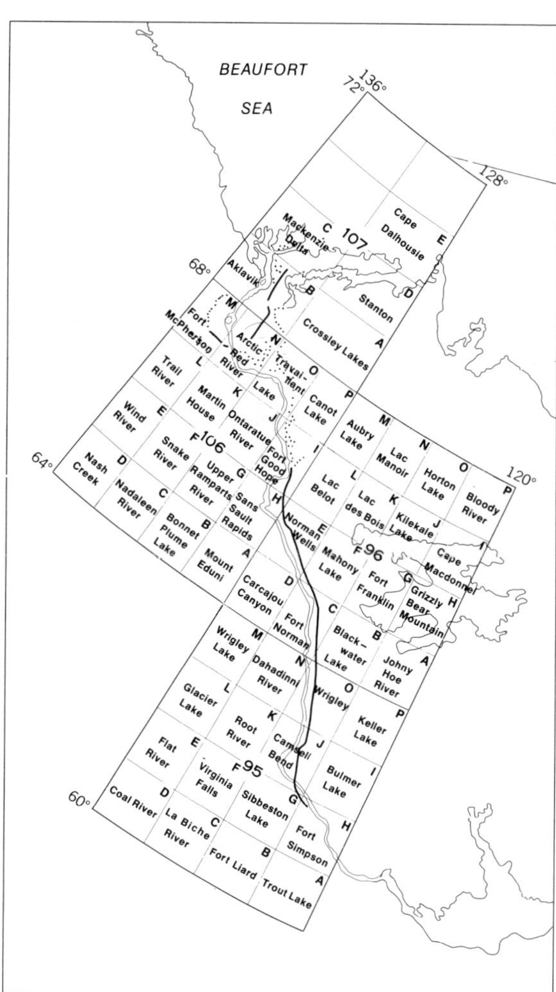

Fig. 1. Locations of the most concentrated data bank points on the NTS map-areas.

the data bank. These were combined into a separate subset within map-area 107 C.

In order to consider ground ice and frozen ground as geological materials, the data within each subset were further broken down by the genesis of the soil material and by the engineering classification of the soils. Fifteen Unified Soil Classification System soil types were encountered in the study area. These were grouped into five major engineering soil groups according to grain size, amount of fines, and liquid limit. Since the soil group containing soil types MH, CH and OH was encountered in only six map-areas, this group was not used in the statistical analysis. The genetic and engineering classes considered are listed in Table I. Five classes of soil permafrost and ground ice conditions were identified initially. These were grouped into three major classes for the main analysis and are shown in Table II.

The statistical approach taken was to consider 1) the proportion of frozen soils with visible ice, 2) frozen soils with no visible ice, and 3) unfrozen soils within each map-area, first for each genetic soil class and then for each engineering soil group. Percentages of frozen soils of all types and frozen soils with visible ice only were plotted (frozen soils of all types include frozen soils with visible ice); the detailed results are shown graphically in Fig. 2.

Table I
Engineering and Genetic Soil Classification

Engineering Soil Group	USCS Group	Symbol
Clean coarse-grained soils	GW, GP, SW, SP	I
Coarse-grained soils with fines	GM, GC, SM, SC	II
Fine-grained soils (liquid limit <50)	ML, CL, CI, OL	III
Peat	Pt	IV

Genetic Soil Class	Symbol
Alluvial soils	A
Glaciofluvial soils	G
Lacustrine soils	L
Morainal soils	M
Organic soils	O

Note: Other classes or groups were inadequately represented for statistical analysis.
Sources: Engineering soil groups - the modified Unified Soil Classification System
Genetic soil classes - Rutter *et al.* 1973; Hughes *et al.* 1973; Rampton 1973.

Table II
Frozen Ground and Ground Ice Classification

Original Class	Definition	Grouped Class
Ice	Ice discernible by eye, more than one inch thick	Frozen-visible ice
Frozen-visible ice	Ice discernible by eye, less than one inch thick	
Frozen-no visible ice	Ice not discernible by eye, no excess ice	Frozen-no visible ice
Frozen-type unknown		
Unfrozen		Unfrozen

Source: Pihlainen and Johnston 1963

DISCUSSION OF RESULTS

As one moves from south to north in the Mackenzie Valley, there is a general increase in amount of frozen ground and ground ice. In some parts of the Upper Mackenzie Valley unfrozen ground predominates, whereas in the delta region frozen ground, often with a considerable amount of segregated ice, is ubiquitous.

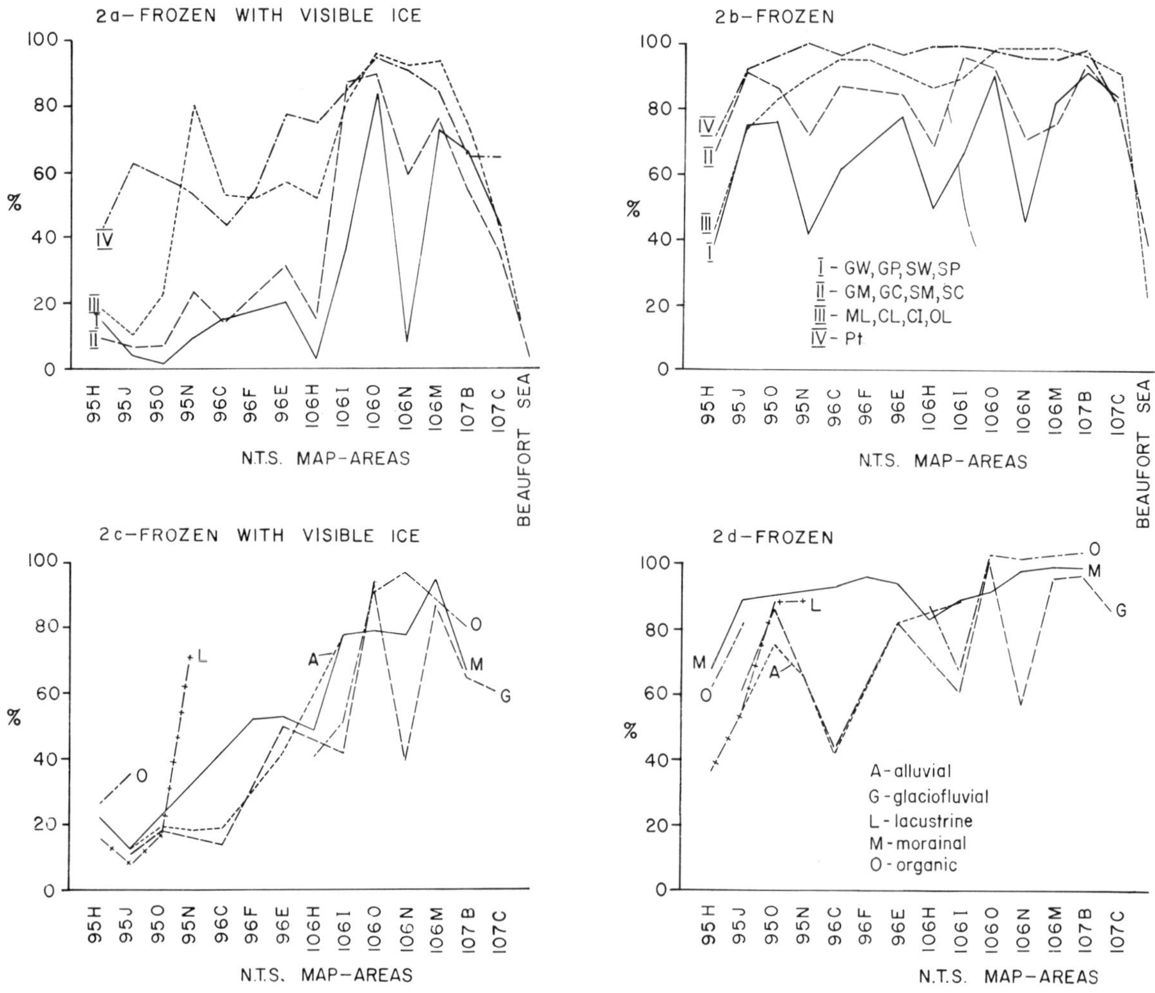

Fig. 2. Distribution of frozen soils with visible ice and frozen soils of all types by soil types and map-areas. 2a + 2b = Engineering soil groups, 2c + 2d = Genetic soil classes.

This general impression is borne out by various detailed studies of ground ice conditions in the region (Judge 1973, Heginbottom and Kurfurst 1975) and by the data compiled in the data bank. However, the amount and rate of this variation differs for each soil type whether genetic or engineering classifications are used. Furthermore, the nature of the change is neither uniform nor consistent.

Engineering soil groups

The proportion of frozen soils with visible ice for each engineering soil group is shown in Fig. 2a (by map-area). Results show the distinctly different behaviour of gravels and sands (groups I and II) from that of fine-grained soils and peats (groups III and IV). The distribution curves for both clean coarse-grained soils and coarse-grained soils with fines display generally increasing amounts of visible ice with higher latitude. The amount of visible ice increases slowly from Fort Simpson (95 H) to Norman Wells (96 E); this increase is followed by a sharp drop at Sans Sault Rapids (106 H). The distribution curves have two peaks at Travaillant Lake (106 O) and at Fort McPherson (106 M) with a low between them at Arctic Red River (106 N). After reaching the second peak the distribution curves show gradually decreasing trends towards the Beaufort Sea.

The distribution curves for both fine-grained soils and peats are similar to gravels and sands containing a much higher proportion of frozen soils with visible ice in the Upper Mackenzie Valley. Two lows at Sans Sault Rapids (106 H) and at Arctic Red River (106 N) are not so pronounced as for gravels and sands, but the distribution curve trend is otherwise very similar.

The proportion of frozen soils of all types for each engineering soil group is shown in Fig. 2b (by map-area). Although the distribution curves for gravels and sands display a slowly increasing trend going from south to north, three distinctive minima are encountered at Dahadinni River (95 N), Sans Sault Rapids (106 H) and Arctic Red River (106 N). The distribution curves for fine-grained soils and peats show an increase from Fort Simpson (95 H) to Fort Norman (96 C). Northward to Aklavik (107 B) the total amount of frozen soils remains almost constant at a high level. The distribution curves show a decreasing trend for the area between Aklavik (107 B) and the Beaufort Sea which is typical of all soil groups.

Genetic soil classes

Figs. 2c and 2d show the proportion of frozen soils with visible ice and frozen soils of all types respectively for each genetic soil class.

Morainal soils derived from Laurentide Ice are assumed to be the oldest soils in the Mackenzie Valley. These soils are predominantly frozen throughout the region, except in the extreme southeast. The proportion of frozen soils with visible ice ranges from low in the extreme south of the Mackenzie Valley to high in the Mackenzie Delta. The distribution curve has two peaks at Travaillant Lake (106 0) and Fort McPherson (106 M) with a low at Sans Sault Rapids (106 H); it drops off sharply towards the Beaufort Sea. The proportion of frozen soils of all types follows a similar pattern but two peaks occur at Mahony Lake (96 F) and at Fort McPherson (106 M). The proportion rises from the southern limit of the area, drops gradually in the central region, and then rises again in the north.

Glaciofluvial soils show very complex and irregular distribution of both frozen soils of all types and frozen soils with visible ice. The proportion of frozen soils with visible ice rises from Camsell Bend (95 J) in the southern region to Wrigley (95 0) and Fort Norman (96 C) in the central region. In the northern region, the proportion rises from Arctic Red River (106 N) to Travaillant Lake (106 0), then drops off near the Arctic coast. The proportion of frozen soils of all types has a very similar distribution. It rises gradually from the southern to the central region and reaches its peak around Wrigley (95 0). In the northern region, the distribution pattern is very similar to that of frozen soils with visible ice with a maximum at Travaillant Lake (106 0) and a minimum at Arctic Red River in the adjacent area (106 N). Near the Arctic coast the proportion levels off.

Lacustrine soils are sporadically distributed; they occur in five map-areas in the southern and central regions and in the Mackenzie Delta near the Arctic coast. The proportion of frozen soils with visible ice rises sharply between Wrigley (95 0) and Dahadinni River (95 N) within the central region. Near the coast in the northern region the proportion values level off. The distribution of frozen soils of all types appears to be straightforward through the whole Mackenzie Valley. The main rise in the distribution curve appears to be in the south between Fort Simpson (95 H) and Wrigley (95 0).

Alluvial soils are present mainly in the central region of the Mackenzie Valley and in one map-area in each of the southern and northern regions. Frozen soils with visible ice display a normal distribution with a low in the south around Camsell Bend (95 J) and a high in the north around Fort Good Hope (106 I). The distribution of frozen soils of all types appears to be bimodal with peaks around Wrigley (95 0) and Fort Good Hope (106 I) respectively. The lowest value occurs around Fort Norman (96 C).

Organic soils of various age are present through the length of the Mackenzie Valley; they are predominantly frozen throughout the area. In the southern and central regions the proportion of frozen soils with visible ice is relatively low and increases significantly in the northern region. This increase is followed by a gradual drop towards the Beaufort Sea. The distribution curve for frozen soils of all types follows a similar pattern. The proportion rises from Fort Simpson (95 H) to the area north of Fort Good Hope (106 I); an anomalously low value occurs at Fort Good Hope (106 I).

The general trend of increasing proportion of both visible ice and total ice content in frozen soils from south to north is in good agreement with the general trend of the climatological data available for the Mackenzie Valley and the Beaufort Sea (Burns 1973). Generalized profiles of the data available for each ecological region north of 60°N are presented in Fig. 3; they include freezing and thawing index, mean number of days above/below 32°F, annual mean daily temperature, and annual mean net radiation.

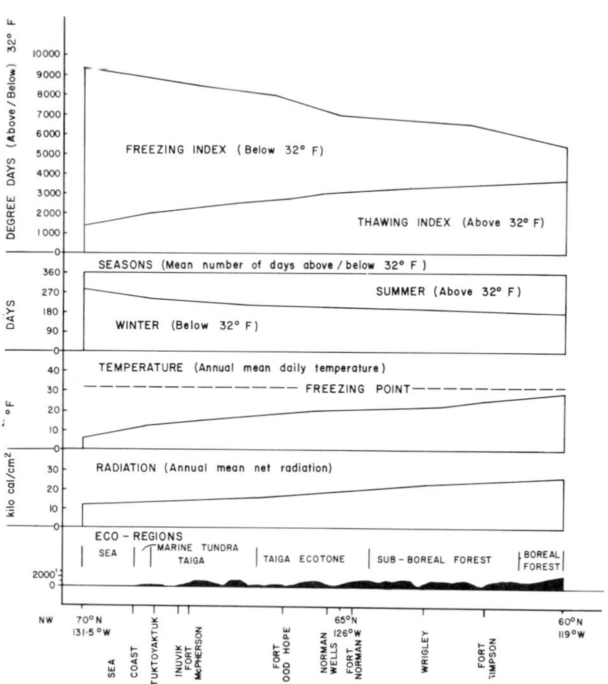

Fig. 3. Climatological profiles for the Mackenzie Valley (Burns 1973).

Winter mean water content

The winter mean water content of soil samples for the genetic and engineering soil classes is presented in Fig. 4. It represents the mean value of the water content data derived from boreholes drilled in the winter period. Particularly noteworthy is the dispersion about the mean which in some cases is considerable. It should also be noted that the winter mean water contents of most coarse-grained soils are found to be relatively constant regardless of depth while the fine-grained soils show an exponential rise in the winter mean water content towards the ground surface (Lau and Lawrence 1976b).

The winter mean water contents of the clean, coarse-grained soils are generally low. However, as the amount of fines increases, the winter mean

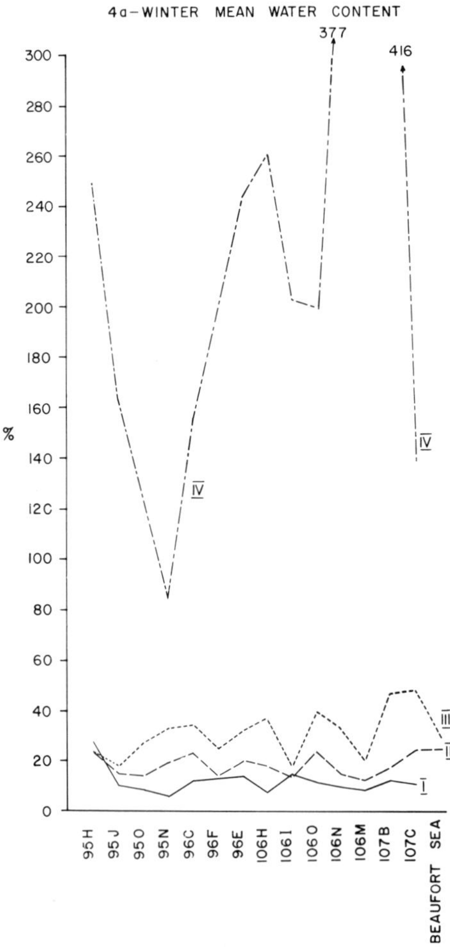

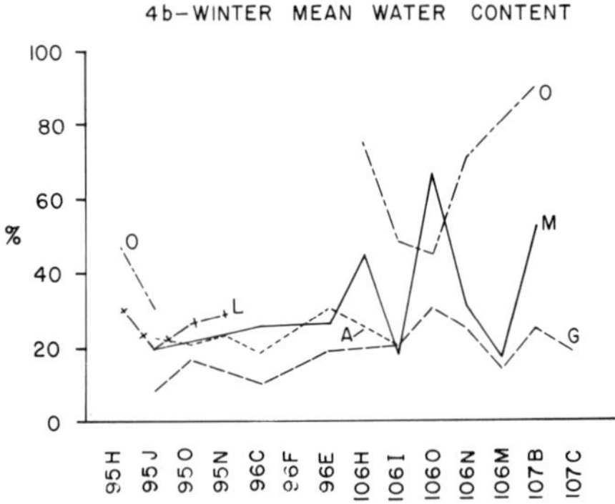

Fig. 4. Distribution of the winter mean water content by soil types and map-areas.
4a - Engineering soil groups; 4b - Genetic soil classes (Legend as for Fig. 2).

water content of these soils increases. The winter mean water contents of the fine-grained soils are higher than those of the coarse-grained soils, with peat having the highest value as expected.

Glaciofluvial soils show very low winter mean water content. This content appears to increase for the group of alluvial, lacustrine and morainal soils and reaches maximum for organic soils.

Interpretation of results

After evaluating all of the available data, certain features of distribution of frozen ground and ground ice in the Mackenzie Valley become evident. Frozen ground is widespread everywhere in the valley north of 60°N and its proportion gradually increases from south to north. The proportion of frozen ground is greater than 50% in all areas and in all genetic classes except for lacustrine soils in the area around Fort Simpson (95 H) and for alluvial and glaciofluvial soils in the area around Fort Norman (96 C). These two anomalies can be attributed to the presence of surficial materials with little or no fines and to the absence of a cover of thick peat or organic soils. These features result in better local drainage conditions.

In soils classified by the Unified Soil Classification System the proportion of frozen ground ranges from 70 to 100% in all areas and for all engineering soil groups except for the following map-areas: clean coarse-grained soils in areas around Fort Simpson (95 H), Dahadinni River (95N), Sans Sault Rapids (106 H) and Arctic Red River (106 N); coarse-grained soils with fines in areas around Fort Simpson (95 H) and Sans Sault Rapids (106 H); and fine-grained soils in area around Fort Simpson (95 H). Geographic location has the main effect on results from the Fort Simpson area (95 H), which is located in the sporadic permafrost zone. Most of the boreholes were located in recently disturbed terrain along the Mackenzie Highway, where the amount of frozen ground and ground ice decreased considerably. However, these results may not be typical of the map-area.

Low values for the Dahadinni River area (95 N) can be explained by the small number of borehole results available; these boreholes were predominantly located in the well-drained, ice free coarse-grained soils of the river terraces.

Data for the Sans Sault Rapids (106 H) and Arctic Red River (106 N) areas have been affected by the predetermined location of the majority of boreholes. Detailed investigations carried out for the proposed Mackenzie Valley pipeline route and the pipeline testing facilities concentrated mainly on the well-drained outwash plains and fluvial terraces with low amount of ground ice around Sans Sault Rapids. In the Arctic Red River area the most of the data derive from a detailed study of the granular resources and borrow pits for the Dempster Highway. Since boreholes were located in well-drained, coarse-grained sediments at high elevation, with little or no excess ground ice, final results tend to be biased towards low values.

The decrease in the proportion of frozen ground and ground ice in the area near the Arctic coast is probably controlled by the location of boreholes, since most of the studies in this area were done in close proximity to the river channels; thus the results reflect the warming influence of the Mackenzie River and the massive water body of the Beaufort Sea.

CONCLUSIONS

The general impression, substantiated by this study, is that frozen ground is more extensive, occurs at shallower depths and contains more visible, excess ice as one goes from south to north. The greatest change appears to be in the area between Sans Sault Rapids (106 H) and Travaillant Lake (106 O) which probably coincides with the boundary between continuous and discontinuous permafrost zone (Brown 1967). This is also the area where detailed studies are lacking and where more investigations are needed.

The significant factors controlling the distribution of frozen ground and ground ice in the Mackenzie Valley, as determined in this study, appear to be location (latitude), soil texture, surface drainage, surface disturbance, vegetation, and slope aspect. Although the qualitative ranking of these factors varies from site to site, the major controls on permafrost conditions seem to be latitude and soil texture. This is in good agreement with the climatological conditions of the Mackenzie Valley, i.e., generally colder and longer winters and the cooler and shorter summers of the northern part, compared to the southern part. There are some anomalies however, such as the dry areas around Sans Sault Rapids and Fort Good Hope.

The finer textured soils, such as silts, clays and clay-silt tills generally contain more moisture and more ice than coarser, sandy and gravelly soils. There appears to be a clear, positive relationship between natural moisture content and engineering properties of fines.

Although only very general observations of ground surface drainage were made, it can be concluded that poorly drained sites with thick surface peat or organic cover contain more ground ice than adjacent, drier sites.

The effects of vegetation were considered only in terms of its presence or absence as a result of surface disturbance. In such cases the removal of vegetation was found to be a major contributor to the decrease in amount of frozen ground and ground ice.

Differences in slope aspect were also examined. There is strong evidence that south-facing slopes are drier and north-facing slopes wetter than adjacent level ground. However, local lithology, slope angle and slope aspect can override differences due solely to the position on the slope.

ACKNOWLEDGMENTS

The authors wish to express their gratitude to Mr. D.A. Proudfoot for excellent preparation of the computer programs, to Dr. W. Blake, Jr., and Mr. D.E. Lawrence for critically reading the manuscript and to their colleagues in the Terrain Sciences Division for many helpful suggestions and comments.

REFERENCES

BROWN, R.J.E. 1967. Permafrost map of Canada. Geol. Surv. Can., Map 1246A, 1:7.6 million.

BURNS, B.M. 1973. The climate of the Mackenzie Valley - Beaufort Sea. V.1, Canada, Dept. of Environment, Atmospheric Environment Service, Climatological Studies no. 24, 227 p.

HEGINBOTTOM, J.A. and KURFURST, P.J. 1975. Local variability of ground ice occurrence at selected sites in the Mackenzie Valley. Interim Report to Mackenzie Highway - Environmental Working Group, DIAND, 56 p. (unpublished).

HUGHES, O.L., VEILLETTE, J.J., PILON, J., and HANLEY, P.T. 1973. Terrain evaluation, Mackenzie Transportation Corridor, central part. Envir. - Social Committee, Northern Pipelines, Task Force on Northern Oil Development, Rept. no. 73-37.

JUDGE, A.S. 1973. The thermal regime of the Mackenzie Valley: Observations of the natural state. Envir. - Social Committee, Northern Pipelines, Task Force on Northern Oil Development, Rept. no. 73-38.

LAU, J.S.O. and LAWRENCE, D.E. 1976a. Review of Mackenzie Valley geotechnical data. In Report of Activities, Part A; Geol. Surv. Can., Paper 76-1A, p. 265-268.

LAU, J.S.O. and LAWRENCE, D.E. 1976b. Winter ground ice distribution for selected map-areas, Mackenzie Valley. In Report of Activities, Part B; Geol. Surv. Can., Paper 76-1B, p. 161-168.

LAWRENCE, D.E. 1974a. Geological review of geotechnical data, Mackenzie Valley. In Report of Activities, Part A; Geol. Surv. Can., Paper 74-1A, p. 281.

LAWRENCE, D.E. 1974b. Geological review of geotechnical data, Mackenzie Valley. Interim report to Mackenzie Highway-Environmental Working Group, DIAND, 63 p. (unpublished).

LAWRENCE, D.E. 1975. Soil moisture relationships in selected map-areas, Mackenzie Valley, N.W.T. In Report of Activities, Part B; Geol. Surv. Can., Paper 75-1B, p. 183-184.

PIHLAINEN, J.A. and JOHNSTON, G.H. 1963. Guide to a field description of permafrost. Canada NRC/ACGR, Tech. Memo. no. 79, 24 p.

PROUDFOOT, D.A. and LAWRENCE, D.E. 1976. Mackenzie Valley geotechnical data bank tape description manual. GSC Open File no. 350.

RAMPTON, V.N. 1973. Terrain evaluation, Mackenzie Transportation Corridor, northern part. Envir. - Social Committee, Northern Pipelines, Task Force on Northern Oil Development, Rept. no. 73-47.

RUTTER, N.W., BOYDELL, A.N., and SAVIGNY, K.W. 1973. Terrain evaluation, Mackenzie Transportation Corridor, southern part. Envir. - Social Committee, Northern Pipelines, Task Force on Northern Oil Development, Rept. no. 73-36.

PERMAFROST BENEATH CHANNELS IN THE MACKENZIE DELTA, N.W.T., CANADA

G.W. Hollingshead, L. Skjolingstad, L.A. Rundquist, Northern Engineering Services Company Limited, Calgary, Alberta, Canada

Recent preliminary drilling for a proposed gas pipeline has encountered permafrost beneath Shallow Bay and other channels of the Mackenzie Delta. The permafrost beneath the western part of Shallow Bay is a relic condition left by a rapidly retreating shoreline. Geothermal calculations of the degradation agree well with the observed condition and probable rate of retreat. Similar analyses suggest that permafrost is aggrading where the water depth is less than 0.85 m. This condition is found over a large area of Shallow Bay and at point bars in several other channels.

The former permafrost regime in Shallow Bay has apparently left the predominantly silty Bay sediments in an over-consolidated state. The present proximity of the frozen ground to the channel boundaries contributes to stability of slopes as great as 45 degrees. These observations have important implications for construction of pipeline ditches and other structures in the Mackenzie Delta.

PERGÉLISOL DES CHENAUX DU DELTA DU MACKENZIE, T.N.-O., CANADA.

Au cours de forages d'exploration, en vue de l'installation d'un gazoduc, on a rencontré le pergélisol dans le sous-sol de Shallow Bay et d'autres chenaux du delta du Mackenzie. Dans le sous-sol de la partie ouest de Shallow Bay, la persistance du pergélisol résulte du retrait rapide de la ligne de rivage. Les calculs géothermiques de la dégradation qu'a dû subir le pergélisol concordent bien avec l'état actuel du pergélisol, et la vitesse probable de retrait. Des analyses similaires suggèrent que le pergélisol subit une aggradation, lorsque la profondeur d'eau est inférieure à 0.85 m. On rencontre cette situation sur une grande étendue de Shallow Bay, et dans des bourrelets arqués présents dans de nombreux autres chenaux.

À Shallow Bay, le régime de pergélisol antérieur a apparemment provoqué la surconsolidation des sédiments en majorité silteux. À l'heure actuelle, la présence d'un gélisol à proximité des limites des chenaux contribue à stabiliser des pentes qui peuvent atteindre 45 °. Ces observations présentent un grand intérêt, puisqu'on envisage de creuser des fossés pour la pose d'un pipeline, et de construire d'autres structures dans le delta du Mackenzie.

МНОГОЛЕТНЕМЕРЗЛЫЕ ГРУНТЫ В ПРОТОКАХ ДЕЛЬТЫ РЕКИ МАКЕНЗИ /СЕВЕРО-ЗАПАДНЫЕ ТЕРРИТОРИИ, КАНАДА/

Пробное бурение на трассе проектируемого газового трубопровода выявило наличие многолетнемерзлых грунтов на дне протока Шаллоу Бэй и других протоков в дельте реки Макензи. Мерзлые грунты в западной части протока Шаллоу Бэй представляют собой реликтовую форму, оставшуюся после быстрого отступления береговой линии. Геотермические вычисления деградации хорошо согласуются с результатами наблюдений и вероятной скоростью отступления береговой линии. Аналогичные анализы указывают на то, что многолетняя мерзлота аградирует в тех местах, где глубина воды меньше 0,85 м. Это явление наблюдается на большой площади протока Шаллоу Бэй и в некоторых других протоках. Переуплотненное состояние преимущественно илистых осадков в Шаллоу Бэй, по-видимому, объясняется прежним мерзлотным режимом на этом участке. Отмечаемая в настоящее время близость мерзлых участков к границам протока способствует стабильности склонов крутизной до 45°. Эти наблюдения имеют важное значение для строительства траншей под трубопроводы и других сооружений в дельте реки Макензи.

PERMAFROST BENEATH CHANNELS IN THE MACKENZIE DELTA, N.W.T. CANADA

G.W. Hollingshead,* L. Skjolingstad* and L.A. Rundquist

Northern Engineering Services Company Ltd., Calgary, Alberta, Canada
(*assigned from R.M. Hardy and Associates, Calgary, Alberta)

INTRODUCTION

The Mackenzie River Delta (Figure 1) lies entirely within the continuous permafrost zone of northern Canada. Although the widespread occurence of submarine permafrost within the Beaufort Sea has been known for several years (Mackay 1972) it is only since 1974 that permafrost has been located beneath the fresh water distributary channels of the Delta.

During preliminary soils drilling for the proposed Canadian Arctic Gas (CAGSL) pipeline accross the outer Delta, permafrost was located beneath Shallow Bay and other channels. The conditions under which permafrost can persist, or aggrade and its impact on the channel morphology are discussed in the following paragraphs.

CHANNEL MORPHOLOGY AND HYDROLOGY

The Delta distributes peak flows of about 28,000 m^3/s through a maze of channels ranging in width from 2 m to 7 km and in depth from less than 1 m to more than 50 m. During late winter, ice cover thickness averages 1.5 to 2.0 m. Many of the smaller distributaries, particularly on the west side of the Delta, as well as parts of Shallow Bay, freeze to the bed yearly. The outer Delta floods annually to a depth of about 1.2 m during the ice breakup in early June. Massive ice jams are not common nor has any evidence of hanging dams been found.

The distributary channels are comparatively deep, have characteristically steep side slopes (as great as 45 degrees) and submerged benches which may extend as much as one half of the distance across the channel. Thermal niching and wave action have been suggested as the primary mechanisms by which banks erode and channels shift (Hollingshead and Rundquist, 1977).

Several test holes have been drilled in Shallow Bay and nearby channels along the proposed CAGSL pipeline route. The bed materials are predominantly fine sands and silts with minor amounts of clay and organic material. The strata are comparatively dense with dry densities ranging from 1440 to 1590 kg/m^3 and do not exhibit significant plasticity. A considerable number of cyclical loading tests of undisturbed specimens have shown that the sediments are not susceptible to liquefaction at levels of seismic activity appropriate to the region and design life of the pipeline project.

Oedometer tests revealed that the strata near bed level are highly overconsolidated. Preconsolidation pressures up to 10 kg/cm^2 were measured, resulting in overconsolidation ratios of between 50 and 75 within the top 4 m beneath the bed. At depths of 7 m and 11 m the overconsolidation ratio drops to 2.7 and 2.2 respectively. These results indicate that, unlike other major deltas, Shallow Bay sediments form an overconsolidated crust which extends for a significant depth.

It is known that mean sea level has risen some 90 m over the last 20,000 years and is now essentially in a state of equilibrium (Mackay, 1972). Assuming an annual deposition of 200 million metric tons of material (Water Survey of Canada, 1976) and a uniform thickness of 90 m, the Delta would have been built in the past 7,800 years. It is, therefore, only recently emerging and the apparent overconsolidation of the surface crust is probably a result of freezing and thawing. The sequence of events by which this could arise is discussed in the following section.

PERMAFROST BELOW SHALLOW BAY

Shallow Bay, just downstream of the mouth of Reindeer Channel, ranges in depth from 0.7 m to 5.2 m as shown in Figure 2. The 5.2 m depth coincides with a distinct subchannel which parallels the axis of the Bay about 2 km from the west shoreline. Further downstream this subchannel contains local depressions to depths of 20 m. As with the other channels, side slopes in these depressions are comparatively steep.

The strata below the bed of Shallow Bay may be described as a dense silt with an overconsolidated crust. Generally, overconsolidation results from glaciation, overburden erosion, or dessication. Because none of these phenomena have occurred in the modern delta to the extent necessary to create the observed condition, it is more likely that the condition is a result of a previously frozen state or series of freeze-thaw cycles. Upon freezing, the pore water may be redistributed locally resulting in ice lens growth at some points and consolidation of the soil strata elsewhere. If some of this pore water is lost upon thawing, the net result will be an overconsolidated deposit. The suggested sequence of events leading to this condition in the bed of Shallow Bay follows.

It is apparent from aerial photography dating back to 1930 that the west shoreline of Shallow Bay has been retreating at a very rapid rate over the last several decades. Indeed, the evidence shows a retreat of about 0.68 km since 1930 or 15 m per year as a result of thermal niching and wave action. The actual annual retreat will vary greatly with the size and location of ponds which are breached in the process. During the summer of 1976, an additional retreat of 6 to 8 m occurred along the line AB (Figure 1). Thus it is clear that within the past 100 years, the west quarter of what is now Shallow Bay was exposed to air temperatures conducive to maintaining permafrost. As the bank retreated, the material became exposed to the warmer water temperatures.

Water temperature in Shallow Bay and other Delta channels ranges from 0 to 22°C with an annual average temperature of about 4°C. The water temperature increases rapidly following ice breakup but the summer peak is of short duration. Applying monthly mean water temperatures to the bed indicates that 7.2 m of thaw would have occurred during the past 100 years. Assuming that the shore has been retreating steadily at 15 m per year, the depth to permafrost can be plotted (Figure 2). The upper bound is obtained by assuming that the bed remained at 2 m depth for nearly the full period noted; the lower bound is found by assuming that thawing started from the present day profile.

Similar upper and lower bound profiles can be calculated for a rate of shore retreat of 7.5 m per year. The values at Bore Hole 3 are plotted on Figure 2 and agree well with the observed permafrost depth. At this rate of retreat it would have taken 250 years for the shore to move from Bore Hole 3 to its present position. This indicates an earlier rate substantially lower than that observed since 1930.

Very recent data on ground temperatures beneath Shallow Bay (Judge, 1976) also confirm the existence of the permafrost table near the predicted depth. The model of this "disequilibrium" permafrost which is thawing slowly at top and bottom surfaces has been proposed by Mackay (1972) and is illustrated in Figure 3a.

The situation on the northeast side of Shallow Bay is less clear but it may well be represented by the model shown in Figure 3b. Comparison of air photographs shows that bars are building and sediment is being deposited along the right banks of Reindeer Channel and Shallow Bay. Figure 2 shows that the Bay is less than 2 m deep from the midpoint to the right bank.

To check the model in Figure 3b, geothermal calculations using a finite element geothermal program developed by Exxon Production Research Ltd. (Wheeler, 1973) were carried out to simulate the yearly freeze-thaw cycles for different water depths in Shallow Bay. The ground was assumed originally to be unfrozen but very close to 0°C which would simulate the building up of a sand bar. For the summer period the actual monthly mean water temperatures were applied to the bed whereas throughout the winter months the monthly mean air temperatures were applied to the surface of the snow and ice. Figure 4 shows how the permafrost aggrades for various water depths during 20 years. At a depth of 0.85 m no permafrost is created. Figure 5 gives a more detailed picture of the permafrost thickness and the active layer in the channel bed after 16 years assuming a constant water depth of 0.75 m.

It is likely that permafrost is building up where the water depth during the winter is less than 0.85 m. Permafrost will not aggrade beneath greater depths of water given the temperature regime of the Delta channels. Subsequent erosion to depths below this will initiate thaw, the rate of thaw increasing with water depth down to 1.90 m which is the average maximum ice thickness in Shallow Bay. The upper frozen zone is created and thawed as deposition and erosion occur, whereas the lower permafrost table remains comparatively stable with ground temperatures very close to 0°C through the permafrost and talik. Depending on the relative duration of freezing and thawing, more than one permafrost layer with depth might be anticipated.

Figure 2 illustrates that for a distance of about 1.5 km in the eastern half of Shallow Bay the bottom is less than 0.85 m below the water surface. Given the above computations, near surface permafrost might be expected in this area.

A similar condition of aggrading permafrost occurs beneath point bars in other channels. For example, Figure 6 shows a tongue of permafrost extending into East Channel immediately downstream of Swimming Point. At this location the bar is submerged by 0.6 m at low water and may be exposed just prior to freezeup.

IMPLICATIONS FOR CONSTRUCTION

The close proximity of the permafrost to the channel side slopes and benches is a major consideration in the design of structures within the Delta. Profiles from many channels through the outer Delta clearly show several miles of submerged slopes which are steeper than would be anticipated in similar sediments located in another environment. The frozen ground also controls channel migration to a certain extent and renders it more regular as previously noted at other northern rivers by Cooper and Hollingshead (1973). Thus, channel behavior is more predictable. This is of some assistance in the design of pipeline channel crossings since the points at which the pipe may be brought up on either side of the channel can be well established.

On the other hand, the general channel shape and shifting combined with the comparative rigidity of large diameter pipe forces the designer to place the pipe deeper into the channel banks than would be normal. This means that substantial volumes of permafrost must be excavated and due consideration must be given to the post construction conditions.

The proximity of the permafrost to the channel also has a very significant effect on the design of wharfs, water intakes and other structures associated with the gas processing plants proposed for the Delta region.

The above observations also have certain implications for pipeline ditch construction. The experience of pipeline engineers in deltaic environments of the Southeastern United States is that dredged ditch side slopes cannot be maintained except at extremely low angles. The steep natural side slopes of the Mackenzie Delta channels indicate that a much narrower and thus more economical ditch can be excavated across Shallow Bay and the other major channels. Slope stability analyses under wave action have been conducted to confirm this view (Hollingshead and Rundquist, 1977).

As a further check on the probable construction conditions, a short section of test ditch was excavated in Shallow Bay in late August 1975. The side slopes were excavated at approximately 2:1. These slopes remained essentially unchanged through one week of monitoring during which period the surface of Shallow Bay was comparatively rough on several occasions.

The trenching operation in the frozen areas may be more difficult than in the unfrozen portions. However, the ditch walls in frozen ground will stand with vertical sides for a reasonable length of time so the volumes of excavation will be reduced.

CONCLUSIONS

Recent field observations during all seasons and laboratory data on undisturbed soil samples reveal that the outer Mackenzie Delta is different from other deltaic environments. The silty sediments are overconsolidated, comparatively dense, and not very susceptible to liquefaction. Very steep, natural slopes exist at many locations in the Delta channels both parallel and perpendicular to the flow direction. It appears that the permafrost regime plays an important role in this regard. Wave and thermal erosion, assisted by the transporting capabilities of the flow, are the most likely causes of bank erosion in the outer Delta. Finally, the nature of the sediments is such that pipeline ditch slopes can be expected to stand at reasonably steep angles. If the predictions regarding the distribution of permafrost at shallow depths are confirmed widespread sporadic permafrost may be anticipated in the bed of Shallow Bay.

ACKNOWLEDGMENTS

The authors would like to extend their thanks to Canadian Arctic Gas Study Limited for funding the very extensive field programs and office studies upon which this paper is based and for permission to publish the data. Thanks are also due to our colleagues at Northern Engineering Services Company Limited for helpful discussions.

REFERENCES

COOPER, R.H. and HOLLINGSHEAD, A.B. (1973). River bank erosion in regions of permafrost, Proceedings 9th Canadian Hydrology Symposium. Edmonton, May, 1973, pp. 272-283.

HOLLINGSHEAD, G.W. and RUNDQUIST, L.A. (1977). Morphology of Mackenzie Delta channels. Proceedings, 3rd National Hydrotechnical Conference, Quebec. May, 1977. pp. 309-326.

JUDGE, A.S., MacAULAY, H.A. and HUNTER, J.A.(1976) An application of hydraulic jet drilling techniques to mapping of sub-sea bottom permafrost, G.S.C. Report of Activities, Part C; paper 76-1C, pp. 75-78.

MACKAY, J.R., (1972). Offshore permafrost and ground ice, Southern Beaufort Sea, Canada. Canadian Journal of Earth Sciences, 9(11): 1550-61.

WATER SURVEY OF CANADA, (1976), personal communication.

WHEELER, J.A., (1973) Simulation of heat transfer from a warm pipeline buried in permafrost. Proceedings 74th National Meeting of AIChE New Orleans, March 11-15.

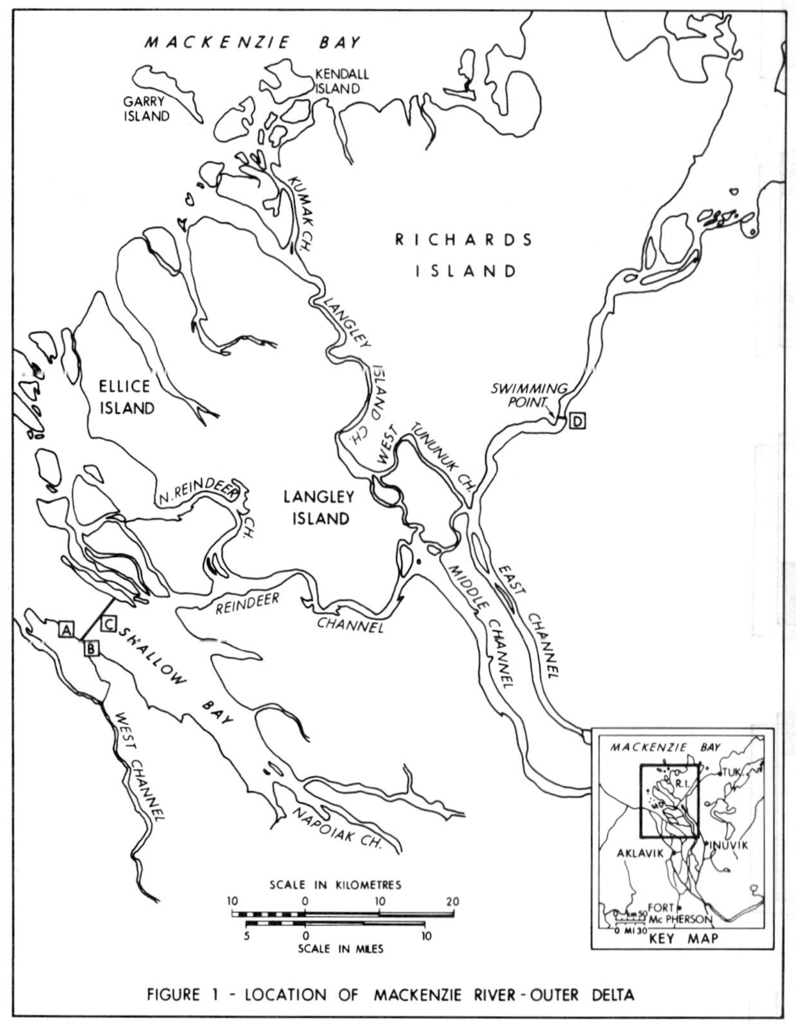

FIGURE 1 - LOCATION OF MACKENZIE RIVER-OUTER DELTA

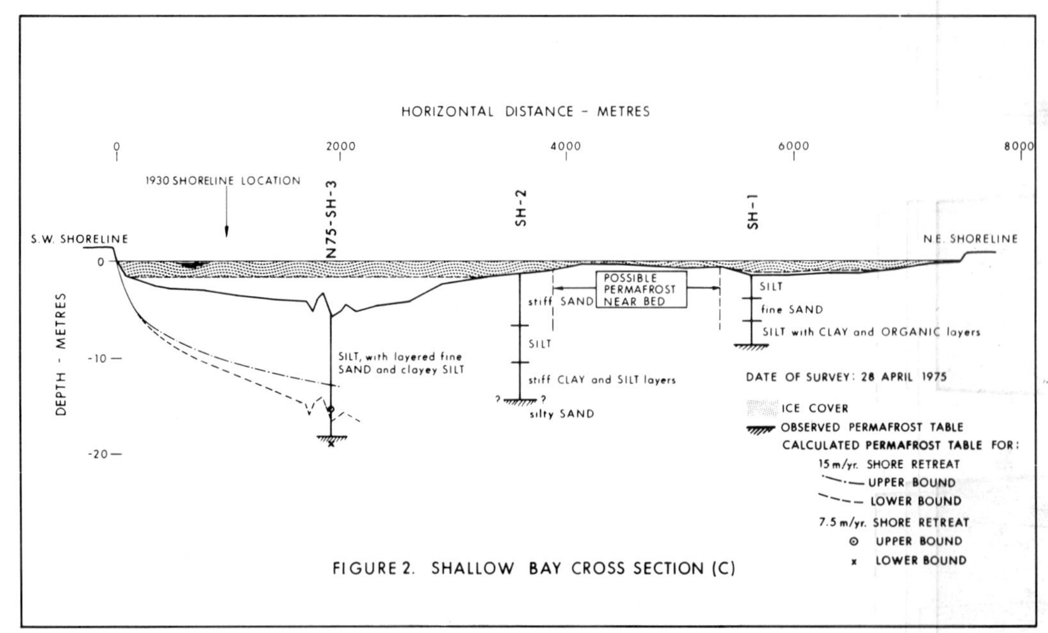

FIGURE 2. SHALLOW BAY CROSS SECTION (C)

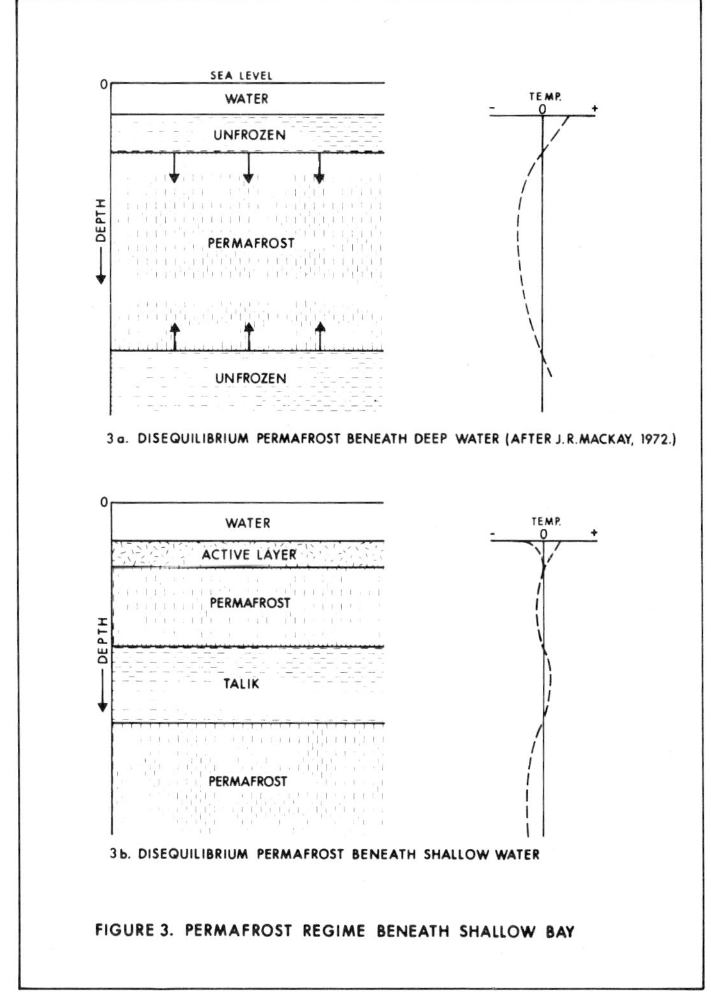

3a. DISEQUILIBRIUM PERMAFROST BENEATH DEEP WATER (AFTER J.R.MACKAY, 1972.)

3b. DISEQUILIBRIUM PERMAFROST BENEATH SHALLOW WATER

FIGURE 3. PERMAFROST REGIME BENEATH SHALLOW BAY

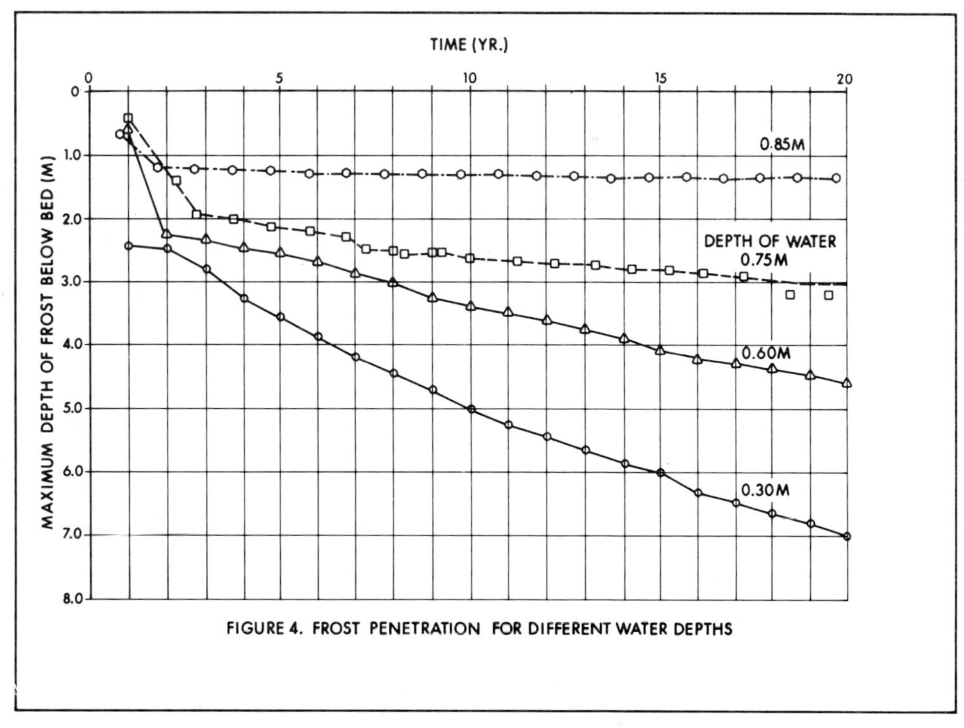

FIGURE 4. FROST PENETRATION FOR DIFFERENT WATER DEPTHS

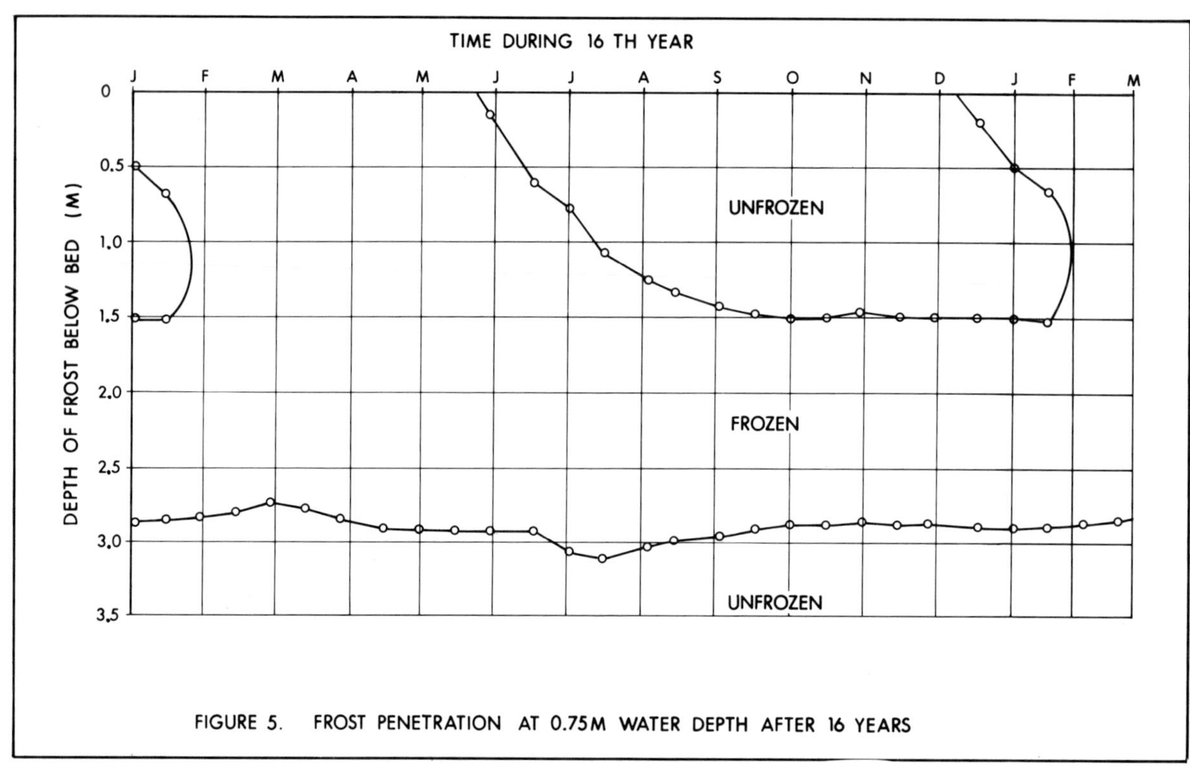

FIGURE 5. FROST PENETRATION AT 0.75M WATER DEPTH AFTER 16 YEARS

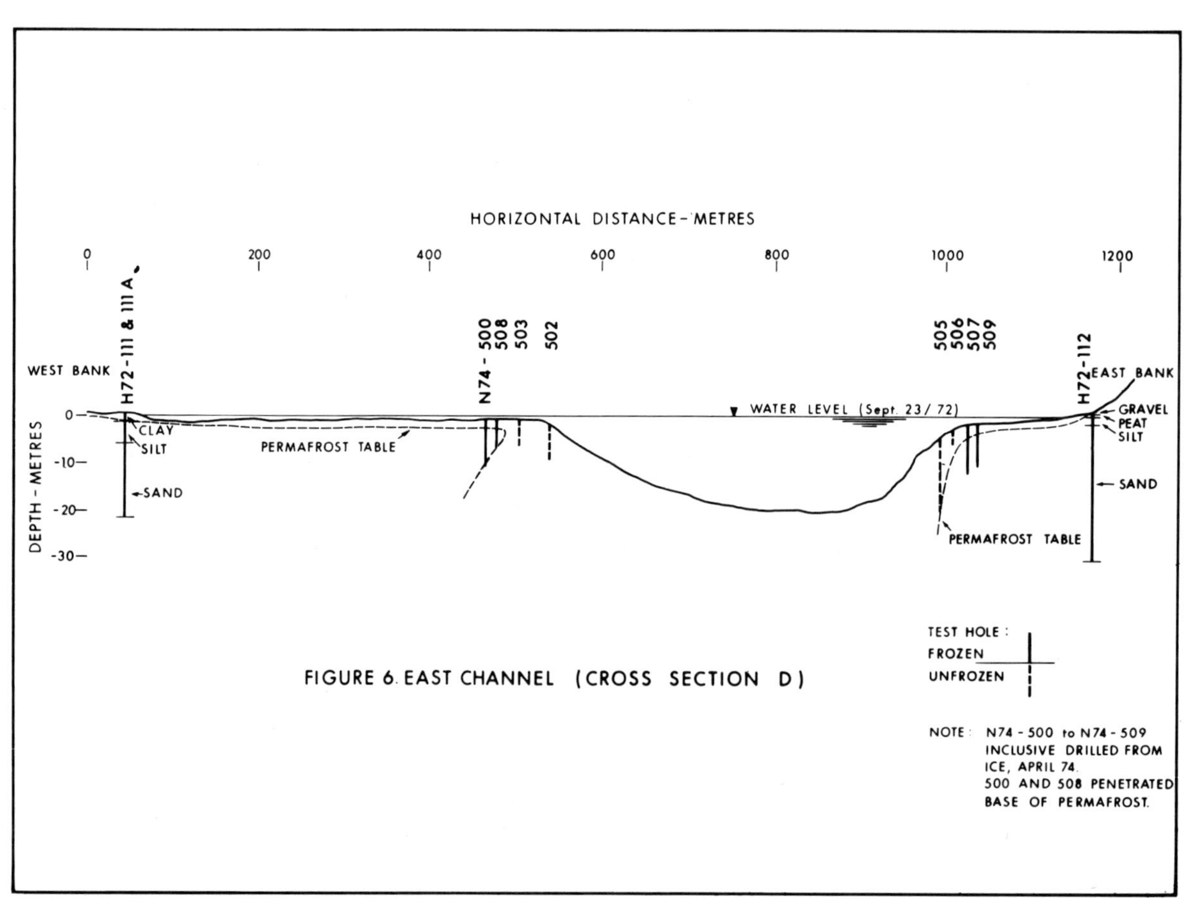

FIGURE 6. EAST CHANNEL (CROSS SECTION D)

THE CATENA OF PERMAFROST SOILS IN THE BAYAN-NUURIN-KHOTNOR BASIN, KHANGAI MTS., MONGOLIA

A. Kowalkowski, Dept. of Soil Sc. & Fertil, Forest Res. Inst., Warszawa-Sekocin, Poland

A complex of active pingo forms of the holocene age with a specific soil catena displaying cryogenic, aeolian, xerothermal and zoogenic features occur in the Bayan-Nuurin-khotnor Basin. In the dry semi-desert steppe linking ranges of alkaline brown xerosaline soils with permafrost usually occuring at a depth below 150cm have developed from noncarbonate dry, fluvial sands in depressions between pingo hills and in the lower parts of their slopes. These soils are partly covered with the gray-brown and gray aeolian sands. In more extensive depressions among pingo hills they have been destroyed owing to the formation of flat deflation basins with dry alkaline soils of the initial stage of evolution. There sometimes occurs ground water at a depth of 70cm downward supported by permafrost. Broken off, not joined together ranges of gray, carbonate, xerosaline soils derived from lacustrine silts with ice lenticles are present in the upper parts of pingo hills.

LA CATENA DE SOLS PERGÉLISOLÉS DU BASSIN DE BAYAN-NUURIN-KHOTNOR, MONTS KHANGAI, MONGOLIE

A. Kowalkowski, Department of Soil Sci. and Fertil., Forest Res. Inst. Warszawa-Sekocin (Varsovie), Pologne.

Il existe dans le bassin de Bayan-Nuurin-Khotnor un complexe de structures actives de type pingo, d'âge holocène, comportant une catena de sols spécifique, à caractères cryogènes, éoliens, xérothermiques, et zoogènes. Dans les steppes sèches et semi-désertiques, des sols alcalins bruns xérosalins, auxquels est associé un pergélisol habituellement rencontré à une profondeur supérieure à 150 cm, se sont formés à partir de sables fluviatiles secs, dépourvus de carbonates, à la partie inférieure des pingos et dans les dépressions les séparant. Ces sols sont partiellement recouverts de sables éoliens brun-gris et gris. Dans les dépressions les plus vastes entre les pingos, ces sols ont fait place aux sols alcalins secs initiaux, par suite de la formation de bassins de déflation à fond plat. On rencontre parfois la nappe phréatique à partir de 70 cm de profondeur, au-dessus du pergélisol. Il existe au sommet des pingos des étendues discontinues de sols gris, carbonatés et xérosalins, dérivés de silts lacustres, qui contiennent des lentilles de glace.

КАТЕНА МНОГОЛЕТНЕМЕРЗЛЫХ ГРУНТОВ В КОТЛОВИНЕ БАЯН-НУУРИН-ХОТНОР, ХАНГАЙ, МОНГОЛИЯ

В котловине Баян-Нуурин-Хотнор наблюдается ассоциация активных форм булгунняхов голоценового возраста со своеобразной катеной грунтов, характеризующихся криогенными, эоловыми, ксеротермальными и зоогенными особенностями. В сухих полупустынных степных районах, из некарбонатных сухих флювиальных песков в понижениях между булгунняхами и в нижних частях их склонов образовалась катена щелочных бурых ксеро-солоноватых грунтов с участками многолетней мерзлоты, обычно наблюдаемых на глубине свыше 150см. Эти грунты частично покрыты серо-бурыми и серыми эоловыми песками. В более широких понижениях эти грунты разрушены в результате образования плоских дефляционных мульд с сухими щелочными грунтами начальной стадии образования. Иногда на глубине порядка 70 см над слоем мерзлоты наблюдаются грунтовые воды. На склонах и вершинах булгунняхов отмечаются обособленные участки серых карбонатных и ксеро-солоноватых грунтов, образованных из озерных илов, с линзами льда на глубине свыше 1,2 м.

THE CATENA OF PERMAFROST SOILS IN THE BAYAN-NUURIN-KHOTNOR BASIN OF THE KHANGAI MOUNTAINS, MONGOLIA

A. Kowalkowski

/Contribution of the Mongolian-Polish Physico-Geographical Expedition No 19/
Department of Soil Science and Fertilization, Forest Research Institute
Warszawa-Sękocin, Poland

INTRODUCTION

An association of pingo hills and ridges of a closed system type /Müller 1959/ were found by Rotnicki and Babiński /1978/ in the Bayan-Nuurin-khotnor Basin in Mongolia /1950-1980 m a.s.l/.

This Basin is situated on the south of the permafrost of the northern hemisphere.

Pingo of Holocene age 3 to 9 metres high occur in dead channels filled with fluviatile clay sediments. Recently their agradation has taken place. At the same time thermocarst and aeolian deflation cause their degradation.

Vividness of processes modeling the earth's surface today, as well as, dry and cool continental climate determine morphology and properties of the cryogenic and aeolic soil association.

The aim of our investigations carried out in 1975 was to study the relationship between pingo topocatene and soil cover.

OBJECT AND METHODS

A series of pingo hills was investigated on a cross-section of about 550 metres long /Fig. 1/. They are located on the IV sliding river terrace transformed by the meandering river Tsagan-Turutuin-gol in the southern part of the Bayan-Nuurin-khotnor Basin /Rotnicki, Babiński 1978/. The river terrace is built by laminated lake carbonate clay and fluvial sands stratified with layers of gravel. A permafrost occurs at a depth of 60 cm.

Ground ice lenses to 8 m thick constitute the core of pingo which are covered with a layer of 1,2 - 2,4 m mineral materials.

Samples were taken from each layer to the depth of permafrost and ice lenses were analized as follows: Colour - using Munsell Soil Colour Charts, Grain size - by a combined areometric - sieve method; organic C by Tiurin's method; N total by Kjeldahl's method; pH potentiometrically; specific gravity by pycnometer method. Bulk density was determined in samples of 100 cm^3. The total porosity was figured out from the value of specific gravity and bulk density.

RESULTS OF INVESTIGATIONS

The cryogenic aeolically active pingo landscape is characterized by a mosaic of poligenetic elementary soil areas /Table 1/.

Remnants of brown xerosaline soils occur in depressions and in the lower parts of pingo slopes. They are formed from fluvial sands /profile no 050/. The soils are partly covered with gray brown and gray aeolian sands /profile no 051, 053 and 054/. They are overgrown from 25-80% with clustersof dry steppe vegetation.

Flocks of grazing horses, yaks, goats and sheep cause the beginning of aeolic processes here. As a result of these are the microdepressions to 20 cm in depth with a deflation cover of coarse sand or fine gravel. They form belts of zoogenic tranversal microterraces on the pingo slopes.

Fluvial and lacustrine greyish-yellow carbonate stratified sediments are in the underground of sands of fluvial origin which are partly aeolically transformed. They are either saturated by water or are within the reach of a permafrost.

Flat deflation basins were formed in wide spread depressions by aeolian processes. They

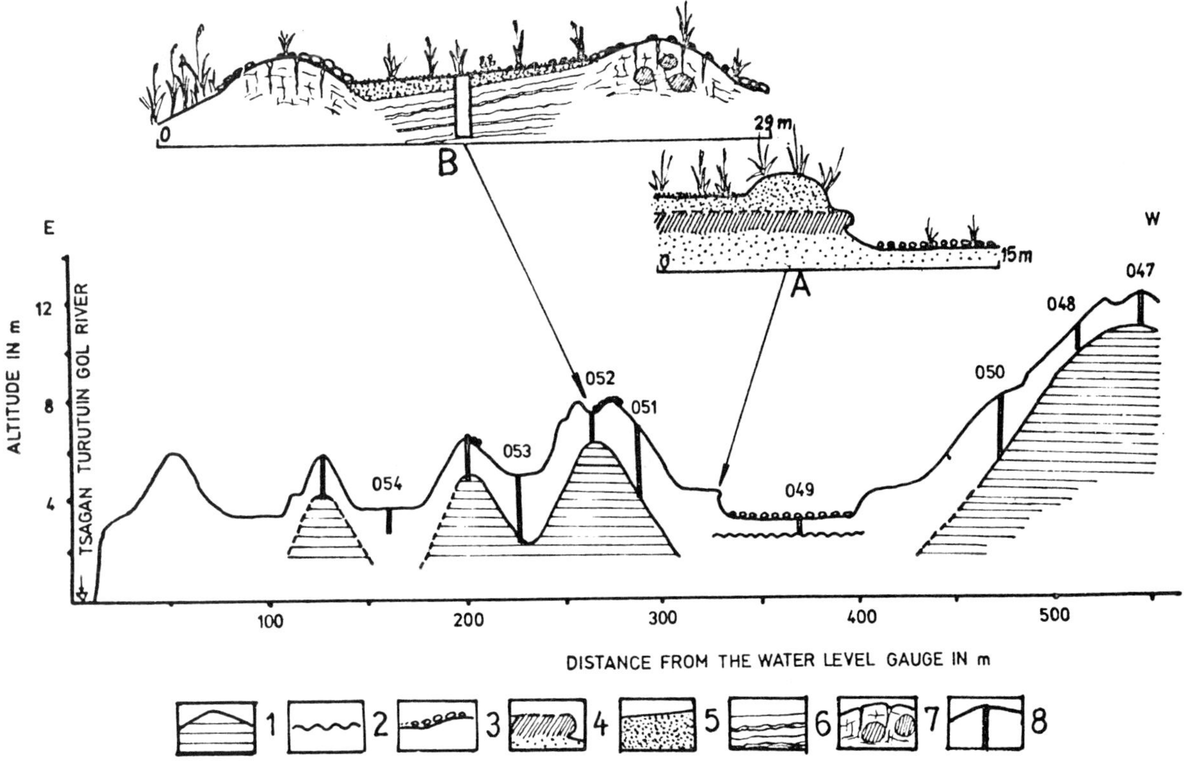

Fig. 1 The longitudinal profile of the sequence of pingo hills in the south-eastern part of the Bayan-Nuurin-khotnor Basin
1 - Permafrost, 2 - Thawing water level, 3 - Deflation cover, 4 - Subrecent brown xerosaline soil covered by young aeolian sand, 5 - Young aeolian sand, 6 - Fine laminated gray lacustrine sediments, 7 - Frost transformed gray lacustrine sediments with gophers passageways, 8 - Investigated soil pits.

Table 1

Catene of Soils in the Pingo Landscape of the Bayan-Nuurin-khotnor Basin

Profile No	Soil type	Localization	Depth of permafrost	Contemporary morphogenic process
049	Initial development stadium	Deflation basin between pingo	lack to 250 cm	aeolic deflation
053, 054	Initial development stadium on fossil brown xero-saline	Accumulation basin between pingo	deeper than 200 cm	aeolic accumulation
051	Initial development stadium on fossil brown xero-saline	Parts of depression surrounding pingo	280 cm	aeolic accumulation
050	Brown xero-saline	Flat depression, lower and middle parts of pingo slope	deeper than 150 cm	lack, locally development of zoogenic terraces
048	Gray xero-saline on fossil brown xero-saline	Upper parts of pingo slope	190 cm	cryogenic and deluvial surface flow, development of zoogenic terraces
047	Gray xero-saline	Tops of pingo	125 cm	cryogenic surface flow, thermocarst, water erosion
052	Initial development stadium on fossil gray xero-saline	Tops of pingo	125 cm	aeolic accumulation and deflation

are surrounded by semicircular edges O,5 - 1,2 m from the southeast and by accumulated banks of aeolian sands O,4 - O,6 m high /Fig. 1A/. In these basins soils of the initial developing stadium /profile no O49/ are dry, in spite of the fact that, in places, the supported ground waters have already occured at a depth of 70 cm /July, 1975/. These soils are covered by xerofile steppe vegetation. On their surface there is a 1 cm thick layer of well rounded deflation gravel with a predominance of 3 - 10 mm fraction /Table 2 profile O49/.

The pingo tops are covered with gray xerosaline soils. They are formed from lake carbonate clay /table 2 profile no O47, O52/ which has fluidal cryogenic fine laminated structures

Table 2

Some physical properties of permafrost soil

Pit No	Depth in cm	Color	Specific gravity	Bulk density	Total porosity %	Grain Size in per cent				
			g/cm^3			> 2o,o mm	2o-1 mm	1,o-o,1o mm	o,1o-o,o2 mm	<o,oo2 mm
O47	o-5	2,5Y5/2	2,72	1,11	59,19	o	o	3,o	5,o	92,o
	2o-25	2,5Y6/2	2,7o	1,o9	6o,3o	o	o	1,o	6,o	93,o
	6o-65	2,5Y6/2	2,81	1,o7	61,9	o	o	5,o	11,o	84,o
	1o5-12o	5Y5/2	2,7o	•	•	o	o	2,o	8,o	9o,o
O48	o-5	2,5Y5/2	2,65	1,29	51,3	o	2,2	58,7	11,7	27,4
	5-1o	2,5Y6/3	2,67	1,37	48,6	o	1,3	57,2	1o,8	3o,6
	2o-25	1oYR5/3	2,67	1,39	47,9	o	3,6	53,o	14,5	28,9
	6o-65	1oYR5/4	2,68	1,46	45,5	o	3,6	63,6	8,7	24,1
	115-125	2,5Y4/3	2,68	•	•	o	2,4	65,4	12,7	19,5
	19o-2oo	2,5Y3/3	2,69	•	•	o	o	14,o	52,o	34,o
O5O	o-5	1oYR5/3	2,63	1,48	43,7	o	o,5	77,6	9,9	11,9
	15-2o	1oYR5/4	2,62	1,39	46,9	o	o,9	67,4	12,9	18,8
	3o-35	2,5Y6/2	2,63	1,44	45,2	o	o	57,o	21,o	22,o
	45-5o	2,5Y4/2	2,67	1,3o	51,3	o	o	18,o	37,o	45,o
O49	o	1oYR4/3	•	•	•	o,5	91,1	7,4	o,7	o,3
	o-5	1oYR4/3	2,72	1,42	47,7	o	15,8	67,4	5,1	11,8
	1o-15	1oYR6/3	2,66	1,45	45,4	o	2,7	9o,5	2,9	3,9
	5o-55	2,5Y6/4	2,7o	1,47	45,5	o	32,o	46,9	1,4	1,4
	55-6o	5Y4/3	2,65	•	•	o	7,1	89,2	o	3,7
	1oo-11o	7,5Y6/2	2,68	•	•	o	o	1,o	9,o	9o,o
O51	o-5	1oYR5/4	2,62	1,42	45,8	o	3,3	71,5	15,5	9,7
	1o-15	1oYR3/4	2,69	1,41	47,6	o	2,o	78,4	12,7	6,9
	3o-35	1oYR4/3	2,7o	1,45	46,2	o	1,o	77,2	13,9	7,9
	5o-55	1oYR4/3	2,68	1,46	45,5	o	o	39,o	37,o	24,o
	55-65	1oYR4/3	2,68	•	•	o	o	42,o	29,o	29,o
	13o-14o	2,5Y7/3	2,65	•	•	o	41,2	54,7	1,8	2,3
O52	o-5	2,5Y6-5/2	2,62	1,38	47,3	o	2,8	73,8	11,7	11,7
	1o-15	2,5Y6/2	2,68	1,12	58,2	o	o,2	9,o	7,o	83,8
	4o-45	5Y5/2	2,71	1,16	57,1	o	o,3	6,o	8,o	85,7
	5o-55	5Y5/2	2,71	•	•	o	o,2	1,o	7,o	91,8
	9o-1oo	5Y5/3	2,72	•	•	o	o	1,o	7,o	92,o
O53	o-5	1oYR5/4	2,64	1,51	42,8	o	o,8	77,4	1o,9	1o,9
	1o-15	1oYR5/2	2,67	1,5o	43,8	o	o,5	76,7	12,9	1o,o
	3o-35	1oYR5/3	2,68	1,46	45,5	o	o,5	8o,6	11,9	6,9
	5o-6o	1oYR5/3	2,67	•	•	o	o,4	78,7	11,o	1o,o
	13o-14o	2,5Y3/3	2,71	•	•	o	o,8	19,8	35,7	43,7
O54	o		2,66	•	•	o	1o,o	83,7	2,7	3,6
	o-5	1oYR5/3	2,67	•	•	o	o,7	77,5	12,9	8,6
	15-2o	1oYR5/3	2,67	•	•	o	o,4	8o,7	1o,9	8,o
	3o-35	2,5Y4/2	2,67	•	•	o	o,6	65,6	12,9	16,9
	55-6o	2,5Y5/2	2,7o	•	•	o	o,2	2o,o	36,9	42,9

/Fig. 1 B/. On the surface they have a crust with micropolygonal drying clefts and with salt efflorescences. From the southwest side there is a thermocarst caused by the melting of a shallow permafrost during the summer.

Surface water erosion as well as frost activities cause the forming of domal microrelief /Fig. 1 B/. Multy-storey systems of passageways of gophers densely populating the dry steppe are frequently encountered in these soils. Among domal upwarping covered with vegetation or sometimes with a deflation gravel layer occur elongated irregular erosional depressions and gullies to 1,5 m deep. On some of them accumulated aeolian sand and gravel can be observed. /Table 2 profile no O52, Fig. 1 B/.

In places where thermal equilibrium has been disturbed, for example in river and dead channel undercuts, thermal erosion and abrasion are proceeding. As a consequence of this water basins with a pingo outline and varying depth to 2,5 metres are being formed. They are surrounded by remnants of lower parts of pingo slopes in the form of a collar /Rotnicki, Babiński 1978/. In these basins because of freezing during the winter subaqueous cryogenic mineral soils are developing.

The physical features of the currently dominating frost and aeolian processes have been found in the profiles of the investigated soils /Table 2/. Characteristic for cryogenic soils is the low bulk density ranging from 1.07 to 1.51. Its value is decreasing with depth in soil profile /prof. O50, O52, O53/ and with increasing content of floatable fractions. The total porosity is high varying from 43% to 62% of similar regularities and is locally formed by the vegetation and the soil vertebrates /prof. O48, O49/.

The content of organic matter varies in the soil profile from 0,21% - 2,00% which is characteristic for the dominating cryogenic processes /Table 3/. But the maxima at different depths can be connected with fossil soil horizons or with migrating of peptized humic acids of fulvic type in the alcaline soil. The wider C to N ratio, in soil horizons richer in organic substances, points to the last phenomena.

Table 3

Some chemical properties of permafrost soil

Pit No	Depth cm	C %	N	C:N	pH KCl
o47	o-5	1,o7	o,o67	15,o	7,2
	2o-25	o,58	o,o48	12,1	7,3
	6o-65	o,97	o,o81	12,o	7,4
	1o5-12o	o,48	o,o56	8,6	7,3
o48	o-5	o,89	o,o78	11,4	7,4
	5-1o	o,68	o,11o	6,2	7,2
	2o-25	1,97	o,1oo	19,7	7,2
	6o-65	o,4o	o,o45	8,9	7,3
	115-125	o,33	o,o45	7,3	8,3
	19o-2oo	1,13	o,28o	4,o	8,3
o5o	o-5	o,37	o,o53	7,o	7,8
	15-2o	o,55	o,o87	6,3	7,2
	3o-35	o,34	o,o62	8,5	8,1
	45-5o	o,7o	o,o81	8,6	7,9
o49	o	o,52	o,o42	12,4	-
	o-5	o,23	o,o31	7,4	8,o
	1o-15	1,o4	o,o92	11,3	7,9
	5o-55	o,44	o,o42	1o,5	7,9
	55-6o	o,45	o,o43	1o,5	7,9
	1oo-11o	o,57	o,o59	9,7	7,1
o51	o-5	o,54	o,o55	9,8	7,6
	1o-15	o,43	o,o42	1o,2	7,4
	3o-35	o,22	o,o29	7,6	7,5
	5o-55	o,41	o,o62	6,6	7,5
	55-65	o,45	o,o59	7,6	7,3
	13o-14o	o,7o	o,o5o	14,o	7,5
o52	o-5	o,54	o,o53	1o,2	7,3
	1o-15	1,oo	o,11o	9,1	7,2
	4o-45	1,14	o,o84	13,6	7,3
	5o-55	o,57	o,o5o	11,4	7,3
	9o-1oo	o,32	o,o64	5,o	7,3
o53	o-5	o,27	o,o39	6,9	7,4
	1o-15	o,42	o,o34	12,4	7,4
	3o-35	o,38	o,o35	1o,9	7,4
	5o-6o	o,29	o,o27	1o,7	7,4
	13o-14o	o,32	o,o56	5,7	8,3
o54	o	o,44	o,o39	11,3	7,5
	o-5	o,72	o,o52	13,9	7,1
	15-2o	o,21	o,o31	6,8	7,o
	3o-35	o,4o	o,o45	8,9	6,5
	55-6o	o,77	o,o81	9,5	6,5

There are no features of humus accumulation in the soil morphology, especially in fine-grained soils. In this humus light coloured forms dominate. According to Glazovskaya /1972/ they are typical for xero-alcaline landscape poor in rainfall. In dry periods soil solutions migrate from the melting permafrost to the surface.

SUMMARY

In the Bayan-Nuurin-khotnor Basin occurs an association of active pingo forms of Holocene age. A specific soil catene with cryogenic, aeolic and xerothermic features is connected with them.

In depressions and in lower parts of pingo are formed alcalic brown xero-saline soils from non-carbonate fluvial sands. They are covered partly with gray-brown and gray aeolic sands on which dry semidesert steppe develops.

In more extensive depressions, deflation basins occur with alcalic soils of initial developing stadium. They were created of sand, in places, with ground water at 70 cm in depth.

The top parts of the pingo are covered with gray carbonate xero-saline soils. In their subsoil at a depth of 1,2 m lenses of ground ice occur.

Developed pasture intensifies aeolic and erosion processes.

Specifity of described phenomenon is the coupling of pingo association of the northern permafrost with xerothermal dry steppe and semi-desert alcaline soils of Central Asia.

REFERENCES

GLAZOVSKAYA M.A. 1972. Soils of the Earth /rush/. Moscov.

MÜLLER F. 1959. Beobachtungen über Pingos. Meddelelser om Grønland. 153 Kopenhagen. 127.

ROTNICKI K., BABIŃSKI Z. 1978. The cryogenic relief in the Bayan-Nuurin-khotnor Basin. Bull. Acad. Polon., Ser. Sci. de la Terre.

ZONAL AND REGIONAL PATTERNS OF FORMATION OF THE PERMAFROST REGION IN THE U.S.S.R.

V.A. Kudryavtsev, K.A. Kondrat'eva and N.N. Romanovskii, Moscow State University, U.S.S.R.

The most general zonal and regional patterns of occurrence of the permafrost zone can be deduced from a general geocryological regionalization map. The geocryological map on the scale 1: 25,000,000 compiled by the authors shows the regionalization of the permafrost zone: subaerial, subglacial and submarine. It was compiled as a result of a generalization of the geocryological map of the U.S.S.R. on the scale 1:2,500,000. This makes it possible to give a new gradation of the parameters of the subaerial permafrost zone, having modified the boundaries of the geocryological regions and subzones within the limits of the continent and the water area of the Polar Basin. Furthermore, it becomes possible to single out and describe the subglacial permafrost zone for the first time.

LOIS DE LA RÉPARTITION ZONALE ET RÉGIONALE DE LA ZONE DE PERGÉLISOL EN URSS

V.A. Kudryavtsev, K.A. Kondratieva, N.N. Romanovskii, Université d'État de Moscou, URSS

Les lois les plus générales de la répartition zonale et régionale de la zone de pergélisol sont dégagées à partir d'une carte à l'échelle de 1/25 000 000 indiquant la zonation du pergélisol, qui se subdivise en pergélisol subaérien, subglaciaire et sous-marin. Elle résulte d'une généralisation de la carte géocryologique de l'URSS à l'échelle de 1/2 500 000 et permet, d'une part, d'établir une nouvelle gradation des paramètres de la zone de pergélisol subaérien, après avoir précisé les limites des régions et sous-zones géocryologiques continentales et de celles du plan d'eau du bassin polaire, et, d'autre part, de définir et de caractériser pour la première fois la zone de pergélisol subglaciaire.

ЗОНАЛЬНЫЕ И РЕГИОНАЛЬНЫЕ ЗАКОНОМЕРНОСТИ ФОРМИРОВАНИЯ КРИОЛИТОЗОНЫ СССР

В.А. Кудрявцев, К.А. Кондратьева, Н.Н. Романовский
Московский гос. университет, СССР

Наиболее общие зональные и региональные закономерности распространения криолитозоны выявляются на основе карты обзорного геокриологического районирования. Представленная в работе геокриологическая карта масштаба 1 : 25 000 000 является картой районирования криолитозоны: субаэральной, субгляциальной и субмаринной. Она составлена в результате генерализации геокриологической карты СССР масштаба 1 : 2500 000, что позволяет по-новому дать градации параметров субаэральной криолитозоны, уточнив границы геокриологических областей и подзон в пределах континента и акватории полярного бассейна, впервые выделить и охарактеризовать субгляциальную криолитозону.

ЗОНАЛЬНЫЕ И РЕГИОНАЛЬНЫЕ ЗАКОНОМЕРНОСТИ ФОРМИРОВАНИЯ КРИОЛИТОЗОНЫ СССР

В.А. Кудрявцев, К.А. Кондратьева, Н.Н. Романовский

Московский государственный университет, геологический факультет, СССР

Под криолитозоной понимается толща горных пород с непрерывно нулевой или отрицательной температурой в течение ряда (не менее трех) лет. Чтобы рассмотреть главные черты криолитозоны и понять основные закономерности ее формирования и в связи с этим распространения в пределах территории СССР, необходимо выполнить геокриологическое районирование. Под последним понимается выделение участков земной коры, различающихся между собою условиями формирования, распространения и строения криолитозоны. Каждая единица районирования имеет свои значения качественных и количественных характеристик, выбранных в качестве признаков районирования. Эти характеристики должны быть наиболее типичными в пределах выделяемой единицы районирования, т.е. они должны быть преобладающими по условиям формирования и развития. Геокриологическое районирование является сложным, так как оно должно учитывать зависимость формирования характеристик криолитозоны от геологических, геоморфологических, климатических, палеогеографических, теплофизических и других природных условий. Районирование криолитозоны отражает позиции регионального мерзлотоведения на период составления обзорной карты криолитозоны.

При этом необходимо указать на два принципиально разных по методике подхода к районированию криолитозоны.

Первый заключается в том, что районирование проводится сразу на картах обзорных (1:10 000 000 и мельче) масштабов при их составлении, путем обобщения и анализа имеющегося фактического материала, интерпретируемого с позиций регионального мерзлотоведения.

Второй – это районирование, проводимое на геокриологических картах более крупного масштаба с целью обобщения фактического материала под определенным углом зрения и выявления общих зонально-региональных закономерностей формирования криолитозоны.

Главной задачей геокриологического районирования является отражение широтно-зональных и высотно-поясных условий теплообмена с региональной геолого-географической обстановкой, дающих возможность выяснения закономерностей формирования и развития криолитозоны. Поэтому при районировании криолитозоны определение принципов выделения территориальных единиц и установление их границ должно осуществляться на основе учета региональных и зонально-поясных закономерностей формирования геокриологических условий при помощи факторного анализа. В качестве факторов природной обстановки, влияющих на развитие криолитозоны и ее современное состояние, выступают такие составляющие, как современный климат и его изменения в кайнозое, рельефообразование и осадконакопление в новейшее время, ландшафтные условия и их изменение за этот период, криогенное преобразование горных пород и подземных вод, изменение уровня теплообмена на поверхности земли и его связь с направленностью и периодичностью изменения климата и т.д. В связи с этим геокриологическое районирование должно опираться на геологическое, геоморфологическое, неотектоническое, геоботаническое и климатическое районирования, рассматриваемые с позиций закономерностей формирования криолитозоны. Такая увязка возможна путем составления общей зональной и региональной классификации геокриологических условий области распространения многолетнемерзлых горных пород. Однако к настоящему времени такой полностью разработанной классификации еще нет, хотя имеются детальные и обобщенные классификации отдельных сторон формирования геокриологических условий. В качестве такой общерегиональной классификации области криолитозоны можно рассматривать смысловую часть легенды Геокриологической карты СССР масштаба 1:2 500 000, позволившей впервые показать на всей территории СССР закономерности формирования геокриологических условий в виде сочетания совокупностей основных геокриологических характеристик и основных факторов и условий природной среды.

Карты районирования криолитозоны СССР, составленные по первому из указанных выше методов, явились первыми геокриологическими картами на заре развития учения о мерзлых горных породах. Первые карты районирования, составленные М.И. Сумгиным (1927, 1937), С.Г. Пархоменко (1937), В.Ф. Тумелем (1946), являлись преимущественно картами распространения вечной мерзлоты. Однако при весьма ограниченном количестве фактических данных эти карты в целом верно отражали широтную зональность в распространении мерзлых толщ.

Последующее накопление фактического материала о мерзлой зоне литосферы, связанное с освоением пространств Сибири и Дальнего Востока, а также дальнейшая разработка регионального мерзлотоведения потребовали составления новых, более усовершенствованных карт. Поэтому карты геокриологического районирования стали составляться на схематизированной комплексной природной основе, отражающей формирование толщ как результат теплообмена в определенных географических и геологических условиях.

Этим условиям отвечала карта мерзлотно-температурного районирования В.А. Кудрявцева (1954), составленная на основе: а) учета тесной зависимости геокриологических условий и геолого-географической обстановки, б) установления не только качественной, но и количественной оценки этих взаимосвязей, в) выявления влияния каждого фактора природной среды на формирование среднегодовой температуры пород, связывающей теплофизическую сторону криогенного процесса с геолого-географической. Такой подход дал возможность выделить природные и мерзлотно-температурные зоны, принадлежащие к определенным геолого-геоморфологическим провинциям и климатическо-геоботаническим зонам и отличающиеся по распространению, среднегодовым температурам и мощностям мерзлых толщ. Таким образом, на этой карте в схематизированном виде была отражена региональная классификация многолетнемерзлых толщ, а также заложены закономерности формирования геокриологических условий, которые в дальнейшем открыли принципиальную возможность геокриологического прогнозирования. По этому пути пошла дальнейшая разработка вопросов геокриологической съемки и картирования на кафедре мерзлотоведения МГУ.

В последующие годы был составлен ряд карт районирования, в основу которых были положены различные комплексные и частные геокриологические признаки. При этом необходимо отметить, что поскольку криолитозона является сложной материальной природной системой, сингенетически или эпигенетически сформировавшейся в определенных горных породах при определенных климатических и ландшафтных условиях и развивающейся в плейстоцене и голоцене, постольку каждая сторона взаимосвязей криолитозоны и природной среды требует особого изучения и является предметом и признаком районирования. При этом все направления классифицирования и районирования криолитозоны являются генетическими, какую бы сторону взаимосвязи они не отражали и через какие характеристики криолитозоны они не проявлялись.

В 1956 г. П.Ф. Швецов ввел понятие о геокриологической формации как основе для геокриологического районирования. Определив ее как "типичную" для данного участка, района, области мерзлую толщу земной коры, сравнительно однородную по составу, строению, температуре, мощности, глубине залегания от поверхности почвы, степени и характеру прерывистости в пространстве, водоносности и водопроницаемости горных пород" (с.29), П.Ф. Швецов ввел такую единицу районирования, характеристики которой в любом масштабе от обзорного до планового можно прочитать только в таблице, а не на самом поле карты. Этот подход как принцип геокриологического районирования в силу множественности заложенных в него характеристик криолитозоны, закономерности формирования которых невозможно проследить по связи с изменением природной среды, не получил широкого развития. Вместе с тем такой подход всеми исследователями применялся еще ранее, начиная с М.И. Сумгина, В.Ф. Тумеля, В.К. Яновского, В.А. Кудрявцева и др. Он применяется и в настоящее время, с одной стороны, как основа ландшафтного микрорайонирования при геокриологической съемке и является вспомогательным для основного- геокриологического, а с другой – как основа обобщающего районирования, при котором геокриологические условия выделенных на карте детальных подразделений генерализованы в более крупные системы под каким-то определенным углом зрения, например, с позиций зональных закономерностей формирования криолитозоны или связи гидрогеологических структур и криолитозоны, или инженерно-геологической оценки структурно-геологических подразделений криолитозоны и др.

Поэтому районирование криолитозоны целесообразно выполнять на основе таких генетических классификаций, которые, с одной стороны, давали бы возможность проследить на карте закономерности многолетнего промерзания пород, с другой – через основные геокриологические параметры давали бы возможность при районировании выразить общие зональные и региональные закономерности теплообмена горных пород с атмосферой.

В этом направлении вслед за В.А. Кудрявцевым принципы районирования развивали И.Я. Баранов, А.И. Попов, П.И. Мельников, А.И. Калабин и др.

И.Я. Барановым в 1960 г. была издана первая "Геокриологическая карта СССР" в масштабе 1:10 000 000, обобщившая накопленный к тому времени фактический материал и отразившая уровень развития представлений о характере криолитозоны СССР. Карта построена на схематизированной геологической основе с обобщенным отражением в виде изолиний для плакорных условий зональных и (в меньшей степени) региональных признаков криолитозоны – распространения, мощности, среднегодовых температур мерзлых толщ. Обобщенно показаны также криогенные и посткриогенные образования. Кроме того, И.Я. Барановым выделены на карте и охарактеризованы в тексте шесть геокриологических зон, причем две из них – океанические. В новой Геокриологической карте СССР, составленной И.Я. Барановым в 1973 г. в масштабе 1:5 000 000, продолжено развитие представлений, лежащих в основе предыдущей карты.

А.И. Попов, развивавший криолитологическое направление в районировании, составил "Карту мерзлотно-геологических районов области вечной мерзлоты в СССР" (1958) и карту "Вечная мерзлота СССР" (1962), отражающую типы подземного льда в масштабе 1:20 000 000, "Схематическую карту криогенных горных пород Западной Сибири" в масштабе 1:5 000 000 (1959) и ряд других.

Значительное число карт районирования составлено на отдельные регионы криолитозоны СССР. Так, А.И.Калабиным (1960) опубликована в "Мерзлотно-гидрогеологическая карта Северо-Востока СССР" в масштабе 1:10 000 000; П.И. Мельниковым (1970) – "Схематическая геокриологическая карта Якутской АССР" впервые составленная в масштабе 1:5 000 000; В.В. Баулиным с соавторами (1967,1972) – ряд схематических геокриологических карт Западной Сибири в масштабе 1:10 000 000 – 1:5 000 000; И.А. Некрасовым (1970) – "Карта геокриологического районирования СССР" в масштабе 1:20 000 000; С.М. Фотиевым с соавторами (1974) – "Схематическая геокриологическая карта Средней Сибири" в масштабе 1:7 500 000 и многие другие.

Интенсивное освоение области криолитозоны за последнее десятилетие привело к накоплению обширного фактического материала, с одной стороны, и к необходимости его научного осмысливания и составления более детальных карт криолитозоны, удовлетворяющих растущие требования народного хозяйства, – с другой стороны. Поэтому за последнее десятилетие составлен и опубликован целый ряд различных общих и тематических карт на отдельные районы криолитозоны в масштабе 1:2 500 000 – 1:5 000 000.

Представленная в докладе новая карта районирования криолитозоны СССР в масштабе 1:25 000 000 составлена путем генерализации "Геокриологической карты СССР" масштаба 1:2 500 000 и дает наглядное представление о зональных и региональных особенностях теплообмена в пределах криолитозоны.

Карта районирования криолитозоны освещает три основных ее признака, установленных при анализе зональных особенностей теплообмена в конкретных геолого-географических условиях: 1) распространение многолетнемерзлых толщ по степени прерывистости по площади и глубине, 2) характер изменения уровня теплообмена в горных породах через наиболее характерные для выделения широтных и высотных зон среднегодовые температуры пород, 3) мощность криолитозоны. Закономерности формирования этих характеристик устанавливались при картировании геокриологических условий в масштабе 1:2 500 000 на основе применения факторного анализа, когда определялась и учитывалась зависимость геокриологических параметров от геологического строения, истории геологического развития, гидрогеологических и глубинных геотермических условий, а также от комплекса ландшафтно-геоморфологических и климатических условий на поверхности, в соответствии с анализом которых и выполнялось картирование.

При составлении данной обзорной карты признаки взаимной обусловленности криолитозоны, геологической, морфоструктурной и ландшафтной среды, составляющие принципиальную особенность Геокриологической карты масштаба 1:2 500 000, были существенно генерализованы. Это сделало более ярким обобщенные регионально-зональные закономерности теплообмена горных пород с атмосферой. В конечном итоге на обзорной карте выделились подразделения территории, обусловленные широтной зональностью прихода лучистой энергии Солнца, распределением материковой суши и океанов, определяющих степень континентальности теплообмена, и рельефом земной поверхности, наряду с другими поверхностными условиями, определяющими уровень теплообмена в пределах крупных орографических подразделений.

По характеру залегания к поверхности, где происходит теплообмен между атмосферой и почвой, и особенностям отдельных частей разреза по возрасту и особенностям криолитозоны, связанным с геологическими и палеогеографическими условиями их развития, составлена схема подразделения криолитозоны (рис. 1), положенная в основу представленной карты (рис. 2) и дальнейшего описания в докладе.

На схеме рис. 1 видно, что вся криолитозона подразделяется на три части: 1) криолитозона, развитая в пределах континентальной суши - субаэральная, 2) криолитозона, развитая под ледниковыми покровами - субгляциональная и 3) криолитозона, развитая под морями и океанами - субмаринная. Субаэральная криолитозона в свою очередь подразделяется на голоценовую и голоцен-плейстоценовую, залегающую под слоем сезонного оттаивания, плейстоценовую реликтовую, залегающую на некоторой глубине от поверхности, превышающей слой сезонного промерзания пород. Криогенный возраст толщ, обобщенно указанный в классификации, дифференцирован на Геокриологической карте СССР масштаба 1:2 500 000. Дальнейшее подразделение субаэральной криолитозоны идет по признаку наличия льда (многолетнемерзлые толщи горных пород) или охлажденных ниже 0°С пород с солеными и рассольными водами (криопэгами). В пределах субмаринной криолитозоны выделяется шельфовая зона с реликтовыми плейстоценовыми мерзлыми толщами и голоценовыми охлажденными ниже 0°С толщами с криопэгами, и глубинная океаническая зона с плейстоценовыми криопэгами.

Детальнее в докладе охарактеризована субаэральная криолитозона, изучение которой в пределах СССР ведется большим отрядом исследователей уже более 40 лет.

Субаэральный тип континентальной криолитозоны является наиболее распространенным, так как связан с современными условиями теплообмена на поверхности земли и охватывает северо-восток Европейской части СССР, Западную и Среднюю Сибирь, Северо-Восток и Восток СССР, Предбайкалье и Забайкалье, а также высокогорные районы юга СССР. В связи с тем, что характер теплообмена на поверхности земли связан с такими факторами, как состав, строение и свойства пород, снежный и растительный покровы, летние осадки и инфильтрация, заболоченность и условия стока дождевых вод и т.д., субаэральная криолитозона по степени их воздействия и типу температурного режима подразделяется на две области: область с переходным и полупереходным типом теплообмена (южную) и область с устойчивым, длительно-устойчивым, арктическим и полярным типом теплообмена (северную). Такие типы температурного режима выделены В.А. Кудрявцевым (Достовалов, Кудрявцев, 1967) при классификации сезонного промерзания и оттаивания пород по связи с устойчивостью к переходу температур через 0°С.

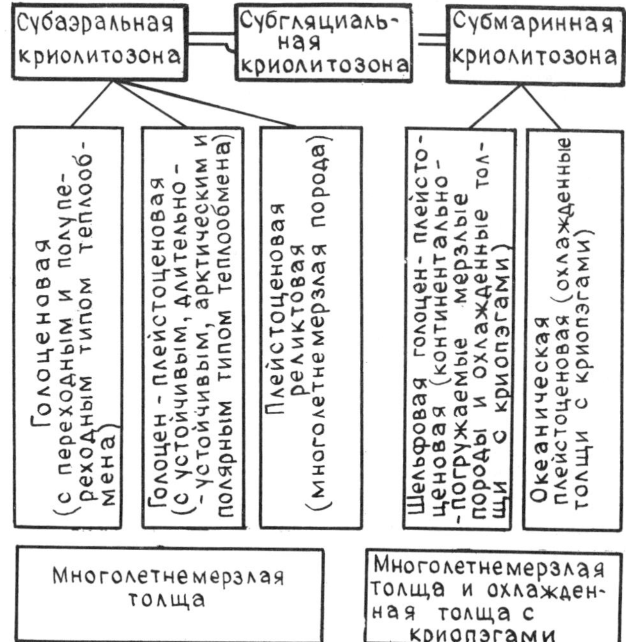

Рис. 1. Схема подразделения криолитозоны для геокриологической карты масштаба 1:25 000 000

Наибольшей пестротой и динамичностью характеризуется **южная геокриологическая область**, в пределах которой выделены 4 зоны по преобладающему уровню теплообмена и типу распространения мерзлых толщ, определяемому по соотношению площади, занятой многолетнемерзлыми породами, и площади всей зоны. В направлении с юга на север, а в горных районах с высотой выделены: 1) зона глубокого зимнего промерзания и перелетков мерзлых толщ, возникающих в неблагоприятные по условиям теплообмена на поверхности годы, 2) зона редкоостровного (от 5 до 30% площади занимают мерзлые породы), 3) зона островного (мерзлые толщи занимают от 40 до 60% площади зоны) и 4) зона массивно-островного (мерзлых толщ от 70 до 90%) распространения многолетнемерзлых толщ.

Развитые в зоне редкоостровного распространения голоценовые и современные многолетнемерзлые породы преимущественно эпигенетического типа промерзания характеризуются термодинамически неустойчивым температурным режимом. Температуры мерзлых пород в этой зоне формируются преимущественно в интервале от 0 до $-0{,}5^{\circ}$, реже -1°С и связаны в основном с органогенными и органоминеральными супесчано-суглинистыми грунтами, приуроченными к заболоченным понижениям на водоразделах и в долинах, а также к склонам северных экспозиций.

В зоне островного распространения мерзлых толщ их среднегодовые температуры имеют преимущественные значения от 0 до -1°, реже -2°С (юг Средней Сибири) и связаны как с органогенными и органоминеральными грунтами (Север Европейской части и Западная Сибирь), так и с минеральными супесчано-суглинистыми породами в долинах и на водоразделах. Формирование мерзлых толщ в этой зоне определяется современным комплексом условий природной среды, суммарное влияние которых при сложении благоприятных теплоизолирующих и инфильтрационных условий приводит к формированию талого состояния пород, при неблагоприятных - к мерзлому.

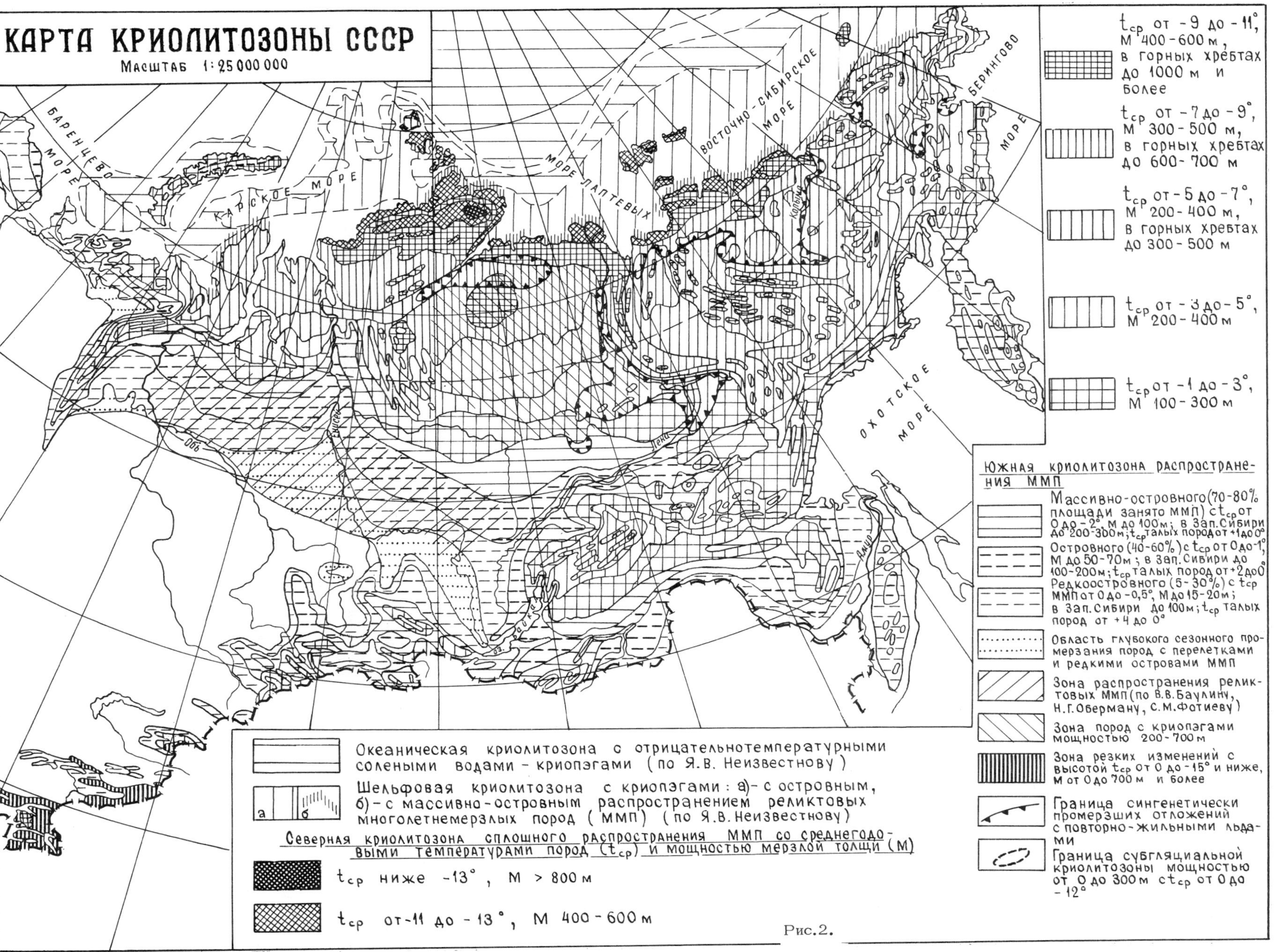
КАРТА КРИОЛИТОЗОНЫ СССР
Масштаб 1:25 000 000
БАРЕНЦЕВО МОРЕ
КАРСКОЕ МОРЕ
МОРЕ ЛАПТЕВЫХ
ВОСТОЧНО-СИБИРСКОЕ МОРЕ
БЕРИНГОВО МОРЕ
ОХОТСКОЕ МОРЕ
Обь
Енисей
Лена
Колыма
Амур
t_{cp} от -9 до -11°, М 400-600 м, в горных хребтах до 1000 м и более
t_{cp} от -7 до -9°, М 300-500 м, в горных хребтах до 600-700 м
t_{cp} от -5 до -7°, М 200-400 м, в горных хребтах до 300-500 м
t_{cp} от -3 до -5°, М 200-400 м
t_{cp} от -1 до -3°, М 100-300 м
Южная криолитозона распространения ММП
Массивно-островного (70-80% площади занято ММП) с t_{cp} от 0 до -2°, М до 100 м; в Зап. Сибири до 200-300 м; t_{cp} талых пород от +1 до 0°
Островного (40-60%) с t_{cp} от 0 до -1°, М до 50-70 м; в Зап. Сибири до 100-200 м; t_{cp} талых пород от +2 до 0°
Редкоостровного (5-30%) с t_{cp} ММП от 0 до -0,5°, М до 15-20 м; в Зап. Сибири до 100 м; t_{cp} талых пород от +4 до 0°
Область глубокого сезонного промерзания пород с перелетками и редкими островами ММП
Зона распространения реликтовых ММП (по В.В. Баулину, Н.Г. Оберману, С.М. Фотиеву)
Зона пород с криопэгами мощностью 200-700 м
Зона резких изменений с высотой t_{cp} от 0 до -15° и ниже, М от 0 до 700 м и более
Граница сингенетически промерзших отложений с повторно-жильными льдами
Граница субгляциальной криолитозоны мощностью от 0 до 300 м с t_{cp} от 0 до -12°
Океаническая криолитозона с отрицательнотемпературными солеными водами - криопэгами (по Я.В. Неизвестнову)
Шельфовая криолитозона с криопэгами: а) - с островным, б) - с массивно-островным распространением реликтовых многолетнемерзлых пород (ММП) (по Я.В. Неизвестнову)
Северная криолитозона сплошного распространения ММП со среднегодовыми температурами пород (t_{cp}) и мощностью мерзлой толщи (М)
t_{cp} ниже -13°, М > 800 м
t_{cp} от -11 до -13°, М 400-600 м

Рис.2.

Промерзание рыхлых отложений сингенетического типа может сопровождаться заболачиванием, эпигенетических коренных в трещиноватых зонах - распучиванием. При оттаивании мерзлых пород развиваются просадки, термокарст и другие процессы. К границе зоны массивно-островного распространения сплошность мерзлых массивов увеличивается, а температуры мерзлых пород в основном понижаются до -2°С. В этой зоне талое состояние пород связано с наличием трещиноватых зон в коренных породах и с песчаными массивами, благоприятными для инфильтрации летних осадков как в долинах, так и на водоразделах, а также с большой мощностью снежного покрова на этих участках.

Мощности распространенных под слоем сезонного оттаивания мерзлых толщ в южной области формируются в соответствии с существующими природными условиями и преимущественно укладываются в пределы до 15-20 м при редкоостровном, от 50 до 100 м при островном и от 100 до 150 м при массивно-островном распространении.

Зоны южного типа теплообмена по долинам таких больших рек как Обь, Енисей, Лена проникают далеко в пределы области сплошного распространения многолетнемерзлых толш и являются азональными для плакорных условий теплообмена окружающих районов криолитозоны. Развитие азональных геокриологических условий в таких долинах обусловлено их историей развития в кайнозое и современными условиями теплообмена, благоприятными для формирования талых и высокотемпературных мерзлых толщ.

Особенности формирования геокриологических условий в горах Средней Азии, Казахстана и Кавказа в пределах зон с характерным для южной области типом теплообмена связаны с высотной дифференциацией формирующих мерзлоту факторов. Так появление островов и массивов мерзлых толщ в горах приурочено к крупнообломочным осыпям и каменным развалам на крутых (более 35°) малоснежных склонах северной экспозиции, на высотах от 1500 до 3000 м (Горбунов, 1974) Сплошное распространение многолетнемерзлых толщ с температурами ниже -1, -3°, по А.П. Горбунову (1974), характерно для горных хребтов высотой от 3000-4500 м и выше, в зависимости от экспозиции, крутизны и общей морфоструктуры горных областей.

С е в е р н а я   г е о к р и о л о г и ч е с к а я   о б л а с т ь охватывает территорию с преимущественно сплошным развитием многолетнемерзлых толщ с поверхности. По южной периферии области выделена зона, в пределах которой местами развито массивно-островное распространение, однако талики большей частью являются несквозными. Среднегодовые температуры пород в этой зоне в основном укладываются в интервал от -1 до -3°С. Их формирование связано с влиянием континентальности климата и довольно благоприятных условий теплообмена на поверхности. Их совместное влияние в конкретных региональных условиях зоны приводит к преимущественному формированию многолетнемерзлых толщ, мощностью от 100 до 300 м. На участках трешиноватых зон и песчаных массивов, инфильтрующих летние осадки, а также под крупными реками и озерами сплошность мерзлых толщ нарушается талыми породами, занимающими от 5 до 15% площади зоны. Зона сплошного распространения многолетнемерзлых толш с температурами от -3 до -15°С и ниже по уровню теплообмена подразделяется на карте на подзоны с интервалом температур в 2°С. Подразделение типов температурного режима в качестве признака выделения зон с градациями через 5°С было ранее обосновано В.А. Кудрявцевым (1954). Анализ имеющегося фактического материала, проведенный при составлении Геокриологической карты СССР масштаба 1:2 500 000, позволил выделить геокриологические зоны с преобладающими среднегодовыми температурами пород от -3 до -5°, от -5 до -7°, от -7 до -9°, от -9 до -11°, от -11 до -13°, от -13 до -15° и ниже -15°С. Такое выделение зон достаточно четко характеризует основные широтно-зональные и высотно-поясные особенности теплообмена, проявляющиеся в определенных региональных (геолого-структурных, геоморфологических и ландшафтно-климатических условиях.

Для этих зон характерно развитие мощных мерзлых толш, сформировавшихся в плейстоцене и формирующихся в настоящее время, и наличие таликов только под крупными водоемами, реками и в местах разгрузки подземных вод. Наиболее низкие среднегодовые температуры пород от -13 до -15° и ниже формируются на вершинах горных хребтов Бырранга на Таймыре, на незанятых ледниками участках суши островов архипелага Северная Земля и на Новосибирских островах, на вершинах высоких хребтов в Северном Забайкалье и особенно на Памире и Тянь-Шане. Среднегодовые температуры пород от -9 до -13° формируются в горах Путорана, в горных и внутренних частях Таймыра, на гребнях Верхоянского и Черского хребтов, хребтов Памира и Тянь-Шаня, а также на северных Приморских низменностях, сложенных плейстоценовыми и голоценовыми толщами с мощными повторно-жильными льдами.

Мощность и строение криолитозоны области сплошного распространения прямой связи с современными климатическими условиями не имеют, а зависят от времени их формирования и степени изменчивости термодинамических условий за период их развития. Все это в свою очередь существенно зависит от палеогеографических условий, геологического строения, состава и влажности пород, геоморфологических и гидрогеологических условий и потока тепла из недр Земли: последний существенно определяется возрастом геологических структур и увеличивается от древних структур к молодым. Поэтому тенденция увеличения мощности криолитозоны в области сплошного распространения к северу, а в горных - с высотой осложняется рядом других влияний (наличием реликтовых мерзлых толщ и охлаждаемых ниже 0°С пород с криопэгами).

Мощность криолитозоны зависит от времени ее формирования, поэтому в пределах полосы голоценовых морских террас мощность многолетнемерзлых толщ не превышает 100-200 м на Европейском Северо-Востоке СССР и 200-300 м на севере Сибири. Они примыкают к более древним плейстоценовым поверхностям разного генезиса, где мощность мерзлых толщ достигает 500-700 м.

В горных районах мощность криолитозоны может существенно увеличиваться благодаря влиянию вертикальной геокриологической поясности температуры пород, большой поверхности охлаждения расчлененных горных массивов, высокой степени дренированности пород и их большой теплопроводности в период промерзания. В связи с этим мощность криолитозоны в пределах высоких частей горных хребтов на 200-300 м превышает мощность, преобладающую в выделенной на карте геокриотемпературной зоне. В горах Северного Забайкалья мощность криолитозоны достигает 1200-1300 м, несмотря на южное положение этого района.

Вертикальная ярусность криолитозоны южной половины Средней Сибири обусловлена залеганием над мерзлыми породами толщи охлажденных ниже 0°С пород, содержащих соленые и рассольные воды. Вследствие этого ее мощность в пределах палеозойского чехла Средне-Сибирской платформы достигает 800-1500 м, увеличиваясь от южной границы области сплошного распространения к Анабарскому щиту.

Там, где зона пресных и солоноватых вод превышает глубину многолетнего промерзания, ярус многолетнемерзлых пород представляет собою весь разрез криолитозоны и практически совпадает с нулевой геоизотермой, как, например, в Верхояно-Чукотской горноскладчатой области, в артезианских бассейнах большей части Западно-Сибирского и восточной части Якутского. Криолитозона древних щитов (Анабарского, Алданского) представлена двумя ярусами: верхним, приуроченным к зоне экзогенной трещиноватости и сложенным многолетнемерзлыми породами, и нижним, приуроченным к нетрещиноватым морозным породам с жильной водопроводимостью. Криолитозона Анабарского щита в среднем составляет 700-900 м, колеблясь от 600 до 1500 м в зависимости от особенностей рельефа, состава пород и глубинных тектонических зон (Якупов и др., 1976).

По типу промерзания среди преобладающих эпигенетических многолетнемерзлых толщ выделены районы с преимущественно сингенетическими мерзлыми отложениями, развитыми с поверхности.

Сингенетически промерзшие отложения разного генезиса и возраста слагают верхнюю часть разреза мерзлых толщ мощностью от 1-2 до 50-100 м, содержат обычно повторно-жильные льды и имеют равномерно распределенные по разрезу слоистые криогенные текстуры. Льдистость сингенетически промерзших толщ часто достигает 70-95% от объема породы. Эти отложения приурочены главным образом к низким аккумулятивным равнинам, а в горах и на плоскогорьях - к долинам рек и межгорным мезо-кайнозойским впадинам. На равнинах, сложенных сингенетически промерзшими толщами, широко развит озерный термокарст, термоабразия, термоэрозия, морозобойное растрескивание, повторно-жильное льдообразование и др. За счет абразии этих отложений голоценовым морем у северных берегов Сибири сформировался обширный шельф.

В пределах плоскогорий, горноскладчатых областей, денудационных равнин распространены главным образом эпигенетически промерзшие скальные и полускальные мерзлые и морозные породы. Для них характерны унаследованные (трещинные, трещинно-жильные, трещинно-карстовые и др.) криогенные текстуры и относительно небольшая льдистость, уменьшающаяся с глубиной. Широкое развитие имеют криогенные склоновые процессы, выпучивание каменного материала, а в долинах и впадинах горноскладчатых областей - образование наледей.

На Западно-Силирской низменности, севере Средней и Восточной Сибири, Анадырской низменности широко развиты эпигенетически промерзшие рыхлые песчано-глинистые толщи озерно-аллювиального, ледникового, водно-ледникового и морского генезиса, криогенное строение и льдистость которых изменяются в больших пределах. Наибольшую объемную льдистость (до 40-60%) имеют приповерхностные (до нескольких десятков метров) горизонты пород; молодые отложения обладают более высокой льдистостью, чем древние, уплотненные и диагенетически измененные; с промерзанием водоносных горизонтов в рыхлых толщах связано формирование мощных (до 10 м и более) сегрегационных и инъекционных льдов. Для этих территорий также характерны термокарст, процессы пучения и морозобойного растрескивания.

Реликтовые плейстоценовые толщи многолетнемерзлых пород развиты на Европейском Северо-Востоке СССР (Оберман, 1974), в Западной Сибири (Земцов, 1958; Баулин, 1962 и др.) и на юге Средней Сибири (Фотиев и др. 1974) в пределах южной области массивно-островного, островного и редкоостровного распространения мерзлых толщ. Реликтовый слой мерзлых пород мощностью до 200-300 м залегает на глубинах от 80-100 до 200-250 м от поверхности и характеризуется близкой к 0°С отрицательной температурой. На участках, где с поверхности развиты голоценовые мерзлые породы, имеет место двуслойная мерзлая толща. В Западной Сибири южная граница распространения реликтовых мерзлых толщ проходит на 2-3° южнее, чем современных. При смыкании современных и плейстоценовых мерзлых толщ на границе южной и северной геокриологических областей происходит резкое увеличение мощности мерзлых толщ (Оберман, 1974; Фотиев и др., 1974). На Северо-Востоке Европейской части СССР и в Средней Сибири современная граница мерзлых толщ находится южнее, чем реликтовых, и ширина полосы двуслойных мерзлых толщ невелика.

Субгляциальная криолитозона развита в горах под ледниками и под ледниковыми покровами на арктических островах бассейна Северного Ледовитого океана, архипелагов Новая Земля, Земля Франца-Иосифа, Северная Земля, о. Шмидта, о. Ушакова, о. Бенета. Формирование субгляциальной криолитозоны связано с мощностью ледниковых покровов, с характером температурного режима в слое годовых колебаний температур и с теплопотоком из недр Земли к подошве ледников, связанным с типом геологической структуры и ее неотектоническим развитием.

Арктические острова в геокриологическом отношении охарактеризованы впервые при составлении Геокриологической карты СССР масштаба 1 : 2 500 000. На этой карте, а также на приведенной в данном докладе карте районирования, выделены геокриологические зоны с уровнем теплообмена на ледниковых покровах от -1 до -3°С на ледниковом щите Новой Земли, от -3 до -11° на ледниковых куполах Земли Франца-Иосифа и от -5 до -15°С на ледниковых куполах Северной Земли. При указанном режиме среднегодовых температур в подошве слоя годовых колебаний ледников и преобладающих мощностях покровов от 200-300 до 500-600 м, расчеты температур на подошве ледников при значениях градиентов к их подошве в 1°/100 м и 2°/100 м показали, что под ними развиты преимущественно мерзлые породы с температурами от 0° (Северный остров Новой Земли, о. Земля Александры и о. Земля Георга архипелага Земля Франца-Иосифа) до -11°С (о. Гукера архипалага Земля Франца-Иосифа и др.,). Мощности мерзлых и охлажденных ниже 0°С пород с солеными водами под ледниковыми покровами в зависимости от перечисленных выше условий предположительно составляют 100-400 м.

Субмаринная криолитозона, охватывающая дно примыкающих с севера морей, разделяется на шельфовую и глубинную океаническую зоны. Криогенные преобразования пород шельфовой зоны возникли на суше, главным образом в пределах аккумулятивных равнин, а позже в связи с трансгрессией погрузились под уровень моря. Самые верхние высокольдистые горизонты отложений были переработаны морем, среднегодовая температура донных отложений повысилась до -1,9, -0,7°С, лед в верхних горизонтах пород был растворен и замещен морской водой. В результате этого образовался ярус пород с солеными водами, ниже которого залегает реликтовая мерзлая толща, деградирующая как сверху, так и снизу за счет внутриземного тепла. Степень деградации зависит от времени погружения под уровень моря. Мощность криолитозоны благодаря этому уменьшается, а прерывистость мерзлых толщ увеличивается от побережья в сторону акватории. В отмельной части шельфа имеют место сезонное промерзание и сезонное протаивание пород и локально формируются прибрежно-морские сингенетически мерзлые отложения. Вблизи устьев крупных рек мерзлые породы отсутствуют или распространение их носит островной характер.

Глубинная океаническая криолитозона представлена насыщенными морской водой породами с температурой до -0,7°С. Она занимает, видимо, большую часть впадины

Арктического бассейна и характеризуется мощностью в несколько десятков метров.

В заключение необходимо отметить, что районирование криолитозоны в обзорных масштабах позволяет обобщать основные характеристики геокриологических условий с целью отражения наиболее общих зональных и региональных закономерностей их формирования. Рассмотренная карта районирования криолитозоны может использоваться как географическая основа распространения положений СНИПов, составляемых для области развития многолетнемерзлых пород.

ЛИТЕРАТУРА

БАУЛИН В.В. 1962. Основные этапы истории развития многолетнемерзлых пород на территории Западно-Сибирской низменности. - Труды Ин-та мерзлотоведения им. В.А. Обручева, т.19. М., Изд-во АН СССР, с 5-18.

БАРАНОВ И.Я. 1960. Геокриологическая карта СССР. Масштаб 1 : 10 000 000. Пояснительная записка. М., 48 с.

ГОРБУНОВ А.П. 1974. Пояс вечной мерзлоты Тянь-Шаня. Автореферет докт.дисс. М., 33 с.

ДОСТОВАЛОВ Б.Н., КУДРЯВЦЕВ В.А. 1967. Общее мерзлотоведение. Изд-во МГУ, с. 235-278.

ЗЕМЦОВ А.А. 1958. О распространении многолетнемерзлых горных пород в Западной Сибири. - "Науч.докл. Высш. шклоы. Геол.-геогр. науки", № 3 с. 43-49.

КАЛАБИН А.И. 1960. Вечная мерзлота и гидрогеология Северо-Востока СССР. - Труды ВНИИ-1 т.18, Магадан, 471 с.

КУДРЯВЦЕВ В.А. 1954. Температура верхних горизонтов вечномерзлой толщи в пределах СССР. М., Изд-во АН СССР, 183 с.

МЕЛЬНИКОВ П.И. 1970. Схематическая геокриологическая карта Якутской АССР. Масштаб 1 : 5000000. - В кн.: Гидрогеология СССР, т.XX, Якутская АССР. М., "Недра",

НЕИЗВЕСТНОВ Я.В., ОБИДИН Н.И., ТОЛСТИХИН Н.И., ТОЛСТИХИН О.Н. 1971. Гидрогеологическое районирование и гидрогеологические условия советского сектора Арктики. - В кн.: Геология и полезные ископаемые севера Сибирской платформы, Л., с. 92-105.

НЕКРАСОВ И.А. 1970. Новые данные об особенностях строения и площади развития криолитозоны в пределах территории СССР. - "Докл.АН СССР", т.194, № 3, с. 643-646.

ОБЕРМАН Н.Г. 1974. Региональные особенности мерзлой зоны Тимано-Уральской области. - "Изв. Высших учебн.заведений. Геология и разведка". № 11, с. 98-103.

ПАРХОМЕНКО С.Г. 1937. Схематическая карта районов мерзлоты и глубокого промерзания почвы в СССР. - Труды ЦНИИ геодез. аэрофотосъемки и картогр., вып.16, с. 18-24.

ПОПОВ А.И. 1958. Мерзлотно-геологическое районирование области вечной мерзлоты в СССР. - "Информ. сборник о работах по междунар.геофиз. году геогр. ф-та МГУ". М., № 1, с. 239-264.

ПОПОВ А.И. 1959. Четвертичный период в Западной Сибири. В кн.: Ледниковый период на территории Европейской части СССР и Сибири. Изд-во МГУ, с. 88-102.

ПОПОВ А.И. 1962. Вечная мерзлота. - В кн.: Атлас Иркутской области. Москва-Иркутск с. 36.

СУМГИН М.И. 1927. Вечная мерзлота почв в пределах СССР. Владивосток с. 372.

СУМГИН М.И. 1937. Вечная мерзлота почв в пределах СССР. Изд.2. М., Изд-во АН СССР, с. 380.

ТУМЕЛЬ В.Ф. 1946. Карта распространения вечной мерзлоты в СССР. - "Мерзлотоведение", т.1. вып.1, с. 5-11.

ФОТИЕВ С.М., ДАНИЛОВА Н.С., ШЕВЕЛЕВА Н.С. 1974. Геокриологические условия Средней Сибири. М., "Наука", 147 с.

ШВЕЦОВ П.Ф. 1956. О принципах районирования криолитозоны. - В кн.: Материалы к основам учения о мерзлых зонах земной коры, М. Изд-во АН СССР, вып.3, с. 18-39.

ЯКУПОВ В.С., АЛИЕВ А.А., ДЕМЧЕНКО О.В. и др. 1976. Мощность мерзлой толщи на Анабарском кристаллическом массиве (по данным ВЭЗ). - В кн.: Геофизические методы исследования мерзлых толщ. Якутск, с. 22-28.

PERMAFROST DISTRIBUTION & CHARACTERISTICS NEAR SCHEFFERVILLE, QUEBEC: RECENT STUDIES

F. H. Nicholson, McGill Sub-Arctic Research Laboratory, P.O. Box 790, Schefferville, Quebec, and Department of Geography, McGill University, Montreal.

Data from 84 new ground temperature measurement installations are presented. On one site 15 cables reach the permafrost base, which averages 85 m deep but shows considerably more relief than the ground surface. The active layer usually varies with increasing vegetation from 2 to 3.5 m, and the depth at a single site varies by 25% from year to year. Different patterns of suprapermafrost groundwater movement in the active layer were directly observed. "Wet lines" with characteristic vegetation mark suprapermafrost drainage channels, which have a sharply defined subsurface form and much more unfrozen ground either as a very deep active layer or as a talik. The relationship between snowcover and ground temperatures was further quantified. Permafrost prediction based on multiple linear regression with snow and a groundwater variable would predict the discontinuous permafrost correctly for 90% of the sites available.

LA DISTRIBUTION ET LES CARACTÉRISTIQUES DU PERGÉLISOL À SCHEFFERVILLE

F.H. Nicholson, McGill Sub-Arctic Research Laboratory, P.O. Box 790, Schefferville, Quebec, and Department of Geography, McGill University, Montreal.

Les données d'études récentes provenant de 84 nouvelles installations pour la mesure de la température du sol sont présentées ici. À un site, 15 cables atteignent la base du pergélisol (en moyenne 85 m de profondeur) et ceux-ci démontrent considérablement plus de relief pour cette base comparativement à celui de la surface du sol elle-même. Le mollisol varie habituellement suivant la végétation entre 2 et 3.5 m, et la profondeur à un site varie de 25% d'année en année. Différents modèles du mouvement des eaux souterraines du suprapergélisol dans le mollisol ont été observées directement. Des lignes de végétation plus foncée indiquent les emplacements des canaux de drainage du suprapergélisol qui ont une forme très définie sous la surface et beaucoup plus de sol dégelé qu'aux autres endroits, soit comme un mollisol très profond ou un talik. Les relations entre les caractéristiques du couvert nival et les températures du sol furent quantifiées plus en détail. La méthode de prédiction du pergélisol basée sur la régression linéaire multiple des variables neige et eaux souterraines pourrait prédire correctement le pergélisol discontinu pour 90% des sites disponibles.

НОВЫЕ ДАННЫЕ О РАСПРЕДЕЛЕНИИ И ОСОБЕННОСТЯХ МНОГОЛЕТНЕМЕРЗЛЫХ ГРУНТОВ В РАЙОНЕ ШЕФФЕРВИЛЛЯ /ПРОВИНЦИЯ КВЕБЕК/

В докладе представлены данные новых измерений температуры грунтов на 84 испытательных участках. На одном из участков 15 кабелей достигают основания мерзлой толщи, залегающего на глубине в среднем 85 м, но характеризующегося более сложным рельефом, чем поверхность грунтов. Деятельный слой обычно увеличивается с 2 до 3,5 м по мере роста растительного покрова, а глубина залегания на индивидуальных участках ежегодно изменяется на 25%. Проведены непосредственные наблюдения различных схем движения надмерзлотных вод в деятельном слое. "Мокрые линии" с характерной растительностью указывают на существование надмерзлотных дренажных каналов; эти каналы имеют четко выраженную подповерхностную форму и содержат значительно больше талого грунта в виде очень глубокого деятельного слоя или талика. Зависимость между снежным покровом и температурами грунтов получила более полное количественное определение. Мерзлотный прогноз, основанный на многократной линейной регрессии с учетом переменных параметров снежного покрова и грунтовых вод позволит предсказать процессы в зоне несплошного распространения многолетней мерзлоты для 90% имеющихся участков.

PERMAFROST DISTRIBUTION AND CHARACTERISTICS NEAR SCHEFFERVILLE, QUEBEC: RECENT STUDIES

Frank H. Nicholson

McGill Sub-Arctic Research Laboratory, P.O. Box 790, Schefferville, P.Q., Canada GOG 2TO

and Department of Geography, McGill University, Montreal, P.Q., Canada

INTRODUCTION

This paper reports the results of recent studies based on the McGill Sub-Arctic Research Laboratory, Schefferville, Québec. Permafrost investigations in the Schefferville area began in the late 1950's (Ives 1962; Bonnlander and Major-Marothy 1964; Annersten 1966). Since the work reported to the Second International Permafrost Conference (Granberg 1973; Nicholson and Granberg 1973; Nicholson and Thom 1973), results have been obtained from some 84 new temperature measurement sites and, unlike the earlier sites, some 20% penetrate the permafrost base. More information on the active layer is now available, and this has been correlated with other studies, especially those concerning suprapermafrost groundwater. A study of permafrost amelioration has yielded information on the ground thermal regime (Nicholson 1978). There has been intensive investigation of permafrost distribution to develop methods of prediction for use in planning for iron ore mining operations.

GENERAL ENVIRONMENT AND PERMAFROST DISTRIBUTION

The location of the research area in relation to the permafrost distribution in the peninsula is given in Fig.1. The research area lies in the transition zone from boreal forest to tundra, with woodland on less exposed ground and tundra-form vegetation (with only krummholtz-form tree species) on higher or more exposed sites. Recent data analysis shows that the mean annual temperature is -4.9°C at Schefferville (500 m a.s.l.) and -6.5°C at 700 m elevation on one of the main investigation sites (Timmins 4). The permafrost of the Schefferville area is discontinuous, permafrost being common under the tundra vegetation and normally absent under woodland. The most important factor controlling the distribution of permafrost is the amount of winter snow insulation. With a mean annual snowfall of 350 cm, an accumulation 1.5 m deep is normally present by the end of winter in wooded sites. Where tree cover does not inhibit snow drifting there is great variability of snowcover and permafrost occurs wherever the snowcover is thin, (generally less than 70 to 80 cm). The rock materials are extremely variable, ranging from chert, taconite and quartzite with almost zero porosity to porous earthy, leached iron formation, often overlain by shallow till.

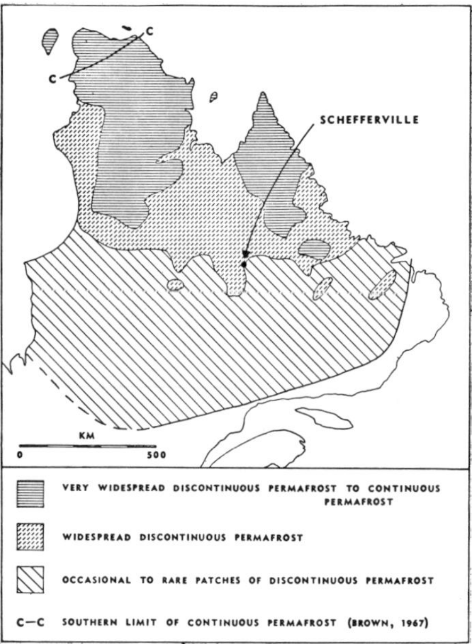

Fig. 1. Location of Schefferville in relation to permafrost distribution in the Nouveau-Québec-Labrador Peninsula. The map is modified from Ives (1962), with reference to: Brown (1975); recent Schefferville data and snow distribution as seen from LANDSAT Imagery (NE portion only).

NEW DEEP GROUND TEMPERATURE DATA

Data from 56 new sites are presented in Fig.2a to e. Most of the data were collected by logging the temperatures in antifreeze filled pipes installed in drill holes. The pipes used are 2.7 cm rigid ABS plastic pipe (rated 150 p.s.i.) and the logging is carried out with a thermistor probe calibrated to 0.01° accuracy. This method is much more economical of manpower and materials than the use of fixed thermistor cables and it is only by this means that such a large amount of data could be collected. Logging in antifreeze gives readings consistent to ±0.05° at 7 m depth and usually ±0.02° below 15 to 20 m depth. The method was not originally designed for active layer monitoring but when shallow temperature gradients are at a minimum, accurate measurements can be obtained at shallow depth, permitting active layer depth to be determined. All of these installations are in exploration or development drill holes of the Iron Ore Company of Canada.

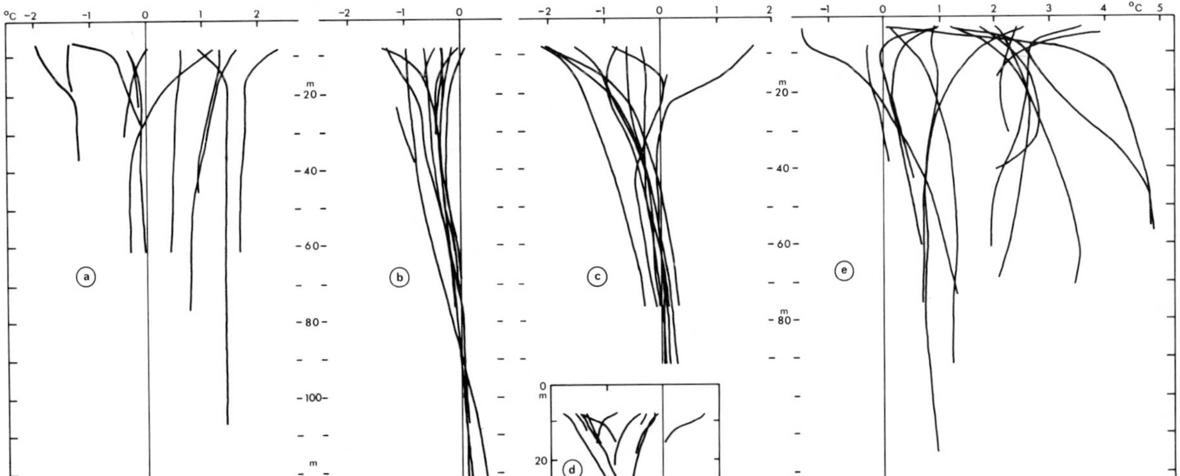

Fig. 2. Temperature profiles from recent installations, showing a wide variation of ground temperatures. There are several "wet line" sites with large taliks above the permafrost. The warmest profiles in (e) are under or near the shore of a 20 ha lake. (a) Timmins 4 and adjacent area. (b) and (c) Timmins 3 site. (d) Fleming 7 site. (e) Fleming 3, Lance Ridge and Knox Mine sites.

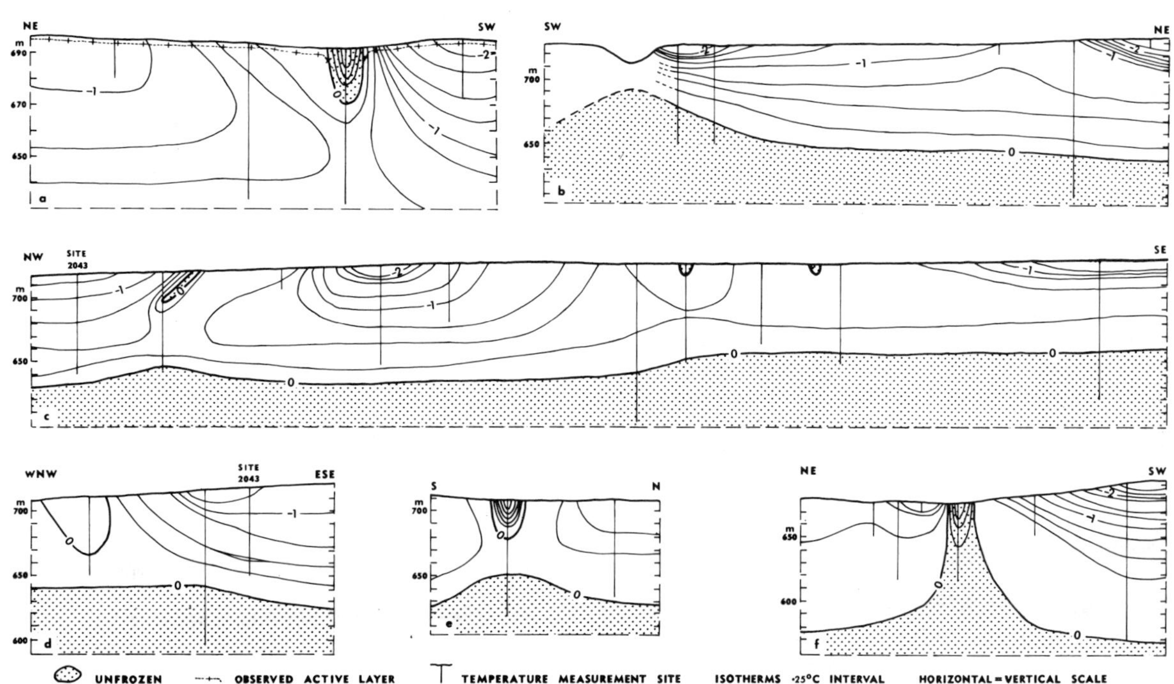

Fig. 3. Cross sections through permafrost. (a) shows a talik in a valley and the form of the permafrost table as observed in trenches (late September). An asymmetric talik is shown on (c) and the influence of groundwater flow maintaining unfrozen ground right through surrounding permafrost is shown in (f). (a) and (f) Timmins 4 site. (b) to (e) Timmins 3 site. Note that section (a) is at double the scale of the other sections.

The profiles seen in Fig.2 show a wide range of conditions over a distance of 10 to 15 km and an altitude range of 200 m. Even at 100 m depth there is no general equilibrium dominated by vertical heat flow. The sections in Fig.3 indicate the general variability, with Fig.3b-e being all from one site with general permafrost depth about 85 m. On this site 15 installations reach the base of the permafrost. Although the maximum ground surface slope over most of the site is only 4°, and is generally much less, the slope of the permafrost base is commonly two or three times as steep. Often local steepening is associated with wet lines on the surface, but sometimes the permafrost base slopes steeply well away from wet lines. This series of sections explains many of the features of the temperature profiles shown in Fig.2b and c. Fig.3f shows a section from the Timmins 4 site,

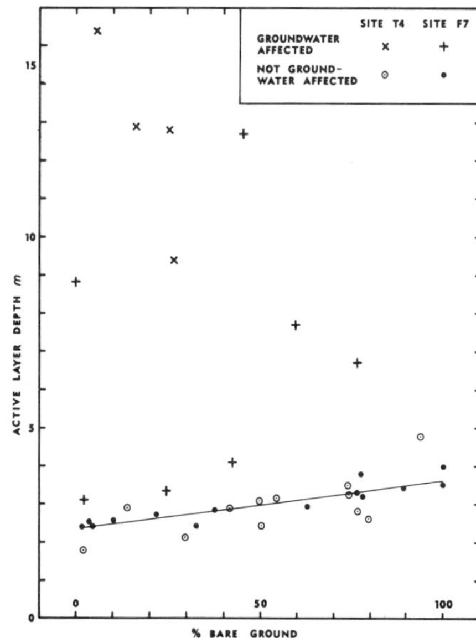

Fig. 4. The relationship between active layer depth and percentage of ground bare of vegetation over 15 m radius circular areas. Groundwater affected sites are those in "wet lines" (see text).

where a valley line has sufficient groundwater flow to maintain a thawed zone completely through the permafrost.

THERMAL BUDGET

In the course of a permafrost amelioration experiment the thermal budget was calculated for a typical ridge site (Nicholson 1978). Net radiation is approximately 1,250 x 10^6 Jm^{-2} of which 35 to 45% are used in evaporation. The equivalent of about 10% of the annual net radiation is gained and lost at the 75 cm level (Nicholson and Lewis 1976) and nearly 1% at the 10 m level. The budget varies considerably from year to year, mainly due to variability of snowcover.

There is no doubt that the permafrost in this area is in balance with the present climate. Permafrost is actively developing in mine waste dumps in the area (Nicholson 1976). At the Wishart site 8 to 10 m of permafrost has developed in 10 years. This is also relevant to the possibility of permafrost development consequent upon fire in woodland. On the open terrain produced by fire only shallow snow can accumulate on raised areas. Typically 25 to 50 years are needed to allow revegetation to the point where sufficient snow is trapped to ensure no permafrost development. The mine dump experience indicates that this would allow development of 10 to 20 m of permafrost on temporarily deforested sites where only shallow snow accumulates.

In 1973 it was reported that the ground freezes at 0°C (Nicholson and Thom), with no depression of freezing point, within the accuracy of the measurement system used (±0.1°). With more accurate field measurement it has been found that the active layer freezes at -0.02 to -0.03°. This amount of

Table 1. Temperatures at 50 cm depth under different covers

	Individual points					Mean
Bare ground		6.0	5.6	5.8	6.9	6.1
Ephemeral pond					8.7	8.7
Brush	5.3	5.6	4.7	5.1	3.8	4.9
Lichen		3.3	3.7	4.7	2.8	3.6
Krummholtz tree		1.9	1.9	.8	3.4	2.0
Wet line vegetation:						
Mixed				6.4	3.3	4.4
Sedge			5.6	3.9	4.6	4.7
Moss			3.0	5.1	4.5	4.2
Hummocks				3.2	3.9	3.5

depression of freezing point exactly agrees with an experimental value obtained by Williams (1967, p. 17) for depression of freezing point due to normal groundwater solutes in the iron ores of the Schefferville area.

THE ACTIVE LAYER

Unfortunately the surface cover near many of the sites monitored for deep ground temperature is far too disturbed during the drilling process to be useful for active layer observations. For 35 sites, however, good data have been obtained (Fig.4). The sites have been classified according to whether or not they are specially affected by groundwater. The effect of suprapermafrost groundwater will be discussed in the next section. On sites not specially affected by groundwater there is a general relationship between percentage vegetation cover and active layer depth. It is notable that the active layer is controlled by variations of heat gain whereas the distribution of permafrost is controlled by variations of heat loss (winter snowcover). Test plot data show that, as in other areas, vegetation cover considerably reduces heat gain by the ground (Nicholson 1978). The general observed range of active layer depth is 1.8 to 4 m, the calculated regression for the non groundwater affected sites shown in Fig.4 indicates a range from 2.4 to 3.6 m. Additional factors influence active layer depth, especially variations of thermal conductivity and ice content. The deepest non groundwater affected active layer recorded is in solid bedrock (as contrasted to the leached or shattered bedrock, or till, of most other sites). On palsas the well drained peat gives an extreme contrast of thermal conductivity and the active layers are only 50 to 80 cm deep.

Table 1 shows that the effect of vegetation cover is by no means uniform. However, krummholtz spruce usually forms only a small percentage of the cover, "wet line vegetation" correlates with groundwater affected sites, and by far the commonest vegetation cover is lichen mat, or mixed herb and lichen mat. Thus, using the regression given in Fig.4, major errors are most likely on dominantly brush covered sites.

The active layer depth varies considerably from year to year, a fluctuation over a range of 25% of the total depth being normal. This fluctuation is controlled partly by general factors and partly by local factors, of which water content of the active layer when it is frozen is probably the most important. Summer 1976 produced notably less than average active layer depth, for reasons that are not at all apparent from the meteorological record. One important result was that frozen ground from the previous winter remained in most muskegs (which commonly thaw each year), and thus the total permafrost cover was temporarily increased by perhaps 10%. This emphasises the need for caution when interpreting observations from a short period.

SUPRAPERMAFROST GROUNDWATER

On the ground "wet lines" or "drainage lines" marked by characteristic vegetation are an obvious and common feature of the permafrost affected areas, sometimes with well marked valley forms but often with little relief. Sites classified as "groundwater affected" in Fig.4 were in or very near visible wet lines marked by some combination of characteristic mosses, sedges or dark lichens. Data from temperature observations in drill holes, observations in mines and in geological exploration trenches show that these drainage lines are normally underlain by thawed "channels" of varying depth, for at least part of the year. The result is that the drainage lines have active layers up to 15 m deep, taliks (perennially unfrozen zones) may exist down to 25 or 30 m, or there may be complete absence of permafrost beneath a drainage line (Fig.3f). The term talik is preferred for the second case because these are zones kept actively unfrozen by heat from moving groundwater (as opposed to the case of passively unfrozen ground above relict permafrost, which should not be termed a talik zone). The active nature of the taliks was demonstrated in one case on the Timmins 4 permafrost site where artificial modification at the surface caused lateral shift of a 25 m deep talik zone, as observed by temperature observations in drill holes.

Excavation of 2 km of geological exploration trenches on the Timmins 4 site in fall 1976 gave an opportunity for visual observation of the nature of moisture distribution and groundwater movement. On the site studied, the materials of the active layer were generally porous, being till, or leached bedrock, or frost shattered bedrock. As expected the nature of groundwater movement reflects the nature of the materials. In highly porous materials a simple shallow saturated zone was found above the frozen ground, so that the groundwater regime would be as shown in Fig.5a. Typical material would be leached iron formation with a bulk density of 2500 kg m^{-3} and a porosity of about 45%. The frozen material below the active layer was always saturated whereas the unsaturated part of the active layer would normally have volumetric moisture contents of about 15%, ranging up to 28%. In less regularly porous material, for instance variably fractured and leached bedrock, the water movement and distribution was irregular and the saturated zone might be a shallow layer above the frozen ground, but more commonly would be a much deeper and less regular zone. Occasionally strong flows were seen issuing from particular cracks. This type of situation would produce the groundwater regime shown in Fig.5b.

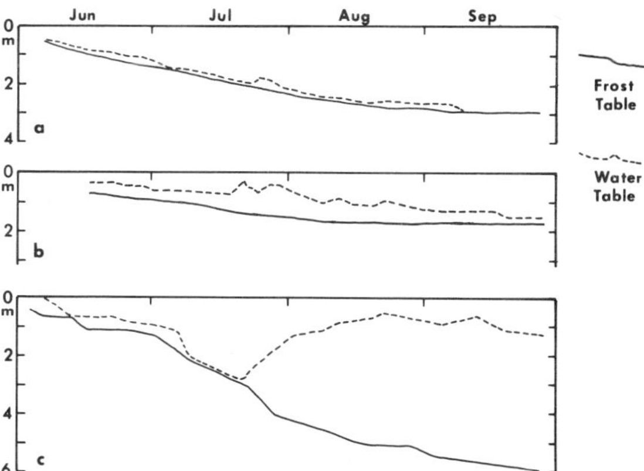

Fig. 5. The frost table and the water table in the active layer through the summer at specimen sites. The sites are: (a) on a broad crest (b) on a slope and (c) in a "wet line" valley bottom. There was heavy rainfall in later July.

In drainage lines the saturated zone is commonly less than a metre below the surface, but in some places, especially in well marked valley lines, may become much deeper as the thaw season progresses (Fig.5c). Fig.3a shows the typical situation for a drainage line in a valley. The permafrost table was seen to plunge remarkably steeply at the edge of the drainage line, and thus a subsurface water movement "channel" may be very well defined, even when the surface relief is slight. These "channels" will not always be symmetrical (Fig.3c). The very large depth of freeze and thaw in many drainage line active layers is a topic deserving more attention. During permafrost amelioration tests it was shown that 6 m of ground will freeze by midwinter, despite a deep and early cover of snow. However, if a whole channel were saturated, at the typically high moisture contents observed, the necessary heat gain and loss is very large. In part, freezing can be accomplished from below and laterally with a geometry like that seen in Fig.3a. Although the permafrost temperature is not much below 0°C freezing of the active layer from below on sites away from drainage lines is quite obvious in available temperature records. However, it seems that deep thawed zones often largely drain late in the season, leaving the ground with a much lower moisture content which is more easily frozen. Perhaps more important, the ground will be porous and allow faster thawing of the zone by groundwater movement in the following summer.

When the suprapermafrost groundwater drainage lines enter open pit mines they cause considerable problems. Large, saturated, thawed areas cause slope stability problems, and water in the ore as well as water on the pit floor causes further problems. By its nature this water is extremely difficult to control by conventional dewatering techniques. For this reason, and because of the general influence of suprapermafrost groundwater on the permafrost of the area, this topic has received special attention, including a study of a catchment using a series of groundwater wells by J. Lewis in 1975 (Lewis 1977); the detailed trench investigation mentioned above; and a study currently underway in which R. Wright is attempting to intercept all the suprapermafrost groundwater movement from a large plot, using a trench filled with coarse gravel.

COMPILATION OF SNOW MAPS

Since snow is the most important factor controlling permafrost distribution, an efficient method of monitoring large amounts of snow information was needed. The method of snow modelling by computer, described by Granberg (1973) is site specific and thus a second method described by Granberg, using aerial photography taken at intervals through the snowmelt period, was modified for use on a broad scale. For peak snow accumulation ground truth, 5 snow monitoring sites were used, each 1 to 2 km^2 in area, with between 70 and 250 measurement points per site. In 1974 7 flights were made at suitable intervals through the snowmelt period to cover an area approximately 150 km^2. Vertical air photographs were taken through the cargo hatch in the floor of either a Beaver or Otter aircraft using a hand held camera. To be useful for permafrost distribution studies the snowmelt should be reasonably uniform so that the snow boundaries at the time of each flight will represent a particular snow depth before the snowmelt started. It was found that the snowcover in 1974 was reasonably representative of the long term average as far as can be determined from 8 years of large scale snow monitoring. The methodology has been described in detail (Nicholson 1975).

A PREDICTIVE MODEL FOR GROUND TEMPERATURES

In 1973 Nicholson and Granberg described a model for predicting ground temperatures from snowcover, based on the Timmins 4 site. For prediction at a particular depth (D) the model used the average snow depth over an area of radius 2D (termed $SNOW_{2D}$) e.g.:

$$T_{15} = .0251\ S_{30} - 1.84 \qquad (r = .78)$$

where T_{15} is the temperature at depth 15 m; and S_{30} is the mean snow depth in cm over an area of radius 30 m (= 2D). However, neither the methods of compiling the snow data, nor the use of snow data points at 4 m intervals were appropriate for extending this work to other sites. 15 m interval grid snow data was compiled by use of sequential vertical aerial photographs taken through the snowmelt season as described in the previous section. Three areas have been analysed using this type of data, spaced up to 7 km apart and over a surface elevation range of 80 m (Fig.6a). 1:1200 maps and vertical sections were produced for one mine site using the type of regression given above. Jones (1976), (working when only data for Timmins 4 were available), used stepwise multiple regression involving snow, elevation and various geological and vegetational parameters. He found significant improvement

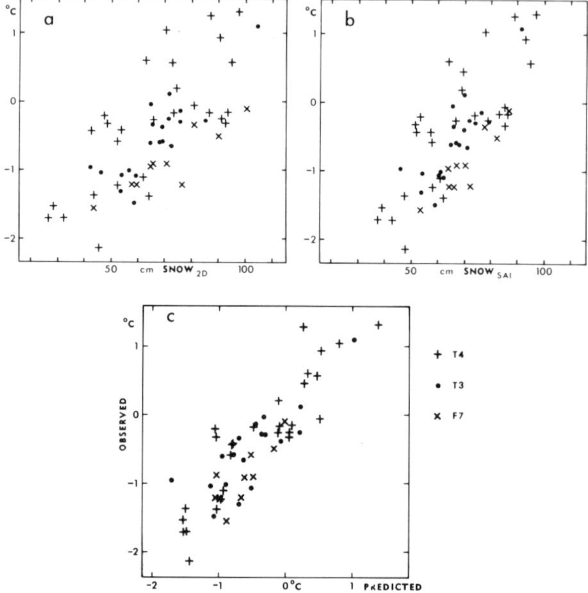

Fig. 6 (a) and 6 (b). Scatter graphs comparing temperatures at 15 m depth with two different measures of snowcover, showing visually the improvement given by using the $SNOW_{sai}$. (c) shows observed temperatures plotted against the temperatures predicted using a multiple regression with $SNOW_{sai}$ and a groundwater variable.

in prediction could be made using multiple regression with snow and site elevation, or snow and geology (the latter related to thermal conductivity). Vegetation in combination with snow gave only a small increase in explanation. The temperature variation for a given height change was far greater than any lapse rate and it seems that elevation is reflecting some other factor. Equal or better results have since been obtained using $SNOW_{2D}$ combined with mean snow over a 300 m circle, to give a measure of "general area influence", which suggested that a better model for snowcover was needed.

An improved snow influence model was developed taking into account the influence of an area of snowcover according to the solid angle subtended by that area at the prediction point (Gold and Lachenbruch 1973). Using a 15 m grid, if the angular influence of snow over a radius of 300 m is to be taken into account, some 1250 data points are involved in each prediction point. Average snow values were compiled for 15 m wide rings at 20 successive distances from the point on the surface above the prediction point. The solid angular influence of each ring could then be calculated with little distortion of the solid angular influence of individual points, but greatly reducing the data to be handled after the means for each ring had been compiled. Using the snow solid angular influence ($SNOW_{sai}$) for rings up to 300 m radius, new regressions were calculated, the results being summarised in Table 2 and the graph for 15 m depth is given in Fig.6b. Solid angular influence alone assumes an equilibrium condition. If the solid angular influence is weighted for the distance of the prediction point from the area of snow, this would correspond to the non equilibrium situation. It is notable that the $SNOW_{sai}$ gave better

Table 2. Correlation of temperature at various depths with $SNOW_{sai}$

		r	No. of points
$T_{7.5m}$	= .047 S_{sai} - 3.81	.78	78
T_{15m}	= .042 S_{sai} - 3.30	.76	58
T_{30m}	= .036 S_{sai} - 2.74	.74	41
T_{45m}	= .030 S_{sai} - 2.27	.73	33
T_{60m}	= .024 S_{sai} - 1.75	.73	28

results than the distance weighted snow variable, indicating that the equilibrium condition model is more appropriate. This was expected from other evidence on the state of equilibrium of the permafrost in the area.

The importance of suprapermafrost groundwater, as described above, stimulated attempts to quantify the effect of this variable on ground temperatures. The influence of suprapermafrost groundwater was assumed to be related to extra heat gain via the drainage channels and that this influence would be proportional in some way to the volume of flow, and inversely proportional to the distance from a channel. After various tests it was found that the best variable was to take the square root of the area divided by the square root of the distance from the nearest drainage channel. Use of multiple regression with $SNOW_{sai}$ and the groundwater variable improved the prediction of temperatures at 15 m from r = .76 to r = .86 (Fig.6c). This treatment of groundwater is obviously wrong for temperatures well above freezing, but errors at such temperatures will not affect the prediction of permafrost. From Fig.6c it can be seen that frozen or unfrozen ground is correctly predicted for 90% of the sites. Tests are underway to further extend the areal and altitudinal range of applicability of the results.

CONCLUSION

Recent studies in the Schefferville area have given much new information on the nature and distribution of the permafrost, the active layer and suprapermafrost groundwater, leading to a better overall understanding of the permafrost of the area. Intensive, long term investigations, such as those based on the McGill Sub-Arctic Research Laboratory are valuable as a reference for other, necessarily shorter, studies.

ACKNOWLEDGEMENTS

This work was financed by the National Research Council of Canada and the Département de l'Education, Québec. Major assistance was given by the Iron Ore Company of Canada and many personnel of the McGill Laboratory have assisted with this project.

REFERENCES

ANNERSTEN, L.J. 1966. Interaction between surface cover and permafrost. Biul. Peryglacj. 15, pp. 27-33.

BONNLANDER, B. and MAJOR-MAROTHY, G.M. 1964. Permafrost and ground temperature observations, 1957. McGill Sub-Arctic Research Papers 16, pp. 33-50.

BROWN, R.J.E. 1967. Permafrost map of Canada. Nat. Res. Counc. Can., Div. Building Res., NRCC 9769, and Geol. Surv. Canada, Map 1246A.

BROWN, R.J.E. 1975. Permafrost investigations in Quebec and Newfoundland (Labrador). Nat. Res. Counc. Can., Div. Buildings Res., Tech. Paper 449, NRCC 14966, 36 p.

GOLD, L.W. and LACHENBRUCH, A.H. 1973. Thermal conditions in permafrost - a review of North American literature. Permafrost: N. Am. Contrib. 2nd Int. Pmf. Conf., pp. 3-25.

GRANBERG, H.B. 1973. Indirect mapping of the snowcover for permafrost prediction at Schefferville, Quebec. Permafrost: N. Am. Contrib. 2nd Int. Conf., pp. 113-120.

IVES, J.D. 1962. Iron mining in permafrost, Central Labrador-Ungava. A geographical review. Geogr. Bull., Vol. 17, pp. 66-77.

JONES, I.G. 1976. An attempt to quantify permafrost distribution near Schefferville, Quebec. Unpub. M.Sc. Thesis, McGill University, Montreal. 165 p.

LEWIS, J.S. 1977. The effect of suprapermafrost groundwater on the thermal regime of the permafrost active layer. Unpub. M.Sc. Thesis. McGill University, Montreal.

NICHOLSON, F.H. 1975. Snow depth mapping from aerial photographs for use in permafrost prediction. Proc. 32nd Eastern Snow Conf. pp. 124-136.

NICHOLSON, F.H. 1976. Permafrost thermal amelioration tests near Schefferville, Quebec. Can. J. Earth Sci. 13, pp. 1694-1705.

NICHOLSON, F.H. 1978. Permafrost modification by changing the natural energy budget. This volume.

NICHOLSON, F.H. and GRANBERG, H.B. 1973. Permafrost and snowcover relationships near Schefferville. Permafrost: N. Am. Contrib. 2nd Int. Conf., pp. 151-158.

NICHOLSON, F.H. and LEWIS, J.S. 1976. Active layer and suprapermafrost groundwater studies, Schefferville, Quebec. 2nd A.G.U. Conf. on Soil Water Problems in Cold Regions. Edmonton.

NICHOLSON, F.H. and THOM, B.G. 1973. Studies at the Timmins 4 permafrost experimental site. Permafrost: N. Am. Contrib. 2nd Int. Conf., pp. 159-166.

WILLIAMS, P.J. 1967. Properties and behaviour of freezing soils. Norges Geotekniske Institut Publ. Nr. 72, 119 p.

CRYOLITHOLOGICAL MAP OF THE U.S.S.R. (PRINCIPLES OF COMPILATION)

A.I. Popov, G.E. Rozenbaum and A.V. Vostokova. Moscow State University, U.S.S.R.

The development of theoretical principles of a new branch of science - cryolithology, and the accumulation of factual permafrost data formed the basis for the compilation of the first cryolithological map of the U.S.S.R. at a scale of 1:4,000,000. The map reflects the structure of permafrost in the uppermost horizon 20 m in thickness. The entire permafrost structure is shown in the cryolithological columns for individual regions. The main principles behind the map's legend are the identification of the genetic types of frozen earth materials and their combinations, as well as the identification of the types of cryolithogenesis characteristic of these materials. The cryolithological map shows only those characteristics of permafrost which reflect the causal relationship between the structure and lithology, the facies-genetic affiliation and the age of the accommodating rocks. The map illustrates the spatial distribution of the types of cryolithogenesis and reflects the zonality of processes and the morphological results of cryolithogenesis.

CARTE CRYOLITHOLOGIQUE DE L'URSS (PRINCIPES DE SON ÉLABORATION)

A.I. Popov, G.E. Rozenbaum, A.V. Vostokova, Université d'État de Moscou, URSS

L'élaboration des fondements théoriques d'une nouvelle orientation scientifique - la cryolithologie, et la compilation de données factuelles sur le pergélisol ont servi de base à l'élaboration de la première carte cryolithologique de l'URSS, à l'échelle de 1/ 4 000 000. La carte montre la structure cryogénique du pergélisol dans les premiers 20 m à partir de la surface; la structure du pergélisol dans sa totalité se retrouve sur les profils cryolithologiques des différentes régions. Les principes fondamentaux qui ont présidé à l'élaboration de la légende ont consisté en l'identification des types génétiques de roches cryogéniques, de leurs combinaisons ainsi que des types de cryolithogenèse qui leur sont particuliers. Sur la carte cryolithologique ne sont utilisées que les caractéristiques du pergélisol qui reflètent les relations causales entre la structure cryogénique et la lithologie, entre l'appartenance à un faciès et l'âge des formations environnantes. La carte révèle la distribution spatiale des types de cryolithogenèse, d'une part, et la zonalité des processus et les résultats morphologiques de la cryolithogenèse, d'autre part.

КРИОЛИТОЛОГИЧЕСКАЯ КАРТА СССР (ПРИНЦИПЫ СОСТАВЛЕНИЯ)

А.И. Попов, Г.Э. Розенбаум, А.В. Востокова, Московский гос. университет, СССР

Разработка теоретических основ нового научного направления - криолитологии, накопление фактического материала о криогенных горных породах на территории СССР явились основой для создания первой криолитологической карты СССР масштаба 1 : 4 000 000. Карта отражает криогенное строение мерзлых толщ верхнего двадцатиметрового горизонта. Строение их целиком показано на криолитологических колонках для отдельных районов. Основными принципами построения легенды карты являются выделение генетических типов криогенных горных пород и их сочетаний и свойственных им типов криолитогенеза. На криолитологической карте использованы лишь такие характеристики мерзлых толщ, которые отражают причинные связи между криогенным строением и литологией, фациально-генетической принадлежностью и возрастом вмещающих образований. На карте выявляется картина пространственного распределения типов криолитогенеза, отражена зональность процессов и морфологических результатов криолитогенеза.

КРИОЛИТОЛОГИЧЕСКАЯ КАРТА СССР

А.И. Попов, Г.Э. Розенбаум, А.В. Востокова

Московский государственный университет, географический факультет, СССР

В последние годы в результате литогенетических исследований в областях устойчивого охлаждения Земли определилось новое научное направление - криолитология. Объектом исследования криолитологии как науки являются криогенные горные породы, представляющие собой продукт особого типа литогенеза, присущего холодным зонам Земли - криолитогенеза.

Криолитогенез - порождение специфических зональных условий. Он представляет собой комплекс процессов в криолитосфере, т.е. в ландшафтной оболочке полярных и субполярных областей, а также в северной части гумидной зоны и в высокогорье, обусловливающих развитие криогенных горных пород.

Изучение закономерностей строения криогенных горных пород, распределения льда в мерзлых толщах и процессов, связанных с возникновением и таянием льда, имеет большое значение для практики освоения и использования природных ресурсов севера и северо-востока страны, для охраны и рационального использования природной среды этих территорий. Это обстоятельство побуждает к созданию криолитологической карты СССР. Имеющаяся разработка теоретических основ криолитологии, создание научно обоснованных классификаций криогенных горных пород и накопление обширного фактического материала об этих породах на территории СССР делают такую задачу разрешимой. Однако научный материал позволяет создать карту в масштабе лишь 1 : 4 000 000 (не крупнее). Следует отметить, что подобная карта выполняется впервые, она не имеет предшественников.

Изложению принципов построения криолитологической карты необходимо предпослать некоторые исходные положения из области криолитологии, представляющие основу самих этих принципов.

Криолитогенез как специфический процесс литогенеза выступает в двух качествах: в качестве криодиагенеза и в качестве криогипергенеза. Криодиагенез - процесс длительного необратимого льдообразования, а также преобразования самого минерального субстрата (уплотнения, обезвоживания, цементации и т.д.) без существенного изменения дисперсности как в свежеотложенных осадках, так и в ранее литифицированных породах. Лед при этом представляет собой аутигенный минерал, постоянный, долговременно существующий компонент криогенной горной породы.

Криогипергенез - процесс криогенного выветривания различных горных пород в результате многократных (главным образом, сезонных) циклов замерзания-таяния; это процесс обратимого, систематического, то есть прерывистого льдообразования, ведущего к существенному изменению дисперсности, к постепенному измельчению не только плотных пород, но и любой рыхлой породы, частицы которой крупнее пылеватой фракции, а также к агрегации частиц глинистых. Лед в этом случае представляется как временный, активно действующий аутигенный минерал, часто не сохраняющийся в уже сформировавшемся криогенном элювии.

В качестве процесса криодиагенеза криолитогенез выступает в области развития многолетнемерзлых пород, а в качестве криогипергенеза - не только в этой области, но и за ее пределами - в области только сезонного промерзания горных пород.

Продуктами криодиагенеза являются два типа криогенных горных пород; криолиты и криолититы. Криолиты - собственно ледяные, мономинеральные породы; криолититы - льдистые полиминеральные горные породы, где лед является одним из минеральных компонентов.

Продуктом криогипергенеза является криогенный элювий, образующийся в результате криогенного выветривания любых пород. Криогенный элювий деятельного слоя, находящийся зимой в мерзлом состоянии, переходит в криолитит.

Криолитологическая карта должна отображать возможно полнее генетическое разнообразие криогенных пород, особенности их строения и распространения. Однако при этом возникают определенные трудности, ограничивающие наши возможности в этом отношении.

Дискуссионность генетической интерпретации пылеватых лессовидных пород, развитых как в области многолетнемерзлых пород, так и в области только сезонного промерзания, недостаточная теоретическая разработка вопросов, касающихся процесса криогипергенеза, оставляющая нерешенными проблемы диагностики и классификации криогенного элювия, затрудняют картографирование этого типа криогенных горных пород как в области многолетней мерзлоты, так и за ее пределами. Кроме того, картографирование криогенного элювия сезонноталого слоя создает дополнительные технические трудности при изображении на карте криогенного строения подстилающей его многолетнемерзлой толщи. Преодолеть все эти осложнения возможно на данном этапе лишь путем исключения из содержания карты криогенного элювия вообще. Поэтому приходится ограничить объем информации, положенной на карту, показом только двух отмеченных генетических типов криогенных горных пород - криолитов и криолититов, являющихся продуктами криолитогенеза лишь в одном его качестве - в качестве криодиагенеза. Следствием такого решения явилось изображение на карте строения лишь многолетнемерзлой толщи на территории СССР.

Мелкий масштаб карты (1 : 4 000 000) не дает возможности оконтурить острова многолетней мерзлоты в области ее островного распространения и даже не позволяет отразить основные закономерности распространения этих островов путем генерализации. Особенно это затруднительно для горных районов, где на распространение мерзлоты влияют экспозиция, интенсивность расчленения рельефа и другие геоморфологические, физико-географические и геологические факторы. В связи с этим островной характер развития многолетней мерзлоты вблизи ее южной границы не получил отражения на карте этого масштаба.

Сложность и многоярусность криогенного строения мерзлых толщ заставляет ограничиться картографированием криогенных горных пород только верхнего двадцатиметрового горизонта. Строение же мерзлой толщи на ее полную мощность показано на криолитологических колонках, характеризующих отдельные районы.

Основными принципами построения легенды карты являются выделение генетических типов криогенных горных пород и их сочетаний, встречающихся в природе, и свойственных им типов криолитогенеза.

Как уже отмечалось, на карте получили отражение два генетических типа криогенных горных пород: криолиты и криолититы. Криолиты в природе встречаются в основном совместно с криолититами, которые являются по отношению к ним вмещающими породами. Исключение представляют лишь поверхностные льды, такие как глетчерный, наледный и пр. Криолититы же часто развиты самостоятельно и на значительных пространствах не содержат включений крупных ледяных тел – криолитов.

Исходя из этого, в легенде карты в графе "типы криогенных горных пород" выделены следующие группы: криолититы, криолиты с вмещающими криолититами и криолиты. Ко второй группе отнесены льдистые горные породы, включающие криолиты, представленные полигонально-жильным льдом, образующим с вмещающими его криолититами закономерно построенные комплексы, пластовым льдом и ледяными ядрами гидролакколитов. Третья группа (криолиты) включает поверхностные льды: глетчерные и наледные.

В природе криолиты представлены различными генетическими типами подземного льда, объединяемыми в две группы: конжелиты и хионолиты. В легенде карты учитывается только первая группа (конжелиты), поскольку вторая (хионолиты) встречается очень редко и локально. Криолиты (конжелиты) представлены в легенде генетическими типами подземного льда: полигонально-жильным, пластовым и ледяными ядрами гидролакколитов. Полигонально-жильный лед подразделяется на реликтовый и растущий.

В строении криолититов принимает участие лед двух генетических типов: сегрегационный и лед-цемент. Особенно широко распространены сочетания этих двух генетических типов подземного льда, что и нашло отражение в легенде.

Распределение льда в породе определяет формирование разнообразных криогенных текстур. В легенде используется простая классификация криогенных текстур. Выделяются шлировые криотекстуры, образованные сегрегационным льдом – слоистая, сетчатая, линзовидная и их различные модификации и криотекстуры, образованные льдом-цементом; массивная, базальная, корковая – в рыхлых породах, трещинная – в скальных и полускальных.

Характер криогенных текстур, особенности их распределения по разрезу, участие различных генетических типов подземного льда в значительной степени определяются типом промерзания – типом криолитогенеза. Характер проявления криолитогенеза может быть различен в зависимости от условий, в которых протекает этот процесс: физико-географических, температурных, литолого-фациальных и др.

Все многообразие проявлений криолитогенеза в земной коре сводится в общем к двум основным типам – эпигенетическому и сингенетическому. При эпигенетическом типе криолитогенез протекает в породах, которые предварительно уже испытали в той или иной степени литификацию. При сингенетическом типе криолитогенез выступает как основной процесс литогенеза, то есть промерзание является основным фактором литификации, сопутствующей накоплению осадков.

Оба типа криолитогенеза по-разному влияют на строение криогенных горных пород, на распределение в них льда, его количество, на характер криогенных текстур.

Для эпигенетических мерзлых толщ характерно уменьшение льдосодержания по разрезу, смена (в северных районах) мелкослоистой и мелкосетчатой криотекстуры с глубиной по мере уменьшения температурных градиентов крупнослоистой и крупносетчатой, а затем массивной.

Для сингенетических мерзлых толщ характерно равномерное распределение льда по разрезу, нередко присутствие мощных реликтовых полигонально-жильных льдов, специфическое сочетание толстослоистой криотекстуры с мелкосетчатой и линзовидной, высокая льдонасыщенность.

Существует определенная связь между генезисом и возрастом пород, зонально-географическими условиями и типом криолитогенеза. Поскольку начало формирования многолетней мерзлоты приходится на начало плейстоцена, все более древние породы промерзали эпигенетически. На юге области многолетней мерзлоты породы во время голоценового оптимума протаивали практически на всю мощность мерзлоты, за исключением нижнего реликтового слоя, установленного в западных районах территории. Так что независимо от возраста (за исключением современных отложений – после голоценового оптимума), генезиса и литологии все ныне мерзлые породы этой зоны промерзали эпигенетически. Со вторичностью их промерзания в определенной степени связана их обезвоженность и в силу этого относительно малая льдонасыщенность даже в приповерхностных горизонтах. Кроме того, облик криотекстур здесь находится в прямой связи с малыми значениями температурных градиентов во время формирования текстур, которые были близки к современным. Наиболее широким развитием здесь в тонкодисперсных отложениях пользуются крупносетчатая, крупнослоистая, линзовидная и массивная криотекстуры. Большая мощность слоя сезонного протаивания является причиной полного отсутствия здесь полигонально-жильных льдов.

В северной зоне области многолетней мерзлоты достаточно четко прослеживается связь типа криолитогенеза с фациально-генетической принадлежностью отложений. К эпигенетическому типу криолитогенеза относятся мерзлые морские, ледово-морские, ледниковые отложения и др., к сингенетическому – аллювиально-озерные и др. В связи с этим на обширных равнинах Западной Сибири, где развиты ледово-морские отложения, преобладают эпигенетические мерзлые толщи, а на Яно-Колымской низменности и на равнинах Центральной Якутии в связи с широким развитием аллювиально-озерных отложений – сингенетические. Учитывая тесную связь типа промерзания, криогенного строения с генезисом, возрастом и литологией вмещающих лед пород, создание криолитологической карты предварялось составлением литолого-генетической карты, которая обеспечивала правильную пространственную локализацию криогенного содержания и достоверность контуров. В качестве основных источников для составления литолого-генетической карты использовались карты четвертичных отложений и инженерно-геологические карты.

В разрезе мерзлых толщ очень часты сочетания двух типов криолитогенеза (полигенетические мерзлые толщи) В качестве примеров можно привести озерно-болотные отложения аласных равнин, аллювиальные отложения с эпигенетически промерзавшим русловым и сингенетически промерзавшим пойменным аллювием, сингенетически промерзшие делювиально-солифлюкционные отложения, перекрывающие эпигенетически промерзшие скальные и полускальные породы и др. Такие сочетания учтены в легенде карты. Кроме того, в горных областях различные типы криолитогенеза сменяют друг друга на коротких расстояниях. Невозможность отразить такую частую смену типа криолитогенеза по площади в масштабе карты привела к необходимости ввести в легенду сочетание двух типов криолитогенеза не только в разрезе, но и по площади.

Помимо типа и условий промерзания характер криогенных текстур находится в прямой зависимости от литологии и влажности. Например, для грубодисперсных отложений (песчаных и крупнообломочных) характерны массивная, корковая и базальная криотекстуры, образованные льдом-цементом, для скальных и полускальных пород - трещинная, также образованная льдом-цементом. Высокая влажность грубодисперсных отложений приводит к образованию базальной, малая - массивной криогенной текстуры.

В тонкодисперсных отложениях (глинистых и песчано-глинистых) при малом увлажнении и значительной примеси песчаного или крупнообломочного материала возникают линзовидная, неполносетчатая, а в случае высокого уплотнения массивная криогенная текстура. При высокой влажности возникают слоистые и сетчатые криотекстуры. Частота и мощность ледяных прослоев помимо литологии и влажности определяются скоростью промерзания.

Большая литологическая и влажностная изменчивость по разрезу и по простиранию, наблюдающаяся в природе, как правило, создает определенные трудности при картографировании криогенных текстур. Эти обстоятельства учитываются в легенде путем введения сочетаний различных криогенных текстур. Литологическая изменчивость по разрезу в пределах 20-метрового горизонта показана дробью, в которой над разделительной чертой показаны криотекстуры верхнего горизонта, под ней - криотекстуры подстилающего горизонта. Например, обозначение в легенде

$$\frac{\text{массивная}}{\text{крупносетчатая, крупнослоистая}}$$

указывает на массивную криогенную текстуру в верхнем горизонте, образуемую льдом-цементом в песчаных и крупнообломочных отложениях или в торфе, сменяющуюся вниз по разрезу крупнослоистой и крупносетчатой криотекстурой, образованной сегрегационным льдом в подстилающих глинистых или песчано-глинистых отложениях.

Существенным моментом при составлении криолитологической карты является разработка принципов оформления и выбор способов изображения, которые всегда тесно связаны с содержанием карты и характером ее использования как стенной, демонстрационной. Для отображения типов криогенных горных пород и типов криолитогенеза принято основное изобразительное средство - цветной фон. При этом существенно выделение резкими цветовыми различиями типов криолитогенеза, различными гаммами цветов криолититов и криолитов с вмещающими криолитами (более холодная цветовая гамма). Криолиты, представленные пластовыми льдами, ледяными ядрами гидролакколитов, глетчерными и наледными льдами, показаны на карте значками. Обеспечение выразительности карты, ее наглядности и читаемости с расстояния достигается применением насыщенных цветовых тонов. Оттенками цвета, присвоенного названным группам, передаются различия в криогенном строении горных пород,обусловленные криогенной текстурой. Литология вмещающих лед рыхлых пород показывается наложением цветной штриховки (сеток) различного рисунка. Генезис и возраст пород показан индексами.

Криолитологические колонки содержат информацию о стратиграфии, генезисе и литологии пород, с указанием мощностей выделяемых стратиграфических горизонтов. Специальными условными значками отмечается присутствие различных растительных и фаунистических остатков, конкреций, псевдоморфозы по ледяным жилам. На колонках дается детальная характеристика криогенного строения мерзлой толщи, указывается мощность и значения среднегодовой температуры пород, являющейся показателем уровня теплообмена, а также распределение по разрезу объемной льдистости.

Таковы важнейшие принципы построения и главное содержание криолитологической карты СССР. Эта работа есть первая попытка представить на карте мерзлые горные породы в качестве единого комплекса разногенетических образований этого рода. В отличие от разнообразных мерзлотных карт, на которых обычно дается большое число очень разнородных характеристик мерзлых толщ, связь между которыми не всегда достаточно четко выражена, на предлагаемой криолитологической карте показаны лишь такие характеристики, которые прежде всего отражают причинные связи между криогенным строением и литологией, фациально-генетической принадлежностью и возрастом вмещающих образований. Кроме того, на карте выявляется картина пространственного распределения типов криолитогенеза, проступают черты зональности процессов и морфологических результатов криолитогенеза, подчиненные в значительной степени температурной зональности мерзлых толщ.

PERMAFROST EXTENT IN THE SOUTHERN FRINGE OF THE DISCONTINUOUS PERMAFROST ZONE, FORT SIMPSON, N.W.T.

J.A. Rennie, D.E. Reid*, and J.D. Henderson
Northern Engineering Services Company Limited, Calgary, Alberta, T2P 0T5
*R.M. Hardy & Associates Limited, Calgary, Alberta, T2P 2W5

Major engineering projects in northern Canada are greatly influenced by the extent of permafrost, particularly in the discontinuous permafrost zone. A permafrost mapping study was carried out in the southern fringe of the discontinuous permafrost zone near Fort Simpson, N.W.T., using air photo interpretation and electromagnetic resistivity techniques. The occurrence of permafrost in this portion of the discontinuous zone is most strongly influenced by insulating organic layer thickness and/or shading. Permafrost is present in such peat landforms as peat plateaus, palsas, and flat bogs, and also under dense stands of black spruce, north-facing slopes and riverbanks, and shaded north-facing sides of sand dunes or crevasse fillings. Approximately 35% of the study area is underlain by perennially frozen soils, 90% of which is associated with peat landforms.

ÉTENDUE DU PERGÉLISOL À LA LIMITE SUD DE LA ZONE DE PERGÉLISOL DISCONTINU, FORT SIMPSON, T.N.-O.

J.A. Rennie, D.E. Raid, et J.D. Henderson, Northern Engineering Services Co. Ltd., Calgary, Alberta and R.M. Hardy & Associates Limited, Calgary, Alberta.

Les grands travaux de génie entrepris dans le nord du Canada sont fortement tributaires de l'étendue du pergélisol, en particulier dans la zone de pergélisol discontinu. On a effectué une étude cartographique du pergélisol à la limite du sud de la zone de pergélisol discontinu, près de Fort Simpson, T.N.-O., en faisant appel à des techniques de photointerprétation et de résistivité électromagnétique. L'existence du pergélisol dans cette partie de la zone de pergélisol discontinu dépend en grande partie de l'épaisseur de la couche organique isolante, et de la protection contre la lumière solaire. Les plateaux de tourbe, palses, et tourbières plates contiennent un pergélisol, ainsi que les zones situées sous d'épais groupements d'épinettes noires, les berges des cours d'eau et les versants exposés au nord, et les pentes abritées du soleil et orientées vers le nord des dunes de sable ou des remblais de crevasses. Le sous-sol de la région étudiée est composé à 35% d'un pergélisol qui est dans une proportion de 90 % associé aux formes caractéristiques des terrains tourbeux.

МНОГОЛЕТНЕМЕРЗЛЫЕ ГРУНТЫ НА ЮЖНОЙ ГРАНИЦЕ ЗОНЫ НЕСПЛОШНОГО РАСПРОСТРАНЕНИЯ МНОГОЛЕТНЕЙ МЕРЗЛОТЫ

Эксплуатация многих крупных объектов в северной Канаде в большой степени зависит от распространения многолетнемерзлых грунтов, особенно в зоне несплошной мерзлоты. На южной границе зоны несплошного распространения мерзлоты, в районе поселка Форт-Симпсон /Северо-Западные территории/ было проведено картирование участков многолетней мерзлоты на основе данных аэрофотосъемки и измерений электромагнитного сопротивления. Распределение мерзлых грунтов в этой части зоны сильно зависит от мощности изолирующего органического слоя и /или/ затененности. Мерзлота отмечается в таких видах рельефа, как торфяные плато, торфяные бугры и плоские болотистые участки, а также на участках, густо покрытых черной елью, склонах и речных берегах северной экспозиции, затененных северных склонах песчаных дюн и в ледниковых трещинах. Примерно на 35% исследованной площади обнаружены подстилающие многолетнемерзлые грунты, половина из которых ассоциируется с торфяными формами рельефа.

PERMAFROST EXTENT IN THE SOUTHERN FRINGE OF THE DISCONTINUOUS PERMAFROST ZONE, FORT SIMPSON, N.W.T.

J.A. Rennie, D.E. Reid*, and J.D. Henderson

Northern Engineering Services Company Limited, Calgary, Alberta, T2P 0T5
*R.M. Hardy & Associates Limited, Calgary, Alberta, T2P 2W5

INTRODUCTION

The presence or absence of permafrost in the discontinuous permafrost zone will greatly influence major engineering projects such as pipelines or roads. Since such construction projects encounter numerous transitions from frozen to unfrozen ground throughout their lengths, it is essential that permafrost distribution be mapped as accurately as possible. This concern prompted Northern Engineering Services Company Limited to conduct a study to accurately determine the extent of permafrost along the proposed Arctic Gas pipeline route where it traverses the discontinuous permafrost zone.

Permafrost in the southern fringe of the discontinuous zone was known to occur in patches a few square meters to several hectares in size and confined to certain types of terrain with good peat insulation and under certain dense stands of trees which provide shading from summer thawing and reduced winter snow cover (Brown 1970).

Preliminary terrain studies including airphoto interpretation and testhole drilling indicated that permafrost occurrence was extremely variable and that a more detailed investigation was necessary. This investigation included detailed airphoto interpretation of both terrain and vegetation, electromagnetic resistivity surveys, and testhole drilling.

DESCRIPTION OF STUDY AREA

The study area is located within the southern fringe of the discontinuous permafrost zone along 480 km of the proposed Arctic Gas pipeline route extending from Zama Lake, Alberta (59°N) to Willowlake River, N.W.T. (62°40'N). See Fig. 1. The area consists of flat to rolling terrain where elevations range from 730 m ASL on the Alberta Plateau to 140 m ASL on the Great Slave Plain near Fort Simpson. The uplands consist of rolling till deposits overlying Cretaceous shales while the lowlands below 230 m ASL near Fort Simpson consist of thick glaciolacustrine and deltaic sediments (Craig 1965, Rutter *et al.* 1972). Lowlands in northern Alberta below 490 m ASL also consist of glaciolacustrine sediments. Approximately 65% of the area is covered by peat deposits 1 m to 8 m thick.

The climate is dry continental, characterized by short cool summers, long cold winters, and low precipitation. Mean annual temperature is -2.5°C in northern Alberta and -4°C at Fort Simpson. Mean annual precipitation is 390 mm in northern Alberta and 345 mm at Fort Simpson (Burns 1973).

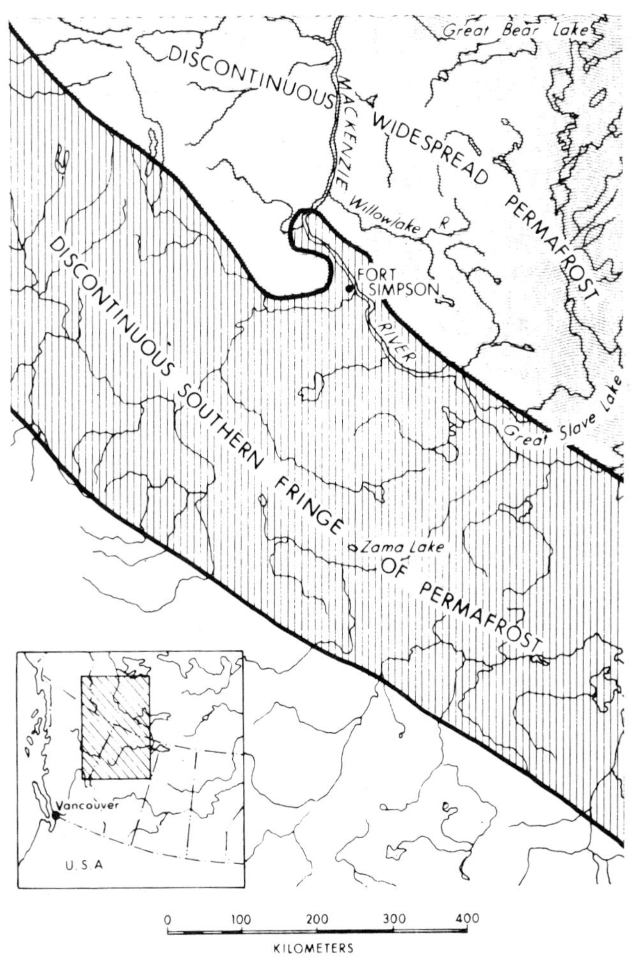

FIG. 1 Location of the study area and regional permafrost distribution (modified from Brown, 1967)

TABLE 1

TERRAIN CLASSIFICATION RELATED TO EXTENT OF PERMAFROST

PHASE	% OCCURRENCE	DESCRIPTION	FROZEN OR UNFROZEN	RELATED PEATLAND CLASSIFICATION
(BS) Speckled bog	32%	Speckled bog. Elevated peat plateau area with numerous thawed depressions. Elevated areas are underlain by permafrost, thawed depressions are unfrozen	F U	Peat Plateau Collapse Bog
(PT + Trees) Thin peat above water table	20%	Shallow peat areas, water table usually below ground surface. Usually supports tree growth. Tree type indicates whether frozen or unfrozen. - Tamarack, scattered pine, dwarf birch - Mixed tree species - White spruce, white + black spruce, willow - Black spruce	 U U U or F U or F	Flat bog Blanket bog Bowl bog
(PT) Low, wet peatland	1%	Low, wet peatland. Also includes recently drained pond areas where peat formation is just beginning. Usually unfrozen. Water table at or above ground surface.	U	String fen Net fen Flat fen Shore fen Draw fen
(Lichens + Trees) Thin forest peat with lichen cover	7%	Areas of lichen covered ground with sparse to moderate tree cover of white spruce, pine, or black spruce. Generally unfrozen with very small pockets of thin permafrost.	U	Thin blanket bog (in early development stage)
(PTD) Treed peat drainageways	1%	Narrow, unfrozen treed peat drainageways surrounded by frozen peatland. The drainageways often contain well defined small creeks. On the Ebbutt Hills these unfrozen drainageways are expected to be underlain by permafrost at depth.	U but F at depth	Draw fen
(Trees) Treed Areas	25%	Treed areas, moderate to heavy tree cover on mineral soil. - Pine, aspen, birch, tamarack, balsam poplar - Mixed forest - White spruce, white + black spruce - Black spruce - moderate cover - dense cover	 U U U or F U or F F	Non-peatland phase
(CF) Crevasse filling	2%	Crevasse filling. Narrow linear ridges of ablation till, usually covered by pines. Unfrozen.	U	Non-peatland phase
(Shade of SD)	<1%	Shade of sand dune. Small areas under the shading influence of sand dunes, generally on the north or northeast side. Usually frozen.	F	Non-peatland phase
(Shade of CF)	<1%	Shade of crevasse filling. Small area under the shading influence of a large crevasse filling. Usually frozen.	F	Non-peatland phase
Shaded Riverbank	<1%	Shaded north-facing riverbanks. Usually frozen.	F	Non-peatland phase
North facing slope	<1%	Shaded north-facing slopes. Usually frozen	F	Non-peatland phase
Burns - used in conjunction with a terrain phase	Variable	Recent burns exert very little thermal influence in organic terrain but can thaw permafrost in areas with no peat cover	F or U	

PERMAFROST DISTRIBUTION

Permafrost was found to exist over 35% of the study area, and ranged from a low of approximately 10% areal extent in the deltaic lowlands near Fort Simpson to 80% on the Ebbutt Hills and 60% on the Alberta Plateau. Slightly more than 90% of the permafrost is associated with peat insulation, the remaining portion being associated with shading provided by north facing slopes or tree cover (black spruce).

The observed permafrost distribution showed that the southern fringe of the discontinuous zone extends further north than was previously believed (Brown 1967), especially along the Mackenzie River valley. This observation compares favourably with a previous study of frozen peatland distribution (Zoltai and Tarnocai 1975).

Delineation of Permafrost using Airphoto Mapping

Airphoto mapping of permafrost in the southern fringe of the discontinuous permafrost zone is aided by the fact that thermal degradation in the last 150 to 200 years has apparently been widespread (Thie 1974), so that remaining bodies of permafrost are confined to sites with adequate insulation and/or shading. These sites can be identified by certain vegetation and terrain features. Permafrost is commonly found in elevated peat plateaus, palsas, dry flat bogs, dense stands of black spruce, north-facing slopes and riverbanks, and the shaded north-facing sides of sand dunes or crevasse fillings.

Similarly, there are vegetation and terrain features which are indicators of unfrozen ground. Permafrost is generally absent under all wet fens or bogs and stands of aspen, white birch, pine or mixed forest on mineral soil.

The relationship between permafrost and the common vegetation and terrain features is illustrated in Table 1. Several representative areas of each terrain phase have been investigated by electromagnetic resistivity surveys and by test hole drilling to verify the relationships shown in the table. Because the terrain mapping has been used as the basis for pipeline design in this area, it has also been subjected to additional spot checks and drilling.

Elevated peat plateaus (Speckled bog) are the most common perennially frozen peatland type (Fig. 2). The elevated portions are always underlain by permafrost while the near circular thaw depressions are unfrozen "windows" in the permafrost if they are 10 meters or more in diameter. The smaller thaw depressions apparently are not complete "windows" in the permafrost but are associated with a deeply depressed permafrost table. Intensive studies have been carried out in these peatlands to investigate the shape of permafrost edges, thickness of permafrost, and variation in ice content with depth, but these studies are beyond the scope of this paper. In general, permafrost edges tend to be very abrupt in these peatlands (Fig. 3).

FIG. 2 Speckled bog terrain (BS) (peat plateau) showing areal extent of permafrost (white) and thawed collapse bogs (black).

Flat bogs, blanket bogs, and bowl bogs (PT + Trees category) often are underlain by permafrost; the tree types growing on these shallow peat areas are useful for indicating the presence or absence of permafrost (Table 1).

The identification features used for recognizing various tree species on airphotos are described in a study of permafrost occurrence along the Alaska Highway (Raup and Denny 1950). In the southern fringe of the discontinuous zone, deciduous trees (aspen, balsam poplar), because of their deep root system, are reliable indicators of unfrozen ground when present in pure stands or as the dominant species in mixed forest. Black spruce and white spruce can sometimes have very shallow root systems, and will grow on either frozen or unfrozen ground. Very dense stands of stunted black spruce are usually underlain by permafrost.

Most of the well-drained soils in the study area would be covered with white spruce (or mixed forest with white spruce being the dominant species) if it were not for the repeated natural occurrence of forest fires. After a fire on well-drained mineral soil has removed the tree cover (and usually the permafrost as well), invader species such as pine, aspen, poplar or birch are quick to revegetate these areas, and the soil generally remains unfrozen. Occasional successive

FIG. 3 to FIG. 6 Some typical relationships of permafrost to terrain and vegetation with the corresponding resistivity response

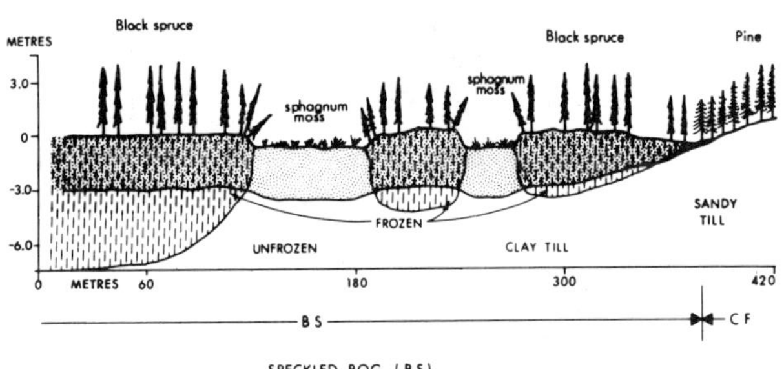

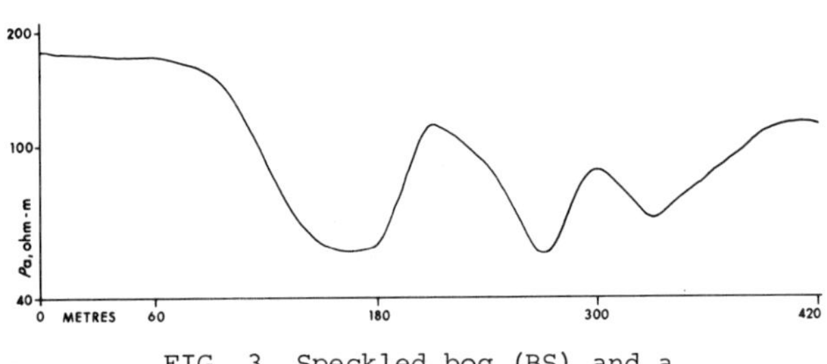

FIG. 3 Speckled bog (BS) and a crevasse filling (CF)

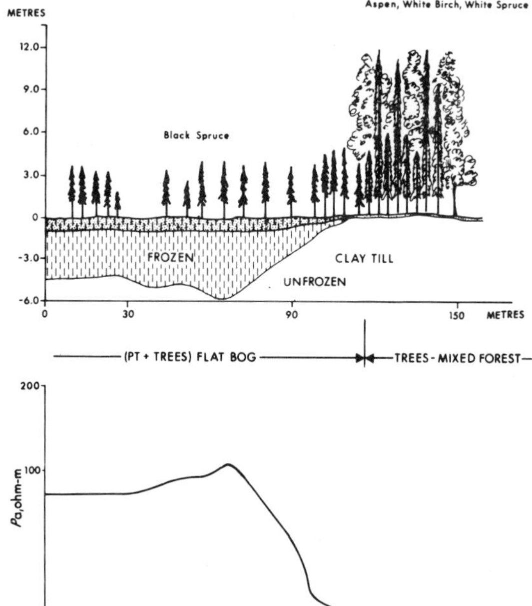

FIG. 4 Flat bog (PT + Trees) and mixed forest

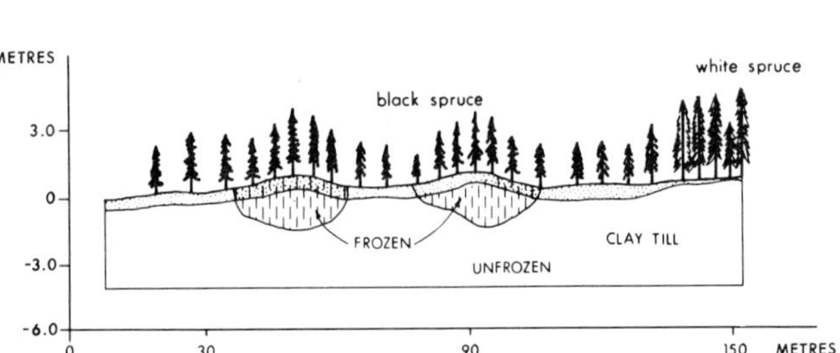

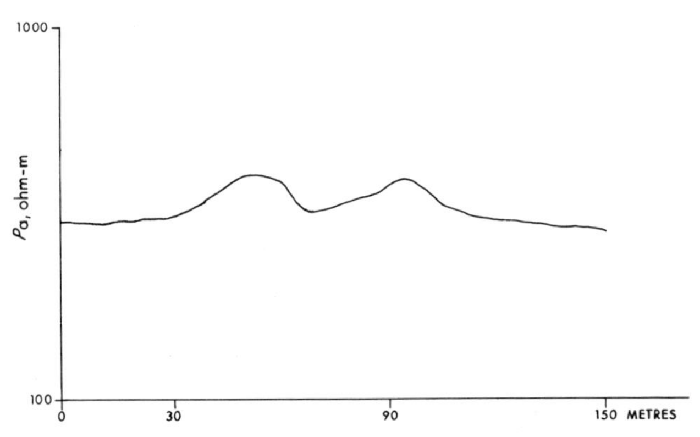

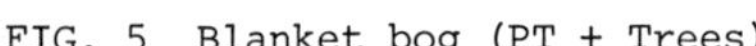

FIG. 5 Blanket bog (PT + Trees)

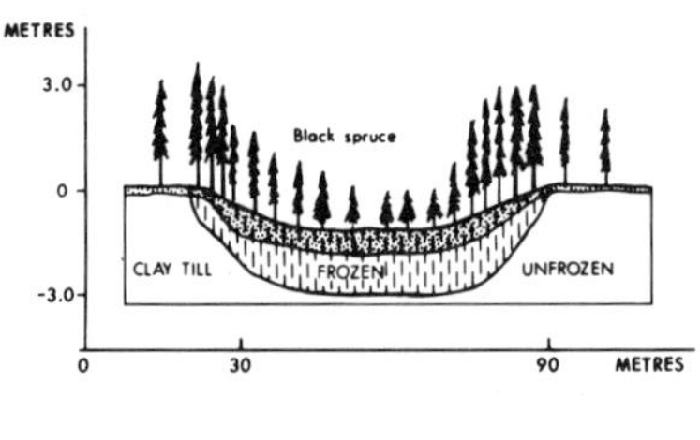

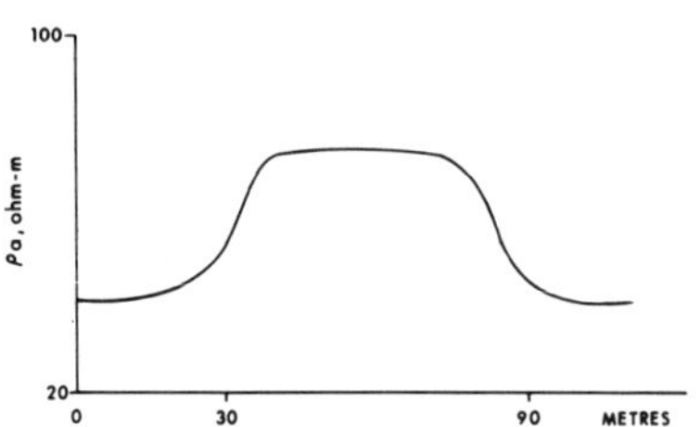

FIG. 6 Bowl bog (PT + Trees)

burns prevent many of these areas from achieving the mature white spruce or mixed forest tree cover. In areas such as flat bogs and blanket bogs with thin peat cover, forest fires may or may not cause permafrost to degrade permanently. Permafrost may gradually aggrade again if the insulative peat cover returns and shading by trees increases. Peat plateaus are more resistant to thermal degradation caused by fire (due to very thick spongy peat insulation) and seem to be relatively unaffected by repeated burns even though they are typically burned frequently and some slow burning fires may char the upper 10 to 30 cm of the peat.

Delineation of Permafrost using Electromagnetic Resistivity Surveys

In delineating permafrost, the use of geophysics is based on differences in the electrical resistivity between frozen and unfrozen ground. Previous work (Hoekstra et al. 1975, Hoekstra 1977) has shown that the resistivity of the ground is a function of temperature, ice content, water content, and soil type. The apparent resistivity over frozen ground is markedly higher than the apparent resistivity over unfrozen ground (Table 2). The resistivity also increases as the grain size increases. Fig. 3 to 6 illustrate that the resistivity responds to changes in the thickness and ice content of the frozen ground, and changes in soil type.

TABLE 2

Resistivity of Soils in the Fort Simpson area

Soil Type	Range of Resistivities (ohm-m)	
	Unfrozen	Frozen
CH - High Plastic Clay	10-25	20-50
CL - Low Plastic Clay	25-45	40-80
ML - Low Plastic Silt	50-80	70-150
MH - High Plastic Silt	40-60	60-110
SC - Clayey Sand	50-100	80-200
SM - Silty Sand	300-1000	1000-3000
GW - Gravel, well graded	500-1000	800-3000
GC - Clayey or Silty gravel	225-350	350-1000
GP - Gravel, poorly graded	1000-3000	3000-10000

Modified from Hoekstra et al. 1975, based on field data from the Fort Simpson area.

In the past several years, tests have been conducted with a variety of electrical and electromagnetic resistivity techniques to evaluate their ability to delineate permafrost. It is apparent from these field trials that the EM31, Fig. 7, is best suited for mapping shallow permafrost.

The EM31 is a self-contained instrument consisting of two horizontal coplanar dipoles which are separated by a fixed distance of 3.6 m. The transmitter dipole emits electromagnetic waves at a frequency of 39 khz. The transmitted waves induce current flow in the ground which is measured by the receiving dipole. The received signal is the sum of the primary field and a secondary field. The secondary field has both inphase and quadrature phase components with the transmitted signal while the primary field has only an inphase component. The resistivity of the ground is determined from the quadrature phase component which can be measured with greater accuracy than the inphase component.

FIG. 7 The EM31

Preliminary investigations showed that resistivity surveys with the EM31 reliably delineated permafrost and allowed estimations of depth of permafrost. The correlation between resistivity and permafrost thickness is illustrated in Fig. 3 to 6 and Fig. 8 and 9.

Electromagnetic resistivity surveys were particularly useful for determining the permafrost distribution in areas covered with those tree species that can grow on either frozen or unfrozen ground (Table 1). This method of permafrost delineation was also used in all questionable areas (from airphoto interpretation) or in burned areas where the effect of the fire had to be determined. Resistivity surveys were also carried out on several representative areas of each terrain phase shown in Table 1. This was the most useful method of obtaining data on the distribution of permafrost and the size and shape of permafrost bodies within terrain phases that contained both frozen and unfrozen ground.

In engineering projects, geophysics is best used to aid in selecting the best possible drillhole sites and to extrapolate subsurface conditions between drillholes. In planning geophysical field studies, it is important to do the field work during the spring when the active layer is frozen. The unfrozen active layer during summer, fall, and early winter has a great blanketing effect and tends to make the interpretation of the data much more difficult.

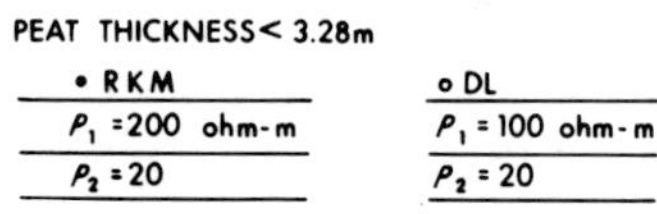

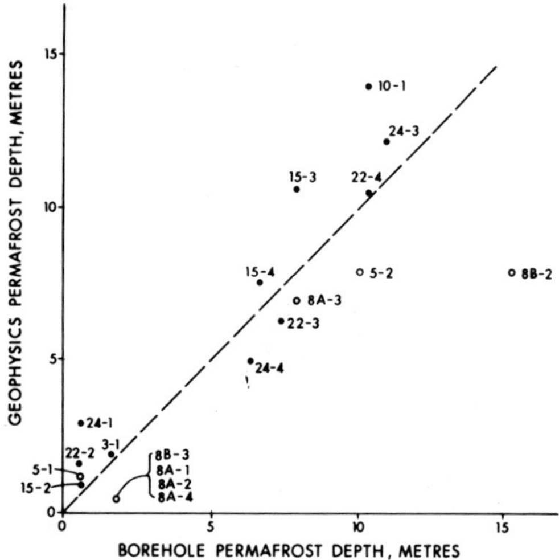

FIG. 8 Comparison between predicted geophysics permafrost thickness and observed borehole permafrost thickness, peat less than 3.28 M.

PEAT THICKNESS > 3.28 m

• RKM

ρ_1 = 1000 ohm-m

ρ_2 = 20

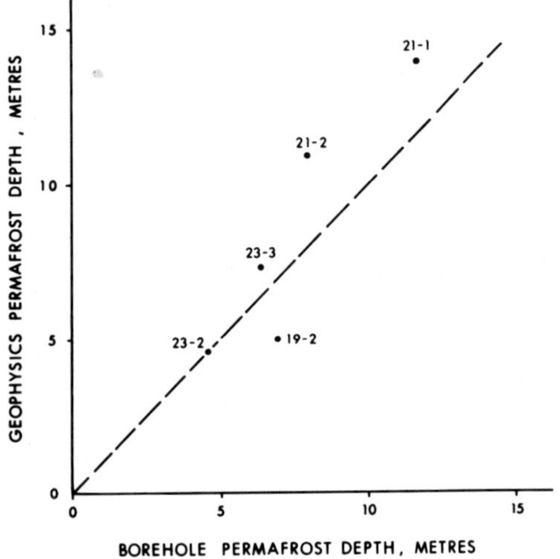

FIG. 9 Comparison between predicted geophysics permafrost thickness and observed borehole permafrost thickness, peat greater than 3.28 M.

CONCLUSIONS

Permafrost in the study area is confined to sites with adequate dry peat insulation and/or shading provided by north-facing slopes or tree cover, mainly black spruce. These areas of frozen ground occupy 35% of the study area. Frozen and unfrozen ground can be recognized on airphotos on the basis of vegetation and terrain features. Electromagnetic resistivity surveys can accurately delineate the boundaries of frozen and unfrozen ground and can be used to estimate the permafrost thickness. Resistivity surveys are therefore useful for providing data to confirm airphoto interpretation, and in any very detailed studies of permafrost distribution.

REFERENCES

Brown, R.J.E., 1967. Permafrost in Canada. Geol. Surv. Can. Map 1246 A.

.........., 1970. Permafrost in Canada. University of Toronto Press.

Burns, B.M., 1973. The climate of the Mackenzie Valley - Beaufort Sea. Vol. 1, Climatological Studies, No. 24, Atmospheric Environment, Environment Canada.

Craig, B.G., 1965. Glacial Lake McConnell, and the surficial geology of parts of Slave River and Redstone River map-areas, District of Mackenzie. Geol. Surv. Can., Bulletin 122.

Hoekstra, P., Sellman, P.V., and Delaney, A., 1975. Ground and airborne resistivity surveys of permafrost near Fairbanks, Alaska. Geophysics Vol. 40: 641-656.

Hoekstra, P., 1977. Geophysical methods for delineating shallow permafrost. Geophysics (in press).

Raup, H.M. and Denny, C.S., 1950. Photo interpretation of the terrain along the southern part of the Alaska Highway, U.S.G.S. Bulletin 963-D: 95-135.

Rutter, N.W., Minning, G.V., and Netterville, J.A. 1972. Surficial geology and geomorphology of Fort Simpson, 95H; Trout Lake, 95A; Camsell Bend, 95J. Geol. Surv. Can. Open File Series 93.

Thie, J., 1974. Distribution and thawing of permafrost in the southern part of the discontinuous permafrost zone in Manitoba. Arctic Vol 27, No. 3: 189-200.

Zoltai, S.C. and Tarnocai, C., 1975. Perennially frozen peatlands in the western arctic and subarctic of Canada. Can. J. Earth Sci., Vol 12, No. 1: 28-43.

PRINCIPLES OF CRYOLITHOLOGICAL REGIONALIZATION OF THE PERMAFROST ZONE

B.I. Vtyurin, Pacific Institute of Geography, Vladivostok, U.S.S.R.

Cryolithological regionalization consists in the unification of territories showing relative similarities in such important characteristics as the structure and texture of permafrost, ice content of permafrost, types and quantities of ground ice, etc. The characteristics chosen depend on the aims of regionalization. The present aims of small-scale cryolithological regionalization and permafrost mapping are purely scientific. Therefore, stress should be placed on the genetic approach, i.e. the study of the distribution patterns of different genetic types and forms of permafrost areally and vertically. The author has developed a cryolithological classification of permafrost based on these principles. A schematic cryolithological map of the northeastern U.S.S.R. is given as an example of cryolithological regionalization.

PRINCIPES DE LA ZONATION CRYOLITHOLOGIQUE DE LA ZONE DE PERGÉLISOL

B.I. Vtyurin, Institut pacifique de géographie, Vladivostok, URSS

La zonation cryolithologique consiste en une unification des territoires qui ont en commun certains éléments essentiels comme: la structure et la texture du pergélisol, son contenu en glace, les types de glace dans le sol, les réserves de glace, etc. Selon l'objet de cette zonation, les uns ou les autres de ces traits peuvent être choisis. La zonation cryolithologique à petite échelle et la cartographie du pergélisol ne peuvent à l'heure actuelle avoir qu'un but purement scientifique. C'est pourquoi on accordera la priorité à l'approche génétique: inventaire des lois de la distribution des divers types génétiques et formes de pergélisol dans l'espace et en coupe verticale. L'auteur a établi une classification cryolithologique du pergélisol bâtie sur ces principes. Une carte schématique du Nord-Ouest de l'URSS est présentée à titre d'exemple de zonation cryolithologique.

ПРИНЦИПЫ КРИОЛИТОЛОГИЧЕСКОГО РАЙОНИРОВАНИЯ ОБЛАСТИ МНОГОЛЕТНЕМЕРЗЛЫХ ПОРОД

Б.И. Втюрин, Тихоокеанский институт географии, Владивосток, СССР

Криолитологическое районирование заключается в объединении территорий, обладающих относительным сходством по таким существенным признакам, как: криогенное сложение и строение многолетнемерзлых пород (ММП), льдистость ММП, типы подземных льдов, их запасы и др. В зависимости от целей районирования могут быть выбраны те или иные из них. Мелкомасштабное криолитологическое районирование и картографирование ММП на современном этапе может преследовать лишь научные цели. Поэтому основным должен стать генетический подход: учет закономерностей распространения различных генетических типов, видов ММП в пространстве и в вертикальном разрезе толщ. Автором разработана криолитологическая классификация ММП, построенная на этих принципах. В качестве примера криолитологического районирования приводится схематическая криолитологическая карта Северо-Востока СССР.

ПРИНЦИПЫ КРИОЛИТОЛОГИЧЕСКОГО РАЙОНИРОВАНИЯ ОБЛАСТИ МНОГОЛЕТНЕМЕРЗЛЫХ ПОРОД

Б.И. Втюрин

Тихоокеанский институт географии, Владивосток, СССР

Криолитологическое районирование, как и другие его виды, заключается в объединении территорий, обладающих относительным сходством по некоторым существенным признакам. В криолитологии такими являются: криогенные сложение и строение многолетнемерзлых горных пород (ММП), льдистость ММП, типы подземного льда, общие запасы подземного льда и отдельных его типов и др.

До настоящего времени принципы специального криолитологического районирования не разработаны. Некоторые из указанных выше существенных криолитологических признаков учитывались ранее при общем комплексном геокриологическом (Баранов, 1965), мерзлотно-геологическом (Попов, 1958), мерзлотном районировании по формационному признаку (Швецов, 1956) и др. Более полно, но каждой в отдельности, эти признаки были использованы автором при составлении схематических обзорных карт области ММП в пределах СССР: распространения толщ ММП различного сложения, строения, общей эвидентной льдистости, запасов эвидентных подземных льдов и др. (Втюрин, 1975).

Как известно (Арманд, 1975), такое картографирование с полным правом может быть названо типологическим отраслевым районированием. Но, в таком случае, оно является однокомпонентным и одноступенчатым. Для того, чтобы перейти к комплексному многокомпонентному, а следовательно, и к многоступенчатому криолитологическому районированию области ММП, необходимо выбрать критерии для выделения каждой ступени. Процесс выбора одного критерия из нескольких всегда субъективен. Для того, чтобы этот выбор не был случайным, необходимо установить ц е л и районирования.

Криолитологическое типологическое районирование может преследовать либо научные, либо практические, хозяйственные цели. Для первых, очевидно, в основе должны лежать генетические признаки ММП, для вторых - количественные оценки и типы подземных льдов, оказывающих существенное влияние на инженерные свойства мерзлых пород.

Мелкомасштабное криолитологическое картографирование и районирование на современном этапе изучения ММП может преследовать лишь научные цели: выявление географических закономерностей в процессах льдообразования в горных породах, палеокриологических и палеогеографических условий формирования мерзлых толщ в различные эпохи четвертичного периода и др. Следовательно, основным должен стать генетический подход: учет закономерностей распространения различных генетических типов, видов, разновидностей ММП в пространстве и в вертикальном разрезе толщ.

По-существу, криолитологическое районирование в научных целях является необходимой предпосылкой для районирования в практических целях, так как создает рациональную основу для интерполяций и экстраполяций, неизбежных при использовании количественных критериев такого районирования.

Любое районирование может вестись только на основе соответствующей классификации объекта. Соответственно, для криолитологического районирования необходимо иметь классификацию ММП, построенную с учетом выбранных ведущих признаков. Автором разработана и предлагается комплексная классификация ММП по криолитологическим признакам (табл.) По сложению - напластованию толщ с разными типами криогенного строения, в ней выделяются два класса ММП: моно- и полигенетические; по способу формирования (эпи- или сингенетическому) - 4 типа ММП и по участию в строении залежеобразующих подземных льдов - 12 видов ММП. В таблице охарактеризованы преобладающие литогенетические типы пород, приобретающие при промерзании тот или иной вид криогенного строения и преимущественное распространение по общим геокриологическим зонам, выделенным на геокриологической карте СССР И.Я. Баранова (1956).

На наш взгляд, классификация достаточно детальна и позволяет на ее основе производить картографирование и районирование ММП в мелком масштабе. Вместе с тем она предполагает возможность дальнейшей детализации путем введения градаций, учитывающих класс криогенных текстур, мощность верхнего сингенетического горизонта и т.д.

Примерной таксономической системой единиц индивидуального районирования (по Арманду, 1975), соответствующей таксономии типологического районирования, в предлагаемой классификации могут быть: провинция, область, район. При районировании в среднем и крупном масштабе ограниченных по площади участков суши выбор таксономических единиц должен быть иным. Иной, более детальной, должна быть и классификация ММП. Однако принцип подхода к районированию, как нам кажется, может быть сохранен и в этом случае.

Весьма заманчиво было бы уже теперь провести районирование и составить карту всей литокриосферы Земли. Однако пока информации, необходимой для этого, так мало, что мы вынуждены отказаться от такой попытки даже для территории СССР и в качестве примера избрать лишь Северо-Восток СССР (рис.). Этот регион, сравнительно хорошо известный автору, обладает большим разнообразием генетических типов ММП, что позволяет использовать предложенную классификацию почти в полном объеме.

В соответствии с принятой таксономией на рассматриваемой территории четко выделяются две провинции: 1) моногенетических ММП, располагающаяся к югу от геоизотерм -4°, -5°C и 2) полигенетических ММП, располагающаяся, соответственно, к северу от указанных геоизотерм. Следует отметить, что южная граница распространения полигенетических ММП более или менее четкая, чего нельзя сказать о северной границе распространения моногенетических (только эпигенетического типа) ММП. Последние в виде изолированных районов встречаются в горных странах всей литокриосферы. Они

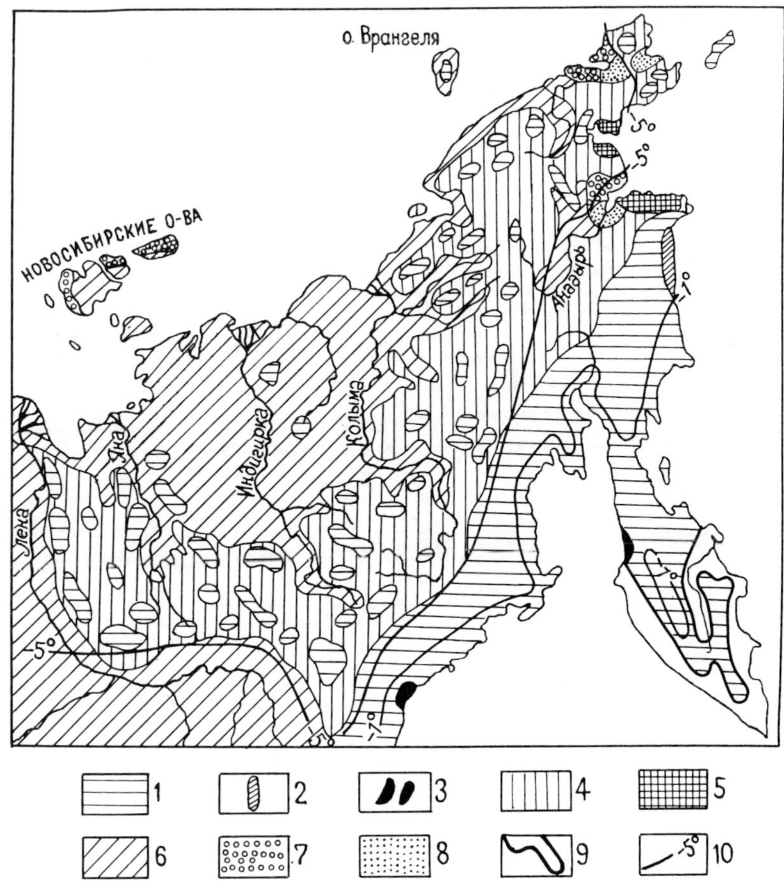

Схема криолитологического районирования Северо-Востока СССР.

Провинция моногенетических ММП

Область эпигенетических ММП: 1 - районы с простым видом криогенного строения, без участия залежеобразуюших льдов; 2 - районы со сложным видом криогенного строения, с пластовыми залежами сегрегационного и инъекционного льда.

Область сингенетических ММП: 3 - районы с простым видом криогенного строения (выделены предположительно).

Провинция полигенетических ММП.

Область двухгоризонтных, эпи-сингенетических ММП: 4 - районы с простым видом криогенного строения; 5 - районы со сложным видом криогенного строения, с пластовыми залежами в эпигенетическом горизонте; 6 - районы со сложным видом криогенного строения, с повторножильными льдами в сингенетическом горизонте; 7 - районы с очень сложным видом криогенного строения, с пластовыми залежами льда в эпигенетическом горизонте и с ледяными жилами - в сингенетическом.

Область многогоризонтных, син-эпи-син-эпигенетических ММП: 8 - районы с неустановленным видом криогенного строения (выделены предположительно).

9 - южная граница распространения ММП (по Баранову, 1956); 10 - геоизотермы (по Баранову, 1956).

Таблица

Классификация ММП по криогенному сложению и строению

Класс (по сложению-напластованию	Тип (по способу формирования)	Вид (по участию в строении залежеобразующего подземного льда)	Преобладающий литогенетический тип пород	Распространение (по обшим геокриологическим зонам; по Баранову, 1956)
Моногенетический	Эпигенетический	1. Простой, без залежеобразующих льдов	Грубозернистые, необводненные до промерзания, разного генезиса	Все зоны
		2. Сложный, с пластовыми залежами сегрегационного и инъекционного льда, неглубокого залегания	Неоднородные по разрезу, обводненные (с водоносными горизонтами), морские, ледниково-морские, реже аллювиальные	Умеренная южная
		3. Сложный, с мелкими эпигенетическими жилами льда	Тонкодисперсные, аллювиальные, озерно-болотные и др. торфяники	Умеренная
		4. Очень сложный, с пластовыми и повторножильными залежами льда	Сочетание условий, характерных для видов 2 и 3	Умеренная
	Сингенетический	5. Простой, без залежеобразующих льдов	Преимущественно торфяники	Южная
Полигенетический	2-х горизонтный, син-эпигенетический	6. Простой, без залежеобразующих льдов	Грубозернистые, аллювиальные прибрежно-морские, флювиогляциальные и др.	Северная, Арктическая
		7. Сложный, с пластовыми залежами льда в эпигенетическом горизонте	Сочетание условий, характерных для вида 6 в сингенетическом горизонте и вида 2 - в эпигенетическом горизонте	То же
		8. Сложный, с эпи- и сингенетическими жилами в сингенетическом горизонте	Тонкодисперсные, аллювиальные, озерно-болотные, склоновые и др.	"
		9. Очень сложный, с ледяными жилами в сингенетическом горизонте и пластовыми залежами - в эпигенетическом	Сочетание условий, характерных для вида 7 в сингенетическом горизонте и вида 2 - в эпигенетическом	"
	Многогоризонтный (преимущественно 4-х), син-эпи-син-эпи-генетический	10. Простой, без залежеобразующих льдов	Грубозернистые, аллювиальные прибрежно-морские, ледниковые и др.	"
		11. Сложный, с ледяными жилами в сингенетических горизонтах	Тонкодисперсные, аллювиальные, склоновые и др.	"
		12. Очень сложный, с ледяными жилами в сингенетических горизонтах и пластовыми залежами в эпигенетических	Сочетание условий, характерных для видов 2 и 3 в эпигенетических горизонтах и вида 7 - в сингенетических	"

приурочены к выходам разрушающихся скальных пород и крутым денудационным склонам, с которых рыхлый материал практически полностью сносится.

В провинции моногенетических ММП предположительно выделены районы с сингенетическим типом криогенного строения простого вида. Образование таких толщ возможно только по южной окраине ММП, на участках современного тектонического опускания, преимущественно в торфяниках. Можно предполагать наличие таких участков в Западной Сибири, на Дальнем Востоке, а на приводимой карте – на западном побережье Камчатки и на Охотском побережье. По данным некоторых исследователей, изучавших берега дальневосточных морей (Ионин и др., 1971; Зенкович и др., 1971), побережье западной Камчатки носит следы недавнего погружения, возможно продолжающегося на отдельных участках и в настоящее время. Исходя из того, что при температуре ММП 0° – минус 1°С мощность толщи не может быть большой, сингенетическое приращение ее сверху, в процессе погружения поверхности неизбежно приведет к протаиванию снизу. В результате этого в разрезе может сохраниться маломощная толща ММП целиком сингенетическая по способу формирования, а следовательно, и по типу криогенного строения. Фактически, однако, достоверно такие толщи ММП еще никем не установлены.

Также предположительно выделены и районы с многогоризонтными (четырехгоризонтными как минимум) толщами ММП в пределах провинции полигенетических ММП. Это тектонически неустойчивые участки побережья, в пределах которых, кроме того, на протяжении четвертичного периода происходило неоднократное наступление ледников (Нижне-Анадырская, Колючинская и Лаврентьевская депрессии). На Северо-Востоке СССР такие толщи еще не описаны, но по аналогии с некоторыми другими районами, например, севером Западной Сибири и низовьями Енисея, предположение об их наличии нам кажется оправданным. На приводимой карте мы, естественно, не определяли криогенного строения таких толщ до вида. Но учитывая, что они формируются всегда в пределах северной и арктической геокриологической зон, где температура ММП ниже -5°С, можно предполагать преимущественно сложный вид их криогенного строения, с повторножильными льдами в сингенетических горизонтах. Именно такой вид строения мы наблюдали в многогоризонтных толщах ММП в низовьях Енисея (Втюрин, 1966).

Наибольшим площадным распространением на Северо-Востоке СССР пользуются двухгоризонтные толщи ММП сложных видов. Это в основном районы с ММП, в верхнем сингенетическом горизонте которых, широко развиты повторножильные залежеобразующие льды. Реже встречаются районы с очень сложным видом криогенного строения ММП, когда залежеобразующие подземные льды развиты не только в сингенетическом, но и в верхней части эпигенетического горизонта (пластовые залежи первичного внутригрунтового льда сегрегационного и инъекционного генезиса). Они описаны на прибрежных участках Анадырского залива, на побережье Чукотского моря (Втюрин, 1964; Гасанов, 1969) и на Новосибирских островах (Воллосович, 1902; Иванов, Яшин, 1959).

Таким образом, в пределах рассматриваемого региона пока не выделяются районы с моно- эпигенетическим типом ММП сложного и очень сложного видов (№ 3 и № 4 – по классификации) и районы с полигенетическими многогоризонтными ММП всех видов (№№ 10 – 12 – по классификации). Это, конечно, не значит, что таких толщ здесь нет. Принципиально их образование не исключено. Например, при детальных исследованиях Корякского нагорья, Камчатского полуострова и других районов, в дальнейшем, возможно, будут обнаружены толщи эпигенетических ММП с повторножильными льдами (скорее с реликтовыми, что, в принципе, не меняет дела). Изучение прибрежных участков с неустойчивым тектоническим режимом позволит, вероятно, в дальнейшем выделить разные виды многогоризонтных толщ полигенетических ММП.

Если рассмотреть закономерности пространственного распространения ММП различного строения по общим геокриологическим зонам, то нетрудно заметить, что провинция полигенетических ММП располагается в пределах северной и арктической зон, а провинция моногенетических, в основном, в пределах южной и умеренной зон. Исключением, как мы указывали выше, являются районы с эпигенетическим типом ММП простого вида, которые азональны, встречаются во всех геокриологических зонах.

В заключение мы еще раз подчеркиваем методический характер выполненной работы, поэтому прилагаемую карту криолитологического районирования Северо-Востока СССР следует рассматривать, в основном, как принципиальную схему.

Дальнейшую детализацию районирования целесообразно, видимо, направить по пути выделения таксономических единиц, связанных с учетом различий в классе криогенных текстур (шлировые, массивные) и в мощности верхнего сингенетического горизонта полигенетических ММП.

ЛИТЕРАТУРА

АРМАНД Д.Л. 1975. Наука о ландшафте. М., "Мысль", 286 с.

БАРАНОВ И.Я. 1956. Геокриологическая карта СССР М. .

БАРАНОВ И.Я. 1965. Принципы геокриологического (мерзлотного) районирования области многолетнемерзлых горных пород. М., "Наука" 150 с.

ВОЛЛОСОВИЧ К.А. 1902. О геологических работах на Новосибирских островах. – Изв. Имп. Ак. Наук. СПб, т. ХУ1, № 5, с. 7-10.

ВТЮРИН Б.И. 1964. Криогенное строение четвертичных отложений. М., "Наука", 151 с.

ВТЮРИН Б.И. 1966. Криогенное строение четвертичных отложений в низовьях Енисея. – В кн.: Материалы к научн.-техн. конференции по инженерным изысканиям. М., с. 177-180.

ВТЮРИН Б.И. 1975. Подземные льды СССР. М., "Наука", 212 с.

ГАСАНОВ Ш.Ш. 1969. Строение и история формирования мерзлых пород Восточной Чукотки. М., "Наука", 168 с.

ЗЕНКОВИЧ В.П., ЛЕОНТЬЕВ О.К., НИКИФОРОВ Л.Г., ЛУКЬЯНОВА С.А. 1971. К геоморфологии западного побережья Камчатки. –В кн.: "Геоморфология и литология береговой зоны морей и других крупных водоемов" М., "Наука", с. 3-8.

ИВАНОВ О.А., ЯШИН Д.С. 1959. Новые данные о геологическом строении острова Н. Сибирь. – Труды НИИИГА, т. 96, вып, 8, с. 61-78.

ИОНИН А.С., КАПЛИН П.А., ЛЕОНТЬЕВ О.К. и др. 1971. Особенности формирования рельефа и современных осадков в прибрежной зоне дальневосточных морей СССР. М., "Наука", 181 с.

ПОПОВ А.И. 1958. Мерзлотно-геологическое районирование области вечной мерзлоты в СССР. – Информ. сб. о работах геогр. фак. МГУ по МГТ, № 1. Изд-во МГУ, с. 239-264.

ШВЕЦОВ П.Ф. 1956. О принципах районирования многолетней криолитозоны. – В кн.: "Мат-лы к основам учения о мерзлых зонах земной коры", вып. Ш., М., Изд-во АН СССР, с. 18-40.

I.6 ECOLOGY OF NATURAL AND DISTURBED AREAS

I.6 ÉCOLOGIE DE RÉGIONS INTACTES ET PERTURBÉES

I.6 ЭКОЛОГИЯ ЕСТЕСТВЕННЫХ И НАРУШЕННЫХ УЧАСТКОВ ЛАНДШАФТА

PRESERVATION OF SEASONAL FROST IN PEATLANDS, KINOJE LAKES, SOUTHERN HUDSON BAY LOWLAND

D.W. Cowell, Dept. of Fisheries & the Environment, Lands Directorate, Burlington, Ontario, Canada; J.K. Jeglum, Great Lakes Forest Research Centre, Sault Ste. Marie, Ontario; J.C. Merriman, Inland Waters Directorate-Burlington, Ontario.

In early August, 1976, 55 sites were studied near the Kinoje Lakes in the Hudson Bay Lowlands, 85 km NW of Moosonee, at the southern margin of discontinuous permafrost. Wetland types and percentages of samples with frozen peats were: treed bog, 100%; open bog, 40%; treed fen plus swamp, 36%; and open fen, 14%.

The paper reports on depths to frozen peat; thickness of frozen layer; location of frozen peat in relation to peat depth, groundwater level, and surface irregularities; and insulating materials (dominant species, peat type).

Black spruce islands, occurring in fens and bogs, always had frozen peats. Transects across a spruce island in patterned fen showed that it had a raised mineral core. A youthful palsa in open fen was covered by the brown moss *Scorpidium scorpioides* and its underlying peat. The moss and peat is interpreted as the main cause of origin and growth of this palsa.

PERMANENCE DU GEL SAISONNIER DANS LES TOURBIÈRES, LACS KINOJE, BASSES-TERRES DU SUD DE LA BAIE D'HUDSON

D.W. Cowell, Direction générale des Terres, Burlington, Ont., Canada.
J.K. Jeglum, Service canadien des forêts, Sault Ste-Marie, Ont., Canada.
J. Merriman, Direction des eaux intérieures, Burlington, Ont., Canada. Ministère des Pêches et de l'Environnement.

Au début d'août 1976, on a étudié 55 stations proches des lacs Kinoje, dans les basses-terres de la baie d'Hudson à 85 km au nord-ouest de Noosonee, à la limite sud du pergélisol discontinu. Les types de zones marécageuses, et les pourcentages d'échantillons contenant de la tourbe gelée, étaient: tourbière boisée, 100 %; tourbière claire, 40 %; fen boisé et marécage, 36 %; et fen clair, 14 %.

Le présent article indique la profondeur à laquelle on atteint la tourbe gelée; l'épaisseur de la couche gelée; la situation de la tourbe gelée par rapport à la profondeur de tourbe, au niveau phréatique et aux irrégularités de la surface; et la nature des matériaux isolants (espèces dominantes, type de tourbe).

Les îlots d'épinette noire, que l'on rencontre dans les fens et tourbières, contiennent toujours de la tourbe gelée. Des transects traversant un îlot d'épinettes situé dans un fen à figuration périglaciaire ont indiqué que la partie centrale de cet îlot était un noyau minéral surélevé. Une palse récemment formée et située dans un fen clair était recouverte par la mousse brune *Scorpidium scorpioides*, et la tourbe servant de support à celle-ci. On attribue à la croissance de la mousse et à l'accumulation de tourbe la formation et le développement de cette palse.

СОХРАНЕНИЕ СЕЗОННОЙ МЕРЗЛОТЫ В ТОРФЯНИКАХ ОЗЕР КИНОЙЕ /ЮЖНОЕ ПОБЕРЕЖЬЕ ГУДЗОНОВА ЗАЛИВА/

В начале августа 1976 г. в районе озер Кинойе на побережье Гудзонова залива в 85 км к северо-западу от поселка Мусони, где проходит южная граница зоны несплошного распространения многолетней мерзлоты, было проведено исследование 55 участков. Болотистые участки были представлены следующими видами: лесистыми болотами, лесистыми торфяниками и топями, открытыми болотами и открытыми торфяниками; мерзлые торфы на этих участках соответственно составляли 100%, 40%, 36%, и 14%. В докладе представлены данные о глубине залегания мерзлого торфа; мощности мерзлого слоя; распространении мерзлого торфа в зависимости от глубины залегания, уровня грунтовых вод и характера поверхности; и изоляционных материалах /преобладающие виды, тип торфа/. В торфяниках и болотистых зонах на всех участках, покрытых черной елью, обнаружен мерзлый торф. Поперечный разрез покрытого елью участка на структурном торфянике показал наличие выпуклого ядра минеральных пород. В открытой зоне торфяников был обнаружен молодой торфяной бугор, покрытый бурым мхом и подстилающим слоем торфа. Наличие мха и торфа рассматривается как гланая причина образования и роста этого бугра.

PRESERVATION OF SEASONAL FROST IN PEATLANDS, KINOJE LAKES, SOUTHERN HUDSON BAY LOWLAND

D. W. Cowell[1], J. K. Jeglum[2] and J. C. Merriman[3]

Department of Fisheries and the Environment, [1]Lands Directorate-Burlington, Ontario; [2]Great Lakes Forest Research Centre-Sault Ste. Marie, Ontario; [3]Inland Waters Directorate-Burlington, Ontario

INTRODUCTION

The Kinoje Lakes occur within the extensive peatlands of the Hudson Bay Lowlands, 80 km west-northwest of Moosonee, Ontario, approximately halfway between the Moose and Albany rivers. This area is just to the north of the -1°C (30°F) mean daily isotherm (Chapman and Thomas 1968), considered by Brown (1966, 1967) to coincide with the southern limit of discontinuous permafrost (Figure 1).

From August 1 to 10, 1976, a helicopter supported ecological survey was conducted in the Kinoje Lakes area, and also in a few sites between Moosonee and Kinoje, and near Moosonee. There were 14 helicopter landing sites, and at most of these a number of different *samples*, representing specific plant communities, were collected.[1] Usually samples represented different phases in a pattern or complex, for example, in a patterned bog, ridge or high mound, low mounded areas intermediate in relief, and bryophyte mat-covered pools.

Data were collected from 55 samples at the 14 landing sites; 53 samples were classified as wetlands and 2 as uplands. One of the wetland samples did not have habitat data collected. Hence, observations in this paper are based on 52 samples.

Each sample consisted of a vegetational characterization, including structural analysis and cover estimates for plant species in 2 to 5 quadrats of 1 m^2 area; ground surface descriptions; depths to groundwater level, mineral soil, and the upper and lower surfaces of any frozen layers (peat, ice) if present, and peat and water samples for subsequent analyses.

Each of the wetland samples was classified as bog, fen, marsh, or swamp, which are four main ecosystems of wetlands which have been proposed for usage in Canada (Zoltai *et al.* 1974; Jeglum *et al.* 1974). The bog and fen units were further classified as open or treed (*cf.* Jeglum *et al.* 1974). All the samples classified as bog were ombrotrophic in that they had no sensitive plant indicators of minerotrophy present (Sjörs 1961, 1963), pH values of the water were all less than 4.2 (Sjörs 1952), and calcium concentrations of water were all less than 2 mg/litre (Gorham and Pearsall 1956). All of the samples classified as fen, marsh or swamp, on the other hand, were minerotrophic (*cf.* Sjörs 1961, 1963).

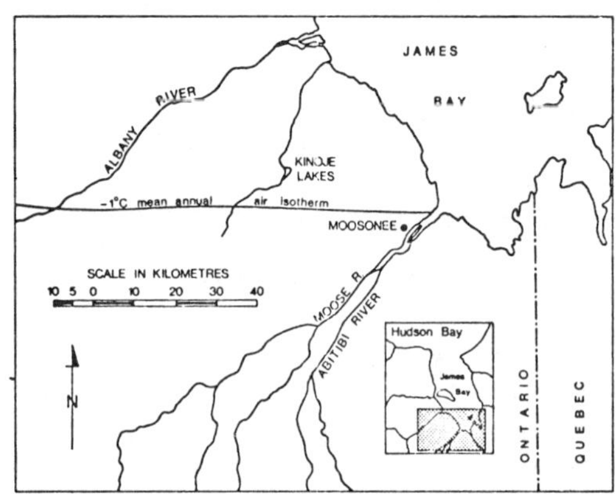

FIGURE 1. Location of the study area.

Four of the wetland samples were classified additionally on the basis of a prominent landform feature which they possessed, viz., three samples as "black spruce islands" (*cf.* Sjörs 1963), and one as "palsa" (*cf.* Brown 1973). This paper discusses relationships of these units and of the above main wetland ecosystems to the occurrence of frozen horizons beneath the 52 samples during the period of sampling in August.

RESULTS

Nineteen of the 52 wetland samples had frozen layers. Vegetational and physical data for the samples with frozen layers are given in Table 1.

Depths to the frozen layer varied among the samples, from 13 to 160 cm., averaging 52 cm (Table 1). They were also variable within samples, and the occurrence of frozen layers was often discontinuous. Since most of the frozen layers were relatively thin (5-20 cm on August 1 to 10) most of them were probably examples of seasonal frost.

[1] A *sample* consists of information about a plant community (species present, kind of soil, etc.), the plant community being a limited area of vegetation which appears homogeneous.

Table 1. Frozen ground - environmental relationships in wetland types, southern Hudson Bay Lowland

Wetland types	Depth of peat (cm)	Depth to frozen stratum (cm) h - beneath hummock l - beneath hollow	Thickness frozen stratum (cm)	Level of ground-water (cm) S = at surface + = above surface - = below surface	Dominant species and cover in sample (%)	Peat landform and other remarks
I Treed Bog						
K2a	180	N.R.	≤5	-19	*Picea mariana (20)/ Ledum groenlandicum (40)/ Sphagnum fuscum (60)- Cladonia alpestris (40)*	-treed, lichen-sphagnum bog between open bog (site K2b) and patterned fen
K4a	260	40(h & l)	10	no standing water above ice	*Picea mariana (20)/ Ledum groenlandicum (50)/ Cladonia rangiferina (30)- Pleurozium schreberi (25)- Sphagnum rubellum (25)*	-'black spruce island' surrounded by open sphagnum-lichen bog (K4b) -ice restricted mainly to hummocks
K5c	300	50(h)	20	-2	*Picea mariana (20)/ Kalmia angustifolia (25)/ Cladonia rangiferina (45)- Sphagnum fuscum (60)*	-shrub-rich treed bog between bog lake and open sphagnum bog (K5b)
K5d	280	45(h) 160(l)	≤5 ≤5	-30	*Picea mariana (60)/ Ledum groenlandicum (20)/ Pleurozium schreberi (70)*	-low shrub, treed bog in narrow band between K5b and bog lake -ice beneath both hummock and hollow at same level
II Open Bog						
K2b	230	42(h)	N.R.	-7	*Sphagnum fuscum (45) Cladonia rangiferina (20)*	-open sphagnum-lichen bog on raised bog surrounded by patterned fen -ice thickness not recorded but quite hard
K3a-1	290	45(h)	≤5	-10	*Chamedaphne calyculata (25)/ Sphagnum fuscusm (30)- Pleurozium schreberi (30)*	-ridge phase of open bog between bog ponds
K4b-1	240	40	N.R.	-30	*Picea mariana (50)/ Sphagnum fuscusm (30)- Cladonia alpestris + Cladonia rangiferina (70)*	-ridge phase of open bog between small bog ponds -black spruce (*Picea mariana*) growth, shrub-like -peat also frozen slightly near mineral soil
K4b-3	215	62	N.R.	S	*Sphagnum majus (100)* blackish liverwort *(30)*	-small bog pool covered by thick moss mat and surrounded by open bog -intermediate *Sphagnum rubellum* phase between this pool and site K4b-1 did not have permafrost
K5b-4	213	90(h & l)	20	S	*Sphagnum magellanicum (55) Sphagnum rubellum (30)*	-wet, mounded sphagnum bog beside open channel draining from bog into bog lake -permafrost surface must rise slightly beneath hummocks
K5e	220	85(h) 60(l)	10	S	*Chamaedaphne calyculata (20)/ Sphagnum rubellum (55)- Sphagnum fuscusm (45)*	-open bog with minor graminoids (*Carex oligosperma*) between open bog with ponds and treed bog (K5c)
K7b-1	250	43(h)	10	S	*Ledum groenlandicum (20)/ Cladonia mitis (45)*	-burned over, shrub-lichen bog next to raised beach ridge -sphagnums present but not abundant
K7d-1	220	30(h)	10	S	*Picea mariana (25)/ Sphagnum fuscusm (20)- Cladonia alpestris (20)*	-shrub-rich open-lichen bog next to raised beach ridge -black spruce (*Picea mariana*) growth shrub-like
III Swamp and Treed Fen						
M4c	150	variable 25, 59(h) 13, 34(l)	20	-17	*Picea mariana (30)/ Ledum groenlandicum (40)/ Pleurozium schreberi (30)- Cladonia rangiferina (40)*	-black spruce island surrounded by patterned fen -regarded vegetationally as black spruce/Schreber's feather moss swamp -sphagnums noticeably absent
K2c	110	40(h)	N.R.	-6	*Thuja occidentalis (20)/ Myrica gale (35)/ Sphagnum warnstorfii (40)- Sphagnum magellanicum (40)*	-ridge in patterned fen joining raised bogs
K3h	20 - 50	50(h)	10	-4	*Abies balsamea (27)- Picea glauca (34)*	-treed swamp leading up onto stream levee from tamarack fen -mineral soil strongly influencing site and ice is restricted to the largest hummocks which were composed of dead wood, moss (*Hylocomium splendens*) and litter
K10c	90	20	variable 13 - 80	-28	*Picea mariana (50)/ Ledum groenlandicum (30)/ Pleurozium schreberi (48)- Hylocomium splendens (45)*	-black spruce island surrounded by patterned fen -feature due to rise in mineral soil as exposed boulders were found -centre of 'island' has open pool of water with ice below surface
IV Marsh						
K4c-1	170	65	5	+8	*Carex rostrata (45)/ Potentilla palustris (20)*	-floating mat of sedges plus sedge peat between open stream channel and tamarack fen -transitional to graminoid fen
V Open Fen						
K3b	230	55 - 70	25	S	the brown moss *Drepanocladus exannulatus (90)*	-open fen pool partly filled with floating brown moss, surrounded by sphagnum-rich open bog -there was no ice beneath an open part of the pool where the brown moss was absent
M5a	ca. 270 (see remarks)	35	≤235(?) (see remarks)	-18	the brown moss *Scorpidium scorpioides (100)*	-low palsa elevated 30 cm above surrounding patterned fen -could not determine ice thickness but peat in surrounding fen is 2.7 m deep -small pool on palsa was ice-free with 2.4 m of peat -not known if frozen core extended into underlying mineral

The frozen layers almost always were contained within the peat horizon of the sample. In only one sample, a black spruce island (K10c) was the frozen layer definitely observed to extend into the underlying mineral soil. However, it is likely that the sample for a low palsa (M5a) also extended into the mineral soil, although the frozen layer in this sample could not be penetrated.

All but one site had a groundwater level perched above the frozen material (Table 1). Water temperatures in the surface pools or in the pits dug for peat samples varied from 0.5 to 18°C. Gradients between surface pool water temperatures and those in peat immediately beneath were often sharp. For example, in a bog pool covered by a continuous layer of a floating sphagnum at its margins and a black mat of *Cladopodiella fluitans* in the centres, the shallow surface water was 18°C, whereas the unconsolidated aquatic peat just beneath the mat was close to freezing.

Treed bog

One of the samples (K4a) was a roundish black spruce island occurring within an open bog. The other treed bog samples occurred as marginal zones on raised bogs surrounding a central open bog. All of the treed bog samples (4 of 4) had frozen horizons, occurring as discontinuous lenses in the sample area. Frozen strata were often located beneath large sphagnum or feather moss mounds, and the black spruce trees probably provided additional shading and insulation.

The dominant species in these samples were black spruce (*Picea mariana*[2]), 20-60% cover; ericaceous shrubs, mainly labrador-tea (*Ledum groenlandicum*), sheep-laurel (*Kalmia angustifolia*), and leather-leaf (*Chamaedaphne calyculata*); sphagnums, mainly *Sphagnum fuscum*; lichens, mainly *Cladonia alpestris* and *C. rangiferina;* and feather moss, mainly *Pleurozium schreberi*.

Open bog

Discontinuous frozen lenses were found in 40% (8 to 20) of the samples in open bog. Usually the frozen layers were beneath high ridges or mounds. The vegetation in these high mounds often consisted of stunted or shrubby black spruce; ericaceous shrubs, mainly leather-leaf, sheep-laurel, and labrador-tea; sphagnums, especially *S. fuscum* and *S. rubellum*; and lichens mainly *Cladonia alpestris* and *C. rangiferina*.

Often there was a low mounded phase intermediate between the high mounds and the mat in the pool phase. Usually this low mound phase had no frozen horizon, but in K5b-4 a frozen layer did occur beneath *Sphagnum magellanicum*.

[2] Nomenclature for vascular plants mentioned in this paper after Gleason and Cronquist (1963); bryophytes after Nyholm (1969); and lichens after Fink (1961).

Some of the pools covered with bryophyte mats had frozen horizons. In these cases there was a sphagnum mat at the margins and a mat of *Cladopodiella fluitans* covering the centres of the pools. Beneath the mat was a spongy or soupy aquatic peat, and a frozen layer formed a firm bottom that would support a person's weight.

In a sample in a burned open bog (K7b-1), the shrubby black spruce, ericaceous shrub, and sphagnum cover were much less than for an unburned open bog (D7d-1) located close by. The depth to frozen layer in the mounds was greater in the burned than the unburned bog, suggesting deeper thawing in the burned, less vegetated sample (Table 1).

Swamp plus treed fen

This consists of two main units, treed fens which are usually on deeper peats, and swamps which are usually more densely treed and on shallower peats. We combined these two units because there is a continuum between them, and they are similar in being treed or thicketed and minerotrophic.

Thirty-six percent (4 of 11) of these samples had discontinuous frozen lenses. Samples with these frozen lenses were: a swamp paralleling a stream, and separated from it by a well-drained, raised mineral levee; a treed fen on a ridge in a patterned fen; and two black spruce islands surrounded by patterned fen. We classified the islands as black spruce/Schreber's feather moss swamp (*cf.* Jeglum *et al.* 1974), because even though they were elevated and were relatively "dry" on the surface, they had considerable peat accumulations (90 and 150 cm), and had groundwater levels not far beneath the surface (-17 and -28 cm) (Table 1).

The frozen materials were found as lenses beneath sphagnum and Schreber's feather moss mounds. All four samples were characterized by substantial tree cover, and consequent shading: black spruce on the black spruce islands; white cedar (*Thuja occidentalis*) on the ridges of patterned fen; and a number of conifers--white spruce (*Picea glauca*), balsam fir (*Abies balsamea*) and black spruce--in the stream-side swamp.

Marsh

One of the three samples classed as marsh had a frozen stratum. The sample was a floating sedge mat dominated by *Carex rostrata* along an unnamed tributary of the Kinoje River. The sample site was several meters from the margin of the river. This isolation from moving water, plus the insulation of the sedge mat and the soupy, aquatic peat beneath the mat, probably retarded the thawing of the frozen stratum.

Open fen

Fourteen percent (2 of 14) of the samples had frozen layers. The two samples with frozen layers were both characterized by a floating mat of brown moss with a thick accumulation of brown moss peat beneath. The frozen layer was more or less continuous beneath this brown moss-peat cover, but was absent under the adjacent, sedge-rich vegetation.

One of the samples (K3b) was a pool within a weakly minerotrophic seepageway ("soak" Sjörs 1948) out of a bog-bog pool complex. The pool was about two-thirds covered with a brown moss-peat mat of *Drepanocladus exannulatus*. There was no frozen stratum beneath the open water of the pool, nor beneath the ridges of sphagnum which were located crosswise to the water movement in this seepageway. Although part of this brown moss-peat mat at the margin of the pool was slightly elevated above the water this was probably because of the low water tables during the dry summer of 1976, and not because of a rising up of an ice core.

The second sample with a frozen stratum (M5a) was cautiously regarded as a palsa. It was covered with a brown moss-peat mat of *Scorpidium scorpioides*, and was raised slightly (e.g., 30-50 cm) above the surface of the surrounding fen which was vegetated with scattered stunted tamarack, and sparsely distributed low shrubs and sedges. The surface of the brown moss was dry and cracked, but the peat was waterlogged close beneath the surface. The frozen layer was very hard, and it probably had a higher content of ice than the other frozen layers observed. The frozen layer could not be penetrated with the equipment available.[3] Consequently we do not know whether or not the frozen layer extended into the mineral soil.

Transect study of black spruce island

A black spruce island, located in a patterned fen near sample K10c, was studied with a transect to determine interrelationships of surface topography, peat depth, underlying mineral soil topography, and frozen layers (Figure 2). There was an increase in ground surface relief of up to 1 m above the floating sedge mat phase of the adjacent patterned fen. The elevation above the ridge phase of the adjacent fen was in the order of 65 cm.

Peat depths along the transect were variable, between 30 and 110 cm on the island. There was no conspicuous increase in the peat depth beneath the island, as would be expected if the underlying mineral soil surface was level. In fact, the shallowest peat depths occurred beneath the island, indicating a rise in the underlying mineral topography. This observation was repeated in sample K10c, in which large crystalline boulders occurred close to the surface, within 30 cm in one case, and on the surface in another case.

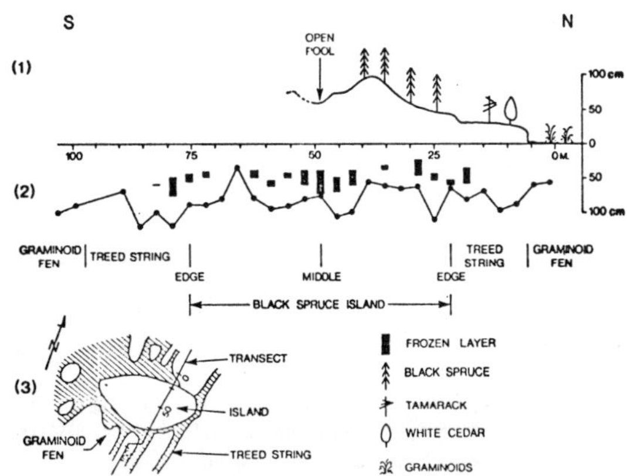

FIGURE 2. Peat depth, ice and physiography of a black spruce island near little Kinoje Lake, (1) surface physiography (2) peat depths across island (assuming a flat surface) and frozen layer occurrence and (3) plan of island showing location of transect (distance in metres).

Frozen layers were always within the peat layer in this black spruce island, although they did extend close to the mineral-peat interface. Frozen layers were thin and discontinuous (Figure 2).

DISCUSSION

Most of the frozen layers that were observed were thin, relatively easy to penetrate and probably melted by fall. Hence, most frozen layers were probably seasonal frost. However, it is our guess that the hard ice layer beneath the low palsa, and some of the hard frozen lenses in bogs and black spruce islands, probably persisted through the fall into the next winter, and if so, they were examples of permafrost. The dry summer of 1976 may have acted to preserve some of the frozen layers later into summer than usual, as there would have been reduced downward percolation of warm rain waters and reduced lateral movements in all systems.

Our observations suggest that the preservation of frozen layers in wetland ecosystems is related to three main factors--vegetative cover, peat type, and water movements. The shading and insulation of a site by vegetative cover is important, as attested by the high frequency of frozen layers in treed bog (100%), and in treed fen plus swamp (36%), and by the greater depth to the frozen layer in the burned open bog (K7b-1) compared with that in the unburned open bog (K7d-1). Although we have indicated the important species probably associated with shading and insulation (Table 1), quantitative microclimatic data are required to indicate the relative levels of insulating efficiency.

Peat is another prime factor in the insulation of frozen layers, and the high frequency of frozen layers in both treed bog (100%) and open bog (40%) indicates that peats in bogs, particularly sphagnum peat, have excellent insulating

[3] Open-sided soil auger of the Wisconsin type, made of casehardened steel and with coarse jagged teeth at the opening, borrowed from R. J. E. Brown, National Research Council of Canada.

properties. Mounds and ridges are the best preservers of frozen layers, but we also encountered frozen layers beneath bog pools that were covered with bryophyte mats and filling in with aquatic peat.

A third main factor is water movement, or more precisely lack of water movement. Frozen layers were most common in bogs, which have the lowest hydrotopographic gradients and slowest rates of water movement of all the main wetland ecosystems. Bogs also tend to be raised above the surrounding water table and receive most of their input by rainfall which further limits the amount of water movement. In a minerotrophic seepageway out of a bog, where water movements were slightly increased, the ridges with sphagnum did not have frozen layers, probably because of the seepage of water through them. However, in the brown moss-peat filled pools (K3b) adjacent to these ridges there were ice lenses. In fens, swamps, and marshes, sites that generally have more water movement and seepage than bogs, the frequency of frozen layers was lower. In these minerotrophic, flowing water types, frozen layers are preserved when there is high vegetative cover, especially brown mosses, feather mosses, dense conifers, and mounds of sphagnum, or in cases where there is some degree of isolation from the effects of moving water.

Based on the data presented, and the above discussion, a reasonable conclusion is that treed bogs and some open bogs would be expected to be the first sites of permafrost aggradation if the climate became cooler.

The palsa we described was one of a number occurring in the same area, resembling the dark-brown mud bottoms of dried-up ponds from the air. Brown (1973) described similar features, also in the Hudson Bay Lowland, which had a layer of frozen material about 1 m thick, and the surface of the permafrost at about the same depth as our sample (M5a). The palsa we studied was located beneath a mat of *Scorpidium scorpioides*, a moss which is often noted as being calcium-loving. It seems that shallow fen pools filled with brown moss and peat become locations of permafrost growth and maintenance. The occurrence of frozen strata beneath bog pools filled with *Cladopodiella fluitans* is another example of the same thing, although the frozen lenses were not as large, and probably not as permanent, as those in the fen pools.

An intriguing question is, what caused the cluster of brown moss-filled pools initially? One possibility is that they are local marl-bottomed pools which favoured the development of calcium-loving *Scorpidium*. Marl lakes were observed close by, downslope from raised beach ridges, and local marl concentrations could have been deposited in shallow pockets in the mineral soil topography following emergence from the Tyrrell Sea (and prior to organic accumulation). Relatively high calcium levels could be maintained as surrounding water is drawn into the palsa by freezing action. The chemistry of groundwater in the palsa tends to confirm this because its pH was 7.3 and Ca^{++} concentration was 14 ppm which corresponds to Sjörs (1952) extremely rich fen classification. The only values higher than these that we found in the Kinoje Lakes area were in a fen overlying 70 cm of marl.

The other brown moss associated with a frozen layer was *Drepanocladus exannulatus* (K3b). Zoltai (1973) observed palsa formation beneath this moss near Hudson Bay in Manitoba. However, the surface of the moss mat in our sample was only slightly raised, and it is not known if the surface will become raised higher, or if the frozen layer was actually permafrost.

The relation of two black spruce islands to slight rises in the underlying mineral soil topography and boulders has not been described previously as far as we know. Sjörs (1963) defined black spruce islands as island-like structures, usually larger than palsas, which commonly occur in patterned fens, and are "presumably permanently frozen". We observed that they can occur surrounded by open bog as well. In these cases it is suggested that they had a similar origin as raised mineral soil areas or clusters of stones and boulders, and were initially mineral soil upland or swamp sites surrounded by fen. Bog has invaded over the fen and around the islands, but the black spruce islands remain for some time as an expression of underlying mineral soil rises. The islands surrounded by bog are cut off from mineral soil water, and with continuing peat accumulation on the islands they convert from minerotrophic swamp to ombrotrophic treed bog.

From these observations it is suggested that permafrost is not a main causal factor for black spruce islands in the Kinoje Lake area, located near the southern limit of discontinuous permafrost. It may be that further north permafrost does become a more important factor, in terms of accentuating their height, melting out to form collapse scars, etc. However, underlying mineral soil topography should still be considered as a possible primary cause for these islands, and more detailed transect work is required to elucidate these complex relationships.

ACKNOWLEDGEMENTS

The authors are grateful to Dr. R. J. E. Brown for the loan of a specially constructed, open-sided corer for penetrating frozen layers; to Dr. R. R. Ireland, P. Y. Wong, and H. Williams for identifications of mosses, lichens, and hepatics, respectively; and to A. N. Boissonneau, Y. Desjardins, R. C. McCrea, S. Palabekiroglu, J. L. Riley and Dr. W. A. Glooschenko for collection of data in the field.

LITERATURE CITED

Brown, R. J. E. 1966. Permafrost as an ecological factor in the subarctic, p. 129-140 *in* Proc. Symp. Ecol. Subarctic Regions, Helsinki.

----- 1967. Permafrost in Canada. Geol. Surv. Can. Map 1246A (Scale 1" to 120 mi.).

----- 1973. Permafrost--distribution and relation to environmental factors in the Hudson Bay Lowland, p. 35 *in* Proc. Symp. Phys. Environ. Hudson Bay Lowland, Univ. Guelph, Mar. 1973.

Chapman, L. J. and M. K. Thomas. 1968. The climate of northern Ontario. Can. Dep. Transport, Meteorol. Br., Climatol. Stud. No. 6. 58 p.

Fink, B. 1961. The lichen flora of the United States. The Univ. Mich. Press, Ann Arbor.

Gleason, H. A. and A. Cronquist. 1963. Manual of vascular plants of northeastern United States and adjacent Canada. D. van Nostrand Co., Princeton, N.J.

Gorham, E. and W. H. Persall. 1956. Acidity, specific conductivity and calcium content of some bog and fen waters in northern Britain. J. Ecol. 44: 125-141.

Jeglum, J. K., A. N. Boissonneau and V. F. Haavisto. 1974. Toward a wetland classification for Ontario. Can. For. Serv., Sault Ste. Marie, Ontario. Inf. Rep. O-X-215. 54 p. plus append.

Nyholm, E. 1954-1969. Illustrated moss flora of Fennoscandia. II Musci. Fasc. 1-6. Swedish Natur. Sci. Res. Counc., Stockholm.

Sjörs, H. 1948. Mire vegetation in Bergslagen, Sweden. (In Swedish, English summary.) Acta Phytogeogr. Suec. 21: 1-299 plus append.

----- 1952. On the relation between vegetation and electrolytes in north Swedish mire waters. Oikos 2(1950): 241-258.

----- 1961. Forest and peatland at Hawley Lake, northern Ontario. Nat. Mus. Can. Bull. 171: 1-31.

----- 1963. Bogs and fens on Attawapiskat River, northern Ontario. Nat. Mus. Can. Bull. 186: 45-133.

Zoltai, S. C. 1973. Vegetation, surficial deposits and permafrost relationships in the Hudson Bay Lowland, p. 17-34, *in* Proc. Symp. Phys. Environ. Hudson Bay Lowland, Univ. Guelph, Mar. 1973.

Zoltai, S. C., F. C. Pollett, J. K. Jeglum, and G. D. Adams. 1974. Developing a wetland classification for Canada. p. 497-511, *in* Proc. Fourth N. Amer. For. Soils Conf., Quebec City, Aug. 1973.

BIOLOGICAL RESTORATION STRATEGIES IN RELATION TO NUTRIENTS AT A SUBARCTIC SITE IN FAIRBANKS, ALASKA

Larry Johnson, Alaska Projects Office, U.S. Army Cold Regions Research and Engineering Laboratory, Fairbanks, Alaska, U.S.A.

Restoration needs in the far north have dramatically increased as the extent of surface disturbance has increased over the last decade. The urgency of arctic and subarctic revegetation and restoration has prompted the use of technology developed in the temperate zones, at least some of which may ultimately be suitable in these colder regions. A randomized block design was established in 1975 on the Chena Flood Control Project in order to test the effect of nutrient applications upon the competitive relationships between arctared fescue, bluejoint reedgrass, and annual rye. Data gathered over two growing seasons on biomass, cover, maximum height, nutrient content, and other pertinent parameters are used to predict the effects of nutrient manipulation upon long-term restoration goals. It is anticipated that this research will increase the options available for successful mitigation of impact from northern industrial development.

MESURES BIOLOGIQUES DE RESTAURATION DU MILIEU PAR APPORT D'ÉLÉMENTS NUTRITIFS AU SOL PROPOSÉES POUR UN SITE SUBARCTIQUE, À FAIRBANKS EN ALASKA

Larry Johnson, Alaska Projects Office, U.S. Army Cold Regions Research and Engineering Laboratory, Fairbanks, Alaska, U.S.A.

Dans le Grand Nord, le besoin de restauration du milieu a beaucoup augmenté en raison de l'étendue croissante des dégâts que subit la surface du sol depuis dix ans dans cette région. La nécessité de restaurer rapidement l'environnement des régions arctiques et subarctiques et d'y assurer le rétablissement de la végétation, a encouragé l'usage de techniques mises au point dans les zones tempérées, qui pourraient en partie convenir aux régions plus froides. En 1975, on a conçu un bloc avec répartition aléanatoire, destiné au projet de maîtrise des crues de Chena, afin d'étudier comment influerait l'apport d'engrais sur la compétition interspécifique entre la fétuque arctique, la calamagrostis du Canada (foin bleu du Nord), et le seigle annuel. Les données recueillies pendant deux saisons culturales sur la biomasse, la couverture végétale, la hauteur maximale, la concentration en éléments nutritifs et autres paramètres pertinents, ont servi à prédire dans quelle mesure l'emploi d'engrais permettrait de réaliser à long terme les objectifs de restauration du milieu. On espère que les recherches actuellement poursuivies permettent de trouver davantage de solutions pour réduire l'impact du développement industriel sur l'environnement du Grand Nord.

МЕТОДЫ БИОЛОГИЧЕСКОЙ РЕСТАВРАЦИИ С УЧЕТОМ РОЛИ ПИТАТЕЛЬНЫХ ВЕЩЕСТВ НА СУБАРКТИЧЕСКОМ УЧАСТКЕ В ФЭРБЕНКСЕ /АЛЯСКА/

Необходимость реставрации природных условий в районах дальнего севера значительно возрасла в связи с расширением зоны нарушенных участков за последнее десятилетие. Для реставрации природных условий, в частности растительного покрова, в арктических и субарктических районах целесообразно использовать технологию, разработанную для умеренных зон, которая в дальнейшем может оказаться эффективной для более холодных районов. В 1975 г. в рамках программы контроля наводнений на реке Чина был исследован эффект использования питательных веществ на конкурирующее взаимовлияние овсяницы, канадского вейника и однолетней ржи. Полученные за два сезона данные о биомассе, покрове, максимальной высоте и питательном содержании культур, и другие важные данные позволяют определить роль питательных веществ в решении перспективных задач реставрации природных условий. Авторы надеятся, что данное исследование расширит возможности борьбы с отрицательными последствиями промышленного развития в северных районах.

BIOLOGICAL RESTORATION STRATEGIES IN RELATION TO NUTRIENTS AT A SUBARCTIC SITE IN FAIRBANKS, ALASKA

Larry Johnson

Alaska Projects Office, U.S. Army Cold Regions Research and Engineering Laboratory
Fairbanks, Alaska, USA

INTRODUCTION

The Arctic and Subarctic regions have been subjected to increased environmental impacts during the past decade. Some of these impacts, such as off-road vehicle activities, began over 30 years ago, while others, such as those associated with petroleum extraction, have only recently commenced. Exploration for and extraction of mineral resources have increased many-fold, with the development of the Prudhoe Bay oilfield and the associated Trans-Alaska Pipeline Project being the most significant examples.

Associated with this resource development and its environmental impact has been the development of methods for short-term revegetation and long-term restoration of disturbed sites (Johnson and Van Cleve 1976). The urgent need for revegetation techniques that can keep pace with modern industrial impact has necessitated the wholesale transfer of temperate zone techniques to the Arctic and Subarctic. These techniques may or may not be suitable for the more severe climatic conditions of these northern areas. There has been insufficient testing and time since research first began to accurately assess the eventual outcomes. For example, there are few if any commercially available agronomic grass seeds that have been developed specifically for the northern cold regions. Seed supplies for two suitable native species of grass are only now beginning to be developed in the U.S. and Canada (Younkin 1976).

The research described in this paper was initiated in May 1975 to determine the competitive response of revegetation species in relation to the nutrient regime, one of several research voids which became apparent following a literature review of revegetation in Arctic and Subarctic North America (Johnson and Van Cleve 1976). Previous studies have emphasized the importance of nutrients in northern habitats (Haag 1974, Van Cleve 1977) and related Canadian studies are summarized by Younkin (1976).

SITE LOCATION AND DESCRIPTION

With the cooperation of the Alaska District of the U.S. Army Corps of Engineers, CRREL established a long-term biological restoration experiment for nutrient competition on the Chena River Lakes Flood Control Project, located 30 km east of Fairbanks, Alaska, along the Richardson Highway (Johnson and Specht 1975). The CRREL experimental site is located on a 1-m-thick, level man-made raised silt blanket on the upstream and eastern edge of the flood control project. Although the study site is not underlain by permafrost there is discontinuous permafrost in the immediate vicinity.

The study site is situated on the terraces and floodplains of the Chena and Tanana Rivers and is covered by vegetation ranging from *Salix* thickets on the xeric gravel bars to *Populus balsamifera* forests and then to *Picea glauca*-*Betula papyrifera* on mesic sites to *Picea mariana*-*Betula papyrifera* on poorly drained sites, and *Carex-Eriophorum* bogs on the wettest or hydric sites. The wetter sites are underlain by permafrost (Viereck 1970).

The climate in this area characteristically has long, cold winters and warm summers. Relatively high air temperatures combined with low rainfall during early summer can create drought conditions in some years. Temperature and precipitation data for the Chena site during the 1975 and 1976 growing seasons are given in Table 1.

Table 1. Climatic data for the 1975-1976 growing seasons, Chena site, Alaska.*

	Temperature (°C)			Precipitation
1975	Avg	Max	Min	(mm)
May	10	17	3.5	86
June	15	21	7.9	163
July	17	23	8.4	409
Aug	12	18	1.8	566
Sept	6.0	12	1.0	102

	Temperature (°C)			Precipitation
1976	Avg	Max	Min	(mm)
May	9.5	15	1.8	249
June	15	21	6.8	180
July	18	25	7.2	262
Aug	14	22	4.5	241

*Data from Army Meteorological Support Team, Ft. Wainwright, Alaska.

Replication								
1	2N 0.5P	2N 1P	2N 2P	0N 1P	0N 0.5P	0 (control)	1N 0.5P	1N 0P
1	1N 1P	0N 2P	0.5N 0P	2N 0P	0.5N 1P	1N 2P	0.5N 2P	0.5N 0.5P
2	0.5N 0.5P	1N 0.5P	0N 1P	2N 2P	0.5N 0P	1N 2P	0 (control)	2N 0.5P
2	0.5N 2P	0.5N 1P	2N 1P	0N 0.5P	1N 0P	1N 1P	2N 0P	0N 2P
3	2N 1P	0.5N 1P	2N 0P	0.5N 0P	0N 2P	2N 0.5P	1N 0.5P	1N 1P
3	1N 0P	0.5N 2P	0N 1P	0N 0.5P	0 (control)	0.5N 0.5P	1N 2P	2N 2P

Fertilizer rates (kg/ha): 0 = 0; 0.5 = 57; 1 = 114; 2 = 228.
Nitrogen as N; phosphorus as P_2O_5. Potassium was applied as K_2O at 114 kg/ha on all treatments.

FIG. 1. Layout of block design with randomized fertilizer treatment at three replications.

METHODS

The experiment utilizes a randomized block design consisting of five blocks to test the effects of varied levels of nutrient application upon three varieties of grasses at the following seeding rates: 1) annual rye (Lolium multiflorum) at 45.6 kg/ha (40 lb/acre), 2) arctared fescue (Festuca rubra) at 45.6 kg/ha (40 lb/acre), and 3) bluejoint reedgrass (Calamagrostis canadensis) at 28.5 kg/ha (25 lb/acre). These three were selected in order to evaluate the effect of a rapidly growing annual (rye) upon a slower growing agronomic species (fescue), and the effect of an agronomic species (fescue) upon a native species suitable for revegetation (bluejoint). The blocks correspond to the following five seed treatments at the above rates: 1) arctared fescue-bluejoint reedgrass, 2) arctared-annual rye, 3) arctared fescue, 4) bluejoint reedgrass, and 5) annual rye.

A total of 16 different fertilizer applications, with three replicates of 9 m^2 each, were made within each of the five blocks. All plots received an application of 114 kg/ha (100 lb/acre) of K_2O in addition to one of four levels (0, 57, 114 or 228 kg/ha, corresponding to 0, 50, 100, 200 lb/acre) of elemental N applied as NH_4NO_3 and one of four identical levels of triple superphosphate (P_2O_5). The detailed layout of the plots within one of the blocks is shown in Figure 1. All plots were separated by 2-m-wide buffer strips to minimize seed or fertilizer mixing from other plots.

Soil samples were taken prior to the beginning of the experiment from selected border strips. According to preliminary physical analyses, the silt blanket is composed of predominantly fine-grained silts (52% by weight) and sand (46%) with local pockets of gravel and small cobbles. Further physical and chemical nutrient analyses will be presented elsewhere.

All plots were harvested during late July 1975 and 1976 and data obtained for biomass, percent cover and maximum height of total vascular vegetation. Each 9-m^2 plot was subdivided into nine 1-m^2 subplots and in both years three subplots were chosen at random for the cover and height measurements. A 0.1-m^2 aboveground biomass sample was gathered from each of the three subplots. These were oven-dried at 80°C for 48 hours, separated by species for current year's growth and the current year's growth weighed. Average values for maximum height, percent cover, and biomass were determined on the basis of the nine subsamples taken each year. Samples were ground and passed through a 40-mesh sieve and analyzed for nitrogen and phosphorus content using a Technicon auto-analyzer. This method utilizes a colorimetric test for both total nitrogen and total phosphorus following digestion (Schuman et al. 1973, Steckel and Flannery 1968).

RESULTS AND DISCUSSION

The main results for 1975 are presented, and then a more detailed analysis is given for the second (1976) year results, which provide a better indication of long-term trends. Results are analyzed by the Mann-Whitney statistic to determine if the difference between means is significant. The statistic was selected because it is a non-parametric test.

As noted in Table 2, the rapidly growing annual rye achieved the highest total biomass, % cover, and maximum height values during the first year. The differences between the two perennials were less pronounced, with fescue yielding the highest biomass while bluejoint attained a higher percent cover and maximum height.

The higher cover and height despite a lower biomass of bluejoint as compared to fescue was due to its upright growth habit. Fescue tends to form tighter, lower growing clumps. Such differences in growth form could have implications for thermal stability on a disturbed site. For example, cover will be important in determining albedo, height in determining convective heat exchange, while biomass will more directly influence conductive heat exchanges.

Table 2. Maximum mean values* for initial year's growth (1975).

Seed treatment	Fertilizer levels† N	P	Biomass (g/m^2)	Total vascular plant cover**	Max height (cm)
Fescue-bluejoint	2	2	24.3	2.33 (for 1N,2P)	28.11
Fescue-rye	2	2	57.0 (for 1N,2P)	5.00	73.56
Fescue	2	.5	14.2	1.67	15.44
Bluejoint	.5	1	10.3	2.78	21.00 (for 1N,.5P)
Rye	1	2	95.6	5.17	70.67

* Based on average of 9 samples. In cases where the maximum values for all three parameters did not occur at a single fertility level the new level is given in parentheses beneath the odd parameter.
† See Figure 1 for equivalent rates.
** Classes 1-10 where 1=1-10%, 10=91-100%

Additional observations on the first year included:

1. Maximum biomass production occurred with annual ryegrass sown alone. Although the difference was not statistically significant at the 5% level with the Mann-Whitney statistic, there was a definite trend.

2. The maximum biomass and cover values for bluejoint were attained at the lower nitrogen levels (.5 N, 1 P) as compared with rye or fescue. This suggests that bluejoint responds better at a lower fertility level than do either of the other two species. However, this trend did not continue into the second year.

3. The nitrogen and phosphorus content of selected tissue samples shows that rye had consistently lower levels of N and P than either bluejoint or fescue. This was expected since rye was the only species which had started to undergo anthesis at the time of harvest and also was the most rapidly growing species.

The biomass data for the second year (Table 3) generally reflect the trends for both percent cover and maximum height. Therefore, the analysis here will concentrate upon biomass values only.

Table 3. Biomass (g/m^2) as a function of fertilizer treatment (1976).

Fertilizer treatment N	P	Species seeded in 1975: Fescue	Bluejoint
0	0	21.3	10.4
0	.5	24.2	10.2
0	1	32.5	7.5
0	2	9.7	11.9
.5	0	67.2	23.3
.5	.5	68.5	55.7
.5	1	94.0	98.9
.5	2	116.7	105.0
1	0	67.0	39.5
1	.5	335.9	150.8
1	1	182.9	175.5
1	2	145.1	345.4
2	0	39.1	32.5
2	.5	250.6	356.5
2	1	350.7	323.8
2	2	395.0	415.6

For all seed treatments the following can be stated:

1. At 0 N there is little or no response to additions of P or, in other words, without additional nitrogen increased phosphorus has little effect.

2. At 0 P biomass rises to a maximum at 57 kg/ha (50 lb/acre) additions of N, above which it either declines or remains at the same level.

3. There is a synergistic effect of N and P at higher levels of nutrient addition.

4. Biomass values of both fescue and bluejoint rose rapidly at intermediate levels of N and P (57-114 kg/ha or 50-100 lb/acre) and then reached maximum values at the highest levels (228 kg/ha or 200 lb/acre).

These trends are important in understanding the competitive outcomes of the bluejoint-fescue and the annual rye-fescue seed mixes (Fig. 2 and 3). Figure 2 is a bar graph of the biomasses for the fescue-bluejoint seed mix as compared to total biomasses of fescue and bluejoint planted singly at comparable fertilizer treatments. It is immediately obvious that the fescue-bluejoint mixture produced a greater biomass in almost all cases than either the fescue or bluejoint sown individually.

Other trends become apparent when the biomass of fescue or bluejoint in the mix is compared to the corresponding individual species biomass. The responses are summarized below.

1. At 0 N and all levels of P there is little or no difference in response.

2. At .5 N fescue biomass increases in the mix but bluejoint biomass decreases in the mix as compared to single species plots. Therefore, at .5 N and .5, 1 or 2 levels of P fescue actually has a higher production in the mix than by itself. This seems to occur at the expense of bluejoint biomass production.

3. At 1 N bluejoint biomass is even more markedly reduced in the mix as compared to the single species.

4. At 2 N both bluejoint and fescue biomass are reduced in the mix relative to single-species plots.

Differences in means which were significant at the 5% level using the Mann-Whitney statistic are also shown in Figure 2.

In a similar way, comparisons can be made between the biomass of the annual rye-fescue mix and the pure fescue plots (Fig. 3).

1. At 0 N there was greater biomass with the mix.

2. At .5 N and 1 N with additional phosphorus the mix produced less biomass.

3. At 2 N the mix had equal or greater production of biomass.

These trends show that competitive successes are determined, at least in part, by nutrient levels. This must be kept in mind when developing seed mixes and fertilizer applications for restoration.

A more detailed examination of the results suggests several ways in which competitive outcomes within revegetation seed mixes may be managed by nutrient manipulation. The perennial seed mix (i.e. fescue and bluejoint) yielded higher fescue biomass

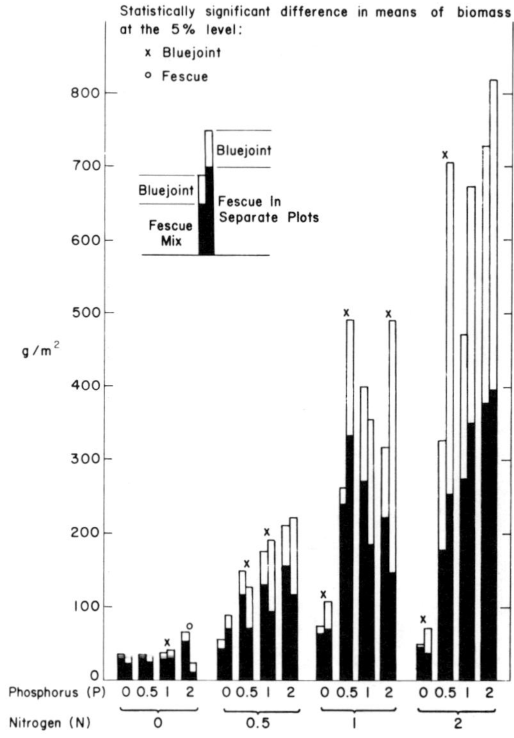

FIG. 2. Bar graphs of biomasses for fescue-bluejoint seed mix as compared to total biomasses of fescue and bluejoint planted singly at comparable fertilizer treatments.

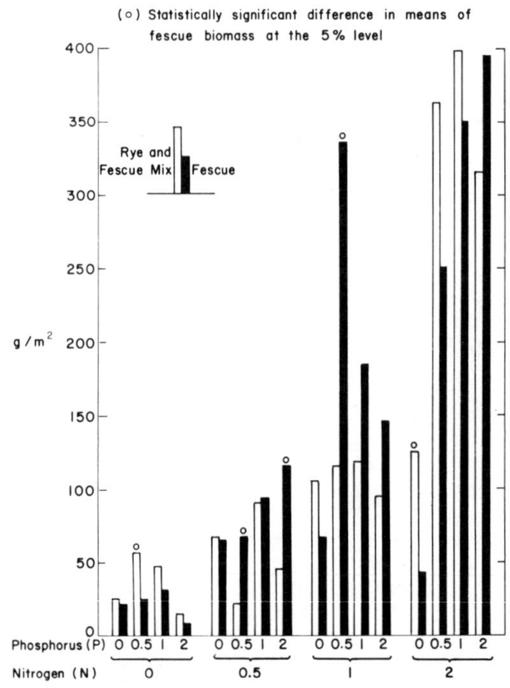

FIG. 3. Bar graphs of biomasses of annual rye-fescue mix as compared to pure fescue plots at comparable fertilizer treatments.

at all phosphorus levels with the .5 nitrogen application. Bluejoint biomass was reduced but the total biomass of the mix was still greater than or within 10% of the biomass of the two species when grown separately. Therefore, the mix should be recommended for use at these fertilizer levels (.5 N and .5, 1 or 2 P). However, at higher nutrient applications bluejoint alone may be a better choice since there is a strong competitive effect of fescue upon bluejoint. For example, at the 2 N and the .5 P level the bluejoint production by itself is greater than the fescue plus bluejoint biomass total of the mix. Therefore, if a certain situation required the use of native species, a higher nutrient level in combination with bluejoint as the sole seed would meet the stipulations. However, it should be stated that monospecies increase the chance of harmful disease or insect infestations so that mixes are often preferred.

In a similar manner the competitive response of the annual rye-fescue seed mix in relation to nutrient levels suggests management strategies for revegetation and restoration. At the 1 N level all additions of phosphorus decreased the biomass of fescue in the second year as compared to fescue alone. Therefore, if production of a perennial grass cover is a more important concern than a rapid initial cover (e.g. annual rye) the fescue should either be seeded by itself or a nutrient level such as 2 N, .5 P should be used. Interestingly enough at the 2 N and either the .5 or 1 P levels there was actually greater fescue biomass production from the rye-fescue mix than from fescue alone. This may indicate that the annual rye inhibits the fescue more by nutrient competition (which may be reduced by high fertility levels) than by physically overtopping the fescue and covering it with litter in subsequent years.

CONCLUSION

As the potential for environmental impact grows in the northern regions an increasing need arises for improved restoration technology encompassing a variety of methods. Further research should be undertaken on "suites" of restoration technologies such as combinations of woody and herbaceous species, seed mixes of native and agronomic species, and use of surface organic matter together with seeding and fertilizer programs. Additional research on reactions of native species to disturbances and on development of novel methods of utilizing them for restoration needs to be encouraged (Chapin and Van Cleve, in press).

The results reported in this paper suggest an alternative means (nutrient manipulation) for controlling the competitive outcomes of revegetation mixes in order to meet management goals. The use of a nurse crop such as annual rye does not always increase long-term vegetation cover despite such claims in some of the arctic and subarctic revegetation literature. It should probably not be used unless rapid vegetation cover is essential for erosion control or some other purpose. The effect of a nurse crop or of a rapid-growing perennial species upon other perennial species varies depending upon the fertilizer levels used, as shown by the examples in this report. Therefore, it is important to select the species and the fertilizer levels in unison when devising a management plan for restoration in the Arctic and the Subarctic.

ACKNOWLEDGMENT

This research was funded by Corps of Engineers Civil Works project, Environmental effects and criteria for engineering works in cold regions. The assistance of Dr. Jerry Brown of CRREL and Dr. Keith Van Cleve and Dr. F. Stuart Chapin of the University of Alaska through various stages of the research has been greatly appreciated. The Alaska District, Corps of Engineers, provided the experimental site and other forms of cooperation and this assistance is greatly appreciated.

REFERENCES

CHAPIN, F. S., III and K. Van Cleve. In press. Nitrogen and phosphorus distribution in an Alaskan tussock tundra ecosystem: Natural patterns and implication for development. In Environmental Chemistry and Cycling Processes (D.C. Adriana and I.L. Brisbin, Ed.). ERDA Symposium Series.

HAAG, R.W. 1974. Nutrient limitations to plant production in two tundra communities. Can. J. Bot. 52, pp. 103-116.

JOHNSON, L. and S. Specht. 1975. Revegetation and restoration at a subarctic dam site. 1975 Winter Meeting, American Society of Agricultural Engineers, Chicago, Illinois.

JOHNSON, L. and K. Van Cleve. 1976. Revegetation in Arctic and Subarctic North America - A literature review. CRREL Report 76-15.

SCHUMAN, G.E., M.A. Stanley and D. Knudsen. 1973. Automated total nitrogen analysis of soil and plant samples. Soil Sci. Soc. Am. Proc. 37(3), pp. 480-1.

STECKEL, J.E. and R.L. Flannery. 1968. Automatic determination of phosphorus, potassium, calcium and magnesium in wet digestion solution of plant tissue. Technicon Quarterly 1, pp. 19-20.

VAN CLEVE, K. 1977. Recovery of disturbed tundra and taiga surfaces in Alaska. In Recovery and Restoration of Damaged Ecosystems. (J. Cairns, Jr., K.L. Dickson and E.E. Herricks, Ed.), University Press of Virginia, Charlottesville, Va., pp. 422-455.

VIERECK, L. 1970. Forest succession and soil development adjacent to the Chena River in interior Alaska. Arctic and Alpine Research 2, pp. 1-26.

YOUNKIN, W.E. (Ed.) 1976. Revegetation studies in the northern Mackenzie Valley region. Arctic Gas Biol. Report Series, vol. 38, prepared by Northern Engineers Services Co., Ltd., Calgary, Alberta, Canada.

TERRAIN-FORMING PROCESSES IN THE PERMAFROST REGION AND THE PRINCIPLES OF THEIR PREVENTION AND LIMITATION IN TERRITORIES UNDER DEVELOPMENT.

N.A. Grave and V.L. Sukhodrovskii. Permafrost Institute, Yakutsk, U.S.S.R.

The authors examine solifluction, thermal erosion, heaving, and thermokarst resulting from or reactivated by the economic development of a territory with ice-rich permafrost. The new ground features formed in this way tend towards ecological equilibrium and are stabilized at different stages of their development. Normally the active relief-forming period does not last longer than 10 years after the surface has been disturbed. Actual examples of destructive phenomena resulting from regional economic development are given and means of predicting them and eliminating or limiting their harmful effects on structures and the terrain are outlined.

FORMATION DE RELIEFS DANS LA ZONE DE PERGÉLISOL; COMMENT EN RÉDUIRE ET EMPÊCHER LE DÉVELOPPEMENT SUR LES TERRITOIRES ACTUELLEMENT MIS EN VALEUR

N.A. Grave, V.L. Sukhodrovskii, Institut de géocryologie, Iakutsk, URSS

Étude des phénomènes de solifluction, d'érosion thermique, de soulèvement, de thermokarst réactivés ou provoqués par les travaux de mise en valeur d'un territoire situé dans une zone de pergélisol riche en glace. Les nouvelles formes de relief qui apparaissent dans ces conditions se stabilisent graduellement à diverses étapes de leur développement, et il tend à s'établir un équilibre écologique. La période active de formation de reliefs ne dure en général pas plus de 10 ans après la perturbation de la surface. Exemples concrets de phénomènes néfastes imputables à l'aménagement, moyens de les prévoir et d'en éliminer ou limiter l'effet nuisible sur les constructions et les paysages.

РЕЛЬЕФООБРАЗУЮЩИЕ ПРОЦЕССЫ ОБЛАСТИ ВЕЧНОЙ МЕРЗЛОТЫ И ПРИНЦИПЫ ИХ ПРЕДУПРЕЖДЕНИЯ И ОГРАНИЧЕНИЯ НА ОСВАИВАЕМЫХ ТЕРРИТОРИЯХ

Н.А. Граве, В.Л. Суходровский
Институт мерзлотоведения, Якутск, СССР

Рассматриваются солифлюкция, термоэрозия, пучение, термокарст, активизирующиеся или возникающие вновь в результате хозяйственного освоения территории с льдистыми многолетнемерзлыми породами. Возникающие при этом новые формы рельефа постепенно, стремясь к экологическому равновесию, стабилизируются на разных стадиях своего развития. Обычно активный период рельефообразования длится не более 10 лет после нарушения поверхности. Приводятся конкретные примеры деструктивных явлений при освоении местности, показаны пути прогноза их возникновения и принципы исключения или ограничения их вредного влияния на сооружения и ландшафты.

РЕЛЬФООБРАЗУЮЩИЕ ПРОЦЕССЫ ОБЛАСТИ ВЕЧНОЙ МЕРЗЛОТЫ И ПРИНЦИПЫ ИХ ПРЕДУПРЕЖДЕНИЯ И ОГРАНИЧЕНИЯ НА ОСВАИВАЕМЫХ ТЕРРИТОРИЯХ

Н.А. Граве, В.Л. Суходровский

Институт мерзлотоведения, Якутск, СССР

Хозяйственное освоение территории в области развития льдистых многолетнемерзлых пород, сопровождающееся нарушением почвенно-растительного слоя, в конечном счете приводит к изменению баланса теплового обмена грунта с приземным слоем воздуха. Это вызывает активизацию или появление новых процессов криоморфогенеза на осваиваемых и прилегающих к ним территориях. В результате видоизменяется ландшафт, а в том числе и рельеф местности, что нередко выводит из строя возведенные сооружения.

К процессам криоморфогенеза, активно развивающимся на вновь осваиваемых территориях, относятся солифлюкция, термоэрозия, пучение и термокарст. Первые два из них участвуют в термоденудации, а два последних являются собственно криогенными процессами. Названные процессы могут проявляться во взаимодействии, но при главенствующей роли одного из них, что определяется уклоном поверхности или степенью ее дренированности. Содержание льда (воды) в грунтах, литологический и гранулометрический состав последних, глубина сезонного промерзания и протаивания являются элементами вещественной среды (субстрата), в которой развиваются процессы. Эти факторы определяют интенсивность криоморфогенеза, выражаются в степени преобразования первичного рельефа.

Однако активное развитие рельефообразующих процессов, вызванное хозяйственным освоением территории, не может быть беспредельным. Благодаря постоянному стремлению природы к экологическому равновесию (Шварц, 1976) эти процессы со временем затухают, и вновь формирующийся рельеф вступает в гармонию с устанавливающимися условиями теплообмена грунта с приземным слоем воздуха. Наступает новая стадия стабилизации рельефа, которая продолжается до тех нор, пока не будет снова нарушен установившийся тепловой баланс.

Что касается естественного развития рельефообразующих процессов, не связанного с хозяйственным освоением территории, то чаще всего их интенсивность незначительна, что свидетельствует о способности процессов к саморегулированию. Главным "регулятором" всей системы процессов И.П. Герасимов (1970) считает почвенно-растительный покров, который "... обладает определенными противоэрозионными свойствами, контролирующими интенсивность естественной денудации, т.е. ее соразмерность с тектоническими движениями"(с.12). В качестве доказательства именно такой роли почвенно-растительного покрова приводится количественная характеристика абсолютного возраста современных почв, которая колеблется от нескольких сотен до 1-3 тыс. лет. Подобная скорость соответствует ежегодному приросту почвенной толщи на 1-100 мм, т.е. такому приросту, который находится в пределах интенсивности тектонических движений. Справедливость вывода о регулирующей роли почвенно-растительного покрова подкрепляется многими данными стационарных исследований, согласно которым нарушение почвенно-растительного покрова на склонах приводит к увеличению активности денудационного сноса на один-два порядка величин.

Процессы криоморфогенеза, развивающиеся в естественных условиях, подробно описаны в ряде работ (Соловьев, 1962, Каплина, 1965, Жигарев, 1967, Косов, Константинова, 1969, Суходровский, 1972, 1976 и др.).

Аналогичные процессы, развивающиеся при освоении местности, еще не получили достаточного освещения в литературе. Кратко они могут быть охарактеризованы следующим образом.

Солифлюкция, широко распространенная в области вечной мерзлоты на достаточно увлажненных дисперсных грунтах, в естественных условиях протекает со средней скоростью 1-4 см в год. Нарушение почвенно-растительного покрова на участках распространения льдистых пород влечет за собой увеличение мощности сезоннопротаивающего слоя. Это в свою очередь приводит к перерастанию медленной солифлюкции в быструю, которую можно наблюдать визуально.

Со временем соответствующие части склонов несколько выполаживаются, обогащенные влагой растаявшие грунты подсыхают, а степень их подвижности уменьшается. Происходит стабилизация рельефа, сопровождающаяся формированием нового почвенно-растительного покрова. Даже на склонах тундры растительность появляется в первые же годы после затухания быстрой солифлюкции, что происходит постадийно (Константинова, Тыртиков, 1974). Целый ряд наблюдений в Сибири и на Аляске (Большаков, 1966; Суходровский, 1972; Жигарев, 1975; Smith, Berg, 1973) свидетельствует о том, что затухание деструктивных процессов обычно протекает в течение 5-10 лет, а период наиболее активного их развития длится не более 2-3 лет.

В развитии склонов после нарушения почвенно-растительного покрова можно выделить три стадии. Первая отличается самым активным развитием быстрой солифлюкции, проявляюшейся обычно в оползаниях-сплываниях грунтов, в результате которых образуются ложбины и площади термоденудационного сноса с аккумулятивными шлейфами, а иногда и валами. На крутых или отвесных склонах возможны осыпания подсыхающих сверху грунтов, а также обвалы. Вторая стадия характеризуется постепенным затуханием солифлюкции, сочетающейся с делювиальным смывом, активность которого также уменьшается по мере зарастания склонов. Для третьей стадии развития склонов, наступающей после их полного зарастания, присуща главным образом медленная солифлюкция, результатом развития которой может быть образование солифлюкционных террас. При отсутствии условий для зарастания склонов третья стадия их развития отсутствует.

Термоэрозия, проявляющаяся в оврагообразовании, развивается в геоморфологических условиях, благоприятных для концентрирования поверхностного стока на участках развития льдистых отложений. Обычная эрозия в данном случае сопровождается таянием подземных льдов. Развитию термоэрозии благоприятствует нарушение почвенно-растительного покрова. Поэтому очагами данного процесса нередко служат следы транспортных средств, заложенные в соответствии с уклоном поверхности. Началом развития процесса может быть и образование ложбин быстрого солифлюкционного сноса, наиболее вероятное в пределах водосборных воронок или вогнутых в плане циркообразных частей склонов.

Главная причина активизации оврагообразования во вновь осваиваемых районах тундры - это резкое возрастание величины поверхностного стока в результате повышенного накопления метелевого снега вблизи тех или иных строительных сооружений. Разрастающиеся овраги сами становятся вместилищами все большего количества снега, последующее таяние которого только благоприятствует эрозии. Другой причиной повышенного стока является сброс промышленных и бытовых вод вблизи строительных сооружений.

При образовании оврагов в условиях распространения льдистых пород происходит активное развитие солифлюкции на склонах. В результате водотоки не успевают выносить поступающие со склонов отложения, что способствует сравнительно быстрому отступанию этих склонов при сохранении крутого падения дна оврагов (Суходровский, 1972; Константинова, Тыртиков, 1974).

Термоэрозия проходит в своем развитии три стадии, которым соответствуют определенные формы рельефа. На первой стадии образуются промоины - неглубокие эрозионные врезы, которые на участках с нарушенным растительным покровом обычно являются истоками оврагов или их отвершков. На второй стадии промоины, углубляясь и расширяясь, превращаются в собственно овраги, что может произойти на протяжении одного - нескольких лет. На третьей стадии развития термоэрозионных форм рельефа овраги преобразуются в балки, что проявляется в сильном выполаживании склонов. Этот процесс знаменует собой прекращение глубинной и пятящейся эрозии в связи с завершением формирования выровненного продольного профиля дна оврагов.

Сведений о продолжительности формирования выровненного продольного профиля в зависимости от условий стока, уклона поверхности, состава и льдистости грунтов пока еще нет. На основании данных об изменениях во времени скорости разрастания оврагов во вновь осваиваемых районах можно предполагать, что новый продольный профиль их равновесия формируется на протяжении от одного до нескольких десятков лет. Что касается стадии образования балок, то продолжительность ее гораздо больше, чем продолжительность первых двух стадий. Причем, процесс их формирования может неоднократно прерываться вследствие нового врезания водотоков в дно балок в связи с изменяющимися условиями стока.

Пучение, вызванное антропогенными факторами, как и пучение в естественных условиях, происходит в результате промерзания грунтов, которое сопровождается миграцией воды и последующим образованием подземного льда. Величина пучения зависит от его скорости, степени увлажненности грунтов перед промерзанием и в процессе промерзания, а также от физико-механических свойств (Невечеря, 1973). Пучение может быть сезонным и многолетним.

Наиболее существенным результатом сезонного пучения, связанного с образованием сегрегационных льдов, являются так называемые пучины, последние обычно наблюдаются на строительных участках или дорогах, если в их пределах сезоннопротаивающий слой аккумулирует и сохраняет значительное количество влаги. Пучины возникают зимой, а последующее таяние льдистых грунтов в течение весны и лета сопровождается их осадкой, разжижением и оплыванием.

Многолетнее пучение, которое может быть как площадным, так и локальным, чаще всего происходит в итоге промерзания таликов, что может быть обусловлено дренажными работами и, в частности, спуском озер. На фоне площадного пучения, обусловленного сегрегационным льдообразованием, нередко формируются и бугры высотой до нескольких метров. В их сложении могут участвовать как инъекционные, так и сегрегационные льды. Скорость роста бугров пучения достигает нескольких дециметров в год.

В формировании многолетних бугров пучения также можно выделить три стадии. Если к первой и второй стадиям следует отнести соответственно зачаточные и зрелые формы рельефа, то третью стадию, видимо, следует связывать с разрушением бугров под действием термоденудации.

Термокарст - противоположный пучению процесс, выражающийся в таянии подземных льдов и образовании отрицательных форм рельефа в виде впадин и озерных котловин. На наклонных поверхностях, отличающихся наличием стока, термокарст как таковой практически не развивается, уступая место термоденудации, в том числе термоэрозии.

Наиболее вероятные участки локального таяния подземных льдов относятся к равнинным поверхностям, где термокарстовые формы рельефа могут возникать под действием повышения температуры грунта. Антропогенной причиной такого повышения может быть изменение термоизоляционных условий на поверхности, что приводит к возрастанию величины сезонного протаивания за счет льдистых отложений. Подобное происходит, например, при разрушении почвенно-растительного покрова транспортными средствами, что приводит к сосредоточению воды в колеях дорог и последующему разрастанию образующихся западин. Их глубина может достигать 1-1,5 м. Но формирование термокарстовых западин очень часто прекращается на самой начальной стадии их развития, что легко объясняется отсутствием условий для круглогодичного сохранения в них воды вследствие ее испарения летом. Подобные западины довольно быстро стабилизируются. То же самое может случиться при малой льдистости протаивающих грунтов.

Крупные термокарстовые формы рельефа - озерные котловины могут формироваться лишь на участках распространения достаточно мощных подземных льдов. Другим условием активного термокарста мы считаем существенное преобразование человеком первичного рельефа, что может создать условия для скопления над льдистыми грунтами достаточного количества воды. Нечто подобное возможно как результат крупных земляных работ, к которым относятся сооружения дорожных или других насыпей, препятствующих естественному стоку. Известные нам попытки активизировать термокарст путем нарушения почвенно-растительного покрова и создать таким способом необходимые водоемы к положительным результатам пока не приводили. В итоге образовались лишь термокарстовые западины, которые не более, чем через несколько лет стабилизировались. Если они и заполнялись весной или во время дождей водой, то последняя затем полностью или частично испарялась.

Таким образом, хозяйственная деятельность людей обычно является причиной образования относительно мелких термокарстовых западин. Превращение таких западин в крупные термокарстовые озера там, где их не создала природа, возможно лишь в результате создания искусственных условий для положительного водного баланса на участках развития мощных подземных льдов.

Таким образом, в развитии термокарстового рельефа можно выделить стадию формирования западин и стадию преобразования их в озерные котловины, хотя это развитие может прекратиться и на первом его этапе. Не исключен и такой процесс, который в конце-концов может завершиться третьей стадией, а именно образованием аласов. Но этот процесс очень длительный и вероятен лишь на древних аккумулятивных поверхностях, где термокарст взаимодейстыет с термоэрозией и термоденудацией.

Итак, развитие пучения и термокарста, обычно протекающих на равнинных аккумулятивных поверхностях, определяется соответственно увлажненностью и обводненностью соответствующих участков, что зависит от условий стока. Следовательно, главным регулятором этих процессов является сам рельеф, характеризующийся определенной степенью дренированности. В этом заключается отличие пучения и термокарста от солифлюкции и термоэрозии, развитие которых контролируется почвенно-растительными покровом.

Для разработки технических приемов, направленных на прекращение или ограничение деструктивных процессов, активизирующихся при освоении местности, необходимо заранее предвидеть их интенсивность и последствия. К сожалению, практический опыт прогноза изменения инженерно-геокриологических условий под влиянием хозяйственной деятельности пока еще очень ограничен. Между тем, к настоящему времени проделана большая работа по сбору и обобщению фактического материала по природным условиям осваиваемых районов вечной мерзлоты как в СССР, так и на американском Севере, необходимого для качественного прогноза, а также предложены теоретические основы геокриологического прогноза и методов количественных расчетов.

На Аляске и на севере Канады в последние годы проведены крупные исследования по комплексным программам, дающие необходимую естественно-историческую информацию для предвидения всевозможных нарушений природной среды при освоении территории, в том числе и для прогноза деструктивных процессов в мерзлых грунтах (оврагообразование, оползание, солифлюкция, термокарст) при строительстве и эксплутации линейных, промышленных, горнодобывающих сооружений.

На Аляске был проведен широкий комплекс экологических исследований по программе Тундра-Биоме, мерзлотные формы рельефа и процессы их обусловливающие изложены в монографии (Everett, 1975). На период 1976-79 гг. КРРЕЛом разработана специальная программа геокриологических исследований вдоль автострады и нефте- и газопроводов р. Юкон - залив Прудхое, направленная на разработку прогноза деструктивных процессов при строительстве и эксплуатации упомянутых сооружений (Environmental Engineering Investigations, 1976).

В Канаде, по программе "ALUR" с 1971 г. Министерством по делам индейцев и развитию Севера проводится широкий комплекс научно-исследовательских работ с целью получения подробной информации о природе страны к северу от 60° с.ш., необходимой для прогноза вредных последствий освоения территории для окружающей среды (Граве, 1977). На основании частных инженерно-геологических, геокриологических, геоботанических и других карт масштаба 1 : 250 000 составляются карты землепользования и чувствительности поверхности к деятельности человека. К настоящему времени геологической службой Канады составлена карта чувствительности поверхности в масштабе 1 : 1 000 000 на район долины р. Маккензи и на северную часть территории Юкон (Terrain Sensitivity, 1975).

На карте выделены районы, характеризующиеся особенностями геологического и геоморфологического строения, в районах показаны индексы чувствительности местности, степень нарушения, тип реакции к этим нарушениям, и дан перечень процессов, на развитие которых следует обратить внимание при составлении прогноза.

Чувствительность поверхности определяется степенью реакции поверхности к ее нарушению, зависящий от количества льда в грунте и глубины его залегания, уклона поверхности, состава грунтов, теплоизолирующего почвенно-растительного покрова. Степень чувствительности выражается в классах, возрастающих по интенсивности от 1 до 7. С учетом геокриологического прогноза на Аляске и на севере Канады уже строятся автострады и прокладываются трубопроводы.

В СССР прогноз изменения геокриологических условий на осваиваемых территориях строится на данных инженерно-геологический (мерзлотной) съемки (Основы мерзлотного прогноза, 1974) и специальных исследований отдельных криогенных процессов. Основное внимание при прогнозировании уделяется температуре и глубине оттаивания-промерзания грунтов в выделяемых природно-территориальных комплексах (Гречищев и др., 1977). Прогноз температурного режима дается методом расчета, исходя из температуры воздуха с введением поправочных коэффициентов, учитывающих влияние особенностей выделенных природно-территориальных комплексов. Прогноз криогенных процессов дается на фоне прогноза термовлажностного режима грунтов на основе районирования (типизации) территории по интенсивности проявления этих процессов.

Так, например, интенсивность процесса пучинообразования может быть выражена тремя типами: весьма интенсивная, интенсивная и слабая (Невечеря, 1973). Возможность возникновения термокарста и интенсивность его развития оцениваютс ся путем рассмотрения задач оттаивания сильнольдистых грунтов под первичными обводненными образованиями и при разрушении почвенного покрова (Гречищев, и др., 1977).

Большое внимание, особенно в США, уделяется исследованию нарушений тундрового покрова различными транспортными средствами и животными как в летнее, так и в зимнее время года, а также конструированию таких транспортных средств, которые сводили бы к минимуму нарушения растительного покрова (Brown, 1976; Batzli, Brown,1976; Rempel, 1969 и др.).

Для разработки прогноза деструктивных явлений немаловажно знать продолжительность времени естественной их стабилизации. В связи с этим представляют интерес некоторые наблюдения, которые приводятся нами в качестве примеров.

На склонах выемок железной дороги Тайшет-Лена, где объемная льдонасыщенность многолетнемерзлых грунтов достигает 40-50%, криогенные сплывания продолжались на протяжении 5-6 лет, после чего склоны окончательно стабилизировались (Большаков, 1966).

Наблюдения за изменением профиля склонов выемок автодороги на участках развития мошных подземных льдов Центральной Аляски свидетельствуют о том, что тенденция к их равновесию наметилась через три года (Smith, Berg, 1973).

В течение двух-трех лет закончилось интенсивное развитие криогенных оползаний и сплываний на участке строительства поселка Газ-Сале на севере Западной Сибири, где соответствующие наблюдения начаты в 1955 г. (Суходровский, 1972). Видимая льдонасыщенность верхних горизонтов развитой здесь мерзлой толщи достигает 40%. Наблюдения, выполненные в 1976 г., показали, что полная стабилизация склонов наступила несколько раньше, чем через 10 лет после начала строительства.

Приведенные выше примеры лишний раз свидетельствуют о том, что активное развитие быстрой солифлюкции продолжается 2-3 года, а полная стабилизация склонов, сложенных льдонасыщенными отложениями, происходит за 5-10 лет.

Представляет интерес и пример наблюдения за динамикой оврага, активное развитие которого вызвано строительством вблизи северной окраины пос. Тазовского Тюменской области. Участок сложен пылеватыми песками, супесями и суглинками. Средняя объемная льдистость верхнего горизонта многолетнемерзлой толщи 10–40%. После окончания тахеометрической съемки (1961 г.) в течение десяти лет овраг увеличивался со средней скоростью 6 м в год, что было вызвано нарушением почвенно-растительного покрова и образованием вблизи сооружений сугробов, в то время, как на окружающей территории снег почти не скапливался. В течение последующих шести лет (до 1976 г.) овраг рос со средней скоростью 3 м в год. Таким образом, активное оврагообразование продолжалось около 10 лет, после чего наметилась тенденция к стабилизации оврага.

Наконец, один пример стабилизации термокарста. По наблюдениям в арктической Канаде, участки с сорванным в 1965 г. бульдозером покровом тундры на следующее лето просели и частично заполнились водой, однако к 1968 г. положение стабилизировалось, и просевшие участки начали покрываться растительностью (Rempel, 1969).

Меры предупреждения и ограничения деструктивных процессов на осваиваемых территориях, следовательно, должны быть основаны главным образом на возможном сохранении теплоизоляционных и противоэрозионных свойств почвенно-растительного покрова, а также на регуляции поверхностного стока и соблюдении дренажа. Иногда очень важно для стабилизации рельефа суметь заблаговременно усилить те процессы, которые возникают и развиваются в нарушенной природе. Иными словами: "Человек не должен брать функции биосферы на себя, а должен облегчать ее работу" (Шварц, 1976, с. 67).

Исходя из этого принципа, при освоении территории с многолетнемерзлыми льдистыми грунтами могут быть применимы следующие подходы к ограничению вредного влияния деструктивных процессов, возникающих вследствие нарушения природного равновесия при освоении территории:

1. Предпостроечная активизация прогнозируемых деструктивных процессов, основанная на природной способности этих процессов к затуханию по мере формирования нового устойчивого рельефа;

2. Предупреждение и ограничение деструктивных процессов;

3. Ускорение стабилизации нарушенной поверхности и формирования нового устойчивого рельефа.

Все три направления надо рассматривать как взаимосвязанные, дополняющие друг друга, поэтому они могут быть применимы при реализации отдельных проектов совместно. Наименее исследованным представляется первое направление. По-видимому, оно может быть рекомендовано совместно с другими направлениями в отдельных конкретных случаях.

Два других направления более обоснованы как результатами научно-исследовательских работ, так и практикой. Соответствующие мероприятия должны быть прежде всего направлены на регулирование стока, уменьшение увлажненности и обводненности поверхности, а также на теплоизоляцию многолетнемерзлых льдистых грунтов. Сюда относятся: дренаж грунтов, отвод поверхностных вод, сохранение и восстановление почвенно-растительного покрова, ограничение использования транспортных средств, нарушающих почвенно-растительный покров, земляных и взрывных работ, посев трав, посадка деревьев и кустарника, искусственные покрытия из торфа, мха, древесины, синтетических материалов, отсыпка песка и грубообломочного материала.

Наконец, как бы заключительной частью всей деятельности, направленной на создание устойчивых природных комплексов в районах освоения, должны быть мероприятия по улучшению создавшихся условий уже в эстетическом плане. К ним следует отнести: дополнительное озеленение, расположение объектов освоения – зданий, дорог и пр. – в соответствии с ландшафтом местности, соблюдением рекреационных требований.

Все эти направления в общем преследуют одну цель – рекультивацию осваиваемой территории. Выбор того или иного сочетания этих направлений зависит от конкретных природных условий и экономической целесообразности. Однако наиболее надежные решения могут быть приняты на базе достаточно тщательных научных исследований территории, дающих необходимую информацию для прогнозирования техногенных изменений инженерно-геологических условий и оценки рекомендуемых мероприятий по рекультивации местности.

ЛИТЕРАТУРА

БОЛЬШАКОВ С.М. 1966. Геокриологические условия района железной дороги Тайшет–Лена. – Материалы УШ Всесоюз. межвед. совещ. по геокриологии, вып. 3, Якутск, с. 91-99.

ГЕРАСИМОВ И.П. 1970. Современные рельефообразующие экзогенные процессы. Уровень научного познания. – В кн.: Современные экзогенные процессы рельефообразования (материалы УП пленума геоморфол. комис. АН СССР). М., "Наука", с. 7-15.

ГРАВЕ Н.А. 1978. Охрана природной среды на севере Канады. – В кн.: Охрана окружающей среды в области распространения многолетнемерзлых пород., М., "Наука", (в печати).

ГРЕЧИЩЕВ С.Е., КРИЦУК Л.Н., НЕВЕЧЕРЯ В.Л., ШЕШИН Ю.Б., ШУР Ю.Л. 1978. Опыт прогноза изменения инженерно-геокриологических условий под влиянием хозяйственной деятельности человека. – Там же.

ЖИГАРЕВ Л.А. 1975. Термоденудационные процессы и деформационное протаивание грунтов. М., "Наука", 110 с.

ЖИГАРЕВ Л.А. 1967. Причины и механизм развития солифлюкции. М., "Наука", 100 с.

КАПЛИНА Т.Н. 1965. Криогенные склоновые процессы. М., "Наука", 296 с.

КОНСТАНТИНОВА Г.С., ТЫРТИКОВ А.П. 1974. Овражнотермоэрозионный ландшафт морской тундровой равнины и его динамика. –"Вестн. МГУ, Сер. геогр."№ 1, с. 81-87.

КОСОВ Б.Ф., КОНСТАНТИНОВА Г.С. 1969. Интенсивность роста оврагов в осваиваемых районах севера Западной Сибири. – "Вестн. МГУ, Сер. геогр." № 1, с. 46-51.

НЕВЕЧЕРЯ В.Л. 1973. К методике районирования территории по интенсивности проявления процессов пучинообразования в грунтах. – В кн.: Ускоренные методы инженерно-геокриологического изучения нефтеносных районов Западной Сибири на основе ландшафтной индикации. (Труды ВСЕГИНГЕО, вып. 62) М.

Основы мерзлотного прогноза при инженерно-геологических исследованиях. Изд-во МГУ, 1974, 432 с.

СОЛОВЬЕВ П.А. 1962. Аласный рельеф Центральной Якутии и его происхождение. – В кн.: Многолетнемерзлые породы и сопутствующие им явления на территории Якутской АССР. М., Изд-во АН СССР, с. 38-54.

СУХОДРОВСКИЙ В.Л. 1972. Экзогенные процессы рельефообразования на севере Западной Сибири. – В кн.: Геокриологические и гидрогеологические исследования Сибири. Якутск, с. 53-64.

СУХОДРОВСКИЙ В.Л. 1976. Криогенно-флювиальный рельеф Колымской низменности в свете новых данных. – В кн.: Региональные и теплофизические исследования мерзлых горных пород в Сибири. Якутск, с. 26-37.

ШВАРЦ С.С. 1976. Эволюция биосферы и экологическое прогнозирование. –"Вестн. АН СССР" № 2, с. 61-72.

BATZLI George O., BROWN Jerry. 1976. Rate–The Influence of Grazing on Arctic Tundra Ecosystems. Arctic Bulletin, Interagency Arctic Research Coordinating Committee, vol. 2, N9, pp. 156–160.

BROWN Jerry. 1976. Ecological and Environmental Consequences of Off Road Traffic in Northern Regions – Proceedings of the Surface Protection Seminar. Ancorage, Alaska, Jan. US Department of the Interior Bureau of Land Management Alaska State Office 1976, pp. 40–52.

EVERETT K.E. 1975. Soil and Landform Associations at Prudhoe Bay: A Soils Map of the Tundra–Biome Area. In Ecological Investigations of the Tundra–Biome in the Prudhoe Bay Region, Alaska (J. Brown Ed.). Biological Papers of the University of Alaska, Special Report N2, pp. 53–59.

Environmental Engineering Investigations along the Yukon River–Prudhoe Bay Haul Road, Alaska. Research Proposal, USA CRREL, 1976, pp. 1–45.

REMPEL, G. 1969. Arctic Terrain and Oil Field Development – Conference of Productivity and Conservation in Northern Circumpolar Lands. Edmonton, Alb. pp. 1–9.

Terrain Sensitivity, Mackenzie Valley and Northern Yukon, Geological Survey of Canada, 1975.

SMITH N., BERG R. 1973. Encountering Massive Ground Ice During Road Construction in Central Alaska, – Permafrost, 2nd Int. Conf. Washington, D.C., pp. 730–736.

AN APPROACH TO THE ECOLOGY OF PERMAFROST IN CENTRAL ICELAND

K. Priesnitz, Dept of Geography, Univ of Göttingen, W-Germany
E. Schunke, Dept of Geography, Univ of Göttingen, W-Germany

Basing upon field work between 1970 and 1976 the authors give a survey of the permafrost in central Iceland with special emphasis to the actual aggradation and degradation processes. Sporadic permafrost amounting to about 180 sq.km is limited to wet places with peat and silty to fine-sandy material. There are phenomena of degradation initiated in many cases in the warm period 1920-50 but continuing until now, and of aggradation increasing rapidly during the last ten years. These phenomena are investigated with respect to the ecological conditions. The actual decline of temperatures — freezing indices have augmented by about 25% compared to those of the normal period, the lower temperature being especially efficient in early winter — shifts the aggradation-degradation balance towards a preponderance of aggradation.

ÉTUDE ÉCOLOGIQUE DU PERGÉLISOL DE L'ISLANDE CENTRALE

K. Priesnitz, Dept de Géog, Univ de Göttingen, Allemagne de l'Ouest
E. Schunke, Dept de Géog, Univ de Göttingen, Allemagne de l'Ouest

Basés sur des recherches effectuées entre 1970 et 1976 les auteurs donnent une vue d'ensemble du pergélisol en Islande centrale en appuyant sur les processus d'aggradation et de dégradation. Le pergélisol sporadique d'Islande couvrant à peu près 180 km^2 ne se trouve que dans des terrains humides à tourbe et à des sols limoneux. On discute l'écologie des phénomènes de dégradation, qui souvent ont été initiés pendant la période relativement chaude de 1920-50 mais qui continuent à se développer jusqu'à aujourd'hui et des phénomènes d'aggradation, qui se multiplient depuis environ 10 ans. Ces phénomènes sont étudiés dans l'optique écologique. L'abaissement actuel des températures — le froid cumulé a augmenté de 25% en comparaison avec celui de la période normale, l'abaissement étant le plus efficace au début de l'hiver — tend à pousser le bilan entre l'aggradation et la dégradation vers une prépondérance de l'aggradation.

ИССЛЕДОВАНИЕ ЭКОЛОГИИ ЗОНЫ МНОГОЛЕТНЕЙ МЕРЗЛОТЫ В ЦЕНТРАЛЬНОЙ ИСЛАНДИИ

Основываясь на результатах полевых исследований, проведенных в период с 1970 по 1976 год, авторы дают описание многолетнемерзлых грунтов северной Исландии, уделяя особое внимание процессам аградации и деградации. Зона островного распространения многолетней мерзлоты площадью до 180$км^2$ ограничена влажными участками торфяных, илистых и мелкозернистых песчаных пород. Процессы деградации, большая часть которых началась в теплый период 1920-1950 годов, продолжается и в настоящее время; интенсивность аградации быстро возрастала за последние десять лет. Эти явления исследуются с учетом экологических условий. Действительное снижение температур /показатели замерзания возрасли приблизительно на 25% по сравнению с показателями для нормального периода, причем более низкие температуры особенно эффективны в начале зимы/ ведет к тому, что аградационно-деградационный баланс смещается в сторону преобладания аградации.

AN APPROACH TO THE ECOLOGY OF PERMAFROST IN CENTRAL ICELAND

K. Priesnitz and E. Schunke

Department of Geography, University of Göttingen, W-Germany

INTRODUCTION

The actual knowledge of Icelandic permafrost is limited to some marginal observations in papers dealing with other objects (Thoroddsen 1913, Steindórsson 1945, 1967, Thórarinsson 1951, Jóhannesson & Thorsteinsson 1957, Todtmann 1960, Friedman et al. 1971, Tómasson & Thorgrímsson 1972, and others) and to two publications by Bergmann (1972) and Schunke (1973) who treat of special aspects of permanently frozen ground in central Iceland. Thus we shall try in this paper to give a general survey of Iceland's permafrost, its properties, distribution, and ecology with emphasis on its actual behaviour. This survey is based upon investigations in central Iceland carried out between 1970 and 1976, air photograph interpretation, and upon meteorological data concerning both air and soil climates.

DESCRIPTION OF THE ICELANDIC PERMAFROST

The permafrost-phenomenon considered here has not been ascertained by temperature measurements but by identification of the frozen state of soil water – the possibility of sligthly divergent results obtained by pure temperature consideration cannot be excluded.

The total permafrost area in central Iceland amounts to about 180 sq.km, as to the distribution it is to be classified as sporadic permafrost (Fig. 1). The thickness of permafrost measured in late summer varies from some decimeters up to 6 meters. Temperature measurements of the permafrost during the summer showed relatively high values varying between 0.0 and -1.0°C, which means that it belongs to the category of 'temperate' permafrost. The thickness of the active layer is 40-80 cm. It depends on the nature of the substratum and the composition of the vegetation cover. The varying isolating properties of different materials are clearly demonstrated by measurements of the vertical temperature decrease within the active layer: while in peat temperature gradients from 0.6 up to 0.8°C per cm were measured those in mineral soil were only 0.1 to 0.2°C per cm.

The structure of the permafrost is mostly characterized by a succession of mineral and organic material. This succession and a very distinct stratification of the youngest volcanic sediments permit an easy identification of cryogenic structures in the permafrost as well as in the active layer. The content of turf in the permafrost is remarkably high.

The ground ice of the permafrost in Iceland can be classified into three different ice types, namely segregated ice, massive ice, and pore ice. Segregated ice with ice layers varying from 5 to 10 mm occurs in peaty and silty materials. Clear massive ice consisting of oblong polyedric ice crystals is to be found in peat, in horizontal layers up to 40 cm thick. Pore ice is limited to well drained silty and sandy sediments which mostly show a single grain texture. Pore ice is the dominant ice type.

There have been observed two main types of bedding structures of permafrost, which often allow conclusions about the modalities of its genesis. Permafrost containing undisturbed horizontal layers of peat, ashes and silt may be interpreted in such a way that the permafrost developped without any local differential volume increase but that a general upward heaving of a large surface took place (Fig. 2). On the other hand side there are permafrost areas showing folded and locally uplifted sediment strata (Fig. 3). It seems evident that this kind of folding happened after the sedimentation of the strata and that the deformations originate from differential frost action. In the centre they contain usually clayey and silty material with segregated ice covered by uplifted layers of turf and sandy tephra less susceptible to frost – the same profil we find in recent palsas. These mounds often became later on covered with younger volcano-eolian sediments and the permafrost

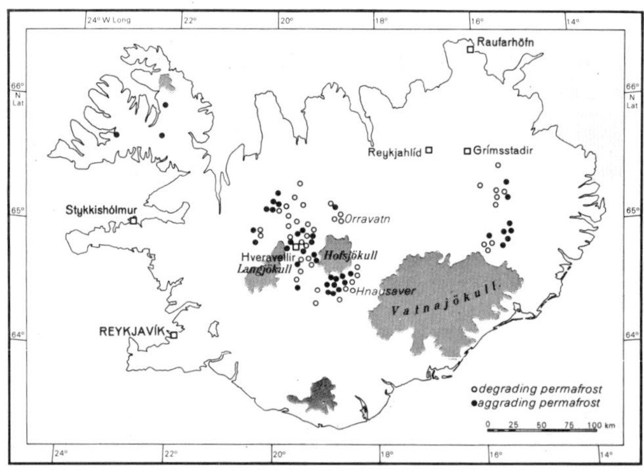

Fig. 1. The distribution of permafrost in Iceland.

spread from these centres over a wider area. If deflation takes place it will hurt first these fossilized permafrost mounds and degradation of the permafrost will begin in the same place where its aggradation started first (cf. next chapter).

There are no positive hints proving a preholocene age of any of the Icelandic permafrost, but there are proofs of the maximum age of certain permafrost occurences: several radiocarbon datings of the authors' peat samples from the main permafrost areas showed ages between 7615 ± 95 and 4120 ± 90 years before 1950 (cf. similar results by Friedman et al. 1971, 140). Thus this permafrost is of postglacial age. In some places the tephra of the Hekla eruption of 1104 A.D. could be identified among other volcanic strata within the permafrost. So there must have been permafrost formation after this date, probably during the 'Little Ice Age' (1600-1900). We shall see later that apart from these fossil and subrecent permafrost bodies there are positive indices of actual permafrost formation.

The area where permafrost in Iceland occurs is limited to the central Icelandic uplands around Vatna-, Lang-, and Hofsjökull at altitudes between 460 m and 720 m, the lowest occurence being at the Miklumýrar, the highest near the Orravatn.

The distribution map shows clearly that most of the permafrost areas are situated within a relatively short distance of the ice caps, and that the more maritime border area of the central Icelandic uplands in the S, W, and NW is nearly free of permafrost (Fig. 1). The common topographic feature of the permafrost areas in Iceland is their position in depressions. The bedrock underneath the permafrost is basalt of low permeability. In areas of highly permeable hyaloclastica and rhyolits ('Môberg'-formation) no permafrost has been observed. Another characteristic of the location of permafrost is that it is limited strictly to peat, mohella, and fine-sandy tephra. Mohella is a loess-like eolian sediment, the tephra considered here is a volcano-eolian sediment mostly of sandy to gravelly texture.

The surface of the central Icelandic upland with the ice caps of Vatna-, Lang-, and Hofsjökull is almost vegetation free. In this ground moraine and sandur desert there are oasis-like small vegetation areas, mostly situated in glacial depressions and characterized by eolian or colluvial accumulations of the mentioned loose materials and by edaphic humidity. These circumstances seem to be the optimal conditions for the formation and conservation of permafrost. The areas of gravelly and sandy ground moraines and sandurs are — as to our observations by several hundred drillings and diggings — totally free of permafrost.

The actual dynamic of permafrost — degradation, conservation or aggradation — may be observed directly by repeated measurements of the thickness and the lateral limits of permafrost bodies or it may be concluded from morphological indices. As direct observations of the actual balance of the permafrost are lacking we have to interprete the aggradation and degradation forms. This method seems to be very valuable under the considered conditions for two reasons: firstly there are absolutely certain distinctive marks between aggradation and degradation forms and secondly there are only very few (certainly less than 10%) permafrost patches without any aggradation or degradation forms, which can be classified as stable or changing in a morphologically indifferent way. The cause seems to be that permafrost at the extreme limit of its occurence responds very sensitively to any climatic or other ecological change by showing aggradation or degradation symptoms.

DEGRADATION FORMS

The degradation forms of permafrost belong to the thermokarst phenomenon. Degradation takes place by the formation of thermokarst depressions and thermokarst valleys (Fig. 2 and 3). By the deepening and widening of these cavities permafrost plateaus become more and more dissected into mounds of rounded contours. Thermokarst depressions differ from thermokarst valleys in respect to their appearance and their genesis. Thermokarst depressions are shallow, usually round waterfilled pools of varying depths and diameters. They occur as initial degradation forms scattered over intact permafrost areas and as final vestige of degraded thermokarst mounds and palsas. The deeper and wider ones are often surrounded by steep denudation slopes with the water level acting as base level of denudation. Whereas the stagnant water in the thermokarst pools causes thawing of the permafrost by thermo-erosion the running water in the thermokarst valleys acts mainly by mechanical erosion. The thermokarst valleys cause a dissection of the permafrost, cutting it into isolated mounds.

The thermokarst mounds can be classified into four formal types, namely plateau-shaped, hump-shaped, dyke-shaped and ring-shaped thermokarst mounds. These mounds show varying dimensions (diameters or lengths of 2-30 m, heights of 1-2.5 m), steep denudation slopes and mostly a uniform height of neighbouring forms, thus demonstrating their origin from one only plateau-shaped permafrost body. Bigger and smaller forms can clearly be identified as different stages of a degradation series (cf. Schunke 1973).

In Iceland these thermokarst mounds are called palsas — 'rústir' in Icelandic — without exception (cf. Thórarinsson 1951, Steindórsson 1967, Friedman et al. 1971). The rather academic question whether these forms should be named 'degradation palsas' in contrast to the real 'aggradation palsas' discussed in the following chapter, shall be omitted here.

AGGRADATION FORMS

Aggradation of permafrost can be identified most easily by palsas which rise in great number — more than 1200 single forms have been mapped and examined — in boggy areas (Fig. 4). Palsas and thermokarst mounds often show a similarity of forms. We distinguish the following formal types: hump-shaped, plateau-shaped, shield-shaped and dyke-shaped palsas. The dimensions of palsas are usually smaller than those of thermokarst mounds:

Fig. 2. Degradation of horizontally bedded permafrost by fluvial erosion. Thjórsá/Svartá area, alt. 580 m, 3.8.1975.

Fig. 3. Degradation by thermo-erosion of a domed permafrost structure cut by a flat deflation surface. Permafrost table 1 m above water level of the thermokarst depression. Hnausaver (Holtamannaafrêttur), alt. 630 m, 6.8.1975.

diameters vary from 1-10 m, heights from 0.50-1.2 m. The most unsignificant forms without parallels among the degradation mounds are the shield-shaped palsas with gentle slopes and heights between 50 and 80 cm.

Palsas are composed of a peaty active layer and a perennial frozen core which has a distinctly higher content of ice than the permafrost contained in degradation mounds. It consists of massive ice or segregated ice including peat and some mineral material. The peaty palsa cover has a thickness of 30-40 cm and traces exactly the convex permafrost body.

The surface of recent palsas is mostly free of vegetation (Fig. 4): the hygrophile vegetation has died because of the uplifting and a xerophile vegetation adapted to the new conditions has not yet appeared. The peat cover of fast growing palsas is often split and fissured so that a rapid degradation can take place – the well known aggradation-degradation cycle of palsas (cf. Washburn 1973, 153). Palsas generally seem to last only a short time.

The palsas in Iceland have been dated as being very young, which means less than about 10 years old, by the following criteria: The growing of a great number of new palsas has been observed in places where they had disappeared between the thirties and sixties of this century (cf. Steindórsson 1967, Bergmann 1972). The original vegetation is dying, an adapted xerophile vegetation is still lacking. The pollen content of the uppermost parts of the palsa cover is identical with that of the surrounding bog. A proof of rapid formation of the permafrost core seems to be, that the massive ice often contains vertical tubular air inclusions, which following Shoumsky (1957, 107) prove a rapid growth of ice. Age determinations of palsa ice using the tritium method have not yet been completed.

Very often a formal convergence of palsas and thermokarst mounds has been observed. In these cases they can be distinguished by their different composition: palsas contain segregated or massive ice whereas for thermokarst mounds pore ice is typical. In palsas the strata are bended and show an anticline structure whereas in thermokarst mounds the bedding with few exceptions is horizontal. Contrary to thermokarst mounds palsas always have a peat cover. Another difference results from numerous pollen analysis from active layer-material: the pollen content of samples taken near the surface of thermokarst mounds shows 50-55% of non-tree pollen (gramineae, cyperaceae, caryophyllaceae) and about the same percentage of tree pollen (salix, betula, ericaceae). In the peaty palsa cover non-tree pollen dominate with 85-90% against tree pollen with 10-15%, which values are identical to those of the surrounding bog area.

Fig. 4. Aggradation of permafrost by palsa formation. Heigth of palsas 100-130 cm. Sóleyjarhöfdavad, alt. 590 m, 16.8.1975.

THE ACTUAL DYNAMIC OF THE ICELANDIC PERMAFROST

By analysing the described phenomena the actual permafrost dynamic, the responsible processes and the main ecological conditions can be recognized. The analysis of degradation forms shows clearly – especially in areas with extended, plateaulike permafrost like at the Orravatn, Blågnîpuver and Haensnaver – that the mounds are residual forms of a former larger permafrost body. The degradation process is initiated by linear erosion or by deflation, which destroy the isolating cover of the permafrost and produce initial cavities. Rain- and meltwater collecting in these depressions causes accelerated degradation by thermo-erosion while running water acts mainly by mechanical erosion. The result of the combined activity of deflation, fluvial erosion and thermo-erosion is the formation and finally the destruction of thermokarst mounds.

Deflation starts where the vegetation cover is damaged, for instance by frost cracking, by dilation cracking on the top of thufurs or palsas, or by grazing animals. Needle ice formation accelerates deflation by further undermining of the vegetation and loosening of the soil material. Many of the surfaces of permafrost plateaus are eolian denudation surfaces. Degradation of permafrost underneath these surfaces often starts, as mentioned above, in the centre of differential frost heaving structures (Fig. 3). This can be explained by several causes: The projecting parts are most strongly exposed to wind action. The original permafrost mounds have a much higher ice content than the surrounding permafrost, consequently their thermal conductivity and their volume loss by thawing are higher compared to the corresponding values of the surrounding area.

The actual aggradation of permafrost manifests itself in nearly all known cases by palsas, that means by ice segregation or by the formation of massive ice under a thermically isolating peat cover. Besides on the protection by peat it depends on a high ground water table or at least a very poor drainage. In three known cases, where aggradation takes place without being accompanied by any significant surface form the typical ice form is pore is. The peculiar causes of pore ice are relatively well drained strata of tephra or mohella.

The erosion of the highly mobile sediments tephra and mohella is very efficient and has accelerated its rate since the time prior to the settlement (874 A.D.) by the factor 3-15, thus causing the total disappearance of these formerly widespread sediments from large areas of the uplands (cf. Thôrarinsson 1962, Sigbjarnarson 1969, Gudbergsson 1975). The possibilities for the aggradation of pore ice therefore become more and more restricted.

As already described the actual situation of Icelandic permafrost is characterized by a simultaneous degrading and aggrading. A quantitative estimation of the size of the permafrost area actually affected by degradation shows that it is about the same size or a bit smaller than that showing signs of aggradation. Most of the edaphic factors conditioning growth or decrease of permafrost have been mentioned. In the last chapter we will pick out the main factors which can be suspected to be responsible for the actual changes.

FACTORS INFLUENCING THE ACTUAL PERMAFROST DYNAMIC

Among the factors affecting the permafrost balance the climatic ones seem to be the most important. A quantitative description of the central Icelandic climate since 1966 can be based on meteorological data of a new station in this region, Hveravellir (642 m above sea level, cf. Fig. 1).

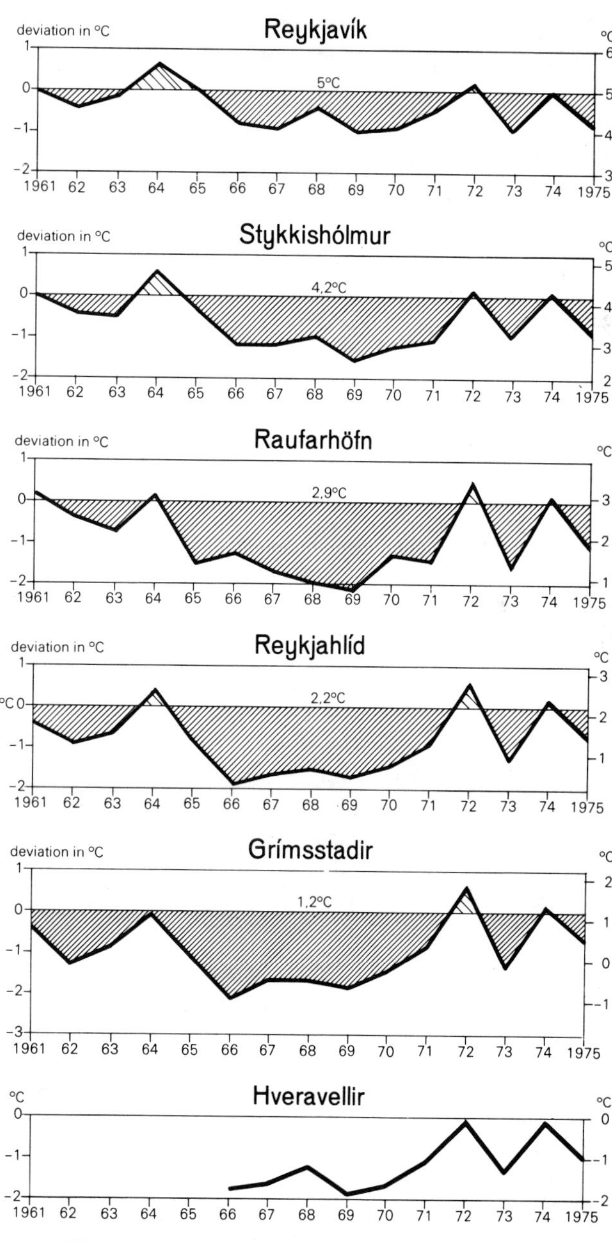

Fig. 5. Mean annual temperatures 1960-75 and their deviations from the normal means (1931-60) at selected Icelandic stations.

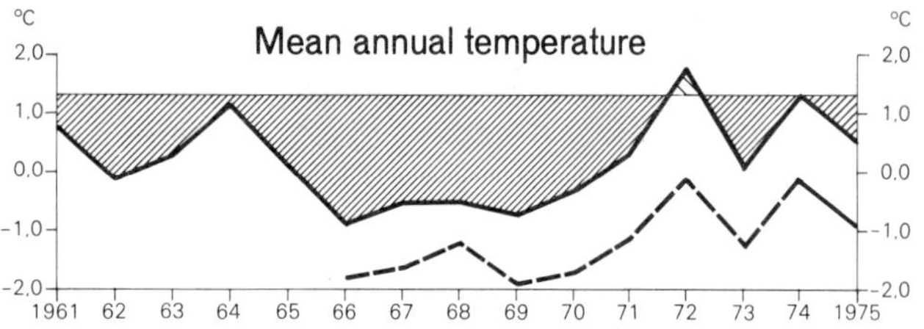

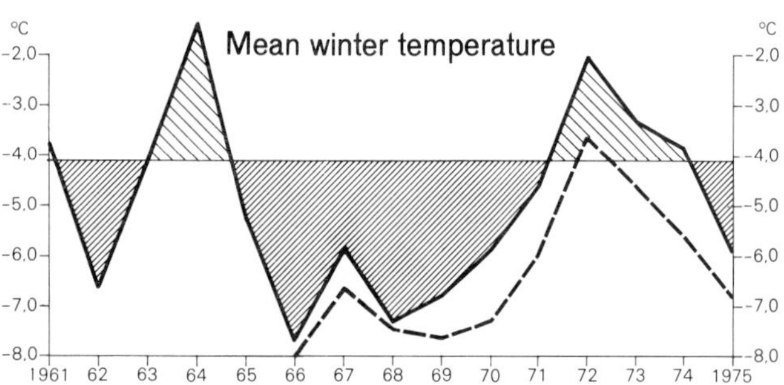

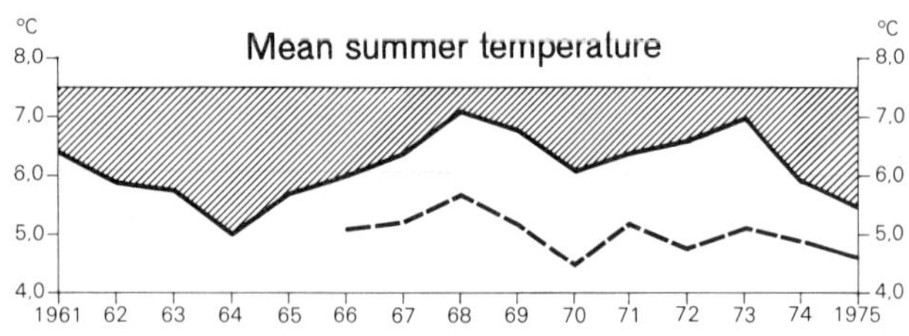

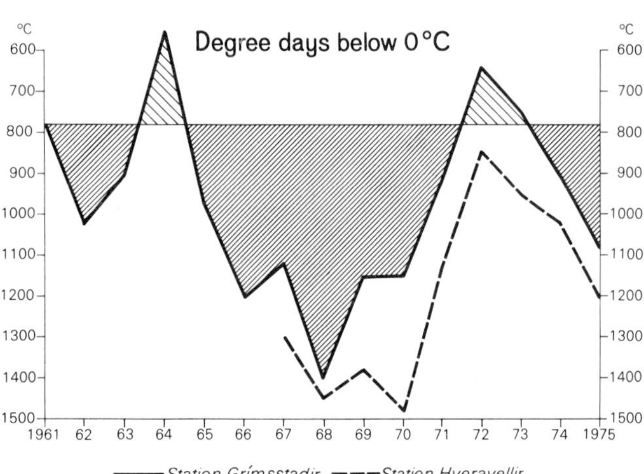

Fig. 6. Mean annual, summer, and winter temperatures and degree days below 0°C at Grîmsstadir (384 m) and Hveravellir (642 m). Period 1960-75.

Not more than 10-20 km away from Hveravellir several aggrading permafrost areas are situated, so the data of Hveravellir can be considered as being representative of the macroclimatic conditions causing or allowing aggradation of permafrost. The following data are averages of the period 1966-75.

With its annual mean temperature of -1.1°C, a mean temperature of the warmest month (August) of 6.2°C and a mean temperature of the coldest month (February) of -6.6°C central Iceland has an ET-climate according to Köppen. Average precipitation per year amounts to 795 mm, the average number of frost-days to 238 and that of ice days to 126. The average sum of negative degree days during the frost period (freezing index) totals -1165°C, that of positive degree days during summer (thawing index) 760°C. A superiority of the freezing index of such a kind means generally an important tendency to permafrost aggradation.

From November until May, this is during 210 days, central Iceland has on an average a continuous snow cover being 20-50 cm thick (average of the entire winter). Monthly averages of snow cover heights can rise up to 1 m. As wind speeds use to be high, this thickness may vary considerably. The connection between a differential snow distribution and a differential freezing of the ground, which may cause differential permafrost aggradation, is well known. In areas free of permafrost the ground is frozen continuously from October to May down to depths of 150 cm (Schunke & Stingl 1973). Long-term temperature records of Icelandic stations show since about 15 years a unequivocal temperatur decrease. As this decrease appears without any exception in the records all over Iceland (Fig. 5) one may extrapolate that the upland region does not break the rule. Grîmsstadir is the nearest long-term station to the area considered here situated at an altitude of 384 m at the NE fringe of the central upland (Fig. 1). Its temperature data show a good parallelism to those of Hveravellir since this station exists (Fig. 6). Grîmsstadir records during the period 1961-75 an average lowering of the annual mean temperature by 1.1°C, of the summer mean temperature by 1.4°C, of the winter mean temperature by 0.8°C and an average increase of the freezing index by -188°C (this is by 24%), all values compared to those of the normal period 1931-60 (Fig. 7).

The intensification of the frost regime appears particularly clear during the period 1965-75: the freezing index of Grîmsstadir mounting to -1010°C has augmented by 34% against that of 1924-34, the warmest decade of this century which had induced an important degradation of permafrost. There is a remarkable average temperature depression against the normal period by as much as 1.7°C in early winter (October-November), a decisive season for groundfrost aggradation because of the frequent absence of a closed isolating snow cover.

Considering the cited climatic tendency the actual aggradation of permafrost in parts of the Icelandic upland does not pose any problems as to its major cause – the nearly as frequently identified permafrost degradation on the other hand seems to be rather puzzling and contradictory. We think it is quite normal, that degradation occurs under climatic conditions obviously favouring aggradation, by reasons which are partly of general, partly of more limited regional significance: Aggradation of permafrost by palsa formation does always initiate some subsequent degradation, especially if the palsas form very quickly, the reason being the damage done to the peat cover and the vegetation.

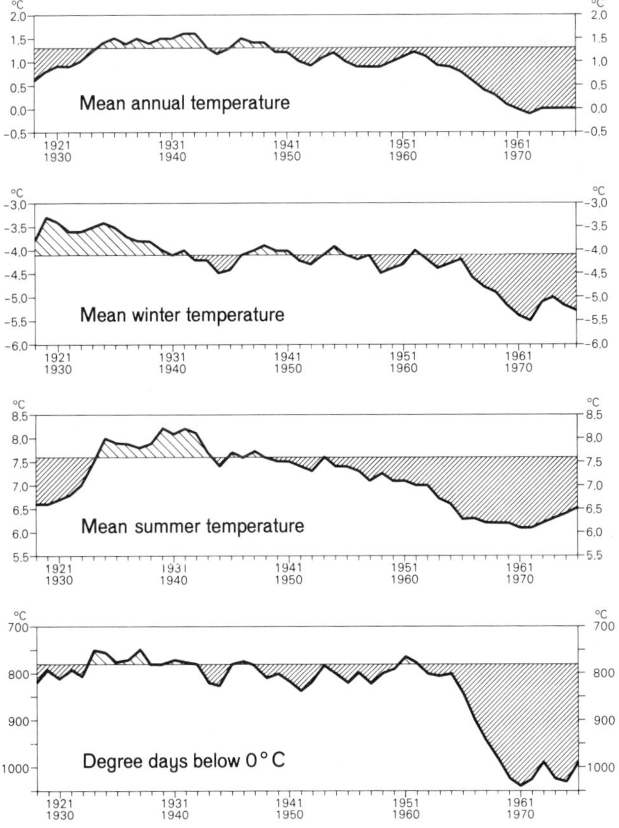

Fig. 7. Trends of annual, summer, and winter temperatures and degree days below 0°C at Grīmsstadir (384 m). 10-year moving averages. Period 1918-75.

Aggradation or even conservation of permafrost without an isolating peat or vegetation cover seems to be impossible under the actual Icelandic conditions. Permafrost dynamic is strongly influenced by deflation, which depends on climatic factors other than temperature, substratum and vegetation. The very active erosion of volcano-eolian sediments accelerates permafrost degradation, their accumulation, if happening above the minimal altitude, favours aggradation tendencies. Aggradation reacts rather fast, degradation of permafrost continues over a long time once it has started. The destruction of vegetation due to intense grazing for instance causes permafrost degradation over a long period, even if the grazing has been abandoned meanwhile.

In regions of critical conditions for permafrost existence with a strongly differentiated dynamic of permafrost as it is the case in central Iceland only an ecological approach allows to evaluate the individual influence of climatic and non-climatic factors.

ACKNOWLEDGMENT

The authors are grateful to Mr. Director Gīsli Sigurbjörnsson, Reykjavīk and to the Icelandic Meteorological Office, especially Mrs. Adda Bāra Sigfūsdōttir and Mr. Flosi Hrafn Sigurdsson.

REFERENCES

BERGMANN, B. 1972. Um rūstir ā hūnsvetnskum heidum. Nāttūrufraedingurinn 42, pp. 190-198.

FRIEDMAN, J.D. et al. 1971. Observations on Icelandic polygon surfaces and palsa areas. Geogr. Annaler 53 A, pp. 115-145.

GUDBERGSSON, G. 1975. Myndun mōajardvegs ī Skagafirdi (Engl. summ.: Soil formation in Skagafjördur, north Iceland). Īslenzkar Landbūnadarrannsōknir 7, pp. 20-45.

JOHANNESSON, B. & J. THORSTEINSSON 1957. Grōdurkort og lȳsing Gnūpverjaafrēttur (Engl. summ.: An ecological survey of Gnūpverjaafrēttur). Univ. Res. Inst. Reykjavīk, Dept. Agriculture Rep., Ecol. Surv. 1, 29 p.

SCHUNKE, E. 1973. Palsen und Kryokarst in Zentral-Island (Engl. summ.). Nachr. Akad. Wiss. Göttingen, Math.-Phys. Kl. 1973, 4, 38 p.

SCHUNKE, E. & H. STINGL 1973. Neue Beobachtungen zum Luft- und Bodenfrostklima Islands (Engl. summ.). Geogr. Annaler 55 A, pp. 1-23.

SHOUMSKY, P.A. 1957. Principes de glaciologie structurale. Ann. Centre Etudes et Documentation Palēontologiques 22, Paris, 309 p.

SIGBJARNARSON, G. 1969. Āfok og uppblāstur (Engl. summ.: The loessial soil formation and soil erosion on Haukadalsheidi). Nāttūrufraedingurinn 39, pp. 68-118.

STEINDORSSON, ST. 1945. Studies of the vegetation of the central highland of Iceland. Botany of Iceland 3, 4, Copenhagen, pp. 351-547.

STEINDORSSON, ST. 1967. Um hālendisgrōdur Īslands (Engl. summ.: On the vegetation of the central highland of Iceland). Flōra 5, Akureyri, pp. 53-92.

THORARINSSON, S. 1951. Notes on patterned ground in Iceland, with particular reference to the Icelandic 'Flās'. Geogr. Annaler 33, pp. 144-156.

THORARINSSON, S. 1962. L'ērosion ēolienne en Islande ā la lumiēre des ētudes tēphrochronologiques. Rev. Gēomorph. Dyn. 13, pp. 107-124.

THORODDSEN, TH. 1913. Polygonboden und 'thufur' auf Island. Pet. Geogr. Mitt. 59, pp. 253-255.

TODTMANN, E.M. 1960. Gletscherforschungen auf Island, Vatnajökull. Abh. Univ. Hamburg 75, 95 p.

TOMASSON, H. & S. THORGRIMSSON 1972. Nordlingaalda. Geological report. (Orkustofnun raforkudeild) Reykjavīk, 19 p.

WASHBURN, A.L. 1973. Periglacial processes and environments. London, 320 p.

ASSESSMENT OF THE EFFECTS OF SNOW ROAD CONSTRUCTION AND USE ON VEGETATION SURFACE ELEVATIONS AND ACTIVE LAYERS NEAR INUVIK, N.W.T.

W.E. Younkin Jr. and L.R. Hettinger, Environmental Division,
R.M. Hardy & Associates Ltd., Calgary, Alberta, Canada

A study on the effects of snow road construction and use on surface elevation, active layer depth and living plant cover was established 11 km southeast of Inuvik, N.W.T. in the fall of 1973. Results indicated a first year 43% mean decrease in plant cover. Evergreen and deciduous shrubs were initially affected, but some later recovery was indicated. Cover reduction of mosses and lichens, conversely, appears to be more permanent. There were no significant changes in surface elevation of the road or active layer thickness.

ÉTUDE DES RÉPERCUSSIONS DE LA CONSTRUCTION ET DE L'UTILISATION D'UNE ROUTE DE NEIGE SUR LE MOLLISOL ET LA COUVERTURE VÉGÉTALE VIVANTE

W.E. Younkin Jr. et L.R. Hettinger, Environmental Division, R.M. Hardy & Associates Ltd., Calgary, Alberta, Canada.

On a réalisé une étude des répercussions qu'ont eu la construction et l'utilisation d'une route de neige sur le niveau du sol, la profondeur du mollisol, et la couverture végétale vivante, à 11 km au sud-est d'Inuvik (T.N.-O.) pendant l'automne 1973. Les résultats ont indiqué que pendant la première année, la couverture végétale a subi une réduction moyenne de 43%. Au début, les arbustes à feuilles persistantes et à feuilles caduques ont régressé, mais on a observé une recolonisation ultérieure par ceux-ci. Par contre, il semble que la couverture végétale de mousses et de lichens ait subi une réduction plus durable. On n'a pas observé de variations importantes du niveau de la route ou de l'épaisseur du mollisol.

ОЦЕНКА ВЛИЯНИЯ СТРОИТЕЛЬСТВА И ЭКСПЛУАТАЦИИ СНЕГОВОЙ ДОРОГИ НА ВЫСОТУ ПОВЕРХНОСТНОГО РАСТИТЕЛЬНОГО ПОКРОВА И НА ДЕЯТЕЛЬНЫЕ СЛОИ ГРУНТОВ ВБЛИЗИ Г.ИНУВИК /СЕВЕРО-ЗАПАДНЫЕ ТЕРРИТОРИИ, КАНАДА/

Осенью 1973 г., в 11 км к юго-востоку от г. Инувик /Северо-Западные территории/ было проведено исследование влияния строительства и эксплуатации снеговой дороги на профиль местности, глубину деятельного слоя и растительный покров. Результаты показали, что за первый год растительный покров сократился в среднем на 43%. Было отмечено первоначальное изменение и последующее частичное восстановление вечнозеленого и лиственного кустарникового покрова. Сокращение мхового и лишайникового покрова, по-видимому, носит более постоянный характер. Каких-либо значительных изменений поверхностного профиля дороги или мощности деятельного слоя не наблюдалось.

ASSESSMENT OF THE EFFECTS OF SNOW ROAD CONSTRUCTION AND USE ON VEGETATION, SURFACE ELEVATIONS AND ACTIVE LAYERS NEAR INUVIK, N.W.T.

W.E. Younkin and L.R. Hettinger

Environmental Division, R.M. Hardy & Associates Ltd., Bow Valley Square II, Calgary, Alberta T2P 2W5

INTRODUCTION

Construction of gas pipelines, such as that earlier proposed through the Mackenzie Valley, will require a haul road and construction pad in the right-of-way. Conventionally, this has been achieved by grading part of the right-of-way, however, this technique cannot be used on ice-rich permafrost terrain without causing permafrost degradation and hydrolic erosion. Preliminary studies of the feasibility of constructing roads with snow were initiated at Norman Wells in March and April of 1973 (Adams 1973). The results of these tests of the technical feasibility and environmental impact of snow road construction and use were begun near Inuvik during the winter of 1973-1974 (Fig. 1).

Construction of the snow road was started in October, 1973 (Northern Engineering Services Company Ltd. 1974b). Clearing (trees and large shrubs only) was done using chain saws and axes. The road bed, including 10 cm of snow cover and small shrubs, was then compacted by a J-5 Bombardier (a small, tracked vehicle) to speed the freezing of the active layer. Approximately the first 200 m of roadway was made with snow manufactured by a Larchmont Twin snow gun similar to the type used on ski slopes. However, the majority of the road was built with snow hauled from a nearby lake and dumped on the right-of-way where it was spread and compacted by a D6 caterpillar tractor to a depth of 60 to 90 cm. Unlike the Norman Wells tests where the roads were essentially ice roads or ice capped snow roads, the Inuvik road was made entirely of snow, the top 25 cm being processed into a snow pavement by a three part procedure: (1) disaggregation with a rotary plow pulvimixer, (2) levelling with a three component drag, (3) compaction partially with a D6 caterpillar tractor equipped with low ground pressure pads and finished with a vibrator roller (Northern Engineering Services Co. Ltd. 1974b).

The use of the pulvimixer (essentially) a farm rotatiller) to break the snow crystals to facilitate compaction was a new concept for road construction. The snow pavement created by this process exceeded a Rammsonde Hardness of 1000 whereas the pavement on the compacted snow road near Norman Wells only reached a hardness of 251 (Adams and Hernadez 1977).

Tests of the durability of the road under traffic conditions were carried out from December 7, 1973 to January 22, 1974 and again in spring from April 6 to May 6, 1974. Each portion of the road received over 1000 vehicle passes. The main trafficking vehicle was a Kenworth tandem tractor and tandem trailer with gross weights of up to 35,454 kg (78,000 lb.) and tire presure at 80 psi (Northern Engineering Services Co. Ltd. 1974b). By May 29, the road was 98% melted and a visual inspection revealed no apparent compaction of the organic layer and very few minor mechanical abrasions.

The objectives of the research described in this report were to determine the effects of construction and use of the snow road on: (1) percent ground covered by living vegetation and, (2) ground surface elevation and active layer thickness.

METHODS

The effects of the snow road on vegetation and permafrost were determined by quadrat sampling of vegetation cover and measurement of the ground surface elevation and active layer thickness. A 50 m transect was established perpendicular to the road in each of the five visually recognized community types of the area (alder-birch, black spruce/heath/lichen, black spruce/lichen, black spruce/heath/moss and black spruce/willow-birch moss; Fig. 1). Ten 2 X 5 dm quadrats were used to assess cover in each treatment area of the transects consisting of the

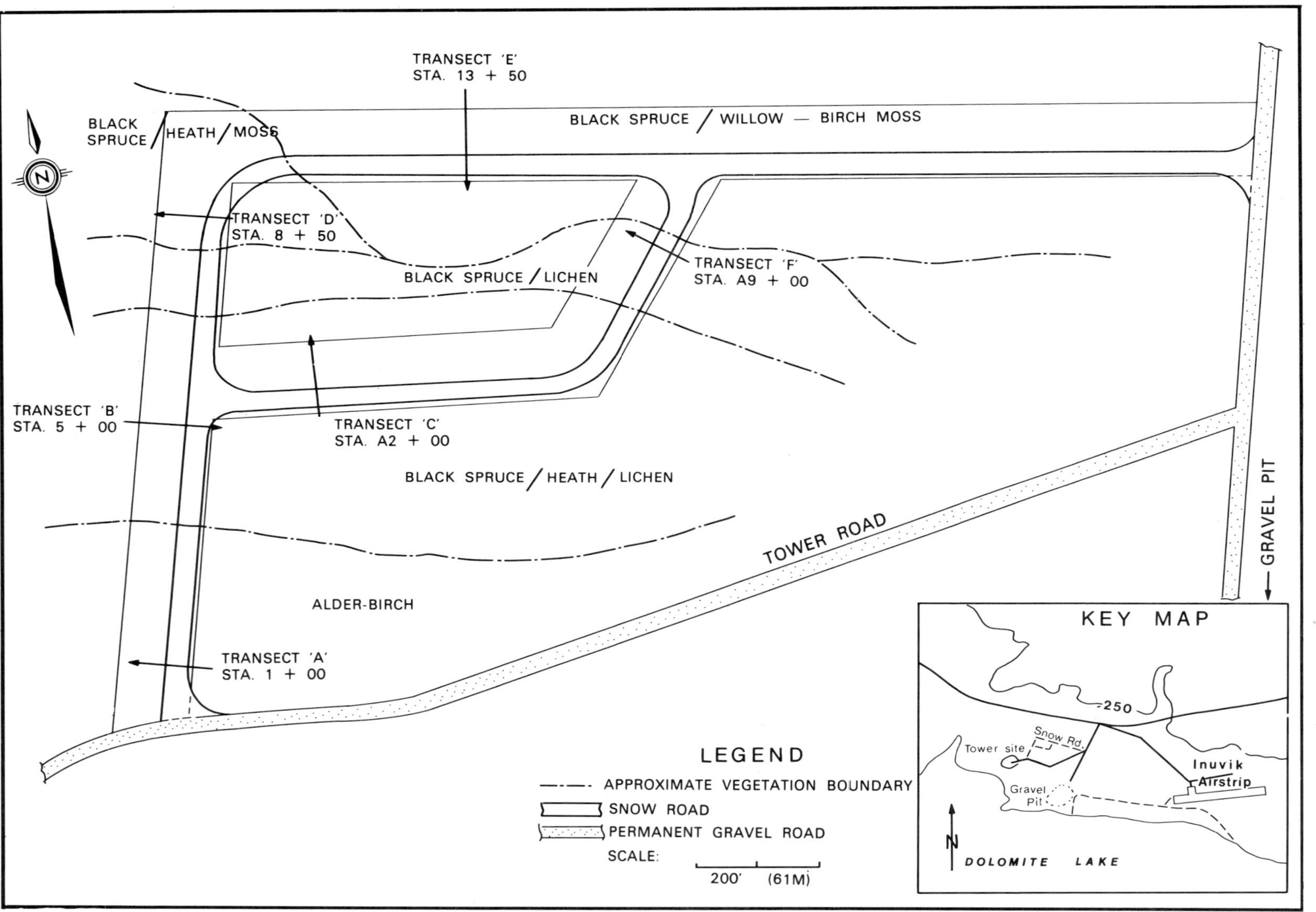

Fig. 1. Location of study area, snow road design and transect locations.

snow road, an area adjacent to the road cleared of trees and shrubs and a control area which was undisturbed. Surface elevation and active layer depth were measured every 50 cm along each transect using a level and stadia rod and graduated metal probe.

The vegetation was sampled in the summer of 1974 after construction and use of the snow road and again in 1975 and 1976. The transects were moved 3 m to one side in 1976 to determine if trampling by investigators over a period of the study was having an adverse effect on lichens and mosses.

Data were analysed and ordered using F and Duncan's Multiple Range tests (Steel and Torrie 1970).

RESULTS

Mean plant cover one year after construction and use of the snow road (1974) had been reduced 42% in comparison to undisturbed controls (Table 1). Evergreen shrubs were the most severely affected, showing a mean cover reduction of 14.2%, followed by mosses, lichens, deciduous shrubs and herbs with mean reductions in cover of 9.8%, 8.6%, 7.5% and 1.7% respectively.

Two growing seasons following construction and use, the disturbed vegetation within deciduous, evergreen and herb structure classes showed significant increases in terms of initial reduction in living cover of 7.3%, 6.7% and 3.7% respectively. Though not statistically significant, grasses and sedges increased 1.4% in cover. Mosses and lichens, however, showed a further decline in cover of 15% and 7.6% respectively. Thus, the mean total cover reduction on the roadway at the end of 1975 was 45.6%, no significant change from that of 1974.

In 1976 the transects in disturbed areas were moved 3 m to one side for cover readings to determine if the decline in moss and lichen cover within disturbed areas was due to trampling during data collection. Vegetation within deciduous shrub, evergreen shrub, herb and moss structural classes showed essentially no change from that recorded in 1975. Grasses and lichens showed significant increases in cover of 5.7% and 6% respectively. The total mean cover reduction on the roadway at the end of 1976 was 33.9%. The only structure classes significantly lower than controls were evergreen shrubs, mosses and lichens with reductions below controls of 8.2%, 23.4% and 10.2% respectively. The vegetation within all other structure classes had recovered to or exceeded 1974 control values.

Construction and use of the snow road had no significant effect on mean surface elevation or mean active layer thickness on either the road or the cleared area. Mean elevation of the roadway and cleared area decreased respectively 0.2 m and .04 m in 1974, .08 m and .08 m in 1975 and .06 m and .05 m in 1976 (Table 2). Mean active layer thickness in the roadway and cleared area decreased respectively 2 cm and 1 cm in 1974 and increased 4 cm in 1975 where it remained in 1976 (Table 2).

DISCUSSION

The processed snow road constructed at Inuvik appears to be superior to the ice or ice capped snow roads constructed at Norman Wells in terms of its ability to protect the vegetation. Following one season's use the mean plant cover on the roadway at Norman Wells was 12% versus 53% at Inuvik (Adams and Hernandez 1977). Allowing for the greater amount of forest cover removed at the Norman Wells test site, this was still a 76% decrease in understory cover versus 47% at the Inuvik test site.

The year following construction and use of the snow road, the vegetation structure classes with the highest percent reduction in living cover were the evergreen and deciduous shrubs at 75% and 70% respectively. However, this decrease in cover does not appear to represent a serious long-term disturbance. Although the aerial parts of the plants on the roadway were damaged, the roots of most of the plants remained viable. By the end of the second year the living cover of the deciduous and evergreen shrubs had increased 2.5 to 4 times over that in 1974 and living cover within the deciduous shrub, grass and sedge, and herb structure classes had recovered to previous levels.

Mosses and lichens were the only species not showing any recovery by 1975 and, in fact, had continued to decline in cover over the two-year period; mosses producing approximately 50% and lichens 70% less cover in 1975 than in 1974. The movement of the transects (3 m) in 1976 did result in a significant increase in lichen cover, suggesting that trampling by investigators during the course of the study may

TABLE 1. Mean live ground cover (% ± S.E.) by vegetation structure classes in the control and roadway of five transects crossing the snow road right-of-way at Inuvik, N.W.T., summer, 1974, 1975 and 1976.

Transect	Treatment	Date	Vegetation Structure Class						
			Deciduous Shrubs	Evergreen Shrubs	Grasses & Sedges	Herbs	Mosses	Lichens	x̄ Total
A	Control	1974	7.3±1.9	30.8±6.7	1.4±0.4	1.6±0.7	44.3±10.4	8.1±5.6	93.5
	Roadway	1974	2.2±0.8	5.1±1.4	1.3±0.4	0.7±0.2	34.7±13.2	0.7±0.5	44.7
		1975	15.0±5.0	14.8±2.7	4.6±0.9	3.0±1.2	16.7±7.8	0.3±0.3	59.4
		1976	11.5±3.9	11.5±3.8	28.8±7.6	4.2±2.2	13.9±6.7	0.0±0.0	69.5
B	Control	1974	4.7±1.0	18.9±4.2	0.7±0.1	1.9±0.1	21.1±5.4	15.8±7.2	63.1
	Roadway	1974	2.4±1.0	9.7±2.0	0.8±0.1	1.0±0.2	13.3±3.6	11.5±3.5	38.7
		1975	2.3±0.8	16.5±3.3	1.2±0.3	3.1±1.4	12.6±4.9	8.2±2.9	48.0
		1976	1.8±1.1	15.9±3.4	1.8±1.1	3.2±1.4	7.5±6.3	12.6±4.7	42.8
C	Control	1974	7.6±4.2	19.0±2.5	2.0±0.9	0.6±0.5	44.2±9.8	25.5±10.1	98.9
	Roadway	1974	2.3±1.0	5.7±1.2	1.4±0.4	2.6±0.5	34.3±10.8	16.6±5.4	62.9
		1975	4.1±1.0	14.6±3.1	3.1±0.6	7.8±1.7	15.7±6.1	5.2±2.2	56.2
		1976	1.4±1.1	20.3±4.2	6.1±2.5	6.7±2.8	20.5±8.3	17.9±6.2	72.9
D	Control	1974	28.0±2.9	16.5±2.4	0.3±0.1	11.0±1.9	85.2±8.0	0.7±0.5	141.7
	Roadway	1974	7.5±1.2	1.7±0.3	0.2±0.1	3.3±1.0	63.5±5.3	0.6±0.5	76.8
		1975	22.5±3.1	7.6±1.8	0.4±0.2	6.9±1.8	32.0±6.5	0.0±0.0	69.4
		1976	25.8±3.5	0.7±0.4	0.3±0.3	9.0±2.5	37.9±4.9	0.7±0.4	74.4
F	Control	1974	6.5±2.7	9.5±1.9	0.8±1.5	5.0±1.5	12.2±3.2	50.1±11.0	84.1
	Roadway	1974	2.2±0.5	1.1±0.2	1.0±0.1	4.0±2.0	10.3±4.8	27.5±9.3	46.1
		1975	9.4±3.1	3.4±0.9	2.4±0.5	9.0±3.1	5.3±2.3	5.5±2.4	35.0
		1976	7.2±1.6	5.4±2.2	3.0±3.7	7.9±3.7	10.5±6.2	18.0±6.4	52.0
Structure	Control*	1974	10.8±4.3 ab	18.9±3.4 a	1.0±0.3 b	4.0±1.9 ab	41.4±12.6 a	20.0±8.6 a	96.2 a
Class x	Roadway	1974	3.3±1.0 c	4.7±1.5 c	0.9±0.2 b	2.3±0.6 b	31.5±9.5 a	11.4±5.1 abc	53.8 b
		1975	10.6±3.6 ab	11.4±3.2 b	2.3±0.7 b	6.0±1.2	16.5±4.4 b	3.8±1.6 c	50.6 b
		1976	9.4±4.4 b	10.7±3.5 b	8.0±5.2 a	6.2±1.0	18.0±5.4 b	9.8±3.9 bc	62.3 b

* Data within a column followed by the same letter are not significantly different according to Duncan's multiple range test.

TABLE 2. Mean surface elevation (m) and active layer thickness (cm) in the control, roadway and cleared area before (1973) and mean change after (1974, 1975 and 1976) construction and use of the snow road at Inuvik, N.W.T.

Transect	Treatment	Surface Elevation (m)				Active Layer Thickness (cm)			
		Before (1973)	(1974)	After (1975)	(1976)	Before (1973)	(1974)	After (1975)	(1976)
A	Control	304.00	-0.03	-0.08	-0.02	49	-1	-1	0
	Roadway	303.95	+0.03	-0.17	-0.13	43	-2	+1	+4
	Cleared Area	303.93	-0.02	-0.06	-0.02	43	+2	+1	+2
B	Control	295.22	-0.05	-0.09	+0.01	56	-3	-2	-5
	Roadway	295.99	-0.01	-0.11	-0.08	37	-2	+3	+4
	Cleared Area	295.54	-0.03	-0.16	-0.12	39	-2	+2	0
C	Control	294.13	-0.07	-0.08	-0.10	38	-4	+2	-2
	Roadway	295.35	-0.02	+0.01	-0.08	38	-2	+3	+3
	Cleared Area	293.58	-0.03	-0.04	-0.06	35	-1	+8	+5
D	Control	288.22	-0.04	-0.04	-0.03	26	-1	+6	+2
	Roadway	288.33	-0.08	-0.11	-0.12	24	0	+10	+14
	Cleared Area	288.10	-0.07	-0.10	-0.03	29	0	+7	+8
E	Control	289.95	-0.03	-0.03	-0.10	31	0	+4	+9
	Roadway	289.59	-0.04	-0.03	+0.13	36	-1	+3	-1
	Cleared Area	289.75	-0.05	-0.02	+0.05	26	0	+5	+3
F	Control	291.76	-0.03	-0.06	- .10	49	-4	+2	0
	Roadway	292.24	-0.03	-0.11	- .12	58	-7	0	-1
	Cleared Area	291.51	-0.02	-0.13	- .12	49	-3	+2	+4
x	*Control	293.88	-0.04	-0.06	-0.06	42	-3	+1	+4
	Roadway	294.24	-0.02	-0.08	-0.06	39	-2	+4	+4
	Cleared Area	293.74	-0.04	-0.08	-0.05	37	-1	+4	+4

* F and Duncan's multiple range tests showed no significant difference between control, roadway and cleared areas in all years.

have been an added disturbance. Though moss cover did not continue to decline in 1976, there was little increase. The reasons for this are not clear. The forest cover in this area is sparse and it seems unlikely that the removal of this cover would influence the micro-environment to the extent suggested by the large cover reductions observed in the lichens and mosses in 1975. Studies by Gill (1973) of the effects of removing the forest cover in the Mackenzie Delta show that tree removal results in a reversion to a tundra community high in moss and lichen cover.

Although snow road construction and use did result in reductions in plant cover, there was no significant change recorded in either surface elevation or active layer thickness over the three years during which these parameters were measured. This is similar to findings reported in other studies which suggest that the intact peat layer has a greater influence on depth of thaw than either the albedo or insulative effects of living vegetation (Bliss and Wein 1972, Haag and Bliss 1973, Younkin 1974).

CONCLUSIONS AND RECOMMENDATIONS

1) Construction and use of the snow road resulted in a first year mean decrease in plant cover of 43%.

2) Evergreen and deciduous shrubs were the vegetation structure classes most adversely affected the first year following construction, showing mean reductions in cover of 9.8% and 8.6% respectively. However, this was not a permanent reduction as all vegetation structure classes except mosses and lichens have shown significant increases in cover over a three year period, the deciduous shrub, herb and grass classes recovering to previous levels.

3) Mosses and lichens continued to decrease in cover following the first year. Movement of the transects and the resultant increase in lichen cover in 1976 suggests that trampling during the course of the study was partially responsible for this decline. Though moss cover did not show a similar increase, it did not decline further in 1976.

4) There have been no significant changes in the surface elevation of the road or in the active layer thickness under the road during the three year monitoring period. Mean surface elevations and active layer thicknesses on the roadway have varied less than 2 cm and 3 m respectively from those on control surfaces.

5) Continued monitoring of the vegetation and physical characteristics of the snow road right-of-way is recommended through 1978 to document both the rate of vegetation recovery, especially that of the mosses, and any long-term changes in surface elevation or active layer thicknesses.

ACKNOWLEDGEMENTS

This work was supported by Canadian Arctic Gas Study Ltd. and Northern Engineering Services Co. Ltd. The authors thank A. Janz, W. Friesen and D. Johnson for their help in the field and data analysis.

LITERATURE CITED

Adams, K.M. 1973. Report on Norman Wells winter road research study, 1973. Rep. to Canadian Arctic Gas Study Ltd., Calgary, Alberta. 161 p.

__________ and H. Hernandez. 1977. Snow and ice roads: ability to support traffic and effects on vegetation. Arctic 30(1): 13-27.

Bliss, L.C. and R.W. Wein, 1972. Plant community responses to disturbance in the western Canadian Arctic. Can. J. Bot. 50, 1097-1099.

Gill, D. 1973. Ecological modifications caused by the removal of tree and shrub canopies in the Mackenzie Delta. Arctic 26: 95-111.

Haag, R.W. and L.C. Bliss, 1974. Energy budget changes following surface disturbance to upland tundra. J. Applied Ecol. 2(1): 355-374.

Northern Engineering Services Company Limited, 1974a. Inuvik snow road environmental assessment. 13 p.

Northern Engineering Services Company Limited, 1974b. Inuvik snow road construction, testing and environmental assessment 1973-1974. Inuvik, Northwest Territories, Canada.

Steel, R.G.D. and J.H. Torrie, 1970. Principles and procedures of statistics. McGraw-Hill inc. N.Y. 481 p.

Younkin, W.E., 1974. Ecological studies of *Arctagrostis latifolia* and *Calamagrostis canadensis* in relation to their colonization potential in disturbed areas, Tuktoyaktuk region, N.W.T., Ph.D. thesis, Dept. of Botany, University of Alberta, Edmonton, Alberta. 148 p.

II. PERMAFROST ENGINEERING

II.1 SITE INVESTIGATIONS

II. TECHNIQUES UTILISÉES EN PRÉSENCE DE PERGÉLISOLS

II.1 PROSPECTION DES SITES

II. ИНЖЕНЕРНОЕ МЕРЗЛОТОВЕДЕНИЕ

II.1 ИССЛЕДОВАНИЕ СТРОИТЕЛЬНЫХ УЧАСТКОВ

HYDROGEOCHEMICAL INVESTIGATIONS IN PERMAFROST STUDIES

N.P. Anisimova, Permafrost Institute, Yakutsk, U.S.S.R.

Field and experimental data are used to examine the possibility of selecting specific cryohydrogeochemical characteristics of formation of permafrost and ice, as well as hydrochemical indices of the cryogenic metamorphism of water remaining in the liquid phase. These characteristics can be used in permafrost and hydrogeological investigations in the study of permafrost facies, in the palaeohydrogeological and palaeopermafrost models, as well as in the forecasts of possible changes in the permafrost and hydrogeological conditions in the course of the economic development of different permafrost regions.

RECHERCHES HYDROGÉOCHIMIQUES EN GÉOCRYOLOGIE

N.P. Anisimova, Institut de géocryologie, Iakutsk, URSS

L'auteur se fonde sur des études expérimentales et des reconnaissances sur le terrain pour examiner la possibilité de préciser les conditions cryohydrogéochimiques de formation du pergélisol et de la glace et dégager les indices hydrochimiques du métamorphisme cryogène de la composition de l'eau qui reste en phase liquide. Ces caractéristiques peuvent être utilisées dans les recherches géocryologiques et hydrogéologiques, dans l'étude du faciès du pergélisol, dans les modèles paléohydrogéologiques et paléogéocryologiques, et dans les prévisions des variations des conditions géocryologiques et hydrogéologiques au cours de l'aménagement de diverses régions pergélisolées.

ГИДРСГЕОХИМИЧЕСКИЕ ИССЛЕДОВАНИЯ В МЕРЗЛОТОВЕДЕНИИ

Н.П. Анисимова, Институт мерзлотоведения, Якутск, СССР

На основании материалов полевых и экспериментальных исследований рассмотрена возможность выделения специфических криогидрогеохимических признаков условий формирования мерзлых толщ и льда, а также гидрохимических показателей криогенной метаморфизации состава воды, остающейся в жидкой фазе. Эти особенности могут использоваться при проведении мерзлотно-гидрогеологических исследований, изучении мерзлотно-фациальных условий, палеогидрогеологических и палеомерзлотных построениях, а также в прогнозировании возможных изменений мерзлотно-гидрогеологической обстановки в процессе хозяйственного освоения различных районов мерзлой зоны.

ГИДРОГЕОХИМИЧЕСКИЕ ИССЛЕДОВАНИЯ В МЕРЗЛОТОВЕДЕНИИ

Н.П. Анисимова

Институт мерзлотоведения, Якутск, СССР

На современном этапе мерзлотных исследований изучение условий распространения, залегания и температурного режима многолетнемерзлых толщ, а также особенностей их криогенного строения, льдистости и некоторых физико-механических свойств проводится в комплексе с изучением взаимодействия с подземными водами. Широкий круг таких работ включает и криогидрогеохимические исследования, поскольку при охлаждении, промерзании или протаивании пород происходит перераспределение ионных составляющих между водой, льдом и породой.

Специальные лабораторные и полевые гидрогеохимические исследования, проводящиеся в Институте мерзлотоведения СО АН СССР и в ряде других институтов СССР, позволили выявить специфические криогидрогеохимические признаки условий формирования мерзлых толщ и льда, а также гидрохимические показатели криогенной метаморфизации состава воды, остающейся в жидкой фазе. На эти особенности должно обращаться внимание при проведении комплексных региональных мерзлотно-гидрогеологических исследований, при изучении мерзлотно-фациальных условий, при палеогидрогеологических и палеомерзлотных построениях, а также при прогнозировании возможных изменений мерзлотно-гидрогеологической обстановки в процессе хозяйственного освоения районов мерзлой зоны.

ГИДРОХИМИЧЕСКИЕ ПОКАЗАТЕЛИ КРИОГЕННОЙ МЕТАМОРФИЗАЦИИ ПОДЗЕМНЫХ ВОД

В зависимости от температуры и скорости промерзания водоносных (или протаивания льдистых) пород, от исходного химического состава воды и пород, мощности водоносного горизонта и интенсивности водообмена криогенные изменения химического состава подземных вод могут быть весьма существенными, либо кратковременными (или сезонными), обратимыми, либо незначительными. Поскольку зона охлаждения характеризуется большим разнообразием конкретных мерзлотно-гидрогеологических обстановок со специфическими гидродинамическими и геотермическими особенностями, то направленность, степень и стадия криогенных изменений химического состава подземных вод варьируют в больших пределах.

Наиболее полно и ярко эти процессы проявляются при охлаждении и кристаллизации подземных вод на территории Арктики и Субарктики (Неизвестнов, Толстихин, 1970). Здесь в пределах криолитозоны происходит криогенное концентрирование в подземных водах хорошорастворимых солей (в основном хлоридов), имеющих низкую температуру эвтектики, и выпадание в осадок солей с высокой температурой эвтектики (карбонатов кальция, сульфатов магния, натрия). При охлаждении современных морских отложений минерализация порового раствора в процессе частичной его кристаллизации повышается в 3-6 раз за счет накопления хлоридов натрия, магния, кальция (Пономарев, 1950; Гинсбург, Неизвестнов, 1973; Молочушкин, 1973).

Воды аналогичного состава иногда формируются и в континентальных отложениях, при особых условиях промерзания пресных подземных вод (Анисимова, 1973, 1975, 1976). В Центральной Якутии, например, в аласных котловинах в основании булгунняхов залегают линзы солоноватых вод с минерализацией 4-10 г/л сульфатного или хлоридного типа, сформировавшиеся в процессе промерзания подозерных таликов, а в мерзлых аллювиальных отложениях низких террас распространены линзы высокоминерализованных отрицательнотемпературных подземных вод (криопэгов), образованных в процессе миграции в мерзлые породы высококонцентрированных поровых растворов из промерзающих почвогрунтов, загрязненных бытовыми и хозяйственными выбросами.

Химический состав криопэгов разнообразен лишь при сравнительно небольшой их минерализации (3,5-6 г/л) и высокой отрицательной температуре (до $-1^{o}C$). Так, например, слабосолоноватые криопэги с минерализацией около 4 г/л и температурой $-0,2-0,6^{o}C$, образовавшиеся при промерзании несквозного подозерного талика, имеют хлоридно-гидрокарбонатный магниево-натриевый состав, а криопэги с минерализацией 6-16 г/л и температурой $-0,5 - -1^{o}C$ хлоридный магниево-натриевый или сульфатно-хлоридный магниево-натриевый.

Чем выше минерализация исходной воды и ниже температура пород, в толще которых образуются криопэги, а также чем больше промерзание водоносного талика или толщи, тем выше в них концентрация растворенных солей и однотипнее состав. Так, при температуре $-2,4^{o}C$ минерализация криопэгов 35 г/л, при $-3,2^{o}C$ около 60 г/л, при $-5,8^{o}C$ - 98 г/л. Приведенные примеры иллюстрируют конечную стадию криогенного изменения химического состава пресной подземной воды в условиях промерзания в замкнутой системе. На более ранних стадиях промерзания таликов минерализация воды в них изменяется в пределах 1-5 г/л, химический тип ее обычно гидрокарбонатный. Показателем криогенных гидрохимических изменений воды при этом является катионный состав.

Повышение минерализации воды при промерзании водоносных пород приводит к насыщению ее карбонатом кальция, который частично выпадает в осадок. В растворе преобладающим становится гидрокарбонат магния. При этом в таликах, сложенных песком, интенсивно повышается содержание ионов натрия, которые, по-видимому, образуются при гидролитическом расщеплении силикатов с участием углекислоты, выделяющейся при кристаллизации воды. Дальнейшее повышение минерализации воды в ходе ее промерзания приводит к выпадению в осадок карбоната магния (при pH 8,8-8,9) и накоплению в растворе гидрокарбонатов натрия. Минерализация воды такого состава в системе замкнутого промерзающего талика может достигнуть десятка граммов в литре, тогда как при водообмене она не превышает 1 г/л.

Большой материал гидрохимических исследований таликовых вод песчаных отложений Центральной Якутии дает основание утверждать, что их высокая жесткость и гидрокарбонатный магниевый (или магниево-натриевый) состав являются показателем промерзания таликов первой стадии, а гидрокарбонатный натриевый - второй. При наличии в разрезе аллювиальных отложений суглинков в процессе криогенных преобразований может сформироваться хлоридный тип воды.

Подземные воды, образующиеся при протаивании мерзлых толщ, отличаются по минерализации и химическому составу от воды, насыщавшей породу до ее промерзания. Это высказывание ряда авторов основывается на том положении, что в процессе кристаллизации воды при промерзании пород труднорастворимые соединения выпадают в осадок, а ионы хорошорастворимых солей остаются в растворе. При протаивании таких обедненных солями мерзлых толщ образуются менее минерализованные подземные воды. Однако это положение может рассматриваться как один из вариантов, поскольку на распределение солей по вертикальному разрезу пород влияют особенности геологического строения (чередование водопроницаемых и водоупорных пород), тип промерзания (эпигененический или сингенетический), условия водообмена при промерзании и т.д. Так, например, при протаивании рыхлых отложений, промерзших сингенетически, состав и минерализация образующейся воды будут иными, чем при протаивании эпигенетически промерзших пород.

КРИОГИДРОГЕОХИМИЧЕСКИЕ ПОКАЗАТЕЛИ УСЛОВИЙ ОСАДКОНАКОПЛЕНИЯ И ПРОМЕРЗАНИЯ ПОРОД

Возможность использования химического состава водно-растворимых солей пород для изучения их литолого-фациального строения и условий промерзания была выявлена при анализе большого фактического материала исследований химического состава мерзлых аллювиальных отложений, слагающих высокие и низкие террасы р. Лены в Центральной Якутии. Нижняя часть разреза этих отложений, представленная песками русловой фации, промерзавшими эпигенетически, наименее засолена. При эпигенетическом промерзании водонасыщенных пород часть растворенных солей мигрирует в нижние непромерзшие слои. Степень вовлечения солей в промерзающие отложения зависит от минерализации состава насыщающей их воды, от скорости промерзания, величины криогенного напора и условий водообмена. При свободном оттоке воды в промерзающих песках содержание солей изменяется по разрезу незначительно, тогда как в замкнутой системе (например, в промерзающих разобщенных таликах) концентрация воднорастворимых солей вниз по разрезу мерзлых пород увеличивается. При этом может измениться и солевой состав в соответствии с изменением его в воде промерзающего талика.

Наиболее обогащена солями верхняя часть разреза аллювиальных отложений, представленная супесями и суглинками пойменной фации, промерзавшими сингенетически. Неравномерность содержания воднорастворимых солей по разрезу этих отложений, очевидно, связана с различием в условиях накопления отложений на разных участках, с перераспределением солей по площади в соответствии со строением поверхности и с процессом сингенетического их промерзания. На повышенных участках рельефа (как современного, так и древнего) в солевом составе пород преобладают гидрокарбонаты и сульфаты кальция и магния, а на пониженных - хлориды натрия при значительном содержании гидрокабонатов и сульфатов натрия и магния.

В процессе протаивания таких льдовмещающих пород содержащиеся в них соли переходят в воду талика, образующегося под термокарстовой котловиной. В последующем, по мере обсыхания днища озера и промерзания талика, формирующиеся снова мерзлые породы обедняются воднорастворимыми слоями, и качественный состав их изменяется. Это объясняется сложными биохимическими и физико-химическими процессами, происходящими в воде талика, а также отжатием солей при эпигенетическом промерзании пород. Такие мерзлые породы, образовавшиеся в аласных котловинах, содержат меньше сульфатов, но больше гидрокарбонатов натрия, чем породы на межаласье. К естественным факторам, приводящим к изменению химического состава пород указаным путем, наряду с термокарстом, можно отнести также затопление и заболачивание территории или, наоборот, ее обсыхание, изменение русла реки, наступление эоловых песков на водоемы и другие.

В естественных условиях эти процессы протекают весьма медленно, тогда как при вмешательстве человека они могут быть существенными за сравнительно короткий срок. Причем иногда изменение химического состава мерзлых песков может происходить и без предварительного их протаивания. Это возможно, например, при миграции в сравнительно высокотемпературные мерзлые пески высокоминерализованных поровых растворов из промерзающих сезоннопротаявших пород, из линз криопэгов, или морской воды при наступлении моря на сушу и т.д.

Такие отрицательнотемпературные высокоминерализованные растворы мигрируют в мерзлые породы под действием термоградиентных и гравитационных сил, а возможно, и диффузии. Ежегодное повторение этого процесса на протяжении многих лет приводит к накоплению хлоридов, сульфатов и повышению минерализации порового раствора в верхних слоях мерзлой толщи.

В составе воднорастворимых солей в верхних более засоленных слоях мерзлых песков преобладают хлориды натрия и магния, но вниз по разрезу их концентрация быстро понижается. Установлено, что чем больше мощность слоя годовых колебаний температуры, тем на большую глубину могут мигрировать высокоминерализованные отрицательно-температурные растворы.

Анализ данных химического состава рыхлых пород под дном Ванькиной Губы моря Лаптевых позволил определить мощность морских отложений и проследить глубину миграции хлоридов натрия и магния в подстилающие их мерзлые пресные отложения.

Таким образом, если повышение концентрации воднорастворимых солей вниз по разрезу пресных мерзлых отложений является показателем их формирования в замкнутой системе, то, наоборот, резкое понижение содержания хорошорастворимых солей часто свидетельствует о миграции в мерзлые породы высококонцентрированных растворов сверху.

КРИОГИДРОХИМИЧЕСКИЕ ПОКАЗАТЕЛИ УСЛОВИЙ ОБРАЗОВАНИЯ ПОДЗЕМНЫХ ЛЬДОВ

При изучении генезиса и развития мерзлых толщ имеет значение исследование заключенных в них льдов - инъекционных, повторно-жильных, текстурообразующих, трещинных. Изучение химического состава льдов дает дополнительный материал для обоснования их генезиса и особенностей промерзания.

Инъекционные льды, образующиеся в процессе напорной миграции и замерзания воды в рыхлых породах (в замкнутой системе), изучались в сезонных и многолетних буграх пучения - булгунняхах, гидролакколитах. Химический состав этих льдов зависит от химического состава воды, из которой он образовался, от ее объема и скорости замерзания. По разрезу ледяного тела он неоднороден.

Известно, что содержание компонентов минерализации льда связано с совместной кристаллизацией воды и солей при достижении раствором эвтектической температуры, а также с адсорбцией ионов на поверхности кристаллов льда и с механическим захватом исходной воды в межкристаллическое пространство. Состав и количество солей, вовлеченных таким образом в лед, зависит от условий образования ледовой фазы, температуры и скорости кристаллизации, а также от состава и минерализации промерзающей воды.

Сведений о распределении солей по разрезу пресного льда при полном промерзании объема воды мало. Сначала такие данные были получены нами для льда пресных промерзающих до дна озер, а затем были поставлены специальные лабораторные эксперименты. Полученные при этом закономерности проверены на данных химического состава льда, опробованного по разрезу одного из крупных гидролакколитов Енисейского Севера и множества мелких бугров пучения в Центральной Якутии.

Этими исследованиями установлено, что верхние слои льда, образовавшиеся наиболее быстро после внедрения воды, обладают более высокой минерализацией, чем залегающие под ними. Это объясняется тем, что при быстрой кристаллизации в лед вовлекаются как твердые осадки солей, так и их раствор. Поэтому химический состав этих слоев льда наиболее близок к составу воды, из которой он образовался.

За счет тепла, выделяемого при льдообразовании верхних слоев, дальнейшая кристаллизация воды происходит медленно, поэтому содержание механически захваченного раствора в них меньше и, следовательно, концентрация солей ниже, чем в верхних. При медленной кристаллизации воды не все соли вовлекаются в ледовую фазу. Это изменяет соотношение между солями в ледовой фазе и в остающейся подледной воде. Так, например, при промерзании воды гидрокарбонатного магниево-кальциевого состава с минерализацией 0,1-0,2 г/л, в связи с весьма малым вовлечением гидрокарбонатов магния и выпадением в осадок при льдообразовании карбонатов кальция во льду преобладающими оказываются гидрокарбонаты натрия. Однако по мере нарастания мощности льда минерализация воды возрастает и поэтому, несмотря на замедленную скорость льдообразования, соленость формирующегося льда повышается. В нижних его слоях, образовавшихся в последнюю очередь из воды наиболее повышенной минерализации, довольно резко возрастает содержание гидрокарбонатов магния, натрия, кальция и хлоридов натрия.

Если промерзание воды, внедрившейся в булгуннях, происходит со всех сторон, то наиболее минерализованным оказывается лед во внутренней части ледяного ядра, образовавшейся в последнюю очередь.

Таким образом, по характеру распределения минерализации и химического состава льда в булгунняхах можно определить приблизительно состав и минерализацию воды, из которой он сформировался, направление, скорость и стадийность промерзания.

Повторно - жильные льды формируются из поверхностных талых и речных вод при попадании их в трещины мерзлых пород. В Центральной Якутии они сходны по химическому составу с талой снеговой водой (Анисимова, 1971). Минерализация льда обычно небольшая и по вертикальному разрезу жилы изменяется мало: 0,05-0,09 г/л. Более высокая концентрация растворенных веществ иногда наблюдается во льду верхних слоев жилы, по-видимому, частично оплавившихся в периоды потепления климата. В ионном составе расплава преобладают гидрокарбонаты, кальций, магний.

Аналогичный химический состав имеют повторно-жильные льды на Яно-Индигирском междуречье (по данным В.П. Волковой) и в районах Енисейского Севера (по данным Е.Г. Карпова). Необходимо оговориться, что для получения представительных данных о химическом составе этих льдов нужен тщательный отбор проб без грунтовых включений, содержание которых может значительно повысить минерализацию ледового расплава.

Текстурообразующие льды в породах, вмещающих повторно-жильный лед, обычно имеют более высокую минерализацию и разный ионный состав, зависящий от состава водонасыщенных пород, при промерзании которых они образуются. Так, например, в Центральной Якутии текстурообразующий лед в песках, вмещающих повторно-жильный лед, имеет минерализацию 0,1-0,4 г/л, и в ионном составе его наряду с гидрокарбонатами магния и кальция содержатся хлориды, сульфаты и натрий

На территории Енисейского Севера текстурообразующие льды на границе торфа и суглинка, а также в озерно-ледниковых ленточных глинах слабоминерализованы (0,03-0,07 г/л), но и в ионном составе их повышено содержание сульфатов, хлоридов, натрия.

Для текстурообразующих льдов, формирующихся в рыхлых отложениях, характерно содержание в том или ином количестве гидрокарбонатов натрия.

Трещинные льды в коренных породах мерзлой зоны различны по химическому составу и минерализации. Данные химических анализов проб льда, взятых с разных глубин по разрезу пород верхнего кембрия в районе трубки "Удачная", позволили обосновать криогенными процессами формирование хлоридного кальциево-магниевого рассола, вскрытого на глубине 178-190 м. На глубине 70-100 м лед пресный гидрокарбонатного кальциево-магниевого состава при минерализации 0,2-0,3 г/л, на глубине 150-170 м - сульфатного кальциевого при минерализации 1,6-2,4 г/л, на глубине 180 м - сульфатного натриевого с содержанием 4,2 г/л растворенных солей (Устинова, 1964).

Таким образом, изложенные материалы показывают, что каждая генетическая разновидность льда по химическому составу имеет отличительные черты, зная которые можно представить особенности промерзания и приблизительный химический состав воды, из которой лед образовался.

Наледи. Особый интерес представляет изучение химического состава наледей - ледяных тел большого объема, образовавшихся послойным намораживанием подземной или поверхностной воды, изливающейся на поверхность земли, ледовый покров или в крупные полости в горных породах (пещеры, штольни и т.д.)

Детальные исследования особенностей формирования и изменения химического состава льда по площади и в разрезе наледей показали возможность применения полученных закономерностей для установления химического состава и генезиса подземной воды, образующей наледь, а также определения места основной ее разгрузки на поверхность.

Анализ многочисленных полевых данных и специальных лабораторных экспериментов позволил установить, что изменения минерализации и химического состава льда по площади и в разрезе наледи определяются: а) криогенной метаморфизацией состава формирующей ее воды; б) выщелачиванием солей из поверхностного слоя льда; в) миграцией компонентов минерализации в ее толще.

Криогенные изменения в составе воды связаны с физико-химическими процессами, происходящими при выходе ее на поверхность, движении по наледи и кристаллизации.

Вода, разливающаяся по наледи, растворяет соли, образующиеся на ее поверхности в конце разовых натеков и содержащиеся в конденсате-инее, обильно оседающем в ночное время, а также выщелачивает их из отепляющегося верхнего слоя льда. Существенно повышается минерализация воды и в процессе ее кристаллизации. При этом лишь часть солей захватывается образующимся льдом. В растворе происходит накопление хлоридов, гидрокарбонатов магния и натрия. Наибольшее концентрирование этих компонентов в воде отмечается в марте - апреле, когда она растекается по значительно большей площади, чем в холодные месяцы. Указанные изменения состава и минерализации воды определяют увеличение минерализации льда по площади наледи от ее верхнего конца к нижнему. При быстрой кристаллизации воды в условиях очень низких температур воздуха и при сравнительно небольших ее разливах, минерализация льда повышается вдоль по потоку в 1,5-2 раза. При разгрузке больших объемов воды и значительных ее разливах она возрастает во много раз больше.

Иногда указанная общая закономерность повышения минерализации льда по площади наледи от ее верхнего конца к нижнему нарушается, особенно во вторую половину периода ее формирования (февраль-март), когда вследствие перемерзания путей движения воды в теле наледи и в подрусловых отложениях, начинается миграция очагов разгрузки по ее площади, с образованием бугров пучения, их взрывами с излиянием больших объемов воды. Эти процессы, изменяющие конфигурацию наледи, вносят значительные изменения и в ее химический состав.

Взрыв бугра пучения приводит к изливу воды на поверхность, состав и минерализация которой уже в какой-то степени изменились в процессе промерзания. В результате лед, образующийся из такой воды, более минерализован. Наоборот, при медленной кристаллизации воды, залившей полость внутри бугра пучения, лед слабоминерализован, поскольку большая часть солей отжимается в нижние, промерзающие позже слои.

В феврале-марте, когда очаги разгрузки воды перемещаются на средние или нижние участки площади наледи, там формируются слабоминерализованные слои. Указанные локальные изменения в наледеобразовательном процессе вносят изменения в минерализацию и состав льда не только по площади наледи, но и в ее разрезе. Значительно снижает минерализацию льда снег, выпавший на поверхность наледи, а также миграция компонентов в ее вертикальном разрезе под действием термоградиента и гравитации.

Указанная значительная изменчивость минерализации и химического состава по площади, в разрезе наледи показывает, что по данным химических анализов проб льда, взятых с поверхности или по всему разрезу наледи в какой-то одной точке ее площади, нельзя судить о химическом составе наледеобразующей воды.

Наиболее близкие значения минерализации могут быть получены по осредненным результатам химических анализов проб льда, отобранных послойно по всей мощности наледи, в трех точках ее площади - верхней, средней и нижней. К величине минерализации льда, полученной на основании химического анализа расплава, необходимо приплюсовать вес осадка нерастворимых солей.

Место наиболее интенсивной разгрузки воды на поверхность можно ориентировочно определить по наименьшим значениям величины минерализации льда.

КРИОГИДРОГЕОХИМИЧЕСКИЕ ИССЛЕДОВАНИЯ ПРИ МЕРЗЛОТНО-ИНЖЕНЕРНО-ГЕОЛОГИЧЕСКИХ ИЗЫСКАНИЯХ И ПРОГНОЗЕ

В районах мерзлой зоны характер мерзлотно-гидрогеологической обстановки может существенно изменяться под влиянием изменения природных условий среды в процессе производственного освоения территории. Научное предвидение характера и степени таких изменений - основная задача мерзлотного прогноза. В настоящее время в ряде учреждений ведутся работы по установлению качественных и количественных закономерностей направленности, характера и степени возможных изменений мерзлотно-гидрогеологических условий.

Поскольку мерзлотный прогноз в основном проводится для инженерно-геологических целей, то в комплекс исследований включается изучение существующих в каждом конкретном типичном районе мерзлотных, инженерно-геологических и гидрогеологических условий, а также учитываются возможные искусственные преобразования природной обстановки (планировка местности, срезка или подсыпка грунтов, обводненность или дренирование, создание покрытий, проведение дорог и т.д.). При этом весьма важно изучение процессов оттаивания многолетнемерзлых толщ или образования их вновь при хозяйственном освоении территории. С этими процессами связаны изменения, происходящие в химическом составе воды и пород, иногда столь существенные, что не считаться с ними нельзя. Приведем несколько примеров применительно к условиям Центральной Якутии.

1. На одной из строительных площадок на первой надпойменной террасе р. Лены через несколько лет после проведения планировки местности (с засыпкой песком заболоченного понижения) на глубине 2,5-3,5 м была вскрыта линза высокоминерализованной воды, незамерзающей в зимнее время. Состав ее хлоридно-сульфатный, оказывающий агрессивное действие на бетон и коррозирующее на железную арматуру. Формирование такой воды в пресных отложениях произошло вследствие концентрирования ионов хорошорастворимых солей в процессе промерзания надмерзлотной и болотной вод.

2. В г. Якутске за длительный период его существования породы сезоннопротаивающего слоя вследствие загрязнения бытовыми и хозяйственными выбросами значительно засолены. Ежегодно повторяющаяся миграция высокоминерализованного порового раствора из промерзающего слоя в подстилающие мерзлые пески привела к засоленности их до глубины 4-6 м и к формированию линз криопэгов. Такие воды могут мигрировать в отепленные грунты под зданиями (Мельников, 1952). При наличии глубоких, долгое время открытых подземных выработок (котлованы, скважины, шурфы, подвалы и т.д.) высокоминерализованные воды сезоннопротаивающих слоев или над- и межмерзлотных линз-таликов, стекая в них, проникают в более глубокие горизонты аллювиальных отложений. В окрестностях г. Якутска, например, застройка площади, на которой ранее было пробурено двенадцать скважин глубиной 10-22 м, привела за короткий срок к засоленности мерзлых пород нижней половины толщи аллювиальных отложений и к образованию в них криопэгов с минерализацией 25-55 г/л, хлоридного магниево-натриевого состава. Если ранее в поровом растворе мерзлых грунтов этой площадки преобладали гидрокарбонаты кальция и магния, то через несколько лет после застройки - хлориды натрия, магния и кальция при повышенном содержании сульфатов. Приведенный пример показывает, что скважины, пробуренные на площадке при изыскательких работах, в дальнейшем при строительстве и эксплуатации объектов могут служить путями поступления высокоминерализованных поровых растворов из сезоннопромерзающих горизонтов в мерзлые грунты оснований, повышая их засоленность.

3. Изменение химического состава песчаных многолетнемерзлых пород на строительных площадках наблюдается и в период заложения фундаментов. Так, в результате иглооттайки грунтов для установки свай и заливки пазух грунтовым раствором происходит сначала протаивание пород, а потом их промерзание. При этом наблюдается перераспределение солей по вертикальному разрезу пород. Верхние более засоленные грунты (0,3-0,9%) после промерзания становятся менее засоленными (0,2-0,5%), а нижние, первоначально незасоленные (0,01-0,04%), становятся более засоленными (0,1-0,4%) вследствие миграции солей из верхних слоев при протаивании и последующем промерзании (Карпунина, 1972).

В процессе строительства и эксплуатации зданий часто допускается попадание больших объемов теплой и горячей воды в перекрытия и в проветриваемые подполья, это приводит к обводнению сезоннопротаивающего слоя и к повышению температуры многолетнемерзлых грунтов под ними, вплоть до перехода в талое состояние. В образовавшийся талик мигрируют концентрированные растворы также и из сезоннопротаивающих пород за пределами здания. Ликвидация очагов поступления теплой воды и последующая вентиляция холодного воздуха через проветриваемые подполья приводит к промораживанию талого грунта вплоть до смыкания с верхней границей многолетнемерзлых пород. Однако при этом первоначальная засоленность пород не восстанавливается, а происходит перераспределение солевого содержания. Наиболее засоленными оказываются нижние слои бывшего водоносного талика и подстилающие его мерзлые породы. Возможное появление при этом криопэгов, особенно на глубине заложения фундаментов, и повысившаяся засоленность грунтов снижают их прочностные свойства.

4. Причиной оттаивания и засоления отложений может быть и обводнение территории при перегораживании дорожными насыпями путей естественного стока поверхностных вод. При этом, в процессе ежегодного промерзания водонасыщенных пород на прилегающих к дороге участках формируются высокоминерализованные поровые растворы, которые могут мигрировать в грунты дорожной насыпи.

Приведенные примеры показывают, что при прогнозировании изменений мерзлотно-инженерно-геологических условий необходимо учитывать возможность изменения естественной засоленности пород, повышения концентрации поровых растворов и грунтовых вод вплоть до формирования криопэгов, осложняющих строительство и эксплуатацию сооружений в районах мерзлой зоны. При этом в комплекс исследований при проведении съемочных и изыскательских работ необходимо обязательное включение определений засоленности пород сезоннопротаивающего слоя, качественного и количественного содержания растворенных солей в надмерзлотных водах, их ресурсов и особенностей питания, водообмена. Располагая такими данными изменений химического состава воды и пород, можно в каждом конкретном случае прогнозировать возможные изменения гидрогеохимических условий.

В заключение отметим, что приведенные примеры показывают перспективность применения криогидрогеохимических методов в различного рода мерзлотных исследованиях как при решении взаимодействия мерзлых толщ с подземными водами, так и выявлении особенностей их промерзания, генезиса льда и в прогнозе возможных изменений мерзлотно-гидрогеологической обстановки при хозяйственном освоении мерзлой зоны. Для широкого внедрения этого метода в практику мерзлотоведения требуется постановка исследований с целью установления количественных зависимостей и разработки методических рекомендаций.

ЛИТЕРАТУРА

АНИСИМОВА Н.П. 1971. Формирование химического состава подземных вод таликов (на примере Центральной Якутии) М., "Наука", 195 с.

АНИСИМОВА Н.П. 1973. Особенности формирования и распространенность соленых вод в аллювиальных отложениях Центральной Якутии. В кн.: Вопросы географии Якутии, вып. 6. Л., Гидрометеоиздат, 1973, с. 97-103.

АНИСИМОВА Н.П. 1975. Криогенные гидрохимические изменения в многолетнемерзлых аллювиальных отложениях при хозяйственном освоении Центральной Якутии. - Тезисы докл. Всесоюз. совещ. по охране окружающей среды в связи с хозяйственным освоением области распространения многолетнемерзлых пород. Якутск, с. 7-8.

АНИСИМОВА Н.П. 1976. Сезонные изменения химического состава криопэгов аллювиальных отложений. В кн.: Гидрогеологические условия мерзлой зоны, Якутское кн. изд-во, с. 60-69.

ГИНСБУРГ Г.Д., НЕИЗВЕСТНОВ Я.В. 1973. Гидродинамические и гидрохимические процессы в области охлаждения земной коры. - П Междунар. конф. по мерзлотоведению. Докл. и сообщения, вып. 5, Якутск, с. 22-28.

КАРПУНИНА А.А. 1972. К вопросу о прочностных свойствах засоленных мерзлых грунтов Якутии. - В кн.: Строительство в районах Восточной Сибири и Крайнего Севера. Сб. 23, Красноярск, с. 3-13.

МЕЛЬНИКОВ П.И. 1952. Динамика мерзлоты под зданиями и расчет фундаментов для условий низкотемпературной вечной мерзлоты г. Якутска. - В кн.: Исследования вечной мерзлоты в Якутской республике. вып. 2, М., Изд-во АН СССР, с. 259-278.

МОЛОЧУШКИН Е.Н. 1973. К мерзлотной характеристике донных пород восточной части Ванькиной губы моря Лаптевых. - В кн.: Вопросы географии, вып. 6, Гидрометеоиздат, с. 123-129.

НЕИЗВЕСТНОВ Я.В., ТОЛСТИХИН Н.И. 1970. Влияние криогенеза на формирование подземных вод артезианских бассейнов Арктики. - Тезисы докл. Всесоюз. совещ, по мерзлотоведению, 1970. Изд-во МГУ, с. 75-78.

ПОНОМАРЕВ В.М. 1950. Формирование подземных вод по побережью северных морей, в зоне вечной мерзлоты. М., Изд-во АН СССР. 95 с.

УСТИНОВА З.Г. 1964. К гидрохимии кимберлитовых трубок Якутии. В кн.: Вопросы геохимии подземных вод. М., "Недра", с. 237-252.

HIGH FREQUENCY ELECTRICAL METHODS FOR THE DETECTION OF FREEZE-THAW INTERFACES

A.P. Annan and J.L. Davis, Geological Survey of Canada, Dept. of Energy, Mines and Resources, 601 Booth Street, Ottawa, K1A 0E8, Ontario, Canada.

Permafrost is not uniquely described by the temperature of the material. The dominant factor determining the physical properties of permafrost is the presence and state of pore water. The real dielectric constant of geologic materials in the frequency band 10 to 1000 MHz is strongly dependent on the unfrozen water content. Time-domain reflectometry and impulse radar are recently developed techniques which can be used to measure the dielectric constant of geologic materials *in situ*. Field observations show that the dielectric constant indicates the state of pore water and that shallow freeze-thaw boundaries can be mapped from the surface. With further refinement, these techniques may yield valuable geotechnical information for planning engineering projects and post-construction monitoring of thermally sensitive geologic materials.

MÉTHODES ÉLECTRIQUES À HAUTE FRÉQUENCE, PERMETTANT DE DÉCELER LES INTERFACES DE GEL ET DÉGEL

A.P. Annan et J.L. Davis, Commission géologique du Canada, Ministère de l'Énergie, des Mines et des Ressources, 601, rue Booth, Ottawa, K1A 0E8, Ontario, Canada.

On ne peut uniquement décrire le pergélisol d'après la température du matériau. Les facteurs qui déterminent principalement les propriétés physiques du pergélisol sont la présence et l'état de l'eau interstitielle. La constante diélectrique réelle des dépôts sédimentaires, dans la gamme de fréquences comprise entre 10 et 1000 MHz, dépend fortement de la teneur en eau non gelée. On a récemment mis au point des techniques utilisant la réflectométrie et le radar à impulsions, pour mesurer in situ la constante diélectrique des couches de matériaux sédimentaires. Des observations effectuées sur le terrain indiquent que la constante diélectrique est fonction de l'état de l'eau interstitielle et qu'il est possible de cartographier à partir de la surface les interfaces de gel et dégel peu profondes. En améliorant ces techniques, on pourrait obtenir des informations géotechniques très utiles pour la planification de projets techniques et l'observation du comportement de certaines couches de matériaux sédimentaires, sensibles aux variation thermiques, après l'achèvement de certains travaux de construction.

ВЫСОКОЧАСТОТНЫЕ ЭЛЕКТРИЧЕСКИЕ МЕТОДЫ ОПРЕДЕЛЕНИЯ ГРАНИЦЫ РАЗДЕЛА МЕЖДУ ЗОНАМИ ПРОМЕРЗАНИЯ И ПРОТАИВАНИЯ

Температура не является единственным параметром, характеризующим многолетнемерзлые грунты. Основным фактором, определяющим физические свойства многолетнемерзлых грунтов, является присутствие и состояние поровой воды. Действительная диэлектрическая проницаемость пород в диапазоне частот от 10 до 1000 мгц сильно зависит от содержания незамерзшей воды. Диэлектрическая проницаемость пород может быть измерена в полевых условиях с помощью таких новых методов, как временно-доменная рефлектометрия и импульсная радиолокация. Полевые наблюдения показывают, что диэлектрическая постоянная отражает состояние поровой воды и что неглубокие границы раздела зон промерзания и оттаивания можно картировать с поверхности. Дальнейшее усовершенствование этих методов позволит получать ценную геотехническую информацию для планирования строительных объектов и последующего контроля над состоянием грунтов, чувствительных к изменениям температуры.

HIGH FREQUENCY ELECTRICAL METHODS FOR THE DETECTION OF FREEZE-THAW INTERFACES

A.P. Annan and J.L. Davis

Geological Survey of Canada, Ottawa, Ontario, Canada
K1A OE8

INTRODUCTION

Permafrost is the term applied to earth materials which are perennially at or below 0°C. Unfortunately the temperature alone cannot uniquely describe the physical properties of permafrost, since mechanical loading and dissolved impurities can alter the freezing point of water significantly from 0°C. The dominant factor determining the physical properties of permafrost is the presence and state of pore water (frozen or unfrozen), (Anderson and Morgenstern, (1973), Mellor (1973)). A technique for determining the physical state of pore water of geologic materials *in situ* would provide useful additional information to permafrost studies.

The electrical properties of geologic materials in the frequency range 10 to 1000 MHz are strongly dependent on the unfrozen water content. The real dielectric constant in this frequency range is primarily determined by the water content and only weakly dependent on other variables including soil type (Nikodem (1966), Hoekstra and Delaney, (1974), Davis et. al. (1977)). The reason for this is the high dielectric constant of water which is generated by the polar nature of the water molecule. The dielectric constant of ice is smaller than that of water by more than an order of magnitude in the aforementioned frequency range. As a result, geologic materials containing significant amounts of pore water exhibit large changes in dielectric constant when the pore water freezes (Olhoeft, (1975)). Figure 1 shows an example of this; the average dielectric constant over the frequency range 10 to 1000 MHz versus temperature is plotted for a wet, clay-till soil.

The following discussion demonstrates that the dielectric constant can be determined for geologic materials *in situ* and that the dielectric constant indicates whether the pore water is frozen or not.

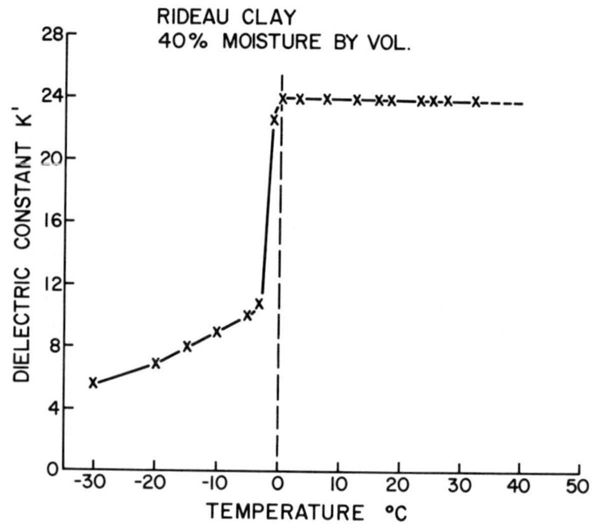

Fig. 1 The average dielectric constant over the frequency band 10 to 1000 MHz versus temperature for a wet clay-till soil.

MEASUREMENT TECHNIQUES

The frequency range 10 to 1000 MHz permits the use of techniques based on electromagnetic wave propagation. Time-domain reflectrometry (TDR) (Fellner-Feldegg (1969), Davis and Chudobiak (1975)) and impulse radar (Morey, 1974), Annan and Davis (1976)) are two such techniques. Both methods are used to measure the propagation velocity of electromagnetic transients in geologic materials *in situ*. Since the electromagnetic wave velocity is determined by the electrical properties of the material (magnetic properties of virtually all bulk geologic materials do not vary significantly from magnetic properties in free space), the electromagnetic wave velocity can be used to infer the dielectric constant.

When the TDR method is used, an electrical transmission line is inserted into the soil or rock. In practice the transmission line is a parallel-wire line with spacing of 5 cm between wires and lengths up to 2 m. The electromagnetic wave velocity on this line is the same as that in the material surrounding the line. The TDR electronics measure the two-way travel time of a transient propagating along the line. Since the line length is known, velocity can be determined and the dielectric constant estimated.

The impulse radar system radiates an electromagnetic impulse into the ground. Changes in electrical properties in the ground reflect some of the signal which is then detected and displayed versus delay time after radiation of the impulse. For routine reconnaissance, a fixed antenna configuration is transported on the surface to obtain profiles of radar reflections versus position. To obtain an estimate of dielectric constant with depth and the depth of reflecting horizons the radar is deployed in a wide angle reflection and refraction (WARR) sounding mode. In WARR sounding the radar antennas are placed together and then moved apart at a constant rate. The result is a display of radar return time versus antenna separation from which the signal velocity can be determined and the dielectric constant estimated. Examples of field results can be found in Annan and Davis (1976). By using a combination of WARR soundings, TDR measurements and drilling control the distance to reflectors and the dielectric constant can be inferred for geologic materials *in situ*.

FIELD RESULTS

TDR measurements have been conducted in a wide variety of soils at different times of the year. The results presented here demonstrate the change in electrical properties with season of the year. The first set of data was collected over the winter months at two test sites in the Ottawa area (Davis, 1975). At one site the soil is a sand while at the other site the soil is a clay. Fig 2(a) and (b) display the average dielectric constant of the top 25 cm of soil versus time. The sudden decrease and increase of dielectric constant (indicated by arrows on the diagrams) correspond to the thaw-freeze and freeze-thaw events.

Similar measurements have been made at a number of permafrost test sites near Tuktoyaktuk, N.W.T., Canada. The measurements were made at six month intervals; the remote nature of the sites and currently available equipment did not

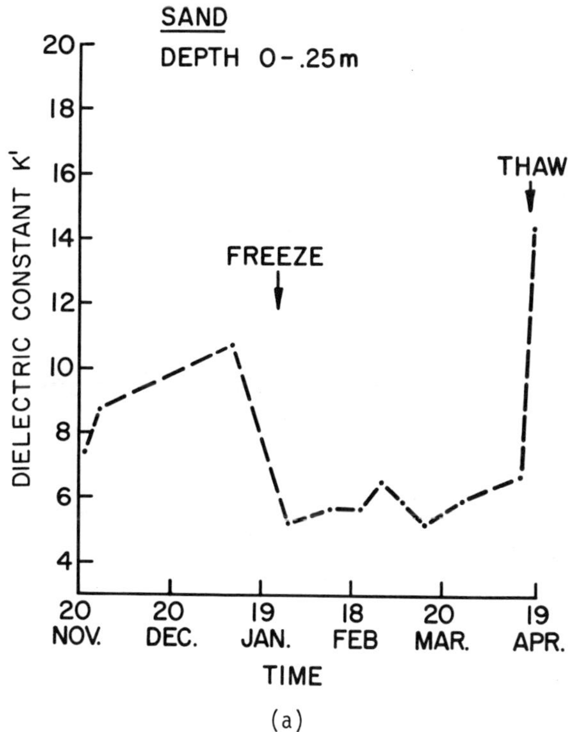

(a)

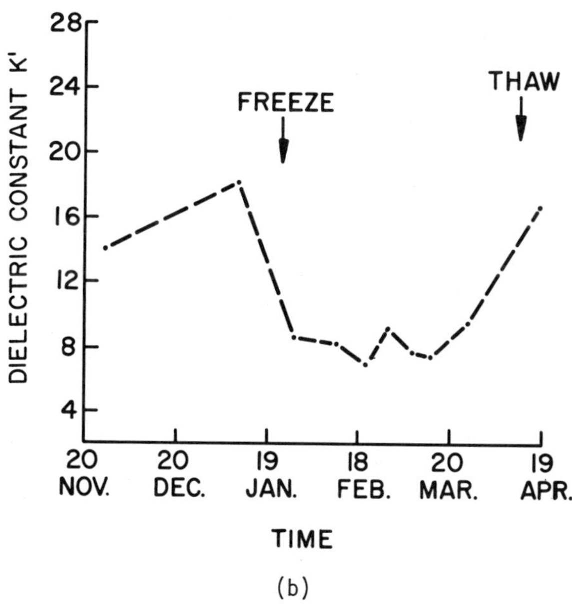

(b)

Fig. 2 The average dielectric constant over the frequency band 10 to 1000 MHz versus time of the top 0.25 m of (a) a sandy soil and (b) a clay soil.

permit continual monitoring. The soil at the sites was a heterogenous mixture of peat, ice, and clay-till. The observed dielectric constant at the sites has been averaged and is listed in Table 1 versus time of year and depth in the ground. The unfrozen (active) layer is visible from the high dielectric constants observed near the surface during the summer. The average thickness of the active layer was 38 cm during the summer measurement period. In general, the dielectric constants were less than 4 for the frozen soils and greater than 10 for the unfrozen soils.

Table 1

Depth (cm)	Winter	Summer	Winter
0-24	3.6	12	3.7
24-48	3.8	53	3.8
48-75	3.5	3.6	3.5

The ability of radar observations to detect subsurface freeze-thaw boundaries is illustrated by the two radar sections displayed in Fig. 3 and Fig. 5. A variable-gray-scale graphic recorder is used to display the intensity of radar reflections versus delay after impulse transmission (vertical scale) and spatial location (horizontal scale). The data displayed here was collected while moving the system over the ground at about 5 km/hr and represents only a few minutes of survey time.

Fig. 3 shows a radar section taken on placer gravels at Hunker Creek near Dawson City, Y.T., Canada. The geologic section was composed of coarse gravel and boulders underlain by weathered bedrock at a depth of 10 m. Event 1 is the transmit pulse combined with a reflection from the ground surface and event 2 is a subsurface reflection. Fig. 4 shows the interpretation of the radar data. The delay times have been converted to depth estimates by independent determinations of propagation velocity obtained with the TDR and WARR sounding methods. The reflector at a depth of about 3 m correlates with a transition from frozen to unfrozen gravel observed by drilling (MacLean, (1976)).

Fig. 5 shows a more complex radar section obtained while traversing the shoreline approach of an ice bridge crossing the Mackenzie River at Norman Wells, N.W.T. Canada. The geologic section consisted of ice over water over silt at the right end of the traverse and rafted ice over silt at the left end of the traverse. The events on the record are: (1) transmit pulse and surface

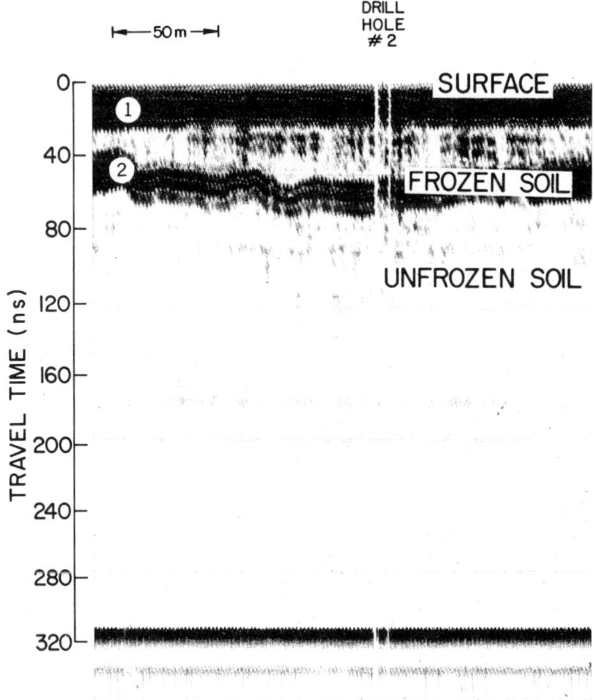

Fig. 3 A section of radar data obtained at Hunker Creek near Dawson City, Yukon Territory, Canada.

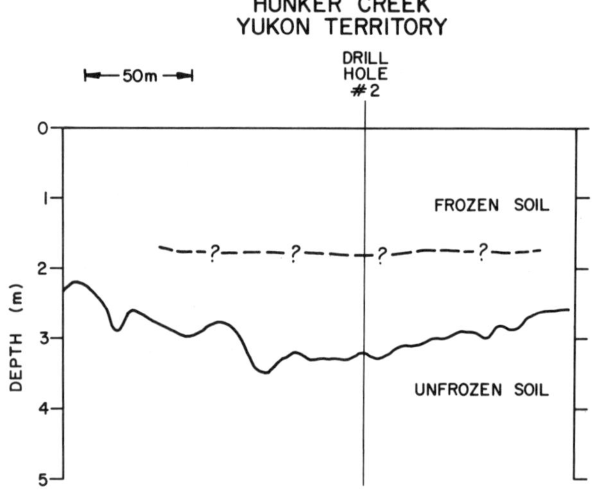

Fig. 4 Interpretation of the radar data shown in Fig. 3.

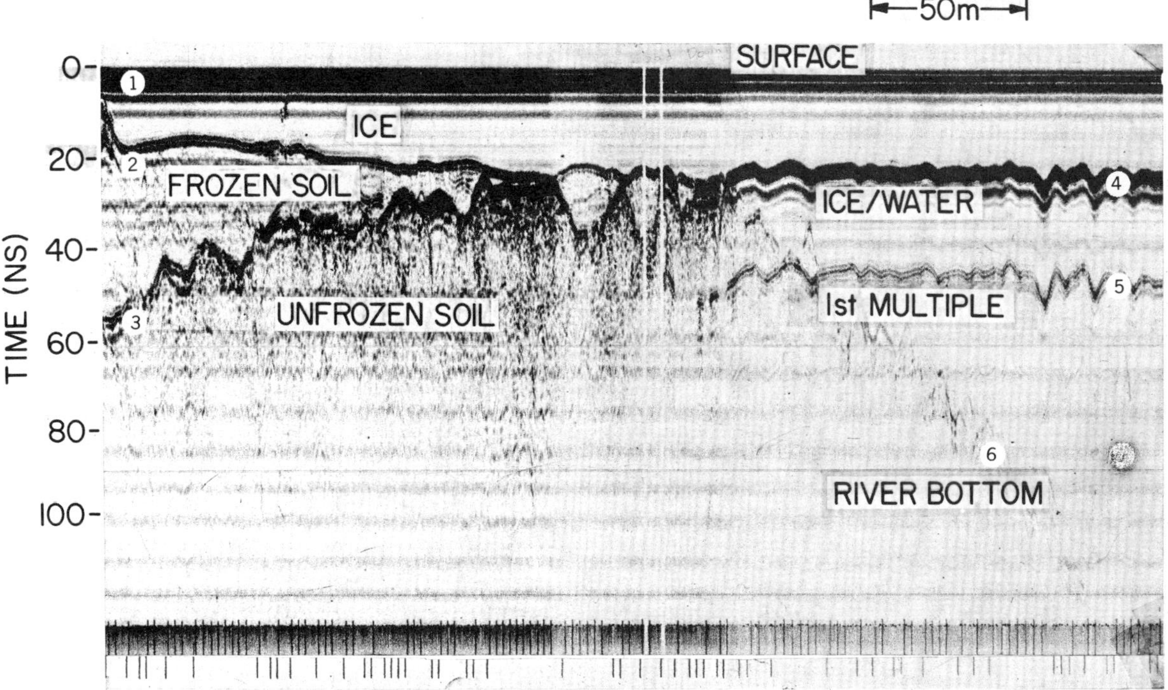

Fig. 5 A radar section obtained while traversing the shoreline approach of an ice bridge crossing the Mackenzie River at Norman Wells, N.W.T., Canada.

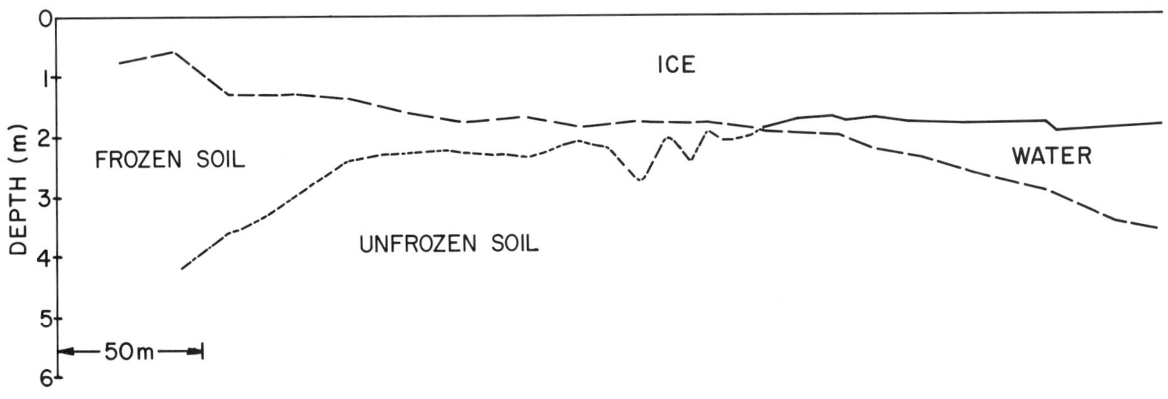

Fig. 6 Interpretation of the radar data shown in Fig. 5.

return; (2) ice-frozen soil reflection; (3) frozen-unfrozen soil reflection; (4) ice-water reflection; (5) first multiple of the ice-water reflection; and (6) river bottom reflection. The interpreted radar section giving depths of the boundaries is shown in Fig. 6.

SUMMARY AND CONCLUSIONS

Experimental results indicate the dielectric constant of soils can be measured reliably in the field. Both the TDR and radar techniques have spatial resolutions of about 10 cm. Observations to date yield an average dielectric constant of 3 for freshwater ice, 2 to 5 for dry or frozen sands, 3 to 8 for dry or frozen clays, and 10 to 50 for wet unfrozen soils. Therefore, the dielectric constant is a reliable indicator of the state of pore water. Subsurface freeze-thaw boundaries can be mapped from surface observations and monitored versus time.

The two techniques described here complement one another. The TDR method provides a localized techique which is optimally used for monitoring purposes. The impulse radar is best employed as a mapping instrument for rapid lateral extrapolation of information from localized drilling or monitoring sites.

The monitoring of electrical properties as well as temperature at geotechnical sites would yield valuable information on freezing-point depression. In areas with shallow temperature gradients, the freeze-thaw interface can be a significant distance from the $0^{\circ}C$ isotherm. Knowledge of the position of the freeze-thaw boundary could in turn be used to predict failure of structures built on thermally unstable geologic materials.

REFERENCES

ANDERSON, D.M., and MORGENSTERN, N.R. 1973. Physics, chemistry, and mechanics of frozen ground; A review. Permafrost North American Contribution (to the), Second International Conference, Yakutsk, U.S.S.R., pp. 257-288.

ANNAN, A.P., and DAVIS, J.L. 1976. Impulse radar sounding in permafrost. Radio Science, v. 11, no. 4, pp. 383-394.

ANNAN, A.P., and DAVIS, J.L. 1977. Use of radar and time-domain reflectometry in permafrost studies. Proceedings of the Symposium on Permafrost Geophysics, Oct. 12, 1976, Associate Committee on Geotechnical Research, National Research Council Canada.

DAVIS, J.L., and CHUDOBIAK, W.J. 1975. *In situ* meter for measuring relative permittivity of soils. Geol. Surv. Can., Paper 75-1A, p. 75-79.

DAVIS, J.L. 1975. Relative permittivity measurements of a sand and clay soil *in situ*. Geol. Surv. Can. Paper 75-1C, p. 361-365.

DAVIS, J.L., TOPP, G.C., and ANNAN, A.P. 1977. Electromagnetic detection of soil water content; Progress Report - II. Proceedings of the Workshop on the Remote Sensing of Soil Moisture and Groundwater, Toronto Canada 8 - 10 Nov. 1976 Can. Aeronautics and Space Institution.

FELLNER-FELDEGG, H. 1969. The Measurement of dielectrics in the time domain. J. Physical Chemistry, v. 73, no. 3, pp. 616-623.

HOEKSTRA, P., and DELANEY, A. 1974. Dielectric properties of soils at UHF and microwave frequencies J. Geophys. Res., v. 79, no. 11, pp. 1699-1708.

MACLEAN, K.A. 1976. Du Pont Canada Exploration Ltd., personnel communication.

MELLOR, M. 1973. Mechanical properties of rocks at low temperature, Permafrost North American Contribution (to the) Second International Conference, Yakutsk, U.S.S.R., pp. 334-344.

MOREY, R.M. 1974. Continuous subsurface profiling by impulse radar. Proceedings of Engineering Foundation Conference on Subsurface Exploration for Underground Excavation and Heavy Construction, Henniker, N.H., U.S.A., pp. 213-232.

NIKODEM, H.J. 1966. Effects of soil layering on the use of VHF radio waves for remote terrain analysis. Proceedings of the 4th Symposium on Remote Sensing of Environment, University of Michigan, Ann Arbor, Mich. pp. 691-703.

OLHOEFT, G.R. 1975. The electrical properties of permafrost. Unpublished Ph.D. Thesis, U. of Toronto, 172 p.

SHALLOW ELECTROMAGNETIC GEOPHYSICAL INVESTIGATIONS OF PERMAFROST

Steven A. Arcone, Paul V. Sellmann and Allan J. Delaney, U.S. Army Cold Regions Research and Engineering Laboratory, Hanover, New Hampshire, U.S.A.

Radiowave surface impedance (SI) and LF (200-400 kHz) and VLF (10-30 kHz) and magnetic induction (MI) methods were used to investigate permafrost properties and distribution in the Fairbanks and Copper River Basin areas of Alaska. Recently developed portable field instruments were used. The sites contained a range of materials and ground ice of varying volume and type. Galvanic resistivity soundings and existing borehole data provided ground truth for data comparison. Local plane wave interpretations of the LF and VLF apparent resistivity and phase data correlated with subsurface conditions. Frequencies in the LF band were most sensitive to permafrost conditions at the sites studied while VLF frequencies were more affected by conductive materials underlying the permafrost. The MI technique also correlated with subsurface control but the coil spacing used limited the instrument's depth of penetration, making it more sensitive to variations in the active layer than the other instruments.

PROSPECTION GÉOPHYSIQUE DU PERGÉLISOL PAR DES MÉTHODES ÉLECTROMAGNÉTIQUES, À FAIBLE PROFONDEUR

Steven A. Arcone, Paul V. Sellmann et Allan J. Delaney, U.S. Army Cold Regions Research and Engineering Laboratory, Hanover, New Hampshire, U.S.A.

On a utilisé des méthodes de mesure de l'impédance en surface (IS) des ondes radioélectriques aux basses fréquences (200-400 kHz) et aux très basses fréquences (10-30 kHz) ainsi que des méthodes d'induction magnétique (IM), pour étudier les propriétés et la distribution du pergélisol dans les bassins de Fairbanks et de Copper River en Alaska. On a utilisé sur le terrain des instruments portatifs de mesure récemment mis au point. Les sites contenaient divers matériaux, et divers types et volumes de glace souterraine. Les sondages de résistivité par électrodes et les données existantes obtenues au cours de sondages, ont fournis des éléments de base pour comparer les données. En se basant sur des ondes planes locales, on a constaté que les valeurs de résistivité apparente et de phase à basse fréquence et très basse fréquence s'accordaient avec les caractères du sous-sol. Les basses fréquences étaient le plus fortement influencées par la présence de pergélisol dans des sites étudiés, tandis que les fréquences très basses étaient davantage influencées par les matériaux conducteurs que recouvrait le pergélisol. La technique d'induction magnétique indiquait aussi une certaine concordance avec la nature du sous-sol, mais l'espacement choisi entre les bobines limitait la profondeur de pénétration de l'instrument, rendant celui-ci plus sensible aux irrégularités du mollisol que les autres instruments.

ЭЛЕКТРОМАГНИТНЫЕ ГЕОФИЗИЧЕСКИЕ ИССЛЕДОВАНИЯ МНОГОЛЕТНЕМЕРЗЛЫХ ГРУНТОВ НА МАЛОЙ ГЛУБИНЕ

Для исследования свойств и распределения многолетнемерзлых грунтов в районах Фэрбенкса и бассейна реки Коппер-Ривер /Аляска/ были применены методы радиоволнового поверхностного импеданса на низкой /200-400 кгц/ и весьма низкой /10-30 кгц/ частотах и магнитной индукции. Использовалась также новая переносная полевая аппаратура. Исследуемые участки отличались друг от друга как по типу, так и по составу пород и грунтового льда. Было проведено сравнение результатов зондирования методом гальванического сопротивления и существующих данных по буровым скважинам. Значения кажущегося сопротивления на низких и весьма низких частотах, интерпретированные методом локальных плоских волн, и фазовые данные согласуются с приповерхностными условиями. Низкие частоты оказались наиболее чувствительными к условиям многолетней мерзлоты на исследуемых участках, в то время как весьма низкие частоты были более чувствительными к проводящим материалам, залегающим под слоем многолетней мерзлоты. Метод магнитной индукции также соответствовал приповерхностному контролю, но используемый шаг обмотки индуктивности ограничивал глубину действия прибора, делая его более чувствительным к изменениям свойств деятельного слоя по сравнению с приборами других типов.

SHALLOW ELECTROMAGNETIC GEOPHYSICAL INVESTIGATIONS OF PERMAFROST

S.A. Arcone, P.V. Sellmann and A.J. Delaney

U.S. Army Cold Regions Research and Engineering Laboratory
Hanover, New Hampshire, USA

INTRODUCTION

Many devices are now available for measuring the electrical resistivity of earth materials for purposes of subsurface exploration. Galvanic techniques have been traditionally employed, but recently, newer methods have become more popular for some applications. This study deals with the use of magnetic induction and radiowave surface impedance methods for permafrost studies to depths of about 50 m.

The objective of the study was to evaluate the combined use of the surface impedance resistivity technique at LF (200-400 kHz) and at VLF (10-30 kHz), and the magnetic induction resistivity technique at a close coil spacing (3.7 m) for qualitative and quantitative studies of permafrost distribution and changes in permafrost properties. Three study areas (Fig. 1) were selected in Alaska's discontinuous permafrost zone. At the Fairbanks sites, subsurface information was available from borehole data, galvanic resistivity data (taken at the time of the study), and general permafrost mapping based on shallow probing, limited drilling data and surface indicators such as ground cover and vegetation (Péwé 1958). The Gulkana site had more data available on ice volume and distribution based on drill holes spaced no greater than 30 m apart along a 600-m study line (R&M 1970). All the sites were located near an LF transmitter.

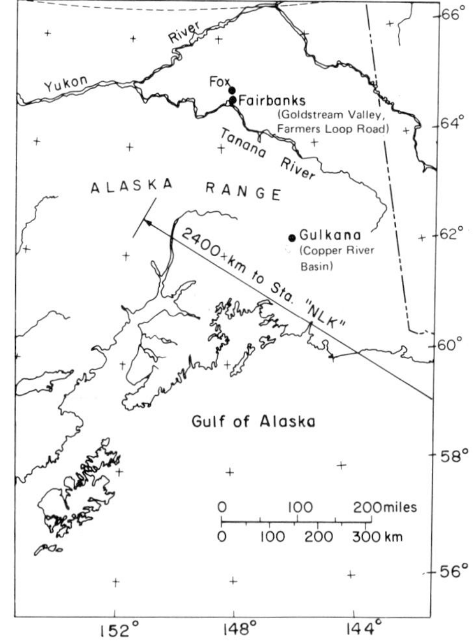

FIG. 1. Location of study sites.

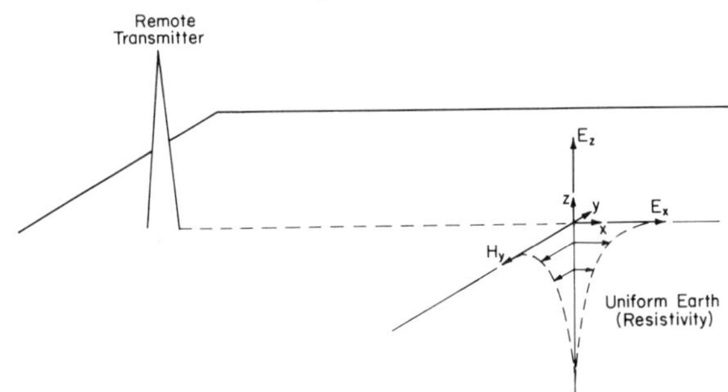

FIG. 2. Ground electromagnetic field components of a radio wave transmitted from a vertically polarized antenna.

THEORY AND DESCRIPTION OF EQUIPMENT

Surface Impedance Technique

In this method, ground resistivity values are derived from a comparison of electromagnetic field components of a propagating ground or sky wave. In the VLF band, powerful transmitters operated by the U.S. Navy allow radiation to be monitored over a range of several thousand kilometers. In the LF band most available transmitters radiate between 25 and 400 watts. Generally, we have found that for a 25 W beacon, the maximum working range is about 16 km.

The electromagnetic field components of a ground or sky wave radiated by a vertically polarized antenna are illustrated in Figure 2. E refers to the electric field components and H to the magnetic field component referenced to local x, y, z coordinates. The surface impedance Z_s, defined as*

*This definition automatically applies to the ground wave, but for the sky wave the grazing incidence angle must be near 0°, which is usually true at ranges > 1000 km at VLF, for this definition to hold.

$$Z_s \doteq E_x/H_y \Big|_{z=0} \quad , \qquad (1)$$

is approximated for a uniform subsurface model by the formula

$$Z_s = -\sqrt{\omega\mu_o\rho}\; e^{i45^o} \qquad (2)$$

where

$i = \sqrt{-1}$

ρ = resistivity in ohm-meters

μ_o = free space permeability = $4\pi x10^{-7}$ henrys/meter

ω = frequency in radians/second

when dielectric properties are neglected.

The phase value, 45°, is usually indicative of resistive homogeneity, at least to a depth δ defined in the literature as the skin depth and derived from the formula

$$\delta = \sqrt{\frac{2\rho}{\omega\mu_o}}. \qquad (3)$$

At this depth the refracted field strengths have attenuated to e^{-1} of their surface values. Since δ increases as frequency decreases, more than one frequency can be used to resolve resistivity changes with depth. In Alaska adequate field strengths above 10 kHz within the VLF, LF and MF bands are rarely simultaneously available at any one location.

When the earth is layered, equation 2 must be modified as both the phase and amplitude of Z_s change, depending on the resistivity and thickness of each layer. The theory has been developed (Wait 1962) for generating Z_s values above any number of layers. In general, a phase > 45° usually indicates that resistivity is decreasing with depth, while a phase <45° usually indicates that resistivity is increasing with depth. According to this simplified model of homogeneous layers, all phase angles are confined between 0° and 90°. When lateral inhomogeneities exist, the theory does not apply and only qualitative interpretations can be made.

In the VLF band the portable Geonics EM-16R (Geonics Ltd., Toronto, Canada) was used. For this study a similar instrument was developed to operate in the LF band— the Geonics EM-32. With the LF instrument E_x is determined between two probes spaced 2 m apart and is compared to H_y measured with a ferrite-loaded coil located in the instrument handle. The device must be pretuned but may operate anywhere between 200 and 400 kHz. The amplitude of Z_s is calibrated in ohm-meters of "apparent resistivity" (range is 0-30,000 ohm-m) determined from the amplitude inversion of equation 2,

$$\rho_a = \frac{|Z_s|^2}{\omega\mu_o}$$

which equals the true resistivity when the earth is homogeneous. The phase of Z_s is read directly in degrees (range is 0° to 90°). A high impedance voltmeter is used to measure E_x so that the contact resistance of the probes poses no problem.

The accuracy of the readings depends on the signal to noise ratio. This is mainly determined by transmitter range and power (for LF and VLF), by ionospheric factors (for VLF), and by the value of ground resistivity itself because as resistivity decreases so does the amplitude of E_x. At the Goldstream Valley site VLF amplitude was accurate to about ± 5%, VLF phase to about ± 3% and LF amplitude to about ± 10%. At the Copper River Basin site, LF amplitude and phase were both accurate to about ± 3%, while accuracy at VLF was extremely poor.

Magnetic Induction Technique

In this method, ground resistivity values are derived from the amount of magnetic field coupling between two loop antennas located at or slightly above the earth's surface. One loop, the transmitter, generates a primary a-c magnetic field which couples directly to the receiver loop through free space, but also induces eddy currents within the earth. These currents then regenerate a secondary magnetic field which also couples with the receiver. Since the secondary field is not received in phase with the primary field, the quadrature phase component is used to avoid primary field interference with the measurement. In addition to ground resistivity, secondary coupling is also affected by loop separation and orientation, loop height above ground, and transmitter frequency.

In this study the Geonics EM-31 was used. The instrument is calibrated in millimhos/meter of apparent conductivity σ_a which can then be converted to ohm-meters of apparent resistivity ρ_a ($\sigma_a=1/\rho_a$). At the instrument's operating frequency of 40 kHz, the variation of apparent conductivity with respect to first layer thickness t for a two-layer model is given in Figure 3. σ_a is normalized by the conductivity of the first layer and t is normalized by the coil separation s. When a conductor lies above an insulator ($\sigma_2/\sigma_1<1$), little change in σ_a will occur for values of t/s>2 (or t=7.3 m for the EM-31).

RESULTS

Goldstream Valley

The valley section shown in Figure 4 was selected for the transition from thawed ground to permafrost. The soil types are predominantly silt and gravel units (Péwé 1958), some of which are perennially frozen. Bedrock, commonly referred to as Birch Creek schist, is inferred at depths ranging to 50 m from Péwé's study. Along this section apparent resistivity was measured using the magnetic induction and surface impedance techniques, the latter monitoring station NLK (18.6 kHz) and the LF transmitter at Fox, Alaska (356 kHz). The low power (25 W) of the Fox transmitter and its distance from the study section (18 km) resulted in too much noise for accurate determination of LF phase values.

The apparent resistivity and VLF phase profiles shown in Figure 4 give the following information:

1. Over the thaw section all instruments read their lowest values and tend to equalize between 50 and 200 ohm-m. This is predictable from the VLF phase which is near 45°.

2. Over the permafrost, the highest resistivity values are found at 356 kHz. This is consistent with the VLF phase values of greater than 45°, values which predict that resistivity decreases with depth as, in this case, where the thawed silt or bedrock is of lower resistivity than the overlying permafrost.

3. Over the permafrost, between 0 and 1.8 km, the magnetic induction readings vary between 200 and 700 ohm-m. This contrasts with the 50 ohm-m values over the areas free of permafrost.

Between 0 and 1.8 km, where depth to bedrock is assumed to be fairly uniform, the large changes in apparent resistivity at 356 kHz are likely to be indicative of changes in permafrost thickness, ground ice volume or active layer depth. The influence of active layer depth is explored in Figure 5, where the theoretical ranges of apparent resistivity and phase for a three-layer model are compared to the ranges observed over the permafrost zone. At 356 kHz the theoretical and observed ranges of apparent resistivity agree for t less than 70 cm. However, the theoretical range of the magnetic induction readings is much greater than the range of the observed values. Since the depth of sensitivity of this instrument is so much less than that of the LF unit, it may be plausible to interpret some of the LF data as indicative of changes in permafrost ice content or thickness, such as between 0.3 and 0.6 km and at 0.96 and 1.8 km. This conclusion may also be made from noting the similar trend of the LF to the VLF data,

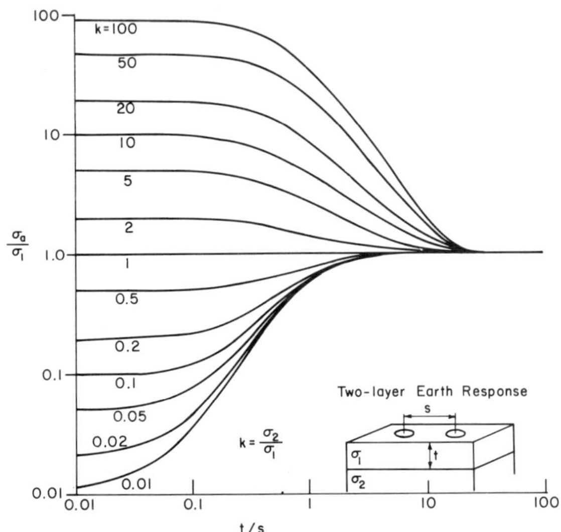

FIG. 3. Two-layer curves for a coplanar, double loop magnetic induction system operating at a frequency of 40 kHz. For the Geonics EM-31, s = 3.66 m. σ_a is the apparent conductivity.

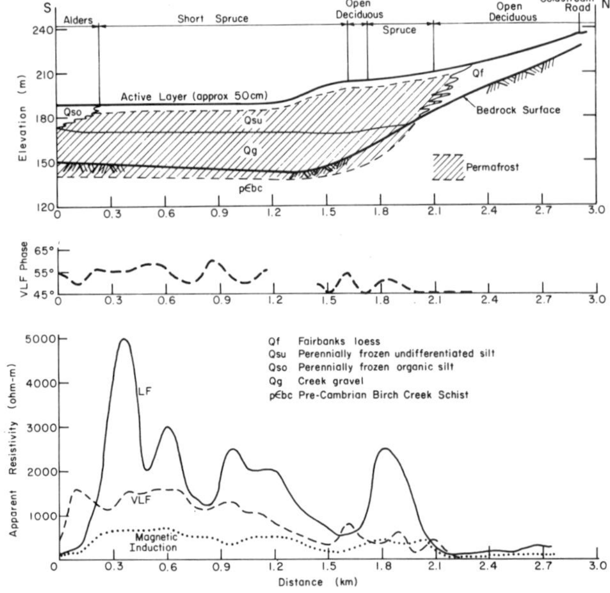

FIG. 4. Top: geologic profile of the Goldstream Valley study section (after Péwé 1958). Bottom: LF (356 kHz), VLF (18.6 kHz) and magnetic induction (s = 3.66 m) responses over the same section.

particularly since the VLF data should be more insensitive to the active layer.

Farmer's Loop Road

This site is located at CRREL's field station on Farmer's Loop Road near Fairbanks. The site was established in 1946 for investigating the effects of climatic and surface conditions on ground temperatures (Linell 1973). The vegetative cover

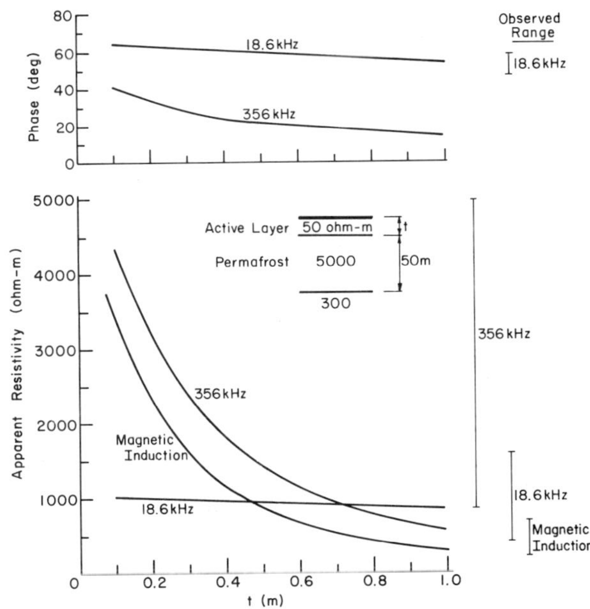

FIG. 5. Apparent resistivity and phase at 18.6 and 356 kHz as a function of active layer thickness t for the model shown. Values are compared with the actual ranges observed over the thick permafrost section between 0 and 1.8 km of Figure 4.

of two one-acre plots was modified (and since maintained) to study induced changes in the depth to permafrost. A broadcast band transmitter near the site severely interfered with the VLF and LF signals available, thereby limiting the study to only magnetic induction and galvanic techniques.

In Figure 6 (bottom) the subsurface conditions are shown beneath each plot as determined by drilling in 1972. Plot "a" retains its natural spruce and moss cover. The present maximum active layer depth is approximately 1 m, but when the geophysical tests were performed the seasonal frost had only thawed to approximately 30 cm. Plot "b" was modified by removing only the trees and brush. Here, the permafrost lies about 4.7 m beneath the surface. The seasonal frost of plot "b" was at about 70 cm depth and could not be penetrated with a hand-operated frost probe. Plot "c" was modified by stripping all the vegetation, including the entire organic layer, from the surface. Here, the permafrost lies at about 6.7 m depth and the seasonal frost at about 120 cm. In contrast to the seasonal frost of plot "b," the seasonal frost in plot "c" could be penetrated easily, suggesting that only several centimeters of frost remained.

Additional data on depth to permafrost were obtained from two holes drilled in each of plots "b" and "c" in 1975 (Fig. 6). The information obtained is shown by

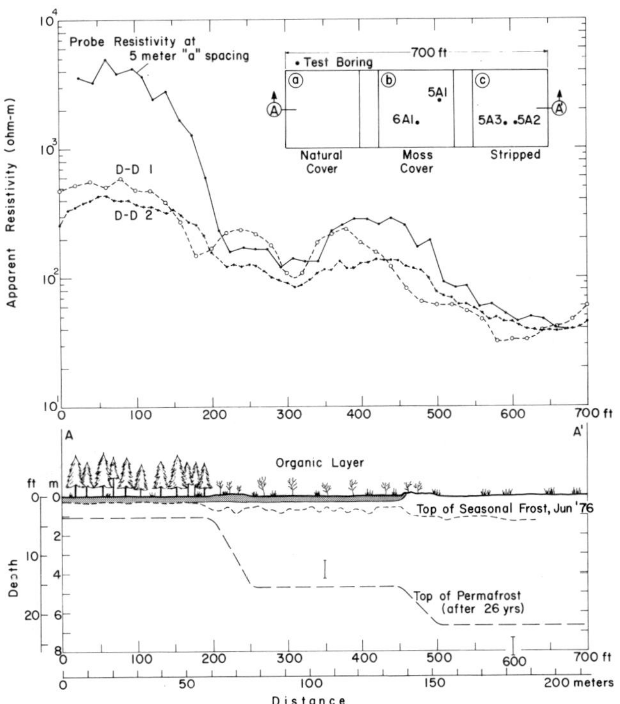

FIG. 6. Bottom: Approximate subsurface permafrost profile at the Farmer's Loop Road test site. Top: apparent resistiviy profiles of two magnetic induction traverses and one galvanic traverse above the same section.

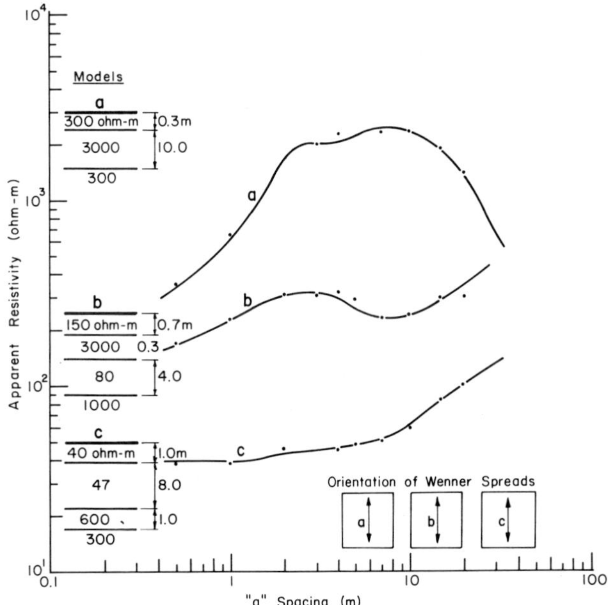

FIG. 7. Galvanic sounding data (dots) obtained over each plot of Figure 6 using the equispaced Wenner configuration. The smooth curves matching the data were generated from the layered models shown at left.

the spreader bars in the bottom profile. The variation between the 1972 and 1975 data is not surprising since it is unreasonable to assume that the top of the permafrost is flat.

Galvanic soundings (Fig. 7) were made over each plot to determine resistivity values for the thawed and frozen layers. Using the equispaced "Wenner" configuration, the probes were spread symmetrically from the plot midpoints as shown in the figure and the maximum interprobe spacing was 20 m. For a four-probe array this gives a maximum spacing of 60 m between the outer probes, which is the width of each plot.

The curves matching the data in Figure 7 are generated from the theoretical models shown, using layer thicknesses from the control data. The model for plot "a" shows the permafrost thickness to be about 10 m. The model value of 3000 ohm-m for the permafrost of plot "a" is reasonable, but the model value of 1000 ohm-m for plot "b" must be influenced by the thawed material at greater depth since the model was limited to four layers. The model permafrost value of 600 ohm-m for plot "c" may represent permafrost temperatures near $0^{o}C$, signifying high free water content and therefore less resistive permafrost.

Figure 6 shows the results of two magnetic induction traverses and one galvanic traverse. Over plot "a" the magnetic induction values generally range between 300 and 600 ohm-m. The galvanic model for plot "a" should give a magnetic induction reading of 2500 ohm-m (using Fig. 3). The large discrepancy may be due to an inaccurate galvanic resistivity determination at the probe spacing of only 0.5 m and to a calibration error in the magnetic induction unit. If the active layer resistivity is really about 50 ohm-m as is the case for plot "c," then the magnetic induction readings should still be much higher at 1300 ohm-m.

Above plot "b" the magnetic induction readings are between 80 and 220 ohm-m. No three-layer theoretical curves are available yet but the theoretical value must be between 80 and 150 ohm-m as the thin seasonal frost layer of 3000 ohm-m and the permafrost at 5 m should have a small effect (this can be seen from Figure 3 when considering the effect of a thin insulator above, or a deep insulator below, a conductive layer). Over plot "c" the magnetic induction values range between 30 and 50 ohm-m. This agrees with the galvanic soundings out to the probe spacing of 7 m (in homogeneous earth this spacing is the approximate depth of sensitivity) and with the 5-m spacing of the galvanic traverse.

Copper River Basin

This test site is located near the

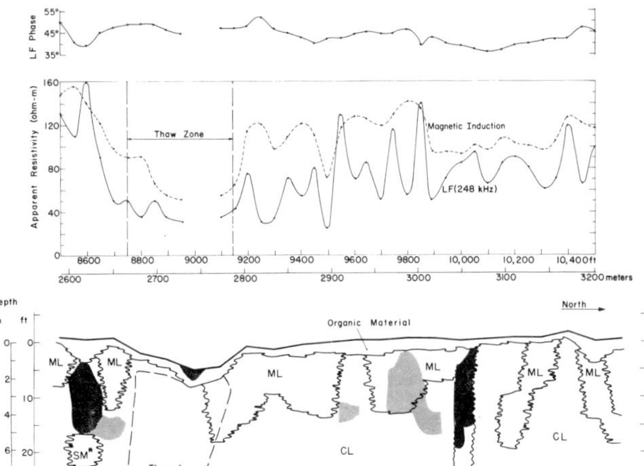

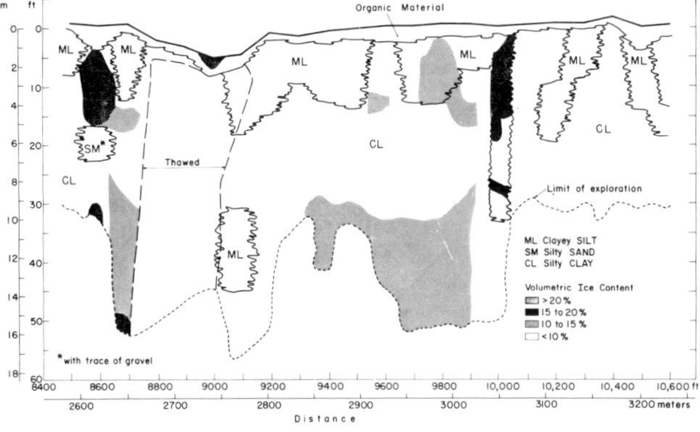

FIG. 8. Bottom: subsurface interpretation of 25 borings at the Copper River Basin test site (after R&M Engineering 1970). Top: LF apparent resistivity and phase and magnetic induction apparent resistivity profiles above the same section.

town of Gulkana. The soil types of the area are generally described as glacial clays, clay tills and subaqueous deposits that are fairly homogeneous in nature except for their ice content. Therefore, ice content was expected to predominantly influence changes in resistivity readings. A section was selected along one of the earlier proposed Alyeska pipeline alignments for which an interpretation (R&M Engineering 1970) of 25 borings is presented in Figure 8 (bottom). The northern end of the section intersects the actual pipeline. No data could be obtained in the center of the indicated thaw zone since a pond occupies this site. An LF transmitter radiating 400 W at 248 kHz is located nearby.

Figure 8 (top) shows the LF apparent resistivity and phase profiles and the magnetic induction apparent resistivity profile. At LF the mean resistivity is about 80 ohm-m, which at 248 kHz gives a skin depth of 9 m. This means that conditions below this depth marginally affect LF readings. Within 6 m of the surface some of the high ice content zones correlate with maxima in the LF profile. Some low ice content zones are also associated with LF resistivity maxima and may reflect the lack of information between boreholes.

The magnetic induction resistivities are generally greater than the LF values. This implies that the organics and clayey silts found near the surface are of slightly higher resistivity than the generally low ice content (<10%) silty clays found at depth. It also implies that LF phase values should be consistently greater than 45° since the more resistive material is found nearer the surface. Since most phase values were at or below 45°, it is believed that dielectric properties must have influenced the resistivity interpretations (discussed in the final section).

CONCLUSIONS AND FINAL REMARKS

Despite the influence of the active layer, strong resistivity contrasts within permafrost were seen to exist at LF but not at VLF in the Goldstream Valley study. Considering the skin depth values for LF in permafrost (e.g. 46 m at 356 kHz in 3000 ohm-m material), this method would be best suited for high resistivity, discontinuous permafrost zone studies performed before seasonal thaw sets in. The information gained from all three systems allowed a good estimate of the permafrost thickness at the Goldstream Valley site.

The magnetic induction system may have given unreliable low resistivity values in the high resistivity zones due to calibration error. An error of 1 mmho/m is of marginal concern when σ_a=25 mmhos/m, but is severe when σ_a=0.4 mmho/m such as above permafrost and thin active layers. It is also highly probable that dielectric properties strongly influenced the LF readings even at the low resistivity values present in the Copper River Basin. High dielectric constants are known to characterize clay rich materials (Olhoeft 1975) and will depress both apparent resistivity and phase when measured above a homogeneous material. Without the magnetic induction or LF phase data, these effects would not have been apparent. In light of the above considerations, it seems that for low resistivity sites, magnetic induction may be a more reliable method than LF surface impedance for defining areas of high ice content within fairly uniform sediments.

Both the LF and magnetic induction techniques had sufficient sensitivity to detect the thaw zones in all study areas, even in the low resistivity, clay-rich sediments of the Copper River Basin where resistivity contrasts between thawed and frozen states are not large. Future studies for these techniques might be permafrost detection in alluvium, where less uniformity of material type exists and where resistivity levels may be much higher for the coarser grained materials, but again with small contrasts between frozen and thawed states.

REFERENCES

HOEKSTRA, P., P.V. Sellmann and A.J. Delaney. 1975. Ground and airborne resistivity surveys of permafrost near Fairbanks, Alaska. Geophysics 40 (4), pp. 641-656.

LINELL, K.A. 1973. Long-term effects of vegetation cover on permafrost stability in an area of discontinuous permafrost. Permafrost: The North American Contribution to the Second International Conference, Yakutsk. National Academy of Sciences, Washington, D.C., pp. 688-693.

OLHOEFT 1975. The electrical properties of permafrost. Ph.D. thesis, University of Toronto, Toronto, Ontario.

PÉWÉ, T.L. 1958. Geology of the Fairbanks (D-2) Quadrangle, Alaska. U.S. Geological Survey Geological Quadrangle Map GQ-110.

R & M Engineering and Geological Consultants. 1970. Special soil profile study, Copper River Basin, Alaska. Fairbanks, Alaska.

WAIT, J.R. 1962. Electromagnetic waves in stratified media. Pergamon Press, New York.

USE OF AC CURRENT SURVEYS IN PERMAFROST STUDIES.

Yu. A. Avetikyan, Ind. and Res. Inst. for Eng. Surveys in Construction, Moscow, U.S.S.R.

The author discusses the possibility of widening the scope of AC current surveys in permafrost studies. In the investigations of the upper part of the cross section it is essential to extend the frequency to the radio frequency range. Sets of master curves have been calculated with allowances for the displacement currents to interpret the results of such investigations. The nature of the theoretical curves is examined on the examples of graphic material. The parameters of electrical survey stations suitable for probing, profiling and logging within a wide frequency range are enumerated and described. Examples of corresponding measurements of the amplitudes and phases of signals in the frequency spectrum are suggested and the performance of equipment for the realization of these methods is described.

UTILISATION DU COURANT ALTERNATIF DANS DES LEVÉS POUR L'ÉTUDE DU PERGÉLISOL

Yu. A. Avetikyan, Institut de recherches industrielles scientifiques en levés techniques pour la construction, Moscou, URSS.

L'auteur étudie les possibilités des levés effectués à l'aide de la prospection électromagnétique pour l'étude du pergélisol. Il est nécessaire d'étendre le domaine des fréquences jusqu'à la gamme des radiofréquences pour étudier la partie supérieure du profil. Pour permettre d'interpréter les résultats de ces travaux, l'auteur a calculé les courbes maîtresses en tenant compte des courants de déplacement. La nature des courbes théoriques est étudiée à l'aide d'illustrations. Sont décrits et énumérés les paramètres des stations de levés électromagnétiques où l'on a pu procéder aux sondages, au tracé des profils et aux diagraphies à l'intérieur d'une large bande de fréquences; l'auteur propose des exemples de mesures in situ corrélatives des amplitudes et phases des signaux à l'intérieur de la gamme de fréquences, et décrit les performances de l'équipement nécessaire à la prise de ces mesures.

К ВОПРОСУ ОБ ИСПОЛЬЗОВАНИИ ЭЛЕКТРОРАЗВЕДКИ ПЕРЕМЕННЫМ ТОКОМ ДЛЯ ИЗУЧЕЧЕНИЯ ТОЛЩ МНОГОЛЕТНЕМЕРЗЛЫХ ПОРОД

Ю.А.Аветикян, ПНИИИС, Москва, СССР

Рассматриваются вопросы, связанные с расширением возможностей электроразведки переменным током в модификациях зондирования и профилирования при изучении толщ мерзлых пород. При исследованиях верхней части разреза требуется расширение частотного диапазона в область радиочастот. Для интерпретации результатов таких работ рассчитаны палетки с учетом токов смещения. Исследуется характер теоретических кривых на примерах графического материала. Приводится описание и перечень параметров электроразведочных станций, пригодных для зондирования, профилирования и каротажа в широком диапазоне частот. Даются примеры соответствующего полевого материала. Предлагаются способы автоматических измерений амплитуд и фаз сигналов в спектре частот, поясняется принцип действия аппаратуры для их реализации.

К ВОПРОСУ ОБ ИСПОЛЬЗОВАНИИ ЭЛЕКТРОРАЗВЕДКИ ПЕРЕМЕННЫМ ТОКОМ ДЛЯ ИЗУЧЕНИЯ ТОЛЩ МНОГОЛЕТНЕМЕРЗЛЫХ ПОРОД

Ю.А. Аветикян

Производственный и научно-исследовательский институт
по инженерным изысканиям в строительстве, Москва, СССР

Широкое освоение северных и восточных районов СССР вызывает необходимость дальнейшего повышения эффективности инженерно-геологических изысканий и, в частности, геофизических исследований разреза многолетнемерзлых пород. Освещение некоторых вопросов, связанных с проектированием специальной аппаратуры, рассмотрением особенностей теоретических кривых и расширением возможностей электроразведки переменным током в модификациях зондирования и профилирования, является темой предлагаемого доклада.

Как известно, метод частотного электромагнитного зондирования (ЧЭМЗ), используемый в практике геолого-поисковых работ, обладает более широкими возможностями по сравнению с зондированием на постоянном токе (Ваньян, 1965). Эффективность ЧЭМЗ наиболее ощутима при изучении разрезов, содержащих высокоомные горизонты-экраны, при плохих условиях заземления, в случаях необходимости выделения сравнительно тонких пластов и т.п. Перспективным в области повышения достоверности информации представляется возможность изучения нескольких параметров поля, к числу которых относятся, например, горизонтальная электрическая Ex, вертикальная магнитная B_z компоненты и фазовые характеристики.

При разработке малоглубинной модификации метода, применимой, в частности, для изучения верхней части мерзлой толщи, потребовалось решение ряда вопросов. В первую очередь это относится к проектированию принципиально новой аппаратуры, позволяющей осуществлять зондирования в диапазоне частот, охватывающем как низкие - звуковые, так и высокие - радиочастоты. Претерпела значительные изменения и ранее принятая методика измерений (Аветикян, 1971). Расширение диапазона на 2-3 порядка в область высоких частот определило необходимость учета диэлектрической проницаемости ϵ, т.е. разработки новой программы для ЭВМ по расчету палеток ЧЭМЗ с учетом токов смещения (Дмитриев, 1968; Аветикян, Рогулин, 1972). Палетки построены по результатам расчетов амплитуд магнитной компоненты B_z электромагнитного поля на поверхности проводящего полупространства. Источник возбуждения - горизонтальный электрический диполь, установка экваториальная.

Обычно палетки ЧЭМЗ представляются в виде графиков зависимостей $|\rho_\omega|/\rho_1$ от λ_1/h_1 для различных постоянных значений r/h_1, а в качестве исходных данных задаются отношения $\mu_m = \rho_m/\rho_1$ и $\nu_m = h_m/h_1$ (здесь ρ_ω - кажущееся удельное сопротивление, ρ_m - удельное сопротивление слоя с номером m, h_m - его мощность, λ_1 - длина волны в первом слое, r - разнос). В отличие от квазистационарного случая при расчетах с учетом токов смещения были введены дополнительные параметры $\kappa_m = \epsilon_m/\epsilon_0$ и $\gamma = \rho_1/h_1 \cdot \sqrt{\epsilon_0/\mu_0}$, где ϵ_0 и μ_0 - диэлектрическая и магнитная проницаемость воздуха (вакуума), ϵ_m - диэлектрическая проницаемость слоя с номером m. Параметр γ показывает степень влияния токов смещения и может быть заменен

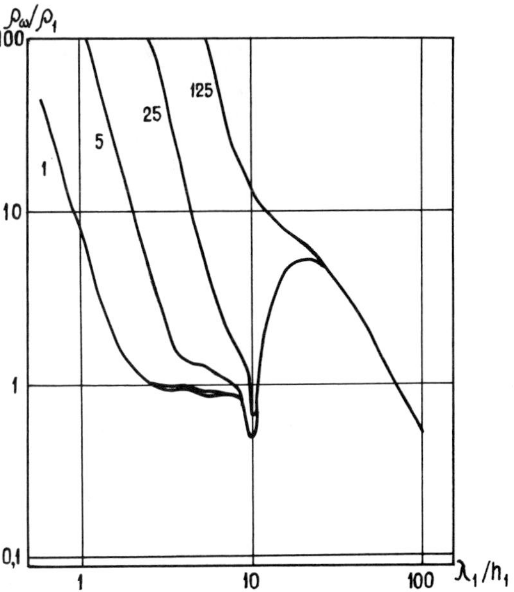

Рис. 1. Влияние токов смещения.

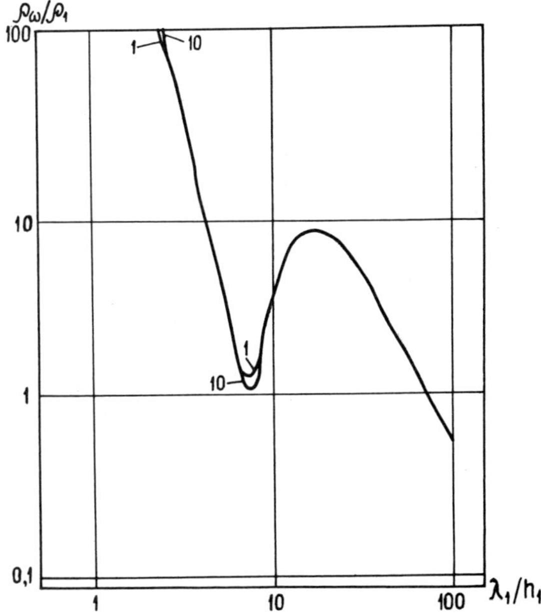

Рис. 2. Теоретические кривые для двух значений диэлектрической проницаемости κ_1.

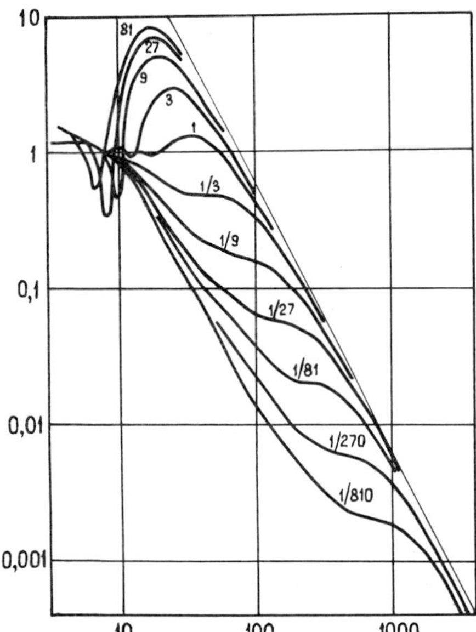

Рис. 3. Двухслойные кривые для различных значений μ_2.

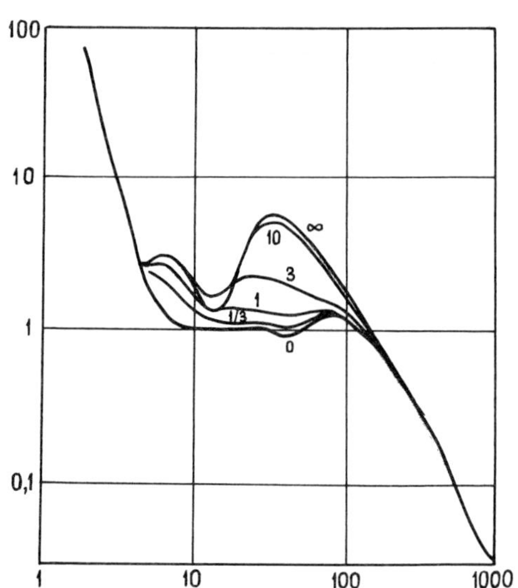

Рис. 4. Трехслойные кривые для различных значений ν_2.

параметром ρ_1/h_1, поскольку $\sqrt{\epsilon_0/\mu_0} =$ const. На рис. 1 дана иллюстрация влияния токов смещения на характер двухслойной кривой ρ_ω (без индекса представлена кривая для квазистационарного приближения). Здесь $\mu_2 = 9$, $r/h_1 = 20$. Значения ρ_1/h_1 (1,5, 25 и 125) даны на чертеже.

Расчеты теоретических кривых показали, что для частот меньших 5-10 МГц, в большинстве практических случаев диэлектрическая проницаемость нижнего полупространства может быть принята равной проницаемости вакуума. Это позволило в несколько раз сократить количество палеток. Сказанное подтверждается рис. 2, где представлены две кривые для одних и тех же параметров среды ($\mu_2 = 81$, $\rho_1/h_1 = 25$, $r/h_1 = 20$), $\kappa_1 = 1$ и 10.

Рис. 3 иллюстрирует влияние переменного параметра μ_2 на характер кривых. Здесь собраны двухслойные теоретические кривые для $\mu_2 > 1$ (81, 27, 9, 3) и $\mu_2 < 1$ (1/3, 1/9, 1,27, 1/81, 1/270, 1/810), цифры у кривых означают μ_2. Разнос фиксирован ($r/h_1 = 20$, $\rho_1/h_1 = 5$).

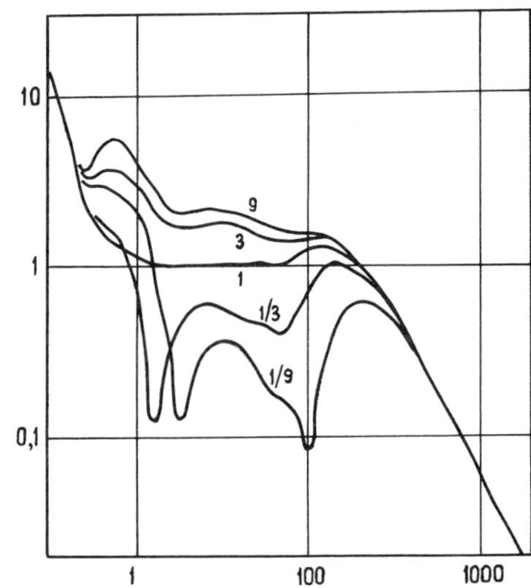

Рис. 5. Трехслойные кривые для различных значений μ_2.

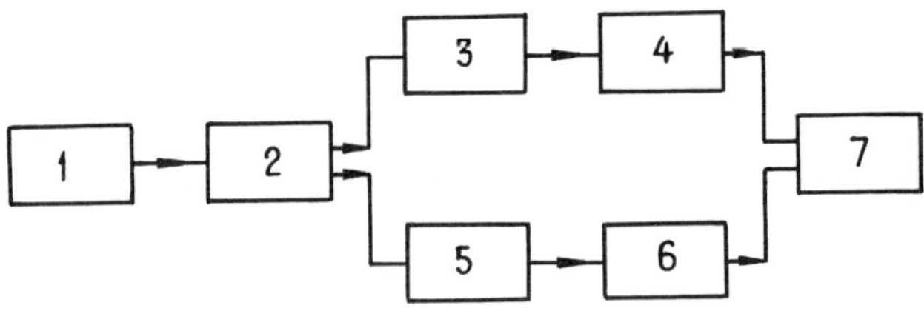

Рис. 6. Блок-схема генератора.

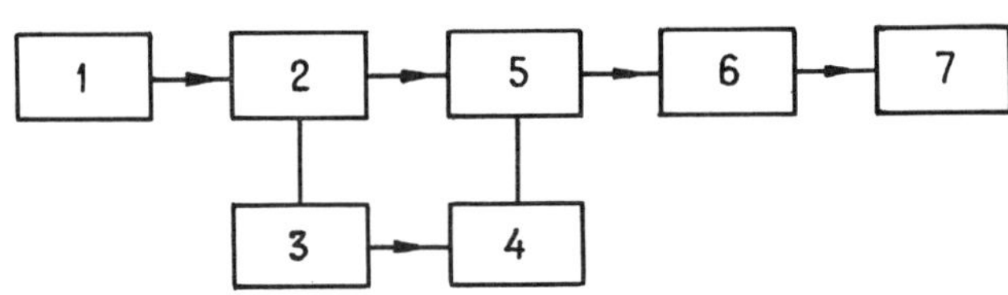

Рис. 7. Блок-схема приемника.

На рис. 4 представлены трехслойные кривые типа "K". Переменным параметром является безразмерная мощность второго слоя ($\nu_2 = 0$, 1/3, 1, 3, 10). Остальные параметры фиксированы ($\mu_2 = 9$, $\mu_3 = 1$, $\rho_1/h_1 = 5$, $r/h_1 = 45$). Рисунок позволяет оценить степень трансформации кривых при изменении мощности второго слоя. Кривые с индексами 0 и ∞ иллюстрируют случаи, когда разрез вырождается в однородное полупространство ($\nu_2 = 0$) или в двухслойный ($\nu_2 = \infty$).

Трехслойные кривые при вариациях параметра μ_2 даны на рис. 5. Значения μ_2 указаны на чертеже. Остальные параметры фиксированы ($\mu_3 = 1$, $\nu_2 = 3$, $\rho_1/h_1 = 5$, $r/h_1 = 67,5$). Кривая с индексом $\mu_2 = 1$ характеризует однородное полупространство.

Аппаратура ЧЭМЗ и методика полевых измерений отрабатывались в разнообразных геокриологических условиях. Результаты ЧЭМЗ сравнивались с данными горнобуровых работ и геофизических методов. Испытания опытных образцов аппаратуры производились в различных районах Восточной и Западной Сибири, в Большеземельской тундре, а также в Прибалтике, Подмосковье и на Украине.

Полевая аппаратура ЧЭМЗ представляет собой сравнительно сложный комплекс приборов, основными блоками которого являются генератор для возбуждения электромагнитного поля в земле и регистрирующий селективный приемник - микровольтметр. Первые опытные образцы станции предназначены для реализации дискретного способа измерений по методу ЧЭМЗ, заключающемуся в последовательном изучении ряда частот с одновременной регистрацией этого сигнала на определенном расстоянии от генераторной группы. Все измерения производятся при фиксированном разносе г между генератором и приемником. Измерения в непрерывном спектре частот (так называемое "непрерывное частотное зондирование") затруднены в связи со сложностью обеспечения автоматической настройки приемника на изменяющуюся в широком диапазоне частоту генератора. Применение же широкополосного приемника без селективной настройки невозможно из-за низкой помехоустойчивости.

При возбуждении электромагнитного поля на поверхности Земли в различных ее пластах индуцируются токи, амплитуда которых зависит от геоэлектрических характеристик среды. Определение некоторых из них производится по результатам наблюдения поля. Глубина проникновения сигнала в Землю тем меньше, чем выше частота сигнала. Поэтому результаты высокочастотных измерений используются для изучения верхних слоев, и наоборот.

Станция ЧЭМЗ разработана в двух модификациях: ЧЗ-100 и ЧЗ-10. Основные параметры станции ЧЗ-100 представлены ниже:

Генератор

Диапазон частот	80 Гц-6 МГц
Номинальная выходная мощность (в диапазоне до 1,5 МГц)	100 Вт
Максимальный ток в нагрузке	3 А
Точность регистрации тока в нагрузке	± 1,5%
К.п.д.	55%
Масса без источников питания	13 кг

Приемник

Диапазон частот	80 Гц-6 МГц
Амплитуда измеряемых сигналов	10мкВ-100мВ
Погрешность	±2%
Входное сопротивление	700 кОм
Полоса пропускания, Δf	0,03, 0,3 и 3 кГц
Избирательность при расстройке на 2 Δf	40
Ослабление помех с частотой 50 Гц	60
Потребляемый ток	40 мА
Масса вместе с источниками питания	5,5 кг
Интервал температур воздуха, при котором сохраняется точность измерений	от -35 до +50°С

Станция ЧЗ-10 является облегченным вариантом ЧЗ-100 (вес генератора вместе с источниками питания 9 кг): имеет меньшую выходную мощность (10 Вт) и несколько суженный диапазон частот. Входное сопротивление приемника станции ЧЗ-10 увеличено до 10 МОм а входная емкость снижена до 2 пф. В генератор введена система стабилизации заданного значения выходного тока (во всей полосе частот) и обеспечена возможность подключения нагрузки, имеющей емкостный характер. Указанные меры приняты с целью применения ЧЗ-10 для непрерывного высокочастотного бесконтактного профилирования с использованием емкостных шлейфовых антенн.

В зависимости от геоэлектрических условий глубинность исследований станциями ЧЗ-100 и ЧЗ-10 составляет от 1-3 до 70-150 м и от 1-3 до 30-70 м соответственно.

Проектирование станций с подобными параметрами потребовало нестандартных решений как конструкции отдельных узлов, так и целых функциональных схем. Например, отличительной особенностью мощного генератора станции (рис. 6) является следующее. Сигнал с маломощного задающего генератора 1 поступает непосредственно на вход резисторного фазоинвертора 2, работающего в режиме малых токов, а дальнейшее усиление противофазных сигналов производится раздельно - двумя симметричными апериодическими усилителями 3 и 5. Нагрузкой последних является двухтактный оконечный каскад 7 класса "В", на входе которого установлены эмиттерные повторители 4 и 6. Схема генератора защищена авторским свидетельством СССР № 426213.

Блок-схема селективного приемника-микровольтметра также имеет несколько функциональных особенностей. Из всех его узлов исключены резонансные индуктивные системы. Отказ от термочувствительных элементов определил стабильность и точность измерений в широком интервале температур и, вместе с тем, одинаковую чувствительность в диапазоне частот от десятков герц до нескольких мегагерц (линейность амплитудно-частотной характеристики селективно-усилительного тракта). Блок-схема приемника представлена на рис. 7. Основные компоненты схемы: смеситель с детектором смешанного сигнала 2, гетеродин 3 с детектором 4, компенсатор 5. Блоки 1,6 и 7 представляют соответственно входные цепи с предварительным усилителем, низкочастотный фильтр и усилитель с регистрирующей системой. В компенсаторе 5 производится вычитание продетектированного сигнала гетеродина из продетектированного смешанного сигнала с целью многократного ослабления сигнала гетеродина и упрощения низкочастотного фильтра. Специальный функциональный блок из элементов 2÷5 реализует функцию балансного модулятора, но в о личие от последнего работоспособен в широком диапазоне частот.

Приведем примеры применения станций ЧЭМЗ. Материалы, представленные на рис. 8, получены в районе распространения многолетнемерзлых пород. По данным бурения в пределах намеченной площадки города прослеживается маломощный, незначительный по поперечному простиранию слой суглинков. Геологический разрез (скв. 114) и геоэлектрический разрез по результатам ЧЭМЗ даны на рисунке. Пунктиром отмечена нижняя граница слоя сезонного протаивания. Полевые кривые ЧЭМЗ в виде графиков зависимости ρ^{E} (по результатам E_x) и ρ^{B}_{ω} (по результатам B_z) от$^{\omega}\sqrt{T}$(где Т - период колебаний) приведены совместно. Для сравнения даны кривые ρ_K вертикального электрического зондирования постоянным током (ВЭЗ).

При обработке данных профильной съемки определялись границы геоэлектрических горизонтов по смещению характерных участков и точек кривых ЧЭМЗ (линии S, по координатам $\sqrt{T_{max}}$ и $\sqrt{T_{min}}$).

В общем интерпретация ЧЭМЗ производилась палеточно-аналитическим способом, по результатам которой показано наличие низкоомного горизонта малой мощности на глубине 12-16 м. Слой пониженного сопротивления при зондировании постоянным током слабо отображается только на ВЭЗ-4 по одной точке, что не дает возможность определить его параметры.

При выборе метода исследований немаловажным фактором является экономическая эффективность. Производительность ЧЭМЗ на местности 1У категории сложности

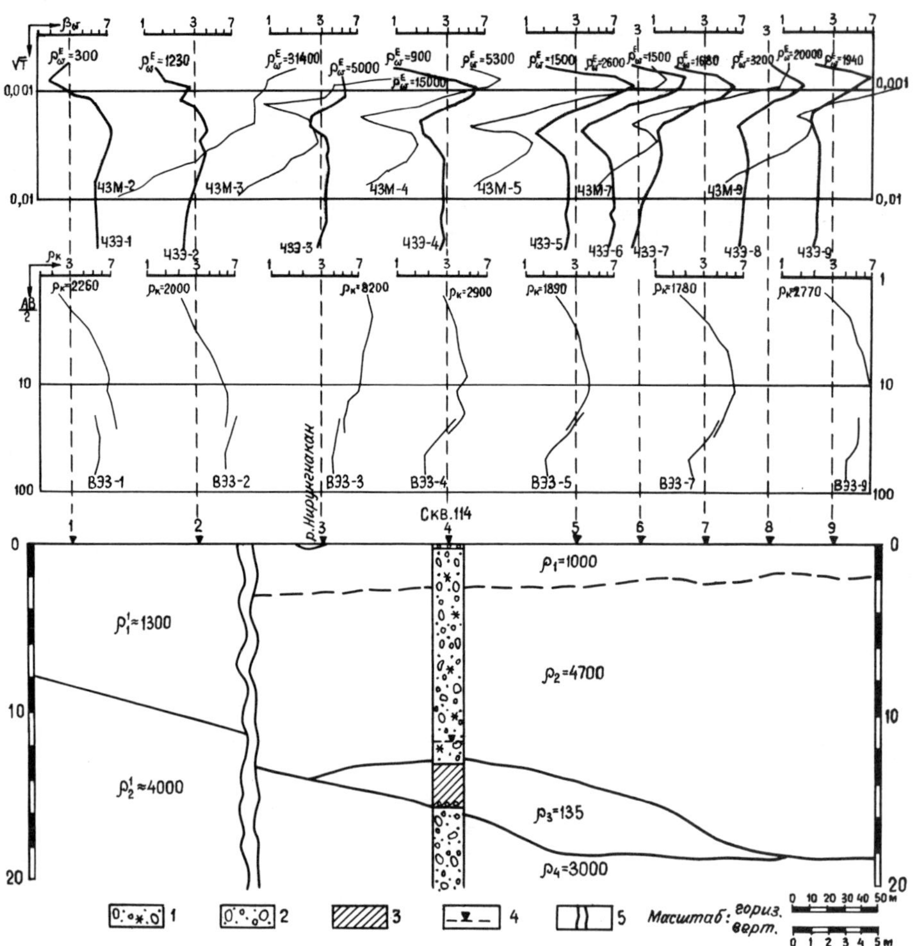

Рис. 8. Геоэлектрический разрез по результатам ЧЭМЗ

1 - гравийно-галечниковый грунт с валунами и песчаным заполнителем, мерзлый; 2 - то же, талый; 3 - суглинок; 4 - уровень грунтовых вод; 5 - предполагаемая зона нарушения.

в 2-3 раза выше по сравнению с ВЭЗ постоянным током (в летних условиях, с разносами, обеспечивающими одинаковую глубинность методов). При этом бригада ЧЭМЗ состоит из 3-4, а бригада ВЭЗ из 5-7 человек. Следует ожидать, что в зимних условиях эффективность ЧЭМЗ еще выше.

Рис. 9, где представлена каротажная кривая, иллюстрирует возможность применения станции ЧЭМЗ и для этого вида работ. Каротаж производился в сухой необсаженной скважине посредством бесконтактной приемной магнитной антенны, поле возбуждалось на поверхности земли.

Станция ЧЗ-10 наряду с ЧЭМЗ может быть использована и для высокочастотного электромагнитного профилирования (ВЧП). Первоначально электропрофилирование производилось с экваториальной установкой (по аналогии с частотным зондированием). Измерялась как электрическая E_x, так и магнитная B_z компонента поля. Эти измерения, обладая некоторыми преимуществами перед электропрофилированием постоянным током, существенного выигрыша в производительности не дают. Во ВСЕГИНГЕО, а впоследствии в ПНИИИС произведены исследования другой модификации электропрофилирования. Наблюдения обычно осуществлялись в диапазоне 1,0-200 кГц дипольной осевой установкой. Один из примеров использования ВЧП (на четырех частотах) для выделения зоны тектонического нарушения представлен на рис. 10.

Применение бесконтактных емкостных антенн (длиной 5-10 м), свободно буксируемых за измерительными приборами станции ЧЗ-10, позволило в несколько раз увеличить скорость профилирования и сократить бригаду до 2-3 человек. По возможностям и качеству результатов ВЧП не уступает электропрофилированию постоянным током.

Эффективность методов переменного тока может быть повышена как с точки зрения достоверности (качества), так и производительности - в последнем случае многократно. С этой целью требуется усовершенствование способов измерений и проектирование специальной аппаратуры для их реализации. В последнее время ПНИИИСом предложены способы амплитудных и амплитудно-фазовых измерений и схемы аппаратуры для геоэлектроразведки переменным током (Аветикян, 1976). Все способы предполагают использование между генераторной и приемной группами дополнительного канала (УКВ) передачи специального опорного сигнала для селективной настройки приемника.

В способе амплитудных измерений частота опорного сигнала должна быть сдвинута на постоянную величину по отношению к частоте излучателя независимо от ее изменения. Применение гетеродинного приемника позволяет при этом выделять частоту биений, возникающую от смешения сигналов двух частот: излученного в землю

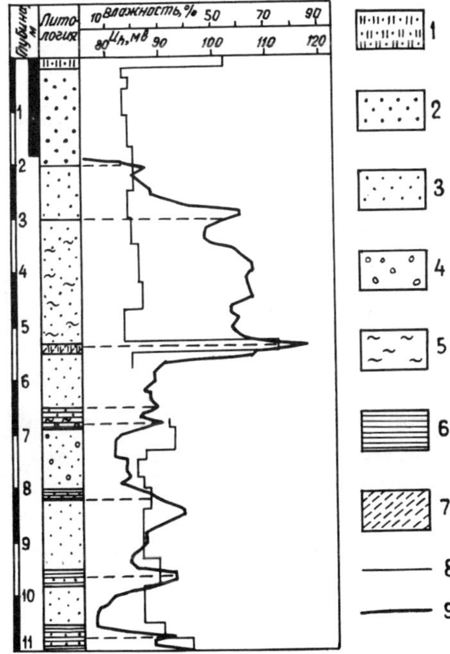

Рис. 9. Высокочастотный каротаж скважины
1 - торф; 2 - песок крупнозернистый; 3 - песок мелкозернистый; 4 - галька; 5 - прожилки льда; 6 - глина; 7 - супесь; 8 - влажность; 9 - u_h (f = 0,3 мГц).

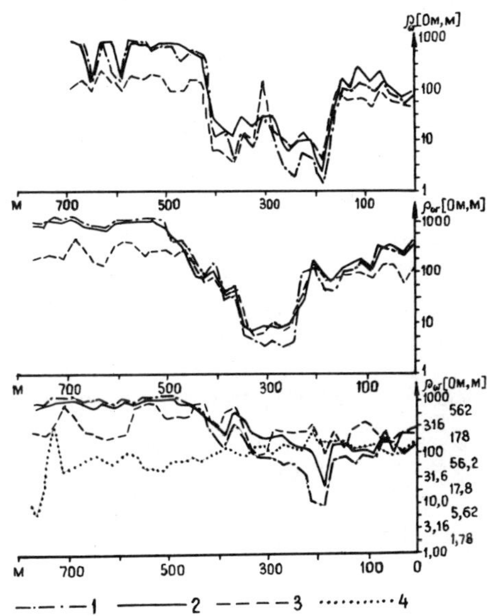

Рис. 10. Профилирование на четырех частотах
1 - 1 кГц; 2 - 10 кГц; 3 - 100 кГц; 4 - 1 МГц.

и переданного по УКВ каналу. Посредством такого способа измерений обеспечивается автоматическая настройка приемника на сигнал излучателя без затрат на это дополнительного времени и, как следствие, осуществление непрерывного частотного зондирования (в отличие от измерений на дискретных частотах) с селективной настройкой. Другой положительный эффект проявляется в возможности значительного сужения полосы пропускания приемника (вплоть до первых единиц герц), т.е. резкое улучшение его селективных свойств. Устройство для такого способа измерений помимо основных узлов станций ЧЭМЗ или ВЧП должно содержать блок формирования опорного сигнала и приемо-передатчик УКВ. Необходимый опорный сигнал может быть получен в этом блоке посредством фазового дискриминатора, подобно используемому в технике радиосвязи на одной боковой полосе.

Другой способ - амплитудно-фазовые измерения - предполагает одновременную запись амплитуды и фазы сигнала с непрерывно меняющейся частотой (ЧЭМЗ) или сигнала фиксированной частоты с непрерывным изменением амплитуды и фазы (ВЧП). Этот способ в отличие от предыдущего позволяет производить запись двух параметров поля, но требует более сложной аппаратуры. В состав последней должны быть включены следящая система компенсации фазового сдвига, два синхронных (фазовых) детектора, два автоматических регистратора.

Третий из предложенных способов основан на модуляции фазы сигнала, излучаемого в землю.

Очевидно, что станция ЧЭМЗ, реализующая один из указанных способов, даст наибольший экономический эффект в режиме непрерывного частотного зондирования, т.е. при записи амплитудно-частотных или фазово-частотных (или тех и других одновременно) характеристик среды и непрерывном участке спектра частот. Длительность измерений, зависящая от установленного частотного диапазона, составит для целей инженерно-геокриологических изысканий несколько минут, а время, необходимое для вспомогательных работ, также сократится. Существенное улучшение селективных свойств приемника позволит значительно уменьшить мощность генератора и соответственно, вес всей станции ЧЭМЗ. Процесс таких измерений не требует присутствия оператора на генераторной группе, и обслуживающий персонал может быть сокращен до одного-двух человек.

Электромагнитное профилирование также целесообразно осуществлять в непрерывном режиме, который в данном случае предполагает одновременную запись амплитудных и фазовых характеристик среды на фиксированных частотах, но в процессе безостановочной транспортировки аппаратуры по исследуемому профилю. При этом производительность ВЧП целиком определяется максимально возможной скоростью движения транспортного средства в условиях данной местности.

ЛИТЕРАТУРА

АВЕТИКЯН Ю.А. 1976. Автоматическое измерение амплитуды и фазы при геоэлектроразведке переменным током. - "Инженерные изыскания в строительстве", вып. 5 (46), М., с. 17-19.

АВЕТИКЯН Ю.А., РОГУЛИН Н.Д. 1972. Применение малоглубинной модификации частотного зондирования при инженерно-геологических изысканиях и палетки с учетом токов смещения. - Труды ПНИИИС, т. 22, М., с. 3-58.

ВАНЬЯН Л.Л. 1965. Основы электромагнитных зондирований. М., "Недра", 120 с.

ДМИТРИЕВ В.И. 1968. Общий метод расчета электромагнитного поля в слоистой среде.- Вычислительные методы и программирование, вып. 10, Изд-во МГУ, с. 55-65.

INTERPRETATION OF SUB-SEABOTTOM PERMAFROST IN THE BEAUFORT SEA BY SEISMIC METHODS. PART I. SEISMIC REFRACTION METHODS

J.A.Hunter*, K.G.Neave+, H.A.MacAulay*, and G.D.Hobson+, *Geological Survey of Canada, +Polar Continental Shelf Project, Ottawa, Canada

The occurrence and distribution of ice-bonded permafrost beneath the sea floor of the Beaufort Sea Shelf have been mapped by seismic techniques. The data for the maps comes primarily from refraction arrivals on front ends of unprocessed marine reflection records supplied to us by the oil industry. High seismic velocities, indicative of ice-bonded permafrost, are observed east of 135°W from the shoreline out to 90 m water depth. A thin discontinuous upper layer appears to overly a continuous thicker (greater than 30 m) horizon. West of 135°W, there is a zone of anomalous seismic velocities which are intermediate between the velocity for unfrozen sediments and the velocity for ice-saturated sediments (greater than 2.5 Km/sec). This zone can be explained as an occurrence of partially ice-bonded permafrost, or alternatively, as gas-hydrate bonded sediments.

INTERPRÉTATION DU PERGÉLISOL SOUS-MARIN DE LA MER DE BEAUFORT PAR DES MÉTHODES SISMIQUES. PARTIE 1. MÉTHODES DE SISMIQUE-RÉFRACTION

J.A. Hunter *, K.G. Neave, H.A. MacAuley*, et G.D. Hobson,
*Commision géologique du Canada, projet relatif au plateau continental polaire, Ottawa, Canada.

On a fait appel à des méthodes sismiques pour cartographier les zones de pergélisol lié par la glace, et sa répartition, au-dessous du fond marin du plateau de la mer de Beaufort. Les données qui ont servi à établir les cartes proviennent essentiellement des signaux frontaux de réfraction, qui figurent sur les enregistrements non traités de sismique-réflexion marine, que nous a fournis l'industrie pétrolière. On observe à l'est de 135° 0, entre le rivage et 90 mètres de profondeur d'eau, des vitesses sismiques élevées qui indiquent la présence d'un pergélisol lié par la glace. Il semble qu'une mince couche supérieure discontinue recouvre un horizon continu plus épais (supérieur à 30 mètres). À l'ouest de 135° 0, il existe une zone de vitesses sismiques anormales, intermédiaires entre la vitesse caractéristique des sédiments non gelés, et la vitesse caractéristique des sédiments saturés en glace (supérieure à 2.5 km/s). On peut expliquer la présence de cette zone par la présence d'un pergélisol partiellement lié par la glace, ou bien par la présence de sédiments liés par des hydrates gazeux.

ИЗУЧЕНИЕ МЕРЗЛЫХ ГРУНТОВ ПОД ДНОМ МОРЯ БОФОРТА С ПОМОЩЬЮ СЕЙСМИЧЕСКИХ МЕТОДОВ. ЧАСТЬ 1. СЕЙСМИЧЕСКИЕ РЕФРАКЦИОННЫЕ МЕТОДЫ

С помощью сейсмических методов произведено картирование сцементированных льдом мерзлых грунтов в шельфе моря Бофорта. Картирование велось в основном по результатам рефракционного анализа и необработанным данным, собранным нефтепромысловыми фирмами. Высокие скорости сейсмической волны, указывающие на присутствие сцементированных льдом мерзлых грунтов, отмечаются к востоку от береговой линии на 135°W на глубине до 90 м. По-видимому, под тонким несплошным верхним слоем залегает сплошной, более мощный /свыше 30м/ горизонт. К западу от 135°W существует зона аномальных скоростей сейсмической волны, промежуточных между скоростью для талых осадков и скоростью для льдонасыщенных осадков /свыше 2,5 км/сек/. Существование этой зоны можно объяснить наличием либо грунтов, частично сцементированных льдом, либо осадков, связанных гидратом газа.

INTERPRETATION OF SUB-SEABOTTOM PERMAFROST IN THE BEAUFORT SEA BY SEISMIC METHODS PART I SEISMIC REFRACTION METHODS

J.A. Hunter*, K.G. Neave+, H.A. MacAulay* and G.D. Hobson+

*Geological Survey of Canada, +Polar Continental Shelf Project,
Department of Energy, Mines and Resources, Ottawa, Canada

INTRODUCTION

During the last glacial advance, the Beaufort Sea Shelf in the Mackenzie Delta area is thought to have been exposed to extreme subzero temperatures as a result of sea-level lowering (of approximately 100 m) in the absence of any substantial thickness of glacial ice. This hypothesis was proposed by Mackay (1972) and was supported by evidence of ice-bonded permafrost samples obtained from shallow drilling into the seabottom (Golden et al, 1970). Both relic and aggrading permafrost conditions are thought to exist, (Judge, 1974), since both positive and negative seabottom temperatures presently exist on the shelf. Large thicknesses (>1000 m) of poorly-consolidated Tertiary and unconsolidated Cenozoic sediments are known to exist onshore and are interpreted to be present offshore. If the pore fluids of these sediments are non-saline then ice-bonding should occur in permafrost areas beneath sea bottom. The degree of ice-bonding depends on grain size and temperature (Aptikaev, 1964). Excess ice in the form of ice lensing should also be present where conditions for ice-segregation exist (Mackay and Rampton, 1971).

Seismic refraction methods have been used to map the presence of ice-bonded material on land (Hunter, 1973) since the seismic velocity of coarse-grained frozen unconsolidated ice-saturated sediments is higher than in the unfrozen state. Fine-grained sediments (clays and fine silts) exhibit temperature-dependent velocity relationships below 0°C since large quantities of unfrozen water exist; unfrozen water content decreases with decreasing temperature over a wide range, resulting in increasing seismic velocities. Hence, clays and fine silts at marginal permafrost temperature (-1°C), and in the absence of ice lensing, may be seismically indistinguishable from the unfrozen state.

In the offshore regions of the Beaufort Sea Shelf area, where permafrost temperatures may be relatively high, (Judge, 1974), seismic methods can only be used to map areas where coarse grained ice-saturated sub-seabottom sediments occur, or where substantial ice lensing occurs in fine-grained sediments.

Initial marine seismic experiments carried out by Hunter and Hobson, (1974), showed that high seismic velocities, indicative of coarse-grained ice-saturated sediments, did exist in some areas of the Beaufort Sea Shelf. A program was subsequently initiated to map, in a reconnaissance manner, the occurrence of ice-bonded permafrost using the seismic records obtained by several oil and gas exploration companies operating in the southern portion of the Beaufort Sea from Herschel Island to Cape Dalhousie. Over 11,000 line-kilometres of data were examined consisting of approximatley 16,000 seismic records.

REFRACTION INTERPRETATION

Since the seismic data came from several companies, the hydrophone array configurations as well as recording techniques and record density varied throughout the survey area. In most instances, playback of digital tapes was required to arrange the seismic records in a wiggle-trace or variable area display without "moveout" corrections. As well, time-dependent tapered amplitude gains (the common format for reflection seismic data) were removed or minimized to enhance the first-arrival refraction events. True amplitude recovery of early refraction events was obtained wherever possible for use in attenuation studies (see Part II).

A typical hydrophone array may consist of a 2400 m cable with 24 traces consisting of 30 hydrophones (at 1.5 m spacings) per trace. The seismic source may be an air-gun array of various sizes to produce a source signal without interfering "bubble" pulses. Records are obtained by stacking 9 air-gun shots. A typical record suite is shown in Fig. 1.

Velocity measurements were made on first-arrival events and depth estimates were obtained by the "intercept-time" method, assuming no dip on the refraction interface. Interpretation quality varied throughout the survey area because of variations in record quality and variations in measurement accuracy on different types of record displays. An average error assigned to depth determinations is estimated to be ± 20 m.

RESULTS

The distribution of high-velocity refracted events on industry records is shown in Fig. 2. From this distribution of data, the shelf area has been divided into the continuous and discontinuous ice-bonded permafrost zones, and the non ice-bonded zone (see Fig. 3). There are several outstanding features, some of which are:

1) No evidence of ice-bonded permafrost has been found in water depths in excess of 90 m

2) No high velocities indicating ice-bonded permafrost occur in the offshore region (water depths >20 m) west of N-S line at approximately 135°W longitude. This boundary has been delineated as well from marine refraction surveying of the Geological Survey of Canada and from shallow reflection seismic studies (M. O'Connor, E.B.A. Consultants Ltd., Calgary, personal communications).

3) There are no correlations between interpreted boundaries and major seabottom features (eg. extension of river channels offshore).

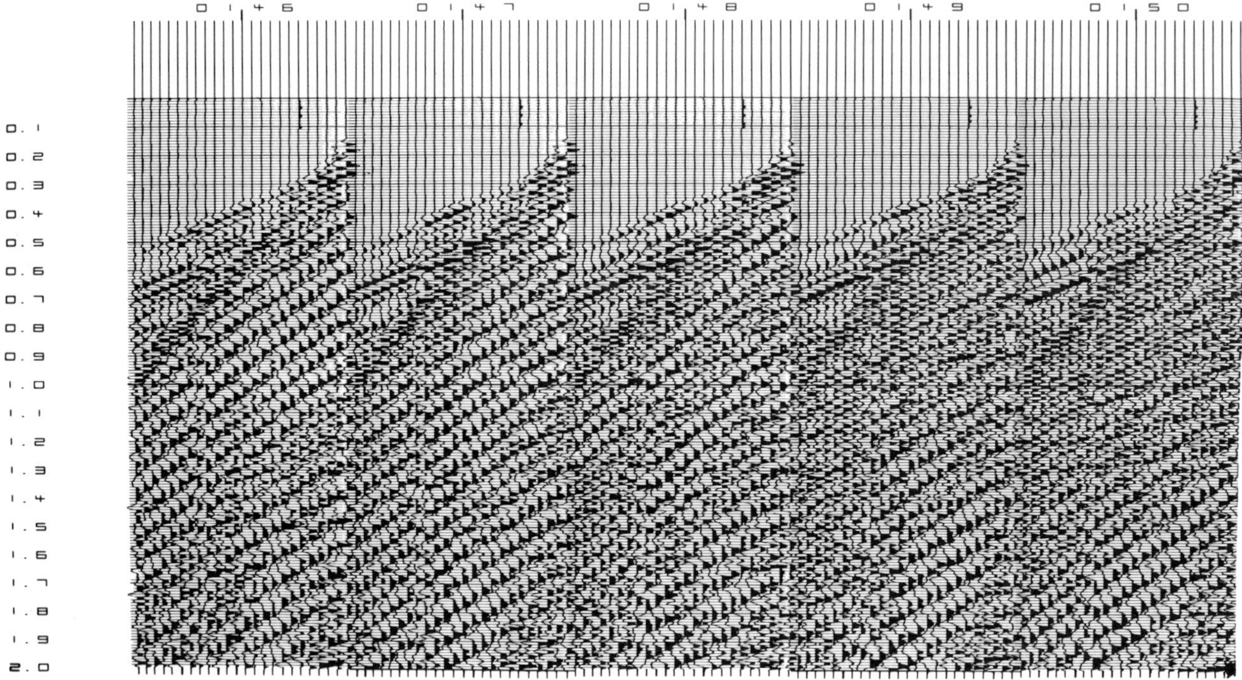

Fig. 1. Industry seismic records showing refraction arrivals from thick ice-bonded permafrost.

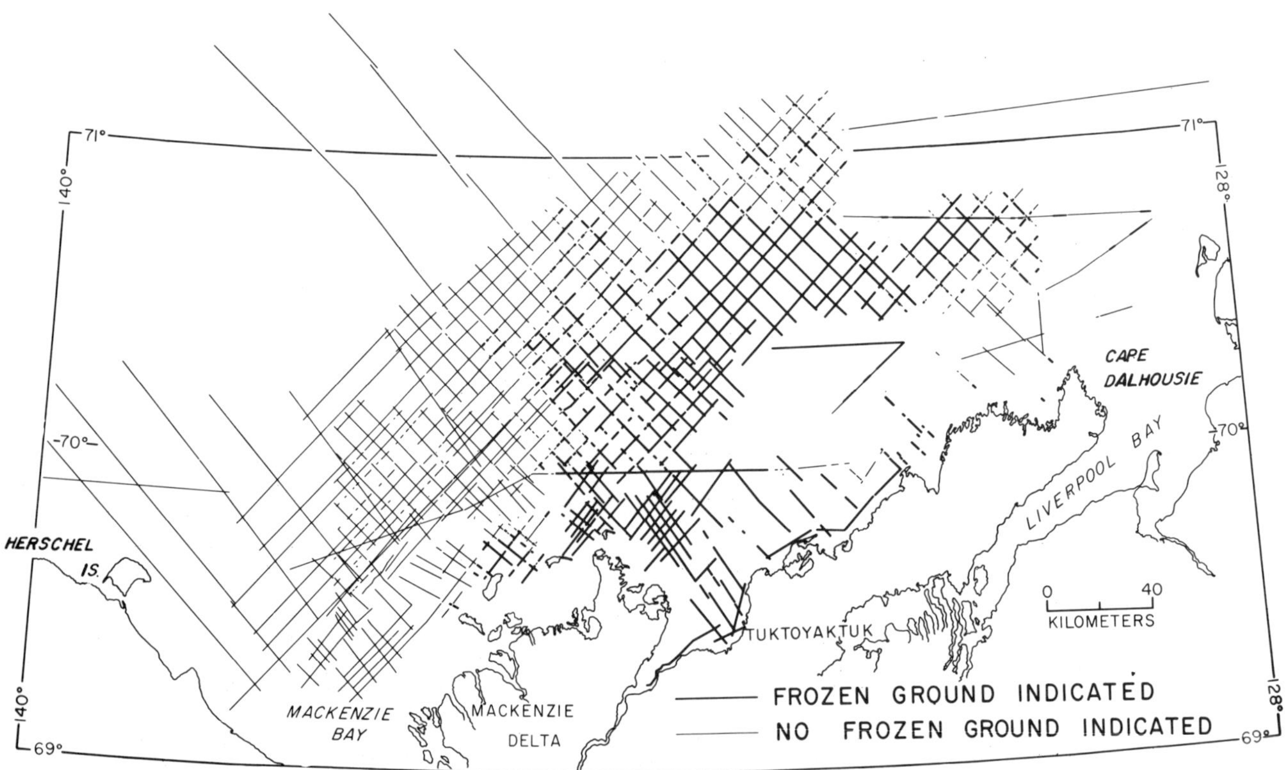

Fig. 2. Location of industry data, analysed for high-velocity refraction events.

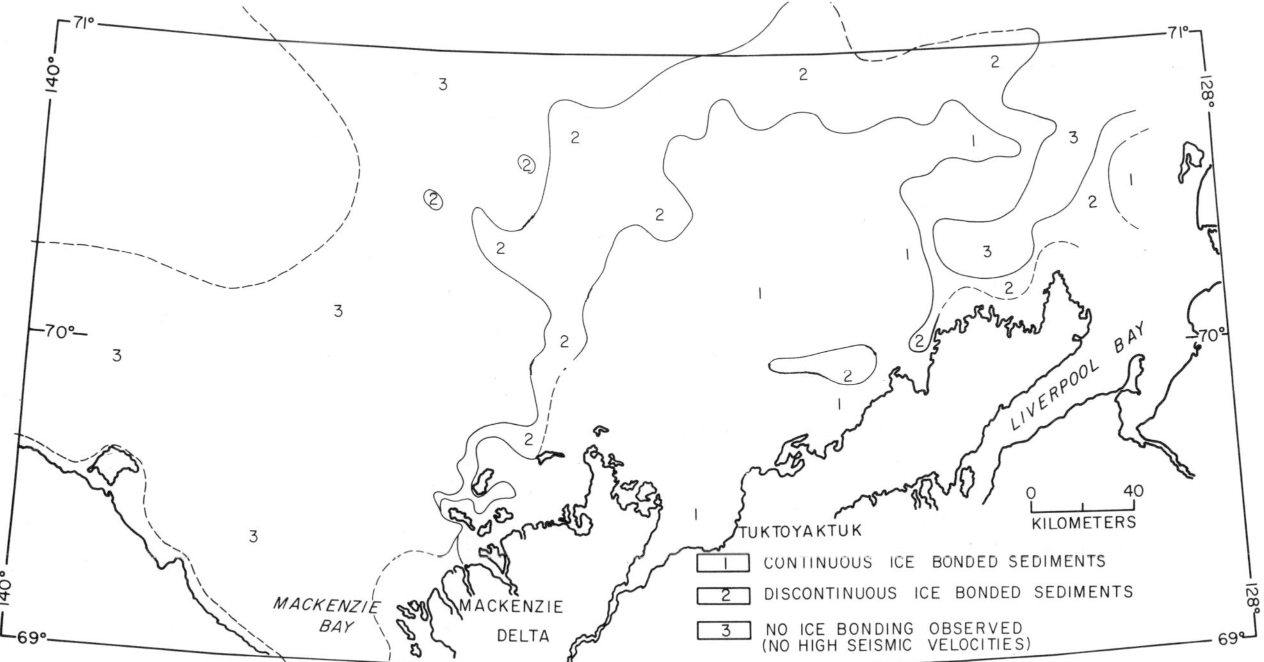

Fig. 3. An interpretation of the occurrence of sub-seabottom ice-bonded permafrost from industry seismic records.

In the ice-bonded zones, there is evidence to suggest that at least two "seismic" layers exist from a close examination of the depth determinations to the top of ice-bonded permafrost. The upper layer depths lie in the range of 60 - 100 m and the lower layer depths are in the range of 120 - 250 m. Often, evidence of the lower layer can be seen as a later event on seismograms where upper layer refractions are interpreted. The locations of the interpreted upper and lower seismic layers are shown in Fig. 4 and Fig. 5.

The upper seismic layer often displays rapid attenuation of the first arrival refraction suggesting a thin layer (see Part II). The refractions associated with the lower layer, in contrast, show low attenuation rates, indicating a thick layer (>30 m).

By examination of records in the central part of the survey area near the 135°W ice-bonded permafrost boundary, we have mapped an area where sub-seabottom sediment velocities are anomalously higher than published velocity depth functions for non-permafrost areas (Hofer and Varga, 1972). The zone is shown in Fig. 6 for velocities in the range of 1700 to 2400 m/s. We suggest two possible interpretations:

1) The velocities may result from partially ice-bonded clays and silts at temperatues just below 0°C where the ice content is not high enough to produce velocities above our threshhold values of 2.5 km/s for ice-bonded sediments, or,

2) These velocities may result from the occurrence of clathrate hydrates at relatively shallow depths. Little is known of the seismic properties of gas hydrates. In one experiment Stoll et al, (1971) measured velocities of hydrate-saturated sands in the range of 1800 to 2600 m/s. Gas hydrates have been encountered in some Mackenzie Delta wells and can exist in association with permafrost and at temperature above 0°C (Bily and Dick, 1974).

CONCLUSION

From correlations of available drilling data (Hunter et al, 1976), it appears in the seismic interpretation that ice-bonded permafrost is confined to areas of sand and gravel where abundant fresh water has been available to form inter-granular ice. In the offshore regions (where mean annual seabottom temperatures are less than 0°C) ice-bonded permafrost is probably aggrading at the upper surface if the pore-water salinity is negligible, and degrading at the lower boundary. Inshore, where seabottom temperatures are under the influence of the Mackenzie River discharge, ice-bonded permafrost is degrading from both the upper and lower surfaces. Rugged topography found on the upper boundary in the inshore regions bears witness to either the differential degradational rates resulting from river channel development at lower sea levels, or the complex distribution of grain-size and pore-water salinity in the sediments.

Although in the western portion of the survey area seismic records reveal little indication of ice-bonding offshore, bottom temperature data suggest that permafrost conditions exist; hence we suggest that most of the upper 100 metres of sub-seabottom materials is fine-grained silts and clays. This interpretation correlates well with the A.P.O.A. drilling results in the inshore area (Golden et al, 1970), indicating a thickening of fine-grain sediments to the west of 135°W. Further, we suggest that thick fine-grained materials probably can be found below seabottom north of Cape Dalhousie in the area where our seismic interpretation indicates no ice-bonding present.

Most cores taken in coarse-grained ice-bonded materials in the thermokarst area onshore (Rampton and

Mackay, 1971) indicates excess ice present. Indeed, seabottom topography, not unlike onshore thermokarst areas, is found in areas of interpreted ice-bonded permafrost. Hence it is not unreasonable to expect excess ice conditions to exist offshore in similar materials. We suggest that our interpretation of ice-bonded sub-seabottom permafrost may be taken as a guide to areas where excess ice conditions may present engineering hazards.

As well, since gas hydrates in sediments are, at present, seismically indistinguishable from ice-bonded permafrost, an interpretation of high seismic velocities may also serve as a guide to the potential occurrence of such shallow deposits.

ACKNOWLEDGEMENTS

We would like to thank the Polar Continental Shelf Project for logistics support over the last four field seasons. We wish to thank the following companies and individuals for their support and contributions to this work: John Hnatiuk, Jack Alexander, Al Randall and Grant Fawcett of Gulf Oil Canada Ltd.,; Ken Gillies and Roy Mellice of Dome Petroleum Ltd.; Peter Savage and Lional Cane of Pan Canadian Petroleum Ltd.; Gerry Rempel, Bob Auld, Wesley Hatlelid, John MacDonald and Cos de Jong of Imperial Oil Ltd.; Doug Brown and John Card of Sun Oil Ltd.; Reed Johnson of Geophysical Services Inc.; Cameron O'Rourke of Canmar Drilling Ltd.; Roger Argument of Shell Canada Ltd.; Aquitaine Co. of Canada Ltd.; Elf Oil Exploration and Production Ltd.; Hunt International Petroleum Co.; Mobil Oil Corp.; and Amoco Ltd.

REFERENCE

APTIKAEV, F.F. 1964. Temperature field effect on the distribution of seismic velocities in the permafrost zone. **In:** Akademiaa Nauk. S.S.SR. Sibirskoe otd-ie. Inst. merzlotovedeniia. Teplovve protsessy v merzlykh (in Russian).

BILY, C. and J.W.L. DICK, 1974. Naturally occurring gas hydrates in the Mackenzie Delta, N.W.T. Bull. Can. Petrol. Geol. 22, 340-352.

GOLDEN, BRAWNER, and ASSOCIATES. 1970. Bottom sampling program, southern Beaufort Sea. Arctic Petroleum Operators Association Report No. 3.

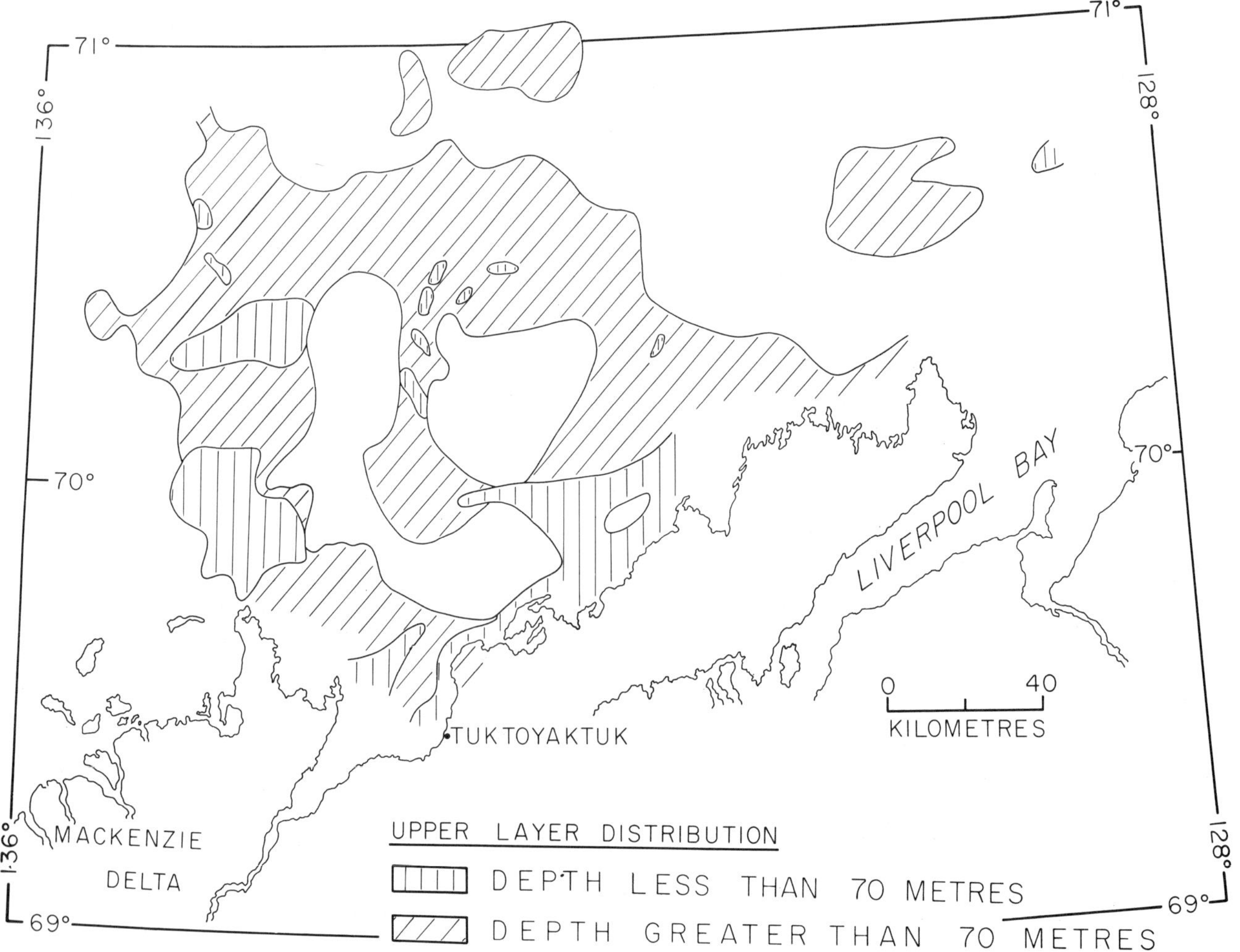

Fig. 4. Distribution and depth to the top of the upper thin discontinuous high-velocity layer.

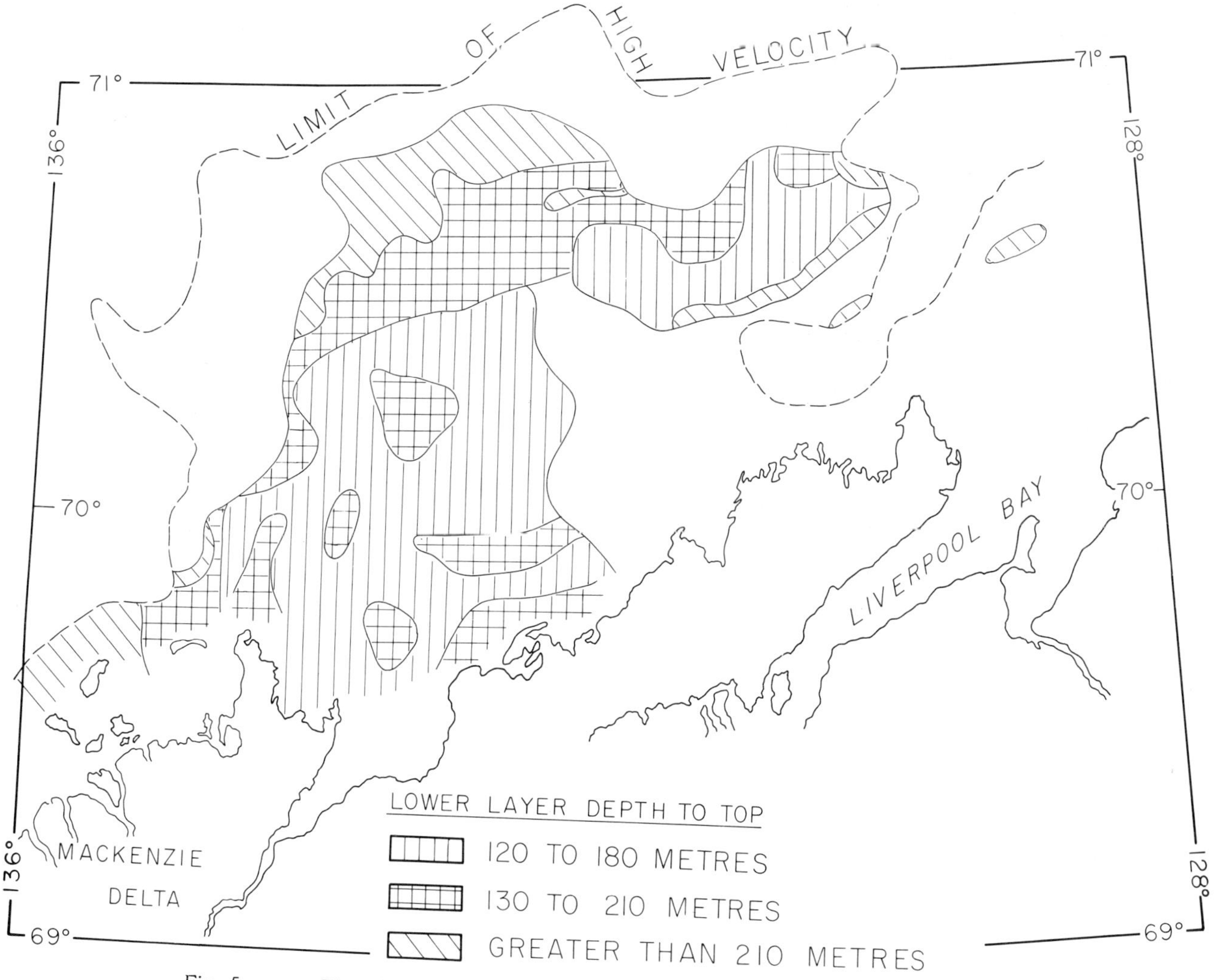

LIMIT OF HIGH VELOCITY
71°
136°
128°
70°
LIVERPOOL BAY
MACKENZIE
DELTA
69°
LOWER LAYER DEPTH TO TOP
120 TO 180 METRES
130 TO 210 METRES
GREATER THAN 210 METRES

Fig. 5. Distribution and depth to the top of the lower thick continuous high-velocity layer.

71°
140°
134°
ANOMALOUS
DISCONTINUOUS
CONTINUOUS
0
40
KILOMETRES
MACKENZIE
BAY
MACKENZIE
DELTA
69°

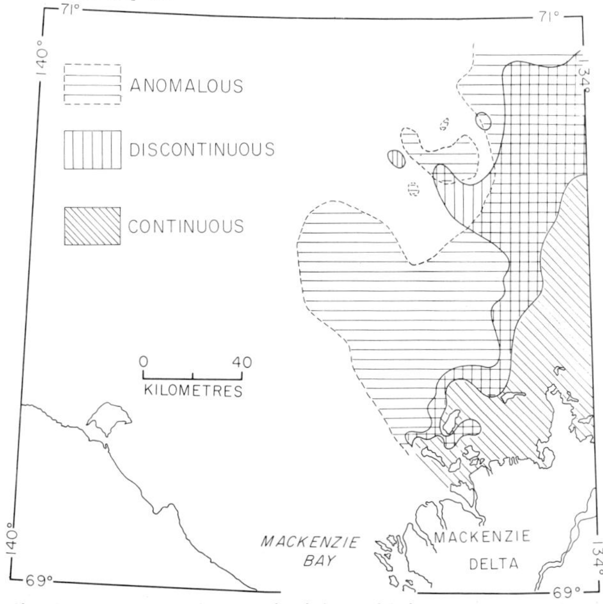

Fig. 6. Distribution of anomalous velocities which are higher than expected for unconsolidated sediments but lower than expected for ice-saturated sediments.

HOFER, H., and W. VARGA, 1972. Seismogeologic experience in the Beaufort Sea. Geophys. 37, (4), 605-619.

HUNTER, J.A. 1973. Shallow marine refraction surveying in the Mackenzie Delta and Beaufort Sea. Geol. Surv. Can. Paper 73-1B: 59-66.

HUNTER, J.A. and G.D. HOBSON. 1974. Seismic refraction method of detecting sub-seabottom permafrost. **In:** The Coast and Shelf of the Beaufort Sea, J.C. Reed and J.E. Sater (eds), A.I.N.A.: 401-416.

HUNTER, J.A., A.S. JUDGE, H.A. MACAULAY, R.L. GOOD, R.M. GAGNÉ, and R.A. BURNS, 1976. Permafrost and Frozen Sub-Seabottom Materials in the Southern Beaufort Sea, Beaufort Sea Project. Tech. Rep. no. 22, Geol. Surv. Can.

JUDGE, A.S. 1974. The occurrence of offshore permafrost in Northern Canada **In:** Proceedings of the Symposium on Beaufort Sea Coastal & Shelf Research, A.I.N.A. San Francisco, 427-437.

MACKAY, J.R. 1972. Offshore permafrost and ground ice, southern Beaufort Sea. Can. J. Earth Sci. 9: 1550-1561.

RAMPTON, V. and J.R. MACKAY, 1971. Massive ice and icy sediments throughout the Tuktoyaktuk Peninsula, Richards Island and nearby area, District of Mackenzie. Geol. Surv. Can. Paper 71-21, 16 pp.

STOLL, R.D., J. EWING, and G.M. BRYAN, 1971. Anomalous wave velocities in sediments containing gas hydrates. J. Geophys. Res. 76: 2090-2094.

INTERPRETATION OF SUB-SEABOTTOM PERMAFROST IN THE BEAUFORT SEA BY SEISMIC METHODS. PART II. ESTIMATING THE THICKNESS OF THE HIGH-VELOCITY LAYER

J.A.Hunter*, K.G.Neave+, H.A.MacAulay*, and G.D.Hobson+,*Geological Survey of Canada, +Polar Continental Shelf Project, Ottawa, Canada

A study of thickness determination methods for high-velocity layers has been conducted to determine the potential of mapping thickness of permafrost under the Beaufort Sea Shelf. For thin, shallow, high-velocity layers, a method described by J.H. Rosenbaum, using attenuation measurements of refracted energy, has been successful. For thicker layers, a dispersion method based on modal propagation (discussed by Rosenbaum) and a technique based on discrete reflections from the base of the layer have been tried; however, strong modes developed in the low-velocity layer above the ice-bonded section adding considerable noise to the records. The low signal-to-noise ratio on the unprocessed records makes measurement of thickness unreliable. Signal enhancement processing may retrieve the thickness information from the records.

INTERPRÉTATION DU PERGÉLISOL SOUS-MARIN DE LA MER DE BEAUFORT PAR DES MÉTHODES SISMIQUES. PARTIE 2. ESTIMATION DE LA PUISSANCE DE LA COUCHE DE VITESSE ÉLEVÉE

J.A. Hunter*, K.G. Neave+, H.A. MacAulay*, and G.D. Hobson+, *Commision géologique du Canada, +projet relatif au plateau continental polaire, Ottawa, Canada.

On a effectué une étude des méthodes de détermination de la puissance des couches caractérisées par une vitesse élevée de propagation des ondes sismiques, pour déterminer dans quelle mesure il est possible de cartographier l'épaisseur du pergélisol sous-marin du plateau continental de la mer de Beaufort. Une méthode décrite par J.H. Rosenbaum, qui a utilisé des mesures de l'atténuation de l'énergie réfractée, a donné des résultats concluants pour les couches peu profondes, caractérisées par une vitesse élevée. Pour les couches plus épaisses, on a essayé une méthode de dispersion basée sur la propagation modale (étudiée par Rosenbaum), et une technique basée sur des réflexions discrètes à partir de la base des couches; cependant, de forts signaux se sont produits dans la couche de faible vitesse située au-dessus de la tranche liée par la glace, qui a introduit un bruit considérable dans les enregistrements. Le faible rapport signal-bruit sur les enregistrement non traités rend les mesures de puissance des couches peu sûres. L'amplification automatique des signaux peut aider à obtenir sur les enregistrements des renseignements relatifs à la puissance des couches.

ИЗУЧЕНИЕ МЕРЗЛЫХ ГРУНТОВ ПОД ДНОМ МОРЯ БОФОРТА С ПОМОЩЬЮ СЕЙСМИЧЕСКИХ МЕТОДОВ. ЧАСТЬ 2. ОПРЕДЕЛЕНИЕ МОЩНОСТИ СЛОЯ С ВЫСОКОЙ СКОРОСТЬЮ СЕЙСМИЧЕСКОЙ ВОЛНЫ

Для оценки возможностей картирования мощности мерзлой толщи под шельфом моря Бофорта исследовались методы определения мощности слоев с высокой скоростью сейсмической волны. Для маломощных слоев такого типа на малой глубине эффективным оказался метод, описанный Дж. Розенбаумом; этот метод основан на измерении затухания преломленной энергии. Для мощных слоев были опробованы дисперсионный метод, основанный на модальном распространении /рассмотренный Розенбаумом/, и метод, основанный на дискретных отражениях от подошвы слоя; однако, в слое с низкой сейсмической скоростью, расположенном над сцементированными льдом грунтами, образовались сильные моды, значительно повысившие уровень шумов при записи сигналов. Из-за низкого отношения сигнал-шум в необработанных данных, измерения мощности слоя нельзя считать надежными. Обработка усиленных сигналов может дать необходимую информацию о мощности слоя.

INTERPRETATION OF SUB-SEABOTTOM PERMAFROST IN THE BEAUFORT SEA BY SEISMIC METHODS PART II ESTIMATING THE THICKNESS OF THE HIGH-VELOCITY LAYER

J.A. Hunter*, K.G. Neave[+], H.A. MacAulay* and G.D. Hobson[+]

*Geological Survey of Canada, [+]Polar Continental Shelf Project, Department of Energy, Mines and Resources, Ottawa, Canada

INTRODUCTION

A knowledge of the depth to the base of a high-velocity permafrost layer is desirable both for making seismic reflection static corrections and for certain engineering aspects of well drilling. We have made three different attempts to map the lower permafrost boundary with data from the front-ends of oil-industry marine-reflection records (see Part I for detailed description) using an attenuation method, a dispersion method and finally reflection readings. The three methods are similar to the extent that they all depend on seismic energy being reflected from the bottom of the high velocity layer. The bottom reflections cause interference phenomena for the attenuation and dispersion techniques and they cause discrete arrivals for the reflection method. Each method is described separately below.

ATTENUATION METHOD

The first approach is to assume that the layer is thin with respect to the wavelength of the signal. In this case, the thin layer acts as a waveguide for some of the incident energy. The rays are reflected internally at or near grazing incidence to form a 'plate wave' which travels without dispersion. A 'plate wave' signal would resemble a head wave on a record except that it would suffer amplitude decay as it propagates because shear wave energy is radiated into the low velocity medium on either side. Rosenbaum (1965) published theoretical calculations on the attenuation rate and produced an appropriate formula which would apply to wavelengths which are long with respect to layer thickness. The expression

$$\beta = R^{-1/2} L^{-1/3} \frac{\rho_1}{\rho_2} \frac{V_{S1}}{V_{PL2}} D^{-1}$$

shows an inverse relationship between the layer thickness, D, and the attenuation rate, β. There are factors in the expression related to: geometric spreading of the energy, ($R^{-1/2}$); dispersion of the signal, ($L^{-1/3}$); the density contrast of the layer, (ρ_1/ρ_2); and the contrast between the shear wave velocity in the low-velocity surroundings and the plate-wave velocity in the high-velocity layer, (V_{S1}/V_{PL2}). The Rosenbaum expression for attenuation is only valid for long wavelengths $\lambda/D>\Pi$, (Sherwood, 1967). Model-study measurements have confirmed its validity in that range (Donato, 1965; Lavergne, 1966; Poley and Nooteboom, 1966; and Riznichenko and Shamina, 1957).

In using the Rosenbaum expression, the plate-wave velocity can be measured directly on the records but the shear velocity in unfrozen sediments cannot. Since we have no direct measurements from field studies in the area, a typical velocity of 400 m/sec. has been used (Hamilton, 1971, and Molotova and Vassil'ev, 1960). Therefore, the thickness estimates will be subject to error where this value is not appropriate.

The Rosenbaum expression has given good results for some Geological Survey of Canada seismic data taken near shallow offshore boreholes: one at Tingmiark located north of Toker Point, the other in Kugmallit Bay. The seismic thickness estimates are within 12% of the measured thickness. In both cases, the thickness is less than 10 m.

Attenuation studies on some industry data suggest there is an average thickness of the upper high-velocity layer of 14 metres in a small area north of Richards Island.

Higher frequency modes have higher attenuation rates than the low-frequency plate-wave according to Sherwood (1967) and Rosenbaum (1965). If attenuation measurements were made incorrectly on higher modes, the thickness estimate would be too small. As a result, some drilling control is necessary to verify the thickness determinations by the attenuation method.

DISPERSION METHOD

The second method assumes that the layer is thick with respect to wavelength. The high-velocity layer acts as a waveguide for dispersed modes. Rosenbaum (1964) produced a set of velocity solutions for trapped modes in a Lucite plate submerged in water. Dispersion occurs since the group velocity is a function of frequency. The phase velocity of a mode is always greater than or equal to the plate-wave velocity.

Rosenbaum found that low attenuation rates were possible for parts of the higher modes, particularly n = 2 so that parts of these modes should be observable on seismic records. Crary (1954) identified the analogue to the second mode as a prominent high-frequency event during his seismic study on ice island, T3, and used it to estimate the thickness of the ice. The ice-bonded permafrost layer in our study is not surrounded by a fluid, as in Rosenbaum's model, but by sediments with a finite but low rigidity. The velocity structure is not expected to be altered by the low rigidities encountered in unfrozen sediments. There will be some shear-wave energy radiating from the plate, as discussed in the first model, and all of the modes in the plate will thereby suffer some attenuation. In addition, the dispersion curves are a function of Poisson's ratio. Kurfurst (1977) finds that frozen sediments have typical values of σ=0.4. The curves were calculated using σ = 1/3 so that some adjustment would be required to do accurate data processing for a permafrost high-velocity layer.

In practice, a few good records showed enough evidence of the required modes to perform a reliable interpretation but most had too low a signal-to-noise ratio (Fig. 1). Usually, the best developed modes were the leaking modes in the waveguide above the high velocity layer (Phinney, 1961) and they obliterated the signals which travelled to the lower boundary. Figure 2 shows a record for which the dominant early arrival appears to be a high-velocity layer mode. In this case, the high frequency suggests that these could be higher modes (n = 4, 6, or 8). Unfortunately, the uncertainty of the mode identification renders the interpretation of thickness ambiguous.

Both of the problems, upper waveguide noise and mode number identification, could be overcome if consistent records were produced using signal-enhancement techniques on very low-frequency records.

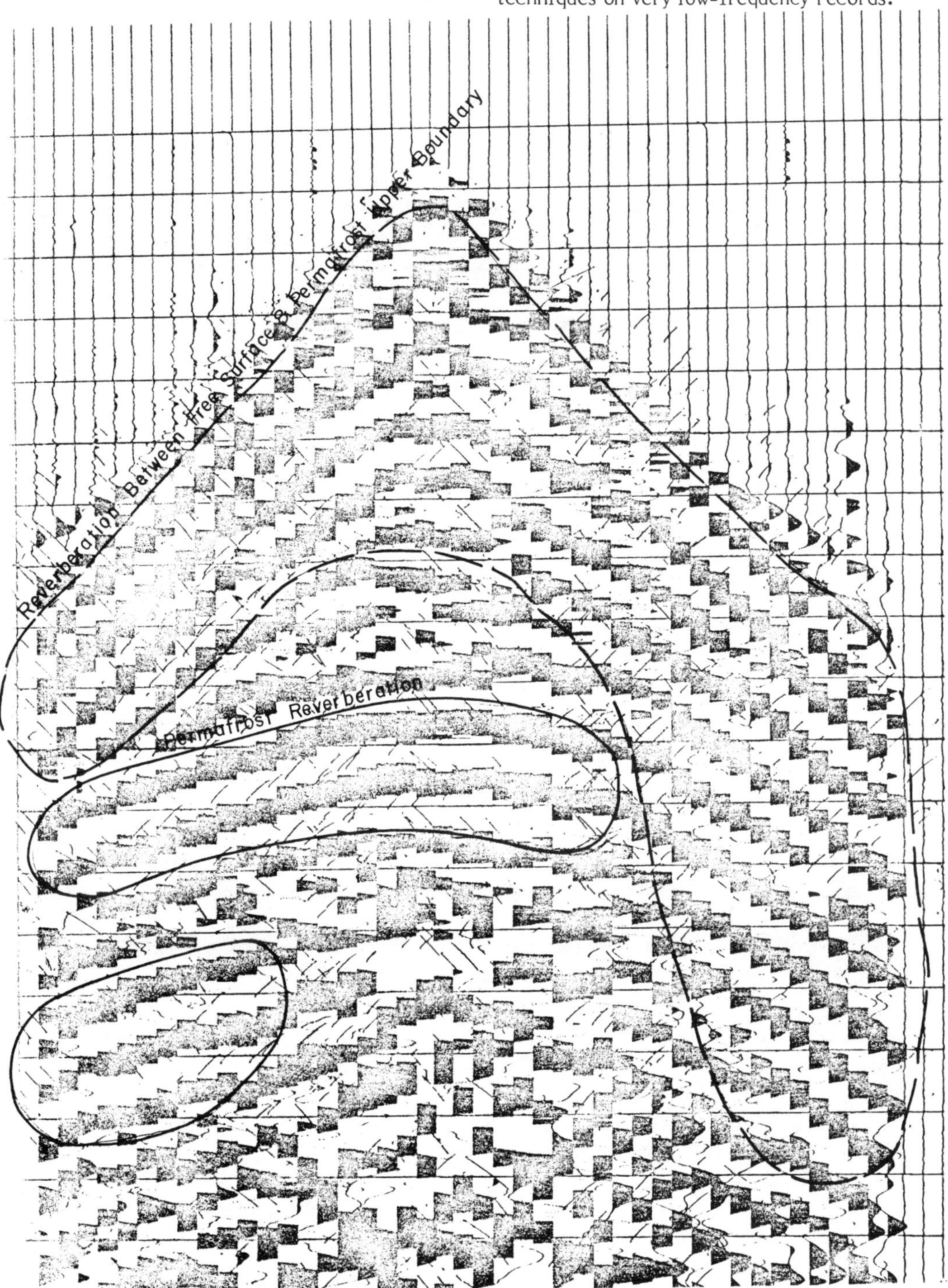

Fig. 1. An industry reflection record front end showing multiple reflections from the low-velocity zone above the high-velocity layer, and also showing multiple reflections which appear to originate within the high-velocity layer.

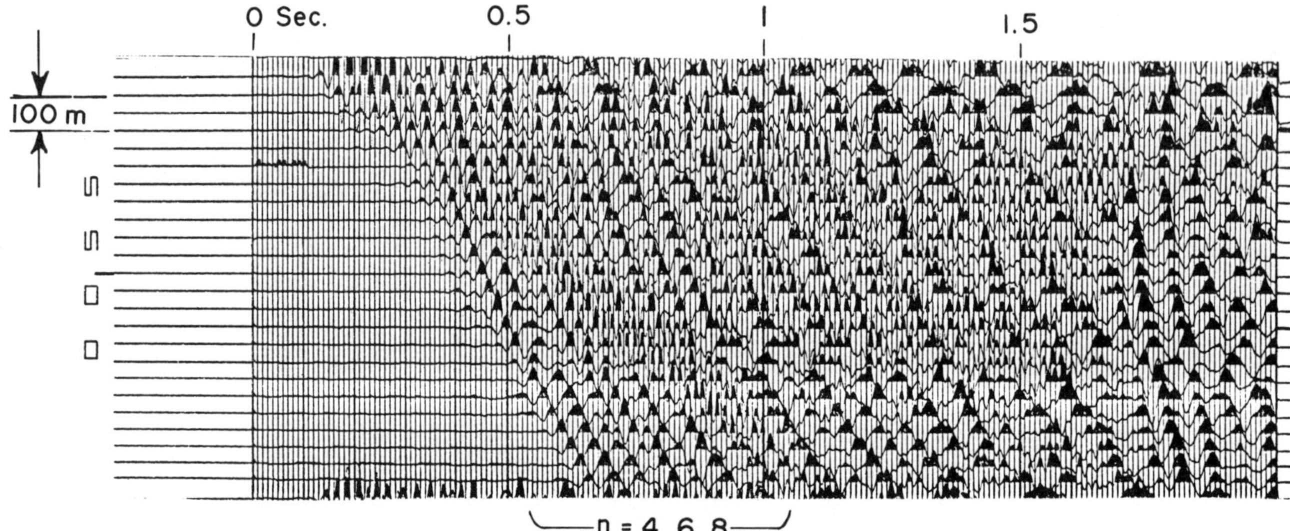

Fig. 2. An industry reflection record front end showing multiple reflections from within the high-velocity layer. These appear to represent higher modes of the type described by Rosenbaum (1964).

REFLECTION METHOD

The third situation is the one for which the layer is so thick that different multiple reflections inside the layer are separated in time; therefore, interference between the multiples is not a problem. In such a case, the discrete reflection arrivals from the top and bottom of the frozen layer can be used to determine the thickness and velocity of the layer, (Fig. 3).

The major factors to be considered are the relative amplitudes (Fig. 4A) and arrival times (Fig. 4B) of the signals. Amplitude studies indicate that refraction arrivals should be larger than the corresponding reflection. Figure 5 shows a strong refraction arrival, in addition to a refraction multiple (one which has reflected once from the free surface) and no bottom reflection. Just as the dispersion method encounters stronger reverberations above the permafrost layer, the bottom reflection method also suffers from strong interference from energy propagated higher in the section. This method could be utilized if the signal-to-noise ratio were improved.

CONCLUSIONS

Some limited success has been found for the thickness measurements from data on the front-ends of industry reflection records. The attenuation method can be used for relatively thin layers (less than 30 m). Future studies are planned to map thickness in areas where such thin layers occur. The lower boundary of thicker permafrost layers cannot be mapped using the unenhanced records which were available for this study. If better signal-to-noise ratios were achieved for the bottom reflections by a type of velocity filtering, then bottom determinations for thicker layers should be feasible seismically.

ACKNOWLEDGMENTS

We wish to acknowledge the funding of the work by the Polar Continental Shelf Project. Reflections records were supplied by Gulf Oil Canada Ltd., Dome Petroleum Ltd., Imperial Oil Ltd., Sun Oil Ltd., Geophysical Services Inc., Pan-Canadian Petroleum Ltd., and their various partners. We wish to thank the representatives of those companies for their contribution and their assistance.

REFERENCES

CRARY, A.P. 1954. Seismic Studies on Fletcher's Ice Island, T-3, Trans, Am. Geophys. Un., 35, (2), 293-300.

DONATO, R.J. 1965. Measurements on the arrival refracted from a thin high-speed layer, Geophysical Prospecting 13, 387-404.

HAMILTON, E.L. 1971. Elastic Properties of marine sediments, J. Geophys. Res., 76, (2), 579-604.

KURFURST, P.J. 1977. Acoustic properties of frozen soils; in Report of Activities, Part B; Geol. Surv. Can., Paper 77-1B, 277-280.

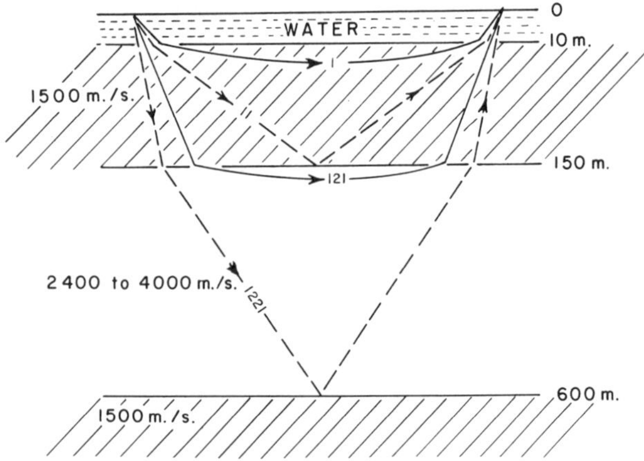

Fig. 3. A model of possible ray paths for reflected and refracted arrivals for a thick high-velocity layer.

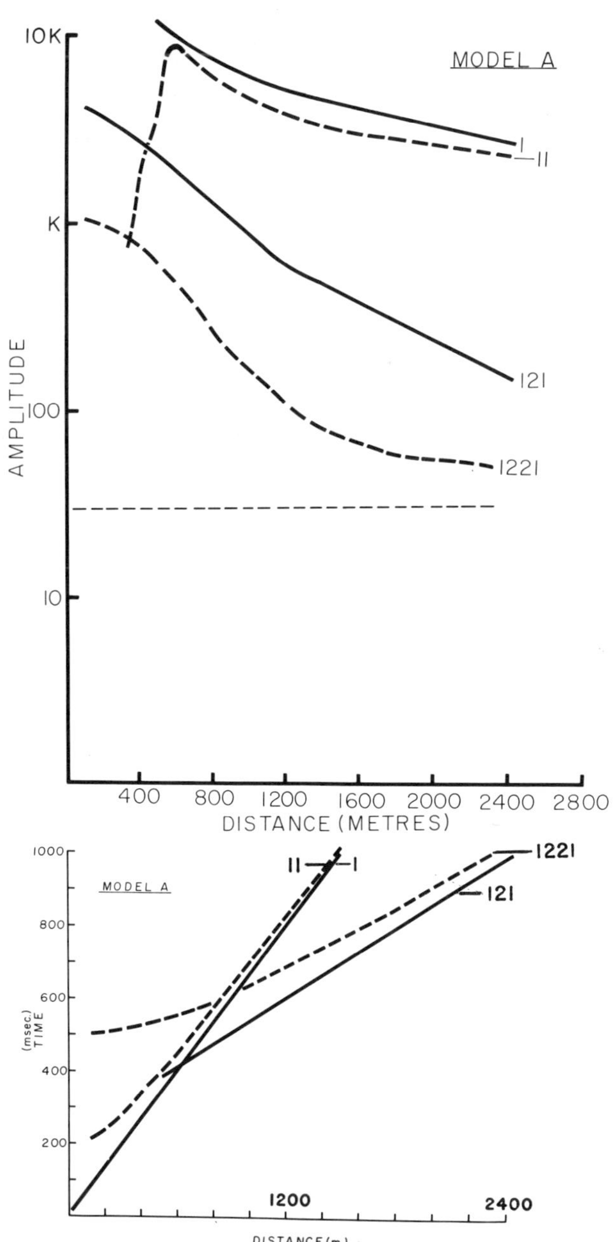

Fig. 4a. Relative amplitude vs. distance for different ray paths for the thick high-velocity layer shown in Fig. 3.

4b. Arrival time plotted vs. distance for different ray paths for the thick high-velocity layer shown in Fig. 3.

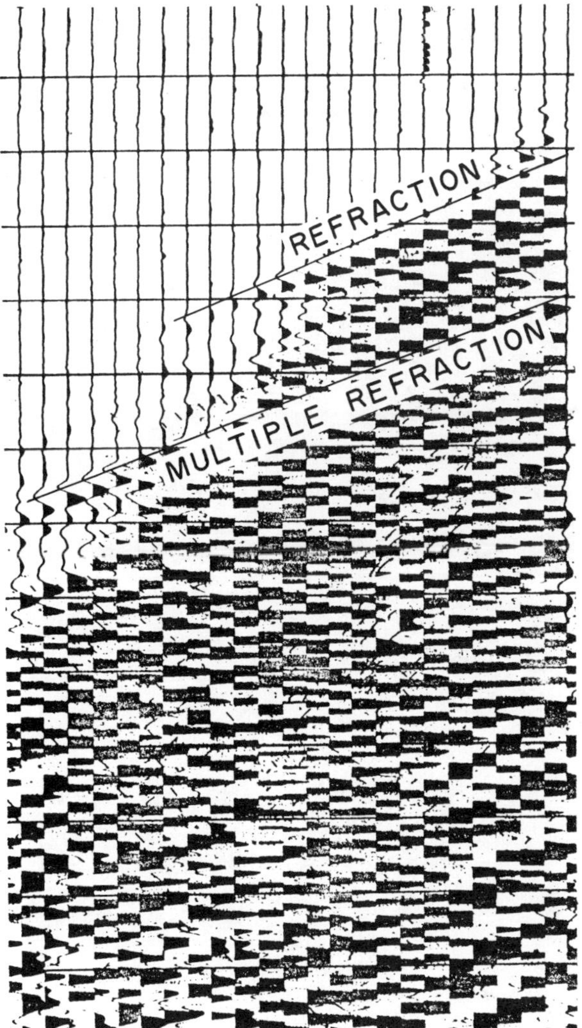

Fig. 5. An industry reflection record front end showing a strong refraction arrival plus a strong refraction multiple. No reflected event from the bottom of the high-velocity layer is visible.

LAVERGNE, M. 1966. Refraction le long des bancs minces rapides et effet d'écran pour les marqueurs profonds, Geophysical Prospecting 14, (4), 504-527.

MOLOTOVA, L.V., and Y.I. VASSIL'EV, 1960. Velocity ratio of longitudinal and transverse waves in rocks, II, Izv. Geophys. Ser., 1997-1116.

PHINNEY, R.A. 1961. Leaking modes in the crustal waveguide; Part I. The oceanic PL wave, J. Geophys. Res., 66, (5), 1445-1469.

POLEY, J. PH., and J.J. NOOTEBOOM, 1966. Seismic refraction and screening by thin high-velocity layers, Geophysical Prospecting, 14, (2), 184-203.

RIZNICHENKO, Y.V. and O.G. SHAMINA, 1957. Elastic waves in a laminated solid medium, as investigated on two-dimensional models, Izv. Geophys. Ser. Translation, (7), 17-37.

ROSENBAUM, J.H. 1964. The response of an elastic plate submerged in a liquid half-space to explosive sound, Geophys., 29, (3), 370-394.

ROSENBAUM, J.H. 1965. Refraction arrivals through thin high-velocity layers, Geophys. 30, (2), 204-212.

SHERWOOD, J.W.C. 1967. Refraction along an embedded high-speed layer, Seismic Refraction Prospecting, Ed. A.W. Musgrove, Soc. Explor. Geophys., Wash.

FORECAST OF CHANGES IN GEOCRYOLOGICAL CONDITIONS DURING ECONOMIC DEVELOPMENT OF THE PERMAFROST REGION

V.A. Kudryavtsev and L.N. Maksimova, Moscow State University, U.S.S.R.

The authors examine the general problems of geocryological forecasting: its aims, content, forms, objects and methods. The aims and tasks of forecasting are defined broadly as a substantiation not only of design and construction, but also of a scheme of development of the permafrost region, as well as of principles and methods of rational use of natural resources in this region. These problems are solved successively at different stages of development by preparing general, regional and local forecasts, which include an evaluation of the natural evolution of the environment (environmental-historical forecasts). The importance of studying the response of the environment to changes in geocryological conditions (ecological forecasts) is noted. The integrated methods of geocryological forecasting are discussed. All this points to the complexity of the problem and its great economic significance.

PRÉVISION DU CHANGEMENT DES CONDITIONS GÉOCRYOLOGIQUES PAR SUITE DE L'AMÉNAGEMENT DE LA RÉGION DE PERGÉLISOL

V.A. Kudryavtsev, L.N. Maksimova, Université d'État de Moscou, URSS

Les auteurs étudient les aspects généraux de la prévision géocryologique: ses buts, son contenu, ses différentes facettes et leurs interrelations, ses objets et méthodes. Les buts et les problèmes de la prévision sont compris au sens large comme le fondement non seulement de la conception et de la construction mais aussi du projet d'aménagement de la région pergélisolée, des principes et des méthodes d'exploitation rationnelle de ses ressources naturelles. Ces problèmes se résolvent successivement aux différentes étapes de l'aménagement lors de l'élaboration de prévisions synoptique, régionale et concrète, qui comprennent l'appréciation de l'évolution normale de l'environnement (prévision naturo-historique) et de l'influence technogène (prévision technogénique). Le rôle de l'étude des réactions de l'environnement aux transformations des conditions géocryologiques est mis en relief (prévision écologique). Discussion des méthodes complexes de prévision géocryologique. Les questions examinées témoignent de la complexité du problème et de sa grande importance pour l'économie.

ПРОГНОЗ ИЗМЕНЕНИЯ ГЕОКРИОЛОГИЧЕСКИХ УСЛОВИЙ ПРИ ПРОИЗВОДСТВЕННОМ ОСВОЕНИИ ОБЛАСТИ МНОГОЛЕТНЕМЕРЗЛЫХ ПОРОД

В.А. Кудрявцев, Л.Н. Максимова, Московский гос. университет, СССР

Рассматриваются общие вопросы геокриологического прогноза: его цели, содержание, виды и их соотношение, объекты и методы. Цели и задачи прогноза понимаются широко, как обоснование не только проектирования и строительства, но и схемы освоения области многолетнемерзлых пород, принципов и методов рационального использования ее естественных ресурсов. Эти задачи решаются последовательно на различных этапах освоения путем составления обзорного, регионального и конкретного прогнозов, включающих оценку естественной эволюции природной среды (естественно-исторический прогноз) и техногенных воздействий (техногенный прогноз). Отмечена роль изучения обратных реакций природной среды на изменение геокриологической обстановки (экологический прогноз). Обсуждаются вопросы комплексности методов геокриологического прогноза. Рассмотренные вопросы свидетельствуют о сложности проблемы и ее большом значении для народохозяйственной практики.

ПРОГНОЗ ИЗМЕНЕНИЯ ГЕОКРИОЛОГИЧЕСКИХ УСЛОВИЙ ПРИ ПРОИЗВОДСТВЕННОМ ОСВОЕНИИ ОБЛАСТИ МНОГОЛЕТНЕМЕРЗЛЫХ ПОРОД

В.А. Кудрявцев, Л.Н. Максимова

Московский государственный университет, геологический факультет, СССР

В настоящее время геокриологический прогноз становится необходимым элементом геокриологических, инженерно-геологических, гидрогеологических и других исследований в области распространения многолетнемерзлых пород. Вместе с тем, следует отметить, что пока нет единства в понимании видов, содержания, методики, объектов, формы и комплексности геокриологического прогноза, нет классификации и номенклатуры прогноза. В силу этого по разному понимаются его цели и задачи. Поэтому назрела необходимость обсудить эти вопросы, чтобы определить наиболее целесообразные методы и соотношение отдельных видов и форм прогноза в целях не только предвидения изменения геокриологических условий и определения принципов и приемов управления мерзлотным процессом, но и определения принципов и приемов охраны природы в области многолетнемерзлых пород.

ЦЕЛИ, ЗАДАЧИ И ОБЩАЯ СХЕМА ПРОГНОЗА

Под геокриологическим прогнозом понимается научное предвидение изменений геокриологической обстановки и вызванных ими нарушений окружающей среды в связи с естественным развитием природы и производственной деятельностью человека.

Как известно, в области распространения многолетнемерзлых пород устойчивость природной среды к внешним воздействиям, принципы и приемы строительства и оптимальные условия эксплуатации сооружений, в основном, определяются геокриологическими условиями. Последние существенно изменяются в результате производственного освоения территории. Эти изменения могут быть столь большими, что в процессе строительства и эксплуатации сооружений многолетнемерзлые породы возникают там, где их не было при предварительных геокриологических исследованиях и, наоборот, оттаивают достаточно устойчивые в естественной обстановке мерзлые толщи. Очевидно, что характер этих изменений необходимо учитывать как при определении общей схемы и оптимальных условий широкого производственного освоения больших территорий новых промышленно-экономических районов, так и при проектировании, строительстве и эксплуатации конкретных инженерных сооружений, что особенно важно. Следовательно, составление геокриологического прогноза должно являться неотъемлемой частью геокриологических исследований, и только на его основе может производиться освоение территории в области распространения многолетнемерзлых пород и глубокого сезонного промерзания почвы.

При составлении геокриологического прогноза должно оцениваться широкое взаимодействие природной среды и техногенных факторов (строительство, горно-техническая деятельность, сельскохозяйственное освоение и т.д.). Результат этого взаимодействия обусловлен: а) спецификой природной среды и, прежде всего, естественно-историческими особенностями осваиваемой территории, определяющими круг и характер геокриологических факторов (таких как геологическое строение, рельеф, климат, естественные покровы и т.д.) и значение каждого из них в формировании естественной геокриологической обстановки; б) особенностями производственной деятельности человека, ее преобразующей ролью, способностью изменить те или иные геокриологообразующие факторы, а также характером этих изменений. Следовательно, для составления геокриологического прогноза необходимо изучить общие и частные закономерности формирования и развития геокриологической обстановки и тогда, зная, как производственная деятельность повлияет на природную среду, можно предсказать ожидаемое изменение геокриологических условий. Кроме того, обычно появляются техногенные факторы, оказывающие дополнительное влияние (тепловыделение зданий и сооружений и пр.), которое также необходимо учитывать. Эти факторы также подлежат специальному исследованию с учетом специфики существующих и преобразуемых природных и геокриологических условий.

ВИДЫ ПРОГНОЗА

В зависимости от целей и задач исследований, определяющих их детальность, можно выделить три вида геокриологического прогноза: обзорный, региональный и конкретный (см. схему).

Обзорный прогноз составляется для общей ориентировочной характеристики природных ресурсов больших территорий в связи с оценкой перспектив их экономического развития, а также в связи с разработкой субглобальных планов преобразования природы (переброска рек, создание каскадов водохранилищ и т.д.). Наиболее общей задачей геокриологического прогноза этого вида является оценка основной тенденции развития геокриологической обстановки. В ходе прогнозирования характеризуется многолетняя (вековая) направленность процесса промерзания и протаивания верхнего слоя земной коры и ожидаемые изменения его состава, строения и свойств; исследуется ее влияние на характер распространения мерзлых толщ (прерывистость залегания, положение южной границы); изучается влияние прогнозируемых изменений геокриологических условий на оценку промышленных запасов полезных ископаемых, подземных вод и т.д. Существующая тенденция развития мерзлотного процесса обусловлена всей предшествующей историей развития мерзлых толщ и природной среды в целом. Эволюция естественно-исторической обстановки является в этом случае первопричинной прогнозируемых изменений. Вызванные ею изменения геокриологических условий оцениваются естественно-историческим геокриологическим прогнозом.

На естественное развитие природной среды в пределах больших территорий все возрастающее воздействие оказывают техногенные факторы, такие как загрязнение атмосферы, влияние крупных искусственных водоемов и т.д. Такого рода техногенные воздействия, часто называемые непреднамеренными, также оказывают влияние на геокриологические условия и должны учитываться при составлении обзорного геокриологического прогноза. Их влияние накладывается на естественный ход развития геолого-географической обстановки, вследствие чего в данном случае можно говорить о смешанном физиотехногенном - воздействии. Распространяясь на большие территории оно вызывает такие изменения геокриологических условий, область распространения которых и характер проявления во времени нельзя с необходимой степенью достоверности наметить заранее. Прогноз таких изменений можно назвать физиотехногенным аномологическим (гр. номозакон, правило).

Из сказанного следует, что обзорный геокриологический прогноз должен основываться на результатах естественно-исторического и физиотехногенного аномологического прогнозов.

Региональный геокриологический прогноз составляется для инженерно-геокриологической оценки территорий первоочередного освоения при перспективном планировании развития народного хозяйства и в других случаях, когда требуется характеристика возможных изменений геокриологической обстановки отдельных природных регионов (например, при составлении оценочных карт природы) в связи с разработкой принципов и методов рационального использования природных ресурсов (земельных, минеральных и др.). На его основе выделяются площади наиболее благоприятные для различных видов освоения (гидротехнического, промышленного, транспортного строительства и др.) и решаются другие вопросы, связанные с организацией и размещением территориально-производственных комплексов. Для решения перечисленных вопросов необходима оценка устойчивости природной обстановки вообще и геокриологической, в частности, к разнообразным внешним воздействиям. При этом прогнозируются изменения геокриологических условий в результате естественных изменений природной среды (естественно-исторический прогноз) и производственного освоения территории (техногенный прогноз). В последнем случае рассматривается влияние таких общих мероприятий как снятие растительности, уплотнение или удаление снега, изменение условий поверхностного и грунтового стока и т.д. Влияние этих мероприятий на геокриологическую обстановку осуществляется через изменение перечисленных и других природных геокриологообразующих факторов и оценивается на основе физиотехногенного прогноза. Указанные выше техногенные воздействия свойственны практически всякому производственному освоению территории. Наряду с этим для решения целого ряда задач, связанных с размещением территориально-производственных комплексов, необходима оценка специфических влияний, характерных для различного рода производственной деятельности, свойственных определенным видам строительства и т.д. Например, при строительном освоении территории оценивается влияние суммарного тепловыделения зданий и инженерных сооружений при площадной застройке или линейных сооружений и т.д. Геокриологический прогноз, оценивающий такое чисто техногенное непосредственное тепловое (и механическое) воздействие на горные породы, можно назвать эвдиотехногенным (эвдиочистый, ясный). Для решения рассматриваемых практических задач эвдиотехногенный прогноз составляется главным образом на основе обобщения имеющегося опыта строительства, путем качественных оценок.

Рассмотрение перечисленных воздействий не исчерпывает содержания регионального геокриологического прогноза. Для оценки устойчивости геокриологической обстановки необходимо изучение не только влияния природного комплекса и техногенных факторов на геокриологические условия, но и обратного влияния мерзлотных особенностей на окружающую среду. Если результаты указанных влияний складываются, эффект внешнего воздействия усиливается, следствием чего является низкая устойчивость природных ландшафтов и соответствующих типов сезонно- и многолетнемерзлых пород. Возможны и обратные связи, повышающие устойчивость природного комплекса и геокриологической обстановки. Представляется, что характеристика указанных взаимосвязей и взаимозависимостей должна быть предметом самостоятельного геокриологического прогнозирования - экологического. При региональном прогнозе, составляемом для разработки принципов рационального освоения территории и охраны природной среды, экологический прогноз должен, по-видимому, иметь первостепенное значение.

Конкретный геокриологический прогноз составляется для целей инженерного проектирования на территории конкретного строительства (а также месторождений полезных ископаемых). На его основе дается инженерно-геологическая оценка территории с позиций конкретного вида производственной практики, выбирается принцип использования грунтов в качестве оснований (или способ добычи полезных ископаемых), обосновываются оптимальные проектные решения, назначаются нормативные характеристики сезонно- и многолетнемерзлых пород, рекомендуются мероприятия по направленному изменению мерзлотных условий, обеспечивающему рациональное использование геосреды (и, в случае необходимости, рекультивацию) и оптимальные условия эксплуатации инженерных сооружений и добычи полезных ископаемых.

Основной задачей прогноза этого вида является оценка влияния на геокриологические условия конкретных техногенных воздействий, для чего составляется техногенный геокриологический прогноз. При этом оценивается роль и значение всех геокриологообразующих природных факторов с учетом их изменений в ходе строительства (физиотехногенный прогноз) и влияние (тепловое и механическое) конкретных инженерных сооружений (эвдиотехногенный прогноз). Общий фон исследуемых изменений геокриологической обстановки определяется историей ее развития и современной динамикой. Особенности указанных факторов и их влияния на конкретных строительных площадках оцениваются на основе естественно-исторического и экологического прогнозов. В последнем случае оцениваются также особенности взаимодействия геокриологической составляющей и природного комплекса в целом и характеризуются ожидаемые его изменения в ходе строительства, что влияет на оценку сложности инженерно-геологических условий конкурирующих участков и тем самым определяет выбор оптимальных вариантов строительных площадок, трасс и т.д.

Рассматриваемый вид геокриологического прогноза относится к числу наиболее распространенных. На кафедре мерзлотоведения МГУ накоплен двадцатилетний опыт составления конкретных геокриологических прогнозов для различных нужд народного хозяйства (для целей гидротехнического, промышленного, транспортного строительства, разработки россыпных месторождений и т.д.), на различных этапах исследований в различных районах распространения многолетнемерзлых пород, что позволило разработать основы геокриологического прогноза при инженерно-геологических исследованиях, определить его состав и содержание на различных стадиях изысканий и проектирования.

ОБЪЕКТЫ ПРОГНОЗА

Объектами прогноза являются все частные характеристики геокриологических условий, к числу которых относится изменение распространения и залегания многолетнемерзлых пород, их состава и криогенных текстур, вероятность оттаивания и образования вновь многолетнемерзлых пород, динамика температурного режима и глубины сезонного промерзания и оттаивания, вероятность образования и характер проявления криогенных процессов и явлений, а также изменение состава и свойств мерзлых, замерзающих и оттаивающих пород и инженерно-геологических условий. Весьма существенным объектом прогноза являются гидрогеологические условия, характер изменения гидрогеологических структур, криогенных водоупоров, областей питания и разгрузки, изменение условий движения подземных вод, их химизма, запасов и ресурсов. В том случае, когда прогнозируются какие-то отдельные элементы геокриологических условий, как, например, температурный режим пород или тепловое взаимодействие сооружения и подстилающего массива мерзлых пород следует говорить о частном геокриологическом прогнозе. Полный геокриологический прогноз дает характеристику изменений типов сезонно- и многолетнемерзлых пород и криогенных процессов. Очевидно, что при полном прогнозе автоматически решается вопрос и о частных прогнозах или дается основа для их решений. Геокриологическая съемка дает возможность составления такого комплексного прогноза. В основу прогноза при определении характера изменения геокриологических условий вообще и каждого из объектов, в частности, должна быть положена история формирования и развития многолетнемерзлых пород. Как указывалось выше, история формирования и современная динамика геокриологических условий является тем общим фоном, на котором совершаются все изменения геокриологических условий, связанные как с естественным ходом развития природной обстановки,так и с производственным освоением территорий. В силу этого прогнозирование естественного хода развития геокриологических условий на ближайшее время является одним из основных объектов прогноза.

При конкретном геокриологическом прогнозе на одно из первых мест выступают техногенные объекты прогноза. К их числу относятся в первую очередь прогнозирование теплового взаимодействия между сооружениями и многолетнемерзлыми толщами, характер изменения последних в результате тепловыделения под зданиями и сооружениями, возможное оттаивание мерзлого основания, определение чаши оттаивания и прогнозирование изменения состава и свойств мерзлых, оттаивающих и замерзающих грунтов, определение их механических, реологических и деформационных свойств под нагрузкой и т.п. Не меньшее значение имеет прогнозирование возникновения и характер проявления таких криогенных процессов и явлений, как термокарст и термоабразия, пучение, солифлюкция, наледи, процессы трещинообразования, оползни, сплывы, обвалы и т.п.

Общеизвестно, что все геокриологические характеристики взаимосвязаны и поэтому взаимосвязанными являются объекты геокриологического прогноза. Прогноз изменения одного из объектов неминуемо отражает и характер изменения других объектов. В силу этого прогнозирование изменения одной геокриологической характеристики должно сочетаться и увязываться с общим прогнозом по данному району. Такая взаимосвязь объектов геокриологического прогноза позволяет правильно подойти к решению методических вопросов геокриологического прогнозирования.

МЕТОДЫ ПРОГНОЗА

Метод ориентировочных качественных оценок. Для получения общего предварительного представления об ожидаемых изменениях геокриологических условий в процессе производственного освоения территории в области распространения многолетнемерзлых пород обычно используются имеющиеся литературные и кадастровые данные по району. В этом случае обычно может даваться качественная оценка ожидаемых изменений и производиться районирование с выделением территории, где геокриологические условия являются мало устойчивыми, и многолетнемерзлые породы в результате хозяйственного освоения оттаивают или возникают вновь с резким изменением их свойств и с интенсивным проявлением криогенных процессов и явлений, или выделяются территории с устойчивыми геокриологическими условиями, где изменения касаются только отдельных характеристик многолетнемерзлых пород без перехода их в талое состояние. Такой метод прогноза, основанный на самых общих соображениях, может быть назван ориентировочным.

Метод учета опыта строительства и производственного освоения территории основывается на сборе уже имеющихся материалов по опыту строительства в условиях распространения многолетнемерзлых пород. На основе детального анализа имеющегося положительного и отрицательного опыта строительства и выявления причин деформации зданий и сооружений в зависимости от конкретных геокриологических условий и технических приемов освоения территорий определяются наиболее рациональные принципы и приемы строительства и других видов производственного освоения в области распространения многолетнемерзлых пород для конкретных данных геокриологических условий.

Этот метод дает хорошие результаты в комплексе с другими методами (съемка, расчетные методы, стационарные площадки и т.п.), в сочетании с которыми достигается возможность выявить общие условия взаимодействия сооружений с окружающей средой, восстановить исходные геокриологические условия и связать характер их изменения с изменением окружающей среды и влиянием техногенных факторов. Один этот метод, используемый самостоятельно, носит описательный характер и ограничен в обобщениях и распространении имеющегося опыта на другие районы.

Метод опытных площадок, специально оборудованных для проведения научно-исследовательских работ, примыкает к предыдущему методу - изучение опыта строительства и производственного освоения территории в области распространения многолетнемерзлых пород. Возможности этого метода большие. Выбирать программу стационарных исследований и располагать площадки следует таким образом, чтобы они находились в типичных или плакорных условиях района освоения. На этих площадках предварительно могут быть изучены общие и частные закономерности формирования и развития многолетнемерзлых пород в данных природных условиях и определена роль и значение геокриологообразующих факторов. На этих площадках могут быть отработаны, опробованы и прокорректированы методы прогнозных расчетов. Недостатком этого метода является ограниченность выбора площадок и комплекса природных условий, имеющихся на данных площадках. Но выбор техногенных факторов в этом случае неограничен. Настоящий метод изучения геокриологических условий и составления прогноза может иметь очень большое значение, если он сочетается с другими и, в частности, с методом геокриологической съемки, учетом опыта строительства и с расчетными методами.

ГЕСКРИОЛОГИЧЕСКИЙ ПРОГНОЗ

Цели и задачи		1. Выявление основных тенденций развития мерзлотного процесса в связи с оценкой перспектив экономического развития природных регионов, зон и т.д.	П. Оценка устойчивости геокриологической обстановки (и природной среды) для определения принципов и методов рационального освоения региона	Ш. Инженерно-геологическая оценка площадей конкретного строительства (и месторождений полезных ископаемых)
Виды прогноза	по детальности исследований	ОБЗОРНЫЙ	РЕГИОНАЛЬНЫЙ	КОНКРЕТНЫЙ
Виды прогноза по причине изменений	основной	естественно-исторический	экологический	техногенный
Виды прогноза по причине изменений	дополнительные	физиотехногенный	естественно-исторический; техногенный	естественно-исторический; экологический
Объекты прогноза	полного	тип многолетнемерзлых пород (ММП) и сезонномерзлых (талых) слоев - СМС (СТС)		
	полного	- по геолого географической обстановке (геолого-структурным элементам земной коры, типам рельефа и т.д.) и возрасту (периоду колебаний климата)	- по особенностям теплообмена, определяющим устойчивость теплового состояния пород для конкретных ландшафтов, геологических структур и т.д.	- по особенностям состава, строения и свойств и условиям теплообмена для конкретных природных микрорайонов в зоне влияния застройки
	частного (примеры)	частные (и комплексные) характеристики геокриологической обстановки		
	частного (примеры)	1) история развития мерзлых толщ; 2) динамика южной границы ММП; 3) изменение площадного распространения ММП и его влияние на динамику областей питания и разгрузки подземных вод и оценку их ресурсов; на технико-экономические условия разработки и оценку промышленных запасов минерального сырья	1) изменение залегания ММП, их влияние на циркуляцию подземных вод и обратное влияние измененного водообмена на тепловое состояние ММП; 2) динамика годового теплооборота; ее влияние на тепло- и влагообмен конкретных ландшафтов и обратное влияние изменений ландшафтных условий на СТС (СМС) и др.; 3) криогенные и сопутствующие процессы (термокарст-заболачиваемость поверхности и т.д.)	1) изменение мощности и условий залегания ММП, образование чаш и ореолов оттаивания и т.д.; 2) температурный режим ММП, изменение их состояния (пластично- и твердо-мерзлое) и физико-механических свойств; 3) характеристика СТС (СМС), нормативные глубины, потенц. промерзание и т.д.; 4) криогенные инженерно-геологические процессы (тепловые ссадки, пучение и др.)
Методы		Качественные - описательные		
		логические	логические и визуальные - аэро-	и космические методы и др. (на стадии ТЭО)
		Количественные		
		ориентировочные - расчеты по эмпирическим и другим формулам; входные данные назначаются по литературным материалам		(в предполевой период изысканий)
			Моделирование	
			расчеты АВМ, ЭВМ	расчеты на АВМ, ЭВМ лабораторное моделирование процессов
			Опытные площадки режимные наблюдения на стационарах	экспериментальное строительство
		Изучение опыта	производственного освоения территории	
			комплексный метод	
			мерзлотная съемка мелкого и среднего масштаба	мерзлотная съемка среднего и крупного масштаба
Содержание		1) общая геокриологическая характеристика территории в связи с ожидаемыми изменениями природной среды; 2) ориентировочная оценка влияния геокриологических условий на природные ресурсы; 3) исследование принципиальной возможности увеличения ресурсов путем направленного изменения мерзлотного процесса	1) оценка изменений геокриологической обстановки при различных видах освоения; 2) рекомендации по рациональной организации и размещению территориально-производственных комплексов, рекреационных зон и т.д.; 3) разработка принципов направленного изменения геокриологической обстановки для повышения устойчивости и охраны природной среды	1) прогноз инженерно-геокриологических условий стройплощадок; оценка их сложности, назначение нормативных характеристик ММП и т.д.; 2) обоснование принципов и рациональных методов строительства; 3) разработка схемы мероприятий по управлению мерзлотным процессом для создания оптимальных условий эксплуатации сооружений и охраны окружающей среды

Метод расчетов является неотъемлемой частью как естественно-исторического и экологического, так и техногенного прогноза при обзорном, региональном и конкретном прогнозировании. Расчетные методы обеспечивают количественную оценку тех изменений геокриологических условий, которые возникают в результате производственного освоения территории в области многолетнемерзлых пород. Расчетные методы позволяют учесть изменения в радиационно-тепловом балансе поверхности земли, в тепломассообмене между атмосферой и почвой и нижележашими мерзлыми породами и те изменения в геокриологической обстановке, которые следуют за производственным освоением территории. Расчетные методы дают возможность количественнс оценить роль и значение каждого геокриологообразующего фактора природной среды как в естественном, так и в измененном состоянии и выявить количественную сторону обших и частных закономерностей формирования многолетнемерзлых толщ и всего комплекса геокриологической обстановки. То же следует сказать и в отношении техногенных факторов. Одновременно с этим следует указать, что при решении вопросов конкретного прогноза и применении АВМ и ЭВМ граничные условия необходимо выбирать не те, что зафиксированы на момент исследования при съемке, а с учетом прогнозных изменений. Таким образом, применение расчетных методов должно обязательно сочетаться с другими методами геокриологического прогноза и прежде всего с геокриологической съемкой.

Метод геокриологической съемки дает основу для наиболее обстоятельного и полного геокриологического прогноза. Это обусловлено тем, что данный метод прогноза является наиболее комплексным. При геокриологической съемке используется и метод учета опыта строительства и метод стационарных площадок, организация многолетних наблюдений и экспериментального строительства, а также все расчетные методы в поле, экспресс-методы, а в камеральный период - АВМ и ЭВМ. Все это позволяет исследователю количественно оценить непосредственно в поле и при камеральной обработке влияние различных природных и техногенных факторов на формирование различных геокриологических характеристик и их изменения в связи со строительством и производственным освоением территорий. Наиболее ценным является то, что в процессе съемки эти связи изучаются наиболее всесторонне, что дает возможность оценить их проявление в самых различных природных условиях. С этим связана возможность оценки влияния ожидаемых техногенных изменений.

Одновременно геокриологическая съемка призвана количественно оценить и определить те исходные данные, которые должны закладываться при решении задач конкретного прогноза теплового взаимодействия различных сооружений и многолетнемерзлых толщ. Геокриологическая съемка обеспечивает сбор материала, необходимого для составления как геокриологических карт общего характера, так и прогнозных. Геокриологические карты являются наиболее обобщенной формой информации о геокриологических условиях района производственного освоения, позволяющей решать вопросы геокриологического прогноза для любых участков исследованной территории. Таким образом, геокриологический прогноз, представляющий собой завершающий этап геокриологической съемки, является наиболее комплексным и полным, так как в этом случае прогнозируется комплексное изменение геокриологической обстановки как в части естественно-исторической, так и техногенного прогноза.

О СОДЕРЖАНИИ ПРОГНОЗА

Перечисленные методы геокриологического прогноза дают возможность не только прогнозировать ожидаемые изменения геокриологических условий в связи со строительством и производственным освоением территорий, но и определять принципы и приемы управления геокриологическими процессами в целях получения оптимальных условий работы сооружений и состояния окружающей среды. Опираясь на знание выявленных при геокриологической съемке закономерностей формирования геокриологических условий, можно говорить о том, что следует предпринять для достижения этой цели. Каждое мероприятие, будь то изменение характера покрова (снежного, растительного), изменение состава грунтов в результате подсыпки, планировки или выемки грунта, дренаж или обводнение грунтов, застройка территории, асфальтирование, устройство водохранилищ и пр., может быть оценено как качественно, так и количественно. Подбор соответствующих мероприятий в зависимости от существующих условий и технических требований сооружений и технологии производства может создать оптимальные условия для освоения территории. Это может быть сделано для каждого конкретного сооружения, а также и для широкого преобразования природных и геокриологических условий на обширных площадях. Этим определяется трехчленность геокриологического прогноза: геокриологический прогноз как определение 1) ожидаемого изменения геокриологических условий, 2) принципов и приемов управления и направленного изменения геокриологической обстановки и 3) принципов и приемов охраны природы в области многолетнемерзлых пород.

Рассмотренные вопросы свидетельствуют о сложности проблемы и ее большом значении для народохозяйственной практики.

GEOCRYOLOGICAL SURVEY METHODS

V.A. Kudryavtsev and K.A. Kondrat'eva, Moscow State University, U.S.S.R.

The main purpose of geocryological investigations is the determination of both the existing permafrost conditions and those which will result from the economic development of a given territory. For this it is essential to explain why particular permafrost conditions exist in the present environment, what caused them and how they will develop in a changing environment. Thus geocryological investigations must include a study of the development of geocryological conditions, i.e. a study of the effect on their development of each environmental factor. Such a study is possible only on the basis of a geocryological survey which is the most complete form of permafrost investigations. A geocryological survey must include a geocryological forecast and a compilation of geocryological maps of existing and predicted permafrost conditions, as well as recommendations on methods of controlling the growth of permafrost.

MÉTHODOLOGIE DU LEVÉ GÉOCRYOLOGIQUE

V.A. Kudryatsev, K.A. Kondrat'eva, Université d'État de Moscou, URSS

La détermination des conditions géocryologiques existantes et de celles qui suivent l'aménagement d'un territoire constitue l'objectif principal des recherches géocryologiques. Il s'agit d'expliquer pourquoi ces conditions existent dans le milieu naturel actuel, comment elles ont été créées, et comment elles évolueront en présence des variations du milieu environnant. Par conséquent, les recherches géocryologiques doivent inclure une étude des lois qui régissent la création des conditions géocryologiques, c'est-à-dire de l'influence de chaque facteur du milieu naturel sur leur développement. Une telle étude n'est possible que si elle s'appuie sur le levé géocryologique qui constitue la forme la plus complète de recherche géocryologique. Le levé géocryologique doit obligatoirement comprendre l'élaboration de prévisions et de cartes géocryologiques décrivant les conditions géocryologiques existantes et à venir, et aussi une recommandation portant sur les procédés et méthodes à utiliser pour la régulation de ces processus.

О МЕТОДИКЕ ГЕОКРИОЛОГИЧЕСКОЙ СЪЕМКИ

В.А. Кудрявцев, К.А. Кондратьева
Московский гос. университет, СССР

Основной целью геокриологических исследований является установление не только существующей мерзлотной обстановки, но и той, которая установится в результате хозяйственного освоения территории. Для этого необходимо объяснить, почему именно эти мерзлотные условия существуют в настоящей природной обстановке, за счет чего они сформировались и как будут развиваться при изменении окружающей среды. Следовательно, в процессе геокриологических исследований должны быть изучены закономерности формирования геокриологической обстановки, т.е. изучено влияние на ее развитие каждого фактора природной среды. Такое изучение возможно только на основе геокриологической съемки, являющейся наиболее полным видом мерзлотных исследований. Геокриологическая съемка обязательно должна включать разработку геокриологического прогноза и составление геокриологических карт существующих и прогнозных мерзлотных условий с рекомендацией приемов и методов направленного управления мерзлотным процессом.

О МЕТОДИКЕ ГЕОКРИОЛОГИЧЕСКОЙ СЪЕМКИ

В.А. Кудрявцев, К.А. Кондратьева

Московский государственный университет, геологический факультет, СССР

Основные положения методики, приемы и методы геокриологических исследований разрабатывались ведущими геокриологическими организациями: Институтом мерзлотоведения им. В.А. Обручева АН СССР, Московским государственным университетом им. Ломоносова, отделом геокриологических изысканий ПНИИИС Госстроя СССР, Институтом мерзлотоведения СО АН СССР, ВСЕГИНГЕО МГ СССР и др.

Однако широкое освоение области криолитозоны, вызвавшее интенсификацию специальных геокриологических исследований, проводимых в различных масштабах и с различной целевой направленностью, требует дальнейшей разработки положений геокриологической съемки, обоснования и конкретизации применявшихся ранее и применяемых вновь приемов и методов исследования области криолитозоны. Разработка методических вопросов на кафедре мерзлотоведения геологического факультета Московского Университета направлена на повышение качества, кондиционности и экономической эффективности производства геокриологической съемки и на рациональное использование ее результатов в целях развития народного хозяйства, охраны природной среды и научного познания криолитозоны нашей планеты с целью управления криогенным процессом.

Специальные исследования области криолитозоны могут проводиться в виде геокриологической съемки и в виде постановки отдельных видов геокриологических наблюдений. В последнем случае могут быть получены сведения о каких-то отдельных характеристиках криолитозоны, как например, о распространении мерзлых толщ или о температурах пород, или о льдистости и криогенных текстурах отложений и т.д. Даже в случае получения данных по нескольким характеристикам такие исследования, фиксирующие существующую геокриологическую обстановку, не могут дать геокриологическую и инженерно-геологическую оценку территории и тем более служить составлению прогноза изменения геокриологических условий в связи с каким-либо строительством или другим видом освоения.

Для ответа на эти вопросы при изучении криолитозоны необходимо не только зафиксировать существующие геокриологические условия, но и объяснить, почему эти условия существуют, чем они определяются, под влиянием каких природных условий и факторов они сформировались и как будут развиваться в связи с изменением последних. Следовательно, в процессе геокриологических исследований непременно должны быть изучены закономерности формирования геокриологической обстановки как за счет влияния каждого фактора природной среды, так и за счет их совместного влияния.

Количественный анализ такого влияния наряду с качественным, выполняемый на основе расчетных методов, увязывающих теплофизическую и геолого-географическую природу сезонно- и многолетнемерзлых пород, называется факторным анализом. Только при таком методическом подходе к проведению геокриологической съемки на основе ее результатов может быть разработан прогноз изменения геокриологических условий, что является обязательным завершающим этапом съемки любого масштаба.

Комплекс полевых и камеральных исследований, имеющих целью изучение частных и общих закономерностей формирования и развития сезонно- и многолетнемерзлых пород и сопутствующих криогенных процессов и образований, на основе которых может быть составлено представление о геокриологических условиях территории, называется геокриологической съемкой. Поэтому в результате проведения геокриологической съемки должны быть изучены:

1) закономерности распространения сезонно- и многолетнемерзлых толщ и их прерывистость по площади в зависимости от изменения геолого-географической среды;

2) условия залегания и ярусности мерзлых толщ по разрезу в зависимости от динамики климата, геологического строения, неотектоники и влияния поверхностных и подземных вод;

3) особенности состава и свойств мерзлых, промерзающих и оттаивающих горных пород, геолого-генетических комплексов и формаций;

4) особенности криогенного строения мерзлых толщ, криогенных текстур, влажности и льдистости рыхлых и коренных пород в зависимости от их состава, генезиса, возраста и неотектонического развития, типа промерзания и динамики развития криогенного процесса;

5) закономерности формирования температурного режима пород на подошве слоя сезонного промерзания и оттаивания и на глубине нулевых годовых амплитуд на основе факторного анализа существующих природных условий и динамики их развития во времени;

6) закономерности формирования глубин сезонного промерзания и оттаивания пород и их динамика в зависимости от изменения факторов природной среды;

7) особенности изменения мощностей сезонно- и многолетнемерзлых толщ во времени, по площади и в разрезе в связи с геокриологической историей развития региона и существующими природными условиями;

8) особенности формирования и развития таликов различных типов в зависимости от генезиса, распространения и характера проявлений;

9) закономерности развития и распространения криогенных и других геологических процессов и образований в зависимости от комплекса природных условий;

10) особенности взаимодействия мерзлых толщ с поверхностными и подземными водами в зависимости от существующих природных условий и истории криогенеза;

11) инженерно-геологические особенности и оценка сезонно- и многолетнемерзлых толщ горных пород в зависимости от направленности хозяйственного освоения территории;

12) опыт строительства и последствия других видов освоения в зависимости от типа инженерных сооружений и динамики криогенного процесса;

13) история развития мерзлых толщ в зависимости от динамики климата и геологической истории региона.

Таким образом, геокриологическая съемка является основным видом исследования сезонно- и многолетнемерзлых горных пород, так как решает широкий круг научных и производственных задач и включает в качестве обязательных составных частей все другие воды исследования геокриологических условий.

Формирование и развитие сезонно- и многолетнемерзлых толщ является конкретным выражением общих законов развития материи для геологических форм ее движения, рассмотренных с позиций марксистско-ленинской теории познания. На этих законах базируются общие положения геокриологической съемки, которые В.А. Кудрявцевым в "Основах мерзлотного прогноза при инженерно-геологической съемке" (1974) сформулированы следующим образом.

1. В природе наблюдается всеобщая связь явлений и процессов, определяющая взаимосвязь геокриологических условий со всеми факторами природной среды.

2. В природе происходит непрерывное развитие во времени и в пространстве составляющих ее комплексов, в соответствии с которым происходит формирование и развитие толщ сезонно- и многолетнемерзлых пород.

3. В природе все явления и процессы причинно связаны, поэтому необходимо изучение причин и условий формирования геокриологической обстановки в зависимости от факторов природной среды и изменения комплекса факторов во времени и пространстве.

4. В природе постоянно происходит переход количества в качество, что по отношению к мерзлым породам проявляется при переходе температур через 0° и определяет новые свойства промерзших или вновь оттаявших пород.

5. В природе материя первична, поэтому основным объектом исследования должны являться вещественный состав и криогенное строение сезонно- и многолетнемерзлых толщ горных пород, характеризующихся теми или иными мерзлотными характеристиками.

6. Изучение природных условий необходимо проводить с позиций единства анализа и синтеза, т.е. изучение закономерностей формирования и развития геокриологических условий обязательно должно базироваться на факторном анализе, позволяющем изучать частные (двусторонние) зависимости каждой из геокриологических характеристик от каждого фактора природной среды, и на обобщении, синтезе всех частных зависимостей, проявляющихся в виде общих закономерностей ландшафтного типа.

7. Результаты и научные обобщения материалов геокриологической съемки в виде геокриологических карт существующих и прогнозных условий, геокриологического прогноза и рекомендаций по управлению криогенным процессом проверяются при последующих более детальных работах, ибо практика - критерий истины.

Методы геокриологической съемки. В основе геокриологической съемки лежит ландшафтно-ключевой метод. Сущность его заключается в том, чтобы при оптимальном размешении необходимого объема исследований на отдельных небольших участках "ключах" получить наиболее достоверные результаты для всей территории съемки. В качестве ключевых могут использоваться ограниченные по площади участки, характерные как для типичных, широко распространенных природных условий, так и участки аномального их проявления. Выбор ключевых участков производится на основе изучения собранного в предварительный период фактического материала, дешифрирования аэрофотоматериалов, аэровизуальных исследований и ландшафтного микрорайонирования. Ландшафтное микрорайонирование в масштабе съемки приводит к типизации участков с идентичными геолого-географическими условиями и выделению ландшафтных подразделений, внутри которых геокриологические условия однородны. Ключевые участки в зависимости от назначения и масштаба съемки могут располагаться в пределах одного или нескольких ландшафтных типов. При средне- и мелкомасштабной съемке исследования на ключевых участках производятся в 5-10 раз детальнее, чем на остальной территории.

Основным видом исследования на ключевых участках является изучение частных и общих закономерностей формирования геокриологических условий при помощи широкого комплекса видов и методов исследования. Распространение установленных закономерностей по территории производится на основе ландшафтного микрорайонирования и анализа изменения комплекса природных условий от одного участка к другому. Такой подход определяет возможность изучения геокриологических условий в динамике как в зависимости от естественного развития природной обстановки, так и с учетом особенностей производственного освоения территории.

Специальными геокриологическими методами, которые применяются при проведении всех остальных видов исследования на ключевых участках и в маршрутах, являются:

1) метод факторного анализа, являющийся основным при изучении частных и общих закономерностей формирования среднегодовых температур пород, глубин сезонного промерзания и оттаивания, развития криогенных процессов и явлений и т.д.;

2) метод мерзлотно-фациального анализа, при помощи которого изучаются многолетнемерзлые породы сингенетического типа промерзания в обнажениях и горных выработках, когда по типу криогенных текстур и соотношению прослоев и шлиров льда со льдистостью породы можно судить об условиях осадконакопления и промерзания. В этом случае криогенная текстура является генетическим признаком мерзлой породы;

3) метод геолого-структурного анализа, позволяющий вскрывать сущность взаимосвязи состава, состояния и свойств пород, закономерности их распределения в массиве в зависимости от всей геологической истории развития и особенно в новейшее время, соизмеримое с криогенным возрастом мерзлых толщ;

4) метод ландшафтно-геоморфологического анализа, с помощью которого изучаются региональные закономерности формирования геокриологических условий.

Специальные геокриологические методы применяются в комплексе с такими, как: 1) метод визуального изучения геологических геоморфологических, геоботанических и других природных факторов и условий, а также криогенных и других геологических процессов и образований на ключевых участках, в маршрутах и при облетах территории; 2) метод дешифрирования аэрофото- и космофотоматериалов; 3) метод радиационно-теплового баланса и теплооборотов пород; 4) метод буровых и других горных выработок; 5) геофизические методы исследования - электрометрические, радиоволновые, сейсмические и комплексный коротаж скважин; 6) метод термометрического изучения теплового режима; 7) метод приближенных расчетов и моделирования на АВМ и ЭВМ криогенных процессов температурного поля мерзлых пород в зависимости от изменения комплекса природных условий; 8) методы опытных стационарных исследований состояния и свойств мерзлых пород; 9) метод изучения опыта строительства и других видов освоения и др.

Масштабы геокриологических съемок и карт определяются теми задачами, которые ставятся на разных этапах развития народного хозяйства и освоения изучаемых территорий. При этом во всех масштабах съемки главным содержанием является изучение частных и общих закономерностей формирования геокриологических условий на основе факторного анализа. Детальность такого изучения по территории определяется масштабом съемки.

По масштабам геокриологические съемки по аналогии с принятым СЭВ разделением инженерно-геологических съемок (1966), подразделяются на:

мелкомасштабные – 1 : 100 000 – 1 : 500 000,
среднемасштабные – 1 : 25 000 – 1 : 50 000,
крупномасштабные – 1 : 10 000 – 1 : 5 000,
детальные – 1 : 2 000 и крупнее.

Геокриологические исследования в масштабах 1 : 2 000 и крупнее являются узко специализированными, целевыми и направлены на изучение геокриологических и инженерно-геологических характеристик, используемых на проектных стадиях конкретных видов строительства.

Геокриологические исследования в масштабах 1 : 1 000 000 и мельче проводятся на аэрофотооснове путем сбора и обобщения материалов предыдущих геокриологических, инженерно-геологических и других видов исследований, их анализа при помощи применения факторного и расчетного методов с целью составления геокриологических карт. Территории проведения геокриологических съемок при этом используются в качестве "ключевых районов" и "ключевых областей".

Изучение и установление общих и региональных закономерностей при этом должно опираться на знание регионального геокриологического фона, в качестве которого могут быть использованы материалы исследований и геокриологические карты более мелкого масштаба, чем съемочный. В качестве регионального геокриологического фона целесообразно использовать:

а) при средне- и крупномасштабных съемках и картировании – ту геокриологическую обстановку и закономерности ее формирования, которые отражены на мелкомасштабных (1 : 200 000 – 1 : 500 000) картах;

б) при мелкомасштабной съемке и картировании – зонально-региональную геокриологическую обстановку и соответствующие закономерности ее формирования, которые отражены для изучаемого региона на геокриологических картах масштабов 1 : 1 000 000 – 1 : 5 000 000.

Наиболее информативной для этой цели является Геокриологическая карта СССР масштаба 1 : 2 500 000, составленная на кафедре мерзлотоведения Московского Университета совместно с рядом других организаций. Эта карта, в основе которой лежит факторный анализ влияния природных условий в пределах выделяемых геолого-геоморфологических и ландшафтных подразделений позволяет еще до проведения полевых съемочных работ выработать основные представления о геокриологических закономерностях и выяснить сочетания всех формирующих криолитозону факторов и роль каждого из них. Такая возможность при мелкомасштабных геокриологических съемках представляется чрезвычайно важной в связи с тем, что при наличии набора материалов аэрофотосъемки (обычных плановых, цветных, спектрозональных, космических) и инфракрасной съемки возрастает роль предварительной камеральной обработки материала, что принципиально меняет структуру и соотношение этапов проведения съемки.

Даже на те районы криолитозоны, где полного набора материалов аэрофотосемки еще нет, а фактические данные по сезонно- и многолетнемерзлым породам ограничены, средне- и мелкомасштабные геокриологические съемки могут проводиться в ускоренных темпах в результате применения новейшего методического подхода. Последний основан на составлении предварительных, опережающих геокриологических карт с последующей их проверкой и уточнением в полевой период съемочных работ. При таком подходе полевые исследования направлены на более детальное и обоснованное изучение природных факторов и их роли в формировании геокриологических условий, на изучение криогенных процессов и роли изменения природной среды при освоении. Такой подход способствует детализации и обоснованности при составлении регионального геокриологического прогноза. В этом случае проведение съемки становятся более целевым, многоплановым и научно более углубленным. В соответствии с этим значительно возрастает роль специализированных ключевых участков, на которых решаются конкретные вопросы по изучению частных и общих закономерностей формирования геокриологических и инженерно-геологических характеристик горных пород, вплоть до постановки опытных и режимных работ.

Качество геокриологических съемок и карт. Высокое качество и кондиционность геокриологической съемки при всех прочих равных условиях в первую очередь связаны с обязательным применением метода факторного анализа для установления частных, общих и региональных закономерностей формирования сезонно- и многолетнемерзлых пород и криогенных процессов и явлений, изучаемых на основе ландшафтно-ключевого метода. Изложенное выше свидетельствует о том, что геокриологическая съемка должна проводиться на современном уровне знания геокриологии, который включает овладение современными теоретическими разработками, стоящими на передовых позициях мировой геокриологической мысли, овладение современным региональным и тематическим геокриологическим материалом, высокий профессионализм специалистов, проводящих съемку, способность к научному и производственному обобщению получаемых результатов, знание и применение современных методов и методик исследования, обязательное владение факторным анализом.

Современный уровень развития науки различных отраслей знания предполагает формирование качества на всех этапах исследования. Применительно к изучению области распространения многолетнемерзлых толщ качество геокриологических съемок и геокриологических карт формируется на следующих этапах:

а) при составлении программы, которая должна разрабатываться с учетом современного уровня развития науки в теоретическом и региональном планах, с учетом современных методик и методов исследования, обеспечивающих кондиционность и качество съемки и картирования;

б) в подготовительный период изучения, предшествующий полевым исследованиям – в период целенаправленного обобщения имеющегося геокриологического, геоморфологического; геологического и другого фактического материала и выработки предварительных представлений, максимально приближенных к пониманию частных, общих и региональных закономерностей исследуемой территории. К этому периоду относится составление предварительных геокриологических карт, имеющих опережающий характер, т.е. составленных таким образом, чтобы по детальности и содержанию они возможно полнее соответствовали картам, составляемым в завершающий этап мерзлотной съемки. Необходимым условием эффективности такого составления является обязательный аэровизуальный осмотр территории и анализ ее природных особенностей с привлечением обычных, цветных, спектрозональных и космических аэрофотоснимков;

в) в полевой период съемки, уточняющий частные и общие закономерности, предварительно установленные при обработке фактического материала и составлении предварительных (опережающих) геокриологических карт. По мере совпадения и уточнения изучаемых в поле и предварительно откартированных геокриологических условий, появляется возможность значительно большей детализации исследований по отдельным тематическим направлениям, требующим детального полевого изучения;

г) в камеральный период съемки, завершающий проверку и доработку геокриологических карт существующих природных условий, составление общего регионального и конкретного прогнозов и соотвествующих прогнозных карт.

Высокое качество геокриологических съемок тесно связано с их кондиционностью, так как последняя определяется не количеством точек наблюдения (бурения, шурфования, термометрических измерений и др.), а надежностью результатов исследования с позиций применения факторного анализа. В том случае, когда съемка ведется на основе ландшафтно-ключевого метода, но без факторного анализа, путем установления только соответствия определенных геокриологических условий каждому ландшафтному типу местности, закономерности формирования и роль каждого фактора остаются не вскрытыми, и съемка не может считаться качественной и кондиционной.

Только проведение геокриологической съемки на основе ландшафтно- ключевого метода с применением факторного анализа закономерностей формирования геокриологических условий обеспечивает кондиционность и дает возможность для составления обоснованного геокриологического прогноза и прогнозных карт, а научная информация о геокриологических условиях и закономерностях их развития отвечает современному уровню теоретических и региональных достижений геокриологической науки.

Геокриологические карты являются основным документом геокриологической съемки и базируются на принципах генетических классификаций сезонно- и многолетнемерзлых пород. Содержание геокриологических карт определяется принципиальным подходом к их составлению, в основу которого положен факторный анализ изучения геокриологических условий. Такой анализ ведется по элементам ландшафтного микрорайонирования с учетом особенностей климатических, геоботанических, геоморфологическихи и других географических условий теплообмена на поверхности земли, а также по геологическим, гидрогеологическим, геотермическим и другим условиям, определяющим характер теплообмена в толще горных пород. Все геокриологические карты составляются на геологической и геоморфологической основах с обязательным показом состава, генезиса, стратиграфической принадлежности и условий залегания сезонно- и многолетнемерзлых горных пород.

Основным принципиальным методом показа геокриологических условий на картах является раздельное отображение основных геокриологических характеристик и условий природной среды. Такой подход позволяет получить по карте не только информацию о том или ином параметре мерзлой толщи и об их изменении по территории, но и понять, за счет какого комплекса факторов сформировались именно эти геокриологические условия на данном откартированном участке.

Точность картирования комплексов природных факторов, лежащих в основе ландшафтного микрорайонирования, определяется точностью выделения элементов рельефа, обособляющихся по ландшафтным условиям на топографических картах соответствующих масштабов и на материалах аэрофотосъемки и космофотосъемки.

Точность картирования геокриологических характеристик определяется изученностью территории в отношении установления частных и общих закономерностей формирования геокриологических условий и надежностью проведения анализа по выделяемым ландшафтным подразделениям. При этом следует иметь в виду, что градации геокриологических характеристик на картах более крупного масштаба не должны быть грубее, чем на картах более мелкого, а на мелкомасштабных картах - чем градации характеристик соответствующих зонально-региональных условий на "Геокриологической карте СССР" масштаба 1 : 2 500 000

Геокриологическая карта может быть составлена в виде двух, дополняющих друг друга карт: карты сезонномерзлых и сезонноталых пород, отражающей закономерности распространения по территории основных классификационных характеристик этих слоев и условия теплообмена на поверхности, и карты многолетнемерзлых горных пород, отражающей основные геолого-генетические типы и формации многолетнемерзлых пород и их геокриологические характеристики. Глубинность картирования на карте многолетнемерзлых толщ определяется мощностью мерзлых толщ и охлажденных ниже 0°С пород с солеными водами, а также условиями теплообмена на этой глубине.

На геокриологических картах с детальностью, определяемой масштабом съемки, должны быть показаны: 1) распространение сезонно- и многолетнемерзлых пород, 2) распространение геолого-генетических комплексов пород, 3) состав, сложение и свойства мерзлых и талых пород различной генетической и стратиграфической принадлежности 4) среднегодовые температуры горных пород, 5) мощность сезонно- и многолетнемерзлых толщ и их прерывистость по вертикали при наличии реликтовых глубокозалегающих горизонтов мерзлых пород, 6) породы с отрицательно-температурными солеными водами (криопэгами), 7) криогенное строение и льдистость мерзлых толщ по площади и разрезу, 8) криогенные процессы и образования, 9) талики, 10) криогенетический тип мерзлых толщ по площади и разрезу (син-, эпи- и полигенетические) и другие внемасштабные характеристики сезонно- и многолетнемерзлых толщ.

К картам прилагаются геокриологические разрезы, на которых показывается геологическое строение, состав и условия залегания многолетнемерзлых пород, распространение мерзлых толш по площади и глубине, температурный режим, влажность и льдистость по разрезу в пределах геолого-генетических типов и формаций горных пород, тип промерзания и т.д. Неотъемлемой частью карты являются графики для расчета среднегодовых температур пород и глубин сезонного промерзания и оттаивания по основным исходным данным, показанным на карте, и таблица результатов факторного анализа, положенного в основу составления карты. На геокриологических картах основные изобразительные средства отдаются показу ведущих характеристик геокриологических условий.

Методика составления геокриологических карт вытекает из методики изучения геокриологических условий. Составление геокриологических карт начинается с составления предварительной карты в период, предшествующий полевым исследованиям. При этом значительно возрастает роль прогнозного факторного анализа, т.е. такого, который направлен на предвидение закономерностей формирования геокриологических условий на каждом картируемом участке.

Для этого фактический материал по геологии, геоморфологии, гидрогеологии, климатическим и геокриологическим условиям и т.д. анализируется с позиций формирования геокриологических условий и на этой основе составляется легенда карты, увязанная с региональным геокриологическим фоном. Расчеты по приближенным формулам при постоянном сравнении с имеющимися, даже немногочисленными фактическими данными о сезонно- и многолетнемерзлых породах дают возможность составить представление о закономерностях формирования среднегодовой температуры, глубины сезонного промерзания и оттаивания пород, мощности мерзлых толщ, развития криогенных процессов и т.д. по всей территории исследования.

Правильность, быстрота и точность картирования существенно повышаются при использовании материалов аэрофотосъемки, которые дают для анализа закономерностей формирования те детали и признаки по составу, состоянию и процессам в мерзлых горных породах, которые обычно не поддаются предварительному картированию непосредственно на топографических картах даже более крупных масштабов. Особая роль принадлежит космическим аэрофотоснимкам масштаба 1 : 500 000 - 1 : 200 000, на которых вследствие низкой разрешающей способности можно распознавать региональные глубинные тектонические элементы земной коры и связанные с ними геокриологические и гидрогеокриологические закономерности.

Геокриологические карты, составленные для периода съемки, должны содержать исходные данные для составления прогноза изменения геокриологических условий и составления прогнозных карт. В этой связи особое внимание уделяется показу распространения мерзлых толщ и их температурного режима, так как среднегодовые температуры пород, выражая суммарное влияние современной природной среды через большое количество факторов, изменчивых в пространстве и времени, легко рассчитываются для существующих и прогнозируемых условий по приближенным формулам ("Основы мерзлотного прогноза...", 1974) или путем моделирования условий теплообмена в годовом цикле на аналоговых машинах, а также програмирования на электронных быстродействующих машинах.

Научно обоснованные и экономически целесообразные рекомендации мероприятий по управлению криогенным процессом можно разработать только на основе геокриологического прогноза. Распространение результатов прогноза по территории производится с помощью прогнозных геокриологических карт, которые составляются для таких природных, в том числе геокриологических условий, которые установятся на исследуемой территории в течение прогнозируемого периода в результате естественной эволюции природной среды и хозяйственной деятельности человека.

Составление прогнозных геокриологических карт также выполняется на основе факторного анализа, только в этом случае анализируется и определяется влияние не тех природных факторов, которые существуют в период съемки, а тех измененных, которые установятся на данном участке за прогнозируемый отрезок времени. К прогнозным картам прилагается таблица с указанием мероприятий по участкам, с помощью которых геокриологические условия могут быть улучшены, а развитие неблагоприятных криогенных процессов предотвращено.

В заключение следует отметить, что мелкомасштабные прогнозные карты отражают ориентировочный региональный геокриологический прогноз на большие территории, крупномасштабные – детальный, под конкретные инженерные сооружения.

CREEP TEST ON UNDISTURBED ICE-RICH SILT

E.C. McRoberts, T.C. Law and T. Murray, Northern Engineering Services Company Limited, Calgary, Alberta, Canada

The results of creep tests on undisturbed ice-rich silt from Norman Wells, N.W.T. are presented. Long term tests have been conducted typically to durations of up to 100 days, at stresses from 70 to 300 KN/m^2, and at temperatures from -1°C to -3°C. The test data have been interpreted in terms of secondary creep. Based on this interpretation, the data suggests that undisturbed ice-rich silt at low stress levels creeps at rates somewhat less than those reported for ice at similar stresses and temperatures. At higher stresses which ultimately lead to failure the creep rates are similar with ice. The long term strength at -1°C for Norman Wells silt is found to be in reasonable agreement with other available data on fine-grained low density soils. However, Norman Wells silt exhibits less gain in strength with lower temperature than do other frozen soils.

ESSAIS DE FLUAGE, RÉALISÉS SUR UN SILT NON PERTURBÉ, À FORTE TENEUR DE GLACE

E.C. McRoberts, T.C. Law and T. Murray, Northern Engineering Services Company Limited, Calgary, Alberta, Canada.

Dans le présent article, on donne les résultats d'essais de fluage, réalisés sur un silt non perturbé, riche en glace, provenant du puits de Norman Wells, T.N.-O. On a effectué des essais de longue durée, pouvant atteindre 100 jours, au cours desquels des contraintes variant de 70 à 300 KN/m^2 ont été exercées, à des températures comprises entre -1 ^{o}C et -3 ^{o}C. On a interprété les données expérimentales en fonction du fluage secondaire. Lorsqu'on se base sur cette interprétation, les données semblent indiquer que le silt non perturbé, riche en glace, soumis à de faibles contraintes, subit un fluage moins rapide que celui constaté pour la glace, soumise à des contraintes et des températures similaires. Sous l'effet de contraintes plus élevées, qui finissent par provoquer la rupture, les vitesses de fluage sont les mêmes que pour la glace. On constate aussi qu'à la température de -1 ^{o}C, la résistance à long terme du silt de Norman Wells concorde assez bien avec les autres données disponibles sur les sols à grains fins et de faible densité. Cependant, le silt de Norman Wells manifeste une augmentation de résistance plus faible en fonction de l'abaissement de la température que les autres gélisols.

ИСПЫТАНИЯ НА ПОЛЗУЧЕСТЬ НЕНАРУШЕННЫХ ВЫСОКОЛЬДИСТЫХ ИЛИСТЫХ ОТЛОЖЕНИЙ

В работе представлены результаты испытаний на ползучесть образцов ненарушенных высокольдистых илистых отложений, взятых в городе Норман-Уэлс /Северо-Западные территории/. Испытания велись продолжительностью до 100 дней при напряжениях от 70 до 300 килоньютон/м^2 и температурах от -1° до -3°С. Полученные данные обрабатывались с учетом вторичной ползучести. Можно предположить, что скорость оползания ненарушенных высокольдистых илистых отложений при малых напряжениях несколько ниже скорости оползания льда при аналогичных напряжениях и температурах. При бóльших напряжениях, в конечном счете ведущих к разрушению образца, скорости оползания льда и ила аналогичны. Значения длительной прочности при -1°С для исследуемых образцов хорошо согласуются с другими имеющимися данными о мелкодисперсных грунтах низкой плотности. Однако, для илов Норман-Уэлса характерен более низкий прирост прочности с понижением температуры по сравнению с другими мерзлыми породами.

CREEP TESTS ON UNDISTURBED ICE-RICH SILT

E.C. McRoberts*, T.C. Law and T.K. Murray

Northern Engineering Services Company Limited, Calgary
*Assigned from R.M. Hardy and Associates Limited, Calgary

INTRODUCTION

This paper presents the results of constant stress creep tests conducted on frozen samples of undisturbed ice-rich silt from Norman Wells, N.W.T. Tests of typically up to 100 days duration at stresses from 70 to 300 kN/m^2 and temperatures from -1°C to -3°C are presented as are a complementary series of shorter duration tests which terminated in creep failure. The data at lower stresses is interpreted in terms of secondary creep. While in some tests this steady state rate may only be the minimum creep rate at the end of the test, evidence suggests a truly steady rate is often attained.

SAMPLING AND TESTING PROCEDURES

Samples were obtained from the Canadian Arctic Gas Study Limited Test Site at Norman Wells. Four inch diameter cores were obtained by drilling horizontally in the walls of a test pit. The test pit itself was some 2m x 2m square by 2m deep and was excavated with extreme care so as to ensure minimum disturbance to the insitu permafrost. Firstly, a series of closely spaced and overlapping holes were drilled completely around the 2m x 2m square and to a depth of 2m. The remaining block of frozen soil, which was no where in contact with the exterior walls of the pit was then broken up using jackhammers. Frozen cores were then obtained from below the normal active layer from a depth of 1.0 to 2.0m. Sampling was undertaken during winter months with ambient air temperatures as low as -40°C. The index properties of the cores obtained and tested are listed in Table 1. The ice structure in the insitu permafrost was a finely banded stratified ice of essentially horizontal bands of visible ice from 5 to 20mm in thickness separated by soil layers of equivalent thickness. Because the cores were sampled horizontally the creep tests were undertaken on cores composed of essentially vertical slabs of frozen soil and ice with the above noted spacing.

TABLE 1 - PROPERTIES OF TEST SAMPLES

SAMPLE NUMBER	FROZEN BULK DENSITY (kg/m^3)	INITIAL ICE (WATER) CONTENT (%)	SAND (%)	SILT (%)	CLAY (%)	LIQUID LIMIT (%)	PLASTIC LIMIT (%)
B-1	1369	94.1	3	70	27	42	33
B-3	1206	TEST UNDERWAY					
B-4	1211	126.2	1	75	24	60	51
B-6	1416	80.1	4	71	25	44	35
B-7	1308	96.6	4	67	29	54	44
B-8	1135	185.1	5	73	22	56	47
B-9	1181	155.3	6	75	19	56	46
B-10	1161	128.8	6	72	22	54	42
B-11	1270	115.4	4	75	21	51	40
B-12	1455	74.4	4	75	21	52	33
B-13	1394	86.2	11	53	36	39	27
B-14	1396	85.9	3	74	23	47	40
B-17	1452	78.8	4	71	25	43	28
B-18	1337	100.6	3	76	21	46	35
B-19	1471	70.2	3	74	23	38	28
B-20	1394	81.8	4	76	20	31	23
B-21	1351	105.4	4	71	25	37	28
B-22	1479	69.3	3	61	36	37	27
B-23	1367	90.6	-	-	-	-	-
B-24	1495	67.3	3	67	30	41	26
B-25	1416	70.0	4	79	17	42	29
B-26	1455	74.2	3	73	24	40	28
B-27	1622	48.8	5	70	25	33	23
B-28	1678	42.2	5	72	23	33	24
B-29	1462	64.6	-	-	-	-	-
B-33	1307	106.9	-	-	-	-	-
B-36	1536	57.9	-	-	-	-	-
B-38	1356	89.0	-	-	-	-	-
B-40	1467	138.8	3	65	32	49	40
B-41	1260	123.1	3	59	38	52	39
B-42	1556	56.2	4	63	33	38	26
B-45	1489	65.6	-	-	-	-	-
B-46	1321	85.9	3	78	19	42	31
B-51	1235	128.1	5	75	20	52	39
B-52	1357	90.1	4	70	26	43	30
B-53	1464	67.9	5	77	18	34	25
B-60	1368	90.1	-	-	-	-	-
B-61	1386	86.1	-	-	-	-	-
B-62	1358	90.7	-	-	-	-	-

Sample with a 2:1 length to diameter ratio and diameters from 94 to 100mm were tested in a triaxial cell of local design. Load was applied using a 20mm diameter case hardened piston through a Thompson linear ball bearing race. When cell pressures were applied a wiper seal mounted beneath the bearing race provided a good seal at exceedingly little piston friction. A dial gauge accurate to 1x10^{-4} inch (2.5x10^{-3} mm) was used to measure sample deformation. For tests conducted to large displacements minor adjustments to load were made to ensure constant stress conditions. Tests were conducted in a large walk-in freezer maintained at -4.0°C. Each cell was surrounded by 50mm of styrofoam insulation top and side and placed on a plate of 40mm plywood. A copper coil inside the cell was connected to a Hot Pack Model 603340 temperature control unit operated outside the walk-in freezer. One hot pack was connected in parallel with three cells using well insulated leads. This system allowed control of temperatures to about ±0.1°C. Atkins PR99-3 thermistors were used to monitor sample temperatures on an hourly basis and the daily average temperatures calculated. Dial gauge readings were taken as required depending upon test duration but at a minimum of one reading daily. Prior to load application the sample temperature was allowed to stabilize for 48 hours. A seating load consisting of the piston and hanger load was then applied for approximately two hours before final load application.

Because of the long duration of the testing program some difficulties in temperature fluctuations were experienced. Occasional power failures resulted in loss of temperature control. While these failures were of short duration they resulted in warming up, but not melting of the samples. In order to prevent loss of the samples, the temperature control units were immediately adjusted to lower temperatures but in some cases the initial temperature could not be recovered.

TEST RESULTS

Table 1 lists the index properties of all samples tested with exceptions as noted. Table 2 provides a summary of the secondary strain rate interpretations made for all samples tested. The strain time relationships observed for selected groups of tests are plotted in Figs. 1 to 7. In Fig. 1 the straight line superimposed on the strain time plot, and bounded by two short vertical lines, is the steady state creep rate interpretation made for this test for the time period from 240,000 to 640,000 minutes. The magnitude of the creep rate, the axial stress on the sample and the average temperature during the time period during which the creep rate is based are recorded in Table 2. In Figs. 2 to 7 only the strain time plots are given. It should be noted that the test results in Figs. 2 to 7 are not ordered according to any physical properties but have been condensed in as few figures as possible based on the magnitude of strains and test duration. In some cases, such as test B-20 in Fig. 2, two steady state creep portions exist. In this test a temperature malfunction signified by the symbol, T, resulted in a change in average cell temperature from -3.2°C to -4.1°C and a substantial decrease in the creep rate. The average temperatures and the creep rates are both recorded in Table 2 for any tests in which this occurred. In one test B-46, Fig. 3, the axial stress was decreased from 138 to 69 kN/m^2. In test B-18, Figs. 3 and 4, the deviator stress was increased in three increments from 69 to 138 to 262 kN/m^2. Fig. 3 records the calculated strain time plot for the first two increments and in Fig. 4 for all three. In some, failure, as characterized by the onset of tertiary creep, was observed and in these cases our interpretation of the time to failure is marked with an arrow and the time recorded on the figure such as for test B-23, Fig. 4. In some tests, a detailed inspection of a log strain rate log time plot indicated that the sample was still in a primary creep mode of deformation. All tests which may not have reached a definite secondary mode are noted in Table 2.

TABLE 2 - SUMMARY OF CREEP TEST RESULTS

SAMPLE NUMBER	$\sigma_1-\sigma_3$ (kN/m^2)	σ_3 (kN/m^2)	TEMP. (°C)	CREEP RATE (x10^{-4} yr^{-1})
B-1	138	0	-2.9	48.5
			-3.6	34.3
B-3	276	0	-3.0	475.0
B-4	164	28	-2.2	628.0
			-3.3	140.0
B-6	127	28	-2.1	225.0
			-3.0	83.1
B-7	9	28	-2.1	251.0
			-3.2	105.0
B-8	69	0	-2.5	15.8
			-2.7	8.0
B-9	225	28	-3.7	257.0
B-10	103	0	-2.8	77.0
			-3.4	36.8
B-11	303	28	-3.6	425.0
B-12	198	0	-3.6	123.0
B-13	138	0	-1.1	156.0
			-1.2	125.0
B-14	689	0	-1.2	920000.0
B-17	1378	0	-1.1	-
B-18	69	0	-1.5	53.0
	138	0	-1.3	368.0
	262	0	-1.0	12400.0
B-19	407	0	-1.1	179000.0
B-20	69	0	-3.2	38.5
			-4.1	12.3
B-21	551	0	-2.5	24200.0
B-22	69	0	-1.0	46.9
			-1.1	41.2
B-23	413	0	-3.0	2060.0
B-24	413	0	-1.0	78800.0
B-25*	14	0	-2.6	1.7
B-26*	34	0	-2.2	5.9
B-27	689	0	-2.7	47300.0
B-28	103	0	-3.8	25.0
B-29*+	138	0	-1.2	85.0
B-33+	414	0	-3.0	710.0
B-36*+	69	0	-1.1	26.0
B-38+	205	0	-1.4	850.0
B-40	1378	0	-0.9	-
B-41	138	0	-1.4	205.0
B-42	689	0	-3.2	52600.0
B-45	689	0	-1.1	3260000.0
B-46	138	0	-1.5	1200.0
	69	0	-1.4	49.0
B-51	207	0	-1.0	37.8
B-52	551	0	-0.4	368000.0
B-53	345	0	-0.7	34200.0
B-60+	345	0	-1.1	8900.0
B-61+	345	0	-1.1	6600.0
B-62+	207	0	-2.9	570.0

* May be in primary creep

\+ No strain time plot provided.

Data on the creep strength of frozen Norman Wells silt is summarized in Fig. 8 which is a plot of the reciprocal of axial stress $[1/(\sigma_1-\sigma_3)]$

against the log of time to failure based on the procedure suggested by Vialov (1965). In order to present the data, tests have been assigned to two nominal temperatures of -1°C and -3°C. The actual test temperature for all tests that failed are as given in Table 2 but it can be noted here that for the -1.0°C tests the range in temperatures were from -0.7°C to -1.2°C except for test B-52 at -0.4°C and for the -3.0°C tests from -2.5°C to -3.2°C. Sample B-52, Fig. 7, tested at a stress of 551 kN/m^2 and -0.4°C does not present clear evidence of the onset of tertiary creep in the form of rapidly accelerating strain rate with time. However, a close examination of the deflection time plot suggests that failure may have occurred at a time of 100 minutes. This interpretation fits reasonably well with the other test data for the slightly colder soils at -1.0°C. Test B-52 is identified on Fig. 8 with a question mark. Based on the linear extrapolation shown in Fig. 8, long term 100 year strengths of 171 and 220 kN/m^2 are predicted for temperatures of -1.0 and -3.0°C. Table 3 presents a comparison of the long term, 100 years, unconfined compression strength for various soils and Norman Wells silt. Norman Wells silt data exhibit less gain in strength with lower temperature than is found for other tests on remolded or undisturbed samples. The magnitude of the predicted long term strength for Norman Wells silt is in reasonable agreement with other data on fine grained low density soils. The strengths predicted for Norman Wells silt are substantially less than predicted for coarse grained or dense soils.

The steady state creep rate interpretations listed in Table 2 are plotted in Fig. 9, which relates the deviator stress applied to the sample against the strain rate. The samples have been subdivided into three temperature ranges; that is, warmer than -1.0°C, from -1°C to -2.5°C, and colder than -2.5°C. Tests which may still be in primary creep are indicated by an arrow attached to the data point. The solid horizontal lines joining data points at the same stress are for samples which have two temperatures-strain rate values as given in Table 2. The non-horizontal solid lines join the two tests conducted at varying stress levels. Also shown in Fig. 9 are the stress intensities which would result in failure at times of 0.5 years and 100 years, based on Fig. 8 and for sample temperatures of -1.0°C and -3.0°C. Steady state creep rates are given for samples that did not fail as well as for tests from Fig. 8 which terminated in creep rupture and which are denoted by a cross super-imposed on the test symbol. There were two tests B-17 and B-40, Table 2, which failed but did not have a noticeable steady state creep stage. It can be seen that the two types of tests are more or less divided by the failure stress predictions at 0.5 years given in Fig. 9. However, there is an intermediate zone in which some samples have failed and some have not. Also presented in Fig. 9 are three lines based on studies of the flow law for ice by McRoberts (1975) and Nixon and McRoberts (1976). These curves are for ice at 0.0, -1.0 and -2.5°C and are based on secondary strain rate interpretations of data from a variety of sources.

TABLE 3 LONG TERM (100 YEARS) UNCONFINED COMPRESSIVE STRENGTHS

SOIL	TEMP (°C)	STRENGTH (KN/m^2)	SAMPLE* CONDITION	TOTAL WATER CONTENT (%)	SOURCE
Bat Baioss Clay	-1	900	U	20-24	Vialov
	-3	1060	U		(1965)
Ottawa Sand	-1	655	R	23	Sayles
	-3	1410			(1968)
Manchester Sand	-1	605	R	29	Sayles
	-3	1010	R		(1968)
Fat Clay	-1	520	U	15	Neuber and
	-3	820	U		Wolters (1970)
Sault Clay	-1	190	R	33	Akili
	-3	550	R		(1971)
Hanover Silt	-1	320	R	29-35	Sayles and
	-3	895	R		Haines (1974)
Suffield Clay	-1	145	R	31-42	Sayles and
	-3	370	R		Haines(1974)
Mountain Silt	-1	240	U	23	McRoberts and Morgenstern (1974)
Norman Wells Silt	-1	171	U	42-185	This Study
	-3	220	U		

*U = Undisturbed sample
R = Remolded sample

As noted in Table 2, there were five tests conducted in this series at a low cell pressure of 28 kN/m^2. This cell pressure had no apparent effect on creep rate.

Based on an empirical correlation originally due to Royen (see Glen, 1975) the effect of temperature, T, on the secondary creep response can be expressed as

$$\dot{\varepsilon} = \frac{A\,\sigma_d^{\,n}}{(1-T)^m} \qquad \ldots\ldots\ldots\ldots\ 1$$

where A, n, m are constants. While a value of m=1 was originally suggested by Royen (see Glen, 1975), a data review conducted by Nixon and McRoberts (1976) suggests that m ranges between 1.9 and 2.3 for ice. While Eq. 1 infers that n is independent of temperature the review by Nixon and McRoberts (1976) suggested that n was temperature dependent at least for ice. However, for Norman Wells silt, the data presented in Fig. 9 suggests that there is no trend between n and temperature, although n is certainly stress dependent.

For any given sample at a given stress it is possible to adjust the measured strain rate, $\dot{\varepsilon}_\theta$, at some temperature, T_θ, to the strain rate, $\dot{\varepsilon}_R$, at a reference temperature, T_R, based on the relationship

$$\dot{\varepsilon}_R = \dot{\varepsilon}_\theta\ (1-T_\theta)^m/(1-T_R)^m \qquad \ldots\ldots.2$$

where Eq. 2 follows from Eq. 1. Selecting a value of m=1.8 based on trial and error procedure to get a best fit all data given in Table 2 has been adjusted to a reference temperatures of -1.0°C using Eq. 2, to give Fig. 10. It can be seen that this procedure does tend to bring the data together into a tighter group. The selection of A and n parameters for this data is somewhat subjective and depends upon the purpose at hand. However, an upper bound or no faster than relationship takes the form

$$\dot{\varepsilon} = \frac{1.6x10^{-7}\ \sigma_d^{\ 3.0}}{(1 - T)^{1.8}} + \frac{1.5x10^{-14}\ \sigma_d^{\ 6.0}}{(1 - T)^{1.8}} \quad \ldots \quad 3$$

in units of ((years)$^{-1}$, °C, kN/m^2).

Also shown in Fig. 10 is the prediction for ice at -1°C based on data reviewed by Nixon and McRoberts (1976). It can be seen that the Norman Wells silt data consist of essentially two data sets in relation to the flow law of ice. The first, for tests which terminated in creep rupture exhibit secondary creep rates slightly faster than that for ice. The second, for tests at low stresses and long duration exhibit creep rates somewhat slower than ice.

DISCUSSION

For the higher stress tests, which resulted in failure or the onset of tertiary creep, a good correlation has been found between the reciprocal of applied stress and time to failure. Moverover, samples tested at stress levels less than that which would have caused failure as predicted by the extrapolation implicit in Fig. 8, did not lead to failure as can be seen in Fig. 9. Except for the two tests B-17 and B-40 where it was not possible to discern a secondary creep stage, all other tests which lead to failure did exhibit a secondary creep stage. These creep rates are quite similar to the flow rates for ice at the same stress and temperature. However, samples of ice-rich silt tested at stress levels which did not lead to failure, exhibit secondary creep rates considerably slower than published information on the flow laws for ice at the same stresses and temperatures.

The ice data referenced in this paper is taken from a review by Nixon and McRoberts (1976) who summarized the available laboratory tests data on polycrystalline ice. When this data is compared with ice-rich silt, i.e. Figs. 9 and 10 it appears that the creep data on ice indicates substantially faster creep rates especially at the lower stresses which may be of interest in certain design applications. In a recent summary of the properties of ice Glen (1975) cautions that at lower stresses the problem that transient creep has not finished becomes very acute. Glen goes on to note that most workers have ignored this and plotted their minimum rates, the result of this being to change the slope of the power law to approximately unity from a value of n of about 3. It is beyond the present scope to engage in a detailed discussion of the creep literature on ice. However, it must be noted that while some of the data reviewed by Nixon and McRoberts (1976) may, in fact, still be in primary creep and therefore result in overestimates of creep rate it is thought that other data sets are not. Therefore, while the present ice-rich silt data, as expressed by Eq. 3 is felt to be a realistic upper bound for the soil tested caution could be exercised in extraploting these results to other soil types; especially warmer, finer grained, and more icy soils than the silt soil reported here.

A major impetus to the testing program presented here was the requirement for stress-strain-time relationships of frozen soil at low stresses, temperatures near the melting point, and for tests presented here are of longer duration than any available in the published literature. However, there may be possible shortcomings to the data presented here which should be briefly considered. Because of the unavoidable effects of slight temperature variations during testing it is not possible to compare strain rates over exactly the same time range although the test durations are in general of the same order of magnitude. Tests B-25 and B-26 at the low stresses of 14 and 34 kN/m^2, as well as other tests at higher stresses, may still be in primary creep based on interpretations of log strain rate log time plots. It appears that the test duration required to reach the secondary creep mode increases with decreasing applied stress. It may also be commented that the test duration required to establish secondary creep may be longer the colder the temperature.

CONCLUSIONS

This paper has presented the results of creep tests undertaken on undisturbed samples of ice-rich silt. The major finding is that a secondary creep rate interpretation of the data indicates that ice-rich clayey silt at low stresses creeps at rates somewhat less than what would be expected for ice, based on available data. At higher stresses which ultimately lead to failure the creep rates are quite similar to or slightly faster than that of ice. Comparisons of long term strength data suggest that while the strength at -1°C for undisturbed Norman Wells silt is similar to published information the gain in strength at lower temperatures is less than that generally found in remolded or undisturbed samples.

ACKNOWLEDGMENTS

This paper presents the results of creep tests undertaken as part of a testing program conducted by Northern Engineering Services Company Limited on behalf of its client Canadian Arctic Gas Study Limited who have given permission to publish this information. The authors also wish to acknowledge Mr. Art Draper who undertook the laboratory testing.

REFERENCES

AKILI, W. 1971. Stress-strain behaviour of frozen fine-grained soils. Highway Research Record, No. 360, pp. 1-8.

GLEN, J.W. 1975. The mechanics of ice. U.S. CRREL Monograph II - C26.

McROBERTS, E. 1975. Some aspects of a simple secondary creep model for deformations in permafrost slopes. Canadian Geotechnical Journal, Vol. 12, pp. 98-105.

McROBERTS, E. and MORGENSTERN, N.R. 1974. Stability of slopes in frozen soil, Mackenzie Valley, N.W.T. Canadian Geotechnical Journal, Vol. 11, pp. 554-573.

NEUBER, V.H. and WOLTERS, R. 1970. Mechanical behaviour of frozen soils in triaxial tests. Fortschritte un der Geologie von Rheinland und West falen, No. 17, Krefeld, pp. 499-536.

NIXON, J.F. and McROBERTS, E. 1976. A design approach for pile foundation in permafrost. Canadian Geotech. Journal, Vol. 13, pp. 40-57.

SAYLES, F.H. 1968. Creep of frozen sand. Cold Reg. Res. Eng. Lab. Hanover, H.H., Tech. Rep. 190.

SAYLES, F.H. and HAYNES, D. 1974. Creep of frozen silt and clay. Cold Reg. Res. Eng. Lab., Hanover, N.H., Techn. Rep. 252.

VIALOV, S.S. 1965. Strength and creep of frozen soils and calculations for ice soil retaining structures. Cold. Reg. Eng. Lab., Hanover, N.H. Trans. No. 76.

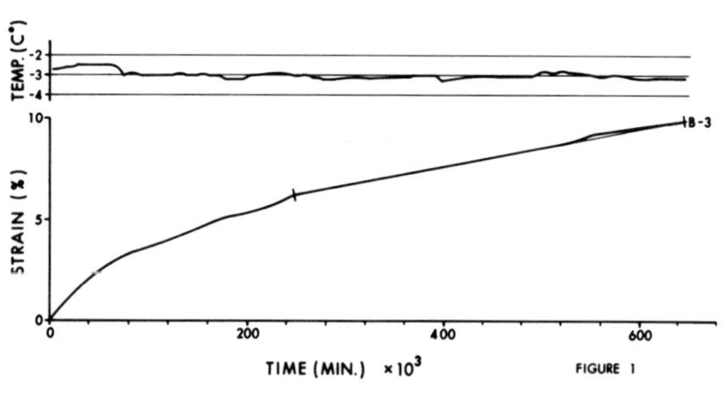

FIGURE 1

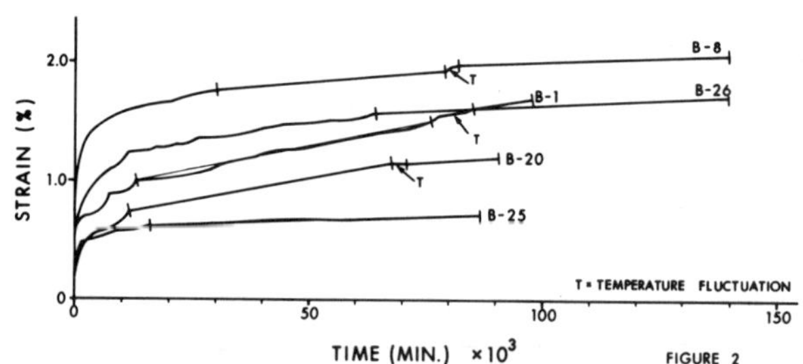

FIGURE 2

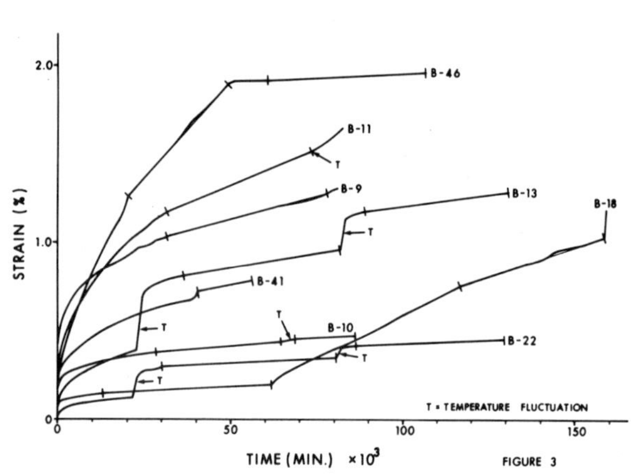

FIGURE 3

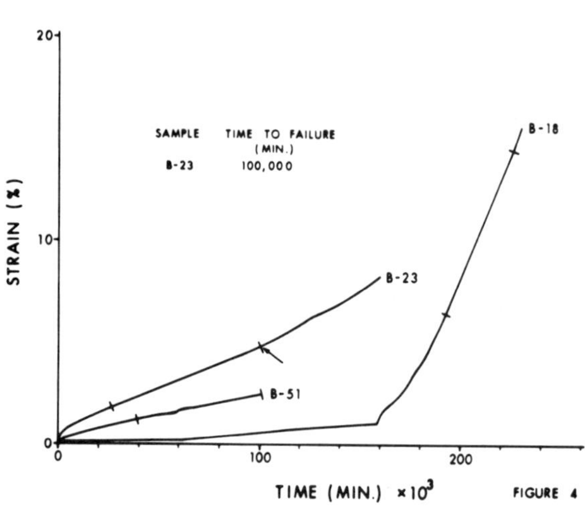

FIGURE 4

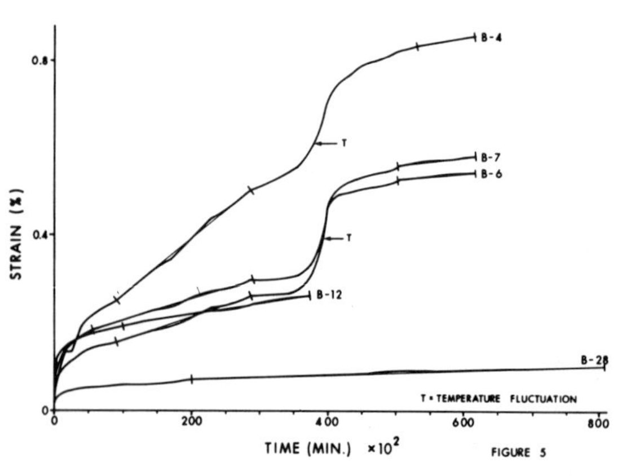

FIGURE 5

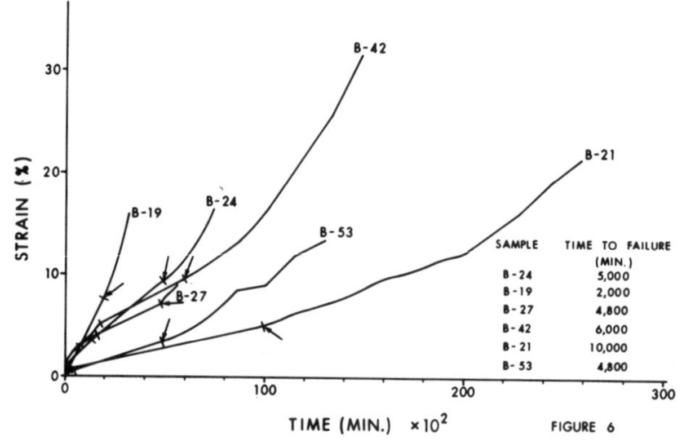

FIGURE 6

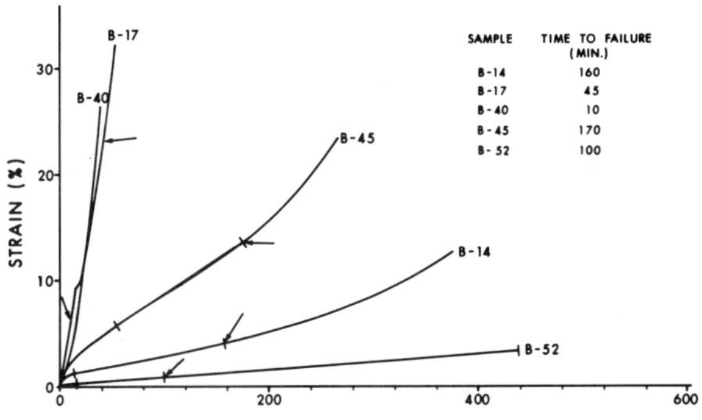

SAMPLE	TIME TO FAILURE (MIN.)
B-14	160
B-17	45
B-40	10
B-45	170
B-52	100

FIGURE 7

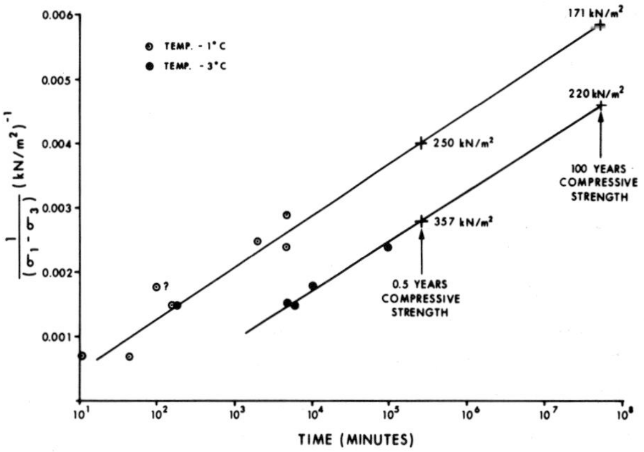

FIGURE 8 STRENGTH TIME RELATIONSHIP

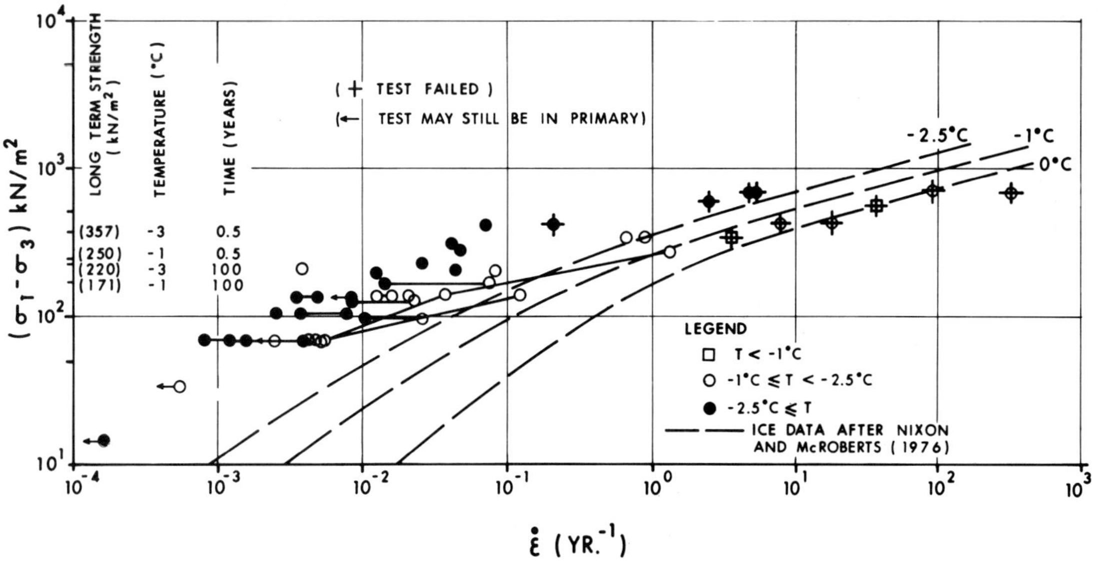

FIGURE 9 CREEP RATES FOR NORMAN WELLS SILT

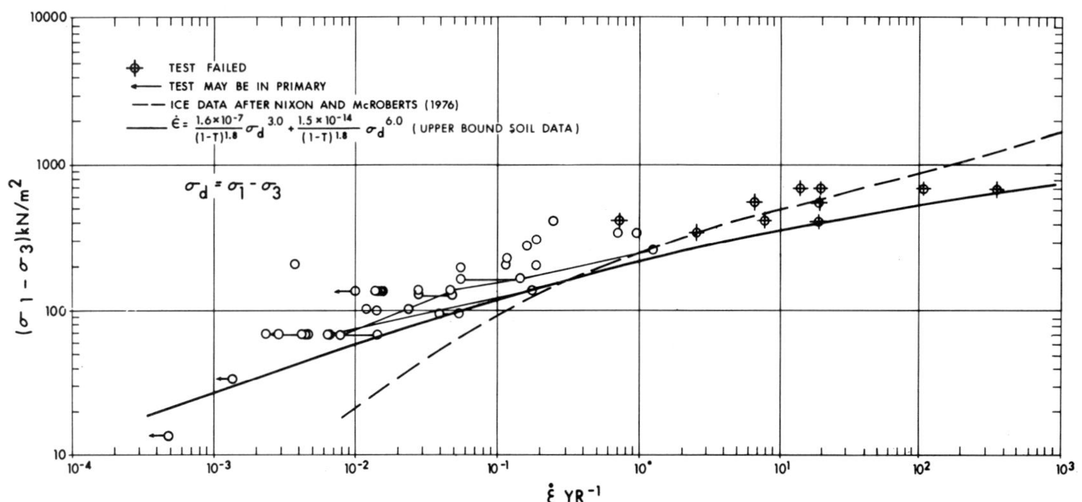

FIGURE 10 CREEP RATES ADJUSTED TO -1°C

ELECTRICAL STATE OF A PERMAFROST CROSS SECTION

V.P. Mel'nikov and B.I. Gennadinik. Permafrost Institute, Yakutsk, U.S.S.R.

The authors introduce the concept of the electrical state of a geological cross section. The structure of the latter is examined as an object of study of the electrophysics of permafrost which includes a combination of parameters reflecting the state of the geological object, the forms of manifestation of the electromagnetic field, and the physico-chemical processes, which either depend on or determine the electromagnetic field. The methods of studying the electrical state are discussed, as well as the investigated parameters (the parameters of the electrochemical activity, which reflect the characteristics of transfer and separation of charges in a heterogeneous medium). The variability of the electrochemical activity in the upper permafrost horizons is illustrated and theoretical models for the description of the electrical state of permafrost are given (a capillary model and a model of the electrode polarization on the surface of ice-cement).

L'ÉTAT ÉLECTRIQUE DU PROFIL GÉOCRYOLOGIQUE

V.P. Mel'nikov, B.I. Gennadnik, Institut de géocryologie, Iakutsk, URSS

Les auteurs introduisent la notion de l'état électrique du profil géologique. Sa structure en est examinée en tant qu'objet d'étude de l'électrophysique du gélisol qui comprend l'ensemble des paramètres reflétant l'état de l'objet géologique, les modes de manifestation du champ électromagnétique et les processus physico-chimiques qui sont conditionnés par le champ électromagnétique ou qui le déterminent. Discussion des méthodes de recherche sur l'état électrique et des paramètres étudiés (les paramètres de l'activité électro-chimique qui reflètent les caractéristiques du transfert et de la séparation des charges dans un milieu hétérogène). Illustration de la variabilité de l'activité électro-chimique des horizons supérieurs de la zone pergélisolée. Des modèles théoriques de description de l'état électrique du pergélisol sont présentés (modèle de capillarité et modèle de polarisation des électrodes à la surface de la glace de cimentation).

ЭЛЕКТРИЧЕСКОЕ СОСТОЯНИЕ ГЕОМЕРЗЛОТНОГО РАЗРЕЗА

В.П. Мельников, Б.И. Геннадиник
Институт мерзлотоведения, Якутск, СССР

Вводится понятие электрического состояния геологического разреза. Рассматривается его структура как предмет исследования электрофизики мерзлых пород, включающая совокупности параметров, отражающих состояние геологического объекта, формы проявления электромагнитного поля и физико-химические процессы, обусловленные электромагнитным полем или определяющие его. Рассматриваются методы исследования электрического состояния и изучаемые параметры (параметры электрохимической активности, отражающие особенности переноса и разделения зарядов в гетерогенной среде). Иллюстрируется изменчивость электрохимической активности верхних горизонтов криолитозоны. Приводятся теоретические модели описания электрического состояния мерзлых пород (капиллярная и модель электродной поляризации на поверхности льда-цемента).

ЭЛЕКТРИЧЕСКОЕ СОСТОЯНИЕ ГЕОМЕРЗЛОТНОГО РАЗРЕЗА

В.П. Мельников, Б.И. Геннадиник

Институт мерзлотоведения, Якутск, СССР

Слой сезонного изменения температуры в области развития криолитозоны - это слой, в котором наиболее интенсивно протекают физико-химические процессы, связанные с обменом энергии Земли с внешним пространством. О преобразованиях, происходящих в нем под воздействием этих процессов в годовом цикле судят в основном по изменению теплового состояния, используя методы геотермии (Достовалов, Кудрявцев, 1967). Однако последние дают слишком общее представление о состоянии разреза. Поэтому в последнее время все чаще привлекают методы электрофизики, технические возможности которой шире, чем геотермии (по разнообразию способов возбуждения и регистрации электромагнитного поля, по количеству и диапазону изменения изучаемых параметров, по точности измерения).

Объектом исследования электрофизики мерзлых пород является горная порода как геологическое образование в свете электрических взаимодействий.

Цель исследования - изучение состояния пород в условиях развития многолетней мерзлоты. Особенность электрофизики в том, что о состоянии геологического разреза судят по состоянию электромагнитного поля.

Этим определяется предмет исследований - особенности взаимодействия электромагнитного поля и горной породы. Совокупность параметров электромагнитного поля, отражающих при заданных условиях и в определенный момент времени состояние разреза, можно назвать электрическим состоянием геологического разреза. Другими словами, предмет исследований - установление закономерностей пространственно-временного изменения электрического состояния геологического разреза.

Структура предмета исследований представлена на рис. 1.

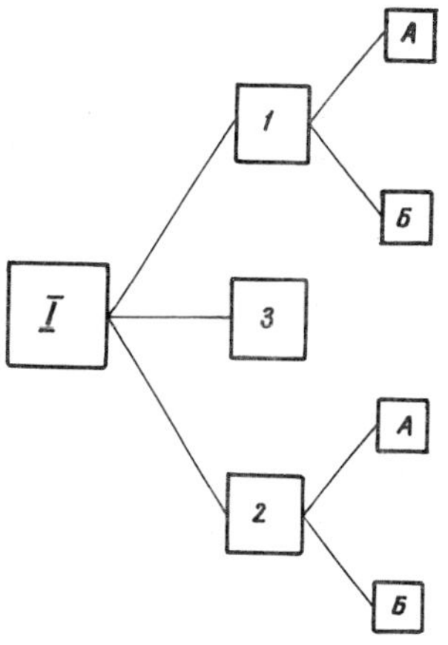

Рис. 1. Электрическое состояние геологического разреза: 1 - состояние геологического объекта (А - внутренние параметры, Б - внешние условия); 2 - состояние электромагнитного поля (А - внутренние характеристики, Б - внешние условия); 3 - физико-химические процессы

Факторы, определяющие внутреннее состояние геологического объекта (рис. 2):

1. Геологические - определяют строение разреза и возможные причины его изменения.

2. Физические - включают фазовый состав и пространственное соотношение фаз. Фазовый состав определяет: а) вид, подвижность и количество носителей тока; б) механизм и характер бестоковой поляризации; в) возможности изменения состояния породы с изменением внешних условий (жидкая фаза может находиться в метастабильном состоянии или переходить в твердое). В криолитозоне породы находятся (постоянно или временно) в условиях, когда вода может быть представлена тремя фазовыми состояниями: твердым, жидким и газообразным.

Пространственное соотношение фаз определяет: а) распределение носителей в породе и возможности их беспрепятственного перемещения; б) поляризацию породы как гетерогенной среды.

3. Физико-химические - включают характер связи между фазами и определяют: а) неоднородность вещества; б) характер распределения в них носителей; в) механизм фазовых переходов; г) возможность перехода носителей через границу раздела фаз. Роль физико-химических факторов увеличивается с увеличением дисперсности породы.

Рассмотрение физических и физико-химических параметров (Мельников, 1977) показывает:

1. Полупроводники обладают наибольшей электропроводностью, но, будучи акцессорными минералами, зачастую мало влияют на электрофизические параметры породы.

2. Раствор электролита даже при малом его содержании в породе, как правило, определяет ее электрофизические характеристики, так как образует сплошную сеть токопроводящих каналов, характеризуется высокой диэлектрической проницаемостью и способен при изменении условий менять состав и характер распределения в пределах породы.

3. Вещество минералов-диэлектриков, определяя петрографический состав породы, мало влияет на ее электрофизические параметры.

Поэтому электрофизические параметры породы определяются:

1. Объемом и структурой порового пространства: а) пористостью; б) проницаемостью и степенью извилистости сообщающихся пор; в) удельной поверхностью и шероховатостью поверхности пор; г) средним сечением пор и плотностью распределения пор по сечению; д) формой сечения и степенью выдержанности пор по длине; е) частотой пересечения пор различной ориентации.

2. Влагонасыщенностью породы.

3. Ионной силой раствора, заполняющего поровое пространство.

Минеральный состав и состав раствора влияет на электрофизические параметры породы лишь постольку, поскольку он определяет взаимодействие твердой и жидкой фаз.

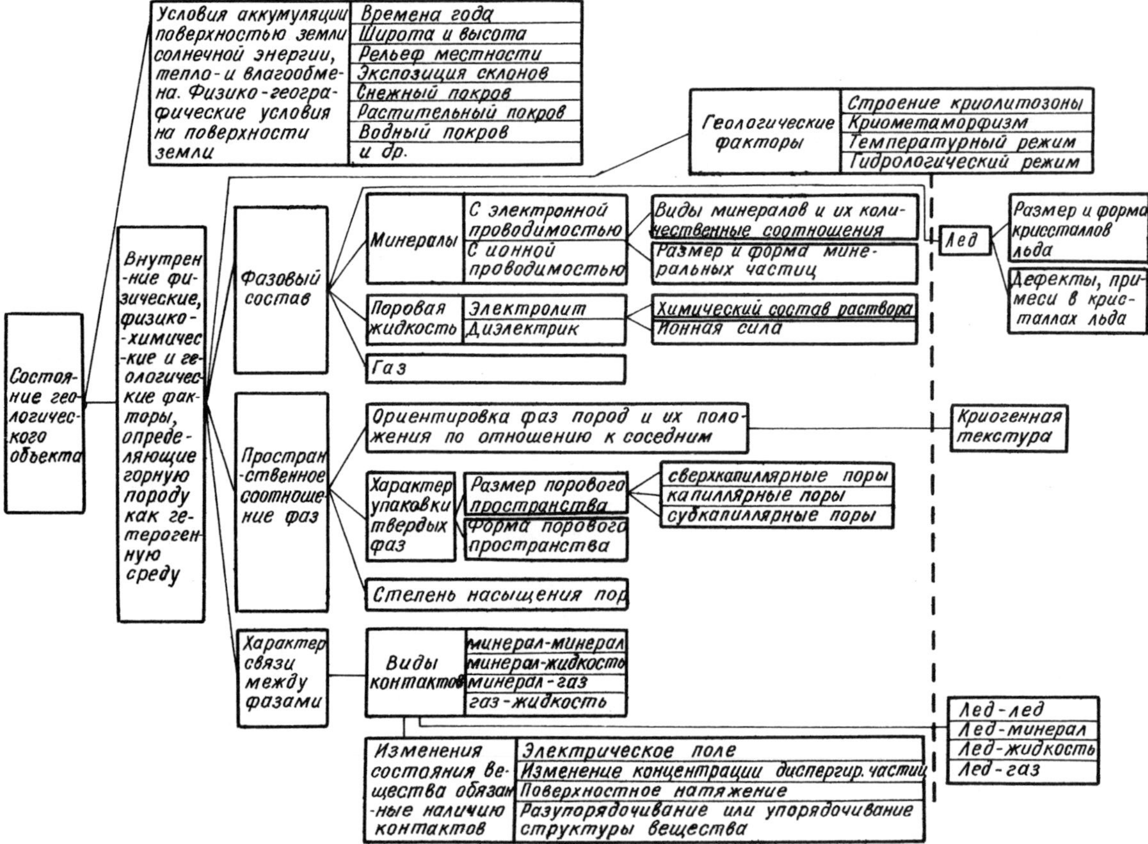

Рис. 2. Состояние геологического объекта

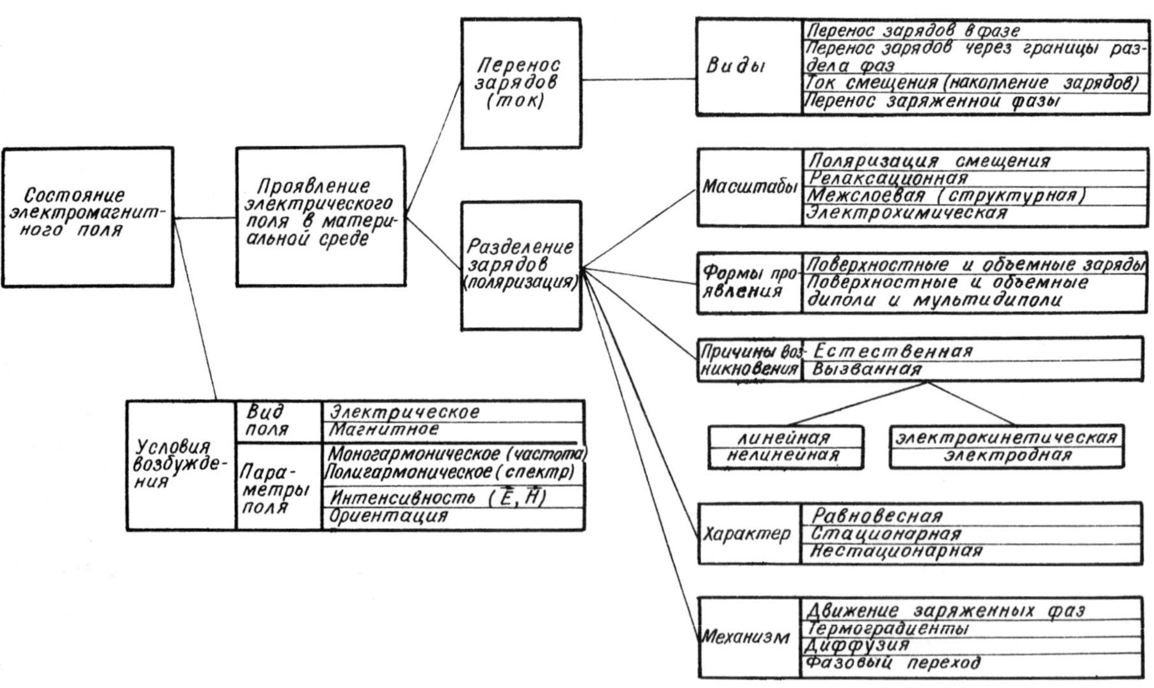

Рис. 3. Состояние электромагнитного поля

Наиболее стабильными характеристиками обладают скальные породы; в рыхлых породах они в значительной степени зависят от влажности. Наименее устойчивы характеристики мерзлой породы, так как они определяются не только структурой первичной породы, но и структурными особенностями льда-цемента.

С промерзанием породы уменьшается ее пористость, среднее сечение и разброс в сечении пор, увеличивается извилистость пор, выдержанность их по длине, удельная поверхность и концентрация электролита в жидкости, заполняющей поры, при одновременном уменьшении общего количества носителей; у пор появляются разнородные противоположные поверхности, что приводит к перераспределению носителей разных видов. В микроструктурном отношении порода становится более однородной, но геологический разрез становится менее однородным за счет широкого развития прослоек и включений льда и неоднородности в их распределении (ячеистые текстуры), а зачастую и анизотропным (при наличии преобладающей ориентации в их распределении - слоистые текстуры). Анизотропия разреза вызывается также большими градиентами влажности, температуры и концентрации растворимых солей в деятельном слое.

В электрофизике измеряются параметры, характеризующие состояние электромагнитного поля (рис. 3). По происхождению его можно (условно) разделить на естественное и искусственное.

Естественное поле может быть связано: а) с процессами, протекающими в породе как гетерогенной среде при равновесном ее состоянии (скачок потенциала на поверхности раздела фаз, донановы потенциалы), при этом макротоков не существует. судить о поляризации можно, лишь нарушив равновесное состояние при измерении; б) с процессами, протекающими при стационарном состоянии, когда потоки, поддерживаемые неизменными внешними условиями, приводит к постоянному разделению зарядов (стационарная поляризация - фильтрационные, диффузионные и термо-диффузионные потенциалы) и к наличию стационарного тока без источников в изучаемом объеме; в) с направленным изменением состояния, когда одновременно может существовать сквозной ток и меняющаяся во времени поляризация, и разделение их становится условным в зависимости от масштабов осреднения среды.

Особое место занимает электрическая поляризация, связанная с фазовыми переходами и определяемая различным захватом растущей кристаллической решеткой ионов разного знака из раствора (Мельникова, 1969), перераспределением их в жидкостной фазе порового пространства и на поверхности раздела фаз (нарушение адсорбционного равновесия при изменении концентрации ионов).

Вызванные электрические явления, изучаемые электрофизикой, как правило, возникают при действии на среду внешнего электромагнитного поля, которое определяется заданными условиями возбуждения и проявляются в виде:

1. Макроскопического электрического тока и связанной с ним поляризации. Интенсивность его и характер распределения в изучаемом объеме определяются: а) способностью к перемещению заряженных частиц в пределах отдельных фаз (видом, количеством и подвижностью носителей); б) особенностями перехода носителей через поверхность раздела фаз; в) релаксационными процессами.

Поляризация обусловливается следующими причинами: а) в области контакта фаз с разным количеством (или с разной подвижностью) носителей изменяется их концентрация, что приводит к появлению поверхностного заряда, локальное поле от которого выравнивает нормальные к поверхности плотности токов в пределах фаз (емкостная поляризация); б) в области резкого обеднения основными носителями или на контакте фаз с разным характером проводимости происходит скачок потенциала, соответствующий наличию двойного электрического слоя (электродная поляризация), при этом количество разделенных зарядов на 3-10 порядков больше, чем в случае емкостной поляризации (Геннадиник и др., 1976); в) если хотя бы в одной из контактирующих фаз перенос осуществляется двумя или более носителями, причем изменяются числа переноса этих носителей, то вблизи контакта возникает электронейтральная область изменения концентрации носителей (диффузионная область в растворе электролита, квазинейтральная область в примесных полупроводниках, область сочленения токопроводящих каналов с различными числами переноса); изменение концентрации носителей приводит к их диффузии, а при наличии неравных диффузионных потоков частиц разных знаков происходит разделение зарядов и электрическая поляризация, связанная с электрокинетическими процессами.

2. Бестоковой поляризации, определяемой поляризациями смешения, релаксационной и структурной (Пархоменко, 1965)

Состояние электромагнитного поля определяется физико-химическими процессами, протекающими в породах (рис. 4), и отражает состояние геологического разреза (Геннадиник и др., 1976; Мельников, 1977).

Эти процессы можно условно разделить на теплоперенос, массоперенос и изменение связей между компонентами системы. Теплоперенос при рассмотрении электрических явлений играет подчиненную роль.

Массоперенос складывается из: а) внутрифазного движения компонентов, вызываемого неоднородностью распределения, различием в подвижности, а также миграцией их под действием внешних сил; б) движения через границу раздела фаз, осуществляемого посредством гетерогенных реакций; в) движения вместе с фазой.

Потоки, определяющие массоперенос вне границ раздела фаз, складываются из диффузионного, миграционного и конвективного. В потоки вовлекаются ионы и молекулы, электроны и дырки; потоки могут быть объемными и поверхностными. Суммарный поток заряженных частиц с учетом тока смещения определяет полный электрический ток.

Изменение связей между компонентами системы может происходить на различных уровнях: атомарном (химическое взаимодействие; образование и рекомбинация пар электрон-дырка, $OH^- - H_3O^+$; хемосорбция, диссоциация-ассоциация молекул), молекулярном (фазовые переходы, образование пар L -, D - дефектов; изменение структуры вещества; гидратация; физическая адсорбция) и на уровне более структурированной материи (коагуляция-диспергирование, седиментация и т.д.) (Савельев, 1971; Fletcher, 1970). Изменение связей описывается уравнениями химической кинетики, в которых скорость реакции определяется согласно закону действующих масс и зависит от концентрации реагирующих компонент, энергии активации и изменения электрического потенциала компонент в процессе реакции.

Уравнения потоков и уравнения химической кинетики связаны между собой уравнениями непрерывности, которые на границах раздела фаз связывают электрические токи потоков с токами реакций и с изменением строения двойных электрических слоев.

Уравнения массопереноса и изменения связей дополняются уравнениями электромагнитного поля в гетерогенной среде (Мельников и др., 1974; Геннадиник и др., 1976).

Методы исследования определяются особенностями предмета исследований, то есть: а) параметрами изучаемого электромагнитного поля (см. рис. 3) (вид поля, частотный спектр, интенсивность, ориентация, пределы

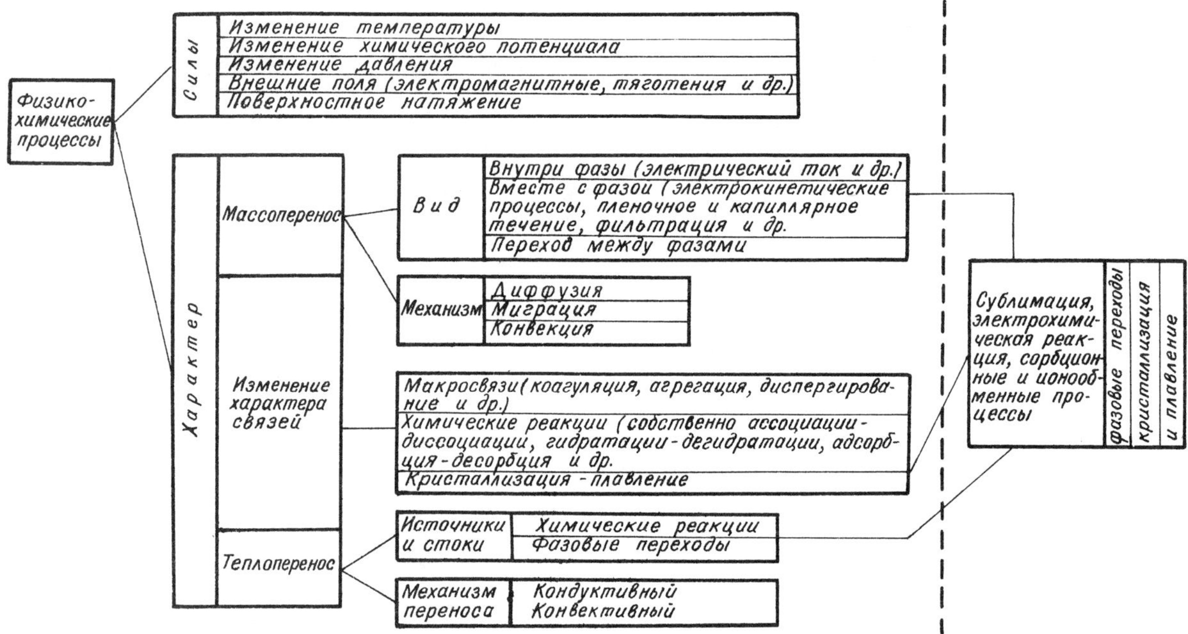

Рис. 4. Физико-химические процессы, протекающие в горных породах

изменения и чувствительность к изменению условий); б) процессами, с которыми связано поле (механизм, масштабы, времена релаксации); в) структурой объекта исследования, определяющей геометрию области распределения поля или протекания процесса (строение разреза, структура породы или фазовых компонентов породы); г) влиянием внешних условий на характер протекания физико-химических процессов и на параметры структуры объекта, от которых зависят процессы, определяющие поле.

Экспериментальные исследования включают лабораторные, на искусственно создаваемых моделях, и полевые – на геологических разрезах в условиях естественного залегания пород. При лабораторных исследованиях могут использоваться все методы электрофизики (Савельев, 1971; Эйзенберг, Кауцман, 1975); при полевых – все методы электрометрии – раздела геофизики, занимающегося изменением электромагнитных полей с целью изучения строения геологического разреза (Акимов, Клишес, 1976).

О состоянии разреза наибольшую информацию дают методы, в которых изучается низкочастотная поляризация и распределение тока. То и другое в породах связано, преимущественно, с электрохимическими процессами, поэтому естественно за параметры, описывающие связь поля с состоянием объекта, принять электрохимическую активность горных пород, которая объединяет:

1. Естественную электрохимическую активность, непосредственно отражающую протекающие в породе процессы и соответствующую принятой в геофизике "электрохимической активности" (Кобранова, 1962). В условиях криолитозоны она должна быть дополнена способностью породы создавать поле при промерзании. В разведочной геофизике принято считать, что естественная электрохимическая активность отражает равновесное состояние разреза или стационарные процессы, протекающие в нем, применительно к деятельному слою она меняется во времени в соответствии с циклическим изменением внешних условий.

2. Удельную проводимость пород геологического разреза или эффективную проводимость изучаемого разреза, когда его геометризация затруднена (в деятельном слое). Изучение ее пространственного распределения позволяет расчленить геологический разрез на объекты. Изменение проводимости во времени отражает изменение состояния объекта (рис. 5)

3. Вызванную электрохимическую активность, связанную с искусственно вызываемыми в породе электрокинетическими и электродными процессами. Проявление ее определяется характером возбуждения и регистрации поля, поэтому параметры, описывающие ее, весьма разнообразны (Геннадиник и др., 1976). Изучение вызванной электрохимической активности связано со значительными техническими трудностями, так как вторичные сигналы более чем на порядок меньше первичных. Поэтому в настоящее время изучаются, как правило, только линейные ее характеристики, отражающие структурные особенности токопроводящих каналов в горной породе.

Пределы изменения кажущихся сопротивления и поляризуемости (один из параметров вызванной электрохимической активности) в годовом цикле показаны на рис. 5 и 6. Они свидетельствуют о большом диапазоне и закономерном изменении во времени рассматриваемых параметров.

Теоретическое описание электрохимической активности основано на модельном представлении породы. Модели выбирают, исходя из задач исследования с учетом особенностей механизма протекающих в породе процессов. Наиболее общими являются модели усреднения поля, основанные на рассмотрении потоков и распределения зарядов в гетерогенной среде (Мельников и др., 1974), которые позволяют получить качественную картину явления. Количественное описание электрохимической активности основано на установлении связи между электрической поляризацией и физико-химическими процессами в элементарных электролитических ячейках. В объеме осреднения электромагнитного поля количество таких ячеек измеряется миллионами, поэтому смысл имеют лишь средние параметры ячеек и пределы их изменения, а также относительное расположение их при наличии такой закономерности.

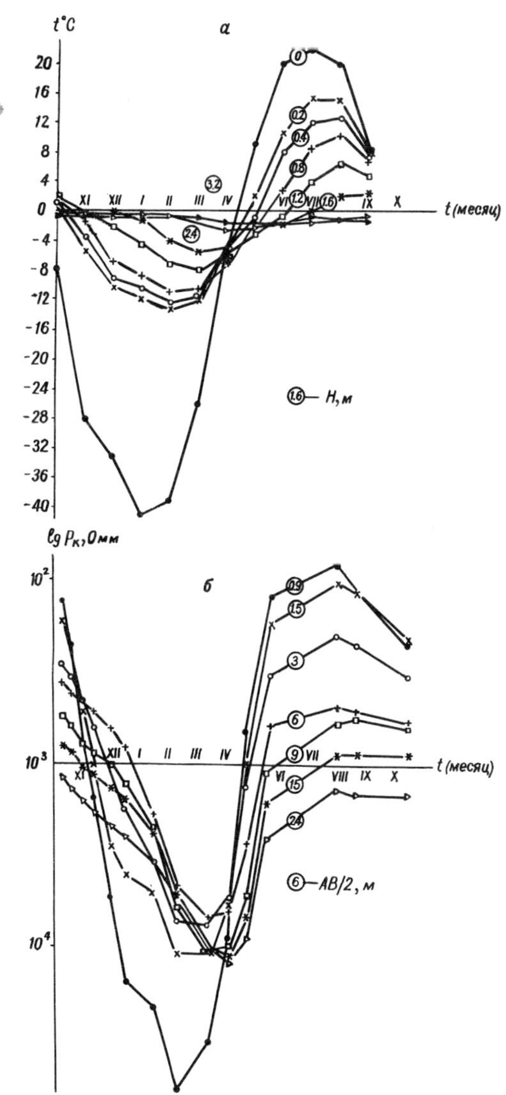

Рис. 5. Изменение температуры и ρ_K, измеренного установкой Веннера, в годичном цикле (стационар, г. Якутск)

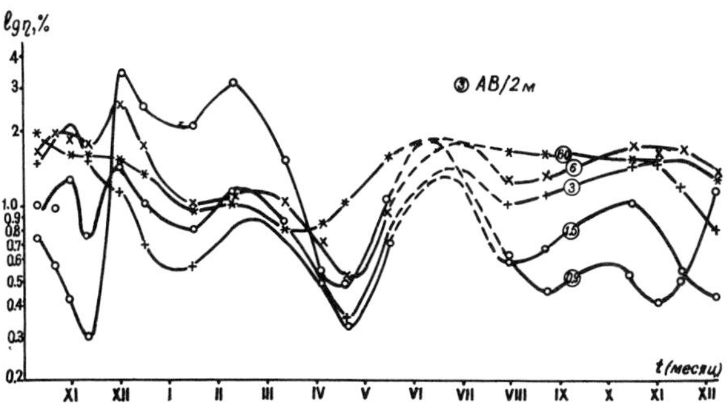

Рис. 6. Изменение кажущейся поляризуемости в годичном цикле (стационар, г. Якутск)

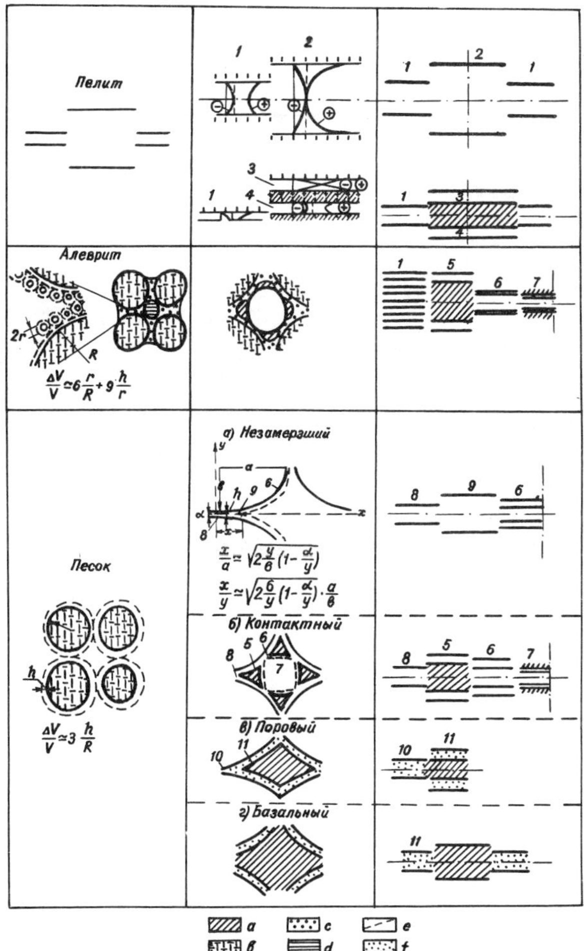

Рис. 7. Элемент породы и его изменение при промерзании в зависимости от дисперсности, отсортированности и влагонасыщенности (a – лёд, в – диэлектрик, c – глина, d – жидкость, e – граница газ-жидкая пленка, f – концентрированный раствор электролита); 1-11 – виды жидких пленок (по строению); $\Delta V/V$ – порядок отношения объема незамерзшей пленки к объему зерен диэлектрика в неотсортированной и отсортированной породе. В капиллярах (1-3) схематически изображены отклонения концентрации ко- и противоионов от равновесной в диффузной части двойного электрического слоя

При описании электрокинетических процессов, которые определяют электрохимическую активность пород с ионной проводимостью, используют капиллярную модель (Геннадиник и др., 1976). Применительно к мерзлой породе элементы этой модели приведены на рис. 7. Разнообразие их определяет широкий диапазон изменения электрохимической активности мерзлых пород и изменение его при промерзании-протаивании. Наличие неустойчивых элементов и элементов с резко различными свойствами (двойные электрические слои разных знаков) требует учета изменчивости модели во времени, а также изменения мембранных потенциалов при протекании тока (последнее может привести к появлению поляризации обратного знака).

Особо следует остановиться на модели, описывающей протекание тока в породе с базальным льдом-цементом. Капиллярная модель в этом случае неприемлема, так как наличие резко различных по проводимости элементов токопроводящего канала (лёд и концентрированный раствор) требует учета их взаиморасположения в пространстве, т.е. фиксации зерен диэлектрика определенных размеров и формы, окруженных бесконечно тонкой пленкой конечной проводимости, в поверхностно поляризованной среде высокого сопротивления, каковым является лед-цемент (Геннадиник и др. 1971). Поверхностная поляризация связана с препятствием в прохождении тока через поверхность кристалла льда, которая преодолима для ионов H^+ и OH^-, в то время, как в концентрированном растворе пленок, обволакивающих зерна диэлектрика, основными носителями тока являются ионы электролитов, а в кристаллах льда - L - и D - дефекты.

ЛИТЕРАТУРА

АКИМОВ А.Т., КЛИШЕС Т.М. 1976. Возможности дистанционных методов производства изысканий в районах вечной мерзлоты. - В кн.: Геофизические методы исследования мерзлых толщ. Якутск, с. 151-160.

ГЕННАДИНИК Б.И., ЛЕМЕШ В.И., НАБОКО Ю.С., 1971. Теоретические оценки влияния различных факторов на поляризуемость сред, содержащих рассеянные электронопроводящие включения. Алма-Ата, 99 с.

ГЕННАДИНИК Б.И., МЕЛЬНИКОВ В.П., ГЕННАДИНИК Г.В. 1976. Теория вызванной электрохимической активности горных пород. Якутск, 160 с.

ДОСТОВАЛОВ Б.Н., КУДРЯВЦЕВ В.А. 1967. Общее мерзлотоведение. Изд-во МГУ, 403 с.

КОБРАНОВА В.Н. 1962. Физические свойства горных пород. М., Гостоптехиздат, 490 с.

МЕЛЬНИКОВ В.П. 1977. Электрофизические исследования мерзлых пород (Методология и практика). Новосибирск, "Наука",

МЕЛЬНИКОВ В.П., ГЕННАДИНИК Б.И. и др. 1974. Основы амплитудно-фазовых измерений вызванной поляризации. Якутск, 222 с.

МЕЛЬНИКОВА А.М. 1969. Разделение зарядов при кристаллизации. - "Кристаллография", т. 14, вып. 3, с. 548-563.

ПАРХОМЕНКО Э.И. 1965. Электрические свойства горных пород. М., "Наука", 164 с.

САВЕЛЬЕВ Б.А. 1971. Физика, химия и строение природных льдов и мерзлых горных пород. Изд-во МГУ, 507 с.

ЭЙЗЕНБЕРГ Д., КАУЦМАН В. 1975. Структура и свойства воды. Л., Гидрометеоиздат, 280 с.

FLETCHER N.H. 1970. The Chemical Physiks of Ice. Cambridge universitypress, 271 p.

INFLUENCE OF PORE FLUID SALINITY ON SEISMIC AND ELECTRICAL PROPERTIES OF ROCKS AT PERMAFROST TEMPERATURES

B. I. Pandit and M. S. King,
Department of Geological Sciences, University of Saskatchewan, Saskatoon, Sask.

The influence of pore fluid salinity upon seismic and electrical properties of porous sedimentary rocks at permafrost temperatures has been studied. Ultrasonic velocities have been measured on samples of two sandstones and a limestone subjected to triaxial loading conditions at temperatures in the range -15 to 3°C, when saturated in turn with distilled water, 0.03 M NaCl and 0.1 M NaCl. The complex resistivity and phase-angle relationships have been measured as a function of frequency on these rocks subjected to a hydrostatic state of stress, at temperatures and pore fluid salinities in the ranges referred to for the ultrasonic tests.

An increase in salinity is found to reduce the effect of sharp increases in ultrasonic velocities as the temperature is reduced below 0°C. It is found to reduce the resistivity of each rock for a given temperature, frequency and state of stress. It leads to more resistive behaviour of the rocks. The pore ice content predicted by the three-phase time-average equation at temperatures below 0°C satisfactorily explains the relative decrease in resistivity as the salinity is increased.

INFLUENCE DE LA SALINITÉ DES FLUIDES INTERSTITIELS SUR LES PROPRIÉTÉS SISMIQUES ET ÉLECTRIQUES DES ROCHES AUX TEMPÉRATURES QUI PERMETTENT L'ÉTABLISSEMENT DU PERGÉLISOL

B.I. Pandit et M.S. King,
Département de géologie, Université de la Saskatchewan, Saskatoon, Saskatchewan.

On a étudié l'influence de la salinité des fluides interstitiels sur les propriétés sismiques et électriques des roches sédimentaires poreuses aux températures qui caractérisent le pergélisol. On a mesuré la vitesse de propagation des ondes ultrasonores dans deux échantillons de grès et un échantillon de calcaire, qui ont été soumis à une charge triaxiale à des températures comprises entre -15 °C et 3 °C, après avoir été tour à tour saturé en eau distillée, et en solutions de 0.03 M NaCl et 0.1 M NaCl. On a évalué les relations complexes qui existent entre la résistivité et les différences de phase en fonction de la fréquence, pour les roches soumises à une contrainte hydrostatique dans les mêmes conditions de température et de salinité du fluide interstitiel qu'au cours des essais ultrasonores.

On a découvert qu'une augmentation de la salinité atténue les effets d'une forte augmentation de la vitesse ultrasonore lorsque la température tombe au-dessous de 0 °C. On a aussi constaté que cette augmentation de la salinité a pour effet de réduire la résistivité de chaque roche à une température, fréquence, et contrainte données. Elle donne lieu à une évolution du comportement de résistivité des roches. La teneur en glace interstitielle prévue par l'équation décrivant le comportement au-dessous de 0 °C des trois phases en fonction de moyennes de temps permet d'expliquer de façon satisfaisante la diminution relative de la résistivité en fonction de la salinité.

ВЛИЯНИЕ СТЕПЕНИ МИНЕРАЛИЗАЦИИ ПОРОВОЙ ЖИДКОСТИ НА СЕЙСМИЧЕСКИЕ И ЭЛЕКТРИЧЕСКИЕ СВОЙСТВА ГОРНЫХ ПОРОД ПРИ ОТРИЦАТЕЛЬНЫХ ТЕМПЕРАТУРАХ

Исследовано влияние степени минерализации поровой жидкости на сейсмические и электрические свойства пористых осадочных пород при отрицательных температурах. На двух образцах песчаника и одном образце известняка, подвергнутых воздействию трехосной нагрузки при температуре в пределах от -15°C до 3°C, измерены ультразвуковые скорости при последовательном насыщении образцов дистиллированной водой, 0.03M NaCl и 0.1M NaCl. Определена сложная зависимость между удельным сопротивлением и фазовым углом как функция частоты для пористых осадочных пород в гидростатическом состоянии напряжения при температурах и степени минерализации поровой жидкости в пределах, указанных для ультразвуковых испытаний. Замечено, что повышение степени минерализации снижает воздействие резкого увеличения ультразвуковых скоростей при понижении температуры ниже 0°C, а также ведет к снижению удельного сопротивления каждой породы при данной температуре, частоте и состоянии напряжения. Содержание порового льда, рассчитанное с помощью трехфазного усредненного по времени уравнения для температур ниже 0°C, удовлетворительно объясняет относительное снижение удельного сопротивления при увеличении степени минерализации.

INFLUENCE OF PORE FLUID SALINITY ON SEISMIC AND ELECTRICAL PROPERTIES OF ROCKS AT PERMAFROST TEMPERATURES

B. I. Pandit and M. S. King

Department of Geological Sciences
University of Saskatchewan
Saskatoon, Sask. S7N OWO

INTRODUCTION

The influence of pore-water salinity on some mechanical and electrical properties of porous sedimentary rocks at permafrost temperatures has been studied and the results are presented in this paper. Ultrasonic compressional and shear-wave velocities have been measured as a function of pore-water salinity on samples of two sandstones and a limestone subjected to triaxial loading conditions. Complex electrical resistivity and phase-angle relationships at different frequencies have been measured on a sandstone and a limestone subjected to hydrostatic loading conditions. The measurements have been made in the temperature range -15°C to 3°C.

The velocities of elastic waves and the electrical properties as a function of frequency of frozen rocks are required in the interpretation of seismic, electrical resistivity and electromagnetic surveys in areas of permafrost. The elastic-wave propagation and electrical properties of water-saturated porous media are radically altered when the temperature is reduced below 0°C. Laboratory measurements of elastic-wave velocities in water-saturated porous materials at permafrost temperatures have been published by Frolov (1961), Antsyferov *et al* (1964), Timur (1968), Nakano *et al* (1972), Kurfurst and King (1972), Nakano and Froula (1973), Kurfurst (1976) and King (1977). As the temperature was decreased below 0°C these workers all observed sharp increases in velocity, with the degree of increase depending on the water content of the porous material.

Electrical properties of water-saturated porous media have been studied by Ananyan (1958), Parkhomenko (1967) and Hoekstra and McNeill (1973). Again pronounced increases in resistivity were observed as the temperature was decreased below 0°C. Collett (1974) concludes that this increase depends on the water content of the porous material, the chemical content of the saturant, and the composition and grain size of the mineral component.

SPECIMEN PREPARATION

Specimens of 5cm diameter for the ultrasonic-velocity tests were carefully cored from quarried blocks of Boise and Berea sandstone and Salem limestone, using fresh water as the cooling fluid. The Boise and Berea specimens were cored perpendicular to the bedding. Specimens of 3.8cm diameter for the electrical resistivity tests were cored from blocks of Boise sandstone and Salem limestone, again using fresh water as the cooling fluid. Previous tests had proved the uniformity of physical properties of specimens cored from single blocks of these rocks. Lithologic descriptions of Boise and Berea sandstone have been presented by Timur (1968), and petrographic descriptions and physical properties of Berea sandstone and Salem limestone by Krech *et al* (1974). Physical properties of the specimens used in these tests are given in Table I.

Table I. Physical Properties of Specimens

Specimen	Porosity	Dry Density, $kg.m^{-3}$
Boise sandstone	0.25	1910
Berea sandstone	0.18	2170
Salem limestone	0.12	2340

The flat ends of the specimens were ground perpendicular to the axis of the core and parallel to each other to a tolerance of 0.0015cm, using fresh water as the coolant. As completed, the ultrasonic velocity specimens were approximately 7.5cm long, and those for the resistivity tests 3.8cm long.

The specimens were dried in a vacuum oven maintained at 105°C under a vacuum of 70 Pa of mercury or lower for at least 24 hours. After weighing, the specimens were saturated in distilled water, 0.03 molar concentration (M) or 0.1 M solutions of NaCl by the following method. They were first saturated by immersion in the saturating solution in a pressure vessel and subjecting them to a vacuum of 270Pa of mercury. To ensure full saturation the immersed specimens were then pressurized to 10MPa. The porosity values reported in Table I were obtained by weighing the specimens before and after saturation.

The 5cm-diameter specimens were mounted in turn between piezo-electric transducer holders for ultrasonic-velocity tests. Lead foil discs of 0.0006cm thickness provided acoustic coupling at each transducer holder. Each specimen was surrounded by double jackets of tightly-fitting, thin rubber, over which overlapping vinyl tape was wrapped. This ensured that the DC 200 silicone fluid exerting the confining pressure did not invade the specimen pore space. The 3.8cm-diameter specimens for the resistivity tests were mounted between electrode holders in the same manner, except that a thin layer of graphite on the electrodes provided electrical coupling.

APPARATUS

A block diagram of the ultrasonic-velocity apparatus is shown in Fig. 1. The piezo-electric transducer holders are designed to measure compressional and shear-wave velocities sequentially on the same specimen, and are similar to those described by King (1970). The specimen is surrounded in the triaxial cell by DC 200 silicone fluid. Compressed nitrogen is employed to apply the confining pressure and axial stress on the specimen. Pore-fluid ports permit free drainage of the pore fluid from the specimen. Ultrasonic velocities can be measured with an accuracy of ±1 percent and with a precision of ±0.5 percent on a given specimen. The technique for measuring ultrasonic velocities is the same as that described by Kurfurst and King (1972).

The controlled-temperature chamber can be maintained at temperatures in the range -18° to 21°C, within the limits ±0.05°C. Temperatures in the chamber and within the pressure cells in the DC 200 silicone fluid adjacent to the specimen are monitored by platinum resistance sensors.

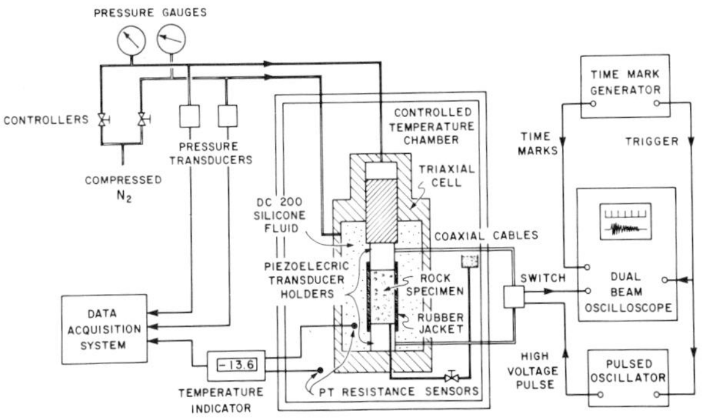

Fig. 1. Block Diagram of Ultrasonic-Velocity Apparatus

A block diagram of the electrical-resistivity apparatus is shown in Fig. 2. It has been described previously by King (1977), except that a phase-meter is now employed to measure phase-angle relationships. Pore fluid ports permit free drainage of the pore fluid from the specimen. Preliminary tests on the system with hollow cardboard cylinders surrounded by rubber jackets and the DC 200 silicone fluid, and with different values of precision resistors placed between the electrode holders to simulate a resistive specimen, indicated no inductive coupling in the frequency range 5Hz to 10kHz. Tests with water-saturated cylinders of permafrost of different lengths in the range 3.8cm to 7.6cm indicated the presence of measurable contact resistance only in the frequency range 5Hz to 100Hz at temperatures below -8°C.

OPERATIONAL PROCEDURE

The operational procedure for both ultrasonic-velocity and electrical-resistivity tests is similar. Specimens mounted between the ultrasonic transducer holders and resistivity electrode holders in their respective pressure cells are placed in the test chamber maintained at room temperature.

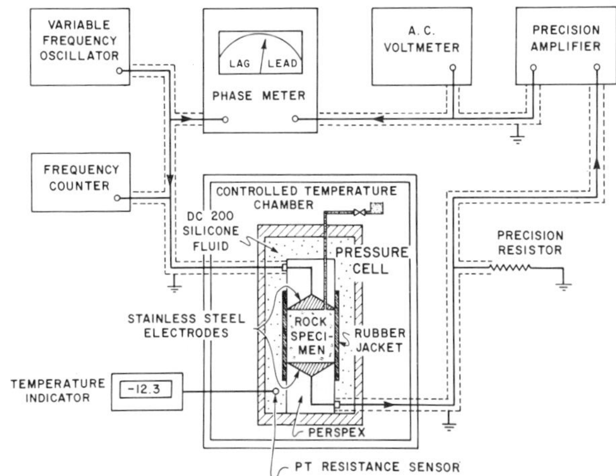

Fig. 2. Block Diagram of Electrical-Resistivity Apparatus

The specimens are then subjected to a confining pressure of 0.1MPa. After all pressure and electrical connections have been tested, preliminary ultrasonic-velocity and resistivity measurements are made at room temperature.

The temperature in the test chamber is then reduced to -15°C, with the specimen continuously subjected to a confining pressure of 0.1MPa. The time required for a specimen to come to equilibrium with its surroundings at this temperature has been experimentally demonstrated to take several hours. No measurements are made, therefore, until 24 hours have elapsed with the temperature of the chamber maintained at this level.

Ultrasonic-velocity and resistivity measurements are made at the lowest temperature. These are followed by measurements made at successively higher temperatures, allowing the specimens to come to thermal equilibrium with their surroundings for 24 hours at each temperature step.

For the ultrasonic-velocity tests each specimen was first subjected to a hydrostatic pressure of 0.35MPa. The axial stress was then raised in five steps to a maximum of 13.8MPa, with compressional and shear-wave velocities measured at each step in axial stress. Between runs, while the chamber temperature was being changed to a new level, the confining pressure on the specimen was reduced to and maintained at 0.1MPa.

For the electrical-resistivity tests each specimen was subjected to a hydrostatic pressure of 0.35MPa while complex resistivity and phase-angle measurements were being made. Between runs, the confining pressure on the specimen was reduced to and maintained at 0.1MPa.

RESULTS AND DISCUSSION

The results of the ultrasonic-velocity tests are shown in Figs. 3-5, in which compressional and shear-wave velocities for specimens of the three rock types at an axial stress of 13.8MPa are plotted as a function of temperature for different pore water salinities. It will be noted that compressional and shear-wave velocities decrease with an increase in salinity at temperatures below 0°C. The effect is particularly marked at temperatures close to 0°C. At temperatures

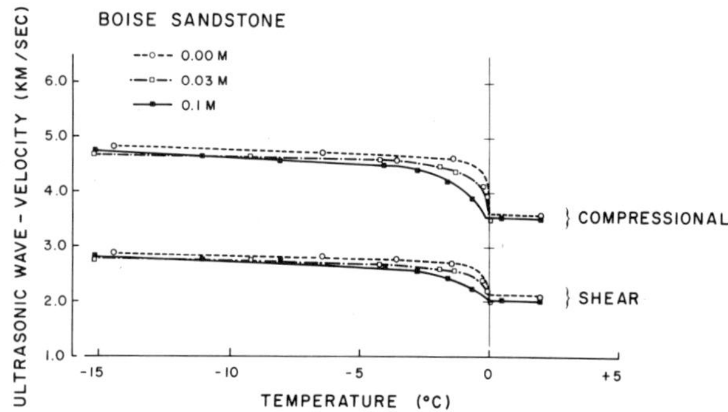

Fig. 3. Ultrasonic Velocities: Boise Sandstone

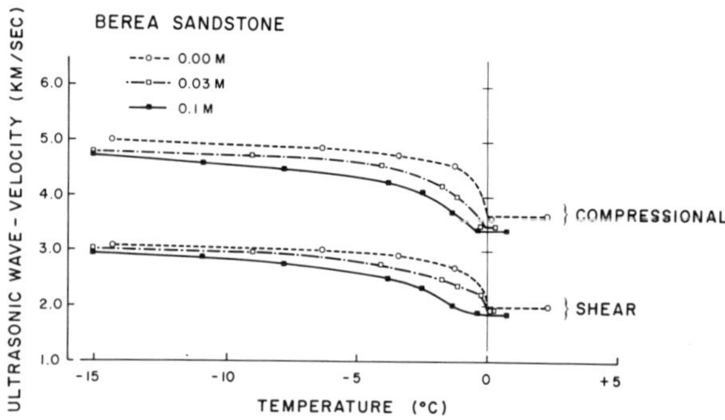

Fig. 4. Ultrasonic Velocities: Berea Sandstone

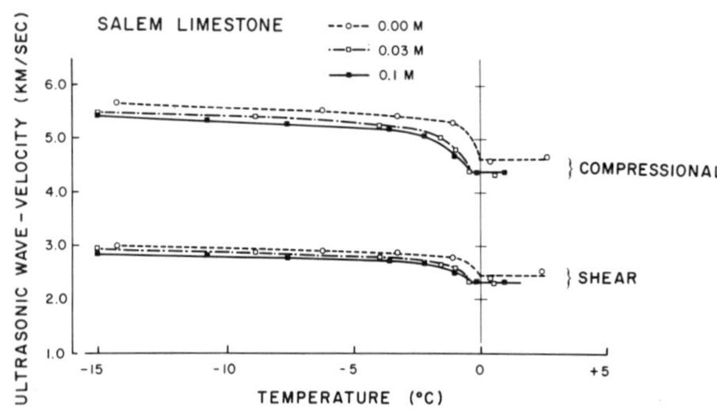

Fig. 5. Ultrasonic Velocities: Salem Limestone

below -15°C there are indications that the velocities converge to a common value of compressional and shear-wave velocity for each rock type.

No marked depression of the freezing point due to increased salinity of the pore water is observed for Boise sandstone. For the other two rocks tested there is a freezing point depression of approximately 0.5°C as the pore fluid salinity is increased.

At temperatures above 0°C some variation in both compressional and shear-wave velocities for specimens of the same rock type is observed. This is attributed to effects of differences in mechanical properties between specimens cored from the same block and to differences in salinity of the pore fluid.

The ratio of the compressional to the shear-wave velocity is essentially independent of the pore water salinity for these rock specimens. At temperatures below 0°C the ratio is 1.7 for Boise and Berea sandstone and 1.9 for Salem limestone. Above 0°C slight increases in the ratio are observed, but these can be attributed partly to difficulties in determining the first arrival of the shear wave unequivocally; this is particularly the case for Berea sandstone.

An increase in the axial stress from 0.35MPa to 13.8MPa results in an increase in the velocities of compressional and shear waves. At temperatures below 0°C the increase is less than 3 percent; above 0°C the increase is less than 12 percent. The effect is most pronounced for Berea sandstone.

An estimate of the ice content in the pore spaces of these rock types, as a function of temperature, can be made using Timur's (1968) three-phase time-average equation. Using the compressional-wave velocities at an axial stress of 13.8MPa, the ice contents shown in Table II are predicted for Boise sandstone and Salem limestone.

Table II. Ice Content as a Function of Pore Water Salinity and Temperature

Rock Type	Pore Water Salinity, M	Temperature °C	Ice Content Pore Vol Fract
Boise sandstone	0.0	-15	0.95
	0.0	-5	0.87
	0.0	-1.5	0.85
	0.03	-15	0.90
	0.03	-5	0.84
	0.03	-1.5	0.73
	0.1	-15	0.90
	0.1	-5	0.78
	0.1	-1.5	0.55
Salem limestone	0.0	-15	0.87
	0.0	-5	0.71
	0.0	-1.5	0.61
	0.03	-15	0.68
	0.03	-5	0.54
	0.03	-1.5	0.31
	0.1	-15	0.68
	0.1	-5	0.48
	0.1	-1.5	0.15

It can be seen that even with a pore-water salinity of M=0.1 most of the pore space in the Boise sandstone is filled with ice at temperatures of -1.5°C and lower. An increase in pore-water salinity for Salem limestone results in much lower fractions of pore volume becoming filled with ice. This is particularly noticeable at temperatures above -5°C.

The results of the electrical-resistivity measurements for Boise sandstone and Salem limestone are shown in Figs. 6-15. The variation of complex resistivity with frequency at different temperatures and for different pore-water salini-

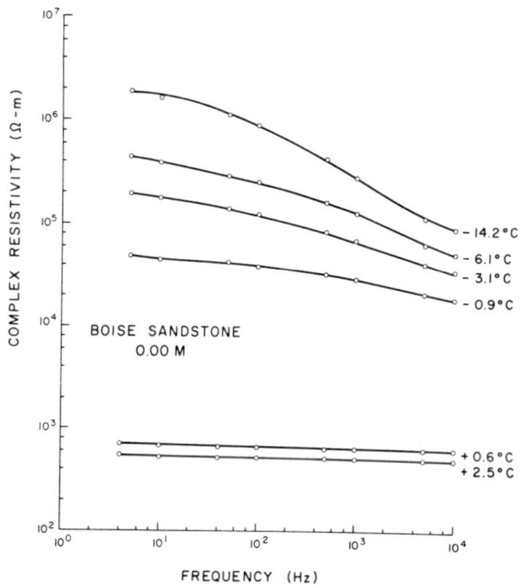

Fig. 6. Electrical Resistivities: Boise Sandstone, Distilled Water

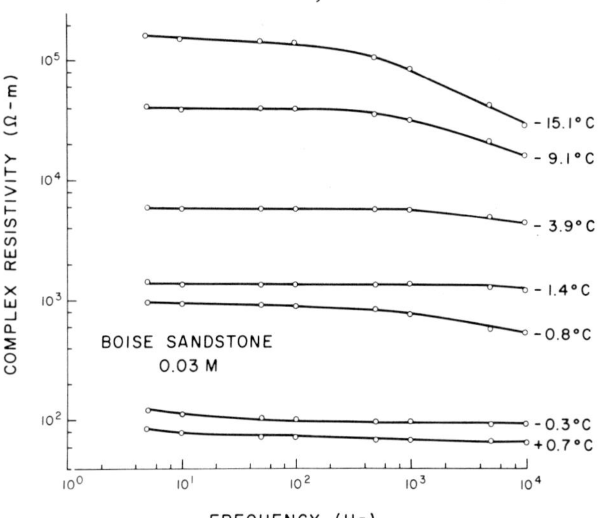

Fig. 7. Electrical Resistivities: Boise Sandstone, 0.03 M NaCl

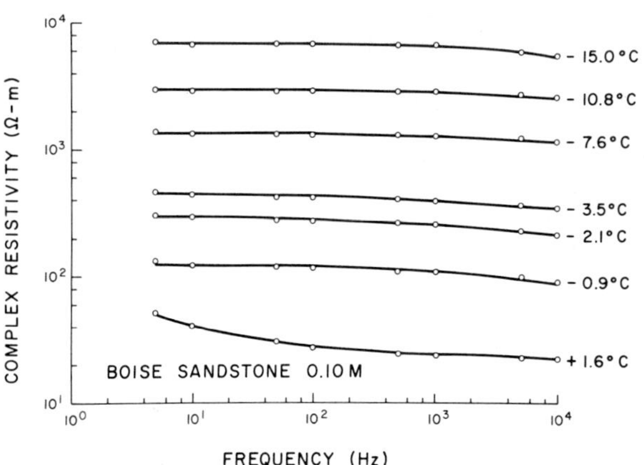

Fig. 8. Electrical Resistivities: Boise Sandstone, 0.1 M NaCl

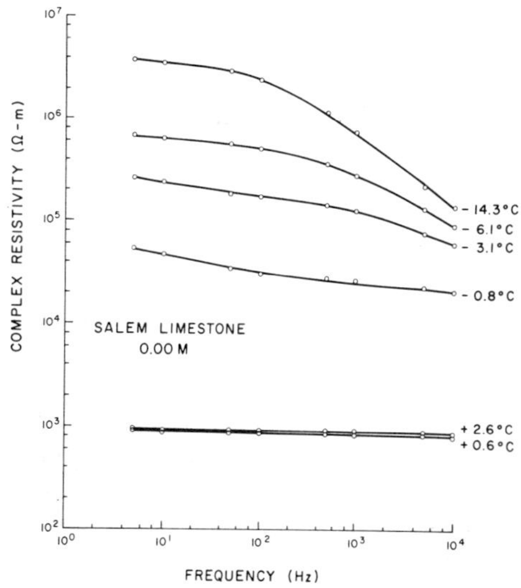

Fig. 9. Electrical Resistivities: Salem Limestone, Distilled Water

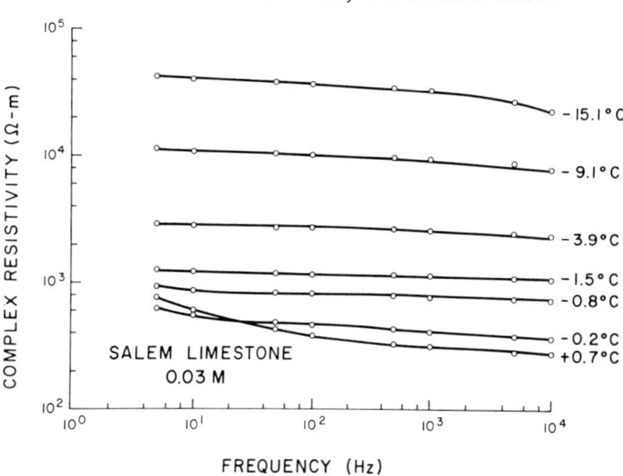

Fig. 10. Electrical Resistivities: Salem Limestone, 0.03 M NaCl

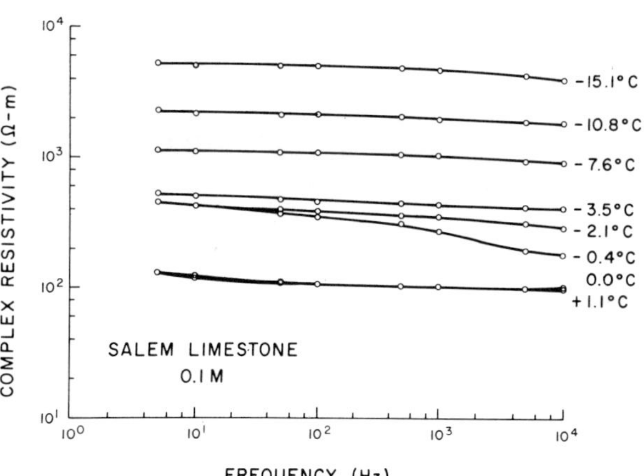

Fig. 11. Electrical Resistivities: Salem Limestone, 0.1 M NaCl

ties is shown in Figs. 6-11. As expected, the complex resistivity decreases with an increase in pore water salinity as well as with an increase in temperature. Although it is perhaps premature to draw general conclusions from the limited data presented here, a certain trend is evident. An increase in salinity or in temperature produces the same effect in extending the frequency range over which these rocks exhibit conductive rather than dielectric behaviour.

Figs. 12 and 13 illustrate the effect of temperature and salinity on the complex resistivity of the Boise sandstone and Salem limestone specimens at a frequency of 1kHz. At temperatures below $0^{o}C$, increases in both pore-water salinity and temperature reduce the resistivity. At temperatures above $0^{o}C$, the temperature dependence is essentially governed by the variation of pore-water resistivity with temperature.

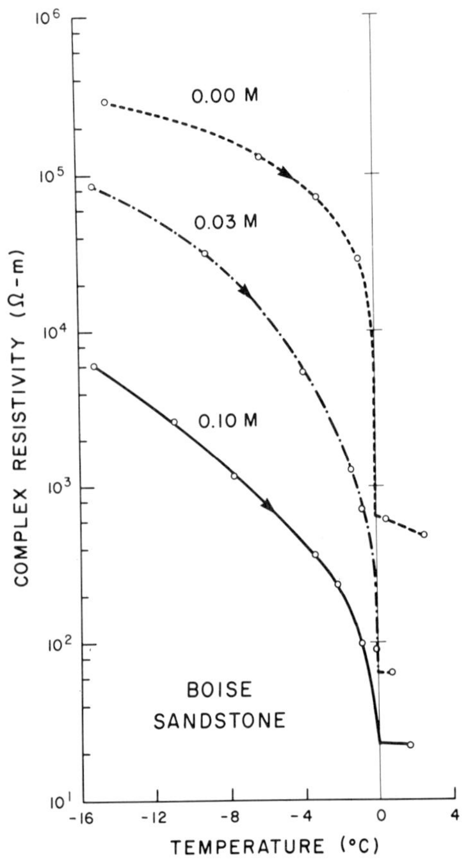

Fig. 12. Electrical Resistivity: Boise Sandstone, 1kHz

The observed resistivities for 0.03 and 0.1 M saturants were compared with those calculated using Archie's law (Keller and Frischknecht, 1970, p.21)

$$\rho_T = \rho_w a \phi^{-m}$$

in which ρ_T is the resistivity of the rock; ρ_w, the resistivity of the pore water; ϕ, the porosity; a and m, constants. The agreement is good for both Boise sandstone and Salem limestone with a=1 and m=2.

The results presented in Table II indicate that

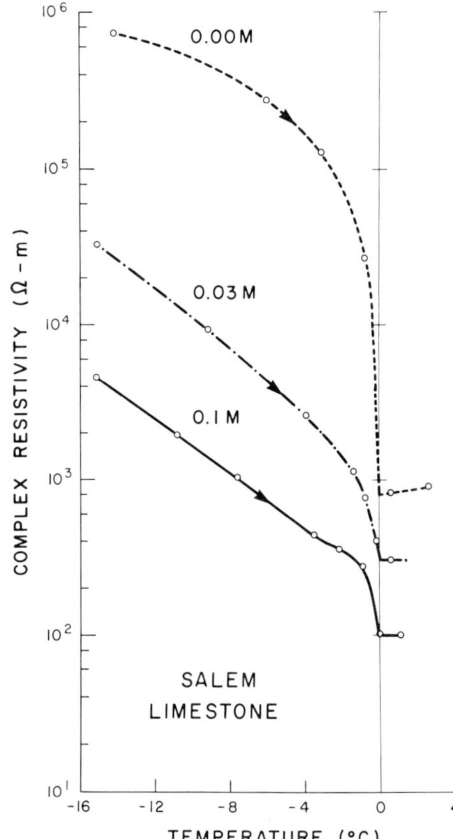

Fig. 13. Electrical Resistivity: Salem Limestone, 1kHz

at temperatures in the region of $-15^{o}C$ the relative proportion of pore space containing ice is similar for Boise sandstone with 0.0, 0.03 and 0.1 M saturants. The differences in resistivity observed in Fig. 12 at this temperature are then explained by the additional conduction provided by NaCl displaced from the ice, which increases the saline concentration of the solution in the smaller pore spaces and the liquid phase immediately adjacent to the mineral particles. As the temperature increases, the relative proportions of pore volume containing ice change as the salinity is increased: the greater the difference in proportion of ice in the pores the greater the difference in resistivity measured. This is particularly noticeable at temperatures below, but approaching, $0^{o}C$.

The differences in resistivity observed in Fig. 13 for Salem limestone with saturants of different salinities may be explained in a similar manner.

The variations of phase angle with temperature at a frequency of 1kHz for Boise sandstone and Salem limestone are shown in Figs. 14 and 15. There is a trend for the phase angles to decrease as the temperature is increased, with near-zero values recorded as the temperature is raised above $0^{o}C$. Thus the capacitive behaviour of the rock specimens is decreased as the temperature is raised, with its elimination at temperatures above $0^{o}C$. An increase in pore-water salinity reduces

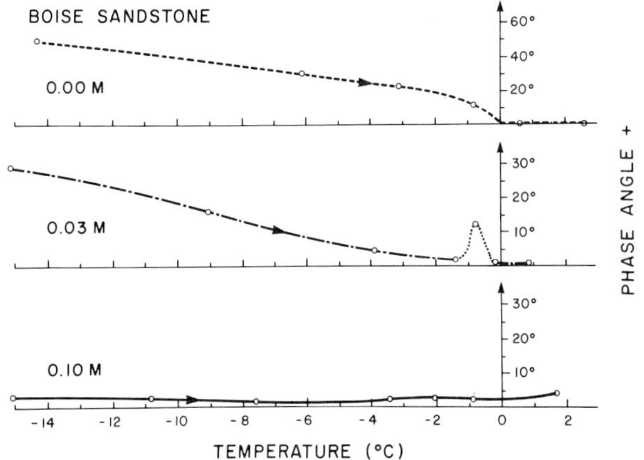

Fig. 14. Phase Angles: Boise Sandstone, 1kHz

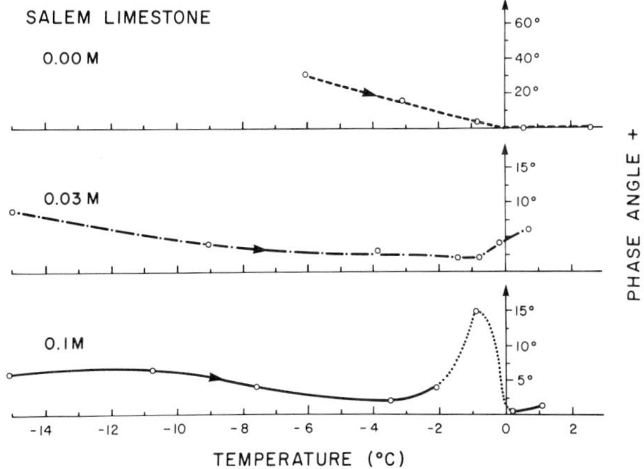

Fig. 15. Phase Angles: Salem Limestone, 1kHz

the phase angle at a given temperature below $0^{o}C$.

However, there are some anomalous results indicated: for Boise (0.03M) and Salem (0.1M). The reasons for the anomalous behaviour require more investigation before an explanation can be offered. Resistivity studies on Berea sandstone specimens saturated with 0.03M and 0.1M NaCl solutions also indicated anomalous behaviour, particularly in the range of temperatures $-2^{o}C$ to $2^{o}C$. The reasons for this behaviour are also under investigation.

CONCLUSIONS

1. An increase in pore-water salinity in the range 0.0 to 0.1M NaCl does not significantly depress the freezing point in porous sandstones and limestones.
2. An increase in pore-water salinity in the range 0.0 to 0.1M NaCl effectively reduces the effect of sharp increases in ultrasonic velocities as the temperature is reduced below $0^{o}C$.
3. The pore ice content predicted by the three-phase time-average equation at different temperatures below $0^{o}C$ satisfactorily explains the relative decreases in resistivity as the pore-water salinity is increased.
4. An increase in pore-water salinity reduces the magnitude of the phase angle at a given temperature and leads to more resistive behaviour in porous sandstones and limestones.

ACKNOWLEDGMENTS

The authors are grateful to the U.S.B.M. (Twin Cities) for provision of blocks of Berea sandstone and Salem limestone. An operating grant from the National Research Council of Canada to M.S.K. is also gratefully acknowledged.

REFERENCES

ANANYAN, A.A. 1958. Dependence of electrical conductivity of frozen rocks on moisture content. Izv. Acad. Sci. USSR, Geophys. Ser., p.878-881

ANTSYFEROV, M.S., ANTSYFEROVA, N.G. and KAGAN, Ya. 1964. A study of the propagation velocities and absorption of elastic waves in frozen sand. Izv. Acad. Sci. USSR, Geophys. Ser., p.85-89.

COLLETT, L.S. 1974. Geophysical parameters of permafrost. Proc. Symp. Permafrost Geophysics, National Research Council of Canada, Tech. Memo. 113, p.1-16.

FROLOV, A.D. 1961. The propagation of ultrasonic waves in frozen sandy-clayey rock. Izv. Acad. Sci. USSR, Geophys. Ser., p. 732-736.

HOEKSTRA, P. and MCNEILL, D. 1973. Electromagnetic probing of permafrost. In Permafrost: the North American contribution to the 2nd International Conference, Yakutsk, USSR. Nat. Acad. Sci., Washington, DC, p.517-526.

KELLER, G.V. and FRISCHKNECHT, F.C. 1970. Electrical methods in geophysical prospecting. Pergamon Press, Oxford, 517p.

KING, M.S. 1970. Static and dynamic elastic moduli of rocks under pressure. In Rock mechanics: theory and practice, (W.H. Somerton, Ed.). A.I.M.E., New York, p.329-351.

KING, M.S. 1977. Acoustic velocities and electrical properties of frozen sandstones and shales Canad. J. Earth Sci., v.14, p.1004-1013.

KURFURST, P.J. 1976. Ultrasonic wave measurements on frozen soils at permafrost temperatures. Canad. J. Earth Sci., v.13, p.1571-1576.

KURFURST, P.J. and KING, M.S. 1972. Static and dynamic elastic properties of two sandstones at permafrost temperatures. Trans. Society Petroleum Engineers of A.I.M.E., v.253, p.495-504.

KRECH, W.W., HENDERSON, F.A. and HJELMSTAD, K.E. A standard rock suite for rapid excavation research. U.S.B.M. Report of Investigations 7865, 1974.

NAKANO, Y., MARTIN, R.J. and SMITH, M. 1972. Ultrasonic velocities of the dilatational and shear waves in frozen soils. Water Resources Research, v.8, p.1024-1030.

NAKANO, Y. and FROULA, N.H. 1973. Sound and shock transmission in frozen soils. In Permafrost: the North American contribution to the 2nd International Conference, Yakutsk, USSR. Nat. Acad. Sci., Washington, DC, p.359-369.

PARKHOMENKO, E.I. 1967. Electrical properties of rocks. Plenum Press, New York, 314p.

TIMUR, A. 1968. Velocity of compressional waves in porous media at permafrost temperatures. Geophysics, v.33, p.584-597.

GEOPHYSICAL INVESTIGATIONS OF OFFSHORE PERMAFROST, PRUDHOE BAY, ALASKA

James C Rogers and John L. Morack, Geophysical Institute, University of Alaska, Fairbanks, Alaska U.S.A.

Seismic investigations have been made near a line of existing drill holes at Prudhoe Bay, Alaska in an effort to delineate the upper surface of the offshore ice-bonded permafrost and to correlate the seismic results with information gained by drilling.

Good correlation was found within 3.3 kilometers of the shore, where the drilling work delineated the upper permafrost surface. Records at distances further from shore indicate a permafrost surface dipping offshore to a depth of approximately 100 meters at a distance of 14 kilometers from shore. Sparker reflection data showing many hyperbolic reflections are included with the refraction and reflection data but no conclusions are reached as to the origin of these reflections.

ÉTUDE DU PERGÉLISOL SOUS-MARIN DE LA BAIE PRUDHOE EN ALASKA

James C. Rogers et John L. Morack, Geophysical Institute, University of Alaska, Fairbanks, Alaska U.S.A.

On a effectué dans la baie Prudhoe, en Alaska, des études sismiques, à proximité d'une ligne de trous de forage existants, afin de délimiter le niveau supérieur du pergélisol sous-marin lié par la glace et de découvrir la correspondance entre les résultats sismiques et l'information obtenue au cours des forages. On a constaté une excellente concordance, dans les premiers 3.3 kilomètres à partir du rivage, où les forages ont permis de délimiter le plan supérieur du pergélisol. Les relevés obtenus à des distances plus grandes du rivage indiquent que la surface du pergélisol est inclinée vers la mer et atteint environ 100 mètres de profondeur à 14 kilomètres de distance de la côte. Les données de sismique-réflexion par Sparker, qui manifestent de nombreuses réflexions hyperboliques, sont incluses dans les données de sismique-réfraction et sismique-réflexion, mais on n'a pu tirer jusqu'à présent de conclusions sur l'origine de ces réflexions.

ГЕОФИЗИЧЕСКИЕ ИССЛЕДОВАНИЯ СУБАКВАЛЬНОЙ МЕРЗЛОЙ ТОЛЩИ В ЗАЛИВЕ ПРУДХО

Для определения контуров поверхности мерзлой толщи на дне залива Прудхо /Аляска/ и для корреляции сейсмических данных с результатами бурения, вблизи линии существующих скважин на дне залива были произведены сейсмические исследования. Хорошая корреляция была получена для участка в пределах 3,3 км от берега, где при бурении были определены контуры поверхностных слоев мерзлоты. Данные для более удаленных от берега участков указывают на увеличение глубины залегания верхней поверхности мерзлой толщи по мере удаления от берега, которая на расстоянии 14 км от берега достигает приблизительно 100 м. Наряду с данными измерений методами отражения и преломления представлены данные измерений при помощи "Спаркера", свидетельствующие о наличии большого числа гиперболических отражений, происхождение которых еще не ясно.

GEOPHYSICAL INVESTIGATION OF OFFSHORE PERMAFROST, PRUDHOE BAY, ALASKA

J. C. Rogers
J. L. Morack

Geophysical Institute
University of Alaska
Fairbanks, Alaska 99701

INTRODUCTION

Offshore seismic investigations have been conducted near a line of existing drill holes at Prudhoe Bay, Alaska in order to delineate the upper surface of the ice-bonded permafrost.

Good correlation was found within 3.3 kilometers of the shore, where drilling located the upper permafrost surface. Seismic records at distances further from shore where drilling information is not available indicate an ice-bonded permafrost surface dipping offshore to a depth of approximately 100 meters at a distance of about 14 kilometers from shore. Sparker reflection data (provided by the U. S. Geological Survey) showing many hyperbolic reflections but not indicating the bonded permafrost surface are included. No conclusions are reached as to the origin of these reflectors. Refraction work on two islands bordering Prudhoe Bay is also discussed.

SEISMIC INVESTIGATIONS

Seismic velocities may vary greatly in a material as its state is changed from the icebonded condition to a completely thawed condition. This velocity variation is the basis for seismic detection of ice-bonded materials (Dobrin 1975).

Velocities systematically measured in the field by the authors at Point Barrow and Prudhoe Bay, Alaska fell into two general groups. The ice-bonded sandy gravels typically were found to have velocities ranging from 2500 ms^{-1} to 3100 ms^{-1}, while those same materials in the non-frozen state exhibited velocities ranging from 1600 $^{-1}$ to 2000 ms^{-1}. (Rogers et al 1975) This contrast is the basis of the refraction technique which is covered in more detail elsewhere (Hunter 1974). Additionally, successful refraction measurements depend upon seismic velocity increasing with depth as is the case in Prudhoe Bay. Velocities measured in the sea water are typically 1500 ms^{-1} while the non-frozen bottom ($v=200$ ms^{-1}) may lie upon frozen material ($v=3000$ ms^{-1}). The transition from the ice-bonded permafrost to non-frozen materials at the bottom of the permafrost is not detectable with seismic refraction techniques (Hunter et al 1976 Dobrin, 1975) and the work reported here deals only with the upper boundary.

It is not possible, using seismic techniques, to delineate "permafrost" according to the classic definition based upon temperature. Rather, the delineation is between the bonded and the non-ice-bonded conditions in the material. (Hunter et al 1976) Also, there is some everaging over the material sampled with the refraction technique and it is possible that interpretation of ice-bonded or non-ice-bonded conditions may be subject to modification in that the material may not be totally frozen nor totally ice free. The reflection technique does not present the averaging problem encountered in refraction work, but the observation of small ice-bonded inclusions in non-frozen material is dependent upon the relative size of the signal wave length and the dimensions of the inclusions. Also, orientation of the inclusion with respect to the observer can be important in reflection work.

Prudhoe Bay Field Work

A hydrophone streamer, approximately 450 meters long, was supported by floats at a depth of approximately one meter below the water surface and towed behind the USGS vessle "Karluk". The seismic source was a 6.55 x $10^{-4}m^3$ (40 cubic inch) air gun. An analog system was used for amplifying and recording the output from the 24-channel streamer on paper chart and magnetic tape.

Typical data gathering entailed cruising at a speed of about 1.4 ms^{-1}, stopping the engine every five minutes for thirty seconds, and firing the air gun. The record spacing thus obtained was approximately 400 meters. Figure 1 shows the location of the work. In a later section the sparker data, copies of which were generously provided by Erk Reimnitz, are compared with the air gun data. The drilling line of Osterkamp and Harrison (1976) is shown on Figure 1 as a single heavy solid line and their depth data are compared in Figure 2 with the seismic data.

Figures 3 and 3b present two types

of data including an air gun seismic refraction record and continuous sparker reflection data respectively.

RESULTS OF INVESTIGATIONS

Air Gun Data, Line A

The refraction points indicated by the diamonds in the upper left of Figure 2, a vertical section through line A of Figure 1, correspond to refractors with velocities of approximately 3000 ms^{-1}. This portion of the refraction line was reversed and the local slope of the refractors varied from 0 to 0.19 radians (0-11 degrees) dipping away from shore. The points correspond closely with drilling data shown on the figure as circles (Osterkamp and Harrison 1976). They reported an abrupt clearly-defined boundary between frozen and non-frozen material. Refraction data beyond 1.5 km from shore did not locate high velocity refractors, but reflection information was scaled from the refraction records. These reflection points are shown as triangles on Figure 2 and are seen to correspond approximately to the refraction data and to the outermost drilling data at about 3.3 km from shore.

The first arrivals seen in the refraction record of Figure 3a give a velocity of 2000 ms^{-1} in the bottom sediments. A reflection event is seen in the first 10 channels of the record approximately 80 milliseconds after the shot time. Events such as this are plotted as triangles in Figure 2.

The reflection data depths have been plotted using an average velocity for the non-frozen material of 2000 ms^{-1}. As it is not possible to tell exactly where the reflection takes place, all reflection data are plotted assuming the reflectors were directly beneath the boat. Consequently, these points may be plotted too deep. It is not likely that they are plotted too shallow, a feature that would result from using too low a velocity in the non-frozen materials.

The shoal seen in Figure 2 corresponds to the closest approach to Reindeer Island's western end where Humble Oil drilled a test hole that produced frozen sediments from sea level to about 20 m depth and again from 90 to 125 m. Thus there is fair agreement between the reflections seen by the air gun streamer system and the ice-bonded permafrost observed by nearby drilling.

Sparker Data

The small squares shown on Figure 2 correspond to hyperbolic returns scaled from USGS continuous reflection records along Line 15 of Figure 1. A typical reflection record is shown in Figure 3b. Simple geometric calculations using the shape of the hyperbolas indicates that the reflectors may be observed on a record while the boat is displaced above them by an angle of about 0.8 radians from the vertical. Thus many of the points are plotted too deep; it is not possible to tell which may be shown at their true depth. However, using the 0.8 radian angle, we estimate that some points may be plotted too deep by a factor of perhaps 1.4, $(\cos 0.8 \text{ rad.})^{-1}$. Further analysis of the records suggests the reflectors generating the hyperbolas are no larger than 10 meters in a cross-sectional dimension and perhaps on the order of a wave length (2-3 m) in extent. The dipping character of the sparker data shown on Figure 2 is not seen in Figure 4 which is approximately parallel to shore.

One important aspect of the continuous reflection data is that no upper boundary of the ice bonded permafrost is seen, a fact which is in contrast to the correlation between drilling and refraction results discussed above. Our conclusion is that although the bonded permafrost surface is observed within 50 meters of the surface in Figure 2, it is not seen by the continuous reflection equipment because the boundary is locally rough or diffuse or perhaps both. The hyperbolic returns which are surprising in their depth range, have been discussed by Reimnitz et al. They discussed the possibility of their origin being large boulders. Other speculation includes gas pockets. Either possibility would provide the sharp velocity discontinuity required for good reflection returns.

Other Locations in Prudhoe Bay

Line B in Figure 1, a track over which the Karluk towed an airgun source, contained high velocity refractors at each end. Refractors on the south end of the line were observed to a distance of 18 meters. At the north end of line B high velocity refractors were again observed at depths to 40 m over 2.4 km of line.

Line C in Figure 2 is a reversed refraction line from the shore to the approximate location of Hole PB-1 drilled by U.S. Army CRREL and the USGS (Sellman and others, 1976). A high velocity refractor was observed to a distance of 0.8 km from shore at a depth of 15 m. Beyond 0.8 km from shore, no high velocities were observed. Hyperbolic returns were observed over all of line 25 ranging in depth from 15 to 250 m. A fact which seems to preclude the possibility that the hyperbolic returns are related to the presence of ice bonded materials.

Reindeer Island and Cross Island

In addition to the marine refraction

work described, a limited amount of refraction work was carried out using an enhancement hammer seismograph. A high velocity (frozen) layer was observed on Cross Island which is approximately 18 km east of Reindeer Island. This layer corresponded well with areas of vegetation--consisting primarily of grasses. In non-vegetated areas generally no frozen layers were detected. It is estimated that the penetration capability of the system was perhaps 5 to 10 meters. Reindeer Island has no vegetation and no frozen layers were observed adjacent to the Humble Oil hole. These observations conflict with the previously reported permafrost conditions indicating permafrost from the surface to 20 m depth on the island (Reimnitz and Barnes 1974). The Island work that we have done to date is in agreement with results at Barrow (Rogers and others 1975) where a close correspondence was found between vegetation and near surface permafrost (within 2 m of the surface) while non-vegetated areas were not generally underlain by frozen materials. Penetration estimates for the Barrow work range from 5 to 10 m for hammer seismograph work to 30 to 50 m for explosive sources.

DISCUSSION AND CONCLUSIONS

The airgun data and the drilling data suggest a bonded permafrost surface beneath line A that dips seaward at an angle less than .02 radians. However, there has been no continuous reflection profiling that delineates a continuous upper surface for the bonded permafrost. Although the continuous reflection data includes a large number of point reflectors that lie at or below the presumed surface, no evidence of such a continuous surface is seen in those data. The frequencies associated with the air gun are approximately 100 Hz while the Sparker data were gathered at frequencies between 500 Hz and 1000 Hz. This difference might account for the difference in the observations. More information will be required in order to determine the characteristics of the surface roughness.

The lack of observed permafrost in the center of Prudhoe Bay agrees with temperature information in drill hole PB-1 reported by Hopkins. The temperature gradient in that drill hole suggests no frozen material at that location. One possible explanation for the absence of frozen material beneath Prudhoe Bay is that it is the site of a former thawlake.

ACKNOWLEDGEMENT

The U. S. Geological Survey provided vessel time and the sparker data. Funding was provided by the Outer Continental Shelf Environmental Assessment program and the Alaska Sea Grant Program.

REFERENCES

DOBRIN, M. B., 1975. Introduction to Geophysical Prospecting, 2nd Edition, McGraw Hill.

HOPKINS, D. M., 1976. Alaskan OCS Principle Investigators Reports, April-June 1976, NOAA, Vol. 2.

HUNTER, J. A. M., JUDGE, A. S., MACAULAY, H. A., GOOD, R. L., GAGNE, R. M., BURNS, R. A., 1976. Permafrost and Frozen Sub-seabottom Materials in the Southern Beaufort Sea. Beaufort Sea Technical Report #22, Department of Environment, Victoria, B. C.

OSTERKAMP, T. E., HARRISON, W. D., 1976. Subsea Permafrost at Prudhoe Bay, Alaska: Drilling Report, University of Alaska, Geophysical Institute, Scientific Report, UAGR 245.

REIMNITZ, E., WOLF, S. C., RODEICK, C. A., 1972. Preliminary Interpretation of Seismic Profiles in the Prudhoe Bay Area, Beaufort Sea, Alaska. U. S. Department of Interior Geological Survey, open file report no. 548.

ROGERS, J. C., HARRISON, W. D., SHAPIRO, L. H., OSTERKAMP, T. E., GEDNEY, L. D., VAN WORMER, J. D., 1975. Near Shore Permafrost Studies in the Vicinity of Point Barrow, Alaska, University of Alaska, Geophysical Institute Scientific Report, UAGR 237.

SELLMAN, P. V., LEWELLEN, R. I., UEDA, H. T., CHAMBERLAIN, E., BLOUIN, S. E., 1976. Operational Report 1976 USACRREL-USGS Subsea Permafrost Program Beaufort Sea, Alaska. US Army Cold Regions Research and Engineering Laboratory, Hanover, New Hampshire, SR 76-12.

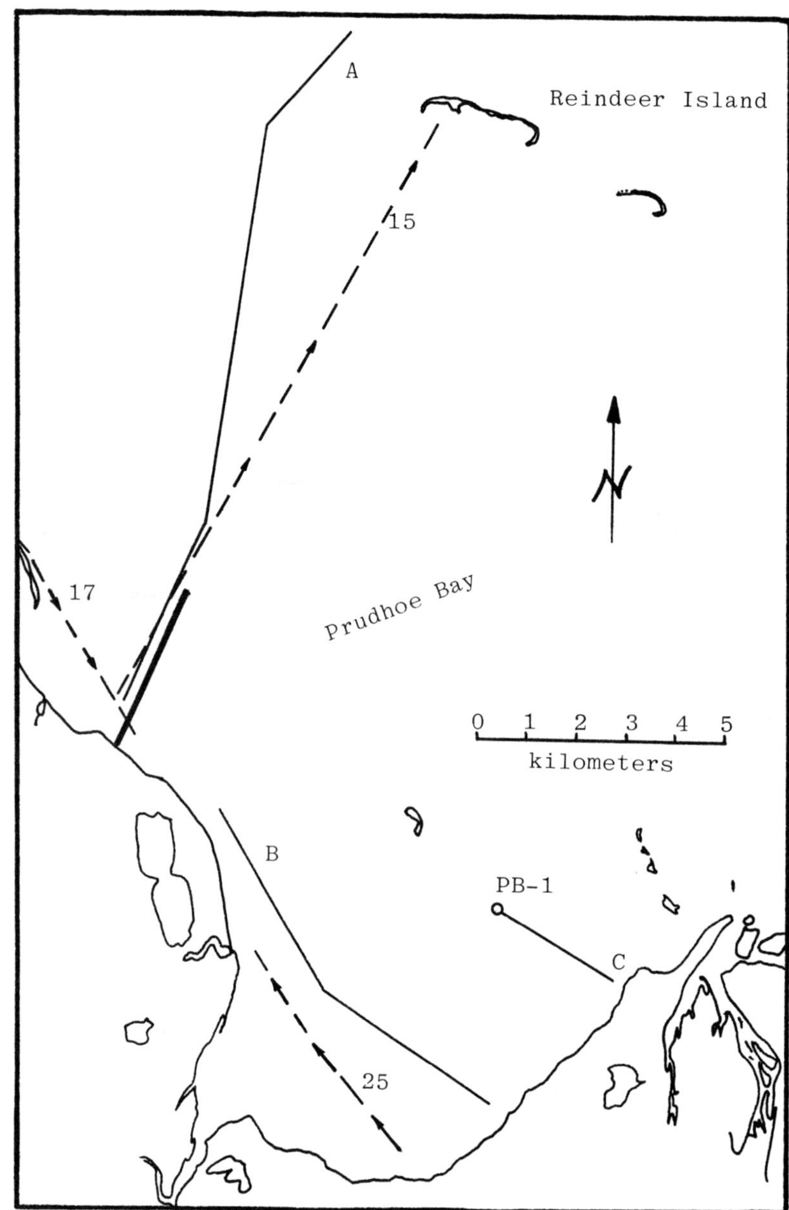

Figure 1 Prudhoe Bay Area. Light, solid lines A, B, and C are tracks of the Karluk towing a hydrophone streamer with an air gun source. Dashed lines 15, 17, and 25 are tracks of the Loon with continuous reflection equipment and a sparker source. The heavy solid line adjacent to lines A and 15 is the drilling line of Osterkamp and Harrison (1976). PB-1 is a drilling site of Sellmann and others (1976).

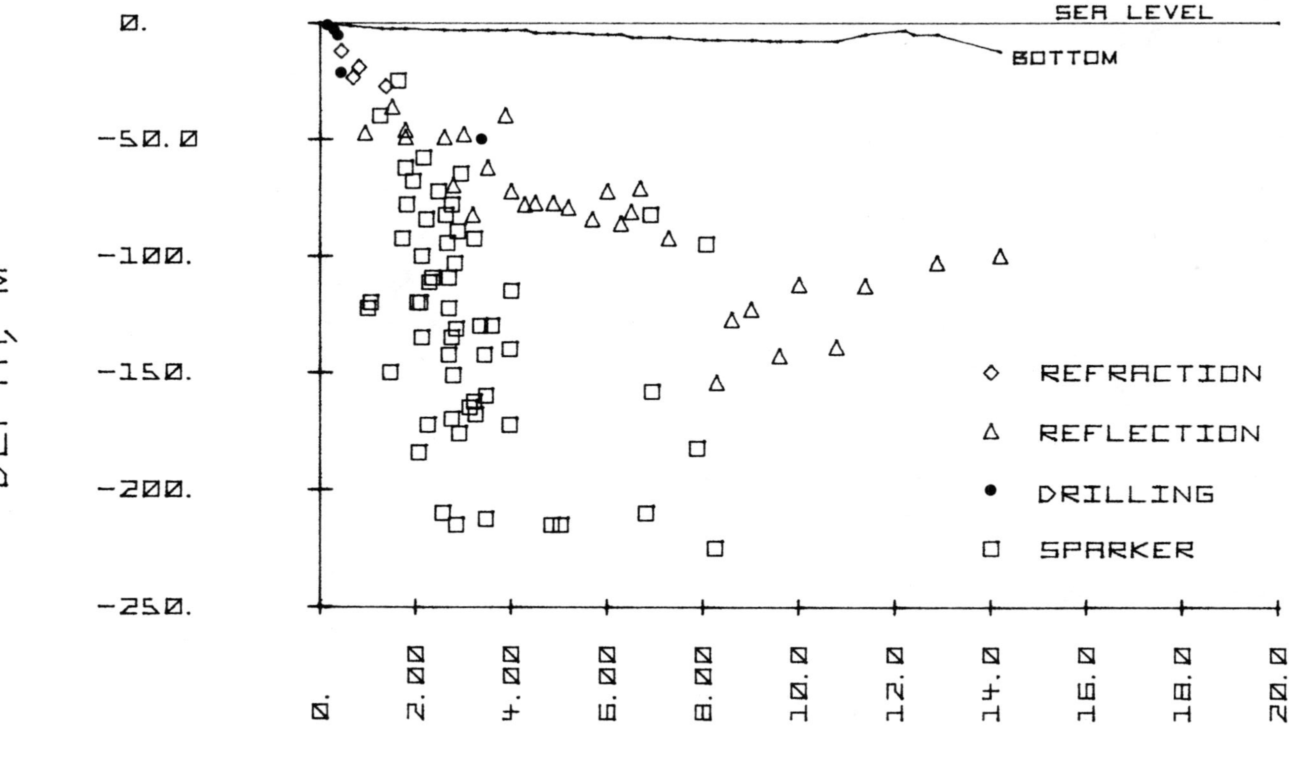

Figure 2   A vertical section through line A of figure 1. The left side of the figure corresponds to the nearshore end of line A. Air gun data along line A are identified as refraction and reflection points. The permafrost surface located by Osterkamp and Harrison (1976) in their drilling program are also shown. The small squares show the location of hyperbolic returns seen on the U. S. G. S. sparker data; line 15, figure 1.

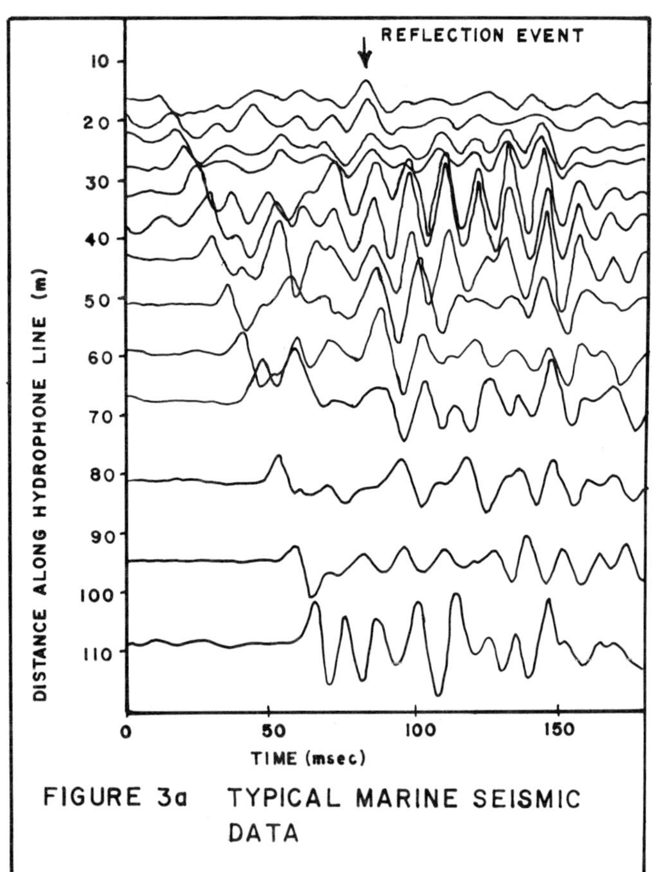

FIGURE 3a TYPICAL MARINE SEISMIC DATA

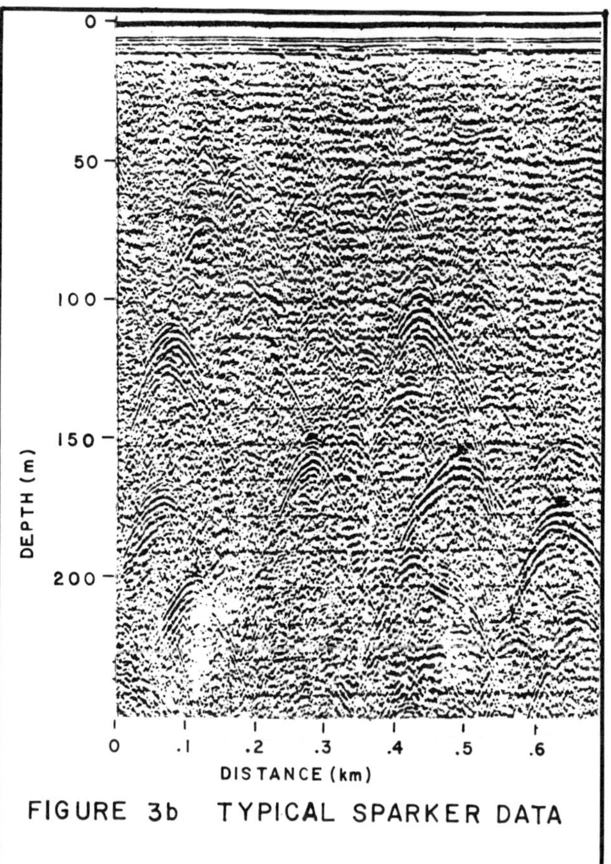

FIGURE 3b TYPICAL SPARKER DATA

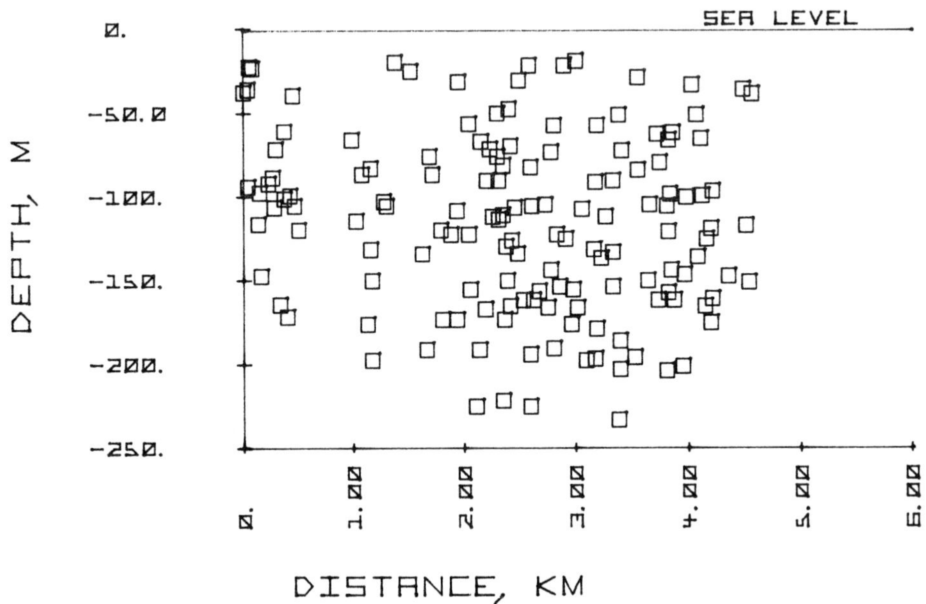

Figure 4 Sparker reflection data along line 25 of figure 1 showing the location of the point reflectors (observed as hyperbolas on the reflection records). The line runs from the southeast to the northwest.

ELECTROMAGNETIC SOUNDING OF PERMAFROST, N.W.T., CANADA, IN SUMMER AND WINTER

J. R. Rossiter, D. W. Strangway, A. Koziar, J. Wong, and G. R. Olhoeft
Departments of Physics and Geology, University of Toronto, Toronto, Ontario, Canada

Three separate electromagnetic methods were used both in summer and in winter to determine the electrical properties and layering of permafrost near Tuktoyaktuk, N.W.T. Audio-frequency magnetotellurics was able to delineate permafrost layering. The method was insensitive to the active layer, whether melted or frozen, implying a conductivity-thickness (σt) $\leq$.03 mho. The permafrost had a conductivity of $\leq 10^{-4}$ mho/m, and overlay material at least 100 times more conductive. Radio-frequency interferometry was also insensitive to a melted active layer, indicating $\sigma t < 0.1$ mho. Permafrost layering was not detected, but a dielectric constant of about 6, and a conductivity of about 5×10^{-4} mho/m were estimated for the permafrost. An *in situ* probe measurement gave conductivities for the melted active layer in summer of < 0.12 mho/m, and a thickness of 50 cm ($\sigma t < 0.06$ mho). In winter, the dielectric constant of the frozen active layer was about 7, and the conductivity $\leq 3 \times 10^{-4}$ mho/m.

SONDAGE ÉLECTROMAGNÉTIQUE DU PERGÉLISOL, T.N.-O., CANADA, EN ÉTÉ ET EN HIVER

J.R. Rossiter, D.W. Strangway, A. Koziar, J. Wong, and G.R. Olhoeft, Departments of Physics and Geology, University of Toronto, Toronto, Ontario, Canada.

On a employé trois méthodes électromagnétiques distinctes, en hiver et en été, pour déterminer les propriétés électriques et la stratification du pergélisol près de Tuktoyaktuk, T.N.-O. À l'aide de sondages magnétotelluriques aux audiofréquences, on a pu décrire la stratification du pergélisol. Cette méthode était inefficace dans le mollisol, que celui-ci soit gelé ou non, ce qui indique un produit conductivité-épaisseur (σt) $\lesssim$ .03 mho. Le pergélisol avait une conductivité $\lesssim 10^{-4}$ mho/m, et le matériau de couverture était au moins 100 fois plus conducteur. L'interférométrie aux audiofréquences était aussi inefficace dans le mollisol dégelé, ce qui indique un produit $\sigma t < 0.1$ mho. On n'a pas décelé de stratification du pergélisol, mais on a estimé que le pergélisol avait une constante diélectrique d'environ 6, et une conductivité d'environ 5×10^{-4} mho/m. Au cours d'un sondage, on a constaté que le mollisol dégelé avait en été une conductivité < 0.12 mho/m et épaisseur de 50 cm ($\sigma t < 0.06$ mho). En hiver, la constante diélectrique du mollisol était d'environ 7, et sa conductivité $\lesssim 3 \times 10^{-4}$ mho/m.

ЭЛЕКТРОМАГНИТНОЕ ЗОНДИРОВАНИЕ МНОГОЛЕТНЕМЕРЗЛЫХ ГРУНТОВ В СЕВЕРО-ЗАПАДНЫХ ТЕРРИТОРИЯХ /КАНАДА/ В ЛЕТНЕЕ И ЗИМНЕЕ ВРЕМЯ

Электрические свойства и слоистость мерзлых грунтов в районе Туктояктука /Северо-Западные территории/ определялись тремя различными методами электромагнитного зондирования как для летнего, так и для зимнего периодов. Низкочастотные магнитотеллурические измерения позволили определить слоистость мерзлых грунтов. Этот метод оказался нечувствительным по отношению к деятельному слою /как мерзлому, так и талому/, дав отношение проводимости к толщине (σt) $\lesssim$ 0,03 миллимо. Электропроводимость мерзлых грунтов составляла $\lesssim 10^{-4}$ миллимо/м, а проводимость вышележащих грунтов была по крайней мере в 100 раз выше. Радиочастотная интерферометрия также оказалась нечувствительной по отношению к талому деятельному слою, показав $\sigma t <$ 0,1 миллимо. Слоистости мерзлых грунтов обнаружено не было, но диэлектрическая постоянная для этих грунтов была найдена равной приблизительно 6, а проводимость составила порядка 5×10^{-4} миллимо/м. Полевые измерения дали значение проводимости талого деятельного слоя для летнего периода $<$ 0,12 миллимо/м при мощности слоя 50 см /$\sigma t <$ 0,06 миллимо/. Для зимнего периода диэлектрическая постоянная мерзлого деятельного слоя была равна приблизительно 7, а проводимость составила $\lesssim 3 \times 10^{-4}$ миллимо/м.

ELECTROMAGNETIC SOUNDING OF PERMAFROST, N.W.T., CANADA, IN SUMMER AND WINTER

J. R. Rossiter[1], D. W. Strangway, A. Koziar[2], J. Wong, and G. R. Olhoeft[3]

Departments of Physics and Geology, University of Toronto, Toronto, Ontario, Canada

INTRODUCTION

A variety of electromagnetic (EM) methods have been used to sound permafrost, at frequencies from DC (Scott, 1975), to over 100 MHz (Annan and Davis, 1976). They have been successful in determining the depth to permafrost, in separating permafrost from non-permafrost zones (Hoekstra et al., 1975), and in estimating the thickness of permafrost layers (Koziar and Strangway, 1975).

In this paper we report results using two distinct EM methods: audio-frequency magnetotellurics (AMT) and radio-frequency interferometry. The former technique was operated at frequencies from 10 Hz to 10 kHz; the latter, from 1 MHz to 32 MHz. In addition, we summarize data collected near 100 MHz using an in situ probe, which measures the dielectric properties of the uppermost layers.

Since the near-surface active layer melts and freezes from season to season, its conductivity varies greatly. Therefore, it is important to test any EM system designed to sound permafrost both when the active layer is melted, and when it is frozen, in order to understand the system's response and, hence, be able to assess its capabilities and limitations. The measurements reported here were made both in summer (August 1974) and in winter (March 1976).

FIELD SITE

The measurements were made at the Involuted Hill test site, about 16 km northeast of Tuktoyaktuk, N.W.T., Canada. This test area was set up by the Geological Survey of Canada, and has been extensively studied by G.S.C. personnel (see, for example, Rampton and Walcott, 1974; Davis et al., 1976; Scott and Hunter, 1977). The Hill is essentially a remnant ice feature, about 700 m by 1500 m, rising 20 m above the surrounding topography. It rests on frozen sand, and the whole area is overlain by about 3 to 10 m of clay till.

AMT and interferometry measurements were made both on top of the Hill and to the south of the Hill. In situ measurements were made only on the Hill itself.

RESULTS

Audio-Frequency Magnetotellurics

Magnetotellurics utilize distant lightning strikes as the source signal. This energy propagates around the world within the earth-ionosphere cavity. The horizontal magnetic field and the corresponding orthogonal horizontal electric field are measured. The ratio of these two measurements gives an apparent resistivity, which is indicative of the conductivity structure of the subsurface.

Operationally, the electric field was measured using a 30 m grounded electric dipole, and the magnetic field was measured with a broad-band induction coil. Readings were made every 30 m, at 10 frequencies between 10 Hz and 10 kHz, and at both orientations, i.e., with the electric field parallel and perpendicular to the traverse. A more complete description is given by Koziar (1976).

Typical permafrost sounding curves are shown in Figure 1. At low frequencies the apparent resistivity is low - about 10 to 100 ohm-m. At higher frequencies the apparent resistivity curve converges to a 45° line on a log-log plot. This type of behaviour is consistent with a highly resistive layer overlying a more conductive layer (Figure 1a). If the resistivity contrast between these two layers is large, the curve becomes very insensitive to the actual resistivity of the upper layer. In the high frequency limit, the apparent resistivity depends only on the thickness of the upper layer. At lower frequencies, the apparent resistivity converges to the true resistivity of the substratum.

For the situation in which there is another, more conductive, layer above the resistive layer, the apparent resistivity curve decreases again at high frequencies. Theoretical calculations indicate that at 10 kHz this effect is not resolvable unless the conductivity-thickness product is greater than 0.03 mhos. There is no consistent indication of this effect in the summer data (Figure 1b).

1. Now at C-CORE, Memorial University of Newfoundland, St. John's, Nfld.

2. Now at Faculty of Law, University of Toronto.

3. Now at U.S. Geological Survey, Denver, Colorado.

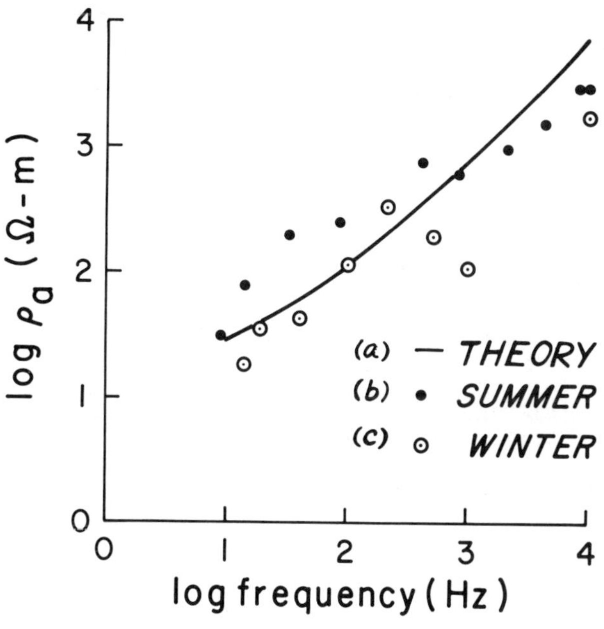

Figure 1 - (a) Solid line - Theoretical AMT sounding curve for a 2-layer earth: $\rho_1 = 10^5 \Omega$-m, $\rho_2 = 10 \Omega$-m, t_1 = 300 m. (b) Closed circles - Summer AMT readings on Involuted Hill, baseline, antenna east-west. (c) Open circles - winter AMT readings at same location and orientation as (b). Point-to-point differences between (b) and (c) are probably not significant.

Figure 2 (below) - Plot of resistivity of sub-permafrost layer (upper curve), and of permafrost thickness as determined from AMT sounding (lower curve). The assumption was made that the re-sistivity contrast between layers was large. Data are shown from a sounding profile running from on top of the Involuted Hill to the flats south of the Hill. Where the two orientations give similar results, the depth estimates seem good (after Koziar, 1976).

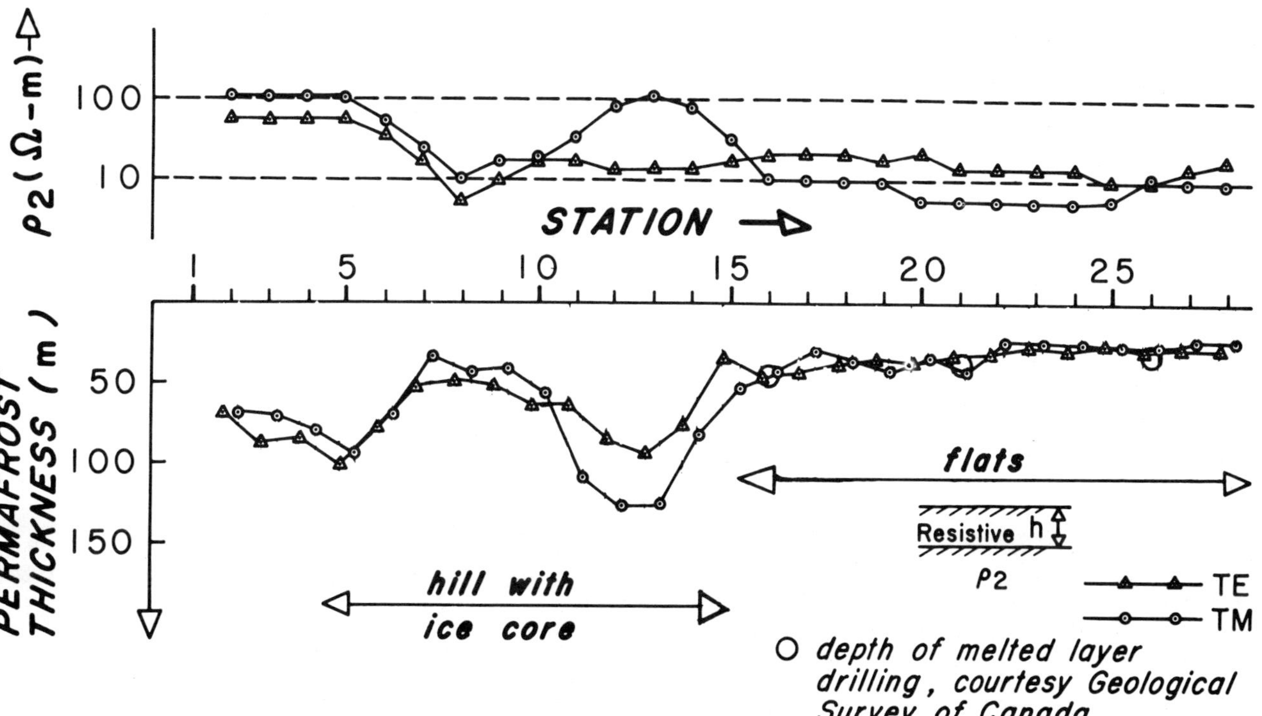

This upper value of the conductivity-thickness product for the surface layer is substantiated by the similarity of the winter data, taken when the active layer was frozen (Figure 1c). Although the incident fields are weak in the Arctic because thunderstorm activity is distant, it was possible to take repeatable readings, except near the cavity propagation null at about 2 kHz. There is some scatter in the winter data, mainly because the contact impedance was very high (several megohms). Although the contact impedance was substantially lowered by applying a mixture of highly saline water and ethylene glycol anti-freeze to the electrodes (see Hessler and Franzke, 1958), the antenna was nevertheless capacitatively coupled to the ground. Thus any movement of the wires (for example, by wind) can cause spurious readings.

The depth to the permafrost and the resistivity of the substratum were obtained by a least-squares analysis, assuming a two-layer model (Koziar, 1976; Koziar and Strangway, 1975). Where the region is layered, the estimated depth of permafrost (25-40 m) agrees well with results from drilling on the "flats" south of the Hill (private communication from W. J. Scott), as shown in

Figure 2. On the Hill, the bottom of the permafrost has not been reached by drilling, but is believed to be at a depth of about 300 m, from a study of temperature profiles (private communication from J. R. Mackay). Here the computed depths are very low, and are not planar. A two-layer model is not appropriate to describe this region, which clearly does not have an infinite layered structure, and sub-permafrost conductive material around the Hill probably influences the AMT apparent resistivity.

Radio-Frequency Interferometry

This technique was primarily developed for sounding the lunar surface (Surface Electrical Properties Team, 1974), but has also been used successfully to sound glaciers (Rossiter *et al.*, 1973; Strangway *et al.*, 1974). This is the first report of its use to sound permafrost.

The technique uses a horizontal electric dipole as source, and a small loop antenna as receiver. The transmitter is placed on the surface to be sounded, and a traverse is made away from the transmitter, usually with the receiver mounted on a vehicle. Waves travel directly to the receiver both above and below the surface, and from the sub-surface, if there are sub-surface reflecting horizons. The prime requirement for successful use of the method is that the material sounded must have very low electromagnetic losses at the frequencies being used. The instrumentation used was identical to the unit taken to the moon, with modifications for battery power and thermal insulation in winter. Six frequencies from 1 MHz to 32 MHz, two orthogonal transmitting antennas, and three orthogonal receiving antennas were used.

Results from one of the main components that is maximum-coupled to a plane-layered structure are shown in Figure 3. The major result is that there is very little interference seen either in summer or in winter. This result implies a lossy subsurface, since both lunar and glacier studies showed strong interference, as calculated theoretically for a low-loss, dielectric half-space (Annan, 1973). The similarity of the winter and summer results suggests that the melted active layer is not the prime cause of the lack of interference. Theoretical models of the interference expected for a conductive layer over a dielectric half-space indicate that the upper layer must have a conductivity-thickness product of about 0.1 mhos or more to attenuate the interference signal completely. Therefore, the interpretation that the active layer is not the cause of attenuation is in agreement with the AMT conclusion, i.e. that the conductivity-thickness product is probably less than .03 mhos.

This reasoning implies that the major loss is due to the properties of the permafrost itself. The DC conductivity can be the cause of such losses. In this case the attenuation of interference will decrease with increasing frequency. Careful examination of the data presented in Figure 3 shows that at 16 and 32 MHz there is a slight amount of interference seen, so that by fitting the 16 and 32 MHz data to theoretical half-space curves, a measure of the properties of the layer can be made. Since there is little character in the interferences curves, the estimate of the parameters are only approximate. However, the best fit (see Figure 3) is for a dielectric constant of about 6 and a loss tangent (at 16 MHz) of 0.17. This loss tangent, if entirely due to conduction losses, gives a conductivity for the permafrost of 5×10^{-4} mho/m, a value that is consistent with the AMT data.

There are some differences between the data collected in summer and winter at 32 MHz. We attribute the winter interference to propagation within the snow layer lying on the surface. Although the snow was very thin in places, it was banked up to a thickness of 1 to 2 m to the south of the Hill. This is thick enough for modes to propagate (see Rossiter *et al.*, 1975), and the main peak in the 32 MHz data can be explained by this mechanism (as shown in Figure 3a).

In Situ Probe

The dramatic effect of freezing and thawing in the active layer was observed by inserting probes into the upper meter, using the method of Smith and King (1974) to measure the dielectric properties. The results have been reported by Wong *et al.* (1977), and are summarized here for comparison with the AMT and interferometry results.

By immersing the monopole in a dielectric half-space and measuring the complex driving-point impedance at resonance and anti-resonance, the dielectric constant and loss tangent of the half-space can be determined. The measured values for various monopole lengths are presented in Figure 4. The large differences between summer and winter, especially in the upper 50 cm, are obvious.

The active layer has a dielectric constant near 50 in the summer, and a loss tangent of about 1 (at about 100 MHz). These values correspond to a DC conductivity of about 10^{-1} to 10^{-2} mho/m. In winter their values are about 7, .01 or less, and 10^{-4} mho/m or less, respectively. Even in winter there appeared to be some decrease in dielectric constant with increasing monopole length, and we attribute this effect to a small amount of residual unfrozen water in the active layer, even in winter. The summer values are consistent with an upper layer containing about 40% water, overlying a frozen soil layer with a conductivity near 10^{-4} mho/m (Hoekstra and Delaney, 1974; Olhoeft, 1977).

DISCUSSION AND CONCLUSIONS

From the above results it is clear that all three rather different techniques give complementary information about the electrical structure at the Involuted Hill region. AMT is the most promising technique for determining permafrost thickness, if the region is approximately layered, and the substratum is conductive. The conductivity of the sub-permafrost material can also be

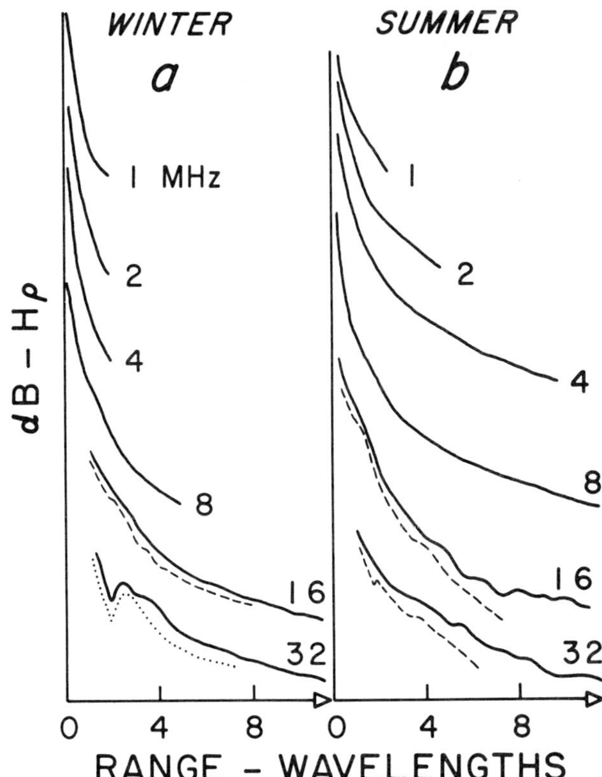

Figure 3 (above) - Radio interferometry curves for frequencies from 1 to 32 MHz, south of the Involuted Hill (solid lines), in (a) winter, and (b) summer. Dashed lines represent theoretical fits for a half-space with a dielectric constant of 6 and loss tangent of 0.17. Dotted line is a two-layer model, with the upper (snow) layer k = 2.4, tanδ =0.01, t_1 = 3 m.

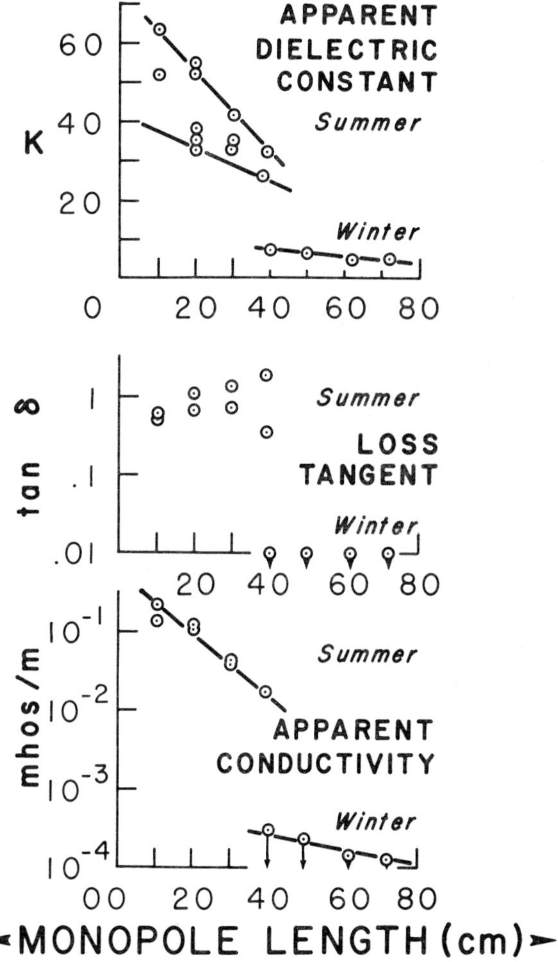

Figure 4 (right) - Comparison of the apparent dielectric constant, loss tangent, and apparent conductivity of the active layer in the frozen and unfrozen states, measured by in situ probes (after Wong, et al., 1977).

estimated. The method is insensitive to the active layer, as long as its conductivity-thickness product is less than .03 mhos. Radio interferometry is also insensitive to the active layer, and although the losses in the permafrost were too great to detect layering, the electrical properties of the permafrost could be estimated. The radio interference method would only be useful to estimate thickness where the permafrost conductivity is less than 10^{-4} mho/m, and therefore might be more useful in other regions. The technique is also able to measure snow thickness. The in situ probe technique is useful for delineating the electrical structure of the top meter.

ACKNOWLEDGEMENTS

This work was carried out under Energy, Mines and Resources Research Agreement No. 1135-D13-4-16/73. The summer AMT work was carried out as part of a project supported by the Defence Research Board. Logistic support in the Arctic was supplied by Polar Continental Shelf Project. The authors also appreciate the considerable helpful advice received from W. J. Scott, A. P. Annan, and J. L. Davis of the Geological Survey of Canada.

We are particularly indebted to Mr. J. D. Redman, research engineer, who participated in data collection, kept equipment operational under severe conditions, and contributed to many useful discussions.

AMT equipment was borrowed from Kennecott Copper Corp., who came to our aid on short notice in the field. The SEP equipment was provided by NASA, and was a flight backup unit.

REFERENCES

ANNAN, A.P. 1973. Radio interferometry depth sounding: Part I - theoretical discussion. Geophysics 38, pp. 557-580.

ANNAN, A.P. and DAVIS, J.L. 1976. Impulse radar sounding in permafrost. Rad. Sci. 11, pp. 383-

394.

DAVIS, J.L., SCOTT, W.J., MOREY, R.M. and ANNAN, A.P. 1976. Impulse radar experiments on permafrost near Tuktoyaktuk, Northwest Territories. Can. J. Earth Sci. 13, pp. 1584-1590.

HESSLER, V.P. and FRANZKE, A.R. 1958. Earth-Potential Electrodes in Permafrost and Tundra. Arctic 11, pp. 211-217.

HOEKSTRA, P. and DELANEY, A. 1974. Dielectric Properties of Soils at UHF and Microwave Frequencies. J. Geophys. Res. 79, pp. 1699-1708.

HOEKSTRA, P., SELLMAN, P.V. and DELANEY, A. 1975. Ground and Airborne Resistivity Survey of Permafrost near Fairbanks, Alaska. Geophysics 40, pp. 641-656.

KOZIAR, A. 1976. Applications of Audio-Frequency Magnetotellurics to Permafrost, Crustal Sounding, and Mineral Exploration. Ph.D. Thesis, Department of Physics, University of Toronto.

KOZIAR, A. and STRANGWAY, D.W. 1975. Magnetotelluric Sounding of Permafrost. Science 190, pp. 566-568.

OLHOEFT, G.R. 1977. Electrical Properties of Natural Clay Permafrost. Can. J. Earth Sci. 14, pp. 16-24.

RAMPTON, V.N. and WALCOTT, R.I. 1974. Gravity profiles across ice-cored topography. Can. J. Earth Sci. 11, pp. 110-122.

ROSSITER, J.R., LATORRACA, G.A., ANNAN, A.P., STRANGWAY, D.W. and SIMMONS, G. 1973. Radio Interferometry Depth Sounding: Part II - Experimental Results. Geophysics 38, pp. 581-599.

ROSSITER, J.R., STRANGWAY, D.W., ANNAN, A.P., WATTS, R.D. and REDMAN, J.D. 1975. Detection of Thin Layers by Radio Interferometry. Geophysics 40, pp. 299-308.

SCOTT, W.J. 1975. Preliminary Experiments in Marine Resistivity near Tuktoyaktuk, District of Mackenzie. Geol. Surv. Can. Paper 75-1A.

SCOTT, W.J. and HUNTER, J.A. 1977. Applications of geophysical techniques in permafrost regions. Can. J. Earth Sci. 14, pp. 117-127.

SMITH, G.S. and KING, R.W.P. 1974. The resonant linear antenna as a probe for measuring the _in situ_ properties of geological media. J. Geophys. Res. 79, pp. 2623-2628.

STRANGWAY, D.W., SIMMONS, G., LATORRACA. G., WATTS, R., BANNISTER, L., BAKER, R., REDMAN, J.D. and ROSSITER, J.R. 1974. Radio-frequency Interferometry - A New Technique for Studying Glaciers. J. Glaciology 13, pp. 123-132.

SURFACE ELECTRICAL PROPERTIES TEAM 1974. Surface Electrical Properties Experiment. Apollo 17 Preliminary Science Report, NASA SP-330, Chap. 15.

WONG, J., ROSSITER, J.R., OLHOEFT, G.R. and STRANGWAY, D.W. 1977. Permafrost: Electrical Properties of the Active Layer Measured _in situ_. Can. J. Earth Sci. 14, pp. 582-586

SUBSURFACE DIPS BY RADAR PROBING OF PERMAFROST

Robert R. Unterberger, Dept of Geophysics, Texas A&M Univ, College Station, Texas

Several radar probing of permafrost experiments were carried out at or near Umiat, Alaska to determine the capability of 250 MHz radar waves to (1) penetrate permafrost, (2) determine the presence of subsurface reflectors within the permafrost, and (3) determine the depth of permafrost. An assumption of $\varepsilon'/\varepsilon_0 = 3.0$ for the relative electric permittivity of the average permafrost formations (ice = 3.2, dry sandstone = 2.55) was made. Radar dips (direction and amount) compared favorably with shallow dips measured in wells drilled by the USGS in or on the Umiat anticline. In some cases, radar penetration was greater than the known depths of permafrost possibly because of tight rock or oil-filled porous sandstone. Maximum depth of penetration by radar probing into permafrost near a known oil well at Umiat was 2023 ft (617 m). Airborne radar systems such as described give promise for fast reconnaissance of permafrost country for finding direction of dips of subsurface formations, shallow faults or other subsurface structure and mapping of bottom of permafrost but more research and testing are required. The last mentioned is important to seismic interpretation.

MESURES DE L'INCLINAISON DU PERGÉLISOL PAR SONDAGE RADAR

Robert R. Unterberger, Dept. of Geophysics, Texas A&M Univ. College Station Texas

On a effectué plusieurs expériences de sondage radar du pergélisol à Umiat, en Alaska, ou aux environs, de manière à déterminer la capacité d'ondes radar de 250 MHz à (1) pénétrer le pergélisol (2) déceler la présence de réflecteurs proches de la surface, à l'intérieur du pergélisol, et à (3) indiquer la profondeur du pergélisol. On a admis que les couches de pergélisol avaient en moyenne une permittivité électrique relative égale à $\varepsilon^1\ \varepsilon_0 = 3.0$ (glace = 3.2, grès sec = 2.55). Les inclinaisons (direction et quantité) évaluées par ondes radar concordaient assez bien avec les pendages peu inclinés mesurés dans des puits forés par la USGS, sur l'anticlinal de Umiat, ou à l'intérieur de celui-ci. Dans certains cas, les ondes radar ont pénétré plus profondément que les niveaux connus de pergélisol, probablement à cause de la forte densité de la roche ou de la présence de grès poreux contenant du pétrole. La profondeur maximale d'un sondage radar dans le pergélisol près d'un puits de pétrole connu, à Umiat, a été de 2 034 pi (617 m). Les dispositifs radar aéroportés, tels que décrits, permettront d'effectuer une étude rapide de reconnaissance de la région de pergélisol, et en particulier de déterminer l'orientation du pendage des formations proches de la surface, des failles peu profondes ou autres structures peu distantes de la surface, ainsi que de cartographier la base du pergélisol, mais il est nécessaire d'effectuer davantage d'essais, et de poursuivre la recherche. Les essais sont particulièrement importants pour l'interprétation des levés sismiques.

ОБНАРУЖЕНИЕ ПАДЕНИЙ СЛОЯ МНОГОЛЕТНЕЙ МЕРЗЛОТЫ МЕТОДОМ РАДИОЛОКАЦИОННОГО ЗОНДИРОВАНИЯ

В районе поселка Умиат /Аляска/ был проведен ряд экспериментов по радиолокационному зондированию многолетней мерзлоты. В экспериментах испытывалась способность радиоволн с частотой 250 мгц /1/ проникать в мерзлую толщу, /2/ обнаруживать присутствие подземных отражателей в пределах мерзлой зоны и /3/ определять глубину залегания мерзлого слоя. Усредненная величина относительной диэлектрической проницаемости для мерзлой толщи была принята равной $\varepsilon'/\varepsilon_0$=3,0 /3,2 для льда и 2,55 для сухого песчаника/. Падения /направление и величина/, найденные радиолокационным методом, хорошо согласуются с мелкими падениями, измеренными в скважинах, пробуренных Геологической службой США в районе Умиатской антиклинали. В некоторых случаях сигналы радиолокационного прибора проникали на глубину, превышающую глубину залегания мерзлой толщи, возможно, благодаря присутствию непроницаемых пород или нефтеносных пористых песчаников. Максимальная глубина радиолокационного зондирования в мерзлых грунтах вблизи известной нефтяной скважины в районе Умиата составила 617 м /2023 фута/. Самолетные радиолокационные системы являются перспективным эффективным средством определения направления падений в подземных образованиях, мелких сбросах и других подземных структурах, а также картирования основания мерзлой толщи. Необходимы дальнейшие исследования и испытания. Последнее особенно важно при обработке сейсмических данных.

SUBSURFACE DIPS BY RADAR PROBING OF PERMAFROST

Robert R. Unterberger

Department of Geophysics, Texas A&M University, College Station,Texas 77843

INTRODUCTION

This paper describes a field experiment at Umiat, Alaska (about 340 miles north of Fairbanks and north of the Brooks Range) on the Colville River in March and April of 1965 to determine the ability of a VHF electromagnetic radar system to penetrate permafrost, to map subsurface reflections along a profile line near the Umiat anticline, and to determine the bottom of permafrost at test well locations where the depth of permafrost has been measured. This particular location was chosen because the U.S. Geological Survey (USGS) had done exploration work on the Naval Petroleum Reserve (NPR) No. 4 and published well logs and core data on the wells drilled on and near this anticline. Thus radar data on the depth of the permafrost and the measured formation dip could be compared with published subsurface data from the USGS (Collins 1958, Reed 1958).

BACKGROUND

Steenson (1951) investigated the use of radar to probe into glaciers. Evans (1963) has used radio waves to measure ice thickness and (1966) the depths of glaciers from the air. Waite and Schmidt (1962 A) found that altimeter radio waves penetrated ice and gave erroneously low readings to pilots flying in the Antarctic. Some may have been killed by flying into mountains of ice. Bailey et al (1964), Ginsburg (1960), Rinker (1967), Rudakov (1960), Vogrodskii (1965), Waite (1962 B, 1966), Walford (1964), and Yoshino (1961) put the concept of probing with radio waves into practice on glaciers and ice sheets. Theoretical aspects of these problems were studied by Cook (1960 A, B), Evans (1965), and Saxton (1950). In this paper, we discuss probing through permafrost.

THEORY

The hypothesis is made that the freezing of water in the permafrost significantly immobilizes the dipole moment of water - the chief loss mechanism of electromagnetic wave transmission at VHF. The depth of penetration of the radar waves will depend somewhat on radar system parameters (power output, antenna gain, receiver noise level, frequency, etc.) but principally on the loss tangent* of the permafrost (see Cook 1960 B). Von Hippel (1954) has shown that for low-loss materials ($\tan\delta \ll 1$) at 250 MHz the transmission loss (attenuation) of a plane electromagnetic wave traveling through a material of negligible magnetic losses but with a finite $\tan\delta$ will be

$$22.7\ \sqrt{\varepsilon'/\varepsilon_0}\ \tan\delta\ \text{dB/meter} \qquad (1)$$

where $\varepsilon'/\varepsilon_0$ is the real part of the relative electric permittivity (dimensionless). Assuming $\varepsilon'/\varepsilon_0=3$ for a mixture of frozen porous sandstone and ice†, and a 170 dB dynamic range of the radar system and $\tan\delta = 10^{-3}$ (teflon has a $\tan\delta = 10^{-4}$ and we have measured some salt with $\tan\delta = 2\times10^{-5}$), we would have 31 dB of the emitted radar signal absorbed in a two way travel path over 400 meters (approximate deepest depth of permafrost (1330 ft) measured in Alaska, Black (1954)). This leaves ample radar signal strength to be used in geometrical spreading and reflection losses at one or more interfaces between the surface and the bottom of the permafrost. At this bottom, the sharp change in the relative electric permittivity of ice (3.2) to free water (78) is expected to give a large reflection coefficient. Thus we would expect a large radar signal indicative of the ice-water interface signifying the bottom of the permafrost.

EQUIPMENT

The radar system was packed and flown (commercial airlines) to Fairbanks, Alaska. Here, after assembly and test, the system was mounted in a chartered Beaver aircraft (Fig. 1). The radar system was capable of being operated in the air while flying (powered by a 400 Hz generator coupled to the airplane engine) or on land (powered by an Onan in the plane). Two Yagi

* The loss tangent is an electrical property of any material. It is defined as $\tan\delta = \varepsilon'/\varepsilon''$, where the complex electric permittivity is defined as $\varepsilon^* = \varepsilon' - j\varepsilon''$, and ε' is the real part, and ε'' is the imaginary part. Thus $\tan\delta$ is a measure of the loss of the material.

† Ice has an $\varepsilon'/\varepsilon_0 = 3.2$ whereas dry sandy soil has an $\varepsilon'/\varepsilon_0 = 2.55$ at VHF (von Hippel 1955).

FIG. 1. Permafrost probing radar system mounted inside a chartered Beaver aircraft in Fairbanks, Alaska.

antennas were stacked as an array and were mounted on each wing, one wing array was the transmitter and one the receiver, see Fig. 2. Receiver and

FIG. 2. Transmitting antennas stacked in the H plane mounted on wing of Beaver flying over Colville River, Alaska. Round dot below outer antenna is a moose grazing on willows.

transmitter cables could be connected to female Type N coaxial feedthrough on either side of the Beaver fuselage to allow another set of stacked Yagi antennas to be used pointing into the ground some distance (110 ft or 33.5 m) from the airplane and off the runway (see Fig. 3). Data were taken by photographing the oscilloscope screen with a Polaroid camera.

FIG. 3. Antennas in brush off Umiat airstrip for radar probing into permafrost. Note 4 of Yagi antenna directors have been removed from airborne antenna system. This was a precautionary measure for landing in deep snow.

The radar equipment is similar to that used by Unterberger (1974) and by Holser et al (1972). The radar system characteristics are shown in Table I.

TABLE I
Radar System Characteristics

Frequency	250 MHz
Power Output	15 kW maximum, but continuously variable down to a stable minimum of 500 watts
Transmitter Antenna	2 bay array of 10 element Yagis stacked in the H-plane
Receiving Antenna	2 bay array of 10 element Yagis stacked in the H-plane
Antenna Gain	14.3 dB
Antenna Beamwidth for 2 Bay Array	
E-plane (air)	48°
H-plane (air)	32°
Pulse Width	0.6 microseconds
Pulse Repetition Rate	981 pps
Receiver Sensitivity	< 4 dB (above theoretical noise level)
Data Display	Polaroid camera pictures of the A-scope presentation, usually at a sweep rate of 1 μs/div.

After checkout for satisfactory operation of the radar system on the ground in Fairbanks and later in the airplane at Fairbanks, the Beaver was flown to Umiat, Alaska which served as the research base.

RADAR PROBING EXPERIMENTS IN PERMAFROST

The radar system was operated airborne as a checkout but we had no continuous position location system on board. On land at certain specific well locations where data on depths to specific subsurface formations were known, plus known depths to the bottom of permafrost, we probed with radar for data on strata within the permafrost and for permafrost depth. We describe now a radar profile run on the northern edge of the Umiat airstrip which is roughly parallel to the axis of the Umiat anticline (see Fig. 4) and less than two miles (2.7 km) away. Eight radar station locations were located along the northern edge of the airstrip 6000 ft (1829 m) long, see Fig. 5. With the airstrip being built on a gravel base we did not probe through the gravel. Instead we probed downward with our antennas at a 33.5 m distance from the northern edge of the airstrip with the Beaver aircraft very close to the edge of the airstrip. Thus the Yagi antennas were actually in the brush supported by the directors of the antenna array. The two folded dipoles that were fed by the transmitter were about 1 meter above the snow (see Figs. 3 and 6). By this airstrip offset, we hoped to avoid some of the scattering of the probing electromagnetic waves by the gravel mixed with ice, although the whole airstrip was built at this location because of the gravel nature of the Colville River here.

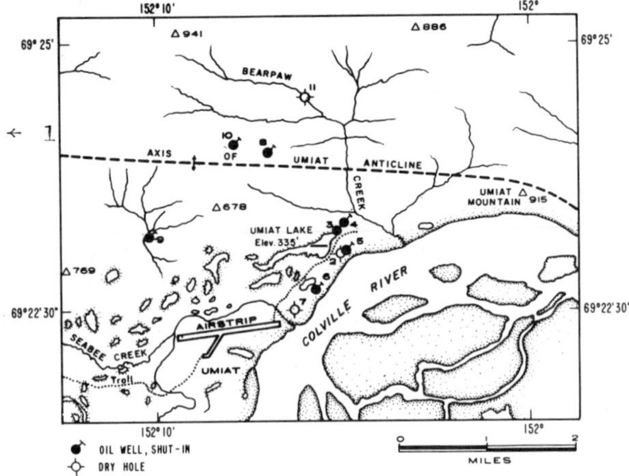

FIG. 4. Map of Umiat, Alaska area showing airstrip location, Umiat anticline axis and test well locations. Oil is at 300 ft depth.

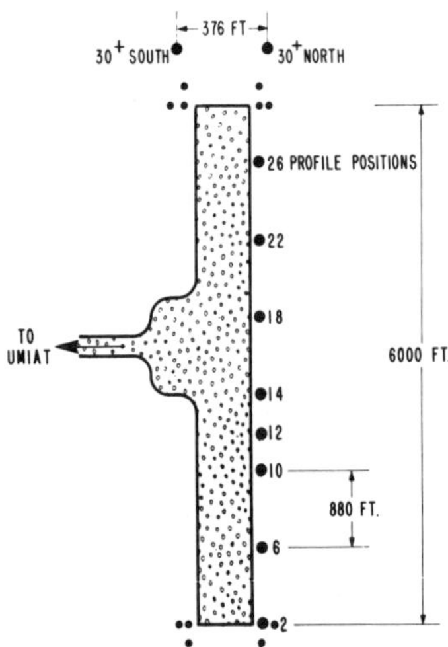

FIG. 5. Drawing of Umiat airstrip showing locations of radar profile permafrost probing stations.

FIG. 6. Radar probing near Test Well No. 6 (at flag) with Umiat anticline showing above airplane.

From radar data showing reflected signals as a function of time (standard A-scope radar data presentation), we make the assumption of $\varepsilon'/\varepsilon_0=3$ which yields a radar speed* of 285 ft/μs. The radar data measured in time and thus turned into range data gave us a radar measured subsurface dip of 1.35 ft/100 ft (1.35% grade) in the west direction.

CORRELATION WITH USGS TEST WELL DATA

From Collins' (1958) published data on test wells at Umiat, we calculate the dip of the top of the Grandstand† formation as follows:

* The radar speed is half the actual speed of travel in the formation. In this manner, one merely measures the (two way) time to the target, as observed on the oscilloscope, multiplies by this radar speed and obtains the distance to the target or reflector in the subsurface.

† A Cretaceous oil-bearing sandstone formation overlain by the nonmarine Killik tongue of the Chandler formation which is about 20 ft (6 m) thick.

TABLE II

Known Test Well Dips of Grandstand Formation

Direction	From Well	To Well	Distance In Feet	West Dip ft/100 ft	% Grade
East-West	8	1	27,566	1.44	1.44
East-West	9	3	10,649	1.28	1.28
East-West	9	4	11,395	1.44	1.44

The dip from test wells 9 to 4 is 1.44 ft/100 ft (1.44% grade). These wells are nearly parallel to the Umiat airstrip.

These data correlate well with the westerly dip measured by radar of 1.35 ft/100 ft, particularly when we remember that the radar profile was made laterally and south about 9000 ft (2.7 km) from the Umiat anticline axis.

NORTH-SOUTH DIP EXPERIMENT

The Umiat anticline in the region of the Umiat airstrip is dipping west in the east-west direction and south in the north-south direction as can be seen from Fig. 4. Therefore a better dip measurement (higher dip values) might be made along the direction perpendicular to the Umiat airstrip and an attempt was made to establish two stations (called 30^+ North and 30^+ South) at the west end of the airstrip (see Fig. 5). From the USGS data of Collins (1958), we have definitive core data indicating the Grandstand Formation has the following dip:

TABLE III

Known Test Well Dips of Grandstand Formation

Direction	From Well	To Well	South Dip	% Grade
North-South	3	5	11.6 ft/100 ft	11.6
North-South	5	6	13.5 ft/100 ft	13.5
North-South	6	7	15.7 ft/100 ft	15.7

From the location of these wells on Fig. 4, these dips should decrease the closer (e.g. from Well 5 to Well 3) they get to the Umiat anticline axis, and it is seen from Table III that they do. The maximum distance apart in this direction we could obtain two radar probing stations was 376 ft (115 m). Assuming the largest of dips given in Table III, as would be expected as the airstrip is closest to N-S 6 to 7, and assuming an average $\varepsilon'/\varepsilon_0$ of the subsurface formations as 3.0 as before, the expected difference in arrival times of radar signals reflected from the top of the Grandstand formation would be 0.17 μs. Our ability to measure reflection times is about 0.05 μs (half of one smallest division on the oscilloscope time scale) and thus with only 376 ft between radar stations this makes any measurement of dip from arrival time differences difficult. The radar data obtained did indicate south dip with a time differential of about 0.08 μs. A longer profile in this north-south direction is clearly needed but the many hummocks present in this area prevented the Beaver aircraft from moving to such a location.

Another north-south dip field experiment was made over a much larger distance (3300 ft or 1006 m) by taking radar data at Test Well No. 6 and Test Well No. 3. As can be seen from Fig. 4 these two wells are in the north-south direction and from published data (Collins 1958) the average dip over this region taken from well data is 12.9 ft/100 ft (12.9% grade) for the top of the Grandstand Formation.

After correcting for elevation differences in radar station locations, radar measurements showed 5.7 ft/100 ft (5.7% grade) or only about half the Grandstand dip. This cannot be attributed to our use of an incorrect average electric permittivity because in order to obtain 12.9 ft/100 ft (12.9% grade) dip from the radar data, a radar speed greater than the speed of light would be needed. Some other explanation must be sought.

When one considers the dip of the anticlinal subsurface and how it varies, and understanding that a first arrival of the radar reflection will come from the Killik-Grandstand interface at a point at right angles to the emitted radar spherical wave path as directed into the subsurface, the distance between two first arrival points on the anticlinal surface (top of Grandstand - bottom of Killik tongue interface) that are perpendicular to the radar stations on the surface will be much closer than the spacing between the surface radar stations. Therefore the simple system used for calculating the previous moderate dips (1.35 ft/100 ft or 1.35% grade) we used before will not suffice for large dips and more ray path geometry must be taken into account. Radar data gives the correct direction of dip, however.

DEEP PROBING OF PERMAFROST

How far can radar probe into permafrost? The answer depends on the radar system parameters and the loss tangent of the subsurface geology probed. If we increase the receiver gain to a maximum and use full power of the radar system and ask what is the time of the latest arriving signal, we can get some idea of the depth to which this radar system can probe the permafrost. For the Umiat region, we obtained the following data:

TABLE IV

Maximum Range of Permafrost Penetration Data

Radar Location†	Time To Furthest Signal	Range* In Feet	Range* In Meters
Test Well No. 5	7.8 μs	2023	617
Test Well No. 6	4.3 μs	1026	313
Test Well No. 3	3.8 μs	883	269
Airstrip profile, Sta. 29	3.6 μs	826	252
Extreme east end of profile	3.8 μs	883	269

† See map of Fig. 4.

* Assuming an average $\varepsilon'/\varepsilon_0$ of 3.0.

A good explanation as to why the radar probing depth is shallow (≈883 ft or 269 m) for three radar stations is because these locations are on or near a surface boulder area, i.e. the reason why the airstrip was located there. It is probable that much scattering of radar energy takes place in the subsurface gravel and boulders because their size could approach the radar wavelength of 2.27 ft (.69 m) in the frozen formation. This scattering of the radar energy reduces that available to probe the depths below. Although the maximum radar range of penetration at Test Well No. 6 corresponds closely to the measured permafrost depth of 1055 ft (322 m) in this area, Collins (1958) gives the bottom of permafrost for Test Well No. 6 as 770 ft as obtained by Max Brewer using a thermistor cable reaching only to 700 ft but by using short extrapolation of measured temperatures. The radar station near Test Well No. 5 (see Fig. 4) showed radar penetration to 2023 ft (617 m), almost twice as deep as the deepest known depth of permafrost in this area, 1055 ft for Test Well No. 9. Ferrians (1965) and Baptist (1960) give the depth of permafrost of Test Well No. 5 as 800 ft. Now the usual assumption in radar probing in permafrost country is that the last signal received in time is indicative of the bottom of permafrost. The rationale behind this assumption is that below permafrost (by definition) the temperature is above freezing and therefore water is present in porous formations. This water (because of its high tan δ and large $\varepsilon'/\varepsilon_0$ of 78) effectively shields any significant further penetration by radar by drastic attenuation of the waves. However, two things can mitigate this assumption. First, the formation might still be porous but the formation be oil-filled (oil is a nonpolar liquid). Then electromagnetic waves could penetrate. Second, the formation might be tight and thus have no porosity. Hard rock could transmit electromagnetic waves also. A third possibility is one of interpretation, i.e. multiple radar reflections are taking place within the permafrost itself. But the radar data do not indicate this is the situation.

RADAR PROBING APPLICATIONS

With an airborne radar system such as described here but with a suitable data recording device such as a color TV tape recorder (needed for recording the bandwidth of the radar probing signal in real time) and a continuous electronic navigation system, one can fly a vast area of permafrost country in short times to record (1) dip of subsurface formation (amount and direction, (2) information on the continuity of subsurface stratigraphy (faults, etc.), and (3) possibly map the bottom of permafrost. All of these are very useful data in the oil-finding business. Indeed, a knowledge of the variation in the bottom of permafrost is critical to seismic interpretation (Dobrin 1961). The absence of permafrost in certain areas creates nonexistent synclines in seismic mapping of the subsurface because the unfrozen near-surface has a much lower seismic velocity than the frozen permafrost. The problem is to know where the permafrost is absent.

CONCLUSIONS

Although airborne operation of radar probing of permafrost is quite possible, for the first experiments we chose to stay on the ground simplifying the problem of knowing where you are. The permafrost zones probed were not found to be uniform but revealed many reflections within the permafrost zone. Thus a simple profiling of the distance to the bottom of permafrost was shown to be more complex. The radar-measured shallow dips of the Umiat anticline within the permafrost over a mile or so compared favorably with those calculated from the measured Killik-Grandstand interfaces in the Umiat test wells. At steeper dips the radar measurements were lower than computed dips from test well data. In both cases, however, the direction of the dip was clearly displayed. Depths to permafrost were probed at sites close to a number of Umiat test wells as well as along the airstrip profile. Scattering by near surface boulders is believed to limit penetration of radar at or near the Umiat airstrip although shallow dips could still be measured despite this scattering. At one site (Umiat Test Well 6) almost 8 μs of reflected radar signals were observed caused by possibly probing completely through the permafrost into hard rock or oil-filled porous rock both of which are capable of transmitting electromagnetic waves.

ACKNOWLEDGMENTS

The author accomplished this research while in the employ of Chevron Oil Field Research Company of La Habra, California. He wishes to thank the management for kind permission to publish these data. Mr. Leo Horn of Chevron Geophysical in Houston, and Wien Airlines personnel contributed much toward the success of this research. The fine assistance of Duane Boyd and Wally Leachman is gratefully acknowledged.

REFERENCES

BAILEY, J. T., S. EVANS, AND G. de Q. ROBIN 1964. Radio echo sounding of polar ice sheets. Nature 204, pp. 420-421.

BAPTIST, OREN C. 1960. Oil recovery and formation damage in permafrost, Umiat Field, Alaska. U.S. Bureau of Mines RI 5642.

BLACK, ROBERT F. 1954. Permafrost - a review. Bull. of G.S.A. 65, pp. 839-855.

COLLINS, FLORENCE RUCKER 1958. Test wells, Umiat area, Alaska. U.S. Geological Survey Professional Paper 305-B.

COOK, JOHN C. 1960 A. Proposed monocycle-pulse VHF radar for air-borne ice and snow measurements. Trans. AIEE 79, pp. 588-594.

COOK, JOHN C. 1960 B. Electrical properties of salty ice and frozen earth. J. Geop. Res. 65, pp. 1767-1771.

DOBRIN, MILTON B. 1961. Problems in seismic exploration of the North Slope. Talk given at Petroleum Club of Anchorage, Alaska, on September 21, 1961.

EVANS, S. 1963. Radio techniques for the measurement of ice thickness. Polar Record 11, pp. 406-410.

EVANS, S. 1965. Dielectric properties of ice and snow - a review. J. Glaciology 5, pp. 773-792.

EVANS, S. AND G. de Q. ROBIN 1966. Glacier depth sounding from the air. Nature 210, pp. 883-885.

FERRIANS, O. J. 1965. Permafrost map of Alaska. USGS Misc. Geol. Inv. Map I-445.

GINSBURG, M. A. 1960. Determination of thickness of an ice layer by a radar method. Izvestia Geophysica series 6, June.

HOLSER, W. T., R. J. S. BROWN, F. A. ROBERTS, O. A. FREDRIKSSON, AND R. R. UNTERBERGER 1972. Radar logging of a salt dome. Geophysics 37 (5), pp. 889-906.

MOFFATT, DAVID L. AND R. J. PUSKAR 1976. A subsurface electromagnetic pulse radar. Geophysics 41 (3), pp. 506-518.

REED, JOHN C. 1958. Exploration of naval petroleum reserve no. 4 and adjacent areas, Northern Alaska, 1944-53. U.S. Geological Survey Professional Paper 301.

RINKER, J. N. AND S. J. MOCK 1967. Radar ice thickness profiles Northwest Greenland. CRREL Special Report 103, May.

RUDAKOV, V. N. AND V. V. BOGORODSKII 1960. Measurement of glacier thickness by electromagnetic methods. Zhurnal Technicheskoi Fiziki 30 (1), pp. 82-89.

SAXTON, J. A. 1950. Reflection coefficient of snow and ice at VHF. Electronic Technology 27, pp. 17-25.

STEENSON, B. O. 1951. Radar methods for the exploration of glaciers. PhD thesis, California Institute of Technology, Pasadena, California.

UNTERBERGER, R. R. 1974. Electromagnetic wave propagation in salt - probing into salt with radar. Fourth International Symposium on Salt, Northern Ohio Geological Society, pp. 11-26.

VOGRODSKII, V. V., V. N. RUDAKOV, AND V. A. TYULPIN 1965. Electromagnetic probing of the antarctic ice sheet. Soviet Physics-Technical Physics 10, pp. 886-888.

WAITE, A. H. AND S. J. SCHMIDT 1962 A. Gross errors in height indications from pulsed radar altimeters operating over thick ice or snow. Proc. IRE 50, pp. 1515-1520.

WAITE, A. H. AND S. J. SCHMIDT 1962 B. Exploring the antarctic with ice-sounding radar. ASTIA Document AD-286070.

WAITE, A. H. 1966. International experiments in glacier sounding 1963 and 1964. Canadian Journal of Earth Sciences 3, pp. 887-892.

WALFORD, M. E. R. 1964. Radio echo sounding through an ice shelf. Nature 4956, pp. 317-319.

YOSHINO, TAKEO 1961. Radio wave propagation on the ice cap. Antarctic Records 11, pp. 228-233.

II.2 GEOTHERMAL CONSIDERATIONS

II.2 CONSIDÉRATIONS GÉOTHERMIQUES

II.2 ГЕОТЕРМИЯ

THERMAL INTERACTION OF PIPELINES WITH THE GROUND

L.S. Garagulya, S. Yu. Parmuzin, V.V. Spiridonov and A.S. Tsurikov.
All-Union Res. Inst. for Pipeline Construction, Moscow, U.S.S.R.

Several aspects of the thermal interaction of pipelines with the ground are studied: for forecasting changes in permafrost conditions in the immediate vicinity of pipelines, along the right-of-way and in adjacent areas; to determine the design temperature of the pipeline during construction, and to determine changes in the temperature of the heat carrier along the route during the operational period. The initial data for forecasting changes in the ground temperature regime must be obtained during the permafrost survey or in the course of exploration. The interaction of pipelines with the environment can be studied by means of field and laboratory experiments, analogue computers and mathematical methods.

L'INTERACTION THERMIQUE DES PIPELINES ET DES SOLS

L.S. Garagulya, S. Yu. Parmuzin, V.V. Spiridonov, A.S. Tsurikov, Institut soviétique de recherches scientifiques en construction de pipelines, Moscou, URSS

Étude de plusieurs aspects de l'interaction thermique des pipelines et des sols: prévision des modifications des conditions géocryologiques dans la zone touchée par le pipeline, dans la zone du tracé et sur le territoire adjacent; détermination de la température des pipelines au cours de la construction et des variations de température de l'agent réchauffant le long du tracé lors de la mise en service. Les données initiales pour la prévision des variations du régime thermique des sols doivent être obtenues au cours du levé géocryologique ou des prospections. L'étude de l'interaction des pipelines et du milieu peut s'effectuer à l'aide d'expériences in situ et en laboratoire, de la simulation sur des machines analogiques, et de méthodes mathématiques.

ТЕПЛОВОЕ ВЗАИМОДЕЙСТВИЕ МАГИСТРАЛЬНЫХ ТРУБОПРСВОДОВ С ГРУНТАМИ

Л.С. Гарагуля, С.Ю. Пармузин, В.В. Спиридонов, А.С. Цуриков
ВНИИ по строительству магистральных трубопроводов, Москва, СССР

Тепловое взаимодействие трубопроводов с грунтами изучается в нескольких аспектах: для прогнозирования изменения мерзлотных условий в зоне влияния трубопровода, в полосе трассы, на прилегающей территории; для определения расчетной температуры трубопровода в период строительства и изменения температуры теплоносителя по длине трассы при эксплуатации. Исходные данные для прогнозирования изменения температурного режима грунтов должны быть получены в процессе проведения мерзлотной съемки или изысканий. Изучение взаимодействия трубопроводов с окружающей средой может осуществляться путем проведения натурных и лабораторных экспериментов, моделирования на аналоговых машинах и математическими методами.

ТЕПЛОВОЕ ВЗАИМОДЕЙСТВИЕ МАГИСТРАЛЬНЫХ ТРУБОПРОВОДОВ С ГРУНТАМИ

Л.С. Гарагуля, С.Ю. Пармузин, В.В. Спиридонов, А.С. Цуриков

Всесоюзный научно-исследовательский институт по строительству магистральных трубопроводов, Москва, СССР

Строительство и эксплуатация магистральных трубопроводов в области распространения многолетнемерзлых грунтов представляют сложную проблему. В значительной степени это объясняется тем, что при тепловом взаимодействии трубопроводов с многолетнемерзлыми грунтами, а также под влиянием изменения природных условий при строительстве существенно изменяется температура, состав, строение и свойства грунтов. Изменение их температурного режима приводит не только к резкому изменению несущей способности основания, но и к активному развитию на трассах различных мерзлотных инженерно-геологических процессов, оказывающих механическое воздействие на трубу. В связи с этим для выбора способов прокладки, расчета прочности трубопровода и принятия конструктивных решений необходимо получить правильную оценку изменения температурного режима грунтов в конкретных природных условиях на период строительства и эксплуатации.

Строительный и эксплуатационный периоды существенно отличаются по инженерному воздействию на на многолетне- и сезонномерзлые грунты. В первом случае нарушение температурного режима на поверхности пород связано с удалением растительности, планировкой местности, сооружением притрассовых дорог, насыпей, выемок и т.д. При этом происходит однократное изменение условий на поверхности пород без внесения дополнительных источников тепла. Если в дальнейшем не наблюдается прогрессирующего развития мерзлотных процессов (термокарста, термоэрозии и др.), то по прошествии определенного времени вне зоны теплового влияния трубопровода устанавливается температурное поле, отличное от первоначального, которое изменяется под действием динамики климата.

Оценка возможных изменений температурного режима грунтов под влиянием строительных работ требуется для определения теплового состояния грунтов как начального условия при расчете взаимодействия трубопроводов с грунтами в период эксплуатации и для прогнозирования вероятности возникновения и развития мерзлотных процессов и явлений в полосе строительства.

В процессе эксплуатации вокруг трубопровода формируется зона теплового воздействия сооружения на грунты основания. В одних случаях трубопровод является постоянным источником или стоком тепла в течение всего периода эксплуатации, в других - тепловое воздействие его может незначительно сказываться на тепловом режиме грунтов, сформировавшемся в строительный период.

Оценка изменения мерзлотных условий в эксплуатационный период необходима для определения исходных данных теплового состояния грунтов при прогнозировании мерзлотных процессов и явлений; расчета глубины сезонных и многолетних ореолов промерзания или протаивания грунтов вокруг трубопроводов и величины обмерзания трубопроводов, уложенных подводно; для определения изменения температуры теплоносителя по длине трубопровода и расчета его производительности. Прогноз изменения температурного режима грунтов под влиянием трубопровода производится при заданном способе прокладки, выбранном конструктивном решении и технологическом режиме перекачки продукта.

Трубопроводы представляют собой линейно-протяженные сооружения, пересекающие различные типы местности, которые отличаются по одному или нескольким признакам, определяющим условия прокладки и эксплуатации. Поэтому для проектирования трубопроводов необходима такая методика прогнозирования изменений мерзлотных и инженерно-геологических условий, которая позволила бы на основе данных изысканий получить количественную оценку изменений природных условий в пределах каждого типа местности. Это означает, что следует количественно определить двухстороннюю зависимость между факторами природной среды и параметрами сооружения с одной стороны и характеристиками температурного режима грунтов с другой. Только с помощью этих данных можно разработать эффективные мероприятия по направленному изменению мерзлотных условий.

Требования к детальности прогнозирования теплового взаимодействия трубопроводов с мерзлыми грунтами на разных стадиях проектирования различны. На стадии предварительных изысканий выбирается оптимальное направление трассы, способы прокладки и технологический режим эксплуатации. Поэтому на этой стадии основное внимание при прогнозировании уделяется оценке возможных изменений температурного режима грунтов и их последствий для работы сооружения и преобразования окружающей среды в зависимости от характера техногенных воздействий в пределах основных типов ландшафта. Основой для прогноза служит карта предварительного районирования участка будущей трассы, составленная на основе рекогносцировочных исследований с широким использованием литературных и фондовых материалов. Расчет температурного режима и ореолов оттаивания грунтов производят при различных типах прокладки трубопровода (наземной, подземной, надземной) и нескольких вариантах температурного режима теплоносителя (положительной и отрицательной среднегодовой температуре газа)

Исходя из задач прогнозирования на стадии ТЭО, основными исходными данными для расчета взаимодействия трубопроводов с грунтами являются: заданный температурный режим теплоносителя; климатические характеристики района; состав, свойства грунтов, их среднегодовая температура в естественных условиях. При этом выбираются возможные пределы изменений характеристик природных условий в каждом микрорайоне. Прогноз производится для средних значений выбранных характеристик и при наиболее неблагоприятных их сочетаниях. Предварительное прогнозирование позволит оценить степень сложности условий взаимодействия трубопроводов с грунтами при различных способах прокладки и режимах эксплуатации; выбрать оптимальное направление трассы и наиболее надежные и экономичные конструктивные решения.

Основными задачами прогнозирования теплового взаимодействия трубопроводов с грунтами на стадиях технического проекта и рабочих чертежей является расчет изменения температурного режима в полосе строительства и в зоне теплового влияния трубопровода при выбранном способе прокладки и технологическом режиме эксплуатации. Исходными данными природных условий для прогнозирования на этой стадии являются характеристики, полученные в процессе проведения мерзлотной съемки и изысканий на трассах. При прогнозировании изменения природных условий в полосе строительства рассчитываются:

а) среднегодовые температуры грунтов на их поверхности, на глубине слоя сезонного протаивания (промерзания) и на глубине нулевых годовых амплитуд;

б) амплитуды температур на поверхности пород и на глубине слоя сезонного протаивания (промерзания);

в) мощность слоя годовых колебаний температур;

г) мощность слоя сезонного и потенциального протаивания (промерзания) грунтов;

д) изменение температур грунтов на различной глубине во времени;

е) время промерзания сезонноталого слоя и температуры грунтов на момент их полного промерзания;

ж) градиенты температуры в мерзлых и талых породах.

В зоне теплового взаимодействия пород с трубопроводом при заданных конструктивных решениях и температурном режиме газа рассчитываются:

а) температурный режим поверхности трубы и изменение температуры стенки по длине трубопровода;

б) мощность сезонных и многолетних ореолов оттаивания и промерзания грунтов под трубопроводом.

В районах распространения многолетнемерзлых пород в зависимости от температурного режима перекачиваемого продукта задача о формировании ореолов протаивания и промерзания может включать:

1. Определение глубины сезонного оттаивания грунтов под трубопроводами, температура продукта в которых периодически изменяется в соответствии с $t_п < 0°C$, $A_п > |t_п|$ ($t_п$ – среднегодовая температура продукта; $A_п$ – физическая амплитуда годовых колебаний температуры продукта);

2. Определение глубины сезонного промерзания грунтов в формирующейся чаше многолетнего оттаивания под трубопроводами, температура продукта в которых периодически изменяется в соответствии с $t_п > 0°C$ и $A_п > t_п$;

3. Определение глубины многолетнего оттаивания грунтов под трубопроводами, температура продукта в которых периодически изменяется при $t_п > 0°C$;

4. Определение ореолов многолетнего оттаивания при постоянной положительной температуре продукта под подземными и наземными трубопроводами.

Для районов сезоннопромерзающих грунтов задача имеет следующие аналогичные варианты:

5. Определение глубины сезонного промерзания грунтов под трубопроводами, температура продукта в которых периодически изменяется в соответствии с $t_п > 0°C$, $A_п > t_п$;

6. Определение глубины сезонного оттаивания грунтов в формирующейся чаше многолетнего промерзания под трубопроводами, температура продукта в которых периодически изменяется в соответствии с $t_п < 0°C$, $A_п > |t_п|$;

7. Определение глубины многолетнего промерзания грунтов под трубопроводами, температура продукта в которых периодически изменяется при $t_п < 0°C$;

8. Определение ореолов многолетнего промерзания грунтов под трубопроводами при постоянной отрицательной температуре продукта.

Изменения природных условий при строительстве магистральных трубопроводов практически не отличаются от нарушений, производимых при других видах строительства: линейного, промышленного, гражданского. Это дает возможность использовать существующие методики для решения задачи о формировании температурного режима грунтов в зависимости от влияния таких факторов, как радиационнотепловой баланс земной поверхности, снежный и растительный покровы, заболоченность, состав и влажность грунтов и т.д. (Балобаев, 1963; Меламед, 1966; Павлов, 1975; Порхаев, 1970; Фельдман, 1973 и др.). Наиболее комплексной, по нашему мнению, представляется методика, разработанная на кафедре мерзлотоведения МГУ под руководством В.А. Кудрявцева (Достовалов, Кудрявцев, 1969; Кудрявцев и др., 1974). В основе этой методики лежит расчет температурного режима грунтов путем последовательного суммирования влияния отдельных факторов. Преимущество данной методики заключается в ее простоте и в том, что исходные данные для расчета легко могут быть получены в процессе мерзлотной съемки (изысканий). Применение этой методики позволяет успешно анализировать закономерности формирования температурного режима грунтов и глубин их сезонного оттаивания и промерзания, что необходимо для управления мерзлотным процессом в целом.

Тепловое взаимодействие трубопроводов с окружающей средой может изучаться путем проведения долгосрочных натурных наблюдений на трассах или опытных участках, с помощью физического моделирования в лабораторных условиях или на аналоговых машинах (гидро- и электроинтеграторах) и математическими методами. Поскольку непосредственные наблюдения и физическое моделирование требуют значительных затрат времени и, кроме того, не всегда могут характеризовать возможные или предполагаемые изменения технологических параметров трубопроводных систем и учитывать изменчивость факторов природной обстановки, наибольшее распространение в практике проектирования получили математические методы изучения теплового взаимодействия трубопроводов с грунтами.

В связи со сложностью физических процессов распространения тепла в промерзающих и протаивающих грунтах аналитически исследовать динамику температурного поля в многолетнемерзлых грунтах вокруг подземного и наземного трубопроводов очень трудно. Процесс теплопередачи в грунте является нестационарным; он осложнен фазовыми переходами воды в процессе промерзания, чередованием периодов промерзания и оттаивания с несколькими подвижными поверхностями раздела фаз, законы движения которых заранее неизвестны.

Задача о распространении тепла вокруг трубопровода является трехмерной и формально описывается системой дифференциальных уравнений теплопроводности для талого и мерзлого грунтов, снежного покрова и теплоносителя с нелинейным граничным условием Стефана на подвижной границе раздела фаз. Такую задачу нестационарного теплообмена трубопровода с грунтом при граничных условиях, полностью соответствующих реальным процессам теплопередачи в грунте, решить аналитически не представляется возможным. Решение задачи получено лишь для частных случаев, когда допустимо упрощение постановки задачи. Если принять, что температура продукта в трубопроводе не зависит от координат и является лишь функцией времени, то задача сведется к двухмерной задаче типа Стефана для сложной двухсвязной области с несколькими фронтами промерзания – протаивания. Значительные возможности для решения такой задачи открывает использование ЭВМ. Однако и здесь наличие горизонтальной верхней поверхности грунта и его горизонтально-слоистая неоднородность создают известные сложности при решении задачи из-за невозможности использования цилиндрических координат. Поэтому даже при значительных допущениях при постановке задачи исследование динамики температурного поля в грунте вокруг трубопровода приходится проводить в прямоугольнике с вырезанным полукругом.

Для исследования закономерностей образования ореолов оттаивания при промерзании грунтов под трубопроводами могут использоваться аналоговые вычислительные машины (АВМ), позволяющие получать решение двухмерной задачи типа Стефана. Одним из наиболее употребительных устройств является гидроинтегратор системы В.С. Лукьянова (1957).

Результаты решения двухмерных задач для нахождения ореолов протаивания и промерзания вокруг подземных и под наземными трубопроводами с помощью ЭВМ и АВМ показали, что в ряде случаев двухмерная задача может быть заменена на одномерную и имеющиеся аналитические решения одномерных задач могут быть успешно использованы для инженерных расчетов, необходимых при проектировании трубопроводов. В частности, может быть использовано известное уравнение И.А.Чарного (1940) для расчета многолетних ореолов оттаивания или промерзания грунтов под трубопроводами. Принятые при выводе уравнения допущения приводят к завышению результатов. Чтобы повысить точность расчетов, нами была разработана методика определения исходных значений расчетной температуры поверхности трубопровода и расчетного периода оттаивания или промерзания грунта, учитывающих нестационарность процесса, периодичность изменения температуры транспортируемого продукта. Получены также поправочные коэффициенты, учитывающие глубину заложения трубопровода. Для быстроты и простоты вычислений составлены номограммы.

Для тех случаев, когда при расчете ореолов оттаивания недопустимо пренебрегать затратами тепла на теплоемкость грунта, предлагается аналитическое решение задачи в постановке близкой к решению И.А. Чарного. Аналогично были получены формулы для оценки влияния теплоизоляции на процесс оттаивания (промерзания) грунта под трубой.

Анализ различных материалов показал, что для расчета сезонных ореолов промерзания грунта под трубопроводами в зависимости от температурного режима транспортируемого продукта, температурного режима грунта, его состава и влажности целесообразно использовать методику В.А.Кудрявцева и др. (1973) с учетом рекомендаций по определению расчетных значений температуры поверхности трубопровода, которые приводятся ниже.

Как в области развития многолетнемерзлых пород, так и в районах с сезонным промерзанием грунтов, наиболее сложным является случай, когда на фоне многолетнего протаивания (промерзания) пород формируются сезонные ореолы промерзания (протаивания). В этих случаях сезонные и многолетние процессы протаивания и промерзания протекают в условиях неустановившегося температурного режима грунтов, т.е. по мере продвижения фронта многолетнего протаивания (или промерзания) происходит изменение среднегодовой температуры грунтов в пределах многолетнего ореола протаивания. Существующие инженерные методы расчета сезонных ореолов протаивания (промерзания) грунта не позволяют учесть нестационарность температурного поля грунтов в многолетнем цикле. Возможные сочетания температур грунта и трубопровода при сезонном взаимодействии трубопроводов с промерзающими и протаивающими грунтами можно свести к четырем основным случаям.

1. В районах развития многолетнемерзлых грунтов при отрицательной среднегодовой температуре на поверхности трубы и периодических колебаниях температуры теплоносителя с амплитудой, превышающей абсолютное значение среднегодовой температуры поверхности трубы, будут формироваться сезонные ореолы оттаивания грунта. При этом в первый год эксплуатации максимальная мощность сезонного оттаивания грунта под трубой будет отмечаться в том случае, когда среднегодовая температура поверхности трубы ниже среднегодовой температуры грунта. В последующие годы мощность сезонных ореолов оттаивания грунта под трубой будет сокращаться. Если среднегодовая температура стенки трубопровода превышает среднегодовую температуру грунта, то в первый год эксплуатации будут формироваться ореолы оттаивания грунта наименьшей мощности. По мере того как среднегодовая температура грунта под влиянием трубопровода будет повышаться, мощность ореолов оттаивания грунта будет увеличиваться, максимальной величины она достигнет при установлении стационарного режима в грунте при температуре, близкой к среднегодовой температуре трубопровода.

2. В районах развития талых пород при положительной среднегодовой температуре на поверхности трубопровода и периодических колебаниях температуры с амплитудой, превышающей значение среднегодовой температуры трубы, ежегодно в холодное время года под трубами будут формироваться ореолы промерзания грунта. При этом максимальной мощности ореолы промерзания грунта достигнут в первый год эксплуатации в том случае, когда среднегодовая температура на поверхности трубопровода превышает среднегодовую температуру грунта. В последующие годы, по мере установления стационарного режима и повышения температуры грунта в зоне влияния трубопровода ореолы сезонного промерзания будут уменьшаться. В том случае, когда среднегодовая температура поверхности трубопровода ниже среднегодовой температуры грунта, в первый год эксплуатации будет отмечаться минимальное сезонное промерзание грунта под трубопроводом.

В дальнейшем, по мере понижения температуры грунта и приближения ее к среднегодовой температуре трубопровода будет отмечаться увеличение мощности сезонных ореолов промерзания.

3. В том случае, когда трубопровод с положительной среднегодовой температурой уложен в многолетнемерзлый грунт, вокруг трубопровода будет происходить многолетнее оттаивание грунта. При этом в холодное время года, когда температура на поверхности трубопровода отрицательна, будет идти сезонное промерзание грунта. Максимальная мощность сезонного промерзания будет формироваться в первый год эксплуатации трубопровода при температурах грунта, близких к 0°С. В последующие годы под влиянием трубопровода среднегодовая температура грунта ореола многолетнего оттаивания будет повышаться и соответственно будут сокращаться ореолы промерзания грунта под трубопроводом.

4. Если трубопровод с отрицательной температурой уложен в талых грунтах, вокруг него будет образовываться многолетний ореол промерзания. При периодических колебаниях температуры на поверхности трубопровода с амплитудой, превышающей абсолютное значение среднегодовой температуры трубопровода, на фоне многолетнего промерзания будут в летнее время формироваться сезонные ореолы оттаивания грунта. Как и в предыдущем случае, максимальная мощность сезонного оттаивания будет зафиксирована в первый год эксплуатации при температурах грунта, близких к 0°С. В последующие годы мощность сезонноталого грунта вокруг трубопровода будет сокращаться.

При проектировании трубопроводов следует учитывать наихудшие условия взаимодействия трубы с оттаивающими и промерзающими грунтами. Поэтому целесообразно рассчитывать максимальные ореолы сезонного промерзания и оттаивания грунта под трубопроводом.

Процессы конвективного теплообмена, обусловленные тепловлагопереносом в грунте, могут существенно повы-

Значение поправочного коэффициента n, учитывающего влияние конвективного теплообмена на размеры ореолов оттаивания грунтов

Наименование грунтов	Коэффициент фильтрации грунтов м/сут	Продолжительность существования горизонта надмерзлотных вод	Количество летних атмосферных осадков, мм	n
Суглинки с маломощными прослоями супесей и песков	0,3 - 0,5	Периодически возникает*	< 200	1,05
		Постоянно существует	> 200	1,1
		Периодически возникает*	> 200	1,1
Супеси и мелкозернистые пески	0,5 - 5,0	Постоянно существует	< 200	1,3
		Временно существует**	> 200	1,2
		Постоянно существует	> 200	1,5
Пески и крупнообломочные грунты с песчано-супесчаным заполнителем	5 - 10	Периодически возникает*	< 200	1,3
		Постоянно существует	< 200	2,0
		Временно существует**	> 200	1,5
		Постоянно существует	> 200	> 2,0
Крупнообломочные грунты с песчаным или с небольшим количеством супесчаного заполнителя	10 - 30	Периодически возникает*	< 200	1,5
		Постоянно существует	< 200	2,5 -3,0
		Временно существует**	> 200	2,0
		Постоянно существует	> 200	> 3,0

* Горизонт надмерзлотных вод возникает в период выпадения дождей и интенсивного таяния льдонасыщенных грунтов. Срабатывается быстро, в течение нескольких дней.

** Питание горизонта надмерзлотных вод происходит за счет поверхностного стока, инфильтрации атмосферных осадков и протаивания льдонасыщенных грунтов. Существует около половины летнего периода.

шать среднегодовую температуру грунта и приводить к увеличению ореолов оттаивания грунта под трубопроводами. Расчетные схемы, учитывающие конвективную составляющую теплообмена в грунтах, очень сложны и могут решаться только с помощью ЭВМ. Кроме того их решение требует постановки специальных наблюдений при изысканиях для получения исходных параметров. Увеличение мощности сезонных ореолов оттаивания под трубопроводами за счет влияния инфильтрующихся атмосферных осадков и отепляющего действия надмерзлотных вод в первом приближении может быть оценено путем введения поправочных коэффициентов. Рассчитанная мощность ореола оттаивания грунта умножается на коэффициент n, значения которого зависят от состава, свойств грунта и продолжительности существования горизонта надмерзлотных вод и количества летних атмосферных осадков (таблица).

Тепловое взаимодействие трубопровода с окружающей средой приводит к изменению температуры транспортируемого продукта. Определение теплопотерь трубопровода необходимо не только для правильного прогнозирования изменения мерзлотных условий по длине трассы, но и в связи с определением температурных деформаций трубы и производительности системы. Как показали исследования, расчет изменения температуры продукта следует проводить с учетом технологических и конструктивных особенностей трубопровода и изменения во времени коэффициента теплоотдачи от трубы в окружающую среду. Значение коэффициента теплоотдачи зависит от образования и роста ореола оттаивания и промерзания грунта вокруг трубопровода, поэтому он существенно изменяется в период эксплуатации. Для его определения, наряду с численными решениями задачи на ЭВМ, могут быть использованы приближенные уравнения.

В заключение следует отметить, что методы изучения теплового взаимодействия трубопроводов с грунтами не могут быть сведены только к теплотехническим расчетам. Прогноз изменения мерзлотных условий в связи со строительством и эксплуатацией сооружения должен включать всестороннее изучение закономерностей формирования и динамики развития сезонно- и многолетнемерзлых грунтов.

ЛИТЕРАТУРА

БАЛОБАЕВ В.Т. 1963. Протаивание мерзлых горных пород при взаимодействии с атмосферой. В кн.: Тепло- и массообмен в мерзлых толщах земной коры. М., Изд-во АН СССР, с. 105-116.

ДОСТОВАЛОВ Б.Н., КУДРЯВЦЕВ В.А. 1969. Общее мерзлотоведение. Изд-во МГУ, с. 402.

КУДРЯВЦЕВ В.А., ГАРАГУЛЯ Л.С., КОНДРАТЬЕВА К.А., МЕЛАМЕД В.Г. 1974. Основы мерзлотного прогноза при инженерно-геологических исследованиях в области многолетнемерзлых пород. Изд-во МГУ, 431 с.

КУДРЯВЦЕВ В.А., МЕЛАМЕД В.Г., КОНДРАТЬЕВ В.Г., МЕДВЕДЕВ А.В. 1973. Номограммы для расчета глубин сезонного оттаивания (промерзания) грунтов вокруг заглубленного трубопровода с учетом изменения его температурного режима по длине трубы. - В кн.: Мерзлотные исследования, вып. 13, Изд-во МГУ, с. 142-148.

ЛУКЬЯНОВ В.С., ГОЛОВКО М.Д. 1957. Расчет глубины промерзания грунтов. М., Трансжелдориздат, 163 с.

МЕЛАМЕД В.Г. 1966. Промерзание пористых тел с учетом кривой незамерзшей воды в автомодельном случае (классическая задача Стефана). В кн.: Мерзлотные исследования, вып. 5. Изд-во МГУ, с. 19-25.

ПАВЛОВ А.В. 1975. Теплообмен почвы с атмосферой в северных и умеренных широтах территории СССР. Якутск. 304 с.

ПОРХАЕВ Г.В. 1970. Тепловое взаимодействие зданий и сооружений с вечномерзлыми грунтами. М., "Наука", 208 с.

ФЕЛЬДМАН Г.М. 1973. Методы расчета температурного режима мерзлых грунтов. М., "Наука", 254 с.

ЧАРНЫЙ И.А. 1940. Расчет скорости замораживания грунтов. - "Советский метрополитен", № 4, с. 29-34.

GRAPHS FOR DISTURBANCE-TEMPERATURE DISTRIBUTION IN PERMAFROST UNDER HEATED RECTANGULAR STRUCTURES

Alfreds R. Jumikis, Rutgers University - The State University of New Jersey, New Brunswick, New Jersey, U.S.A.

These computerized influence value graphs for three-dimensional disturbance-temperature distribution at any point in the central vertical plane X = 0 in permafrost beneath heated rectangular structures are given here for ratios of A/B = 1.00, 1.50, 2.00, 3.00, 5.00, and 10.00. Herein 2A is the length of the rectangular contact surface area of the heated structure on permafrost, and 2B is the width of the rectangle. The graphs are easy to use. They permit easy determination of temperature regimen, quick plotting of temperature fields, and delineation of the thawing bowl in permafrost beneath heated structures rectangular in plan.

DIAGRAMMES INDIQUANT LA RÉPARTITION DES PERTURBATIONS QUE SUBIT LE PERGÉLISOL EN FONCTION DE LA TEMPÉRATURE, AU-DESSOUS DE STRUCTURES RECTANGULAIRES CHAUFFÉES

Alfreds R. Jumikis, Rutgers University - The State University of New Jersey, New Brunswick, New Jersey, U.S.A.

Dans le présent article, on donne des diagrammes automatisés des valeurs déterminantes, qui présentent en trois dimensions la répartition des perturbations en fonction de la température, en tout point du plan vertical central X= 0 du pergélisol, au-dessous de structures rectangulaires chauffées, pour des quotients de A à B égaux à 1.00, 1.50, 2.00, 3.00, 5.00, et 10.00. 2A représente la longueur de la surface de contact rectangulaire de la structure chauffée qui repose sur le pergélisol, et 2B est la largeur du rectangle. Les diagrammes sont faciles à utiliser. Ils permettent de déterminer facilement le régime thermique, de tracer rapidement les champs thermiques, et de délimiter la cuvette de dégel qui se forme dans le pergélisol, au-dessous des structures chauffées rectangulaires planes.

ГРАФИКИ РАСПРЕДЕЛЕНИЯ ТЕМПЕРАТУР НАРУШЕНИЯ В МНОГОЛЕТНЕМЕРЗЛЫХ ГРУНТАХ ПОД ОТАПЛИВАЕМЫМИ ПРЯМОУГОЛЬНЫМИ КОНСТРУКЦИЯМИ

С помощью ЭВМ построены графики пространственного распределения температур нарушения для любой точки центральной вертикальной плоскости X=0 в многолетнемерзлых грунтах под отапливаемыми прямоугольными конструкциями для отношений A/B=1,00; 1,50; 2,00; 3,00; 5,00; и 10,00 / 2A - длина прямоугольной контактной поверхности отапливаемой конструкции на многолетнемерзлом грунте, 2B - ширина прямоугольника/. Графики просты и позволяют легко определить температурный режим, построить графики температурных полей и установить границы чаши протаивания многолетнемерзлого грунта под отапливаемыми прямоугольными конструкциями.

GRAPHS FOR DISTURBANCE-TEMPERATURE DISTRIBUTION IN PERMAFROST UNDER HEATED RECTANGULAR STRUCTURES

Alfreds R. Jumikis

College of Engineering, Rutgers, The State University of New Jersey, New Brunswick, N.J. 08903 USA

INTRODUCTION

This paper presents computerized influence value graphs giving three-dimensional temperature disturbance distribution [Jumikis (1973)]. They permit quick, effective evaluation and plotting of temperature fields in permafrost (temperature at any point in permafrost) beneath heated structures rectangular in plan. Influence value graphs are here given for the following five relative sizes of the rectangles:

A/B = 1.00, 1.50, 2.00, 3.00, 5.00 and 10.0,

where 2A is the length of the rectangular contact surface area on the permafrost (along the X/A-axis), and 2B is the width of the rectangular contact surface area on the permafrost (along the Y/B-axis) (see Figs. 1 through 8). The graphs are easy to use.

THEORETICAL BASIS

The equation used here for computing and plotting the influence values may be found in Lachenbruch's (1957) outline of a three-dimensional temperature distribution in permafrost underneath heated buildings. The transcendental equation in question for a thermal disturbance T(X,Y,Z) in a steady-state heat-flow process is

$$T(X,Y,Z) = \frac{T_{const}}{2\pi} \left\{ \arctan\left[\frac{(X+A)(Y+B)}{Z\sqrt{Z^2+(X+A)^2+(Y+B)^2}}\right] - \arctan\left[\frac{(X-A)(Y+B)}{Z\sqrt{Z^2+(X-A)^2+(Y+B)^2}}\right] - \arctan\left[\frac{(X+A)(Y-B)}{Z\sqrt{Z^2+(X+A)^2+(Y-B)^2}}\right] + \arctan\left[\frac{(X-A)(Y-B)}{Z\sqrt{Z^2+(X-A)^2+(Y-B)^2}}\right] \right\} \quad \ldots (1)$$

Thus, the dimensions of the rectangle are (2A) x (2B).

Equation (1) gives the thermal disturbance T(X,Y,Z) at any point (X,Y,Z) in the hemispace (permafrost) underneath an area rectangular in plan and in contact with permafrost, when a constant temperature T_{const} from a heated building is maintained over this rectangle. Beyond the rectangular area, on the boundary surface of the permafrost, the temperature is T_o.

In 1963, Porkhayev also presented an equation similar to Eq. (1), but differently derived, for calculating temperature distribution for a three-dimensional problem for any point in the hemispace. The temperature values T are to be determined either analytically, or by means of graphical integration, i.e., by constructing a concentric annular grid by means of gnomonic projections of meridians and parallels of a hemisphere onto its north polar tangent plane, as suggested by Lachenbruch (1957).

For effective evaluation and quick plotting of temperature fields of permafrost beneath heated rectangular structures, the author endeavored to prepare corresponsing temperature influence graphs (Figs. 1 through 6). To facilitate ascertaining temperature depth coordinates Z, viz., Z/B, in the permafrost along the vertical centerline (℄) through the origin of coordinates (X=0; Y=0) at the center of the rectangle, the author prepared the graph shown in Fig. 7.

The maximum thawing depth ξ_{max} (on the Z-axis) for T=0 at infinite time t is given by Porkhayev (1963) as

$$\frac{\xi_{max}}{B} = \sqrt{\sqrt{n^2 \cdot \cot^2\left(\frac{\pi}{2}\cdot q_1\right) + \frac{1}{4}(1+n^2)^2} - \frac{1}{2}(1+n^2)} \quad \ldots (2)$$

where

$$n = \frac{A}{B}, \text{ and} \quad \ldots (3)$$

$$q_1 = \frac{K_F T_o}{K_F T_o - K_T \cdot T_{const}} \quad \ldots (4)$$

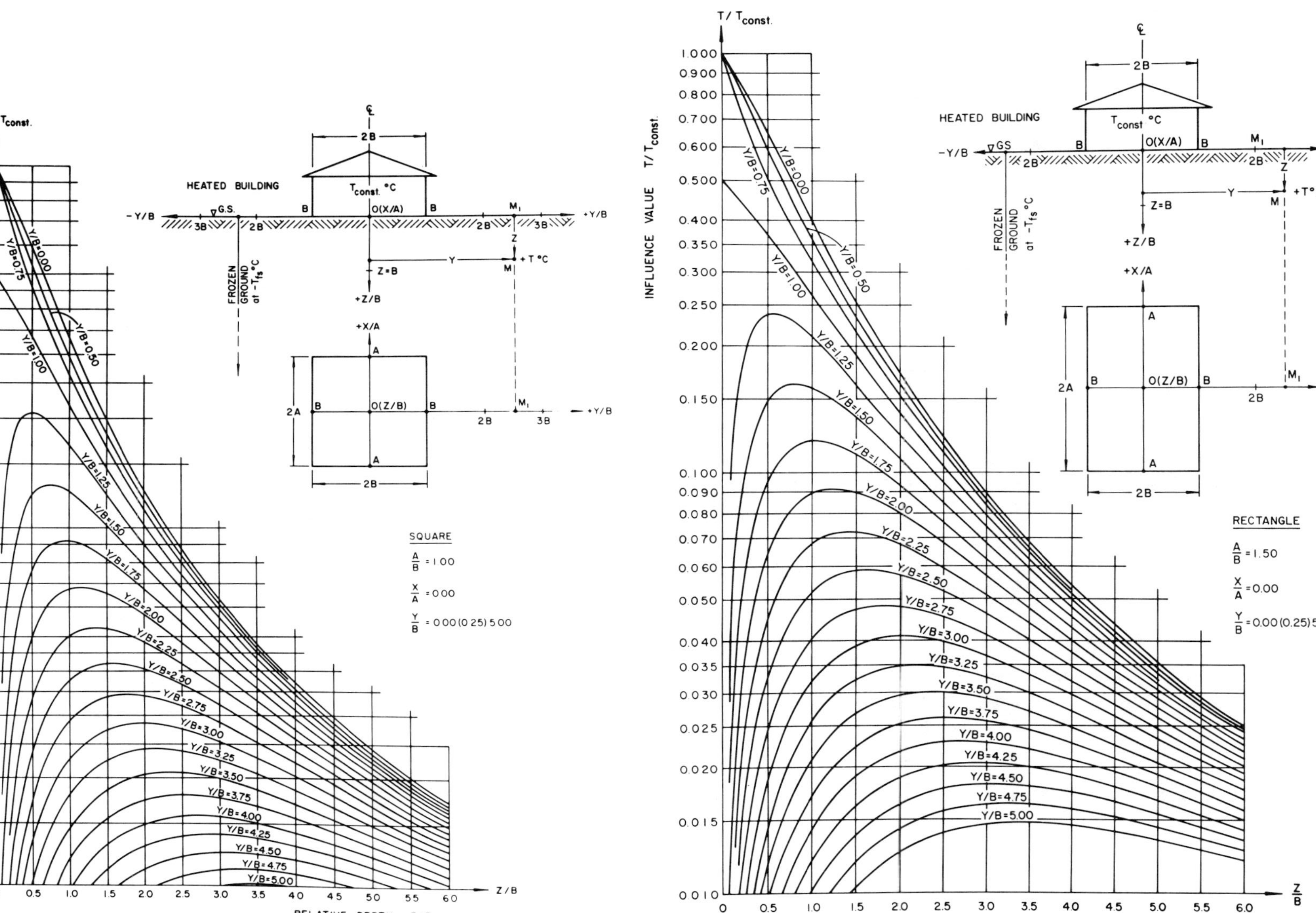

Fig. 1. Influence value graph for temperature distribution from heated structure on permafrost. A/B = 1.00.

Fig. 2. Influence value graph for temperature distribution from heated structure on permafrost. A/B = 1.50.

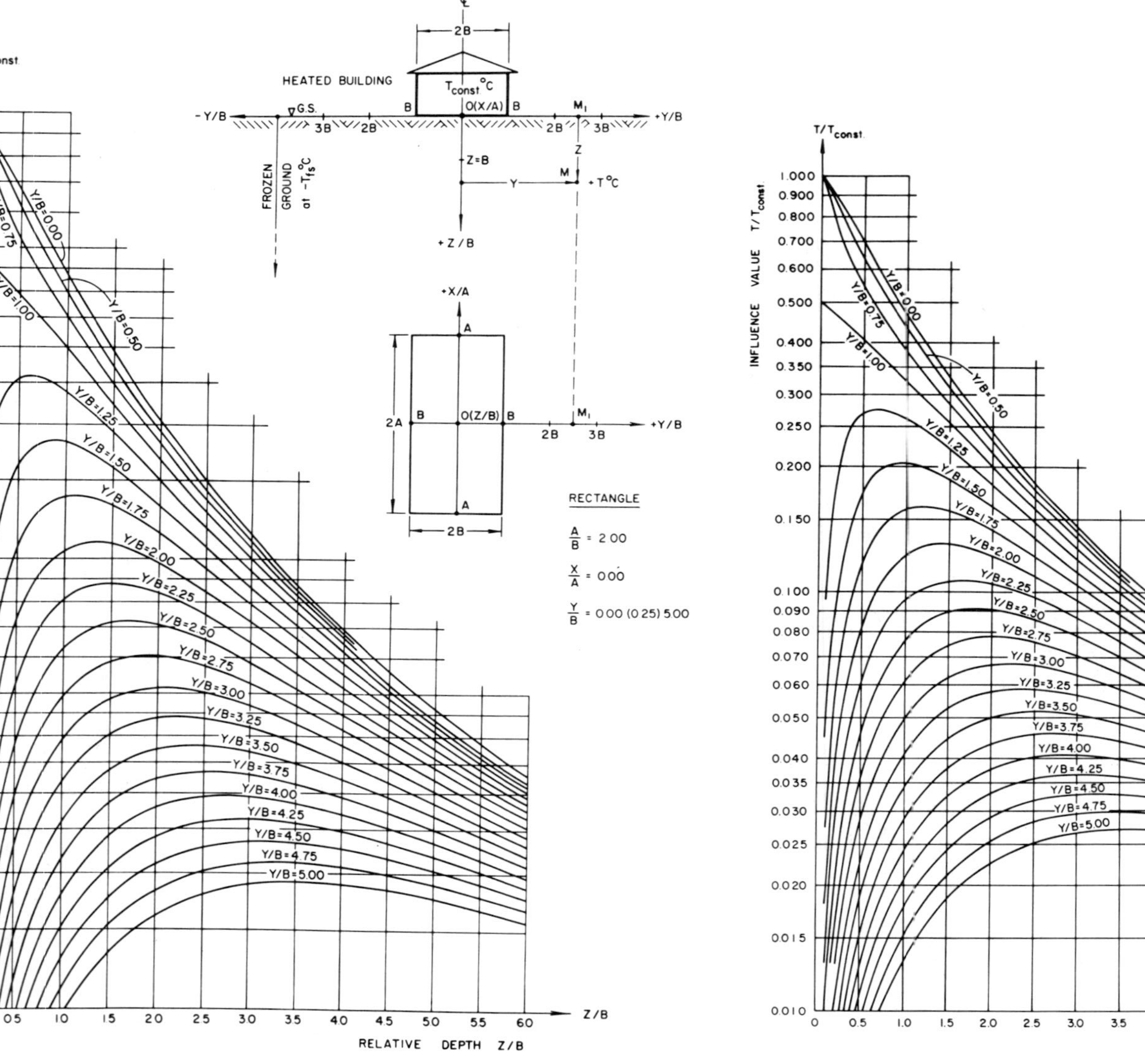

Fig. 3. Influence value graph for temperature distribution from heated structure on permafrost. A/B = 2.00.

Fig. 4. Influence value graph for temperature distribution from heated structure on permafrost. A/B = 3.00.

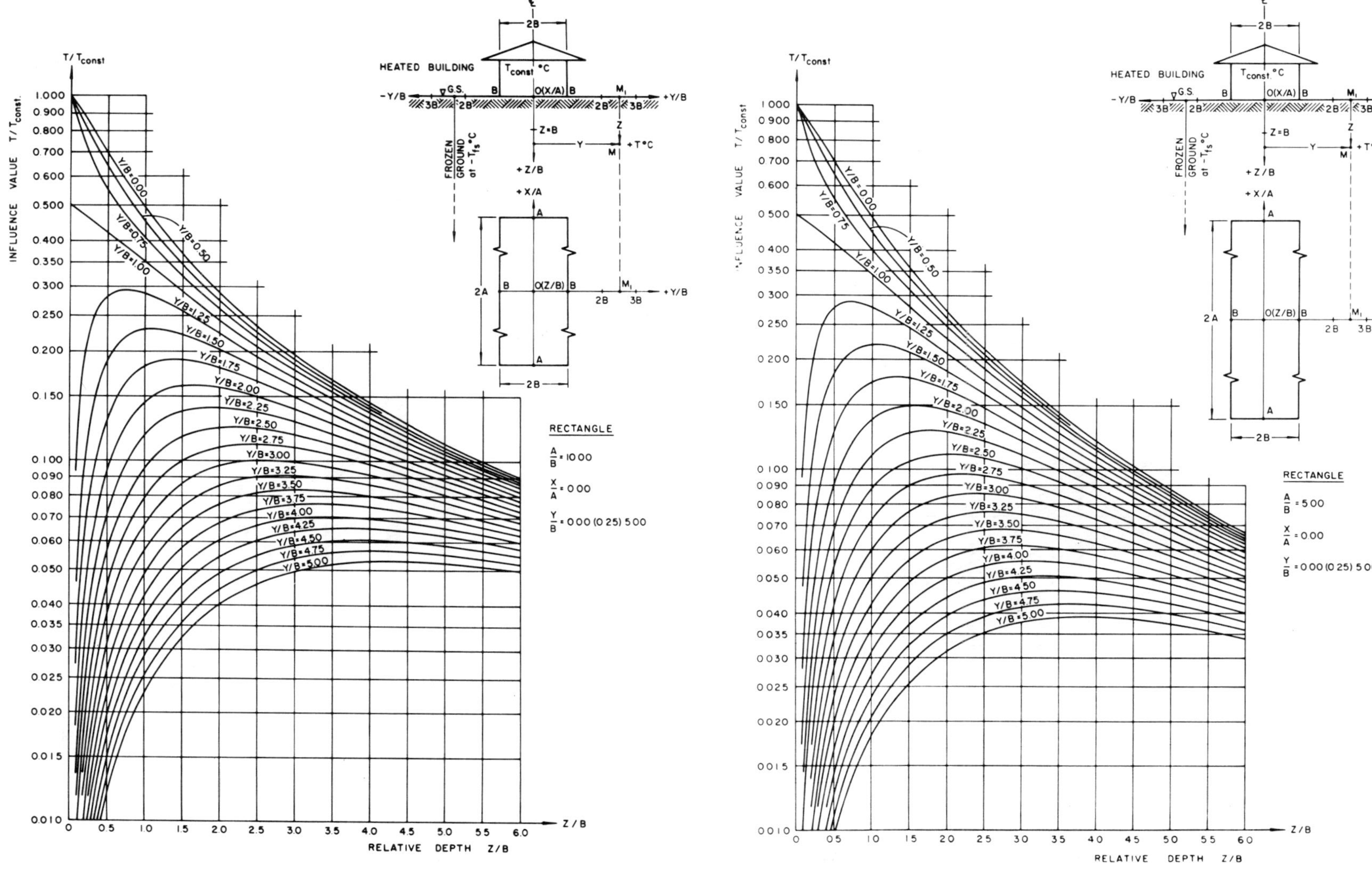

Fig. 5. Influence value graph for temperature distribution from heated structure on permafrost. A/B = 5.00.

Fig. 6. Influence value graph for temperature distribution from heated structure on permafrost. A/B = 10.00.

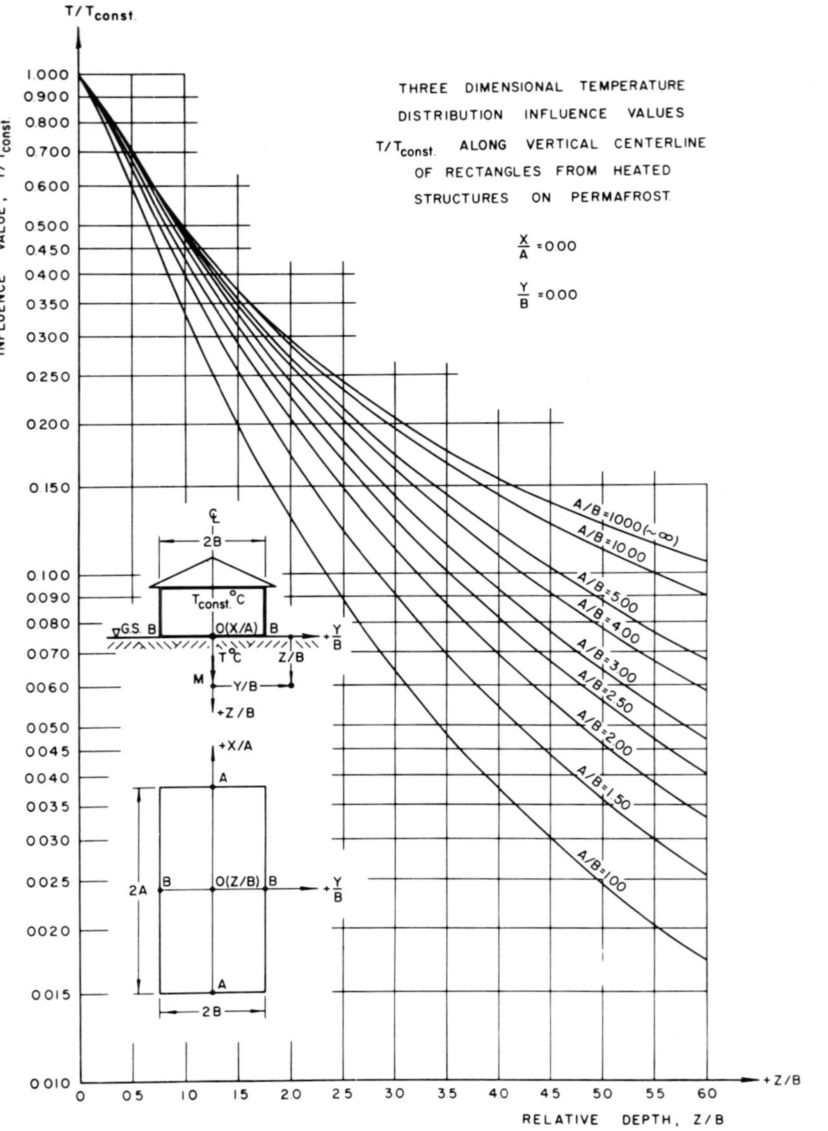

Fig. 7. Influence value graph for temperature distribution from heated structure on permafrost along vertical centerline of rectangles.

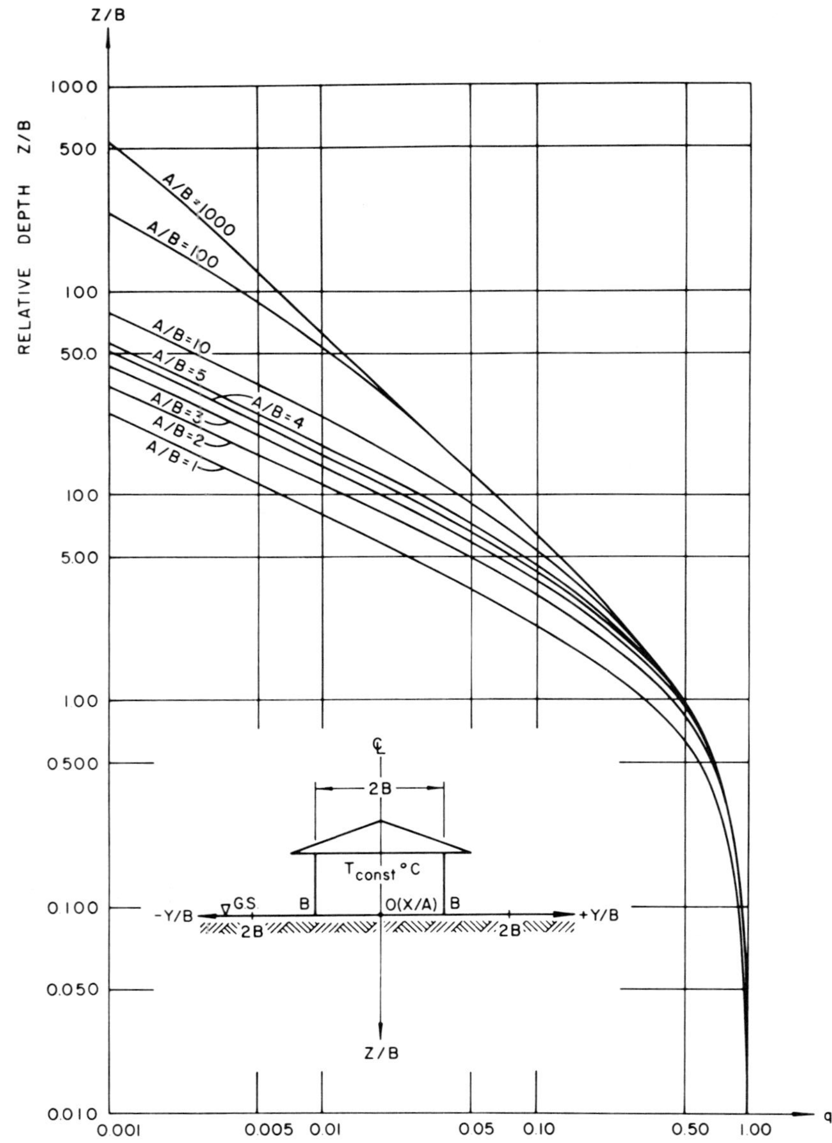

Fig. 8. Relative maximum thawing depth ξ_{max}/B along centerline of rectanges for T = 0°C.

In Eq. (3),

K_F = coefficient of thermal conductivity of frozen zone of permafrost;

K_T = coefficient of thermal conductivity of thawed zone of permafrost;

T_o = temperature on the surface of permafrost boundary outside the heated rectangle; and

T_{const} = temperature over the surface of the rectangle on permafrost.

The author's graph for Porkhayev's $\frac{\xi_{max}}{B}$ - equation (Eq. 2) is shown in Fig. 8.

An example of disturbance temperature isotherms in the X=0 plane underneath a heated rectangular structure is shown in Fig. 9.

NEED FOR TEMPERATURE INFLUENCE VALUE GRAPHS

The need for such graphs may be attested as follows:

1. Heat conduction problems in permafrost, especially permafrost thawing from heated structures in connection with laying foundations in the Arctic and Antarctic, are of interest to the disciplines of foundation engineering and thermal soil mechanics.

2. The evaluations of thawing induced by various modifications of the temperature on the ground surface is important in problems of engineering design and logistics.

3. The mathematics for calculating thermal fields should be readily available and accessible to engineers in easy-to-use graph form for their effective use in the design of structures in permafrost.

INFLUENCE VALUE GRAPHS

The temperature distribution influence value graphs are prepared for a square (A/B = 1.00, Fig. 1) and for rectangles whose side ratios are A/B = 1.50; 2.00; 3.00; 5.00; and 10.00 (Figs. 2 through 6).

These graphs contain influence values in the form of dimensionless temperature ratios T/T_{const} as functions of relative dimensions, or side ratios of the rectangles A/B, and relative coordinates X/A = 0.00, Y/B, and Z/B. The graphs pertain to temperature fields in the vertical X = 0 planes that pass through the center (X=0; Y=0) of the rectangles. The graphs are prepared for a constant surface temperature of T_{const} = 1°C. For temperatures T_{const} other than 1°C, the graph influence values must be multiplied by the temperature T_{const} in hand.

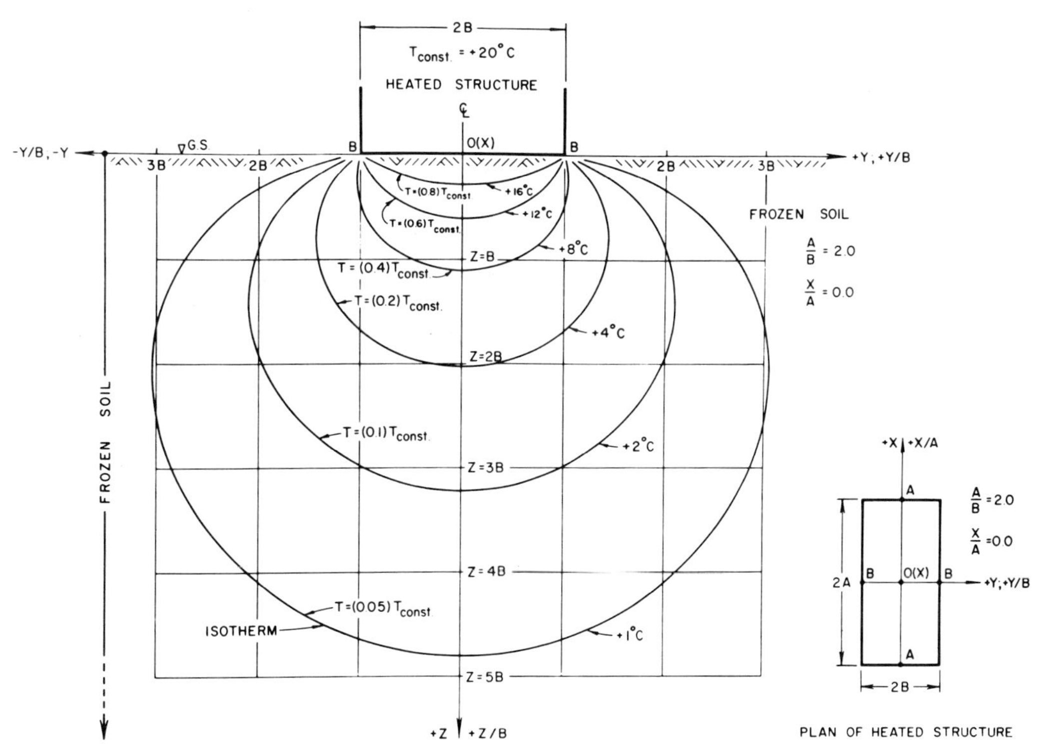

Fig. 9. Example of disturbance-temperature isotherms in the X = 0 plane underneath a heated rectangular structure.

ACKNOWLEDGMENT

The author expresses his sincere thanks to Dr. Ahlert, Executive Director of the Bureau of Engineering Research, College of Engineering, and to Dr. J. Wiesenfeld, Chairman of the Department of Civil and Environmental Engineering, both of Rutgers University-The State University of New Jersey for providing the means necessary for pursuing the work as reported in this paper. Appreciation is also expressed to the Professional Division of the American Society of Mechanical Engineers for the release of this paper for general publication.

REFERENCES

Jumikis, A. R. 1973. Influence Value Charts for Temperature Distribution from Heated Rectangular Structures on Permafrost. ASME Conference Presentation Preprint 73-WA/HT-10.

Lachenbruch, A. H. 1957. Three Dimensional Heat Conduction in Permafrost Beneath Heated Buildings, U. S. Geological Survey Bulletin 1052-B, pp. 51-69.

Porkhayev, G. V. 1963. Temperature Fields in Foundations, in Permafrost, Proceedings of International Conference, NAS-NRC, Publ. 1287, pp. 285-291.

II.3 GEOTECHNICAL PROPERTIES OF FROZEN, FREEZING AND THAWING GROUND

II.3 PROPRIÉTÉS GÉOTECHNIQUES DES GÉLISOLS ET DES SOLS AU COURS DE L'ENGEL ET DU DÉGEL

II.3 ГЕОТЕХНИЧЕСКИЕ СВОЙСТВА МЕРЗЛЫХ, ПРОТАИВАЮЩИХ И ПРОМЕРЗАЮЩИХ ГРУНТОВ

ÉTAT ACTUEL DES RECHERCHES SUR LE GEL DES ROCHES ET DES MATÉRIAUX DE CONSTRUCTION

J. Aguirre-Puente, Laboratoire d'Aérothermique du C.N.R.S., 4ter route des Gardes, 92190-Meudon, France.

En 1975 a eu lieu le VIème Congrès International de la Fondation Française d'Études Nordiques, qui portait sur les problèmes posés par la Gélifraction. (Le Havre, 23-25 avril 1975).

Une centaine de chercheurs et ingénieurs, appartenant à plusieurs disciplines, ont pu présenter leurs travaux et échanger des idées sur les recherches fondamentales et appliquées concernant le gel des roches, des matériaux naturels et artificiels de construction, des sols et d'autres milieux dispersés. Ils ont dressé l'état des connaissances sur le sujet du Congrès et soulevé les problèmes qu'il faut résoudre pour continuer efficacement les recherches.

La présente communication constitue un essai de synthèse ; elle présente les divers aspects du problème dans un schéma cohérent et propose des voies possibles de recherche.

PRESENT STATE OF RESEARCH ON THE FREEZING OF ROCKS AND CONSTRUCTION MATERIALS

J. Aguirre-Puente, Laboratoire d'aérothermique, Centre national de la recherche scientifique, 4b route des Gardes, 92190 Meudon, France.

The Fondation française d'études nordiques held its sixth international conference, dealing with the problems of frost and frost action, et Le Havre on April 23 - 25, 1975.

About a hundred researchers and engineers, belonging to several disciplines, presented their work and exchanged ideas on basic and applied research centering on the freezing of rocks, natural and artificial construction materials, soils and other fine-grain materials. They compiled existing knowledge on the conference theme and raised problems for which solutions must be found if research is to be effectively pursued.

This report is aimed at providing a synthesis. It presents the various aspects of the problem in a coherent framework and proposes possible avenues for research.

К ВОПРОСУ ИЗУЧЕНИЯ ПРОБЛЕМЫ ПРОМЕРЗАНИЯ ГОРНЫХ ПОРОД И СТРОИТЕЛЬНЫХ МАТЕРИАЛОВ

В 1975 году состоялся 6-й Международный Конгресс Французского общества по изучению Севера, который рассмотрел проблемы промерзания грунтов и строительных материалов /Гавр, 23 - 25 апреля 1975 года/. Около ста исследователей и инженеров, работающих в различных областях, представили результаты своей работы и обменялись мнениями по проблемам фундаментальных и прикладных исследований явления промерзания горных пород, почв и различных строительных материалов. Они подвели итог достигнутым результатам и определили проблемы, решение которых обеспечит эффективное развитие исследований.

ÉTAT ACTUEL DES RECHERCHES SUR LE GEL DES ROCHES ET DES MATERIAUX DE CONSTRUCTION

J. Aguirre-Puente

Laboratoire d'Aérothermique du Centre National de la Recherche Scientifique.4ter, Route des Gardes, 92190-Meudon, France.

RÉSUMÉ

En 1975, a eu lieu le VIème Congrès International de la Fondation Française d'Etudes Nordiques, qui portait sur les problèmes posés par la Gélifraction*.

Une centaine de chercheurs et ingénieurs, appartenant à plusieurs disciplines, ont pu présenter leurs travaux et échanger des idées sur les recherches fondamentales et appliquées concernant le gel des roches, des matériaux naturels et artificiels de construction, des sols et d'autres milieux dispersés. Ils ont dressé l'état actuel des connaissances sur le sujet du Congrès et soulevé les problèmes qu'il faut résoudre pour continuer efficacement les recherches.

La présente communication constitue un essai de synthèse; elle présente les divers aspects du problème dans un schéma cohérent et propose des voies possibles de recherche.

1. INTRODUCTION

Deux grandes familles de chercheurs, confrontées à des problèmes concernant le gel des roches, ont été à l'origine de ce congrès international*:

-*les géomorphologues, géologues et géographes* qui, en hautes latitudes, et même dans des régions actuellement tempérées, doivent examiner de près l'action du gel en hautes latitudes, en montagne, ou ailleurs pendant les époques lointaines de glaciations.

-*les ingénieurs* qui doivent lutter contre l'action du groid saisonnier sur les pierres naturelles, les produits céramiques et le béton utilisés dans la construction.

De plus, en raison de la grande diversité des phénomènes physiques élémentaires présents durant le gel des milieux dispersés, d'autres disciplines ont également été représentées : des thermiciens, des physico-chimistes, des mécaniciens des milieux poreux, des ingénieurs des routes, des spécialistes de la congélation des tissus biologiques |37,39|, des mathématiciens, des métallurgistes |36|.

Une analyse des sujets traités au cours du Congrès ne peut pas se faire dans le cadre de cette communication : le texte complet des 45 communications présentées, dont la liste est donnée à la fin de cet exposé, est contenu, avec les débats et les conclusions, dans la référence |46|; en outre, les références |47| et |49| présentent une analyse plus approfondie du Congrès.

Dans ce qui suit, nous allons exposer quelques conclusions générales et suggérer quelques voies de recherche à suivre pour une meilleure connaissance du phénomène du gel des roches.

2. CONSIDÉRATIONS GÉNÉRALES

La congélation des sols, des roches et des pierres artificielles telles que le béton et les produits céramiques -les tuiles et les briques- est un problème de transfert de chaleur et de masse dans les milieux poreux contenant plus ou moins d'eau.

Du point de vue de la structure, nous avons à considérer deux types de matériaux poreux :

-des milieux poreux non consolidés ou peu consolidés tels que les sols ou certaines craies,

-des milieux poreux consolidés comme les roches naturelles, le béton et la plupart des produits céramiques.

Dans les premiers, on suppose la matrice poreuse formée de particules solides en contact plus ou moins fort suivant les pressions exercées aux limites du milieu. Dans les seconds, la matrice poreuse peut être considérée comme un solide continu

*VIème Congrès International de la Fondation Française d'Etudes Nordiques : "LES PROBLEMES POSES PAR LA GELIFRACTION. RECHERCHES FONDAMENTALES ET APPLIQUEES (roches et matériaux artificiels de construction)", Le Havre, 23-25 avril 1975 |46|. Ce Congrès a été réalisé avec le concours du Laboratoire d'Aérothermique du Centre National de la Recherche Scientifique (Meudon) et de la Commission de Géographie Polaire du Comité National de Géographie (Paris). Président : Jaime Aguirre-Puente, Laboratoire d'Aérothermique du CNRS, 4ter, route des Gardes .92190 -MEUDON.

traversé par un réseau plus ou moins régulier des pores ou des fissures dans lesquels l'eau et l'air peuvent séjourner.

Les résultats des recherches menées depuis quelques dizaines d'années sur le gel des sols ont abouti à des solutions de certains problèmes urgents posés par la technique routière |3,13,17|. La recherche fondamentale a joué un grand rôle dans l'acquisition de ces connaissances en fournissant notamment des modèles physiques des phénomènes vérifiés par des recherches expérimentales |1,34,49,53|.

Ainsi, on dispose actuellement d'un schéma cohérent assez complet expliquant les phénomènes cryogéniques depuis l'échelle microscopique du pore jusqu'à l'échelle macroscopique des massifs intéressant la construction routière ou certains problèmes posés par le pergélisol.

Il n'en est pas de même des roches et des pierres artificielles dont le comportement mécanique entrave profondément l'établissement de lois plus ou moins générales pouvant être appliquées dans les études géomorphologiques ou dans la technique de la construction.

De plus, la recherche sur la gélifraction étant relativement récente, l'unification des connaissances acquises par les spécialistes des différentes disciplines concernées n'a pas encore fait l'objet d'efforts particuliers.

La plupart des connaissances concernant la résistance au gel des pierres ont été acquises de façon empirique; les géologues et les géomorphologues ont contribués fortement à cette acquisition de renseignements en observant ce qui se passe dans les zones froides du globe ou en haute altitude et en se posant des questions concernant l'origine des fragments rocheux laissés, dans les zones actuellement tempérées, par les diverses glaciations du passé. Le temps géologique considéré par eux est de l'ordre de milliers ou de millions d'années; c'est un facteur qui intervient dans la fatigue ou la fracture progressive des morceaux rocheux au cours des millions de cycles de gel-dégel.

Le comportement au gel des matériaux de construction naturels ou artificiels a été étudié par les ingénieurs de la construction qui ont comme souci la sécurité et la bonne conservation des structures et des finitions des constructions de génie civil et d'architecture (ponts, barrages, ouvrages d'art, édifices, etc...). Le temps considéré dans ce cas est de l'ordre de plusieurs générations, il peut atteindre quelques centaines d'années dans les meilleurs cas.

Le lien entre les préoccupations de ces deux familles de chercheurs est le taux de refroidissement subi par la pierre, au cours d'un cycle qui est du même ordre de grandeur pour les roches existant naturellement dans un lieu donné et pour les pierres posées dans un bâtiment élevé par l'homme au même lieu.

Plusieurs paramètres prépondérants dans le mécanisme de la gélifraction ont été signalés, mais les problèmes pratiques sont encore loin d'être résolus.

Il est indispensable aux géophysiciens et ingénieurs de connaître la résistance des pierres lors de la congélation. Des essais ont été conçus pour classer les matériaux en fonction de leur degré de gélivité mais ces efforts ont été faits indépendamment par les géographes, les spécialistes du béton, les spécialistes des céramiques et les ingénieurs utilisant les pierres naturelles.

Les méthodes, les paramètres choisis et les tests utilisés étant très différents, une confrontation est difficile à établir. Il s'avère donc indispensable d'aborder le problème sur un plan fondamental. L'analyse physique conduira, d'une manière plus efficace, à une meilleure connaissance du phénomène et à une formulation plus universelle.

3. OBSERVATIONS ET EXPÉRIMENTATIONS

3.1. Congélation des sols non complètement confinés

Les différentes recherches présentées au cours du congrès sur le gel des sols |3,13,29,34,44| se basent sur les observations effectuées en laboratoire ou dans la nature même |6,52,54,59|. Nous rappelons brièvement, ci-dessous, le comportement des sols soumis au gel. Dans les essais de sols non confinés le milieu contenu dans la cellule expérimentale a la liberté de se déformer longitudinalement car la plaque servant à refroidir l'une des faces de l'échantillon n'est pas fixe.

Pendant la congélation d'un échantillon de sol fin suffisamment humide, ou alimenté par une nappe d'eau extérieure, la zone gelée subit une augmentation importante de volume par rapport à son volume initial. La structure du milieu poreux est complètement changée par l'apparition de *feuillets de glace*, d'épaisseur variable dans l'espace, se présentant périodiquement et orientés le plus souvent parallèlement aux isothermes |52|.

Le gonflement observé est d'un ordre de grandeur bien supérieur à celui qui pourrait provenir de la variation de volume spécifique de l'eau lors du changement d'état.

Dans le cas des échantillons alimentés en eau, les mesures confirment que le gonflement équivaut à la quantité d'eau fournie par la source extérieure. Cette eau se transforme en glace sur le front de congélation *après avoir traversé la zone non gelée de l'échantillon* |52|.

La succion cryogénique, qui est à l'origine de ce phénomène, a pu être mise en évidence directement par la mesure des pressions interstitielles de l'eau à l'aide de tensiomètres placés le long de l'échantillon et atteints par le front de glace |52,59|.

L'épaisseur des différentes couches de l'échantillon augmente pendant que le front de gel les traverse de haut en bas. Ces couches sont ensuite poussées vers le haut par la déformation des couches inférieures. Le gonflement moyen par unité de longueur augmente lorsque la vitesse du front de gel diminue. Dans certaines conditions, un régime stationnaire s'établit avec grossissement d'une seule couche de glace séparée du milieu poreux.

3.2. Congélation des sols confinés

D'autres expériences de gel de sols ont été réalisées en empêchant le gonflement; des fortes pressions de confinement ont alors été mesurées à l'aide des capteurs |58,60|.

L'impossibilité de se déformer est commune à tous les milieux poreux consolidés; la matrice poreuse doit alors, en effet, supporter les pressions internes occasionnées par la transformation de l'eau en glace dans les pores.

3.3. Congélation des roches

Les débris laissés dans la nature par les divers climats froids ayant existé dans une région donnée, ou l'évolution actuelle des débris dans les régions de haute altitude ou de haute latitude, montrent une trés grande diversité; de plus, la disposition des divers types de gélifracts est chargée de précieux renseignements géologiques. Mais, l'interprétation correcte de ces morphologies ne pourra évidemment se faire sur des bases scientifiques qu'en essayant d'approfondir le mécanisme complet de la gélifraction. Ce problème, signalé depuis un certain nombre d'années par les géographes, géomorphologues et géologues peut être illustré entre autres, par des reliefs du Groeland où les types d'éboulis et leur classification naturelle ont été bien étudiés |32| et constituent le témoignage, qui reste à déchiffrer par les spécialistes, du passage des multiples climats depuis des millénaires.

L'observation en haute altitude dans des zones montagneuses, plus accessibles que l'arctique, permet l'observation systématique de l'action du gel sur les roches. Des méthodes modernes d'enregistrement par photographie et stéréophotogramétrie aériennes dans le bleu et le proche ultraviolet, facilite le travail rapide et efficace sur des étendues considérables |19|.

Des expériences de gel de roches ont été réalisées par différents organismes |7,8, 14,15,22,26,33,35|.

L'examen des débris, après des dizaines ou des centaines de cycles gel-dégel, rend compte des trois types de gélifracts : des poudres, des écailles et de grands morceaux ayant les trois dimensions du même ordre de grandeur.

Le nombre très grand d'expériences a permis de mettre en évidence des aspects importants de la gélifraction et a aidé à l'établissement des hypothèses de travail sur le comportement au gel des milieux poreux : évaporation ou sublimation de la glace, extrusion de la glace, circulation d'eau dans la roche, importance du régime thermique tridimensionnel. De plus, quelques expériences plus dépouillées, en régime unidimensionnel, ont confirmé l'importance de la succion cryogénique établie en surface qui produit une circulation dans la roche. Des méthodes de mesure donnant des résultats trés encourageants ont été mis en oeuvre en laboratoire ou dans la nature : propagation d'ondes ultrasonores |18,22,30,33|, observation microscopique et analyses physico-chimiques |25,26, 27|, dilatométrie |7,22,33|, analyses thermique, pondérale et granulométrique |14, 15,26,28,33,35,43|,etc...

Par ailleurs, des études statistiques ont été faites afin de mettre en évidence des paramètres prépondérants dans des cas très spécifiques, soit dans la nature |11| soit dans les expériences de laboratoire |15,23,31|.

Certaines études aboutissent à des critères de classification des roches selon leur sensibilité au gel, d'autres suggèrent des paramètres importants dont l'influence reste à étudier. Chaque discipline essaye d'utiliser au mieux les informations expérimentales mais, en général, les méthodes d'application sont considérées comme provisoires.

4. ANALYSE DU PHÉNOMÈNE

4.1. Mécanisme microscopique |2,53|

4.1.1. Phénomènes capillaires

La couche de transition entre le substrat solide et l'eau ou la glace intervient dans le processus de solidification. Son rôle est d'autant plus important que la surface spécifique de la matrice est grande. En effet, l'agitation moléculaire dans l'eau libre est caractérisée par une structure déterminée, par un ordre moléculaire donné |57, vol.1|. Les molécules d'eau étant polarisées, leur agitation est modifiée sensiblement par les ions dissous et par ceux de la frontière. Cette influence se manifeste d'autant plus que les dimensions des cavités sont petites et que la courbure des parois est grande |57, vol. 5|.

Les molécules d'eau en contact avec la paroi s'ordonnent sur celle-ci selon la nature de la surface solide. Il s'établit ainsi une zone de transition où existe un passage d'un ordre (celui des molécules sur la paroi) à un autre ordre (celui de l'eau libre). Cette zone de transition est constituée par ce qu'on appelle "eau adsorbée" ou "eau liée". En chaque point de la couche d'eau adsorbée, est défini un ensemble de propriétés ou de caractéristiques qui seront différentes de celles de l'eau libre et qui varient de manière continue jusqu'au substrat solide. Les chercheurs ayant étudié ce problème estiment l'épaisseur de la couche d'eau adsorbée entre 10 et 100nm |56,57|.

Quant à la glace, elle possède, dans le domaine des températures qui nous intéresse, une structure hexagonale. La température d'équilibre eau-glace "libres" est par définition le zéro degré Celcius. L'expérience montre que cette structure est en général incompatible avec celle des substrats rencontrés dans les milieux dispersés cela implique que la température d'équilibre eau-glace dans la couche d'eau adsorbée diminue avec la distance au substrat |2,53|.

Il faut signaler que le passage du substrat à la glace se fait à travers une couche d'eau adsorbée en général trés mince. On peut considérer le système glace/eau-adsorbée/substrat comme une interphase à trois composants qui peut, elle même être remplacée par une surface de discontinuité constituant une interface |55 (ch XX)|. Dans cette nouvelle interface, le composant "eau" possède une mobilité superficielle et est caractérisé par un potentiel chimique. La notion de comptabilité entre la structure de la glace et celle du substrat se traduit par une conséquence trés significative : pour un substrat incompatible avec la glace, la nucléation de celle-ci se localise au centre des pores et loin du substrat.

Il est nécessaire de prendre en compte dans le problème du gel, deux types de phénomènes : les phénomènes capillaires simples, les phénomènes d'adsorption. Les premiers sont ceux qui peuvent être expliqués et quantifiés à partir des relations thermodynamiques d'interface - tension superficielle de surface, énergie libre de surface, formule de Laplace, formule de Thomson, relation de Clausius-Clapeyron.

Les seconds correspondent à ceux produits par les variations des propriétés de l'eau en fonction de la distance au substrat dans le sein de la couche d'eau adsorbée; dans ce cas, l'abaissement cryoscopique, la pression, la mobilité, etc..., sont des variables qui, malheureusement, ne peuvent pas être actuellement évaluées formellement.

Dans les cas où les phénomènes capillaires simples sont prépondérants, une couche d'eau adsorbée entre la glace et le substrat continue d'exister. L'ordre moléculaire imposé à l'eau par le substrat évolue dans le sens perpendiculaire à la paroi du pore, mais aucune contrainte n'empêche les molécules d'eau de se déplacer dans le sens parallèle à la paroi (mobilité du composant "eau").

4.1.2. Modèle capillaire

Le modèle proposé dans les références |1,2,47,48,49,53| permet de comprendre le mécanisme physique des phénomènes secondaires accompagnant le déplacement d'un front de gel dans un milieu poreux. Nous rappelons ici seulement la conclusion de l'étude de thermodynamique d'un élément microscopique, constitué par deux pores reliés par un canalicule, contenant de l'eau et soumis à une congélation : Dans le cas où les phénomènes cryogéniques à l'échelle du pore sont le résultat du comportement de l'interface simple eau-glace comme dans celui où l'interphase complexe glace/eau-adsorbée/substrat est prépondérant, *le transfert de chaleur, le comportement des interphases et le transfert de masse constituent des phénomènes élémentaires couplés.*

4.2. Analyse macroscopique |2,50,51|

L'étude macroscopique du gel des sols ou des roches demande d'abord une transposition des conclusions de l'étude microscopique au cas de la congélation de l'eau contenue dans un milieu poreux. Ensuite, pour les roches, il est nécessaire de considérer les effets mécaniques occasionnés par les contraintes de la glace lorsque le milieu poreux n'est pas déformable.

4.2.1. Système isotherme

Considérons le cas d'un milieu poreux saturé d'eau, soumis à une température constante inférieure à 0°C. L'application de la formule de Thomson et des concepts d'eau adsorbée conduisent à la conclusion que de la glace doit apparaître dans les pores du milieu mais qu'une certaine quantité d'eau restera à l'état liquide.

A l'échelle macroscopique, les quantités d'eau liquide et de glace dépendent non seulement de la température imposée mais aussi des dimensions des pores et de leur étalement.

Le concept d'eau adsorbée laisse prévoir que les quantités d'eau liquide et de glace dépendent également de la nature de la matrice poreuse et de l'importance de la couche d'eau liée par rapport aux dimensions des pores.

Ces conclusions sont confirmées par l'expérience |21,61,62|.

4.2.2. Système non isotherme

Les sollicitations thermiques occasionnant la transformation en glace de l'eau interstitielle engendrent un gradient thermique dans le massif poreux. Or, on sait, d'une part, que la quantité d'eau non gelée en dessous de 0°C est fonction de la température et, d'autre part, que le milieu est constitué par des pores d'une grande diversité de formes et de dimensions. La pénétration du front de glace à travers le milieu se fait donc d'une manière différente en chaque point, donnant lieu à un front de glace de forme tourmentée qui intéresse une frange du milieu où les températures sont voisines de zéro degré |50,51|. Chaque pore contenant de la glace constitue alors un système se comportant comme le modèle microscopique, mais les manifestations macroscopiques sont le résultat de tous ces effets microscopiques élémentaires ayant lieu dans la zone de changement de phase.

Ainsi, au cours du processus de congélation du milieu poreux, la zone de changement de phase se déplace, laissant à l'amont, dans le cas des sols principalement, des zones de ségrégation de la glace et une structure modifiée de la matrice poreuse. L'importance des manifestations cryogéniques est fonction, comme dans le cas du modèle microscopique capillaire, du couplage des phénomènes élémentaires : le transfert de chaleur, les phénomènes d'interface et le transfert de masse. Mais, afin de poser le problème sur le plan théorique, il est nécessaire de choisir des variables globales et d'établir les lois de comportement correspondant à ces trois phénomènes élémentaires.

4.2.2.1. La force de succion créée par la présence de la glace dans la zone de congélation est différente d'un point à un autre; mais, à l'échelle macroscopique, la force de succion résultante par unité de surface fait intervenir l'intégrale des forces élémentaires affectée d'un facteur qui est la porosité du milieu. Deux problèmes se posent : d'abord, l'estimation des forces de succion élémentaires, ensuite, l'intégration de ces forces.

Les connaissances acquises ne permettent pas encore de déterminer la force de succion élémentaire en partant des potentiels chimiques et des caractéristiques de l'eau liée. Mais, dans certains cas, le diamètre moyen des particules est bien supérieur à l'épaisseur de l'eau liée. Ceci permet d'adopter, dans ce cas, l'hypothèse selon laquelle le ménisque eau-glace constitue le facteur prépondérant dans la création de cette force de succion, l'eau adsorbée ayant pour rôle principal d'établir des canaux de circulation entre le substrat et la glace indispensables au gonflement dû au gel. Cette hypothèse permet donc de simplifier le problème en adoptant la loi de Laplace pour l'estimation de la chute de pression dans l'eau interstitielle d'un élément capillaire du milieu poreux, en supposant que le ménisque adopte un rayon de courbure égal au rayon du pore.

L'intégration des forces de succion suppose ensuite la connaissance de la porosité de de la distribution porométrique du milieu.

4.2.2.2. Pour la prise en considération du phénomène thermique |16,24,46| dans l'étude de la congélation d'un sol saturé, on considère que, dans un pore, la température de l'eau est celle de la matrice poreuse, car la lenteur observée du phénomène suggère une faible vitesse de l'eau qui circule. Par conséquent la loi de comportement adoptée est la loi de Fourier des solides conducteurs |40,41,42,46|.

4.2.2.3. Le transfert de masse intervenant au cours du gel des sols est le transfert de l'eau produit par la succion cryogénique. Ce phénomène relève de la mécanique des fluides en milieux poreux. Compte tenu de la dimension des pores, des pressions interstitielles en présence et de la lenteur de l'écoulement, la loi de Darcy peut être adoptée comme loi de comportement.

Des modèles mathématiques ont été établis à partir de ces concepts. Des résolutions numériques apportent actuellement une réponse à maints problèmes posés par la géothermique routière |13| et à certains autres problèmes rencontrés dans la technique ou dans les zones de pergélisol |51|.

4.2.2.4. Dans le cas d'un milieu poreux consolidé, le réseau des pores peut avoir des configurations très diverses selon la nature et la génèse du substrat. Dans un même milieu, les fissures et les pores présentent des formes, des dimensions et des combinaisons très diverses en déterminant, en réalité, la résistance mécanique globale aux sollicitations extérieures. En particulier, un effet de la présence des fissures, mêmes très minces, est de donner à la roche des surfaces préférentielles de rupture.

Le modèle capillaire et les expériences des sols confinés ont montré que, pour un milieu ne permettant pas la déformation macroscopique nécessaire à la ségrégation de la glace, le phénomène du changement d'état de l'eau dans les pores engendre des contraintes dans la glace et par conséquent dans la matrice solide. Ces contraintes sont en fait des sollicitations mécaniques appliquées à l'intérieur même du milieu |5|. Elles découlent du comportement de l'interface dans chaque pore et par conséquent, dépendent à l'échelle microscopique, du type des pores et de leur dimension. Elles ont des valeurs très différentes d'un point à un autre et, bien que leur intégration puisse montrer une valeur effective globale inférieure à la résistance mécanique macroscopique, on peut s'attendre à des dépassements locaux des valeurs critiques de rupture et à des variations de structure à l'échelle microscopique.

On voit donc la difficulté, en l'état actuel de nos connaissances, d'introduire ce nouvel aspect dans l'étude du couplage des phénomènes élémentaires.

Avec les bases fondamentales résumées précédemment, on a envisagé le phénomène à l'échelle macroscopique afin de mettre en évidence les paramètres à étudier et les voies de recherche les mieux adaptées.

4.3. Mécanisme physique de la gélifraction |2|

Afin d'aborder le problème, il a été indispensable de schématiser la matrice poreuse, supposée complètement saturée à l'instant initial, pour pouvoir appliquer les concepts de l'étude fondamentale faite à l'échelle microscopique.

Le modèle conçu permet d'expliquer l'apparition de plaques de glace en surface, alimentées par l'eau de la roche, et les différents types de rupture mis en évidence par les observations faites dans la nature |28,32,43| et en laboratoire |26|.

L'écoulement de l'eau, induit par la succion cryogénique, fait intervenir la distribution des dimensions des pores et la perméabilité au dessus et au dessous de 0°C. La pression de l'eau interstitielle et les pertes de charge de l'écoulement dans les capillaires de faible diamètre constituent des variables dépendantes dont les valeurs sont fonction principalement de la vitesse de propagation du front de congélation.

Un *régime de gel doux* tendra à former des lentilles de glace paralèèles à la surface du bloc et à occasionner des contraintes tendant à élargir les cavités. Cette tendance se manifeste, en effet, dans certaines roches, par un *écaillage* au premier gel ou progressivement lors de gels répétés.

Par ailleurs, un *régime brutal de congélation* peut exister :
-soit parce que la température de surface descend très bas et très rapidement,
-soit parce que le réseau de petits capillaires possède une très faible perméabilité; il conduit dans tous les cas à des pression élevées de l'eau interstitielle, d'autant plus grandes que la taille de l'échantillon est grande. Une rupture par *éclatement* apparaît souvent dans ces cas; bien entendu, le nombre de la forme des fragments dépend du réseau réel des fissures qui constituent des surfaces préférentielles de rupture.

Les phénomènes de *fatigue* jouent un grand rôle lors des processus répétés de gel-dégel, soit par un élargissement progressif et irréversible des cavités lors de la ségrégation de la glace, soit par des changements microscopiques cumulés de la structure solide dus aux dépassements locaux des limites critiques de rupture.

5. PROBLÈMES POSÉS PAR LA GÉLIFRACTION ET VOIES POSSIBLES DE RECHERCHE

5.1. Recherche théorique et expérimentation fondamentale

L'explication qualitative ci-dessus est loin d'être parfaite, mais elle fait saisir le mécanisme fondamental de la gélifraction et suggère des voies de recherche pour approfondir la connaissance du phénomène.

Un premier problème nécessitant une meilleure approche est celui de la schématisation de la matrice poreuse qui ne pourra se faire raisonnablement qu'à l'aide de l'étude de la structure des roches. Les mesures de porométrie sont indispensables mais elles doivent être contrôlées par des études approfondies de la structure des roches à l'aide de techniques modernes d'auscultation (analyse statistiques d'images, rayons γ, rayons X, ultrasons, rayonnement infrarouge) utilisées à chaque instant des processus thermiques.

Un autre aspect qui apportera des précieuses informations est l'étude expérimentale et théorique de la perméabilité à l'eau des matrices partiellement gelées. Des modèles devront être adoptés pour l'étude de l'eau liée, soit d'un point de vue hydrodynamique (fluides micropolaires |1|, etc...), soit d'un point de vue thermodynamique.

L'étude de la thermodynamique de l'abaissement cryoscopique et le couplage avec la pression de l'eau interstitielle doit être faite en faisant intervenir la taille de l'échantillon comme paramètre important dans la gélifraction.

Les études concernant le difficile problème de la détermination du champ des contraintes d'une roche produites par l'augmentation de la pression interstitielle |5| sont à approfondir. On doit introduire dans la théorie mécanique, l'existence des systèmes poreux ou des systèmes de fissures |38|, ne serait-ce qu'en adoptant des réseaux fictifs équivalents, à l'aide de modèles géométriques.

Le problème de la propagation du front de gel ou "problème de Stefan" est bien connu en l'absence des phénomènes secondaires et pour des régimes thermiques unidimensionnels. Pour les cas réels |4,12|, il faut disposer pour résoudre le problème de Stefan de programmes de calcul élaborés car la complexité augmente dès que la géométrie est multidimensionnelle et que les conditions aux limites représentent plus fidèlement les conditions naturelles. Il faudrait, de plus, tenir compte de la température variable du front en fonction de la pression de l'eau dans la zone non gelée.

La modélisation physique et mathématique doit être poursuivie |5| afin de pouvoir considérer la résistance mécanique des roches au même titre que les autres phénomènes élémentaires.

La mécanique des fluides dans les milieux poreux devra être développée dans les cas des milieux non complétement saturés et dans ceux où la glace occupe partiellement les pores donnant une perméabilité variable.

5.2. Expérimentation systématique

Concernant la détermination du degré de gélivité des roches une interprétation plus poussée doit être effectuée à la lumière de mécanisme physique de la gélifraction.

Un rapprochement entre les chercheurs s'intéressant à la géomorphologie et les ingénieurs s'intéressant à la construction serait très fructueux |46| en aboutissant à une synthèse de leurs résultats. Des recherches portant sur l'influence des dimensions des échantillons et la manière de les humecter tout au long des essais répétés de gel-dégel seraient des plus utiles. Des essais unidimensionnels et des mesures de déformations et de contraintes devraient être poursuivis.

5.3. Observations faites directement dans la nature

Des observations et mesures faites directement dans la nature permettraient une confrontation continuelle aux études théoriques.

Ces observations doivent être impérativement systématiques et programmées en fonction des aspects précis à étudier. La conduite des observations sur les massifs rocheux parallèlement aux observations météorologiques doit recevoir une attention particulière |20,46| (évolution de la température de surface |17|, influence du vent dans le régime thermique et dans le taux d'évaporation de l'eau et de sublimation de la glace |10|).

Enfin, l'action du froid sur la glace elle-même |9|, en particulier l'action de la solidification de l'eau dans les fissures de la glace |38|,constituent aussi des sujets de recherche à développer.

RÉFÉRENCES BIBLIOGRAPHIQUES

COMMUNICATIONS ET COMPTES RENDUS DU VIème CONGRES INTERNATIONAL DE LA FONDATION FRANCAISE D'ETUDES NORDIQUES

|1| M. ALDER-VIGNES. Modèle destiné à la simulation du gel dans les milieux poreux. Application au cas réel (rapport 301).

|2| J. AGUIRRE-PUENTE. Contribution à l'étude du mécanisme physique du gel des roches (rapport 302).

|3| C. APOSTOLOPOULOS, W. SCHNEIDER. Practical Trials of Insulants Made from Plastics for Frost-protection in Road and Railroad Construction : Comparation of Theory and Practice (rapport 404).

|4| J.J. BERNARD. Refroidissement par rayonnement des couches de cailloux (rapport 412).

|5| H. BERTOUILLE. Gélifraction des roches humides (rapport 306).

|6| M. BIERMANS, K.M. DIJKEMA. Ice Growth at a Porous Plate and at a Single Capillary (rapport 303).

|7| J.R. BLACHERE. Les essais cycliques de gel et dégel et les théories de la gélivité (rapport 201).

|8| J.R. BLACHERE. Le gel de l'eau dans les matériaux poreux (rapport 101).

|9| M. BROCHU. Observations sur la gélifraction par fissures sur la glace du glacier GILMAN (Ile d'Ellesmere, Canada) (Rapport 101).

|10| M. BROCHU. L'action du vent dans les processus de gélifraction (rapport 401).

|11| T. BROSSARD. Essai d'application de l'analyse factorielle des correspondances à l'étude des sols structurés en milieu polaire (rapport 102).

|12| J.P. CALTAGIRONE. Simulation numérique d'une couche poreuse horizontale chauffée par le dessous (rapport 408).

|13| L. CANIARD, A. DUPAS, M. FREMOND, M. LEVY. Comportement thermique d'une structure routière soumise à un cycle de gel-dégel. Simulations expérimentale et numérique (rapport 308).

|14| G. FAGERLUND. Studies of the Destruction Mechanism at Freezing of Porous Materials (rapport 202).

|15| T. FONTAINE. Relation entre la tenue au gel d'un tesson de terre cuite et ses caractéristiques mécaniques et porométriques (rapport 203).

|16| P.E. FRIVIK, J.H. JOHANSEN, R. SIGURSDEN. Thermal Properties of Soil and Building Materials. Measuring Equipment and Results (rapport 402).

|17| P.E. FRIVIK, J.M. PEDERSEN. Thermal Regime in Road Constructions. Measurements and Simulation (rapport 409).

|18| M. FUKUDA. Some Observations about Rock Weathering by Frost upon the Wall Carving (rapport 103).

|19| G. GALIBERT. Détection de la gélifraction en haute montagne au moyen de la photographie dans le spectre du bleu et du proche ultraviolet (rapport 104).

|20| R.S. HEIERSTED. Climatic Regime on Roads (rapport 410).

|21| J.M. HAYNES, D.A. WYATT. Freezing and Melt in Small Pores (communication-intervention).

|22| A. HOUIOU. Etude de la gélivité des bétons (rapport 205).

|23| P.P. HUDEC. Correlation of Rock Weathering Parameters (rapport 111).

|24| J.H. JOHANSEN. Thermal Conductivity of Soils (rapport 403).

|25| V.N. KONISHCHEV, V.V. ROGOV, G.N. SHCHURINA. The Influence of Cryogenic Processes on Clay Minerals (rapport 105).

|26| J.P. LAUTRIDOU. Les recherches de gélifraction expérimentale du Centre de Géomorphologie du CNRS (rapport 106).

|27| J.P. LAUTRIDOU, L. MAZO, J.C. OZOUF, J.P. BENOIST. Etude des Mécanismes du gel dans la pierre de Caen (rapport 309).

|28| H. LAVILLE. Aspects et nature de la gélifraction dans les abris sous roche au cours du Pleistocène (rapport 107).

|29| R.W. MacGAW. A Proposed Clay Classification for the Texture of Frozen Earth Materials (rapport 311).

|30| M. MASSON. Utilisation des ondes ultrasonores pour le suivi de la propagation du front de gel dans les roches carbonatées (rapport 310).

|31| M. MAINGUET. Densité, coefficient d'usure, charge de rupture et cryoclastie dans les grès quarzites de l'Europe de l'Ouest (rapport 110).

|32| J. MALAURIE. Eboulis superposés et changements climatiques dans le Nord-Ouest du Groenland (rapport 108).

|33| M. MAMILLAN. Méthodes d'essais au gel de pierres (rapport 206).

|34| M.D. MIKHAILOV. Exact Solution for Freezing of Humid Porous Half-Space (rapport 305).

|35| M. MURESAN. Recherches expérimentales sur la gélifraction des tuiles de céramique (rapport 207).

|36| G. MURRY. Les aciers de construction métallique utilisables aux basses températures (Exposé d'Intérêt Général).

|37| A.D. NENNA. Utilisation du froid en médecine (Exposé d'Intérêt Général).

|38| R. PRUD'HOMME. Influence de flux normaux sur le mouvement convectif d'interface (rapport 312).

|39| R. ROSSET. Congélation des denrées alimentaires (Exposé d'Intérêt Général).

|40| K.K. SRIVASTAVA, R.N. PANDEY. Heating of Moist Bodies (rapport 405).

|41| K.K. SRIVASTAVA, R.N. PANDEY. Integral Balance Approach for Calculation of Heat Transfert Potential in Porous Bodies under Different Types of Bondary Conditions (rapport 406)

|42| K.K. SRIVASTAVA, R.N. PANDEY. Heating of Solids of Simple Geometry when the Surrounding Temperature is a Harmonic Fonction of Time (rapport 407).

|43| B. VALADAS. Quelques résultats d'observations de terrain en matière de gélifraction actuelle dans le Massif Central Français (rapport 109).

|44| L.L. VASILIEV, S.V. KONIEV. Heat Pipes as Applied to Thermal Control of Frozen Ground (rapport 411).

|45| M. VENUAT. Que savons-nous du gel du béton? (rapport 210).

|46| Comptes rendus du VIème CONGRES INTERNATIONAL DE LA FONDATION FRANCAISE D'ETUDES NORDIQUES. Le Havre 23-25 Avril 1975. Actes et documents N° 6, Vol. 1 et 2, F.F.E.N., Paris.

AUTRES PUBLICATIONS

|47| J. AGUIRRE-PUENTE. Congélation des milieux poreux et problèmes posés par la gélifraction. Intenord, n° 15 (1977) Paris.

|48| J. AGUIRRE-PUENTE, M.A. AZOUNI. Modèle théorique du passage de la glace à travers un capillaire et étude expérimentale sur membrane Réunion Commission B1 de l'I.I.F., Zürich (Suisse) 27-29 Septembre 1973. Bull. Inst. Intern. Froid Annexe 1973-4, pp. 101-113.

|49| J. AGUIRRE-PUENTE, J.J. BERNARD. Comportement au gel des Matériaux de Construction. Séminaire sur le comportement thermique des matériaux dans la construction. Collège International des Sciences de la Construction. Saint-Rémy-les Chevreuse, 18-20 Janvier 1977(à paraître).

|50| J. AGUIRRE-PUENTE, M. FREMOND, G. GOMINI. Etude Physique et Mathématique du gel des Sols. Réunion Commission B1 de l'I.I.F., Washington, D.C. 14-16 Septembre 1976.

|51| J. AGUIRRE-PUENTE, M. FREMOND, J.M. MENOT. Coupled Stefan Problem with Variable Permeability and Water Flow in Frozen Zone. International Symposium on Frost Action in Soils. Feb. 16-18, 1977 at the University of Luleå, Sweden.

|52| J. AGUIRRE-PUENTE, B. KHASTOU, M. CHALHOUB. Etude du gonflement et de l'aspiration d'eau engendrés par le gel lors de la congélation des sols fins et humides. C.R. XIIIème Congrès International du Froid, Washington, D.C. 1971, I.I.F./I.I.R., vol.1, pp. 759-764.

|53| J. AGUIRRE-PUENTE, M. VIGNES, P. VIAUD. Issledovanies Struktornychizmenenij v gruntach pri promeranii (Etude fondamentale des modifications de structure observées dans les sols soumis au gel). II. Meždunarodnaja konferencija po Merzlotovedeniju. Jakutsk, SSSR 1973, Vyp. 4 : Fizika, Fizico-chimija u Mechnika Gornych Porod i L'da. str. 161-175.

|54| CENTRE DE GEOMORPHOLOGIE DE CAEN (C.N.R.S.) Recherches de gélifraction expérimentale au Centre de Géomorphologie. Bulletins trimestriels n° 5,6,9,10,19 (1970 à 1974).

|55| R. DEFAY, I. PRIGOGINE, A. BELLEMANS, D.H. EVERETT. Surface Tension and Adsorption. Longmans, 1966.

|56| B.V. DERYAGIN and L.M. SHCHERBAKOV. Effect of Surface Forces on Phase Equilibria of Polymolecular Layers and on Contact Angle. Translated form Kolloidnyi Zhurnal, vol. 23, n° 1, pp. 40-52, Janvier-Février 1961.

|57| F. FRANKS, ed.: Water. A Comprehensive Treatise, vol.1 and 5 Plenum Press, New York and London, 1975.

|58| P. HOEKSTRA and R. KEUNE. Freezing Pressures of Clay Soils. Technical Note (informal memorandum). U.S. Army CRREL. Septembre 1966.

|59| A. ONALP. The Mechanisms of Frost Heave in Soils with Particular Reference to Chemical Stabilisation. Ph.D. Thesis, University of Newcastle upon Tyne, Faculty of Applied Science. August 1970.

|60| E. PENNER. Pressures Developed During the Unidirectional Freezing of Water-satured Porous Materials. Experiment and Theory. Conference on Physics of Snow and Ice. Aug. 14-19,1966, Sapporo, Japan, pp. 1401-1412.

|61| T. SZANTO, J. AGUIRRE-PUENTE. Etude des caractéristiques thermiques des milieux poreux humides lors de leur congélation. C.R. XIIIe Congrès International du Froid, Washington I.I.F./I.I.R., vol. 1, pp. 751-757.

|62| P.J. WILLIAMS. Specific Heat and Unfrozen Water Contents of Frozen Solids. Tech. Memo. 76, Assoc. Committee Soil and Snow Mechs. N.R.C. Canada, 1963, pp. 109-126.

EFFECT OF END CONDITIONS ON THE UNIAXIAL COMPRESSIVE STRENGTH OF FROZEN SAND

T.H.W. Baker, Geotechnical Section, Division of Building Research, National Research Council of Canada, Ottawa, Canada.

Four different platen configurations were used to determine the influence of some end conditions on the laboratory-determined uniaxial compressive strength of frozen sand. Cylindrical specimens of fine Ottawa sand (ASTM designation C-109), compacted at the optimum moisture content and saturated before unidirectional freezing, were tested at temperatures varying between -5 and -6°C. Each specimen was subjected to a constant strain rate of 0.7×10^{-3} min^{-1} using an Instron, universal testing machine (model 1127). A compliant platen designed to reduce friction between platen and specimen, to distribute the load uniformly, and to minimize stress gradients produced by eccentric loading, was found to be most desirable in determining the uniaxial compressive strength of the frozen sand specimens.

INFLUENCE DE LA CONFIGURATION DES EXTRÉMITÉS D'UN ÉCHANTILLON DE SABLE GELÉ SUR LA RÉSISTANCE DE CELUI-CI À LA COMPRESSION UNIAXIALE.

T.H.W. Baker, Section géotechnique, Division des recherches sur le Bâtiment, Conseil national de recherches du Canada, Ottawa, Canada.

On a utilisé quatre différentes sortes de plaques de pression, pour déterniner l'influence que peut avoir la configuration des extrémités d'un échantillon de sable gelé sur la résistance à la compression uniaxiale de celui-ci, dans les conditions du laboratoire. Les éprouvettes cylindriques de sable fin d'Ottawa (désignation ASTM C-109), ont été comprimées à leur teneur optimale en eau, puis saturées, avant d'être soumises à une congélation unidirectionnelle; puis on les a soumises aux essais de compression à des températures variant entre -5 et -6°C. On a utilisé un Instron, qui est un appareil universel d'essai de résistance des matériaux (modèle 1 127) pour soumettre chaque éprouvette à une vitesse de déformation constante de 0.7 x 10^{-3} min^{-1}. On a constaté qu'une plaque de pression souple, destinée à réduire la friction entre la plaque et l'éprouvette, et à répartir uniformément la charge, et aussi à réduire les gradients de contrainte produits par une charge excentrique, convenait parfaitement pour déterminer la résistance à une contrainte uniaxiale des éprouvettes de sable gelé.

ВЛИЯНИЕ КОНЕЧНЫХ УСЛОВИЙ НА СОПРОТИВЛЕНИЕ ОДНООСНОМУ СЖАТИЮ МЕРЗЛОГО ПЕСКА

Для определения влияния некоторых конечных условий на сопротивление одноосному сжатию мерзлого песка в лабораторных условиях использовались четыре плиты различной конфигурации. Цилиндрические образцы мелкозернистого песка /ASTM C-109/, уплотненные при оптимальном влагосодержании и насыщенные перед односторонним замораживанием, испытывались при температуре, колеблющейся от -5 до -6°С. Каждый образец был подвергнут деформации с постоянной скоростью 0,7 Х 10^{-3} $мин^{-1}$ на универсальной испытательной машине Инстрон /модель 1127/. Испытания показали, что при определении прочности на одноосное сжатие образцов мерзлого песка целесообразно использовать мягкую плиту, конструкция которой позволяет уменьшить трение между плитой и образцами, равномерно распределить нагрузку и снизить градиенты напряжения, возникающие при эксцентрической нагрузке.

EFFECT OF END CONDITIONS ON THE UNIAXIAL COMPRESSIVE STRENGTH OF FROZEN SAND

T.H.W. Baker

Geotechnical Section, Division of Building Research,
National Research Council of Canada, Ottawa, Canada.

INTRODUCTION

In the conventional uniaxial compression test, force is applied to the ends of right circular cylindrical specimens through steel platens that make direct contact with the test specimen. Friction between the platen and specimen produces radial restraint, so there is a triaxial state of stress near the end planes. Insertion of a highly compliant sheet between platen and specimen will change the sign of radial end forces from compressive to tensile, but does not eliminate the triaxial stress state. Irregularities in the specimen end planes can create stress concentrations that could lead to premature failure of the specimen (IAHR, 1975). Stress gradients can be produced by eccentric loading and by lack of parallelism between specimen end planes or between specimen ends and loading platens.

One solution to the aforementioned problems would be to accept some frictional restraint at the specimen ends and to prepare specimens with large slenderness ratios (height/diameter). If the specimen is long enough, the mid-section is relatively free from end effects. Newman and Lachance (1964) showed that platens either more compressible than the specimen or less compressible than the specimen affect the specimen over an axial distance from the end planes of about one specimen radius. A slenderness ratio greater than two usually eliminates the effects of end conditions on compressive strength (Mogi, 1966). The relationship of platen/specimen compressibility and slenderness ratio and their effect on uniaxial compressive strength are shown in Fig. 1. The ideal relationship would be achieved when the platen and specimen have the same compressibilities and there is no relative movement between platen and specimen ends (Painting, 1974).

Specimens with large slenderness ratios require special care in preparation to ensure that the end planes are normal to the axis of symmetry and flat within strict tolerances. Flexure of the specimen must be avoided by strict alignment and high rigidity in the loading system to avoid rotation or lateral movement of the platens. Haynes and Mellor (1976) found it extremely difficult to obtain valid results when testing ice in the conventional uniaxial compression test, even when extreme care was exercised. Tests performed by the author on specimens of frozen sand were found to agree with some investigators, but disagreed with others. Figure 2 presents the author's data along with other investigations into the effect of applied strain rate on the uniaxial compressive strength of frozen sand in the same temperature range. Some discrepancy in the test results may be due to end effects, specimen variability and variability in the test conditions.

A testing program, using specimens of frozen sand, was initiated to investigate the influences of various end conditions employed in the uniaxial compression testing of brittle materials. Four platen configurations were considered.

1. Aluminum end cap. (Hawkes and Mellor, 1972)

2. Aluminum disk platen with a rubber insert. (Davin, 1956; Newman and Lachance, 1964)

3. Aluminum disk platen. (Hawkes and Mellor, 1970)

4. Maraset compliant platen. (Kartashov et al, 1970; Haynes and Mellor, 1976; Law, 1977)

Each specimen was subjected to a constant strain rate of 0.7×10^{-3} min^{-1} using an Instron universal testing machine (model 1127). This strain rate was chosen as it was in the middle speed range capability of the testing machine and was in a range where the data from the literature disagreed with the author's data.

SAMPLE PREPARATION

Fine Ottawa sand (ASTM designation C-109) was compacted into a plexiglas split mould in layers at the optimum moisture content (14 per cent by dry weight), as determined by a standard Proctor compaction test. The mould was evacuated and saturated with distilled water prior to freezing. Insulation was placed around the mould to ensure uniaxial freezing at a cold room temperature of -5°C. After complete freezing, which took about 3 days, the sample was taken out of the mould and the ends were machined and faced to the required specimen length. Fifty-one test specimens were produced with an average total moisture content of 19.2 per cent and a standard deviation of 1 per cent. A more detailed description of the procedures followed in the preparation of these specimens can be found in Baker (1976).

All of the test specimens used in this investigation were 76 mm in diameter and were machined and faced to the following lengths.

Length (mm)	Slenderness Ratio
57	0.75
76	1.0
152	2.0
196	2.6

DESIGN OF COMPLIANT PLATEN (LAW, 1977)

The compliant platen used in this study was developed within the Division of Building Research, National Research Council of Canada. Its design was based on the work performed by Kartashov et al (1970) and Haynes and Mellor (1976). The platen consists of a circular plug of compliant material surrounded by a metal ring. The design criterion determining the dimensions and properties of these platen components is as follows.

The compliant plug can be made from any material that is more compressible than the specimen. This relationship must satisfy the expression:

$$\frac{\nu_p}{E_p} > \frac{\nu_s}{E_s} \qquad (1)$$

where E_s, ν_s = modulus of compression and Poisson's ratio of the specimen material. Frozen soil is a viscoelastic material so the secant modulus at failure was used.

E_p, ν_p = modulus of compression and Poisson's ratio of the compliant plug material.

The confining ring can be made from any material whose rigidity exceeds a certain limit given by the expression:

$$\frac{E_c}{1+\nu_c} > \frac{\nu_p}{1-\nu_p}\left[\frac{E_s}{\nu_s} - \frac{E_p}{\nu_p}\right] \qquad (2)$$

where E_c, ν_c = modulus of compression and Poisson's ratio of the confining ring material.

The diameter of the compliant plug is made equal to the specimen diameter and the thickness of the plug is made equal to the radius of the specimen.

The thickness of the ring is designed so that the lateral expansion of the platen, under load, is the same as that of the specimen. Thickness of the ring is equal to:

$$T = b - a \qquad (3)$$

where T = thickness of the ring

b = external radius of the ring

a = radius of the compliant plug (specimen)

The external radius of the ring is equal to:

$$b = \sqrt{\frac{1+C(1-\nu_c)}{1-C(1+\nu_c)}}\, a \qquad (4)$$

where $$C = \frac{\nu_p}{E_c(1-\nu_p)}\left[\frac{E_s}{\nu_s} - \frac{E_p}{\nu_p}\right] \qquad (5)$$

An epoxy resin, Maraset #638-45, was chosen as the compliant plug material used in the testing of frozen sand.

DISCUSSION OF RESULTS

The results of the tests using the four platen configurations are shown in Figs. 3 to 6. The horizontal line gives the mean strength obtained, the vertical line gives the standard deviation and the number denotes the number of tests completed for each slenderness ratio.

Aluminum End Cap (Fig. 3)

This type of platen was used by Hawkes and Mellor (1972) for testing dumbell shaped specimens of ice. The dumbell shape was designed to eliminate end effects using rigid end conditions. When using these platens with right cylindrical specimens the ends were completely restrained from lateral movement. Specimens of small slenderness ratio are actually being stressed triaxially. As the specimen length is increased, the effect of end confinement on the over-all strength of the specimen is reduced.

Aluminum Disk with Rubber Insert (Fig. 4)

Low modulus inserts and lubricated friction reducers have been employed in compression testing to reduce stress concentrations at the end faces of specimens with rough texture. Tensile forces are produced at the specimen ends by the lateral movement of the insert. As the compressive stress is increased, vertical tensile cracks appear in the specimen radiating from the centre of the loaded face. Vertical stresses are concentrated at the centre of the loaded face and vary in magnitude with the compression modulus and thickness of the insert material. Similar behaviour is observed if the ends of the specimen are convex, or if the loading platen in contact with the ball seating is not rigid enough. The influence of this end condition is greatest on specimens with small slenderness ratios.

Aluminum Disk Platen (Fig. 5)

Aluminum was chosen over steel as it had a lower compression modulus. The elastic match between platen and specimen determines the end condition imposed on the specimen. Steel and frozen sand have a modulus ratio of about 0.001. Aluminum and frozen sand have a modulus ratio of about 0.005. An ideal match would have a modulus ratio of 1.0.

The thickness of the platen is important as its rigidity must be high in order to prevent bending stresses. This can also be prevented by using a spherical seating arrangement having a larger radius than the ball seat used in this investigation. The platens used during these tests showed no sign of bending.

Some friction appeared to be occurring between the platen and specimen at smaller slenderness ratios. At a slenderness ratio of 2.0 the compressive strength appears to level off to a value of 12,500 kPa. This would appear to be an average value for the first three platen configurations and specimens having large slenderness ratios. From previous investigations of end effects on compression testing of materials (Newman and Lachance, 1964) this value would be reported to be the true compressive strength of the material.

The large standard deviations in strength for each slenderness ratio may indicate the effect of surface roughness and resulting stress concentrations. Surface roughness would be different for each sample tested and cause a large variation in the resulting strengths.

Maraset Compliant Platen (Fig. 6)

The variation in uniaxial compressive strength with increasing slenderness ratio is very small. This small variation can be explained by the differences in moisture content between specimens. The variation of compressive strength with the moisture content of specimens tested with the Maraset platens is shown in Fig. 7. Specimens with a slenderness ratio of 2.0 had a lower moisture content than those with a ratio of 2.7. Strength appeared to decrease with increasing moisture (ice) content in the range of moisture content tested. The relationship of moisture content to strength of frozen soil has been explained by Tsytovich (1975).

The compressive strength of the frozen sand was found to be about 25 per cent higher using the Maraset platens than with the other platen configurations at high slenderness ratios (≥ 2.0). At a slenderness ratio of 2.7 the first three platen configurations had an average strength of 12,300 kPa and the Maraset platens would have averaged about 15,700. Haynes and Mellor (1976) found similar results using compliant platens to test cylindrical specimens of ice having large slenderness ratios (2.2 to 2.5). The strengths they obtained from testing cylindrical specimens with compliant platens agreed well with those obtained from testing dumbell shaped specimens. They attributed this higher strength to the reduction of stress concentrations resulting from rough specimen ends in contact with the loading platens. Kartashov et al (1970) found a similar result in their tests on rocks.

CONCLUSION

Law (1977) proposed a procedure for designing compliant platens to match the characteristics of the specimen being tested. His design equations are based on the elastic parameters of the materials involved. Frozen sand is a viscoelastic material and exhibits non-elastic features prior to yield. All the specimens tested in this study exhibited a ductile type of deformation. The secant modulus at yield, determined using a standard compression test with steel platens, can be used as the modulus of compression for the specimen (E_s). This value inserted into the design equations would provide a platen that could be used in testing specimens to the yield point and remove the dependence on slenderness ratio as shown by the results obtained from this study.

Compliant platens would reduce the effect of rough ends on specimens and simplify procedures for specimen preparation. Smaller slenderness ratios would eliminate the possibility of buckling and tilting. This would generally reduce the expense of sampling and testing and may reduce some of the variability due to the test conditions.

Platens of this nature may lead to an improved comparison of results obtained by other investigators and may permit the standardization of procedures of testing (frozen) materials.

This paper is a contribution from the Division of Building Research of the National Research Council of Canada and is published with the approval of the Director of the Division.

REFERENCES

BAKER, T.H.W. 1976. Preparation of artificially frozen sand specimens. National Research Council of Canada, Division of Building Research, DBR Paper No. 682, (NRCC 15349) 16 p.

DAVIN, M. 1956. Remarks on the compression test with rubber caps. Int. Union of Testing and Res. Lab. for Mat. and Struct. (RILEM), Bull. No. 31, pp. 49-75.

GOUGHNOUR, R.R. and ANDERSLAND, O.B. 1968. Mechanical properties of a sand-ice system. ASCE Jour. Soil Mech. Found. Eng. Vol. 94, No. SM4, pp. 923-950.

HAWKES, I. and MELLOR, M. 1970. Uniaxial testing in rock mechanics laboratories. Engineering Geology, Vol. 4, pp. 177-285.

HAWKES, I. and MELLOR, M. 1972. Deformation and fracture of ice under uniaxial stress. Jour. of Glaciology, Vol. 11, No. 61, pp. 103-131.

HAYNES, F.D. and MELLOR, M. 1976. Measuring the uniaxial compressive strength of ice. Symp. on Applied Glaciology, Cambridge, 25 p.

INTERNATIONAL ASSOCIATION OF HYDRAULIC RESEARCH (IAHR). 1975. Report of task-committee on standardizing testing methods for ice. Proc. of Third Int. Symp. on Ice Problems, Hanover, New Hampshire, App. B, pp. 607-617.

KARTASHOV, Y.M. et al. 1970. Determination of the uniaxial compressive strengths of rocks. Soviet Mining Sci., No. 3, May-June, pp. 339-341.

LAW, K.T. 1977. Analysis of uniaxial loading on frozen soil and ice. Nat. Res. Council of Canada, Tech. Rept. (In press).

LAW, K.T. 1977. Design of a loading platen for testing ice and frozen soil. Can. Geo. Jour. Vol. 14, No. 2, pp. 266-271

MOGI, K. 1966. Some precise measurements of fracture strength of rocks under uniform compressive stress. Rock Mech. and Engg. Geology, Vol. 4, No. 1, pp. 42-45.

NEWMAN, K. and LACHANCE, L. 1964. The testing of brittle materials under uniform uniaxial compressive stress. Proc. Am. Soc. for Test. and Mat., Vol. 64, pp. 1044-1067.

PAINTING, A.L. 1974. A study of end effects in specimen cores under compression tests, with a view to the elimination of these effects. Jour. of South African Inst. of Mining and Metallurgy, No. 9, April, pp. 333-339.

PERKINS, T.K. and RUEDRICH, R.A. 1973. The mechanical behaviour of synthetic permafrost. Soc. of Petrol. Engg. Jour., Vol. 13, No. 4, pp. 211-220.

SAYLES, F.H. and EPANCHIN, V.N. 1966. Rate of strain compression tests on frozen Ottawa sand and Ice. U.S. Army CRREL, Tech. Note, 54 p.

TSYTOVICH, N.A. 1975. The mechanics of frozen ground. Edited by G.K. Swinzow. Translated by Scripta Technical Inc., New York. Published by McGraw-Hill Book Co. New York, 426 p.

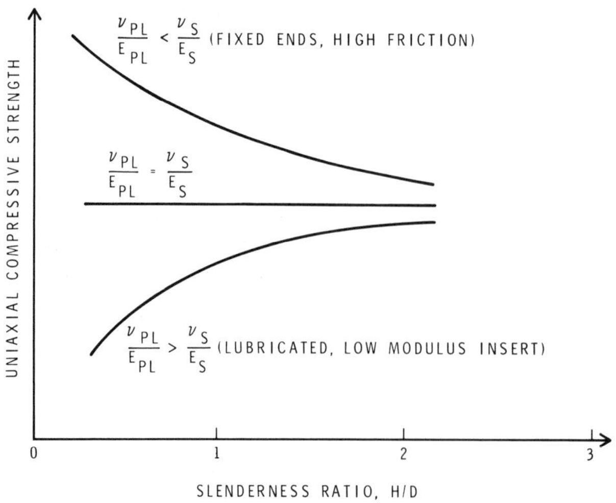

FIGURE 1

UNIAXIAL COMPRESSIVE STRENGTH RELATED TO PLATEN/SPECIMEN COMPRESSIBILITY AND SLENDERNESS RATIO

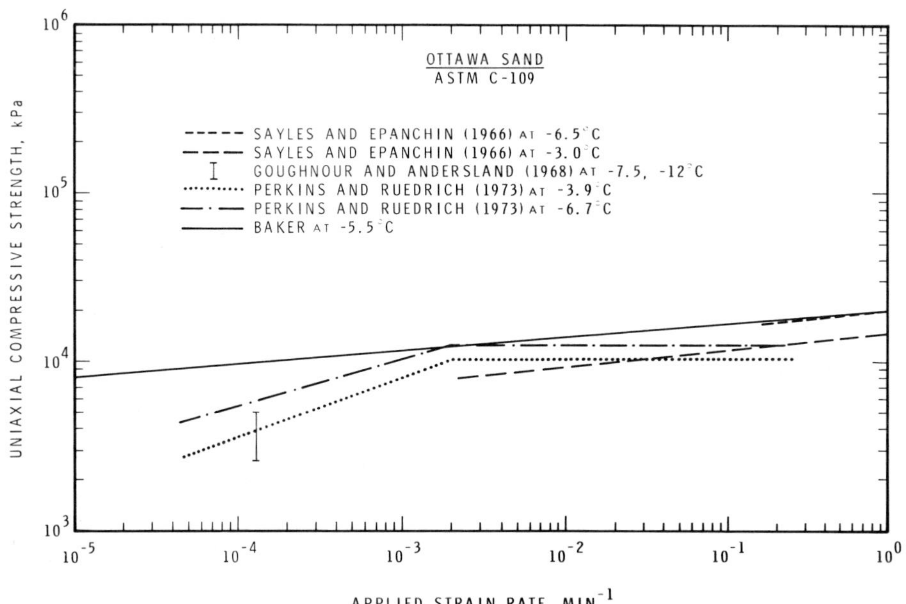

FIGURE 2

EFFECT OF APPLIED STRAIN RATE ON UNIAXIAL COMPRESSIVE STRENGTH OF FROZEN SAND

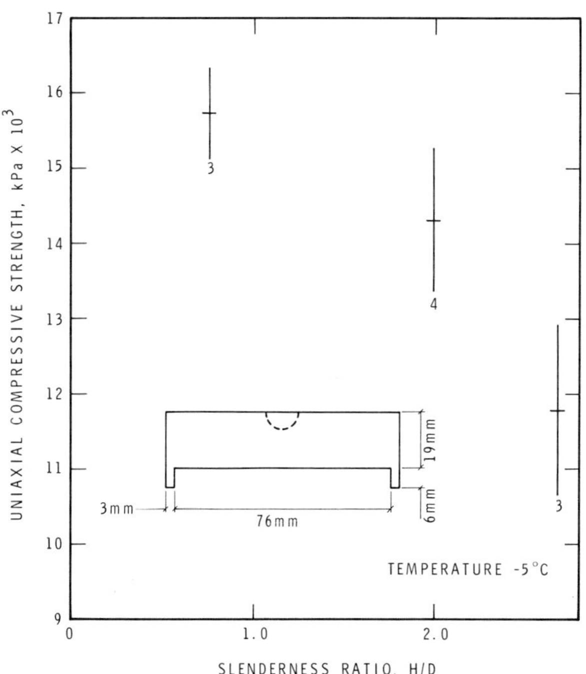

FIGURE 3

ALUMINUM END CAPS

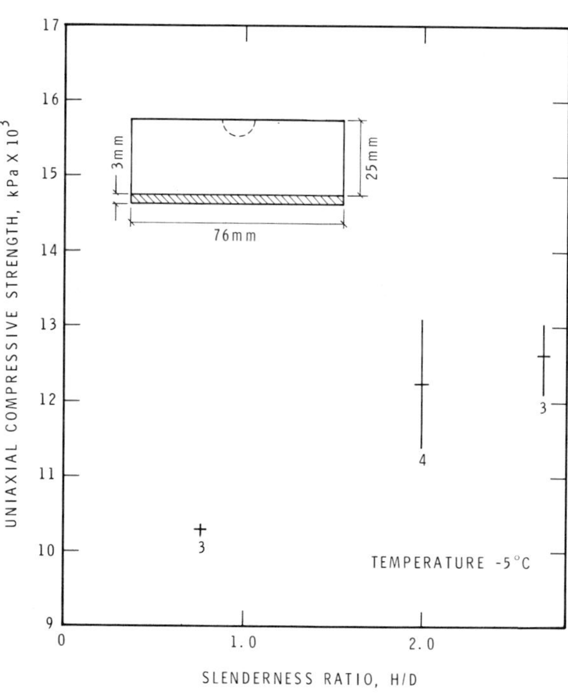

FIGURE 4

ALUMINUM DISK PLATEN WITH A RUBBER INSERT

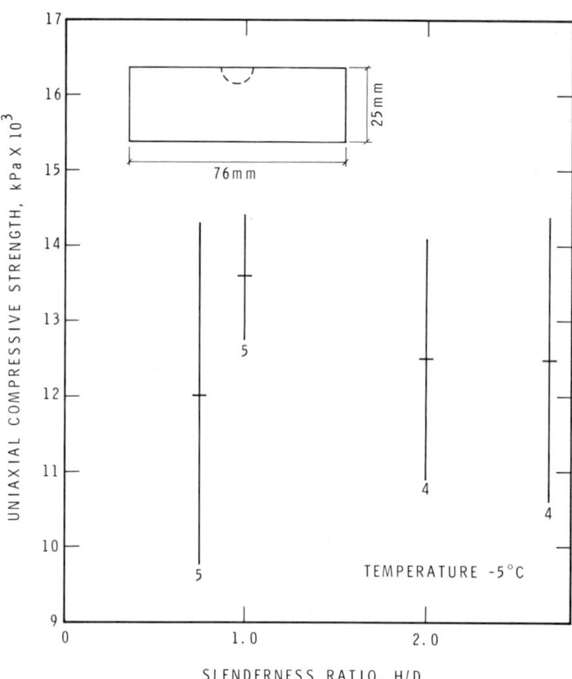

FIGURE 5
ALUMINUM DISK PLATEN

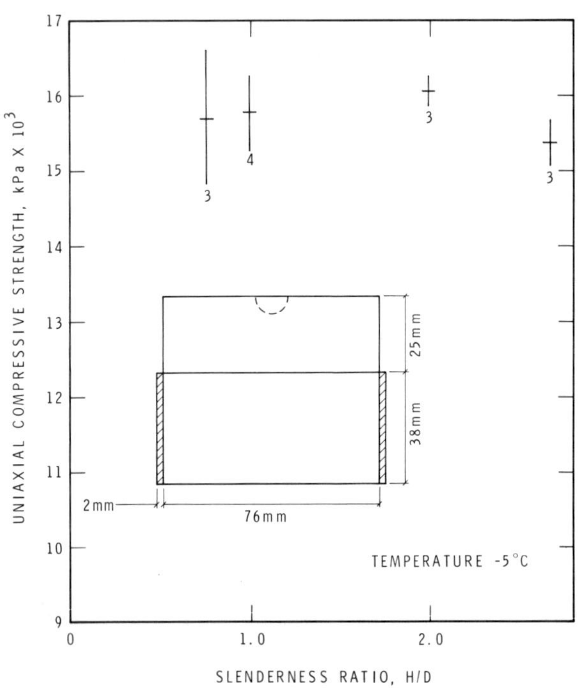

FIGURE 6
MARASET COMPLIANT PLATEN

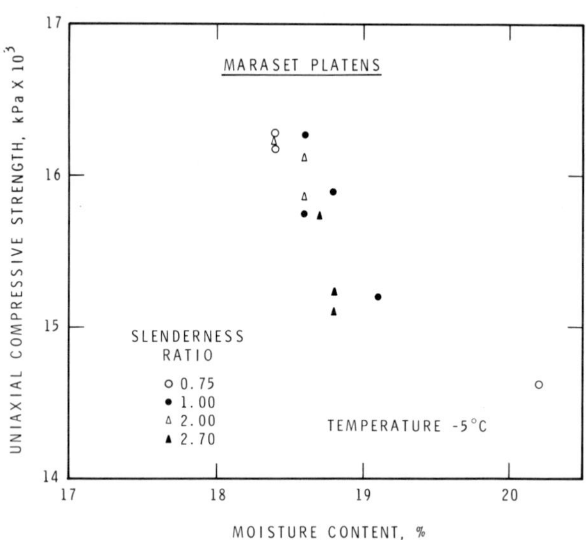

FIGURE 7
VARIATION IN STRENGTH WITH MOISTURE CONTENT

THAW PENETRATION AND PERMAFROST CONDITIONS ASSOCIATED WITH THE LIVENGOOD TO PRUDHOE BAY ROAD, ALASKA

R. Berg, J. Brown, R. Haugen, U.S. Army Cold Regions Research and Engineering Laboratory, Hanover, New Hampshire

An environmental engineering study including the 88 kilometer TAPS Road and the 580 kilometer Alyeska Pipeline Haul Road was initiated during the summer of 1976. Physiography along the route ranges from the rolling Yukon-Tanana Uplands, where the permafrost is warm (-1°C) and discontinuous, through the Brooks Range and the Arctic Foothills to the Arctic Coastal Plain, where permafrost is cold (-10°C) and continuous. Permanently frozen subgrade materials range from rock to extremely ice-rich fine-grained silts. Approximately 30 sites have been selected for measuring thaw subsidence and seasonal thaw penetration; instrumentation for measuring air temperatures has been installed at 15 sites and surface temperatures were also measured at three of these sites. The 1976 thawing indexes varied from 350°C-days at Prudhoe Bay to 1880°C-days at Livengood. Measured thaw penetration in undisturbed areas adjacent to the road varied from 28 cm to 112 cm. The calculated gravel embankment thickness to prevent subgrade thawing during the 1976 thawing season ranged from 1.9 m near Prudhoe Bay to 5.2 m near Livengood.

PROFONDEUR DE DÉGEL ET ÉTAT DU PERGÉLISOL À PROXIMITÉ DE LA ROUTE CONSTRUITE ENTRE LIVENGOOD ET LA BAIE PRUDHOE EN ALASKA

Une étude technique de l'environnement, en particulier de la route de 88 km de long qui longe le pipeline de l'Alaska, et de la voie de roulage de 580 kilomètres de long qui suit le pipeline d'Alyeska a été entreprise pendant l'été 1976. Le long de ces voies, on passe des hautes terres onduleuses du Yukon et de Tanana, où le pergélisol à une température relativement élevée (-1°C) et est discontinu, à la chaîne Brooks et au piémont de la plaine Côtière arctique, où le pergélisol est froid (-10°C) et continu. La taille des matériaux qui composent le pergélisol varie entre celle de roches et de silts (limons) fins et extrêmement riches en glace. On a choisi environ 30 sites, où l'on a mesuré le tassement dû au dégel et la profondeur du dégel saisonnier; on a installé des appareils de mesure de la température atmosphérique en 15 sites, et on a aussi relevé la température de la surface dans trois d'entre eux. Les indices de dégel évalués en 1976 ont varié entre 350°C-jours dans la baie Prudhoe et 1880°C-jours à Livengood. La profondeur de dégel, telle que mesurée dans des zones non pertubées proches de la route, variait entre 28 cm et 112 cm. On a calculé que pour empêcher le dégel du sous-sol, on devait construire un remblai de gravier de 1.9 m près de la baie Prudhoe, et de 5.2 m près de Livengood, pendant la période de dégel de 1976.

ПРОСАЧИВАНИЕ ТАЛЫХ ВОД И МЕРЗЛОТНЫЕ УСЛОВИЯ, ОТМЕЧАЕМЫЕ ПРИ СТРОИТЕЛЬСТВЕ ДОРОГИ ОТ ЛИВЕНГУДА ДО ЗАЛИВА ПРУДХО /АЛЯСКА/

Летом 1976 г. были начаты исследования природных и инженерных условий на трассах 88-километровой дороги системы Транс-Аляскинского трубопровода и 580-километровой дороги для прокладки Аляскинского трубопровода. Физиография на этом участке меняется от холмистых плоскогорий Юкона и Тананы, где отмечается несплошное распространение грунтов с относительно высокой температурой /-1°С/, хребта Брукса и Арктических предгорий до Арктической прибрежной долины с грунтами сплошного распространения, характеризующимися низкой температурой /-10°С/. Многолетнемерзлые грунты варьируют от скальных до высокольдистых илистых пород. Для измерения степени просадки грунтов при оттаивании и сезонного просачивания талых вод было выбрано около 30 участков: на 15 из них была установлена аппаратура для измерения температуры воздуха и на трех участках измерялась также температура на поверхности грунтов. Индексы оттаивания за 1976 г. варьировали от 350°С-дней в районе залива Прудхо до 1880°С-дней в Ливенгуде. Замеренное просачивание талых вод на ненарушенных участках, примыкающих к дороге, варьировало от 28 см до 112 см. Рассчетная высота насыпи из гравия для предотвращения таяния грунта в сезон оттепелей 1976 г. составляла от 1,9 м в районе залива Прудхо до 5,2 м в районе Ливенгуда.

THAW PENETRATION AND PERMAFROST CONDITIONS ASSOCIATED WITH THE LIVENGOOD TO PRUDHOE BAY ROAD, ALASKA

R.L. Berg, J. Brown and R.K. Haugen

U.S. Army Cold Regions Research and Engineering Laboratory, Hanover, New Hampshire, USA

INTRODUCTION

Construction of the Trans-Alaska oil pipeline necessitated construction of an adjacent road over more than one-half of its length for access to workpads and for logistics. The road was constructed to Alaska secondary highway standards in two sections. The first section, approximately 90 km in length, was constructed between August 1969 and July 1970 and ran from Livengood to the Yukon River. It is referred to as the TAPS Road and the Alaska Department of Highways has now designated it the Yukon Highway. The 577-km-long "Haul Road" between the Yukon River and Prudhoe Bay was built during the period 29 April to 29 September 1974. Included in it are 20 permanent bridges, over 1,000 culverts and 135 material sites. The road is unique in that is is closely associated with the 1.2-m-diameter hot oil pipeline and 0.2- to 0.25-m gas-feeder line. There are 15 oil line crossings of the road of which 9 are for the buried oil line and 6 are for the aboveground pipe. The road right-of-way incorporates the buried oil pipeline for about 19 km and the aboveground pipeline for about 25 km. The gas-feeder line, which will carry gas at below freezing temperatures from Prudhoe Bay to Pump Stations 2, 3 and 4 north of the Brooks Range, crosses the road seven times and is buried within 5 m of the toe of the road for about 180 km of its 229-km length.

Prior to construction of the Haul Road, the only recent experience north of Livengood with permanent roads in Alaska was the TAPS Road and the Prudhoe Bay road net. Investigations on the TAPS Road have provided many examples of road performance in the discontinuous zone of permafrost: Smith and Berg (1973), Berg and Smith (1976), Lotspeich (1971) and Jackman (1974) have reported on the behavior of portions of this road. The Prudhoe Bay spine-road, constructed largely in winter 1969, is situated in the cold continuous permafrost zone. Knight and Condo (1971) reported on road and test section performance in the Prudhoe Bay area. During 1976, CRREL initiated an environmental engineering investigation of the Haul Road in conjunction with the Federal Highway Administration (FHWA) and the Alaska Department of Highways (ADH). This paper reports upon the first year's results of the thaw penetration investigations and related climatic studies.

PHYSICAL AND CLIMATIC SETTINGS

The road traverses three main physiographic provinces in Alaska (Fig. 1). Proceeding northward from near Livengood, the road crosses a series of valleys and rounded ridges between 600 and 1200 meters in elevation. It then enters the glaciated Brooks Range along the terraces and flood plains of the Koyukuk and Dietrich rivers.

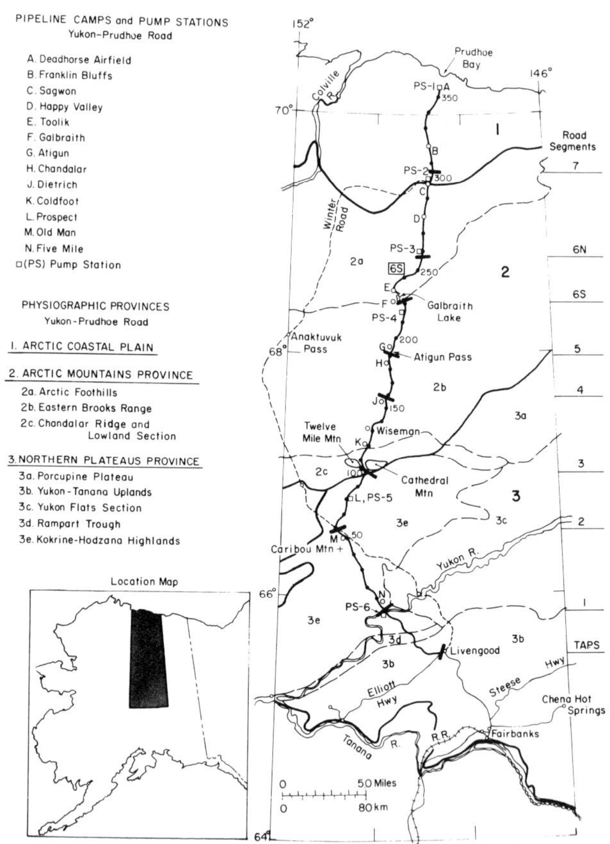

FIG. 1. Physiographic units traversed by the road and facilities related to the trans-Alaska oil pipeline construction. Physiographic units based on Wahrhaftig (1965).

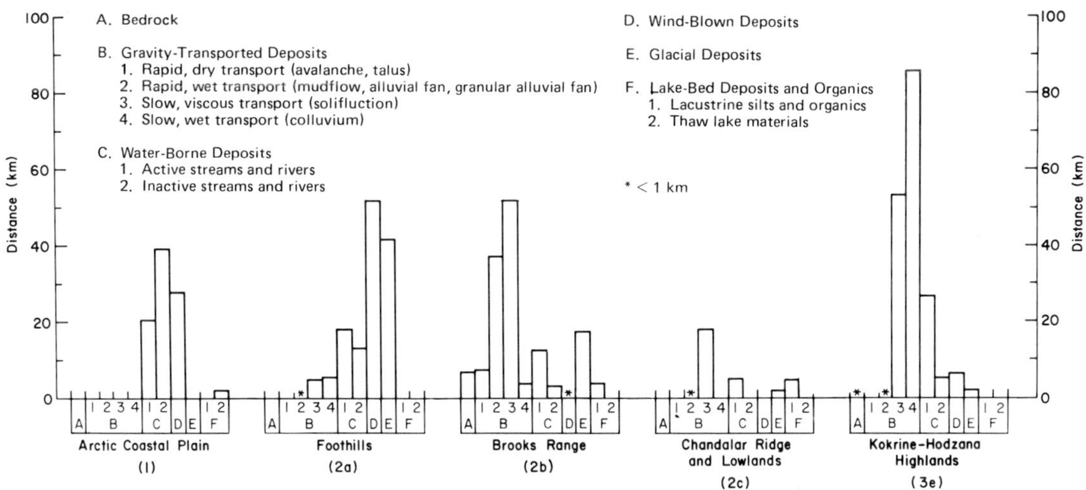

FIG. 2. Major terrain types encountered by the Haul Road. (Numbers in parentheses correspond to those of physiographic units in Figure 1; terrain classification modified from Kreig and Reger (1976); data based on Alyeska Terrain Unit Maps.)

The road crosses the Continental Divide at Atigun Pass at 1447 m elevation and gradually descends through the Brooks Range and northern foothills onto the flat outer coastal plain. The major terrain types traversed by the Haul Road are summarized in Figure 2.

The route crosses both the discontinuous permafrost zone in the southern portion and the continuous permafrost zone to the north. A major concern with road construction is the placement of the road bed over or adjacent to high-ice-content frozen soil. Many of the upland and valley slopes south and north of the Continental Divide contain massive ice bodies. Conspicuous examples of massive ice were found: on the TAPS Road (Smith and Berg 1973, Berg and Smith 1976); on the valley slopes near Dietrich Camp where concentrated sheet flow through culverts has caused thermal erosion; and in the ice-rich cut near Happy Valley Camp (McPhail et al. 1975, 1976).

The road traverses two major climatic regions broadly defined as the arctic climate of the North Slope and the continental climate of the interior. The Brooks Range is the transition zone between the two.

In order to estimate annual and seasonal thermal regimes and to serve as a basis for estimating seasonal freezing and thawing depths, multiple regression analyses were applied to temperature data representing the entire pipeline route. Three sections--northern, interior, and southern as illustrated in Figure 3--were used. Where feasible, short climatic records utilized in the analysis were adjusted to a normal by comparing departures from normals for long-term sites. For example, Bettles, the only station between the Yukon River and the Brooks Range having a 30-year record, was used to adjust data from sites in this area. Table 1 presents the thawing and freezing indexes from currently monitored stations along the pipeline and Haul Road route.

Table 1. Air freezing and thawing indexes along the pipeline and road, °C-days.

Site	Thawing index 1975	Thawing index 1976	Freezing index 1975-1976 Winter
Five-mile Camp	1582	1545	4512
Old Man Camp	--	1459	3958
Prospect Camp-Pump Station 5	1543	1657	3755
Coldfoot Camp	1532	1583	3832
Dietrich Camp	--	1460	4263
Chandalar Camp	--	974	3303
Atigun Pass	--	472+	--
Atigun Camp	719	1021	--
Galbraith Lake Camp	833	1005	4835
Toolik Lake Camp	--	960+	--
Happy Valley Camp	806	1083	5065
Sagwon MS 127	--	913+	--
Franklin Bluffs	--	793	--
Deadhorse (ARCO)	272 (448)*	554	5730 (5727)*

+CRREL thermograph data, other data from National Weather Service.

*Average for 1970-73, Brown et al. (1975).

At the Galbraith Camp airport, 340 km north of the Yukon River, and at the Deadhorse Airport near Prudhoe Bay, both air temperatures and temperatures on a gravel surface were continuously measured. Surface transfer coefficients were determined from ratios of the monthly surface thawing index to the monthly air thawing index. Results are shown in Table 2. For computa-

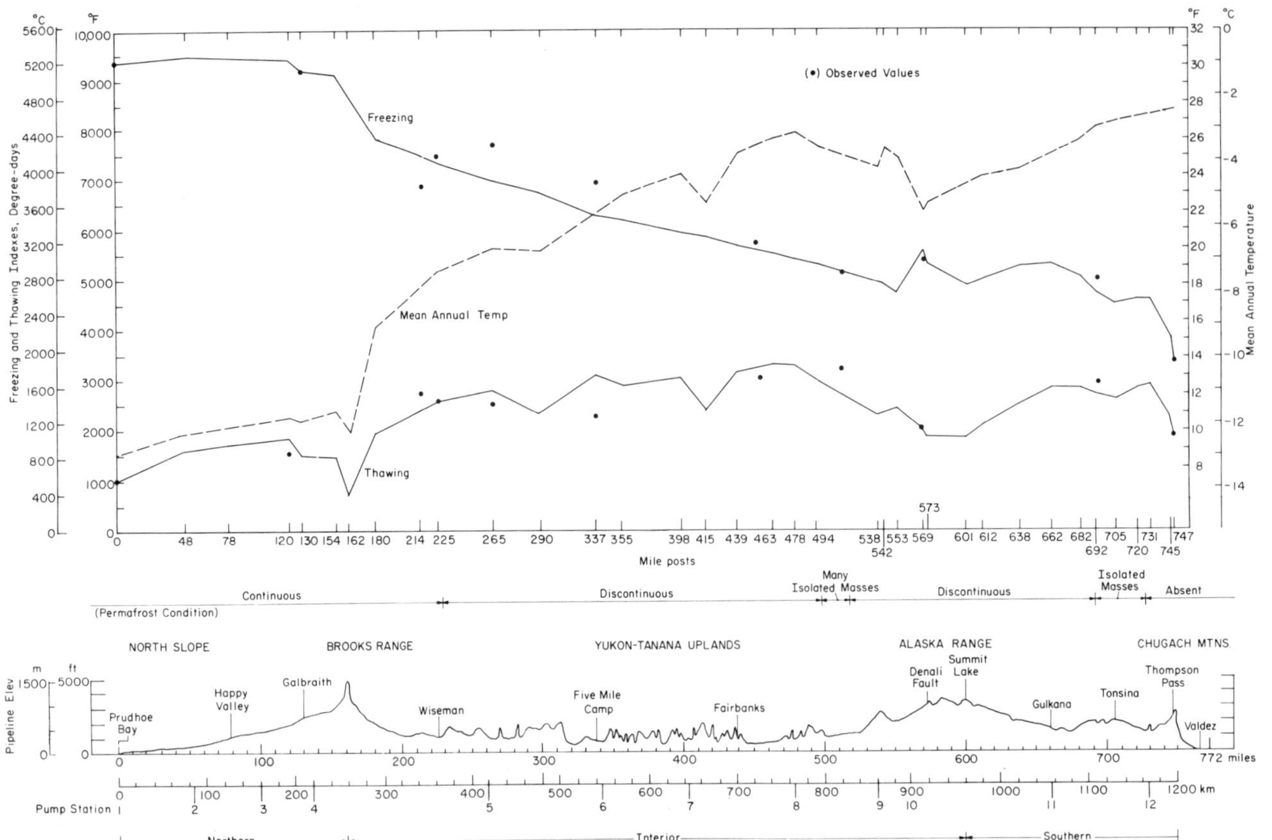

FIG. 3. Distribution of freezing and thawing indexes and mean annual temperature related to the Trans-Alaska oil pipeline elevation, longitude and latitude. Modified from Committee on Permafrost (1975).

tions of maximum seasonal thawing depths discussed subsequently, an n-factor of 1.4 is used for gravel surfaces. The Department of the Navy (1967) recommends a similar value.

Table 2. Surface transfer coefficients for gravel surfaces, 1976 summer.

Location	June	July	Aug	Sept	Season*
Galbraith Airport	1.68 (8)**	1.46 (31)	1.35 (31)	1.33 (27)	1.41
Deadhorse Airport	1.08 (30)	1.30 (30)	1.36 (31)	1.63 (13)	1.30

*Weighted average
**Numbers in parentheses indicate number of days data were available.

ROAD DESIGN

The Haul Road was designed and constructed in seven segments by four contractors (Fig. 1). It has two 4.3-m-wide traffic lanes with a cross slope on each lane of 4.2 cm/m. The design speed is about 70 km/hr and the traffic surface is gravel. Vertical grades are generally less than 8%, but in mountainous terrain grades up to 12% were allowed. The design vehicle was a semi-trailer combination with tandem axles on the tractor and trailer and a total overall length of 16.8 m (Alyeska Pipeline Service Company 1971).

Two design methods were used to determine embankment thicknesses. Over competent subgrades, i.e. soils having a California Bearing Ratio (CBR) greater than 3 when thawed, the embankment thickness was a minimum of 0.9 m. Over incompetent subgrades, i.e. soils with a CBR less than 3 when thawed, the embankment thickness was based on the reduced subgrade strength method (U.S. Army and Air Force 1966) south of the Brooks Range and upon construction experience north of the Brooks Range (Table 3). In both designs the upper 0.9 m of the embankment consisted of a select fill overlain by 15 cm of surface course material.

To define where each design method was applicable, Alyeska engineers used soil maps and made cone penetrometer observations in the summer. Laboratory and field correlations of moisture content, density, cone penetrometer readings and CBR values provided the mechanism for differentiating between competent and incompetent subgrades (McPhail et al. 1975). Table 3 presents design thicknesses for competent and incompetent subgrade soils

Table 3. Design thickness of Haul Road (Alyeska Pipeline Service Company 1971).

Segment	Design thickness Incomp. soils (m)	Design thickness Comp. soils (m)	Total length (km)	Length designed for Incompetent soils (km)	Incompetent soils (%)	Competent soils (km)	Competent soils (%)
1	1.8	0.9	94.5	52.3	55	42.2	45
2	1.8	0.9	72.6	44.3	61	28.3	39
3	1.7	0.9	90.9	52.8	58	38.1	42
4	1.5	0.9	48.6	10.6	22	38.0	78
5	1.5	0.9	46.5	26.9	58	19.6	42
6-S	1.5	0.9	64.5	45.2	70	19.3	30
6-N	1.5	0.9	62.0	49.7	80	12.2	20
7	1.5	1.2	97.4	88.5	91	8.9	9
		Total	577.0	370.3	64	206.6	36

and the lengths of each per segment. Incompetent subgrade soil conditions were encountered in more than 60% of the road, indicating that high ice content subgrade soils predominated.

THAW PENETRATION

Approximately 30 "representative" sites have been established along the road to monitor its performance. Smith and Berg (1973) and Berg and Smith (1976) discussed the performance of the TAPS Road constructed during 1969-1970 and it will not be discussed further here. Level observations and probings to permafrost adjacent to the segments constructed in 1974 were initiated during the 1976 thawing season, and during the spring and summer of 1977 temperature sensors were installed in and adjacent to the road at six locations. Table 4 provides a brief description of the observation sites. In addition, observations are being made at two locations at each of four airfields and at eight pipeline work pad and access road locations north of the Yukon River. Data in Table 4 show average thaw penetration depths adjacent to the road in late August 1976 and 1977. Thaw depths at the toes of the roadway embankment are also shown. A relatively small variation in thaw depths in undisturbed areas was observed. This is primarily due to the increasing surface cover and thickness of organics in the undisturbed areas progressing from north to south. Most of the variation in thaw depth in the undisturbed areas is due to differences in material types, moisture contents and exposure to incident shortwave radiation. Thaw depths measured in 1977 were generally slightly greater than those measured in 1976, agreeing with climatic observations which indicate a warmer 1977 thawing season.

Figures 4 and 5 present thaw penetration depths in late August 1976 beneath and adjacent to the road sites 15 km and 435 km north of the Yukon River, respectively (Table 4). Thaw penetration beneath the road could not be measured by probing; therefore it was estimated by computing the depth using a thawing index measured near the site and representative soil properties. The modified Berggren equation (Aitken and

Table 4. Observation sites along TAPS Road and Haul Road.

Haul road segment	Station	Approx. distance from Yukon River (km)	Approx. elevation (m)	Subgrade soil type	Embankment thickness (m)	Maximum thaw penetration (cm) Lt. Toe 1976	Lt. Toe 1977	Rt. Toe 1976	Rt. Toe 1977	Undisturbed 1976	Undisturbed 1977
TAPS rd.	869+70	64*	494	Silt	1.3	92	>119	88	>119	85	89
TAPS rd.	2710+00	8*	358	Ice-rich silt	1.5	93	>119	141	>119	82	73
1 (T)	560+89	15	162	Ice-rich silt	1.4	120	ND	98	ND	48	52
1	1341+99	40	166	Sandy silt	1.9	89	90	93	95	38	50
1	1537+49	45	276	Ice-rich silt	1.8	180	>119	145	>119	72	82
1	2065+32	59	529	Ice-rich silt	1.9	93	102	100	76	62	61
2	1046+07	123	329	Ice-rich silt	1.9	90	107	77	107	49	61
3	156+86	167	344	Gravel with silt and sand	0.6	40	ND	98	ND	52	ND
3	163+49	167	340	Ice-rich silt	1.5	82	110	71	88	56	58
3 (T)	593+44	180	323	Ice-rich silt	2.8	113	ND	45	ND	43	49
3	1089+69	196	332	Silt	1.2	150	>119	140	>119	88	>119
3	2277+02	230	437	Silt	1.7	51	76	110	74	43	41
3 (T)	2415+00	233	426	Ice-rich silty sand	1.6	ND	117	ND	>119	ND	108
3	2753+98	245	450	Silt	2.1	55	62	66	77	46	47
4 (T)	3560+00	270	560	Silty gravel	1.5	ND	NPF	ND	NPF	ND	NPF
4	557+00	286	662	Silty gravel	1.5	ND	99	ND	114	ND	88
4	704+84	288	679	Silty gravel	2.3	40	ND	82	ND	51	50
4	924+30	293	964	Gravelly silt	1.8	ND	88	ND	81	ND	66
5	529+12	323	930	Silty gravel	2.1	ND	46	ND	ND	ND	48
5	604+00	325	886	Silt	1.2	50	53	48	57	45	48
5 (T)	1375+19	348	820	Silt	1.0	107	ND	75	88	56	62
6S	862+48	373	948	Silt	1.3	53	ND	58	60	41	46
6S (T)	1758+43	404	482	Silt	2.2	ND	ND	ND	64	ND	53
6N	2828+56	435	402	Silt	1.5	62	61	59	69	40	46
6N	3334+00	451	313	Silt	1.9	47	58	50	56	35	44
6N	4095+04	473	279	Silty sand	1.2	48	58	66	ND	30	37
6N	4357+00	482	311	Silt	1.8	ND	ND	ND	ND	ND	31
6N	4493+76	484	191	Silt	1.3	49	61	41	53	31	33
7	1782+54	531	80	Sandy silt	1.3	65	71	60	65	58	60
7	1838+04	533	80	Sandy silt	1.5	60	75	65	69	63	66

*South of Yukon River; all others north of Yukon River.
ND - No data.
NPF - No permafrost at site.
(T) - Subsurface temperature sensors installed in 1977.

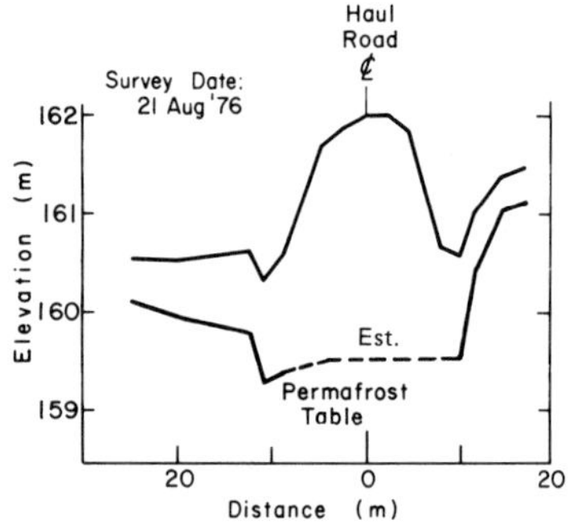

FIG. 4. Surface and permafrost elevations for observation site 15 km north of the Yukon River.

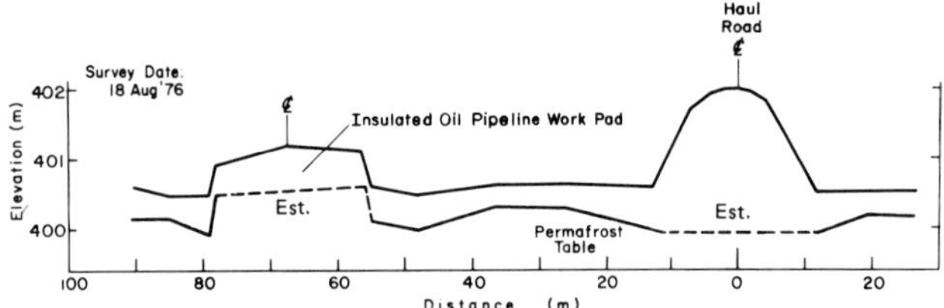

FIG. 5. Surface and permafrost elevations for observation site 435 km north of the Yukon River.

Berg 1968) was used to calculate the thaw depths. The dramatic effect of 10 cm of insulation beneath the work pad is shown in Figure 5. Although the work pad is approximately half the thickness of the Haul Road, thaw beneath the work pad probably does not penetrate the insulation at this site.

Table 5 contains data which were used to calculate thaw depths beneath the road

Table 5. Data used in calculating thaw penetration depths.

Distance from Yukon River (km)	Thickness* Surface course (m)	Base course (m)	Subbase material (m)	Air** thawing index (°C-days)	Avg annual temp (°C)	Length of thawing season (days)
15	0.15	0.76	0.53	1542	- 6.7	162
123	0.15	0.76	0.97	1645	- 4.1	161
196	0.15	0.76	0.30	1578	- 4.8	160
288	0.15	0.76	0.25	1011	-10.3	129
348	0.15	0.76	0.34	971	-10.0	120
435	0.15	0.76	0.58	1064	-11.0	115
531	0.15	0.76	0.46	790	- 7.4	109
576	0.15	0.76	0.61	349	-12.2	100

Material	Asphalt pavement	Surface course	Base course	Insulation layer	Subbase material	Subgrade soil
Dry density (kg/m³)	2210	2243	2080	32	1922	1281
Moisture content (% dry wt)	0	6	8	0	10	25
Thermal conductivity (W/m K)	1.49	3.61	3.21	0.03	2.76	1.19
Heat of fusion (10^7 J/m³)	0	4.51	5.58	0	6.44	10.73
Heat capacity (10^6 J/m³ °C)	1.88	2.01	2.10	0.07	1.97	1.92

* Where a pavement was used it was 0.08 m thick.
**To obtain surface thawing indexes the air thawing indexes were multiplied by the following factors:

Gravel surface = 1.4
Asphaltic concrete = 1.8
White-painted asphaltic concrete = 1.0

surface in Figures 4 and 5. Calculations of thaw depths beneath the road were made at other locations along the Haul Road and data used for these computations are also shown in Table 5. Calculated thaw depths are shown in Figure 6. Thaw depths beneath the surface of the gravel road (Curve B) follow the same general trend as the air thawing indexes, i.e. an increase from north to south. This trend differs from observations in undisturbed areas because the effect of the surface vegetation is essentially eliminated. Curve D in Figure 6 illustrates the effect of placing a 5-cm-thick insulating layer on top of the subbase course.

When a road is opened for public travel, pressure mounts to pave it. In arctic and subarctic areas an asphaltic concrete pavement is normally used, and it absorbs more solar radiation than a gravel surface, resulting in increased thaw penetration as shown in Curve A in Figure 6. A light-colored surface can be applied to reduce the amount of solar radiation absorbed by the asphalt pavement. Berg and Aitken (1973) report that white paint has been successfully used on a runway at Thule, Greenland, and on highway test sections near Fairbanks, Alaska. Thaw depths beneath a white-painted asphaltic concrete pavement were calculated and are shown in Curve C in Figure 6.

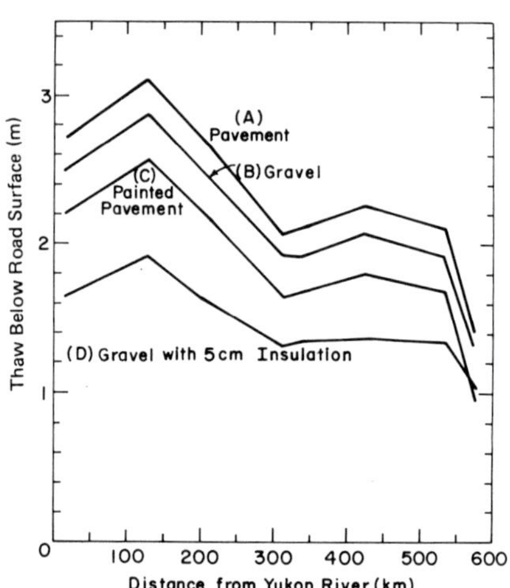

FIG. 6. Effect of surface type and insulating layer on calculated maximum seasonal thaw penetration beneath the road surface.

Subsurface temperature measurements in and adjacent to the roadway will continue through the summer of 1978. These data will substantiate or result in modifications to our thaw depth predictions.

ACKNOWLEDGMENTS

These investigations were funded by several Corps of Engineers projects at CRREL and FHWA funding to CRREL; field and office support were received from the Alaska Department of Highways. Access to the road and logistic support on a reimbursable basis was provided by Alyeska Pipeline Service Company and its willingness to allow CRREL to collect climatic data at its camps and to install instrumentation on the road and work pad is greatly appreciated. Ms. Susan Rindge, geologist, compiled the terrain data presented in Figure 2. Robert Eaton, Research Civil Engineer, and Charles Collins, Research Physical Scientist, assisted in the field studies. Sp. Catalino Espiritu, Assistant Civil Engineer, assisted in laboratory analysis of the data.

REFERENCES

AITKEN, G.W. and R.L. Berg. 1968. Digital solution of the modified Berggren Equation to calculate depths of freeze or thaw in multilayered systems. CRREL Special Report 122.

ALYESKA Pipeline Service Company. 1971. Project description of the trans-Alaska pipeline system. Volumes 1-3 and Appendix volumes 1-16.

BERG, R.L. and G.W. Aitken. 1973. Some passive methods of controlling geocryological conditions in roadway construction. Permafrost: The North American Contribution to the Second International Conference, Yakutsk. National Academy of Sciences, Washington, D.C., pp. 581-586.

BERG, R.L. and N. Smith. 1976. Observations along the pipeline haul road between Livengood and the Yukon River. CRREL Special Report 76-11.

BROWN, J., R.K. Haugen and S. Parrish. 1975. Selected climatic and soil thermal characteristics of the Prudhoe Bay region. In Ecological Investigations of the Tundra Biome in the Prudhoe Bay Region, Alaska (J. Brown, Ed.). Biological Papers of the University of Alaska, Special Report No. 2, pp. 3-11.

COMMITTEE ON PERMAFROST. 1975. Opportunities for permafrost-related research associated with the trans-Alaska pipeline system. National Research Council, National Academy of Sciences.

DEPARTMENT OF THE NAVY. 1967. Design manual-cold regions engineering. NAVFAC DM-9, Washington, D.C.

JACKMAN, A.H. 1974. Highway cut stabilization in areas of permafrost and ground ice. Proceedings, Association of American Geographers, vol. 6.

KNIGHT, G.R. and A.C. Condo. 1971. Design and evaluation of insulated and uninsulated roadway embankments for the Arctic. Proceedings of the Symposium on Cold Regions Engineering, University of Alaska, pp. 196-225.

KREIG, R.A. and R.D. Reger. 1976. Preconstruction terrain evaluation for the trans-Alaska pipeline project. In Geomorphology and Engineering (D.R. Coates, Ed.), Dowden, Hutchinson and Ross, Inc., Stroudsburg, Pa., pp. 55-76.

LOTSPEICH, F.B. 1971. Environmental guidelines for road construction in Alaska. Environmental Protection Agency, Alaska Water Laboratory, Fairbanks, Alaska.

MCPHAIL, J.F., W.B. McMullen and A.W. Murfitt. 1975. Design and construction of roads on muskeg in arctic and subarctic regions. 16th Annual Muskeg Research Conference, National Research Council of Canada.

MCPHAIL, J.F., W.B. McMullen and A.W. Murfitt. 1976. Yukon River to Prudhoe Bay highway - Lessons in arctic design and construction. Civil Engineering 46(2), pp. 78-82.

SMITH, N. and R.L. Berg. 1973. Encountering massive ground ice during road construction in central Alaska. Permafrost: The North American Contribution to the Second International Conference, Yakutsk. National Academy of Sciences, Washington, D.C., pp. 730-736.

U.S. Army and Air Force. 1966. Pavement design for frost conditions. Technical Manual TM5-818-2.

WAHRHAFTIG, C. 1965. Physiographic divisions of Alaska. U.S. Geological Survey Professional Paper 482, Washington, D.C.

DENSIFICATION BY FREEZING AND THAWING OF FINE MATERIAL DREDGED FROM WATERWAYS

Edwin J. Chamberlain and Scott E. Blouin, U.S. Army Cold Regions Research and Engineering Laboratory, Hanover, New Hampshire, U.S.A.

Volume changes and permeabilities for fine material dredged from waterways were observed in the laboratory after full consolidation and freeze-thaw cycling for applied pressures in the range of 0.93 to 30.73 kN/m^2. Up to 20% volume reduction was observed when dredged materials with liquid limits in the range of 60 to 90% were subjected to freeze-thaw cycling. Vertical permeabilities were observed to increase by as much as two orders of magnitude. The technical and economic feasibility of using freeze-thaw overconsolidation procedures to increase the volume of material stored in disposal sites is considered.

ACCROISSEMENT DE DENSITÉ, DÛ AUX ALTERNANCES DE GEL ET DE DÉGEL, DE MATÉRIAUX FINS RECUEILLIS PAR DRAGAGE DE COURS D'EAU

Edwin J. Chamberlain and Scott E. Blouin, U.S. Army Cold Regions Research and Engineering Laboratory, Hanover, New Hampshire, U.S.A.

On a observé au laboratoire que des sédiments fins recueillis par dragage de cours d'eau présentaient des variations de volume et de perméabilité par suite de leur surconsolidation provoquée par des alternances de gel et de dégel à des pressions comprises entre 0.93 et 30.73 kN/m^2. On a observé que des sédiments ainsi recueillis, caractérisés par des limites de liquidité de l'ordre de 60 à 90%, présentaient une réduction de volume pouvant atteindre 20%, lorsqu'on les soumettait à un cycle de gel et de dégel, et que leur perméabilité verticale pouvait augmenter cent fois. Dans le présent article, on étudie l'intérêt qu'aurait, du point technique et économique, le procédé de tassement des matériaux de dragage par des cycles de gel et de dégel, de manière à accroître la capacité des décharges.

ЗАМОРАЖИВАНИЕ И ОТОГРЕВ КАК МЕТОД УПЛОТНЕНИЯ МЕЛКОДИСПЕРСНОГО ГРУНТА, ИЗВЛЕЧЕННОГО ИЗ ВОДОСТОКОВ

Были проведены лабораторные наблюдения изменения объема и проницаемости мелкодисперсных грунтов, извлеченных из водостоков и подвергнутых полному уплотнению, замораживанию и отогреву под давлением от 0,93 до 30,73 килоньютон/м^2. При замораживании и отогреве извлеченного грунта с содержанием воды 60-90% его объем уменьшался приблизительно на 20%. Вертикальная проницаемость возрастала на два порядка. Рассмотрены технические и экономические возможности использования метода сверхуплотнения путем замораживания и отогрева для сокращения объема грунта, хранимого на свалках.

DENSIFICATION BY FREEZING AND THAWING OF FINE MATERIAL DREDGED FROM WATERWAYS

Edwin J. Chamberlain
Scott E. Blouin

U.S. Army Cold Regions Research and Engineering Laboratory, Hanover, NH, USA

INTRODUCTION

Large quantities of material dredged from harbors and waterways are currently being deposited in containment areas. Because a large percentage of dredged material is fine-grained, its water content remains high and it requires large areas for containment. Dewatering of this material would decrease its volume and allow more of it to be stored in the available space.

This study analyzes the feasibility of using natural freezing and thawing processes to decrease the water content of fine-grained dredged materials being disposed of in the Great Lakes region of the United States. The results of laboratory freeze-thaw consolidation studies are combined with an estimate of climatological limitations and anticipated operational problems to assess the potential for application of this method.

OVERCONSOLIDATION BY FREEZING AND THAWING

The phenomenon of overconsolidation by freezing and thawing has been observed by many researchers studying the consolidation properties of thawing soils. Shusherina (1959), Stuart (1964), Ponomarev (1966), Tsytovich et al. (1966), Malyshev (1969) and Nixon and Morgenstern (1973) all reported significant increases in the consolidation of clay soils after one or more freeze-thaw cycles. In general, the overconsolidation has been attributed to the negative pore water pressures generated at the freezing front, which cause an increase in the effective stress on the material immediately below. As a result the clay particles reorient into a more compact aggregated or layered structure, the clay particles and ice being segregated. Recent studies (Chamberlain et al. 1978) have shown that the preconsolidation pressure due to freezing under natural conditions may be as high as 3.8 MPa.

The process of freeze-thaw consolidation is presented in terms of effective stress in Figure 1. A clay slurry is fully consolidated to point a on the virgin compression curve and frozen with free access

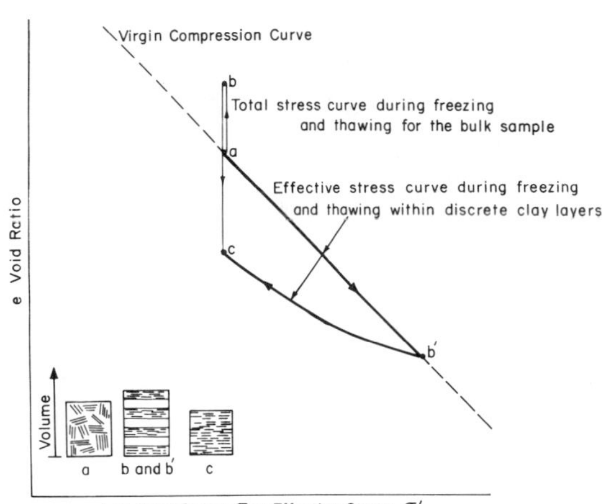

FIG. 1. Theorized thaw consolidation process.

to water. Externally, the sample has undergone a net increase in void ratio to point b due to the expansion of water to ice and the intake of water from the reservoir. However, during freezing discrete elements of clay and ice have formed, the clay elements being overconsolidated to point b' due to the negative pore water pressures. Schematically, the structure has changed from the dispersed form shown in insert a to the segregated and flocculated form shown in insert b and b'. Upon thawing, the effective stress path within the discrete elements of clay is depicted along line b'-c to point c where the pore pressures are in equilibrium with the applied load, and the material has undergone a net decrease in void ratio from point a to point c.

SITE AND MATERIAL DESCRIPTION

The materials tested were obtained from five sites in the Great Lakes region of the United States: Times Beach in Buffalo, New York; Toledo Penn 7 and an island in Toledo, Ohio; O'Brien Lock in Chicago, Illinois; and Green Bay in Green Bay, Wisconsin. All sites were diked containment areas with weir facilities to control runoff. Detailed descriptions of the disposal sites were given by Chamberlain and Blouin (1976). All materials were obtained at water contents above their liquid limits and were predominantly smaller than 74 μm. The material properties are given in Figure 2.

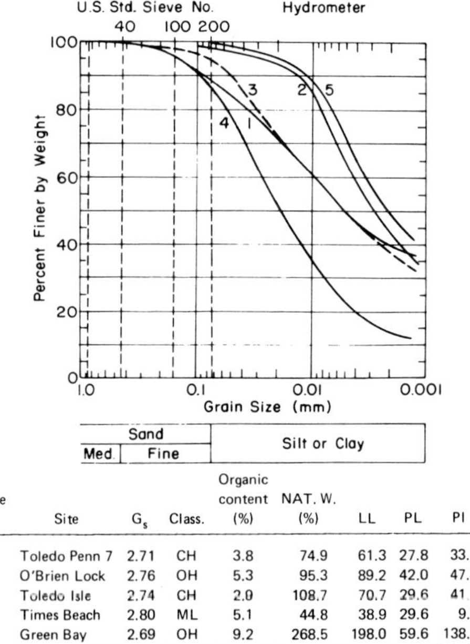

Curve no.	Site	G_s	Class.	Organic content (%)	NAT. W. (%)	LL	PL	PI
1	Toledo Penn 7	2.71	CH	3.8	74.9	61.3	27.8	33.5
2	O'Brien Lock	2.76	OH	5.3	95.3	89.2	42.0	47.2
3	Toledo Isle	2.74	CH	2.0	108.7	70.7	29.6	41.1
4	Times Beach	2.80	ML	5.1	44.8	38.9	29.6	9.3
5	Green Bay	2.69	OH	9.2	268.5	198.0	59.6	138.4

FIG. 2. Grain size distribution and index properties.

APPARATUS AND PROCEDURES

The thaw-consolidation apparatus, similar to one employed by Morgenstern and Smith (1973), is illustrated in Figure 3. It consists of a Teflon-lined Plexiglas cylinder with a 63.5-mm inside diameter and 152.4-mm outside diameter. The fixed base and movable piston contain stainless steel porous plates with provisions for drainage and flushing. The piston is sealed by means of a rubber "O" ring lubricated with a light machine oil. The drainage lines from the base and piston lead to a constant head device and screw pump. The base drainage line also leads directly to a pressure transducer to allow measurement of the pore water pressure. A system of valving also permits falling head permeability tests to be conducted. Both the base and piston contain thermoelectric cooling devices for controlling unidirectional freezing. A constant temperature circulating bath provides for long-term stable heat removal. Frost penetration rates were obtained by evaluating the output of thermocouples positioned in the base, piston and side wall of the cylinder.

The test material was mixed thoroughly in a blender at a water content two to three times its liquid limit and deaired prior to being poured into the chamber, which was partially filled with deaired water. The piston was then pushed into the cylinder until air bubbles stopped coming out of the connecting line and the connection was made to the drainage system. The

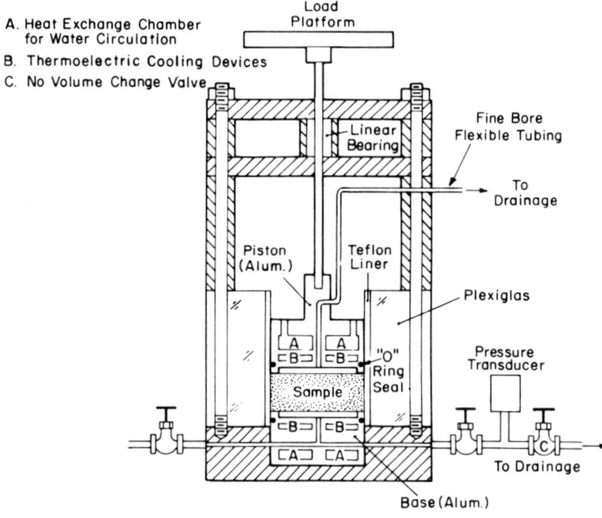

FIG. 3. Thaw consolidation apparatus.

load was applied in increments according to U.S. Army EM 1110-2-1906 (1965) and the pore water pressure measured. After application of the load the sample was allowed to consolidate until the pore pressure fell to zero.

When the sample was to be frozen, the piston was raised to approximately double the sample height, and bottom-up freezing commenced with water free to flow through the piston. Raising of the piston and bottom-up freezing were employed to minimize the restraint to heaving on the sample during freezing. In preliminary tests, it was observed that a pressure in excess of 30 kN/m^2 was required to remove a frozen sample from the Teflon cylinder. If similar forces were mobilized during top down freezing, the frozen plug would cause an overconsolidation of the unfrozen material beneath because of the resistance to heaving. Upon completion of freezing, the load was reapplied and the sample was allowed to thaw uncontrolled with water free to flow to the constant head device. Consolidation was considered complete once the pore water pressure again fell to zero. Normally, two or three freeze-thaw cycles were required to maximize the degree of thaw consolidation. Upon completion of normal and thaw consolidation tests, a falling head permeability test was conducted.

TEST RESULTS

Preliminary tests revealed that the rate of frost penetration appears to be of little consequence within the range examined. For instance, the change in volume of the Toledo island material under an effective stress of 3.0 kN/m^2 was 19% after freezing at 380 mm/day, while the same material frozen at 34 mm/day underwent a volume change of 18% during thawing. A standard rate of 150 to 200 mm/day was therefore adopted.

The greatest degree of overconsolidation was observed for the Toledo island, Penn 7, and O'Brien Lock materials, which had plasticity indexes of 41.1, 33.5 and 47.2% respectively. An example of the results in the void ratio effective stress plane is illustrated in Figure 4. Freezing and thawing, however, was not an effective overconsolidation mechanism for all the materials tested, as is illustrated in Figure 5. For instance, only a 6% reduction in volume was observed for the Green Bay material, which had a plasticity index of 138.4%, while the maximum volume decrease observed for the Times Beach material (PI = 9.3) was 4%.

Because time is an important factor in the consolidation of fine-grained materials, a special test was conducted on the Toledo Penn 7 material where no load was applied until 53 days after thawing. The result differed little from the normal test where the sample thawed under load.

The permeability of each material was also determined before freezing and after thawing. These tests were conducted after complete relaxation of the stress on the pore water, i.e. completion of primary consolidation. In all cases the permeability was greater after thawing, even when reductions in void ratio occurred. For example, Figure 6 shows that the permeability of the O'Brien Lock material is as much as two orders of magnitude greater for the thaw-consolidated case than for the normally consolidated case. A special test showed that the prefrozen permeability was recovered in approximately 40 days (Fig. 7) what appears to be a period of secondary consolidation. Nonetheless, a volume change of approximately 20% occurred during the period of reducted permeability.

The increased permeability for the thaw consolidated case can be readily understood by examining the specimens after freezing. For instance, Figure 8 shows the top surface of a Toledo island sample after freezing and thawing but incomplete thaw consolidation. A polygonal structure is distinct. These features were not always visible to the naked eye after sample removal, particularly in the samples consolidated at the higher stress levels. In order to further examine this structure, a thin-section study was made of the Toledo Penn 7 material after freezing. Figure 9 shows magnifications of vertical and horizontal profiles. The dark areas are composed of dredged material solids and the light bands are ice. When thawed, the joints become paths of least flow resistance and, thus, the permeability is increased.

POTENTIAL BENEFITS IN FIELD SITUATIONS

In order to explore the potential benefits of both thaw-enhanced consolidation and

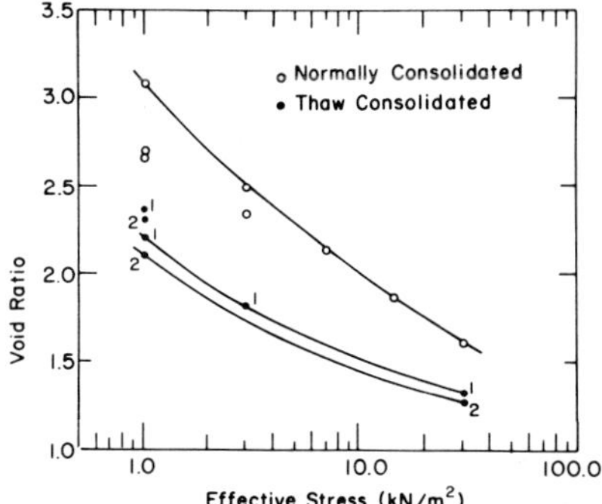

FIG. 4. Voil ratio vs effective stress for the Toledo island site material. Numbers indicate number of freeze-thaw cycles.

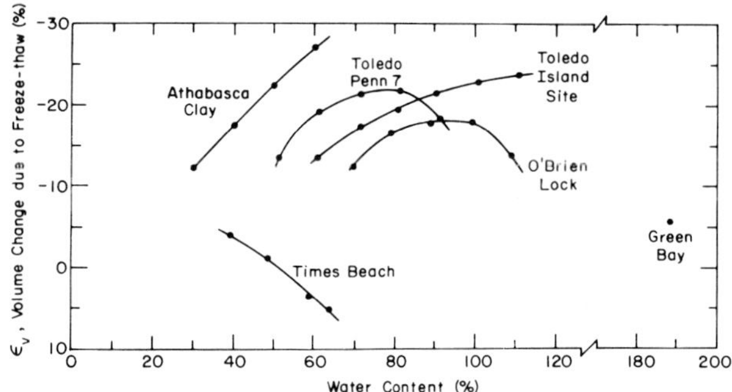

FIG. 5. Volume change due to freeze-thaw vs. initial water content for the five materials studies.

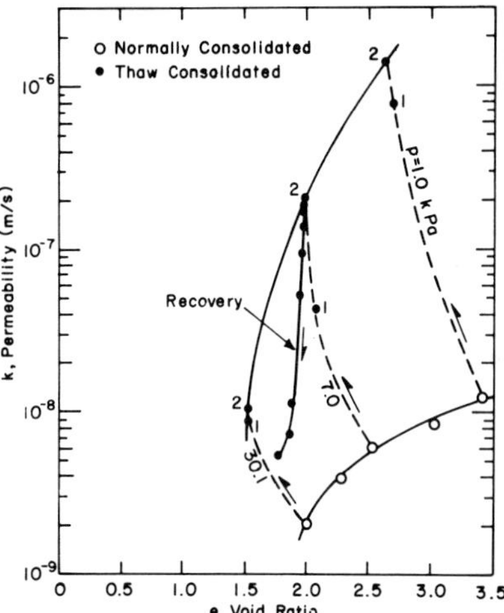

FIG. 6. Permeability vs void ratio for the O'Brien Lock material. Numbers indicate number of freeze-thaw cycles. Applied stress (P) shown on dashed lines between the normally and thaw-consolidated conditions.

and the subsequent increase in permeability, laboratory data from the Toledo island site were extrapolated to field situations. The first part of this analysis considers only the ultimate settlements achievable, without regard for the time required to obtain them, while the second part concentrates on the settlements as they relate to time.

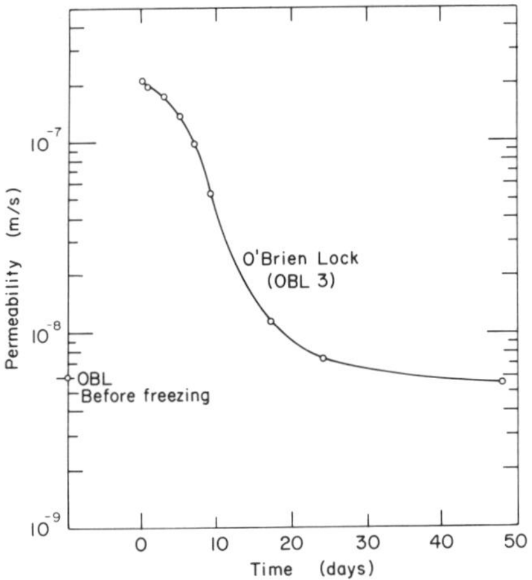

FIG. 7. Permeability change with time for the O'Brien Lock material.

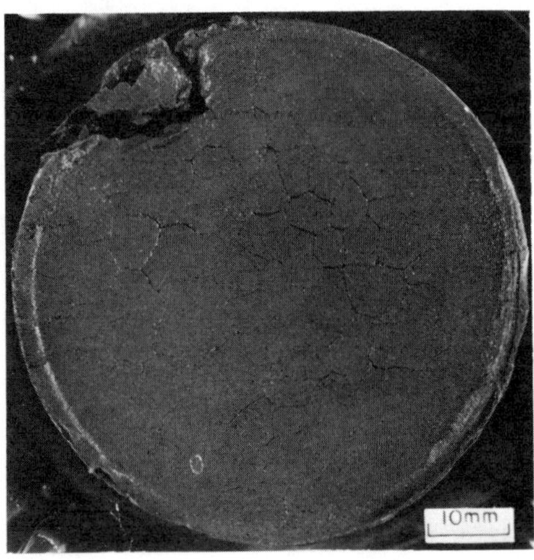

FIG. 8. Surface of Toledo island sample TIS-2 after incomplete thaw consolidation.

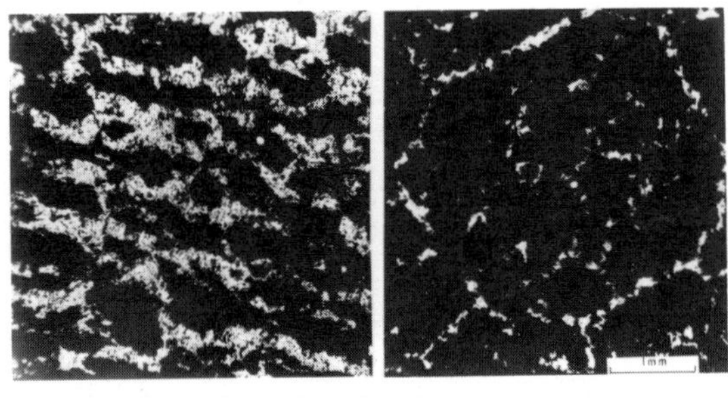

FIG. 9. Thin sections of the Toledo island material in the frozen state: left - vertical; right - horizontal.

It is assumed that the initial water content is a constant 80% over all depths.

The effective stress due to gravity was combined with the normally consolidated void ratio curve from Figure 4 to produce a plot of the volume change as a function of depth due to gravitational loading as shown in Figure 10. For depths less than 1.4 m, the effective stress due to gravity is not sufficient to produce volume changes in excess of the initial assumed volume, so that initial conditions are unchanged above this depth.

Three comparisons to the gravitational consolidation curve are shown in Figure 10. The first comparison is the expected volumetric strain after a single freeze-thaw cycle. The volumetric strain was obtained in the same manner as for the gravitational curve, except that the thawed data from Figure 4 were used in place of the normally consolidated data. The second comparison shown in Figure 10 is with the anticipated dry density volume change which would ultimately result from adding a 2.5-m-thick surcharge of a material of 1.6-Mg/m^3 density to the dredged material. The final comparison shown in Figure 10 is for the case where the dredged material undergoes one freeze-thaw cycle and is subsequently loaded by a 2.5-m surcharge as above. The total volume reduction for the thaw-consolidated and surcharge-consolidated materials ranges from 18% for shallow facilities to 23% for an original material depth of 8 m. The volume reduction resulting from one freeze-thaw cycle is equivalent to that produced by the 2.5-m surcharge. Addition of a 2.5-m surcharge to the thaw consolidated material results in a total volume reduction of approximately 27%.

According to Terzaghi and Peck (1966), the consolidation time t is given by:

$$t = (T_V H^2)/c_V \qquad (1)$$

where H is the longest possible drainage path, T_V is a time factor related to the degree of consolidation, U, under consideration, and c_V is the coefficient of consolidation. In order to get a rough estimate of the effect of freezing and thawing on t, c_V for the unfrozen and thawed states was determined (Fig. 11). To simplify the calculations, a c_V of 2.0×10^{-8} m^2/s for the normally consolidated condition and a c_V of 1.0×10^{-6} m^2/s for the thaw-consolidated condition were selected and assumed independent of stress level. Assuming a 90% degree of consolidation to be desireable, T_V was found to be approximately 0.9. No bottom drainage is assumed; thus H equals the thickness of the dredged material in all cases. Consolidation times computed from equation 1 are plotted as a function of

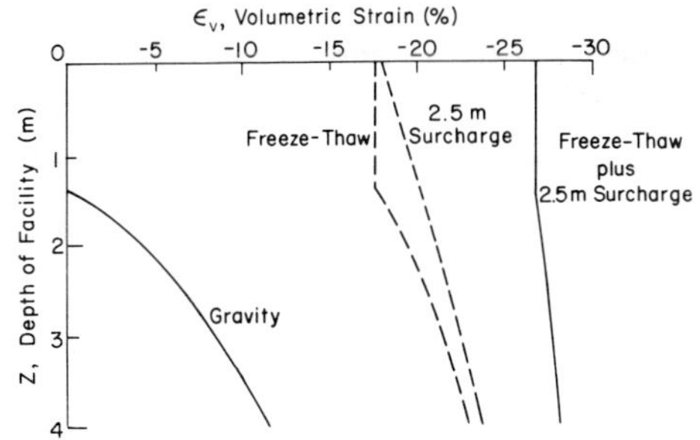

FIG. 10. Volumetric strain as a function of depth.

depth in Figure 12. It can be seen that for a layer 1 m thick, 0.028 year (10 days) is required to reach 90% consolidation for the thaw-consolidated case, while 1.41 years is required for the normally consolidated case, a difference factor of 50. Similarly, for a 4-m-thick layer the corresponding times become 0.46 year vs 22.83 years.

SITE MANAGEMENT

In making the comparison between the thaw-consolidated and conventionally consolidated cases the actual mechanics of freezing a disposal site have been ignored. In order to conveniently compare equal volumes of material, the hypothetical site was assumed to be filled to capacity and subsequently frozen completely. In this way, the depth of material at the initial assumed density and water content was identical for the freeze-thaw case and for the gravity and surcharged cases. In practice, the material would have to be frozen sequentially as it is deposited because of the relatively shallow depths of seasonal frost penetration expected at the study sites (see Table 1).

One method, seasonal deposition-freezing, would be to deposit a layer of material each dredging season and allow it to freeze completely during the winter months and to thaw in the spring with surface drainage, perhaps enhanced by trenching. The process could then be repeated during subsequent years until the area was filled. The annual depth of material treated, however, would be limited to the depth of natural frost penetration.

A second method, sequential deposition-freezing, would be to pump unfrozen dredged material from beneath the frozen surface or from an adjacent site onto the frozen surface repeatedly during the winter, allowing each layer to freeze before the next was applied. Each layer would be only 50 to 75 mm thick. This would not necessarily increase the depth of frozen material significantly as the bottom of the frozen material might thaw. However, it would increase the quantity of material frozen during a given winter.

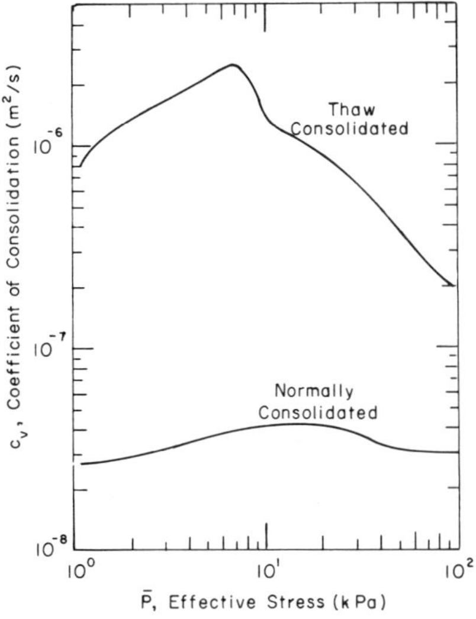

FIG. 11. Coefficient of consolidation as a function of effective stress.

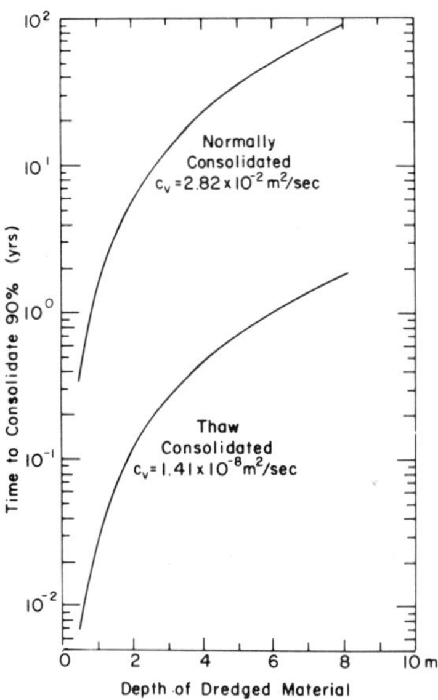

FIG. 12. Time to 90% consolidation vs depth.

Table 1. Snowfall and freezing depths for five Great Lakes cities.

City	Mean annual snowfall (m)	Mean annual frost depth (m) w=80%*	w=60%†
Buffalo	2.24	0.32	0.37
Toledo	0.79	0.21	0.24
Detroit	0.83	0.24	0.27
Chicago	0.84	0.24	0.27
Green Bay	1.01	0.48	0.55

* Assumes all water frozen
† Assumes 20% unfrozen water content

Snow removal could add operational problems, especially in areas of high snowfall such as Buffalo (see Table 1). This problem would be particularly difficult until the dredged material froze deep enough to support heavy equipment. If a heavy snow cover accumulated before sufficient frost penetration occurred it would probably not be possible to remove the snow, and the disposal area would not freeze significantly.

DISCUSSION AND CONCLUSIONS

Freezing and thawing may be an effective means of enhancing the densification of fine-grained dredged materials with plasticity indexes at least within the limits of 30 to 50%. Freezing and thawing increases the vertical permeability by as much as two orders of magnitude, the result being a considerably shorter consolidation time for the thawed material.

The utility of freeze-thaw consolidation enhancement in field situations is predicated on the efficient use of natural freezing conditions and the provision of adequate drainage facilities. Field sites must be managed to maximize the depth of frost penetration. The depth of freezing can be increased by sequentially placing and freezing shallow lifts of dredged material during the winter.

There is a certain amount of speculaion in this analysis of enhancing the consolidation of dredged material by freezing and thawing. The reliability of extrapolating laboratory thaw consolidation and permeability data to field situations has yet to be demonstrated. Other potential applications for this knowledge are the dewatering of paper mill and sewage sludge and analysis of the stability of foundations beneath liquid natural gas tanks and chilled gas pipe lines.

ACKNOWLEDGMENTS

The study was supported by the U.S. Army Corps of Engineers Dredged Material Research Program.

REFERENCES

CHAMBERLAIN, E.J., P.V. Sellmann and S.E. Blouin. 1978. Engineering properties of subsea permafrost in the Prudhoe Bay region of the Beaufort Sea. This volume.

CHAMBERLAIN, E.J. and S.E. Blouin. 1976. Freeze-thaw enhancement of the drainage and consolidation of fine-grained dredged material in confined disposal areas. Final report to USAEWES, Office of Dredged Material Research.

MALYSHEV, M.A. 1969. Deformation of clays during freezing and thawing. Inzhenerno-Stroitel'nyi Institut, Sbornik Nauchnykh Trudov 14, pp. 58-62. CRREL Translation 388, 1973.

MORGENSTERN, N.R. and L.B. Smith. 1973. Thaw consolidation tests on remoulded clays. Can. Geotech. J. 10(1), pp. 25-40.

NIXON, J.F. and N.R. Morgenstern. 1973. The residual stress in thawing soils. Can. Geotech. J. 10, pp. 571-580.

PONOMAREV, V.D. 1966. Experimental study of the stress-strain state of thawing bearing soils. Materialy VII Vsesoyuznogo Mezhduvedomstvennoye Soveshchaniya po Geokriologii (Merzlotovedeniya). CRREL Translation 289, 1971.

SHUSHERINA, Y.P. 1959. Variation of physico-mechanical properties of soils under the action of cyclic freeze-thaw. Mezhduvedomstvennoye Soveshchaniya po Merzlotovedeniyu, 7th Materialy po Fizike i Mekhanika Merzlykh Gruntov. CRREL Translation 255, 1971.

STUART, J.G. 1964. Consolidation tests on clay subjected to freezing and thawing. Stockholm, Statens Geotekniska Institut, Saekryck och Preliminara Rapporter, No. 7, pp. 1-9.

TERZAGHI, K. and R. Peck. 1966. Soil mechanics in engineering practice. John Wiley & Sons, New York.

TSYTOVICH, N.A., V.G. Grigor'eva and IU. K. Zaretskii. 1966. Study of consolidation of thawing ice-saturated grounds. Moscow. Nauchno-issledovatel'skii Institut Oznovanii i Podzemnykh Sooruzhenii. Osnovaniia i Fundamenty, Sbornik No. 56, pp. 97-141. CRREL Translation 164, 1970.

U.S. ARMY. 1965. Laboratory soils testing. Engineer Manual EM 1110-2-1906.

ENGINEERING PROPERTIES OF SUBSEA PERMAFROST IN THE PRUDHOE BAY REGION OF THE BEAUFORT SEA

Edwin J. Chamberlain, Paul V. Sellmann and Scott E. Blouin, U.S. Army Cold Regions Research and Engineering Laboratory, Hanover, New Hampshire, U.S.A.

Core samples, cone penetration resistance and temperature data obtained from subsea sediments near Prudhoe Bay, Alaska, provided the basis for this study. The sites were located 1 to 17 km from shore in 2 to 12 m of water. Maximum hole depth was 50 m. The materials at the drill sites included sands and gravels overlain by 4.5 to 7.5 m of silts and clays. No ice-bonded materials were observed, although thermal data indicated that permafrost was present. Index property, triaxial compressive strength, consolidation and permeability data were obtained in the laboratory. Strengths ranged between 25 and 270 kPa for the fine material. Highly overconsolidated clays were encountered at the site farthest from shore. The preconsolidation pressure was estimated to be 1.5 MPa. Based on considerations of geologic and climatic history, it is proposed that the overconsolidation is a result of freezing and thawing.

PROPRIÉTÉS TECHNIQUES DU PERGÉLISOL SOUS-MARIN DE LA BAIE PRUDHOE, DANS LA RÉGION DE LA MER DE BEAUFORT.

La présente étude est basée sur des données relatives à des carottes de sédiments sous-marins de la région de la baie Prudhoe en Alaska, à la résistance de ceux-ci au forage, et à leur température. Les sites se trouvaient de 1 à 17 km du rivage et la profondeur d'eau allait de 2 à 12 m. La profondeur maximale de forage était de 50 m. Sur les sites de forage, les matériaux comprenaient des sables et des graviers recouverts de 4.5 à 7.5 m de silts et argiles. On n'a pas observé de matériaux liés par la glace, bien que les données thermiques aient indiqué la présence d'un pergélisol. On a obtenu au laboratoire des données relatives aux propriétés caractéristiques des matériaux, aux essais triaxiaux de résistance à la compression, et aux essais de perméabilité et de consolidation. La résistance mécanique des matériaux fins s'échelonnait entre 25 et 270 kPa. On a rencontré des argiles très fortement indurées sur le site le plus éloigné du rivage. On a estimé la pression de préconsolidation à 1.5 MPa. En raison de l'histoire géologique et climatique, on suggère que l'induration est due aux alternances de gel et de dégel.

ТЕХНИЧЕСКИЕ СВОЙСТВА МНОГОЛЕТНЕМЕРЗЛЫХ ГРУНТОВ НА ДНЕ ЗАЛИВА ПРУДХО В МОРЕ БОФОРТА

Данное исследование основано на результатах колонкового пробоотбора и измерений сопротивления конусной пенетрации и температуры в отложениях на дне залива Прудхо /Аляска/. Испытательные участки располагались на расстоянии 1-17км от берега на глубине 2-12м. Максимальная глубина скважины составляла 50м. Породы на буровых участках были представлены песком и гравием, покрытыми слоем ила и глины толщиной от 4,5 до 7,5м. Осадков, цементированных льдом, не наблюдалось, хотя температурные данные указывали на присутствие многолетней мерзлоты. В лабораторных условиях были получены данные об основных свойствах, прочности на трехосное сжатие, уплотнении и проницаемости. Значения прочности варьировали от 25 до 270 килопаскалей для мелкозернистых осадков. Сверхплотные глины отмечались на участке, наиболее удаленном от берега. Давление предварительного уплотнения составляло приблизительно 1,5 мегапаскалей. Геологическая и климатическая предыстория позволяет предположить, что переуплотнение вызвано промерзанием и оттаиванием.

ENGINEERING PROPERTIES OF SUBSEA PERMAFROST IN THE PRUDHOE BAY REGION OF THE BEAUFORT SEA

Edwin J. Chamberlain[1], Paul V. Sellmann[1], Scott E. Blouin[1], David M. Hopkins[2] and Robert I. Lewellen[3]

[1]U.S. Army Cold Regions Research and Engineering Laboratory, Hanover, New Hampshire, USA
[2]U.S. Geological Survey, Menlo Park, California, USA
[3]Arctic Research, Littleton, Colorado, USA

INTRODUCTION

Recent investigations (Hunter et al. 1976, Osterkamp and Harrison 1976, Lewellen 1976) support earlier indications that permafrost is very extensive under the Beaufort Sea.

During the spring of 1976, a drilling program was conducted along a transect from 1 to 17 km offshore of Prudhoe Bay, Alaska, to obtain data on the vertical and horizontal distribution and the engineering and chemical properties of subsea permafrost (Sellmann et al. 1976). This extended the line previously investigated by Osterkamp and Harrison (1976). Core samples were obtained for laboratory determinations of index, strength, and compressibility properties as well as for sediment chemistry. In addition, in-situ measurements of penetration resistance and temperature were obtained. Supporting geological, thermal, dating, and fossil studies were undertaken by the U.S. Geological Survey to aid in interpreting the geologic history of this region.

SITE LOCATIONS

Three holes were drilled offshore in the Prudhoe Bay area using the sea ice cover as a drilling platform. One of the sites was within Prudhoe Bay and the others were north and south of Reindeer Island (Fig. 1). Water depths and distances from shore are given in Figures 2-5.

The sites were selected to include a range of thermal and geological settings controlled by distance from shore, occurrence of offshore islands and bars, and water depths. The University of Alaska drilling program conducted in 1975 near and offshore of the new ARCO dock facility (Osterkamp and Harrison 1976) and geophysical studies in the Prudhoe Bay area (Rogers 1976) were helpful in determining site locations. The study by Osterkamp and Harrison (1976) established the existence of bonded permafrost in two holes in areas of shallow water <2 m in depth. Their deepest offshore hole (46 m), located approximately 3370 m from shore, did not penetrate into bonded permafrost.

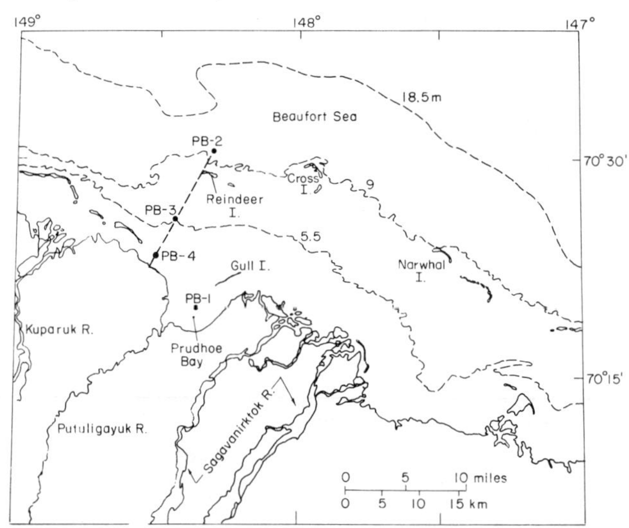

FIG. 1. CRREL-USGS subsea drilling location, Prudhoe Bay region, spring 1976.

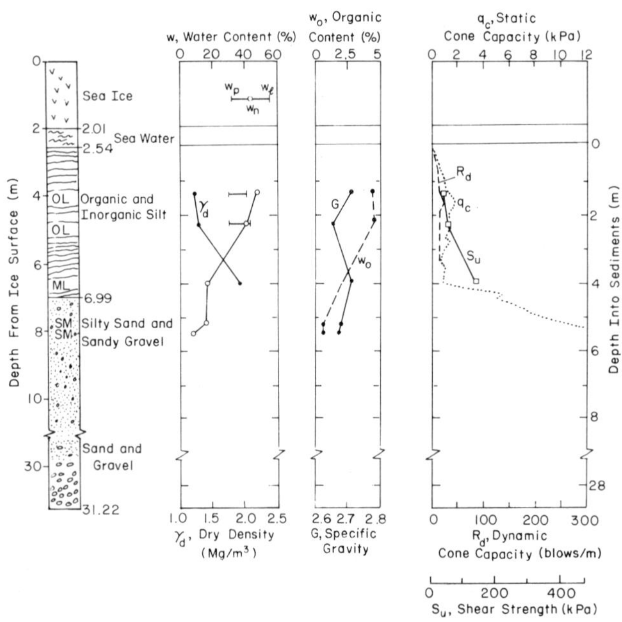

FIG. 2. Engineering properties and hole logs for site PB-1, approximately 2.8 km from shore.

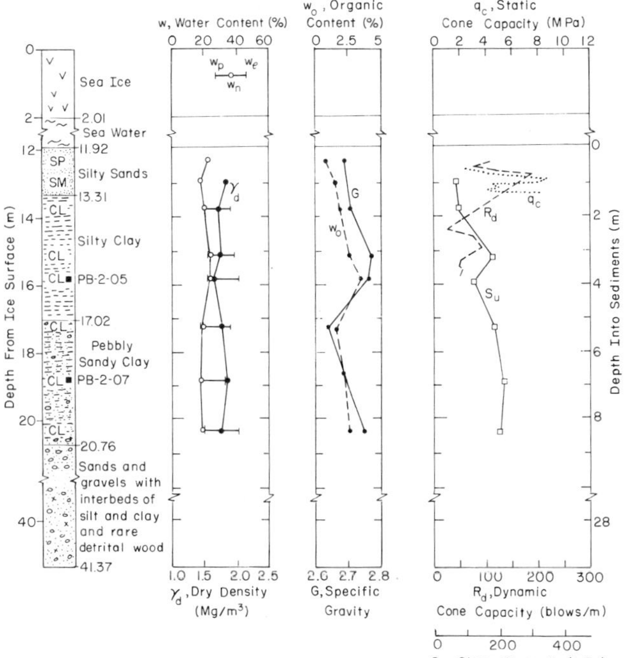

FIG. 3. Engineering properties and hole logs for site PB-2, approximately 17 km from shore.

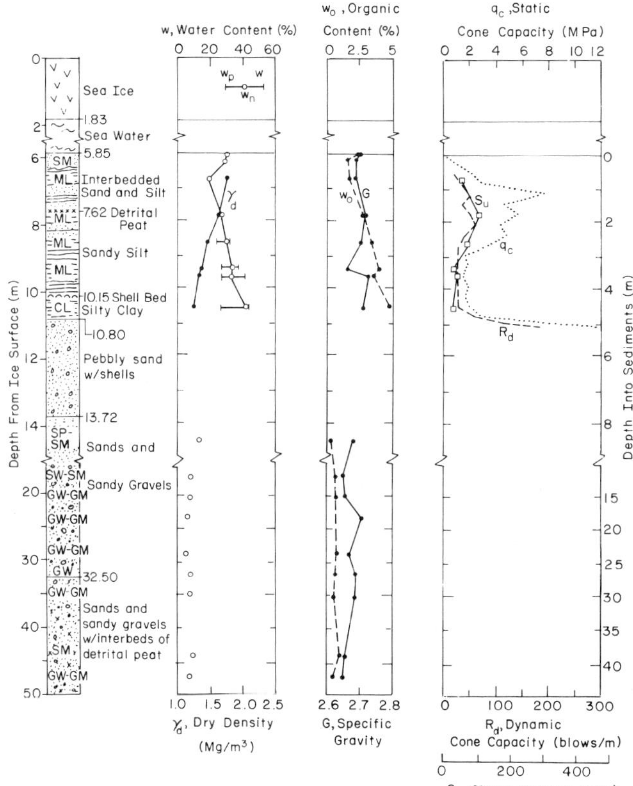

FIG. 4. Engineering properties and hole logs for site PB-3, approximately 6.5 km from shore.

HOLE LITHOLOGY AND SAMPLE PROPERTIES

The drilling and sampling techniques used during the project have been described in detail by Sellmann et al. (1976).

The hole logs shown in Figures 2-4 are based on field observations of cores, wash samples and drilling conditions, and results of laboratory analysis. The logs all show a fine-grained surface section of marine sediments (fine sand, silt and clay) 4.5 to 8.8 m thick. These sediments commonly contain a few rounded pebbles, perhaps material ice-rafted from nearby beaches. These appear to overlie beach sediments (well-rounded gravel, coarse sand and some mud). The lower part of the marine mud sequence at site PB-2 contains abundant small pebbles and granules. The fine-grained marine materials are soft and weak at sites PB-1 and PB-3 while at site PB-2 they appear to be very stiff and overconsolidated.

The marine sequence is underlain by poorly sorted angular gravel lacking any organic remains, probably deposited as glacial outwash. The outwash appears to be approximately 18 m thick at sites PB-1 and PB-3 and less than 5 m thick at PB-2. All boreholes terminate in an alluvial section of well-sorted sand, pebbly sand and gravel containing lenses of detrital wood and plant fragments.

The index properties and Unified Soil Classifications are given in Figures 2-4. It can be seen, with few exceptions, that the fine-grained silts and clays at sites PB-1 and PB-3 have the high moisture contents commonly encountered in marine environments, while the clays at site PB-2 have lower water contents in the range of their plastic limits.

EXPERIMENTAL PROGRAM

Cone Penetrometer Field Tests

Both dynamic and static penetrometer tests in the sediments were conducted using the sea ice as a platform. For the dynamic tests, a standard 64-kg hammer dropped 0.76 m was used to drive the probe string, which was made up of EW drill rod surrounded by EX casing. The probe consisted of a 60° hardened steel cone attached to the drill rod and a 150-mm-long sleeve welded to the base of the casing. The cone and sleeve both had a diameter of 57 mm. The point and sleeve could be driven simultaneously or separately by temporarily adding 0.3-m sections of casing or rod at the top of the probe string as desired. The static penetrometer used the same probe string and was pushed by a hydraulic cylinder mounted atop a quadrapod anchored to the sea ice.

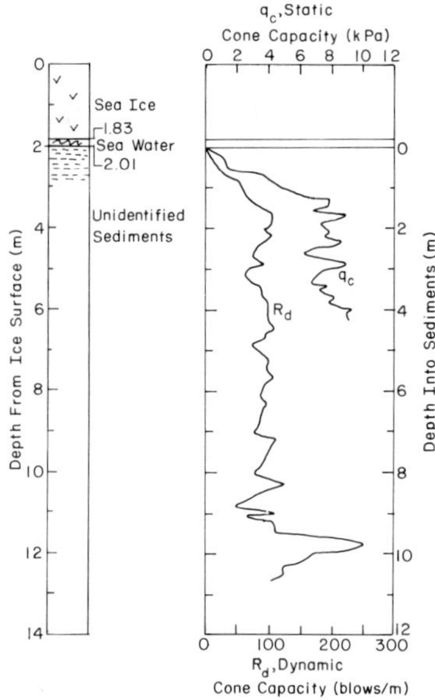

FIG. 5. Static and dynamic cone capacities for site PB-4, approximately 0.8 km from shore.

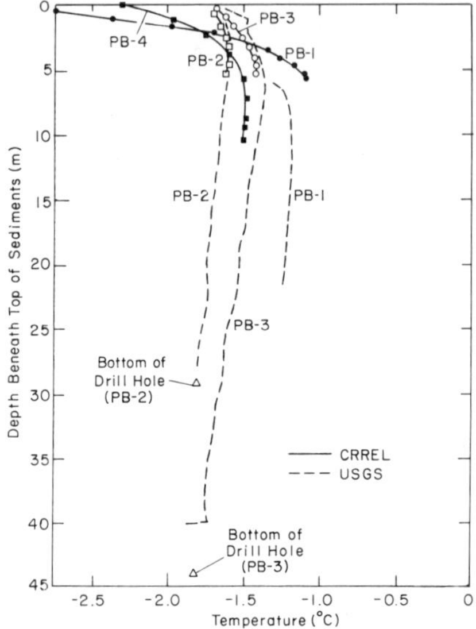

FIG. 6. Temperature profiles for Prudhoe Bay sites 01, 02, 03 and 04 (USGS data from Marshall, personal communication).

The results of the tests are illustrated in Figures 2-5. At site PB-1, the static penetration resistances were very low (<2 MPa) throughout the fine-grained section. Upon entering the coarser-grained sands and gravels the static penetration resistance rapidly increased to 24 MPa. Because of equipment difficulties, dynamic penetration data were obtained only in the fine-grained section. The range of penetration resistances was between 12 and 24 blows/m.

At site PB-2, a few static penetration results were obtained, but they are of questionable quality because of rod buckling problems in the deep water. The dynamic cone capacity rises sharply in the upper 1.4 m of silty sand to nearly 200 blows/m and falls abruptly to 50 to 100 blows/m in the clays beneath.

The cone penetration data at site PB-3 show the best correlation. Both the static and dynamic cone penetration data show an increase of penetration resistance through the upper meter of loose silty sand, a relatively constant penetration resistance through the next meter of more compact silt, and a decrease in the next 0.5 m of softer silts to a relatively low penetration resistance in the next 2-1/2 m of very soft silt. At a penetration depth of approximately 5 m a very stiff layer of sand was encountered and the penetration resistance increased rapidly with increasing penetration depth.

At site PB-4, the greatest penetration depth (11 m) was achieved, using the dynamic cone penetrometer. The penetration resistance increased from 100 blows/m below a depth of 2 m to nearly 250 blows/m near 10 m of penetration. The static cone penetration resistance increased to 8 MPa at the 2-m penetration depth and remained constant to 5-m depth.

In Situ Temperature Profiles

Equilibrium temperature data were obtained through the bore of the cone penetration rod at four sites. With the exception of site PB-1 where convection problems occurred, the resulting temperature profiles compared well with the data obtained by the USGS (V. Marshall, pers. comm) in Figure 6.

The bottom temperatures at the shallow water sites PB-1 and PB-4 where the salt concentrations were high because of restricted flushing under the sea ice cover were -3.25°C and -2.30°C respectively while the bottom temperatures at the deeper water sites PB-2 and PB-3 were both approximately -1.70°C. Negative temperature gradients occur at all sites below sediment depths of 5 to 12 m. This suggests that ice-bonded permafrost is present in the sediments below.

Laboratory Strength Tests

Undrained-unconsolidated triaxial compression tests were conducted at confining pressures estimated to be equivalent to the in situ overburden pressures on samples prepared from core specimens obtained from the three drill sites. The samples were 50 mm in diameter and 115 mm in length. The tests were conducted at a constant rate of strain of approximately 0.045/min. at 0±1°C. The samples were not ice-bonded as chemical analysis of the pore water revealed that the freezing point was -1.8°C or lower.

For site PB-1, Figure 2 illustrates that to a depth of 5 m or more the sediments are weak, the maximum shear strength being 45 kPa, while at a depth near the boundary of the fine-grained marine sediments and the coarser-grained glacial outwash material the shear strength increases to 134 kPa.

At site PB-2 (Fig. 3), there is a gradual but significant increase of shear strength with depth. In the overlying sandy material the shear strength is approximately 84 kPa. Near the top of the stiff marine clay section the strength is only a slightly greater 92 kPa but it increases to 225 kPa near the bottom.

At site PB-3 the shear strength decreases with depth (Fig. 4) in the marine section as softer and finer-grained materials are encountered. In the upper half of this section the strength is as high as 107 kPa while near the bottom it is approximately 28 kPa.

Laboratory Consolidation Tests

Because the clay samples taken from site PB-2 appeared to be overconsolidated, laboratory consolidation tests were conducted on two selected samples, one obtained from core PB-2-05 and the other from PB-2-07. These tests revealed overconsolidation stresses of 3800 and 3600 kPa respectively, the resulting overconsolidation ratios being 99 and 53.

DEPTH TO ICE-BONDED PERMAFROST

As no ice-bonded samples were recovered, it was initially concluded that ice-bonded permafrost lay at some unknown distance beneath the bottom of the drill holes. However, because of the extremely difficult driving conditions at the termination depths at PB-2 and PB-3, it was suspected that ice-bonded permafrost might have been encountered.

From the chemistry data of Iskandar et al. (1978) it was estimated that the freezing point of the interstitial water at both sites was approximately -1.8°C. Extrapolating the straight line segments of the USGS (1976) temperature profiles downward to intercept the -1.8°C isotherm resulted in estimated depths to ice-bonded permafrost for sites PB-2 and PB-3 of 29.9 and 43.3 m respectively (see Fig. 6). These depths correlate extremely well with the 29.5- and 44.2-m depths at which drilling and sampling were terminated because of collapsed casing or very high penetration resistances. It appears then that the depth to ice-bonded permafrost is less at the site most distant from shore.

OVERCONSOLIDATED CLAYS AT SITE PB-2

Distribution in the Beaufort Sea

The fact that highly overconsolidated clays were observed at only one of the three sites drilled leads to the conclusion that they may occur only in special marine environments. Reimnitz et al. (1974) reported finding stiff silty clays approximately 1 km seaward off Egg Island near Simpson Lagoon. In addition, Hollingshead and Rundquist (1977) reported that overconsolidated clays have been observed in shallow waters of the Mackenzie Delta.

Possible Mechanisms

Many overconsolidation mechanisms exist but only the traditional factors of 1) overburden pressure and subsequent erosion, 2) desiccation, and 3) glaciation, and the lesser-known mechanisms such as 4) freezing and thawing and 5) the forces of drifting berg ice or sea ice were considered.

To evaluate these mechanisms the geologic and climatic history of the nearshore Beaufort Sea must be known.

Geologic and Climatic History

Osterkamp and Harrison (1976) dated the sands and gravels underlying the marine clays at approximately 22,000 years BP. Barnes and Reimnitz (1974) stated that these clays are pre-Holocene or more than 7,000 to 10,000 years old, but stratigraphic, paleontologic and geochronologic study of our samples show that they are, in fact, Holocene, and range in age from contemporary to perhaps 10,000 years old. This period of time was characterized by a retreat of continental glaciation and a rise in sea level. Short term glacial advances may have occurred. However, reported glacial-geological studies indicate that none of these advances could have extended out onto today's coastal plain (Hamilton and Porter 1975). Sea level fluctuations occurred in this region throughout the late Pleistocene time in response to varying amounts of water being tied up on the continent in the form of glacier ice. Within the last 20,000 to 30,000 years the sea level was 100 m lower than at present, and has been rising continuously since, although at a varying pace during the period in which the marine clays accumulated (Hopkins 1973, Hopkins et al. 1977).

Evaluation of Overconsolidation Mechanisms

Glacial loading can be readily eliminated as an overconsolidation mechanism since there is no evidence that this part of the coastal plain has been glaciated since the time the marine clays were deposited.

Sediment loading and erosion can be excluded as an independent mechanism since adequate overburden thicknesses have not been available. It appears that since the deposition of the marine clays, no land surface at site PB-2 could have been more than a few meters above the existing sea level. The laboratory tests indicate that an overburden thickness of approximately 350 m of submerged sediment or 175 m of elevated sediment is necessary to overconsolidate these marine clays to their present state.

It has been suggested that the forces of drifting ice or pressure ridges may be factors in the overconsolidation process. However, there is little evidence that ice forces would compact the sea floor sediments. On the contrary, Reimnitz and Barnes (1974) have observed that rather than compressing the sea floor sediments, the ice would dislodge them and cast them aside. The process would be one of bulking, particularly in the soft marine sediments where there is little or no strength.

Desiccation is a common mechanism for overconsolidating clay soils. However, the necessary exposure of these marine sediments to the atmosphere would also mean that they would be subject to low temperatures and frozen.

Because temperature conditions appear to have been favorable over much of the late Pleistocene time for deep freezing of exposed land surfaces, and because more conventional overconsolidation processes do not appear to be viable, the process of freeze-thaw consolidation was given serious consideration. A discussion of this process is given by Chamberlain and Blouin (1978).

Freeze-Thaw Consolidation Tests

The results of two freeze-thaw consolidation tests conducted at an applied effective stress level of 128 kPa are superimposed on the undisturbed loading curve in Figure 7. The PB-2-05 and PB-2-07 materials were reconstituted in the form of slurries, deaired, and fully consolidated under successively increasing pressures to 128 kPa (approximately the pressure of 13 m of submerged sand or the thickness of Reindeer Island) and then frozen unidirectionally and allowed to thaw. For sample PB-2-05 (Fig. 7), the void ratio decreased 24% from 0.973 to 0.748. Similar results were obtained for sample PB-2-07.

Because of the uncertainty of the influence of freezing rate and the effects of drying and wetting on these materials when reconstituted for testing purposes, the differences noted in Fig. 7 between the thawed and undisturbed void ratios are not considered significant. Thus, these tests demonstrate that freezing and thawing is a viable mechanism for overconsolidating the marine clay sediments at site PB-2.

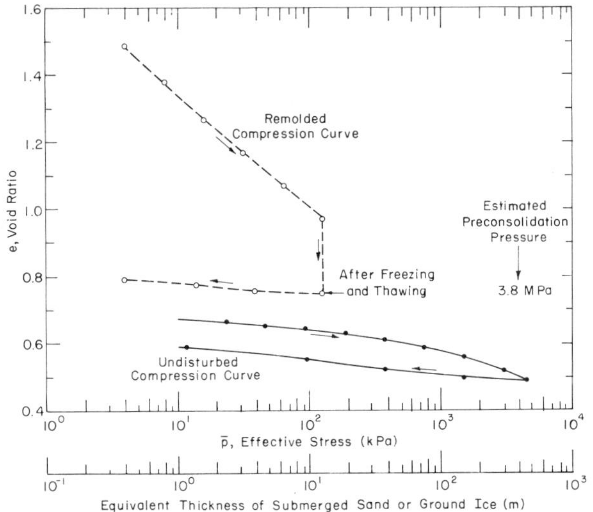

FIG. 7. Compression curves for undisturbed and remolded-thawed material from site PB-2-05.

This explanation is, of course, dependent upon these sediments being frozen during a period of rising sea level. Thus, some process providing for heat transfer between the cold arctic air and the marine clays must have occurred.

Processes for Inducing Freezing

There appear to be three distinctly different processes for providing a good thermal connection or "thermal bridge" between the marine sediments and the cold arctic air. The transgression of a barrier island, such as nearby Reindeer Island, across site PB-2 would provide the "thermal bridge" required. Since it is known that Reindeer Island is migrating westward and shoreward from site PB-2 (Hopkins et al. 1977) and that the depth of ice-bonded sediments at Humble Oil Company's hole C-1 on Reindeer Island is almost precisely the required frost penetration depth (20 m), this appears to be the most likely process.

However, it is also possible that perturbations in the sea level curve or grounding of berg ice or massive sea ice structures could have provided the necessary "thermal bridge." Since little is known of short-term lowering of the sea level in the past 10 thousand years and because grounded ice would result in only limited bed contact and freezing depths, these latter two processes appear to be less likely.

CONCLUSIONS

1. Subsea sediment temperatures were below 0°C at all sites studied during the spring of 1976.

2. Ice-bonded permafrost did not occur within the upper 30 m of subsea sediments in a region extending from 1 to 17 km offshore.

3. Negative gradients in thermal data and analysis of pore water chemistry suggest that ice is present at 29.9- and 43.3-m depths at sites PB-2 and PB-3 respectively. Because site PB-2 is in the deepest water and is at the greatest distance from shore, it appears that the depth to ice-bonded permafrost decreases with increasing distance from shore at these sites.

4. Shallow, highly overconsolidated marine clays occur seaward of Reindeer Island, while softer marine muds occur inside the barrier island along our study line.

5. The dense marine clays probably have been overconsolidated by freezing and thawing. The most likely process appears to involve freezing of the marine sediments during transgression of a barrier island across the site.

6. In-situ cone penetration resistance data can be obtained using the sea ice as a platform. This information can be used to delineate the occurrence of soft and stiff marine materials as well as dense sands and gravels and provide rapid access to thermal data.

ACKNOWLEDGMENTS

We wish to acknowledge the participation of J. Brown, A. Delaney, H. Ueda and I.K. Iskandar of CRREL, and V. Marshall, D. Carter and P. Barnes of the USGS. This study was supported by the Bureau of Land Management through an interagency agreement with the National Oceanic and Atmospheric Administration and was managed by the Outer Continental Shelf Environmental Assessment Program. Office of Naval Research, Naval Arctic Research Laboratory equipment was made available to supplement drilling equipment provided by CRREL.

REFERENCES

BARNES, P.W. and E. Reimnitz. 1974. Observations of arctic shelf processes from marine geologic studies conducted off the northern coast of Alaska. Preliminary report distributed at the Beaufort Sea Coastal Symposium, 7-9 January 1974.

CHAMBERLAIN, E.J. and S.E. Blouin. 1978. Densification by freezing and thawing of fine material dredged from waterways. This volume.

HAMILTON, T.D. and S.C. Porter. 1975. Itkillik glaciation in the Brooks Range, Northern Alaska. Quat. Res. 5, pp. 471-497.

HOLLINGSHEAD, G.W. and L.A. Rundquist. Morphology of Mackenzie Delta channels. Undated report received 31 January 1977.

HOPKINS, D.M. 1973. Sea level history in Beringia during the past 250,000 years. Quat. Res. 3, pp. 520-540.

HOPKINS, D.M. P.W. Barnes, N. Biswas, J. Cannon, E. Chamberlain, J. Dygas, W. Harrison, A.S. Naidu, D. Nummedal, J. Rogers, P.V. Sellmann, M. Vigdorchik, W. Wiseman and T. Osterkamp. 1977. Earth science studies. In Synthesis of environmental studies of the continental shelf of the Beaufort Sea. National Oceanic and Atmospheric Adminstration, in press.

HUNTER, J.A.M., A.S. Judge, H.A. MacAulay, R.L. Good, R.M. Gagne and R.A. Burns. 1976. Permafrost and frozen sub-sea-bottom materials in the Southern Beaufort Sea. Beaufort Sea Technical Report #22, Beaufort Sea Project, Canadian Department of the Environment.

ISKANDAR, I.K., T.E. Osterkamp and W.D. Harrison. 1978. Chemistry of interstitial water from subsea permafrost, Prudhoe Bay, Alaska. This volume.

LEWELLEN, R. 1976. Subsea permafrost research techniques. Symposium on Research Techniques in Coastal Environments, Louisiana State University, March 18-19, 1976.

OSTERKAMP, T.E. and W.D. Harrison. 1976. Subsea permafrost at Prudhoe Bay, Alaska - Drilling report. University of Alaska Scientific Report UAG R-245, Sea Grant Report No. 76-5.

REIMNITZ, E. and P.W. Barnes. 1974. Sea ice as a geologic agent on the Beaufort Sea shelf of Alaska. Preliminary report distributed at the Beaufort Sea Coastal Symposium, 7-9 January 1974.

REIMNITZ, E., C.A. Rodrick and S.C. Wolf. 1974. Strudel scour: A unique arctic marine geologic phenomenon. J. Sed. Pet. 44(2), pp. 409-420.

ROGERS, J.C. 1976. Seismic investigation of offshore permafrost near Prudhoe Bay, Alaska. Unpublished report.

SELLMANN, P.V., R.I. Lewellen, H.T. Ueda, E.J. Chamberlain and S.E. Blouin. 1976. 1976 USACRREL-USGS subsea permafrost program, Beaufort Sea, Alaska - Operational report. CRREL Special Report 76-12.

ICE-RICH SOILS AS BASES FOR STRUCTURES

V.V. Dokuchaev, Z.P. Artemov and D.R. Sheinkman. Leningrad Zonal Res. Inst. of Exp. Design, U.S.S.R.

The design resistance of ice-rich soils to loading should be determined not as the ultimate long-term strength, at which deformations attenuate with time, but as the highest stress which does not cause progressive flow during the service life of the structure. A foundation base designed in this way first deforms in the stage of non-stabilized creep, which is negligible for the given soils, and then in the stage of stabilized flow. Tests carried out over a wide temperature range on soils of different composition, ice content and structure showed that there is a linear dependence of the deformation rate with stress at stresses which are less than the design resistance. This makes it possible to find an engineering solution for the settlement of foundations caused by the creep of ice-rich soils and ice in particular. This solution agrees with experimental data obtained in penetration tests.

LES SOLS RICHES EN GLACE UTILISÉS COMME BASES DE STRUCTURES

V.V. Dokuchaev, Z.P. Artemov, D.R. Sheinkman. Institut régional de Leningrad de recherches scientifiques en projets expérimentaux, URSS

Pour les sols riches en glace, la résistance théorique à l'action de charges doit être étudiée non pas comme une force de résistance finale en présence de laquelle les déformations s'atténuent avec le temps, mais comme la contrainte maximale qui ne provoque plus d'accélération du fluage pendant la durée d'utilisation de la structure. La base d'une fondation construite suivant ce principe se déforme d'abord pendant l'étape de fluage non stabilisé, qui est négligeable dans le cas des sols examinés, et ensuite pendant le fluage stabilisé. Les expériences qui ont été faites en présence d'une gamme étendue de températures avec des sols de composition, de teneur en glace et de texture différentes ont montré qu'il existe, à des contraintes inférieures à la résistance théorique, une relation linéaire entre la vitesse de déformation et ces contraintes. En génie civil, cela permet de trouver une solution à l'affaissement d'une fondation sur piliers provoqué par le fluage des sols riches en glace et de la glace en particulier, solution qui s'accorde avec des données expérimentales obtenues lors des essais de pénétration.

СИЛЬНОЛЬДИСТЫЕ ГРУНТЫ КАК ОСНОВАНИЯ СООРУЖЕНИЙ

В.В. Докучаев, З.П. Артемов, Д.Р. Шейнкман
Ленинградский зональный НИИ экспериментального проектирования, СССР

Для сильнольдистых грунтов расчетное сопротивление действию нагрузки следует определять не как предел длительной прочности, при котором деформации со временем затухают, а как наибольшее напряжение, не вызывающее за срок эксплуатации сооружения прогрессирующего течения. Основание фундамента, рассчитанное из этого условия, деформируется сначала в стадии неустановившейся ползучести, которой для рассматриваемых грунтов можно пренебречь, а затем в стадии установившегося течения. Исследования, выполненные в широком диапазоне температур с грунтами различного состава, льдистости и текстуры, показали, что при напряжениях менее расчетного сопротивления наблюдается линейная зависимость скорости деформации от напряжения. Это позволяет получить инженерное решение для расчета осадки столбчатого фундамента, вызванной ползучестью сильнольдистых грунтов и в частности льда, которое согласуется с опытными данными, полученными из испытаний штампов.

СИЛЬНОЛЬДИСТЫЕ ГРУНТЫ КАК ОСНОВАНИЯ СООРУЖЕНИЙ

В.В. Докучаев, З.П. Артемов, Д.Р. Шейнкман

Ленинградский зональный научно-исследовательский ин-т экспериментального проектирования, СССР

ВСТУПЛЕНИЕ

Прочность мерзлых грунтов помимо температуры зависит от их состава. Это различие наблюдается при относительном обьеме льда, содержащегося в грунте в виде включений $Л_в$, не более некоторого значения, которое принято считать равным $Л_в = 0,2$. С увеличением льдистости влияние состава минеральной части грунта на его механические свойства ослабевает, и потому расчетные сопротивления нормальному давлению R при $0,2 < Л_в \leqslant \leqslant 0,4$ в нормах проектирования оснований были унифицированы. Эти сопротивления рассматривались как пределы длительной прочности грунтов, т.е. как наибольшие напряжения, при которых их деформации еще затухают. Для сильнольдистых грунтов ($Л_в > 0,4$) этот предел уменьшается, при $Л_в \to 1$ он близок к нулю и потому указанное понятие R теряет для них практический смысл. Расчетное сопротивление для таких грунтов следует определять как наибольшее напряжение, при котором за расчетный срок эксплуатации сооружения деформация грунта не выйдет из стадии установившегося течения; прогрессирующее течение рассматривается как неуправляемый опасный для основания процесс. Ограничение напряжений этим значением R необходимо, но недостаточно, так как непрерывно накапливающаяся осадка основания может превзойти предельную. Поэтому возникла необходимость исследования особенностей деформирования сильнольдистых грунтов в условиях ползучести.

ЭКСПЕРИМЕНТАЛЬНЫЕ ИССЛЕДОВАНИЯ

Исследования производились в подземных камерах постоянного температурного режима, расположенных на глубине, где не сказываются сезонные колебания температуры воздуха. В камерах поддерживалась постоянная температура -1, -2, -3 и -4°С, а также высокая влажность воздуха для предотвращения потери влаги в образцах.

С целью установления влияния льдистости и текстуры, отличающейся как размером включений льда, так и их расположением в грунте - равномерно, слоями или в виде сетки - было проведено значительное количество опытов с искусственно приготовленными образцами грунта, которые дополнялись исследованием образцов природного сложения.

Исследованиям подвергались пылеватые пески, супеси ($W_L = 0,25$; $W_p = 0,18$), суглинки ($W_L = 0,31$; $W_p = 0,19$) и лед. Технология приготовления образцов с природной текстурой и искусственно создаваемой разрабатывалась на основе специальных методических опытов (Вялов и др., 1976). Экспериментальные исследования включали одноосное сжатие и разрыв цилиндрических образцов (h = 100 мм, d = 50 мм), вдавливание незаглубленных штампов (d = 60 мм), а также компрессию (h = 30 мм, d = 70 мм). Средняя продолжительность опыта составляла для одноосного сжатия около 40 сут., вдавливания штампа - 150 сут., компрессионных испытаний - 30 сут., разрыва - несколько минут. Опыты проводились как при постоянной нагрузке, так и возрастающей ступенями, причем для сильнольдистых грунтов в исследованном диапазоне напряжений не наблюдается сколько-нибудь заметного различия в результатах.

Первый вопрос, на который должны были ответить эксперименты, - насколько велика деформативность грунта до возникновения установившейся ползучести и не является ли она решающей в формировании осадки основания?

Опыты показали, что значения условного модуля деформации Е достаточно хорошо выявляются из одноосного сжатия, так как они близки к полученным из штамповых опытов; компрессионные же испытания, несмотря на то, что они отражают только уплотнение грунта, показали заниженные значения Е, что особенно заметно для песков. При всех трех исследованных текстурах и $0,4 < Л_в \leqslant 0,8$ были получены высокие значения Е - даже при температуре -1°С они превосходили 40 МПа. Исключение составляли суглинки с засоленностью 0,2%, у которых значение Е оказалось равным 21,6 МПа при той же температуре. Из этих опытов стало ясно, что на основание может быть допущено такое давление, при котором ползучесть грунтов имеет незатухающий характер.

Изучение ползучести производилось по результатам опытов на одноосное сжатие, в которых течение с постоянной скоростью имело вполне устойчивый характер во времени и устанавливалось через 3-4 суток. Примеры кривых ползучести для образцов с $Л_в = 0,4$ и $Л_в = 0,8$ показаны на рис. 1; при $Л_в = 0,6$ все кривые занимают промежуточное положение. Зависимость установившейся скорости деформации $\dot{\epsilon}$ от напряжения σ анализировалась при помощи реологических кривых, типичные примеры которых приведены на рис. 2. Для всех разновидностей образцов обнаружено, что начальные участки этих кривых хорошо аппроксимируются прямыми. Аналогичный вывод для сильнольдистых грунтов можно сделать и из опытов других авторов (Пекарская, 1961; Гречищев, 1963). Эти участки кривых характеризуются тремя параметрами, которые названы пределом затухающей ползучести $\sigma_з$, пределом линейной ползучести $\sigma_л$ и коэффициентом линейной ползучести $\kappa = \dot{\epsilon}/(\sigma_л - \sigma_з)$. Опыты подтвердили, что состав грунта несущественно влияет на значения $\sigma_з$ и $\sigma_л$. При одинаковой льдистости для них не имеет существенного значения текстура грунта, размеры ледяных включений, а также способ приготовления образца (из монолита или грунтовой пасты). Решающими же факторами являются температура и засоленность грунта. Для подтверждения этого были произведены при $\theta = -4°С$ контрольные опыты с мелким песком базальной текстуры ($Л_в = 0,4$), природная засо-

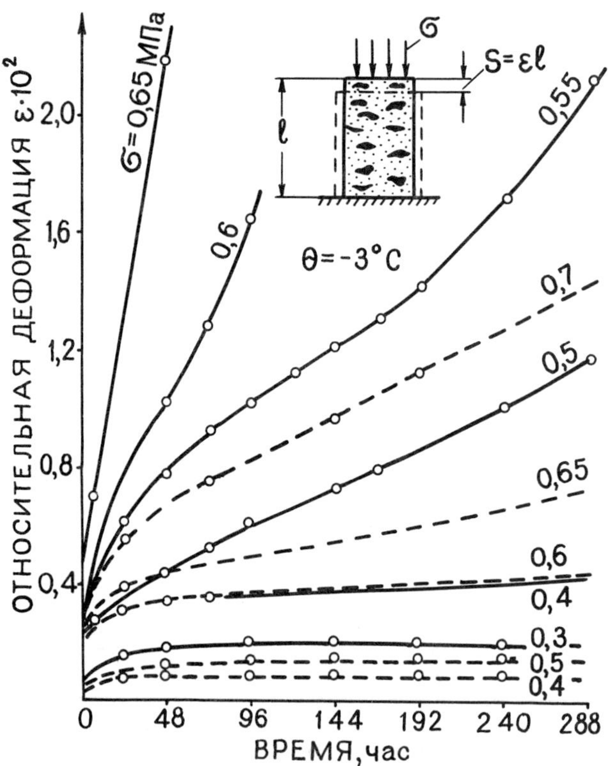

Рис. 1. Кривые ползучести супеси базальной текстуры с льдистостью $Л_в = 0{,}8$ и $Л_в = 0{,}4$ (пунктир) при различном напряжении.

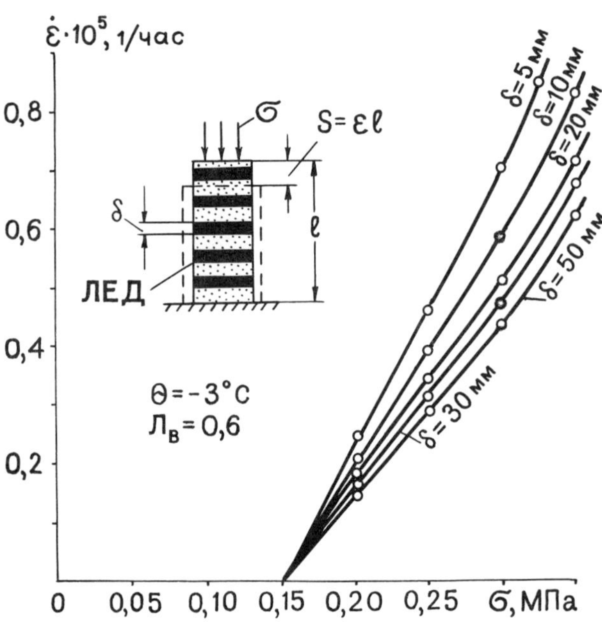

Рис. 2. Реологические кривые для суглинков слоистой текстуры.

ленность которого $Z = 0{,}065\%$. При напряжении σ = 0,05 МПа этот песок деформировался с постоянной скоростью $\dot{\epsilon} = 1{,}8 \times 10^{-4}$ 1/сут и в течение опыта не наблюдалась тенденция к затуханию скорости. Этот же песок после его обессоливания показал, что $\sigma_з$ = 0,2 МПа.

Осредненные значения пределов ползучести для незасоленных грунтов при $0{,}4 < Л_в \leqslant 0{,}6$ оказались следующими:

Температура, °С	−1	−2	−3	−4
$\sigma_з$, МПа	0,05	0,10	0,15	0,15
$\sigma_л$, МПа	0,15	0,25	0,30	0,40

При $Л_в$ = 0,8 значения $\sigma_з$ в два раза меньше, чем при $Л_в = 0{,}4 \div 0{,}6$, а при $Л_в$ = 1 они практически становятся равными нулю; значения же $\sigma_л$ меняются мало, при $Л_в$ = 1 они весьма значительны и представляют практический интерес. Отношение $\sigma_л/\sigma_з$ тем больше, чем выше температура и льдистость грунта, т.е. тогда, когда значения $\sigma_з$ малы и их целесообразно превосходить при назначении размеров подошвы фундамента; так например, при $\theta = -1$°С и $Л_в = 0{,}8$ $\sigma_л/\sigma_з > 3$.

Сопоставление же значений $\sigma_л$ со значениями напряжений, отвечающими расчетным сопротивлениям нормальному давлению грунтов с $Л_в = 0{,}2 \div 0{,}4$, позволяет распространить последние на грунты с льдистостью до $Л_в = 1$, если основание рассчитано по деформациям. При этом деформация грунтов будет происходить со скоростью, линейно зависящей от напряжения. Вычисление длительной прочности при времени действия нагрузки 50 лет по результатам выполненных опытов также показывает, что условие прочности основания удовлетворяется, если напряжения не превосходят $\sigma_л$.

В отличие от $\sigma_з$ и $\sigma_л$ значение κ заметно зависит от размеров ледяных включений, текстуры и состава грунта. С уменьшением толщины ледяных включений значение κ несколько увеличивается, что согласуется с более ранними исследованиями. Интерпретация результатов опытов в координатах $\ln 1/\kappa - \ln(1+|\theta|)$ показывает, что для сильнольдистых грунтов коэффициент линейной ползучести достаточно хорошо описывается известной зависимостью

$$\kappa = K/(1+\theta)^q,$$

где K и q – определяемые из опыта параметры; θ – температура, °С.

Текстурные особенности, льдистость и засоленность сказываются только на параметре K, а параметр q зависит лишь от состава грунта.

Отмеченные закономерности деформирования также обнаруживаются в опытах со штампами; начальные участки кривых $\dot{S} - P$ (рис. 3) имеют линейный характер и достаточно хорошо выявляют нагрузку, соответствующую $\sigma_з$. Верхний предел линейной ползучести в этих опытах выявить трудно, так как нарушение линейной связи $\dot{\epsilon} - \sigma$ происходит сначала в небольшом по толщине слое и мало сказывается на общей осадке штампа.

Опыты на разрыв производились при быстром приложении нагрузки и преследовали цель обнаружения слабого звена в конгломерате лед–грунт. Все образцы, приготовленные как из паст, так и природных монолитов, несмотря на различие в текстурах и льдистостях, разрушились при одинаковом напряжении, причем это разрушение происходило по льду. Ранее аналогичными опытами

(Пекарская, 1961) было, однако, обнаружено, что слабым местом является контактная зона грунта и льда.

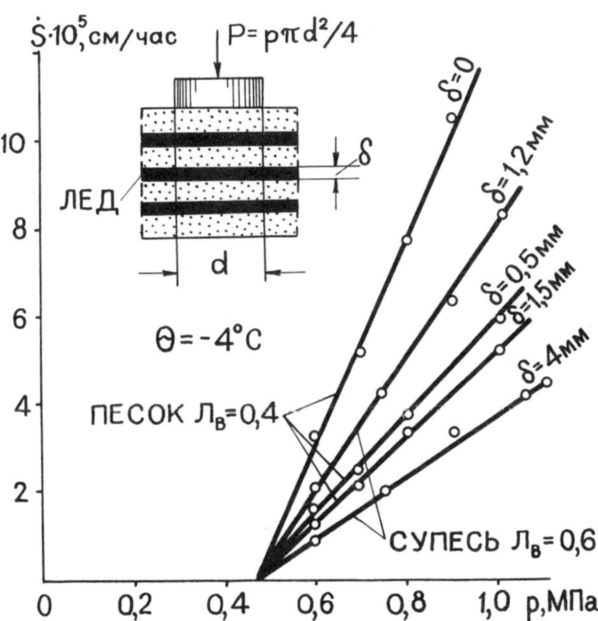

Рис. 3. Установившиеся скорости осадок штампов $\dot{S}$ в зависимости от средней нагрузки P.

ОСАДКА ШТАМПА НА ОДНОРОДНОМ ОСНОВАНИИ

Расчет осадки штампа, вдавливаемого в сильнольдистый грунт, может производиться двумя способами. В первом – весь процесс деформирования во времени условно рассматривается как развивающийся с уменьшающейся скоростью, описываемый нелинейным уравнением наследственной ползучести, включающим четыре параметра. При этом следует убедиться, что функции влияния напряжения, температуры и времени независимы и разделяются согласно этому уравнению. Обработка результатов выполненных опытов показала, что принятая методика определения указанных параметров применима и для сильнольдистых грунтов. Другой развитый далее способ расчета исходит из того, что на величину осадки решающим образом влияет ползучесть грунта с установившейся скоростью, линейно зависящей от напряжения в диапазоне $\sigma_3 < \sigma \leqslant \sigma_л$. Это позволяет получить инженерное решение задачи, в котором используются характеристики грунта, определяемые элементарно из простейших опытов, например из одноосного сжатия. Скорость изменения угла сдвига в простом напряженном состоянии

$$\dot{\gamma} = (\tau_{max} - \tau_3)/\eta,$$

где τ_{max}, τ_3 – касательные напряжения – максимальное и равное пределу затухающей ползучести; η – коэффициент вязкости, равный обратной величине κ с точностью до постоянного множителя; при одноосном сжатии $\eta = 1/3\kappa$.

При переходе к сложному напряженному состоянию использовано условие Роша–Губера–Мизеса, которое в данном случае означает, что предельное состояние в точке основания и в одноосно-сжатом образце наступает при одном и том же значении октаэдрического касательного напряжения.

Предположение о линейной зависимости $\dot{\epsilon}$ от σ допускает применить принцип суперпозиции в виде

$$D_{\dot{\epsilon}} = D_{\dot{\epsilon}1} - D_{\dot{\epsilon}2} = (D_{\sigma 1} - D_{\sigma 2})/2\eta,$$

где $D_{\dot{\epsilon}}$ и D_{σ} – девиаторы скоростей деформаций и напряжений, причем индексом 1 отмечены их значения, вызванные нагрузкой, приложенной на границе полупространства, а индексом 2 – то же в условном напряженном состоянии, отвечающем пределу затухающей ползучести.

Из соотношения Генки для первой составляющей

$$\dot{\epsilon}_{1z} - \dot{\epsilon}_{1cp} = (\sigma_{1z} - \sigma_{1cp})/2\eta,$$

где $\dot{\epsilon}_{1z}$ и $\dot{\epsilon}_{1cp}$ – скорость деформации по оси z и скорость объемной деформации; σ_{1z} и σ_{1cp} – нормальное к оси z и среднее напряжения.

Средняя деформация зависит от коэффициента Пуассона, значение которого в стадии ползучести с установившейся скоростью близко к 0,5 (Цытович, 1973; Вялов и др., 1967). Поэтому можно считать, что уплотнение грунта завершается в стадии неустановившейся ползучести, а для рассматриваемой стадии $\epsilon_{cp} = 0$.

При этих предпосылках скорость деформации основания

$$\dot{\epsilon}_z = (\sigma_z - \sigma_{cp} - R_3)/2\eta,$$

где R_3 – предел затухающей ползучести для основания, значение которого с точностью до постоянного множителя равно аналогичному пределу, установленному из лабораторных исследований грунта, например, из одноосного сжатия (в этом случае $R_3 = 2\sigma_3/3$).

Скорость осадки слоя основания толщиной $z_2 - z_1$

$$\dot{S} = \int_{z_1}^{z_2} [(\sigma_z - \sigma_{cp} - R_3)/2\eta] dz.$$

Ординаты границ слоя z_1 и z_2 находятся из условия равенства нулю трехчлена в круглых скобках. Вторичное интегрирование этого выражения по времени дает искомое значение осадки слоя.

При однородном основании и постоянной температуре грунта скорость осадки штампа диаметром b при среднем давлении p на его подошву

$$\dot{S} = [pb(\omega_2 - \omega_1) - 0{,}5 R_3 (z_2 - z_1)]/\eta,$$

где

$$\omega_2 = 0{,}5 \int_0^{\bar{z}_2} \frac{\sigma_z - \sigma_{cp}}{p} dz; \quad \omega_1 = 0{,}5 \int_0^{\bar{z}_1} \frac{\sigma_z - \sigma_{cp}}{p} dz; \quad \bar{z} = z/b$$

Значения z_1, z_2, ω_1, ω_2 могут быть найдены по номограмме (рис. 4), где стрелками показан пример их определения.

На осадку фундамента оказывают влияние форма его подошвы и жесткость, а также неоднородность основания. Исследование этих факторов производилось на примере незаглубленного штампа, вдавливаемого в лед (Вялов и др., 1976). Выявлено, что при деформировании льда в условиях линейной ползучести квадратные и круглые в плане фундаменты имеют практически одинаковую осадку. В зависимости от толщины деформирующегося слоя отношение установившихся скоростей осадок фундаментов, рассчитанных по схеме гибкого и жесткого штампа, находятся в пределах от 1,4 (при $\bar{z}_1 = 0$; $\bar{z}_2 = 2$) до 1,3 (при $\bar{z}_1 = 0$; $\bar{z}_2 = 6$) для круглого фундамента и соответственно от 1,25 до 1,15 – для ленточного.

Для слоистого основания, представленного сильнольдистым грунтом и льдом, отношение модулей деформации $E_{гр}/E_л$ сводится к отношению их коэффициентов вязкости. Было установлено, что неоднородность основания существенно влияет на величину его осадки, например при толщине слоя грунта равной 0,5 b и толщине подстилающего слоя льда равного 5,5 b изменение отношения $E_{гр}/E_л$ от 1 до 20 уменьшает соответственно величину осадки вязкого течения примерно в 2 раза. Однако при $E_{гр}/E_л > 1$ в грунте возникают значительные растягивающие горизонтальные напряжения, которые не могут быть им восприняты, поэтому в практических расчетах повышенную жесткость верхнего слоя не следует учитывать. Наличие жесткого слоя, подстилающего слой льда, не оказывает заметного влияния на осадку, если толщина слоя льда превышает две-три ширины штампа.

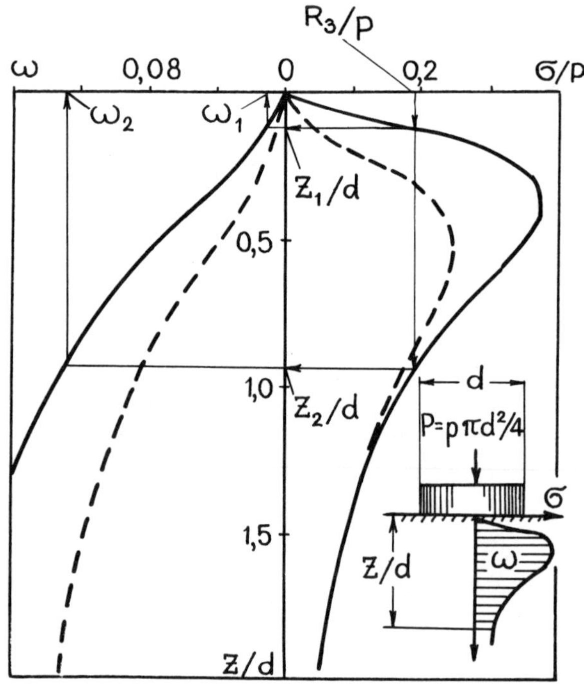

Рис. 4. Номограмма для определения z_1, z_2 и ω_1, ω_2 для круглого, гибкого и жесткого (пунктир) штампов.

Сопоставление величин установившихся скоростей осадок штампов, зарегистрированных в опытах $\dot{S}_0$ и полученных расчетом $\dot{S}_p$ (с использованием характеристик ползучести, установленных из опытов на одноосное сжатие) показывает их удовлетворительное соответствие, что видно из таблицы, в которой приведены их значения для грунтов с одинаковой льдистостью $Л_в$=0,6, но с разной толщиной прослоек δ

Грунт	P, МПа	$\dot{S} \cdot 10^5$, см/ч	
		$\dot{S}_0$	$\dot{S}_p$
Песок, δ = 0,5 мм	0,7	2,5	2,7
	0,8	3,8	4,1
То же, δ = 1,5 мм	0,7	2,1	2,6
	0,8	3,4	3,9
Супесь, δ = 1,2 мм	0,9	6,25	6,3
	1,05	8,3	8,6
То же, δ = 4 мм	0,9	3,2	2,9
	1,05	4,1	3,9

ПРАКТИЧЕСКИЙ СПОСОБ РАСЧЕТА ОСАДКИ ОСНОВАНИЯ

Практический способ расчета осадки основания столбчатого фундамента сводится к определению скорости осадки за год, которая определяется как сумма месячных скоростей осадок v_j. При вычислении v_j используется метод суммирования скоростей осадок слоев толщиной h_i, на которые условно разбивается основание так, чтобы без большой погрешности можно было считать в каждом слое температуру грунта постоянной на данный момент времени; это равносильно осреднению по толщине i-го слоя параметров ползучести η_i, R_{3i} (рис. 5).

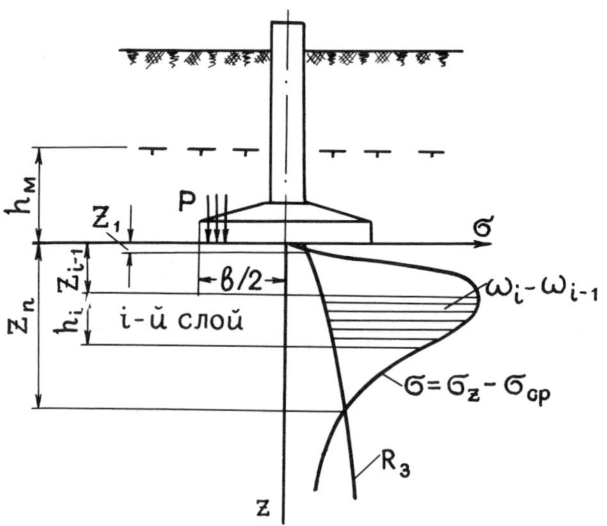

Рис. 5. Расчетная схема основания.

Месячная скорость осадки в этом случае

$$V_j = \sum_{i=1}^{n} V_i = \sum_{i=1}^{n} (\sigma_i - R_{3i})\, h_i/2\eta_i,$$

где

$$\sigma_i = \sigma_{zi} - \sigma_{cpi} = \alpha_i p$$

Коэффициент α_i принимается по таблице, приведенной в работе авторов (Вялов и др., 1976), а p определяется как давление на подошву фундамента, передаваемое сооружением, за вычетом давления, создаваемого массой грунта. Толщину i-го слоя можно принимать как обычно $h_i \leqslant 0,4$.

Вместо осреднения напряжений σ_i по слоям, можно использовать площади их эпюр. В этом случае

$$V_j = \sum_{i=1}^{n} [pb(\omega_i - \omega_{i-1}) - R_{3i} h_i/2]\, \eta_i.$$

Коэффициенты ω находятся по графику (рис. 6); аналогичные графики составлены для нагрузок, распределенных иным образом, а также для краевых точек подошвы. Для льда такая форма становится особенно удобной, так как $R_{3i} = 0$.

Требуемые для определения η_i и R_{3i} среднемесячные температуры

$$\theta_{ji} = \alpha_{ji} K_\theta \theta_0,$$

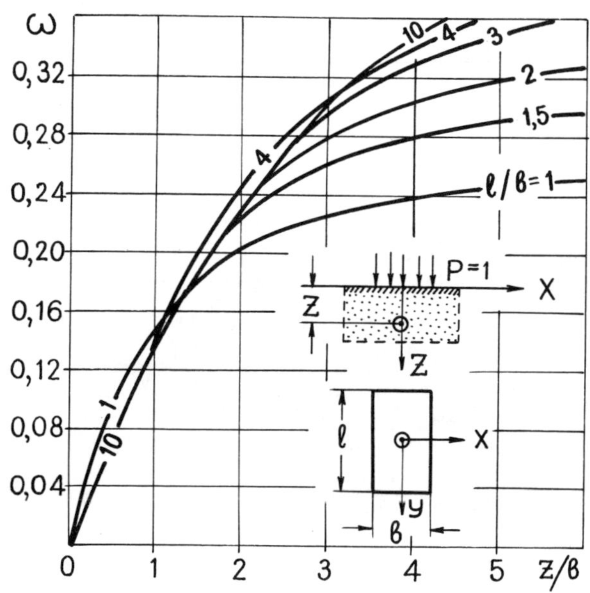

Рис. 6. График для определения коэффициентов ω.

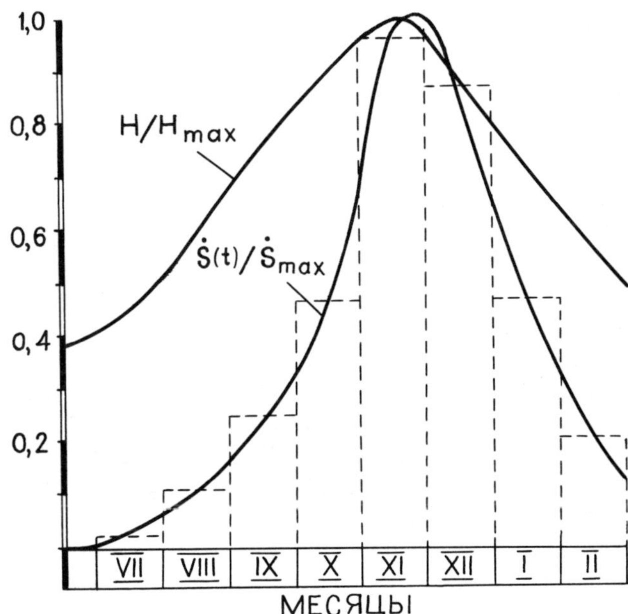

Рис. 7. Относительные значения скорости осадки фундамента $\dot{S}(t)/\dot{S}_{max}$ и толщины деформирующейся зоны H/H_{max}.

где a_{ji} – безразмерный коэффициент, определяемый для j -го месяца и i -го слоя, середина которого находится на глубине $h_m + z$ от верхней поверхности вечномерзлых грунтов; K_θ – коэффициент теплового влияния сооружения на среднегодовую температуру вечномерзлых грунтов θ_0, определяемый обычным способом. Коэффициент a_{ji} зависит от теплофизических характеристик грунтов, однако для сильнольдистых грунтов эти характеристики мало отличаются от средних значений, что позволяет представить коэффициент a_{ji} только в зависимости от рассматриваемой глубины и времени года.

Ограничение давления на основание сводится к соблюдению условия $\sigma_i < 2R_л/3k_н$, где $R_л$ – определяется из опыта на одноосное сжатие, $k_н$ – коэффициент надежности, который может быть принят равным единице.

Расчеты показывают, что деформации сильнольдистых грунтов затухают на очень небольшой глубине, так как σ быстро убывает с глубиной, а η и σ_3 увеличиваются. Накопление осадки в течение года (рис. 7) происходит неравномерно, и в расчете достаточно учесть только несколько месяцев, в течение которых сохраняется сезоннотальй прослоек. При полном использовании расчетных сопротивлений грунтов осадка основания может быть близка к предельной или даже превосходить ее. Для того, чтобы привести в соответствие ожидаемую и предельную осадку, целесообразно устраивать под подошвами фундаментов грунтовые подушки.

ЗАКЛЮЧЕНИЕ

Расчеты ожидаемых деформаций, а также опыт эксплуатации зданий, построенных на площадках, в сложении которых участвуют сильнольдистые грунты или подземный лед, показывают, что они могут служить надежными основаниями. Это заключение может быть распространено и на свайные фундаменты, методика расчета осадок которых находится в стадии разработки. Пока же свайные фундаменты проектируются по таким значениям расчетных сопротивлений, которые заведомо гарантируют малые скорости деформаций, что приводит к осадкам, значительно меньшим предельных для зданий любых конструктивных схем.

ЛИТЕРАТУРА

ВЯЛОВ С.С., ДОКУЧАЕВ В.В., ШЕЙНКМАН Д.Р., 1976. Подземные льды и сильнольдистые грунты как основания сооружений. Л., Стройиздат, 168 с.

ВЯЛОВ С.С., ГОРОДЕЦКИЙ С.Е. и др., 1966. Методика определения характеристик ползучести, длительной прочности и сжимаемости мерзлых грунтов. М., "Наука", 132 с.

ВЯЛОВ С.С., ШУШЕРИНА Е.П., ГОРОДЕЦКИЙ С.Э. 1967. Закономерности деформирования мерзлых грунтов при простом и сложном напряженных состояниях. В кн.: Мерзлотные исследования и вопросы строительства, Сыктывкар, КОМИ КИЗ, с. 61-69.

ГРЕЧИЩЕВ С.Е. 1963. Ползучесть мерзлых грунтов при сложном напряженном состоянии. – В кн.: Прочность и ползучесть мерзлых грунтов. Изд-во Сиб.отд. АН СССР, с. 55-124.

ПЕКАРСКАЯ Н.К. 1961. Сопротивление сдвигу многолетнемерзлых грунтов различной текстуры и льдистости. – В кн.: Исследования по физике и механике мерзлых грунтов, Изд-во АН СССР, № 4, с. 166-186.

ЦЫТОВИЧ Н.А. 1973. Механика мерзлых грунтов, М., "Высшая школа". 448 с.

TEMPERATURE AND STRAIN RATE EFFECTS ON THE STRENGTH OF COMPACTED FROZEN SILTY-CLAY

T. Ersoy, Highway Division, Government of the Northwest Territories, Yellowknife, N.W.T. Canada
E. Torgrol, Professor, Dr. Technical University of Istanbul, Turkey

A laboratory investigation of the effects of temperature and loading rate on the shear strength of frozen soil is described. Triaxial compression tests were conducted in a cold room with a strain controlled triaxial compression machine. The test temperatures varied from -0.5°C to -11.0°C and the loading rates varied from 0.381 mm/minute to 2.540 mm/minute. The chamber pressure was 196.1 kPa. Sandy-silty-clay passing a 0.422 mm sieve was used in the preparation of the specimens. The specimens were prepared in a miniature Harvard mold by compacting at the optimum moisture content with the standard Proctor energy, saturated with distilled water and subsequently exposing to freezing temperatures according to a predetermined freezing program. It was observed that the effect of the loading rate was less significant than the effect of the temperature. A linear relationship between the maximum deviatoric stress and the test temperature below 0°C is given along with the two "deviatoric stress - test temperature - loading rate" diagrams.

EFFETS DE LA TEMPÉRATURE ET DE LA VITESSE DE DÉFORMATION SUR LA RÉSISTANCE MÉCANIQUE D'UN GÉLISOL COMPOSÉ D'UNE ARGILE SILTEUSE COMPACTÉE

T. Ersoy, Division de la Voirie, Gouvernement des Territoires du Nord-Ouest, Yellowknife, T.N. -O., Canada.
E. Torgrol, Prof., Dr. Université Technique d'Istanboul, Turquie

On décrit dans le présent article une étude faite au laboratoire des effets de la température et de la vitesse de charge sur la résistance au cisaillement d'un gélisol. On a effectué des essais de compression triaxale dans une chambre froide, en utilisant une presse permettant d'effectuer ces essais dans des conditions de déformation contrôlée. Au cours des essais, la température a varié entre -0.5° C et - 11.0° C, et les vitesses de charge entre 0.381 mm/minute et 2.540 mm/minute. Dans la chambre de compression, la pression s'élevait à 196.1 kPa. Pour la préparation des échantillons, on a utilisé un mélange d'argile silteuse et sableuse, filtré à travers un tamis de 0.422 mm. On a préparé les échantillons dans un moule miniature Harvard, en les compactant à une concentration d'eau optimale dans les conditions habituelles d'un essai Proctor, en les saturant d'eau distillée, puis en les soumettant à des températures basses (point de congélation et au-dessous), conformément au programme spécifié d'essai de congélation des matériaux. On a observé que l'effet de la vitesse de charge était moindre que l'effet de la température. On donne ici deux diagrammes "contrainte déviatrice - température expérimentale" et "contrainte déviatrice - vitesse de charge", et l'on a pu établir une relation linéaire entre la contrainte déviatrice maximum et les températures expérimentales inférieures à 0 °.

ВЛИЯНИЕ ТЕМПЕРАТУРЫ И СКОРОСТИ НАГРУЖЕНИЯ НА ПРОЧНОСТЬ УПЛОТНЕННЫХ МЕРЗЛЫХ ПЫЛЕВАТО-ГЛИНИСТЫХ ГРУНТОВ

Описано лабораторное исследование влияния температуры и скорости нагружения на сопротивление срезу мерзлого грунта. В холодной камере, с помощью специального устройства с контролем деформации были проведены испытания на трехосное сжатие. Температура испытаний менялась в пределах от -0,5 до -11,0°C, а скорость нагружения - в пределах от 0,381 мм/мин до 2,540 мм/мин. Давление в камере составляло 196,1 килопаскалей. Образцы приготавливались из песчано-илистой глины, просеянной сквозь сито с отверстием 0,422 мм, путем уплотнения в миниатюрной форме Гарварда при оптимальной влажности. Образцы насыщали дистиллированной водой и затем замораживали по заранее установленному графику. Было замечено, что влияние скорости нагружения слабее влияния температуры. Представлена линейная зависимость между максимальным девиаторным напряжением и температурой испытания ниже 0°C, а также два графика зависимости между девиаторным напряжением, температурой испытания и скоростью нагружения.

TEMPERATURE AND STRAIN RATE EFFECTS ON THE STRENGTH OF COMPACTED FROZEN SILTY-CLAY

Turgut Ersoy, Dr. Eng.
Government of the Northwest Territories,
Yellowknife, Canada

Ergun Togrol
Professor Dr.
Technical University of Istanbul, Turkey

INTRODUCTION

Knowledge of the mechanical behaviour of frozen soils is needed in a wide range of Civil Engineering applications. These applications are encountered in Permafrost regions, as well as in slope stabilization and tunnel excavation works with the aid of artificial ground freezing. Ever increasing concern for environmental protection has resulted in comprehensive feasibility studies. These studies were mainly concerned with the environmental impact of proposed engineering structures for heat sensitive regions. This, in turn, has increased the need for a more comprehensive knowledge of numerous properties of frozen soils. The shear strength of compacted-saturated-frozen-sandy-silty-clay is considered to be among these properties.

In this experimental study the effects of temperature and loading rate on the shear strength of frozen soil were investigated.

EQUIPMENT, MATERIAL AND PROCEDURE

Triaxial compression tests were conducted in a cold room with a strain controlled standard triaxial compression machine. A second cell which enclosed the standard triaxial test cell was designed and constructed in order to reduce the transfer of temperature variation to the specimen. By means of this arrangement, the temperature variation of the surface of the specimen was insured to be less than $\pm 0.03^{o}C$. The standard triaxial loading machine was also improved to suit the test conditions.

Liquid paraffin was used as cell fluid. Since the liquid paraffin eliminated the use of rubber membranes - at least for low cell pressures used here i.e. 196.1 kPa - and it did not freeze at $-13^{o}C$, the liquid paraffin was considered to be a favourable cell fluid for the undrained triaxial tests. Specimen temperature was recorded (to $\pm 0.05^{o}C$) by a potensiometric milivoltmeter utilizing copper-constantan thermocouple placed adjacent to the specimen. Thermocouple readings were checked at the beginning and at the end of each test using precision glass thermometers.

Engineering properties of the material used in the experiments are given in Table 1.

The specimens were prepared in a miniature Harvard mold by compacting at the optimum moisture content with the Standard Proctor Energy. Dry density of compacted specimen varied between 1715 kg/m^3 and 1760 kg/m^3. Data related to the compaction are given in Table 2.

Compacted specimens were submerged in distilled water for a minimum of two days for capillary saturation under constant volume. The degree of saturation varied between 92% and 99%. The moisture content of saturated specimens were found to vary between 19.1% and 21.0%. After saturation, the specimens were frozen (all around freezing in a closed system) according to a predetermined freezing program. The specimens were kept a minimum of 10 hours at the initial freezing temperature. Another 14 hours elapsed for bringing the specimens to a specified test temperature. To insure that there was no temperature gradient in the specimen prior to the test, the test was not started until a linear temperature graph parallel to time axis was recorded for a least two hours. Aluminum foils coated with silicone grease were placed on each end of the cylindrical specimen to reduce the friction at the planes of axial load application. For the first 4% of axial strain a set of readings was taken at every 0.2 mm vertical displacement. For the rest of the test, readings were taken at 0.5 mm intervals. The test was continued until the specimen was compressed approximately 18%.

The test temperature varied from $-0.5^{o}C$ to $-11.0^{o}C$ and the loading rates varied from 0.381 mm/min to 2.540 mm/min. The chamber pressure was 2.0 kgf/cm^2 (196.1 kPa).

RESULTS AND CONCLUSIONS

To determine the level of significance of the two variables the test temperature and the loading rate, an analysis of variance was carried out using the mean maximum deviatoric stress values of random three tests the variables of which were within the specified limits. From the results of the analysis it was seen that the test temperature was a significant variable (i.e. changes in the test temperature affect the shear strength more than the changes in the loading rate) compared with the loading rate at a significance level of 0.05.

TABLE 1

Specific Gravity	Liquid Limit %.	Plastic Limit %	Plasticity Index %	PH Value	Percentage of Fines Smaller than 2 Micron %	Activity: (Ratio of Plasticity Index to the Percentage of fines smaller than 2 micron)	Optimum Moisture Content (Compaction in the Miniature Harvard Mold with Standard Proctor Energy). %
2.74	40.2	24.7	15.5	6.4	16 - 20	0.97 - 0.78	18.7

TABLE 2

Mold Size (mm)		Volume cm^3	Weight of Hammer kgf	Number of Layers	Height of Hammer Drop cm	Number of Blows per Layer	Compaction Energy per volume kgf m/m^3	Ambient Temp. during Compaction ^oC
Diameter	Height							
33.34	71.53	62.4	0.550	3	15.24	15	60400	+22 ±2

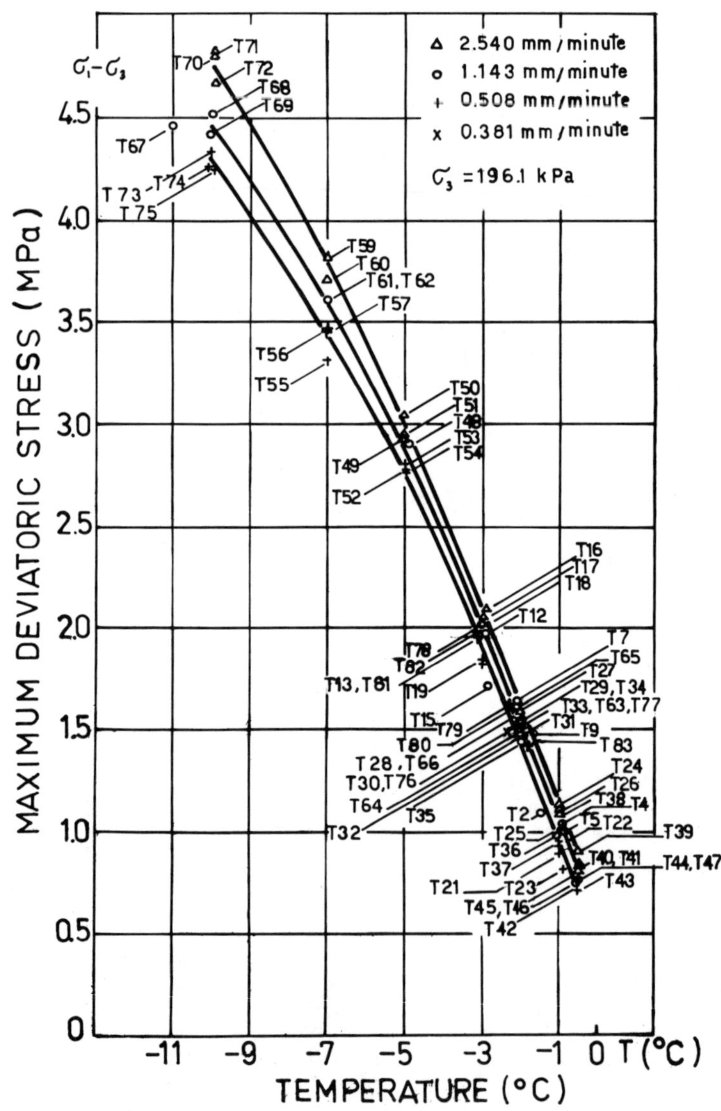

FIGURE 1. Dependence of the shear strength on the test temperature and the loading rate.

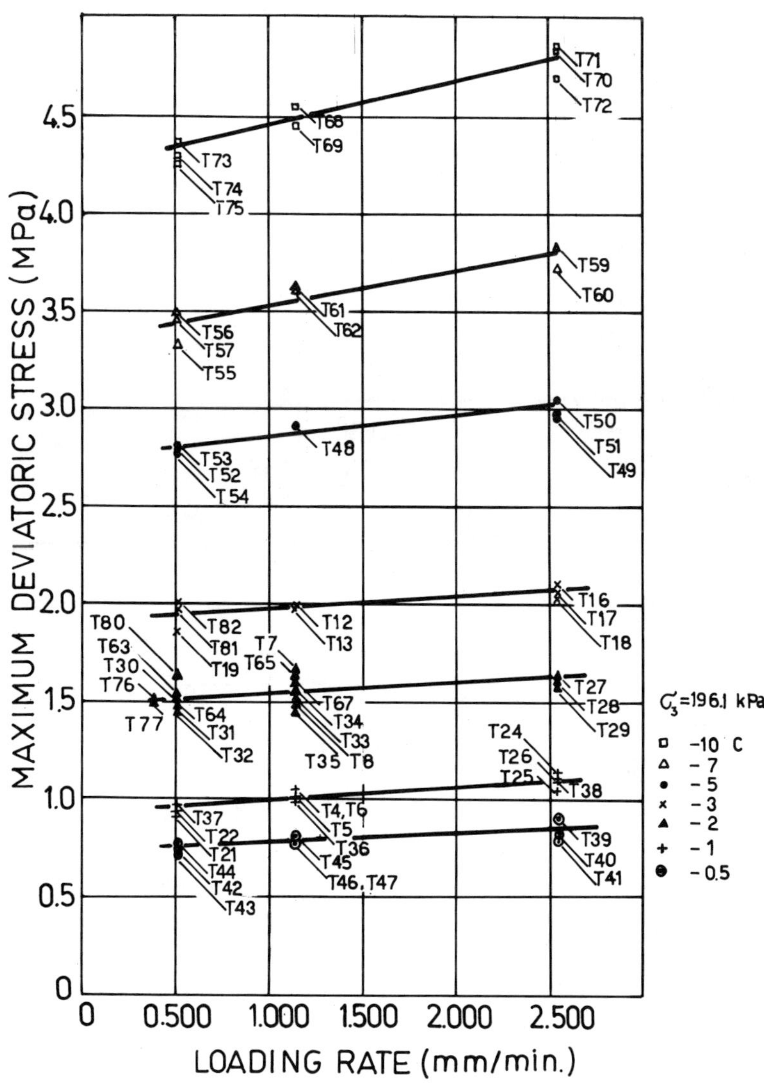

FIGURE 2.Dependence of the shear strength on the loading rate and the test temperature.

Test results are shown in the form of maximum deviatoric stress - test temperature and maximum deviatoric stress - loading rate diagrams in Figure 1 and 2 respectively. Figure 3 shows stress-strain curves for three different loading rates at -0.5°C and at a chamber pressure of 196.1 kPa.

As shown on Figure 1 it was observed that a linear relationship existed between the shear strength of the frozen specimen and the test temperature for temperatures between -0.5°C and -3.0°C. This relationship can be formulated as:

$$(\sigma_1 - \sigma_3)\text{max.} = -0.456T + b$$

where $(\sigma_1 - \sigma_3)$max. = Maximum deviatoric stress in mPa

T = Test temperature in °C (should be used with its algebraic sign).

b = 0.520 MPa for a loading rate of 0.508 mm/minute.

b = 0.637 MPa for a loading rate of 1.143 mm/minute.

b = 0.755 MPa for a loading rate of 2.540 mm/minute

Figures 1 and 2 show that for temperatures below -5°C, the rate of increase of the shear strength with the temperature lessens, however the effect of the loading rate on the shear strength becomes more perceptible. The decreasing slope of the maximum deviatoric stress - temperature curve below -5°C is believed to be caused by a change in the rate of decrease of the unfrozen water existing in the frozen soil.

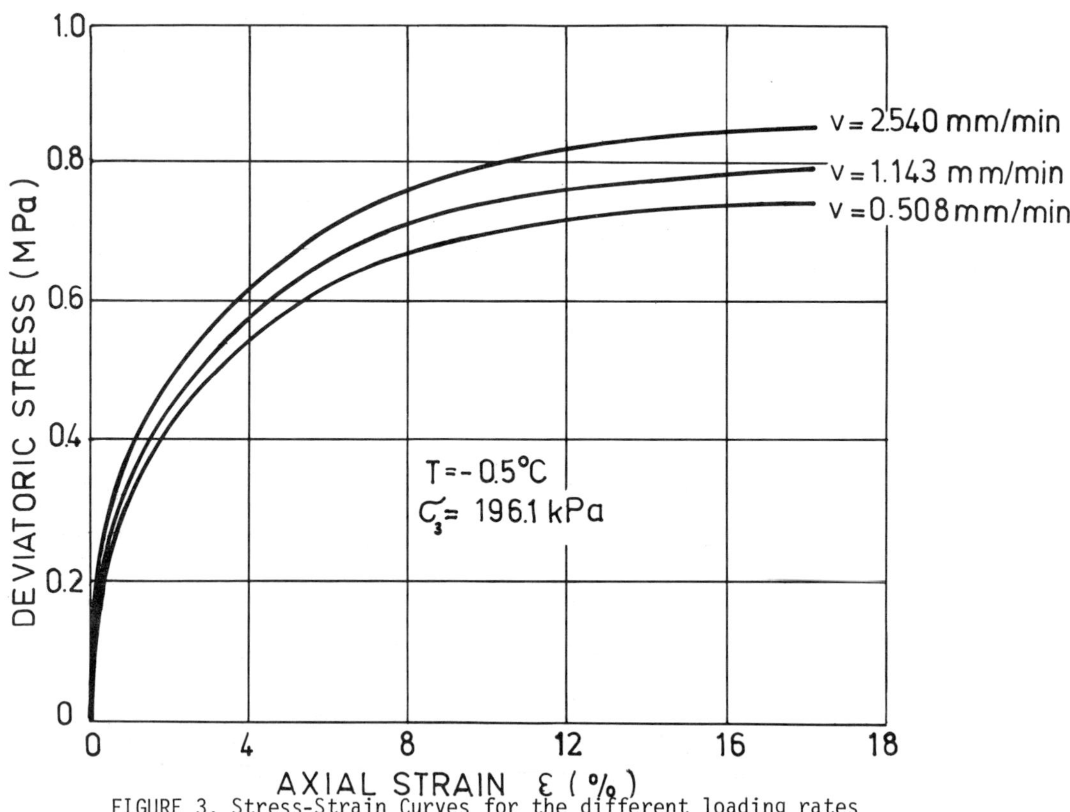

FIGURE 3. Stress-Strain Curves for the different loading rates

REFERENCES

ANDERSLAND, O.B., Alkire, B.D. 1973. "The Mechanical Behaviour of Frozen Earth Materials Under High Pressure Triaxial Test Conditions." (Discussion of the article in Geotechnique 22, No. 3, p.p. 469-483), Geotechnique 23, No. 1, p.p. 136-137.

BESKOW, G. 1935. Soil Freezing and Frost Heaving with Special Application to Roads and Railroads. Translated by J.O. Osterberg. Published by the Technological Institute, Northwestern University, Evanston, Illinois, U.S.A. November, 1947, 145 pages.

CHAMBERLAIN, E. Grooves, C. 1972 "The Mechanical Behaviour of Frozen Earth Materials Under High Pressure Triaxial Test Conditions." Geotechnique 22, No. 3, p.p. 469-483.

GOLD, W. 1963. "Deformation Mechanisms in Ice". Ice and Snow (W.D. Kingery, ed.) Cambridge, Mass.: M.I.T. Press, p.p. 8-27.

GOLD, L.W. 1970. "Process of Failure in Ice". Canadian Geotechnical Journal, Vol. 7, No. 4, p.p. 405-413.

GOUGHNOUR, R.R. 1967. The Soil-Ice System and the Shear Strength of Frozen Soils. Ph.D. Thesis. Dissertation Abstracts Vol. 28: 12 (B) Michigan State University. University Microfilm Service No. 68-7894. 153 pages.

GOUGHNOUR, R.R., ANDERSLAND, O.B. 1968. "Mechanical Properties of a Sand-Ice System." Journal, Soil Mechanics and Foundation Division, Vol. 94, No. SM 4, American Society of Civil Engineers. p.p. 923-950.

HEINER, A. 1972. Strength and Compaction Properties of Frozen Soils. National Swedish Building Research Document DII. 73 pages.

HESSTVEDT, E. 1964. "The Interfacial Energy Ice/ Water." Publikasjon No. 56 Oslo: Norges Geotekniske Institutt. p.p. 7-10.

HOEKSTRA, P. 1969. "The Physics and Chemistry of Frozen Soils." Highway Research Board Special Report No. 103, Washington, D.C. p.p. 78-90

IVERSEN, K., MOUM, J. 1974. "The Paraffin Method-Triaxial Testing without a rubber membrane." Geotechnique, V. XXIV, No. 4, December 1974. p.p. 665-670.

NERSESOVA, Z.A., TSYTOVICH, N.A. 1963. "Unfrozen Water in Frozen Soils." Proceedings, Permafrost International Conference. National Academy of Science, Washington, D.C. p. 230-234.

NEUBER, H., WOLTERS, R. 1970. Zum Mechanischen Verhalten gefrorener Lockergesteine bei dreiaxialer Druckbelastung. Fortschr. Geol. Rheinld. U. Westf. 17. Krefeld, W. Germany. p.p. 499-536.

POUNDER, E.R. 1965. The Physics of Ice. Oxford, England, Pergamon Press. 151 pages.

RUCKLI, R. 1950. Der Frost im Baugrund. Wien, Austria: Springer-Verlag. 279 pages.

SANGER, F.J. 1968. "Ground Freezing in Construction." Journal of the Soil Mechanics and Foundations Division, ASCE. Vol. 94, No. SMI, Proc. Paper 5743, January 1968. p.p. 131-158

SCOTT, R.F. 1969. The Freezing Process and Mechanics of Frozen Ground, Research Report, October, 1969. United States Army Cold Regions Research and Engineering Laboratory New Hampshire. 65 pages.

TERZAGHI, K. 1951. "Permafrost" Journal of Boston Society of Civil Engineers, Reprint. From Theory to Practice in Soil Mechanics. John Wiley and Sons, 1960. p.p. 246-295.

TOGROL, E. 1962. Kohezyonlu Zeminlerde Kayma Gerilmesi, EfektifBasınç ve Su Muhtevası Arasında Bağlantı, Istanbul. 97 pages. Ph. D. Thesis, Department of Civil Engineering, Technical University of Istanbul.

TSYTOVICH, N.A.1957. "The Fundamentals of Frozen Ground Mechanics (New Investigations)." Proceedings of the 4th International Conference on Soil Mechanics and Foundation Engineering, London, Vol. 1., p.p. 116-119.

TSYTOVICH, N.A. 1958. Bases and Foundations on Frozen Soil, Special Report No. 58, Washington, D.C. Highway Research Board, National Academy of Sciences, 1960. National Research Council Publication 804, 93 pages.

VYALOV, S.S. 1963. "Rheology of Frozen Soils." Proceedings International Conference on Permafrost, National Academy of Science, Washington, D.C. p.p. 333-337.

WILLIAMS, P.J. 1967. Properties and Behaviour of Freezing Soils. Norwegian Geotechnical Institute Publication No. 72. 119 pages.

YONG, R.N. 1963. "Research on Fundamental Properties and Characteristics of Frozen Soils." Proceedings of the 1st Canadian Conference on Permafrost, Technical Memo No. 76, National Research Council of Canada, p.p. 84-93.

PROBLEMS AND POSSIBILITIES OF STUDYING THE PROCESSES OF DYNAMIC RELAXATION IN FROZEN EARTH MATERIALS

A.D. Frolov, Moscow Geol. Survey Inst., U.S.S.R.

By summarizing and analyzing the specifics of frozen soils as heterogeneous macrosystems, including relaxation theory and experimental data, the author singles out relaxation spectroscopy in periodic fields as one of the promising directions in the study of the physics of frozen earth materials. The advantages of using relaxation spectroscopy to investigate the development, changes and interrelationships of dynamic mechanical and electrical properties of frozen soils and ice are discussed. The possibility of integrated studies of frozen soils by means of relaxation spectroscopy in different force fields in different regimes of their changes is noted.

PROBLÈMES ET PERSPECTIVES DE L'ÉTUDE DES PROCESSUS DE RELAXATION DYNAMIQUE DANS LES ROCHES CRYOGÉNIQUES

A.D. Frolov, Institut de prospection géologique de Moscou, URSS

La généralisation et l'analyse des traits propres aux gélisols en tant que macrosystèmes hétérogènes, la théorie de la relaxation et les données expérimentales permettent de considérer la spectroscopie de relaxation dans les champs périodiques comme une orientation intéressante de l'étude de la physique des roches cryogéniques. L'auteur démontre l'utilité de la spectroscopie de relaxation dans la recherche des lois de la formation, de la variation et de l'interdépendance des propriétés dynamiques, mécaniques et électriques des gélisols et de la glace. Constatation est faite des possibilités des recherches intégrées sur les roches cryogéniques au moyen de la spectroscopie de relaxation dans différents champs de force et dans différents régimes de variation.

ПРОБЛЕМЫ И ПЕРСПЕКТИВЫ ИЗУЧЕНИЯ ПРОЦЕССОВ ДИНАМИЧЕСКОЙ РЕЛАКСАЦИИ В КРИОГЕННЫХ ПОРОДАХ

А.Д. Фролов, Московский геологоразведочный институт, СССР

На основе обобщения и анализа специфики мерзлых пород как гетерогенных макросистем, теории процессов релаксации и экспериментальных данных в качестве одного из перспективных направлений в изучении физики криогенных пород выделяется релаксационная спектроскопия в периодических полях. Показана плодотворность ее применения для установления закономерностей формирования, изменения и взаимосвязи динамических механических и электрических свойств мерзлых пород и льдов. Отмечаются возможности комплексных исследований криогенных пород методами релаксационной спектроскопии в различных силовых полях при разных режимах их изменения.

ПРОБЛЕМЫ И ПЕРСПЕКТИВЫ ИЗУЧЕНИЯ ПРОЦЕССОВ ДИНАМИЧЕСКОЙ РЕЛАКСАЦИИ В КРИОГЕННЫХ ПОРОДАХ

А. Д. Фролов

Московский геологоразведочный институт, СССР

Расширяющееся освоение территорий с суровыми климатическими условиями выдвигает в число первоочередных научных проблем интенсивную разработку физики криогенных пород как основы для решения многочисленных прикладных технических и инженерно-геологических задач при изысканиях, проектировании, строительстве и эксплуатации различного рода сооружений. Необходимо развитие таких направлений, при разработке которых можно получить наибольшую комплексную информацию о природе формирования физических свойств криогенных пород и механизмах протекания в них физических и физико-химических процессов. Оптимальными в этом плане будут исследования в различных физических полях, при которых процессы возбуждения объекта, приема от него сигналов и их декодирования были бы унифицированы и в то же время являлись бы наиболее эффективными для получения информации о внутренних процессах в таких сложных средах, как криогенные образования.

Ввиду того, что характерной чертой мерзлых пород и многих поликристаллических льдов являются гетерогенность и многофазность, одним из оптимальных направлений физики этих сред, по нашему мнению, является всестороннее изучение процессов релаксации. Получаемые при таких исследованиях данные, характеризующие кинетику внутренних изменений в изучаемом материале, связанную с откликом на внешнее воздействие или с переходом в квазиравновесное состояние, являются часто уникальной информацией о его внутреннем строении, составе, закономерностях и механизмах физико-химических преобразований.

В физике различных конденсированных сред (Михайлов и др., 1964, Бартенев, 1972; Постников, 1974) плодотворность и эффективность этого направления показаны уже достаточно убедительно.

Для того, чтобы раскрыть перспективы развития физики релаксационных явлений в криогенных породах и, в особенности, исследований динамической релаксации, кратко рассмотрим специфику криогенных пород как конденсированных сред, основные положения физики релаксационных процессов и некоторые результаты их исследования в криогенных формированиях.

СПЕЦИФИКА КРИОГЕННЫХ ПОРОД КАК КОНДЕНСИРОВАННЫХ СРЕД

Рассмотрим в обобщенном виде специфику криогенных пород на основе достижений мерзлотоведения (Достовалов, Кудрявцев, 1967; Савельев, 1971; Цытович, 1973; Вялов, 1973; Кудрявцев и др., 1974; Мельников и др., 1974) и физико-химической механики (Ребиндер, Щукин, 1972)

Мерзлые породы и поликристаллические льды различного состава представляют собой в общем случае гетерогенные, многофазные и многокомпонентные макросистемы. Характерным для них является формирование новой криогенной коагуляционно-кристаллизационной пространственной структуры (Вотяков, 1975; Фролов, 1976). Основными элементами этой пространственной структуры являются: а) зерна (иногда и шлиры) льда; б) зерна минерального скелета; в) межзерновые граничные зоны, включающие ячейки (пленки) незамерзшей воды и газа (при неполном водонасыщении пор), примеси и переходные слои ледяных зерен. Взаимодействие (контакты) между частицами такого рода структур может быть двух основных типов (Ребиндер, 1966):

Коагуляционные контакты, обусловленные достаточно дальнодействующими силами, обычно осуществляемые через тонкую равновесную прослойку жидкой фазы. Они могут восстанавливаться после разрушения (тиксотропия), энергия связи их $\sim kT$, а сила связи $\sim 10^{-5} - 10^{-7}$ дин. Уплотнение и иссушение таких структур сопровождается вытеснением жидкости из зоны контакта и возникновением точечных ("атомных") контактов между зернами твердой фазы.

При температурах, близких к точке плавления материала твердого компонента (в нашем случае льда), интенсифицируются процессы объемной и поверхностной диффузии, в результате которых поверхность соприкосновения частиц может распространяться на "фазовую площадь", значительно превышающую сечение элементарной ячейки кристалла.

Фазовые контакты, обусловленные близкодействующими силами в пределах значительных площадей раздела фаз. Разрушаются они необратимо, энергия связи $\gg kT$, а сила связи $\sim 10^{-4} - 10^{-3}$ дин. Дисперсные структуры с фазовыми контактами обладают значительно большей прочностью и стабильностью и приближаются по своим свойствам к поликристаллам. Адгезия частиц в водных средах зависит от состава и концентрации электролита, заряда ионов. Первоначально увеличение концентрации электролита при заполнении адсорбционного слоя приводит к уменьшению сил адгезии, однако в дальнейшем, в результате вырождения диффузной части двойных слоев, адгезия возрастает. Полагают, что электролиты и поверхностно-активные вещества (ПАВ) влияют на адгезию частиц в той мере, в какой они изменяют расстояние между контактирующими поверхностями и степень упорядоченности граничного слоя. Дезориентирующие ПАВ позволяют увеличить адгезию, так как снижают экранирующее влияние граничного слоя жидкости, а ПАВ, способствующие формированию упорядоченных граничных слоев, уменьшают адгезию между твердыми частицами.

Кристаллизационные структуры. Этот вид структур формируется при кристаллизации новой фазы в зазорах между дисперсными частицами среды. В криогенных породах новой фазой являются лед и кристаллогидраты солей. Кристаллизационные фазовые контакты образуются в результате срастания кристаллов с произвольной ориентацией и характеризуются неравновесным состоянием, т.е. возможным изменением во времени свойств такой структуры. В частности, отмечается уменьшение прочности, связанное с перекристаллизацией и растворением неравномерных и малых по размерам образований новой фазы. Взаимодействие частиц дисперсной среды обусловлено также состоянием их поверхности и степенью ее активации, т.е. возможно значительное остаточное влияние механо-химических факторов, имевших место в процессе формирования частиц скелета породы. Влияние адсорбционных слоев жидкости ("незамерзшей воды") двоякое. С одной стороны, они затрудняют развитие фазовых контактов, т.е. снижают когезию материала, а с другой стороны, ПАВ при определенной толщине слоев обусловливают возрастание когезии пространственной структуры за счет пластичности адсорбированного слоя.

По типу структуры гетерогенной среды криогенные породы могут содержать как почти изолированные включения компонентов, так и взаимно проникающее их распределение, т.е. для них типичны сложные комбинированные типы структур и распределение связей между частицами по энергиям. Поэтому известные в литературе теоретические модели зернистых и капиллярных сред не адекватны криогенным породам и их модельное представление затруднено.

Компонентный состав криогенных пород может быть схематически представлен с помощью трехмерной диаграммы (рис. 1) в координатах: объем породы V, суммарная влажность W_V, температура t, $^{\circ}C$. Изменения состава можно охарактеризовать показателями Кедзи:

$$V_{ск} + V_{л} + V_{нв} + V_{г} = 1, \qquad (1)$$

где $V_{ск}$, $V_{л}$, $V_{нв}$, $V_{г}$ – соответственно, объемы скелета, льда, незамерзшей воды и газа в единице объема породы, которую следует выбирать достаточно большой, чтобы обеспечить репрезентативность показателей с учетом неоднородности данной криогенной структуры и текстуры.

Как следует из диаграммы, изменение показателей Кедзи для мерзлой породы с данным составом скелета и некоторой начальной пористостью (на рис. 1 она принята за 40%) может происходить двояко: а) при $V_{ск} = const \neq 0$ – частичное влагонасыщение, постоянная пористость; б) при $V_{г} = 0$ – полное влагонасыщение, переменная пористость.

В первом случае мерзлая порода представляет собой четырехкомпонентную макросистему, в которой по мере возрастания льдистости увеличивается и содержание незамерзшей воды. Во втором случае это практически трехкомпонентная система, в которой с возрастанием суммарной объемной влажности W_V, а, следовательно, и $V_{л}$ уменьшаются $V_{ск}$ и $V_{нв}$, достигающие минимальных значений в предельном состоянии, соответствующем поликристаллическому льду. Вариации состава криогенной породы должны приводить к определенным изменениям ее физических свойств. При этом вполне обоснованно предположить, что изменение фазового состава H_2O будет оказывать наибольшее влияние на электрические и механические свойства, а также на протекание смешанных механо-электрических явлений.

Следует также иметь в виду, что изменение объемного содержания компонентов приводит и к определенному изменению их свойств, в особенности незамерзшей воды и частично льда. Например, по мере вымерзания жидкой фазы концентрация некристаллизовавшегося порового раствора повышается, структура его изменяется, а нарастающие граничные слои льда, по-видимому, будут содержать больше примесей. Закономерности этих изменений пока не известны и труднодоступны для экспериментальных исследований, но несомненно, что они приводят к изменениям физических свойств породы. Поэтому для криогенных пород

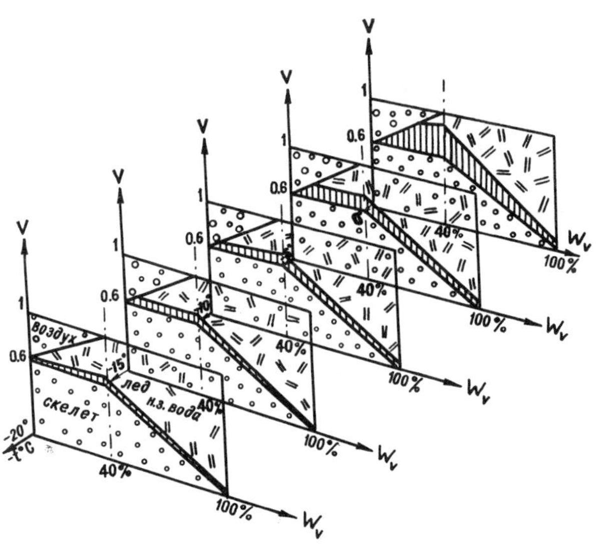

Рис. 1. Схематическая диаграмма компонентного состава криогенных пород

почти не применимы различного рода модели, основанные на аддитивности свойств компонентов и учитывающие только вариации состава смеси, упаковки частиц и т.п.

Конечно, приведенная диаграмма не отражает особенностей пространственного распределения льда и незамерзшей воды, а также возникающую криогенную систему пор, капилляров и других элементов надмолекулярной и надкристаллитной макроструктуры. Между тем, нередко именно эти элементы, (а не вещественный состав породы), их строение, распределение в объеме, состав и взаимосвязь определяют формирование и изменение физических (в особенности, электрических и механических) свойств криогенных пород как композиционных материалов. Поэтому весьма существенное значение имеет учет процессов возникновения и специфической эволюции пространственной криогенной кристаллизационно-коагуляционной структуры (Фролов, 1976а). При формировании этой пространственной структуры ввиду того, что "активная" поверхность зерен твердой фазы неоднородна, нескомпенсированные заряды и другие дефекты распределены неравномерно, возникает островной характер адсорбции воды и ионов порового раствора, а следовательно, неоднородность строения жидкой фазы в двойных слоях. В процессе адсорбции происходят также искажения кристаллической решетки приповерхностного слоя зерен твердой фазы, что в свою очередь создает дополнительные неоднородности в поле сил сцепления зерен. Поэтому должно иметь место распределение межзерновых контактов и граничных зон криогенной породы по величине их прочности, что приводит к представлениям о последовательном (начиная с наименее прочных) разрыве контактов в поле механических напряжений. При определенных условиях такой механизм может вызвать частичную релаксацию напряжений, а следовательно, затухание (стабилизацию) трещинообразования и некоторое упрочнение, что подтверждается специальными исследованиями мерзлых пород (Вялов, 1959, 1973). Деструкция такой среды произойдет лишь когда средняя нагрузка на единичный контакт окажется равной средней прочности ненарушенных контактов. Упругость мерзлой породы также обусловлена свойствами пространственной криогенной структуры и должна возрастать с увеличением ее жесткости, т.е. при отвердевании жидкой фазы с понижением температуры. Таким образом, в процессе эволюции пространственной структуры и изменения компонентного состава при промерзании или оттаивании криогенной породы должно происходить характерное взаимосвязанное изменение механических и электрических свойств. Например, при понижении температуры мерзлой песчано-глинистой породы (т.е. при уменьшении объема незамерзшей воды, подвижности примесей и дефектов, размеров подвижных дефектов и в целом, пластичности граничных зон и зерен льда) должны возрастать: упругость, прочность, время релаксации, удельное электрическое сопротивление и др., и уменьшаться: диэлектрическая проницаемость, поляризуемость, пластичность породы, интенсивность механоэлектрических и электрокинетических явлений и т.д.

ОСНОВНЫЕ ПОЛОЖЕНИЯ ФИЗИКИ РЕЛАКСАЦИОННЫХ ПРОЦЕССОВ

В первом приближении любой процесс релаксации в макросистеме можно представить происходящим в два этапа: 1) установление квазиравновесия в малых частях системы (быстрые процессы); 2) выравнивание параметров состояния во всех частях системы (медленные процессы). Последнее связано с большим числом взаимодействий и превращений частей макросистемы, а время релаксации пропорционально ее размерам.

Различают механическую, электрическую, магнитную, тепловую релаксацию, и считают, что они сопровождаются характерными изменениями соответствующих физических свойств, что в определенной степени условно, так как при любом внешнем воздействии, строго говоря, релаксируют почти все физические и физико-химические параметры системы. Задачей исследований является детальное изучение закономерностей вариаций параметров физических свойств и их интерпретация, т.е. установление связей с внутренними преобразованиями, происходящими в макросистеме. Более перспективны комплексные исследования релаксации в двух или нескольких силовых полях, а также изучение вариаций разных физических и физико-химических параметров при воздействии поля одного типа.

Протекание процессов релаксации существенно зависит от характера изменения воздействующего поля во времени и в пространстве. Наиболее простыми и в то же время практически важными случаями изменения поля во времени являются импульсный ("статическая" релаксация) и периодический ("динамическая" релаксация), а в пространстве – плоский. При статической релаксации в среде имеют место процессы последействия и закономерная релаксация силовых характеристик поля (напряжений, напряженностей и т.п.). При динамической релаксации, обычно рассматриваемой в гармонических полях, возникает характерная дисперсия параметров свойств среды и поглощение энергии воздействующего поля. Изучение закономерностей соответствующих процессов релаксации позволяет определять необходимые для практики свойства материалов и помогает разобраться в природе их формирования при вариациях состава и состояния исследуемой среды. Теория различных видов релаксации макросистем получила значительное развитие (Михайлов и др. 1964, Постников, 1974).

При изучении свойств криогенных пород большое распространение получили исследования в импульсном или близком к нему режиме изменения воздействующих полей. Так, широко известные исследования механического (Н.А. Цытович, С.С. Вялов, К.Ф. Войтковский и др.), электрического (В.П. Мельников, Е.С. Фридрихсберг, М.П. Сидорова и др.), температурного (И.Н. Вотяков, С.Е. Гречищев, Е.П. Шушерина и др.) последствий и релаксации силовых характеристик полей, а также соответствующих деформаций в среде расширили наши знания о закономерностях формирования свойств и процессов физико-химических преобразований в криогенных породах. Однако получаемые при исследованиях медленных релаксационных процессов значения параметров физических свойств представляют собой интегральное влияние многих механизмов и существенно зависят от масштабного фактора (объема исследуемого образца, монолита и т.п.), учесть который часто невозможно. Поэтому встает вопрос о представительности определяемых "статических" характеристик как параметров соответствующих физических свойств (упругости, проницаемостей и т.д.) (Богородский и др., 1971; Фролов, 1976б).

Между тем, имеется возможность определения параметров физических свойств криогенных пород в более "чистом" виде. Это – измерения динамических свойств в периодически меняющихся полях, т.е. изучение процессов динамической релаксации. В этом случае имеются широкие возможности варьирования интенсивности и частоты воздействующих полей, что способствует выделению влияния отдельных механизмов на исследуемые свойства. При изучении динамической релаксации легче осуществимы комплексные исследования при одновременном воздействии нескольких разных силовых полей, либо полей одного типа, но разной интенсивности, частоты поляризации и т.п. Значения динамических параметров физических свойств для образцов и массива оказываются более сопоставимыми. Перспективным при исследовании криогенных пород является совместное изучение динамической, электрической и механической релаксации, поскольку именно параметры электрических и механических свойств оказываются наиболее чувствительными к изменениям фазового состава (Фролов, 1976а).

Анализ феноменологической теории механической и электрической релаксации показывает, что с позиций причинно-следственной связи форма законов, определяющих реакцию среды на механическое и электрическое воздействие, совершенно одинакова. Так, для "мгновенно" откликающихся (идеальных) сред они представляют собой линейные уравнения:

$$D_i = \epsilon_{ij} \cdot E \qquad i, j = 1, 2, 3 \tag{2}$$

$$\epsilon^{M}_{ljm} = S_{iklm} \cdot \sigma_{ik}; \qquad i, k, l, m = 1, 2, 3 \tag{3}$$

$$\sigma_{ik} = C_{iklm} \cdot \epsilon_{lm} \tag{4}$$

Это – известные законы, устанавливающие связь между характеристиками электрического – D и механического ϵ^{M} возмущения (отклик среды) и силовыми характеристиками воздействующих полей: напряженностью E и механическим напряжением σ. Разница заключается только в ранге тензоров параметров свойств: диэлектрической проницаемости ϵ_{ij} и коэффициента механической податливости S_{iklm} (либо модуля упругости C_{iklm}, что приводит лишь к различию в числе членов линейных уравнений. Так, для квазиизотропных идеальных сред уравнения (2-4) принимают вид:

$$D = \epsilon \cdot E \tag{2'}$$

$$\epsilon^{M}_{lm} = \frac{1}{2} S^{*} \sigma_{K} + \left(\frac{1}{9} S - \frac{1}{6} S^{*}\right) \sigma_{ll} \cdot \delta_{ik} \tag{3'}$$

$$\sigma_{ik} = K \epsilon^{M}_{ll} \cdot \delta_{ik} + 2G \left(\epsilon^{M}_{ik} - \frac{1}{3} \epsilon^{M}_{ll} \delta_{ik}\right) \tag{4'}$$

где K и G – модули всестороннего сжатия и сдвига, $S = 1/K$, $S^* = 1/G$, δ_{ik} – символ Кронекера. Из уравнений (2′ – 4′) видна аналогичная роль параметров диэлектрической проницаемости ϵ и механической податливости (сдвиговой S и объемной S^*). Поэтому при изменении, например, состава или состояния материала они должны изменяться сходным образом. Закономерности соответствующих изменений модулей упругости должны быть в целом обратными. Однако криогенные породы в большинстве случаев не приближаются к идеальным (упругим или поляризующимся) средам, т.с. для них характерна не мгновенная реакция на воздействие. Это означает, что в силовом поле будут происходить процессы с некоторыми конечными временами релаксации. Тогда рассмотренные законы (2′)-(4′) следует представить в виде интегральных выражений:

$$D(t) = \int_{-\infty}^{t} \epsilon(t, \tau) \frac{dE(\tau)}{d\tau} d\tau \qquad (5)$$

$$\epsilon_{ik}^{M}(t) = \int_{-\infty}^{t} S_{iklm}(t, \tau) \frac{d\sigma_{lm}(\tau)}{d\tau} d\tau \qquad (6)$$

$$\sigma_{ik}(t) = \int_{-\infty}^{t} C_{iklm}(t, \tau) \frac{d\epsilon_{lm}^{M}(\tau)}{d\tau} d\tau \qquad (7)$$

которые легко свести к линейным уравнениям (2′- 4′), введя вместо параметров ϵ, S и C операторы вида $\int_{-\infty}^{t} \epsilon(t, \tau) d = \epsilon$ и, соответственно S и C.

Для случая динамической релаксации в гармонических полях интегрирование уравнений (5-7) и переход от временной к частотной зависимости приводят к формулам для комплексных параметров (проницаемости, модулей упругости и податливостей), выраженным через функции распределения плотностей вероятности времен (электрической либо механической) релаксации. Причем для комплексных $\tilde{\epsilon}(\omega, \theta)$, $\tilde{S}^*(\omega, \theta)$, $S(\omega, \theta)$ получаются совершенно аналогичные выражения вида:

$$\tilde{a}(\omega, \theta) = a_1 - ja_2 = a_\infty + \int_0^\infty \frac{F(\theta)\, d(\theta)}{1 + j\omega\theta} \qquad (8)$$

а для модулей упругости – как обратных величин:

$$\tilde{b}(\omega, \theta) = b_1 - jb_2 = b_0 + \int_0^\infty \frac{F(\theta)\, j\omega\theta}{1 + j\omega\theta} \qquad (9)$$

Функция распределения плотности вероятности $F(\theta)$ для каждого из параметров могут быть в общем случае независимыми. Действительные части параметров характеризуют поляризуемость и упругость среды, а мнимые части – поглощение энергии силового поля за счет неидеальности среды.

Из выражений (8-9) следует, что в неидеальной среде должна быть частотная дисперсия параметров ее механических и электрических свойств, обусловленная наличием конечных времен релаксации соответствующих процессов. Характер этой дисперсии будет зависеть от вида распределения времен релаксации. В литературе закономерности механической и электрической релаксации обычно рассматриваются раздельно на основе частных моделей механизмов поляризации и деформирования. Приведенное выше рассмотрение наглядно демонстрирует сходство этих процессов и пользу их совместного изучения. Более того, имеются указания, что для ряда материалов, в частности, для льда, установлена близость эффективных времен механической и электрической релаксации, что свидетельствует о наличии глубоких взаимосвязей механизмов этих процессов. В простейших случаях, когда релаксационный процесс в материале можно описать одним временем релаксации, формулы (8) переходят в известные уравнения Дебая, а формулы (9) – в уравнения, получаемые при учете вязкости, теплопроводности среды либо эффекта Кнезера и т.п. При наличии ряда релаксационных механизмов, т.е. распределения времен релаксации, для некоторых типичных частных случаев (симметричное и несимметричное распределение) получены уравнения взаимозависимости действительных и мнимых частей комплексных параметров сред и функций распределения плотности вероятности либо распределения вероятности, с помощью которых можно производить соответствующие расчеты. По экспериментально изученным спектрам параметров электрических и механических свойств в достаточно широком диапазоне частот можно определить характеристики релаксационных процессов в материале: эффективное время и распределение времен релаксации – и, тем самым, получить информацию об особенностях протекания этих процессов, а следовательно, о строении и составе исследуемых материалов. Для расширения возможностей эксперимента применяют температурно-частотные исследования динамической релаксации. Разработана теория и методика редуцированных переменных, позволяющая при определенных условиях взаимодополнять частотные зависимости с помощью температурных и наоборот (Михайлов и др., 1964). Кроме того, из вида уравнений (8)-(9) следует, что аргументом в них является произведение $\omega\theta_{эф}$, т.е. если в зависимости от температуры меняется эффективное время релаксации $\theta_{эф}$, то возможна "параметрическая" дисперсия электрических и механических свойств гетерогенных сред, обусловленная изменением их состава либо строения, что особенно перспективно при исследованиях криогенных пород (Фролов, 1976а).

Таким образом, теория динамических релаксационных процессов позволяет осуществить комплексный анализ и интерпретацию экспериментальных данных о частотно-температурной дисперсии параметров электрических и механических свойств криогенных пород с целью расширения и углубления наших знаний о происходящих в них внутренних процессах.

СОСТОЯНИЕ ЭКСПЕРИМЕНТАЛЬНЫХ ИССЛЕДОВАНИЙ ДИНАМИЧЕСКОЙ РЕЛАКСАЦИИ В МЕРЗЛЫХ ПОРОДАХ

К настоящему времени накоплен определенный экспериментальный материал по изучению частотно-температурной дисперсии механических и электрических свойств, который в значительной мере обобщен для поликристаллических льдов (Богородский, 1970; Богородский и др., 1971; Паундер, 1967) и для мерзлых пород (Фролов, 1976а). В этих и других работах описаны закономерности частотной и температурной зависимости параметров электрических свойств мерзлых песчано-глинистых пород и льдов, рассмотрены некоторые механизмы поляризуемости и электропроводности, получены значения энергии активации и данные о релаксационных характеристиках криогенных сред. В них также приводятся температурные зависимости модулей упругости криогенных пород разного состава и, в отдельных случаях, параметров вязкости и поглощения энергии упругих волн. Частотные зависимости упруго-вязких свойств для мерзлых пород и соленых льдов пока не получены. Весьма важным является установление связей между различными механическими свойствами, а также между динамическими параметрами электрических и механических свойств, так как они являются основой для развития соответствующих физических методов контроля состояния крионенных пород. На рис. 2 приведены некоторые примеры таких взаимосвязей. Следует отметить, что совместная интерпретация данных о механической и электрической релаксации позволила показать

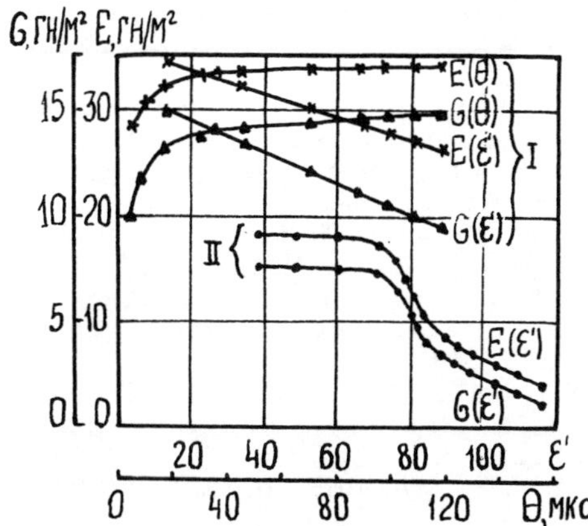

Рис. 2. Взаимосвязь электрических характеристик ϵ и θ и модулей упругости E и G
I – песок; II – каолин

(Фролов, 1976а), что эффективные времена электрической и механической динамической релаксации криогенных пород близки и сходны по изменениям с температурой. На рис. 3 приведены рассчитанные по величинам эффективного времени электрической релаксации и модулям упругости при определенных температурах коэффициенты динамической вязкости η и затухания упругих волн α для льда и некоторых мерзлых пород. Полученные таким путем величины хорошо согласуются с имеющимися в литературе отдельными данными специальных измерений. Эти результаты подтверждают гипотезу о единой природе формирования и изменения электрических и механических свойств криогенных пород.

Изучение взаимосвязей механических свойств позволило нам предсказать особенности температурной зависимости прочности криогенных пород на разрыв, которая должна иметь максимум при определенном содержании жидкой фазы (Фролов, 1976а).

На рис. 4 показана взаимосвязь модуля Юнга и прочности на разрыв некоторых криогенных пород (по результатам работ ряда авторов), иллюстрирующая возможный экстремальный характер изменения последней.

Наличие экстремумов температурной зависимости прочности на разрыв для мерзлых песчано-глинистых пород подтверждено экспериментально (Е.П. Шушерина, МГУ). На основе установленных закономерностей, полученных при исследованиях динамических релаксационных процессов в криогенных породах, разработаны физические основы ряда новых электрометрических и акустических способов оценки фазового состава и кинетики его изменения в криогенных породах, а также способы оценки их прочностных свойств. В процессе этих исследований выявлены многие важные для практики особенности распространения упругих и электромагнитных волн. Наконец, примыкающими к динамической релаксации являются исследования различного рода механоэлектрических явлений и, в первую очередь, контактного, сейсмоэлектрического и пъезоэлектрического эффектов в криогенных породах. Эти исследования только начинаются, но первые данные свидетельствуют об их интересных перспективах в геокриологии, так как они являются источником информации о процессах преобразования энергии в криогенных породах и, следовательно, позволяют получать информацию о составе, строении и механизмах преобразований, происходящих в этих породах.

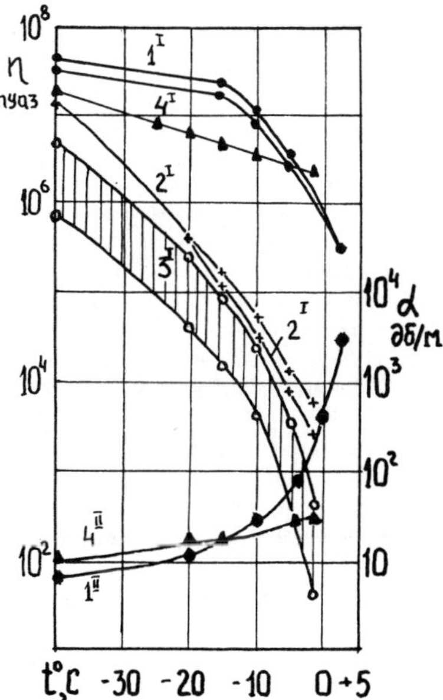

Рис. 3. Температурная зависимость коэффициентов динамической эффективной вязкости (I) и затухания упругих волн (II) мерзлых пород
1 – песок (q = 0,5-1,0); 2 – каолин (W = 25-125%); 3 – суглинок (q = 0,35-0,92); 4 – лед

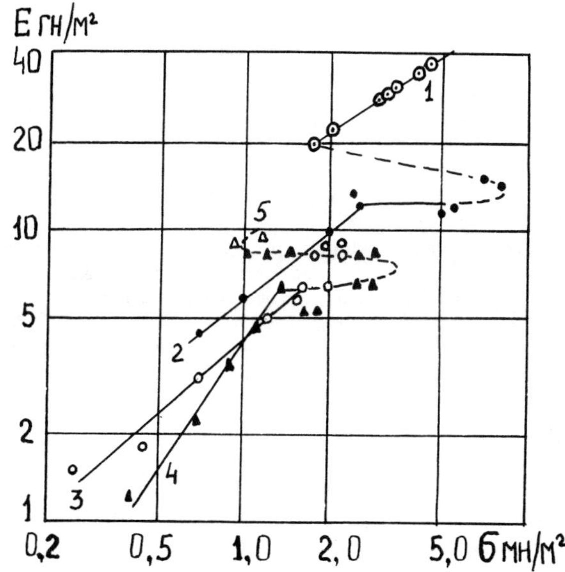

Рис. 4. Взаимосвязь модуля Юнга и предела прочности на разрыв криогенных пород:
1 – песок; 2 – суглинок; 3 – соленый лед; 4 – морской лед; 5 – пресный лед

ЗАКЛЮЧЕНИЕ

Таким образом, к настоящему времени сформировалось перспективное направление в физике криогенных пород – динамическая спектроскопия в различных силовых полях, которое позволяет получать уникальную информацию о механизмах внутренних процессов, составе, строении и свойствах мерзлых пород и льдов. Развитие методов исследования, основанных на применении описанных явлений, и учет получаемых закономерностей формирования и изменения свойств позволят повысить эффективность инженерно-геокриологических изысканий вплоть до создания автоматизированных дистанционных систем контроля за изменением состояния криогенных пород при детальном изучении криогенных явлений при проектировании, строительстве и эксплуатации различных сооружений, проведении мер технической мелиорации, решении вопросов охраны окружающей среды и т.п.

Исследования процессов динамической релаксации позволяют оценивать параметры, определяющие условия и закономерности распространения волн в криогенных породах, а также имеют определенные перспективы при разработке способов направленного воздействия с целью формирования заданных свойств. Однако часто возникают практические задачи, связанные с оценками медленных изменений в криогенных породах как несущих фундаментах или элементах различного рода сооружений, аэродромов, дорог, трубопроводов и т.п. При решении такого рода задач знание динамических параметров, определяющих соответствующие физические свойства (упругость, поляризуемость, электропроводность, вязкость и др.) необходимо, но не всегда достаточно, так как часто нам не известны механизмы, взаимосвязь и последовательность многих преобразований в мерзлых породах и льдах. Поэтому несомненно важным является продолжение и дальнейшее совершенствование исследований статической релаксации в криогенных породах (в лабораторных и натурных условиях) с целью получения параметров, интегрально отражающих многие медленные релаксационные процессы криогенных преобразований. Новым уровнем таких исследований было бы комплексирование их с описанными в докладе методами динамической релаксационной спектроскопии, так как это позволило бы существенно повысить уровень извлечения полезной информации при выполнении длительных и трудоемких экспериментов при изучении различных криогенных пород в широком диапазоне отрицательных температур. Особенно важно осуществление такого комплексирования при детальных исследованиях криогенных преобразований в интервале от $0^{\circ}C$ до температур прекращения интенсивных фазовых переходов в криогенной породе определенного состава, а также преобразований, происходящих при воздействии на породу стационарных полей механических напряжений. Для обеспечения таких исследований необходима разработка комплексной аппаратуры.

Дальнейшее развитие методов динамической и статической релаксационной спектроскопии – один из важнейших путей расширения наших знаний об этих сложных объектах, позволяющий получать информацию, необходимую для прогресса в решении многих прикладных задач.

ЛИТЕРАТУРА

БАРТЕНЕВ Г.М., ЗЕЛЕНЕВ Ю.В. (ред.) 1972. Релаксационные явления в полимерах. Л., "Химия", 520 с.

БОГОРОДСКИЙ В.В. (ред.) 1970. Физика льда. – Труды ААНИИ, т.295. Л., Гидрометеоиздат, 180 с.

БОГОРОДСКИЙ В.В., ГУСЕВ А.В., ХОХЛОВ Г.П. 1971. Физика пресноводного льда. Л., Гидрометеоиздат, 226с.

ВОТЯКОВ И.Н. 1975. Физико-механические свойства мерзлых и оттаивающих грунтов Якутии. Новосибирск, "Наука", 210 с.

ВЯЛОВ С.С. 1959. Реологические свойства и несущая способность мерзлых грунтов. М., Изд-во АН СССР, 257 с.

ВЯЛОВ С.С. 1973. Длительное разрушение мерзлого грунта как термоактивационный процесс. – П Междунар. конф. по мерзлотоведению. Докл. и сообщ., вып.4. Якутск, с. 16-25.

ДОСТОВАЛОВ Б.Н., КУДРЯВЦЕВ В.А. 1967. Общее мерзлотоведение. Изд-во МГУ, 403 с.

КУДРЯВЦЕВ В.А. (ред.) 1974. Основы мерзлотного прогноза при инженерно-геологических исследованиях. Изд-во МГУ, 431 с.

МЕЛЬНИКОВ П.И., ТОЛСТИХИН Н.И., НЕКРАСОВ И.А. и др. 1974. Общее мерзлотоведение. Новосибирск, "Наука", 291 с.

МИХАЙЛОВ И.Г., СОЛОВЬЕВ В.А., СЫРНИКОВ Ю.П. 1964. Основы молекулярной акустики. М., "Наука", 514 с.

ПАУНДЕР Э. 1967. Физика льда. М., "Мир", 189 с.

ПОСТНИКОВ В.С. (ред) 1974. Механизм релаксационных явлений в твердых телах. Каунас, 270 с.

РЕБИНДЕР П.А. 1966. Физико-химическая механика дисперсных структур. – В кн.: Физико-химическая механика почв, грунтов, глин и стройматериалов. Ташкент, с. 3-27.

РЕБИНДЕР П.А., ЩУКИН Е.Д. 1972. Поверхностные явления в твердых телах в процессе их деформации и разрушения. – УФН, т.108, с. 3-42.

САВЕЛЬЕВ Б.А. 1971. Физика, химия и строение природных льдов и мерзлых горных пород. Изд-во МГУ, 506 с.

ФРОЛОВ А.Д. 1976а. Электрические и упругие свойства криогенных пород М., "Недра", 254 с.

ФРОЛОВ А.Д. 1976б. О представительности динамических с статических модулей упругости мерзлых пород. – "Изв. ВУЗов. Геология и разведка", № 6 с. 117-121.

ЦЫТОВИЧ Н.А. 1973. Механика мерзлых грунтов. М., "Высшая школа", 445 с.

STRENGTH AND DEFORMATION OF FROZEN SILT

F. Donald Haynes, U.S.Army Cold Regions Research and Engineering Laboratory, Hanover, New Hampshire, U.S.A.

Results are given for tests made in uniaxial tension and uniaxial compression on frozen Fairbanks silt. These constant displacement rate tests were made over a strain rate range from 1.6 x 10^{-4} s^{-1} to 2.9 s^{-1} and a temperature range from 0°C to -57°C. Over these ranges the compressive strength increased about one order of magnitude, while the tensile strength doubled over the strain rate range and increased about one order of magnitude over the temperature range. For increasing strain rate and decreasing temperature, the specific energy for the compression tests and the modulus increased but the specific energy for the tension tests decreased. Expressions were developed for the strength as a function of strain rate and temperature. The increase in strength with higher strain rates and lower temperatures is explained by the strength of the ice matrix, changes in the unfrozen water content, and intergranular friction.

RÉSISTANCE MÉCANIQUE ET DÉFORMATION DES SILTS GELÉS

On présente ici les résultats d'essais au cours desquels un silt gelé provenant de Fairbanks a été soumis à des essais de traction et de compression uniaxiales. Pour ces essais, on a considéré une vitesse de déplacement constante, pour une vitesse de déformation comprise entre 1.6 x 10^{-4} /s $^{-1}$ à 2.9 s^{-1} la température étant comprise entre 0 °C et -57 °C. Dans ce domaine, la résistance à la compression a augmenté d'environ un ordre de grandeur, tandis que la résistance à la traction a doublé sur l'intervalle des vitesses de déformation, et a augmenté d'environ un ordre de grandeur sur l'intervalle de température. En augmentant la vitesse de déformation et en diminuant la température, on a constaté que l'énergie spécifique qu'exigent les essais de compression et le module ont augmenté, mais que l'énergie spécifique qu'exigent les essais de traction a diminué. On a établi des expressions de la résistance mécanique en fonction de la vitesse de déformation et de la température. L'augmentation de résistance mécanique à mesure qu'augmentent les vitesses de déformation et que diminue la température s'explique par la résistance de la matrice de glace, les variations de la teneur en eau non gelée et le frottement qui s'exerce entre les grains.

ПРОЧНОСТЬ И ДЕФОРМАЦИЯ МЕРЗЛОГО ИЛА В РАЙОНЕ ФЭРБЕНКС

Представлены результаты испытаний на одноосное растяжение и одноосное сжатие образцов мерзлого ила в районе Фэрбенкс. Измерения скорости постоянного смещения производились для скоростей деформации от 1,6 x 10^{-4} $сек^{-1}$ до 2,9 $сек^{-1}$ в температурном диапазоне от 0°C до -57°C. В этих пределах прочность на сжатие возрастала приблизительно на один порядок, а прочность на растяжение увеличивалась вдвое при изменении скорости деформации и возрастала приблизительно на один порядок при изменении температуры. С увеличением скорости деформации и снижением температуры удельная энергия сжатия и модуль упругости возрастали, тогда как удельная энергия растяжения уменьшалась. Выведены формулы зависимости прочности от скорости деформации и температуры. Повышение прочности с увеличением скорости деформации и понижением температуры объясняется прочностью ледяной матрицы, изменением содержания незамерзшей воды и межзеренным трением.

STRENGTH AND DEFORMATION OF FROZEN SILT

F. Donald Haynes

U.S. Army Cold Regions Research and Engineering Laboratory
Hanover, New Hampshire, USA

INTRODUCTION

The strength and deformation of frozen soils depend upon several variables, among which are strain rate and temperature (Mellor and Smith 1966, Sayles 1966, Sayles and Epanchin 1966, Vialov 1965). In a frozen saturated silt the interstitial ice bonds the soil grains together, so that the strength of the ice becomes an important factor. The unfrozen water film surrounding the soil particles persists even at temperatures to -190°C and this influences the strength and the type of failure (Fairhurst 1970). Once deformation of the soil permits grain-to-grain contact of the soil and/or ice, intergranular friction can impede failure (Sayles and Haines 1974).

A laboratory investigation was undertaken in order to determine the effect of strain rate and temperature on the uniaxial compressive strength and the uniaxial tensile strength of frozen silt. The initial tangent modulus was also obtained as a function of the test variables.

TEST PROGRAM

The material selected for the tests was Fairbanks silt which had a specific gravity of 2.71 and a dry density of about 1420 kg/m^3. A mold, in which aluminum end caps were placed, was used to compact the silt. Inserts were also placed in the mold to produce a dumbbell-shaped specimen with a minimum diameter of 25.4 mm and a gage length of 38.1 mm. The dumbbell-shape largely eliminates undesirable end effects in the compression tests and provides a minimum area for failure in the tension tests. After compaction, the silt was saturated with distilled, deaerated water and frozen from the top down in an open system where water was supplied to the bottom of each specimen. The specimens tested had a density of about 1840 kg/m^3, a moisture content of about 30%, and a void ratio of about 0.95.

All specimens were tested on a closed-loop testing machine operated at a constant displacement rate. An environmental chamber was used in conjunction with the testing machine. A load cell was used to measure the applied load and the signals from two linear variable differential transformer transducers were averaged to obtain the axial deformation. Tests were conducted over a strain rate range from 1.6×10^{-4} s^{-1} to 2.9 s^{-1} and a temperature range from -0.1°C to -57°C.

UNIAXIAL STRENGTH

The behavior of frozen silt under uniaxial stress varies widely with increasing strain rates and decreasing temperatures (Sayles and Haines 1974, Wolfe and Thieme 1964). At high strain rates, $\dot{\varepsilon} > 1.0$ s^{-1}, and at low temperatures, $\theta < -40$°C, an elastic behavior is usually observed. For lower strain rates and higher temperatures a viscoelastic behavior is usually observed. A typical viscoelastic response from uniaxial compressive loading at a strain rate of 10^{-2} s^{-1} and a temperature of -2°C is shown in Figure 1. The specimen continued to sustain a load with increasing deformation beyond the linear range of the LVDT's. The true stress was found for such tests by assuming a Poisson's ratio of 1/2 to account for the increase in cross-sectional area. Figure 1 shows that the maximum true stress coincided with point A on the load-deformation curve. For all tests with similar load-deformation curves, point A was selected as the point of failure stress. In this investigation as in others (Kaplar 1953, Sayles and Haines 1974, Wolfe and Thieme 1964) the uniaxial compressive strength was found to be very sensitive to strain rate and to temperature. The compressive strength as a function of strain rate and temperature is shown in Figure 2. For a given strain rate the strength increases over an order of magnitude as the temperature is decreased from -0.1°C to -50°C. At a given temperature, the compressive strength is related to the strain rate by

$$\sigma_c = A\dot{\varepsilon}^b \tag{1}$$

where the strength σ_c is in MN/m^2, the strain rate $\dot{\varepsilon}$ is in s^{-1} and the constants A and b for a given temperature θ are

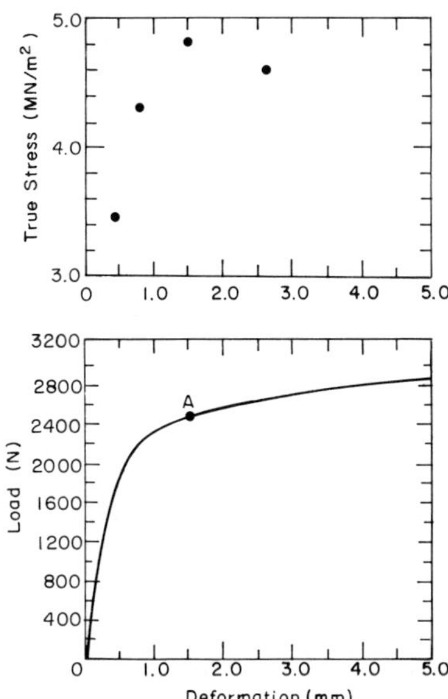

Figure 1. Load and true stress vs deformation for a slow compression test, machine speed 0.0423 cm/s.

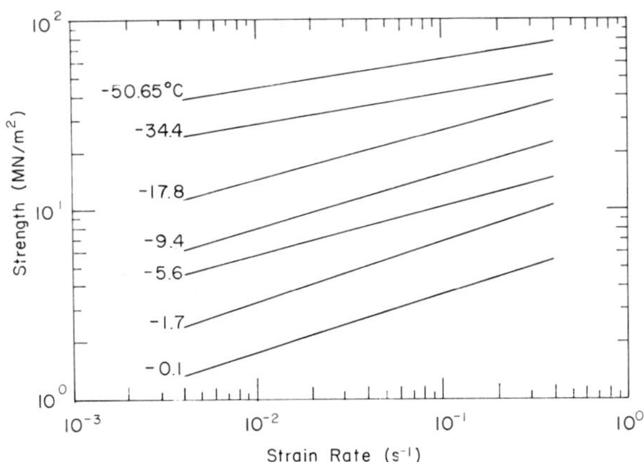

Figure 2. Compressive strength as a function of strain rate.

given in Table 1.

Table 1. Constants for equation 1.

θ	A	b
- 0.1°C	7.08	0.302
- 1.7	14.68	0.327
- 5.6	18.64	0.256
- 9.4	29.0	0.28
-17.8	47.3	0.26
-34.4	60.2	0.164
-50.7	89.2	0.151

These constants were found by a least-squares fit and are applicable over the temperatures indicated and for strain rates from $4x10^{-3}$ to 0.4 s^{-1}. There was no tendency for the compressive strength to plateau at the highest strain rates and lowest temperatures. This indicates that the maximum strength will be found beyond the range of the test variables used.

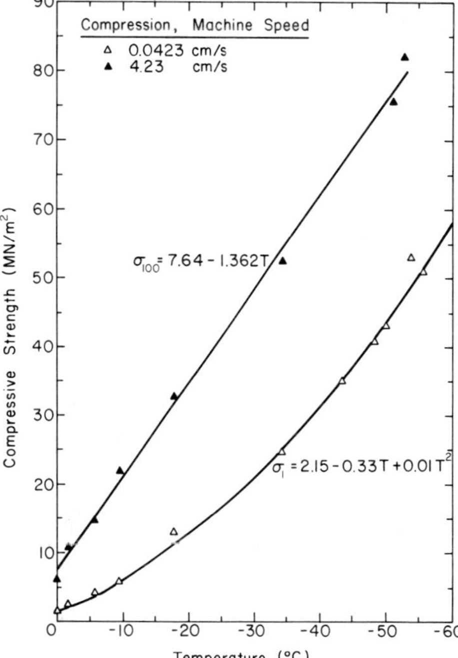

Figure 3. Compressive strength vs temperature for Fairbanks silt.

The compressive strength as a function of temperature is shown in Figure 3. Each point on the graph represents the average of at least three tests. For the higher machine speed, 4.23 cm/s, the average strain rate was 0.4 s^{-1} and for the lower machine speed, 0.0423 cm/s, the average strain rate was $5.7x10^{-3}$ s^{-1}. Even though the strength is higher for the higher strain rate tests, the rate of increase appears to be independent of strain rate at temperatures lower than -45°C.

The tensile strength was found to be relatively insensitive to strain rate and temperature except at low strain rates and temperatures above -6°C. These results are shown in Figure 4. As the temperature is decreased from -0.1°C to -57°C the tensile strength increases about an order of magnitude at a strain rate of $3x10^{-4}$ s^{-1} and quadruples at a strain rate of 10^{-1} s^{-1}. The tensile strength as a function of strain rate can be expressed by

$$\sigma_T = A\,\dot{\varepsilon}^b \qquad (2)$$

where the constants A and b for a given temperature θ were found by a least-squares fit and are given in Table 2. As before, the strength, σ_T, is in MN/m^2 and the strain rate, $\dot{\varepsilon}$, is in s^{-1}. These constants are applicable for strain rates from $5x10^{-4}$ to 0.1 s^{-1}.

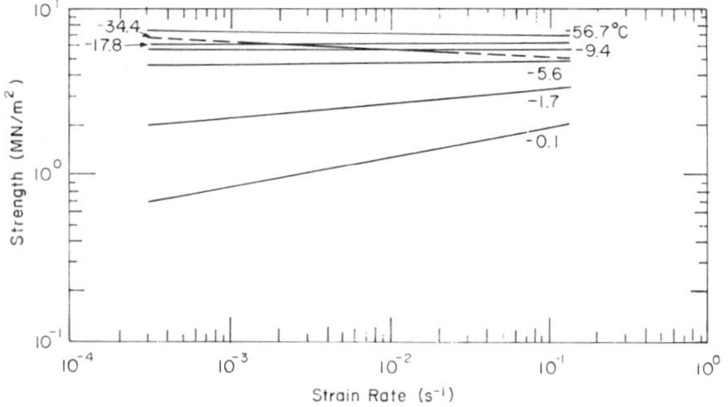

Figure 4. Tensile strength of Fairbanks silt as a function of strain rate.

Table 2. Constants for equation 2.

θ	A	b
- 0.1°C	3.0	0.18
- 1.7	4.1	0.089
- 5.6	5.1	0.012
- 9.4	5.7	-0.0026
-17.8	6.4	0.0024
-34.4	4.9	-0.037
-56.7	6.8	-0.01

The tensile strength at temperatures down to -57°C is plotted in Figure 5. Each point represents an average of at least three tests except that the point at -34.4°C and at 4.23 cm/s represents one test and the point at -56.7°C and at 4.23 cm/s represents the average of two tests. For the higher machine speed, 4.23 cm/s, the average strain rate was 5.9×10^{-2} s^{-1}, and for the lower machine speed, 0.0423 cm/s, the average strain rate was 3.2×10^{-3} s^{-1}. The plotted curves were obtained from a least squares fit to the data. A rate of increase in the strength is greatest and similar for all tests above -18°C.

A surface representing the compressive strength as a function of temperature and strain rate is shown in Figure 6. Because of limited data available some extrapolation was necessary to complete the surface over the temperature and strain rate ranges shown. The following equations were determined to best describe the surface:

$$\sigma_c = 10\dot{\varepsilon}^{0.25} + 1.36\theta_n \quad (3)$$

for $4 \times 10^{-2} < \dot{\varepsilon} < 3$

$$\sigma_c = 7.1\dot{\varepsilon}^{0.25} + 0.33\theta_n + 0.01\theta_n^2 \quad (4)$$

for $10^{-3} < \dot{\varepsilon} < 4 \times 10^{-2}$

where σ_c is the compressive strength in MN/m^2, $\dot{\varepsilon}$ is strain rate in s^{-1}, and θ_n is °C/-1°C.

INITIAL TANGENT MODULUS

The initial tangent modulus was calculated for each test and represents the maximum modulus as indicated by the load-deformation curve in Figure 1. The modulus as a function of strain rate is presented in Figure 7. A general increase in the modulus with increasing strain rate is observed even with the considerable scatter of the data. The effect that temperature has on the modulus is given in Figure 8. Each point plotted is an average of at least three tests. Again, a general increase and scatter are observed. However, the rate of increase appears to be greatest between 0°C and -10°C. The modulus results of this investigation show good agreement with those for frozen Ottawa sand reported by Sayles and Epanchin (1966), for polycry-

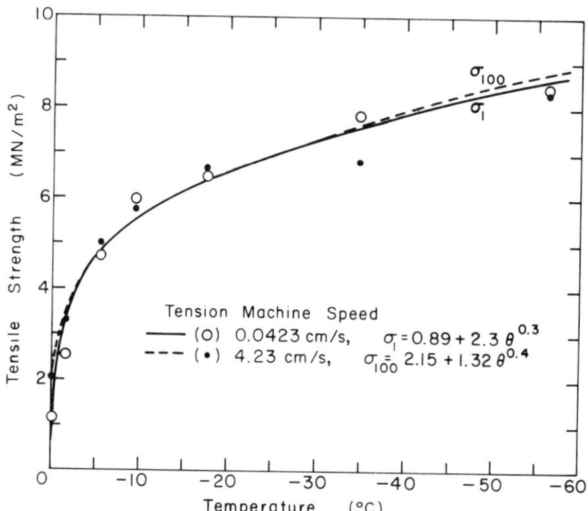

Figure 5. Tensile strength as a function of temperature.

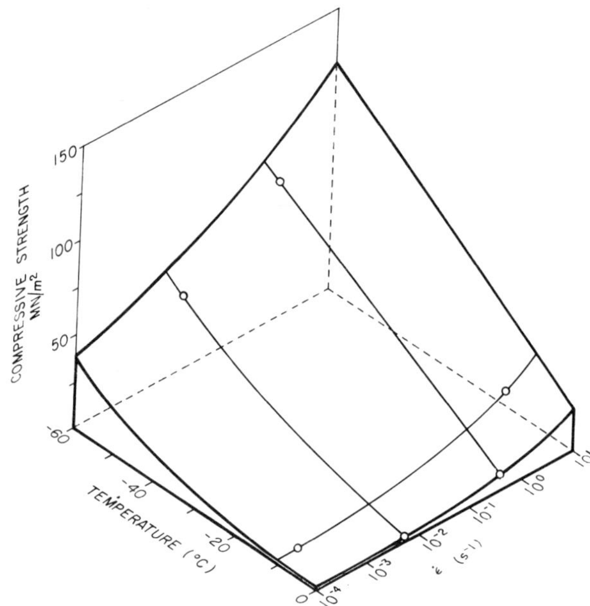

Figure 6. Uniaxial compressive strength of Fairbanks silt. Line segments between points (0——0) represent data. Other line segments represent extrapolations.

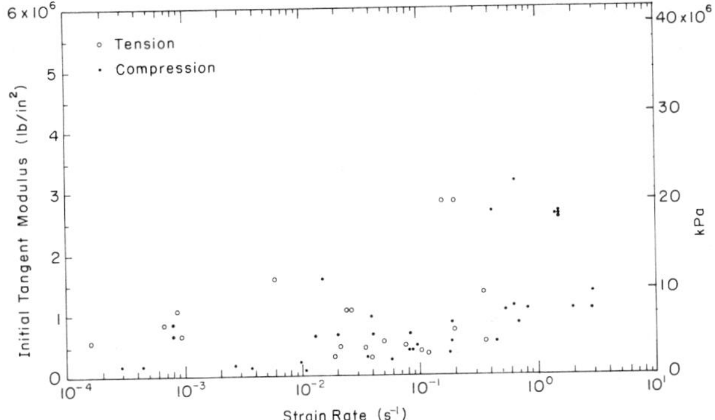

Figure 7. Initial tangent modulus as a function of strain rate at -9.4°C.

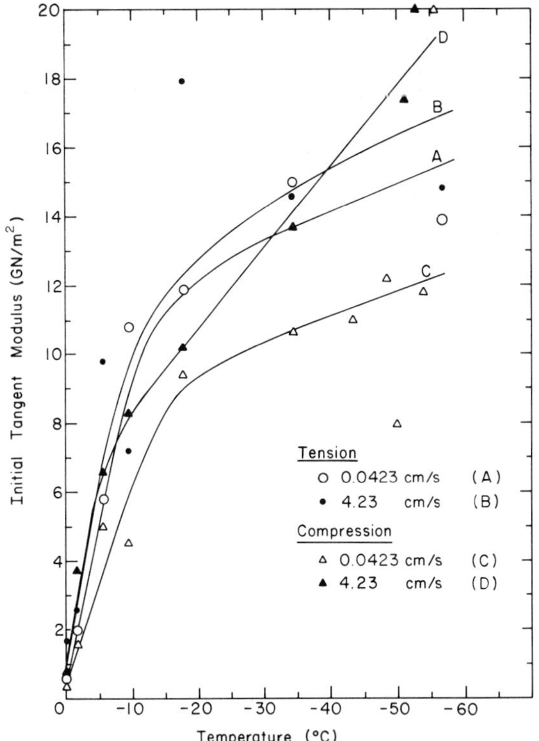

Figure 8. Initial tangent modulus vs temperature for Fairbanks silt.

stalline ice reported by Hawkes and Mellor (1972), and for Fairbanks silt found by Kaplar (1963).

FAILURE ANALYSIS

The failure mode for frozen silt depends upon the temperature and strain rate. At temperatures above -4°C and strain rates below 10^{-3} s^{-1} a viscoelastic behavior was observed for both the compression and tension tests. A definitely brittle behavior was observed at temperatures below -34°C and strain rates above 10^{-1} s^{-1} for the uniaxial tests. Combinations of plastic deformation and cleavage cracking were found for the compression tests at intermediate temperatures and strain rates.

The brittle fracture criterion proposed by Griffith (1924) appears to be a reasonable explanation for fracture initiation in frozen soils. His theory showed that a microcrack could grow under the application of a critical stress. Since polycrystalline ice usually has flaws such as cracks and air bubbles, it is likely that cracks would propagate from such stress risers. The effect of soil grains in this system is to arrest or impede crack propagation and this explains the higher strengths found for frozen saturated soil than for polycrystalline ice. Under comparable temperatures and strain rates, Haynes (unpublished) found that frozen silt is about 50-90% stronger than polycrystalline ice.

Unfrozen water present in saturated soils is discussed by Anderson and Morgenstern (1973), and Hoekstra (1969). It has a definite effect on the strength of frozen soil and frozen rocks. Using the methods for calculating the unfrozen water content, W_u, developed by Anderson and Tice (1972) the compressive and tensile strengths are plotted as functions of unfrozen water content in Figures 9 and 10 respectively. Since the unfrozen water increases rapidly above -10°C, the greatest effect is to be expected in this range. This conclusion is substantiated by the rapid decrease in tensile strength at temperatures above -10°C shown in Figure 5. Under stress, the ice matrix may experience pressure melting, described by Hoekstra and Keune (1967), which will increase the water content. An increase in the water content is suggested as being a cause for the plastic deformation observed at temperatures above -10°C.

The ice matrix is strengthened with increasing strain rate and decreasing temperature. The following rates of increase in compressive strength are reported by Haynes (unpublished):

$$\frac{d\sigma_c}{d\dot{\varepsilon}} = 0.294 \; \frac{MN}{m^2 \; s^{-1}} \qquad (5)$$

at -7°C and $10^{-4} < \dot{\varepsilon} < 10^{0}$ s^{-1} and

$$\frac{d\sigma_c}{d\theta} = 0.79 \; \frac{MN}{m^2 \, °C} \qquad (6)$$

at $\dot{\varepsilon} = \hat{0}.4$ s^{-1} and $0° < \theta < -56°C$ for polycrystalline ice. From Figure 3 the compressive strength of frozen silt increases at a rate of 1.362 MN/m²°C. It is readily seen that the ice matrix may account for 58% of this rate of increase. Below -10°C the tensile strength of silt does not increase rapidly and this agrees well

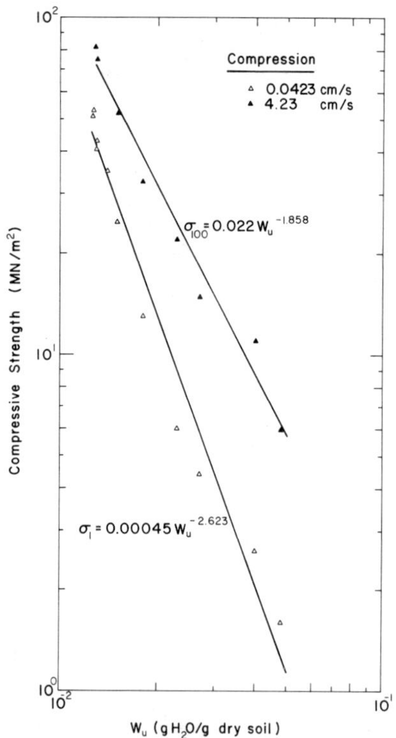

Figure 9. Compressive strength of Fairbanks silt as a function of unfrozen water.

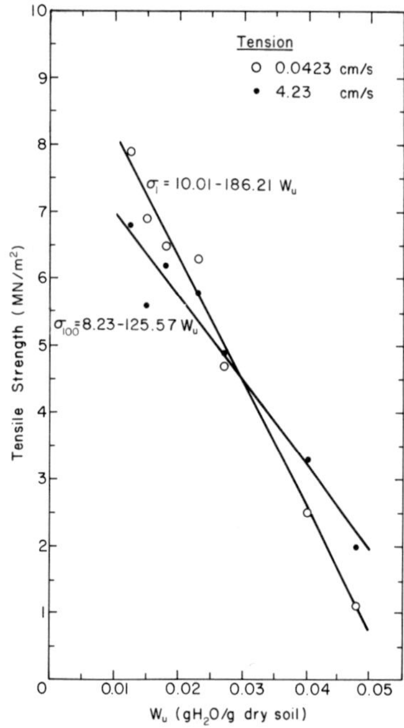

Figure 10. Tensile strength of Fairbanks silt as a function of unfrozen water.

with results by Hawkes and Mellor (1972) and Haynes (unpublished).

Intergranular friction between the soil grains and/or ice grains in creep tests is discussed by Sayles and Haines (1974). This effect should be most important where plastic deformation is observed. Since some plastic deformation was found for a wide range of compression tests at -48°C and $\dot{\varepsilon}=4.7\text{x}10^{-3}$ s^{-1} and at -9°C and $\dot{\varepsilon}=5.2\text{x}10^{-1}$, intergranular friction should be considered an important factor in strengthening frozen silt.

SUMMARY

The uniaxial compressive strength of frozen saturated Fairbanks silt increases about one order of magnitude as the strain rate is increased from 10^{-4} to 2.9 s^{-1} at a constant temperature of -9.4°C. A similar increase is observed as the temperature is decreased from -0.1°C to -57°C at average strain rates of 0.4 s^{-1} and $5.7\text{x}10^{-3}$ s^{-1}. The compressive strength showed no tendency to plateau as it increased. The uniaxial tensile strength is less sensitive to the test variables, doubling over the strain rate range and increasing 3-8 times over the temperature range. An increase in the initial tangent modulus with increasing strain rate and decreasing temperature was found from the uniaxial tests. An expanded range of the test variables is necessary to determine maximum and minimum values for these properties.

The increase in strength of frozen silt can be explained by changes in the unfrozen water film surrounding the soil grains, strengthening of the ice matrix, and intergranular friction between the soil and/or ice grains. Even though the unfrozen adsorbed water film can exist down to -190°C, the greatest effect it will have on the strength should be above -10°C where it has the greatest rate of increase. Based on tests with polycrystalline ice, the ice matrix is strengthened at rates of 0.294 MN/m² s^{-1} at a constant temperature of -7°C and 0.79 MN/m²°C at a constant strain rate of 0.4 s^{-1}. These values indicate that ice strengthening may account for 58% of the rate of increase for frozen silt. The keying action produced by intergranular friction subsequent to axial and lateral deformation can be an important factor in strengthening frozen silt under compressive stress.

ACKNOWLEDGMENTS

The author is grateful for the assistance of many staff personnel at CRREL.

REFERENCES

ANDERSON, D.M. and N.R. Morgenstern. 1973. Physics, chemistry and mechanics of frozen ground: A review. Permafrost:

The North American Contribution to the 2nd Int. Conf., Yakutsk. Nat. Acad. of Sci., Washington, D.C., pp. 257-288.

ANDERSON, D.M. and A.R. Tice. 1972. Predicting unfrozen water contents in frozen soils from surface area measurements. Highw. Res. Record No. 393, pp. 12-18.

FAIRHURST, C. 1970. Investigation of brittle fracture in frozen soil. Final Report, USA CRREL, August.

GRIFFITH, A.A. 1924. The theory of rupture. Proceedings of the First International Congress for Applied Mechanics, Delft, 1924, pp. 55-63.

HAWKES, I. and M. Mellor. 1972. Deformation and fracture of ice under uniaxial stress. J. Glaciol. 11 (61) pp. 103-131.

HAYNES, F.D. Effect of temperature on the strength of polycrystalline ice. USA CRREL (unpublished).

HAYNES, F.D. Strain rate effect on the strength of polycrystalline ice. USA CRREL (unpublished).

HAYNES, F.D., J.A. Karalius and J. Kalafut. 1975. Strain rate effect on the strength of frozen silt. USA CRREL Research Report 350.

HAYNES, F.D. and J.A. Karalius. 1975. Effect of temperature on the strength of frozen silt. USA CRREL Technical Note.

HOEKSTRA, P. and R. Keune. 1967. Pressure effects on the conductance of frozen montmorillonite suspensions. In Clays and clay minerals, Vol. 15. Pergamon Press, New York, pp. 215-225.

HOEKSTRA, P. 1969. The physics and chemistry of frozen soils. Highw. Res. Board Spec. Rep. 103, pp. 78-90.

KAPLAR, C.W. 1953. Investigation of the strength properties of frozen soils. SIPRE Draft Report, Vol. 2.

KAPLAR, C.W. 1963. Laboratory determination of the dynamic moduli of frozen soils and ice. Permafrost: Proceedings, International Conference, Purdue University. National Academy of Sciences, Washington, D.C., pp. 293-301.

MELLOR, M. 1971. Strength and deformability of rocks at low temperatures. USA CRREL Research Report 294.

MELLOR, M. and J. Smith. 1966. Strength studies of snow. USA CRREL Research Report 168.

SAYLES, F.H. 1966. Low temperature soil mechanics. USA CRREL Internal Report 255.

SAYLES, F.H. and N.V. Epanchin. 1966. Rate of strain compression tests on frozen Ottawa sand and ice. USA CRREL Technical Note.

SAYLES, F.H. and D. Haines. 1974. Creep of frozen silt and clay. USA CRREL Technical Report 252.

VIALOV, S.S. (editor). 1965. The strength and creep of frozen soils and calculations for ice-soil retaining structures. USA CRREL Translation 76.

WOLFE, L.H. and J.O. Thieme. 1964. Physical and thermal properties of frozen soil and ice. J. Soc. Petrol. Technol., March, pp. 67-72.

INFLUENCE OF FREEZING AND THAWING ON THE RESILIENT PROPERTIES OF A SILT SOIL BENEATH AN ASPHALT PAVEMENT

Thaddeus C. Johnson, David M. Cole, and Edwin J. Chamberlain, U.S. Army Cold Regions Research & Engineering Laboratory, Hanover, New Hampshire, U.S.A.

Stress-deformation data for silt subgrade soil were obtained from in-situ tests and laboratory tests, for use in mechanistic models for design of pavements affected by frost action. Plate-bearing tests were run on bituminous concrete pavements constructed directly on a silt subgrade, applying repeated loads to the pavement surface while the silt was frozen, thawing, thawed, and fully recovered. Repeated-load laboratory triaxial tests were performed on the silt in the same conditions. Analysis of deflection data from the in-situ tests showed resilient moduli of the silt as low as 2000 kPa for the critical thawing period, and 100,000 kPa or higher when fully recovered. Analysis of the laboratory tests, which gave moduli comparable to the latter values, showed that resilient modulus during recovery from the thaw-weakened condition can be modeled as a function of the changing moisture content.

INFLUENCE QU'EXERCENT LE GEL ET LE DÉGEL SUR LES PROPRIÉTÉS ÉLASTIQUES D'UN SOL LIMONEUX AU-DESSOUS D'UN REVÊTEMENT ROUTIER ASPHALTÉ.

On a obtenu au cours d'essais in situ et d'essais de laboratoire des données sur les caratéristiques contraintes-déformations du sous-sol limoneux d'une route; ces données ont servi à établir des modèles permettant d'éprouver la conception de revêtements routiers soumis à l'action du gel. On a effectué des essais de charge avec plaque circulaire sur des revêtements en béton à liant hydrocarboné, et construits directement sur un sous-sol limoneux, en appliquant des charges répétées sur la surface du revêtement, pendant le gel, le dégel partiel, et le dégel total du limon, puis après la récupération complète de celui-ci. On a aussi réalisé au laboratoire, dans les mêmes conditions, des essais triaxiaux en soumettant le limon à des charges répétées. L'analyse des données relatives à la flèche obtenue au cours des essais in situ a indiqué que le module de résilience du silt pouvait descendre jusqu'à 200 kPa pendant la période critique de dégel et atteindre 100 000 kPa, ou même plus, après sa récupération totale. L'analyse des essais effectués au laboratoire, qui a donné des modules comparables à ces dernières valeurs, a indiqué qu'on pouvait représenter le module de résilience pendant la période de récupération qui suit l'affaiblissement du sol dû au dégel, par un modèle qui exprime les variations de la teneur en eau.

ВЛИЯНИЕ ПРОЦЕССОВ ЗАМЕРЗАНИЯ И ОТТАИВАНИЯ НА УПРУГОСТЬ ИЛИСТОГО ГРУНТА ПОД АСФАЛЬТОВЫМ ПОКРЫТИЕМ

В результате полевых и лабораторных испытаний получены данные о напряжениях и деформациях для илистых грунтов. Эти данные могут быть использованы в механистических моделях при проектировании дорожных покрытий, подверженных действию мороза. Проведены испытания с использованием нагрузочной плиты на битумных бетонных покрытиях, построенных непосредственно на илистом основании. Нагрузка прикладывалась многократно к поверхности покрытия по мере того, как ил замораживался, постепенно оттаивал и возвращался к первоначальному состоянию. В тех же условиях были проведены трехосные лабораторные испытания с многократной нагрузкой на илистом грунте. Анализ данных полевых испытаний показал относительно низкие модули упругости /2000 килопаскалей/ для ила в критический период оттаивания и высокие значения /100 000 килопаскалей и более/ для полностью восстановленного ила. Анализ лабораторных испытаний дал значения модулей, сравнимые с предыдущими, и показал, что модуль упругости при возвращении из ослабленного состояния оттаивания в первоначальное можно моделировать как функцию изменяющегося содержания влаги.

INFLUENCE OF FREEZING AND THAWING ON THE RESILIENT PROPERTIES OF A SILT SOIL BENEATH AN ASPHALT PAVEMENT

Thaddeus C. Johnson, David M. Cole and Edwin J. Chamberlain

U.S. Army Cold Regions Research and Engineering Laboratory
Hanover, New Hampshire, USA

INTRODUCTION

In the past the design of pavements in the cold regions has relied upon a single index of subgrade supporting capacity, whose numerical value is selected to represent the worst case during thawing, the normal case after recovery, or some sort of annual average. As design methods based on calculated stresses and strains become more widely adopted and refined, it will be possible to render a more adequate accounting for the extreme seasonal variation in subgrade supporting capacity, by incorporating in the method a damage accumulator.

Design procedures are available (Bergan and Monismith 1972, Barker and Brabston 1974) for analysis of fatigue damage accumulation in pavements subjected to freezing and thawing. These methods require a prediction of the seasonal values of the resilient modulus M_r (deviator stress divided by recoverable strain), and resilient Poisson's ratio μ_r, of each type of soil, base course, or other material in the pavement profile.

The objective of the research summarized herein was to develop laboratory testing techniques for obtaining M_r for silts, which are among the soils that exhibit the greatest seasonal range in supporting capacity. The approach was to compare the M_r obtained from the laboratory testing of a silt with the results obtained from the analysis of repeated-load plate bearing tests for the frozen, thawing and recovery conditions.

FIELD REPEATED-LOAD TESTING

Test Pavements and Subgrade Soil

Repeated-load plate bearing tests were performed during the period February to December 1975 at six test points on two pavements constructed in Hanover, New Hampshire, in July 1971. The pavements are entirely of asphalt concrete, placed directly on a prepared subgrade; the thickness of asphalt concrete is 127 mm for one pavement and 229 mm for the other (Fig. 1).

The subgrade soil is a silt of very

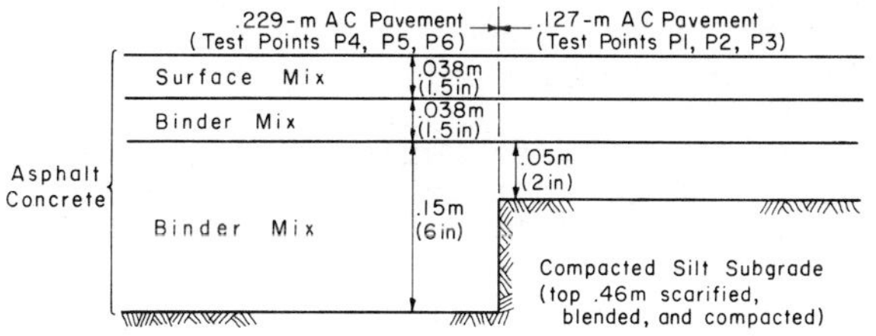

FIG. 1 Test pavements.

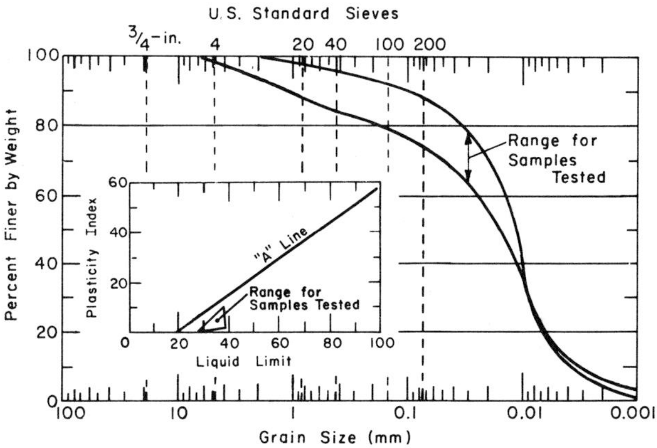

FIG. 2. Properties of silt.

low plasticity containing varying amounts of sand (Fig. 2), classified ML under the Unified Soil Classification System. The soil is considered extremely frost-susceptible, as evidenced by significant moisture migration and frost heave even in closed-system freezing (Quinn et al. 1973), and by frost heave and spring break-up problems experienced on roads in Hanover constructed on similar materials.

Repeated-Load Plate Bearing Tests

The equipment used in the test is mounted on the back of a truck, the frame of which is supported on a heavy steel beam to provide a firm reaction for the plate load. The load actuator works on adjustable air pressure, and loads up to about 53 kN can be applied at frequencies to about 20 per minute.

A load cell located on top of the plate produces a load signal for each load repetition. The resilient and residual deflections of the plate and of the pavement surface at various radial distances are measured with linear variable differential transformers (LVDT's). A pen recorder was used for both load and deflection signals. For the tests reported herein a load of about 40 kN was applied through a 304-mm-diameter plate. The load was repeated 1000 times, with a wave form that approximates slowly moving traffic (Fig. 3).

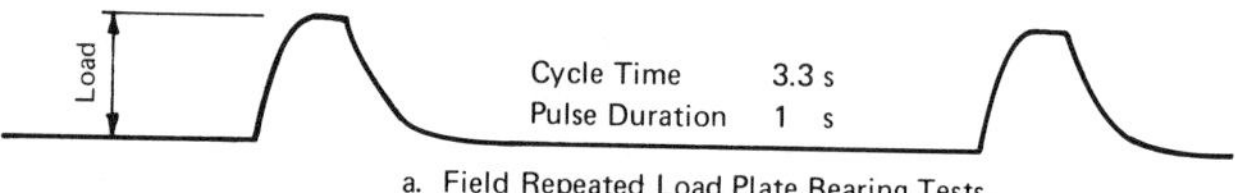

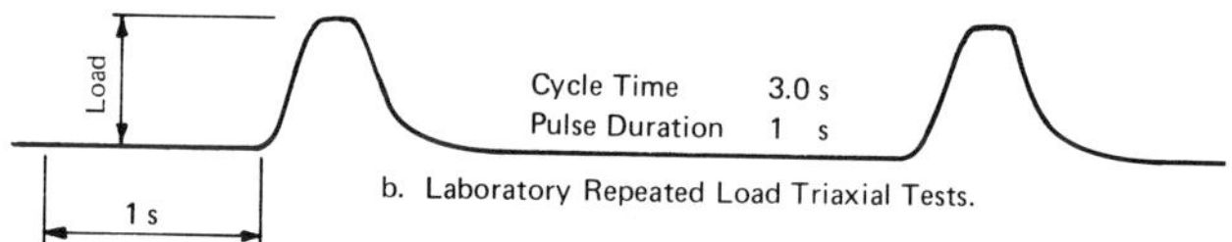

FIG. 3. Load pulse waveforms.

Tests were performed at various stages in the annual cycle of freezing, thawing and strength recovery. Temperatures in the pavement and subgrade during tests at the six test points are typified by those shown in Figure 4 for test point P1. The observed resilient deflections for the series of tests at the same point are shown in Figure 5.

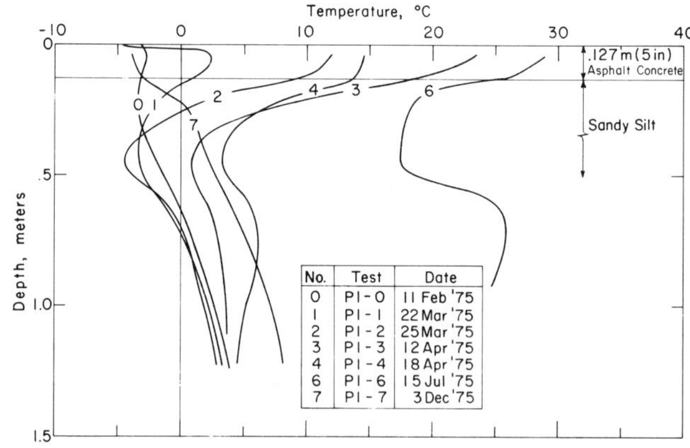

FIG. 4. Ground temperatures at test point P1.

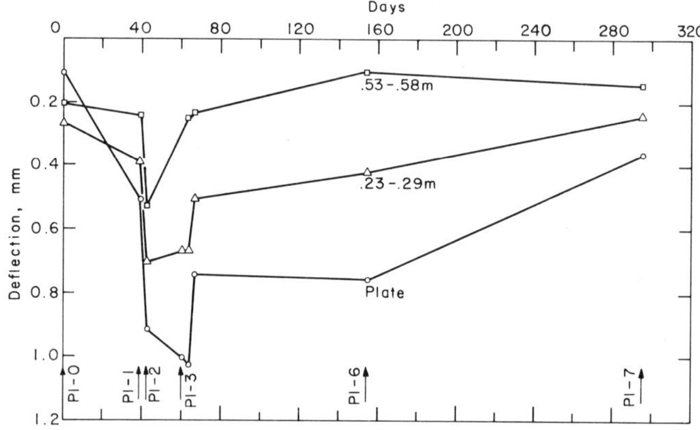

FIG. 5. Resilient deflection of plate and two radial points, test point P1.

RESILIENT MODULUS OF SUBGRADE CALCULATED FROM FIELD TESTS

Mathematical Model

To calculate the resilient modulus of the silt in the various stages of freeze-thaw cycling the pavement and subgrade were considered as an elastic layered system. Barenberg (1973) discussed some of the deficiencies of the layered system approach but concluded it is the best general mathematical model currently available for evaluating pavement systems. The model employed is that of Michelow (1963), for which the computer program was published by Warren and Dieckmann (1963).

Inputs to the computer program include the average vertical pressure applied by the plate, M_r and μ_r of asphalt concrete for the loading time and temperature of the test, and M_r and μ_r of all layers of the subgrade including trial values for that layer for which the solution is desired. Program outputs include stresses, strains and displacements at various depths and radial distances.

Characterization of Asphalt Concrete

The stiffness moduli for the various layers of asphalt concrete selected for use in the analyses are summarized in Figure 6. Results of initial laboratory repeated-load triaxial tests (described below) at deviator stresses of 310 and 413 kPa were used as a guide in selecting moduli for surface courses, while the modulus for the binder courses for the 229-mm pavement was based on tests at 103 kPa. After the moduli were selected and used in the analyses of deflections measured in plate-bearing tests, additional laboratory testing of asphalt concrete was performed to evaluate the effects of moisture content; somewhat lower moduli were found for the moist asphalt concrete at temperatures above freezing.

Values of Poisson's ratio of the asphalt concrete, for use in analyzing the deflections, were selected based on review of published data (Sayegh 1967, Monismith and Secor 1962) and on the laboratory testing described below. The values adopted for the analyses are shown in Figure 6.

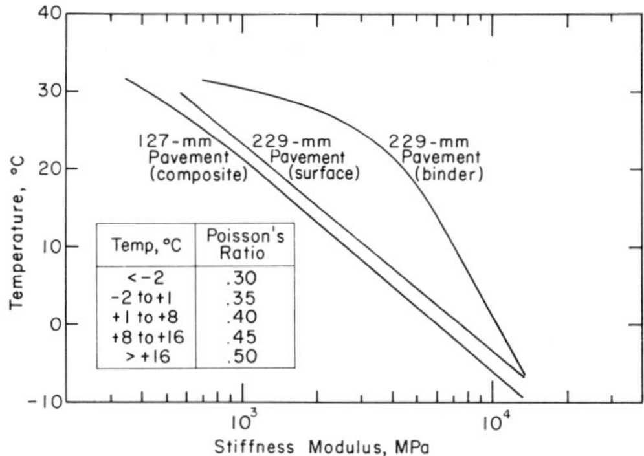

Temp, °C	Poisson's Ratio
<-2	.30
-2 to +1	.35
+1 to +8	.40
+8 to +16	.45
>+16	.50

FIG. 6. Stiffness modulus of asphalt concrete used in analysis.

Characterization of Frozen Silt

During thawing and early stages of recovery, the pavement section still included a layer of frozen silt. The resilient moduli for the frozen silt adopted for the analysis of plate bearing tests to calculate the resilient modulus of the subgrade silt during thawing and recovery were taken from the initial results of laboratory tests summarized in Figure 9. The moduli are strongly dependent on temperature, as illustrated by the following values: 14.2 GPa (-4°C), 7.6 GPa (-3°C), 1.4 GPa (-1°C). As values for Poisson's ratio for the frozen silt were not obtained in the laboratory test program, a value of 0.26, corresponding to a frequency of 1 kHz and -3.9°C, was selected from Stevens' (1975) tests.

Calculated Resilient Modulus of Silt Within the Zone of Freezing

The deflection basins measured in six tests at test point Pl are shown in Figure 7; the dates of the tests and the temperatures prevailing at the time of each test are shown in Figure 4. By solving for the surface deflections given by the layered elastic theory for successive trial resilient moduli of the thawing or recovering silt layer, that modulus was found which gave the best fit with the observed plate deflection; the resulting calculated deflection basins also are shown in Figure 7.

In many cases the entire calculated deflection basin coincided acceptably with the observed basin, as for example Pl-1, Pl-3 and Pl-6. In other cases (Pl-0 and Pl-7) the deflection basins differed markedly, and only by using substantially lower moduli for the uppermost layer, the asphalt concrete, could the deflection basins be made to coincide. It does not seem implausible that the difficulty is attributable to the asphalt concrete, because later tests on moist asphalt concrete showed somewhat lower moduli, and because the discrepancy is encountered

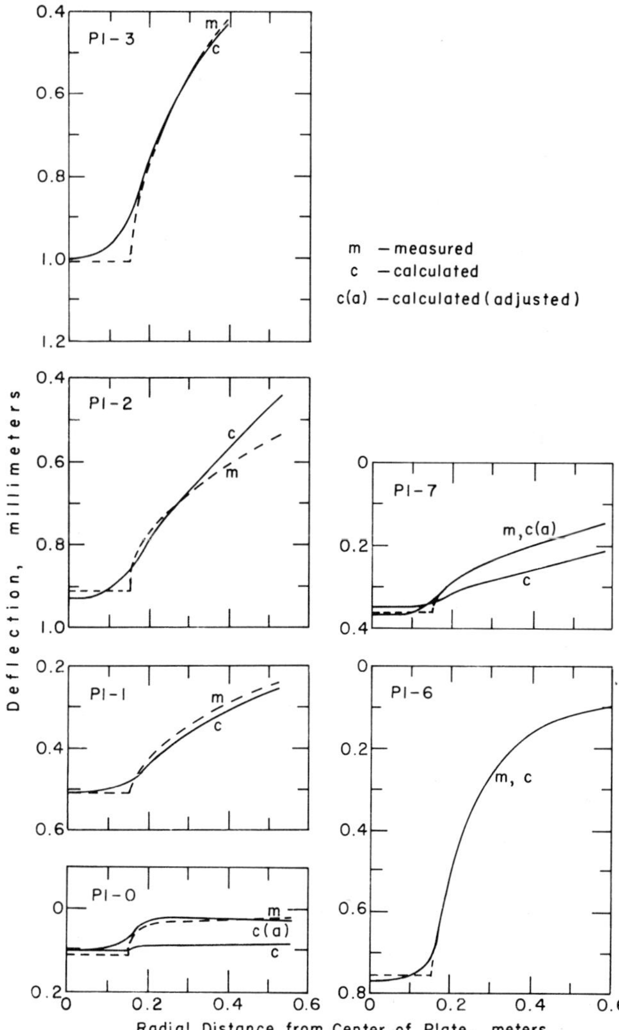

FIG. 7. Measured and calculated deflection basin, test point Pl.

more frequently and is more pronounced in those cases in which an error in assessing the modulus of the asphalt concrete would have the greatest impact on the results. It is recognized, however, that part of the discrepancy could be attributable to inappropriateness of an elastic layered system model, compared with the undoubted inelastic behavior of the materials. The rigidity of the loading plate also limits the applicability of the model, which assumes uniform stress distribution beneath the plate.

Nevertheless, it is believed the possible inaccuracies deriving from use of an elastic model will be compensated in part by the use of the same model for design, calculating stresses and strains based upon inputs that include those same moduli. Consequently, it is believed the calculated moduli of the silt represent reasonably well the moduli applicable for

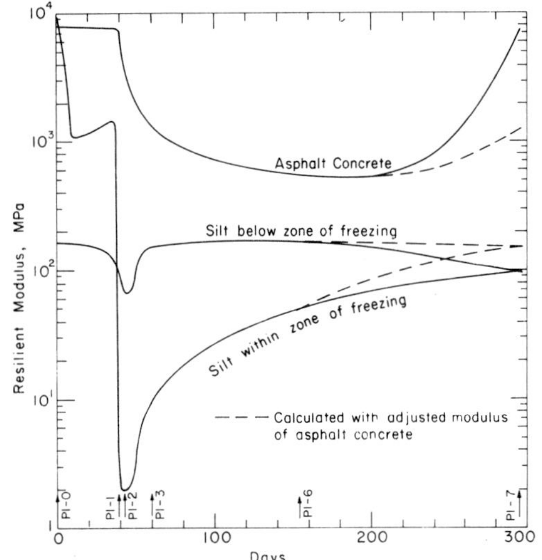

FIG. 8. Calculated resilient moduli of subgrade silt, test point P1.

use in design. The calculated moduli are shown in Figure 8 for test point P1. Generally similar values were obtained at test points P2, P3, P4, P5 and P6. The moduli shown in solid lines in Figure 8 correspond to test values for asphalt concrete summarized in Figure 6, while the dashed lines are those trial values that give the best fit of the deflection basins.

REPEATED-LOAD TRIAXIAL TESTS

Specimens, Equipment and Testing Procedures

As repeated-load plate bearing test data for a given subgrade soil will seldom be available for use in designing new pavements, it is convenient to employ laboratory tests to characterize the stress-deformation response of soil affected by freezing and thawing. To develop suitable techniques for this purpose, laboratory repeated-load triaxial tests were performed on asphalt concrete and silt cores 50 mm in diameter, taken from the test sections. Asphalt concrete cores were tested under varying temperature and moisture conditions and deviator stress levels. The silt specimens, taken from the test pavements in the frozen condition, were tested at several subfreezing temperatures as well as in the thawed condition for a range of deviator stresses and moisture contents. Undisturbed samples also were taken in the fall, and tested at in-situ moisture content and density to represent the fully recovered condition.

Apparatus

The test specimens were mounted in a conventional triaxial cell. Axial deformation measurements were obtained using four LVDT's. The stems were mounted on spring-loaded Plexiglas clamps at third points on the samples. The barrels were individually mounted on arms with two hinged joints to allow freedom of movement in the horizontal plane.

Direct radial deformation measurement was made with three non-contacting variable impedance transducers (VIT) equally spaced about the specimen at mid-height and mounted on the triaxial cell cylinder. Each transducer required an aluminum foil target placed between the specimen and the rubber triaxial membrane.

A miniature load cell mounted inside the triaxial cell served as a monitor for the axial load and a feedback source for the testing machine. The load cell output, the sum of the three VIT outputs, and the average of the LVDT outputs were recorded simultaneously on a high-speed pressurized-ink strip chart recorder.

The cyclic load was applied by a closed loop electro-hydraulic testing machine. An electro-mechanical device was programmed to produce the load pulse waveform (see Fig. 3). The pulse duration was 1 second and frequency 20 cycles per minute. Test temperatures were monitored by a digital thermometer. Compressed nitrogen was used as a cell fluid.

Procedures

The asphalt concrete cores were trimmed to length (approximately 127 mm), and the ends and sides ground smooth with a high-speed grinder mounted on a lathe carriage. Specimens were subjected to a test series in their original condition and retested after being saturated under 95 kPa vacuum. A final test series was performed after specimens were dried in a desiccator. Resulting water contents ranged from 0% to 2.0%. Test temperatures ranged from -6.7°C to 32.2°C. Deviator stress levels were 103.4 kPa for the 32.2°C tests and 206.8 kPa for all others. Load was applied for 200 cycles, or until a stable response was obtained.

The silt cores were cut to length on a band saw while frozen. Ends were trimmed flat using a lathe. Tests on frozen specimens were conducted at several temperatures from -6.7°C to -0.8°C, and deviator stress levels from 69 kPa to about 660 kPa. Confining pressure was 69 kPa throughout the test series.

Specimens were thawed and consolidated to varying degrees to obtain a range in sample properties. Thawed tests were conducted at room temperature (22.2°C). The deviator stress ranged from 3.5 kPa to a high of 172.4 kPa while the confining pressures ranged from 6.9 kPa to 103.4 kPa; these stress levels were selected to conform with the range of vertical and tangential stresses developed in the silt during the plate bearing tests.

RESILIENT PROPERTIES CALCULATED FROM LABORATORY TESTS

All test data were analyzed by multiple linear regression and analysis of variance techniques, to obtain empirical relationships between M_r and μ_r and the significant variables. This technique was employed to obtain easy access to M_r and μ_r for a wide variety of conditions. The regression equations were in polynomial form, expressing M_r and μ_r in terms of deviator stress, confining stress, dry density, water content and temperature. The moduli for silt in various conditions shown in Figure 9 are a result of the statistical analysis.

Asphalt Concrete

The resilient modulus M_r for the asphalt concrete was observed to be primarily a function of temperature, decreasing by almost two orders of magnitude between -5°C and 30°C. Moisture content and deviator stress also were significant factors. M_r decreased by more than 30% for each percent increase in water content at 25°C and increased by approximately 25% for each percent increase in water content at -5°C; while at 0% water content M_r decreased by as much 35% for an increase in deviator stress of 103.4 kPa to 310.3 kPa. Confining stress level had little effect on M_r.

Silt

The resilient modulus of the frozen silt decreased more than one order of magnitude as the temperature approached the melting point, ranging from over 1×10^4 MPa at -5.6°C to less than 1×10^3 MPa at -0.5°C (Fig. 9). Increasing σ_d influenced M_r to a lesser but still significant degree, decreasing M_r by approximately 50% between 70 and 500 MPa. The parameters of σ_3, w and γ_d did not appear to significantly affect the results for the range of conditions imposed.

Upon thawing, most samples were too soft and weak to test, and had to be either partially or fully consolidated under the respective confining pressure before applying the repeated load. Water content was the most significant factor affecting M_r, which increased two orders of magnitude from w=39% to w=29% (Fig. 9). Increasing deviator stress decreased M_r to a lesser degree (the greatest decreases occurring at the lower water contents), while increasing confining pressure and dry density increased M_r.

It can be seen that there is a considerable range of M_r over the frozen, thawed and recovered states. M_r can change from 1×10^4 MPa for the frozen condition to less than 4 MPa for the thawed condition, and then to more than 3×10^2 MPa for the fully recovered condition.

Curve	Description	W,%	S,%	γ_d,Mg/m³
A	Frozen	40	95	1.218
B	Thawed, unconsolidated	39	95	1.290
C	Thawed, partially consolidated	35	90	1.314
D	Thawed, partially consolidated	32	97	1.426
E	Fully recovered	29	80	1.346

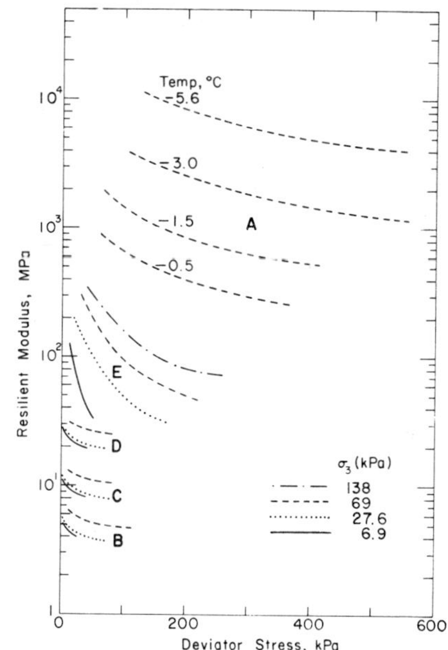

FIG. 9. Resilient modulus of silt from repeated-load triaxial tests.

Poisson's ratio could not be obtained for the frozen silt because of extremely small radial strains. For the unfrozen silt, μ_r ranged from 0.20 to 0.50, the average value being 0.36. Generally, μ_r increased with increasing deviator stress and decreasing confining pressure, the μ_r versus σ_d plots being concave downwards.

DISCUSSION AND CONCLUSIONS

From Figure 8 it can be seen that resilient moduli of the silt obtained from the results of field tests at point P1 vary from a minimum of approximately 2 MPa in the thin thawed layer at the beginning of sugrade thawing to 100-200 MPa in the fully recovered condition. Laboratory test results showed M_r for the unconsolidated condition immediately after thawing to be 4 MPa while the value for the fully recovered state ranged from 30 to 300 MPa depending on the deviator and confining stress levels. It thus appears that the repeated load triaxial test can adequately obtain M_r values for the range of seasonal conditions, providing that conditions of moisture are known or can be accurately estimated. The minimum values during thawing are extremely low and cannot be determined in the triaxial test because the specimens are unstable.

The research results summarized herein lead to the following conclusions:

1. The resilient modulus of silt subgrade soil can be determined from deflections measured in plate bearing tests on the pavement surface. The rate of recovery from the thaw-weakened condition can be determined by performing such tests throughout the thawing and recovery periods. The resilient modulus of silt ranges from about 2 MPa during thawing, to 100-200 MPa in the fully recovered state, and to more than 10,000 MPa when frozen.

2. The resilient modulus and Poisson's ratio of silt after thawing and during recovery can be determined by laboratory repeated-load triaxial tests on undisturbed samples obtained in the frozen condition and tested after thawing. Specimens of silt were too soft immediately after thawing to be tested, and first had to be partially consolidated; thus it was not possible to determine the minimum resilient modulus.

3. The resilient modulus and Poisson's ratio of silt determined in repeated-load triaxial tests can be expressed as a function of deviator stress, minor principal stress, moisture content, dry density, and temperature.

4. Under given stress conditions, the resilient modulus of silt during recovery after thaw can be modeled as a function of changes in moisture content that take place during consolidation.

Many persons at CRREL participated in this research project, furnished essential support, and contributed to its successful completion. The authors wish to acknowledge particularly the contributions of R. Perham who developed the repeated-load plate-bearing testing device; J. Stubstad and N. Smith who modified and adapted various components of the test equipment, developed the testing procedures, and performed most of the plate-bearing tests; R. Eaton who took samples and ran some of the plate-bearing tests; and D. Van Pelt who reduced the data and assisted with the computer analyses. This study was sponsored by the U.S. Army, Corps of Engineers.

REFERENCES

BARENBERG, E.J. 1973. "Mathematical modeling of pavement systems: State-of-the-art". Proc., Allerton Park Conference on Systems Approach to Airfield Pavements, Tech. Rept. P-5, U.S. Army Construction Engineering Research Laboratory.

BARKER, W.R. and W.N. Brabston. 1974. Development of a structural design procedure for flexible airport pavement. U.S. Army Engineer Waterways Experiment Station report prepared for Federal Aviation Agency, Report No. FAA-RD-74.

BERGAN, A.T. and C.L. Monismith. 1972. Some fatigue considerations in the design of asphalt concrete pavements. Proc. Canadian Technical Asphalt Association, Vol. XVII.

MICHELOW, J. 1963. Analysis of stressses and displacements in an n-layered elastic system under a load uniformly distributed on a circular area. California Research Corporation, Richmond, California.

MONISMITH, C.L. and K.E. Secor. 1962. Viscoelastic behavior of asphalt concrete pavements. Proc. First Internat. Conf. on Structural Design of Asphalt Pavements, University of Michigan.

QUINN, W.F., D. Carbee and T.C. Johnson. 1973. Membrane-encapsulated soil layers (MESL) for road construction in cold regions. OECD Symposium on Frost Action on Roads, Oslo, Norway.

SAYEGH, B. 1967. Viscoelastic properties of bituminous mixes. Proc. Second Internat. Conf. on Structural Design of Asphalt Pavements, University of Michigan.

STEVENS, H.W. 1975. The response of frozen soils to vibratory loads. USACRREL Technical Report 265.

WARREN, H.W. and W.L. Dieckmann. 1963. Numerical computation of stresses and strains in a multiple-layered asphalt pavement system. California Research Corportation, Richmond, California.

TRIAXIAL TESTING OF POLYCRYSTALLINE ICE

Stephen J. Jones, Inland Waters Directorate, Environment Canada, Ottawa, Canada.

Triaxial tests (uniaxial compression plus hydrostatic) have been performed on pure polycrystalline ice in the strain-rate range 10^{-6} to 5×10^{-3} s^{-1} at -12°C. The yield stress increased by a factor of two as the hydrostatic pressure increased to 30 MNm^{-2} and then decreased continuously to the highest hydrostatic pressure reached (76 MNm^{-2}). At these strain-rates cracking is suppressed by about 10 MNm^{-2} hydrostatic, and the flow law exponent, n, is reduced from about 5 at atmospheric pressure to about 3 at 30 MNm^{-2} hydrostatic pressure.

ESSAI TRIAXIAL DES POLYCRISTAUX DE GLACE

Stephen J. Jones, Direction générale des eaux intérieures, Environnement Canada, Ottawa, Canada

Des essais triaxiaux (compression uniaxiale y compris hydrostatique) ont été effectués sur des polycristaux de glace pure à des vitesses de déformation de 10^{-6} à 5×10^{-3} s^{-1} à -12°C. La limite de résistance a augmenté par un facteur de deux avec l'augmentation de la pression hydrostatique à 30 MNm^{-2} et ensuite elle fléchit de façon continue jusqu'au moment où la plus haute pression hydrostatique est atteinte (76 MNm^{-2}). A ces dépendances de contrainte les fissures sont supprimées par environ 10 MNm^{-2} hydrostatique, et l'exposant de la loi sur l'écoulement, n, est réduit d'environ 5 sous pression atmosphérique à environ 3 sous une pression hydrostatique de 30 MNn^{-2}.

ТРЕХМЕРНЫЕ ИСПЫТАНИЯ ПОЛИКРИСТАЛЛИЧЕСКОГО ЛЬДА

Были проведены трехмерные испытания /одноосное сжатие плюс гидростатическая нагрузка/ чистого поликристаллического льда при скорости деформации в пределах от 10^{-6} до 5×10^{-3} $сек^{-1}$ и температуре -12°С. Предел текучести возрастал в два раза при увеличении гидростатического давления до 30 меганьютон·$м^{-2}$ и затем непрерывно снижался с повышением гидростатического давления до максимального уровня 76 меганьютон·$м^{-2}$. При указанных скоростях деформации и гидростатическом давлении порядка 10 меганьютон·$м^{-2}$ растрескивания не происходит и экспонента закона течения, n, уменьшается с 5 при атмосферном давлении до 3 при гидростатическом давлении 30 меганьютон·$м^{-2}$.

TRIAXIAL TESTING OF POLYCRYSTALLINE ICE

Stephen J. Jones

Glaciology Division, Inland Waters Directorate
Department of the Environment, Ottawa, K1A 0E7, Canada

INTRODUCTION

Many workers have studied the uniaxial mechanical behaviour of ice but few have bothered with more complicated stress systems. Rigsby (1958) studied the effect of hydrostatic pressure on the shear creep behaviour of four single crystals and concluded that if the temperature was measured from the pressure melting point, hydrostatic pressure had no effect. Haefeli and others (1968) deformed three polycrystalline ice samples in compressive creep with a 30 MNm^{-2} superimposed hydrostatic pressure and showed that the creep rate was increased by the hydrostatic pressure, at constant temperature. At higher strain-rates, comparable to this study, Goughnour and Andersland (1968) noticed a slight increase in the strength of pure ice samples with a 0.7 MNm^{-2} confining pressure. Recently, Simonson and others (1975) conducted triaxial tests on ice, and sand-ice, to 200 MNm^{-2} at -10°C and found a "monotonic decrease in strength to the highest pressure tested". There has been several studies on various sand-ice and permafrost systems (Smith and Cheatham, 1975; Alkire and Andersland, 1973; Chamberlain and others, 1972). The object of this work was to study the effect of confining pressure on the compressive behaviour of ice over a wide range of strain-rates, from the normal creep range to the brittle fracture range. This paper reports results in the strain-rate range 10^{-6} to 5×10^{-3} s^{-1}.

SAMPLE PREPARATION

The fine grained, random polycrystalline samples were prepared by filling a cold stainless steel mold 400 mm long and 26 mm diameter with snow and evacuating the air. Deionized and distilled water was boiled to remove air, cooled under vacuum until ice just began to form and then added to the mold. The whole was then kept at -15°C until all the water was frozen. This method was first used by Glen (1955). The ice was removed from the mold by gently warming it until the ice slid out, and then samples were cut and machined to a size of 20 mm diameter and 60 mm length. Analysis of thin sections under crossed polaroids showed that they were random polycrystals of grain size ≈ 1 mm diameter. Their slightly hazy appearance indicated that they contained some finely dispersed air bubbles. Stainless steel end caps were frozen on to the samples, using a special jig to maintain alignment, before they were ready for the mechanical tests.

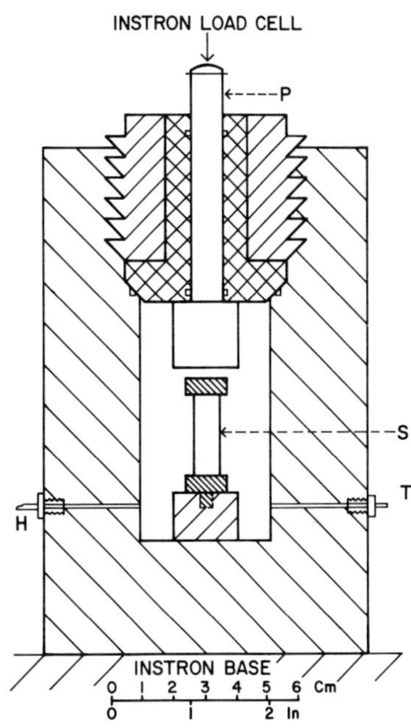

Fig.1. Diagram of the high pressure cell used in this study. The scale shown is incorrect; correct scale is 1:5.1. Cold box not shown.

MECHANICAL TESTING PROCEDURE

The mechanical testing apparatus used is shown in Fig. 1. The ice sample, S, was placed in a cell capable of withstanding at least 100 MNm^{-2} hydrostatic pressure. The pressurizing fluid was Dow Corning Silicone fluid 200, hand-pumped through the line, H. A piston, P, sealed by two O-rings, applied a uniaxial compressive force to the sample. The whole sat inside a cold box on the base of a model 1116 Instron mechanical tester. All the tests reported here were done at -12 ± 1°C, the temperature usually varying less than 0.1°C during a test, as monitored by a thermocouple (T, Fig. 1) inside the cell. The Instron load cell, being outside the high pressure cell, measured not only the uniaxial load applied by the crosshead, but also the force of the hydrostatic pressure on the piston, P, and any frictional force of the piston itself. The friction was small and was taken into account by doing dummy runs without a sample. The hydrostatic pressure was more difficult to take into account because it increased slightly during an experiment - as the piston descended, the volume of the cell was decreased and the hydrostatic pressure was, thus, increased. Typically, the hydrostatic pressure rose by 1 MNm^{-2} during an experiment. The output of the Instron load cell, therefore, was a linearly increasing load due to the increasing hydrostatic pressure plus the load-time curve of the ice sample itself, as shown in Fig. 2.

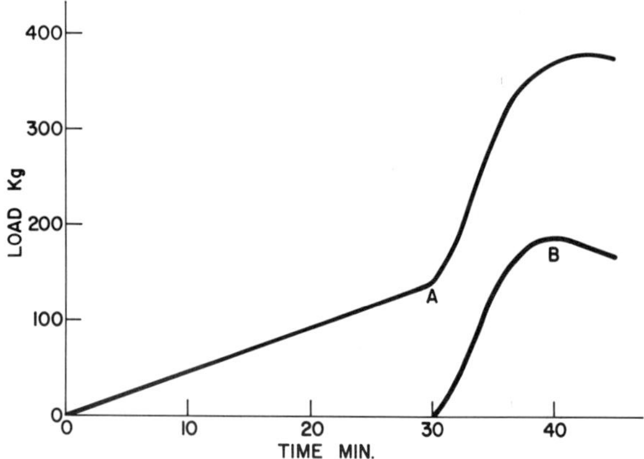

Fig.2. Load-time curve for sample 30-01-76 deformed at -11.7C, $\dot{\varepsilon}$ =2.6X10^{-5}s^{-1}, at a hydrostatic pressure of 50MNm^{-2}. At point A the piston hits the sample. B marks the yield point of the sample.

The linear, hydrostatic, part of the curve was extrapolated and subtracted from the curve to give the load-time curve of the ice sample alone, as shown in the lower part of Fig. 2. The hydrostatic pressure was also monitored independently with a Heise gauge, and this confirmed the linear increase in pressure. The load-time curve was then converted to stress-strain in the following way. The load, F, was converted to stress, σ, using the equation

$$\sigma = \frac{F}{A} \cdot \left(\frac{\ell}{\ell_o}\right) \qquad (1)$$

where ℓ was the length of sample and ℓ_o was the initial length of sample. The factor $^o(\ell/\ell_o)$ took account of the increase in cross-sectional area of the sample as the compression took place.

The Instron compressed the ice at a constant speed of deformation. The time axis of the Instron strip chart recorder was, therefore, taken to be directly proportional to the amount of compression, $\Delta\ell = \ell_o - \ell$. The true stain, $\Delta\ell|\ell$, (not ℓ_o) was then calculated.

For most tests the samples were immersed directly in the silicone fluid, without covering them first with a thin rubber sleeve. Some were protected from the oil by such a sleeve but these showed no difference in yield or fracture stress from the unprotected samples. Further tests were done at one atmosphere pressure, using an air bath rather than the silicone fluid, both with and without rubber sleeves, and these tests also showed no significant effect of either the oil or the rubber sleeves.

The application of the hydrostatic pressure raised the temperature of the oil and hence the ice by several degrees. Therefore, two precautions were necessary. The first was to make sure that the temperature never rose above the pressure melting point, and the second was that the temperature had to be allowed to equilibrate after applying the pressure.

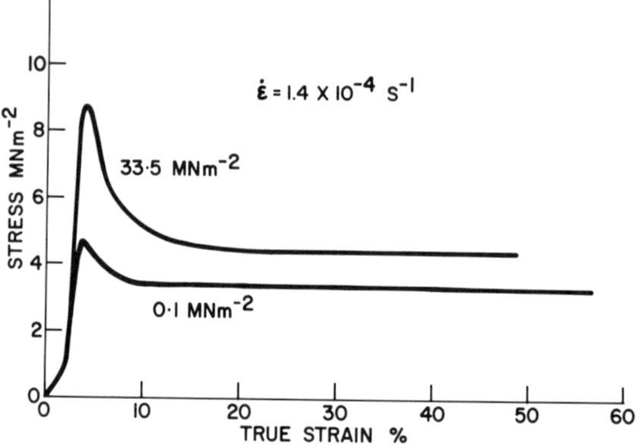

Fig.3. Stress-strain curves for two samples; one deformed at atmospheric pressure, the other at 33.5MNm^{-2} hydrostatic pressure.

RESULTS

A typical stress-strain curve is shown in Fig. 3 for two samples deformed at a strain-rate of 1.4 x 10^{-4} S^{-1}, one at atmospheric pressure, the other at 33.5 MNm^{-2} pressure. While similar in shape, the high pressure curve had a yield stress nearly double that of the atmospheric pressure curve. After reaching the yield or maximum, the stress dropped markedly and remained

constant up to 60% true strain - the maximum possible with the equipment. The appearance of the two samples after testing was different. The atmospheric pressure samples was very highly cracked, opaque, with, usually, some pieces of ice shattered off the sample; the high pressure sample, however, was uncracked and clear. In fact, the high pressure sample was more clear than at the start of the test because the small amount of air in the original sample had disappeared. This disappearance was due to one of three things:
(a) the bubbles closed up so much under the hydrostatic pressure that they were invisible,
(b) the air diffused into the ice lattice,
(c) the air formed a clathrate hydrate (Miller, 1969; Jones and Johari, 1976).

At lower strain-rates, e.g. 1.5 x 10^{-6} s^{-1}, there was a much less pronounced yield stress. There was very little cracking in any of the samples and much less difference in the stress-strain curves of the atmospheric and high pressure tests.

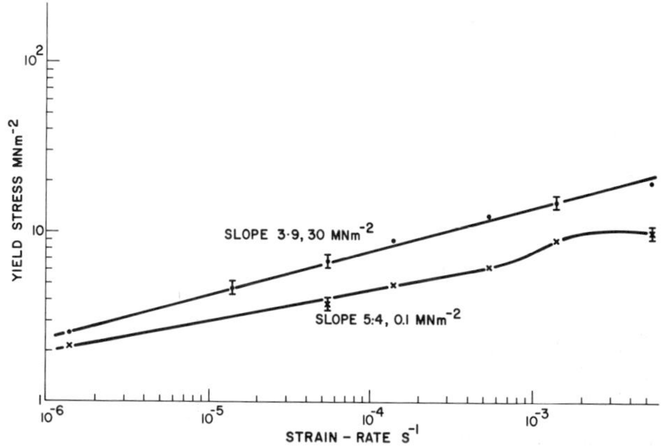

Fig.5. The strain-rate dependence of the yield stress at atmospheric pressure and at 30MNm^{-2} confining pressure.

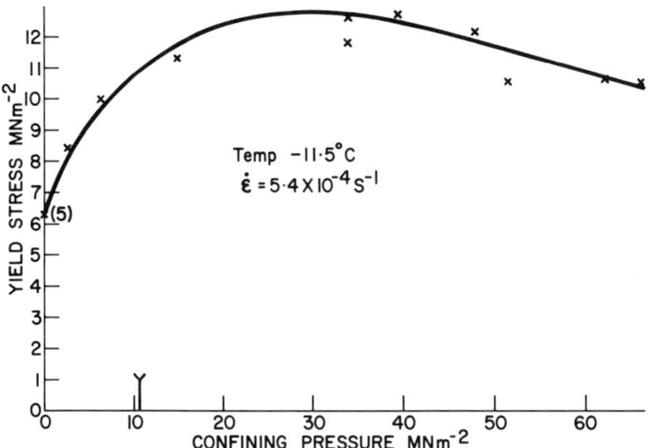

Fig.4. Showing the dependence of the yield stress on confining hydrostatic pressure. (5) is the mean of 5 different tests. The arrow mark on the abcissa is the air clathrate formation pressure.

Fig. 4 shows the yield stress results obtained at a strain-rate of 5.4 x 10^{-4} S^{-1} at various confining pressures. As can be seen, the yield stress doubled as the confining pressure increased to 30 MNm^{-2} and then decreased slowly to the highest hydrostatic pressures used. Above 10.6 MNm^{-2} confining pressure, marked on the abscissa of Fig. 4, an air clathrate would be stable at -11.5°C. If such a clathrate did indeed form from the small amount of air in the samples, it had no obvious effect on the strength of the ice.

From Fig. 4, and similar plots at other strain-rates, the strength of ice at atmospheric pressure and at 30 MNm^{-2} confining pressure was determined and these plotted as a function of strain-rate on a log/log scale, as shown in Fig. 5. The high pressure data fit a straight line with a slope of 3.9 implying a power type flow law, $\dot{\varepsilon} \propto \sigma^n$, with n = 3.9. Below 10^{-3} s^{-1}, the one atmosphere (0.1 MNm^{-2}) data fitted a power law with n = 5.4, but at strain-rates above 10^{-3} s^{-1} deviations from a straight line occurred as the ice changed from ductile to brittle behaviour. This ductile/brittle transition zone has been noted by Ramseier (1976). The confining pressure prevented the brittle cracking or failure of the ice and allowed the stress to rise to a high value, sufficient for plastic deformation.

CONCLUSIONS

In the strain-rate range 10^{-6} to 5 x 10^{-3} S^{-1} the main effect of hydrostatic pressure on the mechanical properties of ice is to eliminate cracking and brittle failure and thus allow ice to deform plastically. Consequently, the power law exponent, n, is reduced to a value normally found at atmospheric pressure at lower strain-rates, where cracking does not normally occur. This confirms (Ramseier, 1976) that the increase in n found in atmospheric pressure tests is due to the onset of brittle behaviour.

Our results agree, in general, with those of the previous workers mentioned in the introduction. The only significant disagreement is with the work of Simonson and others (1975) who did not observe the initial increase in strength with increasing hydrostatic pressure that we observed. After the maximum is reached, however, we agree that there is a "monotonic decrease in strength".

ACKNOWLEDGMENTS

Dr. V.R. Parameswaran designed the high pressure cell while he was a National Research Council of Canada, Post Doctorate Fellow with the Glaciology Division. I am also grateful to Mr. J.G. Brunet for preparing samples and for other technical assistance.

REFERENCES

Alkire, B.D. and Andersland, O.B. 1973. The effect of confining pressure on the mechanical properties of sand-ice materials. Journal of Glaciology, Vol. 12, p. 469-81.

Chamberlain, E. and others. 1972. The mechanical behaviour of frozen earth materials under high pressure triaxial test conditions, [by] E. Chamberlain, C. Groves and R. Perham. Géotechnique, Vol. 22, p. 469-83.

Glen, J.W. 1955. The creep of polycrystalline ice. Proceedings of Royal Society (London), Vol. A228, p. 519-38.

Goughnour, R.R. and Andersland, O.B. 1968. Mechanical properties of a sand-ice system. Journal of the Soil Mechanics and Foundations Division, A.S.C.E., Vol. 94, No. SM4, p. 923-50.

Haefeli, R., and others. 1968. Deformation of polycrystalline ice under combined uniaxial and hydrostatic pressure, [by] R. Haefeli, C. Jaccard and M. DeQuervain. International Union of Geodesy and Geophysics, XIV General Assembly Publication No. 79 de l'Association Internationale d'Hydrologie Scientifique, p. 341-44.

Jones, S.J. and Johari, G.P. 1976. Effect of hydrostatic pressure on air bubbles in ice. International Union of Geodesy and Geophysics, XVI General Assembly, Proceedings of Symposium on Isotopes and Impurities in Snow and Ice (in press).

Miller, S.L. 1969. Clathrate hydrates of air in Antarctic ice. Science, Vol. 165, p. 489-90.

Ramseier, R.O., 1976. Growth and mechanical properties of river and lake ice. Manuscript Report Series No. 40, Marine Sciences and Information Directorate, Department of the Environment, Ottawa, Canada, 243 pp.

Rigsby, G.P. 1958. Effect of hydrostatic pressure on velocity of shear deformation of single ice crystals. Journal of Glaciology, Vol. 3, p. 271-78.

Simonson, E.R., and others. 1975. High pressure mechanical properties of three frozen materials, [by] E.R. Simonson, A.H. Jones and S.J. Green. Proceedings of the Fourth International Conference on High Pressure, Kyoto, 1974. The Physico-Chemical Society of Japan, (Kyoto), p. 115-21.

Smith, L.L. and Cheatham, J.B., Jr. 1975. Plasticity of ice and sand-ice systems. Journal of Engineering for Industry, Transactions of the ASME, May 1975, p. 479-84.

OBSERVATIONS OF FROST HEAVING ACTION IN THE EXPERIMENTAL SITE, TOMAKOMAI, JAPAN

S. Kinosita, Y. Suzuki, K. Horiguchi and M. Fuduka, Institute of Low Temperature Science, Hokkaido University, Sapporo, Japan

Observations were conducted on frost heaving force that acted on the part where heaving was restrained and on soil pressures occurred vertically just below the ground surface near the restrained part and the freely heaving part. Their minute changes were continuously recorded electrically during the quick heaving period from 18 to 21 January (average heaving speed: 0.3cm/day) and the slow heaving period from 26 February to 1 March (average heaving speed: 0.05cm/day). They showed typical daily changes added to the general trend. It was found that these daily changes were caused by the changes in thermal expansions experienced within the frozen layer due to the daily changes of soil temperatures.

OBSERVATIONS RELATIVES AU SOULÈVEMENT DÛ AU GEL, SUR LA STATION EXPÉRIMENTALE DE TOMAKOMAI, AU JAPON

S. Kinosita. Y. Suzuki, K. Horiguchi and M. Fuduka, Institute of Low Temperature Science, Hokkaido University, Sapporo, Japon

On a étudié la force de soulèvement due au gel, qui s'exerce sur une zone subissant une forte compression, ainsi que les pressions qui s'exercent dans le sol à la verticale, à faible profondeur, à l'intérieur et à l'extérieur de la zone en question. On a enregistré électriquement les variations infimes produites, pendant la période de soulèvement rapide, du 18 au 21 janvier (vitesse moyenne de soulèvement: 0.3 cm/jour), et la période de soulèvement lent, du 26 février au 1er mars (vitesse moyenne de soulèvement: 0.05 cm/jour). On a observé des variations quotidienne typiques, superposées aux réactions habituelles. On a constaté que ces variations quotidiennes résultaient de variations de l'expansion thermique de la couche gelée, engendrées par des variations quotidiennes de la température du sol.

НАБЛЮДЕНИЯ МЕРЗЛОТНОГО ПУЧЕНИЯ НА ЭКСПЕРИМЕНТАЛЬНОМ УЧАСТКЕ В ТОМАКОМАЙ,ЯПОНИЯ

Проведены измерения силы мерзлотного пучения на экспериментальном участке. Малейшие изменения параметров постоянно регистрировались на электрическом приборе с 18 по 21 января /средняя интенсивность пучения: 0,3 см/день/ и с 26 февраля по 1 марта /средняя интенсивность пучения: 0,05 см/день/. Помимо общей тенденции изменений были определены типичные суточные изменения. Было найдено, что эти суточные изменения вызваны изменениями термального расширения, происходящими внутри мерзлого слоя вследствие суточных изменений температуры грунта.

OBSERVATIONS OF FROST HEAVING ACTION IN THE EXPERIMENTAL SITE, TOMAKOMAI, JAPAN

S. Kinosita, Y. Suzuki, K. Horiguchi and M. Fukuda

Institute of Low Temperature Science, Hokkaido University, Sapporo, Japan 060

INTRODUCTION

When the ground freezes in winter, a heaving of the surface is observed sometimes, which is called frost heaving. If part of the heaving surface is suppressed, it undergoes a resistive force, which is a heaving force (Kinosita 1967, Penner 1970). Such a force inflicts damage to a construction on the ground. The heaving force is a cause of a stressed state inside the frozen ground.

Another cause of a stressed state inside the frozen ground is the vertical gradient of the temperature. This stress is thermal stress, which amounts at times to such a large value in the severely cold area that vertical cracks are formed in the top layer of the frozen ground at intervals of ten to thirty meters. These cracks originate polygon patterns or ice wedges (Lachenbrush 1962, Doctobalov and Kydryabtsev 1967). Therefore, thermal stress inside the frozen ground is an important phenomenon for the formation of characteristic landforms in cold regions.

This paper reports measurements made of daily changes in the frost heaving force acting on a restrained area, soil pressures around the restrained area and the freely heaving surface of the frozen ground.

INSTRUMENTATION

For the studies of frost heaving a field site was prepared in the Tomakomai experimental forest, Hokkaido, Japan (Kinosita 1969, 1973, 1975); the ground freezes to the depth of 70cm at its maximum in winter in the Tomakomai area. A concrete waterproof basin (5x5m wide; 2m deep) was packed with a test soil (silty or sandy), as shown in Fig.1. A water level within the basin was controlled artificially so that a sufficient amount of water is supplied to the soil to cause a large frost heave to take place.

Several steel rods (4cm in diameter; 2.4m long) were set up vertically from the bottom of the basin. Their lower ends were so anchored into the bottom of the concrete basin that the rods remained immovable through the whole winter ; they served as reference points for leveling work. Other water basins were prepared likewise for different test soils.

(1) Measurements of frost heaving force

A steel disc (12cm in diameter; 1cm thick) was placed on the ground surface at the middle point between two neighboring rods at an interval of 60cm. Set on the disc was a load cell (capacity of 5000kg), on which a rigid steel channel (12cm wide; 80cm long) was placed. The both ends of the channel were fastened to the steel rods by bolts. These arrangements were made before winter . As the steel disc was rendered immovable throughout the whole winter, the area covered by the disc was restrained from heaving, while its surrounding area was allowed to heave freely. The force acting upon the disc was recorded electrically by the load cell.

(2) Measurements of soil pressure within the frozen ground

Soil pressure gauges (BK-2KA, capacity of 2kg/cm^2; 10cm in diameter; 2cm thick) were set vertically in the ground in such a way that their edges were in the same level as the surface after the ground frozen deeper than 10cm below the surface. One gauge was set near the restrained disc (30cm apart from the periphery of the disc), and the other gauge at the freely-heaving area. Before placing each gauge, a hole was dug on the designated position slightly larger than its size ; then, the gauge was put in the hole, and water was poured into the gap between the gauge and the wall of the hole. In a little while the water froze and the gauge was made closely in contact with the circumference. Pressures that acted on the gauge were recorded electrically at each location.

(3) Other measurements

Daily changes were recorded on air temperature, soil temperatures at several depths, heave amount of the ground surface and water level. Core samples taken of the frozen ground several times

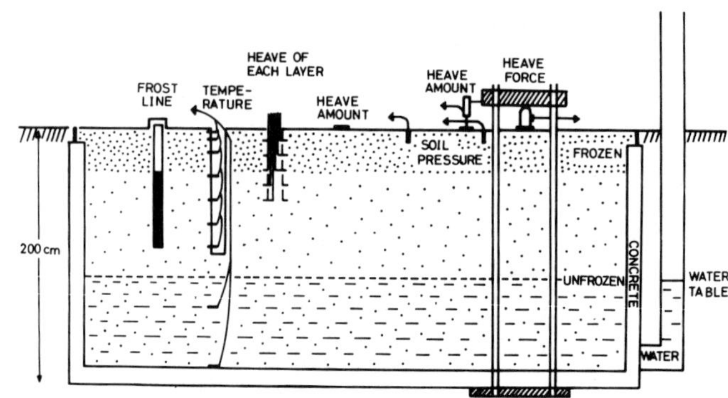

Fig.1. Diagram of typical instrumentation array

throughout the period of the experiment were used to measure their water contents and densities.

RESULTS

A test soil in each basin started freezing late in November from its surface downward, and its freezing front reached the deepest level in mid-March, and the frozen state disappeared completely in the beginning of May. The freezing of soil effected changes of the levels of the surface, the layers at several depths, the freezing front and the water table, as are shown with the lapse of time in Fig.2, together with equi-temperature lines. The maximum heave amounted to 16.4cm in the middle of February; the ratio of the heave amount to the original thickness of the layer was 80%, which was one of the severest frost heaves.

Heaving force and soil pressure showed complicated changes. Their values during the quick heaving period and the slow heaving period are shown in Figs.3 and 4 respectively. During the former period which was from 18 to 21 January the depth (D) of the frozen layer and the heave amount (H) of the ground surface were around 27cm and 15 cm respectively; the freezing speed ($\frac{dD}{dt}$) was around 0.6cm/day and the heaving speed ($\frac{dH}{dt}$) was around 0.3cm/day (this value was given for the original level at the depth of 5cm below the original level of the ground surface). During the latter period from 26 February to 1 March D and H were around 39.4cm and 16.4cm respectively, and $\frac{dD}{dt}$ and $\frac{dH}{dt}$ were around 0.13cm/day and 0.05cm/day respectively; this value of $\frac{dH}{dt}$ shows a slow heaving speed as compared with the value obtained in the period from 18 to 21 January.

For both periods the daily changes of soil temperature at the depth of 5cm showed about 40% of the amplitude of the daily changes of air temperature and a one-hour phase lag. At the depth of 10cm they also showed about 20% of the amplitude and a four-hour phase lag. Heave amount, heaving force and soil pressure showed similar changes to the change of air temperature.

These features are summarized as follows:

(1) The heave amount increased from 7 a.m. to noon every day, and showed almost no change for the rest of the day.

(2) The heaving force showed repetitions of increase and decrease with a one-day cycle during the period from 18 to 21 January. As for the heave amount, it increased steadily during the same period, but it remained almost constant for the period from 26 February to 1 March.

(3) The soil pressure in the frozen ground where heaving was unrestrained showed the same phase change as the temperature at the depth of 10cm.

(4) The soil pressure in the frozen ground 30cm apart from the restrained disc showed also a cyclic change of a one-day period.

DISCUSSIONS

The increase of heaving force (dF) which acted upon the restrained disc is given by the elastic theory as follows:

$$dF = \frac{2ER}{1 - V^2}\, dw, \qquad (1)$$

where E and V are respectively Young's modulus and Poisson's ratio of the frozen ground, R is the radius, and dw is the increase of the heave amount of the ground surface where heaving takes place freely. The value of dw is the sum of the thickness of a new born layer (dh) at the freezing front due to the ice segregation, and the thermal expansion (dl) due to the temperature change in the frozen layer:

$$dw = dh + dl \qquad (2)$$

If the change of the air temperature (ΔT) is given by A sin at, the change of the soil temperature at the depth of z is predicted by the heat conduction theory:

$$T(z) = Ae^{-\frac{z}{k}\sqrt{\frac{a}{2}}} \sin\left(at - \frac{z}{k}\sqrt{\frac{a}{2}}\right) \qquad (3)$$

where K is the thermal diffusivity and $\frac{2\pi}{a}$ is the period of the cyclic change which is equal to one day. Therefore, dl is given as follows:

$$dl = \left(\frac{1+V}{1-V}\right)\alpha \int_0^D \Delta T(Z)dZ \qquad (4)$$

where α is the coefficient of thermal expansion, and D is the freezing depth.

Since the formation of dh is due to thermal conditions at the freezing front which is 27cm deep during the period from 18 to 21 January and 39.4cm deep during the period from 26 February to 1 March, dh might have fairly smaller cyclic changes than dl. If dh is assumed to change

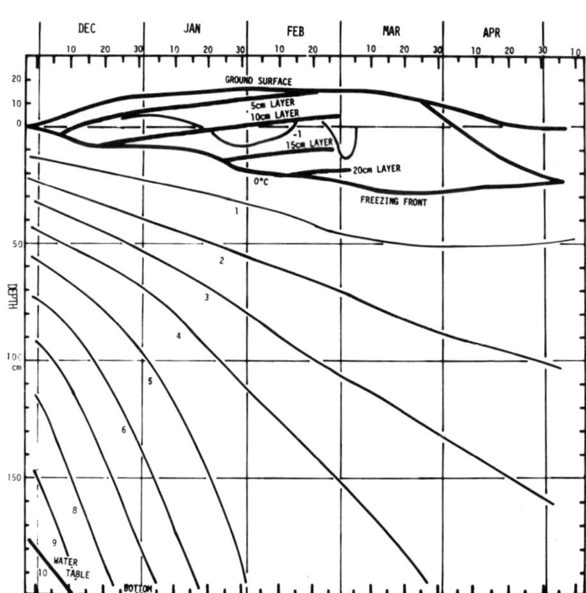

Fig.2. Profile of changing levels of ground surface, four subsurface depths, freezing front and water table; profile of changing depth with specific temperatures.

linearly in the recording curves, dl can be obtained from the curves, and α can be calculated. Though the changes of dl do not always fit eq.(4), a rough approximation can be given for the derivation of the numerical value of α ; namely, from the curves of dw in Figs.3 and 4 the values of α is calculated to be around 5×10^{-5}(V is given as 0.3). This value is supposed to be a correct one in consideration of a large ice content (more than 100%).

When the increase of frost heaving force dF given by eq.(1) is examined in the recording curves in Figs.3 and 4, the value of E is roughly obtained as 10^3kg/cm^2. Sharp decreases in the curves were not explained by eqs. (1) and (4); they are due to the stress relaxation owing to the viso-elasticity of the frozen ground. (Kinosita 1967).

The increase of soil pressure ($d\sigma$) in the frozen ground is given by the following equation:

$$d\sigma = \frac{\alpha E}{1-V} \Delta T(Z)$$

In this research the pressure gauges were buried vertically at levels ranging from the surface to the depth of 10cm. Therefore, the average value $\overline{d\sigma}$ is given by:

$$\overline{d\sigma} = \frac{1}{10}\int_0^{10} \frac{\alpha E}{1-V} \Delta T(Z)dz \qquad (5)$$

From the values of α and E obtained by the above-mentioned procedures the amplitude of the changes of $\overline{d\sigma}$ is calculated as 100g/cm^2; this fits the value shown in the recording curves in Figs.3 and 4. This value is not so large. However, in the Arctic area the temperature changes with a much larger amplitude, whereby a much larger thermal stress might appear.

ACKNOWLEDGMENTS

The authors are grateful to Mr.Inoue and Mr.Takeda for helping conduct the field researches.

REFERENCES

ДОСТОВАЛОВ,Б.Н. и КУДРЯВЦЕВ,В.А. 1967 Общее мерзлотоведение. Изд-во МГУ, 404с.

KINOSITA, S. 1967. Heaving force of frozen soils. Physics of Snow and Ice. Proc. Internat. Conf. Low Temp. Sci., Sapporo, pp. 1345-1360.

KINOSITA, S. 1969. Change of water level during frost heaving. Low Temperature Science, Ser.A, 27, pp. 367-377.

КИНОСИТА,С. 1973 Миграчия воды в грунте при пучении. II Междунар. конф. по мерзлотовению, вып. 1. Якутск, 68-72.

KINOSITA, S. 1975. Soil-water movement and heat flux in freezing ground. Proc. Conf. Soil-Water Problems in Cold Regions, Calgary, pp. 33-41.

LACHENBRUCH, A.H. 1962. Mechanics of thermal contraction cracks and ice-wedge polygons in permafrost. Geol. Soc. Am. Spec. 70, pp. 1-69.

PENNER, E. 1970. Frost heaving forces in Leda clay. Can. Geotech. J. 7, pp. 8-16.

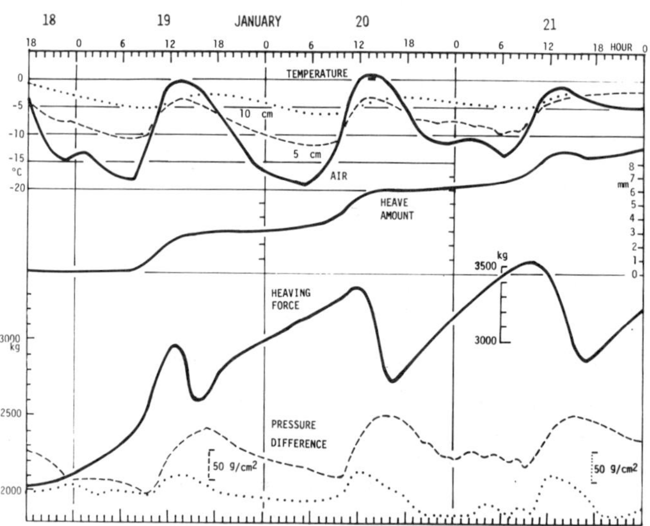

Fig.3. Temperatures (air and two subsurface depths), heave amount, heaving force and soil pressures (restrained position: dotted line and non-restrained position: broken line). From 18 to 21 January.

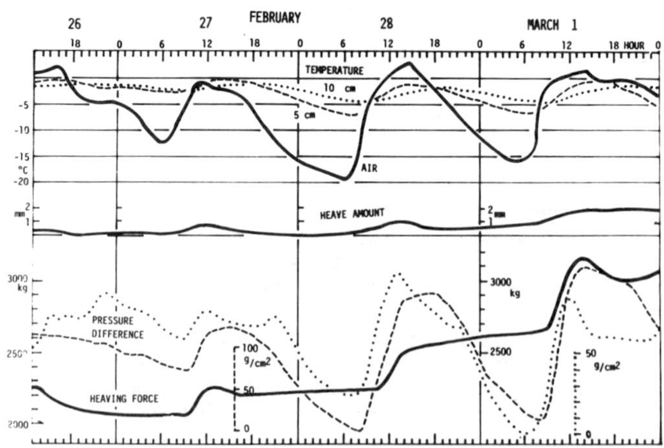

Fig.4. Temperatures (air and two subsurface depths), heave amount, heaving force and soil pressures (restrained position: dotted line and non-restrained position: broken line). From 26 February to 1 March.

CREEP BEHAVIOR OF FROZEN SAND UNDER A DEEP CIRCULAR LOAD

B. Ladanyi and J. Paquin, Northern Engineering Centre, Ecole Polytechnique, Montréal, Québec, Canada.

Creep of frozen sand under a deep circular load, such as applied by a pile base, was studied in a series of loading tests carried out under controlled laboratory conditions. After the tests, creep and strength properties of the frozen sand were determined by testing 14 samples taken from the test tank. This enabled a direct comparison to be made between the test results and theoretical predictions based on an earlier published theory. It is found that the loading of frozen sand by a deep circular load results in penetration rates that are affected by both the load and the loading history, but which become practically independent of the latter after a full mobilisation of the penetration resistance. The use of a theory based on a spherical cavity creep expansion model, led to a satisfactory prediction of observed penetration rates.

FLUAGE D'UN SABLE GELÉ SOUS UNE CHARGE CIRCULAIRE PROFONDE

B. Ladanyi et J. Paquin, Centre d'Ingénierie Nordique, Ecole Polytechnique, Montréal, Québec, Canada.

Le fluage d'un sable gelé sous une charge circulaire profonde, semblable à la base d'un pieu, fut étudié en effectuant une série d'essais de chargement dans des conditions de laboratoire bien controlées. Après ces essais, on a déterminé les propriétés de fluage et la résistance mécanique du sable gelé en soumettant aux essais triaxiaux 14 échantillons prélevés du bac d'essai. Ceci a permis de faire une comparaison directe entre les résultats d'essais et les prévisions théoriques basées sur une théorie publiée précédemment. Les essais montrent qu'une charge circulaire profonde dans un sable gelé conduit à des taux de pénétration qui sont affectés tant par l'intensité que par l'histoire de la sollicitation. Ces taux deviennent toutefois indépendants de cette histoire dès que la résistance à la pénétration est complètement mobilisée. Ces taux de pénétration observés se comparent bien avec ceux calculés à partir d'une théorie basée sur le modèle mathématique du fluage d'une cavité sphérique soumise à une pression interne.

ИССЛЕДОВАНИЕ ПОЛЗУЧЕСТИ МЕРЗЛОГО ПЕСКА ПОД КОЛЬЦЕВОЙ НАГРУЗКОЙ НА ГЛУБИНЕ

Для исследования ползучести мерзлого песка под кольцевой нагрузкой на глубине /например, подошва сваи/ была проведена серия лабораторных испытаний с применением контрольно-измерительной аппаратуры. Затем, для определения характеристик ползучести и прочности мерзлого песка было исследовано 14 образцов, отобранных из испытательного резервуара. Это дало возможность провести непосредственное сравнение результатов испытаний с предсказаниями, основанными на ранее опубликованных теоретических работах. Установлено, что при воздействии кольцевой нагрузки на мерзлый песок на глубине, скорость вдавливания зависит как от величины , так и от режима нагрузки, но становится практически независимой от последнего при максимальном сопротивлении вдавливанию. Теоретические расчеты, основанные на модели роста ползучести в сферической полости, хорошо согласуются с результатами измерения скорости вдавливания.

CREEP BEHAVIOR OF FROZEN SAND UNDER A DEEP CIRCULAR LOAD

B. Ladanyi and J. Paquin

Centre d'Ingénierie Nordique, Ecole Polytechnique
C.P. 6079, Montréal, Québec H3C 3A7, Canada

INTRODUCTION

The type of foundations most frequently used in continuous permafrost regions are deep footings or piles, embedded deeply into the permanently frozen ground so as to assure their long term stability under the applied structural loads and the frost heaving forces. While the embedment depth of such foundations may vary widely, it is nevertheless usually several times larger than their width or diameter. When the load is applied to such a deep footing or pile, it is carried partly by the lateral shearing force and partly by the end bearing. It is well known from the geotechnical literature that the ratio of the two supporting forces depends on quite a number of factors, such as the type of soil, the footing shape, the method of installation, the embedment ratio and the settlement of the footing. It is clearly very important to study the behavior of piles under load, either at a full or a reduced scale, but the complexity of the observed phenomena obscures sometimes the view on the two separate supporting forces and makes difficult any clear comparison with theoretical predictions.

In the permafrost literature, several accounts have been made about field and laboratory pile load tests (e.g., Vyalov, 1959; Crory, 1963). However, probably, because of the complexity of the problem, as well as the difficulty of properly describing the frozen soil properties in the field, very few comparisons with theoretical predictions have been made up to now.

An exception to this is a recent paper by Nixon and McRoberts (1976), in which the two authors make a successful attempt to analyze the creep settlement of a pile as the result of the creep of soil along the pile shaft and beneath the pile base, respectively, and find a satisfactory agreement with some published data on full scale pile tests.

On the other hand some theoretical efforts have been made to solve the problems of the shaft resistance (Johnston and Ladanyi, 1972) and the end bearing of deep footings and piles embedded in permafrost (Ladanyi and Johnston, 1974; Ladanyi, 1976) but no known systematic study of the two problems has been made up to how, in which the experimental results would be compared with theoretical predictions under controlled laboratory conditions.

In an attempt to help to fill this gap, the present study concentrates upon the problem of creep settlement of a deep circular load, such as would be produced by loading only the pile base with no effect of lateral shearing stresses. In the study, no new theory is developed, but the existing theories of deep penetration resistance of frozen soils (Ladanyi and Johnston, 1974; Ladanyi, 1976) are compared with the results of a series of carefully performed laboratory deep circular footing tests, using as a basis the results of triaxial tests carried out with the frozen soil samples taken directly from the testing tank after the tests.

DESCRIPTION OF SAND, FREEZING AND SAMPLING

The sand used in the tests was a commercially produced quartz sand from St. Canut, Québec, with fairly irregular grains of specific gravity G_s = 2.68. Its grain size can be defined by the typical grain diameters: D_{60} = 0.59 mm and D_{10} = 0.26 mm, giving the coefficient of uniformity C_u = 2.27. The limiting densities of the sand when dry were found to be 1325 kg/m^3 and 1577 kg/m^3, respectively, which corresponds to the range of void ratios $0.68 \leqslant e \leqslant 1.00$ and porosities $40.5 \leqslant n \leqslant 50.0\%$.

For the tests, the dry sand was deposited in a cylindrical container, 60 cm in diameter and 90 cm high (Fig. 4). However, in order to get a uniform sand density, a circular perforated plate, initially at the bottom of the container, was pulled slowly upwards through the sand. This resulted in a fairly uniform sand density but rather on the loose side. The sand was then saturated slowly from the bottom up and subsequently subjected to unidirectional freezing in a cold room kept at -6°C. The freezing was forced to take place from the surface downwards by keeping the lower portion of the sand artificially unfrozen and by letting the water, trapped between the freezing front and the bottom, escape through a bottom pressure valve adjusted to 20 kPa. The freezing of sand and temperature stabilization to -6°C took about 2 months. The temperature of the sand was continuously checked by six thermistors embedded at six, 15 cm distant, levels below the surface. This freezing procedure resulted in a very little heave without visible ice segregation, and with very little residual lateral stresses.

After finishing the penetration tests, the specimens of frozen sand for triaxial tests were taken from the container by a specially designed rotary sampler driven by an electric drill. The sampler had its indented cutting edge slightly larger than the wall thickness of the sampler tube, in order to reduce the wall friction and heating of the sample during rotation.

From the sand container used in the tests, 14 such specimens were taken from the least undisturbed area of the container close to the wall and from the depths between 6 and 24 cm. All the specimens had the diameter of about 3.43 cm and were cut for the triaxial tests into pieces the length of which was about twice the diameter. The main physical characteristics of the specimens, such as the void ratio, e, the total water content, w, and the degree of saturation with ice, S_{ri}, are shown in Table 1.

with an increasing strain rate, there is a marked increase in the peak strength and a slight decrease in the failure strain. However, after the peak, the strength is much less affected by the rate,so that even a post-peak strength decrease can be observed at higher rates, which is probably due to an increasing brittleness of the material at high rates of strain.

In addition to the curves obtained in unconfined tests, Figure 1 shows also a stress-strain curve obtained under a confining pressure of

Table 1: Results of triaxial compression tests with frozen sand at T = -6°C.

Sample No.	Depth cm	e	w	S_{ri}	$\dot{\epsilon}_1$ %/h	σ_3 MPa	$(\sigma_1 - \sigma_3)_p$ MPa	$(\sigma_1 - \sigma_3)_{pp}$ MPa	ϵ_f cm
9	22	1.09	0.32	0.85	0.218	0	2.61	2.55	2.00
13	27	1.03	0.31	0.87	0.223	3.57	3.31	3.79	3.00
6	11	0.95	0.25	0.78	1.954	0	5.10	4.08	1.75
8	9	1.00	0.29	0.85	2.180	0	4.74	3.77	1.60
16	24	1.10	0.34	0.89	2.222	1.71	4.76	3.69	0.80
12	14	1.07	0.31	0.85	2.256	3.62	4.61	4.51	1.50
2	9	0.99	0.29	0.86	19.02	0	6.56	2.76	0.85
3	9	0.95	0.27	0.83	22.14	0	7.10	3.97	0.60
4	22	1.06	0.32	0.89	22.59	0	6.96	4.37	0.90
10	9	0.99	0.30	0.89	22.47	0.69	7.29	5.09	1.00
11	22	1.07	0.32	0.88	21.54	3.52	6.30	5.69	1.50
14	6	0.97	0.26	0.79	226.0	0	8.99	4.00	1.00
17	6	0.97	0.29	0.86	224.8	3.48	12.19	8.59	0.50
15	14	1.16	0.33	0.83	2326	0	10.57	1.32	0.70

Note: e = void ratio; w = ice content; S_{ri} = degree of ice saturation; $\dot{\epsilon}_1$ = axial strain rate; $(\sigma_1 - \sigma_3)_p$ = peak strength; $(\sigma_1 - \sigma_3)_{pp}$ = post peak strength; ϵ_f = failure strain.

From the results in Table 1, one can deduce the following limiting and average values : $0.95 \leqslant e \leqslant 1.16$, average 1.028, $0.25 < w < 0.34$, average 0.30, $0.78 < S_{ri} < 0.89$, average 0.85. For some reason they also showed a trend for a slight increase in void ratio and ice content with the depth.

MECHANICAL PROPERTIES OF FROZEN SAND

The diameter of the 14 samples taken from the container was 3.43 ± 0.11 cm and their length varied from 6.56 to 8.00 cm, with an average of 6.93 cm. After trimming the samples on a lathe and after temperature stabilisation, they were submitted to a series of both unconfined and confined triaxial compression tests in a servo-controlled loading system with an accurate control of displacement rates.

As will be seen in Table 1, the confining pressures, σ_3, in the tests varied from zero to about 3.60 MPa, while the strain rates, $\dot{\epsilon}_1$, used can be divided into five groups, differing by a factor of 10, i.e., 0.22%/h, 2.2%/h, 22%/h, 225%/h and 2326%/h.

Figure 1 shows a set of stress-strain curves obtained in 5 unconfined tests and one confined test at 5 different strain rates. The curves show that,

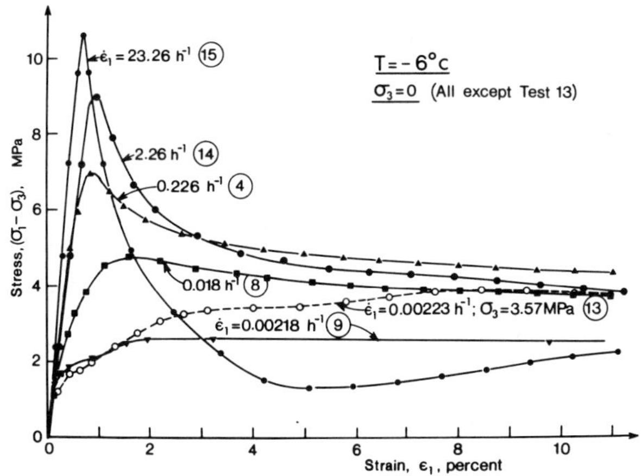

Fig. 1 - Stress-strain curves for frozen sand obtained in five unconfined and one confined compression test of five different strain rates.

3.57 MPa and at a low rate of 0.22%/h. It will be seen that at these low rates of strain this frozen sand shows a plastic and even strain-hardening behavior.

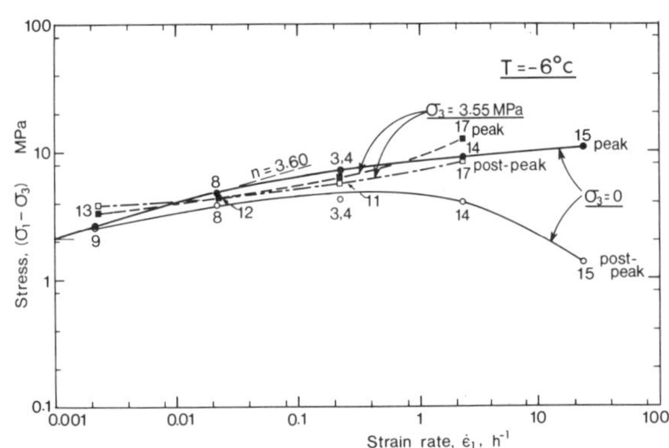

Fig. 2 - Peak and post-peak strength of frozen sand against the applied strain rates obtained in unconfined and confined compression tests.

In Figure 2, the resulting peak and post-peak strengths in unconfined ($\sigma_3 = 0$) and some confined ($\sigma_3 = 3.55$ MPa) tests have been plotted against the applied strain rates in a log-log plot. The figure shows clearly the drop of the post-peak strength with respect to the peak strength with respect to the peak strength as the strain rate increases. The drop is, however, much more pronounced in the unconfined than in the confined tests, which is due to the usually observed decrease in brittleness with increasing confining pressure. The experimental points for peak strengths can be connected by slightly curved lines, the inverse slopes of which vary from about n = 3.6 to 14.5 for $\sigma_3 = 0$, and from about n = 7.1 to 3.6 for $\sigma_3 = 3.55$ MPa, when the rate varies from 0.002 to 20%/h.

Finally, Figure 3 shows the variation of the peak, $(\sigma_1 - \sigma_3)_p$, and the post-peak, $(\sigma_1 - \sigma_3)_{pp}$, strength in the tests with the applied confining pressure. Although the number of tests was too small to give statistically significant values for each confining pressure, the results show, nevertheless, the following trends: (1) For the peak strength: there is a slight increase with σ_3 at low rates, no increase in the middle range, and sharp increase at high rates of strain; (2) For the post-peak strength: there is more increase with σ_3 than for the peak strengths.

A most likely explanation for this behavior is that at low and middle-range rates the relatively loose frozen sand behaved in a typically undrained manner: at very low rates and at large strains some intergranular friction was mobilized. At middle-range rates, there was no time to establish intergranular contact, and essentially the ice cement was sheared. At high rates, in turn, there was a sharp increase in strength with the confinement, but this was probably less due to friction than to

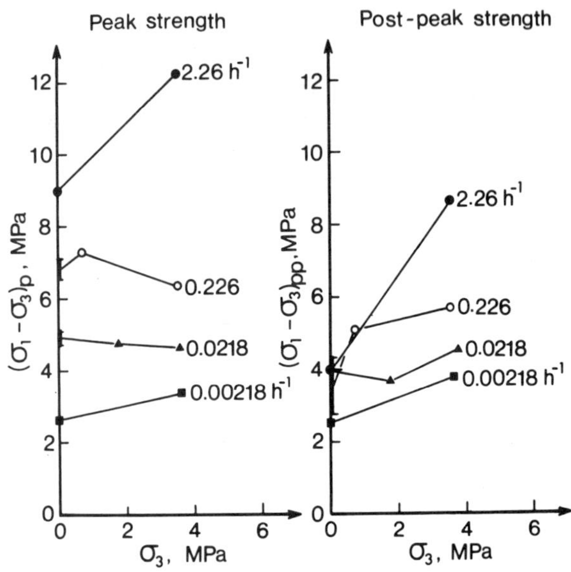

Fig. 3 - Variation of peak and post-peak strengths of frozen sand with the confining pressure, at four different strain rates.

the fact that the confinement prevents brittle crack propagation in the specimens as in the case of rocks.

PENETRATION TESTS

As stated in the introduction, the main purpose of the present study was to check the possibility of prediction of the behavior of deep footings in frozen soils on the basis of laboratory determined frozen soil properties. In addition, an answer was sought to the question whether the penetration rate is essentially a function of the applied load, or whether and how much it is affected by the loading history.

These requirements had a determining influence on the design and the choice of experimental apparatus and the performance of the tests. As mentioned earlier, for the tests, the sand was deposited, saturated, frozen, and kept at a constant temperature of -6°C in a steel tank 60 cm in diameter and 90 cm high (Fig. 4). The temperature of the sand was continuously checked by 6 thermistors installed close to the wall at 6 levels starting from the sand surface down to the depth of 75 cm. In addition, about at the same 6 levels, lateral strain gages were cemented on the outside of the tank, enabling a continuous check of hoop stresses in the tank wall both during freezing and during penetration tests to be made.

The tank was installed in a rigid adjustable steel loading frame consisting of a bottom and a top frame held together by 4 pipe columns. In long term tests the load was applied by a 24 kN capacity Bellofram cylinder, and in short term tests by a 490 kN hydraulic jack fixed to the upper frame.

All the penetration tests were performed by means of a 3.57 cm diameter Fugro 5 ton capacity electric penetrometer with friction sleeve.

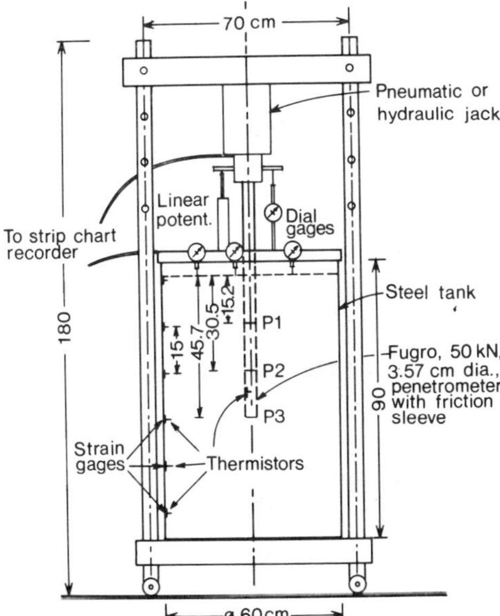

Fig. 4 - Test set-up for the performance of stage-loaded deep penetration tests.

This choice was made in order to be able to record properly the true end-bearing, by eliminating any possible effects of lateral friction. In order to obtain the effect of a deep circular footing, the cone of the original penetrometer was replaced by a flat disc.

During the tests, simultaneous recording on a strip chart recorder was made of (1) the end pressure, (2) the friction on the sleeve, and (3) the displacement of the penetrometer, the latter by means of a linear potentiometer.

It should be noted, however, that before each test, the whole rod of the penetrometer was carefully greased with a silicone grease in order to keep lateral friction to a minimum. As a result, the recorded lateral friction did not exceed about 1% of the applied load in any of the tests. In addition to the displacement of the penetrometer, the heave of the sand surface was also measured by 3 dial gages.

PERFORMANCE AND RESULTS OF PENETRATION TESTS

The tests described in this paper were all performed in one single test tank, but at 3 different depths below the free surface, i.e., Test P1 at 15.24 cm, Test P2 at 30.48 cm and Test P3 at 45.72 cm. For each test, a hole was carefully drilled to the desired depth. The diameter of the hole was only slightly larger than that of the penetrometer shaft giving a close fit. In order to get a uniform contact at the bottom of the hole, a small quantity of water was poured into the hole just before the penetrometer installation, and was there let to freeze before the test. It should also be noted, that temperature was measured also within the penetrometer by a thermistor installed inside the shaft, 7 cm above its base. All the tests were stage-loaded, but the length of the stages and the loading sequence was different in each test.

Table 2: Results of penetration tests

Test	Stage	Load MPa	Time h	End rate cm/h	Total Settl. cm
P1A	1	7.57	1	0.0166	0.0315
	2	9.03	1	0.0254	0.0627
	3	11.13	1	0.0452	0.1168
	4	13.35	1	0.0803	0.2052
	5	16.38	1	0.1328	0.3500
	6	18.16	1	0.1547	0.5149
	7	20.47	1	0.2007	0.7391
	8	22.92	1	0.2972	1.0530
P1B	9	6.68	1	0.0152	1.0936
	10	9.12	1	0.0170	1.1208
	11	11.35	1	0.0258	1.1528
	12	13.80	1	0.0343	1.1988
	13	15.58	1	0.0510	1.2562
	14	17.80	1	0.0805	1.3433
	15	20.03	1	0.1190	1.4703
	16	22.25	1	0.1824	1.6575
	17	24.48	1	0.2845	1.9433
P1C	18	24.92	1	0.3312	2.3304
	19	27.15	1	0.4724	2.8348
	20	29.37	1	0.6141	3.4846
P1D	21	8.90	1	0.0200	3.6080
	22	17.80	1	0.1092	3.7483
	23	26.70	1	0.3703	4.1788
	24	17.80	1	0.0590	4.2258
	25	8.90	1	0.0038	4.2136
P2	26	11.13	122.55	0.00847	1.1430
	27	8.90	45.15	0.00381	1.2901
	28	11.13	50.00	0.00838	1.7780
	29	8.90	125.50	0.00417	2.4463
	30	6.68	67.18	0.00142	2.5400
	31	4.45	215.57	0.00027	2.6055
P3	32	18.07	21.83	0.09130	2.8560
	33	4.01	98.05	0.00038	2.8687
	34	7.57	48.05	0.00370	3.0930
	35	13.80	24.52	0.02997	3.9639
	36	20.92	3.75	0.17272	4.6746
	37	0	1.00	0.00429	4.6215

In Test P1, starting at the depth of 15.24 cm, all the stages were only one hour long. As shown in Table 2, the test can be divided into four loading sequences. In the first sequence (P1A), the load was increased up to 22.92 MPa in 8 stages. After the last stage, the load was taken off, and the second sequence (P1B) started from 6.68 MP and attained 24.48 MPa in 9 stages. After the stage 17, the penetrometer was unloaded and immediately reloaded to about the same level, and then let to attain 29.37 MPa in 3 additional stages (P1C). After the stage 20, the load was again taken off and then, in the last sequence (P1D), first increased in 3 stages to 26.70 MPa and then decreased in two stages back to 8.90 MPa.

Some most important results of this test are summarized in Table 2 and shown in Figs 5 and 6. Table 2 gives, in the last two columns, the penetration rate and the total settlement at the end of each stage. It will be seen that, at the end of the test, the total penetration attained only 4.21 cm. Figure 5 shows a typical set of total settlement versus time curves obtained in Test P1A, while Fig. 6 gives a plot of the end penetration rates versus applied loads for all sequences of the test.

After finishing the Test P1, the hole was drilled to the depth of 30.48 cm, where the Test P2 was started. The main purpose of this test was to see how the loading history affects the penetration rate. The load in the test was, therefore, first twice cycled between 11.13 and 8.90 MPa and then decreased to 4.45 MPa. The length of stages in this test, as well as in the following Test P3, was not fixed in advance, but was determined by the requirement that, at the end of any stage, the rate should be reasonably constant. As seen in Table 2, this required the length of stages varying from about 1 to 5 days, depending on the applied load. The total penetration in Test P2 attained 2.60 cm.

Following the Test P2, the hole was drilled further to the depth of 45.72 cm, where the Test P3 was performed. Similarly as in the previous test, the load in Test P3 was cycled within wide limits, and the length of stages varied inversely with the intensity of the load. At the end of this test, the total settlement was 4.62 cm.

Figure 6 shows the end of stage penetration rates versus load plot for all the tests. More details about the tests can be found in Paquin (1977).

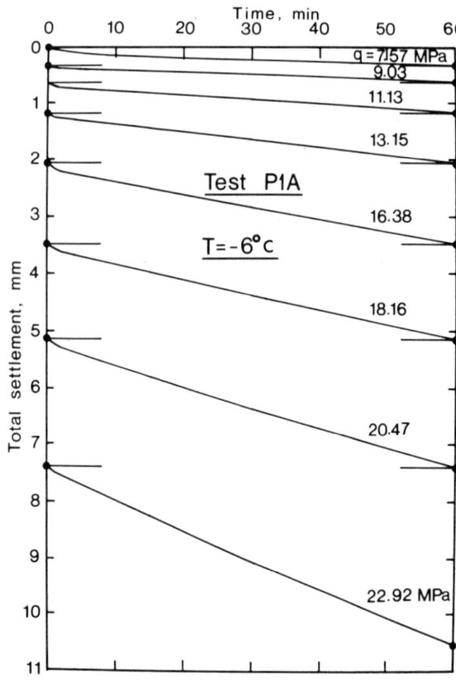

Fig. 5 - Time versus total settlement curves obtained in stage-loaded penetration test P1A, with 1 hour per stage and increasing load.

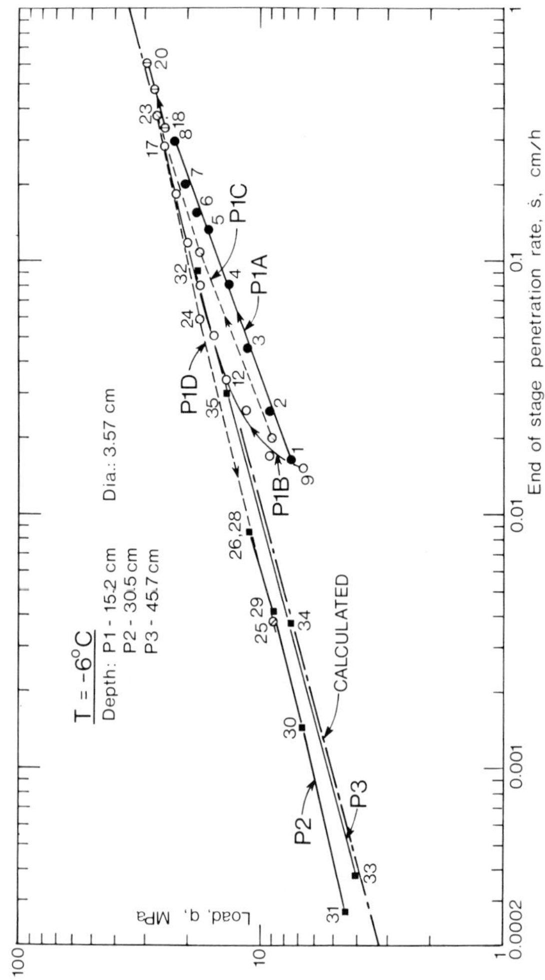

Fig. 6 - End penetration rate versus load relationships obtained in all penetration tests.

QUALITATIVE EVALUATION OF TEST RESULTS

Due to the fact that the main subject under study in this paper was the dependence of the penetration rate on the load, the time and the loading history, less attention was paid to the settlement behavior in the first run of Test P1 in which the penetration resistance of the frozen sand was slowly mobilized up to failure. All the rest of the tests were conducted in already prestrained soil so that only the end rate represents a relevant parameter.

In general, when looking into the results of the three performed stage-loaded penetration tests, shown in Table 2 and Figures 5 and 6, one can draw the following conclusions:

(1) In the period of mobilization of penetration resistance, the rate is affected by both the load and the loading history (Test P1A-D, Fig. 6).

In this period, the rates in loading, unloading and reloading sequences can differ by a factor of 2 to 3, but the difference tends to disappear at high loads and rates.

(2) Once the penetration resistance has been fully mobilized, as in Tests P2 and P3, a steady penetration rate can be attained after a limited time period, varying from a minimum of about 1 day up to about 5 days. Under these circumstances, the penetration rate becomes essentially a function of the applied load and is only very little affected by the loading history (Fig. 6).

(3) As far as the absolute values of loads and penetration rates observed at these three depths are concerned, they fit well with the expectations for Test P1, but one would expect to get, at the same rate, a higher penetration resistance in the deepest Test P3, than in Test P2, as actually observed. One possible explanation for this is the already mentioned increase in porosity of the sand with the depth.

COMPARISON OF RESULTS WITH THEORETICAL PREDICTIONS

If one is only interested in the relationship between the penetration rate, $\dot{s}_i$, at the end of any stage i and the corresponding applied pressure, q_i, the fact that this relationship was practically linear for most of the tests when shown in a log-log plot, (Fig. 6) enables this relationship to be expressed by a power law (Ladanyi, 1976)

$$\dot{s}_i = \dot{s}_c(q_i/q_c)^n \qquad (1)$$

where $\dot{s}_c$ and q_c are the reference rate and stress, respectively, and n is the creep exponent for stress. For example, from the straight line portions of the lines shown in Fig. 6, one can find the following values of parameters q_c and n, assuming always the same reference rate of $\dot{s}_c = 0.01$ cm/h (Table 3).

Table 3

Test	Run	n	q_c, MPa
P1A	1-8	2.60	6.2
P1B	12-17	3.67	10.0
P1C	18-20	3.59	9.2
P1D	21-22	2.45	6.7
P2	1-5	3.40	11.9
P2	5-6	4.10	10.8
P3	1-5	3.58	10.0

It should be noted, however, that the end rates in test P1, carried out with only 1 hour per stage, were not yet steady state rates.

The problem of the resistance of a frozen soil to penetration by a deep circular load has been approached in recent literature in several different ways. For example, Ladanyi and Johnston (1974) use for that purpose the mathematical model of an expanding spherical cavity and deduce therefrom the relationships between the load and the settlement or the settlement rate for a deep footing. Their solution takes into account both the non linear viscoelastic behavior and the effect of internal friction in frozen soil. Ladanyi (1976) shows that the deep penetration problem can also be treated by the conventional bearing capacity theory, provided one takes into account properly the rate of strain effect on the strength of penetrated soil. Finally, Nixon and McRoberts (1976) show how the load-penetration rate relationship can be found from the Boussinesq stress distribution combined with a power law creep equation.

When trying to relate the behavior of a deep footing with that of a representative soil sample under triaxial test conditions, the problem most difficult to solve is usually that of selecting the strain rate in the test that would be representative of the average strain rate of the soil during penetration. Since the strain rate around the footing decreases continuously with the distance, various interpretations are possible. The one considered here (Ladanyi, 1976), relates the penetration rate, $\dot{s}$, of a circular footing of diameter B with the time to failure, t_f, of a soil element located below the base in the line of penetration, by the expression

$$t_f = 0.5(\lambda^{-1/3} - 1)\ \gamma_f^{-1/3}(B/\dot{s}) \qquad (1)$$

where γ_f is the shear strain at failure in a triaxial test and λ is a small fraction of the failure strain. The time t_f is, in fact, the time necessary for a plastic zone below the footing, advancing at the rate $\dot{s}$, to reach a soil element in which the current strain is equal $\lambda\gamma_f$.

As the penetration rates in the tests were rather slow, one can take $\gamma_f \approx 1.5\ \epsilon_{1f} \approx 0.03$, as in compression Test 9, and, assuming $\lambda = 10\%$ for the negligible portion of the failure strain, and taking into account that B = 3.568 cm, one can find from Eq. (1) that the representative average strain rate, $\dot{\epsilon}_{1av} \approx \epsilon_{1f}/t_f = 0.003\ \dot{s}$. If we want to use for the comparison the penetration test P3, in which $0.0003 < \dot{s} < 0.17$ cm/h, this would give $9 \times 10^{-7} < \dot{\epsilon}_{1av} < 5 \times 10^{-4}\ h^{-1}$. As seen in Fig. 2, this rate is slower than in the slowest compression tests performed, like tests 9 and 13. We shall therefore in the following assume that the frozen soil properties are characterized by the creep equation

$$\dot{\epsilon}_1 = \dot{\epsilon}_c\ [(\sigma_1 - \sigma_3)/\sigma_c]^n \qquad (2)$$

in which, for rates slower than $0.001\ h^{-1}$ (Fig. 2) and for low confining pressure, one finds $n \approx 3.60$, and $\sigma_c \approx 2.10$ MPa at $\dot{\epsilon}_c = 0.001\ h^{-1}$. In addition, it is seen in Fig. 1 that for such slow rates there is no loss of strength after failure, and in Fig. 3, that $\phi \approx 5^{\circ}$ at the first peak, and $\phi \approx 8.5^{\circ}$ at large strains.

According to Ladanyi and Johnston (1974), once the creep parameters of a frozen soil have been described as shown in the in the foregoing, the penetration rate of a deep circular load can be estimated by using their Eqs. (56), (61), (93) and (102). From their Eq. (56) and (61):

$$\dot{s} = B(0.5)^{n+1}(\dot{\epsilon}_c/\sigma_c^n)(3/n)^n(p_i - p_o)^n \qquad (3)$$

where $(p_i - p_o)$ is the net pressure in the spherical cavity, connected with the load q by

$$p_i - p_o = \frac{q + c \cot \phi}{1 + \eta \tan \phi} - (p_o + c \cot \phi) \quad (4)$$

and

$$c = (\sigma_c/2\sqrt{f})(\dot{\epsilon}_1/\dot{\epsilon}_c)^{1/n} \quad (5)$$

$$f = (1 + \sin \phi)/(1 - \sin \phi) \quad (6)$$

For comparison, the penetration test P3 was selected because it was the deepest test (D/B = 12.8) and the loading stages were kept deliberately so long as to attain a reasonably steady-state behavior. In addition, since the test started with a large load, the soil resistance was completely mobilized in all the stages ($\eta = 1$). It should also be noted that c and ϕ in Eqs. (3) to (6) refer to the shear strength mobilized on the surface of the soil cone formed below the load during penetration, and they correspond therefore to large strains. As far as the ambient pressure p_o is concerned, if one adds together the overburden pressure (about 8 kPa) and the lateral pressure measured by strain gages mounted on the wall of the container (about 34 kPa), it is found that it amounts only to $p_o \leqslant 0.005\ q$, which can be neglected.

From Eqs. (5) and (6), with $\phi = 8.5^o$, $\sigma_c = 2.10$ MPa, $\dot{\epsilon}_c = 0.001\ h^{-1}$, n = 3.60 and $\dot{\epsilon}_1 = 0.003\ \dot{s}$ as before, one gets:

$$c = 1.227\ \dot{s}^{0.278} \quad (7)$$

and from Eq. (4)

$$p_i - p_o = 0.87q - 1.068\ \dot{s}^{0.278} \quad (8)$$

Substitution of Eq. (8) into Eq. (3), with B = 3.568 cm and all other parameters as before, yields finally the required relationship between the applied load q(in MPa) and the resulting penetration rate $\dot{s}$ (in cm/h):

$$q = 34.84\ \dot{s}^{0.278} \quad (9)$$

Actual relationship found in Test P3 was (Fig. 7):

$$q = 36.14\ \dot{s}^{0.279} \quad (10)$$

which is only slightly higher than the load calculated by Eq. (9).

It should be noted that the use of the bearing capacity equation with time-dependent cohesion, also described by Ladanyi and Johnston (1974), and Ladanyi (1976) leads to predicting about 40% lower penetration resistances, because this solution assumes that plastic failure occurs after the creep attains the failure strain. The agreement obtained in the above comparison indicates that the sand did not fail under the footing but continued to deform in a non linear-viscous manner.

CONCLUSIONS

From the results of performed triaxial compression and stage-loaded penetration tests in frozen sand, as well as from a comparison between the test results and theoretical predictions, the following conclusions can be drawn.

1. A frozen sand with the void ratio of about 1 and at a temperature of -6°C behaves at low rates of strain in a non-brittle manner and shows very low values of angle of friction, $\phi \leqslant 5^o$ at the peak and $\phi \approx 8.5^o$ after the peak. At high rates of strain its behavior is brittle with a more pronounced effect of confining pressure.

2. When the frozen sand is loaded by a deep circular load, the resulting rate of penetration is affected by both the load and the loading history, but becomes practically independent of the latter after the penetration resistance has been fully mobilized.

3. The time necessary for attaining the steady-state rate in a stage-loaded penetration test varies between 1 and 5 days depending on the load.

4. A satisfactory prediction of observed penetration rates can be obtained by using a theory based on the spherical cavity creep expansion model.

ACKNOWLEDGEMENTS

The authors wish to acknowledge the financial support of the Department of Education of Quebec (Programme F.C.A.C.) and the National Research Council of Canada (Grant A-1801).

REFERENCES

CRORY, F.E. 1963. Pile foundations in permafrost. Proc. 1st Permafrost Conf., Purdue Univ., Indiana, pp. 467-472.

JOHNSTON, G.H. and LADANYI, B. 1972. Field tests of grouted rod anchors in permafrost. Can. Geotech. J., 9 (2), pp. 176-194.

LADANYI, B. and JOHNSTON, G.H. 1974. Behavior of circular footings and plate anchors embedded in permafrost. Can. Geotech. J., 11 (4), pp. 531-553.

LADANYI, B. 1976. Use of the static penetration test in frozen soils. Can. Geotech. J., 13 (2), pp. 95-110.

NIXON, J.F. and McROBERTS, E.C. 1976. A design approach for pile foundations in permafrost. Can. Geotech. J., 13 (1), pp. 40-57.

PAQUIN, J. 1977. Fluage d'un sable gelé sous une charge circulaire profonde. Thèse M.Sc.A., Ecole Polytechnique, Montreal.

VIALOV, S.S. 1959. Rheological properties and bearing capacity of frozen soils. Transl. 74, U.S. Army Cold Regions Res. Eng. Lab., Hanover, N.H., 1965.

ON THE ROLE OF THE COMPONENTS OF FROZEN CLAY SOILS IN THE DEVELOPMENT OF STRENGTH AT DIFFERENT TEMPERATURES

R.V. Maksimyak, Res. Inst. of Foundations and Underground Structures, Moscow,
E.P. Shusherina, V.V. Rogov, M.I. Zabolotskaya, Moscow State University, U.S.S.R.

The authors studied the role of individual components and structural bonds of frozen clay soil in the development of its strength within a wide range of temperatures (to -50°C). The study was based on the results of tests on the strength of frozen soils and ice under short-term loads and on electron microscope investigations of the microstructure. The microstructural investigations of specimens in the initial state and after failure showed that the performance of frozen clay soils under a load depended on changes in the structural elements (ice inclusions, microaggregates, water films) and the bonds between them (intra- and interaggregate bonds, bonds between ice and skeleton particles, inter- and intracrystalline bonds in the case of ice) at different temperatures.

LE RÔLE DES COMPOSANTES DES GÉLISOLS ARGILEUX DANS LA FORMATION DE LA RÉSISTANCE MÉCANIQUE À DIFFÉRENTES TEMPÉRATURES

R.V. Maksimyak, Institut de recherches scientifiques sur les fondations et les structures souterraines, Moscou, E.P. Shusherina, V.V. Rogov, M.I. Zabolotskaya, Université d'État de Moscou, URSS

Étude du rôle des différentes composantes et des liens structuraux qui caractérisent un gélisol argileux pendant son acquisition de résistance mécanique en présence d'une gamme étendue de températures (jusqu'à -50° C). Les résultats des essais effectués sur la résistance mécanique des gélisols et de la glace soumis à une charge de courte durée et les données d'une étude sur la microstructure, obtenues par microscopie électronique, constituent la base des recherches. Les recherches microstructurales des échantillons avant et après la rupture ont montré que le comportement des gélisols argileux soumis à une charge est déterminé par les modifications des éléments structuraux (inclusions de glace, microagrégats, pellicules d'eau) et des liens entre eux (intra- et interagrégats, liens entre la glace et les particules du squelette, liens inter- et intra-cristallins dans la glace) à différentes températures.

О РОЛИ СОСТАВЛЯЮЩИХ МЕРЗЛЫХ ГЛИНИСТЫХ ГРУНТОВ В ФОРМИРОВАНИИ ПРОЧНОСТИ ПРИ РАЗЛИЧНЫХ ТЕМПЕРАТУРАХ

Р.В. Максимяк, НИИ оснований и подземных сооружений, Москва, СССР
Е.П. Шушерина, В.В. Рогов, М.И. Заболотская, Московский гос. университет, СССР

Рассматривается роль отдельных составляющих и структурных связей мерзлого глинистого грунта в формировании его прочности в широком диапазоне температур (до -50°С). Основой исследований явились результаты испытаний на прочность мерзлых грунтов и льда при кратковременном действии нагрузки и данные изучения микростроения, полученные методами электронной микроскопии. Материалы микроструктурных исследований образцов в исходном состоянии и после разрушения показали, что закономерности поведения мерзлых глинистых грунтов под нагрузкой обусловлены особенностями изменения структурных элементов (включения льда, микроагрегаты, водные пленки) и связей между ними (внутри- и межагрегатные, между льдом и частицами скелета, меж- и внутрикристаллические для льда) при различных температурах.

О РОЛИ СОСТАВЛЯЮЩИХ МЁРЗЛЫХ ГЛИНИСТЫХ ГРУНТОВ В ФОРМИРОВАНИИ ПРОЧНОСТИ ПРИ РАЗЛИЧНЫХ ТЕМПЕРАТУРАХ

Р.В. Максимяк, Е.П. Шушерина, В.В. Рогов, М.И. Заболотская

НИИ оснований и подземных сооружений, Московский государственный университет, Москва, СССР

Как известно, прочность горных пород определяется прочностью отдельных её компонентов и прочностью связей между структурными элементами. В неоднородных горных породах, к которым относятся и мёрзлые грунты, прочность в значительной степени обусловливается также количеством и размером отдельных составляющих, их соотношением и взаимным расположением, т.е. структурными и текстурными особенностями системы.

В зависимости от различных условий (время действия нагрузки, температура и др.) сопротивление мёрзлых грунтов разрушению будет меняться. Влияние температуры θ на прочные свойства мёрзлых грунтов изучалось в основном в сравнительно узком её диапазоне (до -20°C).

Использование в инженерной практике мёрзлых грунтов в более широкой области отрицательных температур вызвало развитие исследований механических свойств этих грунтов до θ = -60°C и ниже (Шушерина, 1968; Зыков, 1969; Шушерина и др. 1974 и др.), позволивших выявить ряд новых интересных закономерностей.

До последнего времени принималось, что мёрзлые глинистые грунты в большинстве случаев обладают существенно меньшей прочностью (в частности - сопротивление сжатию), чем пресный лёд. Действительно, в области наиболее исследованных значений θ (до -20°C) такая зависимость отмечалась большинством авторов (Пекарская, 1961; Цытович, 1957, 1973 и др.). В последнее же время появился ряд работ, свидетельствующих о том, что эта закономерность не всегда соблюдается. (Зыков, 1969; Пекарская, Шлойдо, 1970; Шушерина, 1974; Шушерина и др., 1968, 1976 и др.).

Данные, полученные на кафедре мерзлотоведения МГУ, по выявлению зависимости кратковременной прочности мёрзлых грунтов на сжатие от температуры θ свидетельствуют о том, что характер нарастания прочности с понижением θ для различных грунтов имеет свои особенности, и при определенных условиях мёрзлые глинистые грунты могут становиться прочнее льда. Так, например, (рис. 1) до θ = -35°C глина (киевская) существенно слабее льда и песка. Интенсивность же нарастания прочности при охлаждении для глины по сравнению со льдом и песком больше, причем это соотношение сохраняется и ниже -35°C. Наблюдающийся на всех кривых $\sigma-\theta$ перегиб, свидетельствующий о том, что при понижении θ вначале рост прочности происходит с затухающей интенсивностью, а затем с возрастающей, в наибольшей степени проявляется для глин. В связи с отмеченным глина становится прочнее льда (ниже -35°C), и песка (ниже -50°C).

Подобная закономерность изменения прочности мерзлых грунтов с понижением температуры обусловлена, очевидно, физико-химическими процессами, протекающими в мёрзлых грунтах при изменении температуры.

В настоящей работе рассматривается роль отдельных составляющих мёрзлого глинистого грунта и их связей

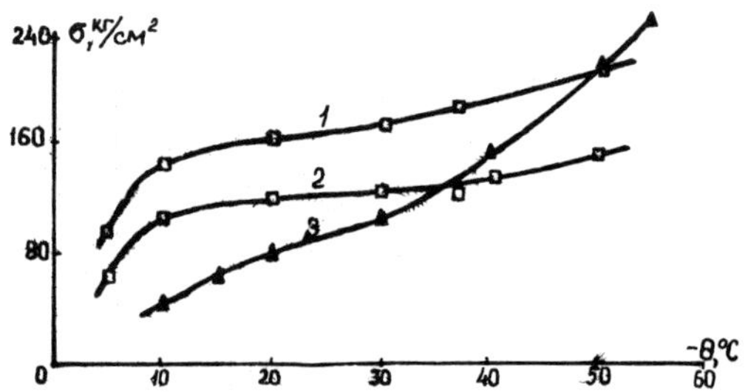

Рис. 1. Зависимость прочности мёрзлых грунтов и льда на сжатие от температуры
1 - песок, 2 - лёд, 3 - глина (Шушерина и др., 1974).

в формировании и изменении его прочности в зависимости от температуры с привлечением данных по микростроению. В докладе обсуждается лишь влияние температуры θ на сопротивление разрушению уже мёрзлого грунта, т.е. рассматривается одна и та же разновидность грунта при различных значениях θ и не затрагиваются вопросы изменения прочности при переходе из немёрзлого состояния в мёрзлое. Основную роль в формировании прочности немёрзлых пород играют связи между частицами, которые, как известно, на несколько порядков слабее, чем прочность самих частиц скелета, и разрушение, как правило, происходит по контактам микроагрегатов или других структурных элементов грунта. В мёрзлом грунте наряду со структурными элементами и связями, характерными для немёрзлого состояния, имеют место структурно-текстурные особенности, обусловленные процессами кристаллизации воды; в частности, появляется новая составляющая - лёд, которая в значительной степени определяет прочность мёрзлого грунта (Пекарская, 1961; Цытович, 1973). Роль ледяных включений в формировании сопротивления грунта нагрузкам при различной отрицательной температуре окончательно не выяснена, причем имеются данные (Веселов, 1963; Шушерина, Бобков, 1968; Савельев, 1971 и др.), свидетельствующие о неоднозначной зависимости прочности мёрзлых грунтов от льдистости и температуры.

Появление кристаллов льда при замерзании грунта увеличивает дополнительное число контактов, что ведёт к упрочнению породы, кроме того, происходит ряд процессов, ведущих к образованию не только новых структурных элементов, но и новых криогенных структурных связей (внутри- и межагрегатные между льдом и частицами скелета, меж- и внутрикристаллические для включений льда и т.д.), существенно отличающихся от связей в немёрзлом состоянии.

Для оценки роли отдельных составляющих и связей между ними в формировании прочности мёрзлого грунта при различных отрицательных температурах необходимо выявить особенности характера изменения от температуры, структуры и текстуры этого грунта, прочности отдельных составляющих (в частности, льда) и связей между ними.

Рассмотрим структурно-текстурные особенности мёрзлых глинистых грунтов при различных температурах на основе электронно-микроскопических исследований глин (каолин) и пылеватых глинистых суглинков, проведенных на образцах замороженных (при θ около $-40^{\circ}C$) паст массивной криогенной текстуры.

Имеющиеся материалы (Вялов, Максимяк, 1970; Максимяк, 1970; Шушерина и др., 1975 и др.) показывают, что микростроение мёрзлых глинистых грунтов существенно изменяется в зависимости от температуры, при этом для различных грунтов может быть отмечен ряд общих черт и закономерностей. Основными структурными элементами во всех случаях являются микроагрегаты частиц скелета и лёд-цемент, представленный межагрегатными и внутриагрегатными включениями, состоящими из нескольких кристаллов различной ориентировки. Межагрегатные включения, приуроченные главным образом к межагрегатным порам и трещинам и содержащие большую часть льда, характеризуются различными размерами. Наиболее крупные из них (10-15 мк) соизмеримы с размерами микроагрегатов. При высоких температурах зафиксированы также плёнки незамёрзшей воды. Сопоставление глинистых частиц с включениями льда во всех случаях свидетельствует о большем размере последних.

Зависимость микроструктуры и микротекстуры мёрзлых грунтов от температуры проявляется в особенностях характера микроагрегатов и включений льда, а также развития плёнки незамёрзшей воды и трещин (рис.2,3,4,5).

Микроагрегаты скелета образованы глинистыми и пылеватыми частицами, плотно прилегающими друг к другу за счет образования прочных внутриагрегатных связей. Размеры микроагрегатов меняются в зависимости от температуры: в диапазоне $-0{,}5 \div -5^{\circ}C$ они составляют 2-10 мк, при $-15 \div -20^{\circ}C$ увеличиваются до 100 мк, а затем (ниже $-20^{\circ}C$) вновь уменьшаются до 10-20 мк.

Форма и размеры включений льда, а также количество кристаллов в них изменяются в зависимости от температуры. При $\theta = -0{,}5 \div -5^{\circ}C$ включения льда состоят из нескольких нечётко ограниченных кристаллов довольно значительных размеров (10-100 мк). С понижением θ до $-10^{\circ}C$ включения льда приобретают более четкие очертания, несколько уменьшаются в размере. На поверхности некоторых включений появляются изогнутые трещины, как правило, выходяшие из отдельных точек. В диапазоне температур $-15 \div -25^{\circ}C$ трещины не зафиксированы. При дальнейшем понижении θ до $-30 \div -35^{\circ}C$ включения льда составлены кристаллами размером от 1 до нескольких микрон. На их поверхности вновь появляются трещины, но в этом случае они прямые или слегка изогнутые и приурочены к границам микроагрегатов (рис.5) При более низких температурах трещины сужаются, и число их уменьшается.

Незамёрзшая вода наблюдалась только в интервале температур от -0,5 до $-10^{\circ}C$ в виде плёнок вокруг пылеватых и глинистых частиц. Толщина плёнок уменьшалась с понижением температуры.

Выявленные на основе электронно-микроскопических исследований характерные структурно-текстурные особенности мёрзлых глинистых грунтов при различных значениях θ должны в значительной степени определять изменение прочностных свойств этих грунтов от температуры.

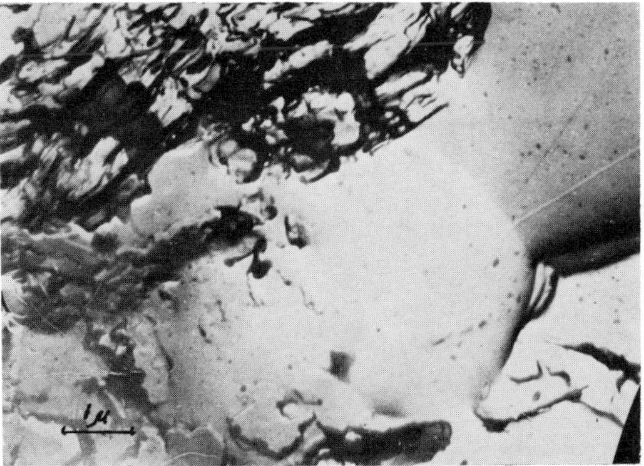

Рис. 2. Микростроение мёрзлого каолина при температуре $-3^{\circ}C$.

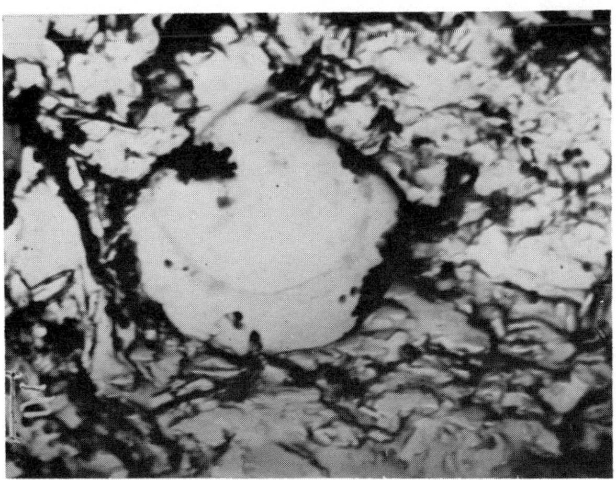

Рис. 3. Микростроение мерзлого каолина при температуре $-10^{\circ}C$.

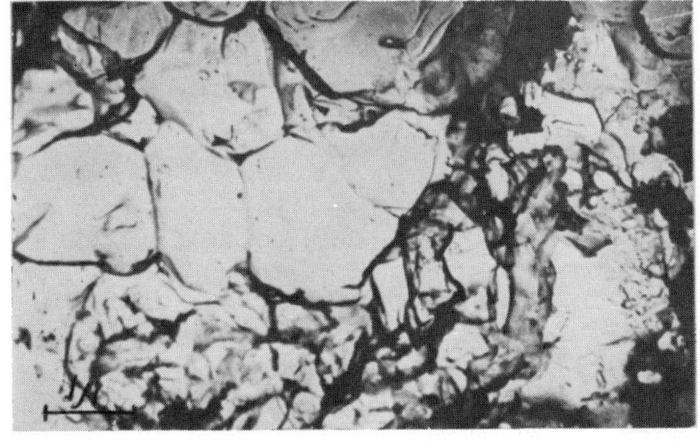

Рис. 4. Микростроение мёрзлого каолина при температуре $-35^{\circ}C$.

Для оценки роли отдельных составляющих в формировании механических свойств мёрзлой глинистой породы рассмотрим изменение её структурных элементов и связей между ними. Как отмечалось выше, частицы скелета по сравнению с мёрзлым грунтом (в целом) значительно (на несколько порядков) прочнее, поэтому зависимостью прочности этих частиц от температуры можно пренебречь.

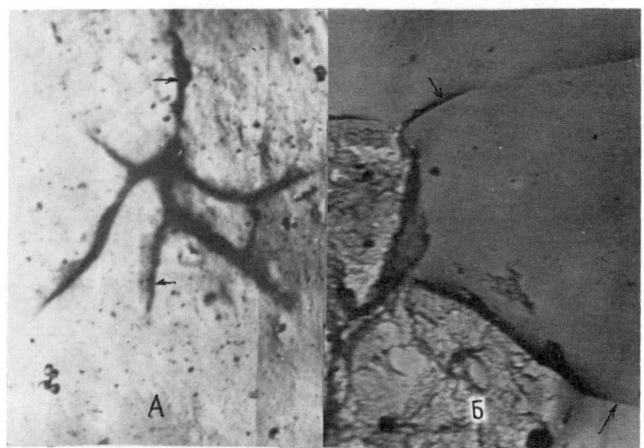

Рис. 5. Микротрещины во включениях льда.

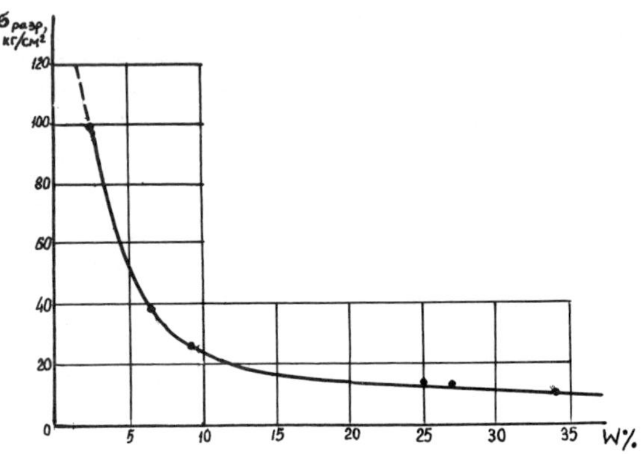

Рис. 6. Зависимость прочности глинистого грунта от влажности

Результаты многочисленных механических испытаний (сжатие, сдвиг, разрыв и др.) мелкокристаллического льда при быстром его разрушении показывают, что при охлаждении в области температур выше -10°С (включающей в себя интервал интенсивных фазовых переходов воды в мёрзлых глинистых породах от 0 до -5 ÷ -7°С) происходит значительное упрочнение льда. При дальнейшем понижении θ нарастание его прочности незначительно (см. рис. 1). Следует также указать, что имеются данные и о снижении прочности льда с понижением θ ниже -20°С (Зыков, 1969: Шушерина и др., 1976)

Опыты, выполненные с мелкокристаллическим льдом, не воспроизводят полностью особенностей грунтового льда. Однако можно полагать, что основные закономерности изменения прочности обоих видов льда от температуры аналогичны.

В связи с отмеченным выше роль механических свойств льда в упрочнении мёрзлых глинистых пород при их охлаждении существенна лишь в области температуры выше -10°С, при более низких θ значение льда уже не является определяющим.

Рассмотрим влияние температуры на прочность структурных связей, осуществляющихся через плёнку незамёрзшей воды. В соответствии с работой (Пекарская, 1961), где рассматриваются вопросы прочности мёрзлых грунтов в области температур выше -10 ÷ -20°С, существенная роль незамёрзшей воды в формировании механических свойств этих грунтов ограничивается зоной интенсивных фазовых переходов (по Н.А. Цытовичу (1973), выше -5 ÷ -7°С).

Как показывают данные Е.П. Шушериной и др. (1974), понижение θ мёрзлой глины с -22 до -35°С вызывает уменьшение количества незамёрзшей воды $W_н$ всего на 1,3%, прочность же грунта в этом интервале θ возросла с 80 до 160 кг/см^2 (в два раза); при понижении же θ с -7 до -11°С величина $W_н$ уменьшается на 2%, а прочность изменяется с 30 до 48 кг/см^2. Наиболее интенсивный рост прочности начинается приблизительно с θ = -30°С, когда количество незамёрзшей воды становится равным для данного грунта приблизительно 4%.

Исследования, проведенные с этой же глиной в немёрзлом состоянии, показали, что при постепенном уменьшении влажности грунта в результате высушивания увеличение прочности происходит с различной интенсивностью. Когда влажность немёрзлой глины достигает значений, соответствующих количеству незамёрзшей воды этого грунта при θ = -35°С (около 5%), начинается резкое возрастание прочности (рис. 6).

Изменение влажности в этом интервале на один процент вызывает увеличение прочности почти в два раза, т.е. наблюдается та же картина, что и при понижении температуры ниже -35°С. Характерная влажность, ниже которой прочность существенно возрастает, вероятно, близка к влажности, при которой начинает сказываться действие молекулярных сил ближнего порядка. Вымораживание или испарение плёнки воды ведёт к интенсивному сближению частиц и резкому увеличению связей между ними. Немаловажную роль при этом играет, очевидно, и процесс увеличения концентрации порового раствора, выпадение солей и образование кристаллизационных связей. Интересно отметить, что при температуре -30°С прочность σ мерзлой глины и льда соответственно равна 108 и 126 кг/см^2 (Шушерина и др., 1974), а для этой же глины в немёрзлом состоянии при влажности, соответствующей количеству незамёрзшей воды при θ = -30°С, σ = 100 кг/см^2. Это может свидетельствовать о том, что прочность мёрзлого грунта при этой температуре определяют в основном связи между структурными элементами скелета. Лёд, хотя и выполняет упрочняющую роль, однако, значение его прочностных характеристик вполне соизмеримо с прочностью межагрегатных структурных связей. С дальнейшим понижением θ прочность структурных связей начинает превышать сопротивление разрушению ледяных включений. Так, по данным (Шушерина и др., 1974), при θ = -40°С для мёрзлой глины σ = 160 кг/см^2, а для льда σ = 138 кг/см^2, т.е. определяющее значение в формировании прочностных свойств мёрзлого грунта в целом при данной температуре играют связи между отдельными структурными элементами.

О роли связей и отдельных компонентов мёрзлого грунта свидетельствуют также электронно-микроскопические исследования поверхности разрушения при сжатии мёрзлого каолина при исследуемых значениях температуры.

Микроструктурный анализ поверхности разрушения при различных температурах показал, что при температуре -3°С разрыв образца происходил преимущественно по плёнкам незамёрзшей воды. Поверхность скола с неярко выраженными границами между структурными элементами рельефа. Иногда заметно смятие и смещение пленки в направлении сдвига. Зона разрушения проходила преимущественно по контактам микроблоков и микроагрегатов глинистых частиц, иногда по контакту грунтовых отдельностей со льдом. Трещинообразования во льду отмечено практически не было. Иногда на кристаллах льда можно отметить отдельные грунтовые частицы (Савельев, (1971). Это свидетельствует о том, что прочность связей между грунтовыми частицами и кристаллами льда больше прочности связей между грунтовыми отдельностями, что подтверждается и данными рис. 7.

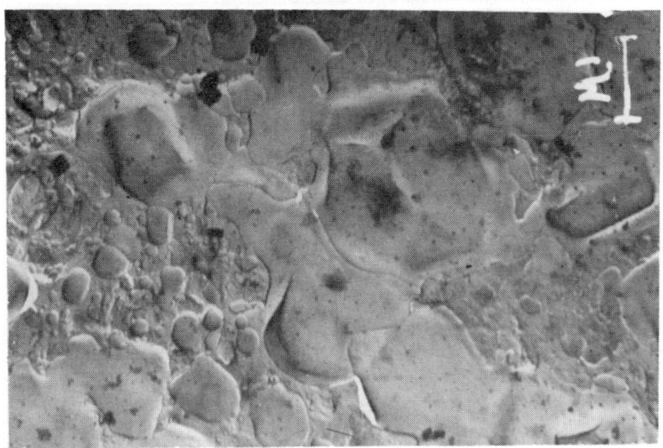

Рис. 7. Поверхность разрушения мёрзлого каолина при температуре $-3^{\circ}C$.

При температуре $-10^{\circ}C$ поверхность разрушения чёткая, с ярко выраженными элементами рельефа. Разрушение происходит в основном по контактам микроагрегатов грунта (рис. 8) Отмечено формирование трещин, развивающихся как по контакту глинистых частиц на участках, где отсутствуют образования льда, так и секущих отдельные включения льда. В случаях, когда зона разрыва проходит в области развития включений льда, разрушение происходит по контакту между частицами, о чём свидетельствует наличие минеральных частиц на поверхности зёрен льда.

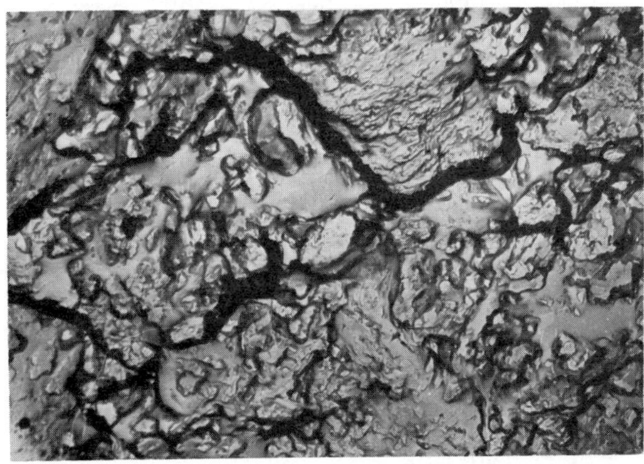

Рис. 8. Поверхность разрушения мёрзлого каолина при температуре $-10^{\circ}C$.

При температуре $-35^{\circ}C$ характерной особенностью поверхности разрушения является приуроченность её к зонам распространения ледяных включений, в особенности к зонам развития микропрожилок поликристаллических образований льда, т.е. разрушение породы в первую очередь начинается в ледяных включениях как наиболее слабом месте системы. В отдельных, очевидно, более напряженных кристаллах льда заметно образование микротрещин. Для зоны разрушения при этой температуре характерен раковистый излом кристаллов льда (рис. 9).

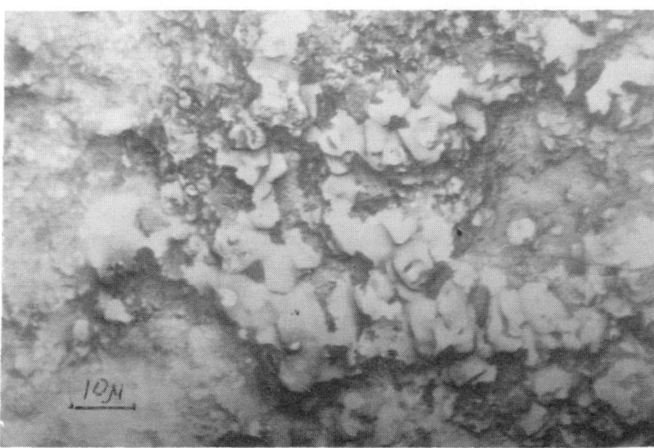

Рис. 9. Поверхность разрушения мёрзлого каолина при температуре $-35^{\circ}C$.

Наряду с включениями льда в формировании зоны разрушения участвуют и микроагрегаты, по границам которых и происходит разрыв. В этом случае межагрегатные связи выступают, очевидно, как упрочняющий фактор, так как при значительном льдовыделении разрушение происходит по ледяным включениям и с увеличением влажности (льдистости) мёрзлого грунта отмечается понижение его прочности (Веселов, 1963; Шушерина, Бобков, 1968) О том, что лёд оказывается слабее контактов между частицами скелета и контактов частиц со льдом, свидетельствует скол по льду и отсутствие на поверхности кристаллов льда грунтовых частиц.

Подытоживая результаты проведенных исследований, особенности формирования прочности мёрзлых глинистых грунтов при различных температурах можно представить следующим образом. При переходе грунта из немёрзлого состояния в мёрзлое происходит интенсивное возрастание прочности за счёт увеличения числа контактов в грунте при кристаллизации льда и возрастания прочности внутри- и межагрегатных связей за счёт уменьшения толшины плёнки воды. Отмечаемое при понижении θ от -3 до $-10^{\circ}C$ более интенсивное нарастание прочности льда по сравнению с мёрзлым грунтом можно объяснить, с одной стороны, развитием кристаллизационных связей и упрочнением кристаллической решетки льда, с другой – наличием достаточно мощной плёнки воды в мёрзлом грунте, препятствующей взаимодействию частиц скелета. Уменьшение количества связанной воды на несколько процентов в этом диапазоне температур не вызывает достаточного сближения частиц скелета, необходимого для действия молекулярных сил между ними, но несколько увеличивает прочность связей, что и отражается в постепенном нарастании прочности мёрзлого грунта. Определяющим фактором при этом является прочность структурных связей, осуществляющихся через пленку незамерзшей воды, о чем свидетельствуют описанные факты разрушения. Лёд в этом случае выступает в качестве упрочняющего породу фактора. Начиная, примерно, с температуры $-10^{\circ}C$, когда в основном завершается кристаллизация льда и формирование микроагрегатов, плёнка незамерзшей воды значительно уменьшается, существенно увеличивая прочность связей между частицами, что отражается в увеличении интенсивности нарастания прочности мёрзлой породы с понижением температуры. Упрочнение же льда при этом незначительно. В процессе разрушения участвуют как контакты между агрегатами частиц скелета, так и наиболее напряженные кристаллы льда и межкристаллические связи льда.

Очевидно, можно считать, что в диапазоне значений θ от -10 до -30°С прочность отдельных кристаллов и межкристаллических связей льда соизмерима с прочностью связей между грунтовыми частицами. Наиболее прочным звеном оказывается связь между кристаллами льда и частицами скелета. С дальнейшим понижением температуры незначительное изменение толшины плёнок незамёрзшей воды ведет к резкому возрастанию прочности внутриагрегатных и межагрегатных связей частиц скелета, в то время как интенсивность нарастания прочности льда незначительна. В результате наиболее слабым местом структурной сетки мёрзлого глинистого грунта оказываются включения льда, и прочность мёрзлой глины начинает превышать значения прочности льда. Контакты грунтовых частиц выступают в качестве упрочняющего фактора, о чем свидетельствуют и данные о падении прочности глинистых грунтов с увеличением льдистости (Веселов, 1963; Шушерина, Бобков, 1968).

Таким образом, исходя из всего вышеизложенного, можно заключить, что роль отдельных составляющих мёрзлых грунтов в формировании их прочности не всегда однозначна и может меняться в зависимости от условий. Так, изменение температуры может привести к тому, что лёд из упрочняющего фактора превращается в разупрочняющий, в то время как разобщающие частицы плёнки незамерзшей воды становятся с понижением температуры упрочняющим фактором.

При анализе роли составляющих мёрзлого грунта необходимо учитывать также условия работы мёрзлого грунта. В данном сообщении нами рассмотрено влияние отдельных факторов на условно мгновенную прочность грунтов при сжатии. Как показывают работы (Пекарская, Шлойдо, 1970; Шушерина, 1974; Шушерина, Врачев, 1974 и др.), роль составляющих мёрзлого грунта в сопротивлении разрыву и сжатию может быть весьма различной. Роль различных компонентов в формировании длительной прочности также будет меняться в зависимости от температуры, времени воздействия нагрузки и т.д. (Вялов, Максимяк, 1970; Шушерина и др., 1975 и др.).

Изложенные в данном докладе материалы позволяют судить о сложности и неоднозначности процессов, происходящих в мёрзлых грунтах в различных условиях, в частности, при изменении температуры. В настоящее время имеется большое количество данных как согласующихся, так и противоречащих друг другу. Вопросы, рассматриваемые в данной работе во многом проблематичны и не претендуют на окончательное решение. Большое количество материалов и исследований прочности и деформируемости мёрзлых грунтов в зависимости от различных факторов, в том числе от микростроения свидетельствует о большом интересе к этим вопросам, которые подлежат дальнейшему изучению и разрешению.

ЛИТЕРАТУРА

ВЕСЕЛОВ Г.М. 1963. О характере изменения прочности свойств мерзлых грунтов в зависимости от влажности. - В кн.: Физико-механические свойства, давление и разрушение горных пород. М., Изд-во АН СССР, с. 127-131.

ВЯЛОВ С.С., МАКСИМЯК Р.В. 1970. Изменение структуры мерзлых глинистых грунтов при деформировании в условиях ползучести. - Тезисы докл. Всесоюз. совещ. по мерзлотоведению. Изд-во МГУ, с. 138-139.

ЗЫКОВ Ю.Д. 1969. Исследование зависимости упругих свойств каолина от температуры и влажности ультразвуковым методом. В кн.: Мерзлотные исследования, вып. 9, Изд-во МГУ, с. 183-184.

МАКСИМЯК Р.В. 1970. Исследование микроструктуры мерзлого каолина и влияние на нее действующего напряжения. - В кн.: Основания, фундаменты и подземные сооружения. М., с. 387-392.

ПЕКАРСКАЯ Н.К. 1961. К вопросу о прочности мерзлых грунтов. - "Материалы по лабораторным исследованиям мерзлых грунтов", сб. № 4, М., Изд-во АН СССР, с. 241-251.

ПЕКАРСКАЯ Н.К., ШЛОЙДО Г.А. 1970. Определение прочности характеристик мерзлых грунтов в условиях быстрых деформаций. - Тезисы докл. Всесоюз. совещ. по мерзлотоведению. Изд-во МГУ, с. 180-182.

САВЕЛЬЕВ И.Б. 1974. Активное воздействие мерзлого дисперсного основания на структуру приконтактного слоя намороженного льда. - "Докл. АН СССР", т. 201, № 1, с. 86-89.

ТЮТЮНОВ И.А. 1974. Физико-химические основы формирования прочности мерзлых грунтов. - В кн.: Физико-химические процессы в промерзающих грунтах и способы управления ими. М., Стройиздат, с. 3-22.

ЦЫТОВИЧ Н.А. 1957. Физические и физико-механические процессы в промерзающих и мерзлых грунтах. - В кн.: Материалы по лабораторным исследованиям мерзлых грунтов, № 3, М., Изд-во АН СССР, с. 31-32.

ЦЫТОВИЧ Н.А. 1973. Механика мерзлых грунтов. М., "Высшая школа", 445 с.

ШУШЕРИНА Е.П. 1974. Сопротивление мерзлых дисперсных пород и льда разрыву в области низких температур (до -60°С). - В кн.: Мерзлотные исследования, вып. 14, Изд-во МГУ, с. 179-190.

ШУШЕРИНА Е.П., БОБКОВ Ю.П. 1968. Зависимость прочности мерзлых грунтов и льда от температуры - Труды Всесоюз. совещ. по обмену опытом строительства в суровых климатических условиях. Тюмень, с. 94-106.

ШУШЕРИНА Е.П., ВРАЧЕВ В.В., ИВАЩЕНКО И.Н. 1974. Новые данные по механическим свойствам мерзлых пород при низких температурах (до -55°С). - В кн.: Мерзлотные исследования, вып. 14, Изд-во МГУ, с. 190-196.

ШУШЕРИНА Е.П., РОГОВ В.В., ЗАБОЛОТСКАЯ М.И. 1975. Микростроение мерзлых глинистых пород при их охлаждении от - 5 до -50° (по данным электронной микроскопии). - "Вестн. МГУ, Сер. геолог." № 6, с. 106-108.

ШУШЕРИНА Е.П., ЗАЙЦЕВ В.И., РОГОВ В.В., АБРАМКИНА С.Б. 1976. Сопротивление разрыву многолетнемерзлых дисперсных пород и повторножильных льдов. - В кн.: Мерзлотные исследования, вып. 16. Изд-во МГУ, с. 219-230.

THAW CONSOLIDATION EFFECTS IN DEGRADING PERMAFROST

E.C. McRoberts, E.B. Fletcher, J.F. Nixon
Northern Engineering Services Co. Ltd., Calgary, Alberta, Canada

This paper examines thaw consolidation effects in thawing permafrost at two sites in the Mackenzie Valley, N.W.T. At these sites excess pore water pressures have been measured. A consideration of the geothermal aspects of degrading permafrost is presented and a comparison between predictions and observations offered. Certain extensions to thaw consolidation theory required in a consideration of degrading permafrost are then investigated. Using available field and laboratory data at the sites studied, estimates of the coefficient of consolidation are obtained. These values are then compared with values of this coefficient required to predict the measured excess pore water pressures. It is found that the highest pore pressures measured at the sites are consistent with the predictions made using the lower bound of the coefficient of consolidation data obtained at the sites.

CONSÉQUENCES DE LA CONSOLIDATION PAR LE DÉGEL, DANS UN PERGÉLISOL EN VOIE DE DÉGRADATION

E.C. McRoberts, E.B. Fletcher, J.F. Nixon
Northern Engineering Services Co. Ltd., Calgary, Alberta, Canada.

Dans le présent article, on examine les effets de la surconsolidation par le dégel, dans un pergélisol en voie de dégel, sur deux sites de la vallée du Mackenzie, T.N.-O., où l'on a mesuré les pressions d'eau interstitielle. On examine le comportement géothermique du pergélisol en voie de dégradation, et on compare les prédictions aux observations. Ensuite, on étudie de nouveaux éléments apportés à la théorie de la consolidation par le dégel, qui nous permettent de mieux comprendre l'évolution du pergélisol en voie de dégradation. À l'aide des données disponibles obtenues in situ et au laboratoire, sur les sites étudiés, on a évalué le coefficient de consolidation. On a alors comparé les valeurs obtenues aux valeurs de ce coefficient, qui nous permettent de prédire les pressions d'eau interstitielle mesurées. On a constaté que les pressions interstitielles les plus fortes mesurées sur les sites concordent avec les évaluations basées sur la limite inférieure des valeurs du coefficient de consolidation obtenues sur les sites en question.

ВЛИЯНИЕ ПРОЦЕССА УПЛОТНЕНИЯ ПРИ ОТТАИВАНИИ ДЕГРАДИРУЮЩИХ МНОГОЛЕТНЕМЕРЗЛЫХ ГРУНТОВ

В данной работе исследуется влияние процесса уплотнения в оттаивающих мерзлых грунтах на двух участках в долине реки Макензи /Северо-Западные территории, Канада/. На этих участках было замерено избыточное давление поровой воды. Рассмотрены геотермальные особенности деградирующих мерзлых грунтов и проведено сравнение теоретических и экспериментальных данных. Исследованы некоторые дополнительные теоретические предположения, учитывающие процессы деградации мерзлых грунтов. На основе полевых и лабораторных данных, полученных для исследуемых участков, вычислен коэффициент уплотнения, используемый при определении величины избыточного давления поровой воды. Сравнение этого коэффициента с результатами измерений показало, что максимальное поровое давление, замеренное на исследуемых участках, согласуется с теоретическими значениями, вычисленными с учетом нижнего предела коэффициента уплотнения для исследуемых участков.

THAW CONSOLIDATION EFFECTS IN DEGRADING PERMAFROST

E.C. McRoberts*, E.B. Fletcher, and J.F. Nixon*

Northern Engineering Services Company Limited, Calgary
*Assigned from R.M. Hardy and Associates Limited, Calgary

INTRODUCTION

When permafrost thaws, excess pore water pressures may be induced by thaw consolidation processes. This paper examines the consequences of thaw during the long term degradation of permafrost by considering case records in the Mackenzie River Valley and in particular two sites at Sans Sault Rapids and Martin River in the North West Territories of Canada. At both these sites, situated on modest slopes, excess pore pressures have been measured. While it may be possible that oother phenomena associated with sloping terrain could be responsible for the pore pressures measured, see McRoberts (1977) the objective of this paper is to examine them in light of thaw consolidation processes.

The Sans Sault site is located on a north facing bank of the Mountain River, and is inclined at a gradient of about 16°. Disturbance was initiated at this site in the winter of 1970-71 and a slope failure occurred the following summer. The site was instrumented in 1975 and excess pore pressures measured. During the 1976 season, the site was visited twice but all of the installations were dry on both occasions. The Martin River site is located on a south-east facing bank of the Martin River near Fort Simpson. The bank, inclined at a slope of up to 20°, failed due to disturbance initiated in the winter of 1972-73. Field installations were placed in 1975 and monitored during 1975 and 1976.

GEOTHERMAL ASPECTS

In order to predict the consequences of degradation it is necessary to have a measure of the rate of degradation. Fig. 1 presents case records from the Mackenzie River Valley, from the vicinity of Norman Wells and Fort Simpson, N.W.T., and a case record cited by Linnel (1973) from Fairbanks, Alaska in which the depth of degraded soil is plotted against the square root of time. The validity of comparing data from Norman Wells, Fort Simpson and Fairbanks may be assessed by comparing thawing indices (1660, 1920, and 1870°C days respectively) and freezing indices (4000, 3350, and 3200 respectively) as well as the similar conditions encountered. The data in Fig. 1 have been subdivided for sites having high or low ice content permafrost using a 25% water (ice) content criterion, and for poor and good cover based on less than, and more than, one foot of peat. While there is certainly scatter in the data, a pattern emerges in which sites with low ice content soils degrade faster than those with high ice contents, and those with thicker peat cover thaw at a reduced rate. Also shown in Fig. 1 are computer predictions based on a one-dimensional condition. These predictions have been made for average meterological conditions for the Fort Simpson - Norman Wells region and have been executed for a 30-year period. For the predictions involving high ice content soils, a 40% water (ice) content was used, and a 20% value for low water (ice) content. The winter conditions were changed by varying the winter snow accumulation as measured by the snow factor, where 1.0 is the average expected snowfall. It can be seen that the geothermal response is sensitive to the snow factor, ice content and depth of peat cover. It is note-worthy that the range and pattern of predicted response parallels the observations made. In order to model the condition at the Sans Sault site, two cases, Case 1 and Case 2 as shown on Fig. 1 were adopted. These cases encompass the observed pattern of degradation at the site. The geothermal history used for Cases 1 and 2 is considered in detail in Figs. 2a and 2b where the pattern of degradation for each thaw season up to seven years is shown. Also given is the pattern of thaw predicted for the initial thaw season following disturbance at these two sites. It can be seen that Case 1 and 2 constitute a realistic measure of the rate of degradation that can be expected in ice-rich, fine-grained permafrost when compared with observed behaviour and as such have been adopted for the sites studied.

CONSOLIDATION THEORY

Morgenstern and Nixon (1971) provide a solution to a moving boundary thaw consolidation problem where the thaw line is assumed to move proportionally to the square root of time as governed by the parameter α. This theory may be used to predict pore-water pressures for the first of a series of thaw cycles if an average value of α is assessed for the first thaw season. However, a more general approach, given by Nixon (1973), is required to adequately evaluate the generation of excess pore-water pressures in subsequent thaw seasons. This approach uses a computer program to incorporate arbitrary movements of the thaw line. The results of this technique are given in Fig. 2a which shows the depth of thaw versus time for Cases 1 and 2 as determined by geothermal simulation, and Fig. 2b which shows the distribution of normalized pore-water pressure with time for a coefficient of consolidation, c_v, of 0.002 cm^2/sec. The normalized pore pressures for each case, as calculated according to Morgenstern and Nixon (1971) using average values for α, the ratio between thaw depth and the square root of time, are shown on the same figure in the first thaw season. This portion of the analysis shows that maximum normalized pore-water pressures occur during the first thaw season and then tend to become less severe with time. The worst condition can be closely approximated using the method proposed earlier by Morgenstern and Nixon (1971) provided an average value for α for the first thaw season can be predicted. It is also of interest to observe that the time predicted to reach peak pore pressure is longer in any given thaw season the more advanced the year of thaw. The results of the analysis are also presented on Fig. 3 which shows the relationship between normalized pore-water pressure and coefficient of consolidation for Cases 1 and 2 for conditions at the end of the first, fourth and seventh thaw seasons. No detailed observations were made of the temperature - time history at either the Martin River or Sans Sault sites such that a detailed validation of the predicted geothermal response of either Case 1 or Case 2 could be made. As shown in Fig. 1, Cases 1 and 2 encompass the observed depths of degradation at the two sites; however, the details of the degradation pattern at the sites during the thaw season remain unknown. Average values for α have been taken from the inset of Fig. 2a, and using the solution of Morgenstern and Nixon (1971), the normalized pore-water pressures for the first thaw season for various coefficients of consolidation were calculated. These pore pressures are also included on Fig. 3. The results of similar calculations for a case in which the ground water table is about 0.8 meters below the ground surface, as observed at the Sans Sault site, are also shown on Fig. 3. No attempt has been made in Fig. 3 to relate the predicted pore pressure to the elapsed time of thaw in any given thaw season and an average value is used.

LABORATORY AND FIELD TESTING

Frozen permafrost cores were obtained in undisturbed terrain adjacent to the failed and degraded sections of the slope where field measurements were undertaken. High ice content soils were encountered at both sites where the soil consists of fine-grained glaciolacustrine silts and silty clays. Table 1 presents a summary of the index properties of the soils encountered at both sites.

Permeability tests for the Sans Sault and Martin River sites were conducted on samples which were laterally confined in teflon lines perspex cells. Two cell sizes were used, 8.6 and 18.0 cm in diameter and each gave approximately the same results in terms of the permeability tests. The height of each frozen soil sample, trimmed on a lathe to fit snugly into the perspex cells, was estimated on the basis of the amount of ice in the sample so that a height to diameter ratio of about 1:2 was obtained. The samples were then thawed at an initial stress of from 2 to 4 kN/m^2 and a series of stress increments then applied such that the coefficient of consolidation, c_v, and permeability, k, could be obtained at each stress increment. At the end of each primary consolidation under each stress increment a 0.3 m excess head of water was applied to the sample and drainage in one direction was permitted. The volume of the flow of water through the sample was plotted against time until a linear relationship was achieved. The permeability was calculated directly from the rate of flow and hydraulic gradient through the sample. The values of c_v and k at each increment were calculated using linear Terzaghi consolidation theory.

The measurement of permeability in the field was carried out using sealed-in Casagrande piezometers installed in thawed ground with their tips at or very close to the permafrost boundary. The piezometers were placed in augered boreholes either 9 or 13 cm in diameter, surrounded by clean sand and sealed in with a bentonite plug. A slotted standpipe was placed close to each piezometer so that ground water levels appropriate to each piezometer installation could be observed. The excess pore pressure cited in this paper are referenced to this free groundwater level which in many cases did not coincide with the ground surface elevation. The locations of the Sans Sault and Martin River sites are such that only occasional observations could be made. Fig. 7 is an example of a complete record of one of the installations to the time of this writing. The tests were done using a rising head method by removing water from the piezometer tubes and recording the rate of rise of the water level in the tube until a linear height versus the logarithm of time relationship was observed. The field permeabilities were calculated using the shape factor for a piezometer installation in a semi-infinite medium with an impervious boundary as given by Hvorslev (1949). The shape factors were corrected for smear according to Leonards (1962). The influence of the depth of the piezometer on the shape factor was assessed by comparing the shape factor as calculated using Hvorslev's criteria with that as calculated from a radially symmetric numerical solution given by Taylor (1968). The results of this work showed that, for the piezometers used, and installation depths in excess of one meter, errors due to the existence of an upper boundary were small; therefore, the shape factors calculated on the basis of Hvorslev's criteria for installations in a semi-infinite medium were considered sufficiently accurate.

The relationship between permeability and effective stress as determined in the field and in the laboratory for the Sans Sault and Martin River sites are shown on Figs. 4 and 5. Unfortunately, only one field test has been carried out at Sans Sault; however, the permeability value falls in the middle of the laboratory data. The Martin River permeability data show good agreement between laboratory and field data with the field data tending toward the lower bound of the laboratory data.

The laboratory measurements, which were carried out at a temperature of 23°C, have been adjusted for temperature effects to be equivalent to field conditions at about 2°C in accordance with Lambe (1961) who states that the permeability of the same soil at two different temperatures is directly proportional to the viscosity of water at those temperatures.

A plot of coefficient of consolidation against effective stress as determined from the one-dimensional laboratory thaw-consolidation tests mentioned previously is shown in Fig. 6. These data have also been corrected for temperature differences between laboratory and field conditions.

An alternative method of obtaining the coefficient of consolidation, discussed by Morgenstern and Nixon (1975), is to use the relationship

$$c_v = k/m_v\gamma_w \qquad (1)$$

where k is permeability, m_v is the coefficient of volume compressibility and γ_w is the unit weight of water. The coefficient of volume compressibility, m_v, is given by

$$m_v = \frac{\Delta\varepsilon_v}{\Delta\sigma'_v} \qquad (2)$$

where $\Delta\varepsilon_v$ is the thaw strain that results when a frozen element of soil thaws and subsequently consolidates under a change in effective stress $\Delta\sigma'_v$. The value of $\Delta\sigma'_v$ is the resultant change in effective stress of the thaw front from its initial condition to the final stress upon completion of thaw consolidation. In the development considered in this paper it is assumed that the initial effective stress, or residual stress, see Morgenstern and Nixon (1971), is zero. The magnitude of $\Delta\sigma'_v$ with depth can be assessed by observing that at any given depth X measured from the original ground surface, and assuming the water table to remain at the soil surface, the effective stress exerted by a soil column at the end of consolidation is approximated as

$$\Delta\sigma'_v = (\gamma_f - \gamma_i)X \qquad (3)$$

where γ_f and γ_i are the bulk densities of frozen soil and ice respectively. Based on borehole logs in frozen soil at these sites, adjacent to the newly thawed regions, a reasonable measure of frozen bulk density is

$$\gamma_f = 1450 + 10.5X \qquad (4)$$

where γ_f is in kg/m^3. A reasonable measure of the thaw strain $\Delta\varepsilon_v$ for fine grained soils such as those found at Sans Sault and Martin River can be obtained from relationships presented by McRoberts et al (1978) as

$$\Delta\varepsilon_v = 671 - 320 \log_{10} (1450 + 10.5X) \qquad (5)$$

where γ_f is in lbs/ft^3 (1 lb/ft^3 = 16.1 kg/m^3). Eqs. 1 to 5 can then be combined to give a measure of c_v in terms of the effective stress that would be mobilized with increasing depth of thaw at these sites. It can be seen that there is reasonable agreement between the two methods in terms of the relationship between c_v and effective stress. It should be noted that while c_v has been related to effective stress in Fig. 6, it may be more appropriate to relate c_v to depth of thaw for design purposes. It is of interest to observe that the relationship between c_v and effective stress based on Eq. 1 predicts a minimum c_v at stresses in order of 700 psf. Moreover, the laboratory data for c_v determined from transient flow also shows, in many cases, a tendency to reach a minimum value at stresses in approximately the same range. It should be noted that the predicted shape of the c_v vs. σ'_v curve calculated using Eq. 1 to 5 is questionable at stresses greater than the indicated minimum. As the bulk densities get higher, as governed by Eq. 4, it is anticipated that residual stresses are encountered such that the magnitude of $\Delta\sigma'_v$ is much less than given by Eq. 3. This would result in significantly less of an increase in the predicted c_v with increasing vertical effective stress. In fact, as the bulk density becomes high both $\Delta\varepsilon$ and $\Delta\sigma'_v$ approach zero and the overall effect is difficult to predict. It is felt that the Eq. 1 to 5 approach is valid only for ice-rich soils when residual stresses are small.

OBSERVATIONS OF PORE-WATER PRESSURES

Ground water levels in standpipes and the water levels in sealed-in piezometers were observed on several occasions during the summer and early fall of 1975 and 1976 at the Sans Sault and Martin River sites. Fig. 7 shows a typical case record of this data, and Table 2 is a summary of normalized pore-water pressures as calculated from the observations. This information is also shown on Fig. 3. While similar pore pressures were measured at the Martin River site during 1975 and 1976 the installations at Sans Sault were completely dry when revisited in 1976.

Based on the predictions embodied in Fig. 3, the values of c_v required to predict the highest pore pressures measured in the field are between 0.0009 and 0.0015 cm^2/sec for Sans Sault and between 0.0015 and 0.004 cm^2/sec for the Martin River site. These values are consistent with the magnitudes shown in Fig. 6 toward the lower range of both directly measured c_v and those calculated using Eq. 1. The c_v values based on direct measurement generally exceed those values required, according to Fig. 3, for the generation of the highest pore pressures; however, there are a few test results in this range. On the other hand, the c_v values assessed using average and lower bound permeability data encompass the required range of c_v, suggesting that it may be more appropriate to use the approach given in Eq. 1 for the evaluation of design conditions, at least for the ice-rich soils found at these sites.

No attempt has been made to reconcile the measured pore-water pressures with the predictions based on the elapsed time within any given thaw season, and the comparisons here are related to the average value for a given thaw year since initial disturbance. Moreover, as stated earlier, the exact development of the depth of thaw with time at both sites is unknown and is based on the predictions given in Figs. 1 and 2.

CONCLUSIONS

This paper has considered certain aspects of thaw consolidation effects in degrading permafrost by examining two case records in the Mackenzie River Valley. At both these sites excess pore pressures have been measured and it has been shown that the highest excess pore-water pressures measured are consistent with those that would be predicted using thaw consolidation theory. It can be seen that there are a host of complicated and inter-related factors which make a reconciliation of prediction and measurement exceedingly difficult at these sites. These difficulties notwithstanding, and keeping in mind the possibility acknowledged earlier that other processes may contribute to the excess pore-water pressures measured at these sloping sites, it is encouraging to observe a reasonable agreement between prediction and measurement.

ACKNOWLEDGMENTS

This paper is part of an overall program of slope stability studies in permafrost terrain being conducted by Northern Engineering Services Company Limited on behalf of their client, Canadian Arctic Gas Study Limited. Dr. T.C. Law of Northern Engineering Services Company Limited participated in the laboratory studies cited in this paper.

REFERENCES

HVORSLEV, M.J. 1949. Time lag and soil permeability in ground-water observations. U.S. Army Waterways Experiment Station, Vicksburg, Miss.

LAMBE, T.W. 1951. Soil testing for engineers. John Wiley and Sons, New York.

LINNEL, K.A. 1973. Long-term effects of vegetation cover on permeafrost stability in an area of discontinuous permafrost. 2nd Int. Conf. on Permafrost, Yakutsk, U.S.S.R. pp. 684-693.

McROBERTS, E.C. 1977. Slope stability in cold regions, Geotechnical engineering in cold regions. McGraw-Hill Book Company. Editors: Andersland, D.B. and ANDERSON, D. (in preparation).

McROBERTS, E.C., LAW, T.C., MONIZ, E. 1978. Thaw settlement in the discontinuous permafrost zone. This volume.

MORGENSTERN, N.R., NIXON, J.F. 1971. One-dimensional consolidation of thawing soils. Can. Geotech. J. 8(4), pp. 558-565.

MORGENSTERN, N.R., NIXON, J.F. 1975. An analysis of the perfromance of a warm-oil pipeline in permafrost, Inuvik, N.W.T. Can. Geotech. J. 12(2), pp. 199-208.

NIXON, J.F. 1973. The consolidation of thawing soils. Ph.D. Thesis, University of Alberta, Edmonton, Alberta.

TAYLOR, R.L. 1968. Axisymmetric and plane flow in porous media. University of California. Berkley, California.

TABLE 1

SUMMARY OF SOIL PROPERTIES

SANS SAULT	MARTIN RIVER
Before thaw consolidation	Before thaw consolidation
$86 \leq \gamma_f \leq 117$ pcf	$70 \leq \gamma_f \leq 109$ pcf
$939 \leq e_f \leq 2.637$	$1.148 \leq e_f \leq 1.864$
$23 \leq \omega \leq 63\%$	$40 \leq \omega \leq 80\%$
After thaw consolidation	After thaw consolidation
$121 \leq \gamma_b \leq 128$ pcf	$110 \leq \gamma_b \leq 133$ pcf
$0.61 \leq e \leq 0.67$	$0.59 \leq e \leq 0.73$
$23 \leq \omega \leq 28\%$	$20 \leq \omega \leq 30\%$
$18 \leq PL \leq 25\%$	$17 \leq PL \leq 31\%$
$31 \leq LL \leq 44\%$	$24 \leq LL \leq 43\%$
$23 \leq \%$ clay $\leq 40\%$	$10 \leq \%$ clay $\leq 45\%$
$29 \leq \phi' \leq 32.5^0$	$23.5 \leq \phi' \leq 38^0$
$0 \leq c' \leq 0.5$ psi	$0 \leq c' \leq 2$ psi
$320 \leq c_u \leq 2000$ psf	$320 \leq c_u \leq 2870$ psf

TABLE 2

NORMALIZED EXCESS PORE-WATER PRESSURE

	AUG 8/75	AUG 24/75	SEPT 7/75	OCT 6/75	JULY 24/76
SSC1	- (1)	0.07	-	drawdown	drawdown
SSC3	-	0.35	-	0.34	drawdown
SSG2	-	-	-	0.40	drawdown
MRP2	0.25	-	drawdown (2)	-	0.06
MRP6	0.20	-	0.27	-	0.24
MRGP1	0.17	-	0.10	-	0.02
MRGP2	-	-	0.12	-	0.25
MRGP3	-	-	0.27	-	0.26

NOTES: 1. DASH (-) INDICATES NO READING TAKEN

2. DRAWDOWN - LEVEL OF WATER IN THE PIEZOMETER WAS LOWER THAN THE GROUND-WATER LEVEL

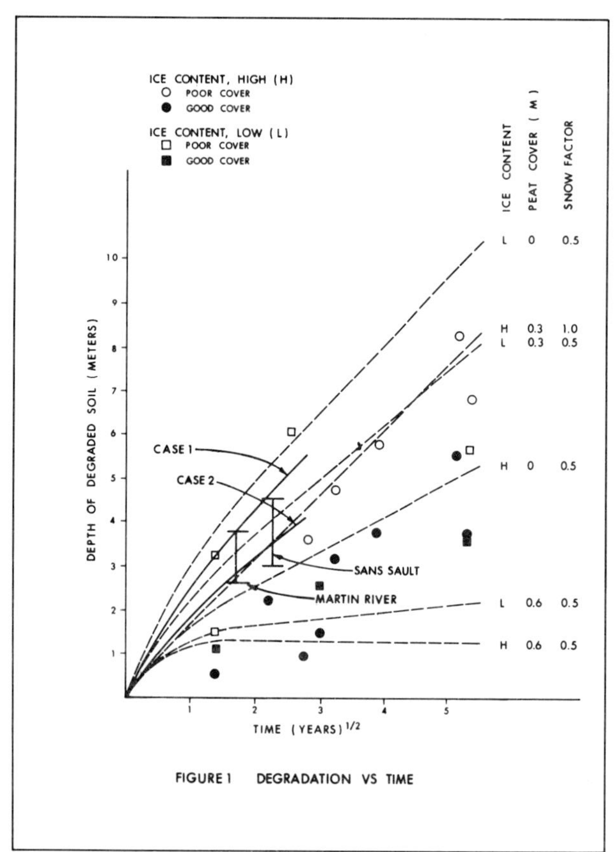

FIGURE 1 DEGRADATION VS TIME

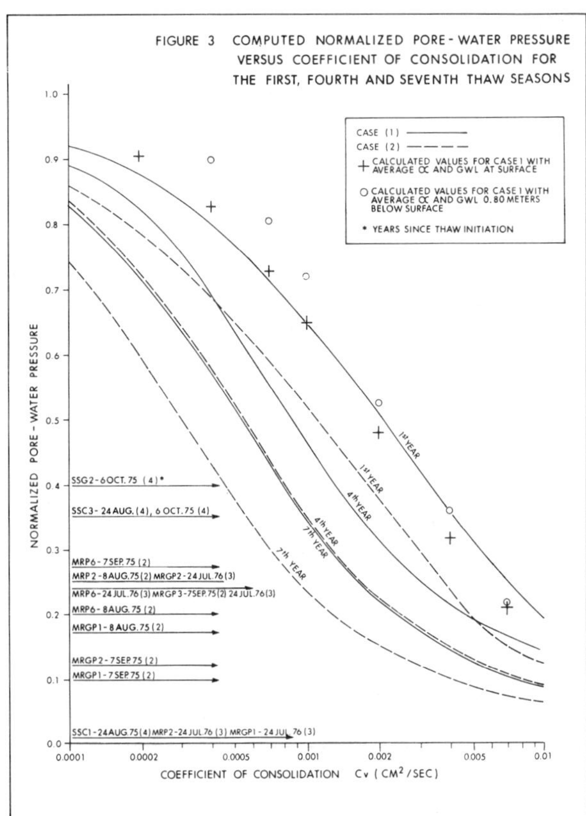

FIGURE 3 COMPUTED NORMALIZED PORE-WATER PRESSURE VERSUS COEFFICIENT OF CONSOLIDATION FOR THE FIRST, FOURTH AND SEVENTH THAW SEASONS

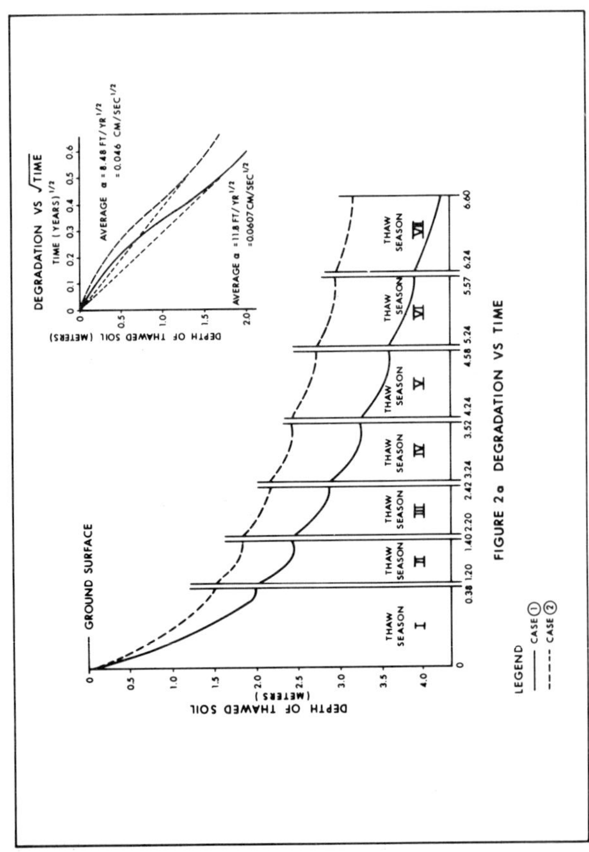

FIGURE 2a DEGRADATION VS TIME

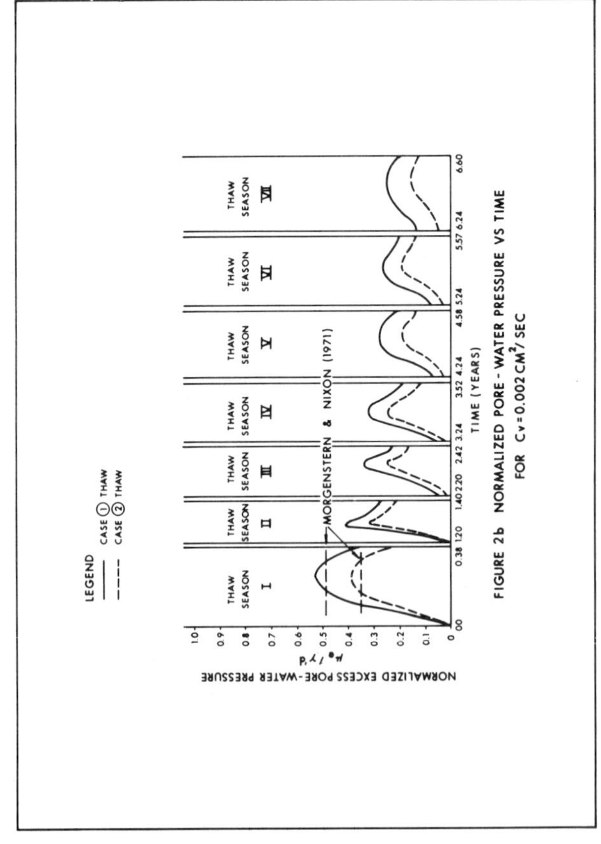

FIGURE 2b NORMALIZED PORE-WATER PRESSURE VS TIME FOR Cv=0.002CM²/SEC

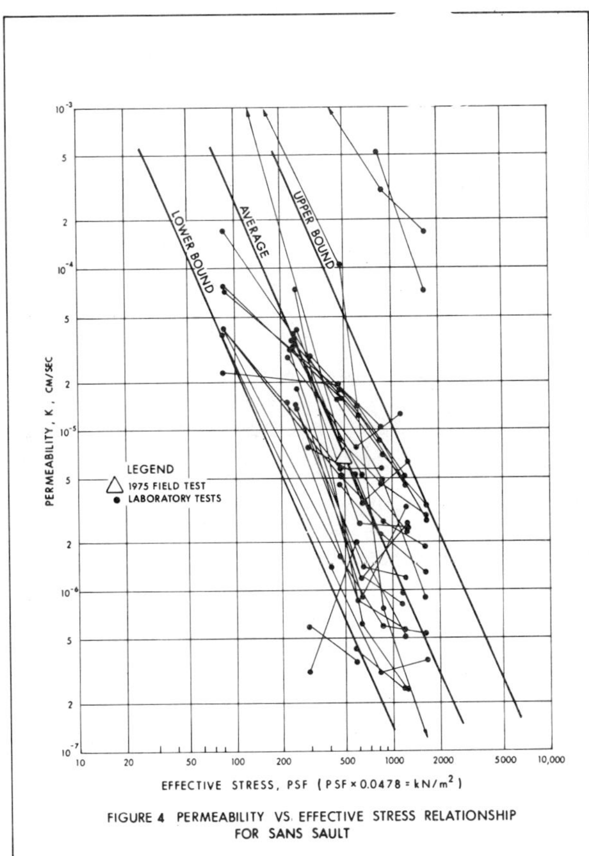

FIGURE 4 PERMEABILITY VS. EFFECTIVE STRESS RELATIONSHIP FOR SANS SAULT

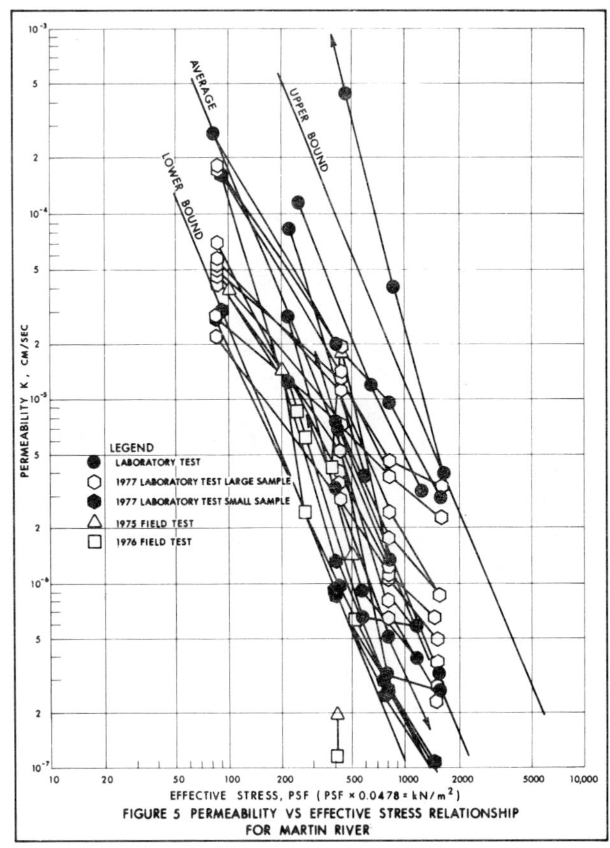

FIGURE 5 PERMEABILITY VS EFFECTIVE STRESS RELATIONSHIP FOR MARTIN RIVER

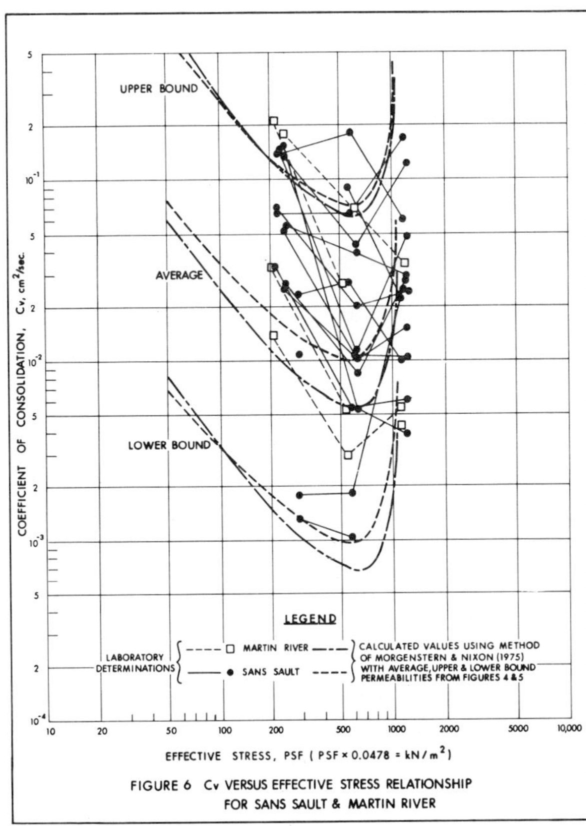

FIGURE 6 Cv VERSUS EFFECTIVE STRESS RELATIONSHIP FOR SANS SAULT & MARTIN RIVER

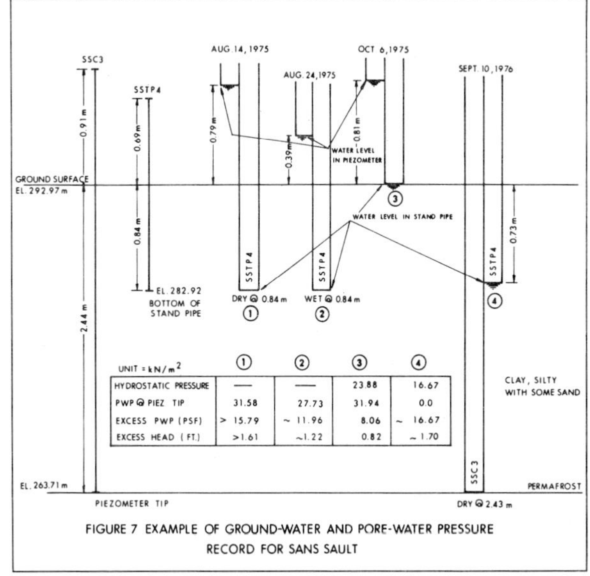

UNIT = kN/m²

	①	②	③	④
HYDROSTATIC PRESSURE	—	—	23.88	16.67
PWP @ PIEZ. TIP	31.58	27.73	31.94	0.0
EXCESS PWP (PSF)	> 15.79	~ 11.96	8.06	~ 16.67
EXCESS HEAD (FT.)	>1.61	~1.22	0.82	~ 1.70

FIGURE 7 EXAMPLE OF GROUND-WATER AND PORE-WATER PRESSURE RECORD FOR SANS SAULT

THAW SETTLEMENT STUDIES IN THE DISCONTINUOUS PERMAFROST ZONE

E.C. McRoberts, T.C. Law, and E. Moniz, Northern Engineering Services Company Limited, Calgary, Alberta, Canada

This paper presents the results of thaw settlement tests conducted on permafrost samples obtained along or adjacent to the route of the proposed Arctic Gas pipeline route from Norman Wells, N.W.T. to Zama Lake, Alberta. These tests have been conducted on three sizes of samples representing volume factors of approximately 1, 3 and 23 times. Tests using three cell sizes are reported for fine grained permafrost samples and on the smallest cell for coarse grained and peat samples. Correlations between thaw strain parameters and frozen bulk density and initial frozen water (ice) content are given and good agreement between cell sizes obtained. Also presented are the thaw settlement predictions made at sites in the southern limits of discontinuous permafrost zone. These sites are located in till and glacial lake basin soils with permafrost depths up to 50 feet (16m). Reasonable agreement between the observed relief and predicted total settlement is obtained.

ÉTUDES SUR LE TASSEMENT DÛ AU DÉGEL DANS LA ZONE DE PERGÉLISOL DISCONTINU

Le présent article présente les résultats d'essais de tassement dû au dégel, effectués sur des échantillons de pergélisol obtenus le long ou à proximité du chemin que devrait suivre le pipeline d'Arctic Gas que l'on se propose de construire entre Norman Wells (T.N.-O.) et le lac Zama (Alberta). On a réalisé ces tests sur trois groupes dimensionnels d'échantillons dont le rapport des volumes est environ 1, 3 et 23. Dans le cas des échantillons de pergélisol à grains fins, on a utilisé trois tailles différentes de cellules et dans le cas des échantillons de tourbe et de pergélisol à grains grossiers, on a utilisé les cellules les plus petites. On a établi des corrélations entre les paramètres des contraintes dûes au dégel et le poids spécifique apparent gelé, ainsi que la teneur initiale en glace, et on a constaté une bonne concordance entre les diverses cellules. On estime aussi le tassement dû au dégel dans des sites appartenant à la limite méridionale de la zone de pergélisol discontinu. Ces sites se trouvent dans des tills et sols de bassins glaciolacustres, où la profondeur du pergélisol atteint 50 pi (16 m). On constate une assez bonne concordance entre le relief observé et le tassement total prédit.

ИССЛЕДОВАНИЯ ОСАДКИ ОТТАИВАЮЩИХ ГРУНТОВ В ЗОНЕ НЕСПЛОШНОГО РАСПРОСТРАНЕНИЯ МНОГОЛЕТНЕЙ МЕРЗЛОТЫ

В данной работе представлены результаты испытаний по осадке оттаивающих грунтов, проведенных на образцах мерзлых грунтов, отобранных в районе предполагаемой трассы Арктического газового трубопровода, который должен соединить Норман-Уэлс /Северо-Западные территории/ с озером Зама /Альберта/. В этих испытаниях использовались образцы трех размеров с объемами, уменьшенными в один, три и 23 раза. Описаны испытания образцов мелкозернистых мерзлых грунтов с тремя размерами ячеек и образцов крупнозернистых и торфяных грунтов с минимальным размером ячеек. Даны соответствия между параметрами деформации оттаивания, плотностью мерзлой толщи и первоначальным содержанием замерзшей воды /льда/; получено хорошее соответствие по размерам ячеек. Предсказаны величины осадки оттаивающих грунтов на южных участках зоны несплошного распространения многолетней мерзлоты. Эти участки расположены на ледниковых отложениях и в бассейне ледниковых озер с глубиной залегания мерзлых пород до 16м. Получено хорошее согласие между наблюдаемым рельефом и предсказанными величинами полной осадки.

THAW SETTLEMENT STUDIES IN THE DISCONTINUOUS PERMAFROST ZONE

E.C. McRoberts*, T.C. Law and E. Moniz*

Northern Engineering Services Company Limited, Calgary
*Assigned from R.M. Hardy and Associates Limited, Calgary

INTRODUCTION

This paper documents the results of thaw settlement tests conducted on three sizes of samples on fine-grained permafrost soils and for one size of sample on coarse-grained soil and peat. Comparisons between total settlement predictions and observed terrain relief which may be due to thermokarst processes are given for sites located in Fig. 1. The total thaw settlement, S, associated with the one-dimensional thawing of permafrost soil is generally believed to be composed of two components:

$$S = A_o X + a_o \int_o^X (P + \gamma' x)\, dx \quad ....1$$

where S is the total settlement, A_o thaw settlement parameter, X depth to thaw front from original surface, a_o average coefficient of compressibility, P surcharge load, and γ' submerged unit weight of thawed soil, and where it is assumed that the water table remains at the surface of the soil, see Tsytovich (1975), Watson et al (1973), Luscher and Afifi (1973). The physical meaning of the parameters A_o, a_o is discussed in a latter section and at length in the above cited references. An alternative method of expressing thaw settlement, see Speer et al (1973), is to consider the total strain ε_p observed in a laboratory test at some total stress representative of the average stress encountered in situ. The total strain at 47.9 kN/m^2 has been adopted in this paper in order to present the test results using this method, although the method itself is not used in thaw settlement predictions reported here.

TESTING AND SAMPLING

All thaw settlement tests were conducted in a laterally confined or one-dimensional condition using acrylic cylinders of 6.4, 8.6 and 18.0 cm ID respectively. The details of the testing apparatus and procedures used are essentially identical to those discussed by Watson et al (1973). In the smallest diameter cell drainage was allowed in one direction only, while in the other two cell sizes double drainage was permitted. All cells were lined with teflon and in addition the cell walls for the large sizes were lightly greased. The samples were allowed to thaw under uncontrolled conditions, however, settlement was observed to ensure complete thaw consolidation before additional increments were applied. Generally, a pressure of about 4.8 kN/m^2 was maintained on the sample during the thaw consolidation stage with subsequent increments up to about 72 kN/m^2. For 10 tests on peat a low pressure of 1.2 kN/m^2 was used initially, with increments to 72 kN/m^2. The form of the settlement-pressure relationship observed for a given test is essentially identical to that reported by Watson et al (1973). It was found that the ratio of the change in height of sample to height of original frozen sample versus applied pressure is an essentially linear relationship for pressures above about 20 kN/m^2 while below this stress the relationship is curved. When the linear segment is extrapolated backwards to the ordinate the intercept defines A_o, while the slope of the line defines a_o. For the tests on peat the best linear relationship was obtained in the pressure range less than 12.0 kN/m^2.

Undisturbed permafrost cores were obtained using 10 and 20 cm diameter core barrels. Samples were prepared for testing by trimming on a lathe following the procedures described by Watson et al (1973). Samples were always prepared immediately prior to testing to ensure a minimum of ice sublimation from the sample. Samples were prepared with height to diameter ratios of from 0.3 to 0.6 depending primarily on the visible ice contents, with the higher ratios being used for the higher ice content soils.

As can be seen in the following figures the samples tested encompass a wide range of bulk density and water contents. As the testing proceeded it was found that the results for the mineral soil samples fell into essentially two groups. These were the fine-grained glaciolacustrine silts and clays, and tills with greater than 50% sizes passing the No. 200 sieve and coarse-grained soils with 50% or more sizes coarser than the No. 200 sieve. The fine-grained soils were predominantly low to medium plasticity silts and clays with liquid limits as low as 25% and up to 50% and plasticity indices from 0% to 20%. Clay mineralogy studies on similar soils reveal a high percentage of illite and kaolinite minerals. The coarse-grained soils tested were all classified as SM and SP-SM.

TEST RESULTS

The results of thaw settlement tests (A_o, a_o) are presented in terms of correlations with the initial water (ice) content of the sample rather than with the frozen bulk density. This correlation was adopted because it was found in many cases, where thaw settlement calculations were required, that only water (ice) contents are available for stratigraphical profiles in borehole logs. Figs. 2 and 3 present the results of the tests on fine-grained soils for A_o and a_o related to initial water (ice) content, w. Two expressions for A_o and a_o in terms of w are given on these Figures and presented in detail in Table 1. The bi-linear relationship expressed by the solid line in Fig. 2 is the correlation adopted for the settlement analysis. The dashed line was obtained from a regression analysis using a logarithmic function and has a coefficient of correlation of 0.93. The bi-linear relationship has been used in the thaw settlement predictions reported here as it was a convenient expression and, moreover, had been established prior to undertaking the regression.

Figs. 4 and 5 present the results of the tests on ice-rich peat samples with water (ice) contents ranging from 200% to 2000%. It can be seen that there is a considerable scatter in the test results for both A_o and a_o. Larger diameter tests were not conducted on peat samples. The open circles on Figs. 4 and 5 represent the tests conducted at lower thawing pressure. While all tests were interpreted in the low stress range the lower stress tests are more reliable. Similar relationships were obtained for coarse-grained soils using primarily the smallest diameter cell as few large diameter samples were available. The correlations obtained are documented in Table 1.

The test results presented in Fig. 2 are based on permafrost samples representing volume increases of about 3 and 23 times the smallest volume, based on the 6.4 cm cell. These test results give an essentially identical measure of the relationship of A_o with water content. The scatter of the data normally associated with these correlations is somewhat reduced if the test results based on the smallest diameter samples are not considered. These results suggest that testing procedures based on the smaller diameter samples commonly used for thaw settlement predictions give, on average, a realistic measure of potential thaw settlement and that less variation in the test results is obtained if larger diameter samples are used. The correlation between a_o and water content, Fig. 3, is less satisfactory than that obtained in Fig. 2 for A_o. Again, less scatter is observed if the smaller diameter tests are not considered.

A relationship between ε_p and bulk density for both fine-grained and coarse-grained mineral soils is given in Fig. 6. Also shown is a correlation given by Speer et al (1973) which is based on a regression analysis using a logarithmic function. It is interesting to note that the test data presented here lie above Speer et al (1973) for the more ice-rich soils, while good agreement is obtained for ice-poor samples. This is likely due to the fact that the test data reported by Speer et al (1973) are for total thaw strains at several levels of pressure with lower pressures being used for the more ice-rich samples. The thaw settlement predictions reported in the next section have relied on the formulation implicit in Eq. 1. Calculations have been undertaken, and which are not reported here, using the method based on the total thaw strain, ε_p. This method gave quite comparable predictions of thaw settlement if the correlations indicated in Fig. 6, or an identical correlation between ε_p and w, also not given, were used. In many cases it will be found that the use of the total strain method is entirely suitable for preliminary design estimates.

SETTLEMENT PREDICTIONS AND OBSERVATION

The technique embraced in Eq. 1, applying the A_o, a_o versus water content relationships summarized in Table 1 was used to predict total settlements. It was assumed in all cases that the water table remained at the soil surface. In some cases, only water (ice) content information was available with depth and the effective unit weight required in Eq. 1 had to be calculated as follows. The frozen bulk density γ_f, was calculated based on w as:

$$\gamma_f = \frac{G_s\ \gamma_w\ (1 + w/100)}{1 + (1.09\ wG_s/100)} \quad \ldots\ldots\ldots\ldots 2$$

where G_s is the specific gravity and γ_w the unit weight of water and where it is assumed that the soil is saturated and all water frozen. A comparison between γ_f and w for actual data and the predictions made using Eq. 2 for a wide range of G_s is given in Fig. 7. Difficulties arise in the application of Eq. 2. The discrete soil nuggets contained within ice lenses can be unsaturated and the ice itself, because of impurities may be unsaturated. The sample may also have an apparent desaturation due to stress release or sample disturbance which leads to the formation of cracks. Eq. 2 also assumes that all water contained in the soil is frozen and it is well established that such is not the case. Finally, contamination by organic particles will tend to decrease the value of G_s which should be used in Eq. 2 for a given sample. Keeping in mind the potential for errors introduced by these effects the agreement between γ_f and w is entirely reasonable for the purpose at hand. The effective unit weight was then calculated as:

$$\gamma' = \gamma_f - \gamma_i \quad \ldots\ldots\ldots\ldots 3$$

where γ_i is the bulk density of ice and a value of $G_s = 2.67$ was adopted for all analyses.

In some boreholes, significant volumes of visible ice were observed and for permafrost classified as ICE using the NRC system a thaw strain of 100% was adopted. If a water (ice) content of much greater than 200% is used in the A_o, a_o relationship for fine-grained soil then more than 100% thaw strain is predicted. Such water contents were assigned an ICE category which ensured that no more than 100% thaw strain was assessed. Predictions of the settlement for the frozen peat soils present certain difficulties. In many cases, no information on in situ water (ice) contents was available for the peat soils and values of w = 750% and $\gamma_f = 943\ kg/m^3$ were assumed for analysis. It can be seen in Figs. 4 and 5 that there is a considerable scatter in the test results although the tests conducted at lower pressures do fall into a slightly tighter band.

The availability of water content data with the depth varied between boreholes. Fig. 8 provides two examples of the depth vs. water content data obtained and the relationship used in the actual settlement calculation. Considerable reliance was placed on the geological interpretations made in the field during the drilling program in assessing the stratigraphical sequences adopted for the settlement analysis.

Table 2 lists the boreholes studied. At some sites boreholes did not penetrate the permafrost and the total depth was estimated as follows. At two sites detailed geophysical resistivity surveys (see Hoekstra 1976) were available, which in conjunction with the available stratigraphy in the borehole, were used to obtain realistic estimates of permafrost depth. The second method was based on a correlation of depth of frozen peat and permafrost depth, Fig. 9, which was developed based on all boreholes drilled in the study area. The heavy line in Fig. 9, relating thickness of permafrost to depth of frozen peat, therefore provides a conservative estimate of permafrost depth. If the depth of permafrost was not known, the soil was considered frozen to the estimated depth with the same properites as the bottom layer of the test hole. In almost all of the above cases the boreholes did not penetrate permafrost because dense tills which were hard to drill were encountered. However, these tills have low settlement potential with the consequence that the uncertainity as to permafrost depth does not introduce a significant range in predicted settlement, except for borehole N75-5A-2, see Table 2.

While there is considerable scatter in the observed magnitudes of a_o this variation does not unduly influence the thaw settlement predictions. Table 3 indicates the effect of variation of the a_o parameter on the calculated settlement of four boreholes. The average value of a_o is that used for the analysis reported in Table 2, while the upper bound values of a_o were 1.04×10^{-3} m^2/kN and 8.35×10^{-4} m^2/kN for fine and coarse-grained soil respectively. It should also be noted that while the A_o vs. w relationship adopted for use for fine-grained soils predicts an $A_o = 0.0$ at w = 20% the complementary a_o vs. w average relationship with density defined by Eq. 2 predicts at a pressure of 47.9 kN/m^2 strains of 2.8% at w = 20% and 2.6% at w = 10%. This results in predictions of thaw strain at water contents less than 20% even though $A_o = 0$.

In the majority of the sites studied, permafrost is associated with elevated peat plateaus in both till and glaciolacustrine soils. Elsewhere, permafrost is associated with a thick cover of black spruce and then organic layer and such sites are mainly located near Fort Simpson. An example of a peat plateau site is given in Fig. 10. Thaw settlement predictions, listed in Table 2 could be made for both the total permafrost depth and for the permafrost underlying the peat at this site. The permafrost distribution described in Fig. 10 between the borehole is based on a detailed geophysical resistivity survey (see Hoekstra 1976).

Table 2 lists the predicted settlement made for all sites studied and the observations made of terrain relief. As it is thought that the observed relief is due to natural thermokarst processes the predicted settlement has been plotted against the observed relief, Fig. 11 and it can be seen that in many cases a reasonable agreement is obtained. The first assumption implicit in Fig. 11 is that the observed relief is due to natural thermokarst processes. For most cases field reconnaissance and inspection suggests that relief is almost certainly due to the formation of thermokarst features associated with the degradation of peat plateaus. However, in some glaciolacustrine sites where little relief is observed considerable total settlement is predicted resulting in the apparent overestimates in Fig. 11. Given the ice-rich nature of the stratigraphical sequence it is felt that the predictions are realistic and that lack of relief may relate to the genesis of the ground ice. Alternatively the difference between predicted and observed relief may be due to incomplete consolidation of the thawed soils in-situ. The second assumption is that the soil and ice stratigraphy observed in the frozen borehole is representative of the conditions that once existed in the adjacent, now thawed, soil. Given that substantial differences can be observed between boreholes immediately adjacent to one another (see also Speer et al (1973)) this assumption can also introduce errors. In the peat plateau sites the thawed regions used as a reference datum for relief may exist as pockets or craters in a plain of permafrost. These pockets cannot drain and as they are water filled the peat soils, depending upon density, may be in a buoyant condition and may not have settled. Moreover, peat from the collapsing edge of the thaw ponds or natural aggradation of organic debris may infill the pond bed further obscuring the initial thermokarst relief. For example, in Fig. 10 the peat is approximately the same thickness in the frozen and unfrozen segments although this is not always the case.

CONCLUSIONS

The test results presented here indicate that thaw settlement tests conducted on three sizes of samples of fine-grained permafrost soils give essentially identical results. This observation suggests that the smaller diameter tests, commonly used for testing, are capable of giving accurate representation of thaw strains obtained in larger samples. However, it is desirable to test larger diameter samples as it appears that the scatter normally associated with thaw settlement tests is somewhat reduced as larger volumes of soil are tested. Because the three sizes of samples give essentially similar results as the volume of soil tested increased it may be concluded that the test results give a realistic assessment of the thaw strain that can be expected in-situ.

Comparisons between observed terrain relief, which is thought to be due to naturally occurring thaw, and predicted settlement indicate reasonable agreement for some of the cases studied. In other cases, especially in fine-grained glaciolacustrine soils considerable thaw settlement was predicted while little terrain relief was observed. Thaw settlement predictions have been made using a correlation which represents more or less average conditions and gives reasonable predictions. On the other hand it should be noted that an upper bound of the test data would tend to over-estimate thaw settlement. Keeping in mind the many difficulties are inherent in the approach discussed in this paper, it appears that laboratory data is capable of providing a reasonable prediction of observed thaw settlement for essentially one dimensional conditions.

It is also of some interest to note that considerable depths of permafrost soil have been located in study area and certainly more so that might be expected based on general studies of the type reported by Brown (1970). Permafrost in the study area is generally related to elevated peat plateaus or speckled bogs. In this permafrost type significant terrain relief is observed and can be predicted based on thaw settlement calculations. In the other terrain type, associated with glaciolacustrine soils terrain relief is sometimes absent although significant thaw settlement is predicted.

ACKNOWLEDGMENTS

The paper presents the results of thaw settlement studies conducted by Northern Engineering Services Limited on behalf of their client Canadian Arctic Gas Study Limited who have kindly allowed the publication of this information.

REFERENCES

BROWN, R.J.E. 1970. Permafrost in Canada. University of Toronto Press, Toronto, Canada.

HOEKSTRA, P. 1976. Electromagnetic methods for mapping shallow permafrost. 46th Meeting of the Society of Exploration Geophysicists, preprint.

LUSCHER, U. and AFIFI, S.S. 1973. Thaw consolidation of Alaskan silts and granular soils. Proc. 2nd Int. Permafrost Conf., Yakutsk, U.S.S.R., pp. 325-333.

SPEER, T.L., WATSON, G.H. and ROWLEY, R.K. 1973. Effects of ground-ice variability and resulting thaw-settlements on buried warm-oil pipelines. Proc. 2nd Int. Permafrost Conf., Yakutsk, U.S.S.R., pp. 746-752.

TSYTOVICH, N.A. 1975. The mechanics of frozen ground. McGraw-Hill Book Company, New York, 426 p.

WATSON, G.H., SLUSARCHUK, W.A. and ROWLEY, R.K. 1973. Determination of some frozen and thawed properties of permafrost soils. Can. Geotech. J., Vol. 10, No. 4, pp. 592-606.

TABLE 1 THAW-SETTLEMENT RELATIONSHIPS

Soil Type	Relationship*	Comments
Fine-grained	$A_0 = -113.67 + 83.72 \log w$	Correlation = 0.93
	$a_0 = 5.41 \times 10^{-4} + 2.3 \times 10^{-5} \log w$	Correlation = 0.03
	$E_p = 1056.2 - 319.9 \log \gamma_f$	Correlation = 0.95
$(20 < w \leq 56)$	$A_0 = -20.56 + 1.028\ w$	Linear relationship
$(56 < w)$	$A_0 = 14.09 + 0.409\ w$	adopted for
	$a_0 = 5.1 \times 10^{-4} + 3.4 \times 10^{-6}\ w$	analysis.
Coarse-grained	$A_0 = -80.69 + 59.19 \log w$	Correlation = 0.88
	$a_0 = -1.42 \times 10^{-4} + 3.28 \times 10^{-4} \log w$	Correlation = 0.12
	$E_p = 729.1 - 221.3 \log \gamma_f$	Correlation = 0.84
	$A_0 = -19.01 + 0.843\ w$	Linear relationship
	$a_0 = -1.99 \times 10^{-4} + 1.55 \times 10^{-5}\ w$	adopted for analysis.
Peat	$A_0 = 20.0 + 0.011\ w$	Correlation = 0.35
	$a_0 = 5.67 \times 10^{-3} + 2.75 \times 10^{-6}\ w$	Correlation = 0.41
	$A_0 = 20.0 + 0.0149\ w$	Linear relationship
	$a_0 = 8.35 \times 10^{-3} + 3.16 \times 10^{-6}\ w$	adopted for analysis.

* A_0, E_p and w in %, a_0 in m^2/kN, γ_f in kg/m^3

TABLE 2 SUMMARY OF SITES

BOREHOLE	TERRAIN (1)	PEAT DEPTH (Ft)*	PERMAFROST DEPTH Ft(2,6)	PREDICTED SETTLEMENT (Ft)(3,4)	OBSERVED RELIEF (Ft)(5)
N75-2A-1	T	7.5	24.5 (37.5)	6.2 (6.4)	3.3
N75-2B-1	T	13.3	29.0 (40)	7.2 (7.4)	3.2
N75-3A-1	T	11.7	24.0 (40)	5.5 (5.7)	5.4
N75-3B-1	T	11.3	29.0 (40)	5.7 (5.9)	3.1 - 5.5
N75-4B-1	G	7.3	18.5 (37.5)	3.3 (4.6)	5.4
N75-4D-1	G	4.3	20.5	4.3	3.1
N75-5A-2	G	10.5	23.4 (40)	7.9 (9.9)	3.7
N75-6A-1	T	12.1	15.6	4.6	6.0
N75-6B-1	T	7.8	16.3	3.7	4.5
N76-5-2	G	8.0	33.0	13.6 [11.1]	10.5 [6.5]
N76-8A-3	G	7.5	24.0	11.0	5.2
N76-8B-2	G	0.5	50.5	9.4	2.1
N76-10-1	T	6.5	34.0	4.7	2.9
N76-10-2	T	4.0	18.3	3.3	2.7
N76-14-1	T	3.0	27.0 [33.5]	2.2	2.8
N76-15-3	T	4.6	26.0	2.9	2.2
N76-15-4	T	2.8	22.0	2.3	1.1
N76-19-2	T	11.0	22.5	5.5	5.4
N76-21-1	T	23.0	38.5	12.6	7.9
N76-22-3	T	7.0	24.3	4.3 [2.1]	3.0 [3.4]
N76-22-4	T	5.6	33.0	6.3 [4.5]	3.7 [4.5]
N76-23-3	T	13.3	21.0	7.6 [3.4]	5.4 [5.8]
N76-24-2	T	8.5	27.8 [44.6]	4.8 [2.2]	4.0 [4.9]
N76-24-3	T	7.5	34.0	6.5 [4.3]	2.4 [4.9]
N75-TSF-13B-1	G	13.5	42.0	18.3 [14.0]	17-19 [11.8]
N75-TSF-13-1	G	0.5	52.5	11.4	4.1

* 1 ft. = 0.305 m

(1) T = till soil, G = glaciolacustrine soil
(2) Number shown (37.5) is assumed depth for permafrost
(3) Number shown (6.4) is settlement to assumed depth
(4) Number shown [11.1] is settlement of mineral soil only
(5) Number shown [6.5] is observed relief of mineral soil surface
(6) Number shown [33.5] is based on geophysical survey

TABLE 3 EFFECT OF VARIATION IN a_0 FOR MINERAL SOIL

BOREHOLE	TERRAIN	SETTLEMENT, m AVERAGE a_0	UPPER a_0
N76-5-2	GLACIOLACUSTRINE	4.15	4.21
N76-8B-2	GLACIOLACUSTRINE	2.87	3.29
N76-19-2	TILL	1.68	1.71
N76-21-1	TILL	3.84	3.94

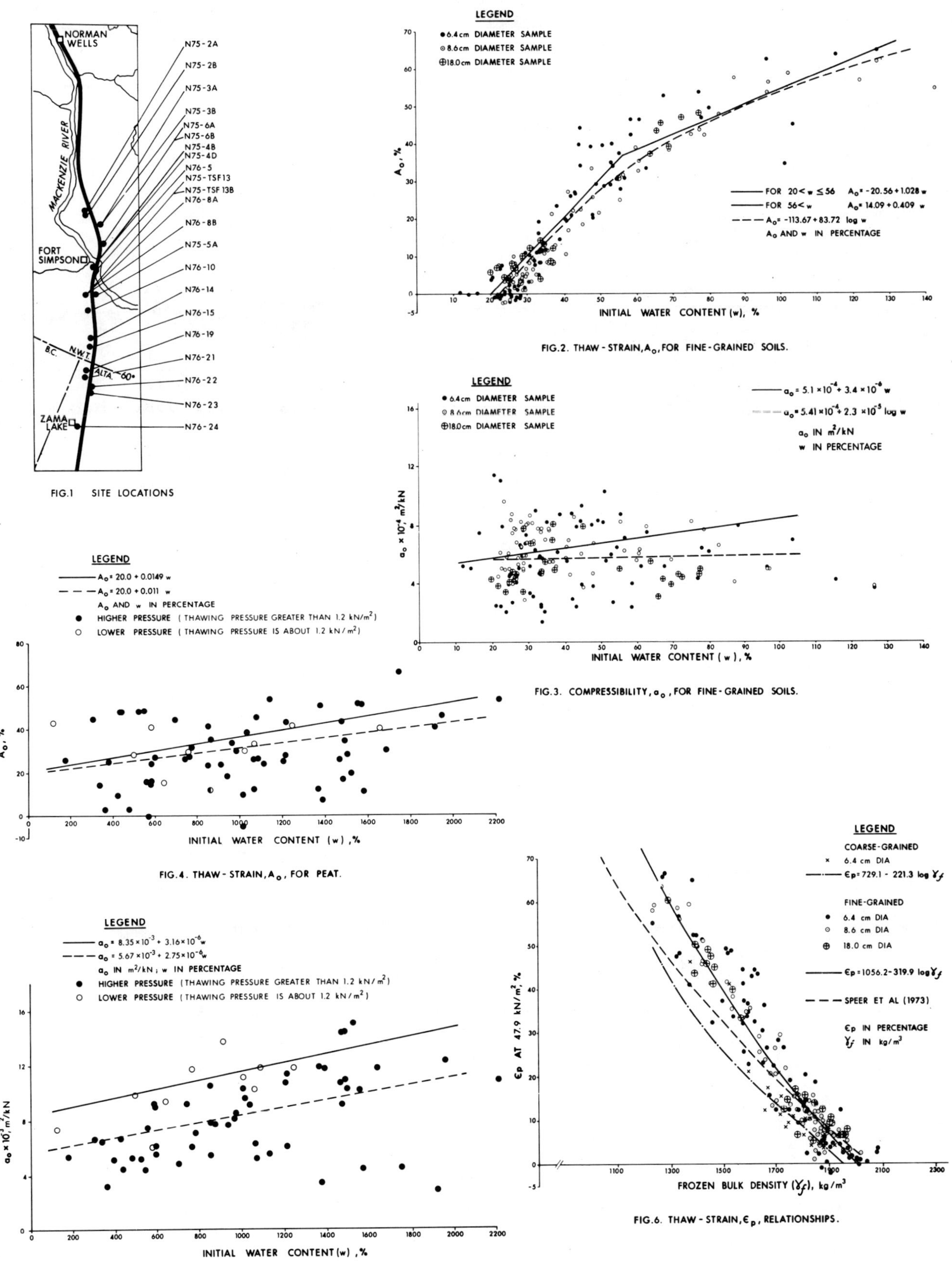

FIG.1 SITE LOCATIONS

FIG.2. THAW - STRAIN, A_o, FOR FINE-GRAINED SOILS.

FIG.3. COMPRESSIBILITY, a_o, FOR FINE-GRAINED SOILS.

FIG.4. THAW - STRAIN, A_o, FOR PEAT.

FIG.5 COMPRESSIBILITY, a_o, FOR PEAT.

FIG.6. THAW - STRAIN, ϵ_p, RELATIONSHIPS.

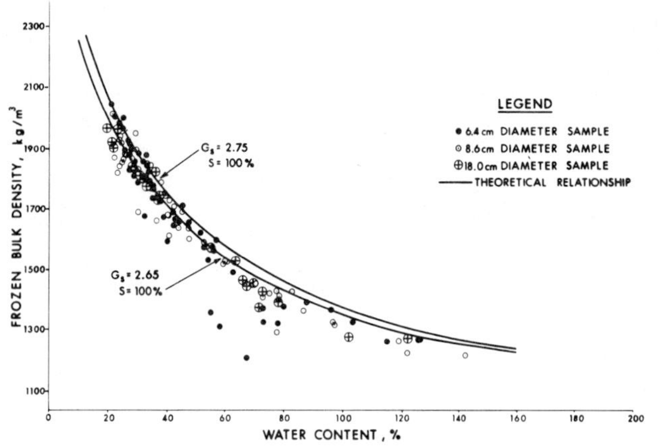

FIG. 7. BULK DENSITY - WATER CONTENT CORRELATION.

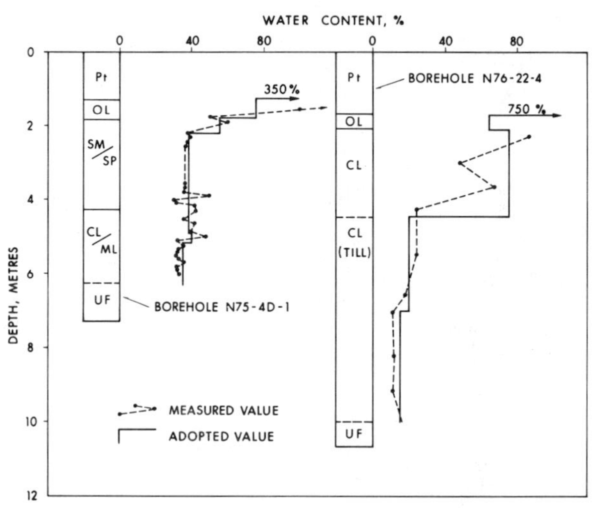

FIG. 8 TYPICAL WATER CONTENT VERSUS DEPTH DATA

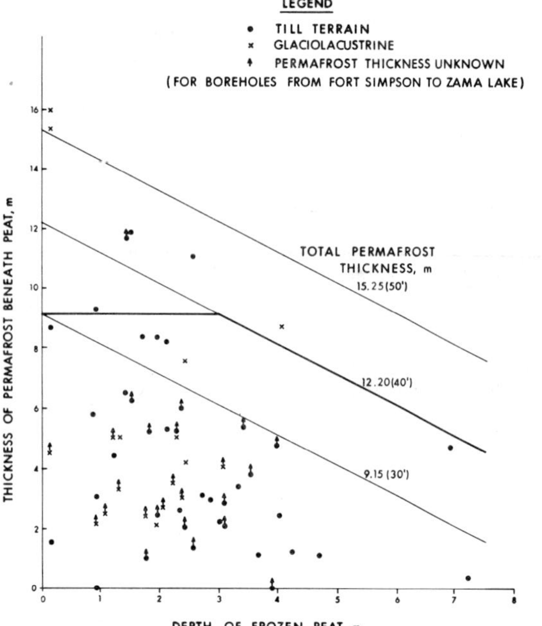

FIG. 9. DEPTH OF PEAT AND PERMAFROST CORRELATION.

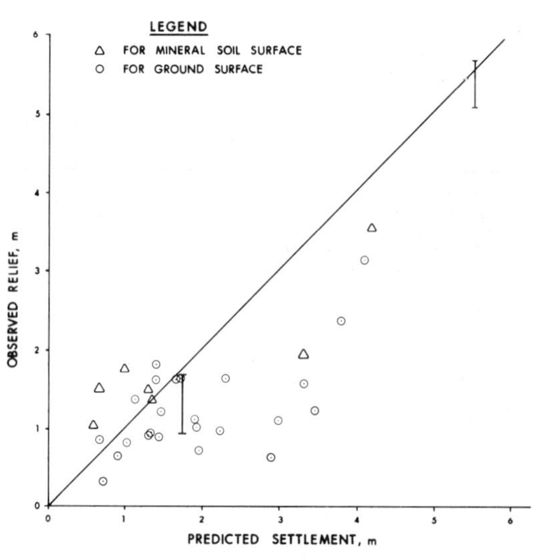

FIG. 11 OBSERVED VERSUS PREDICTED SETTLEMENT.

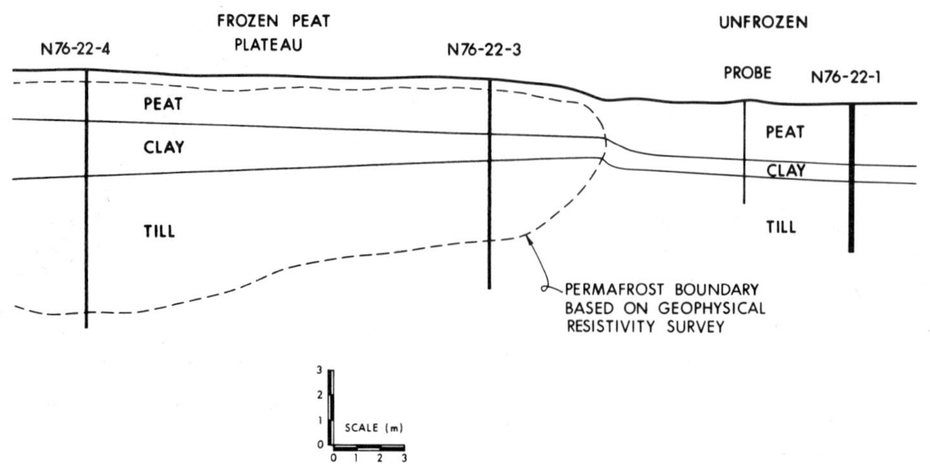

FIG. 10. CROSS - SECTION OF FROZEN PEAT PLATEAU.

FROST HEAVING IN NON-COLLOIDAL SOILS

R. D. Miller
Dept. of Agronomy, Cornell University, Ithaca, N.Y., U.S.A.

Concepts describing (i) ice-water equilibria in saturated non-colloidal soils, (ii) mass and heat transport, and (iii) effective stress yield an assemblage of equations which "explain" heaving phenomena in such soils and provide a basis for computer simulations. Suitable programs should provide time-dependent predictions of expected heave and depth of freezing for a specified thermal regime, surface load and ground water status. Solutions will include times of origin, thicknesses and spacings of ice lenses. Required soil parameters include (i) desorption data, (ii) unsaturated hydraulic conductivity data, (iii) data for the coefficient, χ, used to partition load between effective stress, pore water pressure and pore ice (or pore air) pressure.

SOULÈVEMENT DIFFÉRENTIEL PAR LE GEL DES SOLS NON COLLOÏDAUX

R. D. Miller
Dept. of Agronomy, Cornell University, Ithaca, N.Y., U.S.A.

Les notions utilisées pour décrire (i) l'équilibre glace-eau dans des sols saturés, non colloïdaux, (ii) le transport en masse et les transferts thermiques, et (iii) les contraintes effectives que subissent ces sols nous donnent un ensemble d'équations en fonction desquelles on peut expliquer les phénomènes de soulèvement différentiel de ces sols par le gel, et établir des simulations sur ordinateur. Tout programme approprié doit nous permettre de décrire en fonction du temps ce soulèvement et la profondeur de pénétration du gel pour un régime thermique, une charge de surface, et un niveau phréatique spécifiés. Toute solution doit tenir compte de l'instant où commencent à se former les lentilles de glace, de leur épaisseur et de leur espacement. Les paramètres pédologiques exigés doivent comprendre (i) les données relatives à la désorption, (ii) à la conductivité hydraulique non saturée, (iii) au coefficient χ servant à répartir la charge entre la contrainte effective, la pression interstitielle exercée par l'eau, et celle exercée par la glace ou l'air dans les interstices du sol.

МЕРЗЛОТНОЕ ПУЧЕНИЕ В НЕКОЛЛОИДНЫХ ГРУНТАХ

Концепции, описывающие /1/ равновесие лед-вода в насыщенных неколлоидных грунтах,/2/ перенос массы и тепла и /3/ эффективное напряжение, позволяют вывести систему уравнений, "объясняющих" явление пучения в таких грунтах и являющихся основой для моделирования с помощью ЭВМ. Соответствующие программы позволят предсказать пучение грунтов в зависимости от времени и глубину промерзания для конкретных температурных условий, поверхностной нагрузки и режима грунтовых вод. Решения должны включать в себя время образования, мощность и распределение ледяных линз. Искомые параметры грунтов включают в себя данные о /1/ десорбции, /2/ ненасыщенной гидравлической проводимости и /3/ коэффициенте χ , использованном при распределении нагрузки между эффективным напряжением, давлением поровой воды и давлением порового льда /или порового воздуха/.

FROST HEAVING IN NON-COLLOIDAL SOILS

R. D. Miller

Department of Agronomy, Cornell University
Ithaca, New York 14853

INTRODUCTION

The object of this paper is to regroup and consolidate concepts relating to freezing of SS soil in order to produce a rational and mathematical model for frost heaving. SS soil designates a soil devoid of colloidal particles in which each particle is in solid-to-solid contact with neighboring particles; the contacts are uncemented. Discussion will be limited to soil devoid of air and leachable solutes.

STATIC PARTIALLY FROZEN COLUMN

It is convenient to define a variable useful in discussing freezing of SS soils:

$$\psi \equiv (u_i - u)/\omega \qquad [1]$$

where u_i is pore ice pressure, u is pore water pressure as measured by a tensiometer, real or imaginary, and ω is the surface tension of an ice/water interface. Observe that ψ has the dimensions of reciprocal length and it can be thought of as the mean curvature, $2/r_i$, of an ice-water interface where the liquid side is beyond the range of surface adsorption forces.

We begin with a static column diagrammed in Fig. 1. Soil is confined in a rigid cylinder with a porous base at the bottom and a loaded piston at the top to simulate an overburden pressure, P. Temperature, T, decreases with elevation, z, passing through 0C but pore ice first occurs at a slightly lower temperature, at a level z*. The load, P, is large enough to suppress heaving with the existing surface temperature and at a steady state there is no transport of mass.

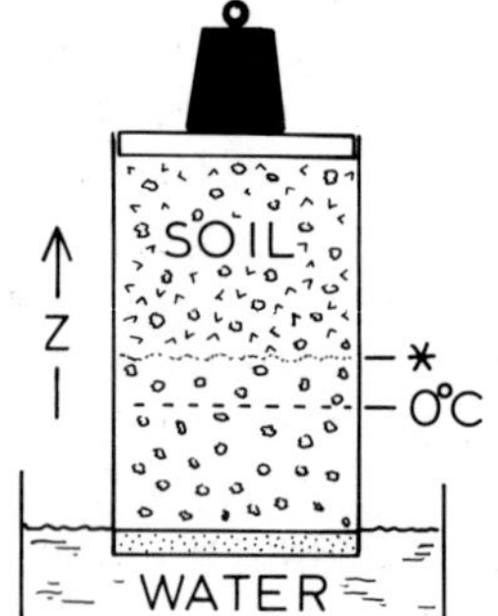

Fig. 1. Column of SS soil with surface load and water supply.

The Clapeyron equation relates equilibrium values of u, u_i and T. A convenient form of this equation uses gage pressures and is written

$$u/\rho - u_i/\rho_i = (L/K)T \qquad [2]$$

where L is latent heat of fusion; K and T are temperature in Kelvins and °C, respectively. This provides alternate expressions for ψ, e.g.,

$$\psi = (\rho_i - \rho)u/\omega\rho - (\rho_i L/\omega K)T \qquad [3]$$

Pore ice content, θ_i, for a given SS soil and pore water content θ, depend on ψ only where ice lenses are absent. In incompressible soil,

$$\theta(\psi) + \theta_i(\psi) = \theta_o \qquad [4]$$

where θ_o is the porosity.

The load, P, is partially supported by reaction of the mineral framework (effective stress, σ_e) and partially by reaction of pore contents (neutral stress, σ_n). In terms of the Terzaghi equation (Terzaghi, 1936):

$$P = \sigma_e + \sigma_n \qquad [5]$$

When pore ice and pore water are continuous phases we adapt the expression proposed by Bishop and Blight (1963) for such circumstances and write

$$\sigma_n = \chi(\psi)u + [1-\chi(\psi)]u_i \qquad [6]$$

where $\chi(\psi)$ is a stress partition function; $0 \leq \chi \leq 1$ and $\chi = 1.0$ when $\theta(\psi) = \theta_o$.

SIMILITUDE

From a consideration of similarity between freezing (and thawing) of an SS soil and drying (and wetting) of the same soil, it has been proposed [Miller, 1965] that

$$\theta(\psi) = \theta(\psi_a) \qquad [7]$$

where ψ_a is defined for ice-free unsaturated soil by

$$\psi_a \equiv (u_a - u)/\omega_a \qquad [8]$$

in which u_a is pore air pressure and ω_a is the surface tension of an air/water interface. At the same time, it was proposed that coefficients of hydraulic conductivity in the respective systems would also be the same (liquid transport only):

$$k(\psi) = k(\psi_a) \qquad [9]$$

It is suggested here that the similitude principle can logically be extended to the stress partition function

$$\chi(\psi) = \chi(\psi_a) \qquad [10]$$

Of the three similitude propositions, only the first [7], has been tested experimentally and apparently confirmed [Koopmans and Miller, 1965]. The second [9] has also been proposed by others [e.g., Carey, 1966] and is under study in our laboratory at present. Plans to study the third [10] are being formulated. In the meantime, for illustrative purposes only, the expectations of Bishop and Blight (1963) can be used as a working approximation, namely,

$$\chi(\psi) \simeq \theta(\psi)/\theta_o \qquad [11]$$

Figure 2 presents profiles of u, u_i, ψ, $\theta(\psi)$, σ_n and σ_e for a 4-8 μm silt fraction for a stipulated temperature gradient and load, using the equations listed above and actual data for $\theta(\psi)$, [Koopmans and Miller, 1965]. Also shown are tentative data for $k(\psi)$ (note log scale). The decay of $\chi(\psi)$ and the exponential decline in $k(\psi)$ with ψ are especially significant as will be seen later.

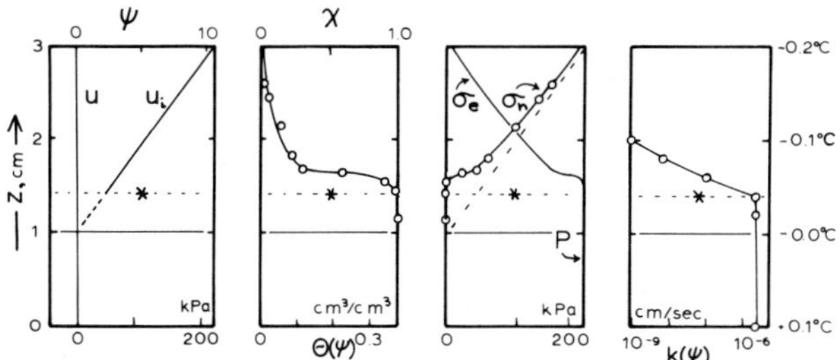

Fig. 2. Static vertical profiles of pore water pressure u; pore ice pressure, u_i; water content, $\theta(\psi)$ and stress distribution function $\chi(\psi)$ (approximation); effective stress σ_e, and neutral stress, σ_n; and the hydraulic conductivity function, $k(\psi)$.

FORCE BALANCE

The system sketched in Fig. 3 represents three spherical particles of radius R somewhere in the frozen zone of the static column of Fig. 1. Let us consider the balance of forces on the middle particle. Its weight is small, and will be neglected. The gradient of pore water pressure is small so that the net balance of surface forces acting on symmetric areas at latitudes defined by $\pi/2 > \phi > \phi_1$ is small and will also be neglected. Later we will recognize that in heaving columns, $\partial u/\partial z$ is not negligible, and the resultant surface forces on these areas of the particle produce a significant force component that acts upward.

Areas defined by diameters subtending angles

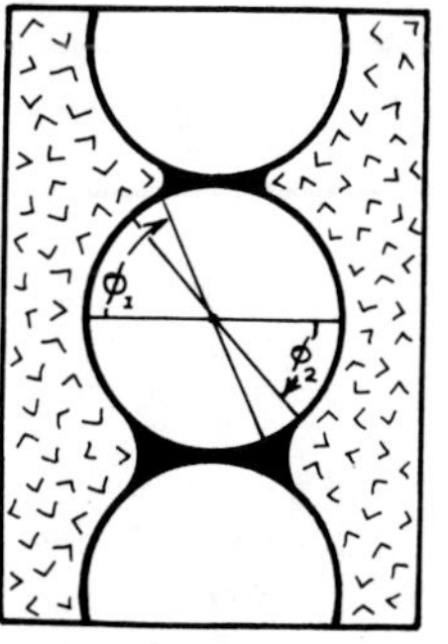

Fig. 3. Sketch illustrating vertical gradient of pore contents (liquid water in black) in static column, showing angles of latitude ϕ_1 and ϕ_2.

of latitude in the range $\phi_1 > \phi > \phi_2$ are not symmetric, however. At the upper (colder) ends of such diameters, the particle experiences a surface force due to the swelling pressure of the film which separates the particle from adjacent ice. At the other end, it experiences a surface force due to pore water pressure alone; the result is a net downward component of force.

The swelling pressure of the film, $u_{s\omega}$, is taken to be the difference between the pressure on the film, u_f, at the ice-water interface and the pore water pressure

$$u_{s\omega} = u_f - u \qquad [12]$$

Film pressure exceeds ice pressure by an amount given by

$$u_f = u_i + 2\omega/(R + \tau) \qquad [13]$$

where τ is film thickness, ordinarily negligible compared with R. For surface areas defined by angles of latitude in the range $\phi_2 > \phi > 0$, we again have symmetry with films at both ends of diameters, but if there is a vertical gradient of u_f, we again have a component of net surface force. If $\tau << R$,

$$\partial u_f/\partial z = \partial u_i/\partial z \qquad [14]$$

In the example, $\partial u_i/\partial z = -(\rho_i L/K)\partial T/\partial z$ and is positive so that there is a net downward component of force due to the gradient of film pressure.

For the static example, we now have two components of force, both acting downwards, one due to the asymmetry of the pore contents and one due to the gradient of film pressure. These are balanced by an increment of intergranular stress between the particle and its neighbors, above and below. Observe that we expect intergranular stresses to increase downwards as a result of the cumulative effects on each successive particle in the column of Fig. 1. In fact, we have already obtained this result by a different route when we constructed the profile of effective stress, σ_e, in Fig. 2. The induced downward force acting on the mineral framework at any level, per unit bulk volume, is the negative gradient of effective stress. We can find this by substituting [6] in [5] and obtain

$$-\frac{\partial \sigma_e}{\partial z} = \chi(\psi)\frac{\partial u}{\partial z} + [1 - \chi(\psi)]\frac{\partial u_i}{\partial z} + [u_i - u]\frac{\partial \chi(\psi)}{\partial z} \qquad [15]$$

In our static example, we neglected the first term on the right; in the second term $\partial u_i/\partial z$ was equal to $\partial u_f/\partial z$ giving the component due to the gradient of the film pressure; the third term is the component due to asymmetry of pore contents.

The distributed force on the granular framework is of course associated with an equal and opposite distributed force on the pore contents. In the static example, we complete the circle by viewing the ice pressure gradient as the expression of the cumulative reactions to the gradient of effective stress, or vice versa.

To summarize, the rigid pore ice phase and the incompressible mineral phase interact via an intervening film with swelling properties to produce a distributed force which tends to drive the ice phase and the granular skeleton in opposite directions when there is a temperature gradient. The ice tends to move in the direction of decreasing temperature. Note especially that this tendency was demonstrated for a system in which no ice lenses were present. The effect is, however, merely an extension of Taber's (1930) original vision of the role played by an adsorbed film of mobile water in the mechanism of heaving. Beskow (1935) stated this role more explicitly, likening it to swelling phenomena in clays with specific reference to the possible role of osmotic activity of ions of a diffuse electric double layer. As described here, however, the force mechanism arises not from asymmetry involving a single layer of particles with ice above but none below, instead it involves asymmetry distributed through a frozen fringe below an ice lens. It also involves a gradient of film pressure produced by a temperature gradient. Evidence for the latter is seen in experiments in which a temperature gradient causes particles imbedded in ice to migrate in the direction of increasing temperature (Römkens and Miller, 1973).

HEAVING COLUMN

If T were reduced uniformly throughout the column in Fig. [1,2] or if P were reduced, heaving would commence with the entire ice body tending to move bodily upwards if the mineral framework were held stationary by an immobile base. Our problem is to explain how the ice movement can actually occur and to formulate equations to describe complicated interactions between the necessary liquid flux, ice flux and heat flux associated with such movement.

Pore Ice Movement; Heat Transport

Movement of pore ice, a rigid body, within stationary pores, can be viewed as a regelation process involving the continuous liquid phase that lies between pore ice and mineral particles which bound the pores. Pore ice movement may be accompanied by a simultaneous net flux of liquid water through films and ice-free pores. Regelation involves continuous phase changes, locally circulating liquid flow and an associated circulation of latent heat being liberated and resorbed by these changes. The sum of the two interacting modes of mass transport involving moving ice and water has been termed "series-parallel transport" and has been discussed in terms of direct and cross coefficients in coupled transport equations as might be measured in experiments with frozen permeameters [Miller, Loch and Bresler, 1975].

For our purposes, it appears easier to avoid the notation of direct and cross coefficients for coupled transport of water and heat in the regelation zone. Instead we simply insert into the Fourier heat transport equation a term for convective transport of latent heat which is so large compared with convective transport of sensible heat that the latter can be neglected. As pointed out in the paper mentioned above, pore ice movement by the regelation process constitutes a virtual transport of sensible heat in the direction opposite to the direction of ice movement. This is the convective term referred to. If volumetric ice flux is $v_i(\psi)$, the magnitude of the correction term is $\rho_i L\, v_i(\psi)$. Thus it appears that coupling between heat transport and volumetric flux of pore ice should be given by

$$q = - h(\psi)\partial T/\partial z - \rho_i L\, v_i(\psi) \qquad [16]$$

where $h(\psi)$ is thermal conductivity as would be measured if no ice movement were allowed.

Pore ice flux is related to ice velocity by

$$v_i(\psi) = \theta_i(\psi)V_I \qquad [17]$$

In ice-free soil below the frozen fringe or in that part of the frozen soil where particles move with the moving ice, the regelation term is zero. For these regions, we use equations of the form

$$q = - h(\partial T/\partial z) \qquad [18]$$

As this is written, it appears that coupling between heat and mass fluxes in the regelation zone is adequately expressed by Eq. [16]. It is necessary to emphasize the tentative nature of this perception.

Pore Water Movement

The liquid phase is continuous from the base of the column, through the "frozen fringe" to the base of the lowest ice lens, where it terminates. Volumetric liquid flux is presumed to obey Darcy's law throughout the region in which the liquid phase is continuous.

$$v(\psi) =- k(\psi)[1 + \partial(u/\rho g)\partial z] \qquad [19]$$

Total mass flux is the sum of $\rho_i v_i(\psi)$ and $\rho v(\psi)$, and it is this sum which Williams and Burt (1974) measured with their frozen permeameter, as if all flux were in the liquid phase.

Conservation

Conservation of mass in the frozen fringe can be expressed by

$$\{\frac{\partial}{\partial z}[\rho v(\psi) + \rho_i v_i(\psi)]\}_t = - \{\frac{\partial}{\partial t}[\rho\theta(\psi) + \rho_i\theta_i(\psi)]\}_z \quad [20]$$

By invoking the Maxwell equation it can be shown that [20] leads to a relationship involving rate of heave, V_I, and rate of penetration of freezing,

$$\rho\left(\frac{\partial v(\psi)}{\partial z}\right)_t = [\rho_i V_I + (\rho-\rho_i)V(\theta_i)][\partial\theta(\psi)/\partial z]_t \quad [21]$$

where $V(\theta_i)$ is the velocity of the descending profile of ice content (inherently a negative number).

Conservation of thermal energy is expressed by

$$[\partial q(\psi)/\partial z]_t = - \{\partial[Tc(\psi) + L\theta(\psi)]/\partial t\}_z \quad [22]$$

where $c(\psi)$ is bulk heat capacity of the local soil.

Internal Boundaries

The lower limit of the frozen fringe is the "freezing front" and may be characterized by well-defined values of ψ in well-sorted soils:

$$\psi^* = 2/r^* \quad [23]$$

where $(2/r^*)$ is the mean curvature of an ice-water interface at ice intrusion through the narrowest part of the largest pore necks present in the soil. When ψ^* is known, the elevation z^* can be found when profiles of u and T have been computed. This front is presumably irregular and need not be defined unless desired.

The base of the lowest ice lens is the lensing front, identified by double asterisks (**). Since an extensive ice lens is the sole support of overburden and ice is a continuous phase, u_i is continuous and at the base of the lens reaches P as a limit:

$$u_i^{**} = \lim_{z \to z^{**}} u_i = P \quad [24]$$

The elevation, z^{**}, of the lensing front descends (in step-wise fashion) only when a new lens is initiated.

LENS INITIATION

Up to this point, we have provided equations for transport in which rigid pore ice moves upward at uniform velocity, V_I, while soil particles remain stationary. This was achieved without assigning any overt role to the formation and growth of ice lenses. The driving force has been attributed to the interaction of pore ice, pore water and temperature, and the swelling properties of absorbed films. These interactions were in no way a consequence of the appearance of particle-free zones (ice lenses) in the moving ice. We will now examine why such particle-free zones appear and how they can be predicted if the relationships given so far are not only correct but amenable to computer assisted simulations when boundary conditions are specified. Pending such solutions, discussion is qualitative and diagrams are merely sketches illustrating the nature of curves that will be forthcoming when actual solutions are computed.

In the static example (Fig. 2), we saw that effective stress, σ_e, was continuous and always positive throughout the column, but diminished with elevation in the frozen fringe. If the pore ice is allowed to move, the particles will remain stationary so long as σ_e does not reach zero. If σ_e does reach zero at any level, particles at that level will no longer be pressed against stationary neighbors below and will simply move upward with the moving ice. The widening ice-filled gap becomes visible as a growing ice lens. The circumstances are reminiscent of those in quicksand where the "seepage force" reduces effective stress to zero. Thus, the condition for initiation of a new lens is reached when the minimum value of σ_e reaches zero. The place at which this condition is met may be identified by $t^\dagger$ and $z^\dagger$. Equivalent statements of the condition for lens initiation are:

$$(\sigma_e)_{min} = 0;\ \text{or},\ (\sigma_n)_{max} = P;\ t = t^\dagger \quad [25]$$

Again consider curves shown for the static column in Fig. 2. If heat inflow at the base were curtailed or heat extraction at the top were increased, surface temperature would fall, u_i and σ_n would increase until a capability for lifting the load P was achieved, whereupon heaving would begin. Without reconstructing the immediate consequences, let us skip ahead in time until a comparatively steady state has been achieved, one or more lenses have formed and we have reached the moment, $t^\dagger$, at which yet another lens will be initiated. The freezing front is descending at some rate $V(\psi^*)$; heaving is taking place at some rate, V_I, and there is an upward flux of liquid water. Let us avoid, for the moment, specifying the value of the overburden pressure, P.

If there is a finite liquid flux in the frozen fringe above z^*, u must decrease with elevation at an increasing rate owing to the more or less exponential decay of $k(\psi)$. The profile of u in Fig. 2 will now bend sharply to the left as suggested by the sketch in Fig. 4. This will generate an upward component of surface force on soil particles, tending to diminish the resultant effective stress. Starting at z^*, u_i will increase with elevation, but at a decreasing rate, passing through a maximum and then decreasing at an increasing rate. At z^*, $\chi(\psi^*) = 1.0$, but $\chi(\psi)$ decreases toward zero with increasing elevation. At and below z^*, $\sigma_n = u$, but above z^*, σ_n branches away, converges on u_i, and passes through a maximum at some value $(\sigma_n)_{max}$. The profile of σ_e cannot be constructed until the load is specified; we have postponed doing this until now. Let us choose an overburden pressure $P = (\sigma_n)_{max}$ which means that for the specified fluxes, we have found a load at which a new lens can form at $z^\dagger$ and $t^\dagger$. When we find this load, we can immediately find where the base of "old lens" must be at the moment that the "new lens" is about to appear. It must be at the level at which the curve calculated for u_i (with the assumed liquid

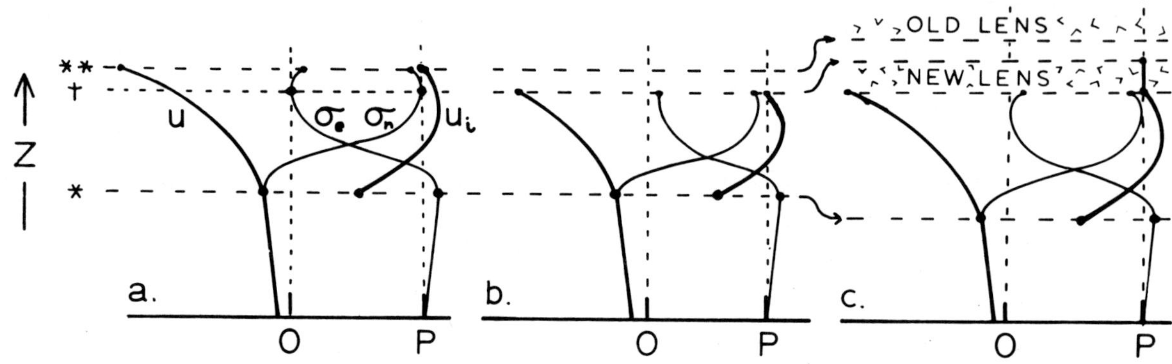

Fig. 4. Sketch profiles in heaving column. a. A moment before a new lens is initiated. b. Immediately after a new lens has been established. c. A moment before another new lens is initiated.

flux field) reaches the value P, as stated in [24], i.e. at z^{**}. Having located the top of the next lens to form (at elevation $z^{\dagger}$) and the base of the existing lens (at z^{**}) we have found the spacing between lenses if calculations of profiles of u, u_i, and σ_n are sound.

By the time that the new lens has actually been established, however, things must have changed; u_i at $z^{\dagger}$ must have dropped to P as required by [24]. This causes u to drop as required by [2]. There may be a slight perturbation of T owing to the shift of the principal site of release of latent heat from z^{**} to $z^{\dagger}$ (see below). These perturbations of u and u_i produce a simultaneous increase in σ_e just below the new lens, inhibiting appearance of another lens for the time being.

The sudden perturbations of u_i and u should have little or no effect on the rate of heave. The driving force for ice movement is maximal where $\partial\sigma_e/\partial z$ is maximal. The perturbations of u and u_i occurred where $(\partial\sigma_e/\partial z)$ was zero before the new lens was initiated and is either zero or still small after the new lens appeared. Thus these perturbations will scarcely be felt at lower levels where the driving mechanism is most active. This inference is in accord with experience; heaving rate is not noticeably affected by the appearance of a new lens.

As the new lens grows, the fringe of frozen pores continues to extend itself downward and the respective profiles readjust accordingly. After some interval of time, Δt, $(\sigma_n)_{max}$ will have again risen to equal P at some point below the growing lens and the lens initiation cycle will be repeated at this lower level. In the meantime, the last lens will have grown to a thickness $V_I\Delta t$. To a near approximation, $(z^{**} - z^{\dagger})/\Delta t = V(\psi^*)$, where $V(\psi^*)$ is the average velocity of the freezing front.

The one significant effect of initiation of a new lens is to change the level at which a major fraction of the total latent heat being released enters the heat-flow stream. This increment of sensible heat flux at the base of the lens is

$$(\Delta q)_{z^{**}} = [1 - \theta(\psi^{**})]L\ V_I \qquad [26]$$

Latent heat entering the heat-flow stream below the ice lens augments the stream by a net amount

$$(\Delta q)_{(z^{**}-z^*)} = \theta(\psi^{**})L\ V_I \qquad [27]$$

SUMMARY, DISCUSSION

The model of frost heaving described above appears to be amenable to computer simulation procedures although moving boundary problems will challenge the programmer. Simulations should provide predictions of rate of heave and rate of frost penetration as functions of overburden pressure, thermal regime and subsoil hydrologic conditions. Information on position, time of origin and ultimate thickness individual lenses emerges as a part of the solution. If a program devised for saturated SS soils provides acceptable simulations of actual experimental data, amendments already in mind may allow the approach to be adapted to unsaturated SS soils and perhaps to somewhat compressible (SSLS) soils.

Successful simulations of real problems, however, depend on realistic data for $\theta(\psi)$, $k(\psi)$ and $\chi(\psi)$ for the soil in question. Results of studies of $k(\psi)$, including the value and limitations of measurements made with frozen permeameters, will be published when current experiments have been completed. It can be reported here, however, that results to date appear to support both the concept and approximate accuracy of Eq. [16]. Realistic data for $\chi(\psi)$ may prove critical to the actual use of computer simulations of heaving as adjuncts to engineering design procedures, and plans for appropriate experimental studies are being prepared. It may turn out that the principal value of the model described will be academic. It "explains" heaving on the one hand, and identifies the functions which may prove difficult to evaluate independently on the other.

In recent years, scientists in North America and Western Europe have been beguiled by models of heaving in which the base of a growing ice lens is taken to be the lower boundary of the ice phase ("primary heaving"). Elements of the model described above ("secondary heaving") were proposed several years ago (Miller, 1972). All this was in substantial ignorance of contemporary views and data of Soviet scientists. I am indebted to E. D. Ershov, Faculty of Geology, University of Moscow, for enlightening correspondence. He has informed me that as a result of a variety of careful studies, Soviet scientists are generally agreed that ice lenses always form at some distance behind the freezing front. It appears that this conclusion, based on observations, is compatible with and is explained by the model described above. Indeed, the growth of needle ice at the very surface of wet ice-free soil may be the only commonplace natural example of "primary heaving."

ACKNOWLEDGEMENTS

I gratefully acknowledge the constructive interest of various colleagues in discussions of the mechanism of heaving. I particularly thank Dr. Eshel Bresler of the Volcani Center for his contributions. His computations revealed merits and demerits of a more primitive approach, inspiring a re-examination which belatedly identified the stress distribution function, $\chi(\psi)$, as a neglected essential ingredient in heaving theory. This work was supported, in part, by the National Science Foundation, Grant No. ENG 73-03923 A01. This contribution is Agronomy Paper No. 1192, College of Agriculture and Life Sciences, Cornell University, Ithaca, N.Y.

REFERENCES

BESKOW, G. 1935. Soil freezing and frost heaving with special application to roads and railroads. Swedish Geol. Soc., Series C, No. 375.

BISHOP, A. W. and G. E. BLIGHT. 1963. Some aspects of effective stress in saturated and partly saturated soils. Geotechnique 13:177-197.

CAREY, J. W. 1966. Soil moisture transport due to thermal gradients: Practical aspects. Soil Sci. Soc. Amer. Proc. 30:428-433.

KOOPMANS, R.W.R. and R. D. MILLER. 1965. Soil freezing and soil water characteristic curves. Soil Sci. Soc. Amer. Proc. 30:680-685.

MILLER, R. D. 1965. Phase equilibria and soil freezing. Permafrost. Int. Conf. Proc. (1963). Nat. Acad. Sci. - Nat. Res. Council, Washington, D.C. Publ. No. 1287. pp. 193-197.

MILLER, R. D. 1972. Freezing and heaving of saturated and unsaturated soils. Highw. Res. Rec. 393:1-11.

MILLER, R. D., J.P.G. LOCH and E. BRESLER. 1975. Transport of water in a frozen permeameter. Soil Sci. Soc. Amer. Proc. 39:1029-1036.

RÖMKENS, M.J.M. and R. D. MILLER. 1973. Migration of mineral particles in ice with a temperature gradient. J. Coll. Interface Sci. 42:103-111.

TABER, STEPHEN. 1930. The mechanics of frost heaving. J. Geol. 38:303-317.

TERZAGHI, K. 1936. The shearing resistance of saturated soils and the angle between the planes of shear. Proc. 1st. Int. Conf. Soil Mech. 1:54-56.

WILLIAMS, P. J. and T. P. BURT. 1974. Measurement of hydraulic conductivity of frozen soils. Can. Geotech. J. 11:647-650.

LABORATORY STUDIES OF THE ADFREEZE BOND BETWEEN SMALL-SCALE MODEL PILES AND FROZEN SAND

V.R. Parameswaran, Division of Building Research, National Research Council of Canada, Ottawa, Ontario, K1A OR6

The adfreeze strength developed during freezing of cylindrical piles to fine Ottawa sand mixed with 14% by weight of water was measured under constant rates of pile displacement on an Instron testing machine and under constant load [in a creep equipment]. Four types of pile were studied: natural B.C. fir, concrete, steel coated with a red oxide primer, and creosoted B.C. fir. Constant rate tests showed that adfreeze strength increased with increasing loading rate. Preliminary data from the constant load creep tests indicate that the load dependence of the steady-state creep rate for piles in frozen sand agrees with the displacement rate dependence of the adfreeze strengths determined by extrapolation of the results of the constant rate tests. In general, maximum adfreeze strength developed with natural B.C. fir, and the minimum with creosoted B.C. fir.

ÉTUDE EN LABORATOIRE DE L'ADHÉRENCE DUE AU GEL ENTRE DES PIEUX À L'ÉCHELLE ET DU SABLE

V.R. Parameswaran, Division des recherches en bâtiment, Conseil national de recherches du Canada, Ottawa, Ontario K1A OR6

L'adhérence due au gel de pieux cylindriques à du sable fin d'Ottawa contenant 14% d'eau, au poids, a été mesurée sous déplacement des pieux à vitesse constante, dans une machine d'essai Instron, et sous charge constante (dans un appareil provoquant la reptation). Quatre types de pieux ont été étudiés: en sapin de Colombie non traité, en béton, en acier recouvert d'un primaire au minium de plomb et en sapin de Colombie créosoté. Les essais à vitesse constante ont montré que l'adhérence due au gel augmente avec le taux de mise en charge. Les résultats préliminaires des essais de reptation à charge constante indiquent que le rapport entre la charge et la reptation à vitesse constante des pieux dans le sable gelé correspond au rapport entre le taux de déplacement et la force de l'adhérence due au gel extrapolé des résultats des essais à taux constant. Dans l'ensemble, l'adhérence maximale se manifestait avec le sapin de Colombie non traité et l'adhérence minimale, avec le sapin de Colombie créosoté.

ЛАБОРАТОРНЫЕ ИССЛЕДОВАНИЯ СИЛЫ СМЕРЗАНИЯ МЕЛКОМАСШТАБНЫХ МОДЕЛЕЙ СВАЙ С МЕРЗЛЫМ ПЕСКОМ

Сила смерзания цилиндрических свай с мелкозернистым песком, смешанным с 14 вес.% воды, измерялась при постоянных скоростях смещения свай на испытательной машине Инстрон и при постоянной нагрузке /на машине для испытания на ползучесть/. Изучались четыре типа свай: сосновая; бетонная; стальная, покрытая суриком; и сосновая, пропитанная креозотом. Эти испытания показали, что сила смерзания возрастает с увеличением скорости нагружения. Предварительные данные испытаний на ползучесть при постоянной нагрузке указывают на то, что зависимость стабильной скорости ползучести от нагрузки для свай в мерзлом песке согласуется с зависимостью между скоростью смещения и силой смерзания, определяемой путем экстраполяции результатов испытаний. Отмечено, что максимальная сила смерзания развивается при использовании необработанных сосновых свай, а минимальная - при использовании сосновых свай, пропитанных креозотом.

LABORATORY STUDIES OF THE ADFREEZE BOND BETWEEN SMALL-SCALE MODEL PILES AND FROZEN SAND

V.R. Parameswaran

Division of Building Research, National Research Council of Canada
Ottawa, Ontario, K1A 0R6

INTRODUCTION

Pile foundations incorporating an air space between the structure and the ground surface are used extensively in permafrost areas to transfer the structure loads through the unstable active layer to the more stable permafrost. Various types of piles, including timber, steel pipes and H-sections, and precast concrete piles, may be used. Wood piles are the most common, however, because they are available locally in many parts of the permafrost regions. Cast-in-place concrete piles have been used occasionally in special cases. As a rule of thumb, a minimum depth of embedment in permafrost of 3 metres or three times the maximum depth of the active layer during the design life of the structure (whichever is larger) is recommended for piles in permafrost regions.

A pile foundation must resist uplift forces due to frost heave in the active layer and loads due to wind and the weight of the structure. Pile foundations in frozen ground transfer superimposed loads by two mechanisms: end bearing, and shear along the pile (adfreezing). The total bearing capacity of a pile is therefore the sum of the calculated contributions of the two mechanisms. Empirical formulae for these calculations have already been proposed by several workers in the Soviet Union (Vyalov and Porkhaev, 1969), based on their experience in building in the North.

The end bearing capacity of a pile can be obtained from the value of the compressive strengths of the soil determined under confined and unconfined conditions. The shearing resistance developed at the pile-soil interface has two components: that due to adhesion of ice to the pile; and that due to soil grain friction at the pile-soil interface. The supporting capacity for a pile embedded in permafrost results primarily from the shearing resistance at the pile surface. In general, for a pile supporting a structure in permafrost the following condition should be met:

$$P + \tau_f A_f + \tau_d A_d > L - \tau_h A_h - U$$

where P is the end-bearing capacity for the pile, as determined from the compressive strength of the soil under the pile, the cross-sectional area of the bottom end of the pile, and a suitable factor of safety,

τ_f is the adfreeze strength at the pile-soil interface,

A_f is the pile-soil interfacial area in the permafrost zone,

τ_d is the frictional drag stress between the pile and the unfrozen soil (if present) over the permafrost zone,

A_d is the pile-soil interfacial area in this zone,

L is the structural load,

τ_h is the stress due to frost heave in the active layer in the ground

A_h is the pile-soil interfacial area in the active zone,

U is the uplift load due to wind

By knowing the distribution of the allowable adfreeze strength, τ_f, along the length of the pile, the depth of embedment in permafrost required to carry the applied load L can be calculated. Thus it is imperative that τ_f be determined accurately to permit reliable design of foundations for structures in permafrost regions.

Although measurements of the adfreeze strength between piles and frozen ground have been taken since 1930 (mainly in the Soviet Union), sufficient information is not yet available to make it possible to design for different foundation materials such as concrete, wood, and steel in various soils. The early tests were done by freezing a pile into the ground, then pushing it through or pulling it out of the completely frozen ground at a relatively fast rate and measuring the force required. The results of early work in the Soviet Union from short-term tests have been given by Tsytovich and Sumgin (1959), Tsytovich (1975) and Vyalov (1965). Crory (1966), Crory and Reed (1965) and Sanger (1969) have reported the results of pile load tests in the permafrost regions of North America for adfreeze strength, pile settlement under loads and heave of piles due to freeze-back of the active layer. Some of the tests were short term, and others were carried out over periods of several weeks.

There has been no systematic laboratory measurement of the adfreeze strength between piles and soils. Recently, Laba (1974) measured the instantaneous adfreeze force ("frost grip," as he called it) between frozen sand and concrete under laboratory conditions by pushing frozen sand from an inner cylindrical cavity in a concrete block at a rate of 1.2 mm per minute. These results indicate, in general, that "frost grip" decreased rapidly with increasing porosity, that it increased with increasing ice content in the sand and that "frost grip" increased with decreasing temperature.

Laboratory studies have been initiated on the influence of variables such as loading rate, type of pile and pile surface, temperature, moisture, etc., on the adfreeze strength and bearing capacity of piles in frozen soils. Some preliminary results of measurement of the adfreeze strength developed at the interface between model piles and frozen sand-ice mixtures are presented in this paper.

EXPERIMENTAL METHOD

Measurement of Adfreeze Strength under Constant Rates of Displacement

The apparatus used for the experiments is illustrated in Fig. 1. The model pile (A) was 76.2 mm in diameter and 304.8 mm long. Ottawa fine sand (ASTM Specification C-109, passing Sieve No. 30 and retained on Sieve No. 100) mixed with 14% by weight of water was placed and compacted around the pile in five layers, each 38.1 mm thick, to an optimum density of about 1,700 kg m^{-3}, as determined by a standard Proctor test. Box (B) was of 25.4 mm thick Plexiglas plates, and the plug (C) and the base (D) were aluminum. The box containing both pile and sand was placed in a cold room (maintained at -6°C ± 0.2°C) for four days to ensure complete freezing of the sand. A thermocouple (T) placed in the middle of the sand was used to determine temperature.

After complete freezing the plug (C) was removed and the pile pushed out by a ram attached to the cross-head of a floor model Instron testing machine (25000 kg capacity) installed in the cold room. Each test was carried out at a constant rate of cross-head movement. Displacement of the pile was taken to be equal to the displacement of the cross-head less the deflection of the plate (D), measured by a dial gauge or a DCDT positioned under the plate near the pile.

Four types of cylindrical piles were studied:

Natural B.C. fir with a smooth surface finish.

Concrete piles with a smooth surface finish. These were cast in the laboratory from a commercial dry mix, Sakrete, to which water was added in the recommended proportion. After casting in Plexiglas tubes having an internal diameter of 76.2 mm and wall thickness of 12.7 mm, the concrete mix was vibrated using an electric vibrator to eliminate as much occluded air as possible. The finished and cured concrete cylinders had a density of 2250 kg m^{-3}.

Steel piles made from mild steel tubes having outside diameter of 76.2 mm and wall thickness of 6.35 mm closed at the bottom end with a welded steel plug and at the top by a rubber stopper. These piles were painted with a red oxide primer to prevent rusting in the wet sand.

Creosoted B.C. fir. B.C. fir piles, machined to a smooth surface finish, were creosoted in a high pressure autoclave in the Eastern Forest Products Laboratory, Department of Environment, Ottawa. Following creosoting, the wood was found to have absorbed, on an average, 96.3 kg m^{-3}, i.e. each pile would have about 0.136 kg of creosote.

Results of Constant Rate Tests

When a pile was loaded at a constant rate, the load-displacement curve was very similar to the stress-strain curve for a frozen soil in unconfined compression, as shown in Fig. 2 for an untreated B.C. fir pile. The load reached a peak, then dropped quickly, indicating that the bond between the wooden pile and sand had broken. A similar curve was obtained for concrete piles. For a painted steel pile, the load reached a maximum, then dropped abruptly, indicating a clean shear of the pile from the soil. In Fig. 2 the load decreases less abruptly, indicating that there is still some adhesion at the interface. Adfreeze strength was calculated by dividing the maximum load at the peak of the curve by the surface area of contact between the pile and the soil.

The Instron cross-head speeds were varied between 0.0005 and 0.1 mm min^{-1}. At the slowest rate it took about 50 hours to reach a peak, and at the fastest rate only about 30 minutes. Displacement at peak load was about 0.5 to 1.5 mm, depending upon the type of pile and the rate of loading.

Values of adfreeze strength obtained for the various piles at different rates of loading are shown in Table I. Figure 3 gives adfreeze strengths plotted as a function of loading rate on a log-log scale for the four kinds of piles. Adfreeze strength, τ_f, varies with rate of pile displacement $\dot{\ell}$, according to:

$$\tau_f \sim (\dot{\ell})^m$$

or

$$\dot{\ell} \sim (\tau_f)^n$$

The values of m and n, obtained by linear regression analysis, are as follows:

	m	n = 1/m
B.C. fir	0.2234	4.48
Concrete	0.2161	4.63
Painted steel	0.1661	6.02
Creosoted B.C. fir	0.1862	5.37

The maximum adfreeze strength was for untreated B.C. fir and minimum for creosoted B.C. fir and painted steel piles. The adfreeze strength values obtained for concrete piles were larger than those for creosoted B.C. fir and painted steel, but considerably lower than those for untreated B.C. fir.

Constant-Load Tests

In actual practice, a pile foundation supporting

a structure is subjected to constant loads rather than constant rates of load application. Creep is the process of deformation under such conditions, occurring at the interface between the pile and the soil. To simulate these conditions in model studies, a constant-load creep apparatus was built for which the Plexiglas box with pile shown in Fig. 1 could be used.

Figure 4 is a schematic diagram of the creep frame with the pile inside the sand box. Weights were placed on the loading pan (B). This load was magnified by a factor of 4 at pile A due to the ratio arm (C). The load on the pile was measured by means of a BLH load cell (D) having a capacity of 4550 kg. The BLH load cell was calibrated on the Instron load cell which was, in turn, calibrated by a proving ring.

Two DCDT's, one positioned under the pile and the other under the plate supporting the block of frozen sand, monitored deflections due to the load. Net pile displacement was taken to be equal to the difference between the two deflections.

Results of Constant-Load Creep Tests

Figure 5 shows a typical net displacement-time curve obtained for a painted steel pile. The load on the pile was 1130.57 kg, corresponding to a stress of 2.43 MPa on the pile head and 0.243 MPa along the pile soil interface. This curve resembles a classical creep curve, with a primary region (A) where the creep rate decreased to a steady value, a short secondary region (B) of about 8 hours, for which the steady-state creep rate was 1.04×10^{-4} mm min^{-1}, and a tertiary region (C) where the creep rate accelerated until failure of the pile occurred after about 34 hours.

The results of preliminary tests are shown in Fig. 6. The straight lines 1 to 4 are extrapolations to the lower-rate regions of the adfreeze strengths vs loading rate lines shown in Fig. 3; the plotted points indicate the rates of motion of the piles in the steady-state creep region under constant load (region B in Fig. 5). In Fig. 6, line 5 for creep of painted steel has about the same slope as line 3, the adfreeze strength vs loading rate. For concrete and creosoted B.C. fir, the data obtained from the constant-load creep experiments are in reasonable agreement with the results of the adfreeze strength tests under constant rates of loading, extrapolated to the lower strain rate regions.

DISCUSSION AND CONCLUSION

Data available in the literature on the adfreeze strength of piles in frozen soil are meagre, and most laboratory tests to determine adfreeze strength have been done at fast rates (Tsytovich 1975, Laba 1974, Rooney 1976). The preliminary results now presented indicate that adfreeze strength decreases with decreasing rate of loading. Preliminary data from creep tests indicate that the load dependence of the steady-state creep rate for piles in frozen sand appear to agree with the displacement rate dependence of the adfreeze strength determined by extrapolation of the results of the constant rate tests. Long-term creep tests give more realistic values for the long-term adfreeze strengths and hence for the bearing capacities for piles. The results obtained from rapid tests cannot be used to calculate the long-term bearing capacity of piles in frozen soil unless a large factor of safety is used.

Few tests have been carried out to date and further work must be done to determine the behaviour of piles in various soils at different temperatures and to obtain reliable data for design of foundations in frozen soil. Work is in progress in the cold rooms of the Division of Building Research, National Research Council of Canada, on the behaviour of steel H-section piles in frozen sand, group piles (groups of 4 and 6) in frozen sand and piles in frozen natural soils under conditions of constant rates of load application and constant loads.

ACKNOWLEDGEMENT

The author sincerely thanks G. Mould, Technical Officer, DBR/NRC for his help in designing the equipment and carrying out the tests. This paper is a contribution from the Division of Building Research, National Research Council of Canada, and is published with the approval of the Director of the Division.

REFERENCES

Crory, F.E., 1966. Pile Foundations in Permafrost. PERMAFROST. Proc., First International Conference on Permafrost, Lafayette, Indiana, National Academy of Sciences, Washington, p. 467-476.

Crory, F.E. and Reed, R.E., 1965. Measurement of Frost Heaving Forces on Piles. U.S. Army Cold Regions Research and Engineering Laboratory, Hanover, N.H., Technical Report No. 145, p. 31.

Laba, J.T., 1974. Adfreezing of Sands to Concrete. U.S., National Research Council, Transportation Research Board, Record No. 497, p. 31-39.

Rooney, J.W., 1976. Driven H-pile Foundations in Frozen Sands and Gravel. Presented, Second International Symposium on Cold Regions Engineering, University of Alaska, Fairbanks.

Sanger, F.J., 1969. Foundations of Structures in Cold Regions. U.S. Army Cold Regions Research and Engineering Laboratory, Hanover, N.H., Cold Regions Science and Engineering Monograph III-C4.

Tsytovich, N.A., and M.I. Sumgin, 1959. [Principles of Mechanics of Frozen Grounds], U.S. Army Corps of Engineers, SIPRE Translation No. 19, (now U.S. Army CRREL).

Tsytovich, N.A., 1975. THE MECHANICS OF FROZEN GROUND. McGraw-Hill, New York, p. 426.

Vyalov, S.S., 1965. Rheological Properties and Bearing Capacity of Frozen Soils. U.S. Army Cold Regions Research and Engineering Laboratory, Hanover, New Hampshire, Translation No. 74.

Vyalov, S.S. and Porkhaev, G.V., 1969. Handbook for Design of Bases and Foundations of Buildings and Other Structures on Permafrost. National Research Council of Canada, Technical Translation TT-1865, Ottawa, 1976.

TABLE I

VARIATION OF ADFREEZE STRENGTH WITH RATE OF LOADING

Cross-Head Speed ($\dot{\ell}$) mm min^{-1}	Adfreeze Strength (τ_f), MPa B.C. Fir	Concrete	Painted Steel	Creosoted B.C. Fir
0.0005	1.140	0.525	0.497	0.403
0.001	1.175 1.29	0.553	0.496	0.487
0.002	1.113 1.247	0.671	0.648	0.690 0.505
0.005	1.61	0.733	0.677	0.720
0.01	1.56	0.866 0.940	0.679	0.813
0.02	1.936	1.16	0.973	0.920
0.05	2.231	1.293	1.026	0.875
0.10	2.42	1.611	1.146	1.220

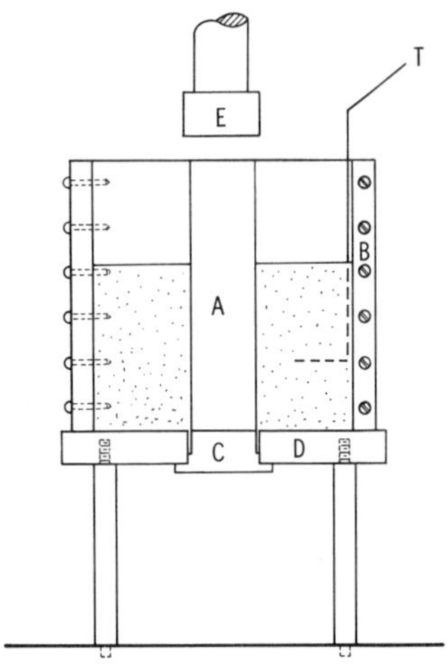

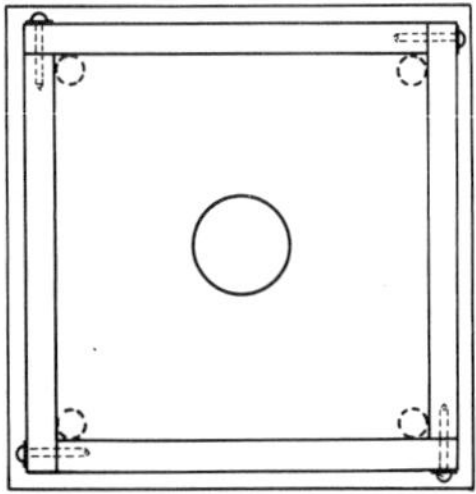

Figure 1

Schematic Diagram of the Experimental Set-Up to Measure the Adfreeze Strength Under Constant Rate of Cross-Head Motion
A Pile, 3" Dia
B Plexiglas Box
C Plug
D Base Plate
E Upper Compression Member from Instron Load Cell
T Thermocouple

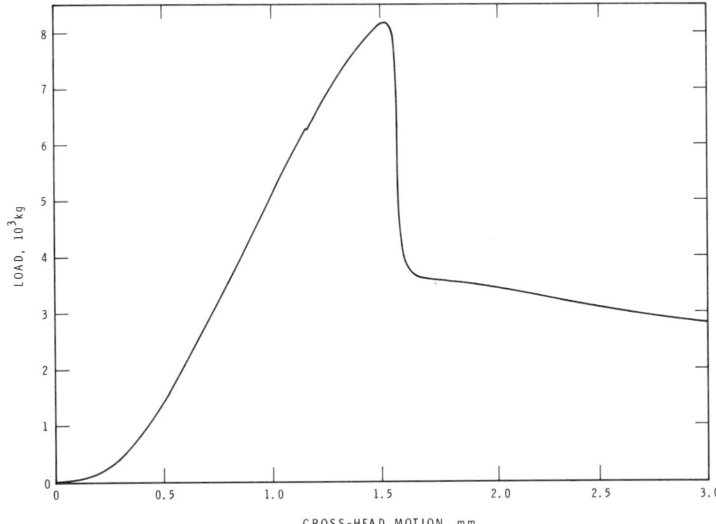

Figure 2

Load-Distance Curve for an Untreated B.C. Fir Pile in Frozen Sand (T = 6°C, Cross-Head Speed = 0.1 mm/min)

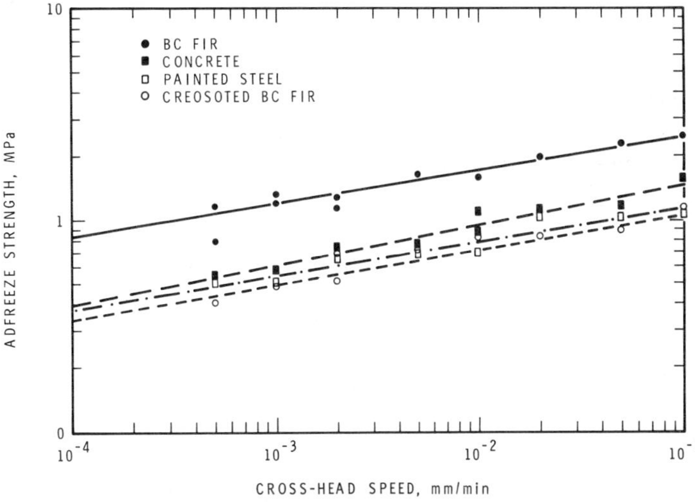

Figure 3

Variation of Adfreeze Strength with Rate of Loading

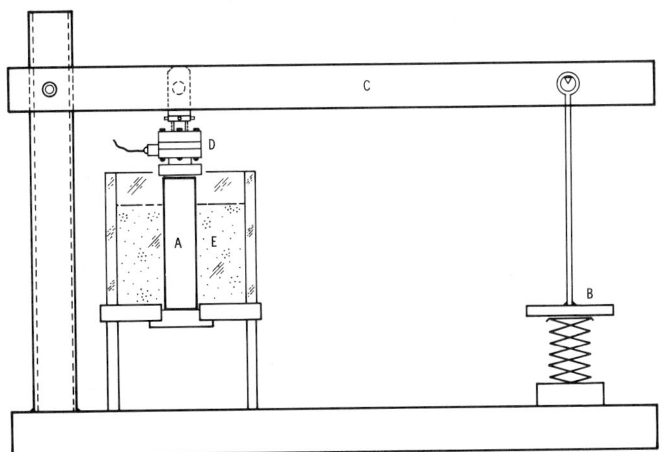

Figure 4

Schematic Diagram of the Set-Up to Study the Creep of Piles in Frozen Sand Under Constant Load (A - Pile, B - Loading Pan, C - Ratio Arm (1:4), D - BLH Load Cell, E - Frozen Sand)

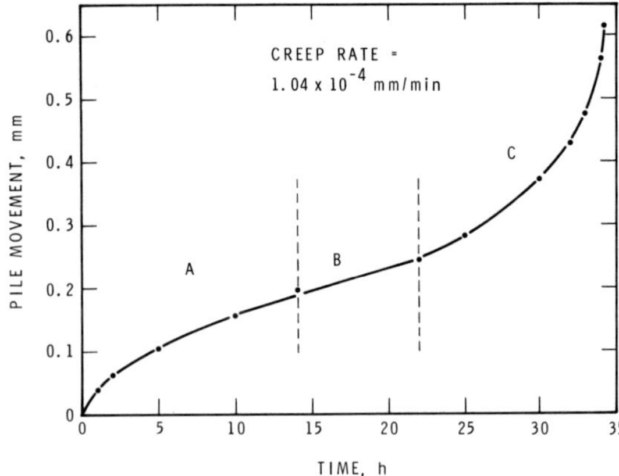

Figure 5

Creep Curve for a Painted Steel Pile in Frozen Sand (T = 6.2°C, Loaded = 1130.57 kg)

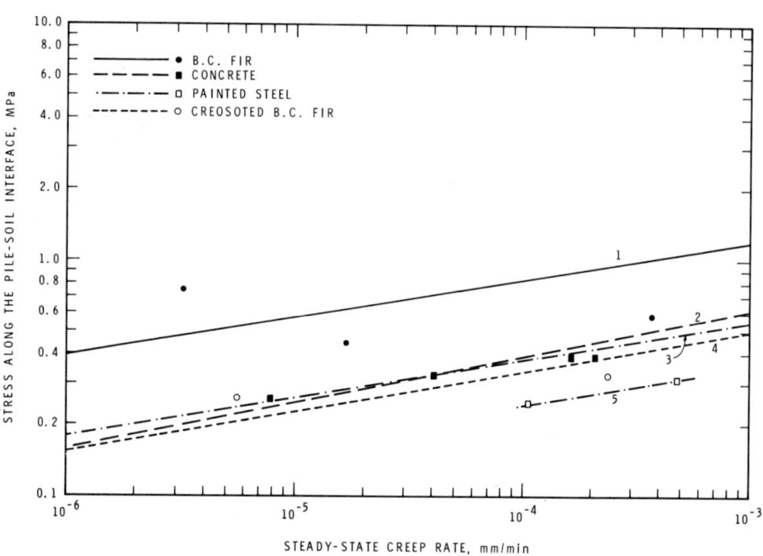

Figure 6

Variation of Adfreeze Strength (Under Constant Load) with Creep Rate in the Steady-State Creep Region

A SOIL FROST SUSCEPTIBILITY TEST AND A BASIS FOR INTERPRETING HEAVING RATES

Edward Penner, Division of Building Research, National Research Council of Canada, Ottawa, Ontario. Takao Ueda, Takenaka Technical Research Laboratory, Tokyo, Japan.

A soil frost susceptibility test is proposed. The method involves the unidirectional freezing of a saturated sample by imposing a step freezing temperature at one end of the specimen and measuring the heave rate. The two most important conditions that influence heave rate during the test are the overburden pressure and the freezing temperature. Results show that the heave rate can be expressed as an exponential function of the applied overburden/freezing temperature ratio. The desirable features of the proposed freezing technique and the method of interpreting the results are outlined.

ESSAI DE GÉLIVITÉ D'UN SOL, ET BASE D'UNE MÉTHODE D'INTERPRÉTATION DES TAUX DE SOULÈVEMENT DIFFÉRENTIEL DÛ AU GEL

Edward Penner* and Takao Ueda**

* Chef, section de géotechnique, Division des recherches en bâtiment, Conseil national de recherches du Canada, Ottawa, Ontario, Canada.

** Assistant à la Division des recherches en bâtiment, employé par le laboratoire de recherches techniques de Takenaka, Tokyo, Japon.

Dans le présent article, on décrit un essai de mesure de la gélivité d'un sol. Cette méthode, basée sur le gel unidirectionnel d'un échantillon saturé, consista à soumettre une extrémité de l'échantillon à diverses étapes de congélation, et à mesurer le taux de soulèvement différentiel par le gel. Les deux éléments principaux qui influent sur le taux de soulèvement différentiel pendant l'essai sont la pression de surcharge et la température de congélation. Les résultats indiquent que le taux de soulèvement peut s'exprimer par une fonction exponentielle du quotient pression de surcharge appliquée/température de congélation. On décrit aussi les avantages de la technique de congélation proposée, et ceux de la méthode d'interprétation des résultats.

ИСПЫТАНИЕ ГРУНТОВ НА МОРОЗОУСТОЙЧИВОСТЬ И РАСЧЕТ СКОРОСТИ ПУЧЕНИЯ

Предлагается метод испытания грунтов на морозоустойчивость, состоящий в ступенчатом направленном замораживании одного конца насыщенного образца и измерении скорости пучения. Двумя наиболее важными условиями, определяющими скорость пучения в процессе испытания, являются внешнее давление и температура промерзания. Результаты испытаний показывают, что скорость пучения может быть выражена как экспоненциальная функция отношения внешнего давления к температуре промерзания. Описаны преимущества предлагаемого метода замораживания образцов и обработки результатов испытания.

A SOIL FROST-SUSCEPTIBILITY TEST AND A BASIS FOR INTERPRETING HEAVING RATES

Edward Penner and Takao Ueda

Division of Building Research, National Research Council of Canada, Ottawa, Ontario;
Guest worker with DBR from Takenaka Technical Research Laboratory, Tokyo

Frost action is a prime consideration in the design of stable foundations for cold regions. It is well known that the major destructive factors caused by frost action are the heaving forces developed and the associated volume increase of the soil due to the water/ice phase change. Frost heaving is particularly serious when the uplift is uneven as this induces racking and distortion in the structure usually not allowed for in the design. In roads, streets and airport runways thaw softening follows heaving. This can be equally serious as such thoroughfares deteriorate rapidly and may become completely impassable unless load and travel restrictions are imposed.

The frost action problem in engineering is usually dealt with at the design stage. Removal of or avoiding the use of frost-susceptible soils that will undergo freezing while the structure is in service is usually recommended unless water can be effectively excluded. If high costs rule out either of these recommendations or if neither is possible, soil freezing is sometimes prevented by installing insulation or by supplying heat.

The key to the frost action problem in engineering is to be able to establish the frost susceptibility of soils or preferably the degree of frost susceptibility. This is often done from the grain-size distribution of the soil (Beskow 1935, Casagrande 1938, Riis 1948, U.S. Corps of Engineers 1953). The frost susceptibility of the soil is then predicted on the basis of "frost action criteria" of which there are many available. These criteria are used to compare the soils under consideration with soils with similar grain-size curves and whose heaving performance is known. Difficulties are encountered with this approach however, because grain size, as a criterion of frost action, is not completely reliable although it is one of the best methods available at present.

For structures where frost action is likely to be an extremely critical factor in stability, the approach has been to saturate samples of the soils involved and subject them to freezing tests, usually to determine heave rates although heaving pressures are sometimes more relevant. The problem is to establish a laboratory test procedure, including sample preparation, moisture control, load application, freezing technique and test duration, and from it determine the behavior of the soil during freezing that can be expected for a particular field condition. Laboratories that have a large demand for frost-susceptibility tests often develop their own methods but these usually have as their basis the technique described by Linell and Kaplar (1959) which was developed by ACFEL (the predecessor to CRREL), U.S. Army Corps of Engineers. Designers are frequently dissatisfied with the results obtained, however, and the search continues for more meaningful and less time consuming freezing tests.

A frost-susceptibility test method is proposed in this paper using a frost cell developed by Northern Engineering Services Company Limited, Calgary, Alberta, to which the authors have made minor modifications (Penner and Ueda 1977). The method stems from the work of Northern Engineering Services in connection with the geotechnical research carried out with respect to the design of a proposed Mackenzie Valley gas pipeline. Equally important is the proposed method of interpreting the heave results. Both the test technique and the interpretation circumvent difficulties encountered previously. The two most important test conditions that have a strong influence on the results are the thermal conditions and applied loads and these have been given special consideration. The understanding of these conditions forms the basis of the evaluation and interpretation of the results obtained.

METHODS AND MATERIALS

The experimental method has been described in detail (Penner and Ueda 1977) and is only reviewed briefly in this paper. The test cell was designed to hold a sample 4 in. long and 4 in. in diameter (10.2 cm). The thermocouples and about 12 in. (0.3 m) of the thermocouple lead were placed in shallow grooves around the inside wall of the cell in contact with the outside of the sample in an isothermal plane. These measurements were used to monitor temperatures, determine thermal gradients and locate the 0°C isotherm in the sample. Loading of the sample for the consolidation phase and confinement of the sample during freezing was done by pressurizing a loading chamber mounted above the freezing cell. Water movement in and out of the sample in response to freezing and the amount of heave were recorded continuously on a Hewlett-Packard 2010H data acquisition system.

The grain-size characteristics and Atterberg

limits for the soils tested are given in Table I. Sample preparation was to place soils, which had been previously saturated to near the liquid limit, in the test cell for consolidation. After consolidation was complete, the pressure was reduced to a value selected for the run and the cell was conditioned thermally inside a Tenney constant temperature chamber at some preselected temperature close to 0°C. One end of the sample had free access to bubble-free water with the water table held at the base of the specimen. Heaving was in the open system mode throughout the test. To start a run, a step freezing temperature was imposed at the end opposite the water supply. Freezing took place unidirectionally as the cell walls were heavily insulated.

RESULTS AND DISCUSSION

Figure 1 shows typical heaving curves for the soils studied and responses to two different overburden pressures, 1.0 and 4.0 kg/cm^2. The rate of heave was essentially constant in both experiments and the direction of water movement reversed from expulsion to intake at the higher pressure.

Influence of Load Application, P

Since the sharp reduction in the heave rate resulting from surcharging was reported by Beskow (1935), the significance of the overburden pressure has been stressed by many research workers. One school of thought is that at a particular stress level, which can be found experimentally, the freezing of in situ water and its attendant expansion will proceed while the heaving attributed to the freezing of migratory water from outside sources, e.g., the water table or unfrozen soil, will be stopped. From this concept the term "Shut-off" pressure was introduced into the soil mechanics literature by Arvidson and Morgenstern (1974) and defined by McRoberts and Nixon (1975) as the "effective stress at the frost line which will cause neither flow of water into or away from the freezing front." An opposing view to which the authors ascribe is that it is not possible to control independently the two sources of heave by loading the soil. This has been shown experimentally by Penner and Ueda (1977). The ratio of in situ to migratory water which is frozen changes continuously during the test and has no influence on the heave rate.

The influence of overburden on total heave rate for the soils studied is summarized in Fig. 2. The linear relation between the logarithm of the rate of heave and applied pressure agrees with earlier results of Linell and Kaplar (1959).

Influence of Cold-side Step Temperature, T

The freezing temperature imposed at the cold end of the sample ranged from -0.3 to -3.95°C. Figure 3 shows the drastic changes in the temperature gradient in the frozen portion during typical test runs. It is emphasized that, despite the large gradient changes in the frozen layer and the attendant decreases in the frost penetration rate as the experiment progressed, the total heave rate remained essentially constant (Fig. 1). These results suggest that the rate of frost penetration does not influence the heave rate using this freezing technique. It would seem that the significant factor in determining the heaving rate is the value of the cold-side temperature. This temperature is thought to determine the suction potential at the growing ice lens. Its effect can be seen in the results from experiments given in Fig. 4, where the step temperature was lowered in stages during one test. After each lowering of the temperature of the cold side both the total heave rate and the segregational heave rate by water inflow increased.

TABLE I SUMMARY OF SOIL PROPERTIES

Soil	% Clay Size <0.002 mm	% Silt 0.002-0.06	% Sand 0.06-2.0	% Gravel >2.0	W_L, %	W_P, %	I_P, %
*MVS 2	15.0	23.0	62.0	0	–	–	–
MVS 4	18.5	63.5	18.0	0	36.87	20.78	16.09
MVS 5	23.0	72.0	5.0	0	25.37	18.28	7.09
MVS 6	24.0	66.0	6.0	4.0	30.14	21.02	9.12
MVS 9	32.5	67.5	0	0	33.10	22.39	10.71
Calgary Silt No. 1	17.0	83.0	0	0	–	–	–
Calgary Silt No. 2	30.0	70.0	0	0	–	–	–
Leda clay	80.2	19.8	0	0	–	–	–

*MVS = Mackenzie Valley Soils

Table II gives results that show the strong effect of the value of the cold-side temperature, although the experiments were carried out entirely differently than described above. In these experiments the cold-side freezing temperatures were held constant in the first two sets of experiments for three successive runs each, but the warm-side temperature was changed. The heave rate was the same for all three runs. The two sets of experiments were carried out with different overburden pressures, 2 and 4 kg/cm^2. The differences in the amount of frost penetration for each run were, 3.7, 5.2 and 7.1 cm, for both sets, respectively, for the same period. In the third set, the warm-side temperature was held constant and in three successive runs the cold-side step temperature was changed. A threefold change in step temperature resulted in a fivefold change in heave rate. Again the frost penetration depth corresponded with the first two sets.

The influence of the cold-side temperature on heave rate is summarized in Fig. 5 by plotting logarithm heave rate vs 1/T. Results extracted from studies by Kaplar (1968), plotted in the same way, are also included in this figure.

The Combined Influence of Overburden Pressure, P, and Cold-side Temperature, T, on Total Heave Rate

A number of research workers (e.g., Koopmans and Miller 1966, Radd and Oertle 1966, Hoekstra 1969) have shown that for soils with an appreciable clay content the theoretical heaving pressure/freezing point depression ratio, given by Eq. (1), can be verified in the laboratory within experimental error.

$$\frac{\Delta P_i}{\Delta T} = \frac{\Delta H}{T_o V_i} = 11.3 \text{ kg/(cm}^2 \cdot {}^\circ\text{C)} \qquad (1)$$

where ΔP = heaving pressure

ΔT = freezing point depression at the ice lens below T_o, °C

ΔH = specific heat of fusion

V_i = specific volume of ice

T_o = bulk ice/water equilibrium temperature, °C

It is assumed that the temperature at the face of the growing ice lens is proportional to the cold-side step temperature, i.e., the lower the cold-side temperature the lower the temperature of the ice lens. Based on this assumption and Eq. (1), an evaluation can be made of the P/T ratio at the lower limit of total heave rate and $\Delta P/\Delta T$, that is, as P/T reaches the maximum value of $\Delta P/\Delta T$ (11.3 kg/cm^2 · °C), the total heave rate approaches the lower limit.

The soils for which heaving rates were measured experimentally for a number of cold-side temperatures and overburden pressure combinations were Leda clay, a local marine clay, and MVS 4 (a soil from the Mackenzie River Valley, Northwest Territories). The plotted results (Fig. 6) indicate that there is a linear relation within the observed range between logarithm of total heave rate and P/T the ratio of the overburden pressure and the cold side, freezing temperature. Figure 6 is in fact à combination of Figs. 2 and 5; the results can be expressed by the equation:

$$\frac{dh_{TOT}}{dt} = a\ e^{-b\ P/T} \qquad (2)$$

where $\frac{dh_{TOT}}{dt}$ = total heave rate, mm/min

TABLE II HEAVING RUNS AT VARIOUS WARM- AND COLD-SIDE TEMPERATURES WITH REMOULDED LEDA CLAY (80% CLAY SIZE; 20% FINE SILT)

Set of runs	Preconsolidation pressure, kg/cm^2	Pressure during heaving run, kg/cm^2	Temperature of chamber, °C	Temperature of sample cold side, °C	Initial M.C., %	Void Ratio	Total heave rate, mm/min	Depth of 0°C isotherm at 2000 min., cm
Set 1	4.0	4.0	+3.88	-0.90	39.3	1.10	0.70×10^{-3}	3.7
	4.0	4.0	+2.30	-0.95	39.7	1.10	0.76×10^{-3}	5.2
	4.0	4.0	+1.33	-0.90	40.5	1.10	0.76×10^{-3}	7.1
Set 2	4.0	2.0	+3.88	-0.95	39.8	1.05	1.90×10^{-3}	3.9
	4.0	2.0	+2.22	-0.90	39.5	1.05	1.96×10^{-3}	5.2
	4.0	2.0	+1.30	-0.90	40.2	1.11	1.84×10^{-3}	7.1
Set 3	4.0	2.0	+2.30	-0.40	39.8	1.07	0.51×10^{-3}	2.8
	4.0	2.0	+2.22	-0.90	39.5	1.05	1.96×10^{-3}	5.2
	4.0	2.0	+2.23	-1.45	39.8	1.10	2.63×10^{-3}	7.3

a and b are constants (positive) depending on soil type

p = overburden pressure, kg/cm^2

T = cold-side freezing temperature below 0°C

The following are the desirable features of the freezing technique used and the interpretation suggested with regard to the laboratory evaluation of frost susceptibility.

1. The relation between frost heave and time is linear for test periods up to 3 or 4 days and is independent of frost penetration rate for a given step freezing temperature (Fig. 1). A constant heave rate is easily achieved by this method.

2. The frost heave-time relation is independent of the ratio of in situ water and migratory water in ice formation. At the beginning, heave is totally from in situ water; when frost penetration stops, heave is from migratory water only.

3. The field overburden pressure anticipated need not be known in advance or simulated in the freezing test; the rates at other overburden pressures can be calculated or obtained graphically.

4. The cold-side freezing temperature used must be held constant to calculate the P/T ratio correctly. Any suitable freezing step temperature, however, can be used which can be conveniently produced by the available freezing equipment.

5. There is no wall adfreeze problem, hence there is no need for a tapered cell, or movable rings, etc. The design of the cell, borrowed from Northern Engineering Services, Calgary, is given in the paper by Penner and Ueda (1977).

6. Only one freezing test is required since a second step freezing temperature can be imposed in the same experiment to establish the relation between logarithm heave rate vs P/T (Fig. 4 and 7).

7. As the relation between total heave and time is linear, the experiment can be terminated after a relatively short time. The original ACFEL frost heaving experiments required 24 days to complete.

CONCLUDING REMARKS

The heaving response to a step freezing temperature has been analyzed elsewhere (Penner and Ueda 1977) and a mechanical model was developed to help understand the heaving process (Ueda and Penner). It is evident from Fig. 1 that if any heaving occurs during the first stages of the test, although water is expelled initially, water flow must reverse if the total heave linearly increases with time. Expulsion during the early stages is related to overburden and freezing temperature (Ueda and Penner).

The ratio of applied overburden pressure to freezing temperature can be expressed by an exponential function of the heave rate. This greatly enhances the utility of the heave test.

It is believed that although a sound approach to frost susceptibility evaluation of soils has been presented there are still aspects of the test that need clarification to establish fully its ultimate usefulness. Hence, the tentative nature of the approach should be kept in mind. Finally, no mention has been made of the critical rate of heave that determines a frost-susceptible soil. At present, at least, the scale of heave rates developed by CRREL are thought to be acceptable (Linell and Kaplar 1959).

ACKNOWLEDGEMENTS

Appreciation is expressed to Northern Engineering Services for the use of their frost cell and for allowing modifications to be made. This paper is a contribution from the Division of Building Research, National Research Council of Canada, and is published with the approval of the Director of the Division.

REFERENCES

ARVIDSON, W.D., and MORGENSTERN, N.R. 1974. Water flow induced by soil freezing. Proc., 27th Can. Geotech. Conf., Edmonton, Alta., pp. 137-143.

BESKOW, G. 1935. Soil freezing and frost heaving with special application to roads and railways. Translated by J.O. Osterberg, Tech. Inst., Northwestern University, 1947.

CASAGRANDE, A. 1938. Effects of frost in soils. Permanent Intl. Association of Road Congresses, 1st & 2nd Sections combined, 8th Congress, The Hague, 6th Question, p. 10.

HOEKSTRA, P. 1969. Water movement and freezing pressures. Proc., Soil Science Society of America, Vol. 33, pp. 512-518.

KAPLAR, C.W. 1968. New experiments to simplify frost susceptibility testing of soils. Highway Res. Bd., HRB Record 215, NAS/NRC Washington, D.C. pp. 48-59.

KOOPMANS, R.W.R., and MILLER, R.D. 1966. Soil freezing and soil water characteristic curves. Proc., Soil Science Society of America, Vol. 30, pp. 680-684.

LINELL, K.A., and KAPLAR, G.W. 1959. The factor of soil and material type in frost action. Highway Res. Bd., HRB Bull. 225, NAS/NRC Washington, D.C. pp. 81-126.

McROBERTS, E.C., and NIXON, J.F. 1975. Some geotechnical observations on the role of surcharge in soil freezing. Proc., Conf. on Soil Water Problems in Cold Regions, Calgary 1975, pp. 42-57.

PENNER, E., and UEDA, T. 1977. The dependence of frost heaving on load application - preliminary results. Intl. Symposium on Frost Action in Soils. University of Luleå, Luleå, Sweden. Proc., Vol. 1, pp. 92-101.

RADD, F.J., and OERTLE, D.H. 1973. Experimental pressure studies of frost heave mechanisms and the growth-fusion behaviour of ice. North American Contribution to the Second International Conference on Permafrost, Yakutsk, Siberia, pp. 377-384.

RIIS, J. 1948. Frost damage to roads in Denmark. Proc. 2nd Intl. Conf. Soil Mechanics and Foundation Engineering, Rotterdam, Vol. 2 p. 287.

UEDA, T. and PENNER, E. Mechanical analogy of a constant heave rate. Discussion paper submitted August 1977 for publication. To be in Vol. 2 of Intl. Symposium on Frost Action in Soils, Univ. of Luleå, Luleå, Sweden.

U.S. CORPS OF ENGINEERS, 1953. The unified soil classification system, Appendix B: Characteristics of soil groups pertaining to roads and airfields. U.S. Dept. of Army, Waterways Experimental Station, Vicksburg, Miss. Tech. Memo. 3-357.

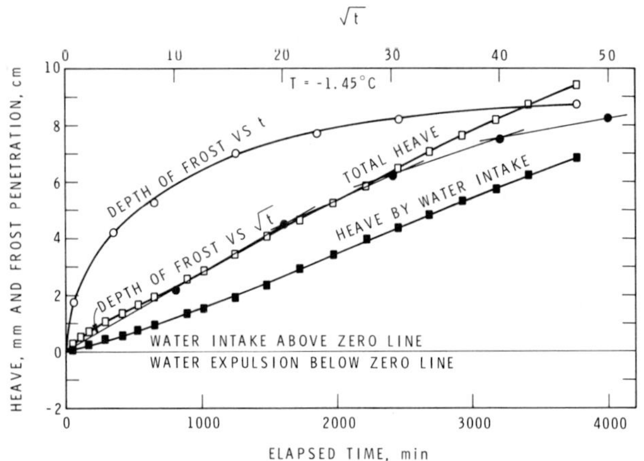

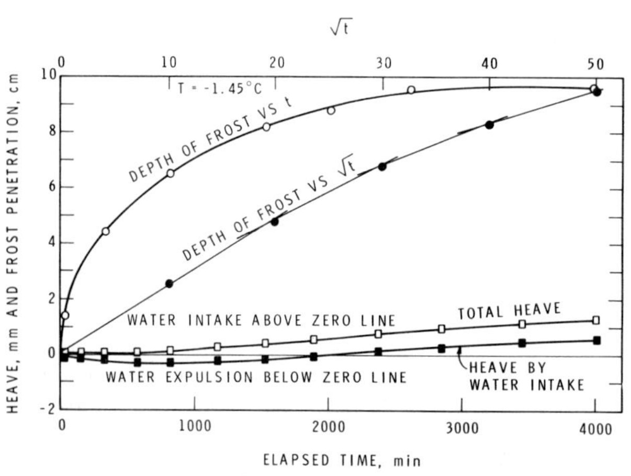

Figure 1 Frost penetration and heave measurements for MVS 2 at 1.0 kg/cm^2 (above) and 4.0 kg/cm^2 (below).

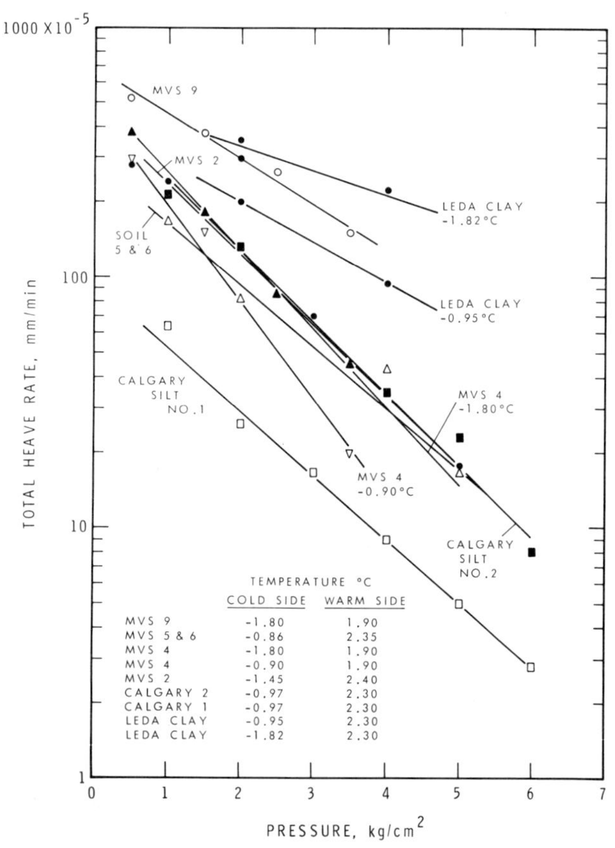

Figure 2 Total heave rate vs pressure.

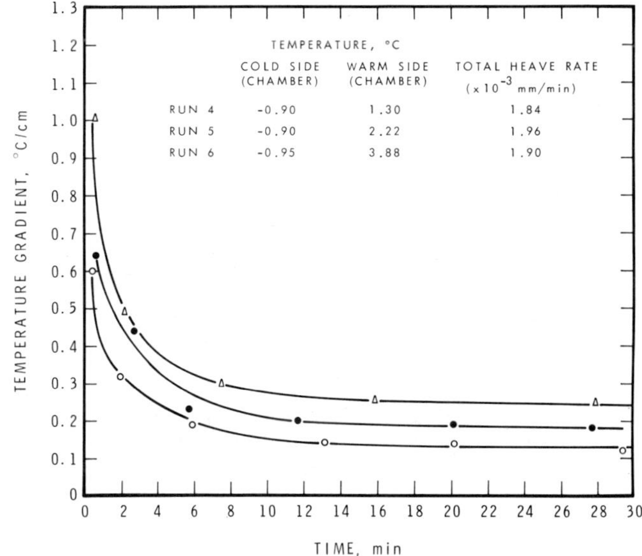

Figure 3 Typical temperature gradient changes in the frozen portion during freezing tests.

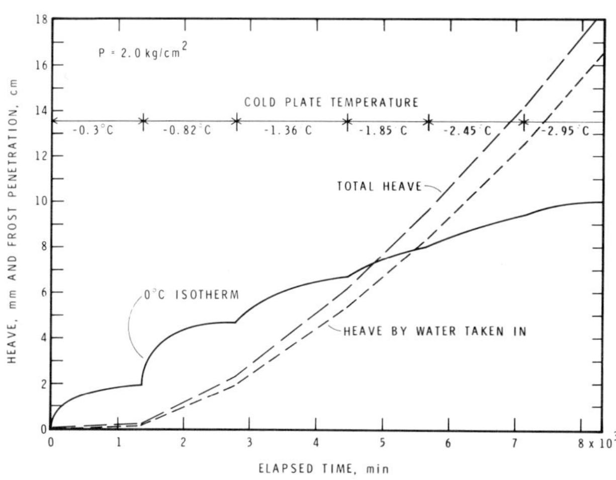

Figure 4 The influence of lowering the cold side temperature on heaving rate.

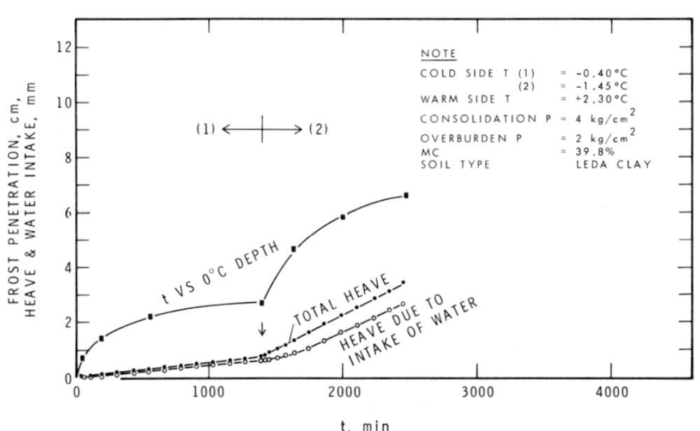

Figure 7 The influence of lowering the cold side temperature on heaving rate.

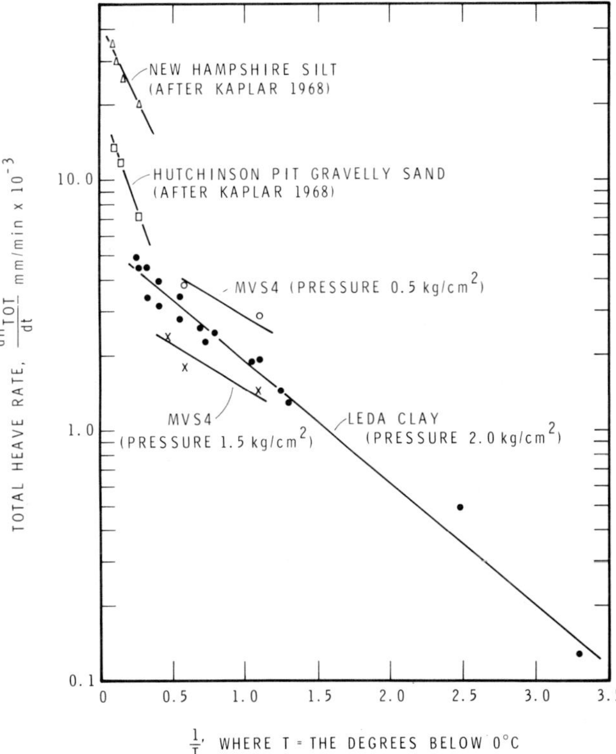

Figure 5 Total heave rate vs temperature.

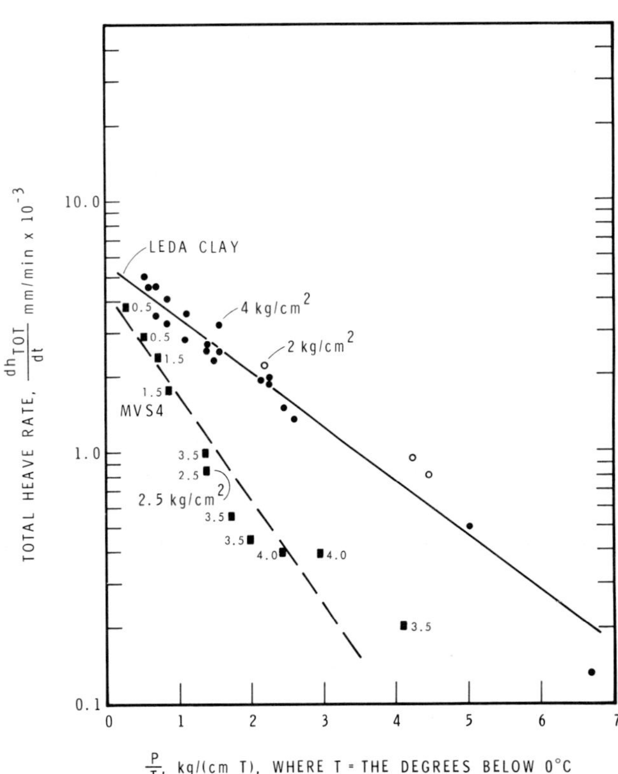

Figure 6 Heaving rate vs the overburden pressure/step temperature ratio.

DIRECT SHEAR TESTS ON NATURAL FINE-GRAINED PERMAFROST SOILS

W.D. Roggensack, EBA Engineering Consultants Ltd.,Edmonton, Alta., Canada
N.R. Morgenstern, Dept. of Civil Engineering, Univ. of Alberta, Edmonton, Alta., Canada

Laboratory direct shear tests were performed on undisturbed samples of frozen silty clay obtained from near Fort Simpson, N.W.T. Test temperatures were maintained constant near -1°C, and three different shearing rates were employed. The results show that with sufficiently slow strain rates, the shear strength of ice-poor, fine-grained frozen soils depends upon normal stress and confirms that they exhibit a definite frictional response. The friction angle determined for the frozen soil corresponded to the effective friction angle obtained when the same material was sheared in a thawed state. Shear-induced fabric and redistribution of water within the specimens was indicated by segregated ice that accumulated along failure planes during the tests.

ESSAIS DE CISAILLEMENT DIRECT SUR DES PERGÉLISOLS NATURELS DE GRANULOMÉTRIE FINE

W.D. Roggensack, EBA Engineering Consultants Ltd., Edmonton, Alberta, Canada
N.R. Morgenstern, Dept. of Civil Engineering, University of Alberta, Edmonton, Alberta, Canada.

On a effectué au laboratoire des essais de cisaillement direct sur des échantillons intacts d'argile silteuse gelée, recueillis près de Fort Simpson, T.N.-O. On a maintenu la température à une valeur constante proche de -1°C pendant les essais, et employé trois différentes vitesses de cisaillement. Les résultats indiquent que si le cisaillement est suffisamment lent, la résistance au cisaillement des gélisols de granulométrie fine contenant peu de glace dépend de la contrainte normale, et que ces sols réagissent nettement aux effets de frottement. L'angle de frottement déterminé pour le gélisol correspondait à l'angle de frottement effectif obtenu lorsque le même matériau, à l'état gelé, était soumis à un cisaillement. Dans les échantillons, les modifications de texture et la redistribution de l'eau provoquées par le cisaillement se sont manifestées au cours des essais par l'accumulation de glace de ségrégation le long des plans de rupture.

ИСПЫТАНИЯ НА СДВИГ ПРИРОДНЫХ МЕЛКОЗЕРНИСТЫХ МЕРЗЛЫХ ГРУНТОВ

В лабораторных условиях были проведены испытания на сдвиг ненарушенных образцов мерзлой мелкодисперсной глины, отобранных в районе поселка Форт Симпсон /Северо-Западные территории/. Испытания проводились при трех различных скоростях сдвига и постоянной температуре порядка -1°C. Результаты показали, что при достаточно низких скоростях деформации прочность на сдвиг мелкодисперсных мерзлых грунтов с низким содержанием льда зависит от нормального напряжения, что указывает на их явную чувствительность к трению. Угол трения, найденный для мерзлого грунта, соответствовал эффективному углу трения, получаемому при сдвиге того же материала в талом состоянии. Об образовании новой текстуры в результате сдвига и о перераспределении воды в образцах свидетельствовало наличие сегрегационного льда, накопившегося вдоль плоскостей разрушения в процессе испытаний.

DIRECT SHEAR TESTS ON NATURAL FINE-GRAINED PERMAFROST SOILS

W. D. Roggensack and N. R. Morgenstern

EBA Engineering Consultants Ltd., Edmonton and
Department of Civil Engineering, University of Alberta, Edmonton

INTRODUCTION

Most published data concerning behaviour of frozen soil has been restricted to that obtained from tests performed on reconstituted or artificially prepared specimens. The study reported here describes direct shear tests which were conducted on undisturbed samples of a frozen silty clay.

Features distinguishing the behaviour of permafrost from that of similar unfrozen soil are associated mainly with the amount and type of ground ice present. Properties such as creep under sustained load and the marked dependence of strength on strain rate can be attributed directly to the manner in which ice responds to the application of load. Ice is a controlling factor in the well-documented rate-, time-, and temperature-dependent properties that characterize the behaviour of frozen soils. A need therefore exists to recognize discrete forms of ground ice and treat them as geological components capable of exerting a significant influence on the properties of frozen soils.

Vialov (1962) was the first to suggest that a group of failure envelopes obtained from triaxial compression tests, each corresponding to a specific time to failure, could be used to define a modified Mohr-Coulomb failure theory described by

$$\tau = c_T + \sigma_n \tan \phi_T \qquad [1]$$

where τ denotes the shear strength
σ_n denotes the normal stress on the potential shear plane, and
c_T and ϕ_T are the cohesion intercept and friction angle, being functions of temperature and time.

Vialov and Susherina (1964) recognized that creep and shear strength were intimately related to the strain required to fully mobilize frictional resistance, that being a direct function of the time required for the ice matrix to yield under an applied stress. Their experimental results indicated that the cohesion intercept in Equation [1] could be described by

$$c_T = \frac{\beta}{\log (t/B)} \qquad [2]$$

where β and B are empirical constants evaluated by plotting the experimentally determined strength (c_T) against the logarithm of time to failure (t).

Since then, results reported by several other researchers have demonstrated that shear strength in frozen soils is a function of confining pressure, although friction angles reported have often been less than values indicated for the same soils when unfrozen (Vialov, 1962; Neuber and Wolters, 1970; Perkins and Ruedrich, 1973; Ruedrich and Perkins, 1973). In addition to documenting frictional response, Alkire and Andersland (1973) have also shown that considerable energy is required to overcome the strength of the ice matrix so that particle dilation can occur. They reported that ice yielded at very low strains, with the development of frictional strength being gradual beyond that often requiring strains of 10% or more. Stress-strain data reported by Sayles (1973) exhibited similar behaviour. He found that the friction angle obtained for frozen sand sheared at a relatively slow strain rate was approximately equal to the value obtained for the same material when thawed. Ladanyi (1975) has described a theoretical framework that embraces the simultaneous processes of creep, consolidation, and shear in frozen soils responding to the application of an increment of stress. His treatment of the topic formalized and made rigorous Vialov's earlier concept of delayed strength envelopes or failure surfaces dependent upon time. These analyses drew attention to the importance of establishing the position of an applied stress with respect to the long-term strength and understanding subsequent interaction between strength and deformation properties was pointed out. By treating consolidation and creep as separate but simultaneous processes, Ladanyi has suggested that constitutive relationships chosen to represent quasi-single-phase behaviour should be obtained by following a laboratory stress path that coincides with an anticipated field loading conditions.

These studies indicate strong support for adopting frictional behaviour to describe the long-term strength of massive frozen soils.

Best available data indicate that an appropriate friction angle can be approximated by the effective friction angle obtained for the same soil in its thawed state. In more ice-rich materials, complete mobilization of frictional strength may be hindered by the ice, and thus reduce the friction angle obtained. For dense, coarse-grained soils, shear strength dependence on strain rate and temperature can be embodied in the cohesion intercept, while the friction angle remains relatively unaffected. At the time of writing, an experimental determination of stresses carried by the ice phase has not been reported, and the measurement of pore pressures in unfrozen water also remains difficult. The relative contributions of ice and unfrozen water to a frozen soil's response to the application of stress are difficult to determine. The series of experiments described in the following have therefore relied upon interpreting behaviour in terms of total stresses.

To strain a frozen soil requires that the strength of the ice matrix must first be overcome. The stress required to accomplish this depends mainly upon the strain rate imposed. Gradual deformation of the soil and ice permits frictional strength to be mobilized at the mineral particle contacts. Since the strength of ice approaches zero under long-term loading conditions, stresses transferred to these particle contacts will eventually become equal to the applied total stress. During shear, ice in the pore spaces restricts particle movement and suppresses any tendency for dilation. This impedence is responsible, in part, for the unusually large cohesion intercepts obtained when frozen soils are sheared at relatively fast strain rates. Although little or none of the available data pertains to the behaviour of fine-grained soils, it seems probable that they might also behave in a frictional manner at slower strain rates.

Emphasis here has been placed on the need to identify modes of interaction between strength and deformation properties in the frozen soil, thus enabling an improved interpretation of field or laboratory data by separately considering the various phenomena involved. None of the shear strength research described above has involved either quantification of field behaviour or testing undisturbed permafrost at stress levels and temperatures relevant to field conditions as they might be encountered in practice. The temperature and stress environments adopted for these studies were selected to investigate the shear strength of fine-grained permafrost soils near 0°C (Roggensack, 1977).

TEST APPARATUS AND PROCEDURE

The direct shear tests described here were performed with standard direct shear machines. Tests on frozen soils were carried out inside a refrigerated laboratory where ambient temperatures were maintained below 0°C. To maintain temperature fluctuations in the specimens within acceptable limits, provision was made to circulate fluid from a constant temperature bath through heat exchangers in the base and load cap of each shear box. Side friction was reduced by lining the boxes with a thin sheet of Teflon, leaving the final internal dimensions at 6.00 cm x 6.00 cm (2.35 in. x 2.35 in.). Figure 1 presents a schematic layout of the shear box and associated apparatus used in the tests. Shear box reversals were done automatically, and the first occurred at a displacement of approximately 1.0 cm (0.4 in.) from the midpoint position. Subsequent reversals were separated by approximately 2.0 cm. (0.8 in.) of horizontal displacement. The load ram was connected to the upper half of the shear box by a load cell attached to a reaction frame. The ram was fitted with a Thompson linear bushing to minimize the effects of friction on shear force measurements. During consolidation and shear, the samples were flooded with light paraffin oil to prevent desiccation. This avoided problems with chemical degradation that would have occurred if aqueous solutions of antifreeze compounds such as ethylene glycol had been used. Surface tension forces prevented the oil from intruding into the soil pores (Iversen and Moum, 1974). Sintered stainless steel porous stones were used, being separated from the specimen by a single thickness of filter paper. Vertical and horizontal deformations were measured with linearly variable displacement transducers (LVDT's) to an accuracy of approximately 0.0008 cm (0.0004 in.). Shear loads were measured with temperature-compensated electrical resistance strain-gauged load cell with a capacity of 9 kN (2,000 lb.) and a resolution of approximately 2 N (½ lb.). Atkins type #3 thermistors were submerged in the oil surrounding the sample to monitor temperatures. Temperature records were checked regularly during each test, and when necessary, controls on the circulating bath were adjusted to minimize departures from thermal conditions established at the outset. LVDT, load cell, and thermistor output signals were conveyed to a data acquisition system.

A preliminary laboratory study was carried out to compare the frozen and unfrozen shear strength, obtained for a reconstituted clay. The material used was obtained from an exposure near the mouth of the Mountain River, District of Mackenzie, N.W.T. The clay's geotechnical index properties are summarized in Table I. To reconstitute the soil, it was air-dried, pulverized, and slurried at a water content corresponding to a liquidity index of 2. The soil was then stage-consolidated in a 25 cm (10 in.) diameter oedometer to an effective stress of approximately 25 kPa (3.5 psi). Following extrusion, the samples were trimmed from the block and seated in the shear box. Freezing by subzero room temperatures was prevented by circulating warm fluid through the heat exchangers. The remoulded soil was then consolidated to a minimum effective stress of 50 kPa (7 psi), at which point the water surrounding the specimen was removed and replaced with light paraffin oil. Fluid at a temperature of -10°C or colder was next circulated through the base and load cap to freeze the specimen quickly and minimize any tendency for internal redistribution of moisture. Once freezing was complete, the circulator bath temperature was adjusted to obtain thermal conditions desired for the shear test.

A second group of tests was performed on specimens of natural permafrost cored from a landslide headscarp near Fort Simpson, District of Mackenzie, N.W.T. This silty clay contained a fine, reticulate ground ice structure. Geotechnical index properties for this soil are also summarized in Table 1. Direct shear specimens were prepared from 10 cm (4 in) diameter cores oriented with their long-axes in the horizontal plane. Individual blocks were cut with a power band saw, and an overhead milling machine fitted with a carbide insert rotary cutter was used for final trimming. Each sample was inspected and sketched to record any obvious ice structure present prior to shear. Once seated in the shear box, normal stresses were applied and circulation of refrigerated fluid was commenced to maintain test temperatures constant.

Table 1. Summary of Soil Index Properties

Soil	Percent Clay (less than 2μ)	Percent Silt	Liquid Limit	Plastic Limit	Plasticity Index
Mountain River Clay[1]	50-65 (55)[2]	35-50 (45)	40-52 (48)	20-22 (21)	27
Fort Simpson Clay[1,3]	50-85 (60)	15-50 (40)	45	20	25

[1] X-ray diffraction analyses indicated illite and kaolinite as the major identifiable minerals. Chlorite and montmorillonite also present in trace amounts.

[2] Numbers shown in brackets are average values.

[3] Specimens tested were sampled from massive silty clay containing reticulate ground ice structure.

Prior to shearing, loads on the hanger were increased to the desired level. Settlements were recorded during each increment of normal stress. When the samples had stabilized under the prevailing temperature and normal load, shear was commenced by driving the lower half of the shear box back and forth at a constant displacement velocity. All specimens were subjected to a minimum of one complete shear reversal before being removed from the apparatus. Following that first reversal, two tests were interrupted at the midpoint and subjected to a second increment of normal stress, after which shear was resumed. Figure 2 illustrates typical data from one of the direct shear tests on frozen soil. When the tests were finished, each specimen was extracted and cut longitudinally to expose any changes in ice structure that might have occurred during shear. Each cross section was sketched and photographed, and water content determinations were also made.

DIRECT SHEAR TEST RESULTS

The first group of direct shear tests was performed on samples of artifically-prepared permafrost. Figure 3 shows the strength envelope obtained from tests on the unfrozen Mountain River clay, with a peak effective friction angle of 26.5° and a small cohesive intercept of approximately 7 kPa (1 psi). Multiple shear reversals on both natural and pre-cut shear planes indicated a residual friction angle of 23°. Figure 4 shows the strength envelope obtained from tests on the frozen Mountain River clay. Stress-strain curves for tests conducted at different normal stresses exhibited remarkable similarity, probably due to the nearly identical soil and ice structure contained by the various specimens. The strength envelope in Figure 4 is slightly nonlinear. Nevertheless, the average friction angle indicated is essentially identical to that determined for the same soil in an unfrozen state. Fitting a straight line to the envelope in Figure 4 for normal stresses between 100 and 300 kPa indicates a friction angle of 26 to 27°, which agrees with the peak angle indicated in Figure 3. The geometric cohesive intercept of 130 kPa (19 psi) was obtained at a displacement velocity of 6.9 x 10^{-2} cm/day (2.7 x 10^{-2} in. /day). Inspection of the longitudinal sections after shear revealed that distinct horizontal, and apparently continuous ice lenses occupied what appeared to be the principal shear plane. The samples could all be cleaved with relative ease along this ice lense, and although some slickensides were observed, it appeared that only a few secondary shear structures had developed.

In performing similar shear tests on specimens carved from undisturbed permafrost cores, it was hoped that by observing ice structure present prior to shear, segregation subsequently induced by shear could be documented with greater certainty. Triaxial shear strength data was available for silty clay from the Fort Simpson landslide headscarp sampling site, and a strength envelope is shown in Figure 5. Figures 6, 7, and 8 show strength envelopes obtained by shearing material from the same site at three different displacement rates. These results constitute one of the few instances where the strength of undisturbed permafrost soil has been documented, particularly for conditions of warm temperature and slow rates of strain. Efforts were made to maintain specimen temperatures constant between -1.4°C and -1.5°C during shear. Data points plotted on the envelopes correspond to peak shear stresses measured during the first cycle of each test, with exceptions as noted. In two of the tests, shear displacement was halted at the shear box midpoint following the first reversal. The normal stresses were then increased and shear was eventually resumed.

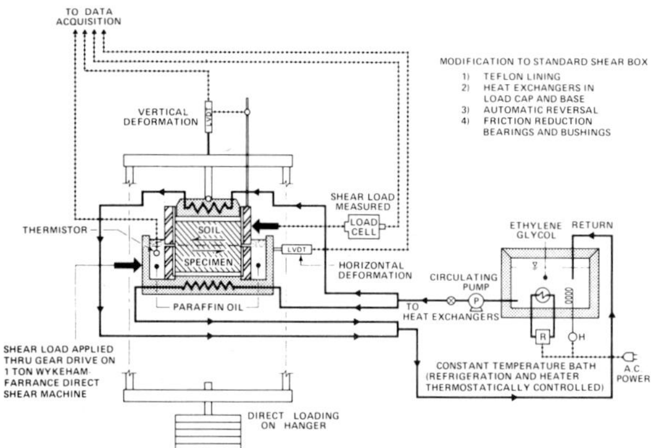

Figure 1. Schematic layout of shearbox and associated equipment used in direct shear tests.

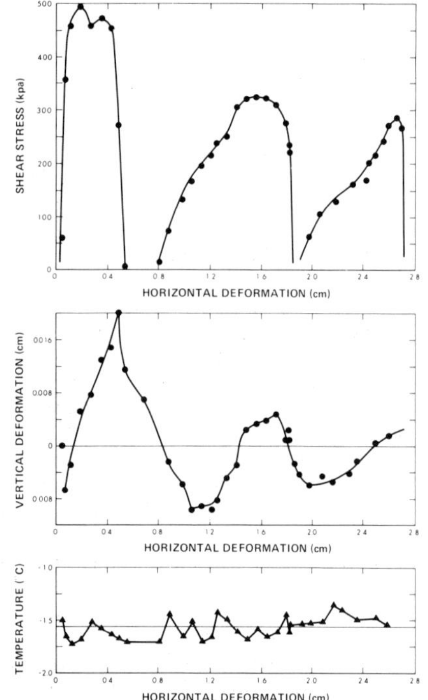

Figure 2. Typical results from a direct shear test (FS-11).

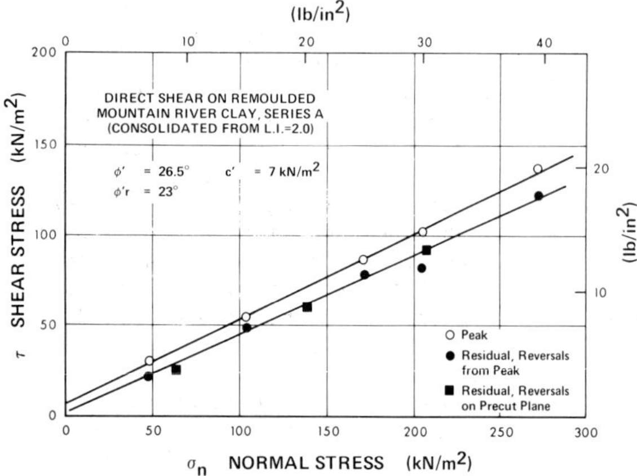

Figure 3. Direct shear envelopes for reconstituted Mountain River clay (unfrozen).

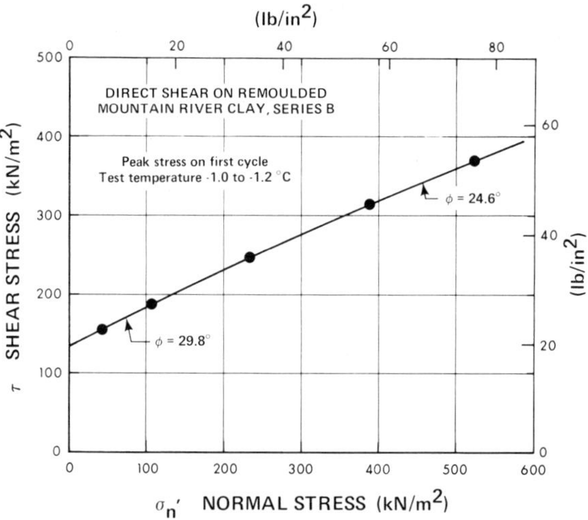

Figure 4. Direct shear envelopes for reconstituted Mountain River clay (frozen).

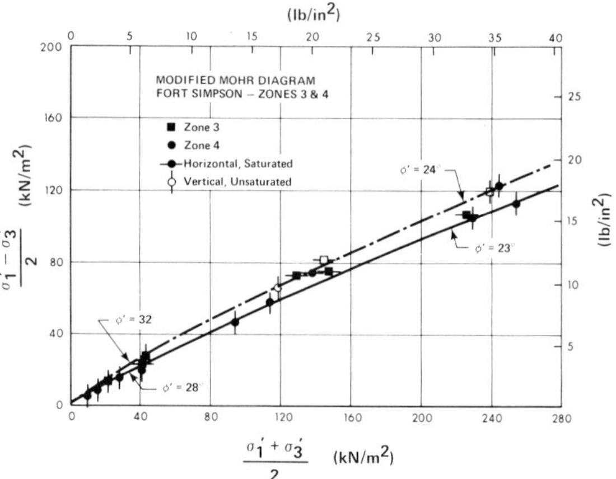

Figure 5. Strength envelope for Fort Simpson silty clay (triaxial shear, thawed).

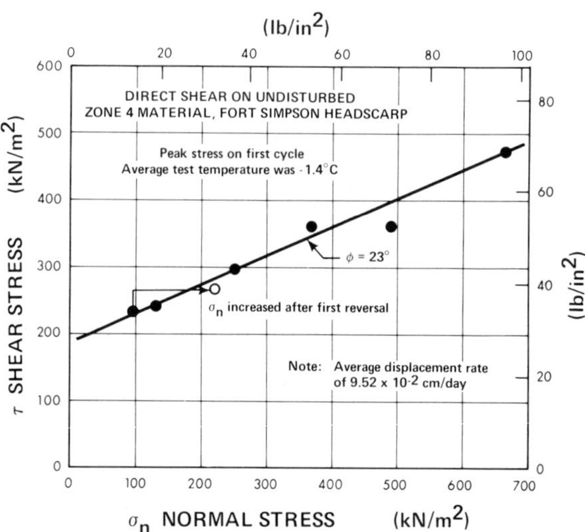

Figure 6. Direct shear envelope for Fort Simpson silty clay (Rate 1)

The open circles on Figures 6 and 8 indicate the peak strengths measured during the remainder of those shear cycles.

The peak strength envelope in Figure 6 indicates a friction angle of approximately 23° for the tests conducted at the slowest of the three strain rates used. This agrees with the effective friction of 23 to 24° obtained at a similar stress level for the same soil when thawed. Other direct shear tests on frozen soil were performed at faster displacement rates. Failure envelopes for these tests indicate some frictional response, but Figures 7 and 8 suggest that friction angles decrease as the strain rate is increased. A summary of the results for direct shear tests performed on undisturbed permafrost from the Fort Simpson site appears in Table 2.

Table 2. Summary of Laboratory Test Results

Test	Frozen Bulk Density (Mg/m^3)	Water Content (%)	Normal Stress (kN/m^2)	Peak Shear Stress (kN/m^2)	Dilatancy at Peak (%)	Shear Zone Thickness[1] (cm)	Displacement Rate (cm/day)	Average Temperature (°C)
FS-01	1.95	26.7	252	296	1.10	1.8	8.3×10^{-2}	−1.40
FS-02	1.98	25.9	131	240	0.20	1.2	9.2×10^{-2}	−1.40
FS-03	1.81	24.9	491	361	0.20	1.0	9.9×10^{-2}	−1.40
FS-04	1.77	50.2	367	374	0.0	1.3	9.6×10^{-2}	−1.45
FS-05	1.89	26.8	667	471	0.30	1.7	10.4×10^{-2}	−1.40
FS-06	1.86	31.0	98 (221)[2]	274 265	0.20	1.6	9.8×10^{-2}	−1.40
FS-07	1.95	25.1	456	396	−0.10	1.1	2.9×10^{-1}	−1.60
FS-08	1.90	32.4	218	261	0.30	1.0	2.9×10^{-1}	−1.45
FS-09	1.93	30.0	370	376	0.0	1.1	1.8	−1.60
FS-10	1.88	31.2	311	394	0.55	0.8	1.9	−1.45
FS-11	1.93	25.0	370	495	0.15	0.9	2.0	−1.60
FS-12	1.95	26.8	129	359	1.10	1.0	1.9	−1.45
FS-13	1.76	37.4	609	408	−0.05	0.9	3.0×10^{-1}	−1.50
FS-14	1.88	35.8	133	286	−0.05	1.1	3.3×10^{-1}	−1.45
FS-15	1.97	26.2	667 (903)[2]	517 505	0.35	1.0	1.9	−1.40
FS-16	1.95	26.8	192	333	2.0	1.0	1.8	−1.30

[1] Estimated from shear structures visible on longitudinal, vertical section of specimen examined after the test had been completed

[2] Normal stress increased at the midpoint on the second cycle of shear (after first shear box reversal)

Figure 9 shows the apparent cohesive intercept plotted against time to failure for the Fort Simpson silty clay and for 20-30 mesh Ottawa sand (from Sayles, 1973). Test results from both sources show the geometric cohesive intercept decreasing with time to failure, implying that with sufficiently slow strain rates or long times to failure, an increasing percentage of the total shear strength can be attributed to frictional mechanisms. Behaviour observed in this study is consistent with Vialov's (1962) and Vialov and Susherina's (1964) findings, and substantiates predictions made by Ladanyi (1975). These authors have all attributed the cohesive component of shear strength in frozen soils entirely to the time-dependent strength of the ice matrix. Most of the differences between the apparent cohesion for sand and clay in Figure can be attributed to temperature effects. Dissimilar soil porosities may also be responsible for some of the spread between these two lines. Also, the Fort Simpson silty clay contained some unfrozen water, and several samples contained through-going veins of segregated ice. For a time to failure of 90 to 100 hours, the cohesive intercept for the Mountain River clay was slightly less than that obtained from the Fort Simpson clay under similar test conditions. This probably results from the clay's remoulded structure, and the slightly warmer test temperatures employed in those tests.

SHEAR-INDUCED FABRIC

In the preceding, reference has been made to certain structural features which apparently developed during shear. These fabric changes were accented by the accumulation of thin ice lenses along various shear planes. Figure 10 shows cross sections for all of the specimens of Fort Simpson silty clay sheared in this study. Most exhibit nearly continuous ice lenses occupying what appears to be the principal shear plane. Numerous other lenses were visible along secondary shear structures, but most tended to be concentrated in and adjacent to the main shear zone. The orientations of these fine lenses suggested shear features that were similar to those usually observed in conventional direct shear tests (Morgenstern and Tchalenko, 1967; Tchalenko, 1968). Reidel shear zones were present in most of the samples, and some thrust features extended well beyond the principal shear zone. The thrust shears were most obvious in specimens that had been subjected to large cumulative horizontal displacements (e.g. FS-08 and FS-16).

Ice lenses present prior to shear probably supplied at least part of the water that eventually made its way into the shear zones. Specimens FS-04, 07, and 09 are examples where thicker or more numerous lenses that formed in the shear zone probably originated from segregated ice present at the outset. In specimen FS-09, an ice-rich zone developed at the point where a natural ice lense was intercepted by the principal shear plane. Slickensides were observed along both principal shear planes, and many of the thrust shears extended into the intact soil beyond. High spots on some of the principal shear planes were noticeably polished. A scanning electron microscope study of several shear zone revealed that a thin layer of highly-oriented particles had formed along either side of the shear plane. Within just a few microns of that surface, however, the soil fabric remained essentially intact.

The cross sections in Figure 10 suggest that increased water contents could be expected in the immediate vicinity of a shear zone. By carefully dissecting the specimens with a band saw, it was possible to obtain detailed water content profiles. Figure 11 summarizes water content deviations from the average for each of the specimens tested. Water contents were usually higher near the shear plane, and this increase apparently occurred at the expense of

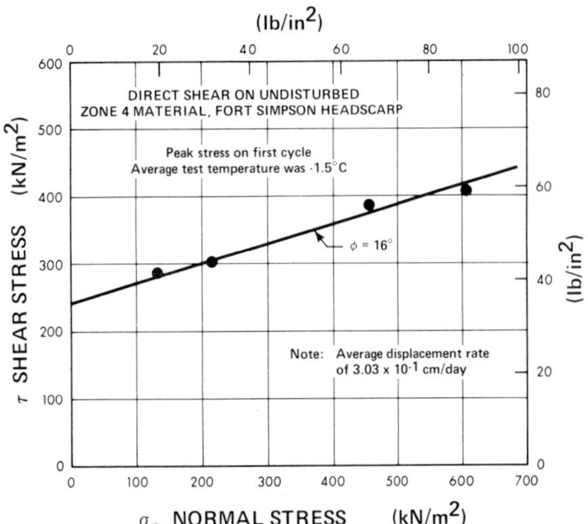

Figure 7. Direct shear envelope for Fort Simpson silty clay (Rate 2).

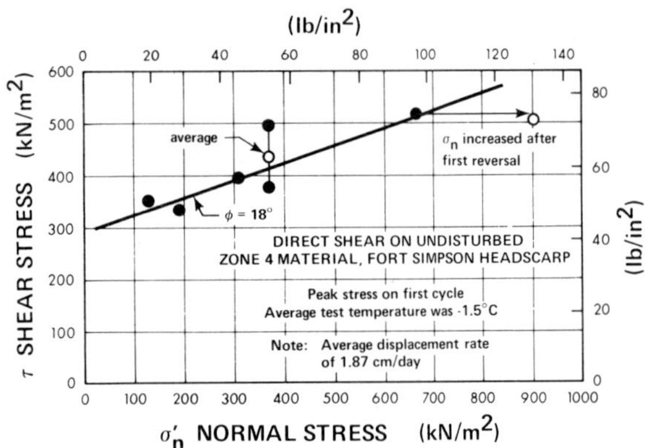

Figure 8. Direct shear envelope for Fort Simpson silty clay (Rate 3).

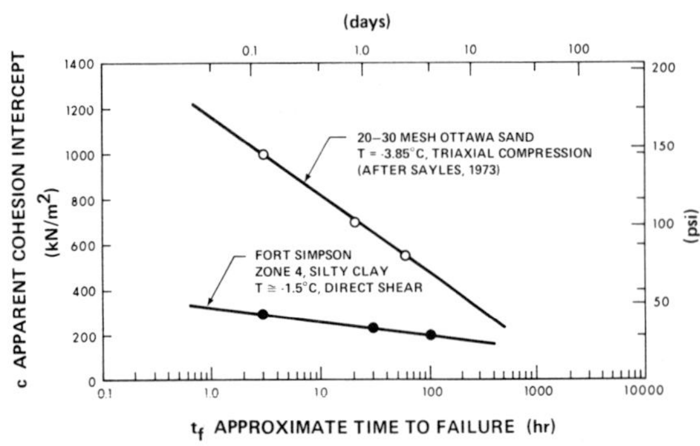

Figure 9. Apparent cohesion intercept as a function of time to failure.

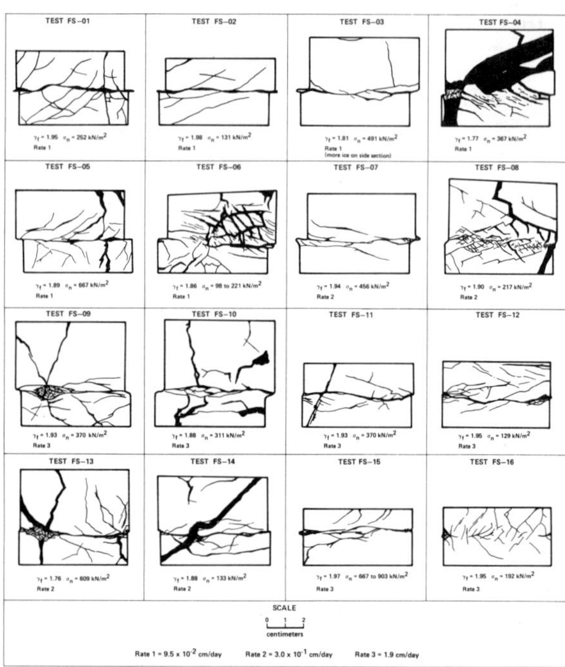

Figure 10. Sketches of ice structure in sheared specimens.

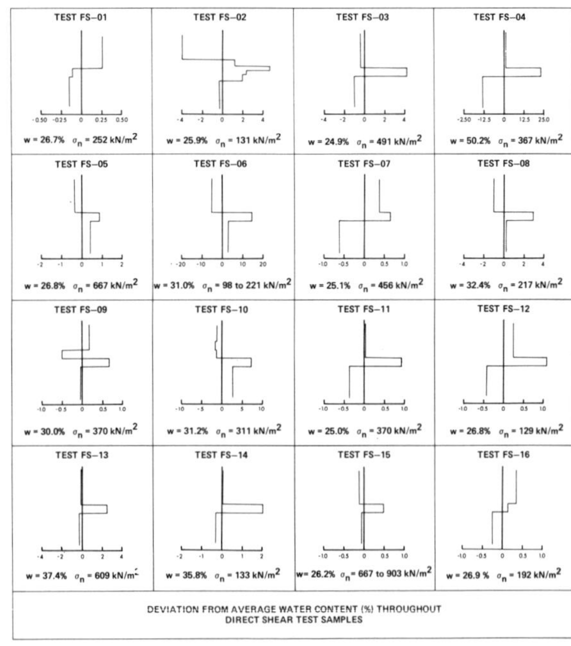

Figure 11. Water content profiles in sheared specimens.

the rest of the sample. Light paraffin oil was used to flood the specimens during shear, eliminating external water sources for the shear-induced ice. The observed phenomenon of water migration toward shear zones in frozen soils has important engineering implications. Extrapolation to field conditions suggests that sustained shear movement along a well-developed rupture surface could lead to the accumulation of a substantial thickness of ice, and contribute significantly to the progressive deterioration of available shear strength. At the same time, displacement rates observed along a shear plane could tend toward those that would be achieved by pure ice.

CONCLUSIONS

Laboratory testing conducted as part of the research reported here substantiates the concept that shear strength in ice-poor frozen soils depends upon the normal stress. The friction angles mobilized on frozen soils in these tests were essentially identical to those determined in conventional drained tests on the same soil in a thawed or unfrozen state. The results of previous laboratory studies had documented frictional behaviour for frozen sands, but generally indicated that the strength of frozen fine-grained soils was purely cohesive. By conducting shear tests at sufficiently slow strain rates, results reported here confirm that ice-poor frozen silty clays clearly exhibit a frictional response. Rate and temperature dependence can be included in describing the cohesive intercept, as it becomes small or negligible when strain rates are very slow. The strength and deformation characteristics of ice-rich soils probably correspond more closely to behaviour observed for ice, although the effects which soil inclusions have on these properties require further study.

Inspecting samples subjected to direct shear revealed that some redistribution of moisture had occurred within them. This was evidenced by the formation of semicontinuous ice lenses along the principal and secondary shear planes, and resulted in a net increase in the gravimetric water content within the shear zone. Accumulation of segregated ice along failure planes implies that sustained shear movement could lead to an acceleration in displacement rates if the applied stress remained constant. The amount of unfrozen water present and its mobility are certainly factors important to obtaining a complete understanding of this phenomenon. At temperatures approaching 0°C, it can be speculated that behaviour might approach that observed for unfrozen soil. However, at the same warm temperatures, segregated ice may exert a much greater influence on both strength and deformation properties. Under these circumstances, it is clearly important to recognize such structural features as high ice content, or throughgoing and semi-continuous ice veins that could act as preferred zones of weakness under sustained load.

ACKNOWLEDGEMENTS

This research was made possible by financial support received from the National Research Council of Canada.

REFERENCES

ALKIRE, B.D., and ANDERSLAND, O.B. 1973. The effect of confining pressure on the mechanical properties of sand-ice materials. J. Glaciol., 12 (66), pp. 469-481.

IVERSEN, K., and MOUM, J. 1974. The paraffin method - triaxial testing without a rubber membrance. Géotechnique, Vol. 24, No. 4, pp. 665-670.

LADANYI, B. 1975. Bearing capacity of strip footings in frozen soils. Can. Geotech. J., 12 (3), pp. 393-407.

MORGENSTERN, N.R., and TCHALENKO, J.S. 1967. Microscopic structures in kaolin subjected to direct shear. Géotechnique, 17 (4), pp. 309-328.

NEUBER, H., and WOLTERS, R. 1970. Mechanical behaviour of frozen soils under triaxial compression. Fortsch. Geol. Rheinld. u. Westf., Krefeld, Germany, No. 17, pp. 499-536.

PERKINS, T.K., and RUEDRICH, R.A. 1973. The mechanical behaviour of synthetic permafrost. Soc. Pet. Eng. (AIME), 13 (8), pp. 211-220.

ROGGENSACK, W.D. 1977. Geotechnical properties of fine-grained permafrost soils. Unpubl. Ph.D. Thesis, Univ. of Alta., Edmonton, 449 p.

RUEDRICH, R.A., and PERKINS, T.K. 1973. A study of factors which influence the mechanical properties of deep permafrost. Paper No. SPE-4587, 48th Ann. Fall Mtng., Soc. Pet. Eng. (AIME), Las Vegas, Nevada, 15 p.

SAYLES, F.H. 1973. Triaxial and creep tests on frozen Ottawa sand. In Permafrost: The North American Contribution to the 2nd International Conference, Yakutsk, National Academy of Sciences, Wash., D.C., pp. 384-391.

TCHALENKO, J.S. 1968. The evolution of kink-bands and the development of compression textures in sheared clays. Tectonophysics, Vol. 16, pp. 159-174.

VIALOV, S.S. (Ed.) 1962. The strength and creep of frozen soils and calculations for ice-soil retaining structures. U.S. Army CRREL Trans. No. 76, 301 p. (Translated from the original Russian in 1965, NTIS No. AD 484 093)

VIALOV, S.S., and SUSHERINA, Ye.P. 1964 Resistance of frozen soils to triaxial compression. Merzlotnye Issledovainiya, No. 4, pp. 340-375. (Translated from the original Russian in 1970 by the U.S. Army Foreign Science and Technology Center, NTIS No. AD 713 981)

EFFECT OF PENETRATION RATE OF FREEZING AND CONFINING STRESS ON THE FROST HEAVE RATIO OF SOIL

Tsutomu Takashi, Hideo Yamamoto, Takahiro Ohrai and Minoru Masuda, Technical Research Laboratory, Seiken Reiki Co.,Ltd, Osaka, Japan

Freezing experiments were done for two kinds of soil under varied stresses and penetration rates, using a temperature-controlling device designed by the authors which keeps the unidimensional penetration rate constant. It was found by the experiments that, under a constant confining stress σ, the frost heave ratio ξ markedly increases with the decrease of penetration rate U and there exists a formulated relation between these three, and that there is also a formulated relation between the water suction or discharge ratio ξ_w, U and σ. Seeking for the cause of these results, the authors proposed a model of water suction or discharge mechanism at (or near) the freezing front and the proposed model explains the empirical formula without conflicting with other phenomena accompaning frost action.

INCIDENCE DE LA VITESSE DE PÉNÉTRATION DU GEL ET DES CONTRAINTES HYDROSTATIQUES SUR LE SOULÈVEMENT DIFFÉRENTIEL DU SOL

Tsutomu Takashi, Hideo Yamamoto, Takahiro Ohrai and Minoru Masuda, Technical Research Laboratory, Seiken Reiki Co., Ltd., Osaka, Japon.

On a effectué des expériences de congélation sur deux sortes de sols, soumis à des contraintes et des vitesses de pénétration diverses, au cours desquelles on a utilisé un appareil de contrôle de la température conçu par les auteurs, et permettant de maintenir la vitesse de pénétration unidimensionnelle à une valeur constante. Les expériences ont démontré que, sous l'effet d'une contrainte hydrostatique constante σ, le soulèvement différentiel dû au gel ξ augmente fortement à mesure que diminue la vitesse de pénétration U, et on peut formuler une relation entre ces trois éléments, puis une autre entre la succion d'eau ou l'écoulement ξ_w, et U et σ. Pour pouvoir expliquer ces résultats, les auteurs ont proposé un modèle de la succion d'eau ou du mécanisme d'écoulement, sur le front de congélation (ou à proximité de celui-ci), et le modèle proposé permet de justifier la formule empirique, sans ignorer les autres phénomènes qui accompagnent l'action du gel.

ВЛИЯНИЕ СКОРОСТИ ПРОМЕРЗАНИЯ И ОГРАНИЧИВАЮЩЕГО НАПРЯЖЕНИЯ НА КОЭФФИЦИЕНТ МЕРЗЛОТНОГО ПУЧЕНИЯ ГРУНТОВ

Для двух типов грунтов при различных напряжениях и скоростях промерзания были проведены эксперименты по промораживанию, в которых использовалось созданное авторами устройство для контроля температуры, обеспечивающее постоянную одномерную скорость промерзания. Было найдено, что при постоянном ограничивающем напряжении σ коэффициент мерзлотного пучения ξ заметно возрастает с уменьшением скорости пенетрации U, что между этими тремя параметрами существует сформулированная зависимость, и что между коэффициентом всасывания или истечения воды ξ_w, величиной U и величиной σ также имеется сформулированная зависимость. Для исследования этих зависимостей авторы предложили модель механизма всасывания или истечения воды на границе промерзания или вблизи нее. Предложенная модель объясняет эмпирическую формулу и не противоречит другим явлениям, сопровождающим процесс промерзания.

EFFECT OF PENETRATION RATE OF FREEZING AND CONFINING STRESS ON THE FROST HEAVE RATIO OF SOIL

Tsutomu Takashi, Hideo Yamamoto,
Takahiro Ohrai and Minoru Masuda

Technical Research Laboratory, Seiken Reiki Co., Ltd.
Osaka, Japan

INTRODUCTION

With scale-enlargement of artificial ground-freezing, the requirment for the construction of underground storage tanks of liquefied natural gases as well as the frequent needs of long-continued freezing operation, often lasting for more than two years, make clarification of frost heave behavior at a small penetration rate (some 0.05 ~ 1.0 mm/h) an urgent need in Japan.

The authors have made repeated experiments on two kinds of saturated soil more than 170 times, and have succeeded in deriving an empirical formula which expresses the dependency of frost heave ratio on the penetration rate. This paper presents the data used to derive this empirical formula, and examines the type of mechanism that may give rise to such phenomena. It is demonstrated that the proposed model explains the empirical formula without conflicting with other phenomena accompanying frost action. At the same time, the amount of water intake or discharge during freezing deduced from this model coincides very well with that obtained from the experiment.

Taber (1929, 1930) suggested that the lower the penetration rate is the larger the frost heave ratio is, while Beskow (1935) found that frost heave is independent of penetration rate. U.S.Army (1958) data indicates that within a penetration rate of 0.265 ~ 0.793 mm/h the heave ratio is not considerably affected by the penetration rate. However, Higashi (1958) showed that the higher the penetration rate is the lower the heave rate is. Those studies were extended by Penner (1960) who studied the relation between water intake rate and penetration rate. Although an empirical formula for this relation was not derived by him, his results are similar in many respects to those of our experiments. Freden (1966) examined the penetration within a range of 0.5 ~ 10.0 mm/h and showed that the heave rate is proportional to the penetration rate.

Previous research therefore, shows rather varying results, which in extreme cases, are contradictory. The reasons for this inconsistency seem to lie in the imperfection of the experimental and measuring apparatus and the scarcity of quantitative experimental data. We have made repeated experiments over 70 times on each of the samples studied and have made improvements on the open-type experimental apparatus. Then we suppose that the empirical formula obtained is valid.

EXPERIMENTAL METHOD AND SAMPLES

Apparatus

Our experimental apparatus is shown in Fig.1 and is similar to that used by Takashi et al. (1971). The frictional resistance during heaving was diminished by using slide bearings in both ends of the guide-arm, ③. Measurement of frost heave was made by potentiometer and that of water intake or discharge amount by a differential transformer. The apparatus has been improved to take readings with an accuracy of 20 microns.

Control of Penetration Rate and Its Confirmation

During analysis of the thermal conditions, it was found that a constant penetration rate, U, is attained by decreasing the temperature, θ_1, of the cooling surface and the temperature, θ_2, on the opposite side with time, according to the following equations (Takashi et al 1975).

$$\theta_1 = -\frac{L\gamma_1\kappa_1}{k_1}\left(e^{\frac{U^2}{\kappa_1}t} - 1\right), \quad \text{----(1)}$$

$$\theta_2 = 0, \quad \text{----------------------(2)}$$

where L is latent heat of soil freezing, γ_1 is the weight of unit volume of frozen soil, κ_1 is the thermal diffusivity of frozen soil and k_1 is the heat conductivity of frozen soil. In this experiment U^2t/κ_1 was, at the most 0.13, and therefore, the equation,

$$\theta_1 = -\frac{L\gamma_1 U^2}{k_1}t \quad \text{---------------(3)}$$

is obtained approximately theoretically. The experiment was performed at a temperature, θ_2, which was 0.2 ~ 0.3 ℃ higher than the freezing point at the test-body. Accurate penetration rate was determined after the experiment from the record of the frost heave movement and water intake or discharge amount with reference to the above theoretical value. Fig.2 shows the temperature change of the cooling surface, the amount of frost heave and the water intaking or discharging amount during the experiment. Since the time-rate of frost heave amount and that of water intake or discharge amount is almost linear during freezing as seen in the figure, we can assume that freezing penetration has a constant rate.

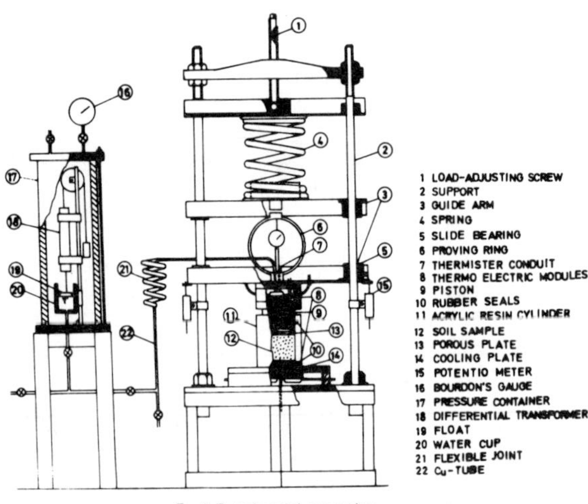

Fig.1. Experimental apparatus

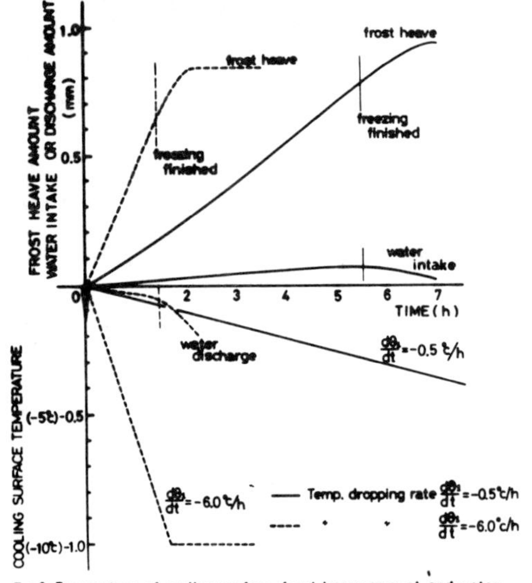

Fig.2. Temperature of cooling surface, frost heave amount and water intake or discharge amount in the freezing of sample No.2.

Samples and Dimensions of The Test-body

The experiments were done using two kinds of sample whose particle-size distributions are shown in Fig.3 . Both samples are homogeneous and overconsolidated silt and clay, and were not disturbed. Overconsolidated soil was chosen because freezing and thawing must be repeated at least 70 times for one test-body, and the sample must show negligible change of properties with regard to frost action.

The diameter of the test-body was 10 cm in accordance with dimension of the experimental apparatus. In the determination of sample height, a preliminary experiment was done on two test-bodies of sample No.1, which were 49 mm and 18 mm in height respectively. There was no substantial difference with respect to the height of samples and the formal test could be performed. In this test the height of the test-body was 18 mm for sample No.1 and 28 mm for sample No.2 .

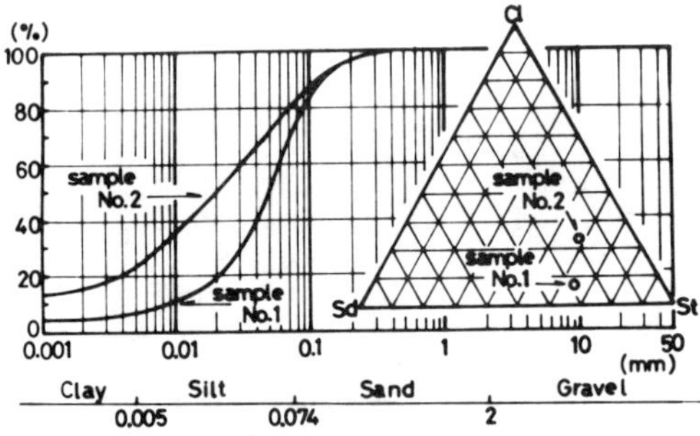

Fig.3. Particle size distribution of two kinds of sample.

The Frost Heave Ratio ξ and The Water Intake or Discharge Ratio ξ_w

In this experiment freezing was initiated from the lower end of test-body and penetrated upward at a nearly constant rate to the upper end. This stage corresponds to the "freezing finished" point in Fig.2 . When each test run was finished, it was found that the average temperature of the test-body as a whole varied considerably with the cooling rate. In order to unify the amount of secondary expansion by equalizing the amount of unfrozen water remaining in the soil, our results have been adjusted to the final amount of frost heave at the time when the average temperature of the samples reached -5 ℃ and by further lowering the temperature of the cooling surface to - 10 ℃ after confirming the completion of the freeze. If the total amount of frost heave at this point of time is h and the height of the test-body before freezing is H, then:

$$\xi = h/H \quad \text{---------------(4)}$$

ξ is the frost heave ratio or freezing expansion ratio. If the total volume of water intake or discharge during freezing is V_w and the volume of the test-body before freezing is V, then:

$$\xi_w = V_w/V \quad \text{--------------(5)}$$

In this case ξ_w is the water intake or discharge ratio.

RESULTS OF THE EXPERIMENT

$\xi \sim$ U Curve, $\xi_w \sim$ U Curve

The relation between the penetration

rate, U (abscissa) and frost heave ratio, ξ, and water intake or discharge ratio, ξ_w, (ordinate) for sample No.1 under an effective stress of $\sigma = 1.12$ kg/cm^2 and 2.12 kg/cm^2 are shown in Fig.4. Fig.5 shows the experimental results for sample No.2 under $\sigma = 3.1$ kg/cm^2. From these figures it is seen that ξ distinctly increases as U diminishes. ξ_w also changes with nearly the same trend as ξ. Also when U is large frost heave accompanies water discharge and when U is small it accompanies water intake under the same effective stress. In order to examine the qualitative tendency due to the temperature gradient in unfrozen soil, a series of experiments were done by increasing the temperature, θ_2 by + 1 °C. The results are plotted in Fig.5. Though there is a tendency for slightly large ξ and ξ_w, this is quantitatively negligible.

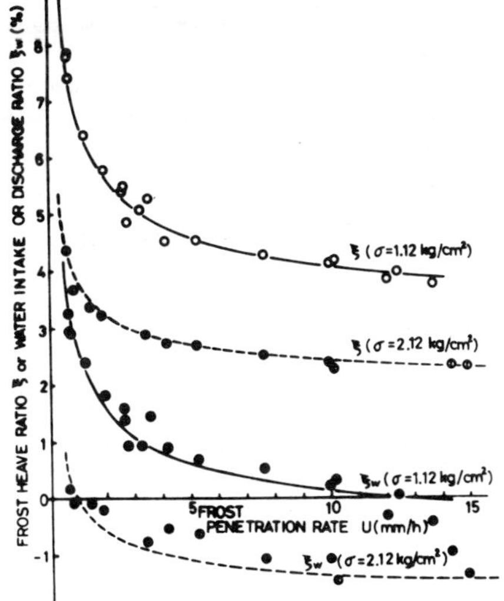

Fig. 4 Relation of frost heave ratio ξ, water intake or discharge ratio ξw versus frost penetration rate U(mm/h) for sample No 1 (σ = 1.12, 2.12 kg/cm²).

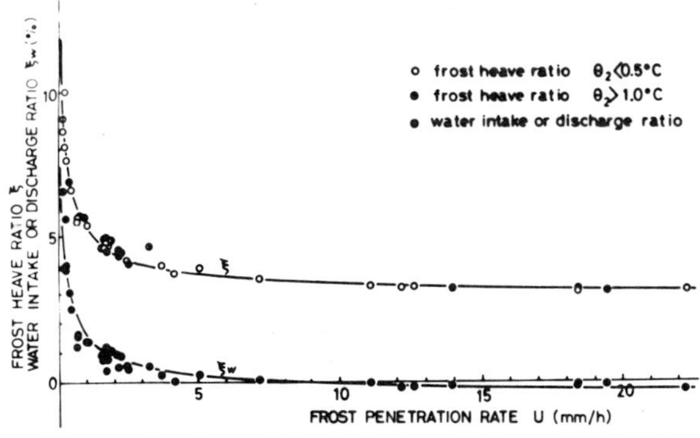

Fig. 5. Relation of frost heave ratio ξ, water intake or discharge ratio ξw versus frost penetration rate U(mm/h) for sample No. 2 (σ = 3.1 kg/cm²).

$\xi \sim 1/\sqrt{U}$ Curve

An empirical formula which expresses the dependence of ξ upon U, can be defined from Fig.6 and Fig.7, in a plot of $1/\sqrt{U}$ against ξ. In both figures the results plot on straight lines and, from this, the formula under constant σ must be:

$$\xi = A + B\frac{1}{\sqrt{U}} \quad \text{-----------------(6)}$$

where A and B are positive when σ is constant. In other words, A and B are functions only of the effective stress, σ.

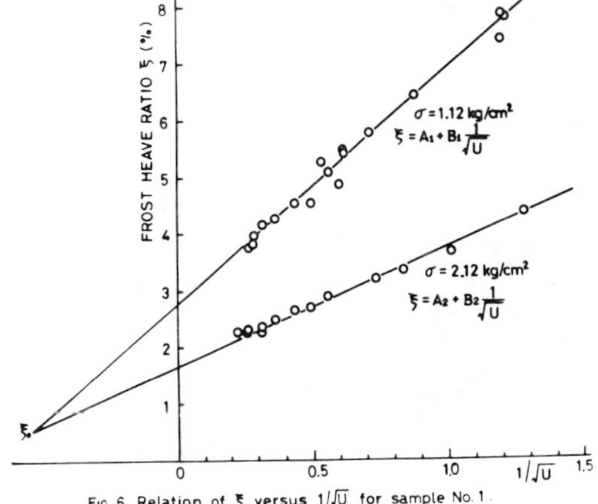

Fig. 6. Relation of ξ versus 1/√U for sample No. 1.

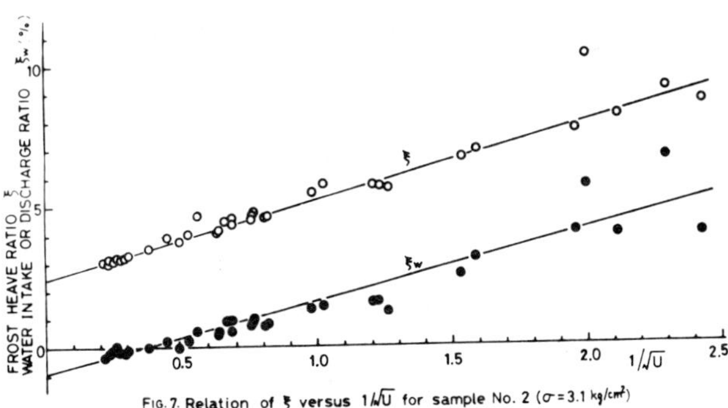

Fig. 7. Relation of ξ versus 1/√U for sample No. 2 (σ = 3.1 kg/cm²)

$\xi \sim \sigma$ Curve

In a previous paper (Takashi et al. 1971) the authors have pointed out that if the penetrating condition is the same throughout freezing, the relation between ξ and σ can be expressed by the following equation:

$$\xi = \xi_0 + \frac{C}{\sigma} \quad \text{-----------------(7)}$$

where ξ_0 may be considered as the amount of secondary expansion caused by the gradual freezing of unfrozen water behind the freezing front with further lowering of temperature. Therefore ξ_0 may be considered as a constant independent of σ and U. It was confirmed that eq.(7) is applicable to a wide range of $\sigma = 1 \sim 15$ kg/cm^2 for samples used in this experiment. However, as seen from Fig.8, when σ is smaller than 1 kg/cm^2 both ξ and ξ_w have somewhat smaller values than those obtained from eq.(7). It has become clear, from both analysis and experiments, that such phenomena are due to the increased effective stress, σ , which is caused by a drop in pore water pressure in unfrozen soil as a result of an intense in water intake occuring at the freezing front (Takashi et al. 1976) .

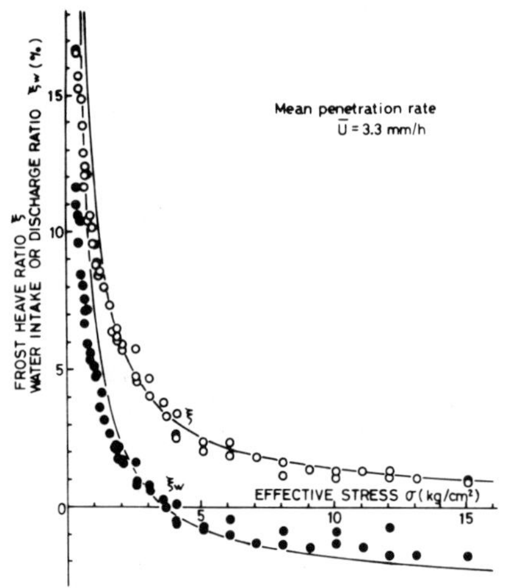

Fig. 8. Relation of ξ , ξ_w versus effective stress σ for sample No. 2.

$(\xi - \xi_o)\sigma \sim 1/\sqrt{U}$ Curve

If the frost heave ratio is generally governed by extrinsic factors during freezing, σ and U, eqs.(6) and (7) must be combined into a single formula. Graphically expressing all the results of the experiment by plotting $1/\sqrt{U}$ against $(\xi - \xi_o)\sigma$, we obtain Fig.9 in which the data from both samples plot on straight lines. From this the relation,

$$(\xi - \xi_o)\sigma = C_1 + C_2/\sqrt{U} \quad \text{--------(8)}$$

is established, and C_1, C_2 are now proper constants of the soil, being quite independent to U and σ . Regulating the equation by $C_1 = \sigma_o$ and $C_2 = \sigma_o\sqrt{U_o}$, eq.(8) is rewritten as:

$$\xi = \xi_o + \frac{\sigma_o}{\sigma}\left(1 + \sqrt{\frac{U_o}{U}}\right) , \quad \text{-----------(9)}$$

where ξ_o, σ_o and U_o are proper constants of the soil. Values of the constants ξ_o, σ_o and U_o, of samples No.1 and No.2 are given in Table 1 .

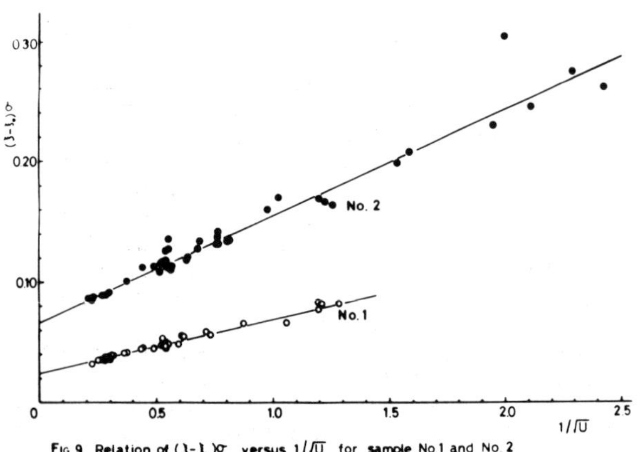

Fig. 9 Relation of $(\xi-\xi_o)\sigma$ versus $1/\sqrt{U}$ for sample No.1 and No.2

Relation between Heave Rate and Penetration Rate

When frost heave, dh occurs within a time, dt, the heave rate can be expressed as dh/dt, and when freezing penetrates for a distance of dX ($dX \neq 0$) at the same time, dt, the penetration rate is expressed as dX/dt . From this relation and a constant penetration rate in the experiment, the equation,

$$\frac{dh}{dt} = \frac{dh}{dX}\cdot\frac{dX}{dt} = \frac{dh}{dX}U = \xi U , \quad (U \neq 0)\text{---(10)}$$

is obtained. Replacing ξ in this formula with eq.(9) , we obtain:

$$\frac{dh}{dt} = \left(\xi_o + \frac{\sigma_o}{\sigma}\right)U + \frac{\sigma_o}{\sigma}\sqrt{U_o U} \quad . \text{----------(11)}$$

Table 1. Proper constants of soil samples

		sample No.1	sample No.2
At average temperature of -5°c	ξ_o	0.0055	0.0030
	σ_o	0.0255 kg/cm²	0.06665 kg/cm²
	U_o	2.94134 mm/h	1.71000 mm/h
Voluminal content of free water	n_f	0.37237	0.347889
Voluminal content of water (porosity)	n	0.569	0.4479
Critical stress for water intake or discharge	σ_c	0.7608 kg/cm²	0.1287 kg/cm²

Relation of ξ and ξ_w

In order to find certain rule between ξ and ξ_w all points of our test data for sample No.2 were plotted against ξ and ξ_w (Fig.10). In this figure all the points lie on a straight line having a gradient of $1 + \Gamma$ (Γ is the voluminal expansion ratio of about 0.09 for water when it freezes). Whatever the values of σ and U may be during freezing, therefore, water intake necessarily takes place when ξ is greater than 3.6 % , and at values less than 3.3 % water discharge occurs. From Figs.4 , 5, 8, it can be seen that the ξ and ξ_w curves are nearly parallel to each other, and this suggests that as U or σ become smaller the force which attracts water to the freezing front increases resulting in the development of frost heave.

Water Discharge during Freezing

When U or σ is large, frost heave accompanies water discharge because the increasing volume of freezing water is expelled from the system. McRoberts et al. (1975) explained this phenomenon precisely.

In the freezing of sand, water is usually discharged, independently of σ and U . If the volume of free-water (pore water not bound to soil particles by any energy) in a unit volume of sand is n_f (which refers to the volumetric content of free-water) , then in a unit of time, out of the initial volume of free-water in the sand, a volume of $U \cdot n_f/(1 + \Gamma)$ changes to ice and remains in the frozen soil, and the remainder, i.e., a volume of water,

$$U \cdot n_f - U \cdot n_f \frac{1}{1+\Gamma} = n_f \frac{\Gamma}{1+\Gamma} U \quad \text{-----(12)}$$

is expelled from the freezing front. Such action will occur even where the soil has frost heave sensibility. Therefore, if U or σ increased, the amount of water intake is surpassed by that of water discharge, and the freezing soil as a whole heaves up discharging water as observed in our experiment.

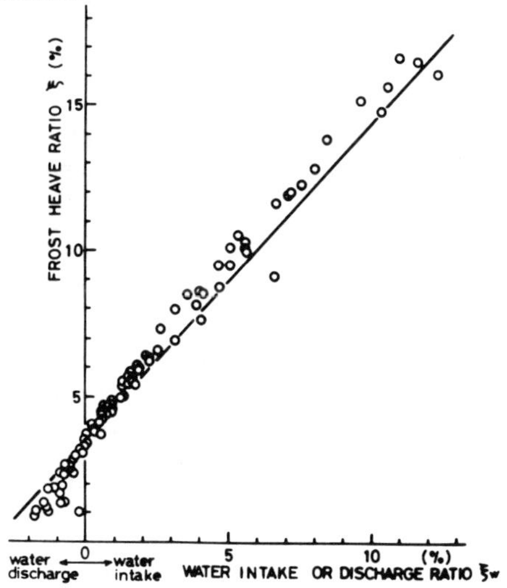

FIG.10. Correlation of frost heave ratio ξ and water intake or discharge ratio ξ_w for sample No. 2.

ANALYSIS OF EXPERIMENTAL RESULTS

Pump Model for Water Intake or Discharge

In this section we propose a model for the mechanism of water intake or discharge at the freezing front, which is necessary for inducing the frost heave equation expressed by eq.(9) . The model which is proposed is based on the assumption that there are three different kinds of pump near the freezing front. Such pumps must satisfy the following necessary conditions:
1) The capacity of the pumps is a function of σ and U .
2) Their capacity must be larger as σ is smaller and must be smaller as U is smaller, and when $U \rightarrow 0$ the capacity is 0.
3) ξ becomes infinity when $U \rightarrow 0$ and $\sigma \rightarrow 0$. Accordingly, $dw/dt \cdot 1/U$ must become infinity when $U \rightarrow 0$.

We have divided the function of the pumps and decided to consider the pumps only for water intake and water discharge, as shown in Fig.11 . Of these pumps related to water discharge is considered to be the only one by which water is expelled by the volume increase when free-water near the freezing front freezes. If this assumption is correct, the capacity, m_3, per unit area of freezing front of this pump is:

$$m_3 = - n_f \frac{\Gamma}{1+\Gamma} U \quad . \quad \text{----------(13)}$$

Here, the negative sign on right hand side of the equation indicates discharged water. One of the water intake pumps will have a capacity proportional with U as pointed out by Freden (1966) . Again, since the water intake has a reverse proportional relation with the effective stress, σ , the simplest form of capacity of one water intaking pump, m_1, is:

$$m_1 = C_1' \frac{U}{\sigma} \quad . \quad \text{---------------(14)}$$

Obtaining a simple functional form which fulfills condition 3) , the capacity of another water intaking pump is:

$$m_2 = C_2' \frac{\sqrt{U}}{\sigma} \quad . \quad \text{---------------(15)}$$

From the above formulae our pump model is such that there are three pumps at the freezing front, and as they simultaneously operate in parallel, the speed of water intake or discharge at the freezing front is:

$$\frac{dw}{dt} = m_1 + m_2 + m_3 = C_1' \frac{U}{\sigma} + C_2' \frac{\sqrt{U}}{\sigma} - n_f \frac{\Gamma}{1+\Gamma} U \quad . \text{--(16)}$$

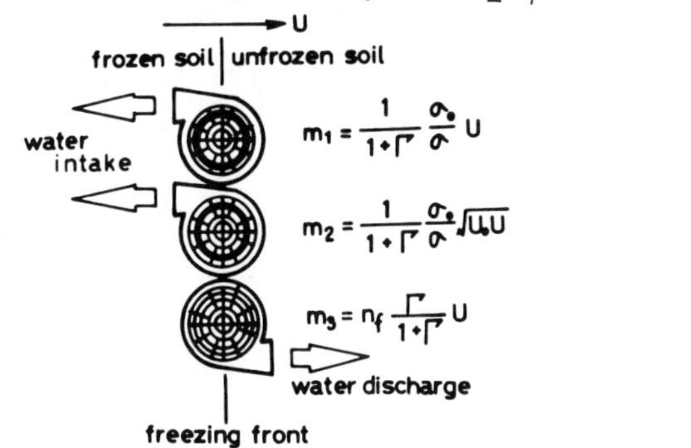

FIG.11. A pump model for the mechanism of water intake or discharge at the freezing front.

Comparison with Empirical Formula

If the volume of water which enters the frost heave region from a unit area of the freezing front in a time, dt, is dw_s then, the formula becomes:

$$\frac{dw_s}{dt} = C_1' \frac{U}{\sigma} + C_2' \frac{\sqrt{U}}{\sigma} \quad . \quad \text{---------------(17)}$$

If the phenomenon of frost heave is the result of water entering from the freezing front plus a secondary expansion due to the freezing of unfrozen water contained in the soil behind the freezing front, the frost heave rate must be:

$$\frac{dh}{dt} = (1+\Gamma) \frac{dw_s}{dt} + \xi_0 U \quad . \quad \text{-----------(18)}$$

By applying formula(10) to dh/dt and eq.(17) to dw_s/dt , we obtain:

$$\xi = \xi_0 + \frac{(1+\Gamma) C_1'}{\sigma} \left(1 + \frac{C_2'}{C_1'} \frac{1}{\sqrt{U}}\right) \quad . \quad \text{----(19)}$$

So that, by substituting:

$$C_1' = \frac{\sigma_0}{1+\Gamma} , \quad C_2' = C_1' \sqrt{U_0} = \frac{\sigma_0 \sqrt{U_0}}{1+\Gamma} , \text{----(20)}$$

it is apparent that the frost heave ratio derived from our model of the water intaking or discharging mechanism is in complete agreements with the empirical formula of eq.(9) . Then we obtain:

$$\frac{dw}{dt} = \frac{U}{1+\Gamma}\frac{\sigma_0}{\sigma}\left(1+\sqrt{\frac{U_0}{U}}\right) - n_f\frac{\Gamma}{1+\Gamma}U \quad \text{-------(21)}$$

Accordingly, ξ_w is:

$$\xi_w = \frac{dw}{dX} = \frac{dw}{dt}\frac{dt}{dX} = \frac{1}{1+\Gamma}\frac{\sigma_0}{\sigma}\left(1+\sqrt{\frac{U_0}{U}}\right) - n_f\frac{\Gamma}{1+\Gamma} \; . \text{ --(22)}$$

The curves in Figs.4 , 5 and 8 were calculated from eq.(22) , and show fairly good agreement with the experimental data.

Deduced Articles

Assuming that n_f does not change if σ does, we differentiate dw/dt to U and equate this to 0 . Solving this equation as with U, we obtain:

$$\sqrt{U_1} = \frac{1}{2}\frac{\sqrt{U_0}\,\sigma_0}{n_f\Gamma\sigma - \sigma_0} \quad \text{-------------(23)}$$

where U_1 is the freezing rate for the maximum dw/dt where σ is constant. In Fig.12 the relation between dw/dt and U is calculated from eq.(21) under various stress, σ is shown. From the experimental data presented in this figure, the existence of U_1 is evident. Within the range of σ conforming to:

$$n_f\Gamma\sigma - \sigma_0 \leqq 0 \;, \quad \text{-----------(24)}$$

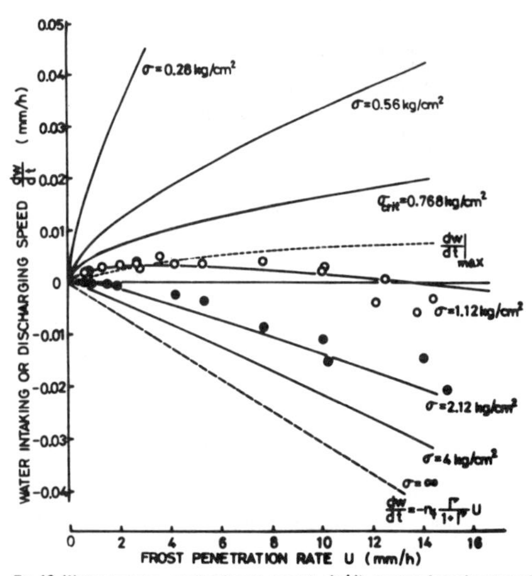

Fig.12. Water intake or discharge speed dw/dt versus freezing speed U under various effective stress σ for sample No.1.

dw/dt infinitely increases with an increase of U . Accordingly, if σ is smaller than:

$$\sigma_c = \sigma_0/n_f\Gamma \;, \quad \text{-----------------(25)}$$

the frost heave is always of the water intake-type independent of U and σ . We call such a stress, critical stress, σ_c for water intake or discharge. Values of σ_c for the samples are listed in Table 1 .

CONCLUSIONS

Conclusions obtained from the present experiment are as follows.

1) When the soil heaves during freezing under a constant confining effective stress, σ , with a constant penetration rate, U, and is in a state free from the resistance in unfrozen soil to moving pore water (perfect open-type), the frost heave ratio, ξ and the frost heave rate, dh/dt are expressed respectively by the eqs.(9) and (11) .

2) When the soil freezes under the same conditions as designated on 1), the water intake or discharge ratio, ξ_w , and speed, dw/dt, are given respectively by the eqs.(22) and (21) .

3) If it is assumed that there are three pumps on (or near) the freezing front, which have the capacities shown in Fig.11, and operate without interfering with each other, eqs.(9) , (11), (22) and (21) are satisfied.

4) The constants, ξ_0 , σ_0 , U_0 and n_f are the intrinsic frost heave properties of the soil. Qualitatively, the larger ξ_0 , σ_0 and U_0 are and the smaller n_f is, the higher the frost heave sensibility of the soil is .

5) Soil sensitive to frost heave has its own critical stress, σ_c for the water intake or discharge as shown by the eq.(25) , and when it freezes under a stress level lower than σ_c, water intake takes place without regard to the penetration rate at that time. σ_c is also a proper constant, and it is supposed that the larger this value is, the higher the frost heave sensibility of the soil is .

REFERENCES

BESKOW, G. 1935. The Swedish Geological Society, Series C. 375 (26th Year Book, No.3) pp.14-21 .

FREDEN, S. 1966. Proc. 6th Int. Conf. Soil Mech. Found. Eng. 1, pp.41-45 .

HIGASHI, A. 1958. SIPRE Rep. 45, pp.1-20 .

MCROBERTS, N, R. et al. 1975. Can. Geotech. J. Vol.12 , pp.130-141 .

PENNER, E. 1960. Proc. Am. Soc. Test. Mater. 60, pp.1151-1165 .

TABER, S. 1929. J. Geol. 37, pp.428-461 .

TABER, S. 1930. J. Geol. 38, pp.303-317 .

TAKASHI, T. et al. 1971. Seppyo. 33. 3, pp.1-11 .

TAKASHI, T. et al. 1972. Proc. General Meeting of JSSI in 1972 .

TAKASHI, T. et al. 1975. Seppyo. 37. 1, pp.13-20 .

TAKASHI, T. et al. 1976. Seppyo. 38. 1, pp.1-10 .

U. S. ARMY, 1958. Technical Rep. No.43 .

DYNAMIC PROPERTIES OF FROZEN SOILS UNDER SIMULATED EARTHQUAKE LOADING CONDITIONS

Ted S. Vinson, Dept. of Civil Engineering, Oregon State Univ. Corvallis, OR 97331 USA

Values of dynamic Young's modulus, E_d, and damping ratio, λ, have been determined with cyclic triaxial test equipment for five frozen soil types and ice at two densities over a range of temperature, axial strain amplitude, confining pressure, and frequency to simulate earthquake and low frequency loading of frozen ground deposits. The results from the research program indicate there is a decrease in E_d with (1) ascending temperature, (2) increasing axial strain amplitude, and (3) decreasing frequency and an increase in λ with (1) ascending temperature and, in general, with (2) increasing axial strain amplitude and (3) decreasing frequency. E_d for the coarse-grained cohesionless soil tested and ice increases with increasing confining pressure, whereas E_d for the fine-grained soils does not change with confining pressure. λ does not change with confining pressure for all the soil and ice samples tested. The values of E_d for the soil samples in the frozen state are approximately two orders of magnitude greater than the values of E_d for the materials in the unfrozen state. The values of λ for the materials in the frozen state are close to the values of λ for the materials in the unfrozen state.

PROPRIÉTÉS DYNAMIQUES DES GÉLISOLS, SOUS L'EFFET DE CHARGES SIMULANT UN TREMBLEMENT DE TERRE

Ted. S. Vinson, Dept. of Civil Engineering, Oregon State Univ. Corvallis, OR 97331 USA

En effectuant des essais triaxiaux cycliques, on a pu déterminer les valeurs du module dynamique de Young E_d et le quotient d'amortissement λ, qui caractérisent cinq types de gélisols, et la glace, pour deux densités différentes, en faisant varier entre certaines limites la température, l'amplitude des contraintes axiales, la pression hydrostatique et la fréquence, de manière à simuler un séisme et l'effet d'une charge de faible fréquence sur des couches de gélisol. Les résultats du programme de recherches indiquent qu'il se produit une diminution de E_d en fonction (1) de l'élévation de la température, (2) de l'augmentation de l'amplitude des contraintes axiales et (3), de la diminution de la fréquence, ainsi qu'une augmentation de λ en fonction (1) de l'élévation de la température, et, en général, (2) de l'augmentation de l'amplitude des contraintes axiales, et (3) de la diminution de la fréquence. E_d, tel qu'applicable aux échantillons testés de sol non cohérent de texture grossière, et à la glace, augmente en même temps que la pression hydrostatique, tandis que E_d, tel qu'applicable aux sols de texture fine, ne varie pas en fonction de la pression hydrostatique. λ ne varie pas en fonction de la pression hydrostatique pour tous les échantillons testés de sol et de glace. Les valeurs de E_d applicables aux échantillons de sol gelé sont environ vingt fois plus élevées que les valeurs de E_d des matériaux non gelés. Les valeurs de λ des matériaux gelés sont proches des valeurs de λ qui caractérisent les matériaux non gelés.

ИССЛЕДОВАНИЕ ДИНАМИЧЕСКИХ СВОЙСТВ МЕРЗЛЫХ ГРУНТОВ С ПОМОЩЬЮ МОДЕЛИ ЗЕМЛЕТРЯСЕНИЯ

Для моделирования землетрясения и низкочастотной нагрузки в мерзлых отложениях, с помощью оборудования для циклических трехмерных испытаний были определены значения динамического модуля Юнга, E_d, и быстрота затухания, λ, для пяти типов мерзлого грунта и льда при двух значениях плотности. Измерения проводились при различных значениях температуры, амплитуды осевой деформации, ограничивающего напряжения и частоты. Результаты исследования показывают, что величина E_d уменьшается с повышением температуры, ростом амплитуды осевой деформации и уменьшением частоты. Величина λ возрастает с повышением температуры, увеличением амплитуды осевой деформации и уменьшением частоты. Для испытуемых образцов грубозернистого несвязного грунта и льда величина E_d возрастала с увеличением ограничивающего давления, тогда как для мелкозернистых грунтов она не менялась с изменением ограничивающего давления. Величина λ не зависела от ограничивающего давления для всех испытуемых образцов грунта и льда. Величины E_d для грунтов в мерзлом состоянии приблизительно на два порядка выше величин E_d для грунтов в талом состоянии. Величины λ для мерзлых грунтов близки к величинам λ для талых грунтов.

DYNAMIC PROPERTIES OF FROZEN SOILS UNDER SIMULATED EARTHQUAKE LOADING CONDITIONS

Ted S. Vinson

Department of Civil Engineering, Oregon State University
Corvallis, Oregon 97331, U.S.A.

INTRODUCTION

In the past decade considerable attention has been focused on Alaska owing to its abundance of natural resources, particularly those related to our increasing demand for energy. The Alaskan pipeline represents a monumental engineering undertaking to recover an estimated 25 to 30 billion barrels of petroleum beneath Alaska's North Slope; plans have recently been announced to develop and bring into production the gas fields beneath Prudhoe Bay, which contain an estimated 26 trillion cubic feet of natural gas; undoubtedly, many other projects will follow.

Design engineers concerned with the recovery of natural resources will be faced with many challenging problems associated with the fact that 85% of Alaska lies within a permafrost region. Further, Alaska is located in one of the world's most active seismic zones. This was exemplified by the 1964 "Good Friday" earthquake and more than seventy other earthquakes that have equaled or exceeded a Richter magnitude of 7 since the 1800's (Meyers, 1976).

It is now generally accepted that the ground surface motions that occur during an earthquake are influenced to a large extent by the characteristics of the underlying soil deposit under dynamic loading conditions (Idriss and Seed, 1968; Seed and Idriss, 1969). The importance of soil conditions and ground surface motions to the response of structures has been recognized for over half a century (Wood, 1908) and demonstrated conclusively in several recent earthquakes (Seed and Idriss, 1971).

Several analytic techniques are presently available to predict ground surface motions during earthquakes. These techniques require a knowledge of the dynamic properties of soils under simulated earthquake loading conditions. For frozen soils dynamic properties have been evaluated from seismic field studies (Barnes, 1963; Roethlisberger, 1972) and from forced vibration, ultrasonic, and resonant column tests in the laboratory (Kaplar, 1969; Nakano and Froula, 1973; Stevens, 1975). The test conditions associated with these studies, however, do not simulate earthquake loading of frozen ground deposits. Thus, an engineer confronted with a seismic design problem involving frozen soils cannot use existing analytic techniques to predict ground surface motions because the dynamic properties of frozen soils under simulated earthquake loading conditions have not been determined.

As part of a long-term study to evaluate dynamic properties of frozen soils under simulated earthquake and low frequency loading conditions the dynamic properties of several artificially frozen soil types and ice have been evaluated using cyclic triaxial test equipment. The results of these studies are reported herein.

TEST SYSTEM AND DYNAMIC PROPERTY DETERMINATION

Dynamic properties of frozen soils under simulated earthquake loading conditions can be evaluated in a cyclic triaxial test. In the cyclic triaxial test a cylindrical sample is placed in a triaxial cell and confined to an initial isotropic stress state, as shown in Figure 1a. An axial load is cycled on the sample causing a reversal of shear stresses in the sample which are a maximum of 45 degree planes. During the test the cyclic axial load and sample deformation are recorded. The axial stress and strain in the sample are determined with a knowledge of the cross-sectional area and length of the sample. The axial stress when the sample is confined is the deviator stress, (i.e. major principal stress minus minor principal stress, $\sigma_1 - \sigma_3$). Typical test results expressed in these terms for one cycle of loading are shown in Figure 1b. From this record two dynamic properties required for ground motion predictions during earthquakes, dynamic Young's Modulus, E_d, and damping ratio, λ, may be calculated as follows:

$$E_d = \frac{\sigma_{max.\ deviator}}{\varepsilon_{max.\ axial}} \qquad (1)$$

and

$$\lambda = \frac{A_L}{4\pi A_T} \qquad (2)$$

with the terms as defined in Figure 1b. A_L represents the total dissipated energy per cycle and A_T represents the work capacity per cycle.

A schematic diagram of the cyclic triaxial test system used in the research program is shown in Figures 2a and 2b. It represents a coupling of existing equipment to evaluate the dynamic properties of unfrozen soils with existing temperature

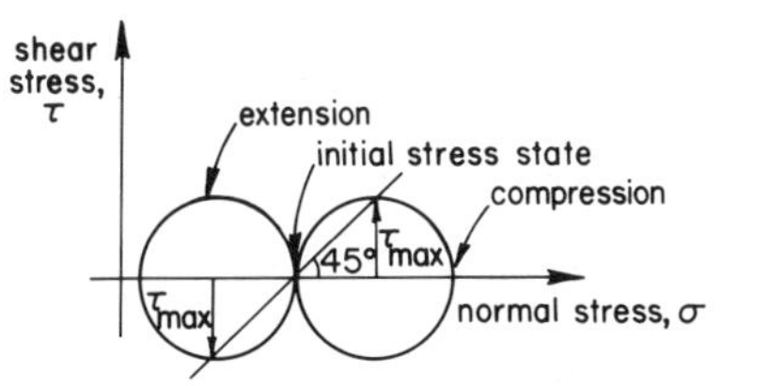

(a) Mohr's Circle Representation of Cyclic Stress States

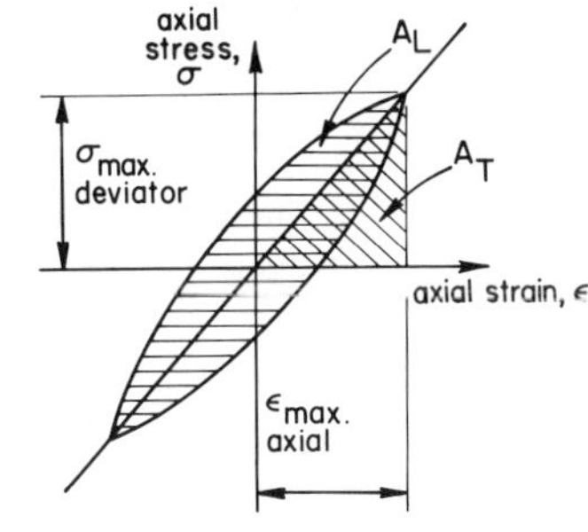

(b) Stress versus Strain for One Load Cycle

Figure 1 - STRESS STATE AND STRESS VERSUS STRAIN FOR CYCLIC TRIAXIAL TEST

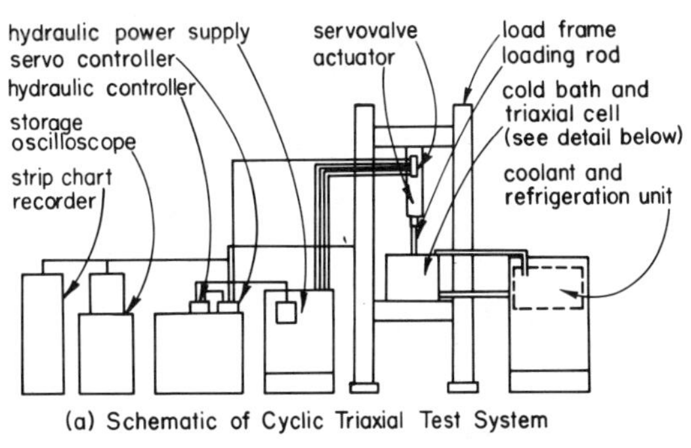

(a) Schematic of Cyclic Triaxial Test System

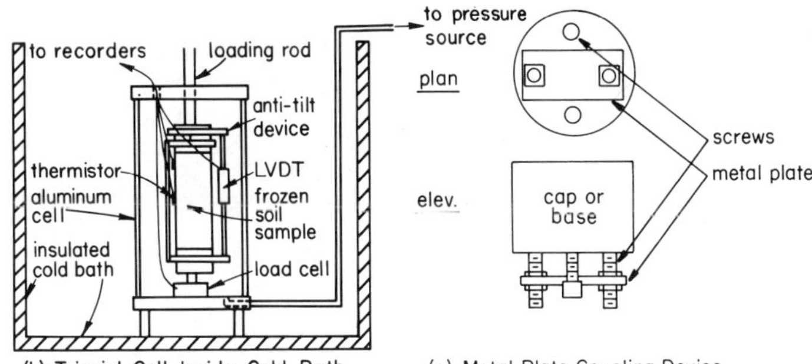

(b) Triaxial Cell Inside Cold Bath

(c) Metal Plate Coupling Device

Figure 2 - CYCLIC TRIAXIAL TEST EQUIPMENT

control equipment to evaluate the static properties of frozen soils. It is described in detail by Vinson and Chaichanavong (1976). The system consists of four basic components:

1. an electrohydraulic closed loop test system which applies a cyclic axial load to the sample (hydraulic power supply, servo controller, servovalve, actuator; refer to Figure 2a).
2. a triaxial cell which contains the sample and non-circulating coolant (refer to Figure 2b).
3. a refrigeration unit and cold bath which circulates the coolant around the triaxial cell (refer to Figure 2a).
4. output recording and readout devices to monitor the axial load, sample deformation, and sample temperature (load cell, thermistors, linear variable differential transformer [LVDT], strip chart recorder, storage oscilloscope; refer to Figures 2a and 2b).

A cohesive unfrozen soil can only be subjected to a very small tensile stress and a cohesionless soil cannot be subjected to any tensile stress before failure occurs. Therefore, cyclic triaxial tests must always be performed on unfrozen soils with the sample in a compressive state of stress. In contrast to this, ice and frozen soils can be subjected to relatively high tensile stresses before failing. Consequently, it is possible during strain (or stress) controlled cyclic triaxial testing for the sample to go into tension. To achieve a tensile state of stress in the sample it must be coupled to the sample cap and base.

The coupling device developed for this research program is shown in Figure 2c. It consists of four screws and a metal plate. Undoubtedly, other devices would also prove satisfactory.

MATERIAL DESCRIPTION

The dynamic properties of five soil types and ice at two densities were evaluated in the research program. The characteristics of the soil and ice samples tested are given in Table 1. Identification symbols for the soil and ice types are also given in the table. These symbols are used in the figures associated with the discussion of the test results.

Cylindrical samples 71 mm in diameter and 178 mm in height were tested in the research program. All of the samples tested were reconstituted materials artificially frozen in the laboratory. A detailed description of the sample preparation techniques employed is given by Vinson and Chaichanavong (1976) and Vinson, Czajkowski and Li (1977).

The frozen clay samples were classified as CH, V_r (Linell and Kaplar, 1966). They had a random orientation of ice lenses whose thicknesses varied from 0.8 mm to 2 mm. There was a thin film of ice surrounding the samples caused by water movement toward the outside of the sample during the freezing process. The frozen silt samples were classified as ML, Nbn. There was a thin layer of silt with ice lenses surrounding the samples. The OSL samples were classified as SP, V_s. They had a transverse layered structure. The OSH samples

Table 1 - Characteristics of Frozen Soils and Ice Samples Tested in Research Program

Name	Identification Symbol	Unified Soil Classification	Specific Gravity of Solids	Void Ratio	Density (kg/m^3)	Index Properties
High density Ottawa sand	OSH	SP	2.65	0.49	2000	coeff. of uniform. = 1.1; coeff. of curvature = 1.1; D_{50} = 0.7 mm
Low density Ottawa sand	OSL	SP	2.65	3.73	1290	coeff. of uniform. = 1.1; coeff. of curvature = 1.1; D_{50} = 0.7 mm
Hanover silt	HS	ML	2.74	0.60	2030	non-plastic; D_{50} = 0.035 mm
Alaska silt	AS	ML	2.70	0.59	2090	non-plastic; D_{50} = 0.02 mm
Ontonagon clay	OC	CH	2.74	1.50	1620	liquid limit = 61; plastic limit = 24
Montmorillonite-Ontonagon clay	MOC	CH	--	--	1660	liquid limit = 97; plastic limit = 37
Low density ice	LDI	--	--	--	904	----
High density ice	HDI	--	--	--	770	----

Note: All frozen soil samples tested were at a degree of ice saturation close to 100%.

were classified as SP, Nb. The ice samples were polycrystalline and cloudy and bubbly in appearance. There was a slight radial pattern of ice crystals visible in some samples when they were broken apart and examined in cross-section.

TEST PROGRAM AND RESULTS

Several test condition parameters must be considered in a comprehensive research program to evaluate dynamic properties of frozen soils for use in ground motion predictions during earthquakes. Following a consideration of the nature of frozen ground deposits and ground motion characteristics of unfrozen soil deposits during earthquake loadings (Vinson, 1975) these parameters and their appropriate ranges appear to be

1. temperature - 0° to -10°C; with emphasis on the range 0 to -4°C
2. confining pressure - 0 to 1400 kN/m^2
3. strain amplitude (axial) - 10^{-3} to 10^{-1}%
4. frequency - 1 to 5 Hz.

It should be emphasized that the ranges for the test parameters associated with the dynamic response of frozen soil deposits during earthquake loadings is not precisely known. This is owing primarily to a lack of recorded ground motions of frozen soil deposits during earthquakes.

Cyclic triaxial laboratory tests were conducted which incorporated the ranges of the test condition parameters given above. Specifically, the frozen soil and ice samples were tested at temperatures of -1, -4, and -10°C, confining pressures of 0, 350, 700, and 1400 kN/m^2, axial strain amplitudes from 3.0 x 10^{-3} to 10^{-1}%, and frequencies of 0.05, 0.3, 1.0, and 5.0 Hz. The results from these tests are shown in Figures 3, 4, 5, and 6. A priori it must be stated that a complete phenomenological explanation of the results obtained is not possible at this time.

The relationship between dynamic Young's modulus, E_d, and temperature is shown in Figure 3a. As would be expected, there is a decrease in E_d with ascending temperature. The rate of decrease is greatest for the cohesionless soil samples (OSH, HS, AS, OSL), lower for the cohesive soil samples (OC, MOC), and least for the ice samples (HDI, LDI). This is in good agreement with results reported by Tsytovich (1975). The relative magnitudes of the values of E_d at a given temperature for the soil types shown are also in general agreement with those obtained in previous studies (Kaplar, 1969; Stevens, 1975). The cohesionless soils (OSH, OSL, HS, AS) have the highest values of E_d and the fine-grained cohesive soils (OC, MOC) have the lowest values of E_d. The values of E_d for ice are greater than for the fine-grained cohesive soils but lower than the coarse-grained cohesionless soils (OSH, OSL). At a temperature of -4°C, the value of E_d for a dense coarse-grained cohesionless soil (OSH) is approximately five times that for a fine-grained cohesive soil (OC or MOC). The values of E_d are approximately two orders of magnitude or greater for the materials in the frozen state as compared to the values of E_d for the materials in the unfrozen state.

The relationship between E_d and temperature for a fine-grained cohesive soil has been shown to be directly related to the unfrozen water content (Nakano and Froula, 1973). As the unfrozen water content increases with ascending temperature the ice content decreases; with decreasing ice content, E_d decreases. Stevens (1975) found that complex dynamic Young's moduli of frozen soils decrease with decreasing degree of ice saturation. The degree of ice saturation and unfrozen water content are related by the following equation:

$$S_{ice} = \frac{(w-w_u)\ G_s \gamma_w}{e\ \gamma_{ice}} \qquad (3)$$

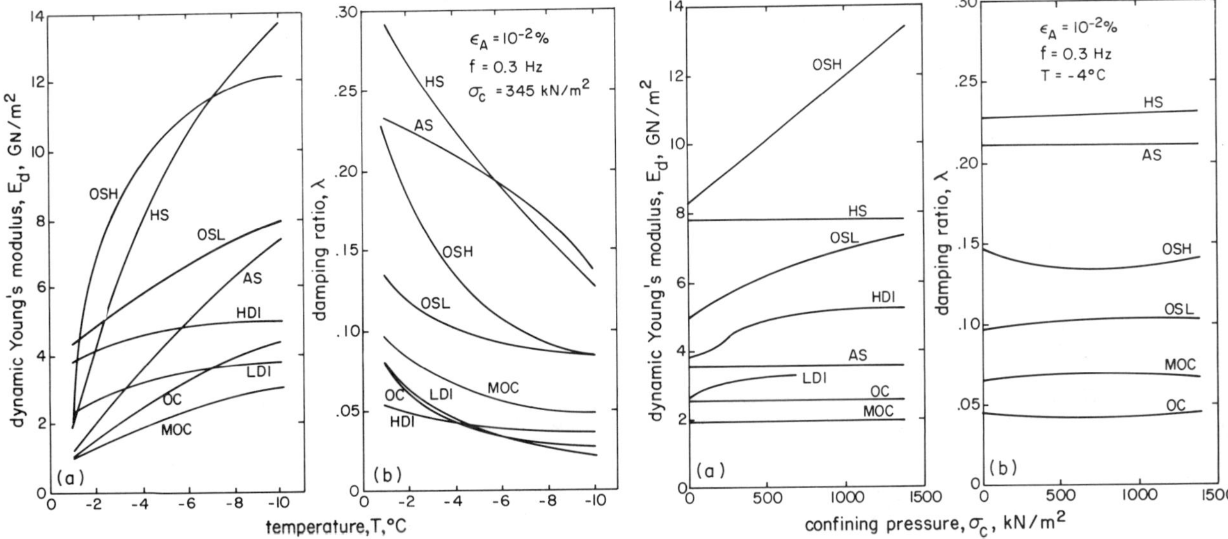

Figure 3 – DYNAMIC YOUNG'S MODULUS AND DAMPING RATIO VERSUS TEMPERATURE

Figure 4 – DYNAMIC YOUNG'S MODULUS AND DAMPING RATIO VERSUS CONFINING PRESSURE

in which,

S_{ice} = degree of ice saturation
w = total water content
w_u = unfrozen water content
γ_w = unit of weight of water
G_s = specific gravity of solids
e = void ratio
γ_{ice} = unit weight of ice

As w_u increases, S_{ice} decreases and E_d decreases.

The explanation of E_d decreasing with ascending temperature for cohesionless frozen soils is not as obvious. There is not a significant change in the unfrozen water content of cohesionless soils with temperature nor is the dynamic modulus of the ice in the voids of the frozen soil mass strongly dependent on temperature. The explanation is possibly associated with the dependence of the dynamic elastic properties of cohesionless soils on confining pressure. It is well established that the dynamic modulus of cohesionless soils increases with increasing confining pressure (Seed and Idriss, 1970) owing to the increased stress at the contact points between particles. The ice in the voids of a frozen soil mass in which the soil grains are in contact must also increase the stress at the contact points between particles owing to the adhesive-attractive bond it has with the particles. The high stress at the contact points leads to high values of dynamic modulus. The adhesive-attractive bond is apparently temperature dependent; the higher the temperature, the lower the adhesive-attractive bond and the lower the stress at the contact points. Consequently, E_d decreases with ascending temperature owing to the decrease in the adhesive-attractive bond.

The relationship between damping ratio, λ, and temperature is shown in Figure 3b. Again, as expected, there is a decrease in λ with ascending temperature. The rate of decrease is greatest for the cohesionless soil samples (OSH, OSL, HS, AS) and least for the cohesive soil samples (OC, MOC) and ice samples. The values of λ for the materials in the frozen state are not significantly different from the values of λ for the materials in the unfrozen state. The factors which influence the relationship between λ and temperature are very likely the same factors which influence the relationship between E_d and temperature as explained above.

The relationship between E_d and confining pressure is shown in Figure 4a. E_d for the coarse-grained cohesionless soils (OSH, OSL) and ice samples increases with increasing confining pressure whereas E_d for the fine-grained soils (AS, HS, OC, MOC) does not change with confining pressure. Roethlisberger (1972) reports that the effect of pressure on bubbly ice is to reduce porosity and, hence, to increase the density. With an increase in density an increase in E_d should be expected. This may explain, in part, the increase in E_d for the LDI samples where a decrease in volume with the application of confining pressure was observed. For the HDI samples, however, no appreciable decrease in volume with confining pressure was observed. Therefore, the increase in E_d based on an increase in density cannot be justified. Possibly, the increase in E_d for the HDI samples is associated with changes in the microstructure. Miscrofissures might close when a sample is subjected to a high confining pressure. This would result in a more continuous media with a higher value of E_d. The soil particles were in contact for the OSH samples. The application of a confining pressure could increase the stress at the contact points between particles which would result in a high value of E_d. The soil particles were not in contact for the OSL samples. Consequently, the increase in E_d with increasing confining pressure must be associated with changes in the ice matrix and the associated increase in E_d as explained above for the HDI samples. The soil particles were also in contact

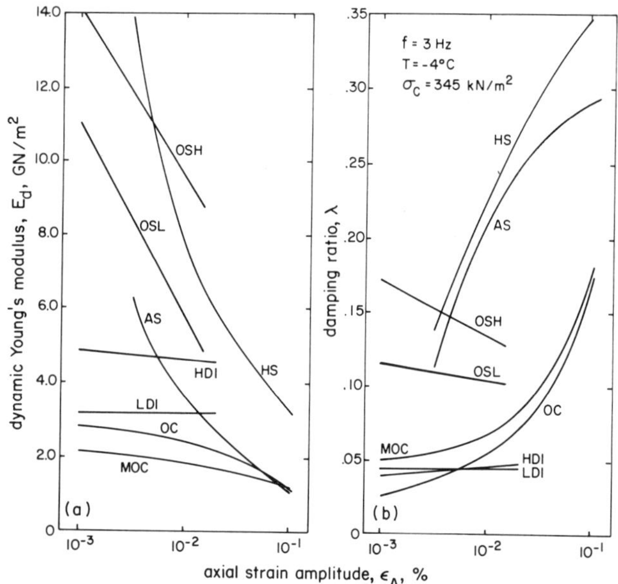

Figure 5 - DYNAMIC YOUNG'S MODULUS AND DAMPING RATIO VERSUS AXIAL STRAIN AMPLITUDE

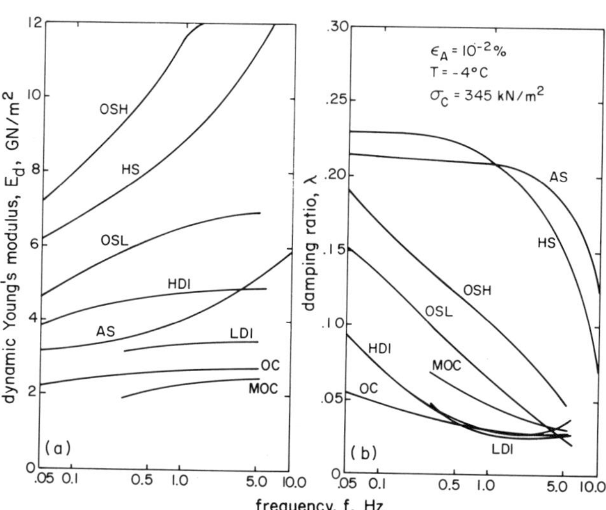

Figure 6 - DYNAMIC YOUNG'S MODULUS AND DAMPING RATIO VERSUS FREQUENCY

for the HS and AS samples. Presumably, the application of a confining pressure to these samples would also increase the stress at the contact points between particles and result in a higher value of E_d. However, the test results do not substantiate this argument. No explanation of the relationship between E_d and confining pressure for the HS and AS samples is available at this time.

The results shown in Figure 4b indicate there is no appreciable change in λ with confining pressure for all the materials tested. Consequently, the factors which influence the relationship between E_d and confining pressure for the OSH, OSL, HDI, and LDI samples are apparently not the same as the factors which influence the damping characteristics of the frozen materials.

The results shown in Figure 5a indicate that E_d for the frozen soils tested decreases with increasing axial strain amplitude. This is in agreement with the results for unfrozen soils where it has also been found that E_d decreases with increasing axial strain amplitude in the approximate range of 10^{-3} to 1% (Seed and Idriss, 1970). The rate of decrease is greatest for the cohesionless soil samples (OSH, OSL, HS, AS) and least for the cohesive soil samples (OC, MOC). E_d for the ice samples tested does not change appreciably with axial strain amplitude.

The relationship between λ and axial strain amplitude is shown in Figure 5b. For the fine-grained soils (HS, AS, OC, MOC) there is an increase in λ with increasing axial strain amplitude. λ also increases with increasing axial strain amplitude for unfrozen soils (Seed and Idriss, 1970). λ decreases with increasing axial strain amplitude for the coarse-grained soils (OSH, OSL) and does not change substantially with axial strain amplitude for the ice samples tested.

The results shown in Figure 6a indicate that E_d increases with increasing frequency for all of the samples tested. The rate of increase is greatest for the cohesionless soil samples (OSH, HS, OSL, AS), particularly in the range 1.0 to 5.0 Hz. The rate of increase for the cohesive soil samples (OC, MOC) and ice samples (HDI, LDI) is not great. The increase in E_d with increasing frequency, is analogous to and consistent with the increase in the static modulus of most materials with increasing strain rate.

The relationship between λ and frequency is shown in Figure 6b. λ decreases with increasing frequency. The rate of decrease is greatest for the cohesionless soil samples and least for the cohesive soil and ice samples.

In general, the results shown in Figures 3, 4, 5, and 6 indicate the frozen materials with the highest values of E_d have the highest values of λ. Also, for a given frozen soil type as E_d changes with a given parameter, λ changes in the opposite sense. For example, as E_d increases with descending temperature λ decreases.

SUMMARY AND CONCLUSIONS

As part of a long-term study to evaluate dynamic properties of frozen soils under simulated earthquake and low frequency loading conditions, values of dynamic Young's modulus, E_d, and damping ratio, λ, have been determined for five frozen soil types and ice at two densities using cyclic triaxial test equipment. Specifically, artificially frozen samples of reconstituted materials were tested at temperatures of -1, -4, and -10°C, confining pressures of 0, 50, 100, and 200 psi, axial strain amplitudes from 3.2×10^{-3} to $10^{-1}\%$, and frequencies of 0.05, 0.3, 1.0, and 5.0 Hz.

The results from the research program indicate there is a decrease in E_d with (1) ascending temperature, (2) increasing axial strain amplitude, and (3) decreasing frequency. In general, the rate of decrease in E_d for the respective changes in the variables is greatest for the cohesionless soils (OSH, OSL, HS, AS), lower for the cohesive soils (OC, MOC) and least for ice (LDI, HDI). The cohesionless soils have the highest values of E_d and the cohesive soils have the lowest values of E_d. The values for ice are intermediate. The values of E_d for the soil samples in the frozen state are approximately two orders of magnitude greater than the values of E_d for the materials in the unfrozen state.

There is an increase in λ with (1) ascending temperature and, in general with (2) increasing axial strain amplitude and (3) decreasing frequency. The rate of decrease is greatest for the fine-grained cohesionless soils (HS, AS) and least for the cohesive soils and ice. The values of λ for the materials in the frozen state are close to the the values of λ for the materials in the unfrozen state.

E_d for the coarse-grained cohesionless soil tested (OSH, OSL) and ice increases with increasing confining pressure, whereas E_d for the fine-grained soils (HS, AS, OC, MOC) does not change with confining pressure. λ does not change with confining pressure for all the soil and ice samples tested.

Several analytic techniques are presently available to predict ground surface motions during earthquakes. These techniques require values of dynamic properties of materials determined under simulated earthquake loading conditions. The results presented provide values of dynamic properties of several types of frozen soil and ice at two densities which can be used, with reasonable judgment, in existing analytic techniques to predict surface motions of frozen ground deposits during earthquakes.

ACKNOWLEDGEMENTS

The studies described herein were supported by Grant No. ENG74-13506 from the National Science Foundation for the project entitled "Shear Moduli and Damping Factors in Frozen Soils." The support of the Foundation is gratefully acknowledged. Mr. T. Chaichanavong, Mr. R. Czajkowski and Mr. J. Li, Graduate Research Assistants in the Division of Engineering Research, Michigan State University, performed the cyclic triaxial tests on the frozen samples used in the research program. Dr. O. B. Andersland offered many helpful suggestions during the course of the research program.

REFERENCES

BARNES, D. F. 1963. Geophysical Methods for Delineating Permafrost. Proceedings of the Permafrost Int'l. Conf., Nat. Acad. of Sci., NRC Pub. No. 1287, pp. 349-355.

IDRISS, I.M., and SEED, H.B. 1968. An Analysis of Ground Motions During the 1957 San Francisco Earthquake. Bul. of the Seis. Soc. of America, Vol. 58, No. 6, pp. 2014-2032.

KAPLAR, C.W. 1969. Laboratory Determination of Dynamic Moduli of Frozen Soils and Ice. USACRREL, Res. Rept. 163, 45 p.

LINELL, K.A. and KAPLAR, C.W. 1966. Description and Classification of Frozen Soils. USACRREL Tech. Rept. 150.

MEYERS, H. 1976. A Historical Summary of Earthquake Epicenters in and Near Alaska. NOAA Tech. Memo. EDS NGSDC-1, 57 p.

NAKANO, Y., and FROULA, N.H. 1973. Sound and Shock Transmission in Frozen Soils. North Amer. Cont. to the 2nd Int'l. Conf. on Permafrost, Nat. Acad. of Sci., pp. 359-369.

ROETHLISBERGER, H. 1972. Seismic Exploration in Cold Regions. USACRREL, Tec. MONO. II-A2a, 138 p.

SEED, H.B., and IDRISS, I.M. 1969. Influence of Soil Conditions on Ground Motions During Earthquakes. JSMFD, ASCE, Vol. 95, No. SM1, pp. 99-137.

SEED, H.B. and IDRISS, I.M. 1970. Soil Moduli and Damping Factors for Dynamic Response Analyses. Rept. No. EERC 70-10. Univ. of Calif., Berkeley.

SEED, H.B. and IDRISS, I.M. 1971. Influence of Local Soil Conditions on Building Damage Potential During Earthquakes. JSTD, ASCE, Vol. 97, No. ST2, pp. 639-664.

STEVENS, H.W. 1975. The Response of Frozen Soils to Vibratory Loads. USACRREL, Tech. Rept. 265, 98p.

TSYTOVICH, N.A. 1975. The Mechanics of Frozen Ground. McGraw-Hill Book Company, New York.

VINSON, T.S. 1975. Cyclic Triaxial Test Equipment to Evaluate Dynamic Properties of Frozen Soils. Rept. No. MSU-CE-75-1. Div. of Engr. Research, Michigan State Univ.

VINSON, T.S. and CHAICHANAVONG, T. 1976. Dynamic Properties of Ice and Frozen Clay Under Cyclic Triaxial Test Conditions. Rept. No. MSU-CE-76-4. Div. of Engr. Research, Michigan State Univ.

VINSON, T.S., CZAJKOWSI, R., and LI, J. 1977. Dynamic Properties of Frozen Cohesionless Soils Under Cyclic Triaxial Loading Conditions. Rept. No. MSU-CE-77-1. Div. of Engr. Research, Michigan State University.

WOOD, H.O. 1908. Distribution of Apparent Intensity in San Francisco in: The California Earthquake of April 18, 1906. Rept. to the State EQ Invest. Comm., Carnegie Inst. of Washington, Wash., D.C., pp. 220-245.

KINETIC THEORY OF DEFORMATION OF FROZEN SOILS

S.S. Vyalov. Res. Inst. of Foundations and Underground Structures, Moscow, U.S.S.R.

On the basis of microstructural investigations it is assumed that the deformation process is caused by the displacement of particles as a result of activation energy imparted to them. This energy changes in the course of deformation due, on the one hand, to the weakening of the soil structure and to its strengthening, on the other. The nature of the deformation process depends on the prevalence of one or the other phenomenon. A soil deformation equation was derived which relates flow rate to load, time and temperature. The nature of the deformation process depends on the stress level: at low stresses we have attenuating creep; at medium stresses - the "epochal" type of creep; at high stresses - flow at a constant rate, and at very high stresses - progressive flow at an increasing rate leading to failure. This is the first time a deformation equation of this type has been derived. It makes it possible to determine the development of deformation making allowance for the variable temperature of frozen soil.

THÉORIE CINÉTIQUE DE LA DÉFORMATION DES GÉLISOLS

S.S. Vyalov, Institut de recherches scientifiques sur les fondations et les structures souterraines, Moscou, URSS

Les résultats des recherches microstructurales semblent indiquer que le processus de déformation est déterminé par le déplacement de particules dû à l'énergie d'activation qui leur est communiquée; la valeur de cette énergie varie au cours de la déformation qui résulte, d'une part, de l'affaiblissement de la structure du sol, et de l'autre, de sa consolidation. La prépondérance de l'un ou de l'autre phénomène détermine le caractère du processus de déformation. On propose une équation de la déformation du sol qui lie la vitesse d'écoulement à la charge, au temps et à la température. Le processus de déformation est fonction de l'intensité des contraintes: en présence de faibles contraintes, le fluage s'amortit; il est de type "épisodique" dans le cas de contraintes moyennes; il y a écoulement à vitesse constante dans le cas de contraintes élevées; le fluage s'accélère et engendre la rupture, en présence de contraintes très élevées. Obtenue pour la première fois, une telle équation permet aussi de définir l'évolution de la déformation en tenant compte de la température variable du gélisol.

КИНЕТИЧЕСКАЯ ТЕОРИЯ ДЕФОРМИРОВАНИЯ МЕРЗЛЫХ ГРУНТОВ

С.С. Вялов, НИИ оснований и подземных сооружений, Москва, СССР

На основе микроструктурных исследований принимается, что процесс деформирования обусловлен смещением частиц в результате сообщения им энергии активации, причем величина этой энергии изменяется в процессе деформирования в результате, с одной стороны, расслабления структуры грунта, а с другой - ее упрочнения. Превалирование того или иного явления обусловливает характер процесса деформирования. Получено уравнение деформирования грунта, связывающее скорость течения с нагрузкой, временем и температурой. При этом характер процесса деформирования определяется уровнем напряжения - при малых напряжениях получаем затухающую ползучесть, при средних - ползучесть "векового" типа, при больших - течение с постоянной скоростью, при очень больших - прогрессирующее течение с возрастающей скоростью, заканчивающееся разрушением. Подобного вида уравнение деформирования получено впервые. Оно позволяет также определять развитие деформации с учетом переменной температуры мерзлого грунта.

КИНЕТИЧЕСКАЯ ТЕОРИЯ ДЕФОРМИРОВАНИЯ МЕРЗЛЫХ ГРУНТОВ

С.С. Вялов

НИИ оснований и подземных сооружений, Москва, СССР

Процесс деформирования, будучи связанным с обменом энергией между данным телом и внешней средой, является термодинамическим процессом. Это положение особенно нужно учитывать в механике мерзлых грунтов, поскольку механические и тепловые процессы в этих грунтах тесно связаны между собой. Однако развитие инженерного мерзлотоведения шло преимущественно таким путем, что указанные процессы и уравнения, их описывающие, рассматривались раздельно. Очевидно, что более правильным было бы описание теплового и механического процессов одной системой уравнений, куда входили бы и переменные во времени внешние силы, и температура. Именно такую возможность и представляют уравнения термодинамики. В то же время эти уравнения в общем случае являются феноменологическими, поскольку они включают законы, полученные из рассмотрения макропроцессов. Для того, чтобы уравнения состояния отображали физическую сущность процесса, необходимо исходить из рассмотрения микропроцессов, применяя методы молекулярной физики.

Не претендуя на решение проблемы в целом, покажем в настоящей статье, что закономерности деформирования мерзлых грунтов хорошо описываются с позиций кинетической теории деформирования. Согласно этой теории деформирование и разрушение грунта можно рассматривать как термоактивированный процесс, обусловленный смещением частиц грунта в результате сообщения им энергии активации.

Ранее автором (Вялов, 1973) были изложены положения кинетической теории длительного разрушения мерзлых грунтов. В настоящей статье делается попытка сформулировать общие принципы кинетической теории деформирования мерзлых грунтов. Соответственно выводится уравнение состояния этих грунтов, связывающее скорость деформаций с внешней силой, температурой и физическими характеристиками грунта.

Из опытов известно, что процесс деформирования мерзлых грунтов может иметь в зависимости от нагрузки и температуры различный характер (рис. 1) – в одних случаях деформации затухают, в других – нарастают неограниченно, но с уменьшающейся скоростью, в третьих – развиваются с постоянной скоростью подобно течению вязких сред и, наконец, могут развиваться с прогрессирующей скоростью, заканчивающейся разрушением. Существующие эмпирические зависимости могут описывать только какой нибудь один из указанных процессов. Исходя же из кинетической теории, можно, как будет показано далее, получить обобщенное уравнение, описывающее все перечисленные выше виды деформирования.

В свете представленной кинетической теории мы рассматриваем грунт как хаотическое сочетание микроструктурных элементов – минеральных частиц, их агрегатов и льда, окруженных пленками незамерзшей воды и связанных силами межчастичного взаимодействия. Наличие этих связей делает положение микроструктурных элементов устойчивым, причем равновесное состояние элементов соответствует минимуму потенциальной энергии. Частицы как бы разделены энергетическим барьером, удерживающим их в состоянии равновесия; в этом положении частицы совершают тепловые колебания с частотой $1/t_0$. Для перемещения частицы она должна преодолеть энергетический барьер и перейти в новое состояние равновесия. Для этого частице должна быть сообщена энергия активации, равная и большая энергии связи между частицами, т.е. равная высоте энэргетического барьера. Учитывая хаотическое расположение всех структурных элементов и их малые размеры по отношению к любому рассматриваемому объему грунта, можно использовать статистический подход и применить к грунту больцмановский закон распределения, полагая, что число активируемых частиц с энергией активации U равно $N = N_0 e^{-U/k\theta}$. Примем далее, что среднее время t пребывания структурного элемента в положении равновесия обратно пропорционально числу активируемых элементов, т.е. равно

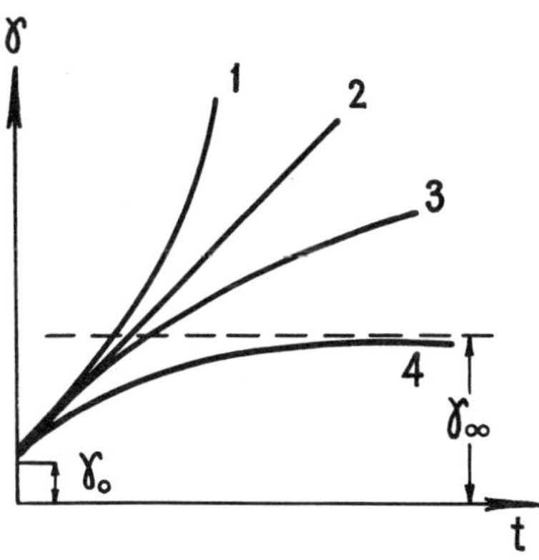

Рис. 1. Кривые развития деформации ползучести мерзлого грунта

1 – прогрессирующее течение с возрастающей скоростью; 2 – установившееся течение с постоянной скоростью; 3 – незатухающая деформация с уменьшающейся скоростью; 4 – затухающая деформация.

$$t = t_0 e^{U/k\theta}, \qquad (1)$$

где $t_0 = h/k\theta$ – период тепловых колебаний элементарных частиц вокруг положения равновесия, с; h – постоянная Планка, Дж/с; k – постоянная Больцмана, Дж/К; θ – абсолютная температура, К.

Если энергия активации действует продолжительное время, то частица непрерывно перемещается из одного положения равновесия в другое, как бы перескакивая энергетические барьеры. Число таких "перескоков" j в единицу времени пропорционально величине $1/t$; в свою очередь величина j определяет скорость деформации $d\gamma/dt = \dot{\gamma}$. Поскольку же, согласно закону Ньютона, скорость течения равна $\dot{\gamma} = \tau/\eta$, то коэффициент вязкости η может быть по Френкелю–Эйрингу выражен зависимостью

$$\eta = Ae^{U/k\theta} \qquad (2)$$

где $A = 6k\theta t_0/V$, V – молярный объем. Приведенная зависимость справедлива для идеально-вязкой, ньютоновой жидкости, скорость течения которой прямо пропорциональна напряжению. Для нелинейно-вязкой среды Эйрингом получено значение переменной вязкости

$$\eta(\tau) = \frac{\tau}{\dot{\gamma}^* \operatorname{Sh}(\tau/\tau^*)}. \qquad (2')$$

Это значение вязкости было использовано для описания процессов ползучести немерзлых грунтов Митчеллом и др. (Mitchell a. o., 1968) и др.; для льда – Диллоном и др. (Dillon a. o., 1967) и для мерзлых грунтов – Андерсляндом и др. (Andersland a. o., 1967) и др. Однако как выражение (2), так и выражение (2') описывают только установившееся течение с постоянной скоростью (отражаемой кривой 2, рис. 2). Это объясняется тем, что формулы выведены для идеализированной среды, свойства которой в процессе деформирования не меняются. У реальных же грунтов при их деформировании происходят изменения микроструктуры, в результате чего величина энергии активации оказывается переменной. Действительно, если в некоторый момент времени t_1 для смещения частицы затрачивается энергия U_1, то в последующий момент t_2, когда в результате предшествующего смещения частиц произойдут изменения микроструктуры грунта и соответственно изменятся структурные связи, для нового смещения потребуется иное значение энергии U_2, которое в зависимости от характера изменения структурных связей может быть как меньше, так и больше U_1.

Таким образом, энергия активации грунта является переменной величиной, зависящей от величины приложенного напряжения τ и времени его воздействия t, т.е. $U = U(\tau, t)$.

Вообще говоря, в кинетической теории процессы рассматривают на молекулярном или атомном уровне и относят значение U к связям между молекулами или атомами. Однако деформирование грунтов обусловливается не перемещением молекул в жидком компоненте и не перемещением атомов в минеральных частицах, а смещением самих частиц (и их агрегатов) по пленкам незамерзшей воды. Поэтому, применяя к грунтам термин "энергия активации", мы допускаем определенную условность и подразумеваем под этим термином величину энергии, которую надо сообщить частице, чтобы нарушить ее связь с соседними частицами. Но поскольку структура мерзлого грунта складывается из сочетания минеральных частиц (самого различного размера, формы и расположения), их агрегатов и льда, то энергию активации целесообразно относить к некоторому единичному микрообъему грунта, рассматривая этот объем как структурный элемент.

Рассмотрим теперь какие изменения происходят под воздействием внешней нагрузки в микроструктуре мерзлого грунта.

Под воздействием напряжений в наиболее ослабленных местах структуры происходит разрыв связей, смещение частиц и их переориентация и перекомпоновка. Одновременно в местах концентрации напряжений происходит плавление льда-цемента, который оттаивая, пополняет пленочную воду, отжимается вместе с ней и вновь замерзает в местах пониженного давления, достигнув равновесного состояния при данном давлении и температуре. В то же время под воздействием напряжений имеет место собственно

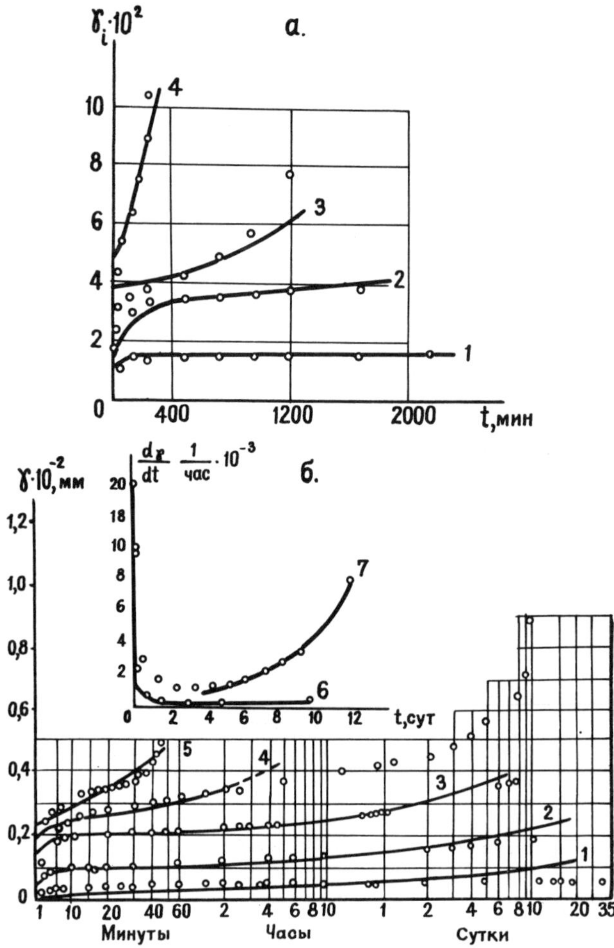

Рис. 2. Сопоставление опытных и вычисленных по формуле (12) данных

а – кривые ползучести мерзлой супеси (θ = -5°C) при одноосном сжатии под нагрузками τ_i соответственно: 1 – 8,7; 2 – 13,1; 3 – 14,5; 4 – 17,4·10^5 Па; б – кривые ползучести немерзлого глинистого грунта (каолин, W = 38%) при сдвиге (кручение) под нагрузками τ соответственно: 1 – 83; 2 – 90; 3 – 100; 4 – 135; 5 – 165·10^2 Па и кривые изменения во времени скорости деформации под нагрузками τ: 6 – 60; 7 – 180·10^2 Па.

вязкое течение льда-включений. Смещение частиц сопровождается появлением и развитием дефектов структуры – микротрещин, микрополостей и других нарушений структурного скелета, причем, когда плотность дефектов W, т.е. степень поврежденности единичной площади сечения достигает некоторого критического значения $W = W_r$ происходит разрушение грунта.

Факт образования трещин в грунте, плавления льда, его отжатия и повторного замерзания подтверждается данными ранее выполненных опытов автора по вдавливанию штампов в мерзлый грунт (1959 г.). На сделанных разрезах монолита грунта, в который вдавливался штамп, отчетливо были видны трещины, образовавшиеся в местах наибольших значений касательных напряжений (под углом к краю штампа), заполненные льдом, оттаявшим и отжатым из-под штампа. Точно также микроструктурными исследованиями Р.В. Максимяк (1970) было установлено, что при деформировании мерзлого грунта в условиях чистого сдвига имеет место смещение и переориентация частиц, плавление льда и образование микротрещин.

Процесс нарушения межчастичных связей, плавления льда и развития дефектов приводит к расслаблению структурных связей. Однако одновременно происходит и процесс упрочения этих связей. Он обусловлен перекомпоновкой и более компактной упаковкой частиц, частичным восстановлением нарушенных и возникновением новых связей и повторным замерзанием (режеляцией) льда после его оттаивания и отжатия. Если упрочнение преобладает над расслаблением, происходит затухание деформаций. Если упрочнение и расслабление взаимно компенсируются, имеет место течение с постоянной скоростью (типа вязкого). Если же доминирует расслабление, то возникает незатухающее, прогрессирующее течение, заканчивающееся разрушением.

Исходя из сказанного можно написать, что энергия активации в любой момент времени определяется равенством

$$\bar{U} = \bar{U}_0 - \bar{U}_1 + \bar{U}_2, \tag{3}$$

где $\bar{U} = U/k\theta$ – относительное значение U, $\bar{U}_0$ – исходное (до начала деформирования) значение энергии активации, $\bar{U}_1$ и $\bar{U}_2$ – относительная энергия активации, затрачиваемая на расслабление ($\bar{U}_1$) или упрочнение ($\bar{U}_2$) структуры. Соотношение $\bar{U}_1$ и $\bar{U}_2$ определяет направленность процесса деформирования.

Можно принять, что

$$d\bar{U}_1 = \rho_1 \frac{dW}{1-W}; \quad d\bar{U}_2 = \rho_2 \frac{d\Omega}{1-\Omega}, \tag{4}$$

где W – показатель расслабления, соответствующий степени поврежденности структуры грунта дефектами, а Ω – показатель упрочнения.

Закономерность изменения этих показателей во времени была для немерных грунтов установлена Р.В. Максимяк (Вялов и др., 1970). Принимая аналогичные закономерности, для мерзлого грунта будем иметь

$$\begin{aligned} 1 - W &= (1 - W_0)(t + 1)^{-\kappa_1 \bar{\tau}}; \\ 1 - \Omega &= (1 - \Omega_0)(t + 1)^{-\kappa_2}, \end{aligned} \tag{5}$$

где $\bar{\tau} = \frac{\tau}{\tau_0 - \tau}$ уровень напряжений, τ_0 – сопротивление грунта при быстром загружении (мгновенная прочность), W_0 и Ω_0 – начальные ($t = 0$) значения показателей W и Ω, κ_1 и κ_2 – параметры.

Подставляя эти соотношения в выражения (4) и интегрируя последние, получим

$$\bar{U}_1 = \lambda_1 \int_0^{t_r} \bar{\tau} \frac{dt}{t+1}; \quad \bar{U}_2 = \lambda_2 \int_0^{t} \frac{dt}{t+1}, \tag{6}$$

где $\lambda_1 = \rho_1\kappa_1$, $\lambda_2 = \rho_2\kappa_2$. Отсюда (при $\bar{\tau} = \text{const}$) будем иметь

$$\bar{U}_1 = \lambda_1 \bar{\tau} \ln(t + 1); \quad \bar{U}_2 = \lambda_2 \ln(t + 1). \tag{7}$$

Соответственно равенство (3) примет следующий вид

$$\bar{U} = \bar{U}_0 + [\lambda_2 - \lambda_1 \bar{\tau}] \ln(t + 1). \tag{8}$$

Это переменное значение энергии активации и должно вводиться в формулу (2). Тогда

$$\dot{\gamma} = \frac{\tau}{\eta(\tau_1 t)} = \frac{\tau}{A} \exp[-(\bar{U}_0 - \bar{U}_1 + \bar{U}_2)] = \frac{\tau}{A} e^{-\bar{U}_0} e^{-[\lambda_2 - \lambda_1 \bar{\tau}] \ln(t+1)} \tag{9}$$

Отсюда можно написать

$$\dot{\gamma} = \frac{\tau}{\eta_0} (t + 1)^{-n(\tau)} \approx \frac{\tau}{\eta_0} t^{-n(\tau)} \tag{10}$$

где t – безразмерное время t/t^* (t^* – единица времени), а

$$n = \lambda_2 - \lambda_1 \frac{\tau}{\tau_0 - \tau}. \tag{11}$$

Формула (10) и есть уравнение кинетической теории деформирования, выведенное на основе рассмотрения физических процессов, происходящих в микроструктуре грунта. Соответственно параметры этого уравнения имеют определенный физический смысл: $\eta_0 = \frac{6k\theta t_0}{V} e^{U_0/k\theta}$ – исходная вязкость грунта (при $\tau = 0$, $t = 0$); $\lambda_1 = \frac{1}{\nu k\theta} \ln \frac{1-W_r}{1-W_0}$ – структурный параметр, характеризующий способность грунта к расслаблению структурных связей и определяемый отношением поврежденной площади в момент разрушения $(1 - W_r) = \text{const}$ к неповрежденной площади в исходном состоянии, а $\lambda_2 = \frac{\kappa_2(1-\Omega)}{k\theta} \cdot \frac{dU_2}{d\Omega}$ – структурный параметр, характеризующий способность грунта к упрочнению структурных связей.

Уравнения (10) - (11) относятся к случаю чистого сдвига. При сложном напряженном состоянии будем иметь

$$\dot{\gamma}_i = \frac{\tau_i}{\eta_0} (t + 1)^{-n(\tau)}. \tag{12}$$

Здесь

$$n(\tau) = \lambda_2 - \lambda_1 \frac{\tau_i}{\tau_0 - \tau_i};$$

$$\tau_0 = \tau_{s(o)} [1 + \frac{\sigma_m}{H_o}]^{\lambda_3}$$

где $\tau_{s(o)}$ – мгновенная прочность (предел текучести) при чистом сдвиге, H_0 и λ_3 – параметры связности, причем во многих случаях $\lambda_3 = 1$ и тогда $H_0 = \tau_{s(o)}/\text{tg}\,\psi$

где ψ – угол внутреннего трения на октаэдрической площадке;

$$\tau_i = \sqrt{\frac{1}{6}} \sqrt{(\sigma_1 - \sigma_2)^2 + (\sigma_2 - \sigma_3)^2 + (\sigma_3 - \sigma_1)^2};$$

$$\dot{\gamma}_i = \frac{2}{\sqrt{6}} \sqrt{(\dot{\epsilon}_1 - \dot{\epsilon}_2)^2 + (\dot{\epsilon}_2 - \dot{\epsilon}_3)^2 + (\dot{\epsilon}_3 - \dot{\epsilon}_1)^2} -$$

– интенсивность касательных напряжений и интенсивность скорости деформаций сдвига; $\sigma_m = 1/3\,(\sigma_1 + \sigma_2 + \sigma_3)$ – среднее нормальное напряжение.

Уравнение (12) определяет зависимость скорости деформирования от напряжения и описывает изменение этой скорости во времени, причем параметры этих уравнений включают в себя характеристики прочности (τ_0, H_0, ψ).

Из формулы (12) легко получить уравнение ползучести

$$\gamma_i = \gamma_{i(o)} + \frac{1}{\eta_0} \int_0^t \frac{\tau dt}{(t + 1)^{n(\tau)}}, \tag{13}$$

где $\gamma_{i(o)}$ – условно-мгновенная деформация. При $\tau = \text{const}$ и $n(\tau) \neq 1$ получим

$$\gamma_i = \gamma_{i(o)} + \frac{\tau}{\eta_0[1 - n(\tau)]}[(t+1)^{1-n(\tau)} - 1]. \qquad (14)$$

Как видно, процесс деформирования будет иметь различный характер в зависимости от значения показателя степени $n(\tau)$, т.е. в зависимости от уровня напряжения $\bar{\tau} = \tau/(\tau_0 - \tau) = \frac{\lambda_2 - n}{\lambda_1}$.

При $n < 0$, чему соответствует $\bar{\tau} > \lambda_2/\lambda_1$, скорость деформации неограниченно возрастает: $\dot{\gamma} \to \infty$ (кривая 1, рис. 1), причем это возрастание может происходить с увеличивающимся ($n < -1$), постоянным ($n = -1$) или уменьшающимся ($n > -1$) ускорением.

При $n = 0$, чему соответствует $\bar{\tau} = \lambda_2/\lambda_1$, скорость деформации постоянна: $\dot{\gamma} = \mathrm{const}$ и имеет место установившееся течение (кривая 2).

При $n > 0$, чему соответствует $\bar{\tau} < \lambda_2/\lambda_1$, скорость деформации уменьшается: $\dot{\gamma} \to 0$, но сама деформация неограниченно возрастает. Причем, если $n < 1$, то деформация возрастает по степенному закону (14), а если $n = 1$, то по логарифмическому закону

$$\dot{\gamma}_i = \gamma_{i(o)} + \frac{\tau_i}{\eta_0}\ln(t+1). \qquad (15)$$

Оба этих случая (кривая 3) иногда называют "вековой ползучестью".

Наконец, при $n > 1$, чему соответствует $\bar{\tau} < \frac{\lambda_2 - 1}{\lambda_1}$; имеет место затухающая ползучесть со стабилизацией деформаций по закону

$$\gamma_i = \gamma_{i(o)} + \frac{\tau}{\eta_0(n-1)}[1 - (t+1)^{1-n}]. \qquad (16)$$

При

$$t \to \infty \ \gamma_{i(\infty)} = \gamma_{i(o)} + \frac{\tau_i}{\eta_0(n-1)} = \mathrm{const}.$$

Сопоставление подсчетов по рассмотренным выше формулам с данными испытаний мерзлых грунтов на ползучесть при одноосном сжатии представлено на рис. 2, там же приведено сопоставление результатов вычислений с данными испытаний немерзлой глины на чистый сдвиг (при кручении).

Таким образом, уравнение (12) описывает различные процессы деформирования мерзлых грунтов, причем переход от одного процесса к другому обусловлен уровнем напряжения. Можно выделить два критических значения этого уровня

$$\bar{\tau}_{s(1)} = \frac{\lambda_2 - 1}{\lambda_1} \text{ и } \bar{\tau}_{s(2)} = \lambda_2/\lambda_1.$$

При напряжениях, меньших $\bar{\tau}_{s(1)}$ ползучесть имеет затухающий характер, и напряжение $\tau_{s(1)}$ можно рассматривать как предел ползучести. При напряжениях $\bar{\tau}_{s(1)} < \bar{\tau} < \tau_{s(2)}$ развивается "вековая ползучесть" с уменьшающейся скоростью, но с неограниченно возрастающей деформацией. При напряжениях $\bar{\tau} \geqslant \bar{\tau}_{s(2)}$ возникает течение с постоянной или возрастающей скоростью, заканчивающееся разрушением. Напряжение $\bar{\tau}_{s(2)}$ можно рассматривать как предел длительной прочности $\bar{\tau}_{s(2)} = \bar{\tau}_\infty$.

Закономерность длительного разрушения и связь длительной прочности с временем действия нагрузки можно получить из рассмотрения первой из зависимостей (5), преобразив ее к виду

$$\int_{W_0}^{W_r} \frac{dW}{1 - W} = \kappa_1 \int_0^{t_r} \bar{\tau}\frac{dt}{t+1}. \qquad (17)$$

Решая это уравнение, получим

$$\frac{\tau}{\tau_0 - \tau} = \frac{\nu}{\ln(t_2 + 1)} \text{ или } \tau = \frac{\beta}{\ln\dfrac{(t_2 + 1)}{B}}, \qquad (18)$$

где

$$\nu = \frac{1}{\kappa_1}\ln\frac{1 - W_o}{1 - W_r}; \quad B = e^{-\nu}; \quad \beta = \nu\tau_0.$$

Подробно это уравнение рассмотрено в работе автора (Вялов, 1973).

В небольшом диапазоне изменения напряжений параметр n в уравнении (12) можно условно принимать постоянным, а дополнительное влияние напряжения учитывать введением степенной связи между $\dot{\gamma}$ и τ. Тогда уравнение (12) примет вид

$$\dot{\gamma} = \frac{1}{\eta_0}\tau^{1/m}t^{-n}, \qquad (19)$$

соответствующий известной эмпирической формуле.

В заключение рассмотрим зависимость процесса деформирования от температуры мерзлого грунта.

Согласно формуле (12) температура $\theta(K)$ входит в значение следующих параметров.

$$\eta_0 = Ae^{U_0/k\theta}, \ A = \frac{6k\theta t_0}{V} \qquad (20)$$

и

$$n = \lambda_2 - \lambda_1\frac{\tau_i}{\tau_0 - \tau_i} = \frac{1}{k\theta}(\bar{\Omega} - \bar{W}\frac{\tau}{\tau_0 - \tau}), \qquad (21)$$

где

$$\lambda_1 = \frac{\bar{W}}{k\theta} = \frac{1}{\nu k\theta}\ln\frac{1 - W_r}{1 - W_0};$$

$$\lambda_2 = \frac{\bar{\Omega}}{k\theta} = \frac{\kappa_e(1 - \Omega)}{k\theta}\frac{dU_o}{d\Omega}.$$

Рассмотрим вначале зависимость от температуры коэффицента вязкости, определяемую выражением (20).

Прежде всего отметим, что поскольку множитель A зависит от θ линейно, а множитель e – в степени $U_0/k\theta$, т.е. влияние θ на e значительно сильнее, чем на A, то можно принять, как это делается в теории вязкости Френкеля, что $A = \mathrm{const}$. Далее, для учета полученного в опытах с различными материалами факта зависимости U от температуры Диллон и Андерслянд (Dillon, Andersland, 1967) предложили выразить U с помощью известного из термодинамики соотношения

$$U = H_э - \theta S, \qquad (22)$$

где S – энтропия, а $H_э$ – энтальпия (теплота активации). Отсюда получим

$$\eta_0 = A\exp[\frac{1}{k}(\frac{H_э}{\theta} - S)]. \qquad (23)$$

Очевидно, что выражение (23) справедливо лишь при $\theta < \theta_0$, где θ_0 – температура таяния мерзлого грунта, так как при $\theta = \theta_0$ следует учитывать энергию, связанную с фазовыми переходами льда. Поэтому целесообразно отнести η_0 к температуре таяния, обозначив η_0 при $\theta \to \theta_0$ через η_0^*

$$\eta_0^* = A\exp[\frac{1}{k}(\frac{H_э}{\theta_0} - S)]. \qquad (24)$$

Можно положить $A = \frac{6k\theta_0 t_0}{V} = \mathrm{const}$.

Тогда будем иметь

$$\eta_0/\eta_0^* = \exp[\frac{1}{k}(\frac{H_э}{\theta} - S)]/\exp[\frac{1}{k}\frac{H_э}{\theta} - S],$$

Откуда

$$\eta_0 = \eta_0^*\exp[\frac{H_э}{k\theta_0}(\frac{\theta_0}{\theta} - 1)]. \qquad (25)$$

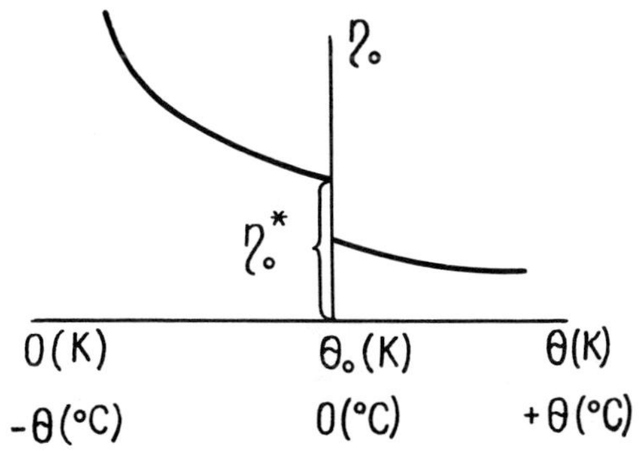

Рис. 3. Изменение вязкости η_0 в зависимости от температуры.

Зависимость вязкости от температуры согласно (25) представлена на рис. 3; отметим, что при $\theta = \theta_0$ вязкость изменяется скачкообразно.

Рассмотрим теперь влияние температуры на показатель степени n. Согласно (21), n обратно пропорционально θ Но в то же время входящее в выражение (21) значение мгновенной прочности τ_0 также зависит от θ, причем можно показать (Вялов, 1973), что эта зависимость имеет вид

$$\tau_0 = a(H_э + \theta S)/k\theta \ln \frac{t^*k\theta}{\delta h}. \qquad (26)$$

Соответственно с повышением температуры $(\theta \to \theta_0)$ значение τ_0 уменьшается, а следовательно, уменьшается и показатель степени n, причем в зависимости от соотношения членов $\bar{\Omega}$ и $\bar{W}\frac{\tau}{\tau_0 - \tau}$ выражения (21) этот показатель может принимать различные значения – от $n < 0$ до $n > 0$. Соответственно с изменением температуры, кривые деформирования будут менять свой характер аналогично тому, как это показано на рис. 1. Отметим, что значение n следует привести к температуре таяния θ_0 – так же, как это было сделано для η_0.

Таким образом, обобщенное уравнение деформирования (12) позволяет описывать различные виды процесса ползучести мерзлых грунтов – от затухающего до прогрессирующего, заканчивающегося разрушением, причем характер процесса будет определяться величиной приложенного напряжения и температурой грунта. Уравнение (12) позволяет учитывать переменную во времени нагрузку и переменную температуру, что достигается введением в уравнение (12) переменных значений $\tau = \tau(t)$ и $\theta = \theta(t)$. Изменение τ и θ может привести к изменению характера деформирования – например, с увеличением τ или повышением θ затухающая ползучесть может перейти в прогрессирующую и наоборот, что и наблюдается в опытах.

ЛИТЕРАТУРА

ВЯЛОВ С.С. 1973. Длительное разрушение грунта как термоактивированный процесс. – "II Междунар. конф. по мерзлотоведению. Докл. и сообщ.", вып. 4, Якутск, с. 16–26.

ВЯЛОВ С.С., ПЕКАРСКАЯ Н.К., МАКСИМЯК Р.В. 1970. О физической сущности процессов деформирования и разрушения глинистых грунтов. – "Основания, фундаменты и механика грунтов", №1, с. 7–9.

ANDERSLAND O.B., AKILI W. 1967. Stress effect on creep rates of a frosen clay soil. Geotechnique, v. 17, N1, pp. 27–39.

DILLON B., ANDERSLAND O.B. 1967. Deformation rates of polycristalline ice. Proc. Int. Conf. On Low Temp. Science. Sapporo, v. 1, p. I, pp. 313–327.

MITCHELL I.K., COMPANELLA R.G., SINGH A. 1968. Soil creep as a rote process. SMFD, ASCE, v. 94, NSM-1, pp. 231–253.

SOIL DEFORMATION RESULTING FROM SOME LABORATORY FREEZE-THAW EXPERIMENTS

A. L. Washburn, Chester Burrous, and Robert Rein, Jr., Quaternary Research Center, University of Washington, Seattle, Washington, U.S.A.

Two experiments, conducted on a unique tilting slab having an area of 9 m^2 and permitting work on an essentially natural scale, provided new data on soil deformation during freeze-thaw cycles. The cycles, under open-system conditions of water supply with the slab horizontal, were carried out simultaneously in 4 adjacent soil sectors differing in their soil characteristics. In one experiment a vertical break developed dividing sectors having a thin cover of sand or gravel over silt from cover-free sectors of gravelly silt or silt. Heave and temperature data and the nature of the break support the conclusion that the break was caused by shearing arising from different positions of the zero isotherm in adjacent soil sectors. Several elongate depressions, probably related in part to thawing, occurred in the covered sectors. Another experiment resulted in similar pocketlike deformations, but only in a zone between contrasting soil types. This deformation, too, was probably due to thawing, with heavier surface material (sand) sinking into silt. The resulting features are very similar to involutions, believed to be periglacial, known as Taschenboden ("pocket soil") in the German literature.

DÉFORMATIONS DU SOL OBSERVÉES AU COURS DE CERTAINES EXPÉRIENCES DE GEL ET DE DÉGEL, CONDUITES AU LABORATOIRE

Deux expériences, réalisées récemment à l'aide d'une dalle basculante conçue à cet effet, de 9 m^2 de surface, et permettant d'effectuer les essais à l'échelle naturelle, nous ont fourni de nouvelles données sur la déformation des sols pendant les cycles de gel et de dégel. Les cycles en question, dans des conditions d'apport d'eau non restreint, ont eu lieu simultanément dans quatre secteurs adjacents, qui ne différaient les uns des autres que par les caractéristiques du sol. Au cours de l'un des essais, une fissure verticale s'est formée, qui a séparé les secteurs caractérisés par une mince couverture de sable ou de graviers recouvrant un silt, des secteurs simplement composés de silt graveleux ou de silt. Les caractères de la fissure, du soulèvement différentiel et des données thermiques confirment la conclusion à laquelle nous sommes parvenus, à savoir que la fissure est due au cisaillement qui résulte de ce que l'isotherme zéro n'occupe pas la même position dans des secteurs de sol adjacents. Plusieurs dépressions allongées, probablement formées par affaissement du sol pendant le dégel, se sont produites dans les secteurs recouverts. Au cours d'une autre expérience, on a obtenu des déformations de même ordre, semblables à des "poches", mais seulement dans une zone intermédiaire entre deux différents types de sols. Cette déformation résulte probablement aussi de l'affaissement du sol pendant le dégel, au cours duquel les matériaux superficiels les plus lourds (sables) s'enfoncent dans le silt. Les structures ainsi formées sont très semblables aux involutions, probablement de nature périglaciaire, désignées par le terme de Taschenboden ("pocket soil") dans la documentation allemande.

ДЕФОРМАЦИЯ ГРУНТА В РЕЗУЛЬТАТЕ ПРОМЕРЗАНИЯ И ПРОТАИВАНИЯ В ЛАБОРАТОРНЫХ УСЛОВИЯХ

В результате двух экспериментов, проведенных на уникальной наклонной плите площадью 9 $м^2$ в условиях, приближающихся к естественным, получены новые данные о деформации грунтов в процессе их промерзания и протаивания. Циклы промерзания и протаивания грунтов осуществлялись с помощью открытой системы водоснабжения одновременно на четырех смежных участках, отличающихся друг от друга лишь характеристиками грунтов. В одном из экспериментов наблюдался вертикальный разлом между участком с тонким слоем песка и гравия поверх пылеватых грунтов и открытым участком пылеватых или гравелисто-пылеватых грунтов. Характер разлома, а также данные о пучении и температуре, подтверждают вывод о том, что разлом был вызван сдвигом, обусловленным различным положением нулевых изотерм на смежных участках грунтов. На покрытых участках образовался ряд вытянутых углублений, по-видимому, в результате просадки при протаивании. В другом эксперименте наблюдалась аналогичная гнездовая деформация, но лишь в зоне между грунтами различного типа. Эта деформация также была, по-видимому, вызвана просадкой при протаивании, когда более тяжелые вышележащие породы /песок/ погружались в оттаивающий пылеватый грунт. Такое явление сильно напоминает перигляциальную инволюцию, известную в немецкой литературе как "гнездовые грунты".

SOIL DEFORMATION RESULTING FROM SOME LABORATORY FREEZE-THAW EXPERIMENTS

A. L. Washburn, Chester Burrous, and Robert Rein, Jr.

Quaternary Research Center, University of Washington
Seattle, Washington 98195, U.S.A.

INTRODUCTION

The research to be discussed is part of a comprehensive study of frost-action processes to resolve the many uncertainties that exist regarding active-layer processes by studying them, so far as possible, on a natural scale in the laboratory. The program is being jointly supported by the Army Research Office and the National Science Foundation. This work is just beginning at the recently constructed Periglacial Research Laboratory at the University of Washington's Quaternary Research Center. The main facility for the work is a unique tilting slab having an area of about 9 m^2 with side panels permitting up to 1 m of soil to be placed on the slab (Fig. 1). The slab has arrangements for introducing water to simulate a groundwater table and for a basal refrigeration system to simulate a permafrost table. The following describes two experiments (Experiments 2 and 3) with the slab in horizontal position.

EXPERIMENTAL DESIGN

Experiment 2. This experiment consisted of arranging 4 different soil sectors (Fig. 2) in the slab and subjecting them to 10 freeze-thaw cycles. Each sector consisted of about 32 cm of soil, of which the lower 8 cm was a coarse, angular sand (Del Monte white sand). Above it in each sector was Athena silt loam (Table 1) from eastern Washington. It was nonplastic and had a liquid limit of about 33 percent. Sector A consisted of the silt overlain by 3 cm of clean gravel ("Builders Gravel," ca. 0.6-3.0 cm diameter), Sector B of the silt mixed with stones, Sector C of the silt overlain by 3 cm of the Del Monte white sand, and Sector D of the silt alone. Thin dividers between Sector B and adjacent sectors were withdrawn after soil emplacement. Each sector was instrumented as indicated in Figure 2. The temperature probes consisted of copper-constantan thermocouples at 2-cm spacings. The heave transducers measured changes of soil level during freezing and thawing. Accuracy of frost-heave observations, allowing for various error sources, is believed to be ± 1 mm or better. Thermocouple and soil heave readings were recorded automatically every three hours. An essentially vertical temperature gradient during freezing was assured by insulated side panels with temperature-controlling thermal tapes to inhibit lateral temperature gradients at the soil-panel interface. Lateral gradients during thawing tended to be minimized by the insulation of the panels and the

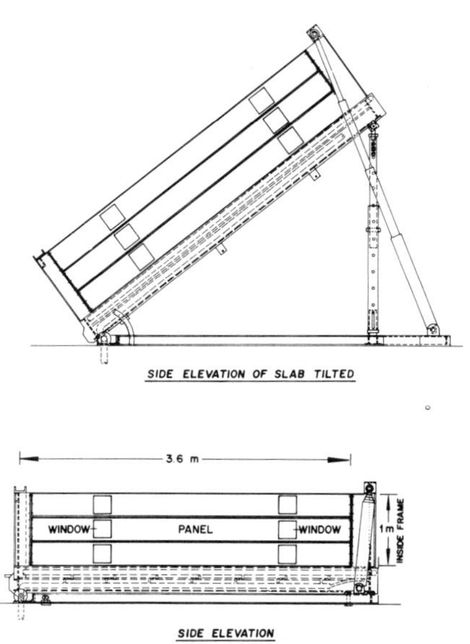

Figure 1. Tilting slab

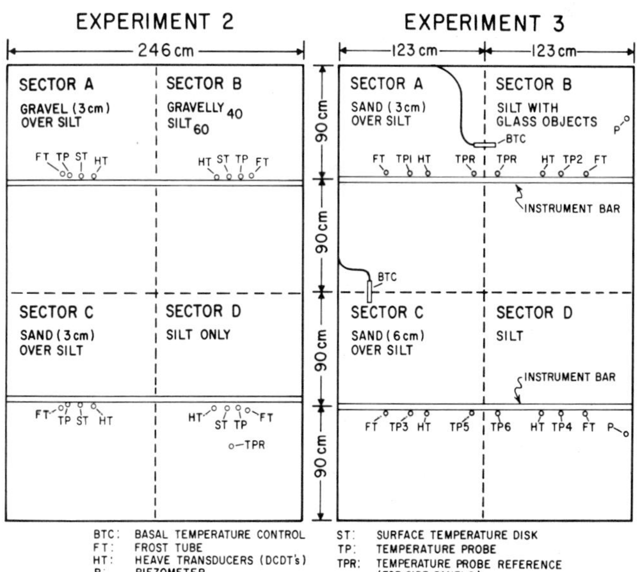

Figure 2. Arrangement of soil sectors, Experiments 2 and 3. Dashed lines demarcate sectors. Instrument bars above soil held heave transducers in place.

Table 1. Grain-size distribution of soils, Experiments 2 and 3

	Athena silt loam	Fairbanks silt	Del Monte white sand
Sand	16%	6%	100%
Silt	72	85	0
Clay	12	9	0

rapidity of thawing, which was accelerated by infrared radiation. Room temperatures were usually -5° to -15°C during freezing and 5° to 15°C during thawing. The temperature at the base of the soil was usually 1° to 2°C. Water was made available to the sand, which served as an aquifer at the base of the soil during freezing so that freezing was under open-system conditions, and the water level was piezometrically controlled to establish a given depth to water table at the beginning of freezing. This depth ranged from about 4 to 12 cm, depending on the cycle, and for any given cycle was uniform in all 4 sectors. Sufficient ice lensing occurred so that upon completion of thawing there was always free water at the surface. Experiment 2 was aborted after 10 freeze-thaw cycles because of a break in the groundwater system.

Experiment 3. This experiment was designed to extend Experiment 2. Consequently the set-up was identical in many respects (Fig. 2). Differences included: (a) A steadier freezing regime, with room temperature set at -20°C; (b) a more rapid thawing regime by earlier use of the infrared heaters; (c) a more consistent groundwater regime with the water table usually at a depth of 3 cm at the beginning of freezing; (d) a 3-cm sand instead of gravel cover in Sector C in order to have the same cover type and to study the effect of differing cover thickness; (e) Fairbanks silt (Table 1) instead of Athena silt loam in order to utilize a well-known permafrost soil, inasmuch as these soils appeared rather similar (including liquid limit); (f) reference horizons of horizontally emplaced, color-coded glitter at different elevations above the base in order to detect subsequent deformation; (g) color-coded glass objects instead of stones in Sector B in order to study the effect of differences in size, shape, and attitude of the objects on their rate of upfreezing (the subject of another report), and (h) absence of dividers during emplacement of Sector B. Experiment 3 was concluded after 32 freeze-thaw cycles.

RESULTS AND DISCUSSION

General

In Experiments 2 and 3 the coarse-grained covers of Sectors A and C were emplaced with the expectation that heaving of the underlying silt might form mounds, such as those reported by Corte (1967) and others. In a layered system like the one at hand this could lead to centers of fines amid coarse material as in forms of patterned ground known as sorted circles and nets. The results in this respect were negative in both experiments but there were other and unexpected results.

Offset of Freezing and Thawing Fronts

The sand and gravel covers caused warping of the freezing and thawing fronts along sector contacts with dissimilar soil conditions (Table 2). The differences in position of the fronts were most apparent when the fronts were calculated with respect to their elevation above the base of the soil rather than with respect to the soil surface, since the latter was subject to heaving and settling. In Experiment 2, for cycles 6 and 8 (the cycles with the best record), the front in Sector A was consistently the lowest in elevation during both freezing and thawing. The greatest mean difference in basal elevation of the front for the various time intervals during freezing was between Sectors A and B and Sectors A and C. During thawing the front in Sector A was again the lowest in elevation, and the mean difference in elevation of the fronts between Sectors A and B was again prominent but the difference between Sectors C and D was equally significant. The elevation differences between the other sectors were less than half as much. Thus, except for the A-C difference during freezing, the greatest differences during both freezing and thawing were between the covered sectors (A and C) and the cover-free sectors (B and D) on opposite sides of the AC-BD contact.

Table 2. Experiment 2. Mean differences between sectors in position of zero-degree isotherm (cm)

	A-B	C-D	A-C	B-D
Cycle 6				
Freezing	-1.5	-0.2	-1.6	-0.3
Thawing	-2.6	-1.9	-0.8	-0.2
Cycle 8				
Freezing	-2.9	-1.7	-2.1	-0.8
Thawing	-1.5	-2.0	-0.1	-0.6

Experiment 3 exhibited the same pattern in that both Sectors A-B and C-D showed distinct differences in elevation of the freezing and thawing fronts (Fig. 3). As in Experiment 2, the greatest contrast was between the covered and cover-free sectors. However, in this experiment the 6-cm sand cover of Sector C had the predominant effect. There was a similar but much less pronounced effect of the 3-cm sand cover of Sector A as compared with Sector B. As expectable, Sectors B and D had almost identical elevation of freezing and thawing fronts. In Figure 3 the freezing and thawing fronts are regarded as being included in a 0° to -0.5°C temperature band to allow for difficulties in determining the exact position of the fronts.

The offset of the freezing and thawing fronts in both experiments is clearly due to the presence of the sand or gravel cover in Sector A and of the sand cover in Sector C, as opposed to the cover-free nature of Sectors B and D. Because the elevations of the freezing and thawing fronts were generally lower in the covered sectors, the sand or gravel cover must have frozen through before the same thickness of silt froze in the cover-free soil.

The explanation lies in the greater thermal conductivity and diffusivity of the sand compared with the silt. This difference would be intensified by supersaturation of the silt through the growth of ice lenses and the consequent greater latent heat effect and retardation in freezing and thawing of the silt. After the freezing and thawing fronts

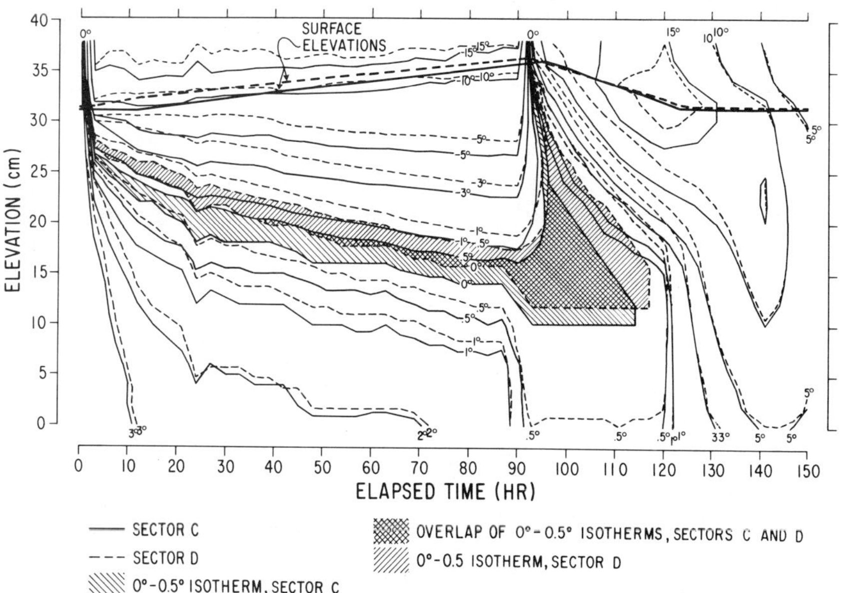

Figure 3. Isotherms, Cycle 7, Experiment 3, Temperature Probes 5 (Sector C) and 6 (Sector D)

passed through the coarse covers into the underlying silt, the offset persisted for some distance into the silt but was often most marked in the upper levels. The attitude of the freezing and thawing fronts in the contact zone between Sectors A and C on the one side and B and D on the other (AC-BD contact zone) was probably most clearly defined early in the experiments, since deformation of the contact would distort the isotherm. Isotherm attitudes may be a critical cause as well as consequence of some deformation structures.

Heaving

In both experiments, transducer observations of heaving showed that once heaving began the rates were similar in all sectors, but that Sectors B and D heaved sooner and to a greater extent than Sectors A and C (Fig. 4).

This must have been due to the differences caused by the coarse covers of Sectors A and C as opposed to the cover-free adjacent sectors, B and D. For one thing, the gravel cover and the sand covers were too coarse grained to develop ice lenses whereas ice lenses were well developed in the underlying silt.

Vertical Break

The most intriguing result of Experiment 2 remained hidden until the soil was dissected. This was a continuous vertical break dividing Sectors AC from BD, along which the silt peeled away during excavation. The break was especially apparent between Sectors C and D because of a thin seam of sand that extended down it from the sand cover of Sector C (Fig. 5). The depth to which the sand reached ranged from 15 to 24 cm. The seam was only a few sand grains thick near the top, and at the bottom was paper thin and was continued by a few isolated grains that were detected by feel rather than eye. At the top, the silt of Sector D had bulged over toward C and buried the seam. The break

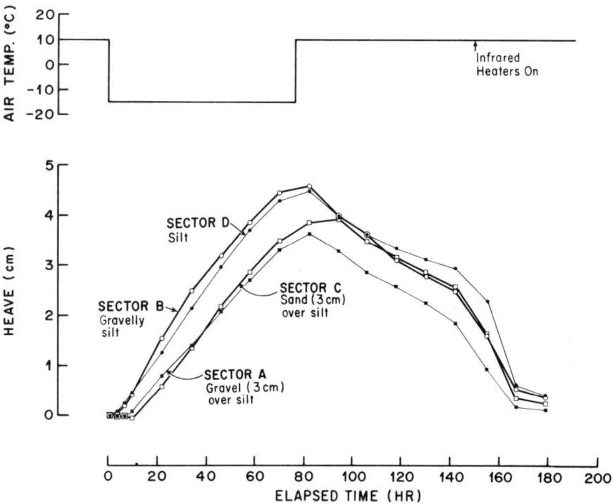

Figure 4. Heaving, Cycle 6, Experiment 2

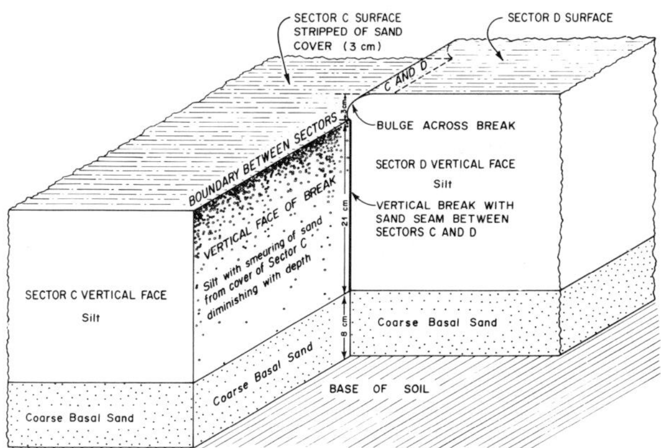

Figure 5. Diagram of vertical break between Sectors C and D, Experiment 2

continued between Sectors A and B and was visible mainly because of the way the silt of Sector A peeled away from the gravelly silt of B, since the gravel layer of Sector A did not penetrate down to form a seam. A bulge similar to that between Sectors C and D was also present and overturned in the same direction. No comparable break was seen in Experiment 3.

The vertical break is interpreted as a shear zone caused by differential movements between Sectors AC and BD during freezing and thawing. The following considerations favor this interpretation.

(1) Nature of the break. The silt in Sectors A, C, and D was emplaced as a unit in a puddled condition so that no original boundary existed between the sectors. Thus the break between Sectors C and D must have been generated during the experiment. Since no open crack was ever observed at the surface along the boundary, and no frost cracking was seen in any of the sectors, it is improbable that the sand seam could have formed by sand sifting into a frost crack in the manner of a sand wedge. (2) Absence of other vertical breaks between sectors. Dissection showed only a shallow, 3-cm deep vertical break between Sectors A and C, which is explained by the grain size contrast in their juxtaposed 3-cm thick covers. There was no break at all between Sectors B and D, which argues against the view that the break between A and B might have been due to the dividers that had to be temporarily inserted around Sector B to permit emplacement of its gravelly silt. Instead the evidence is that the puddled soils flowed together upon withdrawal of the frame without leaving a discontinuity, and consequently that the break between Sectors A and B was of the same origin as its continuation between C and D. (3) Position of freezing and thawing fronts. The offset position, with respect to the slab base, of the freezing and thawing fronts between Sectors AC and BD was discussed under Offset of Freezing and Thawing Fronts. The result of this offset would be a tendency toward a vertical shear couple during freezing and thawing regardless of any small differences in surface elevation of the sectors. It is believed this stress may have been sufficient to cause repetitive shearing during the freeze-thaw cycling. Shearing may have occurred primarily during thawing because: (a) Soil strength would be least during thawing, and (b) the contrast between the position of the thawing fronts between Sectors A and B as well as between Sectors C and D was consistently prominent during thawing but less so during freezing, especially between Sectors C and D. Nevertheless, the possibility of some shearing during freezing and heaving is not excluded, especially once the shear zone had developed. If shearing started at the surface it would probably gradually extend downward, possibly over several cycles, eventually resulting in the downward movement of sand along the shear zone between Sectors C and D.

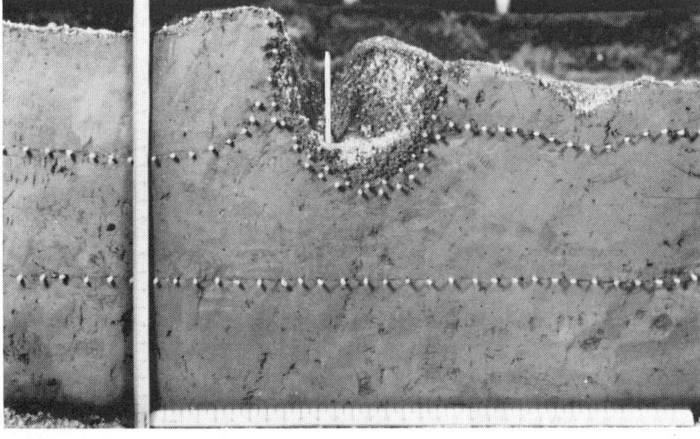

Figure 6. Experiment 3. Cross section at right angles to A-C contact. A is to left, C to right of vertical bar marking original position of contact. Silt-contaminated sand is outlined by U-shaped arrangement of toothpicks inserted during excavation. Adjacent line of toothpicks marks originally horizontal horizon of red glitter and lower line indicates undeformed line of green glitter. Horizontal scale is 32 cm long.

It should be emphasized that a comparable break was not observed in Experiment 3 despite some similarity in conditions, and that its interpretation as a shear zone rests on incomplete work--in fact unconfirmed data and an aborted experiment. Clearly further research is required. However, if confirmed, the findings could be significant in natural situations--for instance, where there are juxtaposed differences in soil and/or vegetation, and in man-made situations--as in possible shearing along road shoulders or edges of gravel pads.

Pocket Structures

Prominent surface depressions developed in Sectors A and C of Experiment 2. An irregular depression in the gravel of Sector A was located 5-10 cm from the border of B, approaching somewhat closer in some places than others but roughly paralleling it. At the surface the depression was some 50 cm long, 10 cm wide, and 5 cm deep. Pockets of stones extended to a maximum depth of at least 8.5 cm in the underlying silt. There was considerable variation in the depth to which the pockets extended, and their bottom was broad rather than slitlike. Another, narrower depression occurred nearby. A series of depressions developed in Sector C. One began at the border with Sector D but angled away from it rather than lying nearly parallel as in Sector A. The depression was about

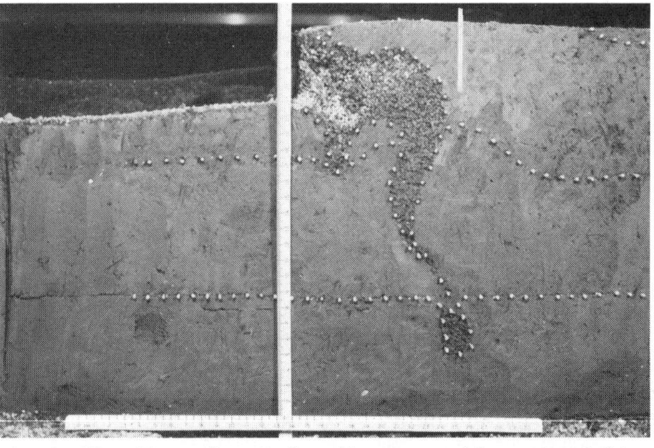

Figure 7. Experiment 3. Cross section at right angles to C-D contact zone. C is to left, D to right of vertical bar marking original position of contact. Toothpicks as in Figure 6 except for outlining continuous trail of sand grains and glitter connecting with pocket of silty sand near base. Scales are 32 cm long.

40 cm long and characterized by 4 aligned, funnel-like to slitlike pits in the sand cover, the largest being oval and some 5 cm in diameter.

In Experiment 3, similar elongate depressions occurred along the A-C contact and immediately adjacent to it in Sector C. Along the contact, the depression was bounded by low ridges. Removal of the loose sand cover revealed only pocketlike depressions and shallower linear connections, and this was confirmed by a series of cross sections at right angles to the A-C contact (Fig. 6). Despite the original linearity and cracklike appearance, there was no evidence of cracking other than very fresh appearing cracks similar to obvious drying cracks that formed in places following termination of the freeze-thaw cycling. In the vicinity of the AC-BD contact zone the depressions became more pocketlike and confused.

The surface appearance of the AC-BD contact zone was characterized by irregular linear depressions in the sand between low ridges of silt on one side and sand on the other. Cross sections at right angles to the contact zone revealed both simple and complex structures (Fig. 7). In most cases the originally vertical contact between sand and silt had been deformed and moved a few centimeters into the sand-covered sectors and was overlapped by a silt cap. Adjacent to the pocketlike depressions, the red and gold glitter horizons were arched above their original level, and gold glitter, which was originally near the surface, was missing near the crest of the arch and was irregularly scattered in the silt cap (Fig. 7). The most complex structures along the AC-BD contact zone were near the A-C contact.

The progressive character of the surface changes indicates that the deformation as a whole was progressive and that subsurface changes were gradual rather than sudden. Photographs do not show whether the changes occurred during freezing or thawing or both. Nevertheless the available evidence suggests that they occurred primarily during thawing.

In accounting for the stress that led to the pocket structures several hypotheses need to be considered, namely, general lateral stress, warping of the freezing fronts, and density differences.

General lateral stress. It might be argued that the lateral displacement of the original AC-BD contact toward the sand-covered sectors was evidence of a general lateral stress, but it seems clear that such a stress during freezing and thawing can be eliminated in view of: (a) The uniformity of the silt; (b) the fact that lateral freezing from the edges of the slab was inhibited by heating tapes as described under Experimental Design; and (c) the fact, noted above, that the general horizontality of the glitter horizons (except near the contact zones and isolated depressions) argues against such a lateral stress. Rather, the lateral displacement of the original AC-BD contact towards Sectors A and C is entirely consistent with predominantly vertical movement. As discussed under Offset of Freezing and Thawing Fronts, the elevation of the thawing (as well as freezing) fronts in Sectors A and C was consistently lower than in Sectors B and D, with the result that as thawing progressed downward there would be a tendency for thawing soil in Sectors B and D to slump toward Sectors A and C. Thus the lateral shift would be really due to a local lateral component of gravity.

Warping of freezing fronts. Local lateral stresses probably developed where the freezing fronts were offset along the A-C and AC-BD contact zones, but initially the direction of such stresses would be most effective toward the silt-covered areas, since the freezing isotherm would be advancing from the sand side because of the offset. Consequently, freezing would tend to deform the silt but not the already frozen sand. Since the pocket structures were formed of sand (and silty sand where contaminated), deformation of the sand during thawing rather than freezing seems to be indicated. Although progressive deformation would cause increasingly complicated freezing and thawing fronts, and would thereby probably contribute to deformation as freeze-thaw cycling proceeded, it is difficult to visualize how freezing could initiate the pockets except in the sense of providing the essential ice lensing of the silt that would lead to supersaturation and loss of strength upon thawing.

Density differences. The preferred hypothesis is that the pocket structures were primarily due to vertical forces arising from density differences between the sand and underlying silt, although their linear trend in Experiment 2 is perhaps controlled by some cracklike process. The following considerations favor this interpretation.

(1) Wrinkling of the sand cover. This wrinkling in places adjacent to the AC-BD contact zone argues for deformation during thawing because the sand cover was cemented during freezing as determined by: (a) Direct observation; (b) checking of cores taken while frozen; and (c) observed rise of capillary moisture in the sand sufficiently high to assure that the entire thickness of sand would be cemented. In places this wrinkling appeared to be caused by miniature step faults consistent with collapse. (2) Deformation in the thawed state is easier than in the frozen. The possibility that still unfrozen or incompletely frozen material might be deformed during freezing, such as can occur in clay-rich soils, is improbable because: (a) There would be little difference in the freezing point of the sand and silt in view of the low clay content of the silt; (b) the volume expansion of the sand during freezing would be negligible and therefore so would any pressure effects on adjacent silt; and (c) freezing did not anchor the soil to the base of the slab so that confined freezing and accompanying pressure effects were obviated. (3) Pocketlike nature of the depression structures. The pocketlike structures are more consistent with collapse and vertical movement than with deformation by lateral stress. This is shown by: (a) The association of the pockets with compensatory rises in the adjacent silt as demonstrated by the deformation of the red and gold glitter horizons, and (b) the horizontality of these glitter horizons except near the pockets and the contact zones, including the edge of the slab. The latter deformation was an obvious, predominantly vertical, edge effect due to heaving

and settling and was not transmitted laterally beyond about 15 cm. (4) Distinct density difference between saturated sand and silt as measured at end of experiment and then adjusted for water content during thawing. The density (gm/cm^3) of the sand was 1.90 ± 0.05, that of the silt 1.65 ± 0.05, a difference of 0.25 ± 0.1. This difference would be enhanced by: (a) Silt occupying the interstices of the sand, as occurred in some of the pockets and as would be expectable where sand sagged into the silt during thawing; (b) the superposition of the silt cap over the sand; and (c) the supersaturation of the silt upon thawing of ice lenses, depending on how quickly the moisture could escape upward.

Additional Considerations

Density differences would not explain the silt cap and its wavelike contact along the AC-BD contact zone but a probable explanation here is soil flow. During freezing the silt sectors heaved above the sand-covered sectors, creating a slope along the contact zone. During thawing the slope became the site of tiny rills and soil flow over the sand. Presumably the soil flow also contributed to erosion of the gold glitter near the contact zone (Fig. 7).

The reason for deformation being most apparent near the A-C and AC-BD contact zones is probably related to offset of the thawing isotherms. The thawing front emanating from the sand would proceed not only down but also laterally where the sand was in contact with silt. This would release additional thaw water and would tend to accelerate thawing and loss of strength in the silt beneath the sand in this zone. Additional factors would be the tendency for the silt cap to contribute to the weight of the soil, and for the density of the sand cover to be most effective where it abutted laterally against the lower density silt. However, as noted, the pocket structures were not confined to the contact zones. Conceivably the infrared heaters accelerated thawing in some spots and so contributed to other depressions. Exactly why some of these were aligned as in Experiment 2 is not known, but linear control (perhaps subsurface cracking) is clearly indicated.

A satisfactory explanation is lacking as to why the vertical break appeared to be restricted to Experiment 2. There was a difference in soils in that the Athena silt loam of Experiment 2 and the Fairbanks silt of Experiment 3 had somewhat different contents of sand and silt (Table 1). Yet how this difference could account for the different behavior is not clear. A second difference between the experiments was the longer duration of Experiment 3 (32 versus 10 cycles), and it might be argued that some of the structures in the experiment, such as the trail of sand or glitter in Figure 7, originated by shearing and were subsequently deformed as the result of the greater number of freeze-thaw cycles. For instance, conceivably the cracks beneath the depressions, believed to be drying cracks because of the lack of sand or glitter in them, actually followed original shears. If so, the lack of sand in them sets them apart from those of Experiment 2. A third and perhaps determining difference was the more rapid thawing of Experiment 3. Although the room temperature was set the same, the infrared heaters over the soil in Experiment 3 were turned on sooner than in Experiment 2.

Implication for Origin of Involutions

Periglacial involutions comprise the "...aimless deformation, distribution, and interpenetration of beds produced by frost action" (Sharp, 1942, p. 115). Involutions, as distinct from periglacial involutions, can be of diverse origins including sedimentation (load-cast structures). Exactly how periglacial involutions are formed is not established. Suggested processes include (cf. Washburn, 1973, p. 147): (1) Complicated variations in freezing and thawing introduced by differences in grain size and moisture content within a soil body; (2) squeezing of unfrozen soil between a downward-freezing active layer and the permafrost table as the active layer becomes anchored to it in some places sooner than others; and (3) density differences during thawing. Density differences can become effective and lead to deformation under various conditions, but in the periglacial context, thawing and reduction of intergranular pressure would provide the equilibrium-disturbing, activating process. Jahn and Czerwiński (1965) successfully developed very small-scale density displacements by freezing and thawing but such experiments are largely lacking. Although some of the depression structures in Experiment 2 were related to a linear, perhaps cracklike process, the pocketlike aspect of some of these structures and of those in Experiment 3, as seen in cross section, closely resembles involutions, believed to be periglacial and known as Taschenboden ("pocket soil") in the German literature. These are characterized by pockets of coarse-grained soil penetrating down into finer soil. The results of Experiments 2 and 3, especially the latter, support the view that density differences during thawing constitute one way in which such structures can originate.

Summary

Laboratory freeze-thaw experiments involving a 2.5 x 3.6 m area of soil 30 cm thick indicate that: (1) Juxtaposition of unlike soils can lead to deformation along their contact, probably due to offset of freezing and thawing fronts; (2) the deformation can include: (a) Vertical breaks, perhaps caused by shearing, and (b) pocket structures, apparently caused by density differences; and (3) the pocket structures are similar to certain periglacial involutions.

REFERENCES CITED

CORTE, A. E., 1967, Soil mound formation by multicyclic freeze-thaw: p. 1333-1338 in Oura, H., ed., Physics of snow and ice: Intl. Conf. Low Temp. Sci. Proc. I(2), Sapporo, Hokkaido Univ., p. 713-1414.

JAHN, A., and CZERWIŃSKI, J., 1965, The rôle of impulses in the process of periglacial soil structure formation: Acta Univ. Wratislaviensis 44 (Studia Geograficzne 7), p. 1-13.

SHARP, R. P., 1942, Periglacial involutions in northeastern Illinois: Jour. Geology, v. 50, p. 113-133.

WASHBURN, A. L., 1973, Periglacial processes and environments: New York, St. Martin's Press, 320 p.

II.4 GEOTECHNICAL ENGINEERING

II.4 GÉNIE GÉOTHERMIQUE

II.4 СТРОИТЕЛЬСТВО НА МЕРЗЛЫХ ГРУНТАХ

PAD FOUNDATION DESIGN AND PERFORMANCE OF SURFACE FACILITIES IN THE MACKENZIE DELTA

R.G. Auld, R.J. Robbins, L.W. Rosenegger, R.H.B. Sangster, Imperial Oil Limited, Calgary, Alberta

In the design and construction of foundations built on-grade on the ice-rich permafrost in the Mackenzie Delta region of the Canadian Arctic, the major criterion is to prevent thawing of the ice-rich subgrade, otherwise structural failure may result. Imperial Oil Limited has found a thermal simulator model to be a useful design tool in assessing the thermal behaviour of possible foundation designs. The accuracy of the thermal predictions is dependent on a knowledge of the ice content of the permafrost, the ambient environmental conditions, and the thermal properties of the foundation materials and the subgrade. The design, construction, and subsequent thermal performance of several foundations built on permafrost will be presented, including fuel tankage for both ambient and heated fluids, and heated structures, where temperature data has been recorded to monitor the thermal response.

CONCEPTION ET PERFORMANCE DES FONDATIONS QUI DOIVENT SUPPORTER DES INSTALLATIONS DE SURFACE DANS LE DELTA DU MACKENZIE

Pour la conception et l'établissement de fondations reposant directement sur le pergélisol riche en glace de la région du delta du Mackenzie dans l'Arctique canadien, il est essentiel d'empêcher le dégel du sol de fondation; en effet celui-ci contient une grande quantité de glace, ce qui pourrait provoquer l'effondrement des structures. La Imperial Oil Limited a mis au point un modèle de simulation thermique qui devrait permettre d'évaluer le comportement thermique de divers types de fondations. Pour prédire les températures avec précision, il est nécessaire de connaître la teneur en glace du pergélisol, l'état du milieu ambiant, et les propriétés thermiques des matériaux et du sol de fondation. On présente ici la conception, la construction et le comportement thermique de plusieurs types de fondations établies sur le pergélisol, y compris des réservoirs de carburant chauffés ou maintenus à la température ambiante, et des structures chauffées; nos études du comportement thermique étaient basées sur les données enregistrées.

ПРОЕКТИРОВАНИЕ ПОДУШЕЧНЫХ ФУНДАМЕНТОВ И ЭКСПЛУАТАЦИОННЫЕ ХАРАКТЕРИСТИКИ НАЗЕМНЫХ СООРУЖЕНИЙ В ДЕЛЬТЕ РЕКИ МАКЕНЗИ

При проектировании и строительстве фундаментов в льдистых грунтах дельты реки Макензи в канадской Арктике основным критерием является предотвращение оттаивания льдистых грунтов основания, которое может привести к деформации сооружения. Фирма "Импириал ойл лимитэд" разработала моделирующее устройство, помогающее определить теплотехнические характеристики проектируемых фундаментов. Точность расчета теплотехнических параметров зависит от знания льдосодержания в мерзлом грунте, окружающей среды и теплопроводных свойств фундамента и основания. В работе описано проектирование, строительство и полученные теплотехнические параметры нескольких фундаментов, построенных на мерзлых грунтах, включая резервуары для нагреваемого и ненагреваемого жидкого топлива и отопляемые сооружения, оснащенные аппаратурой для измерения температуры и снятия теплотехнических параметров.

PAD FOUNDATION DESIGN AND PERFORMANCE OF SURFACE FACILITIES IN THE MACKENZIE DELTA

R.G. Auld, R.J. Robbins, L.W. Rosenegger, and R.H.B. Sangster

Production Research Division, Imperial Oil Limited
Calgary, Alberta T2G 2B3

INTRODUCTION

The existence of permafrost (Brown, R.J.E. 1970) throughout the Canadian Arctic has required that those involved in the exploration of oil and gas pay special attention to the foundation requirements of various structures. Many high moisture (ice) content soils typical of permafrost provide a firm foundation only when frozen. If thawed, these soils, which are usually fine-grained, turn into a slurry with little or no strength. Under these conditions, settlement and possibly failure of a structure may occur.

Imperial Oil Limited, as part of its exploration program in the Mackenzie Delta, has built roads, surface facilities, and drilling rig foundations. Gravel pads have been used extensively both with and without buried insulation. Piled foundations have also been used for drilling rigs but are not discussed further in this paper. Many of these foundations have been instrumented to determine the thermal effect of the structure on the permafrost and to give a check on the design assumptions. In this paper, the predicted and observed thermal performances of foundations for fuel and product storage tanks and a heated structure are discussed.

FOUNDATION DESIGN CRITERIA

When designing a structure for a permafrost region, a thorough knowledge of the site is essential. If well-drained, clean, granular materials are encountered, then a foundation design similar to temperate zone practices may be completely acceptable. However, ice-rich fine grained soils, commonly found in the Mackenzie Delta, exhibit poor mechanical properties on thawing, causing excessive settlement and possibly failure. In the frozen state, these soils sustain high loads for short periods of time, but creep may be detrimental in the longer term. Pad foundations distribute loads and result in lower stress levels on subgrade soils. In practice, the foundation is designed so the ice-rich or thaw-unstable subgrade soils are preserved in the frozen state. A pad foundation of non-frost susceptible fill, with sufficient gravel, gravel and insulation, or refrigeration is used to ensure that the ice-rich material remains frozen. The design procedure requires a thermal analysis to determine the amount of thaw penetration for different fill configurations and construction timing at specific sites.

THERMAL SIMULATION

Imperial Oil Limited uses a computerized, two-dimensional, thermal simulator model (Wheeler, J.A. 1973) for predicting the thermal behaviour of surface foundation pads. The model, which is similar to the model constructed by Hwang, Murray and Brooker (1972) for geothermal problems, uses a variational technique to approximate the temperature distribution over a two-dimensional grid at successive time steps. The heat of fusion and the changes in thermal properties between frozen and thawed states are taken into account. Heat transfer is assumed to be by conduction only and water in the system is assumed to change state, either at a single discrete temperature or over a freezing range, thus accounting for the unfrozen water content in fine-grained soil.

Thermal properties must be specified for each subgrade soil strata, the fill, and the gravel and/or insulation used in the foundation. The properties of importance include the latent heat of fusion, the volumetric heat capacity, and the thermal conductivity of both thawed and frozen soils. These properties have either been determined experimentally from soil core samples taken during site investigations, or estimated from published data (Kersten, 1949).

An initial temperature distribution is required as a starting point for the thermal simulation. In order to obtain this data, it is often advisable to install thermistor cables in boreholes drilled during the site investigation. Failing specific site data, an initial temperature distribution can be estimated from ground thermal regime studies (Judge, 1973) in nearby areas.

Various boundary conditions can be specified. An adiabatic boundary condition can be applied at an axis of symmetry. A known thermal gradient or heat flux can be specified at the bottom boundary to represent the geothermal gradient. A specific temperature boundary can be imposed anywhere a temperature is known; for example, at the wall of a hot pipe. An external temperature and a heat transfer coefficient can also be specified. In all cases, the boundary condition used need not be kept constant, but may change with each time step in order to represent seasonal variations or imposed heat loads.

The specification of the temperature at the air/ground interface is of particular concern since the predicted depth of thaw will, in general, be most sensitive to changes in this boundary temperature. If measured soil surface temperatures are available for the type of surface and the region under study, then an estimated soil surface temperature can be imposed explicitly as a function of time. Alternatively, a heat transfer coefficient which will couple an external temperature and the soil surface temperature can be imposed. The external temperature can be either the equivalent air temperature such as suggested by Scott (1969), the observed ambient air temperature from meteorological records, or some other known temperature.

If all of the components involved in the surface heat transfer were known, then the energy exchange at the ground surface could be calculated rigorously. This would involve knowing the heat gained or lost by the net short and long wave radiation, the energy transferred by falling rain or snow, the conductivity and latent heat of snow, the heat transfer by evaporation and movement of melt and ground water, and the effects of different plant types. Unfortunately, these processes are not well understood, and sufficient data is not generally available to make the direct calculation of the surface boundary temperature possible.

FIELD EXPERIENCE

Data Collection

Over the past few years, Imperial Oil Limited has been conducting an intensive study of the ground surface temperature and the ground thermal regime in the Mackenzie Delta area. At one site, Taglu, 75 miles north of Inuvik on Richards Island, numerous boreholes were cored continuously and logged according to the NRC Permafrost Classification (Pihlainen and Johnston 1963). Permafrost in the Taglu area is estimated to be 1800 feet thick, and surface features show extensive low centre polygons and ice wedging. Selected frozen core was preserved for later determination of moisture content, dry bulk density, and both frozen and thawed thermal conductivity.

To monitor the temperatures at the site, thermistor strings were installed through a gravel storage pad and in boreholes to a depth of 40 feet. The ground temperatures, the wind speed, wind direction, and air temperature were automatically interrogated every hour via a Data Telex-radio link between Calgary and the Taglu site, and data has now been obtained for over four years.

Typical measured surface temperatures and air temperatures are shown in Fig. 1. In the spring, as snow is melting, both gravel pad and tundra surface temperatures are very close to the ambient air temperature. In early summer, both tundra and gravel temperatures are significantly higher than the air temperature. The gravel surface can, in fact, be ten or more degrees Fahrenheit warmer than the air during this period of 24 hour sunlight.

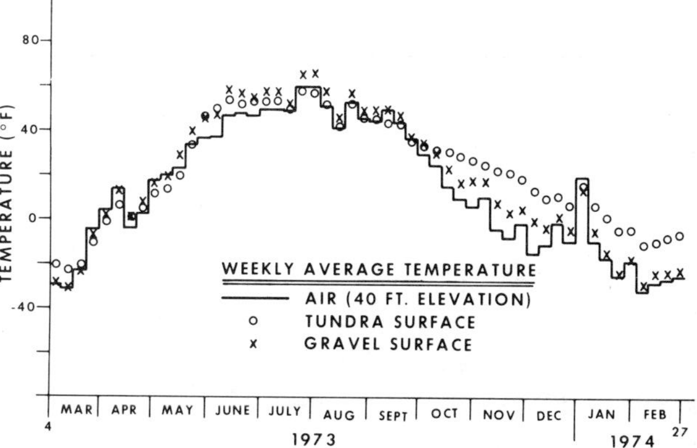

Fig. 1 Taglu air and surface temperatures.

In late summer, when there is normally considerable rain, the tundra surface temperature is very close to the air temperature. In this period, the gravel surface is a little warmer. Once snow starts to fall, both the gravel surface and the tundra surface temperatures are warmer than the air temperature. The tundra can be as much as 20°F above the air temperature. The gravel surface is not as warm as the tundra since it is elevated above the surrounding ground and tends to be swept clear of some snow.

The soil thermal conductivities measured in the laboratory and the heat of fusion calculated from the measured soil moisture content are shown in Table 1 for the various soils strata at the Taglu site. When the observed tundra surface temperature and these measured thermal properties are used as input to the thermal simulator, a very good match is obtained between the calculated and the observed temperatures (Fig. 2). The maximum deviation between the instantaneous calculated value and the weekly average observed value occurs in early December and is about 3°F. The temperature response at depth is as expected, and clearly shows the reduced amplitude and phase shift from the surface temperature wave.

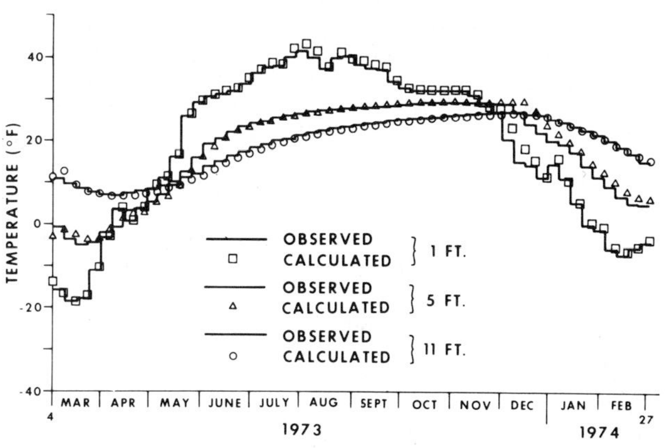

Fig. 2 Taglu temperature match.

AREA	ZONE DESCRIPTION	HEAT CAPACITY ($BTU/FT^3 °F$) FROZEN	THAWED	THERMAL CONDUCTIVITY (BTU/HR.FT°F) FROZEN	THAWED	HEAT OF FUSION BTU/FT^3
TAGLU	PEAT	23.4	43.4	1.0	0.5	5760
	PEAT AND ORGANIC SILT	26.3	48.8	1.23	0.61	6350
	ORGANIC SILT 30% ICE	26.3	48.8	1.5	0.8	5000
	CLAYEY SILT 40% ICE	29.4	50.5	1.0	0.6	6050
	CLAYEY SILT 30% ICE	28.6	47.5	1.47	0.67	5440
	BROWN SILT 35% ICE	26.0	45.1	1.46	0.94	5485
	SILT 20% ICE	27.0	38.9	1.52	0.93	3400
	SILT 5% ICE	28.6	39.4	1.51	0.89	3125
TUNUNUK POINT	GRAVEL	26.35	31.85	0.455	0.522	1590
	POLYURETHANE	2.0	2.0	0.015	0.015	0
	SILT 30% WATER	27.2	40.3	1.17	0.63	3680
	SUBSOILS 50% WATER	26.4	46.4	0.875	0.35	5760
NORMAN WELLS	VERMICULITE CONCRETE	6.3	6.3	0.067	0.067	0.0
	GRAVEL	26.35	31.85	0.455	0.552	1590
	AIR	0.018	0.018	0.015	0.015	0.0
	CRUSHED LIMESTONE	15.70	15.70	0.60	0.80	1000
	HIGH ICE SILTS	27.20	40.30	1.170	0.63	3680
	LIMESTONE	26.25	26.25	0.75	0.75	0.0

TABLE 1 TYPICAL THERMAL PROPERTIES USED IN SIMULATIONS

Fuel Tanks

At Tununuk Point, on the southern tip of Richards Island and 50 miles from Inuvik, Imperial Oil Limited built a major fuel storage area in the summer of 1973. The site, on a height of land in a region which has been classified (Rampton 1972) as glacio-fluvial, was underlain by ten to fifteen feet of grey-brown sandy silt overlying an equally thick layer of fine sand. Silt was again encountered under the sand. There was very little excess ice in the first ten feet below the ground surface. At greater depths (to 40 feet) frequent layers of ice and ice-rich soil were encountered. Ice wedges were also prevalent.

The tanks were to be located on an old gravel pad which had been placed some years earlier without any attention being given to compaction. For this reason, as soon as the gravel had thawed, the existing pad was scarified and recompacted. Extreme care was taken not to cut through to the silts beneath the gravel. Additional gravel, which had been stockpiled at the site during the winter, was then added in six-inch lifts and was compacted to a minimum 85 percent relative density.

The depth of additional gravel required under the tanks and the placement of polyurethane insulation were decided upon following an analysis with the thermal simulator. In the final design, the old gravel pad, which was approximately 2 1/2 feet thick, was covered with one foot of gravel. Individual gravel tank pads with shoulders ten feet wide were built up two feet above this level. A ring of polyurethane insulation was placed on the recompacted existing gravel pad so as to encircle the tank completely. A second layer of polyurethane insulation was placed six inches below the tank base and extended well out into the shoulder surrounding the tank. The ring of insulation and the wide shoulder were provided to ensure that any soil failure occurring along a slip plane at the thaw front would not undermine the tank severely.

Because of the hillside location and the permeable nature of the thawed soils, a membrane liner was installed over the entire tank lot. The liner, a 20 mil. Oil PVC, was buried three feet below the tank bottom and brought up into the firewalls as the firewalls were formed. (Fig. 3)

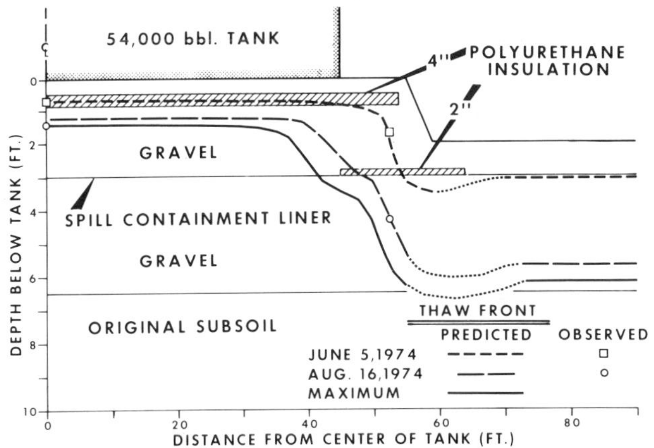

Fig. 3 Tununuk Point diesel storage tank foundation, showing thaw front location.

Thermistor probes were located under the largest tank, a 54,000 bbl tank 90 feet in diameter by 48 feet high, in order to monitor the ground thermal regime. These probes, one at the tank center and one in the gravel shoulder seven feet from the tank, extended to a depth of ten feet.

In simulating the tank lot thermal regime, it was assumed that the temperature of the tank contents (diesel) would lag slightly and be slightly warmer than the ambient air temperature. The gravel surface near the tank, however, would be much warmer as a result of reflection from the tank, the different incident angle of the sun on the shoulder, and the accumulation of snow. The temperature of the gravel surface away from the tank was assumed to be the same as the surface temperature measured at the Taglu site.

The results of the thermal simulation using the assumed surface temperatures and the soil thermal properties shown in Table 1, are shown in Fig. 3. Here, for simplicity, the predicted thaw front location is shown for only two intermediate dates and the maximum predicted thaw. The observed thaw front at the two thermistor probes is also shown for these dates. At the centre of the tank, there is slightly more thaw than predicted. The thaw front is still, however, well up in the gravel and there is no observed settlement under the tank. Beyond the tank pad, the thaw front does approach the ice-rich subsoil. This is, however, an area where there is no structural load or vehicular traffic and, consequently, some minor subsidence can be tolerated. The observed thaw front locations under the gravel shoulder indicate that the design is performing quite satisfactorily.

Heated Fluids Tanks

To the south of the Mackenzie Delta, at Norman Wells, in an area of discontinuous permafrost (Brown, 1970), Imperial Oil Limited has constructed tankage to store hot fluids at temperatures up to 200°F. Because of previous problems of subsidence recent tankage has been designed to prevent thaw into the fine grained soils overlying bedrock.

During the summer of 1973, a tank pad was built for a new 10,000 bbl, 40-foot diameter Bunker C storage tank at Norman Wells. The pad consisted of five feet of crushed limestone, two feet of gravel which contained one-foot diameter ventilating ducts placed on 34-inch centers, and topped with a two-foot vermiculite concrete cap. The temperature of the Bunker C would be about 200°F. The ducts would be closed in the spring as the air temperature started to rise and then be kept clear of snow after they had been reopened in the fall. During construction of the tank pad, two thermistor strings of nine thermistors each were installed to monitor the thermal performance of the tank pad. One string was located at the center of the pad, the second string was located 15 feet from the center towards the south edge of the pad. Both thermistor strings were adjacent to the same ventilating duct. The average duct temperature measured, when compared with the mean daily air temperature reported by Burns (1973), indicates that the air circulation through the ducts must have been very low since the duct air temperature in winter was much higher than the ambient air temperature, and the ducts were not functioning as efficiently as expected.

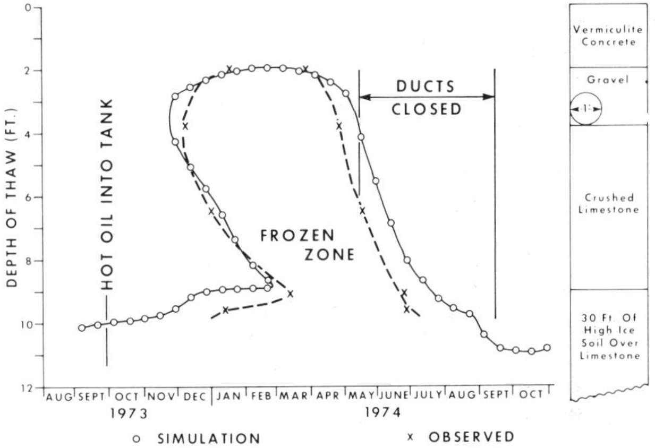

Fig. 4 Norman Wells Bunker C storage tank foundation, showing thaw front location.

The observed thaw front locations throughout the first year are shown in Fig. 4. The effect of the ducts is apparent in December as the foundation starts to freeze back at the level of the ducts as well as from the base of the pad. A very rapid thaw was observed in the next spring and it is apparent that the thaw progressed through the pad into the ice-rich soils. Also shown in Fig. 4 is the result of a thermal simulation of the as-built foundation. For this simulation, a constant tank temperature of 220°F was assumed based on operational data, and the observed duct temperatures were applied for the period when the ducts were open. The thermal properties used are shown in Table 1.

The simulation shows a much faster freezeback at the base of the foundation in the fall, and a slower, shallower thaw in the spring. Changes in the thermal properties of the crushed limestone in the spring during snow melt may account for some of the discrepancy between the observed and predicted depth of thaw. The duct temperature, however, is found to have the strongest influence on the depth of thaw, and thaw penetration through to the ice-rich subsoil could be arrested if colder duct temperatures could be assured.

To obtain lower air temperatures in the ducts, an alternative method is to use a forced-air circulating system. With sufficient velocity, the air temperature in the ducts will approach the ambient air temperature. Such a system has been designed for a new tank presently under construction at Norman Wells which will be monitored with five thermistor strings for the first years of operation. The following example shows the application of a forced air system for a heated structure.

Aircraft Hangar

Imperial Oil Limited's hangar at Inuvik (120 x 80 feet) was constructed in the summer of 1969, on nine feet of gravel and crushed rock fill placed on the original permafrost. A system of ducts running the full length of the building was installed in the gravel at a depth of 8 1/2 feet below floor level to enable the circulation of air during periods of low ambient temperatures. The ducts were 18 inches in diameter and were located on ten-foot centers, terminating in a 24-inch header at both ends. Two independent sets of duct work were utilized, each servicing one-half of the hangar in a length-wise direction. Each of the four headers had a 24-inch standpipe rising about six feet above ground level outside the hangar proper. The two stacks at the west end of the hangar were for intake air, each having a screened cover and damper. The two east end exhaust stacks had screened covers, dampers, and each housed a 3/4 hp, 4800 cubic feet per minute electric motor and fan. The dampers were manually activated and had interlocking switches to prevent motor turn-on with a damper closed.

The concrete floor was poured in the summer of 1970. A two-inch layer of lean concrete was first poured. Two two-inch layers of rigid Styrofoam insulation were then laid followed by a final six inches of concrete.

The dampers are opened manually each September and are closed again in March. The fans are set to come on automatically whenever the air temperature drops below 20°F and to shut off when the air temperature reached 25°F.

The system has operated successfully and, as shown in Fig. 5, the foundation has actually been subcooled over the first five years. Over most of this period the floor temperature has been a comfortable 60°F. Floor settlement has been minimal with the largest settlement being about 3/4-inch towards the front of the hangar where aircraft have been moved across the door area.

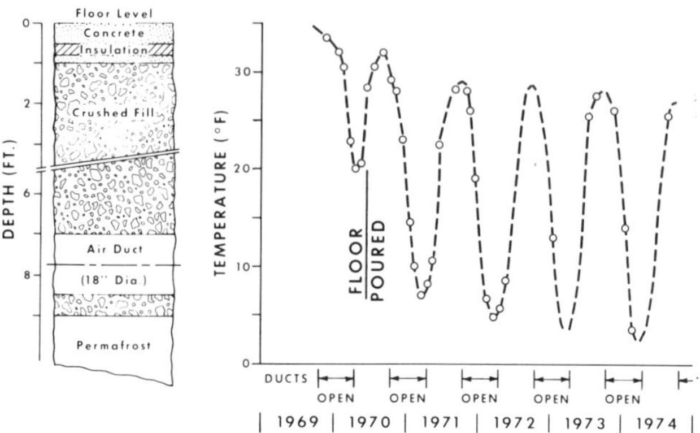

Fig. 5 Inuvik aircraft hanger foundation, and temperature at original grade.

CONCLUSION

The work to date has shown that it is possible to design and to satisfactorily build pad foundations in the Canadian Arctic in a region of high ground ice. The thermal simulation methods have been shown to be accurate, provided that the ground thermal properties and the ground surface temperature are known or can be estimated accurately.

The use of insulated pads for on-grade foundations can either be of the passive type with no mechanical heat removing systems, or of the type described using forced air circulation. Instrumentation is strongly recommended to permit verification of the design assumptions, and check thermal properties.

Imperial Oil Limited are continuing to monitor various structures in the Canadian Arctic to ensure that the fragile ice-rich subsoil remains frozen, and the integrity of the foundation designs is maintained.

ACKNOWLEDGEMENTS

The authors wish to acknowledge the assistance of their colleagues who have been involved with field work, data collection, and computer programming necessary for the continuing study of permafrost foundations. In particular, they wish to acknowledge the assistance of T.M. Wilson and the cooperation of the Arctic field personnel and the Norman Wells refinery staff who have been gathering the temperature data. This paper is presented with the permission of the management of Imperial Oil Limited.

REFERENCES

BROWN, R.J.E. 1970. Permafrost in Canada: Its influence on northern development. Univ. of Toronto Press, Toronto.

BURNS, B.M. 1973. The climate of the Mackenzie Valley - Beaufort Sea. Vol. 1. Atmospheric Environment Service, Environment Can., Toronto.

HWANG, C.T., MURRAY, D.W., and BROOKER, E.W. 1972. A thermal analysis for structures on permafrost. Can. Geotech. J. 9(1) pp. 33-46.

JUDGE, A.S. 1973. The thermal regime of the Mackenzie Valley: observations of the natural state. Task Force on Northern Oil Dev. Report No. 73-38, Dept. of Environment, Ottawa.

KERSTEN, M. 1949. Thermal properties of soils. Univ. of Minn. Eng. Exp. Sta. Bull. 28.

PIHLAINEN, J.A. and JOHNSTON, G.H. 1963. Guide to a field description of permafrost for engineering purposes. Ass. Com. on Soil and Snow Mech. Tech. Memo 79. National Research Council of Can. Ottawa.

RAMPTON, V. 1972. Surficial geology and landforms-Mackenzie Delta. Geo. Survey of Can. Open File 96, Ottawa.

SCOTT, R.F. 1969. Predicted depth of freeze or thaw by climatological analysis of cumulative heat flow. U.S. Army Cold Regions Research and Eng. Lab. Tech. Report 195.

WHEELER, J.A. Jr. 1973. Simulation of heat transfer from a warm pipeline buried in permafrost. Paper presented at the 74th National Meeting of AIChE. New Orleans, La.

PERMAFROST INVESTIGATIONS IN PIPELINE CONSTRUCTION

V.V. Baulin, G.I. Dubikov, Yu. T. Uvarkin, Ind. and Res. Inst. for Eng. Surveys in Construction, L.S. Garagulya, V.V. Spiridonov, All-Union Res. Inst. for Pipeline Construction, Moscow, U.S.S.R.

A stage-by-stage scheme of permafrost investigations is suggested for pipeline construction and it is shown that preliminary, small- and medium-scale permafrost surveys are required for the selection of an optimum pipeline route in little-known regions. The main types of work at different stages of pipeline design are described. The approximate volume of work required for a permafrost survey on a selected pipeline route applicable in lowlying regions of epigenetic permafrost is determined. The problems of forecasting changes in the permafrost and geological conditions along the route at different stages of pipeline design are examined and possible methods of forecasting are given.

RECHERCHES GÉOCRYOLOGIQUES SUR LA CONSTRUCTION DES PIPELINES

V.V. Baulin, G.I. Dubikov, Yu. T. Uvarkin, Institut industriel et scientifique de génie civil, Moscou, L.S. Garagulya, V.V. Spiridonov, Institut soviétique de recherches scientifiques en construction de pipelines, Moscou, URSS.

Projet de recherches géocryologiques par étapes en vue de la construction de pipelines; il est montré qu'il est nécessaire de faire des levés géocryologiques préliminaires à petite et moyenne échelles afin de choisir la variante optimale du tracé dans les régions peu connues. Les auteurs décrivent les aspects fondamentaux des travaux et leur destination au cours des différentes étapes de l'élaboration du projet. Le volume de travail approximatif requis pour le levé géocryologique du tracé choisi est déterminé pour les régions basses où se rencontre un pergélisol épigénétique.

Examen des problèmes de prévision des modifications des conditions géocryologiques et géologiques le long du tracé au cours des différentes étapes de l'élaboration de projet et indication des méthodes de prévision possibles.

МЕРЗЛОТНЫЕ ИССЛЕДОВАНИЯ ДЛЯ СТРОИТЕЛЬСТВА МАГИСТРАЛЬНЫХ ТРУБОПРСВОДОВ

В.В. Баулин, Г.И. Дубиков, Ю.Т. Уваркин, Производ. и н.-и. ин-т по инженер. изысканиям в строительстве, Москва, СССР
Л.С. Гарагуля, В.В. Спиридонов, ВНИИ по строительству магистральных трубопроводов, Москва, СССР

Предлагается поэтапная схема мерзлотных исследований для строительства магистральных трубопроводов, причем доказывается необходимость выполнения опережающих мелко- и среднемасштабных мерзлотных съемок для выбора оптимального варианта трассы в неизученных районах. Определены основные виды работ и их назначение на различных стадиях проектирования трубопроводов. Установлены ориентировочные объемы работ при мерзлотной съемке на выбранной трассе магистрального трубопровода применительно к низменным районам распространения эпигенетических мерзлых толщ.

Рассматриваются задачи прогнозирования изменения мерзлотно-геологических условий по трассе на различных стадиях проектирования трубопровода; самостоятельно рекомендуются возможные методы прогноза.

МЕРЗЛОТНЫЕ ИССЛЕДОВАНИЯ ДЛЯ СТРОИТЕЛЬСТВА МАГИСТРАЛЬНЫХ ТРУБОПРОВОДОВ

В.В. Баулин, Г.И. Дубиков, Ю.Т. Уваркин

Производственный и научно-исследовательский институт
по инженерным изысканиям в строительстве, Москва, СССР

Л.С. Гарагуля, В.В. Спиридонов

ВНИИ по строительству магистральных трубопроводов, Москва, СССР

В связи с освоением северных месторождений нефти и газа резко увеличился объем специальных мерзлотных исследований. Последние базируются на общих положениях мерзлотной съемки, хотя и имеют свои особенности, обусловленные спецификой сооружения (его конструкцией, режимом эксплуатации). Магистральные трубопроводы, часто пересекающие различные мерзлотные зоны и имеющие различный температурный режим на отдельных участках трассы, взаимодействуют с грунтами слоя сезонного промерзания или оттаивания и их влияние ограничивается слоем годовых колебаний температур мерзлой толщи. Эти глубины характеризуются переменным температурно-влажностным режимом грунтов, что изменяет их механические и теплофизические свойства, а также активизирует мерзлотные процессы. В связи с этим проектирование трубопроводов в районах распространения мерзлых грунтов выполняется исходя не только из характеристик мерзлых грунтов, полученных в момент изысканий, а с учетом возможных изменений мерзлотных условий в процессе строительства и эксплуатации. Эти изменения происходят очень быстро, в сроки, соизмеримые со сроками эксплуатации сооружений, и могут приводить к необратимому преобразованию трасс и участков, прилегающих к трассам. Нередко эти изменения оказывают неблагоприятное влияние на сооружения и экологические условия больших территорий. Опыт строительства и эксплуатации многониточных трубопроводных систем показывает, что изменения природных условий происходят на полосе, ширина которой соизмерима с долинами рек. Проведение мероприятий, ограничивающих воздействие строительства трубопроводов на природную среду или управляющих этим воздействием, является важной народнохозяйственной задачей, так как при этом обеспечивается надежная эксплуатация систем и необходимые экологические условия. В комплекс мероприятий входит: выбор оптимального направления трассы, оптимальных конструктивных решений и технологии строительства с учетом природной обстановки, разработка и осуществление системы защитных мер и мелиорация грунтов. Для осуществления указанных мероприятий изучаются основные закономерности формирования мерзлотных и инженерно-геологических условий, влияние на них различных природных факторов в отдельности и в их взаимозависимости; составляется прогноз изменения природных условий на трассах в период строительства и на весь период эксплуатации. Эти требования являются основным содержанием мерзлотных и инженерно-геологических изысканий на всех стадиях проектирования магистральных трубопроводов.

При подготовке доклада использованы опубликованные разработки по рассматриваемому вопросу институтов ВНИИСТ, ВСЕГИНГЕО, ПНИИИС, Фундаментпроект, МГУ, а также опыт проектно-изыскательских организаций Мингазпрома СССР.

МЕРЗЛОТНЫЕ ИССЛЕДОВАНИЯ ДЛЯ ТЕХНИКО-ЭКОНОМИЧЕСКОГО ОБОСНОВАНИЯ СТРОИТЕЛЬСТВА МАГИСТРАЛЬНОГО ТРУБОПРОВОДА

Во взглядах на необходимость проведения мерзлотных исследований для обоснования строительства магистральных трубопроводов в северных районах страны не существует единства. Аналогичное положение и с требованиями к исходным материалам, необходимым для выбора оптимального направления трассы трубопровода. Практика же проектно-изыскательских работ и научных исследований последних лет показывает, что выбор оптимального направления трассы и рациональных конструктивных решений прокладки магистрального трубопровода должны выполняться при технико-экономическом обосновании строительства на основании опережающих мерзлотных съемок масштаба 1 : 100 000–1 : 200 000 по перспективным направлениям трассы. Схема необходимых для этого работ в неизученных районах со сложными мерзлотными условиями представлена в табл. 1.

На первом этапе мерзлотных исследований по имеющимся сведениям и данным аэровизуального обследования производится оценка сложности мерзлотных условий всей территории строительства (табл. 2), выделяются предварительно благоприятные и неблагоприятные участки. Кроме того оцениваются: а) чувствительность различных типов ландшафта к снятию растительного покрова, к механическим воздействиям при проезде транспорта, к планировке местности, производству земляных работ, тепловому воздействию трубопроводов; б) возможность региональных изменений рельефа, геоботанических, гидрологических и гидрогеологических условий при строительстве и эксплуатации трубопроводов; в) размеры территорий, на которых произойдут изменения природных условий, связанные со строительством и эксплуатацией трубопроводов.

На основании этих оценок, в значительной мере влияющих на обеспечение устойчивости трубопровода и охраны окружающей среды, выбираются перспективные варианты трассы.

Второй этап включает работы на перспективных вариантах трассы для выбора оптимального направления, принципиальных конструктивных решений, для разработки технологических режимов перекачки продукта и выбора наиболее эффективных мероприятий по управлению мерзлотными и инженерно-геологическими процессами. На этом этапе наибольшая роль отводится мерзлотному картированию полосы перспективных вариантов трассы, а также режимным наблюдениям за развитием мерзлотных процессов и температурным режимом мерзлых грунтов для того, чтобы установить и оценить количественно роль отдельных природных факторов в формировании мерзлых грунтов. Эти данные используются и на последующих стадиях технического проектирования и составления рабочих чертежей для составления мерзлотного прогноза на период строительства и эксплуатации сооружений. На втором этапе, кроме сведений по метеоусловиям, рельефу, растительности и гидрологии, собираются и частично отражаются картографические мерзлотные данные, необходимые для обоснованного выбора оптимального направления (положения) трассы трубопровода на местности и обоснования проектных решений на этой стадии. К ним относятся: а) физико-механические свойства грунтов; б) литологический состав грунтов слоя сезонного промерзания и протаивания и подстилающих пород на глубину 10-15 м; в) сведения о распределении мерзлых и талых грунтов, их среднегодовой температуре, глубинах сезонного промерзания и протаивания грунтов, мощности мерзлой толщи и мощности слоя с годовыми теплооборотами; г) данные о криогенных образованиях и интенсивности проявления создающих их процессов; д) сведения о стратиграфической и генетической принадлежности отложений, геоморфологических элементах рельефа; е) данные о грунтовых водах (установившийся уровень, глубина залегания, водообильность, агрессивность).

На основании этих сведений а) рассчитываются возможные изменения температурного режима грунтов на основных типах ландшафтов, пересекаемых трассой, в зависимости от способов прокладки трубопровода (рассматриваются конкурентноспособные варианты) и заданных вариантов параметров технологического режима перекачки продукта; б) оцениваются скорости развития мерзлотных и инженерно-геологических процессов или степень их протяженности на основных типах ландшафтов при разных способах прокладки и технологических режимах трубопроводов; в) оцениваются региональные изменения природных условий на трассе, обусловленные взаимосвязями типов ландшафтов, подвергавшихся различным техногенным воздействиям при строительстве; г) определяется эффективность мероприятий по управлению процессами изменения природных факторов для обеспечения надежности и охраны окружающей среды.

МЕРЗЛОТНЫЕ ИССЛЕДОВАНИЯ ДЛЯ ТЕХНИЧЕСКОГО ПРОЕКТИРОВАНИЯ И СОСТАВЛЕНИЯ РАБОЧИХ ЧЕРТЕЖЕЙ

Содержание и объем исследований на выбранной трассе определяются в зависимости от сложности мерзлотных условий, намечаемого способа прокладки и конструкции трубопровода. С учетом этого обстоятельства и планируется мерзлотная съемка.

Для стадии технического проекта на предполевом этапе исследований выбранной трассы проводится сплошное камеральное дешифрование крупномасштабных аэрофотоснимков и выделение природных индикаторов мерзлотных условий. В результате анализа литературных и фондовых материалов составляется предварительная карта природных микрорайонов и схематическая мерзлотная карта. Для каждого микрорайона дается ориентировочная характеристика распространения мерзлых грунтов, их состава, температуры, мерзлотных и инженерно-геологических процессов и явлений.

При полевых исследованиях на стадии технического проектирования трубопроводов используется "ключевой" метод, который основывается на ландшафтном микрорайонировании и заключается в проведении детальных мерзлотных исследований на характерных (опорных) участках трассы, называемых "ключевыми". На остальной части трассы осуществляются менее детальные исследования (маршрутные, аэровизуальные и др.). Количество и площадь ключевых участков определяются в зависимости от сложности мерзлотных условий территории. Для зоны распространения эпигенетических мерзлых толщ рекомендуется от 3 до 8 ключевых участков на 100 км трассы. В зоне с сингенетическими мерзлыми толщами, со свойственными им пластовыми и жильными льдами, количество ключей может существенно возрастать при одновременном увеличении детальности съемки. Так, в лесотундровых и северотаежных районах Западной Сибири, к которым приурочены основные нефтегазовые месторождения, ширина картируемой полосы в пределах ключевых участков изменяется от 2 до 4 км при длине до 10 км на переходах через крупные водотоки в связи с необходимостью оценки различных створов, ширина полосы может достигать 10-20 км.

Масштаб мерзлотной съемки на "ключах" должен быть не мельче 1:25000. Виды и ориентировочные объемы работ, выполняемых при съемке на стадии технического проектирования, а также рабочих чертежей, представлены в табл. 3.

Основные требования, предъявляемые к "ключевым" участкам - наличие в их пределах всех типов природных микрорайонов, встречающихся в полосе трассы. В процессе мерзлотных исследований должны быть охарактеризованы все типичные для района геолого-генетические комплексы и все типы сезонно- и многолетнемерзлых грунтов. Закономерности изменения мерзлотных условий, выявленные на ключевых участках, распространяются на всю трассу проектируемого магистрального трубопровода. На основе этих закономерностей составляется специальная мерзлотная карта полосы трассы сооружения. В результате мерзлотных исследований на этом этапе должно быть определено положение оси трубопровода на местности.

На стадии изысканий для разработки технического проекта прогноз изменения природных условий и расчеты теплового и механического взаимодействия трубопровода с грунтами основания производится для уточнения конструктивных решений и привязки их к конкретным условиям трассы, для расчета конструкций на прочность, для определения необходимых мелиоративных мероприятий и привязки их к условиям трассы, а также для разработки технологического регламента эксплуатации. В задачи прогнозирования на этой стадии входят: а) оценка изменения температурного режима грунтов и образования сезонных или многолетних ореолов оттаивания (промерзания) в грунтах на всех типах ландшафтов, пересекаемых трассой, исходя из принятых способов прокладки и технологических параметров; б) расчет изменения температуры стенки трубы и продукта по длине трубопровода; в) оценка изменения физических и механических свойств грунтов на трассе в связи с изменением их температурного и влажностного режима; г) прогноз развития мерзлотных и инженерно-геологических процессов и расчет их воздействий на трубопроводы и опорные конструкции; д) определение комплекса мероприятий для обеспечения надежной работы трубопровода и охраны окружающей среды на конкретных участках трассы.

Мерзлотные исследования для рабочих чертежей выполняются вдоль оси трубопровода и ограничиваются полосой шириной до 0,5 км по всей трассе трубопровода. На этой стадии проводится широкий комплекс наземных работ преимущественно по оси трассы намечаемого трубопровода. Рабочий и отчетный масштаб съемки - 1:5000. Наряду со специальной мерзлотной картой вдоль оси трассы составляется мерзлотный разрез с отображенными на нем основными характеристиками мерзлых грунтов (строение, состав, влажность, температура осадка при оттаивании и др.), а также сводная таблица, характеризующая их строительные свойства.

Задачей прогнозирования при изысканиях на стадии рабочих чертежей является проверка и корректировка теплофизических и теплотехнических расчетов, выполнен-

Таблица 1

Схема работ при мерзлотных исследованиях для обоснования строительства трубопроводов в неизученных районах Крайнего Севера

Этап	Вид	Назначение
Оценка мерзлотных условий территории предполагаемого строительства	1. Сбор и анализ материалов, характеризующих природные условия 2. Аэровизуальное обследование 3. Камеральное трассирование на топографических картах	Предварительное выделение благоприятных и неблагоприятных участков и выбор перспективных вариантов трассы из всех возможных
Работы на перспективных вариантах трассы	1. Крупномасштабная аэрофотосъемка 2. Мерзлотное дешифрирование аэрофотоматериалов, составление ландшафтной карты и выбор "ключевых" участков для полевых работ 3. Аэрогеофизическая съемка полосы перспективных вариантов трассы, детальная мерзлотная съемка на "ключевых" участках и картирование полосы перспективных вариантов трассы в масштабе 1:100 000-1:200 000 4. Мерзлотное районирование вариантов трассы по возможным способам прокладки трубопровода 5. Режимные наблюдения за динамикой температуры мерзлых пород, сезонного промерзания-протаивания грунтов, физико-геологических и криогенных процессов 6. Прогнозирование возможных изменений мерзлотных условий под влиянием динамики климата и изменения геосреды при строительстве и эксплуатации сооружений	На основании изучения и сравнения перспективных вариантов трассы: а) выбор оптимального из них с учетом конструктивных решений; б) выбор принципа строительства и способа прокладки трубопровода на мерзлых грунтах; в) выбор полигона для опытно-экспериментальных работ; г) выбор и обоснование местоположения мерзлотной станции для выполнения требований, предусмотренных п. 1.5. СНиП П-Б.6-66.

Таблица 2

Исходные данные для предварительной оценки сложности мерзлотных условий трассы

Основные характеристики мерзлых пород	Категория сложности участков трассы	
	простые	сложные
Распространение по площади	Сплошное Островное	Прерывистое Массивно-островное
Среднегодовая температура	Ниже -2°	-2° - 0°
Состав и льдистость	Скальные и песчано-глинистые слабольдистые	Песчано-глинистые льдистые и сильнольдистые
Состав и пучинистость грунтов	Скальные и песчано-глинистые непучинистые и слабопучинистые $W_c \leqslant W_{кр}$	Песчано-глинистые пучинистые $W_c > W_{кр}$
Криогенные процессы и образования	Не развиты	Развиты: подземные льды, бугры пучения, современный термокарст, наледи, солифлюкция и др.

Таблица 3

Ориентировочные объемы работ на выбранной трассе магистрального трубопровода (применительно к низменным районам распространения эпигенетически мерзлых толщ)

Вид	Объем работ для составления	
	технического проекта	рабочих чертежей
Мерзлотная съемка, в том числе:	Масштаб 1:25000 и крупнее (ширина полосы 2-4 км)	Масштаб 1:5000 и крупнее (ширина полосы 0,5 км)
1. Дешифрирование аэрофотоматериалов масштаба	1:17000 - 1:10000	1:5000
2. Аэровизуальные наблюдения	По всей трассе	На сложных участках, требующих уточнения
3. Маршрутное обследование	3-5 точек наблюдений на один микрорайон в пределах ключевого участка	До 20 точек наблюдений на 1 км трассы в зависимости от сложности мерзлотных условий
4. Бурение скважин глубиной 10-15 м с отбором керна, опробованием грунтов и термокаротажем	Не менее 2 скважин на каждом выделенном типе микрорайона в пределах ключового участка	2-5 скважин на 1 км трассы в зависимости от сложности мерзлотных условий
5. Бурение зондировочных скважин глубиной в среднем 3 м	Не менее 2 скважин на каждом выделенном типе микрорайона в пределах ключевого участка	5-8 скважин на 1 км трассы в зависимости от сложности мерзлотных условий
6. Проходка шурфов глубиной 1-2 м	Нет	2-3 шурфа на каждый литолого-генетический тип грунтов по трассе
7. Симметричное электропрофилирование	На ключевом участке на двух разносах с шагом 25-50 м по оси трассы и 1-2 поперечникам	На двух разносах с шагом 10 м (на участках с повторножильными льдами - 5 м) по оси трассы и 2-5 поперечникам на 1 км трассы
8. Вертикальное электрическое зондирование (ВЭЗ)	Количество точек ВЭЗ разносом АВ-200-300 м на ключевом участке определяется числом аномалий профилирования, но должно быть не менее числа типов выделенных микрорайонов	Количество точек ВЭЗ разносом АВ-200-300 м равно числу аномалий профилирования, но не менее 5-7 точек на 1 км трассы

ных ранее, в связи с возникшими изменениями в положении оси трассы, или в применяемых конструктивных решениях, или в технологических параметрах работы трубопровода.

МЕТОДЫ ПРОГНОЗА

Для решения прогнозных задач при проектировании магистральных трубопроводов могут применяться общеизвестные методы моделирования, аналогий, генетических классификаций, экстраполяции и интерполяции, экспертных оценок.

Моделирование мерзлотно-геологических ситуаций и процессов, а также взаимодействия трубопроводов с окружающей средой может быть логическим, математическим и физическим (натурное и лабораторное).

1. Логические модели являются начальным этапом составления любых моделей. Они выражают в геологических понятиях и обобщениях представления исследователей о формировании мерзлотных и инженерно-геологических условий и о взаимодействии трубопроводов с окружающей средой. В зависимости от принимаемых логических моделей определяется возможность использования существующих разработок для конкретного сооружения и формулируются новые задачи, требующие постановки дополнительных исследований. Поэтому построение логических моделей производится на ранних стадиях исследований.

2. Широкое распространение в прогнозировании процессов взаимодействия трубопроводов с окружающей средой на всех стадиях изысканий получило математическое моделирование. Применяемые математические модели делятся на детерминированные и статистические. К первым относятся различные уравнения, графики и номограммы, в которых выражена функциональная связь характеристик грунтов и происходящих в них процессов с природными факторами и параметрами сооружения. Исследование детерминированных моделей производится с помощью аналитических методов и ЭВМ. Примером использования таких моделей для прогноза изменения мерзлотных и инженерно-

геологических условий на всех стадиях проектирования трубопроводов является методика, разработанная на кафедре мерзлотоведения МГУ под руководством В.А. Кудрявцева. Эта методика явилась весьма плодотворной для изучения закономерностей формирования и динамики сезонно- и многолетнемерзлых грунтов, сопутствующих процессов и явлений. При создании во ВНИИСТе специализированной методики прогноза теплового взаимодействия трубопроводов с мерзлыми грунтами использованы решения задачи Стефана по детерминированным моделям для нахождения на любой момент эксплуатации глубины оттаивания или промерзания грунта под трубой. В методике прогнозирования мерзлотных процессов, разрабатываемой во ВСЕГИНГЕО, также использованы детерминированные модели.

Преимуществом рассматриваемого метода является возможность исследовать тот или иной процесс в связи с изменчивостью большого количества влияющих и взаимосвязанных факторов в относительно короткое время и с минимальными затратами человеческого труда. Однако, поскольку детерминированные модели являются упрощенными, результаты исследования зависят от правильности определения и выбора исходной информации, получаемой в процессе мерзлотной съемки. Эти вопросы нашли отражение в работах ВСЕГИНГЕО, ВНИИСТа и ПНИИИСа.

Статистические (вероятностные) модели представляют собой уравнения, в которых независимые переменные величины задаются как случайные величины. Статистические модели полнее детерминированных и в большей степени соответствуют реальным процессам. Трудность применения статистических моделей для прогнозирования изменения мерзлотных и инженерно-геологических условий на трассах трубопроводов в настоящее время связана с отсутствием необходимых данных для характеристики вероятности событий и свойств, определяющих прогнозируемую ситуацию. Работы в направлении применения таких схем проводятся в институте "Фундаментпроект" и МГУ.

3. К физическому (натурному) моделированию можно отнести экспериментальные исследования на опытных участках и действующих объектах. Преимущество этого метода заключается в том, что в модели в неискаженном виде воспроизводятся мерзлотные и инженерно-геологические процессы и явления, действие которых ожидаются на трассах. Большая продолжительность эксперимента, необходимость создания большого количества моделей для исследования влияния различных природных факторов в отдельности и в определенных сочетаниях на работу трубопроводов ограничивают применение метода, особенно для решения задач, которые имеют разработанные и исследованные математические модели. Важное значение метод натурного моделирования имеет для разработки специальных вопросов взаимодействия трубопроводов с окружающей средой и для проверки правильности результатов прогнозирования изменения условий другими методами. Исследование натурных моделей необходимо проводить на всех стадиях изысканий.

Надежные результаты могут быть получены и при исследовании лабораторных моделей. Лабораторные испытания грунтов являются незаменимыми для прогнозирования изменения их свойств. Однако при решении некоторых задач взаимодействия трубопроводов с грунтами в лабораторных условиях трудно обеспечить одинаковые критерии подобия модели и натурного объекта. В этих случаях необходимо создание и испытание натурных моделей.

К лабораторному моделированию можно отнести моделирование процессов на аналоговых машинах. В этом случае исследуемый процесс заменяется любым другим (например, гидравлическим или электрическим), имеющим аналогичное математическое выражение. Аналоговое моделирование является в значительной степени абстрагированным от объекта, так как на аналоговых установках решаются по существу математические уравнения.

Для исследования закономерностей формирования мерзлотных условий на трассах и их изменения при строительстве трубопроводов широко используются установки системы В.С. Лукьянова. Аналоговое моделирование процессов производится главным образом на стадиях технического проекта и рабочих чертежей для решения сложных нестандартных задач, для изучения динамики теплового процесса и проверки результатов решения задач по приближенным уравнениям.

Следующим методом прогнозирования взаимодействия трубопроводов с окружающей средой, применяемым на всех стадиях изысканий, является метод аналогий. В соответствии с этим методом на участках будущего строительства прогнозируются изменения природных условий на основании изучения опыта аналогичных сооружений на аналогичных участках, имевших до строительства сходную мерзлотную и инженерно-геологическую обстановку. Изучение опыта строительства может происходить либо в процессе регулярного наземного обследования трасс действующих трубопроводов, либо с помощью аэрофотосъемок. Метод аналогий имеет преимущественно качественный характер. Количественные оценки, полученные с его помощью, являются приближенными. Однако этот метод имеет определенные преимущества перед моделированием.

Результаты прогнозирования изменения природных условий с помощью методов моделирования имеют определенный адрес, привязку к конкретному типу ландшафтов, к конкретному сечению трубопровода. Такой прогноз отражает взаимосвязь факторов и процессов в пределах одного типа ландшафта, Формирование каждого типа ландшафта происходит в закономерной связи с окружающими ландшафтами. Поэтому изменения природных условий на отдельных участках трассы могут быть вызваны не только непосредственным воздействием строительных работ и сооружения, но и изменениями условий на прилегающих участках. Региональный характер изменения имеют, например, поверхностные и грунтовые воды. В области избыточного увлажнения почвы трассы трубопроводов становятся дренами, по которым идет сток поверхностных и грунтовых вод. Изменение влажностного режима грунтов, появление сезонно или постоянно действующего грунтового потока приводит к активному развитию эрозионных и суффозионных процессов, к изменению рельефа трассы. Возникновение и усиление заболачиваемости на трассах приводит к смене растительных сообществ, изменению солевого состава почв и др. Подобные региональные изменения могут прогнозироваться только на основе изучения взаимосвязи различных типов ландшафтов и их изменения под влиянием трубопровода.

Для прогнозирования подобных региональных изменений природных условий может успешно применяться метод аналогий при использовании опыта строительства и повторных аэрофотосъемок.

Прогнозирование распространения и характера проявления мерзлотных процессов, таликов, повторножильных льдов, с помощью генетических классификаций основывается на их причинноследственном характере, так как в них отражены необходимые условия для развития процесса, образования. Метод является качественным и применяется преимущественно на ранних стадиях изысканий для оценки условий по вариантам трасс.

Методы экстраполяции и интерполяции применяются на всех стадиях изысканий как для прогнозирования изменений природных условий на период работы сооружения, так и пространственных изменений. Часто применяется пространственно-временная экстраполяция. Условием экстраполяции является доказательство сохранения в интервале (времени или пространства), для которого производится экстраполяция, тенденций изменения процесса, установленных в исследованном интервале. Для больших отрезков времени в будущем и для недоступной исследованию области (пространства) доказать неизменность тенденций весьма трудно. Поэтому метод экстраполяции в геологии имеет ограниченное распространение. Однако в области мерзлотоведения и инженерной геологии прогнозирование многих временных процессов было бы просто невозможно без использования этого метода. Особенно успешно метод экстраполяций применяется, когда исследуются математические выражения функциональных зависимостей параметров от времени.

Точность экстраполяций применительно к оценке изменения условий работы трубопроводов обеспечивается тем, что область исследования доступна наблюдениям, и прогнозируемый интервал времени составляет не более 30-40 лет. Возможность наблюдений в период эксплуатации позволяет вносить коррективы в результаты прогноза.

Особенности применения метода интерполяций те же, что и метода экстраполяций.

Метод экспертных оценок основывается на использовании профессионального опыта и знаний, интуиции высококвалифицированных специалистов мерзлотоведов, инженер-геологов и проектировщиков, работающих в данной области. При прогнозировании изменений природных условий на трассах трубопроводов этот метод применяется так же, как и логическое моделирование, на начальных стадиях изысканий для выяснения всех аспектов надежности работы системы транспорта нефти или газа, испытывающей одновременное воздействие многих факторов. Метод экспертных оценок применяется для качественной проработки общих задач, часто возникающих в практике строительства впервые. На основе экспертных оценок принимаются решения по выбору приемов, методов и технических средств изучения и прогнозирования мерзлотных и инженерно-геологических условий на более поздних стадиях изысканий.

В заключение следует сказать, что для решения всех указанных задач прогнозирования изменения природных условий на трассах трубопроводов на всех стадиях изысканий должен применяться комплекс перечисленных методов. Однако место и значение каждого метода, объем работ, связанный с применением того или иного из них, различны. Важное значение для прогнозирования имеют организация опытных участков и проведение экспериментальных работ на ранних стадиях исследований, а также организации мерзлотной службы на действующих трубопроводах.

CHARACTERISTICS OF CONSTRUCTION OF FROZEN DAMS IN WESTERN YAKUTIYA

G.F. Biyanov, All-Union Planning, Surveying and Research Inst. Moscow, V.I. Makarov, Permafrost Inst., Yakutsk, U.S.S.R.

A characteristic type of low head hydroelectric complexes has been developed for the regions of the Far North. It includes an onshore arrangement of spillway structures and a fixed earth dam, the frozen core of which merges with permafrost in the base. The freezing temperatures in the core and the base of the dams are achieved, as a rule, by means of cooling air systems. Experience gained in the construction and operation of such complexes makes it possible to suggest improvements in the design and construction of frozen hydroelectric structures. Provision of a frozen barrier in the base of the dams ahead of time and freezing of the core in the course of dam construction make it possible to eliminate the replacement of soil in the base and to use unconditioned fill in the core.

CARACTÉRISTIQUES DE LA CONSTRUCTION DE BARRAGES GELÉS EN YAKOUTIE OCCIDENTALE

G.F. Biyanov, Institut soviétique de recherches scientifiques en planification et levés géologiques, Moscou, V.I. Makarov, Institut de géocryologie, Iakutsk, URSS

Un modèle type des aménagements hydrauliques de faible pression a été élaboré pour les régions du Grand Nord. Ce modèle comprend une composante côtière de structures de décharge et un grand barrage en terre fixe dont le noyau gelé se conjugue avec le pergélisol de fondation. En règle générale, les températures négatives dans le noyau et l'infrastructure des barrages sont maintenues à l'aide de systèmes réfrigérants à air.

L'expérience acquise dans la construction et l'exploitation des aménagements hydrauliques permet de proposer des améliorations dans la construction et la technologie des structures hydrotechniques de type gelé. La création préliminaire d'un écran gelé dans la fondation du barrage et la congélation du noyau de celui-ci au cours de la construction permettent d'éliminer le remplacement du sol de fondation et d'utiliser dans le noyau des sols non conditionnés.

ОСОБЕННОСТИ СТРОИТЕЛЬСТВА МЕРЗЛЫХ ПЛОТИН В ЗАПАДНОЙ ЯКУТИИ

Г.Ф. Биянов, Гидропроект, Москва, СССР
В.И. Макаров, Институт мерзлотоведения, Якутск, СССР

Для районов Крайнего Севера выработан характерный тип низконапорных гидроузлов с береговой компоновкой водосбросного сооружения и глухой земляной плотиной, мерзлое ядро которой сопрягается с вечномерзлыми грунтами основания. Отрицательные температуры в ядре и основании плотин, как правило, обеспечиваются с помошью воздушных замораживающих систем.

Опыт строительства и эксплуатации построенных гидроузлов позволяет выявить основные направления совершенствования конструктивных решений и технологии возведения гидротехнических сооружений мерзлого типа. Опережающее создание мерзлотных завес в основании плотин и замораживание ядра по мере возведения плотины дает возможность отказаться от замены грунта в основании и использовать для возведения ядра некондиционные грунты.

ОСОБЕННОСТИ СТРОИТЕЛЬСТВА МЕРЗЛЫХ ПЛОТИН В ЗАПАДНОЙ ЯКУТИИ

Г.Ф. Биянов, В.И. Макаров

Гидропроект, Москва, Институт мерзлотоведения, Якутск, СССР

Развитие горнодобывающей промышленности в Западной Якутии потребовало строительства гидротехнических сооружений для обеспечения водоснабжения поселков и предприятий. Гидрологический режим водотоков здесь крайне неравномерен - основной объем стока приходится на весенне-летний период, зимой сток практически отсутствует. Для круглогодичного водоснабжения требуется создание водохранилищ, объем которых определяется не только современными нормами потребления, но и перспективами развития района. Наиболее целесообразными с экономической и технической точек зрения для этого района оказались плотины мерзлого типа высотой до 30 м. Ниже рассматриваются некоторые особенности строительства таких плотин на основании практического опыта, полученного при возведении гидроузлов на реках Ирелях, Сытыкан и на ручье Ойуур-Юреге.

Западная Якутия характеризуется континентальным климатом со среднегодовыми отрицательными температурами от 8 до 12°С, широким распространением вечномерзлых скальных и полускальных пород, сильно выветрелых до большой глубины и дающих значительную осадку при оттаивании. Делювиальные отложения в бортах долин обычно представлены суглинком со значительным содержанием щебня и дресвы коренных пород, мощность отложений обычно сопоставима с глубиной сезонного протаивания. Аллювиальные отложения в поймах рек содержат пески, супеси, щебенисто-галечниковый материал, илы. Льдистость их достигает 60%.

Комплекс сооружений гидроузлов включает мерзлую плотину, водосбросное сооружение, мостовой переход и насосную станцию, которая обычно располагается в верхнем бьефе на значительном удалении от плотины.

Все три упомянутые гидроузла имеют одинаковую компоновку с расположением водосброса в борту долины и мостового перехода через водосбросной канал вблизи от порога водосброса. Подробное описание сооружений имеется в литературе (Биянов, 1975), поэтому ниже рассматриваются только те сведения, которые представляют интерес с точки зрения обобщения опыта проектирования, строительства и эксплуатации этих гидротехнических сооружений.

ПЛОТИНЫ МЕРЗЛОГО ТИПА

Плотины трех рассматриваемых гидроузлов имеют различные геометрические размеры, но по конструкции они достаточно близки, чтобы представить их одной обобщенной конструктивной схемой (рис. 1).

Плотины имеют распластанный профиль: заложение низового откоса принимается равным 1:2, а верхового - от 1:3 до 1:4. С целью приспособления верховой призмы к осадкам оттаивающего основания по откосу устраиваются бермы. Ширина плотины по гребню назначается из условия размещения мерзлотной завесы и проезжей дороги.

Характерный элемент конструкции построенных плотин - суглинистое ядро с зубом, прорезающим льдистые аллювиальные отложения в основании до коренных пород. Ядро отсыпается от щебенистых суглинков с послойным уплотнением. Со стороны верхнего бьефа ядро пригружено песчаной отсыпкой, предотвращающей суффозию материала ядра при колебаниях уровня воды в верхнем бьефе. Песчаная пригрузка ядра со стороны нижнего бьефа призвана играть роль обратного фильтра при возникновении фильтрации через тело плотины.

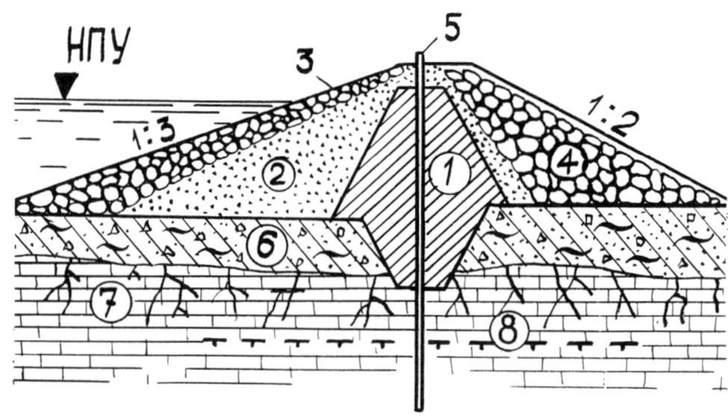

Рис. 1. Обобщенный профиль плотин, возведенных в Западной Якутии
1 - ядро из щебенистых суглинков; 2 - гравийно-песчаная пригрузка; 3 - крепление каменной отсыпкой; 4 - упорная призма из каменной отсыпки; 5 - коаксиальные колонки замораживающей системы; 6 - льдистые аллювиальные отложения; 7 - выветрелые коренные породы; 8 - граница подруслового талика.

Зуб суглинистого ядра, прорезающий льдистый аллювий до коренных пород, предназначен для предотвращения катастрофических осадок центральной части плотины в случае возникновения фильтрации воды через тело и основание плотины.

Таким образом, хотя построенные плотины запроектированы в мерзлом варианте, их конструкция рассчитана на работу в талом состоянии. Такой подход обеспечивает высокую надежность плотины, но не источника водоснабжения: при возникновении фильтрации через тело плотины неминуемо оттаивание основания, которое представлено в рассматриваемом случае трещиноватыми коренными породами, коэффициент фильтрации которых в талом состоянии достигает сотен метров в сутки. Поскольку объем водохранилища определяется без учета потерь воды на фильтрацию, оттаивание основания может привести к преждевременному исчерпанию источника водоснабжения в зимний период, когда нет притока воды в водохранилище. Основным средством предотвращения такой ситуации является своевременное создание надежной мерзлотной завесы.

В тех случаях, когда плотина расчитана на устойчивость в фильтрующем состоянии, мерзлотная завеса превращается во второстепенный элемент, обеспечивающий дополнительную устойчивость плотины. Изложенной ситуации соответствует и технология строительства мерзлых плотин.

ОСОБЕННОСТИ ТЕХНОЛОГИИ СТРОИТЕЛЬСТВА МЕРЗЛЫХ ПЛОТИН

Строительные работы по возведению рассматриваемых плотин выполнялись в определенной последовательности: 1 - проходка траншеи и укладка суглинка в зуб ядра; 2 - возведение береговых частей плотины с сохранением прорана для пропуска паводка в русловой части; 3 - монтаж замораживающих систем и создание мерзлотных завес в береговых частях плотины еще до засыпки прорана; 4 - отсыпка плотины в русловой части с последующим замораживанием подруслового талика и суглинистого ядра в этой наиболее ответственной части плотины.

Последняя наиболее ответственная операция по гидрометеоусловиям выполняется за один зимний сезон. При таких обстоятельствах задержка с выполнением земляных работ приводит к недостатку времени для создания надежной мерзлотной завесы. Именно такая ситуация имела место при строительстве Иреляхской плотины.и плотины на ручье Ойуур-Юреге. В первом случае сквозная отепляющая фильтрация не возникла благодаря высокому качеству работ и хорошей водоупорности мощного суглинистого ядра. Во втором случае - благодаря низким отрицательным температурам в распластанной упорной призме плотины, которая отсыпалась в зимнее время. На рис. 2 показано распределение температур по русловому профилю плотины на ручье Ойуур-Юреге. К окончанию строительства плотина находилась в мерзлом состоянии за исключением части суглинистого ядра и узкой прослойки по подошве верховой призмы. Сплошная мерзлотная завеса в суглинистом ядре плотины к моменту заполнения водохранилища не создана.

С точки зрения производства работ и обеспечения фильтрационной устойчивости плотины определенный интерес представляет происхождение грунтовых вод, обнаруженных в зубе ядра всех рассматриваемых плотин. Появление грунтовых вод в зубе ядра плотины на ручье Ойуур-Юреге и выход их на подошву верховой призмы послужили причиной беспокойства по поводу фильтрационной устойчивости плотины. С целью выявления источника грунтовых вод Институтом мерзлотоведения была выполнена специальная геофизическая съемка, которая показала отсутствие внешних источников подпитывания грунтовых вод, обнаруженных в зубе ядра плотины. Анализ данных, полученных строительной лабораторией при контроле за качеством уложенного в ядро суглинка позволяет дать предварительное объяснение происхождению грунтовых вод в зубе ядра плотины. Местные суглинки переувлажнены и содержат большое количество щебенистого материала. Влажность такого грунта, определенная без выделения щебенистой фракции, оказывается ниже фактической влажности укладываемого в ядре суглинка. Ориентировочный расчет для конкретного случая показал, что каждый кубометр уложенного в ядро суглинка содержит около ста литров свободной гравитационной воды, которая стекая скапливается в нижней части траншеи зуба ядра плотины. При промерзании тела плотины растет гидростатическое давление в локализованной водонасыщенной зоне, что объясняет напор грунтовых вод в скважинах при вскрытии таликов.

В тех случаях, когда в теле плотины и основании создана надежная мерзлотная завеса, появление грунтовых вод в ядре плотины не представляет опасности.

В рассматриваемой плотине наблюдалось промерзание суглинистого ядра от низкотемпературных грунтов, уложенных в упорную призму. Опыт строительства плотин показывает целесообразность отсыпки упорной и пригрузочной призм в зимнее время. Такой способ строительства позволяет отказаться от устройства мерзлотных завес в береговых примыканиях плотин, если в основании залегают слабольдистые породы.

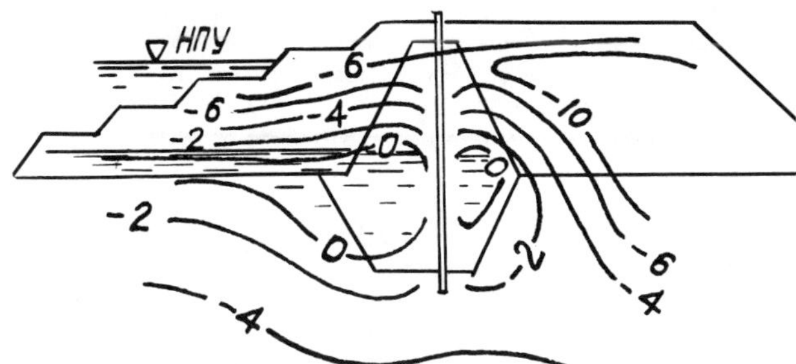

Рис. 2. Температурное поле в русловом профиле плотины на ручье Ойуур-Юреге к моменту окончания строительства (апрель 1972 г.)

Технология ётроительства Сытыканской плотины представляет значительный интерес с точки зрения совершенствования методов возведения плотин мерзлого типа. Плотина строилась в две очереди. Технология строительства первой очереди не отличается от ранее описанной. Представляет интерес смелое решение проекта, предусматривающее сборс паводков через гребень недостроенной плотины. Несмотря на небольшие деформации и размыв отдельных элементов сбросной части, через гребень плотины успешно сброшено два паводка, один из которых вдвое превышал расчетный.

Замораживающие колонки установлены в плотине после окончания строительства первой очереди, поэтому достройка плотины до полного проектного профиля производилась с наращиванием колонок по мере отсыпки плотины. Практика показала техническую и экономическую целесообразность возведения плотины с опережающим строительством замораживающей системы. Такая технология строительства применена только для возведения второй очереди строительства, но в принципе этот метод при возведении плотин мерзлого типа наиболее целесообразен.

Технология строительства плотин с опережающим устройством замораживающих систем наилучшим образом соответствует мерзлому типу плотин. При этом важно, чтобы замораживающие системы функционировали не только после окончания строительных работ по плотине, но и в период ее возведения. Опережающее устройство замораживающих систем позволяет существенно изменить технологию строительства плотин мерзлого типа. Последовательность операций в строительстве по такой технологии должна быть следующей: 1 - снятие растительного покрова в зоне мерзлотной завесы; 2 - бурение скважин и установка всех замораживающих колонок с защитой их в русловой части от ледохода (эти операции выполняются независимо от времени года); 3 - отсыпка береговых примыканий плотины в летнее время; 4 - отсыпка русловой части плотины в зимнее время при работающей замораживающей системе.

Такая технология базируется на высокой надежности мерзлотной завесы, которая создается одновременно со строительством плотины. Надежность мерзлотной завесы дает возможность изменить конструкцию плотины. Отпадает необходимость в устройстве зуба суглинистого ядра, так как водонепроницаемость мерзлых аллювиальных отложений не отличается от водонепроницаемости мерзлых суглинков. Исключение возможности возникновения фильтрации через тело плотины позволяет снизить требования к материалу и качеству его укладки: для отсыпки ядра представляется возможным использовать мерзлый грунт при условии заполнения пор в отсыпке талым грунтом, водой или грунтовыми растворами.

Необходимость обеспечения работа замораживающих систем во время строительства плотины в зимнее время обусловливает целесообразность применения специальных замораживающих устройств с естественной циркуляцией теплоносителя - термосифонов.

ЗАМОРАЖИВАЮЩИЕ СИСТЕМЫ

Для создания мерзлотных завес в первых плотинах мерзлого типа использовались коаксиальные колонки, через которые принудительно прокачивался рассол, охлаждаемый холодильной машиной или холодным атмосферным воздухом. Высокая стоимость, сложность эксплуатации и аварии вследствие утечки рассолов в грунт заставили отказаться от такого способа замораживания грунтов.

До последнего времени наибольшее распространение получили замораживающие системы, в которых в качестве теплоносителя использовался холодный атмосферный воздух в зимнее время. Замораживание грунта осуществлялось через коаксиальные колонки, погружаемые в скважины, пробуренные с гребня плотины.

Отдельные колонки соединяются с воздуховодом, через который вентиляторами нагнетается холодный воздух. С помощью таких замораживающих систем построен ряд плотин, которые успешно эксплуатируются в настоящее время. Однако опыт показал, что стоимость эксплуатации воздушных замораживающих систем довольно высока, а надежность их недостаточна, так как колонки постепенно зарастают льдом. Очистка колонок трудоемка и дорога. С целью повышения надежности воздушных замораживающих систем в Западной Якутии в последние годы применялись двухколлекторные воздушные замораживающие системы. Схемы одноколлекторной и двухколлекторной воздушных замораживающих систем приведены на рис. 3. Двухколлекторная схема обеспечивает равномерное распределение воздуха в подключенных колонках без специальной регулировки в отличие от одноколлекторной системы, в которой для регулировки расхода воздуха устанавливаются специальные шиберы-заслонки, регулируемые в процессе работы системы. Кроме того, двухколлекторная система проще и надежнее герметизируется на летний период, так как для этого необходимо заглушить только входные отверстия коллекторов, но не требуется герметизация каждой колонки в отдельности, как в одноколлекторной системе. Впервые в гидротехническом строительстве двухколлекторная система была применена на плотине, построенной на ручье Ойуур-Юреге. Опыт эксплуатации системы показал, что закупорка колонок происходит значительно реже, чем на одноколлекторных системах, но возможность закупорки колонок не исключена.

Недостатки воздушных замораживающих систем побуждают искать более совершенные технические решения. В 1972-1973 г. в плотине Сытыканского гидроузла для создания дублирующей мерзлотной завесы были применены замораживающие устройства с естественной циркуляцией теплоносителя - термосифоны. При этом в одной части устройств был применен однофазный теплоноситель (керосин), в другой - планировалось применение двухфазного теплоносителя - сжиженного аммиака. Первая группа термосифонов заправлена теплоносителем в конце февраля и нормально функционировала до конца апреля, вторая группа из-за трудностей с заправкой

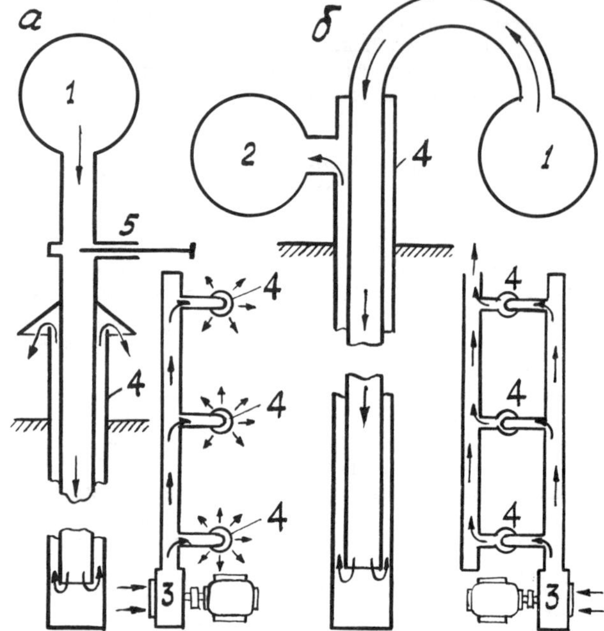

Рис. 3. Основные схемы воздушных замораживающих систем: а - одноколлекторная, б - двухколлекторная

1 - нагнетающий коллектор; 2 - отводящий коллектор; 3 - вентилятор с электродвигателем; 4 - коаксиальная колонка; 5 - заслонка-шибер для регулировки количества поступающего в колонку воздуха. Стрелками на рисунке показано направление движения воздуха.

теплоносителя не функционировала, хотя устройства были смонтированы одновременно с первой группой.

Жидкостные термосифоны с коаксиальными колонками, установленными с шагом два метра до глубины 26 м обеспечили смыкание льдогрунтовых цилиндров у соседних колонок за 40-52 суток в водонасыщенных суглинках.

На рис. 4 схематически показаны термосифоны, примененные в плотине Сытыканского гидроузла.

На рис. 5 представлены данные наблюдений за динамикой перемещения нулевой изотермы в плоскости ствола коаксиальных замораживающих колонок жидкостных термосифонов. Приведенные результаты характеризуют динамику нарастания льдогрунтовых цилиндров в суглинистом ядре Сытыканской плотины на глубине полного водонасыщения суглинка. Кривая 1 характеризует динамику нарастания льдогрунтовых цилиндров у каждой из пары колонок диаметром 219 мм. Из графика следует, что взаимное влияние колонок ощутимо проявляется только с определенного момента, после того, как расстояние между льдогрунтовыми цилиндрами станет меньше четверти интервала между колонками. Скорость встречного движения нулевых изотерм в плоскости створа колонок возрастает тем больше, чем меньшее расстояние остается между нулевыми изотермами. Условно продолжая пунктиром кривую 1 в соответствии с тем характером, который она имела до момента проявления теплового влияния соседней колонки, получим, что за счет взаимного влияния колонок время от начала замораживания грунтов до момента смыкания льдогрунтовых цилиндров сокрашается примерно на 15%. Кривая 2 характеризует динамику нарастания льдогрунтового цилиндра у одиночной колонки диаметром 159 мм в тех же условиях.

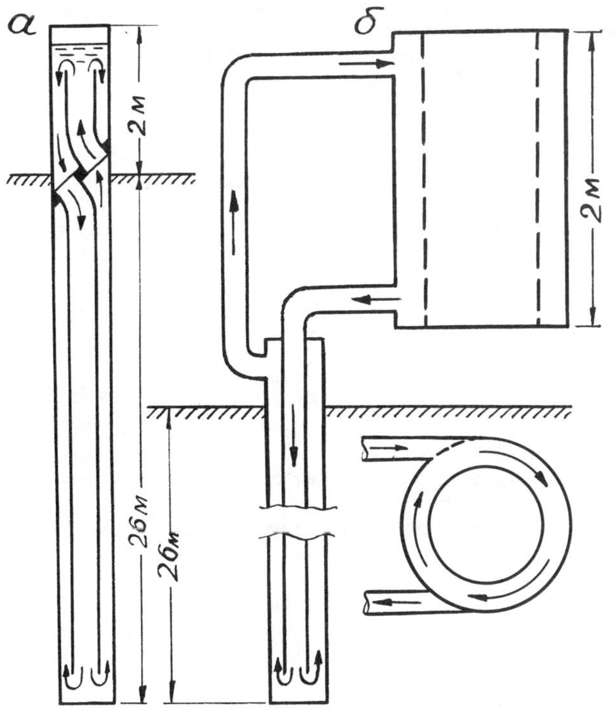

Рис. 4. Схемы термосифонов, примененных для создания дублирующей мерзлотной завесы в русловой части Сытыканской плотины:
а - жидкостный термосифон коаксиальной конструкции; б - то же с надземным теплообменником кольцевого типа.

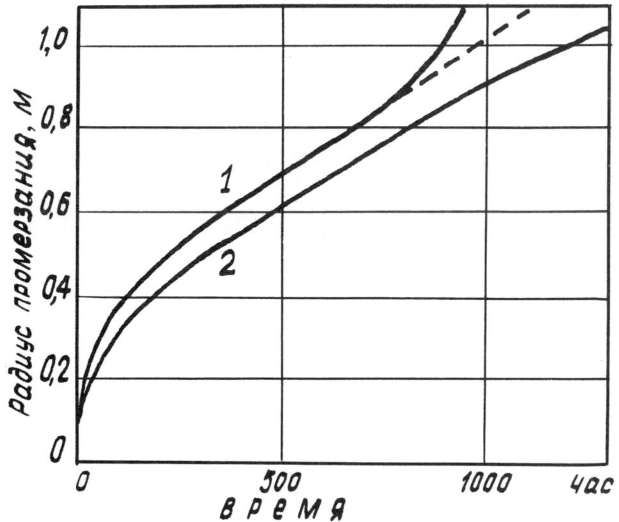

Рис. 5. Нарастание льдогрунтовых цилиндров во времени у замораживающих коаксиальных колонок жидкостных термосифонов

Учитывая положительный опыт создания дублирующей мерзлотной завесы в плотине Сытыканского гидроузла, жидкостные термосифоны рекомендованы для применения в гидротехническом строительстве в условиях Западной Якутии. В настоящее время выпущены проекты и начато строительство двух плотин с мерзлотными завесами, создаваемыми жидкостными термосифонами.

Применение ждкостных термосифонов позволяет не только повысить надежность мерзлотных завес и снизить расходы на эксплуатацию замораживающих систем, но и дает возможность изменить технологию строительства мерзлых земляных плотин. Жидкостные термосифоны могут быть использованы для опережающего создания мерзлотных завес, так как включаются в работу практически с момента погружения колонок в скважины, пробуренные до начала строительства плотины. Возведение плотин при условии замораживания грунтов в процессе их укладки в тело плотины дает возможность снизить требования к качеству уплотнения, что позволит резко сократить сроки и стоимость строительства земляных плотин, упростить их конструкцию.

ВОДОСБРОСНЫЕ СООРУЖЕНИЯ

Традиционная схема компоновки сооружений северных гидроузлов с размещением водосбросного сооружения в борту речной долины сопряжена с глубокой врезкой канала в коренные породы.

Скальные коренные породы на Севере обычно сильно разрушены с поверхности. Содержание льда в заполнителе трещин коренных пород с глубиной возрастает и с определенной глубины трещины обычно заполнены чистым льдом. При оттаивании такие породы отличаются высокой водопроницаемостью, например, в оттаявшем основании водосбросного канала Иреляхского гидроузла величина коэффициента фильтрации превышает 300 метров в сутки, фильтрация через такие породы приводит к интенсивному оттаиванию нижележащих мерзлых слоев.

В тех случаях, когда имеется возможность свободного оттока воды, содержащейся в трещинах пород, оттаивающих за летний период, трещины опорожняются, и при последующем замерзании такой грунт становится морозным. При пропуске весеннего поводка вода, проникающая в массив по трещинам, практически мгновенно нагревает трещиноватый грунт до положительных температур. Проникновение воды до границы предыдущего сезонного оттаивания приводит ежегодно к интенсивному продвижению нулевой изотермы в глубь массива. Практически уже после первого сезона в массиве образуются перезимки.

Описанные особенности обусловили развитие мощного талика в основании водосбросного канала Иреляхского гидроузла. Наблюдения за температурным режимом в основании канала показали, что на четвертый год эксплуатации гидроузла талик под каналом достиг глубины около 30 м. Процесс развития талика сопровождался нагревом оттаявших пород за счет инфильтрации воды, нагретой на мелководье перед порогом водосброса до температуры выше +20°С. Разогретый инфильтрующейся водой талик не успевал охладиться за зимний период. При пропуске весеннего паводка температура грунтов в талике снижается до температуры воды, затем, по мере прогрева воды, вновь повышается.

После того, как талик углубился до отметки воды в нижнем бьефе, дальнейшее развитие его вглубь замедлилось, но в плане он продолжает развиваться, так как процесс вытаивания льда в трещинах пород по границам талика продолжается, а за счет ежегодной смены воды в талике его границы не стабилизируются.

В тех случаях, когда имеется возможность свободного оттока воды, образующейся при вытаивании льда в трещинах выветрелых скальных пород, мерзлотные завесы не могут выполнять функции противофильтрационных элементов. В таких случаях необходима цементация пород с предварительным их оттаиванием в пределах проектируемой противофильтрационной завесы. Однако одни цементационные завесы также не могут в полной мере предотвратить фильтрацию, поэтому для таких условий необходимо устраивать комбинированные завесы. От поверхности до глубины, соответствующей отметке воды в нижнем бьефе, необходимо устройство цементационной завесы, совмещенной с мерзлотной завесой, обеспечивающей водонепроницаемость трещиноватых пород в зоне ниже уровня воды в нижнем бьефе.

С помощью комбинированных мерзлотно-цементационных завес представляется возможным отнести на определенное расстояние от плотины зону образования первоначального талика, но предотвратить его развитие весьма трудно. Возникший в трещиноватых породах талик в зоне водосбросного канала будет развиваться в плане. При этом не исключается развитие талика в сторону плотины, что представляет определенную опасность. В таких случаях представляется целесообразным рассматривать вариант устройства водосбросных сооружений, совмещенных с плотиной.

Современные способы замораживания грунтов и накопленный опыт строительства позволяют создать водосбросное сооружение мерзлого типа, совмещенное с мерзлой плотиной. Попытки строительства водосбросных сооружений лотковой конструкции, совмещенных с плотиной, предпринимались и ранее. В качестве примера можно назвать первоначальные сооружения временного Ireляхского гидроузла. Опыт строительства совмещенных водосбросов оказался отрицательным прежде всего из-за недостатков конструктивных решений и низкого качества выполнения.

ВЫВОДЫ

Опыт, полученный при возведении гидроузлов в Западной Якутии, дает возможность определить основные направления совершенствования конструкций, методов и технологии производства работ по строительству мерзлых плотин из грунтовых материалов. Анализ опыта строительства и эксплуатации мерзлых плотин позволяет сделать следующие выводы:

1. Плотины мерзлого типа могут возводиться на слабых льдонасыщенных мерзлых грунтах, если обеспечено создание надежных мерзлотных завес в теле плотины, сопрягающихся с мерзлыми грунтами основания;

2. В зависимости от организации работ по возведению плотины и созданию мерзлотной завесы конструкция плотины может быть различной: в тех случаях, когда мерзлотная завеса создается после отсыпки профиля плотины до проектных отметок, обязательным элементом ее конструкции является суглинистое ядро, с зубом, прорезающим слабые льдистые грунты в основании; зуб суглинистого ядра может быть исключен как конструктивный элемент плотины, если монтаж замораживающей системы произведен до начала строительства, а создание мерзлотной завесы осуществляется одновременно с возведением плотины.

3. При организации работ по строительству плотин с опережающим устройством мерзлотных завес представляется возможным использовать для укладки в замораживаемое ядро местных мерзлых и талых грунтов с омоноличиванием их водой или грунтовыми растворами. Ядра таких плотин могут быть возведены намывом или отсыпкой в воду;

4. Для мерзлотных завес, создаваемых одновременно с возведением плотин, целесообразно применение замораживающих устройств с естественной циркуляцией теплоносителя-термосифонов. Наиболее технологичными и простыми в эксплуатации являются жидкостные термомосифоны, в которых теплоносителем служит керосин. Применение водорастворимых теплоносителей не допускается, так как в случае утечки они разжижают мерзлый грунт;

5. По условиям компоновки водосбросное сооружение и плотина обычно находятся в зоне взаимного теплового влияния, поэтому их конструктивные решения, определяющие температурный режим, должны быть согласованы, т. е. водосбросное сооружение при мерзлой плотине должно быть запроектировано из условия сохранения грунтов основания в мерзлом состоянии в течение всего срока эксплуатации.

Этому требованию удовлетворяют, в частности, водосбросные сооружения лоткового типа, совмещенные с плотиной.

При заглублении водсбросных сооружений в трещиноватые коренные породы для устранения возможности дренажа воды из трещин оттаивающих пород представляется целесообразным устройство комбинированных мерзлотно-цементационных завес;

6. Пропуск строительных расходов через гребень недостроенной плонины позволяет отказаться от устройства дорогостоящих временных водосбросных сооружений.

ЛИТЕРАТУРА

БИЯНОВ Г.Ф. 1975. Плотины на вечной мерзлоте М., "Энергия", 184 с.

SEASONALLY OPERATING COOLING SYSTEMS AND THEIR USE IN NORTHERN CONSTRUCTION

N.A. Buchko, Leningrad Technol. Inst. of Refrigeration Industry, A.L. Kuznetsov, Leningrad Planning, Surveying and Res. Inst., S.I. Gapeev, Leningrad Planning and Surveying Inst. for Transportation Construction, U.S.S.R.

The authors discuss the use of seasonally operating cooling systems in the northern regions of the U.S.S.R. Three types of systems are given: air, vapour and fluid systems which can be used in industrial, civil and hydroengineering construction to increase the bearing strength of plastic frozen soils and prevent degradation of permafrost, as well as to freeze soils to create antiseepage screens in dams, cofferdams and other structures. Results are given of field tests and of analysis of thermal processes, which makes it possible to estimate and compare the efficiency of the various cooling systems.

LES APPAREILS RÉFRIGÉRANTS À ACTION SAISONNIÈRE ET LEUR UTILISATION DANS LA CONSTRUCTION DANS LES RÉGIONS DU NORD

N.A. Buchko, Institut technologique de Leningrad de l'industrie de réfrigération, A.L. Kuznetsov, Institut de recherches scientifiques en planification et levés géologiques de Leningrad, S.I. Gapeev, Institut industriel des transports à Leningrad, URSS

Exemples d'utilisation des appareils réfrigérants à action saisonnière dans les régions septentrionales de l'Union Soviétique.

On examine trois types d'appareils: appareils à air, à vapeur et à liquide qu'on peut utiliser dans la construction industrielle, civile et hydrotechnique afin d'augmenter la capacité portante des gélisols plastiques, de prévenir la dégradation du pergélisol et de congeler les sols dans le but de créer des rideaux étanches dans les barrages et autres constructions.

Résultats des études in situ et de l'analyse des processus thermiques qui permettent d'évaluer quantitativement et de comparer le rendement d'appareils réfrigérants de différents types.

СЕЗОННОДЕЙСТВУЮЩИЕ ОХЛАЖДАЮЩИЕ УСТРОЙСТВА И ИХ ИСПОЛЬЗОВАНИЕ В СЕВЕРНОМ СТРОИТЕЛЬСТВЕ

Н.А. Бучко, Ленинград. технол. ин-т холодильной промышленности, СССР
А.Л. Кузнецов, Ленгидропроект, С.И. Гапеев, Ленгипротранс, СССР

В докладе приведены примеры применения сезоннодействующих охлаждающих устройств (СОУ) в северных районах Советского Союза.

Рассматриваются три типа устройств: воздушные, паровые и жидкостные, которые могут быть использованы в промышленном, гражданском и гидротехническом строительстве для повышения несущей способности пластичномерзлых грунтов, предотвращения деградации вечной мерзлоты, а также для замораживания грунтов с целью создания противофильтрационных завес в плотинах, водонепроницаемых перемычек в других сооружениях.

Излагаются результаты натурных исследований и анализа тепловых процессов, позволяющих количественно оценивать и сопоставлять эффективность устройств различных типов.

СЕЗОННОДЕЙСТВУЮЩИЕ ОХЛАЖДАЮЩИЕ УСТРОЙСТВА И ИХ ИСПОЛЬЗОВАНИЕ В СЕВЕРНОМ СТРОИТЕЛЬСТВЕ

Н.А. Бучко, А.Л. Кузнецов, С.И. Гапеев

Ленинградский технологический институт холодильной промышленности, Ленгидропроект, Ленгипротранс, СССР

ТИПЫ, КОНСТРУКЦИИ, ОБЛАСТИ ПРИМЕНЕНИЯ

В Советском Союзе исследуются и применяются сезоннодействующие охлаждающие устройства (СОУ) трех типов: воздушные, жидкостные и паровые. Наибольший опыт накоплен при эксплуатации воздушных СОУ с вынужденной циркуляцией, которые применяются при замораживании грунтов в плотинах мерзлого типа. Начиная с 1948 г., в СССР построено несколько таких плотин высотой от 10 до 22 м: на озере Долгом, на реках Наледной, Ирелях, Певек и др.

Воздушные СОУ устанавливаются после возведения плотины в скважины, пробуриваемые с гребня. Монтаж установок возможен и до отсыпки тела плотины, что исключает необходимость проведения бу ровых работ, но вызывает определенные трудности в монтаже установок и отсыпке грунта (Биянов, 1975).

Плотины мерзлого типа построены в различных мерзлотно-геологических и климатических условиях и с различными конструктивными параметрами воздушных охлаждающих систем: расстояния между отдельными СОУ в системах изменяются от 1,5 до 2,5 м; диаметры наружных труб D применяются от 140 до 325 мм, диаметры внутренних труб d - от 50 до 140 мм; скорость движения воздуха составляет от 2 до 14 м/с.

Опыт строительства и эксплуатации плотин с воздушными охлаждающими системами достаточно широко освещен в литературе (Придорогин, 1970; Биянов, 1975) и убедительно доказал техническую возможность и целесообразность создания ледогрунтовых завес с помощью естественного зимнего холода.

Известны примеры применения воздушных СОУ с вынужденной циркуляцией в промышленности и гражданском строительстве для повышения несущей способности грунтов. В этом случае охлаждающие трубы (или специальные каналы) располагают возле фундаментов, в пределах насыпного слоя из пористых грунтов. Такое решение было принято при строительстве здания аэропорта на Крайнем Севере, а также отапливаемого склада в поселке Диксон (Велли, 1973; Вялов, 1975).

В процессе эксплуатации выявились присущие воздушным СОУ недостатки:

1) значительное изменение температуры воздуха по глубине колонки, являющееся результатом его малой теплоемкости;

2) возможность закупорки каналов инеем и льдом в результате колебаний температуры влажного воздуха;

3) повышение температуры нагнетаемого в колонку воздуха на 2-3°C в самом вентиляторе;

4) сложность регулировки, обеспечивающей равномерное распределение воздуха по колонкам;

5) потребность в электроэнергии для работы вентиляторов и дополнительные затраты, связанные с их эксплуатацией;

6) необходимость строительства ЛЭП при сооружении плотин в отдаленных от населенных пунктов местах.

Два первых недостатка должны быть присущи также воздушным СОУ с естественной циркуляцией (Рейд и др. 1976; Jahns a.o., 1973). Вероятно их применение целесообразно при большом диаметре и небольшой глубине. H. Jahns исследовал устройство, имеющее D = 460 мм, d = 250 мм, L = 7,6 м при $\alpha_{эф}$ = 3 Вт/м^{2}K. К сожалению, в работе не поясняется, из каких соображений принято такое значение эффективного коэффициента теплоотдачи.

Паровые и жидкостные СОУ в отличие от воздушных представляют собой замкнутые аппараты, состоящие из двух теплообменников, в которых циркуляция рабочего вещества осуществляется естественным путем. Оба эти типа СОУ лишены недостатков, присущих воздушным охлаждающим устройствам.

Жидкостные однотрубные, двухтрубные и многотрубные СОУ системы С.И. Гапеева (1969) применяются в жилищном, промышленном и транспортном строительстве для предотвращения деградации мерзлоты и повышения несущей способности грунтов под фундаментами зданий, опорами мостов и других сооружений во многих районах: Коми АССР, Якутской АССР, Магаданской области, на строительстве Байкало-Амурской магистрали.

Однотрубные установки Гапеева по принципу действия подобны закрытым однофазным термосифонам, теплообмен в которых был описан в ряде работ (Романов, 1956; Бейли, Локк, 1965; Иванов, Лапин, 1966 и др.). Нормальная работа установок этого типа возможна лишь при определенном соотношении L/D. На основании данных А.Г. Романова, предельно допустимое значение указанного соотношения в зависимости от диаметра устройства составляет для керосина, этилового спирта, фреона-30: при D = 0,2 м L/D = 20-25, при D = 0,5 L/D=40-50. Для растворов этиленгликоля и едкого калия, указанные соотношения вдвое меньше, едкий калий к тому же оказывает коррозирующее действие на металлические трубы.

В двухтрубных и многотрубных конструкциях установок С.И. Гапеева жидкость движется с большей скоростью, чем в однотрубной.

Соответственно эффективность двухтрубной конструкции в сравнении с однотрубной выше в 1,5-2 раза, а многотрубной в 2-3 раза.

В качестве рабочего вещества в этих установках применяется керосин ввиду его доступности и относительно небольшой стоимости.

Однотрубные жидкостные установки сравнительно небольшого диаметра (100 мм) исследовались со струенаправляющим устройством для разделения восходящего и нисходящего потоков.

Железобетонные сваи с вмонтированными в них такими установками применяются в жилищном строительстве г. Мирного и получили название "холодные" сваи (Биянов и др. 1973).

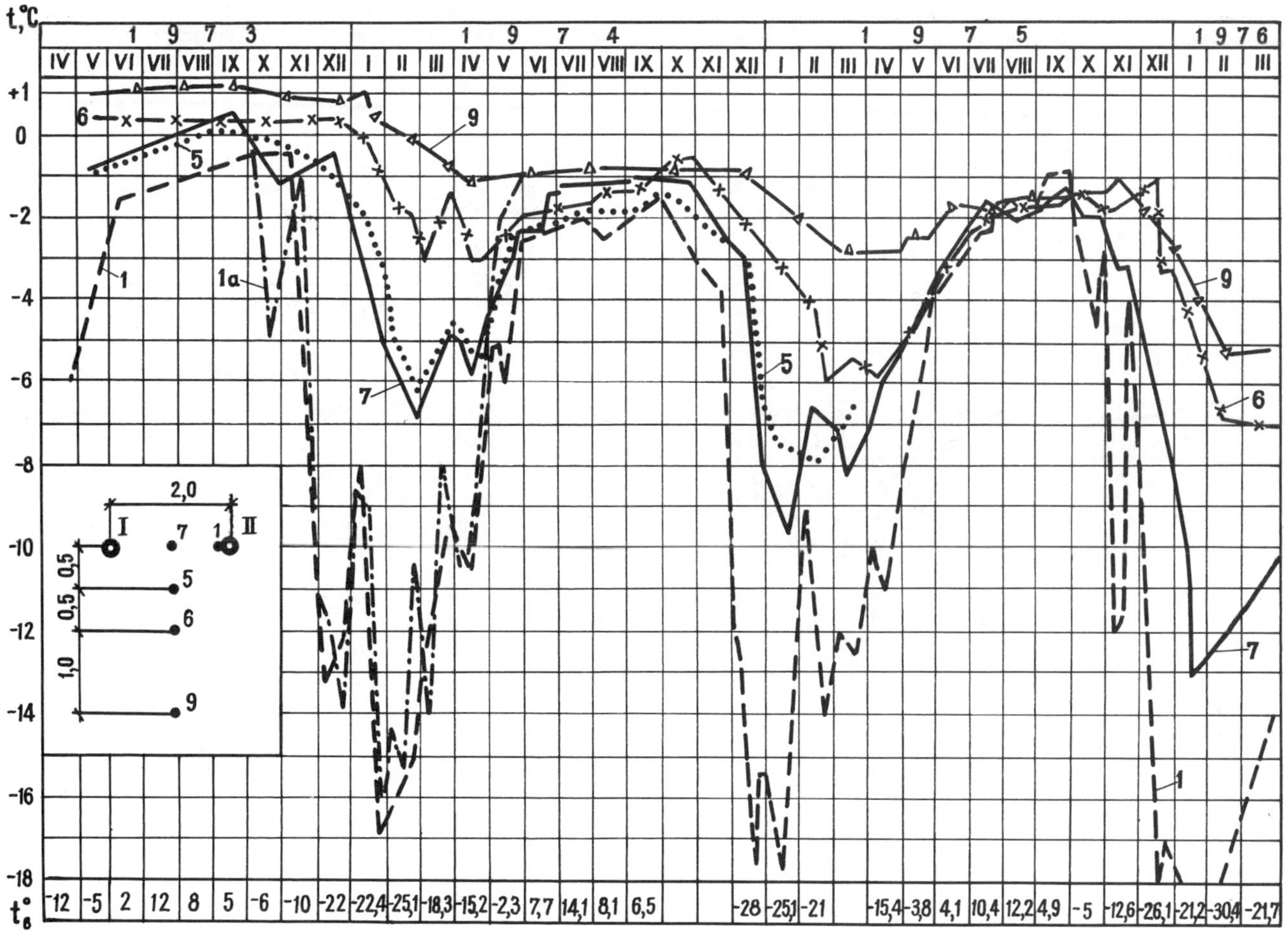

Рис. 1. Изменение температур грунта в замковом сечении 7-9 опытных СОУ

1,5,6,7,9 - натурные данные по термоскважинам; 1а - данные расчета на ЭВМ для термоскважины 1; I, II - опытные СОУ; $t_В$ - температура воздуха, °С (номера кривых соответствуют номерам скважин)

Исследования жидкостных СОУ коаксиальной конструкции с развитой поверхностью наружного теплообменника для гидротехнического строительства проводились на установке глубиной 25 м с диаметром трубы 169 мм грунтового теплообменника (Биянов и др., 1973, Молочников, Третьякова, 1973).

В последние годы проводятся теоретические и натурные исследования паровых СОУ, принцип действия которых аналогичен принципу действия термосвай Лонга и криоанкеров фирмы MK Donnel Douglass. Исследования внутренних процессов паровых СОУ отражены в работах Е.С. Курылева и др. (1975), натурные исследования и методика расчета - в ряде работ (Бучко, 1975; Бучко и др.. 1975; Кузнецов и др., 1976). На основании этих исследований в Ленгидропроекте был разработан и принят проект мерзлотной плотины, которая возводится вблизи г. Анадыря. Противофильтрационная завеса в этой плотине будет создана паровыми СОУ диаметром 108 мм и глубиной до 25 м с наружным теплообменником из оребренных труб.

НАТУРНЫЕ ИССЛЕДОВАНИЯ

Данные о натурных исследованиях воздушных и жидкостных СОУ приведены в ряде работ (Гапеев, 1969; Придорогин, 1970; Велли, 1973; Биянов, 1975; Биянов и др. 1975; Вялов, 1975 и др.) и поэтому здесь не приводятся.

С апреля 1973 г. в СССР ведутся натурные исследования за замораживанием грунтов опытными паровыми СОУ, которые установлены на озере, расположенном вблизи строящейся плотины Анадырской ТЭЦ. Семь СОУ с шагом от 1,5 до 3 м установлены в пробуренные со льда скважины на глубину 15 м, в том числе на 12 м в грунт (супеси и суглинки) с влажностью 25% и начальной температурой 3-4°С. Диаметр грунтового теплообменника 108 мм. Испытывались два типа конденсаторов (наружных теплообменников): оребренные $F_н/F_{гр} = 2$ и гладкотрубные $F_н/F_{гр} = 1$. Рабочее вещество - фреон-12. В течение первого периода промораживания - апрель-май 1973 г. (температура воздуха в среднем -12°С) произошло охлаждение грунта до 0-2°С в зоне шириной 4 м, примыкающей к системе установок, а между СОУ, расположенными на расстоянии 1,5 м грунт промерз. В зиму 1973-1975 гг. грунт промерз между всеми установками, толщина образовавшейся ледогрунтовой стенки составила около 4 м. В следующие годы толщина этой стенки увеличивалась, а средняя температура мерзлой зоны от года к году понижалась. Например, в октябре 1974 г. температура грунта на расстоянии 2 м от оси системы была около -1°С, в октябре 1975 г. она понизилась до -1,5°С (рис. 1).

В зимние периоды, несмотря на интенсивный теплообмен с водой, изотермы в грунте в зоне влияния охлаждающих устройств почти вертикальны (рис. 2), что подтверждает теоретические представления о изотермичности испарителя (грунтового теплообменника) Отмечено, что колебания температур воздуха зимой с периодом более суток существенно влияют на температуру испарителя и грунта на расстоянии до 1 м от СОУ. В течение трехлетней эксплуатации все опытные установки работали надежно, утечек фреона не обнаружено.

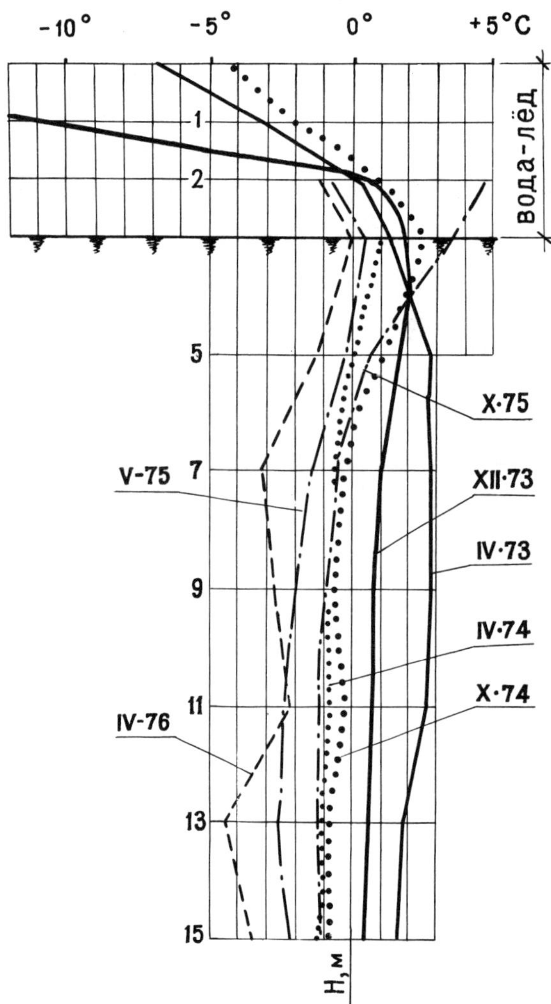

Рис. 2. Распределение температур грунта по глубине термоскважины 9.

МЕТОД РАСЧЕТА

В настоящее время разработан приближенный унифицированный метод расчета паровых, однотрубных и коаксиальных жидкостных и воздушных СОУ. Основные положения метода приведены ниже.

Под тепловым расчетом СОУ понимается решение задачи о тепловом взаимодействии системы "грунт-СОУ-атмосфера". Искомым является температурное поле в грунте, охлаждаемом одиночным устройством или системой устройств. В качестве исходных данных должны быть известны следующие: климатические данные района строительства, теплофизические параметры и влажность грунта и конструктивные данные СОУ (диаметры труб, размеры теплообменников). Решается задача нестационарной теплопроводности в грунтовом массиве, охлаждаемом через цилиндрические полости, на границах которых действуют условия Ш рода. При этом в качестве охлаждающей среды выступает наружный воздух, а в качестве коэффициента теплоотдачи - эффективный коэффициент, определяемый соотношением

$$\alpha_{эф} = \frac{1}{1/\alpha_{гр} + \Delta t_ц/q_{гр} + F_{гр}/\alpha_в F_в + F_{гр}/\alpha_н F_н}, \qquad (1)$$

где $\alpha_{гр}$, $\alpha_в$, $\alpha_н$ - соответственно коэффициенты теплоотдачи от грунта к рабочему веществу, от рабочего вещества к стенке наружного теплообменника и от стенки наружного теплообменника к воздуху; $F_{гр}$, $F_в$, $F_н$ - соответственно площади поверхности грунтового теплообменника, внутренней поверхности наружного теплообменника и наружной поверхности наружного теплообменника; $\Delta t_ц$ - разность между температурами рабочего вещества в грунтовом и наружном теплообменниках.

Для получения решения величины $\alpha_{гр}$, $\alpha_в$, $\alpha_н$ и $\Delta t_ц$ представляют по известным зависимостям как функции плотности теплового потока из грунта с учетом типа СОУ (так как у воздушных СОУ наружного теплообменника нет, то для них $F_н = F_в = \infty$). Затруднения возникают только для жидкостных СОУ коаксиальных конструкций ввиду недостаточной изученности внутренних процессов теплообмена и гидродинамики, но в первом приближении задача может быть решена (Бучко и др. 1976). Для решения нестационарной задачи теплопроводности в промораживаемом грунте могут быть использованы алгоритмы, описываемые Н.А. Бучко (1975), Н. Шамсундар и Е.М. Сиэроу (1976). В программах может быть предусмотрена корректировка величины $\alpha_{эф}$ по соответствующему значению $q_{гр}$ на каждом временном шаге. Для проверки надежности метода расчета натурные данные сопоставлялись с расчетом (рис. 1, скв. 1), что дало удовлетворительное совпадение. Однако, как показали расчеты, в практически возможном интервале изменения теплового потока из грунта $q_{гр}$ = 25 - 200 Вт/м можно принять

$$\alpha_{эф} = \text{const}$$

с точностью 8% для паровых и 20% для жидкостных СОУ. При этом численное значение $\alpha_{эф}$ можно рассчитать по уравнению (1) до решения основной задачи теплопроводности, как среднее в указанном интервале $q_{гр}$.

Для воздушных СОУ $\alpha_{эф}$ вообще не зависит от $q_{гр}$ и может быть вычислено на основании исходных данных.

Предположение о постоянстве $\alpha_{эф}$ не только упрощает алгоритм, но и дает возможность обобщать результаты математического моделирования методом подобия в обычно принятой для задач нестационарной теплопроводности форме.

В результате обобщения расчетов получены уравнения по дамбе для определения следующих искомых величин: размеров ледогрунтовой стенки, создаваемой системой СОУ за зимний период, количества переданного тепла и времени смыкания ледогрунтовых цилиндров. Уравнения имеют вид:

$$X = CB_i^{m_1} \left(\frac{F_0}{K_0}\right)^{m_2} \left(\frac{1}{R}\right)^{m_3} Q^{m_4} Q_{гр}^{m_5} \qquad (2)$$

где X - искомая безразмерная величина;

$$B_i = \frac{\alpha_{эф} r_т}{\lambda_м};\ \frac{F_0}{R_0} = \frac{\lambda_м |\bar{t}_в| \tau_{год}}{\Phi R^2};\ Q_0 = \frac{A_в}{|\bar{t}_в|};\ Q_{гр} = \frac{t_{гр}}{|\bar{t}_в|};$$

R – характерный размер (R = 3 м);
$r_т$ – радиус грунтового теплообменника;
l – расстояние между СОУ;
Φ – теплота фазового перехода на 1 м^3 грунта;
$t_в, A_в$ – среднегодовая температура и амплитуда колебаний температуры воздуха;
$\tau_{год}$ – продолжительность года;
$\lambda_м$ – коэффициент теплопроводности грунта;
$t_{гр}$ – начальная температура грунта ($t_{гр} \geqslant 0^\circ$С).

Численные значения множителя С и показателей $m_1 m_2 \ldots m_5$ соотвутствуют каждой из искомых величин X_i.

СРАВНЕНИЕ ЭФФЕКТИВНОСТИ И ВЫБОР РАЦИОНАЛЬНОЙ КОНСТРУКЦИИ СОУ

Для достижения одинакового охлаждающего эффекта устройствами разных типов достаточным условием является равенство эффективных коэффициентов теплоотдачи.

Для паровых СОУ $\alpha_{эф}$ в основном определяется величиной коэффициента теплоотдачи к наружному воздуху $\alpha_н$ и соотношением $F_н/F_{гр}$, поскольку коэффициенты внутреннего теплообмена несоизмеримо больше, чем $\alpha_н$, а величина $\Delta t_ц$ пренебрежимо мала (Курылев и др. 1975).

Для жидкостных СОУ всех модификаций коэффициенты внутренней теплоотдачи соизмеримы с $\alpha_н$, а величина $\Delta t_ц$ составляет до 4°С. При этом эффективный коэффициент теплоотдачи оказывается в 1,5-2 раза меньше, чем $\alpha_{эф}$ парового СОУ близкого по основным конструктивным параметрам: D, L, $F_н/F_{гр}$.

Эффективный коэффициент теплоотдачи воздушных СОУ при постоянном расходе воздуха обратно пропорционален их глубине, диаметру и коэффициенту теплопередачи через внутреннюю трубу. Последнее означает, что применение теплоизоляции на внутренней трубе воздушных СОУ весьма целесообразно. При постоянной скорости движения воздуха (переменном расходе) с увеличением диаметра эффективность воздушных СОУ увеличивается. Из-за малой объемной теплоемкости величина $\Delta t_ц$ в воздушных колонках примерно на порядок больше, чем в жидкостных СОУ.

Повышение эффективности паровых и жидкостных СОУ может быть достигнуто развитием поверхности наружного теплообменника, однако при этом следует иметь в виду два обстоятельства:

Во-первых, нецелесообразно чрезмерно увеличивать наружный теплообменник, так как при этом затраты могут не окупиться достигнутым повышением эффективности. Это наглядно демонстрируется на рис. 3, на котором представлена зависимость максимального радиуса ледогрунтового цилиндра, образующегося вокруг одиночного СОУ за один зимний период, от комплекса переменных $\alpha_{эф} F_н/L$: из рисунка следует, что при $\alpha_{эф} F_н/L > 12$ прирост $R_з$ при увеличении $F_н$ незначителен. Физически это означает, что при больших $\alpha_{эф} F_н/L$ лимитирующим термическим сопротивлением передаче тепла становится термическое сопротивление грунта. В этих условиях повышения эффективности СОУ можно достигнуть, развивая поверхность не наружного, а грунтового теплообменника.

Во-вторых, при увеличении $F_н$ более существенно повышается эффективность паровых СОУ; так как для них это не приводит к заметному изменению роли внутреннего теплообмена, в то время как для жидкостных СОУ с увеличением $F_н$ и $F_в$ заметно уменьшается $\alpha_в$.

Таким образом, задаваясь типом и конструкцией СОУ (или их системы), по описанной методике можно определить достигаемый эффект охлаждения в грунте и стоимость

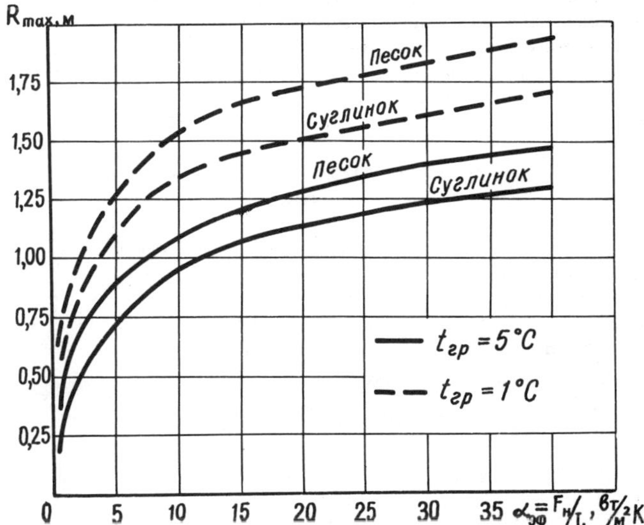

Рис. 3. Радиус ледогрунтового цилиндра, образующегося за одну зиму вокруг одиночной СОУ в зависимости от $\alpha_{эф} F_н/F_{гр}$

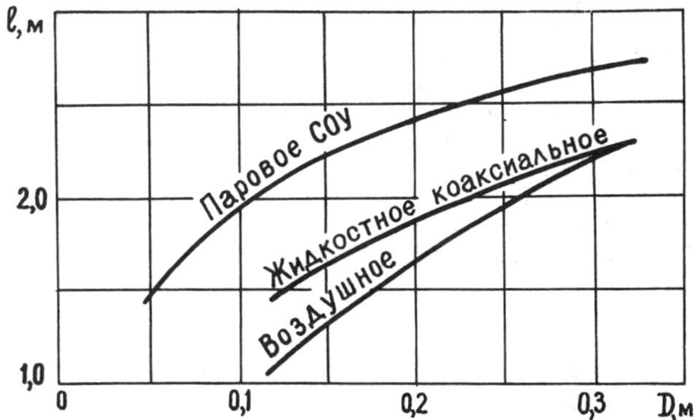

Рис. 4. Эффективность различных типов СОУ

охлаждения, которая, в конечном счете, является основным критерием целесообразности принимаемого технического решения. Такие расчеты были выполнены для выбора типа и конструкции охлаждающей системы, предназначенной для создания противофильтрационной завесы Анадырской плотины. На рис. 4 приведены графики зависимости допустимого шага между СОУ в системе от их диаметра и типа. Эти данные и соответствующие экономические расчеты явились обоснованием принятого проектного решения.

ВЫВОДЫ

Данные натурных и теоретических исследований рассмотренных типов сезоннодействующих охлаждающих устройств дают четкое представление о механизме их действия. Это позволило разработать приближенный унифицированный метод теплового расчета для паровых, однотрубных коаксиальных жидкостных и воздушных СОУ. Это позволяет количественно оценить эффективность конкретной конструкции и произвести экономическое сопоставление различных типов.

Экономические расчеты ледогрунтовых противофильтрационных завес с использованием паровых, коаксиальных жидкостных и воздушных СОУ показали, что наиболее экономичными из рассмотренных являются паровые СОУ.

Жидкостные и паровые СОУ могут использоваться в сооружениях различного назначения для повышения несущей способности грунта и создания противофильтрационных завес.

Жидкостные многотрубные СОУ более эффективны по сравнению с двухтрубными и позволяют замораживать грунт на больших глубинах.

Жидкостные однотрубные СОУ достаточно эффективны для небольших глубин.

Воздушные СОУ с вынужденной циркуляцией воздуха наименее эффективны, их применение требует особого обоснования.

ЛИТЕРАТУРА

БЕЙЛИ Ф.И., ЛОКК Ж.С. 1965. Тепловые характеристики закрытого термосифона. - "Теплопередача", Сер."с", № 1, с. 36-48.

БИЯНОВ Г.Ф., МАКАРОВ В.И., МОЛОЧНИКОВ А.Д. 1973. Жидкостные замораживающие устройства для замораживания талых и охлаждения пластичномерзлых грунтов при строительстве в районах с суровым климатом. - П Междунар. конф. по мерзлотоведению. Докл. и сообщ. вып. 7. Якутск, с. 195-199.

БУЧКО Н.А. 1975. Алгоритм численного решения двухмерной задачи Стефана энтальпийным методом по трехслойной явной схеме. - "Холодильная и криогенная техника и технология", М. с. 142-154.

БУЧКО Н.А., КУЗНЕЦОВ А.Л., СОКОЛОВ В.С., ЦОКУРЕНКО К.М. 1975. Применение термосвай для создания мерзлотных противофильтрационных завес. - "Гидротехническое строительство", № 5, с. 26-30.

БУЧКО Н.А., ЛЕБЕДКИНА И.К., ЗЕЛЕНОВА Н.Ю. 1976. Приближенный унифицированный метод расчета и сопоставления эффективности паровых и жидкостных термосвай. - "Холодильная техника", № 3. с. 25-29.

ВЕЛЛИ Ю.Я. 1973. Устойчивость зданий и сооружений в Арктике. Л., Стройиздат. 152 с.

ВЯЛОВ С.С. 1975. Принципы управления геокриологическими условиями при строительстве в области многолетнемерзлых горных пород. - П Междунар. конф. по мерзлотоведению, вып. 8. Якутск. с. 151-188.

ГАПЕЕВ С.И. 1969. Укрепление мерзлых оснований охлаждением. Л., Стройиздат. 104 с.

ИВАНОВ В.Л., ЛАПИН Ю.Д. 1966. Расчет термических сопротивлений в закрытом термосифоне. - Изв. ВУЗов, "Энергетика", № 10. с. 112-116.

КУЗНЕЦОВ А.Л., ЦОКУРЕНКО К.М., БУЧКО Н.А. 1976. Результаты натурных исследований опытных термосвай для плотины Анадырской ТЭЦ. - "Сб. трудов Гидропроекта", № 51. М., с. 110-115.

КУРЫЛЕВ Е.С., ОНОСОВСКИЙ В.В., СОКОЛОВ В.С. 1974. Сравнительный анализ внутренних процессов в термосваях. - "Холодильная техника", №6, с. 37-41.

КУРЫЛЕВ Е.С., ОНОСОВСКИЙ В.В. и др. 1975. Роль внутренних процессов в термосваях. - "Холодильная и криогенная техника и технология". с. 155-175.

МОЛОЧНИКОВ А.Д., ТРЕТЬЯКОВА Г.В. 1973. Результаты натурных испытаний установок с естественной циркуляцией жидкого хладоносителя для замораживания грунтов в гидротехническом строительстве. - В кн.: Проблемы северного строительства. Красноярск, вып. 2, с. 44-48.

МОЛОЧНИКОВ А.Д., ТРЕТЬЯКОВА Г.В. 1973. Применение холодильных свай в строительстве. Там же, с. 49-55.

ПРИДОРОГИН В.М. 1970. Предложения по конструкции воздушной замораживающей установки. - Тр. У1 совешания-семинара по обмену опытом строительства в суровых климатических условиях, т.УШ, вып. 1, Красноярск, с. 116-120.

РЕЙД Р.Л., ТЕННЕНТ Д.С., ЧАЙЛДС К.В. 1976. Моделирование термосифонного устройства для защиты вечной мерзлоты. - "Теплопередача", Сер. "С", т. 97, № 3, с. 68-73.

РОМАНОВ А.Г. 1956. Исследование теплообмена в глухом канале в условиях естественной конвекции. - "Изв. АН СССР, ОТН", № 6, с. 63-76.

ШАМСУНДАР Н., СИЭРРОУ Е.М. 1976. Применение метода энтальпии к анализу многомерной задачи теплопроводности при наличии фазового перехода. - "Теплопередача". Сер. "С", т. 97, № 3, с. 14-23.

JAHNS H.O., MILLER T.W., POWER L.D., RICKEY W.P., TAYLOR T.P., WHEEBR J.A. 1973. Permafrost Protection for Pipelines. - "Permafrost", II-nd Intern. Conf. Washington D.C. NAS, pp. 673-683.

БИЯНОВ Г.Ф. 1975. Плотины на вечной мерзлоте М., "Энергия", 184 с.

SOME ASPECTS ON THE DESIGN OF ROADS WITH BOARDS OF PLASTIC FOAM

R. Gandahl, National Swedish Road and Traffic Research Institute

By insulating a road with boards of plastic foam the variations of temperature in the subgrade are reduced. Next to the foam layer, the non-frost susceptible layer beneath the insulation layer gives the greatest contribution to the frost insulation. The absorption of water of the plastic boards in a road will increase in the course of time and, consequently, the heat conductivity will increase too. The heat conductivity will also increase at a very high rate, because of widening of openings between the boards.

PROBLÈMES QUE POSE LA CONSTRUCTION DE ROUTES COMPORTANT DES PLAQUES DE PLASTIQUE EXPANSÉ

R. Gandahl, National Swedish Road and Traffic Research Institute

En isolant une route à l'aide de plaques de plastique expansé, on réduit les variations thermiques du sous-sol. Outre la couche de plastique expansé, la couche non gélive que recouvre la couche isolante est l'un des facteurs principaux d'isolation vis-à-vis du gel. L'absorption d'eau par les plaques de plastique incorporées à la route augmente avec le temps; la conductivité thermique augmente donc aussi, et très rapidement, en raison de l'élargissement des ouvertures entre les plaques.

НЕКОТОРЫЕ АСПЕКТЫ ДОРОЖНОГО ПРОЕКТИРОВАНИЯ С ИСПОЛЬЗОВАНИЕМ ПЕНОПЛАСТОВЫХ ПЛИТ

Использование пенопластовых плит в качестве изоляционного материала при строительстве дорог позволяет снизить колебания температуры в грунтах основания. Пенопласт в сочетании с морозоустойчивым слоем обеспечивает максимальную защиту от воздействия низких температур. С течением времени поглощение воды пенопластовыми плитами под дорожным покрытием возрастает, что ведет к увеличению теплопроводности покрытия. Теплопроводность быстро возрастает также вследствие увеличения зазоров между плитами.

SOME ASPECTS ON THE DESIGN OF ROADS WITH BOARDS OF PLASTIC FOAM

R. Gandahl

National Swedish Road and Traffic Research Institute

1. HEAT INSULATING LAYERS REDUCE THE VARIATIONS OF TEMPERATURE IN THE SUBGRADE

By applying a horizontal layer of heat insulating material one retards the heat exchange between road surface and subgrade. In areas with seasonal frost the freezing of the subgrade can in this way be reduced or completely prevented and in areas of permafrost the thawing of the frozen subgrade can be reduced or prevented. Typical of the course of temperature in the subgrade is that the variations of temperature get smaller when the heat insulating layer is put in, and they get smaller and smaller the more the thickness of the insulating layer is increased. As illustration, see figure 1, which schematically describes the variations of temperature in the subgrade, and figure 2, which is an example of the variations of temperature, which are measured up at a test road with heat insulation.

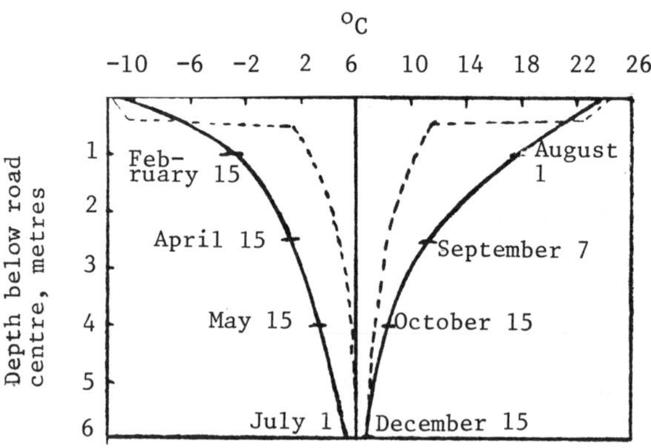

Fig. 1. Maximum temperature variation as a function of depth beneath the road surface (P E Frivik /1/).

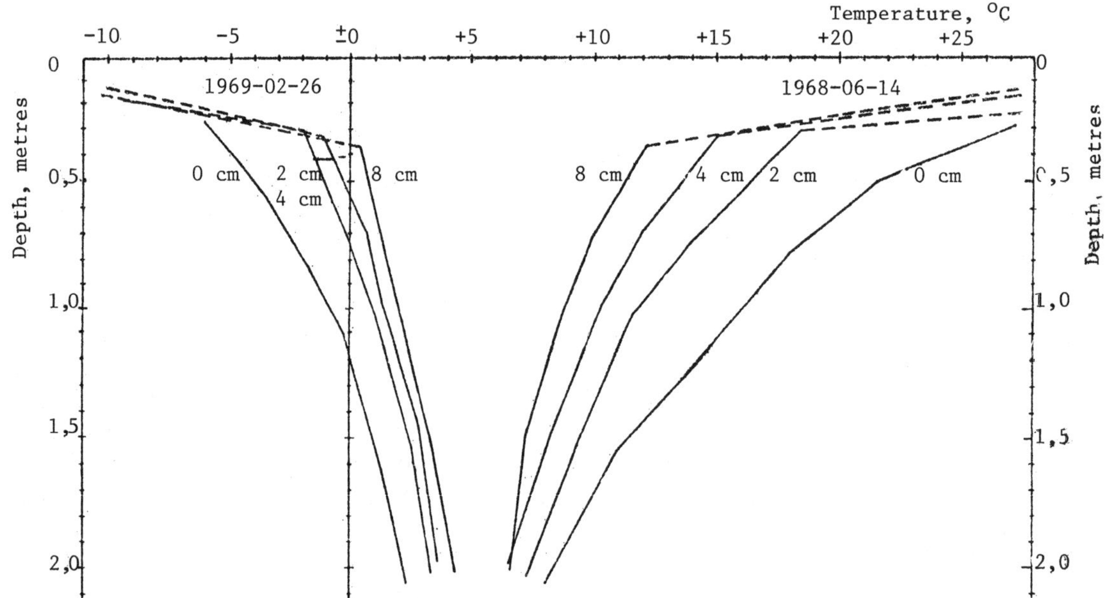

Fig. 2. Vertical variation of temperature at a varying thickness of the heat insulating layer.

2.NON-FROST SUSCEPTIBLE LAYER UNDER THE INSULATION LAYER CONTRIBUTE TO THE EFFECT OF THE FROST INSULATION.

The heat insulating layer is, it is true, dominating for the frost insulating effect of the base, but also other layers in the base make a contribution. The greatest contribution, next to the heat insulating layer, comes from the layer, which is placed immediately under the insulating layer.

This bottom layer gets the function of a freezing resistance layer. In figure 3 the frost insulating effect of a given base is shown for certain supposed conditions regarding the material qualities, where the insulating layer is placed on different levels. The insulating effect increases, consequently, the nearer the road surface the insulating layer is placed, or better, the greater part of the base that is placed below the insulating layer.

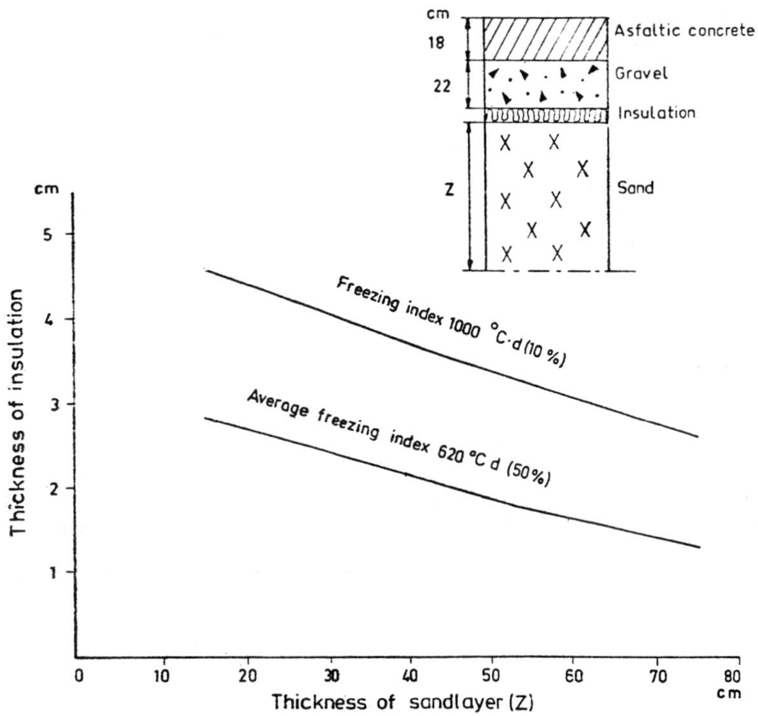

Fig. 3. Frost insulating effect of a base with a heat insulating layer, where this layer is placed on different levels.

3. THE WATER CONTENT OF PLASTIC FOAM IN THE ROAD BASE INCREASES AND THE THERMAL CONDUCTIVITY INCREASES

An other important factor, which controls the frost insulating capability of a base, is the thermal conductivity of the insulating material. What can happen, in practice, to an insulating material in the base of a road, is that it absorbs water whereupon the thermal conductivity increases. As an example of the dependence of the thermal conductivity on the water content of the insulating material, the results of some determinations of thermal conductivity on an extruded quality of polystyrene foam are shown, which have been made in laboratory on forcibly damped samples. (Density 34,8 kg/m^3). See figure 4. To this polystyrene foam, the thermal conductivity goes up from 0,022 kcal/hm^{o}C in a dry condition to 0,030 kcal/hm^{o}C at a water content of 10 vol %. This type of polystyrene foam is thus also at this water content specially insulating. The thermal conductivity is also dependent on whether the material is frozen or not. In order to distinguish two materials of polystyrene foam, as to the quality, determinations of thermal conductivity were made on samples of two qualities of polystyrene foam, which were dug out from the base of a three year old test road. The determinations were made in frozen and in thawed conditions. The results are shown in table 1. It is of interest to note, that the thermal conductivity in a frozen condition is lower than in a non-frozen. The difference of thermal conductivities between the two qualities of material is 22-25 %, which means, in practice, that going from the material with a lower thermal conductivity to the one with the higher thermal conductivity, one has to increase the thickness of insulation by the same percentage for being able to keep the same effect of insulation.

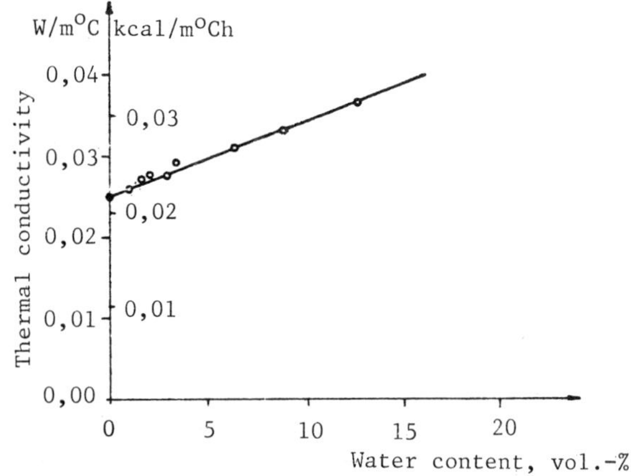

Fig. 4. The dependence of the thermal conductivity on the water content of an extruded polystyrene foam (Paljak /2/).

Table 1. A comparison between the thermal conductivities of Styrofoam HI (extruded) and of Styrolit (expanded in one step) road board on the basis of determinations made at the National Swedish Testing Laboratory on samples taken out of the test road Lasele 1972, 1975-10-22.

Approximate average temperature at λ-determination	Thermal conductivity (kcal/mh^{o}C)		Rise of the thermal conductivity of the Styrolit above that of the Styrofoam, in %
	Styrofoam HI	Styrolit	
-(9-10)	0,0225	0,0280	24
-(7-8)	0,0230	0,0280	22
+(7-8)	0,0238	0,0293	23
+10	0,0238	0,0298	25

If the water content is big enough, the thermal conductivity of the frozen plastic foam will not be lower than that of the thawed one. At the University of Technology in Norway determinations of thermal conductivity have been made on expanded polystyrene foam (bead board) and it has been found that at about 5-6 vol % the thermal conductivity is of the same level for frozen as well as for non-frozen materials. As to the extruded polystyrene foam, there are determinations of the thermal conductivity up to the water content of 2,5 vol %. At this water content the thermal conductivity still is lower for the frozen material. At the University of Technology in Norway continued investigations have begun, where the thermal conductivity is determined on up to about 10 vol % damped samples. The results of these investigations are not yet available, but it is to anticipate that the corresponding turning-point will be at a higher level, maybe it will not reach 10 vol %.

Dimensioning a heat insulated base, for estimating the practical thermal conductivity, one has to know how much water that the insulating material in a road base absorbs in course of time. The material, which has been tested as an insulating layer in roads for the longest period, is an extruded polystyrene foam. In figure 5, the results of the change of water content for three different types of polystyrene foam, which have been built into Swedish test roads, are shown. Curve 1 represents the increase of the water content of a type of polystyrene foam of a low quality, expanded into big blocks and then cut to boards, which did not fulfil the demands for strength. The boards were compressed by the trafic load and did thus absorb more water. Some boards had a water content of 40 vol %. A similar, later produced, material - polystyrene foam expanded in one step to the size of the boards - has a more uniform and better quality, but samples older than 4 years have not been investigated. Results see curve 2. Curve 3 shows the absorption of water, during ten years, of an extruded polystyrene foam. The curve has, as shown, an asymptotic course. The increase of water contents during these ten years is from 0 to 3,3 vol %, which will increase the thermal conductivity from 0,022 to about 0,024 (compare with fig 4).

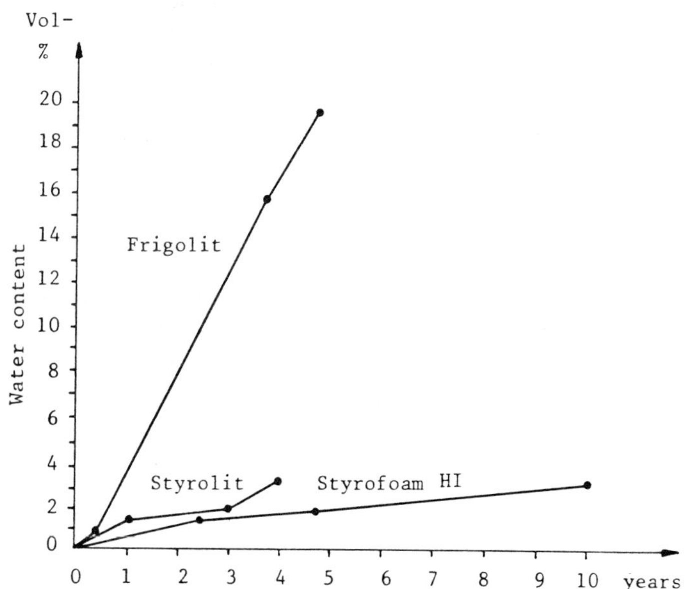

Fig. 5. The change of the water content in course of time of three different types of polystyrene foam in roads. Frigolit = expanded and cut, Styrolit = expanded in one step, Styrofoam HI = extruded

4. THE RESULTING THERMAL CONDUCTIVITY OF AN INSULATING LAYER IS HIGHER IF THERE ARE OPENINGS BETWEEN THE BOARDS

During the second winter, frost heavings and frost cracks occured on a road with plastic foam, which were concentrated to one of the road halves. A digging through and a sampling at a damaged and at an undamaged section of the road showed that at the damaged section the frost had penetrated to a level of 80 cm in frost active subgrade. At the undamaged section the frost depth corresponded to the thickness of the base, the bottom layer of the base, i e the layer, on which the plastic foam layer had been placed. Measured and calculated frost depths corresponded also for this undamaged section. At the calculations, the value of the thermal conductivity had to be raised by a 10-potency in order to make the measured and the calculated frost depths equal at the damaged section. The cause for the, in practice, raised thermal conductivity was shown illustratively in the made test pits. The road was, as a matter of fact, built late in the autumn through excavation in a highly frost susceptible and moist subgrade. After a thin sand layer, a plastic foam layer and then a gravel layer had been put on, the heavy construction trafic had caused plastic movements in the subgrade and the boards had slid apart. The road was later repaired and the plastic foam layer was uncovered. The photo, figure 6, shows clearly that openings had arisen between the boards in such an extent that the capacity to insulate was considerably reduced. How much the effective thermal conductivity is changed through the openings between the boards can i principle easiest be calculated by the method of proportionality. Figure 7 shows, for a system of one and two layers, how the thermal conductivity increases when the width of the openings is increased at the breadth of boards of 60 cm. The thermal conductivity has, as shown, been tenfold at a breadth of openings of 14 cm at a system of one layer. If there is a risk that the boards would slide apart, the surest thing to do is thus to make the insulation in two layers. By calculating the effective thermal conductivity it is presumed, that the openings are filled with sand. If they are filled with air or with for instance snow, the thermal conductivity will hardly increase. Small openings ($\leqq$ 0,5 cm) and also wider openings in the subbase in a system of two layers are usually filled with air.

Fig. 6. A photo of a decovered damaged layer of plastic foam, where the separate boards have slid apart, so that openings have arisen.

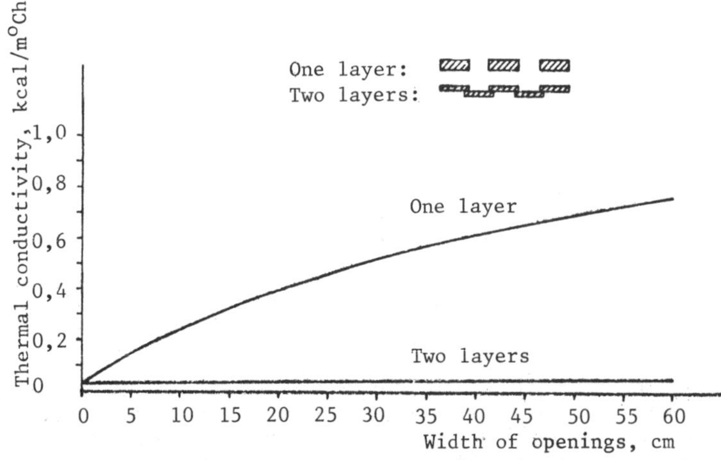

Fig. 7. The resulting thermal conductivity of layers of plastic foam with openings, filled with sand, between the boards.

REFERENCES

1. FRIVIK, P-E 1973. Thermal Analysis of Frost Action on Roads. Committee on Frost Action in Soils, Division of Refrigeration Engineering, The University of Trondheim, The Norwegian Institute of Technology, Norway.

2. PALJAK. Matériaux et Constructions, Vol 6, no 31, 1973.

DEVELOPMENT OF THE DEMPSTER HIGHWAY NORTH OF THE ARCTIC CIRCLE

N.A. Huculak, J.W. Twach, R.S. Thomson and R.D. Cook, Public Works Canada, Western Region, Edmonton, Alberta

Construction of the Dempster Highway in the Yukon and Northwest Territories was accelerated in 1971 and is slated for completion in 1979. The authors were intimately involved in the design and construction of the highway during the entire period and have endeavoured to highlight their experience during this activity.

The Design Criteria, Pre-engineering Activities, Construction Techniques and Road Performance are treated in some detail and should be of interest to any agency contemplating similar engineering/construction activities in comparative Regions of Canada North. They have also identified needs for further research and experimental work in the interest of advancing engineering knowledge as related to highway construction in extreme Polar climates.

CONSTRUCTION DE LA GRANDE ROUTE DE DEMPSTER AU NORD DU CERCLE ARCTIQUE

N.A. Huculak, J.W. Twach, R.S. Thomson and R.D. Cook, Travaux publics, Région Ouest, Edmonton, Alberta.

On a accéléré en 1971 la construction de la grande route de Dempster dans le Yukon et les Territoires du Nord-Ouest, et celle-ci doit être achevée en 1979. Les auteurs ont suivi de très près, et continuellement, la conception et la construction de la route, et par la même occasion, ont cherché à faire valoir leur expérience.

Les critères relatifs à la conception, les travaux préliminaires, les techniques de construction, et le comportement des routes sont étudiés de manière assez approfondie, et devraient intéresser tout organisme qui envisagerait d'entreprendre des travaux de construction ou des ouvrages similaires, dans des régions comparables du Grand Nord canadien. Les auteurs ont aussi insisté sur le besoin de poursuivre la recherche et les expériences, pour obtenir une connaissance plus poussée des techniques de construction des grandes routes dans les climats polaires très rigoureux.

СТРОИТЕЛЬСТВО ДЭМПСТЕРСКОЙ АВТОДОРОГИ ЗА ПОЛЯРНЫМ КРУГОМ

Строительство Дэмпстерской автодороги на Юконе и в Северо-Западных территориях было ускорено в 1971г. Завершение строительства намечено на 1979 г. Все эти годы авторы принимали непосредственное участие в проектировании и строительстве этой дороги и в настоящем докладе делятся опытом своей работы, определяя критерии проектирования, виды подготовительных работ, методы строительства и эксплуатационные параметры дороги, которые могут представлять интерес для организаций, планирующих строительство подобных объектов в аналогичных условиях севера Канады. Показана также необходимость дальнейших теоретических и экспериментальных исследований, которые обогатят опыт строительства автодорог в суровых полярных условиях.

DEVELOPMENT OF THE DEMPSTER HIGHWAY NORTH OF THE ARCTIC CIRCLE

N. A. Huculak, J. W. Twach, R. S. Thomson and R. D. Cook

Public Works Canada
Western Region

ABSTRACT

Construction of the Dempster Highway in the Yukon and Northwest Territories was accelerated in 1971 and is slated for completion in 1979. The authors were intimately involved in the design and construction of the highway during the entire period and have endeavoured to highlight their experience during this activity.

The Design Criteria, Pre-engineering Activities, Construction Techniques and Road Performance are treated in some detail and should be of interest to any agency contemplating similar engineering/construction activities in comparative Regions of Canada North. They have also identified needs for further research and experimental work in the interest of advancing engineering knowledge as related to highway construction in extreme Polar climates.

INTRODUCTION

Public Works Canada, on behalf of the Department of Indian Affairs and Northern Development has acted as the engineering construction agency in the development of the Dempster Highway; in the Yukon and Northwest Territories, over a distance of 458 miles (740 km), connecting the communities of Inuvik, N.W.T. on the northern end *3**
and Dawson, Y.T. on the "south" and joining the *4**
communities of Arctic Red River and Fort McPher- *5**
son along the way. *6**

The initial 35 mile (56 km) contract south *7**
of Inuvik Airport was awarded in 1971, three other contracts of similar length were awarded since that time covering the entire portion of the route within the Northwest Territories (168 miles) (270 km). Comparative concurrent progress was *8**
experienced from the Dawson end. The route is now scheduled for completion within 1979, with initial access in 1978.

HIGHWAY STANDARDS

The highway is being constructed to an "all *9**
weather" unpaved surface, subject to spring thaw and fall freeze-up periods due to loss of the ice and ferry crossings respectively over the Peel, Mackenzie and Arctic Red Rivers. Subgrade surface widths vary between 24 and 28 feet (7.3 and 8 m). Travel speeds of 50 to 60 m.p.h. (80 to 95 km/hr) will be possible, except for loaded *10**
trucks in areas where gradients exceed the objective maximum of 6%, occasionally by as much as 4% (10%) within mountainous topography. Side slopes are generally 3 to 1. Maximum curvature desired equals 5°. Maximum curvature allowed in extreme mountainous topography equals 15°.

DESIGN CRITERIA

Since this project was the first large scale highway to be developed at this latitude in North America we had very little documented experience of an engineering nature that could be applied directly to the site conditions prevalent along the route particularly in the low relief region adjacent to the Mackenzie Delta where glacial *11**
activity left behind a thick mantle of ice rich till without any deposits of suitable common (granular) borrow.

Our prime concern was to preserve the permafrost to a tolerable degree of grade distortion. In keeping with this concern our design objec- *12**
tives were to provide for uninterrupted cross *13**
drainage during expected embankment settlement/distortion caused by thermal degradation; to locate suitable thaw stable construction materials which would provide a structurally competent highway section requiring minimal surfacing materials due to their short supply.

EMBANKMENT DEPTH

The initial design concept/objective was to establish the minimum depth of fill which would prevent advance of thaw into ice rich inorganic soil, i.e. to limit the depth of thaw to the original ground surface, or within the active organic layer.

Assuming winter construction, the saturated surface organic layer when frozen would act as a "heat sink", however, once thawed under a fill, compression of the peat and organic material *14**
would occur, minimizing the heat sink, reducing the natural insulating properties, and allowing

the thaw plane to migrate deeper in succeeding summers.

The major problem was considered to be within embankment side slope zone where fill cover would be minimal, allowing the thaw plane to extend *14** early into, and through the organic and peat cover, resulting in progressive thaw and subsidence. However, this "critical" zone would be a narrow band along each side of the highway and it was considered it would "self-heal" in possibly three to four years with only slow slumping of the 3 to 1 side slope embankment material. Minor loss of shoulder support was assumed tolerable, and could be repaired during normal maintenance. Major surface distortion and repair would occur only if the thaw zone extended into ice-rich mineral soil over the entire road width.

A review of experience at the Inuvik Airport revealed maximum thaw depths of 80 to 90" (110 cm) into a gravel and quarried rock embankment.

Based only on thermal conductivity of materials (BTU/HR/Sq.Ft./^{O}F) the value for shale (our major embankment source), is roughly 60% of that for quarried rock, thus suggesting a design embankment height using shale, of 4 to 4.5 feet (1.4 m).

Thaw advance was evaluated by a mathematical model using the finite element method, with 2', 4' and 6' of shale and silty clay embankments *15** under a set of thermal conditions which would produce an average depth of thaw (18") equal to the active layer for the Inuvik area. This analysis suggested no apparent advantage in fill heights greater than four feet for thermal protection purposes. Further analysis also indicated the depth of 4 to 5 feet would likely stabilize after five years.

Based upon these theoretical calculations plus performance observations of the Inuvik Airport Road (8 miles) which was constructed some 15 years earlier, the final design called for a minimum fill height of 4.5' (1.4 m).

DRAINAGE

As was subsequently confirmed during construction, it was also felt that special attention had to be given to the provision of reliable cross drainage in areas of ice rich fine grained soil, particularly to avoid runoff along the thermally disturbed toe of the embankment zone which would contribute to rapid degradation of permafrost.

The unusual conditions which had to be accommodated were:

- The absence of historical hydrological data
- Poorly defined drainage basins
- A thaw unstable subgrade, that would degrade and settle to undeterminable random degrees after culvert placement
- Rapid, short term spring runoff over the frozen saturated tundra, i.e. no evaporation or infiltration
- The thermal anomaly of a culvert (hole) through a shallow, shifting embankment *16**
- The tendency for complete ice filling of small culverts prior to spring runoff. *17**

In response to the above conditions it was decided that:

- The minimum culvert size would be 30 inches (77 cm) in diameter
- Culverts had to be capable of withstanding considerable distortion, i.e. be flexible - the corrugated metal type *18**
- Culvert inverts would be located at, or even slightly above, the average entrance ground elevations
- We would endeavour to err on the high side in terms of size until sufficient hydrological data was obtained and local runoff characteristics were better understood *19**
- At locations requiring pipes greater than 60 inch (154 cm) diameter, smaller relief pipes would be installed and/or steam *20** pipes easily accessible from the road, *21** would be installed as an integral part *22** of the facility to permit thawing of ice-full culverts as spring approached.

HIGHWAY LOCATION AND EMBANKMENT MATERIALS

Due to the predominance of ice rich fine grained thaw unstable surficial soils in the region, an important criteria in location was the avoidance of areas requiring excavation, i.e. contrary to construction in non permafrost regions low lying flat ground was a highly desirable topography which would facilitate meeting standards of geometrics, reducing quantities, and more easily accommodating the overlay (end dumping) method of embankment development as way of reducing environmental impact and permafrost degradation. *23**

The design/location for the first two contracts did not place sufficient emphasis on the preceding objectives. Also due to implied economics (i.e. prices for "common" rock excavation) several "drier" fine grained borrow sources were specified. Shortly after the start of construction with these materials it was re- *24** vealed that even these sources were inadequate and it became obvious that the entire project, *25** particularly that section adjacent to the Delta and up to the point where the highway is well within the Richardson Range; would have to be constructed with quarried shale or sandstone rock.

THAW UNSTABLE CUT TREATMENT

Since the surficial soil types and conditions in this region are not suitable for embankment construction, the highway location and gradeline design, avoided excavation wherever *27**

possible. Therefore, due to the infrequent occur-
rence of thaw unstable backslopes, (one large cut 28*
at Mile 346 in a 120 mile section) and in keeping
with our basic objective of minimizing environ- 29*
mental impact (aesthetics) our general rule was
to blanket any thaw unstable backslopes with
quarried rock. The area within any cut requiring
such treatment was determined by recording sec-
tions of instability during the first summer
season following excavation. As a case in point,
the large cut at Mile 343 required blanketing of
only 5% of the facial area at a cost of approx-
imately ten dollars per facial square yard, ($12/
m^2), where treatment heights varied from 15 to
30 feet (4.6 to 9.1 m).

PRE-ENGINEERING ACTIVITIES

(a) Geology

Between Inuvik and Arctic Red River the sur-
ficial geology consists largely of an undifferen- 30*
tiated till plain with cretaceous shales at depths
of 5' to probably 100' (3 to 30 m). Near Inuvik
there are outcrops of shales and dolomites, and at
Arctic Red River, outcroppings of shales and sand-
stone. Between Arctic Red and Fort McPherson the
terrain is largely hummocky moraine (till) with
large areas of lacustrine and organic deposits.
Bedrock exposures at Fort McPherson are shales
and some interbedded sandstone. West of Fort 31*
McPherson the terrain generally reflects the under-
lying bedrock strata as the route ascends towards
the Richardson Mountains. The entire area in this 32*
foothills region is overlain by erratic unconsoli-
dated sediments, largely hummocky moraine. The
Richardson Mountains are composed primarily of
shales and siltstones with some ridges of resis-
tant sandstone. Over the entire length of the
Dempster there are occasional random glacial-
fluvial deposits.

(b) Geotechnical Investigation

Airphoto interpretation was utilized initi-
ally to evaluate the terrain and preselect poten-
tial borrow sites. Initially, bedrock outcrops, 33*
glacio-fluvial deposits, partially sorted deposits
such as kames, and till ridges were selected for
test drilling in search for suitable embankment
materials. When all fine-grained deposits 34*
proved to be unsuitable as embankment material
because of excess ice, field investigations were
concentrated upon locating bedrock within shallow
overburden or granular deposits. Glacio-fluvial 35*
deposits proved to be erratic, containing large 36*
ice blocks that limited usable quantities. Few
such deposits were considered suitable for em-
bankment development thus limiting borrow sources
largely to bedrock outcrops, or areas of shallow
overburden (i.e. stripping of less than 8 to 10'
(2.5 to 3 m). Such sources were located for the
most part at regular intervals along the alignment.
Maximum haul distance was 10 miles (16 km) and the
average for the highway was in the order of 4 miles
(6.5 km).

All field borings were carried out with high
speed rotary rigs using carbide insert bits and 37*
compressed air as a drilling medium. Virtually
all soil samples taken were disturbed "grab"
samples - initially some problems were encoun- 38*
tered in relating laboratory test data on these
highly disturbed samples to in-site conditions,
particularly as to ice content. However, with 39*
experience and increased sampling frequency good
success was achieved. 40*

Drilling programmes generally consisted of 41*
5 to 6 holes on centreline per mile plus an av-
erage of 10 holes per mile (7/km) during borrow
search. Exploration programmes were carried out
during the winter to avoid environmental damage
using tracked vehicles, mobile camps and heli- 42*
copter support.

CONSTRUCTION TECHNIQUES

Due to the high water (ice), and silt frac-
tion predominant in the surficial soils, the 43*
majority of the highway embankment within the 44*
Northwest Territories was constructed from shale
and sandstone quarried rock. These relatively
weak rock types were usually excavated using 45*
large tractor ripping equipment. Some Contrac-
tors, particularly those who specialized in rock
operations preferred to drill and blast prior to
ripping and loading using ammonia nitrate explos-
ives in widely spaced hole patterns. The other
prime movers of embankment materials usually 46*
consisted of large front end loaders, a fleet 47*
of large trucks and a bulldozer at the dump site
to spread the delivered volumes in 2 to 2½ foot
lifts. Grid compactors were used only on the 48*
final grade. Adequate densities were obtained
for this class of road using dry rock materials,
by the normal tracking of prime movers on the 49*
shaped embankment. Use of compaction equipment
on the final grade surface was deployed not only
to obtain a tighter surface, but equally impor-
tant, to breakdown the large fractions as de-
livered from a quarry operation to facilitate 50*
construction traffic and subsequent gravel sur-
facing operations. 51*

All Contractors chose to work the year round
except for about a two month break between De-
cember 15 and mid-February. As would be ex- 52*
pected, performance and production was lower
during the winter months due to loss of effi- 53*
ciency of labour and equipment. However, track-
ing and forward mobility of the prime movers was
easier over frozen ground. 54*

As mentioned previously, in the interest of
least impact (tundra disturbance) Contractors 55*
were obliged to build from borrow source to 56*
borrow source during summer months. Under winter
conditions the haul from borrow was halved, 57*
since tracking of the excavation and haul units
was permitted to move over the frozen tundra to
the next pit after reaching the economical haul
point between sources. Removal of waste (strip-
ping) material was much easier in their frozen 58*
state due to the high ice content and therefore

thaw unstable conditions of these horizons. In the areas of deep overburden on borrow deposits, the development of material sources tended to be small in area but relatively deep with generally greater spacing of approximately six miles between sources. Such operations tended to be much more suitable *59** for truck and loader operations. In the mountain areas where overburden was shallower and deposits were spaced closer, motor scrapers provided an *60** alternate approach but were not frequently chosen by Contractors. Installation of drainage facilities were also found to be easier in the winter, since ground seepage and surface waters could be "frozen off" from the installation area. Prudent Contractors took advantage of summer and winter construction by careful scheduling of their operations. Since freight access to the project was only possible during the navigation season of the Mackenzie River (June to September) careful *61** analysis of types and numbers of construction equipment required for efficient execution of the work had to be made prior to initial mobilization.

SURFACE TREATMENT

The need to use quarried materials within the embankment and the resultant increased cost of *26** this subgrade was significantly offset by the reduced thickness of granular base course and surfacing requirements (i.e. 2 to 3 inches vs 10 to 12 inches) (5 up to 25 cm). With only two gravel sources available within the 168 mile stretch in the Northwest Territories, the majority of surface materials had to be manufactured by quarry and crushing of limestone, sandstone and dolomite limestone deposits.

Initial highway usage indicates that sur- *62** facing requirements on the predominantly shale bedrock material is more critical for traction than for structural requirements. Relatively light applications (2 to 3 inches) of granular surfacing was found to be adequate.

The near total lack of granular deposits in the delta area has necessitated the use of quarried limestone for the production of surfacing *64** materials. This, together with poorly graded granular materials in others, has frequently required the addition of fine-grained materials as a binder in the surfacing operation. Mixing of the granular surfacing with the weather surface of shale bedrock embankments has been a common solution to this problem. On the average a ratio of three parts "gravel" to one part decomposed shale produced the best results. *65**

Because of differential settlement and warping of most sections of embankment during the early years, surfacing was delayed by 2 to 3 years to allow for subsidence and warping of the embankment due to thermal degradation.

ROAD PERFORMANCE

The degree of embankment settlement and distortion varied considerably over the project length (10 cm to 100 cm). Naturally, where the ice content was high within the thaw zone, settlement of the fill was greatest due to consolidation and displacement of such ground conditions. Sections built during the winter distorted more than those constructed during the summer since displacement of the soft, saturated insitu ground and tundra took place during spreading of the initial embankment lift.

Figures 1 and 1a illustrate the distortion vs. time relationship for a section of the highway constructed primarily during freezing conditions. The "reasonable travel speed" values were obtained by travelling over the embankment with a pickup truck unit. The occurrence of these values were calculated as a percentage of the sections length (frequency) as shown on Figure 1. The average travel speed was calculated and is also shown on this figure. On Figure 1a the average travel speed was related to the design (objective) speed and plotted versus time. The highway grade was repaired between readings during the fall, to an overall average speed equal design speed (60 m.p.h.). The resultant plot shows the degree of distortion in the early life of the embankment, suggests that thermal degradation reduces with time and that by year four after construction the thermal regime has reached equilibrium for practical purposes. The conditions/relationships portrayed on these figures (1 and 1a) are those obtained on a 30 mile section south of the Inuvik airport. The performance of this section in terms of distortion magnitude was the poorest encountered in the 170 miles constructed in the Northwest Territories.

The installation/performance of culverts presented unique problems, requiring "reverse" camber at times, subexcavation and/or artificial insulation in areas of particularly high ice content ground.

RESEARCH STARTED

Several sections of the highway incorporated styrofoam insulation in 1972/73. Although the *68** thickness of insulation varied between 3 and 4½ inches all treated sections were successful from a surface observation standpoint, i.e. the em- *69** bankment did not settle. These sections were *70** instrumented and have been monitored continuously with all data submitted to the National Research Council. A detailed report will be presented by this agency at some future date. *71**

One section was treated with foamed sulphur (5 inches thick) in 1974. This section was equally successful in preventing thaw below the embankment. *72*, 73*, 74**

Due to high cost implications ($1.25/ft.^{2}) *75** and considering the low category (gravel surface) road involved we have adopted a posture, regarding artificial insulation, that roads at this latitude would be constructed initially without insulation. The performance would then be monitored and the highway maintained by conventional means, i.e. insulation would be used only when it was clear that normal maintenance was too costly or impractical for other reasons.

FURTHER RESEARCH NEEDS

1. Obtain more accurate costs of artificial insulation. *76**

2. Study the implications and problems associated with long term settlement resulting from thermal degradation.

3. Determine more effective and economic methods of culvert de-icing including possible means of avoiding icing of culverts and upstream glaciation.

4. Determine the most effective means of controlling thermal degradation at the toe of embankment. For example, would the construction of berms along the toe be more effective than our present approach, providing flat sideslopes.

5. Determine whether flat sideslopes (say 3 to 1) or 1½ to 1 sideslopes with berms at the toe of embankment are more effective in reducing thermal degradation at this critical point.

NOTE 3, 4*, 5*, 6*, etc. denotes photo numbers.*

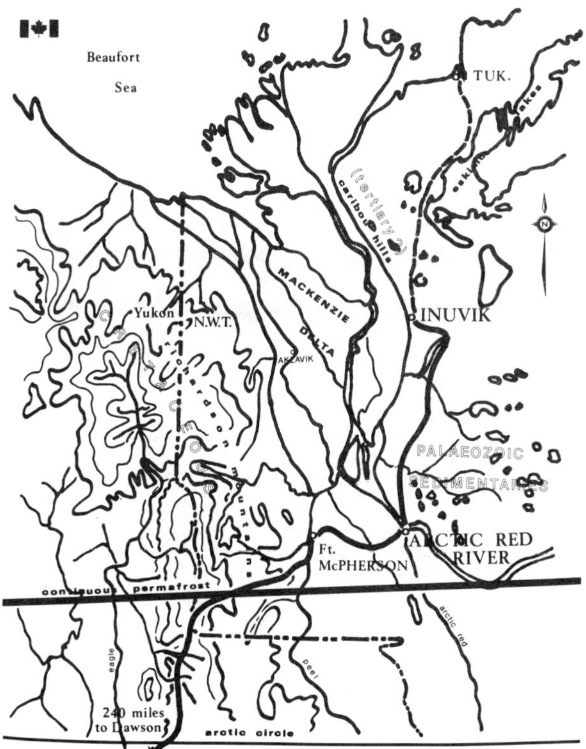

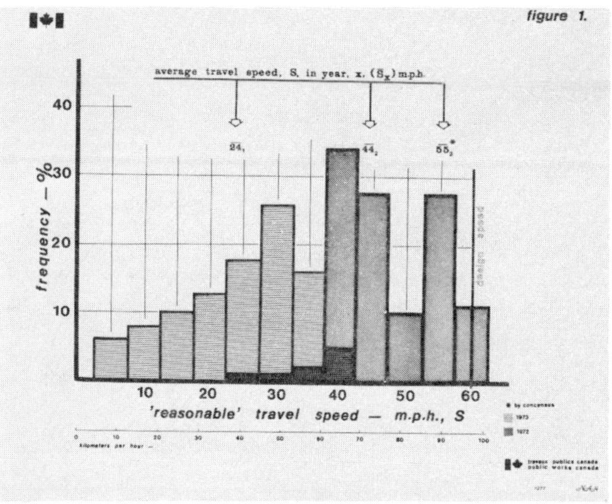

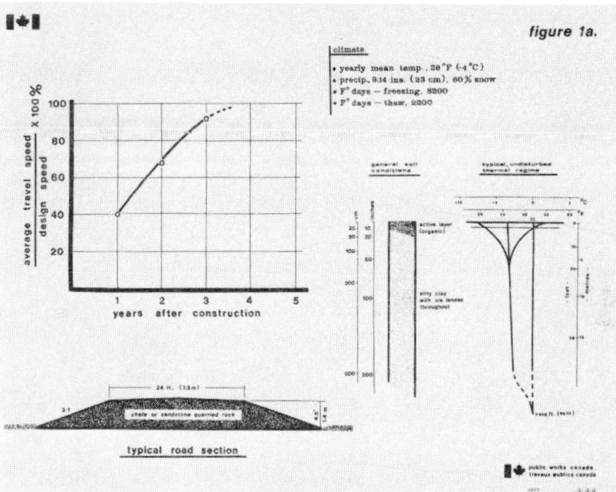

9

14

15

25

18

29

23

37

24

41

43

59

44

65

52

69

53

74

EXPLOSIVE ENERGY COUPLING IN ICE AND FROZEN SOILS

D. B. Larson, University of California, Lawrence Livermore Laboratory, Livermore, California 94550

Small scale high explosive experiments, using spherical charges as energy sources, have been conducted in ice and three frozen soils. Data obtained from these experiments have provided evidence for a shock wave induced melting transition in ice and ice saturated frozen soils. Explosive energy coupling parameters have been derived from these data. Comparison of these coupling parameters with those of water suggest that coupling in ice is less because of dissipation of energy in the melting transition. An even larger decrease in coupling observed in ice saturated soils is attributed to the introduction of soil into the ice matrix. This leads to lowering of the transition stress due to the presence of stress concentration at soil grain boundaries. However, the tremendous decoupling observed for 50% ice saturated soil is attributed to the weak ice matrix undergoing yielding. This permits pore collapse effects to dominate over transition effects and allows decoupling to very low stresses.

COUPLAGE ÉNERGÉTIQUE CRÉÉ PAR DES EXPLOSIONS, DANS LA GLACE ET LES GÉLISOLS

On a étudié les effets d'explosions de faible envergure sur de la glace et trois gélisols, et pour cela on a utilisé des charges sphériques d'un explosif puissant comme source d'énergie. Les données fournies par ces expériences ont indiqué l'existence d'un état transitionnel de fusion induit par l'onde de choc, dans la glace, et les gélisols saturés en glace. De ces données, on a dérivé des paramètres du couplage énergétique engendré par l'explosion. La comparaison des paramètres de couplage en question avec ceux de l'eau semble indiquer que le couplage est plus faible dans la glace, en raison de la dissipation d'énergie pendant l'état transitionnel de fusion. Une réduction encore plus grande du couplage a été observée dans les sols saturés en glace, que l'on attribue à l'introduction de sol dans la matrice de glace. Il se produit une diminution de la contrainte de transition, du fait de la concentration des contraintes aux surfaces de séparation des particules de sol. Cependant, le découplage considérable observé dans un sol saturé en glace à 50 % est attribué à la déformation que subit la matrice de glace peu résistante, lorsque la limite d'élasticité est dépassée. Ceci favorise le tassement des pores aux dépens des phénomènes de transition, ainsi que le découplage à des contraintes très basses.

СЕЙСМИЧЕСКАЯ ЭФФЕКТИВНОСТЬ ЭНЕРГИИ ВЗРЫВА ВО ЛЬДУ И МЕРЗЛЫХ ГРУНТАХ

Была проведена серия взрывов во льду и трех видах мерзлого грунта с использованием в качестве источников энергии сферических зарядов из сильновзрывчатого вещества. Результаты этих экспериментов указывают на образование переходной зоны таяния под действием ударной волны во льду и высокольдистых мерзлых грунтах. На основе этих результатов были получены параметры сейсмической эффективности взрывной энергии. Сравнение этих параметров с параметрами для воды позволяет предположить, что сейсмическая эффективность во льду слабее благодаря диссипации энергии в переходной зоне таяния. В высокольдистых грунтах сейсмическая эффективность еще слабее, что объясняется проникновением грунта в ледяную матрицу. Это ведет к уменьшению напряжения перехода ввиду наличия концентрации напряжения на границах зерен грунта. Однако, сильное понижение сейсмической эффективности, наблюдаемое в грунте, на 50% насыщенном льдом, объясняется малой прочностью ледяной матрицы. В силу этого, эффект смятия пор преобладает над эффектом перехода, и сейсмическая эффективность снижается до очень низких напряжений.

EXPLOSIVE ENERGY COUPLING IN ICE AND FROZEN SOILS

D. B. Larson

Lawrence Livermore Laboratory, Earth Sciences Division
University of California
Livermore, California

INTRODUCTION

The theory of coupling of explosive energy in frozen materials is very complex and involves major nonlinear behavior of the medium, including melting, polymorphism, plastic flow and crushing of pores. Some or all of these may be rate sensitive processes. A simplification of any theoretical treatment can be made by determining the relative importance of these nonlinear processes. Experiments, when properly designed, can provide the data necessary to establish this relationship. The objectives of this paper are to present results from a series of small scale experiments on ice and frozen soils and to relate explosive energy coupling derived from these data to differences in materials properties.

EXPERIMENTAL PROCEDURES

The experimental technique chosen employs a small spherical charge of high explosive (HE) embedded in a relatively large sample of frozen material (see Figure 1). Data were obtained from gages placed radially from the energy source. In this geometry, the analysis is simplified to one dimensional spherical wave propagation.

Four frozen materials were studied; ice, 50% ice saturated West Lebanon glacial till (WLGT), ice saturated WLGT and ice saturated Ottawa banding sand (OWS). The ice was polycrystalline and was obtained commercially. The frozen soils were obtained from the U.S. Army Cold Regions Research and Engineering Laboratory in Hanover, New Hampshire.* Table I provides average measured bulk properties for these four samples.

A schematic representation of a spherical HE experiment is shown in Figure 1. The final assembly is approximately 0.35 m on each side. A sphere of LX04 explosive embedded in two hemispheres cut from the samples, produces radial divergent flow which causes loading and unloading of gage elements placed radially from the energy source. High explosive spheres of two different radii were used. One had a radius of 1.9×10^{-2}m and the other a radius of 9.5×10^{-3}m.

*The frozen soil samples were prepared by close packing soil in a mold. The desired amount of water was then added and the samples were directionally frozen, botton to top, so that grain to grain contact was maintained.

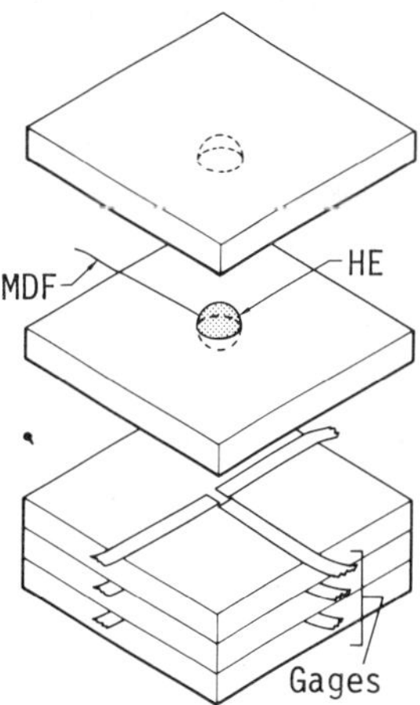

Figure 1. Schematic of an HE experiment showing how the blocks are assembled. The LX04 HE is initiated using a mild detonating fuse (MDF) with a detonator inside the explosive sphere.

TABLE I. The frozen materials and their density, porosity and longitudinal sound speed

Frozen Material	Bulk Density (Mg/m^3)	Total Porosity (%)	Dry Porosity (%)	Longitudinal Sound Speed (Km/s)
Ice	0.9	0	0	3.36
50% Ice Satd. WLGT	1.96	36	18	2.50
Ice Satd. WLGT	2.08	36	5	3.47
Ice Satd. OWS	2.03	38	0	4.42

Two types of gages were used to record the flow. The principal diagnostic gage was a particle velocity gage that consists of a thin (2.5×10^{-5}m) brass foil which moves perpendicular to the magnetic field produced by a large external electromagnet (Larson, 1973, 1975). The gage follows the motion of the frozen material as loading and unloading occur. The particle velocity history, $U_p(t)$, is given by the expression

$$U_p(t) = \frac{\varepsilon(t)}{BL} \qquad (1)$$

where $\varepsilon(t)$ is the recorded motional emf, B is the magnetic field strength and L is the gage element length. The second gage was a stress gage made of piezoresistive ytterbium. This gage was developed at Stanford Research Institute (Keough, 1969, Ginsberg, 1974) and the relationship of piezoresistive response to stress was determined by Ginsberg (1974) and Spataro (1972). The active element for this gage is sandwiched in Kapton to protect the chemically reactive ytterbium. These gages are typically 1.8×10^{-4}m thick. Gages were emplaced by mounting them on carefully machined surfaces of blocks of the frozen material (see Figure 1). Water absorbed in sheets of paper or water alone was used to fill air gaps and bond the blocks together into the final assembly.

The experiments were fabricated in a refrigerated trailer maintained at -10°C. The finished assemblies were placed in polystyrene boxes with frozen holding blocks and then transported to the bunker where the experiment was performed. All experiments were conducted at -9 ± 1°C.

RESULTS

Four HE experiments were conducted in polycrystalline ice, two in ice saturated Ottawa banding sand, two in ice saturated West Lebanon glacial till and three in 50% ice saturated West Lebanon glacial till.

Wave profiles for two of the experiments in polycrystalline ice are shown in Figure 2. The data in the upper part of the figure show the development of a precursor wave. The average wave velocity for this first wave was 3.88 ± .1 Km/s which is well above the measured longitudinal sound speed of 3.36 Km/s, indicating that the precursor is not an elastic wave. The amplitude of the wave is approximately .05 Km/s which corresponds to a stress of approximately .18 GPa. These observations and similar observations in uniaxial strain experiments using a gas gun (Larson, 1973) have led to the conclusion that the precursor arises as a result of the Ice I melting transformation. Figure 3 illustrates the effect. The higher stress in the dynamic case is probably related to transformation kinetics. The validity of interpreting the precursor wave as arising from the melting transition is further reinforced by examination of the wave that follows the precursor. This wave is highly dispersive (i.e., the average wave velocity decreases, rapidly as the wave propagates) suggesting a relaxation with time to a higher density state (see Figure 3). Because of the size of this density change (a few percent), the only plausible explanation for this behavior is the melting phase transition.

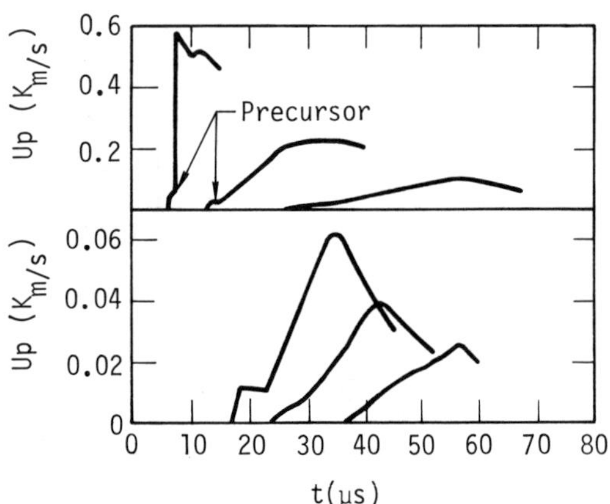

Figure 2. Particle velocity wave forms for two experiments in polycrystalline ice.

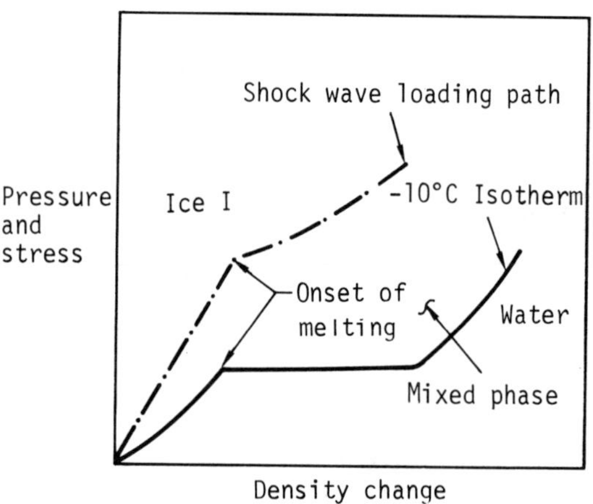

Figure 3. A representation of Ice I melting under both isothermal and shock wave loading conditions. Under isothermal compression, melting occurs at 0.1 GPa and -10° C and the change in density is approximately 10%. In HE and gas-gun experiments the onset of the transition is observed at 0.18 GPa and may result in a mixed phase final state.

Wave profiles for ice saturated WLGT and 50% ice saturated WLGT are shown in Figures 4 and 5. In both of these materials the front of the wave (i.e., the precursor) is highly dispersive. The ramplike nature of this precursor suggests that the melting transition occurs at very low average stress in frozen soils. This could well be caused by "hot spots" or stress concentration occurring at grain boundaries. In ice saturated WLGT the average precursor velocity 4.11 ± .15 Km/s, which is much faster than the longitudinal sound speed of 3.47 Km/s indicates that the precursor is not an elastic wave. In ice saturated OWS, which gave records very similar to those shown in Figure 4, the average precursor wave velocity was 4.29 ±

.1 Km/s. This is slightly less than the measured longitudinal sound speed of 4.42 Km/s. Therefore, based on velocities, this wave could be either the result of the melting transition or an "elastic" wave resulting from yielding. However, it is probably associated with melting because of the similarity of the two ice saturated soils.

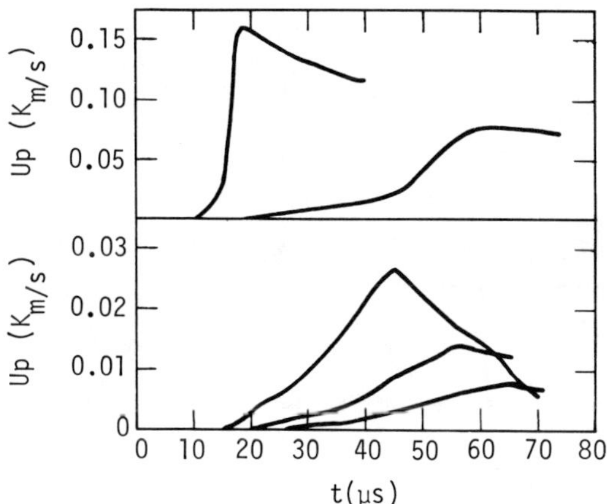

Figure 4. Particle velocity wave histories as recorded in two experiments in frozen water saturated West Lebanon glacial fill.

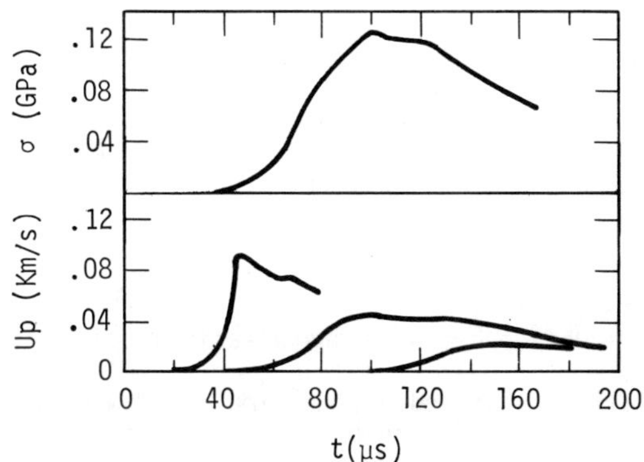

Figure 5. Particle velocity and stress wave forms for 50% saturated frozen West Lebanon glacial till.

Measured precursor wave velocities in 50% ice saturated WLGT were highly variable because it was difficult to determine first arrivals from the records. However, these velocities are much closer to 2.5 Km/s (longitudinal sound speed) than to the ~4 Km/s observed for the transition velocity in the other frozen materials. This observation suggests that either the melting transition is occuring at low stresses causing collapse of the ice matrix or that collapse of the ice matrix is caused by dynamic yielding. In either case, pore collapse is the dominant mechanism in this highly porous material.

The particle velocity time histories for ice, ice saturated WLGT and 50% ice saturated WLGT at a radius of approximately 135 mm were converted to radial displacements, D, by integration of the particle velocity gage records. The results are shown in Figure 6 and 7. These data along with peak particle velocity, U_{pm}, as a function of radius, as shown in Figure 8, will be used to compare explosive coupling efficiency.

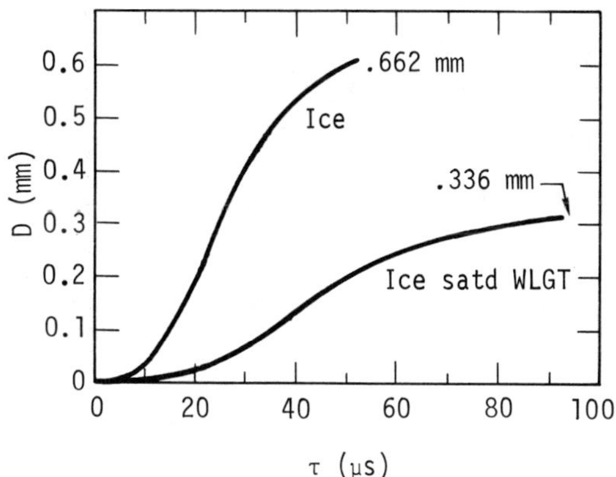

Figure 6. Displacement versus time for ice and ice saturated WLGT at a radius of approximately 135 mm.

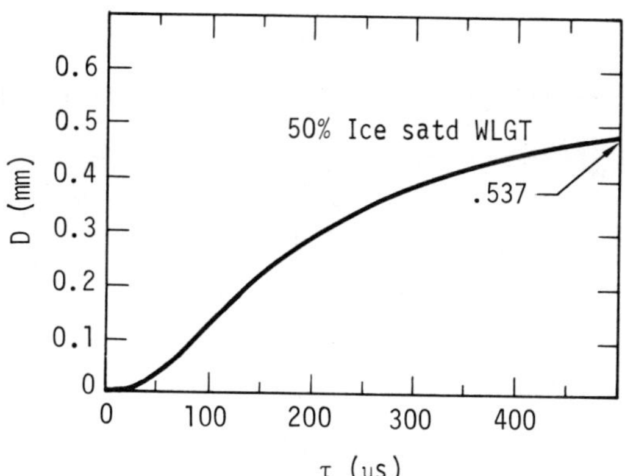

Figure 7. Displacement versus time for 50% ice saturated WLGT.

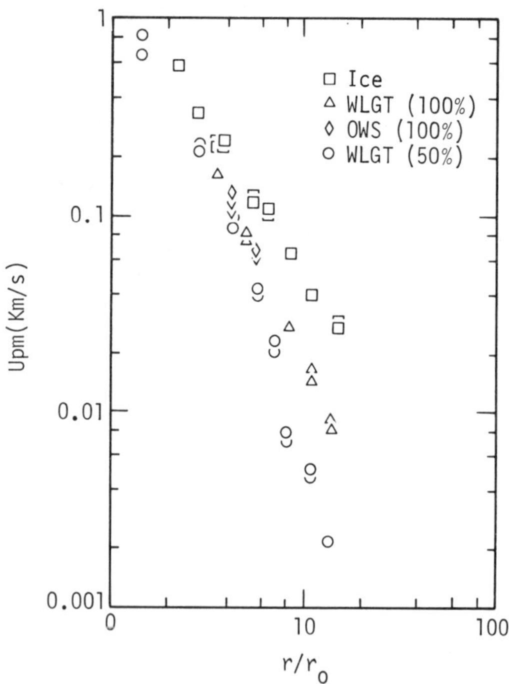

Figure 8. A comparison of peak particle velocity decay in frozen materials. r is the radial distance to the gage and r_0 is the radius of the high explosive sphere.

DISCUSSION

Relative coupling efficiencies for spherical wave propagation may be compared using a scalar source function such as the reduced velocity potential $\phi(r,t)$. This potential is a solution to a scalar wave equation (Blake, 1952).

$$\frac{\partial^2\phi(r,t)}{\partial t^2} = c^2\nabla^2\phi(r,t) \qquad (2)$$

In an elastic medium c is the sound speed defined by $c = [(\lambda+2\mu)/\rho]^{1/2}$ where λ and μ are the Lamé constants and ρ is the density.

The potential in equation (2) can be written as a function of only one variable

$$\gamma(\tau) = r\phi(r,t) \qquad (3)$$

where

$$\tau = t - \frac{(r-a)}{c}$$

and a is the radius for elastic behavior. The potential $\gamma(\tau)$ can then be related to the radial component of particle velocity by the following equation

$$-U_p = \frac{\partial\phi}{\partial r} = \frac{\partial}{\partial r}\left(\frac{\gamma(\tau)}{r}\right) \qquad (4)$$

At a constant r, equation (4) can be written as

$$\frac{d\gamma(\tau)}{d\tau} + \frac{c}{r}\gamma(\tau) = rc\,U_p(\tau) \qquad (5)$$

which has the solution

$$\gamma(\tau) = rc\,e^{-\frac{c\tau}{r}}\int_0^\tau U_p(\tau')\,e^{\frac{c\tau'}{r}}\,d\tau' \qquad (6)$$

The results of integration of equation (6) using measured particle velocity time histories are shown in Figure 9. If these materials were elastic, their potentials would represent source functions for elastic wave propagation. Unfortunately, these materials are not elastic over the range of observations; therefore, their potentials give only relative behavior at the radius of the calculations.

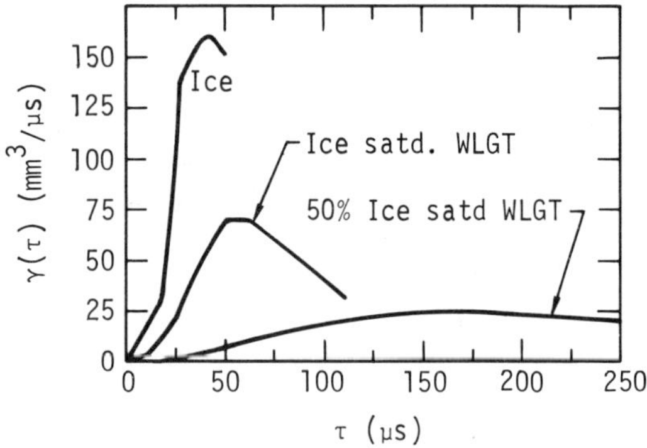

Figure 9. Derived reduced velocity potentials for the frozen materials at a radius of approximately 135 mm.

A second method of comparing coupling efficiency involves the use of the displacement data given in Figures 6 and 7. These data are the basis of a comparison of the kinetic energy at a fixed radius. This measure of kinetic energy was obtained by taking the ratio of displacement and a characteristic time for the displacement to occur. Since the displacement data shown in Figures 6 and 7 approach asymptotes as τ approaches ∞, some fraction of total displacement must be chosen in order to define a finite characteristic time. Therefore, the characteristic time, τ_0, for each material was selected as the time for 90% of full displacement, D_{τ_0}.* These results for the frozen materials are tabulated in Table II. Table II also contains results for water which will be used later in this section in making comparisons.

A third method of comparing coupling behavior makes use of peak particle velocity attenuation data shown in Figure 8. A straight line can be fit to these data and leads to the relationship

* Full displacement is the asymptotic value calculated from an exponential fit to the unloading part of a particle velocity time history. Asymptotic values for the frozen materials are given in Figures 6 and 7. The value of 90% is not a completely arbitrary choice, but was based upon a study of 15 geologic materials of which the frozen materials are a subset. These results will be published later.

TABLE II. A comparison of coupling parameters

Material	τ_0 (μs)	$[D_{\tau_0}/\tau_0]^2 \times 10^4$ (mm/μs)	s
Water	33	2.50	1.37
Ice	50	1.42	1.5
Ice Satd WLGT	86	0.122	2.0
50% Ice Satd WLGT	500	0.010	2.7

$$U_{pm} \propto (r/r_0)^{-s} \qquad (7)$$

where U_{pm} is the peak particle velocity, r is the initial radial distance to the gage, r_0 is the radius of the high explosive sphere and s is the negative of the slope of the line. For reference, a perfectly elastic material in the far field (i.e. $r >> r_0$) would have a value of s equal to 1. Table II gives values of s measured from Figure 8 as well as the value for water. The usefulness of s as a measure of coupling is shown in Figure 10 where the energy given by $[D_{\tau_0}/\tau_0]^2$ is plotted against s. The linearity in this semilog plot shows that peak particle velocity decay rates are a good indication of relative coupling efficiency with coupling decreasing as the attenuation rate or s increases. If this relationship is true in general, it would be very useful because most observations, especially in the field, are of peak values of particle velocity or stress.

One of the stated objectives of this paper is to relate derived explosive energy coupling to differences in material properties. The material properties unique to frozen materials are the Ice I to water melting transformation, the very low (.005 GPa) ice matrix strength (Chamberlain, 1967) and the interaction between ice, soil and dry porosity. The influence of the melting transformation upon coupling is best examined by comparing the frozen materials with water. Comparisons made in Table II and Figure 10 clearly indicate that the transition has a sizable effect. However, the difference between water and ice (nearly a factor of two in kinetic energy) is far less than the difference between water and the other frozen materials. The presence of soil in ice saturated OWS and ice saturated WLGT apparently causes a significant reduction in the stress needed to initiate melting and apparently causes enhanced dissipation of energy due to hysteresis associated with the irreversibility of the melting transformation. The small amount of dry porosity present in ice saturated WLGT clouds this picture but the limited data on ice saturated OWS, which has no dry porosity, agrees well with the ice saturated WLGT data. This observation tends to substantiate the view that the transition and not dry porosity is dominant in these two materials.

The behavior of 50% saturated WLGT, however, is quite different suggesting that porosity rather than the melting transition is the dominant property in determining explosive energy coupling. Frozen materials are apparently very weak under dynamic loading. Thus, yielding occurs at very low stress and since the volume of dry pores is much

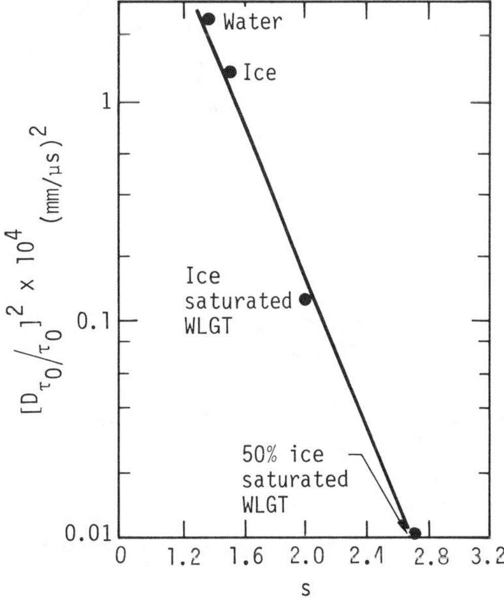

Figure 10. A comparison of derived coupling parameters from Table II for water and the frozen materials.

greater than any volume change associated with the transition, this allows pore collapse to dominate any effects associated with the transition. The wave produced (see Figure 5) is extremely dispersive and leads to severe spreading of the potential as shown in Figure 9. This leads to coupling which is more than an order of magnitude less than observed in ice saturated WLGT as measured by kinetic energy. This coupling behavior is that one might expect from a pile of sand.

CONCLUSIONS

1. A unique set of experimentally determined particle velocity and stress-time history data, using a spherical high explosive charge as an energy source, is available for use in testing theoretical models of frozen materials.

2. Evidence is provided for a shock wave induced melting transition in ice and ice saturated frozen soils.

3. A comparison of the explosive coupling parameters shown in Table II and Figure 10 suggest that the melting transition in ice dissipates kinetic energy and causes a significant increase in the attenuation of peak particle velocity with distance relative to water. Comparison of coupling parameters in Table II and Figures 9 and 10 show that introduction of soil into the ice matrix causes a significant increase in attenuation rates and a definite broadening of the velocity potential spectrum. This effect is associated with a lowering of the transition pressure due to the presence of stress concentration at grain boundaries. The increased energy dissipation is thought to be associated with hysteresis in the transition due to the presence

of the soil. The tremendous decoupling observed for 50% ice saturated WLGT is probably the result of the weak ice matrix undergoing yielding and allowing pore collapse at very low stress. Apparently this behavior led to almost complete domination of porosity effects over transition effects.

ACKNOWLEDGMENTS

The author would like to acknowledge the invaluable technical help of J. Taylor, T. Schaffer, G. Thompson, G. Bearson and B. Simmermaker. The many suggestions and contributions of H. Rodean, J. Hearst and S. Spataro are also much appreciated. Special thanks must go to Dr. K. Itaguki, S. Ackley and E. Chamberlain of CRREL for the frozen materials they produced and for the valuable information they provided.

REFERENCES

BLAKE, F. G. 1952. Spherical Wave Propagation in Solid Media. J. Acout. Soc. of Amer., 24, 211.

CHAMBERLAIN, E. 1967. Some Triaxial Shear Strength Tests on Frozen Soil and Ice. U.S. Army Cold Regions Research and Engineering Laboratory Interim Report.

GINSBERG, M. J. 1974. Effects of Stress on the Electrical Resistance of Ytterbium and Calibration of Ytterbium Stress Transducers. Stanford Research Inst. Contract DNA 001-72-C-0146, Project PYU-1979, Palo Alto, Ca.

KEOUGH, D. D. 1969. Stanford Research Inst. Rept for Project PGU-7511, Palo Alto, Ca.

LARSON, D. B., G. D. BEARSON AND J. R. TAYLOR 1973. Shock Wave Studies of Ice and Two Frozen Soils. North American Contributions, Second International Conference on Permafrost, Yakutsk, USSR, National Academy of Science Publication, Washington, DC.

LARSON, D. B., H. C. RODEAN 1975. Relationship of Material Properties to Seismic Coupling. Lawrence Livermore Laboratory Rept. UCRL-51769.

SPATARO, S. J. 1972. Lawrence Livermore Laboratory Internal Document UOPK 72-77.

Work performed under the auspices of the U.S. Energy Research & Development Administration under contract No. W-7405-Eng-48.

SOME EXPERIENCES WITH TUNNEL ENTRANCES IN PERMAFROST

Kenneth A. Linell, Consultant, Hanover, New Hampshire, U.S.A.
Edward F. Lobacz, U.S. Army Cold Regions Research and Engineering Laboratory, Hanover, New Hampshire, U.S.A.

Tunnels and shafts in permafrost encounter special portal problems because of instability of surface materials during thaw, tendency for ice formation within the tunnel from annual thaw zone seepage, and necessity for control of air temperatures within the tunnel during summer. In constructing a tunnel in permafrost at Fox, Alaska, these problems were successfully solved. The unstable ground slope at the tunnel entrance was stabilized by use of a blanket of clean natural gravel. Refrigerant pipes imbedded in the backfill above the portals were used with a mechanical refrigeration system to insure a frozen zone around the tunnel where seepage would otherwise enter in summer. An insulated bulkhead containing doors permitted exclusion of warm summer air. Entrance to a vertical shaft connecting to the rear of the tunnel was kept shaded in order to minimize seepage entrance in summer.

EXPÉRIENCES RELATIVES AUX ENTRÉES DE TUNNELS CREUSÉES DANS LE PERGÉLISOL

Les entrées de tunnels et galeries creusés dans le pergélisol présentent des problèmes particuliers, parce que les matériaux de surface deviennent instables pendant le dégel, que les infiltrations d'eau dans les tunnels à partir de la zone de dégel annuel tendent à former de la glace, et qu'il est nécessaire de contrôler la température de l'air dans les tunnels pendant l'été. On a pu résoudre ces problèmes lors de la construction d'un tunnel dans le pergélisol à Fox en Alaska. On a stabilisé la pente à l'entrée du tunnel en utilisant une couverture de graviers naturels propres. On a enfoui des conduites réfrigérantes dans le remblai au-dessus de l'entrée, et utilisé un système de réfrigération mécanique permettant de maintenir gelée une zone entourant le tunnel, où des infiltrations pourraient se produire en été. Une cloison isolante étanche équipée de portes servait à empêcher l'entrée d'air chaud en été. D'autre part, on a protégé du soleil l'entrée d'une galerie verticale communiquant avec l'extrémité du tunnel, afin de réduire les infiltrations en été.

ОПЫТ СТРОИТЕЛЬСТВА ТУННЕЛЬНЫХ ВХОДОВ В МЕРЗЛЫХ ГРУНТАХ

При строительстве туннелей и шахт в многолетнемерзлых грунтах приходится уделять особое внимание устройству входов, учитывая неустойчивость поверхностных пород во время оттепелей, льдообразование в туннелях в результате просачивания воды и необходимость регулирования температуры воздуха в туннеле в летний период. При строительстве туннеля в многолетнемерзлом грунте в районе Фокс /Аляска/ эти проблемы были успешно решены. Неустойчивый склон у входа в туннель был укреплен слоем чистого гравия. Охлаждающие трубы, уложенные в засыпке над входами, и механическая система охлаждения обеспечивали сохранение мерзлой зоны вокруг туннеля, предотвращая возможное просачивание в летнее время. Изолированная перемычка со встроенными дверями исключала попадание в туннель теплого летнего воздуха. Вход в вертикальную шахту, ведущую в заднюю секцию туннеля, был затенен для уменьшения просачивания в летний период.

SOME EXPERIENCES WITH TUNNEL ENTRANCES IN PERMAFROST

K.A. Linell[1] and E.F. Lobacz[2]

[1]Engineering Consultant, Hanover, New Hampshire, USA
[2]U.S. Army Cold Regions Research and Engineering Laboratory, Hanover, New Hampshire, USA

INTRODUCTION

When a tunnel is driven into permafrost, a number of problems may be encountered in the entrance zone (Fig 1). Not all tunnels will encounter all these problems. If, for example, the tunnel is driven into material such as sound rock which will retain its stability upon thawing, it may be feasible to allow natural thermal adjustment to occur with little or no special entrance zone construction required. However, where natural conditions are adverse, proper design and construction are essential for safe and effective entrances.

BACKGROUND

During the period 1955-66, the U.S. Army constructed four research tunnels: two in ice and one in frozen moraine in the marginal area of the Greenland Ice Cap near Thule (Abel 1960, 1961, Rausch 1958, Swinzow 1963), and one in frozen silt at Fox, Alaska, near Fairbanks (Sellmann 1967, Swinzow 1970). Problems encountered in the tunnels in Greenland gave valuable insight into the kinds of problems which might be encountered in the subsequent construction at Fox.

The first of the Greenland ice tunnels was drilled into the lower part of an ice cliff approximately 28 m high with a slope slightly under 100% (Abel 1961). In 1956 melt water from the ice cap channeled beneath a substantial thickness of snow covering the cliff face and discharged at the tunnel entrance. Snow slides blocked the flow and backed up water into the tunnel, and on one occasion water depth in the tunnel reached 1.2 m. Before the portal could be cleared, approximately 0.3 m of new ice was formed on the floor for a distance of 76 m back from the entrance. The snow slides and melt water discharge were personnel hazards and presented time-consuming maintenance problems (Rausch 1958).

The second ice tunnel entered the glacial ice through a relatively shallow cover of coarse cobbly and bouldery moraine material which carried substantial seepage

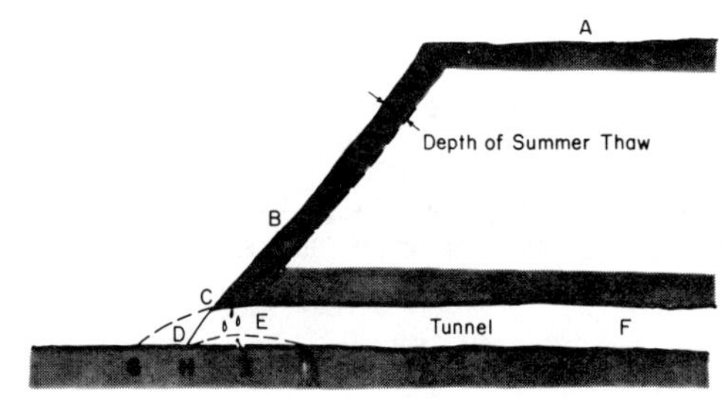

A Surface disturbances may initiate permafrost degradation.

B Uncontrolled drainage down the slope may cause erosion, icing and accelerated degradation.

C Slope creep or creep closure of tunnel may decrease height of tunnel and/or damage portal structure.

D Falling slope materials may be a hazard to personnel. Slides or sloughing may block entrance.

E Thaw-weakened roof materials may fall unless supported.

F Air temperature in tunnel may have to be controlled below freezing.

G Uncontrolled surface drainage may flow into tunnel.

H Portal structure may cause locally increased depth of thaw.

I Seepage entering from annual thaw zone may form hanging roof ice masses and water may collect and freeze on floor of tunnel.

FIG. 1. Potential problems at tunnel entrances in permafrost.

from melting snow and ice during the summer. This seepage entered the tunnel through the roof immediately behind the portal and caused ice buildup in the tunnel. Because of rapid tunnel closure despite the -9.4 to -4.0°C ice temperatures, the floor of the tunnel just behind the portal was lowered to provide adequate headroom for vehicles and equipment; workers on foot then had to negotiate a mixture of water and newly formed ice in the resulting trough in summer.

The Greenland permafrost tunnel was excavated in heavy bouldery till which was undersaturated with ice below the uppermost part of the permafrost layer (Swinzow 1963). The tunnel entrance faced northward on moderately sloping ground. No tunnel closure was observed, and summer thaw problems were generally negligible; however, some ice accumulation from summer seepage did occur in the tunnel immediately behind the entrance.

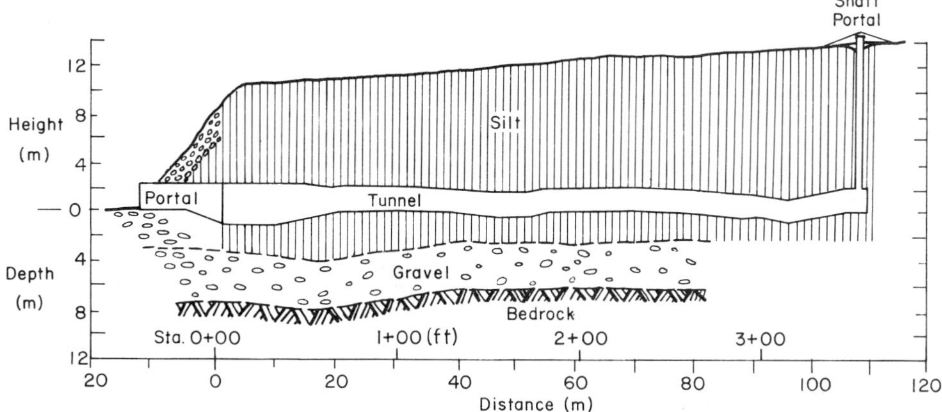

FIG. 2. Tunnel section, Fox, Alaska.

Only very rudimentary portal facilities were constructed at these three Greenland tunnels, primarily consisting of security doors. The very low temperatures were a major factor contributing to relatively stable conditions.

DESIGN AND CONSTRUCTION OF FOX TUNNEL ENTRANCES

General

The 110-m-long CRREL tunnel at Fox, Alaska, was constructed primarily with an Alkirk continuous mechanical mining system (McCoy 1964, Swinzow 1970). Other methods were used on a supplementary basis to obtain comparative data. A vertical ventilation shaft 15.2 m deep and 1.2 m in diameter was augered down to the back end of the tunnel with a Williams auger in December 1965. This also provided an emergency exit in case the portal exit could not be used for some reason. The augering was done when the terrain was frozen and snow-covered to avoid or minimize damage to the dense cover of low vegetation. The tunnel construction extended over the winters of 1963-64, 1964-65 and 1965-66. Later the Bureau of Mines extended a winze down into underlying gold-bearing gravels in a research study of alternative mining techniques. A simplified cross section of the tunnel proper and ventilation shaft is shown in Figure 2.

The tunnel was excavated into a steep silt escarpment formed by placer mining operations. The geology of the area has been described by Sellmann (1967). The original escarpment had probably been essentially vertical, produced by use of hydraulic sluicing to remove the 12 to 15 m of silt before mining the underlying gravel by dredge. However, in the probably more than 10 years since mining had ceased, the slope had slumped and weathered back to an average slope of about 31 1/2°, but with local variations. A growth of brush and small trees had developed. Reconnaissance along the escarpment showed that the slope was still unstable, e.g. trees showed the bent trunks typical of downslope movement during growth, and there were recent slides in which vegetation and thawed soil had moved down bodily. Before any slope protection measures were applied, transverse tension cracks 0.3 to 0.45 m wide and 0.15 to 0.60 m deep were observed on the slope above the tunnel alignment.

The silt deposit is generally ML, Vr and Vs under the Unified Soil Classification System (Linell and Kaplar 1963) and has a variable but significant organic content. Methane pockets may be encountered. The soil has a very high ice content at all levels except in the annual thaw layer. Sellmann (1967) reported that the dry unit weight of the silt varied from 0.53 to 1.39 Mg/m^3, with moisture contents of 32 to 138% on samples from the vertical ventilation shaft, but these values did not take into account the massive ice wedges present. Because of the high ice content, consequences of permafrost degradation are potentially very serious.

Mean annual soil temperature within the silt at depths under the natural terrain is approximately -0.5°C. Thus, only a slight change in the surface thermal conditions is needed to initiate permafrost degradation. In fact, one deep water-filled thaw pit already existed just back from the top edge of the escarpment before the tunnel was started and damage to the natural vegetated surface by vehicle traffic in the vicinity of the tunnel alignment quickly produced additional thaw pits. These areas were filled with gravel and covered with stripped topsoil and vegetation to restore stability. Thus, thermal balance was far more delicate than at the Greenland tunnel sites.

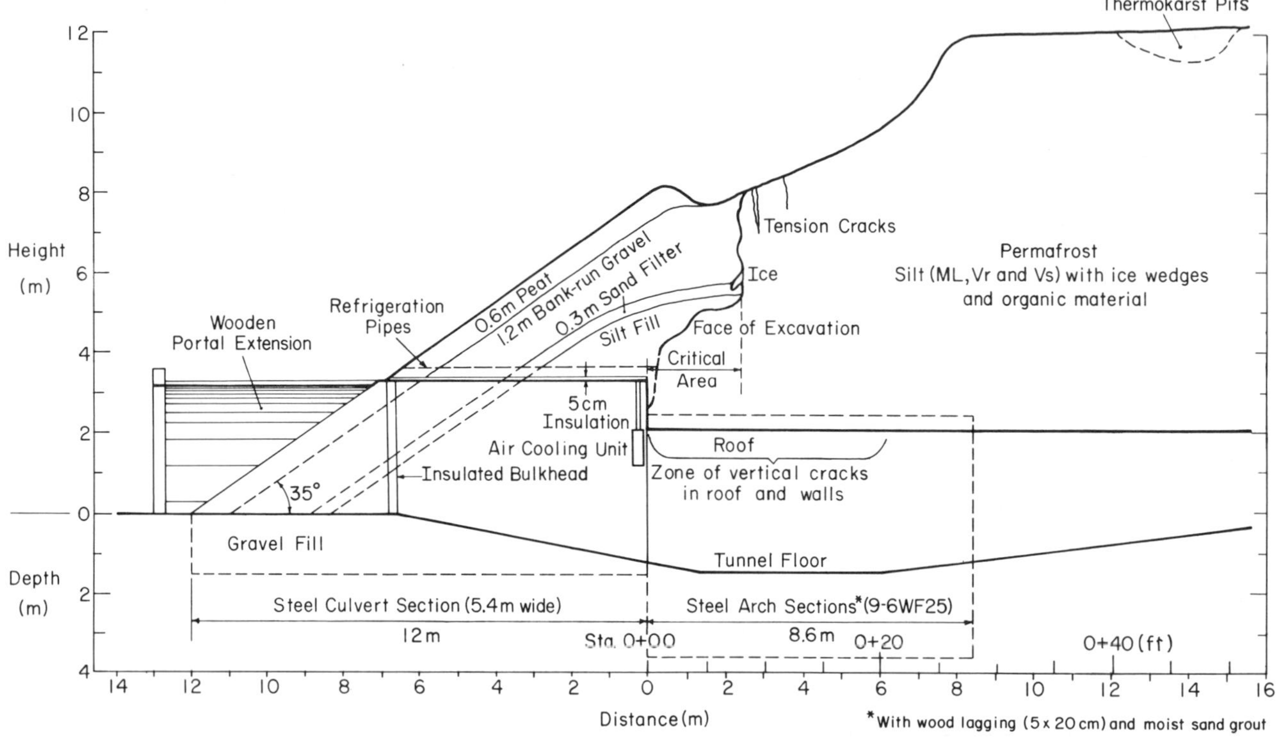

FIG. 3. Cross section at tunnel entrance, Fox, Alaska.

Slope Stabilization

Because of the marginal stability of the escarpment face, and because emphasis was placed on obtaining a dry, safe tunnel, it was decided to stabilize the slope at the tunnel alignment by placing a 0.3-m-thick filter layer of sand together with a 1.2-m layer of bank-run gravel covered by 0.6 m of peat as shown in Figure 3. Stabilization was effected for about 10 m on either side of the portal centerline and for a distance of about 15 m up the slope. This 2.1-m-thick blanket was designed to not only structurally stabilize the existing slope against creep or sliding but also to control degradation of permafrost beneath the face. The technique of stabilizing slopes with free-draining blankets has been described by Lane (1948).

Portal Construction

The portal structure was built in two sections. A corrugated steel culvert section cut as shown in Figure 3 to be flush with the surface of the blanketed slope was first installed. Fitted with doors, the culvert section served as the portal structure during the summer of 1964. Hydraulic sluicing, steam jets and jack hammers were used to excavate the frozen silt for placement of the culvert section. Five-centimeter-thick polyurethane insulation was applied on the outside, except for the lower 1/4. A wooden extension of the portal structure, as indicated in Figure 3, was added to complete the portal in the spring of 1965. It was painted white to minimize absorption of solar heat. Figure 4 shows the portal structure and slope.

An insulated bulkhead within the culvert section contained a system of panels and doors to allow large equipment to pass through. The bulkhead also provided passage for a complex of ventilation ducts, compressed air lines, electrical cables and a telephone line. A heat exchanger located as shown in Figure 3 allowed refrigeration of the air in the portal zone with a 6.8-

FIG. 4. View of Fox portal structure and slope, August 1969.

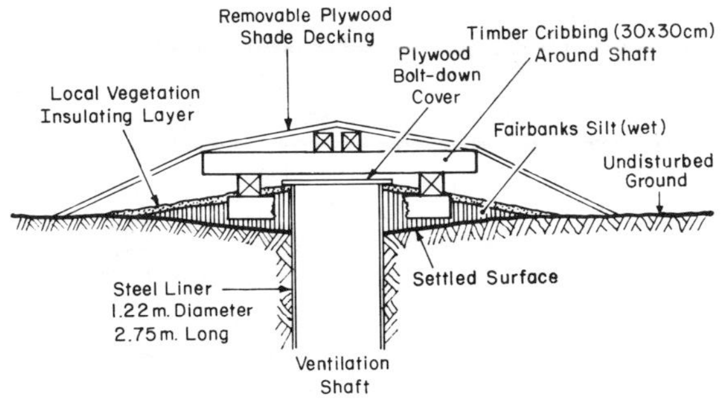

FIG. 5. Top of ventilation shaft at Tunnel station 3+53 (107.6 m).

metric-ton compressor system. It was also used for cooling air in the tunnel proper in summer. To forestall the possibility of seepage of slope melt water into the tunnel, 1.9-cm-diameter soft copper refrigerant brine tubing was installed 0.46 m on centers about 10 cm outside the insulation on the top and sides of the culvert pipe to keep the surrounding soil frozen. At the back edge of the culvert section, the tubing was looped about 2 1/2 m up the silt face. A 6.8-metric-ton compressor system was used for this cooling also.

The top end of the ventilation shaft at the rear of the tunnel was covered by a wooden structure as shown in Figure 5. The ground at this point had a slope of about 3% and supported a dense growth of grasses and shrubs. The drainage basin upslope of the site extended about 1600 m to the southeast; thus an ample supply of downslope-moving moisture was available during the thaw season for potential discharge down the shaft. To prevent entry of water, the ventilation shaft was provided with a steel liner projecting about 0.45 m above the ground surface and frozen into the permafrost below. A bolt-down plywood cover sealed the opening in summer and a plywood decking supported on cribbing shaded the immediate area from the sun. The plywood shading panels could be arranged to allow air to flow out of the shaft freely when desired. A fill of moss and roots was initially placed around the liner to the top edge. This work was done in the late winter of 1966-67.

With the advent of summer weather some settlement around the liner occurred. The plywood shade decking shifted, allowing sunlight to strike the now exposed upper part of the liner. Some water then entered around the ventilation shaft liner. Field personnel attributed the leakage to heating of the liner by the sun. Additional plywood was immediately placed to correct the shading deficiency and by 10 July 1967 thaw around the liner had ceased and the seal around the collar had refrozen. During the summer additional depression was noticeable in the ground surface around the ventilation shaft opening, probably reflecting permafrost degradation resulting from surface disturbance caused during installation of the shaft liner section.

In August 1967 the Fairbanks area experienced a disastrous flood, with very heavy rainfall and runoff. No damage occurred to the tunnel and no water entered the ventilation shaft, although the depression around the liner was filled with water following the heavy rains. The depression was then filled with wet silt with the surface graded outward for good drainage away from the shaft, and a layer of local surface vegetation was placed over the entire new fill for insulation. The final construction around the liner is shown in Figure 5.

PERFORMANCE

The portion of the slope at the tunnel portal that was covered with the sand, gravel and peat blanket has remained completely stable since the work at that point was completed in the winter of 1963-64. The cracks that had been observed in the face of the slope above the blanket in 1963 were filled with soil and additional silt placed to smooth the slope. After a surface cover of organic soil and vegetative strippings was applied and a live vegetative cover developed, no further problems were encountered in the non-stabilized upper part of the slope except for one slough of limited size.

The refrigeration coils provided a very effective means of ensuring a frozen condition around the tunnel in the portal area. At no time has any seepage, ice formation or other problem been observed in the tunnel at this critical location.

On 18 June 1964, after the temporary portal had been installed and the tunnel had been closed for the summer, with refrigeration systems operating, five vertical cracks up to 1.2 cm wide were observed in the roof and sides of the tunnel over a distance of about 4.6 m, beyond the back edge of the culvert section (see Fig. 3). This was beyond the refrigerated area and approximately below the upper part of the overlying slope and its crest. This part of the tunnel had been open during at least 6 weeks of the winter season and had been exposed to extreme cold. There was no shear along the cracks. During the summer the area of cracks extended to 6.45 m beyond the culvert section. Figure 6 shows one of the roof cracks. On 30 June the largest crack could be probed to about 0.3-m depth with a 0.3-cm-diameter rod. On 23 July probing depth had increased to 0.9 m. In August crack growth ceased.

FIG. 6. Crack in Fox Tunnel roof, approximately 6.1 m beyond end of culvert section. View toward right wall, 22 June 1964.

Appearance of these cracks caused some concern to the workers in the tunnel. It was finally concluded that the cracking was a contraction phenomenon reflecting normal lag with depth of effects of winter ground cooling, perhaps intensified by the added cooling effect of the winter low temperatures within the tunnel, and did not represent a stability hazard of the portal slope area. However, as a precaution yieldable steel arches with timber lagging and moist sand grout were installed for 8.6 m behind the bulkhead, as indicated in Figure 3. For more detail on the arches see Swinzow (1970). No progressive changes were observed in subsequent years.

On 27 March 1964 the partially completed tunnel survived the Alaskan Good Friday earthquake with no damage (as noted by Swinzow in field reports).

With the portals open in winter, the ventilation shaft was extremely effective in inducing natural air flow through the tunnel. Air flow was greatest when outdoor air temperatures were lowest. Air flows during cold mornings ranged from 1.3 to 2.8 m^3/s, and soil temperature 2.4 m from the face of the tunnel was reduced to about -9.0°C after 2 months (mid-December 1965 to mid-February 1966) of such air circulation (as observed by McAnerney). This massive cooling of the walls of the tunnel had the dramatic effect of bringing to a virtual halt, during the period of maximum cooling, the tunnel creep closure which had been causing the roof to lower as rapidly as about 3.8 cm per month (see Swinzow 1970). Lack of maintenance at the top of the ventilation shaft in the past several years has resulted in seepage into the shaft and massive icing at the end of the tunnel. Thus, the ventilation shaft is now ineffective for its intended purpose. Such maintenance requirements undoubtedly could have been minimized by better design of the shading structure and by painting it white.

Currently, both refrigeration systems are operated during the May-October period only.

DISCUSSION

It is apparent that problems of tunnel entrances in permafrost must be solved on a case by case basis, taking into account the particular surface, subsurface and climatic conditions at the site and the purpose for which the tunnel will be used. A railroad or vehicular tunnel which must remain open at the ends at all times will require a different engineering approach than one such as an underground storage facility or the research tunnel at Fox which can be closed off during above-freezing weather without loss of utility. Even if a tunnel is intended to remain completely open at all times after construction, it may be expedient and economical to install a closeable portal for the construction period so that the tunnel can be refrigerated during the warm months to minimize the problems encountered in drilling, handling and transporting permafrost materials when temperatures are at or near thawing.

The experience at Fox has demonstrated that both horizontal tunnel and vertical shaft openings can be constructed and maintained safely in permafrost under marginal thermal and soil stability conditions. Tunnel performance with these marginal permafrost temperatures can be enormously enhanced by employing the chimney effect to induce circulation of cold air through the tunnel in winter.

ACKNOWLEDGMENTS

This paper presents the results of research performed by the U.S. Army Cold Regions Research and Engineering Laboratory under the sponsorship of the U.S. Army Corps of Engineers. Particular credit for the work at Fox, Alaska, is owed to Mr. John E. McCoy, Dr. George Swinzow and Mr. John M. McAnerney, as successive dedicated project leaders; to Mr. Frederick F. Kitze, who as Chief, Alaska Field Station, gave invaluable support and assistance; to Mr. Paul Sellmann for his expert geological analysis; and to many others who gave key assistance and support in Alaska and at the CRREL headquarters in Hanover, N. H.

REFERENCES

ABEL, J. F., Jr. 1960. Permafrost tunnel, Camp Tuto, Greenland. USA CRREL Technical Report 73 (AD 652712), 19 p.

ABEL, J. F., Jr. 1961. Ice tunnel closure phenomena. USA CRREL Technical Report 74 (AD 278532), 37 p.

LANE, K. S. 1948. Treatment of frost sloughing slopes. Proc. 2nd Int. Conf. Soil Mech. Found. Eng. (Rotterdam), 3, pp. 281-283

LINELL, K. A. and C. W. Kaplar. 1963. Description and classification of frozen soils. Permafrost: Proceedings, International Conference, Purdue University. National Academy of Sciences, Washington, D.C., pp. 481-487.

McCOY, J. E. 1964. Use of mechanical system to tunnel in permafrost. USA CRREL Technical Note (unpublished).

RAUSCH, D. O. 1958. Ice tunnel, Tuto area, Greenland, 1956. USA CRREL Technical Report 44 (AD 206423), 34 p.

SELLMANN, P. V. 1967. Geology of the USA CRREL permafrost tunnel, Fairbanks, Alaska. USA CRREL Technical Report 199 (AD 660310), 22 p.

SWINZOW, G. K. 1963. Tunneling and subsurface installations in permafrost. Permafrost: Proceedings, International Conference, Purdue University. National Academy of Sciences, Washington, D.C., pp. 519-525.

SWINZOW, G. K. 1970. Permafrost tunneling by a continuous mechanical method. USA CRREL Technical Report 221 (AD 717240), 37 p.

CONSTRUCTION OF MULTI-STOREY BUILDINGS ON REFRIGERATED PILES IN THE CITY OF MIRNYI

V.I. Makarov, Permafrost Inst., Yakutsk, A.A. Plotnikov, Moscow Eng. Constr. Inst. and B.F. Chumaevskii, Yakut Res. and Planning Inst. of Diamond Mining Industry, U.S.S.R.

Multi-storey buildings on refrigerated piles have been erected in Mirnyi since 1969. The piles contain a built-in coaxial fluid thermosiphon and are widely used in construction on "warm temperature" permafrost. In the last few years construction sites have been extended into areas having deep-seated taliks. It has been learned from experience that a lens of frozen soil with a temperature of about -2°C is formed in unfrozen ground after one cooling cycle. Field tests were carried out to determine the required boundary conditions and to postulate the problem of the temperature fields in the base of buildings on refrigerated piles. The problem was solved by numerical methods using FORTRAN-IV. Comparison of calculated and actual temperature fields shows that the suggested model can be used to study the temperature regime of soil in the base of buildings erected on refrigerated piles.

CONSTRUCTION DE BÂTIMENTS EN HAUTEUR SUR DES PIEUX FROIDS DANS LA VILLE DE MIRNYI

V.I. Makarov, Institut de géocryologie, Iakutsk, A.A. Plotnikov, Institut de génie civil de Moscou, B.F. Chumaevskii, Institut iakute de recherches et de planification de l'industrie du diamant, URSS

Depuis 1969 on construit à Mirnyi des bâtiments en hauteur sur des pieux froids qui diffèrent des pieux ordinaires en ce qu'à l'intérieur de chacun d'eux se trouve incorporé un thermosiphon coaxial liquide. Les pieux froids sont largement utilisés dans la construction sur pergélisol de "température élevée". Ces dernières années on a commencé à construire sur des terrains contenant des taliks profonds. L'expérience a montré qu'au cours d'un cycle de refroidissement, une lentille de gélisol d'une température d'environ -2 °C se forme dans les sols non gelés. Les études sur le terrain ont permis d'établir les conditions limites nécessaires et de poser le problème du calcul du champ thermique dans la fondation des bâtiments construits sur des pieux froids. Le problème a été résolu au moyen de méthodes numériques utilisant la calculatrice électronique en langage FORTRAN-IV. La comparaison des champs thermiques calculé et réel indique la possibilité d'utiliser le modèle proposé pour l'étude du régime thermique des sols dans les fondations de bâtiments construits sur pieux froids.

СТРОИТЕЛЬСТВО МНОГОЭТАЖНЫХ ЗДАНИЙ НА ХОЛОДНЫХ СВАЯХ В г. МИРНОМ

В.И. Макаров, Институт мерзлотоведения, Якутск, СССР;
А.А. Плотников, Московский инженерно-строительный институт, СССР
Б.Ф. Чумаевский, Якутниипроалмаз, СССР

С 1969 г. в г. Мирном строятся многоэтажные здания на холодных сваях, которые отличаются от обычных тем, что внутри каждой из них вмонтирован жидкостной коаксиальный термосифон. Холодные сваи широко применяются для строительства на высокотемпературных мёрзлых грунтах. В последние годы здесь начата застройка участков с глубокими таликами. Практика показала, что в талых грунтах за один цикл охлаждения образуется линза мёрзлого грунта с температурой около -2°C.

На основании натурных исследований сформулированы необходимые граничные условия и осуществлена постановка задачи о расчете температурных полей в основании зданий, возводимых на холодных сваях. Решение задачи получено численными методами с помошью ЭВМ на языке ФОРТРАН-1У. Сравнение расчётного температурного поля с фактическим показывает возможность использования предлагаемой модели для изучения закономерностей формирования температурного режима грунтов в основании зданий, возводимых на холодных сваях.

СТРОИТЕЛЬСТВО МНОГОЭТАЖНЫХ ЗДАНИЙ НА ХОЛОДНЫХ СВАЯХ В г. МИРНОМ

В.И. Макаров, А.А. Плотников, Б.Ф. Чумаевский

Институт мерзлотоведения, Якутск;
Московский инж.-строит. институт,
Якутниипромалмаз, СССР

Город Мирный расположен в Западной Якутии в зоне распространения вечномерзлых грунтов. Несмотря на низкую среднегодовую температуру воздуха -7,6°C, в отдельных частях города наблюдаются высокотемпературные мерзлые грунты и даже водонасыщенные талики. Массовому строительству многоэтажных зданий на этих участках в значительной степени способствовало применение самоохлаждающихся свай, способных в период строительства и эксплуатации зданий эффективно понижать температуру грунтов в основании. Эти сваи отличаются от обычных наличием вмонтированного в каждую сваю индивидуального жидкостного теплообменника коаксиальной конструкции. Сваи с вмонтированными охлаждающими устройствами, применяемые в г. Мирном, получили наименование "холодных". Схематически конструкция холодной сваи показана на рис. 1, а.

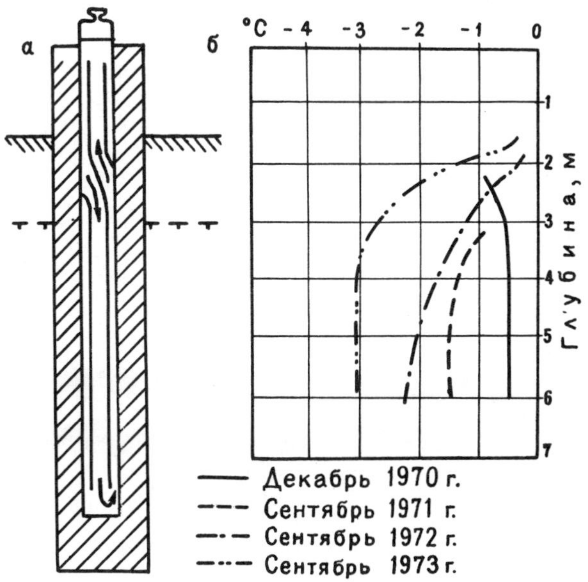

Рис. 1. Охлаждение оснований холодными сваями
а - схематический разрез сваи; б - максимальные температуры грунта в основании девятиэтажного здания с высоким продуваемым подпольем и холодными сваями на участке с высокотемпературными мерзлыми грунтами.

Жидкостный коаксиальный термосифон, наружный диаметр которого принимается в пределах от 80 до 100 мм, размещен в железобетонной свае сечением 0,3х0,4 м. Такое решение стало возможным благодаря конструктивным особенностям разработанного термосифона, обеспечивающим необходимую интенсивность теплообмена в зимнее время без развития поверхности надземной части устройства и устраняющим возможность возникновения циркуляции теплоносителя при положительном значении разности температур атмосферного воздуха и грунта. Последнее исключает опасность потери несущей способности холодной сваи даже при кратковременной обратной отепляющей циркуляции теплоносителя.

Размещение термосифона внутри сваи способствует быстрому охлаждению грунта, прилегающего к свае, повышает надежность и долговечность устройства и исключает необходимость бурения дополнительных скважин.

Конструкция холодной сваи разработана в результате натурных исследований, выполненных в институте Якутниипроалмаз (Макаров, 1970). С 1968 г. холодные сваи были рекомендованы для практического применения при строительстве зданий на высокотемпературных мерзлых грунтах. В 1969 году в г. Мирном начато строительство первого девятиэтажного здания на холодных сваях. На рис. 1, б приведены результаты наблюдений в виде графиков (Молочников, Третьякова, 1973) распределения температур по глубине в основании этого здания для характерных периодов, когда средняя по глубине вмороженной части сваи температура имеет максимальное значение. Несмотря на то, что термосифоны, вмонтированные в сваях, были заправлены теплоносителем только в конце февраля 1971 г., расчетная температура грунта понизилась более чем на один градус к концу летнего периода. В последующие годы максимальные отрицательные температуры грунтов в основании здания понижались с различной интенсивностью, зависящей от климатической характеристики очередного года.

К 1976 г. в г. Мирном на участках с высокотемпературными грунтами построено более двух десятков многоэтажных зданий на холодных сваях. За счет понижения расчетной температуры мерзлого грунта глубина погружения свай в мерзлое основание и их общее количество под каждым зданием значительно уменьшены, что позволило удешевить стоимость фундаментов при повышении их надежности.

В последние годы холодные сваи в г. Мирном применяются для возведения зданий не только на высокотемпературных мерзлых грунтах, но и на площадках, которые ранее считались малопригодными для застройки из-за непромерзающих таликов. Первое здание (четырехэтажный жилой дом № 69) на холодных сваях, погруженных в талый грунт, начали строить в январе 1972 г. В талик глубиной около 12 м были погружены восьмиметровые сваи на глубину 6,5 м. При этом шестиметровые жидкостные термосифоны оказались заглубленными в основание на 4,5 м.

Геология площадки характеризуется колонкой, приведенной на рис. 2.

В конце февраля термосифоны были заправлены теплоносителем. После первого неполного цикла охлаждения грунт в основании здания был заморожен, но температура мерзлого массива к осени 1973 г. оказалась недостаточно низкой для того, чтобы обеспечить проектную несущую способность свай. Летом 1973 г., после монтажа двух этажей, строительство здания было приостановлено. Зимой 1973 г. здание было полностью смонтировано и введено в эксплуатацию к осени 1974 г. Температурное поле в основании здания к концу летнего периода 1974 г. показано на рис. 2.

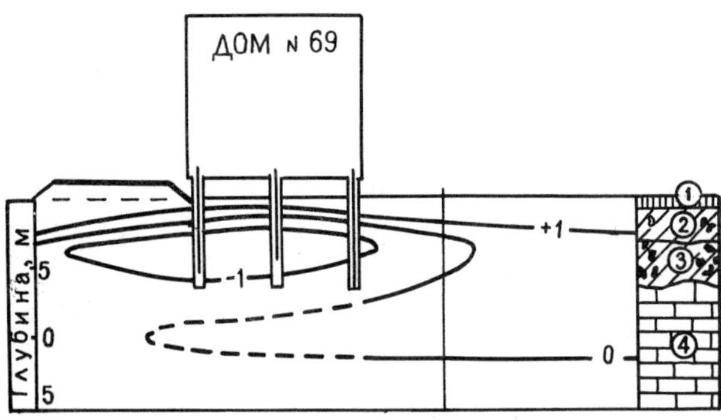

Рис. 2. Температурное поле в основании четырехэтажного жилого дома № 69, построенного на холодных сваях СХ-8/6, по состоянию на сентябрь 1974 г.

1 – насыпной грунт (суглинок со щебнем до 40%); 2 – суглинок со щебнем и дресвой до 30%; 3 – дресвяно-щебенистый грунт с суглинком до 30-40%; 4 – мергель выветрелый сильно трещиноватый.

Некоторая асимметричность температурного поля под зданием объясняется тем, что с левой стороны здания в конце зимнего периода была отсыпана насыпь для подкрановых путей, обеспечившая консервацию отрицательных температур в основании.

В 1975 г. на той же площадке построено еще два здания (дома № 68 и № 74). С учетом опыта строительства дома № 69 длина жидкостных термосифонов, вмонтированных в восьмиметровые сваи, была увеличена до восьми метров, что позволило после первого же цикла охлаждения получить расчетные температуры грунтов, обеспечивающие проектную несущую способность свай. Температурное поле в основании группы зданий к концу летнего периода 1976 г. показано на рис. 3.

Наблюдения показали, что в основании зданий, построенных на холодных сваях, погруженных в талый грунт, образуется линзовидный массив мерзлого грунта. Под группой зданий, построенных на площадке с глубокими таликами, довольно быстро формируется пласт мерзлого грунта с достаточно низкими температурами, при этом значительно уменьшается глубина сезонного протаивания, особенно под зданиями, где она почти вдвое меньше, чем на открытой площадке.

Строительство на холодных сваях показало практическую возможность фундирования зданий по единой конструктивно-технологической схеме независимо от исходного температурного режима грунтов, что очень важно при массовой интенсивной застройке.

Положительный опыт строительства зданий по первому принципу на участках с глубокими таликами не только расширяет область применения этого принципа строительства в районах распространения вечномерзлых грунтов, но и показывает принципиальную возможность строительства с искусственным замораживанием грунтов в районах с суровым климатом за пределами зоны вечной мерзлоты.

Опыт применения холодных свай в г. Мирном имеет региональный характер поэтому не может быть механически перенесен в районы с другими природно-климатическими условиями.

С целью обобщения полученных результатов дальнейшие исследования закономерностей формирования температурного режима охлаждаемого грунта проводятся методами численного моделирования на ЭВМ. Решение задачи связано с расчетом температурных полей в грунтовом основании и определением несущей способности свай, вмороженных в грунт. В основу расчета положена физическая модель, представляющая собой массив грунта, состоящий из элементарных блоков (см. рис. 6). Теплообмен между блоками описывается уравнением кондуктивной теплопроводности с внутренними теплоисточниками q_{xc} которыми являются термосифоны в холодных сваях. Это уравнение в энтальпийной форме (Бучко, 1975) записывается следующим образом

$$\frac{\partial H}{\partial \tau} = \operatorname{div}(\lambda \operatorname{grad} T) + q_{xc} \qquad (1)$$

$$\partial H = C_{эф}(T)\,\partial T$$

где H – удельная энтальпия;
$C_{эф}$ – эффективная теплоемкость, учитывающая теплоемкость самого грунта и теплоту фазовых переходов грунтовой влаги;
T – температура;
τ – время;
λ – коэффициент теплопроводности грунта.

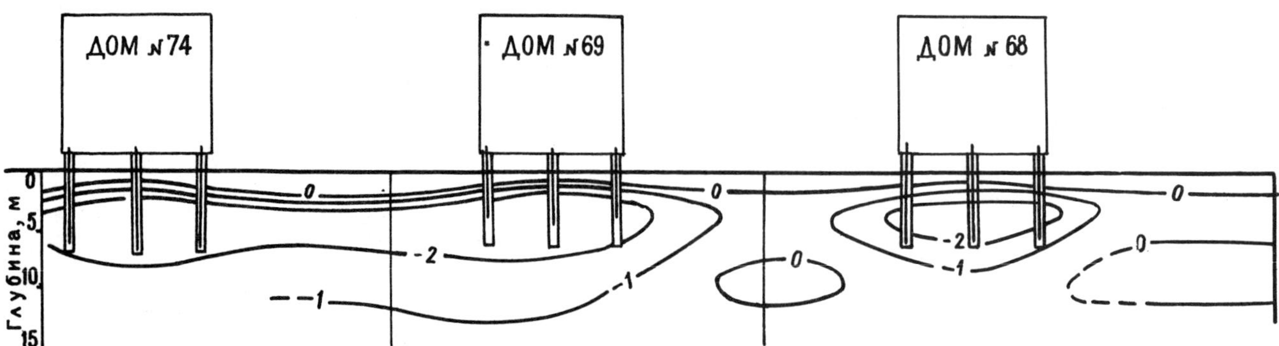

Рис. 3. Температурное поле в основании группы зданий, построенных на холодных сваях, погруженных в талый грунт. По данным измерений, выполненных в сентябре 1976 г.

Для практических расчетов необходимо установить зависимость энтальпии грунта от температуры. С этой целью вводится понятие условной энтальпии грунта в диапазоне практически целесообразных температур от −50 до +50°С, условность которого определяется тем, что теплосодержание грунта при температуре − 50°С принято равным нулю. Диапазон температур разделен на три участка, изменение энтальпии и $C_{эф}$ на которых показано на рис. 4.

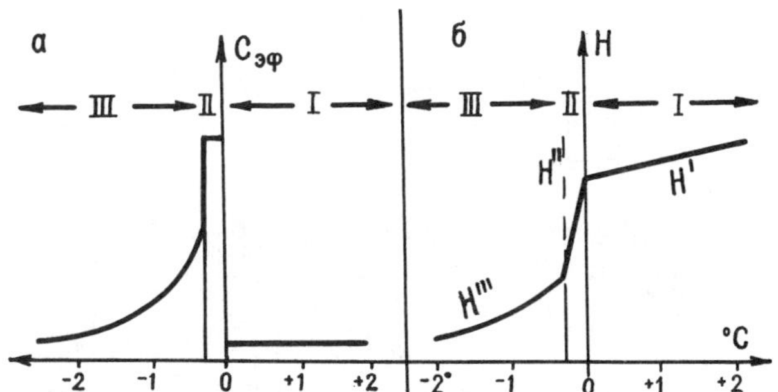

Рис. 4. Теплофизические характеристики глинистого грунта
а − изменение эффективной теплоемкости грунта в диапазоне от −2 до +2°С; *б* − то же для условной энтальпии грунта.

Первый участок − область положительных температур от +50 до 0°С, где теплоемкость талого грунта $C_т$ − постоянна.

$$H' = C_т T$$

На втором участке от 0 до −0,3°С и ниже происходят фазовые превращения свободной влаги. Принимая температуру, соответствующую началу замерзания связанной влаги, T = −0,3°С, определяем границы этого участка от 0 до −0,3°С.

$$H'' = \sigma \gamma (W_c - W_p) + C \cdot T$$

где σ − удельная теплота плавления льда;
γ − объемный вес скелета мерзлого грунта;
W_c − суммарная влажность грунта;
W_p − влажность на границе раскатывания.

На третьем участке в диапазоне температур от −0,3 до −50°С энтальпия определяется теплоемкостью мерзлого грунта и теплотой фазовых переходов связанной влаги.

$$H''' = \int_{-0{,}3°C}^{-50°C} C_{эф}(T)dT = \int_{-0{,}3°C}^{-50°C} [C_м(T) + \gamma\sigma \frac{\partial W_н}{\partial T}]\,dT$$

где $C_м$ − объемная теплоемкость мерзлого грунта;
$W_н$ − количество незамерзшей влаги в долях единицы.

Конкретные значения условной энтальпии для каждого типа грунта определяются на основании данных инженерно-геологических изысканий.

Граничные условия на поверхности массива под зданием задаются с учетом охлаждающего влияния продуваемого пространства, где в связи с отсутствием снега зимой и затенением поверхности летом, как показали натурные исследования, выполненные МИСИ в г. Мирном, допускается учитывать только конвективную составляющую теплообмена. Коэффициент теплообмена принимается постоянным в течение года, а термограмма воздуха задается в виде синусоиды.

Вне зоны здания граничное условие задается в виде синусоидальной термограммы непосредственно на поверхности грунта, причем среднегодовая температура принимается равной температуре в зоне годовых нулевых амплитуд с учетом температурной сдвижки, определяемой предварительным расчетом (Кудрявцев и др., 1974). Уплотнение снега под проездами, пешеходными дорожками, игровыми площадками и т.д. приводит к понижению температуры грунтов, которое в расчете не учитывается.

Весь массив представлен разнородными горизонтальными слоями грунта, теплофизические характеристики которых определяются в зависимости от температуры и глубины залегания слоя. На боковых поверхностях массива задается условие равенства нулю тепловых потоков. На нижней границе массива задается постоянная температура.

Граничные условия на поверхности охлаждающих элементов (холодных свай) задаются в виде закономерностей, полученных на основании натурных и лабораторных экспериментов, выполненных в Институте мерзлотоведения и Якутниипроалмазе.

Опытами установлено, что температура жидкости в контуре термосифона зависит от температуры атмосферного воздуха T_a, геометрического параметра термосифона π, исходной среднеинтегральной температуры вмещающего грунта $T_г$ и условий теплопередачи в надземной части термосифона, которые учитываются коэффициентом ϕ, характеризующим эффективность термосифона. Обобщенная формула для определения температуры теплоносителя выглядит следующим образом:

$$T_ж = \phi \cdot \pi \cdot T_a + T_г \qquad (2)$$

Характерной особенностью процессов теплообмена в жидкостном термосифоне является независимость величины температуры теплоносителя от характера тепловых процессов во вмещающем грунте, т.е. закономерности изменения температуры жидкости в контуре термосифонов практически одинаковы и не зависят от того, замораживается ли талый грунт, или охлаждается мерзлый.

Если принять величину коэффициента теплопередачи заданной в надземной части, то в соответствии с (2) изменения температуры жидкости во времени будут определяться только характером изменения температуры атмосферного воздуха, согласно схеме, показанной на рис. 5.

Период с отрицательными температурами воздуха можно условно разделить на три этапа. На первом этапе температура воздуха понижается от нуля до минимальных значений. При этом температура жидкости начинает также понижаться с момента, когда температура воздуха станет ниже средней температуры грунта $T_г$ по длине подземной части термосифона.

На втором этапе температура атмосферного воздуха повышается от минимальных значений до температуры жидкости. В момент, когда эти температуры сравняются, заканчивается второй этап. Величина температуры жидкости на этом этапе сохраняется близкой к постоянной, соответствующей ее значению на конец первого этапа. На третьем этапе температура атмосферного воздуха повышается до нуля. Температура жидкости в этот период ниже температуры атмосферного воздуха, поэтому циркуляция теплоносителя в термосифоне прекращается.

Тепловой поток Q_a от жидкости в атмосферный воздух в надземной части термосифона определяется известным выражением

$$Q_a = k \cdot f_a \cdot (T_a - T_ж) \qquad (3)$$

где k − коэффициент теплопередачи для надземной части термосифона, величина которого определяется по расчетным формулам, полученным опытным путем для различных условий;

f_a – площадь поверхности надземной части термосифона.

Характер изменения разности температур, которая пропорциональна величине теплового потока, показан на рис. 5, где видно, что охлаждение грунта происходит только на первом и втором этапах.

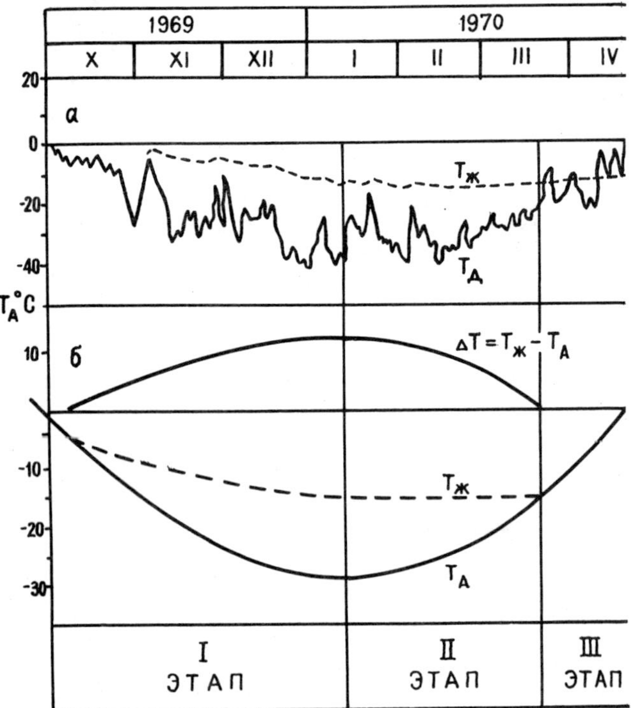

Рис. 5. Характер изменения температуры жидкости в зависимости от температуры атмосферного воздуха во времени

а – результаты натурного эксперимента; б – схема, принятая в расчете.

Натурные эксперименты на установках с глубиной подземной части от 4 до 26 м показали, что плотность теплового потока на стенке внешней трубы подземной части термосифонов почти не меняется по глубине. Это дает возможность определить среднюю плотность теплового потока для подземной части термосифона, зная величину теплового потока в надземной части.

Таким образом, на поверхности охлаждающих элементов задаются граничные условия второго рода, алгоритм определения которых записывается следующим образом.

1. Определение места расчетной точки в годовом цикле. Условия для этапов:

1У этап (летний период) $T_a > 0;\ Q_a = 0;$

I этап $T_a < 0;\ (\text{grad}\ T_a) < 0;\ Q_a \geqslant 0;$

II этап $T_a < 0;\ (\text{grad}\ T_a) \geqslant 0;\ T_a < T_ж \cdot Q > 0;$

III этап $T_a < 0;\ T_a > T_ж;\ Q_a = 0.$

2. Определение средней температуры грунта $T_г$ по глубине подземной части термосифона h_0.

3. Проверка условия только для 1-го этапа, если

$\bar{T}_г < T_a;\ Q_a = 0$, иначе $Q_a > 0$.

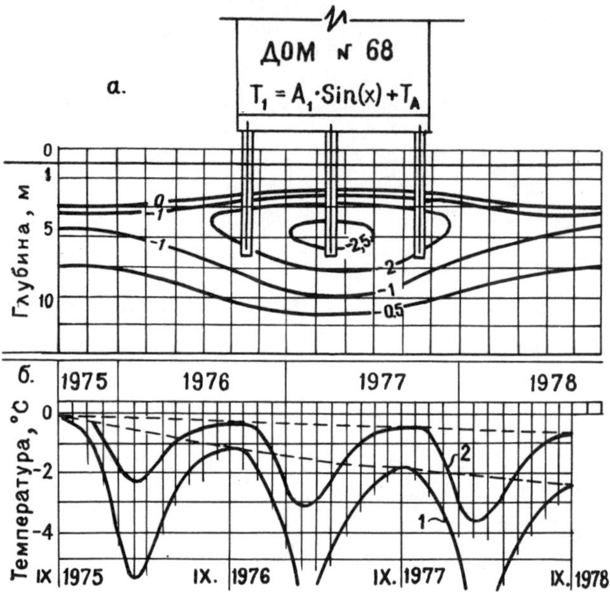

Рис. 6. Результаты расчета на ЭВМ

а – температурное поле в основании дома № 68 на сентябрь 1976 г.; б – изменение температуры грунта во времени (среднеарифметическое значение температур мерзлого грунта по длине крайней сваи), 1 – совместное влияние холодных свай и подполья, 2 – только влияние подполья.

4. Определение температуры теплоносителя $T_ж$ по формуле (2).

5. Определение теплового потока по (3).

6. Определение расчетной длины подземной части термосифона. Верхний слой грунта $h_г$ с температурой ниже температуры жидкости из расчета исключается.

7. Определение линейной плотности теплового потока

$q_e = Q_a/(h_o - h_т)$

Задача решается методом конечных разностей с аппроксимацией уравнения (1) по явной схеме:

$$\frac{H_i^{k+1} - H_i}{\Delta \tau} = \lambda(T)\,\frac{T_{i+1}^k - 2T_i^k + T_{i-1}^k}{h^2} + q_{xc} \qquad (4)$$

Для многомерной задачи уравнение преобразуется к виду

$$H_0^{k+1} - H_0^k = \sum_1^n A_n \cdot T_n^k - T_0^k \sum_1^n A_n + q_{xc} \cdot \Delta\tau\,, \qquad (5)$$

где $A_n = \Delta\tau / h_n \cdot R_n$.

В уравнениях (4) и (5) нижние индексы обозначают пространственные координаты, верхние – шаг по времени;

$\Delta\tau$ – размер шага по времени;

h – размер шага по пространству;

R – приведенное термическое сопротивление между соседними блоками.

Учитывая, что уравнение (5) определяет теплообмен в единичном блоке, теплопоглощение, обеспечиваемое холодной сваей q_{xc}, также должно быть отнесено к единичному объему

$$q_{xc}\,\Delta\tau = q_e \cdot \Delta\tau \cdot h/v, \qquad (6)$$

где v – объем элементарного блока. При этом величина $q_{xc} \cdot \Delta\tau \neq 0$ только в тех блоках, где расположены холодные сваи.

Программа решения задачи написана на языке ФОРТРАН-1У и реализована на ЭВМ "МИНСК-32". Соотношение шагов по пространству и времени выбраны из обычного условия устойчивости для явной схемы. Многочисленные варианты расчетов, использующие различные комбинации шагов по времени и пространству в соответствии с принятым условием, не обнаружили потерю устойчивости принятой схемы.

В качестве примера на рис. 6 приводится результат решения задачи с условиями, соответствующими реальным для дома № 68, фактическое температурное поле в основании для которого приведено на рис. 3.

Сравнение расчетного температурного поля с фактическим показывает возможность использования предлагаемой модели для изучения закономерностей формирования температурного режима грунтов в основании зданий, возводимых на холодных сваях.

ЛИТЕРАТУРА

БУЧКО Н.А. 1975. Алгоритм численного решения двухмерной задачи Стефана энтальпийным методом по трехслойной явной схеме. – В кн.: Холодильная и криогенная техника и технология. Л., с. 142-154.

КУДРЯВЦЕВ В.А., ГАРАГУЛЯ Л.С., КОНДРАТЬЕВА К.А., МЕЛАМЕД В.Г. 1974. Основы мерзлотного прогноза при инженерно-геологических исследованиях. Изд-во МГУ, с. 431.

МАКАРОВ В.И. 1970. Сваи с вмонтированными индивидуальными охлаждающими устройствами. – "Строительство на вечномерзлых грунтах", т. 5, вып. 3. Красноярск, с. 116-124.

МОЛОЧНИКОВ А.Д., ТРЕТЬЯКОВА Г.В. 1973. Результаты натурных испытаний установок с естественной циркуляцией жидкого хладоносителя для замораживания грунтов в гидротехническом строительстве. – "Проблемы северного строительства", сб. 2. Красноярск, с. 44-49.

INSTALLATION OF PILE FOUNDATIONS FOR A MICROWAVE TOWER SYSTEM, GILLAM-CHURCHILL, MAN.

A.D. Myska and G.T.S. How, Templeton Engineering Company, Winnipeg, Man., Canada.

The foundations for the towers of a microwave system between Gillam and Churchill, Manitoba were designed and constructed in permafrost. Below the mantle of peat, the glacial silt and clay till soils contained ground ice. Thermal computations predicted permafrost degradation would result from disturbance of the peat.

Precast concrete pile foundations and steel pile caps were designed to support the tower masts and related buildings and tanks. The piles were specified to be driven into augered holes, but augering the extremely hard permafrost soils proved very difficult; and the piles could not be driven into holes smaller than the piles. The piles were driven into oversized holes partly filled with a soil cement slurry or grout. The paper describes the installation in detail, with emphasis on the innovations devised for the design and construction.

INSTALLATION DE FONDATIONS SUR PIEUX DESTINÉES AUX TOURS D'UN RÉSEAU À HYPERFRÉQUENCES ENTRE GILLAM ET CHURCHILL (MANITOBA)

A.D. Myska et G.T.S. How, Templeton Engineering Company, Winnipeg, Man., Canada.

On a conçu et réalisé la construction dans le pergélisol de fondations destinées aux tours d'un réseau à hyperfréquences situé entre Gillam et Churchill (Manitoba). Au-dessous du manteau de tourbe, les sols composés de till glaciaire à silt et argile contenaient de la glace souterraine. Le calcul des conditions thermiques a permis d'affirmer que toute perturbation de la tourbe provoquerait la dégradation du pergélisol.

On a conçu des pieux porteurs en béton préfabriqués et des longrines en acier pour asseoir les mâts de la tour ainsi que les réservoirs et les bâtiments connexes. D'après les spécifications, les pieux devaient être battus dans des trous forés à la tarière, mais il a été très difficile d'effectuer un forage dans le pergélisol en raison de la dureté extrême de celui-ci; et on ne pouvait battre les pieux dans des trous ayant un diamètre inférieur au leur. On les a donc battus dans des trous plus larges partiellement remplis d'une pâte ou d'un coulis de ciment. Le présent article décrit l'installation en détail, et souligne les innovations apportées à la conception et à la construction.

СТРОИТЕЛЬСТВО СВАЙНЫХ ФУНДАМЕНТОВ ДЛЯ СИСТЕМЫ МИКРОВОЛНОВОЙ СВЯЗИ МЕЖДУ ГОРОДАМИ ГИЛЛАМ И ЧЕРЧИЛЛЬ /МАНИТОБА/

Проектирование и строительство фундаментов для башен микроволновой системы связи между городами Гиллам и Черчилль /Манитоба/ велось с учетом условий многолетней мерзлоты. Под торфяным покровом в ледниковом иле и валунной глине был обнаружен грунтовой лед. Вычисления температур позволили предсказать разрушение многолетнемерзлых грунтов в результате нарушения торфяного слоя. Фундаменты из сборных железобетонных свай и стальные наголовники свай проектировались как опоры для башенных мачт и соответствующих зданий и резервуаров. Сваи предполагалось забивать в скважины, разработанные шнекобурильными машинами, но разработка скважин в исключительно твердых мерзлых грунтах оказалась очень трудоемким процессом, а забивать сваи в скважины меньшего диаметра, чем диаметр свай, оказалось невозможным. Сваи забивались в скважины с увеличенным диаметром и свободное пространство заполнялось цементным раствором. В докладе дается подробное описание монтажа системы и новых методов, используемых при проектировании и строительстве.

INSTALLATION OF PILE FOUNDATIONS FOR A MICROWAVE TOWER SYSTEM, GILLAM - CHURCHILL, MANITOBA

A.D. Myska and G.T.S. How

Templeton Engineering Company, Winnipeg, Manitoba, Canada

INTRODUCTION

The Gillam-Churchill microwave system is the most northerly link in the Manitoba Telephone System's microwave network. The system commences at Gillam and follows the Hudson Bay Railway northward 250 km to Churchill on the shores of Hudson Bay. Five guyed towers spaced at 55- to 70-km intervals along the route form the microwave link. Two of the towers are located in the continuous permafrost zone and the other three are in the widespread permafrost zone.

Grouted rod anchors for the tower guys were installed without pre-design subsurface investigations and the subsurface investigations for the foundations were conducted concurrently using the anchor installation drilling equipment. Precast concrete piles were installed in augered holes, a type of foundation construction believed to be unique in this area. To avoid on-site concreting, the pile caps were constructed of pre-fabricated structural steel.

This paper summarizes the foundation designs for the towers and their related structures, and details the construction at Amery, Thibaudeau, Back, and Chesnaye where site conditions required the development of several innovations.

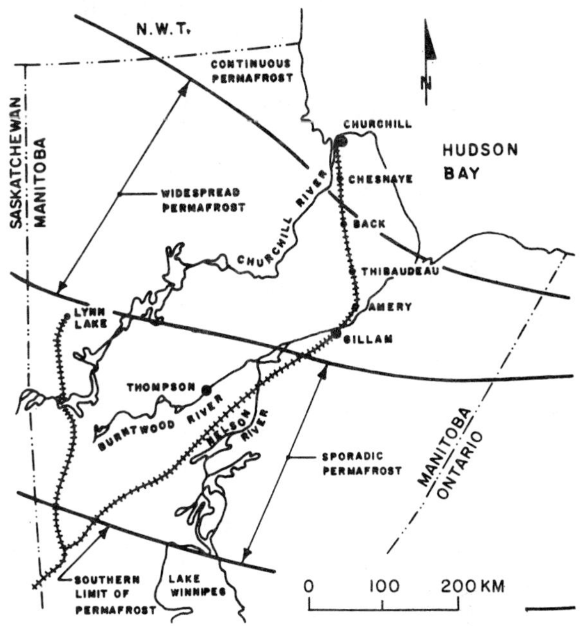

Fig. 1 - Location Map

PHYSICAL SETTING

Location

The Amery, Thibaudeau, Back and Chesnaye sites are located along the Hudson Bay Railway from Gillam to Churchill (Fig. 1). Each site is within half a kilometre of the railway at an existing passing and storage track.

Region

The bedrock in the Hudson Bay Lowland is generally mantled with 3-30 m or more of glacial, fluvial and lacustrine materials laid down during and following glaciation and even with marine deposits in some areas. Sedimentary bedrock underlies the four sites. The flat, low-lying region is generally covered with 1 m or more of peat.

Climate

The means of temperature and precipitation recorded at Gillam and Churchill by the Atmospheric Environment Service (Environment Canada) are given in Table I. The Gillam data are based on the period of record 1952 to 1970 and the Churchill data are based on the period 1942 to 1970.

Table I - Weather Data

	Gillam	Churchill
Mean Daily Temperature		
Year	-4.8°C	-7.3°C
January	-26.3	-27.6
July	14.9	12.0
Mean Rainfall	27.9 cm	22.1 cm
Mean Snowfall	136.1	183.9
Mean Total Precipitation	41.7	39.6

The Chesnaye site, which was wind swept, retained little snow cover before installation of the tower. The other sites were covered with spruce trees and had accumulations of fallen and drifted snow.

Ground Temperatures

Ground temperatures were measured at the Gillam anchor test site by Johnson and Ladanyi (1972). Temperatures at depths of about 1.5 - 9 m were between -0.3°C and -0.1°C. Temperatures in the top 1.5 m varied annually and the active layer ranged from 1 - 1.2 m. Ground temperatures at Churchill range from -1.7°C to -1.9°C at depths of 7 - 15 m (Brown 1967). The depth of permafrost ranges from 30-60 m.

FOUNDATION DESIGN

Structures and Loads

The major structure installed at each site was a guyed tower supporting the disked microwave antennae. The tower mast design foundation loadings are given in Table II.

Table II - Mast Foundation Loads

Location	Mast Height m	Mast Foundation Loads kg Vertical	Horizontal
Amery	122	191,000	3600
Thibaudeau	152.5	336,000	3600
Back	152.5	336,000	3600
Chesnaye	152.5	322,000	3600
Churchill	91.5	147,000	2300

Microwave tower guys are highly tensioned to reduce wind-induced vibrations. The tensioning results in a high ratio of sustained load to total load amounting to 70% for the towers on this system.

The related structures at each site were radio equipment and diesel generator buildings and a fuel tank. The pre-fabricated trailer type buildings and the tanks were mounted on steel frame skids. The design loads were: radio building, 14,000 kg; diesel building, 9,000 kg; and fuel tank, 34,000 kg.

Preliminary Appraisal

Several types of foundations and anchors have been constructed for Manitoba Telephone System microwave towers in southern Manitoba. The most common type of mast foundation is a reinforced concrete spread footing and pedestal. Where bedrock is shallow, footings have been placed on the rock. Recently, a steel grillage and pedestal was installed at a remote site where concrete was not available economically. Anchors have usually been of the concrete deadman type in overburden soils and of the grouted rod type in bedrock. Steel grillages have also been used for anchors in overburden soils where concrete is costly. Such foundations are designed on the basis of soils investigations at the sites.

Pre-design soils investigations for the Gillam-Churchill system were expected to be very costly. Based on our experience on the Nelson River Transmission Line (Reinart 1971), it was considered technically feasible to construct overburden drilled anchors without pre-design site information. The anchor lengths could be determined in the field based on the design strengths of the soil identified during drilling. (Overburden drilled anchors have been tested in permafrost sites (Johnson and Ladanyi 1972) and employed extensively in northern Manitoba.)

It was considered to be technically and economically unsound to design and construct the mast foundations without prior knowledge of the soil conditions. The thawing of substantial quantities of ground ice beneath a footing would result in excessive settlements and the discovery of ice during construction would necessitate expensive modifications. It was also considered necessary to determine the soil conditions in order to design pile foundations. It was therefore decided to use the overburden drilled anchors and to obtain the soils information needed to design the foundations with the anchor drilling equipment.

Soils

The guy anchors were installed and the foundation locations were sampled between April 13 and May 3, 1974 with a Becker CSR 250 drill. The boreholes were advanced to 15 m or to bedrock. Overburden soil was continuously sampled with a standard split spoon sampler.

Laboratory tests were conducted to determine water content, Atterberg limits, grain size distribution, in-situ bulk and dry density, and soil classification.

The soil profiles at the four mast locations were similar, the main differences being in the thicknesses of the layers, the composition of the glacial till, and the ice content of the soil. Limestone bedrock was found at a depth of 14.8 m at Back. Permafrost was encountered throughout the depths investigated at the three northerly sites. At Amery, the peat was unfrozen between the depths of 0.3 to 2.1 m. Hairline ice lenses occurred between 2.1 and 3 m; there was no visible ice below 3 m, but the soil was well bonded and believed to be permafrost affected.

Ground Thermal Regime

Since ground temperatures were not measured at the specific tower sites, temperatures were interpolated from the weather and the Gillam and Churchill data. The design ground temperatures were -0.3°C at Amery and Thibaudeau and -0.6°C at Back and Chesnaye.

The rate and extent of permafrost degradation that could be expected were determined for two assumed surface boundary conditions by means of a computerized heat conduction model. The computations indicated that the first surface boundary condition - clearing without significant disturbance to the peat layer - would only result in an increase in the depth of the active layer. However, at Amery, the possibility of preserving

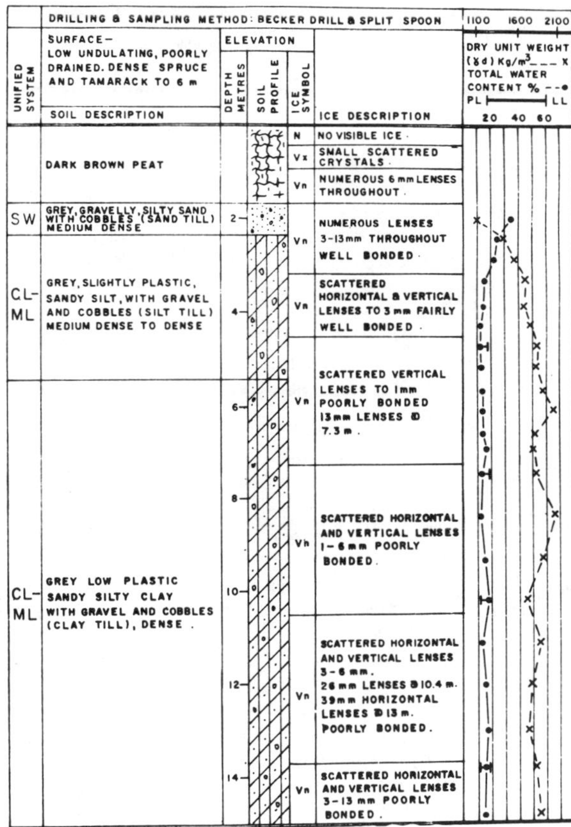

Fig. 2. Soils log for Thibaudeau

the permafrost was marginal. The second condition - excavation and exposure of the mineral soil - would result in a considerable net heat flow into the ground and lead to degradation of the permafrost at all tower sites. Further, replacement of a surface cover of peat would not prevent degradation of the permafrost at Amery and Thibaudeau although it would reduce the rate of thawing.

Foundation Selection and Design

Footing foundations were first considered for the mast foundations. However, because of the presence of ice, permafrost degradation would lead to soil consolidation and most probably result in differential settlements and tilting of the foundations. Tilting has occurred on a number of foundations on the Nelson River transmission line making it necessary to reset some of the foundations. Since resetting the microwave tower foundations was not considered feasible, spread footing foundations were abandoned and pile foundations were selected.

The pile foundations were designed as friction piles deriving their load capacity in the silt till and clay till strata. The ultimate creep bond strengths used were 0.39 kg/cm^2 for Amery and Thibaudeau, and 0.54 kg/cm^2 for Back and Chesnaye. These values, which are for saturated silt with ice lenses, were based on the design ground temperatures of -0.3°C and -0.6°C (Sanger 1969). For comparison the ultimate long-term adfreeze strengths given by Vialov (1959) were 0.38 kg/cm^2 and 0.66 kg/cm^2. Factors of safety were 3 for sustained loads and 2 for maximum short duration loads.

Steel pipe piles and H-piles were first considered. However, severe shortages at the time of tendering in the fall of 1974 resulted in extremely high costs for the steel piles and a change was made to precast prestressed concrete piles. Quantities and lengths of the hexagonally shaped, 40.64-cm piles are summarized in Table III. A steel "splice plate" was cast into the top of each pile onto which the structural steel frame pile caps would be welded.

Table III - Mast Foundation Pile Schedule

Location	No. of Piles	Pile Length (m)
Amery	6	18.29
Thibaudeau	8	18.29
Back	8	15.25
Chesnaye	6	16.76

Similar foundation piles were designed for the buildings and tanks. Since the loads were light and the pile lengths required for load carrying capacity were very short, the piles were also designed to resist uplift adfreeze forces of 1.7 kg/cm^2 due to frost action in the active layer. The pile lengths were standardized at 9.15 m except at Thibaudeau and Amery where four 10.67-m piles were required to support the fuel tanks.

FOUNDATION INSTALLATION

Logistics and Schedule

The only means of access to the tower sites for the heavy equipment and materials was via the Hudson Bay Railway. A detailed schedule was therefore prepared utilizing the weekly wayfreight service for moves to and between the sites.

Construction was scheduled to start at Chesnaye on January 6, 1975, and a move to Back was planned for January 15. Thereafter, 2 weeks were allowed for each site with completion on February 26,1975. Tower erection was scheduled to follow immediately.

Equipment

The principal equipment supplied by the foundation contractor was a Linkbelt LS108B track-mountted crane rated at 40,800 kg capacity. The crane was fitted with a Calweld 150 CH crane-mounted auger attachment which was interchangeable with pile-driving leads and a 1815-kg drop hammer(Figs. 4 & 5). The auger had a torque capacity of 175,000 Nm and was capable of applying a downward force of 40,000 kg by means of hydraulic jacks acting on a yoke on the 5400-kg kelly bar. Three 38.1-cm augers and a 45.7-cm auger, 2 chopping bits, core barrels and casings were supplied for augering. Up to 12 types of cutting edges and teeth were provided including tungsten carbide cutting edges, fishtail points and excavation bucket teeth. Other equipment included a Caterpillar 955K tracked loader with a 1.53 m^3 bucket, a 400-A diesel welder, a standby welder, and a 425 m^3/s air compressor. Plywood and tarpauling shelters were pre-fabricated in panels for onsite working areas for repairing equipment and augers.

Camp facilities were a 20-man bunk trailer, a kitchen-washroon trailer, and services. When the equipment, camp and materials were loaded on railway cars and assembled, the train consisted of 25 cars.

A helicopter was based at the camp for emergencies and to ferry men and small supplies to either Gillam or Churchill.

Installation at Chesnaye

The train of equipment, camp and materials was assembled at Churchill and moved to Chesnaye on January 4, 1975. Augering for the piles began January 8 following unloading and setup.

The specified method of installation was to auger 38.1-cm holes to the full depth of the piles and to drive the 40.64-cm hexagonal piles into the augered holes.

The permafrost at Chesnaye was exceptionally hard and difficult to auger. Auger teeth broke under the heavy downward pressure being applied in an attempt to speed progress. The first hole required 12 hours to complete to the depth of 16.5 m. The crane-mounted auger and a new tooth fitted to a 38.1-cm auger are shown in Fig.4. After testing various types of teeth, a single 12-cm-wide tooth with a hardening weld bead along the outer edges was found to be most successful. In addition, the downward pressure was reduced to little more than the weight of the kelly bar and the auger was turned at idle speed. The second hole was completed in 10 hours and the last four holes required an average of 9 hours each. Augering was completed on January 11 by working around the clock. One welder was employed continuously repairing auger bits which wore quickly on the outer edge. In addition the outer edges of the augers were built up because of wear caused by abrasion against the side of the hole.

Fig. 3 Chesnaye site.

Temperatures during the augering of the mast foundation pile holes were generally -25°C at night and -17°C during the day. On January 11, a severe snowstorm stopped all work at 1800 hours. On January 12, temperatures plunged to overnight lows of -37°C and high temperatures during the day reached only -30°C. These temperatures persisted to the end of the second week in February.

Augering was resumed on January 13 and by January 16 the holes for the building and tank foundations were completed to the 8.2-m depth, including enlarging of all of the holes to 45.7 cm for the upper 3 m. Average drilling time was three and a half hours per hole. The crane-mounted auger attachment was removed and the pile-driving leads were attached in preparation for pile driving (Fig. 5).

Two of the 9.15-m piles for the fuel tank were driven first since it was suspected the extremely hard ground observed during augering might resist penetration. The piles reached refusal at 7.0 m, 2.1 m above intended grade, under a driving energy of 40.7 kNm. Driving was difficult from the start and progress decreased from 1.5 cm per blow at 3 m to 0.5 cm per blow at 6 m.

To reduce driving resistance, it was decided to enlarge the pilot holes to 40.6 cm, the size of the piles across the faces. The hammer and leads were exchanged for the auger attachment and rereaming began on the morning of January 18 and was completed by late afternoon on January 19. The remainder of the fuel tank piles, the diesel building piles and four of the six radio building piles were driven on January 20 and 21. Eight of the piles reached refusal at elevations of 0.6 - 3 m above grade using a hammer energy of 40.7 kNm. Four piles were driven to grade and by raising the energy to 54.2 kNm, one of the piles that had been driven to refusal was driven to grade and a second was driven a further 0.6 m to 1m above grade. Driving times averaged an hour and a half per pile.

(a)

(b)

Fig. 4 Augering at Amery a) Crane-mounted auger, b) Trial tooth fitted to auger.

Fig. 5. Driving precast concrete piles at Amery.

In view of the difficulty in driving the 9.15-m piles it was evident the 16.76-m tower foundation piles could not be driven. The installation procedure was altered: the auger holes were further enlarged to 45.72 cm in diameter (the approximate size of the piles across the points), and the piles were driven into a soil-cement slurry poured into the holes.

Rereaming of the holes for the tower foundation piles and the two remaining building piles was completed on January 22. A 0.6-m^3 mixer and 50 bags of cement were airlifted from Churchill by helicopter. Auger cuttings from the pilot holes were mixed with hot water in the mixer to melt the frozen material. Cement was then added in a roughly one-to-one ratio to soil and the slurry was poured into the hole to a depth of 3 m. The temperature of the slurry was about 4°C.

On January 24, one of the two radio building piles was driven to grade. The second pile broke during driving; this pile was believed to be defective and a spare pile was installed adjacent to it. Two of the tower piles were driven to grade. A third reached refusal several inches above grade; this was attributed to the resistance of the slurry to rising up around the pile. Before the sixth tower pile was driven, numerous horizontal cracks were noted in the pile and a spare 15.24-m pile was substituted. This shorter pile was driven to grade into double the amount of soil-cement slurry.

Pile driving continued to be very difficult. Some of the piles measured up to 48 cm across the points and the friction along the pile was very high. Up to 20 blows per cm and higher were applied and the piles stopped moving under blows of 54.2 kNm. In most cases the slurry rose to within 3 m of the ground surface. Average driving time for the tower piles was 3 hours per pile and the range was from 1 hour to 7 hours. Pile installation was completed on January 27.

Piles that reached refusal above grade were cut off and anchor bars and steel plates were grouted onto the tops. The steel pile caps and building and tank skid frames were shimmed and welded to the steel plates on the piles (Fig. 6). Site work was completed and equipment loaded and moved to Amery on February 1 by a special order locomotive.

Valuable experience in augering and installing the piles was gained at the Chesnaye site. Even after optimization of the augering technique and the auger teeth, progress was slow and tooth wear was high. A separate drill to auger the holes would have saved a great deal of time and effort. Augering could have started earlier while the crane was being used for unloading and the piles could have been installed while augering was in progress. Much time would also have been saved in changing from the crane-mounted auger to the pile driver and visa versa. The drill need not have had a high capacity since progress was optimum at low downward pressure and slow speed. Driving the piles into slightly under-sized holes proved to be impossible. Fortunately an alternative method was feasible and the piles were installed successfully.

Installation at Amery

Only 0.3 m of the 2.1 m of peat at the Amery site was frozen and timbers had to be laid down to support the crane. Augering of 40.6-cm holes for the 14 building and tank foundations was completed between February 4 and February 8, 1975. As at Chesnaye, the permafrost was very hard as evidenced by the resistance to augering; therefore, it was decided to auger 45.72-cm holes for the six tower foundation piles and to drive the piles into a sand-cement grout in order to avoid the possibility of refusal above grade. Sand and cement materials had by this time been delivered for this eventuality.

Seepage water was encountered near the ground surface, and sleeves were installed in the top 2-3 m of the holes to seal off this flow. As the contractor only had seven sleeves on site it became necessary to change the crane over to drive piles after augering was completed on seven holes and to return to augering after the piles had been driven. The sleeves tended to become frozen in place,

Fig. 6. Completed tower foundations with the radio building and fuel tank installed in the background.

making it necessary to auger a number of holes around the sleeves before they could be removed. Inflows of ground water were also noted at greater depths. Sloughing of the borehole walls resulted in a material build-up in the bottoms of the holes to depths of up to 3 m. Removal of this material with the auger was impossible.

Seepage water, which had collected in the holes to within 1.5 m of the ground surface, was pumped out and two bags of cement were placed down each hole before the sand-cement grout mix was poured in to a depth of 4 m. In contrast to Chesnaye, where driving into the 40.6-cm holes was difficult, the building piles at Amery dropped 4-7 m under their own weight and were all driven to grade. The tower piles dropped 15 m or more before driving began. Driving resistance increased rapidly as the piles neared grade and all of the piles were driven to grade.

Installation of the buildings, fuel tank and pile cap was completed by February 14. The move to Thibaudeau was made on February 16 when a locomotive and crew became available.

Installation at Thibaudeau and Back

By the time these sites were started, experience indicated that the procedure of grouting in the piles was the most practical method of installing the piles to the final grade. Setting the piles to grade was important since cutting the piles off and grouting on steel base plates was time-consuming. It was therefore decided to install all the remaining piles by this method.

Augering at Thibaudeau began on February 18 and was completed by February 20. Driving began on February 21 with 18 piles driven in one day. The move to Back was made February 24 and the holes were augered between February 27 and March 1. Limestone bedrock was encountered at Back at 13.5 m - 14.5 m and the tower piles were pre-cut to the depths of the augered holes. Pile driving began on March 2 and was completed the following day. At both sites the piles were driven to refusal at near grade. The equipment was loaded by March 8 and shipped to Gillam, Manitoba. The construction of the foundations was completed ten days behind the original schedule.

SUMMARY AND CONCLUSIONS

The microwave tower and building and tank foundations were economically constructed in the permafrost affected soils at the four sites along the Hudson Bay Railway. The precast concrete piles were mainly installed by driving the piles into oversized holes partially filled with cement slurry or grout.

The permafrost, particularly at the colder ground temperatures prevailing at the more northerly sites, proved to be extremely hard and resist nt to both augering of the holes and driving of the piles. Many types of cutting edges and teeth were tested and a single wide tooth fitted to the outer edge of the auger and hardened by adding weld metal was found to be most effective. The optimum rate of progress was obtained by applying low downward pressure and slow speed of rotation which resulted in reduced auger tooth wear and breakage. A separate auger, apart from the crane-mounted auger attachment would have greatly speeded the progress by eliminating the time required for exchanging the attachment for the pile driver and by enabling augering to proceed when the crane was otherwise occupied.

The foundations along the microwave system have performed successfully to the present time. It has not been necessary to tighten any of the anchors, which indicates there has not been any yielding of either the foundations or the anchors.

In view of the difficulties encountered in drilling the permafrost, it is evident that a need exists to develop equipment and techniques for augering hard, frozen ground.

The resourcefulness of the contractor and the assistance and understanding of the Manitoba Telephone System personnel in adopting the innovations and the changes necessitated by the conditions encountered contributed greatly to the success of the project.

REFERENCES

Brown, R.J.E. 1967. Permafrost in Canada. Map NRC 9769. Nat. Res. Counc. Canada and Geol. Surv. Can. Map 1246A.

Environment Canada. Temperature and precipitation 1941 - 1970, Prairie Provinces. UDC: 551.582(712), pp 138 and 142.

Johnson G.H. and Ladanyi B. 1972. Field tests of grouted rod anchors in permafrost. Can. Geol. J. II, pp. 176-194.

Reinart I. 1971. Nelson River HVDC transmission line foundation design aspects. In: Proc. Manitoba Power Conference EHV-DC, Winnipeg, Man., Canada. pp. 422-444.

Sanger, F.J. 1969. Foundations of structures in cold regions. Cold Regions Science and Engineering Monograph 111-C4.

Vialov, S.S. 1959. Rheological properties and bearing capability of frozen soils. Translation 74, U.S. Army Cold Region Research Engineering Laboratory, Hanover, N.H., 1965.

INITIAL SHORELINE EROSION IN A PERMAFROST AFFECTED RESERVOIR, SOUTHERN INDIAN LAKE, CANADA.

R. W. Newbury, K.G. Beaty and G.K. McCullough. Dept. of the Environment, Fisheries & Marine Services, Freshwater Institute, Winnipeg, Manitoba, Canada.

Field surveys of eroding shorelines in permafrost affected fine-grained materials indicate that during the initial impoundment of a lake basin, deep erosion niches are formed at and immediately below the water's surface. Eroded volumes correlate well with erosive wave energies exerted on the shorelines but appear to be lower than the volumes anticipated in more southern reservoirs, particularly in the western USSR. The lower erosion rates are partially accounted for by the initial phases of impoundment distributing wave energies over a range of shoreline, the formation of a protective matte of forest debris on the foreshore, and the limiting of erosive capabilities by the rate of thawing of frozen materials under high wave energy conditions.

ÉROSION INITIALE DU LITTORAL DANS UN RÉSERVOIR SUBISSANT LES EFFETS DU PERGÉLISOL, LAC SUD DES INDIENS, CANADA

R.W. Newbury, K.G. Beaty, G.K. McCullough, Ministère de l'Environnement, Services maritimes et des Pêcheries, Institut des eaux douces, Winnipeg, Manitoba, Canada.

L'étude sur le terrain de lignes de rivages édifiées dans des matériaux à grains fins soumis à l'action érosive du pergélisol, indique que pendant les premières phases de retenue des eaux dans un bassin lacustre, de profondes niches d'érosion se constituent à la surface et immédiatement au-dessous de la surface de l'eau. Le volume de matériaux arrachés par l'érosion correspond bien à l'énergie des vagues qui battent le rivage, mais il semble qu'il soit inférieur au volume habituellement mesuré dans les réservoirs situés plus au sud, en particulier dans l'ouest de l'URSS. Les vitesses moindres d'érosion sont probablement dues au fait que pendant la phase initiale de retenue des eaux, l'énergie des vagues se répartit sur une grande partie du littoral, qu'il se forme sur l'avant-plage une couverture protectrice de débris végétaux arrachés à la forêt et que le potentiel d'érosion est limité par la lenteur du dégel des matériaux gelés, même dans les lieux où l'énergie des vagues est élevée.

НАЧАЛЬНАЯ ЭРОЗИЯ БЕРЕГОВОЙ ЛИНИИ РЕЗЕРВУАРОВ С УЧАСТКАМИ МНОГОЛЕТНЕЙ МЕРЗЛОТЫ

Полевые испытания мерзлых мелкозернистых грунтов на берегу озера Саут-Индиан-Лейк /Канада/ показывают, что в процессе начального запруживания бассейна озера на поверхности и непосредственно под поверхностью воды образуются глубокие эрозионные ниши. Объемы разрушенных пород хорошо коррелируют с энергиями эрозионных волн, воздействующих на береговую линию, но меньше предполагаемых объемов в резервуарах, расположенных в более южных районах, в частности в западных районах СССР. Более низкая интенсивность эрозии отчасти обусловлена начальными фазами запруживания, распределяющими волновые энергии вдоль береговой линии, образованием защитного вала из древесного лома на затопляемой прибрежной полосе и оттаиванием мерзлых грунтов в условиях высоких энергий волн.

INITIAL SHORELINE EROSION IN A PERMAFROST AFFECTED RESERVOIR SOUTHERN INDIAN LAKE, CANADA

R.W. Newbury, K.G. Beaty and G.K. McCullough

Department of the Environment, Fisheries and Marine Service, Freshwater Institute, Winnipeg, Manitoba, Canada. R3T 2N6

INTRODUCTION

Impoundments in river valleys for water storage and the development of hydro-electric energy create a condition in which unconsolidated valley materials are exposed to the erosive power of wind generated water waves. Through erosion and deposition in the near-shore and backshore zones, stable shorelines are ultimately developed as the impoundment ages. Similar processes occur in lake basins that are raised or lowered in elevation beyond the natural range of water level fluctuation. If the valley or backshore materials are fine-grained (clays, silts) the effects of the erosion during the period of restabilization may be intense. The immediate shoreline is undercut, slumps, and rapidly retreats, providing coarse sediments which deposit to form offshore shoals, and finer sediments which are held in suspension and circulated throughout the water body. In large lake basins, the concentration of suspended sediments may increase by ten times the pre-impoundment value, dramatically lowering light penetration and transparency and affecting primary biological production and fish species composition (Hecky *et al* 1974). The rate of release of sediments, and the time required for the re-stabilization of shorelines are largely unknown.

Research dealing with the creation of stable shorelines has been generally confined to predicting the loss of storage potential due to increased sedimentation (van Everdingen 1969, SNBS 1972). A broader recognition of the factors of shoreline morphology, overburden materials and wave energy has been proposed for reservoirs in Poland (Cyberski 1973). A generalized terminal form of an eroded shoreline based on several reservoirs in the USSR was developed by Kondratjev (1966). The terminal form proposed by Kondratjev consists of an eroded backshore platform with a stable foreshore depositional shoal that dissipates incoming erosional wave energy. Although adequate surveys have not been made in older Canadian reservoirs, the shorelines in unfrozen erodable materials appear to agree with the Kondratjev model (Newbury *et al* 1973).

A comprehensive treatment of shoreline erosion in reservoirs of the Volga, Don, and Dnieper river valleys in the western USSR was presented by Kachugin (1966). Wave energies and shoreline morphology were correlated to produce a "wash out coefficient" for various shoreline materials (cu. m eroded per ton-metre of wave energy). The rate of erosion was established as decaying exponentially with time. The erosion rates presented in this paper are compared with those proposed by Kachugin.

Little or no research has been done on large northern impoundments in the sub-arctic climatic zone that is subject to widespread discontinuous permafrost conditions. Where permafrost is present in flooded shoreline materials, the processes of shoreline formation appear to be a combination of erosive and thermal phenomena. In the last two decades, six hydro-electric impoundments and one major river diversion have been constructed on

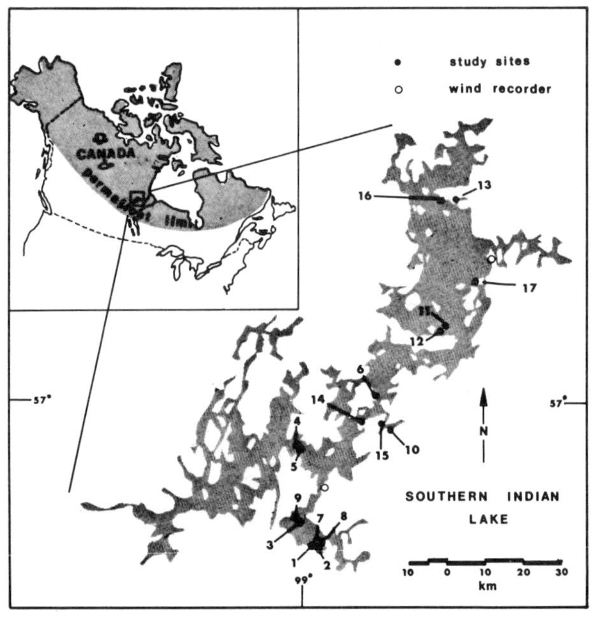

Figure 1: Southern Indian Lake in central Canada showing shoreline erosion monitoring sites selected prior to a 2 m impoundment in 1976.

the Churchill and Nelson Rivers in central Canada. The total impounded water area exceeds 5000 sq. km including 1500 sq. km of newly flooded terrestrial area, creating over 6000 km of new shoreline. The diversion of 850 cu. m per sec. from the Churchill River into the Nelson River is a major component of the project. The diversion was accomplished by raising the level of Southern Indian Lake, a major lake on the Churchill River system, thereby allowing the flow to cross the drainage divide to the Nelson River basin 300 km west of Hudson Bay. Southern Indian Lake (Lat. 57°N Long. 99°W, Figure 1) had a surface area of 1930 sq. km and fluctuated in elevation between 254.5 m and 256.0 m (msl) under natural conditions. In 1976, a control dam at the lake outlet was closed and the lake was raised 2 m to elevation 258.0 m (msl), flooding 600 sq. km of the adjacent shoreline. The shoreline affected was approximately 2900 km in length. The initial shoreline adjustments are reported in this paper.

SOUTHERN INDIAN LAKE BASIN

The Southern Indian Lake basin is located in the western arm of the Precambrian Shield. The geology of the area is dominated by massive intrusive granitic rocks in extensive areas of meta-sedimentary gneisses derived from greywackes and arkosic sequences (Frohlinger 1972). The bedrock surface has been heavily glaciated to a near uniform plain with a low relief (less than 50 m) of rounded hills and valleys. Surficial deposits of glacial, glacio-fluvial, and glacio-lacustrine origin overlie the bedrock surface in thicknesses varying from 0 m to 5 m in high areas and up to 30 m in low infilled valleys. The upper surficial deposits of the south-eastern two-thirds of the basin are dominated by fine-grained, varved silty clays varying from 0.5 m to 5 m in thickness deposited in an extensive glacial lake basin (Agassiz) of the late Pleistocene epoch (Klassen *et al* 1973).

The uplands surrounding the lake are generally forested with dominant boreal species *(Picea marianna, Populus tremuloides, Pinus banksiana)* interspersed with extensive muskeg areas. In near-shore zones, the forest complex is more diverse with the addition of deciduous species *(Populus balsamifera, Betula papyrifera, Alnus spp., Salix spp.)*. A well developed organic layer overlying most deposits is composed of decaying feather mosses *(Pleurozium schreberi, Hylocomium splendens)*, lichen *(Cladonia spp.)* and sphagnum moss *(Sphagnum spp.)*. The organic layer generally exceeds 0.3 m in thickness and may exceed 4 m in low-lying areas (Beke *et al* 1973).

The lake region lies within the wide-spread discontinuous permafrost zone with a mean annual temperature of -4°C (Brown *et al* 1973). The ice free season for open water bodies is less than 6 months. Permafrost conditions generally occur within 1 m of the surface in all fine-grained shoreline materials (post-impoundment shorelines) where the organic cover is 0.3 m or greater. The average depth to permafrost at 14 sites widely distributed around the lake (mid-September 1975 and 1976) was 63 cm. In all fine grained materials regular ice banding a few mm in thickness occurred with occasional ice lenses up to 8 cm thick. The ice content of all frozen samples fell between 44 and 68 percent (percent of gross weight).

In 1972, a shoreline classification system developed for Precambrian lake basins was applied to Southern Indian Lake (Newbury *et al* 1973). Fifteen major shoreline categories based on morphology, surficial materials, and vegetation were mapped on the lake. In Table I, the categories have been regrouped into four general divisions depending on their susceptability to erosion. Over two-thirds of the flooded shoreline length consists of materials subject to solifluction on melting and subsequent erosion by water waves.

EROSION STUDIES

Seventeen locations were selected on Southern Indian Lake in 1975 for erosion monitoring during and following impoundment (Figure 1). The sites were selected from the three major divisions of shoreline types (Table I) in a variety of exposures to wind generated waves. Offshore mean fetch lengths ranged from 0.2 km to 12.8 km. The sites were surveyed in September 1975 and September 1976 on several cross-sectional lines running perpendicular to the shoreline and extending 50 m inland. Acoustic and line soundings were taken at each site as well to a distance of 500 m offshore. The volume of eroded material at each site (cu. m per m) was obtained from the change in the surveyed cross-sections at each site (averaged). A typical cross-section at Site 11 is shown in Figure 2.

Wind generated waves for each hourly wind during the open water period between successive surveys were developed using the forecasting technique of Sverdrup-Munk as revised by Bretschnieder (U.S.C.E. 1966). Hourly wind velocities and directions were recorded at two locations adjacent to the lake (Figure 1) and corrected for onshore and offshore directions (Richards *et al* 1970). The erosive component of wave energy perpendicular to the shoreline was combined with the

TABLE I Southern Indian Lake Shoreline Characteristics

Shoreline Type		Site Number and Map Location (Figure 1)	Depth to Permafrost (September)	Total Length
I	Exposed Bedrock (granitic intrusive rocks, meta-sedimentary gneisses, etc.).	-	-	660 km
II	Varved Clays Overlying Bedrock (0-0.6 m forest peat, 2-5 m clays)	1 through 6	0.6 - 1.0 m	350 km
III	Boulder-Clay Till Overlying Bedrock (0-1.3 m forest peat, 2-5 m clay till)	7 through 13	0.5 - 1.2 m	1790 km
IV	Granular Glacio-Fluvial Deposits (0-0.1 m organic, up to 5 m sand and sandy silt)	14 through 17	generally absent near shore	120 km
			TOTAL SHORELINE LENGTH	2920 km

duration of winds causing onshore wave action to obtain the total erosive wave energy exerted on each site between successive surveys (ton-metres per m).

During the survey, samples of overburden materials were obtained at each site for grain size analysis. In addition, offshore water samples were obtained to determine suspended sediment concentrations.

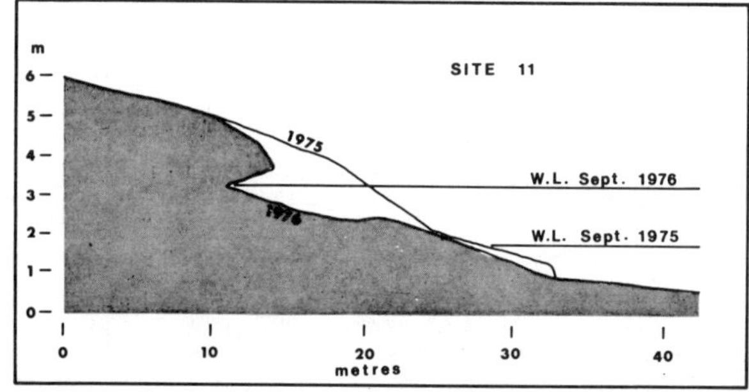

Figure 2: Erosion niche formed in permafrost affected bank materials at Site 11 as impoundment occurred between September 1975 and September 1976 water levels (W.L.)

DISCUSSION AND RESULTS

Shoreline erosion during the initial impoundment was highly variable at each survey site but generally correlated with the total erosive wave energy exerted on the shoreline (Figure 3). In permafrost locations, erosion takes place in a combination of thermal and mechanical processes that cause a deeply incised niche to form at and immediately below the water's edge (Figures 2 and 4). As the melting and eroding niche proceeds into the bank, the overlying mass of material increases until a large cuspate slump occurs, exposing new materials to the lake water. With further melting and erosion, the forested surface of the former backshore settles to form a semi-protective matte of debris in front of the shoreline that is slowly saturated with water and sinks below the surface or is carried away into the main body of the lake (Figure 5).

Shorelines forming in fine-grained overburden (generally 55 - 70% clay, 30 - 45% silt) contributed large amounts of suspended sediment to the main body of the lake. Offshore suspended sediment samples often contained 75% of the finer grain sizes being eroded at the shoreline. Long plumes of sediment were observed moving from the eroding shoreline into the main lake body (Figure 6). The formation of offshore depositional shoals was observed only at shoreline sites composed of granular deposits.

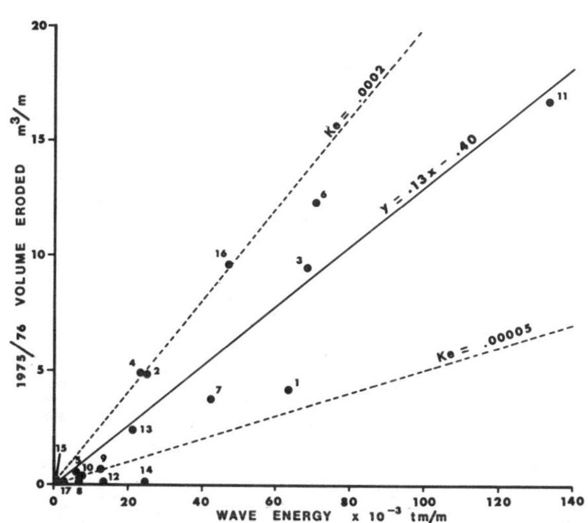

Figure 3: Shoreline erosion and wave energy relationship for surveyed sites on Southern Indian Lake. The mean washout coefficient, ke, is .00013 cu. m/ton-m of wave energy per metre of shoreline. The coefficient for 14 of the 17 sites falls in the range .00005 to .0002 (after Kachugin 1966).

Figure 5: Slumping of undercut clay bank at Site 2 with fallen trees along the foreshore.

Figure 4: Niche developed in permafrost affected shoreline materials through melting and wave erosion at Site 11.

Figure 6: Eroded materials from fine-grained permafrost affected shorelines transported into the main body of the lake in sediment plumes extending from islands and the mainland.

In the relationship plotted in graphical form in Figure 3, a gross linear correlation exists between the volume eroded at each site and the wave energy exerted on the shoreline between successive surveys (coefficient of determination, $R^2 = 0.85$). Sites consisting of thick deposits of varved clays demonstrate high erosion rates and generally lie above the mean correlation line (Sites 2, 4, and 6). Sites at which a combination of bouldery clay till and exposed bedrock exist demonstrate moderate erosion rates and lie near the mean correlation line (Sites 3, 11, and 13). Sites in granular materials or where more dominant bedrock features are exposed lie below the mean correlation line indicating a relatively high resistance to erosion. Two notable exceptions occur; at Site 16 where a backshore sand berm was removed by wave action before a regular beach form was developed, and at Site 1 where a barrier of fallen forest debris existed prior to the impoundment due to frequently occurring bank failures. The lack of erosion at low wave energy sites implies that a threshold value of wave force may be required to destroy the protective forest cover and organic matte that protects the newly flooded foreshore.

On the basis of several years of observations in the western USSR, Kachugin (1966) suggested that an erodability index for reservoir bank materials could be formulated as a washout coefficient, "ke", expressing the volume of a particular bank material eroded per ton-metre of wave energy exerted on the shoreline. Values of "ke" range from .0065 for easily eroded fine sands and loams to .0005 or less for resistant bank materials defined as "clayey sandstones, fractured gaize sand with pebbles and boulders, clays, and dense marls".

On Southern Indian Lake where significant erosion occurred during the initial year of impoundment, the values of the washout coefficient generally ranged between .00005 and .0002 (Figure 3). This range of values lies well below Kachugin's proposed boundary for significantly erodable materials in the highly resistant bank materials category.

Several factors would contribute to producing low values for the erosion index, some of which may become more apparent as the impoundment continues: (1) in the first year of impoundment, new shoreline was exposed to erosion gradually as the lake level rose 2 m to its maximum stage. Thus the wave and thermal energies were distributed over a wide vertical range. This will not occur in subsequent years as the reservoir will be maintained at the impounded level, concentrating the erosional energy in a narrower range; (2) undercutting and slumping was widespread in fine-grained frozen shoreline materials causing large volumes of forest debris and organic materials to form a protective cover on the new foreshore; and (3) in the frozen state, the shoreline materials are consolidated and highly resistant to erosion. At high wave energy sites, where the active layer is removed and the bank retreat is greater than 2 m, it was observed that a frozen section of shoreline was constantly exposed, implying that the erosion rate may be limited by the rate of thaw of the materials. In subsequent years, this factor can be investigated more fully by comparing high and low wave energy sites when the frozen materials have been exposed to the lake water for longer periods of time at the impounded water level.

CONCLUSION

Shoreline erosion in permafrost materials occurs through a combination of thermal and mechanical processes that causes a deep niche to form at and immediately below the water's edge. As the niche enlarges, slumping occurs and frozen materials are exposed directly to warm lake water and wave action. Fine-grained frozen shoreline materials exhibit the highest susceptability to erosion, ranging up to .0002 cu. m per ton-m of erosive wave energy. Bouldery till and bedrock shoreline materials exhibit a high resistance to erosion. On the basis of the initial year of impoundment on Southern Indian Lake, the erosion rates of permafrost materials are lower than those experienced in similar unfrozen materials in the USSR.

The limitation of erosion at high wave energy sites by the rate of thaw of permafrost materials will prolong the period of re-stabilization of shorelines in flooded lake basins. Similarly the contribution of fine-grained sediments in suspension to the main lake body will be prolonged, extending the period of biological impact beyond that which would be anticipated in more southern reservoirs. On Southern Indian Lake, further investigations of erosion and sedimentation will be conducted annually to determine the long-term effects of impoundments on permafrost affected shorelines.

ACKNOWLEDGEMENTS

The authors are indebted to Mrs. S. Ryland who assisted in preparing this manuscript and to Dr. A.L. Hamilton (Freshwater Institute) for encouraging and allowing this study to evolve from the pre-development phase to the post-construction phase. Predictions of physical impact made for major hydroelectric projects are seldom compared to actual events.

REFERENCES

BEKE, G.J. *et al* 1973. Bio-physical land inventory: Churchill-Nelson rivers study area. Canada-Manitoba Soil Survey Report : 409 p.

BROWN, R.J.E. and T.L. PEWE 1973. Distribution of permafrost in North America and its relationship to the environment. *In* Permafrost: The North American Contribution to the Second International Conference, National Academy of Sciences, Washington, D.C.: pp. 71-100.

CYBERSKI, J. 1973. Erosion of banks of storage reservoirs in Poland. *In* Hydrological Sciences Bulletin IAHR, 18(3): pp. 317-320.

FROHLINGER, T.G. 1972. Geology of the Southern Indian Lake Area, central portion. Manitoba Mines Branch Publication 71-21: 91 p.

HECKY, R.E. and H.A. AYLES 1974. Summary of fisheries-limnology investigations on Southern Indian Lake. LWCNR Study Board Report: 26 p.

KACHUGIN, E.G. 1966. The destructive action of waves on the water-reservoir banks. *In* IASH Symposium Garda 1: pp. 511-517.

KLASSEN, R.W. and J.A. NETTERVILLE 1973. Surficial Geology Mosaics of Nelson House and Uhlman Lake, Manitoba. Geological Survey of Canada: maps.

KONDRATJEV, N.E. 1966. Bank formation of newly established reservoirs: *In* IASH Symposium Garda 2: pp. 804-811.

NEWBURY, R.W. *et al* 1973. Characteristics of Nelson-Churchill river shorelines. University of Manitoba: 176 p.

RICHARDS, T.L. and D.W. PHILIPS 1970. Synthesized winds and wave heights for the Great Lakes. Canada Ministry of Transport, Climatological Studies 17: 53 p.

SNBS 1972. Saskatchewan Nelson Basin Study, Appendix 8(B): pp. 319-414.

USCE, 1966. Shore Protection, planning, and design. U.S. Army Coastal Engineering Research Centre, Technical Report 4 (3 ed): 580 p.

VAN EVERDINGEN, R.O. 1969. Diefenbaker Lake: effects of bank erosion on storage capacity. Canada Dept. of Energy, Mines and Resources, Inland Waters Branch, Technical Bulletin 10: 21 p.

GEOTHERMAL ASPECTS OF VENTILATED PAD DESIGN

J. F. Nixon, R. M. Hardy & Associates Ltd., Calgary, Alberta.

Forced air ventilation is capable of providing a reliable and sufficiently large heat removal capacity to provide a stable foundation for heated structures placed on grade in permafrost areas. Two design aspects are of primary importance, and are the pad/insulation thickness required to prevent thaw during the summer season, and the ventilation capacity required for the winter season. Design charts are presented to estimate these quantities, and demonstrate the effects of varying insulation thickness and structure temperature. Two case histories are reviewed, and correlation of field performance and theoretical design requirements is presented.

CARACTÈRES GÉOTHERMIQUES DE FONDATIONS STABILISÉES PAR UN SYSTÈME DE REFROIDISSEMENT FORCÉ PAR AIR

Un système de refroidissement forcé par air permet d'obtenir une capacité de refroidissement suffisamment importante et fiable, pour assurer une fondation stable aux structures chauffées placées directement sur le sol dans les zones de pergélisol. Deux aspects de ce système ont une importance primordiale; d'une part, l'épaisseur que doit avoir le coussin isolant pour empêcher le dégel pendant l'été, d'autre part la capacité de ventilation nécessaire pendant l'hiver. On présente ici des abaques de calcul permettant d'évaluer ces quantités, et de démontrer les effets que peuvent avoir des variations de l'épaisseur d'isolation et de la température des structures. On donne l'historique de deux cas, et on établit une corrélation entre la performance in situ, et les exigences théoriques qui caractérisent ce système.

ГЕОТЕРМИЧЕСКИЕ АСПЕКТЫ ПРОЕКТА ВЕНТИЛИРУЕМОЙ ПОДУШКИ ПОД ФУНДАМЕНТ

Принудительная воздушная вентиляция является вполне надежным и эффективным средством для отвода тепла и обеспечивает устойчивость фундамента под обогреваемыми конструкциями, возведенными на многолетнемерзлых грунтах. При проектировании таких конструкций первостепенное значение имеют два параметра: толщина подушечно-изоляционного слоя, необходимого для предотвращения оттаивания в летний период, и мощность вентиляционной установки в зимний период. Представлены проектные графики, позволяющие определить эти параметры и оценить влияние толщины изоляции и температуры конструкции. Рассмотрены два конкретных примера и представлена корреляция эксплуатационных и проектных параметров.

GEOTHERMAL ASPECTS OF VENTILATED PAD DESIGN

J. F. Nixon

R. M. Hardy & Associates Ltd., Calgary, Alberta.

INTRODUCTION

Heated structures in permafrost areas are often founded on pile foundations in order to maintain an airspace between the structure and the underlying frozen ground. Many structures such as garages, warehouses or storage tanks experience heavy floor loads, however, and it becomes more economical to place such structures directly on fill pads. Excessive thicknesses of fill and insulation would usually be required to prevent eventual thawing and settlement of the subgrade, and it is common to introduce some method of ventilation into the pad. In this way, the fill pad is designed to thaw during the summer period, and refreeze during the winter period when the ventilation ducts are operative.

In the past, ventilation methods have included installing open-ended ducts in the pad, oriented in the direction of the prevailing winds (Auld et al., 1974). Another method of natural ventilation relies upon the "chimney effect" to induce air motion in stacks connected to the ducts (Tobiasson, 1973). These natural convection methods suffer from the disadvantage of reliance on a low and somewhat unpredictable air velocity to remove heat from the foundation. Foundation problems have resulted using both of the above methods, due to the inadequate ventilation and heat removal capacity.

An inexpensive and reliable method of overcoming this disadvantage is to introduce electric fans into the stacks, thereby forcing air at a known velocity through the ventilating ducts. The fans can be thermostatically controlled to operate when the ambient temperature falls below a specified level, and can be designed to provide a known air velocity throughout the winter season. When the temperature exceeds the specified maximum operating level, the fans cease to operate. During the summer season, the pad beneath the heated structure must be designed to contain the thaw line, as it progresses downward. It is usually economical to introduce a layer of insulation beneath the structure, to reduce the thaw depth, and hence the gravel quantities.

The geothermal design of ventilated pad foundations in permafrost areas is therefore principally concerned with two aspects, the pad design for the summer period, and the ventilation requirements for the winter period when the ducts are operative.

PAD THICKNESS

It shall be assumed that duct ventilation is discontinued when the ambient air temperatures exceed the mean air temperature, T_{av}. The average temperature in the pad below the ducts is somewhat less than T_{av}, and a conservative assumption for the purposes of hand calculations is to assume the initial pad temperature is equal to T_{av}.

The pad will gradually thaw under the influence of the structure temperature, T_s, imposed at the pad surface. The depth of thaw penetration into the insulated pad with time, t, is given approximately (see, for example Nixon and McRoberts, 1973) by

$$X = \sqrt{\left(\frac{k_2}{k_1} H\right)^2 + \frac{2\,k_2 T_s t}{L}} - \frac{k_2}{k_1} H \quad \text{-- (1)}$$

where k_1 is the thermal conductivity of insulation.
H is the insulation thickness.
k_2 is the thermal conductivity of the pad material.
and L is the latent heat of the pad materal.

For relatively dry materials such as gravel fill, the latent heat term is small, and considerable error will be introduced if the heat capacity of the frozen and thawed soil are not accounted for. The following approach has been used by Brown and Johnston (1970), Thornton (1976) and others. The latent heat term in equation (1) is replaced by

$$L = L_s + C_f |T_{av}| + 1/2\ C_m\ T_s \quad - - (2)$$

where C_f is volumetric heat capacity of frozen soil = $\gamma_d(0.2 + 0.5\ w)\ C_w/\gamma_w$

C_u is volumetric heat capacity of unfrozen soil = $\gamma_d(0.2 + w)\ C_w/\gamma_w$

$|T_{av}|$ is the mean ground temperature in degrees below freezing

w and γ_d are the moisture content and dry density of the fill material

and L_s is the fill latent heat, $= L_w\ w\ \gamma_d$

where L_w is the latent heat of water (333×10^3 J/kg)

and C_w is the heat capacity of water (4.18×10^6 J/m^3°K)

The moisture content of the fill pad is extremely important in calculating the latent heat term to be used in equations (1) and (2). For design purposes, this should be taken as the minimum moisture content that changes phase during a freeze-thaw cycle. For free-draining sands and gravels, this may represent most of the moisture remaining in the pad over the life of the structure, as very little moisture in such soils remains unfrozen below 0°C. This is not the case in fill materials having a significant percentage of silt or clay sizes, where a large percentage of the water may remain unfrozen below 0°C.

Assuming the ducts remain closed for one-half of the year (while the ambient temperature is above its mean), equation (1) may be used to predict the required thickness of fill to prevent the thaw line from entering the underlying tundra. Adopting typical properties for gravel fill and synthetic insulation, and assuming the pad has 2.5% moisture content by dry weight; the following parameters are established

Insulation: k_1 = 0.042 W/m°K
H = variable

Gravel Fill: k_2 = 1.99 W/m°K
γ_d = 2000 kg/m^3
w = 0.025
$C_u = 1.88 \times 10^6$ J/m^3°K
$C_f = 1.84 \times 10^6$ J/m^3°K
$L_s = 16.6 \times 10^6$ J/m^3
$L = 16.6 \times 10^6 + 1.84 \times 10^6\ (T_{av}) + 1.88 \times 10^6\ (1/2)\ T_s$

These parameters have been used with equation 1 to prepare the pad thickness criteria as a function of insulation thickness, surface temperature imposed by the structure, and mean air temperature as shown on Figure 1. This graph indicates the significant savings in granular fill that can be achieved using insulation. The influence of the surface temperature imposed by the structure is also apparent. The mean ground temperature exerts a less profound effect on the total pad thickness.

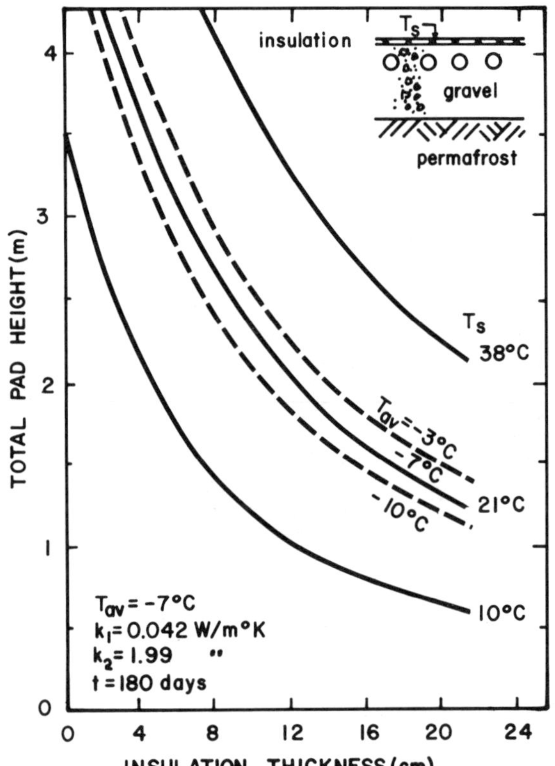

Fig.1 Pad thickness criteria for summer period (ducts closed)

Predictions of the fill thickness required to protect the underlying permafrost such as those given on Figure 1 are estimated based on a simple analytical technique, and should be confirmed using more rigorous numerical techniques presently available. The predicted pad thickness on Figure 1 may tend to be somewhat conservative for the larger insulation thickness. The floor slab can be accounted for by replacing it with a thermally equivalent thickness of gravel fill.

VENTILATION REQUIREMENTS

During the winter period, when the ventilation ducts become operative, air is forced through the ducts using electric fans. The air velocity, and therefore the heat removal capacity, must be sufficient to remove the heat flux arriving at the ducts without causing a large temperature rise in the ducts between the inlet and outlet ends.

Sanger (1969) provided a simplified analysis of ventilation requirements beneath a heated structure. The analysis was an empirical formula for stack height required to induce a "chimney" effect. Calculated air velocities are only sufficient to re-freeze the pad, and not to provide any further subcooling. Large temperature increases may occur through the ducting system, indicating the possibility of thawing near the outlet end of the ducts during some periods of winter.

In the present analysis, it is assumed that heat is transferred to the ducts from two sources, namely the heat gained from the structure above the ducts, and from the pad below the ducts. The ambient air temperature can usually be considered to vary sinusoidally with a mean value T_{av}, and an amplitude A_o, that is

$$T_{air} = T_{av} + A_o \sin \frac{2\pi t}{365} \quad - - - - \quad (3)$$

where t is the time in days, measured from the time the air temperatures pass through their mean (usually about May 1st).

The heat flux from the structure can be written as

$$F_1 = \frac{k_1}{H_1} (T_s - T_{air}) \quad - - - - - \quad (4)$$

where H_1 is the thickness of insulation together with the thermally equivalent thickness of fill between the structure and the duct centre-line.

The temperature distribution in a deep layer of fill subjected to a sine wave temperature change at its surface can be obtained from Carslaw and Jaeger (1947). The heat flux at the surface of this pad (i.e., at the duct centre-line) can be calculated to be

$$F_2 = - k_2 A_o \sqrt{\frac{\pi}{365\kappa}} \left[\sin \frac{2\pi 5}{365} + \cos \frac{2\pi t}{365}\right] \quad (5)$$

where κ is the thermal diffusivity of the pad material in m^2/day $= k_2/c_u$

Both of the above expressions for heat flux assume vertical one-dimensional heat flow to the ducts. Both computer and analytical studies of heat flow adjacent to a row of cooling pipes placed below a heated, insulated surface have been carried out. Although beyond the scope of this paper, it can be shown that heat flows predominantly in the vertical direction provided ducts are spaced 3 to 4 diameters apart. At larger spacings, the efficiency of the systems reduces somewhat.

The total heat flux to be removed by the ventilating ducts is therefore the sum of the two quantities given by equations (4) and (5), i.e.

$$F = F_1 + F_2 \quad - - - - - - - - \quad (6)$$

It can be shown mathematically that the heat flux predicted by equation (6) reaches a maximum value when the time, t, is given by

$$t_{max} = \frac{365}{2\pi} \tan^{-1} \left\{1 + \frac{k_1}{H_1 k_2} \sqrt{\frac{365\kappa}{\pi}}\right\} + 182.5 \quad - - - - - \quad (7)$$

where the $\tan^{-1}$ expression must be expressed in radians.

By substituting the time given by equation (7) in equations (4) and (5), the maximum value for the heat flux, F_{max}, can be determined. A sample calculation for the heat flux gained by the ducts is given on Figure 2, for a 21°C structure supported on 10 cm of insulation, and an air temperature wave having a mean of -7.7°C, and an amplitude of 23°C. The graph indicates that the flux reaches a maximum at t = 240 days (about early January), and decreases to approximately zero by the end of the winter period (t = 365 days). After the air temperature passes through its mean value, it appears that the ducts begin to introduce heat into the foundation, and for this reason ventilation should be discontinued.

Ventilation requirements must be designed to accomodate the peak heat flux, without causing an excessive temperature increase through the ducts. Otherwise, increased thaw depths and the consequent foundation problems would develop toward the outlet end of the ventilating ducts. The required air ventilation rate, Q (in m^3/sec), can be written as

$$\frac{Q}{SL} = \frac{F_{max}}{C_a \Delta T} \quad - - - - - - - - \quad (8)$$

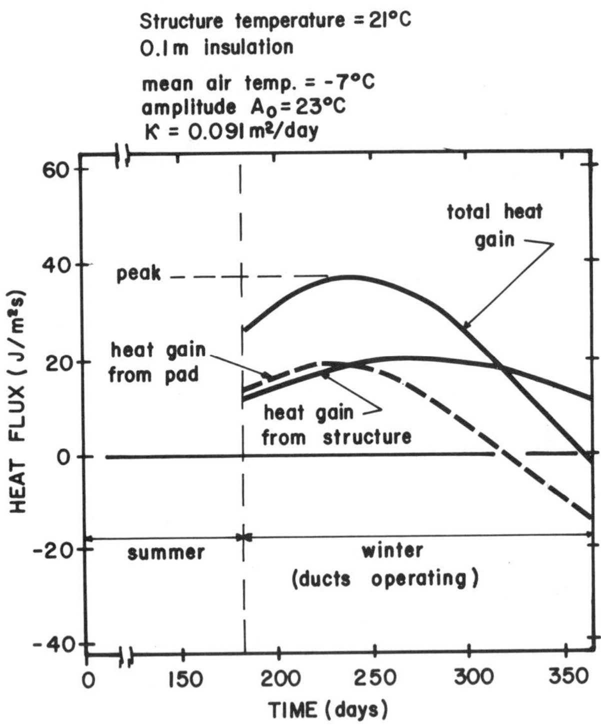

Fig. 2. Sample calculation of heat flux gain to ventilation ducts

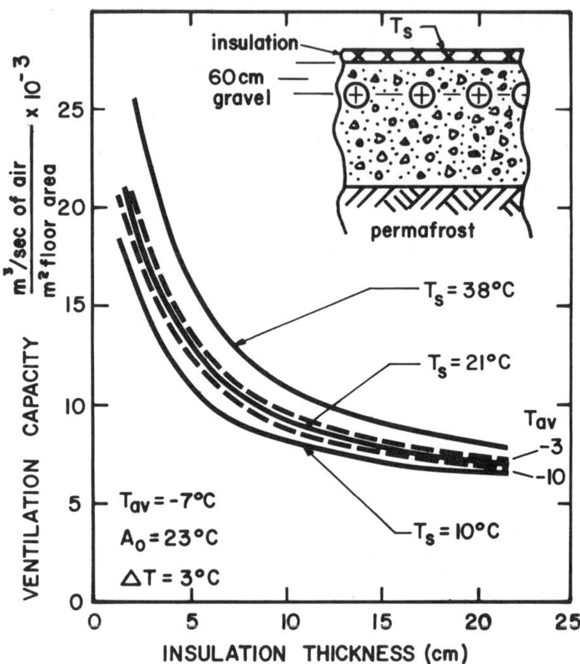

Fig.3 Ventilation requirements for cooling ducts

where C_a is the volumetric heat capacity of air (1330 J/m^3°K)
ΔT is the allowable temperature rise through the ducts in °C
L is the duct length
and S is the duct spacing

The quantity Q/SL is the ventilation rate per unit floor area, and is a useful quantity to correlate with other design parameters. The selection of the allowable temperature rise, ΔT, is to some extent a matter of judgement. The temperature at the outlet end when ventilation is discontinued will be $T_{av} + \Delta T$. The value of ΔT should therefore be limited so as to prevent thawing or excessive warming at the duct outlet. For many Arctic applications, limiting this temperature increase to about 3°C will prevent adverse thermal effects to the foundation. Substituting this value in equation 8, and calculating the maximum heat flux values for different pad configurations and surface temperatures, the corresponding ventilation requirements for pads may be determined as shown on Figure 3. The reduction in ventilation capacity with increased insulation thickness is apparent. As an example, a structure maintained at 21°C having a 10 cm insulating layer requires a value for Q/SL of about 9×10^{-3} m/sec. A structure having a floor area of 800 m^2 would require a total ventilation capacity of

$$Q = 9 \times 10^{-3} \times 800 = 7.2 \text{ m}^3/\text{sec}$$

$$= 430 \text{ m}^3/\text{min}$$

This ventilation is normally supplied through ducts 0.45 to 0.6 m in diameter, spaced 1.5 to 2.5 m apart. The ducts are connected to manifolds and stacks, in which fans are mounted to induce forced air ventilation.

CASE HISTORIES

(a) The hangars at Thule, Greenland were constructed on varying thicknesses of gravel fill and 10 cm of insulation, overlying ice-rich permafrost. Ventilation employed the "chimney" effect to induce natural convection in the 30 cm diameter ducts passing through the fill pad.

One hangar reported by Tobiasson (1973) was constructed on a 7.5 m thick pad. Assuming the structure was heated to about 20°C, and knowing the mean air temperature to be -11°C, the required thickness of fill should be in the order of 2.5 m. The pad thickness if therefore considerably greater than that required theoretically. The velocity of air in the ducts was reported by

Tobiasson (1973) to be about 0.8 m/sec. This would result in a ventilation rate of Q = 0.056 m^3/sec. For L = 90.6 m and S = 0.92 m, the ratio Q/SL can be calculated to be

$$Q/SL = 0.68 \times 10^{-3} \text{ m/sec}$$

The required ventilation rate predicted by Figure 3 for these conditions would be 8.5 x 10^{-3} m/sec to maintain small temperature increases through the ducts. The actual ventilation rate is therefore greater than an order of magnitude less than that predicted by the procedure given here.

Tobiasson (1973) reported that the duct ventilation was not capable of re-freezing the foundation. Thawing has proceeded into the subgrade soils and floor settlements up to 1 m have taken place. Although thawing was complicated by duct blockage and groundwater pumping operations, it appears that the ventilation capacity was considerably less than that predicted earlier to maintain the foundation in a frozen state. Based on the observed ventilation rates at this site, methods relying on natural convection do not appear capable of maintaining the required velocities in ventilation ducts, and forced ventilation techniques using fans are required.

(b) Auld et al. (1974) have presented performance data for a large heated hangar founded directly on a pad at Inuvik, N.W.T. This pad employs forced air ventilation to re-freeze the pad in winter. The ducts are spaced 3 m apart, and are 36 m long as shown on Figure 4. The air flow rate during winter is 1.86 m^3/s, giving a ventilation capacity of Q/SL = 5.1 x 10^{-3} m/s.

The structure is continuously heated to about 20°C, and is founded on a 2.75 m pad, having 10.1 cm of insulation beneath the floor slab.

From Figure 3, the required ventilation rate for a mean air temperature of -10°C is 8.8 x 10^{-3} m/s, which although slightly greater, compares favourably with that used at this structure. The pad thickness required to protect the structure during the summer period of duct closure may be estimated from Figure 1 to be 2.0 m, for the conditions outlined above. The actual thickness employed was 0.75 m greater than this value, and the structure is therefore somewhat over-designed in this regard.

Auld et al. (1974) have reported that no thawing of the permafrost has

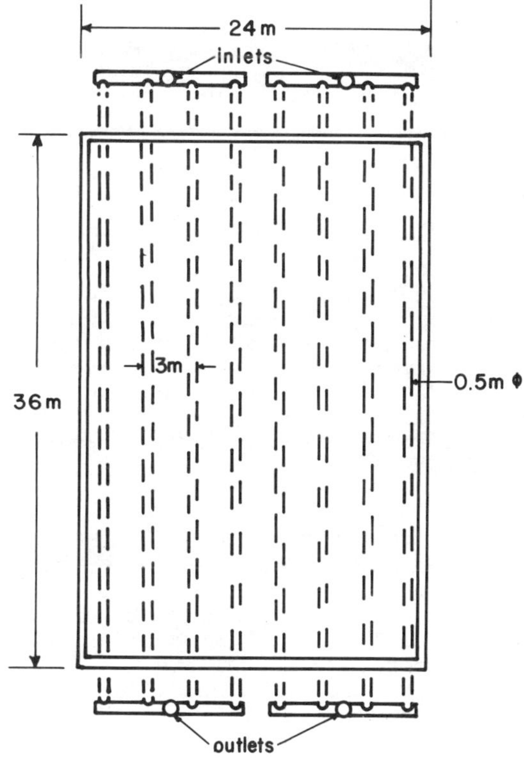

Fig.4 Floor ventilation ducts for Imperial Oil Ltd. hangar, Inuvik, NWT (Auld et al, 1974)

occurred since construction. Figure 5 shows the temperature at the original tundra level over several years of operation, and a net cooling trend is observed. Personal observations of the floor slab reveal that the foundation is performing very well with no evidence of settlement of the slab.

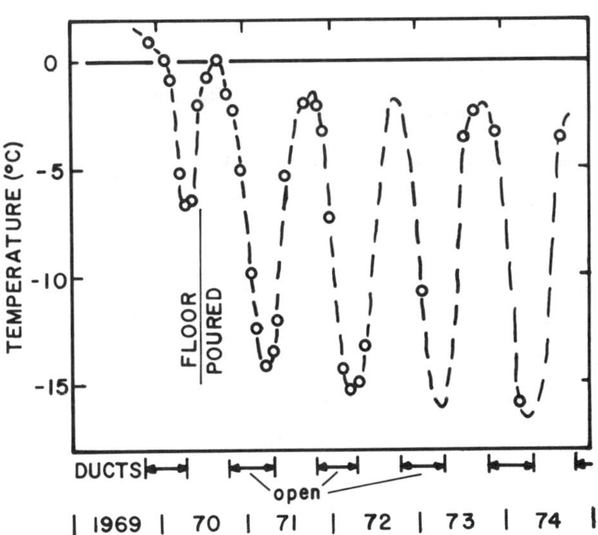

Fig. 5 Temperature at original grade (2.75m below floor level) at Inuvik hangar (from Auld et al, 1974)

These case histories confirm at least in principle the design procedures offered here for ventilation requirements and pad thickness. It has been shown that relatively conventional techniques can be used to predict pad thickness and that forced air ventilation is probably necessary to accomodate the required heat removal rates during winter. Once a design ventilation rate has been established using the relatively straight-forward procedures outlined here, a forced air ventilation scheme can be incorporated in the foundation design quite inexpensively, and can be shown to be much more effective and reliable than other natural ventilation techniques.

ACKNOWLEDGEMENTS

The author would like to acknowledge the many useful discussions with members of the Imperial Oil Ltd. Production and Research Laboratory in Calgary, and in particular, Mr. J. C. McDougall of the Production Department of Imperial Oil Limited.

REFERENCES

AULD, R.G., ROBBINS, R.J. and SANGSTER, R.H.B. 1974. Foundation requirements in the Canadian Arctic. Paper presented at 24th Can. Chem. Eng. Conf., Ottawa, Ont., Oct. 20-23.

BROWN, W.G. and JOHNSTON, G.H. 1970. Dikes on permafrost: predicting thaw and settlement. Can. Geotech. J., 7, pp. 365-371.

CARSLAW, H.S. and JAEGAR, J.C. 1947. Conduction of heat in solids. Clarendon Press, Oxford.

NIXON, J.F. and McROBERTS, E.C. 1973. A study of some factors affecting the thawing of frozen soils. Can. Geotech. J., 10, pp. 439-452.

SANGAR, F.J. 1969. Foundations of structures in cold regions. U.S. Army CRREL Monograph III-C4.

THORNTON, D.E. 1976. Steady-state and quasi-static thermal results for bare and insulated pipes in permafrost. Can. Geotech. J., 13, pp. 161-171.

TOBIASSON, W. 1973. Performance of the Thule hangar soil cooling systems. Proc. 2nd Int. Permafrost Conf., Yakutsk, U.S.S.R.

STRENGTH AND STABILITY OF RAILWAY EMBANKMENTS IN PERMAFROST REGIONS

N.A. Peretrukhin, All-Union Res. Inst. of Transportation Construction, Moscow, U.S.S.R.

It is difficult to ensure the strength and stability of earth embankments because of complex and variable environmental conditions and changes which occur in them as a result of construction activities. There are two approaches to the selection of engineering solutions: the design and dimensions of an earth embankment are such as to retain or improve the state and properties of the active layer and permafrost; the earth embankment is designed according to general engineering standards and requirements, while antideformation measures are designated, if required, with allowances for possible changes in the permafrost and hydrogeological conditions. The adopted engineering solutions ensure the strength and stability of the earth embankment but do not completely exclude the possibility of deformations. This is explained by insufficient bearing strength of foundation soils, the deformability of permafrost during excavation, as well as by the uncertain nature of environmental conditions and above mentioned processes.

RÉSISTANCE MÉCANIQUE ET LA STABILITÉ DU TERRASSEMENT FERROVIAIRE DANS LES RÉGIONS DE PERGÉLISOL

N.A. Peretrukhin, Institut soviétique de recherches scientifiques sur la construction des voies de communication, Moscou, URSS

La complexité, les conditions naturelles diverses et les modifications de ces conditions qu'entraînent les travaux de construction et l'établissement de structures ferroviaires rendent difficile le maintien de la solidité et de la stabilité du terrassement. Il existe deux types de solutions au problème posé: il faut concevoir la structure et les dimensions du terrassement de manière à conserver ou améliorer l'état et les propriétés du mollisol et du pergélisol, tout en respectant les normes et les exigences techniques, et en tenant compte des variations possibles des conditions géocryologiques et hydrogéologiques. Les solutions techniques adoptées assurent la solidité et la stabilité du terrassement, mais elles n'excluent pas entièrement la possibilité de déformations. Cela s'explique par l'insuffisance du pouvoir portant des sols de fondation, par la déformabilité du pergélisol pendant les travaux d'excavation et aussi par l'élément d'incertitude qui caractérise le milieu naturel et les processus étudiés.

ВОПРОСЫ ОЕЕСПЕЧЕНИЯ ПРОЧНОСТИ И УСТОЙЧИВОСТИ ЖЕЛЕЗНОДОРОЖНОГО ЗЕМЛЯНОГО ПОЛОТНА В РАЙОНАХ ВЕЧНОЙ МЕРЗЛОТЫ

Н.А. Перетрухин, Всесоюз. н.-и. ин-т транспортного строительства, Москва, СССР

Обеспечение прочности и устойчивости земляного полотна затруднено сложностью, разнообразием природных условий и их изменчивостью под воздействием строительных работ и дорожных сооружений. Существует два подхода к выбору инженерных решений: конструкцию и размеры земляного полотна назначают с расчетом на сохранение или улучшение состояния и свойств грунтов деятельного слоя и вечномерзлых грунтов; земляное полотно проектируют с выполнением общетехнических норм и требований, а противодеформационные мероприятия назначают при необходимости с учетом вероятных изменений мерзлотно-грунтовых и гидрогеологических условий. Принимаемые инженерные решения обеспечивают прочность и устойчивость земляного полотна, но полностью не исключают возможность возникновения деформаций. Это объясняется недостаточной несущей способностью грунтов основания, деформативностью вечномерзлых грунтов, оттаивающих при разработке выемок, а также вероятностным характером природных условий и рассматриваемых процессов.

ВОПРОСЫ ОБЕСПЕЧЕНИЯ ПРОЧНОСТИ И УСТОЙЧИВОСТИ ЖЕЛЕЗНОДОРОЖНОГО ЗЕМЛЯНОГО ПОЛОТНА В РАЙОНАХ ВЕЧНОЙ МЕРЗЛОТЫ

Н.А. Перетрухин

Всесоюзный научно-исследовательский институт
транспортного строительства, Москва, СССР

ВВЕДЕНИЕ

Дорожное земляное полотно является линейным сооружением, пересекающим районы с различными мерзлотно-грунтовыми условиями. Затруднения в обеспечении прочности и устойчивости земляного полотна возникают обычно в пределах участков со сложными мерзлотно-грунтовыми и другими природными условиями. Сложность природных условий обусловлена наличием: глинистых, переувлажненных, пучинистых грунтов деятельного слоя; торфяных отложений (марей); льдонасыщенных вечномерзлых грунтов; подземного льда, залегающего на незначительной глубине от поверхности земли, а также развитием других мерзлотных явлений (термокарста, наледей).

Обобшение опыта проектирования, строительства и эксплуатации дорог в районах вечной мерзлоты показывает, что деформациям подвергаются обычно отдельные объекты или локальные участки земляного полотна. Суммарная длина таких участков оказывается, как правило, незначительной по отношению к общей протяженности дороги. Однако наличие деформирующихся объектов земляного полотна существенно осложняет содержание пути в условиях нормальной эксплуатации железной дороги, приводит к снижению скорости, а в отдельных случаях и к задержке движения поездов.

В связи с этим основной проблемой, требующей разрешения при проектировании земляного полотна, является определение мест, где возникновение деформаций земляного полотна наиболее вероятно, и назначение мер, полностью устраняющих возможность нарушения прочности и устойчивости земляного полотна. Эта проблема представляется исключительно сложной, если учитывать, что возникновение, развитие и существование деформаций земляного полотна являются вероятностными процессами, поскольку они обусловлены взаимодействием ряда природных и искусственных факторов: климатических (температуры воздуха, атмосферных осадков); физико-технических (вида грунтов основания, их строительных и теплофизических свойств в мерзлом и талом состоянии, пучинистых свойств грунтов деятельного слоя); гидрологических (наличия и химического состава грунтовой воды, ее естественного режима, источников питания); топографических (рельефа местности, высоты над уровнем моря, крутизны и экспозиции склонов); биологических (вида растительного покрова, его значения в формировании естественных мерзлотно-грунтовых условий); экологических (подверженность мерзлотно-грунтовых условий изменениям при нарушении естественного режима окружающей среды); инженерно-технических (осушение, обводнение или планировка местности, удаление или нарушение растительного покрова, возведение инженерных сооружений и т.д.). Численные значения параметров, характеризующих перечисленные факторы, являются переменными величинами, изменяющимися по длине трассы, а ряд факторов вообще не поддается количественной оценке. Поэтому рассматриваемая проблема не может иметь однозначного решения.

ДВА ПОДХОДА К ПРОЕКТИРОВАНИЮ

Расчетных методов определения вероятных мест возникновения деформаций земляного полотна в настоящее время не имеется. Поэтому к таким местам принято относить все участки со сложными мерзлотно-грунтовыми условиями. Основными показателями возможности возникновения деформаций земляного полотна обычно считают наличие: подземного льда или льдонасыщенных вечномерзлых грунтов, имеющих при оттаивании относительную осадку 0,10.

Существует два подхода к выбору инженерных решений при проектировании земляного полотна: в первом случае требуется предусматривать специальные меры, направленные на сохранение мерзлоты, во втором - противодеформационные мероприятия.

Инженерные решения, принимаемые в соответствии с тем или другим подходом, как показывает производственный опыт, обеспечивают необходимую прочность и устойчивость земляного полотна. По объемам и стоимости земляных и укрепительных работ инженерные решения, рассчитанные на сохранение грунтов в мерзлом состоянии, имеют худшие показатели.

СОХРАНЕНИЕ ВЕЧНОМЕРЗЛЫХ ГРУНТОВ

Основные средства, используемые для сохранения вечномерзлых грунтов в основании земляного полотна и по откосам выемок, можно разделить на две группы.

А. Конструктивные, включающие: насыпи "оптимальной" высоты, назначаемой по результатам теплотехнических расчетов; бермы с обеих сторон насыпей, размеры берм назначают по конструктивным соображениям; удаление глинистых льдонасыщенных грунтов основания в выемках и замена их скальным или щебенистым материалом на глубину, равную "оптимальной" высоте насыпей, уширение выемок и обсыпка откосов скальным или щебенистым грунтом слоем толщиной не менее 3 м.

Б. Технологические, направленные на сохранение естественного растительно-мохового покрова в основании насыпей и на прилегающей местности: выполнение земляных работ в зимнее время; отсыпка насыпей "с головы" при производстве земляных работ в теплое время года.

Имеются предложения по укладке термоизоляции (слои торфа, пенопласта и т.п.) в основании насыпей и на откосах выемок.

Средства предохранения вечномерзлых грунтов от оттаивания имеют техническую и экономическую границы применимости. Так, предохранить от оттаивания вечномерзлые грунты, имеющие температуру около -0,5°С и выше, практически невозможно. Для предохранения от оттаивания вечномерзлых грунтов, имеющих температуру выше

$-1^{\circ}C$, в соответствии с результатами теплотехнических расчетов, требуется применять насыпи, высотой не менее 5 м, что заведомо нецелесообразно.

Известны случаи применения решений, направленных на сохранение вечномерзлых грунтов, имеющих температуру от $-1,5^{\circ}C$ до $-3^{\circ}C$. Они привели к существенному увеличению объема земляных работ (Перетрухин, Минайлов, 1976) Вместе с тем, вероятность совпадения реального хода процесса протаивания-промерзания с расчетным, предусматривающим предохранение вечномерзлых грунтов от оттаивания, оказывается недостаточно высокой (Переселенков, 1976). Это объясняется большой неоднородностью природных условий по трассе проектируемой дороги, существенным и неизбежным нарушением природных условий в результате строительства дорожных сооружений, а также несовершенством методов, используемых для инженерной оценки: естественных мерзлотно-грунтовых, климатических и других природных условий в пределах конкретных участков трассы; изменений природных условий, в том числе обусловливающих тепловой режим вечномерзлых грунтов, в результате дорожного строительства; взаимодействия земляного полотна с вечномерзлыми грунтами основания; соответствия расчетных схем, предпосылок и результатов расчетов реальным исходным условиям, а также закономерностям взаимодействия в системе "земляное полотно - вечномерзлый грунт". Вероятность сохранения вечномерзлых грунтов, имеющих температуру ниже $-2^{\circ}C$, повышается. даже под земляным полотном типовой конструкции. Это обусловлено прежде всего меньшей чувствительностью низкотемпературных грунтов к изменениям условий их существования в результате строительства дорожных сооружений и более суровыми климатическими условиями в пределах рассматриваемого региона.

ПРОГНОЗ ИЗМЕНЕНИЯ МЕРЗЛОТНО-ГРУНТОВЫХ УСЛОВИЙ

Прогноз требуется выполнять с целью получения исходных данных для проектирования земляного полотна, а также для обоснования проектных решений. Метод прогнозирования должен обеспечить получение исходных расчетных данных для оценки естественных мерзлотно-грунтовых, гидрогеологических и других природных условий и их изменений в результате строительства железнодорожного земляного полотна. Таким требованиям удовлетворяет метод инженерных аналогий, обоснованный логическим утверждением: если формирование естественных мерзлотно-грунтовых, гидрогеологических и других природных условий и их изменение при осуществлении комплекса инженерных сооружений и устройств на одном участке трассы характеризуются определенными закономерностями, то в пределах других участков трассы с аналогичными природными условиями и тем же комплексом инженерных сооружений и устройств, процессы изменения мерзлотно-грунтовых, гидрогеологических и других природных условий и стабилизации построенных сооружений подчиняются тем же закономерностям. Показателями аналогии следует считать равенство пределов закономерного изменения численных значений параметров, характеризующих рассматриваемые явления и процессы. В качестве таких параметров целесообразно принимать: мощность деятельного (сезонно оттаивающего-промерзающего) слоя грунта в естественных условиях; глубину залегания поверхности вечномерзлого грунта в основании земляного полотна и в пределах зоны его влияния; температуру и другие физико-технические характеристики вечномерзлых грунтов; строительные свойства грунтов деятельного слоя, вечномерзлых и оттаивающих грунтов; показатели устойчивости и деформативности земляного полотна и грунтов его основания и др. Эти параметры являются обобщенными, отражающими конечные результаты взаимодействия всех природных и искусственных факторов при данных климатических условиях. Они поддаются непосредственному измерению и определению известными способами, используемыми при инженерно-геологической и мерзлотной съемке, а также в механике грунтов и грунтоведении. При этом необходимо учитывать, что существование и изменения мерзлотно-грунтовых, гидрогеологических и других природных условий по трассе проектируемых дорог являются стохастическими процессами. Сочетания взаимодействующих факторов, обусловливающих эти процессы, и роль каждого из факторов являются переменными и разнообразными. Поэтому численные значения обобщенных параметров, характеризующих мерзлотно-грунтовые, гидрогеологические и другие природные условия и их изменения следует рассматривать как случайные величины вероятностного характера. Численные значения обобщенных параметров, определяемые в пределах каждого участка в достаточном количестве и с необходимой точностью и достоверностью, подвергаются статистической обработке и используются для установления определенных критериальных зависимостей. Они применяются также в расчетах устойчивости, прочности и деформативности земляного полотна, его основания и откосов. Ответ на вопрос о минимальном количестве измерений для получения числа значений каждого из обобщенных параметров, достаточного для статистической обработки, зависит от разнообразия местных условий и требований к надежности инженерных решений: чем разнообразнее условия в пределах изучаемого участка трассы (аналогов) и чем выше требуемая надежность ожидаемого решения, тем детальнее должна быть выполнена съемка и, соответственно, больше потребуется выполнить измерений и определений. Точность измерений обусловлена возможностями применяемых способов, приборов и оборудования, а также природой исследуемого процесса. Достоверность или надежность получаемых данных имеет наибольшее значение. Она зависит от правильности выбора тех или иных участков трассы в качестве аналога, а также от квалификации исполнителя, эрудиции исследователя и совершенства методов и организации исследований (Копалов, Сидорчук, 1974).

В качестве аналогов требуется назначать типичные (по геоморфологическим, литологическим, гидрогеологическим и другим природным условиям) участки трассы и земляного полотна с водоотводными, водопропускными сооружениями и устройствами или отдельные железнодорожные линии. При этом можно использовать как трассу новых, так и существующих дорог. Размещение аналогов на трассе новых дорог позволяет определить с необходимой степенью достоверности исходные данные, характеризующие естественные мерзлотно-грунтовые и другие природные условия в предпостроечный период, а также установить закономерности процесса изменения во времени природных условий и стабилизации земляного полотна и его основания в течение строительства и в период эксплуатации. Однако для накопления таких комплексных и достаточно надежных материалов требуется проводить многолетние исследования. В случае выбора участков-аналогов в пределах существующих железных дорог можно получить в более короткие сроки данные, характеризующие местные мерзлотно-грунтовые и гидрогеологические условия, а также состояние земляного полотна. В таких случаях в качестве данных относительно предпостроечных естественных условий, принимаются результаты определения численных значений обобщенных параметров за пределами зоны влияния земляного полотна. Такие данные следует рассматривать как гипотетические, а устанавливаемые закономерности оценивать как менее достоверные, требующие теоретического и экспериментального подтверждения в пределах новостроек. Метод инженерных аналогий предусматривает использование результатов теплотехнических расчетов для теоретического обобщения данных экспериментальных исследований. При этом учитывается необходимость введения в расчет исходных данных, соответствующих мерзлотно-грунтовым и климатическим условиям в пределах рассматриваемых участков, в том числе наличие растительно-дернового и снегового покровов и их теплотехнических характеристик в естественном состоянии и в условиях взаимодействия с земляным полотном.

ЗАКОНОМЕРНОСТИ ВЗАИМОДЕЙСТВИЯ

Закономерности взаимодействия земляного полотна с сезонно- и вечномерзлотными грунтами выражены в деформировании грунтов основания и возникновении осадок земляного полотна, в изменении мощности деятельного слоя и положения поверхности вечномерзлых грунтов, в стабилизации земляного полотна по мере установления нового теплового режима вечномерзлых грунтов.

По степени подверженности теплового режима изменениям вечномерзлые грунты подразделены на низкотемпературные и высокотемпературные. К низкотемпературным отнесены вечномерзлые грунты, имеющие на глубине нулевых амплитуд температуру -1,0°C и ниже, к высокотемпературным - грунты, имеющие температуру выше -1,0°C или независимо от температуры, островное залегание (Перетрухин и др., 1975). Поверхность низкотемпературных вечномерзлых грунтов, имеющих температуру от -1,0 до -2,5°C, сохраняется на уровне ее естественного залегания под насыпями высотой от 1,5 до 2 м; она понижается под насыпями высотой менее 1,5 м и повышается под насыпями высотой более 2 м. Поверхность высокотемпературных вечномерзлых грунтов понижается под насыпями различной высоты.

По контуру выемок и водоотводных канав образуется новый деятельный слой. Мощность слоя устанавливается в зависимости от местных природных условий и степени их нарушения при возведении земляного полотна. Мощность деятельного слоя, возникающего под водоотводными канавами с типовым поперечным сечением, примерно равна глубине канавы. Глинистые грунты и торф, слагающие деятельный слой, а также вечномерзлые грунты, оттаивающие в основании земляного полотна, деформируются под действием поездной нагрузки и веса насыпи, обусловливая возникновение осадок земляного полотна. Суммарная величина и интенсивность формирования осадок насыпей зависят от состояния и свойств грунтов деятельного слоя и оттаивающих вечномерзлых грунтов, высоты насыпи, времени и способов производства земляных работ, степени нарушения растительно-мохового покрова и естественного режима поверхностной и грунтовой воды.

Величина осадок и интенсивность их формирования при данных климатических условиях уменьшается с увеличением прочности грунтов деятельного слоя и оттаивающих вечномерзлых грунтов. Они повышаются с увеличением высоты насыпи, мощности деятельного слоя в естественных условиях, величины понижения поверхности вечномерзлых грунтов основания, степени нарушения растительно-мохового покрова и естественного режима поверхностной и грунтовой воды. Растительно-моховой покров и режим поверхностной и грунтовой воды, при данных климатических условиях, являются основными факторами, обусловливающими тепловой режим вечномерзлых грунтов. Поэтому нарушение и, тем более, удаление растительно-мохового покрова в основании насыпей, осушение заболоченной или обводнение незаболоченной местности на участках с наличием сильнольдистых вечномерзлых грунтов или подземного льда, залегающего на незначительной глубине, приводят к интенсивному, необратимому и, практически, неуправляемому процессу оттаивания вечномерзлых грунтов, соответствующему понижению поверхности их толщи, увеличению интенсивности, продолжительности и суммарной величины осадок земляного полотна. Осадки земляного полотна на таких участках не поддаются контролю (Перетрухин и др., 1975).

Осадки насыпей, обусловленные деформацией грунтов деятельного слоя, завершаются в процессе производства земляных работ, осуществляемых в теплое время года. Возведение насыпей в зимнее время приводит к существенному уменьшению интенсивности и величины осадок, завершению процесса стабилизации земляного полотна практически в течение строительного периода (2-3 года).

Осадки земляного полотна в выемках, а также насыпей высотой менее 1,5 м, возникающие в результате деформирования оттаивающих низкотемпературных вечномерзлых грунтов основания, могут возникать при формировании нового деятельного слоя в течение 1-2 лет после возведения земляного полотна. Осадки насыпей, возникающие по мере оттаивания высокотемпературных вечномерзлых грунтов, начинаются в период возведения земляного полотна и могут продолжаться в течение длительного периода времени в условиях эксплуатации дороги (Перетрухин, Потатуева, 1974).

ПРОТИВОДЕФОРМАЦИОННЫЕ МЕРОПРИЯТИЯ

Противодеформационные мероприятия являются дополнением к типовым конструкциям земляного полотна, организации, технологии и способам производства земляных работ. Их предусматривают с целью: уменьшения величины и интенсивности осадок земляного полотна, возникающих вследствие деформативности грунтов деятельного слоя и оттаивающих вечномерзлых грунтов; сокращения времени, трудовых и материальных затрат, необходимых для устранения осадок земляного полотна, возникающих в эксплуатационный период; обеспечения прочности основной площадки земляного полотна, в том числе на участках с пучинистыми грунтами основания, а также устойчивости откосов.

Все мероприятия могут быть подразделены на конструктивные и организационно-технологические. К конструктивным мероприятиям относятся: увеличение ширины земляного полотна, устройство берм, замена слабого грунта основания дренирующим, выбор рациональной системы размещения и конструкции водоотводных и водопропускных сооружений и устройств. В число организационно-технологических мероприятий входят: совершенная технология производства земляных работ, способствующая сохранению растительно-мохового покрова или вызывающая минимальное нарушение его; обоснованная организация работ, предусматривающая возведение в зимнее время насыпей на участках со слабым и просадочным основанием; использование для возведения насыпей скальных и крупнообломочных грунтов, обладающих высокими строительными свойствами. Исследованиями установлено (Перетрухин, Потатуева, 1974), что основная часть суммарной величины осадок земляного полотна (до 80%) происходит в строительный период, а остальная часть осадок завершается в условиях эксплуатации. Работы по устранению осадок земляного полотна в эксплуатационный период не встречает особых затруднений, учитывая, что ежегодная величина осадок оказывается, как правило, незначительной и может быть компенсирована в процессе текущего содержания и планового ремонта пути. Поэтому уширение земляного полотна предусматривают в пределах тех участков, где осадки, возникающие в эксплуатационный период, будут устраняться посредством подъемки пути на балласт. Величину уширения устанавливают с учетом ожидаемой осадки.

Бермы рассматриваются как средство предохранения откосной части насыпей от сползания. Их рекомендуют применять на участках с наличием подземных льдов и в пределах марей. Целесообразность и эффективность применения берм пока не имеют экспериментального и производственного подтверждения.

Вырезку глинистого пучинистого грунта основания, не обладающего необходимой несущей способностью, с последующей заменой его дренирующим материалом применяют главным образом в пределах выемок и на подходах к ним. Такое решение является эффективным средством предохранения земляного полотна от деформирования в процессе промерзания-оттаивания грунтов основания, если толщину слоя замены назначают по нормам (СН,1973) или определяют в соответствии с результатами расчетов, учитывающих состояние и свойства грунтов основания, величину внешней нагрузки, а также обеспечивают надежный отвод воды из траншеи вырезки.

Устойчивость откосов обеспечивается назначением их крутизны по расчету, в соответствии со значениями сдвиговых характеристик вечномерзлого грунта после его оттаивания, и укреплением откосов посевом трав. Глинистые вечномерзлые грунты после оттаивания имеют, как правило, повышенную влажность. Поэтому планировку откосов до расчетной крутизны и укрепление их растительностью целесообразно осуществлять через 1-2 сезона после разработки выемки и образования нового деятельного слоя по ее периметру (Перетрухин, Потатуева, 1974)

ВОДООТВОД

Выбор и размещение водоотводных и водопропускных сооружений и устройств в пределах участков со сложными мерзлотно-грунтовыми условиями необходимо осуществлять с расчетом на минимальное нарушение естественного режима поверхностной и грунтовой воды. При этом должна быть устранена возможность обводнения незаболоченной и осушения заболоченной местностей на участках с наличием сильнольдистых вечномерзлых грунтов или подземного льда.

Сокращение числа водопропускных сооружений и пропуск поверхностной воды из одного водосборного бассейна в другой по водоотводным канавам в пределах таких участков не допускается. Более целесообразным является обеспечение свободной циркуляции поверхностной и надмерзлотной воды в поперечном направлении. С этой целью, помимо обычных водопропускных сооружений, рекомендуется устройство в насыпях поперечных дренирующих прорезей из скального грунта, размещаемых в локальных понижениях местности и полосах стока, пересекаемых трассой, если вся насыпь возводится из недренирующих грунтов (Меренков и др., 1975).

Глубину водоотводных канав требуется назначать с учетом залегания поверхности подземного льда. На участках с неглубоким залеганием подземного льда водоотводные канавы применять недопустимо. Если на всем протяжении участка с наличием подземных льдов насыпь возводится из скального грунта, проблема отвода поверхностной воды исключается: насыпи из скального грунта не нарушают естественный режим поверхностной и грунтовой воды, и необходимость в устройстве водоотводных канав и берм с нагорной стороны земляного полотна практически отпадает.

НАЛЕДНЫЕ УЧАСТКИ

К наледным относят участки трассы, в пределах которых наледи возникают или могут возникать после постройки дороги (Большаков, Перетрухин, 1973). Трассу дорог обычно требуется укладывать за пределами наледных участков. Такое требование не всегда может быть выполнено по технико-экономическим соображениям. Поэтому необходимо учитывать разнообразие видов и результатов воздействия наледей на земляное полотно (Перетрухин, 1966).

Земляное полотно на наледных участках необходимо проектировать и возводить в комплексе с водоотводными, водопропускными и противоналедными сооружениями и устройствами. При этом требуется учитывать изменения мерзлотно-грунтовых и гидрогеологических условий, которые могут возникать в результате строительства дорожных и других сооружений.

Наибольшие изменения происходят в местах разработки выемок и водоотводных канав, пересекающих поток грунтовых вод и существенно изменяющих условия промерзания-оттаивания грунтов деятельного слоя. Изменения мерзлотно-грунтовых и гидрогеологических условий происходят также на участках насыпей, возводимых из глинистых грунтов, вследствие уменьшения сечения водоносного слоя в основании земляного полотна. На таких участках возникновение наледей после завершения строительства дорожных сооружений или в период производства земляных работ наиболее вероятно.

При проектировании необходимо учитывать, что в пределах наледных участков требуется, прежде всего, предохранить земляное полотно от непосредственного воздействия наледи. Для этого применяют ограждающие противоналедные устройства (заборы, земляные валы). Их размещение и конструкцию принимают с учетом происхождения, дебита и путей перемещения воды, питающей наледь, рельефа местности. Ограждающие устройства целесообразно размещать таким образом, чтобы они являлись одновременно направляющими для потока незамерзшей воды. Расположение забора или вала не параллельно, а под некоторым углом к косогору придает основанию забора или вала необходимый продольный уклон, который будет способствовать концентрации наледной воды и ее отводу в заданном направлении: в сторону от земляного полотна или к водопропускному сооружению. Наиболее действенным противоналедным мероприятием является перехватывание или каптаж грунтовой (подземной) воды (посредством дренажа или глубоких канав) и отвод ее концентрированным потоком (по трубам или закрытым лоткам) в низовую сторону от земляного полотна. Однако для обоснованного применения такого комплекса противоналедных устройств необходимо иметь надежные данные о гидрогеологических и мерзлотно-грунтовых условиях в пределах рассматриваемого участка.

Бровку насыпей в пределах наледных участков необходимо размещать не менее чем на 0,5 м выше поверхности наледи, если наледь будет образовываться в непосредственной близости земляного полотна. При этом для насыпи лучше использовать скальные, крупнообломочные или песчаные грунты. С нагорной стороны насыпей, возводимых из глинистых и других недренирующих грунтов, необходимо проектировать бермы и предусматривать соответствующее укрепление их откосов (Перетрухин, 1966).

ЗАКЛЮЧЕНИЕ

Проблема обеспечения прочности и устойчивости железнодорожного земляного полотна включает ряд вопросов, в том числе: определение участков трассы, в пределах которых вероятно возникновение деформаций, прогноз изменений локальных мерзлотно-грунтовых и гидрогеологических условий в результате строительства дорожных сооружений, количественная оценка процесса взаимодействия земляного полотна с грунтами деятельного слоя и вечномерзлыми грунтами, назначение и расчет противодеформационных мероприятий.

Имеющийся производственный опыт и современный уровень знаний в области инженерного мерзлотоведения позволяют находить положительные решения по большинству вопросов, возникающих при изысканиях трассы и проектировании железнодорожного земляного полотна. Однако необходимость оптимизации инженерных решений с целью обоснованного снижения объемов работ и сроков строительства, строительной стоимости и эксплуатационных затрат на содержание земляного полотна, обеспечивающего бесперебойное движение поездов с установленной скоростью в пределах участков со сложными природными условиями, требуют проведения дальнейших исследований.

ЛИТЕРАТУРА

БОЛЬШАКОВ С.М., ПЕРЕТРУХИН Н.А. 1973. Метод инженерно-геологических аналогий как основа для прогнозирования наледных процессов. - В кн.: Проблемы наледеобразования. Чита, с. 30-33.

КОПАЛОВ В.А., СИДОРЧУК В.И. 1974. Определение просадочности вечномерзлых грунтов по кривым ВЭЗ. - "Транспортное строительство", № 12, с. 38-39.

МЕРЕНКОВ Н.Д., ГУЛЕЦКИЙ В.В., МИНАЙЛОВ Г.П. 1975. Применение дренирующих прорезей для осушения земляного полотна на марях. - "Транспортное строительство", № 9, с. 4-5.

ПЕРЕСЕЛЕНКОВ Г.С. 1976. Надежность расчетов температурных режимов насыпей на марях. - "Транспортное строительство", № 7, с. 44-46.

ПЕРЕТРУХИН Н.А. 1966. Особенности проектирования земляного полотна на участках развития наледей. - В кн.: Борьба с наледями на железных и автомобильных дорогах, М., "Транспорт", с. 29-40.

ПЕРЕТРУХИН Н.А., МИНАЙЛОВ Г.П. 1976. Пути снижения объемов земляных работ при строительстве БАМ. - "Транспортное строительство", № 8, с.41-42.

ПЕРЕТРУХИН Н.А., ПОТАТУЕВА Т.В. 1976. О влиянии сооружения земляного полотна железных дорог на состояние вечномерзлых грунтов. - "Транспортное строительство", № 11, с. 36-37.

ПЕРЕТРУХИН Н.А., ЦВЕЛОДУБ Б.И., МИНАЙЛОВ Г.П., СОЛОДОВНИКОВ Б.И. 1975. О сооружении земляного полотна на марях по трассе БАМ. - "Транспортное строительство", № 2, с. 4-6.

Особенности проектирования земляного полотна на марях по трассе БАМ. - "Транспортное строительство" № 3, 1975, с. 44-45.

СНиП П-39-76, Строительные нормы и правила, железные дороги колеи 1520 мм, М., Стройиздат, 1977.

СН 449-72. Указания по проектированию земляного полотна железных и автомобильных дорог, М., Стройиздат, 1973, 113 с.

CONSTRUCTION OF EARTH EMBANKMENTS FOR HIGHWAYS IN WESTERN SIBERIA

B.I. Popov, N.F. Savko, N.M. Tupitsyn, Yu. K. Kleer, and A.S. Plotskii, All-Union Res. Inst. of Roads and Highways (Omsk Branch), U.S.S.R.

The authors discuss highway construction and recommend designs for earth embankments on weak foundation soils (swamps, ice-rich soils, etc.). The recommendations are based on the rational utilization of such soils and of nature's potential. Practical experience is used to describe the engineering methods and the economic effect of constructing earth embankments on artificially frozen foundation soils and with artificial thermal insulation (foam plastic, expanded polystyrene, etc.). Special mention is made of designing and constructing embankments on slopes and on sections with frost mounds. The recommended solutions make it possible to reduce the volume of earthwork 1.5-2 times and increase the rate of construction of highways in the oil-and gas-producing regions of Western Siberia by a factor of 2 to 2.5.

TRAVAUX DE TERRASSEMENT DES AUTOROUTES EN SIBÉRIE OCCIDENTALE

B.I. Popov, N.F. Savko, N.M. Tupitsyn, Yu. K. Kleer, A.S. Plotskii, Institut soviétique des voies et autoroutes, filiale d'Omsk, URSS.

Les auteurs étudient les conditions de la construction routière et proposent des méthodes nouvelles de terrassement sur terrains peu stables (marais, sols riches en glace, etc.), dont ils recommendent d'utiliser les possibilités de façon rationnelle. Des recherches pratiques de grande envergure ont fourni des renseignements sur les procédés technologiques et l'efficacité économique du terrassement sur des sols de fondation gelés artificiellement avec utilisation d'isolants thermiques artificiels (plastiques expansés, mousse de polystyrène, etc.). Des dispositions particulières sont à prendre lors de la construction de remblais sur des flancs de coteau et des terrains comportant des buttes à lentille de glace. Les solutions recommandées permettent de réduire de 1,5 à 2 fois les travaux de terrassement et d'augmenter de 2 à 2,5 fois le rythme de construction des autoroutes dans les régions productrices de pétrole et de gaz de la Sibérie occidentale.

УСТРОЙСТВО ЗЕМЛЯНОГО ПОЛОТНА АВТОМОБИЛЬНЫХ ДОРОГ В УСЛОВИЯХ ЗАПАДНОЙ СИБИРИ

Б.И. Попов, Н.Ф. Савко, Н.М. Тупицын, Ю.К. Клеер, А.С. Плоцкий, Омский филиал Союздорнии, СССР

Рассмотрены условия дорожного строительства и обоснованы прогрессивные конструкции земляного полотна на слабых основаниях (болота, мари, сильнольдистые грунты). В основу рекомендаций положена идея рационального использования потенциальных возможностей природы и слабых грунтов в качестве несущего основания.

По результатам широкой производственной проверки даны технологические приемы и установлена экономическая эффективность сооружения земляного полотна на промороженных основаниях и с использованием искусственных теплоизоляторов (пенопласт, пенополистирол и др.). Отражены особенности проектирования и строительства насыпей на косогорах и участках с буграми пучения. Рекомендуемые решения позволяют снизить в 1,5-2 раза объемы земляных работ и повысить темпы строительства автомобильных дорог в нефтегазодобывающих районах Западной Сибири в 2-2,5 раза.

УСТРОЙСТВО ЗЕМЛЯНОГО ПОЛОТНА АВТОМОБИЛЬНЫХ ДОРОГ В УСЛОВИЯХ ЗАПАДНОЙ СИБИРИ

Б.И. Попов, Н.Ф. Савко, Н.М. Тупицын, Ю.К. Клеер, А.С. Плоцкий

Омский филиал Союздорнии, СССР

Бурные темпы развития нефтегазодобывающей промышленности в северных районах Западной Сибири потребовали ускоренного строительства автомобильных дорог с усовершенствованными покрытиями. Указанные районы характеризуются исключительно сложными природными условиями (повсеместной заболоченностью территории, наличием вечномерзлых грунтов сплошного и островного распространения, продолжительным зимним периодом с низкими температурами воздуха, коротким дождливым летом, отсутствием качественных дренирующих грунтов).

Недостаточный опыт проектирования и строительства автомобильных дорог в рассматриваемом регионе потребовал от Омского филиала Союздорнии проведения специальных исследований, в основу которых была положена идея рационального использования потенциальных возможностей природы и слабых грунтов (талых и льдонасыщенных вечномерзлых торфяников) в качестве несущего основания дорожных конструкций.

Специфической особенностью климата региона севернее 58° с.ш. является отрицательный среднегодовой баланс тепла атмосферы, свидетельствующий о существовании слоя вечной мерзлоты. Однако в Западной Сибири южная граница распространения вечномерзлых грунтов проходит по 64° с.ш. Их отсутствие или островное залегание между 58° с.ш. и 64° с.ш. объясняется отложением здесь в зимний период мощного (до 70-80 см) снежного покрова, который предохраняет переувлажненную почву от сильного охлаждения и существенно уменьшает глубину промерзания грунтов.

Севернее 64° с.ш. на обширных лесотундровых и тундровых пространствах распространены вечномерзлые грунты. Разнообразие типов тундр, среди которых чаще всего встречаются торфяно-бугристые, плоско-бугристые, кочковато-ерниковые и пятнистые, обусловливает различный температурный режим вечной мерзлоты и разную глубину ее залегания на конец теплого периода года.

На участках прерывистого распространения температура вечномерзлых грунтов выше минус 2°С, глубина сезонного оттаивания колеблется от 0,5 м на торфяниках до 3 м на песчаных грунтах. Широко развит термокарст. Площади, занятые таликами, составляют до 30-40% территории и приурочены к поймам рек, песчаным террасам южной и юго-западной экспозиции.

На участках сплошного распространения температура вечномерзлых грунтов (на глубине 10-12 м) составляет минус 2°-5°С и ниже, глубина сезонного оттаивания на торфяниках не превышает 0,3-0,5 м, а на глинистых и песчаных грунтах -2,0-1,5 м. Широко развиты бугры пучения высотой от 0,7 до 20 м, повсеместно отмечаются термокарстовые явления.

При рассмотренных климатических и мерзлотно-грунтовых условиях земляное полотно целесообразно проектировать по следующим известным принципам:

первый - обеспечение поднятия верхнего горизонта вечной мерзлоты до подошвы насыпи и сохранение ее на этом уровне в течение всего периода эксплуатации дороги; второй - ограничение глубины оттаивания грунтов основания.

Теоретические исследования показали, что при отрицательном среднегодовом балансе температуры воздуха имеется реальная возможность искусственного образования мерзлых оснований под земляным полотном на болотах и марях за счет направленного ожесточения температурного режима и увеличения глубины промерзания торфяных грунтов в пределах дорожной полосы. Указанная гипотеза реализуется на практике, если в зимний период систематически расчищать поверхность болот (марей) от снега и намораживать на ней послойно специальные торфяные плиты (основания).

Разработанная конструкция автомобильной дороги на промороженном основании включает (рис. 1): дорожную одежду; земляное полотно из минеральных грунтов; намороженную плиту из торфа; торфяное основание, состоящие из промороженного и талого слоев естественной торфяной залежи (или высокольдистых грунтов), боковые теплоизоляционные призмы из торфа. При этом конструкцию типа 1 предусматривают на болотах 1-П типов, а конструкцию типа П - на участках распространения вечномерзлых грунтов, представленных мерзлыми торфяниками.

Промороженный слой торфяного основания и намороженная плита рассредоточивают нагрузки на талые слои основания от веса насыпи и транспортных средств, что снижает величину ее осадки. Устройство в нижней части насыпи намороженной плиты сокращает объем привозных минеральных грунтов, позволяет вывести минеральную часть насыпи из зоны постоянного увлажнения. Учитывая, что прочностные характеристики мерзлого торфа во много раз выше, чем талого торфа и минеральных грунтов, общая устойчивость конструкции с мерзлым основанием выше, чем, например, плавающей насыпи на болотах.

Конструктивные параметры дорог на промороженных основаниях назначают по теплотехническому расчету и расчету на прочность с учетом климатических условий района строительства, типа болот, их глубины и уровня длительно стоящих вод, физико-механических свойств торфов и минеральных грунтов, состава и интенсивности движения.

Результаты обширного опытного строительства и многолетних наблюдений за работой дорог на промороженных основаниях позволили установить условия, при соблюдении которых гарантируется прочность и устойчивость дорожных конструкций в процессе их строительства и эксплуатации:

$$H_{н} \geqslant h_{воз} + h_{гв} + S_0 + S_т ; \qquad (1)$$

$$H_{пр} + H_{н} \geqslant H_{\partial} ; \qquad (2)$$

$$B_{п} \geqslant B^{м}_{гр} + 2b ; \quad B_{п} \geqslant B_{ус} ; \qquad (3)$$

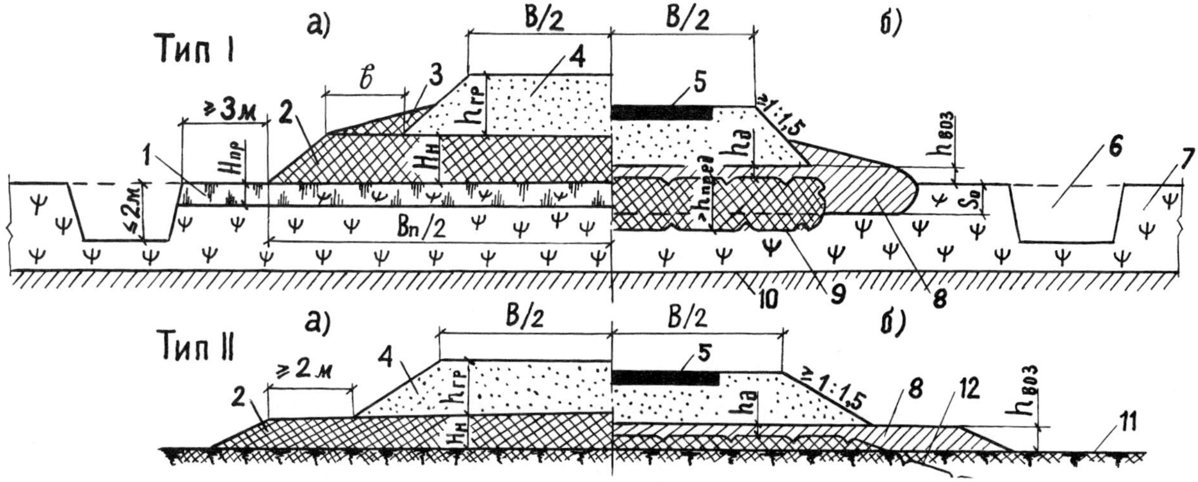

Рис. 1. Поперечные профили дорог на промороженных основаниях:
а – состояние конструкций в период строительства; б – то же, в процессе эксплуатации на конец теплого периода года; 1 – промороженный слой торфяной залежи; 2 – намороженная торфяная плита; 3 – боковые призмы из торфа; 4 – насыпь из минерального грунта; 5 – дорожная одежда; 6 – боковой резерв; 7 – талый слой торфяной залежи; 8 – талые слои торфяной плиты; 9 – граница мерзлого торфяного основания; 10 – минеральное дно болота; 11 – верхняя граница мерзлых грунтов после постройки дороги

$$h_{гр} + H_н + H_{пр} \geqslant H_{уп}; \qquad (4)$$

$$t_0 \leqslant 0\,°C; \qquad (5)$$

$$h_{от} \leqslant h_д; \; h_{пр} > h_{гр} + H_н + H_{пр} - h_н; \qquad (6)$$

$$h_{од} + h_{гр} + H_{пр} + H_н - h'_{от} - h_н \geqslant h_{пред}; \qquad (7)$$

$$h_{пред} \geqslant h_{от}, \qquad (8)$$

где $H_н$ – толщина намораживаемой плиты из торфа, м;

$h_{воз}$ – возвышение верха торфяной плиты над расчетным уровнем воды на болоте, м, определяемое из условия непревышения допустимой влажности минерального грунта на границе с торфом;

$h_{гв}$ – расчетный уровень воды на болоте, м, при отсутствии длительно стоящих (более 20 суток) поверхностных вод за расчетный уровень принимается поверхность болота и $h_{гв} = 0$;

S_0 и $S_т$ – осадка торфяного основания и намороженной торфяной плиты при максимальном оттаивании ее сверху в период строительства, м;

$H_{пр}$ – толщина промороженного слоя торфяной залежи, м, назначается в зависимости от несущей способности торфа (таблица);

$H_д$ – минимальная толщина мерзлого основания из условия обеспечения деформационной устойчивости дорожной конструкции в период ее строительства и стабилизации осадок, м, устанавливаемая по таблице;

$B_п$ – требуемая ширина мерзлой торфяной плиты в период строительства земляного полотна, м;

$B^м_{гр}$ – ширина минеральной части насыпи по низу, м;

b – ширина берм для размещения защитных призм из торфа, $b = 3h_{гр}$, где $h_{гр}$ – высота минеральной части насыпи по бровке, м;

$h_д$ – допустимая глубина оттаивания намороженной плиты из условия обеспечения требуемой прочности конструкции в процессе эксплуатации, м; величина $h_д$ в зависимости от категории дороги составляет от 0,25 до 0,5 м;

$B_{ус}$ – минимальная ширина плиты, при которой обеспечивается плавучесть конструкции в период ее строительства и стабилизации осадок, м; $B_{ус} \geqslant 24$ м;

$H_{уп}$ – высота насыпи, при которой исключаются недопустимые по величине упругие деформации, м;

t_0 – среднегодовая температура мерзлого основания на подошве сезонного оттаивания сверху, рассчитываемая по средним многолетним климатическим данным, °С;

$h_{от}$ – глубина оттаивания намороженной торфяной плиты сверху в средний многолетний год, м;

$h_{од}$ – толщина дорожной одежды, м;

$h_{гр}$ – толщина слоя минерального грунта по оси дороги, м;

$h'_{от}$ – глубина оттаивания многослойной дорожной конструкции сверху в наиболее теплый (расчетный) год, м;

$h_{пр}$ – глубина промерзания многослойной дорожной конструкции сверху, м;

$h_{пред}$ – предельная толщина мерзлой торфяной плиты, устанавливаемая из условия обеспечения прочности, устойчивости и усталости конструкции в период ее эксплуатации после полной консолидации торфяного основания, м; величина $h_{пред}$ изменяется от 0,6 до 0,3м в зависимости от типа дорожного покрытия и типа болота;

$h_н$ – величина оттаивания мерзлого основания снизу за счет притока тепла из талой торфяной залежи м, для условий Западной Сибири $h_н \approx 1$ м.

Рассмотренные величины устанавливают расчетом, руководствуясь "Методическими рекомендациями по проектированию и строительству дорог на промороженных основаниях в заболоченных районах Западной Сибири (М., 1975).

Минимальная толщина торфяного основания

Сопротивление сдвигу верхнего слоя торфяной залежи по крыльчатке, $\tau_{сд}$, кгс/см^2	> 0,1	0,1 - 0,05	< 0,05
Величина $H_д$, м	1,00	1,15	1,30
Минимальная величина $H_{пр}$, м	0,40	0,45	0,50

В районах распространения вечномерзлых грунтов при незначительной мощности деятельного слоя нет необходимости в намораживании торфяных плит, а мерзлое состояние грунтов основания обеспечивается отсыпкой земляного полотна на требуемую по теплотехническому расчету высоту, которая составляет от 2 до 3 м.

Исследования Омского филиала Союздорнии показали, что высота насыпей, а следовательно объемы земляных работ и их стоимость могут быть значительно снижены, если в конструкциях широко применять теплоизоляционные слои из естественных или искусственных материалов. При этом конструкция земляного полотна включает: выравнивающий песчаный слой, теплоизоляционное покрытие из плит пенопласта, пенополистирола или полиуретана, поверх которого отсыпан грунтовый слой расчетной толщины (рис.2).

На участках с буграми пучения конструкция земляного полотна назначается в зависимости от их размеров. На льдистых суглинистых основаниях при наличии мелких бугров пучения (высотой до 0,4-0,6 м и диаметром до 4 м) земляное полотно устраивается с их консервацией в основании. Для предотвращения инфильтрации атмосферных осадков к бугру пучения нижняя часть насыпи отсыпается из глинистого грунта слоем, толщина которого равна высоте бугра плюс 0,2-0,3 м. Если диаметр бугра составляет 5-6 м, а высота достигает 1 м и более, то предусматривается теплоизоляционный слой.

При невозможности обхода действующего бугра пучения (гидролакколита) больших размеров (высотой более 8 м) его удаляют, а в нижней части земляного полотна устраивают теплоизолирующий слой из искусственных или естественных (мох, торф) материалов.

Толщину теплоизоляционного слоя из мохо-торфа принимают равной 0,25-0,30 м в уплотненном состоянии, а высоту насыпи рассчитывают по формуле

$$H = H_1^{\text{р}} m_{\text{п}} - \left[\frac{H_1^{\text{р}}}{H_{\text{д.с}}}\left(\frac{1}{S_0} - 1\right) + 1\right] S_{\text{д}} - \frac{H_1^{\text{р}}}{H_2^{\text{р}}} h_2, \tag{9}$$

где $H_{1,2}^{\text{р}}$ – соответственно расчетная глубина оттаивания грунта насыпи и слоя теплоизоляции, м;

$H_{\text{д.с}}$ – мощность сезонནоттаивающего деятельного слоя, м;

$m_{\text{п}}$ – коэффициент, характеризующий тепловое влияние покрытия (величина безразмерная);

S_0 – осадка грунтов основания, доли единицы;

$S_{\text{д}}$ – допустимая величина осадки для покрытий различного типа, м;

h_2 – толщина теплоизоляционного слоя, м.

В пересеченной местности, где имеются неустойчивые склоны крутизной от 1:5 до 1:10 и оплывающие откосы (явление солифлюкции), сложенные мелкозернистыми песками, супесями и суглинками льдистыми, земляное полотно проектируют с присыпкой бермой из мохо-торфа с низовой стороны и мерзлотным нагорным валиком, размеры которых назначают теплотехническим расчетом. При этом ширина бермы поверху должна быть не менее 3 м, а высота не более двух третей высоты насыпи. Поверхность бермы покрывают глинистым грунтом с толщиной слоя 0,15-0,2 м. Мерзлотный валик шириной поверху 2 м устраивают на расстоянии не более 20 м от подошвы насыпи, предусматривая в его основании теплоизоляционный слой из мохоторфа.

Технология строительства дорог на промороженных основаниях (см. рис. 1) разделяется во времени на четыре этапа. На первом (осенне-зимний период) выполняют подготовительные работы (проминка поверхности болота, очистка дорожной полосы от снега, мохового покрова, древесной растительности) и послойно намораживают торфяную плиту; на втором (предвесенний период) – отсыпают земляное полотно из минеральных грунтов на часть высоты и устраивают теплоизоляционные боковые призмы из торфа.

На третьем (летом) досыпают земляное полотно до проектных отметок. Четвертый этап – устройство дорожной одежды, – может быть отдален по времени, что связано с консолидацией осадок.

При прохождении мелководных озер на первом этапе строительства проморaживают водоем и устраивают сухую траншею, промораживают слабые донные отложения и наслойно намораживают нижнюю часть насыпи из торфа.

На болотах I и II типа торфяную плиту обычно намораживают в два приема, разрабатывая торф из двухсторонних боковых резервов. В остальных случаях торф заготавливают в карьерах на болотах I типа и транспортируют к месту производства работ автомобилями-самосвалами. Для удаления гравитационной влаги торф выдерживают в течение 2-3 суток в валах, а затем разравнивают бульдозером.

Каждый слой торфяной плиты толщиной 0,3-0,6 м должен быть тщательно уплотнен гусеницами трактора и проморожен на полную высоту. Окончательно торфяную плиту отделывают поперечными проходами бульдозера, придавая поверхности серповидный профиль, и только после этого приступают к устройству верхней части насыпи из минеральных грунтов.

С 1972 по 1976 гг. в нефтяных районах Среднего Приобья построены и взяты под наблюдение десятки километров автомобильных дорог на промороженных основаниях на болотах и мелководных озерах. Состояние дорог и условия движения автомобильного транспорта на них удовлетворительные. Наблюдения подтверждают, что однажды наморо[illegible]енное торфяное основание толщиной ($H_{\text{н}}+H_{\text{пр}}$) ежегодно к концу теплого периода уменьшается на величину ($h_{\text{от}}+h_{\text{н}}$), но благодаря избыточному холоду в районах севернее 58° с.ш. к концу зимнего периода при оптимальной толщине земляного полотна снова восстанавливается до величины ($H_{\text{н}}+H_{\text{пр}}$).

Технология устройства земляного полотна с теплоизоляционными слоями (см. рис. 2) включает два периода – подготовительный и основной. Подготовительный период приходится на начало зимы, когда глубина промерзания грунтов деятельного слоя составляет не менее 30-40 см и появляется возможность свободного маневрирования дорожно-строительных машин и механизмов.

В подготовительный период расчищают дорожную полосу от снега, кустарника и леса, устраивают подъездные дороги к карьерам, заготавливают естественный теплоизоляционный материал, устраивают водоотводные сооружения (канавы, валики и т.д.), удаляют бугры пучения больших размеров.

Снег, кустарник и лес удаляют только на ширину основания насыпи; корчевка пней запрещена. В качестве подъездных дорог к карьерам целесообразно зимой использовать автозимники, а к началу летнего периода отсыпают временную землевозную дорогу шириной поверху 8 м и высотой 0,6 м. Естественный теплоизоляционный материал заготавливают на участках местности, удаленных от трассы сооружаемой автомобильной дороги не менее чем на 100 м. Предварительно поверхность участков расчищают от снега, а разработку мохоторфа ведут бульдозерами с перемещением его в бурты. Бугры пучения удаляют взрывом на выброс или механизированным способом.

Основной период приходится на середину и вторую половину зимы, когда практически происходит полное промерзание грунтов деятельного слоя и создаются благоприятные условия для консервации мерзлоты в основании дорожных конструкций. Земляное полотно с сохранением бугров пучения возводят, соблюдая следующие правила: нижнюю часть насыпи из глинистого грунта отсыпают

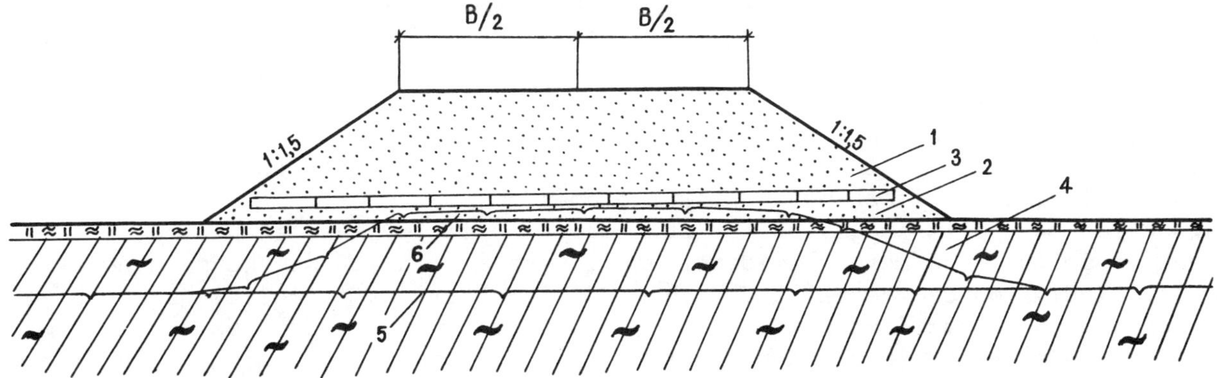

Рис. 2. Конструкция земляного полотна с теплоизоляционным слоем из пенопласта (пенополистирола):
1 - грунт насыпи; 2 - выравнивающий (монтажный) слой из песка; 3 - слой теплоизоляции из пенопласта, полиуретана; 4 - льдистый суглинок; 5 - ВГВМ до сооружения насыпи; 6 - то же, после сооружения насыпи

слоями по 0,3 м от краев к середине с тщательным уплотнением каждого слоя. Если предусмотрены теплоизоляционные плиты, то их укладывают сплошным слоем стыками в разбежку. Плиты засыпают песком с толщиной слоя 0,5 м.

Земляное полотно на участках удаления бугров пучения устраивают, соблюдая следующую технологическую последовательность операций: воронку, образовавшуюся в результате удаления бугра пучения, засыпают песчаным грунтом с тщательным уплотнением; отсыпают слой теплоизоляции из мохоторфа на полную высоту, разравнивают и уплотняют бульдозером, отсыпают земляное полотно. Если же предусмотрены теплоизоляционные плиты, то после ликвидации бугра пучения отсыпают выравнивающий песчаный слой толщиной 20-25 см без мерзлых комьев с уплотнением и планировкой поверхности, на которую укладывают теплоизоляционные плиты в соответствии с указанными ранее требованиями.

Земляное полотно на косогорном участке с присыпной бермой из мохо-торфа устраивают в следующем технологическом порядке: отсыпают первый слой земляного полотна на высоту 0,5 м, затем отсыпают слой мохо-торфа на берму, уплотняют грунт катком, мохо-торф - бульдозером. В таком же порядке возводятся последующие слои насыпи. Во всех конструкциях нижний слой насыпи отсыпают по способу "от себя", а последующие - продольным способом.

Грунт для отсыпки земляного полотна разрабатывают в карьерах экскаваторами, оборудованными "прямой или обратной лопатой", и транспортируют автомобилями-самосвалами или самоходными скреперами на пневматическом ходу.

Разработанные конструкции земляного полотна и технология их строительства прошли широкую производственную проверку и оказались технически и экономически эффективными:

конструкции дорог на промороженных основаниях позволяют уменьшить потребность в привозных минеральных грунтах в 1,5-2 раза по сравнению с известными традиционными методами строительства на болотах (полное выторфовывание, плавающая насыпь); при этом темпы строительства автомобильных дорог возрастают в 2-2,5 раза;

теплоизоляционные плиты из искусственных материалов толщиной от 4 до 10 см позволяют уменьшить высоту минеральной части насыпи от 1 до 1,5 м; темпы строительства автомобильных дорог при этом возрастают почти в 3 раза.

CONSTRUCTION BY THE METHOD OF STABILIZING PERENNIALLY FROZEN FOUNDATION SOILS

G.V. Porkhaev, R.L. Valershtein, V.N. Eroshenko, A.L. Mindich, Yu. S. Mirenburg, V.D. Ponomarev and L.N. Khrustalev, Research Institute of Foundations and Underground Structures, Moscow, U.S.S.R.

The authors give a brief review of the existing methods of construction in permafrost regions. Special attention is paid to the most difficult case where the layer of seasonal freezing and thawing does not merge with permafrost. A new construction method is suggested for such cases which involves stabilization of foundation soils. The method is described in detail, including the main equations for the calculation of thermal and mechanical interactions of buildings and other structures with foundation soils. In conclusion the authors provide an example of how to use this method in the construction of a work camp, including the design characteristics of buildings, types of foundations and methods of installing sewer pipes, water supply systems and other facilities. This example illustrates the main advantages of the new method over existing procedures.

MÉTHODE DE CONSTRUCTION PRÉVOYANT LA STABILISATION DE SOLS DE FONDATION PERGÉLISOLÉS

G.V. Porkhaev, R.L. Valershtein, V.N. Eroshenko, A.L. Mindich, Yu. S. Mirenburg, V.D. Ponomarev, L.N. Khrustalev, Institut de recherches scientifiques sur les fondations et les structures souterraines, Moscou, URSS.

Bref aperçu des procédés existants de construction dans les régions de pergélisol.

Une attention particulière est accordée au cas qui est considéré comme le plus complexe, celui où la couche à alternance saisonnière de gel et de dégel ne se fond pas avec le pergélisol. Un nouveau procédé de construction est proposé, qui consiste à stabiliser les sols de fondation. Le procédé est décrit en détail, y compris les équations de base permettant de calculer l'interaction thermique et mécanique entre les bâtiments et structures et les sols de fondation.

Enfin, les auteurs fournissent un exemple de mise en oeuvre du procédé dans la construction d'une cité ouvrière, et décrivent comment sont conçus les bâtiments, quels types de fondation sont utilisés et comment sont construits les réseaux d'égouts, de drainage, d'adduction d'eau et autres installations. Cet exemple montre les avantages fondamentaux du nouveau procédé par rapport aux procédés existants.

СТРОИТЕЛЬСТВС ПО СПОСОБУ СТАБИЛИЗАЦИИ ВЕЧНОМЕРЗЛЫХ ГРУНТОВ ОСНОВАНИЯ

Г.В. Порхаев, Р.Л. Валерштейн, В.Н. Ерошенко, А.Л. Миндич, Ю.С. Миренбург, В.Д. Пономарев, Л.Н. Хрусталев, НИИ оснований и подземных сооружений, Москва, СССР

Дается краткий обзор существующих способов строительства в районах распространения вечномерзлых грунтов.

Особое внимание уделяется случаю, когда слой сезонного промерзания – оттаивания не сливается с вечномерзлыми грунтами, как наиболее сложному. Для таких территорий предлагается новый способ строительства – со стабилизацией вечномерзлых грунтов основания. Дается подробное описание способа и приводятся основные формулы по расчету теплового и механического взаимодействия зданий и сооружений с грунтами оснований.

В заключение разбирается пример реализации способа на строительстве рабочего поселка. Дается описание конструктивных особенностей возводимых зданий, применяемых типов фундаментов и способов прокладки санитарно-технических сетей. На этом примере показываются основные преимущества нового способа по сравнению с существующими.

СТРОИТЕЛЬСТВО ПО СПОСОБУ СТАБИЛИЗАЦИИ ВЕЧНОМЕРЗЛЫХ ГРУНТОВ ОСНОВАНИЯ

Г.В. Порхаев, Р.Л. Валерштейн, В.Н. Ерошенко, А.Л. Миндич,
Ю.С. Миренбург, В.Д. Пономарев, Л.Н. Хрусталев

НИИ оснований и подземных сооружений, Москва, СССР

В районах распространения вечномерзлых грунтов все подлежащие застройке территории можно разделить по мерзлотным условиям на две группы: территории, где слой сезонного промерзания-оттаивания сливается с вечномерзлыми грунтами, и территории, где этот слой не сливается с ними.

Первый тип условий определяет способ строительства жилых и общественных зданий с сохранением грунтов основания в мерзлом состоянии (Вялов, 1975). Конструктивно он выражается в заложении фундаментов в вечномерзлом грунте и устройстве под зданием вентилируемых подполий или других охлаждающих систем. Этот способ обеспечивает надежность и долговечность сооружений, если одновременно предусматриваются мероприятия по ликвидации теплового воздействия на грунты основания близрасположенных зданий и сооружений. Он широко применяется в северных районах области распространения вечной мерзлоты.

Основанием зданий и сооружений в этих районах являются вечномерзлые грунты, находящиеся в твердомерзлом состоянии и характеризующиеся высокой несущей способностью.

Известны также примеры строительства с использованием пластичномерзлых грунтов в качестве оснований фундаментов, которые в естественном состоянии обладают более низкой несущей способностью и высокими деформативными характеристиками. Однако с помощью имеющейся в здании охлаждающей системы, например, вентилируемого подполья за относительно короткий срок (1-2 года) можно понизить температуру основания, превратив грунты из пластичномерзлых в твердомерзлые и тем самым повысить надежность основания. Учитывая относительно короткий период перехода из пластичномерзлого состояния в твердомерзлое и реологические свойства мерзлых грунтов, в этот период можно не ожидать больших деформаций даже при нагрузках, несколько превышающих предельно-длительную прочность пластичномерзлых грунтов. Деформации основания за этот период можно учесть расчетом, но они, как правило, незначительные.

Второй тип условий однозначно не определяет выбор способа строительства. Здесь строительство осуществляется как с сохранением грунтов основания в мерзлом состоянии, так и с использованием их в оттаивающем и оттаявшем состоянии (Жуков, Пономарев, 1973).

При неглубоком залегании верхней границы вечномерзлых грунтов в пределах достигаемости их обычными свайными или столбчатыми фундаментами наиболее целесообразным является сохранение грунтов основания в мерзлом состоянии. В этом случае фундамент опирают на вечномерзлый грунт, а промораживание вышерасположенного талого слоя осуществляют в период эксплуатации за счет работы охлаждающей системы здания или сооружения.

Способ сохранения грунтов в мерзлом состоянии может применяться и при глубоком залегании верхней границы вечномерзлых грунтов, но в этом случае необходимо проведение предварительного промораживания. Предварительным промораживанием искусственно создаются условия первой группы, талые грунты основания превращают в твердомерзлые и далее сохраняют их в этом состоянии. До последнего времени предварительное промораживание осуществлялось машинным способом, требовало больших затрат и поэтому применялось в ограниченных масштабах. С появлением термосвай, позволяющих промораживать грунт на большую глубину естественным холодом, область применения этого способа подготовки основания значительно расширяется.

Однако более распространенным способом строительства на участках, где слой сезонного промерзания-оттаивания не сливается с вечномерзлыми грунтами, является способ строительства с использованием грунтов основания в оттаивающем и оттаявшем состоянии. Конструктивно он выражается в заложении фундаментов в талом слое грунта, подстилаемом вечномерзлым.

Если подстилающий слой является малосжимаемым, то его оттаивание не вызывает дополнительных деформаций, и фундаменты работают как в талом грунте. Поэтому оттаивание может быть допущено в процессе эксплуатации сооружения, независимо от глубины залегания вечномерзлых грунтов. Однако это редко встречающийся случай. Обычно вечномерзлые грунты при оттаивании дают большие деформации, которые являются основной причиной разрушения конструкции. Для обеспечения устойчивости сооружения производят предварительное оттаивание вечномерзлых грунтов.

Различают два вида оттаивания - сквозное и частичное. Первое производят при малой мощности вечномерзлых пород, в основном, в районах их островного распространения. Второе - в остальных случаях. При этом глубина предварительного оттаивания назначается такой, чтобы суммарная деформация грунтов основания (осадка талого, оттаянного и оттаивающего в процессе эксплуатации слоя) не превышала величины опасной для устойчивости сооружения. Особенно опасными для устойчивости и эксплуатационной пригодности конструкции являются неравномерные деформации (крены, прогибы, выгибы и пр.). Уменьшение неравномерности осадки или устранение ее влияния на здания достигается: увеличением глубины предварительного оттаивания, усилением конструкций здания и регулированием неравномерности оттаивания грунта основания в процессе эксплуатации, т.е. регулированием теплового режима основания. Например, для крупнопанельных 5-9-этажных жилых зданий глубина предварительного оттаивания для устранения недопустимой неравномерности осадки грунтов основания может достигать 25-30 м, что с технико-экономической точки зрения практически неприемлемо. Усиление конструкции здания также обходится достаточно дорого и не всегда приводит к желаемым результатам.

Наиболее приемлемым является регулирование теплового режима основания для устранения недопустимой общей осадки грунтов основания в процессе эксплуатации здания и ее неравномерности (Порхаев, 1970).

Регулирование может осуществляться с помощью холодных подполий, вентилируемых отмосток, теплоизоляцией специальных теплоисточников – труб или электрокабелей периодического действия, укладываемых по периметру здания или сооружения. Холодные подполья позволяют уменьшить и даже ликвидировать тепловое воздействие сооружения на основание. Однако при низких температурах в подполье появляется вероятность многолетнего промерзания грунта, которое может вызвать выпучивание фундаментов.

Поэтому температурный режим холодных подполий должен назначаться, исходя из условия наименьшей вероятности появления недопустимых деформаций в результате оттаивания вечномерзлых грунтов или многолетнего промерзания талых. Снижение вероятности недопустимых деформаций достигается увеличением глубины предварительного оттаивания или глубины заложения фундаментов или того и другого одновременно; а также теплоизоляцией по периметру сооружения и включением в работу вентилируемых отмосток и специальных теплоисточников.

Однако с помощью холодных подполий, а также других охлаждающих систем (труб, каналов, вентилируемых подсыпок и т.п.) можно полностью ликвидировать тепловое воздействие сооружений на основание и тем самым избежать оттаивания вечномерзлых грунтов, т.е. стабилизировать положение их верхней границы на первоначальном уровне.

Конструктивно этот способ стабилизации заключается в том, что фундаменты располагаются в толще талого грунта, подстилаемого вечномерзлым (Хрусталев и др., 1967).

Для сохранения стабильного положения верхней границы вечномерзлых грунтов в конструкции здания или сооружения предусматривается охлаждающее устройство, но, в отличие от аналогичного устройства, используемого в зданиях и сооружениях, построенных с сохранением грунтов основания в мерзлом состоянии, это устройство периодически включается и выключается из работы.

В качестве примера рассмотрим работу охлаждающего устройства в виде круглогодичного вентилируемого подполья. При открытых вентиляционных отверстиях в подполье устанавливается отрицательная средняя годовая температура воздуха, и в основании здания или сооружения происходит многолетнее промерзание грунта. Благодаря этому выше подошвы фундаментов в течение всего периода промерзания существует фазовая граница, на которой стабильно поддерживается температура замерзания. Вторая фазовая граница находится ниже фундаментов, на уровне залегания вечномерзлых грунтов. Между двумя фазовыми границами располагается слой талого грунта, в котором температурные градиенты отсутствуют, а следовательно, отсутствуют и теплопотоки через него. Очевидно, что пока существует безградиентный защитный слой верхняя граница вечномерзлых грунтов сохраняет первоначальное положение.

По мере многолетнего промерзания возрастает опасность выпучивания фундаментов. Чтобы избежать этого явления промерзание не должно превышать некоторой величины, определяемой расчетом фундаментов на действие сил пучения. При ее достижении охлаждающая система выключается из работы (вентиляционные отверстия закрываются). Теперь под действием тепла от здания или сооружения происходит оттаивание образовавшегося "перелетка" и вся система возвращается в первоначальное положение. Далее цикл повторяется. Надежность такого способа определяется прежде всего глубиной заложения фундаментов и продолжительностью цикла регулирования. Контроль за ходом промерзания и оттаивания осуществляется по данным наблюдения за температурой грунта в термометрических скважинах, расположенных по крайним и среднему рядам фундаментов.

Как показывают наши исследования, оптимальные условия создаются в том случае, если при полностью открытых вентиляционных отверстиях в подполье обеспечивается средняя годовая температура воздуха близкая к $0^{o}C$. В этом случае сумма градусочасов в летнее время (положительные температуры) равна сумме градусочасов в зимнее время (отрицательные температуры). Учитывая разницу в теплофизических свойствах мерзлых и талых грунтов, среднегодовая температура грунта в слое сезонного промерзания-оттаивания будет несколько ниже $0^{o}C$ – порядка $-0,5 - -0,7^{o}C$. В результате будет происходить многолетнее промерзание грунта ниже границы сезонного промерзания-оттаивания с относительно небольшой скоростью. Эта скорость у края здания или сооружения будет больше, чем в середине.

Ход многолетнего промерзания под краем и серединой здания или сооружения может быть определен по формуле:

$$\xi^{M} = \sqrt{(\xi_1^{M})^2 - \frac{2\lambda_M T \tau_Г}{БW}(n^M - 1)}, \qquad (1)$$

где

ξ^M – глубина многолетнего промерзания грунта под серединой (ξ^M_c) или краем ($\xi^M_к$) здания, сооружения, м;

ξ^M_1 – глубина сезонного промерзания грунта под серединой или краем здания, сооружения в первый год периода промерзания, м;

T – расчетная температура, принимается при расчете ξ^M_c равной T^M_1, а при расчете $\xi^M_к$ равной $0,5\,(T^M_1 + T_2)$, ^oC;

T^M_1 – среднегодовая температура грунта в слое сезонного промерзания-оттаивания в пределах контура здания, сооружения при полностью открытых вентиляционных отверстиях в подполье, ^oC;

T_2 – среднегодовая температура грунта в слое сезонного промерзания-оттаивания за пределами контура здания, сооружения, ^oC;

$\tau_Г$ – продолжительность года, 8760 час. ;

n^M – продолжительность периода промерзания, лет;

λ_M – коэффициент теплопроводности мерзлого грунта, Вт/м ^oC;

Б – теплота плавления льда, Дж/кг;

W – влажность грунта, кг/м^3.

При закрытых вентиляционных отверстиях оттаивание образовавшегося "перелетка" произойдет за время n^T, которое может быть определено по формуле

$$n^T = \frac{БW[(\xi^M_c)^2 - (\xi^T_1)^2]}{2\lambda_T\, T^T_1 \tau_Г} + 1, \qquad (2)$$

n^T – продолжительность периода оттаивания, лет;

ξ^T_1 – глубина сезонного оттаивания грунта под серединой здания, сооружения в первый год периода оттаивания, м;

T^T_1 – среднегодовая температура грунта в слое сезонного промерзания-оттаивания в пределах контура здания, сооружания при полностью закрытых вентиляционных отверстиях в подполье, ^oC;

λ_T – коэффициент теплопроводности талого грунта, Вт/м^oC.

Чтобы обеспечить одновременность оттаивания под серединой и краем здания или сооружения надо с помощью специальных нагревателей, располагаемых по периметру здания или сооружения, в течение времени n^T внести в грунт дополнительную энергию, величина которой будет прямо пропорциональна $\xi^M_к$.

Величина $\xi^M_к$ может быть значительно уменьшена за счет смещения крайних рядов фундаментов к середине здания, сооружения или же за счет устройства по периметру здания, сооружения вентилируемой отмостки, сообщающейся с подпольем.

Расчеты по предлагаемой методике показывают, что при $T_1^M = -0,5 - -0,7^\circ C$ многолетнее промерзание у края здания, ξ_K^M достигнет величины порядка 3,5–4 м за 10 лет эксплуатации.

Глубина многолетнего промерзания, равная 3,5–4 м, является в большинстве случаев, как показывают расчеты, предельной по условию невыпучивания фундаментов здания, охлаждающая система в связи с этим выключается из работы и начинается оттаивание образовавшегося перелетка. Скорость оттаивания будет больше, чем скорость промерзания. Общее время оттаивания составит 1–2 года. Таким образом, при обычных свайных фундаментах, общий цикл промерзания–оттаивания составит 11–12 лет. С увеличением глубины заложения фундаментов можно увеличить продолжительность цикла регулирования вплоть до его величины, равной эксплуатационному периоду.

Одним из условий, способствующих повышению надежности возводимых с использованием способа стабилизации зданий и сооружений, является максимальное сохранение природных мерзлотно-грунтовых факторов, исторически сложившихся к моменту освоения территории. Это условие определяет технологию строительных работ и тип применяемых фундаментов. Технология работ должна обеспечивать минимальное нарушение поверхностного слоя грунтов на строительной площадке. То же относится и к типу фундаментов. Этим требованиям наиболее полно отвечают свайные фундаменты (Ерошенко, 1972), хотя в принципе не исключено применение и фундаментов других типов (лент, столбов, плит), если это диктуется конструктивными или технологическими особенностями возводимых сооружений.

Способ обеспечения устойчивости зданий и сооружений путем стабилизации верхней поверхности вечномерзлых грунтов обусловливает специальные требования к расчету и конструированию свайных фундаментов. Конструкция свайных фундаментов назначается, исходя из двух условий:

1. Обеспечение необходимой несущей способности.
2. Устойчивость свай от выпучивания в условиях многолетнего промерзания грунта.

Особенность расчета несущей способности свай определяется влиянием на нее прорезаемого сваями слоя многолетнего промерзания–оттаивания. Учет этого влияния производится отдельно для периода промерзания слоя грунта под зданием (при включенном охлаждающем устройстве) и при оттаивании этого слоя (при выключенном охлаждающем устройстве).

Несущая способность сваи будет минимальна в период оттаивания грунта под зданием и определяется для этого периода с учетом негативного трения в слое многолетнего промерзания–оттаивания, которое снижает несущую способность сваи:

$$\phi = \frac{m}{K_H}\,[u \sum_{i=1}^{n} f_i l_i - uR_{сд.н}\,\xi_K^M + RF], \qquad (3)$$

где ϕ – несущая способность сваи, Н;
m, K_H – коэффициент, соответственно, условий работы и надежности грунтового основания;
u – периметр поперечного сечения сваи, м;
f_i – расчетное сопротивление i-го слоя грунта основания на боковой поверхности сваи, Па;
l_i – толщина i-го слоя грунта, соприкасающегося с боковой поверхностью сваи, м;
n – число выделенных слоев грунта в пределах длины сваи ниже слоя многолетнего промерзания;
R – расчетное сопротивление грунта под нижним концом сваи, Па;
F – площадь поперечного сечения сваи у ее нижнего конца, $м^2$;
$R_{сд.н}$ – расчетное удельное негативное (отрицательное) трение грунта на боковой поверхности сваи, Па.

Для периода промерзания производится проверка на устойчивость от сил пучения при максимальной глубине многолетнего промерзания:

$$K\phi + u \sum_{i=1}^{n} f_{Ti} l_i \geqslant \tau u \xi_K^M, \qquad (4)$$

f_{Ti} – удельное сопротивление сдвигу талого грунта по боковой поверхности сваи в i-том слое, Па;
τ – удельная касательная сила пучения в слое многолетнего промерзания, Па;
K – коэффициент использования несущей способности.

Если условие устойчивости от сил пучения (4) не соблюдается, то либо увеличивается глубина заложения свай, либо уменьшается период промерзания и соответственно, глубина многолетнего промерзания.

Для исключения отрицательного влияния слоя многолетнего промерзания–оттаивания на устойчивость и несущую способность фундамента могут быть осуществлены специальные конструктивные или технологические мероприятия (например: противопучинные обмазки, защитные обоймы, устройство подсыпок из непучинистых материалов).

Большое значение для обеспечения надежности зданий и сооружений, возводимых по способу стабилизации вечномерзлых грунтов основания, имеет способ прокладки инженерных коммуникаций. Опыт показывает, что тепловое влияние инженерных сетей на вечномерзлые грунты основания является одной из главных причин деформаций зданий или сооружений. Поэтому от системы прокладки коммуникаций во многом зависит устойчивость всех инженерных сооружений.

При строительстве по способу стабилизации вечномерзлых грунтов основания магистральные коммуникации и вводы-выпуски в зданиях прокладываются или подземным способом (в вентилируемых наружным воздухом проходных и полупроходных каналах) или надземным способом (в коробах и на эстакадах). В основу подземной прокладки инженерных коммуникаций положен тот же способ стабилизации вечномерзлых грунтов основания, для чего режим вентиляции канала назначается из расчета такой средней многолетней температуры воздуха в канале, чтобы исключить многолетнее промерзание-оттаивание грунта за его стенками. В канале предусматривается отвод от зданий возможных аварийных сбросов.

Внутриквартальные коммуникации размещаются в технических этажах или вентилируемых подпольях зданий, для чего при застройке применяется объемное объединение жилых групп путем блокировки зданий. Это дает возможность, кроме того, осуществить защиту селитебной территории от господствующего ветра и создать благоприятный микроклимат для повышения комфортности проживания жителей.

Таким образом, поступление тепла в грунт не только от зданий, но и от инженерных сетей практически ликвидируется, что обеспечивает надежность основания. Кроме того, проходные каналы обеспечивают доступ к коммуникациям на всем протяжении; сводится к минимуму вероятность аварий и повышается надежность, удобство и экономичность их эксплуатации.

Приведем один из примеров строительства рабочего поселка на 6 тысяч жителей, осуществленного в последние годы по способу стабилизации вечномерзлых грунтов основания. Застройка поселка производилась 5-этажными крупнопанельными зданиями, сблокированными между собой. Здания оборудованы техническими этажами и вентилируемыми наружным воздухом подпольями (рис. 1). Для вентилирования подполий в цоколе зданий предусмот-

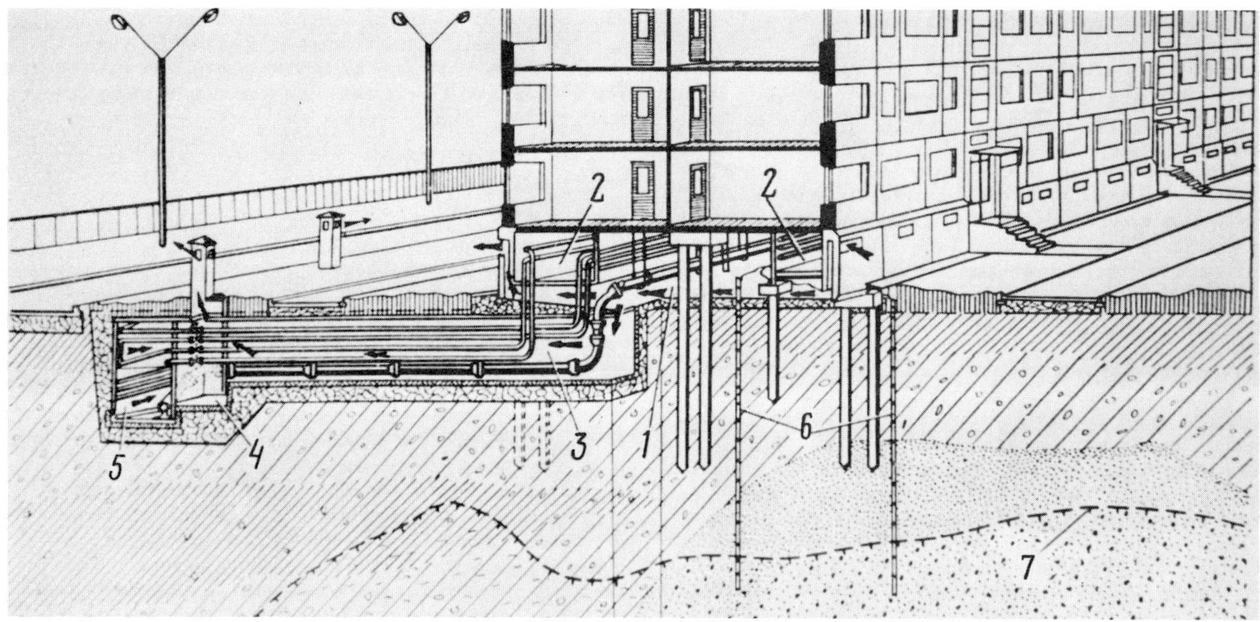

Рис. 1. Конструкция жилого дома, обеспечивающая стабилизацию верхней границы вечной мерзлоты
1 - вентилируемое подполье; 2 - полупроходной канал для сетей тепловодоснабжения; 3 - одноярусный вентилируемый канал; 4 - вентиляционный колодец; 5 - двухярусный проходной канал; 6 - температурные скважины; 7 - верхняя поверхность вечномерзлых грунтов.

Рис. 2. Фрагмент фасада блока зданий.

рены специальные отверстия-продухи, размеры и количество которых назначены по расчету, исходя из необходимости обеспечения среднегодовой температуры воздуха в подполье равной 0°С. Для исключения опасности снегозаносимости продухи выполнены в виде z-образных каналов в стенах технического этажа и вентилируемого подполья с превышением отметки наружного отверстия над отметкой планировки в среднем на 2,5 м. Для регулирования режима вентиляции продухи оборудованы жалюзийными решетками, позволяющими их закрывать или открывать.

В мерзлотно-грунтовом отношении территория поселка характеризуется большим разнообразием и сложностью. Верхняя поверхность вечномерзлых грунтов залегает на различных глубинах (свыше 10-12 м около 60% территории). Здесь широко распространены перелетки мерзлоты на глубину до 6-7 м, занимающие более половины всей территории. Геологический разрез представлен в верхней части (до глубины 5 ÷ 7 м) суглинками, глубже до 10-15 м - песчаными и гравелистыми грунтами, а также, в отдельных случаях - супесями, суглинками, глинами.

В этих условиях было осуществлено выравнивание верхней поверхности вечномерзлых грунтов оснований зданий, для чего на отдельных участках было проведено предварительное оттаивание грунтов на глубину до 10 м от дневной поверхности.

Фундаменты зданий были выполнены свайными из забивных железобетонных свай сечением 30х30 см длиной 6-8 м, погруженных в талые грунты, подстилаемые вечномерзлыми. При этом нижние концы свай располагались выше верхней границы вечномерзлых грунтов не менее, чем на 2-4 м (в зависимости от вида и состояния грунта). Строительство велось без отрывки котлованов под здания с расположением свайного ростверка в уровне черных отметок или несколько выше. Предварительно на стройплощадках выполнялась из крупноскелетного материала подсыпка толщиной не менее 0,5 м по ненарушенному растительному покрову.

Магистральные коммуникации размещены в 2-х ярусном вентилируемом канале, причем оба яруса проходные (см. рис. 1). В верхнем ярусе расположены трубопроводы теплоснабжения, холодного и горячего водоснабжения, в нижнем проложена канализация, электрические и телефонные кабели, а также предусмотрен отвод возможных аварийных сбросов. Магистральный канал соединяется с группой сблокированных зданий одноярусным проходным каналом для подключения коммуникаций к зданию. Все внутриквартальные сети размещены в технических этажах зданий, что стало возможным в результате блокировки последних. Для уменьшения глубины многолетнего промерзания под краем зданий по их периметру были выполнены газоны с кустарником шириной 6 м.

Осуществление строительства по способу стабилизации вечномерзлых грунтов основания дало возможность резко повысить планировочные и технические показатели. В 4,5 раза снижена протяженность наружных санитарно-технических коммуникаций. Сведен до минимума объем предварительного оттаивания. На полгода уменьшена продолжительность строительства. Все это позволило получить значительную экономию капитальных затрат и трудовых ресурсов по строительству поселка. На рис. 2 приведен фрагмент поселка.

Применение способа строительства со стабилизацией вечномерзлых грунтов основания дает возможность существенно повысить все основные технико-экономические показатели строительства, особенно на участках со сложными мерзлотно-грунтовыми условиями. Это предопределяет возможность широкого применения рассмотренного способа в упомянутых мерзлотно-грунтовых условиях, характерных, как правило, для южной зоны распространения вечномерзлых грунтов, наиболее перспективной с точки зрения ее интенсивного промышленного освоения.

ЛИТЕРАТУРА

ВЯЛОВ С.С. 1975. Принципы управления геокриологическими условиями при строительстве в области многолетнемерзлых горных пород. - П Междунар. конф. по мерзлотоведению. Докл. и выступления, вып. 8, Якутск, с. 151-188.

ЕРОШЕНКО В.Н. 1972. Свайные фундаменты в пластичномерзлых грунтах. Стройиздат, Л., 210 с.

ЖУКОВ В.Ф., ПОНОМАРЕВ В.Д. 1973. Предпостроечное оттаивание вечномерзлых грунтов. - П Междунар. конф. по мерзлотоведению. Докл. и сообщения, вып.7, Якутск, с. 57-62.

ПОРХАЕВ Г.В. 1970. Тепловое взаимодействие зданий и сооружений с вечномерзлыми грунтами. М., "Наука", 208 с.

ХРУСТАЛЕВ Л.Н. и др., 1967. Возведение зданий со стабилизацией положения верхней поверхности мерзлоты. - "На стройках России" № 1.

FOAMED SULPHUR INSULATION FOR PERMAFROST PROTECTION

M. E. D. Raymont, Sulphur Development Institute of Canada (SUDIC)
Calgary, Alberta, Canada

Rigid insulating foams based on sulphur are being developed in a joint Chevron-SUDIC program. With changes in formulation these foams can be produced with a wide range of mechanical and thermal properties. In contrast to commonly used board stock materials, sulphur foams can be foamed-in-place under any weather conditions. Using pilot plant equipment, sulphur foam was installed in August, 1974 at a site along the Dempster Highway, N.W.T. to test its utility for permafrost protection. Monitoring since the installation has indicated that the foam has fulfilled expectations. Temperature monitoring has detected some thaw beneath the insulated section, but this is substantially less than below the control section. Predictive thermal analysis of the design confirms field test data. Long-term monitoring of these foams for permafrost protection is being continued.

UTILISATION D'ISOLANTS À BASE DE SOUFRE EXPANSÉ, POUR LE MAINTIEN DU PERGÉLISOL

M. E. D. Raymont, Sulphur Development Institute of Canada (SUDIC) Calgary, Alberta.

Au cours d'un projet commun entrepris par Chevron et SUDIC, on a mis au point des mousses rigides et isolantes, à base de soufre. Avec quelques modifications de formule, on peut produire des mousses possédant une gamme étendue de propriétés mécaniques et thermiques. Contrairement aux matériaux habituellement utilisés pour la fabrication des panneaux, on peut fabriquer sur place des mousses à base de soufre (soufre expansé), quelles que soient les conditions météorologiques. A l'aide des appareils fournis par l'usine-pilote, on a placé en août 1974 du soufre expansé en un lieu situé le long de la route de Dempster, T.N.E., pour vérifier dans quelle mesure ce produit aide à préserver le pergélisol. Les observations effectuées depuis le début de l'installation ont indiqué que le soufre expansé a l'efficacité espérée. Les relevés de la température nous ont permis de déceler un certain degré de dégel au-dessous de la portion isolée, mais ce phénomène est beaucoup moins prononcé qu'au-dessous du tronçon de contrôle.
L'analyse thermique de ce modèle nous a permis de confirmer les données expérimentales obtenues in situ. On continuera pendant un certain temps à observer le rôle du soufre expansé dans le maintien du pergélisol.

СЕРНИСТЫЕ ПЕНОПЛАСТЫ КАК ТЕПЛОИЗОЛЯЦИОННЫЕ МАТЕРИАЛЫ, ПРИМЕНЯЕМЫЕ В УСЛОВИЯХ МНОГОЛЕТНЕЙ МЕРЗЛОТЫ

Фирмой "ШЕВРОН" в сотрудничестве с Канадским институтом по разработке сернистых материалов /СУДИК/ разрабатываются жесткие пенопласты на основе серы. Изменяя состав пенопластов можно изменять в широких пределах их механические и тепловые свойства. В отличие от обычных древесных материалов сернистые пенопласты можно изготавливать в полевых условиях при любой погоде. В августе 1974г на участке вблизи Дэмстерской автодороги /Северо-Западные территории/ была смонтирована пилотная установка по производству сернистого пенопласта и были проведены испытания этого материала как изолятора в условиях многолетней мерзлоты. Эксплуатация установки показала, что производимый материал отвечает всем необходимым требованиям. Замер температуры выявил некоторое оттаивание грунта под изолированным участком, которое, однако, значительно слабее, чем на контрольном участке. Термический анализ производственного процесса подтверждает данные полевых испытаний. Разработка перспективных пенопластовых материалов для использования их в качестве теплоизоляторов в условиях многолетней мерзлоты продолжается.

FOAMED SULPHUR INSULATION FOR PERMAFROST PROTECTION

M. E. D. Raymont

Sulphur Development Institute of Canada (SUDIC)
Calgary, Alberta

INTRODUCTION

Growing construction activity in northern areas is demanding large amounts of insulation material to ensure that permafrost degradation and subsequential damage to the environment and commercial facilities do not occur. Natural insulating materials available in arctic regions, such as gravel, display relatively poor insulating properties as well as being in short supply. In addition their availability is often severely limited by environmental aspects of their extraction.

The Sulphur Development Institute of Canada (SUDIC) and Chevron Research Company are jointly sponsoring an intensive R+D program to develop and commercialize sulphur foam insulation for a variety of uses including permafrost protection. Sulphur foam appears to present a viable alternative to natural and other artificial insulators. Elemental sulphur has excellent insulating qualitites, but is impractical for commercial applications because of its high density, its bacterial degradation, and its susceptibility to thermal shock. Recent developments in technology have enabled the production of a foamed sulphur which possesses low density, excellent insulating properties and resistance to degradation. As well, sulphur is readily available, particularly in Alberta, where stockpiles of by-product sulphur from the natural gas industry are continuing to build. Thus it does not pose the same availability and environmental problems associated with indigenous insulators. Current preliminary cost estimates indicate that sulphur foams can be very competitive with conventional insulating materials, and that its competitiveness improves with increasing job size, remoteness of location, and severity of weather conditions. Thus potentially it is ideally suited for use in remote areas to protect permafrost.

PREPARATION AND PROPERTIES OF SULPHUR FOAM

Containing between 50% and 85% sulphur, these foams can be foamed-in-place. A concentrate containing aromatic carbocyclic or heterocyclic compounds substituted by -OH or -NHR groups, and small amounts of surface agents, foam stabilizers and viscosity modifiers is prepared in a plant facility and transported to the site with the sulphur and foaming agent. At the site the concentrate is blended with molten sulphur to

Table 1. Typical properties of sulphur foams of varying densities. The ranges shown are achievable by changes in formulation. (From: Ankers *et al*, 1975)

ASTM Method		Density, kg/m³			
		70	100	160	320
D2326	K-Factor at 30°C, kW/m°C ($x10^{-4}$)	3.5	3.6	4.0	4.9
D696	Coefficient of Linear Thermal Expansion ($x10^{-5}$)			3.4	2.3
D1621	Compressive Strength, [1] kPa	140 - 210	210 - 310	340 - 620	1030 - 1380
D1621	Compressive Modulus, [2] MPa			13.8 - 20.7	
D790	Flexural Strength, kPa	80 - 100		140 - 210	340 - 480
D790	Flexural Modulus, MPa			20.7 - 48.3	~35
	Resilient Modulus, [3] MPa			~110	~250
	Dynamic Loading, [4] Cycles at 1.0 MPa			$>6.9x10^3$	
C355	Water-Vapor Permeability, Perm-in				
	– Core, Without Skin	11	9	10	10
	– One Skin Intact	0.8	1.5	<1	0.5
D2127	Water Absorption, vol%	1.5		1 - 2	1 - 2
D1940-62T	Closed Cells, % of Cell Content	3		5 - 85	18 - 84
C290-67	Freeze Thaw Resistance (100 cycles)	No crack	No crack	No crack	No crack

1. Measured parallel to foam rise, at maximum stress to 10% deformation.
2. Very rough estimates.
3. Compressive stress/strain under repeated loading conditions (0.1 sec loading at 20 applications/min).
4. Compressions of 1.3 sec. duration at 26 applications/min.

form a precursor which is then mixed with the foaming agent (an isocyanate) in a specially designed chamber to produce the liquid foam (Woo, 1973). Seconds after the liquid is extruded, it begins to foam, rise, and solidify producing a solid sulphur foam surrounded by a protective skin.

Several characteristic properties make sulphur foam particularly appropriate for northern insulating purposes. It is a solid rigid cellular material possessing low density, high strength, excellent insulating properties, and resistance to chemical and bacterial attack. Table 1 gives typical properties of several formulations of sulphur foams. The formulation can be altered to meet specific requirements. For example it is possible to vary such properties as density, compressive strength, flexural strength, closed cell content, and thermal conductivity. Typically, as the density is increased, the mechanical properties improve but the thermal properties deteriorate. However, it is possible to maintain a constant density and vary the closed cell content and compressive and flexural strengths. The thermal conductivities of sulphur foams are very similar to other common insulating materials of comparable density as shown in Figure 1.

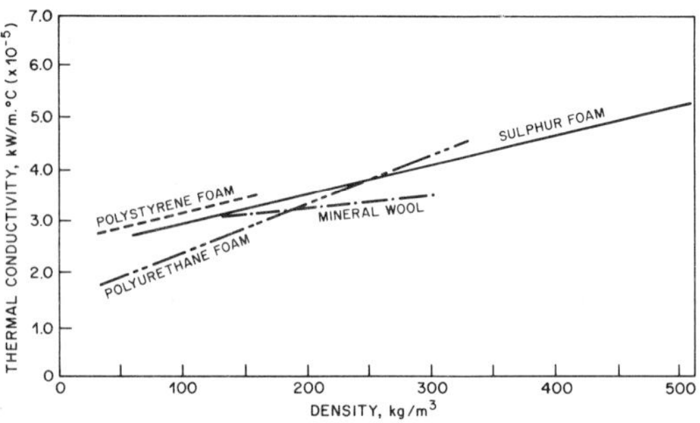

Figure 1. Thermal conductivity as a function of density for sulphur foam and other common insulators. (From: Chevron Research Company, 1976)

DEMPSTER HIGHWAY, N.W.T. FIELD TEST

A field trial at a northern location was initiated with two objectives: 1. To evaluate the utility of foamed-in-place sulphur foams in conjunction with activities in remote environments such as the Arctic, and 2. To assess the performance of the material under typical arctic conditions.

The selected site is a section of the Dempster Highway, about 64 km south of Inuvik, N.W.T., in terrain that is transitional between that of subarctic forest and tundra. Average ice content for the site was comparatively low, ranging from 10-20% (Campbell, 1976); generally it was not visible in the cores drilled for soil sampling except for sparse tiny inclusions or thin lenses. Soil analysis results are given in Table 2.

Table 2. Soil analysis results, Dempster Highway test site.

	Depth, m	Water Content, %
Peat	0.2	14-23
Silt	0-3.4	14-23
Silt Till	3.4-4.9	10-15
Silt Shale (Bedrock)	4.6	7-10

For this test, a 10 cm layer of sulphur foam of 160 kg/m³ density and 340 kPa compressive strength was sandwiched between a basal gravel layer (0.5 m) and a topping gravel lift (0.9 to 1.5 m). This latter course was compacted to form the road surface (Figure 2). Only one-half the thickness of the topping lift was required for structural protection of the foam; however, the greater thickness was laid to match the height of the adjoining sections of highway. The thickness of the foam layer was arbitrarily determined since thermal history and geotechnical data for the site was not available. Observations made during installation of a styrofoam insulation test carried out by National Research Council at a site 20 km south of Inuvik provided some indication of the site characteristics that could be expected. The degree of insulation used for the test was based on these observations.

Figure 2. End-dumping the topping gravel lift. Rocks 0.3-0.6 m across produced only minor scuff marks on the foam surface, while the weight of the bulldozer and gravel layer did not damage the foam.

Figure 3. Nozzle extruding liquid foam onto shale road base. The irregular surface is due to the zigzag spreading action of the nozzle.

The equipment required to prepare and lay the foam was a prototype experimental unit mounted on two trucks. The precursor is prepared in one truck and transferred to the other where it is mixed with the foaming agent and extruded.

The layer of sulphur placed during August, 1974, measured 40 x 14 m by 11 cm thick. In spite of the abrupt variations in weather conditions (between temperature extremes of -2° C and 21° C) the foam quality was excellent, exhibiting very fine uniform cell structure. The average 176.2 kg/m³ density and 320 kPa compressive strength were close to the design specifications. The prototype equipment was fitted with a very crude spreading system and this caused the wavy surface of the foam (Figure 3).

Performance monitoring of the foam is based on data recorded by instruments installed during the test (Ankers *et al*, 1975). Temperature is recorded by a total of 197 thermisters placed in the test section, a control road section and in an undisturbed plot away from the road. Of these, 156 measure ground temperatures to a depth of 6 m, while the remainder record temperatures immediately above and below the foam. In addition, thermopile heat flow gauges were installed at three locations on both surfaces of the foam layer to measure thermal conductivity. Settlement feeler plates were also installed directly on top of the foam layer so that profile changes could be recorded by annual site surveys.

FIELD MEASUREMENTS – RESULTS AND DISCUSSION

Thermisters are read monthly throughout the year, and settlement was measured and cores removed during the summers of 1975 and 1976. Cores were tested in the laboratory for moisture content and compressive strength.

Moisture Content

Laboratory testing has indicated that water vapor permeability (according to ASTM C355) of sulphur foam is to a great extent dependent on the presence of an intact surface skin. Cracks developed in the newly poured foam layer at the test site about every 0.6 - 1 m. This was a result of the strong bond formed to the road by the foam and the considerable difference in contraction of the two materials on cooling. Experimentation with polyethylene sheets during the trial indicated that this effect can be completely eliminated by use of a lubricating agent between the foam and road surface. However, because it is inevitable that the foam will eventually crack from ground movements, it is important that the foam perform adequately even in the presence of cracks.

No moisture was found during testing of the 1975 cores, but 1976 cores indicated an average accumulation in the foam layer of 0.5 vol% water. There was generally more moisture in the bottom 1.0 cm (1.5 - 3 vol%) and near cracks in the foam. However, the gravel immediately above and below the foam was much wetter (5 - 10% water above, 8 - 11% below).

An increase in thermal conductivity of 4% would correspond to the 0.5 vol% average moisture accumulation in the foam. However, the temperature data cannot and did not detect that small a change, indicating that further data is necessary to establish this relationship. A water content of approximately 15 vol% would be required to increase the thermal conductivity by a factor of two (Campbell *et al*, 1976).

Compressive Strength

Compressive strength was measured at maximum to 10% deformation (parallel to rise) according to ASTM D1621. Testing of both 1975 and 1976 cores indicated no significant change in compressive strength over the two-year period. This supports previous laboratory tests which indicated that moisture content and thermal cycling do not affect mechanical properties of the foam (Chevron Research Company, 1974).

Thermal Analysis

The substantially higher temperatures in the insulated section as compared to the control during the winter following installation (1974/75) are most likely a result of the insulation preventing rapid cooling of the ground (Figure 4). However, even during the first full summer after installation (1975), the extent of thaw was markedly reduced by the sulphur foam layer. Maximum ground level temperatures reached only 2° C in contrast to 6° C in the control section, and the degree days of thaw were reduced to less than one-third of those experienced in the control section. During the next winter (1975/76) the insulated section again remained warmer than the control although the minimum ground level temperatures were noticeably lower than for the previous winter. During the most recent summer (1976) some thaw still occurred under the sulphur foam layer, but the degree days of thaw were reduced by some 80+%

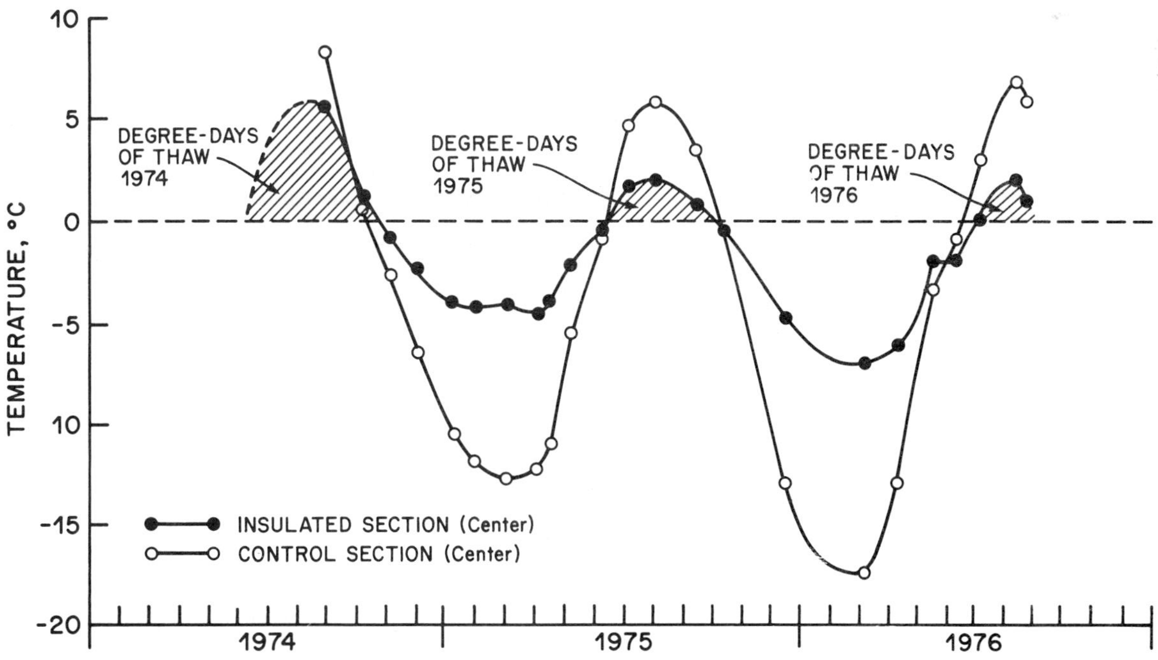

Figure 4. Ground level temperatures for centre of control and test sections, Dempster Highway test site. (From: Campbell *et al*, 1976)

as compared to the uninsulated standard construction design. Depth of thaw during both summers was reduced by about 50%.

Isotherms under the insulated and uninsulated road sections, shown in Figures 5 and 6 respectively, clearly indicate the different thawing trends under the two sections. Recorded in early July, 1976, the 0° C isotherm reaches well up into the insulated road bed whereas it is already about 0.5 m below ground level for the uninsulated. The asymmetry of the isotherms with respect to the road is due to unsymmetrical exposure to the sun. The noticeable dip in the isotherms at the road edge indicates a need for careful insulation design at the road berm/undisturbed ground interface to prevent excessive thawing.

Christison and Shields (1976) applied one-dimensional heat conduction analysis to several cases based on the actual conditions at the Dempster Highway site. Thicknesses of granular fill, foam and subsoil, density of foam, and time of construction (i.e. summer or winter) were varied in the eight cases analyzed. Thermal analysis utilized an "n" layer, explicit finite difference model to predict depth of thaw beneath several trial combinations. The present 11 cm thickness of insulation is predicted to be insufficient to allow complete regeneration of the permafrost within three years of installation, for either summer or winter construction. However, since settlement is less at a low ice content site than one with higher ice content, the amount of thaw permitted by the 11 cm of foam may be tolerable in terms of ground stability.

To prevent any thawing even during the first summer following construction, it is estimated that 20 cm of foam would be required for summer installation, and 15 cm for winter construction. A site with a higher ice content (30 - 50% ice) would require greater amounts of heat to achieve the same depth of thaw as a site with lower ice content. The Christison-Shields model predicts that 11 cm of foam would suffice at a higher ice content site, for a winter installation.

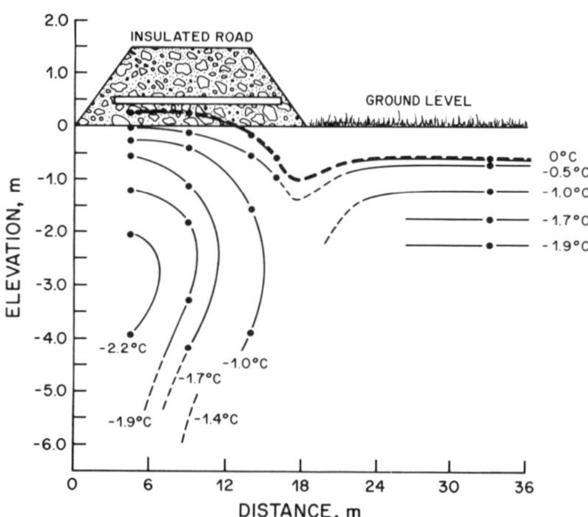

Figure 5. Isotherms under insulated road, July 4, 1976 (cross-section). (From: Campbell *et al*, 1976)

Ground Settlement

Survey profiles indicated a 2.5 cm settlement over the entire site in 1975, with slightly greater settling in the control section; no settlement was observed in 1976. This would tend to support the suggestion that the settlement during the first year was due to compaction of the soil and basal gravel layer.

Environmental Impact

During installation of the foam, a small pad was placed directly onto bare earth adjacent to the roadway. It was left exposed to permit evaluation of the effect of the foam on the natural vegetation in direct contact with it. Inspection by R. M. Hardy & Associates Ltd. personnel during August, 1976 showed there was no observable evidence that the sulphur foam had affected the vegetation in any way.

Samples were taken from several locations for testing pH and microbial levels.* These sites included undisturbed areas away from the road, sites on the road where the foam had been

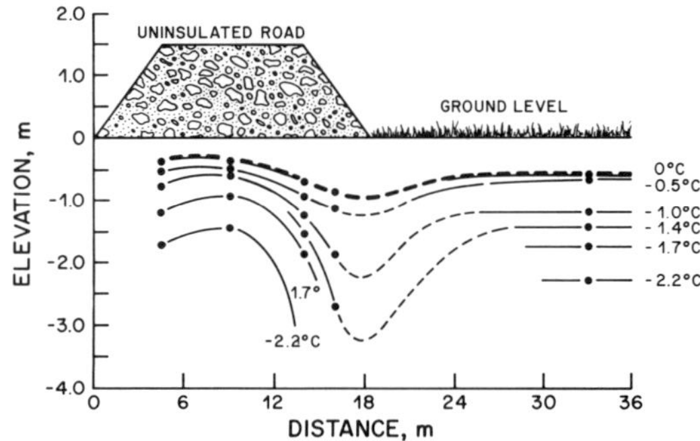

Figure 6. Isotherms under noninsulated road, for July 4, 1976 (cross-section). (From: Campbell *et al*, 1976)

removed from other measurements, the edge of the road, and the exposed foam pad. Samples of shale were taken from the roadbed to determine if the buffering action of the shale material used in the gravel layers was neutralizing the acid formed by oxidation of the sulphur. No major changes in soil pH were observed, although small drops were noted in the surface soil directly below the exposed foam pad. Because the shale was found to have significant buffering capacity, pH testing is inconclusive.

R. M. Hardy and Associates (1976) report that preliminary greenhouse experiments show some lowering of pH when finely crushed samples of foam are incubated under warm temperatures (20° C) at high loadings. However, the acidification is significantly less than in experiments using elemental sulphur. Further work is in progress to establish degradation rates under conditions similar to that found in the field.

CONCLUSIONS

In order to assess the practical viability of sulphur foam, the installation of a field test for permafrost protection early in the development program was felt to be very important. Field testing enabled assessment of equipment and construction techniques as well as providing valuable data on the structural and thermal performance of the product. Detailed geotechnical and climatic site information were not available prior to the field work. Thus, certain assumptions had to be made in order to choose an insulation thickness. Nevertheless, it is clear from two years of data that the physical, structural, and thermal properties of the foam have been maintained and that it is feasible to use these materials for permafrost protection. For future installations, insulation design will be based on detailed site characteristics and requirements (e.g. ice content, climatic conditions, load limits, etc.). Preliminary cost estimates indicate that they should be competitive with other types of insulation, particularly for larger jobs in remote locations with adverse weather conditions. This is in part due to the fact that sulphur foams are foamed-in-place, thus eliminating the need for very careful base preparation. As well, all-weather application is possible. Prototype com-

*At time of press, results from microbial testing were not available.

mercial equipment capable of producing and laying sulphur foam with a smooth uniform surface at very high rates (up to 500 kg/min) under adverse arctic weather conditions has been developed and tested. Further tests and some possible commercial operations are planned for 1977-78.

REFERENCES

ANKERS, J.W., ANTONIADES, E.P., WOO, G.L. (1975). Development of Uses for Improved Sulphur Foam, I. Dempster Highway Field Test. Chevron Research Company, Richmond, California.

CAMPBELL, R.W., WOO, G.L., ANTONIADES, E.P., ANKERS, J.W. (1976). Sulphur Foam for Permafrost Protection. Conference on Materials Engineering in the Arctic, Gray Rocks, Quebec. Unpublished report.

CHEVRON RESEARCH COMPANY (1974). Sulphur Foam Properties Pamphlet, Richmond, California.

CHEVRON RESEARCH COMPANY (1976). Chevron Furcoat Arctic Insulation, Richmond, California.

CHRISTISON, J.T. and SHIELDS, B.P. (1976). Application of Sulphur Foam for Road Insulation. Alberta Research Council, Transportation and Surface Water Engineering Division. Unpublished report.

R.M. HARDY & ASSOCIATES LTD. (1976). Preliminary Report Assessing the Potential Environmental Impact of Sulphur Foam in Northern Canada – The Dempster Highway Study. Calgary, Alberta. Unpublished report.

WOO, G.L. (December 6, 1973). German Patent: 2,324,175.

PROTECTION OF PERMAFROST AND ICE RICH SHORES, TUKTOYAKTUK, N.W.T., CANADA

V.K. Shah, Marine Directorate, Department of Public Works of Canada, H.Q., Ottawa, Ontario, Canada.

DPW undertook in May 1972, to study the shore erosion occuring at Tuktoyaktuk and to develop solutions to arrest further degradation of the shore. The program included literature research; review of available data; consultations; field measurements and investigations; and; research on alternative solutions. The investigations revealed that in the arctics where ice rich soils and massive ice abound within the soil mass, thawing of permafrost and ice caused by the summer temperatures and the summer sea conditions is a principal and additional cause of shore erosion to those usually encountered in the southern regions. A test solution was devised and implemented in August 1976 to protect the Tuktoyaktuk shore. The first observations show that assumptions made in preparing the solution were reasonable, at least qualitatively. The performance of the test work is to be closely monitored and its adequacy should be adequately known by the time of the conference.

PROTECTION DU RIVAGE DE PERGÉLISOL ET À FORTE CONCENTRATION DE GLACE À TUKTOYAKTUK (T. du N.-O.) CANADA.

M. V.K. Shah, Direction des travaux maritimes, ministère des Travaux publics, Administration centrale, Ottawa (Ontario), Canada.

En mai 1972, le ministère des Travaux publics entreprenait une étude de l'érosion du rivage à Tuktoyaktuk, afin de trouver des solutions pour endiguer la détérioration du rivage. Le programme comprenait l'étude de dossiers, l'analyse de données déjà disponibles, des consultations, des levés et des enquêtes sur place ainsi que des recherches afin de trouver des solutions de rechange. Les enquêtes ont démontré que dans les régions polaires, où la masse terrestre est formée de pergélisol et d'une grande quantié de blocs de glace solides, le dégel causé par les températures estivales et les conditions de la mer en été est la cause première de l'érosion du rivage et vient s'ajouter aux autres causes que l'on rencontre habituellement dans les régions plus au sud. On a élaboré et mis à L'essai une solution au problème d'érosion à Tuktoyaktuk en août 1976. Selon les premières observations, les hypothèses formulées lors de la phase d'élaboration étaient acceptables, du moins au point de vue qualitatif. Le rendement de l'ouvrage à l'essai sera étroitement contrôlé et son efficacité devrait être connue de façon concluante d'ici la conférence.

ПРЕДОХРАНЕНИЕ ОТ ЭРОЗИИ МНОГОЛЕТНЕМЕРЗЛЫХ ГРУНТОВ И ЛЬДИСТЫХ БЕРЕГОВ В РАЙОНЕ ПОСЕЛКА ТУКТОЯКТУК /СЕВЕРО-ЗАПАДНЫЕ ТЕРРИТОРИИ,КАНАДА/

В мае 1972 года Департамент общественных работ Канады предпринял изучение береговой эрозии в районе поселка Туктояктук с целью найти пути предотвращения дальнейшей деградации берега. Программа исследований включала в себя изучение литературы, обзор имеющихся данных, консультации, полевые измерения и исследования и поиск альтернативных решений. Исследования показали, что в арктических районах, изобилующих высокольдистыми грунтами и участками массивного льда, береговая эрозия обусловлена не только факторами, характерными для более южных районов, но и оттаиванием мерзлых грунтов и массивного льда и состоянием моря в летний период. В августе 1976 года были разработаны и применены предварительные меры по защите берега в районе Туктояктука. Первые наблюдения показали, по крайней мере качественно, правильность найденного решения. Испытания будут тщательно контролироваться, и их эффективность должна быть выяснена к началу конференции.

PROTECTION OF PERMAFROST AND ICE RICH SHORES, TUKTOYAKTUK, N.W.T., CANADA

V.K. Shah

Marine Directorate, Department of Public Works of Canada
H.Q., Ottawa, Ontario, Canada

INTRODUCTION

Tuktoyaktuk is located on the eastern side of Kugmallit Bay in the Western Arctic at north latitude of 69° 27' and west longitude of 133° 02'. It is approximately 90 miles north of Inuvik and 1450 miles northwest of Edmonton (see Plate 1). The area is mainly comprised of a long, narrow, boot-shaped peninsula oriented in approximately north-south direction, a complex lagoon, which has been developed as a harbour, east of the peninsula and an island straddling the mouth of the lagoon. Certain dwellings exist at the southern and southeasterly shores of Tuktoyaktuk Harbour. A large majority of the inhabitants reside in a settlement developed on the peninsula. Tuktoyaktuk is used as a transfer point, linking the Mackenzie River barge transport with coastwise shipping serving the western arctic seaboard and inland settlements and bases. As a result of this the Tuktoyaktuk settlement has grown to be the largest of the western arctic coast settlements.

The Tuktoyaktuk shores have been receding at considerable rates, on an average approximately 6 ft. per annum, and shore protection works are required to safeguard the settlement located on the peninsula.

CLIMATE

Tuktoyaktuk lies within the sub-arctic lowland. It has 8 months of winter and 2 months of summer, separated by one month of spring and one month of fall. In the summer there is daylight round the clock. The winter time is marked by darkness. The mean winter temperature is about -20°F and that of the summer, 40°F. In the extreme the temperatures can drop to -50°F in the winter and rise to 80°F in the summer (see Plate 1). The sea freezes up in winter. The freeze-up occurs at around the beginning of October. The ice break-up takes place at around the third week of June. Because of the low capacity of cold air for water vapour the precipitation at Tuktoyaktuk, like most arctic areas, is low. The predominant directions of winds at Tuktoyaktuk are northwest and southeast. The wind activity is generally calm to 20 mph winds. The return period of storm winds (30 mph and stronger winds) is approximately 1 to 2 years. Likewise the the wave activity is generally small except when storms occur from the northwest when waves as high as 6 to 8 feet can impinge upon the Tuktoyaktuk shores (see Plate 1). The tides at Tuktoyaktuk are of the mixed semi-diurnal type. The average tidal fluctuation is small ranging to 1 to 1.5 feet. Similarly the currents are small except during storm conditions.

COASTAL GEOMORPHOLOGY

General

The coast of Tuktoyaktuk can be described as a shallow, embayed and receding coast. It is generally flat and contains narrow beaches and steep cliffs. The area is mostly underlain by fluvial sands and silts and fine grained deltaic sands. These deposits are capped by a thin layer of a mixture of sands, peat, lacustrine deposits, gravel and clayey till like deposits. The subsurface includes permafrost and lenses and sheets of massive ice.

Subsurface

The analysis of test borehole samples and thermistor readings indicates that generally the subsurface can be divided into two zones. These are: (1) an active zone which is frozen in the winter and thaws out in the summer and (2) a permanently frozen zone below the active zone. The active zone consists of sands, silts and gravel, in places covered by peat or organic material. In areas where there is a cover of peat the thickness of the active zone as measured was small, varying from 1 to 2 feet. In the inorganic soils, the thicknesses of the active zones measured were relatively large, varying from 4 to 16 feet. The permanently frozen zone consists of layers of sands, silts and gravel together with ice crystals, lenses of ice and sheets of massive ice. The thickness of the permafrost zone was not determined. It is, however, known to extend from above to below the sea level or in other words it straddles the sea level.

The offshore deposits are similar to those of the land area. The depth to permafrost and ice, however, increases rapidly with the depth of water. It was not possible to extend the test boring to the submerged area. However, it would be reasonably safe to assume that the ice layer disappears at approximately the 6 ft sounding contour and that the permafrost dips rapidly possibly at 45°. The cover over the permafrost and ice at the junction of the beach and land, and at the beach, is relatively thin, varying from 4 to 7.5 feet.

Summarized details are shown on plate 2.

SHORE EROSION

General

Aerial photographs and shore surveys show that the Tuktoyaktuk shoreline has been receding at dramatic rates. Between 1950 and 1972, the coastline of the settlement peninsula receded some 130 feet. A recession of similar magnitude occurred at the Tuktoyaktuk Island. The adjacent coastlines on either side of Tuktoyaktuk receded at similarly high rates varying from 60 feet to 850 feet in the same period of time.

There are two major causes of the erosion occurring at Tuktoyaktuk. In the warm regions of the world the usual cause of erosion is the physical force of the waves. In the arctics, where ice rich soils and massive ice within the soil abound, thawing caused by the warmer temperatures in the summer and warmer sea water can be a major cause of shore recession and an accelerating factor in shore erosion. Both of these phenomena appear to affect the Tuktoyaktuk coast.

Erosion by Wave Forces

The erosion of Tuktoyaktuk shores, attributable to the physical forces of waves, can be seen to be taking place in two distinct ways depending upon the shore topography. In places where high cliffs exist, the cliffs are degraded by undermining and removal of slices from them. In areas where dunes occur, the dunes are shifted landward in varying alignments depending upon the direction of storms. The importance of these two shore erosion factors compared with the factors of thermal erosion discussed in the following section, cannot however be precisely established.

The shore material transport rates calculated using a method known as the wave energy flux method (Reference 2) do not reconcile with the large coastal recession rates of Tuktoyaktuk given by the aerial photographs and surveys.

Thermal Erosion

Thermal action is considered to be the major contributory cause of the coastal recession occurring at Tuktoyaktuk. There are two ways in which the thermal action is affecting the Tuktoyaktuk coast. These are: (1) the melting of the ice present in the coastal land by warm water waves at high storm water levels and (2) thawing of the permafrost and ice contained in the beach and underwater soils, by the warm summer environment.

The massive ice and ice rich soil of the coastal land straddle the sea water level and have little material to insulate them against the thermal action by waves at high water levels. As the waves impinge on the coastal land the thin veneer of material that may be present is removed and the ice and permafrost are brought in direct contact with the warm sea water. Certain melting of the frozen water occurs and when sufficient quantity of water has been removed the overburden loses the support and collapses to form a new thick layer of insulation in place of the preceding layer removed by wave action. This process of removal of insulation by waves, thermal action on the ice and permafrost, collapse of the overburden where this exists and the resulting encroachment of the sea on the land, affecting Tuktoyaktuk, is a continuous process depending on the frequency, duration and magnitude of storms and the warm temperatures.

In soils containing excess ice, a signifcant settlement can be expected to take place upon thawing of the ice. In the frozen state, the frozen soils contain the solid soil particles, ice, in certain cases super cooled but unfrozen water and air. Upon thawing, the ice would be melted to water which would drain out from the soil mass. The volume of the soil mass would be reduced accordingly and settlement would result.

The Tuktoyaktuk soil mass not only contains excess ice but also massive ice. Large settlements can, therefore, occur there upon thawing of the ice. Thaw settlements were estimated for the study using the following expression.

$$E_x = 1 - \frac{1 + W\,G}{1 + 1.09\,W_i\,G} \qquad \text{(Ref. 1)}$$

where

E_x = Volume of excess ice divided by the original volume of frozen soil mass including excess ice.

W = Ratio of the weight of moisture remaining after thawing and drainage of excess moisture have taken place to the weight of the dry solids in the soil mass.

W_i = Ratio of the weight of the original mass of moisture contained in the soil as frozen or unfrozen water and excess ice to the weight of the dry solids in the soil mass.

G = Specific gravity of the solids in the soil mass usually assumed to be 2.7.

To obtain the settlement of a frozen soil stratum, E_x is simply multiplied by the thickness of the stratum.

The following formula was used to calculate the depth of penetration of thaw at Tuktoyaktuk:

$$X = \lambda . \sqrt{\frac{48\ k}{\gamma_d \frac{W}{100} L_s} TI} \quad \text{(Ref. 3)}$$

Where,

X = Thaw depth in feet

λ = Non dimensional coefficient (0.75 for Tuktoyaktuk)

k = Thermal conductivity of material in BTU/ft. hour ^{o}F

γ_d = Dry density of material in lbs/cft

L_s = Latent heat of fusion of water in BTU/lb (144 BTU/lb)

W = Percent moisture content

TI = Thawing index or degree days above freezing

Using average values of γ = 0.75, k = 1.6, TI = 1,500, γ_d = 125, W = 10 and L_s = 144, the depth to which thaw can be expected to penetrate at Tuktoyaktuk, in an average year, is 6 feet.

The Tuktoyaktuk beach areas have a thinner cover layer over the permafrost and ice table than required for its stability. Thawing of permafrost and ice can therefore be expected to occur in the beach areas and because of excess ice content, thaw settlement can be expected to take place.

As the beach is depressed by thaw settlement, the height of water over it in storm conditions is greater. Because of the greater height of water, the premafrost and ice table is depressed further, causing additional thaw settlement. The new depth of water at the beach then provides access to larger waves and erosion of the coast is intensified.

SHORE PROTECTIVE WORKS

Construction

As discussed earlier, the erosion occurring at Tuktoyaktuk is mainly as a result of an inadequate cover over the ice and permafrost present in the ground at the site. Direct solar heat and thermal action of warm water waves are the main agents that cause the erosion at Tuktoyaktuk. During normal weather conditions the water levels are low and the waves do not impinge upon the coast. In storm weather situations, high water levels occur and the beach and the coastal areas are rendered liable to direct thermal action of warm water and thermal and physical action of waves. To protect the beach and the coast from the thermal action, an insulating cover is required over the area. To abate the wave action a barrier is needed. The insulating cover and the barrier must be of flexible type to accommodate any initial and long term settlement.

The plan devised as a test plan and implemented in 1976 is shown in the accompanying plate 3. The plan essentially consists of two lines of defence walls and a system of groins using one meter diameter synthetic fibre tubes, known as "Longard" tubes, filled with local sand. The areas enclosed by the walls and groins were filled with sand to provide the required insulating layer over the beach. The seaward line of defence is located at the waterline. The main function of this line of defence is to break the storm waves impinging upon the coast at storm water levels. This defence line also acts as a retaining wall for fill placed in between the walls and groins. The upshore defence line is a double tube with fill behind the line. This upshore line of defence is located at the cliff toe and provides protection to the cliffs. The seaward line of defence and the groins projecting into the water will be subject to ice action and should they prove to be successful the upshore defence line will be eliminated in the final design.

Estimated Costs

Longard Tubes, Dura bags filter cloth	$ 65,000
Sand Fill	$ 30,000
Construction	$ 60,000
Indirect Research and Engineering Costs	$ 50,000
Total	$205,000

Cost per foot of shoreline $500

CONCLUSION

There were no known precedents of shore protection works in the arctic environment that the Department could follow resulting in extensive field and research work both in laboratory and on site. The performance of the test work installed at Tuktoyaktuk is hoped will provide adequate data for any future shore protection works that may be required in the permafrost environment.

REFERENCES

1. Shore Erosion and Protection Study Stage 2, Public Works Canada, Western Region, Edmonton, Canada.
2. Shore Protection Manual (1973). US Army Coastal Engineering Research Center, Fort Belvoir, Virginia, U.S.A.
3. F.J. Sanger, Proceedings Permafrost International Conference 1963.

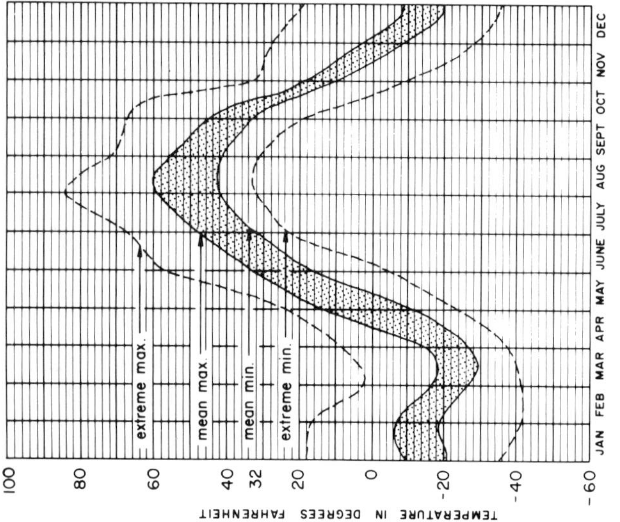
TEMPERATURE IN DEGREES FAHRENHEIT
100
80
60
40
32
20
0
-20
-40
-60
extreme max.
mean max.
mean min.
extreme min.
JAN FEB MAR APR MAY JUNE JULY AUG SEPT OCT NOV DEC

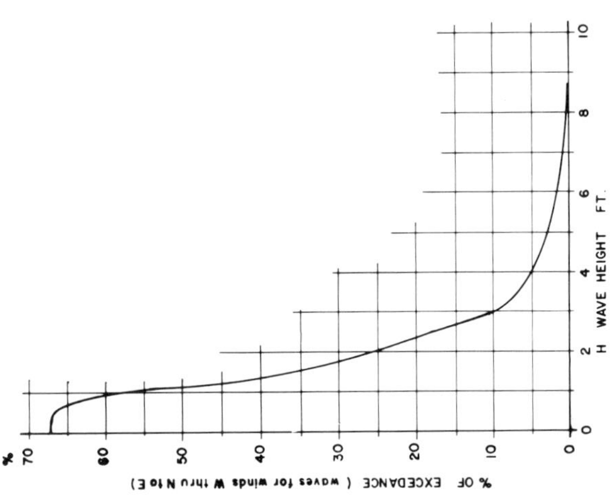
% OF EXCEDANCE (waves for winds W thru N to E)
%
70
60
50
40
30
20
10
0
0 2 4 6 8 10
H WAVE HEIGHT FT.

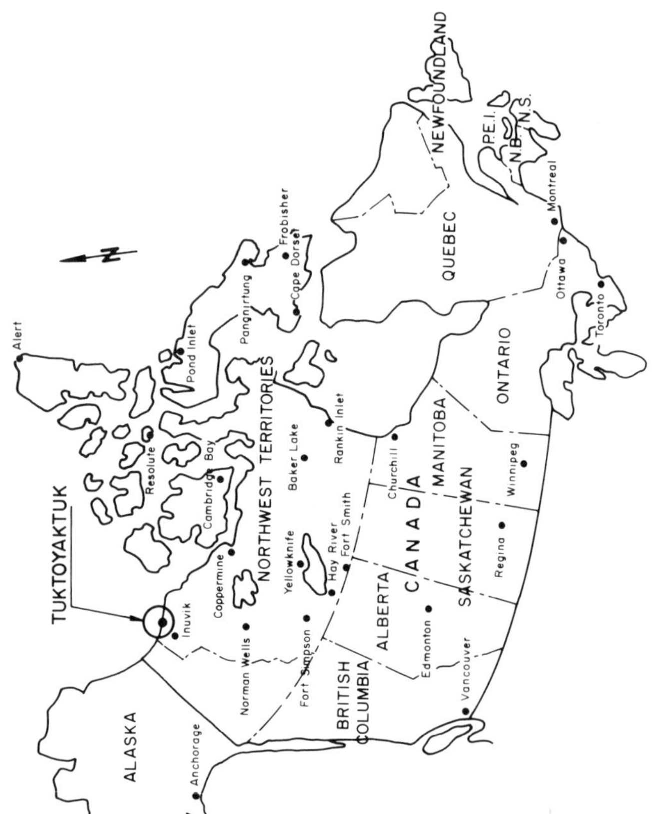
TUKTOYAKTUK
ALASKA
Anchorage
Inuvik
Norman Wells
Coppermine
NORTHWEST TERRITORIES
Fort Simpson
Yellowknife
Hay River
Fort Smith
Baker Lake
Rankin Inlet
Resolute
Cambridge Bay
Alert
Pond Inlet
Pangnirtung
Frobisher
Cape Dorset
BRITISH COLUMBIA
Vancouver
ALBERTA
Edmonton
CANADA
SASKATCHEWAN
Regina
MANITOBA
Churchill
Winnipeg
ONTARIO
Toronto
Ottawa
Montreal
QUEBEC
NEWFOUNDLAND
P.E.I.
N.B.
N.S.

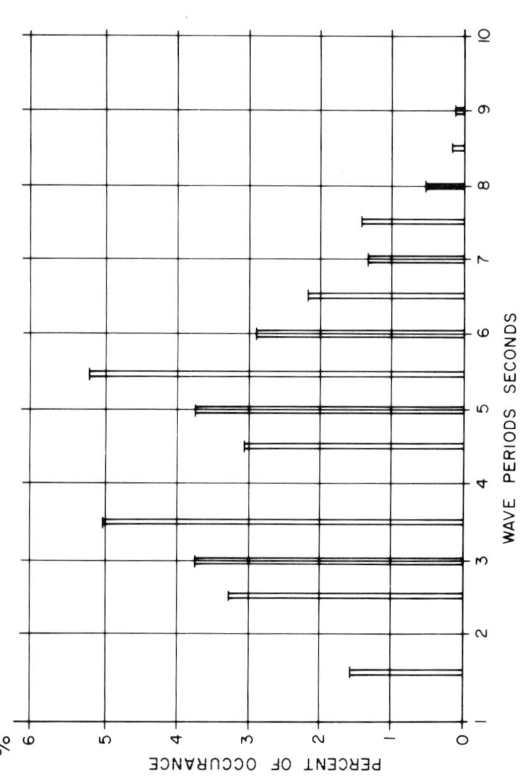
PERCENT OF OCCURANCE
%
6
5
4
3
2
1
0
1 2 3 4 5 6 7 8 9 10
WAVE PERIODS SECONDS

Plate I

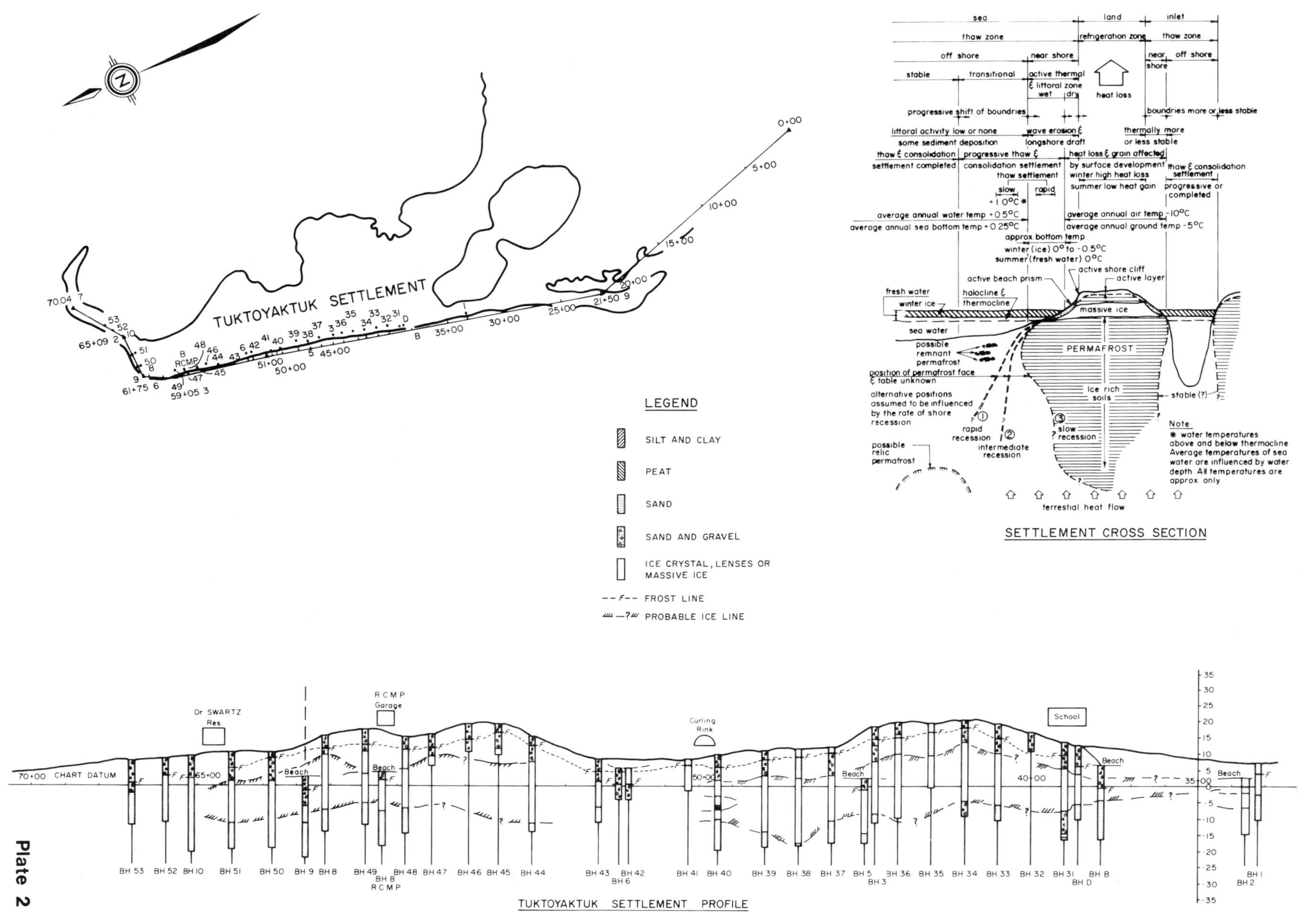
TUKTOYAKTUK SETTLEMENT
LEGEND
SILT AND CLAY
PEAT
SAND
SAND AND GRAVEL
ICE CRYSTAL, LENSES OR MASSIVE ICE
FROST LINE
PROBABLE ICE LINE
sea
land
inlet
thaw zone
refrigeration zone
off shore
near shore
stable
transitional
heat loss
PERMAFROST
massive ice
terrestial heat flow
Note:
* water temperatures above and below thermocline
Average temperatures of sea water are influenced by water depth. All temperatures are approx only
SETTLEMENT CROSS SECTION
Dr SWARTZ Res.
RCMP Garage
Curling Rink
School
CHART DATUM
TUKTOYAKTUK SETTLEMENT PROFILE

Plate 2

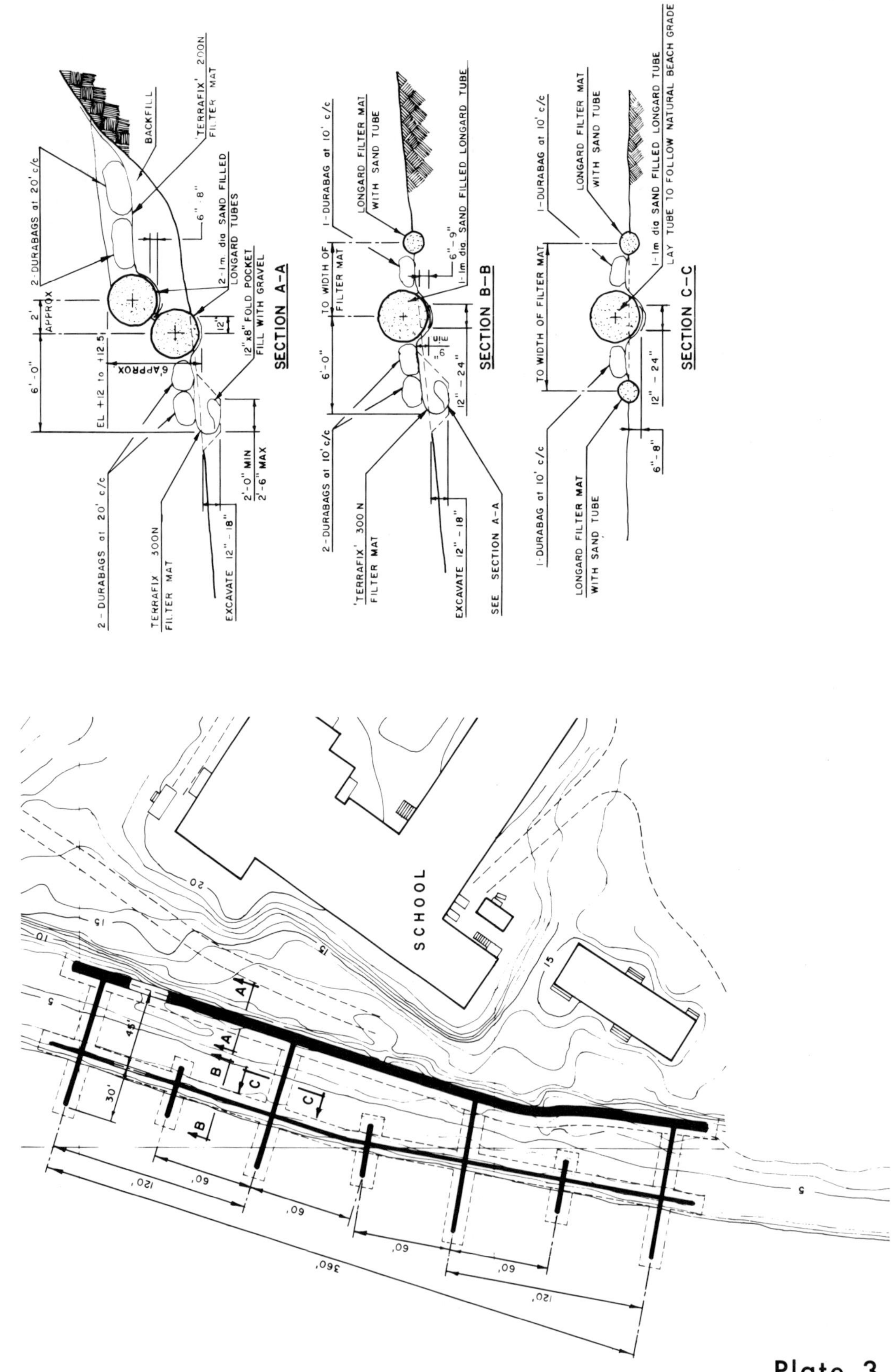
2 - DURABAGS at 20' c/c
TERRAFIX 300N FILTER MAT
EXCAVATE 12" - 18"
2'-0" MIN
2'-6" MAX
EL +12 to +12.5
6'-0"
6'APPROX
2' APPROX
2 - DURABAGS at 20' c/c
BACKFILL
'TERRAFIX' 200N FILTER MAT
6" - 8"
2-1m dia SAND FILLED LONGARD TUBES
12"
12"x8" FOLD POCKET FILL WITH GRAVEL
SECTION A-A
2-DURABAGS at 10' c/c
'TERRAFIX' 300 N FILTER MAT
EXCAVATE 12" - 18"
SEE SECTION A-A
6'-0"
TO WIDTH OF FILTER MAT
1-DURABAG at 10' c/c
LONGARD FILTER MAT WITH SAND TUBE
6" - 9"
1-1m dia SAND FILLED LONGARD TUBE
12" - 24"
SECTION B-B
1-DURABAG at 10' c/c
LONGARD FILTER MAT WITH SAND TUBE
6" - 8"
TO WIDTH OF FILTER MAT
12" - 24"
1-DURABAG at 10' c/c
LONGARD FILTER MAT WITH SAND TUBE
1-1m dia SAND FILLED LONGARD TUBE
LAY TUBE TO FOLLOW NATURAL BEACH GRADE
SECTION C-C
SCHOOL
20
15
10
5
A
B
C
45'
30'
120'
60'
60'
60'
60'
120'
360'

Plate 3

FIELD TEST RESULTS OF A CHILLED PIPELINE BURIED IN UNFROZEN GROUND

W.A. Slusarchuk, J.I. Clark and J.F. Nixon, Northern Engineering Services, Calgary*
N.R. Morgenstern, University of Alberta, Edmonton, Alberta
P.N. Gaskin, Queen's University, Kingston, Ontario
(* assigned from R.M. Hardy and Associates Ltd.)

In order to study the behaviour of a chilled, large-diameter gas pipeline buried in unfrozen frost susceptible ground, a field test facility was constructed in Calgary, Alberta. Four test sections of 1.22 m diameter gas pipeline were buried in a frost susceptible silt, and have been maintained at a temperature of -10°C for about 3 years. This paper describes the instrumentation installed around the pipe sections to monitor frost penetration, frost heave and pore water pressure. Results are presented showing the growth of the frost bulb around the pipe sections, together with heaving of the pipe and the soil around the pipe. The results of these full-scale field tests provide a better understanding of frost heaving around a chilled pipeline, and indicate the effects that increased overburden pressure has on the rate of frost heave.

RÉSULTATS D'ESSAIS IN SITU, EFFECTUÉS SUR UN GAZODUC RÉFRIGÉRÉ, ENFOUI DANS UN SOL NON GELÉ

W.A. Slusarchuk, J.I. Clark and J.F. Nixon, Northern Engineering Services, Calgary
N.R. Morgenstern, University of Alberta, Edmonton, Alberta - P.N. Gaskin, Queen's University, Kingston, Ontario.

Pour étudier le comportement d'un gazoduc réfrigéré de grand diamètre, enfoui dans un sol gélif non gelé, on a construit un dispositif d'essais in situ, à Calgary en Alberta. On a enfoui dans un silt gélif quatre sections de ce gazoduc, de 1.22 m de diamètre chacune, pour les soumettre aux essais envisagés, et on les a maintenues à une température de -10°C pendant environ 3 ans. Le présent article décrit les appareils installés sur le pourtour des sections du gazoduc, pour enregistrer la pénétration du gel, le soulèvement différentiel dû au gel et la pression interstitielle. Dans les résultats que l'on donne, on indique la croissance du cylindre de glace autour des sections du gazoduc, ainsi que le soulèvement subi par le gazoduc et le sol qui entoure le gazoduc. Les résultats de ces essais in situ, à l'échelle naturelle, nous permettent de mieux comprendre le soulèvement dû au gel qui s'exerce sur le pourtour d'un gazoduc réfrigéré, et nous montrent l'incidence de l'accroissement de la pression de surcharge sur la vitesse de soulèvement.

РЕЗУЛЬТАТЫ ПОЛЕВЫХ ИСПЫТАНИЙ ПОДЗЕМНОГО ОХЛАЖДАЕМОГО ТРУБОПРОВОДА В ТАЛОМ ГРУНТЕ

Для изучения эксплуатационных характеристик охлаждаемых газопроводов большого диаметра, проложенных в талых пучинистых грунтах, в Калгари /Альберта/ была создана установка для полевых испытаний. В пучинистом иле были заложены четыре испытательные секции газопровода диаметром 1,22 м, охлаждаемые до температуры -10°С в течение примерно трех лет. В докладе дается описание аппаратуры, установленной на секциях для замера степени промерзания, мерзлотного пучения и давления поровой воды. Представлены результаты испытаний, показывающие рост пучины вокруг секций трубопровода, выгиб трубопровода и выпучивание грунта вокруг трубы. Результаты этих полевых испытаний дают более глубокое представление о процессах мерзлотного пучения грунта вокруг охлаждаемого трубопровода и о влиянии повышенного нагрузочного давления на скорость мерзлотного пучения.

FIELD TEST RESULTS OF A CHILLED PIPELINE BURIED IN UNFROZEN GROUND

W.A. Slusarchuk, J.I. Clark and J.F. Nixon, Northern Engineering Services Limited, Calgary*
N.R. Morgenstern, University of Alberta, Edmonton, Alberta
P.N. Gaskin, Queen's University, Kingston, Ontario
(* assigned from R.M. Hardy and Associates Ltd., Calgary)

Northern Engineering Services Company Limited
Calgary, Alberta, Canada

INTRODUCTION

In order to transport natural gas from Prudhoe Bay and the Mackenzie Delta to markets in Canada and the United States, Canadian Arctic Gas Study Limited is planning to build a large diameter (1.22 m) gas pipeline. The pipeline is to be buried over its entire length, and is to be chilled to below 0°C for much of its length in permafrost areas. In areas where the pipeline passes through unfrozen ground the effects of freezing the ground around the pipe must be assessed.

In the continuous permafrost zone, there are only minor isolated areas of unfrozen ground, but within the discontinuous permafrost zone, significant areas of unfrozen ground are present where freezing of the ground around the pipe can occur during operation. Because of the amount of fine-grained soil in these areas, the potential for frost heaving exists for many kilometres of the pipeline route.

A considerable body of literature is available on the subject of frost heaving, but information applicable to the present situation is limited. Consequently, a program was undertaken by Northern Engineering Services Co. Ltd. in Calgary for Canadian Arctic Gas Study Limited to study the effects of a pipeline buried in frost susceptible soil when operating at temperatures below 0°C. This study program involved a field test facility, a laboratory testing program, and model pipeline studies. It is the purpose of this paper to describe the installation and results of the field test facility. The objectivies of the field test facility were to monitor the performance of a chilled pipeline buried in unfrozen soil; to determine the effects of increasing overburden pressure in reducing frost heave; to examine the effects of replacing some of the frost susceptible soil beneath the pipe with gravel; to obtain a better appreciation of the role of water availability in the development of frost heave; and finally to assist in developing a method for predicting frost heave of a chilled pipeline.

SITE DESCRIPTION

The dominant criterion for the selection of a site for the test facility was that many of the most troublesome conditions likely to be encountered along the route should be realized at the test site. These conditions may be listed as follows:

(a) The upper soil strata at the site should be of a frost susceptible nature.

(b) The presence of a high water table was required to ensure a ready supply of water to the freezing front.

(c) A sufficient depth of frost susceptible soil was necessary to ensure that the frost line would stay within that material over the lifetime of the test.

A site was selected in the University of Calgary area that met the specifications described above, and in addition was close to existing utilities. The overburden at the site is composed of thick lacustrine sediments deposited in glacial Lake Calgary in late glacial times.

During the initial investigation a test hole drilled at the site provided samples for the determination of moisture contents and Atterberg limits. The moisture content varied between 18 and 22%. The Plastic Limit of the soil varied between 14 and 18%, with a Liquid Limit of 24 to 31%. Grain size distributions were determined for samples of soil from different depths and showed that, in general, the overburden at the site contained 13% sand size, 64% silt size and 23% clay size particles. Based on the grain size and consistency limits, the upper 8 m of soil at the site was classified as an inorganic clayey silt of low to medium plasticity.

The depth to the free ground water table was monitored in open standpipes, and in August, 1973, was found to lie between 2.3 and 2.6 m below original ground surface.

In-situ field permeability tests were carried out, and the Darcy coefficient of permeability was found to lie between 0.6 and 1×10^{-4} cm/s. Visual inspection of undisturbed Shelby tube samples indicated that a number of fissures were present in the soil. Such fissures were likely responsible for the high permeability values obtained in the field tests for a soil of this type.

DESCRIPTION OF TEST FACILITY

A full scale frost effects test facility was constructed in the Research Park area of the University of Calgary in the winter of 1973-74.

Four separate sections of pipe, each 12.2 m long were buried under different conditions at the test facility. These conditions were represented by the control, deep burial, restrained and gravel sections. At the control section the pipe was buried 0.75 m below nominal ground surface. This represented the minimum "normal" burial situation and was taken to be the base condition with which the other test sections were compared. The pipe at the deep burial section was buried 1.68 m below nominal ground surface. The effect of the additional overburden pressure on the rate of heave was studied at this section. At the restrained section the pipe was buried 0.75 m below nominal ground surface similar to the control section. The pipe at this section could be restrained, however, by any desired constant load (it is important to note that the restraint was a constant loading restraint and not a "no displacement restraint"). At the gravel section the pipe was buried 0.75 m below nominal ground surface. At this section, however, the trench was dug 1 m deeper and backfilled with gravel so that the pipe rested on a 1 m layer of gravel. The effect of replacing the frost susceptible soil directly under the pipe with non frost susceptible soil was studied at this section. Cross-sections of the four test pipeline sections are shown on Figure 1.

The temperature in all sections was maintained at about -10°C by circulating chilled air through the pipes. The air inside the pipe was at atmospheric pressure. The chilled air began to circulate through the buried pipe sections on March 20, 1974.

Temperatures, vertical displacements (heave), and pore water pressures were measured in the ground around the freezing pipe to monitor the performance of the buried pipe sections. Temperatures were also monitored in the air, and in the local undisturbed ground.

DESCRIPTION OF INSTALLATION AND EQUIPMENT

Installation of Pipe Sections

The test facility consisted of four buried sections of 1.22 m diameter steel pipe, having a wall thickness of 10 mm. The trenches for the buried pipeline sections were excavated using a ditcher. The pipe sections were lowered into trenches with a mobile crane. Backfilling was carried out by pushing the soil into the trench with a bulldozer. The excess spoil was mounded over the pipe as shown on Figure 1.

The restrained section was designed to monitor the performance of a pipe which is partially restrained from vertical displacement. Two restraint beams were installed at distances of 1.5 m from each end of the pipe section. Loading of the pipe through the restraint beam was achieved using two hydraulic jacks located on each restraint beam, as shown in Figure 1.

Equipment

The refrigeration system installed included a standard reciprocating industrial type ammonia compressor, liquid ammonia receiver, and a multi-row cooling coil (ammonia) mounted in the blower unit.

The blower had a capacity to circulate $11.7m^3/s$ of air through the cooling coils, and therefore about $2.9m^3/s$ was circulated through each buried section at a velocity of 4 m/s. Galvanized-iron rectangular ductwork was used to connect the buried pipe test sections to the air chilling chamber in the refrigeration unit so that a closed loop system was formed.

Each pipe section had a 0.7 m diameter pipe inside the 1.22 m diameter pipe. The air passed through the inner pipe and returned along the annulus between the two pipes. The air then returned to the chilling chamber.

INSTRUMENTATION

The movement of the frost line (0°C isotherm) around the buried sections of pipe at the test facility was monitored by thermistors at carefully chosen vertical and horizontal intervals.

Each pipeline section had five vertical thermistor strings installed at a cross section running at right angles to the axis of the pipe, (See Figure 2). It was possible, therefore, to delineate the position of the frost line with reasonable resolution for the operational lifetime of the facility. In addition to the thermistors installed in the vicinity of the buried pipe sections, two additional thermistor strings were placed in areas adjacent to the control and restrained pipe sections. These strings were designed to monitor the ground thermal regime outside of the zones which were directly affected thermally by the chilled pipe.

In order to investigate the soil behaviour as the freezing front moved outwards from the pipe, several heave gauges were installed at each section of the test pipeline (see Figure 2).

Each gauge consisted of a horizontal plate, 8 cms. in diameter, attached to a vertical steel rod. The rod was encased in a plastic pipe and the annular space between the rod and pipe was filled with grease. The movement of the plate was monitored by surveying the top of the vertical rod which protruded from the ground surface. Approximately 25 of these gauges were installed at each of the four sections.

For water to migrate towards (or away from) a frost front, an excess pore pressure gradient must be set up so that water can flow from a region of high pore pressure to one of low pressure. To obtain quantitative data on water migration within the unfrozen soil, several piezometers were installed at each of the test sections.

A total of 50 "Terra Tec" (Model P-1022) pneumatic piezometers were installed at different depths beneath the pipeline segments. The piezometers were equipped with a preload, enabling them to monitor pore water pressures in the range -83 kPa to 117 kPa (-7.5 m water to +10.5 m of water).

In addition, two open standpipes were installed at the site to monitor the position of the free ground water table.

In order to observe the vertical displacement of each pipe section while freezing was taking place, vertical steel rods were welded to the pipe. The rods protruded above the ground surface and the elevations of the tops of the rods could be obtained by conducting an elevation survey at regular intervals. A deep bench mark was located at the site as a reference elevation.

At the outset of the test on March 20, 1974, no restraining load was applied to the restrained pipe section. At later times during the test period, constant loads were applied to the buried pipe by means of the hydraulic jacks and reaction piles described earlier. The additional stress applied to the frost line where heaving was taking place was calculated by dividing the total load on the pipe by the plan area of the frost bulb. The loads applied to the restrained pipe section are summarized in Table 1.

RESULTS

At any time, the frost bulb around the buried pipes could be delineated from the ground temperature readings to an accuracy of about 10 centimeters. The movement of the frost bulb with time around the deep burial section is shown on Figure 3. After operation commenced, the naturally frozen soil in the upper few feet did not thaw completely until early in June. The frost bulb then changed from an elliptical shape to a more circular configuration as time went on. The movement of the frost line below each section of pipe is of interest, and this is plotted for each of the test sections on Figure 4. As shown on this figure, the rate of frost penetration was a maximum at the start of the test, with the velocity of the frost front decreasing continuously thereafter. By mid-October 1974, about 200 days after start-up, an average of 1.5 m of frost penetration had taken place under the test sections. By the end of 1976, about 1000 days after start-up, the average frost penetration depth was about 2.8 m.

The heave of the soil in the vicinity of the buried pipe sections is best examined by considering the relative movement of a pair of gauges. As the frost front moved past the top gauge it would start to heave. The lower heave gauge would remain relatively stationary until the frost front moved past it and then it too would begin to heave. If no further heaving in the frozen zone between the gauges took place, then both gauges would move upward at the same rate and the difference in elevations between the two gauges would therefore be constant. The heave rate while the frost line was moving through the soil layer between the two gauges could be calculated, and when both gauges were frozen, the total heave could also be determined.

Several gauge pairs from each test section were selected for analysis. These gauge pairs were chosen on the basis of priximity to the pipe, and because the frost line passed through them at some time during the test period. The heave of the selected gauge pairs for the deep burial section is shown plotted with time on Figure 5. The position of each gauge pair in relation to the buried pipe is shown on Figure 2. Many of the gauge pairs displayed a characteristic heave pattern. As the frost line approached the upper gauge, a small amount of settlement occurred in the unfrozen soil beneath the advancing frost line. Once the frost line passed the upper gauge, the soil layer between the gauges commenced to heave, and continued to do so until the frost bulb had engulfed both gauges. The differential movement of the gauges then ceased, as both gauges heaved at the same rate thereafter.

The initial height of soil between each gauge pair considered is also shown on Figure 5 so that the vertical strain associated with heaving may be computed.

Porewater pressures were recorded from the 50 piezometers installed around the 4 buried pipe sections. A preliminary examination of the piezometer results indicated that the pore water pressures in the soil around the buried pipe sections responded primarily to changes in the free water table. Small or zero excess pore pressures were maintained in the soil around the frost bulb. Due to the relatively high permeability of the soil, large suctions (negative excess pore pressures) were not observed as the frost line approached a piezometer tip.

Vertical rods were welded directly to the pipe to monitor the vertical movement of the pipe sections themselves. From the results of the level surveys conducted on the rod elevations, the vertical pipe heave could be calculated. The heave of the mid-point of each test section is shown plotted with time on Figure 6. The heave of the mid-point of the section represents a good average of the heaving that took place along the length of the pipe section. At any time during the tests the effective overburden pressure on the frost front below the pipe could be calculated from a knowledge of the depth of cover, soil unit weight, and the position of the water table. The additional loads imposed at the restrained section could be calculated as described earlier, and these pressures may be superimposed on the in-situ soil pressures. The average pressure calculated for each frost front is shown on Figure 6.

DISCUSSION OF RESULTS

The frost bulb around the pipe has formed in a manner that would be anticipated for a cylindrical cold surface embedded in unfrozen soil. Geothermal predictions for the rate of growth of the frost bulb have been carried out, and found to be in agreement with that observed, provided the water arriving at the frost front has been taken into account.

The heave data for the various gauge pairs embedded in the freezing soil around the pipe indicate that zero or negligible amounts of heave are taking place in a known height of soil, once the frost line has engulfed the gauge pair. This indicates that, under field conditions, water migration behind the frost line does not appear to contribute significantly to the overall heave of a chilled pipeline.

The different heave rates observed for the different test sections as shown on Figure 6 are of interest. Changes in clay content of the soil with depth and location at the test site complicate the explanation of these heave rates. Small changes in the clay fraction appear to cause significant differences in the observed heave behaviour. In general, the soils display an increasing clay content with depth, and therefore an increasing frost susceptibility. The soil at the "gravel" section appears less frost susceptible than the neighbouring test sections. The reduced heaving observed at this section is therefore not thought to be a result of the 1 m gravel layer beneath the pipe, but rather of the reduced frost susceptibility of the soil.

The "deep burial" section displayed less total heave than the adjacent "control section", and this was due to the additional 1 m of soil cover at this section.

At both the control and deep burial sections, the addition of 1.5 m berms during the course of the test significantly reduced the observed heave rates of these pipe sections, as shown on Figure 6. The influence of surcharge pressure in reducing frost heaving at the restrained section is also evident from Figure 6.

The pore pressure data monitored by the piezometers indicated that the water demand by the frost bulb only resulted in a pore pressure depression of less than 10 kPa, below the normal hydrostatic pore pressure. Calculations indicate that the permeability of the soil would have to be in the order of 10^{-6} cm/s before large pore pressure reductions around the frost bulb would be realized. The permeability of the soil at the Calgary site is higher than this, in the range of 10^{-4} to 10^{-5} cm/s, and consequently large negative pore pressures would not be expected. These results indicate that under many field situations, an advancing frost line has ready access to groundwater sufficient to supply the ice-lensing process, without causing large negative pore pressures ahead of the frost line.

The data collected during the operation of this over a period of almost 3 years, is valuable background data for understanding the behaviour of a chilled buried pipeline. It is believed that the data presented here will also be of interest in assessing the behaviour of any chilled structure founded on unfrozen ground.

ACKNOWLEDGMENTS

The authors wish to acknowledge Canadian Arctic Gas Study Limited for sponsoring this study. The assistance of many of the authors' colleagues within Canadian Arctic Gas Study Limited and Northern Engineering Services Co. Ltd., and the many useful discussions with others in different areas of industry, government and universities, is also gratefully acknowledged.

REFERENCES

ARVIDSON, W.D. and MORGENSTERN, N.R. (1974). Water flow induced by soil freezing. Proc. 27th Can. Geotech. Conf., Edmonton, Alta. pp. 137-143.

BESKOW, G. (1935). Soil freezing and frost heaving. Swedish Geol. Soc., Ser. C., 26th Year, Book No. 3, Translation by J.O. Osterberg, 1947.

PENNER, E. and UEDA, T. (1977). The dependance of frost heaving on load application-preliminary results. Proc. Int. Sym. on Frost Action in Soils, Univ. of Lulea, Sweden.

TABLE 1 LOADING HISTORY OF RESTRAINED SECTION

DATE	TOTAL APPLIED LOAD (TONS)
1974	
March 20	0
June 14	56
August 2	184
October 18	381
November 11	0
November 21	381
1975	
April 25	703
November 16	0
December 29	703

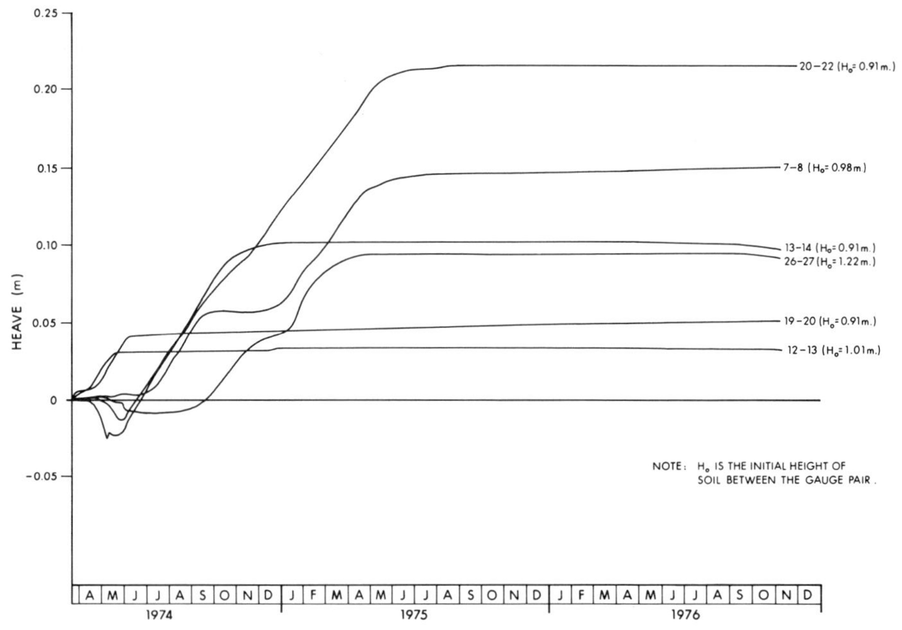

FIGURE 5 HEAVE OF GAUGE PAIRS AT DEEP BURIAL SECTION

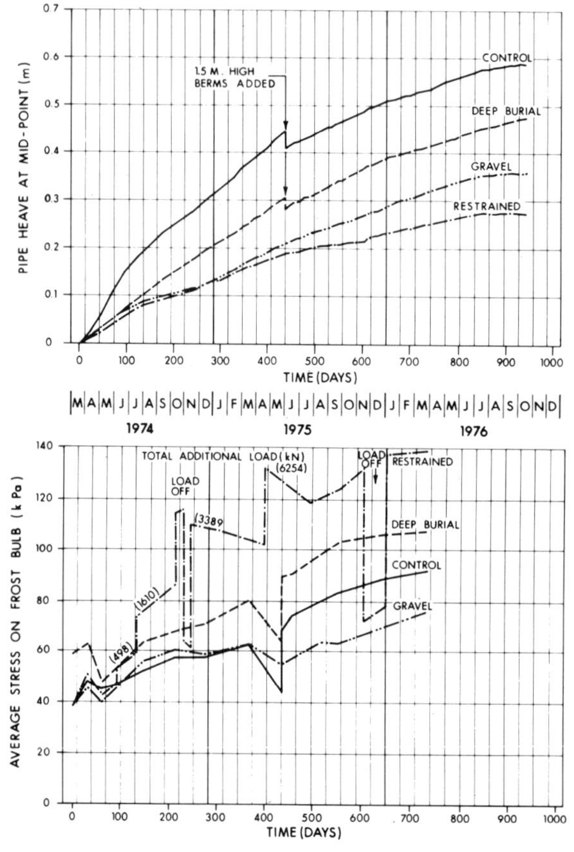

FIGURE 6 HEAVE OF TEST SECTIONS AND CORRESPONDING PRESSURES ON FROST BULB

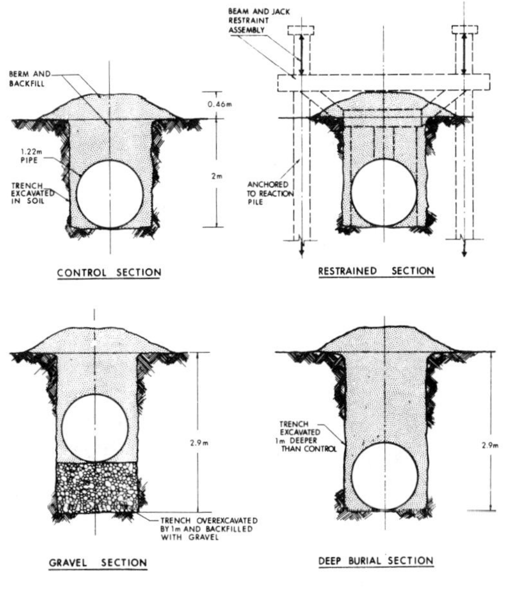

FIGURE 1 SCHEMATIC VIEW OF TEST SECTIONS

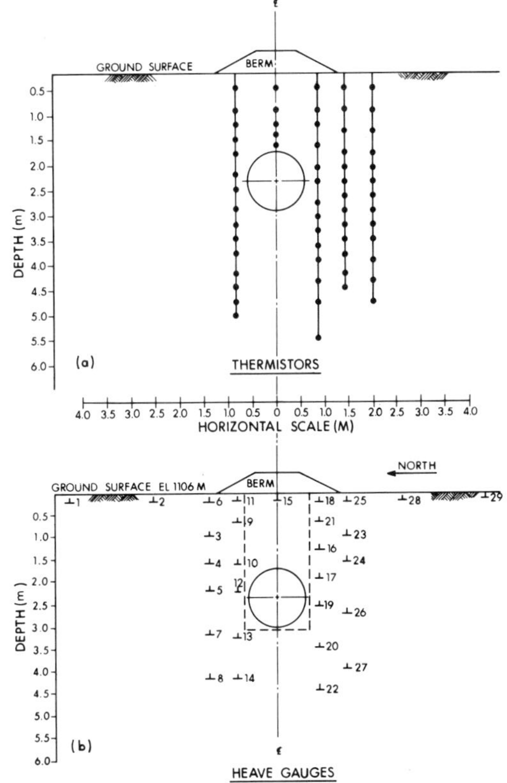

FIGURE 2 THERMISTOR AND HEAVE GAUGE LOCATION IN DEEP BURIAL SECTION

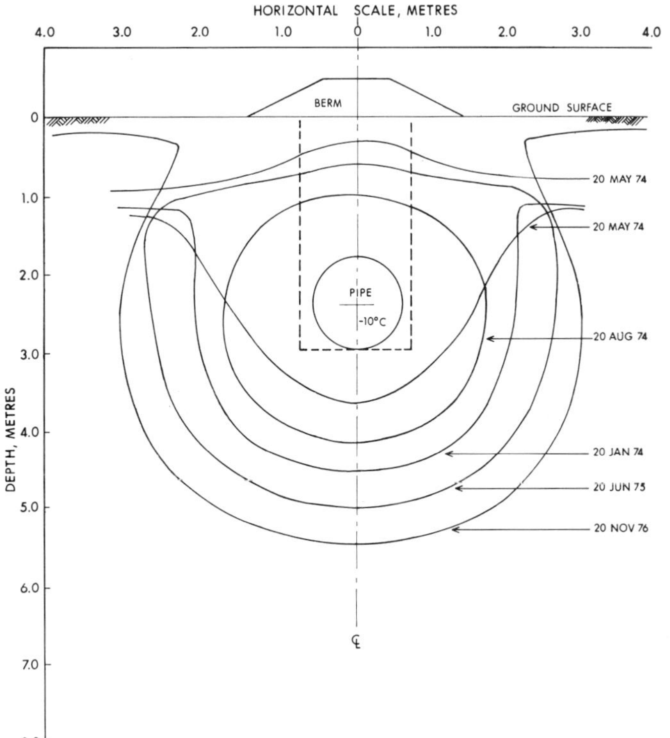

FIGURE 3 FROST PENETRATION AROUND DEEP BURIAL SECTION

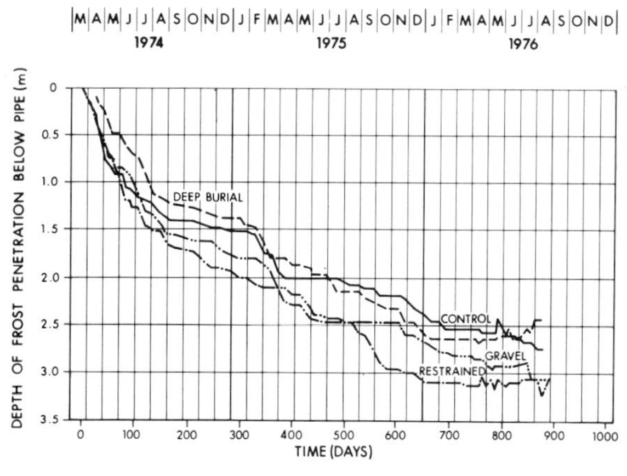

FIGURE 4 FROST PENETRATION BELOW PIPE SECTION

CONSTRUCTION ON PERMAFROST AT LONGYEARBYEN ON SPITSBERGEN

W. Tobiasson, U.S. Army Cold Regions Research and Engineering Laboratory, Hanover, New Hampshire, USA

Facilities at Longyearbyen were designed and are being operated with an appreciation for the importance of preserving permafrost. Portions of the network of gravel roads and paved runway were constructed on ice-rich permafrost. Ditches, culverts and bridges have been sized to accommodate large peak flows since flash floods have occurred. Some difficulties have been experienced with progressive degradation of permafrost by surface and groundwater. Damming a low area and pumping out brackish water has created a year-round water supply lake. The post and pad foundation concept used extensively has proved quite successful. The hangar is an impressive use of an elevated floor above permafrost. Older buildings have been stabilized by adding slag insulation above supporting soils and installing open skirting below the first floor. Water lines and other utilities are supported on timber bents anchored in permafrost.

CONSTRUCTION RÉALISÉE SUR LE PERGÉLISOL, A LONGYEARBYEN AU SPITZBERG.

W. Tobiasson, U.S. Army Cold Regions Research and Engineering Laboratory, Hanover, New Hampshire, USA.

On a conçu et utilisé les installations de Longyearbyen, en tenant compte de la nécessité de conserver le pergélisol. On a construit des portions du réseau de routes de gravier et de pistes en dur sur un pergélisol à forte teneur de glace. Étant donné que des avalaisons ont eu lieu, on a déterminé les dimensions des fossés, des ponceaux et des ponts, de manière à ce qu'ils puissent résister à d'importantes pointes de crues. On a rencontré quelques difficultés, en raison de la dégradation progressive du pergélisol par les eaux souterraines et les eaux de surface. En endiguant une zone basse, et en retirant par pompage l'eau saumâtre, on a créé un lac réservoir rempli toute l'année. En utilisant les fondations par pieux et piliers, on a obtenu d'excellents résultats. Le hangar dont il est question dans le texte nous donne un excellent exemple d'un plancher surélevé par rapport au pergélisol. On a stabilisé des bâtiments plus anciens en plaçant une couche isolante de scories au-dessus des sols portants, et en installant des lambris de socle ouverts (espacés) au-dessous du rez-de-chaussée. Les canalisations et autres installations sont portées par des palées de bois ancrées dans le pergélisol.

СТРОИТЕЛЬНЫЕ РАБОТЫ НА МНОГОЛЕТНЕМЕРЗЛЫХ ГРУНТАХ В ПОСЕЛКЕ ЛОНГИРБЬЕН НА ШПИЦБЕРГЕНЕ

Строительство и эксплуатация различных сооружений в Лонгирбьене осуществляется с учетом необходимости сохранения многолетнемерзлых грунтов. Часть грунтовых и мощеных дорог строилась на мерзлых грунтах, содержащих большое количество льда. Траншеи, водоводы и мосты рассчитывались таким образом, чтобы вместить мощные пиковые потоки и предотвратить внезапные наводнения. Определенные трудности при строительстве были вызваны прогрессирующей деградацией мерзлых грунтов, обусловленной наличием поверхностных и грунтовых вод. Путем запруживания низменного участка и откачки солоноватой воды удалось создать водохранилище, обеспечивающее круглогодичное снабжение водой. Широко и успешно применялись фундаменты на столбах и подушках. Ангар - одна из наиболее удачных форм сооружения, приподнятого над поверхностью мерзлых грунтов. Устойчивость более старых зданий обеспечивалась путем насыпки шлакового изолирующего слоя на грунты основания и устройства открытого плинтуса ниже первого этажа. Сантехнические коммуникации уложены на деревянные опоры, закрепленные в мерзлом грунте.

CONSTRUCTION ON PERMAFROST AT LONGYEARBYEN ON SPITSBERGEN

Wayne Tobiasson

US Army Cold Regions Research and Engineering Laboratory
Hanover, New Hampshire, USA

INTRODUCTION

The group of Arctic islands north of Norway is known as Svalbard. Spitsbergen is the largest island in the group. Norwegian activity on Svalbard is centered at Longyearbyen where coal mines have been worked intermittently since 1906. About 1000 people live in Longyearbyen.

Svalbard is devoid of trees but contains enough lichens and grasses to support a sizable reindeer herd. At Longyearbyen the mean annual temperature is -5°C. The mean July temperature is +7°C and the coldest temperature recorded is -46°C. The air freezing index averages 52900 hour°C and the average air thawing index is 11500 hour°C. The thickness of the seasonal thaw layer may exceed 1 m in dry coarse-grained soils. In wet fine-grained soils covered by a vegetative mat thaw generally does not penetrate deeper than half a meter. Permafrost extends to a depth of about 300 m. Much of the soil in and around Longyearbyen is coarse-grained and does not contain segregated ice (Fig. 1). Frozen fine-grained soils often contain numerous horizontal ice lenses.

FIG. 1. Many coarse-grained soils exist at Longyearbyen.

ROADS

Roads are constructed 1.5 m thick using coarse-grained materials such as those shown in Figure 1. In areas where organic material is present, care is taken to avoid disturbing it during construction. Cutting into native soils is avoided wherever possible to prevent thawing of permafrost and to minimize drainage problems and snow drifting. The inevitable coal dust makes road surfaces quite dark. Some thawing of permafrost under the shoulders and side slope sloughing of the roadway have been reported (Hegermann 1974). Benches of fill placed on each side of the roadway, together with upslope drainage ditches, have solved thawing problems caused by standing water on the upslope sides of roadways.

Most culverts are needed only a few weeks each year, usually in July. To ensure that the culverts are clear for this important period, snow and ice that collects in them during the winter is removed using steam. Culverts are made of corrugated metal in diameters up to 140 cm or of wood as shown in Figure 2. Flash floods create very high peak flows. On 11 July 1972, heavy rains (2-1/2 times as much as had ever been recorded in one day) melted an existing snow cover and caused a major flood which washed out large sections of roads. Scars were cut into the landscape that are still visible. In some areas thermal erosion initiated by that flood is still continuing.

FIG. 2. Roads contain large culverts to handle flash floods.

RUNWAYS

In the lowlands the soil water is saline. The fine-grained soils there remain quite viscous even at -3°C. Until 1974 aircraft could land in Longyearbyen only during the winter months (generally December through April) on a runway located in this area. Construction of a paved runway suitable for year-round use began in 1973 (Berg 1975). The runway is 2200 m long, 45 m wide and contains 7.5-m-wide shoulders which are also surfaced with asphaltic concrete. Unpaved shoulders extend an additional 32 m beyond the paved portions. Below the unpaved shoulders there is at least 30 cm of compacted gravel. Paved portions consist of a 6-cm-thick asphaltic pavement, a 20-cm-thick crushed gravel base and an 84-cm-thick non-frost-susceptible compacted gravel subbase. It was felt that this thickness would be enough to prevent thawing of underlying permafrost. Some settlement problems have developed and it now appears that a thicker section would have been desirable.

The native soils at the runway vary from coarse- to fine-grained and from relatively dry to ice-rich. Peat bogs up to 50 cm thick are present along the centerline. Although most of the runway was placed without disturbing the existing soil, a portion near the east end required cutting into the vegetative mat and native soil to meet required grades. Seasonal thaw zone soils removed in that area were fine-grained and very wet. Samples of the permafrost below revealed that it contained numerous ice lenses up to 5 cm thick but no massive ground ice. It was established that the soil was about 70% ice by volume.

Because the runway forms an obstruction to water flowing off the nearby hills, two 120-cm-diameter culverts were placed under it to facilitate drainage (Fig. 3). The wooden covers shown in Figure 3 were designed to keep snow from drifting into the culverts during the winter. They also block entry of warm summer air. The doors were frozen in place and difficult to remove each spring to permit passage of surface runoff. They have been replaced with plastic sheets which are easily broken each spring to facilitate drainage.

Water has ponded on the upslope side of the runway and caused some thawing of permafrost and sloughing of the adjacent native soils (Fig. 4). Drainage ditches were added to correct this problem. As early as 1974, portions of the upslope shoulder had settled 20 cm in the cut area. It is believed that warm surface and groundwater flows through the runway base materials and warms the supporting soils. Some differential settlement has resulted, particularly in the cut section. In 1975

FIG. 3. Double culverts under the new runway. The wooden doors have been replaced with plastic sheets.

FIG. 4. Thawing and degradation of native soil upslope of the runway.

a portion of the runway was painted white to reduce thaw penetration as was done at Thule AB, Greenland (Fulwider and Aitken 1962). In 1976, bitumen stabilized materials were used to fill settlement depressions, a 3-cm-thick bituminous concrete covering was applied to the runway and all but 300 m at each end was painted white. Settlement problems appear to have been significantly reduced.

FOUNDATIONS

All foundations are designed on the principle of maintaining the supporting soil in its frozen state. Soils on the higher terraces where most buildings are located are coarse-grained (Fig. 1). Until recently no equipment was available that could auger large diameter holes through such soils to permit installation of pile foundations.

Existing permanent buildings are founded on spread footings placed in holes blasted in permafrost. A typical footing is shown in Figure 5. New posts and pads are of cast-in-place reinforced concrete but timber footings and posts have also been installed. Although the foundation depth varies according to the situation, the bottom of the footing is generally at least 1 m below the top of permafrost. The design bearing pressure is 1.5 to 2.0 kg/cm^2 which is about half that which the Soviets would use for this situation (Christiansen 1974). This design value also seems conservative relative to North American practice.

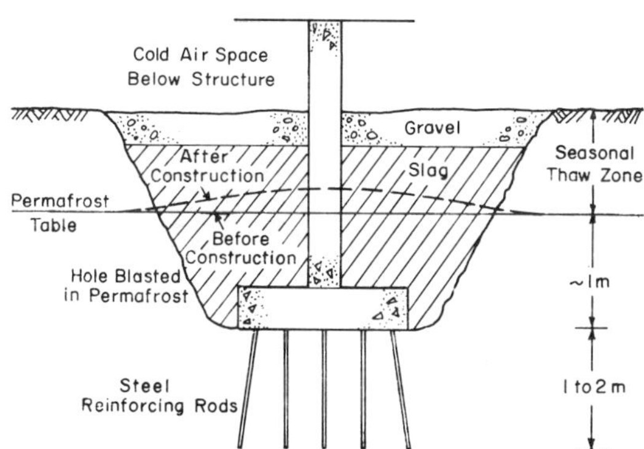

FIG. 5. Typical cast-in-place concrete footings supported on permafrost.

As shown in Figure 5, 25-mm-diameter steel reinforcing rods are placed in the permafrost below each footing for additional support. They provide insurance against settlement in the event of local weakness in the permafrost, or degradation and erosion during a flash flood. The rods are placed in holes made by a rock drill. The annulus is backfilled with a mixture of sand, cement and water which promptly freezes, locking the steel to the permafrost. The cement is added to make the mixture fluid during placement, not to give it extra strength.

Slag from the old coal-fired power plant has been used as insulating backfill above many footings. As shown in Figure 5 it is expected that the permafrost table will rise up above its original position when slag is used.

The post and pad footings with their steel mini-piles below have performed very well but are quite expensive. Less expensive alternatives are being considered including omission of the mini-piles.

An apartment building built on such footings is shown in Figure 6. The air space between the heated building and the gravel pad is quite small at the near end but about 2 m high at the far end. Because the gravel pad is elevated above the surrounding terrain not much blowing snow accumulates under the building even where the air space is quite narrow. A view under the building is shown in Figure 7. The foreground post extends about 2 m above grade.

FIG. 6. Apartment supported on a concrete post and pad foundation.

FIG. 7. View of the underside of the building shown in Figure 6.

The gravel pad shown in Figure 6 was placed after the post and pad foundation was constructed. The native soils at that location are coarse-grained and disturbance of the vegetative mat could be tolerated. Other buildings have been constructed by placing the gravel pad first to preserve the vegetative mat.

Tight skirting was added to many of the older buildings built with timber foundations. The skirting prevented winter cooling of supporting soil and allowed building heat to penetrate underlying permafrost. Settlements resulted. A few years ago a program was initiated to shore up settled areas of such buildings, add 50 cm of slag on top of the ground under these buildings, remove the tight skirting and replace it with open skirting such as that shown in Figure 8. Those changes have improved foundation performance significantly.

The laundry was built on timber posts and pads but was subsequently skirted with concrete. Heat-producing equipment installed in the skirted space plus the discharge of warm wastewater under the building caused melting of the permafrost and subsequent building distress. Figure 9 shows the building in 1974. At that time most of the concrete skirting had been removed and the flow of wastewater onto the ground terminated. The structure was jacked back into position and is now stabilized.

FIG. 8. Open skirting has significantly improved the performance of older foundations.

FIG. 9. Permafrost melted under the laundry and building distress resulted.

The hospital was built in 1955 with a ventilated crawl space. However, the few small vents in the concrete foundation were inadequate to cool the permafrost. Heat from the building penetrated the supporting soils and settlements resulted. The crawl space walls cracked and timber shoring was needed to support the superstructure. To prevent additional settlement, a mechanical refrigeration unit was installed outside the building to cool air which is circulated in the crawl space and then exhausted to the outside. The refrigeration unit has nearly stabilized the building but wedges in the timber shoring must be periodically adjusted to account for minor continuing settlement.

The new hangar is 54 m wide and 66 m long. It is large enough to house offices, terminal facilities, storage rooms, shops, garages for runway maintenance equipment and a DC-8. Most heavily loaded buildings this size built on permafrost have been built as insulated slabs on grade with soil cooling ducts below, e.g. the hangars at Thule AB, Greenland (Tobiasson 1973). The hangar at Longyearbyen is particularly impressive since it has an elevated reinforced concrete floor supported on reinforced concrete posts and pads as shown in Figure 5. The footings are 2.2 m deep and designed to sustain a maximum bearing load of 2.0 kg/cm^2 (Instanes 1975). Reinforcing rods extend 2.0 m below the footing. They were placed in drilled holes backfilled with fine sand, cement and water. Enough rods were provided to carry the entire footing load at an allowable bond stress of 5 kg/cm^2. All foundation work was done in the late summer and fall to minimize thermal disturbance of the permafrost. Gravel backfill was placed as soon as possible after curing. Slag backfill was not used.

Below the hangar floor expanded polystyrene, 10 cm thick, provides insulation. The ventilated space below the floor varies in height from 1.5 to 4.5 m. Two sides of the air space under the hangar are blocked by entrances for aircraft and vehicles. The hangar foundation has performed as expected. A temperature measurement program has been established to monitor long-term performance.

The adjacent 6-story office-control tower is founded on an 8.2 x 8.2 m reinforced concrete mat. Two hundred steel rods were drilled into the permafrost below the concrete mat for additional bearing support. Supporting soils are coarse-grained and generally thaw stable. They were excavated with little difficulty even though frozen. After the mat was placed, it was covered with 3 m of backfill. The insulated first floor of the tower is 1 m above the surface of the backfill to allow air circulation under the building.

An effective foundation has also been developed for unheated warehouses. These arched structures are supported on concrete strip footings 30 cm wide and 1 m deep. To increase bearing resistance and resist heave by seasonal frost, 20-mm-diameter steel rods were drilled into the permafrost on 4-m centers along each strip footing. The rods extend 1.5 m below the footing. To stabilize the floor, about 50 cm of active layer soils within the building was removed and replaced with 30 cm of slag covered with 20 cm of gravel. The gravel surface was the finish floor of the warehouse. The insulating slag layer has prevented seasonal thawing of permafrost.

UTILITIES

For many years a coal-fired plant generated power for the community and the mining operation. In 1975, the coal-fired plant was replaced with an oil-fired plant. The coal mined at

Longyearbyen is used as a chemical ingredient in the production of steel and is currently too valuable to be burned on site. However, oil price rises and other considerations may result in coal-fired plants for new developments on Svalbard. The existing power plant generates steam which is distributed to buildings in utilidors. Within buildings forced hot water heating is used.

Many different water sources have been tried with varying success over the years. In the summer small rivers are dammed. Melted ice has been used in the winter. From 1958-1960 water that seeped into a mine was diverted to community use. However, the requirement for mine ventilation in the winter caused numerous freeze-ups and that source was abandoned. Evaporation of brackish water using power house waste heat was tried for a time during the winter months but that proved to be problematic. In 1970, three small brackish ponds were pumped dry and dammed. Each year the reservoir has grown and each year the water freshens. The first year the pond was so shallow and saline that it could only be used for two months. By 1974 a year-round water supply was available as the lake was then 4-6 m deep. Maximum winter ice cover is about 2 m thick. Although this source provides palatable water year-round, somewhat tastier water is made available during the summer months by damming streams within the community. The 1000 people at Longyearbyen use about 425 m^3 of water each day.

Water is distributed in an insulated pipe. Since flow is continuous, the line is not protected with electrical heaters. Old portions of the water supply system were supported on timber posts which sat on a timber cross tie at the base of the seasonal thaw zone. Such supports located in peat bogs heaved in the winter and settled in the summer. The water line became quite irregular as shown in Figure 10. The above grade portions of supports for new water lines look similar to those shown in Figure 10. However, the new vertical support members are adfreeze piles that extend at least 1 m into permafrost rather than timber cross ties at the base of the seasonal thaw zone. In the process of drilling holes for these piles in the wet ground, the holes fill with water. A few hours after a support is set in the ground, water in the annulus freezes and locks the pile firmly in place.

Among the buildings large wooden utilidors carry water, wastewater, steam and condensate return lines (Fig. 11). Electrical lines are not carried in such utilidors. They are either elevated or buried. The utilidors are supported on

FIG. 10. The old water line is supported on timber cross-ties at the bottom of the seasonal thaw-zone. In boggy areas it has been displaced over the years.

timber posts and cross ties where they cross coarse-grained soils. Differential movement problems such as those shown in Figure 10 have generally been avoided since the utilidors are not located in boggy areas. In addition, steel rods are drilled into the permafrost, then attached to the timber posts to stabilize the supports.

FIG. 11. Wooden utilidor supported on timber posts which rest on timber cross ties at the base of the seasonal thaw zone. Steel rods drilled into the coarse-grained permafrost help stabilize the supports.

SUMMARY AND CONCLUSIONS

The mean annual temperature at Longyearbyen is -5°C. Permafrost extends to a depth of about 300 m and the thickness of the seasonal thaw zone may exceed 1 m in dry coarse-grained soils. Although much of the frozen soil is coarse-grained, ice-rich fine-grained soils are also encountered. In some areas, permafrost has been degraded under roads built 1.5 m thick. Surface and ground water have contributed to such problems with flash floods necessitating the use of large culverts. To meet required grades a portion of the new runway was cut into ice-rich native soil. Localized settlements resulted when permafrost was melted under the 110-cm-thick section of the runway.

Painting most of the runway white significantly reduced settlement problems.

Foundations are designed to maintain the supporting soil in its frozen state. Most foundations consist of cast-in-place concrete posts and pads set at least 1 m below the top of permafrost. Before such pads are poured, holes are drilled into the permafrost below and steel reinforcing rods 1.5 to 2 m long are inserted. A slurry of sand, cement and water is used to backfill the annulus around each rod to mobilize its adfreeze potential. Slag and/or gravel are placed over the pad to insulate the permafrost. The floor of the new hangar is elevated above the surface on such a foundation. The adjacent office-control tower is supported on a mat foundation placed in thaw-stable permafrost. The first floor is elevated to prevent building heat from entering the foundation.

Heat from older buildings with ventilated crawl spaces or tight skirting below the first floor caused supporting soils to thaw. Improved ventilation of crawl spaces, addition of slag insulation and replacement of tight skirting with open ventilated skirting have solved such problems. Newer buildings have an open air space below the first floor.

A year-round water supply was developed by damming three brackish ponds. However, streams are still dammed in the summer to provide tastier water.

Older water lines supported on timber structures set on the permafrost table were displaced over the years. Newer supports are anchored into permafrost and are stable. Elevated utilidors are used to route water, waste water, steam and condensate return lines among buildings.

ACKNOWLEDGMENTS

This study tour to Svalbard was arranged and funded in large part by the Committee on Frost Action in Soils, which is co-sponsored by the Royal Norwegian Council for Scientific and Industrial Research and the Norwegian Public Roads Administration. Additional support was provided by the U.S. Army Corps of Engineers. Dr. Kaare Flaate, Director, Norwegian Road Research Laboratory and Mr. Gunnulv Eiesland of Multi-Consult A/S participated in the study tour and technically reviewed this report. The visit was made possible by Store Norske Spitsbergen Kullkompani A/S, the firm engaged in the coal mining operation at Longyearbyen. The author is indebted to Mr. Gunnar Christiansen, Mr. Alv Orheim, Mr. Trond Hafting and Mr. Helmar Lileøren of "Store Norske" for their hospitality and technical information. In addition, valuable information on the new runway and hangar was obtained from Mr. Inge Berg, Resident Engineer of the Civil Aviation Administration. Mr. Bjarne Instanes, consultant to "Store Norske" kindly clarified several points in the manuscript.

REFERENCES

BERG, I. 1975. Flyplassprosjecktet på Svalbard. Frost I Jord 15, pp. 23-29.

CHRISTIANSEN, G. 1974. Personal communication from information gathered during a visit to Russia.

FULWIDER, C. and G. Aitken. 1962. Effect of surface color on thaw penetration beneath an asphalt surface in the Arctic. International Conference on the Structural Design of Asphalt Pavements, University of Michigan. CRREL Miscellaneous Paper 129.

HEGERMANN, O. 1974. Tekniske problemer iforbindelse med bygg og anlegg i permafrostområder. Bygg 21 (6), pp. 43-44.

INSTANES, B. 1975. Svalbard Lufthavn-Hangar og kontrolltårn. Frost I Jord 15, pp. 31-37.

TOBIASSON, W. 1973. Performance of the Thule hangar soil cooling systems. Permafrost: The North American Contribution to the Second International Conference, National Academy of Sciences, Washington, D.C., pp. 752-758.

THE DETAILS BEHIND A TYPICAL ALASKAN PILE FOUNDATION

W. Tobiasson and P. Johnson, U.S. Army Cold Regions Research and Engineering Laboratory, Hanover, New Hampshire, USA

When a warehouse at Barter Island burned down, a replacement was urgently needed. The new foundation consists of forty-five steel pipe piles, .25 m in diameter, set in 4.6 to 5.8 m deep holes made with a .46 m diameter auger. The annulus was backfilled with a sand-water slurry. Slurry freezeback was closely monitored using thermocouples. As freezeback was rapid, the contractor was allowed to set steel beams on a pile five days after it was installed and pour concrete ten days after the last pile was set. Groundwater problems during July required casing of augered holes with .51 m diameter pipe to a depth of 1 m. Mechanical difficulties and lack of a crane slowed pile installation but contractor resourcefulness got the job done. Subsequent elevation surveys and thermocouple measurements indicate that the foundation is solidly frozen and stable.

DÉTAILS RELATIFS À DES FONDATIONS TYPIQUES SUR PIEUX EN ALASKA

Après l'incendie d'un entrepôt à l'île Barter, il a été nécessaire d'en reconstruire immédiatement un autre. Les nouvelles fondations étaient composées de 45 pieux tubulaires en acier, de 0.25 m de diamètre, posés dans des trous de 4.6 à 5.8 de profondeur, creusés à l'aide d'une tarière de 0.46 m de diamètre. L'anneau a été comblé par un coulis d'eau et de sable. On a attentivement observé le regel du coulis à l'aide de thermocouples. Comme il était rapide, l'entrepreneur a fait poser des poutres en acier sur un pieu, cinq jours après l'installation de celui-ci, et couler du ciment, dix jours après la pose du dernier pieu. Des problèmes posés par l'infiltration d'eau souterraine au mois de juillet ont imposé le tubage des trous forés par un tuyau de 0.51 m de diamètre, jusqu'à une profondeur de 1 m. Comme des difficultés mécaniques ont surgi, et qu'on ne disposait pas de grue, l'installation des pieux a été ralentie mais l'entrepreneur a fait preuve d'ingéniosité pour terminer le travail. Des observations ultérieures du niveau du sol et des mesures effectuées à l'aide d'un thermocouple indiquent que la fondation est stabilisée et solidement gelée.

ОСОБЕННОСТИ ТИПИЧНЫХ СВАЙНЫХ ФУНДАМЕНТОВ В УСЛОВИЯХ АЛЯСКИ

Когда на острове Бартер сгорел склад, потребовалось срочно построить новое помещение. Новый фундамент состоит из 45 трубчатых стальных свай диаметром 0,25м, установленных в скважинах глубиной от 4,6м до 5,8м, пробуренных сверлом диаметром 0,46м. Пространство вокруг свай было заполнено смесью песка и воды. Замерзание смеси тщательно контролировалось с помощью термопар. Так как замерзание произошло быстро, то подрядчику было разрешено уложить стальные балки на сваю спустя пять дней после ее установки и залить бетон через десять дней после установки последней сваи. Наличие грунтовых вод в июле месяце потребовало обсадки пробуренных скважин трубами диаметром 0,51м на глубину до 1м. Некоторые технические трудности и отсутствие крана задержало установку свай, но благодаря находчивости подрядчика работа была завершена. Последующая горизонтальная съемка и замеры с помощью термопар показали, что фундамент надежно проморожен и устойчив.

THE DETAILS BEHIND A TYPICAL ALASKAN PILE FOUNDATION

W. Tobiasson and P. Johnson

U.S. Army Cold Regions Research and Engineering Laboratory
Hanover, New Hampshire, USA

INTRODUCTION

During the winter of 1973-74 a warehouse burned down at the Air Force Station at Barter Island, Alaska. Authorization for construction of a replacement building was received in late April 1974, less than two months before the 15 June deadline for loading supplies on the Hay River barge for delivery that summer. A 15.2 x 36.6 m preengineered metal building was purchased and attention directed to the task of designing, procuring, and assembling on the barge, the components of the foundation. The foundation would transmit the heavy floor live load of 1220 kg/m^2 into the ice-rich permafrost known to exist in the area. A U.S. Air Force civil engineer was dispatched to CRREL, where members of the Experimental Engineering Division assisted with the rapid development of a foundation design. Both spread footing and pile foundation alternatives were considered. Because spread footings would have necessitated blasting of permafrost and would have required more time and on-site labor, steel pipe piles were chosen for the foundation. The foundation was installed during the 1975 construction season. This paper describes site conditions, design considerations, construction and instrumentation of this facility.

SITE CONDITIONS

The Air Force Station at Barter Island (70°08'N, 143°38'W) is located within a few hundred meters of the Arctic Ocean, about 12 m above sea level. The surface in the area is marshy and dotted with numerous small ponds and lakes. Moss, tussocks, sedge grass and low bushes are present. Soils are silts, sands and some marine clays. The seasonal thaw zone in such soil is generally less than 0.5 m thick. Permafrost, which extends to a depth exceeding 275 m, contains massive ground ice. The mean annual temperature is -12°C, the maximum freezing index is 126000 hours °C (9456 ddF) and the maximum thawing index is 17800 hours °C (1332 ddF). Precipitation averages 18 cm/yr and the mean hourly wind speed is 5.8 m/s from the east.

DESIGN CONSIDERATIONS

Soil borings made prior to construction of other buildings in the vicinity showed that native soils are silty sands and sandy silts with large quantities of segregated ice. The Alaska District, Corps of Engineers, designed many of those buildings with foundations of augered-in-place steel pipe piles with the annulus backfilled with a saturated sand slurry. Such piles have been designed with an allowable adfreeze stress of 1.8 kg/cm^2. Although the addition of a non-frost-susceptible gravel leveling pad over the active layer was expected to cause the permafrost table to move upward into the tundra mat, pile adfreeze was assumed to act only in the "old" permafrost.

Except for the piles supporting an addition to the power plant this type of foundation has worked well at Barter Island. The piles of the power plant addition were inadvertently coated with red lead and a bituminous emulsion below grade. The addition began to settle immediately. Test pits excavated around the piles showed that shear failures had occurred within the thick layer of red lead and between the slurry backfill and the bituminous emulsion. A 76x76 cm bearing plate was subsequently welded to each pile 2.6 m below the surface. The plates were sized so that the bearing pressure on the soil was less than 48900 kg/m^2.

In 1965 a barracks was built with a foundation of 25-cm steel pipe piles each having a 46-cm-diam steel base plate. The steel members were placed in 61-cm-diam holes augered to a depth of about 3.7 m. The annulus was filled with a sand slurry but support by adfreeze bond was not considered in the design. Support was based on an allowable end bearing of 65000 kg/m^2. Each pile was equipped with fittings so that in the event settlements occurred, it could be charged with propane to create a two-phase thermal siphon (Long 1963). The original foundation has been stable and the thermal siphon feature has not been needed.

Lacking time to conduct additional

borings at the site and with the information that the biggest auger available for this job would be 46 cm in diameter, the design was based on adfreeze piles with a 1.8-kg/cm^2 design adfreeze strength as used successfully in the past.

By way of comparison, the Department of the Army (1977) recommends use of an ultimate adfreeze strength of 2.7 kg/cm^2 for steel piles at -4°C backfilled with a silt slurry, then allows multiplication by 1.5 to an ultimate adfreeze strength of 4.0 kg/cm^2 if a saturated sand backfill is used, and finally recommends the use of a factor of safety of 2.5 for preliminary design purposes. The resulting allowable adfreeze strength is 1.6 kg/cm^2. Since the temperature of the permafrost at Barter Island is lower than -4°C, the use of a 1.8-kg/cm^2 design adfreeze seems consistent with the development presented in the above reference. That manual further advises that the adfreeze bond between the slurry and the native soil is not generally the weak link since the slurry/native soil contact area is considerably larger than the pile/slurry contact area. However in warm plastic silts and clays the behavior of this interface should also be investigated.

Tsytovich (1973) quantifies the relative merits of various slurries and indicates that the highest adfreeze strengths are obtained with saturated medium-grained sands. Concrete and wood are the most common types of pile foundation used in the USSR and tabulated design values are based on tests conducted on those types of piles with the qualification that if metal surfaces are involved, adfreeze strengths should be reduced to 70% of the tabulated values. Gosstroi (1969) uses a design adfreeze strength ("standard shear resistance") of 3.3 kg/cm^2 for sandy soils at -4°C and below along concrete and wood surfaces. For steel piles the design strength would be 3.3 (.7) = 2.3 kg/cm^2. This is somewhat greater than the 1.8 kg/cm^2 used for this foundation based on American guidelines and practices. Gosstroi (1969) further notes that these values do not apply to salty soils and that if such soils are encountered, a different design approach is required (Gosstroi 1975).

The soil used in the slurry for this job was required to meet the following gradation:

Size	Percent Passing by Weight Minimum	Maximum
10 mm	100	
5	93	100
2	70	100
0.4	15	57
0.07	0	17

It was required that the slurry be machine mixed with fresh water having a temperature lower than 4.5°C. A concrete vibrator was required during placement to assure a dense homogeneous backfill. To assure rapid freezeback of the sand slurry the contract specified that water, steam or other heat source could not be used to expedite pile installation.

A difficult question in the design process was estimating the depth to which adfreeze should not be considered. The construction site was covered with a non-frost-susceptible gravel pad up to 2.1 m/thick. Assuming the thermally conductive pad was clean, dry gravel with a low water content of 2.5%, and using the modified Berggren calculation method (Department of the Army 1966), the expected depth of thaw under the elevated building was calculated to be 1.4 m. Although some adfreeze bond could have been allowed at depths exceeding 1.4 m it was decided to compensate for the lack of soil borings and specific information on the thickness of the non-frost-susceptible pad by not allowing adfreeze bond until "old" permafrost was definitely encountered. With the maximum expected thickness of the non-frost-susceptible pad at 2.1 m, and 0.3 m of old tundra mat below that, followed by 0.3 m of original seasonal thaw zone, the current maximum depth to "old" permafrost was 2.7 m. Only the portion of each pile deeper than 2.7 m was considered to be providing adfreeze bond.

Each pile was to contain an end bearing plate but support from this plate would not be considered in the design calculations. To facilitate welding, the plate was made somewhat larger in diameter than the pile. Sealing the bottom of the pile excluded slurry from within the pile, thereby slightly decreasing the freezeback time.

Rapid freezeback of the pile foundation was desired so that construction of the superstructure could proceed without delay, thereby permitting use of the warehouse before winter. Using the method developed by Crory (1963) and assuming that the sand-water slurry has a dry density of 1.92 Mg/m^3 and a water content of 15%, it was determined that the slurry at the bottom of the pile where the temperature was expected to be about -6°C would freeze back in a day or two. At the top of the "old" permafrost, where the temperature was expected to be about -2°C, the slurry would freeze in about 4 days. Instrumentation would be installed on the piles to monitor freezeback and the results would be used to determine when the contractor could proceed with construction of the superstructure.

Several different pile foundation alternatives were examined by varying allowable pile size, embedment depth and spacing. A maximum expected auger diameter of 46 cm limited the piles under consideration to a diameter of about 30 cm to allow for lateral positioning in the hole. The maximum allowable load per pile was limited by the expected maximum augering depth of 6.1 m. The most economical pile foundation design called for five rows of 25-cm-diam steel pipe piles with piles in the three interior rows spaced 3.66 m apart and those in the two outer rows spaced 7.32 m apart to coincide with the steel frame of the building. Piles in the two exterior rows carried a heavier load (29300 kg vs 19700 kg) and consequently were required to extend somewhat deeper than the interior piles.

To meet adfreeze requirements, interior and exterior piles would require embedment depths of 4.0 m and 4.6 m respectively. Steel pipe was located in random lengths from 6.1 to 6.5 m. With a maximum above-surface height of 0.9 m, these piles could be embedded somewhat deeper than required for adfreeze without the costly requirement of splicing. Additional safety was achieved by requiring embedment depths of 4.9 m and 5.5 m for the interior and exterior piles respectively. It seemed appropriate to use as much of each payed-for steel pile as possible. The contract established these minimum embedment depths and stated that every effort should be made to utilize essentially the full length of each piece of Government-furnished pile. It was required that the longest piles be used in the two outer rows. Because there was some question as to the thickness of the non-frost-susceptible pad it was also required that each pile extend at least 2.4 m below the original vegetative mat.

Gosstroi (1969) indicates that piles should extend at least 2 m below the maximum depth of seasonal thaw to allow for unforeseen lowering of the permafrost table and for possible increases in the mean annual temperature of the soil below a facility. The design chosen for Barter Island meets this requirement.

It was estimated that the 46-cm-diam holes could be advanced at a rate of 0.3 m/min. Allowing for set-up and moving time and normal problems it was expected that the 45 holes could be drilled, the piles installed and the slurry placed in two or three weeks using one drill rig and a 5-6 man crew working 60 hours per week.

CONSTRUCTION

Installation of the piles was planned for late winter but because of contracting delays work could not commence until July 1975. Unfortunately, material for the building had been stockpiled on the site the previous fall and snowdrifts as high as 3.7 m had formed there. The snow reduced the amount of soil cooling achieved that winter and when the snow melted in the spring additional ground water was created. Water was encountered about 0.5 m below the surface, which was thawed to a depth of about 1 m. An attempt to drain the seasonal thaw zone in the area by pumping from a sump excavated nearby was unsuccessful. The ground water problem was finally solved by installing a 51-cm-diam casing in the upper meter of each auger hole. The casing was sealed to the frozen ground below by forcing it down, first with the auger and then with the blade of a TD20 bulldozer.

FIG. 1. Forty-six-cm-diam bit used to auger holes for the pile foundation.

Augering was a relatively straightforward operation once water was kept from entering the hole. The type of auger used is shown in Figure 1. For most holes a 46-cm-diam auger was used. A few holes were placed with a 41-cm-diam auger but those holes were too small to permit effective alignment of the 25-cm-diam piles and the 46-cm-diam auger was reemployed. Augering time for the 4.9- to 5.5-m-deep holes varied from less than 1 hour to several hours. The average rate of augering was about 0.6 m/min. Most soils encountered were silty sands or sandy silts. However, some plastic clay was present and masses of ice up to 1.8 m thick were found in some holes. As no crane was available on site to lift the piles, they were lifted with the winch on the drill rig (Fig. 2). Just prior to placing a pile in a hole six shovels of dry sand of the type used in the slurry were thrown down the hole to act as a pad for the 30-cm-diam, 1.3-cm-thick steel plate welded to the bottom of the pile. The pile was placed in the hole

FIG. 2. Piles were lifted with the winch on the drill rig.

FIG. 4. The sand slurry left the mixer the consistency of wet concrete.

FIG. 3. Alignment was checked before the slurry backfill was added.

FIG. 5. Once in the annulus, the slurry was vibrated for about 5 minutes.

and dropped on the bottom a few times to compact the sand and any cuttings there to achieve reliable end bearing. Embedment depths varied from 4.8 to 5.8 m with the two outer rows of piles set deepest.

Alignments were checked (Fig. 3) and the pile was held in position by members of the crew. Before the slurry was made the sand stockpile was sampled to assure that it met the gradation limits in the specifications. The sand slurry was prepared in the mixer shown at the left side of Figure 2. The slurry left the mixer the consistency of wet concrete (Fig. 4) and was vibrated for about 5 minutes once in the hole (Fig. 5). The steel tripod alignment system shown in Figure 5 was not generally used: one or two men held most piles in position during installation of the slurry backfill. During vibration of the slurry, the pile could be moved slightly if check measurements indicated it was out of alignment. A few minutes later the slurry was quite stiff and it held the pile firmly in place. Calculations had indicated that for the deepest holes, piles might tend to float if those holes were completely filled with slurry. Two piles exhibited this tendency and were held down by the auger for 20 minutes after vibration of the slurry. This problem could have been overcome by not backfilling the upper 1.2 m of each hole. Coarse gravel backfill subsequently placed in that area would have reduced the potential for frost jacking. However, the pad was considered non-frost-susceptible and this was not required.

The total time required to auger a hole, place a pile, install the slurry backfill, extract the 51-cm-diam casing, and move to the next hole averaged somewhat more than three hours.

During installation of the piles the drill rig was beset with several problems, ranging from broken winch sprockets to engine failure. Parts were borrowed from an inoperative drill rig on site. Had that old rig not been available it is estimated that the work would have been

FIG. 6. Steel floor beams and a corrugated steel deck were placed on the piles.

FIG. 7. The completed warehouse.

delayed several weeks. The last pile was placed on 29 July, 27 days after the first hole was begun.

The piles were cut to the proper elevation and once soil temperature measurements indicated that the slurry had frozen, the steel floor beams and the corrugated steel deck were placed (Fig. 6). Shortly thereafter a 15-cm-thick reinforced concrete slab was poured on the deck, 10 cm of extruded polystyrene insulation was placed on the concrete and a 6-cm-thick concrete wearing course was poured on the insulation. The steel frame building was then erected (Fig. 7).

INSTRUMENTATION

Copper-constantan thermocouples were placed on the exterior surfaces of eight piles before they were installed. Plastic tape held the bottom thermocouples in place. Other thermocouples were secured with metal bands (Fig. 8). Typical freezeback curves for a pile are shown in Figure 9. The slurry at the bottom of the pile 5.1 m below the ground surface refroze in about 8 hours. In 24 hours it had cooled to about -7°C. At depths of 3.9 m and 2.7 m below the surface, freezeback took 22 and 38 hours respectively. The other seven instrumented piles behaved in a similar manner. A thermocouple lowered inside other piles and pushed against the steel walls of the piles verified that similar conditions existed for all 45 piles. Actual freezeback was very close to that predicted during design.

FIG. 8. Thermocouples were taped and banded to eight piles.

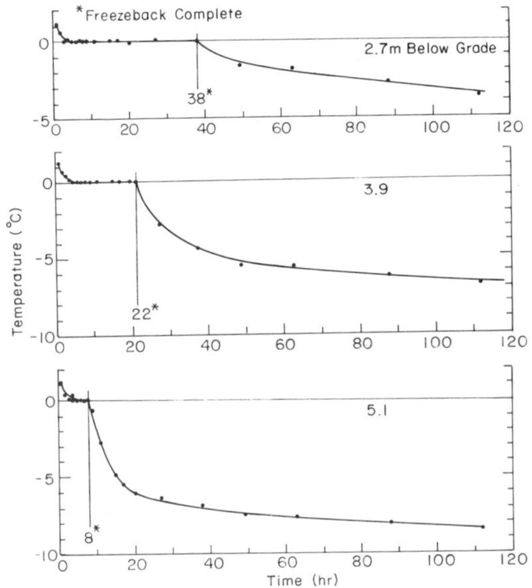

FIG. 9.. Freezeback curves at depths of 2.7, 3.9 and 5.1 m.

The flat portions of the curves in Figure 9 occur at 0°C, which indicates that a large portion of the slurry is freezing at that temperature. To determine the freezing point of the native soil, cuttings were obtained at a depth of 4.8 m. The soil recovered was an ice-rich saline sandy silt. A thermocouple was inserted into the center of a thawed specimen which was placed in a freezer. Most of the water in that soil froze at about -0.7°C.

Since the thermocouples documented that the slurry froze rapidly, the contractor was notified that he could place floor beams on a pile five days (120 hours) after it was installed. Ten days after a pile was installed he was allowed to pour the 15-cm-thick concrete slab. Because of normal sequential operation, neither of these waiting periods delayed the job.

Once the building was completed but prior to loading the warehouse with supplies, all thermocouples were read to verify that seasonal warming combined with the effect of construction had not adversely warmed supporting soils. Since the temperature at the bottom of the piles was -6.1 °C or lower, the warehouse was allowed to fill with supplies.

Shortly after construction of the foundation elevation control points were established on several piles and a benchmark was established on a nearby building that had shown no signs of movement. The survey was repeated a year later after a few cracks were detected in the concrete wearing course of the new building. The survey indicated that the foundation was stable. Additional investigation revealed that the cracks were associated with shrinkage of the wearing course.

SUMMARY AND CONCLUSIONS

Forty-five pipe piles 25 cm in diameter were chosen to support the new warehouse at Barter Island. Support was based on a 1.8-kg/cm^2 allowable adfreeze stress between the pile and the saturated sand slurry used to backfill the annulus of each augered hole. Holes were augered to depths of 4.8 to 5.8 m. The upper 1 m of each hole had to be cased to prevent entry of ground water. Temperature sensors verified that slurry freezeback was rapid. Within two days the bottom 2 m of the slurry backfill was solidly frozen to the pile. By verifying that freezeback was rapid, it was possible to build on the piles without delay. Elevation surveys revealed that the foundation is stable.

Although the design was done with great haste and with limited soil information the methods used to determine the maximum depth of seasonal thaw, to establish the zone of reliable adfreeze, to predict the rate of freezeback, and to establish allowable adfreeze strengths appear reasonable in light of elevation and temperature measurements obtained during and after construction.

ACKNOWLEDGMENTS

This paper presents the results of research performed by the Cold Regions Research and Engineering Laboratory (CRREL) under the sponsorship of the U.S. Army Corps of Engineers and the U.S. Air Force Aerospace Defense Command (ADCOM). Mr. C. DiCocco of the U.S. Air Force developed the foundation design with input from the authors and F. Crory and F. Sayles of CRREL. C. Collins of CRREL assisted with the installation of instrumentation and collection of data. W. Evans of the DEW Systems Office, ADCOM, coordinated the design and construction efforts. Capt. F. Gault, the U.S. Air Force resident engineer during construction, assisted in collection of freezeback data. Operation and Maintenance Services Inc. constructed the Facility.

REFERENCES

CRORY, F. 1963. Pile foundations in permafrost. Permafrost: Proceedings, International Conference, Purdue University. National Academy of Sciences, Washington, D.C., pp. 467-476.

DEPARTMENT OF THE ARMY. 1966. Arctic and subarctic construction: Calculation methods for determination of depths of freeze and thaw in soils. Technical Manual TM 5-852-6.

DEPARTMENT OF THE ARMY. 1977. Arctic and subarctic construction: Foundations. Technical Manual TM 5-852-4. Extensively revised version in preparation. Publication expected in 1977.

GOSSTROI. 1969. Handbook for the design of bases and foundations of buildings and other structures on permafrost. National Research Council of Canada Technical Translation 1865, Ottawa, 1976.

GOSSTROI. 1975. Instructions for design of bases and foundations on permafrost soils having high ice and salt contents. Construction norm SN 450-72 (in Russian).

LONG, E. 1963. The Long Thermocouple. Permafrost: Proceedings, International Conference, Purdue University. National Academy of Sciences, Washington, D.C., pp. 487-491.

TSYTOVICH, N. 1973. The mechanics of frozen ground. English translation edited by G. Swinzow, Scripta Book Co., 1975.

LONG-TERM SETTLEMENT OF FOUNDATIONS ON PERMAFROST

S.S. Vyalov, Res. Inst. of Foundations and Underground Structures, Moscow, U.S.S.R.

The author describes penetration tests in permafrost with a temperature of -0.1°C to -0.5°C using stamps 70 cm in diameter. The tests were started in 1952 and were continued for almost 20 years. The temperature was kept constant for the first 10 years and was then permitted to drop. The results of these tests and of laboratory experiments are used to derive a formula relating the load to the settlement which is developed in time. It is shown that plastic frozen soils are capable of developing long-term creep settlement, the extent of which may be considerable. This must be allowed for when using such soils as bases for structures. Cooling of plastic frozen soils slows down the increase in the rate of settlement and may even eliminate settlement altogether.

LE TASSEMENT À LONG TERME DES FONDATIONS SUR LE PERGÉLISOL

S.S. Vyalov, Institut de recherches scientifiques sur les fondations et les structures souterraines, Moscou, URSS

L'auteur décrit des essais d'enfoncement de pieux de fondation (d'un diamètre de 70 cm) dans le pergélisol à des températures allant de -0,1 à -0,5°C. Commencés en 1952, les essais se sont prolongés sur une période de près de vingt ans; au cours des dix premières années, on a maintenu la température du sol à un niveau constant puis on l'a laissé descendre. L'article fait part des résultats de ces essais et des essais en laboratoire, qui permettent de proposer une formule établissant le lien qui existe entre la charge et le tassement à long terme. L'auteur montre que les gélisols plastiques peuvent subir un tassement final par fluage, assez important pour qu'il faille en tenir compte dans l'utilisation de ces sols comme fondements de construction. La réfrigération de ces sols conduit à une diminution de la vitesse de tassement et même à la suppression des tassements.

ДЛИТЕЛЬНЫЕ ОСАДКИ ФУНДАМЕНТОВ НА ВЕЧНОМЕРЗЛЫХ ГРУНТАХ

С.С. Вялов, НИИ оснований и подземных сооружений, Москва, СССР

В 1952 г. автором были начаты испытания по вдавливанию опытных штампов (диаметром 70 см) в вечномерзлые грунты с температурой -0,1-0,5°C. Опыты продолжались в течение почти 20 лет, причем в течение первых 10 лет температура грунта сохранялась постоянной, а затем было допущено ее понижение. В статье приводятся результаты этих испытаний, а также лабораторных опытов и на их основании предлагается формула, устанавливающая связь между нагрузкой и развивающейся во времени осадкой. Показано, что пластичномерзлые грунты способны развивать длительные осадки ползучести, могущие достигать достаточно больших значений, что необходимо учитывать при использовании этих грунтов в качестве оснований сооружений. Охлаждение таких грунтов приводит к уменьшению интенсивности нарастания осадок и даже к их прекращению.

ДЛИТЕЛЬНЫЕ ОСАДКИ ФУНДАМЕНТОВ НА ВЕЧНОМЕРЗЛЫХ ГРУНТАХ

С.С. Вялов

НИИ оснований и подземных сооружений, Москва, СССР

Известно, что вечномерзлые грунты, особенно пластичномерзлые, способны развивать длительные осадки ползучести. С целью изучения закономерностей таких осадок автором в 50-х годах в Игарке были поставлены полевые опыты с моделями фундаментов, установленными на пластичномерзлые грунты и загруженными различными постоянными нагрузками. Эти испытания длились в течение 19 лет. Условия и методика проведения опытов, а также данные сопутствующих экспериментов в лабораторных условиях были описаны в работе (Вялов, 1959). В настоящем докладе излагаются результаты испытаний за весь 19-летний период и дается обобщение данных полевых и лабораторных опытов.

Лабораторными опытами (Вялов, 1959) было установлено, что осадка мерзлых грунтов при вдавливании штампа складывается из начальной, условно-мгновенной и развивающейся во времени частей $S = S_0 + S(t)$. И та и другая части осадки включают в себя восстанавливающуюся, упругую составляющую S^e и невосстанавливающуюся, пластическую S^p, так что суммарная осадка равна $S = S^e + S^p$.

Восстанавливающаяся часть осадки является следствием упругого сжатия твердых частиц и льда; обратимого смещения частиц и обратимых фазовых переходов льда в воду в местах повышенного давления. Невосстанавливающаяся часть осадки обусловливается, с одной стороны, объемной ползучестью скелета грунта (смещение частиц по пленкам незамерзшей воды) и отжатием (фильтрацией) незамерзшей воды, пополняемой льдом, оттаивающим в местах концентрации напряжений, с изменением пористости грунта. С другой стороны, невосстанавливающаяся деформация является следствием сдвиговой ползучести мерзлого грунта, вызванной необратимыми и протекающими во времени смещениями минеральных частиц по пленкам связанной воды и течением льда. Эти смещения приводят к нарушению структурных связей и развитию дефектов структуры в виде микро- и макротрещин и других повреждений, т.е. приводят к расслаблению структуры. С другой стороны, при смещении частиц, особенно связанным с объемным сжатием, происходит их перекомпоновка и более плотная упаковка, залечивание дефектов и возникновение новых связей, т.е. происходит упрочнение структуры. Если превалирует упрочнение, то осадка имеет затухающий характер, если расслабление - то незатухающий, приводящий с течением времени к разрушению основания - внутри массива и на его поверхности появляется сетка трещин и происходит правильная осадка.

Закономерность развития во времени осадки мерзлых грунтов можно выразить с помощью следующего уравнения наследственной ползучести:

$$\frac{S}{d} = D\{f[P(t)] + \int_0^t f[P(\xi)]\,Q(t-\xi)\,d\xi\}, \qquad (1)$$

где D - некоторый параметр, характеризующий условия работы основания под местной нагрузкой; $f[P(t)]$ - функция нагрузки; $Q(t-\xi)$ - функция (ядро) ползучести; ξ - переменная интегрирования.

По аналогии с известной формулой Шлейхера, определяющей осадку упругого полупространства, параметр D можно принять (что подтверждается опытами) равным $D = (1-\nu^2)\,w$, где ν - коэффициент Пуассона, а w - коэффициент, зависящий от формы и гибкости штампа: для круглого в плане жесткого штампа $w = 0{,}79$.

Функция $f(P)$ может быть принята в виде

$$f(P) = \left(\frac{P}{A}\right)^{1/m}, \qquad (2)$$

где $m < 1$ и A - параметры. В порядке допущения полагаем, что m - постоянная для данного грунта величина, не зависящая ни от его температуры, ни от времени. Параметр же A - есть функция температуры мерзлого грунта, отображающая влияние последней на закономерность развития осадки:

$$A = A(\theta) = Q + b/\theta/^{\alpha}, \qquad (3)$$

где Q (Па) - значение A при $Q = 0$; $/\theta/$ - температура мерзлого грунта в $^{\circ}C$ без знака минус; b ($^{\circ}C^{-1/m}$) и α - параметры, причем $\alpha = 0{,}5$.

Функцию времени $Q(t-\xi)$ можно принять в виде

$$Q(t-\xi) = \left[\frac{T_2}{T_1 + (t-\xi)}\right]^n \qquad (4)$$

В зависимости от значений T_1, T_2 и n, формула (4) может принимать различную форму. При $n = 1$, $T_1 = T$ и $T_2 = \delta$ имеем $Q(t-\xi) = \delta[T+(t-\xi)]$, что при подстановке этого выражения в (1) приводит к логарифмическому закону осадки. При $n = 2$, $T_1 = T$, $T_2 = [T(\delta-1)]^{0,5}$, имеем $Q(t-\xi) = T(\delta-1)\times[T+(t-\xi)]^{-2}$ и из (1) получаем дробнолинейный закон. Наконец, при $n = 1-\beta$, $T_1 = 0$ и $T_2 = (\beta\delta/T^{\beta})^{1/1-\beta}$ получаем

$$Q(t-\xi) = \beta\delta T^{-\beta}(t-\xi)^{\beta-1}, \qquad (5)$$

что дает степенной закон осадки.

Наиболее удовлетворительное совпадение с данными опыта дает выражение (5). Подставляя это выражение (при $T = 1$) в (1) и принимая функцию $f(P)$ в виде (2), получим для общего случая изменяющейся во времени нагрузки $P = P(t)$ и переменной во времени температуры $\theta = \theta(t)$ следующее уравнение осадки:

$$\frac{S}{d} = (1-\nu^2)w\beta\delta\int_0^t\left\{\frac{P(\xi)}{A[\theta(\xi)]}\right\}^{1/m}(t-\xi)^{\beta-1}, \qquad (6)$$

где $A[\theta]$ - определяется формулой (4) с учетом того, что значение θ принимается переменным во времени $\theta(t)$.

При постоянных P и θ уравнение осадки (6) принимает вид

$$\frac{S}{d} = (1-\nu^2) w \left(\frac{P}{A}\right)^{1/m} (1 + \delta t^{\beta}). \qquad (7)$$

формулу (7) можно представить и в ином виде:

$$\frac{S}{d} = (1-\nu^2) w \frac{P}{E(P, t)}, \qquad (8)$$

где $E(P, t)$ – переменный модуль деформации, равный

$$E(P, t) = (AP^{m-1})^{1/m} (1 + \delta t^{\beta}). \qquad (9)$$

При $t = 0$ $E(P, t) = (AP^{m-1})^{1/m}$, и формула (7) определяет начальную осадку

$$\frac{S}{d} = (1-\nu^2) w (P/A)^{1/m} \qquad (10)$$

При $m = 1$ модуль $E(P, t)$ принимает значение модуля линейной деформации $E(P, t) = E = A$, и формула (10) переходит в формулу Шлейхера осадки линейно-деформируемого полупространства

$$\frac{S}{d} = (1-\nu^2) w P/E. \qquad (11)$$

Выражение (10) отображает так называемый вековой закон ползучести – осадка развивается неограниченно, но со все уменьшающейся скоростью. Справедливость этого закона подтверждена данными ранее приведенных автором исследований в Игарской подземной лаборатории (рис. 1, 2). Данные получены из испытания по вдавливанию штампов (круглых в плане) в мерзлые грунты естественного сложения – покровные супеси и суглинки и плотные (озерно-ленточные) глины; температура грунтов варьировалась от -0,4 до -7,6°С. Опыты проводились с монолитами вечномерзлого грунта, вмурованными в "пол" подземелья (в этих случаях применялись штампы диаметром 50, 70 и 100 мм) или путем вдавливания штампов (диаметром 500 мм) непосредственно в "пол" подземелья, сложенный вечномерзлой глиной.

На рис. 1 изображены кривые развития во времени осадок мерзлого грунта под воздействием постоянной нагрузки, а на рис. 2 – кривые зависимости между осадкой и нагрузкой, полученные из испытания со ступенчатым загружением. При этом на рис. 2, а, б представлены кривые, полученные из опытов, в которых время выдерживания ступеней нагрузок было различным, эти кривые иллюстрируют факт изменения во времени модуля $E(P, t)$, кривые рис. 1, а и 2, а демонстрируют ту большую роль, которую играют осадки ползучести. Так, осадка, развившаяся за 72 часа, оказалась в 8 раз больше осадки, возникшей в течение 30-минутного действия нагрузки. По сравнению же с начальным, условно-мгновенным значением длительная осадка оказывается в десятки раз большей.

На рис. 2, в приведены данные испытаний с разгрузкой после каждой ступени, позволившие выделить восстанавливающуюся и невосстанавливающуюся части осадок. Как видно, основную роль играют необратимые осадки. Следовательно, формулы (6)-(8) могут быть использованы для описания осадки под воздействием либо постоянной, либо увеличивающейся нагрузки. Для описания же процесса разгрузки следует учитывать разделение осадки на восстанавливающуюся и невосстанавливающуюся части.

Справедливость принятого уравнения осадки (7) подтверждается спрямлением опытных кривых S–t и S–P при перестройке их в логарифмических координатах. Как показано на рис. 1, б и 2, б, экспериментальные точки хорошо ложатся на прямые $\ln S - \ln t$ и $\ln S - \ln P$, что свидетельствует о применимости степенных зависимостей (2) и (5) и, следовательно, самого уравнения (7).

Отметим, что угол наклона прямых $\ln S - \ln P$ для различных моментов времени (см. рис. 2, б) примерно одинаков.

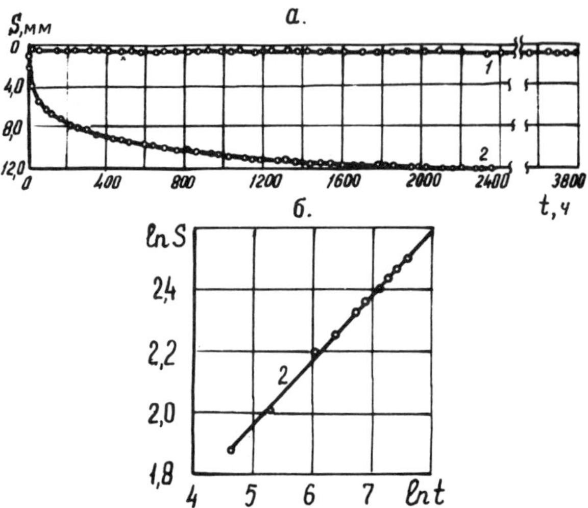

Рис. 1. Графики развития осадок во времени в обычных (а) и логарифмических (б) координатах. Вдавливание штампа под постоянной нагрузкой $P = 13 \times 10^5$ Па в плотную мерзлую глину при температуре θ: 1 – -7,6; 2 – -0,4°С.

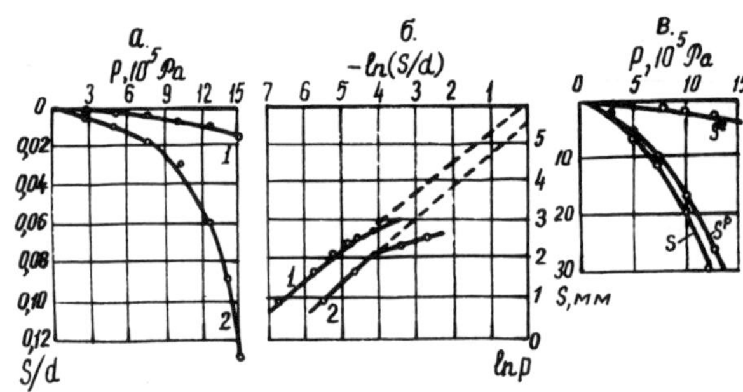

Рис. 2. Зависимость между осадкой S и нагрузкой P
а – кривые зависимости S–P для различных моментов времени t : 1 – 30 мин, 2 – 72 ч; б – то же в логарифмических координатах; в – кривые S–P с разделением на восстанавливающуюся S^e и невосстанавливающуюся S^p составляющие.
Опыты по вдавливанию штампов (d = 505 мм) в плотную мерзлую глину (θ = -0,6°С).

Это подтверждает сделанное предположение о независимости параметра m от времени t. Значение m оказалось равным 0,5 – 0,6 для супесей, 0,7 для суглинка и 0,8 – 0,9 для плотной глины.

Значение параметра β, определяемоого углом наклона прямой $\ln S - \ln t$ (см. рис. 1, б), для плотной мерзлой глины было равно 0,21. Строго говоря, параметр β зависит от величины нагрузки. Этот вопрос подробно рассмотрен в статье автора на 4-й секции настоящей конференции, в которой приведен вывод обобщенного уравнения деформирования мерзлых грунтов, полученный из рассмотрения физической сущности процесса. Однако в небольшом диапазоне напряжений можно принять $\beta = \text{const}$, и тогда уравнение деформирования приводится к виду (7).

В качестве другого допущения при выводе формул (6) – (7) принято условие постоянства коэффициента Пуассона ν. Такое допущение мало сказывается на результатах вычислений, поскольку, если даже и принять, что ν изменяется (в результате различия в закономерностях объемной и сдвиговой деформаций), например, в пределах $0,3 \leqslant \nu \leqslant 0,5$, то величина ($1 - \nu^2$) изменится всего от 0,91 до 0,75. При желании же учесть эти изменения переменное значение $\nu(P, t)$ надо ввести в выражении (6) под знак интеграла.

В целом же формулы (6) - (7) достаточно удовлетворительно описывают закономерность развития осадки в мерзлых грунтах в пределах обычного для оснований диапазона нагрузок. Отметим, что степенной закон деформирования мерзлых грунтов проверен при различных видах деформирования и подтвержден другими исследователями, в частности, в работе (Ladany, 1975).

При больших значениях нагрузки кривая S–P имеет перегиб, хорошо заметный на логарифмическом графике рис. 2,б. Этот перегиб отображает факт развития незатухающей осадки ползучести и его можно рассматривать как достижение нагрузкой предельного значения P_s.

ДАННЫЕ ПОЛЕВЫХ ИСПЫТАНИЙ

Длительные полевые опыты, наблюдения за которыми велись в течение почти 20 лет*), были начаты в 1952 году на площадке Игарской мерзлотной станции и заключались в вдавливании трех жестких штампов (d = 705мм) в вечномерзлые грунты. Штампы были установлены на глубине 2,95 м на 2-метровый слой супесчаного грунта массивной и тонкосетчатой текстуры, подстилаемого слоем галечника (80 см), ниже которого шли плотные ленточные глины. Влажность-льдистость супесей составляла от 20 до 30, реже 35%, но в отдельных местах, где встречались ледяные включения, доходила до 50-60%. Глубина сезонного оттаивания грунтов в месте установки штампов 2 и 3 составляла 1,5 м, штамп 1 был установлен на участке с несливающейся мерзлотой.

Нагрузка на каждый из штампов передавалась с помощью мощного рычага, короткий конец которого заанкеривался в вечномерзлый грунт. В качестве анкеров служили две 89 мм стальные трубы с приваренными "ершами" и с анкерными плитами, погруженные в 15-метровые скважины с последующим вмораживанием. Нагрузка на штамп передавалась через стояк, вокруг которого для предохранения от смерзания с грунтом, был устроен защитный кожух с заполнением зазоров солидолом. Осадка каждого из штампов измерялась с помощью трех индикаторов часового типа, показания которых контролировались нивелировкой. Приводимые далее данные получены как среднее из показаний трех индикаторов.

Наблюдение за температурой грунтов осуществлялось при помощи термопар, вмонтированных в штампы, и инерционных термометров, опускаемых в скважины на глубины, равные 0-0,5-1,0-1,5-2,75 м ниже подошвы штампа.

Естественная температура грунта на уровне подошвы штампа равнялась -0,1°С под штампом 1 и -0,1 - 0,3°С под штампами 2 и 3. Установка штампов производилась в конце лета и при откопке котлованов температура грунта под штампом повысилась до -0°. Однако через некоторое время эта температура приняла свое естественное значение, которое и сохранялось в течение 9-10-летнего периода. Сохранение температурного режима грунта обеспечивалось термоизоляцией его поверхности с помощью засыпки слоем опилок с ежегодной его заменой.

В целях исследования влияния изменения температурного режима грунтов на характер протекания осадок слой опилок по прошествии 9 лет был уменьшен, что вызвало некоторое постепенное охлаждение грунта. По прошествии же 17 лет термоизоляция была удалена полностью, а снег на поверхности стал расчищаться, что привело к резкому понижению температуры грунта.

Температурный режим грунта под штампами характеризуется следующими цифрами. Под штампом 1 температура на глубине 0,5 м от подошвы штампа за период с 1953 по 1963 г. составляла от -0,1 до -0,2°; с 1964 по 1968 г. она понизилась до -0,3 -0,5°, а с 1969 по 1971 г. - до -1,0, -1,5°С. Под штампом 2 в эти же периоды и на этой же глубине температура грунта составляла: в 1953-1963 гг. -0,3°; -0,5°, в 1964-1968 гг. -0,5°; -0,7°, в 1969-1971 гг. -0,8°; -1,3°. Под штампом 3 температура равнялась: в 1953-1963 гг. -0,4°; -0,6°, в 1964-1968 гг. -0,7°; -0,8°, в 1969-1971 гг. -1,3°; -3,3°. Отметим, что значения температуры грунта на глубине 2,75 м ниже подошвы штампа почти не отличались от приведенных выше (за исключением последних 3-х лет).

Нагрузка на штамп прикладывалась ступенями и затем оставалась постоянной. К штампу 1 сначала была приложена нагрузка $P = 1,3x10^5$ Па (10^5 Па = 1кг/см^2), которая затем была повышена до $P = 2,5x10^5$ Па и оставлена такой на все время испытаний. На штамп 2 была передана нагрузка $P = 1,25-2,5-3,75x10^5$ Па, а на штамп 3 - $P = 1,1-2,0-3,0-4,0x10^5$ Па; последние величины нагрузок сохранялись до конца опытов. Выдерживание первых ступеней нагрузок на штампы 1 и 2 производилось до стабилизации осадки, а на штамп 3 - в течение равных отрезков времени - 48 ч.

Конечные значения нагрузок были выбраны так, чтобы они приближались к величинам предельно-длительного сопротивления грунта в основаниях сооружений $P_S = P_\infty$. Эти величины были определены на основании лабораторных опытов по вдавливанию шариковых штампов по методу Н.А.Цытовича (1973) по формуле

$$P_\infty = 5{,}55\,C_{eq} + \gamma h, \tag{12}$$

где C_{eq} - эквивалентное сцепление; γ - объемный вес мерзлого грунта; h - глубина заложения фундаментов. Опыты показали, что для супесей $P_\infty = 3,0x10^5$Па при $\theta = -0,1° - 0,2°$С и $P_\infty = 5,0x10^5$ Па при $\theta = -0,5°$С.

На рис. 3 изображены результаты наблюдений за осадками всех трех штампов за первый год испытания; там же приведен график изменения температуры грунта под штампами.

Прежде всего отметим длительность нарастания осадок даже при небольших нагрузках. Так, осадка штампа 1 при первой ступени нагрузки $P = 1,3x10^5$ Па, хотя была и невелика - всего 7 мм, но стабилизовалась только через 6 месяцев.

Штамп 2 под нагрузками 1,25 и $2,5x10^5$ Па дал стабилизовавшиеся осадки 5,5 мм и 21 мм через 1100 ч и 4000 ч соответственно. Повышение нагрузки до $3,75x10^5$ Па привело к возникновению незатухающей осадки. Отметим, что приращение осадки на этой ступени нагрузки оказалось меньшим приращения от предыдущей ступени. Не исключено, что в этом сказалось некоторое понижение температуры под подошвой штампа (рис. 3,б), но возможно имели место и другие невыясненные причины.

Нагрузка на штамп 3, загружаемый кратковременными ступенями, была быстро доведена до конечного значения $P = 4,0x10^5$ Па. Осадка штампа развивалась весьма интенсивно, особенно в начальный период, поскольку нагрузка $P = 4,0x10^5$ Па была приложена тогда, когда температура грунта под штампом равнялась 0°С.

*) Автор выражает признательность бывшему начальнику Игарской мерзлотной станции А.М.Пчелинцеву за обеспечение длительных наблюдений за осадками штампов.

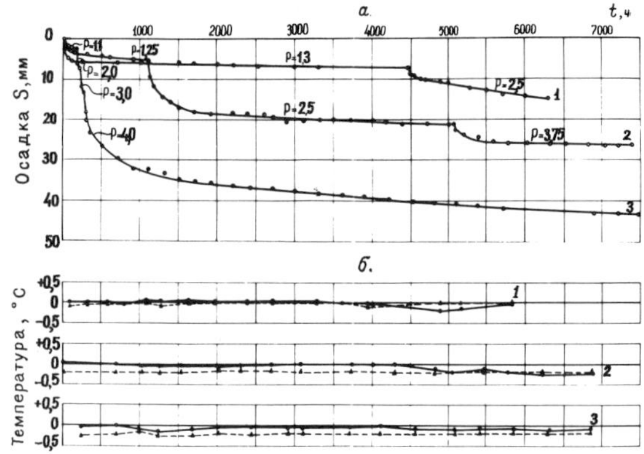

Рис. 3. Развитие осадок полевых штампов 1, 2 и 3 за первый год испытания при нагрузках P, 10^5 Па (кг/см^2), возрастающих ступенями

а - развитие осадок во времени; б - изменение температуры грунта под подошвой штампа (сплошная линия) и на глубине 0,5 м ниже подошвы (пунктир)

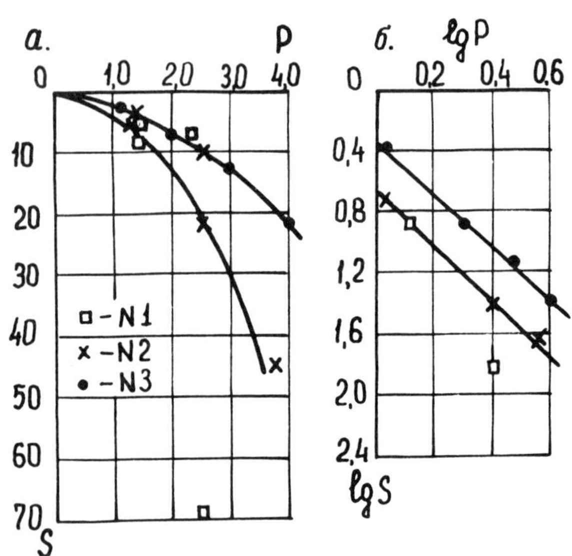

Рис. 4. Зависимость между осадкой и нагрузкой в обычных (а) и логарифмических (б) координатах. Полевые опыты по вдавливанию штампов 1, 2 и 3 в мерзлый грунт.

По данным рис. 3 построен график зависимости между осадкой и нагрузкой (рис. 4, а). На этом графике изображены две кривые. Одна из них (верхняя) построена по данным для приращения осадок за 48-часовые интервалы воздействия нагрузок. Другая кривая построена по данным испытаний штампов 1 и 2 при длительном (до стабилизации осадок) выдерживании ступеней нагрузок; последние точки кривой при наибольших нагрузках соответствуют 19-летним значениям осадок. Различие в очертании кривых характеризует, аналогично рис. 2, а, влияние фактора времени.

Перестройка кривых S–P в логарифмических координатах (рис. 4, б) дала хорошее спрямление опытных точек, что свидетельствует о применимости степенной функции (2). Весьма показательно, что прямые $\lg S - \lg P$ для различных моментов времени имеют, как и на рис. 2, б, одинаковый

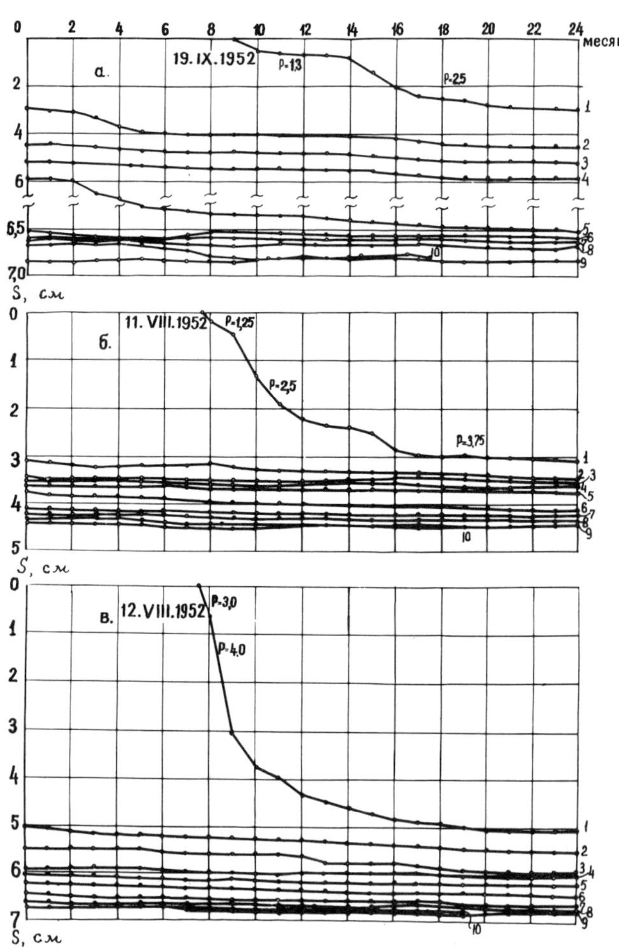

Рис. 5. Кривые развития во времени осадок опытных штампов 1 (а), 2 (б), 3 (в). Даты: 1-31.XII.1953; 2 - 31.XII.1955; 3 - 31.XII.1957; 4 - 31.XII.1959; 5 - 31.XII.1961; 6 - 31.XII.1963; 7 - 31.XII.1965; 8 - 31.XII.1967; 9 - 31.XII.1969; 10 - 4.VIII.1971г.

угол наклона; это подтверждает независимость параметра m в формуле (2) от времени. Значение этого параметра оказалось равным 0,57, что тоже хорошо согласуется со значениями m, полученными из лабораторных испытаний.

Дальнейшее развитие осадок опытных штампов на весь период испытаний отображено на графиках (рис. 5), а сводный график осадок приведен на рис. 6. Там же показаны изменения среднегодовой температуры грунта на глубине 0,5 м под подошвой штампа.

Как видно, развитие осадок продолжалось непрерывно, но с все уменьшающейся скоростью и только после понижения температуры грунта до $-1,5^{\circ}$ – -2° (1969г.) осадки прекратились; было отмечено даже некоторое поднятие штампов вследствие пучения мерзлого грунта при его охлаждении.

В 1971 году опыт был закончен.

При анализе очертания кривых развития осадки во времени оказалось, что в момент времени 9-10 лет кривая для штампа 1 имеет перегиб, обусловленный изменением температуры грунта. На ходе же осадки штампов 2 и 3 это изменение сказывается в меньшей степени и очертание кривых $S-t$ для указанных штампов остается достаточно плавным. Для определения вида кривых осадка–нагрузка была проверена применимость функции времени (4). При этом принимались различные значения параметров T_1, T_2, n в зависимости от чего уравнение осадки имеет (при пренебрежении начальной осадкой) или логарифмический вид $S = \delta \ln (t+1)$, или дробнолинейный $S = \delta t/(T+t)$ или степенной $S = \delta t^{\beta}$. (13)

Все три выражения оказались приемлемыми, однако наилучшее совпадение с опытами дала степенная зависимость (13). Это совпадение подтверждается хорошим спрямлением кривых $S-t$ при перестройке их в логарифмических координатах $\ln S - \ln t$.

При обработке опытных данных получены следующие значения параметров зависимости (13): для штампа 2 $\delta = 2,725$ и $\beta = 0,167$, а для штампа 3 $\delta = 4,595$ и $\beta = 0,137$. Обращают на себя внимание близкие значения β в обоих опытах. Это свидетельствует об устойчивости указанного параметра и его практической независимости ни от температуры, ни от условий опыта.

Все указанные факторы сказываются на величине параметра δ, что и проявилось в различии значений δ в опытах 2 и 3.

Кривая $S-t$ для штампа 1 тоже описывается степенной зависимостью (13), но параметры этой зависимости меняют в точке перегиба кривой ($t = 9$ лет) свои значения.

Теоретические кривые, вычисленные по формуле (13), показаны сплошными линиями на рис. 6.

В соответствии с полученными зависимостями $S = (P/A)^{1/m}$ и $S = \delta t^{\beta}$, можем, исходя из формулы (7), записать уравнение осадки в следующей форме

$$S/d = BP^{1/m} t^{\beta} \qquad (14)$$

где $B = 0,79\ (1-\nu^2)\ A^{-1/m}$.

Принимая среднее из полученных в опытах значений, имеем: $m = 0,57$ и $\beta = 0,5\ (0,137+0,167)=0,152$. Для этого значения β параметр δ будет равен 2,829 для штампа 2 и 4,437 для штампа 3, откуда параметр $B = \delta/dP^{1/m}$ будет иметь значения $3,98x10^{-3}$ и $5,58x10^{-3}$ для штампов 2 и 3 соответственно или в среднем $B = 4,78x10^{-3}$ (Па$^{-1/m}$ год$^{-\beta}$), если t в годах.

Оценим величины осадок, полученные по формуле (14) при указанных значениях параметров.

Согласно новой редакции строительных правил и норм СССР, давление на мерзлые грунты под подошвой фундамента определяется соотношением $P = mR/k_н$, где R – расчетное сопротивление грунта, принимаемое для супесей равным $3x10^5$ Па при $\theta = -0,3^o$ и $5x10^5$ Па при $\theta = -0,5^o$, а m и $K_н$ – коэффициент условий работы и коэффициент надежности, равные 1 и 1,2 соответственно. Примем среднее из приведенных выше значений R, тогда допускаемое давление на грунт составит $P = 4,0/1,2 = 3,3x10^5$ Па.

При приведенных выше исходных данных формула (14) будет иметь следующий вид

$$S/d = 4,78x10^5 \times 3,3^{1/0,57}\ t^{\ 0,152}$$

Ниже приводятся значения осадок для различных моментов времени, вычисленные по этой формуле:

t, годы	1	5	10
осадка, S/d	0,038	0,049	0,054

t, годы	17	25	50	100
осадка, S/d	0,059	0,063	0,069	0,077

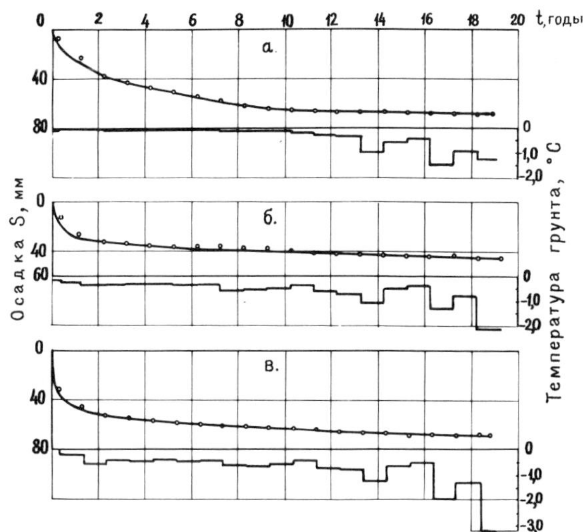

Рис. 6. Сводный график развития осадок опытных штампов 1(а), 2(б) и 3(в) и изменения температуры грунта.

Таким образом, для грунтов исследованного вида (супеси, $\theta = -0,3, -0,5^o$) осадка фундамента площадью, например, $F = 0,25.\ \pi\ .\ 200^2 = 3,14x10^4 см^2$ составит за 100 лет $S = 15$ см. Эта величина осадки допустима для сооружений, в конструкциях которых не возникают дополнительные усилия от неравномерных осадок, но превышает допустимые значения для некоторых других зданий (крупнопанельных и др.). Осадку можно резко уменьшить охлаждением основания, для чего разработан ряд приемов; однако этот вопрос выходит за рамки настоящей статьи.

ВЫВОДЫ

1. Пластичномерзлые грунты в основаниях сооружений способны развивать длительные осадки ползучести, достигающие достаточно больших значений, с которыми необходимо считаться при проектировании фундаментов. Поэтому расчет оснований, сложенных пластичномерзлыми грунтами, по предельно–допустимым деформациям является необходимым, как того и требуют Нормы.

2. Закономерность развития во времени осадок пластичномерзлых грунтов может быть описана степенным законом "вековой осадки" (7).

3. Охлаждение пластичномерзлых грунтов приводит к заметному уменьшению интенсивности нарастания осадок и даже к их полному прекращению. Расчет осадок при изменяющейся во времени температуре грунта может быть выполнен по формуле (6); с помощью этой же формулы может быть учтена переменность нагрузки.

ЛИТЕРАТУРА

ВЯЛОВ С.С. 1959. Реологические свойства и несущая способность мерзлых грунтов. М., Изд–во АН СССР 190 с.

ВЯЛОВ С.С., ЦЫТОВИЧ Н.А. 1956. Оценка несущей способности мерзлых грунтов по величине вдавливания сферических штампов. "Докл. АН СССР", т.Ш, № 6, с. 1193–1196.

ЦЫТОВИЧ Н.А. 1973. Механика мерзлых грунтов. М., "Высшая школа", 446 с.

LADANY B. 1975. Bearing capacity of strip footings in frozen soils. – Canadian Geotechn. Jour., V. 12, N 3, pp. 393–407.

II.5 MUNICIPAL SERVICES

II.5 SERVICES MUNICIPAUX

II.5 КОММУНАЛЬНОЕ ХОЗЯЙСТВО

HYDRODYNAMIC AND HYDROCHEMICAL ASSESSMENT OF EXPLOSIONS USED IN TESTING LOW-OUTPUT WELLS IN PERMAFROST REGIONS

V.M. Maksimov, Leningrad Mining Institute, U.S.S.R.

Wells located in permafrost regions may be tested by assessing the hydrodynamic effect of explosions under conditions of stabilized filtration. The methods of assessing the hydrodynamic effect of explosions have been implemented in the testing procedures for exploration and production wells whose output has decreased for various reasons. The same methods may be used also under conditions of non-stabilized filtration which is the case at the start of pumping. To determine the well output, the piezometric levels and permeability of earth materials before and after the explosion must be known. Hydrochemical and bacterial assessments of explosions for testing hydrogeological wells drilled through supra-, intra- and subpermafrost water must always be done together with a hydrodynamic assessment.

L'ÉVALUATION HYDRODYNAMIQUE ET HYDROCHIMIQUE DES EXPLOSIONS UTILISÉES LORS DES ESSAIS DES PUITS À FAIBLE DÉBIT DANS LES RÉGIONS DE PERGÉLISOL

V.M. Maksimov, Institut des Mines de Leningrad, URSS

Évaluation de l'effet hydrodynamique d'explosions, dans des conditions de filtration stabilisée, sur les puits situés dans les régions de pergélisol. Les méthodes d'évaluation de l'effet hydrodynamique des explosions ont été appliquées à l'essai des puits d'exploration et d'exploitation dont le débit est réduit pour une raison quelconque. Ces mêmes méthodes ont été appliquées à la filtration non stabilisée qui a lieu au début du pompage; pour déterminer la capacité des puits, il faut connaître les coefficients de piézo-conductivité et de conductivité de niveau des matériaux de sol avant et après l'explosion.

L'évaluation hydrochimique et bactérienne des explosions dans l'essai des puits hydrogéologiques, creusés à travers l'eau du supra-, intra- et subpergélisol doit toujours se faire en conjonction avec l'analyse hydrodynamique.

ГИДРОДИНАМИЧЕСКАЯ И ГИДРОХИМИЧЕСКАЯ ОЦЕНКА ВЗРЫВОВ, ПРИМЕНЯЕМЫХ ПРИ ОПРОБОВАНИИ НИЗКОДЕБИТНЫХ СКВАЖИН В РАЙОНАХ МНОГОЛЕТНЕЙ МЕРЗЛОТЫ

В.М. Максимов, Ленинградский горный институт, СССР

Дается оценка гидродинамического эффекта взрыва для скважин, расположенных в районах многолетней мерзлоты, по коэффициенту n и графикам, в условиях установившейся фильтрации. Методы оценки гидродинамического эффекта взрыва внедрены в практику опробования разведочных скважин и эксплуатационных, снизивших дебит по тем или иным причинам. При неустановившейся фильтрации, имеющей место в начале откачек, методы оценки гидродинамического эффекта взрыва, рассмотренные в докладе, также применимы, причем для определения дебита скважин должны быть известными коэффициенты пьезо- и уровнепроводности горных пород до и после взрыва.

Гидрохимическая и бактериальная оценка взрывов при опробовании гидрогеологических скважин, пройденных на над-, меж- и подмерзлотные воды, всегда должна осуществляться вместе с гидродинамической оценкой.

ГИДРОДИНАМИЧЕСКАЯ И ГИДРОХИМИЧЕСКАЯ ОЦЕНКА ВЗРЫВОВ, ПРИМЕНЯЕМЫХ ПРИ ОПРОБОВАНИИ НИЗКОДЕБИТНЫХ СКВАЖИН В РАЙОНАХ МНОГОЛЕТНЕЙ МЕРЗЛОТЫ

В.М. Максимов

Ленинградский горный институт, СССР

При разведке подземных вод водоносных горизонтов, сложенных трещиноваными магматическими, метаморфическими, твердыми осадочными и закарстованными горными породами, включая и надмерзлотные[x]), межмерзлотные, подмерзлотные горизонты районов многолетней мерзлоты, нередко скважины в одном и том же водоносном горизонте на одних участках его распространения являются высокодебитными, на других – низкодебитными или даже практически безводными.

Это объясняется изменением характера трещиноватости горных пород по глубине и простиранию; наличием в одних местах и отсутствием в других дизъюнктивных нарушений; изолированностью трещин и пустот в одних и тех же породах и горизонтах; неравномерностью заполнения трещин вторичными песчано–глинистыми образованиями, глинизацией открытых трещин и стенок скважин при бурении их с глинистым раствором.

Низкодебитные и практически безводные скважины, как показывают многочисленные примеры, после проведения в них взрывов зарядов ВВ, торпед или осуществления торпедной перфорации становятся водообильными, пригодными для водоснабжения. При взрыве в твердых горных породах, слагающих водоносные горизонты, пройденные на всю их мощность или вскрытые скважиной на ту или иную глубину, образуются три взаимосвязанные между собой зоны: дробления, трещинообразования и упругих колебаний.

В настоящее время применяется ряд довольно научно обоснованных и достаточно проверенных на практике формул для расчета названных выше зон (Баум и др., 1975; Кутузов и др., 1974; Покровский, 1973). Работ, специально посвященных вопросу гидродинамической и гидрохимической оценки взрывов в гидрогеологических скважинах, почти не имеется в литературе. Этим и вызвана необходимость написания настоящего доклада, в котором рассматриваются гидродинамические и гидрохимические методы оценки взрывов зарядов ВВ или специальных торпед в скважинах при их гидрогеологическом опробовании.

Главной целью взрывов зарядов ВВ или торпед в гидрогеологических скважинах является увеличение их дебита за счет улучшения под влиянием взрыва фильтрационных свойств горных пород в призабойной части скважин. Влияние взрывов на дебит скважин при правильной оценке геологических и гидрогеологических условий их проведения, как показывают многие примеры по различным районам СССР, в том числе и районам области многолетней мерзлоты, является весьма эффективным.

Дебиты разведочных слабоводообильных скважин и эксплуатационных, снизивших в процессе эксплуатации свою производительность, после взрыва возрастают в 1,5-16 раз и более (Ловля, 1971; Максимов, 1952; 1974; Шляйферт, Вольницкая, 1970). Оценка эффективности взрывов при опробовании гидрогеологических скважин дается по результатам откачек, проведенных до и после взрыва одним и тем же насосом при одном и том же понижении и способе замера расхода воды. Гидродинамическая оценка эффективности взрывов производится по коэффициенту изменения дебита скважины и графикам $Q = f(S)$, $S = f(t)$ и $S = f(\ln t)$. Коэффициент изменения дебита скважины в случае, если откачка производится при одном и том же понижении уровня воды в ней, выражается формулами (Максимов, 1952; 1974; 1976)

$$n = \frac{Q_2}{Q_1}, \qquad (1)$$

$$n = \frac{q_2}{q_1}, \qquad (2)$$

где Q_1 и Q_2 – дебит скважины до и после взрыва, $м^3$/сут;

q_1 и q_2 – удельный дебит скважины до и после взрыва, $м^3$/сут·м.

По коэффициенту n дается анализ гидродинамического эффекта взрыва, при этом возможны четыре случая:

1) $n = 0$, взрыв приводит к полной потере дебита скважины; это объясняется непригодностью водоносных пород для взрыва (порода с высоким содержанием глинистых частиц, линз и прослоек глин);

2) $1 < n > 0$, взрыв приводит к отрицательному результату вследствие тех же причин, что и в первом случае;

3) $n = 1$, взрыв не дал должных результатов по различным причинам: недостаточная величина заряда ВВ, плохая промывка скважины перед откачкой, глинизация трещин и др.;

4) $n > 1$, взрыв с положительным эффектом, подтверждающим правильность методики его проведения.

В первом и втором случаях повторные взрывы или не приводят к положительному результату, или дают незначительное увеличение дебита скважины; в третьем случае повторные взрывы завершаются часто положительным эффектом, повышением дебита до достаточного для эксплуатации скважин в целях водоснабжения.

Оценка эффективности взрывов по графикам $Q = f(S)$, $S = f(t)$ и $S = f(\ln t)$ сводится к построению этих графиков в одном и том же масштабе до и после взрыва и определению на графиках Q, t и ln t при одном и том же S.

При положительном эффекте взрыва кривые, построенные до и после взрыва, по–разному располагаются на графиках. Кривые после взрыва, обозначенные на всех рисунках цифрой 2, располагаются выше однозначных кривых до взрыва (1) (рис. 1,2,3,4).

Заметим, что весьма желательно гидродинамическую оценку взрыва дополнять геофизическими методами – электро–, фото– и расходометрическим каротажом, выполненным до и после взрыва. При опробовании гидрогеологических скважин на над–, меж– и подмерзлотные воды, рекомендуемые в качестве источника водоснабжения, обязательно должна производиться гидрохимическая оценка

---

x) Надмерзлотные воды непромерзаемых таликов в трещиноватых закарстованных горных породах.

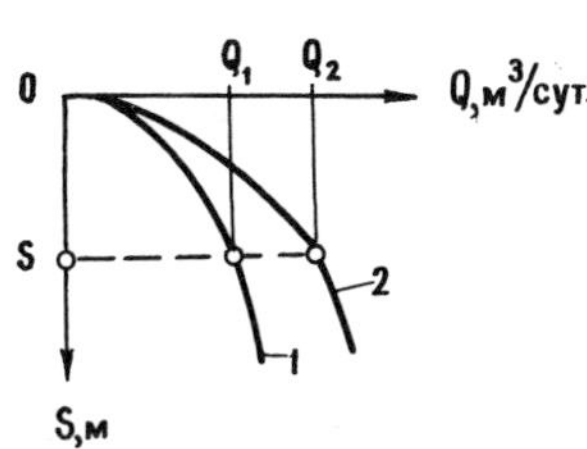

Рис. 1. Безнапорный водоносный горизонт

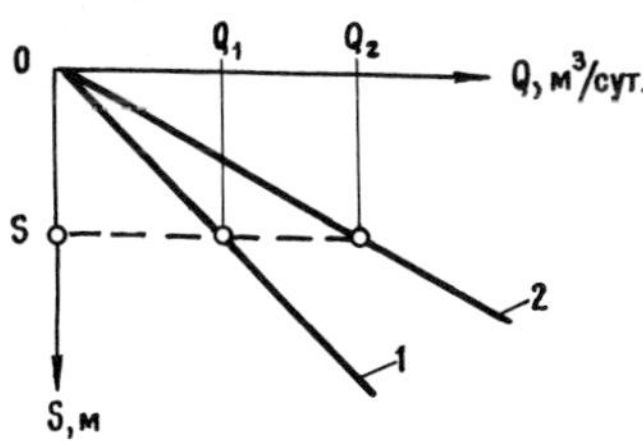

Рис. 2. Напорный водоносный горизонт

последствий взрыва. Эта оценка дается по коэффициентам α, β и ϕ, характеризующим изменение под влиянием взрыва минерализации воды и содержания в ней Cl, SO_4, Ca, Mg. Оценка изменения минерализации производится по формуле

$$\alpha = \frac{M_2}{M_1}; \quad (3)$$

где M_1 – минерализация воды до взрыва, мг/л;

M_2 – минерализация после взрыва, мг/л.

Оценка изменения концентраций Cl, SO_4, Ca, Mg производится по формулам[x)]

$$\beta_1^{Cl} = \frac{Cl_{дв}}{N_1} \quad (4) \qquad \beta_2^{Cl} = \frac{Cl_{пв}}{N_1} \quad (5)$$

$$\beta_1^{SO_4} = \frac{SO_{4дв}}{N_2} \quad (6) \qquad \beta_2^{SO_4} = \frac{SO_{4пв}}{N_2} \quad (7)$$

$$\phi_1^{Ca} = \frac{Ca_{дв}}{N_3} \quad (8) \qquad \phi_2^{Ca} = \frac{Ca_{пв}}{N_3} \quad (9)$$

$$\phi_1^{Mg} = \frac{Mg_{дв}}{N_4} \quad (10) \qquad \phi_2^{Mg} = \frac{Mg_{пв}}{N_4} \quad (11)$$

где: $Cl_{дв}$, $SO_{4дв}$, $Ca_{дв}$, $Mg_{дв}$ – концентрация до взрыва, мг/л, мг-экв/л;

$Cl_{пв}$, $SO_{4пв}$, $Ca_{пв}$, $Mg_{пв}$ – концентрация после взрыва, мг/л, мг-экв/л;

N_1, N_2, N_3, N_4 – питьевые нормы по ГОСТУ для Cl, SO_4, Ca и Mg.

Оценка последствий взрыва по коэффициентам α, β и ϕ заключается в следующем. При $\alpha = 1$ не произошло изменения минерализации воды опробуемого водоносного горизонта $\alpha < 1$ – произошло опреснение воды за счет вовлечения в зону взрыва менее минерализованных поверхностных или подземных вод; $\alpha > 1$ – минерализация увеличилась; это бывает связано с подтоком или минерализованных вод глубоких горизонтов, или вод верхнего почвенного слоя, или соленых вод озер, морей, захваченных зоной влияния взрыва.

x) Аналогично оценка может производиться и по другим элементам, содержащимся в исследуемой воде.

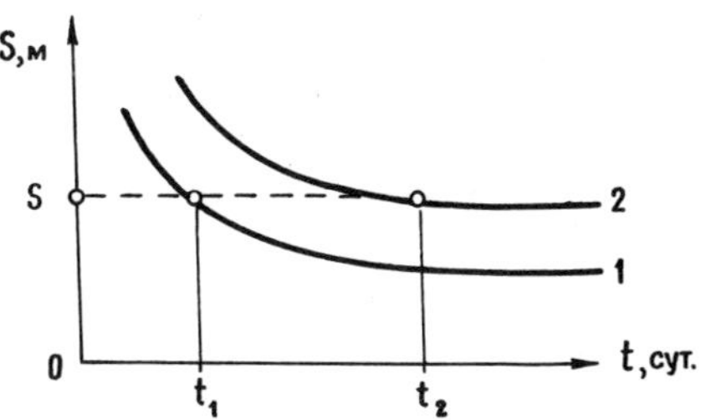

Рис. 3. Восстановление уровня воды в скважине $S = f(t)$

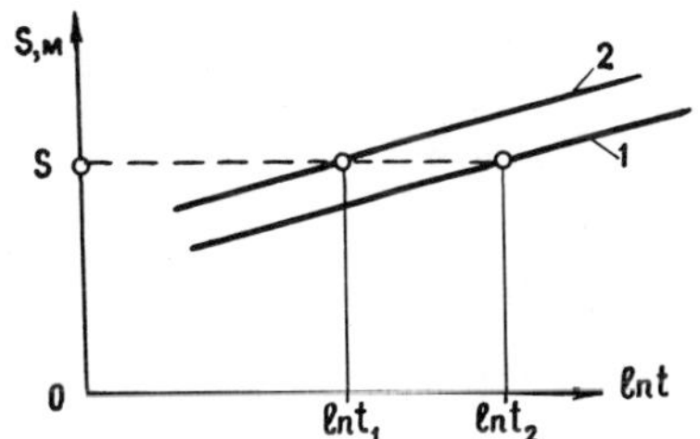

Рис. 4. Логарифмический график восстановления уровня $S = f(\ln t)$

Аналогично проводится оценка и по коэффициентам β и ϕ. При $\beta_2 = \beta_1$ и $\phi_2 = \phi_1$ взрыв не сказался на составе воды; при $\beta_2 \gtrless \beta_1$ и $\phi_2 \gtrless \phi_1$ произошло изменение качества воды по Cl, SO_4, Ca и Mg в сравнении с нормами ГОСТа (улучшение качества при $\beta_2 < \beta_1$, ухудшение при $\beta_2 > \beta_1$).

При опробовании гидрогеологических скважин взрывами в отдельных районах наблюдалось вовлечение в зону влияния взрыва поверхностных загрязненных вод и болотных вод, понизивших качество рекомендуемых для водоснабжения подземных вод исследуемого водоносного горизонта.

Этим объясняется необходимость и важность бактериальной оценки подземных вод до и после взрыва, которая может быть дана по коэффициенту ψ, отражающему изменение в результате взрыва Coli -титра воды

$$\psi = \frac{\text{Coli – титр до взрыва}}{\text{Coli – титр по ГОСТ'у}} \quad (12)$$

$$\psi = \frac{\text{Coli – титр после взрыва}}{\text{Coli – титр по ГОСТ'у}} \quad (13)$$

Сопоставление коэффициентов ψ_1 и ψ_2 позволяет оценить степень бактериального загрязнения изучаемых подземных вод, которое в отдельных районах может иметь место при опробовании гидрогеологических скважин взрывами.

В заключение отметим, что оценка гидродинамического эффекта взрыва, выполненная нами для многих скважин, в том числе расположенных в районах многолетней мерзлоты, по коэффициенту и графикам, в условиях установившейся фильтрации, достоверно отражает изменение фильтрационного процесса в зоне действия взрыва.

Методы оценки гидродинамического эффекта взрыва внедрены в практику опробования разведочных скважин и эксплуатационных, снизивших дебит по тем или иным причинам (заиление фильтров, полное разрушение их, уменьшение сечения основных водопроводящих трещин в призабойной зоне скважин при больших понижениях уровня в них и др.).

При неустановившейся фильтрации, имеющей место в первый период времени при откачках, в начале откачек, методы оценки гидродинамического эффекта взрыва, рассмотренные в докладе, также применимы, только для определения дебита скважин требуется знание коэффициентов пьезо- и уровнепроводности горных пород до и после взрыва.

Гидрохимическая и бактериальная оценка взрывов при опробовании гидрогеологических скважин, пройденных на над-, меж- и подмерзлотные воды, всегда должна осуществляться вместе с гидродинамической оценкой.

Рассмотренные методы оценки взрывов в скважинах представляют собой раздел разрабатываемого автором нового направления в гидрогеологии и динамике подземных вод, включая и гидрогеологию области многолетней мерзлоты.

ЛИТЕРАТУРА

БАУМ Ф.А., ОРЛЕНКО Л.П., СТАНЮКОВИЧ К.П. и др. 1975. Физика взрыва. М., "Наука", 704 с.

КУТУЗОВ Б.Н., ВАЛУХИН Ю.К., ДАВЫДОВ С.А. и др. 1974. Проектирование взрывных работ. М., "Недра", 328 с.

ЛОВЛЯ С.А. 1971. Взрывные работы в водозаборных скважинах. М., "Недра", 120 с.

МАКСИМОВ В.М. 1952. Торпедирование гидрогеологических скважин в целях увеличения их водообильности. - Зап. ЛГИ, т.27, вып. 2, с.247-263.

МАКСИМОВ В.М. 1974. Гидрогеологические расчеты скважин в зоне действия взрыва. - Зап. ЛГИ, т.67, вып.2, с. 162-173.

МАКСИМОВ В.М. 1976. Методы оценки гидродинамического эффекта взрыва в скважинах. - В кн.: Физические процессы горного производства, вып. 3, Л., с. 104-108.

ПОКРОВСКИЙ Г.И. 1973. Взрыв. М., "Недра", 182 с.

ШЛЯЙФЕРТ М.А., ВОЛЬНИЦКАЯ Э.М. 1970. Увеличение дебита водяных скважин. М., "Недра", 63 с.

LAND APPLICATION OF WASTEWATER IN PERMAFROST AREAS

Robert S. Sletten, U.S. Army Cold Regions Research and Engineering Laboratory, Hanover, New Hampshire, U.S.A.

Land application of wastewater can serve as a high performance treatment system, as a final disposal step for treated effluents, and as a polishing step for partially treated effluents. Experimental studies conducted near Fairbanks, Alaska, during 1974-76 investigated both high (5.5 to 152 meters/year) and low rate (0.6 to 5.5 m/yr) systems for the purpose of polishing aerated lagoon effluent to meet secondary treatment criteria. Results from the slow rate system indicate that drinking water quality can be achieved. However, even though nitrogen removal is not as great, the high rate (rapid infiltration) system is considered to be more feasible for cold climate conditions because the need for winter storage is less, the system does not rely on vegetative uptake, and the free draining, coarse textured soils necessary for such systems can be found in alluvial valleys and coastal areas where many Arctic communities are located. For most wastewater constituents, high rate systems are capable of sustained, effective performance in extreme climates.

DÉVERSEMENT EN SURFACE DES EAUX USÉES, DANS LES ZONES DE PERGÉLISOL

Robert S. Sletten, U.S. Army Cold Regions Research and Engineering Laboratory, Hanover, New Hampshire, U.S.A.

Le rejet en surface des eaux usées peut constituer un mode de traitement très efficace de ces eaux, ou un moyen de se débarrasser des effluents traités, ou bien encore un moyen de compléter l'épuration d'effluents partiellement traités. Des études expérimentales effectuées près de Fairbanks en Alaska pendant les années 1974-1976 ont porté sur des systèmes à débit rapide (5.5 à 152 mètres par an) et à débit lent (0.6 à 5.5 mètres par an); elles ont pour but la découverte d'une méthode d'épuration des effluents de bassins d'oxygénation, assez complète pour satisfaire aux critères du traitement secondaire. Les résultats obtenus pour le système à écoulement lent indiquent que l'on peut aboutir à une eau potable. Cependant, bien que le retrait d'azote ne soit pas aussi important, le système à débit rapide (infiltration rapide) est considéré comme mieux adapté aux conditions climatiques froides, parce qu'en hiver le besoin d'emmagasinement est moindre, que le système ne dépend pas du taux d'absorption par la végétation, et que les sols de texture grossière, facilement drainés, indispensables pour des systèmes de ce genre, existent dans les vallées alluviales et les zones littorales où de nombreuses communautés arctiques sont installées. Dans la majorité des cas, quels que soient les constituants des eaux résiduaires, les systèmes à débit rapide sont efficaces la plupart du temps même dans les climats les plus rigoureux.

ГРУНТОВАЯ ОЧИСТКА ОТРАБОТАННЫХ ВОД В РАЙОНАХ МНОГОЛЕТНЕЙ МЕРЗЛОТЫ

Грунтовая очистка отработанной воды может эффективно использоваться как конечная стадия утилизации очищенных сточных вод и как завершающая стадия очистки частично обработанных вод. В 1974-1976 годах в районе Фэрбенкса на Аляске были проведены эксперименты с использованием скоростных /5,5-152 м/год/ и малоскоростных /0,6-5,5 м/год/ систем для конечной очистки газонасыщенных лагунных стоков в соответствии с требованиями, предъявляемыми к вторичной очистке. Результаты, полученные на малоскоростной системе, показывают возможность получения воды питьевого сорта. Однако, хотя процент удаляемого азота ниже на скоростной /с интенсивной инфильтрацией/ системе, она считается более пригодной в условиях холодного климата, так как в зимнее время легче обеспечить хранение воды, производительность системы не зависит от поглощения воды растительным покровом и легко-дренирующиеся крупнозернистые грунты, необходимые для таких систем, залегают в аллювиальных долинах и прибрежных районах, где расположено много арктических поселений. Для большинства составов отработанной воды, системы скоростной очистки характеризуются надежностью и эффективностью в экстремальных климатических условиях.

LAND APPLICATION OF WASTEWATER IN PERMAFROST AREAS

Robert S. Sletten

U.S. Army Cold Regions Research and Engineering Laboratory, Hanover, New Hampshire, USA

INTRODUCTION

Land application of wastewater can serve as a high performance treatment system, as a final disposal step for treated effluents, or as a polishing step for partially treated effluents. Until recently, land application was considered to be infeasible for northern areas, primarily because of prolonged periods of extreme cold and the presence of frozen ground, either seasonal or permafrost. Recently, however, land application of wastewater in northern regions has been seen as a partial answer to meeting stringent new effluent requirements with simple, reliable, and effective unit processes. This paper discusses both experimental work done in the Fairbanks area, and existing and proposed land application systems in other areas of Alaska.

LAND APPLICATION OF WASTEWATER

Land application of wastewater includes both treatment and disposal. Many older systems in temperate regions have relied on the land only for disposal, with all quality changes in the wastewater taking place prior to application on the land. In engineered land treatment systems, the land is an integral part of the overall treatment system, and wastewater is applied to it to achieve an improvement in quality.

Land treatment is most commonly considered to fall into three broad categories: slow infiltration, rapid infiltration, and overland flow (Reed et al. 1972). The various techniques differ principally in hydraulic loading rate, site adaptability (including climatic constraints), and ecosystem components used in the renovation process.

Slow Rate Infiltration (SI)

Slow rate infiltration implies the use of relatively low hydraulic loading rates (5-15 cm per week) and vegetation as a system component. Research in temperate regions has shown that slow infiltration can provide a high degree of treatment (Iskandar et al. 1976, Sopper and Kardos 1974). Experiments conducted at Eielson Air Force Base, Alaska, found a similar high level of renovation; however, it was concluded that because of the short growing season and dependence on vegetation, slow infiltration would not be appropriate for extreme cold regions (Sletten and Uiga 1977, Rieger et al. 1963).

Overland Flow (OF)

Overland flow is mainly a biological process in which wastewater is applied on sloping, grass-covered soil of low permeability at a rate of 5 to 40 cm per week, and recovered in collection ditches or terraces at the toe of the slope for further treatment, reuse or discharge. Renovation of most wastewater constituents is good (Carlson et al. 1974), but the process is not readily applicable in extreme cold regions for the same reasons cited for slow infiltration.

Rapid Infiltration (RI)

Rapid infiltration utilizes coarse-textured soils and application rates ranging from 10 to 300 cm per week. Wastewater is usually applied by basin flooding, with renovation occurring mainly through physical and chemical processes. Vegetation is not normally a component of RI systems. Extensive research work done in temperate regions has shown that acceptable quality effluent can be produced and that the process is relatively simple to construct, maintain and operate (Bouwer 1974, Aulenbach et al. 1975). For these reasons, rapid infiltration systems are considered to be the most feasible land treatment systems in permafrost areas.

RAPID INFILTRATION LAND TREATMENT IN THE NORTH

Rapid infiltration or high rate systems are dependent on free draining, coarse-textured soils. In Alaska such materials can be found in alluvial valleys and in coastal settings. A typical situation showing the relationship of soil series, underlying material and permafrost is shown in Figure 1. Many northern communities are located on alluvial plains. These soils are often sandy or silty water-deposited material. Those near the courses

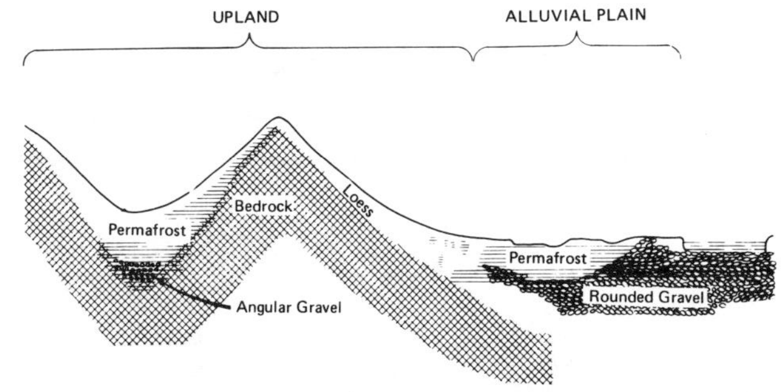

FIG. 1. Relationship of soil series, underlying material, and permafrost. (After Rieger et al. 1963.)

of main streams are generally sand underlain by gravel, and permafrost in them is deep or absent. If suitable soils are present and permafrost is not a consideration, rapid infiltration systems in the far north should behave in a manner similar to existing systems in the northern temperate U.S. Examples of such systems can be found in northern Michigan (Baillod et al. 1977) and New England (Satterwhite et al. 1976). Wastewaters applied range from raw sewage to secondary effluent and operational age from 30 years to almost 90 years.

Experimental Work

In order to define water quality changes in a northern rapid infiltration system, a test basin was constructed at Eielson AFB near Fairbanks, Alaska, in 1976. The soil at the test site was determined to be Salchaket sandy loam exhibiting the following drainage characteristics (Rieger et al. 1963): well drained, deep to shallow, sandy soils over rounded alluvial gravel, permeability greater than 15 cm per hour. Depth from surface to bedrock or alluvial gravel ranges from .3 to 6 m, permafrost table is either absent or greater than 5 m below the surface, and seasonal high ground water from 3 to 5 m below the soil surface. These soil characteristics appear to be ideally suited for rapid infiltration systems in northern areas.

The test basin (Fig. 2) was constructed by leveling the existing surface and berming an area approximately 6.1 m square for a total basin area of 37 square meters. Berm height was approximately 0.6 m and measuring stakes were located within the cell to time the rate of percolation. A well point and suction lysimeter were installed to withdraw samples for water quality analyses. A splash box was installed to prevent scouring of the basin during loading.

A loading rate of 15 cm per week (7.8 m per year) was chosen as being representative of the lower limits of a high rate system. Loading took place one day per week and was followed by 6 days of drying. The loading rate was chosen in order to

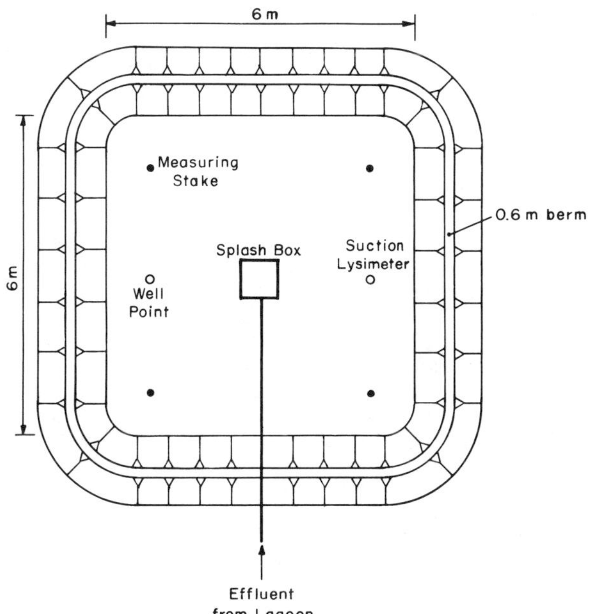

FIG. 2. Rapid infiltration test basin, Eielson Air Force Base, Alaska.

allow study of the desired water quality parameters under relatively controlled conditions. The wet-dry cycle was selected as representative of existing RI systems. All of the wastewater (approximately 5663 liters) was applied during a period of about one hour on the loading day. The rate of infiltration was measured by visual observation of the measuring stakes (Fig. 2), and on the day following loading, samples were drawn from the well point and suction lysimeter for water quality analysis. The well point samples were drawn from a depth of approximately 2 m, and the suction lysimeters samples approximately 45 cm below the soil surface. The wastewater applied was undisinfected effluent from the second cell of a four-cell aerated lagoon treating domestic wastewater. The test basin was operated for a period of 14 weeks during the summer of 1976.

Results of the 14-week experiment can be found in Table 1. As can be seen from the table there was an improvement in all water quality parameters tested. In rapid

TABLE 1. Average water quality results, rapid infiltration test basin, Eielson AFB, Alaska, summer 1976.

	Organic C	Total P	Total N	Fecal coliform	BOD_5	Suspended solids	Chloride
Wastewater applied	34.5	7.7	18.9	6.8×10^4	48.3	78.7	16.6
Well point (percolate)	20.9	2.1	9.2	2.8×10^3	14.6	--	15.1
% Reduction	39.4	72.7	51.3	95.9	69.8	--	9.0

NOTE: All values in mg/l except fecal coliform (lb/100 ml).

infiltration systems, the primary renovative mechanisms are filtration, chemical precipitation and adsorption, and microbial activity. This is reflected in the water quality results obtained during this experiment. BOD_5 and organic carbon were reduced 69.8 and 39.4% respectively. It is believed that most of the BOD and carbon was in the particulate rather than the soluble form. Similarly, fecal coliform which can be considered to be particulate matter (retained on a 2.4-μm filter) shows almost 96% removal. Phosphorus is known to readily precipitate in soils and this is shown in the 73% removal. Chloride on the other hand is a highly soluble anion which stays in solution during passage through the soil, thus resulting in the relatively low 9% removal.

Perhaps of most concern in any land treatment system is nitrogen. This is due primarily to concern over potential groundwater contamination with nitrate, particularly where the aquifer is to be used as a source of drinking water. The U.S. Public Health Service and the World Health Organization have set a limit of 10 mg/l NO_3-N in drinking water to protect infants from the disease methemoglobinemia. In slow infiltration and overland flow systems, vegetation is used to remove a large percentage of the applied nitrogen. In rapid infiltration, where vegetation is usually absent, the only mechanisms available are volatilization, microbial denitrification, and soil adsorption of low soluble forms of nitrogen such as ammonia. In this experiment, 51% of the applied nitrogen was removed during passage through the soil column. The nitrogen was applied primarily in the organic and ammonia forms. It is suggested that soil temperatures stayed relatively cool during this experiment (Rieger et al. 1963) thus preventing complete conversion to nitrate and resulting in adsorption of much of the applied organic and ammonia nitrogen within the soil column. If this is true, it can readily be seen that had the nitrogen content of the wastewater been much greater than 20 mg/l, the drinking water limit of 10 mg/l would have been exceeded in this case.

Several things can be learned from this limited experimental work about potential future applications of rapid infiltration in the north. First, northern systems can be expected to behave in a manner similar to their counterparts in temperate regions. There is a substantial body of data on temperate rapid infiltration systems (Bouwer 1974, Satterwhite et al. 1976, Baillod et al. 1977, Aulenbach et al. 1975). Of primary concern in most land treatment systems is the question of nitrate pollution of drinking water aquifers. In this regard, if the groundwater already exceeds drinking water quality criteria, or if the potential point of use is remote from the rapid infiltration system, concern is lessened and attention should be focused on non-degradation of the existing groundwater quality. For large scale systems modeling of groundwater movement and quality may be desirable. The low temperatures normally found in northern regions during most of the year may actually prove to be advantageous in insuring effective removal of nitrogen by preventing nitrification of applied nitrogen and allowing sorption of ammonia (Reed 1976). A thorough analysis of soil to determine the ammonia adsorption capacity would be necessary to determine the length of time before breakthrough to groundwater. It should also be kept in mind that treatment processes prior to land application can have a profound effect on the nitrate concentration reaching groundwater. If, for example, aerated lagoon effluent becomes nitrified during the warmer summer months, it can be expected that nearly all of the applied nitrate will reach groundwater. The only potential removal device for nitrate in a northern rapid infiltration system would be microbial denitrification, which is dependent on warmer soils than normally found in the north and on system management to promote the anaerobic conditions necessary for denitrification.

The data obtained during this experimental work confirm that rapid infiltration can be a viable wastewater treatment system in northern regions. Wastewater renovation appears to be comparable to that in existing systems in temperate regions. It appears that normal design procedures could be followed, although special precautions would be necessary to protect the system during the cold months, such as buried distribution systems and insulation of exposed pipes and values. In particular, steps must be taken to insure that water can be moved through the soil throughout the year. Although beyond the scope of this investigation, this aspect will be addressed in the next section of this paper.

EXISTING AND PROPOSED SYSTEMS IN THE NORTH

Although rapid infiltration is not a new concept, the orientation toward treatment of wastewater as opposed to disposal is relatively new (Reed et al. 1976). Most examples of existing systems were designed with the philosophy of disposal as opposed to treatment. Systems currently under consideration are treatment devices to improve the quality of the wastewater. These generalities hold true for the relatively few existing northern systems and for those being planned for use in the north.

Existing Northern Systems

A prime example of infiltration basin use in the north occurred during the construction of the Alaska Pipeline. Wherever suitable soils could be found, infiltration basins were used for effluent discharge from the construction camps. As with existing temperate systems, however, the primary motivation was disposal of effluent rather than treatment. In selecting wastewater treatment alternatives for construction camps, "the selection process should consider treatment schemes which do not require discharges to surface waters, as the standards for non-surface discharges are often less stringent" (Murphy 1977). Effluent values for discharge to surface waters were required to meet 30 mg/l BOD and 30 mg/l suspended solids or 85% removal, whichever was more restrictive. By discharging their effluent to infiltration basins (also called flow control management reservoirs during pipeline construction) most camps were only required to meet the 85% removal criterion.

Construction of flow control management reservoirs was standardized in the construction camps and was accomplished by constructing a bermed holding pond over a permeable soil, usually alluvial material of high porosity. Experience gained during operation of these reservoirs seemed to indicate that if soil temperatures were above freezing when the reservoir was first put into operation, then continuous discharge of warm wastewater from the enclosed biological or physical-chemical treatment plants allowed the infiltration capacity to be maintained throughout the winter. At some sites, percolation was retarded or stopped entirely during winter months, but began again with spring break-up. At sites completely underlain with permafrost, the strategy was to build long-term storage lagoons within a dike and allow intermittent discharge to surface waters. Release of stored effluents generally coincided with the peak flow period of the receiving stream or river to minimize environmental impacts. No effort was made at any of the construction camps to measure quality changes of the percolate from the infiltration basins, since treatment was not a consideration in their construction. By visual observation of the basins during the winter, however, it was learned that infiltration of effluents can continue throughout the winter at many sites in the north. The controlling factors to maintain infiltration capacity through the winter seem to be starting the system during the warm summer months to build a heat reservoir in the soil, and allowing frequent discharges of warm effluent through the winter months to maintain enough residual heat to prevent freezing of the soil. Ice and snow cover which accumulated on the surface of the infiltration beds provided some additional thermal insulation.

Proposed Northern Systems

To meet the new effluent criteria, it will apparently be necessary to upgrade the level of wastewater treatment at many of the military facilities in Alaska. In considering the feasibility of various treatment methods, Reed (1976) studied several of the installations and concluded that rapid infiltration was the most desirable alternative in several instances. The significance of this is that for the first time, land application of wastewater was being proposed as a treatment system in the north rather than simply for disposal as had been the case for the Alaska Pipeline construction camps. Earlier, Sletten and Uiga (1976) and others had concluded that in order to be feasible in the north, upgraded existing systems or proposed new wastewater treatment systems must be capable of doing the job for which they are intended; must be reliable; must be easy and economical to design and build; and perhaps most important of all, must be easy and economical to operate and maintain. The system proposed by Reed for King Salmon Airport in Southwest Alaska, and currently being designed by the Alaska District, Corps of Engineers, seems to meet these criteria.

King Salmon is served by a two-cell aerated lagoon of 227-m^3/day capacity. Effluent quality is considered to be essentially the same as that shown for the Eielson lagoon in Table 1. Prior to construction of the aerated lagoon, the site was served by several septic tank leach field systems, some of which were in the immediate vicinity of the new aerated lagoon. In general, the soils in this area are silty, gravelly sands.

A review of engineering drawings revealed plans for septic tank leaching pits constructed in 1951 and in 1957. Dimensions for one system indicated a spetic tank

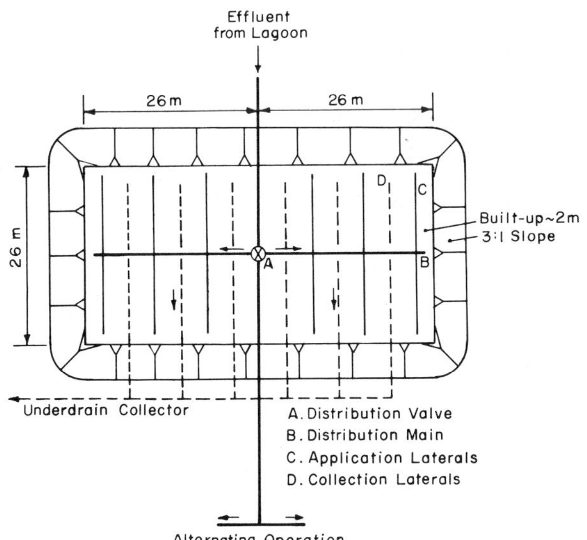

FIG. 3. Proposed layout for King Salmon high rate infiltration system.

with a hydraulic capacity of 7571 liters served by two leaching pits with a total infiltration area of approximately 46.4 square meters including both sidewalls and bottom. The resulting hydraulic loading of 163 liters per square meter per day would be expected for the types of sands existing on the site. Considering the soils present and the other site conditions, the recommended alternative for King Salmon was alternating rapid infiltration basins.

Alternating basins are desirable to provide cyclic operation to allow time for aerobic restoration of the infiltration capacity of the system. Determination of the optimum operational cycle will be possible after the system is built and could vary from two weeks to a full year. The State of Alaska allows leach field designs which follow secondary treatment (aerated lagoon) to be half the size used for septic tanks. It is therefore proposed that the total basin area be sized at the determined rate of 163 l/m^2-day, but then be divided into two equal cells. Each cell would then operate at the higher allowable rate of 326 l/m^2-day. In this case, the total area required for the 227 m^3/day measured flow would be 1394 m^2. This would then be divided into two equal cells 26.4 m x 26.4 m and operated alternately. Distribution piping should be installed using conventional leach field construction practice. Figure 3 presents the proposed infiltration basin layout. It should be noted that the proposed system is buried and underdrained. This system has been designed, essentially as proposed by Reed (1976).

CONCLUSIONS

Rapid infiltration land treatment of wastewater is a viable alternative for northern applications. Until now, northern rapid infiltration systems have been used primarily for disposal of treated effluents. Research in temperate regions has shown that rapid infiltration can provide a high degree of treatment to applied wastewater and the concept is viewed increasingly as a treatment mechanism rather than purely for disposal. Limited experimental work in the north has indicated that systems there behave in a manner similar to those in temperate regions, and that in fact cold soil temperatures may be advantageous in reducing nitrate pollution of groundwater. The concept of rapid infiltration for treatment of wastewater in the north has advanced to the point where systems are now under design. A primary condideration in northern applications is the presence of permeable soils and a design and management configuration which insures operation throughout the winter. Rapid infiltration is not the final solution to wastewater treatment in the north, but under some circumstances can provide reliable, effective wastewater treatment at minimum cost and environmental impact.

ACKNOWLEDGMENTS

The author gratefully acknowledges the encouragement and suggestions of Mr. Sherwood C. Reed and Mr. Edward F. Lobacz. He also thanks Mr. Reed, Captain John Bouzoun and Dr. Dan Smith for critically reviewing the manuscript and offering suggestions for improvement. Mr. Jim O'Neill operated the experimental system, and Messrs. Art Gidney, Don Keller and Ed Gerrard collected and analyzed the wastewater samples.

REFERENCES

AULENBACH, D.B., J.J. Ferris, N.L. Clesceri and T.J. Tofflemire. 1975. Thirty-five years of use of a natural sand bed for polishing a secondary treated effluent. In Water Pollution Control in Low Density Areas, University Press of New England, pp. 227-240.

BAILLOD, C.R., R.G. Waters, I.K. Iskandar and A. Uiga. 1977. Preliminary evaluation of 88 years rapid infiltration of raw municipal sewage at Calumet, Michigan. In Land as a Waste Management Alternative, Ann Arbor Science, pp. 489-510.

BOUWER, H. 1974. High rate land treatment. Water Spectrum 6, pp. 1-18.

CARLSON, C.A., P.G. Hunt and T.B. Delaney. 1974. Overland flow treatment of wastewater. U.S. Army Waterways Experiment Station, Miscellaneous Paper Y-74-3, 63 p.

ISKANDAR, I.K., R.S. Sletten, D.C. Leggett and T.F. Jenkins. 1976. Wastewater renovation by a prototype slow infiltration land treatment system. U.S. Army Cold Regions Research and Engineering Laboratory. CRREL Report 76-19, 44 p.

MURPHY, R.S. 1977. Water supply and wastewater treatment in Alaska construction camps. Final Draft Report to CRREL by Dames and Moore, Consulting Engineers.

REED, S.C. et al. 1972. Wastewater management by disposal on the land. CRREL Special Report 171, 183 p.

REED, S.C. 1976. Alternatives for upgrading U.S. Air Force wastewater lagoons in Alaska. Prepared for U.S. Air Force Headquarters by CRREL, 69 p.

REED, S.C., R.S. Sletten and A. Uiga. 1976. Land treatment of wastewaters for Alaska. Second International Symposium on Cold Regions Engineering, University of Alaska.

RIEGER, S., J.A. Demont and D. Sanders. 1963. Soil survey, Fairbanks area, Alaska. Soil Conservation Service, USDA, Series 1959, No. 25, 41 p.

SATTERWHITE, M.B., G.H. Stewart, B.J. Condike and E. Vlach. 1976. Rapid infiltration of primary sewage effluent at Fort Devens, Massachusetts. CRREL Report 76-48, 34 p.

SLETTEN, R.S. and A. Uiga. 1976. Wastewater treatment in cold climates. Army Science Conference Proceedings, III, pp. 231-245.

SLETTEN, R.S. and A. Uiga. 1977. Feasibility study of land treatment at a subarctic Alaskan location. In Land as a Waste Management Alternative, Ann Arbor Science, pp. 533-547.

SOPPER, W.E. and L.T. Kardos. 1974. Recycling treated municipal wastewater and sludge through forest and cropland. Environmental Protection Agency, EPA-660/2-74-003, 463 p.

II.6 MINING ENGINEERING

II.6 GÉNIE MINIER

II.6 ГОРНОЕ ДЕЛО

THE STABILITY OF UNDERGROUND WORKINGS IN PERMAFROST

E.A. El'chaninov, A.I. Shor and M.A. Rozenbaum. Mining Institute, Moscow, U.S.S.R.

In the course of mining, the thermal field of the surrounding frozen rocks is transformed, first during changes in their stressed-deformed state and later in the process of heat- and mass-exchange with the ambient air. The temperature changes in the rocks provide information on the deformation processes taking place in them. As the rock stresses are redistributed, and away from the zone of intense movements, the recovery of the permafrost temperature strengthens the ice-cement bonds and hence improves the stability of mine workings. To retain the stability of rock around an underground working when the temperature at the working face rises above 0°C, the rock should be protected from thermal effects by local heating of air and other methods.

DE LA STABILITÉ DES TRAVAUX MINIERS DANS LE PERGÉLISOL

E.A. El'chaninov, A.I. Shor, M.A. Rozenbaum, Institut de génie minier, Moscou, URSS

Lors des travaux miniers, le champ thermique des roches gelées encaissantes est modifié, en premier lieu au cours des modifications de leur état de tension et de déformation et ensuite au cours de l'échange de chaleur et de masse avec le jet d'air.

Les variations de température des roches renseignent sur les processus de déformation qui s'y produisent.

Le rétablissement de la température du gélisol au cours de la redistribution des contraintes et l'éloignement par rapport à la zone de mouvements intensifs contribuent à favoriser la cimentation par la glace et, par conséquent, la stabilité des travaux.

Pour que la roche adjacente à une excavation conserve sa stabilité lors de la création d'un régime thermique positif, il faut employer des procédés de réchauffement local de l'air et autres procédés de protection contre l'action thermique sur le massif.

ОБ УСТОЙЧИВОСТИ ГОРНЫХ ВЫРАБОТОК В МНОГОЛЕТНЕМЕРЗЛЫХ ПОРОДАХ

Е.А. Ельчанинов, А.И. Шор, М.А. Розенбаум, Институт горного дела, Москва, СССР

При проведении горных выработок тепловое поле вмещающих мерзлых пород преобразуется первоначально в процессе изменения их напряженнодеформированного состояния, далее – в процессе тепло- и массообмена с воздушной струей.

Изменение температуры массива несет информацию о происходящих в нем процессах деформаций.

Восстановление температуры мерзлых пород по мере перераспределения напряжений в них и с удалением от зоны интенсивных сдвижений способствует укреплению льдоцементационных связей и, следовательно, устойчивости выработок.

Для сохранения устойчивости пород вокруг горных выработок при создании положительного теплового режима в очистных забоях целесообразны способы локального подогрева воздуха и другие способы защиты от теплового воздействия на массив.

ОБ УСТОЙЧИВОСТИ ВЫРАБОТОК В МНОГОЛЕТНЕМЕРЗЛЫХ ПОРОДАХ

Е.А. Ельчанинов, А.И. Шор, М.А. Розенбаум

Институт горного дела, Москва, СССР

Всестороннее изучение связи между технологическими процессами и физическими явлениями в породном массиве является важным условием дальнейшего совершенствования производства и необходимо для прогнозирования горной обстановки.

Как известно, физико-механические свойства трещиноватых мерзлых пород, в особенности при повышенной влажности и трещиноватости, тесно связаны с их температурой. Поэтому процесс возникновения и рассеяния тепла в массиве мерзлых пород накладывает отпечаток на поведение их в самом процессе деформирования и на конечное состояние.

Формирование температурного режима нетронутого горными работами массива пород связывается обычно с географическим положением района, климатом, рельефом местности, близостью водоемов, гидрогеологией месторождения, глубиной залегания пород. Изменение температуры пород по сравнению с температурой нетронутого массива в зоне ведения очистных и подготовительных работ связывалось с тепло- и массообменом, с проходящим по выработкам воздушным потоком, взаимодействием пород с исполнительными органами добычных и проходческих машин, ведением буровзрывных работ, кроме того, учитывалось влияние окислительных процессов, газовыделения.

Но до последнего времени не исследовали и не учитывали факта высвобождения и рассеяния тепла в связи с необратимыми деформациями реологического характера в массиве, равновесное состояние которого нарушается проведением выработок. При ведении горных работ в процессах деформаций принимают участие значительные объемы и огромные массовые силы. На необходимость учета изменений температуры горного массива от оседания пород указывал еще в 1933 г. академик А.А. Скочинский.

При проведении горных выработок сдвижение элементарных объемов массива от перераспределения его напряженно-деформированного состояния начинается еще впереди забоя. Максимальные величины смещений и деформации за равные промежутки времени получают объемы, расположенные в призабойной зоне. С удалением от забоя скорости смещений и деформаций уменьшаются, затухая на определенном расстоянии от него. Вместе с подвиганием забоя перемещается вся зона сдвижения, последовательно проходя через каждую точку этой зоны, в результате чего все точки зоны проходят полный цикл напряженно-деформированного, и следовательно, температурного возмущений.

Конкретное состояние точки зависит от положения ее относительно забоя и стенки выработки.

В соответствии со скоростью подвигания забоя между очередными сменами состояния точки происходит рассеяние тепла от предыдущего возмущения, причем возмущения проходят либо раздельно, либо накладываясь. Часть тепла диссипирует в массиве, часть передается от стенок выработки воздушному потоку в зависимости от знака перепада температур. Таким образом, изменение температуры элементарного объема массива, оказавшегося в зоне изменения его напряженно-деформированного состояния, зависит от расстояния до забоя, удаленности от стенки выработки, интенсивности сдвижений. Все эти характеристики могут войти граничными условиями в аналитическое решение связанной задачи.

Связь деформации с температурой может быть установлена с помощью законов термодинамики. Созданная в последние годы макроскопическая теория необратимых процессов позволяет поставить задачу о необратимом процессе деформирования на основе термодинамического подхода к выводу соотношений между напряжениями и деформациями, содержащих температурные члены. Для условий деформации металлов эти задачи решались А.Д. Коваленко в предположении, что процесс протекает адиабатически, и плотность энтропии остается постоянной. В рамках термодинамики линейных необратимых процессов им дается вывод уравнения нестационарной теплопроводности с членом, зависящим от деформации (Коваленко 1968). Полученная система уравнений описывает так называемую "связанную" задачу, в которой температурное поле и поле деформаций рассматривается во взаимосвязи.

В условиях подземной разработки месторождений для определения изменения температуры пород, вызванного проявлениями горного давления постановка связанной задачи заключается в необходимости при заданных механических и тепловых воздействиях определить 16 функций координат x_K и времени t : шесть компонентов тензора деформации, шесть компонентов тензора напряжения, три компонента тензора перемещения, температуру, удовлетворяющих: трем уравнениям движения, шести соотношениям между напряжениями и деформациями, шести соотношениям между деформациями и перемещениями, уравнению теплопроводности. При определенных начальных и граничных условиях, отражающих: закон распределения напряжений и деформаций в зоне опорного давления; закон цикличности смены состояния пород; изменение теплофизических характеристик пород, вызванное изменением напряженно-деформированного их состояния; изменение плотности теплового потока в массиве, нарушенном полостями значительных объемов.

Понятно, что аналитическое решение такой задачи встречает значительные математические трудности, поэтому для исследования характера изменений температуры вмещающих пород в связи с проявлениями горного давления в натурных условиях нами были проведены шахтные натурные наблюдения.

В мерзлых горных породах при сохранении ими отрицательной температуры интенсивность химических процессов ничтожна, кроме того, как правило, в мерзлом массиве отсутствует метан. Наблюдения проводились в выработках, изолированных от влияния сезонных колебаний температуры воздуха. Все эти обстоятельства позволили оценить изменение температуры пород в процессе их деформирования при ведении горных работ.

Исследования заключались в регистрации температуры боковых пород на различных расстояниях от стенок выработок и конвергенции пород кровли и почвы. В качестве показателя деформации пород были приняты величина и скорость конвергенции пород кровли и почвы выработок.

Замерные станции располагались у забоя подготовительных выработок, в выработках, прилежащих к очистным забоям и отделенных от них целиками. Выработки, в которых располагались замерные станции, имели следующие горнотехнические характеристики: сечения составляли от 6 до 12 $м^2$; плотность крепи – от O (без крепления) до 1,5 рамы на 1 м; почва и кровля выработок были сложены аргиллитами, алевролитами, песчаниками, углями различного строения; естественная температура массива в различных выработках была от +0,2°С до -6°С; глубина залегания – в пределах 60–180 м. Несмотря на различие горнотехнических условий, характер изменения температуры боковых пород в зоне интенсивных деформаций массива оставался одинаковым. Максимальным скоростям деформации соответствовал максимальный прирост температуры. В зоне влияния очистных работ деформация пород и повышение их температуры на удалении от стенок выработки, изолированных от теплообмена с воздушным потоком начинались одновременно на расстоянии 25-45 м впереди забоя. Максимум этих изменений отмечался на расстоянии до 6 м в окрестности лавы. Восстановление температуры пород до начальной наступало на расстоянии 35–70 м позади лавы. В исследованных условиях, в окрестностях линии очистного забоя, на шахтах "Беринговской", "Анадырской", "Джебарики-Хая" повышение температуры массива при максимальной скорости конвергенции пород кровли и почвы до 30 мм/сут к периоду обрушения основной кровли (40–45-й цикл выемки) составило 2,29°С по отношению к естественной температуре массива (Рис. 1).

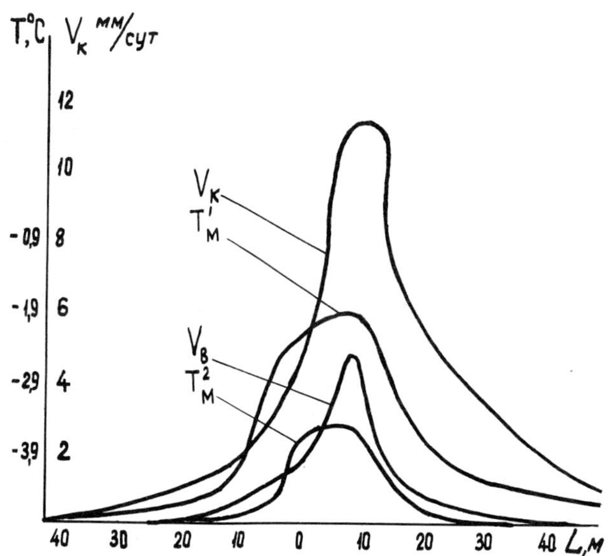

Рис. 1. Изменение температуры угольного массива и конвергенции пород в окрестности очистной выработки L – расстояние до линии очистного забоя; $V_к$ и $V_в$ – скорость конвергенции пород на вентиляционном и конвейерном штреках, мм/сут; $T^1_м$ и $T^2_м$ – температура массива пород вокруг конвейерного и вентиляционного штреков, С°.

При проведении подготовительных выработок с увеличением расстояния от замерной станции до забоя скорость конвергенции и температура пород убывают. Изменение температуры и конвергенция пород прекращались в исследованных условиях одновременно на расстоянии 10–17 м от забоя. Максимумы скоростей конвергенции и температуры боковых пород независимо от расстояния до стенки выработки совпадают. Максимум повышения температуры в исследованных условиях на глубине 0,2 м от стенки выработки при скорости подвигания забоя 10–12 м/сут, скорости конвергенции пород на линии забоя 5–6 мм/ч составлял 0,6–0,9°С (рис. 2). При анализе полученных результатов высокие значения частных коэффициентов корреляции подтвердили существование тесной зависимости температуры пород от величины и скорости их деформации.

Как известно, с повышением температуры пород даже в пределах отрицательных значений снижается их прочность и резче проявляются пластические свойства. Следовательно, при проведении горных выработок ввиду неоднородного напряженного состояния мерзлого массива выделяющееся в процессе деформирования пород тепло вызывает временное ослабление льдоцементных связей и способствует быстрому перераспределению внутренних напряжений. Последующее охлаждение пород вызывает частичное восстановление старых и образование новых льдоцементных связей, соответствующих установившейся температуре. Поэтому восстановление температуры мерзлых пород по мере перераспределения напряжений в них и с удалением от зоны интенсивных сдвижений обеспечивает высокую устойчивость и сохранность выработок при содержании их в условиях отрицательных температур. При организации теплового режима шахты наряду с созданием положительной температуры воздуха в очистном забое, нужно стремиться к сохранению мерзлого состояния окружающих выработки пород.

Это возможно при локальном создании положительного теплового режима в необходимых зонах, в случае применения изоляционных материалов и других способов ограждения мерзлых пород от теплового воздействия.

Мерзлое состояние пород и суровый климат с резкими сезонными колебаниями температуры воздуха составляют определяющую особенность условий разработки угольных месторождений в многолетней мерзлоте. Мерзлое состояние пород предопределяет тесную зависимость их прочностных и деформационных свойств от температуры, в особенности при повышенной влажности и трещиноватости. Это влечет за собой зависимость устойчивости выработок от их температурного режима.

Сохранение пород в устойчивом состоянии, обеспечение низкой интенсивности окислительных процессов требуют поддержания в выработках отрицательных температур. Обеспечение нормальных условий эксплуатации механизированных комплексов, противопожарных трубопроводов, пусковой аппаратуры, а главное, улучшение условий пылеподавления и создание приемлемых условия труда для горнорабочих требуют подогрева воздуха. Применявшийся на шахтах Норильска подогрев воздушной струи центральными калориферами приводил к оттаиванию пород, потере устойчивости выработок. Сооружение и эксплуатация центральных калориферов, значительные расходы электроэнергии, необходимость усиленного крепления всех выработок шахты привели к резкому росту себестоимости угля. Дополнительные затраты составили 1,09–1,4 руб. на 1 т добычи. Кроме того, как показала практика, подогрев послужил причиной возникания эндогенных пожаров. Таким образом, требования к тепловому режиму шахт, работающих в условиях многолетней мерзлоты, противоречивы. Поэтому разработка рациональных систем регулирования теплового режима этих шахт немыслима без всестороннего учета влияния температуры воздуха и пород на условия работ и эффективность производственных процессов, связи устойчивости горных выработок с тем-

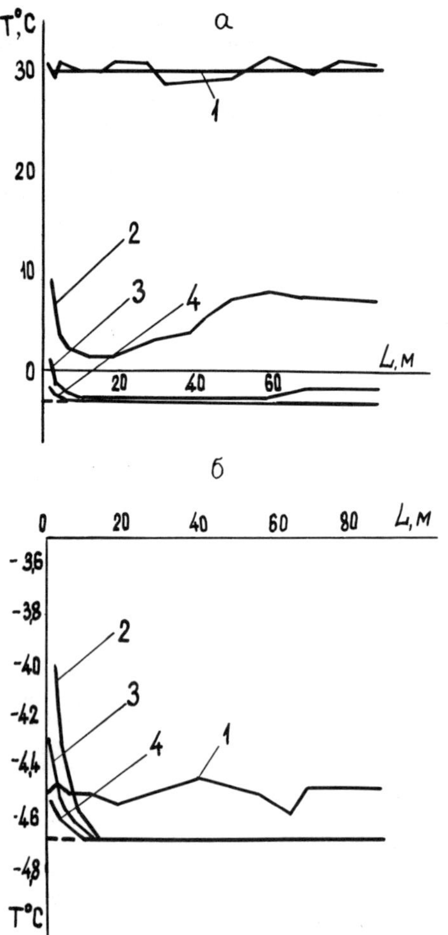

Рис. 2. Изменение температуры воздуха и окружающего массива (°C) в зависимости от расстояния до забоя подготовительной выработки

а – станция № 1, T > 1; б – станция № 2, T<1; T – температура пород; L – расстояние до забоя; 1 – температура воздуха; 2, 3 и 4 – температура пород на глубинах 0,2; 1,0; 1,8 м от стенки выработки.

пературой окружающих пород и наиболее полного учета факторов, вызывающих изменение их температуры. В связи с этим в Институре горного дела (ИГД) им. А.А. Скочинского ведутся работы в направлении изыскания эффективных средств регулирования теплового режима шахт и определения их рациональных параметров.

Нами принято направление максимального использования природных условий, а также элементов самой технологической схемы для регулирования теплового режима.

Так, например, была предложена комбинированная система регулирования температуры воздуха в шахте, позволяющая удовлетворить одновременно ряд противоречивых требований. Система состоит из сочетания теплоаккумулирующих выработок со средствами местного подогрева (Рис. 3). Метод использования теплоаккумулирующих выработок заключается в том, что воздушная струя, проходя по специальным выработкам и вступая в теплообмен с окружающим массивом, приобретает температуру, близкую к температуре массива. С помощью этого метода используются запасы тепла (холода) массива для нейтрализации влияния сезонных колебаний температуры воздуха, а местный подогрев позволяет, в отличие от общешахтного, уберечь при этом все воздухоподающие выработки от теплового воздействия. Таким образом, система позволяет максимально использовать преимущества природных условий мерзлоты – высокую устойчивость мерзлых пород и запасы тепла массива даже при создании положительного теплового режима в очистных выработках. Основы метода использования теплообменных выработок заложены в работах ИТТФ АН УССР и ЛГИ. Однако способ регулирования теплового режима с помощью теплоаккумулирующих выработок был признан наиболее экономичным лишь для шахт с небольшим (до Q=1200 м^3/мин) дебитом вентиляционной струи в связи с резким ростом затрат на преодоление аэродинамического сопротивления цепи таких выработок (пропорционально Q^3) при больших расходах воздуха.

Для устранения ограничений по допустимой депрессии, сужающих область применения теплоаккумулирующих выработок, был произведен анализ факторов, в наибольшей степени влияющих на его эффективность. Из управляемых факторов такими оказались: сечения выработок, расход воздуха и разветвленность воздушного потока. Анализ влияния этих факторов на необходимую для достижения заданной температуры длину выработок, проведенный на основании методики расчета теплового режима шахт Севера, разработанной в ЛГИ, показал, что с увеличением расхода воздушной струи от 500 до 4000 м^3/мин необходимая их длина возрастает от 340 м до 5 км при сечении 4 м^2 и от 500 м до 7 км при сечении 15 м^2.

Расчеты проводились применительно к условиям месторождения "Джебарики-Хая" для срока службы выработок в 5 лет. Принятые условия: температура окружающего массива –4,7°C; влажность пород 8–11%; коэффициент теплопроводности пород 1,9 ккал/м^{2}ч.град; объемный вес пород 2,5 т/м^3; сезонные колебания температуры воздуха от –60 до +35°C; конечная температура воздушной струи в теплоаккумулирующей выработке – 6°C.

Для упрощения теплофизических расчетов по определению необходимой длины теплоаккумулирующих выработок при различных количествах проходящего по ним воздуха был рассчитан переменный коэффициент K, характеризующий зависимость их необходимой длины L от расхода воздуха Q:

$$\frac{L_2}{L_1} = \frac{Q_2}{Q_1} K = nK, \text{ тогда } L_1 = \frac{L_2}{Kn}$$

Этот коэффициент дает возможность существенно упростить расчеты в инженерной практике, поскольку в нем в неявной форме обобщены все учитываемые показатели и ограничения, характеризующие конкретные горнотехнические условия. Значение "K" удовлетворительно аппроксимируется выражением вида

$$K = A - \frac{B}{n} \text{при } 1 < n < 6,$$

где A и B – постоянные коэффициенты уравнения.

Для условий месторождения "Джебарики-Хая" A=1,79; B=0,79, η =0,93.

Разветвление воздушной струи на n потоков приводит к уменьшению количества проходящего по каждой из ветвей воздуха в n раз, и соответственно этому сокращается необходимая длина каждой ветви. Исследования влияния разветвленности на необходимую длину теплоаккумулирующих выработок показало, что разветвленность влечет за собой снижение суммарной длины сети в "K" раз и каждого из разветвлений в "Kn" раз (где n – количество разветвлений и, следовательно, показатель уменьшения расхода воздуха в каждой из ветвей по сравнению с одиночной выработкой), а аэродинамическое сопротивление разветвленной сети снижается в "Kn^3" раз.

Для исследованных условий разветвление воздушной струи на 2, 3,4 потока привело к сокращению суммарной

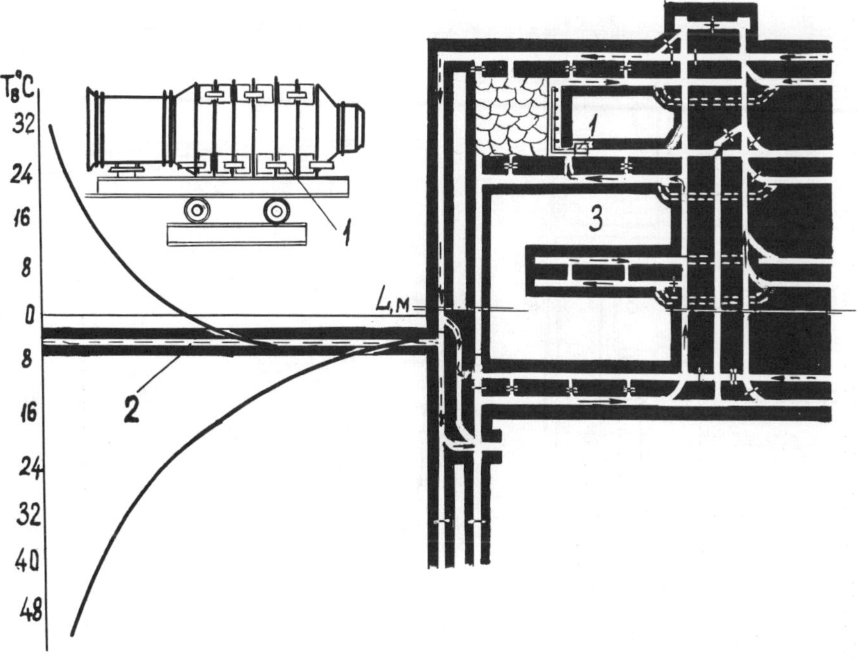

Рис. 3. Принципиальная схема регулирования теплового режима шахты

1 - установка местного подогрева воздуха; 2 - теплоаккумулирующие выработки; 3 - выемочный участок.

протяженности сети теплоаккумулирующих выработок соответственно в 1,39; 1,44 и 1,59 раза, снижению длины каждого из разветвлений по сравнению с одиночной выработкой в 2,8; 4,4; 6,4 раза. При этом аэродинамическое сопротивление разветвленной сети уменьшается соответственно в 10,5; 39; 101 раз.

Таким образом, ограничение области применения метода теплоаккумулирующих выработок по допустимой депрессии снимается. Найденный коэффициент позволяет определить и число разветвлений, обеспечивающее необходимый тепловой эффект при заданной депрессии. Условие для определения необходимого числа разветвлений, обеспечивающего норму депрессии, отведенную для теплоаккумулирующих выработок, имеет вид

$$n \geqslant \sqrt[3]{\frac{h_o}{h_{доп}\, K}}$$

где $h_{доп}$ - норма депрессии для теплоаккумулирующих выработок;

h_o - депрессия одинарной выработки

Следующим шагом по совершенствованию метода регулирования явилась разработка такой схемы, в которой используются запасы тепла (холода) исходящей вентиляционной струи, а породный массив работает в качестве промежуточной емкости тепла. Интенсификация процесса теплообмена в этой схеме, а следовательно, и сокращение суммарной протяженности достигается за счет периодической смены направления движения воздуха по расчетному графику в специальных выработках, причем направление движения воздушной струи во всей вентиляционной сети шахты остается неизменным (согласно требованиям ПБ). Последнее обеспечивается наличием кроссинга, включаемого при очередной смене направления струи в теплообменных выработках и положением вентиляционных дверей (рис. 4).

Исходящая вентиляционная струя периодически нагревает (охлаждает) окружающий выработки массив до востановления его естественной температуры после очередного охлаждения (нагрева) в процессе теплообмена с поступающей струей в предыдущем периоде.

Кроме того, преимущество этих схем заключается в том, что при очередном цикле опрокидывания струи в концах выработок, прилежащих к главным вентиляционным и откаточному штрекам, автоматически происходит намораживание влаги на стенках, что способствует кристаллизационной очистке воздуха и последовательному заносу влаги в очисные выработки, а это, в свою очередь, обеспечивает снижение запыленности атмосферы в них. Поскольку уменьшается перепад температур исходящей вентиляционной струи и наружного воздуха, снижается и интенсивность оледенения ляд и шиберов главных вентиляторных установок.

Для повышения эффективности использования горных выработок в качестве теплообменников нами предусмотрена установка в них специальных терморегулирующих крепей, в основу работы которых положен принцип тепловых труб. В схемах же использования исходящей вентиляционной струи (рекуперативных) предусмотрена передача тепловой энергии от исходящей вентиляционной струи к поступающей с помощью батарей из тепловых труб. И, наконец, техническая и экономическая эффективность использования всех схем совершенно очевидна в случае расположения теплообменных выработок таким образом, чтобы их можно было по мере развития шахты использовать в качестве подготовительных (рис. 5).

Специфика назначения и условий работы потребовали разработки методики для определения оптимальных параметров теплоаккумулирующих выработок. Была разработана методика, заключающаяся в поиске минимума суммы при-

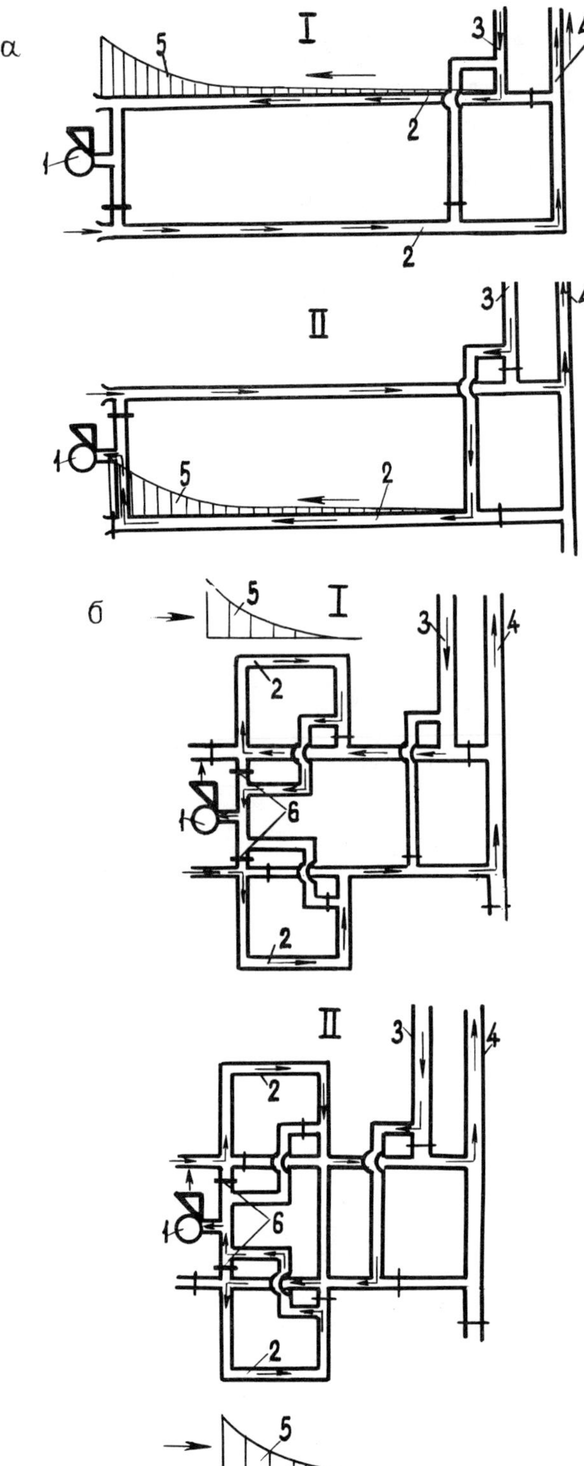

Рис. 4. Принципиальные схемы работы рекуперативных теплоаккумулирующих выработок

а – схема 1; б – схема 2; I – первый период цикла, П – второй период цикла. 1 – главный вентилятор; 2 – теплоаккумулирующие выработки; 3 – главный вентиляционный штрек; 4 – главный откаточный штрек; 5 – ореолы оттаивания (замораживания); 6 – автоматические вентиляционные двери.

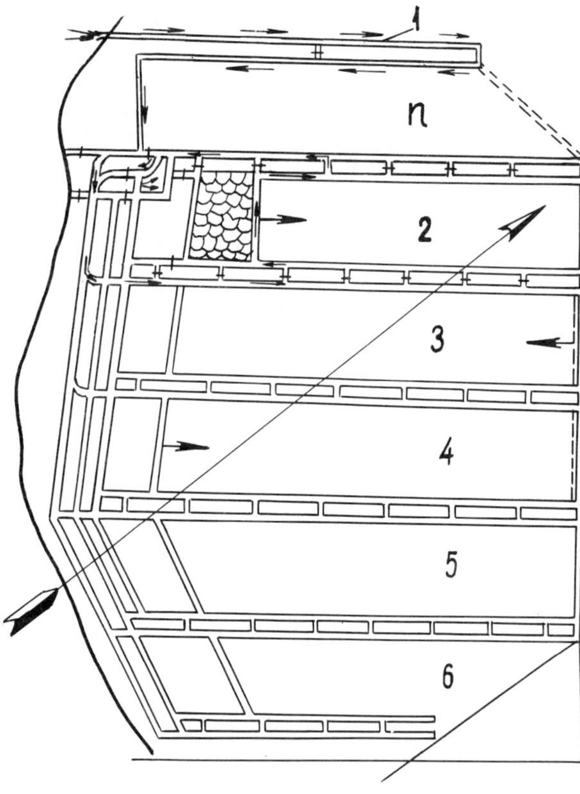

Рис. 5. Схема отработки части шахтного поля
1 – теплоаккумулирующие выработки; 2, 3,..., n – выемочные столбы.

веденных затрат на проходку, крепление, поддержание, проветривание таких выработок (рис. 6). Отличительными признаками ее является следующие. Необходимая длина выработок для достижения заданной температуры зависит от площади поперечного сечения таким образом, что с увеличением сечения их необходимая длина увеличивается, поэтому затраты на проходку, поддержание и преодоление аэродинамического сопротивления зависят не только от площади сечения этих выработок, но и от соответствующей этому сечению длины.

Кроме того, затраты на поддержание нелинейно зависят от площади сечения выработки, поскольку на величину нагрузки на крепь, а следовательно, и на стоимость поддержания оказывают влияние глубины ореолов оттаивания. И, наконец, затраты на поддержание непостоянны по длине выработки, поскольку по длине вентиляционного пути изменяются глубины ореолов оттаивания.

Эти основные положения легли в основу оптимизационных расчетов. В качестве целевой функции приняты приведенные затраты $C + E_к$. На исследуемые переменные наложены ограничения: сечение – от 4 до 15 м^2, расход воздуха – 1200 м^3/мин; температура пород –4,7°С, сезонные колебания температуры от –60 до +35°С, конечная температура воздушной струи в теплоаккумулирующей выработке –6°С. Исследование целевой функции на минимум позволило определить оптимальные параметры теплоаккумулирующей выработки для данных условий: сечение S=4,7 м^2, длина $L_{нагр.}$=1150 м, сократив их соответственно с S=8,5 м^2 и 1400 м.

Реализация рациональных параметров теплоаккумулирующих выработок, введенных в схему подготовки шахтного поля, только по шахте "Джебарики-Хая" объединения "Якутуголь" дает экономический эффект 118 тыс.руб/год. В варианте, когда эти выработки по мере развития шахты будут использованы в качестве подготовительных экономия достигнет свыше 220 тыс.руб/год.

Одним из способов охраны выработок всей шахты, работающей в мерзлоте, от теплового воздействия может быть локальный подогрев воздуха. Как было показано выше, при определении пределов подогрева воздушной струи, подаваемой в лаву, необходимо учитывать, что в связи с интенсивными преобразованиями напряженно-деформированного состояния массива изменяется температура пород. Кроме того, в зоне деформации изменяются и теплофизические характеристики пород. Такое изменение физического состояния массива, а следовательно, и условий теплообмена может быть учтено в инженерной практике коэффициентом нестационарного теплообмена k_τ, определенного по известным формулам академика А.Н. Шербаня (Шербань, Кремнев, 1959) на основе натурных исследований с учетом установленного нами изменения температуры пород в зоне опорного давления:

$$k_\tau = \frac{\lambda}{T_п - t_в} \frac{dT}{dR} \text{ при } R \to R_0,$$

$$k_\tau = a \frac{T_{ст} - t_в}{T_п - t_в} \text{ при } R = R_0,$$

где k_τ – коэффициент нестационарного теплообмена, ккал/м^{2}ч · град;
l – расстояние до линии очистного забоя, м;
$T_п$ – температура пород в зоне опорного давления, ^oC; $T_п = \frac{1}{l}\int_0^l T(l)\,dl$, ^oC
a – коэффициент теплоотдачи, ккал/м^2. град.ч.
λ – коэффициент теплопроводности пород, ккал/м.град.ч;
R – эквивалентный радиус сечения выработки, м;
$T_{ст}$ – температура пород на стенке выработки, ^oC;
$t_в$ – температура воздушной струи, ^oC;

Тогда температуру воздуха на входе в лаву t_1, необходимую для достижения заданной на выходе, можно определить по формуле А.Н. Шербаня с учетом проведенных нами исследований:

$$t_1 = \frac{e^{Г_л Ф} - 1}{Г_л} \left(\frac{t_2 Г_л}{1 - e^{-Г_л Ф}} - T_л - \frac{\Sigma Q}{G_в c_p} \right), \ ^oC,$$

где

$$Г_л = \frac{k_\tau UL + G_y c_y I_y}{G_в c_p}$$ – фактор теплообмена лавы;

$$T_л = \frac{k_\tau UL + G_y c_y I_y}{G_в c_p} \cdot T_п$$ – температурный фактор лавы;

$Ф$ – фактор влажности;
L – длина лавы, м;
U – периметр сечения выработки, м;
ΣQ – суммарные тепловыделения от работы машин, ккал/ч;
G_y – часовая добыча угля, кг/ч;
c_y – теплоемкость угля, ккал/кг. ^oC;
I_y – коэффициент, зависящий от скорости удаления угля из лавы;
$G_в$ – весовой расход воздуха;
c_p – теплоемкость воздуха,

Расчет показал, что при расходе воздуха θ =600 м^3/мин, длине лавы L=180 м, естественной температуре пород T_e = –4,7^oC и средней в зоне опорного давления $T_п$ =–3,8^oC, для достижения в конце лавы t_2 =+4^oC необходим подогрев воздушной струи до t_1 =+14,6^oC, в то время, как при определении ее без учета изменения k_τ нагрев необходимо было производить до t_1 =20^oC. Для местного подогрева воздуха, кроме известных, нами предлагался способ использования рабочей жидкости гидросистем очистных механизированных комплексов в качестве теплоносителя, а самой гидросистемы в качестве распределенного нагревателя.

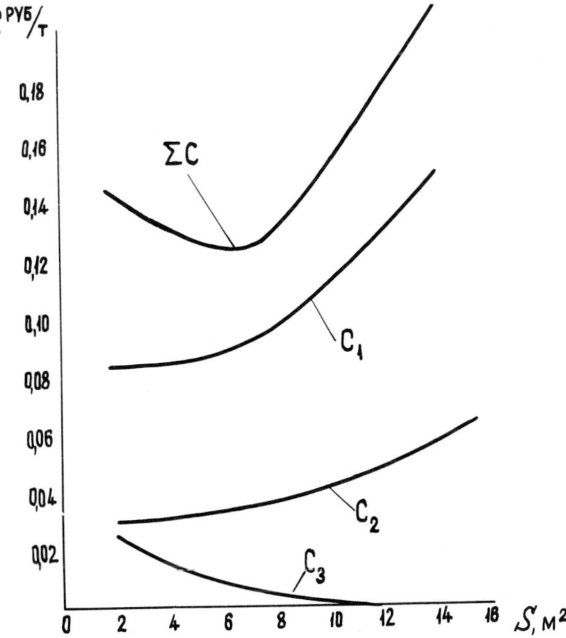

Рис. 6. Выбор рационального сечения теплоаккумулирующих выработок

S – площадь поперечного сечения выработок; C_1, C_2, C_3, ΣC – приведенные затраты на проветривание, проходку, поддержание и суммарные приведенные затраты.

ВЫВОДЫ

1. При проведении горных выработок тепловое поле вмещающих мерзлых пород преобразуется первоначально в процессе изменения их напряженно-деформированного состояния, далее – в процессе тепло- и массообмена с воздушной струей.

2. Изменение температуры массива несет информацию о происходящих в нем процессах деформации.

3. Восстановление температуры мерзлых пород по мере перераспределения напряжений в них и с удалением от зоны интенсивных сдвижений способствует укреплению льдоцементных связей, и следовательно, устойчивости выработок.

4. Для сохранения устойчивости пород вокруг горных выработок при создании положительного теплового режима в очистных забоях целесообразны способы локального подогрева воздуха и другие способы защиты от теплового воздействия на массив.

ЛИТЕРАТУРА

КОВАЛЕНКО А.Д. 1968. Основы термоупругости "Наукова думка", Киев, 307 с.

ШЕРБАНЬ А.Н., КРЕМНЕВ О.А. 1959. Научные основы расчета и регулирования теплового режима глубоких шахт. т 1, Киев, Изд-во АН УССР, 430 с.

WATER THAWING OF FROZEN GROUND FOR OPEN PIT AND UNDERGROUND MINING IN THE NORTHEAST OF THE U.S.S.R.

V.I. Emel'yanov and G.Z. Perl'shtein, All-Union Res. Inst. of Gold and Rare Metals, Magadan, U.S.S.R.

The authors discuss the results of experimental, theoretical and practical work carried out at the All-Union Res. Institute of Gold and Rare Metals on water thawing of frozen placers prior to mining.

Computerized numerical integration applied to a problem of hydraulic thawing of frozen ground is described and a mathematical model of convective heat exchange in a water-permeable frozen soil mass is given for the first time.

The authors describe the preparation of frozen granular materials for year-round excavation involving artificial thawing, drainage and mining of deposits which remain in an easily workable state if refrozen.

PRÉPARATION HYDRO-THERMIQUE DES GÉLISOLS DU NORD-EST DE L'URSS POUR L'EXPLOITATION À CIEL OUVERT ET SOUTERRAINE

V.I. Emel'yanov, G.Z. Perl'shtein, Institut soviétique de recherches scientifiques sur l'or et les métaux précieux, Magadan, URSS

Présentation des résultats des travaux expérimentaux, théoriques et pratiques menés par l'Institut soviétique de recherches scientifiques sur l'or et les métaux précieux et consacrés à la question de la préparation hydro-thermique des placers gelés du Nord-Est de l'URSS pour l'exploitation.

Description d'une méthode informatisée d'intégration numérique appliquée au problème du dégel hydraulique du gélisol. Un modèle mathématique de l'échange thermique par convexion dans un gélisol perméable à l'eau est présenté pour la première fois.

Les auteurs décrivent les étapes du conditionnement de matériaux granulaires gelés permettant à l'année longue les travaux d'exploitation minière: ce sont le dégel artificiel, ensuite le drainage du sol non gelé, puis l'exploitation des dépôts qui, même s'ils sont de nouveau englacés, se prêtent facilement au même traitement.

ВОДНО-ТЕПЛОВАЯ ПОДГОТОВКА МЕРЗЛЫХ ПОРОД СЕВЕРО-ВОСТОКА СССР К ОТКРЫТОЙ И ПОДЗЕМНОЙ РАЗРАБОТКЕ

В.И. Емельянов, Г.З. Перльштейн (ВНИИ-1), Магадан, СССР

Излагаются результаты экспериментальных, теоретических и практических разработок института ВНИИ-1 по вопросам водно-тепловой подготовки мерзлых россыпей Северо-Востока СССР к эксплуатации.

Описана сущность методики численного интегрирования на ЭЦВМ задачи о гидравлическом оттаивании мерзлых пород. Впервые разработана математическая модель конвективного теплообмена в водопроницаемом мерзлом массиве.

Приводится технологическая схема подготовки мерзлых крупнообломочных пород к круглогодовой выемке: искусственное оттаивание-дренирование талого массива - разработка отложений, остающихся при промерзании легкоразборными.

Экспериментально доказана осуществимость и целесообразность метода льдозакладки подземных выработок.

ВОДНО-ТЕПЛОВАЯ ПОДГОТОВКА МЕРЗЛЫХ ПОРОД СЕВЕРО-ВОСТОКА СССР К ОТКРЫТОЙ И ПОДЗЕМНОЙ РАЗРАБОТКЕ

В.И. Емельянов, Г.З. Перльштейн

ВНИИ-1, Магадан, СССР

Добыча полезных ископаемых составляет основу экономики огромной территории Северо-Востока СССР, важными особенностями которой являются чрезвычайно суровый климат и повсеместное распространение многолетнемерзлых пород. В этих условиях высокая производительность драг и землеройной техники на открытых разработках и повышение устойчивости подземных выработок достигаются в результате применения водно-тепловой подготовки, под которой понимается комплекс мероприятий по регулированию прочности горных пород за счет изменения агрегатного состояния порового раствора и смерзаемости отдельных породообразующих компонентов.

За период, прошедший после Второй Международной конференции по мерзлотоведению, решен ряд новых проблем теории и практики водно-тепловой подготовки мерзлых пород к разработке.

НЕКОТОРЫЕ РЕЗУЛЬТАТЫ ТЕОРЕТИЧЕСКИХ ИССЛЕДОВАНИЙ ОТТАИВАНИЯ МЕРЗЛЫХ ПОРОД

Развитие численных методов

Институтами ВНИИ-1 и СВКНИИ ДВНЦ АН СССР начаты совместные исследования по разработке математических моделей для основных способов искусственного оттаивания и реализации их численными методами с использованием ЭЦВМ (Игнатов и др., 1977).

Задача о гидравлическом оттаивании мерзлых пород рассматривается в обобщенной ортогональной системе координат (x_1, x_2). Поле скоростей фильтрации определяется из решения краевой задачи для уравнения

$$\nabla\left(\frac{1}{K}\nabla\psi\right) = 0, \qquad (1)$$

причем

$$V_{x_1} = -\frac{1}{a}\frac{\partial\psi}{\partial x_2}; \quad V_{x_2} = \frac{1}{a}\frac{\partial\psi}{\partial x_1},$$

где V_{x_1}, V_{x_2} – составляющие скорости фильтрации по пространственным координатам, м/ч; $K = K(x_1, x_2, T)$ – коэффициент фильтрации, м/ч; ψ – функция тока, $м^2$/ч, связанная с гидравлическим напором (H, м) условиями Коши-Римана (Бэр и др., 1971):

$$K\frac{\partial H}{\partial x_1} = \frac{1}{a}\frac{\partial\psi}{\partial x_2}, \quad K\frac{\partial H}{\partial x_2} = -\frac{1}{a}\frac{\partial\psi}{\partial x_1},$$

$1/a$ – коэффициент, равный 1 для "плоской" области и $\frac{1}{x_2}$ – для осесимметричной.

Температурное поле описывается уравнением Фурье-Кирхгофа:

$$c_i\frac{\partial T_i}{\partial t} = \nabla(\lambda_i\nabla T_i - C_в V_i T_i) + N(x_1, x_2, t), \qquad (2)$$

где T – температура, $^{\circ}$С; t – время, ч; C_i, $C_в$ – теплоемкость единицы объема соответственно породы и воды, Вт.ч/($м^3 \cdot {}^{\circ}$С); λ_i – коэффициент теплопроводности пород, Вт/(м$\cdot^{\circ}$С); V_i – скорость фильтрации, м/ч, в мерзлой зоне обычно $V = 0$; N – удельная мощность распределенных тепловых источников, Вт/$м^3$; индекс "i" в талой и мерзлой зонах соответственно принимает значения "т" и "м".

На границе талой и мерзлой зон $\zeta(x_1, x_2, t) = 0$ справедливы условия Стефана:

$$T_т = T_м = 0, \qquad (3)$$

$$\lambda_м \operatorname{grad} T_м - \lambda_т \operatorname{grad} T_т = Q_ф\frac{d\zeta_n}{dt}, \qquad (4)$$

где $\frac{d\zeta_n}{dt}$ – скорость приращения талой зоны по нормали к границе раздела, м/ч.

Краевые условия к уравнениям (1), (2) задаются в зависимости от конкретных вариантов технологической схемы оттаивания.

В настоящее время разработаны алгоритм и программа решения поставленной задачи методом последовательной смены стационарных состояний, при этом оба уравнения рассматриваются как частный случай общего уравнения эллиптического типа.

Разностное уравнение получается интегро-интерполяционным методом для системы узлов неравномерной криволинейной ортогональной сетки, подбираемой так, чтобы границы интегрирования совпадали с внешними линиями сетки (Самарский, 1971). При конечно-разностном выражении конвективных членов используется схема, "ориентированная против потока", обеспечивающая устойчивость решения и первый порядок аппроксимации дифференциального уравнения конечно-разностным.

Сходимость итерационного решения обеспечивается соблюдением граничных условий (для линейных систем) и управлением по методу последовательной нижней релаксации.

Движение границы фазовых переходов на каждом временном шаге контролируется балансовым методом, благодаря чему изменяющаяся геометрия талой зоны не нарушает устойчивости решения.

Результаты расчетных исследований могут использоваться на практике для оптимизации параметров гидравлического оттаивания.

Описанная математическая модель хорошо воспроизводит тепловые и гидравлические процессы в водоносных сквозных таликах. Проведение расчетов на ЭВМ поможет уточнить количественные закономерности питания и разгрузки подземных вод криолитозоны.

Конвективный теплообмен в водопроницаемом мерзлом массиве

В природе и практике хозяйственного освоения Северо-Востока СССР нередко наблюдается фильтрация в мерзлых водопроницаемых массивах пород. Примерами таких массивов могут служить отвалы, состоящие из комьев мерзлых пород. При движении воды фазовые переходы имеют место во всем объеме, единой границы талой и мерзлой зон не образуется. В зависимости от теплосодержания фильтрационного потока и начальной температуры пород происходит либо постепенное оттаивание мерзлых обломков, либо на их поверхности первоначально образуется ледяная корка.

Общепринятые методы количественного описания конвективного теплообмена в оттаивающих породах для данных случаев не подходят. Математическая формулировка задачи о гидравлическом оттаивании пород, проницаемых для воды в любом агрегатном состоянии, дана на основе следующей схематизации реального процесса (Перльштейн и др., 1977) :

а) температурное поле фильтрационного потока одномерно ;

б) изменение расхода воды в результате намерзания (таяния) ледяных корок пренебрежимо мало;

в) обломки мерзлых пород имеют форму шаров эквивалентного радиуса R.

При этих допущениях перенос тепла водой описывается уравнением

$$C_в \frac{\partial T_в}{\partial t} \lambda_в \frac{\partial^2 T_в}{\partial x^2} - C_в V \frac{\partial T_в}{\partial x} - qS, \qquad (5)$$

$$(t > 0; \qquad X \geqslant x \geqslant 0)$$

с краевыми условиями

$$T_в(0, t) = T_0, \qquad (6)$$

$$\frac{\partial T_в}{\partial x}\Big|_{x=X} = 0. \qquad (7)$$

Среди твердой части породы выделяются три зоны:
ледяная корка, $R \leqslant r_1 \leqslant \zeta(x, t)$;
талый слой, $\eta(x, t) \leqslant r_2 \leqslant R$;
мерзлое ядро, $0 \leqslant r_3 \leqslant \eta(x, t)$.

Уравнение теплопроводности в j -ой зоне твердого компонента (где $j = 1,2,3$ в соответствии с приведенным подразделением) имеет вид:

$$C_j \frac{\partial T_j}{\partial t} = \lambda_j \left(\frac{\partial^2 T_j}{\partial r_j^2} + \frac{2}{r_j} \frac{\partial T_j}{\partial r_j}\right) \qquad (8)$$

$$(t > 0)$$

Краевые условия записываются отдельно для каждой из выделенных зон.
Ледяная корка

$$T_1(\zeta, t) = 0, \qquad (9)$$

$$\lambda_1 \frac{\partial T_1}{\partial r_1}\Big|_{r=\zeta} - \kappa T_в(x, t) = Q_1 \frac{d\zeta}{dt}, \qquad (10)$$

Талый слой

$$T_2(x, R, t) = T_в(x, t), \qquad (11)$$

$$T_2(\eta, t) = T_3(\eta, t) = 0 \qquad (12)$$

$$\lambda_3 \frac{\partial T_3}{\partial r_3}\Big|_{r=\eta} - \lambda_2 \frac{\partial T_2}{\partial r_2}\Big|_{r=\eta} = Q_{2-3} \frac{d\eta}{dt} \qquad (13)$$

На внешней границе мерзлого ядра справедливы условия (12), (13), а в центре выполняется равенство:

$$\frac{\partial T_3}{\partial r_3}\Big|_{r=0} = 0. \qquad (14)$$

В начальный момент времени температура массива является функцией одной пространственной координаты

$$T(x, r, 0) = T(x). \qquad (15)$$

В уравнении (5) член q представляет собой плотность теплового потока, направленного от воды к твердым компонентам породы. В зависимости от наличия ледяной корки ($\zeta > R$) или ее отсутствия ($\zeta = R$) величина q определяется выражением

$$q = \begin{cases} \kappa T_в(x, t), & \zeta(x, t) > R \\ \lambda_2 \frac{\partial T_2}{\partial r_2}\Big|_{r=R}, & \zeta = R \end{cases} \qquad (16)$$

В зависимости от свойств пород удельная поверхность S (м$^{-1}$) остается постоянной или непрерывно уменьшается по мере оттаивания и разрушения мерзлых шаров.

В выражениях (5)-(16), кроме ранее приведенных обозначений, приняты следующие: x - координата, совпадающая с направлением вектора скорости фильтрации, м; r - расстояние от центра сферических обломков породы, м; ζ, η - расстояния от центра шаров соответственно до поверхности ледяной корки и внешней границы мерзлого ядра, м; Q - затраты тепла на фазовые переходы в единице объема, Вт.ч/м^3; κ - коэффициент теплообмена между водой и разрушающимися обломками породы, Вт/(м^2·^{o}С); X - размеры области исследований, м.

В приведенной формулировке задача едва ли может быть решена аналитически. В дальнейшем предполагается ее численное решение с применением ЭЦВМ.

Мощность тепловых источников при оттаивании мерзлых пород электрическим током

Обычно для оттаивания больших объемов мерзлых пород токами промышленной частоты используют трубчатые электроды-иглы, погружая их в шахматном порядке по сетке равносторонних треугольников. Каждый электрод взаимодействует с шестью соседними, отстоящими от него на одинаковом расстоянии $2R_э$.

Для управления процессом разработан приближенный способ оценки интенсивности источников Джоулева тепла (Перльштейн, Савенко, 1977). С допустимой в практических расчетах с погрешностью область влияния одной иглы можно уподобить цилиндру радиуса $R_э$. Действующая разность потенциалов (U_0, в) будет равна половине поданного напряжения. Принимая, что электрическое сопротивление мерзлых пород с незначительной минерализацией порового раствора не зависит от температуры (Якупов, 1973), нетрудно получить аналитические выражения для характеристик электрического поля, в частности суммарной мощности источников Джоулева тепла в талой ($P_Т$) и мерзлой ($P_М$) зонах:

$$P_Т = \frac{2\pi U_0^2 \ln \frac{r_Т}{r_0}}{\rho_Т (\ln \frac{r_Т}{r_0} + \frac{\rho_М}{\rho_Т} \ln \frac{R_э}{r_Т})^2}, \text{ Вт/м}, \qquad (17)$$

$$P_М = \frac{2\pi U_0^2 \frac{\rho_М}{\rho_Т} \ln \frac{R_э}{r_Т}}{\rho_Т (\ln \frac{r_Т}{r_0} + \frac{\rho_М}{\rho_Т} \ln \frac{R_э}{r_Т})^2}, \text{ Вт/м} \qquad (18)$$

где $\rho_Т$, $\rho_М$ - удельное электрическое сопротивление соответственно талых и мерзлых пород, ом·м; r_0 - радиус электрода, м; $r_Т$ - радиус талой зоны, м.

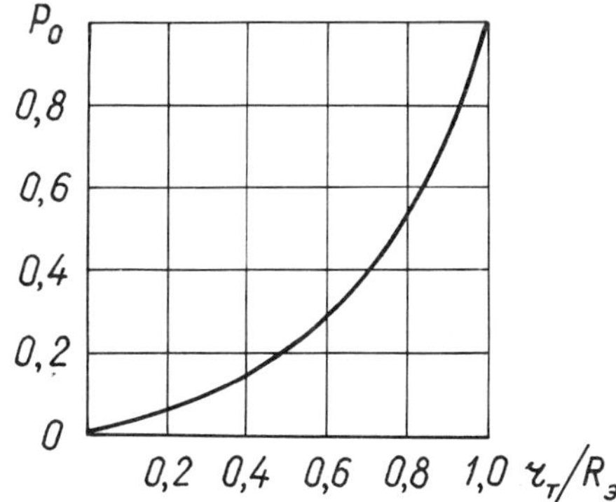

Рис. 1. Зависимость относительного тепловыделения в талой зоне P_0 от безразмерного радиуса талика $r_Т/R_э$

График, представленный на рис. 1, построен по формулам (17), (18) при $\frac{\rho_М}{\rho_Т} = 20$ и $\frac{R_э}{r_0} = 100$, $P_0 = \frac{P_Т}{P_Т + P_М}$

График наглядно показывает, что расширение талой зоны сопровождается ростом непроизводительного прогрева оттаявших пород. Поэтому в целях экономии электроэнергии рекомендуется подавать ее в прерывистом режиме или постепенно понижать напряжение в сети.

РАЗРАБОТКА И ВНЕДРЕНИЕ НОВЫХ ПРАКТИЧЕСКИХ РЕКОМЕНДАЦИЙ

Послойная разработка оттаивающих пород

На горных полигонах и строительных площадках Северо-Востока СССР основные объемы мерзлых пород разрабатываются при периодическом послойном удалении оттаивающих слоев. Оптимальный режим вскрышных работ, одновременно обеспечивающий удовлетворительный темп оттаивания и достаточно высокую производительность техники, может быть выбран на основе прогноза глубин протаивания пород с учетом их теплового взаимодействия с атмосферой. Эта проблема рассматривалась в работах В.Т. Балобаева, В.А. Кудрявцева, В.С. Лукьянова, А.В. Павлова, Г.В. Порхаева и других исследователей. Современная методика учета факторов "внешнего" теплообмена (Куртнер, Чудновский, 1969; Перльштейн , Стафеев, 1971; Павлов, Оловин, 1974) позволяет прогнозировать скорость протаивания пород по данным сетевых метеостанций. При этом средняя температура поверхности сильно зависит не только от климатических характеристик, но и свойств пород и длительности оттаивания (рис. 2,а)

Институтом ВНИИ-1 выполнена серия теплофизических расчетов применительно к климатическим условиям крайнего Северо-Востока СССР. Для четырех типичных разновидностей пород получены кривые зависимости средней температуры поверхности и глубины оттаивания слоя от времени (рис. 2)

Приведенные графики оказывают существенную помощь производственникам при проектировании подготовки мерзлых пород к бульдозерно-скреперной разработке.

Интенсификация фильтрационно-дренажного оттаивания

В условиях Северо-Востока СССР применению фильтрационно-дренажного оттаивания способствует широкое распространение крупнообломочных отложений, обладающих высокой водопроницаемостью.

Согласно простейшей методике расчета фильтрационно-дренажного оттаивания (Гольдтман и др., 1970), относительная теплоотдача фильтрационного потока равна:

$$B_Т = 1 - \sum_{n=1}^{\infty} B_n \exp(-\mu_n^2 F_0),$$

где

$$\mu_n = \frac{\pi}{2}(2n-1); \; B_n = \frac{2}{\mu_n^2}; \; F_0 = \frac{\lambda l}{C_В V_ф h^2}; \qquad (19)$$

l - расстояние между оросительной и дренажной канавами, м; h - средняя мощность водоносного горизонта, м.

На практике, как правило, $F_0 < 0{,}5$. При этом с погрешностью не более 5% выражение (19) можно заменить зависимостью

$$B_Т = 2\sqrt{\frac{F_0}{\pi}}. \qquad (20)$$

Это дает возможность представить глубину оттаивания Z удобной для анализа и проектирования формулой

$$Z = Z_0 + 2\frac{T_В t}{Q_0 l}\sqrt{\frac{\lambda_Т C_В K \cdot y}{\pi}}, \text{ м}, \qquad (21)$$

где y - глубина дренирования, м.

Анализ формулы (21) позволил рекомендовать уменьшение глубины дренажных канав с одновременным пропорциональным увеличением частоты их заложения. При этом скорость оттаивания возрастает, несколько уменьшается объем земляных работ и значительно облегчаются условия самотечного сброса воды. Соблюдение отношений $\frac{y}{z} > 0{,}3$ и $\frac{l}{z} > 2{,}5$ обеспечивает достаточно равномерное протаивание между дренажной и оросительной канавами.

Внедрение этих рекомендаций позволяет увеличить объемы фильтрационно-дренажного оттаивания и получить значительный экономический эффект.

Промышленное оттаивание мерзлых пород подогретой водой

Отработка и внедрение технологии оттаивания мерзлых пород подогретой водой имеет большое значение в связи с перспективой использования в ближайшее время атомных водонагревателей, системы извлечения тепла недр Земли и других дешевых источников энергии. В 1974 г.

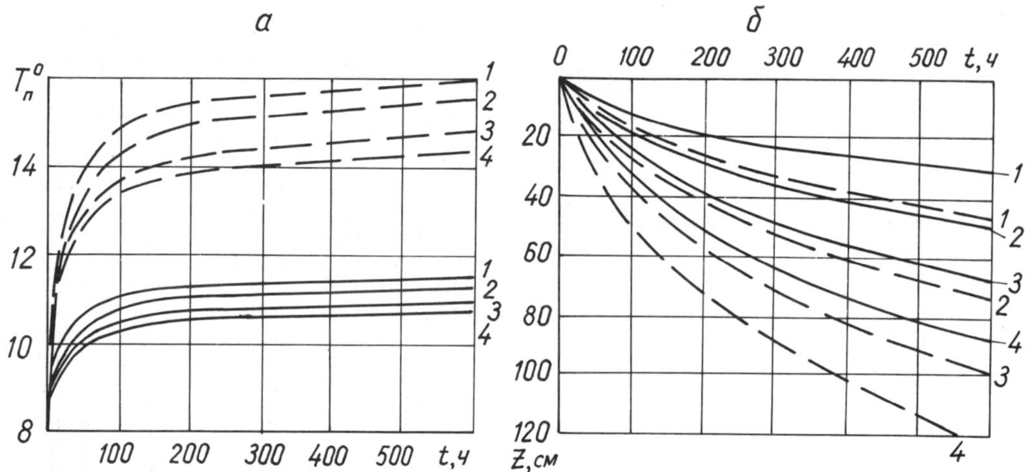

Рис. 2. Изменение средней температуры поверхности горных пород (а) и мощности талого слоя (б) в июле месяце в зависимости от времени

1 – галечник (льдистость 125 кг/м^3); 2 – галечник (льдистость 250 кг/м^3); 3 – щебенистая супесь (льдистость 400 кг/м^3); 4 – суглинок оторфованный (льдистость 600 кг/м^3). Прерывистая линия – верховья Колымы; сплошная – район крайнего Северо-Востока СССР

в Магаданской области были изготовлены первые образцы низкотемпературных нагревателей контактного типа для подогрева загрязненной воды мощностью около 3 мегаватт.

Одновременно во ВНИИ-1 проведены исследования особенностей теплообмена при использовании высокопотенциального теплоносителя (Капранов, 1977). Рассчитаны максимально возможные потери тепла в атмосферу с поверхности полигона для различных технологических схем в условиях верховьев Колымы и крайнего Северо-Востока СССР. Обоснована методика расчета скорости оттаивания в случае оборотного водоснабжения.

Приемы запуска системы при отсутствии начального талого слоя, организации оборотного водоснабжения и другие технологические элементы опробованы и отработаны в производственных условиях.

Данный метод уже сейчас позволяет сгладить сезонность и увеличить объемы вскрышных работ по таликам, благодаря чему достигается повышение годовой производительности землеройной техники и положительный экономический эффект.

ПОДГОТОВКА ИСКУССТВЕННЫХ СУШЕНЦОВ

В настоящее время развито два направления борьбы с сезонным промерзанием талых пород: тепловая защита и понижение температуры кристаллизации порового раствора за счет внесения солей. Для крупнообломочных отложений перспективен принципиально иной путь – ослабление прочности породы путем уменьшения ее влажности перед началом промерзания.

Во многих речных долинах Северо-Востока СССР встречаются так называемые сушенцы – рыхлые отложения, которые после промерзания остаются легкоразборными. Обычно они представлены хорошо промытым гравийно-галечным материалом. Оконтуривание естественных сушенцовых зон и правильное планирование очередности вскрышных работ на предприятиях составляет важный резерв повышения производительности землеройной техники в осенне-зимний период (Емельянов, 1973).

В 1974-1976 гг. во ВНИИ-1 проведен комплекс исследований по выявлению возможности создания искусственных сушенцов с помощью технологии, доступной массовому горному производству.

В долине р. Берелех осуществлен натурный эксперимент подготовки искусственных сушенцов при помощи гидроиглового оттаивания и дренирования крупнообломочных пород. Подготовленные таким образом отложения после полного промерзания остались легкоразборными. В феврале 1975 г. при температуре воздуха около -50°С они были разработаны на всю глубину (свыше 4 м) бульдозером мощностью 100 л.с. На глубине 1,5 м был встречен 15-сантиметровый прослой, по литологии не отличавшийся от остальной толщи, но сохранивший сплошность. Содержание льда по отношению к сухой навеске в двух образцах из этого прослоя составило 3,19 и 3,46%. Суммарная влажность образцов легкоразборной породы изменялась от 1,11 до 3,39%.

В лабораторных условиях изучалось сопротивление мерзлых пород быстрому сдвигу и разрыву (при скорости загружения образцов до 20 кгс/(см^2·мин) и мгновенному сдвигу (Курильчик, Перльштейн, 1976). Исследовалась смесь 90% песчано-гравийного материала (0,4-2,5 мм) с 10% пылевато-глинистых частиц ($<$ 0,05 мм) в диапазоне суммарной весовой влажности от 2 до 10%. Во всех видах испытаний наблюдалось значительное увеличение прочности образцов при повышении их влажности. Особенно резкий скачок прочностных характеристик отмечен в интервале влажности 3-5% (рис. 3).

Таким образом, лабораторные опыты и натурный эксперимент показали, что мерзлые породы суммарной влажностью до 3-3,5%, названной критической, остаются легкоразборными даже во время сильных морозов.

Опытами в разборных колоннах выявлена решающая роль содержания пылевато-глинистых частиц в формировании остаточной влажности пород и установлена высокая скорость осушения крупнообломочных аллювиальных отложений долины р. Берелех.

В результате первого этапа исследований для подготовки искусственных сушенцов рекомендуются участки речных долин со следующим составом аллювия: галька и гравий 60-80, песок 15-30; пыль и глина – не более 5-10%.

Расчеты динамики осушения производятся по программе, разработанной группой численных методов Ленинградского института "СевНИИГиМ" для ЭВМ "Минск-22" и

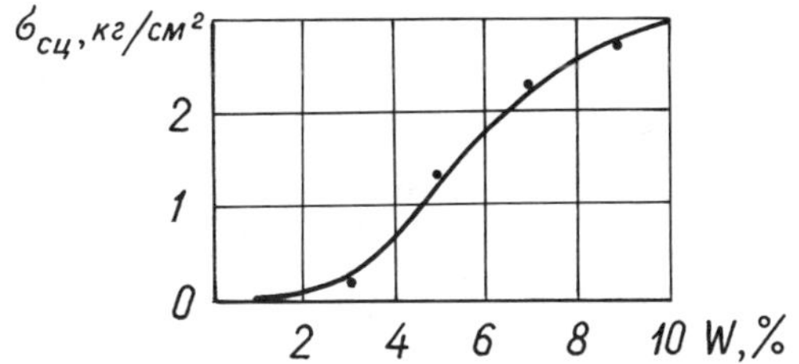

Рис. 3. Зависимость мгновенного сцепления $\sigma_{сц}$ песчано-гравийной смеси от суммарной влажности W при температуре около -1°С.

"Минск-32". Первые расчетные исследования позволяют надеяться на возможность подготовки сушенцов на породах с мелкозернистым заполнителем, что значительно расширит масштабы и область применения новой технологии.

ИССЛЕДОВАНИЯ ПОСЛОЙНОГО НАМОРАЖИВАНИЯ ЛЬДА В ПОДЗЕМНЫХ ВЫРАБОТКАХ

В 1975-1976 гг. институтом ВНИИ-1 в трех действующих шахтах проведены исследования теплообмена при послойном намораживании льда по методу А.И. Блинского (1946). Во время экспериментов температура наружного воздуха менялась от -12 до -50°С, а скорость воздушного потока в шахтах - от 0,5 до 2,4 м/с. Толщину заливки варьировали в пределах 0,5-6 см.

Наблюдениями выявлено, что из общего количества теплоты кристаллизации под действием конвективного теплообмена с воздухом уносится 75-80%, более 15% отводится в результате лучистого теплообмена водно-ледяной поверхности с горными породами кровли и стенок выработки и 7% затрачивается на испарение.

Установлено, что влияние толщины слоя воды на скорость намораживания льда сильнее проявляется при больших скоростях воздушного потока. Даны рекомендации по режиму подачи воды в зависимости от расхода воздуха и площади живого сечения.

Выяснено, что достигнутая средняя интенсивность намораживания (12 см/сут при температуре воздуха около -40°) может быть в 1,5-2 раза повышена за счет увеличения скорости воздушного потока.

Опытно-промышленные испытания показали техническую возможность и экономическую целесообразность применения в определенных условиях закладки россыпных шахт льдом.

ЗАКЛЮЧЕНИЕ

Изложенные результаты экспериментальных, теоретических и практических разработок специалистов ВНИИ-1, безусловно, не исчерпывают весь круг проблем водно-тепловой подготовки мерзлых пород.

Большую работу по совершенствованию оттаивания мерзлых пород с помощью поверхностной тепловой мелиорации проводит институт "Иргиредмет", разработавший технологию защиты талых пород от промерзания водо-воздушными твердеющими пенами. Над проблемой извлечения тепла недр Земли и использования его для оттаивания мерзлых россыпей трудится лаборатория горной теплофизики Ленинградского Горного института. Ее сотрудниками разработан и испытан новый взрывогидравлический способ оттаивания. На горных предприятиях Северо-Востока СССР используются результаты исследований Института мерзлотоведения Сибирского отделения АН СССР по вопросам оттаивания мерзлых пород теплом солнечной радиации. Все шире применяются прогрессивные методы мерзлотной разведки, разрабатываемые в Институте мерзлотоведения, ПНИИИСе, МГУ и других организациях страны.

Следует отметить, что до последнего времени при эксплуатации россыпных месторождений методы водно-тепловой подготовки мерзлых пород (за исключением естественного оттаивания) применялись в основном на дражных полигонах. Их массовое внедрение в практику разработки россыпей раздельным способом еще только начинается, но уже принесло заметный экономический эффект. Дальнейшие исследования по углублению теории, разработке новых и совершенствованию известных технологических схем водно-тепловой подготовки многолетнемерзлых россыпей составляют одно из главных направлений научно-технического прогресса горнодобывающей промышленности Северо-Востока СССР.

ЛИТЕРАТУРА

БАКАКИН В.П., ПОРХАЕВ Г.В., 1959. Основные приемы водно-тепловой мелиорации горных пород на больших площадях. - В кн.: Основы геокриологии (мерзлотоведения), ч. 2. М., Изд-во АН СССР, с.118-140.

БЛИНСКИЙ А.И., 1946. Подземная разработка угольных и рудных месторождений в области вечной мерзлоты способом закладки льдом выработанных пространств. -В кн.: Мерзлотоведение, т.1, вып.2, М., Изд-во АН СССР, с.131-135.

БЭР Я., ЗАСЛАВСКИ Д., ИРМЕЙ С. 1971. Физико-математические основы фильтрации воды. М., "Мир", с.59-62.

ГОЛЬДТМАН В.Г., ЗНАМЕНСКИЙ В.В., ЧИСТОПОЛЬСКИЙ С.Д., 1970. Гидравлическое оттаивание мерзлых горных пород. -Труды ВНИИ-1, т.30, Магадан, с.335-342.

ЕМЕЛЬЯНОВ В.И., 1973. О некоторых мероприятиях по продлению вскрышных работ на вечномерзлых россыпях. -"Колыма", № 1, с.6-7.

ИГНАТОВ А.А., ПЕРЛЬШТЕЙН Г.З., ЧЕРНЫХ Э.Я. 1977. К численному решению задачи о гидравлическом оттаивании мерзлых пород. -"Труды ВНИИ-1", т. 37, Магадан, с.11-19.

КАПРАНОВ В.Е., 1977. Исследование процесса подготовки мерзлых пород к выемке при помощи оттаивания подогретой водой. Автореф.канд.дис., ЛГИ, с.24.

КУРИЛЬЧИК А.Ф., ПЕРЛЬШТЕЙН Г.З. 1976. Изучение прочности мерзлых пород при быстром сдвиге. "Колыма", № 9, с.8-9.

КУРТЕНЕР Д.А., ЧУДНОВСКИЙ А.Ф., 1969. Расчет и регулирование теплового режима в открытом и защищенном грунте. Л., Гидрометеоиздат, с.52-79.

ПАВЛОВ А.В., ОЛОВИН Б.А., 1974. Искусственное оттаивание мерзлых пород теплом солнечной радиации при разработке россыпей. Новосибирск, "Наука", с.141-153.

ПЕРЛЬШТЕЙН Г.З., ЗИНЧЕНКО А.И., КОРШУНОВ Г.И., 1977. К расчету гидравлического оттаивания массивов мерзлых водопроницаемых пород. -Труды ВНИИ-1, т. 37, Магадан, с.3-6.

ПЕРЛЬШТЕЙН Г.З., САВЕНКО Л.П., 1977. Приближенный расчет распределения интенсивности тепловых источников при электрическом оттаивании мерзлых пород. - Там же, с.156-160.

ПЕРЛЬШТЕЙН Г.З., СТАФЕЕВ П.Ф., 1971. К расчетному определению температуры поверхности горных пород. -"Колыма", № 6, с.15-18.

САМАРСКИЙ А.А., 1971. Введение в теорию разностных схем. М., "Наука", с.232-237.

ЯКУПОВ В.С., 1973. Электропроводность мерзлых горных пород. - П Междунар.конф. по мерзлотоведению. Докл. и сообщ., вып. 4, с.157-160.

II.7 PETROLEUM ENGINEERING

II.7 GÉNIE PÉTROLIER

II.7 ТЕХНОЛОГИЯ ДОБЫЧИ НЕФТИ И ГАЗА

NATURAL GAS HYDRATES IN NORTHERN CANADA

D.W. Davidson, National Research Council; M. K. El-Defrawy and M.O. Fuglem, Department of Indian and Northern Affairs; A.S. Judge, Department of Energy, Mines and Resources, Ottawa, Canada

The stability of the hydrates (clathrate ices) formed by natural gas depends on temperature and pressure in a manner that leads to their natural occurrence in permafrost regions within a range of depth below the earth's surface. Gas hydrates were reported first in the Soviet Union, later in deep oceanic sediments, and recently in the Mackenzie Delta area of Canada. Gas hydrates possess ice-like physical and electrical properties which make possible their detection by appropriate logging methods. Their presence can create hazards in drilling as a result of the gas pressures generated by decomposition of hydrate. Among the hydrate deposits possible in Canada, those in the region of the Mackenzie Delta contain an estimated 88×10^9 standard m^3 of methane.

HYDRATES FORMÉS PAR LE GAZ NATUREL DANS LE GRAND NORD CANADIEN

D.W. Davidson, Conseil national de recherches du Canada: M.K. El-Defrawy et M.O. Fuglem, Ministère des Affaires Indiennes et du Nord; A.S. Judge, Ministère de l'Énergie, des Mines et des Ressources, Ottawa, Canada.

Les conditions de température et de pression qui régissent la stabilité des hydrates (cristaux de glace existant sous forme de clathrates) dans le gaz naturel permettent à ceux-ci de se former et de subsister dans les zones de pergélisol à une certaine profondeur au-dessous de la surface du sol. On a constaté la présence d'hydrates formés par le gaz naturel en Union Soviétique, puis dans des sédiments océaniques profonds, et récemment dans la région du delta du Mackenzie au Canada. Les hydrates que forme le gaz possèdent des propriétés physiques et électriques semblables à celles de la glace, qui permettent de les déceler par des méthodes de diagraphie appropriées. Leur présence peut rendre les forages dangereux, en raison de la pression des gaz due à la décomposition des hydrates. Parmi les dépôts potentiels d'hydrates au Canada, ceux de la région du delta du Mackenzie contiennent un volume de gaz estimé à 88×10^9 m^3 de méthane.

ЗАЛЕЖИ ГИДРАТОВ ПРИРОДНОГО ГАЗА НА СЕВЕРЕ КАНАДЫ

Стабильность гидратов /сетчатых льдов/, образующихся из природного газа, зависит от температуры и давления, которые определяют их залегание в районах многолетней мерзлоты на определенной глубине от поверхности земли. Первоначально, гидраты газа были обнаружены в Советском Союзе, затем в глубокозалегающих толщах морских осадков, и недавно в Канаде в районе дельты реки Макензи. Гидраты газа обладают физическими и электрическими свойствами, аналогичными свойствам льда, что позволяет обнаруживать их с помощью соответствующих каротажных методов. Бурение в грунте, содержащем гидраты газа, связано с опасностью взрыва вследствие высоких давлений газа при разложении гидрата. Помимо дельты реки Макензи, где запасы метана оцениваются в 88 млрд стандартных кубических метров, возможны залежи гидратов и в других районах Канады.

NATURAL GAS HYDRATES IN NORTHERN CANADA

D.W. Davidson - National Research Council, M.K. El-Defrawy and M.O. Fuglem - Department of Indian and Northern Affairs, and A.S. Judge - Department of Energy, Mines and Resources, Ottawa, Canada

INTRODUCTION

Gas hydrates are inclusion compounds in which guest molecules of natural gas fit into structural voids in the lattice of the host molecule, water.

Conclusive evidence in the literature for the natural occurrence of gas hydrates is still fairly sparse. At present gas hydrates in a continental environment are known to exist in the northern portion of the West Siberian and Vilyuy Basins of the U.S.S.R., the Mackenzie Delta area of northern Canada and Prudhoe Bay area of Alaska - U.S.A. Fairly extensive evidence has been documented for the wide-spread occurrence of gas hydrates in a deep ocean environment.

A combination of phase equilibria data and subsurface temperature information permits an estimate to be made of the areas favourable for hydrate formation and their depth extent. Presently available information suggests that regions of low mean surface temperatures and geothermal gradients are the most favourable environments.

The existence of natural gas hydrates presents certain additional difficulties in the exploration and drilling for hydrocarbons. The presence of gas hydrates can be detected from seismic data, conventional wire-line logs or through gas detection equipment while drilling.

1. NATURE OF GAS HYDRATES

Under suitable conditions of temperature and elevated pressure hydrocarbon gases, as well as other gases of a variety of chemical type, combine with water to form ice-like solids called, for historical reasons, gas hydrates (Davidson, 1973). The nature of gas hydrates was only revealed in 1952 by X-ray structural analyses. They consist of hydrogen-bonded networks of 4-coordinated water molecules arranged in regular cubic lattices which contain voids or cages large enough to accommodate "guest" molecules of gas. Gas hydrates are of two crystallographic types. Structure I is formed by small gas molecules like methane and ethane which can occupy both or one of its 12- or 14-hedral cages and structure II by larger molecules like propane and isobutane which occupy relatively large 16-hedral cages.

The lattices are held together mainly by the hydrogen bonds, whose energies are similar to those in ordinary hexagonal ice. Interactions between the guest and water molecules are unspecific and do not depend greatly on the orientation of the encaged molecule. As a result, the encaged molecules undergo the rapid reorientation recently demonstrated by nuclear magnetic resonance and dielectric studies of encaged hydrocarbon molecules (Davidson _et al_., 1977). The heat of dissociation of methane hydrate (per mole of methane) is about 6% of the heat of combustion of methane.

Figure 1 shows the phase diagram of the important methane-water system. Methane hydrate is stable at pressures in the area lying above the heavy line. Its composition varies somewhat with the conditions, being $CH_4 \cdot 6.0\ H_2O$ at 0^oC and 2500 kPa and somewhat richer in CH_4 at other temperatures and higher pressures. In Figure 1 it is assumed that the relative amount of water exceeds that in the hydrate. If methane is in excess, the hydrate-ice and hydrate-water areas become the field of coexistence of hydrate and gas.

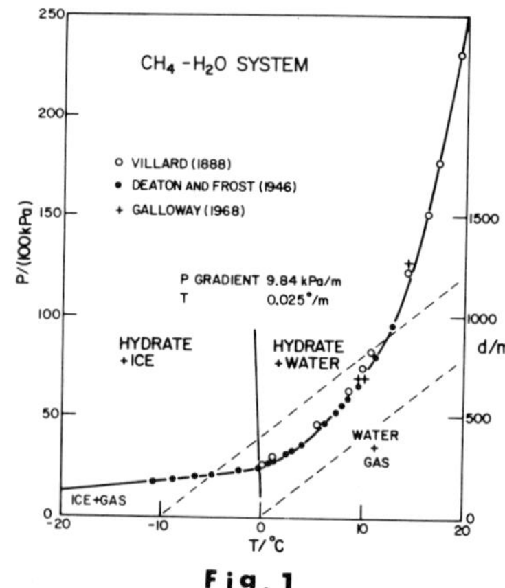

Fig. 1

The conditions of stability of hydrates formed by natural gas depend on the gas composition and are, in general, complicated by the occurrence of hydrates of both structures. The structure II hydrates formed by gases containing significant quantities of propane and _iso_butane are stable at considerably lower pressures than structure I. These molecules, and with more difficulty, _n_-butane and neopentane (Davidson _et al_., (1977), Ng and Robinson (1976)), occupy the 16-hedral structure II cages, while the 12-hedra are occupied by methane and other small molecules (H_2S, CO_2, N_2), if present. To take an example, gas consisting of 99% methane and 1% propane can form a structure II hydrate at 1090 kPa and -3°C, a temperature where structure I is only formed above 2300 kPa. However, the hydrate formed at 1090 kPa contains 40% propane and little structure II hydrate will form as the propane content of the gas is depleted. In general, appreciable quantities of hydrate are only expected as structure I unless the gas is relatively rich in higher hydrocarbons.

For this reason, the hydrate stability conditions considered below are generally taken to refer to structure I and to be essentially those of methane hydrate itself. This is because structure I hydrate stability conditions do not depend greatly on the composition of a gas which is predominantly methane, unless it is rich in H_2S.

2. THE NATURAL OCCURRENCE OF GAS HYDRATES

In the continental environment, conclusive evidence for gas hydrate occurrence has been presented for only the Messoyakha field in the West Siberian Basin of the U.S.S.R. (Makogon et al. 1971) and for the Mallik-Ivik area of the Mackenzie Delta in Canada (Bily and Dick, 1974), although many fields within the West Siberian and Vilyuy Basins of the U.S.S.R., the Mackenzie Delta and Arctic Islands of Canada, and Arctic Alaska are suspected to contain hydrates.

According to Makogon (1974), the possible existence of natural gas hydrate deposits was first proposed in 1946 by Strizhev who suggested that since temperatures at depths of 400 to 600 m were below 0°C over large areas of the northern U.S.S.R., hydrocarbon gases might be found in the hydrated state. Studies to verify their existence appear to have been spurred when the Markhinskaya well drilled in northwestern Yakutia in 1963 encountered 1400 m of permafrost (Makogon, 1974). Although extensive laboratory work on their physical and thermodynamic properties was commenced, and indeed verified their probable natural existence, gas hydrates were not identified unequivocally until the Messoyakha field in the West Siberian Basin was discovered in 1968. Makogon et al., (1971) have described in some detail the occurrence of gas hydrates at a depth of 800 m in the upper section of the 76 m thick sandstone reservoir of the Messoyakha field.

The only published confirmation of the presence of gas hydrates in North America describes their discovery in the northern Mackenzie Delta. Two Imperial Oil wells encountered hydrate-bearing sands of total thickness 99 m and 24 m in the depth intervals 820 to 1103 m and 978 to 1020 m respectively.

Hitchon (1974) has described the detection of a gas flow at a depth of 319 to 727 m on Melville Island suggestive of hydrate, but no conclusive evidence has been published.

Simarily there have been no published reports conforming the natural occurrence of hydrates on the north slope of Alaska. Katz (1971) has shown that methane might be present as hydrate at Prudhoe Bay at depths between 600 and 1035 m. Hitchon (1974) quotes unconformed reports that gas contents of cores taken were abnormally high for the reservoir pressure and temperature, a possible indication of hydrate. Low reservoir pressures in a 1140 to 1245 m deep sandstone in Arco-West Sak River #1 could be similarily interpreted.

The first indication of natural gas hydrates outside of the Soviet Union was in marine sediments. Stoll et al. (1971) described the recovery of ocean marine sediments which discharged considerable quantities of gas, often violently, when exposed to surface conditions. The Glomar Challenger encountered such gassy sediments to depths exceeding 600 m beneath ocean depths of 3600 m. Such layers of high gas content correlated well with high interval seismic velocities. Trofimuk (1972) has suggested that over most of the ocean floor (excepting mid-ocean ridges and volcanic belts) natural gas will be found in the form of gas hydrates to a sediment depth of 500 m.

3. THE GEOTHERMAL FIELD AND HYDRATE STABILITY

Figure 1 can be used to represent hydrate stability in terms of depth below the earth's surface by relating depth and pressure. Observational evidence supports the assumption of the hydrostatic pressure gradient of fresh water (9.84 $kPam^{-1}$) as a reasonable approximation in most areas. In this case the presence of methane as free gas or hydrate in a gas-bearing reservoir is primarily dependent on the subsurface temperatures encountered. Superimposition of local subsurface temperatures on the phase diagram indicates range of depth over which stable gas hydrates may be encountered in suitable reservoir rocks. The two broken lines in Figure 1 show examples of the variation of temperature with depth for mean surface temperatures of -10 and 0°C, a constant thermal gradient of 25 mKm^{-1} being assumed. Methane hydrate is stable at depths between the points of intersection of the thermal gradient line and the hydrate stability curve. For the conditions specified, the zone of hydrate stability extends between about 200 m (-5°C) and 900 m (12°C) when the surface temperature is -10°C; when this is 0°C, no hydrate is possible.

A minimum temperature gradient above which no methane hydrate can exist may be constructed for any mean surface temperature. As the mean surface temperature decreases, a progressively higher temperature gradient is necessary for methane in the presence of ice or water to be present only as free gas. At a surface temperature of 4°C hydrate can exist only for a very low geothermal gradient of below 9 mKm^{-1}. At a surface temperature of -16°C hydrate will exist unless a very high gradient of 63 mKm^{-1} is present. Mean surface temperatures and geothermal gradients can be related to climate, lithology and terrestrial heat flow (and thus to tectonic framework) in various parts of Canada. The approach has been discussed earlier by Judge (1973) in relation to permafrost prediction.

Consider the two examples cited above. At a surface temperature of 4°C, common to northern Ontario and the central Prairies, gas hydrates might be present beneath, or in, rocks of high thermal conductivity in regions of low heat flux, as when a porous dolostone sequence overlies rocks of the Precambrian Shield. In contrast, at a mean surface temperature of -16°C, common to the Arctic Islands, gas hydrates should be common where the reservoir is not overlain by shales of low conductivity and is not in a region of high heat flux.

Beneath the waters of the Arctic Archipelago, mean temperatures at the sea-bottom, ranging from -2°C to -0.5°C, are higher than at the land surface and hence gas hydrates are probably less common, as even a moderate temperature gradient will ensure the presence of the free gas phase in potential reservoirs. Beneach water depths of 200 m or more however any gas present in the material immediately below the water-sediment interface may well be in hydrate form.

In many areas only a very rudimentary knowledge exists of the parameters needed for the prediction of hydrate depth. In such cases if an approximate permafrost thickness is available from surface reflection seismic, electrical resistivity or other geophysical tools, hydrate thickness can be approximately estimated using the permafrost thickness and a constant geothermal gradient.

4. EFFECTS OF GAS HYDRATES

Misinterpretation of Seismic Data

The interpretation of exploration seismic reflection records is complicated by the presence of a substantial, but unknown, thickness of any high velocity material (Boulware 1961). Stoll et al. (1971) have shown that velocities in hydrates may be as high as 2.7 kms^{-1} compared with 2.0 kms^{-1} for normal unconsolidated sediments. Misinterpretation of a deep structure could result from lateral variations of hydrate thickness. A knowledge of the distribution and seismic properties of hydrates will reduce the possibility of misinterpretation.

Hazards in Drilling and Operation of Wells

Certain hazards exist when drilling through hydrate-bearing formations. Since decomposition of hydrate normally releases more gas than can be contained in the same volume at the same temperature and pressure (the volume ratio is about 5.9 at 250 m and 1.55 at 900 m), the heat generated by drilling and/or the use of a warm drilling mud may cause a serious pressure increase, mud gasification, and a possible consequent blowout. Two cases of "gas kicks" due to hydrate decomposition are now known, one at Shell Kumak J-06 (69.26°N, 135.2°W) and the other at Shell Niglintgak M-19 (69.31°N, 135.32°W).

Bily and Dick (1974) have reported the safe penetration of hydrate formations in two wells in the Mackenzie Delta. Hydrate was initially detected by an increase in the mud gas and subsequently confirmed by formation tests and analysis of wireline logs. The most important factor in controlling hydrate decomposition during and after penetration of a hydrate zone appears to be the input mud temperature. Where practical, this temperature should be no higher than the hydrate equilibrium decomposition temperature at the depth where hydrate is suspected. Too low a mud temperature could, however, result in a hydrate zone not being promptly detected by mud gasification and thus not being adequately cased during deeper drilling when increased mud temperatures are unavoidable. Increase in mud density to compensate for the pressure rise produced by some thermal decomposition of hydrate is also beneficial but may result in excessive loss of mud circulation. Consideration must be given to the pressure competence of the formations penetrated, including the permafrost section. Continuous monitoring of mud gas is essential for the detection of hydrates and for rapid initiation of control measures when necessary.

As yet there are no wells in Canada producing through a hydrate-bearing horizon. However, the presence of oil and gas below hydrate zones has been established in, for example, the Mackenzie Delta. Reservoir temperatures range from 71°C to 82°C and thus production is likely to result in hydrate decomposition as the hot hydrocarbons rise through the shallower hydrate zone. The rate of decomposition may be reduced by the use of insulated casings and casing annuli, but adequate protection of the producing well might require the use of high-strength casing strings opposite hydrate-bearing formations.

The problems arising from the possible formation by moist gas of hydrate plugs in gas collecting, pumping, and transmitting equipment are well known. Cases in which the flow of gas was shut off by hydrate formation in the bore-hole have occurred in both the Soviet Union (Ilyinskaya, 1971) and Canada.

The Effect of Gas Hydrates on Gas and Oil Reserves

Gas bound up in hydrate, though not readily available, must be considered to contribute to long-term estimates of gas reserves. No adequate estimation of the quantity of hydrated gas present in Canada is yet possible, although the very rough evaluation given for the Mackenzie Delta and the adjacent Beaufort Sea in the next section suggests the quantities to be significant.

Since gas hydrates can also be formed in the absence of a free gas phase from gases dissolved in hydrocarbon liquids when water is present (Katz, 1972), their formation in oil reservoirs may denude the oil of lighter hydrocarbons. The presence of such hydrates in shallow northern oil reservoirs or their formation in the reservoirs during production will add to the complexities of production.

5. POTENTIAL GAS HYDRATE RESOURCES

The possibility of encountering gas hydrates in subsurface formations can be assessed by using the phase stability relationship for methane hydrate and known subsurface temperatures. Such an approach as described in Section 3 is adequate to identify those areas where hydrates may be encountered and thus for example may present a drilling hazard but is inadequate to determine the gas hydrate reserve in an area. Extensive subsurface temperature observations throughout northern Canada (Taylor and Judge, 1974, 1975, 1976) have shown that the right geothermal conditions do exist for shallow gas fields, to depths of 1500 m or more, to contain hydrates. Figure 2 shows some measured subsurface temperatures in the Mackenzie Delta-Beaufort Sea area superimposed on the hydrate stability curve.

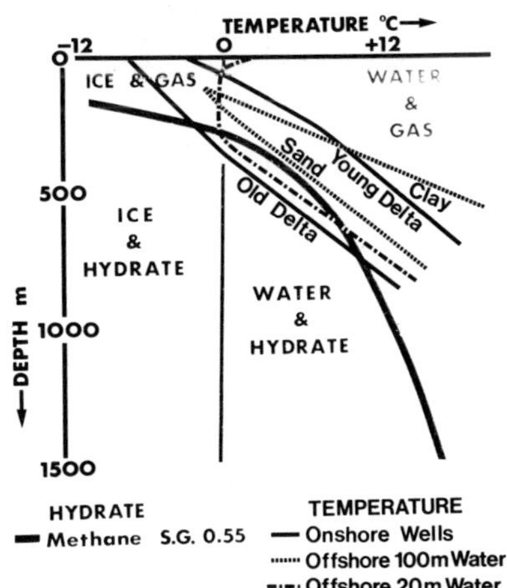

Fig. 2

The depth ranges of methane hydrate stability determined by this technique are shown for several selected areas in Table 1. No definite evidence of hydrates has been reported for areas other than the Mackenzie Delta.

TABLE 1 Predicted Limits of Methane Hydrate Stability at Selected Wells in Northern Canada

LOCATION	COORDINATES LAT. N	COORDINATES LONG. W	RANGE OF STABILITY (m) TOP	RANGE OF STABILITY (m) BASE	TOTAL NO. WELLS
1. Mackenzie Delta					
(East)	69° 38'	132° 22'	190	1860	11
	68° 47'	134° 8'	230	590	
(West)	69° 19'	135° 20'	340	(730)	4
	69° 25'	135° 51'	None		
2. Western Arctic Islands	76° 40'	116° 44'	140	1100	5
	74° 39'	113° 23'	140	860	
3. Central Sverdrup Basin	76° 22'	103° 58'	140	1270	11
	76° 27'	108° 29'	None		
4. Eastern Arctic Islands	80° 45'	83° 5'	180	960	3
	79° 59'	84° 4'	140	690	
5. Arctic Platform	74° 41'	94° 54'	140	(1390)	3
	69° 4'	79° 4'	160	(800)	
6. Mackenzie Valley and Yukon	65° 33'	124° 36'	None		6
	66° 11'	138° 42'	None		

The most significant hydrate occurrence is in the Mackenzie Delta at Mallik where hydrate associated with free gas is considered to cap the free gas (Figure 3).

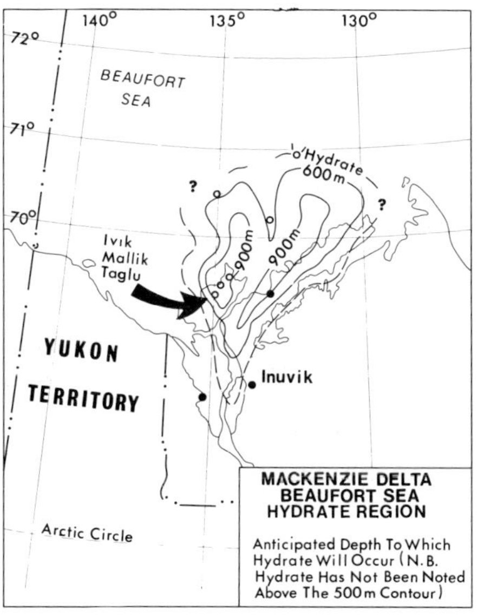

Fig. 3

Between the depths of 820 m and 1111 m in the Mallik L-38 well, 79 m of hydrate and 27 m of associated free gas are interpreted to be present. The hydrated horizons are estimated to underlay an area of 1800 ha from which a total of $0.65 \times 10^9 m^3$ potential volume is calculated using an average net thickness of 36 m. Since $1 m^3$ of hydrate contains $164 m^3$ of methane*, at a pressure of 1 atmosphere and a temperature of 0^oC, the possible gas resource present in the hydrate is 21×10^9 standard m^3 for a reservoir porosity of 20%. A rough analysis of the geological structures which could contain gas hydrates in the area under the 900 m contours indicates a possible in-place reserve of $88 \times 10^9 m^3$. These figures are tentative. The associated gas is not considered economically recoverable at present. Gas hydrate resources in the U.S.S.R. have been placed as high as $10^{13} m^3$ (Chersky and Makogon, 1970).

6. DETECTION OF GAS HYDRATES

Drilling Response

To date the detection of hydrates has been primarily through the drilling response. Mud gasification may be extremely severe when a gas hydrate zone is penetrated. An enhanced production of natural gas is obtained through a breakdown of hydrate as a result of increasing temperature. Subsequent conventional drill-stem tests of the section typically shows a straight-line pressure build-up during the shut-in period of a type normally associated with zones of low permeability.

*Since density and composition of methane hydrate do not depend greatly on temperature and pressure the quantity of gas contained in unit volume of hydrate varies little with depth.

Interpretation of Seismic Data

The main seismic tools for determining the depth to, and thickness of, permafrost or hydrates are the Seismic Reference Service (SRS) log, velocity analysis graphs and analysis of first arrivals in seismic reflection profiles. These tools utilize the substantial velocity contrast between unconsolidated and frozen sediments.

However, because of the similar sound velocities it is difficult to distinguish between frozen ground and hydrate in the absence of thermal data.

Conventional Wire-Line Logs

Gas hydrates possess physical and electrical properties similar to those of ice as might be expected from their similar structures. The similarities of acoustic velocities (Stoll, 1974) and electrical properties (Davidson et al., 1977) and density result in similar responses in conventional electrical, sonic and nuclear logs. As Bily and Dick (1974) have shown, hydrate-bearing sands exhibit relatively high resistivities on the Dual Induction Laterolog and high velocities on the Sonic Log. The latter also showed cycle skipping where the hydrate was exposed to warm drilling mud for several days. In several instances the Caliper Log showed hole enlargement in the hydrate zone, presumably the result of hydrate disintegration. Little deflection is seen on the SP curve opposite hydrate zones although the positive response does contrast with the response in water - or free gas - bearing zones.

Figure 4 shows Caliper, Spontaneous Potential, Dual Induction Laterolog and Sonic Log responses to a gas hydrate zone (as marked) in a Mackenzie Delta well.

Other Detection Methods

The Dresser-Atlas Carbon/Oxygen Log may have some application in the detection of gas hydrates. In this method, the gamma emissions specific to carbon and oxygen, resulting from inelastic collisions between 14 Mev neutrons and these atoms are recorded. Free gas detection is very reliable (Lock and Hoyer, 1974) but the possible application to hydrates has not been explored.

Two non-destructive methods of detecting and partially analysing the composition of gas hydrates in the laboratory reported by Davidson et al. (1977) may have application; these both depend on the unique ability of the encaged guest molecule to rotate and on the differences of rotation rates of different hydrocarbon molecules.

7. CONCLUSIONS

Although known Canadian gas-hydrate resources are small and uneconomic at present, they represent a potential source of future energy. A significant amount of Mackenzie Delta gas may occur in the hydrated form.

The most extensive hydrate deposits probably occur as structure I, but some structure II hydrate may occur even at a relatively low content of propane and butane. Although conventional logging methods can detect hydrates under favourable conditions, they cannot easily detect structure II hydrate in horizons which contain excess methane-rich gas and which lie either above or below the structure I stability zone. Analysis of gas from such horizons is expected to reflect an increasing concentration of heavier hydrocarbons as hydrate decomposes.

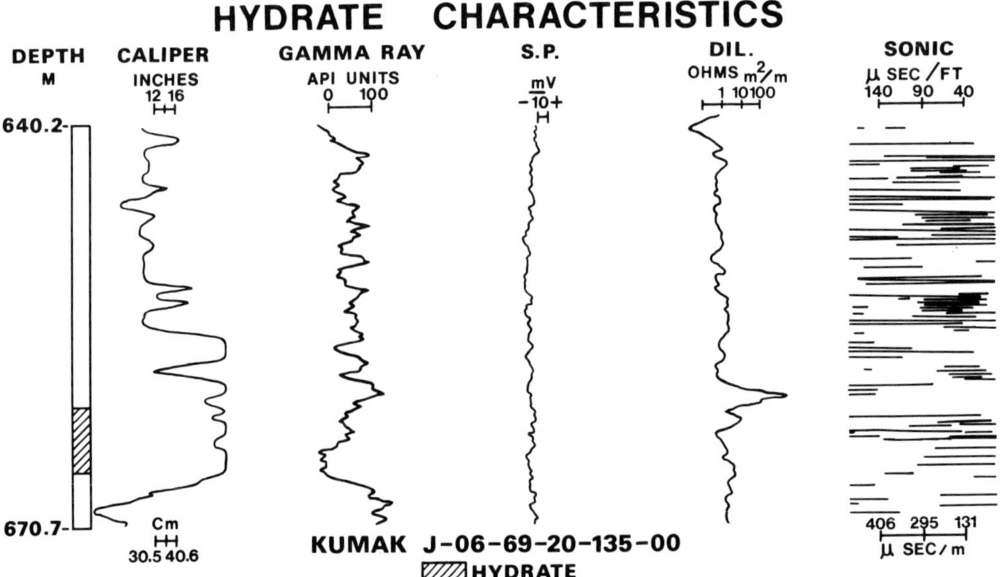

Fig. 4

The existence of gas hydrates can cause problems during the drilling or production of wells and even, as past experience has shown, result in severe gas kicks which are hazardous to personnel and equipment. Such hazards may best be avoided by use of operating procedures which minimize the decomposition of hydrate.

Low mean surface temperatures and geothermal gradients are prerequisites for natural occurrence of gas hydrates, whose distribution and properties require further study. There is a need for more extensive measurement of subsurface temperatures (especially across hydrated sections) and of gas compositions and their variation with time. Measurement of the physical and chemical properties of recovered pressurized hydrate-containing cores would provide much useful data. New geophysical methods of detecting hydrates are needed, as are in situ studies of methods for producing natural gas from gas-hydrate reservoirs.

REFERENCES

BILY, C. and J.W.L. DICK. 1974. Naturally occurring gas hydrates in the Mackenzie Delta, N.W.T. Bull. Can. Petrol. Geol. 22, 340-352.

BOULWARE, R.A. 1961. How to analyze reflection data. World Oil, April, 80-84.

CHERSKY, N. and Yu. MAKOGON. 1970. Solid gas - World reserves are enormous. Oil and Gas International 10(8), 82-84.

DAVIDSON, D.W. 1973. Clathrate hydrates. In Water: A comprehensive treatise. F. Frank (ed.), Plenum Press, New York, 2, 115-234.

DAVIDSON, D.W. et al. 1977. Characterization of natural gas hydrates by nuclear magnetic resonance and dielectric relaxation. Can. J. Chem. (in press).

HITCHON, B. 1974. Occurrence of natural gas hydrates in sedimentary basins. In Natural gases in marine sediments - I.R. Kaplan (ed.), Plenum Press, New York, 195-225.

ILYINSKAYA, L. 1971. Large solid gas deposits in the polar regions. The Ottawa Citizen, Oct. 16.

JUDGE, A.S. 1973. The prediction of permafrost thickness. Can. Geotech. J. 10, 1-11.

KATZ, D.L. 1971, 1972. Depths to which frozen gas fields (gas hydrates) may be expected. J. Petrol. Tech. 23, 419-423; 24, 557-558.

LOCK, G.A. and W.A. HOYER. 1974. Carbon-Oxygen (c/o) Log: Use and interpretation. J. Petrol. Tech. 26, 1044-1059.

MAKOGON, Yu.F. 1974. Hydrates of natural gas. Nedra, Moscow (in Russian).

MAKOGON, Yu.F. et al. 1971. Detection of a pool of natural gas in a solid (hydrated gas) state, Doklady Akad. Nauk SSSR 196, 203-206.

NG, H.J. and D.B. ROBINSON. 1976. The role of n-butane in hydrate formation. A.I.Ch.E. Journal 22, 656-661.

STOLL, R.D. 1974. Effects of gas hydrates in sediments. In Natural gases in marine sediments. I.R. Kaplan (ed.), Plenum Press, New York, 235-248.

STOLL, R.D., J. EWING and G.M. BRYAN. 1971. Anomalous wave velocities in sediments containing gas hydrates. J. Geophys. Res. 76, 2090-2094.

TAYLOR, A.E. and A.S. JUDGE. 1974, 1975, 1976. Canadian geothermal data collection - northern sites. Geothermal Series #1, #3, #5. Earth Physics Branch, E.M.R.

TROFIMUK, A.A. 1972. Accumulation of natural gas in zones of hydrate formation in the hydrosphere. Doklady Akad. Nauk SSSR 212, 87-90.

Earth Physics Contribution #692
N.R.C.C. Contribution #16313

AUTHOR INDEX / INDEX DES AUTEURS

АВТОРСКИЙ УКАЗАТЕЛЬ

Кудрявцев,В.А.,..... 99,419
527,533
Кузнецов,А.Л.,...... 785